Quanguo Zhuce Yantu Gongchengshi Zhuanye Kaoshi
Moni Xunlian Tiji ji Linian Zhenti Xinjie

全国注册岩土工程师专业考试
模拟训练题集及历年真题新解

历年真题新解

于海峰　孙　超　主编

人民交通出版社股份有限公司
China Communications Press Co.,Ltd.

内 容 提 要

本书分上、下两册。

上册内容包括专业知识选择题(2600余题)、专业案例分析例题(300余题)及专业案例模拟练习题(400余题)。其中,专业知识选择题均依据现行考试推荐规范给出参考答案及答题依据,对专业案例分析例题也均依据现行考试推荐规范给出相关解题步骤并进行了归纳分析,并对专业案例练习题均给出了详细的解题步骤及依据。

下册内容为2002~2017年真题(专业知识+专业案例)及其全新解答。全部按照现行考试推荐规范要求进行了修改和解答。

本书是参加全国注册土木工程师(岩土)执业资格考试专业考试的考生必备的复习资料,也可作为相关培训机构的培训教材,以及大专院校相关专业师生及工程技术人员的参考用书。

图书在版编目(CIP)数据

2018全国注册岩土工程师专业考试模拟训练题集及历年真题新解 / 于海峰,孙超主编. —北京:人民交通出版社股份有限公司,2018.1

ISBN 978-7-114-14416-5

Ⅰ.①2… Ⅱ.①于… ②孙… Ⅲ.①岩土工程—资格考试—题解 Ⅳ.①TU4-44

中国版本图书馆CIP数据核字(2017)第309453号

书　　名:2018全国注册岩土工程师专业考试模拟训练题集及历年真题新解
著 作 者:于海峰　孙　超
责任编辑:刘彩云　李　娜
出版发行:人民交通出版社股份有限公司
地　　址:(100011)北京市朝阳区安定门外外馆斜街3号
网　　址:http://www.ccpress.com.cn
销售电话:(010)59757973
总 经 销:人民交通出版社股份有限公司发行部
经　　销:各地新华书店
印　　刷:中国电影出版社印刷厂
开　　本:787×1092　1/16
印　　张:107.5
字　　数:2720千
版　　次:2018年1月　第1版
印　　次:2018年1月　第1次印刷
书　　号:ISBN 978-7-114-14416-5
定　　价:188.00元(含上、下两册)

全国注册岩土工程师专业考试
模拟训练题集及历年真题新解

编委会名单

Introduction 序

我国的岩土工程自1986年实行岩土工程体制以来，取得了很大进步。随着国家经济建设的持续发展，各类工程建设规模越来越大，活动范围越来越广，工程难度也日益加大，这就客观地要求我们必须不断提高岩土工程技术水平，积极主动地迎战更加艰巨的任务。为适应当前不断发展变化的新形势和新任务的需要，20世纪末，国家决定实行注册土木工程师(岩土)执业资格制度，规定注册岩土工程师必须经过全国统一考试，合格后才能获得执业资格。考试分基础考试和专业考试，国家为此专门组织专家成立了基础和专业资格考试试题设计评分专家组，并于2002年开始了定期考试。

我国国土辽阔，工程地质条件非常复杂，加之不同岩土工程特点要求各有不同，不同的行业规定要求也各有所异，这就给应试人员的考前复习准备带来一定难度。为了减小这一难度，必须在复习方法上加强系统化，对量大、面广的各种工程地质条件，不同工程特点，不同的专业需求和不同的规范规定进行系统化的复习，才能帮助考生取得好成绩。

于海峰等同志主编的《全国注册岩土工程师专业考试模拟训练题集及历年真题新解》就是一部系统性较强的训练题集。全集上册共分十章，它涵盖了不同的工程地质条件、不同特点的工程和不同规范的规定。针对各类问题逐一设置了一系列例题，并进行了例题解析；同时还设置了若干案例模拟题，以利读者思考，最后逐一给出了答案。这本题集是一部涵盖面广，比较全面、系统的岩土工程专业训练资料，更是一部岩土工程专业考试应试者考前应读的好书。

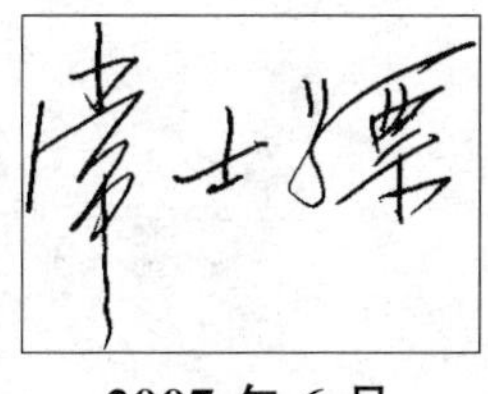

2007年6月

Preface 前言

注册土木工程师(岩土)专业考试从 2002 年开始至 2018 年已有 17 年的历史,它适应了我国勘察设计市场实行注册执业制度、与国际市场接轨的需要。从近几年来的考试情况看,考生普遍感到对基础知识掌握不全面,对规范的理解不深刻,对具体问题的分析不熟练。针对这种情况,为提高广大技术人员应对考试的能力,特编写本书。本书出版的目的主要是提高应试者的应考能力,同时也力求使从业技术人员在对规范的理解与应用、解决实际生产问题的能力,以及在基础理论的理解方面,都能有一定程度的提高。

本书按最新注册岩土工程师专业考试大纲要求及专业考试题型特点编写,共分为以下两个分册。

(1)上册——基本题型练习

该部分内容是把考试的规范分条进行理解,把规范分解成若干题型进行模拟训练,把内容编为单选题、多选题和案例题。通过对题的解答来加深对规范条文的理解,因为近几年的题目都是以规范作为答题的第一依据。为此,根据 2018 年的规范变化情况,做了如下的修订:

①重新改写了“第 8 章 特殊条件下的岩土工程”,使改写后的内容与《地质灾害危险性评估技术规范》(DZ/T 0286—2015),《煤矿采空区岩土工程勘察规范》(GB 51044—2014)吻合,符合 2018 年最新考试规范的要求。

②重新改写了“第 9 章 地震工程”,使改写后的内容与《水电工程水工建筑物抗震设计规范》(NB 35047—2015)吻合,符合 2018 年最新考试规范的要求。

本次修订的分工:第一章、第八章由孙法德、杜兆成、佟德生修编;第三章、第四章由孙超、周璟宏修编,第五章、第九章由孟凡超、尹洪峰、吴奭、邱道文修编,第六章、第七章由吕兆庆、孙有为修编,其余内容由于海峰修编。本册内容由于海峰、孙超统稿。

(2)下册——历年真题新解

根据 2018 年注册岩土工程师考试最新规范要求,对于新版规范《地质灾害危险性评估技术规范》(DZ/T 0286—2015)、《煤矿采空区岩土工程勘察规范》(GB 51044—2014)、《水电工程水工建筑物抗震设计规范》(NB 35047—2015)涉及的内容进行了全面更新,对历年真题按照新规范进行了逐一重新解答。

本册全书都已经按照新规范进行了重新修改,对一些已知条件与新规范相比有所缺失的做了补充,对应答案也按照新规范的要求进行了修改。虽使得有一些题目与原题有了不同,但方便了考生依据最新规范解答题目适应考试。本书对于历年真题尽可能做到少改动、尽量保留原考题风貌。相信这套专业考试历年真题全新解答会给广大考生复习考试带来最大的帮助。

本册内容由孙超、杜兆成修编,由于海峰统稿。

本书内容全面，题型接近考题，考点、重点及难点处均有多题重复出现，列举了注册土木工程师（岩土）执业资格考试中出现的基本考点和基本题型，是开始复习时掌握考点和知识点的必备工具书，是参加全国注册土木工程师（岩土）执业资格考试的必备资料，也可供大专院校相关专业的师生及工程技术人员参考。

我们非常荣幸地邀请到国家级勘察大师、《工程地质手册》主编常士骠先生为此书撰写序言，在此特表示衷心感谢！另外，中国兵器工业勘察设计研究院总工程师化建新先生审阅了部分书稿，并提出了宝贵的建议，在此一并表示感谢！

本书也必将以最新的面貌奉献给大家，相信我们的努力不会白费！我们的成果究竟是好是坏，还需要大家给出切实的评价！本书篇幅较大，相信没有这样的篇幅，也涵盖不了注册岩土考试的内容。希望大家根据自己的需要，有选择地阅读。

由于注册岩土工程师专业考试正处在不断完善的过程中，题型特点、题量大小、难易程度等方面都在不断地变化，加之作者水平有限，时间也很仓促，书中必定存在诸多谬误，恳请各位专家、同行指正。

于海峰

2018 年 1 月

目　录

2002 年全国注册岩土工程师专业考试试卷(新解)*

专业知识(上午卷)

1. 在进行高层建筑(箱形基础)地基勘察时,下列(　　)一般是可以不予考虑的。
   (A)地基不均产生差异沉降引起的上部结构局部倾斜
   (B)地基不均引起的整体倾斜
   (C)主楼与裙房之间的沉降差
   (D)大荷载、高重心对抗震的要求
2. 在节理裂隙发育的强至中等风化花岗岩岩体中,开挖形成一条走向为 N60°W 的高斜坡,延伸较长,坡面倾向南偏西,倾角 45°。花岗岩岩体内发育有四组节理裂隙(裂隙中有黏土充填),其产状分别如下,其中(　　)组节理裂隙对斜坡稳定性的影响最为不利。
   (A)N85°W<75°S　　(B)N85°W<25°N　　(C)N50°W<35°S　　(D)N50°W<65°N
3. 为保证标准贯入试验成果的可靠性,钻探时应注意保证质量,下列(　　)的要求不正确。
   (A)标准贯入位置以上 1.0 m 范围内不得采用冲击或振动钻进
   (B)孔底不应有沉渣
   (C)不宜采用泥浆护壁
   (D)孔内水位不得低于孔外水位
4. 为了确定岩石质量指标(RQD),下列要求中(　　)正确。
   (A)采用直径 110 mm 金刚石钻头,双层岩芯管钻进,回次进尺所取岩芯中长度不小于 10 cm的岩芯段的累计长度与该回次钻进深度之比为 RQD
   (B)采用直径 110 mm 合金钻头,双层岩芯管钻进,回次进尺所取岩芯中长度不小于 20 cm 的岩芯段的累计长度与该回次钻进深度之比为 RQD
   (C)采用直径 75 mm 金刚石钻头,双层岩芯管钻进,回次进尺所取岩芯中长度不小于 10 cm 的岩芯段的累计长度与该回次钻进深度之比为 RQD
   (D)采用直径 75 mm 合金钻头,双层岩芯管钻进,回次进尺所取岩芯中长度不小于 20 cm 的岩芯段的累计长度与该回次钻进深度之比为 RQD
5. 当地表面水平方向存在高电阻率屏蔽层时,按《铁路工程地质勘察规范》(TB 10012—2007),采用(　　)作为物探方法最适宜。
   (A)电测深法　　(B)交流电磁法
   (C)高密度电剖面法　　(D)电剖面法
6. 对于原状土取土器,下列(　　)的说法正确。

---

*注:1. 2002—2016 年考题均是参加考试人员凭记忆整理而成,仅供参考,其中有些试题缺失,有些试题文字或图件可能与真实考题存在误差。

2. 2002—2016 年考题已采用 2017 年最新规范进行修改,并根据最新规范进行解答(见对应年份参考答案)。

(A)固定活塞薄壁取土器的活塞是固定在薄壁筒内,不能在筒内上下移动

(B)自由活塞薄壁取土器的活塞在取样时可以在薄壁筒内自由上下移动

(C)回转式三重管(单、双动)取土器取样时,必须用冲洗液循环作业

(D)水压固定活塞薄壁取土器取样时,必须用冲洗液循环作业

7. 下列(　　)是进行点荷载试验的主要目的。

(A)确定土的地基承载力

(B)通过换算求得土的变形模量

(C)通过换算求得岩石的弹性模量

(D)通过换算求得岩石的单轴抗压强度

8. 下列(　　)符合压缩指数的含义。(注:e-孔隙比,P-压力,P_c-先期固结压力)

(A)e-P 曲线上某两点割线的斜率

(B)e-P 曲线初始段的斜率

(C)e-$\lg P$ 曲线上 P_c 以前的直线段的斜率

(D)e-$\lg P$ 曲线上 P_c 以后的直线段的斜率

9. 下列(　　)符合软黏土($\varphi \approx 0$)的不排水抗剪强度 c_u 与无侧限抗压强度 q_u 之间的关系。

(A)$c_u = q_u$　　(B)$c_u = \frac{1}{2}q_u$　　(C)$q_u = \frac{1}{2}c_u$　　(D)q_u 与 c_u 无关

10. 孔压静力触探在测定锥尖阻力和侧摩阻力的同时,还可以有其他功能。下列(　　)是孔压静力触探目前还做不到的。

(A)测定静止土压力系数　　(B)估计土的固结系数

(C)估计土的渗透系数　　(D)判断土的分类名称

11. 单孔法测剪切波波速时,用锤击板侧面的方法来激振。在识别 S 波初至波形时,下列(　　)不能作为识别的特征。

(A)S 波先于 P 波到达

(B)S 波初至波比 P 波到达晚

(C)S 波的波幅较 P 波大

(D)相反方向敲击,S 波的相位差 180°

12. 圆锥动力触探的"超前"和"滞后"效应,常发生在(　　)。

(A)软硬地层接触的界面上

(B)地下水位上下的界面上

(C)贯入操作暂停时的前后界面上

(D)达到某一临界深度上下的界面上

13. 根据《水利水电工程地质勘察规范》(GB 50487—2008),初步设计阶段坝基、坝肩及帷幕线上的基岩钻孔压水试验,当坝高大于 200 m 时,为查明渗透性各向异性的定向渗透试验应采用(　　)。

(A)设计水头　　(B)2 MPa 压力水头

(C)大于设计水头　　(D)0.8 倍设计水头

14. 通过水质分析,表明水中同时存在氯化物和硫酸盐,在评价水对钢筋混凝土结构中钢筋的腐蚀性时,按《岩土工程勘察规范》(GB 50021—2001)(2009 年版),其中 Cl^- 含量是指(　　)。

(A)Cl^- 含量与 SO_4^{2-} 含量之和　　(B)Cl^- 含量与 SO_4^{2-} 含量折算值之和

(C)Cl^- 含量折算值与 SO_4^{2-} 含量之和　　(D)不计 SO_4^{2-} 含量

15. 根据《湿陷性黄土地区建筑规范》(GB 50025—2004)判定建筑场地的湿陷类型时，下列(　　)是定为自重湿陷性黄土场地的充分且必要条件。

(A)湿陷系数大于或等于 0.015

(B)自重湿陷系数大于或等于 0.015

(C)实测或计算自重湿陷量大于 7 cm

(D)总湿陷量大于 30 cm

16. 一项乙类工程位于甘肃地区某大河的三级阶地上，黄土厚 30 m 左右，其下为中生代的砂页岩，地下水以裂隙水的形式赋存于基岩内。场地表面平坦，但多碟形凹地，有的颇具规模。该工程的主要建筑物将采用条形基础，宽度 $b=2.5$ m，埋深 $d=3.0$ m。在确定初步勘察阶段控制性取土勘探点深度时，下列(　　)是正确的。

(A)控制性勘探点的深度应大于等于 $3b+d$，即大于等于 10.5 m

(B)控制性勘探点的深度应大于基底下 10 m，即大于等于 13 m

(C)控制性勘探点的深度应达基岩面

(D)控制性勘探点的深度应大于基底下 15 m，即大于等于 18 m

17. 按《铁路工程地质勘察规范》(TB 10012—2007)，在膨胀岩土地区进行铁路选线，以下(　　)不符合选线原则。

(A)线路宜在地面平整、植被良好的地段采用浅挖低填通过

(B)线路宜沿山前斜坡及不同地貌单元的结合带通过

(C)线路宜避开地层呈多元结构或有软弱夹层的地段

(D)线路宜绕避地下水发育的膨胀岩土地段

18. 某内陆盐渍土中易溶盐分析成果为：$\frac{C(Cl^-)}{2C(SO_4^{2-})}=0.8$，含盐量为 8.8%。按《岩土工程勘察规范》(GB 50021—2001)(2009 年版)，该盐渍土属于下列(　　)的含盐类型。

(A)氯盐超盐渍土　　(B)亚硫酸盐超盐渍土

(C)氯盐强盐渍土　　(D)亚硫酸盐强盐渍土

19. 某土样取土深度为 22.0 m，测得先期固结压力为 350 kPa，地下水位为 4.0 m，水位以上土的密度为 1.85 g/cm^3，水位以下土的密度为 1.90 g/cm^3。该土样的超固结比(OCR)最接近下列(　　)值。

(A)<0　　(B)1.48　　(C)1.10　　(D)2.46

20. 根据《水利水电工程地质勘察规范》(GB 50487—2008)，具有整体块状结构、层状结构的硬质岩体抗剪断强度试验呈脆性破坏时，下列坝基抗剪强度取值方法中，(　　)是错误的。

(A)拱坝应采用峰值强度的平均值作为标准值

(B)重力坝应采用峰值强度的小值平均值作为标准值

(C)拱坝应采用比例极限作为标准值

(D)重力坝采用优定斜率法的下限值作为标准值

21. 对岩石斜坡，下列(　　)情况对斜坡稳定性最不利。

(A)岩层倾向与斜坡同向，倾角大于 45°且大于斜坡坡度角

(B)岩层倾向与斜坡同向，倾角大于 45°且小于斜坡坡度角

(C)岩层倾向与斜坡同向，两者倾角相等

(D)岩层倾向与斜坡逆向，倾角大于 45°，斜坡较陡

22. 下列对泥石流流域的划分中，(　　)划分方法符合《岩土工程勘察规范》(GB 50021—2001)(2009 年版)。

(A)物质汇集区和物质堆积区　　(B)物源段、陡沟段和缓坡段

(C)形成区、流通区和堆积区　　(D)汇流段、急流段和散流段

23. 在碳酸盐岩石地区，土洞和塌陷一般由下列(　　)原因产生。

(A)地下水渗流　　(B)岩溶和地下水作用

(C)动植物活动　　(D)含盐土溶蚀

24. 下列(　　)不属于形成泥石流的必要条件。

(A)有陡峻、便于集水、聚物的地形　　(B)有丰富的松散物质来源

(C)有宽阔的排泄通道　　(D)短期内有大量的水的来源及其汇集

25.《岩土工程勘察规范》(GB 50021—2001)(2009 年版)中地面沉降一节的适用范围只包括下列(　　)原因所造成的地面沉降。

(A)地下洞穴(包括岩溶)或采空区的塌陷

(B)建(构)筑物基础沉降时对附近地面的影响

(C)自重湿陷性黄土地区由于地下水位上升或地面水下渗而造成的地面自重湿陷

(D)抽汲地下水引起水位或水压的下降而造成大面积的地面沉降

26. 对目前正处于滑动阶段的土坡，其滑动带的土为黏性土，对这种土进行剪切试验时宜采用(　　)方法。

(A)多次剪切　　(B)快剪

(C)固结快剪　　(D)慢剪

27. 下列(　　)种地质构造的组合条件更有利于岩溶发育。

Ⅰ. 节理裂隙发育　　Ⅱ. 节理裂隙不发育

Ⅲ. 有断裂构造　　Ⅳ. 无断裂构造

Ⅴ. 陡倾斜岩层　　Ⅵ. 近水平岩层

Ⅶ. 褶皱轴部　　Ⅷ. 褶皱翼部

Ⅸ. 可溶岩与非可溶岩接触带

(A)Ⅰ、Ⅲ、Ⅶ、Ⅸ　　(B)Ⅱ、Ⅲ、Ⅵ、Ⅷ

(C)Ⅳ、Ⅵ、Ⅷ、Ⅸ　　(D)Ⅱ、Ⅳ、Ⅵ、Ⅷ

28. 在岩溶发育地段，铁路行业规范规定路基工程钻探深度一般应至路基基底下一定深度(不含桩基)。请问这个深度应按(　　)考虑。

(A)3～5 m　　(B)10～15 m

(C)8 m 以上　　(D)完整基岩内 10 m

29. 下述地表形态中，(　　)不能作为判断滑坡已处于滑动阶段的标志特征。

(A)滑坡周界已形成，错台清晰　　(B)坡面上开始出现不连续裂缝

(C)坡面上生长歪斜树木　　(D)坡脚有泉水出露或形成湿地

30. 按《岩土工程勘察规范》(GB 50021—2001)(2009 年版)计算滑坡推力，其作用点取以下(　　)位置是正确的。

(A)滑体厚度 1/2 处　　(B)滑体厚度 1/3 处

(C)滑动带处　　(D)滑体顶面处

31. 对于小窑采空区，下列说法中(　　)是错误的。

(A)地表变形形成移动盆地

(B)应查明地表裂缝,陷坑的位置、形状、大小、深度和延伸方向

(C)当采空区采深采厚比大于30,且地表已经稳定,对于三级建筑物可不进行稳定性评价

(D)地基处理可采用回填或压力灌浆法

32. 对水平或缓倾斜煤层上的地表移动盆地,以下几项特征中,(　　)是错误的。

(A)盆地位于采空区正上方

(B)盆地面积大于采空区

(C)地表最大下沉值位于盆地中央部分

(D)地表最大水平移动值位于盆地中央部分

33. 按《岩土工程勘察规范》(GB 50021—2001)(2009 年版),对下列崩塌区的建筑适宜性评价,按崩塌规模和处理难易程度分类,以下(　　)项是正确的。

(A)Ⅰ类崩塌区可作为建筑场地

(B)Ⅰ类崩塌区各类线路均可通过

(C)Ⅱ类崩塌区建筑场地线路工程通过应采取相应处理措施

(D)Ⅲ类崩塌区采取加固防护措施也不能作为建筑场地

34. 对安全等级为二级及以下的建筑物,当地基属于下列(　　)条件时,可不考虑岩溶稳定性的不利影响。

(A)岩溶水通道堵塞或涌水,有可能造成场地被淹

(B)有酸性生产废水流经岩溶通道地区

(C)微风化硬质围岩,顶板厚度等于或大于洞跨

(D)抽水降落漏斗中最低动水位高于岩土交界面的覆盖土地段

35. 按太沙基土体极限平衡理论,黏性土($\varphi=0°$)的直立边坡的极限高度接近于下列(　　)高度。

(A)$h_u=\frac{8c}{\gamma}$　　(B)$h_u=\frac{6c}{\gamma}$　　(C)$h_u=\frac{4c}{\gamma}$　　(D)$h_u=\frac{2c}{\gamma}$

36. 地基土为中密细砂,按《建筑抗震设计规范》(GB 50011—2010) 采用的地基土静承载力特征值为 200 kPa。现需进行天然地基基础抗震验算。在地震组合荷载作用下,基础边缘最大压力设计值不应超过(　　)。

(A)220 kPa　　(B)240 kPa　　(C)264 kPa　　(D)312 kPa

37. 地基液化等级为中等,丙类建筑,按《建筑抗震设计规范》(GB 50011—2010)规定,下列(　　)是必须采取的抗液化措施。

(A)全部消除液化沉陷

(B)部分消除液化沉陷且对基础和上部结构处理

(C)基础和上部结构处理,或更高要求的措施

(D)可不采取措施,或采取其他经济措施

38. 按《建筑抗震设计规范》(CB 50011—2010)进行抗震设计时,由于建筑场地类别划分不同,可能影响到下列(　　)内容。

(A)对设计地震分组的不同选择　　(B)对结构自振周期的取值

(C)对地震影响系数最大值的取值　　(D)对地震影响系数取值

39. 现场测得土层②的剪切波速是土层①的剪切波速的 1.4 倍,如果①、②两土层的质量密度基本相同,则在相应动应变幅值条件下,土层②的动剪切模量与土层①的动剪切模量

之比最接近（　　）。

(A)2.8　　(B)2.0　　(C)1.4　　(D)0.7

40. 在《建筑抗震设计规范》(GB 50011—2010)中，对设计地震分组进行划分是考虑到下列（　　）地震特性的差别。

(A)二者的震源深度不同　　(B)二者的发震机制不同

(C)二者地震动的频谱特性的不同　　(D)二者场地类别的不同

41. 在9度区修建公路桥梁所应采取的抗震措施中，下列（　　）不正确。

(A)在液化土层上建桥时，应增加基础埋置深度、穿过液化土层

(B)在液化土层上建桥时，应采用桩基础或沉井基础

(C)桥梁墩、台采用多排桩基础时，宜设置斜桩

(D)桥台台背和锥坡的填料宜采用砂类土，逐层夯实，并注意排水措施

42. 按《建筑抗震设计规范》(GB 50011—2010)，在对饱和砂土或粉土的液化或液化影响进行初判时，下列考虑因素的组合中不正确的组合是（　　）。

(A)土的地质年代，粉土的黏粒含量，上覆非液化层厚度，地下水位和基础埋置深度

(B)土的地质年代，砂土的黏粒含量，上覆非液化层厚度，地下水位和基础埋置深度

(C)场地所在地的地震烈度，粉土的黏粒含量，上覆非液化层厚度，地下水位和基础埋置深度

(D)土的地质年代，场地所在地的地震烈度，上覆非液化层厚度，地下水位和基础埋置深度

43. 在进行工程场地的抗震设防区划时，需确定土层的动力性质参数。下列（　　）组合的土层参数是必要的。

(A)剪切波速、土的密度和土的变形模量　　(B)土的密度、动剪切模量和阻尼比

(C)弹性模量、剪切波速和纵波波速　　(D)土的密度、剪切波速和纵波波速

44. 在工程项目总投资的其他投资项中，进入固定资产的费用除包括土地征用费、建设单位管理费、勘察设计费、科研实验费、设备检修费、联动试车费、青苗赔偿费、居民迁移费及外国技术人员费、出国联络费外，还包括下列（　　）项内容。

(A)工具、卡具、模具、家具等购置费　　(B)大型临时设施费

(C)设备购置费　　(D)设备安装费

45. 建设单位对岩土工程招标发包的程序，以下（　　）项包括的内容最全面。

(A)准备招标文件、发出招标公告与组织招标、开标、评标、决标、签订承包合同

(B)准备招标文件、确定标底、开标、评标与决标、签订承包合同

(C)准备招标文件、投标、开标、评标、决标、监督履约

(D)编制招标文件、确定标底、发出招标文件、投标资格审查、开标、评标、决标与发中标通知书、签订承包合同与监督履约

46. （　　）组合所提的内容能较全面准确地说明岩土工程监理与工程建设监理的主要工作目标。

Ⅰ. 成本控制　　Ⅱ. 投资控制　　Ⅲ. 技术控制　　Ⅳ. 进度控制

Ⅴ. 质量控制

(A)Ⅰ、Ⅲ、Ⅴ　　(B)Ⅱ、Ⅲ、Ⅴ　　(C)Ⅱ、Ⅳ、Ⅴ　　(D)Ⅰ、Ⅲ、Ⅳ

47. 建筑工程招标投标的评标，由评标委员会负责，下列（　　）不符合评标委员会的规定。

(A)评标委员会由招标人代表和有关专家组成

(B)评标委员会人数为五人以上单数

(C)评标委员会的技术专家不得少于成员总数的2/3

(D)评标委员会的技术专家可参与投标书的编制工作

48. 在建设工程勘察合同(岩土工程治理)履行期间,当完成的工作量在总工作量50%以内时,如果发包人要求终止或解除合同,发包人应按(　　)向承包人支付工程款。

(A)完成的实际工作量　　(B)总工程费的25%

(C)总工程费的50%　　(D)总工程费的75%

49. 按照《合同法》建设工程合同的规定,下列(　　)说法是正确的。

(A)承包人可以将其承包的全部建设工程转包给第三人

(B)承包人经发包人同意,可以将其承包的部分工作交由有相应资质的第三人完成

(C)承包人可以将其承包的全部建设工程分解以后以分包的名义分别转包给第三人

(D)分包单位可以将其承包的工程再分包

50. 岩土工程设计中编制概算的作用,除了作为制订工程计划和确定工程造价的依据,签订工程合同和实行工程项目包干的依据及确定标底和投标报价的依据三项外,还可作为下列(　　)的依据。

(A)制定施工作业计划和组织施工

(B)银行拨款或贷款

(C)考核设计方案的经济合理性和优选设计方案

(D)进行工程结算

专业知识(下午卷)

1. 在软土地基上快速填筑土堤,验算土堤的极限高度时,地基承载能力应采用下列(　　)种方法来确定。

(A)控制相对沉降值s/b=0.01所对应的荷载

(B)塑性变形区开展至一定深度的计算公式

(C)极限承载力计算公式

(D)临塑荷载计算公式

2. 按《建筑地基基础设计规范》(GB 50007—2011)的规定计算的沉降,按其性质应属于下列(　　)种条件组合。

Ⅰ. 包括施工期在内的全部沉降　　Ⅱ. 施工结束后产生的沉降

Ⅲ. 反映了上部结构与基础刚度的影响　　Ⅳ. 没有反映上部结构与基础刚度的影响

(A)Ⅱ、Ⅲ　　(B)Ⅱ、Ⅳ　　(C)Ⅰ、Ⅳ　　(D)Ⅰ、Ⅲ

3. 温克尔弹性地基模型的基本概念是假定地基所受的压力强度P与该点的变形S成正比,其比例系数称为基床系数,(　　)是基床系数的正确单位。

(A)kN/m　　(B)kN/m^2　　(C)kN/m^3　　(D)kN/m^4

4. 按照《建筑地基基础设计规范》(GB 50007—2011),确定沉降计算经验系数时,下列(　　)内容是必要和充分的依据。

(A)基底总压力、计算深度范围内地基土压缩模量的平均值以及地基承载力特征值

(B)基底附加压力、计算深度范围内地基土压缩模量的当量值以及地基承载力特征值

(C)基底附加压力、计算深度范围内地基土压缩模量的平均值以及地基承载力特征值

(D)基底附加压力、计算深度范围内地基土压缩模量的当量值

5. 在软土地基上(地下水位在地面下 0.5 m)快速填筑土堤，验算土堤的极限高度时应采用下列(　　)抗剪强度试验指标。

(A)排水剪　　(B)固结不排水剪

(C)不固结不排水剪　　(D)残余抗剪强度

6. 已知建筑物单柱基础面积为 4 m×6 m，基底附加压力 $p_0=30$ kPa，则基础中心点下深度 $z=2$ m 处的垂直附加应力 σ_{z0} 最接近(　　)。

(A)28 kPa　　(B)23 kPa　　(C)19 kPa　　(D)25 kPa

7. 在软土地区建筑地下车库，地下水位为 0.5 m，车库顶面覆土 1 m，底板埋深 5 m，柱网间距 8 m，则下列基础方案中(　　)方案是比较适当的。

(A)箱基　　(B)筏基加抗浮桩

(C)独立柱基加底板　　(D)加肋筏基

8. 从压缩曲线上取得的数据为：$p_1=100$ kPa，$e_1=1.15$，$p_2=200$ kPa，$e_2=1.05$；对土的压缩性进行评价时，下列(　　)的评价是正确的。

(A)中压缩性　　(B)低压缩性

(C)高压缩性　　(D)尚不能判别

9. 某砖混房屋为毛石混凝土基础，混凝土强度等级为C15，基础顶面的砌体宽度 $b_0=0.6$ m，基础高度 $H_0=0.8$ m，基础底面处的平均压力 $p=180$ kPa，按《建筑地基基础设计规范》(GB 50007—2011) 给定的台阶宽高比的允许值，求得基础底面宽度应小于或等于(　　)。

(A)1.88 m　　(B)2.50 m　　(C)1.45 m　　(D)2.20 m

10. 单向偏心荷载作用下的矩形基础基底压力分布形状与偏心距 e 的大小有关，设 L 为基底偏心方向长度，则当荷载偏心距的大小符合(　　)时，基底压力的分布为梯形。

(A)$e<\frac{L}{6}$　　(B)$e=\frac{L}{6}$　　(C)$e>\frac{L}{6}$　　(D)$e=0$

11. 软土地基上的两幢建筑物如右图所示，建筑物 A 为新建建筑物，建筑物 B 为沉降已稳定的已有建筑物，则下列事故中(　　)的事故不可能发生。

(A)开挖建筑物 A 的基坑时引起建筑物 B 的不均匀沉降

(B)建筑物 B 引起建筑物 A 产生倾斜

(C)建筑物 A 引起建筑物 B 产生不均匀沉降

(D)建筑物 A 施工时降低地下水位引起建筑物 B 的损坏

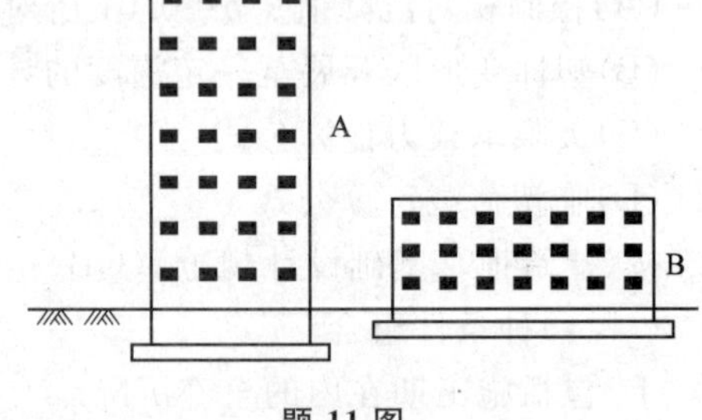

题 11 图

12. 按《建筑地基基础设计规范》(GB 50007—2011)的规定，在非填方整平地区，如基础采用箱基或筏基，进行地基承载力深度修正时，基础埋置深度应按下列(　　)规定。

(A)从室外地面标高算起　　(B)从地下室地面标高算起

(C)从室内设计地面标高算起　　(D)从室内外地面的平均标高算起

13. 按《建筑桩基技术规范》(JGJ 94—2008)，下列有关嵌岩桩的几条陈述中，(　　)正确。

(A)嵌岩桩是桩端嵌入强风化岩中的桩

(B)嵌岩桩嵌岩越深，桩端阻力越大

(C)嵌岩桩是端承桩

(D)嵌岩段的侧阻力非均匀分布,端阻力发挥值随嵌岩深度递减

14. 有关单桩水平承载力设计值的取值,下列(　　)说法是不正确的。

(A)对钢筋混凝土预制桩,可根据单桩水平静载试验取地面处水平位移为 10 mm(对于水平位移敏感的建筑物取水平位移 6 mm)对应的荷载的 75%

(B)对桩身配筋率等于或大于 0.65%的灌注桩,可取单桩水平静载试验的临界荷载

(C)缺少单桩水平静载试验资料时,可按有关公式估算

(D)灌注桩配筋率对单桩水平承载力设计值的取值有一定影响

15. 按《建筑桩基技术规范》(JGJ 94—2008)规定进行桩径大于 ϕ600 灌注桩施工,在开始灌注水下混凝土时,导管底部至孔底的距离宜为下列(　　)范围。

(A)300～500 mm　　(B)500～800 mm

(C)800～1 000 mm　　(D)1 000～1 200 mm

16. 某建筑场地地下水位为地面下 2 m,地层为残积黏性土夹块石,桩端持力层为强风化砾岩,桩径为 0.8 m。采用下列(　　)种桩型比较适宜。

(A)人工挖孔灌注桩　　(B)沉管灌注桩

(C)冲击成孔灌注桩　　(D)螺旋钻孔灌注桩

17. 某工程采用泥浆护壁灌注桩,桩径为 800 mm,单桩竖向承载力设计值为 4 500 kN,桩身混凝土按《建筑桩基技术规范》(JGJ 94—2008)规定不得低于下列(　　)强度等级。

(A)C15(抗压强度设计值 f_c=7.5 MPa)

(B)C20(抗压强度设计值 f_c=10 MPa)

(C)C25(抗压强度设计值 f_c=12.5 MPa)

(D)C30(抗压强度设计值 f_c=15 MPa)

18. 某公路桥桩基,桩径 d=1.5 m,桩长 l=15 m,桩端支承于基岩表面,基岩单轴抗压强度 R_a=10 MPa,按《公路桥涵地基与基础设计规范》(JTG D63—2007)计算单桩容许承载力,其值最接近(　　)。

(A)8.0×10^3 kN　　(B)8.8×10^3 kN

(C)9.4×10^3 kN　　(D)10.0×10^3 kN

19. 为减小或消除桩基因填土沉陷产生的负摩阻力,宜采用下列(　　)措施。

(A)先成桩后填土

(B)先填土并夯实,然后成桩

(C)先填土后成桩,成桩后对填土实施浸水

(D)先成桩后填土并夯实

20. 受偏心荷载的柱下独立多桩基础,其承台除应验算受柱冲切的承载力外,尚应验算(　　)。

(A)受中心桩冲切的承载力　　(B)受偏心一侧边桩冲切的承载力

(C)受偏心一侧角桩冲切的承载力　　(D)受偏心反侧角桩冲切的承载力

21. 由桩径 d = 800 mm 的灌注桩组成的桩群,其横向及纵向桩距 $S_{ax}=S_{ay}=3d$,因大面积填土引起桩周出现负摩阻力,其平均负摩阻力标准值 q_s^n = 15 kPa,负摩阻区桩周土平均有效重度 γ'_m = 10 kN/m^3,按《建筑桩基技术规范》(JGJ 94—2008)规定,桩群的负摩阻力群桩效应系数 η_n 应取下列(　　)数值。

(A)1.35　　(B)0.56　　(C)1.0　　(D)0.74

22. 某工程采用钻孔灌注桩,对其中 3 根桩分别进行了单桩竖向抗压静载试验,实测极限承

载力分别为 $Q_{u1}=2\ 500$ kN，$Q_{u2}=2\ 700$ kN，$Q_{u3}=3\ 000$ kN，按《建筑桩基技术规范》(JGJ 94—2008) 经过计算统计特征值 α_i、S_n 后，确定了试桩的单桩竖向极限承载力标准值 Q_{uk}。则下列(　　)正确。

(A) $S_n=0.15$，$Q_{uk}=2.9\times10^3$ kN　　(B) $S_n=0.092$，$Q_{uk}=2.7\times10^3$ kN

(C) $S_n=0.092$，$Q_{uk}=2.5\times10^3$ kN　　(D) $S_n=0.13$，$Q_{uk}=3.0\times10^3$ kN

23. 桩径 $d=800$ mm 的钻孔灌注桩，桩端扩底直径 $D=1.6$ m，桩端持力层为硬塑黏性土，根据《建筑桩基技术规范》(JGJ 94—2008)关于确定大直径桩单桩竖向极限承载力标准值的规定，如果以 Q_{pk}^D 和 Q_{pk}^d 分别表示扩底桩和不扩底桩的单桩总极限端阻力，请问比值 Q_{pk}^D/Q_{pk}^d 将等于下列(　　)数值。

(A) 3.36　　(B) 3.17　　(C) 4.0　　(D) 2

24. 暂无

25. 素土和灰土垫层土料的施工含水率应控制在最优含水率 $w_{op}\pm2\%$ 的范围内，这个最优含水率与下列(　　)因素没有关系。

(A) 土料的天然含水率　　(B) 土料的可塑性

(C) 土料中的粗颗粒含量　　(D) 击实试验的击实能量

26. 经处理后的地基，当按地基承载力确定基础底面积及埋深而需要对地基承载力标准值进行修正时，按《建筑地基处理技术规范》(JGJ 79—2012)规定，下列(　　)取值方法正确。

(A) 宽度修正系数取零，深度修正系数取 1.0

(B) 宽度修正系数取 1.0，深度修正系数取零

(C) 宽度修正系数和深度修正系数按《建筑地基基础设计规范》(GB 50007—2011)的相应规定取值

(D) 宽度修正系数和深度修正系数的取值根据地基处理后的实际效果而定

27. 换填法浅层地基处理在选择材料时，下列(　　)材料比较适合于处理厚层湿陷性黄土。

(A) 级配良好、不含植物残体垃圾的砂石

(B) 有机含量小于 5%，夹有粒径小于 50 mm 石块、碎砖的素土

(C) 体积配比为 3∶7 或 2∶8 的灰土

(D) 质地坚硬、性能稳定、无腐蚀性的粗粒工业废渣

28. 在确定强夯法处理地基的夯点夯击次数时，下列(　　)可以不作为考虑的因素。

(A) 土中超孔隙水压力的消散时间　　(B) 最后两击的平均夯沉量

(C) 夯坑周围地面的隆起程度　　(D) 夯击形成的夯坑深度

29. 碎石桩单桩竖向承载力主要取决于下列(　　)因素组合。

(A) 碎石桩的桩长、桩径和桩身密实度

(B) 碎石桩的桩径、桩身密实度和桩周土的抗剪强度

(C) 碎石桩的桩径、桩长和桩周土的抗剪强度

(D) 碎石桩的桩径、桩周土和桩底土层的抗剪强度

30. 下列叙述中(　　)的要求是错误的。

(A) 振冲密实法处理范围应大于建筑物基础范围

(B) 深层搅拌法处理范围应大于建筑物基础范围

(C) 振冲置换法处理范围应根据建筑物的重要性和场地条件确定，通常都大于基础范围

(D) 强夯法处理范围应大于建筑物基础范围

31.《建筑地基处理技术规范》(JGJ 79—2012)规定，复合地基载荷试验可按相对变形值(s/b

或 s/d)确定复合地基承载力基本值。在正常的试验情况下,如果相对变形值取值偏大,则根据载荷试验结果确定复合地基承载力时会出现下列(　　)情况。

(A)对确定复合地基承载力没有影响

(B)沉降急剧增大,土被挤出或压板周围出现明显的裂缝

(C)所确定的复合地基承载力偏小

(D)所确定的复合地基承载力偏大

32. 在选择软土地基的处理方案时,下列(　　)说法是错误的。

(A)软土层浅而薄,经常采用简单的表层处理

(B)软土层即使浅而薄,但作为重要构造物的地基仍然需要挖除换填

(C)在软土层很厚时,不适合采用砂井排水法

(D)软土层顶部有较厚的砂层时,主要是沉降问题

33. 当采用换土法来处理公路路基的软土地基时,下列(　　)说法是错误的。

(A)当软土层厚度较小时,一般可采用全部挖除换填的方法;当软土层厚度较大时,可采用部分挖除换填的方法

(B)在常年积水、排水困难的洼地,软土呈流动状态,且厚度较薄时,可采用抛石挤淤法

(C)当软土层较厚、稠度较大、路堤较高且施工工期紧迫时,可采用爆破排淤法

(D)由于爆破排淤法先填后爆的方法易于控制,工效较高,对于软土较薄的情况也应当优先采用

34. 挤密砂石桩的施工,必须对施工质量进行检验,下列(　　)可不作为评估施工质量的依据。

(A)砂石桩的沉管时间

(B)各段的填砂石量、提升及挤压时间

(C)砂石料的孔隙率

(D)桩位偏差、桩体垂直度、施工记录和试验结果

35. 厚层软黏土地基,初步设计拟采用水泥土搅拌桩复合地基方案。经估算,复合地基承载力可满足要求,但工后沉降计算值超过了限值。为了有效地减少复合地基沉降量,则采取下列(　　)措施是最有效的。

(A)提高复合地基置换率　　(B)提高水泥掺和比

(C)增加桩长　　(D)扩大桩径

36. 搅拌桩复合地基承载力标准值可按 $f_{spk}=\lambda m\dfrac{R_a}{A_p}+\beta(1-m)f_{sk}$ 计算,式中有 m 和 β 两个系数。下列(　　)说法是正确的。

(A)m 值由计算而得,β 值凭经验取得　　(B)m 值凭经验而得,β 值由计算而得

(C)m 值和 β 值都由计算而得　　(D)m 值和 β 值都凭经验取得

37. 按《公路路基设计规范》(JTG D30—2004),沿河及受水浸淹地段的路堤的边缘标高,应按照下列(　　)项来确定。

(A)应高出设计水位加壅水高、波浪侵袭高和安全高度

(B)应高出设计水位加壅水高和波浪侵袭高

(C)应高出设计水位加壅水高

(D)应高出设计水位

38. 粗料(粒径大于 5 mm 的颗粒)含量超过 50%的砾石土,一般不适宜用来填筑土石坝的防

渗体,其主要原因与(　　)有关。

(A)土的均匀性差

(B)不易压实

(C)填筑含水率不易控制

(D)压实后土体的防渗性有可能满足不了设计要求

39. 新设计的土质边坡,工程安全等级为二级,计算边坡的稳定性,如采用峰值抗剪强度为计算参数,按《岩土工程勘察规范》(GB 50021—2001)(2009 年版)其稳定系数 F_s 宜采用的数值为(　　)。

(A)1.50　　(B)1.30　　(C)1.25　　(D)1.15

40. 基坑支护设计中,当按照《建筑基坑支护技术规程》(JGJ 120—2012)对基坑外侧水平荷载的计算与参数取值时,下列(　　)的计算原则是错误的。

(A)水平荷载可按当地可靠经验确定

(B)对砂土及黏性土可用水土分算计算水平荷载

(C)当基坑开挖面以上水平荷载为负值时,应取零

(D)计算土压力使用的强度参数由三轴试验确定,有可靠经验时,可采用直接剪切试验

41. 作为排桩的钻孔灌注桩,按《建筑基坑支护技术规程》(JGJ 120—2012)规定,施工时桩底沉渣厚度不宜超过(　　)。

(A)200 mm　　(B)100 mm　　(C)300 mm　　(D)500 mm

42. 在《建筑基坑支护技术规程》(JGJ 120—2012)中,对于基坑支护结构承载能力极限状态作出了相应的规定,下列(　　)的提法是不符合规定的。

(A)支护结构超过最大承载能力

(B)土体失稳

(C)过大变形导致支护结构或基坑周边环境破坏

(D)支护结构变形已妨碍地下结构施工

43. 暂无

44. 进行挡土墙设计时,下列各项中(　　)不是计算土压力的必要参数。

(A)填土重度　　(B)填土的内摩擦角

(C)填土对挡土墙背的摩擦角　　(D)填土的含水率

45. 在对沿河铁路路堤边坡受河水冲刷地段进行防护设计时,采用浆砌片石护坡或混凝土护坡方案,最适用于以下(　　)条件。

(A)不受主流冲刷的路堤防护

(B)主流冲刷及波浪作用强烈处的路堤防护

(C)有浅滩地段的河岸冲刷防护

(D)峡谷急流和水流冲刷严重河段防护

46. 对于铁路重力式挡土墙设计,下列荷载中,(　　)不属于荷载主力。

(A)墙身重力及顶面上恒载　　(B)墙背岩土主动土压力

(C)常水位时静水压力和浮力　　(D)设计水位时静水压力和浮力

47. 分析建造在不透水地基上的均质土坝在长期蓄水的工况下的稳定性时,应采用(　　)确定坝体压实土料的抗剪强度。

(A)总应力法

(B)有效应力法

(C)既能采用总应力法，也能采用有效应力法

(D)总应力法和有效应力法兼用，取强度指标低者，供稳定分析用

48. 按《岩土工程勘察规范》(GB 50021—2001)(2009 年版)，下列岩体完整程度定性划分与岩体完整程度(K_V)的(　　)组对应关系是正确的。

	完整程度	完整	较完整	较破碎	破碎	极破碎
(A)	K_V	>0.8	0.80～0.60	0.60～0.40	0.40～0.20	<0.20
(B)	K_V	>0.75	0.75～0.55	0.55～0.35	0.35～0.15	<0.15
(C)	K_V	>0.90	0.90～0.60	0.60～0.40	0.40～0.15	<0.15
(D)	K_V	>0.60	0.60～0.45	0.45～0.30	0.30～0.15	<0.15

49. 某岩体为完整的较软岩，岩体基本质量指标(BQ)约 400，作为地下工程的围岩，按《工程岩体分级标准》(GB 50218—2014)，下列对自稳能力的评价中(　　)是正确的。

(A)洞径 10～20 m 可基本稳定，局部可发生掉块

(B)洞径 5～10 m 可长期稳定，偶有掉块

(C)洞径小于 5 m，可基本稳定

(D)洞径大于 5 m，一般无自稳能力

50. 水利水电工程勘察的初步设计阶段，在下列各项对地下洞室的勘察要求中，(　　)是对高水头压力管道地段规定的特别要求。

(A)查明地形地貌条件

(B)查明地下水位、水压、水温和水化学成分

(C)进行围岩工程的地质分类

(D)查明上覆山体的应力状态与稳定性

专业案例(上午卷)

1. 某建筑物条形基础，埋深 1.5 m，条形基础轴线间距为 8 m，按上部结构设计，传至基础底面荷载标准组合的基底压力值为每延长米 400 kN，地基承载力特征值估计为 200 kPa，无明显的软弱或坚硬的下卧层。按《岩土工程勘察规范》(GB 50021—2001)(2009 年版)进行详细勘察时，勘探孔的孔深以下列(　　)深度为宜。

(A)8 m　　(B)10 m

(C)12 m　　(C)15 m

2. 某工程场地进行了单孔抽水试验，地层情况及滤水管位置见右示意图及下表，滤水管上下均设止水装置，主要数据如下：

钻孔深度 12.0 m；承压水位 1.50 m；

钻孔直径 800 mm；假定影响半径 100 m。

则用裘布依公式计算得含水层的平均渗透系数为(　　)(不保留小数)。

(A)73 m/d

(B)90 m/d

(C)107 m/d

(D)136 m/d

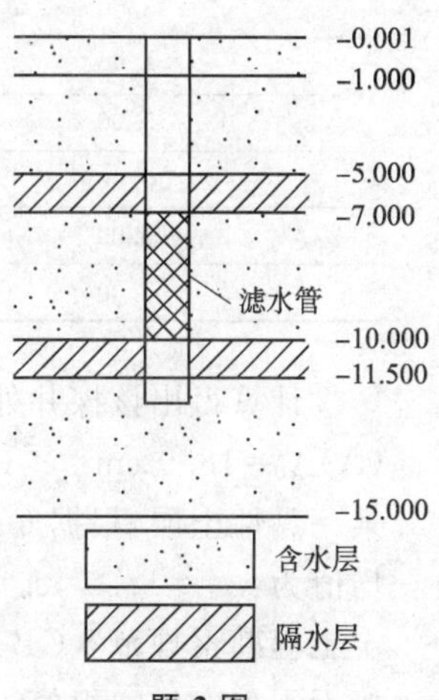

题 2 图

注：示意图不按比例。

题 2 表

降深		涌水量
第一次	2.1 m	510 t/d
第二次	3.0 m	760 t/d
第三次	4.2 m	1050 t/d

3. 在较软弱的黏性土中进行平板载荷试验，承压板为正方形，面积0.25 m^2。各级荷载及相应的累计沉降如下表所示。

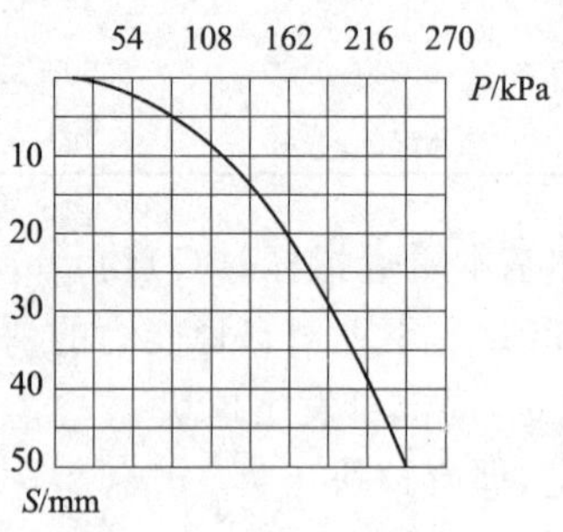

题 3 图

题 3 表

P/kPa	54	81	108	135	162	189	216	243
S/mm	2.15	5.05	8.95	13.90	21.50	30.55	40.35	48.50

根据 P-S 曲线(如上图所示)，按《建筑地基基础设计规范》(GB 50007—2011)，承载力基本值最接近(　　)。

(A)81 kPa　　(B)98 kPa　　(C)150 kPa　　(D)216 kPa

4. 某一黄土塬(因土质地区而异的修正系数 β_0 取 0.5)上进行场地初步勘察，在一探井中取样进行黄土湿陷性试验，成果如下表所示。

题 4 表

取样深度/m	自重湿陷系数 δ_{zs}	湿陷系数 δ_s
1.00	0.032	0.044
2.00	0.027	0.036
3.00	0.022	0.038
4.00	0.020	0.030
5.00	0.001	0.012
6.00	0.005	0.022
7.00	0.004	0.020
8.00	0.001	0.006

计算得出该探井处的总湿陷量 Δ_s(不考虑地质分层)最接近下列(　　)数值。

(A)$\Delta_s=18.9$ cm　　(B)$\Delta_s=31.8$ cm　　(C)$\Delta_s=21.9$ cm　　(D)$\Delta_s=20.9$ cm

5. 某一黏性土层，根据 6 件试样的抗剪强度试验结果，经统计后得出土的抗剪强度指标的平均值为：$\varphi_m=17.5°$，$c_m=15.0$ kPa。并算得相应的变异系数 $\delta_\varphi=0.25$，$\delta_c=0.30$。根据《岩土工程勘察规范》(GB 50021—2001)(2009 年版)，则土的抗剪强度指标的标准值 φ_k、c_k 最接近下列(　　)组值。

(A)$\varphi_k=13.9°$，$c_k=11.3$ kPa　　(B)$\varphi_k=11.4°$，$c_k=8.7$ kPa

(C)φ_k=15.3°,c_k=12.8 kPa　　(D)φ_k=13.1°,c_k=11.2 kPa

6. 暂无

7. 已知条形基础宽度 $b=2$ m,基础底面压力最小值 $P_{min}=50$ kPa,最大值 $P_{max}=150$ kPa,指出作用于基础底面上的轴向压力及力矩最接近下列(　　)种组合。

(A)轴向压力 230 kN/m,力矩 40 kN·m/m

(B)轴向压力 150 kN/m,力矩 32 kN·m/m

(C)轴向压力 200 kN/m,力矩 33 kN·m/m

(D)轴向压力 200 kN/m,力矩 50 kN·m/m

8. 有一箱形基础,上部结构和基础自重传至基底的压力 $p=80$ kPa,若地基土的天然重度 $\gamma=18$ kN/m³,地下水位在地表下 10 m 处,当基础埋置在下列(　　)深度时,基底附加压力正好为零。

(A)d=4.4 m　　(B)d=8.3 m　　(C)d=10 m　　(D)d=3 m

9. 某建筑物采用独立基础,基础平面尺寸为 4 m×6 m,基础埋深 $d=1.5$ m,拟建场地地下水位距地表 1.0 m,地基土层分布及主要物理力学指标如下表所示。

题 9 表

层序	土名	层底深度/m	含水率	天然重度/(kN/m³)	孔隙比 e	液性指数 I_L	压缩模量 E_s/MPa
①	填土	1.00		18.0			
②	粉质黏土	3.50	30.5%	18.7	0.82	0.70	7.5
③	淤泥质黏土	7.90	48.0%	17.0	1.38	1.20	2.4
④	黏土	15.00	22.5%	19.7	0.68	0.35	9.9

假如作用于基础底面处的有效附加压力(标准值)$p_0=80$ kPa,第④层属超固结土(OCR=1.5),可作为不压缩层考虑,沉降计算经验系数 ψ_s 取 1.0,按《建筑地基基础设计规范》(GB 50007—2011)计算独立基础最终沉降量 s(mm),其数值最接近(　　)。

(A)58　　(B)84　　(C)110　　(D)118

10. 某建筑物采用独立基础,基础平面尺寸为 4 m×6 m,基础埋深 $d=1.5$ m,拟建场地地下水位距地表 1.0 m,地基土层分布及主要物理力学指标见题 9 表。假如作用于基础底面处的有效附加压力(标准值)$p_0=60$ kPa,压缩层厚度为 5.2 m,按《建筑地基基础设计规范》(GB 50007—2011)确定沉降计算深度范围内压缩模量的当量值,其结果最接近(　　)。

(A)3.0 MPa　　(B)3.4 MPa　　(C)3.8 MPa　　(D)4.2 MPa

11. 条形基础宽 2 m,基底埋深 1.50 m,地下水位在地面以下 1.50 m,基础底面的设计荷载为 350 kN/m,地层厚度与有关的试验指标见下表。

题 11 表

层号	土层厚度/m	天然重度 γ/[kN/m³]	压缩模量 E_s/kPa
①	3	20	12.0
②	5	18	4.0

在对软弱下卧层②进行验算时,为了查表确定地基压力扩散角 θ,z/b 应取数值为(　　)。

(A)1.5　　(B)4.0　　(C)0.75　　(D)0.6

12. 条形基础宽 2 m，基底埋深 1.50 m，地下水位在地面以下 1.50 m，基础底面的设计荷载为 350 kN/m，地层厚度与有关的试验指标见题 11 表。在软弱下卧层验算时，若地基压力扩散角 $\theta = 23°$，扩散到 ② 层顶面的压力 P_z 的值最接近于（　　）。

(A)89 kPa　　(B)196 kPa　　(C)107 kPa　　(D)214 kPa

13. 已知基础宽度 $b = 2$ m，竖向力 $N = 200$ kN/m，作用点与基础轴线的距离 $e' = 0.2$ m，外侧水平向力 $E = 60$ kN/m，作用点与基础底面的距离 $h = 2$ m，忽略内侧的侧压力，则偏心距 e 满足条件为（　　）。

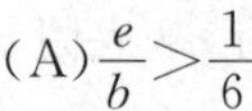

(A)$\dfrac{e}{b} > \dfrac{1}{6}$　　(B)$\dfrac{e}{b} < \dfrac{1}{6}$

(C)$\dfrac{e}{b} = \dfrac{1}{6}$　　(D)$\dfrac{e}{b} = 0$

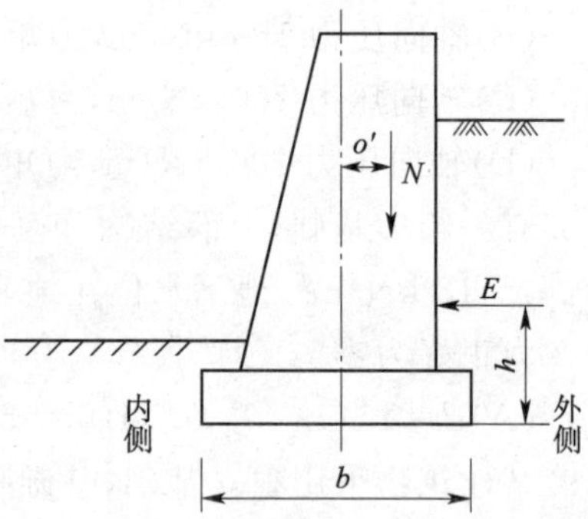

题 13 图

14. 基本条件同第 13 题，仅水平向力 E 由 60 kN/m 减小到 20 kN/m，请问基础底面压力的分布接近下列（　　）情况。

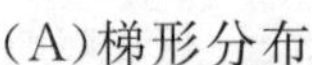

(A)梯形分布　　(B)均匀分布

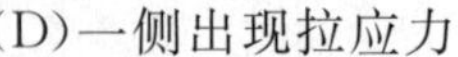

(C)三角形分布　　(D)一侧出现拉应力

15. 某市地处冲积平原上。当前地下水位埋深在地面下 4 m，由于开采地下水，地下水位逐年下降，年下降率为 1 m，主要地层有关参数的平均值如下表所示。第 ③ 层以下为不透水的岩层。不考虑第 ③ 层以下地层可能产生的微量变形，请问今后 20 年内该市地面总沉降 (s) 的值预计将接近（　　）。

题 15 表

层序	地层	厚度/m	层底深度/m	物理力学性质指标		
				孔隙比 e_0	a/MPa^{-1}	E_s/MPa
①	粉质黏土	5	5	0.75	0.3	
②	粉土	8	13	0.65	0.25	
③	细砂	11	24			15.0

(A)8.97 cm　　(B)16.78 cm　　(C)20.12 cm　　(D)25.75 cm

16. 有一个在松散地层中形成的较规则的洞穴，其高度 H_0 为 4 m，宽度 B 为 6 m，地层内摩擦角为 40°，应用普氏松散介质破裂拱（崩坏拱）概念，这个洞穴顶板的坍塌高度可算得为（　　）。

(A)4.77 m　　(B)5.80 m

(C)7.77 m　　(D)9.26 m

17. 某一滑坡面为折线的单个滑坡，拟设计抗滑结构物，其主轴断面及作用力参数如下列图、表所示，取计算安全系数为 1.05 时，按《岩土工程勘察规范》(GB 50021—2001)(2009 年版) 的公式和方法计算，其最终作用在抗滑结构物上的滑坡推力 p_3 的值最接近（　　）。

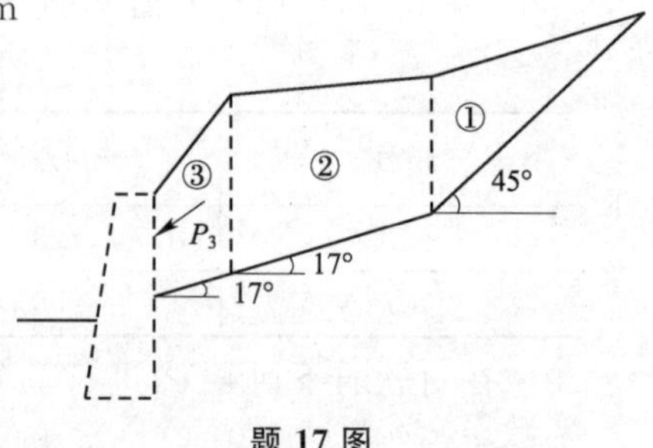

题 17 图

题 17 表

	下滑分力 T/(kN/m)	抗滑力 R/(kN/m)	滑面倾角 θ	传递系数 ψ
①	12 000	5 500	45°	0.733
②	17 000	19 000	17°	1.0
③	2 400	2 700	17°	

(A)3 874 kN/m　　(B)4 200 kN/m

(C)5 050 kN/m　　(D)5 170 kN/m

18. 一砌体房屋承重墙条基埋深 2 m,基底以下为 6 m 厚粉土层,粉土黏粒含量为 9%,其下为 12 m 厚粉砂层,粉砂层下为较厚的粉质黏土层,近期内年最高地下水位在地表以下 5 m,该建筑所在场地地震烈度为 8 度,设计基本地震加速度为 0.2g,设计地震分组为第一组。勘察工作中为判断土及粉砂层密实程度,在现场沿不同深度进行了标准贯入试验,其实测 $N_{63.5}$ 值如图所示,根据提供的标准贯入试验结果中有关数据,请分析该建筑场地地基土层是否液化,若液化,它的液化指数 I_{LE} 值是多少,下列(　　)项是与分析结果最接近的答案。

(A)不液化　　(B)$I_{LE}=7.5$　　(C)$I_{LE}=22.1$　　(D)$I_{LE}=16.0$

19. 水闸下游岸墙高 5 m,墙背倾斜与垂线夹角 $\psi_1=20°$,断面形状如下图所示,墙后填料为粗砂,填土表面水平,无超载($q=0$),粗砂内摩擦角 $\varphi=32°$(静动内摩擦角差值不大,计算均用 32°),墙背与粗砂间摩擦角 $\delta=15°$。岸墙所在地区地震烈度为 8 度,试参照《水工建筑物抗震设计规范》(DL 5073—2000) 第 4.9.1 条及本题要求,计算在水平地震力作用下(不计竖向地震力作用) 在岸墙上产生的地震主动土压力值 F_E。计算所需参数除图中给出 φ、δ 及压实重力密度 γ 外,地震系数角 θ_c 取 3°,所得 F_E 的值最接近(　　)。

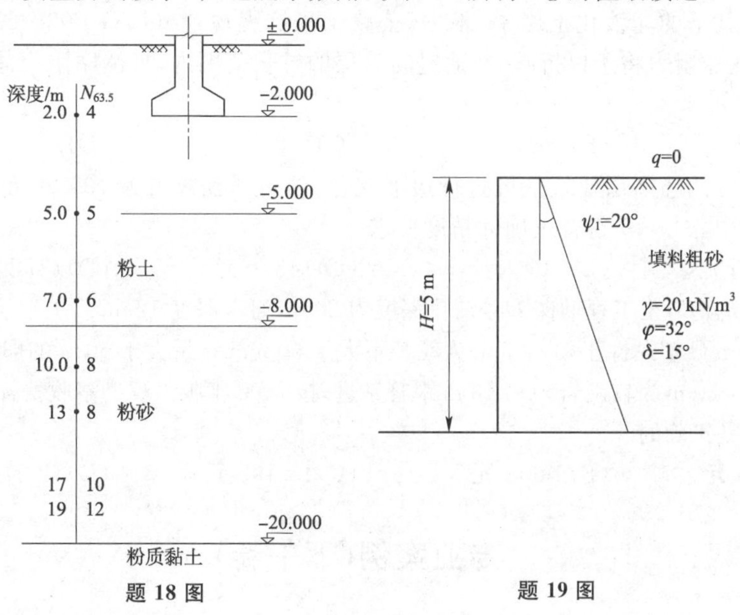

题 18 图　　题 19 图

(A)28 kN/m　　(B)62 kN/m

(C)85 kN/m　　(D)120 kN/m

20. 某场地抗震设防烈度 8 度,第二组,场地类别 Ⅰ 类。建筑物 A 和建筑物 B 的结构自振周期分别为:$T_A=0.2$ s 和 $T_B=0.4$ s。根据《建筑抗震设计规范》(GB 50011—2010),如果建筑物 A 和 B 的地震影响系数分别为 α_A 和 α_B,则 α_A/α_B 的比值最接近于(　　)。

(A)0.5　　(B)1.1　　(C)1.3　　(D)1.8

21. 某场地抗震设防烈度8度，设计地震分组为第一组，基本地震加速度0.2g，地下水位深度 $d_w = 4.0$ m，土层名称、深度、黏粒含量及标准贯入锤击数见下表。按《建筑抗震设计规范》(GB 50011—2010)采用标准贯入试验法进行液化判别。则下表中这四个标准贯入点中有(　　)点可判别为液化土。

题21表

土层名称	深度/m	标准贯入试验				黏粒含量
		编号	深度 d_s/m	实测值	校正值	ρ_c
③ 粉土	6.0～10.0	3-1	7.0	5	4.5	12%
		3-2	9.0	10	6.6	10%
④ 粉砂	10.0～15.0	4-1	11.0	11	8.8	8%
		4-1	13.0	20	15.4	5%

(A)4个　　(B)3个　　(C)2个　　(D)1个

22. 按照《公路工程抗震规范》(JTG B02—2013)关于液化判别的原理，某位于8度区的场地，地下水位在地面下10 m处，该深度的地震剪应力比 τ/σ_e（τ 为地震剪应力，σ_e 为该处的有效覆盖压力）最接近于(　　)。

(A)0.12　　(B)0.23　　(C)0.31　　(D)0.40

23. 某场地地面下的黏性土层厚5 m，其下的粉砂层厚10 m。整个粉砂层都可能在地震中发生液化。已知粉砂层的液化抵抗系数 $C_e = 0.7$。若采用摩擦桩基础，桩身穿过整个粉砂层范围深入其下的非液化土层中。根据《公路工程抗震规范》(JTG B02—2013)，由于液化影响，桩侧摩阻力将予以折减。在通过粉砂层的桩长范围内，桩侧摩阻力总的折减系数约等于(　　)。

(A)1/6　　(B)1/3　　(C)1/2　　(D)2/3

24. 某住宅小区两幢高层建筑基坑进行边坡支护，施工图预算价为131万元，下列岩土工程设计概算中，(　　)符合正确性精度要求。

(A)150万元　　(B)146万元　　(C)143万元　　(D)137万元

25. 某河中构筑物岩土工程勘探1号钻孔深度为20 m，河水深度12 m。岩土地层为：0～3 m砂土，3～5 m硬塑黏性土，5～7 m为粒径不大于50 mm含量大于50%的卵石，7～10 m为软岩，10～20 m为较硬岩。0～10 m跟管钻进，按2002年版工程勘察收费标准计算，(　　)的收费额是正确的。

(A)5 028元　　(B)5 604元　　(C)13 199元　　(D)12 570元

专业案例(下午卷)

1. 如下图所示桩基，竖向荷载设计值 $F=16\ 500$ kN，建筑桩基重要性系数 $\gamma_0=1$，承台混凝土强度等级为C35($f_t=1.65$ MPa)，按《建筑桩基技术规范》(JGJ 94—2008)计算承台受柱冲切的承载力，其结果最接近的值为(　　)。

图中尺寸：$b_c=h_c=1.0$ m　　$b_{x1}=b_{y1}=6.4$ m　　$h_{01}=1$ m；$h_{02}=0.6$ m

$b_{x2}=b_{y2}=2.8$ m　　$c_1=c_2=1.2$ m　　$a_{1x}=a_{1y}=0.6$ m

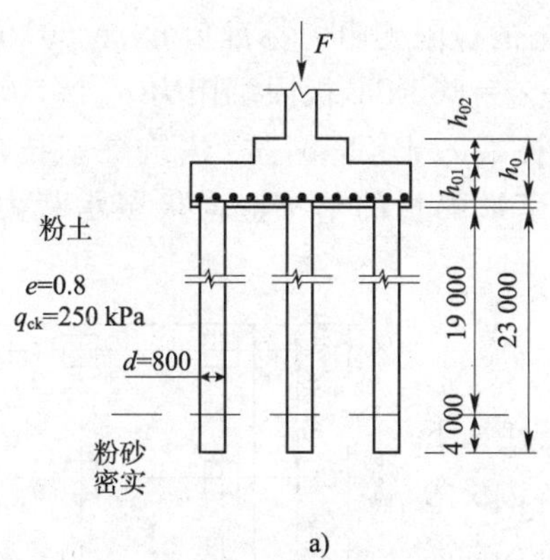

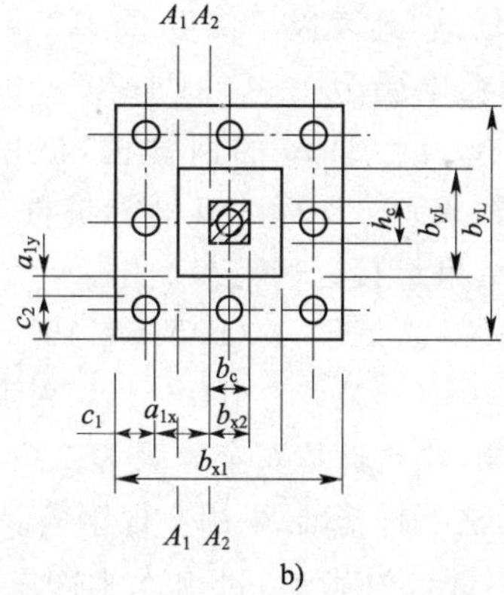

题 1 图

其余尺寸单位为"mm"。

(A)1.55×10^4 kN　(B)1.82×10^4 kN　(C)1.87×10^4 kN　(D)2.05×10^4 kN

2.某多层建筑物,柱下采用桩基础,建筑桩基安全等级为二级。桩的分布、承台尺寸及埋深、地层剖面等资料如右图所示。上部结构荷重通过柱传至承台顶面处的设计荷载轴力 $F=$ 1 512 kN,弯矩 $M=46.6$ kN·m,水平力 $H=36.8$ kN,荷载作用位置及方向如图所示,设承台填土平均重度为 20 kN/m³,按《建筑桩基技术规范》(JGJ 94—2008),计算得上述基桩桩顶最大竖向力设计值 N_{max} 与(　　)最接近。

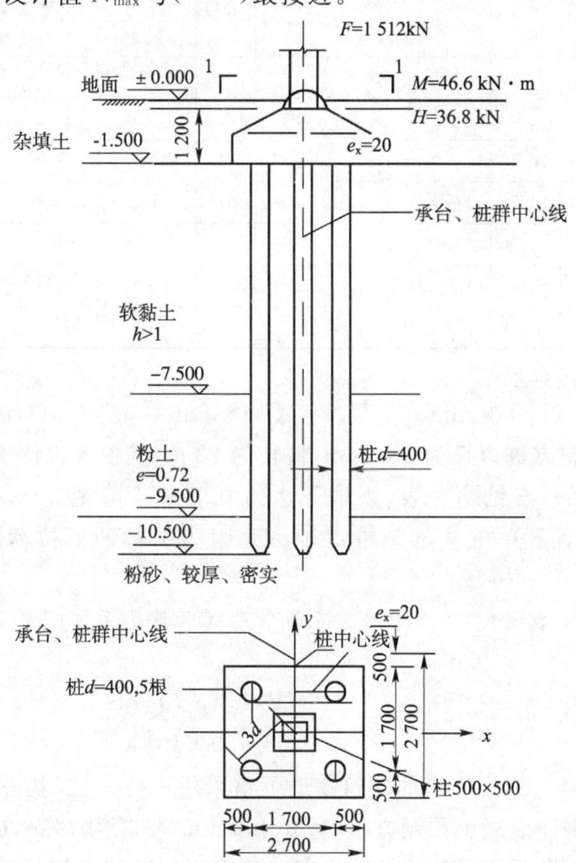

题 2 图

(注:地下水埋深为 3 m,横断面各尺寸单位为mm。)

(A)320 kN　(B)330 kN　(C)350 kN　(D)364 kN

3. 某工程场地，地表以下深度 2～12 m 为黏性土，桩的极限侧阻力标准值 q_{s1k} = 50 kPa；12～20 m 为粉土层，q_{s2k} = 60kPa；20～30 m 为中砂，q_{s3k} = 80 kPa，极限端阻力 q_{pk} = 7 000 kPa。采用 ϕ800、L = 21 m 的钢管桩，桩顶入土 2 m，桩端入土 23 m，按《建筑桩基技术规范》(JGJ 94—2008)计算敞口钢管桩桩端加设"十"字形隔板的单桩竖向极限承载力标准值 Q_{uk}，其结果最接近(　　)。

(A)5.3×10³ kN　　(B)5.6×10³ kN

(C)5.9×10³ kN　　(D)6.1×10³ kN

4. 某建筑物，建筑桩基安全等级为二级，场地地层土性如下表所示，柱下桩基础，采用 9 根钢筋混凝土预制桩，边长为 400 mm，桩长为 22 m，桩顶入土深度为 2 m，桩端入土深度 24 m，假定传至承台底面长期效应组合的附加压力为 400 kPa，压缩层厚度为 9.6 m，桩基沉降计算经验系数 ψ = 1.5，按《建筑桩基技术规范》(JGJ 94—2008)等效作用分层总和法计算桩基最终沉降量，其值最接近(　　)。

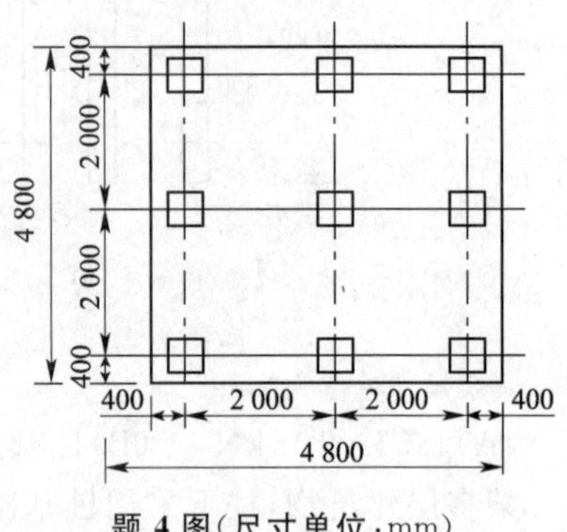

题 4 图(尺寸单位：mm)

题 4 表

层序	土层名称	层底深度/m	厚度/m	含水率	天然重度	孔隙比	塑性指数	黏聚力、内摩擦角(固块)		压缩模量	桩极限侧阻力标准值
				w_0	γ_0/(kN/m³)	e_0	I_p	c/kPa	φ	E_s/MPa	q_{sik}/kPa
①	填土	1.20	1.20		18						
②	粉质黏土	2.00	0.80	31.7%	18.0	0.92	18.3	23.0	17.0°		
④	淤泥质黏土	12.00	10.00	46.6%	17.0	1.34	20.3	13.0	8.5°		28
⑤—1	黏土	22.70	10.70	38%	18.0	1.08	19.7	18.0	14.0°	4.50	55
⑤—2	粉砂	28.80	6.10	30%	19.0	0.78		5.0	29.0°	15.00	100
⑤—3	粉质黏土	35.30	6.50	34.0%	18.5	0.95	16.2	15.0	22.0°	6.00	
⑦—2	粉砂	40.00	4.70	27%	20.0	0.70		2.0	34.5°	30.00	

注：地下水位离地表为 0.5 m。

(A)30 mm　　(B)40 mm　　(C)46 mm　　(D)60 mm

5. 已知钢筋混凝土预制方桩边长为 300 mm，桩长为 22 m，桩顶入土深度为 2 m，桩端入土深度 24 m，场地地层条件参见题 4 表，当地下水由 0.5 m 下降至 5 m，按《建筑桩基技术规范》(JGJ 94—2008)计算单桩基础基桩由于负摩阻力引起的下拉荷载，其值最接近下列(　　)项数值。

(注：中性点深度比 l_n/l_0：黏性土为 0.5，中密砂土为 0.7。负摩阻力系数 ξ_n：饱和软土为 0.2，黏性土为 0.3，砂土为 0.4。)

(A)3.0×10² kN　　(B)4.0×10² kN

(C)5.0×10² kN　　(D)6.0×10² kN

6. 已知某建筑桩基安全等级为二级的建筑物地下室采用一柱一桩，基桩上拔力设计值为 800 kN，拟采用桩型为钢筋混凝土预制方桩，边长 400 mm，桩长为 22 m，桩顶入土深度为 6 m，桩端入土深度 28 m，场区地层条件见题 4 表。按《建筑桩基技术规范》(JGJ 94—2008) 计算基桩抗拔极限承载力标准值，其值最接近(　　)。

[注：抗拔系数 λ 按《建筑桩基技术规范》(JGJ 94—2008)取高值。]

(A)1.16×10³ kN　(B)1.56×10³ kN　(C)1.86×10³ kN　(D)2.06×10³ kN

7. 某建筑桩基安全等级为二级的建筑物，柱下桩基础，采用6根钢筋混凝土预制桩，边长为400 mm，桩长为22 m，桩顶入土深度为2 m，桩端入土深为24 m，假定由经验法估算得到单桩的总极限侧阻力标准值为1 500 kN，总极限端阻力标准值为700 kN，承台底部为厚层粉土，其极限承载力标准值为180 kPa。考虑桩群、土、承台相互作用效应，按《建筑桩基技术规范》(JGJ 94—2008) 计算非端承桩复合基桩竖向承载力设计值R，其值最接近于(　　)。

(注：$\eta_c=0.447$。)

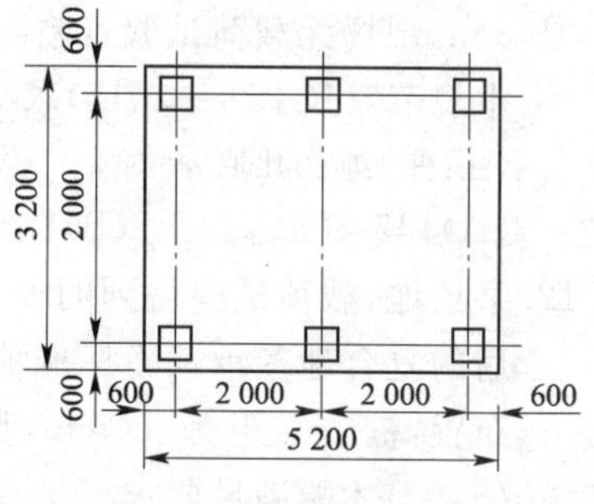

题7图(尺寸单位：mm)

(A)1.3×10³ kN　(B)1.5×10³ kN

(C)1.6×10³ kN　(D)1.7×10³ kN

8. 一高填方挡土墙基础下，设置单排打入式钢筋混凝土阻滑桩，桩横截面400 mm×400 mm，桩长5.5 m，桩距1.2 m，地基土水平抗力系数的比例常数m为10^4 kN/m⁴，桩顶约束条件按自由端考虑，试按《建筑桩基技术规范》(JGJ 94—2008)计算当控制桩顶水平位移$x_{0a}=10$ mm时，每根阻滑桩能对每延长米挡土墙提供的水平阻滑力(桩身抗弯刚度$EI=5.08\times10^4$ kN/m²)与(　　)最接近。

(A)80 kN/m　(B)70 kN/m　(C)52 kN/m　(D)40 kN/m

9. 如下图所示桩基，桩侧土水平抗力系数的比例系数$m=20$ MN/m⁴，承台侧面土水平抗力系数的比例系数$m=10$ MN/m⁴，承台底与地基土间的摩擦系数$\mu=0.3$，建筑桩基重要性系数$\gamma_0=1$，承台底地基土分担竖向荷载$P_c=1\ 364$ kN，单桩$\alpha h>4.0$，其水平承载力设计值$R_h=150$ kN，承台容许水平位移$x_{0a}=6$ mm。按《建筑桩基技术规范》(JGJ 94—2008)规范计算复合桩基水平承载力设计值，其结果最接近于(　　)。

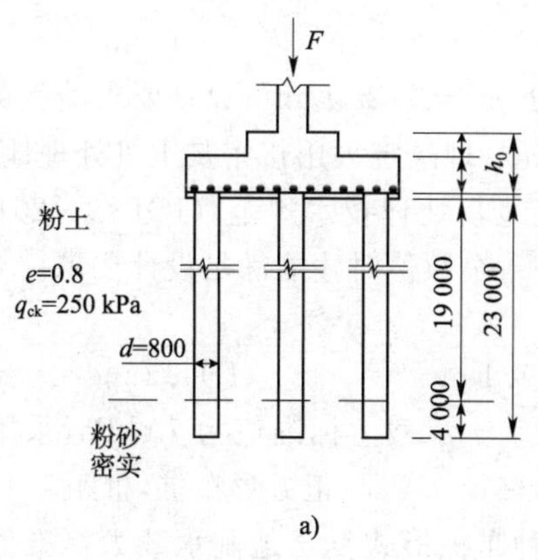

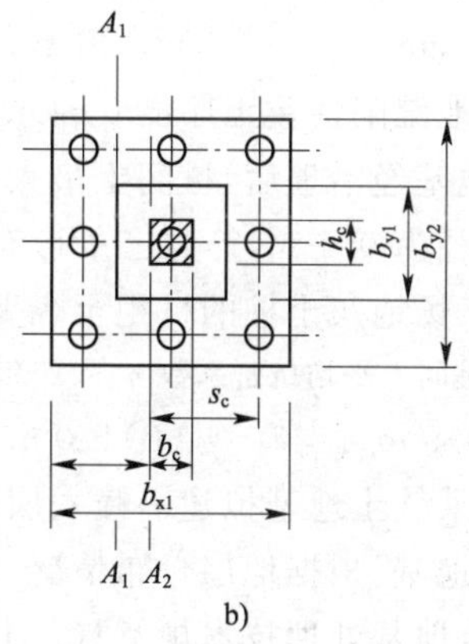

题9图

图中尺寸：$b_{x1}=b_{y1}=6.4$ m，$h_0=1.6$ m，$s_c=3d$，其余尺寸单位为mm。

(A)3.8×10² kN　(B)3.1×10² kN　(C)2.0×10² kN　(D)4.5×10² kN

10. 当采用换填法处理地基时，若基底宽度为10.0 m，在基底下铺设厚度为2.0 m的灰土垫层。为了满足基础底面应力扩散的要求，垫层底面宽度应超出基础底面宽度至少(　　)。

(A)0.6 m　(B)1.2 m　(C)1.8 m　(D)2.3 m

11. 一小型工程采用振冲置换法碎石桩处理，碎石桩桩径为 0.6 m，等边三角形布桩，桩距 1.5 m，现场无载荷试验资料，但测得桩间土承载特征值为 120 kPa，根据《建筑地基处理技术规范》(JGJ 79—2012)求得，复合地基承载力特征值最接近于(　　)。

(注：桩土应力比取 $n=3$。)

(A)145 kPa　　(B)155 kPa　　(C)165 kPa　　(D)175 kPa

12. 某场地，载荷试验得到的天然地基承载力标准值为 120 kPa。设计要求经碎石桩法处理后的复合地基承载力标准值需提高到 160 kPa。拟采用的碎石桩桩径为 0.9 m，正方形布置，桩中心距为 1.5 m，则此时碎石桩桩体单桩载荷试验承载力标准值至少达到(　　)才能满足要求。

(A)220 kPa　　(B)243 kPa　　(C)262 kPa　　(D)280 kPa

13. 某松散砂土地基，处理前现场测得砂土孔隙比为 0.81，土工试验测得砂土的最大、最小孔隙比分别为 0.90 和 0.60。现拟采用砂石桩法，要求挤密后砂土地基达到的相对密度为 0.80。若砂石桩的桩径为 0.70 m，等边三角形布置，则砂石桩的桩距采用(　　)为宜。

(A)2.0 m　　(B)2.3 m　　(C)2.5 m　　(D)2.6 m

14. 如车辆荷载为汽车 —20 级，其一辆重车的总重力为 300 kN，按横向分布两辆车，荷载分布长度为 5.6 m、荷载分布宽度为 5.5 m 考虑，如果将相应的车辆荷载换算为底面积相同、重度为 18.2 kN/m^3 土柱的当量高度，则这个当量高度最接近于(　　)。

(A)2.07 m　　(B)1.57 m　　(C)1.07 m　　(D)0.57 m

15. 有一饱和软黏土层，厚度 $H=6$ m，压缩模量 $E_s=1.5$ MPa，地下水位与饱和软黏土层顶面相齐。现准备分层铺设 80 cm 砂垫层(重度为 18 kN/m^3)，打设塑料排水板至饱和软黏土层底面。然后采用 80 kPa 大面积真空预压 3 个月，固结度达到 85%。则此时的残留沉降最接近下列(　　)个数值。

(注：沉降修正系数取 1.0，附加应力不随深度变化。)

(A)6 cm　　(B)20 cm　　(C)30 cm　　(D)40 cm

16. 某场地湿陷性黄土厚度 6～6.5 m、平均干密度 $\rho_d=1.28\ t/m^3$。设计要求消除黄土湿陷性，地基经治理后，桩间土最大干密度 1.60 t/m^3。现决定采用挤密灰土桩处理地基。灰土桩桩径为 0.4 m，等边三角形布桩。依据《建筑地基处理技术规范》(JGJ 79—2012) 的要求，该场地灰土桩的桩距至少要达到下列(　　)个数值时才能满足设计要求。

(注：桩间土平均挤密系数 $\bar{\eta}_c$ 取 0.93。)

(A)0.9 m　　(B)1.0 m　　(C)1.1 m　　(D)1.2 m

17. 沿海某软土地基拟建一幢六层住宅楼，天然地基土承载力标准值为 70 kPa，采用搅拌桩处理地基。根据地层分布情况，设计桩长 10 m，桩径 0.5 m，正方形布桩，桩距 1.1 m。依据《建筑地基处理技术规范》(JGJ 79—2012)，这种布桩形式复合地基承载力标准值最接近于(　　)。

(注：桩周土的平均摩擦力 $q_s=15$ kPa，桩端天然地基土承载力标准值 $q_p=60$ kPa，桩端端阻力发挥的系数 α_p 取 0.5，桩间土承载力发挥系数 β 取 0.85，单桩承载力发挥系数取 1.0，水泥搅拌桩试块的无侧限抗压强度平均值取 1.92 MPa，强度折减系数 η 取 0.25。)

(A)105 kPa　　(B)128 kPa　　(C)146 kPa　　(D)150 kPa

18. 设计要求基底下复合地基承载力标准值达到 250 kPa，现拟采用桩径为 0.5 m 的旋喷桩，桩身试块的无侧限抗压强度为 8.8 MPa，强度折减系数取 0.25。已知桩间土地基承载力标准值为120 kPa，承载力折减系数取0.25。若采用等边三角形布桩，根据《建筑地基处理技术规范》(JGJ 79—2012)，单桩承载力发挥系数为1.0，可算得旋喷桩的桩距最接近于(　　)。

(A)1.0 m　　(B)1.2 m　　(C)1.5 m　　(D)1.8 m

19. 振冲碎石桩桩径0.8 m，等边三角形布桩，桩距2.0 m，现场载荷试验结果复合地基承载力标准值为200 kPa，桩间土承载力标准值为150 kPa，则根据承载力计算公式可算得桩土应力比最接近于(　　)。

(A)2.8　　(B)3.0　　(C)3.3　　(D)3.5

20. 某水利水电地下工程围岩为花岗岩，岩石饱和单轴抗压强度R_b为83 MPa，岩体完整性系数K_v为0.78，围岩的最大主应力σ_m为25 MPa，按《水利水电工程地质勘察规范》(GB 50487—2008)的规定，其围岩强度应力比(　　)。

(A)S为2.78，中等初始应力状态　　(B)S为2.59，中等初始应力状态

(C)S为1.98，强初始应力状态　　(D)S为4.10，弱初始应力状态

21. 某一非浸水、基底面为水平的重力式挡土墙，作用于基底上的总垂直力N为192 kN，墙后主动土压力总水平分力E_x为75 kN，墙前土压力水平分力忽略不计，基底与地层间摩擦系数f为0.5，按《铁路路基支挡结构设计规范》(TB 10025—2006)所规定的方法计算，挡土墙沿基底的抗滑动稳定系数K_c与(　　)最接近。

(A)1.12　　(B)1.20　　(C)1.28　　(D)2.56

22. 某岩体的岩石单轴饱和抗压强度为10 MPa，在现场做岩体的波速试验$V_{pm} = 4.0$ km/s，在室内对岩块进行波速试验$V_{pr} = 5.2$ km/s，如不考虑地下水、软弱结构面及初始应力的影响，按《工程岩体分级标准》(GB 50218—2014)计算岩体基本质量指标BQ值和确定基本质量级别。则下列(　　)组合与计算结果接近。

(A)312.3，Ⅳ级　　(B)267.5，Ⅳ级　　(C)486.8，Ⅱ级　　(D)320.0，Ⅲ级

23. 某一水利水电地下工程，围岩岩石强度评分为25，岩体完整程度评分为30，结构面状态评分为15，地下水评分为−2，主要结构面产状评分为−5，按《水利水电工程地质勘察规范》(GB 50487—2008)应属于(　　)围岩类别。

(A)Ⅰ类　　(B)Ⅱ类　　(C)Ⅲ类　　(D)Ⅳ类

24. 坝基由a、b、c三层水平土层组成，厚度分别为8 m、5 m、7 m。这三层土都是各向异性的，土层a、b、c的垂直向和水平向的渗透系数分别是$k_{av} = 0.010$ m/s，$k_{ah} = 0.040$ m/s，$k_{bv} = 0.020$ m/s，$k_{bh} = 0.050$ m/s，$k_{cv} = 0.030$ m/s，$k_{ch} = 0.090$ m/s。当水垂直于土层层面渗流时，三土层的平均渗透系数为k_{vave}；当水平行于土层层面渗流时，三土层的平均渗透系数为k_{have}，则下列(　　)组平均渗透系数的数值是最接近计算结果的。

(A)k_{vave}=0.073 4 m/s，k_{have}=0.156 2 m/s　　(B)k_{vave}=0.000 8 m/s，k_{have}=0.000 6 m/s

(C)k_{vave}=0.015 6 m/s，k_{have}=0.060 0 m/s　　(D)k_{vave}=0.008 7 m/s，k_{have}=0.060 0 m/s

25. 某铁路路堤边坡高度H为22 m，填料为细粒土，道床边坡坡率$m = 1.75$，沉降比C取0.015，如假定按公式$\Delta b = cHm$计算，路堤每侧应加宽(　　)。

(A)0.19 m　　(B)0.39 m　　(C)0.50 m　　(D)0.58 m

2002 年全国注册岩土工程师专业考试试卷参考答案(新解)

专业知识(上午卷)答案

1.(D)

根据《岩土工程勘察规范》(GB 50021—2001)(2009 年版)第 4.1.17 条、4.1.18 条及条文说明可知:高层建筑进行勘察时,局部倾斜、整体倾斜及沉降差均为必须要考虑的内容。

2.(C)

一般按结构面产状与边坡的组合关系进行边坡稳定性定性评价时,最为不利的组合是:结构面走向与边坡坡面走向相同或相近,倾向相同,倾角小于边坡坡面倾角。

3.(C)

据《岩土工程勘察规范》(GB 50021—2001)(2009 年版)第 10.5.3 条,(C)不正确。

4.(C)

据《岩土工程勘察规范》(GB 50021—2001)(2009 年版)第 2.1.8 条,(C)正确。

5.(B)

据《铁路工程地质勘察规范》(TB 10012—2007)附录 B 中表 B.0.1,(B)正确。

6.(B)

据《岩土工程勘察规范》(GB 50021—2001)(2009 年版)第 9.4.2 条及条文说明,(B)正确。

7.(D)

点荷载试验是对岩块进行试验,主要目的是换算岩石的单轴抗压强度,《工程岩体分级标准》(GB 50218—2014)第 3.3.1 条中给出了换算公式。

8.(D)

据《土工试验方法标准》(GB/T 50123—1999)第 14.1.12 条,(D)正确。

9.(B)

按摩尔强度理论:$C = \frac{\sigma_1 - \sigma_3}{2} - \frac{\sigma_1 + \sigma_3}{2}\tan\varphi$

当无侧限时,$\sigma_3 = 0$,$q_u = \sigma_1$。

如 $\varphi = 0$,则有 $C_u = C = \frac{1}{2}\sigma_1 = \frac{1}{2}q_u$。

10.(A)

据《岩土工程勘察规范》(GB 50021—2001)(2009 年版)第 10.3.3 条,(D)正确;据第 10.3.4 条,(B)、(C)正确。

11.(A)

一般情况下,横波(S 波)波速比纵波(P 波)波速小,所以 S 波不可能先于 P 波到达。

12.(A)

据《岩土工程勘察规范》(GB 50021—2001)(2009 年版)第 10.4.3 条条文说明,“超前”“滞后”现象发生在软硬土层界面处。

13.(C)

据《水利水电工程地质勘察规范》(GB 50487—2008)。

14.(D)

据《岩土工程勘察规范》(GB 50021—2001)(2009 年版)第 12.2.4 条中表 12.2.4 的注解内容,(D)正确。

15.(C)

据《湿陷性黄土地区建筑规范》(GB 50025—2004)第 4.4.3 条,(C)正确。

16.(C)

据《湿陷性黄土地区建筑规范》(GB 50025—2004)第 4.3.3 条,控制性取土勘探点应穿透湿陷性黄土层。

17.(B)

据《铁路工程地质勘察规范》(TB 10012—2007)第 6.2.2 条,(B)不正确。

18.(B)

据《岩土工程勘察规范》(GB 50021—2001)(2009 年版)第 6.8.2 条表 6.8.2.2 及表 6.8.2.1,(B)正确。

19.(B)

自重应力 $p_0 = 18.5 \times 4 + (19 - 10) \times 18 = 236\ (\mathrm{kPa})$

超固结比 $\mathrm{OCR} = \dfrac{p_c}{p_0} = \dfrac{350}{236} = 1.483$

20.(C)

据《水利水电工程地质勘察规范》(GB 50487—2008)附录 E 第 E.0.4 条,(C)不正确。

21.(B)

一般结构面产状与边坡组合关系进行稳定性评价时,最为不利的组合是:结构面走向与边坡走向相同或相近,倾向相同,倾角小于边坡坡面倾角。

22.(C)

据《岩土工程勘察规范》(GB 50021—2001)(2009 年版)第 5.4.3 条,(C)正确。

23.(B)

土洞和塌陷发生的石灰岩的覆盖层中,在下伏的基岩面下存在规模不等的溶洞,是由地下水的侵蚀或真空吸蚀等原因引起的,详见《工程地质手册》(第四版)第六篇第一章第 4 节。

24.(C)

泥石流的形成条件有三条,分别为备选答案中的(A)、(B)、(D)。详见《工程地质手册》(第四版)第六篇第三章第一节。

25.(D)

据《岩土工程勘察规范》(GB 50021—2001)(2009 年版)第 5.6.1 条,(D)是正确的。

26.(A)

目前正处于滑动阶段,滑动带土体强度为残余强度,而(B)、(C)、(D)均为峰值强度。

27.(A)

岩石破碎、节理密集、断层破碎带、岩层较陡,这些地方地下水径流条件好,见《工程地质手册》(第四版)第 525 页,该题应为 Ⅰ、Ⅲ、Ⅴ、Ⅶ、Ⅸ,(A)正确。

28.(B)

据《铁路工程不良地质勘察规程》(TB 10027—2012)第 9.7.3 条,(B)正确。

29.(B)

滑坡体的变形是一个由局部剪切破坏到形成完整滑动面的变形积累过程,坡面出现不连续裂缝不能作为形成完整滑动面的标志，只能作为局部剪切破坏的标志。

30.(A)

据《岩土工程勘察规范》(GB 50021—2001)(2009 年版) 计算滑坡推力时，条块间推力作用于条块1/2 高度处。

31.(A)

据《岩土工程勘察规范》(GB 50021—2001)(2009 年版) 第 5.5.6 条，小窑采空区一般不能形成移动盆地。

32.(D)

一般情况下，地表最大水平移动值位于盆地边缘。

33.(C)

据《岩土工程勘察规范》(GB 50021—2001)(2009 年版) 第 5.3.5 条，(C) 正确。

34.(C)

据《岩土工程勘察规范》(GB 50021—2001)(2009 年版) 第 5.1.9 条、第 5.1.10 条，(C) 正确。

35.(C)

直立边坡($\varphi=0$)，假设滑面为通过坡脚的平面，且滑面倾角 $\theta=45°+\varphi/2=45°$，如图所示。

则滑面长 $l=BC=\sqrt{2}h$

滑动体重 $W=\dfrac{1}{2}h^2\gamma$

下滑力 $W_t=W\sin45°=\dfrac{1}{2}h^2\gamma\dfrac{1}{\sqrt{2}}=\dfrac{\sqrt{2}}{4}h^2\gamma$

抗滑力 $F=W_N\cos45°\cdot\tan\varphi+cl=ch\sqrt{2}$

抗滑力与滑动力相等：$F=W_t$

$ch\sqrt{2}=\dfrac{\sqrt{2}}{4}h^2\gamma$

$h=\dfrac{4c}{\gamma}$

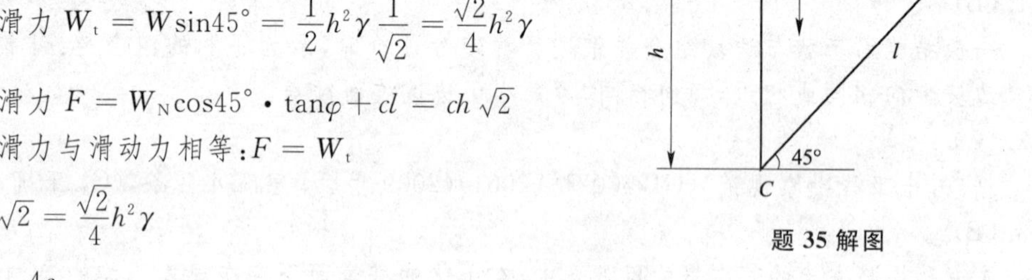

题 35 解图

36.(D)

据《建筑抗震设计规范》(GB 50011—2010) 第 4.2.3 条和第 4.2.4 条，地基土抗震承载力提高系数 $\xi_a=1.3$，调整后的地基抗震承载力为

$$f_{aE}=\xi_a f_a=1.3\times200=260\ (\text{kPa})$$

地震作用效应标准组合的基础边缘最大压力为

$$P_{max}\leqslant1.2f_{aE}=1.2\times260=312\ (\text{kPa})$$

37.(C)

据《建筑抗震设计规范》(GB 50011—2010) 第 4.3.6 条，(C) 正确。

38.(D)

据《建筑抗震设计规范》(GB 50011—2010) 第 5.1.4 条和第 5.1.5 条，场地类别不同，特征周期 T_g 不同，从而影响水平地震影响系数 α。

39.(B)

剪切模量 $G=\rho V_s^2$，其中，ρ 为质量密度，V_s 为剪切波速。

$G_2/G_1=(\rho_2V_{s2}^2)/(\rho_1V_{s1}^2)=\rho_1(1.4V_{s1})^2/(\rho_1V_{s1}^2)=1.96$

40.(C)

据《建筑抗震设计规范》(GB 50011—2010),以设计地震分组取代远震及近震是考虑二者具有不同的频谱特性。

41.(B)、(D)

据《公路工程抗震规范》(JTG B02—2013) 第5.6.9条、第5.6.10条、第5.6.11条,(A)、(C) 叙述正确,而规范中无(B)、(D) 规定。注:旧规范中(B) 也有提及。

42.(B)

据《建筑抗震设计规范》(GB 50011—2010) 第4.3.3条,砂土初判时不考虑黏粒含量。

43.(B)

弹性模量、变形模量及纵波速度不是确定土层动力性质的必要参数。

44.(B)

据培训教材,进入固定资产的费用中包括(B)。

45.(D)

据《招标投标法》,选项(D) 正确。

46.(C)

岩土工程监理与工程建设监理的主要工作目标是:投资控制,进度控制,质量控制。

47.(D)

评标委员会的专家不能参与投标书的编制工作。

48.(C)

据《建设工程勘察合同文本》第六条,违约责任,(C) 正确。

49.(B)

据《合同法》,(B) 正确。

50.(D)

根据培训教材,选项(D) 正确。

专业知识(下午卷)答案

1.(D)

软土按相对沉降控制时应取 $s/b=0.015$ 时的荷载,而极限承载力公式不适宜,只能采用临塑荷载计算公式。

2.(C)

按《建筑地基基础设计规范》(GB 50007—2011) 的规定计算沉降是土层的全部沉降量,且没有考虑上部结构与基础刚度的影响。

3.(C)

据《岩土工程勘察规范》(GB 50021—2001)(2009年版) 第10.2.6条,基床系数是使地基产生单位变形时所需的压力,单位为 kPa/m 或 kN/m^3。

4.(B)

据《建筑地基基础设计规范》(GB 50007—2011) 第5.3.5条中表5.3.5,(B) 正确。

5.(C)

软土地基固结程度较差,快速填筑路基时应采用不固结不排水剪。

6.(B)

据《建筑地基基础设计规范》(GB 50007—2011) 附录 K：

$$l/b=\frac{L/2}{B/2}=\frac{6/2}{4/2}=1.5 \qquad Z/b=\frac{Z}{B/2}=\frac{2}{4/2}=1.0$$

查表 K.0.1－1 得：

$$\alpha=\frac{1}{2}\times(0.191+0.195)=0.193$$

$$\sigma_Z=4\alpha P_0=4\times0.193\times30=23.16\ (\text{kPa})$$

7.(B)

地下水埋深较浅，浮力较大，而单层车库荷载较小，宜设抗浮桩。另外，车库的刚度要求不大，可采用筏基加抗浮桩基础。

8.(C)

据《建筑地基基础设计规范》(GB 50007—2011) 第 4.2.6 条，压缩系数为

$$a=\frac{e_1-e_2}{p_2-p_1}=\frac{1.15-1.05}{0.2-0.1}=1.0\ (\text{MPa}^{-1})$$

土层为高压缩性土。

9.(A)

据《建筑地基基础设计规范》(GB 50007—2011) 第 8.1.1 条，台阶宽高比宜为 1∶1.25，而由 $H_0\geqslant(b-b_0)/(2\tan\alpha)$ 得

$$b=2H_0\tan\alpha+b_0=2\times0.8\times\frac{1}{1.25}+0.6=1.88\ (\text{m})$$

10.(A)

基底压力分布为梯形，最小基底反力 $p_{\min}$ 应大于 0，

即 $$p_{\min}=\frac{F+G}{A}\left(1-\frac{6e}{L}\right)>0$$

从而有 $1-\frac{6e}{L}>0$ 即 $e<\frac{L}{6}$

11.(B)

从题意分析，已建建筑物 B 不可能使新建建筑物产生不均匀沉降。

12.(A)

据《建筑地基基础设计规范》(GB 50007—2011) 第 5.2.4 条，(A) 正确。

13.(D)

据《建筑桩基技术规范》(JGJ 94—2008) 第 5.3.9 条，嵌岩桩是嵌入中等风化以上的岩体中的桩，嵌岩越深，端阻力发挥值越小，而嵌岩段侧阻力随嵌岩深度增加而不易发挥。一般情况下，嵌岩桩是一种摩擦型桩。

14.(B)

据《建筑桩基技术规范》(JGJ 94—2008) 第 5.7.2 条，(B) 不正确。

15.(A)

据《建筑桩基技术规范》(JGJ 94—2008) 第 6.3.30 条，(A) 正确。

16.(C)

据《建筑桩基技术规范》(JGJ 94—2008) 附录 A，冲击成孔灌注桩较适宜。

17.(C)

据《建筑桩基技术规范》(JGJ 94—2008) 第 4.1.2 条，水下灌注混凝土时，混凝土强度等级

不得低于 C25，据第 5.8.2 条，$\psi_c = 0.8$，取 $\psi = 1$，即

$$R \leqslant \psi_c \psi f_c A$$

$$f_c \geqslant \frac{R}{\psi_c \psi A} = \frac{4\ 500}{0.8 \times 1 \times \frac{3.14}{4} \times 0.8^2} = 11\ 196.3$$

(C) 正确。

18. (A)

据《公路桥涵地基与基础设计规范》(JTG D63—2007) 第 5.3.4 条计算，取 $C_1 = 0.6 \times 0.75 (h < 0.5)$，则

$$[P] = (C_1 A + C_2 U h) R_a$$

$$= \left(0.6 \times 0.75 \times \frac{3.14}{4} \times 1.5 \times 1.5 + 0\right) \times 10 \times 10^3 = 7.948 \times 10^3 (\text{kN})$$

19. (B)

先填土并夯实，然后成桩，这样可减小土的沉降量，使中性点深度减小，负摩阻力变小。

20. (C)

受偏心一侧角桩的桩顶作用力 N 最大且抗冲切破坏面最小(仅有两个)，所以(C) 正确。

21. (C)

据《建筑桩基技术规范》(JGJ 94　2008) 第 5.4.4 条计算，负摩阻力群桩效应系数

$$\eta_n = \frac{S_{ax} S_{ay}}{\pi d \left(\frac{q_s^n}{\gamma_m} + \frac{d}{4}\right)} = \frac{3 \times 0.8 \times 3 \times 0.8}{3.14 \times 0.8 \times \left(\frac{15}{10} + \frac{0.8}{4}\right)} = 1.35$$

计算得 $\eta_n > 1$，取 $\eta_n = 1.0$。

22. (B)

据《建筑桩基技术规范》(JGJ 94—2008) 桩基手册计算

$$Q_{um} = \frac{1}{n} \sum Q_{ui} = \frac{1}{3} \times (2\ 500 + 2\ 700 + 3\ 000) = 2\ 733.3\ (\text{kN})$$

$$\alpha_1 = Q_{u1} / Q_{um} = 2\ 500 / 2\ 733.3 = 0.914\ 6$$

$$\alpha_2 = Q_{u2} / Q_{um} = 2\ 700 / 2\ 733.3 = 0.987\ 8$$

$$\alpha_3 = Q_{u3} / Q_{um} = 3\ 000 / 2\ 733.3 = 1.097\ 6$$

$$S_n = \sqrt{\frac{\sum (\alpha_i - 1)^2}{(n-1)}} = \frac{[(0.914\ 6 - 1)^2 + (0.987\ 8 - 1)^2 + (1.097\ 6 - 1)^2]^{1/2}}{(3-1)^{1/2}}$$

$$= 0.092$$

因为 $S_n < 0.15$，所以取 $Q_{uk} = Q_{um} = 2\ 733.3$ (kN)

答案(B) 正确。

23. (A)

据《建筑桩基技术规范》(JGJ 94—2008) 第 5.3.6 条计算：对黏土层，端阻力尺寸效应系数 ψ_p 为 $\psi_p = (0.8/D)^{1/4}$。

扩底桩的桩端总极限端阻力 Q_{pk}^D

$$Q_{pk}^D = \psi_p q_{pk} A_p = \left(\frac{0.8}{1.6}\right)^{1/4} \times q_{pk} \times \frac{3.14}{4} \times 1.6 \times 1.6 = 1.69 q_{pk}$$

不扩底桩的桩端总极限端阻力 Q_{pk}^d

$$Q_{pk}^d = \psi_p q_{pk} A_p = q_{pk} \times \frac{3.14}{4} \times 0.8 \times 0.8 = 0.50 q_{pk}$$

$Q^{D}_{pk}/Q^{d}_{pk}=1.69q_{pk}/0.50q_{pk}=3.38$

答案(A) 正确。

24. 暂无

25. (A)

据《工程地质手册》第三版第174页～第175页中相关内容,土料的最优含水率与天然含水率无关。

26. (A)

据《建筑地基处理技术规范》(JGJ 79—2012) 第3.0.4条,(A) 正确。但此题按2012年规范解答不够严谨,因为2012年规范中对不同处理形式的地基其深宽修正系数不同。此题是按2002年规范出的考题,而旧规范中对修正系数未做区分。

27. (C)

据《建筑地基处理技术规范》(JGJ 79—2012) 第4.2.1条第1款、《湿陷性黄土地区建筑规范》(GB 50025—2004) 第6.1.11条可知,对湿陷性黄土或膨胀土地基,选择垫层法和挤密法时,不得使用盐渍土、膨胀土、冻土、有机质等不良土料和粗颗粒的透水性材料做填料。

28. (A)

据《建筑地基处理技术规范》(JGJ 79—2012) 第6.3.3条第2款及条文说明,(B)、(C)、(D) 是应考虑的因素,而土中超静孔隙水压力与两遍夯实之间的时间间隔有关。

29. (B)

本题属理解题,在规范中无直接答案。桩径越大,桩身越密实,承载力越高,由于碎石桩本身属散体材料桩,其自身的稳定和承载力的发挥取决于桩周土对桩身束缚能力,如桩周土发生剪切破坏,则承载力迅速降低。

30. (B)

据《建筑地基处理技术规范》(JGJ 79—2012) 第7.2.2条第1款、第7.3.3条第5款、第6.3.3条第6款可知,(A)、(C)、(D) 正确。一般情况下,散体材料桩处理范围应超出基础底面的范围,而"整体材料桩"或"柔性桩"处理范围则可不超出基础底面范围。

31. (D)

据《建筑地基处理技术规范》(JGJ 79—2012) 附录B,(D) 正确。

32. (C)

据《建筑地基处理技术规范》(JGJ 79—2012) 第4.1.1条及条文说明可知,(A)、(B)、(D) 正确;据第5.2.1条可知,软土层很厚时,应采用砂井或塑料排水板排水。

33. (D)

据《港口工程地基规范》(JTS 147—1—2010) 第8.1.1条可知,软土层较薄时不宜采用爆破排淤法。可采用挖除、预压或抛石等方法处理。

34. (C)

据《建筑地基处理技术规范》(JGJ 79—2012) 第7.2.5条,(A)、(B)、(D) 均应作为评估施工质量的依据。

35. (C)

复合地基沉降等于加固后复合土层的沉降与未加固土层沉降值之和,对于厚层软土,复合地基沉降主要来自于下部软土的变形,而选项(A)、(B)、(D) 只能增加上部复合地基模量,并不能有效减少下部软土变形,而增加桩长可大幅度提高下部软土模量,从而有效地减小复合地基的沉降值。

36.(A)

据《建筑地基处理技术规范》(JGJ 79—2012) 第 7.1.5 条,m 值按要求达到的复合地基承载力 f_{spk} 计算求得,β 值宜按地区经验取值。

37.(A)

据《公路路基设计规范》(JTG D30—2004) 第 1.0.8 条,(A) 正确。

38.(D)

防渗体土料的渗透系数最大值应小于 1×10^{-4} cm/s,而砾石土可能不满足该要求。

39.(B)

据《岩土工程勘察规范》(GB 50021—2001)(2009 年版) 第 4.7.7 条,(B) 正确。

40.(B)

一般情况下,对砂土应采用水土分算,对黏性土应采用水土合算。

41.(A)

据《建筑基坑支护技术规程》(JGJ 120—2012),(A) 正确。

42.(D)

据《建筑基坑支护技术规程》(JGJ 120—2012) 第 3.1.4 条,(A)、(B)、(C) 正确。

43.暂无

44.(D)

在土压力的计算式中包含有填土重度 γ、填土内摩擦角 φ 及填土对挡墙墙脊的摩擦角 δ_0。

45.(B)

据《铁路路基设计规范》(TB 10001—2005) 第 10.2.2 条,(B) 正确。

46.(D)

据《铁路路基支挡结构设计规范》(TB 10025—2006) 第 3.2.1 条中表 3.2.1,(D) 正确。

47.(B)

48.(B)

据《岩土工程勘察规范》(GB 50021—2001)(2009 年版) 第 3.2.2 条中表 3.2.2.2,(B) 正确。

49.(C)

据《工程岩体分级标准》(GB 50218—2014) 第 4.1.1 条及 E.0.1 条,岩体基本质量分级为Ⅲ 级自稳能力,(C) 正确。

50.(D)

据《水利水电工程地质勘察规范》(GB 50487—2008) 第 6.9.1 条,(D) 正确。

专业案例(上午卷) 答案

1.[**答案**](A)

[**解析**] 据《岩土工程勘察规范》(GB 50021—2001)(2009 年版) 第 4.1.18 条,基础宽度约为 $b=\dfrac{N}{f_a}=400/200=2.0\ (\text{m})$,条形基础孔深不应小于基础宽度的 3 倍且不得小于 5.0 m。

$$h=3b+d=3\times2+1.5=7.5\ (\text{m})$$

答案(A) 正确。

2.[**答案**](A)

[**解析**] 由题图可知，该抽水井为承压水含水层完整井，采用承压含水层完整井稳定流计算公式

$$Q = 2.73\frac{KMS}{\lg\frac{R_0}{r}} \quad 即\ K = \frac{0.366Q}{MS}\lg\frac{R_0}{r}$$

计算如下

$$K_1 = \frac{0.366 \times 510}{3 \times 2.1} \times \lg\frac{100}{0.4} = 71\ (\text{m/d})$$

$$K_2 = \frac{0.366 \times 760}{3 \times 3.0} \times \lg\frac{100}{0.4} = 74.1\ (\text{m/d})$$

$$K_3 = \frac{0.366 \times 1\,050}{3 \times 4.2} \times \lg\frac{100}{0.4} = 73.1\ (\text{m/d})$$

$$K = \frac{1}{3}(K_1 + K_2 + K_3) = \frac{1}{3} \times (71 + 74.1 + 73.1) = 72.7\ (\text{m/d})$$

答案(A) 最接近。

3. [**答案**](B)

[**解析**] 据《建筑地基基础设计规范》(GB 50007—2011) 附录 C 第 C.0.7 条，对高压缩性土取 $S/b = 0.015$，所对应的荷载值为承载力基本值。

$$b = \sqrt{A} = \sqrt{250\,000} = 500\ (\text{mm})$$

$$S = 0.015b = 0.015 \times 500 = 7.5\ (\text{mm})$$

$$\frac{7.5 - 8.95}{8.05 - 8.95} = \frac{P_0 - 108}{81 - 108} \qquad 解得\ P_0 = 98\ \text{kPa}$$

答案(B) 正确。

4. [**答案**](D)

[**解析**] 据《湿陷性黄土地区建筑规范》(GB 50025—2004) 计算如下

$$\begin{aligned}\Delta_{ZS} &= \beta_0 \sum \delta_{ZSi} h_i \\ &= 0.5 \times (0.032 \times 150 + 0.027 \times 100 + 0.022 \times 100 + 0.020 \times 100) \\ &= 5.85\ (\text{cm})\end{aligned}$$

$\Delta_{ZS} < 7$ cm，为非自重湿陷性场地，湿陷量自 1.5 m 累积至 6.5 m。

$$\begin{aligned}\Delta_s &= \sum \beta \Delta_{si} h_i \\ &= 1.5 \times 0.036 \times 100 + 1.5 \times 0.038 \times 100 + 1.5 \times 0.03 \times 100 + 1.0 \times 0.022 \times 100 \\ &= 20.9\ (\text{cm})\end{aligned}$$

答案(D) 正确。

5. [**答案**](A)

[**解析**] 据《岩土工程勘察规范》(GB 50021—2001)(2009 年版) 第 14.2.4 条计算如下

$$\gamma_{sc} = 1 - \left(\frac{1.704}{\sqrt{n}} + \frac{4.678}{n^2}\right)\delta_c = 1 - \left(\frac{1.704}{\sqrt{6}} + \frac{4.678}{6^2}\right) \times 0.3 = 0.752$$

$$\gamma_{s\varphi} = 1 - \left(\frac{1.704}{\sqrt{n}} + \frac{4.678}{n^2}\right)\delta_\varphi = 1 - \left(\frac{1.704}{\sqrt{6}} + \frac{4.678}{6^2}\right) \times 0.25 = 0.794$$

$$\varphi_k = \gamma_{s\varphi}\varphi_m = 0.794 \times 17.5° = 13.9°$$

$$C_k = \gamma_{sc} C_m = 0.752 \times 15 = 11.3\ (\text{kPa})$$

答案(A) 正确。

6.[答案] 暂无

7.[答案](C)

[解析] 据《建筑地基基础设计规范》(GB 50007—2011) 第 5.2.2 条计算如下

$$P_{kmax} - P_{kmin} = 2\frac{M_k}{W} = \frac{2M_k \times 6}{2^2 \times 1} = 3M_k = 150 - 50 = 100\ (kN)$$

$$\frac{N}{A} = \frac{1}{2}(P_{kmax} + P_{kmin}) = \frac{1}{2} \times (150 + 50) = 100\ (kN) \quad N = 200\ (kN)$$

$$M_k = 100/3 = 33.3\ (kN \cdot m)$$

答案(C) 正确。

8.[答案](A)

[解析] 据《建筑地基基础设计规范》(GB 50007—2011) 第 5.2.7 条,基础实际压力与自重压力相等时,附加压力为 0,即 $p = \gamma h$

$$h = p/\gamma = 80/18 = 4.44\ (m)$$

答案(A) 正确。

9.[答案](B)

[解析] 据《建筑地基基础设计规范》(GB 50007—2011) 第 5.3.5 条计算如下表所示。

层号	Z_i	Z_i/b	l/b	$\overline{\alpha}_i$	$4(Z_i\overline{\alpha} - Z_{i-1}\overline{\alpha}_{i-1})$	E_s
	0	0				
②	2.0	1.0	1.5	0.232 0	1.856 0	7 500
③	6.4	3.2	1.5	0.147 4	1.917 4	2 400

$$S = 1.0 \times \left(\frac{80}{7\ 500} \times 1.856\ 0 + \frac{80}{2\ 400} \times 1.917\ 4\right) = 0.083\ 7\ (m) = 83.7\ (mm)$$

答案(B) 正确。

10.[答案](C)

[解析] 据《建筑地基基础设计规范》(GB 50007—2011) 第 5.3.6 条计算如下表所示。

层号	Z_i	Z_i/b	l/b	$\overline{\alpha}_i$	$4(Z_i\overline{\alpha} - Z_{i-1}\overline{\alpha}_{i-1})$	E_{si}
	0	0				
②	2	1	1.5	0.232 0	1.856 0	7 500
③	5.2	2.6	1.5	0.166 4	1.605 1	2 400

$$\overline{E}_s = \frac{\sum A_i}{\sum (A_i/E_{si})} = \frac{1.856\ 0 + 1.605\ 1}{\frac{1.856\ 0}{7.5} + \frac{1.605\ 1}{2.4}} = 3.78\ (MPa)$$

答案(C) 正确。

11.[答案](C)

[解析] 据《建筑地基基础设计规范》(GB 50007—2011) 第 5.2.7 条计算如下

$$Z = h_1 - d = 3 - 1.5 = 1.5\ (m), Z/b = 1.5/2 = 0.75$$

答案(C) 正确。

12.[答案](A)

[解析] 据《建筑地基基础设计规范》(GB 50007—2011) 第 5.2.7 条计算如下

底面处自重应力 p_c

$$p_c = \gamma h = 20 \times 1.5 = 30\ (\text{kPa})$$

底面处实际压力 p_k

$$p_k = N/b = 350/2 = 175\ (\text{kPa})$$

下卧层顶面处的附加压力 P_z

$$P_z = \frac{b(p_k - p_c)}{b + 2z\tan\theta} = \frac{2 \times (175 - 30)}{2 + 2 \times 1.5 \times \tan 23^\circ} = 88.6\ (\text{kPa})$$

答案(A)正确。

13.[**答案**](A)

[**解析**]据《建筑地基基础设计规范》(GB 50007—2011)第5.2.2条,偏心距 e 为

$$e = \frac{\sum M}{\sum N} = \frac{200 \times 0.2 - 60 \times 2.0}{200} = -0.4\ (\text{m}), e/b = 0.4/2.0 = 0.2 > 1/6$$

答案(A)正确。

14.[**答案**](B)

[**解析**]据《建筑地基基础设计规范》(GB 50007—2011)第5.2.2条,偏心距 e 为

$$e = \frac{\sum M}{\sum N} = \frac{200 \times 0.2 - 20 \times 2}{200} = 0$$

偏心距 $e = 0$,为轴心荷载,基础底面压力分布图形为矩形。

答案(B)正确。

15.[**答案**](B)

[**解析**]地面沉降的计算如下图所示。

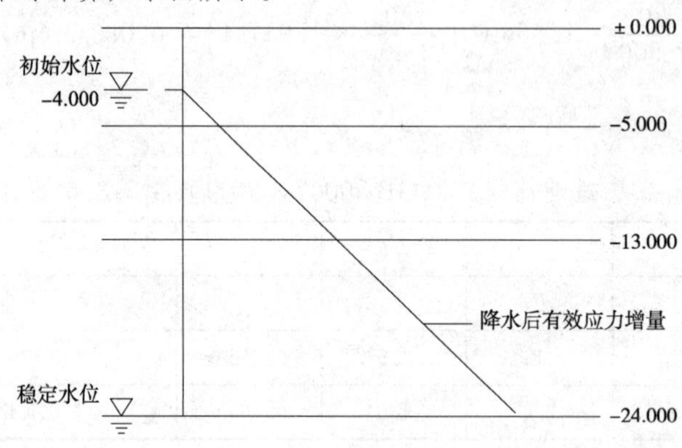

题15解图

第一层沉降量

$$S_1 = \frac{a}{1 + e_0}\Delta p_1 h_1 = \frac{0.3}{1 + 0.75} \times \frac{1}{2} \times 10 \times 1 \times 1 = 0.86\ (\text{mm})$$

第二层沉降量

$$S_2 = \frac{a}{1 + e_0}\Delta p_2 h_2 = \frac{0.25}{1 + 0.65} \times \frac{1}{2} \times (10 \times 1 + 10 \times 9) \times 8 = 60.61\ (\text{mm})$$

第三层沉降量

$$S_3 = \frac{\Delta p_3}{E_s} h_3 = \frac{\frac{1}{2} \times (10 \times 9 + 10 \times 20)}{15} \times 11 = 106.33\ (\text{mm})$$

$$S = S_1 + S_2 + S_3 = 0.86 + 60.61 + 106.33 = 167.8\ (\mathrm{mm})$$

答案(B) 正确。

16.[答案](D)

[解析]

$$H = \frac{1}{\tan\varphi}\left[\frac{B}{2} + H_0 \tan(90^\circ - \varphi)\right] = \frac{1}{\tan 40^\circ} \times \left[\frac{6}{2} + 4 \times \tan(90^\circ - 40^\circ)\right] = 9.26\ (\mathrm{m})$$

答案(D) 正确。

17.[答案](A)

[解析] 据折线形滑面滑坡推力计算公式

$$F_1 = KT_1 - R_1 = 1.05 \times 12\ 000 - 5\ 500 = 7\ 100\ (\mathrm{kN/m})$$

$$F_2 = KT_2 - R_2 + \psi_1 F_1 = 1.05 \times 17\ 000 - 19\ 000 + 0.733 \times 7\ 100 = 4\ 054.3\ (\mathrm{kN/m})$$

$$F_3 = KT_3 - R_3 + \psi_2 F_2 = 1.05 \times 2\ 400 - 2\ 700 + 1.0 \times 4\ 054.3 = 3\ 874.3\ (\mathrm{kN/m})$$

答案(A) 正确。

18.[答案](C)

[解析] 据《建筑抗震设计规范》(GB 50011—2010) 第 4.3.4 条和第 4.3.5 条计算如下。

各测试点临界击数 N_{cr}:

$$N_{cr} = N_0 \beta[\ln(0.6 d_s + 1.5) - 0.1 d_w] \times \sqrt{3/\rho_c}$$

$N_0 = 12$,判别深度为 15 m。

5 m 处:$N_{cr} = 12 \times 0.8 \times [\ln(0.6 \times 5 + 1.5) - 0.1 \times 5] \times \sqrt{3/9} = 5.57$

7 m 处:$N_{cr} = 12 \times 0.8 \times [\ln(0.6 \times 7 + 1.5) - 0.1 \times 5] \times \sqrt{3/9} = 6.9$

10 m 处:$N_{cr} = 12 \times 0.8 \times [\ln(0.6 \times 10 + 1.5) - 0.1 \times 5] \times \sqrt{3/3} = 14.5$

13 m 处:$N_{cr} = 12 \times 0.8 \times [\ln(0.6 \times 13 + 1.5) - 0.1 \times 5] \times \sqrt{3/3} = 16.6$

各测试点所代表土层的厚度 d_i 及中点深度 h_i 及权函数值 W_i:

$$5\ \text{m 处}\begin{cases} d_1 = \frac{1}{2} \times (5 + 7) - 5 = 1 \\ h_1 = 5 + \frac{1}{2} \times 1 = 5.5 \\ W_1 = \frac{2}{3} \times (20 - h_1) = \frac{2}{3} \times (20 - 5.5) = 9.67 \end{cases}$$

$$7.0\ \text{m 处}\begin{cases} d_2 = 8 - \frac{1}{2} \times (5 + 7) = 2 \\ h_2 = 8 - \frac{1}{2} d_2 = 8 - \frac{1}{2} \times 2 = 7 \\ W_2 = \frac{2}{3} \times (20 - h_2) = \frac{2}{3} \times (20 - 7) = 8.67 \end{cases}$$

$$10.0\ \text{m 处}\begin{cases} d_3 = \frac{1}{2} \times (10 + 13) - 8 = 3.5 \\ h_3 = 8 + \frac{1}{2} d_3 = 8 + \frac{1}{2} \times 3.5 = 9.75 \\ W_3 = \frac{2}{3} \times (20 - h_3) = \frac{2}{3} \times (20 - 9.75) = 6.83 \end{cases}$$

$$13.0\text{ m 处}\begin{cases}\dfrac{1}{2}\times(17+13)=15\text{ (m)}\\ d_4=15-\dfrac{1}{2}\times(13+10)=3.5\\ h_4=15-\dfrac{1}{2}d_4=15-\dfrac{1}{2}\times3.5=13.25\\ W_4=\dfrac{2}{3}\times(20-h_4)=\dfrac{2}{3}\times(20-13.25)=4.5\end{cases}$$

液化指数 I_{LE}：

$$I_{LE}=\sum\left[\left(1-\frac{N_i}{N_{cri}}\right)d_iW_i\right]=\left(1-\frac{5}{5.57}\right)\times1\times9.67+\left(1-\frac{6}{6.9}\right)\times2\times8.67+$$

$$\left(1-\frac{8}{14.5}\right)\times3.5\times6.83+\left(1-\frac{8}{5.57}\right)\times3.5\times4.5=22.11$$

答案(C) 正确。

19.[**答案**](D)

[**解析**] 据《水工建筑物抗震设计规范》(DL 5073—2000) 第 4.9.1 条计算如下

$$Z=\frac{\sin(\delta+\varphi)\sin(\varphi-\theta_c+\psi_2)}{\cos(\delta+\psi_1+\theta_c)\times\cos(\psi_2-\psi_1)}=\frac{\sin(15^\circ+32^\circ)\times\sin(32^\circ-3^\circ-0^\circ)}{\cos(15^\circ+20^\circ+3^\circ)\times\cos(0^\circ-20^\circ)}=0.48$$

$$C_e=\frac{\cos^2(\varphi-\theta_c-\psi_1)}{\cos\theta_c\cos^2\psi_1\cos(\delta+\psi_1+\theta_c)(1+\sqrt{Z})^2}$$

$$=\frac{\cos^2(32^\circ-3^\circ-20^\circ)}{\cos3^\circ\cos^2 20^\circ\cos(15^\circ+20^\circ+3^\circ)\times(1+\sqrt{0.48})^2}=0.49$$

地表无超载($q_0=0$)，不考虑竖向地震力($a_v=0$)，地震主动土压力代表值 F_E 为

$$F_E=\left[q_0\frac{\cos\psi_1}{\cos(\psi_1-\psi_2)}H+\frac{1}{2}\gamma H^2\right](1\pm\zeta a_v/g)C_e$$

$$=\frac{1}{2}\gamma H^2C_e=\frac{1}{2}\times20\times5^2\times0.49=122.5\text{ (kN/m)}$$

答案(D) 正确。

20.[**答案**](C)

[**解析**] 据《建筑抗震设计规范》(GB 50011—2010) 第 5.1.5 条计算如下

$T_g=0.3\text{s}$，假定阻尼比为 0.05。

$$\alpha_A/\alpha_B=\eta_2\alpha_{max}/[(T_g/T_B)^r\eta_2\alpha_{max}]=\frac{1}{(0.3/0.4)^{0.9}\times1}=1.3$$

答案(C) 正确。

21.[**答案**](C)

[**解析**] 据《建筑抗震设计规范》(GB 50011—2010) 第 4.3.4 条计算如下

各测试点临界标准贯入击数 N_{cr} 值

$N_{cr}=N_0\beta[\ln(0.6d_s+1.5)-0.1d_w]\sqrt{3/\rho_c}$

7.0 m 处：$N_{cr}=12\times0.8\times[\ln(0.6\times7.0+1.5)-0.1\times4]\times\sqrt{3/12}=6.5$

9.0 m 处：$N_{cr}=12\times0.8\times[\ln(0.6\times9.0+1.5)-0.1\times4]\times\sqrt{3/10}=8.1$

11.0 m 处：$N_{cr}=12\times0.8\times[\ln(0.6\times11.0+1.5)-0.1\times4]\times\sqrt{3/3}=16.2$

13.0 m 处：$N_{cr} = 12 \times 0.8 \times [\ln(0.6 \times 13.0 + 1.5) - 0.1 \times 4] \times \sqrt{3/3} = 17.6$

比较实测击数与临界击数可知，7.0 m 和 11.0 m 处液化。

答案(C) 正确。

22.[**答案**](A)

[**解析**](注：新规范已删除地震剪应力比计算)。据《公路工程抗震设计规范》(JTJ 004—1989) 第 2.2.3 条条文说明，地震剪应力比可按下式计算

$$\tau/\sigma_e = 0.65K_h \frac{\sigma_o}{\sigma_e}C_v$$

因为 $d_s = 10$，所以 $C_v = 0.902$，因为 $d_s = d_w$，所以 $\sigma_o/\sigma_e = 1$

8 度烈度区 $K_h = 0.2$

$\tau/\sigma_e = 0.65 \times 0.2 \times 1 \times 0.902 = 0.117 \approx 0.12$

答案(A) 正确。

23.[**答案**](C)

[**解析**] 据《公路工程抗震规范》(JTG B02—2013) 第 4.4.2 条计算如下

$C_e = 0.7$ 时，当 $d_s \leqslant 10, \alpha = 1/3$；当 $10 < d_s \leqslant 20, \alpha = 2/3$

$\alpha = (\alpha_1 h_1 + \alpha_2 h_2)/(h_1 + h_2) = [(10-5) \times (1/3) + (15-10) \times (2/3)]/10 = 0.5$

答案(C) 正确。

24.[**答案**](D)

[**解析**] 概算的精度应控制在 5% 以内

$\dfrac{137-131}{131} = 0.045\ 8 = 4.58\%$　　$\dfrac{143-131}{131} = 0.091\ 6 = 9.16\%$

只有(D) 符合精度要求。

答案(D) 正确。

25.[**答案**](C)

[**解析**] 据《工程勘察设计收费标准》(2002 年修订本) 第 3.3 条及相关规定计算如下：

10 m 以上跟管钻进调整系数 1.5。

水上作业调整系数 2.5。

勘察费为

$(3 \times 117 + 2 \times 71 + 2 \times 207 + 3 \times 117) \times (2.5 + 1.5 - 2 + 1) + 10 \times 377 \times 2.5 =$ 13 199 (元)

答案(C) 正确。

专业案例(下午卷) 答案

1.[**答案**](B)

[**解析**] 据《建筑桩基技术规范》(JGJ 94—2008) 计算如下

$h_0 = h_{01} + h_{02} = 1.6$ (m)

$$\beta_{hp} = \frac{1.0-0.9}{0.8-2} \times (1.6-2) + 0.9 = 0.933\ 3$$

$$a_{0x} = a_{0y} = a_{1x} + \frac{1}{2}(b_{x2} - b_c) = 0.6 + \frac{1}{2} \times (2.8 - 1.0) = 1.5 \text{ (m)}$$

$\lambda_{0x} = \lambda_{0y} = a_0/h_0 = 1.5/1.6 = 0.937\ 5$

$$\beta_{0x} = \beta_{0y} = 0.84/(\lambda + 0.2) = 0.84/(0.937\,5 + 0.2) = 0.738\,5$$

$$2[\beta_{0x}(b_c + a_{0y}) + \beta_{0y}(h_c + a_{0x})]\beta_{hp} f_t h_0$$

$$= 4\beta_{0x}(b_c + a_{0y})\beta_{hp} f_t h_0$$

$$= 4 \times 0.738\,5 \times (1.0 + 1.5) \times 0.933\,3 \times 1.65 \times 1.6 = 18.2(\text{MN}) = 1.82 \times 10^3(\text{kN})$$

答案(B) 正确。

2.[**答案**](D)

[**解析**]据《建筑桩基技术规范》(JGJ 94—2008) 计算如下

$$M_y = 46.6 - 1\,512 \times 0.02 + 36.8 \times 1.2 = 60.52\ (\text{kN}\cdot\text{m})$$

$$G_k = 2.7 \times 2.7 \times 1.5 \times 20 = 218.7\ (\text{kN})$$

$$N_{max} = \frac{F + G_k}{n} \pm \frac{M_x Y_i}{\sum Y_j^2} \pm \frac{M_y X_i}{\sum X_j^2} = \frac{F + G_k}{n} + \frac{M_y X_{max}}{\sum X_j^2}$$

$$= \frac{1\,512 + 218.7}{5} + \frac{60.52 \times 0.85}{4 \times 0.85^2 + 0} = 364\ (\text{kN})$$

答案(D) 正确。

3.[**答案**](C)

[**解析**]据《建筑桩基技术规范》(JGJ 94—2008) 计算如下

$$d_e = d_s/\sqrt{n} = 0.8/\sqrt{4} = 0.4\ (\text{m})$$

$$h_b/d_s = h_b/d_e = 3/0.4 = 7.5$$

$$\lambda_p = 0.8$$

$$Q_{uk} = Q_{sk} + Q_{pk} = u\sum q_{sik} l_i + \lambda_p q_{pk} A_p$$

$$= 3.14 \times 0.8 \times (10 \times 50 + 8 \times 60 + 3 \times 80) + 0.8 \times 7\,000 \times \frac{3.14}{4} \times 0.8^2$$

$$= 5\,878.08\ (\text{kN}) \approx 5.9 \times 10^3\ (\text{kN})$$

答案(C) 正确。

4.[**答案**](C)

[**解析**]据《建筑桩基技术规范》(JGJ 94—2008) 第 5.5.6 条 ～ 第 5.5.9 条计算如下

桩基等效沉降系数 ψ_e

$$s_a/d = 2\,000/400 = 5$$

$$L_c/B_c = 4\,800/4\,800 = 1$$

$$l/d = 22\,000/400 = 55$$

查附录 H 得

$$C_0 = \frac{1}{2} \times (0.036 + 0.031) = 0.033\,5$$

$$C_1 = \frac{1}{2} \times (1.569 + 1.642) = 1.605\,5$$

$$C_2 = \frac{1}{2} \times (8.034 + 9.192) = 8.613$$

$$\psi_e = C_0 + \frac{n_b - 1}{C_1(n_b - 1) + C_2} = 0.033\,5 + \frac{3 - 1}{1.605\,5 \times (3 - 1) + 8.613} = 0.202\,6$$

沉降计算见下表。

题 4 解表

层序	Z(桩端下)	a/b	$2Z_i/B_c$	$\bar{\alpha}_i$	$4(Z_i\bar{\alpha}_i-Z_{i-1}\bar{\alpha}_{i-1})$	E_{si}
	0	1	0	0.25		
⑤－2	4.8	1	2	0.174 6	3.352 3	15 000
⑤－3	9.6	1	4	0.111 4	0.925 5	6 000

$$S'=p_0\sum\frac{4(Z_i\bar{\alpha}_i-Z_{i-1}\bar{\alpha}_{i-1})}{E_{si}}=400\times\left(\frac{3.352\,3}{15\,000}+\frac{0.925\,5}{6\,000}\right)=151.08\ (\mathrm{mm})$$

$$S=\psi\psi_e S'=1.5\times0.202\,6\times151.08=45.78\ (\mathrm{mm})$$

答案(C)正确。

5.[**答案**](C)

[**解析**] 据《建筑桩基技术规范》(JGJ 94—2008) 第 5.4.4 条计算如下

$$l_n=0.7l_0=0.7\times20.7=14.49(\mathrm{m})\approx14.5\ (\mathrm{m})$$

中性点距地表 16.5 m

$$2\sim5.0\ \mathrm{m}:\begin{cases}\gamma'_1=\sum\gamma'_ih_i/\sum h_i=17\times3/3=17\\ P=18\times1.2+18\times0.8=36\\ \sigma'_1=P+\gamma'_1Z_1=36+17\times1.5=61.5\\ q^n_{s1}=\zeta_n\sigma'_1=0.2\times61.5=12.3\end{cases}$$

$$5.0\sim12.0\ \mathrm{m}:\begin{cases}\gamma'_2=\sum\gamma_ih_i/\sum h_i=(17\times3+7\times7)/(3+7)=10\\ \sigma'_2=p+\gamma'_2Z_2=36+10\times6.5=101\\ q^n_{s2}=\zeta_n\sigma'_2=0.2\times101=20.2\end{cases}$$

$$12\sim16.5\ \mathrm{m}:\begin{cases}\gamma'_3=\sum\gamma_ih_i/\sum h_i=(17\times3+7\times7+8\times4.5)=9.4\\ \sigma'_3=p+\gamma'_3Z_3=36+9.4\times12.25=151.15\\ q^n_{s3}=\zeta_n\sigma'_3=0.3\times151.15=45.3\end{cases}$$

下拉荷载 Q^n_g

$$Q^n_g=\eta_n u\sum q^n_{si}l_i=1\times4\times0.3\times(12.3\times3+20.2\times7+45.3\times4.5)=458.58\ (\mathrm{kN})$$

答案(C)较接近。

6.[**答案**](B)

[**解析**] 据《建筑桩基技术规范》(JGJ 94—2008) 第 5.4.6 条计算如下

$$\begin{aligned}T_{uk}&=\sum\lambda_iq_{sik}U_il_i\\&=0.8\times28\times4\times0.4\times6+0.8\times55\times4\times0.4\times10.7+0.7\times100\times4\times0.4\times5.3\\&=1\,561.92\ (\mathrm{kN})\end{aligned}$$

7.[**答案**](A)

[**解析**] 据《建筑桩基技术规范》(JGJ 94—2008) 第 5.2.5 条计算如下

$$R_a=\frac{Q_s+Q_p}{2}=\frac{1\,500+700}{2}=1\,100\ (\mathrm{kN})$$

$$A_c=\frac{A-nA_{ps}}{n}=\frac{5.2\times3.2-6\times0.4\times0.4}{6}=2.613$$

$$R=R_a+\eta_cf_{ak}A_c=1\,100+0.447\times180\times2.163=1\,274(\mathrm{kN})\approx1.3\times10^3\ (\mathrm{kN})$$

答案(A)正确。

8.［答案］(C)

［解析］据《建筑桩基技术规范》(JGJ 94—2008) 第 5.7.2 条、第 5.7.5 条计算如下

桩身计算宽度 b_0

$$b_0 = 1.5b + 0.5 = 1.5 \times 0.4 + 0.5 = 1.1\ (\text{m})$$

$$\alpha = \sqrt[5]{\frac{mb_0}{EI}} = \sqrt[5]{\frac{10^4 \times 1.1}{5.08 \times 10^4}} = 0.7364$$

$$\alpha h = 0.7364 \times 5.5 = 4.05$$

查得 $\nu_x = 2.441$

$$R_h = 0.75\frac{\alpha^3 EI}{\nu_x}x_{0a} = 0.75 \times \frac{0.7364^3 \times 5.08 \times 10^4}{2.441} \times 0.01 = 62.3\ (\text{kN})$$

每米挡墙的阻滑力

$$F = R_h/1.2 = 62.3/1.2 = 52\ (\text{kN/m})$$

答案(C) 正确。

9.［答案］(B)

［解析］据《建筑桩基技术规范》(JGJ 94—2008) 第 5.7.3 条计算如下

$\alpha h > 4.0$,按位移控制,$\eta_r = 2.05$

$$\eta_i = \frac{\left(\frac{S_a}{d}\right)^{0.015n_2+0.45}}{0.15n_1 + 0.10n_2 + 1.9} = \frac{3^{0.015\times3+0.45}}{0.15 \times 3 + 0.10 \times 3 + 1.9} = 0.65$$

设保护层厚度为 50 mm

$$\eta_l = \frac{mX_{0a}B'_c h_c^2}{2n_1 n_2 R_h} = \frac{10 \times 10^3 \times 0.006 \times (6.4 + 1) \times 1.65^2}{2 \times 3 \times 3 \times 150} = 0.4477$$

$$\eta_b = \frac{\mu P_c}{n_1 n_2 R_h} = \frac{0.3 \times 1364}{3 \times 3 \times 150} = 0.303$$

$$\eta_h = \eta_i \eta_r + \eta_l + \eta_b = 0.65 \times 2.05 + 0.4477 + 0.303 = 2.0832$$

$$R_h = \eta_h R_{ha} = 2.0832 \times 150 = 312.48\ (\text{kN})$$

答案(B) 正确。

10.［答案］(D)

［解析］据《建筑地基处理技术规范》(JGJ 79—2012) 第 4.2.3 条计算如下

$$b' \geqslant b + 2Z\tan\theta$$

$$b' - b \geqslant 2Z\tan\theta = 2 \times 2 \times \tan 28^\circ = 2.127\ (\text{m})$$

答案(D) 正确。

11.［答案］(B)

［解析］据《建筑地基处理技术规范》(JGJ 79—2012) 第 7.1.5 条计算如下

$$d_e = 1.05S = 1.05 \times 1.5 = 1.575$$

$$m = d^2/d_e^2 = 0.6^2/1.575^2 = 0.145$$

$$f_{spk} = [1 + m(n-1)]f_{sk} = [1 + 0.145 \times (3-1)] \times 120 = 154.8\ (\text{kPa})$$

答案(B) 正确。

12.［答案］(C)

［解析］据《建筑地基处理技术规范》(JGJ 79—2012) 第 7.1.5 条计算如下

$$d_e = 1.13S = 1.13 \times 1.5 = 1.695$$

$$m = d^2/d_e^2 = 0.9^2/1.695^2 = 0.282$$

$$f_{spk} = mf_{pk} + (1-m)f_{sk}$$

即 $f_{pk} = \frac{1}{m}[f_{spk} - (1-m)f_{sk}] = \frac{1}{0.282} \times [160 - (1-0.282) \times 120]$

$= 261.8\ (kPa)$

答案(C) 正确。

13.[**答案**](B)

[**解析**] 据《建筑地基处理技术规范》(JGJ 79—2012) 第 7.2.2 条计算如下

$$e_1 = e_{max} - D_{r1}(e_{max} - e_{min}) = 0.9 - 0.8 \times (0.9 - 0.6) = 0.66$$

$$S = 0.95\xi d\sqrt{\frac{1+e_0}{e_0 - e_1}} = 0.95 \times 1 \times 0.7 \times \sqrt{\frac{1+0.81}{0.81-0.66}} = 2.31\ (m)$$

答案(B) 正确。

14.[**答案**](C)

[**解析**] 车辆设计荷载换算成当量土柱高 h_0 公式为

$$h_0 = \frac{NG}{\gamma BL} = \frac{2 \times 300}{18.2 \times 5.5 \times 5.6} = 1.07\ (m)$$

答案(C) 正确。

15.[**答案**](A)

[**解析**] 据《土力学理论》计算如下

最终沉降量:

$$S_f = \xi \sum \frac{e_{0i} - e_{1i}}{1+e_{0i}} h_i = \frac{e_0 - e_1}{1+e_0} H = \frac{\Delta P}{E_s} H = \frac{0.8 \times 18 + 80}{1.5 \times 10^3} \times 600 = 37.8\ (cm)$$

固结度达到 85% 时的残留沉降量 S:

$$S = (1 - U_t)S_f = (1 - 0.85) \times 37.8 = 5.67\ (cm)$$

答案(A) 正确。

16.[**答案**](B)

[**解析**] 据《建筑地基处理技术规范》(JGJ 79—2012) 第 7.5.2 条计算如下

$$S = 0.95d\sqrt{\frac{\overline{\eta}_c \rho_{dmax}}{\overline{\eta}_c \rho_{dmax} - \overline{\rho}_d}} = 0.95 \times 0.4 \times \sqrt{\frac{0.93 \times 1.6}{0.93 \times 1.6 - 1.28}} = 1.016 \approx 1.0\ (m)$$

答案(B) 正确。

17.[**答案**](B)

[**解析**] 据《建筑地基处理技术规范》(JGJ 79—2012) 计算如下

由桩身材料控制的单桩承载力:

$$R_a = \eta f_{cu} A_p = 0.25 \times 1\,920 \times \frac{3.14}{4} \times 0.5^2 = 94.2\ (kN)$$

由桩周土强度控制的单桩承载力:

$$R_a = u_p \sum q_{si} l_{pi} + \alpha_p q_p A_p$$

$$= 15 \times 3.14 \times 0.5 \times 10 + 0.5 \times \frac{3.14}{4} \times 0.5^2 \times 60 = 241.4\ (kN)$$

取单桩承载力 $R_a = 94.2$ kN:

$$d_e = 1.13S = 1.13 \times 1.1 = 1.243$$

$$m = d^2/d_e^2 = 0.5^2/1.243^2 = 0.162$$

$$f_{spk}=\lambda m\frac{R_a}{A_p}+\beta(1-m)f_{sk}$$

$$=0.162\times94.2\times4/(3.14\times0.5^2)+0.85\times(1-0.162)\times70$$

$$=127.62\ (kPa)$$

答案(B) 正确。

18. [答案](C)

[解析] 据《建筑地基处理技术规范》(JGJ 79—2012) 第 7.1.5 条计算如下

由 $f_{cu}\geqslant4\frac{\lambda R_a}{A_p}$ 即 $880\geqslant4\times\frac{1.0R_a}{\frac{3.14}{4}\times0.5^2}$ 得：$R_a\geqslant432$ kPa

$$f_{spk}=\lambda m\frac{R_a}{A_p}+\beta(1-m)f_{sk}$$

$$m=\frac{f_{spk}-\beta f_{sk}}{\lambda R_a/A_p-\beta f_{sk}}=\frac{250-0.25\times120}{1\times432\times4/(3.14\times0.5^2)-0.25\times120}=0.101$$

$d^2/d_e^2=m$，即

$$d_e=\frac{d}{\sqrt{m}}=\frac{0.5}{\sqrt{0.101}}=1.573\ (m)$$

$$d_e=1.05S$$

$$S=d_e/1.05=1.573/1.05\approx1.5\ (m)$$

答案(C) 正确。

19. [答案](C)

[解析] 据《建筑地基处理技术规范》(JGJ 79—2012) 第 7.1.5 条计算如下

$$d_e=1.05S=1.05\times2.0=2.1$$

$$m=d^2/d_e^2=0.8^2/2.1^2=0.145$$

$$f_{spk}=[1+m(n-1)]f_{sk}$$

$$n=\frac{1}{m}\left(\frac{f_{spk}}{f_{sk}}-1\right)+1=\frac{1}{0.145}\times\left(\frac{200}{150}-1\right)+1=3.3$$

答案(C) 正确。

20. [答案](B)

[解析] 据《水利水电工程地质勘察规范》(GB 50487—2008) 第 N.0.8 条计算如下

$$S=\frac{R_bK_v}{\sigma_m}=\frac{83\times0.78}{25}=2.59$$

答案(B) 正确。

21. [答案](C)

[解析] 据《铁路路基支挡结构设计规范》(TB 10025—2006) 第 3.3.1 条计算如下

$$K_C=\frac{\left[\sum N+(\sum E_x-E'_x)\tan\alpha_0\right]f+E'_x}{\sum E_x-\sum N\tan\alpha_0}$$

$$=\frac{[192+(75-0)\times\tan0^\circ]\times0.5+0}{75-92\times\tan0^\circ}=1.28$$

答案(B) 正确。

22. [答案](B)

[解析] 据《工程岩体分级标准》(GB 50218—2014) 第 4.1.1 条、第 4.2.2 条计算如下

$K_v = V_{pm}{}^2 / V_{pr}{}^2 = 4.0^2/5.2^2 = 0.59$

$90K_v + 30 = 90 \times 0.59 + 30 = 83.25$

$R_c < 90K_v + 30$，取 $R_c = 10$

$0.04R_c + 0.4 = 0.04 \times 10 + 0.4 = 0.8$

$K_v < 0.04R_c + 0.4$，取 $K_v = 0.59$

$BQ = 100 + 3R_c + 250K_v = 100 + 3 \times 10 + 250 \times 0.59 = 277.5$

岩体基本质量级别为Ⅳ级。

答案(B)正确。

23.【答案】(C)

【解析】据《水利水电工程地质勘察规范》(GB 50487—2008)附录N计算如下

① $B + C = 30 + 15 = 45 > 5$

② $A = 25, R_b = 80$

③ 无其他因素加分或减分。

$T = A + B + C + D + E = 25 + 30 + 15 - 2 - 5 = 63$

围岩类别为Ⅲ类。

答案(C)正确。

24.【答案】(C)

【解析】据《水文地质学》中关于层状土层平均渗透系数计算公式计算如下。

地下水垂直于土层界面运动：

$$K_{vave} = \frac{\sum h_i}{\sum \frac{h_i}{K_{vi}}} = \frac{8+5+7}{\frac{8}{0.010} + \frac{5}{0.020} + \frac{7}{0.030}} = 0.0156\ (m/s)$$

地下水平行于土层界面运动：

$$K_{have} = \frac{\sum K_i h_i}{\sum h_i} = \frac{0.040 \times 8 + 0.050 \times 5 + 0.090 \times 7}{8+5+7} = 0.06\ (m/s)$$

答案(C)正确。

25.【答案】(D)

【解析】据《铁路路基设计规范》(TB 10001—2005)计算如下

$\Delta b = CHm = 0.015 \times 22 \times 1.75 = 0.5775\ (m)$

答案(D)正确。

2003年全国注册岩土工程师专业考试试卷(新解)

专业知识(上午卷)

一、单项选择题(共40题,每题1分。每题的备选项中只有一个最符合题意)

1. 高水头压力管道地段,除应查明上覆岩体厚度、岩体应力状态、山体稳定性外,还需进行下列(　　)。

(A)地应力测试　　(B)高压压水试验

(C)岩体注水试验　　(D)岩体抽水试验

2. 海港码头工程初步设计阶段勘察,码头不在岸坡明显地区,在确定勘探工作量时,其勘探线应首先考虑按下列(　　)方式进行布置。

(A)平行码头长轴方向　　(B)平行码头短轴方向

(C)垂直岸坡方向　　(D)平行岸坡方向

3. 采用直径75 mm双管单动金刚石钻头在岩层中钻进,在1m回次深度内取得岩心长度分别为20 cm、15 cm、25 cm、8 cm、3 cm、25 cm、4 cm,该岩石的质量指标RQD的值应取下列(　　)。

(A)65%　　(B)85%　　(C)100%　　(D)96%

4. 软土十字板剪切试验得到一条强度(C_u)随深度(h)增加的曲线,如该曲线大致呈通过地面原点的直线,则该软土可判定为下列(　　)的固结状态。

(A)超固结土　　(B)正常固结土　　(C)欠固结土　　(D)微超固结土

5.《岩土工程勘察规范》(GB 50021—2001)(2009年版),对黏性土增加了一些鉴别和描述的内容,其中,干强度应按(　　)来理解。

(A)将原状土切成小方块,风干后进行无侧限抗压强度试验

(B)将原状土切成小方块,风干后进行袖珍贯入试验

(C)将原状土捏成小方块或土团,风干后用手捏碎、捻碎,按用力大小区分

(D)将扰动土捏成小方块或土团,风干后用小刀切削,按切土量大小区分

6. 在河谷地区进行工程地质测绘,发现有多级阶地,在识别各级阶地形成年代的先后时,下列(　　)说法正确。

(A)高阶地年代新,低阶地年代老

(B)低阶地年代新,高阶地年代老

(C)根据阶地表层地层的沉积年代确定,与阶地高低无关

(D)根据阶地底部地层的沉积年代确定,与阶地高低无关

7. 工程地质测绘时,沿垂直地层走向直行,所见地层次序是:志留系→奥陶系→寒武系→奥陶系→志留系,这个现象可能反映了(　　)地质构造。

(A)正断层　　(B)逆断层　　(C)背斜　　(D)向斜

8. 长轴走向为北北东的向斜构造,一般情况下向深部导水性最好的断裂构造应为(　　)走向。

(A)北北东—南南西　　(B)北东—南西

(C)北西—南东　　(D)北西西—南东东

9. 岩层的纵波速度(v) 和密度(ρ) 如下表所列。当采用地震反射波方法探测上下相邻两种岩层的分界面时，相邻岩层的下列组合中物探效果最差的是(　　)组合。

题 9 表

岩层	v 波速/(m/s)	密度/(g/cm³)
①	3.5×10^3	2.40
②	3.5×10^3	2.80
③	4.0×10^3	2.40
④	4.0×10^3	2.80

(A)①与②　　(B)①与③　　(C)②与③　　(D)③与④

10. 有关双动二(三) 重管取土器的结构和操作，下列(　　)说法是错误的。

(A)内管具有一定的内间隙比

(B)内管钻头应与外管管口齐平

(C)外管与内管钻头在取样时转速相同

(D)冲洗液在外管与内管之间通过

11. (　　)不是三轴剪切试验与直剪试验相比所具有的优点。

(A)应力条件明确　　(B)剪切面固定

(C)分析原理严密　　(D)可模拟各种排水条件和应力条件

12. 正常固结土三轴固结不排水试验的总应力路径是(　　)。

(A)一条直线　　(B)一条向左上方弯曲的曲线

(C)一条向右上方弯曲的曲线　　(D)一条不规则曲线

13. 在中等风化花岗岩的岩体内作钻孔压水试验。该岩层的渗透系数 $k=3\times10^{-4}$ cm/s。压水试验得到第三阶段试段压力 $P_3=1.2$ MPa 和流量 $Q_3=16.08$ L/min，试段长度 $L=9.3$ m。按《水利水电工程地质勘察规范》(GB 50487—2008) 规定，该岩体的渗透性属于(　　)等级。

(A)微透水　　(B)强透水　　(C)弱透水　　(D)中等透水

14. 右图为地下连续墙围护的基坑，坑内排水，水位降如图。图中 a 点与 d 点在同一水平上，b 点与 c 点在同一水平上，地层的透水性基本均匀，如果 a、b、c、d 分别表示相应各点的水头，下列(　　)项表达是正确的。

(A)$a=d$，$b=c$，且 $a>b$，$d>c$

(B)$a=d$，$b=c$，且 $a<b$，$d<c$

(C)$a=b$，$c=d$，且 $a>d$，$b>c$

(D)$a<b<c<d$

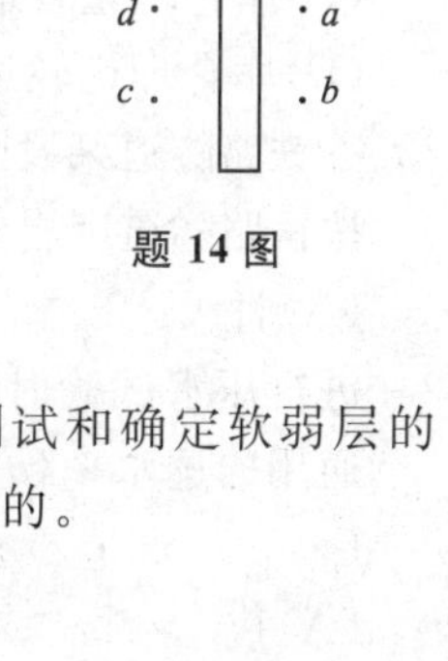

题 14 图

15. 在某砂砾石层中进行标准贯入试验，锤击数已达 50 击，实际贯入深度仅为13 cm。按有关公式进行换算，相当于贯入 30 cm 的锤击数 N 可取(　　)。

(A)$N=105$ 击　　(B)$N=110$ 击

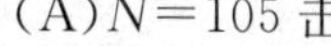

(C)$N=115$ 击　　(D)$N=120$ 击

16. 按照《水利水电工程地质勘察规范》(GB 50487—2008)，为了区分、测试和确定软弱层的抗剪强度，要将软弱夹层分成四类分别取值，下列(　　)分类是正确的。

(A)破碎夹层、破碎含泥夹层、破碎细粒夹层、泥化夹层

(B)原生型夹层、次生充填型夹层、风化型夹层、卸荷型夹层

(C)岩块岩屑型夹层、岩屑夹泥型夹层、泥夹岩屑型夹层、泥型夹层

(D)黏土岩夹层、黏土岩泥化夹层、黏土岩团块夹层、黏土岩砾状夹层

17. 路堤填土需经分层压实达到要求的密实度,为此应对填土材料进行击实试验。下列关于击实试验的说法(　　)是不正确的。

(A)最优含水率指的是对特定的土在一定的击实能量下达到最大密实状态时所对应的含水率

(B)对于不同的土,土的可塑性增大,最优含水率也就增大

(C)对于同一土料,所施加的击实能量越大,最优含水率也越小

(D)对于同一土料,土的最优含水率越大,最大干密度也就越大

18. 某地有两座采用相同材料砌筑的挡土墙 Ⅰ 和 Ⅱ,高度分别为 $H_{\mathrm{I}}=4$ m,$H_{\mathrm{II}}=8$ m,地下水都位于挡土墙底面以下,墙后都回填同样的中砂。如果作用在直立墙背上的主动土压力分别为 E_{I} 和 E_{II},对墙底产生的倾覆力矩分别为 M_{I} 和 M_{II},则比值 $M_{\mathrm{II}}/M_{\mathrm{I}}$ 应等于(　　)。

(A)2　　(B)4　　(C)8　　(D)10

19. 某基坑采用直立排桩支护结构,桩顶设置了单层水平支撑并可通过调整装置使排桩桩顶产生不同的位移状态,问下列(　　)种位移状态会使作用于桩身的土压力为最小。

(A)排桩向基坑内侧发生少量位移　　(B)排桩向基坑外侧发生少量位移

(C)排桩向基坑外侧发生大量位移　　(D)保持排桩不发生位移

20. 土中基坑采取直立悬臂式支护结构时,作用在支护结构上的最大弯矩点将位于下列(　　)的部位。

(A)基坑底面以上　　(B)基坑底面以下

(C)基坑底面处　　(D)以上三种情况都有可能

21. 下列关于路堤边坡的说法中,(　　)是正确的。

(A)对于土质路堤边坡一般均采用直线滑动面法进行稳定性验算

(B)对于较高的路堤边坡,可在边坡上设平台,并在平台上设排水沟,但填石路堤边坡上的平台可以不设排水沟

(C)较高路堤边坡上的平台不设排水沟时,应将平台做成向内侧倾斜的缓坡

(D)采用渗水性较好的填料填筑受水浸淹路段的路堤时,其边坡应适当放缓

22. 下列关于库仑理论应用于挡土墙设计的说法中,(　　)是错误的。

(A)库仑理论虽然有不够严密完整之处,但概念简单明了,适用范围较广

(B)库仑理论较适用于黏性土,其主动土压力和被动土压力的计算值均接近于实际

(C)库仑理论较适用于墙背为平面或接近平面的挡土墙

(D)库仑理论较适用于刚性挡土墙

23. 一铁路隧道某段围岩为硬岩,经测试岩块纵波速度为 4.0 km/s,岩体纵波速度为2.5 km/s,按铁路隧道围岩分级标准,根据岩体完整程度,可将围岩初步定性划分为(　　)。

(A)Ⅲ级　　(B)Ⅳ级　　(C)Ⅴ级　　(D)Ⅵ级

24. 进行压水试验时,过去是用单位吸水量(w)作为计算指标,现行国家标准是采用国际上通用的透水率(q)(单位为 Lu)作为计算指标,这两个计算指标的数值大小比值恰好是(　　)。

(A)1　　(B)10　　(C)100　　(D)1 000

25. 压水试验时，用安设在进水管上的压力计测压时，试段压水总压力 P 按下列（　　）公式计算。

(A) $P=P_1+P_2+P_3$　　(B) $P=P_1+P_2-P_3$

(C) $P=P_1-P_2+P_3$　　(D) $P=P_1-P_2-P_3$

（注：式中，P 为试段总压力；P_1 为压力计指标的压力；P_2 为压力计中心至压力计算零线的水柱压力；P_3 为管路压力损失。）

26. 采用加筋挡墙进行边坡支护，当挡墙高 8 m，采用等长土工格栅作拉筋时，下列（　　）条规定是合理的。

(A)按墙高的 0.4 进行设计，筋长为 3.2 m

(B)按墙高的 0.5 进行设计，筋长为 4.0 m

(C)按墙高的 0.6 进行设计，筋长为 4.8 m

(D)按经验设计，至少达 5.0 m

27. 在裂隙岩体中，缓倾滑面的倾角为 30°，当后缘垂直裂隙充水高度 $h=10$ m 时，沿滑面方向产生的静水压力最接近下列（　　）数值。

（注：$\gamma_{水}=10$ kN/m^3。）

(A)430 kN/m　(B)530 kN/m　(C)630 kN/m　(D)730 kN/m

28. 按《建筑边坡工程技术规范》(GB 50330—2013) 规定，岩质边坡沿外倾软弱结构面破坏时，计算破裂角应按（　　）取值。

(A)外倾结构面的视倾角　　(B) $45°+\varphi/2$

(C)上述(A)、(B)两项中的较小值　　(D)岩体的等效内摩擦角

29. 关于膨胀土原状土样在直线收缩阶段的收缩系数(σ_s)，下列（　　）认识是正确的。

(A)它是在 50 kPa 的固结压力下，含水率减少 1%时的竖向线缩率

(B)它是在 50 kPa 的固结压力下，含水率减少 1%时的体缩率

(C)它是含水率减少 1%时的竖向线缩率

(D)它是含水率减少 1%时的体缩率

30. 在地下水位高于基岩表面的隐伏岩溶发育地区，在抽降地下水的过程中发生了地面突陷和建筑物毁坏事故，下列所提出来的原因中（　　）的可能性最大。

(A)基岩内部的溶洞坍塌　　(B)基岩上覆土层的不均匀压缩

(C)土层侧移　　(D)基岩面以上覆盖层中土洞坍塌

31. 在一个由若干很厚的可压缩地层组成的巨厚沉积盆地中，为分析、预测地面沉降现状和发展趋势，下列研究方法中（　　）是最正确的。

(A)研究最上一层厚度的可压缩性及固结应力史

(B)研究深度相当于一个代表性高层建筑群场地短边的深度范围内的可压缩地层的压缩性及固结应力史

(C)研究所有可压缩地层的压缩性及固结应力史

(D)结合区域地下水开采及其动态观测资料研究所有可压缩地层的压缩性及固结应力史

32. 在按《湿陷性黄土地区建筑规范》(GB 50025—2004) 对处于自重湿陷性黄土场地上的乙类建筑物进行地基处理时，下列措施中（　　）是正确的。

(A)消除厚度不小于湿陷性土层厚度 1/2 的土的湿陷性并控制未处理土层的湿陷量小于 40 cm

(B)消除厚度不小于湿陷性土层厚度 1/2 的土的湿陷性并控制未处理土层的湿陷量小于 20 cm

(C)消除厚度不小于湿陷性土层厚度 2/3 的土的湿陷性并控制未处理土层的湿陷量小于 40 cm

(D)消除厚度不小于湿陷性土层厚度 2/3 的土的湿陷性并控制未处理土层的湿陷量小于 20 cm

33. 在岩溶地区选择公路、铁路路线时,下列(　　)说法是错误的。

(A)在可溶性岩石分布区,路线宜选择在溶蚀程度较低的岩石地区通过

(B)在可溶性岩石分布区,路线不宜与岩石构造线方向平行

(C)路线应尽量避开可溶性岩石分布区,实在无法绕避时宜将路线选择在可溶性岩石与非可溶性岩石相接触的地带

(D)路线应尽量避开较大的断层破碎带,实在无法绕避时,宜使路线与之直交或大交角斜交

34. 对于岩溶地区的路基设计,下列(　　)说法的错误的。

(A)设计时主要的考虑因素包括溶洞的位置、大小和稳定性,还包括路基附近的地面水和地下水

(B)常用的处理措施类型有疏导、填塞、跨越和加固四种

(C)对于岩溶水的处理应本着能导则导、能堵则堵、因地制宜的原则

(D)加固主要用以防止基底溶洞的坍塌和岩溶水的渗漏

35. 在公路、铁路选线遇到滑坡时,下列(　　)说法是错误的。

(A)对于性质复杂的大型滑坡,路线应尽量绕避

(B)对于性质简单的中小型滑坡,路线一般不需绕避

(C)路线必须通过滑坡时,宜在滑坡体的中部通过

(D)路线通过滑坡体的上缘时,宜采用路堑形式;路线通过滑坡体下缘时,宜采用路堤形式

36. 对于泥石流地区的路基设计,下列(　　)说法是错误的。

(A)应全面考虑跨越、排导、拦截以及水土保持等措施,总体规划,综合防治

(B)跨越的措施包括桥梁、涵洞、渡槽和隧道等,其中以涵洞最为常用

(C)拦截措施的主要作用是将一部分泥石流拦截在公路上游,以防止泥石流的沟床进一步下切、山体滑塌和携带的冲积物危害路基

(D)排导沟的横切面应根据流量确定

37. 在影响碳酸盐类岩石溶解的因素中,地下水所含侵蚀性 CO_2 指的是下列(　　)情况。

(A)水中所含 CO_2

(B)水中所含游离子 CO_2

(C)当水中 CO_2 含量与 $CaCO_3$ 含量达到平衡时的平衡 CO_2

(D)超出平衡 CO_2 含量的游离 CO_2

38. 铁路通过多年冻土带,下列(　　)情况适用采用破坏多年冻土的设计原则。

(A)连续多年冻土带

(B)不连续多年冻土带

(C)地面保温条件好的岛状多年冻土带

(D)地面保温条件差的岛状多年冻土带

39. 由土工试验测定冻土溶化下沉系数时,下列对冻土溶化下沉系数的说法中(　　)是正确的。

(A)在压力为零时,冻土试样融化前后的高度差与融化前试样高度的比值(%)

(B)在压力为自重压力时，冻土试样融化前后的高度差与融化前试样高度的比值(%)
(C)在压力为自重压力与附加压力之和时，冻土试样融化前后的高度差与融化前试样高度的比值(%)
(D)在压力为100 kPa时，冻土试样融化前后的高度差与融化前试样高度的比值(%)

40. 下列地基处理方法中，(　　)不宜用于湿陷性黄土地基。
(A)换填垫层法　　(B)强夯法和强夯置换法
(C)砂石桩法　　(D)单液硅化法或碱液法

二、多项选择题(共30题，每题2分。每题的备选项中有两个或三个符合题意，错选、少选、多选均不得分)

41. 某铁路隧道工程地质图件所用地层划分代号为 t_{lj}、T_{ld}、P_{2c}、P_{2w}，按铁路工程地质勘察规范，这种地层单元的划分符合下列(　　)图件的要求。
(A)全线工程地质图影响线路方案的地段
(B)详细工程地质图一般地段
(C)详细工程地质图地质构造复杂地段
(D)工点工程地质图地质构造复杂地段

42. 标准固结试验(含回弹)成果为 e—lg$p$ 曲线图表，在此曲线上除了能作图求出先期固结压力 P_c 外，还可计算得出的参数有(　　)。
(A)固结系数 C_v　　(B)压缩指数 C_c
(C)回弹指数 C_s　　(D)固结度 U_t

43. 用跨孔法测土的剪切波速，应特别注意下列(　　)问题。
(A)孔斜影响剪切波传播的距离　　(B)测试深度大时，拾振器收到的信号不足
(C)剪切波初至信号的正确判读　　(D)邻近存在高速层时，因折射产生误判

44. 水利水电工程勘察时，土的渗透变形判别包括(　　)内容。
(A)土的渗透变形类型　　(B)流土和管涌的临界水力比降
(C)土的渗透系数　　(D)土的允许水力比降

45. 下列(　　)性状符合膨胀土的一般性状。
(A)液限高　　(B)孔隙比高
(C)液性指数高　　(D)多不规则裂隙

46. 铁路增建第二线时，下列(　　)原则是不宜采取的。
(A)泥石流地段选在既有铁路上游一侧
(B)风沙地段选在主导风向的背风一侧
(C)软土地段基底有明显横坡时，选在横坡上侧
(D)膨胀土地段选在挖方较高的一侧

47. 用规范查表法确定土质边坡的坡度允许值时，应考虑下列(　　)因素。
(A)岩土类别　　(B)密实度或黏性土状态
(C)黏聚力和内摩擦角　　(D)坡高

48. 只有在符合下列(　　)特定条件时，用朗金理论与库仑理论分别计算得出的挡土墙主动土压力才是相同的。
(A)墙高限制在一定范围内
(B)墙背直立，且不考虑墙与土之间的摩擦角
(C)墙后填土只能是黏聚力为零的砂土，填土表面水平

(D)墙身为刚性，并不能产生任何位移

49. 在关于路堤基底处理的下列说法中，(　　)说法是正确的。

(A)地表有树根草皮、腐殖土时应预清除

(B)路堤基底范围内由于地表水或地下水影响路基稳定时，应采取拦截、引排等措施

(C)路堤基底范围内由于地表水或地下水影响路基稳定时，也可采取在路堤底部填筑透水性较差材料的措施

(D)基底土密实、地面横坡较缓时，路堤可直接填筑在天然地面上

50. 在下列关于重力式挡土墙墙背的说法中，(　　)说法是错误的。

(A)仰斜墙背所受土压力较大，俯斜墙背所受土压力较小

(B)仰斜墙背用于挖方边坡时，墙背与开挖面比较贴合，因而开挖量与回填量均较小

(C)俯斜墙背通常用于地面横坡较缓的情况

(D)俯斜墙背可做成台阶式，以增加墙背与填土之间的摩擦力

51. 在较完整的硬质岩中，下列(　　)是影响锚杆极限抗拔力的主要因素。

(A)灌注砂浆对钢拉杆的黏结力　　(B)锚孔壁对砂浆的抗剪强度

(C)锚杆钢筋根数　　(D)锚杆钢筋直径

52. 在开挖隧道的施工方法中，下列(　　)说法体现了新奥法的技术原则。

(A)尽量采用小断面开挖

(B)及时进行喷锚初期支护，与围岩形成整体

(C)对围岩和支护进行动态监控量测

(D)二次衬砌紧跟初期支护施工，阻止围岩和初期支护变形

53. 对于土石坝、卵石碎石坝，下列(　　)情况的坡面可以不设护坡。

(A)土石坝上游坡面　　(B)土石坝下游坡面

(C)卵石碎石坝上游坡面　　(D)卵石碎石坝下游坡面

54. 按照《建筑基坑支护技术规程》(JGJ 120—2012)，在选择基坑支护方案时，重力式水泥土墙方案对下列(　　)条件是不适用的。

(A)基坑侧壁安全等级为一级　　(B)地基承载力大于 150 kPa

(C)基坑深度大于 7 m　　(D)软土场地基坑深度 8 m

55. 按照《建筑基坑支护技术规程》(JGJ 120—2012)，基坑支护设计时，(　　)试验方法可取得计算所用的 c_k、φ_k 值。

(A)不固结不排水三轴试验　　(B)固结不排水三轴试验

(C)有可靠经验时的直剪快剪试验　　(D)固结快剪的直剪试验

56. 按照《水利水电工程地质勘察规范》(GB 50487—2008)，无黏性土的允许水力比降宜采用下列(　　)方法确定。

(A)以土的临界水力比降除以 1.5～2.0 的安全系数

(B)对水工建筑物危害较大时，取土的临界水力比降除以 2 的安全系数

(C)对于特别重要的工程，可取土的临界水力比降除以 2.5 的安全系数

(D)通过无黏性土的野外大型渗透变形试验求得

57. 坝基渗透水压力不仅会在坝基岩体中形成巨大的扬压力，促使岩体滑动，还会降低岩石强度，减小滑动面上的有效正应力。下列(　　)是降低坝基扬压力的有效办法。

(A)设置灌浆防渗帷幕　　(B)增设坝基排水系统

(C)增设坝基抗滑键　　(D)加固坝基基坑的岩体

58. 在滑坡抗滑桩防治工程设计中，下列（　　）要求是合理的。

(A)必须进行变形、抗裂、挠度检算

(B)按受弯构件进行设计

(C)桩最小边宽度可不受限制

(D)抗滑桩两侧和受压力边，适当配置纵向构造钢筋

59. 按《膨胀土地区建筑技术规范》(GB 50112—2013)，大气影响深度和大气影响急剧层深度是十分重要的设计参数，下列（　　）认识是错误的。

(A)大气影响深度和大气影响急剧层深度同值

(B)可取后者为前者乘以 0.80

(C)可取后者为前者乘以 0.60

(D)可取后者为前者乘以 0.45

60. 在煤矿采空区，下列地段中（　　）是不宜建筑的。

(A)在开采过程中可能出现非连续变形的地段

(B)采空区采深采厚比大于 30 的地段

(C)地表曲率大于 0.6 mm/m^2 的地段

(D)地表水平变形为 2～6 mm/m 的地段

61. 对已发生地面沉降的地区进行控制和治理，下列（　　）是可采用的方案。

(A)减少或暂停地下水的开采

(B)地下水从浅层转至深层开采

(C)暂停大范围的建设，特别是高层建筑群的建设

(D)对地下水进行人工补给

62. 在不具备形成土洞条件的岩溶地区，遇下列（　　）种情况可不考虑岩溶对地基稳定性的影响。

(A)基础底面以下的地层厚度大于 1.5 倍独立基础底宽

(B)基础底面以下的地层厚度大于 3.0 倍独立基础底宽

(C)基础底面以下的地层厚度大于 3.0 倍条形基础底宽

(D)基础底面以下的地层厚度大于 6.0 倍条形基础底宽

63. 在下列各项中，（　　）是常用的滑坡治理措施类型。

(A)地面排水　(B)地下排水　(C)减重与反压　(D)坡面防护

64. 在多年冻土地区选择公路、铁路路线时，下列各种说法中（　　）说法是正确的。

(A)路线通过山坡时，宜选择在平缓、干燥、向阳的地带

(B)沿大河河谷布设路线时，宜选择在阶地或大河融区

(C)路线布设在大河融区附近时，宜在融区附近的多年冻土边缘地带通过

(D)路线应尽量远离取土地点

65. 在岩溶发育地表有覆盖的孤峰平原地区，铁路选线宜绕避下述（　　）地质条件地段。

(A)覆盖土层较厚

(B)覆盖层厚度大于 10 m，地下水位埋深大于可溶岩顶板埋深

(C)地下水位线在基岩面附近

(D)地下水降落漏斗范围

66. 在滑坡稳定性分析中，下列（　　）说法符合抗滑段的条件。

(A)滑动方向与滑动面倾斜方向一致，滑动面倾斜角大于滑动带土的综合内摩擦角

(B)滑动方向与滑动面倾斜方向一致，滑动面倾斜角小于滑动带土的综合内摩擦角

(C)滑动方向与滑动面倾斜方向一致，滑动面倾斜角等于滑动带土的综合内摩擦角

(D)滑动方向与滑动面倾斜方向相反

67. 一山坡体滑动结构如下图所示，具主滑(错)动带的垂直位移与水平位移之比与滑动带倾斜值一致，此滑动体符合下列分类中的(　　)项。

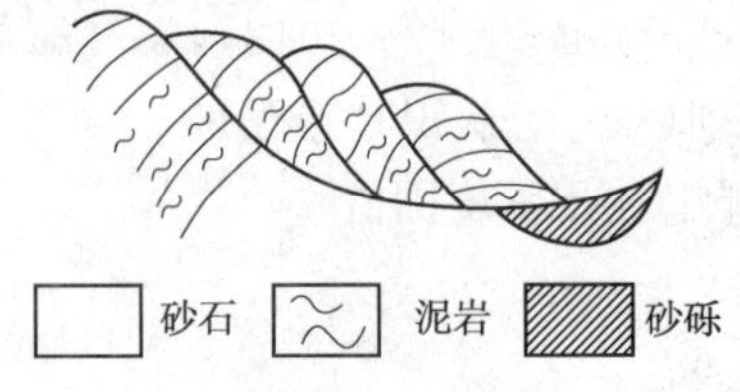

题 67 图

(A)滑移式崩塌　　(B)错落　　(C)牵引　　(D)推移式滑坡

68. 对于多年冻土的季节性融化层和具有始冻负温及更低持续负温的季节性冻土，按《铁路工程特殊岩土勘察规程》(TB 10038—2012)下列(　　)土层可能产生 Ⅳ 级强冻胀。

题 68 表

选项	土层	塑限含水率	冻前天然含水率	冻结期地下水位距冻结面的最小距离
(A)	黏性土	20%	27%	2.2 m
(B)	黏性土	24%	35%	2.2 m
(C)	黏性土	20%	27%	1.5 m
(D)	黏性土	20%	40%	1.5 m

69. 小煤窑一般都是人工开采、沿煤层挖成网格状的煤巷，下列(　　)现象是小煤窑产生地面塌陷的主要特征。

(A)地表产生小规模的移动盆地

(B)采空区顶板厚度薄的常产生突然塌陷

(C)采空区顶板厚度厚的常产生地面开裂

(D)采空区顶板全为岩层、埋深超过 60 m 的，地表很少变形

70. 滑坡治理常采用抗滑桩，抗滑桩的桩位应择优设置在下列(　　)位置或地段。

(A)滑坡体推力最大的位置　　(B)滑坡体推力最小的位置

(C)滑坡体厚度较小的地段　　(D)滑坡体的抗滑段

专业知识(下午卷)

一、单项选择题(共 40 题，每题 1 分。每题的备选项中只有一个最符合题意)

1. 软弱下卧层验算时，在基础底面附加压力一定的条件下，软弱下卧层顶面附加压力 P_z 与 E_1/E_2 及 z/b 有关(E_1 为持力层的压缩模量，E_2 为软弱下卧层的压缩模量，z 为持力层厚度，b 为基础宽度)，下列论述中(　　)是正确观点的组合。

(A)软弱下卧层顶面附加压力 P_z 随 E_1/E_2 的增大而增大，随 z/b 的增大而减小

(B)软弱下卧层顶面附加压力 P_z 随 z/b 的增大而增大，随 E_1/E_2 的增大而减小

(C)软弱下卧层顶面附加压力 P_z 随 E_1/E_2 的增大而增大，随 z/b 的增大而增大

(D)软弱下卧层顶面附加压力 P_z 随 z/b 的增大而减小，随 E_1/E_2 的增大而减小

2. 桥涵墩台的抗倾覆稳定系数 $k = y/e_0$，y 为基底截面重心轴至截面最大受压边缘的距离，e_0 为偏心矩。对于宽度为 b 的矩形基础底面，当作用于基础上的力系使基础底面最小压力 $P_{min} = 0$ 时，抗倾覆稳定系数应等于(　　)。

(A)1.0　　(B)2.0　　(C)3.0　　(D)3.5

3. 某小区场地自然地面标高为 5.500，室外设计地面标高为 3.500，建筑物基础底面标高为 1.500，室内地面标高 4.200，正常压密均匀土层的天然重度为 18.0 kN/m^3，地下水位在地面以下 5.000 处。在平整场地以后开挖基槽，由上部结构传至基础底面的总压力 120 kPa，计算沉降时基础底面附加压力应取(　　)。

(A)36 kPa　　(B)48 kPa　　(C)84 kPa　　(D) 120 kPa

4. 根据《建筑地基基础设计规范》(GB 50007—2011) 的规定，用该规范的地基承载力公式确定地基承载力特征值时需要满足下列(　　)条件。

(A)基础底面与地基土之间的零压力区面积不应超过基础底面积的 5%

(B)基础底面最小边缘压力等于零

(C)偏心矩小于或等于基础底面宽度的 1/6

(D)基础底面最大边缘压力与最小边缘压力之比小于或等于 1.5

5. 箱形基础的埋置深度 5 m，原始地下水位在地面以下 0.5 m 处，作用在基础底面的总压力为 P；如地下水位下降 3 m，基础底面平均附加压力的变化量将为(　　)。

(A)－30 kPa　　(B)0　　(C)＋30 kPa　　(D)＋45 kPa

6. 毛石混凝土组成的墙下条形基础，基础底面宽度 $b = 2.0$ m，基础顶面的墙体宽度 $b_0 = 1.0$ m，基础台阶宽高比 1∶1.00，此时基础高度 H_0 应符合下列(　　)要求。

(A)$H_0 \geqslant 0.35$ m　　(B)$H_0 \geqslant 0.40$ m

(C)$H_0 \geqslant 0.45$ m　　(D)$H_0 \geqslant 0.50$ m

7. 对岩体完整的岩石地基，无载荷试验资料，通过钻探取芯，经试验得到岩石饱和单轴抗压强度标准值为 2 200 kPa。按照《建筑地基基础设计规范》(GB 50007—2011)，此岩石地基承载力特征值可取(　　)。

(A)1 100 kPa　　(B)1 000 kPa　　(C)900 kPa　　(D)880 kPa

8. 按照《建筑地基基础设计规范》(GB 50007—2011) 规定，在基础设计时按地基承载力确定基底面积及埋深时，传至基础上的荷载效应组合和相应的抗力应符合下列(　　)要求。

(A)正常使用极限状态下荷载效应的基本组合，地基承载力标准值

(B)正常使用极限状态下荷载效应的标准组合，地基承载力特征值

(C)正常使用极限状态下荷载效应的标准永久组合，地基承载力标准值

(D)承载能力极限状态下荷载效应的基本组合，地基承载力特征值

9. 海港码头地基的沉降计算时，应注意某一最常遇到而作用历时最长的水位，目前采用的是(　　)。

(A)平均水位　　(B)设计低水位

(C)平均高水位　　(D)设计高水位

10. 某桩基工程场地由于地势低需进行大面积填土，为降低因填土引起的负摩阻力，减小沉降，降低造价，以采用下列(　　)方案为最佳。

(A)成桩→填土→建厂房　　(B)成桩→建厂房→填土

(C)填土→成桩→建厂房　　(D)边填土、边成桩→建厂房

11. 将土体视为弹性介质，采用m 法计算桩的水平承载力和位移时，其水平抗力系数随深度

变化图式为下列(　　)情况。

(A)不随深度而变　　(B)随深度线性增大

(C)随深度线性减小　　(D)随深度非线性变化

12. 某承台基桩,其自由长度为 l_0,入土深度为 h,且 $h < 4.0/\alpha$(α 为桩的变形系数)。下列四种情况中(　　)情况对抵抗桩的压屈失稳最为有利(即桩的计算长度 L_c 最小)。

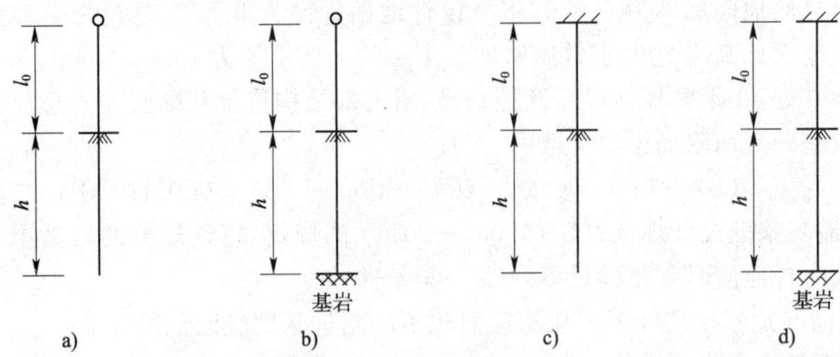

13. 一个建在自重湿陷性黄土地区的群桩基础,桩径 $d = 0.8$ m,桩间距 $S_{ax} = S_{ay} = 2.5$ m,由于建筑场地浸水,黄土地基发生湿陷,桩四周出现负摩阻力,若已知中性点以上桩的平均负摩阻力标准值 $q_s^n = 12$ kN/m²,中性点以上桩周土加权平均有效重度 $\gamma'_m = 12$ kN/m³。按照《建筑桩基技术规范》(JGJ 94—2008)的规定,该桩基的负摩阻力群桩效应系数 η_n 应取(　　)。

(A)2.07　　(B)1.53　　(C)1.00　　(D)0.83

14. 柱下矩形独立承台如下图所示。承台底面钢筋保护层为 7 cm,承台混凝土抗拉强度设计值为 f_t。按照《建筑桩基技术规范》(JGJ 94—2008)计算承台所受到的冲切力设计值 F_1 和承台能提供的抗冲切力 R。在下列四组合中,F_1 和 R 的计算结果最接近于其中(　　)组合。

(A)$F_1 = 2\ 000$ kN,$R = 3.52\ f_t$　　(B)$F_1 = 1\ 000$ kN,$R = 3.52\ f_t$

(C)$F_1 = 2\ 000$ kN,$R = 5.17\ f_t$　　(D)$F_1 = 1\ 000$ kN,$R = 5.17\ f_t$

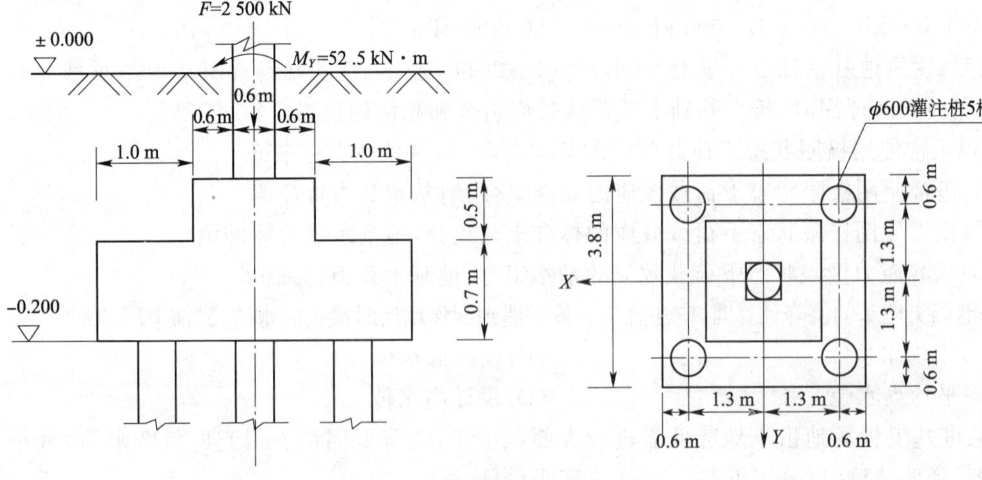

题 14 图

15. 框架柱下桩基础如下图所示,作用于承台顶面竖向力设计值 $F = 2\ 500$ kN,绕 Y 轴弯矩 $M_Y = 52.5$ kN · m。若不考虑承台底地基土反力作用,分析得各桩轴力 N_i 间最大差值最接近于(　　)。

(A)10.1 kN　　(B)20.2 kN　　(C)40.4 kN　　(D)80.8 kN

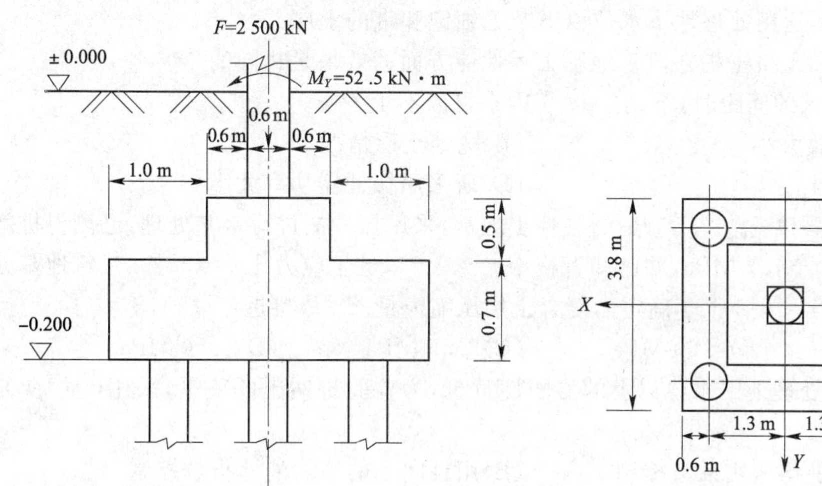

题 15 图

16. 多桩矩形承台条件如下图所示。若承台及承台上土重设计值 $G=601.9$ kN，且不考虑承台底地基土的反力作用，则沿柱边处承台正截面上所受最大弯矩最接近于(　　)。

(A)855 kN·m　　(B)975 kN·m　　(C)1 058 kN·m　　(D)1 261 kN·m

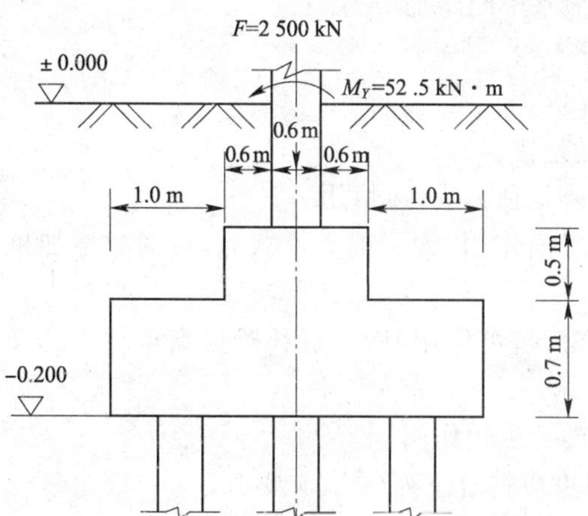

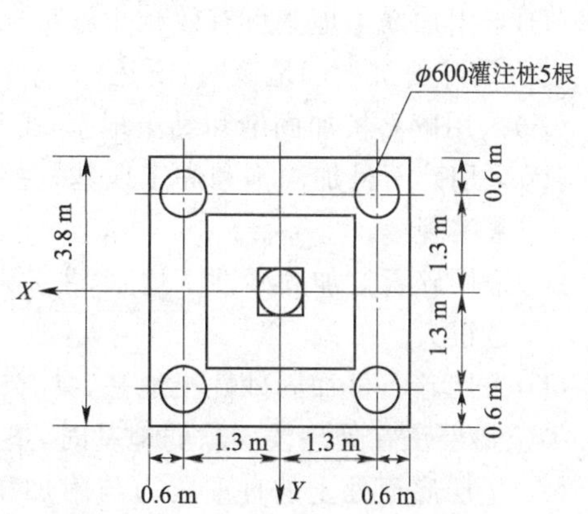

题 16 图

17. 桥梁基础当采用长方形沉井时，为保持其下沉的稳定性，对沉井长边与短边之比有一定的要求，问下列四种长短边的比值中以(　　)比值为最好。

(A)3 倍　　(B)2.5 倍　　(C)2 倍　　(D)1.5 倍

18. 下列关于桩侧负摩阻力和中性点的论述中，下列(　　)说法是可以接受的。

(A)当基桩的沉降超过桩周土层产生的沉降时，应考虑桩侧负摩阻力

(B)单桩负摩阻力取值与桩周土的类别和平均竖向有效应力有关

(C)负摩阻力对摩擦型基桩的影响大于对端承型基桩的影响

(D)桩端持力层为黏性土时的中性点深度比大于桩端持力层为卵石时的中性点深度比

19. 对于石灰桩和灰土挤密桩，下列(　　)说法是不正确的。

(A)石灰桩适用于地下水位以下的淤泥和淤泥质土，但不适用于地下水位以下的砂层
(B)石灰桩用于地下水位以上的土层时，有时还需要增加掺和料的含水率
(C)灰土挤密桩不适用处理地下水位以下及毛细饱和带的土层
(D)灰土挤密桩和土挤密桩在改善地基工程性能方面的效果是相同的

20. 在综合确定振冲桩的间距时，下列（ ）因素可以不予考虑。
(A)上部结构荷载大小 (B)场地土层情况
(C)所填桩体材料 (D)所采用振冲器功率大小

21. 某一不排水抗剪强度 $C_u=25$ kPa 的黏性土地基，采用振冲法进行地基处理，已测得桩间土的压缩模量 $E_s=1.7$ MPa，并已知置换率 $m=0.25$，桩土应力比 $n=3$。按《建筑地基处理技术规范》(JGJ 79—2012) 确定的复合土层压缩模量 E_{sp} 最接近（ ）。
(A)2.65 MPa (B)2.60 MPa (C)2.55 MPa (D)2.50 MPa

22. 用灰土挤密桩法处理地下水位以上的湿陷性黄土，为检验桩间土的质量，采用（ ）是正确的。
(A)用桩间土的平均压实系数控制 (B)用桩间土的平均液性指数控制
(C)用桩间土的平均挤密系数控制 (D)用桩间土的平均干密度控制

23. 在深厚软黏土地基上修建路堤，采用土工格栅加筋土地基，下列说法中（ ）是错误的。
(A)采用加筋土地基可有效提高地基的稳定性
(B)采用加筋土地基可有效扩散应力，减小地基中的附加应力
(C)采用加筋土地基可有效减小工后沉降量
(D)采用加筋土地基可有效减小施工期沉降量

24. 在应用碎石桩加固地基时，下述（ ）意见是错误的 。
(A)采用碎石桩加固饱和黏土地基，工后沉降往往偏大，应慎用
(B)采用碎石桩加固饱和黏土地基，主要是置换作用，为了提高承载力，可通过增加桩长来实现
(C)采用碎石桩加固砂性土地基，主要是振密、挤密作用，增加桩长对提高承载力意义不是很大
(D)采用碎石桩加固砂性土地基，具有较好的抗液化作用

25. 换土垫层法在处理浅层软弱地基时，垫层厚度应符合下列（ ）要求。
(A)垫层底面处土的自重压力与附加压力之和不大于同一标高处软弱土层经宽度修正后的承载力特征值
(B)垫层底面处土的自重压力不大于同一标高处软弱土层经宽度修正后的承载力特征值
(C)垫层底面处土的自重压力与附加压力之和不大于同一标高处软弱土层经深度修正后的承载力特征值
(D)垫层底面处土的附加应力不大于同一标高处软弱土层经宽度、深度修正后的承载力特征值

26. 初步设计时，灰土桩挤密湿陷性黄土地基，在无载荷试验资料时，其复合地基承载力特征值的确定应符合下列（ ）要求。
(A)不宜大于天然地基承载力特征值 2 倍，并不宜大于 280 kPa
(B)不宜大于天然地基承载力特征值 2.4 倍，并不宜大于 250 kPa
(C)不宜大于天然地基承载力特征值 2.4 倍，并不宜大于 280 kPa

(D)不宜大于天然地基承载力特征值2倍,并不宜大于250 kPa

27. 在软土地基上修建高等级公路时往往需要提前修建试验工程。在下列各项中,( )不是修建试验工程的主要目的。

(A)研究软土地基的工程特性

(B)验证并完善软土地基处理设计

(C)验证并完善软土地基处理的基本理论

(D)探索软土地基工程施工工艺

28. 我国规定的抗震设防目标是在遭遇基本烈度的地震时,建筑结构将处于下列( )情况。

(A)建筑处于正常使用状态

(B)结构可视为弹性体系

(C)结构进入非弹性工作阶段,但非弹性变形或结构体系的损坏控制在可修复的范围

(D)结构有较大的非弹性变形但不发生倒塌

29. 根据《建筑抗震设计规范》(GB 50011—2010),在选择场地时,应对抗震有利、不利和危险地段作出综合评价。下列( )说法是正确的。

(A)不应在不利地段建造甲、乙、丙类建筑

(B)不应在危险地段建造甲、乙类建筑,但采取有效措施后可以建造丙类建筑

(C)在不利地段只允许建造丙、丁类建筑

(D)对不利地段,应提出避开要求,当无法避开时应采取有效措施

30. 验算天然地基地震作用下的竖向承载力时,下列( )说法是不正确的。

(A)基础底面压力按地震作用效应标准组合,并采用拟静力法计算

(B)地基抗震承载力取值不会小于深度修正后的地基承载力特征值

(C)地震作用下结构可靠度容许有一定程度降低

(D)对于多层砌体房屋,在地震作用下基础底面不宜出现拉应力

31. 某水闸建筑场地地质剖面如右图所示,地面下20 m深度内为粉质黏土层,其下为粉土及细砂层,各层剪切波速 v_s 如右图所示,其中粉质黏土层较厚,通过现场不同深度处剪切波速测定结果知,该层剪切波速随深度 z 增加而变大,经统计可用 $v=v_0+cz^{\frac{5}{4}}$ 方程表示。其中 v_0 为 $z=0$ 处波速,c 为比例系数,其数值为剖面图所示,按《水工建筑抗震设计规范》(DL 5073—2000)要求,它属于的场地土类型及计算场地平均剪切波波速分别应为( )。

(A)中软场地土,$v_{sm}=175.4$ m/s

(B)中软场地土,$v_{sm}=172.6$ m/s

(C)中软场地土,$v_{sm}=167.7$ m/s

(D)中软场地土,$v_{sm}=165.7$ m/s

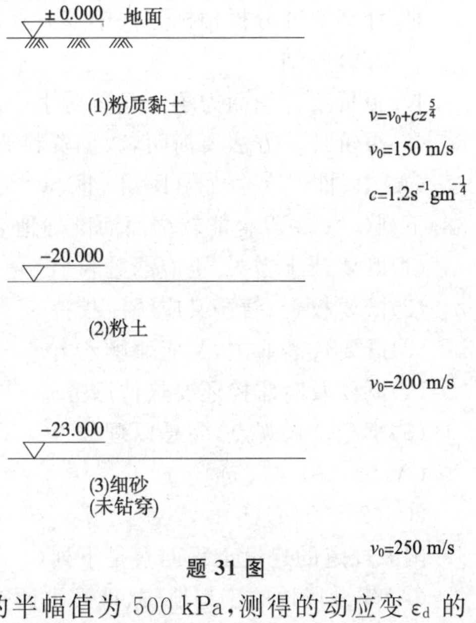

±0.000 地面

(1)粉质黏土 $v=v_0+cz^{\frac{5}{4}}$

$v_0=150$ m/s

$c=1.2\text{s}^{-1}\text{gm}^{-\frac{1}{4}}$

−20.000

(2)粉土 $v_0=200$ m/s

−23.000

(3)细砂(未钻穿) $v_0=250$ m/s

题31图

32. 在某一次动三轴试验中,加于土样的动应力 σ_d 的半幅值为500 kPa,测得的动应变 ε_d 的半幅值为0.001,若本次的加载循环中,在同一量纲单位的应力—应变坐标内,滞回圈的面积为0.50,则试样的阻尼常数(即黏滞阻尼比)最接近( )。

(A)0.16　　(B)0.25　　(C)0.33　　(D)0.45

33.对于同一种土的动力特性参数动模量和阻尼比来说,下列(　　)叙述是正确的。

(A)随着动应变的增加,动模量和阻尼比的数值一般都会增大

(B)随着动应变的增加,动模量一般会增大,而阻尼比的数值一般会减小

(C)随着动应变的增加,阻尼比一般会增大,而动模量的数值一般会减小

(D)动模量和阻尼比的数值大小与动应变没有直接关系

34.据《公路工程抗震规范》(JTG B02—2013),水平地震系数 K_h 的量纲为(　　)。

(A)无量纲　　(B)伽尔(gal)　　(C)m/s^2　　(D)牛顿(N)

35.下列(　　)组合能较全面准确地说明可行性研究的作用。

Ⅰ.可作为该项目投资决策和编审设计任务书的依据

Ⅱ.可作为招聘项目法人和组织项目管理班子的依据

Ⅲ.可作为向银行或贷款单位贷款和有关主管部门申请建设执照的依据

Ⅳ.可作为与有关单位签订合同、协议的依据和工程勘察设计的基础

Ⅴ.可作为购买项目用地的依据

Ⅵ.可作为环保部门审查拟建项目环境影响和项目后评估的依据

(A)Ⅰ、Ⅱ、Ⅳ、Ⅴ　　(B)Ⅰ、Ⅱ、Ⅴ、Ⅵ

(C)Ⅰ、Ⅲ、Ⅳ、Ⅵ　　(D)Ⅰ、Ⅲ、Ⅴ、Ⅵ

36.工程项目总投资中,器材处理亏损、设备盘亏毁损、调整器材调拨价折价、上交结余资金、非常损失等应进入(　　)中。

(A)固定资产的费用　　(B)核销投资的费用

(C)核销费用的费用　　(D)流动资金

37.下列(　　)组合能较全面而准确地表达投标报价的基本原则。

Ⅰ.要保护投标方的经济利益

Ⅱ.充分利用已有现场资料,优选经济合理的方案

Ⅲ.详细研究分析招标文件中双方经济责任,根据承包方式,做到"内细算,外粗报",进行综合归纳

Ⅳ.报价要详细而力争为竞争对手中的最低价

Ⅴ.报价计算方法要简明,数据资料要有依据

(A)Ⅰ、Ⅲ、Ⅴ　　(B)Ⅱ、Ⅲ、Ⅴ　　(C)Ⅰ、Ⅲ、Ⅳ　　(D)Ⅲ、Ⅳ、Ⅴ

38.下列(　　)组合能较全面而准确地表达岩土工程监理工作的基本原则。

(1)既要严字当头,更应严禁自监

(2)既要权责一致,又应统一指挥

(3)既要代表业主,又应兼顾乙方

(4)既要及时监控还要热情服务

(5)牢记全局观点,勿忘以理服人

(A)(1)(3)(4)(5)　　(B)(1)(2)(4)(5)

(C)(2)(3)(4)(5)　　(D)(1)(2)(3)(4)

39.国家规定的建设工程勘察是下列(　　)项内容。

(A)建设场地的工程地质、地下水调查

(B)建设场地地基的岩土工程勘察

(C)建设场地的踏勘、钻探及提交勘察报告

(D)根据建设工程的要求,查明、分析、评价建设场地的地质地理环境特征和岩土工程条件,编制建设工程勘察文件的活动

40. 八项质量管理原则中,在执行"全员参与"的原则时,下列(　　)一般不宜作为应采取的主要措施。

(A)让每个员工了解自身贡献的重要性,以主人翁的责任感去解决各种问题

(B)努力提高员工的工资及各种福利待遇

(C)使每个员工根据各自的目标,评估其业绩状况

(D)使员工积极地寻找机会,增强他们自身能力、知识和经验

二、多项选择题(共 30 题,每题 2 分。每题的备选项中有两个或三个符合题意,错选、少选、多选均不得分)

41. 用《建筑地基基础设计规范》(GB 50007—2011) 规定的计算公式计算得出的地基承载力特征值,从其基本概念来说与(　　) 相符合。

(A)矩形基础的地基承载力

(B)塑性区开展深度为零的临界承载力

(C)条形基础的地基承载力

(D)非极限承载力

42. 下列关于软弱下卧层验算的论述中,(　　)不符合《建筑地基基础设计规范》(GB 50007—2011)。

(A)附加压力扩散是按弹性理论应力分布原理计算的

(B)软弱下卧层的地基承载力需要经过深度修正和宽度修正

(C)基础底面下持力层的厚度与基础宽度之比小于 0.25 时,可按照下卧层的地基承载力验算基础底面的尺寸

(D)基础底面下持力层的厚度与基础宽度之比大于 0.50 时,不需要考虑软弱下卧层影响,可只按照持力层的地基承载力验算基础底面的尺寸

43. 基础宽度为 3 m,由上部结构传至基础底面压力分布为三角形,最大边缘压力为 80 kPa,最小边缘压力为零,基础埋置深度为 2 m,基础自重和基础上的土重的平均重度为 20.0 kN/m^3,下列论述中(　　) 观点是正确的。

(A)计算基础结构内力时,基础底面压力的分布符合小偏心的规定

(B)按地基承载力验算基础底面尺寸时,基础底面压力分布的偏心已经超过了现行《建筑地基基础设计规范》(GB 50007—2011)的规定

(C)作用于基础底面上的合力总和为 240 kN/m

(D)作用于基础中轴线的力矩为 60 kN・m

44. 计算地基变形时,对于不同的结构应由不同的变形特征控制,下列(　　)的规定是正确的。

(A)砌体承重结构应由局部倾斜值控制

(B)框架结构应由相邻柱基的沉降差控制

(C)单层排架结构应由倾斜值控制

(D)多层或高层建筑应由整体倾斜值控制

45. 对柱下钢筋混凝土独立基础的一般结构,下列(　　)说法符合《建筑地基基础设计规范》(GB 50007—2011)的规定要求。

(A)阶梯形基础的每阶高度宜为 300～500 mm;锥形基础的边缘高度不宜小于 200 mm

(B)基础垫层的厚度应小于 70 mm，垫层混凝土强度等级应为 C15

(C)扩展基础底板受力钢筋最小直径不宜小于 10 mm；间距不宜大于 200 mm，也不宜小于 100 mm

(D)基础边长大于或等于 2.5 m 时，底板受力钢筋的长度可取边长的 0.9 倍

46. 已知甲乙两条形基础如下图所示，上部荷载 $F_{k2}=2F_{k1}$，基础宽度 $B_1=2$ m，$B_2=4$ m，基础埋深 $d_1=d_2$，则下列(　　)说法是正确的。

(注：f_{az}—— 软弱下卧层顶面处经深度修正后地基承载力特征值。)

(A)甲基础 f_{az} 大于乙基础　　(B)乙基础的沉降量大于甲基础

(C)甲乙基础沉降相同　　(D)甲乙基础 f_{az} 相同

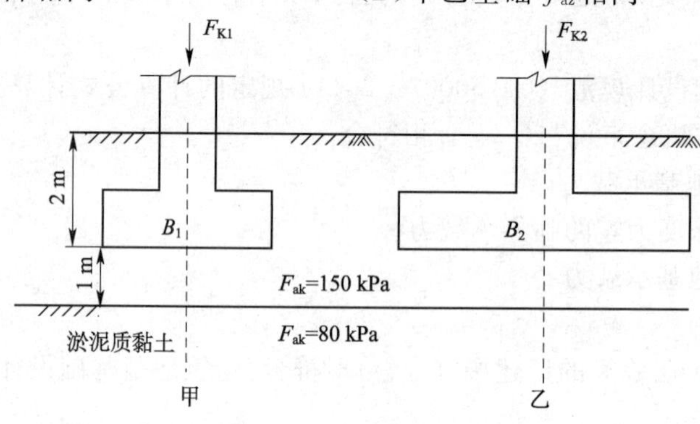

题 46 图

47. 对于框架柱下单桩基础，一般需在纵横向设置连系梁，下列各项中(　　)是设置连系梁的主要功能。

(A)分担竖向荷载

(B)增强各基础的整体性和水平刚度，共同承受水平剪力

(C)分担柱脚力矩，增强柱脚嵌固效应，减小桩顶力矩

(D)提高桩基的竖向刚度

48. 为防止软土地基中沉井发生倾斜或超沉，通常可以采取下列(　　)措施较为有效。

(A)控制均匀挖土，刃脚处挖土不宜过深

(B)采用泥浆套或空气幕下沉法

(C)设计时适当增大刃脚踏面宽度

(D)在下沉多的一边停止挖土，在下沉少的一边加快挖土

49.《建筑桩基技术规范》(JGJ 94—2008) 的桩基沉降计算公式中，等效沉降系数 Ψ_e 取值时，下列(　　)说法是正确的。

(A)与土的种类有关

(B)与沿承台短边(矩形布桩时)布桩多少有关

(C)与桩中心距大小有关

(D)与承台长宽比有关

50. 下述关于群桩工作特点的描述中，(　　)是不正确的。

(A)对桩距大于 6 倍桩径的端承桩桩群，其总承载力等于各单桩承载力之和

(B)群桩效应主要针对端承桩而言

(C)桩距过小的群桩，应力叠加现象显著，桩土相对位移减小，桩侧阻力不能有效发挥

(D)应力叠加引起桩端平面应力增大，单位厚度的压缩变形减小

51. 在软土地基中采用密集的钢筋混凝土预制桩，施工中可能产生下列(　　)不利影响。

(A)土体位移和地面隆起　　(B)产生负摩阻力

(C)泥浆污染　　(D)对环境影响小

52. 在下列各种措施中，(　　)措施对提高单桩水平承载力是有效的。

(A)无限地增加桩的入土深度

(B)增加桩身刚度

(C)改良加固桩侧表层土(3～4 倍桩径范围内)的土性

(D)桩顶与承台间采用铰接

53. 根据《建筑地基处理技术规范》(JGJ 79—2012)，强夯法的有效加固深度与下列(　　)因素有关。

(A)夯锤质量和底面积　　(B)单击夯击能

(C)地基土的分类和颗粒组成　　(D)夯击点的间距和布置形式

54. 对松散砂土地基采用振动沉管法施工砂石桩。根据挤密后要求达到的砂土孔隙比确定砂石桩的间距时，下列(　　)说法是不正确的。

(A)除了考虑布桩形状的相应系数外，按照《建筑地基处理技术规范》(JGJ 79—2012)还要乘以一个小于 1.0 的修正系数

(B)假定地基砂土孔隙比的改变完全是由于成孔体积的侧向挤密作用

(C)砂石桩的间距只与挤密后要求达到的砂土相对密度有关，而与地基处理前砂土的相对密度无关

(D)砂石桩的间距与桩径和处理前砂土的孔隙比有关

55. 初步设计估算复合地基承载力特征值时，可将复合地基承载力考虑为由桩体承载力和桩间土承载力两部分共同组成。根据《建筑地基处理技术规范》(JGJ 79—2012)，下列(　　)复合地基在进行承载力估算时要将处理后桩间土的承载力予以一定的折减。

(A)振冲桩　　(B)砂石桩

(C)水泥粉煤灰碎石桩　　(D)夯实水泥土桩

56. 经过工程灌浆之后的水利水电工程基础，其处理质量需要检查。最常用的是下列(　　)方法。

(A)设置砂井，边筑堤，边预压

(B)采用厚度较大的碎石垫层置换

(C)采用低强度桩复合地基

(D)采用真空预压加堆载预压相结合处理方案

57. 高等级公路路堤需填土 4 m 左右，地基中淤泥质土层厚 20 m 左右，下述地基处理方案中(　　)较为合理。

(A)设置砂井，边筑堤、边预压　　(B)采用厚度较大的碎石垫层置换

(C)采用低强度桩复合地基　　(D)采用土工格栅加筋土垫层

58. 对于处理重力式码头、防坡堤地基而采用深层水泥搅拌法时，除进行常规的岩土工程勘察外，尚应对以下(　　)项目作调查分析。

(A)加固区土层分布和软土层厚度，拟加固深度内有无异物或硬夹层存在

(B)加固区海域的海水温度和流速

(C)加固区现场的水质分析

(D)加固区海域的波浪等海况

59. 按照《建筑抗震设计规范》(GB 50011—2010)，在进行场地岩土工程勘察时，应划分建筑场地类别。下列(　　)说法是正确的。

(A)每次勘察时，测量土层剪切波速的所有钻孔深度都必须大于 80 m

(B)有了深度 80 m 范围以内各土层的剪切波速，就可以划分建筑场地类别

(C)计算土层的等效剪切波速时，宜将坚硬的孤石和透镜体的剪切波速扣除不计

(D)只要土层等效剪切波速 v_{es} 大于 140 m/s，建筑场地类别就不可能划分为Ⅳ类

60. 影响饱和粉土地震液化的因素主要有(　　)。

(A)土的黏粒含量　　(B)土的灵敏度

(C)地震烈度的大小　　(D)土的应力状态

61. 采用拟静力法对土石坝进行抗震稳定计算时，应符合下列(　　)要求。

(A)瑞典圆弧法不宜用于计算均质坝、厚斜墙坝及厚心墙坝

(B)对于 1、2 级及 70 m 以上的土石坝，除用瑞典圆弧法计算外，宜同时采用简化毕肖普法进行计算

(C)对于薄斜墙坝和薄心墙坝应采用简化毕肖普法计算

(D)对设计烈度为 8、9 度的 70 m 以上土石坝，除采用拟静力法进行计算外，应同时对坝体和坝基进行动力分析，综合判定抗震安全性

62. 按照《公路工程抗震规范》(JTG B02—2013) 的规定，地基土抗震允许承载力提高系数 K 与下列(　　)因素有关。

(A)场地类别

(B)地基土的容许承载力

(C)土的动力、静力极限承载力的比值

(D)土的静力容许承载力和抗震容许承载力两者安全系数之间的比值

63. 按照《公路工程抗震规范》(JTG B02—2013) 的规定，在发震断层及其临近地段进行布设路线和选择桥位、隧址时，下列(　　)做法是不正确的。

(A)路线应尽量与发震断层平行布设

(B)路线宜布设在断层的上盘上

(C)当桥位无法避开断层时，宜将全部墩台布置在断层的同一盘上

(D)线路设计宜采用低填浅挖方案

64. 反应谱是一条曲线，请指出在下列关于反应谱的叙述中(　　)是错误的。

(A)它表示场地上不同周期的结构对特定地震的反应

(B)它表示场地上特定周期的结构对不同地震的反应

(C)它表示场地上特定周期的结构对特定地震的反应

(D)它表示不同场地上特定周期的结构对特定地震的反应

65. 编制岩土工程标书应注意的事项包括下列(　　)内容。

(A)标书的格式、内容要符合招标要求

(B)标书文字要显示本单位的气派

(C)注意确保标书内容不泄密、防止出现废标

(D)标书中指标数据要有特色

66. 下列(　　)是现行的《工程勘察收费标准(2002 年修正本)》所规定的。

(A)地区差附加调整系数

(B)高程附加调整系数

(C)气温附加调整系数

(D)岩土工程勘察深度附加调整系数

67. 工程项目勘察过程中，发包人在接到承包人关于隐蔽工程工序质量检查的书面通知后，应作下列(　　)工作。

(A)当天应组织质检，检验合格双方签字后方能同意进行下一道程序

(B)接通知后，如不能到场，委托现场监理协同承包人共同检验、修补

(C)经检验如不合格，要求承包人在限定的时间内修补，重新检验直至合格

(D)接通知后，如 24 h 仍未能到现场检验，应赔偿承包人停、窝工的损失，允许承包人顺延工程工期

68. 下列(　　)是岩土工程监理的基本特点。

(A)隐蔽性和时效性　　(B)严格性和全局性

(C)复杂性和风险性　　(D)特殊性和不定性

69. 经主管部门批准后，下列(　　)建设工程勘察、设计项目可以直接发包。

(A)建设单位要求的工程

(B)上级主管部门指定的工程

(C)采用特定的专利或者专有技术的工程

(D)建筑艺术造型有特殊要求的工程

70. 作为项目经理除应具有丰富的业务知识外，还应具备(　　)和作风。

(A)较强的公关能力

(B)思维敏捷，具有处理复杂问题的应变能力

(C)实践经验丰富，判断和决策能力强的能力

(D)善于处理人际关系，具有较强的组织能力

专业案例(上午卷)

1. 如果以标准贯入器作为一种取土器，则其面积比等于(　　)。

(A)177.8%　　(B)146.9%

(C)112.3%　　(D)45.7%

2. 软土层某深度处用机械式(开口钢环)十字板剪力仪测得原状土剪损时量表最大读数 $R_y=215(0.01\ \text{mm})$，轴杆与土摩擦时量表最大读数 $R_g=20(0.01\ \text{mm})$；重塑土剪损量表最大读数 $R'_y=64(0.01\ \text{mm})$，轴杆与土摩擦时量表最大读数 $R'_g=10(0.01\ \text{mm})$。已知板头系数 $K=129.4\ \text{m}^{-2}$，钢环系数 $C=1.288\ \text{N/0.01 mm}$，土的灵敏度应接近下列(　　)数值。

(A)2.2　　(B)3.0

(C)3.6　　(D)4.5

3. 在稍密的砂层中作浅层平板载荷试验，承压板方形，面积 0.5 m²，各级荷载和对应的沉降量如下表和题 3 图所示。

题 3 表

P/kPa	25	50	75	100	125	150	175	200	225	250	275
S/mm	0.88	1.76	2.65	3.53	4.41	5.30	6.13	7.05	8.50	10.54	15.80

砂层承载力特征值应取下列（　　）项数值。

(A)138 kPa　　(B)200 kPa　　(C)225 kPa　　(D)250 kPa

4. 某工程场地进行多孔抽水试验，地层情况、滤水管位置和孔位见题 4 图，测试主要数据见题 4 表。试用潜水完整井公式计算，含水层的平均渗透系数最接近（　　）。

(A)12 m/d　　(B)9 m/d　　(C)6 m/d　　(D)3 m/d

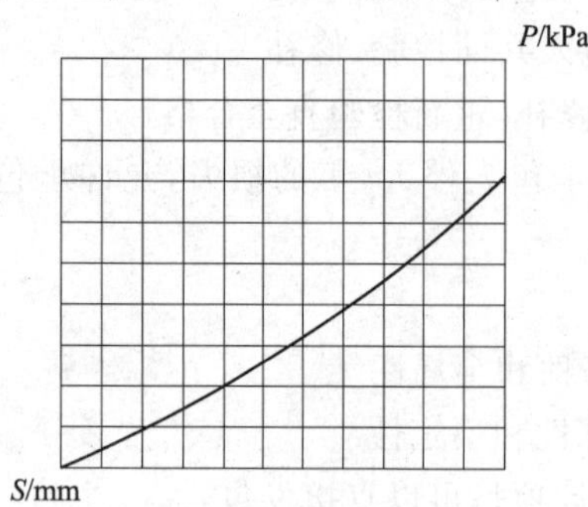

题 3 图

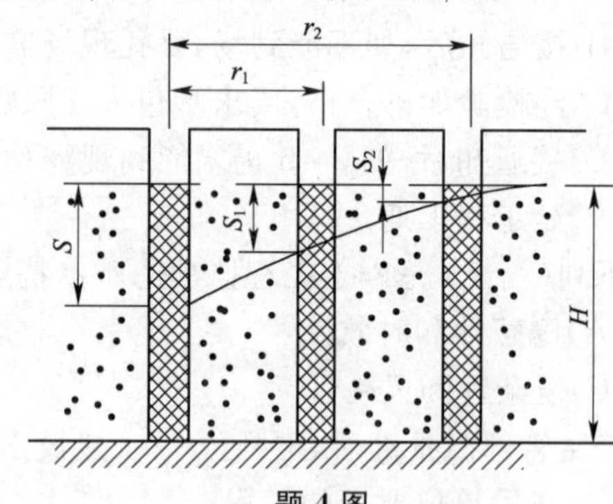

题 4 图

题 4 表

次数	降深/m			流量 Q/ $(m^3)/d$	抽水孔与观测孔距离/m		含水层厚度 H/m
	S	S_1	S_2		r_1	r_2	
第一次	3.18	0.73	0.48	132.19	4.30	9.95	12.34
第二次	2.33	0.60	0.43	92.45			
第三次	1.45	0.43	0.31	57.89			

5. 某公路桥台基础宽度 4.3 m，作用在基底的合力的竖向分力为 7 620.87 kN，对基底重心轴的弯矩为 4 204.12 kN·m。在验算桥台基础的合力偏心距 e_0 并与桥台基底截面核心半径 ρ 相比较时，下列论述中（　　）是正确的。

(A)e_0 为 0.55 m，$e_0<0.75\rho$　　(B)e_0 为 0.55 m，$0.75\rho<e_0<\rho$

(C)e_0 为 0.72 m，$e_0<0.75\rho$　　(D)e_0 为 0.72 m，$0.75\rho<e_0<\rho$

6. 某公路桥台基础，基底尺寸为 4.3 m×9.3 m，荷载作用情况如题 6 图所示。已知地基土修正后的容许承载力为 270 kPa。按照《公路桥涵地基与基础设计规范》(JTG D63—2007)验算基础底面土的承载力时，得到的正确结果应该是下列论述中的（　　）。

(A)基础底面平均压力小于地基容许承载力；基础底面最大压力大于地基容许承载力

(B)基础底面平均压力小于地基容许承载力；基础底面最大压力小于地基容许承载力

(C)基础底面平均压力大于地基容许承载力；基础底面最大压力大于地基容许承载力

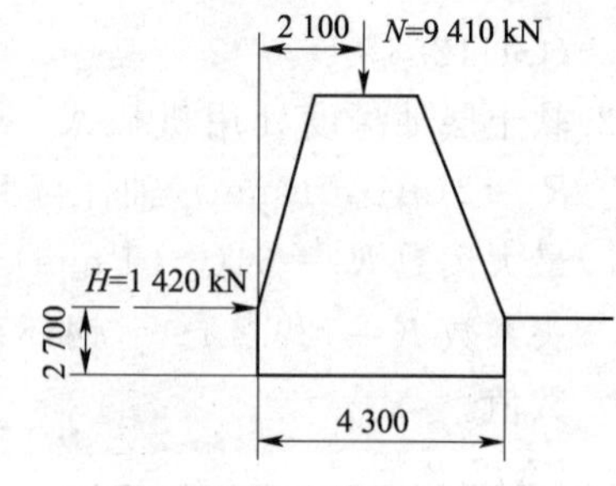

题 6 图(尺寸单位：mm)

(D)基础底面平均压力小于地基容许承载力；基础底面最小压力大于地基容许承载力

7. 矩形基础的底面尺寸为 2 m×2 m，基底附加压力 $P_0=185$ kPa，基础埋深 2.0 m，地质资料如题 7 图所示，地基承载力特征值 $f_{ak}=185$ kPa。按照《建筑地基基础设计规范》(GB 50007—2011)，地基变形计算深度 $z_n=4.5$ m 内地基最终变形量最接近（　　）。

(注：通过查表得到有关数据见题 7 表。)

(A)110 mm　　(B)104 mm　　(C)85 mm　　(D)94 mm

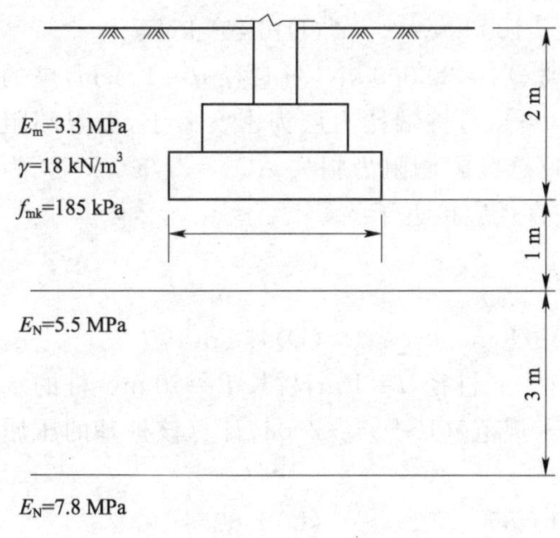

题 7 图

题 7 表

z/m	$\overline{a}_i Z_i - \overline{a}_{i-1} Z_{i-1}$	E_s /kPa	Δ_s' /mm	$s' = \sum \Delta_s'$ /mm
0	0			
1	0.225	3 300	50.5	50.5
4	0.219	5 500	29.5	80.0
4.5	0.015	7 800	1.4	81.4

8. 柱基底面尺寸为 3.2 m×3.6 m，埋置深度 2.0 m。地下水位埋深为地面下 1.0 m，埋深范围内有两层土，其厚度分别为 $h_1=0.8$ m 和 $h_2=1.2$ m，天然重度分别为 $\gamma_1=17$ kN/m³ 和 $\gamma_2=18$ kN/m³。基底下持力层为黏土，天然重度 $\gamma_3=19$ kN/m³，天然孔隙比 $e_0=0.70$，液性指数 $I_L=0.60$，地基承载力特征值 $f_{ak}=280$ kPa。则修正后地基承载力特征值最接近（　　）。
（注：水的重度 $\gamma_w=10$ kN/m³。）
(A)285 kPa　　(B)295 kPa　　(C)310 kPa　　(D)325 kPa

9. 暂无

10. 某筏板基础，其地层资料如题 10 图所示，该 4 层建筑物建造后两年需加层至 7 层。已知未加层前基底有效附加压力 $p_0=60$ kPa，建筑后两年固结度 U_t 达 0.80，加层后基底附加压力增加到 $p_0=100$ kPa（第二次加载施工期很短，忽略不计加载过程，E_s 近似不变），则加层后建筑物基础中点的最终沉降量最接近（　　）。
(A)94 mm　　(B)108 mm　　(C)158 mm　　(D)180 mm

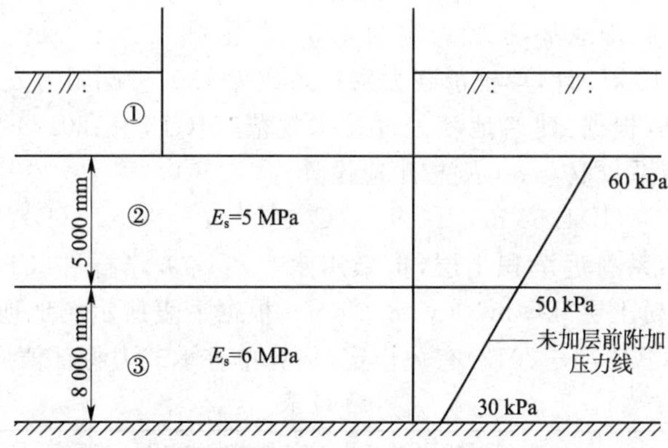

题 10 图

11. 某工程钢管桩外径 $d_s=0.8$ m，桩端进入中砂层 2 m，桩端闭口时其单桩竖向极限承载力标准值 $Q_{uk}=7\ 000$ kN，其中总极限侧阻力 $Q_{sk}=5\ 000$ kN，总极限端阻力 $Q_{pk}=2\ 000$ kN。由于沉桩困难，改为敞口，加一隔板（题 11 图）。按《建筑桩基技术规范》(JGJ 94—2008)规定，改变后的该桩竖向极限承载力标准值接近（　　）。

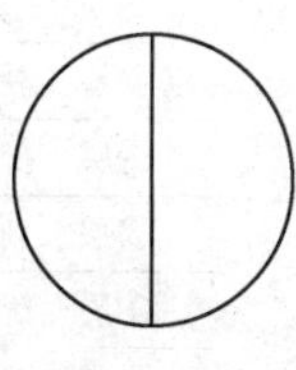

题 11 图

(A)5 600 kN　　(B)5 900 kN　　(C)6 100 kN　　(D)6 400 kN

12. 某工程桩基的单桩极限承载力标准值要求达到 $Q_{uk}=30\ 000$ kN，桩直径 $d=1.4$ m，桩的总极限侧阻力经尺寸效应修正后为 $Q_{sk}=12\ 000$ kN，桩端持力层为密实砂土，极限端阻力 $q_{pk}=3\ 000$ kPa。拟采用扩底，由于扩底导致总极限侧阻力损失 $\Delta Q_{sk}=2\ 000$ kN。为了要达到设计要求的单桩极限承载力，其扩底直径应接近于（　　）。

$\left[\text{注：端阻尺寸效应系数 } \psi_p=\left(\dfrac{0.8}{D}\right)^{\frac{1}{3}}\text{。}\right]$

(A)3.0 m　　(B)3.5 m　　(C)3.8 m　　(D)4.0 m

13. 某桥梁桩基，桩顶嵌固于承台，承台底离地面 10 m，桩径 $d=1$ m，桩长 $L=50$ m。桩的水平变形系数 $\alpha=0.25\ \text{m}^{-1}$。按照《建筑桩基技术规范》(JGJ 94—2008)计算该桩基的压屈稳定系数最接近于（　　）。

(A)0.95　　(B)0.90　　(C)0.85　　(D)0.80

14. 暂无

15. 一钻孔灌注桩，桩径 $d=0.8$ m，长 $l_0=10$ m。穿过软土层，桩端持力层为砾石。如题 15 图所示，地下水位在地面下 1.5 m，地下水位以上软黏土的天然重度 $\gamma=17.1\ \text{kN/m}^3$，地下水位以下它的浮重度 $\gamma'=9.5\ \text{kN/m}^3$。现在桩顶四周地面大面积填土，填土荷重 $p=10\ \text{kN/m}^2$，要求按《建筑桩基技术规范》(JGJ 94—2008)计算因填土对该单桩造成的负摩擦下拉荷载标准值（计算中负摩阻力系数 ξ_n 取 0.2），其计算结果最接近于下列（　　）。

(A)393 kN　　(B)316 kN

(C)264 kN　　(D)238 kN

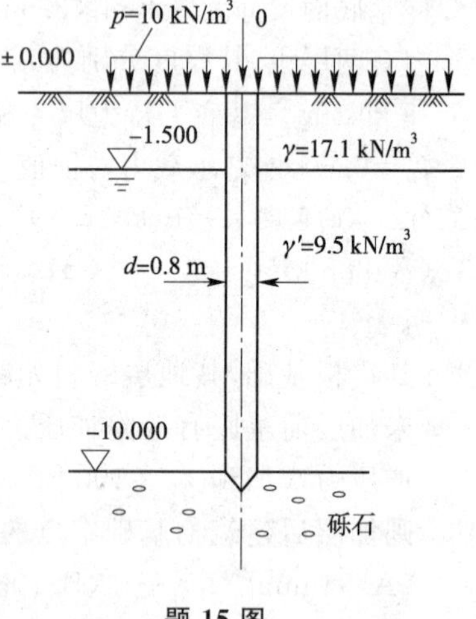

题 15 图

16. 某厂房地基为软土地基，承载力特征值为 90 kPa。设计要求复合地基承载力特征值达 140 kPa。拟采用水泥粉煤灰碎石桩法处理地基，桩径设定为 0.36 m，单桩承载力特征值按 340 kN 计，单桩承载力发挥系数为 1.0，桩端阻力发挥系数假定为 1.0，基础下正方形布桩，根据《建筑地基处理技术规范》(JGJ 79—2012)有关规定进行设计，桩间土承载力折减系数取 0.80，则桩距应设计为（　　）。

(A)1.15 m　　(B)1.55 m　　(C)1.85 m　　(D)2.25 m

17. 某建筑场地为第四系新近沉积土层，拟采用水泥粉煤灰碎石桩(CFG 桩)处理，桩径为 0.36 m，桩端进入粉土层 0.5 m，桩长 8.25 m。根据下表所示场地地质资料，按《建筑地基处理技术规范》(JGJ 79—2012)有关规定，估算单桩承载力特征值应最接近（　　）。

题 17 表

地　　层	桩端土的端阻力特征值 q_p/kPa	桩周土的侧阻力特征值 q_s/kPa	厚度/m
①层　新近沉积粉土		26.0	4.50
②层　新近沉积粉质黏土		18.0	0.95
③层　新近沉积粉土		28.0	1.20
④层　新近沉积粉质黏土		32.0	1.10
⑤层　粉土	1 300	38.0	5.00

(A)320 kN　　(B)340 kN　　(C)360 kN　　(D)380 kN

18. 有一厚度较大的软弱黏性土地基，承载力特征值为 100 kPa，采用水泥搅拌桩对该地基进行处理，桩径设计为 0.5 m。若水泥搅拌桩竖向承载力特征值为 250 kN，处理后复合地基承载力特征值达 210 kPa，根据《建筑地基处理技术规范》(JGJ 79—2012)有关公式计算，若桩间土折减系数取 0.75，面积置换率应该最接近(　　)。

(A)0.11　　(B)0.13　　(C)0.15　　(D)0.20

19. 某粉土地基进行了振冲法地基处理的施工图设计，采用振冲桩桩径 1.2 m，正三角形布置，桩中心距 1.80 m。经检测，处理后桩间土承载力特征值为 100 kPa，单桩载荷试验结果桩体承载力特征值为 450 kPa，现场进行了三次复合地基载荷试验(编号为 Z1、Z2 和 Z3)，承压板直径为 1.89 m，试验结果见题 19 表，则振冲桩复合地基承载力取值最接近(　　)。

(A)204 kPa　　(B)260 kPa　　(C)290 kPa　　(D)320 kPa

题 19 表

压力 P /kPa	沉降 s/mm		
	Z1	Z2	Z3
50	2.0	4.0	5.5
100	5.0	7.5	10.5
150	8.5	12.2	15.5
200	13.0	16.5	21.0
250	18.0	21.5	27.8
300	25.3	28.0	35.2
350	34.8	36.0	45.8
400	46.8	44.5	55.8
450	60.3	55.0	68.0
500	75.8	67.5	84.0

20. 某港陆域工程区为冲填土地基，土质很软，采用砂井预压加固，分期加荷：

第一级荷重 40 kPa，加荷 14 d，间歇 20 d 后加第二级荷重；

第二级荷重 30 kPa，加荷 6 d，间歇 25 d 后加第三级荷重；

第三级荷重 20 kPa，加荷 4 d，间歇 26 d 后加第四级荷重；

第四级荷重 20 kPa，加荷 4 d，间歇 28 d 后加第五级荷重；

第五级荷重 10 kPa，瞬时加上。

第五级荷重施加时，土体总固结度已达到(　　)。

(注：加荷等级和时间关系见题 20 图，已知条件见题 20 表。)

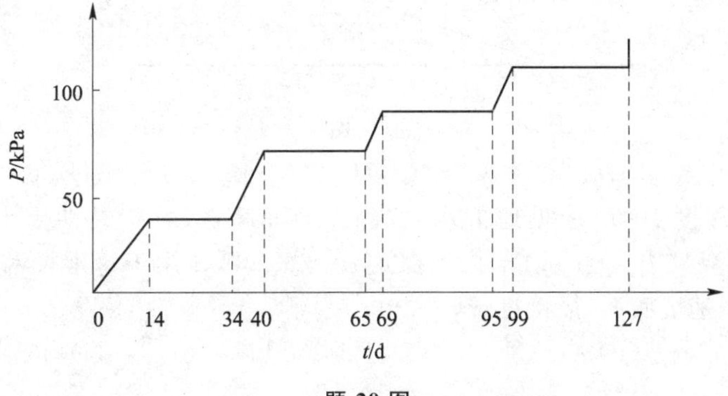

题 20 图

题 20 表

加荷顺序	荷重 P_i/kPa	加荷日期/d	竖向固结度 U_z	径向固结度 U_r
1	40	120	17%	88%
2	30	90	15%	79%
3	20	60	11%	67%
4	20	30	7%	46%
5	10	0	0	0

(A)82.0%　(B)70.6%　(C)68.0%　(D)80.0%

21. 某处厚达 25 m 的淤泥质黏土地基之上覆盖有厚度 $h=2$ m 的强度较高的亚黏土层，现拟在该地基之上填筑路堤。已知路堤填料压实后的重度 γ 为 18.6 kN/m³，淤泥质黏土的不排水剪强度 c_u 为 8.5 kPa，则用一般常规方法估算的该路堤极限高度最接近(　　)。

(注：取稳定系数公式 $N_s=\dfrac{\gamma h_0}{c_u}$ 中的稳定系数 $N_s=5.52$，并设上覆 $h=2$ m 厚的亚黏土层的作用等效于可将路堤高度增加 $0.5h_0$。)

(A)1.5 m　(B)2.5 m　(C)3.5 m　(D)4.5 m

22. 一基坑深 6.0 m，安全等级二级，重要性系数 $\gamma_0=1.0$，无地下水，采用悬臂排桩。从上至下土层为：

①填土　$\gamma=18$ kN/m³，$c=10$ kPa，$\varphi=12°$，厚度 2.0 m

②砂　$\gamma=18$ kN/m³，$c=0$ kPa，$\varphi=20°$，厚度 5.0 m

③黏土　$\gamma=20$ kN/m³，$c=20$ kPa，$\varphi=30°$，厚度 7.0 m

第③层黏土顶面以上范围内基坑外侧主动土压力引起的支护结构净水平主动土压力的最大值约为(　　)。

(A)19 kPa　(B)53 kPa　(C)62 kPa　(D)65 kPa

23. 岩体边坡稳定性常用等效内摩擦角 φ_d 来评价。今有一高 10 m 水平砂岩层的边坡，砂岩的密度为2.50 g/cm³，内摩擦角 35°，黏聚力 16 kPa，计算得出的岩体等效内摩擦角等于(　　)。

(A)35°20′　(B)41°40′　(C)52°20′　(D)62°30′

24. 路堤剖面如题 24 图所示，用直线滑动面法验算边坡的稳定性。已知条件：边坡坡高 $H=10$ m，边坡坡率 1∶1，路堤填料重度 $\gamma=20$ kN/m³，黏聚力 $c=10$ kPa，内摩擦角 $\varphi=25°$。直线滑动面的倾角 α 等于(　　)时，稳定系数 k 值为最小。

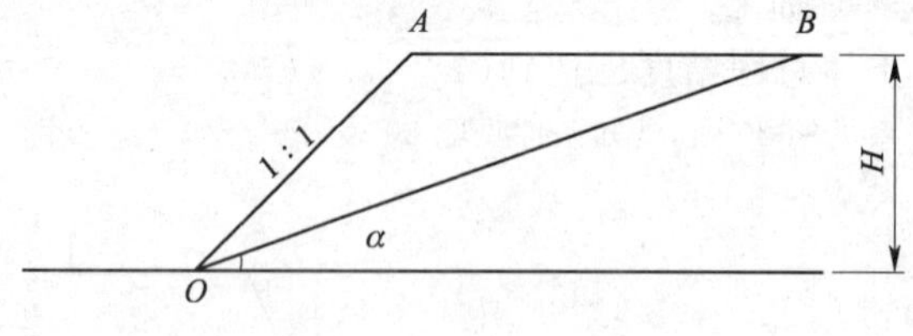

题 24 图

(A)24°　(B)28°　(C)32°　(D)36°

25. 已知基坑开挖深度 10 m，未见地下水，坑侧无地面超载，坑壁黏性土土性参数为：重度 $\gamma=18$ kN/m³，黏聚力 $c=10$ kPa，内摩擦角 $\varphi=25°$。则作用于每延长米支护结构上的主动土压力(算至基坑底面)最接近于(　　)。

(A)250 kN　(B)300 kN　(C)330 kN　(D)365 kN

26. 暂无

27. 一位于干燥高岗的重力式挡土墙，如挡土墙的重力 W 为 156 kN，其对墙趾的力臂 Z_w 为 0.8 m，作用于墙背的主动土压力垂直分力 E_y 为 18 kN，其对墙趾的力臂 Z_y 为 1.2 m，作用于墙背的主动土压力水平分力 E_x 为 35 kN，其对墙址的力臂 Z_x 为 2.4 m，墙前被动土压力忽略不计。则该挡土墙绕墙趾的倾覆稳定系数 K_0 最接近（　　）。

(A)1.40　　(B)1.50　　(C)1.60　　(D)1.70

28. 一铁路路堤挡土墙墙背仰斜角 α 为 9°（题 28 图），墙后填土内摩擦角 φ 为 40°，墙背与填料间摩擦角 δ 为 20°，当墙后填土表面为水平连续均布荷载时，按库仑理论其破裂角 θ 应接近于（　　）。

(A)20°52′　　(B)31°08′　　(C)32°22′　　(D)45°00′

29. 陇东陕北地区的一自重湿陷性黄土场地上一口代表性探井土样的湿陷性试验数据见题 29 图，对拟建于此的乙类建筑来说，应消除土层的部分湿陷量，并应控制剩余湿陷量不大于 200 mm，因此从基底算起的下列地基处理厚度中（　　）能满足上述要求。

(A)6 m　　(B)7 m　　(C)8 m　　(D)9 m

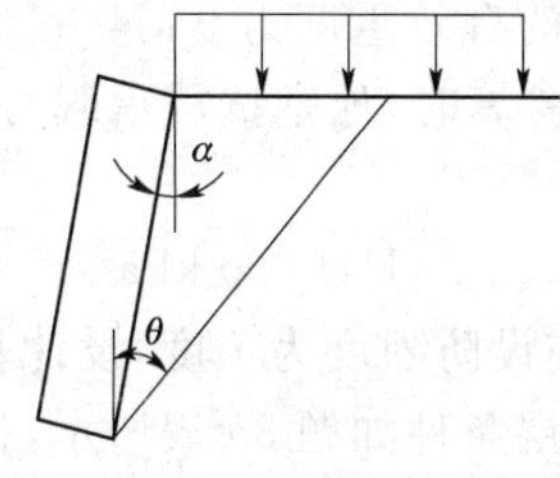

题 28 图

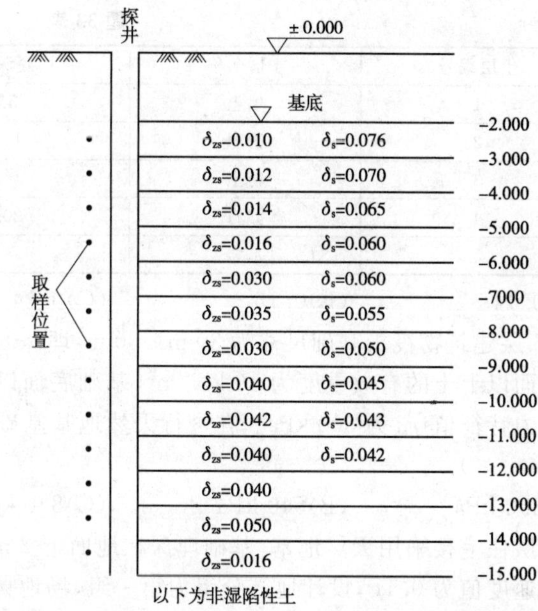

题 29 图

30. 某段铁路路基位于石灰岩地层形成的地下暗河附近，如题 30 图所示。暗河洞顶埋深 8 m，顶板基岩为节理裂隙发育的不完整的散体结构，基岩面以上覆盖层厚 2 m，石灰岩体内摩擦角 φ 为 60°，计算安全系数取 1.25，据《公路路基设计规范》(JTG D30—2015)，用坍塌时扩散角进行估算，路基坡脚距暗河洞边缘的安全距离 L 最接近（　　）。

(A)3.6 m　　(B)4.6 m

(C)5.5 m　　(D)30 m

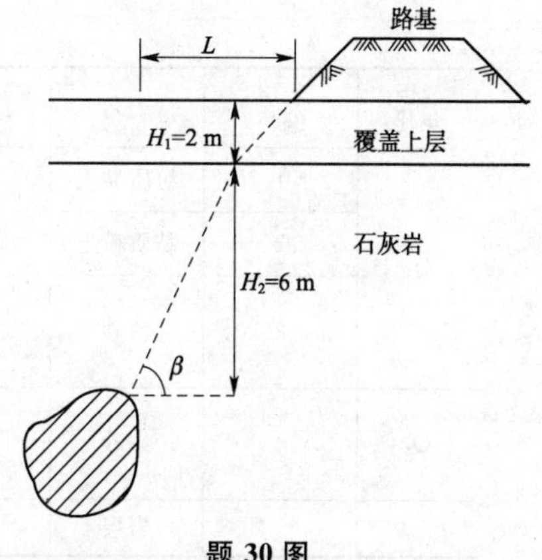

题 30 图

31. 一铁路隧道通过岩溶化极强的灰岩，由地下水补给的河泉流量 Q' 为 50 万 m^3/d，相应于 Q' 的地表流域面积F为 100 km²，隧道通过含水体的地下集水面积A为 10 km²，年降水量W为 1 800 mm，降水入渗系数α为 0.4。按《铁路工程地质手册》(1999 年版)，用降水入渗法估算，并用地下径流模数(M)法核对，隧道通过含水体地段的经常涌水量Q最接近(　　)。

(A)2.0×10^4 m³/d　　(B)5.4×10^4 m³/d

(C)13.5×10^4 m³/d　　(D)54.0×10^4 m³/d

32. 一小流域山区泥石流沟，泥石流中固体物质占 80%，固体物质的密度为2.7×10^3 kg/m³，洪水设计流量为 100 m³/s，泥石流沟堵塞系数为 2.0，按《铁路工程地质手册》(1999 年版)，用雨洪修正法估算，泥石流流量Q_c应等于(　　)。

(A)360 m³/s　　(B)500 m³/s　　(C)630 m³/s　　(D)1 000 m³/s

33. 某建筑场地抗震设防烈度为 8 度，设计基本地震加速度值为 0.20g，设计地震分组为第一组。场地地基土层的剪切波速如题 33 表所示。按 50 年超越概率 63% 考虑，阻尼比为 0.05，结构基本自振周期为 0.40 s 的地震水平影响系数与(　　)最为接近。

题 33 表

土层编号	土层名称	层底深度/m	剪切波速 V_s/(m/s)
1	填土	5.0	120
2	淤泥	10.0	90
3	粉土	16.0	180
4	卵石	20.0	460
5	基岩		800

(A)0.14　　(B)0.16　　(C)0.24　　(D)0.90

34. 某 15 层建筑物筏板基础尺寸为 30 m×30 m，埋深 6 m。地基土由中密的中粗砂组成，基础底面以上土的有效重度为 19 kN/m³，基础底面以下土的有效重度为 9 kN/m³。地基承载力特征值f_{ak}为 300 kPa。在进行天然地基基础抗震验算时，地基抗震承载力f_{aE}最接近(　　)。

(A)390 kPa　　(B)540 kPa　　(C)840 kPa　　(D)1 090 kPa

35. 某 7 层住宅楼采用天然地基，基础埋深在地面下 2 m，地震设防烈度为 7 度，设计基本地震加速度值为 0.1g，设计地震分组为第一组，场地典型地层条件如题 35 表所示，拟建场地地下水位深度为 1.00 m，根据《建筑抗震设计规范》(GB 50011—2010)，场地液化指数最接近(　　)。

题 35 表

成因年代	土层编号	土名	层底深度/m	剪切波速/(m/s)	标准贯入试验点深度/m	标准贯入击数/(击/30 cm)	黏粒含量 p_c
Q_4	1	粉质黏土	1.50	90	1.0	2	16%
	2	黏质粉土	3.00	140	2.5	4	12%
	3	粉砂	6.00	160	4 5.5	5 7	2.0% 1.5%
Q_3	4	细砂	11	350	7.0 8.5 10.0	12 10 15	0.5% 1.0% 2.0%
		岩层		750			

(A)4.5　　(B)7.0　　(C)8.2　　(D)9.6

专业案例(下午卷)

1.一岩块测得点载荷强度指数 $I_{s(50)}=2.8\ \text{MN/m}^2$,按《工程岩体分级标准》(GB 50218—2014)推荐的公式计算,岩石的单轴饱和抗压强度最接近(　　)。

(A)50 MPa　　(B)56 MPa　　(C)67 MPa　　(D)84 MPa

2.某土样高压固结试验成果如题 2 表所示,并已绘成 e-lg$P$ 曲线如题 2 图所示,试计算土的压缩指数 C_c,其结果最接近(　　)。

题 2 表

压力 P/kPa	25	50	100	200	400	800	1 600	3 200
孔隙比 e	0.916	0.913	0.903	0.883	0.838	0.757	0.677	0.599

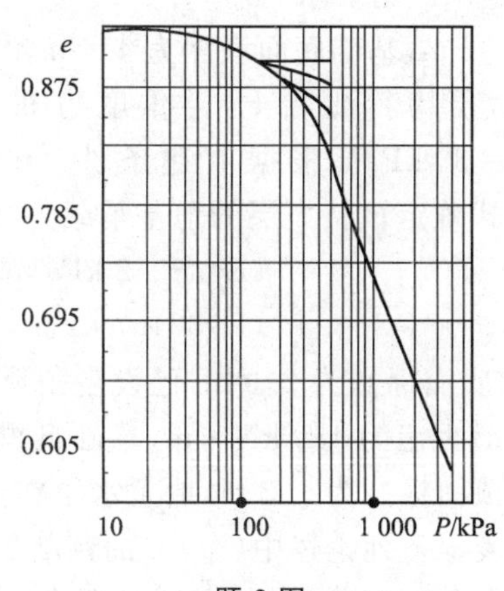

题 2 图

(A)0.15　　(B)0.26　　(C)0.36　　(D)1.00

3.某黄土试样室内双线法压缩试验的成果数据如题 3 表所示,试用插入法求算此黄土的湿陷起始压力 p_{sh} 与(　　)最为接近。

题 3 表

压力 p/kPa	0	50	100	150	200	300
天然湿度下试样高度 h_p/mm	20.0	19.81	19.55	19.28	19.01	18.75
浸水状态下试样高度 h'_p/mm	20.00	19.61	19.28	18.95	18.64	18.38

(A)37.5 kPa　　(B)85.7 kPa　　(C)125 kPa　　(D)200 kPa

4.某建筑物室内地坪±0.000 相当于绝对标高 5.600,室外地坪绝对标高 4.600,天然地面绝对高程为 3.60 m。地下室净高 4.0 m,顶板厚度 0.3 m,底板厚度 1.0 m,垫层厚度0.1 m。根据所给的条件,基坑底面的绝对高程应为(　　)。

(A)+0.20 m　　(B)+1.60 m　　(C)−4.00 m　　(D)−5.40 m

5.某建筑物基础尺寸为 16 m×32 m,从天然地面算起的基础底面埋深为 3.4 m,地下水稳定水位埋深为 1.0 m。基础底面以上填土的天然重度平均值为 19 kN/m³。作用于基础底面相应于荷载效应准永久组合和标准组合的竖向荷载值分别是 122 880 kN 和15 360 kN。根据设计要求,室外地面将在上部结构施工后普遍提高 1.0 m,计算地基变形用的基底附加压力最接近(　　)。

(A)175 kPa　　(B)184 kPa　　(C)199 kPa　　(D)210 kPa

6. 某建筑物基础尺寸为 16 m×32 m,基础底面埋深为 4.4 m,基础底面以上土的加权平均重度为 13.3 kN/m^3,作用于基础底面相应于荷载效应准永久组合和标准组合的竖向荷载值分别是 122 880 kN 和 153 600 kN。在深度 12.4 m 以下埋藏有软弱下卧层,其内摩擦角标准值 $\varphi=6°$,黏聚力标准值 $c_k=30$ kPa,承载力系数 $M_b=0.10$,$M_d=1.39$,$M_c=3.71$。深度 12.4 m 以上土的加权平均重度已算得为 10.5 kN/m^3。根据上述条件,计算作用于软弱下卧层顶面的总压力并验算是否满足承载力要求。设地基压力扩散角取 $\theta=23°$,则下列各项表达中(　　)是正确的。

(A)总压力为 270 kPa,满足承载力要求

(B)总压力为 270 kPa,不满足承载力要求

(C)总压力为 280 kPa,满足承载力要求

(D)总压力为 280 kPa,不满足承载力要求

7. 某建筑物基础尺寸为 16 m×32 m,基础底面埋深为 4.4 m,基底以上土的加权平均重度为 13.3kN/m^3。基底以下持力层为粉质黏土,浮重度为 9.0 kN/m^3,内摩擦角标准值 $\varphi_k=18°$,黏聚力标准值 $c_k=30$ kPa。根据上述条件,用《建筑地基基础设计规范》(GB 50007—2011)的计算公式确定该持力层的地基承载力特征值 f_a 最接近于(　　)。

(A)392.6 kPa　　(B)380.2 kPa

(C)360.3 kPa　　(D)341.7 kPa

8. 天然地面标高为 3.5 m,基础底面标高为 2.0 m,已设定条形基础的宽度为 3 m,作用于基础底面的竖向力为 400 kN/m,力矩为 150 kN·m,基础自重和基底以上土自重的平均重度为 20 kN/m^3,软弱下卧层顶面标高为 1.3 m,地下水位在地面下 1.5 m 处,持力层和软弱下卧层的设计参数见题 8 表。下列论述中(　　)的判断是正确的。

(A)设定的基础宽度可以满足验算地基承载力的设计要求

(B)基础宽度必须加宽至 4 m 才能满足验算地基承载力的设计要求

(C)表中的地基承载力特征值是用规范的地基承载力公式计算得到的

(D)按照基础底面最大压力 156.3 kPa 设计基础结构

题 8 表

	重度/(kN/m^3)	承载力特征值/kPa	黏聚力/kPa	内摩擦角	压缩模量/MPa
持力层	18	135	15	14°	6
软弱下卧层	17	105	10	10°	2

9. 暂无

10. 如题 10 图所示桩基,竖向荷载 $F=19\ 200$ kN,建筑桩基重要性系数 $\gamma_0=1$,承台混凝土强度等级为 C35 ($f_c=16.7$ MPa),按《建筑桩基技术规范》(JGJ 94—2008)计算柱边 A-A 至桩边斜截面的受剪承载力,其结果最接近(　　)。

(注:$a_x=1.0$ m,$h_0=1.2$ m,$b_0=3.2$ m。)

(A)55 000 kN　　(B)61 000 kN

(C)55 338kN　　(D)71 000 kN

11. 非软土地区一个框架柱采用钻孔灌注桩基础,承台底面所受荷载的长期效应组合的平均

附加力p_0=173 kPa。承台平面尺寸 3.8 m×3.8 m，承台下为 5 根 ϕ600 mm 灌注桩，布置如题 11 图所示。承台埋深 1.5 m，位于厚度 1.5 m 的回填土层内，地下水位于地面以下 2.5 m，桩身穿过厚 10 m 的软塑粉质黏土层，桩端进入密实中砂 1 m，有效桩长 l=11 m，中砂层厚 3.5 m，该层以下为粉土，较厚未钻穿。各土层的天然重度 γ，浮重度 γ'及压缩模量 E_s 等，已列于剖面图上。已知等效沉降系数 ϕ_e=0.229，σ_z=0.2σ_c 条件的沉降计算深度为桩端以下 5 m，按《建筑桩基技术规范》(JGJ 94—2008)计算该桩基础的中心点沉降，其结果与(　　)最接近。

(A)5.5 mm　　(B)8.4 mm

(C)12 mm　　(D)22 mm

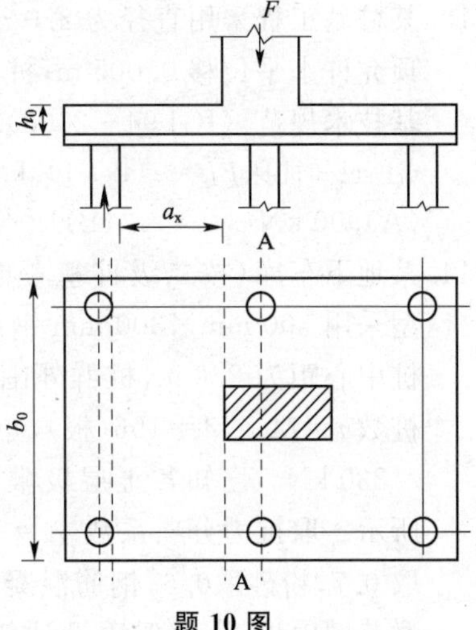

题 10 图

12. 某工程单桥静力触探的资料如题 12 图所示，拟采用第④层粉砂作为桩端持力层，假定采用钢筋混凝土方桩，断面为 350 mm×350 mm，桩长 16 m，桩端入土深度 18 m，按《建筑桩基技术规范》(JGJ 94—2008)计算单桩竖向极限承载力标准值 Q_{uk}，其结果最接近(　　)。

(A)1 202 kN　　(B)1 380 kN　　(C)1 578 kN　　(D)1 900 kN

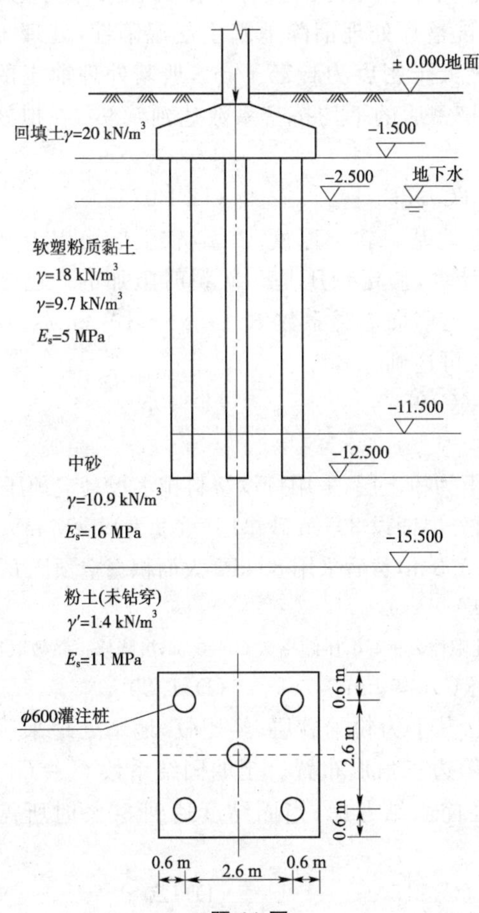

题 11 图

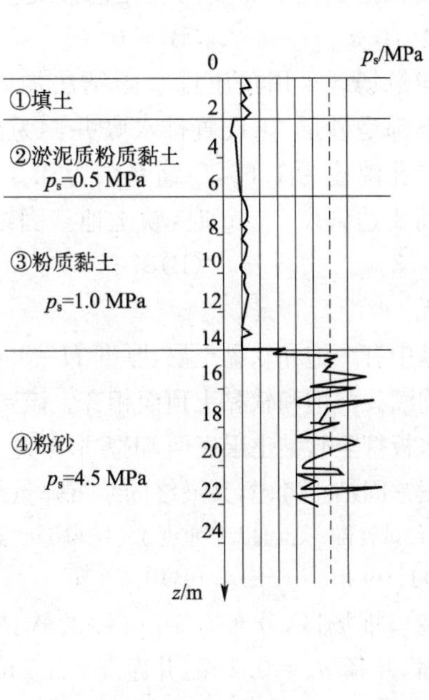

题 12 图

13. 某桩基工程采用直径为 2.0 m 的灌注桩，桩身配筋率为 0.68%，桩长 25 m，桩顶铰接，桩顶允许水平位移 0.005 m，桩侧土水平抗力系数的比例系数 $m=25\ \mathrm{MN/m^4}$，按《建筑桩基技术规范》(JGJ 94—2008)求得的单桩水平承载力与(　　)最为接近。

(注：已知桩身 $EI=2.149\times10^7\ \mathrm{kN\cdot m^2}$。)

(A)900 kN　　(B)1 040 kN　　(C)1 550 kN　　(D)1 650 kN

14. 某地下车库(按二级桩基考虑)为抗浮设置抗拔桩，桩型采用 300 mm×300 mm 钢筋混凝土方桩，桩长 12 m，桩中心距为 2.0 m，桩群外围周长为 4×30=120(m)，桩数 $n=14\times14=196$(根)，单一基桩上拔力标准值 $N_k=330$ kN。已知各土层极限侧阻力标准值如题 14 图所示。取抗力分项系数 $\gamma_s=1.65$，抗拔系数 λ_i 对黏土取 0.7，粉砂取 0.6，钢筋混凝土桩体重度 25 kN/m³，桩群范围内桩、土总浮重设计值 100 MN。按照《建筑桩基技术规范》(JGJ 94—2008)验算群桩基础及其基桩的抗拔承载力，其验算结果(　　)。

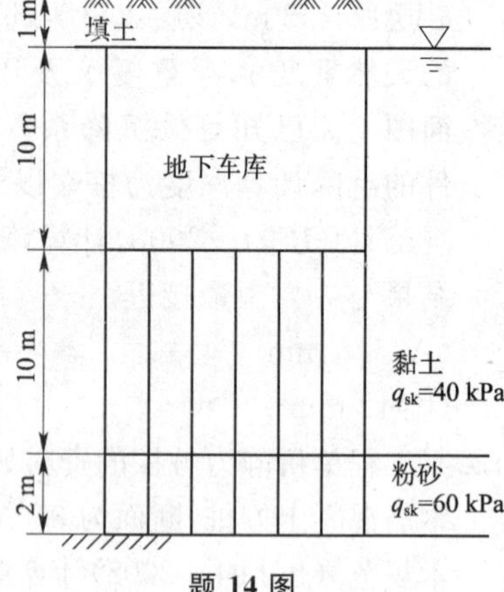

题 14 图

(A)群桩和基桩均满足　　(B)群桩满足，基桩不满足

(C)基桩满足，群桩不满足　　(D)群桩和基桩均不满足

15. 某自重湿陷性黄土场地一座 7 层民用建筑，外墙基础底面边缘所围面积尺寸为宽 15 m、长 45 m。拟采用正三角形布置灰土挤密桩整片处理消除地基土层湿陷性，处理土层厚度 4 m，桩孔直径 0.4 m。已知桩间土的最大干密度为 1.75 t/m³，地基处理前土的平均干密度为 1.35 t/m³。要求桩间土经成孔挤密后的平均挤密系数达到 0.90，在拟处理地基面积范围内所需要的桩孔总数最接近(　　)。

(A)670　　(B)780　　(C)930　　(D)1 075

16. 某建筑场地采用预压排水固结法加固软土地基。软土厚度 10 m，软土层面以上和层底以下都是砂层，未设置排水竖井。为简化计算，假定预压是一次瞬时施加的。已知该软土层孔隙比为 1.60，压缩系数为 0.8 $\mathrm{MPa^{-1}}$，竖向渗透系数 $K_v=5.8\times10^7$ cm/s，其预压时间要达到(　　)d 时，软土地基固结度就可达到 0.80。

(A)78　　(B)87　　(C)98　　(D)105

17. 暂无

18. 地基中有一饱和软黏土层，厚度 $H=8$ m，其下为粉土层，采用打设塑料排水板真空预压加固。平均潮位与饱和软黏土顶面相齐。该层顶面分层铺设 80 cm 砂垫层(重度为 19 kN/m³)，塑料排水板打至软黏土层底面，正方形布置、间距 1.3 m，然后采用 80 kPa 大面积真空预压 6 个月。按正常固结土考虑，其最终固结沉降量最接近(　　)。

(注：经试验得，软土的天然重度 $\gamma=17\ \mathrm{kN/m^3}$，天然孔隙比 $e_0=1.6$，压缩指数 $C_c=0.55$，沉降修正系数取1.0。)

(A)1.09 m　　(B)0.73 m　　(C)0.99 m　　(D)1.20 m

19. 某港口堆场区，分布有 15 m 厚的软黏土层，其下为粉细砂层，经比较，地基处理采用砂井加固，井径 $d_w=0.4$ m，井距 $s=2.5$ m，按等边三角形布置。土的固结系数 $C_v=C_h=1.5\times10^{-3}\ \mathrm{cm^2/s}$。在大面积荷载作用下，按径向固结考虑，当固结度达到 80%时所需要的时间为(　　)。

(A)130 d　　(B)125 d　　(C)115 d　　(D)120 d

20. 止水帷幕如题 20 图所示，上游土中最高水位为±0.000，下游地面为−8.000，土的天然

重度 $\gamma=18\ \mathrm{kN/m^3}$，安全系数取 2.0，则（　　）是止水帷幕应设置的合理深度。

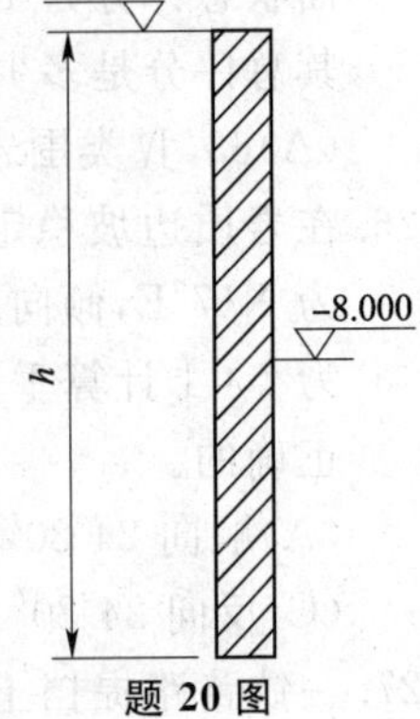

题 20 图

(A) $h=12.0$ m　　(B) $h=14.0$ m

(C) $h=16.0$ m　　(D) $h=10.0$ m

21. 某矩形基坑采用在基坑外围均匀等距布置多井点同时抽水方法进行降水。井点围成的矩形面积为 50 m×80 m。按无压潜水完整井进行降水设计。已知含水层厚度 $H=20$ m，单井影响半径 $R=100$ m，渗透系数 $k=8$ m/d。如果要求水位降深 $S_d=4$ m，则井点系统计算涌水量 Q 将最接近（　　）。

(A) 2 000 $\mathrm{m^3/d}$　　(B) 2 300 $\mathrm{m^3/d}$

(C) 2 710 $\mathrm{m^3/d}$　　(D) 3 000 $\mathrm{m^3/d}$

22. 当基坑土层为软土时，应验算坑底土抗隆起稳定性，如题 22 图所示。已知基坑开挖深度 $h=5$ m，基坑宽度较大，深宽比略而不计。支护结构入土深度 $t=5$ m，坑侧地面荷载 $q=20$ kPa，土的重度 $\gamma=18\ \mathrm{kN/m^3}$，黏聚力 $c=10$ kPa，内摩擦角 $\varphi=0°$，不考虑地下水的影响。如果取承载系数 $N_c=5.14$，$N_q=1.0$，则抗隆起的安全系数 F 应属于（　　）情况。

(A) $K_D<1.0$　　(B) $1.0\leqslant K_D<1.6$

(C) $K_D\geqslant1.6$　　(D) 条件不够，无法计算

23. 一非浸水重力式挡土墙，墙体重力 W 为 180 kN，墙后主动土压力水平分力 E_x 为 75 kN，墙后主动土压力垂直分力 E_y 为 12 kN，墙基底宽度 B 为 1.45 m，基底合力偏心距 e 为 0.2 m，地基容许承载力[σ]为 290 kPa，则挡土墙趾部压应力 σ 与地基容许承载[σ]的数值关系与（　　）最接近。

(A) $\sigma=0.08[\sigma]$　　(B) $\sigma=0.78[\sigma]$　　(C) $\sigma=0.83[\sigma]$　　(D) $\sigma=1.11[\sigma]$

24. 一锚杆挡墙肋柱高 H 为 5.0 m，宽 a 为 0.5 m，厚 b 为 0.2 m，打三层锚杆，其锚杆支点处反力 R_a 均为 150 kN，锚杆对水平方向的倾角 β 均为 10°，肋柱竖直倾角 α 为 5°，肋柱重度 γ 为 25 $\mathrm{kN/m^3}$。为简化计算，不考虑肋柱所受到的摩擦力和其他阻力（见题 24 图），在这种假设前提下，肋柱基底压应力 σ 的估算结果最接近（　　）。

(A) 256 kPa　　(B) 269 kPa　　(C) 519 kPa　　(D) 1 331 kPa

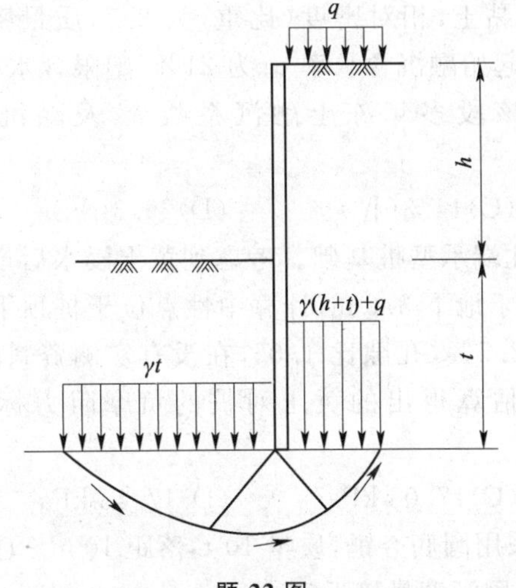

题 22 图

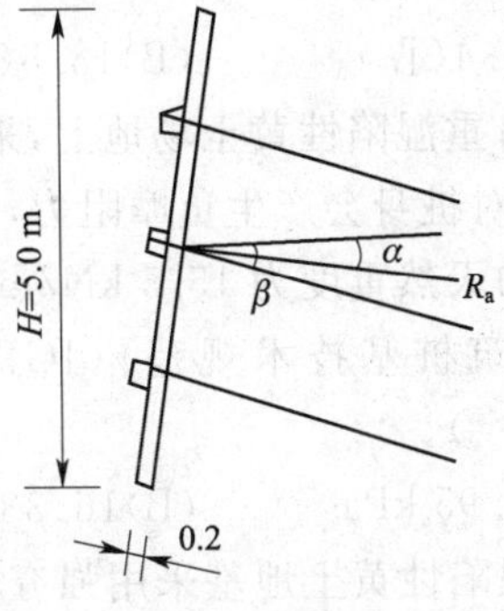

题 24 图

25. 按水工建筑物围岩工程地质分类法，已知岩石强度评分为 25，岩体完整程度为 30，结构

面状态评分为15，地下水评分为−2，主要结构面产状评分为−5，围岩强度应力比$S<2$，其总评分是多少，属何类围岩，下列(　　)是正确的。

(A)63，Ⅳ类围岩　(B)63，Ⅲ类围岩　(C)68，Ⅱ类围岩　(D)70，Ⅱ类围岩

26. 在岩质边坡稳定评价中，多用岩层的视角来分析。现有一岩质边坡，岩层产状的走向为N17°E，倾向北西，倾角43°，挖方走向为N12°W，在西侧开坡，如果按纵、横比例尺为1∶1计算垂直于边坡走向的纵剖面图上岩层的视倾角，下列四种视角中(　　)是正确的。

(A)顺向24°20′　(B)顺向39°12′

(C)反向24°20′　(D)反向38°56′

27. 一铁路路提挡土墙(见题27图)高6.0 m，墙背仰斜角α为9°，墙后填土重度γ为18 kN/m³，内摩擦角φ为40°，墙背与填料间摩擦角δ为20°，填土破裂角θ为31°08′，当墙后填土表面水平且承受连续均布荷载时(换算土柱高$h_0=3.0$ m)，按库仑理论计算其墙背水平方向主动土压力E_x应最接近(　)。

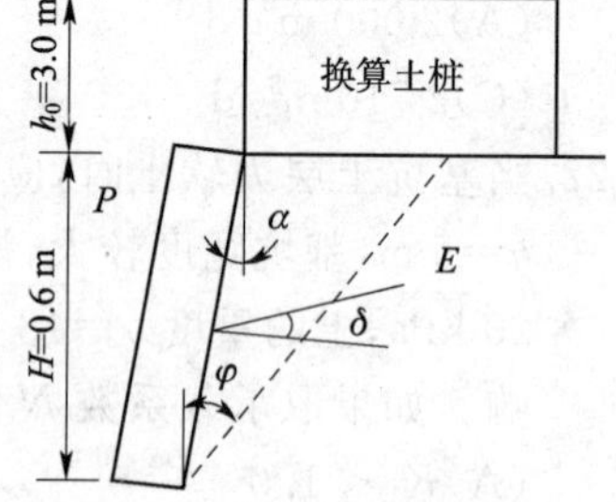

题27图

(A)18 kN/m　(B)92.6 kN/m

(C)94.3 kN/m　(D)141.9 kN/m

28. 利用题28表中所给的数据，按《膨胀土地区建筑技术规范》(GB 50112—2013)规定，计算膨胀土地基的分级变形量(s_c)，其结果应最接近(　　)。

题28表

层序	层厚h_i/m	层底深度/m	第i层的含水率变化Δw_i	第i层的收缩系数λ_{si}	第i层在50 kPa下的膨胀率δ_{epi}
1	0.64	1.60	0.0273	0.28	0.084
2	0.86	2.50	0.0211	0.48	0.0223
3	1.00	3.50	0.014	0.35	0.0249

(A)24 mm　(B)36 mm　(C)48 mm　(D)60 mm

29. 铁路路基通过多年冻土区，地基土为粉质黏土，相对密度(比重)为2.7，质量密度ρ为20 g/cm³，冻土总含水率w_0为40%，冻土起始融沉含水率w为21%，塑限含水率w_p为20%，按铁路工程特殊岩土勘察规程，该段多年冻土融沉系数δ_0及融沉等级应符合(　　)。

(A)11.4(Ⅳ)　(B)13.5(Ⅳ)　(C)14.3(Ⅳ)　(D)29.3(Ⅴ)

30. 在一自重湿陷性黄土场地上，采用人工挖孔端承型桩基础。考虑到黄土浸水后产生自重湿陷，对桩身会产生负摩阻力，已知桩顶位于地下3.0 m，计算中性点位于桩顶下3.0 m，黄土的天然重度为15.5 kN/m³，含水率12.5%，孔隙比1.06，在没有实测资料时，按现行《建筑桩基技术规范》(JGJ 94—2008)估算得出的黄土对桩的负摩阻力标准最接近(　　)。

(A)13.95 kPa　(B)16.33 kPa　(C)17.03 kPa　(D)17.43 kPa

31. 某地湿陷性黄土地基采用强夯法处理，拟采用圆底夯锤，质量10 t，落距10 m。已知梅纳公式的修正系数为0.5，估算此强夯处理加固深度最接近(　　)。

(A)3.0 m　(B)3.5 m　(C)4.0 m　(D)5.0 m

32. 某滑坡拟采用抗滑桩治理，桩布设在紧靠第 6 条块的下侧，滑面为残积土，底为基岩，根据《建筑地基基础设计规范》(GB 50007—2011)，按题 32 图所示及下列参数计算对桩的滑坡水平推力 F_{6H}，其值最接近（　　）。

(注：F_5 = 380 kN/m，G_6 = 420 kN/m，残积土 φ = 18°，c=11.3 kPa，安全系数 γ_t=1.15，l_6=12 m。)

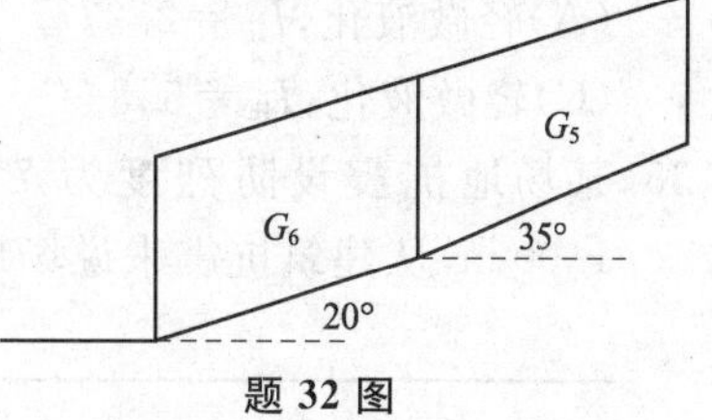

题 32 图

(A)272.0 kN/m　　(B)255.6 kN/m　　(C)236.5 kN/m　　(D)222.2 kN/m

33. 已知有如题 33 图所示属于同一设计地震分组的 A、B 两个土层模型，试判断其场地特征周期 T_g 的大小，其说法正确的是（　　）。

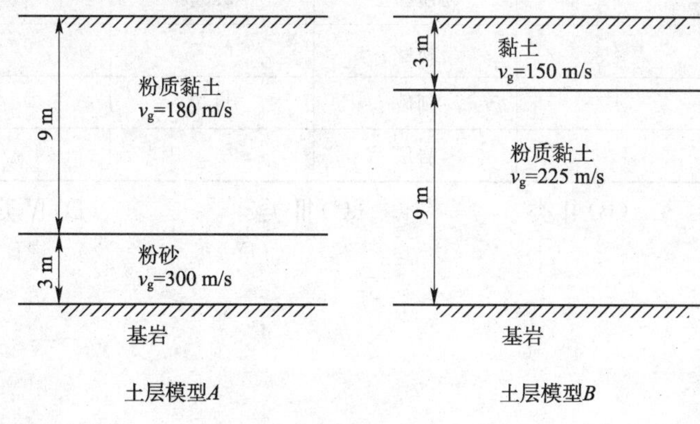

题 33 图

(A)土层模型 A 的 T_g 大于 B 的 T_g　　(B)土层模型 A 的 T_g 等于 B 的 T_g

(C)土层模型 A 的 T_g 小于 B 的 T_g　　(D)不能确定

34. 建筑场地抗震设防烈度 8 度，设计地震分组为第一组，设计基本地震加速度值为 0.2g，基础埋深 2 m，单层厂房采用天然地基，场地地质剖面如题 34 图所示，地下水位于地面下 2 m。为分析基础下粉砂、粉土、细砂液化问题，钻孔时沿不同深度进行了现场标准贯入试验，其位置标高及相应标准贯入试验击数如图所示，粉砂、粉土及细砂的黏粒含量百分率 ρ_c 也标明在图上，计算该地基液化指数 I_{lE} 及确定它的液化等级，下列选项中正确的是（　　）。

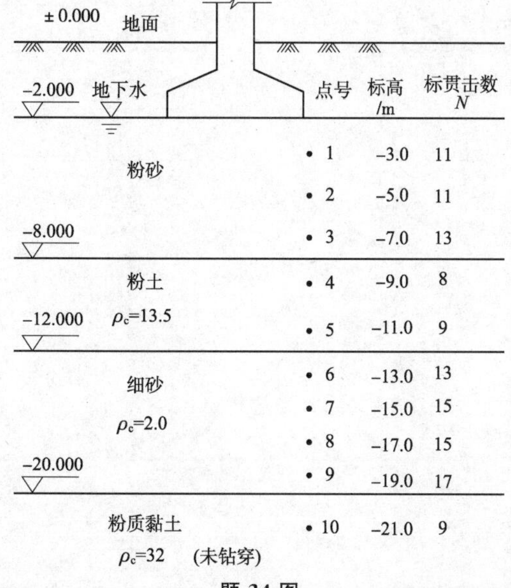

题 34 图

(A)轻微液化，I_{lE}＝2.37　　(B)轻微液化，I_{lE}＝3.92

(C)轻微液化，I_{lE}＝5.8　　(D)中等液化，I_{lE}＝8.0

35. 某场地抗震设防烈度为 7 度，场地典型地层条件如题 35 表所示，地下水位深度为 1.00 m，从建筑抗震来说场地类别属于(　　)。

题 35 表

成因年代	土层编号	土名	层底深度/m	剪切波速/(m/s)
Q_4	1	粉质黏土	1.50	90
	2	粉质黏土	3.00	140
	3	粉砂	6.00	160
Q_3	4	细砂	11.0	350
		岩层		750

(A)Ⅰ类　　(B)Ⅱ类　　(C)Ⅲ类　　(D)Ⅳ类

2003年全国注册岩土工程师专业考试试卷参考答案(新解)

专业知识(上午卷)答案

一、单项选择题

1.(B)　《水利水电工程地质勘察规范》(GB 50487—2008)第6.9.1条

2.(A)　《水运工程岩土勘察规范》(JTS 133—2013)第5.3.5条

3.(B)　《岩土工程勘察规范》(GB 50021—2001)(2009年版)第5.3.5条

4.(B)　十字板不排水抗剪强度随深度的曲线能反映土的固结状态,见《工程地质手册》(第四版)第251页

5.(C)　考查干强度的概念

6.(B)　多级阶地的编号原则:新形成的、越靠近河床的阶地编号小,见《全国注册岩土工程师专业考试培训教材》P1-126

7.(C)　地层对称重复则有褶皱构造,且核老翼新为背斜,地层顺序重复则有断层构造

8.(D)　与向斜长轴方向平行的断裂构造导水性好

9.(C)　地震刚度=土层密度×剪切波速,当两层土的地震刚度相似时,不容易被区分,勘探效果差。详见《工程地质分析原理》(第二版)地震部分

10.(B)　《建筑工程地质勘探与取样技术规程》(JGJ/T 87—2012)附录E.0.1-9

11.(B)　直剪试验是剪切面固定,但在剪切过程中应力变化复杂

12.(A)　《土工试验方法标准》(GB/T 50123—1999)第16.5.13条

13.(C)　《水利水电工程地质勘察规范》(GB 50487—2008)附录F

14.(D)　地下水的流动方向是由水头压力高向压力低的方向流动

15.(C)　《岩土工程勘察规范》(GB 50021—2001)(2009年版)第10.5.3条

16.(C)　《水利水电工程地质勘察规范》(GB 50487—2008)附录E.0.5

17.(D)　《土工试验方法标准》(GB/T 50123—1999)第10.0.7条及图10.7

18.(C)　$\left(\frac{1}{2}\gamma H_2^2 Ka\cdot\frac{1}{3}H_2\right)\Big/\left(\frac{1}{2}\gamma H_1^2 Ka\cdot\frac{1}{3}H_1\right)=(H_2/H_1)^3=(8/4)^3=8$

19.(A)　被动土压力>静止土压力>主动土压力

20.(B)　土力学基本理论

21.(B)　《公路路基设计规范》(JTG D30—2015)第3.4.3条、第3.6.5条

22.(B)　据培训教材土力学内容中库仑土压力理论介绍

23.(B)　《铁路隧道设计规范》(TB 10003—2005)附录A

24.(C)　$w=Q/(L_p)$,单位为$L/[\mathrm{min}\cdot\mathrm{m}\cdot(\mathrm{N/cm^3})]$,$q$的单位为$L/(\mathrm{m}\cdot\mathrm{min}\cdot\mathrm{MPa})$,故数值大小相比为100

25.(B)　压水试验的试段压力=压力表读数+压力表位置与试段中点之间的水头压力-压力损耗。详见《工程地质手册》(第四版)第1004页

26.(C)　《铁路路基支挡结构设计规范》(TB 10025—2006)

27.(C)　$\frac{1}{2}\gamma H^2\cos30°=\frac{1}{2}\times10\times10^2\times\cos30°=433\ (\mathrm{kN/m})$

28.(A)　《建筑边坡工程技术规范》(GB 50330—2013)第 6.3.4 条

29.(C)　《膨胀土地区建筑技术规范》(GB 50112—2013)第 4.2.4 条

30.(D)　抽取地下水不会引起基岩内部溶洞的坍塌,(B)、(C)、(D)三者中因地下水下降使覆盖层中土洞上边的土层失去支撑或真空吸蚀而产生坍塌的可能性最大

31.(D)　此题针对地面沉降的分析预测相关内容,包括地下水的开采规划、土层的压缩性和固结历史。详见《工程地质手册》(第四版)第 577 页

32.(D)　《湿陷性黄土地区建筑规范》(GB 50025—2004)第 6.1.4 条

33.(C)　《铁路工程不良地质勘察规程》(TB 10027—2012)第 9.2 节

34.(C)　对于岩溶水的治理,不轻易采用堵的措施,一旦岩溶水被堵,可能引发其他的地质问题。详见《工程地质手册》(第四版)第 532 页

35.(C)　《铁路工程不良地质勘察规程》(TB 10027—2012)第 4.2.1 条

36.(B)　《公路路基设计规范》(JTG D30—2015)第 7.4.2 条

37.(D)　平衡体系中的二氧化碳不再具有溶蚀能力,超出平衡体系以外的二氧化碳就是侵蚀性二氧化碳

38.(D)　《铁路桥涵地基和基础设计规范》(TB 10002.5—2005)第 8.3.3 条及条文说明

39.(B)　《土工试验方法标准》(GB/T 50123—1999)第 29.2.6 条

40.(C)　《湿陷性黄土地区建筑规范》(GB 50025—2004)第 6.1.10 条、第 7.1 节

二、多项选择题

41.(C)、(D)　《铁路工程地质勘察规范》(TB 10012—2007)第 3.4.5 条

42.(B)、(C)　《土工试验方法标准》(GB/T 50123—1999)第 14.1.12 条

43.(A)、(C)　《岩土工程勘察规范》(GB 50021—2001)(2009 年版)第 10.10.4 条条文说明

44.(A)、(B)、(D)　《水利水电工程地质勘察规范》(GB 50487—2008)附录 G

45.(A)、(D)　膨胀土的主要矿物为蒙脱石、伊利石,亲水能力强,液限高,正常条件比较密实,孔隙比小,但多不规则裂隙

46.(A)、(C)、(D)　《铁路工程地质勘察规范》(TB 10012—2007)第 8.2.3 条

47.(A)、(B)、(D)　《建筑边坡工程技术规范》(GB 50330—2013)第 14.2.1 条

48.(B)、(C)　只有同时满足朗肯理论与库伦理论的假设条件,二者结论方可相同

49.(A)、(B)、(D)　《公路路基设计规范》(JTG D30—2015)第 5.3.5 条

50.(A)、(C)、(D)　据培训教材重力式挡土墙各种类型特点介绍

51.(A)、(C)、(D)　《建筑边坡工程技术规范》(GB 50330—2013)第 8.2 条

52.(A)、(B)、(C)　少扰动、早锚喷、勤测量、紧封闭

53.(C)、(D)　《碾压式土石坝设计规范》(DL/T 5395—2007)第 7.8.1 条

54.(C)、(D)　《建筑基坑支护技术规程》(JGJ 120—2012)表 3.3.2

55.(B)、(D)　《建筑基坑支护技术规程》(JGJ 120—2012)第 3.1.14 条

56.(A)、(B)、(C)　《水利水电工程地质勘察规范》(GB 50487—2008)附录 G.0.7

57.(A)、(B)　《碾压式土石坝设计规范》(SL 274—2001)第 6.2.2 条

58.(B)、(D)　《铁路路基支挡结构设计规范》(TB 10025—2006)第 10.2.13 条、第10.1.4条、第 10.3.7 条、第 10.1.3 条

59.(A)、(B)、(C)　《膨胀土地区建筑技术规范》(GB 50112—2013)第 5.2.13 条

60.(A)、(C)　《岩土工程勘察规范》(GB 50021—2001)(2009 年版)第 5.5.5 条

61.(A)、(B)、(D)　《岩土工程勘察规范》(GB 50021—2001)(2009 年版)第 5.6.5 条

62.(B)、(D)　《岩土工程勘察规范》(GB 50021—2001)(2009 年版)第 5.1.10 条

63.(A)、(B)、(C)　常见滑坡的治理措施有排水、削坡、反压、支挡和增强滑动面的强度，见《工程地质手册》(第四版)第 553 页

64.(A)、(D)　《铁路工程特殊岩土勘察规程》(TB 10038—2012)第 8.2 节

65.(C)、(D)　《铁路工程不良地质勘察规程》(TB 10027—2012)第 9.2 节

66.(B)、(D)　滑动方向与滑面倾向相反，滑块的下滑力就是整体滑坡滑动的阻力，滑动面的倾角小于滑面的摩擦角就是下滑力小于抗滑力(2001 版规范中有抗滑段的概念)

67.(B)、(C)　《铁路工程特殊岩土勘察规程》(TB 10038—2012)

68.(B)、(C)　《铁路工程特殊岩土勘察规程》(TB 10038—2012)附录 D.0.1

69.(B)、(C)、(D)　由于小煤窑采空范围小，地表不产生移动盆地、开采深度浅，顶板又任其垮落，地表变形强烈。详见《工程地质手册》(第四版)第 574 页

70.(B)、(C)　《铁路路基支挡结构设计规范》(TB 10025—2006)第 10.1.3 条

专业知识(下午卷)答案

一、单项选择题

1.(D)　《建筑地基基础设计规范》(GB 50007—2011)表 5.2.7

2.(C)　由 $y=\frac{b}{2}$、$e_0=\frac{b}{6}$ 解得，$k=\frac{y}{e_0}=\frac{b/2}{b/6}=3$

3.(C)　$P=P_K-P_C=120-18\times 2=84\ (\text{kPa})$

4.(D)　《建筑地基基础设计规范》(GB 50007—2011)第 5.2.2 条、第 5.2.5 条

$$\left(\frac{N}{BL}+\frac{Ne}{W}\right)\left(\frac{N}{BL}-\frac{Ne}{W}\right)=\left(1+\frac{6e}{B}\right)\left(1-\frac{6e}{B}\right)$$
$$=\left(1+\frac{6\times 0.033B}{B}\right)\Big/\left(1-\frac{6\times 0.033B}{B}\right)$$
$$=1.5$$

5.(B)

6.(D)　《建筑地基基础设计规范》(GB 50007—2011)第 8.1.1 条

7.(A)　《建筑地基基础设计规范》(GB 50007—2011)第 5.2.6 条

8.(B)　《建筑地基基础设计规范》(GB 50007—2011)第 3.0.4 条

9.(B)　《港口工程地基规范》(JTS 147—1—2010)第 7.1.3 条

10.(C)　桩身沉降大于桩周土体沉降的方案降低负摩阻力最有效

11.(B)　《建筑桩基技术规范》(JGJ 94—2008)第 5.7.2 条

12.(D)　《建筑桩基技术规范》(JGJ 94—2008)第 5.8.4 条

13.(C)　《建筑桩基技术规范》(JGJ 94—2008)第 5.4.4 条

14.(C)　《建筑桩基技术规范》(JGJ 94—2008)第 5.9.7 条

15.(B)　《建筑桩基技术规范》(JGJ 94—2008)第 5.1.1 条

16.(D)　《建筑桩基技术规范》(JGJ 94—2008)第 5.9.2 条

17.(D)　《公路桥涵地基与基础设计规范》(JTG D63—2007)第 6.2.1 条说明

18.(B)　《建筑桩基技术规范》(JGJ 94—2008)第 5.4.2 条、第 5.4.4 条

19.(D)　据《建筑地基处理技术规范》(JGJ 79—2012)第 7.5.1 条及条文说明可知，(C)正确，(D)错误。2012 版规范已删除石灰桩的相关内容。据 2002 版规范第 13.1.1 条可知，

(A)、(B)正确

20.(C)　据《建筑地基处理技术规范》(JGJ 79—2012)第7.2.2条第4款及条文说明可知,振冲桩的间距由振冲器功率、复合地基承载力和变形要求及对原地基土要达到的挤密要求确定,与填桩体材料无关

21.(C)　《建筑地基处理技术规范》(JGJ 79—2012)第7.1.7条、第7.1.5条

$$\xi=\frac{f_{spk}}{f_{ak}}=1+m(n-1)=1+0.25\times(3-1)=1.5$$

$$E_{sp}=\xi E_s=1.5\times1.7=2.55\ (\mathrm{MPa})$$

22.(C)　据《建筑地基处理技术规范》(JGJ 79—2012)第7.5.4条第3款,桩间土采用平均挤密系数控制质量,由第2款可知,桩体采用平均压实系数控制质量

23.(C)　据《建筑地基处理技术规范》(JGJ 79—2012)第4.2.1条第7款条文说明,(A)、(B)正确。工后沉降主要由下卧软土产生,加筋垫层并不会减少其沉降,故(C)错误

24.(B)　据《建筑地基处理技术规范》(JGJ 79—2012)第7.2.1条及条文说明,提高地基承载力需提高置换率,故(B)错误

25.(C)　《建筑地基处理技术规范》(JGJ 79—2012)第4.4.2条

26.(D)　《建筑地基处理技术规范》(JGJ 79—2012)第7.5.2条第9款

27.(C)　此题属理解题,需自己分析得到答案。工程中的试验项目是研究具体情况,具有个性特点,而科学研究的项目完全不同,具有共性特点,因此修建试验工程无法解决基本理论

28.(C)　据《建筑抗震设计规范》(GB 50011—2010)第1.0.1条条文说明,遭遇第一水准烈度——众值烈度(多遇地震)影响时,建筑处于正常使用状态,从结构抗震分析角度,可以视为弹性体系,采用弹性反应谱进行弹性分析;遭遇第二水准烈度——基本烈度(设防地震)影响时,结构进入非弹性工作阶段,但非弹性变形或结构体系的损坏控制在可修复范围;遭遇第三水准烈度——最大预估烈度(罕遇地震)影响时,结构有较大的非弹性变形,但应控制在规定的范围内,以免倒塌

29.(D)　《建筑抗震设计规范》(GB 50011—2010)第3.3.1条

30.(D)　据《建筑抗震设计规范》(GB 50011—2010)第4.2.4条及条文说明可知,(A)、(B)正确,(D)错误,由第4.2.2条、第4.2.3条条文说明可知,(C)正确

31.(C)　据《水工建筑物抗震设计规范》(DL 5073—2000)第3.1.2条,计算深度范围为1.5～15 m,$\nu_{sm}=\frac{1}{15-1.5}\int_{1.5}^{15}(\nu_0+cz^{\frac{5}{4}})\mathrm{d}z=\frac{1}{13.5}\left(\nu_0 z+\frac{4}{9}cz^{\frac{9}{4}}\right)\Big|_{1.5}^{15}=167.4\ (\mathrm{m/s})$

32.(A)　据《全国注册岩土工程师专业考试培训教材》第三篇第一章第六节式(1.6.6)

$$\xi=\Delta F/(4\pi F)=0.5/(4\times3.14\times0.5\times500\times0.001)=0.16$$

33.(C)　由土应力应变关系曲线可知,随着动应变的增大,动模量逐渐减低,而阻尼比一般会增大

34.(A)　据《公路工程抗震设计规范》(JTJ 004—1989)第1.0.7条条文说明,水平地震系数即地震时地面最大水平加速度的统计平均值与重力加速度的比值,故为无量纲。(A)正确。新规范已删除水平地震系数

35.(C)

36.(C)

37.(B)

38.(B)

39.暂无

40.(D)

二、多项选择题

41.(C)、(D)、(E)　据《建筑地基基础设计规范》(GB 50007—2011)第5.2.5条,根据土的抗剪强度指标确定地基承载力特征值,需要满足:偏心距 e 小于或等于0.033倍基础底面宽度,同时该公式是基于条形基础的推导得出的承载力计算公式;非极限承载力也只限于弹性变形

42.(A)、(B)、(D)　《建筑地基基础设计规范》(GB 50007—2011)第5.2.7条

43.(A)、(D)　《建筑地基基础设计规范》(GB 50007—2011)第5.2.1条

44.(A)、(B)、(D)　《建筑地基基础设计规范》(GB 50007—2011)第5.3.4条

45.(A)、(C)、(D)　《建筑地基基础设计规范》(GB 50007—2011)第8.2.2条、第8.2.3条

46.(B)、(D)　《建筑地基基础设计规范》(GB 50007—2011)第5.2.7条

47.(B)、(C)　《建筑地基基础设计规范》(GB 50007—2011)

48.(A)、(C)、(D)　《公路桥涵地基与基础设计规范》(JGJ D63—2007)第6.2.4条及条文说明

49.(B)、(C)、(D)　《建筑桩基技术规范》(JGJ 94—2008)第5.5.9条

50.(B)、(C)、(D)　《建筑桩基技术规范》(JGJ 94—2008)第5.2.3条、第5.2.4条

51.(A)、(B)　《建筑桩基技术规范》(JGJ 94—2008)

52.(B)、(C)　《建筑桩基技术规范》(JGJ 94—2008)

53.(A)、(B)、(C)　《建筑地基处理技术规范》(JGJ 79—2012)第6.3.3条

54.(A)、(B)、(C)　据《建筑地基处理技术规范》(JGJ 79—2012)第7.2.2条可知,考虑振动下沉密实作用,需乘以一个大于1.0的修正系数,故(A)错误。砂土孔隙比的改变除了由于成孔体积的侧向挤密作用外,还需考虑振动下沉的密实作用,故(B)错误。砂石桩的间距与处理前砂土的孔隙比及相对密度有关,故(C)错误,(D)正确

55.(C)、(D)　据《建筑地基处理技术规范》(JGJ 79—2012)第7.1.5条及第7.2.2条第4款可知,振冲桩和砂石桩一般情况下需考虑振动下沉作用,桩间土承载力不需折减,而水泥粉煤灰碎石桩和夯实水泥土桩需对桩间土承载力进行折减

56.暂无

57.(A)、(D)　此题属分析题,由题意知淤泥质土层较厚,因此碎石垫层置换方法不适用,而采用低强度桩复合地基对地基承载力提高有限,且下卧土层性质不确定,故也不适合,(A)、(D)选项处理方式较为合理

58.(A)、(C)　据《港口工程地基规范》(JTS 147-1—2010)第8.1.1条、表8.1.1、第8.1.6条。但本规范并不属于常用规范,正确选项也可通过分析得到,难度不大

59.(B)、(C)、(D)　《建筑抗震设计规范》(GB 50011—2010)第4.1.4条、第4.1.5条、第4.1.6条

60.(A)、(C)　《建筑抗震设计规范》(GB 50011—2010)第4.3.3条

61.(B)、(D)　《水工建筑物抗震设计规范》(DL 5073—2000)第5.1.1条、第5.1.2条

62.(B)、(C)、(D)　据《公路工程抗震规范》(JTG B02—2013)第4.2.2条及条文说明、《建筑抗震设计规范》(GB 50011—2010)第4.2.3条及条文说明

63.(A)、(B)　据《公路工程抗震规范》(JTG B02—2013)第3.6.2条,(A)、(B)叙述错误,

(C)叙述正确。据 89 规范规定,(D)正确

64.(B)、(C)、(D)　反应谱是具有不同周期和一定阻尼的线弹性单质点结构在地震地面运动影响下最大反应与结构自振周期的关系曲线

65.(A)、(C)

66.(B)、(C)、(D)

67.(B)、(C)、(D)

68.(A)、(C)

69.(C)、(D)

70.(B)、(C)、(D)

专业案例(上午卷)答案

1.[**答案**](C)

[**解析**]据《工程地质手册》第三版第三篇第二章第五节(第 233 页),标准贯入器外径为 51 mm,内径为 35 mm,据第二篇第六章第一节(第 154 页),面积比为

$$A_r=\frac{D_w^2-D_e^2}{D_e^2}\times100\%=\frac{51^2-35^2}{35^2}\times100\%=112.3\%$$

答案(C)正确。

2.[**答案**](C)

[**解析**]据《工程地质手册》第三版第三篇第五章第三节(第 294 页)式(3.5.13)、式(3.5.15)和式(3.5.16)计算如下

$$C_u=KC(R_y-R_g)$$

$$C'_u=KC(R_c-R_g)$$

$$S=\frac{C_u}{C'_u}=\frac{R_y-R_g}{R_c-R'_g}=\frac{215-20}{64-10}=3.611$$

答案(C)正确。

3.[**答案**](A)

[**解析**]据《建筑地基基础设计规范》(GB 50007—2011)附录 C 计算如下。

作图或分析曲线各点坐标可知,压力在 200 kPa 之前曲线为通过圆点的直线,其斜率为

$$K=\frac{25}{0.88}\approx\frac{200}{7.05}\approx28.4\ (\text{kPa/mm})$$

自 225 kPa 以后,曲线为下凹曲线,至 275 kPa 时变形量仅为 15.8 mm,这时沉降量与承压板宽度之比为

$$S/b=\frac{1.58}{\sqrt{5\,000}}=0.022$$

这与判断极限荷载的 $S/b=0.06$ 有较大差距,说明加载量不足,不能判定出极限荷载,为安全起见,只好取最大加载量的一半作为承载力特征值。即

$$P_0=\frac{1}{2}P_{\max}=\frac{1}{2}\times275=137.5$$

答案(A)正确。

4.[**答案**](C)

[**解析**]潜水完整井有两个观测孔时,渗透系数计算公式如下

$$K=\frac{0.732Q}{(2H-S_1-S_2)(S_1-S_2)}\lg\frac{\gamma_2}{\gamma_1}$$

第一次降深

$$K_1=\frac{0.732\times132.19}{(2\times12.34-0.73-0.48)\times(0.73-0.48)}\times\lg\frac{9.95}{4.3}=6\ (\mathrm{m/d})$$

第二次降深

$$K_2=\frac{0.732\times92.45}{(2\times12.34-0.6-0.43)\times(0.6-0.43)}\times\lg\frac{9.95}{4.3}=6.1\ (\mathrm{m/d})$$

第三次降深

$$K_3=\frac{0.732\times57.89}{(2\times12.34-0.43-0.31)\times(0.43-0.31)}\times\lg\frac{9.95}{4.3}=5.4\ (\mathrm{m/d})$$

$$K=\frac{1}{3}(K_1+K_2+K_3)=\frac{1}{3}\times(6.0+6.1+5.4)\approx6.0\ (\mathrm{m/d})$$

答案(C)正确。

5.[**答案**](B)

[**解析**]据《公路桥涵地基与基础设计规范》(JTG D63—2007)计算如下

$$e_0=\frac{\sum M}{N}=\frac{4\,204.12}{7\,620.87}=0.552$$

$$\rho=\frac{W}{A}=\frac{\frac{lb^2}{6}}{bl}=\frac{b}{6}=\frac{4.3}{6}=0.717$$

$0.75\rho=0.537$

$0.75\rho<e_0<\rho$

答案(B)正确。

6.[**答案**](A)

[**解析**]据《公路桥涵地基与基础设计规范》(JTG D63—2007)计算如下

$$\sigma=\frac{N}{A}=\frac{9\,410}{4.3\times9.3}=235.3$$

$$\sum M=1\,420\times2.7-9\,410\times\left(\frac{4.3}{2}-2.1\right)=3\,363.5$$

$$\sigma_{\min}^{\max}=\frac{N}{A}\pm\frac{\sum M}{W}=235.3\pm\frac{3\,363.5}{(9.3\times4.3^2)/6}=\frac{352.66}{117.94}\ (\mathrm{kPa})$$

答案(A)正确。

7.[**答案**](B)

[**解析**]据《建筑地基基础设计规范》(GB 50007—2011)计算如下

$$\overline{E}_s=\frac{\sum A_i}{\frac{\sum A_i}{\sum E_{si}}}=\frac{0.225+0.219+0.015}{\frac{0.225}{3\,300}+\frac{0.219}{5\,500}+\frac{0.015}{7\,800}}=4\,175.6\ (\mathrm{kPa})$$

$P_0=f_{ak}=185, E_s\approx4.18$

$\frac{4.18-4}{7-4}=\frac{\psi_s-1.3}{1.0-1.3}$ 解得 $\psi_s=1.282$

$S=\psi_s S'=1.282\times81.4=104.35\ (\mathrm{mm})$

答案(B)正确。

8.[**答案**](C)

[**解析**]据《建筑地基基础设计规范》(GB 50007—2011)第5.2.4条计算如下

$e_0=0.70<0.85$，$I_1=0.60<0.85$，查表5.2.4得 $\eta_b=0.3$，$\eta_d=1.6$。

平均重度 γ_m

$$\gamma_m=\sum\gamma_i h_i/\sum h_i=\frac{0.8\times17+0.2\times18+1.0\times8}{0.8+0.2+1.0}=12.6\ [\text{kN}/(\text{F})]$$

$$f_a=f_{ak}+\eta_b\gamma(b-3)+\eta_d\gamma_m(d-0.5)$$
$$=280+0.3\times9\times(3.2-3)+1.6\times12.6\times(2-0.5)=310.78\ (\text{kPa})$$

答案(C)正确。

9.[**答案**]暂无

10.[**答案**](A)

[**解析**]据地基沉降计算及附加应力计算的相关知识计算如下。

土层界面处的附加应力系数为

$$\alpha_1P_0=P_{Z1}\Rightarrow\alpha_1=\frac{P_{Z1}}{P_0}=\frac{50}{60}=0.833$$

$$\alpha_2P_0=P_{Z2}\Rightarrow\alpha_2=\frac{P_{Z2}}{P_0}=\frac{30}{60}=0.5$$

加层后土层界面处的附加应力分别为

$$P_{Z1}'=\alpha_1P_0'=0.833\times100=83.3$$
$$P_{Z2}'=\alpha_2P_0'=0.5\times100=50$$

加层前地基最终变形量 S_1

$$S_1=\sum\frac{\Delta\overline{P}_i}{E_{si}}h_i=\frac{(50+60)/2}{5\ 000}\times5\ 000+\frac{(30+50)/2}{6\ 000}\times8\ 000=108.3\ (\text{mm})$$

在加层后附加压力作用下的地基最终沉降量 S_1(不考虑加层前的沉降)：

$$S_2=\sum\frac{\Delta\overline{P}_i}{E_{si}}h_i=\frac{(100+83.3)/2}{5\ 000}\times5\ 000+\frac{(83.3+50)/2}{6\ 000}\times8\ 000=180.5\ (\text{mm})$$

加层后的最终沉降量 S：

$$S=S_2-U_tS_1=180.5-0.8\times108.3=93.86\ (\text{mm})$$

答案(A)正确。

11.[**答案**](C)

[**解析**]据《建筑桩基技术规范》(JGJ 94—2008)第5.3.7条计算如下

闭口时，$\lambda_s=1$，$\lambda_p=1$

敞口时，$d_e=\dfrac{d_s}{\sqrt{n}}=\dfrac{800}{\sqrt{2}}=565.7\ (\text{mm})$

$$h_b/d_e=2\ 000/565.7=3.54$$

$$\lambda_p=0.16\frac{h_b}{d_e}=0.16\times3.54=0.566\ 4$$

敞口时钢管柱竖向极限承载力标准值 Q_{uk}

$$Q_{uk}=Q_{sk}+Q_{pk}=Q_{sk}+\lambda_pQ_{pk}=5\ 000+0.566\ 4\times2\ 000=6\ 132.8\ (\text{kPa})$$

答案(C)正确。

12.[**答案**](C)

[**解析**]据《建筑桩基技术规范》(JGJ 94—2008)计算如下

扩底后桩端的极限阻力 Q_{pk}

$$Q_{pk}=Q_{uk}-(Q_{sk}-\Delta Q_{sk})=30\ 000-(12\ 000-2\ 000)=20\ 000(kN)$$

设扩底直径为 D,则有

$$Q_{pk}=\psi_p q_{pk} A_p$$

$$20\ 000=\left(\frac{0.8}{D}\right)^{\frac{1}{3}}\times 3\ 000\times\frac{3.14D^2}{4}$$

解得 $D=3.774$ m。

答案(C)正确。

13. [**答案**](B)

[**解析**]据《建筑桩基技术规范》(JGJ 94—2008)第 5.8.4 条计算如下

$$l_0=10\ m,h=L-l_0=50-10=40\ (m)$$

$$\alpha h=0.25\times 40=10$$

桩顶固接,桩底支于非岩石土中,$\alpha h>4$,则有:

$$l_c=0.5\times\left(l_0+\frac{4.0}{\alpha}\right)=0.5\times\left(l_0+\frac{4.0}{0.25}\right)=13\ m$$

$$l_c/d=13/1=13$$

查表 5.8.4-2 得

$$\varphi=\frac{1}{2}(0.92+0.87)=0.895\approx 0.90$$

答案(B)正确。

14. [**答案**]暂无

15. [**答案**](C)

[**解析**]据《建筑桩基技术规范》(JGJ 94—2008)第 5.4.4 条计算如下

$$l_n/l_0=0.9,l_n=0.9l_0=0.9\times 10=9.0\ (m)$$

$0\sim1.5$ m,

$$\sigma_1{}'=P+\gamma'_1 Z_1=10+17.1\times\frac{1}{2}\times 1.5=22.825$$

$$q^n_{s1}=\xi_n\sigma_1{}'=0.2\times 22.825=4.565\ (kPa)$$

$1.5\sim9.0$ m,

$$\gamma_m=\sum\gamma'_i h_i/\sum h_i=(17.1\times 1.5+9.5\times 7.5)/(1.5+7.5)=10.77\ [kN/(F)]$$

$$Z_2=(1.5+9.0)/2=5.25\ (m)$$

$$\sigma_2{}'=P+\gamma_m{}'Z_2=10+10.77\times 5.25=66.542\ 5$$

$$q^n_{s2}=\xi_n\sigma_2{}'=0.2\times 66.542\ 5=13.309$$

$$Q^n_g=\eta_n\mu\sum q^n_{si}l_i=1\times 3.14\times 0.8\times(4.565\times 1.5+13.309\times 7.5)=267.94\ (kN)$$

答案(C)正确。

16. [**答案**](D)

[**解析**]据《建筑地基处理技术规范》(JGJ 79—2012)第 7.1.5 条计算如下

$$f_{spk}=\lambda m\frac{R_a}{A_p}+\beta(1-m)f_{sk}$$

$$m=\frac{f_{spk}-\beta f_{sk}}{\lambda R_a/A_p-\beta f_{sk}}=\frac{140-0.8\times 90}{\frac{1\times 340\times 4}{3.14\times 0.36^2}-0.8\times 90}=0.020\ 8$$

$$m=\frac{d^2}{d_e{}^2}$$

$$d_e=\frac{d}{\sqrt{m}}=\frac{0.36}{\sqrt{0.0208}}=2.496 \qquad d_e=1.13l \qquad l=\frac{d_e}{1.13}=2.209(\text{m})$$

答案(D)正确。

17.[**答案**](D)

[**解析**]据《建筑地基处理技术规范》(JGJ 79—2012)第7.1.5条计算如下

$$4.5+0.95+1.2+1.1+0.5=8.25\ (\text{m})$$

桩顶位于地表,桩端位于8.25 m处,R_a为

$$R_a=U_P\sum q_{si}l_i+\alpha_p q_p A_p=3.14\times0.36\times(26\times4.5+18\times0.95+28\times1.2+32\times1.1+38\times0.5)+1\times1\,300\times\frac{3.14}{4}\times0.36^2=383.09\ (\text{kN})$$

答案(D)正确。

18.[**答案**](A)

[**解析**]据《建筑地基处理技术规范》(JGJ 79—2012)第7.1.5条计算如下

$$f_{spk}=\lambda m\frac{R_0}{A_p}+\beta(1-m)f_{sk}$$

$$m=\frac{f_{spk}-\beta f_{sk}}{\lambda R_a/A_p-\beta f_{sk}}=\frac{210-100\times0.75}{1\times250\times4/(3.14\times0.5^2)-0.75\times100}=0.112\,6$$

答案(A)正确。

19.[**答案**](A)

[**解析**]据《建筑地基处理技术规范》(JGJ 79—2012)附录B进行计算。

施工图设计阶段复合地基承载力特征值应通过现场复合地基载荷试验确定。

从表中可看出,载荷试验的3条P-S曲线均为平缓的光滑曲线,对于粉土层中的振冲桩复合地基应取$s/d=0.01$时的压力为复合地基承载力特征值。

$$s/d=0.01$$

$$s=0.01d=0.01\times1.89=0.018\,9\ (\text{m})=18.9\ (\text{mm})$$

第一个测试点

由:$\frac{P_{k1}-250}{300-250}=\frac{18.9-18}{25.3-18}$,解得$P_{k1}=256.2\text{ kPa}>\frac{500}{2}=250\ (\text{kPa})$,取$P_{k1}=250\text{ kPa}$

第二个测试点

由:$\frac{P_{k2}-200}{250-200}=\frac{18.9-16.5}{21.5-16.5}$,解得$P_{k2}=224\text{ kPa}$

第三个测试点

由:$\frac{P_{k3}-150}{200-150}=\frac{18.9-15.5}{21-15.5}$解得,$P_{k3}=180.7\text{ kPa}$

$$P_{km}=\frac{1}{3}\times(256.2+224+180.9)=220.4\ (\text{kPa})$$

$$P_{k1}-P_{k3}=256.2-180.9=75.3\ (\text{kPa})>0.3P_{km}=66.12\text{ kPa}$$

不能取P_{km}作为承载力特征值。

从P-S曲线上可看出,尾部陡降段起点分别为450 kPa、500 kPa和450 kPa,分别取其前一级荷载为极限承载力,即$P_{u1}=400\text{ kPa}$,$P_{u2}=450\text{ kPa}$,$P_{u3}=400\text{ kPa}$,

$$P_{um}=\frac{1}{3}\times(400+450+400)=416.7\ (\text{kPa})$$

取$450-400=50<0.3P_{um}=0.3\times416.7=125\ (\text{kPa})$

取$\frac{1}{2}P_{um}=\frac{1}{2}\times416.7=208.35$ (kPa)

答案(A)正确。

20.[**答案**](B)

[**解析**]据土力学理论计算如下：

$U_{rzi}=1-(1-U_{ri})(1-U_{zi})$

$U_{rz1}=1-(1-0.17)\times(1-0.88)=0.90$

$U_{rz2}=1-(1-0.15)\times(1-0.79)=0.82$

$U_{rz3}=1-(1-0.11)\times(1-0.67)=0.71$

$U_{rz4}=1-(1-0.07)\times(1-0.46)=0.50$

据《港口工程地基规范》(JTS 147—1—2010)第8.3.8条

$\Delta P=40+30+20+20+10=120$ (kPa)，则有

$$U'_{rz}=\sum U_{rzi}\left(t-\frac{T_i^{\circ}+T_i^f}{2}\right)\frac{\Delta P_i}{\sum\Delta P_i}$$

$$=0.90\times\frac{40}{120}+0.82\times\frac{30}{120}+0.71\times\frac{20}{120}+0.50\times\frac{20}{120}=0.706$$

答案(B)正确。

21.[**答案**](C)

[**解析**]据《铁路工程特殊岩土勘察规程》(TB 10038—2012)第6.2.4条条文说明计算如下。

不考虑亚黏土层的作用下路堤的临界高度

$H_c=5.52C_u/\gamma=5.52\times8.5/18.6=2.52$ (m)

路堤极限高度H'_c为

$H'_c=H_c+0.5h=2.52+0.5\times2=3.52$ (m)

答案(C)正确。

22.[**答案**](C)

[**解析**]据《建筑基坑支护技术规程》(JGJ 120—2012)第3.4.2条计算如下(无地下水)。

基坑深6 m，计算点为7.0 m，则有

$$K_a=\tan^2\left(45°-\frac{\varphi}{2}\right)=\tan^2\left(45°-\frac{20}{2}\right)=0.49$$

$e_{ajk}=\sigma_{ajk}K_{ai}-2C_{ik}\sqrt{K_{ai}}=(18\times2+18\times5)\times0.49-0=61.74$ (kPa)

答案(C)正确。

23.[**答案**](C)

[**解析**](2013年新版规范已经删除该内容)参考《建筑边坡工程技术规范》(GB 50330—2002)第4.5.5条及其条文说明计算如下。

设边坡直立，取单位宽度坡体，破裂角为$\theta=45°+\frac{\varphi}{2}$，如下图所示，则有

边坡高度$AC=h$，不稳定块体宽度$AB=b$，破裂面长度$BC=c$。

$b=l\cos\theta$ $\qquad V=\frac{1}{2}bh=\frac{1}{2}hl\cos\theta$

$W=\frac{1}{2}\gamma hl\cos\theta$ $\qquad N=\frac{1}{2}\gamma hl\cos^2\theta$ $\qquad \sigma=\frac{N}{l}=\frac{1}{2}\gamma h\cos^2\theta$

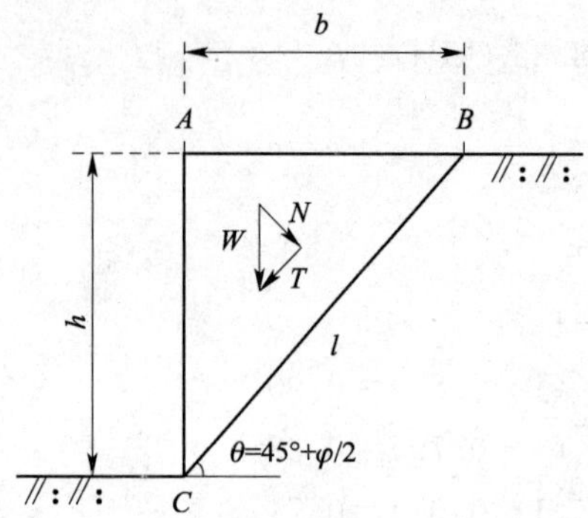

题 23 解图

设等效内摩擦角为 φ_d，则有

$$\tau=\sigma\tan\varphi+C=\sigma\tan\varphi_d \quad \Rightarrow$$

$$\tan\varphi_d=\tan\varphi+\frac{C}{\sigma}=\tan\varphi+\frac{2C}{\gamma h\cos^2\theta}=\tan35^\circ+\frac{2\times16}{25\times10\times\cos^2(45^\circ+35^\circ/2)}=1.3$$

$$\varphi_d=52.43^\circ$$

答案(C)最接近。

该题如直接利用规范条文说明中的公式 $\varphi_d=\mathrm{arccot}(\tan\varphi+\frac{2C}{\gamma h\cos\theta})$ 有误。

24.［**答案**］(C)

［**解析**］据《建筑边坡工程技术规范》(GB 50330—2013)第 5.2.4 条计算如下

当 $\theta=24^\circ$ 时

$$A_1=\frac{H}{\sin\theta_1}=\frac{10}{\sin24^\circ}=24.6$$

$$V_1=\frac{\frac{1}{2}H^2}{\tan\theta_1}-\frac{1}{2}H^2=\frac{1}{2}\times\frac{10^2}{\tan24^\circ}-\frac{1}{2}\times10^2=62.3$$

$$K_{s1}=\frac{\gamma V\cos\theta\tan\varphi+AC}{\gamma V\sin\theta}=\frac{20\times62.3\times\cos24^\circ\times\tan25^\circ+24.6\times10}{20\times62.3\times\sin24^\circ}=1.53$$

当 $\theta=28^\circ$ 时

$$A_2=\frac{10}{\sin28^\circ}=21.3, V_2=\frac{1}{2}\times\frac{10^2}{\tan28^\circ}-50=44.0$$

$$K_2=\frac{20\times44\times\cos28^\circ\times\tan25^\circ+21.3\times10}{20\times44\times\sin28^\circ}=1.39$$

当 $\theta=32^\circ$ 时

$$A_3=\frac{10}{\sin32^\circ}=18.9, V_3=\frac{\frac{1}{2}\times10^2}{\tan32^\circ}-50=30.0$$

$$K_3=\frac{20\times30\times\cos32^\circ\times\tan25^\circ+18.9\times10}{20\times30\times\sin32^\circ}=1.34$$

当 $\theta=36^\circ$ 时

$$A_4=\frac{10}{\sin36^\circ}=17.0, V_4=\frac{1}{2}\times\frac{10^2}{\tan36^\circ}-50=18.8$$

$$K_4=\frac{20\times18.8\times\cos36^\circ\times\tan25^\circ+17\times10}{20\times18.8\times\sin36^\circ}=1.41$$

答案(C)正确。

25.[**答案**](A)

[**解析**]据《建筑基坑支护技术规程》(JGJ 120—2012)计算如下。

坑底水平荷载 e_{ajk}

$$e_{ajk}=\sigma_{ajk}K_{ai}-2C_{ik}\sqrt{K_{ai}}=18\times10\times\tan^2\left(45^\circ-\frac{25^\circ}{2}\right)-2\times10\times\tan\left(45^\circ-\frac{\varphi}{2}\right)=60.3$$

土压力为零的点距地表的距离 h_0

$$0=\gamma h_0K_a-2c\sqrt{K_a}$$

$$h_0=\frac{2c}{\gamma\sqrt{K_a}}=\frac{2\times10}{18\times\tan(45^\circ-25^\circ/2)}=1.744\ (\text{m})$$

$$E_a=\frac{1}{2}e_a(H-h_0)=\frac{1}{2}\times60.3\times(10-1.744)=248.9\ (\text{kN})$$

答案(A)正确。

26.[**答案**]暂无

27.[**答案**](D)

[**解析**]据《建筑边坡工程技术规范》(GB 50330—2013)第10.2.4条计算如下

$$F_t=\frac{Gx_0+E_{az}x_f}{E_{ax}z_f}=\frac{156\times0.8+18\times1.2}{35\times2.4}=1.74$$

答案(D)正确。

28.[**答案**](B)

[**解析**]据《铁路路基设计手册》计算如下

$\psi=40^\circ+20^\circ-9^\circ=51^\circ$

$$\begin{aligned}\tan\theta&=-\tan\psi+[(\tan\psi+\cot\varphi)(\tan\psi+\tan\alpha)]^{\frac{1}{2}}\\&=-\tan51^\circ+[(\tan51^\circ+\cot40^\circ)\times(\tan51^\circ+\tan9^\circ)]^{\frac{1}{2}}\\&=0.604\end{aligned}$$

$\theta=\arctan0.604=31.13^\circ$,接近于$31^\circ08'$。

答案(B)正确。

29.[**答案**](D)

[**解析**]据《湿陷性黄土地区建筑规范》(GB 50025—2004)计算如下。

11 m以下的剩余湿陷量 $\Delta_{s(11)}$

$$\begin{aligned}\Delta_{s(11)}&=\sum\beta\delta_{si}h_i\\&=1.0\times0.042\times1\,000+1.2\times0.040\times1\,000+1.2\times0.050\times1\,000+\\&\quad1.2\times0.016\times1\,000=169.2\ (\text{mm})\end{aligned}$$

10 m以下的剩余湿陷量 $\Delta_{s(10)}$

$$\Delta_{s(10)}=\sum\beta\delta_{si}h_i=1.0\times0.043\times1\,000+169.2=212.2>200\ (\text{mm})$$

处理深度为8 m时不满足,为9 m时满足。

答案(D)正确。

30.[**答案**](C)

[**解析**]$\beta=\frac{1}{F}\left(45^\circ+\frac{\varphi}{2}\right)=\frac{1}{1.25}\times\left(45^\circ+\frac{60^\circ}{2}\right)=60^\circ$

$$L=H_2\cot\beta=6\times\cot60^\circ=3.46$$

$$L_1=L+H_1=3.46+2=5.46\ (\mathrm{m})$$

答案(C)正确。

31.[**答案**](B)

[**解析**]据《铁路工程地质手册》相关内容计算如下。

用降水入渗法计算

$$Q=2.74\alpha WA=2.74\times0.4\times\frac{1\ 800\times10^{-3}}{365}\times10\times10^{6}=54\ 049.3\ (\mathrm{m^3/d})$$

用地下径流模数法计算

$$Q=MA=\frac{Q'}{F}A=\frac{50\times10^{4}}{100}\times10=5\times10^{4}\,(\mathrm{m^3/d})$$

答案(B)正确。

32.[**答案**](D)

[**解析**]据《铁路工程地质手册》相关内容计算如下

泥石流流体密度

$$\rho_c=(1-0.8)\times1+0.8\times2.7=2.36\ (10^3\,\mathrm{kg/m^3})$$

$$Q_c=Q(1+\frac{\rho_c-1}{\rho-\rho_c})m=100\times\left(1+\frac{2.36-1}{2.7-2.36}\right)\times2=1\ 000\ (\mathrm{m^3/s})$$

答案(D)正确。

33.[**答案**](B)

[**解析**]据《建筑抗震设计规范》(GB 50011—2010)计算如下

$$V_{s4}/V_{s3}=460/180=2.55$$

取覆盖层厚度为16 m,

$$V_{se}=d_0/t=\frac{16}{\frac{5}{120}+\frac{5}{90}+\frac{6}{180}}=122.5\ (\mathrm{m/s})$$

场地类别为Ⅲ类。

查表5.1.4-2,$T_g=0.45$ s

$0.1<T=0.4\ \mathrm{s}<T_g$

$\alpha=\eta_2\alpha_{\max}$

查规范表5.1.4-1得,$\alpha_{\max}=0.16$

阻尼比为0.05,$\eta_2=1.0$

$\alpha=\alpha_{\max}=0.16$

答案(B)正确。

34.[**答案**](D)

[**解析**]据《建筑地基基础设计规范》(GB 50007—2011)第5.2.4条修正承载力特征值

$$\eta_b=3,\eta_d=4.4$$

$$f_a=f_{ak}+\eta_b\gamma(b-3)+\eta_d\gamma_m(d-0.5)=300+3\times9\times(6-3)+4.4\times19\times(6-0.5)$$
$$=840.8\ (\mathrm{kPa})$$

据《建筑抗震设计规范》(GB 50011—2010)计算调整后的地基抗震承载力f_{aE}:

查表4.2.3得$\xi_a=1.3$

$$f_{aE}=\xi_a f_a=1.3\times840.8=1\ 093.04\ (\mathrm{kPa})$$

答案(D)正确。

35.[**答案**](B)

[**解析**]据《建筑抗震设计规范》(GB 50011—2001)计算如下：

据第4.3.3条、第4.3.4条：第2层和第4层可判为不液化，$N_0=7$，判别深度为15 m。

$$N_{cr}=N_0\beta[\ln(0.6d_s+1.5)-0.1d_s]\sqrt{3/\rho_c}$$

4.0 m处：$N_{cr}=7\times0.8\times[\ln(0.6\times4+1.5)-0.1\times1.0]\times\sqrt{\frac{3}{3}}=7.1$

5.5 m处：$N_{cr}=7\times0.8\times[\ln(0.6\times5.5+1.5)-0.1\times1.0]\times\sqrt{\frac{3}{3}}=8.2$

液化点为4.0 m和5.5 m两点，土层及其权函数关系如下图所示。

4.0 m标准贯入点代表的土层范围为自3.0 m至$\frac{1}{2}\times(4+5.5)=4.75$ (m)，5.5 m标准贯入代表的深度为自4.75 m至6.0 m，据第4.3.5条液化指数I_{LE}为

$$\begin{aligned}I_{LE}&=\sum\left(1-\frac{N_i}{N_{cri}}\right)d_iw_i\\&=\left(1-\frac{5}{7.1}\right)\times1.75\times10+\left(1-\frac{7}{8.2}\right)\times0.25\times10+\left(1-\frac{7}{8.2}\right)\times1\times9.67\\&=6.96\end{aligned}$$

[**答案**](B)正确。

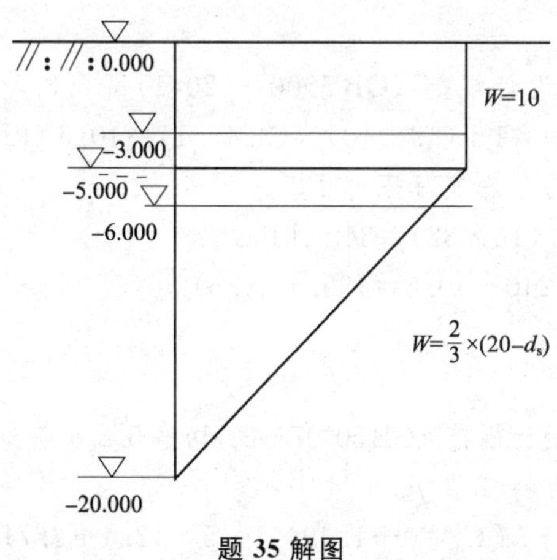

题35解图

专业案例(下午卷)答案

1.[**答案**](A)

[**解析**]据《工程岩体分级标准》(GB 50218—2014)第3.3.1条计算如下

$$R_c=22.82I_{s(50)}^{0.75}=22.82\times2.8^{0.75}=49.39\ (\text{MPa})$$

答案(A)正确。

2.[**答案**](B)

[**解析**]据《土工试验方法标准》(GB/T 50123—1999)第4.1.12条和第4.1.14条计算如下。

从图中可看出，前期固结压力约为250 kPa，取尾部直线段中任意两点计算压缩指数C_c：

$$C_c=\frac{0.757-0.599}{\lg 3\,200-\lg 800}=0.262\,4$$

答案(B)正确。

3. [**答案**](C)

[**解析**]据《湿陷性黄土地区建筑规范》(GB 50025—2004)计算如下

取湿陷系数 $\delta_s=0.015$ 时的压力为湿陷起始压力 P_{sh}

$$\delta_s=\frac{h_p-h_p'}{h_0}$$

$$h_p-h_p'=h_0\delta_s=20\times0.015=0.3\ (\text{mm})$$

$P=100$ kPa时,$h_p-h_p'=19.55-19.28=0.27$

$P=150$ kPa时,$h_p-h_p'=19.28-18.75=0.33$

$$\frac{P_{sh}-100}{150-100}=\frac{0.30-0.27}{0.33-0.27},P_{sh}=125(\text{kPa})$$

答案(C)正确。

4. [**答案**](A)

[**解析**]据题意换算基坑底面高程为

$$H=5.6-0.3-4.0-1.0-0.1=0.2\ (\text{m})$$

答案(A)正确。

5. [**答案**](C)

[**解析**]据《建筑地基基础设计规范》(GB 50007—2011)第 5.3.5 条计算如下。

自重应力 $P_c=\sum\gamma_i h_i=19\times1+(19-10)\times(3.4-1)=40.6\ (\text{kPa})$

荷载效应准永久组合时的基底实际压力 P_K

$$P_k=P/A=122\,880/(16\times32)=240\ (\text{kPa})$$

附加压力 $P_0=P_k-P_c=240-40.6=199.4\ (\text{kPa})$

答案(C)正确。

6. [**答案**](A)

[**解析**]据《建筑地基基础设计规范》(GB 50007—2011)第 5.2.5 条和第 5.2.7 条计算如下。

软弱下卧层顶面处承载力特征值 f_{az}

$$f_{az}=M_b\gamma b+M_d\gamma_m d+M_cC_k=0+1.39\times10.5\times12.4+3.71\times30=292.3\ (\text{kPa})$$

基础底面以上土的自重应力 P_c

$$P_c=r_m d=13.3\times4.4=58.52\ (\text{kPa})$$

基础底面的接触压力 P_k:

$$P_k=N/A=153\,600/(16\times32)=300\ (\text{kPa})$$

$$Z=12.4-4.4=8.0(\text{m})$$

$$P_Z=\frac{lb(P_k-P_c)}{(b+2z\tan\theta)(l+2z\tan\theta)}=\frac{16\times32\times(300-58.52)}{(16+2\times8\times\tan23^\circ)\times(32+2\times8\times\tan23^\circ)}$$

$$=139.9\ (\text{kPa})$$

软弱下卧层顶面处的自重应力 P_{cz}

$$P_{cz}=\gamma_m h_i=10.5\times12.4=130.2\ (\text{kPa})$$

$$P_z+P_{cz}=139.9+130.2=270.1\ (\text{kPa})<f_{az}$$

答案(A)正确。

7. [**答案**](D)

[**解析**]据《建筑地基基础设计规范》(GB 50007—2011)第5.2.5条计算如下

$\varphi_k=18°$,查表5.2.5得,$M_b=0.43$,$M_d=2.72$,$M_c=5.31$,承载力特征值为

$$f_a=M_b\gamma b+M_d\gamma_m d+M_c C_k=0.43\times0.9\times6+2.72\times13.3\times4.4+5.31\times30=341.69\ (\text{kPa})$$

答案(D)正确。

8.[**答案**](B)

[**解析**]据《建筑地基基础设计规范》(GB 50007—2011)中相关内容计算如下

$$d=3.5-2.0=1.5(\text{m})$$

下卧层承载力 f_{az}

$$f_{az}=f_{ak}+\eta_b\gamma(b-3)+\eta_d\gamma_m(d-0.5)$$
$$=105+0+1\times\frac{1.5\times18+8\times(3.5-1.3-1.5)}{3.5-1.3}\times(3.5-2-0.5)=120.2\ (\text{kPa})$$

由于 $z=2.0-1.3=0.7\ (\text{m})$,$z/b=0.7/3=0.23<0.25$

取 $\theta=0$,承载力由下卧层控制

$$P_z=P_k-P_c=400/3-1.5\times18=106.3\ (\text{kPa})$$
$$P_{cz}=1.5\times18+0.7\times8=32.6\ (\text{kPa})$$
$$P_z+P_{cz}=106.3+32.6=138.9\ (\text{kPa})>f_{az}$$

(A)不正确。

如果 $b=4.0$ m,计算如下

$$P_z=P_k-P_c=400/4-1.5\times18=73\ (\text{kPa})$$
$$P_z+P_{cz}=73+32.6=105.6\ (\text{kPa})<f_{az}=120.2$$

下卧层承载力满足要求。

(B)正确。

由于 $e=\frac{\sum M}{\sum N}=\frac{150}{400}=0.375\ (\text{m})$

$$0.033b=0.033\times3=0.099\ (\text{m})$$

该地基承载力特征值不宜采用式(5.2.5)计算。

(C)不正确。

156.3 kPa不是净反力,(D)不正确。

答案(B)正确。

9.[**答案**]暂无

10.[**答案**](C)

[**解析**]据《建筑桩基技术规范》(JGJ 94—2008)第5.6.8条计算如下

$$\lambda_x=a_x/h_0=1/1.2=0.833$$
$$0.25<\lambda_x<3$$
$$\alpha=\frac{1.75}{\lambda+1}=\frac{1.75}{0.833+1}=0.955$$
$$\beta_{sh}=\left(\frac{800}{h_0}\right)^{1/4}=\left(\frac{800}{1\,200}\right)^{1/4}=0.903\,6\ (\text{kN})$$
$$\beta_{hp}\alpha f_t b_0 h_0=0.903\,6\times0.955\times16\,700\times1.2\times3.2=55\,338.5\ (\text{kN})$$

答案(C)正确。

11.[**答案**](B)

[**解析**]据《建筑桩基技术规范》(JGJ 94—2008)第 5.5.6 条至第 5.5.11 条计算如下(见下表)。

题 11 解表

层序	土名	层底深度	Z	$2Z/B_c$	L/B	$\bar{\alpha}_i$	$4(z_i\bar{\alpha}_i-z_i-\bar{\alpha}_{i1})$	E_{si}
0		12.5						
1	中砂	15	2.5	1.32	1	0.208 5	2.085	16 000
2	粉土	17.5	5.0	2.63	1	0.149 3	0.901	11 000

桩基中心点的计算沉降量 S'

$$S'=4P_0\sum\frac{z_i\alpha_i-z_{i-1}\alpha_{i-1}}{E_{si}}=173\times\left(\frac{2.085}{16\ 000}+\frac{0.901}{11\ 000}\right)=0.036\ 7\ (\text{m})$$

非软土地区 $\Psi=1.0$

$$S=\Psi\Psi_e S'=1.0\times0.229\times0.036\ 7\times10^3=8.4\ (\text{mm})$$

答案(B)正确。

12. [**答案**](C)

[**解析**]据《建筑桩基技术规范》(JGJ 94—2008)第 5.3.3 条计算如下

$8d=0.35\times8=2.8\ (\text{m}),P_{sk1}=4.5\ \text{MPa}$

$P_{sk2}=4.5\ \text{MPa},\beta=1.0$ 则

$$P_{sk}=\frac{1}{2}(\rho_{sk1}+\beta\rho_{sk2})=\frac{1}{2}\times(4.5+1\times4.5)=4.5\ (\text{MPa})$$

$q_{s2k}=15\ \text{kPa}(h<6\ \text{m})$

$q_{s3k}=0.05P_{s3}=0.05\times1.0\times10^3=50\ (\text{kPa})$

$q_{s4k}=0.02P_{s4}=0.02\times4.5\times10^3=90\ (\text{kPa})$

桩端阻力修正系数 α

$$\frac{\alpha-0.75}{0.9-0.75}=\frac{16-15}{30-15}$$

$\alpha=0.76$

$$Q_{uk}=u\sum q_{sik}l_i+\alpha P_{sk}A_p$$
$$=0.35\times4\times(15\times4+50\times8+90\times4)+0.76\times4.5\times10^3\times0.35\times0.35$$
$$=1\ 566.95\ (\text{kN})$$

答案(C)正确。

13. [**答案**](B)

[**解析**]据《建筑桩基技术规范》(JGJ 94—2008)第 5.7.5 条和 5.7.2 条计算如下

$b_0=0.9(d+1)=0.9\times(2+1)=2.7\ (\text{m})$

$$\alpha=\sqrt[5]{\frac{mb_0}{EI}}=\sqrt[5]{\frac{25\times10^3\times2.7}{2.149\times10^7}}=0.315\ 8$$

$\alpha h=0.315\ 8\times25=7.9>4.0$

查得:$\nu_x=2.441$

$$R_h=\frac{0.75\alpha^3EI}{\nu_x}x_{0a}=\frac{0.75\times0.315\ 8^3\times2.149\times10^7}{2.441}\times0.005=1\ 039.8\ (\text{kN})$$

答案(B)正确。

14. [**答案**](B)

[**解析**]据《建筑桩基技术规范》(JGJ 94—2008)第 5.2.17 条、第 5.2.18 条计算如下。

单桩或群桩呈非整体破坏时

$$T_{uk}=\sum\lambda_i q_{sik}u_i l_i=0.7\times40\times4\times0.3\times10+0.6\times60\times4\times0.3\times2=422.4\ (\text{kN})$$

$$G_p=0.3\times0.3\times12\times(25-10)=16.2\ (\text{kN})$$

$$N_k\leqslant T_{uk}/2+G_p$$

$$330>422.4/2+16.2=227.4$$

不成立。单桩不满足要求。

群桩破坏时

$$T_{gk}=\frac{1}{n}u_i\sum\lambda_i q_{sik}l_i=\frac{1}{196}\times120\times(0.7\times40\times10+0.6\times60\times2)=215.5\ (\text{kN})$$

$$G_{gp}=\frac{100\times10^3}{196}=510.2\ (\text{kN})$$

$$N_k\leqslant T_{gk}/2+G_{gp}$$

$$330<215.5/2+510.2=618$$

成立。群桩满足要求。

群桩呈整体破坏时满足抗拔要求。

答案(B)正确。

15. [**答案**](D)

[**解析**]据《建筑地基处理技术规范》(JGJ 79—2012)第 7.5.2 条计算如下

$$s=0.95d\sqrt{\frac{\overline{\eta}_c\rho_{dmax}}{\overline{\eta}_c\rho_{dmax}-\overline{\rho}_d}}=0.95\times0.4\times\sqrt{\frac{0.90\times1.75}{0.90\times1.75-1.35}}=1.005\ (\text{m})$$

$$d_e=1.05s=1.05\times1.005=1.055\ (\text{m})$$

$$A_e=\frac{\pi}{4}d_e{}^2=\frac{3.14}{4}\times1.055^2=0.874\ (\text{m}^2)$$

土层厚度为 4.0 m,处理范围每边宜超出基础底面不小于 2.0 m,处理面积 A 为

$$A=(b+2\times2)\times(l+2\times2)=(15+2\times2)\times(45+2\times2)=931\ (\text{m})$$

$$n=A/A_e=931/0.874=1\,065.2\ (\text{根})$$

答案(D)正确。

16. [**答案**](B)

[**解析**]据土力学理论计算:

$$u_z=1-\frac{8}{\pi^2}e^{-\frac{\pi}{4}\cdot\frac{C_v}{H^2}t}$$

$$C_v=\frac{K_v(1+e)}{ar_w}=\frac{5.8\times10^{-7}\times(1+1.6)}{0.8\times10^{-3}\times10\times10^{-2}}=0.018\,85\ (\text{cm}^2/\text{s})$$

$$\alpha=\frac{8}{3.14^2}=0.811$$

$$\beta=\frac{\pi^2C_v}{4H^2}=\frac{3.14^2\times0.018\,85}{4\times500^2}=1.858\,5\times10^{-7}$$

$$U_t=1-\alpha e^{-\beta t}$$

$$t=\frac{1}{\beta}\ln\left(\frac{1-U_t}{\alpha}\right)=\frac{1}{1.858\,5\times10^{-7}}\times\ln\left(\frac{1-0.8}{0.811}\right)=7\,532\,691\ (\text{s})$$

$$t=87.18\ \text{d}$$

答案(B)正确。

17.[**答案**]暂无

18.[**答案**](A)

[**解析**]据《工程地质手册》(第四版)第368页计算:

正常固结土,$P_c=P_0$

$$S_c=\sum\frac{\Delta h_i}{1+e_i}C_{ci}\lg\left(\frac{P_{0i}+\Delta P_i}{P_{ci}}\right)=\frac{H}{1+e_0}C_c\lg\left(\frac{P_0+\Delta P}{P_0}\right)$$

$$=\frac{8}{1+1.6}\times0.55\times\lg\left(\frac{\frac{1}{2}\times7.0\times8+19\times0.8+80}{\frac{1}{2}\times7.0\times8}\right)=1.089\ (\text{m})$$

答案(A)正确。

19.[**答案**](B)

[**解析**]据土力学理论及《建筑地基处理技术规范》(JGJ 79—2012)第5.2.7条计算:

$$d_e=1.05S=1.05\times2.5=2.625$$

$$n=d_e/d_w=2.625/0.4=6.5625$$

$$F_{(n)}=\frac{n^2}{n^2-1}\ln n-\frac{3n^2-1}{4n^2}=\frac{6.5625^2}{6.5625^2-1}\times\ln6.5625-\frac{3\times6.5625^2-1}{4\times6.525^2}=1.182$$

$$U_r=1-e^{-\frac{8C_h}{F_{(n)}d_e{}^2}t}$$

$$t=\frac{-F_{(n)}d_e{}^2}{8C_h}\ln(1-U_r)=\frac{-1.182\times262.5^2}{8\times1.5\times10^{-3}}\times\ln(1-0.8)$$

$$=10\,923\,682.6\ (\text{s})=126.43\ (\text{d})$$

答案(B)正确。

20.[**答案**](B)

[**解析**]据公式$i\leqslant\frac{\gamma-\gamma_w}{\gamma_w}\frac{1}{K}$确定帷幕深度。

式中,i为渗透水力坡度;γ为土体重度;γ_w为水的重度;K为安全系数。

$$i=\frac{\Delta h_w}{l}=\frac{8}{2h-8}\leqslant\frac{18-10}{10\times2}$$

$$h\geqslant14\ \text{m}$$

答案(B)正确。

21.[**答案**](C)

[**解析**]据《建筑基坑支护技术规程》(JGJ 120—2012)附录E第E.0.1条计算如下

$$\gamma_0=\sqrt{A/\pi}=\sqrt{50\times80/3.14}=35.7\ (\text{m})$$

据式E.0.1计算基坑漏水量Q

$$Q=\pi K\frac{(2H-S_d)S_d}{\ln(1+R/r_0)}=3.14\times8\times\frac{(2\times20-4)\times4}{\ln(1+100/35.7)}=2\,709.6\ (\text{m}^3/\text{d})$$

答案(C)正确。

22.[**答案**](A)

[**解析**]据《建筑地基基础设计规范》(GB 50007—2011)附录V计算如下

$$K_D=\frac{N_c\tau_0+\gamma t}{\gamma(h+t)+q}=\frac{5.14\times10+18\times5}{18\times(5+5)+20}=0.707$$

答案(A)正确。

23.[**答案**](C)

[**解析**]据土力学基本理论计算如下

$$e=0.2<\frac{B}{6}=1.45/6=0.24$$

$$\sigma_1=\frac{\sum N}{B}\left(1+\frac{6e}{B}\right)=\frac{180+12}{1.45}\times\left(1+\frac{6\times0.2}{1.45}\right)=242\ (\mathrm{kPa})$$

$$\sigma_1/[\sigma]=242/290=0.834$$

$$\sigma_1=0.834[\sigma]$$

答案(C)正确。

24.[**答案**](C)

[**解析**]据题意计算如下

$$G=\gamma abH=25\times0.5\times0.2\times5=12.5$$

$$\sum N=3R_a\sin(\beta-\alpha)=3\times150\times\sin(10°-5°)=39.22$$

$$\sigma=\frac{\sum N\cos\alpha+G}{ab}=\frac{39.22\times\cos5°+25\times0.5\times0.2\times5}{0.5\times0.2}=515.7$$

答案(C)正确。

25.[**答案**](A)

[**解析**]据《水利水电工程地质勘察技术规范》(GB 50487—2008)附录 N 计算如下

$$B+C=30+15=45>5$$

由 $A=25$ 可知 $R_b=80$ MPa

无其他加分或减分因素,则 T 为

$$T=A+B+C+D+E=25+30+15-2-5=63$$

由 $T=63$ 判断其围岩类别为Ⅲ类,由 $S<2$ 判断应把围岩类别降低一级,应为Ⅳ类。

答案(A)正确。

26.[**答案**](A)

[**解析**]据《构造地质学》教科书及题意进行岩层视倾角换算,如下图所示。

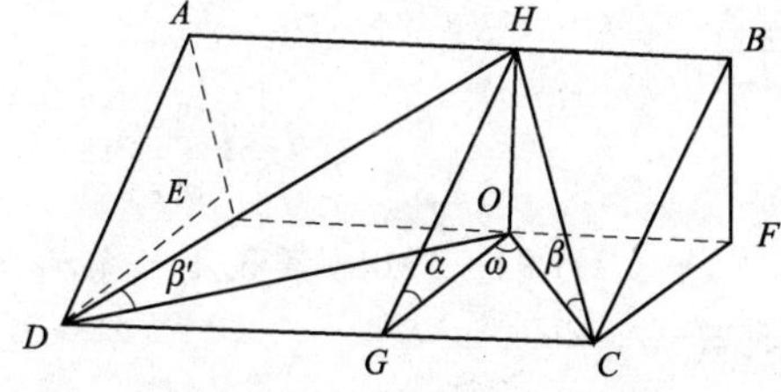

题 26 解图

$\tan\beta=\tan\alpha\cos\theta$,$\beta$ 为剖面上岩层的视倾角,α 为岩层的真倾角,θ 为岩层倾向与剖面走向的夹角($90°-17°-12°=61°$),则

$$\tan\beta=\tan43°\times\cos61°=0.452$$

解得 $\beta=24.3°$

答案(A)正确。

27.[**答案**](B)

[**解析**]$A_0=\frac{1}{2}H(H+2h_0)=\frac{1}{2}\times6\times(6+2\times3)=36.0$

$$B_0=A_0\tan\alpha=36.0\times\tan9°=5.7$$

$\Psi=40°+20°-9°=51°$

$$E=\gamma(A_0\tan\theta-B_0)\frac{\cos(\theta+\varphi)}{\sin(\theta+\Psi)}=18\times(36.0\times\tan31°08'-5.7)\times\frac{\cos(31°08'+40°)}{\sin(31°08'+51°)}$$

$$=94.3\ (\mathrm{kN/m})$$

$$E_x=E\cos(\delta-\alpha)=94.3\times\cos(20°-9°)=92.6\ (\mathrm{kN/m})$$

答案(B)正确。

28.[**答案**](C)

[**解析**]据《膨胀土地区建筑技术规范》(GB 50112—2013)第 5.2.14 条计算如下

$$S=\Psi\sum(\delta_{epi}+\lambda_{si}\Delta W_i)h_i$$

$$=0.7\times[(0.0084+0.28\times0.0273)\times0.64+(0.0223+0.48\times0.0211)\times 0.86+(0.0249+0.35\times0.014)\times1.0]$$

$$=0.0476\ (\mathrm{m})$$

$$=47.6\ (\mathrm{mm})$$

答案(C)正确。

29.[**答案**](B)

[**解析**]据《铁路工程特殊岩土勘察规程》(TB 10038—2012)第 8.5.5 条及附录 C 及物理性质指标换算公式计算如下

$$\delta_0=\frac{\Delta h}{h}\times100\%=\frac{e_1-e_2}{1+e_1}\times100\%$$

假设融化前后重度不变，则融化前的孔隙比 e_1 为

$$e_1=\frac{G_s(1+w_1)}{\rho}-1=\frac{2.7\times(1+0.4)}{2.0}-1=0.890$$

冻土起始融沉时的孔隙比 e_2 为

$$e_2=\frac{G_s(1+w_2)}{\rho}-1=\frac{2.7\times(1+0.21)}{2}-1=0.6335$$

$$\delta_0=\frac{0.89-0.6335}{1+0.89}\times100\%=13.57\%$$

融沉级别为Ⅳ级强融沉冻土。

答案(B)正确。

30.[**答案**](B)

[**解析**]据《建筑桩基技术规范》(JGJ 94—2008)第 5.4.2 条～第 5.4.4 条计算如下，黄土重度按饱和度为 85%时计算。

干密度 ρ_d 为 $\rho_d=\dfrac{\rho}{1+w}=\dfrac{15.5}{1+0.125}=13.78$

$S_r=85$ 时的重度 ρ' 为

$$\rho'=\frac{eS_r\rho_w}{1+e}+\rho_d=\frac{1.06\times0.85\times10}{1+1.06}+13.78=18.15$$

$$\sigma'_i=\gamma_iZ_i=18.15\times4.5=81.7,\ q_{si}^{n}=\xi_n\sigma'_i=0.2\times81.7=16.34\ (\mathrm{kPa})$$

答案(B)正确。

31.[**答案**](D)

[**解析**]据题意及梅纳公式计算如下

$$H\approx\alpha\sqrt{\frac{MH}{10}}=0.5\times\sqrt{\frac{10\times10\times10}{10}}=5\ (\mathrm{m})$$

答案(D)正确。

32.[**答案**](D)

[**解析**]据《建筑地基基础设计规范》(GB 50007—2011)第6.4.3条

$\Psi_i=\cos(\alpha_i-\alpha_{i+1})-\sin(\alpha_i-\alpha_{i+1})\tan\varphi_{i+1}=\cos(35°-20°)-\sin(35°-20°)\times\tan18°$
$=0.882$

$F_i=\Psi_{i-1}F_{i-1}+\gamma_t G_i\sin\alpha_i-G_i\cos\alpha_i\tan\varphi_i-c_i l_i$

$F_6=0.882\times380+1.15\times420\times\sin20°-420\times\cos20°\times\tan18°-11.3\times12$
$=236.5\ (\text{kN/m})$

$F_{6H}=F_6\cos\alpha_6=236.5\times\cos20°=222.2\ (\text{kN/m})$

答案(D)正确。

33.[**答案**](B)

[**解析**]据《建筑抗震设计规范》(GB 50011—2010)第4.1.5条计算如下。

覆盖层厚度A、B均为12.0 m,等效剪切波速为

$$V_{\text{seA}}=\frac{d_0}{\sum(d_i/V_{si})}=\frac{12}{(9/180)+(3/300)}=200\ (\text{m/s})$$

$$V_{\text{seB}}=\frac{12}{(3/150)+(9/225)}=200\ (\text{m/s})$$

$V_{\text{seA}}=V_{\text{seB}}=200\ \text{m/s}$

A、B均为Ⅱ类场地。设计地震分组相同时,二者特征周期相同。

答案(B)正确。

34.[**答案**](D)

[**解析**]据《建筑抗震设计规范》(GB 50011—2001)第4.3.3条、第4.3.4条、第4.3.5条计算如下。

判别深度为15 m,粉土层$\rho_c=13.5$,可初判为不液化,其他5点的临界击数为

$N_{\text{cr}}=N_0\beta[\ln(0.6d_s+1.5)-0.1d_w]\sqrt{3/\rho_c}$

$N_0=12,\beta=0.8$

$d_s=3.0$ m时:$N_{\text{cr}}=12\times0.8\times[\ln(0.6\times3.0+1.5)-0.1\times2]\times\sqrt{3/3}=9.5$

$d_s=5.0$ m时:$N_{\text{cr}}=12\times0.8\times[\ln(0.6\times5.0+1.5)-0.1\times2]\times\sqrt{3/3}=12.5$

$d_s=7.0$ m时:$N_{\text{cr}}=12\times0.8\times[\ln(0.6\times7.0+1.5)-0.1\times2]\times\sqrt{3/3}=14.8$

$d_s=13.0$ m时:$N_{\text{cr}}=12\times0.8\times[\ln(0.6\times13.0+1.5)-0.1\times2]\times\sqrt{3/3}=19.5$

$d_s=15.0$ m时:$N_{\text{cr}}=12\times0.8\times[\ln(0.6\times15.0+1.5)-0.1\times2]\times\sqrt{3/3}=20.7$

$d_s=3.0$ m时不液化,其余4点为液化点。

各测试点代表的土层权函数如下图所示。

$d_s=5$ m处土层权函数不同,从5.0 m分上、下两层计算

$$I_{\text{LE}}=\sum\left(1-\frac{N_i}{N_{\text{cr}i}}\right)d_iw_i$$
$$=\left(1-\frac{11}{12.5}\right)\times1\times10+\left(1-\frac{11}{12.5}\right)\times1\times9.67+\left(1-\frac{13}{14.8}\right)\times2\times8.67+$$
$$\left(1-\frac{13}{19.5}\right)\times2\times4.67+\left(1-\frac{15}{20.7}\right)\times1\times3.67$$
$$=8.6$$

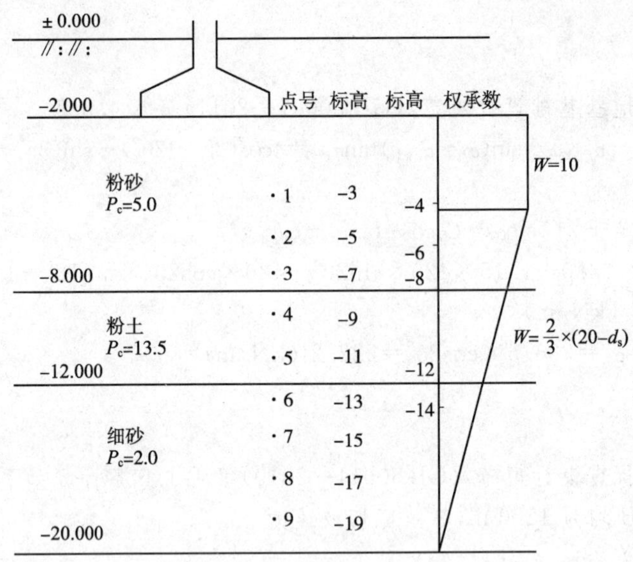

题 34 解图

场地为中等液化场地。

答案(D)正确。

35. [**答案**](B)

[**解析**]据《建筑抗震设计规范》(GB 50011—2010)第 4.1.5 条计算如下。

场地覆盖层厚度为 11 m,等效剪切波速为

$$\upsilon_{se}=\frac{d_0}{\sum\frac{d_i}{\upsilon_{si}}}=\frac{11.0}{\frac{1.5}{90}+\frac{1.5}{140}+\frac{3}{160}+\frac{5}{350}}=182.1\ (\text{m/s})$$

查表 4.1.6,场地类别为Ⅱ类。

答案(B)正确。

2004 年全国注册岩土工程师专业考试试卷(新解)

专业知识(上午卷)

一、单项选择题(共 40 题,每题 1 分。每题的备选项中只有一个最符合题意)

1. 按《岩土工程勘察规范》(GB 50021—2001)(2009 年版),砂土(粉砂)和粉土的分类界限是(　　)。

(A)粒径大于 0.075 mm 的颗粒质量超过总质量 50%的为粉砂,不足 50%且塑性指数$I_P \leqslant 10$的为粉土

(B)粒径大于 0.075 mm 的颗粒质量超过总质量 50%的为粉砂,不足 50%且塑性指数$I_P > 3$的为粉土

(C)粒径大于 0.1 mm 的颗粒质量少于总质量 75%的为粉砂,不足 75%且塑性指数$I_P > 3$的为粉土

(D)粒径大于 0.1 mm 的颗粒质量少于总质量 75%的为粉砂,不足 75%且塑性指数$I_P > 7$的为粉土

2. 在平面地质图中,下列情况中(　　)表示岩层可能向河床下游倾斜,且岩层倾角小于河床坡度。

(A)岩层界限与地形等高线一致,V 字形尖端指向河的上源

(B)岩层界限不与地形等高线一致,V 字形尖端指向河的上源

(C)岩层界限不与地形等高线一致,V 字形尖端指向河的下游

(D)岩层界限不受地形影响,接近直线

3. 按《岩土工程勘察规范》(GB 50021—2001)(2009 年版),用 ϕ70 mm 的薄壁取土器在黏性土中取样,应连续一次压入,这就要求钻机最少具有(　　)给进行程。

(A)40 cm　　(B)60 cm　　(C)75 cm　　(D)100 cm

4. 在饱和的软黏性土中,使用贯入式取土器采取Ⅰ级原状土试样时,下列操作方法(　　)是不正确的。

(A)快速、连续的静压方式贯入

(B)贯入速度等于或大于 0.1 m/s

(C)施压的钻机给进系统具有连续贯入的足够行程

(D)取土器到位后立即起拔钻杆,提升取土器

5. 绘制土的三轴剪切试验成果莫尔-库仑强度包线时,莫尔圆的画法是(　　)。

(A)在 σ 轴上以 σ_3 为圆心,以$(\sigma_1-\sigma_3)/2$ 为半径

(B)在 σ 轴上以 σ_1 为圆心,以$(\sigma_1-\sigma_3)/2$ 为半径

(C)在 σ 轴上以$(\sigma_1+\sigma_3)/2$ 为圆心,以$(\sigma_1-\sigma_3)/2$ 为半径

(D)在 σ 轴上以$(\sigma_1-\sigma_3)/2$ 为圆心,以$(\sigma_1+\sigma_3)/2$ 为半径

6. 高压固结试验得到的压缩指数 C_c 的计量单位是(　　)。

(A)kPa　　(B)MPa　　(C)MPa^{-1}　　(D)无量纲

7. 下图表示饱和土等向固结完成后,在 σ_3 不变的条件下,继续增加 σ_1 直至破坏的应力路径,

图中的 α 角是（　　）

（注：φ 为土的内摩擦角。）

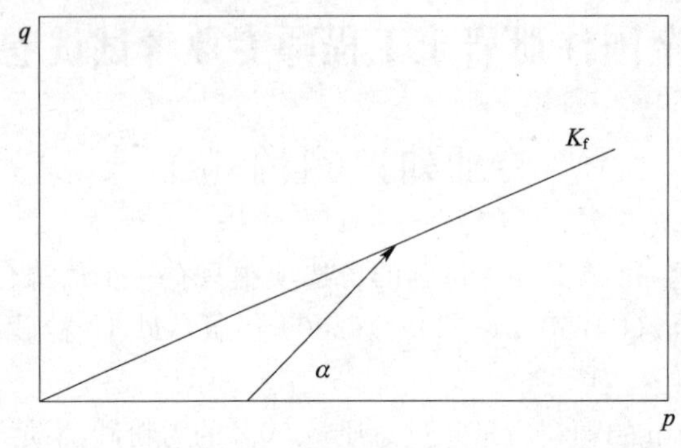

题 7 图

(A) $\alpha=45°+\frac{\varphi}{2}$　　(B) $\alpha=45°-\frac{\varphi}{2}$　　(C) $\alpha=45°$　　(D) $\alpha=\varphi$

8. 下图为砂土的颗粒级配曲线，试判断属于下列（　　）类。

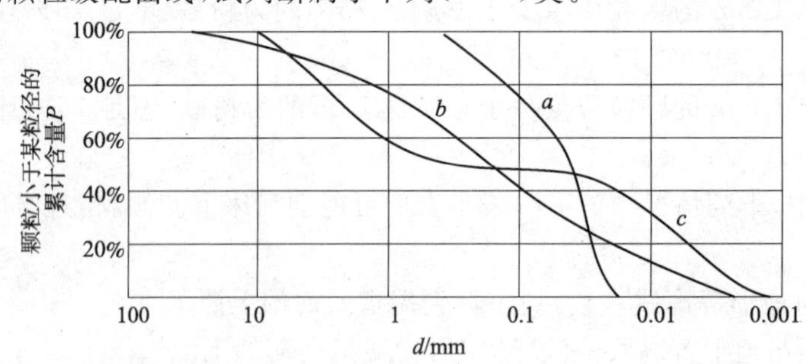

题 8 图

(A) a 线级配良好，b 线级配不良，c 线级配不连续

(B) a 线级配不连续，b 线级配良好，c 线级配不良

(C) a 线级配不连续，b 线级配不良，c 线级配良好

(D) a 线级配不良，b 线级配良好，c 线级配不连续

9. 深层平板载荷试验的承压板直径为 0.8 m，由试验测得的地基承载力特征值 f_{ak}，在考虑基础深度修正时应采用（　　）方法。

(A) 按《建筑地基基础设计规范》(GB 50007—2011) 的深宽修正系数表中所列的不同土类取深度修正系数

(B) 不进行深度修正，即深度修正系数取 0

(C) 不分土类深度修正系数一律取 1

(D) 在修正公式中深度一项改为 $(d-0.8)$

10. 右图是一幅（　　）原位测试成果的典型曲线。

(A) 螺旋板载荷试验曲线

(B) 预钻式旁压试验曲线

(C) 十字板剪切试验曲线

(D) 扁铲侧胀试验曲线

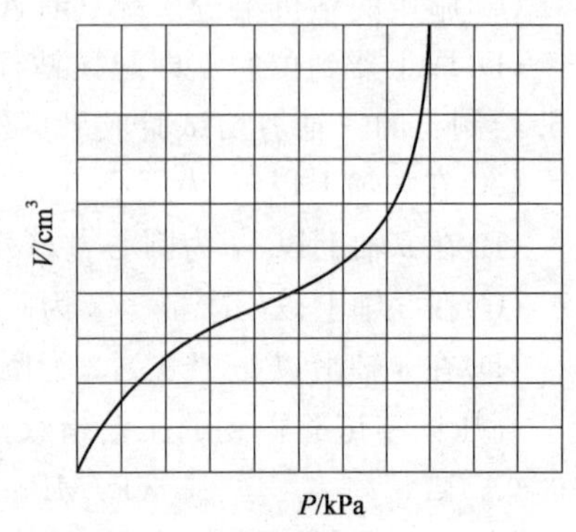

题 10 图

11. 以下对十字板剪切试验成果应用的提法中（　　）是错误的。

(A)可较好地反映饱和软黏性土不排水抗剪强度随深度的变化

(B)可分析确定软黏性土不排水抗剪强度峰值和残余值

(C)所测得的不排水抗剪强度峰值一般较长期强度偏低30%～40%

(D)可根据试验结果计算灵敏度

12. 按《水利水电工程地质勘察规范》(GB 50487—2008)，下列(　　)不属于土的渗透变形类型。

(A)流土　　(B)鼓胀溃决

(C)管涌　　(D)接触冲刷与接触流失

13. 在平面稳定流渗流问题的流网图中，以下(　　)是正确的。

(A)在渗流条件变化处，等势线可以不同的角度与流线相交

(B)不论何种情况下，等势线总与流线正交

(C)流线间的间距越小，表示该处的流速越小

(D)等势线的间距越小，表示该处的水力坡度越小

14. 地下水绕过隔水帷幕渗流，试分析帷幕附近的流速，(　　)是正确的。

(A)沿流线流速不变　　(B)低水头侧沿流线流速逐渐增大

(C)高水头侧沿流线流速逐渐减小　　(D)帷幕底下流速最大

15. 在岩土参数标准值计算中，常采用公式

$$\gamma_s = 1 \pm \left[\frac{1.704}{\sqrt{n}} + \frac{4.678}{n^2}\right]\delta$$

此式在统计学中采用的单侧置信概率为(　　)。

(A)0.99　　(B)0.975　　(C)0.95　　(D)0.90

16. 设天然条件下岩土体的应力，σ_1 为竖向主应力，σ_3 为水平向主应力，下列(　　)正确。

(A)σ_1 恒大于 σ_3

(B)σ_1 恒等于 σ_3

(C)σ_1 恒小于 σ_3

(D)$\sigma_1 > \sigma_3$，$\sigma_1 = \sigma_3$，$\sigma_1 < \sigma_3$，三种情况都可能

17. 矩形基础底面尺寸为 $l = 3$ m，$b = 2$ m，受偏心荷载作用，当偏心距 $e = 0.3$ m 时，其基底压力分布图形为(　　)。

(A)一个三角形　　(B)矩形　　(C)梯形　　(D)两个三角形

18. 根据港口工程特点，对不计波浪力的建筑物在验算地基竖向承载力时，其水位采用的规定为(　　)。

(A)极端低水位　　(B)极端高水位　　(C)平均低水位　　(D)平均高水位

19. 已知地基极限承载力的计算公式为

$$f_u = \frac{1}{2}N_\gamma \gamma_1 b + N_q \gamma_2 d + N_c c$$

对于内摩擦角 $\varphi = 0$ 的土，其地基承载力系数必然满足(　　)组合。

(A)$N_\gamma = 0$；$N_q = 1$；$N_c = 3.14$　　(B)$N_\gamma = 1$；$N_q = 1$；$N_c = 5.14$

(C)$N_\gamma = 0$；$N_q = 1$；$N_c = 5.14$　　(D)$N_\gamma = 0$；$N_q = 0$；$N_c = 5.14$

20. 若软弱下卧层承载力不能满足要求，下列(　　)措施是无效的。

(A)增大基础面积　　(B)减小基础埋深

(C)提高混凝土强度等级　　(D)采用补偿式基础

21. 下图是拟建场地的外缘设置，6.2 m 高的挡土墙，场地土的内摩擦角为 30°，若不允许把建筑物的基础置于破坏棱体范围内，则对于平行于挡土墙的外墙基础，当基础宽度为 2 m、埋置深度为 1.0 m 时，外墙轴线距挡土墙内侧的水平距离不应小于（　　）。

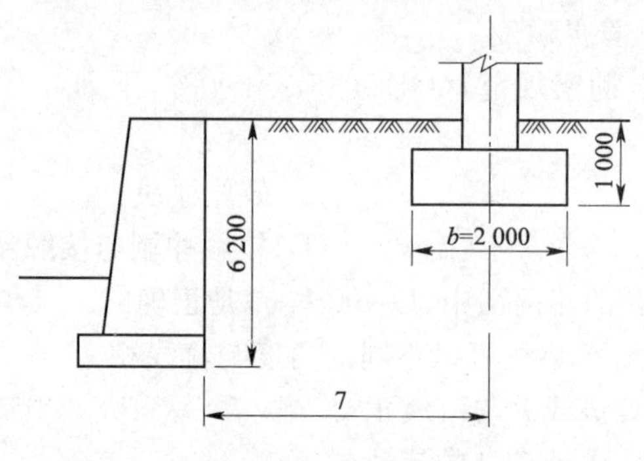

题 21 图（尺寸单位：mm）

(A)3 m　　(B)4 m　　(C)2 m　　(D)3.5 m

22. 如下图所示，当偏心距 $e>b/6$ 时，基础底面最大边缘应力的计算公式是按下列（　　）导出的。

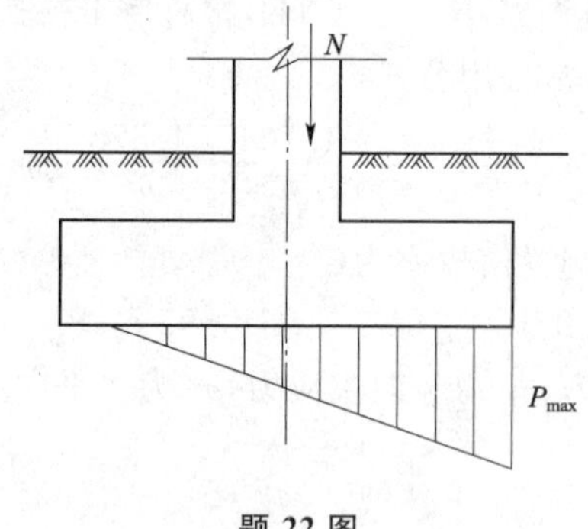

题 22 图

(A)满足竖向力系的平衡

(B)满足绕基础底面中心的力矩平衡

(C)满足绕基础底面边缘的力矩平衡

(D)同时满足竖向力系的平衡和绕基础底面中心的力矩平衡

23. 某 6 层建筑物建造在饱和软土地基上，估算地基的最终平均沉降量为 180 mm，竣工时地基平均沉降量为 54 mm，竣工时地基土的平均固结度与（　　）最为接近。

(A)10％　　(B)20％　　(C)30％　　(D)50％

24. 在抗震设防区，天然地基上建造高度为 60 m 的 18 层高层建筑，基础为箱形基础，按现行规范，设计基础埋深不宜小于（　　）。

(A)3 m　　(B)4 m　　(C)5 m　　(D)6 m

25. 按《建筑地基基础设计规范》(GB 50007—2011)，作用于基础上的各类荷载取值，下列（　　）结果是不正确的。

(A)计算基础最终沉降量时，采用荷载效应准永久组合

(B)计算基础截面和配筋时，采用荷载效应的标准组合

(C)计算挡土墙土压力时，采用荷载效应的基本组合

(D)计算边坡稳定时，采用荷载效应的基本组合

26. 一埋置于黏性土中的摩擦型桩基础，承台下有 9 根直径为 d、长度为 l 的钻孔灌注桩，承

台平面尺寸及桩分布如下图所示，承台刚度很大，可视为绝对刚性，在竖向中心荷载作用下，沉降均匀，下面对承台下不同位置处桩顶反力估计，(　　)是正确的。

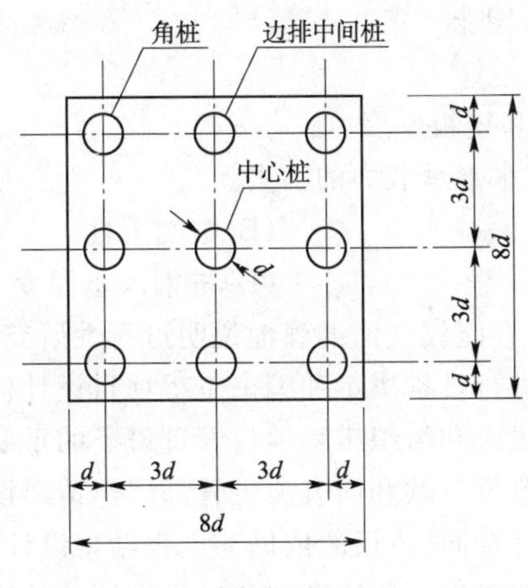

题 26 图

(A)中心桩反力最小，边排中间桩最大，角桩次之

(B)中心桩反力最大，边排中间桩次之，角桩反力最小

(C)中心桩反力最人，围绕中心四周的 8 根桩，反力应相同，数值比中心桩小

(D)角桩反力最大，边排中间桩次之，中心桩反力最小

27. 关于桩侧负摩阻力中性点的描述，下列(　　)是不正确的。

(A)中性点处，既无正摩阻力，也无负摩阻力

(B)中性点深度，端承桩小于摩擦端承桩

(C)中性点深度随桩的沉降增大而减小

(D)中性点深度随桩端持力层的强度和刚度增大而增大

28. 暂无

29. 桩身露出地面或桩侧为液化土等情况的桩基，设计时要考虑其压屈稳定问题，当桩径、桩长、桩侧上层条件相同时，以下四种情况中(　　)抗压屈失稳能力最强。

(A)桩顶自由，桩端埋于土层中　　(B)桩顶铰接，桩端埋于土层中

(C)桩顶固接，桩端嵌岩　　(D)桩顶自由，桩端嵌岩

30. 由于地面堆载引起基桩负摩阻力对桩产生下拉荷载，以下关于下拉荷载随有关因素变化的描述(　　)是错误的。

(A)桩端持力层越硬下拉荷载越小　　(B)桩侧土压缩性越低下拉荷载越小

(C)桩底下卧土层越软下拉荷载越小　　(D)地面荷载越小下拉荷载越小

31. 低应变动测法主要适用于检测下列(　　)内容。

(A)桩的承载力　　(B)桩身结构完整性

(C)沉桩能力分析　　(D)沉降特性参数

32. 下列(　　)不是影响钻孔灌注桩群桩基础的承载力的因素。

(A)成桩顺序　　(B)土性　　(C)桩间距　　(D)桩的排列

33. 某 30 层带裙房高层建筑，场地地质条件自上而下为淤泥质软土厚 20 m，中等压缩性粉质黏土、粉土厚 10 m，以下为基岩。地下水位为地面下 2 m，基坑深 15 m，主楼与裙房连成一体，同一埋深，主楼采用桩基，对裙房下的地下车库需采取抗浮措施。以下抗浮措施

中，(　　)最为合理。

(A)适当增加地下车库埋深，添加铁砂压重

(B)加大车库埋深，车房顶覆土

(C)设置抗浮桩

(D)加大地下车库基础板和楼板厚度

34. 下列(　　)不是影响单桩水平承载力的因素。

(A)桩侧土性　　(B)桩端土性

(C)桩的材料强度　　(D)桩端入土深度

35. 下列(　　)组合所提的内容能较全面准确地说明可行性研究的作用。

Ⅰ. 可作为工程建设项目进行投资决策和编审工程项目设计任务书的依据

Ⅱ. 可作为招聘工程项目法人和组织工程项目管理班子的重要依据

Ⅲ. 可作为向银行或贷款单位贷款和向有关主管部门申请建设执照的依据

Ⅳ. 可作为与有关单位签订合同、协议的依据和工程勘察设计的基础

Ⅴ. 可作为环保部门审查拟建项目环境影响和项目后评估的依据

(A)Ⅰ、Ⅱ、Ⅲ、Ⅳ　　(B)Ⅰ、Ⅱ、Ⅳ、Ⅴ

(C)Ⅰ、Ⅲ、Ⅳ、Ⅴ　　(D)Ⅰ、Ⅱ、Ⅲ、Ⅴ

36. 勘察设计费应属于工程建设费用中的(　　)。

(A)预备费用　　(B)其他费用

(C)建筑安装工程费　　(D)直接工程费

37. 岩土工程施工监理不包括(　　)。

(A)工程进度与投资控制　　(B)质量和安全控制

(C)审查确认施工单位的资质　　(D)审核设计方案和设计图纸

38. 从事建设工程勘察、设计活动，首先应当坚持(　　)。

(A)服从建设单位工程需要的原则　　(B)服从工程进度需要的原则

(C)服从施工单位要求的原则　　(D)先勘察后设计再施工的原则

39. 按照建设部 2001 年 1 月颁发的《工程勘察资质分级标准》的规定，下列对工程勘察综合类分级的提法，(　　)是正确的。

(A)设甲、乙两个级别

(B)只设甲级一个级别

(C)确有必要的地区经主管部门批准可设甲、乙、丙三个级别

(D)在经济欠发达地区，可设甲、乙、丙、丁四个级别

40. 下列对 2000 版 ISO9000 族标准的八项质量管理原则中的持续改进整体业绩的目标的描述中，(　　)是正确的。

(A)是组织的一个阶段目标　　(B)是组织的一个永恒目标

(C)是组织的一个宏伟目标　　(D)是组织的一个设定目标

二、多项选择题(共 30 题，每题 2 分。每题的备选项中有两个或三个符合题意，错选、少选、多选均不得分)

41. 以化学风化为主的环境下，下列(　　)矿物易风化。

(A)石英　　(B)斜长石　　(C)白云母　　(D)黑云母

42. 下列(　　)现象不属于接触蚀变的标志。

(A)方解石化　　(B)绢云母化　　(C)伊利石化　　(D)高岭石化

43. 下列(　　)钻探工艺属于无岩芯钻探。

(A)钢粒钻头回转钻进　　(B)压轮钻头回转钻进

(C)管钻(抽筒)冲击钻进　　(D)角锥钻头冲击钻进

44. 能够提供土的静止侧压力系数的原位测试方法是(　　)。

(A)静力触探试验　　(B)十字板剪切试验

(C)自钻式旁压试验　　(D)扁铲侧胀试验

45. 关于勘察报告提供的标准贯入试验锤击数数据，下列(　　)是正确的。

(A)无论什么情况都应提供不作修正的实测数据

(B)按《建筑抗震设计规范》(GB 50011—2010)判别液化时，应做杆长修正

(C)按《岩土工程勘察规范》(GB 50021—2001)(2009 年版)确定砂土密实度时，应做杆长修正

(D)用以确定地基承载力时，如何修正，应按相应的设计规范

46. 对潜水抽水试验用裘布依公式计算渗透系数，下列(　　)假定是正确的。

(A)稳定流

(B)以井为中心所有同心圆柱截面上流速相等

(C)以井为中心所有同心圆柱截面上流量相等

(D)水力梯度是近似的

47. 下列(　　)破坏形式可能发生在坚硬岩体坝基中。

(A)基岩的表层滑动(接触面的剪切破坏)

(B)基岩的圆弧滑动

(C)基岩的浅层滑动

(D)基岩的深层滑动

48. 为减少在软弱地基上的建筑物沉降和不均匀沉降，下列(　　)措施是有效的。

(A)调整各部分的荷载分布、基础宽度和埋置深度

(B)选用较小的基底压力

(C)增强基础强度

(D)选用轻型结构及覆土少、自重轻的基础形式

49. 对于饱和软土，用不固结不排水抗剪强度($\varphi_u=0$)计算地基承载力时，下列各因素中(　　)项目对计算结果有影响。

(A)基础宽度　　(B)土的重度

(C)土的抗剪强度　　(D)基础埋置深度

50. 下图为软土地基上的车间，露天跨的地坪上有大面积堆载，排架的柱基础采用天然地基，下列事故现象的描述中，(　　)不是由大面积堆载引起的。

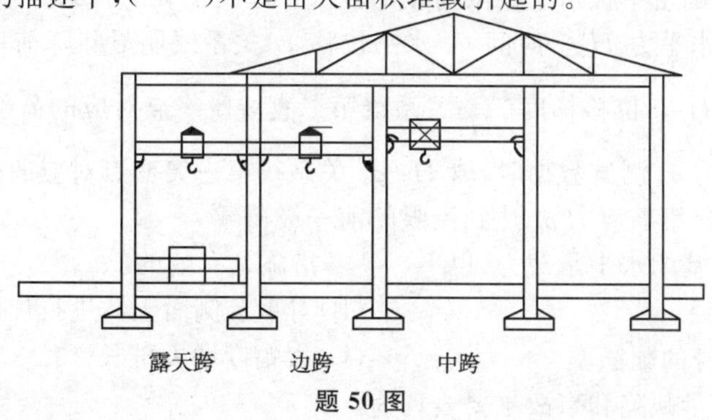

题 50 图

(A)边跨外排柱产生裂缝　　(B)中跨行车发生卡轨现象

(C)边跨行车的小车向内侧发生滑轨　　(D)露天跨柱产生对倾

51. 埋设于地下水位以下的下埋式水池基础设计时，下列对于计算条件的设定中(　　)是不正确的意见。

(A)对不需要设置抗浮桩的下埋式水池，计算底板内力时不需要考虑浮力的作用

(B)如果设置了抗浮桩，浮力已由抗浮桩承担了，因此计算水池底板内力时也不需要重复考虑浮力的作用

(C)水池底板内力验算的最不利工况是放水检修的时候

(D)对水池基础进行地基承载力验算时，最不利的荷载条件是水池蓄满水

52. 从某住宅设计计算的结果知道，该建筑物荷载的重心与基础的形心不重合，重心向南偏，下列(　　)措施可以使荷载偏心减小。

(A)扩大南纵墙基础的外挑部分　　(B)将南面底层的回填土改为架空板

(C)将北面的填充墙用空心砖砌筑　　(D)向南北两侧扩大基础的底面积

53. 某体形简单的12层建筑物(高度36 m)建造在深厚中等压缩性地基土上，下列叙述中(　　)是不正确的。

(A)施工期可完成10%的沉降量　　(B)地基基础设计等级不是甲级

(C)其倾斜值应控制在0.004以内　　(D)基础平均沉降量应控制在20 cm以内

54. 已知矩形基础底面的压力分布为三角形，最大边缘压力为P_{max}，最小边缘压力为零，基础的宽度为B，长度为L，基础底面积为A，抵抗矩为W，传至基础底面的竖向力为N。下列表述中符合上述基础底面压力分布特征的正确说法(　　)。

(A)偏心距$e=\frac{B}{6}$　　(B)抗倾覆稳定系数$K=3$

(C)偏心距$e=\frac{W}{A}$　　(D)最大边缘反力$P_{max}=\frac{2N}{3A}$

55. 对于混凝土预制桩，考虑到它的施工及运输条件等因素，下列要求和规定中(　　)是正确合理的。

(A)正方形截面混凝土预制桩，其边长不应小于300 mm

(B)考虑到吊运、打入等施工过程，预制桩桩身最小配筋率不应小于0.8%

(C)桩身主筋的直径不宜小于$\phi14$，打入式桩桩顶2～3倍桩径范围内的钢箍应加密，并设置钢筋网片

(D)预制桩混凝土强度等级不宜低于C20，采用静压法沉桩时，其混凝土强度等级还可适当降低

56. 从下述通过试验确定单桩水平极限荷载的方法中选出正确的答案(　　)。

(A)取试验结果水平力H_0—时间t—水平位移x_0关系线明显陡降前一级荷载

(B)取试验结果H_0—位移梯度$\frac{\Delta x_0}{\Delta H_0}$关系线第二直线段终点对应的荷载

(C)当有钢筋应力σ_g测试数据时，取H_0-σ_g关系线第一突变点对应的荷载

(D)取桩身折断或钢筋应力σ_g达到流限的前一级荷载

57. 为提高低承台桩基的水平承载力，以下(　　)措施是有效的。

(A)适当增大桩径　　(B)对承台侧面土体进行加固

(C)适当提高桩身的配筋率　　(D)大幅度增大桩长

58. 沉管灌注桩的质量缺陷和事故主要表现为(　　)。

(A)桩底沉渣　　　　　　　　　　　　　(B)桩侧泥皮

(C)缩径　　　　　　　　　　　　　　(D)断桩

59. 对于深厚软土地区,超高层建筑桩基础不宜采用以下(　　)桩型。

(A)钻孔灌注桩　　　　　　　　　　　(B)钢管桩

(C)人工挖孔桩　　　　　　　　　　　(D)沉管灌注桩

60. 为预防泥浆护壁成孔灌注桩的断桩事故,应采取下列(　　)措施。

(A)在配制混凝土时,按规范要求控制坍落度及粗集料

(B)控制泥浆相对密度,保持孔壁稳定

(C)控制好导管埋深

(D)控制好泥浆中的含砂量

61. 某高层建筑物建在饱和软土地基上,拟采用钢筋混凝土预制桩,为减少挤土对周边已建建筑物和道路下管线的影响,宜采取下列(　　)措施。

(A)增加桩长,提高单桩承载力,增加桩间距

(B)沉桩方式由打入式改为静力压入

(C)合理安排沉桩顺序,并控制沉桩速率

(D)设置塑料排水板

62. 在下列关于石灰岩溶蚀机理的分析中,(　　)是正确的。

(A)石灰岩溶蚀速度与 CO_2 扩散进入水中的速度有关

(B)石灰岩溶蚀速度随着温度增高加快

(C)降水通过富含有机质的土壤下渗后溶蚀作用减弱

(D)石灰华的成因是岩溶泉水在出口处吸收外界 CO_2

63. 按《铁路工程不良地质勘察规程》(TB 10027—2012),黏性泥石流堆积物的块石、碎石在泥浆中分布的结构特征符合下列(　　)类型。

(A)块石、碎石在细颗粒物质中呈不接触的悬浮状结构

(B)块石、碎石在细颗粒物质中呈支撑接触的支撑状结构

(C)块石、碎石间有较多点和较大面积相互接触的叠置状结构

(D)块石、碎石互相镶嵌接触的镶嵌状结构

64. 季节性冻土地区形成路基翻浆病害的主要原因有(　　)。

(A)地下水位过高及毛细上升

(B)路基排水条件差,地表积水,路基土含水率过高

(C)路面结构层厚度达不到按允许冻胀值确定的防冻层厚度要求

(D)采用了粗粒土填筑路基

65. 岩溶地区地基处理应遵循的原则是(　　)。

(A)重要建筑物宜避开岩溶强烈发育区

(B)对不稳定的岩溶洞穴,可根据洞穴的大小、埋深,采用清爆换填、梁板跨越等地基处理

(C)防止地下水排水通道堵塞造成水压力对地基的不良影响

(D)对基础下岩溶水及时填塞封堵

66. 在下列各项中,(　　)属于不稳定滑坡的地貌特征。

(A)滑坡后壁较高,植被良好

(B)滑坡体上台坎明显,土体比较松散

(C)滑坡两侧的自然沟谷切割较深,谷底基岩出露

(D)地面泉水和湿地较多,滑坡舌部泉水流量不稳定

67. 为防止自重湿陷性黄土所产生的路基病害,需要进行工程处理,一般可以采用下列处理措施中的(   )。

(A)路基两侧的排水沟应进行严格防渗处理

(B)采用地下排水沟排除地下水

(C)采用预浸水法消除地基土的湿陷性

(D)采用重锤夯实、强夯或挤密法消除地基土的湿陷性

68. 对正规的大型煤矿采空区进行稳定性评价时,应具备(   )基本资料。

(A)井上、下对照图,包括地面地形地物、井下开采范围、采深、采厚等

(B)开采进度图表,包括开采时间、开采方法、顶底板管理方法等

(C)地面变形的观测成果,包括各时段、各测点的下沉和水平位移等

(D)煤层的物理力学特性,包括密度、硬度、抗压强度、抗剪强度等

69. 膨胀土地基上建筑物变形特征有(   )。

(A)建筑物建成若干年后才出现裂缝

(B)楼房比平房开裂严重

(C)裂缝多呈正八字,下宽上窄

(D)大旱年或长期多雨建筑物变形加剧

70. 黄土的湿陷起始压力 P_{sh} 在地基评价中起的作用有(   )。

(A)计算总湿陷量 Δ_s

(B)计算自重湿陷量 Δ_{zs}

(C)根据基底压力及埋深评价是否应进行地基处理

(D)根据土层埋藏深度评价是否是自重湿陷性黄土

专业知识(下午卷)

一、单项选择题(共 40 题,每题 1 分。每题的备选项中只有一个最符合题意)

1. 采用高压喷射注浆法加固地基时,下述(   )是正确的。

(A)产生冒浆是不正常的,应减小注浆压力直至不冒浆为止

(B)产生冒浆是正常的,但应控制冒浆量

(C)产生冒浆是正常的,为确保注浆质量,冒浆量越大越好

(D)偶尔产生冒浆是正常的,但不应持久

2. 采用灰土挤密法处理软土层形成复合地基,当复合地基载荷试验 P-S 曲线平缓光滑时,据《建筑地基处理技术规范》(JGJ 79—2012),复合地基承载力特征值应取(   )。

(A)s/b 或 s/d=0.015 时所对应的压力

(B)s/b 或 s/d=0.010 时所对应的压力

(C)s/b 或 s/d=0.008 时所对应的压力

(D)s/b 或 s/d=0.006 时所对应的压力

3. 采用深层搅拌法时,下列(   )不正确。

(A)水泥土强度随水泥掺入量的增加而增加

(B)水泥土强度随土的含水率的增加而减少

(C)水泥土强度增长随搅拌时间的加快而加快

(D)水泥土强度随龄期增长的规律不同于一般混凝土

4. 在采用水泥土搅拌法加固地基时,下列(　　)符合《建筑地基处理技术规范》(JGJ 79—2012)的规定。

(A)对竖向承载时的水泥土试块抗压强度取 90 d 龄期平均值

(B)对竖向承载时的水泥土试块抗压强度取 90 d 龄期的平均值,对承受水平荷载的水泥土取 45 d 龄期平均值

(C)对承受竖向荷载时的水泥土试块抗压强度取 90 d 龄期的平均值

(D)对承受竖向荷载时的水泥土试块抗压强度取 90 d 龄期的平均值,对承受水平荷载的水泥土取 60 d 龄期平均值

5. 地基为松散砂土,采用砂石桩挤密法处理,天然孔隙比 $e_0=0.78$,要求挤密后孔隙比达到 0.68,砂石桩直径 $d=0.5$ m,不考虑振动下沉密实作用,按等边三角形布桩,桩间距宜为(　　)。

(A)1.0 m　　(B)1.5 m　　(C)2.0 m　　(D)2.5 m

6. 下列地基中(　　)不是复合地基。

(A)由桩端位于不可压缩层的刚性桩体与桩间土共同组成的地基

(B)由桩端位于可压缩层的刚性桩体与桩间土共同组成的地基

(C)由桩端位于不可压缩层的柔性桩与桩间土共同组成的地基

(D)由桩端位于可压缩层上的柔性桩与桩间土共同组成的地基

7. 下列关于预压法处理软土地基的说法中(　　)是不正确的。

(A)控制加载速率的主要目的是防止地基失稳

(B)采用超载预压法的主要目的是减少地基使用其间的沉降

(C)当夹有较充足水源补给的透水层时,宜采用真空预压法

(D)在某些条件下也可用构筑物的自重进行堆载预压

8. 在下列公路路堤反压护道设计与施工的说法中(　　)是不正确的。

(A)反压护道一般采用单级形式

(B)反压护道的高度一般为路堤高度的 1/3～1/2

(C)反压护道的宽高一般采用圆弧稳定分析法确定

(D)反压护道应在路堤基本稳定后填筑

9. 关于强夯法的设计与施工的说法中,下列(　　)不正确。

(A)处理范围应大于建筑物或构筑物基础的范围

(B)夯击遍数除与地基条件和工程使用要求有关外,也与每一遍的夯击击数有关

(C)两遍夯击间的时间间隔主要取决于夯击点的间距

(D)有效加固深度不仅与锤重、落距、夯击次数有关,还与地基土质、地下水位及夯锤底面积有关

10. 进行岩石锚杆抗拔试验时,出现下列情况(　　)时虽可终止抗拔试验,但不能把前一级荷载作为极限抗拔承载力。

(A)锚杆拔升量持续增加且 1 h 内未出现稳定迹象

(B)新增加的上拔力无法施加或施加后无法保持稳定

(C)上拔力已达到试验设备的最大加载量

(D)锚杆钢筋已被拉断或已被拔出

11. 重力式挡土墙上应设置泄水孔及反滤层,下列(　　)不是设置的目的。

(A)使泄水孔不被堵塞　　　　　　　　　(B)墙后土的细颗粒不被带走

(C)防止墙后产生静水压力　　　　　　　(D)防止墙后产生动水压力

12. 在边坡设计中应用较广的有效内摩擦角 φ_d 是考虑了内聚力的假想摩擦角，下列关于等效内摩擦角的说法中(　　)不正确。

(A)等效内摩擦角与岩体的坚硬程度及完整程度有关

(B) φ_d 与破裂角无关

(C)用 φ_d 设计边坡时坡高应有一定的限制

(D) φ_d 取值应考虑时间效应因素

13. 挡土墙稳定性验算不应包括下列(　　)。

(A)抗倾覆验算　　　　　　　　　　　(B)地基承载力验算

(C)地基变形验算　　　　　　　　　　(D)整体滑动验算

14. 某基坑深 7 m，0～30 m 为粉细砂，地下水位为 4.0 m，现拟采用井点法进行基坑降水，井深 20 m，渗流计算的类型为(　　)。

(A)潜水非完整井　　　　　　　　　　(B)潜水完整井

(C)承压水非完整井　　　　　　　　　(D)承压水完整井

15. 在下列关于路堤堤防填土压实的说法中，(　　)是不正确的。

(A)在最优含水率下压实可取得最经济的压实效果及最大干密度

(B)最优含水率取决于土类，与进行击实试验仪器的类型及试验方法无关

(C)压实度是指实际达到的干密度与击实试验最大干密度之比

(D)压实系数随填土深度不同可以不同

16. 下列关于路基排水系统的说法中，(　　)是不全面的。

(A)路基排水系统的主要任务是防止路基含水率过高

(B)路基排水系统设计原则是有效拦截路基上方的地面水

(C)设置排水沟、边沟、截水沟的主要目的是拦截排除地面水

(D)排水系统除了设置在路基周边的排水设施外，还应包括设置于路基体内的地下排水设施

17. 在下列对挖方边坡失稳的防治措施中，(　　)不适用。

(A)排水　　　　　(B)削坡　　　　　(C)反压　　　　　(D)支挡

18. 下列(　　)不符合新奥法的基本特点。

(A)尽量采用小断面开挖以减小对围岩的扰动

(B)及时施作密贴于围岩的柔性喷射混凝土及锚杆初期支护，以控制围岩的变形及松弛

(C)尽量使隧道断面周边轮廓圆顺，减少应力集中

(D)加强施工过程中对围岩及支护的动态观测

19. 对坝体与岩石坝基及岸坡的连接进行处理时，下列(　　)基础处理原则不正确。

(A)岩石坝基与岸坡应清除表面松动石块、凹处积土及突出的岩体

(B)土质防渗体及反滤层应与较软岩可冲蚀及不可灌浆的岩体连接

(C)对失水很快风化的软岩(如页岩、泥岩)，开挖时应预留保护层，待开挖回填时随挖除随回填或喷混凝土及水泥砂浆保护

(D)土质防渗体与岩体接触处，在临近接触面 0.5～1.0 m 范围内，防渗体应用黏土，黏土应用控制在略大于最优含水率情况下填筑，在填筑前应用黏土浆抹面

20. 坝基防渗帷幕深度应考虑各种影响因素决定，下列对决定防渗帷幕深度所需考虑的诸因

素中(　　)是不正确的。

(A)坝基下存在相对不透水层，当不透水层埋深较小时，帷幕应至少深入该层 5.0 m

(B)坝下为近于直立的透水层与不透水层互层，当走向平行坝轴线时，应用帷幕尽可能深地把透水层封闭起来

(C)当坝下相对不透水层埋深大且无规律时，应根据渗透分析及防渗要求并结合工程经验决定防渗帷幕的深度

(D)岩溶地区的帷幕深度应根据岩溶渗透通道的分布情况及防渗要求确定

21. 水工隧道内同时有帷幕灌浆、固结灌浆、回填灌浆时，下列(　　)顺序最好。

(A)先帷幕灌浆，再回填灌浆，后固结灌浆

(B)先帷幕灌浆，再固结灌浆，后回填灌浆

(C)先固结灌浆，再回填灌浆，后帷幕灌浆

(D)先回填灌浆，再固结灌浆，后帷幕灌浆

22. 关于崩塌形成条件的下列说法中，(　　)不正确。

(A)陡峻山坡是形成崩塌的基本条件

(B)软质岩覆盖在硬质岩之上的陡峻边坡最易发生崩塌

(C)硬质岩软质岩均可形成崩塌

(D)水流冲刷往往也是形成崩塌的原因

23. 当高水位快速降低后，河岸出现临水面局部堤体失稳，其主要原因是(　　)。

(A)堤体土的抗剪强度下降

(B)水位下降使堤前坡脚失去了水压力的反压

(C)水位下降使渗透力增加

(D)水位下降对堤内土体产生潜蚀作用

24. 影响采空区上部岩层变形的诸因素中，下列(　　)不正确。

(A)矿层埋深越大表层变形范围越大

(B)采厚越大地表变形值越大

(C)在采空区上部第四系越厚地表变形值越大

(D)地表移动盆地并不总是位于采空区正上方

25. 在多年冻土地区建筑时，下列地基设计方案中(　　)不正确。

(A)使用其间始终保持冻结状态，以冻土为地基

(B)以冻土为地基但按溶化后的力学性质及地基承载力设计

(C)先挖除冻土，然后换填不溶沉土，以填土为地基

(D)采用桩基础，将桩尖置于始终保持冻结状态的冻土上

26. 按《膨胀土地区建筑技术规范》(GB 50112—2013)，收缩系数是(　　)。

(A)原状土样在直线收缩阶段的收缩量与样高之比

(B)原状土样在直线收缩阶段的收缩量与相应的含水率差值之比

(C)原状土样在 50 kPa 压力下直线收缩阶段含水率减少 1%时的竖向线缩率

(D)原状土样在直线收缩阶段含水率减少 1%时的竖向线缩率

27. 关于膨胀土地基变形的取值要求中，下述(　　)不正确。

(A)膨胀变形量应取基础某点的最大膨胀量

(B)胀缩变形量取最大上升量与最大收缩量之和的一半

(C)变形差应取相邻两基础的变形量之差

(D)局部倾斜应取砖混承重结构纵墙 6～10 m 间两点沉降量之差与两点间距离之比

28. 某拟建甲类建筑物基础埋深 $d=4.0$ m，基础底面标准组合压力 $P=250$ kPa；地表下 0～14 m为自重湿陷性黄土，以下为非湿陷性黄土。下列地基处理方案中（　　）较合理。

(A)桩长为 12 m 的静压预制桩

(B)桩长为 12 m 的 CFG 桩复合地基

(C)桩长为 10 m 的灰土挤密桩复合地基

(D)桩长为 8 m 的扩底挖孔灌注桩

29. 下列可溶岩地下水的 4 个垂直分带中，岩溶发育最强烈、形态最复杂的是（　　）。

(A)垂直渗流带　　(B)季节交替带

(C)水平径流带　　(D)深部缓流带

30. 分布于滑坡体后部或两级滑坡体之间呈弧形断续展布的裂缝属于（　　）性质。

(A)主裂缝　　(B)拉张裂缝

(C)剪切裂缝　　(D)鼓胀裂缝

31. 对主滑段滑床及地表坡面较平缓，前缘有较多地下水渗出的浅层土质滑坡最宜采用下列（　　）措施。

(A)在滑坡前缘填土反压　　(B)在滑坡中后部减重

(C)支撑渗沟　　(D)锚索支护

32. 对自重湿陷性黄土场地上的甲、乙类建筑及铁路大桥、特大桥的湿陷量计算深度的说法中，下述（　　）是正确的。

(A)自基础底面算起累计至 5 m 深为止

(B)当基础底面以下湿陷性土层厚度大于 10 m 时应计算至 10 m

(C)应累积至非湿陷性土顶面止

(D)计算至 Q_2 黄土顶面止

33. 在多年冻土地区修建路堤时，下列（　　）不符合保护多年冻土的设计原则。

(A)堤底采用较大石块填筑　　(B)加强地面排水

(C)设置保温护道　　(D)保护两侧植被

34.《建筑抗震设计规范》(GB 50011—2010)中设计地震分组是为了体现下列（　　）原则。

(A)设防烈度与基本烈度　　(B)发震断层的性质

(C)震级和震中距的影响　　(D)场地类别不同

35. 为防止主体结构弹性变形过大而引起非结构构件出现过重破坏，抗震验算主要进行下列（　　）。

(A)截面抗震验算　　(B)弹性变形验算

(C)弹塑性变形验算　　(D)底部剪力验算

36. 经计算液化指数 I_{CE}，场地液化等级为严重，正确的抗震措施为（　　）。

(A)乙、丙、丁类建筑均应采取全部消除液化的措施

(B)对乙类建筑除全部消除地基液化性质外，尚需对基础及上部结构进行处理

(C)对乙类建筑只需消除地基液化性，不需对上部结构进行处理

(D)对丙类建筑只需部分消除地基液化沉陷

37. 考虑地震作用下单柱基础底面与地基土间接触压力时允许出现零应力区，但零应力区面积应小于 15%。若基础底面积 $A=LB$，当零应力区面积为 15%，柱垂直荷重对基础中心在 L 方向的最大偏心距为（　　）。

(A) $e=L/6$　(B) $e=L/3$　(C) $e=0.217L$　(D) $e=0.25L$

38. 按《建筑抗震设计规范》(GB 50011—2010)的抗震设防水准对众值烈度来说，下述(　　)是正确的。

(A)众值烈度与基本烈度在数值上实际是相等的

(B)众值烈度比基本烈度低 $0.15g$

(C)众值烈度是对应于小震不坏水准的烈度

(D)众值烈度是一个地区 50 年内地震烈度的平均值

39. 按《建筑抗震设计规范》(GB 50011—2010)，关于抗震设防烈度的概念，下列(　　)是正确的。

(A)设防烈度是按国家规定的权限批准，作为一个工程建设项目抗震设防依据的地震烈度

(B)设防烈度是按国家规定的权限批准，作为一个地区建设项目抗震设防依据的地震烈度

(C)设防烈度是按国家规定的权限批准，按--个建筑重要性确定的地震烈度

(D)设防烈度是按国家规定的权限批准，按一个建筑安全等级确定的地震烈度

40. 水平地震加速度 $K_H=0.2g$，地震烈度为 8 度，判定深度 $Z=7.0\,m$ 的砂土液化可能性。按《水利水电工程地质勘察规范》(GB 50487—2008)附录 N，上限剪切波速 V_{st} 等于(　　)($r_d=0.93$)。

(A)150 m/s　(B)200 m/s　(C)250 m/s　(D)332 m/s

二、多项选择题(共 30 题，每题 2 分。每题的备选项中有两个或三个符合题意，错选、少选、多选均不得分)

41. 用预压法处理软土地基时，除应预先查明土层分布、层理、透水层位置等，尚应通过室内试验确定的设计参数有(　　)。

(A)土层的给水度及持水性

(B)土层的前期固结压力、天然孔隙比与应力的关系

(C)水平固结系数、垂直固结系数

(D)三轴试验抗剪强度指标

42. 建筑物及路堤常采用桩体复合地基以提高承载力和减小沉降量，这时，常采用褥垫层改善复合地基的性状，下述说法中(　　)是不正确的。

(A)在压板或路堤下设置垫层是为了减小桩土荷载分担比，以充分利用桩间土的承载力

(B)设置褥垫层的目的对筏板基础是减小桩土应力比，对路堤是为了增加桩土应力比

(C)设置褥垫层的主要目的是为了便于排水，有效减少工后沉降量

(D)在筏堤下设垫层均为提高桩土应力比，以充分利用桩的承载力

43. 对于长短桩复合地基，下列叙述中(　　)是正确的。

(A)长桩宜采用刚度较小的桩，短桩宜采用刚度较大的桩

(B)长桩宜采用刚度较大的桩，短桩宜采用刚度较小的桩

(C)长桩与短桩宜采用同一桩型

(D)长桩与短桩宜采用不同桩型

44. 按《建筑地基处理技术规范》(JGJ 79—2012)，下述地基处理范围(　　)正确。

(A)多层、高层建筑物振冲桩应在基础外缘扩大 1～3 排桩

(B)夯实水泥土桩处理范围应大于基础底面积，在外缘扩大 1～3 排桩

(C)灰土挤密桩法在整片处理时超出外墙底面外缘的宽度每边不宜小于处理土层厚度的 $\frac{1}{2}$ 且不小于 2.0 m

(D)柱锤冲扩桩法处理范围可只在基础范围内布桩

45. 水泥土搅拌法用水泥作加固料时,下列(　　)是正确的。

(A)对含有多水高岭石的软土加固效果较差

(B)对含有高岭石,蒙脱石等黏土矿物的软土加固效果较好

(C)对含有氯化物、水铝石英的软土加固效果较差

(D)对有机质含量高、pH 低的黏土加固效果较好

46. 对碎石桩复合地基,下述思路中(　　)是合理的。

(A)可使桩长增加从而使复合地基承载力增加

(B)可使置换率增加从而使复合地基承载力增加

(C)可使桩长增加来使复合地基沉降量减小

(D)使置换率增加比使桩长增加能更有效地降低沉降量

47. 在路堤的软土地基处理中,需利用土工合成材料的(　　)功能。

(A)隔离排水　　(B)防渗

(C)改善路堤整体性　　(D)加筋补强

48. 下列关于土压力的说法中,(　　)包含有不正确的内容。

(A)当墙背与土体间摩擦角增加时,主动土压力下降,被动土压力也下降

(B)当填土的重度增加时,主动土压力增加,被动土压力下降

(C)内摩擦角增加时,主动土压力增加,被动土压力减小

(D)当内聚力增加时,主动土压力减小,被动土压力增加

49. 下列发生岩爆的相关因素中,(　　)是必须具备的决定性条件。

(A)岩性完整　　(B)高地应力

(C)洞室埋深　　(D)开挖断面形状不规则

50. 当基坑底为软土时,应验算抗隆起稳定性,下列措施(　　)对防止支护桩(墙)以下土体的隆起是有利的。

(A)降低坑内外地下水位　　(B)减小坑顶面地面荷载

(C)坑底加固　　(D)减小支护结构的入土深度

51. 在岩体内开挖洞室,在所有情况下,下列结果中(　　)总是普遍发生。

(A)改变了岩体原来的平衡状态　　(B)引起了应力的重分布

(C)使围岩产生了塑性变形　　(D)支护结构上承受了围岩压力

52. 基坑降水设计时,(　　)不正确。

(A)降水井宜沿基坑外缘采用封闭式布置

(B)回灌井与降水井的距离不宜大于 6 m

(C)降水引起的地面沉降可按分层总和法计算

(D)沉降观测基准点应设在降水影响范围之内

53. 下列(　　)是影响路堤稳定性的主要因素。

(A)路堤高度　　(B)路堤宽度

(C)路堤两侧的坡度　　(D)填土的压实度

54. 下述关于土坡稳定性的论述中(　　)是正确的。

(A)砂土($C=0$ 时)与坡高无关

(B)黏性土土坡稳定性与坡高有关

(C)所有土坡均可按圆弧滑面整体稳定性分析方法计算

(D)简单条分法假定不考虑土条间的作用力

55. 输水隧洞位于地下水位以下,符合下列(　　)条件时应认为存在外水压力问题。

(A)洞室位于距河流较近地段

(B)洞室穿越含水层或储水构造

(C)洞室穿越与地表水有联系的节理密集带、断层带

(D)洞室穿越岩溶发育地区

56. 地下洞室穿越下列(　　)条件时,应判为不良洞段。

(A)与大的地质构造断裂带交叉的洞段

(B)具有岩爆、有害气体、岩溶、地表水强补给区的洞段

(C)由中等强度岩体组成的微透水洞段

(D)通过土层,塑性流变岩及高膨胀性岩层的洞段

57. 某建筑场地为严重液化(液化判别深度为 15 m),下列(　　)是正确的。

(A)场地液化指数 $I_{LE}=15$　　(B)场地液化指数 $I_{LE}>15$

(C)出现严重喷水、冒砂及地面变形　　(D)不均匀沉陷可能大于 20 cm

58. 土层剪切波速在抗震设计中可用于(　　)。

(A)确定水平地震影响系数的最大值(α_{max})

(B)计算场地的液化指数(I_{LE})

(C)确定剪切模量

(D)划分场地类别

59. 暂无

60. 暂无

61. 特征周期与下列(　　)有关。

(A)建筑物尺寸的大小及规则性　　(B)场地类别

(C)承重结构类型　　(D)设计地震分组

62. 按《建筑抗震设计规范》(GB 50011—2010),下述对特征周期的叙述(　　)是正确的。

(A)是设计特征周期的简称　　(B)是结构自振周期

(C)是地震活动性重复周期　　(D)可与地震动参数区划图相匹配

63. 暂无

64. 暂无

65. 施工项目经理的授权包括下列(　　)。

(A)制定施工项目全面的工作目标及规章制度

(B)技术决策及设备材料的租、购与控制权

(C)用人用工选择权、施工指挥权及职工奖惩权

(D)工资奖金分配权及一定数量的资金支配权

66. 岩土工程施工图预算与施工预算的差异是(　　)。

(A)编制的目的及发挥的作用不同　　(B)采用的定额与内容不同

(C)编制的步骤完全不同　　(D)采用的计算规则不同

67. 下列(　　)是招标的主要方式。

(A)公开招标 (B)邀请招标
(C)协商招标 (D)合理低价招标

68. 编制建设工程勘察文件应以下列(　　)规定为依据。
(A)项目批准文件、城市规划及强制性标准
(B)其他工程勘察单位的内部技术标准和规定
(C)建设单位根据工程需要提出的特殊标准
(D)国家规定的建设工程勘察设计深度要求

69. 暂无

70. 暂无

专业案例(上午卷)

1. 拟建一龙门吊,起重量 150 kN,轨道长 200 m,条形基础宽 1.5 m,埋深为 1.5 m,场地地形平坦,由硬黏土及密实的卵石交互分布,厚薄不一,基岩埋深 7～8 m,地下水埋深3.0 m,下列(　　)为岩土工程评价的重点,并说明理由。
(A)地基承载力 (B)地基均匀性
(C)岩面深度及起伏 (D)地下水埋藏条件及变化幅度

2. 某土样做固结不排水测孔压三轴试验,部分结果如下表所示。

题 2 表

次序	应　力		
	大主应力 σ_1/kPa	小主应力 σ_3/kPa	孔隙水压力 u/kPa
1	77	24	11
2	131	60	32
3	161	80	43

按有效应力法求得莫尔圆的圆心坐标及半径,结果最近于下列(　　)。

(A)

次序	圆心坐标	半径/m
1	50.5	26.5
2	95.5	35.5
3	120.5	40.5

(B)

次序	圆心坐标	半径/m
1	50.5	37.5
2	95.5	57.5
3	120.5	83.5

(C)

次序	圆心坐标	半径/m
1	45	21.0
2	79.5	19.5
3	99.0	19.0

(D)

次序	圆心坐标	半径/m
1	39.5	26.5
2	63.5	35.5
3	77.5	40.5

3. 某土样固结试验成果如下表所示。

题 3 表

压力 P/kPa	50	100	200
稳定校正后的变形量 Δh_i/mm	0.155	0.263	0.565

试样天然孔隙比 $e_0=0.656$，该试样在压力 100～200 kPa 的压缩系数及压缩模量为(　　)。

(A) $a_{1-2}=0.15\ \mathrm{MPa}^{-1}$，$E_{s1-2}=11$ MPa

(B) $a_{1-2}=0.25\ \mathrm{MPa}^{-1}$，$E_{s1-2}=6.6$ MPa

(C) $a_{1-2}=0.45\ \mathrm{MPa}^{-1}$，$E_{s1-2}=3.7$ MPa

(D) $a_{1-2}=0.55\ \mathrm{MPa}^{-1}$，$E_{s1-2}=3.0$ MPa

4. 粉质黏土层中旁压试验结果如下，测量腔初始固有体积 $V_c=491.0\ \mathrm{cm}^3$，初始压力对应的体积 $V_0=134.5\ \mathrm{cm}^3$，临塑压力对应的体积 $V_f=217.0\ \mathrm{cm}^3$，直线段压力增量 $\Delta P=0.29$ MPa，泊松比 $\mu=0.38$，旁压模量为(　　)。

(A) 3.5 MPa　　(B) 6.5 MPa　　(C) 9.5 MPa　　(D) 12.5 MPa

5. 水泥土搅拌桩复合地基，桩径为 500 mm，矩形布桩，桩间距 $S_{ax}\times S_{ay}=1\ 200\ \mathrm{mm}\times 1\ 600\ \mathrm{mm}$，做单桩复合地基静载试验，承压板应选用(　　)。

(A) 直径 $d=1\ 200$ mm 圆形承压板

(B) 1 390 mm×1 390 mm 方形承压板

(C) 1 200 mm×1 200 mm 方形承压板

(D) 直径为 1 390 mm 的圆形承压板

6. 某厂房柱基础如下图所示，$b\times l=2\ \mathrm{m}\times 3\ \mathrm{m}$，受力层范围内有淤泥质土层③，该层修正后的地基承载力特征值为 135 kPa，荷载效应标准组合时基底平均压力 $P_k=202$ kPa，则淤泥质土层顶面处自重应力与附加应力的和为(　　)。

(A) $P_{cz}+P_z=99$ kPa　　(B) $P_{cz}+P_z=103$ kPa

(C) $P_{cz}+P_z=108$ kPa　　(D) $P_{cz}+P_z=113$ kPa

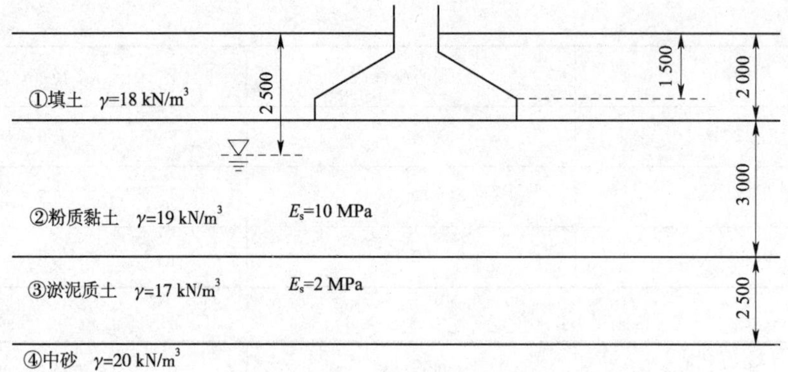

题 6 图(尺寸单位:mm)

7. 暂无

8. 某正常固结土层厚 2.0 m,平均自重应力 $P_{cz}=100$ kPa;压缩试验数据见下表,建筑物平均附加应力 $P_0=200$ kPa,该土层最终沉降量最接近(　　)。

题 8 表

压力 P/kPa	0	50	100	200	300	400
孔隙比 e	0.984	0.900	0.828	0.752	0.710	0.680

(A)10.5 cm(11.9)　(B)12.9 cm　(C)14.2 cm(8.3)　(D)17.8 cm

9. 某地下车库位于公共活动区,平面面积为 4 000 m³,顶板上覆土层厚 1.0 m,重度 $r=18$ kN/m³,公共活动区可变荷载为 10 kPa,顶板厚度为 30 cm,顶板顶面标高与地面标高相等,底板厚度 50 cm,混凝土重度为 25 kN/m³,侧墙及梁柱总重 10 MN,车库净空为 4.0 m,抗浮计算水位为 1.0 m,土体不固结不排水抗剪强度 $C_u=35$ kPa,下列对设计工作的判断中不正确的是(　　)。

(A)抗浮验算不满足要求,应设抗浮桩

(B)不设抗浮桩,但在覆土以前不应停止降水

(C)按使用期的荷载条件不需设置抗浮桩

(D)不需验算地基承载力及最终沉降量

10. 相邻两座 A、B 楼,由于建 B 楼使 A 楼产生附加沉降,如下图所示,A 楼的附加沉降量接近于(　　)。

(A)0.9 cm　(B)1.2 cm　(C)2.4 cm　(D)3.2 cm

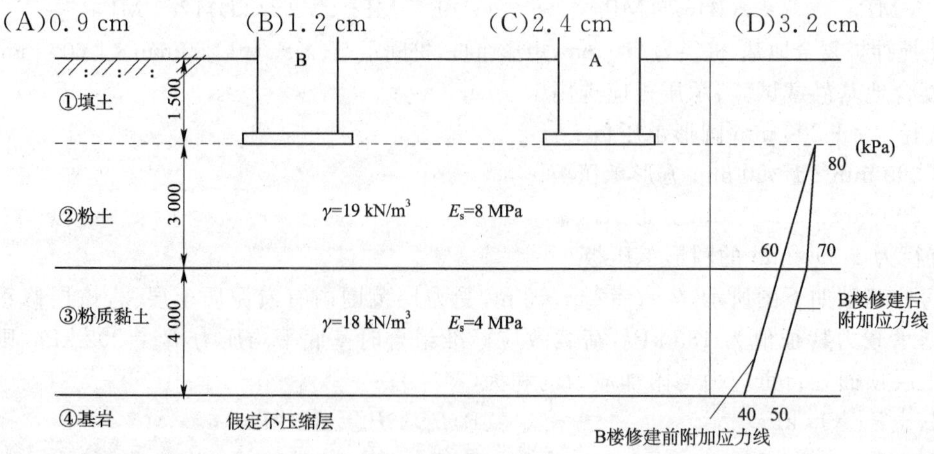

题 10 图

11. 超固结黏土层厚度为 4.0 m，前期固结压力 P_c=400 kPa，压缩指数 C_c=0.3，再压缩曲线上回弹指数 C_e=0.1，平均自重压力 P_{cz}=200 kPa，天然孔隙比 e_0=0.8，建筑物平均附加应力在该土层中为 P_0=300 kPa，该黏土层最终沉降量最接近于(　　)。

(A)8.5 cm　　(B)11 cm　　(C)13.2 cm　　(D)15.8 cm

12. 柱下独立基础底面尺寸为 3 m×5 m，F_1=300 kN，F_2=1 500 kN，M=900 kN·m，F_H=200 kN，如下图所示，基础埋深 d=1.5 m，承台及填土平均重度 γ=20 kN/m³，计算基础底面偏心距最接近于(　　)。

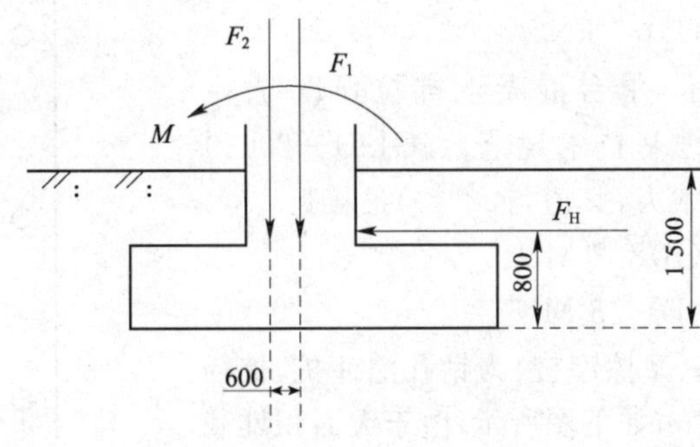

题 12 图(尺寸单位：mm)

(A)23 cm　　(B)47 cm　　(C)55 cm　　(D)83 cm

13. 某框架柱采用桩基础，承台下 5 根 ϕ=600 mm 的钻孔灌注桩，桩长 l=15 m，如下图所示，承台顶面处柱竖向轴力 F_k=3 840 kN，M_y=161 kN·m，承台及其上覆土自重标准值 G_k=447 kN，基桩最大竖向力标准值 N_{max}为(　　)。

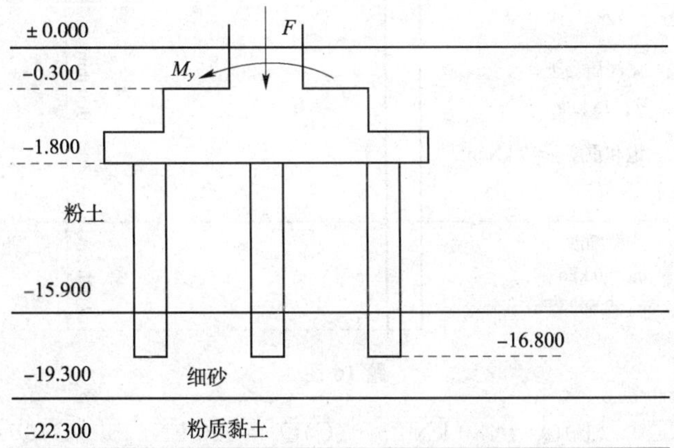

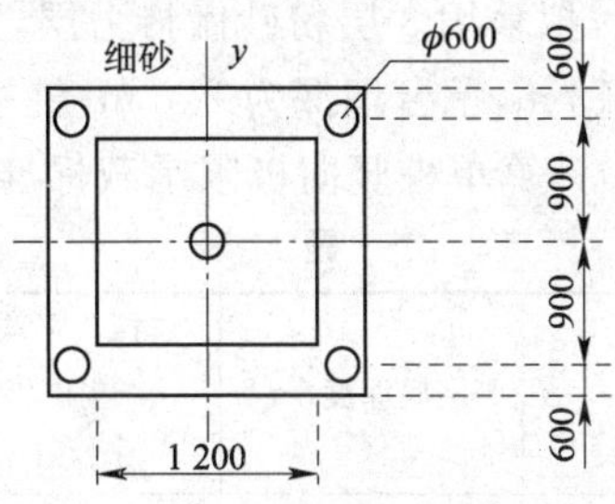

题 13 图(尺寸单位：mm)

(A)831 kN　　(B)858 kN　　(C)886 kN　　(D)902 kN

14. 群桩基础，桩径 $d=0.6$ m，桩的换算埋深 $\alpha h \geqslant 4.0$，单桩水平承载力设计值 $R_h=50$ kN（位移控制）沿水平荷载方向布桩排数 $n_1=3$ 排，每排桩数 $n_2=4$ 根，距径比 $S_a/d=3$，承台底位于地面上 50 mm，按《建筑桩基技术规范》（JGJ 94—2008）计算群桩中复合基桩水平承载力设计值最接近（　）。

(A)45 kN　　(B)50 kN

(C)55 kN　　(D)65 kN

15. 柱下桩基如右图所示，承台混凝土抗拉强度 $f_t=1.91$ MPa。按《建筑桩基技术规范》（JGJ 94—2008）计算承台长边受剪承载力，其值与（　　）最接近。

(A)6.2 MN　　(B)8.2 MN

(C)10.2 MN　　(D)9.5 MN

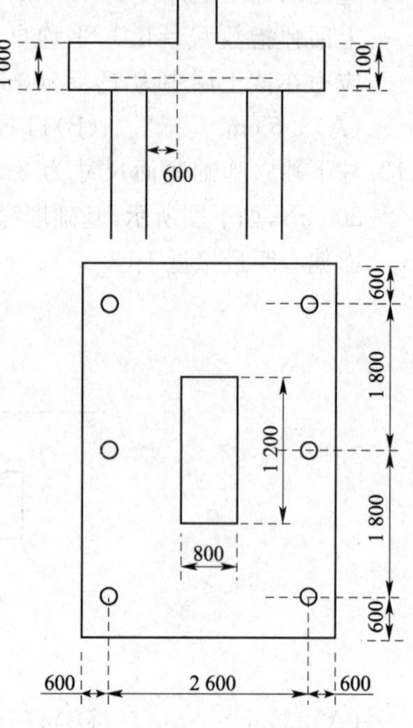

题 15 图（尺寸单位：mm）

16. 某一柱一桩（二级桩基、摩擦型桩）为钻孔灌注桩，桩径 $d=850$mm，桩长 $l=22$ m，如下图所示，由于大面积堆载引起负摩阻力，按《建筑桩基技术规范》（JGJ 94—2008）计算得下拉荷载标准值最接近（　　）（已知中性点为 $l_n/l_0=0.8$，淤泥质土负摩阻力系数 $\xi_n=0.2$，负摩阻力群桩效应系数 $\eta_n=1.0$）。

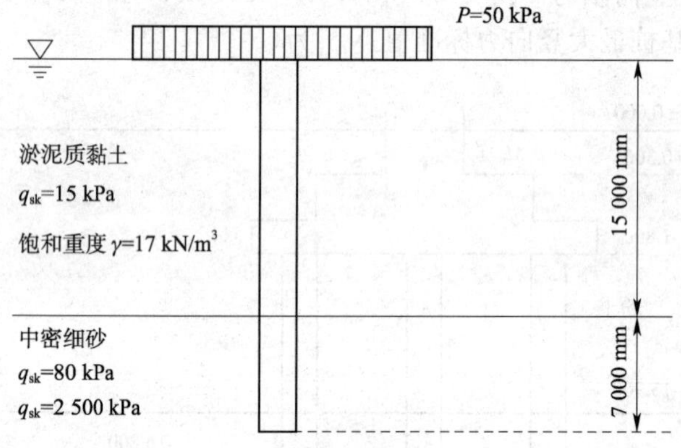

题 16 图

(A)$Q_g^n=400$ kN　　(B)$Q_g^n=480$ kN　　(C)$Q_g^n=580$ kN　　(D)$Q_g^n=680$ kN

17. 某工程双桥静探资料见下表，拟采用③层粉砂做持力层，采用混凝土方桩，桩断面尺寸为 400 mm×400 mm，桩长 $l=13$ m，承台埋深为 2.0 m，桩端进入粉砂层 2.0 m，按《建筑桩基技术规范》（JGJ 94—2008）计算单桩竖向极限承载标准值最接近（　　）。

题 17 表

层序	土名	层底深度/m	探头平均侧阻力 f_{si}/kPa	探头阻力 q_c/kPa	柱侧阻力综合修正系数 β_i
1	填土	1.5			
2	淤泥质黏土	13	12	600	2.56
3	饱和粉砂	20	110	12 000	0.61

(A)1 220 kN　(B)1 580 kN　(C)1 715 kN　(D)1 900 kN

18. 某软土地基天然地基承载力 $f_{sk}=80$ kPa，采用水泥土深层搅拌法加固，桩径 $d=0.5$ m，桩长 $l=15$ m，搅拌桩单柱承载力特征值 $R_a=160$ kN，桩间土承载力折减系数 $\beta=0.75$，单桩承载力发挥系数为 1.0，要求复合地基承载力达到 180 kPa，则置换率应为(　　)。

(A)0.14　(B)0.16　(C)0.18　(D)0.20

19. 某工程场地为软土地基，采用 CFG 桩复合地基处理，桩径 $d=0.5$ m，按正三角形布桩，桩距 $S=1.1$ m，桩长 $l=15$ m，要求复合地基承载力特征值 $f_{spk}=180$ kPa，单桩承载力特征值 R_a 及加固土试块立方体抗压强度平均值 f_{cu} 应为(　　)(取置换率 $m=0.2$，桩间土承载力特征值 $f_{sk}=80$ kPa，折减系数 $\beta=0.4$，单桩承载力发挥系数为 1.0)。

(A)$R_a=151$ kPa，$f_{cu}=3\ 210$ kPa　(B)$R_a=155$ kPa，$f_{cu}=2\ 370$ kPa

(C)$R_a=159$ kPa，$f_{cu}=2\ 430$ kPa　(D)$R_a=163$ kPa，$f_{cu}=2\ 490$ kPa

20. 天然地基各土层厚度及参数如下表所示，采用深层搅拌桩复合地基加固，单桩承载力发挥系数为 1.0，桩径 $d=0.6$ m，桩长 $l=15$ m，水泥土试块立方体抗压强度平均值 $f_{cu}=2\ 640$ kPa，桩身强度折减系数 $\eta=0.25$，桩端土承载力折减系数为 0.5，搅拌桩单桩承载力可取(　　)。

题 20 表

土层序号	厚度	侧阻力特征值/kPa	端阻力特征值/kPa
1	3	7	120
2	6	6	100
3	18	8	150

(A)219 kN　(B)203 kN　(C)187 kN　(D)180 kN

21. 某天然地基 $f_{sk}=100$ kPa，采用振冲挤密碎石桩复合地基，桩长 $l=10$ m，桩径 $d=1.2$ m，按正方形布桩，桩间距 $S=1.8$ m，单桩承载力特征值 $f_{pk}=450$ kPa，桩设置后，桩间土承载力提高 20%，则复合地基承载力特征值为(　　)。

(A)248 kPa　(B)235 kPa　(C)222 kPa　(D)209 kPa

22. 在采用塑料排水板进行软土地基处理时需换算成等效砂井直径，现有宽 100 mm、厚 3 mm 的排水板，等效砂井换算直径应取(　　)。

(A)55 mm　(B)60 mm　(C)65 mm　(D)70 mm

23. 松砂填土土堤边坡高 $H=4.0$ m，填料重度 $\gamma=20$ kN/m³，内摩擦角 $\varphi=35°$，黏聚力 $c\approx0$，边坡坡角接近(　　)时边坡稳定性系数最接近于 1.25。

(A)25°45′　(B)29°15′

(C)32°30′　(D)33°42′

24. 某基坑剖面如下图所示，按水土分算原则并假定地下水为稳定渗流，E 点处内外两侧水压力相等，则墙身内外水压力抵消后作用于每米支护结构的总水压力(按图中三角形分布计算)净值应等于下列(　　)($\gamma_w=10$ kN/m³)。

(A)1 620 kN/m　(B)1 215 kN/m

(C)1 000 kN/m　(D)810 kN/m

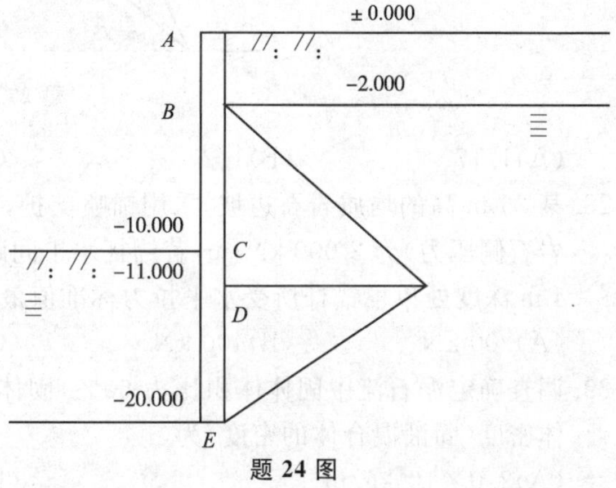

题 24 图

25. 基坑坑底下有承压含水层，如下图所示示，已知不透水层土的天然重度 $\gamma=20\ kN/m^3$，水的重度 $\gamma_w=10\ kN/m^3$，如要求基坑底抗突涌稳定系数 K 不小于 1.1，则基坑开挖深度 h 不得大于（　　）。

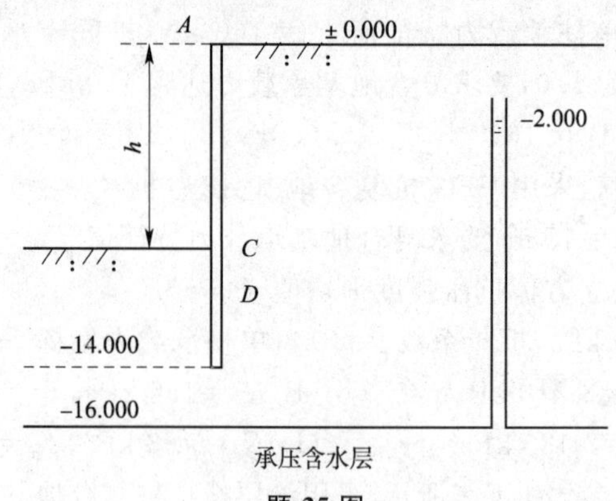

题 25 图

(A)7.5 m　　(B)8.3 m　　(C)9.0 m　　(D)9.5 m

26. 重力式挡墙如下图所示，挡墙底面与土的摩擦系数 $\mu=0.4$，墙背与填土间摩擦角 $\delta=15°$，则抗滑移稳定系数最接近下列（　　）。

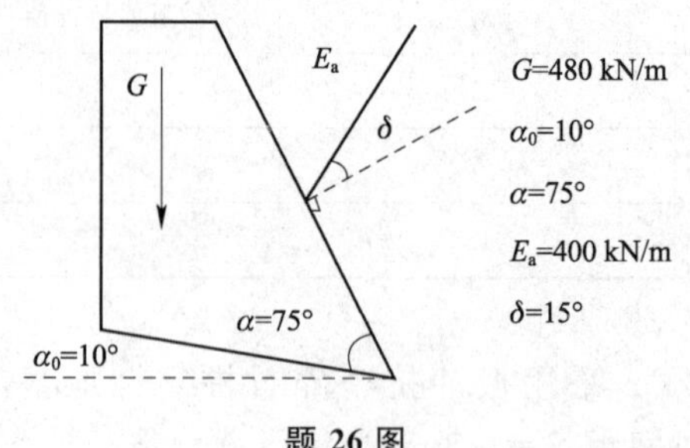

题 26 图

(A)1.20　　(B)1.25　　(C)1.30　　(D)1.35

27. 用砂性土填筑的路堤（见下图），高度为 3.0 m，顶宽 26 m，坡率为 1∶1.5，采用直线滑动面法检算其边坡稳定性，$\varphi=30°$，$c=0.1$ kPa，假设滑动面倾角 $\alpha=25°$，滑动面以上土体重 $W=52.2$ kN/m，滑面长 $L=7.1$ m，则抗滑动稳定性系数 K 为（　　）。

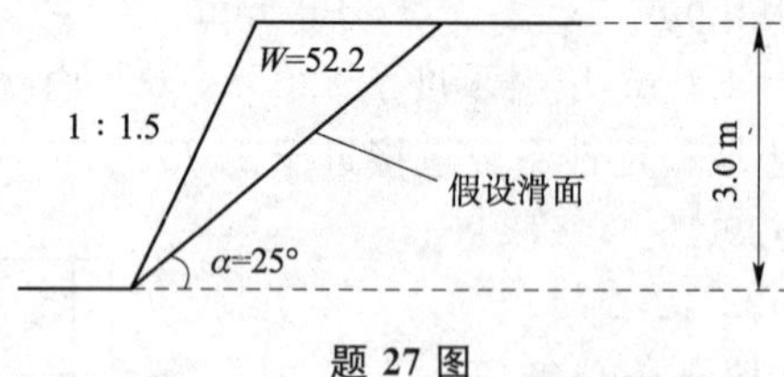

题 27 图

(A)1.17　　(B)1.27　　(C)1.37　　(D)1.47

28. 某 25 m 高的均质岩石边坡，采用锚喷支护，侧向岩石压力合力水平分力标准值（即单宽岩石侧压力）为 2 000 kN/m，若锚杆水平间距 $S_{xj}=4.0$ m，垂直间距 $S_{yj}=2.5$ m，距坡顶 4 m 深度处单根锚杆所受水平拉力标准值最接近（　　）。

(A)200 kN　　(B)400 kN　　(C)600 kN　　(D)710 kN

29. 调查确定泥石流中固体体积比为 60%，固体密度为 $\rho=2.7\times10^3\ kg/m^3$，该泥石流的流体密度（固液混合体的密度）为（　　）。

(A)$2.0\times10^3 kg/m^3$　　(B)$1.6\times10^3 kg/m^3$

(C)1.5×10³kg/m³　　　　　　　　(D)1.1×10³kg/m³

30. 某路堤的地基土为薄层均匀冻土层，稳定融土层深度为3.0 m，融沉系数为10%，融沉后体积压缩系数为0.3 kPa^{-1}，即E_s=3.33 MPa，基底平均总压力为180 kPa，该层的融沉及压缩总量接近（　　）。

(A)16 cm　　(B)30 cm　　(C)46 cm　　(D)192 cm

31. 某组原状样室内压力P与膨胀率δ_{ep}的关系如下表所示，按《膨胀土地区建筑技术规范》(GB 50112—2013)计算，膨胀力p_c最接近（　　）[可用作图法（见下图）或插入法近似求得]。

题31表

试验次序	膨胀率δ_{ep}	垂直压力P/kPa
1	8%	0
2	4.7%	25
3	1.4%	75
4	−0.6%	125

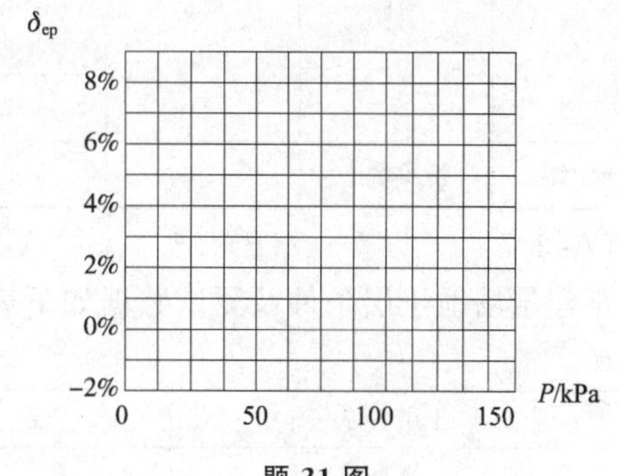

题31图

(A)90 kPa　　(B)98 kPa　　(C)110 kPa　　(D)120 kPa

32. 某滑坡需做支挡设计，根据勘察资料滑坡体分3个条块，如下图、下表所示，已知c=10 kPa，φ=10°，滑坡推力安全系数取1.15，第三块滑体的下滑推力F_3为（　　）。

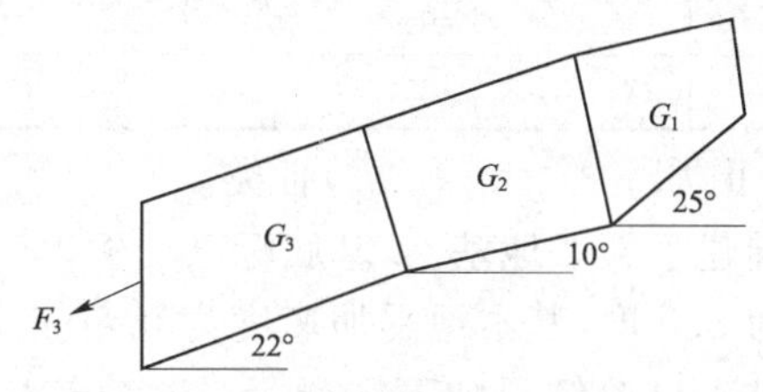

题32图

题32表

条块编号	条块重力 G/(kN/m)	条块滑动面长度L/m
1	500	11.03
2	900	10.15
3	700	10.79

(A)39.9 kN/m　　　　(B)49.3 kN/m

(C)79.2 kN/m　　　　(D)109.1 kN/m

33. 某建筑场地抗震设防烈度为7度，地基设计基本地震加速度为0.15g，设计地震分组为第二组，地下水位埋深2.0 m，未打桩前的液化判别等级如下表所示，采用打入式混凝土预制桩，桩截面为400 mm×400 mm，桩长l=15 m，桩间距S=1.6 m，桩数20×20根，置换率ρ=0.063，打桩后液化指数由原来的12.9降为下列（　　）。

题 33 表

地质年代	土层名称	层底深度/m	标准贯入试验深度/m	实测击数	临界击数	计算厚度/m	权函数	液化指数
新近	填土	1						
Q_4	黏土	3.5						
	粉砂	8.5	4	5	11	1.0	10	5.45
			5	9	12	1.0	10	2.5
			6	14	13	1.0	9.3	
			7	6	14	1.0	8.7	4.95
Q_3	粉质黏土	20	8	16	15	1.0	8.0	

(A)2.7　　(B)4.5　　(C)6.8　　(D)8.0

34. 某建筑场地土层条件及测试数据如下表所示，判别该场地属(　　)类别。

题 34 表

土层名称	层底深度/m	剪切波速 v_s/(m/s)
填土	1.0	90
粉质黏土	3.0	180
淤泥质黏土	11.0	110
细砂	16	480
黏质粉土	20	400
基岩	>25	>500

(A)Ⅰ类　　(B)Ⅱ类　　(C)Ⅲ类　　(D)Ⅳ类

35. 某一高层建筑物箱形基础建于天然地基上，基底标高－6.000，地下水埋深－8.000，如下图所示。地震设防烈度为8.0度，基本地震加速度为0.20g，设计地震分组为第一组，为判定液化等级进行标准贯入试验结果如下图所示，按《建筑抗震设计规范》(GB 50011—2010)计算液化指数并划分液化等级，下列(　　)是正确的。

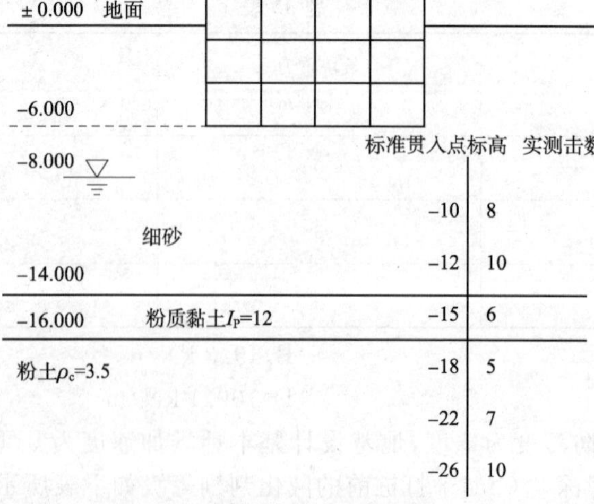

题 35 图

(A)I_{lE}=5.7,轻微液化　　(B)I_{lE}=6.23,中等液化

(C)I_{lE}=9.19,中等液化　　(D)I_{lE}=13.89,中等液化

专业案例(下午卷)

1.原状取土器外径 D_w=75 mm,内径 d_s=71.3 mm,刃口内径 D_e=70.6 mm,取土器具有延伸至地面的活塞杆,按《岩土工程勘察规范》(GB 50021—2001)(2009 年版)规定,该取土器为(　　)。

(A)面积比为 12.9,内间隙比为 0.52 的厚壁取土器

(B)面积比为 12.9,内间隙比为 0.99 的固定活塞厚壁取土器

(C)面积比为 10.6,内间隙比为 0.99 的固定活塞薄壁取土器

(D)面积比为 12.9,内间隙比为 0.99 的固定活塞薄壁取土器

2.某建筑场地在稍密砂层中进行浅层平板载荷试验,方形压板底面积为 0.5 m^3,压力与累积沉降量关系如下表所示。

题 2 表

压力 P/kPa	25	50	75	100	125	150	175	200	225	250	275
累积沉降量 S/mm	0.88	1.76	2.65	3.53	4.41	5.30	6.13	7.25	8.00	10.54	15.80

变形模量 E_0 最接近于下列(　　)(土的泊松比 μ=0.33)。

(A)9.8 MPa　　(B)13.3 MPa　　(C)15.8 MPa　　(D)17.7 MPa

3.某钻孔进行压水试验,试验段位于水位以下,采用安设在与试验段连通的侧压管上的压力表测得水压力为 0.75 MPa,压力表中心至压力计算零线的水柱压力为0.25 MPa,试验段长度 5.0 m,试验时渗漏量为 50 L/min,试计算透水率为(　　)。

(A)5 Lu　　(B)10 Lu　　(C)15 Lu　　(D)20 Lu

4.某轻型建筑物采用条形基础,单层砌体结构严重开裂,外墙窗台附近有水平裂缝,墙角附近有倒八字裂缝,有的中间走廊地坪有纵向开裂,建筑物的开裂最可能的原因是(　　)。

(A)湿陷性土浸水引起　　(B)膨胀性土胀缩引起

(C)不均匀地基差异沉降引起　　(D)水平滑移拉裂引起

5.某建筑物基础宽 b=3.0 m,基础埋深 d=1.5 m,建于 φ=0 的软土层上,土层无侧限抗压强度标准值 q_u=6.6 kPa,基础底面上下的软土重度均为 18 kN/m^3,按《建筑地基基础设计规范》(GB 50007—2011)中计算承载力特征值的公式计算,承载力特征值为(　　)。

(A)10.4 kPa　　(B)20.7 kPa　　(C)37.4 kPa　　(D)47.7 kPa

6.6 层普通住宅砌体结构无地下室,平面尺寸为 9 m×24 m,季节冻土设计冻深 0.5 m,地下水埋深 7.0 m,布孔均匀,孔距 10.0 m,相邻钻孔间基岩面起伏可达 7.0 m,基岩浅的代表性钻孔资料是:0～3.0 m 为中密中砂,3.0～5.5 m 为硬塑黏土,以下为薄层泥质灰岩;基岩深的代表性钻孔资料为 0～3.0 m 为中密中砂,3.0～5.5 m 为硬塑黏土,5.5～14 m 为可塑黏土,以下为薄层泥质灰岩。根据以上资料,下列(　　)是正确且合理的。

(A)先做物探查明地基内的溶洞分布情况

(B)优先考虑地基处理,加固浅部土层

(C)优先考虑浅埋天然地基,验算沉降及不均匀沉降

(D)优先考虑桩基，以基岩为持力层

7. 某建筑物地基需要压实填土 8 000 m^3，控制压实后的含水率 $w_1=14\%$、饱和度 $S_r=90\%$、填料重度 $\gamma=15.5\ kN/m^3$、天然含水率 $w_0=10\%$、相对密度为 $G_S=2.72$，此时需要填料的方量最接近于下列(　　)。

(A)10 650 m^3　　(B)10 850 m^3　　(C)11 050 m^3　　(D)11 250 m^3

8. 某住宅采用墙下条形基础，建于粉质黏土地基上，未见地下水，由载荷试验确定的承载力特征值为 220 kPa，基础埋深 $d=1.0$ m，基础底面以上土的加权平均重度 $\gamma_m=18\ kN/m^3$，天然孔隙比 $e=0.70$，液性指数 $I_L=0.80$，基础底面以下土的平均重度 $\gamma=18.5\ kN/m^3$，基底荷载标准值为 $F=300$ kN/m，修正后的地基承载力最接近下列(　　)(承载力修正系数 $\eta_b=0.3$，$\eta_d=1.6$)。

(A)224 kPa　　(B)228 kPa　　(C)234 kPa　　(D)240 kPa

9. 偏心距 $e<0.1$ m 的条形基础底面宽 $b=3$ m，基础埋深 $d=1.5$ m，土层为粉质黏土，基础底面以上土层加权平均重度 $\gamma_m=18.5\ kN/m^3$，基础底面以下土层重度 $\gamma=19\ kN/m^3$，饱和重度 $\gamma_{sat}=20\ kN/m^3$，内摩擦角标准值 $\varphi_k=20°$，黏聚力标准值 $c_k=10$ kPa，当地下水位从基底下很深处上升至基础底面时(同时不考虑地下水位对抗剪强度参数的影响)，地基(　　)($M_b=0.51$，$M_d=3.06$，$M_c=5.66$)。

(A)承载力特征值下降 8%　　(B)承载力特征值下降 4%

(C)承载力特征值无变化　　(D)承载力特征值上升 3%

10. 如下图所示，某直径为 10.0 m 的油罐基底附加压力为 100 kPa，油罐轴线上罐底面以下 10 m处附加压力系数 $\alpha=0.285$，由观测得到油罐中心的底板沉降为 200 mm，深度 10 m 处的深层沉降为 40 mm，则 10 m 范围内土层的平均反算压缩模量最接近于(　　)。

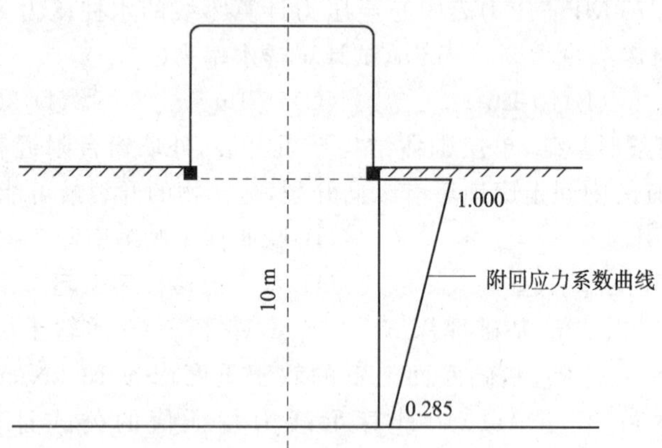

题 10 图

(A)2 MPa　　(B)3 MPa

(C)4 MPa　　(D)5 MPa

11. 如下图所示，一高度为 30 m 的塔桅结构，刚性联结设置在宽度 $b=10$ m、长度 $l=11$ m、埋深 $d=2.0$m 的基础板上，包括基础自重的总重 $W=7.5$ MN，地基土为内摩擦角$\varphi=35°$的砂土，如已知产生失稳极限状态的偏心距为 $e=4.8$ m，基础侧面抗力不计，则作用于塔顶的水平力接近于(　　)

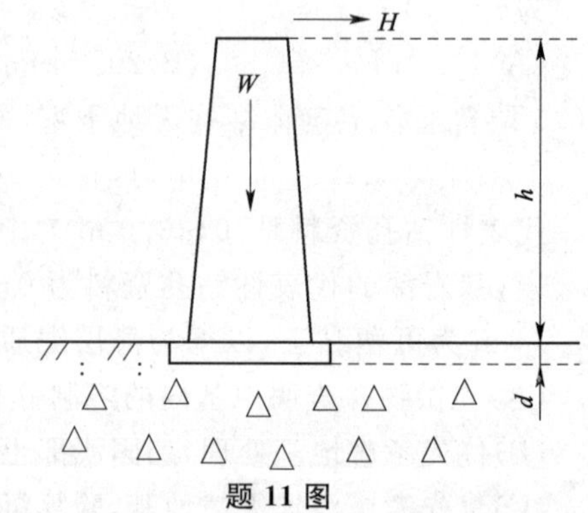

题 11 图

时，结构将出现失稳而倾倒的临界状态。

(A)1.5 MN　　(B)1.3 MN　　(C)1.1 MN　　(D)1.0 MN

12. 建筑物基础底面积为 4 m×8 m，荷载效应准永久组合时上部结构传下来的基础底面处的竖向力 F=1 920 kN，基础埋深 d=1.0 m，土层天然重度 γ=18 kN/m^3，地下水位埋深为 1.0 m，基础底面以下平均附加压力系数如下表所示，沉降计算经验系数 φ_s=1.1，按《建筑地基基础设计规范》(GB 50007—2011)计算，最终沉降量最接近下列(　　)。

题 12 表

Z_i/m	l/b	$2Z_i/b$	$\overline{\alpha}_i$	$\overline{\alpha}_i=4\overline{\alpha}_i$	$Z_i\overline{\alpha}_i$	E_s/MPa	$Z_i\overline{\alpha}_i-Z_{i-1}\overline{\alpha}_{i-1}$
0	2	0	0.25	1	0		
2	2	1	0.234	0.936 0	1.872	10.2	1.872
6	2	3	0.161 9	0.647 6	3.886	3.4	2.014

(A)3.0 cm　　(B)3.6 cm　　(C)4.2 cm　　(D)4.8 cm

13. 某厂房采用柱下独立基础，基础尺寸 4 m×6 m，基础埋深为 2.0 m，地下水位埋深1.0 m，持力层为粉质黏土(天然孔隙比为 0.8，液性指数为 0.75，天然重度为18 kN/m^3)。在该土层上进行三个静载荷试验，实测承载力特征值分别为 130 kPa、110 kPa 和 135 kPa，按《建筑地基基础设计规范》(GB 50007—2011)作深宽修正后的地基承载力特征值最接近(　　)。

(A)110 kPa　　(B)125 kPa　　(C)140 kPa　　(D)160 kPa

14. 某端承型单桩基础，桩入土深度 12 m，桩径 d=0.8 m，桩顶荷载 N_k=500 kN，由于地表进行大面积堆载而产生了负摩阻力，负摩阻力平均值为 q_s^n=20 kPa，中性点位于桩顶下 6 m，求桩身最大轴力最接近于(　　)。

(A)500 kN　　(B)650 kN　　(C)800 kN　　(D)900 kN

15. 一穿过自重湿陷性黄土端承于含卵石的极密砂层的高承台基桩，有关土性系数及深度值如下图所示。当地基严重浸水时，按《建筑桩基技术规范》(JGJ 94—2008)计算，负摩阻力 Q_g^n 最接近(　　)(计算时取 ξ_n=0.3，η_n=1.0，饱和度为 80%时的平均重度为 18 kN/m^3，桩周长 u=1.884 m，下拉荷载累计至砂层顶面)。

(A)178 kN　　(B)366 kN　　(C)509 kN　　(D)610 kN

层底深度/m	层厚/m	自重湿陷系数 δ_{zs}	第i层中点深度/m	桩侧正摩阻力/kPa
2	2	0.003	1.0	15
5	3	0.065	3.5	30
7	2	0.003	6.0	40
10	3	0.075	8.5	50
13	3			80

题 15 图

16. 某柱下桩基($\gamma_0=1$)如右图所示，柱宽 $h_c=0.6$ m，承台有效高度 $h_0=1.0$ m，冲跨比$\lambda=0.7$，承台混凝土抗拉强度设计值 $f_t=1.71$ MPa，作用于承台顶面的竖向力设计值$F=7\ 500$ kN，按《建筑桩基技术规范》(JGJ 94—2008)验算柱冲切承载力时，下述结论(　　)最正确。

(A)受冲切承载力比冲切力小 800 kN

(B)受冲切承载力与冲切力相等

(C)受冲切承载力比冲切力大 810 kN

(D)受冲切承载力比冲切力大 2 155 kN

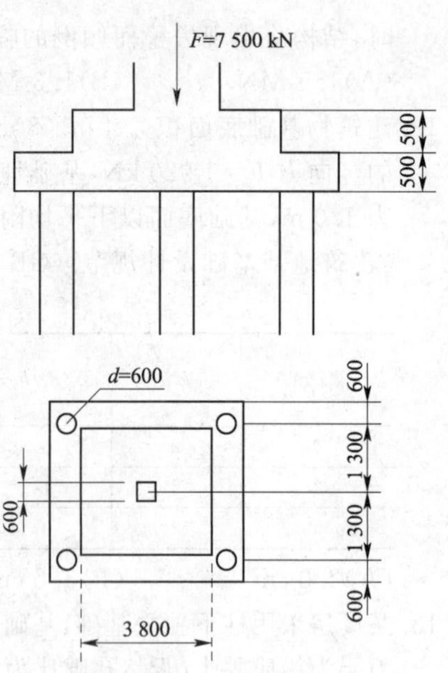

题 16 图(尺寸单位:mm)

17. 桩顶为自由端的钢管桩，桩径 $d=0.6$ m，桩入土深度 $h=10$ m，地基土水平抗力系数的比例系数 $m=10$ MN/m^4，桩身抗弯刚度$EI=1.7\times10^5$ kN·m^2，桩水平变形系数 $\alpha=0.59$，桩顶容许水平位移 $x_{0a}=10$ mm，按《建筑桩基技术规范》(JGJ 94—2008)计算，单桩水平承载力设计值最接近(　　)。

(A)75 kN　　(B)90 kN

(C)107 kN　　(D)175 kN

18. 如下图所示，某泵房按二级桩基考虑，为抗浮设置抗拔桩，上拔力设计值为 600 kN，桩型采用钻孔灌注桩，桩径 $d=550$ mm，桩长 $l=16$ m，桩群边缘尺寸为 20 m×10 m，桩数为 50 根，按《建筑桩基技术规范》(JGJ 94—2008)计算群桩基础及基桩的抗拔承载力，下列(　　)与结果最接近(桩侧阻抗力分项系数 $\gamma_s=1.65$；抗拔系数 λ_i 对黏性土取0.7，对砂土取 0.6，桩身材料重度$\gamma=25$ kN/m^3；群桩基础平均重度 $\gamma=20$ kN/m^3)。

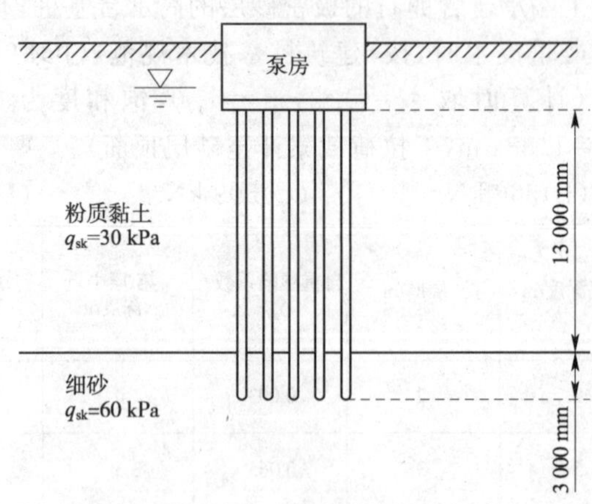

题 18 图

(A)群桩和基桩都满足要求　　(B)群桩满足要求，基桩不满足要求

(C)群桩不满足要求，基桩满足要求　　(D)群桩和基桩都不满足要求

19. 某群桩基础的平面、剖面如下图所示，已知作用于桩端平面处长期效应组合的附加压力为 300 kPa，沉降计算经验系数 $\psi=0.7$，其他系数见附表，按《建筑桩基技术规范》(JGJ 94—2008)估算群桩基础的沉降量，其值最接近(　　)。

附表：桩端平面下平均附加应力系数 $\bar{\alpha}$($a=b=2.0$ m)见下表。

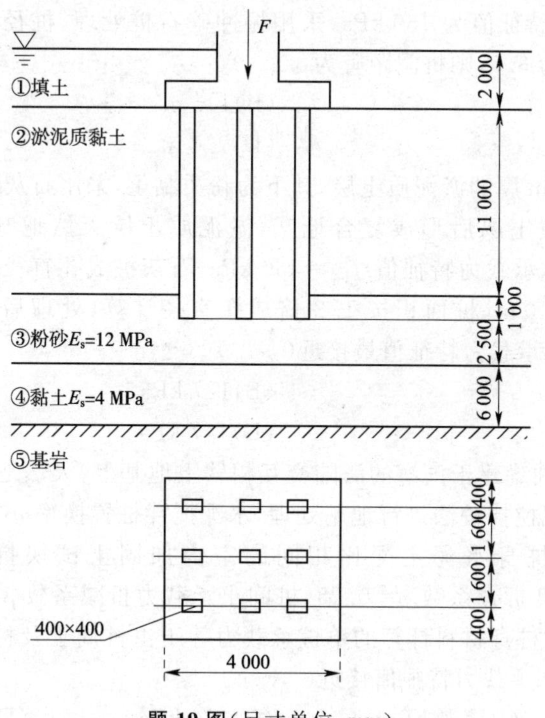

题 19 图(尺寸单位:mm)

题 19 表

Z_i/m	a/b	Z_i/b	$\bar{\alpha}_i$ 角	$\bar{\alpha}_i=4\bar{\alpha}_i$ 角	$Z_i\bar{\alpha}_i$	$Z_i\bar{\alpha}_i-Z_{i-1}\bar{\alpha}_{i-1}$
0	1	0	0.25	1.0	0	
2.5	1	1.25	0.214 8	0.859 2	2.148 0	2.148 0
8.5	1	4.25	0.107 2	0.428 8	3.644 8	1.496 8

(A)2.5 cm　(B)3.0 cm　(C)3.5 cm　(D)4.0 cm

20. 如下图所示,某场地中淤泥质黏土厚 15 m,下为不透水土层,该淤泥质黏土层固结系数 $C_h=C_v=2.0\times10^{-3}\text{cm}^2/\text{s}$,拟采用大面积堆载预压法加固,采用袋装砂井排水,井径为 d_w=70 mm,砂井按等边三角形布置,井距 S=1.4 m,井深度 15 m,预压荷载 P=60 kPa;一次匀速施加,时间为 12 d,开始加荷后 100 d,平均固结度接近(　)[按《建筑地基处理技术规范》(JGJ 79—2012)计算]。

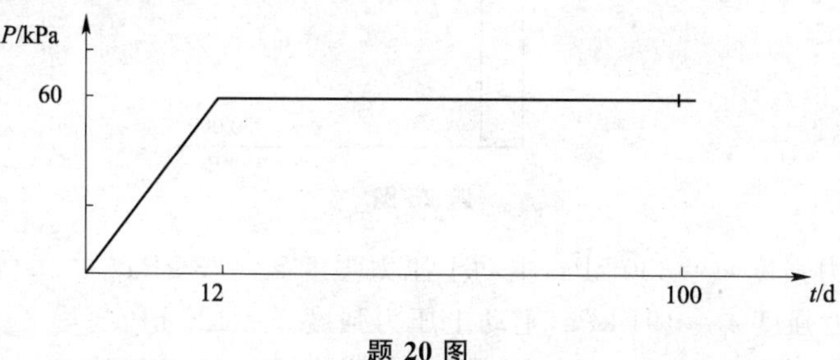

题 20 图

(A)0.80　(B)0.85　(C)0.90　(D)0.95

21. 某炼油厂建筑场地,地基土为山前洪坡积砂土,地基土天然承载力特征值为 100 kPa,设计要求地基承载力特征值为 180 kPa，采用振冲碎石桩处理，桩径为 0.9 m，按正三角形布桩，桩土应力比为 3.5，则桩间距宜为（　　）。

(A)1.2 m　　(B)1.5 m

(C)1.8 m　　(D)2.1 m

22. 某场地分布有 4.0 m 厚的淤泥质土层，其下为粉质黏土，采用石灰桩法进行地基处理，处理 4 m 厚的淤泥质土层后形成复合地基，淤泥质土层天然地基承载力特征值 f_{sk}=80 kPa，石灰桩桩体承载力特征值 f_{pk}=350 kPa，石灰桩成孔直径 d=0.35 m，按正三角形布桩，桩距 S=1.0 m，桩面积按 1.2 倍成孔直径计算，处理后桩间土承载力可提高 1.2 倍，则复合地基承载力特征值最接近（　　）。

(A)117 kPa　　(B)127 kPa

(C)137 kPa　　(D)147 kPa

23. 一座 5 万 m^3 的储油罐建于滨海的海陆交互相软土地基上，天然地基承载力特征值 f_{sk}=75 kPa，拟采用水泥搅拌桩法进行地基处理，水泥搅拌桩置换率 m=0.3，搅拌桩桩径 d=0.6 m，与搅拌桩桩身水泥土配比相同的室内加固土试块抗压强度平均值 f_{cu}=4 548 kPa，桩身强度折减系数 η=0.25，桩间土承载力折减系数 β=0.75，单桩承载力发挥系数为 1.0，如由桩身材料计算的单桩承载力等于由桩周土及桩端土抗力提供的单桩承载力，则复合地基承载力特征值接近（　　）。

(A)340 kPa　　(B)360 kPa　　(C)380 kPa　　(D)400 kPa

24. 一软土层厚 8.0 m，压缩模量 E_s=1.5 MPa，其下为硬黏土层，地下水位与软土层顶面一致，现在软土层上铺 1.0 m 厚的砂土层，砂层重度 γ=18 kN/m^3，软土层中打砂井穿透软土层，再采用 90 kPa 压力进行真空预压固结，使固结度达到 80%，此时已完成的固结沉降量最接近（　　）。

(A)40 cm　　(B)46 cm　　(C)52 cm　　(D)58 cm

25. 基坑剖面如下图所示，已知土层天然重度为 20 kN/m^3，有效黏摩擦角 φ'=30°，有效黏聚力 c'=0，若不计墙两侧水压力，按朗肯土压力理论分别计算支护结构底部 E 点内外两侧的被动土压力强度 e_p 及主动土压力强度 e_a 最接近下列（　　）（水的重度为 γ_w=10 kN/m^3）。

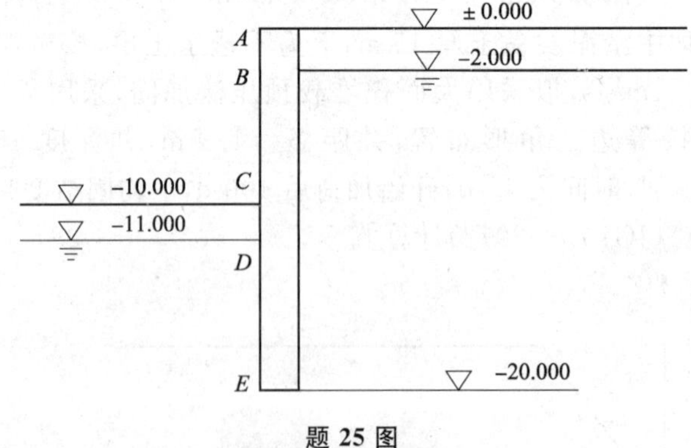

题 25 图

(A)被动土压力强度 e_p=330 kPa，主动土压力强度 e_a=73 kPa

(B)被动土压力强度 e_p=191 kPa，主动土压力强度 e_a=127 kPa

(C)被动土压力强度 e_p=600 kPa，主动土压力强度 e_a=133 kPa

(D)被动土压力强度 e_p=346 kPa，主动土压力强度 e_a=231 kPa

26. 已知作用于岩质边坡锚杆的水平拉力 H_{tk}=1 140 kN，锚杆倾角 α=15°，锚固体直径 D=

0.15 m，地层与锚固体的黏结强度 f_{rb} = 1 100 kPa，如工程重要性等级为三级，永久性锚杆，锚固体与地层间的锚固长度宜为（　　）。

(A)4.0 m　(B)4.5 m　(C)5.0 m　(D)5.5 m

27. 在水平均质具有潜水自由面的含水层中进行单孔抽水试验如下图所示，已知水井半径 r = 0.15 m，影响半径 R = 60 m，含水层厚度 H = 10 m，水位降深 S = 3.0 m，渗透系数 K = 25 m/d，流量最接近（　　）。

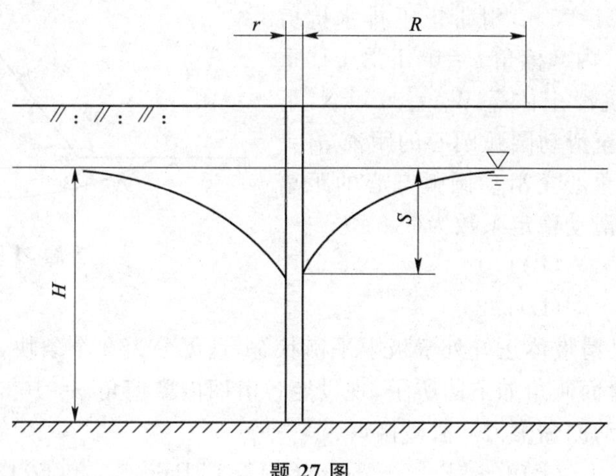

题 27 图

(A)572 m^3/d　(B)669 m^3/d　(C)737 m^3/d　(D)953 m^3/d

28. 在裂隙岩体中滑面 S 倾角为 30°，已知岩体重力为 1 200 kN/m，当后缘垂直裂隙充水高度 h = 10 m 时，下滑力最接近（　　）。

(A)1 030 kN/m　(B)1 230 kN/m　(C)1 430 kN/m　(D)1 630 kN/m

29. 如下图所示为某一墙面直立，墙顶面与土堤顶面齐平的重力式挡墙高 3.0 m、顶宽 1.0 m、底宽 1.6 m，已知墙背主动土压力水平分力 E_x = 175 kN/m，竖向分力 E_y = 55 kN/m，墙身自重 W = 180 kN/m，挡土墙抗倾覆稳定性系数最接近下列（　　）。

(A)1.05　(B)1.12　(C)1.20　(D)1.30

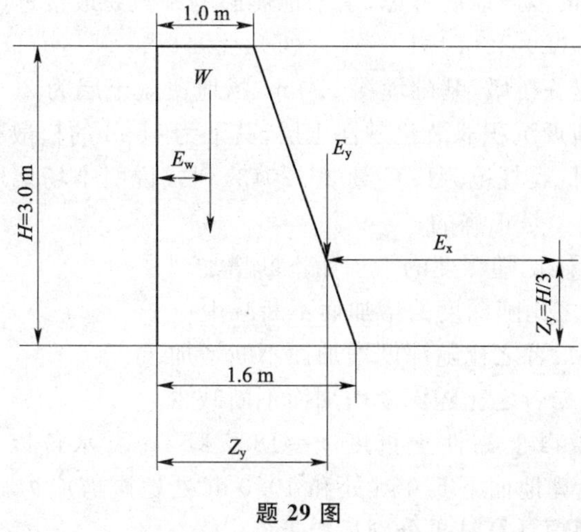

题 29 图

30. 某地段软黏土厚度超过 15 m，软黏土重度 γ = 16 kN/m^3，内摩擦角 φ = 0，黏聚力 c_u =

12 kPa，假设土堤及地基土为同一均质软土，若采用泰勒稳定数图解法确定土堤临界高度近似解公式[见《铁路工程特殊岩土勘察规程》(TB 10038—2012)]，建筑在该软土地基上且加荷速率较快的铁路路堤临界高度 H_c 最接近(　　)。

(A)3.5 m　(B)4.1 m　(C)4.8 m　(D)5.6 m

31. 如右图所示，一均匀黏性土填筑的路堤存在如下图所示的圆弧形滑面，滑面半径 $R=12.5$ m，滑面长 $L=25$ m，滑带土不排水抗剪强度 $C_u=19$ kPa，内摩擦角 $\varphi=0$，下滑土体重 $W_1=1\ 300$ kN，抗滑土体重 $W_2=315$ kN，下滑土体重心垂线至滑动圆弧圆心的距离 $d_1=5.2$ m，抗滑土体重心至滑动圆弧圆心的距离 $d_2=2.7$ m，则抗滑动稳定系数为(　　)。

(A)0.9　(B)1.0

(C)1.15　(D)1.25

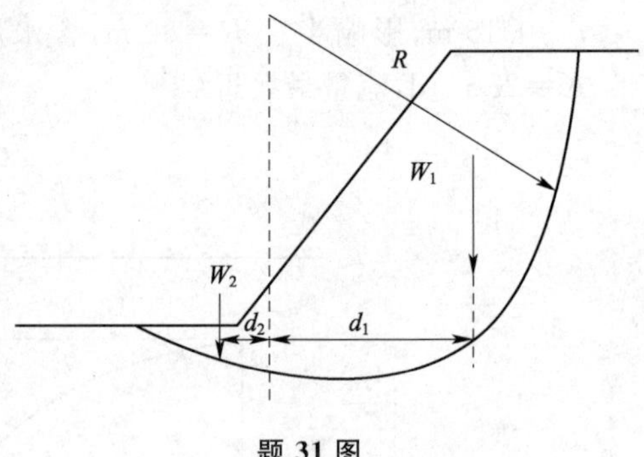

题 31 图

32. 根据勘察资料，某滑坡体正好处于极限平衡状态，且可分为 2 个条块，每个条块重力及滑面长度如下表，滑面倾角如下图所示，现设定各滑面内摩擦角 $\varphi=10°$，稳定系数 $K=1.0$，用反分析法求滑动面黏聚力 c 值最接近(　　)。

(A)9.0 kPa　(B)9.6 kPa　(C)12.3 kPa　(D)12.9 kPa

题 32 表

条块编号	重力 G/(kN/m)	滑动面长 L/m
1	600	11.55
2	1 000	10.15

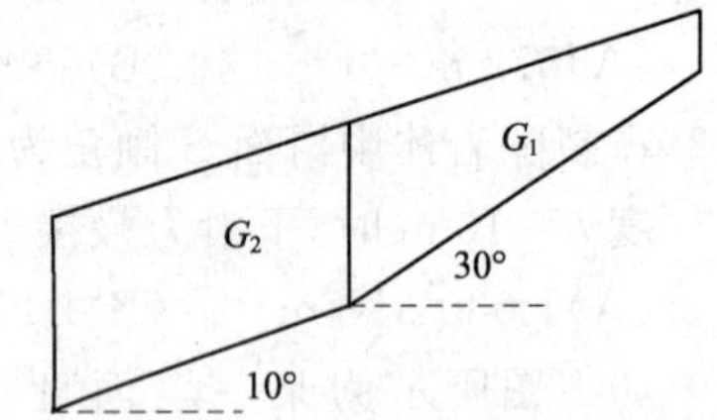

题 32 图

33. 某普通多层建筑结构自振周期 $T=0.5$ s，阻尼比 $\zeta=0.05$，天然地基场地覆盖土层厚度 30 m，等效剪切波速 $V_{se}=200$ m/s，设防烈度为 8 度，设计基本地震加速度为 $0.2g$，设计地震分组为第一组，按多遇地震考虑，水平地震影响系数 α 最接近(　　)。

(A)$\alpha=0.116$　(B)$\alpha=0.131$　(C)$\alpha=0.174$　(D)$\alpha=0.196$

34. 拟在 8 度烈度场地建一桥墩，基础埋深 2.0 m，场地覆盖土层为 20 m，地质年代均为 Q_4，地表下为 5.0 m 的新近沉积非液化黏性土层，其下为 15 m 的松散粉砂，地下水埋深 $d_w=5.0$ m，按《公路工程抗震规范》(JTG B02—2013)列式说明本场地地表下 20 m 范围土体各点 σ_0/σ_e，下述(　　)是正确的。

(A)从地面往下二者之比随深度的增加而不断增加

(B)从地面往下二者之比随深度的增加而不断减少

(C)从地面 5 m 以下二者之比随深度增加而不断增加

(D)从地面 5 m 以下二者之比随深度增加而不断减少

35. 按题 34 条件，如水位以上黏性土重度 $\gamma=18.5$ kN/m^3，水位以下粉砂饱和重度 $\gamma=20$ kN/m^3，试分别计算地面下 5.0 m 处和 10.0 m 处地震剪应力比(地震剪应力与有效覆盖压力之比)，上两项计算结果分别最接近(　　)。

(A)0.100、0.180　(B)0.125、0.160　(C)0.150、0.140　(D)0.175、0.120

2004年全国注册岩土工程师专业考试试卷参考答案(新解)

专业知识(上午卷)答案

一、单项选择题

1.(A)

据《岩土工程勘察规范》(GB 50021—2001)(2009年版)第3.3.3条和第3.3.4条,粒径大于0.075mm的颗粒质量超过总质量50%时为粉砂,不足50%且塑性指数小于等于10时为粉土。

2.(B)

据"V"字形法则,本题中A为水平岩层,B为倾向河流下游倾角小于河床坡度或倾向河流上源的岩层,C为倾向河流下游倾角大于河床坡度的岩层,D为垂直岩层。

3.(C)

据《岩土工程勘察规范》(GB 50021—2001)(2009年版)第9.4.5条及表F.0.1,ϕ75 mm薄壁取土器内径D_e约等于75 mm,在黏性土中取土器长度为$(10\sim15)D_e$,最小长度为$10D_e$,约75 cm,要求快速静力连续压入,钻机最小给进行程为75 cm。

4.(D)

(A)、(B)、(C)均正确,(D)不正确,因为取土器到位后,为切断土样与孔底土的联系可旋转2~3圈或稍加静止之后再提升,如立即起拔钻杆则土样可能从取土器中抽出来。

5.(C)

据教科书中莫尔—库仑强度理论作图要求或《土工试验方法标准》(GB/T 50123—1999)第16.5.13和第16.5.14条,莫尔圆与σ轴有两个交点,交点坐标为σ_1和σ_3,圆心在σ轴上,所以,圆心为$(\sigma_1+\sigma_3)/2$,半径为$(\sigma_1-\sigma_3)/2$。

6.(D)

据《土工试验方法标准》(GB/T 50123—1999)第14.1.12条,压缩指数$C_c=(e_i-e_{i+1})/(\lg P_{i+1}-\lg P_i)$,是无量纲的系数。

7.(C)

根据土力学中有关应力路径的知识,题中的应力路径是在σ_3不变,增加σ_1使土样破坏的情况下得到的,如下图所示,应力路线AC与横坐标的夹角为45°,因为$\triangle AOC$为等腰直角三角形。

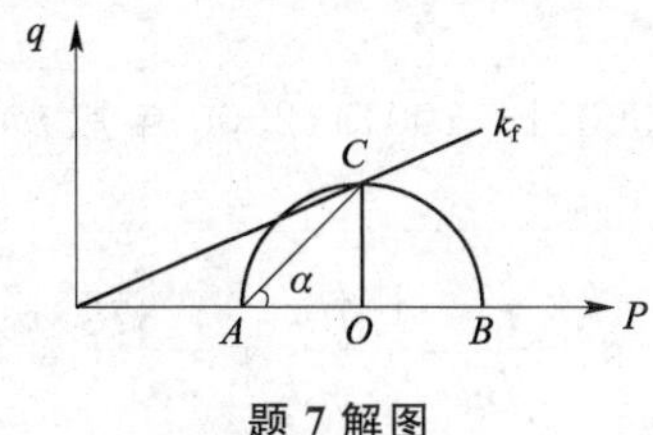

题7解图

8.(D)

据教科书中有关粒度分析曲线的相关内容,累积曲线a较陡,最大粒径与最小粒径相差较小,说明该曲线表示的土层分选较好,级配不良,即土中颗粒粒径比较集中;累积曲线b较平缓,最大粒径与最小粒径相差较大,说明曲线表示的土层分选不好,级配良好,即土中颗粒粒径比较分散;累积曲线 c 的中间有明显的平台,说明在该粒径段累积百分含量变化很小,即缺失该粒径段的颗粒粒组,级配不连续。

9. (B)

据《建筑地基基础设计规范》(GB 50007—2011)第 5.2.4 条,浅层平板载荷试验时,试坑直径一般大于压板直径的 3 倍,因此,可假定这时测得的地基承载力特征值是在半无限空间条件下的承载力,测试结果并未包含上覆土层的压力对承载力的影响,因此需对浅层平板载荷试验测得的地基承载力进行深度及宽度的修正,而深层平板载荷试验时,压板与井壁间距离很小,不能按半无限空间考虑,测试结果中已经包括了上覆土层对承载力的影响,因此,深层平板载荷试验测得的地基承载力不需进行深度修正,只需进行宽度修正。

10. (B)

据《工程地质手册》(第四版)第 256 页,曲线横坐标为压力 p(kPa),纵坐标为体积 v(cm^3),初始段为下凹曲线,且 $p=0$ 时 $v=0$,因此该曲线符合预钻式旁压曲线的特征,而不是扁铲侧胀试验曲线。

11. (C)

据《岩土工程勘察规范》(GB 50021—2001)(2009 年版)第 10.6.4 条,十字板剪切试验可测得不排水抗剪峰值强度、残余强度,测得重塑土的不排水抗剪强度,从而可计算灵敏度,并可分析这些强度随深度的变化规律。长期强度是考虑长期荷载作用时土体的强度,一般而言其值介于峰值强度与残余强度之间,峰值强度不会低于长期强度。

12. (B)

据《水利水电工程地质勘察规范》(GB 50487—2008)附录G 及其条文说明,渗透变形的类型有四种,即管涌、流土、接触冲刷、接触流失。

13. (B)

据水文地质学有关理论,在流网图中,等势线与流线始终为正交的曲线,即它们的交角总是 90°;另外,当流线间距较小时,表示该处过水断面面积较小,如流量相等时则该处流速较大;当等势线间距较小时,说明该处水单位距离中水头变化值较大,因此水力坡度也较大。

14. (D)

据水文地质学中的相关理论,当地下水绕过隔水帷幕渗流时,沿流线流速是不同的;一般情况下,低水头侧渗透断面沿流线逐渐增加,等流量条件下流速沿流线逐渐减小;高水头侧渗流断面面积沿流线不断减小,等流量条件下流速逐渐增加;在帷幕底部渗流断面面积最小,等流量条件下流速最大。

15. (C)

据《岩土工程勘察规范》(GB 50021—2001)(2009 年版)第 14.2.4 条的条文说明中的置信概率 α 为 95%。

$$\frac{t_\alpha}{\sqrt{n}}=\frac{1.704}{\sqrt{n}}+\frac{4.678}{n^2}$$

16. (D)

大地应力场是一个较复杂的应力场,一般情况下,自重应力场中 $\sigma_1>\sigma_3$,而在构造应力场中可能有 $\sigma_1>\sigma_3$ 的情况,也可能有 $\sigma_1<\sigma_3$ 的情况,也可能出现 $\sigma_1=\sigma_3$ 的特殊情况。

17. (C)

按《建筑地基基础设计规范》(GB 50007—2011)第 5.2.2 条，$e=0.3$，$b/6=2/6=0.33$，$e<b/6$，所以

$$\frac{P_{kmax}}{P_{kmin}}=\frac{F_k+G_k}{A}\pm\frac{M_k}{W}=\frac{F_k+G_k}{A}\left(1\pm\frac{6e}{b}\right)$$

因为 $e<b/6$，所以 $1-\dfrac{6e}{b}>0$

即 $P_{kmin}>0$，所以基底压力分布图形为梯形。

18.(A)

据《港口工程地基规范》(JTS 147-1—2010)第 5.1.5 条，不计波浪力的建筑物应取极端低水位。

19.(C)

据《工程地质手册》第三版第四篇第四章第二节中按理化公式计算极限承载力的方法

$$f_u=C_kN_c+r_odN_d+\frac{1}{2}rbN_b$$

当 $\varphi=0$ 时，$N_c=5.14$，$N_d(N_q)=1.0$，$N_b(N_r)=0$，所以(C)是正确的，当$\varphi=0$时，宽度修正系数为 0，深度修正系数为 1.0，(A)中的系数是按塑性状态计算时，当塑性区范围不大于基础宽度 1/4，且$\varphi=0$时的承载力系数。

20.(C)

据《建筑地基基础设计规范》(GB 50007—2011)第 5.2.7 条，有软弱下卧层时

$$P_z+P_{cz}\leqslant f_{az},\qquad P_z=\frac{lb(p_k-p_c)}{(b+2z\tan\theta)(l+2z\tan\theta)}$$

增大基础面积可使附加应力减小，从而使软弱下卧层顶面处的附加应力 P_z 减小；减小基础埋深可使基础底面处的附加应力在持力层中的扩散范围增大，即 Z 增加后使得$(b+2z\tan\theta)(l+2z\tan\theta)$增加，从而使 P_z 减小；提高混凝土的强度等级只能使基础本身的强度增加，对地基持力层及软弱层中的应力分布无影响；采用补偿式基础可使附加应力减小，从而使 P_z 减小。因此，提高混凝土的强度等级对软弱下卧层承载力不满足要求的情况是无效的。

21.(B)

按土力学有关理论，墙后土体破裂角 $\theta=45°+\varphi/2=45°+30°/2=60°$

$l=a+B/2=(h-d)/\tan\theta+B/2=(6.2-1)/\tan60°+2/2=4.0$ (m)

即外墙轴线距挡土墙内侧的水平距离不宜小于 4.0 m。

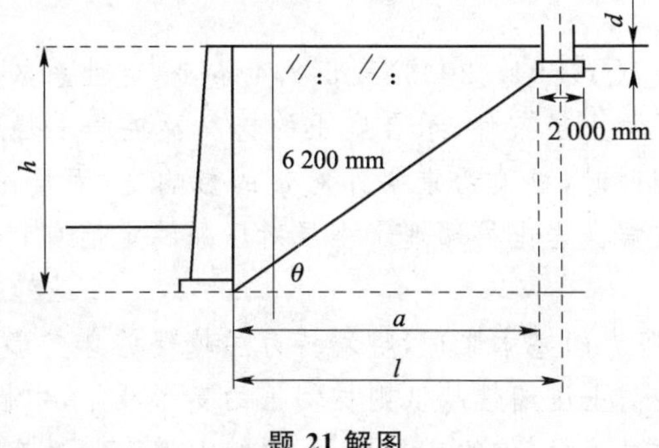

题 21 解图

22. (D)

据《建筑地基基础设计规范》(GB 50007—2011)第 5.2.2 条，当偏心距 $e>b/6$ 时，$P_{kmax}=\frac{2(F_k+G_k)}{3al}$。该公式是在同时满足竖向力平衡和绕基础底面中心力矩平衡的条件下推导出来的，即假定基础底面以上的合力与基础底面以下的地基反力的合力大小相等，方向相反作用于同一直线上(见规范图 5.2.2)。由基础底面反力与 F_k+G_k 作用于同一直线上可知，底面反力的合力矩 P_{kmax} 边缘的距离为 a，基础底面反力的分布面积为 $3al$，故可推导出

$$\frac{1}{2}P_{kmax}(3al)=F_k+G_k$$

即

$$P_{kmax}=\frac{2(F_k+G_k)}{3al}\text{(其中：}a=\frac{b}{2}-e\text{)}$$

23. (C)

按土力学的有关理论，最终沉降量 S_∞ 与固结过程中某一时刻的固结度 U_t 及该时刻的沉降量 S_t 有如下关系

$$S_t=U_tS_\infty$$

即

$$U_t=S_t/S_\infty=54/180=0.3$$

24. (B)

据《建筑地基基础设计规范》(GB 50007—2011)第 5.1.4 条，在抗震设防区，除岩石地基外，天然地基上的箱形和筏形基础其埋置深度不宜小于建筑物高度的 1/15，即 $d\geqslant H/15=60/15=4.0$ (m)。

25. (B)

据《建筑地基基础设计规范》(GB 50007—2011)第 3.0.5 条，计算基础截面及配筋时应采用承载能力极限状态下荷载效应的基本组合，因此(B)不正确，其他三项均符合要求。

26. (D)

27. (B)

按桩基的设计理论，有负摩阻力时，中性点以上桩侧土的沉降大于桩的沉降，摩阻力为负值，中性点以下桩侧土的沉降小于桩身沉降，摩阻力为正值，中性点处桩侧土与桩身沉降相等，桩与土的相对位移为零，无摩阻力。中性点的深度随桩身沉降的增大而减小，当桩端持力层的强度和刚度增大时，桩身沉降减小，因而中性点深度增加；一般而言，端承桩桩身沉降量小于摩擦端承桩桩身沉降量，所以前者中性点深度较大。因此(B)不正确。

28. 暂无

29. (C)

据《建筑桩基技术规范》(JGJ 94—2008)第 5.8.4 条，稳定性系数 φ 与桩顶与承台间的连接方式、桩径、桩长、桩侧土层条件、承台底土的情况及桩端土层情况均有关系，当桩径、桩长、桩侧土层条件相同时，桩顶约束条件对 φ 的影响是：固接比铰接对压屈稳定有利，桩端自由最不利；而桩端嵌岩比桩端埋于土层对压屈稳定性有利，因此(C)正确。

30. (A)

按桩基设计中对负摩阻力的基本原理，桩端持力层越硬桩身变形越小，中性点埋深越大，因此负摩阻力越大；桩侧土压缩性越低则桩侧土的变形减小，中性点埋深越小，因此负摩阻力减小；桩底下卧土层越软，桩的变形增加，中性点埋深相对变浅，负摩阻力减小；地面

荷载越小，土层变形减小，中性点埋深浅，另外桩侧单位负摩阻力也相对减小，因此，负摩阻力减小。因此(A)不正确。

31. (B)

目前，低应变动测法主要用于检测桩身完整性，对其他应用尚有待进一步验证。

32. (A)

据《建筑桩基技术规范》(JGJ 94—2008)，土的特性、桩间距及桩的排列方式均是影响群桩效应系数的因素，对于非挤土的钻孔灌注桩，成桩顺序对群桩基础承载力无影响。

33. (C)

主楼与裙房连成一体，埋深相同，宜采用同一基础类型。

34. (B)

据《建筑桩基技术规范》(JGJ 94—2008)第5.7.2条、第5.7.5条，单桩水平承载力与桩侧土的水平抗力系数的比例系数 m 有关，与桩身材料的抗拉强度 f_t 及抗弯刚度 EI 有关，与桩的入土深度 h 有关，与桩端土的性质无关。

35. (C)

据我国基本建设的基本程序及各阶段技术经济分析的重点和内容，可行性研究的作用不包括"作为招聘工程项目法人和组织工程项目管理班子的重要依据"，该条可在《注册岩土工程师专业考试复习教程》中查得。

36. (B)

据《注册岩土工程师专业考试复习教程》中有关现行建设工程项目总投资的构成，勘察设计费是进入固定资产投资的费用，而进入固定资产的费用属于工程项目总投资中的其他费用。

37. (D)

据《注册岩土工程师专业考试复习教程》，岩土工程施工监理的工作内容或工作对象中不包括审核设计方案及设计图纸。

38. (D)

据《建设工程勘察设计管理条例》第四条。

39. (B)

40. (B)

二、多项选择题

41. (B)、(C)、(D)

据矿物学有关知识，石英性质稳定，一般不易产生化学风化，风化作用时斜长石常变为高岭石类矿物和绢云母等；白云母广泛出现在变质岩中，在风化条件下，常变为富含水的水白云母；黑云母主要产于岩浆岩、体晶岩和变质岩中，在风化条件下黑云母首先失去 K^+，Fe^{2+} 变成 Fe^{3+}，形成水黑云母，再进一步风化后则形成蛭石及高岭石。

42. (A)、(C)、(D)

绢云母属于变质岩的矿物，方解石、伊利石和高岭石为沉积岩的矿物。

43. 43. (B)、(D)

这两种钻头都是实体的，在钻进过程中是破芯的，所以取不上岩芯。

44. (C)、(D)

据《岩土工程勘察规范》(GB 50021—2001)(2009年版)第10.3.3条、第10.3.4条，静力触探试验资料不能求得静止侧压力系数；据第10.6.4条和第10.6.5条，十字板剪切试验资料也不能求得静止侧压力系数；据第 10.7.5 条，根据自钻式旁压试验的旁压曲线可求得侧压力系数：据第 10.8.4 条，根据扁铲侧胀试验指标和地区经验可确定静止侧压力系数。

45.(A)、(D)

进行标准贯入试验时，无论什么情况下都应提供不作修正的实测数据，在确定地基承载力时，应按相应的规范要求进行修正；在按《建筑抗震设计规范》判别液化和按《岩土工程勘察规范》确定砂土密实度时，均应采用实测值。

46.(A)、(C)、(D)

根据地下水动力学中 Dupuit 公式的推导过程，(A)、(C)、(D)都是正确的，而同心圆柱截面上的流速则不相等，圆柱半径越小流速越大，无穷远处流速为 0。

47.(A)、(C)、(D)

硬质岩体坝基中可能产生坝基底面与岩体接触面处的滑动，也可能沿浅层软弱面滑动。

48.(A)、(B)、(D)

(A)、(B)、(D)中的措施均可减少软弱地基上的建筑物基底附加应力，从而减少沉降和不均匀沉降，(C)条只增强基础强度，不能减小沉降，另外，只有当基础刚度增加时，才可能减小不均匀沉降。

49.(B)、(C)、(D)

据《建筑地基基础设计规范》(GB 50007—2012)第 5.2.5 条，土的重度 γ、土的抗剪强度 C_u、基础埋深 $h(d)$ 均对承载力有影响，而当 $\varphi=0$ 时，基础宽度修正系数 $M_b=0$，因此，$\varphi=0$ 时基础宽度对承载力无影响。

50.(B)、(C)

据题意，边跨外排桩产生裂缝可能与大面积堆载作用下基础的不均匀沉降有关；而露天跨产生对倾则是典型的大面积堆载使露天跨两侧基础产生倾斜而导致的；中跨发生卡轨现象与露天跨的关系不大；边跨小车向内侧发生滑轨，说明边跨内侧沉降较大，这也与露天跨大面积堆载无关。

51.(A)、(B)

验算底板内力时需考虑净反力，而净反力与浮力有关，不论是否设置抗浮板，内力验算均需考虑浮力；对底板内力而言，放水检修时(无水)内力最大，对地基承载力而言，蓄满水时对地基压力最大。

52.(A)、(B)

扩大南纵墙基础的外挑部分可使基础底面形心南移，从而减小偏心距，基础底面的回填土改为架空板，可以使荷载的偏心距北移；把北面的填充墙用空心砖砌筑，重心继续南移，反使偏心加大；向南北两侧扩大基础底面积并未改变基础重心，因此，偏心距 e 未改变，但 P_{max} 与 P_{min} 的差值却有所减小。

53.(A)、(C)

该题有变化

54.(A)、(B)、(C)

(A)压力为三角形分布，最小边缘压力为

$P_{min}=\frac{N}{A}\left(1-\frac{6e}{B}\right)=0$，即 $e=\frac{B}{6}$

(B)设基础底面压力为轴心力 N 与力矩 M 共同作用，则 $M=\frac{B}{6}N$，抗倾覆稳定性系数为

$$K=\left(\frac{B}{2}N\right)\bigg/\left(\frac{B}{6}N\right)=3$$

(C)$\frac{W}{A}=\left(\frac{LB^2}{6}\right)\bigg/(BL)=\frac{B}{6}$,满足题意

(D)最大边缘反力 $P_{\max}=2\frac{N}{A}$

55.(B)、(C)

据《建筑桩基技术规范》(JGJ 94—2008)第 4.1 节,混凝土预制桩截面边长不应小于 200 mm,(B)、(C)是正确的,混凝土预制桩强度等级不宜低于 C30,采用静压法沉桩时,不宜低于 C20。

56.(A)、(B)、(D)

(A)、(B)、(D)均可作为单桩水平极限荷载,(C)为单桩水平临界荷载。

57.(A)、(B)、(C)

据《建筑桩基技术规范》(JGJ 94—2008)第 5.7.2 条,桩径 d 增大可使截面模量 W_0 增大,从而增加水平承载力 R_h,加固承台侧面土体可使水平抗力系数比例系数 m 增大,从而使水平变形系数增大,使水平承载力提高,提高桩身配筋率亦可使水平承载力提高。而若大幅度增大桩长,当 $2h \leqslant 4.0$ 时,对水平承载力有影响;当 $2h > 4.0$ 时,桩长对水平承载力的提高无明显效果。

58.(C)、(D)

桩底沉渣和桩侧泥皮是泥浆护壁钻孔灌注桩的质量问题,而缩径和断桩则是沉管灌注桩的质量问题。

59.(C)、(D)

据《建筑桩基技术规范》(JGJ 94—2008)附录 A,淤泥及淤泥质土地层对钻孔灌注桩、钢管桩、沉管灌注桩均较适宜,而人工挖孔桩不太适宜(有可能采用)。

60.(A)、(B)、(C)

据《建筑桩基技术规范》(JGJ 94—2008)第 6.3.2 条、第 6.3.30 条条文说明。

61.(A)、(C)、(D)

62.(A)、(B)

按工程地质分析原理教科书中的有关知识,(A)、(B)正确,而当降水通过富含有机质的土壤下渗后,一方面 CO_2 的含量较大,另一方面有机酸含量增大,这都有利于溶蚀作用的进行。石灰华的产生与岩流泉水出口处压力下降,溶解度减小有关。

63.(A)、(B)

据《铁路工程不良地质勘察规程》(TB 10027—2012)附录 C.0.1-5,黏性泥石流中砾石、块石无分选,多呈悬浮或支撑状。

64.(A)、(B)

路基翻浆主要与地下水位过高,毛细水不断补给,路基排水条件差,地表积水,路基含水率高等因素有关。

65.(A)、(B)、(C)

采取绕避、清爆换填、梁板跨越、疏导地下水等措施均是正确的,而对岩溶水采取填宽封堵的措施是不适当的,应设法排导、疏通。

66.(B)、(C)、(D)

滑坡后壁高说明滑坡体重心已明显下降,植被良好,证明滑动的时间已较长,滑坡体相对

稳定，而(B)、(C)、(D)均为不稳定滑坡的标志。

67.(A)、(C)、(D)

排水沟进行防渗处理可预防湿陷；而采用地下排水沟排除地下水是不必要的，因为土体饱水后自重湿陷已经发生了；而预浸水法及重锤夯实等均可消除自重湿陷性。

68.(A)、(B)、(C)

煤层的物理力学特性对评价采空区的稳定性无影响，其三条均应具备。

69.(A)、(D)

膨胀土地基上建筑物裂缝多与地下水的变化有关，与建筑物建成的时间无明显关系；一般情况下楼房基底压力较大，变形不明显；地基膨胀时，建筑物中部压力相对较大，两侧压力相对较小，因此两侧膨胀量大，裂缝多是正“八”字形；大旱或长期多雨时地基的收缩量及膨胀量较大。

70.(C)、(D)

湿陷起始压力与总湿陷量及自重湿陷量无关，但可评价是否进行地基处理，即当地基中自重应力与附加应力的和大于 P_{sh} 时，即应进行地基处理。当土层饱和自重压力大于 P_{sh} 时可定为自重湿陷性土。

专业知识(下午卷)答案

一、单项选择题

1.(B)

按《建筑地基处理技术规范》(JGJ 79—2012)第7.4.8条及其条文说明，(B)正确。

2.(C)

据《建筑地基处理技术规范》(JGJ 79—2012)附录B第B.0.10条，(C)正确。

3.(C)

据《建筑地基处理技术规范》(JGJ 79—2012)第7.3.1条条文说明可知，水泥土的抗压强度随其相应的水泥掺入比的增加而增大，而水泥强度直接影响水泥土的强度，水泥强度等级提高10 MPa，水泥土强度增大20%～30%，故(A)正确。由第7.3.5条条文说明可知，搅拌桩施工时，搅拌次数越多，则拌和越均匀，水泥土强度也越高，对(C)选项，搅拌速度越快，则搅拌时间越短，强度越低，故(C)错误。据《建筑地基处理技术规范理解与应用》可知，在固化剂种类和掺入量相同的情况下，加固土的强度随天然含水率的降低而提高，故(B)正确。由第7.3.3条第3款条文说明可知，水泥土的强度随龄期的增加而增大，在龄期超过28 d后，强度仍有明显增长，故(D)正确。

4.(A)

据《建筑地基处理技术规范》(JGJ 79—2012)第7.3.3条，(A)正确。原文表述见2002年版规范第11.1.5条。

5.(C)

据《建筑地基处理技术规范》(JGJ 79—2012)第7.2.2条计算(取 $\xi=1$)

$$S=0.95\xi d\sqrt{\frac{1+e_0}{e_0-e_1}}=0.95\times1\times0.5\times\sqrt{\frac{1+0.78}{0.78-0.68}}=2.0\ (\mathrm{m})$$

6.(A)

桩端不可压缩，桩体为刚性，桩间土的作用得不到发挥，不符合《建筑地基处理技术规范》

(JGJ 79—2012)第 2.1.2 条,不是复合地基。判断本题的关键是看桩间土是否承担荷载,如桩间土不承担荷载或承担比例很小的荷载则不属于复合地基。由第 5.1.19 条条文说明及第 5.2.10 条可知,(A)、(B)正确,而由本章条文说明上海油罐工程,可知(D)正确。

7.(C)

据《建筑地基处理技术规范》(JGJ 79—2012)第 5.1.2 条及其条文说明,(C)不正确。因为当真空预压法处理范围内有充足水流补给的透水层时有可能影响真空度达不到要求,也会使透水层中的水不断排出而软土层中的水很难排出从而固结效果很差。

8.(D)

据《铁路特殊路基设计规范》(TB 10035—2006)第 3.3.5 条,(A)、(B)、(C)均正确,而反压护道与路堤同时施工。

9.(C)

据《建筑地基处理技术规范》(JGJ 79—2012)第 6.3.3 条可知,(A)、(B)、(D)均正确,而两遍夯击之间的时间间隔取决于土中超静孔渗水压力的消散时间,(C)错误。

10.(C)

拉拔试验时,(A)、(B)、(D)均可视作锚杆已破坏,而(C)条中上拔力达到设备的最大加载量并不意味着锚杆已破坏。

11.(D)

设置排水孔的目的主要是减小墙后静水压力,因为墙后动水压力实际上很小;而设置反滤层的目的是防止泄水孔堵塞而影响排水效果。

12.(B)

据《建筑边坡工程技术规范》(GB 50330—2013)第 4.5.5 条条文说明,(B)不正确。

13.(C)

一般情况下,挡土墙不进行地基变形验算。

14.(A)

粉细砂含水层为潜水含水层,井深未达到含水层底板,为非完整井。

15.(B)

最优含水率取决于土的类别,和击实功的大小有关,击实功越大,最优含水率越小。详见《工程地质手册》(第四版)第 138 页。

16.(B)

路基排水系统应能排除路基路面范围内的地表水及地下水。

17.(C)

反压一般是指对推移式滑坡的前部抗滑段进行压重处理,而挖方段不宜采取该方法。

18.(C)

新奥法施工的基本原则是“少扰动,早锚喷,勤测量,紧封闭”,而(C)与这些原则无关。

19.(B)

20.(B)

21.(D)

三种灌浆的灌浆材料的粒度成分由粗到细的顺序为回填灌浆、固结灌浆、帷幕灌浆。(D)正确。

22.(B)

23.(C)

坝前高水位快速下降时，产生偏向上游的动水压力，对坝坡稳定不利。

24.(C)

第四系较厚，采深采厚比越大，地表变形相对较小。

25.(D)

据《工程地质手册》第三版第524页中多年冻土地区地基设计的基本原则，(A)、(B)、(C)正确。

26.(D)

据《膨胀土地区建筑技术规范》(GB 50112—2013)第4.2.4条，(D)正确。

27.(B)

按《膨胀土地区建筑技术规范》(GB 50112—2013)第5.2.2条，(B)不正确。

28.(C)

按《湿陷性黄土地区建筑规范》(GB 50025—2004)第6.1.1条、第6.1.3条，应处理全部湿陷性土层，常用方法为土桩挤密、灰土桩挤密，据《建筑地基处理技术规范》(JGJ 79—2012)第7.5.2条，灰土挤密桩复合地基承载力可满足要求。

29.(B)

季节交替带既有垂直岩溶形态，又有水平溶岩形态，最为复杂。

30.(B)

分布于滑体后部及两侧滑体之间的弧形裂缝为张性裂缝。

31.(C)

滑坡前缘有地下水渗出的土层，一般 φ 角较小，抗滑力主要来自内聚力，反压效果不明显，地表平缓，滑床倾角小，减重亦不会产生明显效果；支撑渗沟对饱水浅层滑坡可起到排水及增加边坡土体强度的作用，较合理；锚索支护对浅层土质滑坡而言不太经济。

32.(C)

据《湿陷性黄土地区建筑规范》(GB 50025—2004)第4.4.4条，(C)正确。

33.(A)

堤底采用较大石块填筑，不能起到保湿作用，不符合保护多年冻土的原则。

34.(C)

据《建筑抗震设计规范》(GB 50011—2010)第5.1.4条、第5.1.5条及其条文说明，2001版规范将89规范中的设计近震和设计远震改为设计地震分组，可更好地反映特征周期受震级大小、震中距和场地条件的影响。

35.(B)

据《建筑抗震设计规范》(GB 50011—2010)第5.2.1条、第5.5.1条、第5.5.2条及条文说明，底部剪力验算是对水平地震作用的验算；截面抗震验算是对结构构件抗震承载力进行验算；弹塑性变形验算是保证在罕遇地震条件下建筑主体结构遭受破坏或严重破坏但不倒塌；弹性变形验算是保证在多遇地震条件下，建筑主体结构不受损坏，非结构构件没有过重破坏并导致人员伤亡，保证建筑物的正常使用功能。

36.(C)

据《建筑抗震设计规范》(GB 50011—2010)第4.3.6条，(C)正确。

37.(C)

如下图所示。

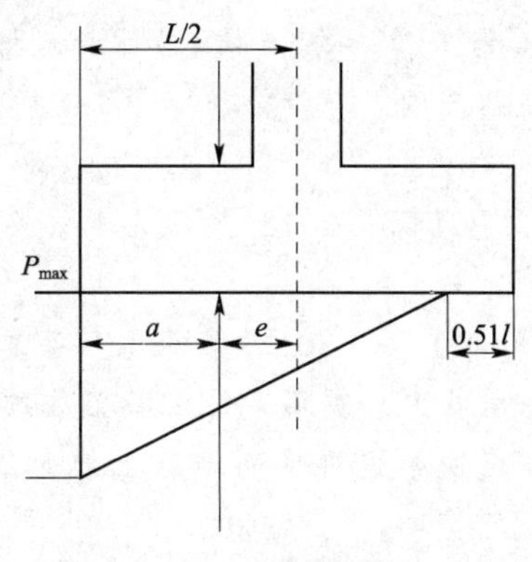

题 37 解图

基础底面反力的合力作用点距最大反力边缘的距离为 a，则

$$a=\frac{1}{3}(L-0.15L)=0.283L$$

偏心距 $e=\frac{L}{2}-a=0.5L-0.283L=0.217L$

答案(C)正确。

38.(C)

据《建筑抗震设计规范》(GB 50011—2011)第 1.0.1 条及条文说明，众值烈度是 50 年内地震烈度概率密度曲线上峰值点的烈度，即发生频率最高的地震烈度，50 年超越概率为 63.2%，也是对应于小震不坏水准的烈度，它比基本烈度低1.55度。

39.(B)

据《建筑抗震设计规范》(GB 50011—2010)第 2.1.1 条，(B)正确。

40.(D)

据《水利水电工程地质勘察规范》(GB 50487—2008)附录 P

$V_{st}=291\sqrt{K_H Z r_d}=291\times\sqrt{0.2\times7.0\times0.93}=332$ (m/s)

答案(D)正确。

二、多项选择题

41.(B)、(C)、(D)

42.(A)、(C)、(D)

此题需参考《岩土工程勘察与设计——岩土工程疑难问题答疑笔记整理之二》，对于路堤下的复合地基，由于路堤是柔性的，且桩顶有条件可以挤入路堤土中，桩顶的应力不可能比土顶部的应力高出太多，即桩、土的应力均匀化了。路堤下设置垫层是为了提高桩土应力比，让桩多承担一些荷载，提高复合地基的承载力；而在刚性的混凝土基础下设置垫层是为了降低桩土应力比，让桩少承担一些荷载，避免将桩头压碎了。这是两种截然不同的作用。

43.(B)、(D)

此题在规范中无相关规定，可参考《建筑地基处理技术规范理解与应用》及相关教材，对于长短桩复合地基，利用短桩提高地基承载力，而利用长桩来减少地基沉降，一般情况下长桩采用刚性桩，短桩采用柔性桩，长短桩采用不同桩型。

44.(A)、(C)

据《建筑地基处理技术规范》(JGJ 79—2012)第 7.2.2 条第 1 款、第 7.5.2 条第 1 款、第

7.6.2 条第 1 款、第 7.8.4 条第 1 款，一般而言，散体材料桩处理范围应大于基础范围，而刚性桩处理范围可不超出基础范围。

45.(B)、(C)

据《建筑地基处理技术规范》(JGJ 79—2012)第 7.3.1 条条文说明可知，(B)、(C)正确。

46.(B)、(C)

据《建筑地基处理技术规范》(JGJ 79—2012)第 7.1.5 条复合地基承载力计算公式可知，增加置换率可提高复合地基承载力。据第 7.2.2 条第 5 款及条文说明可知，增加桩长可有效降低沉降量。其实增加置换率也可提高地基土的变形模量，从而减少沉降量，但增加桩长更为有效。

47.(A)、(C)、(D)

据《建筑地基处理技术规范》(JGJ 79—2012)第 4.2.1 条第 7 款及其条文说明。

48.(A)、(B)、(C)

墙背摩擦角 δ 增加时，一般情况下，主动土压力偏小，被动土压力偏大；当填土重度增加时，主动土压力和被动土压力均增力；内摩擦角增加时，主动土压力减小，被动土压力增加；内聚力增加时，主动土压力减小，被动土压力增加。

49.(A)、(B)

完整坚硬的岩性和较高的原岩应力是产生岩爆的必备条件。

50.(A)、(B)、(C)

(B)、(C)正确，而降低地下水位对抗隆起无大的影响。当抗隆起稳定性系数 $K>1$ 时，减少支护结构入土深度 t，稳定性系数会增加；当 $K=1$ 时，减小 t 对 K 无影响；当 $K<1$ 时，减小 t 会使 K 减小。

51.(A)、(B)

开挖洞室会引起围岩中的应力重分布，并改变了围岩的初始平衡状态，但围岩中可能只发生弹性变形，也可能同时发生弹性变形和塑性变形。支护结构上的围岩压力可能会不同，当岩体完整且强度较大时，可能不设支护。

52.(B)、(D)

沉降观测基准点要设在降水影响范围之外。

53.(A)、(C)

路堤边坡的稳定性一般与路堤高度及路堤边坡的坡率有关。

54.(A)、(B)、(D)

一般砂土边坡可按平面滑动面计算其整体稳定性。

55.(B)、(C)、(D)

当洞室围岩与地下水有水力联系时可认为存在外水压力，而洞室位于距河流较近地段时，如果围岩处于隔水层中，可不考虑外水压力。

56.(A)、(B)、(D)

中等强度岩体组成的微透水洞段可以不必判定为不良洞段，其他均为不良洞段。

57.(B)、(C)、(D)

据《建筑抗震设计规范》(GB 50011—2010)第 4.3.5 条及条文说明。

58.(C)、(D)

水平地震影响系数与地震烈度及多遇地震或罕遇地震有关；液化指数与标准贯入击数及土层埋藏条件有关；剪切模量 $G=\rho V_s^2$；场地类别与覆盖层厚度及土层平均剪切波速有关。

59. 暂无

60. 暂无

61. (B)、(D)

据《建筑抗震设计规范》(GB 50011—2010)第 5.1.4 条。

62. (A)、(D)

据《建筑抗震设计规范》(GB 50011—2010)第 2.1.7 条及第 3.2 条条文说明，设计特征周期即设计所用的地震影响系数的特征周期，简称“特征周期”。本次修订对各地的设计地震分组作了较大调整，使之与《中国地震动参数区划图 B1》一致。

63. 暂无

64. 暂无

65. (B)、(C)、(D)

项目经理的六项授权中不包括(A)。

66. (A)、(B)、(D)

岩土工程施工预算和施工图预算的差异是：①编制目的不同；②编制作用不同；③采用定额不同；④编制内容不同；⑤计算方法规则不同。

67. (A)、(B)

我国现行的招标投标主要方式有公开招标和邀请招标两种。

68. (A)、(C)、(D)

其他工程勘察单位的内部技术标准和规定不能作为编制工程勘察文件的依据。

69. 暂无

70. 暂无

专业案例(上午卷)答案

1. [**答案**](B)

[**解析**]据题意，起重量 150 kN 如作用于 1 m 长的条基上，基底压力为 100 kPa，地基由硬黏土及卵石组成，承载力肯定满足要求；而地基均匀性是评价的重点，固硬黏土与密实卵石厚薄不一，且其压缩模量差别较大，可能引起不均匀沉降；而岩面埋深为 7～8 m，地基主要压缩层厚度为条基宽度的 3 倍，影响范围在 6.0 m 以内，与基岩深度关系不大；地下水埋藏条件及变化幅度也不会引起地基性质明显变化，因此答案为(B)。

2. [**答案**](D)

[**解析**]按有效应力法求摩尔圆的圆心坐标 P 及半径 r 公式如下

$P=(\sigma'_1+\sigma'_3)/2=(\sigma_1+\sigma_3)/2-U$

$r=(\sigma'_1-\sigma'_3)/2=(\sigma_1-\sigma_3)/2$

第一次试验：

$P_1=(77+24)/2-11=39.5\ (\text{kPa})$

$r_1=(77-24)/2=26.5\ (\text{kPa})$

第二次试验：

$P_2=(\sigma_1+\sigma_3)/2-u=(131+60)/2-32=63.5\ (\text{kPa})$

$r_2=(\sigma_1-\sigma_3)/2=(131-60)/2=35.5\ (\text{kPa})$

第三次试验：

$P_3=(\sigma_1+\sigma_3)/2-U=(161+80)/2-43=77.5\ (\text{kPa})$

$r_3=(\sigma_1-\sigma_3)/2=(161-80)/2=40.5\ (\text{kPa})$

答案(D)满足要求,另外,计算第一次试验结果 p_1、r_1,即可确认(D)正确。

3.[**答案**](B)

[**解析**]据《土工试验方法标准》(GB/T 50123—1999)第 4.1.8 条、第 4.1.9 条及第 4.1.10 条计算如下:

$p_1=100\ \text{kPa}$; $p_2=200\ \text{kPa}$; 试样初始高度 $h_0=20\ \text{mm}$。

$$e_1=e_0-\frac{1+e_0}{h_0}\Delta h_1=0.656-\frac{1+0.656}{20}\times 0.263=0.634$$

$$e_2=e_0-\frac{1+e_0}{h_0}\Delta h_2=0.656-\frac{1+0.656}{20}\times 0.565=0.609$$

$$a_{1-2}=\frac{e_1-e_2}{p_2-p_1}=\frac{0.634-0.609}{0.2-0.1}=0.25\ (\text{MPa}^{-1})$$

$$E_{s_{1-2}}=\frac{1+e_1}{a_{1-2}}=\frac{1+0.634}{0.25}=6.62\ (\text{MPa})$$

答案(B)正确。

4.[**答案**](B)

[**解析**]据《岩土工程勘察规范》(GB 50021—2001)(2009 年版)第 10.7.4 条,旁压模量 E_m 按下式计算

$$E_m=2(1+\mu)\left(V_c+\frac{V_0+V_f}{2}\right)\frac{\Delta P}{\Delta V}$$

$$=2\times(1+0.38)\times\left(491+\frac{134.5+217.0}{2}\right)\times\frac{0.29}{217.0-134.5}$$

$$=6.51\ (\text{MPa})$$

答案(B)正确。

5.[**答案**](B)

[**解析**]据《建筑地基处理技术规范》(JGJ 79—2012)附录 C 计算如下

①一根桩处理的面积为 $A_e=S_{ax}S_{ay}=1.2\times 1.6=1.92\ (\text{m}^2)$

②直径 $d=1.2$ m 的承压板面积为 $A=\frac{\pi d^2}{4}=\frac{3.14\times 1.2^2}{4}=1.13\ (\text{m}^2)$

③1.39 m×1.39 m 方形承压板面积为 $A=1.39\times 1.39=1.93\ (\text{m}^2)$

④1.2 m×1.2 m 方形承压板面积为 $A=1.2\times 1.2=1.44\ (\text{m}^2)$

⑤直径 $d=1.39$ m 的圆形承压板面积为 $A=\frac{\pi d^2}{4}=\frac{3.14\times 1.39^2}{4}=1.52\ (\text{m}^2)$

进行单桩复合地基静载试验,承压板面积应取一根桩的等效处理面积,答案(B)正确。

6.[**答案**](B)

[**解析**]据《建筑地基基础设计规范》(GB 50007—2011)第 5.2.7 条。

①基础底面处土的自重压力值 p_c

$p_c=r_1h_1=18\times 2=36\ (\text{kPa})$

②淤泥质土层顶面处自重应力 p_{cz}

$p_{cz}=\sum r_ih_i=18\times 2+19\times 0.5+(19-10)\times 2.5=68\ (\text{kPa})$

③地基压力扩散线与垂线间夹角 θ

$E_{s1}/E_{s2}=10/2=5$

$z/b=3/2=1.5>0.5$

θ 取 25°

④软弱下卧层顶面处的附加压力值 p_z

$$p_z=\frac{lb(p_k-p_c)}{(b+2z\tan\sigma)(l+2z\tan\sigma)}$$

$$=\frac{3\times2\times(202-36)}{(2+2\times3\times\tan25°)\times(3+2\times3\times\tan25°)}$$

$$=35.5\ (\text{kPa})$$

⑤淤泥质土层顶面处附加应力与自重应力的和为

$p_z+p_{cz}=35.5+68=103.5\ (\text{kPa})$

答案(B)正确。

7.[**答案**]暂无

8.[**答案**](B)

[**解析**]根据土力学及规范有关规定,土层沉降量 S 为初始应力 $P_1=100\ \text{kPa}$,最终应力 $P_2=100+200=300\ (\text{kPa})$

$$S=\frac{e_1-e_2}{1+e_1}h=\frac{0.828-0.710}{1+0.828}\times200=12.91\ (\text{cm})$$

答案(B)正确。

9.[**答案**](A)

[**解析**]①浮力 $F_{浮}=4\,000\times(4+0.3+0.5-1.0)\times10=152\,000\ (\text{kN})$

②基础底面以上标准组合的荷重 S_k 为

$$S_k=S_{GK}+S_{Q1K}+\Psi_{c2}S_{Q2K}+\cdots+\Psi_{cn}S_{QnK}$$

$$=S_{GK}+S_{Q1K}$$

$$=(1\times4\,000\times18+0.3\times4\,000\times25+0.5\times4\,000\times25+10\times1\,000)+10\times4\,000$$

$$=2\,020\,000\ (\text{kN})$$

抗浮验算满足要求。

覆土前基底压力 N 为

$N=$顶板重+底板重+侧墙及梁柱总重

$=(0.3+0.5)\times4\,000\times25+10\times1\,000=90\,000\ (\text{kN})$

N 小于浮力 F,在覆土前不能停止降水。

基底实际压力为

$(S_k-F_{浮})/A=(202\,000-152\,000)/4\,000=12.5\ (\text{kPa})$

底面压力很小,可不进行承载力及变形验算(当不考虑公共活动区的可变荷载时,基底压力为 2.5 kPa)。

答案(A)不正确。

10.[**答案**](B)

[**解析**]附加沉降量 S 可按下式计算

$$S=S_1+S_2=\frac{\Delta p_1}{E_{s1}}h_1+\frac{\Delta p_2}{E_{s2}}h_2$$

$$=\frac{(70-60)/2}{8\times10^3}\times300+\frac{[(70-60)+(50-40)]/2}{4\times10^3}\times400$$

$$=1.19(\text{cm})$$

答案(B)正确。

11. [**答案**](C)

[**解析**]据《工程地质手册》(第四版)第 368 页,计算如下。

$$S_c = S_c' = \sum_{i=1}^{n}\frac{\Delta h_i}{1+e_i}\left[C_{si}\lg\left(\frac{p_{ci}}{p_{ci}}\right)+C_{ci}\lg\left(\frac{p_{ci}+\Delta p_i}{p_{ci}}\right)\right]$$

$$=\frac{400}{1+0.8}\times\left[0.1\times\lg\left(\frac{400}{200}\right)+0.3\times\lg\left(\frac{200+300}{400}\right)\right]$$

$$=13.15\ (\text{cm})$$

答案(C)正确。

12. [**答案**](D)

[**解析**]据《建筑地基基础设计规范》(GB 50007—2011)第 5.2.2 条,基础底面偏心距 e 为

$$e=\frac{\sum M}{\sum N}=\frac{900+1\ 500\times0.6+200\times0.8}{300+1\ 500+3\times5\times1.5\times20}=0.87$$,接近于答案(D)。

13. [**答案**](D)

[**解析**]按《建筑桩基技术规范》(JGJ 94—2008)计算如下。

$$N_{ik}=\frac{F+G}{n}\pm\frac{M_xY_i}{\sum Y_j^2}\pm\frac{M_yX_i}{\sum X_j^2}$$

$$N_{ik}=\frac{F+G}{n}+\frac{M_yX_{max}}{\sum X_j^2}=\frac{3\ 840+447}{5}+\frac{161\times0.9}{4\times0.9^2+0}=857.4+44.7=902.1\ (\text{kN})$$

答案(D)正确。

14. [**答案**](D)

[**解析**]按《建筑桩基技术规范》(JGJ 94—2008)计算如下。

$\alpha h\geqslant4.0$,位移控制,桩顶约束效应系数 $\eta_r=2.05$。

桩的相互影响系数 η_i 为

$$\eta_i=\frac{\left(\frac{S_a}{d}\right)^{0.015n_2+0.45}}{0.15n_1+0.10n_2+1.9}=\frac{3^{0.15\times4+0.45}}{0.15\times3+0.10\times4+1.9}=0.636\ 8$$

承台底位于地面以上,$p_c=0$,所以承台底摩阻效应系数 $\eta_b=0$ 且 $\eta_l=0$。

群桩效应综合系数 η_h 为:

$$\eta_h=\eta_i\eta_r+\eta_l+\eta_b=0.636\ 8\times2.05+0+0=1.305\ 44$$

复合基桩水平承载力设计值 R_h:

$$R_h=\eta_hR_{ha}=1.305\ 44\times50=65.272\ (\text{kN})$$

答案(D)正确。

15. [**答案**](D)

[**解析**]按《建筑桩基技术规范》(JGJ 94—2008)计算如下(长边方向)。

剪跨:$a_x=0.6$ m

$$\lambda_x=\frac{a_x}{h_0}=\frac{0.6}{1.0}=0.6 \qquad 0.3<\lambda_x<1.4$$

$$\alpha=\frac{1.75}{\lambda_x+1}=\frac{1.75}{0.6+1}=1.094$$

抗剪承载力为:

$$\beta_{hs}=\left(\frac{800}{h_0}\right)^{1/4}=\left(\frac{800}{1\ 000}\right)^{1/4}=0.945\ 7$$

$\beta_{hs}\alpha f_t b_0 h_0 = 0.9457 \times 1.094 \times 1.91 \times 4.8 \times 1.0 = 9.5\ (\text{MN})$

答案(D)正确。

16.［**答案**］(B)

［**解析**］按《建筑桩基技术规程》(JGJ 94—2008)第 5.4.4 条计算如下。

黏性土中大直径桩侧阻修正系数取 1，中性点深度 l_n 为

$\frac{l_n}{l_0} = 0.8,\ l_n = 0.8l_0 = 0.8 \times 15 = 12.0\ (\text{m})$

平均竖向有效应力 σ_i' 为

$\sigma_i' = p + \Gamma_i' z_i = 50 + 7 \times 6 = 92(\text{kPa})$

单位负摩阻力标准值 q_{si}^n 为

$q_{si}^n = \xi_n \sigma_i' = 0.2 \times 92 = 18.4\ (\text{kPa})$

$q_{si}^n > q_{sk} = 15\ \text{kPa}$　取 $q_{si}^n = 15\ \text{kPa}$

负摩阻力标准值 Q_g^n 为

$Q_g^n = \eta_n U \sum q_{si}^n l_i = 1 \times 3.14 \times 0.85 \times 15 \times 12 = 480.42\ (\text{kN})$

答案(B)正确。

17.［**答案**］(C)

［**解析**］按《建筑桩基技术规范》(JGJ 94—2008)第 5.3.3 条计算如下。

$4d = 4 \times 0.4 = 1.6(\text{m}) < 2.0\ \text{m}$，取 $\alpha = 1/2$，所以 $q_c = 12\,000\ (\text{kPa})$。

$$Q_{uk} = U \sum l_i \beta_i f_{si} + \alpha q_c A_p$$

$$= 0.4 \times 4 \times (11 \times 2.56 \times 12 + 2 \times 0.61 \times 110) + \frac{1}{2} \times 12\,000 \times 0.4^2$$

$$= 1\,715.392\ (\text{kN})$$

答案(C)正确。

18.［**答案**］(B)

［**解析**］据《建筑地基处理技术规范》(JGJ 79—2012)第 7.1.5 条计算如下。

$$f_{spk} = \lambda m \frac{R_a}{A_p} + \beta(1-m) f_{sk}$$

$$m = \frac{f_{spk} - \beta f_{sk}}{\lambda R_a / A_p - \beta f_{sk}} = \frac{180 - 0.75 \times 80}{(4 \times 160)/(3.14 \times 0.5 \times 0.5) - 0.75 \times 80} = 0.159$$

答案(B)正确。

19.［**答案**］(A)

［**解析**］据《建筑地基处理技术规范》(JGJ 79—2012)第 7.1.5 条及第 7.1.6 条计算如下。

$$f_{spk} = \lambda m \frac{R_a}{A_p} + \beta(1-m) f_{sk}$$

$$R_a = \frac{A_p}{\lambda m}[f_{spk} - \beta(1-m) f_{sk}]$$

$$= \frac{3.14 \times 0.5^2}{4 \times 0.2} \times [180 - 0.4 \times (1 - 0.2) \times 80] = 151.5\ (\text{kN})$$

$$f_{cu} \geq 4\frac{\lambda R_a}{A_p} = 4 \times \frac{1 \times 151.5 \times 4}{3.14 \times 0.5^2} = 3\,087\ (\text{kPa})$$

答案(A)正确。

20.［**答案**］(C)

[**解析**]据《建筑地基处理技术规范》(JGJ 79—2012)第 7.1.5 条计算如下。

由桩周土及桩端土抗力所提供的承载力 R_a：

$$R_a=U_p\sum q_{si}l_i+\alpha q_pA_p$$

$$=3.14\times0.6\times(7\times3+6\times6+8\times6)+0.5\times150\times\frac{3.14\times0.6^2}{4}=219\ (kN)$$

由桩身材料强度确定的单桩承载力 R_a：

$$R_a=\eta f_{cu}A_p=0.25\times2\,640\times\frac{3.14\times0.6^2}{4}=186.5\ (kN)$$

取二者的较小值， $R_a=186.5$ kN。

答案(C)正确。

21.[**答案**](B)

[**解析**]按《建筑地基处理技术规范》(JGJ 79—2012)第 7.1.5 条计算如下。

等效圆直径：$d_e=1.13s=1.13\times1.8=2.034\ (m)$

置换率：$m=\frac{d^2}{d_e^2}=\frac{1.2\times1.2}{2.034\times2.034}=0.35$

复合地基承载力特征值 f_{spk}：

$$f_{spk}=mf_{pk}+(1-m)f_{sk}=0.35\times450+(1-0.35)\times100\times1.2=235.5(kPa)$$

答案(B)正确。

22.[**答案**](C)

[**解析**]据《建筑地基处理技术规范》(JGJ 79—2012)第 5.2.3 条。

$$d_p=\frac{2(b+\delta_0)}{\pi}=\frac{2\times(100+3)}{3.14}=65.6\ (mm)$$

答案(C)正确。

23.[**答案**](B)

[**解析**]当 $c=0$ 时，可按平面滑动法计算，这时滑动面倾角与坡面倾角相等时稳定性系数最小，按《建筑边坡工程技术规范》(GB 50330—2013)附录 A 计算如下。

$$K_s=\frac{rv\cos\theta\tan\varphi+AC}{rv\sin\theta}=\frac{\tan\varphi}{\tan\theta}$$

$$\tan\theta=\frac{\tan\varphi}{K_s}=\frac{\tan35^\circ}{1.25}=0.56$$

$$\theta=29.25^\circ=29^\circ15'$$

答案(B)正确。

24.[**答案**](D)

[**解析**]据题意计算如下(水压力按图中三角分布)

$$P=\frac{1}{2}\times(11-2)\times10\times[(11-2)+(20-11)]=810\ (kN/m)$$

答案(D)正确。

25.[**答案**](B)

[**解析**]据《建筑基坑支护技术规程》(JGJ 120—2012)附录 C 第 C.0.1 条计算如下。

$$\frac{D\gamma}{H_w\gamma_w}\geqslant K_h$$

$$\frac{(16-h)\times20}{(16-2)\times10}\geqslant1.1$$

$h \leqslant 8.3$ m

答案(B)正确。

26.[**答案**](C)

[**解析**]据《建筑地基基础设计规范》(GB 50007—2011)第 6.7.5 条计算如下。

$G_n = G\cos\alpha_0 = 480 \times \cos 10° = 472.7$ (kN/m)

$G_t = G\sin\alpha_0 = 480 \times \sin 10° = 83.4$ (kN/m)

$E_{at} = E_a \sin(\alpha - \alpha_0 - \sigma) = 400 \times \sin(75° - 10° - 15°) = 306.4$ (kN/m)

$E_{an} = E_a \cos(\alpha - \alpha_0 - \sigma) = 400 \times \cos(75° - 10° - 15°) = 257.1$ (kN/m)

$$K = \frac{(G_n + E_{an})\mu}{E_{at} - G_t} = \frac{(472.7 + 257.1) \times 0.4}{306.4 - 83.4} = 1.309$$

答案(C)正确。

27.[**答案**](B)

[**解析**]按《建筑边坡工程技术规范》(GB 50330—2013)附录 A 取单位长度滑坡体计算如下。

$$K_s = \frac{rv\cos\theta\tan\varphi + AC}{rv\sin\theta} = \frac{52.2 \times \cos 25° \times \tan 30° + 7.1 \times 1 \times 0.1}{52.5 \times \sin 25°} = 1.27$$

答案(B)正确。

28.[**答案**](D)

[**解析**]按《建筑边坡工程技术规范》(GB 50330—2013)第 10.2.1 条计算如下。

查表 9.2.2,自由段为岩层的岩石锚杆,$B_2 = 1$

$E'_{ah} = B_2 E_{ah} = 1 \times 2\,000 = 2\,000$ (kN/m)

据第 9.2.5 条,$0.2H = 0.2 \times 25 = 5$ (m),当 $h = 4$ m 时,需插值。

$$e'_{ah} = \frac{4}{5} \times \frac{2\,000}{0.9 \times 25} = 71\ (\text{kPa}),\ H_{ak} = e'_{ah} S_x S_y = 71 \times 4.0 \times 2.5 = 710\ (\text{kN})$$

答案(D)正确。

29.[**答案**](A)

[**解析**]根据题意计算如下

$$\rho_m = \frac{2.7 \times 1.0^3 \times 0.6 + 1.0 \times 10^3 \times 0.4}{0.6 + 0.4} = 2.02 \times 10^3\ (\text{kg/m}^3)$$

答案(A)正确。

30.[**答案**](C)

[**解析**]按《铁路特殊路基设计规范》(TB 10035—2006)附录 A 第 A.0.1 条计算如下。

$$S = \sum_{i=1}^{n} (A_i + a_i p_i) h_i = (0.1 + 0.3 \times 180 \times 10^{-3}) \times 300 = 46.2\ (\text{cm})$$

答案(C)正确。

31.[**答案**](C)

[**解析**]按《膨胀土地区建筑技术规范》(GB 50112—2013)计算(采用插值法)。

膨胀率为零时所对应的压力即为膨胀力 P_c:

$\dfrac{P_c - 75}{125 - 75} = \dfrac{0 - 1.4}{-0.6 - 1.4}$,从中解出 P_c。

$P_c = 110$ kPa

该题也可用作图法,在坐标系中给出 δ_{ep} 与垂直压力 P 的关系曲线,$\delta_{ep} = 0$ 时的压力 P 即为膨胀压力 P_c。

答案(C)正确。

32.[**答案**](C)

[**解析**]按《建筑地基基础设计规范》(GB 50007—2011)第 6.4.3 条计算如下。

$G_{1t}=G_1\sin\beta_1=500\times\sin25°=211.3$

$G_{1n}=G_1\cos\beta_1=500\times\cos25°=453.2$

$G_{2t}=G_2\sin\beta_2=900\times\sin10°=156.3$

$G_{2n}=G_2\cos\beta_2=900\times\cos10°=886.3$

$G_{3t}=G_3\sin\beta_3=700\times\sin22°=262.2$

$G_{3n}=G_3\cos\beta_3=700\times\cos22°=649.0$

$\Psi_2=\cos(\beta_1-\beta_2)-\sin(\beta_1-\beta_2)\tan\varphi_2$

$=\cos(25°-10°)-\sin(25°-10°)\times\tan10°=0.920$

$\Psi_3=\cos(\beta_2-\beta_3)-\sin(\beta_2-\beta_3)\tan\varphi$

$=\cos(10°-22°)-\sin(10°-22°)\times\tan10°=1.015$

$F_1=r_tG_t-G_n\tan\Psi_1-C_1L_1$

$=1.15\times211.3-453.2\times\tan10°-10\times11.03=52.8$

$F_2=F_1\Psi_2+r_tG_{2t}-G_{2n}\tan\varphi_2-C_2L_2$

$=52.8\times0.920+1.15\times156.3-886.3\times\tan10°-10\times10.15=-29.5$

第二块滑坡推力为负值,表示自该块以上滑坡稳定。计算 F_3 时,取 $F_2=0$:

$F_3=F_2\Psi_3+r_tG_{3t}-G_{3n}\tan\varphi_3-c_3l_3$

$=0\times1.015+1.15\times262.2-649.0\times\tan10°-10\times10.79=79.2\ (\text{kN/m})$

答案(C)正确。

33.[**答案**](A)

[**解析**]据已知条件及《建筑抗震设计规范》(GB 50011—2010)第 4.4.3 条及第 4.3.5 条计算如下。

打桩后桩间土的标准贯入锤数 N_1 为

$N_1=N_\rho+100\rho(1-e^{-0.3N_\rho})$

深度 4 m 处:

$N_1=5+100\times0.063\times(1-2.718^{-0.3\times5})=9.89$

深度 5 m 处:

$N_1=9+100\times0.063\times(1-2.718^{-0.3\times9})=14.88$

深度 7.0 m 处:

$N_1=6+100\times0.063\times(1-2.718^{-0.3\times6})=11.26$

打桩后 5 m 处实际系数大于临界系数,液化点只有 4.0 m 及 7.0 m 两个,液化指数为

$$I_{LE}=\sum\left(1-\frac{N_{1i}}{N_{cri}}\right)d_iw_i=\left(1-\frac{9.89}{11}\right)\times1\times10+\left(1-\frac{11.26}{14}\right)\times1\times8.7=2.71$$

答案(A)正确。

34.[**答案**](B)

[**解析**]据《建筑抗震设计规范》(GB 50011—2010)第 4.1.4 条、第 4.1.5 条、第 4.1.6 条计算如下。

①场地覆盖层厚度应至细砂层顶面,为 11.0 m。

480/180=2.67>2.5,以下各层剪切波速不小于 400 m/s。

②等效剪切波速 V_{se} 为

$$V_{se}=\frac{d_0}{\sum(d_i/V_i)}=\frac{11}{\frac{1}{90}+\frac{2}{180}+\frac{8}{110}}=115.9\ (\mathrm{m/s})$$

③覆盖层厚度为 11 m，等效剪切波速为 115.9 m/s，场地类别为Ⅱ类。

答案(B)正确。

35.[**答案**](D)

[**解析**]按《建筑抗震设计规范》(GB 50011—2010)第 4.3.1 条、第 4.3.5 条计算如下。

①基础埋深大于 5 m，液化判别深度应为 20 m，各点临界标准贯入系数 N_{cr}：

$$N_{cr}=N_c\beta[\ln(0.6d_s+1.5)-0.1d_w]\sqrt{3/\rho_c}$$

$$-10\ \mathrm{m}\ 处, N_{cr}=12\times0.8\times[\ln(0.6\times10+1.5)-0.1\times8]\times\sqrt{\frac{3}{3}}=11.7$$

$$-12\ \mathrm{m}\ 处, N_{cr}=12\times0.8\times[\ln(0.6\times12+1.5)-0.1\times8]\times\sqrt{\frac{3}{3}}=13.1$$

$$-18\ \mathrm{m}\ 处, N_{cr}=12\times0.8\times[\ln(0.6\times18+1.5)-0.1\times8]\times\sqrt{\frac{3}{3.5}}=15.2$$

②各测试点代表的土层厚度 d_i：

$$10\ \mathrm{m}\ 处, d_{10}=\frac{1}{2}\times(10+12)-8=3\ (\mathrm{m})$$

$$12\ \mathrm{m}\ 处, d_{12}=14-\frac{1}{2}\times(10+12)=3\ (\mathrm{m})$$

$$18\ \mathrm{m}\ 处, d_{18}=20-16=4\ (\mathrm{m})$$

③各土层中点深度 h_i：

$$h_{10}=8+\frac{1}{2}\times3=9.5\ (\mathrm{m})$$

$$h_{12}=14-\frac{1}{2}\times3=12.5\ (\mathrm{m})$$

$$h_{18}=16+\frac{1}{2}\times4=18\ (\mathrm{m})$$

④各土层单位土层厚度的层位影响权函数值 W_i：

$$W_{10}=\frac{2}{3}\times(20-9.5)=7$$

$$W_{12}=\frac{2}{3}\times(20-12.5)=5$$

$$W_{18}=\frac{2}{3}\times(20-18)=1.33$$

⑤地基液化指数 I_{LE}：

$$I_{LE}=\sum\left(1-\frac{N_i}{N_{cri}}\right)d_iw_i$$

$$=\left(1-\frac{8}{11.7}\right)\times3\times7+\left(1-\frac{10}{13.1}\right)\times3\times5+\left(1-\frac{5}{15.2}\right)\times4\times1.33=13.7$$

⑥$I_{LE}=13.89$，判别深度为 20 m，液化等级为中等。

答案(D)正确。

专业案例(下午卷)答案

1.[**答案**](D)

[**解析**]据《工程地质手册》第三版第154页内容计算如下

面积比 A_r：$A_r=\dfrac{D_w^2-D_e^2}{D_e^2}=\dfrac{75^2-70.6^2}{70.6^2}=0.1285=12.85\%$

内间隙比 C_i：$C_i=\dfrac{D_s-D_e}{D_e}=\dfrac{71.3-70.6}{70.6}=0.0099=0.99\%$

面积比 $A_r<13\%$ 时为薄壁取土器，有延伸至地面的活塞杆的为固定活塞取土器。

答案(D)正确。

2.[**答案**](C)

[**解析**]按《岩土程勘察规范》(GB 50021—2001)(2009年版)第10.2.5条计算如下。

从题表中可看出，$P=175$ kPa以前 P-S 曲线均为直线型关系，且通过坐标原点，取压力 P 为125 kPa时的沉降量4.41 mm进行计算。

$b=\sqrt{0.5}=0.707$ (m)

$E_0=I_0(1-\mu^2)\dfrac{pd}{s}=0.886\times(1-0.33^2)\times\dfrac{125\times0.707}{4.41}=15.82$ (MPa)

答案(C)正确。

3.[**答案**](B)

[**解析**]据《工程地质手册》第三版第九篇第三章第三节计算如下。

$P=P_0+P_z-P_s=0.75+0.25-0=1.0$ (MPa)

$W=\dfrac{Q}{LP}=\dfrac{50}{5\times1}=10$ (Lu)

答案(B)正确。

4.[**答案**](B)

据《工程地质手册》(第四版)第474页，答案(B)正确。

5.[**答案**](C)

[**解析**]按《建筑地基基础设计规范》(GB 50007—2011)第5.2.5条计算如下。

$\varphi=0$；$C_k=\dfrac{1}{2}q_u=\dfrac{1}{2}\times6.6=3.3$ (kPa)

$M_b=0$，$M_d=1.0$，$M_c=3.14$

$f_a=M_b\gamma b+M_d\gamma_m d+M_cC_k=0\times18\times3+1\times18\times1.5+3.14\times3.3=37.36$ (kPa)

答案(C)正确。

6.[**答案**](C)

[**解析**]根据已知条件分析如下。

①6层普通住宅基底压力一般为100 kPa左右，砂层及硬塑黏土承载力均可满足要求，不需加固处理。

②假设基础埋深为0.5 m左右，宽度1.5 m左右，主要受力层影响深度约为 $0.5+3\times1.5=5.0$ (m)。

③从地层及基岩的分布情况看，场地是典型岩溶及土洞发育的地段且岩层在主要受力层之下。

答案(C)正确。

7. [**答案**](B)

[**解析**]按土体物理性质间的换算关系计算如下。

压实前填料的干重度 γ_{d1}：

$$\gamma_{d1}=\frac{r}{1+0.01w}=\frac{15.5}{1+0.01\times10}=14.09$$

压实后填土的干重度 γ_{d2}：

$$\gamma_{d2}=\frac{S_r G_s P_w}{WG_s+S_r}=\frac{90\times2.72\times10}{14\times2.72+90}=19.1$$

根据压实前后土体干质量相等的原则计算填料的方量 V_1：

$$V_1\gamma_{d1}=V_2\gamma_{d2}$$

$$V_1=\frac{8\,000\times19.1}{14.09}=10\,844.6\ (\text{m}^3)$$

答案(B)正确。

8. [**答案**](C)

[**解析**]按《建筑地基基础设计规范》(GB 50007—2011)第5.2.4条修正如下。

假设基础宽度小于3.0 m：

$$f_a=f_{ak}+\eta_b r(b-3)+\eta_d\gamma_m(d-0.5)$$
$$=220+0.3\times18.5\times(3-3)+1.6\times18\times(1-0.5)=234.4\ (\text{kPa})$$

$$b=\frac{F}{f_a}=\frac{300}{234.4}=1.28\ (\text{m})<3.0\ (\text{m})$$

与假设相符，答案(C)正确。

9. [**答案**](A)

[**解析**]据《建筑地基基础设计规范》(GB 50007—2011)第5.2.5条计算如下。

$0.033b=0.099\approx0.1$，$e<0.1$，当地下水位很深时，地基承载力特征值 f_a：

$$f_a=M_b\gamma b+M_d\gamma_m d+M_c c_k=0.15\times19\times3+3.06\times18.5\times1.5+5.66\times10$$
$$=170.6\ (\text{kPa})$$

当地下水位上升至基础底面时，地基承载力特征值 f_a'：

$$f_a'=0.15\times(20-10)\times3+3.06\times18.5\times1.5+5.66\times10=156.8\ (\text{kPa})$$

$$\frac{f_a-f_a'}{f_a}=\frac{170.6-156.8}{170.6}=8.1\%$$

答案(A)正确。

10. [**答案**](C)

[**解析**]按土力学及规范相关内容及题意计算如下，平均附加应力 $\overline{P}$ 为

$$\overline{P}=\frac{1}{2}(P_{顶}+P_{底})=\frac{1}{2}\times(100\times1.000+100\times0.285)=64.25\ (\text{kPa})$$

土层自身沉降量 S 为

$$S=S_{顶}-S_{底}=200-40=160\ (\text{mm})$$

由 $S=\frac{\overline{P}}{E_s}h$ 可导出 E_s 为

$$E_s=\frac{\overline{P}}{S}h=\frac{64.25}{160}\times10\times10^3=4\,078(\text{kPa})\approx4\ (\text{MPa})$$

答案(C)正确。

11. [**答案**](C)

[**解析**]根据题意计算如下。

设塔顶水平力为 H 时基础偏心距为 4.8 m,

$$e=\frac{\sum M}{\sum N}=\frac{(30+2)\times H}{7.5}=4.8$$

因此

$$H=\frac{4.8\times 7.5}{30+2}=1.125\ (\text{MN})$$

答案(C)正确。

12. [**答案**](B)

[**解析**]据《建筑地基基础设计规范》(GB 50007—2011)第 5.3.5 条计算如下。

基础底面实际压力 P_k:

$$P_k=\frac{F}{A}=\frac{1\,920}{4\times 8}=60\ (\text{kPa})$$

基础底面处自重压力 P_c:

$$P_c=\gamma h=18\times 1=18\ (\text{kPa})$$

基础底面处附加压力 P_c:

$$P_0=P_k-P_c=60-18=42\ (\text{kPa})$$

按分层总和法计算地基变形量 S':

$$S'=\sum\frac{P_0}{E_{si}}(Z_i\bar{\alpha}_i-Z_{i-1}\bar{\alpha}_{i-1})=\frac{42}{10.2}\times 1.872+\frac{42}{3.4}\times 2.014=32.6\ (\text{mm})$$

最终沉降量 S:

$$S=\Psi_s S'=1.1\times 32.6=35.8\ (\text{mm})\approx 3.6\ (\text{cm})$$

答案(B)正确答案。

13. [**答案**](D)

[**解析**]按《建筑地基基础设计规范》(GB 50007—2011)计算如下。

按第 C.0.8 条计算地基承载力特征值 f_{ak}

$$f_{am}=\frac{1}{3}(f_{a1}+f_{a2}+f_{a3})=\frac{1}{3}\times(130+110+135)=125$$

因为　$f_{a3}-f_{a2}=135-110=25(\text{kPa})<125\times 0.3=37.5\ (\text{kPa})$

所以取 $f_{ak}=f_{am}=125\ (\text{kPa})$

按第 5.2.4 条对地基承载力特征值进行深宽修正:

$$f_a=f_{ak}+\eta_b\gamma(b-3)+\eta_d\gamma_m(d-0.5)$$

因为 $e=0.8$,　$I_l=0.75$,

所以 $\eta_b=0.3,\eta_d=1.6$。

$$\gamma_m=\frac{18\times 1+8\times 1}{2}=13\ (\text{kN/m}^3)$$

$$f_a=125+0.3\times 8\times(4-3)+1.6\times 13\times(2-0.5)=158.6\ (\text{kPa})$$

答案(D)正确。

14. [**答案**](C)

[**解析**]按《建筑桩基技术规范》(JGJ 94—2008)及相关知识计算如下。

桩身轴力最大点位于中性点处,其值为桩顶荷载与下拉荷载之和:

$Q = N_k + Q_g^n = N_k + \eta_n u \sum q_{si}^n l_i$

$= 500 + 1 \times 3.14 \times 0.8 \times 20 \times 6 = 801.44$ (kN)

答案(C)正确。

15.[**答案**](C)

[**解析**]按《建筑桩基技术规范》(JGJ 94—2008)第 5.4.4 条计算如下。

各土层单位负摩阻力计算：

第一层，$\sigma_1' = r_1' Z_1 = 18 \times 1 = 18$

$q_{s1}^n = \xi_n \sigma_1' = 0.3 \times 18 = 5.4$(kPa)

第二层，$\sigma_2' = r_2' Z_2 = 18 \times 3.5 = 63$

$q_{s2}^n = \xi_n \sigma_2' = 0.3 \times 63 = 18.9$ (kPa)

第三层，$\sigma_3' = r_3' Z_3 = 18 \times 6 = 108$

$q_{s3}^n = \xi_n \sigma_3' = 0.3 \times 108 = 32.4$ (kPa)

第四层，$\sigma_4' = r_4' Z_4 = 18 \times 8.5 = 153$

$q_{s4}^n = \xi_n \sigma_4' = 0.3 \times 153 = 45.9$ (kPa)

各层负摩阻力均小于正摩阻力值，下拉荷载 Q_g^n 为

$Q_g^n = \eta_n U \sum q_{si}^n l_i$

$= 1 \times 1.884 \times (5.4 \times 2 + 18.9 \times 3 + 32.4 \times 2 + 45.9 \times 3) = 508.68$ (kN)

答案(C)正确。

16.[**答案**](D)

[**解析**]按《建筑桩基技术规范》(JGJ 94—2008)计算如下。

冲切力 F_l：

$F_l = F - \sum Q_i = 7\,500 - \frac{1}{5} \times 7\,500 = 6\,000$ (kN)

冲切系数 β_0：

$\beta_0 = \frac{0.84}{\lambda + 0.2} = \frac{0.84}{0.7 + 0.2} = 0.933$

冲跨 a_{0x}：

$a_{0x} = \lambda h_0 = 0.7 \times 1 = 0.7$ (m)

$U_m = 4(h_c + a_{0x}) = 4 \times (0.6 + 0.7) = 5.2$

受柱冲切承载力 F_l：

$\beta_{hp} = \frac{1}{12} \times (2 - h) + 0.9 = \frac{1}{12} \times (2 - 1) + 0.9 = 0.983$

$F_l = \beta_{hp} \beta_0 u_m f_t h_0 = 0.983 \times 0.933 \times 1.71 \times 10^3 \times 5.2 \times 1 = 8\,155.2$ (kN)

$F_l - F = 8\,155.2 - 6\,000 = 2\,155.2$ (kN)

答案(D)正确。

17.[**答案**](C)

[**解析**]按《建筑桩基技术规范》(JGJ 94—2008)第 5.7.2 条计算如下。

桩的换算埋深 αh：

$\alpha h = 0.59 \times 10 = 5.9 > 4.0$

桩顶自由、桩顶水平位移系数：

$\nu_x = 2.441$

单桩水平承载力设计值 R_h：

$$R_h = 0.75\frac{\alpha^3 EI}{\nu_x}X_{0a} = 0.75\times\frac{0.59^3\times1.7\times10^5}{2.441}\times10\times10^{-3} = 107.3\ (\text{kN})$$

答案(C)正确。

18.[**答案**](B)

[**解析**]按《建筑桩基技术规范》(JGJ 94—2008)第 5.4.5 条～第 5.4.8 条计算如下。

①按群桩是整体破坏计算

$$T_{gk} = \frac{1}{n}U_1\sum\lambda_i q_{sik}l_i$$

$$= \frac{1}{50}\times2\times(20+10)\times(0.7\times30\times13+0.6\times60\times3) = 457.2\ (\text{kN})$$

$$G_{gp} = \frac{1}{50}\times20\times10\times16\times(20-10) = 640\ (\text{kN})$$

$r_0 N = 1.0\times600 = 600\ (\text{kN})$

$$\frac{T_{gk}}{2}+G_{gp} = \frac{457.2}{2}+640 = 868.6\ (\text{kN})$$

$N<\frac{T_{gk}}{2}+G_{gp}$，满足。

②按群桩是非整体破坏计算

$$T_k = \sum\lambda_i q_{sik}U_i l_i$$

$$= 0.7\times30\times3.14\times0.55\times13+0.6\times60\times3.14\times0.55\times3 = 658.0\ (\text{kN})$$

$$G_p = \frac{3.14}{4}\times0.55^2\times16\times(25-10) = 57.0$$

$$\frac{T_k}{2}+G_p = \frac{658.0}{2}+57 = 386$$

$N<\frac{U_k}{2}+G_p$，不满足。

答案(B)正确。

19.[**答案**](B)

[**解析**]按《建筑桩基技术规范》(JGJ 94—2008)第 5.5.6 条计算如下。

距径比：$S_a/d = 1\,600/400 = 4<6$

长径比：$l/d = 12\,000/400 = 30$

长宽比：$L/B = 4/4 = 1$

查附录 E 得 $C_0 = 0.055$，$C_1 = 1.477$，$C_2 = 6.843$。

桩基等效沉降系数 Ψ_e：

$$\Psi_e = C_0+\frac{n_b-1}{C_1(n_0-1)+C_2}$$

$$= 0.055+\frac{3-1}{1.477\times(3-1)+6.843} = 0.259\,1$$

桩基沉降量计算值 S'：

$$S' = 4P\sum\frac{1}{E_{si}}(Z_i\bar{\alpha}_i - Z_{i-1}\bar{\alpha}_{i-1})$$

$$= 300\times\left(\frac{1}{12}\times2.1480+\frac{1}{4}\times1.496\,8\right) = 166\ (\text{mm})$$

桩基最终沉降量 S：

$S=\Psi\Psi_e S'=0.7\times0.2591\times166$

$=30.1\ (mm)\approx3.0\ (cm)$

答案(B)正确。

20.[**答案**](D)

[**解析**]按《建筑地基处理技术规范》(JGJ 79—2012)第 5.2.4 条、第 5.2.5 条和第 5.2.7 条计算如下。

有效排水直径 d_e：

$d_e=1.05l=1.05\times1.4=1.47\ (m)$

井径比 n：

$n=d_e/d_w=1.47/0.07=21$

砂井穿透受压土层，α、β 值为

$$\alpha=\frac{8}{\pi^2}=0.811$$

$$F_n=\frac{n^2}{n^2-1}\ln n-\frac{3n^2-1}{4n^2}=\frac{21^2}{21^2-1}\times\ln21-\frac{3\times21^2-1}{4\times21^2}=2.302$$

$$\beta=\frac{8C_h}{F_n d_e^2}+\frac{\pi^2C_v}{4H^2}=\frac{8\times2\times10^{-3}}{2.302\times1.47^2}+\frac{3.14^2\times2\times10^{-3}}{4\times15^2\times10^4}=3.238\times10^{-7}\ (1/s)$$

$$=0.0280\ (1/d)$$

加载速率 q_1 为：

$q_1=60/12=5\ (kPa/d)$

加荷后 100 d 的平均固结度 $\overline{U}_t$ 为

$$\overline{U}_t=\sum_{i=1}^{n}\frac{\dot{q}_i}{\sum\Delta p}\left[(T_i-T_{i-1})-\frac{\alpha}{\beta}e^{-\beta t}(e^{\beta T_i}-e^{\beta T_{i-1}})\right]$$

$$=\frac{5}{60}\left[(12-0)-\frac{0.811}{0.0280}\times2.718^{-0.028\times100}\times(2.718^{0.028\times12}-2.718^{0.028\times0})\right]=0.94$$

答案(D)正确。

21.[**答案**](B)

[**解析**]按《建筑地基处理技术规范》(JGJ 79—2012)第 7.1.5 条计算如下。

碎石桩面积置换率 m：

因为 $f_{spk}=[1+m(n-1)]f_{sk}$

所以 $m=\frac{1}{n-1}(f_{spk}/f_{sk}-1)=\frac{1}{3.5-1}\times(180/100-1)=0.32$

等效圆直径 d_e：

$d_e=d/\sqrt{m}=0.9/\sqrt{0.32}=1.59\ (m)$

桩间距 S：

$S=0.95d_e=0.95\times1.59=1.5\ (m)$

答案(B)正确。

22.[**答案**](C)

[**解析**]按《建筑地基处理手册》(第三版)第十二章计算如下。

等效圆直径 d_e：$d_e=1.05S=1.05\times1=1.05\ (m)$

面积置换率 m：$m=d^2/d_e^2=(0.35\times1.2)^2/1.05^2=0.16$

复合地基承载力 f_{spk}：

$$f_{sp4}=mf_{pk}+(1-m)f_{sk}=0.16\times350+(1-0.16)\times80\times1.2=136.64\ (\text{kPa})$$

答案(C)正确。

23. [**答案**](C)

[**解析**]按《建筑地基处理技术规范》(JGJ 79—2012)第 7.1.5 条、第 7.3.3 条计算如下。

单桩承载力由桩身强度确定：

$$R_a=\eta f_{cu}A_p=0.25\times4\ 548\times\frac{3.14}{4}\times0.6^2=321.3$$

复合地基承载力 f_{spk}：

$$f_{spk}=\lambda m\frac{R_a}{A_p}+\beta(1-m)f_{sk}$$

$$=1.0\times0.3\times\frac{321.3}{3.14\times0.6^2/4}+0.75\times(1-0.3)\times75=380.5\ (\text{kPa})$$

答案(C)正确。

24. [**答案**](B)

[**解析**]据土力学计算如下。

加荷后的最终沉降量 S_∞：

$$S_\infty=\frac{\Delta P}{E_s}h=\frac{18\times1+90}{1.50}\times8=576\ (\text{mm})$$

固结度为 80% 的沉降量 S_t：

$$S_t=U_tS_\infty=0.8\times576=460.8\ (\text{mm})\approx46\ (\text{cm})$$

答案(B)正确。

25. [**答案**](A)

[**解析**]按朗肯土压力理论计算如下(水土分算不计水压力)。

E 点处的被动土压力强度 e_p：

$$k_p=\tan^2(45°+30°/2)=3.0$$

$$e_p=yzk_p+2c\sqrt{k_p}=(20\times1+10\times9)\times3+2\times0\times\sqrt{3}=330\ (\text{kPa})$$

E 点处的主动土压力强度 e_a：

$$k_a=\tan^2(45°-\varphi/2)=\tan^2(45°-30°/2)=0.33$$

$$e_a=yzk_a-2c\sqrt{k_a}$$

$$=(20\times2+10\times18)\times0.33-2\times0\times\sqrt{0.33}=72.6\ (\text{kPa})$$

答案(A)正确。

26. [**答案**](C)

[**解析**]据题意计算如下。

锚杆轴向拉力标准 N_{ak}：

$$N_{ak}=H_{tk}/\cos\alpha=1\ 140/\cos15°=1\ 180.2\ (\text{kN})$$

锚杆与地层间的锚固长度 l_a：

$$l_a\geqslant\frac{KN_{ak}}{\pi Df_{rb}}=\frac{2.2\times1\ 180.2}{3.14\times0.15\times1\ 100}=5.0\ (\text{m})$$

答案(C)正确。

27.［答案］(B)

［解析］根据 Dupuit 公式计算如下。

$$Q=1.366K\frac{(2H_0-S_w)S_w}{\lg\frac{R_0}{r_w}}=1.366\times25\times\frac{(2\times10-3)\times3}{\lg\frac{60}{0.15}}=669.3(m^3/d)$$

答案(B)正确。

28.［答案］(A)

［解析］据《铁路工程不良地质勘察规程》(TB 10027—2012)附录 A 第 A.0.2 条计算如下。

后缘垂直裂缝的静水压力 $\upsilon=\frac{1}{2}\gamma_w Z_w^2=\frac{1}{2}\times10\times10^2=500$ (kN/m)

下滑力 T

$$T=w\sin\beta+\upsilon\cos\beta=1\ 200\times\sin30°+500\times\cos30°=1\ 033.0\ (kN/m)$$

答案(A)正确。

29.［答案］(B)

［解析］据题意计算如下。

挡墙截面重心距墙趾的距离 Z_w：

$$Z_w\times\left(1\times3+\frac{1}{2}\times3\times0.6\right)=1\times3\times\frac{1}{2}+\frac{1}{2}\times0.6\times3\times\left(1+\frac{1}{3}\times0.6\right)$$

$Z_w=0.662$

$$k_0=\frac{\sum M_y}{\sum M_0}=\frac{180\times0.662+55\times\left(1+\frac{2}{3}\times0.6\right)}{\frac{1}{3}\times3\times175}=1.12$$

答案(B)正确。

30.［答案］(B)

［解析］据《铁路工程特殊岩土勘察规程》(TB 10038—2012)第 6.2.4 条条文说明及泰勒稳定数图解理论计算如下。

因为泰勒稳定数 $N_s=\frac{\gamma H}{C}$

所以 $H=\frac{CN_s}{\gamma}$

即 $H_c=5.52C_u/\gamma=5.52\times12/16=4.14$ (m)

答案(B)正确。

31.［答案］(B)

［解析］据《工程地质手册》第三版第 596 页公式 6.2.31 计算如下。

$$K=\frac{w_2d_2+CLR}{w_1d_1}=\frac{315\times2.7+19\times25\times12.5}{1\ 300\times5.2}=1.004$$

答案(B)正确。

32.［答案］(A)

［解析］按折线形滑面考虑，$k=1.0$，即第二块的剩余下滑推力 $F_2=0$。

第一块的剩余下滑推力 F_1：

$$F_1=w_1\sin\alpha_1-CL_1-w_1\cos\alpha_1\tan\varphi$$

$=600\times\sin30°-C\times11.55-600\times\cos30°\times\tan10°=208.4-11.55C$

滑坡推力传递系数 Ψ：

$\Psi=\cos(\alpha_1-\alpha_2)-\sin(\alpha_1-\alpha_2)\tan\varphi_2$

$=\cos(30°-10°)-\sin(30°-10°)\times\tan10°=0.879$

第二块的剩余下滑推力 F_2：

$F_2=W_2\sin\alpha_2-Cl_2-W_2\cos\alpha_2\tan\varphi+\psi F_1$

$=1\,000\times\sin10°-C\times10.15-1\,000\times\cos10°\times\tan10°+0.879\times(208.4-11.55C)$

$=183.2-20.3C$

令 $F_2=0$，可得：$C=183.2/20.3=9.02$ (kPa)

答案(A)正确。

另外，也可根据《工程地质手册》第三版第 597 页中式(6.2.3.4)计算。

33.[**答案**](A)

[**解析**]按《建筑抗震设计规范》(GB 50011—2010)第 4.1.6 条、第 5.1.4 条和第 5.1.5 条计算如下。

场地类别为Ⅱ类。

特征周期：$T_g=0.35$。

水平地震影响系数最大值 $\alpha_{max}=0.16$。

$T=0.5$ s，大于 T_g 而小于 $5T_g$，且阻尼比 $\zeta=0.05$。

水平地震影响系数为：

$$\alpha=\left(\frac{T_g}{T}\right)^r\eta_2\alpha_{max}=\left(\frac{T_g}{T}\right)^{0.9}\alpha_{max}=\left(\frac{0.35}{0.5}\right)^{0.9}\times0.16=0.116$$

答案(A)正确。

34.[**答案**](C)

[**解析**](新版规范已删除该知识点)据《公路工程抗震设计规范》(JTJ 004—1989)第 2.2.3条计算如下。

$$\frac{\sigma_0}{\sigma_e}=\frac{r_u d_w+r_d(d_s-d_w)}{r_u d_w+(r_d-10)(d_s-d_w)}$$

当 $d_s\leqslant d_w$ 时，$\sigma_0/\sigma_e=\frac{r_u d_w}{r_u d_w}=1$。

本题中 0～5 m 时，$\sigma_0/\sigma_e=1$。

当 $d_s>5$ m 时，分子 σ_0 的增量为 $r_d(d_s-d_w)$；当 $d_s=20$ m 时，分子 σ_0 增量为 $15r_d$；分母 σ_e 的增量为 $(r_d-10)(d_s-d_w)$；当 $d_s=20$ m 时，分母 σ_e 增量为 $15r_d-150$。因此，地下水位以下 σ_0/σ_e 随 d_s 增加而增加。

答案(C)正确。

35.[**答案**](B)

[**解析**](新版规范已删除该知识点)据《公路工程抗震设计规范》(JTJ 004—1989)第 2.2.3条条文说明计算如下。

$$\frac{\tau}{\sigma_e}=0.65K_h\frac{\sigma_0}{\sigma_e}C_v$$

地面下 5.0 m 处：

烈度 8 度，$K_h=0.2$；　$d_s=5.0$，　$C_v=0.965$

$\sigma_0=r_u d_w+r_d(d_s-d_w)=18.5\times5+20\times(5-5)=92.5$

$\sigma_e = r_u d_w + (r_d - 10)(d_s - d_w) = 18.5 \times 5 + (20-10) \times (5-5) = 92.5$

$\frac{\tau}{\sigma_0} = 0.65 \times 0.2 \times \frac{92.5}{92.5} \times 0.965 = 0.125$

地面下 10 m 处：

$d_s = 10$， $C_v = 0.902$

$\sigma_0 = 18.5 \times 5 + 20 \times (10-5) = 192.5$

$\sigma_e = 18.5 \times 5 + (20-10) \times (10-5) = 142.5$

$\frac{\tau}{\sigma_e} = 0.65 \times 0.2 \times \frac{192.5}{142.5} \times 0.902 = 0.158$

答案(B)正确。

2005 年全国注册岩土工程师专业考试试卷(新解)

专业知识(上午卷)

一、单项选择题(共 40 题,每题 1 分。每题的备选项中只有一个最符合题意)

1. 下列软黏土的特性指标中,(　　)肯定有问题。

(A)无侧限抗压强度 10 kPa

(B)静力触探比贯入阻力值 30 kPa

(C)标准贯入锤击数 8 击/30 cm

(D)剪切波速 100 m/s

2. (　　)的岩体结构类型不属于《水利水电工程地质勘察规范》(GB 50487—2008)的岩体结构分类之列。

(A)整体状、块状、次块状结构

(B)巨厚层状、厚层状、中厚层状、互层和薄层状结构

(C)风化卸荷状结构和风化碎块状结构

(D)镶嵌碎裂结构和碎裂结构

3. 混合岩属于下列(　　)岩类。

(A)岩浆岩　　(B)浅变质岩

(C)深变质岩　　(D)岩性杂乱的任何岩类

4. 某滞洪区本年滞洪时淤积了 3.0 m 厚的泥沙,现进行勘察,下列(　　)的考虑是错的。

(A)原地面下原来的正常固结土变成了超固结土

(B)新沉积的泥沙是欠固结土

(C)新沉积的饱和砂土地震时可能液化

(D)与一般第四系土比在同样的物理性质指标状况下,新沉积土的力学性质较差

5. 下列关于节理裂隙的统计分析方法中,(　　)是错误的。

(A)裂隙率是一定露头面积内裂隙所占的面积

(B)裂隙发育的方向和各组裂隙的条数可用玫瑰图表示

(C)裂隙的产状、数量和分布情况可用裂隙极点图表示

(D)裂隙等密度图是在裂隙走向玫瑰花图基础上编制的

6. 某工程地基为高压缩性软土层,为了预测建筑物的沉降历时关系,该工程的勘察报告中除常规岩土参数外还必须提供下列(　　)岩土参数。

(A)体积压缩系数 m_v　　(B)压缩指数 C_c

(C)固结系数 C_v　　(D)回弹指数 C_s

7. 下图中带箭头所系曲线为饱和正常固结土的应力路径,它符合下列(　　)种试验的应力路径。

(A)侧限固结试验的有效应力路径　　(B)三轴等压试验的总应力路径

(C)常规三轴压缩试验的总应力路径　　(D)常规三轴固结不排水试验的有效应力路径

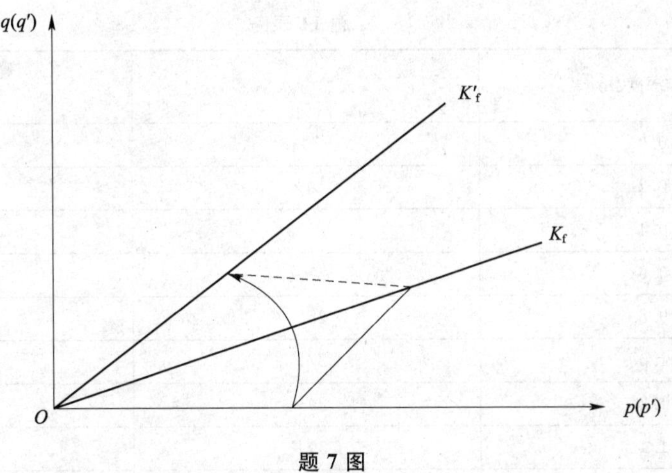

题 7 图

图中：p、q、K_f 表示总应力路径，p'、q'、K_f'表示有效应力路径

8. 坑内抽水，地下水绕坑壁钢板桩底稳定渗流，土质均匀，请问关于流速变化的下列论述中，(　　)是正确的。

(A)沿钢板桩面流速最大，距桩面越远流速越小

(B)流速随深度增大，在钢板桩底部标高处最大

(C)钢板桩内侧流速大于外侧

(D)各点流速均相等

9. 某场地地基土为一强透水层，含水率 $w=22\%$，地下水分析成果 pH＝5.4，侵蚀性 CO_2 含量为 53.9 mg/L，请判定该地下水对混凝土结构的腐蚀性属于下列(　　)等级。

(A)无腐蚀性　　(B)弱腐蚀性　　(C)中等腐蚀性　　(D)强腐蚀性

10. 关于多层含水层中同一地点不同深度设置的侧压管量测的水头，下列(　　)是正确的。

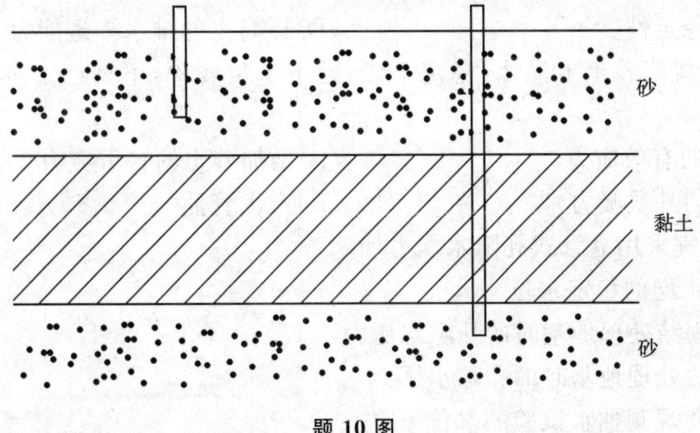

题 10 图

(A)不同深度量测的水头总是相等

(B)浅含水层量测的水头恒高于深含水层量测的水头

(C)浅含水层量测的水头低于深含水层量测的水头

(D)视水文地质条件而定

11. 某盐渍土地段地下水位深 1.8 m，大于该地毛细水强烈上升高度与蒸发强烈影响深度之和，在开挖试坑的当时和曝晒两天后分别沿坑壁分层取样，测定其含水率随深度变化如下表所示，该地段毛细水强烈上升高度应是(　　)。

题11表

取样深度/m	天然含水率	曝晒2 d后含水率 w
0.0	7%	1%
0.2	10%	3%
0.4	18%	8%
0.6	21%	21%
0.8	25%	27%
1.0	27%	28%
1.2	29%	27%
1.4	30%	25%
1.6	30%	25%
1.8	30%	25%

(A)1.6 m　(B)1.2 m　(C)0.8 m　(D)0.4 m

12. 下列选项中(　　)的矿物亲水性最强。

(A)高岭石　(B)蒙脱石　(C)伊利石　(D)方解石

13. 对于天然含水率小于塑限含水率湿陷性黄土,确定其承载力特征值时可按下列(　　)的含水率考虑。

(A)天然含水率　(B)塑限含水率

(C)饱和度为80%的含水率　(D)天然含水率加5%

14. 关于地基土中土工合成材料加筋层的机理,下列(　　)的说法是错误的。

(A)扩散应力　(B)调整地基不均匀变形

(C)增加地基稳定性　(D)提高土的排水渗透能力

15. 在卵石层上的新填砂土上灌水,稳定下渗,地下水位较深,下列(　　)是有可能产生的后果。

(A)降低砂土的有效应力　(B)增加砂土的自重应力

(C)增加砂土的基质吸力　(D)产生管涌

16. 下列(　　)不宜采用立管式孔隙水压力计。

(A)观测弱透水层的稳定水位

(B)观测排水固结处理地基时的孔隙水压力

(C)观测强夯法处理地基时的孔隙水压力

(D)作为观测孔观测抽水试验的水位下降

17. 在其他条件相同时,悬臂式钢板桩和悬臂式混凝土地下连续墙所受基坑外侧土压力的实测结果应该是下列(　　)情况。

(A)由于混凝土模量比钢材小,所以混凝土墙上的土压力更大

(B)由于混凝土墙上的变形(位移)小,所以混凝土墙上的土压力更大

(C)由于钢板桩的变形(位移)大,所以钢板桩上的土压力大

(D)由于钢材强度高于混凝土强度,所以钢板桩上的土压力更大

18. 对于单支点的基坑支护结构,在采用等值梁法计算时,还需要假定等值梁上有一个铰接点,一般可近似取该铰接点处在等值梁上的下列(　　)。

(A)基坑底面下1/4嵌固深度处的位置

(B)等值梁上剪应力为零的位置

(C)主动土压力合力等于被动土压力合力位置

(D)主动土压力强度等于被动土压力强度位置

19.下列有关新奥法设计施工的衬砌做法中,(   )是正确的。

(A)隧道开挖后立即衬砌支护

(B)隧道开挖后经监测,经验类比和计算分析适时衬砌支护

(C)隧道开挖后,让围岩充分回弹后再衬砌支护

(D)隧道衬砌后,要使隧道围岩中的应力接近于原地应力

20.按《公路路基设计规范》(JTG D30—2004),路面以下路床填方高度小于80 cm时,对于高速公路及一级公路路床的压实度应满足(   )的要求。

(A)≥93%　　(B)≥94%　　(C)≥95%　　(D)≥96%

21.采用塑限含水率 $w_p=18\%$ 的粉质黏土做填土土料修高速公路路基,分层铺土碾压时,下列(   )的含水率相对比较合适。

(A)12%　　(B)17%　　(C)22%　　(D)25%

22.有一砂土土坡,其砂土的内摩擦角 $\varphi=35°$,坡度为1∶1.5,当采用直线滑裂面进行稳定性分析时,下列(   )滑裂面对应的安全系数最小(α 为滑裂面与水平地面间夹角)。

(A)$\alpha=25°$　　(B)$\alpha=29°$　　(C)$\alpha=31°$　　(D)$\alpha=33°$

23.对于碾压土坝中的黏性土,在施工期采用总应力法进行稳定分析时,应采用下列(   )试验确定土的强度指标。

(A)三轴固结排水剪试验　　(B)直剪试验中的慢剪试验

(C)三轴固结不排水试验　　(D)三轴不固结不排水试验

24.下列(   )土工合成材料不适用于土体的加筋。

(A)塑料土工格栅　　(B)塑料排水板带

(C)土工带　　(D)土工格室

25.有一墙背直立的重力式挡土墙,墙后填土由上下两层土组成,γ、c、φ 分别表示土的重度、内聚力及内摩擦角,如果 $C_1\approx0$,$C_2>0$,则只有在(   )情况下用朗肯土压力理论计算得到的墙后主动土压力分布才有可能从上而下为一条连续的直线。

(A)$\gamma_1>\gamma_2,\varphi_1>\varphi_2$　　(B)$\gamma_1>\gamma_2,\varphi_1<\varphi_2$

(C)$\gamma_1<\gamma_2,\varphi_1>\varphi_2$　　(D)$\gamma_1<\gamma_2,\varphi_1<\varphi_2$

26.常用的土石坝坝基加固处理不宜采用下列(   )措施。

(A)固结灌浆与锚固　　(B)建立防渗帷幕或防渗墙

(C)建立截水帷幕　　(D)坝身采用黏土心墙防渗

27.采用预应力锚索时,下列选项中(   )项是不正确的。

(A)预应力锚索由锚固段、自由段及紧固头三部分组成

(B)锚索与水平面的夹角以下倾15°～30°为宜

(C)预应力锚索只能适用于岩质地层的边坡及地基加固

(D)锚索必须做好防锈防腐处理

28.下列关于地震灾害和抗震设防的说法中,(   )是不正确的。

(A)地震是一个概率事件

(B)抗震设防与一定的风险水准相适应

(C)抗震设防的目标是使得建筑物在地震时不致损坏

(D)抗震设防是以现有的科学水平和经济条件为前提

29. 按我国抗震设防水准,下列关于众值烈度的说法中,(　　)是正确的。

(A)众值烈度与基本烈度实际上是相等的

(B)众值烈度的地震加速度比基本烈度的地震加速度低约 $0.15g$

(C)遭遇众值烈度地震时设防目标为建筑处于正常使用状态

(D)众值烈度是在该地区 50 年内地震烈度的平均值

30. 下列(　　)说法不符合《中国地震动参数区划图》(GB 18306—2015)的规定。

(A)直接采用地震动参数,不再采用地震基本烈度

(B)现行有关技术标准中涉及地震基本烈度的概念应逐步修正

(C)设防水准为 50 年超越概率为 10%

(D)各类场地的地震动反应谱特征周期都可以从《中国地震动反应谱特征周期区划图》上直接查得

31. 根据《建筑抗震设计规范》(GB 50011—2010),当抗震设防烈度为 8 度时,下列(　　)情况可忽略发震断裂错动对地面建筑的影响。

(A)全新世活动断裂

(B)前第四系基岩隐伏断裂的土层覆盖厚度为 80 m

(C)设计地震分组为第二组或第三组

(D)乙、丙类建筑

32. 对于每个钻孔的液化指数,下列(　　)说法是不正确的。

(A)液化土层实测标准贯入锤击数与标准贯入临界值之比越大,液化指数就越大

(B)液化土层的埋深越大,对液化指数的影响就越小

(C)液化指数是无量纲参数

(D)液化指数的大小与判别深度有关

33. 某土石坝坝址区地震烈度为 8 度,在 10 号孔深度为 3 m、6 m 和 13 m 处测得剪切波速值分别为 104 m/s、217 m/s 和 313 m/s,该孔 15 m 深度范围内土层 2.0 m 以内为回填黏性土层,2 m 至 15 m 内为第四系沉积粉砂细砂层,在工程正常运用时,该处地面淹没于水面以下,在进行地震液化初判时,下列(　　)是正确的。

(A)3 m 处的砂土层可能液化,6 m 和 13 m 处的砂土层不液化

(B)3 m 和 6 m 处的砂土层可能液化,13 m 处的砂土层不液化

(C)3 m、6 m、13 m 处的砂土层都可能液化

(D)3 m、6 m、13 m 处的砂土层均不液化

34. 由于Ⅱ类场地误判为Ⅲ类,在其他情况均不改变的情况下(设计地震分组为第一组,建筑结构自振周期 $T=0.8$ s,阻尼比取 0.05),造成对水平地震影响系数(用 $\alpha_{\text{Ⅱ}}$ 和 $\alpha_{\text{Ⅲ}}$ 分别表示Ⅱ类场地和Ⅲ类场地)的影响将是下列(　　)结果。

(A) $\alpha_{\text{Ⅱ}} \approx 0.8\alpha_{\text{Ⅲ}}$　　(B) $\alpha_{\text{Ⅱ}} \approx \alpha_{\text{Ⅲ}}$

(C) $\alpha_{\text{Ⅱ}} \approx 1.25\alpha_{\text{Ⅲ}}$　　(D)条件不足,无法计算

35. 下列(　　)的说法是指工程项目投资的流动资金投资。

(A)项目筹建期间,为保证工程正常筹建所需要的周转资金

(B)项目在建期间,为保证工程正常实施所需的周转资金

(C)项目投产后为进行正常生产所需的周转资金

(D)项目筹建和在建期间,为保证工程正常实施所需的周转资金

36.下列关于岩土工程设计概算作用的说法中,(　　)是不正确的。

(A)是衡量设计方案经济合理性和优选设计方案的依据

(B)是签订工程合同的依据

(C)是岩土工程治理(施工)企业进行内部管理的依据

(D)是考验建设项目投资效果的依据

37.下列(　　)的组合所提的内容能全面而准确地表达合同文本中规定可以采用的工程勘察计取的收费方式。

Ⅰ.按国家规定的现行《工程勘察设计收费标准(2002 年修订本)》

Ⅱ.按发包人规定的最低价

Ⅲ.按预算包干　　Ⅳ.按中标价加签证

Ⅴ.按勘察人自订的收费标准　　Ⅵ.按实际完成的工作量估算

(A)Ⅰ、Ⅱ、Ⅳ、Ⅴ　(B)Ⅰ、Ⅱ、Ⅳ、Ⅵ　(C)Ⅰ、Ⅲ、Ⅳ、Ⅵ　(D)Ⅲ、Ⅳ、Ⅴ、Ⅵ

38.按《中华人民共和国建筑法》的规定,建筑主管部门对越级承揽工程的处理,下列(　　)是不合法的。

(A)责令停止违法行为,处以罚款　　(B)责令停业整顿、降低资质等级

(C)情节严重的吊销资质证书　　(D)依法追究刑事责任

39.信息管理所包含的内容除了信息收集、信息加工、信息传输及信息储存外,还包括下列(　　)内容。

(A)信息汇总　(B)信息检索　(C)信息接收　(D)信息审编

40.对工程建设勘察设计阶段执行强制性标准的情况实施监督的应当是(　　)。

(A)建设项目规划审查机构　　(B)施工图设计文件审查机构

(C)建设安全监督管理机构　　(D)工程质量监督机构

二、多项选择题(共 30 题,每题 2 分。每题的备选项中有两个或三个符合题意,错选、少选、多选均不得分)

41.调查河流冲积土的渗透性各向异性时,在一般情况下,应进行(　　)的室内渗透试验。

(A)垂直层面方向　　(B)斜交层面方向

(C)平行层面方向　　(D)任意方向

42.按《公路工程地质勘察规范》(JTG C20—2011)在岩质隧道勘察设计中,从实测的围岩纵波速度和横波速度可以求得围岩的下列(　　)指标。

(A)动弹性模量　(B)动剪切模量　(C)动压缩模量　(D)动泊松比

43.下列(　　)选项是直接剪切试验的特点。

(A)剪切面上的应力分布简单　　(B)固定剪切面

(C)剪切过程中剪切面积有变化　　(D)易于控制排水

44.室内渗透试验分为常水头试验及变水头试验,下列(　　)说法是正确的。

(A)常水头试验适用于砂土及碎石类土

(B)变水头试验适用于粉土及黏性土

(C)常水头试验最适用于粉土

(D)变水头试验最适用于渗透性很低的软黏土

45.通常围压下对砂土进行三轴试验,下列选项中(　　)是正确的。

(A)在排水试验中,密砂常会发生剪胀,松砂发生剪缩

(B)在排水试验中，密砂的应力应变曲线达到峰值后常会有所下降

(C)固结不排水试验中，密砂中常会产生正孔压，松砂中常会产生负孔压

(D)对密砂和松砂，在相同围压时排水试验的应力应变关系曲线相似

46. 根据土的层流渗透定律，其他条件相同时下列各选项中(　　)是正确的。

(A)渗透系数越大流速越大

(B)不均匀系数 C_u 越大渗透性越好

(C)水力梯度越大流速越大

(D)黏性土中的水力梯度小于临界梯度时，流速为零

47. 红黏土作为一种特殊土，地基勘察时要注意以下(　　)特点。

(A)垂直方向状态变化大，上硬下软，地基计算时要进行软弱下卧层验算

(B)水平方向的厚度一般变化不大，分布均匀，勘探点可按常规间距布置

(C)勘察时应判明是否具有胀缩性

(D)常有地裂现象，对建筑物有可能造成破坏

48. 基坑支护的水泥土墙基底为中密细砂，根据倾覆稳定条件确定其嵌固深度和墙体厚度时，下列(　　)选项是需要考虑的因素。

(A)墙体重度　　(B)墙体水泥土强度

(C)地下水位　　(D)墙内外土的重度

49. 在下图中 M 点位于两层预应力锚杆之间，下列选项中(　　)说法是错误的。

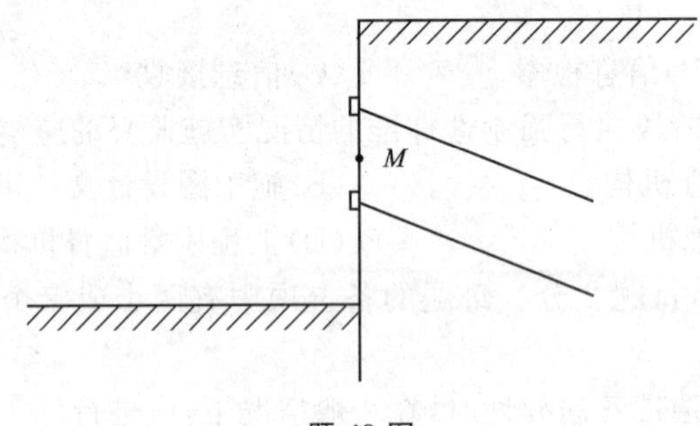

题 49 图

(A) M 点土压力随着施工进行总是增加的

(B) M 点土压力随着施工进行总是减小的

(C) M 点土压力不随施工过程而变化

(D) M 点土压力随施工进行而动态变化

50. 大中型水利水电工程勘察先后可分规划、可行性研究、初步设计和技施设计四个阶段，下列(　　)说法是正确的。

(A)从规划、可行性研究、初步设计阶段到技施阶段，勘察范围应逐渐加大

(B)从规划、可行性研究、初步设计阶段到技施阶段，工作深度应依次加深

(C)从规划、可行性研究、初步设计阶段到技施阶段，勘察工作量应越来越大

(D)初步勘察阶段的工程地质勘察应查明水库建筑区的工程地质条件，进行选定坝型枢纽布置的地质论证和提供建筑物设计所需的工程地质资料

51. 对黏性土填料进行压实试验时，下列(　　)选项是错误的。

(A)在一定击实功的作用下，能使填筑土料达到最大干密度所对应的含水率为最优含水率

(B)与轻型击实仪比较,采用重型击实仪试验得到的土料最大干密度较大
(C)填土的塑限增加,最优含水率减小
(D)击实功增加,最优含水率增加

52. 在岩溶地区修筑土石坝,下列(　　)处理规定是正确的。
(A)大面积溶蚀但未形成溶洞的可做铺盖防渗
(B)对深层有溶洞的坝基可不必进行处理
(C)浅层的溶洞宜挖除或只挖除洞内的破碎岩石和充填物用浆砌石或混凝土堵塞
(D)对深层的溶洞可采用灌浆方法处理或用混凝土防渗墙处理

53. 对于均匀黏性土填方土坡,下列(　　)选项会降低抗滑稳定的安全系数。
(A)在坡的上部堆载
(B)在坡脚施加反力
(C)由于降雨使土坡的上部含水率增加,未达到渗流
(D)由于积水使坡下游渗流

54. 根据《水利水电工程地质勘察规范》(GB 50487—2008),下列(　　)选项属于渗透变形。
(A)流土　　(B)管涌　　(C)流沙　　(D)振动液化

55. 对于均匀砂土边坡,如假设滑裂面为直线,C、φ 值不随含水率而变化,下列(　　)选项的稳定安全系数一样。
(A)坡度变陡或变缓　　(B)坡高增加或减小
(C)砂土坡被静水淹没　　(D)砂土的含水率变化

56. 在地下水位以下的细砂层中进行地铁开挖施工,如未采用其他措施及人工降水,下列(　　)选项的盾构施工方法不适用。
(A)人工(手握式)盾构　　(B)挤压式盾构
(C)半机械式盾构　　(D)泥水加压式盾构

57. 预应力锚索常用于边坡加固工程,下列(　　)选项是不宜的。
(A)设计锚固力小于容许锚固力
(B)锚索锚固段采用紧箍环和扩张环,注浆后形成枣核状
(C)采用孔口注浆法,注浆压力不小于 0.8 MPa
(D)当孔内砂浆达到设计强度的 70%后,一次张拉达到设计应力

58. 建筑场地设计地震分组主要反映了下列(　　)选项的影响。
(A)震源机制和震级大小　　(B)地震设防烈度
(C)震中距远近　　(D)建筑场地类别

59. 按《建筑抗震设计规范》(GB 50011—2010),下列关于特征周期的叙述中,(　　)选项是正确的。
(A)特征周期是设计特征周期的简称
(B)特征周期应根据其所在地的设计地震分组及场地类别确定
(C)特征周期是地震活动性的重复周期
(D)特征周期是地震影响系数曲线水平段终点所对应的周期

60. 按《建筑抗震设计规范》(GB 50011—2010),地震影响系数曲线的峰值与下列(　　)选项有关。
(A)设计地震分组　　(B)设计基本烈度
(C)建筑结构的自振周期　　(D)阻尼比

61. 按《公路工程抗震规范》(JTG B02—2013)，在8度烈度时，对粉土层进行液化初判，下列(　　)选项所列条件尚不足以判定为不液化而需要进一步判定。

题61表

场地条件	地质年代	基础埋深/m	黏粒含量	上覆非液化土层厚度 d_u/m	地下水位埋深 d_w/m
Ⅰ	Q_4	2.0	12%	6.5	4
Ⅱ	Q_3	2.5	10%	6.5	4
Ⅲ	Q_4	2.0	14%	2.5	4
Ⅳ	Q_4	2.5	10%	8.0	8

(A)Ⅰ　(B)Ⅱ　(C)Ⅲ　(D)Ⅳ

62. 在其他情况相同时，进行液化判别，下列(　　)选项不正确。

(A)实测标准贯入击数相同时，饱和粉细砂的液化可能性大于饱和粉土

(B)标准贯入点深度相同，上覆非液化土层厚度越大，饱和粉细砂及饱和粉土的液化性越小

(C)粉土的黏粒含量越大，实测标准贯入击数越小

(D)地下水埋深越大，临界标准贯入击数越大

63. 按《建筑抗震设计规范》(GB 50011—2010)，下列(　　)选项中的建筑应进行天然地基及基础抗震承载力验算。

(A)超过8层的一般民用框架结构

(B)软土地基上的砌体结构

(C)主要受力层范围内存在承载力小于80 kPa的一般工业厂房

(D)基底压力大于250 kPa的多层框架结构

64. 按《水工建筑物抗震设计规范》(DL 5073—2000)，土石坝上游坝坡抗震设计时，下列(　　)选项是正确的。

(A)与水库最高蓄水位相组合

(B)需要时与常遇的水位降落幅值组合

(C)与坝坡抗震稳定性最不利的常遇水位组合

(D)与水库正常蓄水位相组合

65. 在工程项目总投资中，其他投资包括下列(　　)项费用。

(A)进入购买家具投资的费用　(B)进入购买固定资产投资的费用

(C)进入核销投资的费用　(D)进入核销费用的费用

66. 据岩土工程监理委托合同，被监理方是(　　)。

(A)岩土工程勘察单位　(B)建设单位

(C)岩土工程治理单位　(D)岩土工程设计单位

67. 工程勘察收费计算附加系数为两个以上时，下列(　　)选项是正确的。

(A)所有附加系数连乘　(B)所有附加系数相加

(C)减去附加调整系数的个数　(D)在决定取值前加上定值

68. 暂无

69. 勘察成果不正确时，除法律责任外还应追究(　　)经济责任。

(A)应及时向发包人提交检查报告

(B)免收直接损失部分的勘察费

(C)向发包人支付与直接受损失部分勘察费相等的赔偿金

(D)向发包人支付经双方商定的赔偿金

70. 关于发包人及承包人的说法，下列(　　)选项正确。

(A)发包人可以与总承包人订立建设工程合同

(B)发包人可以分别与勘察人、设计人、施工人订立勘察、设计、施工承包合同

(C)承包人可以将其承包的全部建设工程转包第三人

(D)承包人可以将其承包的全部建设工程分解成若干部分，以分包的名义分别转包第三人

专业知识(下午卷)

一、单项选择题(共40题，每题1分。每题的备选项中只有一个最符合题意)

1. 无筋扩展基础所用的材料抗拉抗弯性能较差，为保证基础有足够的刚度，以下(　　)措施最为有效。

(A)调整基础底面的平均压力　　(B)控制基础台阶高宽比的允许值

(C)提高地基土的承载力　　(D)增加材料的抗压强度

2. 如下图所示，柱基底面尺寸为1.2 m×1.0 m，作用于基础底面的偏心荷载 $F_k+G_k=135$ kN，当偏心距 e 为0.3 m时基础底面边缘的最大压力 P_{kmax} 为(　　)。

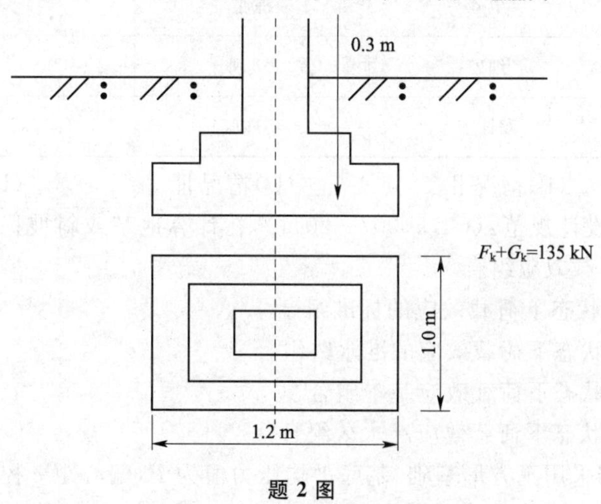

题2图

(A)250 kPa　　(B)275 kPa

(C)300 kPa　　(D)325 kPa

3. 海港码头的地基最终沉降量按正常使用极限状态的长期荷载组合情况计算，在作用组合中应包括永久作用和可变作用，而在可变作用中仅需考虑(　　)。

(A)水流和波浪荷载　　(B)堆货荷载

(C)地震荷载　　(D)冰荷载和风荷载

4. 验算软弱下卧层强度时，软弱下卧层顶面的压力与承载力应符合下列(　　)组合。

(A) $P_z + P_{cz} \leqslant f_{ak}$ (B) $P_z \leqslant f_{az}$

(C) $P_z + P_{cz} \leqslant f_{az}$ (D) $P_k \leqslant f_{az}$

5. 计算框架结构的某一内柱基础的沉降量，在计算该内柱基础底面附加压力时，下列(　　)的方案是正确的。

注：柱基础底面均处于同一标高。

(A)需要考虑最接近这个内柱的其他四个内柱的荷载

(B)只需要考虑这个内柱所在的横向一行的所有柱荷载

(C)只需要考虑这个内柱所在的纵向一行的所有柱荷载

(D)除了这个内柱本身的荷载外，不需要考虑其他任何柱荷载

6. 在均质厚层地基土中，每个方形基础的底面积和基底压力均相同，但甲基础的埋置深度比乙基础深，则比较两个基础的沉降时(不考虑相邻基础的影响)下列(　　)选项是正确的。

(A)甲、乙两基础沉降相等 (B)甲基础沉降大于乙基础沉降

(C)甲基础沉降小于乙基础沉降 (D)尚缺乏判断的充分条件

7. 按《建筑地基基础设计规范》(GB 50007—2011)中对季节性冻土设计冻深的规定，计算设计冻深 Z_d 值，在已经确定标准冻深 Z_0 的情况下，比较下表所列四种情况，(　　)的设计冻深 Z_d 最深。

题 7 表

情况	土的类别	土的冻胀性	环境
Ⅰ	粉砂	特强冻胀	城市近郊
Ⅱ	中砂	冻胀	城市近郊
Ⅲ	细砂	强冻胀	城市近郊
Ⅳ	黏性土	不冻胀	旷野

(A)情况Ⅰ (B)情况Ⅱ (C)情况Ⅲ (D)情况Ⅳ

8. 按《建筑地基基础设计规范》(GB 50007—2011)，在计算地基或斜坡稳定性时应采用下列选项中的(　　)荷载效应组合。

(A)正常使用极限状态下荷载效应的标准组合

(B)正常使用极限状态下荷载效应的准永久组合

(C)承载能力极限状态下荷载效应基本组合

(D)承载能力极限状态下荷载效应准永久组合

9. 独立高耸水塔基础采用正方形基础，基底平均压力值为 P，偏心距 e 控制值为 $e=b/12$，(b 为基础底面宽度)，验算偏心荷载作用下基底压力时，下列(　　)选项是正确的。

(A) $P_{kmax}=1.4P$；$P_{kmin}=0.6P$ (B) $P_{kmax}=1.5P$；$P_{kmin}=0.5P$

(C) $P_{kmax}=1.6P$；$P_{kmin}=0.4P$ (D) $P_{kmax}=2P$；$P_{kmin}=0$

10. 在混凝土灌注桩的下列检测方法中，(　　)选项检测桩身混凝土强度、有效桩长及桩底沉渣厚度最有效。

(A)钻芯法 (B)低应变 (C)高应变 (D)声波透射法

11. 按《建筑桩基技术规范》(JGJ 94—2008)中对等效沉降系数 ψ_e 的叙述，下列(　　)选项是正确的。

(A)按 Mindlin 解计算沉降量与实测沉降量之比

(B)按 Boussinesq 解计算沉降量与实测沉降量之比

(C)按 Mindlin 解计算沉降量与 Boussinesq 解计算沉降量之比

(D)非软土地区桩基等效沉降系数取 1

12. 下列关于泥浆护壁灌注桩施工方法的叙述中,(　　)选项是错误的。

(A)灌注混凝土前应测量孔底沉渣厚度

(B)在地下水位以下的地层中均可自行造浆护壁

(C)水下灌注混凝土时,开始灌注混凝土前导管应设隔水栓

(D)在混凝土灌注过程中严禁导管提出混凝土面并应连续施工

13. 由于桩周土沉降引起桩侧负摩阻力时,下列(　　)选项是正确的。

(A)引起基桩下拉荷载　　(B)减小了基桩的竖向承载力

(C)中性点以下桩身轴力沿深度递增　　(D)对摩擦型基桩的影响比端承型基桩大

14. 刚性矩形承台群桩在竖向均布荷载作用下,下列(　　)选项符合摩擦桩桩顶竖向分布力分布的一般规律。

注:$N_{角}$、$N_{边}$、$N_{中}$ 分别代表角桩、边桩及中桩上的竖向力。

(A)$N_{角}>N_{边}>N_{中}$　　(B)$N_{中}>N_{边}>N_{角}$

(C)$N_{边}>N_{角}>N_{中}$　　(D)$N_{角}>N_{中}>N_{边}$

15. 下列(　　)选项是基桩承台发生冲切破坏的主要原因。

(A)底板主钢筋配筋不足　　(B)承台平面尺寸过大

(C)承台有效高度 h_0 不足　　(D)钢筋保护层不足

16. 在群桩设计中,桩的布置应使群桩中心与下列(　　)种荷载组合的重心尽可能重合。

(A)作用效应的基本组合　　(B)长期效应组合

(C)长期效应组合且计入地震作用　　(D)短期效应组合

17. 在饱和软黏土地基中,由于临近工程大面积降水而引起场地中基桩产生负摩阻力,下列(　　)选项中的中性点深度及下拉荷载 Q_g^n 最大。

(A)降水后数月成桩　　(B)基桩加载过程中降水

(C)基桩已满载但尚未稳定情况下降水　　(D)基桩沉降稳定后降水

18. 混凝土桩进行桩身承载力验算时,下列(　　)选项不正确。

(A)计算轴心受压荷载下桩身承载力时,混凝土轴心抗压强度设计值应考虑基桩施工工艺影响

(B)计算偏心荷载作用时应直接采用混凝土弯曲抗压强度设计值

(C)计算桩身轴心抗压强度时一般不考虑压屈影响

(D)计算桩身穿越液化层且受偏心受压荷载的桩身承载力时,应考虑挠曲对轴向力偏心距的影响

19. 按《建筑地基处理技术规范》(JGJ 79—2012),下列关于单桩或多桩复合地基载荷试验承压板面积的说法中,(　　)选项是正确的。

(A)载荷板面积必须大于单桩或实际桩数所承担的处理面积

(B)载荷板面积应等于单桩或实际桩数所承担的处理面积

(C)载荷板面积应小于单桩或实际桩数所承担的处理面积

(D)以上均不正确

20. 采用单液硅化法加固湿陷性黄土地基时,其压力灌注的施工工艺不适宜下列(　　)选项

中的场地地基。

(A)非自重湿陷性黄土场地的设备基础和构筑物基础

(B)非自重湿陷性黄土场地中既有建筑物和设备基础的地基

(C)自重湿陷性黄土场地中既有建筑物地基和设备基础地基

(D)自重湿陷性黄土场地中拟建的设备基础和构筑物地基

21. 某场地为黏性土地基,采用砂石桩进行处理,砂石桩直径 d 为 0.5 m,面积置换率 m 为 0.25,则一根砂石桩承担的处理面积为( )。

(A)0.785 m^2　　(B)0.795 m^2

(C)0.805 m^2　　(D)0.815 m^2

22. 甲、乙两软黏土地基土层分布如下图所示,甲地基软黏土厚度 h 为 8.0 m,乙地基软黏土层厚度 h 为 6.0 m,两地基土层物理力学指标相同。当甲地基预压 240d 时地基固结度达 0.8,则乙地基需要预压( )d 地基固结度也可达到 0.8。

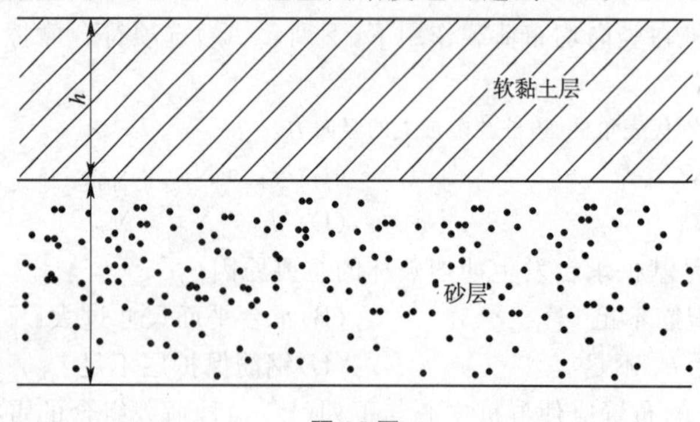

题 22 图

(A)175　　(B)155　　(C)135　　(D)115

23. 采用堆载预压法加固软土地基时,排水竖井宜穿透受压软土层,对软土层深厚竖井很深的情况应考虑井阻影响,则井阻影响程度与( )无关。

(A)竖井纵向通水量　　(B)竖井深度

(C)竖井顶面排水砂垫层厚度　　(D)受压软土层水平向渗透系数

24. 某中砂换填垫层的性质参数为天然孔隙比 $e_0=0.7$,最大干密度 $\rho_{dmax}=1.8\ g/cm^3$,现场检测的控制干密度 $\rho_d=1.7\ g/cm^3$,则该换填垫层的压实系数 λ_c 约等于( )。

(A)0.94　　(B)0.89　　(C)0.85　　(D)0.80

25. 某场地软弱土层厚 20 m,采用水泥土桩进行地基加固,初步方案为面积置换率 $m=0.2$,桩径 $d=0.5$ m,桩长 $l=10$ m,水泥掺和量取 18%,经计算后沉降约 20 cm,为将工后沉降控制在 15 cm 以内,需对初步方案进行修改,则( )最有效。

(A)提高面积置换率 m　　(B)提高水泥掺和量

(C)增加桩径 d　　(D)增加桩长 l

26. 采用强夯加固湿陷性黄土地基,要求有效加固深度为 8.3 m,当夯锤直径为 2.0 m 时,根据《建筑地基处理技术规范》(JGJ 79—2012)应选择下列( )组设计参数最为合适[其中 h 为落距(m),M 为夯锤的质量(t)]。

(A)$h=15$;$M=20$　　(B)$h=15$;$M=25$

(C)$h=20$;$M=20$　　(D)$h=20$;$M=25$

27. 采用水泥粉煤灰碎石桩加固路堤地基时,设置土工格栅碎石垫层的主要作用是( )。

(A)调整桩土荷载分担比使桩承担更多的荷载

(B)调整桩土荷载分担比使土承担更多的荷载

(C)提高 CFG 桩的承载力

(D)提高垫层以下土的承载力

28. 下列是膨胀土地区建筑中可用来防止建筑物地基事故的几项措施，其中(　　)更具有原理上的概括性。

(A)科学绿化　　(B)防水保湿　　(C)地基处理　　(D)基础深埋

29. 下列(　　)选项是多年冻土融沉系数的正确表达式(其中 e_1 为融沉前的孔隙比，e_2 为融沉后的孔隙比)。

(A)$\frac{e_2}{e_1}$　　(B)$\frac{e_1-e_2}{e_1}$　　(C)$\frac{e_1-e_2}{1+e_2}$　　(D)$\frac{e_1-e_2}{1+e_1}$

30. 下列能不同程度反映膨胀土性质的指标组合中，(　　)被《膨胀土地区建筑技术规范》(GB 50112—2013)列为膨胀土的特性指标。

(A)自由膨胀率、塑限、膨胀率、收缩率

(B)自由膨胀率、膨胀率、膨胀压力、收缩率

(C)自由膨胀率、膨胀率、膨胀压力、收缩系数

(D)自由膨胀率、塑限、膨胀压力、收缩系数

31. 某建筑物基底压力为 350 kPa，建于湿陷性黄土地基上，为测定基底下 12 m 处黄土的湿陷系数，其浸水压力应采用下列(　　)值。

(A)200 kPa　　(B)300 kPa

(C)上覆土的饱和自重压力　　(D)上覆土的饱和自重压力加附加压力

32. 某多年冻土地区一层粉质黏土，塑限含水率 $w_P=18.2\%$，总含水率 $w_0=26.8\%$，初判其融沉类别是下列(　　)选项。

(A)不融沉　　(B)弱融沉　　(C)融沉　　(D)强融沉

33. 进行滑坡推力计算时滑坡推力作用点宜取下列(　　)选项。

(A)滑动面上　　(B)滑体地表面

(C)滑体厚度的中点　　(D)滑动面以上 1/2 处

34. 下列关于覆盖型岩溶地面塌陷形成的主要因素的几种说法中，(　　)选项不妥。

(A)水位能在土岩界面上下波动比不能波动对形成岩溶塌陷的影响大

(B)砂类土比黏性土对形成岩溶塌陷的可能性大

(C)多元结构的土层比单层结构的土层更容易形成岩溶塌陷

(D)厚度大的土层比厚度薄的土层更容易形成岩溶塌陷

35. 按《铁路路基支挡结构设计规范》(TB 10025—2006)采用抗滑桩整治滑坡，下列有关抗滑桩设计的说法中(　　)是错误的。

(A)滑动面以上的桩身内力应根据滑坡推力和桩前滑体抗力计算

(B)作用于桩上的滑坡推力可由设置抗滑桩处的滑坡推力曲线确定

(C)滑动面以下的桩身变位和内力应根据滑动面处抗滑桩所受弯矩及剪力按地基的弹性抗力进行计算

(D)抗滑桩的锚固深度应根据桩侧摩阻力及桩底地基容许承载力计算

36. 某泥石流流体密度较大($\rho_c>1.6\times10^3$ kg/m^3)，堆积物中可见漂石夹杂，按《铁路工程不良地质勘察规程》(TB 10027—2012)的分类标准，该泥石流可判为(　　)。

(A)稀性水石流　　　　　　　　　　(B)稀性泥石流

(C)稀性泥流　　　　　　　　　　　(D)黏性泥石流

37. 下列有关多年冻土季节性融化层的说法中,(　　)选项不正确。

(A)根据融沉系数 δ_0 的大小可把多年冻土的融沉性划分成五个融沉等级

(B)多年冻土地基的工程分类在一定程度上反映了冻土的构造和力学特征

(C)多年冻土的总含水率是指土层中的未冻水

(D)黏性土融沉等级的划分与土的塑限含水率有关

38.《公路桥涵地基与基础设计规范》(JTG D63—2007)中为确定新近沉积黏性土的容许承载力$[f_{a0}]$,可用下列(　　)选项中的指标进行查表。

(A)天然孔隙比 e 和含水率与液限之比 W/W_l

(B)含水率与液限之比 W/W_l 和压缩模量 E_s

(C)压缩模量 E_s 和液性指数 I_L

(D)液性指数 I_L 和天然孔隙比 e

39. 拟用挤密桩法消除湿陷性黄土地基的湿陷性,当挤密桩直径 d 为 0.4 m,按三角形布桩时,桩孔中心距 S 采用 1.0 m,若桩径改为 0.45 m,要求面积置换率 m 相同,此时桩孔中心距 S 宜采用下列(　　)选项的值。

(A)1.08　　　　(B)1.13　　　　(C)1.20　　　　(D)1.27

40. 按《铁路工程地质勘察规范》(TB 10012—2007),下列对岩质隧道进行围岩分级的确定方法中,(　　)选项不正确。

(A)岩石坚硬程度及岩体完整程度是隧道围岩分级的基本因素

(B)当隧道涌水量较大时,基本分级Ⅰ~Ⅴ级者应对应修正为Ⅱ~Ⅵ级

(C)洞身埋藏较浅,当围岩为风化土层时应按风化层的基本分级考虑

(D)存在高地应力时,所有围岩分级都要修正为更差的级别

二、多项选择题(共 30 题,每题 2 分。每题的备选项中有两个或三个符合题意,错选、少选、多选均不得分)

41. 采用文克勒地基模型计算地基梁板时,下列(　　)选项正确。

(A)基床系数是地基土引起单位变形时的压力强度

(B)基床系数是从半无限体理论中导出的土性指标

(C)按文克勒地基模型计算,地基变形只发生在基底范围内,基底范围以外没有地基变形

(D)文克勒地基模型忽略了地基中存在的剪应力

42.《建筑地基基础设计规范》(GB 50007—2011)中的地基承载力计算公式不符合下列(　　)假定。

(A)平面应变　　　　　　　　　　(B)刚塑体

(C)侧压力系数为 1.0　　　　　　(D)塑性区开裂深度为 0

43. 下列关于各种基础形式的适用条件中,(　　)选项是不正确的。

(A)无筋扩展基础可适用于柱下条形基础

(B)条形基础可适用于框架结构或砌体承重结构

(C)筏形基础可以用做地下车库

(D)独立柱基不适用于地下室

44. 计算地基变形时如需考虑土的固结状态,下列选用计算指标的各选项中(　　)正确。

(A)计算主固结完成后的次固结变形时用次固结系数

(B)对超固结土,当土中应力小于前期固结压力时用回弹再压缩指数计算沉降量

(C)对正常固结土用压缩指数及回弹指数计算沉降量

(D)对欠固结土用压缩指数计算沉降量

45.对于框架结构,下列选项中可能选择浅基础类型的有(　　)。

(A)柱下条形基础　　(B)柱下独立基础

(C)墙下条形基础　　(D)筏形基础

46.在验算软弱下卧层的地基承载力时,有关地基压力扩散角 θ 的变化,下列(　　)选项不正确。

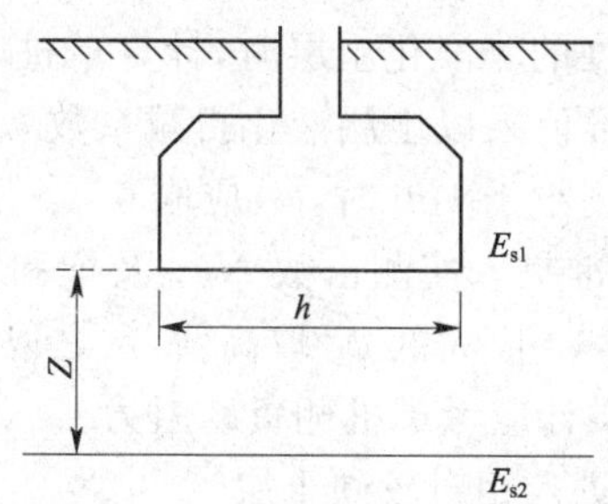

题 46 图

注:E_{s1} 及 E_{s2} 分别表示持力层及软弱下卧层的压缩模量。

(A)E_{s1}/E_{s2} 增加时,地基压力扩散角 θ 增加

(B)$Z/b<0.25$ 时,θ 按 $Z/b=0.25$ 采用

(C)$E_{s1}/E_{s2}=1.0$ 时,说明不存在软弱下卧层,此时取 $\theta=0°$

(D)$Z/b>0.5$ 时,θ 角不变,按 $Z/b=0.5$ 采用

47.在进行筏形基础地下室外墙的截面设计时应考虑满足下列(　　)要求。

(A)变形和承载力　　(B)防渗

(C)抗浮　　(D)抗裂

48.单幢高层住宅楼采用筏形基础时,引起整体倾斜的主要因素为(　　)。

(A)荷载效应准永久组合下产生偏心距

(B)基础平面形心处的沉降量

(C)基础的整体刚度

(D)地基的均匀性及压缩性

49.下列关于桩顶作用效应计算公式 $N_i=\dfrac{F_k+G_k}{n}\pm\dfrac{M_x y_i}{\sum y_j^2}\pm\dfrac{M_y x_i}{\sum x_j^2}$ 的假定条件的叙述中,(　　)选项是正确的。

(A)承台为柔性　　(B)承台为绝对刚性

(C)桩与承台为铰接连接　　(D)各桩身的刚度相等

50.按《建筑桩基技术规范》(JGJ 94—2008)计算钢管桩单桩竖向极限承载力标准值 Q_{uk} 时,下列(　　)分析结果是正确的。

(A)在计算钢管桩桩周总极限侧阻力 Q_{sk} 时,不可采用与混凝土预制桩相同的 q_{sik} 值

(B)敞口钢管桩侧阻挤土效应系数 λ_s 总是与闭口钢管桩侧阻挤土效应系数 λ_s 相同

(C)在计算钢管桩桩端总极限端阻力 Q_{pk} 时,可采用与混凝土预制桩相同的 q_{pk} 值

(D)敞口桩桩端闭塞效应系数 λ_p 与隔板条件、钢管桩外径尺寸及桩端进入持力层深度等因素有关

51. 下列关于高低应变法动力测桩的叙述中，(　　)选项是正确的。

(A)低应变法可判断桩身结构的完整性

(B)低应变试验中动荷载能使土体产生塑性位移

(C)高应变法只能测定单桩承载力

(D)高应变试验要求桩土间产生相对位移

52. 按《建筑桩基技术规范》(JGJ 94—2008)对于桩身周围有液化土层的低桩承台，下列关于液化土层对单桩极限承载力影响的分析中，(　　)是正确的。

(A)计算单桩竖向极限承载力标准值 Q_{uk} 时，不考虑液化土对桩周土层侧阻力的影响

(B)当承台下有 1 m 以上厚度的非液化土层时，计算单桩竖向极限承载力标准值 Q_{uk} 时，可将液化土层侧阻力标准值乘以土层液化折减系数 ψ_L

(C)当承台下非液化土层厚度小于 1 m 时，ψ_L 应取 0

(D)ψ_L 系数取值与饱和土标准贯入实测击数 $N_{63.5}$ 及饱和土的液化判别标准贯入击数临界值 N_{cr} 的比值 λ_N 有关，λ_N 值大的 ψ_L 取高值，反之取低值

53. 在下列(　　)情况下，桩基设计应考虑桩侧负摩阻力。

(A)桩穿越较厚欠固结土层进入相对较硬土层

(B)桩周存在软弱土层，邻近地面将有大面积长期堆载

(C)基坑施工临时降水，桩周为饱和软黏土

(D)桩穿越自重湿陷性黄土进入较硬土层

54. 下列关于软土地区桩基设计原则的叙述中，(　　)选项是正确的。

(A)软土中的桩基宜选择中低压缩性黏性土、粉土、中密砂土及碎石类土作为桩端持力层

(B)对于一级建筑桩基不宜采用桩端置于软弱土层上的摩擦桩

(C)为防止坑边土体侧移对桩产生影响，可采用先沉桩后开挖基坑的方法

(D)在高灵敏度深厚淤泥中不宜采用大片密集沉管灌注桩

55. 柱下独立矩形桩基承台的计算包括以下(　　)选项的内容。

(A)受弯计算　　(B)桩身承载力计算

(C)受冲切计算　　(D)受剪计算

56. 在确定水泥土搅拌法处理方案前，除应掌握加固土层的厚度分布范围外，还必须掌握下列(　　)选项中的资料。

(A)加固土层的含水率 w　　(B)加固土层的渗透系数 K

(C)加固土层的有机质含量　　(D)地下水的 pH

57. 一般用石灰桩处理饱和软黏土地基时，在初步设计用公式估算复合地基承载力特征值及压缩模量时，下列(　　)选项不正确。

(A)桩土应力比取 2.0

(B)桩身抗压强度比例界限可取 350 kPa

(C)计算面积置换率 m 时，桩体直径与成孔直径之比可取 1.0

(D)桩间土承载力特征值 f_{sk} 可取天然地基承载力特征值 f_{ak} 的 1.05 倍

58. 下列关于锚杆静压桩设计的叙述中，(　　)选项是正确的。

(A)桩位布置应选近墙体或柱子

(B)单桩竖向承载力按压桩力大小取值

(C)设计桩数应由上部结构荷载及单桩竖向承载力计算确定

(D)必须控制压桩力大于该加固部分的结构自重

59. 下列关于既有建筑地基及基础加固设计施工的叙述中,(　　)选项是正确的。

(A)应对原设计、施工资料及现状做详细调查,必要时还应对地基及基础进行鉴定

(B)在选择加固方案时应考虑上部结构、基础和地基的共同作用,采用加强上部结构刚度的方法,减小地基的不均匀变形

(C)在进行加固施工期间,可不进行沉降观测,加固后再进行沉降观测并记录

(D)在进行加固施工时,应对临近建筑和地下管线进行监测

60. 地基处理时以下(　　)点对处理范围的叙述不正确。

(A)砂石桩处理范围应大于基础范围

(B)真空预压法的预压范围应等于建筑物基础外缘所包括的范围

(C)强夯处理范围应大于建筑物基础外缘所包括的范围

(D)竖向承载水泥搅拌桩范围应大于建筑物基础范围

61. 采用桩体复合地基加固建筑物地基时,常设置砂石垫层,下列关于砂石垫层效用的陈述中,(　　)不正确。

(A)使桩承担更多的荷载　　(B)使桩间土承担更多的荷载

(C)有效减小工后沉降　　(D)改善桩顶工作条件

62. 某均质深厚软黏土地基,经方案比较决定采用长短桩复合地基加固,下述(　　)的组合是合理的。

(A)长桩和短桩都采用低强度混凝土桩

(B)长桩和短桩都采用水泥土桩

(C)长桩采用水泥土桩,短桩采用低强度混凝土桩

(D)长桩采用低强度混凝土桩,短桩采用水泥土桩

63. 某重要建筑物的基础埋深为2.0 m,荷载标准组合的基底压力为220 kPa,场地为自重湿陷性黄土场地,基底下湿陷性土层厚度为7.0 m,地基湿陷等级为Ⅲ级,其下为性质较好的非湿陷性粉质黏土,则下列地基处理方案中(　　)选项不正确。

(A)用灰土桩挤密复合地基,基底以下处理深度为7.0 m

(B)用搅拌桩复合地基,基底以下处理深度为8.0 m

(C)用CFG桩复合地基,桩长9.0 m

(D)用挤密碎石桩,桩长7.0 m

64. 在湿陷性黄土场地进行建筑时,按《湿陷性黄土地区建筑规范》(GB 50025—2004),若满足下列(　　)选项所列的条件,各类建筑物均可按一般地区规定进行设计。

(A)在非自重湿陷性黄土场地,地基内各土层湿陷起始压力均大于其附加压力与上覆土层饱和自重压力之和

(B)地基湿陷量的计算值等于100 mm

(C)地基湿陷量的计算值等于70 mm

(D)地基湿陷量的计算值小于或等于50 mm

65. 在膨胀土地区建挡土墙,按《膨胀土地区建筑技术规范》(GB 50112—2013),下列措施中(　　)是正确的。

(A)基坑坑底用混凝土封闭墙顶面做成平台并铺设混凝土防水层

(B)挡土墙设变形缝及泄水孔,变形缝间距7.0 m

(C)用非膨胀性土与透水性强的填料作为墙背回填土料

(D)挡土墙高6.0 m

66. 为滑坡治理设计抗滑桩需要以下(　　)选项的岩土参数。

(A)滑面的 $C、\varphi$ 值

(B)抗滑桩桩端的极限端阻力和锚固段极限侧阻力

(C)锚固段地基的横向容许承载力

(D)锚固段的地基系数

67. 在采空区，下列(　　)选项中的情况易产生不连续地表变形。

(A)小煤窑煤巷开采

(B)急倾斜煤层开采

(C)开采深度和开采厚度比值较大(一般大于 30)

(D)开采深度和开采厚度比值较小(一般小于 30)

68. 在膨胀土地区的公路挖方边坡设计应遵循以下(　　)选项中的原则。

(A)尽量避免高边坡，一般应在 10 m 以内

(B)边坡坡率应缓于 1∶1.5

(C)高边坡不设平台，一般采用一坡到顶

(D)坡脚要加固，一般采用换填压密法等

69. 采空区形成地表移动盆地，其位置和形状与矿层倾角大小有关，当矿层为急倾斜时，下列(　　)叙述是正确的。

(A)盆地水平移动值较小　　(B)盆地中心向倾斜方向偏移

(C)盆地发育对称于矿层走向　　(D)盆地位置与采空区位置相对应

70. 隧道位于岩溶垂直渗流带地段，隧道顶部地面发育岩溶洼地时，适宜于采用以下(　　)方法估算地下涌水量。

(A)地下水动力学法　　(B)水均衡法

(C)洼地入渗法　　(D)水文地质比拟法

专业案例(上午卷)

1. 钻机立轴升至最高时其上口 1.5 m，取样用钻杆总长 21.0 m，取土器全长 1.0 m，下至孔底后机上残尺 1.10 m，钻孔用套管护壁，套管总长 18.5 m，另有管靴与孔口护箍各高 0.15 m，套管口露出地面 0.4 m，则取样位置至套管口的距离应等于(　　)。

(A)0.6 m　　(B)1.0 m　　(C)1.3 m　　(D)2.5 m

2. 某黏性土样做不同围压的常规三轴压缩试验，试验结果摩尔包线前段弯曲，后段基本水平，则这应是下列(　　)试验结果，并简要说明理由。

(A)饱和正常固结土的不固结不排水试验

(B)未完全饱和土的不固结不排水试验

(C)超固结饱和土的固结不排水试验

(D)超固结土的固结排水试验

3. 压水试验段位于地下水位以下，地下水位埋藏深度为 50 m，压水试验结果如下表所示，则计算上述试验段的透水率(Lu)与(　　)最接近。

题 3 表

压力 p/MPa	0.3	0.6	1.0
水量 Q/(L/min)	30	65	100

(A)10 Lu (B)20 Lu (C)30 Lu (D)40 Lu

4. 地下水绕过隔水帷幕向集水构筑物渗流，为计算流量和不同部位的水力梯度进行了流网分析，取某剖面划分流槽数 $N_1=12$ 个，等势线间隔数 $N_D=15$ 个，各流槽的流量和等势线间的水头差均相等，两个网格的流线平均距离 b_i 与等势线平均距离 l_i 的比值均为 1，总水头差 $\Delta H=5.0$ m，某段自第 3 条等势线至第 6 条等势线的流线长 10 m，交于 4 条等势线，则计算得该段流线上的平均水力梯度将最接近(　　)。

(A)1.0 (B)0.13 (C)0.1 (D)0.01

5. 在一盐渍土地段，地表 1.0 m 深度内分层取样，化验含盐成分如下表所示，按《岩土工程勘察规范》(GB 50021—2001)(2009 年版)计算该深度范围内取样厚度加权平均盐分比值 $D_1=\{C(Cl^-)/[2C(SO_4^{2-})]\}$ 并判定该盐渍土应属于(　　)。

题 5 表

取样深度/m	盐分摩尔浓度 m/(mol/100 g)	
	$C(Cl^-)$	$C(SO_4^{2-})$
0～0.05	78.43	111.32
0.05～0.25	35.81	81.15
0.25～0.5	6.58	13.92
0.5～0.75	5.97	13.80
0.75～1.0	5.31	11.89

(A)氯盐渍土 (B)亚氯盐渍土 (C)亚硫酸盐渍土 (D)硫酸盐渍土

6. 条形基础的宽度为 3.0 m，已知偏心距为 0.7 m，最大边缘压力等于 140 kPa，则作用于基础底面的合力最接近于(　　)。

(A)360 kN/m (B) 240 kN/m

(C)190 kN/m (D)168 kN/m

7. 大面积堆载试验时，在堆载中心点下用分层沉降仪测得的各土层顶面的最终沉降量和用孔隙水压力计测得的各土层中部加载时的起始孔隙水压力值均见下表，根据实测数据可以反算各土层的平均模量，则第③层土的反算平均模量最接近(　　)。

题 7 表

土层编号	土层名称	层顶深度/m	土层厚度/m	实测层顶沉降/mm	起始超孔隙水压力值/kPa
①	填土		2		
②	粉质黏土	2	3	460	380
③	黏土	5	10	400	240
④	黏质粉土	15	5	100	140

(A)8.0 MPa (B)7.0 MPa (C)6.0 MPa (D)4.0 MPa

8. 某厂房柱基础建于如图所示的地基上，基础底面尺寸为 $l=2.5$ m，$b=5.0$ m，基础埋深为室外地坪下 1.4 m，相应荷载效应标准组合时基础底面平均压力 $P_k=145$ kPa，对软弱下卧层②进行验算，其结果应符合(　　)。

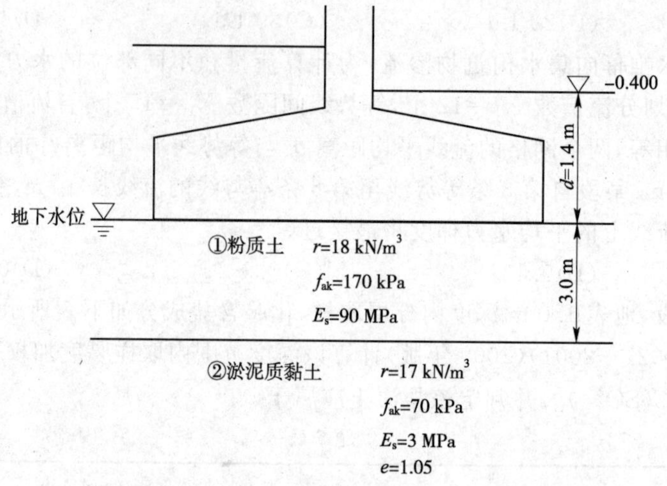

题 8 图

(A) $P_z + P_{cz} = 89$ kPa $> f_{az} = 81$ kPa　　(B) $P_z + P_{cz} = 89$ kPa $< f_{az} = 114$ kPa

(C) $P_z + P_{cz} = 112$ kPa $> f_{az} = 92$ kPa　　(D) $P_z + P_{cz} = 112$ kPa $< f_{az} = 114$ kPa

9. 某场地作为地基的岩体结构面组数为 2 组，控制性结构面平均间距为 1.5 m，室内 9 个饱和单轴抗压强度的平均值为 26.5 MPa，变异系数为 0.2，按《建筑地基基础设计规范》(GB 50007—2011)，上述数据确定的岩石地基承载力特征值最接近(　　)。

(A) 13.6 MPa　　(B) 12.6 MPa　　(C) 11.6 MPa　　(D) 10.6 MPa

10. 某积水低洼场地进行地面排水后在天然土层上回填厚度 5.0 m 的压实粉土，以此时的回填面标高为准下挖 2.0 m，利用压实粉土作为独立方形基础的持力层，方形基础边长 4.5 m，在完成基础及地上结构施工后，在室外地面上再回填 2.0 m 厚的压实粉土，达到室外设计地坪标高，回填材料为粉土，载荷试验得到压实粉土的承载力特征值为 150 kPa，其他参数见下图。若基础施工完成时地下水位已恢复到室外设计地坪下 3.0 m，地下水位上下土的重度分别为 18.5 kN/m³ 和 20.5 kN/m³，按《建筑地基基础设计规范》(GB 50007—2011)得出深度修正后地基承载力的特征值最接近(　　)。

注：承载力宽度修正系数 $\eta_b = 0$，深度修正系数 $\eta_d = 1.5$。

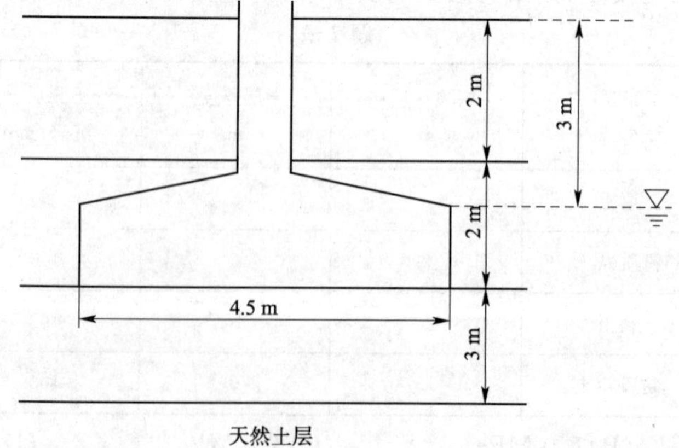

题 10 图

(A) 198 kPa　　(B) 193 kPa　　(C) 188 kPa　　(D) 183 kPa

11. 右图所示某稳定土坡的坡角为 30°，坡高 3.5 m，现拟在坡顶部建一幢办公楼，该办公楼拟采用墙下钢筋混凝土条形基础，上部结构传至基础顶面的竖向力 F_k 为 300 kN/m，基础砌置深度在室外地面以下 1.8 m，地基土为粉土，其黏粒含量 $\rho_c=11.5\%$，重度 $\gamma=20\ kN/m^3$，$f_{ak}=150\ kPa$，场区无地下水，根据以上条件，为确保地基基础的稳定性，基础底面外缘线距离坡顶的最小水平距离 a 满足（　　）的要求最为合适。

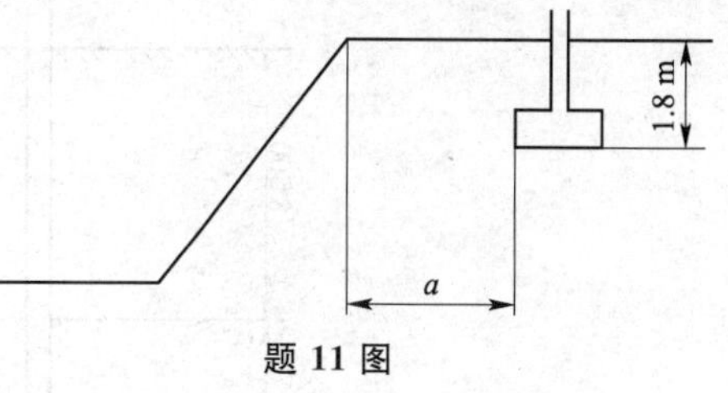

题 11 图

注：为简化计算，基础结构的重度按地基土的重度取值。

(A)大于等于 4.2 m　(B)大于等于 3.9 m　(C)大于等于 3.5 m　(D)大于等于 3.3 m

12. 某受压灌注桩桩径为 1.2 m，桩端入土深度 20 m，桩身配筋率 0.6%，桩顶铰接，桩顶竖向压力设计值 $N=5\ 000$ kN，桩的水平变形系数 $\alpha=0.301\ m^{-1}$，桩身换算截面面积 $A_n=1.2\ m^2$，换算截面受拉边缘的截面模量 $W_0=0.2\ m^2$，桩身混凝土抗拉强度设计值 $f_t=1.5\ N/mm^2$，按《建筑桩基技术规范》(JGJ 94—2008)计算单桩水平承载力设计值，其值最接近（　　）。

(A)413 kN　(B)600 kN　(C)650 kN　(D)700 kN

13. 某端承灌注桩桩径 1.0 m，桩长 22 m，桩周土性参数如下图所示，地面大面积堆载 $P=60$ kPa，桩周沉降变形土层下限深度 20 m，按《建筑桩基技术规范》(JGJ 94—2008)计算下拉荷载标准值，其值最接近下列（　　）选项。

注：已知中性点深度 $L_n/L_0=0.8$，黏土负摩阻力系数 $\zeta=0.3$，粉质黏土负摩阻力系数 $\zeta_n=0.4$，负摩阻力群桩效应系数 $\eta_n=1.0$。

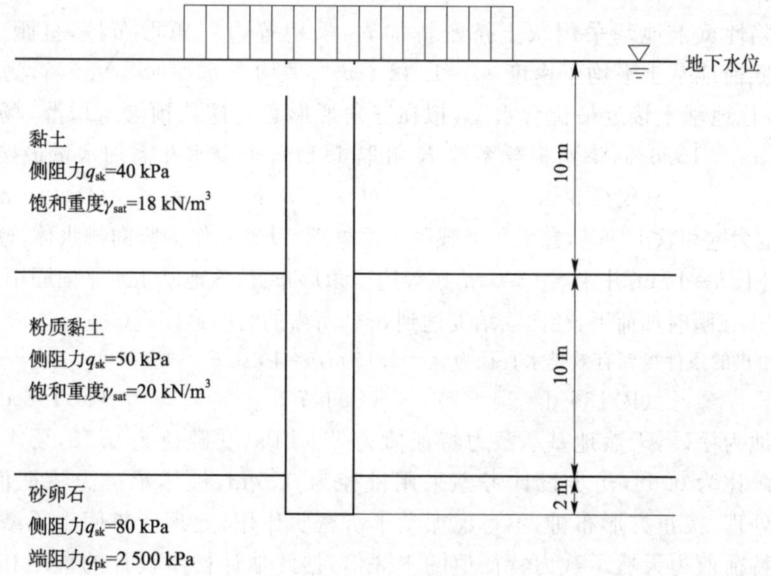

题 13 图

(A)1 880 kN　(B)2 200 kN　(C)2 510 kN　(D)3 140 kN

14. 沉井靠自重下沉，若不考虑浮力及刃脚反力作用，则下沉系数 $K=Q/T$，式中 Q 为沉井自重，T 为沉井与土间的摩阻力[假设 $T=\pi D(H-2.5)f$]。某工程地质剖面及设计沉井尺寸如下图所示，沉井外径 $D=20$ m，下沉深度为 16.5 m，井身混凝土体积为 977 m³，混凝土重度为 24 kN/m³，验算得沉井在下沉到如下图示所示位置时的下沉系数 K 最接近（　　）。

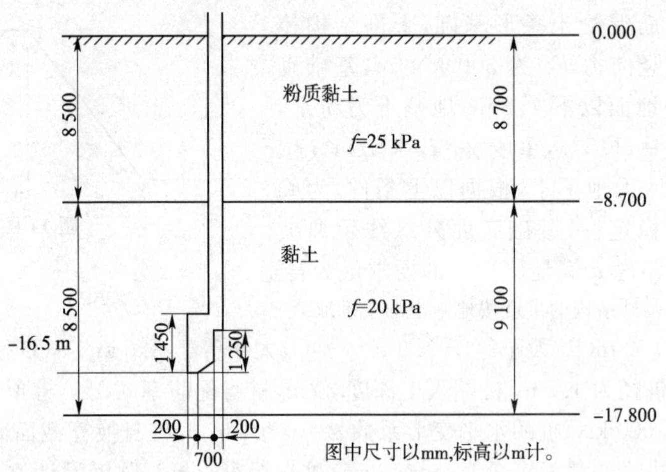

题 14 图

(A)1.10　　(B)1.20　　(C)1.28　　(D)1.35

15. 某工程地基土为淤泥质粉质黏土,天然地基承载力特征值 $f_{ak}=75$ kPa,用振冲桩处理后形成复合地基,按等边三角形布桩,碎石桩桩径 $d=0.8$ m,桩距 $S=1.5$ m,天然地基承载力特征值与桩体承载力特征值之比为 1∶4,则振冲碎石桩复合地基承载力特征值最接近(　　)。

(A)125 kPa　　(B)129 kPa　　(C)133 kPa　　(D)137 kPa

16. 拟对某湿陷性黄土地基采用灰土挤密桩加固,采用等边三角形布桩,桩距 1.0 m,桩长 6.0 m,加固前地基土平均干密度 $\rho_d=1.32$ t/m^3,平均含水率 $\overline{w}=9.0\%$,为达到较好的挤密效果,让地基土接近最优含水率,拟在三角形形心处挖孔预渗水增湿,场地地基土最优含水率 $w_{0p}=15.6\%$,渗水损耗系数 K 可取 1.1,每个浸水孔需加水量最接近(　　)。

(A)0.25 m^3　　(B)0.5 m^3　　(C)0.75 m^3　　(D)1.0 m^3

17. 某工程场地为饱和软土地基,并采用堆载预压法处理,以砂井作为竖向排水体,砂井直径 $d_w=0.3$ m,砂井长 $h=15$ m,井距 $S=3.0$ m,按等边三角形布置,该地基土水平向固结系数 $C_h=2.6\times10^{-2}$ m^2/d,在瞬时加荷下,径向固结度达到 85%所需的时间最接近(　　)。

注:由题意给出的条件得到有效排水直径为 $d_e=3.15$ m,$n=10.5$,$F_n=1.6248$。

(A)125 d　　(B)136 d　　(C)147 d　　(D)158 d

18. 某建筑场地为松砂,天然地基承载力特征值为 100 kPa,孔隙比为 0.78,要求采用振冲法处理后孔隙比为 0.68,初步设计考虑采用桩径为 0.5 m,桩体承载力特征值为 500 kPa 的砂石桩处理,按正方形布桩,不考虑振动下沉密实作用,处理后桩间土承载力特征值为天然承载特征值为天然承载力特征值的 1.2 倍,据此估计初步设计的桩距和此方案处理后的复合地基承载力特征值分别最接近(　　)。

(A)1.6 m、140 kPa　　(B)1.9 m、140 kPa

(C)1.9 m、120 kPa　　(D)2.2 m、110 kPa

19. 采用土钉加固一破碎岩质边坡,其中某根土钉有效锚固长度 $L=4.0$ m,该土钉计算承受拉力 E 为 188 kN,锚孔直径 $d=108$ mm,锚孔壁对砂浆的极限剪应力 $\tau=0.25$ MPa,钉材与砂浆间黏结力 $\tau_g=2.0$ MPa,钉材直径 $d_b=32$ mm,则该土钉抗拔安全系数最接近(　　)。

(A)$K=0.55$　　(B)$K=1.80$　　(C)$K=2.37$　　(D)$K=4.28$

20. 如下图所示，一锚杆挡墙肋柱的某支点处垂直于挡墙面的反力 R_n 为 250 kN，锚杆对水平方向的倾角 $\beta=25°$，肋柱的竖直倾角 α 为 15°，锚孔直径 D 为 108 mm，砂浆与岩层面的极限剪应力 $\tau=0.4$ MPa，计算安全系数 $K=2.5$，当该锚杆非锚固段长度为 2.0 m 时，则锚杆设计长度最接近(　　)。

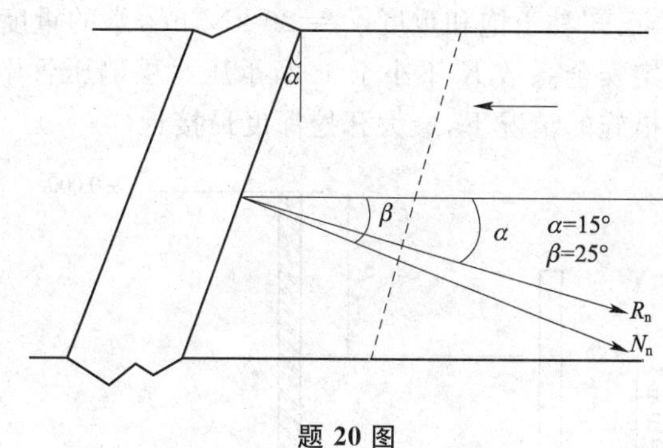

题 20 图

(A)$l\geqslant1.9$ m　　(B)$l\geqslant3.9$ m　　(C)$l\geqslant4.7$ m　　(D)$l\geqslant6.7$ m

21. 由两部分组成的土坡断面如右图所示，假设破裂面为直线进行稳定性计算，已知坡高为 8 m，边坡斜率为 1∶1，两种土的重度均为 $\gamma=20$ kN/m³，黏土的内聚力 $C=12$ kPa，内摩擦角 $\varphi=22°$，砂土的内聚力 $C=0$，内摩擦角 $\varphi=35°$，$\alpha=30°$，则下列(　　)选项中直线滑裂面对应的抗滑稳定安全系数最小。

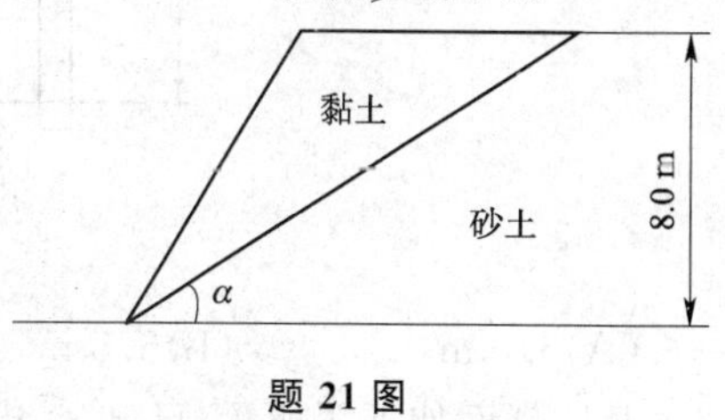

题 21 图

(A)与水平地面夹角 25°的直线

(B)与水平地面夹角为 30°的直线，在砂土侧破裂

(C)与水平地面夹角为 30°的直线，在黏性土一侧破裂

(D)与水平地面夹角为 35°的直线

22. 如下图所示，一重力式挡土墙底宽 $b=4.0$ m，地基为砂土，如果单位长度墙的自重为 $G=212$ kN，对墙趾力臂 $x_0=1.8$ m，作用于墙背主动土压力垂直分量 $E_{az}=40$ kN，力臂 $x_f=2.2$ m，水平分量 $E_{ax}=106$ kN，力臂 $Z_f=2.4$ m(在垂直、水平分量中均已包括水的侧压力)，墙前水位与基底平，墙后填土中水位距基底 3.0 m，假定基底面以下水的扬压力为三角形分布，墙趾前被动土压力忽略不计，则该墙绕墙趾倾覆的稳定安全系数最接近(　　)。

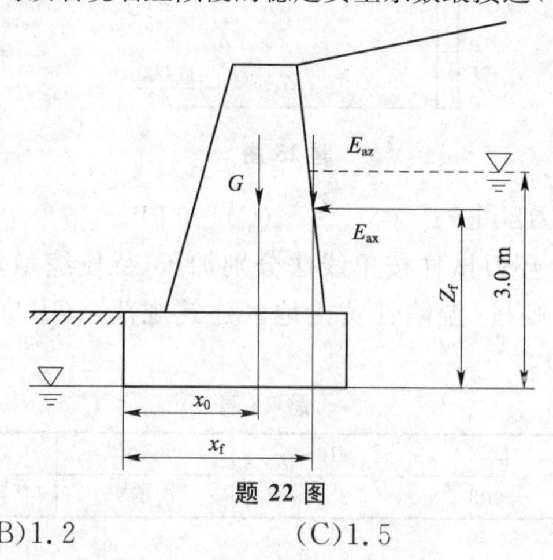

题 22 图

(A)1.1　　(B)1.2　　(C)1.5　　(D)1.8

23. 进行基坑锚杆承载能力拉拔试验时，已知锚杆上水平拉力 $T=400$ kN，锚杆倾角 $\alpha=15°$，锚固体直径 $D=150$ mm，锚杆总长度为 18 m，自由段长度为 6 m，安全系数为 2.0，在其他因素都已考虑的情况下，锚杆锚固体与土层的平均摩阻力设计值最接近（　　）。

(A)98 kPa　　(B)146 kPa　　(C)164 kPa　　(D)180 kPa

24. 基坑剖面如下图所示，已知黏土饱和重度 $\gamma_m=20$ kN/m³，水的重度取 $\gamma_w=10$ kN/m³，如果要求坑底抗突涌稳定安全系数 K 不小于 1.2，承压水层侧压管中水头高度为 10 m，则该基坑在不采取降水措施的情况下，最大开挖深度最接近（　　）。

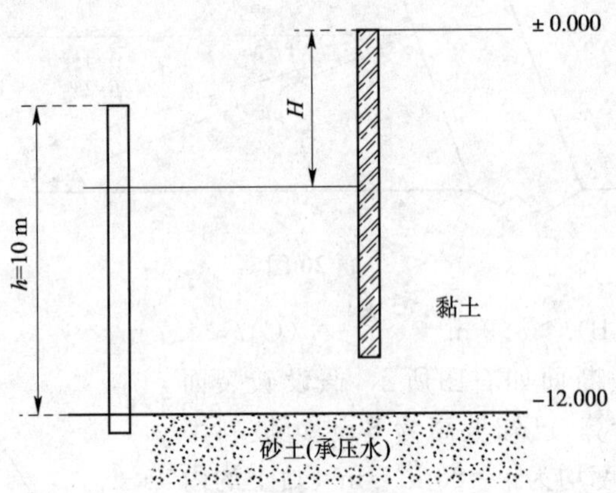

题 24 图

(A)6.0 m　　(B)6.5 m　　(C)7.0 m　　(D)7.5 m

25. 基坑剖面如下图所示，已知砂土的重度 $\gamma=20$ kN/m³，$\varphi=30°$，$C=0$，计算土压力时，如果 C 点主动土压力值达到被动土压力值的 1/3，则基坑外侧所受条形附加荷载 q 最接近（　　）。

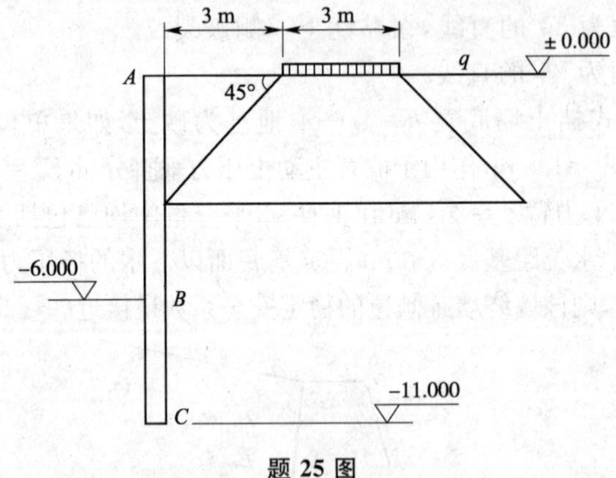

题 25 图

(A)80 kPa　　(B)120 kPa　　(C)180 kPa　　(D)240 kPa

26. 对取自同一土样的五个环刀试样按单线法分别加压，待压缩稳定后浸水，由此测得相应的湿陷系数 δ_s 见下表，则按《湿陷性黄土地区建筑规范》(GB 50025—2004)求得的湿陷起始压力最接近（　　）。

题 26 表

试验压力/kPa	50	100	150	200	250
湿陷系数 δ_s	0.003	0.009	0.019	0.035	0.060

(A)120 kPa　　(B)130 kPa　　(C)140 kPa　　(D)155 kPa

27. 某一滑动面为折线形的均质滑坡，其主轴断面及作用力参数如下图、下表所示，则该滑坡的稳定性系数 F_S 最接近(　　)。

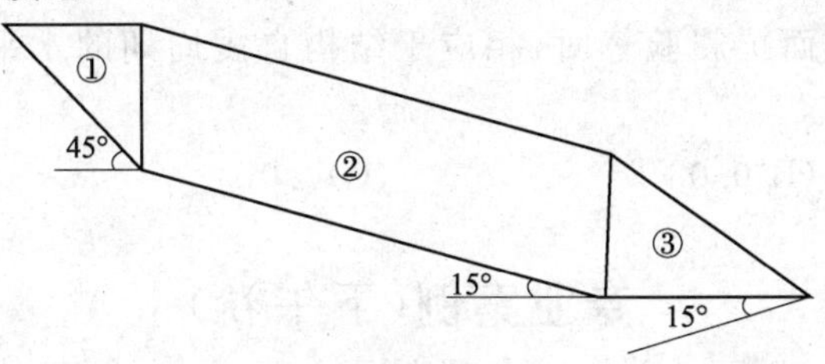

题 27 图

题 27 表

滑块编号	下滑力 T_i/(kN/m)	抗滑力 R_i/(kN/m)	传递系数 ψ_j
①	3.5×10^4	0.9×10^4	0.756
②	9.3×10^4	8.0×10^4	0.947
③	1.0×10^4	2.8×10^4	

(A)0.80　　(B)0.85　　(C)0.90　　(D)0.95

28. 某单层建筑位于平坦场地上，基础埋深 d=1.0 m，按该场地的大气影响深度取胀缩变形的计算深度 Z_n=3.6 m，计算所需的数据列于下表，则按《膨胀土地区建筑技术规范》(GB 50112—2013)计算所得的胀缩变形量最接近(　　)。

题 28 表

层号	分层深度 Z_i/m	分层厚度 h_i/mm	膨胀率 δ_{epi}	第 3 层可能发生的含水率变化均值 ΔW_i	收缩系数 λ_{si}
1	1.64	640	0.000 75	0.027 3	0.28
2	2.28	640	0.024 5	0.022 3	0.48
3	2.92	640	0.019 5	0.017 7	0.40
4	3.60	680	0.021 5	0.012 8	0.37

(A)20 mm　　(B)26 mm　　(C)44 mm　　(D)63 mm

29. 某建筑场地土层柱状分布及实测剪切波速如下表所示，则在计算深度范围内土层的等效剪切波速最接近(　　)。

题 29 表

层序	岩土名称	层厚 d_i/m	层底深度/m	实测剪切波速 v_{si}/(m/s)
1	填土	2.0	2.0	150
2	粉质黏土	3.0	5.0	200
3	淤泥质粉质黏土	5.0	10.0	100
4	残积粉质黏土	5.0	15.0	300
5	花岗岩孤石	2.0	17.0	600
6	残积粉质黏土	8.0	25.0	300
7	风化花岗岩			>500

(A)128 m/s　　(B)158 m/s　　(C)179 m/s　　(D)185 m/s

30. 某建筑场地抗震设防烈度为 8 度，设计基本地震加速度为 0.30g，设计地震分组为第二组，场地类别为Ⅲ类，建筑物结构自震周期 $T=1.65$ s，结构阻尼比 ζ 取 0.05，当进行多遇地震作用下的截面抗震验算时，相应于结构自震周期的水平地震影响系数值最接近（　　）。

(A)0.09　　(B)0.08　　(C)0.07　　(D)0.06

专业案例（下午卷）

1. 现场用灌砂法测定某土层的干密度，试验成果如下。

题 1 表

试坑用标准砂质量 m_s/g	标准砂密度 ρ_s/(g/cm³)	试样质量 m_p/g	试样含水率 w_1
12 566.40	1.6	15 315.3	14.5%

计算得该土层干密度最接近（　　）。

(A)1.55 g/cm³　　(B)1.70 g/cm³

(C)1.85 g/cm³　　(D)1.95 g/cm³

2. 某黄土试样进行室内双线法压缩试验，一个试样在天然湿度下压缩至 200 kPa 压力稳定后浸水饱和，另一试样在浸水饱和状态下加荷至 200 kPa，试验成果数据见下表，按此数据求得的黄土湿陷起始压力 P_{sh} 最接近（　　）。

题 2 表

压力 P/kPa	0	50	100	150	200	200（浸水饱和）
天然湿度下试样高度 h_p/mm	20	19.81	19.55	19.28	19.01	18.64
浸水饱和状态下试样高度 h_p'/mm	20	19.60	19.28	18.95	18.64	18.64

(A)75 kPa　　(B)100 kPa

(C)125 kPa　　(D)175 kPa

3. 某岸边工程场地细砂含水层的流线上 A、B 两点，A 点水位标高 2.5 m，B 点水位标高 3.000 m，两点间流线长度为 10 m，则计算得两点间的平均渗透力将最接近（　　）。

(A)1.25 kN/m³　　(B)0.83 kN/m³

(C)0.50 kN/m³　　(D)0.20 kN/m³

4. 如下图所示，某滞洪区滞洪后沉积泥沙层厚3.0 m，地下水位由原地面下 1.0 m 升至现地面下 1.0 m，原地面下有 5.0 m 厚的可压缩层，平均压缩模量为 0.5 MPa，滞洪之前沉降已经完成，为简化计算，所有土层的天然重度都以 18 kN/m³ 计，则计算得由滞洪引起的原地面下沉值将最接近（　　）。

(A)51 cm　　(B)31 cm

(C)25 cm　　(D)21 cm

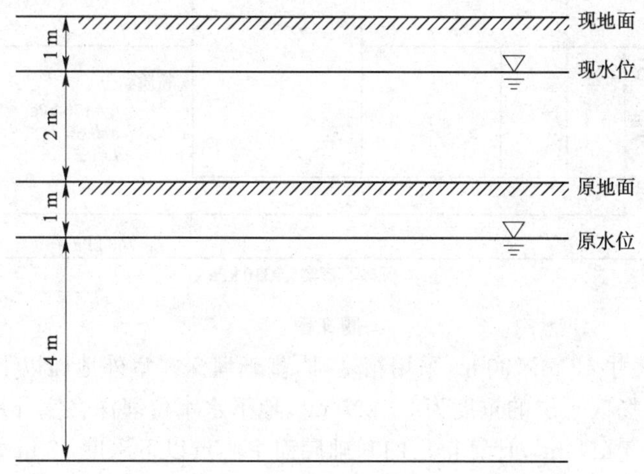

题 4 图

5. 四个坝基土样的孔隙率 n 和细颗粒含量 P_c(以质量百分率计)见四个选项,如当 $P_c<\frac{1}{4(1-n)}$时判为管涌,下列(　　)选项的土的渗透变形的破坏形式属于管涌。

(A)$n_1=20.3\%$;$P_{c1}=38.1\%$　　(B)$n_2=25.8\%$;$P_{c2}=37.5\%$

(C)$n_3=31.2\%$;$P_{c3}=38.5\%$　　(D)$n_4=35.5\%$;$P_{c4}=38.0\%$

6. 条形基础宽度为 3.0 m,由上部结构传至基础底面的最大边缘压力为 80 kPa,最小边缘压力为 0,基础埋置深度为 2.0 m,基础及台阶上土自重的平均重度为 20 kN/m³,则下列论述中(　　)是错的。

(A)计算基础结构内力时,基础底面压力的分布符合小偏心($e\leqslant b/6$)的规定

(B)按地基承载力验算基础底面尺寸时基础底面压力分布的偏心已经超过了现行《建筑地基基础设计规范》(GB 50007—2011)中根据土的抗剪强度指标确定地基承载力特征值的规定

(C)作用于基础底面上的合力为 240 kN/m

(D)考虑偏心荷载时,地基承载力特征值应不小于 120 kPa 才能满足设计要求

7. 某采用筏基的高层建筑,地下室二层,按分层总合法计算出的地基变形量为160 mm,沉降计算经验系数取 1.2,计算得地基回弹变形量为 18 mm,地基变形允许值为 200 mm,则下列地基变形计算值中(　　)选项正确。

(A)178 mm　　(B)192 mm

(C)210 mm　　(D)214 mm

8. 暂无

9. 如下图所示,某高层筏板式住宅楼的一侧设有地下车库,两部分地下结构相互连接,均采用筏基,基础埋深在室外地面以下 10 m,住宅楼基底平均压力 P_k 为 260 kN/m²,地下车库基底平均压力 P_k 为 60 kN/m²,场区地下水位埋深在室外地面以下 3.0 m,为解决基础抗浮问题,在地下车库底板以上再回填厚度约 0.5 m、重度为 35 kN/m³ 的钢渣,场区土层的重度均按 20 kN/m³ 考虑,地下水重度按 10 kN/m³ 取值,根据《建筑地基基础设计规范》(GB 50007—2011)计算,住宅楼地基承载力 f_a 最接近(　　)。

(A)285 kPa　　(B)293 kPa

(C)300 kPa　　(D)308 kPa

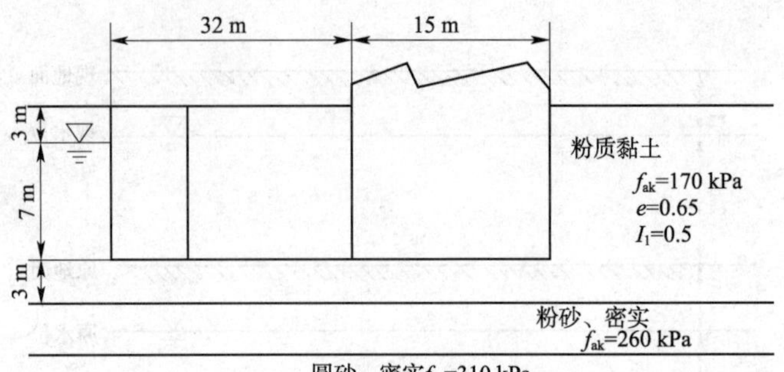

题 9 图

10. 某办公楼基础尺寸 42 m×30 m，采用箱基础，基础埋深在室外地面以下 8 m，基底平均压力 425 kN/m²，场区土层的重度为 20 kN/m³，地下水水位埋深在室外地面以下5.0 m，地下水的重度为 10 kN/m³，计算得出的基础底面中心点以下深度 18 m 处的附加应力与土的有效自重应力的比值最接近（　　）。

(A)0.55　　(B)0.60
(C)0.65　　(D)0.70

11. 某独立柱基尺寸为 4 m×4 m，基础底面处的附加压力为 130 kPa，地基承载力特征值 f_{ak}=180 kPa，根据下表所提供的数据，采用分层总合法计算独立柱基的地基最终变形量，变形计算深度为基础底面下 6.0 m，沉降计算经验系数取 ψ_s=0.4，根据以上条件计算得出的地基最终变形量最接近（　　）。

题 11 表

第 i 土层	基底至第 i 土层底面距离 Z_i/m	E_{si}/MPa
1	1.6	16
2	3.2	11
3	6.0	25
4	30	60

(A)17 mm　　(B)15 mm　　(C)13 mm　　(D)11 mm

12. 某桩基三角形承台如下图所示，承台厚度 1.1 m，钢筋保护层厚度 0.1 m，承台混凝土抗拉强度设计值 f_t=1.7 N/mm²，按桩规计算得出的承台受底部角桩冲切的承载力最接近（　　）。

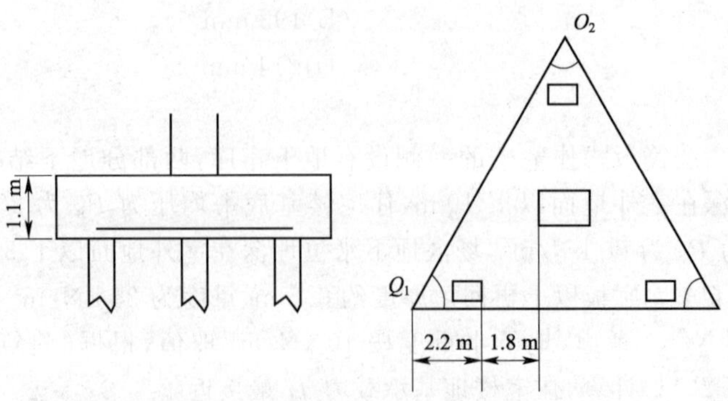

题 12 图

注：图中 $\theta_1=\theta_2=60°$

(A)1 500 kN (B)2 010 kN

(C)2 429 kN (D)2 789 kN

13. 某二级建筑物扩底抗拔灌注桩桩径 d=1.0 m，桩长 12 m，扩底直径 D=1.8 m，扩底段高度 h_c=1.2 m，桩周土性参数如下图所示，按《建筑桩基技术规范》(JGJ 94—2008)计算，基桩的抗拔极限承载力标准值，其值最接近(　　)。

注：抗拔系数：粉质黏土 λ=0.7；砂土 λ=0.5。

(A)1 380 kN (B)1 780 kN (C)2 080 kN (D)2 580 kN

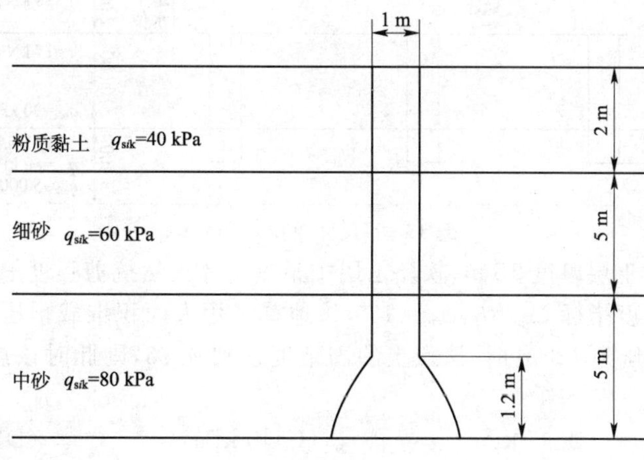

题 13 图

14. 某桩基工程的桩型平面布置、剖面及地层分布如下图所示，土层及桩基设计参数见图中注，作用于桩端平面处的有效附加应力为 400 kPa(长期效应组合)，其中心点的附加压力曲线如图所示(假定为直线分布)，沉降经验系数 ψ=1，地基沉降计算深度至基岩面，按《建筑桩基技术规范》(JGJ 94—2008)验算桩基最终沉降量，其计算结果最接近(　　)。

(A)3.6 cm (B)5.4 cm (C)7.9 cm (D)8.6 cm

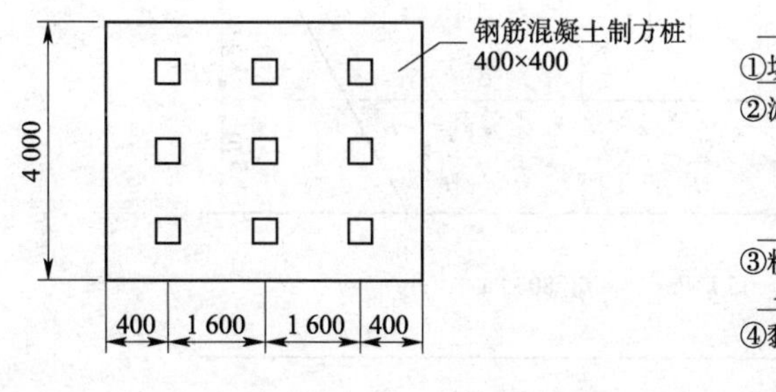

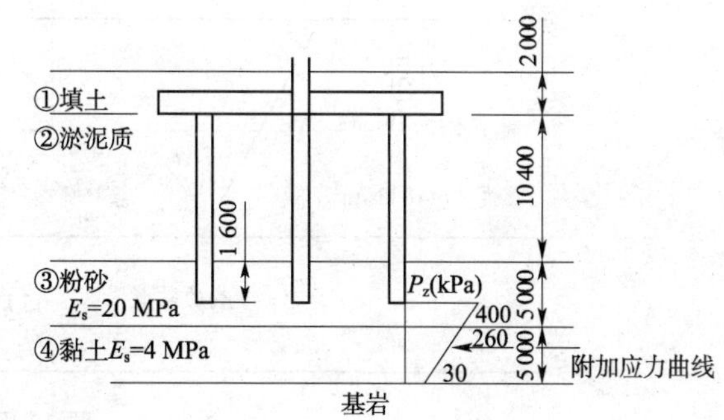

题 14 图(尺寸单位：mm)

15. 某桩基工程安全等级为二级，其桩型平面布置、剖面和地层分布如下图所示，土层及桩基设计参数见图中注，承台底面以下存在高灵敏度淤泥质黏土，其地基土极限阻力特征值 q_{ck}=90 kPa，按《建筑桩基技术规范》(JGJ 94—2008)非端承桩桩基计算复合基桩竖向承载力特征值，其计算结果最接近(　　)。

(A)743 kN (B)907 kN

(C)1 028 kN (D)1 286 kN

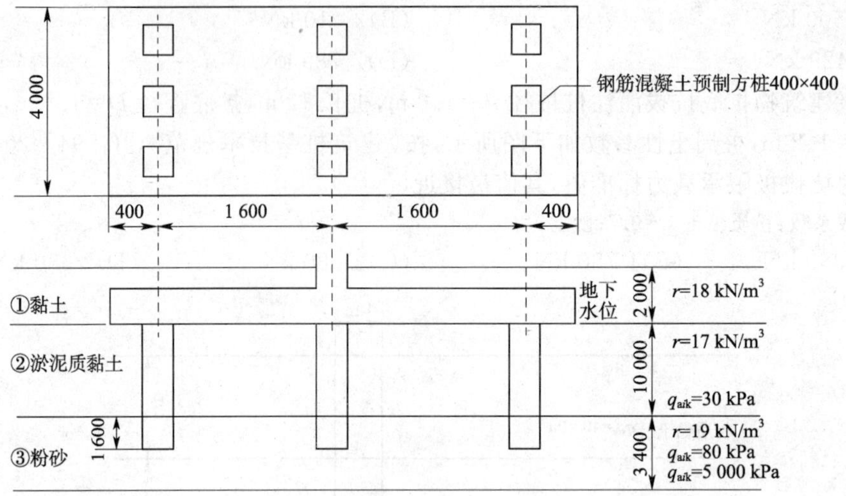

题 15 图(尺寸单位:mm)

16. 某地基饱和软黏土层厚度 15 m,软黏土层中某点土体天然抗剪强度 $\tau_{f0}=20$ kPa,三轴固结不排水抗剪强度指标 $C_{cu}=0$,$\varphi_{cu}=15°$,该地基采用大面积堆载预压加固,预压荷载为 120 kPa,堆载预压到 120 d 时,该点土的固结度达到 0.75,则此时该点土体抗剪强度最接近(　　)。

(A)34 kPa　　(B)37 kPa　　(C)40 kPa　　(D)44 kPa

17. 某钢筋混凝土条形基础埋深 $d=1.5$ m,基础宽 $b=1.2$ m,传至基础底面的竖向荷载$F_k+G_k=180$ kN/m(荷载效应标准组合),土层分布如下图所示,用砂夹石将地基中淤泥土全部换填,按《建筑地基处理技术规范》(JGJ 79—2012)验算下卧层承载力属于下述(　　)选项的情况(垫层材料重度 $\gamma=19$ kN/m³)。

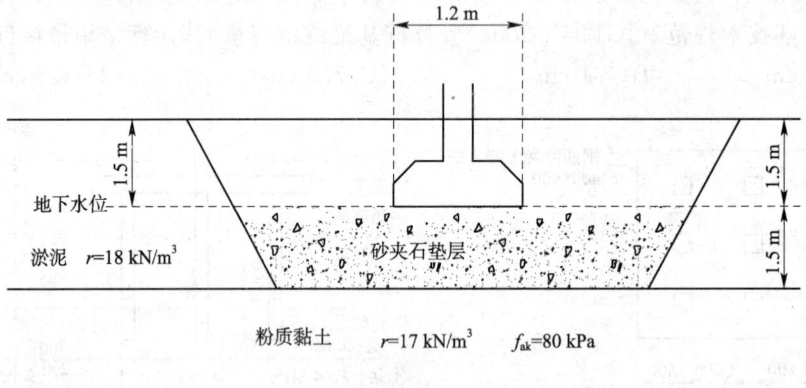

题 17 图

(A)$P_z+P_{cz}<f_{az}$　　(B)$P_z+P_{cz}>f_{az}$　　(C)$P_z+P_{cz}=f_{az}$　　(D)$P_k+P_{cz}<f_{az}$

18. 某水泥搅拌桩复合地基桩长 12 m,面积置换率$m=0.21$,复合土层顶面的附加压力$P_Z=114$ kPa,底面附加压力 $P_{Zl}=40$ kPa,桩间土的压缩模量 $E_s=2.25$ MPa,搅拌桩的压缩模量 $E_P=168$ MPa,桩端下土层压缩量为 12.2 cm,按《建筑地基处理技术规范》(JGJ 79—2012)计算得该复合地基总沉降量最接近(　　)。

(A)13.5 cm　　(B)14.5 cm　　(C)15.5 cm　　(D)16.5 cm

19. 某二级岩质边坡,永久性岩层锚杆采用三根热处理钢筋,每根钢筋直径 $d=10$ mm,抗拉强度设计值为$f_y=1\ 000$ N/mm²,锚固体直径 $D=100$ mm,锚固段长度为 4.0 m,锚固体与软岩的黏结强度特征值为 $f_{rb}=0.3\mathrm{MPa}$，钢筋与锚固砂浆间黏结强度设计值 $f_b=2.4\mathrm{MPa}$，锚固段长度为4.0 m，已知夹具的设计拉拔力 $y=1\,000$ kN，根据《建筑边坡工程技术规范》(GB 50330—2013)，当拉拔锚杆时，下列(　　)选项环节最为薄弱。

(A)夹具抗拉　　(B)钢筋抗拉强度

(C)钢筋与砂浆间黏结　　(D)锚固体与软岩间界面黏结强度

20. 某风化破碎严重的岩质边坡高 $H=12$ m，采用土钉加固，水平与竖直方向均为每间隔1 m打一排土钉，共 12 排，如下图所示，按《铁路路基支挡结构设计规范》(TB 10025—2006)提出潜在破裂面的估算方法，则下列土钉非锚固段长度 L(　　)选项的计算有误。

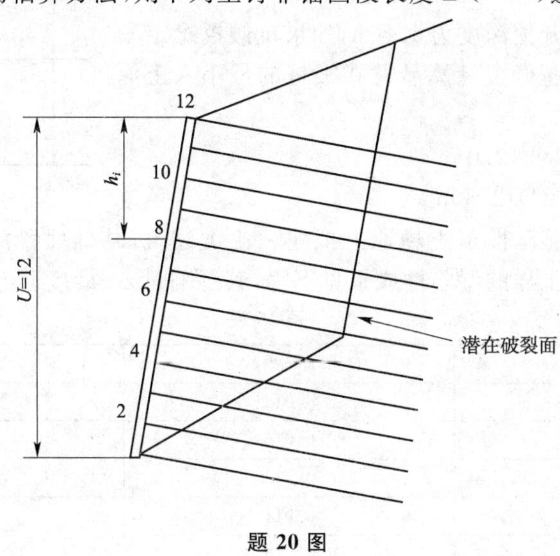

题 20 图

(A)第 2 排 $L_2=1.4$ m　　(B)第 4 排 $L_4=3.5$ m

(C)第 6 排 $L_6=4.2$ m　　(D)第 8 排 $L_8=4.2$ m

21. 某土石坝坝基表层土的平均渗透系数为 $K_1=10^{-5}$ cm/s，其下的土层渗透系数为 $K_2=10^{-3}$ cm/s，坝下游各段的孔隙率如下表所列，设计抗渗透变形的安全系数采用 1.75，则下列(　　)选项段为实测水力比降大于允许渗透比降的土层分段。

题 21 表

地基土层分段	表层土的土粒比重 G_s	表层土的孔隙率 n	实测水力比降 J_i	表层土的允许渗透比降
Ⅰ	2.70	0.524	0.42	
Ⅱ	2.70	0.535	0.43	
Ⅲ	2.72	0.524	0.41	
Ⅳ	2.70	0.545	0.48	

(A)Ⅰ段　　(B)Ⅱ段　　(C)Ⅲ段　　(D)Ⅳ段

22. 某基坑开挖深度为 10 m，地面以下 2.0 m 为人工填土，填土以下 18 m 厚为中砂细砂，含水层平均渗透系数 $K=1.0$ m/d，砂层以下为黏土层，潜水地下水位在地表下 2.0 m，已知基坑的等效半径为 $\gamma_0=10$ m，降水影响半径 $R=76$ m，要求地下水位降到基坑底面以下 0.5 m，井点深为 20 m，基坑远离边界，不考虑周边水体影响，则该基坑降水的涌水量最接近(　　)。

(A)342 m^3/d　　(B)380 m^3/d　　(C)425 m^3/d　　(D)453 m^3/d

23. 在加筋土挡墙中，水平布置的塑料土工格栅置于砂土中，已知单位宽度的拉拔力为 $T=130$ kN/m，作用于格栅上的垂直应力为 $\sigma_V=155$ kPa，土工格栅与砂土间摩擦系数为 $f=0.35$，问当抗拔安全系数为 1.0 时，按《铁路路基支挡结构设计规范》(TB 10025—2006)，该土工格栅的最小锚固长度最接近(　　)。

(A)0.7 m　　(B)1.2 m

(C)1.7 m　　(D)2.4 m

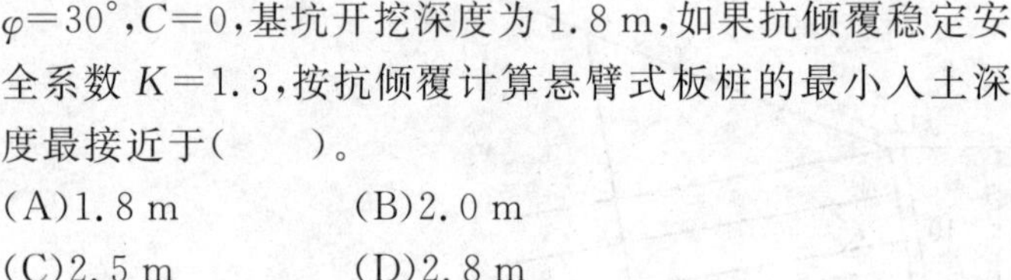

24. 基坑剖面如右图所示，板桩两侧均为砂土，$\gamma=19$ kN/m³，$\varphi=30°$，$C=0$，基坑开挖深度为 1.8 m，如果抗倾覆稳定安全系数 $K=1.3$，按抗倾覆计算悬臂式板桩的最小入土深度最接近于(　　)。

(A)1.8 m　　(B)2.0 m

(C)2.5 m　　(D)2.8 m

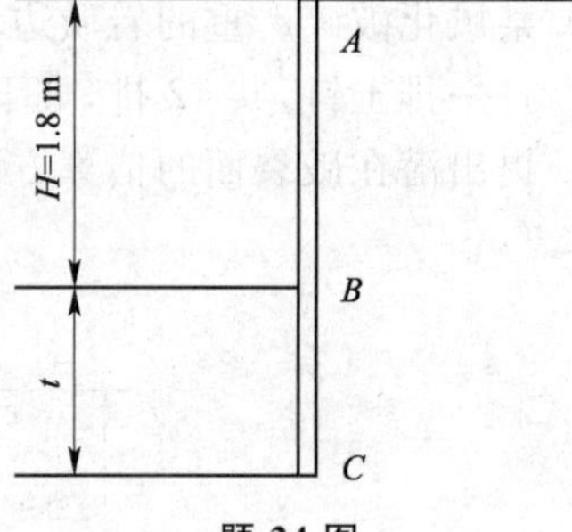

题 24 图

25. 在陕北地区一自重湿陷性黄土场地上拟建一乙类建筑，基础埋置深度为 1.5 m，建筑物下一代表性探井中土样的湿陷性成果见下表，其湿陷量 Δ_s 最接近(　　)。

题 25 表

取样深度/m	自重湿陷系数 δ_{zs}	湿陷系数 δ_s
1	0.012	0.075
2	0.010	0.076
3	0.012	0.070
4	0.014	0.065
5	0.016	0.060
6	0.030	0.060
7	0.035	0.055
8	0.030	0.050
9	0.040	0.045
10	0.042	0.043
11	0.040	0.042
12	0.040	0.040
13	0.050	0.050
14	0.010	0.010
15	0.008	0.008

(A)656 mm　　(B)787 mm　　(C)732 mm　　(D)840 mm

26. 某一滑动面为折线形的均质滑坡，某主轴断面和作用力参数如下图和下表所示，取滑坡推力计算安全系数 $F_s=1.05$，则第③块滑体剩余下滑力 F_3 最接近(　　)。

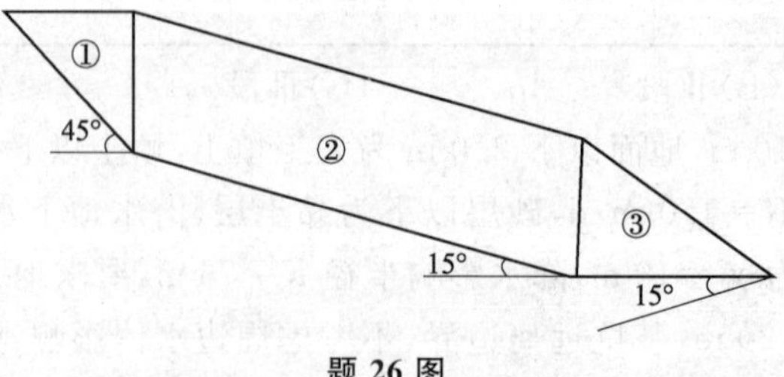

题 26 图

题 26 表

滑块编号	下滑力 T_i/(kN/m)	抗滑力 R_i/(kN/m)	传递系数 ψ_j
①	3.5×10^4	0.9×10^4	0.756
②	9.3×10^4	8.0×10^4	0.947
③	1.0×10^4	2.8×10^4	

(A)1.36×10^4 kN/m　　(B)1.82×10^4 kN/m

(C)1.91×10^4 kN/m　　(D)2.79×10^4 kN/m

27. 根据勘察资料，某滑坡体正好处于极限平衡状态，稳定系数为1.0，其两组具有代表性的断面（如下图所示）数据如下表所示。

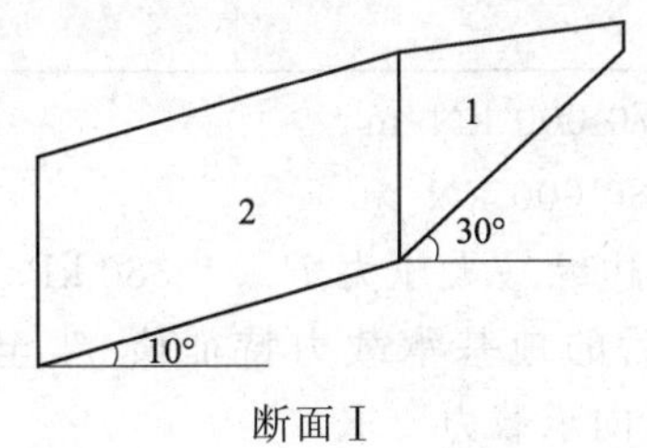

断面Ⅰ

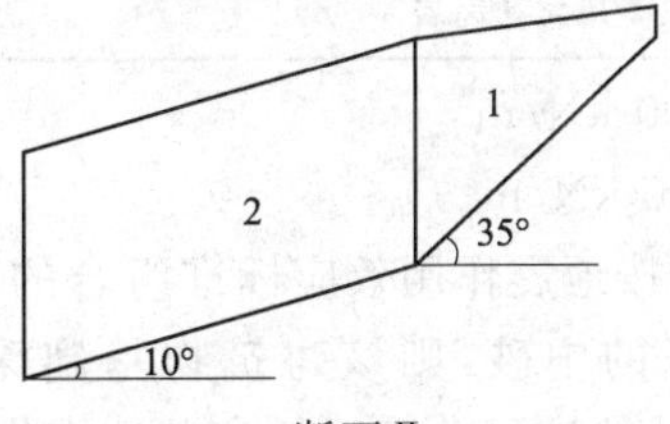

断面Ⅱ

题 27 图

题 27 表

断面号	滑块编号	滑面倾角 β	滑面长度 L/m	滑块重 G/(kN/m)
Ⅰ	1	30°	11.0	696
	2	10°	13.6	950
Ⅱ	1	35°	11.5	645
	2	10°	15.8	1 095

用反分析法求得滑动面的黏聚力 C 和内摩擦角 φ 分别最接近（　　）。

注：计算方法采用下滑力和抗滑力水平分力平衡法。

(A)$C=8.0$ kPa，$\varphi=14°$　　(B)$C=8.0$ kPa，$\varphi=11°$

(C)$C=6.0$ kPa，$\varphi=11°$　　(D)$C=6.0$ kPa，$\varphi=14°$

28. 某建筑场地抗震设防烈度为7度，地下水位埋深为 $d_w=5.0$ m，土层柱状分布见下表，拟采用天然地基，按照液化初判条件，建筑物基础埋置深度 d_b 最深不能超过（　　）临界深度时，方可不考虑饱和粉砂的液化影响。

题 28 表

层序	土层名称	层底深度/m
1	Q_4^{al+pl} 粉质黏土	6
2	Q_4^{al} 淤泥	9
3	Q_4^{al} 粉质黏土	10
4	Q_4^{al} 粉砂	

(A)1.0 m　　(B)2.0 m　　(C)3.0 m　　(D)4.0 m

29. 桥梁勘察的部分成果参见下表，根据勘察结果，进行结构的抗震计算时，地表以下20 m深度内各土层的平均剪切模量 G_m 的计算结果最接近下列（　　）选项。

注：重力加速度 $g=9.81\ \mathrm{m/s^2}$。

题 29 表

序号	土层岩性	厚度/m	重度/(kN/m³)	剪切波速/(m/s)
1	新近沉积黏性土	3	18.5	120
2	粉砂	5	18.5	138
3	一般黏性土	10	18.5	212
4	老黏性土	14	20	315
5	中砂	7	18.0	360
6	卵石	3	22.5	386
7	风化花岗岩			535

(A)65 000 kN/m² (B)70 000 kN/m²

(C)75 000 kN/m² (D)80 000 kN/m²

30. 某建筑物按地震作用效应标准组合的基础底面边缘最大压力 $P_{max}=380$ kPa，地基土为中密状态的中砂，则该建筑物基础深宽修正后的地基承载力特征值 f_a 至少应达到(　　)，才能满足验算天然地基地震作用下的竖向承载力要求。

(A)200 kPa (B)245 kPa (C)290 kPa (D)325 kPa

2005年全国注册岩土工程师专业考试试卷参考答案(新解)

专业知识(上午卷)答案

一、单项选择题

1.(C)　根据经验及相关资料，软黏土 $N_{63.5}=8$ 击/30 cm 时，$I_l\approx0.5$，$E_s\approx7\sim10$ MPa，这不符合软黏土特性

2.(C)　据《水利水电工程地质勘察规范》(GB 50487—2008)附录U，(C)不正确

3.(C)　混合岩一般属于深变质岩

4.(A)　假定原地面下的土层为正常固结土层，则自重应力与前期固结压力相等，滞洪后自重压力增加，前期固结压力不变，土层变成了欠固结土

5.(D)　节理统计采用的图表形式主要有节理玫瑰花图、节理节点图和节理等密度图。等密度图是在节点的基础上编制而成的。详见《全国注册岩土工程师专业考试培训教材》P1～P65

6.(C)　固结系数是表征土层变形与历时关系的参数，据《土工试验方法标准》(GB/T 50123—1999)第14.1.16条

7.(D)　常规三轴固结不排水试验，在施加竖向应力的过程中(总应力不断增加)，而孔隙水压力不断增加，导致有效应力减小。详见《全国注册岩土工程师专业考试培训教材》P3～P101

8.(B)　桩底处流线最密，流量相同时该处流速最大

9.(C)　据《岩土工程勘察规范》(GB 50021—2001)(2009年版)第12.2.2条和第12.2.3条

10.(D)　黏土隔水层上下砂层中的水头是否相等，应视水文地质条件而定

11.(B)　据《铁路工程特殊岩土勘察规程》(TB 10038—2012)第7.5.3条条文说明，当测点地下水位深度大于毛细水强烈上升高度与蒸发强烈影响深度之和时，含水率与深度曲线最上面的交点至地下水位的距离为毛细水强烈上升高度

12.(B)　黏土矿物亲水性强，而黏土矿物中蒙脱石的亲水性最强

13.(B)　据《湿陷性黄土地区建筑规范》(GB 50025—2004)第5.6.3条

14.(D)　据《建筑地基处理技术规范》(JGJ 79—2012)第4.2.1条、第4.2.5条及条文说明

15.(B)　砂土的饱和度增加，所以砂土的自重应力有可能增加

16.(C)　据《岩土工程勘察规范》(GB 50021—2001)(2009年版)第E.0.2条、第E.0.3条

17.(B)　由于混凝土墙体较厚，变形较小，因此其土压力较大

18.(D)　取 $\sigma_a=\sigma_p$ 的位置

19.(B)　据新奥法施工要点要求勤量测，早喷护，少扰动

20.(D)　据《公路路基设计规范》(JTG D30—2004)表3.2.1

21.(B)　据《公路路基设计规范》(JTG D30—2004)第3.3.3条

22.(D)　土坡坡角为33.69°，当 $C=0$ 时，按直线滑裂面考虑，滑裂面倾角较大的稳定性系数较小

23.(D)　据《碾压式土石坝设计规范》(DL/T 5395—2007)第10.3.3条条文说明

24.(B)　　塑料排水板带主要作用是提供排水通道，本身不适用于土体的加筋作用

25.(A)　　如采用朗肯土压力理论公式 $e_a = \sum \gamma_i h_i K_a - 2C\sqrt{k_a}$ 计算主动土压力，当 $C_1 = 0, C_2 > 0$ 时，如保证在土层界面处上下土层的 e_a 相等，则只有 $K_{a2} > K_{a1}$ 即 $\varphi_2 < \varphi_1$ 成立，如使 e_a 分布线为一直线，$K_{a2} > K_{a1}$ 时，只有 $\gamma_2 < \gamma_1$

26.(D)　　坝身采用黏土心墙不属于坝基处理

27.(C)　　据《铁路路基支挡结构设计规范》(TB 10025—2006)第 12.1.1 条，(C)不正确

28.(C)　　据《建筑抗震设计规范》(GB 50011—2010)第 1.0.1 条及条文说明，(C)抗震设防目标不正确

29.(C)　　据《建筑抗震设计规范》(GB 50011—2010)第 1.0.1 条条文说明，(C)正确

30.(D)　　本题是考核 2001 年版规范的相关内容，选项(A)、(B)、(C)中叙述均为 2001 年版规范相关内容，而在 2015 年版规范中已删除了相关表述。由《中国地震动参数区划图》(GB 18306—2015)第 7 节和第 8 节可知，Ⅱ类场地的地震动加速度反应谱特征周期可由《中国地震动加速度反应谱特征周期区划图》直接查得，而Ⅰ类、Ⅲ类、Ⅳ类场地地震动加速度反应谱特征周期应根据Ⅱ类场地的地震动加速度反应谱特征周期进行查表调整得到，故(D)选项描述错误

31.(B)　　据《建筑抗震设计规范》(GB 50011—2010)第 4.1.7 条

32.(A)　　据《建筑抗震设计规范》(GB 50011—2010)第 4.3.5 条。

33.(C)　　据《水利水电工程地质勘察规范》(GB 50487—2008)附录 P 计算如下。

3.0 m 处：

$\gamma_d = 1 - 0.01z = 1 - 0.01 \times 3.0 = 0.97$

$v_{st} = 291\sqrt{K_H z \gamma_d} = 291 \times \sqrt{0.2 \times 3 \times 0.97} = 221.9\ (m/s)$

$v_s < v_{st}$，该点可能液化

6.0 m 处：

$\gamma_d = 1 - 0.01z = 1 - 0.01 \times 6 = 0.94$

$v_{st} = 291\sqrt{K_H z \gamma_d} = 291 \times \sqrt{0.2 \times 6 \times 0.94} = 309.1\ (m/s)$

$v_s < v_{st}$，该点可能液化

13.0 m 处：

$\gamma_d = 1.1 - 0.02z = 1.1 - 0.02 \times 13 = 0.84$

$v_{st} = 291\sqrt{K_H z \gamma_d} = 291 \times \sqrt{0.2 \times 13 \times 0.84} = 430.0 (m/s)$

$v_s < v_{st}$，该点可能液化

三点均可能液化

34.(A)　　据《建筑抗震设计规范》(GB 50011—2010)第 5.1.4 条、第 5.1.5 条计算。

$T_{g\text{II}} = 0.35, T_{g\text{III}} = 0.45, \gamma = 0.9$

$\alpha_{\text{II}} = (T_{g\text{II}}/T)^r \eta_2 \alpha_{max}$

$\alpha_{\text{III}} = (T_{g\text{III}}/T)^r \eta_2 \alpha_{max}$

$\alpha_{\text{II}}/\alpha_{\text{III}} = [(T_{g\text{II}}/T)^r \eta_2 \alpha_{max}]/[(T_{g\text{III}}/T)^r \eta_2 \alpha_{max}]$

$= (T_{g\text{II}}/T_{g\text{III}})^r = (0.35/0.45)^{0.9} = 0.798 \approx 0.8$

$\alpha_{\text{II}} \approx 0.8\alpha_{\text{III}}$

35.(C)　　据《全国注册岩土工程师专业考试培训教材》

36.(C)　　据《全国注册岩土工程师专业考试培训教材》

37.(C)　发包人规定的最低价与勘察人自定的收费标准均不能执行，所以有Ⅱ和Ⅴ的均错误

38.(D)　据《中华人民共和国建筑法》第六十五条

39.(B)

40.(B)　据《实施工程建设强制性标准监督规定》第六条

二、多项选择题

41.(A)、(C)　室内的渗流试验分为水平渗流和垂直渗流，是其试验条件好控制

42.(A)、(B)、(D)　据《岩土工程勘察规范》(GB 50021—2001)(2009 年版)第 10.10.5 条条文说明

43.(B)、(C)　据《土工试验方法标准》(GB/T 50123—1999)

44.(A)、(B)　据《土工试验方法标准》(GB/T 50123—1999)第 13.1.1 条

45.(A)、(B)　据《土工试验方法标准》(GB/T 50123—1999)第 16.6.1 条

46.(A)、(C)、(D)　根据公式 $v=ki$，(A)、(C)正确，(D)黏性土存在内聚力，水力梯度大于临界水力梯度，水才能渗流

47.(A)、(C)、(D)　据《岩土工程勘察规范》(GB 50021—2001)(2009 年版)第 6.2.1 条、第 6.2.2 条、第 6.2.8 条

48.(A)、(C)、(D)　据《建筑基坑支护技术规程》(JGJ 120—2012)第 6.1.2 条

49.(B)、(C)　M 点土压力由开始时的静止土压力向施工后的主动土压力变化。如支点上有预应力时，土压力可能大于主动土压力

50.(B)、(D)　据《水利水电工程地质勘察规范》(GB 50487—2008)第 4.1 节、第 5.1 节、第 6.1 节、第 8.1 节

51.(C)、(D)　击实试验曲线中最大干密度对应的含水率就是最优含水率，击实功越大，最大干密度越大，最优含水率越小，一般最优含水率接近塑限

52.(A)、(C)、(D)

53.(A)、(C)、(D)　水进入坡体并产生向坡外的渗流，增加坡体的重力对稳定性都不利，见《工程地质手册(第四版)》第 553 页

54.(A)、(B)　据《水利水电工程地质勘察规范》(GB 50487—2008)附录 G

55.(B)、(C)、(D)　无黏性土坡的稳定性与坡角和内摩擦角有关

56.(A)、(B)、(C)

57.(C)、(D)

58.(A)、(C)　据《建筑抗震设计规范》(GB 50011—2010)第 5.1.4 条、第 5.1.5 条及第 3.2条条文说明，抗震设计时，对同样场地条件、同样烈度的地震，按震源机制、震级大小和震中距远近区别对待是必要的

59.(A)、(B)、(D)　据《建筑抗震设计规范》(GB 50011—2010)第 2.1.6 条、第 3.2.3 条、第 5.1.4条及第 5.1.5 条条文说明

60.(B)、(D)　据《建筑抗震设计规范》(GB 50011—2010)第 5.1.4 条和第 5.1.5 条。地震影响系数曲线的峰值为 $\eta_2\alpha_{max}$，η_2 只与阻尼比有关，α_{max} 与设计基本烈度和多遇地震地震或罕遇地震有关

61.无答案　《公路工程抗震规范》(JTG B02—2013)第 4.3.2 条，Ⅱ场地地质年代为 Q_3，可判为不液化；Ⅲ场地黏粒含量为 14%，大于 13%，故判为不液化。

对场地Ⅰ：

$d_u=6.5\ \text{m}, d_w=4.0\ \text{m}, d_b=2.0\ \text{m}, d_0=7.0\ \text{m}$

$d_u=6.5\ \text{m}<d_0+d_b-2\ \text{m}=7\ \text{m}$

$d_w=4.0\ \text{m}<d_0+d_b-3\ \text{m}=6\ \text{m}$

$d_u+d_w=10.5\ \text{m}>1.5d_0+2d_b-4.5\ \text{m}=10\ \text{m}$

对场地Ⅳ：

$d_u=8.0\ \text{m}, d_w=8.0\ \text{m}, d_b=2.5\ \text{m}, d_0=7.0\ \text{m}$

$d_u=8.0\ \text{m}>d_0+d_b-2\ \text{m}=7.5\ \text{m}$

$d_w=8.0\ \text{m}>d_0+d_b-3\ \text{m}=6.5\ \text{m}$

$d_u+d_w=16\ \text{m}>1.5d_0+2d_b-4.5\ \text{m}=11\ \text{m}$

因此，场地Ⅰ和场地Ⅳ均不需考虑液化影响。本题按新规范无答案，按 1989 年规范考虑，答案为(A)、(D)

62.(C)、(D)　据《建筑抗震设计规范》(GB 50011—2010)第 4.3.3 条、第 4.3.4 条

63.(A)、(B)、(C)、(D)　据《建筑抗震设计规范》(GB 50011—2010)第 4.2.1 条，而按 2001 年规范，答案为(A)、(C)、(D)，按 2010 年规范，答案为(A)、(B)、(C)、(D)

64.(B)、(C)、(D)　据《水工建筑物抗震设计规范》(DL 5073—2000)第 4.4 节

65.(B)、(C)、(D)　据《全国注册岩土工程师专业考试培训教材》

66.(A)、(C)、(D)　据《全国注册岩土工程师专业考试培训教材》

67.(B)、(C)、(D)　据《工程勘察设计收费标准(2002 年修订本)》第 1.0.8 条

68.暂无

69.(B)、(D)　据《中华人民共和国合同法》第 280 条

70.(A)、(B)　据《中华人民共和国合同法》第 272 条

专业知识(下午卷)答案

一、单项选择题

1.(B)　据《建筑地基基础设计规范》(GB 50007—2011)第 8.1.1 条

2.(C)　据《建筑地基基础设计规范》(GB 50007—2011)第 5.2.2 条计算。

$$e=0.3\ \text{m}>\frac{b}{6}=0.2\ \text{m}$$

$$a=\frac{b}{2}-e=\frac{1.2}{2}-0.3=0.3\ (\text{m})$$

$$P_{kmax}=\frac{2(F_k+G_k)}{3la}=\frac{2\times135}{3\times1\times0.3}=300\ (\text{kPa})$$

3.(B)　据《港口工程地基规范》(JTS 147—1—2010)第 7.1.4 条

4.(C)　据《建筑地基基础设计规范》(GB 50007—2011)第 5.2.7 条

5.(D)　据《建筑地基基础设计规范》(GB 50007—2011)附录 K 第 K.0.1 条

6.(C)　当其他条件相同时甲基础自重应力 $P_{c甲}$ 大于乙基础自重应力 $P_{c乙}$，因此相同应力增量情况下，甲基础压缩层中孔隙比变化小，因此甲基础沉降小

7.(B)　据《建筑地基基础设计规范》(GB 50007—2011)第 5.1.7 条计算。

情况Ⅰ：

$$Z_d=Z_0\Psi_{zs}\Psi_{zw}\Psi_{ze}=Z_0\times1.2\times0.80\times0.95=0.912Z_0$$

情况Ⅱ：

$Z_d=Z_0\Psi_{zs}\Psi_{zw}\Psi_{ze}=Z_0\times1.3\times0.9\times0.95=1.1115Z_0$

情况Ⅲ：

$Z_d=Z_0\Psi_{zs}\Psi_{zw}\Psi_{ze}=Z_0\times1.2\times0.85\times0.95=0.969Z_0$

情况Ⅳ：

$Z_d=Z_0\Psi_{zs}\Psi_{zw}\Psi_{ze}=Z_0\times1.0\times1.0\times1.0=Z_0$

情况Ⅱ设计冻深最深

8.(C) 据《建筑地基基础设计规范》(GB 50007—2011)第3.0.5条

9.(B) 据《建筑地基基础设计规范》(GB 50007—2011)第5.2节计算。

$$P_{\text{kmin}}^{\text{kmax}}=\frac{F_k+G_k}{A}\pm\frac{M_k}{W}=\frac{F_k+G_k}{A}\left(1\pm\frac{6e}{b}\right)=P\left[1\pm\frac{6\times(b/12)}{b}\right]=\begin{matrix}1.5P\\0.5P\end{matrix}$$

10.(A) 据《建筑基桩检测技术规范》(JGJ 106—2014)第7.1.1条

11.(C) 据《建筑桩基技术规范》(JGJ 94—2008)第5.5.6条～第5.5.9条条文说明

$\Psi_e=W_M/W_B$

12.(B) 据《建筑桩基技术规范》(JGJ 94—2008)第6.3.1条,(B)不正确

13.(B) 据《建筑桩基技术规范》(JGJ 94—2008)第5.4.4条

14.(A)

15.(C) 据《建筑桩基技术规范》(JGJ 94—2008)第5.9.6条,承台抗冲切承载力主要与承台有效高度有关

16.(B) 据《建筑桩基技术规范》(JGJ 94—2008)第3.3.3条第3款

17.(D) 基桩沉降稳定后降水,桩土相对位移最大、中性点位置最深,所以下拉荷载最大

18.(B) 据《建筑桩基技术规范》(JGJ 94—2008)第5.8.4条、第5.8.5条

19.(B) 据《建筑地基处理技术规范》(JGJ 79—2012)附录B第B.0.2条

20.(C) 据《建筑地基处理技术规范》(JGJ 79—2012)第8.2.2条及条文说明,压力灌浆一般适用于自重湿陷性黄土场地中的拟建地基和非自重湿陷性黄土

21.(A) 据《建筑地基处理技术规范》(JGJ 79—2012)第7.1.5条计算

$m=d^2/d_e^2 \qquad d_e=d/\sqrt{m}=0.5/\sqrt{0.25}=1$

$A_e=\frac{\pi}{4}{d_e}^2=\frac{3.14}{4}\times1^2=0.785\ (\text{m}^2)$

22.(C) 由土力学相关知识、竖向排水固结度可知：

$U_t=1-\frac{8}{\pi^2}e^{-\frac{\pi C_V}{4H^2}t}=0.8$

则有下式成立

$1-\frac{8}{\pi^2}e^{-\frac{\pi C_V}{4H_2^2}t_2}=1-\frac{8}{\pi^2}e^{-\frac{\pi C_V}{4H_1^2}t_1}$

即 $t_2/{H_2}^2=t_1/{H_1}^2$

$t_2=t_1\ \frac{H_2^2}{H_1^2}=240\times\frac{3^2}{4^2}=135\ (\text{d})$

23.(C) 据《建筑地基处理技术规范》(JGJ 79—2012)第5.2.8条,当竖井的纵向通水量q_w与天然土层水平向渗透系数k_h的比值较小,且长度较长时,尚应考虑井阻影响

24.(A) 据《建筑地基处理技术规范》(JGJ 79—2012)第4.2.4条计算。

$\lambda_c=\rho_d/\rho_{\text{dmax}}=1.7/1.8=0.94$

25.(D) 一般情况下,复合地基沉降值由复合土层沉降及复合土层下的软土层沉降组成,

并以软土层沉降为主，因此增加桩长是减小工后沉降的有效办法

26.无答案　　据《建筑地基处理技术规范》(JGJ 79—2012)表 6.3.3-1，当有效加固深度为 8.3 m 时，单击夯击能应为 8 000 kN·m

27.(A)　　对于路堤下的复合地基，由于路堤是柔性的，桩顶有条件可以挤入路堤土中，桩顶的应力不可能比土顶部的应力高出太多，即桩、土的应力均匀化了。路堤下设置垫层是为了提高桩土应力比，让桩多承担一些荷载，提高复合地基的承载力，而在刚性的混凝土基础下设置垫层是为了降低桩土应力比，让桩少承担一些荷载，避免将桩头压碎了。这是两种截然不同的作用

28.(B)　　膨胀土具有吸水膨胀、失水收缩的特点，防水保湿的目的是使其含水率保持稳定

29.(D)　　据《岩土工程勘察规范》(GB 50021—2001)(2009 年版)第 6.6.2 条，融沉系数为融沉前后的沉降量与融沉前冻土层厚度之比，即 $\frac{h_1-h_2}{h_1}=\varepsilon=\frac{e_1-e_2}{1+e_1}$

30.(C)　　据《膨胀土地区建筑技术规范》(GB 50112—2013)第 4.2 节

31.(D)　　据《湿陷性黄土地区建筑规范》(GB 50025—2004)第 4.3.3 条

32.(C)　　据《岩土工程勘察规范》(GB 50021—2001)(2009 年版)第 6.2.2 条、表 6.2.2

33.(C)　　据《建筑地基基础设计规范》(GB 50007—2011)第 6.4.3 条第 4 款

34.(D)　　地面塌陷的形成需具备一定的条件：①出现在一定厚度的松散土体为盖层的覆盖型岩溶区，一般认为，覆盖层厚度小于 10 m 的，塌陷严重；10～30 m 的，容易塌陷；大于 30 m 的，塌陷可能性很小。砂性土比黏性土易塌。②覆盖层以下可溶岩岩溶发育，可溶岩顶界面上游开口岩溶通道。③地下水位剧烈波动。详见《工程地质手册(第四版)》第六篇第一章第 4 节

35.(D)　　据《铁路路基支挡结构设计规范》(TB 10025—2006)第 10.2.7 条、第 10.2.6 条、第 10.2.10 条

36.(D)　　据《铁路工程不良地质勘察规程》(TB 10027—2012)附录 C

37.(C)　　据《铁路工程特殊岩土勘察规程》(TB 10038—2012)附录 C

38.(D)　　据《公路桥涵地基与基础设计规范》(JTG D63—2007)表 3.3.3-7

39.(B)　　据《建筑地基处理技术规范》(JGJ 79—2012)第 7.1.5 条计算。

$d_e=1.05l=1.05\times1=1.05$

$m=d^2/d_e{}^2=0.4^2/1.05^2=0.145$

$d_e'=d'/\sqrt{m}=0.45/\sqrt{0.145}=1.18$

$L'=d_e'/1.05=1.13$

40.(D)　　据《铁路隧道设计规范》(TB 10003—2005)附录 A

二、多项选择题

41.(A)、(C)、(D)

42.(B)、(D)

43.(A)、(D)

44.(A)、(B)、(D)

45.(A)、(B)、(D)

46.(B)、(C)　　据《建筑地基基础设计规范》(GB 50007—2012)第 5.2.7 条

47.(A)、(B)、(D)　　据《建筑地基基础设计规范》(GB 50007—2012)第 8.4.5 条

48.(A)、(D)

49.(B)、(D)　据《建筑桩基技术规范》(JGJ 94—2008)第5.1.1条条文说明

50.(C)、(D)　据《建筑桩基技术规范》(JGJ 94—2008)第5.3.7条

51.(A)、(D)　据《建筑基桩检测技术规范》(JGJ 106—2014)第3.1.2条、表3.1.2

52.(B)、(D)　据《建筑桩基技术规范》(JGJ 94—2008)第5.3.12条

53.(A)、(B)、(D)　据《建筑桩基技术规范》(JGJ 94—2008)第5.4.2条

54.(A)、(B)、(D)　据《建筑桩基技术规范》(JGJ 94—2008)第3.4.1条

55.(A)、(C)、(D)　据《建筑桩基技术规范》(JGJ 94—2008)第5.9节

56.(A)、(C)、(D)　据《建筑地基处理技术规范》(JGJ 79—2012)第7.3.1条、第7.3.2条可知,根据加固土层的含水率可确定水泥土的搅拌方法是湿法还是粉体搅拌法,而有机质含量和地下水的pH值决定水泥土搅拌桩的适用性

57.(A)、(C)　据《建筑地基处理技术规范》(JGJ 79—2002)、《地基处理手册(第三版)》,2012年规范中已取消石灰桩

58.(A)、(C)　《建筑地基处理技术规范》(JGJ 79—2012)中无相关内容,可参考《既有建筑地基基础加固技术规范》(JGJ 123—2000)第6.4.3条

59.(A)、(B)、(D)　《建筑地基处理技术规范》(JGJ 79—2012)中无相关内容,可参考《既有建筑地基基础加固技术规范》(JGJ 123—2000)第3.0.1条、第3.0.2条、第3.0.5条

60.(B)、(D)　据《建筑地基处理技术规范》(JGJ 79—2012),散体材料复合地基、预压固结地基、压实地基和强夯地基,其处理范围一般大于基础底面积,而具有黏结强度的复合地基处理范围可只在建筑物基础范围内

61.(A)、(C)　据《建筑地基处理技术规范》(JGJ 79—2012)第7.7.2条第4款条文说明可知,(A)、(C)正确

62.(A)、(D)　此题在规范中无相关规定,可参考《建筑地基处理技术规范理解与应用》及相关教材,对于长短桩复合地基,利用短桩提高地基承载力,而利用长桩来减少地基沉降,一般情况下长桩采用刚性桩,短桩采用柔性桩,长短桩采用不同桩型

63.(B)、(C)、(D)　据《建筑地基处理技术规范》(JGJ 79—2012)相关规定,可知由于地基土具有湿陷性,故一般不采用具有黏结强度的桩体进行处理,在采用挤密法、垫层法处理时也不易采用砂石等透水性材料

64.(A)、(D)　据《湿陷性黄土地区建筑规范》(GB 50025—2004)第5.1.3条

65.(A)、(B)、(C)　据《膨胀地土区建筑技术规范》(GB 50112—2013)第5.4节

66.(A)、(C)、(D)

67.(A)、(B)、(D)　小煤窑开采范围小,开挖深度浅、顶板任其垮塌,故地表变形强烈;急陡倾煤层开采的地表变形也是很强烈;开采深度与开采厚度的比值越小,地表的变形变化越大

68.(A)、(B)、(D)　据《公路路基设计规范》(JTG D30—2004)第7.8.3条

69.(B)、(C)　急倾斜时,移动盆地边缘水平位移较大;盆地沿矿层走向方向对称于采空区;盆地中心向倾向方向偏移。详见《工程地质手册(第四版)》第567页

70.(C)、(D)　据《铁路工程不良地质勘察规程》(TB 10027—2012)第9.5.3条条文说明

专业案例(上午卷)答案

1.[**答案**](B)

[**解析**][(21+1.0)−(1.5+1.1)]−[(18.5+0.15+0.15)−0.4]=1.0(m)

答案(B)正确。

2.[**答案**](B)

[**解析**]应为未完全饱和土试验。

3.[**答案**](B)

[**解析**]$\omega_3=\frac{100}{1.0\times5}=20$

$$\omega=\frac{1}{3}(\omega_1+\omega_2+\omega_3)=\frac{1}{3}\times(20+21.7+20)=20.6\ (\text{Lu})$$

答案(B)正确。

4.[**答案**](C)

[**解析**]①相邻两条等势线间的水头损失

$$\Delta h=\frac{\Delta H}{N_{\text{D}}}=\frac{5.0}{15}=\frac{1}{3}\ (\text{m})$$

②平均水力梯度

$$i=\frac{3\Delta h}{\Delta l}=\frac{3\times\frac{1}{3}}{10}=0.1$$

答案(C)正确。

5.[**答案**](D)

[**解析**]$D_1=\sum[C(\text{Cl}^-)/2C(\text{SO}_4^{2-})]ih_i/\sum h_i$

$$=\left(\frac{78.43}{2\times111.32}\times0.05+\frac{35.81}{2\times81.15}\times0.2+\frac{6.58}{2\times13.92}\times0.25+\frac{5.97}{2\times13.8}\times0.25+\frac{5.31}{2\times11.89}\times0.25\right)/(0.05+0.2+0.25+0.25+0.25)$$

$$=0.23$$

查表6.8.2.1,盐渍土类型为硫酸盐渍土,答案(D)正确

6.[**答案**](D)

[**解析**]据《建筑地基基础设计规范》(GB 50007—2011)第5.2.2条计算。

$$e=0.7>\frac{b}{6}=0.5$$

$$a=\frac{b}{2}-e=\frac{3}{2}-0.7=0.8$$

$$P_{\text{kmax}}=\frac{2(F_{\text{k}}+G_{\text{k}})}{3al}\Rightarrow F_{\text{k}}+G_{\text{k}}=\frac{3}{2}alP_{\text{kmax}}$$

$$F_{\text{k}}+G_{\text{k}}=\frac{3}{2}\times0.8\times1\times140=168\ (\text{kN/m})$$

答案(D)正确。

7.[**答案**](A)

[**解析**]$E_{si}=\frac{\Delta P_i}{\varepsilon_i}=\frac{\Delta P_i}{\Delta h_i/h_i}$

$$E_{si}=\frac{240}{(400-100)/(10\times10^3)}=8\,000(\text{kPa})=8(\text{MPa})$$

答案(A)正确。

8.[**答案**](B)

[**解析**]据《建筑地基基础设计规范》(GB 50007—2011)第 5.2.7 条计算。

$P_c=\sum\gamma_i h_i=18\times1.4=25.2\ (\text{kPa})$

$E_{s1}/E_{s2}=9/3=3$

$Z/b=3/2.5=1.2>0.5$

$\theta=23°$

$$P_z=\frac{lb(P_k-P_c)}{(b+2z\tan\theta)(l+2z\tan\theta)}=\frac{2.5\times5\times(145-25.2)}{(5.0+2\times3\times\tan23°)\times(2.5+2\times3\times\tan23°)}$$

$=39.3(\text{kPa})$

$P_{cz}=\sum\gamma_i h_i=18\times1.4+(18-10)\times3=49.2(\text{kPa})$

$P_z+P_{cz}=39.3+49.2=88.5\approx89\ (\text{kPa})$

$\eta_d=1$

$f_{az}=f_{ak}+\eta_d\gamma_m(d-0.5)$

$$=70+1\times\frac{49.2}{3+1.4}\times(1.4+3.0-0.5)=113.6\approx114\ (\text{kPa})$$

答案(B)正确。

9.[**答案**](C)

[**解析**]据《建筑地基基础设计规范》(GB 50007—2011)第 5.2.6 条计算。

岩体完整程度为完整,$\Psi_r=0.5$。

$$\Psi=1-\left(\frac{1.704}{\sqrt{n}}+\frac{4.678}{n^2}\right)\delta=1-\left(\frac{1.704}{\sqrt{9}}+\frac{4.678}{9^2}\right)\times0.2=0.875$$

$f_{rk}=\Psi f_{rm}=0.875\times26.5=23.1875\ (\text{MPa})$

$f_a=\Psi_r f_{rk}=0.5\times23.1875=11.6\ (\text{MPa})$

答案(C)正确。

10.[**答案**](D)

[**解析**]据《建筑地基基础设计规范》(GB 50007—2011)第 5.2.4 条计算。

基础埋深应取基础及地上结构施工完成时的埋深,$d=2.0$ m。

$\gamma_m=\sum\gamma_i h_i/\sum h_i=[18.5\times1+(20.5-10)\times1]/(1+1)=14.5\ (\text{kN/m}^3)$

$f_a=f_{ak}+\eta_b\gamma(b-3)+\eta_d\gamma_m(d-0.5)=150+0+1.5\times14.5\times(2-0.5)$

$=182.6\ (\text{kPa})$

答案(D)正确。

11.[**答案**](B)

[**解析**]据《建筑地基基础设计规范》(GB 50007—2011)第 5.4.2 条、第 5.2.4 条、第 5.2.2 条及相关内容计算。

假设 $b<3$ m,取 $\eta_b=0.3$,$\eta_d=1.5$。

$f_a=f_{ak}+\eta_b\gamma(b-3)+\eta_d\gamma_m(d-0.5)$

$=150+0.3\times20\times(3-3)+1.5\times20\times(1.8-0.5)=189\ (\text{kPa})$

$$P_k\leqslant f_a\Rightarrow b\geqslant\frac{F_k}{f_a-\gamma_G d}$$

$$b\geqslant\frac{F_k}{f_a-\gamma_G d}=\frac{300}{189-20\times1.8}=1.96\ (\text{m})$$

取 $b=2.0$ m，满足 $b\leqslant3$，可按第 5.4.5 条计算 a。

$$a\geqslant3.5b-\frac{d}{\tan\beta}=3.5\times2-\frac{1.8}{\tan30^{\circ}}=3.88\ (\text{m})\approx3.9\ (\text{m})$$

答案(B)正确。

12.[**答案**](A)

[**解析**]据《建筑桩基技术规范》(JGJ 94—2008)计算。

取 $\gamma_m=2, \alpha h=0.301\times20=6.02>4$

取 $\upsilon_m=0.768$

$$R_h=\frac{0.75\alpha\gamma_m f_t W_0}{\upsilon_m}(1.25+22\rho g)\left(1+\frac{\xi_N N}{\gamma_m f_t A_n}\right)$$

$$=\frac{0.75\times0.301\times2\times1.5\times10^3\times0.2}{0.768}\times(1.25+22\times0.006)\times$$

$$\left(1+\frac{0.5\times5\ 000}{2\times1.5\times10^3\times1.2}\right)$$

$$=413\ (\text{kN})$$

答案(A)正确。

13.[**答案**](A)

[**解析**]据《建筑桩基技术规范》(JGJ 94—2008)计算。

$L_n=0.8L_0=20\times0.8=16\ (\text{m})$

$\sigma_1{}'=P+r_1z_1=60+(18-10)\times10/2=100\ (\text{kPa})$

$$\sigma_2{}'=P+r_2z_2=60+\frac{(18-10)\times10+(20-10)\times6}{10+6}\times\frac{10+6}{2}=130\ (\text{kPa})$$

$q_{s1}^n=\zeta_n\sigma_1{}'=0.3\times100=30\ (\text{kPa})<q_{sk}=40$ kPa

$q_{s2}^n=\zeta_n\sigma_2{}'=0.4\times130=52\ (\text{kPa})>q_{sk}=50$ kPa

取 $q_{s2}^n=50$ kPa

$$Q_g^n=\eta_n u\sum_{i=1}^{n}q_{si}^n l_i=1\times3.14\times1\times(30\times10+50\times6)=1884\ (\text{kN})$$

答案(A)正确。

14.[**答案**](B)

[**解析**]①单位面积侧阻力加权平均值 $f=\dfrac{\sum f_ih_i}{\sum h_i}=\dfrac{8.7\times25+7.8\times20}{8.7\times7.8}=22.6\ (\text{kPa})$

②摩阻力 $T=\pi D(H-2.5)f=3.14\times20\times(16.5-2.5)\times22.6=19\ 869.92\ (\text{kN})$

③沉井自重 $Q=\gamma v=24\times997=23\ 448.0\ (\text{kN})$

④下沉系数 $K=Q/T=\dfrac{23\ 448.0}{19\ 869.92}=1.18\approx1.2$

答案(B)正确。

15.[**答案**](C)

[**解析**]据《建筑地基处理技术规范》(JGJ 79—2012)第 7.1.5 条计算。

$d_e=1.05l=1.05\times1.5=1.575\ (\text{m})$

$m=d^2/d_e{}^2=0.8^2/1.575^2=0.258$

$f_{spk}=[1+m(n-1)]f_{sk}=[1+0.258\times(4-1)]\times75=133.1\ (\text{kPa})$

答案(C)正确。

16.[**答案**](A)

[**解析**]据《建筑地基处理技术规范》(JGJ 79—2012)第 7.5.2 条计算。

$d_e=1.05l=1.05\times1=1.05$ (m)

$A_e=\frac{\pi}{4}d_e{}^2=\frac{3.14}{4}\times1.05^2=0.865$ (m^2)

$V=\frac{1}{2}A_e l=\frac{1}{2}\times0.865\times6=2.596$ (m^3)

$G_s=V\rho_d=2.596\times1.32=3.427$ (t)

$G_{W2}=W_{0P}G_S=0.156\times3.427=0.535$ (t)

$G_{W1}=\overline{W}G_S=0.09\times3.427=0.308$ (t)

$\Delta G'_W=G_{W2}-G_{W1}=0.535-0.308=0.227(t^3)$

$\Delta G_W=\Delta G_W{}'K=0.227\times1.1=0.250$ (t)$=0.25$ (m^3)

答案(A)正确。

17.[**答案**](C)

[**解析**]据《工程地质手册》(第四版)第 913 页计算。

$u_r=1-e^{-\frac{8C_h}{F_n d_e{}^2}t}$

$0.85-1-c^{-\frac{8\times0.026}{1.6248\times3.15^2}t}$

解得 $t=147$ d

18.[**答案**](C)

[**解析**]据《建筑地基处理技术规范》(JGJ 79—2012)第 7.2.2 条、第 7.1.5 条计算。

$S=0.89\xi d\sqrt{\frac{1+e_0}{e_0-e_1}}=0.89\times1\times0.5\times\sqrt{\frac{1+0.78}{0.78-0.68}}=1.877$ (m)

取桩距 $S=1.9$ m

$d_e=1.13S=1.13\times1.9=2.147$

$m=d^2/d_e{}^2=0.5^2/2.147^2=0.054$

$n=f_{pk}/f_{sk}=500/100=5$

$f_{spk}=[1+m(n-1)]f_{sk}=[1+0.054\times(5-1)]\times100=121.6$ (kPa)

答案(C)正确。

19.[**答案**](B)

[**解析**]据《铁路路基支挡结构设计规范》(TB 10025—2006)计算。

$F_{i1}=\pi d_b l_{ei}\tau=3.14\times0.108\times4\times250=339.1$ (kN)

$F_{i1}/E_i=339.1/188=1.8$

$F_{i2}=\pi d_b L_{ei}\tau_g=3.14\times0.032\times4\times2\,000=803.8$ (kN)

$F_{i2}/E_i=803.8/188=4.3$

取稳定性系数为 1.8,答案(B)正确。

20.[**答案**](D)

[**解析**]据《铁路路基支挡结构设计规范》(TB 10025—2006)计算。

$N_n=R_n/\cos(\beta-\alpha)=250/\cos(25°-15°)=253.9$ (kN)

$[\tau]=\tau/K=400/2.5=160$

$L\geqslant\frac{N}{\pi D[\tau]}=\frac{253.9}{3.14\times0.108\times160}=4.68$ (m)

$L_{总}=L+2=4.68+2\approx 6.7\ (\text{m})$

答案(D)正确。

21.[**答案**](B)

[**解析**]据《建筑边坡工程技术规范》(GB 50330—2013)附录A计算。

当 $\alpha=30°$时(取单位长度边坡进行计算)

$$A=h/\sin\alpha=8/\sin30°=16\ (\text{m}^2)$$

$$V=\frac{1}{2}h\left(\frac{h}{\tan\alpha}-h\right)=\frac{1}{2}\times 8\times\left(\frac{8}{\tan30°}-8\right)=23.44\ (\text{m}^3)$$

如在黏土侧破裂

$$K_{s黏}=\frac{\gamma V\cos\theta\tan\varphi+AC}{\gamma V\sin\theta}=\frac{20\times 23.44\times\cos30°\times\tan22°+16\times 12}{20\times 23.44\times\sin30°}=1.52$$

如在砂土侧破裂($C=0$)

$$K_{s砂}=\frac{\gamma V\cos\theta\tan\varphi+AC}{\gamma V\sin\theta}=\frac{\tan\varphi}{\tan\theta}=\frac{\tan35°}{\tan30°}=1.21$$

当 $\alpha=25°$时

$$K_s=\tan\varphi/\tan\alpha=\tan35°/\tan25°=1.50$$

当 $\alpha=35°$时

$$A=h/\sin\alpha=8/\sin35°=13.95\ (\text{m}^2)$$

$$V=\frac{1}{2}h\left(\frac{h}{\tan\alpha}-h\right)=0.5\times 8\times\left(\frac{8}{\tan35°}-8\right)=13.7\ (\text{m}^3)$$

$$K_s=\frac{\gamma V\cos\theta\tan\varphi+AC}{\gamma V\sin\theta}=\frac{20\times 13.7\times\cos35°\times\tan22°+13.95\times 12}{20\times 13.7\times\sin35°}=1.64$$

答案(B)正确。

22.[**答案**](B)

[**解析**]据《建筑边坡工程技术规范》(GB 50330—2013)第10.2.4条计算。

单位长度浮力的合力为 F

$$F=\frac{1}{2}b\gamma_w h_w=\frac{1}{2}\times 4\times 10\times 3=60\ (\text{kN})$$

F 作用点距墙趾的距离为 x

$$x=\frac{2}{3}b=\frac{2}{3}\times 4=2.67\ (\text{m})$$

$$F_t=\frac{Gx_0-FX+E_{az}x_f}{E_{ax}Z_f}=\frac{212\times 1.8-60\times 2.67+40\times 2.2}{106\times 2.4}=1.2$$

据《铁路路基支挡结构设计规范》(TB 10025—2006)第3.3.3条计算。

单位长度浮力 $F=60$ kN

浮力 F 作用点距墙趾的距离 $x=2.67$ m

$$K_0=\frac{\sum M_y}{\sum M_0}=\frac{GX_0+E_{az}x_f-FX}{E_{ax}Z_f}=1.13$$

答案(B)正确。

23.[**答案**](B)

[**解析**]据《铁路路基支挡结构设计规范》(TB 10025—2006)第6.2.7条计算。

$$N_t=T/\cos\alpha=400/\cos15°=414.1\ (\text{kN})$$

$$L_a=\frac{KN_t}{\pi D f_{rb}}$$

$$f_{rb}=\frac{KN_t}{\pi DL_a}=\frac{2\times 414.1}{3.14\times 0.15\times(18-6)}=146.5(\text{kPa})$$

答案(B)正确。

24.［**答案**］(A)

［**解析**］据《建筑基坑支护技术规程》(JGJ 120—2012)第 C.0.1 条。

$$\frac{D\gamma}{h_w\gamma_w}\geqslant K_h$$

$$\frac{(12-H)\times 20}{10\times 10}\geqslant 1.2$$

解得 $H\leqslant 6$ m

答案(A)正确。

25.［**答案**］(D)

［**解析**］据《建筑基坑支护技术规程》(JGJ 120—2012)第 3.4.2 条、第 3.4.7 条计算。

C 点埋深 11 m，小于 $b_0+3b_1=3+3\times 3=12$ (m)，在支护结构外侧荷载影响范围之内。

C 点外侧被动土压力 e_{pik}

$$e_{pjk}=\sigma_{pjk}K_{pi}+2C_{ik}\sqrt{K_{pi}}+(Z_j-h_{wp})(1-K_{pi})\gamma_w$$
$$=20\times 5\times \tan^2(45°+30°/2)+0=300\ (\text{kPa})$$

C 点内侧由土引起的主动土压力值 e'_{ajk}

$$e'_{ajk}=\sigma_{ajk}K_{ai}-2C_{ik}\sqrt{K_{ai}}=11\times 20\times \tan^2(45°-\varphi/2)+0=73.3\ (\text{kPa})$$

C 点内侧由外荷载引起的主动土压力 e_{ajk}

$$\sigma_{1K}=q_1\frac{b_0}{b_0+2b_1}=\frac{q\times 3}{3+2\times 3}=\frac{1}{3}q$$

$$e_{ajk}=\sigma_{1K}K_{ai}=\frac{1}{3}q\times \tan^2\left(45°-\frac{30°}{2}\right)=\frac{1}{9}q$$

$$\frac{1}{9}q+73.3=\frac{1}{3}\times 300$$

$$q=240.3\ (\text{kPa})$$

答案(D)正确。

26.［**答案**］(B)

［**解析**］据《湿陷性黄土地区建筑规范》(GB 50025—2004)第 2.1.8 条、第 4.3.5 条及条文说明计算。

δ_s 为 0.015 时的压力，即湿陷起始压力 P_{sh}，该压力处于 100～150 kPa 之间。

$$\frac{P_{sh}-100}{0.015-0.009}=\frac{150-100}{0.019-0.009}$$

$$P_{sh}=130\ (\text{kPa})$$

答案(B)正确。

27.［**答案**］(C)

［**解析**］据《岩土工程勘察规范》(GB 50021—2001)(2009 年版)第 5.2.8 条及条文说明计算。

$$F_s=\frac{\sum_{i=1}^{n-1}(R_i\prod_{j=i}^{n-1}\Psi_j)+R_n}{\sum_{i=1}^{n-1}(T_i\prod_{j=i}^{n-1}\Psi_j)+T_n}=\frac{R_1\Psi_1\Psi_2+R_2\Psi_2+R_3}{T_1\Psi_1\Psi_2+T_2\Psi_2+T_3}$$

$$=\frac{9\ 000\times0.756\times0.947+80\ 000\times0.947+28\ 000}{35\ 000\times0.756\times0.947+93\ 000\times0.947+10\ 000}=0.895\approx0.90$$

答案(C)正确。

28.[**答案**](C)

[**解析**]据《膨胀土地区建筑技术规范》(GB 50112—2013)第 5.2.14 条计算。

$$S=\Psi_{es}\sum_{i=1}^{n}(\delta_{epi}+\lambda_{si}\Delta W_i)h_i$$

$$=0.7\times(0.000\ 75+0.28\times0.027\ 3)\times640+0.7\times(0.024\ 5+0.48\times0.022\ 3)\times640+$$
$$0.7\times(0.019\ 5+0.4\times0.017\ 7)\times640+0.7\times(0.021\ 5+0.37\times0.012\ 8)\times680$$
$$=43.9(\text{mm})$$

答案(C)正确。

29.[**答案**](C)

[**解析**]据《建筑抗震设计规范》(GB 50011—2010)第 4.1.4 条、第 4.1.5 条计算。

覆盖层厚度取 25 m,计算深度取 20 m。

$$v_{se}=\frac{d_0}{\sum\frac{d_i}{v_{si}}}=\frac{20}{\frac{2}{150}+\frac{3}{200}+\frac{5}{100}+\frac{5}{300}+\frac{5}{300}}=179.1\ (\text{m/s})$$

答案(C)正确。

30.[**答案**](A)

[**解析**]据《建筑抗震设计规范》(GB 50011—2010)第 5.1.4 条、第 5.1.5 条计算。

$\alpha_{max}=0.24$

$T_g=0.55$

$T_g<T<5T_g$

$\alpha=(T_g/T)^r\eta_2\alpha_{max}=(0.55/1.65)^{0.9}\times1\times0.24=0.089\approx0.09$

答案(A)正确。

专业案例(下午卷)答案

1.[**答案**](B)

[**解析**]解法一:

据《土工试验方法标准》(GB/T 50123—1999)第 5.4.8 条计算。

$$\rho_d=\frac{\frac{M_p}{1+0.01w_1}}{m_s/\rho_s}=\frac{\frac{15\ 315.3}{1+0.01\times14.5}}{12\ 566.40/1.6}=1.703\ (\text{g/cm}^2)$$

解法二:

坑的体积:$V=\frac{12\ 566.4}{1.6}=7\ 854(\text{cm}^3)$

试样的干质量:$m_s=\frac{15\ 315.3}{1.145}=13\ 375.8(\text{g})$

干密度：$\rho_d=\dfrac{13\ 375.81}{7\ 854}=1.703(g/cm^3)$

答案(B)正确

2.［**答案**］(C)

［**解析**］据《湿陷性黄土地区建筑规范》(GB 50025—2004)第2.1.8条、第4.3.5条及条文说明计算。

$$\frac{h_p-h'_p}{h_0}=0.015$$

$h_p-h'_p=0.015\times20=0.3$

当 $P=100$ kPa 时，$h_p-h'_p=0.27$

当 $P=150$ kPa 时，$h_p-h'_p=0.33$

$$\frac{P_{sh}-100}{0.3-0.27}=\frac{150-100}{0.33-0.27}$$

$P_{sh}=125$ kPa

答案(C)正确。

3.［**答案**］(C)

［**解析**］①A、B两点间的水力梯度

$$i=\frac{\Delta H}{e}=\frac{3.0-2.5}{10}=0.05$$

②平均渗透力

$J=\gamma_w i=10\times0.05=0.5$ (kN/m)

答案(C)正确。

4.［**答案**］(C)

［**解析**］原地面的有效应力增量 ΔP_1

$\Delta P_1=1\times18+2\times8-0=34$ (kPa)

原水位处有效应力增量 ΔP_2

$\Delta P_2=(1\times18+8\times3)-1\times18=24$ (kPa)

原地面下5.0 m处的有效应力增量 ΔP_3

$\Delta P_3=(1\times18+7\times8)-(1\times18+4\times8)=24$ (kPa)

$$S=\sum\frac{\Delta P_i}{E_{si}}h_i=\frac{\frac{1}{2}\times(34+24)}{500}\times100+\frac{24}{500}\times400=25\ (\text{cm})$$

答案(C)正确。

5.［**答案**］(D)

［**解析**］据题意计算如下。

当 $P_c<\dfrac{1}{4(1-n)}\times100\%$ 时为管涌

$$\frac{1}{4\times(1-0.203)}\times100\%=31.36\%<38.1\%$$

$$\frac{1}{4\times(1-0.258)}\times100\%=33.69\%<37.5\%$$

$$\frac{1}{4\times(1-0.312)}\times100\%=36.34\%<38.5\%$$

$$\frac{1}{4\times(1-0.355)}\times 100\% = 38.76\% > 38.0\%$$

答案(D) 正确。

6.[**答案**](D)

[**解析**] 据《建筑地基基础设计规范》(GB 50007—2011) 第 5.2.2 条计算。

$$G_k = bld\gamma_d = 3\times 1\times 2\times 20 = 120\ (\text{kN/m})$$

$$P_{kmax} = 80 + \frac{G_k}{3} = 80 + \frac{120}{3} = 120\ (\text{kPa})$$

$$P_{kmin} = 0 + \frac{G_k}{3} = 0 + \frac{120}{3} = 40\ (\text{kPa})$$

$$F_k = \frac{1}{2}\times(80+0)\times 3 = 120\ (\text{kN/m})$$

$$F_k + G_k = 120 + 120 = 240\ (\text{kN/m})$$

$$2M_k/W = P_{kmax} - P_{kmin}$$

$$e = \frac{W}{2(F_k+G_k)}\times(P_{kmax}-P_{kmin}) = \frac{1\times 3^2/6}{2\times(120+120)}\times(120-40) = 0.25\ (\text{m})$$

满足 $e \leqslant b/6 = 0.5$,且满足 $e \geqslant 0.033b = 0.099$ m

$$P_K = \frac{1}{2}\times(P_{kmax}+P_{kmin}) = \frac{1}{2}\times(120+40) = 80\ (\text{kPa})$$

$f_a \geqslant 80$ kPa,$P_{kmax} \leqslant 1.2f_a$,$f_a \geqslant P_{kmax}/1.2 = 120/1.2 = 100\ (\text{kPa})$

答案(D) 正确。

7.[**答案**](C)

[**解析**] 据《高层建筑筏形与箱形基础技术规范》(JGJ 6—2011) 第 4.0.6 条计算。(注:该题已不在考试范围)

$$S = \sum_{i=1}^{n}\left(\Psi'\frac{P_c}{E'_{ci}} + \Psi_s\frac{P_0}{E_{si}}\right)(Z_i\bar{\alpha}_i - Z_{i-1}\bar{\alpha}_{i-1}) = 1.2\times 160 + 18\times 1 = 210\ (\text{mm})$$

(取 $\Psi' = 1.0$,$\Psi_s = 1.2$)

答案(C) 正确。

8.[**答案**] 暂无

9.[**答案**](B)

[**解析**] 据《建筑地基基础设计规范》(GB 50007—2011) 第 5.2.4 条计算。(注:该题属于超补偿问题)

① 基底总压力

$$P = P_k + \gamma H = 60 + 35\times 0.5 = 77.5(\text{kN/m}^2)$$

②10 m 以上土的平均重度

$$\gamma = \frac{\sum h_i\gamma_i}{\sum h_i} = \frac{3\times 20 + 7\times 10}{3\times 7} = 13\ (\text{kN/m}^2)$$

③ 基底压力相当于场地土层的高度

$$h = d = \frac{P}{\gamma_m} = \frac{77.5}{13} = 5.96\ (\text{m})$$

④ 承载力 f_a

查表得 $\eta_b = 0.3$,$\eta_d = 1.6$

$$f_a = f_{ak} + \eta_b\gamma(b-3) + \eta_d\gamma_m(d-0.5)$$

$= 170 + 0.3 \times (20 - 10) \times (6 - 3) + 1.6 \times 13 \times (5.96 - 0.5) = 292.6\ (kPa)$

答案(B) 正确。

10.[**答案**](C)

[**解析**] 基础底面处自重应力：$P_{C1} = \sum \gamma_i h_i = 5 \times 20 + 3 \times 10 = 130\ (kPa)$

计算点处自重应力：$P_{C2} = \sum \gamma_i h_i = 5 \times 20 + 3 \times 10 + 18 \times 10 = 310\ (kPa)$

基础底面附加应力 P_0：

$$P_0 = P_K - P_{C1} = 425 - 130 = 295\ (kPa)$$

$$Z/b = 18/(30/2) = 1.2$$

$$l/b = (42/2)/(30/2) = 1.4$$

查《建筑地基基础设计规范》(GB 50007—2011) 表 K.0.1.1 得 $\alpha = 0.171$

计算点处的附加应力 $P_Z = 4\alpha P_0 = 4 \times 0.171 \times 295 = 201.8\ (kPa)$

$$P_Z / P_{C2} = 201.8/310 = 0.65$$

答案(C) 正确。

11.[**答案**](D)

[**解析**] 据《建筑地基基础设计规范》(GB 50007—2011) 第 5.3.5 条计算，结果见下表。

题 11 表

第 i 土层	基底至第 i 土层底面的距离	变形模量 E_{si} /MPa	l/b	Z/b	$\bar{\alpha}$	$Z\bar{\alpha}$	$\Delta Z_i\bar{\alpha}_i = Z_i\bar{\alpha}_i - Z_{i-1}\bar{\alpha}_{i-1}$	$\frac{\Delta Z_i\bar{\alpha}_i}{E_{si}}$	$\Delta S'_i$ /mm	$\sum \Delta S'_i$ /mm	S/mm
1	1.6	16	1	0.8	0.938 4	1.501 6	1.501 6	0.093 84	12.2	12.2	
2	3.2	11	1	1.6	0.775 6	2.482 0	0.980 4	0.089 12	11.6	23.8	
3	6.0	25	1	3.0	0.547 6	3.285 6	0.803 6	0.032 16	4.2	28	11.2
4	30	60									

注：$\Delta S'_i = \frac{P_0}{E_{si}}(Z_i\bar{\alpha}_i - Z_{i-1}\bar{\alpha}_{i-1}) = (P_0 \Delta Z_i\bar{\alpha}_i)/E_{si}$，$S = \Psi_s \sum \Delta S'_i = 0.4 \times 28 = 11.2\ (mm)$。

答案(D) 正确。

12.[**答案**](C)

[**解析**] 据《建筑桩基技术规范》(JGJ 94—2008) 第 5.9.8 条计算。

$$a_{11} = 1.8$$

$$\lambda_{11} = \frac{a_{11}}{h_0} = \frac{1.8}{1.0} = 1.8 > 1$$

取 $\lambda_{11} = 1.0$

$$\alpha_{11} = 1$$

$$\beta_{11} = \frac{0.56}{\lambda + 0.2} = \frac{0.56}{1 + 0.2} = 0.47$$

$$\beta_{hp} = \frac{1 - 0.9}{0.8 - 2} \times (1.1 - 2) + 0.9 = 0.975$$

$$\beta_{11}(2c_1 + \alpha_{11})\beta_{hp} \tan\frac{\theta_1}{2} f_t h_0$$

$$= 0.47 \times (2 \times 2.2 + 1.0) \times 0.975 \times \tan\frac{60^\circ}{2} \times 1.7 \times 10^3 \times 1.0$$

$$= 2\ 428.8\ (kN)$$

答案(C) 正确。

13.[**答案**](B)

[**解析**] 据《建筑桩基技术规范》(JGJ 94—2008) 第 5.4.6 条计算。

$$U_K = \sum \lambda_i q_{sik} u_i l_i$$
$$= 0.7\times 40\times 3.14\times 1\times 2+0.5\times 60\times 3.14\times 1\times 5+0.5\times 80\times 3.14\times 1.8\times 5$$
$$= 1\,777.24\ (\text{kN})$$

答案(B) 正确。

14.[**答案**](B)

[**解析**] 据《建筑桩基技术规范》(JGJ 94—2008) 第 5.5.6 条 ~ 第 5.5.10 条计算。

$$S' = \sum \frac{\Delta P_i}{E_{si}} h_i = \frac{(400+260)/2}{20}\times(5.0-1.6)+\frac{(260+30)/2}{4}\times 5$$
$$= 237\ (\text{mm}) = 23.7\ (\text{cm})$$

$$S_a/d = 1\,600/400 = 4$$

$$L_c/B_c = 4\,000/4\,000 = 1.0$$

$$l/d = 12\,000/400 = 30$$

查附录 E 得:

$$C_0 = 0.055, C_1 = 1.477, C_2 = 6.843$$

$$\Psi_e = C_0 + \frac{n_b - 1}{C_1(n_b-1)+C_2} = 0.055+\frac{3-1}{1.477\times(3-1)+6.843} = 0.259$$

$$S = \Psi\Psi_e S' = 1\times 0.259\times 23.7 = 6.1\ (\text{cm})$$

答案(B) 正确。

15.[**答案**](A)

[**解析**] 据《建筑桩基技术规范》(JGJ 94—2008) 第 5.2.2 条、第 5.2.5 条计算。

$$Q_{sk} = u\sum q_{sik} l_i = 4\times 0.4\times(30\times 10+80\times 1.6) = 684.8\ (\text{kN})$$

$$Q_{pk} = q_{pk}A_p = 5\,000\times 0.4\times 0.4 = 800\ (\text{kN})$$

由于承台底存在高灵敏度淤泥质黏土,取 $\eta_c = 0$,所以有

$$R = \frac{1}{K}Q_{uk} = \frac{1}{k}(Q_{sk}+Q_{pk}) = \frac{1}{2}\times(684.8+800) = 742.4\ (\text{kN})$$

答案(A) 正确。

16.[**答案**](D)

[**解析**] 据《建筑地基处理技术规范》(JGJ 79—2012) 第 5.2.11 条计算。

$$\tau_{ft} = \tau_{f0} + \Delta\sigma_z u_t \tan\varphi_{cu} = 20+120\times 0.75\times\tan 15^\circ = 44.1\ (\text{kPa})$$

答案(D) 正确。

17.[**答案**](A)

[**解析**] 据《建筑地基处理技术规范》(JGJ 79—2012) 第 4.2.2 条计算。

$$P_{cz} = \sum \gamma_i h_i = 18\times 1.5+8\times 1.5 = 39\ (\text{kPa})$$

$$P_k = \frac{F_k+G_k}{b} = \frac{180}{1.2} = 150\ (\text{kPa})$$

$$P_c = \sum r_i h_i = 18\times 1.5 = 27\ (\text{kPa})$$

$$z/b = 1.5/1.2 = 1.25 > 0.5,取\ \theta = 30^\circ$$

$$P'_z = \frac{b(P_k-P_c)}{b+2z\tan\theta} = \frac{1.2\times(150-27)}{1.2+2\times 1.5\times\tan 30^\circ} = 50.3\ (\text{kPa})$$

$$f_{az} = f_{ak} + \eta_d \gamma_m (d - 0.5)$$

$$= 80 + 1 \times \frac{18 \times 1.5 + 8 \times 1.5}{1.5 + 1.5} \times (3 - 0.5) = 112.5 \text{ (kPa)}$$

由于砂石垫层重度引起的附加应力 P''_z

$$P''_z = (\gamma'_i - \gamma_i) h_i = [(19-10)-(18-10)] \times 1.5 = 1.5 \text{ (kPa)}$$

$$P_z = P'_z + P''_z = 50.3 + 1.5 = 51.8 \text{ (kPa)}$$

$$P_z + P_{cz} = 51.8 + 39 = 90.8 \text{ (kPa)} < f_{az} = 112.5 \text{ kPa}$$

答案(A) 正确。

18.[**答案**](B)

[**解析**] 据《建筑地基处理技术规范》(JGJ 79—2012) 第 7.1.7 条计算。

$$n = f_{pk}/f_{sk} = E_{pk}/E_{sk} = 168/2.25 = 74.7$$

$$E_{spk} = [1 + m(n-1)]E_{sk} = [1 + 0.21 \times (74.7 - 1)] \times 2.25 \times 10^3 = 37\,073.3 \text{(kPa)}$$

$$S_1 = \frac{(P_Z + P_{Z1})l}{2E_{sp}} = \frac{(114 + 40) \times 12}{2 \times 37\,073.3} = 0.024\,92 \text{(m)} = 2.492 \text{(cm)}$$

$$S = S_1 + S_2 = 2.492 + 12.2 = 14.692 \text{ (cm)}$$

答案(B) 正确。

19.[**答案**](B)

[**解析**] 据《建筑边坡工程技术规范》(GB 50330—2013) 第 8.2.2 条 ~ 第 8.2.4 条计算。

① 考虑钢筋强度

$$N_{ak} \leqslant \frac{A_s f_y}{K_b} = \frac{3 \times 3.14 \times \left(\frac{0.01}{2}\right)^2 \times 1\,000 \times 10^3}{2.0} = 117.8 \text{ (kN)}$$

② 考虑钢筋与锚固砂浆间的黏结强度

$$N_{ak} \leqslant \frac{l_a n \pi d f_b}{K} = \frac{4 \times 3 \times 3.14 \times 0.01 \times 2\,400}{2.4} = 376.8 \text{ (kN)}$$

③ 考虑锚固体与地层的黏结强度

$$N_{ak} \leqslant \frac{l_a \pi D f_{rbk}}{K} = \frac{4 \times 3.14 \times 0.1 \times 300}{2.4} = 157 \text{ (kN)}$$

答案(B) 正确。

20.[**答案**](B)

[**解析**] 据《铁路路基支挡结构设计规范》(TB 10025—2006) 第 9.2.4 条计算。

边坡岩体风化破碎严重,L 取大值。

第 2 排:$h_2 = 10 \text{ m} > \frac{H}{2} = \frac{12}{2} = 6 \text{ (m)}$

$$L_2 = 0.7(H - h_i) = 0.7 \times (12 - 10) = 1.4 \text{ (m)}$$

第 4 排:$h_4 = 8 \text{ m} > 6 \text{ m}$

$$L_4 = 0.7(H - h_i) = 0.7 \times (12 - 8) = 2.8 \text{ (m)}$$

第 6 排:$h_6 = 6 \text{ m} \leqslant 6 \text{ m}$

$$L_6 = 0.35H = 0.35 \times 12 = 4.2 \text{ (m)}$$

第 8 排:$h_8 = 4 \text{ m} \leqslant 6 \text{ m}$

$$L_8 = 0.35H = 0.35 \times 12 = 4.2 \text{ (m)}$$

答案(B) 正确。

21.[**答案**](D)

[**解析**] 据《水利水电工程地质勘察规范》(GB 50487—2008) 附录 G 第 G.0.6 条计算。

Ⅰ 段：

$$J_{cr} = (G_s - 1)(1 - n) = (2.70 - 1) \times (1 - 0.524) = 0.8092$$

$$J_{允许} = J_{cr}/K = 0.8092/1.75 = 0.46 > 0.42$$

Ⅱ 段：

$$J_{cr} = (2.7 - 1) \times (1 - 0.535) = 0.7905$$

$$J_{允许} = 0.7905/1.75 = 0.45 > 0.43$$

Ⅲ 段：

$$J_{cr} = (2.72 - 1) \times (1 - 0.524) = 0.8187$$

$$J_{允许} = 0.8187/1.75 = 0.47 > 0.41$$

Ⅳ 段：

$$J_{cr} = (2.70 - 1) \times (1 - 0.545) = 0.7735$$

$$J_{允许} = 0.7735/1.75 = 0.44 < 0.48$$

答案(D) 正确。

22.[**答案**](A)

[**解析**] 据《建筑基坑支护技术规程》(JGJ 120—2012) 附录 E 第 E.0.1 条计算。

$$Q = \pi k \frac{(2h - S_d)S_d}{\ln(1 + R/r_0)} = 3.14 \times 1.0 \times \frac{(2 \times 18 - 8.5) \times 8.5}{\ln(1 + 76/10)} = 341.1\ (\mathrm{m^3/d})$$

答案(A) 正确。

23.[**答案**](B)

[**解析**] 据《铁路路基支挡结构设计规范》(TB 10025—2006) 第 8.2.12 条计算。

$$S_{fi} = 2\sigma_{vi} a L_b f \geqslant K_{si} \sum E_{xi} = T_i$$

$$L_b \geqslant T_i/(2\sigma_{vi} a f) = \frac{130}{2 \times 155 \times 1 \times 0.35} = 1.2\ (\mathrm{m})$$

注：该题答案不满足构造要求。

答案(B) 正确。

24.[**答案**](B)

[**解析**] 据《建筑基坑支护技术规程》(JGJ 120—2012) 第 4.1.1 条计算，设板桩最小入土深度为 l_d。

$$e_p = \sigma_p K_p = l_d \times 19 \times \tan^2(45° + 30°/2) = 57 l_d$$

$$E_{pk} = \frac{1}{2} e_p l_d = \frac{1}{2} \times 57 l_d \times l_d = 28.5 l_d{}^2$$

$$e_{ak} = \sigma_a K_a = (l_d + 1.8) \times 19 \times \tan^2(45° - 30°/2) = 6.33(l_d + 1.8)$$

$$E_{ak} = \frac{1}{2} e_a (l_d + 1.8) = \frac{1}{2} \times 6.33 \times (l_d + 1.8) \times (l_d + 1.8) = 3.2 \times (l_d + 1.8)^2$$

$$(a_{p1} E_{pk})/(a_{a1} E_{ak}) \geqslant 1.3$$

$$\frac{\frac{1}{3} l_d \times 28.5 l_d^2}{\frac{1}{3} \times (l_d + 1.8) \times 3.2 \times (l_d + 1.8)^2} \geqslant 1.3$$

解得 $l_d \geqslant 2.0$ m

亦可据《建筑地基基础设计规范》(GB 50007—2011) 附录 T 计算。

答案(B) 正确。

25.[**答案**](D)

[**解析**] 据《湿陷性黄土地区建筑规范》(GB 50025—2004) 第 4.4.4 条、第 4.4.5 条计算。

自重湿陷量为：

$$\Delta_{zs} = \beta_0 \sum \delta_{zsi} h_i$$
$$= 1.2 \times (0.016 \times 1\,000 + 0.030 \times 1\,000 + 0.035 \times 1\,000 + 0.030 \times 1\,000 + 0.040 \times 1\,000 + 0.042 \times 1\,000 + 0.040 \times 1\,000 + 0.040 \times 1\,000 + 0.050 \times 1\,000)$$
$$= 387.6(\text{mm}) > 70\ \text{mm}$$

该场为自重湿陷性场地，应计算至湿陷性土层的底(10 m 以下取自重湿陷系数)。

湿陷量为：

$$\Delta_z = \sum \beta \delta_{si} h_i$$
$$= 1.5 \times 0.076 \times 1\,000 + 1.5 \times 0.070 \times 1\,000 + 1.5 \times 0.065 \times 1\,000 + 1.5 \times 0.060 \times 1\,000 + 1.5 \times 0.060 \times 1\,000 + 1.0 \times 0.055 \times 1\,000 + 1.0 \times 0.050 \times 1\,000 + 1.0 \times 0.045 \times 1\,000 + 1.0 \times 0.043 \times 1\,000 + 1.0 \times 0.042 \times 1\,000 + 1.2 \times 0.040 \times 1\,000 + 1.2 \times 0.050 \times 1\,000$$
$$= 839.5(\text{mm})$$

答案(D) 正确。

26.[**答案**](C)

[**解析**] 据《建筑边坡工程技术规范》(GB 50330—2013) 附录 A 计算。

$$P_i = P_{i-1}\Psi_{i-1} + T_i - R_i/F_s,\ F_s = 1.05$$

$$P_1 = 3.5 \times 10^4 - 0.9 \times 10^4/1.05 = 2.643 \times 10^4(\text{kN/m})$$

$$P_2 = 2.643 \times 10^4 \times 0.756 + 9.3 \times 10^4 - 8 \times 10^4/1.05 = 3.679 \times 10^4(\text{kN})$$

$$P_3 = 3.679 \times 10^4 \times 0.947 + 1 \times 10^4 - 2.8 \times 10^4/1.05 = 1.817 \times 10^4(\text{kN})$$

答案(C) 正确。

27.[**答案**](B)

[**解析**] 采用反演分析法：

$$F_s = \frac{R_1\psi_1 + R_2}{T_1\psi_1 + T_2}$$

因为 $F_s = 1$，所以 $R_1\psi_1 + R_2 = T_1\psi_1 + T_2$。

断面Ⅰ：

$$R_1 = G_1\cos\theta_1\tan\varphi_1 + C_1 l_1 = 696\cos30^\circ\tan\varphi + 11C = 602.8\tan\varphi + 11C$$

$$R_2 = G_2\cos\theta_2\tan\varphi + C_2 l_2 = 950\cos10^\circ\tan\varphi + 13.6C = 935.6\tan\varphi + 13.6C$$

$$T_1 = G_1\sin\theta_1 = 696 \times \sin30^\circ = 348$$

$$T_2 = G_2\sin\theta_2 = 950 \times \sin10^\circ = 165$$

$$\psi_1 = \cos(\theta_1 - \theta_2) - \sin(\theta_1 - \theta_2)\tan\varphi$$
$$= \cos(30^\circ - 10^\circ) - \sin(30^\circ - 10^\circ)\tan\varphi$$
$$= 0.94 - 0.34\tan\varphi$$

$$(602.8\tan\varphi + 11C) \times (0.94 - 0.34\tan\varphi) + 935.6\tan\varphi + 13.6C = 348 \times (0.94 - 0.34\tan\varphi) + 165$$

整理得 $205\tan\varphi^2 + 3.7\cot\varphi - 1\,620.5\tan\varphi - 23.9C + 492.1 = 0$ ①

断面Ⅱ：

$$R_1 = 645 \times \cos35^\circ\tan\varphi + 11.5C = 528.4\tan\varphi + 11.5C$$

$R_2 = 1\,095 \times \cos 10^\circ \tan\varphi + 15.8C = 1\,078.4\tan\varphi + 15.8C$

$T_1 = 645 \times \sin 35^\circ = 370$

$T_2 = 1\,095 \times \sin 10^\circ = 190.1$

$\psi_1 = \cos(35^\circ - 10^\circ) - \sin(35^\circ - 10^\circ)\tan\varphi = 0.91 - 0.42\tan\varphi$

整理得 $221.9\tan\varphi^2 + 4.8\cot\varphi - 1\,714.6\tan\varphi - 26.3C + 526.8 = 0$ ②

解方程 ①、② 得 $\begin{cases} C = 8.0\ \text{kPa} \\ \varphi = 11^\circ \end{cases}$

答案(B) 正确。

28.[**答案**](C)

[**解析**] 据《建筑抗震设计规范》(GB 50011—2010) 第 4.3.3 条计算。

$d_u = 10 - 3 = 7\ (\text{m}), d_0 = 7\ \text{m}$

① 如满足 $d_u > d_0 + d_b - 2$,则有

$d_b < d_u - d_0 + 2 = 7 - 7 + 2 = 2(\text{m})$

② 如满足 $d_w > d_0 + d_b - 3$,则有

$d_b > d_w - d_0 + 3 = 5 - 7 + 3 = 1.0(\text{m})$

③ 如满足 $d_u + d_w > 1.5d_0 + 2d_b - 4.5$,则有

$$d_b < \frac{1}{2}(d_u + d_w - 1.5d_0 + 4.5) = \frac{1}{2} \times (7 + 5 - 1.5 \times 7 + 4.5) = 3.0\ (\text{m})$$

满足上述之一即可不考虑液化影响,[答案](C) 正确。

29.[**答案**](C)

[**解析**](新版规范已经删除该知识点) 据《公路工程抗震设计规范》(JTJ 004—1989) 附录六计算。

$$G_m = \frac{\sum h_i \rho_i v_{si}^2}{\sum h_i}\text{(取 20 范围计算)}$$

$$= [3 \times (18.5/9.81) \times 120^2 + 5 \times (18.5/9.81) \times 138^2 + 10 \times (18.5/9.81) \times 212^2 + 2 \times (20/9.81) \times 315^2]/(3 + 5 + 10 + 2)$$

$$= 75\,659.6\ (\text{kN/m}^2)$$

答案(C) 正确。

30.[**答案**](B)

[**解析**] 据《建筑抗震设计规范》(GB 50011—2010) 第 4.2.3 条、第 4.2.4 条计算。

$P_{kmax} \leqslant 1.2 f_{aE}$

$f_{aE} \geqslant P_{kmax}/1.2 = 380/1.2 = 316.7\ (\text{kPa})$

$f_{aE} = \zeta_a f_a$

$f_a = f_{aE}/\zeta_a = 316.7/1.3 = 243.6\ (\text{kPa})$

答案(B) 正确。

2006年全国注册岩土工程师专业考试试卷(新解)

专业知识(上午卷)

一、单项选择题(共40题,每题1分。每题的备选项中只有一个最符合题意)

1.对正常固结的饱和软黏土层,以十字板剪切试验结果绘制不排水抗剪强度与深度的关系曲线应符合(　　)变化规律。

(A)随深度的增加而减小　　(B)随深度的增加而增加

(C)不同深度上下一致　　(D)随深度无变化规律

2.由固结试验得到的固结系数的计量单位应为(　　)。

(A)cm^2/s　　(B)MPa　　(C)MPa^{-1}　　(D)无量纲

3.港口工程勘察中,在深度15 m处有一层厚度4 m并处于地下水位以下的粉砂层,实测标贯击数为15、16、15、19、16、19,则用于该粉砂层密实度评价的标准贯入击数应为(　　)。

(A)15击　　(B)16击　　(C)17击　　(D)18击

4.在进行饱和黏性土三轴压缩试验中,需对剪切应变速率进行控制,对于不同三轴试验方法(UU、$\overline{CU}$、CD),关于剪切应变速率的大小,下列说法正确的是(　　)。

(A)$UU<\overline{CU}<CD$　　(B)$UU=\overline{CU}<CD$

(C)$UU=\overline{CU}=CD$　　(D)$UU>\overline{CU}>CD$

5.某场地地层主要由粉土构成,在进行现场钻探时需测量地下水位的初见水位和稳定水位,量测稳定水位的时间间隔不得小于(　　)。

(A)3 h　　(B)6 h　　(C)8 h　　(D)12 h

6.地基变形特征可分为沉降量、沉降差、倾斜、局部倾斜,对于不同建筑结构的地基变形控制,下列(　　)的表述是正确的。

(A)高耸结构由沉降差控制　　(B)砌体承重结构由局部倾斜控制

(C)框架结构由沉降量控制　　(D)单层排架结构由倾斜控制

7.沟谷中有一煤层露头,其地质图如下图所示,下列选项中(　　)表述是正确的。

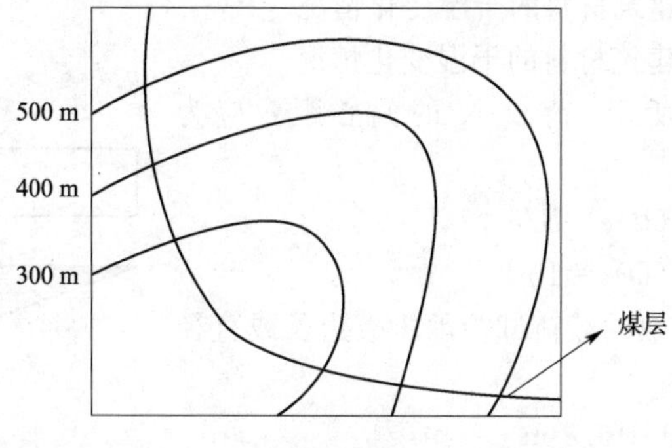

题7图

(A)煤层向沟的下游倾斜且倾角大于沟谷纵坡

(B)煤层向沟的上游倾斜且倾角大于沟谷纵坡

(C)煤层向沟的下游倾斜且倾角小于沟谷纵坡

(D)煤层向沟的上游倾斜且倾角小于沟谷纵坡

8. 糜棱岩的成因是(　　)。

(A)岩浆侵入接触变质　　(B)火山喷发的碎屑堆积

(C)未搬运的碎屑静水沉积　　(D)断裂带挤压动力变质

9. 下列(　　)为黏土的稠度指标。

(A)含水量 ω　　(B)饱和度 S_r　　(C)液性指数 I_L　　(D)塑性指数 L_P

10. 按《港口工程地基规范》(JTS 147—1—2010)要求，验算港口建筑物饱和软黏土地基承载力时，下列抗剪强度指标的用法中(　　)是正确的。

(A)持久状况和短暂状况均采用不排水抗剪强度指标

(B)持久状况和短暂状况均采用固结快剪指标

(C)持久状况采用不排水抗剪强度指标，短暂状况采用固结快剪指标

(D)持久状况采用固结快剪强度指标，短暂状况采用不排水抗剪强度指标

11. 某岩石天然状态下抗压强度为 80 MPa，饱水状态下抗压强度为 70 MPa，干燥状态下抗压强度为 100 MPa，该岩石的软化系数为(　　)。

(A)0.5　　(B)0.7　　(C)0.8　　(D)0.88

12. 在地下 30 m 处的硬塑黏土中进行旁压试验，最大压力至 422 kPa，但未达到极限压力，测得初始压力 $P_0 = 44$ kPa，临塑压力 $P_f = 290$ kPa，据此旁压测验可得到地基承载力特征值 f_{ak} 最大为(　　)。

(A)211 kPa　　(B)246 kPa　　(C)290 kPa　　(D)334 kPa

13. 在完整未风化情况下，下列(　　)岩石的抗压强度最高。

(A)大理岩　　(B)千枚岩　　(C)片麻岩　　(D)玄武岩

14. 据《水利水电工程地质勘察规范》(GB 50487—2008)，某水利工程压水试验结果可得土层透水率为 30 Lu，据此划分该土层的渗透性分级应属于(　　)。

(A)微透水　　(B)弱透水　　(C)中等透水　　(D)强透水

15. 据《岩土工程勘察规范》(GB 50021—2001)(2009 年版)，下列关于干湿交替作用的几种表述中(　　)选项是全面的。

(A)地下水位变化和毛细水升降时建筑材料的干湿变化情况

(B)毛细水升降时建筑材料的干湿变化情况

(C)地下水位变化时建筑材料的干湿变化情况

(D)施工降水影响时建筑材料的干湿变化情况

16. 地基反力分布如图所示，荷载 N 的偏心距 e 应为(　　)。

(A)$e=B/10$　　(B)$e=B/8$

(C)$e=B/6$　　(D)$e=B/4$

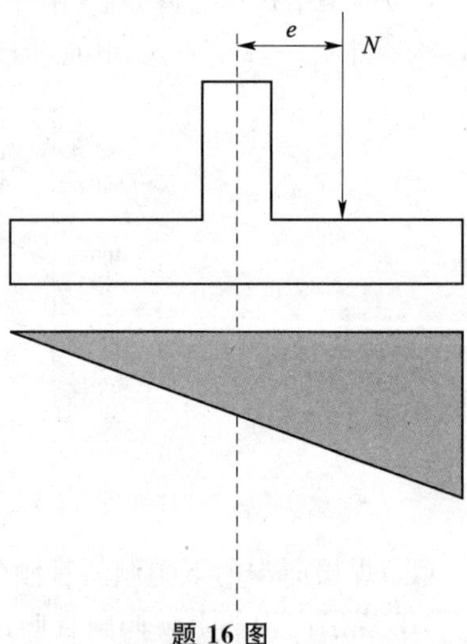

题 16 图

17. 用于测定基准基床系数的载荷试验承压板边长或直径应接近下列(　　)。

(A)1.0 m　　(B)0.8 m

(C)0.5 m　　(D)0.3 m

18. 如下图所示，甲为已建的 6 层建筑物，天然地基基础埋深 2.0 m；乙为拟建的 12 层建筑物，设半地下室、筏基。

两建筑物的净距为 5 m，拟建建筑物乙对已有建筑物甲可能会产生（　　）危害。

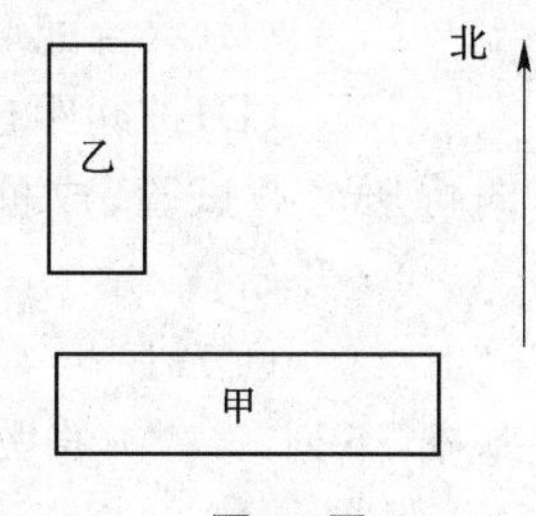

题 18 图

(A)南纵墙上出现"八"字形裂缝　　(B)东山墙出现竖向裂缝

(C)建筑物向北倾斜　　(D)建筑物向东倾斜

19. 对位于岩石地基上的高层建筑，基础埋置深度应满足（　　）。

(A)抗剪要求　　(B)抗滑要求　　(C)抗压要求　　(D)抗冲切要求

20. 油罐圆环形基础结构设计与（　　）计算原则是一致的。

(A)独立基础　　(B)墙下条形基础　　(C)筏形基础　　(D)柱下条形基础

21. 下列表述中，（　　）从本质上反映了无筋护展基础的工程特征。

(A)无筋护展基础的抗渗透性差，不适用于地下水位以下

(B)无筋护展基础的基槽比较窄，施工方便

(C)无筋护展基础的材料性能容易控制，质量容易保证

(D)无筋护展基础的宽度如超出规定的范围，基础会产生拉裂破坏

22. 下列关于补偿基础设计的表述中，（　　）选项是正确的。

(A)考虑了基坑开挖所产生的回弹变形，减少了建筑物的总沉降量

(B)考虑了基坑开挖的影响，可以减少土的自重应力

(C)考虑了地下室侧面的摩阻力，减少建筑物的荷载

(D)考虑了地下室结构自重小于挖去的土重在基底总压力相等的条件下可以增加上部结构的荷载

23. 根据地基应力分布的基本规律指出，在均布荷载作用下，筏形基础角点的沉降量 S_c，长边中点的沉降量 S_l 和基础中心点的沉降量 S_m 的相互关系中，下列（　　）选项的表述为正确的判断。

(A)$S_m < S_l < S_c$　　(B)$S_m < S_c < S_l$　　(C)$S_m > S_l > S_c$　　(D)$S_m > S_c > S_l$

24. 下列关于冻深的说法中，（　　）是错误的。

(A)其他条件相同时粗粒土的设计冻深比细黏土的设计冻深小

(B)冻结深度与冻层厚度是两个不同的概念

(C)坡度和坡向对冻深有明显的影响

(D)浅层地下水位越高冻深相对越浅

25. 根据《建筑桩基技术规范》(JGJ 94—2008) 的规定，下列有关桩基承台的构造要求中，（　　）选项是不符合规范要求的。

(A)承台的最小宽度不应小于 500 mm

(B)条形承台的最小厚度不应小于 300 mm

(C)承台混凝土强度等级不宜小于 C15

(D)条形承台梁边缘挑出部分不应小于 50 mm

26. 下列（　　）是桩基承台发生冲切破坏的主要原因。

(A)承台平面尺寸过大　　(B)承台配筋量不足

(C)承台有效高度不足　　(D)桩间距过大

27. 拟在某黏性土场地进行灌注桩竖向抗压静载试验，成桩 12 d 后桩身强度已达到设计要求，则静载试验最早可在成桩后（　　）d 开始。

(A)12　　(B)15　　(C)21　　(D)28

28. 对于可能产生负摩阻力的预制桩基础，下列（　　）的做法是错误的。

(A)有大面积堆载的地坪先进行预压处理

(B)需填土的地基先沉桩后填土

(C)对中性点以上的桩基进行减摩处理

(D)对淤泥质土先进行设置塑料排水板固结后再沉桩

29. 下列（　　）不属于桩基承载力极限状态的计算内容。

(A)桩身裂缝宽度验算　　(B)承台的抗冲切验算

(C)承台的抗剪切验算　　(D)桩身强度验算

30. 某膨胀土地区的桩基工程，桩径为 300 mm，通过抗拔稳定性验算确定桩端进入大气影响急剧层以下的最小深度为 0.9 m，则根据《建筑桩基技术规范》(JGJ 94—2008)的要求，设计应选用的桩端进入大气影响急剧层以下的最小深度为（　　）。

(A)0.9 m　　(B)1.2 m　　(C)1.5 m　　(D)1.8 m

31. 根据《建筑桩基技术规范》(JGJ 94—2008)，下列（　　）应验算沉降。

(A)桩端持力层为砂层的一级建筑桩基

(B)桩端持力层为软弱土的二级建筑桩基

(C)桩端持力层为黏性土的二级建筑桩基

(D)桩端持力层为粉土的二级建筑桩基

32. 对承受竖向荷载的混凝土预制桩，下列（　　）选项最有可能对主筋设置起控制作用。

(A)桩顶竖向荷载　　(B)桩侧阻力

(C)沉桩对土的动阻力　　(D)起吊或运输时形成的弯矩

33. 一港湾淤质黏土层厚 3 m 左右，经开山填土造地填土厚 8 m 左右，填土层内块石大小不一，各别边长超过 2.0 m，现拟在填土层上建 4～5 层住宅，在下述地基处理方法中，采用（　　）方法比较合理。

(A)灌浆法　　(B)预压法　　(C)强夯法　　(D)振冲法

34. 在正常工作条件下，刚性较大的基础下刚性桩复合地基的桩土应力比随着荷载的增大而（　　）。

(A)减小　　(B)增大　　(C)没有规律　　(D)不变

35. 某建筑地基采用水泥粉煤灰碎石桩复合地基加固，通常情况下增厚褥垫层会对桩土荷载分担比产生影响，下列（　　）选项的说法是正确的。

(A)可使竖向桩土荷载分担比减小

(B)可使竖向桩土荷载分担比增大

(C)可使水平向桩土荷载分担比减小

(D)可使水平向桩土荷载分担比增大

36. 灰土换填垫层在灰土夯压密实后应保证（　　）d 内不得受水浸泡。

(A)1　　(B)3　　(C)7　　(D)28

37. 经处理后的地基当按地基承载力确定基础底面积及埋深而需对地基承载力特征值进行修正时，下列（　　）选项不符合《建筑地基处理技术规范》(JGJ 79—2012）的规定。

(A)对水泥土桩复合地基应根据修正前的复合地基承载力特征值进行桩身强度验算

(B)基础宽度的地基承载力修正系数应取 0

(C)基础深度的地基承载力修正系数应取 1

(D)经处理后的地基当在受力层范围内仍存在软弱下卧层时，尚应验算下卧层的地基承载力

38. 强夯法加固块石填土地基时，以下（　　）选项采用的方法对提高加固效果最有效。

(A)降低地下水位

(B)延长两遍点夯的间隔时间

(C)采用锤重相同直径较小的夯锤，并增加夯击点数

(D)加大夯点间距，增加夯击遍数

39. 某二层工业厂房采用预制桩基础，由于淤泥层（厚约 7.0 m）在上覆填土（厚 3.5 m）压力作用下固结沉降，桩承受较大的负摩阻力而使厂房出现不均匀沉降和开裂现象，选用（　　）基础托换方法进行加固最合适。

(A)人工挖孔桩托换　　(B)旋喷桩托换

(C)静压预制桩托换　　(D)灌浆托换

40. 某建筑场地饱和淤泥质黏土层 15 ～ 20 m 厚，现采用排水固结法加固地基，下述（　　）选项不属于排水固结法。

(A)真空预压法　　(B)堆载预压法　　(C)电渗法　　(D)碎石桩法

二、多项选择题（共 30 题，每题 2 分。每题的备选项中有两个或三个符合题意，错选、少选、多选均不得分）

41. 对于三重管取土器，下列（　　）选项中的说法是正确的。

(A)单动、双动三重管取土器的内管管靴都是环刀刃口型

(B)单动、双动三重管取土器的内管管靴都必须超前于外管钻头

(C)三重管取土器也可以作为钻探工具使用

(D)三重管取土器取样前必须采用泥浆或水循环

42. 开挖深埋的隧道或洞室时，有时会遇到岩爆，除了地应力较高外，还有下列（　　）因素会引起岩爆。

(A)抗压强度低的岩石　　(B)富含水的岩石

(C)质地坚硬性脆的岩石　　(D)开挖断面不规则的部位

43. 测定地基土的静止侧压力系数 K_0 时，可选用下列（　　）原位测试方法。

(A)平板载荷试验　　(B)孔压静力触探试验

(C)自钻式旁压试验　　(D)扁铲侧胀试验

44. 测量地下水流速可采用下列选项中的（　　）方法。

(A)指示剂法　　(B)充电法　　(C)抽水试验　　(D)压水试验

45. 进行强夯试验时，需观测强夯在地基中引起的孔隙水压力的增长和消散规律，用（　　）最合适。

(A)电阻应变式测压计　　(B)立管式测压计

(C)水压测压计　　(D)钢弦式测压计

46. 根据室内无侧限抗压强度试验和高压固结试验的结果分析，下列（　　）现象说明试样已

受到扰动。

(A)应力应变曲线圆滑无峰值，破坏应变相对较大

(B)不排水模量 E_{50} 相对较低

(C)压缩指数相对较高

(D)e-lg$P$ 曲线拐点不明显，先期固结压力相对较低

47. 已知甲和乙两种土的试验数据见下表，下列(　　)选项的说法是正确的。

题 47 表

	甲	乙
液限 ω_L(%)	36	25
塑限 ω_P(%)	20	15
含水率 ω(%)	33	28
相对密度 G_s	2.72	2.70
饱和度 S_r(%)	100	100

(A)甲土的孔隙比比乙土大　　(B)甲土的湿重度比乙土大

(C)甲土的干重度比乙土大　　(D)甲土的黏粒含量比乙土大

48. 对湿陷性黄土地基进行岩土工程勘察时，可采用下列(　　)选项中的方法采取土试样。

(A)带内衬的黄土薄壁取土器　　(B)探井

(C)单动三重管回转取土器　　(D)厚壁敞口取土器

49. 验算地基承载力时，下列(　　)选项是符合基础底面的压力性质的。

(A)基础底面的压力可以是均匀分布的压力

(B)基础底面的压力可以是梯形分布的压力

(C)基础底面的压力可以是总压力

(D)基础底面的压力可以是附加压力

50. 现行规范的地基变形计算方法中，土中附加应力的计算依据下列(　　)选项中的假定。

(A)假定应力应变关系是弹性非线性的

(B)假定应力是可以叠加的

(C)假定基底压力是直线分布

(D)假定附加压力按扩散角扩散

51. 关于墙下条形基础和柱下条形基础的区别，下列(　　)选项是正确的。

(A)计算时假定墙下条形基础上的荷载是条形分布荷载而柱下条形基础上的荷载假定是柱下集中荷载

(B)墙下条形基础是平面应力条件，而柱下条形基础是平面应变条件

(C)墙下条形基础的纵向钢筋是分布钢筋而柱下条形基础的纵向钢筋是受力钢筋

(D)这两种基础都是扩展基础

52. 单层厂房荷载传递如下图所示，下列分析意见中(　　)选项是错误的。

(A)屋面荷载通过屋架和柱传给基础

(B)吊车荷载和制动力通过吊车梁传给牛腿

(C)图示基础底面的偏心压力分布主要是由于风力的作用产生的

(D)吊车梁通过牛腿传给柱基础的荷载是轴心荷载

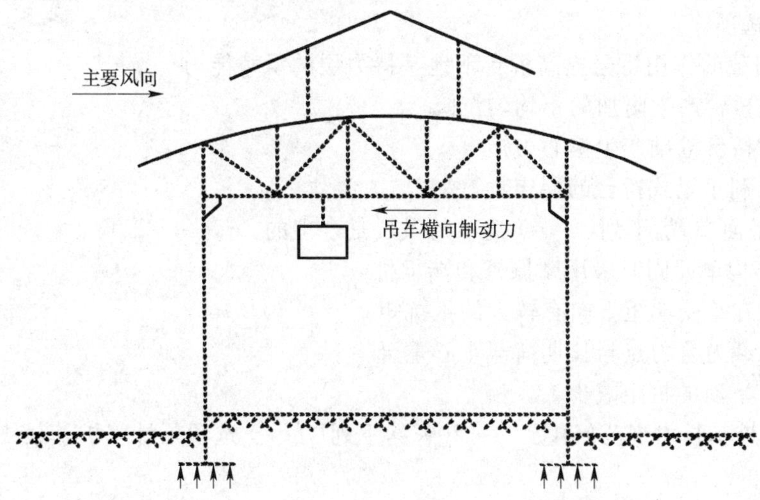

题 52 图

53. 钢油罐剖面如下图所示，油罐的直径 40 m，环形基础，宽度 2 m，环形墙的高度 2.0 m，设计时下列（　　）选项的判断是正确的。

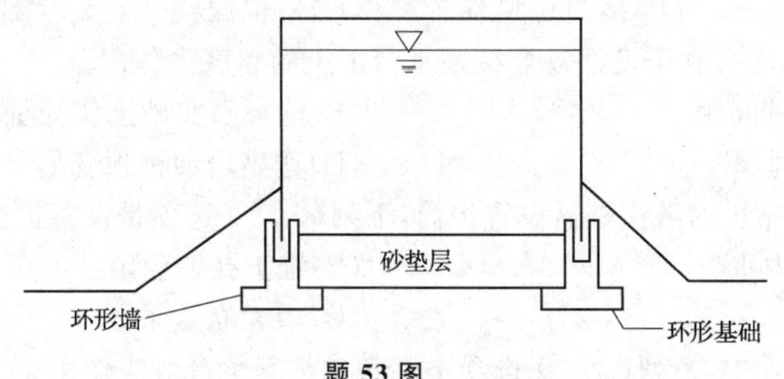

题 53 图

（A）环形基础的主要作用是承受由钢底板传来的储油重量，通过环形基础把全部的油罐荷载传给地基

（B）油罐中油的重量主要通过底板传给砂垫层再由砂垫层传给地基

（C）环形墙承受由砂垫层传来的水平荷载

（D）环形基础的主要作用是承受钢油罐的自重和约束砂垫层

54. 比较《建筑地基基础设计规范》（GB 50007—2011）、《公路桥涵地基与基础设计规范》（JTG *D*63—2007）和《港口工程地基规范》（JTS 147-1—2010）三者的地基沉降计算方法，下列（　　）选项是正确的。

（A）三种方法都是分层总和法

（B）所用变形指标的试验方法是一样的

（C）变形指标在压缩曲线上的取值原则相同

（D）确定变形计算深度的方法一致

55. 对于用土的抗剪强度指标计算地基承载力的方法，在《建筑地基基础设计规范》（GB 50007—2011）、《港口工程地基规范》（JTS 147-1—2010）和《公路桥涵地基与基础设计规范》（JTG D63—2007）三本规范提及的有下列（　　）选项。

（A）$P_{1/4}$ 公式　　（B）经验修正的 $P_{1/4}$ 公式

（C）极限承载力公式　　（D）临塑荷载公式

56. 对采用天然地基的桥台基础进行设计时，应考虑桥台后路堤填土对桥台产生影响的是下列(　　)选项。

(A)由于超载的作用将会提高桥台下地基持力层的承载能力

(B)填土使桥台产生附加的不均匀沉降

(C)填土时桥台基础产生偏心力矩

(D)填土不利于梁式桥台的稳定性

57. 关于桩的平面布置,下列(　　)选项的做法是合理的。

(A)同一结构单元同时采用摩擦桩和端承桩

(B)使群桩在承受弯矩方向有较大的抵抗矩

(C)群桩承载力合力点与长期荷载重心重合

(D)门洞口下面的桩距减少

58. 根据《建筑桩基技术规范》(JGJ 94—2008),下列(　　)选项是计算桩基最终沉降量所需要的参数。

(A)桩径和桩数　　(B)承台底面以下各层土的压缩模量

(C)承台底面平均附加压力　　(D)桩承台投影面积尺寸

59. 在饱和软黏土中采用多节预制方桩,群桩沉桩过程中可能出现下列(　　)问题。

(A)沉桩困难　　(B)接头易脱节　　(C)桩位偏移　　(D)桩身断裂

60. 下列(　　)选项有利于发挥复合桩基承台下土的承载力作用。

(A)适当增大桩间距　　(B)选择密实砂土作为桩端持力层

(C)加大承台埋深　　(D)适当增加桩顶变形

61. 采用泥浆护壁钻进的灌注桩需设置护筒,下列(　　)选项是设置护筒的主要作用。

(A)可提高孔内水位　　(B)维护孔壁稳定

(C)防止缩径　　(D)增大充盈系数

62. 在建筑桩基设计中,下列(　　)选项不宜考虑桩基承台效应作用。

(A)承台底面以下存在新填土

(B)承台底面以下存在湿陷性黄土

(C)桩端以下有软弱下卧层的端承摩擦桩

(D)桩端持力层为中风化岩的嵌岩桩

63. 下列(　　)因素会影响灌注桩水平承载力。

(A)桩顶约束条件　　(B)桩的长细比

(C)桩端土阻力　　(D)桩身配筋率

64. 砂井法和砂桩法是地基处理的两种方法,下列(　　)选项中的说法不正确。

(A)直径小的称为砂井,直径大的称为砂桩

(B)砂井具有排水作用,砂桩不考虑排水作用

(C)砂井法是为了加速地基固结,砂桩法是为了增强地基

(D)砂井法和砂桩法加固地基机理相同,其不同的是施工工艺和采用的材料

65. 某地基土层分布自上而下为:① 黏土,厚度 1 m;② 淤泥质黏土夹砂,厚度 8 m;③ 黏土夹砂,厚度 10 m。以下为砂层。天然地基承载力为 70 kPa,设计要求达到 120 kPa,下述(　　)选项可用于该地基处理。

(A)深层搅拌法　　(B)堆载预压法

(C)真空预压法　　(D)低强度桩复合地基法

66. 石灰桩法适合于(　　)的地基土层。

(A)饱和黏性土　　(B)地下水位以下的砂类土
(C)湿陷性黄土　　(D)素填土

67. 采用换填垫层法处理湿陷性黄土时,可以采用(　　)。
(A)砂石垫层　(B)素土垫层　(C)矿渣垫层　(D)灰土垫层

68. 当搅拌桩施工遇到塑性指数很高的饱和黏土层时宜采用(　　)的方法。
(A)提高成桩的均匀性　　(B)增加搅拌次数
(C)冲水搅拌　　(D)及时清理钻头,加快提升速度

69. 某道路路基填土厚 2.0 m,填土分层碾压,压实度大于 93%,其下卧淤泥层厚为 12 m,淤泥层以下为冲洪积砂层,淤泥层采用插板预压法固结,施工结束时的固结度为 85%,该路基施工后沉降主要由(　　)组成。
(A)填土层的压缩沉降　　(B)淤泥层未完成的主固结沉降
(C)淤泥层的次固结沉降　　(D)冲洪积砂层的压缩沉降

70. 在进行软土地基公路路堤稳定性验算和沉降计算中,下列选项中(　　)意见是正确的。
(A)应按路堤填筑高度和地基条件分段进行
(B)应考虑车辆动荷载对沉降的影响
(C)为保证填至设计标高应考虑施工期预压期内地基沉降而需多填筑的填料影响
(D)应考虑车辆荷载对路堤稳定性的影响

专业知识(下午卷)

一、单项选择题(共 40 题,每题 1 分。每题的备选项中只有一个最符合题意)

1. 某场地环境类型为Ⅰ类,地下水水质分析结果 SO_4^{2-} 含量为 600 mg/L;Mg^{2+} 含量为 1 800 mg/L;NH_4^+ 含量为 500 mg/L,无干湿交替作用时该地下水对混凝土结构的腐蚀评价为(　　)。
(A)无腐蚀性　(B)弱腐蚀性　(C)中等腐蚀性　(D)强腐蚀性

2. 长江堤防地基的地质情况一般是上部为不厚的黏性土,其下为较厚的均匀粉细砂,按《水利水电工程地质勘察规范》(GB 50487—2008),洪水期最可能发生的渗透变形主要是(　　)。
(A)流土　(B)管涌　(C)液化　(D)流沙

3. 坡角为 45°的岩石边坡,下列(　　)方向的结构面最不利于岩石边坡的抗滑稳定。
(A)结构面垂直　　(B)结构面水平
(C)结构面倾角为 33°与边坡坡向一致　　(D)结构面倾角为 33°与边坡坡向相反

4. 通过泥浆泵输送泥浆在围堤形成的池中填积筑坝,在对其进行施工期稳定分析时,应当采用土的下列(　　)参数。
(A)固结排水强度 CD　　(B)固结不排水强度 CU
(C)不固结不排水强度 UU　　(D)固结快剪强度

5. 拟建的地铁车站将建于正在运行的另一条地铁之下,二者间垂直净距 2.8 m,为粉土地基,无地下水影响,下列(　　)施工方法最合适。
(A)大管幕(管棚法)　　(B)冻结法
(C)明挖法　　(D)逆作法

6. 垃圾卫生填埋场,下列几种底部的排水防渗层自上而下的结构方式中(　　)选项是正确的。

(A)砂石排水导流层—黏土防渗层—土载膜
(B)砂石排水导流层—土工膜—黏土防渗层
(C)土工膜—砂石排水导流层—黏土防渗层
(D)黏土防渗层—土工膜—砂石排水导流层

7. 在深厚砂石覆盖层地基上修建斜墙砂砾石坝需设置地下垂直混凝土防渗墙和坝体堆石棱体排水，下列几种布置方案中(　　)选项是合理的。
(A)防渗墙位于坝体上游，排水体位于坝体上游
(B)防渗墙位于坝体下游，排水体位于坝体上游
(C)防渗墙位于坝体上游，排水体位于坝体下游
(D)防渗墙位于坝体下游，排水体位于坝体下游

8. 建设中的某地铁线路穿行在城市繁华地带，地面道路狭窄，建筑物老旧密集，地下水丰富，为保护地面环境不受破坏，应采用以下(　　)种地铁隧道施工方法。
(A)土压平衡盾构施工　　(B)人工(手握)盾构施工
(C)明挖施工　　(D)矿山法施工

9. 在同样的土层同样的深度情况下，作用在下列(　　)种支护结构上的土压力最大。
(A)土钉墙　　(B)悬臂式板桩　　(C)水泥土墙　　(D)刚性地下室外墙

10. 一个高 10 m 的天然土坡，在降雨以后土坡的上部 3 m 深度范围内由于降雨使含水率由 $w=12\%$、天然重度由 $\gamma=17.5\ \mathrm{kN/m^3}$ 分别增加到 $w=20\%$(未饱和)，$\gamma=18.8\ \mathrm{kN/m^3}$，降雨后该土坡的抗滑稳定安全系数 F_s 的变化将会是下列(　　)选项所表示的结果。
(A)增加　　(B)减少　　(C)不变　　(D)不能确定

11. 长江中的一个黏质粉土堤防迎水坡的初始水位在堤脚处，一个 20 d 的洪水过程线如下图所示，在这一洪水过程中堤防两侧边坡的抗滑稳定安全系数的变化曲线最接近于下列(　　)选项中的情况。

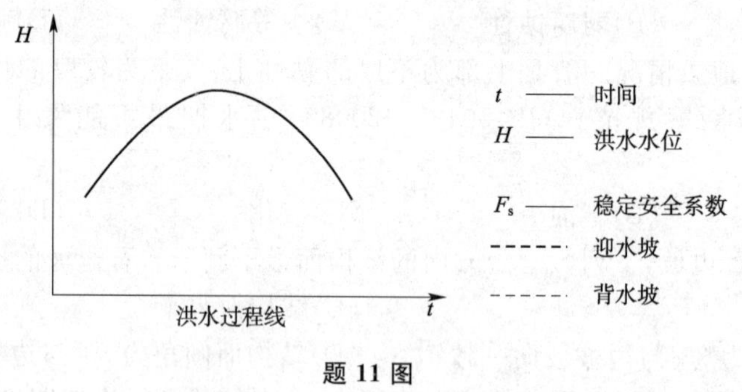

题 11 图

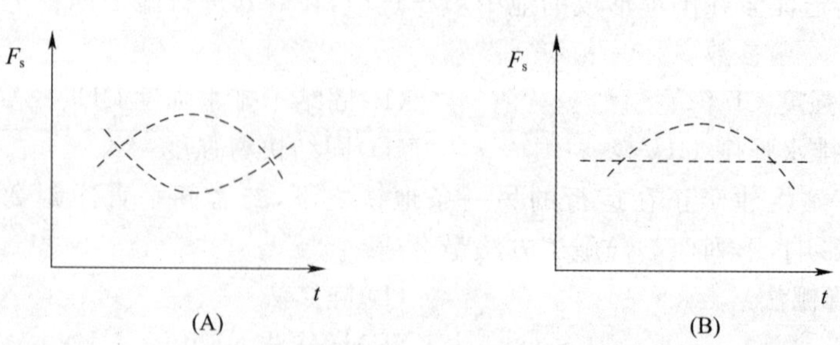

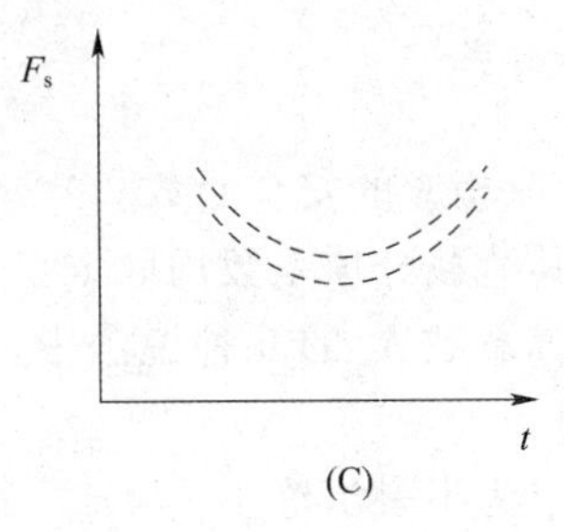

(C)

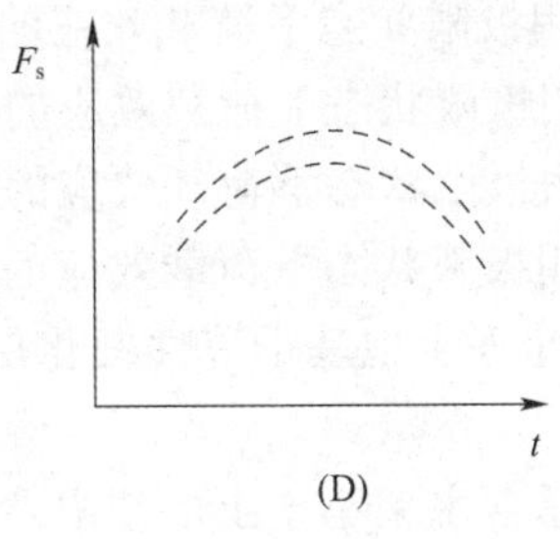

(D)

12. 如下图所示，岩石边坡的结构面与坡面方向一致，为了增加抗滑稳定性采用预应力锚杆加固，下列4种锚杆加固方向中（　　）选项对抗滑最有利。

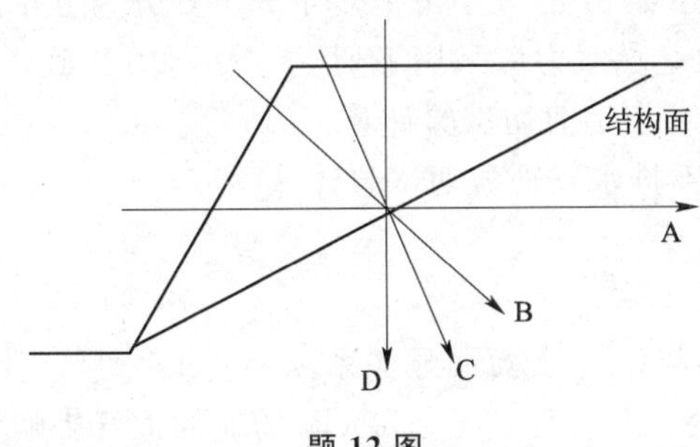

题12图

(A)与岩体的滑动方向逆向　　(B)垂直于滑动面
(C)与岩体的滑动方向同向　　(D)竖直方向

13. 下列有关路堤在软土地基上快速所能填筑的极限（临界）高度的几种说法中，（　　）选项是不正确的。
(A)均质软土地基的路堤极限高度可用软土的不固结不排水强度参数结算
(B)可用圆弧法估算
(C)有硬壳的软土地基路堤极限高度可适当加大
(D)路堤极限高度可作为控制沉降的标准

14. 下列有关隧道新奥法施工采用复合式衬砌的几种说法中，（　　）选项是不正确的。
(A)衬砌外层用锚喷作初期支护　　(B)内层用模筑混凝土作二次衬砌
(C)支护和衬砌应密贴，不留空隙　　(D)支护和衬砌用相同的安全度设计

15. 水库初期蓄水，有些土坡的下部会浸水，下列（　　）选项对浸水后土坡抗滑稳定性的判断是正确的。
(A)抗滑稳定系数不变　　(B)抗滑稳定系数增加
(C)抗滑稳定系数减少　　(D)不能判断

16. 海港工程持久状况防波堤稳定性验算中应采取下列（　　）选项中的水位进行计（验）算。
(A)最高潮位　　(B)最低潮位　　(C)平均高潮位　　(D)平均低潮位

17. 当地基湿陷量计算值 Δs 属于下列（　　）选项时，各类建筑均可按一般地区的规定进行设计。
(A) $\Delta s \leqslant 50$ mm　　(B) $\Delta s \leqslant 70$ mm　　(C) $\Delta s \leqslant 150$ mm　　(D) $\Delta s \leqslant 200$ mm

18. 据《建筑边坡工程技术规范》(GB 50330—2013) 的规定，计算边坡与支挡结构的稳定性时，荷载效应应取下列（　　）选项。

(A)正常使用极限状态下荷载效应的标准组合

(B)正常使用极限状态下荷载效应的准永久组合

(C)承载能力极限状态下荷载效应的标准组合并取相应的安全函数

(D)正常使用极限状态下荷载效应的基本组合,其荷载分项系数均取1

19. 下列有关多年冻土地基季节性融化层的融化下沉系数 δ_0 的几种说法中,( )选项是错误的。

(A)当土的总含水率小于土的塑限含水率时,可定为不融沉冻土

(B)与 δ_0 有关的多年冻土总含水率是指土层中的未冻水

(C)黏性土 δ_0 值的大小与土的塑限含水率有关

(D)根据平均融化下沉系数 δ_0 的大小可把多年冻土划分为五个融沉等级

20. 对于一级工程膨胀土地基承载力应采用下列( )种方法确定。

(A)饱和状态下固结排水三轴剪切试验计算

(B)饱和状态下不固结不排水三轴剪切试验计算

(C)浸水载荷试验

(D)不浸水载荷试验

21. 膨胀土地基的胀缩变形与( )无明显关系。

(A)地基土的矿物成分　　(B)场地的大气影响深度

(C)地基土的含水率变化　　(D)地基土的剪胀性及压缩性

22. 采空区顶部岩层由于变形情况不同在垂直方向上形成垂直分带,则顶部岩层自下而上三个分带的次序为( )。

(A)冒落带、弯曲带、裂隙带　　(B)冒落带、裂隙带、弯曲带

(C)裂隙带、冒落带、弯曲带　　(D)弯曲带、冒落带、裂隙带

23. 对铁路和公路进行泥石流流速和流量估算时,现有的计算公式与( )无关。

(A)泥痕坡度　　(B)泥深

(C)泥面宽度　　(D)泥石流的流体性质

24. 下列( )选项不是泥石流形成的必要条件。

(A)有陡峻便于集物集水的适当地形　　(B)长期地下水位偏浅且径流速度快

(C)上游堆积有丰富的松散固体物质　　(D)短期内有突然大量地表水来源

25. 抗滑桩应有足够的锚固深度,主要是为了满足( )的要求。

(A)抗剪断　　(B)抗弯曲

(C)抗倾覆　　(D)阻止滑体从桩顶滑出

26. 在铁路滑坡整治中,当滑坡体为黏性土时计算作用在支挡结构滑坡下滑力的分布形式应采用( )的形式。

(A)矩形　　(B)梯形　　(C)三角形　　(D)抛物线形

27. 在其他条件相同时,下列( )岩石的溶蚀速度最快。

(A)石灰岩　　(B)白云岩　　(C)石膏　　(D)泥灰岩

28. 下列有关土洞发育规律的说法中,( )选项是不正确的。

(A)颗粒为黏性土的土层容易形成土洞

(B)土洞发育区必然为岩溶发育区

(C)土洞发育地段其下伏岩层中一定有岩溶水通道

(D)人工急剧降低地下水位时对土洞发育的影响要比自然条件下大得多

29. 下列与地震烈度水准相对应的建筑抗震设防目标中,(　　)的说法是错误的。

(A)遭遇第一水准烈度时建筑结构抗震分析可以视为弹性体系

(B)地震基本烈度取为第二水准烈度

(C)遭遇第二和第三水准烈度时,建筑结构的非弹性变形都应控制在规定的相应范围内

(D)众值烈度比基本烈度约高 1.5 度

30. 下列有关地震动参数的说法中,(　　)选项是错误的。

(A)地震动参数将逐步代替地震基本烈度

(B)地震动参数指的是地震影响系数和特征周期

(C)超越概率指的是某场地可能遭遇大于或等于给定地震地震动参数值的概率

(D)地震动反映谱特征周期与场地类别(型)有关

31. 根据《公路工程抗震规范》(JTG B02—2013)的规定,下列诸因素中(　　)与确定桥墩地震荷载的动力放大系数无关。

(A)根据基本烈度确定的水平震系数　　(B)结构在计算方向的自震周期

(C)场地土的剪切波速　　(D)黏性土的地基土容许承载力

32. 在计算深度范围内计算多层土的等效剪切波速 V_{se} 时,下列(　　)选项说法不正确。

(A)任一土层的剪切波速 V_{si} 越大,等效剪切波速就越大

(B)某一土层的厚度越大,该层对等效剪切波速的影响就越大

(C)某一土层的深度越大,该层对等效剪切波速的影响就越大

(D)计算深度 d_0 的大小对等效剪切波速的影响并不确定

33. 测量土层的剪切波速应满足划分建筑场地类别的要求,下列(　　)是错误的。

(A)计算土层等效剪切波速和确定场地覆盖层厚度都与场地的实测剪切波速有关

(B)若场地的坚硬岩石裸露地表可不进行剪切波速的测量

(C)已知场地的覆盖层厚度大于 20 m 并小于 50 m,土层剪切波速的最大测量深度达到 20 m 即可

(D)已知场地的覆盖层厚度大于 50 m 并小于 80 m,土层剪切波速的最大测量深度达到 50 m 即可

34. 下列有关地震影响系数的说法中,(　　)的说法是错误的。

(A)弹性反应谱理论是现阶段抗震设计的最基本理论

(B)地震影响系数曲线是设计反应谱的一种给定形式

(C)地震影响系数由直线上升段、水平段,曲线下降段和直线下降段四部分组成

(D)曲线水平段($0.1\ s < T < T_g$)的地震影响系数就是地震动峰值加速度

35. 下列有关注册土木工程师的说法中,(　　)的说法是不正确的。

(A)遵守法律法规和职业道德,维护社会公众利益

(B)保守在执业中知悉的商业技术秘密

(C)不得准许他人以本人名义执业

(D)不得修改其他注册土木工程师(岩土)签发的文件

36. 根据《建设工程勘察设计管理条例》,在编制(　　)时应注明建设工程合理使用年限。

(A)可行性研究文件　　(B)方案设计文件

(C)初步设计文件　　(D)施工图设计文件

37. 对工程建设施工、监理、验收等阶段执行强制性标准的情况实施监督的机构和部门应是(　　)。

(A)施工图审查机构　　　　　　　　(B)建筑安全监督管理机构
(C)工程质量监督机构　　　　　　　　(D)县级以上地方政府建设行政主管部门

38. 关于工程监理单位的质量责任义务，下列(　　)说法是不正确的。
(A)工程监理单位应当依法取得相应等级的资质证书并在其资质等级许可的范围内承担工程监理业务
(B)工程监理单位应当选派具备相应资质的总监理工程师和监理工程师进驻施工现场
(C)工程监理单位可以将业务转让给其他有资质的监理单位
(D)监理工程师应当按照工程监理规范的要求采取旁站、巡视和平行检查等形式对建设工程实施监理

39. (　　)不属于工程项目总投资中的建设安装工程投资。
(A)人工费　　(B)设备购置费　　(C)施工管理费　　(D)施工机械使用费

40. 根据《建设工程勘察质量管理办法》，下列(　　)岗位责任人负责组织有关人员做好现场踏勘调查，按照要求编写勘察纲要，并对勘察过程中各项作业资料进行验收和签字。
(A)项目负责人　　(B)主任工程师　　(C)部门负责人　　(D)总工程师

二、多项选择题(共30题，每题2分。每题的备选项中有两个或三个符合题意，错选、少选、多选均不得分)

41. 下列地下工程施工方法中，通常可在软土中应用的是(　　)选项。
(A)沉井法　　(B)顶管法　　(C)盾构法　　(D)矿山法

42. 公路路基设计中确定岩土体抗剪强度时，下列(　　)选项中取值方法是正确的。
(A)路堤填土的 c、φ 值宜采用直剪快剪或三轴不排水剪
(B)岩体结构面的 c、φ 值取值时，宜考虑岩体结构面的类型和结合程度
(C)土质边坡水土分算时，地下水位以下的 C、φ 值宜采用三轴自重固结不排水剪
(D)边坡岩体内摩擦角应按岩体裂隙发育程度进行折减

43. 港口工程中当地基承载力不能满足要求时常采用下列(　　)措施。
(A)增加合力的偏心距　　　　　　　　(B)增加边载
(C)增加抛石基床厚度　　　　　　　　(D)增设沉降缝

44. 下列关于填筑土最优含水率的说法中(　　)选项是正确的。
(A)在一定的击实功能作用下能使填筑土达到最大干密度所需的含水率称为最优含水率
(B)最优含水率总是小于压实后的饱和含水率
(C)填土的可塑性增大其最优含水率减小
(D)随着夯实功能的增加其最优含水率增大

45. 在铁路路堤挡土墙中，下列选项中(　　)类墙的高度 H 的适用范围是符合规定的。
(A)短卸荷板挡土墙，$6\ \text{m} \leqslant H \leqslant 12\ \text{m}$　　(B)悬臂式挡土墙，$H \leqslant 10\ \text{m}$
(C)锚定板挡土墙，$H \leqslant 12\ \text{m}$　　　　(D)加筋挡土墙，$H \leqslant 10\ \text{m}$

46. 一种粉质黏土的最优含水率为16.7%，当用这种土作为填料时，下列(　　)情况下可以直接用来铺料压实。
(A)$w=16.2\%$　　(B)$w=17.2\%$　　(C)$w=18.2\%$　　(D)$w=19.2\%$

47. 土坝填筑在高洪水位下由于堤身浸润线抬高背水坡有水渗出，通常称为散浸，下列(　　)选项的工程措施对治理散浸是有效的。
(A)在堤坝的上游迎水面上铺设土工膜

2006年专业知识(下午卷)

(B)在堤坝的下游背水面上铺设土工膜

(C)在下游堤身底部设置排水措施

(D)在上游堤身前抛掷堆石

48. 某堤防的地基土层其上部为较薄的黏性土，以下为深厚的粉细砂层，在高洪水位下会发生渗透变形(或称渗透破坏)，这时局部黏性土被突起，粉细砂被带出，对于这种险情下列(　　)选项的防治措施是有效的。

(A)在形成的孔洞上铺设土工膜

(B)在孔洞处自下而上铺填中砂及砂砾石

(C)将土洞用盛土编织袋筑堤围起并向其中注水

(D)在孔洞附近设置减压井反滤排水

49. (　　)不适于直接作为浸水的公路路基的填料。

(A)粉土　　(B)淤泥土　　(C)砂砾土　　(D)膨胀土

50. 有一土钉墙支护的基坑坑壁土层自上而下为人工填土 — 粉质黏土 — 粉细砂，在坑底处为砂砾石，在开挖接近坑底时由于降雨等原因土钉墙后面出现裂缝，墙面开裂，坑壁坍塌的危险，下列抢险处理的措施中(　　)选项是有效的。

(A)在坑底墙前堆土　　(B)在墙后地面挖土卸载

(C)在墙后土层中灌浆加固　　(D)在坑底砂砾石中灌浆加固

51. 计算膨胀土的地基土胀缩变形量时取下列(　　)选项中的值是错误的。

(A)地基土膨胀变形量或收缩变形量

(B)地基土膨胀变形量和收缩变形量中两者中取大值

(C)膨胀变形量与收缩变形量二者之和

(D)膨胀变形量与收缩变形量二者之差

52. 下列(　　)选项是岩溶发育的必备条件。

(A)可溶岩　　(B)含 CO_2 的地下水

(C)强烈的构造运动　　(D)节理裂隙等渗水通道

53. 下列指标中(　　)选项是膨胀土的工程特性指标。

(A)含水比　　(B)收缩系数　　(C)膨胀率　　(D)缩限

54. 处理湿陷性黄土地基，下列(　　)是不适用的。

(A)强夯法　　(B)振冲碎石柱法　　(C)土挤密桩法　　(D)砂石垫层法

55. 按照《湿陷性黄土地区建筑规范》(GB 50025—2004)对自重湿陷性黄土场地上的丙类多层建筑，若地基湿陷等级为Ⅱ级(中等)，当采用整片地基处理时应满足下列(　　)选项中的要求。

(A)下部未处理湿陷性黄土层的湿陷起始压力值不宜小于 100 kPa

(B)下部未处理湿陷性黄土层的剩余湿陷量不应大于 200 mm

(C)地基处理厚度不应小于 2.5 m

(D)地基的平面处理范围每边应超出基础底面宽度的 3/4 并不应小于 1.0 m

56. 下列泥石流类型中(　　)选项是按泥石流的流体性质来分类的。

(A)水石流　　(B)泥流　　(C)黏性泥石流　　(D)稀性泥石流

57. 对滑坡推力计算的下列要求中(　　)选项是正确的。

(A)应选择平行于滑动方向的具有代表性的断面计算，一般不少于 2 个断面且应有一个是主断面

(B)滑坡推力作用点可取在滑体厚度 1/2 处
(C)当滑坡具有多层滑动面时，应取最深的滑动面确定滑坡推力
(D)应采用试验和反算并结合当地经验合理地确定滑动面的抗剪强度

58. 现有一溶洞，其顶板为水平厚层岩体，基本性质等级为 Ⅱ 级，采用下列(　　)选项中的方法来评价洞体顶板的稳定性是适宜的。
(A)按溶洞顶板坍落堵塞洞体所需厚度计算
(B)按坍落拱理论的压力拱高度计算
(C)按顶板受力抗弯安全厚度计算
(D)按顶板受力抗剪安全厚度计算

59. 以下关于建筑的设计特征周期的说法中(　　)选项是正确的。
(A)设计特征周期与所在地的建筑场地类别有关
(B)设计特征周期与地震震中距的远近有关
(C)不同的设计特征周期会影响地震影响系数曲线的直线上升段和水平段
(D)对于结构自震周期大于设计特征周期的建筑物来说，设计特征周期越大结构总水平地震作用标准值就越大

60. 在进行有关抗震设计的以下(　　)内容时需要考虑建筑场地的类别。
(A)地基抗震承载力的验算
(B)饱和砂土和饱和粉土的液化判别
(C)对建筑采取相应的抗震构造措施
(D)确定建筑结构的地震影响系数

61. 按照《建筑抗震设计规范》(GB 50011—2010) 可根据岩土名称和性状划分土的类型，下列(　　) 选项是正确的。
(A)只有对于指定条件下的某建筑，当无实测剪切波速时，可按土的类型利用当地经验估计土层的剪切波速
(B)划分土的类型对乙类建筑是没有意义的
(C)若覆盖层范围内由多层土组成，划分土的类型后可直接查表得出建筑的场地类别
(D)如果有了各土层的实测剪切波速，应按实测剪切波速划分土的类型再确定建筑的场地类别

62. 为了减轻液化影响而采用的基础和上部结构技术措施中，下列(　　)选项是正确的。
(A)减轻荷载合理设置沉降缝
(B)调整基础底面积减少基础偏心
(C)加强基础的整体性和刚度
(D)管道穿过建筑处应采用刚性接头牢固连接

63. 在考虑抗震设防水准时，下列(　　)选项是正确的。
(A)同样的设计基准期超越概率越大的地震烈度越高
(B)同样的超越概率设计基准期越长的地震烈度越高
(C)50 年内超越概率为 63%的地震烈度称为众值烈度
(D)50 年内超越概率为 10%的地震烈度称为罕遇烈度

64. 在土石坝抗震设计中，以下(　　)措施有利于提高土石坝的抗震强度和稳定性。
(A)设防烈度为 8 度时坝顶可以采用大块毛石压重
(B)应选用级配良好的土石料填筑

(C)对Ⅰ级土石坝应在坝下埋设输水管，管道的控制阀门应置于防渗体下游端

(D)在土石坝防渗体上，下游面设置反滤层和过渡层且必须压实并适当加厚

65. 下列(　　)情况下投标书会被作为废标处理。

(A)投标书无投标单位和法定代表人(或其委托的代理人)的印签

(B)投标书未按投标文件规定的格式编写

(C)投标报件超过取费标准

(D)投标单位未参加告知的开标会议

66.《建设工程勘察设计管理条例》规定，建设工程勘察设计单位不得将所承揽的建设工程勘察设计转包，下列(　　)行为属于转包。

(A)承包人将承包的全部建设工程勘察设计转包给其他单位和个人

(B)承包人将承包的主体部分的勘察设计转包给其他单位和个人

(C)承包人将承包的全部建设工程勘察设计肢解后以分包的名义转包给其他单位和个人

(D)经建设单位认可，承包单位将承包的部分建设工程勘察设计转包给其他单位和个人

67. 根据《建设工程勘察管理条例》，(　　)是编制建设工程勘察设计文件的依据。

(A)项目批准文件　　(B)城市规划

(C)投资额的大小　　(D)国家规定的建设工程勘察设计深度要求

68. 下列(　　)选项属于2000版ISO9000族标准中关于八项质量管理原则的内容。

(A)以顾客为关注焦点　　(B)技术进步

(C)管理的系统方法　　(D)持续改进

69. 下列(　　)选项属于工程建设强制性标准监督检查的内容。

(A)有关技术人员是否熟悉掌握强制性标准

(B)工程项目采用的材料、设备是否符合强制性标准

(C)工程项目的安全质量是否符合强制性标准

(D)工程技术人员是否参加过强制性标准的培训

70. 以下(　　)选项属于建筑项目法人的职责。

(A)以质量为中心强化建设项目的全面管理

(B)作好施工质量管理

(C)掌握和应用先进技术水平与施工工艺

(D)严格执行建设程序，作好工程竣工验收

专业案例(上午卷)

(以下各题每题2分，满分50分，每题的备选项中只有一个符合题意，请给出主要案例分析或计算过程及计算结果，请在30题中选择25题作答，如作答的题目超过25题，则从前向后累计25题止。)

1. 某地地层构成如下：第一层为粉土5 m，第二层为黏土4 m，两层土的天然重度均为18 kN/m³，其下为强透水砂层，地下水为承压水，赋存于砂层中，承压水头与地面持平，在该场地开挖基坑不发生突涌的临界开挖深度为(　　)。

(A)4.0 m　　(B)4.5 m　　(C)5.0 m　　(D)6.0 m

2. 用高度为20 mm的试样做固结试验，各压力作用下的压缩量见下表，用时间平方根法求得固结度达到90%时的时间为9 min，计算$P=200$ kPa压力下的固结系数C_v为(　　)。

题 2 表

压力 P/kPa	0	50	100	200	400
压缩量 d/mm	0	0.95	1.25	1.95	2.5

(A)$0.8\times10^{-3}\,cm^2/s$　　(B)$1.3\times10^{-3}\,cm^2/s$

(C)$1.6\times10^{-3}\,cm^2/s$　　(D)$2.6\times10^{-3}\,cm^2/s$

3. 如下图所示是一组不同成孔质量的预钻式旁压试验曲线，分析得(　　)曲线是正常的旁压曲线，并分别说明其他几条曲线不正常的原因。

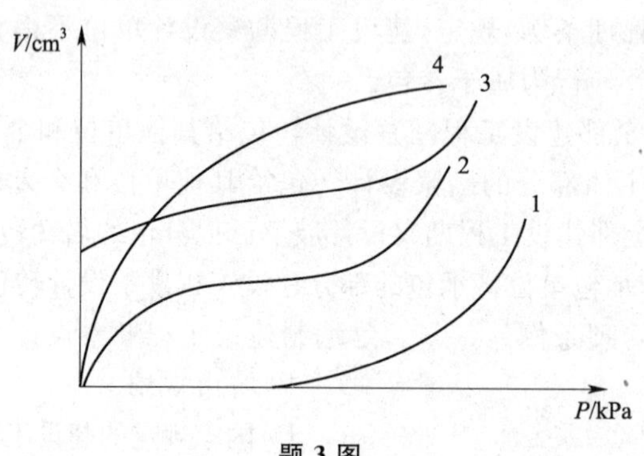

题 3 图

(A)1 线　　(B)2 线　　(C)3 线　　(D)4 线

4. 已知粉质黏土的土粒相对密度为 2.73，含水率为 30%，土的重度为 1.85 g/cm³，浸水饱和后该土的水下有效重度最接近(　　)。

(A)$7.5\ kN/m^3$　　(B)$8.0\ kN/m^3$　　(C)$8.5\ kN/m^3$　　(D)$9.0\ kN/m^3$

5. 某工程场地有一厚 11.5 m 砂土含水层，其下为基岩，为测砂土的渗透系数打一钻孔到基岩顶面，并以 $1.5\times10^3\ cm^3/s$ 的流量从孔中抽水，距抽水孔 4.5 m 和 10.0 m 处各打一观测孔，当抽水孔水位降深为 3.0 m 时，分别测得观测孔的降深分别为 0.75 m 和 0.45 m，用潜水完整井公式计算砂土层渗透系数 K 值最接近(　　)。

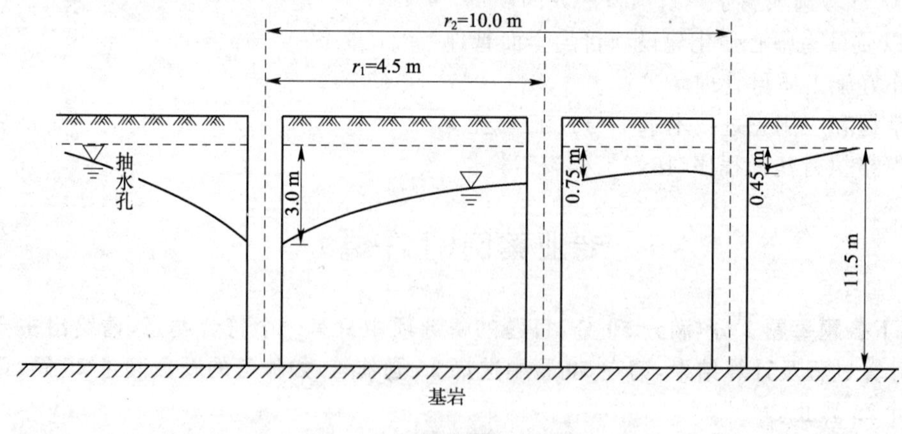

题 5 图

(A)7 m/d　　(B)6 m/d　　(C)5 m/d　　(D)4 m/d

6. 条形基础宽度为 3.6 m，合力偏心距为 0.8 m，基础自重和基础上的土重为 100 kN/m，相应于荷载效应标准组合时上部结构传至基础顶面的竖向力值为 260 kN/m，修正后的地基承载力特征值至少要达到(　　)时才能满足承载力验算要求。

(A)120 kPa　　(B)200 kPa　　(C)240 kPa　　(D)288 kPa

7. 季节性冻土地区在城市近郊拟建一开发区，地基土主要为黏性土，冻胀性分类为强冻胀，采用方形基础，基底压力为 130 kPa，不采暖，若标准冻深为 2.0 m，基础的最小埋深最接近(　　)。

(A)0.4 m　　(B)0.6 m　　(C)0.97 m　　(D)1.62 m

8. 某稳定边坡坡角为 30°，坡高 H 为 7.8 m，条形基础长度方向与坡顶边缘线平行，基础宽度 B 为 2.4 m，若基础底面外缘线距坡顶的水平距离 a 为 4.0 m 时，基础埋置深度 d 最浅不能小于(　　)。

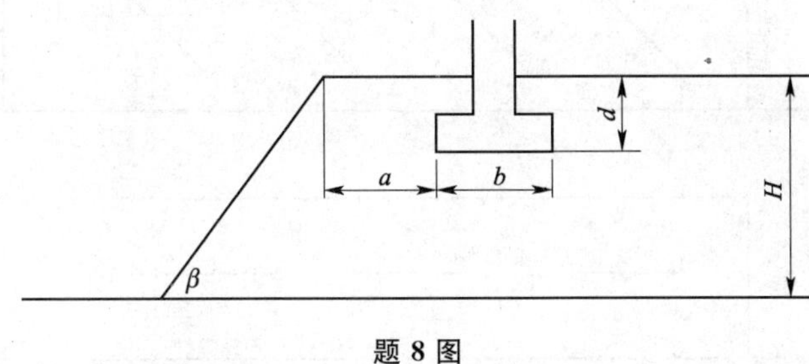

题 8 图

(A)2.54 m　　(B)3.04 m　　(C)3.54 m　　(D)4.04 m

9. 有一工业塔高 30 m，正方形基础，边长 4.2 m，埋置深度 2.0 m，在工业塔自身的恒载和可变荷载作用下，基础底面均布压力为 200 kPa，在离地面高 18 m 处有一根与相邻构筑物连接的杆件，连接处为铰接支点，在相邻建筑物施加的水平力作用下，不计基础埋置范围内的水平土压力，为保持基底面压力分布不出现负值，该水平力最大不能超过(　　)。

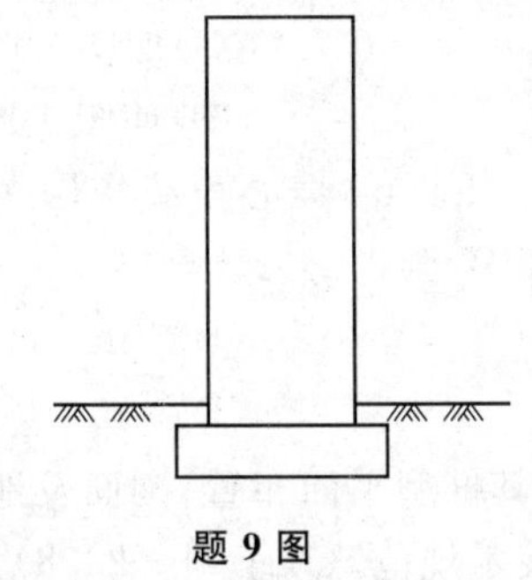

题 9 图

(A)100 kN　　(B)112 kN　　(C)123 kN　　(D)136 kN

10. 砌体结构纵墙各个沉降观测点的沉降量见下表，根据沉降量的分布规律，则下列 4 个选项中(　　)是砌体结构纵墙最可能出现的裂缝形态，请分别说明原因。

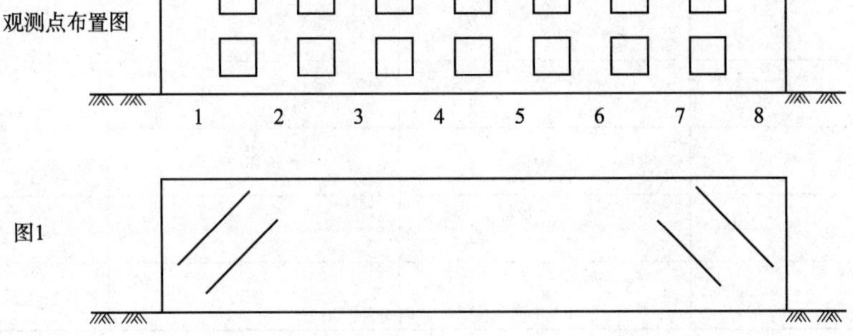

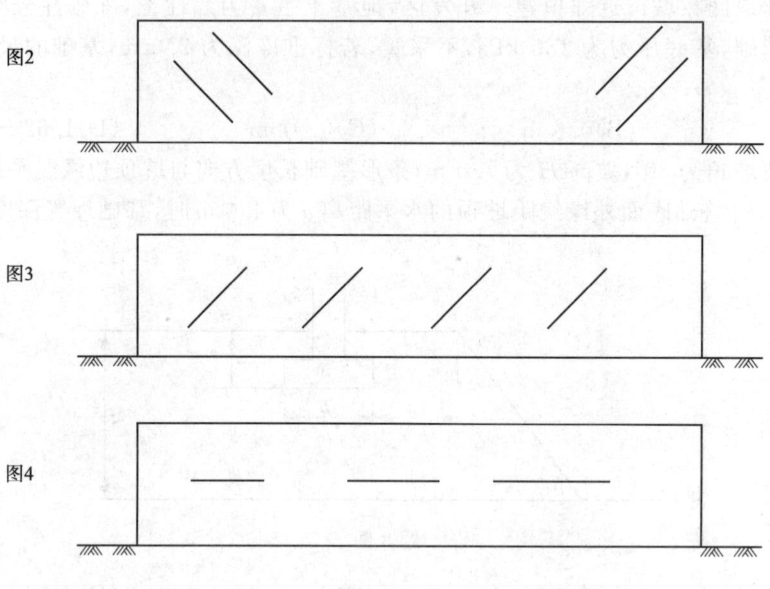

题 10 图

题 10 表

观测点	1	2	3	4	5	6	7	8
沉降量/mm	102.23	125.46	144.82	165.39	177.45	180.63	195.88	210.56

(A)如图 1 所示的正八字缝　　(B)如图 2 所示的倒八字缝

(C)如图 3 所示的斜裂缝　　(D)如图 4 所示的水平缝

11. 基础的长边 $l=3.0$ m，短边 $b=2.0$ m，偏心荷载作用在长边方向，则计算最大边缘压力时所用的基础底面截面抵抗矩 W 为(　　)。

(A)2 m^3　　(B)3 m^3

(C)4 m^3　　(D)5 m^3

12. 某桩基工程安全等级为二级，其桩型平面布置、剖面及地层分布如下图所示，土层物理力学指标见下表，按《建筑桩基技术规范》(JGJ 94—2008)计算群桩呈整体破坏与非整体破坏的基桩的抗拔极限承载力标准值比值(T_{gk}/T_{uk})，其计算结果最接近(　　)。

题 12 表

土层名称	极限侧阻力 q_{sik}/kPa	极限端阻力 q_{pik}/kPa	抗拔系数 λ
①填土			
②粉质黏土	40		0.7
③粉砂	80	3 000	0.6
④黏土	50		
⑤细砂	90	4 000	

(A)0.9　　(B)1.05　　(C)1.2　　(D)1.38

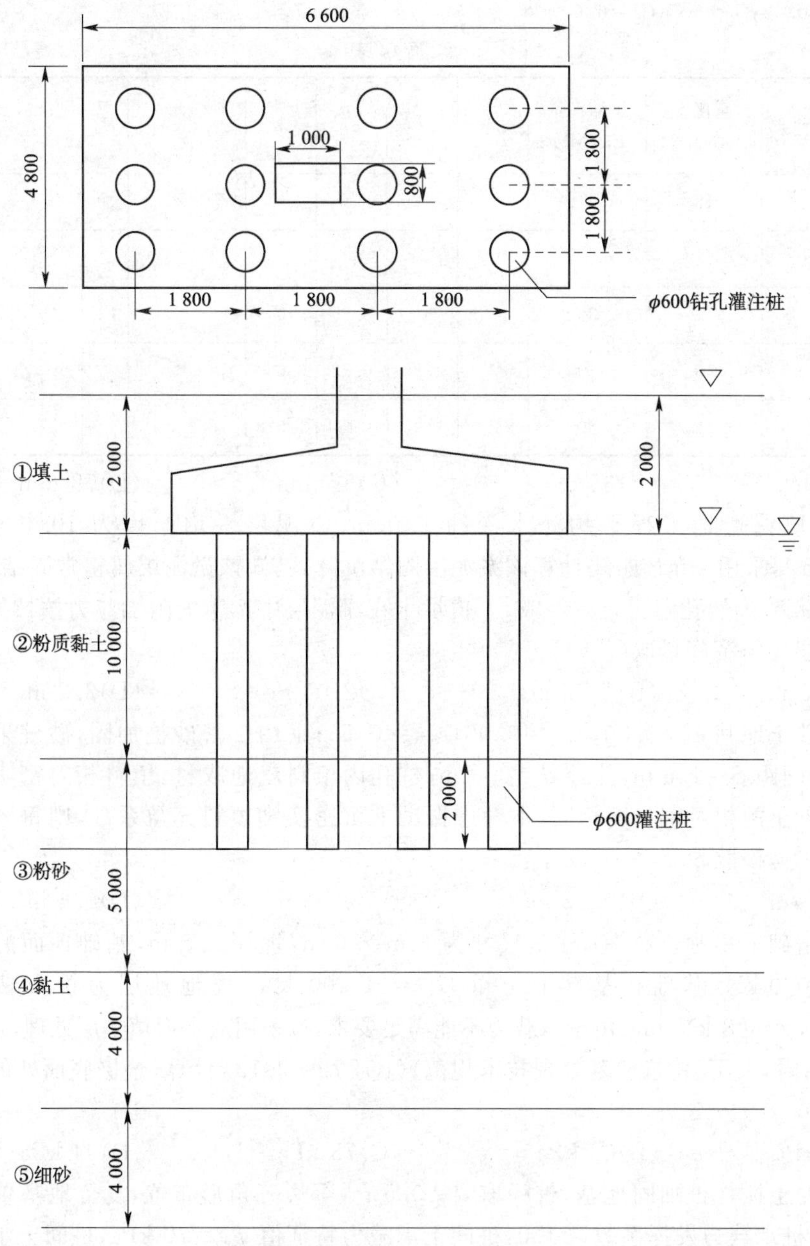

题 12 图(尺寸单位:mm)

13. 某桩基工程安全等级为二级,其桩型平面布置、剖面及地层分布如题图 12 所示,已知单桩水平承载力设计值为 100 kN,按《建筑桩基技术规范》(JGJ 94—2008)计算群桩基础的复合基桩水平承载力特征值,其结果最接近于(　　)。

(注:$\eta_r=2.05$,$\eta_l=0.3$,$\eta_b=0.2$,本题图同题 12 图。)

(A)108 kN　　(B)135 kN　　(C)156 kN　　(D)176 kN

14. 某桩基工程安全等级为二级,其桩型平面布置、剖面及地层分布如题 12 图所示,土层物理力学指标及有关计算数据见表,已知作用于桩端平面处的平均有效附加压力为 420 kPa,沉降计算经验系数 $\Psi=1.1$,地基沉降计算深度至第⑤层顶面,按《建筑桩基技术规范》(JGJ 94—2008)验算桩基中心点处最终沉降量,其计算结果最接近(　　)。

(注：C_0＝0.09；C_1＝1.5；C_2＝6.6。)

题 14 表

土层名称	重度 γ /(kN/m³)	压缩模量 E_s /MPa	z/m	z/b	α_i	$z_i\alpha_i$	$z_i\alpha_i - z_{i-1}\alpha_{i-1}$	E_{si}	$(z_i\alpha_i - z_{i-1}\alpha_{i-1})/E_{si}$
①填土	18								
②粉质黏土	18								
③粉砂	19	30	0	0	0.25	0			
④黏土	18	10	3	1.25	0.22	0.660			
⑤细砂	19	60	7	2.92	0.154	1.078			

(A)9 mm　(B)35 mm　(C)52 mm　(D)78 mm

15. 大面积填海造地工程平均海水深约 2.0 m，淤泥层平均厚度为 10.0 m，密度为 15 kN/m³，采用 e-lg$P$ 曲线计算该淤泥层固结沉降，已知该淤泥层属正常固结土，压缩指数 C_c＝0.8，天然孔隙比 e_0＝2.33，上覆填土在淤泥层中产生的附加应力按120 kPa计算，该淤泥层固结沉降量取(　　)。

(A)1.85 m　(B)1.95 m　(C)2.05 m　(D)2.2 m

16. 某松散砂土地基 e_0＝0.85；e_{max}＝0.90；e_{min}＝0.55；采用挤密砂桩加固，砂桩采用正三角形布置，间距 S＝1.6 m，孔径 d＝0.6 m，桩孔内填料就地取材，填料相对密实度和挤密后场地砂土的相对密实度相同，不考虑振动下沉密实和填料充盈系数，则每米桩孔内需填入(　　)松散砂(e_0＝0.85)。

(A)0.28 m³　(B)0.32 m³　(C)0.36 m³　(D)0.4 m³

17. 某建筑基础采用独立柱基，柱基尺寸为 6 m×6 m，埋深 1.5 m，基础顶面的轴心荷载 F_k = 6 000 kN，基础和基础上土重 G_k = 1 200 kN，场地地层为粉质黏土，f_{ak} = 120 kPa，γ＝18 kN/m³，由于承载力不能满足要求，拟采用灰土换填垫层处理，当垫层厚度为2.0 m时，采用《建筑地基处理技术规范》(JGJ 79—2012)计算，垫层底面处的附加压力最接近(　　)。

(A)27 kPa　(B)63 kPa　(C)78 kPa　(D)94 kPa

18. 采用水泥土搅拌桩加固地基，桩径取 d＝0.5 m，等边三角形布置，复合地基置换率 m＝0.18，单桩承载力发挥系数取 1.0，桩间土承载力特征值 f_{sk}＝70 kPa，桩间土承载力折减系数 β＝0.50，现要求复合地基承载力特征值达到 160 kPa，水泥土抗压强度平均值 f_{cu}(90 d 龄期的折减系数 η＝0.25)达到(　　)时才能满足要求。

(A)2.03 MPa　(B)2.23 MPa　(C)2.91 MPa　(D)3.24 MPa

19. 有一滑坡体体积为 10 000 m³，滑体重度为 20 kN/m³，滑面倾角为 20°，内摩擦角 φ＝30°，黏聚力 c＝0，水平地震加速度 a 为 0.1g 时，用拟静力法计算得稳定系数 F_s 最接近(　　)。

(A)1.4　(B)1.3　(C)1.2　(D)1.1

20. 浅埋洞室半跨 b = 3.0 m，高 h = 8 m，上覆松散体厚度 H = 20 m，重度 γ = 18 kN/m³，黏聚力 c = 0，内摩擦角 φ = 20°，用太沙基理论求得 AB 面上的均布压力最接近于(　　)。

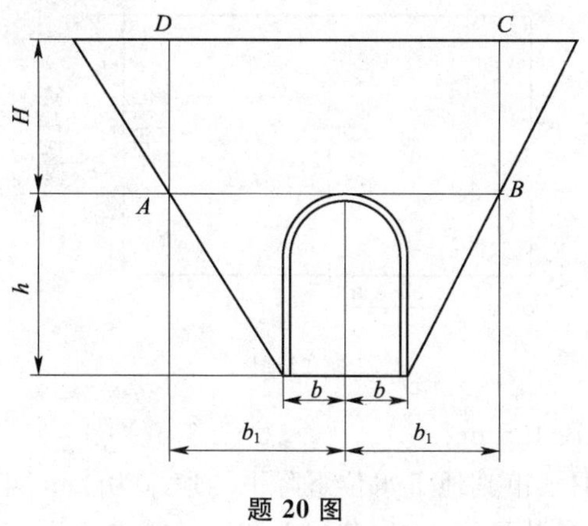

题 20 图

(A)421 kN/m^2　　(B)382 kN/m^2　　(C)315 kN/m^2　　(D)285 kN/m^2

21. 现需设计一个无黏性土的简单边坡，已知边坡高度为 10 m，土的内摩擦角 $\varphi=45°$，黏聚力 $c=0$，当边坡坡角 β 最接近于(　　)时，其安全系数 $F_s=1.3$。

(A)45°　　(B)41.4°　　(C)37.6°　　(D)22.8°

22. 暂无

23. 在密实砂土地基中进行地下连续墙的开槽施工，地下水位与地面齐平，砂土的饱和重度 $\gamma_{sat}=20.2$ kN/m^3，内摩擦角 $\varphi=38°$，黏聚力 $c=0$，采用水下泥浆护壁施工，槽内的泥浆与地面齐平，形成一层不透水的泥皮，为了使泥浆压力能平衡地基砂土的主动土压力，使槽壁得持稳定，泥浆相对密度至少应达到(　　)。

(A)1.24　　(B)1.35　　(C)1.45　　(D)1.56

24. 一个矩形断面的重力挡土墙，设置在均匀透水性地基土上，墙高 10 m，墙前埋深 4 m，墙前地下水位在地面以下 2 m，如下图所示，墙体混凝土重度 $\gamma_{cs}=22$ kN/m^3，墙后地下水位在地面以下 4 m，墙后的水平方向的主动土压力与水压力的合力为 1 550 kN/m，作用点距墙底 3.6 m，墙前水平方向的被动土压力与水压力的合力为 1 237 kN/m，作用点距离底 1.7 m，在满足抗倾覆稳定安全系数 $K_{ov}=1.3$ 的情况下，墙的宽度 b 最接近于(　　)。

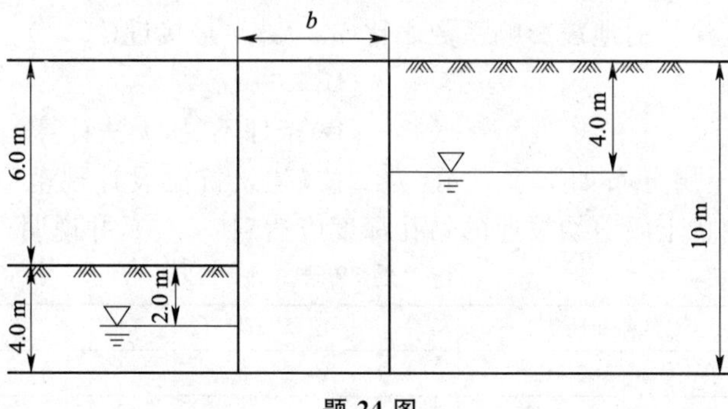

题 24 图

(A)4.1 m　　(B)6.16 m　　(C)6.94 m　　(D)7.13 m

25. 如下图所示，某山区公路路基宽度 $b=20$ m，下伏一溶洞，溶洞跨度 $b=8$ m，顶板为近似水平厚层状裂隙不发育坚硬完整的岩层，现设顶板岩体的抗弯强度为 4.2 MPa，顶板总荷重为 $Q=19\ 000$ kN/m，在安全系数为 2.0 时，按梁板受力抗弯情况(设最大弯矩为 $M=\frac{1}{12}Qb^2$)计算得溶洞顶板的最小安全厚度最接近(　　)。

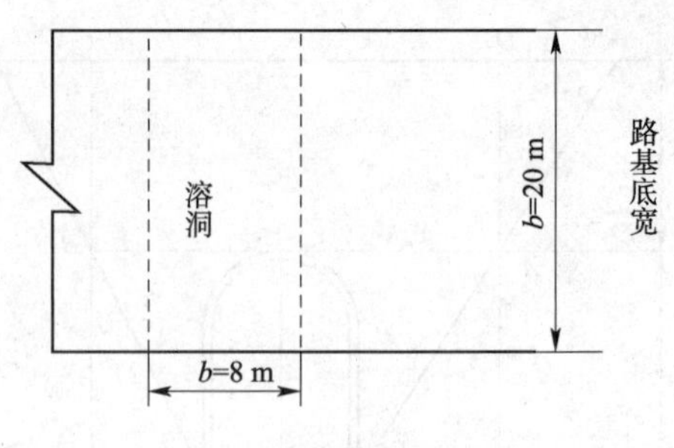

题 25 图

(A)5.4 m (B)4.5 m (C)3.3 m (D)2.7 m

26. 存在大面积地面沉降的某市其地下水位下降平均速率为 1 m/年，现地下水位在地面下 5 m 处，主要地层结构及参数见下表，用分层总和法计算得今后 15 年内地面总沉降量最接近(　　)。

题 26 表

层号	地层名称	层厚 h/m	层底埋深/m	压缩模量 E_s/MPa
1	粉质黏土	8	8	5.2
2	粉土	7	15	6.7
3	细砂	18	33	12
4	不透水岩石			

(A)613 mm (B)469 mm (C)320 mm (D)291 mm

27. 对某路基下岩溶层采用灌浆处理，其灌浆的扩散半径为 $R=1.5$ m，灌浆段厚度为 $h=5.4$ m，岩溶裂隙率 $\mu=0.24$，有效充填系数 $\beta=0.85$，超灌系数 $\alpha=1.2$，岩溶裂隙充填率 $\gamma=0.1$，则估算的单孔灌浆量为(　　)。

(A)9.3 m^3 (B)8.4 m^3 (C)7.8 m^3 (D)5.4 m^3

28. 同一场地上甲乙两座建筑物的结构自震周期分别为 $T_甲=0.25$ s，$T_乙=0.60$ s，已知建筑场地类别为 Ⅱ 类，设计地震分组为第一组，若两座建筑的阻尼比都取 0.05，则在抗震验算时甲、乙两座建筑的地震影响系数之比($\alpha_甲/\alpha_乙$)最接近(　　)。

(A)1.6 (B)1.2
(C)0.6 (D)条件不足，无法计算

29. 已知某建筑场地土层分布如下表所示，为了按《建筑抗震设计规范》(GB 50011—2010)划分抗震类别，测量土层剪切波速的钻孔深度应达到(　　)，并说明理由。

题 29 表

层号	岩土名称和性状	层厚/m	层底埋深/m
1	填土 $f_{ak}=150$ kPa	5	5
2	粉质黏土 $f_{ak}=200$ kPa	10	15
3	稍密粉细砂	15	30
4	稍密至中密圆砾	30	60
5	坚硬稳定基岩		

(A)15 m (B)20 m (C)30 m (D)60 m

30. 在地震基本烈度为 8 度的场区修建一座桥梁，场区地下水位埋深 5 m，场地土为：0～5 m，非液化黏性土；5～15 m，松散均匀的粉砂；15 m 以下为密实中砂。按《公路工程抗震规范》(JTG B02—2013)计算判别深度为5～15 m的粉砂层为液化土层，液化抵抗系数均为0.7，若采用摩擦桩基础，深度5～15 m的单桩摩阻力的综合折减系数α应为(　　)。

(A)1/6　　(B)1/3　　(C)1/2　　(D)2/3

专业案例(下午卷)

一、单选题(以下各题每题2分，满分50分，每题的四个备选答案中只有一个符合题意，请给出主要案例分析或计算过程及计算结果，多选、错选均不得分，请在30题中选择25题作答，如作答的题目超过25题，则从前向后累计25题止。)

1. 在钻孔内做波速测试，测得中等风化花岗岩，岩体的压缩波速度V_p＝2 777 m/s，剪切波速度V_s＝1 410 m/s，已知相应岩石的压缩波速度V_p＝5 067 m/s，剪切波速度V_s＝2 251 m/s，质量密度γ＝2.23 g/cm^3，饱和单轴抗压强度R_c＝40 MPa，该岩体基本质量指标(BQ)最接近(　　)。

(A)285　　(B)336　　(C)710　　(D)761

2. 已知花岗岩残积土土样的天然含水量w＝30.6%，粒径小于0.5 mm，细粒土的液限w_L＝50%，塑限w_P＝30%，粒径大于0.5 mm的颗粒质量占总质量的百分比$P_{0.5}$－40%，该土样的液性指数I_L最接近(　　)。

(A)0.03　　(B)0.04　　(C)0.88　　(D)1.00

3. 在湿陷性黄土地区建设场地初勘时，在探井地面下4.0 m取样，其试验成果为：天然含水率w(%)为14，天然密度ρ(g/cm^3)为1.50，相对密度d_s为2.70，孔隙比e_0为1.05，其上覆黄土的物理性质与此土相同，对此土样进行室内自重湿陷系数δ_{zs}测定时，应在(　　)的压力下稳定后浸水(浸水饱和度取为85%)。

(A)70 kPa　　(B)75 kPa　　(C)80 kPa　　(D)85 kPa

4. 在均质厚层软土地基上修筑铁路路堤，当软土的不排水抗剪强度C_u＝8 kPa，路堤填料压实后的重度为18.5 kN/m^{3}时，如不考虑列车荷载影响和地基处理，路堤可能填筑的临界高度接近(　　)。

(A)1.4 m　　(B)2.4 m　　(C)3.4 m　　(D)4.4 m

5. 某10～18层的高层建筑场地，抗震设防烈度为7度。地形平坦，非岸边和陡坡地段，基岩为粉砂岩和花岗岩，岩面起伏很大，土层等效剪切波速为180 m/s，勘察发现有一走向NW的正断层，见有微胶结的断层角砾岩，不属于全新世活动断裂，判别该场地对建筑抗震属于(　　)类别，简单说明判定依据。

(A)有利地段　　(B)不利地段

(C)危险地段　　(D)可进行建设的一般场地

6. 已知建筑物基础的宽度10 m，作用于基底的轴心荷载200 MN，为满足偏心距$e \leqslant 0.1\,W/A$的条件，作用于基底的力矩最大值不能超过(　　)。

(注：W为基础底面的抵抗矩，A为基础底面面积。)

(A)34 MN·m　　(B)38 MN·m　　(C)42 MN·m　　(D)46 MN·m

7. 已知P_1为已包括上部结构恒载、地下室结构永久荷载及可变荷载在内的总荷载传至基础底面的平均压力，P_2为基础底面处的有效自重压力，P_3为基底处筏形基础底板的自重压力，P_4为基础底面处的水压力，在验算筏形基础底板的局部弯曲时，作用于基础底板的压

2006年专业案例(下午卷)

力荷载应取(   ),并说明理由。

(A)$P_1-P_2-P_3-P_4$　　(B)$P_1-P_3-P_4$

(C)P_1-P_3　　(D)P_1-P_4

8. 如图所示边长为 3 m 的正方形基础,其荷载作用点由基础形心沿 x 轴向右偏心0.6 m,则基础底面的基底压力分布面积最接近于(   )。

(A)9.0 m²　　(B)8.1 m²

(C)7.5 m²　　(D)6.8 m²

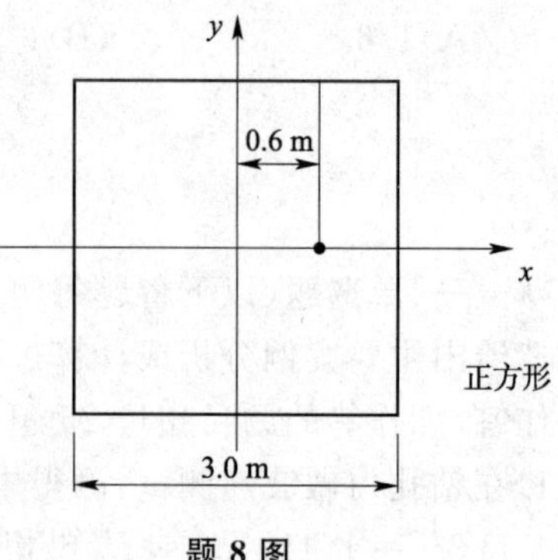

题 8 图

9. 墙下条形基础的剖面如下图所示,基础宽度 $b=3$ m,基础底面净压力分布为梯形,最大边缘压力设计值 $P_{max}=150$ kPa,最小边缘压力设计值 $P_{min}=60$ kPa,已知验算截面Ⅰ-Ⅰ距最大边缘压力端的距离 $a_1=1.0$ m,则截面Ⅰ-Ⅰ处的弯矩设计值为(   )。

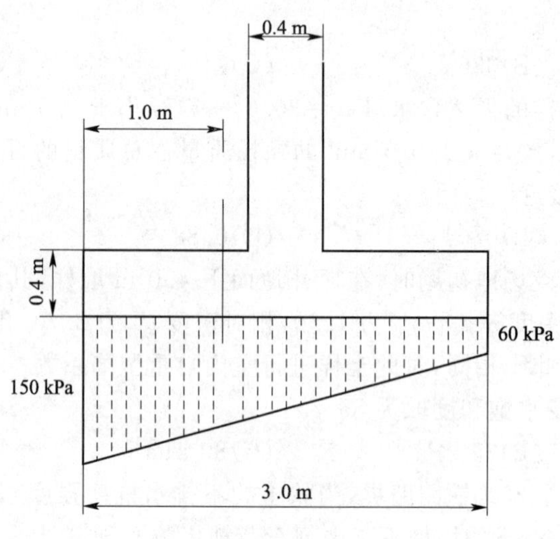

题 9 图

(A)70 kN·m　　(B)80 kN·m　　(C)90 kN·m　　(D)100 kN·m

10. 已知基础宽 10 m,长 20 m,埋深 4 m,地下水位距地表 1.5 m,基础底面以上土的平均重度为 12 kN/m³,在持力层以下有一软弱下卧层,该层顶面距地表 6 m,土的重度 18 kN/m³,已知软弱下卧层经深度修正的地基承载力为 130 kPa,则基底总压力不超过(   )值时才能满足软弱下卧层强度验算要求。

(A)66 kPa　　(B)88 kPa　　(C)104 kPa　　(D)114 kPa

11. 对强风化较破碎的砂岩采取岩块进行了室内饱和单轴抗压强度试验,其试验值为9 MP、11 MPa、13 MPa、10 MPa、15 MPa、7 MPa,据《建筑地基基础设计规范》(GB 50007—2011)确定的岩石地基承载力特征值的最大取值最接近于(   )。

(A)0.7 MPa　　(B)1.2 MPa　　(C)1.7 MPa　　(D)2.1 MPa

12. 某桩基工程安全等级为二级,其桩型平面布置、剖面和地层分布如下图所示,土层物理力学指标见下表,群桩效应系数为 $\eta_c=0.26$,抗力分项系数为 $\gamma_c=1.65$,按《建筑桩基技术规范》(JGJ 94—2008)计算,复合基桩的竖向承载力特征值,其计算结果最接近(   )。

(A)960 kN　　(B)1 025 kN　　(C)1 264 kN　　(D)1 420 kN

题 12 表

土层名称	极限侧阻力 q_{sik}/kPa	极限端阻力 q_{pik}/kPa	地基承载力特征值 f_{ak}/kPa
①填土			
②粉质黏土	40		120
③粉砂	80	3 000	
④黏土	50		
⑤细砂	90	4 000	

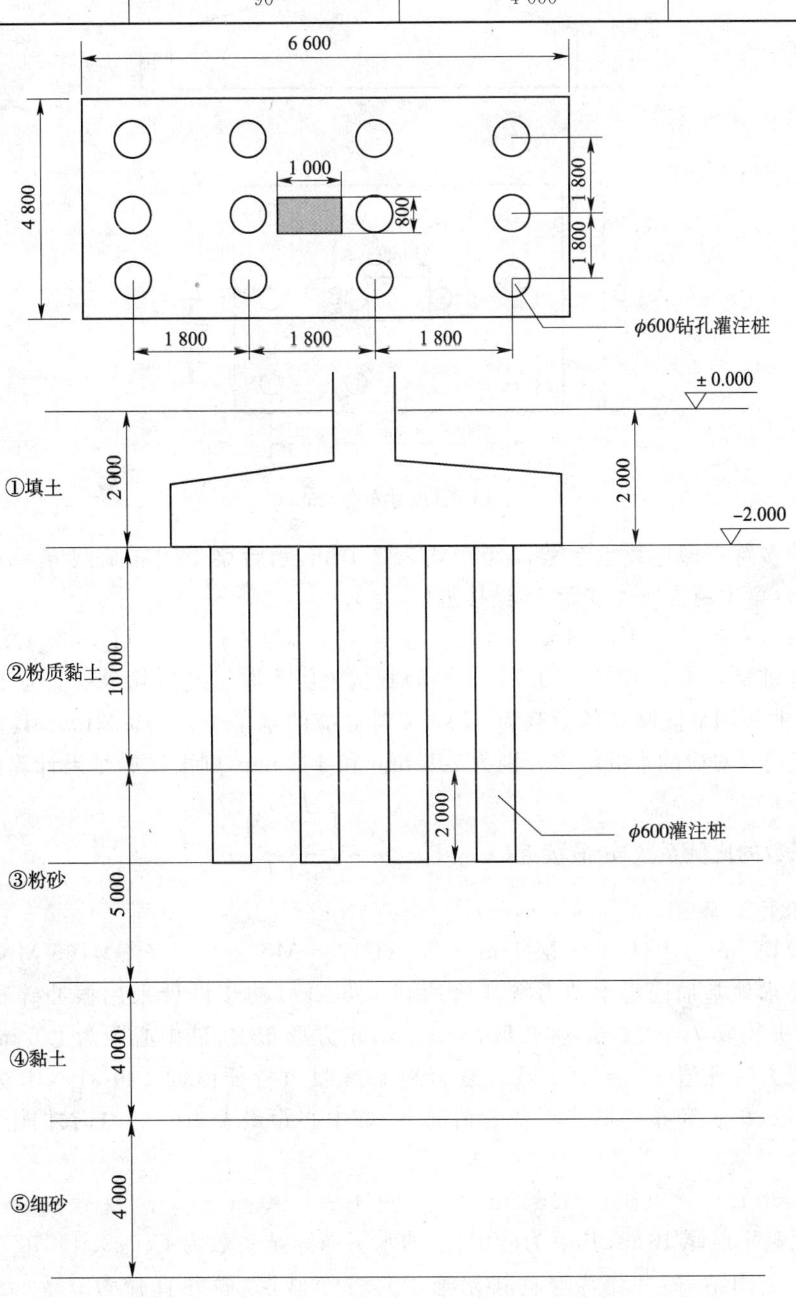

题 12 图(尺寸单位:mm)

13. 某桩基工程安全等级为二级，其桩型平面布置、剖面和地层分布如下图所示，已知轴力 F_k $=12\ 000$ kN，力矩 $M_k=1\ 000$ kN·m，水平力 $H_k=600$ kN，承台和填土的平均重度为 20 kN/m³，桩顶轴向压力最大值的计算结果最接近（　　）。

(A)1 211 kN　　(B)1 232 kN　　(C)1 380 kN　　(D)1 520 kN

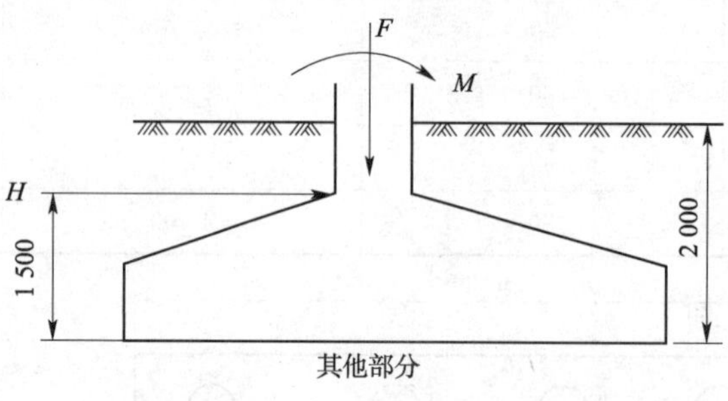

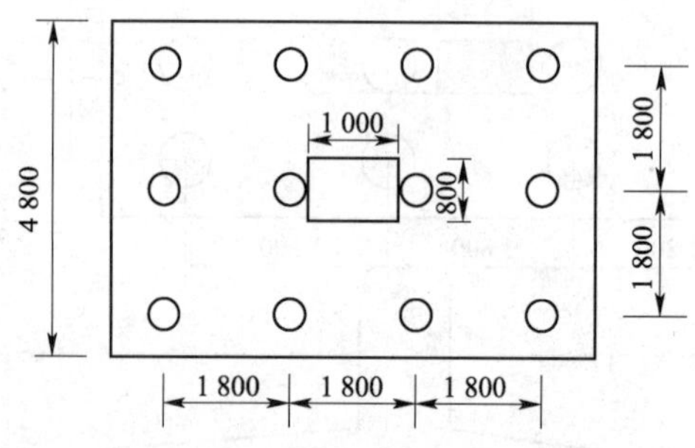

题 13 图(尺寸单位：mm)

14. 某桩基的多跨条形连续承台梁净跨距均为 7.0 m，承台梁受均布荷载 $q=100$ kN/m作用，则承台梁中跨支座处变距 M 最接近（　　）。

(A)450 kN·m　　(B)498 kN·m　　(C)530 kN·m　　(D)568 kN·m

15. 某试验桩桩径 0.4 m，配筋率 0.7%水平静载试验所采取每级荷载增量值为 15 kN，试桩 H_0-t-x_0 曲线明显陡降点的荷载为 120 kN 时对应的水平位移为3.2 mm，其前一级荷载和后一级荷载对应的水平位移分别为 2.6 mm 和 4.2 mm，则由试验结果计算的地基土水平抗力系数的比例系数 m 最接近（　　）。$\left(m=\dfrac{\left(\dfrac{H_{cr}}{x_{cr}}v_x\right)^{5/3}}{b_0(EI)^{2/3}}\right)$

[注：为简化计算，假定 $(v_x)^{5/3}=4.425$，$(EI)^{2/3}=877(\text{kN}\cdot\text{m}^2)^{2/3}$。]

(A)242 MN/m⁴　　(B)228 MN/m⁴　　(C)205 MN/m⁴　　(D)165 MN/m⁴

16. 某工程要求地基加固后承载力特征值达到 155 kPa，初步设计采用振冲碎石桩复合地基加固，桩径取 $d=0.6$ m，桩长取 $l=10$ m，正方形布桩，桩中心距为 1.5 m，经试验得桩体承载力特征值 $f_{pk}=450$ kPa，复合地基承载力特征值为 140 kPa，未达到设计要求。在桩径、桩长和布桩形式不变的情况下，桩中心距最大为（　　）时才能达到设计要求。

(A)$s=1.30$ m　　(B)$s=1.35$ m　　(C)$s=1.40$ m　　(D)$s=1.45$ m

17. 某地基软黏土层厚 18 m，其下为砂层，土的水平向固结系数为 $C_h=3.0\times10^{-3}$ cm²/s，现采用预压法固结，砂井作为竖向排水通道打穿至砂层，砂井直径为 $d_w=0.3$ m，井距 2.8 m，等边三角形布置，预压荷载为 120 kPa，在大面积预压荷载作用下按《建筑地基处理技术规范》(JGJ 79—2012)计算,预压 150 d 时地基达到的固结度(为简化计算,不计竖向固结度)最接近(　　)。

(A)0.95　　(B)0.90　　(C)0.85　　(D)0.80

18. 某软黏土地基天然含水率 $w=50\%$,液限 $w_L=45\%$,采用强夯置换法进行地基处理,夯点采用正三角形布置,间距 2.5 m,成墩直径为 1.2 m,根据检测结果,单墩承载力特征值为 $P_k=800$ kN,按《建筑地基处理技术规范》(JGJ 79—2012)计算,处理后该地基的承载力特征值最接近(　　)。

(A)128 kPa　　(B)138 kPa　　(C)148 kPa　　(D)158 kPa

19. 无限长土坡如下图所示,土坡坡角为 30°,砂土与黏土的重度都是 18 kN/m³,砂土 $c_1=0$,$\varphi_1=35°$,黏土 $c_2=30$ kPa,$\varphi_2=20°$,黏土与岩石界面的 $c_3=25$ kPa,$\varphi_3=15°$,如果假设滑动面都是平行于坡面,则最小安全系数的滑动面位置将相应位于(　　)。

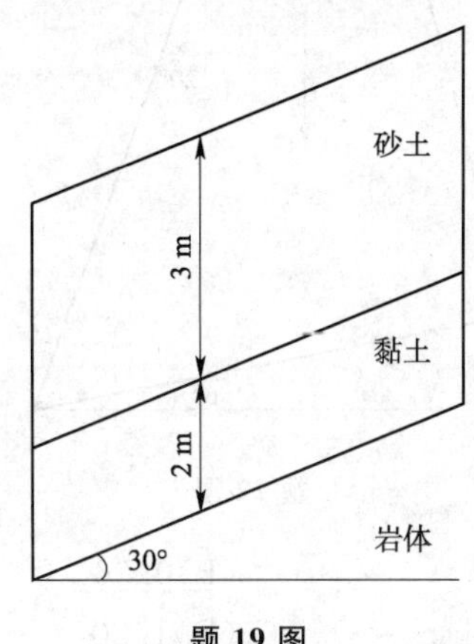

题 19 图

(A)砂土层中部

(B)砂土与黏土界面在砂土一侧

(C)砂土与黏土界面在黏土一侧

(D)黏土与岩石界面上

20. 有一岩石边坡,坡率 1∶1,坡高 12 m,存在一条夹泥的结构面,如下图所示,已知单位长度滑动土体重量为 740 kN/m,结构面倾角 35°,结构面内夹层 $c=25$ kPa,$\varphi=18°$,在夹层中存在静水头为 8 m 的地下水,则该岩坡的抗滑稳定系数最接近(　　)。(假定在边坡结构面的剪出口处无水渗出)

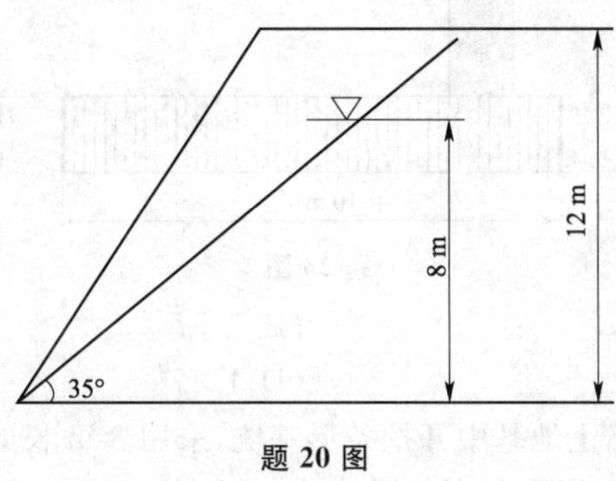

题 20 图

(A)1.94　　(B)1.48　　(C)1.27　　(D)1.12

21. 有一重力式挡土墙墙背垂直光滑，无地下水，打算使用两种墙背填土，一种是黏土，$c=$ 20 kPa，$\varphi=22°$，另一种是砂土，$c=0$，$\varphi=38°$，重度都是 20 kN/m^3，则墙高 H 等于（　　）时，采用黏土填料和砂土填料的墙背总主动土压力两者基本相等。

(A)3.0 m　　(B)7.8 m

(C)10.7 m　　(D)12.4 m

22. 重力式挡土墙的断面如下图所示，墙基底倾角 6°，墙背面与竖直方向夹角 20°，用库仑土压力理论计算得到单位长度的总主动土压力为 $E_a=200$ kN/m，墙体单位长度自重 300 kN/m，墙底与地基土间摩擦系数为 0.33，墙背面与土的摩擦角为 15°，计算得该重力式挡土墙的抗滑稳定安全系数最接近（　　）。

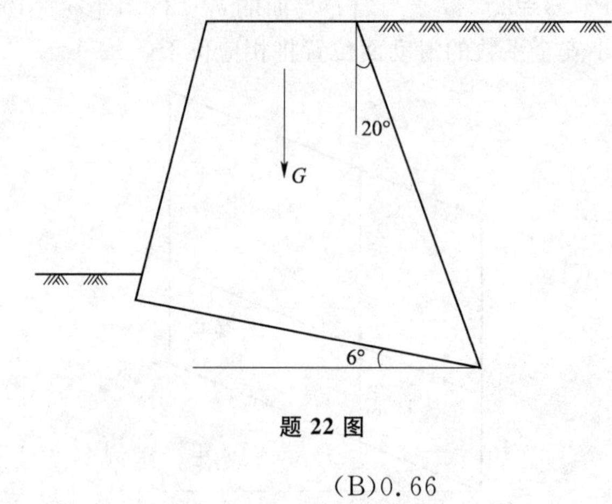

题 22 图

(A)0.50　　(B)0.66

(C)1.10　　(D)1.20

23. 有一个如下图所示的水闸，宽度为 10 m，闸室基础至上部结构的每延长米不考虑浮力的总自重为 2 000 kN/m，上游水位 $H=10$ m，下游水位 $h=2$ m，地基土为均匀砂质粉土，闸底与地基土摩擦系数为 0.4，不计上下游土的水平土压力，验算得其抗滑稳定安全系数最接近（　　）。

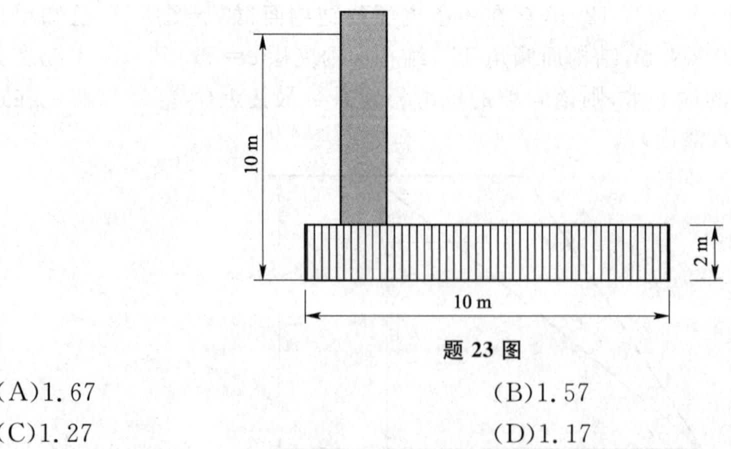

题 23 图

(A)1.67　　(B)1.57

(C)1.27　　(D)1.17

24. 如下图所示，在饱和软黏土地基中开挖条形基坑，采用 8 m 长的板桩支护，地下水位已降至板桩底部，坑边地面无荷载，地基土重度为 $\gamma=19$ kN/m^3，通过十字板现场测试得地基土的抗剪强度为 30 kPa，按《建筑地基基础设计规范》(GB 50007—2011)规定，为满足基

2006年专业案例（下午卷）

坑抗隆起稳定性要求，此基坑最大开挖深度不能超过(　　)。

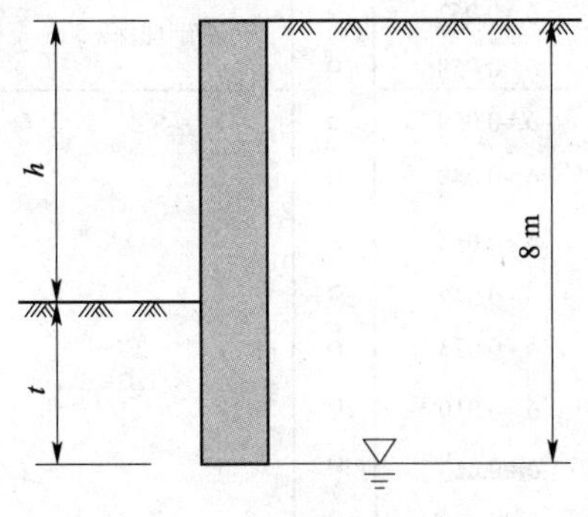

题 24 图

(A)1.2 m　　(B)3.3m

(C)6.1 m　　(D)8.5 m

25. 某Ⅱ类岩石边坡坡高 22 m，坡顶水平，坡面走向 N10°E，倾向 SE，坡角 65°，发育一组优势硬性结构面，走向为 N10°E，倾向 SE，倾角 58°，岩体的内摩擦角为 $\varphi=34°$，按《建筑边坡工程技术规范》(GB 50330—2013)估算得边坡坡顶塌滑边缘至坡顶边缘的距离 L 值最接近(　　)。

(A)3.5 m　　(B)8.3 m

(C)11.7 m　　(D)13.7 m

26. 某岩石滑坡代表性剖面如下图所示，由于暴雨使其后缘垂直张裂缝瞬间充满水，滑坡处于极限平衡状态，(即滑坡稳定系数 $K_s=1.0$)，经测算滑面长度 $L=52$ m，胀裂缝深度 $d=12$ m，每延长米滑体自重为 $G=15\ 000$ kN/m，滑面倾角 $\theta=28°$，滑面岩体的内摩擦角 $\varphi=25°$，计算得滑面岩体的黏聚力与(　　)最接近。

(注：假定滑动面不透水，水的重度可按 10 kN/m^3 计。)

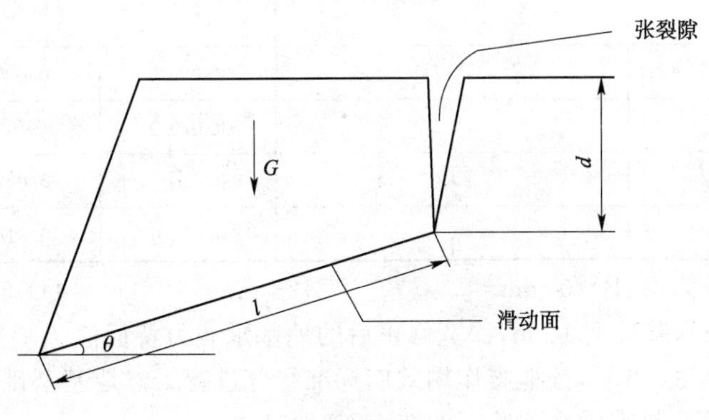

题 26 图

(A)24 kPa　　(B)28 kPa

(C)32 kPa　　(D)36 kPa

27. 关中地区某自重湿陷性黄土场地的探井资料如图所示，从地面下 1.0 m 开始取样，取样间距均为 1.0 m，假设地面标高与建筑物±0.000 标高相同，基础埋深为 2.5 m，当基底下地基处理厚度为 5.0 m 时，下部未处理湿陷性黄土层的剩余湿陷量最接近(　　)。

2006年专业案例（下午卷）

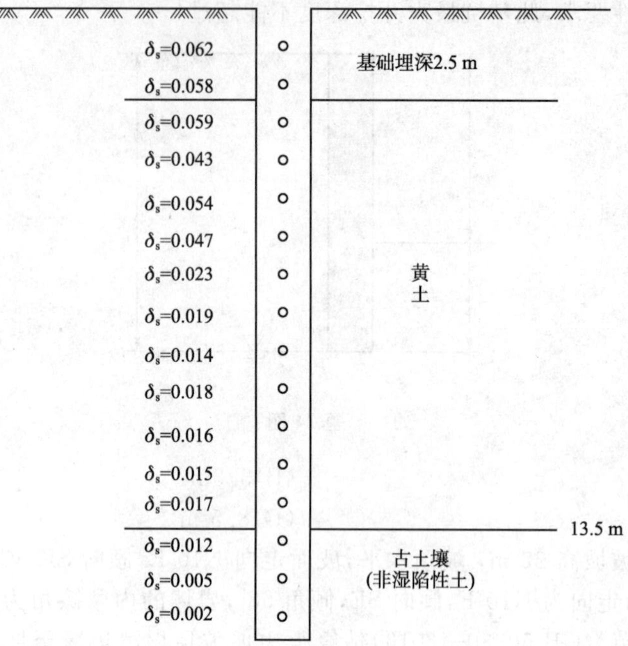

题 27 图

(A)83 mm　(B)118 mm　(C)122 mm　(D)152 mm

28. 某膨胀土场地有关资料见下表，若大气影响深度为 4.0 m，拟建建筑物为两层，基础埋深为 1.2 m，按《膨胀土地区建筑技术规范》(GB 50112—2013)的规定，计算膨胀土地基分变形量最接近(　　)。

题 28 表

分层号	层底深度 Z_i/m	天然含水率 w/%	塑限含水率 w_p/%	含水率变化值 Δw_i/%	膨胀率 δ_{epi}	收缩系数 λ_{si}
1	1.8	23	18	0.029 8	0.000 6	0.50
2	2.5			0.025 0	0.0265	0.46
3	3.2			0.018 5	0.020 0	0.40
4	4.0			0.012 5	0.018 0	0.30

(A)17 mm　(B)20 mm　(C)28 mm　(D)51 mm

29. 高层建筑高 42 m，基础宽 10 m，深宽修正后的地基承载力特征值 f_a=300 kPa，地基抗震承载力调整系数 ξ_a=1.3，按地震作用效应标准组合进行天然地基基础抗震验算，则下列(　　)选项不符合抗震承载力验算的要求，说明理由。

(A)基础底面平均压力不大于 390 kPa

(B)基础边缘最大压力不大于 468 kPa

(C)基础底面不宜出现拉应力

(D)基础底面与地基土之间零应力区面积不应超过基础底面面积的 15%

30. 某土石坝坝址区设计烈度为 8 度，土石坝设计高度 30 m，根据图示的计算简图，采用瑞典圆弧法计算上游填坡的抗震稳定性，其中第 i 个滑动条块的宽度 b=3.2 m，该条块底面中点的切线与水平线夹角 θ_i=19.3°，该条块内水位高出底面中点的距离 Z=6 m，条块底面中点孔隙水压力值 $u=100$ kPa，考虑地震作用影响后，第 i 个滑动条块沿底面的下滑力 $S_i=415$ kN/m，当不计入孔隙水压力影响时，该土条底面的平均有效法向作用力为583 kN/m，根据以上条件按照不考虑和考虑孔隙水压力影响两种工况条件分别计算得出第 i 个滑动条块的安全系数 $K_i(=R_i/S_i)$ 最接近（　　）。

（注：土石坝填料凝聚力 $c=0$，内摩擦角 $\varphi=42°$。）

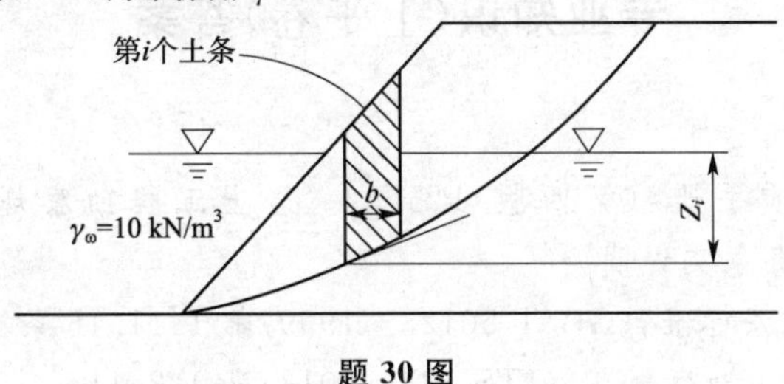

题 30 图

（A）1.27、1.14　　（B）1.27、0.97　　（C）1.22、1.02　　（D）1.22、0.92

2006年专业案例（下午卷）

2006年全国注册岩土工程师专业考试试卷参考答案(新解)

专业知识(上午卷)答案

一、单项选择题

1.(B)　据《工程地质手册》(第四版)P251,或《岩土工程勘察规范》(GB 50021—2001)(2009年版)第10.6.4条条文说明

2.(A)　《土工试验方法标准》(GB/T 50123—1999)第14.1.16条

3.(C)　《水运工程岩土勘察规范》(JTS 133—2013)表4.2.11

4.(D)　《土工试验方法标准》(GB/T 50123—1999)第14.1.16条

5.(C)　《岩土工程勘察规范》(GB 50021—2001)(2009年版)第7.2.3条

6.(B)　《建筑地基基础设计规范》(GB 50007—2011)第5.3.3条

7.(A)　《构造地质学》或《全国注册岩土工程师专业考试培训教材》P1-58,有关"V"字形法则

8.(D)　碎裂结构是由于岩石挤压应力作用,使矿物发生弯曲、断裂,甚至成碎块或粉末状后,又被黏结在一起形成的结构如糜棱结构、碎斑结构等,具有糜棱结构的变质岩为糜棱岩

9.(C)　《岩土工程勘察规范》(GB 50021—2001)(2009年版)表3.3.11

10.(D)　《港口工程地基规范》(JTS 147—1—2010)第5.1.4条

11.(B)　岩石的软化系数为饱水状态下的抗压强度与干燥条件下抗压强度的比值

12.(A)　按最大加载量的一半取值

13.(D)　据《岩体力学》,抗压强度:玄武岩(150～300 MPa);大理岩(100～250 MPa);片麻岩(50～200 MPa);千枚岩(10～100 MPa)

14.(C)　《水利水电工程地质勘察规范》(GB 50487—2008)附录W.0.1

15.(A)　《岩土工程勘察规范》(GB 50021—2001)(2009年版)第12.2.2条条文说明

16.(C)

17.(D)　《岩土工程勘察规范》(GB 50021—2001)(2009年版)第10.2.6条

18.(B)

19.(B)　《建筑地基基础设计规范》(GB 50007—2011)第5.13节

20.(B)

21.(D)

22.(D)

23.(C)　《建筑桩基技术规范》(JGJ 94—2008)P224

24.(A)　《建筑地基基础设计规范》(GB 50007—2011)第5.1.7条及条文说明

25.(D)　《建筑地基基础设计规范》(GB 50007—2011)第8.5.17条

26.(C)

27.(B)　《建筑基桩检测技术规范》(JGJ 106—2014)表3.2.5

28.(B)　《全国注册岩土工程师专业考试培训教材》P4-54

29.(A)　《建筑地基基础设计规范》(GB 50007—2011)第 3.0.5 条

30.(C)　《建筑桩基技术规范》(JGJ 94—2008)第 3.4.3 条

31.(B)　《建筑桩基技术规范》(JGJ 94—2008)第 3.1.4 条,现行规范采用甲、乙、丙级

32.(D)

33.(C)　本题属理解题。据《建筑地基处理技术规范》(JGJ 79—2012)第 8.1.1 条,注浆加固适用于砂土、粉土、黏性土和人工填土等地基,不适用于淤泥质黏土。由第 7.2.1 条可知,振冲法适用于处理松散砂土、粉土、粉质黏土、素填土、杂填土等地基。由题意可知,填土内含有块石,个别变成超过 2.0 m,不适合砂井施工,故预压法不合适

34.(B)　本题属于理解性题目。在正常使用下,刚性桩桩土应力比随荷载的增大而增大,而柔性桩桩土应力比随着荷载的增大而减小

35.(A)、(C)　《建筑地基处理技术规范》(JGJ 79—2012)第 7.7.2 条第 4 款,(A)、(C)均正确

36.(B)　《建筑地基处理技术规范》(JGJ 79—2012)第 4.3.8 条

37.(A)　据《建筑地基处理技术规范》(JGJ 79—2012)第 3.0.4 条、第 3.0.5 条,(B)、(C)、(D)正确,由第 7.1.6 条及条文说明可知,对具有黏结强度的复合地基增强体应按建筑物基础底面作用在增强体上的压力进行验算,当复合地基承载力验算需要进行基础埋深的深度修正时,增强体桩身强度验算应按基底压力验算

38.(C)　对于(A)选项,降低地下水位增加自重应力,对其压密作用不大。由于地基土属块石填土,属于渗透性好的地基,延长夯击间隔时间作用也不大,(B)选项效果有限。减小锤直径,受夯接触面积减小,有利于土体密实,增加夯击次数和夯击遍数均可以提高加固效果。对于(D)选项,加大夯击间距,其锤印无法搭接,将会减少夯点间的应力叠加,不利于加固

39.(C)　对于本题,淤泥质土层不适合采用人工挖孔桩及灌浆托换,故(A)、(D)不合适。而旋喷桩托换其承载力的发挥需要较长时间,故(B)也不合适。对于基础托换加固方法,一般情况下应选用施工方便,能迅速承担荷载的托换技术,与抢险工程类似

40.(D)　对于本题,(A)、(B)、(C)均为排水固结法,据《建筑地基处理技术规范》(JGJ 79—2012)第 7.2.1 条条文说明,碎石桩在处理饱和软土地基时很难发挥挤密效用,其主要作用是通过置换与黏性土形成复合地基,同时形成排水通道加速软土的排水固结

二、多项选择题

41.(B)、(C)　《建筑工程地质勘探与取样技术规程》(JGJ/T 87—2012)第 6.4.2 条及附录 E

42.(C)、(D)　产生岩爆需具备一定条件,坚硬完整的岩石,高应力区,开挖断面不规则往往产生较大的应力集中,促发岩爆的产生

43.(C)、(D)　《岩土工程勘察规范》(GB 50021—2001)(2009 年版)第 10.7.5 条～第 10.8.4 条

44.(A)、(B)　《岩土工程勘察规范》(GB 50021—2001)(2009 年版)第 7.2.4 条

45.(A)、(D)　《岩土工程勘察规范》(GB 50021—2001)(2009 年版)附录 E.0.2

46.(A)、(B)、(D)　《岩土工程勘察规范》(GB 50021—2001)(2009 年版)第 9.4.1 条条文说明

47.(A)、(D)　通过指标换算

48.(A)、(B)　《湿陷性黄土地区建筑规范》(GB 50025—2004)第 4.1.7 条、附录 D

49.(A)、(B)、(C)

50.(B)、(C)

51.(A)、(C)、(D)

52.(C)、(D)

53.(B)、(C)、(D)

54.(A)、(B)、(C)

55.(B)、(C)

56.(B)、(C)、(D)

57.(B)、(C)　《建筑桩基技术规范》(JGJ 94—2008)第3.3.3条

58.(A)、(C)、(D)　《建筑桩基技术规范》(JGJ 94—2008)第5.5.6条、第5.5.9条、5.5.10条

59.(B)、(C)

60.(A)、(D)

61.(A)、(B)、(C)

62.(A)、(B)、(D)　《建筑桩基技术规范》(JGJ 94—2008)第5.2.5条

63.(A)、(D)

64.(A)、(B)、(D)　砂井是指预压地基中起固结排水作用的竖井，而砂桩指砂石桩复合地基，其在地基加固中机理不同，作用不同

65.(A)、(B)、(D)　选项(A)、(B)、(D)均适用于处理软土地基。本题中地基承载力要求达到120 kPa，已超过真空预压的压力，故(C)不满足要求

66.(A)、(D)　《建筑地基处理技术规范》(JGJ 79—2012)已删除石灰桩法。参考2002年版规范第13.1.1条可知，(A)、(D)正确

67.(B)、(D)　据《建筑地基处理技术规范》(JGJ 79—2012)第4.2.1条第1款，对湿陷性黄土或膨胀土地基，不得选用砂石等透水性材料

68.(A)、(B)、(D)　当搅拌桩应用于塑性指数较高的饱和黏土层时，易形成泥团，不宜拌和均匀，参考《建筑地基处理技术规范》(JGJ 79—2012)第7.3.5条条文说明，深层搅拌桩施工时，搅拌次数越多，则拌和越为均匀，水泥土强度也越高。同时5)规定，搅拌机预搅下沉时，不宜冲水。对于本题，(A)、(B)、(D)方法适合

69.(B)、(C)　路堤填土层压实度很大，后期沉降较小，一般不予考虑，其工后沉降主要为淤泥层的未完成主固结沉降和次固结沉降组成。冲洪积砂层由于埋深较大，附加压力已很小，其压缩沉降也较小

70.(A)、(D)

专业知识(下午卷)答案

一、单项选择题

1.(C)　《岩土工程勘察规范》(GB 50021—2001)(2009年版)第12.2.3条

2.(A)　《水利水电工程地质勘察规范》(GB 50487—2008)附录G.0.1条文说明

3.(C)　斜坡最不利的组合是坡与滑动面同向，滑动面倾角小于坡角

4.(C)　堆积时间短，在自重应力下还没有固结，施工速度快，孔隙水压力不能完全消散，因此采用的参数为不固结不排水条件下

5.(A)　冻结法、明挖法明显不适合本题情况，逆作法一般在地表处同时向上、向下施工，对本题也不适合，管棚法是浅埋暗挖法的一种，超前支护，适用于对环境要求比较严的

6.(B)　《生活垃圾卫生填埋处理技术规范》(GB 50869—2013)图8.2.4

7.(C)　　防渗的原则:上挡下排

8.(A)

9.(D)

10(B)　　降雨使得重度增加,下滑力增大,稳定系数降低

11.(A)　　水位上涨时,河水对堤坝具有反压坡脚的作用,稳定系数增加,但随堤坝中水位上升,向背水坡的渗流力增加,背水坡稳定系数降低,水位下降,迎水坡向外的渗流力增加,稳定系数下降

12.(A)　　四个力中,A、B 施加的力分解后既增加滑动面上法向力,又增加滑动面上抗滑力,但 A 的效果更有效

13.(D)

14.(C)

15.(C)　　下部浸水后,采用浮重度计算抗滑力,其力降低,稳定系数减少

16.(B)　　《港口工程地基规范》(JTS 147—1—2010)第 6.1.3 条

17.(A)　　《湿陷性黄土地区建筑规范》(GB 50025—2004)第 5.1.3 条

18.(D)　　《建筑边坡工程技术规范》(GB 50330—2013)第 3.3.2 条

19.(B)　　《岩土工程勘察规范》(GB 50021—2001)(2009 年版)第 6.6.2 条

20.(C)　　《膨胀土地区建筑技术规范》(GB 50112—2013)第 4.1.4 条

21.(D)　　《膨胀土地区建筑技术规范》(GB 50112—2013)第 3.0.1 条、第 5.2.7 条、第 5.2.8 条

22.(B)　　在采空区顶部最破碎,易坍塌,再向上,裂隙较多,在其上只产生弯曲

23.(C)　　《铁路不良地质勘察规程》(TB 10027—2012)第 7.3.3 条条文说明

24.(B)　　备选答案(A)、(C)、(D)为泥石流形成所必须的条件,详见《工程地质手册》(第四版)P559

25.(C)　　《铁路路基支挡结构设计规范》(TB 10025—2006)第 10.2.10 条

26.(A)　　《铁路路基支挡结构设计规范》(TB 10025—2006)第 10.2.3 条条文说明

27.(C)　　石膏属中溶岩,在四种岩石中溶蚀最快

28.(A)　　见 2005 年专业知识下午卷 34 题答案

29.(D)　　《建筑抗震设计规范》(GB 50011—2010)第 1.0.1 条条文说明

30.(B)　　由《建筑抗震设计规范》(GB 50011—2010)第 2.1.5 条可知,设计地震动参数指抗震设计用的地震加速度(速度、位移)时程曲线、加速度反应谱和峰值加速度

31.(A)　　《公路工程抗震规范》(JTG B02—2013)桥梁抗震设计已不采用动力放大系数,而采用设计加速度反应谱。按 89 规范第 4.2.3 条,答案为(A)

32.(C)　　等效剪切波速的计算与土层埋深无关,故(C)错误

33.(D)　　《建筑抗震设计规范》(GB 50011—2010)第 4.1.4 条、第 4.1.5 条

34.(D)　　《建筑抗震设计规范》(GB 50011—2010)第 5.1.5 条及条文说明

35.(D)

36.(D)

37.(D)

38.(C)

39.(B)

40.(A)

二、多项选择题

41.(A)、(B)、(C)　《全国注册岩土工程师专业考试培训教材》P7-132

42.(A)、(B)、(D)　《公路路基设计规范》(JTG D30—2015)第3.6.6条、第3.7.3条

43.(B)、(C)　《港口工程地基规范》(JTS 147-1—2010)第5.4.1条

44.(A)、(B)　击实试验曲线中最大干密度对应的含水率就是最优含水率,击实功越大,最大干密度越大,最有含水率越小,一般最优含水率接近塑限

45.(A)、(D)

46.(A)、(B)、(C)　要求符合碾压条件的土层含水率在最优含水率±2%之间

47.(A)、(C)

48.(B)、(C)、(D)　选项(A)在孔洞上方铺设土工膜不利于排水减压,其他三个答案能起到这些作用

49.(A)、(B)、(D)　《公路路基设计规范》(JTG D30—2015)第7.17.2条及条文说明

50.(A)、(B)

51.(B)、(D)　《膨胀土地区建筑技术规范》(GB 50112—2013)第5.2.15条

52.(A)、(B)、(D)　《工程地质手册》(第四版)P525

53.(B)、(C)　《膨胀土地区建筑技术规范》(GB 50112—2013)第4.2节

54.(B)、(D)　《湿陷性黄土地区建筑规范》(GB 50025—2004)表6.1.10

55.(B)、(C)　《湿陷性黄土地区建筑规范》(GB 50025—2004)第6.1.2条、第6.1.5条

56.(C)、(D)　《铁路工程不良地质勘察规程》(TB 10027—2012)附录C

57.(B)、(D)

58.(C)、(D)　溶洞顶板为水平厚层岩体,完整性较好,适用于抗弯、抗剪的条件。详见《工程地质手册》(第四版)P530

59.(A)、(B)、(D)　《建筑抗震设计规范》(GB 50011—2010)第5.1.4条、第5.1.5条、第5.2.1条及第2.1.7条,不同的设计特征周期不会影响地震影响曲线的直线上升段,对水平段,不同特征周期影响水平段直线的长度

60.(C)、(D)　据《建筑抗震设计规范》(GB 50011—2010)第3.3.2条、第5.1.4条、第5.1.5条可知,(C)、(D)均需考虑建筑场地的类别,由第4.2.3条和第4.3.2条可知,(A)、(B)不需考虑建筑场地的类别

61.(A)、(B)、(D)　《建筑抗震设计规范》(GB 50011—2010)第4.1.3条

62.(A)、(B)、(C)　《建筑抗震设计规范》(GB 50011—2010)第4.3.9条

63.(B)、(C)　《建筑抗震设计规范》(GB 50011—2010)第1.0.1条条文说明,同样的设计基准期超越概率越大代表基准期内发生的概率大,故对应的地震烈度越低,(A)错误。50年内超越改为为10%的地震烈度称为"设防烈度",故(D)错误

64.(B)、(D)　《水工建筑物抗震设计规范》(DL 5073—2000)第5.2.4条、第5.2.5条、第5.2.6条、第5.2.9条

65.(A)、(B)、(D)

66.(A)、(B)、(C)

67.(A)、(B)、(D)

68.(A)、(C)、(D)

69.(A)、(B)、(C)

70.(A)、(B)、(D)

专业案例(上午卷)答案

1.[**答案**](A)

[**解析**]据《建筑基坑支护技术规程》(JGJ 120—2012)第 C.0.1 条计算如下。

解法一:设临界开挖深度为 h,则有:

$$\frac{D\gamma}{h_w\gamma_w}\geqslant K_h\Rightarrow 18\times(9-h)\geqslant 1.1\times 10\times 9$$

所以 $h\leqslant 3.5$ m

解法二:$\gamma_m(H-h)=\gamma_w H \quad\Rightarrow\quad 18\times(9-h)=10\times 9$

$h=4$ m

答案为(A)。

2.[**答案**](B)

[**解析**]据《土工试验方法标准》(GB/T 50123—1999)第 14.1.16 条计算如下。

$$\bar{h}=\frac{1}{4}\times[(20-1.25)+(20-1.95)]=9.2\ (\text{mm})=0.92\ (\text{cm})$$

$$C_v=0.848\bar{h}^2/T_{90}=0.848\times 0.92^2/(9\times 60)=1.329\times 10^{-3}\,(\text{cm}^2/\text{s})$$

答案为(B)。

3.[**答案**](B)

[**解析**]分析 1 线为孔径过小造成放入旁压器探头时周围压力过大,产生了初始段压力增加时旁压器不能膨胀的现象。

2 线为正常的旁压曲线。

3 线为钻孔直径大于旁压器探头直径,而使得压力较小时即产生了较大的变形值(旁压器的膨胀值)

4 线为一圆滑的下凹曲线,压力增加时变形持续增加,没有明显的直线变形段,说明孔壁土体已受到严重扰动。

答案为(B)。

4.[**答案**](D)

[**解析**]解法一:

$$e=\frac{G_s\rho_w(1+0.01w)}{\rho}-1=\frac{2.73\times 1\times(1+0.01\times 30)}{1.85}-1=0.918\ 4$$

$$\rho_{sr}=\frac{G_s+e}{1+e}\rho_w=\frac{2.73+0.918\ 4}{1+0.918\ 4}\times 1=1.901\ 7$$

$$\rho'=\rho_{sr}-\rho_w=1.901\ 7-1=0.901\ 7\ (\text{g/cm}^3)$$

$$r'=\rho' g=0.901\ 7\times 10=9.017\ (\text{kN/m}^3)$$

解法二:

$$\rho_d=\frac{\rho}{1+0.01w}=\frac{1.85}{1+0.01\times 30}=1.423\ (\text{g/cm}^3)$$

$$\rho'=\frac{\rho_d(G_s-1)}{G_s}=\frac{1.423\times(2.73-1)}{2.73}=0.902\ (\text{g/cm}^3)$$

$$r'=\rho' g=0.902\times 10=9.02\ (\text{kN/m}^3)$$

答案为(D)。

5.[答案](C)

[解析]$k=\dfrac{0.732Q}{(2H-S_1-S_2)(S_1-S_2)}\lg\dfrac{r_2}{r_1}$

$=\dfrac{0.732\times1.5\times10^3\times10^{-6}\times24\times60\times60}{(2\times11.5-0.75-0.45)\times(0.75-0.45)}\times\lg\dfrac{10}{4.5}$

$=5.03\ (\text{m/d})$

答案为(C)。

6.[答案](B)

[解析] 据《建筑地基基础设计规范》(GB 50007—2011)第5.2.2条计算如下。

$P_k=\dfrac{F+G}{A}=\dfrac{260+100}{3.6\times1}=100\ (\text{kPa})$

$e=0.8\ \text{m}>\dfrac{b}{6}=\dfrac{3.6}{6}=0.6\ (\text{m})$

$P_{kmax}=\dfrac{2(F_k+G_k)}{3al}=\dfrac{2\times(260+100)}{3\times(1.8-0.8)\times1}=240\ (\text{kPa})$

①$f_a\geqslant P_k=100\ (\text{kPa})$

②$1.2f_a\geqslant P_{kmax}=240\qquad f_a\geqslant200\ (\text{kPa})$

答案为(B)。

7.[答案](D)

[解析] 据《建筑地基基础设计规范》(GB 50007—2011)第5.1.7条、第5.1.8条、附录G计算如下。

$\Psi_{zs}=1.0$;$\Psi_{zw}=0.85$;$\Psi_{ze}=0.95$

$z_d=z_0\Psi_{zs}\Psi_{zw}\Psi_{ze}=2\times1\times0.85\times0.95=1.615\ (\text{m})$

查附录G得:$h_{max}=0$

$d_{min}=z_d-h_{max}=1.615-0=1.615\ (\text{m})$

答案为(D)。

8.[答案](A)

[解析] 据《建筑地基基础设计规范》(GB 50007—2011)第5.4.2条计算如下。

$a\geqslant3.5b-\dfrac{d}{\tan\beta}$

$4\geqslant3.5\times2.4-\dfrac{d}{\tan30^\circ}$

$d=2.54\ \text{m}$

答案为(A)。

9.[答案](C)

[解析] 据《建筑地基基础设计规范》(GB 50007—2011)第5.2.2条计算如下。

解法一:

$e=b/6=4.2/6=0.7\ (\text{m})$

$M_k=eN=eP_kA=0.7\times200\times4.2\times4.2=2\ 469.6\ (\text{kN}\cdot\text{m})$

$H\times(18+2)=M_k=2\ 469.6\ (\text{kN}\cdot\text{m})$

$H=123.48\ \text{kN}$

解法二:

$P_{kmin}=\dfrac{F_k+G_k}{A}-\dfrac{M_k}{W}=0$

$$M_k=\frac{F_k+G_k}{A}W=200\times\frac{4.2\times4.2^2}{6}=2\ 469.6\ (\text{kN}\cdot\text{m})$$

$H\times(18+2)=M_k=2\ 469.6\ (\text{kN}\cdot\text{m})$

$H=123.48$ kN

解法三：

$$M_k=P_kA\left(\frac{b}{2}-\frac{b}{3}\right)=200\times4.2\times4.2\times\left(\frac{4.2}{2}-\frac{4.2}{3}\right)=2\ 469.6\ (\text{kN}\cdot\text{m})$$

$H\times(18+2)=M_k=2\ 469.6\ (\text{kN}\cdot\text{m})$

$H=123.48$ kN

答案为(C)。

10.[**答案**](C)

[**解析**]图1正八字形裂缝产生的原因为中间沉降大，两侧侧降小。

图2倒八字形裂缝产生的原因为中间沉降小、两侧沉降大。

图3向右侧倾斜的斜裂缝为右侧沉降依次增大而左侧沉降依次较小，这与观测结果吻合。

图4水平裂缝为水平变形引起的裂缝。

答案为(C)。

11.[**答案**](B)

[**解析**]据《建筑地基基础设计规范》(GB 50007—2011)第5.2.2条计算如下。

$W=lb^2/6=2\times3^2/6=3\ (\text{m}^3)$

答案为(B)。

12.[**答案**](A)

[**解析**]据《建筑桩基技术规范》(JGJ 94—2008)第5.4.6条计算如下。

$T_{uk}=\sum\lambda_s q_{sik}u_i l_i=0.7\times40\times0.6\times3.14\times10+0.6\times80\times0.6\times3.14\times2=708.384$

$$T_{gk}=\frac{1}{n}u_l\sum\lambda_i q_{sik}l_i$$

$$=\frac{1}{12}\times(1.8\times2+0.6+1.8\times3+0.6)\times2\times(0.7\times40\times10+0.6\times80\times2)$$

$$=639.2$$

$T_{gk}/T_{uk}=639.2/708.384=0.902$

答案为(A)。

13.[**答案**](D)

[**解析**]据《建筑桩基技术规范》(JGJ 94—2008)第5.7.3条计算如下。

解法一：

$$\eta_i=\frac{\left(\frac{S_a}{d}\right)^{0.015n_2+0.45}}{0.15n_1+0.10n_2+1.9}=\frac{\left(\frac{1.8}{0.6}\right)^{0.015\times4+0.45}}{0.15\times3+0.10\times4+1.9}=0.636\ 8$$

$\eta_h=\eta_i\eta_r+\eta_l+\eta_b=0.636\ 8\times2.05+0.3+0.2=1.805\ 4$

$R_h=\eta_h R_{ha}=1.805\ 4\times100=180.54\ (\text{kN})$

解法二：

$$\eta_i=\frac{\left(\frac{1.8}{0.6}\right)^{0.015\times3+0.45}}{0.15\times4+0.10\times3+1.9}=0.615\ 2$$

$\eta_h=0.615\ 2\times2.05+0.3+0.2=1.761\ 2$

$R_h=\eta_h R_{ha}=1.7612\times 100=176.12$ (kN)

答案为(D)。

14.［**答案**］(B)

［**解析**］据《建筑桩基技术规范》(JGJ 94—2008)第5.5.6条、第5.5.9条计算如下。

$$\Psi_e=C_0+\frac{n_b-1}{C_1(n_b-1)+C_2}=0.09+\frac{3-1}{1.5\times(3-1)+6.6}=0.298$$

$$S'=P_0\sum\frac{Z_i\alpha_i-Z_{i-1}\alpha_{i-1}}{E_{si}}$$

$$=4\times 420\times[(0.66-0)/30+(1.078-0.66)/10]=107.184\ (\text{mm})$$

$$S=\Psi\Psi_e S'=1.1\times 0.298\times 107.184=35.13\ (\text{mm})$$

答案为(B)。

15.［**答案**］(A)

［**解析**］据《工程地质手册》(第四版)P368计算如下。

$$S_c=\sum\frac{\Delta h_i}{1+e_i}C_{ci}\lg\frac{P_{ci}+\Delta P_i}{P_{ci}}$$

$$=\frac{10}{1+2.33}\times 0.8\times\lg\frac{5\times(15-10)+120}{5\times(15-10)}$$

$$=1.834\ (\text{m})$$

答案为(A)。

16.［**答案**］(B)

［**解析**］据《建筑地基处理技术规范》(JGJ 79—2012)第7.2.2条及有关公式计算如下。

解法一：$S=0.95\xi d\sqrt{\dfrac{1+e_0}{e_0-e_1}}$

$$1.6=0.95\times 1\times 0.6\times\sqrt{\frac{1+0.85}{0.85-e_1}}$$

$$e_1=0.615$$

$$n_1=\frac{e_1}{1+e_1}=\frac{0.615}{1+0.615}=0.3808$$

$$n_2=\frac{e_2}{1+e_2}=\frac{0.85}{1+0.85}=0.4595$$

$$(1-n_1)V_1=(1-n_2)V_2$$

$$V_2=(1-n_1)V_1/(1-n_2)=[(1-0.3808)\times\frac{3.14}{4}\times 0.6^2\times 1]/(1-0.4595)$$

$$=0.3237\ (\text{m}^3)$$

解法二：按解法一步骤求出挤密后砂土的孔隙比 $e_1=0.615$

桩间土体的应变量 ε 为

$$\varepsilon=\frac{e_0-e_1}{1+e_0}=\frac{0.85-0.615}{1+0.85}=0.127$$

设1 m桩体的体积为 V_1，需填入的松散砂的体积为 V_0 则

$$\frac{V_0-V_1}{V_0}=\varepsilon$$

$$\frac{V_0-\frac{3.14}{4}\times 0.6^2\times 1}{V_0}=0.127$$

$V_0=0.3237\ m^3$

解法三：按解法一步骤求出挤密后砂土的孔隙比 $e=0.615$

$\rho_d=\dfrac{G_s\rho_w}{1+e}$

$V_1\rho_{d1}=V_2\rho_{d2}$

$\dfrac{3.14}{4}\times0.6^2\times1\times\dfrac{G_s\rho_w}{1+0.615}=V_2\ \dfrac{G_s\rho_w}{1+0.85}$

$V_2=0.3237\ m^3$

答案为(B)。

17.［**答案**］(D)

［**解析**］据《建筑地基处理技术规范》(JGJ 79—2012)第4.2.2条计算如下。

$P_k=\dfrac{F_k+G_k}{A}=\dfrac{6\,000+1\,200}{6\times6}=200\ (kPa)$

$P_c=\gamma d=18\times1.5=27\ (kPa)$

$P_z=\dfrac{bl(P_k-P_c)}{(b+2z\tan\theta)(l+2z\tan\theta)}=\dfrac{6\times6\times(200-27)}{(6+2\times2\times\tan28^\circ)^2}=94.3\ (kPa)$

答案为(D)。

18.［**答案**］(C)

［**解析**］据《建筑地基处理技术规范》(JGJ 79—2012)计算如下。

$f_{spk}=\lambda m\dfrac{R_a}{A_p}+\beta(1-m)f_{sk}$

$R_a=\dfrac{A_p}{\lambda m}[f_{spk}-\beta(1-m)f_{sk}]=\dfrac{3.14\times0.5^2}{4\times0.18}\times[160-0.5\times(1-0.18)\times70]$

$=143.15\ (kN)$

$R_a=\eta f_{cu}A_p$

$f_{cu}=R_a/(\eta A_p)=143.15/\left(0.25\times\dfrac{3.14}{4}\times0.5^2\right)=2\,917.68(kPa)=2.91\ (MPa)$

答案为(C)。

19.［**答案**］(C)

［**解析**］水平地震力为：$F_H=aG=0.1\times10\,000\times20=20\,000\ (kN)$

稳定性系数 F_s：

$$F_s=\frac{(G\cos\alpha-F_H\sin\alpha)\tan\varphi+cA}{G\sin\alpha+F_H\cos\alpha}$$

$$=\frac{(10\,000\times20\times\cos20^\circ-20\,000\times\sin20^\circ)\times\tan30^\circ+0}{20\times10\,000\times\sin20^\circ+20\,000\times\cos20^\circ}$$

$=1.199\approx1.2$

答案为(C)。

20.［**答案**］(D)

［**解析**］$K_a=\tan^2(45-\varphi/2)=\tan^2(45^\circ-20^\circ/2)=0.49$

$e_{amax}=\gamma HK_a=18\times20\times0.49=176.4\ (kN/m^2)$

$E_a=\dfrac{1}{2}e_{amax}H=\dfrac{1}{2}\times176.4\times20=1\,764\ (kN/m^2)$

$b_1=b+h\tan(45^\circ-\varphi/2)=3+8\times\tan(45^\circ-20^\circ/2)=8.6\ (m)$

$q_v=(2b_1\gamma H-2E_a\tan\varphi)/(2b_1)$

$=(2\times8.6\times18\times20-2\times1\ 764\times\tan20°)/(2\times8.6)$

$=285.3$ (kPa)

答案为(D)。

21.[**答案**](C)

[**解析**]$F_s=\dfrac{G\cos\alpha\tan\varphi+cA}{G\sin\alpha}=\dfrac{\tan\varphi}{\tan\alpha}$

$\tan\alpha=\tan\varphi/F_s=\tan 45°/1.3=0.769\ 23$

$\alpha=37.6°$

答案为(C)。

22.[**答案**]暂无

23.[**答案**](A)

[**解析**]按朗肯土压力理论计算如下。

土压力为:$e_a=\sigma_a K_a-2c\sqrt{K_a}$

$=\gamma h K_a-0$

$=10.2\times h\times\tan^2(45°-38°/2)=2.426h$

水压力为:$P_w=\gamma_w h=10h$

泥皮外侧总压力为:$P_{外}=e_a+P_w=2.426h+10h=12.426h$

则 $\gamma_{泥}\ h=12.426h$,$\gamma_{泥}=12.426\ (kN/m)^3=1.24\ (g/cm)^3$

答案为(A)。

24.[**答案**](A)

[**解析**]据《建筑基坑支护技术规程》(JGJ 120—2012)第6.1.2条计算如下。

$u_m=\gamma_w(h_{wa}+h_{wp})/2=10\times(6+2)/2=40$ (kPa)

$G=10\times b\times1\times\gamma_{cs}=220b$

$$\frac{E_{pk}a_p+(G-u_m b)a_G}{E_{ak}a_a}\geqslant K_{ov}$$

$$\frac{1\ 237\times1.7+(220b-40b)\times\dfrac{b}{2}}{1\ 550\times3.6}\geqslant1.3$$

解得 $b\geqslant4.1$ m

答案为(A)。

25.[**答案**](A)

据《公路路基设计规范》(JTG D30—2004)计算如下。

$$M=\frac{1}{12}Qb^2=\frac{1}{12}\times19\ 000\times8^2=101\ 333.3\ (kN\cdot m)$$

$$H=\sqrt{\frac{6M}{B[\sigma]}}K=\sqrt{\frac{6\times101\ 333.3}{20\times4.2\times1\ 000}}\times2=5.38\ (m)$$

答案为(A)。

26.[**答案**](D)

据《全国注册岩土工程师专业考试培训教材》第八篇第十一章计算如下。

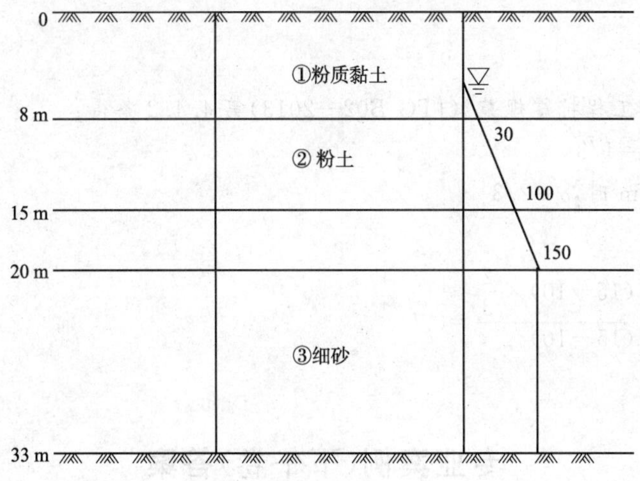

题 26 解图

$S_1=\frac{\Delta P_1}{E_{s1}}h_1=\frac{(0+30)/2}{5.2\times10^3}\times(8-5)\times10^3=8.65\ (\mathrm{mm})$

$S_2=\frac{\Delta P_2}{E_{s2}}h_2=\frac{(100+30)/2}{6.7\times10^3}\times7\times10^3=67.91\ (\mathrm{mm})$

$S_3=\frac{\Delta P_3}{E_{s3}}h_3=\frac{(150+100)/2}{12\times10^3}\times(20-15)\times10^3=52.08\ (\mathrm{mm})$

$S_4=\frac{\Delta P_4}{E_{s3}}h_4=\frac{150}{12\times10^3}\times(18-5)\times10^3=162.5\ (\mathrm{mm})$

$S=S_1+S_2+S_3+S_4=8.65+67.91+52.08+162.5=291.14\ (\mathrm{mm})$

答案为(D)。

27.[**答案**](B)

据题意得:

$Q=\pi R^2 h\mu\beta\alpha(1-\gamma)$

$=3.14\times1.5^2\times5.4\times0.24\times0.85\times1.2\times(1-0.1)$

$=8.4\ (\mathrm{m^3})$

答案为(B)。

28.[**答案**](A)

[**解析**]据《建筑抗震设计规范》(GB 50011—2010)第5.1.5条计算:

$\alpha_{甲}=\eta_2\alpha_{\max}(T_{甲}=0.25\mathrm{s}<T_g=0.35\ \mathrm{s})$

$\alpha_{乙}=\left(\frac{T_g}{T_{乙}}\right)^{\gamma}\eta_2\alpha_{\max}(T_g=0.35\ \mathrm{s}<T_{乙}<5T_g=1.75\ \mathrm{s})$

$\alpha_{甲}/\alpha_{乙}=\frac{\eta_2\alpha_{\max}}{\left(\frac{T_g}{T_{乙}}\right)^{\gamma}\eta_2\alpha_{\max}}=\left(\frac{T_{乙}}{T_g}\right)^{\gamma}=\left(\frac{0.6}{0.35}\right)^{0.9}=1.62$

答案为(A)。

29.[**答案**](B)

[**解析**]划分场地抗震类别时应按等效剪切波速及覆盖层厚度划分,而等效剪切波速的计算深度应取20 m和覆盖层厚度中的较小者,覆盖层厚度至少应大于30 m,所以,测试深度不宜小于20 m即可。

答案为(B)。

30.[**答案**](C)

[**解析**]由《公路工程抗震规范》(JTG B02—2013)第 4.4.2 条得：

$d_s \leqslant 10$ m 时，$\alpha = 1/3$

10 m$<d_s\leqslant 20$ m 时，$\alpha = 2/3$

加权平均：

$$\frac{(10-5)\times\frac{1}{3}+(15-10)\times\frac{2}{3}}{(10-5)+(15-10)}=0.5$$

答案为(C)。

专业案例(下午卷)答案

1.[**答案**](A)

[**解析**]据《工程岩体分级标准》(GB 50218—2014)第 4.2.2 条计算如下。

$$K_v=\left(\frac{V_{pm}}{V_{pr}}\right)^2=\left(\frac{2\ 777}{5\ 067}\right)^2=0.3$$

$90K_v+30=57>R_c=40$，取 $R_c=40$ MPa

$0.04R_c+0.4=2>K_v=0.3$，取 $K_v=0.3$

$BQ=90+3R_c+250K_v=90+3\times 40+250\times 0.3=285$

答案为(A)。

2.[**答案**](C)

[**解析**]据《岩土工程勘察规范》(GB 50021—2001)(2009 年版)第 6.9.4 条条文说明计算如下：

$$w_f=\frac{w-w_A\times 0.01P_{0.5}}{1-0.01P_{0.5}}=\frac{30.6-5\times 0.01\times 40}{1-0.01\times 40}=47.7$$

$I_P=w_L-w_P=50-30=20$

$$I_L=\frac{w_F-w_P}{I_P}=\frac{47.7-30}{20}=0.885$$

答案为(C)。

3.[**答案**](A)

[**解析**]据《湿陷性黄土地区建筑规范》(GB 50025—2004)第 4.3.4 条及物理指标间关系计算：

$$\rho_d=\frac{\rho}{1+0.01w}=\frac{1.50}{1+0.01\times 14}=1.32\ (\text{g/cm}^3)$$

$$\rho_s=\rho_d\left(1+\frac{S_r e}{d_s}\right)=1.32\times\left(1+\frac{0.85\times 1.05}{2.7}\right)=1.756\ (\text{g/cm}^3)$$

$P_0=\gamma H=17.56\times 4=70.3$ (kPa)

答案为(A)。

4.[**答案**](B)

[**解析**]据《铁路工程特殊岩土勘察规程》(TB 10038—2012)第 6.2.4 条条文说明计算如下：

$H_c=5.52\ C_u/\gamma=5.52\times 8/18.5=2.387$ (m)

答案为(B)。

5.[**答案**](D)

[解析]据《建筑抗震设计规范》(GB 50011—2010)第4.1.1条：

①基岩起伏大，非稳定的基岩面，不属于有利地段；

②地形平坦，非岸边及陡坡地段，不属于不利地段；

③断层角砾岩有胶结，不属于全新世活动断裂，非危险地段；

据以上三点，该场地为可进行建设的一般场地。

答案为(D)。

6.[答案](A)

[解析]据《建筑地基基础设计规范》(GB 50007—2011)第5.2.2条计算如下。

$$e \leqslant \frac{0.1W}{A}=\frac{0.1lb^2}{6lb}=\frac{0.1b}{6}=\frac{0.1\times 10}{6}=0.167\ (\mathrm{m})$$

$M=200\times 0.167=33.3\ (\mathrm{MN\cdot m})$

答案为(A)。

7.[答案](C)

[解析]据《建筑地基基础设计规范》(GB 50007—2011)第8.2.11条及题意知，验算局部弯曲时，与基础底面处的自重应力无关，答案(A)不正确，而基础底面的水压力必须考虑，所以(B)、(D)不正确，答案(C)正确。

8.[答案](B)

[解析]据《建筑地基基础设计规范》(GB 50007—2011)第5.2.2条计算如下。

$$e=0.6\ \mathrm{m}>\frac{b}{6}=\frac{3}{6}=0.5\ (\mathrm{m})$$

$$a=\frac{b}{2}-e=\frac{3}{2}-0.6=0.9\ (\mathrm{m})$$

$A=3al=3\times 0.9\times 3=8.1\ (\mathrm{m^2})$

答案为(B)。

9.[答案](A)

[解析]据《建筑地基基础设计规范》(GB 50007—2011)第8.2.11条计算如下。

$$\frac{p_j-p_{\min j}}{p_{\max j}-p'_{\min j}}=\frac{b-a_1}{b}$$

$$\frac{p_j-60}{150-30}=\frac{3-1}{3},P_j=120$$

$$M_I=\frac{1}{12}a_1^2\left[(2l+a')\left(P_{\max}+P_j-\frac{2G}{A}\right)+(P_{\max}-P)l\right]$$

$$=\frac{1}{12}\times 1^2\times[(2\times 1+1)\times(150+120)+(150-120)\times 1]$$

$$=70\ (\mathrm{kN\cdot m})$$

答案为(A)。

10.[答案](D)

[解析]据《建筑地基基础设计规范》(GB 50007—2011)第5.2.7条计算如下。

$z/b=2/10=0.2<0.25$，取$\theta=0°$

$p_c=\gamma h=12\times 4=48\ (\mathrm{kPa})$

$p_{cz}=\gamma(h+z)=48+(18-10)\times 2=64\ (\mathrm{kPa})$

$$p_z=\frac{lb(P_k-P_c)}{(b+2z\tan\theta)(l+2z\tan\theta)}=P_k-P_c$$

$p_z + p_{cz} \leqslant f_{az}$

$p_k - p_c + p_{cz} \leqslant f_{az}$

$p_k \leqslant f_{az} + p_c - p_{cz} = 130 + 48 - 64 = 114$ (kPa)

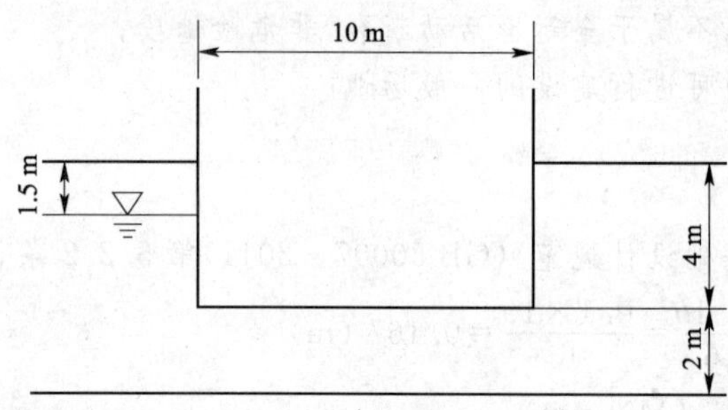

题 10 解图

答案为(D)。

11.[答案](C)

[解析]据《建筑地基基础设计规范》(GB 50007—2011)第 5.2.6 条和附录 J 计算如下。

$f_{\gamma m} = \frac{1}{6} \times (9+11+13+10+15+7) = 10.83$ (MPa)

$$\sigma = \sqrt{\frac{\sum \mu_i^2 - n\mu^2}{n-1}}$$

$$= \sqrt{(9^2+11^2+13^2+10^2+15^2+7^2-6\times 10.83^2)/(6-1)}$$

$$= 2.873$$

$\delta = \sigma/\mu = 2.873/10.83 = 0.265$

$$\Psi = 1 - \left(\frac{1.704}{\sqrt{n}} + \frac{4.678}{n^2}\right)\delta$$

$$= 1 - \left(\frac{1.704}{\sqrt{6}} + \frac{4.678}{6^2}\right) \times 0.265$$

$$= 0.781$$

$f_{\gamma k} = \Psi f_{\gamma m} = 0.781 \times 10.83 = 8.46$ (MPa)

Ψ_γ 最大可取 0.2.

$f_a = \Psi_\gamma f_{\gamma k} = 0.2 \times 8.46 \times 1\,000 = 1\,692$ (kPa) ≈ 1.7 (MPa)

答案为(C)。

12.[答案](B)

[解析]据《建筑桩基技术规范》(JGJ 94—2008)第 5.2.2 条计算如下:

$Q_{sk} = u \sum q_{sik} l_i = 3.14 \times 0.6 \times (40\times 10 + 80 \times 2) = 1\,055.04$ (kN)

$Q_{pk} = A_p q_{pik} = \frac{3.14}{4} \times 0.6^2 \times 3\,000 = 847.8$ (kN)

$R_a = \frac{1}{2} Q_{uk} = \frac{1}{2} \times (1\,055.04 + 847.8) = 951.42$

$A_c = (6.6 \times 4.8 - 12 \times 3.14 \times 0.3^2)/12 = 2.36$

$R = R_a + \eta_c f_{ak} A_c = 951.42 + 0.26 \times 120 \times 2.36 = 1\,025.1$ (kN)

答案为(B)。

13.［**答案**］(A)

［**解析**］据《建筑桩基技术规范》(JGJ 94—2008)第 5.1.1 条计算如下：

$$N_{max}=\frac{F+G}{N}+\frac{M_y X_{max}}{\sum X_j^2}$$

$$=\frac{12\ 000+4.8\times 6.6\times 2\times 20}{12}+\frac{(1\ 000+600\times 1.5)\times(1.8+0.9)}{6\times 0.9^2+6\times(1.8+0.9)^2}$$

$$=1\ 211.2\ (\text{kN})$$

答案为(A)。

14.［**答案**］(A)

［**解析**］据《建筑桩基技术规范》(JGJ 94—2008)附录 G 计算如下：

$L_c=1.05L=1.05\times 7=7.35$ (m)

$$M=\frac{1}{12}qL_c^2=\frac{1}{12}\times 100\times 7.35^2=450.2\ (\text{kN}\cdot\text{m})$$

答案为(A)。

15.［**答案**］(A)

［**解析**］据《桩基工程手册》单桩水平静载试验计算如下。

$b_0=0.9(1.5d+0.5)=0.9\times(1.5\times 0.4+0.5)=0.99$ (m)

$$m=\frac{\left(\frac{H_{cr}}{X_{cr}}v_x\right)^{5/3}}{b_0(EI)^{2/3}}=\frac{\left(\frac{120-15}{2.6\times 10^{-3}}\right)^{5/3}\times 4.425}{0.99\times 877}=242\ 273\ (\text{kN/m}^4)\approx 242.3\ (\text{MN/m}^4)$$

答案为(A)。

16.［**答案**］(A)

［**解析**］据《建筑地基处理技术规范》(JGJ 79—2012)第 7.1.5 条计算如下。

$d_e{}'=1.13s'=1.13\times 1.5=1.695$ (m)

$m_1=d^2/d_e{}'^2=0.6^2/1.695^2=0.125\ 3$

由 $n=f_{pk}/f_{sk}$，$f_{spk}=[1+m(n-1)]f_{sk}$ 得：

$f_{spk}=mf_{pk}+(1-m)f_{sk}$

$140=0.125\ 3\times 450+(1-0.125\ 3)f_{sk}$

$f_{sk}=95.59$ kPa

$$m_2=\frac{f_{spk}-f_{sk}}{f_{pk}-f_{sk}}=\frac{155-95.59}{450-95.59}=0.167\ 6$$

$$d_e=\frac{d}{\sqrt{m}}=\frac{0.6}{\sqrt{0.167\ 6}}=1.466\ (\text{m})$$

$s=0.89d_e=0.89\times 1.466=1.30$ (m)

答案为(A)。

17.［**答案**］(B)

［**解析**］据《建筑地基处理技术规范》(JGJ 79—2012)第 5.2.8 条计算如下。

$d_e=1.05l=1.05\times 2.8=2.94$ (m)

$d_e/d_w=2.94/0.3=9.8$

$$F=F_n=\frac{n_2}{n^2-1}\ln n-\frac{3n^2-1}{4n^2}=\frac{9.8^2}{9.8^2-1}\times\ln 9.8-\frac{3\times 9.8^2-1}{4\times 9.8^2}=1.559$$

$$\overline{u}_r=1-e^{\left(-\frac{8C_h}{F_n d_e{}^2}t\right)}$$

2006年专业案例（下午卷）答案

$=1-e^{\left(-\frac{8\times3\times10^{-3}}{1.559\times294^{2}}\times150\times24\times60\times60\right)}$

$=0.901$

答案为(B)。

18.[**答案**](C)

[**解析**]据《建筑地基处理技术规范》(JGJ 79—2012)第6.3.5条第11款计算如下。

解法一：$d_e=1.05s=1.05\times2.5=2.625$ (m)

$m=d^2/d_e^{\,2}=1.2^2/2.625^2=0.209$

$$f_{spk}=mf_{pk}+(1-m)f_{sk}=mf_{pk}=m\frac{R_a}{A_p}$$

$$=0.209\times\frac{800\times4}{3.14\times1.2^2}=147.9\ (\text{kPa})$$

解法二：$d_e=2.625$(m)

$$f_{spk}=\frac{R_a}{A_e}=\frac{800\times4}{3.14\times2.625^2}=147.9\ (\text{kPa})$$

答案为(C)。

19.[**答案**](D)

[**解析**]取一个垂直的单元柱体计算如下。

①砂土层中部及砂土与黏土界面在砂土一侧

$K_s=\tan\varphi/\tan\theta=\tan35°/\tan30°=1.21$

②砂土与黏土界面在黏土一侧

$$K_s=\frac{\gamma V\cos\theta\tan\varphi+AC}{\gamma V\sin\theta}$$

$$=\frac{18\times1^2\times3\times\cos30°\times\tan20°+(1^2/\cos30°)\times30}{18\times1^2\times3\times\sin30°}=1.91$$

③黏土与岩石界面上

$$K_s=\frac{18\times1^2\times5\times\cos30°\tan15°+(1^2/\cos30°)\times25}{18\times1^2\times5\times\sin30°}=1.106$$

在类似问题中，一般在土与岩石界面处最不稳定。

答案为(D)。

20.[**答案**](C)

[**解析**]假定在边坡结构面的剪出口处无水渗出，则有：

垂直于滑动面的水压为P_w：

$$P_w=\frac{1}{2}\gamma_w hl=\frac{1}{2}\times10\times8\times8/\sin35°=557.9\ (\text{kN})$$

$$K_s=\frac{(\gamma V\cos\theta-P_w)\tan\varphi+AC}{\gamma V\sin\theta}$$

$$=\frac{(740\times\cos35°-557.9)\times\tan18°+1\times(12/\sin35°)\times25}{740\times\sin35°}$$

$=1.27$

答案为(C)。

21.[**答案**](C)

[**解析**]当采用黏性土填土时：

$e_a = \gamma h_0 K_a - 2c\sqrt{K_a} = 0$

$h_0 = 2C/\gamma\sqrt{K_a} = (2\times 20)/[20\times\tan(45° - 22/2)] = 2.97$ (m)

$E_a = \frac{1}{2}(\gamma h K_a - 2c\sqrt{K_a})(h - h_0)$

$= \frac{1}{2}\times[20h\times\tan^2(45° - 22°/2) - 2\times 20\times\tan(45° - 22°/2)](h - 2.97)$

当采用砂土填土时：

$E'_a = \frac{1}{2}(\gamma' h K'_a - 0)h = \frac{1}{2}\gamma' h^2 Ka = \frac{1}{2}\times 20h^2\times\tan^2(45° - 38°/2)$

令 $E'_a = E_a$，解得 $h = 10.7$ m

答案为(C)。

22.［**答案**］(D)

［**解析**］据《建筑边坡工程技术规范》(GB 50330—2013)第 11.2.3 条计算如下。

$G_n = G\cos\alpha_0 = 300\times\cos 6° = 298.4$ (kN/m)

$G_t = G\cos\alpha_0 = 300\times\sin 6° = 31.4$ (kN/m)

$E_{at} = E_a\sin(\alpha - \alpha_0 - \delta) = 200\times\sin(90° - 20° - 6° - 15°) = 150.9$ (kN/m)

$E_{an} = E_a\cos(\alpha - \alpha_0 - \delta) = 200\times\cos(90° - 20° - 6° - 15°) = 131.2$ (kN/m)

$F_s = \frac{(G_n + E_{an})\mu}{E_{at} - G_t} = \frac{(298.4 + 131.2)\times 0.33}{150.9 - 31.4} = 1.186 \approx 1.2$

答案为(D)。

23.［**答案**］(D)

［**解析**］滑动力即水平向水压力 E_w 为：

$E_w = \frac{1}{2}\gamma_w H^2 - \frac{1}{2}\gamma_w h^2 = \frac{1}{2}\times 10\times 10^2 - \frac{1}{2}\times 10\times 2^2 = 480$ (kN/m)

扬压力 P_w 为：

$P_w = \frac{1}{2}(\gamma_w H + \gamma_w h)L = \frac{1}{2}\times(10\times 10 + 10\times 2)\times 10 = 600$ (kN/m)

$F_s = \frac{(G - P_w)\mu}{E_w} = \frac{(2\,000 - 600)\times 0.4}{480} = 1.17$

答案为(D)。

24.［**答案**］(B)

［**解析**］据附录 V 计算：

$\frac{N_c\tau_0 + \gamma t}{\gamma(h + t) + q} \geqslant 1.6$

$\frac{5.14\times 30 + 19\times(8 - h)}{19\times 8 + 0} \geqslant 1.6$

$h = 3.3$ m

答案为(B)。

25.［**答案**］(A)

［**解析**］据第 6.3.4 条 2 款，取破裂角为 58°

$L = \frac{H}{\tan 58°} - \frac{H}{\tan 65°} = \frac{22}{\tan 58°} - \frac{22}{\tan 65°} = 3.5$ (m)

答案为(A)。

26.[**答案**](C)

[**解析**]$P_w=\frac{1}{2}\gamma_w d^2=\frac{1}{2}\times 10\times 12^2=720$ (kN/m)

$$K_s=\frac{G\cos\alpha\tan\varphi+CA-P_w\sin\alpha\tan\varphi}{G\sin\alpha+P_w\cos\alpha}=1$$

$$1=\frac{15\ 000\times\cos 28°\times\tan 25°-720\times\sin 28°\times\tan 25°+C\times 52\times 1}{15\ 000\times\sin 28°+720\times\cos 28°}$$

解得 $C=31.9$ kPa。

答案为(C)。

27.[**答案**](A)

[**解析**]据《湿陷性黄土地区建筑规范》(GB 50025—2004)第4.4.5条计算如下。

$$\begin{aligned}\Delta_s&=\sum\beta\delta_{si}h_i\\&=1.0\times(0.019\times 1\ 000+0.018\times 1\ 000+0.016\times 1\ 000+0.015\times 1\ 000)+\\&\quad 0.9\times 0.017\times 1\ 000\\&=83.3\ (\text{mm})\end{aligned}$$

答案为(A)。

28.[**答案**](B)

[**解析**]据《膨胀土地区建筑技术规范》(GB 50112—2013)第5.2.7条及第5.2.9条计算如下。

$1.2w_p=1.2\times 18=21.6<w=23$

收缩变形量计算:

$$\begin{aligned}S_s&=\Psi_s\sum\lambda_{si}\Delta W_i h_i\\&=0.8\times 0.5\times 0.029\ 8\times 0.6\times 10^3+0.8\times 0.46\times 0.025\times 0.7\times 10^3+0.8\times 0.4\times\\&\quad 0.018\ 5\times 0.7\times 10^3+0.8\times 0.3\times 0.012\ 5\times 0.8\times 10^3\\&=20.136\ (\text{mm})\end{aligned}$$

答案为(B)。

29.[**答案**](D)

[**解析**]据《建筑抗震设计规范》(GB 50011—2010)第4.2.4条计算如下。

①$P\leqslant f_{aE}=\zeta_a f_a=1.3\times 300=390$ (kPa)

②$P_{max}\leqslant 1.2f_{aE}=1.2\times 390=468$ (kPa)

③$H/B=42/10=4.2>4$

建筑物基础底面不宜出现拉应力,所以不应出现零应力区。(D)不正确。

答案为(D)。

30.[**答案**](B)

[**解析**]据《水工建筑物抗震设计规范》(DL 5073—2000)附录A

①不考虑孔隙水压力时

$$K_i=\frac{N_i\tan\varphi_i+c_i l_i}{T_i}=\frac{583\times\tan 42°+0}{415}=1.26$$

②考虑孔隙水压力时

$$K_i=\frac{N_i\tan\varphi_i+0}{T_i}=\frac{\left[583-(100-10\times 6)\times\dfrac{3.2}{\cos 19.3°}\right]\times\tan 42°}{415}=0.97$$

答案为(B)。

2007年全国注册岩土工程师专业考试试卷(新解)

专业知识(上午卷)

一、单项选择题(共40题,每题1分。每题的备选项中只有一个最符合题意)

1. 新建铁路的工程地质勘察应按(　　)所划分的四个阶段开展工作。

(A)踏勘、初测、定测、补充定测

(B)踏勘、加深地质工作、初测、定测

(C)踏勘、初测、详细勘察、施工勘察

(D)规划阶段、可行性研究阶段、初步设计阶段、技施设计阶段

2. 某硬质岩石,其岩体平均纵波速度为3 600 m/s,岩块平均纵波速度为4 500 m/s。该岩体的完整程度分类为(　　)。

(A)完整　　(B)较完整

(C)较破碎　　(D)破碎

3. 下列关于伊利石、蒙脱石、高岭石三种矿物的亲水性由强到弱的四种排列中,(　　)是正确的。

(A)高岭石>伊利石>蒙脱石　　(B)伊利石>蒙脱石>高岭石

(C)蒙脱石>伊利石>高岭石　　(D)蒙脱石>高岭石>伊利石

4. ZK1号钻孔的岩石钻进中,采用外径75 mm的双层岩芯管,金刚石钻头。某回次进尺1.0 m,芯样长度分别为:6 cm、12 cm、11 cm、8 cm、13 cm、15 cm和19 cm。该段岩石质量指标RQD最接近(　　)。

(A)84%　　(B)70%

(C)60%　　(D)56%

5. 在建筑工程详勘阶段的钻探工作中,下列有关量测偏(误)差的说法中,(　　)是不正确的。

(A)平面位置允许偏差为±0.25 m

(B)孔口高程允许偏差为±5 cm

(C)钻进过程中各项深度数据累计量测允许误差为±5 cm

(D)钻孔中量测水位允许误差为±5 cm

6. 在建筑工程勘察中,对于需采取原状土样的钻孔,口径不得小于(　　)(不包括湿陷性黄土)。

(A)46 mm　　(B)75 mm

(C)91 mm　　(D)110 mm

7. 在饱和软黏土中取Ⅰ级土样时,取土器应选取(　　)最为合适。

(A)标准贯入器　　(B)固定活塞薄壁取土器

(C)敞口薄壁取土器　　(D)厚壁敞口取土器

8. 卡氏碟式液限仪测定的液限含水率和按(　　)试验测定的含水率等效。

选项	圆锥质量/g	圆锥入土深度/mm
(A)	76	17
(B)	76	10
(C)	100	17
(D)	100	10

9. 在土的击实试验中，正确的说法是(　　)。

(A)击实功能越大，土的最优含水率越小

(B)击实功能越大，土的最大干密度越小

(C)在给定的击实功能下，土的干密度始终随含水率增加而增加

(D)在给定的击实功能下，土的干密度与含水率关系不大

10. (　　)所示的土性指标与参数是确定黏性土多年冻土融沉类别所必需和完全的。

(A)融沉系数 δ_0

(B)融沉系数 δ_0，总含水率 w_0

(C)融沉系数 δ_0，总含水率 w_0，塑限 w_p

(D)融沉系数 δ_0，总含水率 w_0，塑限 w_p，液限 w_L

11. 按规范规定，标准贯入试验的钻杆直径应符合(　　)的规定。

(A)25 mm　　(B)33 mm　　(C)42 mm　　(D)50 mm

12. 在某港口工程勘察中，拟在已钻探的口径为 75 mm 的钻孔附近补充一静力触探孔，则该静探孔和已有钻孔的距离至少不得小于(　　)。

(A)1.5 m　　(B)2.0 m　　(C)2.5 m　　(D)3.0 m

13. (　　)的岩体结构面强度相对最低。

(A)泥质胶结的结构面　　(B)层理面

(C)粗糙破裂面　　(D)泥化面

14. 基桩的平面布置可以不考虑(　　)。

(A)桩的类型　　(B)上部结构荷载分布

(C)桩的材料强度　　(D)上部结构刚度

15. 在不产生桩侧负摩阻力的场地，对于竖向抗压桩，下列关于桩、土体系的荷载传递规律的描述，正确的是(　　)。

(A)桩身轴力随深度增加而递减，桩身压缩变形随深度增加而递增

(B)桩身轴力随深度增加而递增，桩身压缩变形随深度增加而递减

(C)桩身轴力与桩身压缩变形均随深度增加而递增

(D)桩身轴力与桩身压缩变形均随深度增加而递减

16. 在同一饱和均质的黏性土中，在各桩的直径、桩型、入土深度和桩顶荷载都相同的前提下，群桩(桩间距为 $4d$)的沉降量与单桩的沉降量比较，正确的选项是(　　)。

(A)小　　(B)大　　(C)两者相同　　(D)无法确定

17. 下列关于桩侧负摩阻力和中性点的论述中，合理的说法是(　　)。

(A)负摩阻力使桩基沉降量减小

(B)对于小桩距群桩，群桩效应使基桩上的负摩阻力大于单桩负摩阻力

(C)一般情况下，对端承桩基，可将中性点以上的桩侧阻力近似为零

(D)中性点处的桩身轴力最大

18. 下列关于抗拔桩基的论述中，正确的说法是(　　)。

(A)相同地基条件下，桩抗拔时的侧阻力低于桩抗压时的侧阻力

(B)抗拔群桩呈整体破坏时的承载力高于呈非整体破坏时的承载力

(C)桩的抗拔承载力由桩侧阻力、桩端阻力和桩身重力组成

(D)钢筋混凝土抗拔桩的抗拔承载力与桩身材料强度无关

19. 柱下桩基承台由于主筋配筋不足而最易发生(　　)。

(A)冲切破坏　　　　(B)弯曲破坏

(C)剪切破坏　　　　(D)局部承压破坏

20. 下列密集预制群桩施工的打桩顺序中，最不合理的流水作业顺序是(　　)。

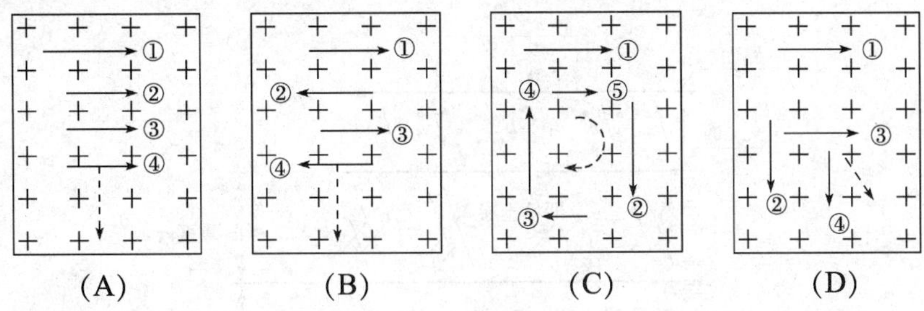

(A)　　(B)　　(C)　　(D)

21. 根据《建筑桩基技术规范》(JGJ 94 2008)的规定，下列有关地震作用效应组合计算时，符合规范要求的选项是(　　)。

(A)轴心竖向力作用下 $\gamma_0 N \leqslant R$，偏心竖向力作用下 $\gamma_0 N_{max} \leqslant 1.2R$

(B)轴心竖向力作用下 $N \leqslant R$，偏心竖向力作用下 $N_{max} \leqslant 1.2R$

(C)轴心竖向力作用下 $N \leqslant 1.25R$，偏心竖向力作用下 $N_{max} \leqslant 1.5R$

(D)轴心竖向力作用下 $\gamma_0 N \leqslant 1.25R$，偏心竖向力作用下 $\gamma_0 N_{max} \leqslant 1.5R$

22. 采用强夯法加固某湿陷性黄土地基，根据《建筑地基处理技术规范》(JGJ 79—2012)，单击夯击至少取(　　)时，预估有效加固深度可以达到6.5 m。

(A)2 500 kN·m　　　　(B)3 000 kN·m

(C)3 500 kN·m　　　　(D)4 000 kN·m

23. 垫层施工应根据不同的换填材料选用相应的施工机械，(　　)所选用的机械是不合适的。

(A)砂石采用平碾、羊足碾和蛙式夯

(B)粉煤灰采用平碾、振动碾和蛙式夯

(C)矿渣采用平碾和振动碾

(D)粉质黏土采用平碾、振动碾、羊足碾和蛙式夯

24. 在采用预压法处理软黏土地基时为防止地基失稳需控制加载速率，下列叙述错误的是(　　)。

(A)在堆载预压过程中需要控制加载速率

(B)在真空预压过程中不需要控制抽真空速率

(C)在真空—堆载联合超载预压过程中需要控制加载速率

(D)在真空—堆载联合预压过程中不需要控制加载速率

25. 某油罐拟建在深厚均质软黏土地基上，原设计采用低强度桩复合地基，工后沉降控制值为12.0 cm。现业主要求提高设计标准，工后沉降控制值改为8.0 cm。修改设计时采用(　　)的措施最为有效。

(A)提高低强度桩复合地基置换率　　(B)提高低强度桩桩体的强度

(C)增加低强度桩的长度　　(D)增大低强度桩的桩径

26. 根据《建筑地基处理技术规范》(JGJ 79—2012)，碱液法加固地基的竣工验收应在加固施工完毕至少(　　)后进行。

(A)7 d　　(B)14 d　　(C)28 d　　(D)90 d

27. 某道路地基剖面如下图所示，其中淤泥层厚度为 h_1，淤泥层顶面至交工面回填土厚度为 h_2，交工面至路面的结构层荷载为 $p_{结}$，道路使用时车辆动荷载为 $p_{车}$，地下水位在淤泥层顶面处。采用压缩曲线法计算淤泥层最终竖向变形量时，压力段为(　　)的取值范围是正确的（用 γ 和 γ' 分别表示土的重度和浮重度）。

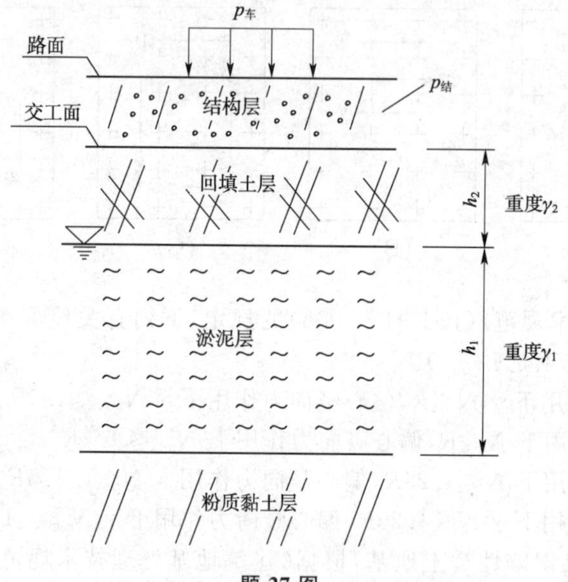

题 27 图

(A)$\gamma'_1 h_1+\gamma_2 h_2+p_{结}+p_{车}$　　(B)$\gamma'_1 h_1+\gamma_2 h_2+p_{结}$

(C)$\frac{1}{2}\gamma'_1 h_1+\gamma_2 h_2+p_{结}+p_{车}$　　(D)$\frac{1}{2}\gamma'_1 h_1+\gamma_2 h_2+p_{结}$

28. 大面积填土地基，填土层厚 8～10 m，填料以细颗粒黏性土为主，拟采用多遍强夯变单击夯击能的方法进行加固试验。关于夯点间距与夯击能的选择较为合理的说法是(　　)。

(A)夯点间距先大后小，夯击能也先大后小

(B)夯点间距先小后大，夯击能先大后小

(C)夯点间距先小后大，夯击能也先小后大

(D)夯点间距先大后小，夯击能先小后大

29. 采用梅纳(Menard)公式估算夯锤质量 20 t，落距 13 m 的强夯处理地基的有效加固深度，修正系数为 0.50。估算的强夯处理有效加固深度最接近于(　　)。

(A)6 m　　(B)8 m　　(C)10 m　　(D)12 m

30. 为增加土质路堤边坡的整体稳定性，采取(　　)的效果是不明显的。

(A)放缓边坡坡率　　(B)提高填筑土体的压实度

(C)用土工格栅对边坡加筋　　(D)坡面植草防护

31. 对于土质、软岩或强风化硬质岩的路堑边坡，采用圬工骨架加草皮防护与全封闭的浆砌片石护坡相比，不正确的认识是(　　)。

(A)有利于降低防护工程费用

(B)有利于抵御边坡岩土体的水平力

(C)有利于坡面生态环境的恢复

(D)有利于排泄边坡岩土体中的地下水

32. 软土地基上的填方路基设计时最关注的沉降量是(　　)。

(A)工后沉降量　　(B)最终沉降量

(C)瞬时沉降量　　(D)固结沉降量

33. 采用瑞典圆弧法(简单条分法)分析边坡稳定性,计算得到的安全系数和实际边坡的安全系数相比,正确的说法是(　　)。

(A)相等　　(B)不相关　　(C)偏大　　(D)偏小

34. 高速公路填方路基对于填土压实度的要求,正确的判断是(　　)。

(A)上路床≥下路床≥上路堤≥下路堤

(B)上路堤≥下路堤≥上路床≥下路床

(C)下路床≥上路床≥下路堤≥上路堤

(D)下路堤≥上路堤≥下路床≥上路床

35. 对于生活垃圾卫生填埋的黏土覆盖结构,自上而下布置,(　　)是符合《生活垃圾卫生填埋处理技术规范》(GB 50869—2013)要求的。

(A)植被层→防渗黏土层→砂砾石排水层→砂砾石排气层→垃圾层

(B)植被层→砂砾石排气层→防渗黏土层→砂砾石排水层→垃圾层

(C)植被层→砂砾石排水层→防渗黏土层→砂砾石排气层→垃圾层

(D)植被层→防渗黏土层→砂砾石排气层→砂砾石排水层→垃圾层

36. 有一黏质粉土的堤防,上下游坡度都是1∶3。在防御高洪水水位时,比较上下游边坡的抗滑稳定性,正确的说法是(　　)。

(A)上游坡的稳定安全系数大

(B)下游坡的稳定安全系数大

(C)上下游坡的稳定安全系数相同

(D)上下游坡哪个稳定安全系数大取决于洪水作用的时间

37. 在如下图所示由同一种土组成的均匀土坡抗滑稳定分析中,如果静水位从坡脚上升到土坡的1/3高度,对于图示圆弧滑裂面,此时(　　)的土层情况土坡抗滑稳定安全系数会有所提高。

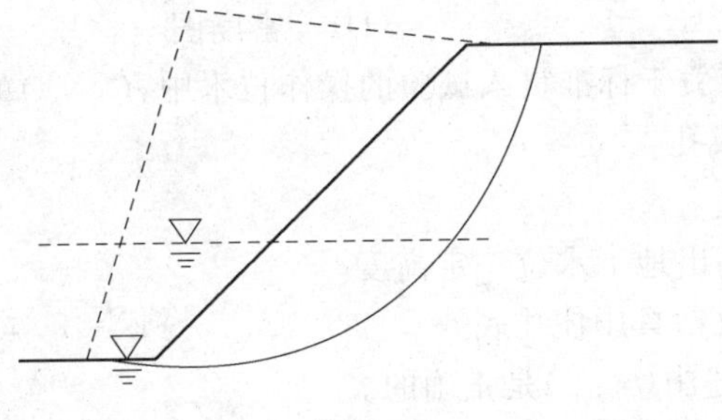

题37图

(A)风化形成的堆积土,$c=0,\varphi=35°$

(B)饱和软黏土,$c_u=25\text{kPa},\varphi_u=0°$

(C)自重湿陷性黄土

(D)由稍低于最优含水率的黏质粉土碾压修建的填方土坡

38. 按照现行《建筑桩基技术规范》(JGJ 94—2008)，端承灌注桩在灌注混凝土之前，孔底沉渣厚度最大不能超过(　　)的限值。

(A)30 mm　　(B)50 mm　　(C)100 mm　　(D)300 mm

39. 下列选项中(　　)不适宜采用高应变法检测竖向抗压承载力。

(A)大直径扩底灌注桩

(B)桩径小于 800 mm 的钢筋混凝土灌注桩

(C)静压预制桩

(D)打入式钢管桩

40. 某场地为饱和软黏土，设计采用静压预制桩基础方案，桩端持力层为饱和软黏土之下的砂层。按《建筑基桩检测技术规范》(JGJ 106—2014)采用载荷试验对基桩进行承载力验收检测时，基桩沉桩后至少要(　　)才能进行检测。

(A)7 d　　(B)14 d　　(C)25 d　　(D)35 d

二、多项选择题(共 30 题，每题 2 分。每题的备选项中有两个或三个符合题意，错选、少选、多选均不得分)

41. 关于膨胀土地基变形量的取值，正确的说法是(　　)。

(A)膨胀变形量，应取基础某点的最大膨胀上升量

(B)收缩变形量，应取基础某点的最小收缩下沉量

(C)胀缩变形量，应取基础某点的最大膨胀上升量和最小收缩下沉量之和

(D)变形差，应取相邻两基础的变形量之差

42. (　　)属于岩浆岩。

(A)伟晶岩　　(B)正长岩　　(C)火山角砾岩　　(D)片麻岩

43. 根据《岩土工程勘察规范》(GB 50021—2001)(2009 年版)和《建筑地基基础设计规范》(GB 50007—2011)，(　　)对于土的定名是不正确的。

(A)5%≤有机质含量 w_u≤10%的土定名为有机质土

(B)塑性指数小于或等于 10 的土即定名为粉土

(C)含水率大于液限，孔隙比大于或等于 1.0 的土定名为淤泥

(D)粒径大于 0.075 mm 的颗粒质量超过总质量 50%的土即定名为粉砂

44. 工程地质测绘中，对节理、裂隙的测量统计常用(　　)来表示。

(A)玫瑰图　　(B)极点图

(C)赤平投影图　　(D)等密度图

45. 为判定砂土液化，下列关于标准贯入试验的操作技术中，(　　)的要求是正确的。

(A)宜采用回转钻进成孔

(B)不宜采用泥浆护壁

(C)宜保持孔内水位高出地下水位一定高度

(D)宜快速在孔内下放钻具压住孔底

46. 下列关于渗透力的描述中(　　)是正确的。

(A)渗透力是指土中水在渗流过程中对土骨架的作用力

(B)渗透力是一种单位面积上的作用力，其量纲和压强的量纲相同

(C)渗透力的大小和水力坡降成正比，其方向与渗流方向一致

(D)渗透力的存在对土体稳定总是不利的

47. 下列关于特殊条件下桩基设计的说法中，(　　)是正确的。

(A)为消除冻胀、膨胀深度范围内的胀切力影响，季节性冻土和膨胀土地基中的桩基桩端应进入冻深线或膨胀土的大气影响急剧层以下一定深度

(B)岩溶地区的桩基，宜采用钻、冲孔桩，岩层埋深较浅时，宜采用嵌岩桩

(C)非湿陷性黄土地基中的单桩极限承载力应按现场浸水载荷试验确定，或按饱和状态下的土性指标，根据经验公式估算

(D)在抗震设防区，为提高桩基对地震作用的水平抗力，可考虑采用加强刚性地坪和加大承台埋置深度的办法

48. 桩基承台下土阻力的发挥程度主要与(　　)的因素有关。

(A)桩型　　(B)桩距

(C)承台下土性　　(D)承台混凝土强度等级

49. (　　)的措施能有效地提高桩的水平承载力。

(A)加固桩端以下 2～3 倍桩径范围内的土体

(B)加大桩径

(C)桩顶从铰接变为固接

(D)提高桩身配筋率

50. 下列对采用泥浆护壁法进行灌注桩施工中常见质量问题的产生原因进行的分析，(　　)的分析是正确的。

(A)缩径可能出现在流沙松散层中

(B)坍孔可能是泥浆相对密度过小

(C)断桩可能由于导管拔出混凝土面

(D)沉渣偏厚可能由于泥浆含砂量过高

51. 下列关于不同桩型特点的说明中，(　　)是完全正确的。

(A)预制钢筋混凝土桩的桩身质量易于保证和检查，施工工效高，且易于穿透坚硬地层

(B)非挤土灌注桩适应地层范围广，桩长可以随持力层起伏而改变，水下灌注时，孔底沉积物不易清除

(C)钢桩抗冲击能力和穿透硬土层能力强，截面小，打桩时挤土量小，对桩周土体扰动少

(D)沉管灌注桩施工设备简单，施工方便，桩身质量易于控制，但振动、噪声大

52. 下列关于沉井设计计算的说法中，(　　)是正确的。

(A)沉井的平面形状及尺寸应根据墩台底面尺寸和地基承载力确定；井孔的布置和大小应满足取土机具所需净空和除土范围的要求

(B)沉井下沉过程中，当刃脚不挖土时，应验算刃脚的向内的弯曲强度

(C)当沉井沉至设计高程，刃脚下的土已掏空时，应验算刃脚向外的弯曲强度

(D)采用泥浆润滑套下沉的沉井，井壁外侧压力应按泥浆压力计算

53. 抗压端承摩擦桩的桩顶沉降量是由(　　)所组成的。

(A)桩本身的弹性压缩量

(B)由桩侧摩阻力向下传递，引起的桩端下土体压缩所产生的桩端沉降

(C)由于桩端荷载引起桩端下土体压缩所产生的桩端沉降

(D)桩长范围内桩间土的压缩量

54. 在下列关于采用砂井预压法处理软黏土地基的说法中，(　　)是正确的。

(A)在软黏土层不是很厚时，砂井宜打穿整个软黏土层

(B)在软黏土层下有承压水层时,不能采用砂井预压法处理

(C)在软黏土层下有承压水层时,砂井不能打穿整个软黏土层

(D)在软黏土层下有砂层时,砂井宜打穿整个软黏土层

55. 根据《建筑地基处理技术规范》(JGJ 79—2012),在下列关于采用石灰桩法处理软黏土地基的说法中,(　　)是不符合规范要求的。

(A)在没有试验成果的情况下,石灰桩复合地基承载力特征值不宜超过 200 kPa

(B)石灰材料应选用新鲜生石灰块,有效氧化钙含量不宜低于 70%,粒径不应大于 70 mm,含粉量不宜超过 15%

(C)石灰桩宜留 500 mm 以上的孔口高度,并用含水率适当的黏性土封口,封口材料必须夯实,封口标高应略高于原地面

(D)石灰桩加固地基竣工验收检测宜在施工 14 d 后进行

56. 某地基完成振冲碎石桩加固后,在桩顶和基础间铺设一定厚度的碎石垫层,(　　)是铺设垫层的工程作用。

(A)可起水平排水通道作用　　(B)可使桩间土分担更多荷载

(C)可增加桩土应力比　　(D)可提高复合地基承载力

57. 采用搅拌桩加固软土地基时,软土的下列物理性质参数中,(　　)对搅拌桩质量有比较明显的影响。

(A)含水率　　(B)渗透系数

(C)有机质含量　　(D)塑性指数

58. 对含水量高、透水性能较差的黏性土进行强夯法加固时,(　　)有益于提高加固效果。

(A)增加夯点击数　　(B)增加两遍夯击之间的间隔时间

(C)设置排水井　　(D)增大夯点间距

59. 采用预压法加固软土地基时,以下试验方法适宜该地基土的加固效果检验的有(　　)。

(A)动力触探　　(B)原位十字板剪切试验

(C)标准贯入　　(D)静力触探

60. 某高速公路穿过海滨鱼塘区,表层淤泥厚 11.0 m,天然含水率 $w=79.6\%$,孔隙比 $e=2.21$,下卧冲洪积粉质黏土和中粗砂层。由于工期紧迫,拟采用复合地基方案。(　　)不适用于该场地。

(A)水泥土搅拌桩复合地基　　(B)夯实水泥土桩复合地基

(C)砂石桩复合地基　　(D)预应力管桩加土工格栅复合地基

61. 有一墙背光滑、垂直,填土内无地下水,表面水平,无地面荷载的挡土墙,墙后为两层不同的填土,计算得到的主动土压力强度分布为两段平行的直线。如下图所示,(　　)的判断是与之相应的。

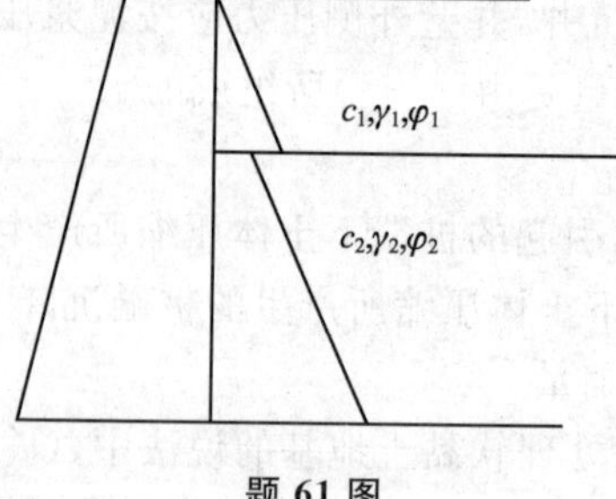

题 61 图

(A)$c_1=0,c_2>0,\gamma_1=\gamma_2,\varphi_1=\varphi_2$　　(B)$c_1=0,c_2>0,\gamma_1<\gamma_2,\varphi_1>\varphi_2$

(C)$c_1=c_2=0,\gamma_1<\gamma_2,\varphi_1<\varphi_2$　　(D)$c_1=c_2=0,\gamma_1>\gamma_2,\varphi_1<\varphi_2$

62. 对永久性工程采用钻孔灌注锚杆加固,其锚固段不宜设置在(　　)的土层中。

(A)含有潜水的砂砾石层　　(B)淤泥土层

(C)可塑到硬塑的一般黏土层　　(D)含有高承压水的细砂层

63. 某土石坝采用渗透系数为 3×10^{-8} cm/s 的黏土填筑心墙防渗体。该坝运行多年以后,当水库水位骤降,对坝体上游坡进行稳定分析时,心墙土料可采用(　　)。

(A)三轴固结不排水试验强度指标

(B)三轴不固结不排水试验强度指标

(C)直剪试验的快剪强度指标

(D)直剪试验的固结快剪强度指标

64. 对于公路和铁路的加筋挡土墙,下列土工合成材料中可以作为加筋材料的有(　　)。

(A)单向土工格栅　　(B)土工带

(C)土工网　　(D)针刺无纺织物

65. 在软弱地基上修建的土质路堤,下列工程措施中可加强软土地基的稳定性的有(　　)。

(A)在路堤坡脚增设反压护道　　(B)增加填筑体的密实度

(C)对软弱地基进行加固处理　　(D)在路堤坡脚增设抗滑桩

66. 采用排桩式围护结构的基坑,土层为含潜水的细砂层。原方案为排桩加止水帷幕,采用坑内集水明排,断面如下图所示。现拟改为坑外降水井方案,降水深度在坑底 0.5 m 以下,则(　　)符合降水方案改变后条件的变化。

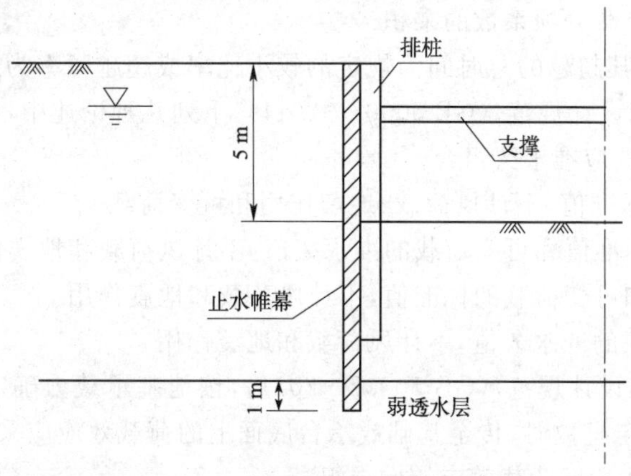

题 66 图

(A)可适当减小排桩的桩径

(B)可适当减小排桩的插入深度

(C)可取消止水帷幕

(D)在设计时需计算支护结构上的水压力

67. 关于测定黄土湿陷起始压力的试验,正确的说法是(　　)。

(A)室内试验环刀面积不应小于 5 000 mm^2

(B)与单线法相比,双线法试验的物理意义更明确,故试验结果更接近实际

(C)室内压缩试验和现场载荷试验分级加荷稳定标准均为每小时下沉量不大于0.01 mm

(D)室内压缩试验 p-δ_s,曲线上湿陷系数为 0.015 所对应的压力即为湿陷起始压力值

68. 某铁路拟以桥的方式跨越泥石流，下列桥位选择原则中(　　)是合理的。

(A)桥位应选在沟床纵坡由陡变缓地段

(B)不应在泥石流发展强烈的形成区设桥

(C)桥位应选在沟床固定、主流较稳定顺直并宜与主流正交处

(D)跨越泥石流通过区时，桥位应选在通过区的直线段

69. 下列选项中，(　　)可用于碎石桩的质量检测。

(A)动力触探试验　　(B)旁压试验

(C)载荷试验　　(D)静力触探试验

70. 依据《建筑基桩检测技术规范》(JGJ 106—2014)，低应变法适用于检测混凝土桩的(　　)。

(A)桩身完整性　　(B)桩身混凝土强度

(C)桩的竖向承载力　　(D)桩身的缺陷位置

专业知识(下午卷)

一、单项选择题(共40题，每题1分。每题的备选项中只有一个最符合题意)

1. 根据《建筑结构荷载规范》(GB 50009—2012)，关于荷载设计值的下列叙述中，(　　)是正确的。

(A)定值设计中用以验算极限状态所采用的荷载量值

(B)设计基准期内最大荷载统计分布的特征值

(C)荷载代表值与荷载分项系数的乘积

(D)设计基准期内，其超越的总时间为规定的较小比率或超越频率为规定频率的荷载值

2. 根据《建筑地基基础设计规范》(GB 50007—2011)，下列几种论述中，(　　)是计算地基变形时所采用的荷载效应准永久组合。

(A)包括永久荷载标准值，不计风荷载、地震作用和可变荷载

(B)包括永久荷载标准值和可变荷载的准永久值，不计风荷载和地震作用

(C)包括永久荷载和可变荷载的标准值，不计风荷载和地震作用

(D)只包括可变荷载的准永久值，不计风荷载和地震作用

3. 根据《建筑地基基础设计规范》(GB 50007—2011)，按地基承载力确定基础底面积及埋深或按单桩承载力确定桩数时，传至基础或承台底面上的荷载效应应采用(　　)。

(A)正常使用极限状态下荷载效应的标准组合

(B)正常使用极限状态下荷载效应的准永久组合

(C)承载能力极限状态下荷载效应的基本组合

(D)承载能力极限状态下荷载效应的基本组合，但分项系数均为1.0

4. 关于土的压缩性指标，(　　)表示的量纲是错误的。

(A)压缩指数 C_c(MPa^{-1})　　(B)体积压缩系数 m_v(MPa^{-1})

(C)压缩系数 α(MPa^{-1})　　(D)压缩模量 E_s(MPa)

5. 对于下述四种不同的钢筋混凝土基础形式：Ⅰ.筏形基础；Ⅱ.箱形基础；Ⅲ.柱下条形基础；Ⅳ.十字交叉基础。要求按基础的抗弯刚度由大到小依次排列，则(　　)的排列顺序是正确的。

(A)Ⅰ、Ⅱ、Ⅲ、Ⅳ　　(B)Ⅱ、Ⅳ、Ⅰ、Ⅲ

(C)Ⅱ、Ⅰ、Ⅳ、Ⅲ　　　　　　　　　　(D)Ⅰ、Ⅳ、Ⅱ、Ⅲ

6.(　　)是《建筑地基基础设计规范》(GB 50007—2011)中根据土的抗剪强度指标确定地基承载力特征值计算公式的适用条件。

(A)基础底面与地基土之间的零压力区面积不应超过基础底面积的5%

(B)基础底面最小边缘压力等于零

(C)偏心距小于0.33倍基础宽度

(D)偏心距小于0.033倍基础宽度

7.《建筑地基基础设计规范》(GB 50007—2011)中规定了岩石地基承载力特征值的确定方法。(　　)不符合规范的规定。

(A)岩基载荷试验

(B)饱和单轴抗压强度的特征值乘以折减系数

(C)饱和单轴抗压强度的标准值乘以折减系数

(D)对黏土质岩可采用天然湿度试样的单轴抗压强度

8.在软土地基上快速加载的施工条件下,用圆弧滑动$\varphi=0$法(整体圆弧法)验算加载结束时地基的稳定性时,应该采用的地基土强度的计算参数为(　　)。

(A)直剪试验的固结快剪试验参数

(B)三轴试验的固结不排水剪试验参数

(C)三轴试验的不固结不排水剪试验参数

(D)三轴试验的固结排水剪试验参数

9.根据《建筑地基基础设计规范》(GB 50007—2011),用角点法叠加应力计算路堤中心线下的附加应力。对如下图所示的路堤梯形荷载分布,可分解为三角形分布荷载和矩形分布荷载,分别查附加应力系数。正确的叠加方法是(　　)。

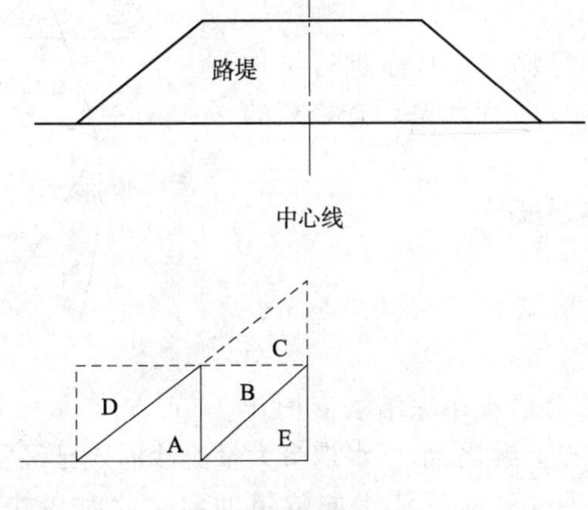

题9图

(A)三角形A+矩形(B+E)　　　　(B)三角形(A+B+E+C)-三角形C

(C)矩形(D+A+B+E)-三角形D　　(D)矩形(D+A+B+E)-三角形E

10.在其他条件不变的情况下,下列选项中(　　)对土钉墙支护的基坑稳定性影响最大。

(A)侧壁土体的相对密度

(B)基坑的平面尺寸

(C)侧壁土体由于附近管线漏水而饱和

(D)基坑侧壁的安全等级

11. 如右图所示的为在均匀黏土地基中采用明挖施工、平面上为弯段的某地铁线路。采用分段开槽、浇筑的地下连续墙加内支撑支护，没有设置连续的横向腰梁。结果开挖到接近设计坑底高程时支护结构破坏，基坑失事。在按平面应变条件设计的情况下，(　　)的情况最可能发生。

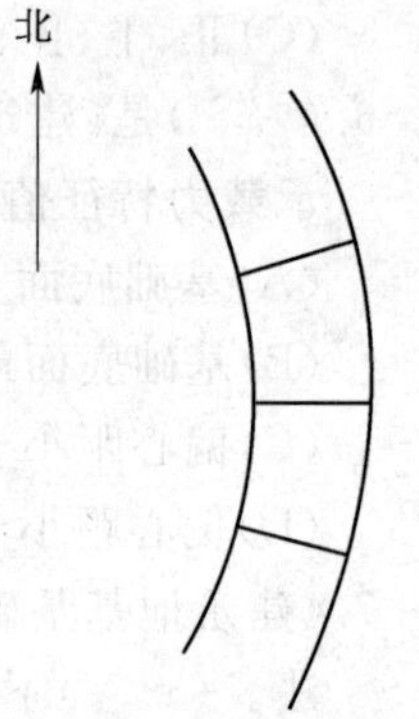

(A)东侧连续墙先破坏

(B)西侧连续墙先破坏

(C)两侧发生相同的位移，同时破坏

(D)无法判断

北

题 11 图

12. 由两层锚杆锚固的排桩基坑支护结构，在其截面承载力验算时，需要计算各锚杆和桩的内力应当满足(　　)要求。

(A)基坑开挖到设计基底时的内力

(B)开挖到第二层锚杆时的内力

(C)在基坑施工过程中各工况的最大内力

(D)张拉第二层锚杆时的内力

13. 新奥法的基本原理是建立在假定(　　)的基础上的。

(A)支护结构是承载的主体

(B)围岩是载荷的来源

(C)围岩是支护结构的弹性支承

(D)围岩与支护结构共同作用

14. 洞室顶拱部位有如右图所示的被裂隙围限的四个区，(　　)区有可能是不稳定楔形体区。

(A)①　　　　(B)②

(C)③　　　　(D)④

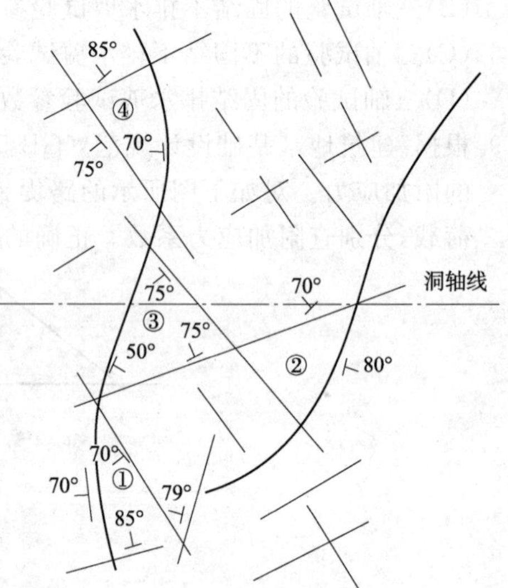

题 14 图

15. 在地下洞室围岩稳定类型分类中，需进行结构面状态调查。下列不在结构面状态调查之列的是(　　)。

(A)结构面两壁的岩体强度

(B)结构面的充填情况

(C)结构面的起伏粗糙情况

(D)结构面的张开度

16. 在具有高承压水头的细砂层中用冻结法支护开挖隧道的旁通道，由于冻土融化，承压水携带大量流沙涌入已经衬砌完成的隧道，造成隧道局部衬砌破坏，地面下沉，附近江水向隧道回灌。此时最快捷、有效的抢险措施应是(　　)。

(A)堵溃口

(B)对流砂段地基进行水泥灌浆

(C)从隧道内向外抽水

(D)封堵已经塌陷的隧道段以外两端，向其中回灌高压水

17. 在铁路膨胀土路堤边坡的防护措施中，(　　)措施是不适用的。

(A)植物　　　　(B)骨架植物

(C)浆砌片石　　　　(D)支撑渗沟加拱形骨架植物

18. 对非自重湿陷性黄土地基的处理厚度需 5.0 m,下列地基处理方法中(　　)是适宜的。

(A)砂石垫层　　(B)预浸水

(C)振冲砂石桩　　(D)灰土挤密桩

19. 当土颗粒越细,含水率越大时,对土的冻胀性和融陷性的影响,正确的说法是(　　)。

(A)土的冻胀性越大且融陷性越小

(B)土的冻胀性越小且融陷性越大

(C)土的冻胀性越大且融陷性越大

(D)土的冻胀性越小且融陷性越小

20. 下列四项膨胀土工程特性指标室内试验中,(　　)是用风干土试样。

(A)膨胀率试验　　(B)膨胀力试验

(C)自由膨胀率试验　　(D)收缩试验

21. 季节性冻土地基上的房屋因地基冻胀和融陷产生的墙体开裂情况,与(　　)地基上的房屋开裂情况最相似。

(A)软土　　(B)膨胀土

(C)湿陷性黄土　　(D)填土

22. 岩溶地基采用大直径嵌岩桩,施工勘察时应逐桩布置勘探点。按《岩土工程勘察规范》(GB 50021—2001)(2009 年版)规定,勘探深度应不小于桩底以下 3 倍桩径,并不小于(　　)。

(A)2 m　　(B)3 m

(C)4 m　　(D)5 m

23. 某滑坡整治方案主要采用上、下两排大直径抗滑桩,下列施工顺序中(　　)是合理的。

(A)先施工上排桩,后施工下排桩,并从滑坡两侧向中间跳挖

(B)先施工下排桩,后施工上排桩,并从滑坡两侧向中间跳挖

(C)先施工上排桩,后施工下排桩,并从滑坡中间向两侧跳挖

(D)先施工下排桩,后施工上排桩,并从滑坡中间向两侧跳挖

24. (　　)是牵引式滑坡的主要诱发因素。

(A)坡体上方堆载　　(B)坡脚挖方或河流冲刷坡脚

(C)地表水下渗　　(D)斜坡坡度过陡

25. 公路拟在已稳定的岩堆地段通过,下列选线原则中(　　)是最适宜的。

(A)在岩堆上部以路堤方式通过　　(B)在岩堆下部以路堑方式通过

(C)在岩堆中部以半挖半填方式通过　　(D)在岩堆下部或坡脚以路堤方式通过

26. 滑坡专门勘察时,控制性勘探孔深度主要受(　　)控制。

(A)中风化基岩埋深　　(B)穿过最下一层滑动面

(C)黏性土层厚度　　(D)滑带土的厚度

27. 泥石流勘察采用的勘察手段应以(　　)为主。

(A)原位测试　　(B)钻探

(C)工程地质测绘和调查　　(D)物探

28. 地下采空区形成的地表移动盆地面积与采空区面积相比,正确的说法是(　　)。

(A)地表移动盆地面积大于采空区面积

(B)地表移动盆地面积小于采空区面积

(C)地表移动盆地面积与采空区面积相等

(D)无关系

29. 根据我国地震发生频率的统计分析，得出的 50 年内地震烈度概率密度曲线如下图所示。不正确的说法是(　　)。

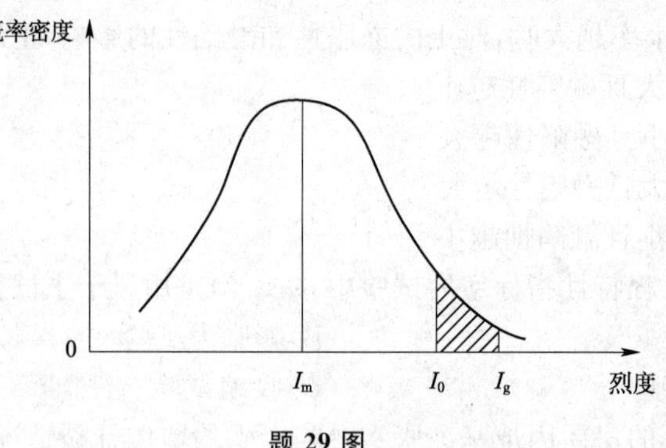

题 29 图

I_m-众值烈度；I_0-基本烈度；I_g-罕遇烈度

(A)众值烈度大致相当于地震烈度概率密度曲线峰值的烈度

(B)基本烈度比众值烈度约高一度半

(C)图中阴影部分($I_0 < I < I_g$)所示概率面积即为基本烈度的超越概率，约等于 10%

(D)罕遇烈度的超越概率只有 2%～3%

30. 有甲、乙、丙、丁四个场地，地震烈度和设计地震分组都相同。土层等效剪切波速和场地覆盖层厚度见下表。比较各场地的特征周期 T_g 值，正确的说法是(　　)。

题 30 表

场地	等效剪切波速 v_{se}/(m/s)	覆盖层厚度/m
甲	400	100
乙	300	70
丙	200	40
丁	100	10

(A)四个场地的 T_g 值都各不相同　　(B)四个场地的 T_g 值都相同

(C)有三个场地的 T_g 值都相同　　(D)有两个场地的 T_g 值相同

31. 某重力坝场址区的设计烈度为 8 度，在初步设计的建基面标高以下分布的地层和剪切波速值如下表所示。

题 31 表

地层名称	层底深度/m	v_s/(m/s)
中砂	6	235
卵石	12	495
基岩	—	720

在确定设计反应谱时，T_g(s)和 β_{max} 值分别按(　　)取值。

(A)0.20、2.50　　(B)0.20、2.00　　(C)0.30、2.50　　(D)0.30、2.00

32. 对于存在液化土层的低承台桩基抗震验算，不合适的做法是(　　)。

(A)桩承受全部地震作用,同时扣除液化土层的全部桩周摩阻力

(B)对一般浅埋承台,不宜计入承台周围土的抗力

(C)处于液化土中的桩基承台周围,宜用非液化土填筑夯实

(D)各类建筑的低承台桩基,都应进行桩基抗震承载力验算

33. 在某高速公路挡土墙设计时,要验算地震荷载作用下挡土墙的抗震稳定性,正确的荷载效应组合是(　　)。

(A)竖向地震荷载、水平地震荷载、挡土墙与土的重力、地下水浮力

(B)竖向地震荷载、水平地震荷载、挡土墙与土的重力

(C)水平地震荷载、挡土墙与土的重力、地下水浮力

(D)水平地震荷载、竖向地震荷载、地下水浮力

34. 在设计地震烈度为8度区,设计高度40 m的2级面板堆石坝,(　　)在进行抗震设计时可以不计。

(A)水平向地震作用的动土压力　　(B)上游坝坡遭遇的地震浪压力

(C)顺河流方向的水平向地震作用　　(D)水平向地震作用的动水压力

35. 施工现场为达到环保要求所需的环境保护费应属于建设安装工程费用项目组成中的(　　)。

(A)措施费　　(B)规费

(C)直接工程费　　(D)企业管理费

36. 在有关建筑工程发包的说法中,(　　)是错误的。

(A)发包单位应当将建筑工程发包给依法中标的承包单位

(B)政府部门不得限定发包单位将招标发包的建筑工程发包给指定的承包单位

(C)发包单位可以将建筑工程一并发包给一个工程总承包单位

(D)建筑工程招标的开标、评标、定标由政府相关部门依法组织实施

37. 计算工程勘察费时,(　　)不属于现行的《工程勘察设计收费标准(2002年修订本)》所规定的内容。

(A)地区差附加调整系数　　(B)高程附加调整系数

(C)气温附加调整系数　　(D)岩土工程勘察深度附加调整系数

38. 某监理单位受建设单位委托对某工程项目实施监理。在监理过程中,监理单位发现勘察报告不符合工程建设强制性标准。监理单位从下列各选项中选择(　　)是正确的。

(A)要求勘察单位修改

(B)通知设计单位要求勘察单位修改

(C)报告建设单位要求勘察单位修改

(D)报告总监理工程师下达停工令

39. 在建设工程勘察项目可直接发包的说法中,(　　)是正确的。

(A)上级主管部门要求的工程

(B)采用特定的专利或专有技术的工程,经主管部门批准

(C)项目总投资额为2 500万元,勘察合同估算价为60万元

(D)项目总投资额为3 500万元,勘察合同估算价为40万元

40. (　　)不属于ISO9000族标准中八项质量管理原则。

(A)持续改进原则　　(B)过程方法原则

(C)管理的系统方法原则　　(D)全面质量管理原则

二、多项选择题(共 30 题,每题 2 分。每题的备选项中有两个或三个符合题意,错选、少选、多选均不得分)

41. 根据《建筑结构荷载规范》(GB 50009—2012),下列关于荷载代表值的叙述中,(　　)是正确的。

(A)标准值是荷载的基本代表值,为设计基准期内最大荷载统计分布的特征值

(B)可变荷载的组合值是使组合后的结构具有统一规定的可靠指标的荷载值

(C)可变荷载的准永久值是在设计基准期内,其超越的总时间约为设计基准期 80%的荷载值

(D)可变荷载的频遇值是在设计基准期内,其超越的总时间为规定的较小比率或超越频率为规定频率的荷载值

42. 根据《建筑地基基础设计规范》(GB 50007—2011)关于荷载的规定,下列选项中(　　)是正确的。

(A)验算基础裂缝宽度时所用的荷载组合与按地基承载力确定基础底面积时所用的荷载组合一样

(B)计算地基稳定性时的荷载组合与计算基础结构内力时所用的荷载组合一样,但所用的分项系数不同

(C)按单桩承载力确定桩数时所用的荷载组合与验算桩身结构内力时所用的荷载组合不同

(D)计算滑坡推力时所用的荷载组合与计算支挡结构内力时所用的荷载组合一样,且分项系数也一样

43. 根据《建筑地基基础设计规范》(GB 50007—2011),(　　)的设计计算应采用承载能力极限状态下荷载效应的基本组合。

(A)计算地基变形

(B)计算挡土墙土压力、地基或斜坡稳定及滑坡推力

(C)验算基础裂缝宽度

(D)确定基础或桩台高度、确定配筋和验算材料强度

44. 按照《建筑地基基础设计规范》(GB 50007—2011),在根据土的抗剪强度指标确定地基承载力特征值时,(　　)是基础埋置深度的正确取值方法。

(A)采用箱基或筏基时,自室外地面标高算起

(B)在填方整平地区,若填土在上部结构施工前完成时,自填土地面标高算起

(C)在填方整平地区,若填土在上部结构施工后完成时,自天然地面标高算起

(D)对于地下室,如采用独立基础或条形基础时,从室外地面标高算起

45. 关于《建筑地基基础设计规范》(GB 50007—2011)的软弱下卧层承载力验算方法,下列选项中(　　)表达是错误的。

(A)附加压力的扩散是采用弹性理论应力分布方法计算

(B)软弱下卧层的承载力需要经过深度修正和宽度修正

(C)基础底面下持力层的厚度与基础宽度之比小于 0.25 时,可直接按照软弱下卧层的地基承载力计算基础底面的尺寸

(D)基础底面下持力层的厚度与基础宽度之比大于 0.50 时,不需要考虑软弱下卧层的影响

46. 用文克勒地基模型计算弹性地基梁板时,所用的计算参数称为基床系数 k,其计量单位为

kN/m^3。(　　)是正确的。

(A)基床系数是引起地基单位变形所需要的压力

(B)基床系数是从半无限体弹性理论中导出的土性指标

(C)按基床系数方法计算,只能得到荷载范围内的地基变形

(D)文克勒地基模型忽略了地基土中的剪应力

47.在动力基础设计中,(　　)的设计原则是正确的。

(A)动力基础应与建筑基础连接,以加强整体刚度

(B)在满足地基承载力设计要求的同时,应控制动力基础的沉降和倾斜

(C)应考虑地基土的阻尼比和剪切模量

(D)动力基础不应与混凝土地面连接

48.某 15 层框筒结构主楼,外围有 2 层裙房,地基土为均匀厚层的中等压缩性土。(　　)的措施将有利于减少主楼与裙房之间的差异沉降。

(A)先施工主楼,后施工裙房　　(B)主楼和裙房之间设置施工后浇带

(C)减少裙房基底面积　　(D)加大裙房基础埋深

49.地下水位很高的地基,上部为填土,下部为含水的砂、卵石土,再下部为弱透水层。拟开挖一 15 m 深基坑。由于基坑周边有重要建筑物,不允许周边地区降低地下水位。(　　)的支护方案是适用的。

(A)地下连续墙　　(B)水泥土墙

(C)排桩,在桩后设置截水帷幕　　(D)土钉墙

50.下列关于土钉墙支护体系与锚杆支护体系受力特性的描述,(　　)是正确的。

(A)土钉所受拉力沿其整个长度都是变化的,锚杆在自由段上受到的拉力大小是相同的

(B)土钉墙支护体系与锚杆支护体系的工作机理是相同的

(C)土钉墙支护体系是以土钉和它周围加固了的土体一起作为挡土结构,类似重力挡土墙

(D)将一部分土钉施加预应力就变成了锚杆,从而就形成了复合土钉墙支护

51.当进行地下工程勘察时,对(　　)要给予高度重视。

(A)隧洞进出口段　　(B)缓倾角围岩段

(C)隧洞上覆岩体最厚的洞段　　(D)地下建筑物平面交叉的洞段

52.在地下水位以下开挖基坑时,采取坑外管井井点降水措施可以产生(　　)的效果。

(A)增加坑壁稳定性

(B)减少作用在围护结构上的总压力

(C)改善基坑周边降水范围内土体的力学特性

(D)减少基坑工程对周边既有建筑物的影响

53.下列各项中,(　　)是氯盐渍土的工程特性。

(A)具有较强的吸湿性和保湿性　　(B)力学强度将随含盐量增大而降低

(C)起始冻结温度随含盐量增加而降低　　(D)土中盐分易溶失

54.在对湿陷性黄土场地勘察时,下列有关试验的说法中(　　)是正确的。

(A)室内测定湿陷性黄土的湿陷起始压力时,可选用单线法压缩试验或双线法压缩试验

(B)现场测定湿陷性黄土的湿陷起始压力时,可选用单线法载荷试验或双线法载荷试验

(C)在现场采用试坑浸水试验确定自重湿陷量的实测值时,试坑深度不小于 1.0 m

(D)按试验指标判别新近堆积黄土时,压缩系数 a 宜取 100～200 kPa 压力下的值

55. 膨胀土中的黏粒(粒径小于 0.005 mm)矿物成分以(　　)为主。

(A)云母　(B)伊利石

(C)蒙脱石　(D)绿泥石

56. (　　)所构成的陡坡易产生崩塌。

(A)厚层状泥岩　(B)玄武岩

(C)厚层状泥灰岩　(D)厚层状砂岩与泥岩互层

57. 在加固松散体滑坡中,为防止预应力锚索的预应力衰减,采取(　　)的措施是有效的。

(A)增大锚固段的锚固力　(B)增大锚墩的底面积

(C)分次、分级张拉　(D)增厚钢垫板

58. 在泥石流沟形态勘测中,当在弯道两岸都测得同一场泥石流的泥痕高度时,可用以确定或参与确定该场泥石流的(　　)。

(A)弯道超高值　(B)流量

(C)重度　(D)流速

59. 抗震设计时,除了考虑抗震设防烈度外,还需要考虑设计地震分组。(　　)的影响已经包含在设计地震分组之中。

(A)震源机制　(B)震级大小

(C)震中距远近　(D)建筑场地类别

60. 在确定建筑结构的地震影响系数时,正确的说法是(　　)。

(A)地震烈度越高,地震影响系数就越大

(B)土层等效剪切波速越小,地震影响系数就越大

(C)在结构自振周期大于特征周期的情况下,结构自振周期越大,地震影响系数就越大

(D)在结构自振周期小于特征周期的情况下,地震影响系数将随建筑结构的阻尼比的增大而增大

61. 按照《公路工程抗震规范》(JTG B02—2013)进行液化判别时考虑了地震剪应力比,(　　)与地震剪应力比有关。

(A)水平地震系数 K_h　(B)标准贯入锤击数的修正系数 C_n

(C)地下水位深度 d_w　(D)黏粒含量修正系数 ξ

62. 对于饱和砂土和饱和粉土的液化判别,不正确的说法是(　　)。

(A)液化土特征深度越大,液化可能性就越大

(B)基础埋置深度越小,液化可能性就越大

(C)地下水埋深越浅,液化可能性就越大

(D)同样的标贯击数实测值,粉土的液化可能性比砂土大

63. 在进行公路场地抗震液化详细判别时,临界标贯锤击数 N_0 的计算与(　　)相关。

(A)标贯点处土的总上覆压力 σ_0 和有效上覆压力 σ_e

(B)竖向地震系数 K_v

(C)地震剪应力随深度的折减系数

(D)黏粒含量修正系数

64. 在土石坝抗震设计中,(　　)是地震作用与上游水位的正确组合。

(A)与最高水库蓄水位组合

(B)需要时与常遇的水位降落幅值组合

(C)与对坝坡抗震稳定最不利的常遇水位组合

(D)与水库的常遇低水位组合

65. 根据建设部《勘察设计注册工程师管理规定》,(　　)属于注册工程师应当履行的义务。

(A)执行工程建设标准规范

(B)在本人执业活动所形成的勘察设计文件上签字,加盖执业印章

(C)以个人名义承接业务时,应保证执业活动成果的质量,并承担相应责任

(D)保守执业中知悉的他人的技术秘密

66. 根据《建设工程质量管理条例》的规定,(　　)是勘察、设计单位应承担的责任和义务。

(A)从事建设工程勘察、设计的单位应当依法取得相应等级的资质证书

(B)勘察单位提供的地质、测量等成果必须真实准确

(C)设计单位在设计文件中选用的建筑材料、建筑物构(配)件和设备,应当注明规格、型号、性能、生产厂商以及供应商等,其质量要求必须符合国家规定的标准

(D)设计单位应当参与工程质量事故分析,并有责任对因施工造成的质量事故,提出相应的技术处理方案

67. 在下列各选项中,应将投标文件视为废标的情况有(　　)。

(A)投标人在招标文件要求提交投标文件的截止时间前,补充、修改投标文件,并书面通知招标人

(B)按时送达非指定地点的

(C)未按招标文件要求密封的

(D)联合体投标且附有联合体各方共同投标协议的

68. 根据《招标投标法》,建筑工程招标投标的评标由评标委员会负责。(　　)不符合评标委员会组成的规定。

(A)评标委员会由招标人代表和有关技术、经济专家组成

(B)评标委员会专家应当从事相关领域工作满 5 年

(C)评标委员会的技术、经济专家不得少于成员总数的 2/3

(D)评标委员会的经济专家可参与技术标投标文件的编制工作

69. 岩土工程勘察由于下列选项的各种原因导致了工期延误,勘察单位应对(　　)承担违约责任。

(A)未满足质量要求而进行返工

(B)设计文件发生变化

(C)勘察单位处理机械设备事故

(D)现有建筑未拆除,不具备钻探条件

70. 下列关于发包承包的说法中,错误的选项是(　　)。

(A)如果某勘察单位不具备承揽工程相应的资质,可以通过与其他单位组成联合体进行承包

(B)共同承包的各方对承包合同的履行承担连带责任

(C)如果业主同意,分包单位可以将其承包的工程再分包

(D)如果业主同意,承包单位可以将其承包的工程全部分包,并与分包单位承担连带责任

专业案例(上午卷)

1. 下表为一土工试验颗粒分析成果表,表中数值为留筛质量,底盘内试样质量为 20 g,现需

要计算该试样的不均匀系数(C_u)和曲率系数(C_c),按《岩土工程勘察规范》(GB 50021—2001)(2009 年版),下列正确的选项是(　　)。

题 1 表

筛孔孔径/mm	2.0	1.0	0.5	0.25	0.075
留筛质量/g	50	150	150	100	30

(A)$C_u=4.0$;$C_c=1.0$;粗砂　　(B)$C_u=4.0$;$C_c=1.0$;中砂

(C)$C_u=9.3$;$C_c=1.7$;粗砂　　(D)$C_u=9.3$;$C_c=1.7$;中砂

2.某电测十字板试验结果记录如下表所示,土层的灵敏度 S_t 最接近(　　)。

题 2 表

原状土	顺序	1	2	3	4	5	6	7	8	9	10	11	12	13
	读数	20	41	65	89	114	178	187	192	185	173	148	135	100
扰动土	顺序	1	2	3	4	5	6	7	8	9	10	—	—	—
	读数	11	21	33	46	58	69	70	68	63	57	—	—	—

(A)1.83　　(B)2.54　　(C)2.74　　(D)3.04

3.某建筑场地位于湿润区,基础埋深 2.5 m,地基持力层为黏性土,含水率为 31%,地下水位埋深 1.5 m,年变幅 1.0 m,取地下水样进行化学分析,结果见下表,据《岩土工程勘察规范》(GB 50021—2001)(2009 年版),地下水对基础混凝土的腐蚀性符合(　　),并说明理由。

题 3 表

离子	Cl^-	$SO_4{}^{2-}$	pH	侵蚀性 CO_2	Mg^{2+}	$NH_4{}^+$	OH^-	总矿化度
含量	85 mg/L	1 600 mg/L	5.5	12 mg/L	530 mg/L	510 mg/L	3 000 mg/L	15 000 mg/L

(A)强腐蚀性　　(B)中等腐蚀性　　(C)弱腐蚀性　　(D)无腐蚀性

4.在某单斜构造地区,剖面方向与岩层走向垂直,煤层倾向与地面坡向相同,剖面上煤层露头的出露宽度为 16.5 m,煤层倾角为 45°,地面坡角为 30°,在煤层露头下方不远处的钻孔中,煤层岩芯的长度为6.04 m(假设岩芯采取率为 100%),(　　)的说法最符合露头与钻孔中煤层实际厚度的变化情况。

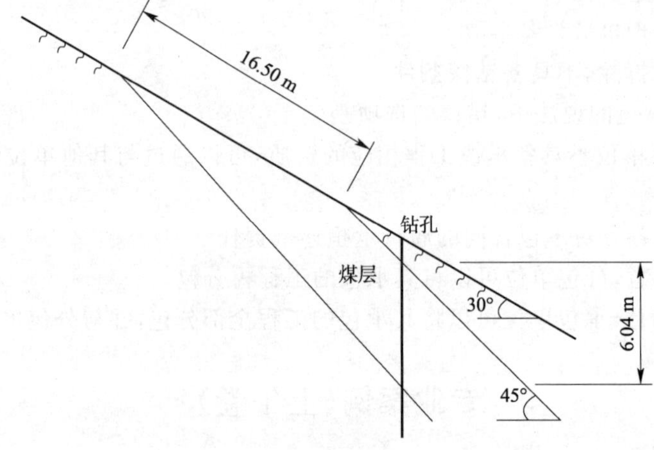

题 4 图

(A)煤层厚度不同,分别为 14.29 m 和 4.27 m

(B)煤层厚度相同,为 3.02 m

(C)煤层厚度相同,为 4.27 m

(D)煤层厚度不同,为 4.27 m 和 1.56 m

5.已知载荷试验的荷载板尺寸为 1.0 m×1.0 m,试验坑的剖面如下图所示,在均匀的黏性土层中,试验坑的深度为 2.0 m,黏性土层的抗剪强度指标的标准值为黏聚力 C_k = 40 kPa,内摩擦角 $\varphi_k = 20°$,土的重度为 180 kN/m^3,据《建筑地基基础设计规范》(GB 50007—2011)计算地基承载力,其结果最接近(　　)。

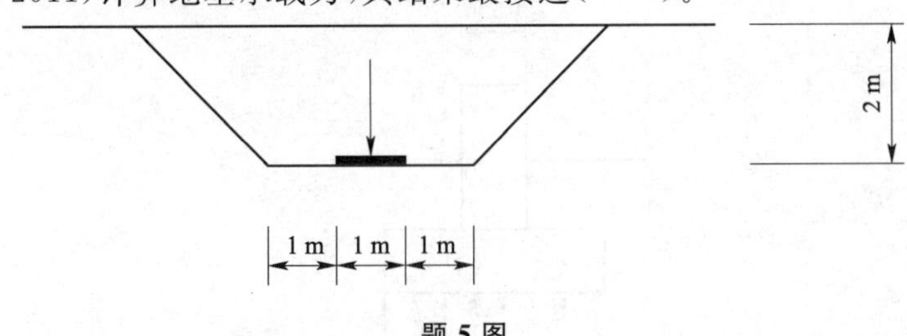

题 5 图

(A)345.8 kPa　　(B)235.6 kPa　　(C)210.5 kPa　　(D)180.6 kPa

6.某山区工程,场地地面以下 2 m 深度内为岩性相同,风化程度一致的基岩,现场实测该岩体纵波速度值为 2 700 m/s,室内测试该层基岩岩块纵波速度值为 4 300 m/s,对现场采取的 6 块岩样进行室内饱和单轴抗压强度试验,得出饱和单轴抗压强度平均值13.6 MPa,标准差 5.59 MPa,据《建筑地基基础设计规范》(GB 50007—2011),2 m 深度内的岩石地基承载力特征值的范围值最接近(　　)。

(A)0.64~1.27 MPa　　(B)0.83~1.66 MPa

(C)0.9~1.8 MPa　　(D)1.03~2.19 MPa

7.某宿舍楼采用墙下 C15 混凝土条形基础,基础顶面的墙体宽度 0.38 m,基底平均压力为 250 kPa,基础底面宽度为 1.5 m,基础的最小高度应符合(　　)的要求。

(A)0.70 m　　(B)1.00 m　　(C)1.20 m　　(D)1.40 m

8.在条形基础持力层以下有厚度为 2 m 的正常固结黏土层,已知该黏土层中部的自重应力为 50 kPa,附加应力为 100 kPa,在此下卧层中取土做固结试验的数据见下表。该黏土层在附加应力作用下的压缩变形量最接近于(　　)。

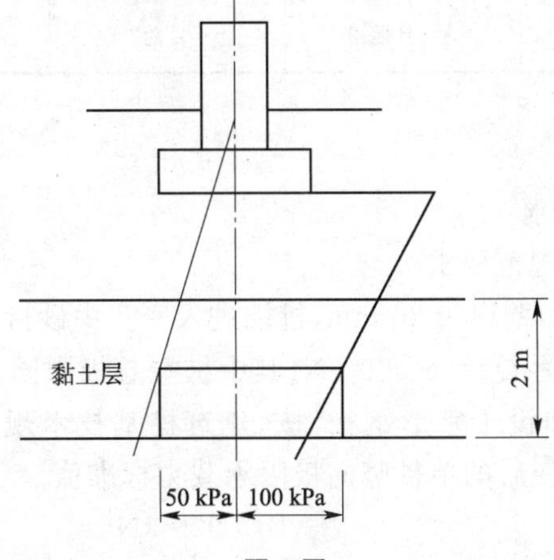

题 8 图

2007年专业案例(上午卷)

题 8 表　固结试验数据

P/kPa	0	50	100	200	300
e	1.04	1.00	0.97	0.93	0.90

(A)35 mm　　(B)40 mm　　(C)45 mm　　(D)50 mm

9. 已知墙下条形基础的底面宽度 2.5 m，墙宽 0.5 m，基底压力在全断面分布为三角形，基底最大边缘压力为 200 kPa，则作用于每延长米基础底面上的轴向力和力矩最接近于(　　)。

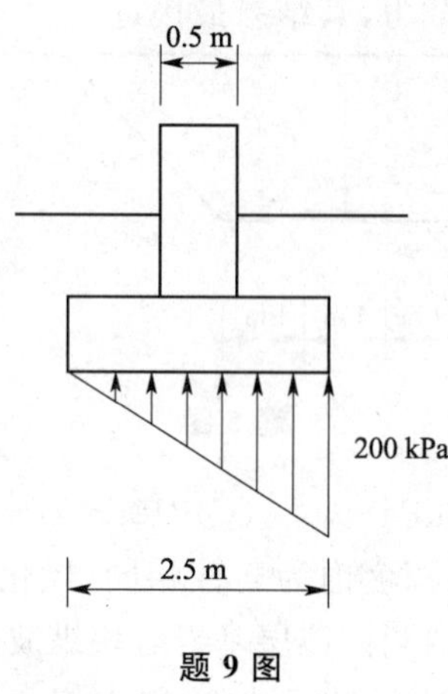

题 9 图

(A)N=300 kN，M=154.2 kN·m

(B)N=300 kN，M=134.2 kN·m

(C)N=250 kN，M=104.2 kN·m

(D)N=250 kN，M=94.2 kN·m

10. 高压缩性土地基上，某厂房框架结构横断面的各柱沉降量见下表，根据《建筑地基基础设计规范》(GB 50007—2011)，正确的说法是(　　)。

题 10 表

测点位置	A 轴边柱	B 轴中柱	C 轴中柱	D 轴边柱
沉降量/mm	80	150	120	100
柱跨距/m	A—B 跨 9	B—C 跨 12	C—D 跨 9	

(A)3 跨都不满足规范要求

(B)3 跨都满足规范要求

(C)A—B 跨满足规范要求

(D)C—D、B—C 跨满足规范要求

11. 某钢管桩外径为 0.90 m，壁厚为 20 mm，桩端进入密实中砂持力层 2.5 m，桩端开口时单桩竖向极限承载力标值为 Q_{uk}=8 000 kN(其中桩端总极限阻力占 30%)，如为进一步发挥桩端承载力，在桩端加设十字形钢板，按《建筑桩基技术规范》(JGJ 94—2008)计算，(　　)最接近其桩端改变后的单桩竖向极限承载力标准值。

(A)8 700 kN　　(B)9 920 kN

(C)13 700 kN　　(D)14 500 kN

12. 某柱下桩基，采用 5 根相同的基桩，桩径 d=800 mm，柱作用在承台顶面处的竖向轴力设计值 F=10 000 kN，弯矩设计值 M_y=480 kN·m，承台与土自重设计值 G=500 kN，据《建筑桩基技术规范》(JGJ 94—2008)，基桩承载力设计值至少要达到(　　)时，该柱下桩基才能满足承载力要求。

(A)1 800 kN　　(B)2 000 kN　　(C)2 100 kN　　(D)2 520 kN

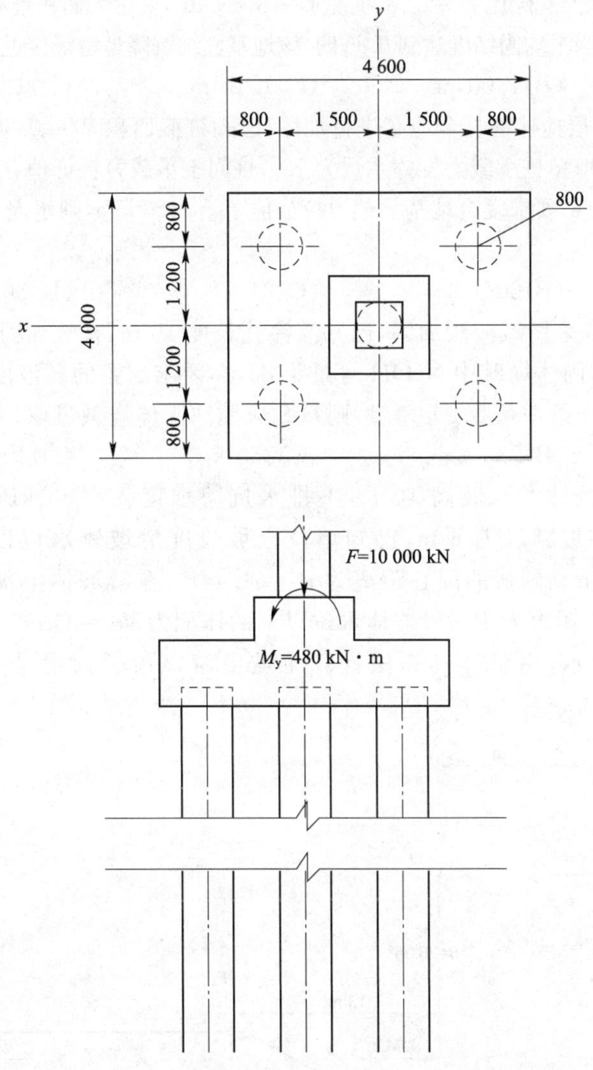

题 12 图(尺寸单位:mm)

13. 某灌注桩基础，桩入土深度为 h=20 m，桩径 d=1 000 mm，配筋率为 ρ=0.63%，桩顶铰接，要求水平承载力特征值为 H=1 000 kN，桩侧土的水平抗力系数的比例系数 m=20 MN/m^4，抗弯刚度 $EI=5\times10^6$ kN·m^2，按《建筑桩基工程技术规范》(JGJ 94—2008)，满足水平承载力要求的相应桩顶容许水平位移至少要接近(　　)。

(注:重要性系数 γ_0=1，群桩效应综合系数 η_h=1。)

(A)7.4 mm　　(B)8.4 mm　　(C)9.4 mm　　(D)10.4 mm

14. 某场地地基土层构成为:第一层为黏土，厚度为 5.0 m，f_{ak}=100 kPa，q_s=20 kPa，q_p=150 kPa；第二层粉质黏土，厚度为 12.0 m，f_{ak}=120 kPa，q_s=25 kPa，q_p=250 kPa；无软弱下卧层。采用低强度混凝土桩复合地基进行加固，取单桩承载力发挥系数为 1.0，桩径为

0.5 m,桩长 15 m,要求复合地基承载力特征值 $f_{spk}=320$ kPa,若采用正三角形布置,则采用(　　)的桩间距最为合适。

(注:桩间土承载力折减系数 β 取 0.8。)

(A)1.50 m　　(B)1.70 m　　(C)1.90 m　　(D)2.10 m

15. 某正常固结软黏土地基,软黏土厚度为 8.0 m,其下为密实砂层,地下水位与地面平,软黏土的压缩指数 $C_c=0.50$,天然孔隙比 $e_0=1.30$,重度 $\gamma=18$ kN/m³,采用大面积堆载预压法进行处理,预压荷载为 120 kPa,当平均固结度达到 0.85 时,该地基固结沉降量将最接近于(　　)。

(A)0.90 m　　(B)1.00 m　　(C)1.10 m　　(D)1.20 m

16. 某小区地基采用深层搅拌桩复合地基进行加固,已知桩截面积 $A_p=0.385$ m²,单桩承载力特征值 $R_a=200$ kN,取单桩承载力发挥系数为 1.0,桩间土承载力特征值 $f_{sk}=60$ kPa,桩间土承载力折减系数$\beta=0.6$,要求复合地基承载力特征值 $f_{spk}=150$ kPa,则水泥土搅拌桩置换率 m 的值最接近(　　)。

(A)15%　　(B)20%　　(C)24%　　(D)30%

17. 某湿陷性黄土地基采用碱液法加固,已知灌注孔长度 10 m,有效加固半径 0.4 m,黄土天然孔隙率为 50%,固体煤碱中 NaOH 含量为 85%,要求配置的碱液度为100 g/L,设充填系数 $\alpha=0.68$,工作条件系数 β 取 1.1,则每孔应灌注固体烧碱量取(　　)最合适。

(A)150 kg　　(B)230 kg　　(C)350 kg　　(D)400 kg

18. 饱和软黏土坡度为 1∶2,坡高 10 m,不排水抗剪强度 $c_u=30$ kPa,土的天然容重为 18 kN/m³,水位在坡脚以上 6 m,已知单位土坡长度滑坡体水位以下土体体积 $V_B=144.11$ m³/m,与滑动圆弧的圆心距离为 $d_B=4.44$m,在滑坡体上部有 3.33 m 的拉裂缝,缝中充满水,水压力为 P_w,滑坡体水位以上的体积为 $V_A=41.92$ m³/m,圆心距为 $d_A=13$ m,如下图所示,用整体圆弧法计算土坡沿着该滑裂面滑动的安全系数最接近于(　　)。

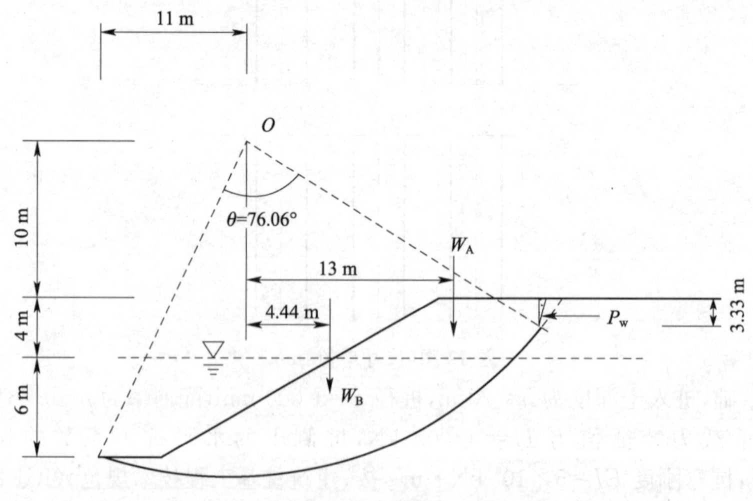

题 18 图

(A)0.94　　(B)1.33　　(C)1.39　　(D)1.51

19. 如下图所示,某重力式挡土墙墙高 5.5 m,墙体单位长度自重 $W=164.5$ kN/m,作用点距墙前趾 $x=1.29$ m,底宽 2.0 m,墙背垂直光滑,墙后填土表面水平,填土重度为 18 kN/m³,黏聚力 $C=0$ kPa,内摩擦角 $\varphi=35°$,设墙基为条形基础,不计墙前埋深段的被动土压力，墙底面最大压力最接近(　　)。

(A)82.25 kPa　　(B)165 kPa

(C)235 kPa　　(D)350 kPa

20. 某很长的岩质边坡受一组节理控制，节理走向与边坡走向平行，如下图所示，地表出露线距边坡顶边缘线 20 m，坡顶水平，节理面与坡面交线和坡顶的高差为 40 m，与坡顶的水平距离 10 m，节理面内摩擦角 35°，黏聚力 $C=70$ kPa，岩体重度为 23 kN/m^3，则验算得抗滑稳定安全系数最接近(　　)。

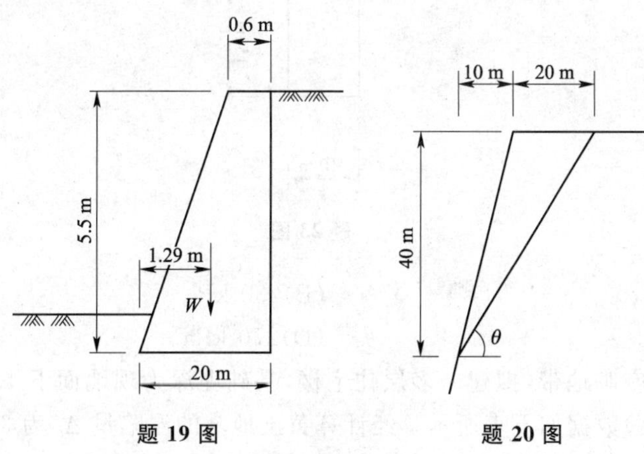

题 19 图　　题 20 图

(A)0.8　　(B)1.0

(C)1.2　　(D)1.3

21. 如下图所示倾角为 28°的土坡，由于降雨，土坡中地下水发生平行于坡面方向的渗流，利用圆弧条分法进行稳定分析时，其中第 i 条高度为 6 m，作用在该条底面上的孔隙水压力最接近于(　　)。

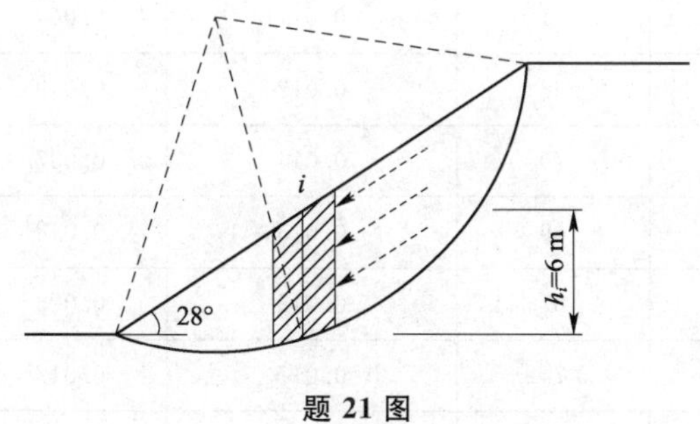

题 21 图

(A)60 kPa　　(B)53 kPa

(C)47 kPa　　(D)30 kPa

22. 有一均匀黏性土地基，要求开挖深度为 15 m 的基坑，采用桩锚支护，已知该黏性土的重度 $\gamma=19$ kN/m^3，黏聚力 $C=15$ kPa，内摩擦角 $\varphi=26°$，坑外地面的均布荷载为48 kPa，按《建筑基坑支护技术规程》(JGJ 120—2012)计算等值梁的弯矩零点距基坑底面的距离最接近(　　)。

(A)2.30 m　　(B)1.53 m

(C)1.30 m　　(D)1.10 m

23. 有一个如下图所示宽 10 m、高 15 m 的地下隧道，位于碎散的堆积土中，洞顶距地面深 12 m，堆积土的强度指标 $C=0$，$\varphi=30°$，天然重度 $\gamma=19\ kN/m^3$，地面无荷载，无地下水，用太沙基理论计算作用于隧洞顶部的垂直压力最接近于(　　)。

(注：土的侧压力采用朗肯主动土压力系数计算。)

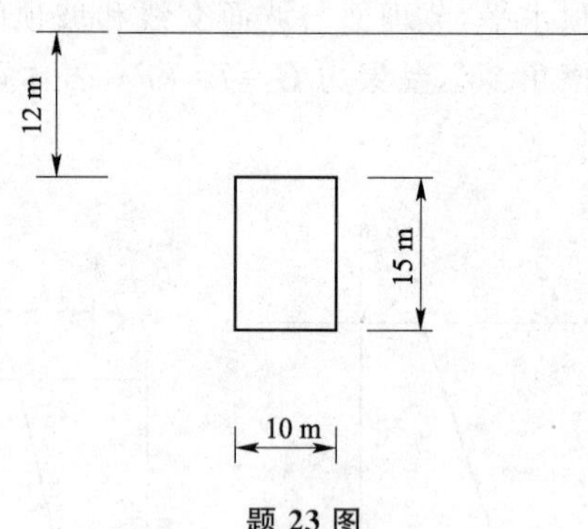

题 23 图

(A)210 kPa　　(B)230 kPa

(C)250 kPa　　(D)270 kPa

24. 在关中地区某空旷地带，拟建一多层住宅楼，基础埋深为现地面下 1.50 m。勘察后某代表性探井的试验数据如下表所示。经计算黄土地基的湿陷量 Δ_s 为 369.5 mm，为消除地基湿陷性，(　　)的地基处理方案最合理。

题 24 表

土样编号	取样深度/m	饱和度/(%)	自重湿陷系数	湿陷系数	湿陷起始压力/kPa
3—1	1.0	42	0.007	0.068	54
3—2	2.0	71	0.011	0.064	62
3—3	3.0	68	0.012	0.049	70
3—4	4.0	70	0.014	0.037	77
3—5	5.0	69	0.013	0.048	101
3—6	6.0	67	0.015	0.025	104
3—7	7.0	74	0.017	0.018	112
3—8	8.0	80	0.013	0.014	—
3—9	9.0	81	0.010	0.017	183
3—10	10.0	95	0.002	0.005	—

(A)强夯法，地基处理厚度为 2.0 m

(B)强夯法，地基处理厚度为 3.0 m

(C)土或灰土垫层法，地基处理厚度为 2.0 m

(D)土或灰土垫层法，地基处理厚度为 3.0 m

25. 高速公路附近有一覆盖型溶洞(如下图所示)，为防止溶洞坍塌危及路基，按现行公路规范要求，溶洞边缘距路基坡脚的安全距离应不小于(　　)。

(注：灰岩 φ 取 37°，安全系数 K 取 1.25。)

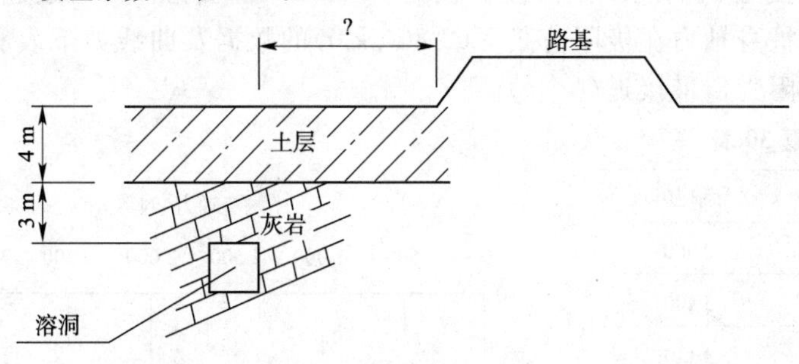

题 25 图

(A)6.5 m　　(B)7.0 m　　(C)7.5 m　　(D)8.0 m

26. 已知预应力锚索的最佳下倾角，对锚固段为 $\beta_1=\varphi-\alpha$，对自由段为 $\beta_2=45°+\frac{\varphi}{2}-\alpha$。某滑坡采用预应力锚索治理，其滑动面内摩擦角 $\varphi=18°$，滑动面倾角 $\alpha=27°$，方案设计中锚固段长度为自由段长度的 1/2，则依据现行铁路规范，求锚索的最佳下倾角 β 计算值为(　　)。

(A)9°　　(B)12°　　(C)15°　　(D)18°

27. 某场地抗震设防烈度为 8 度，设计基本地震加速度为 0.30g，设计地震分组为第一组。土层等效剪切波速为 150 m/s，覆盖层厚度 60 m。相应于建筑结构自振周期 $T=0.40$ s，阻尼比 $\zeta=0.05$ 的水平地震影响系数值 α 最接近于(　　)。

(A)0.12　　(B)0.16　　(C)0.20　　(D)0.24

28. 某建筑场地土层分布如下表所示，拟建 8 层建筑，高 24 m。根据《建筑抗震设计规范》(GB 50011—2010)，该建筑抗震设防类别为丙类。现无实测剪切波速，该建筑场地的类别划分可根据经验按(　　)考虑。

题 28 表

层序	岩土名称和性状	层厚/m	层底深度/m
1	填土，$f_{ak}=150$ kPa	5	5
2	粉质黏土，$f_{ak}=200$ kPa	10	15
3	稍密粉细砂	10	25
4	稍密-中密的粗中砂	15	40
5	中密圆砾卵石	20	60
6	坚硬基岩	—	—

(A)Ⅱ类　　(B)Ⅲ类　　(C)Ⅳ类　　(D)无法确定

29. 高度为 3 m 的公路挡土墙，基础的设计埋深 1.80 m，场区的抗震设防烈度为 8°。自然地面以下深度 1.50 m 为黏性土，深度 1.50～5.00 m 为一般黏性土，深度5.00～10.00 m为粉土，下卧地层为砂土层。根据《公路工程抗震规范》(JTG B02—2013)，在地下水位埋深至少大于(　　)时，可初判不考虑场地土液化影响。

(A)5.0 m　　(B)6.0 m　　(C)6.5 m　　(D)8.0 m

30. 某自重湿陷性黄土场地混凝土灌注桩径为 800 mm，桩长为 34 m，通过浸水载荷试验和应力测试得到桩身轴力在极限荷载下(2 800 kN)的数据及曲线如下表和下图所示，此时桩侧平均负摩阻力值最接近(　　)。

题 30 表

深度/m	桩身轴力/kN
2	2 900
4	3 100
6	3 110
8	3 160
10	3 200
12	3 265
14	3 270
16	2 900
18	2 150
22	1 220
26	670
30	140
34	70

桩身轴力/kN

0　500　1 000　1 500　2 000　2 500　3 000　3 500

深度/m

0　5　10　15　20　25　30　35　40

题 30 图

(A)−10.52 kPa　(B)−12.14 kPa　(C)−13.36 kPa　(D)−14.38 kPa

专业案例(下午卷)

1. 某饱和软黏土无侧限抗压强度试验的不排水抗剪强度 $c_u = 70$ kPa，如果对同一土样进行三轴不固结不排水试验，施加围压 $\sigma_3 = 150$ kPa，试样在发生破坏时的轴向应力 σ_1 最接近于(　　)。

(A)140 kPa　　(B)220 kPa　　(C)290 kPa　　(D)370 kPa

2. 现场取环刀试样测定土的干密度。环刀容积 200 cm^3，测得环刀内湿土质量 380 g。从环刀内取湿土 32 g，烘干后干土质量为 28 g。土的干密度最接近(　　)。

(A)1.90 g/cm^3　　(B)1.85 g/cm^3

(C)1.69 g/cm^3　　(D)1.66 g/cm^3

3. 对某高层建筑工程进行深层载荷试验，承压板直径 0.79 m，承压板底埋深 15.8 m，持力层为砾砂层，泊松比 0.3，试验结果见右图。根据《岩土工程勘察规范》(GB 50021—2001)(2009 年版)，计算该持力层的变形模量最接近(　　)。

(A)58.3 MPa　　(B)38.5 MPa

(C)25.6 MPa　　(D)18.5 MPa

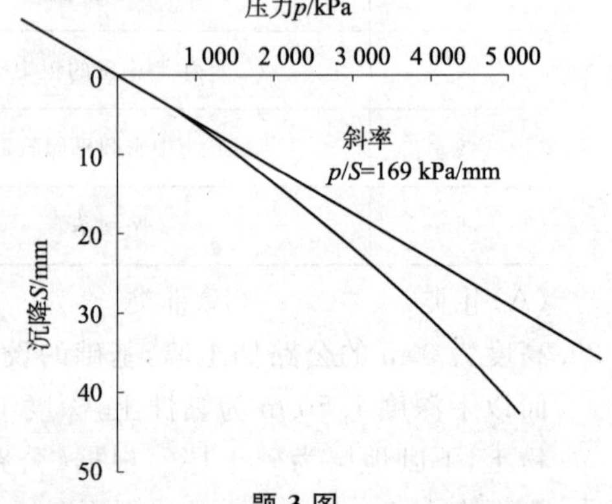

题 3 图

4. 在某水利工程中存在有可能产生流土破坏的地

表土层，经取样试验，该层土的物理性质指标为土粒相对密度 $G_s=2.7$，天然含水率 $w=22\%$，天然重度 $\gamma=19\ kN/m^3$，该土层发生流土破坏的临界水力比降最接近（　　）。

(A)0.88　　(B)0.98

(C)1.08　　(D)1.18

5. 某条形基础宽度 2.50 m，埋深 2.00 m。场区地面以下为厚度 1.50 m 的填土，$\gamma=17\ kN/m^3$；填土层以下为厚度 6.00 m 的细砂层，$\gamma=19\ kN/m^3$，$c_k=0$、$\varphi_k=30°$。地下水位埋深 1.0 m。根据土的抗剪强度指标计算的地基承载力特征值最接近于（　　）。

(A)160 kPa　　(B)170 kPa

(C)180 kPa　　(D)190 kPa

6. 如下图所示的某天然稳定土坡，坡角 35°，坡高 5 m，坡体土质均匀，无地下水，土层的孔隙比 e 和液性指数 I_L 均小于 0.85，$\gamma=20\ kN/m^3$、$f_{ak}=160$ kPa，坡顶部位拟建工业厂房，采用条形基础，上部结构传至基础顶面的竖向力 F_k 为 350 kN/m，基础宽度2 m。按照厂区整体规划，基础底面边缘距离坡顶为 4 m。条形基础的埋深至少应达到（　　）的埋深值才能满足要求。

（注：基础结构及其上土的平均重度按20 kN/m³ 考虑。）

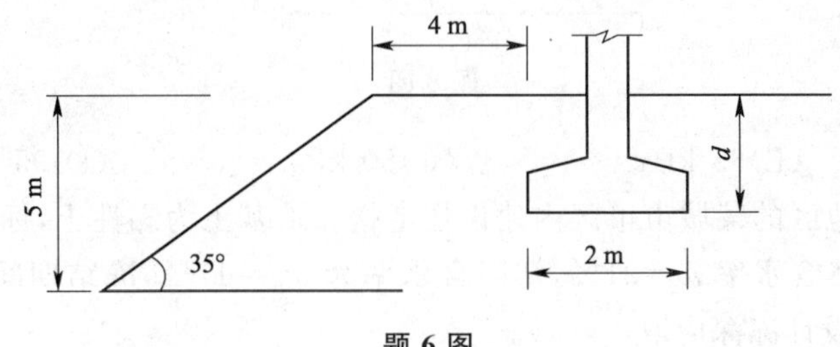

题 6 图

(A)0.80 m　　(B)1.40 m

(C)2.10 m　　(D)2.60 m

7. 在 100 kPa 大面积荷载的作用下，3 m 厚的饱和软土层排水固结，排水条件如下图所示，从此土层中取样进行常规固结试验，测读试样变形与时间的关系，已知在 100 kPa 试验压力下，达到固结度为 90% 的时间为 0.5 h，预估 3 m 厚的土层达到 90% 固结度的时间最接近于（　　）。

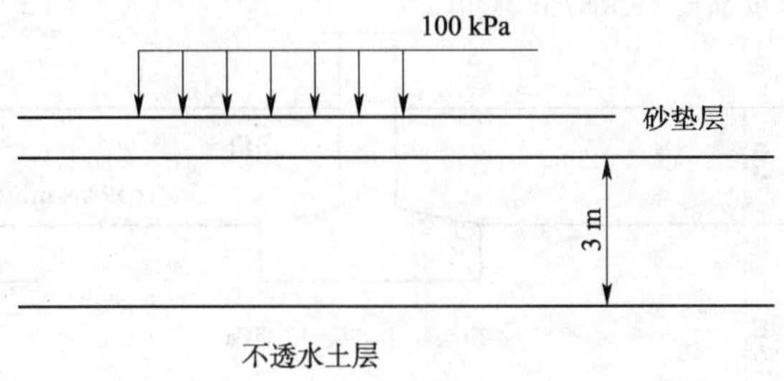

题 7 图

(A)1.3 年　　(B)2.6 年

(C)5.2 年　　(D)6.5 年

8. 如下图所示，某高低层一体的办公楼采用整体筏形基础，基础埋深 7.00 m，高层部分的基础尺寸为 40 m×40 m，基底总压力 $p=430$ kPa，多层部分的基础尺寸为 40 m×16 m，场区土层的重度为 20 kN/m^3，地下水位埋深 3 m。高层部分的荷载在多层建筑基底中心点以下深度 12 m 处所引起的附加应力最接近（　　）。

（注：水的重度按 10 kN/m^3 考虑。）

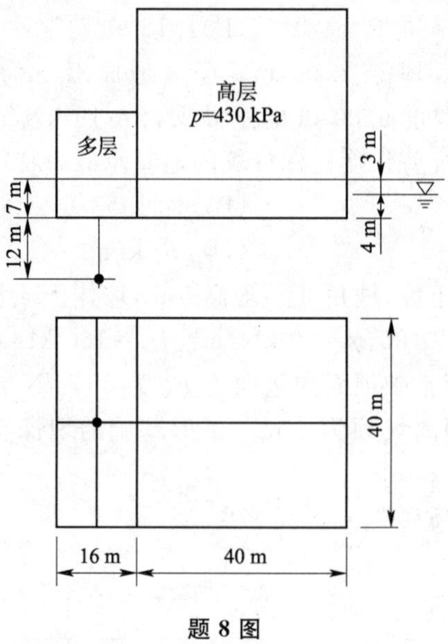

题 8 图

（A）48 kPa　　（B）65 kPa　　（C）80 kPa　　（D）95 kPa

9. 位于季节性冻土地区的某城市市区内建设住宅楼。地基土为黏性土，标准冻深为1.60 m。冻前地基土的天然含水率 $w=21\%$，塑限含水率为 $w_p=17\%$，冻结期间地下水位埋深 $h_w=3$ m，该场区的设计冻深应取（　　）。

（A）1.22 m　　（B）1.30 m　　（C）1.40 m　　（D）1.80 m

10. 某条形基础的原设计基础宽度为 2 m，上部结构传至基础顶面的竖向力 F_k 为 320 kN/m。后发现在持力层以下有厚度 2 m 的淤泥质土层。地下水水位埋深在室外地面以下 2 m，淤泥质土层顶面处的地基压力扩散角为 23°，基础结构及其上土的平均重度按 20 kN/m^3 计算，根据软弱下卧层验算结果重新调整后的基础宽度最接近（　　）才能满足要求。

（注：基础结构及土的重度都按 19 kN/m^3 考虑。）

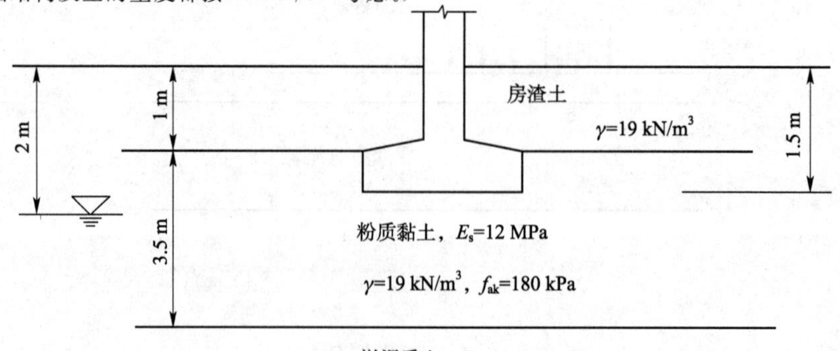

题 10 图

(A)2.0 m　　(B)2.5 m

(C)3.5 m　　(D)4.0 m

11. 某构筑物桩基安全等级为二级，柱下桩基础采用 16 根钢筋混凝土预制桩，桩径 d＝0.5 m，桩长 15 m，其承台平面布置、剖面、地层以及桩端下的有效附加应力（假定按直线分布）如下图所示，按《建筑桩基技术规范》（JGJ 94—2008）估算桩基沉降量最接近（　　）。

（注：沉降经验系数取 1.0。）

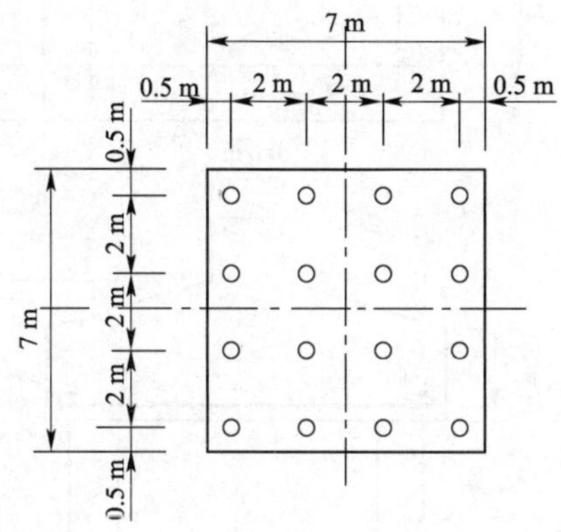

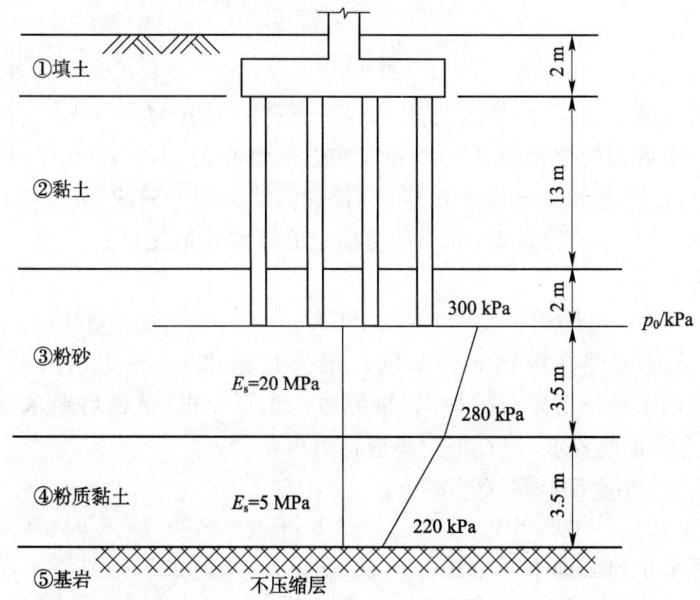

题 11 图

(A)7.3 cm　　(B)9.5 cm　　(C)11.8 cm　　(D)13.2 cm

12. 如下图所示四桩承台，采用截面 0.4 m×0.4 m 钢筋混凝土预制方桩，承台混凝土强度等级为 C35（f_t＝1.57 MPa），按《建筑桩基技术规范》（JGJ 94—2008）验算承台受角桩冲切的承载力最接近（　　）。

(A)780 kN　　(B)900 kN

(C)1 293 kN　　(D)1 370 kN

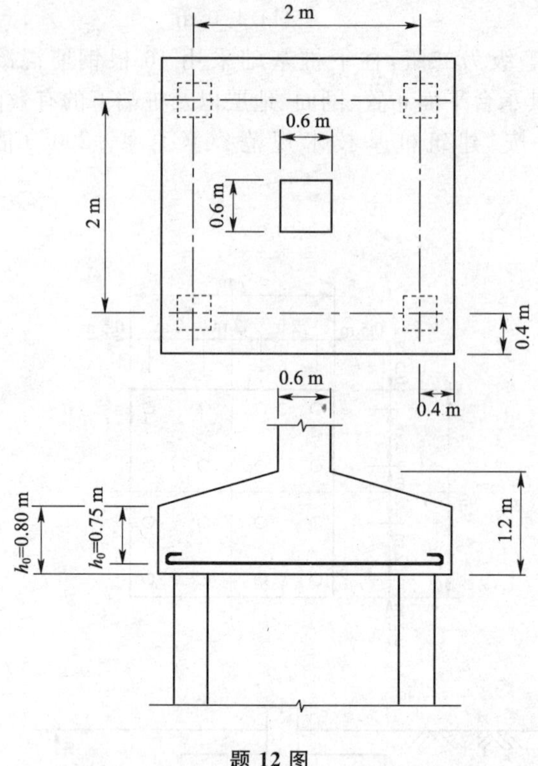

题 12 图

13. 一处于悬浮状态的浮式沉井(落入河床前),其所受外力矩 $M=48\ \text{kN}\cdot\text{m}$,排水体积 $V=40\ \text{m}^3$,浮体排水截面的惯性矩 $I=50\ \text{m}^4$,重心至浮心的距离 $\alpha=0.4$ m(重心在浮心之上),按《铁路桥涵地基和基础设计规范》(TB 10002.5—2005)或《公路桥涵地基与基础设计规范》(JTG D63—2007)计算,沉井浮体稳定的倾斜角最接近(　　)。

(注:水重度 $\gamma_w=10\ \text{kN/m}^3$。)

(A)5°　　(B)6°　　(C)7°　　(D)8°

14. 某砂土地基,土体天然孔隙比 $e_0=0.902$,最大孔隙比 $e_{max}=0.978$,最小孔隙比 $e_{min}=0.742$,该地基拟采用挤密碎石桩加固,按等边三角形布桩,挤密后要求砂土相对密实度 $D_{r1}=0.886$,为满足此要求,碎石桩距离应接近(　　)。

(注:修正系数 ξ 取 1.0,碎石桩直径取 0.40 m。)

(A)1.2 m　　(B)1.4 m　　(C)1.6 m　　(D)1.8 m

15. 某软黏土地基采用预压排水固结法处理,根据设计,瞬时加载条件下不同时间的平均固结度见下表。加载计划如下:第一次加载量为 30 kPa,预压 30 d 后第二次再加载 30 kPa,再预压 30 d 后第三次再加载 60 kPa,如下图所示,自第一次加载后到 120 d 时的平均固结度最接近(　　)。

题 15 表

t/d	10	20	30	40	50	60	70	80	90	100	110	120
U/(%)	37.7	51.5	62.2	70.6	77.1	82.1	86.1	89.2	91.6	93.4	94.9	96.0

(A)0.800　　(B)0.840　　(C)0.880　　(D)0.920

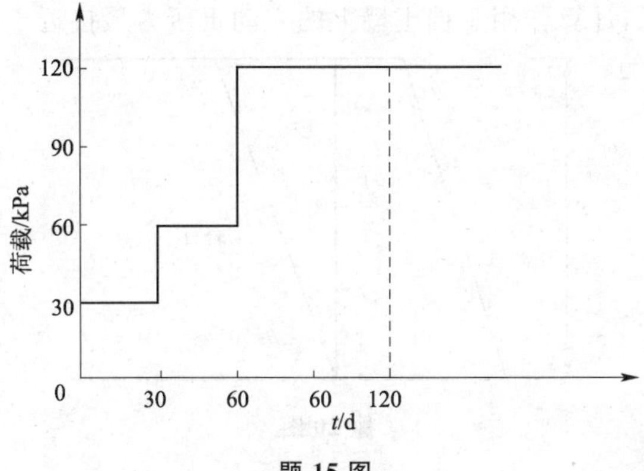

题 15 图

16. 某厂房地基为淤泥土，采用搅拌桩复合地基加固、桩长 15.0 m、穿越该淤泥土，搅拌桩复合土层顶面和底面附加压力分别为 80 kPa 和 15 kPa，桩间土压缩模量为2.5 MPa，搅拌桩桩体压缩模量为 90 MPa，搅拌桩直径为 500 mm，桩间距为1.2 m，等边三角形布置，按《建筑地基处理技术规范》(JGJ 79—2012)计算，该搅拌桩复合土层的压缩变形 s_1 最接近(　　)。

(A)25 mm　　(B)45 mm　　(C)65 mm　　(D)85 mm

17. 某土坝坝基有两层土组成，如下图所示，上层土为粉土，孔隙比 0.667，相对密度 2.67，层厚 3.0 m，第二层土为中砂，土石坝上下游水头差为 3.0 m，为保证坝基的渗透稳定，下游拟采用排水盖重层措施，如安全系数取 2.0，根据《碾压式土石坝设计规范》(DL/T 5395—2007)，排水盖重层(其重度 18.5 kN/m^3)的厚度最接近(　　)。

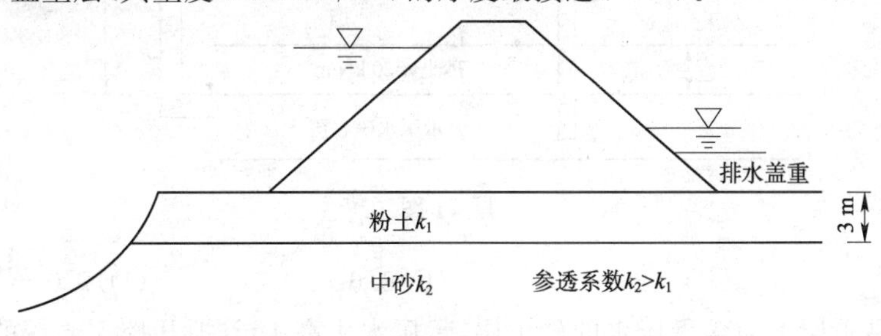

题 17 图

(A)1.62 m　　(B)2.30 m　　(C)3.50 m　　(D)3.80 m

18. 重力式梯形挡土墙，墙高 4.0 m，顶宽 1.0 m，底宽 2.0 m，墙背垂直光滑，墙底水平，基底与岩层间摩擦系数 f 取为 0.6，抗滑稳定性满足设计要求，开挖后发现岩层风化较严重，将 f 值降低为 0.5 进行变更设计，拟采用墙体墙厚的变更原则，若要达到原设计的抗滑稳定性，墙厚需增加(　　)。

(A)0.2 m　　(B)0.3 m　　(C)0.4 m　　(D)0.5 m

19. 在右图所示的铁路工程岩石边坡中，上部岩体沿着滑动面下滑，剩余下滑力为 F=1 220 kN，为了加固此岩坡，采用预应力锚索，滑动面倾角及锚索的方向如图所示。滑动面处的摩擦角为 18°，则此锚索的最小锚固力最接近于(　　)。

(A)1 200 kN　　(B)1 400 kN

(C)1 600 kN　　(D)1 700 kN

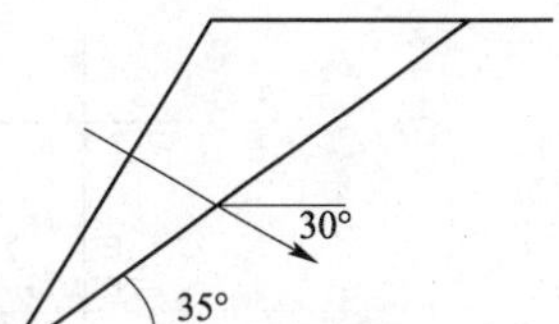

30°
35°

题 19 图

20. 重力式挡土墙墙高 8 m，墙背垂直、光滑，填土与墙顶平，填土为砂土，γ=20 kN/m^3，内摩擦角 φ=36°，该挡土墙建在岩石边坡前，岩石边坡坡脚与水平方向夹角为 70°，岩石与砂填土间摩擦角为 18°，计算作用于挡土墙上的主动土压力最接近于(　　)。

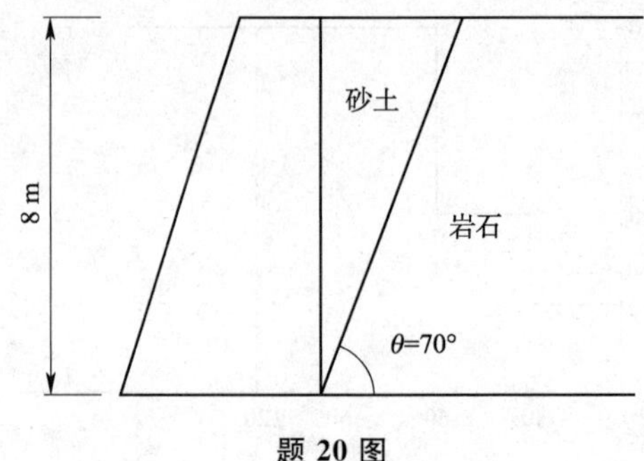

题 20 图

(A)166 kN/m　　(B)298 kN/m　　(C)157 kN/m　　(D)213 kN/m

21. 一个采用地下连续墙支护的基坑的土层分布情况如下图所示，砂土与黏土的天然重度都是 20 kN/m³。砂层厚 10 m，黏土隔水层厚 1 m，在黏土隔水层以下砾石层中有承压水，承压水头 8 m。没有采用降水措施，为了保证抗突涌的渗透稳定安全系数不小于 1.1，该基坑的最大开挖深度 H 不能超过(　　)。

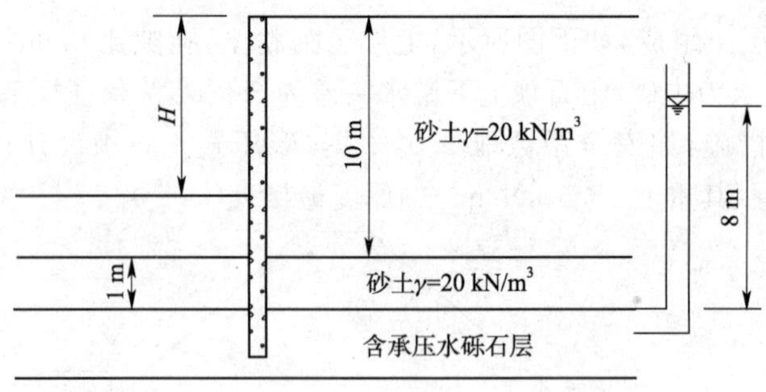

题 21 图

(A)2.2 m　　(B)5.6 m　　(C)6.6 m　　(D)7.0 m

22. 10 m 厚的黏土层下为含承压水的砂土层，承压水头高 4 m，拟开挖 5 m 深的基坑，重要性系数 $\gamma_0=1.0$。使用水泥土墙支护，水泥土重度为 20 kN/m³，墙总高 10 m。已知每延长米墙后的总主动土压力为 800 kN/m，作用点距墙底 4 m；墙前总被动土压力为 1 200 kN/m，作用点距墙底 2 m。如果将水泥土墙受到的扬压力从自重中扣除，满足抗倾覆安全系数为 1.3 条件下的水泥土墙最小墙厚最接近(　　)。

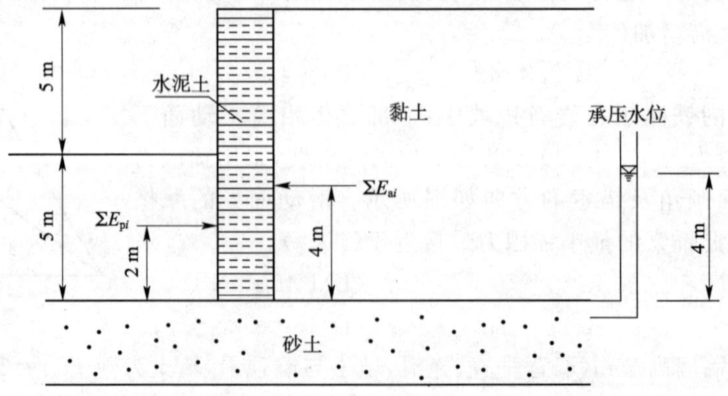

题 22 图

(A)3.5 m　　(B)3.8 m　　(C)4.0 m　　(D)4.7 m

23. 某电站引水隧洞，围岩为流纹斑岩，其各项评分见下表，实测岩体纵波波速平均值为3 320 m/s，岩块的波速为4 176 m/s。岩石的饱和单轴抗压强度 $R_b=55.8$ MPa，围岩最大主应力 $\sigma_m=11.5$ MPa，按《水利水电工程地质勘察规范》(GB 50487—2008)的要求进行的围岩分类是(　　)。

题 23 表

项目	岩石强度	岩体完整程度	结构面状态	地下水状态	主要结构面产状
评分	20 分	28 分	24 分	−3 分	−2 分

(A)Ⅳ类　　(B)Ⅲ类　　(C)Ⅱ类　　(D)Ⅰ类

24. 某场地同一层软黏土采用不同的测试方法得出的抗剪强度，设：①原位十字板试验得出的抗剪强度；②薄壁取土器取样做三轴不排水剪试验得出的抗剪强度；③厚壁取土器取样做三轴不排水剪试验得出的抗剪强度。按其大小排序列出 4 个选项，则(　　)是符合实际情况的。简要说明理由。

(A)①>②>③　　(B)②>①>③

(C)③>②>①　　(D)②>③>①

25. 某拟建砖混结构房屋，位于平坦场地上，为膨胀土地基，根据该地区气象观测资料算得：当地膨胀土湿度系数 $\psi_w=0.9$。当基础埋深需大于大气影响急剧层深度时，一般基础埋深至少应达到(　　)。

(A)0.50 m　　(B)1.15 m　　(C)1.35 m　　(D)3.00 m

26. 某场地属煤矿采空区范围，煤层倾角为 15°，开采深度 $H=110$ m，移动角(主要影响角)$\beta=60°$，地面最大下沉值 $\eta_{max}=1\ 250$ mm，如拟作为一级建筑物建筑场地，则按《岩土工程勘察规范》(GB 50021—2001)(2009 年版)判定该场地的适宜性属于(　　)。通过计算说明理由。

(A)不宜作为建筑场地　　(B)可作为建筑场地

(C)对建筑物采取专门保护措施后兴建　　(D)条件不足，无法判断

27. 陡坡上岩体被一组平行坡面、垂直层面的张裂缝切割长方形岩块(见示意图)。岩块的重度 $\gamma=25$ kN/m³。则在暴雨水充满裂缝时，靠近坡面的岩块最小稳定系数(包括抗滑动和抗倾覆两种情况的稳定系数取其小值)最接近(　　)。

(注：不考虑岩块两侧阻力和层面水压力。)

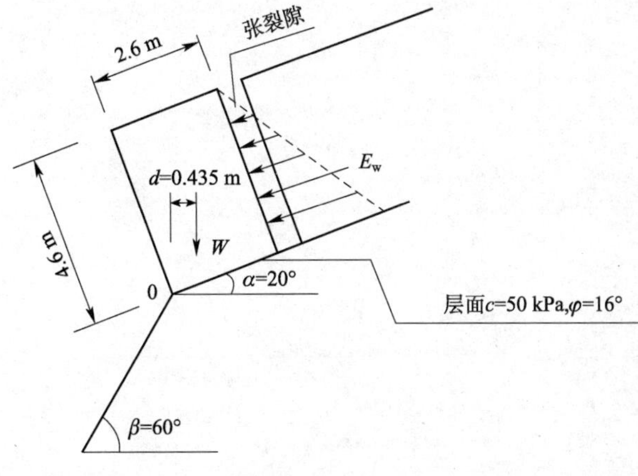

题 27 图

(A)0.75　　　　　　　　　　　　(B)0.85

(C)0.95　　　　　　　　　　　　(D)1.05

28. 土层分布及实测剪切波速如下表所示，则该场地覆盖层厚度及等效剪切波速应分别为(　　)。

题 28 表

层序	岩土名称	层厚 d_i/m	层底深度/m	实测剪切波速 V_{si}/(m/s)
1	填土	2.0	2.0	150
2	粉质黏土	3.0	5.0	200
3	淤泥质粉质黏土	5.0	10.0	100
4	残积粉质黏土	5.0	15.0	300
5	花岗岩孤石	2.0	17.0	600
6	残积粉质黏土	8.0	25.0	300
7	风化花岗石	—	—	>500

(A)10 m、128 m/s　　　　　　　　(B)15 m、158 m/s

(C)20 m、185 m/s　　　　　　　　(D)25 m、179 m/s

29. 采用拟静力法进行坝高 38 m 土石坝的抗震稳定性验算。在滑动条分法的计算过程中，某滑动体条块的重力标准值为 4 000 kN/m。场区为地震烈度 8 度区。作用在该土条重心处的水平向地震惯性力代表值 F_h 最接近(　　)。

(A)300 kN/m　　　　　　　　(B)350 kN/m

(C)400 kN/m　　　　　　　　(D)450 kN/m

30. 采用声波法对钻孔灌注桩孔底沉渣进行检测，桩直径 1.2 m，桩长 35 m，声波反射明显。测头从发射到接收到第一次反射波的相隔时间为 8.7 ms，从发射到接收到第二次反射波的相隔时间为 9.3 ms，若孔底沉渣声波波速按 1 000 m/s 考虑，孔底沉渣的厚度最接近(　　)。

(A)0.3 m　　　　　　　　(B)0.50 m

(C)0.70 m　　　　　　　　(D)0.90 m

2007年全国注册岩土工程师专业考试试卷参考答案(新解)

专业知识(上午卷)答案

一、单项选择题

1.(A)　《铁路工程地质勘察规范》(TB 10012—2007)第7.1.1条

2.(B)　《岩土工程勘察规范》(GB 50021—2001)(2009年版)第3.2.3条

3.(C)　三种矿物都是黏土矿物,亲水能力的强弱取决于它们的内部结构,结论:亲水能力由高到低的顺序:蒙脱石、伊利石、高岭石

4.(B)　《岩土工程勘察规范》(GB 50021—2001)(2009年版)第2.1.8条

5.(D)　《建筑工程地质勘探与取样技术规程》(JGJ/T 87—2012)第4.0.1条、第5.2.3条、第11.0.3条

6.(C)　《建筑工程地质勘探与取样技术规程》(JGJ/T 87—2012)第5.2.2条

7.(B)　《建筑工程地质勘探与取样技术规程》(JGJ/T 87—2012)附录C

8.(A)　《土工试验方法标准》(GB/T 50123—1999)第8.1.3条文说明

9.(A)　《全国注册岩土工程师专业考试培训教材》P1-237

10.(C)　《岩土工程勘察规范》(GB 50021—2001)(2009年版)第6.6.2条

11.(C)　《岩土工程勘察规范》(GB 50021—2001)(2009年版)第10.5.2条

12.(B)　《水运工程岩土勘察规范》(JTS 133—2013)第14.4.3条

13.(D)　据《水利水电工程地质勘察规范》(GB 50487—2008)附录N.0.9-3中结构面的评分,泥质的最低,泥化的结构面比泥质的结构面还差

14.(C)

15.(D)

16.(B)

17.(D)

18.(A)

19.(B)

20.(C)

21.(C)　《建筑桩基技术规范》(JGJ 94—2008)第5.2.1条

22.(D)　《建筑地基处理技术规范》(JGJ 79—2012)第6.3.3条

23.(A)　《建筑地基处理技术规范》(JGJ 79—2012)第4.3.1条

24.(D)　据《建筑地基处理技术规范》(JGJ 79—2012)第5.1.5条可知,(A)、(B)正确,由第5.2.32条可知,(C)正确、(D)错误

25.(C)　此种类型题已出现多次。对于深厚软黏土地基,工后沉降主要来自于复合地基以下未处理软黏土,因此据《建筑地基处理技术规范》(JGJ 79—2012)第7.2.2条第5款及条文说明可知,增加桩长可增加软黏土的变形模量,有效降低沉降量。其实增加置换率也可提高地基土的变形模量,从而减少沉降量,但增加桩长更为有效

26.(C)　《建筑地基处理技术规范》(JGJ 79—2012)第8.4.3条

27.(D)　据《公路路基设计规范》(JTG D30—2015)第 7.6.3 条，路基设计中变形沉降量和边坡稳定性分析时，施工期的荷载只考虑路堤自重，营运期的荷载包括路堤自重、路面的增重及行车荷载，其中车辆荷载应考虑静荷载，不考虑动荷载的影响。对于本题，软土变形沉降应采用中点深度处的有效应力计算

28.(A)　据《建筑地基处理技术规范》(JGJ 79—2012)第 6.3.3 条第 1 款条文说明可知，填土厚度较大，为保证加固效果，夯击能应足够大，最后进行低能量满夯。由第 5 款条文说明可知，夯击点的间距一般根据地基土的性质和要求处理的深度而定，对于细颗粒土，为便于超静孔隙水压力的消散，夯击点间距不宜过小

29.(B)　《建筑地基处理技术规范》(JGJ 79—2012)第 6.3.3 条条文说明

$H=\xi\sqrt{Mh}=0.50\times\sqrt{20\times 13}=8.06\ (\mathrm{m})$

30.(D)

31.(B)　《公路路基设计规范》(JTG D30—2015)第 5.2 节坡面防护

32.(A)

33.(D)

34.(A)　《公路路基设计规范》(JTG D30—2015)第 3.2.1 条、第 3.3.1 条

35.(C)　《生活垃圾卫生填埋处理技术规范》(GB 50869—2013)图 13.2.3

36.(A)　高水位时，河水对堤防上游有压坡脚的作用，其稳定系数增加

37.(B)　饱和软黏土属不透水层，水位上升，作用在坡脚处压力增加，稳定性提高

38.(B)　《建筑桩基技术规范》(JGJ 94—2008)第 6.3.9 条

39.(A)　《建筑基桩检测技术规范》(JGJ 106—2014)第 9.1.1 条

40.(C)　《建筑基桩检测技术规范》(JGJ 106—2014)第 3.2.5 条

二、多项选择题

41.(A)、(D)　《膨胀土地区建筑技术规范》(GB 50112—2013)第 5.2.5 条

42.(A)、(B)　选项(A)、(B)都是岩浆岩，火山碎屑岩是否是岩浆岩有争议，新出版的教材《工程地质学》把它归入岩浆岩中，以前版本多归入沉积岩中

43.(B)、(C)、(D)　《岩土工程勘察规范》(GB 50021—2001)(2009 年版)第 A.0.5 条，《建筑地基基础设计规范》(GB 50007—2011)第 4.1.7 条、第 4.1.11 条、第 4.1.12 条

44.(A)、(B)、(D)　常见节理的测量统计的方法有玫瑰花图、极点图和密度图，详见《全国注册岩土工程师专业考试培训教材》P1-65

45.(A)、(C)　《岩土工程勘察规范》(GB 50021—2001)(2009 年版)第 10.5.3 条及条文说明

46.(A)、(C)　渗透力(动水压力)是土中水在渗流过程中对骨架的作用力，其公式为：$j=\gamma_w i$，见《全国注册岩土工程师专业考试培训教材》P1-425

47.(A)、(B)、(D)　《建筑桩基技术规范》(JGJ 94—2008)第 3.4.3 条、第 3.4.4 条、第 3.4.6 条，《湿陷性黄土地区建筑规范》(GB 50025—2004)第 5.7.4 条

48.(A)、(B)、(C)　《建筑桩基技术规范》(JGJ 94—2008)第 5.2.5 条文说明

49.(B)、(C)、(D)　《建筑桩基技术规范》(JGJ 94—2008)第 5.7.2 条文说明

50.(B)、(C)、(D)

51.(B)、(C)

52.(A)、(D)　《全国注册岩土工程师专业考试培训教材》P4-123

53.(A)、(B)、(C)

54.(A)、(C)、(D)　《建筑地基处理技术规范》(JGJ 79—2012)第5.2.6条、第5.2.20条

55.(A)、(D)　据《建筑地基处理技术规范》(JGJ 79—2002)第13.2.8条、第13.3.1条、第13.2.3条、第13.4.1条。2012年规范已删除石灰桩相关内容

56.(A)、(B)、(D)　《建筑地基处理技术规范》(JGJ 79—2012)第7.2.2条第7款条文说明

57.(A)、(C)、(D)　《建筑地基处理技术规范》(JGJ 79—2012)第7.3.1条第1款、第7.3.2条

58.(B)、(C)、(D)　《建筑地基处理技术规范》(JGJ 79—2012)第6.3.3条第3款,对于渗透性较差的细粒土,应适当增加夯击遍数,而不是增加夯点击数。由第4款可知,对于渗透性好的黏土地基,时间间隔不应少于2～3周。强夯之前,设置一定数量的排水砂井,有利于孔隙水压力的消散,且砂井能起置换挤密作用

59.(B)、(D)　《建筑地基处理技术规范》(JGJ 79—2012)第5.4.2条、第5.4.3条

60.(B)、(C)　据《建筑地基处理技术规范》(JGJ 79—2012)第7.2.1条、第7.6.1条,砂石桩、夯实水泥土桩不适用于淤泥土

61.(A)、(C)

62.(B)、(D)　《建筑边坡工程技术规范》(GB 50330—2013)第7.1.3条

63.(A)、(D)　《碾压式土石坝设计规范》(DL/T 5395—2007)第10.3.3条及附录E表E.1

64.(A)、(B)

65.(A)、(C)、(D)

66.(A)、(B)、(C)

67.(A)、(D)　《湿陷性黄土地区建筑规范》(GB 50025—2004)第4.3.2条、第4.3.5条

68.(B)、(C)、(D)　《铁路工程不良地质勘察规程》(TB 10027—2012)第7.2节

69.(A)、(C)　《建筑地基处理技术规范》(JGJ 79—2012)第7.2.5条

70.(A)、(D)　《建筑基桩检测技术规范》(JGJ 106—2014)第8.1.1条

专业知识(下午卷)答案

一、单项选择题

1.(C)　《建筑结构荷载规范》(GB 50009—2012)第2.1.10条

2.(B)　《建筑地基基础设计规范》(GB 50007—2011)第3.0.5条

3.(A)　《建筑地基基础设计规范》(GB 50007—2011)第3.0.5条

4.(A)　《土工试验方法标准》(GB/T 50123—1999)第14.1.9条～第14.1.12条

5.(C)

6.(D)　《建筑地基基础设计规范》(GB 50007—2011)第5.2.5条

7.(B)　《建筑地基基础设计规范》(GB 50007—2011)第5.2.6条

8.(C)　《铁路工程特殊岩土勘察规程》(TB 10038—2012)第6章

9.(B)

10.(C)

11.(B)

12.(C)

13.(D)

14.(B)　在洞室顶部的岩体被结构面相互切割，形成各种各样的结构体，在洞室顶部边缘，当有形状为“上小下大”这样的块体是最不稳定的

15.(A)　《工程岩体分级标准》(GB 50218—2014)第4.5节

16.(D)

17.(C)　《铁路特殊路基设计规范》(TB 10035—2006)(已不在考试目录)

18.(D)　《湿陷性黄土地区建筑规范》(GB 50025—2004)第6.4节

19.(C)　《建筑地基基础设计规范》(GB 50007—2011)附录G表G.0.1,《岩土工程勘察规范》(GB 50021—2001)(2009年版)第6.6.2条

20.(C)　《膨胀土地区建筑技术规范》(GB 50112—2013)附录D

21.(B)　冻土因温度升降而产生冻胀、融陷而体积发生变化和膨胀土因吸、失水体积变化

22.(D)　《岩土工程勘察规范》(GB 50021—2001)(2009年版)第5.1.6条

23.(A)　抗滑桩的施工先上后下，先浅后深，先两边后中间，并间隔施工。主要目的：减少对滑坡的扰动，分散抗滑桩的推力，易于施工

24.(B)　牵引式滑坡是由于斜坡体下部首先破坏引起的

25.(D)　线路穿越不稳定的岩堆地段时，宜采用“上挖下压”通过

26.(B)　《岩土工程勘察规范》(GB 50021—2001)(2009年版)第5.2.5条

27.(C)　《岩土工程勘察规范》(GB 50021—2001)(2009年版)第5.4.3条

28.(A)　地表移动盆地面积大于采空区面积，见《工程地质手册》(第四版)第567页

29.(C)　《建筑抗震设计规范》(GB 50011—2010)第1.0.1条条文说明

30.(B)　由《建筑抗震设计规范》(GB 50011—2010)第4.1.6条可知，题中4个场地均为Ⅱ类，根据表5.1.4-2可知，4个场地的特征周期相同

31.(D)　由《水工建筑物抗震设计规范》(DL 5073—2000)第3.1.2条，计算得 $v_{sm}=\frac{\sum v_i h_i}{\sum h_i}=\frac{235\times6+495\times6}{6+6}=365(m/s)$，为中硬场地土，查表3.1.3可知为Ⅱ类场地。由表4.3.6可知特征周期为0.3 s。由表4.3.4可知，重力坝设计反应谱最大值 β_{max} 为0.2

32.(A)　《建筑抗震设计规范》(GB 50011—2010)第4.4.1条～第4.4.3条

33.(C)　《公路工程抗震规范》(JTG B02—2013)第7章对挡土墙抗震稳定性验算的荷载组合未作明确规定，结合89规范第3.1.1条，答案为(C)

34.(B)　由《水工建筑物抗震设计规范》(DL 5073—2000)第4.1.4条可知，(C)正确，由第4.2.1条可知，(A)、(D)正确

35.(A)

36.(D)

37.(A)

38.(C)

39.(B)

40.(D)

二、多项选择题

41.(A)、(B)、(D)　《建筑结构荷载规范》(GB 50009—2012)第2.1.6条～第2.1.8条

42.(A)、(B)、(C)　《建筑地基基础设计规范》(GB 50007—2011)第3.0.5条

43.(B)、(D)　《建筑地基基础设计规范》(GB 50007—2011)第3.0.5条

44.(A)、(B)、(C)　《建筑地基基础设计规范》(GB 50007—2011)第5.2.4条

45.(A)、(B)、(D)　《建筑地基基础设计规范》(GB 50007—2011)第 5.2.7 条
46.(A)、(C)、(D)
47.(B)、(C)、(D)
48.(A)、(B)、(C)
49.(A)、(C)
50.(A)、(C)
51.(A)、(B)、(D)　《铁路工程地质手册》第 562 页
52.(A)、(B)、(C)
53.(A)、(C)、(D)　《工程地质手册》(第四版)第 501 页～第 503 页
54.(A)、(B)　《湿陷性黄土地区建筑规范》(GB 50025—2004)第 4.3.2 条、第 4.3.5 条、第 4.3.6 条、第 4.3.8 条
55.(B)、(C)　常见的黏土矿物有高岭石、伊利石和蒙脱石，详见《工程地质手册》(第四版)第 470 页
56.(B)、(D)　《岩土工程勘察规范》(GB 50021—2001)(2009 年版)第 5.3.3 条条文说明
57.(B)、(C)　增大锚墩底面积，防止锚头陷入滑体内，分级张拉变形充分发生后再装锚具，预应力损失变小
58.(A)、(B)、(D)　《铁路工程不良地质勘察规程》(TB 10027—2012)第 7.3.3 条条文说明
59.(A)、(B)、(C)　据《建筑抗震设计规范》(GB 50011—2010)第 3.2 节条文说明，抗震设计时，对同样场地条件、同样烈度的地震，按震源机制、震级大小和震中距远近区别对待是必要的。此题已考过多次
60.(A)、(B)　据《建筑抗震设计规范》(GB 50011—2010)第 5.1.4 条、第 5.1.5 条。地震烈度越高，水平地震影响系数最大值越大，地震影响系数越大，(A)正确；土层剪切波速越小，特征周期越大，地震影响系数越大，(B)正确；在结构自振周期大于特征周期的情况下，结构自振周期越大，地震影响系数越小，(C)错误；在结构自振周期小于特征周期的情况下，地震影响系数将随建筑结构阻尼比的增大而减小，(D)错误
61.(A)、(C)　《公路工程抗震规范》(JTG B02—2013)已删除地震剪应力比的规定，按 89 规范第 2.2.3 条及条文说明，答案为(A)、(C)
62.(B)、(D)　《建筑抗震设计规范》(GB 50011—2010)第 4.3.3 条、第 4.3.4 条
63.(A)、(C)、(D)　《公路工程抗震规范》(JTG B02—2013)对临界标准贯入锤击数 N_{cr} 的计算公式已进行修改，N_{cr} 的计算取决于设计基本地震动峰值加速度、场地区的特征周期、标准贯入点埋深、地下水位埋深、黏粒含量。按《公路工程抗震规范》(JTG B02—2013)，答案为(A)、(C)、(D)
64.(B)、(C)　《水工建筑物抗震设计规范》(DL 5073—2000)第 4.4 节
65.(A)、(B)、(D)
66.(A)、(B)
67.(B)、(C)
68.(B)、(D)
69.(A)、(C)
70.(A)、(C)、(D)

专业案例(上午卷)答案

1. [答案](A)

[解析]土的总质量=50+150+150+100+30+20=500(g)

土的颗粒组成见下表。

题1解表

<2.0 mm	<1.0 mm	<0.5 mm	<0.25 mm	<0.075 mm
90%	60%	30%	10%	4%

计算不均匀系数 C_u 和出率系数 C_c：

由表中数据可知：$d_{10}=0.25$ mm；$d_{30}=0.5$ mm；$d_{60}=1.0$ mm。

$$C_u=\frac{d_{60}}{d_{10}}=\frac{1.0}{0.25}=4$$

$$C_c=\frac{(d_{30})^2}{d_{10}\times d_{60}}=\frac{0.5^2}{0.25\times1.0}=1$$

定名：

粒径大于2 mm的颗粒质量占总质量的10%，非砾砂；

粒径大于0.5 mm的颗粒质量占总质量的70%，大于50%，故该土样为粗砂。

2. [答案](C)

[解析]由试验点的峰值确定十字板试验强度，灵敏度为原状土强度和扰动土强度之比，即试验点的峰值之比。

$S_t=192/70=2.74$

3. [答案](B)

[解析]环境类别为Ⅱ类，硫酸盐含量判定为中等腐蚀，铵盐含量判定为弱腐蚀性，综合判定为中等腐蚀。

4. [答案](C)

[解析]①露头处的煤层实际厚度计算：

根据《工程地质手册》第三版式(2-2-1)。

$H=l\sin\gamma=16.50\times\sin(45°-30°)=16.50\times0.2588=4.27$(m)

②钻孔中煤层实际厚度计算：

$H=6.04\times\sin45°=6.04\times0.7071=4.27$(m)

5. [答案](B)

[解析]据《建筑地基基础设计规范》(GB 50007—2011)第5.2.5条计算如下。

①由内摩擦角查得承载力系数分别为 $M_b=0.51$，$M_d=3.06$，$M_c=5.66$，则对1 m² 面积的基础，其地基承载力由下式计算：

$f_a=0.51\times1\times18+5.66\times40=9.18+226.4=235.6$(kPa)

②这里的考核点对载荷试验埋置深度的理解，载荷试验的埋深应为零，如以2 m计算，则得345.8 kPa的错误结果。

6. [答案](C)

[解析]据《建筑地基基础设计规范》(GB 50007—2011)第5.2.6条计算如下。

$$\delta=\frac{\sigma}{\mu}=\frac{5.59}{13.6}=0.41$$

$$\phi=1-\left(\frac{1.704}{\sqrt{6}}+\frac{4.678}{36}\right)\times 0.41=1-0.826\times 0.41=0.661$$

因此 $f_{rk}=0.661f_{rm}=0.661\times 13.6=8.99(\text{MPa})\approx 9.0\ \text{MPa}$

岩体与岩块纵波波速比值的平方等于 0.394，因此为较破碎，查表取折减系数 0.10～0.20。

$$f_a=(0.10\sim 0.20)\times 9.0=0.90\sim 1.80(\text{MPa})$$

7. [**答案**](A)

[**解析**]据《建筑地基基础设计规范》(GB 50007—2011)第 8.1.1 条计算如下。

$$H_0\geqslant\frac{b-b_0}{2\tan\alpha}=\frac{1.50-0.38}{2\times\frac{1}{1.25}}=0.7(\text{m})$$

8. [**答案**](D)

[**解析**]①在土的自重压力 $p_1=50$ kPa 作用下，孔隙比为 $e_1=1.00$，在自重压力加附加应力 $p_2=150$ kPa 作用下，孔隙比 $e_1=0.95$，则 2 m 厚的土层的压缩变形由下式计算：

$$S=\frac{e_1-e_2}{1+e_1}h=\frac{1.00-0.95}{1+1.00}\times 2\ 000=50(\text{mm})$$

②也可以先计算从自重应力到自重加附加应力的压力段的压缩模量，再用下式计算：

$$\alpha=\frac{1.00-0.95}{150-50}=0.50(\text{MPa}^{-1})$$

$$E_s=\frac{1+1.00}{0.50}=4(\text{MPa})$$

$$S=\frac{100\times 2}{4}=50(\text{mm})$$

9. [**答案**](C)

[**解析**]轴向力 N 由下式求得：$N=\frac{2.5\times 200}{2}=250(\text{kN})$

力矩 M 由下式求得：$M=Ne=\frac{Nb}{6}=\frac{250\times 2.5}{6}=104.2(\text{kN}\cdot\text{m})$

10. [**答案**](D)

[**解析**]框架结构用沉降差控制，以两柱沉降量的差值除以柱距，求得的沉降差如下表所示。

题 10 解表

	A—B 跨	B—C 跨	C—D 跨
ΔS	70 mm	30 mm	20 mm
柱距	9 m	12 m	9 m
沉降差	0.007 8	0.002 5	0.002 2
允许变形值	0.003	0.003	0.003

11. [**答案**](C)

[**解析**]开口时：$d_s=0.90$ m

$$h_d/d=\frac{2.5}{0.9}=2.78<5$$

$$\lambda_p=0.16h_d/d=0.16\times 2.5/0.9=0.444\ 5$$

$$Q_{pk}=8\ 000\times 0.30=2\ 400(\text{kN})$$

$$\lambda_p q_{pk}A_p=2\ 400$$

$q_{pk}A_p = 2\,400/\lambda_p = 2\,400/0.444\,5 = 5\,399.3(\text{kN})$

$Q_{sk} = 8\,000 \times 0.70 = 5\,600(\text{kN})$

加入十字板后：

$d_e = \dfrac{d}{\sqrt{n}} = \dfrac{0.90}{\sqrt{4}} = 0.45(\text{m})$

$h_d/d = 2.5/0.45 = 5.56 \geqslant 5$

$\lambda_p = 0.8$

$Q_{uk} = Q_{sk} + Q_{pk} = 5\,600 + 0.8 \times 5\,399.3 = 9\,919.4(\text{kN})$

12. [答案](C)

[解析]①$N_{max} = \dfrac{F+G}{n} + \dfrac{M_y x_i}{\sum x_j^2} = \dfrac{10\,000+500}{5} + \dfrac{480 \times 1.5}{4 \times 1.5^2} = 2\,100 + 80 = 2\,180(\text{kN})$

$$N = \frac{F+G}{n} = \frac{10\,000+500}{5} = 2\,100(\text{kN})$$

②$N_{max} \leqslant 1.2R$

$R \geqslant \dfrac{N_{max}}{1.2} = \dfrac{2\,180}{1.2} = 1\,817(\text{kN})$

③$N \leqslant R$

$R \geqslant N = 2\,100$ kN

两者选其大值，2 100 kN。

13. [答案](C)

[解析]$b_0 = 0.9 \times (1.5 \times 1.0 + 0.5) = 1.8(\text{m})$

$\alpha = \left(\dfrac{mb_0}{EI}\right)^{\frac{1}{5}} = \left(\dfrac{20 \times 10^3 \times 1.8}{5.0 \times 10^6}\right)^{\frac{1}{5}} = 0.373$

$\alpha h = 0.373 \times 20 = 7.45 > 4$　取 $\alpha h = 4.0$

查表 5.7.2　$v_\chi = 2.441$

据式(5.7.3-5)

$\chi_{0a} = \dfrac{R_{ha} v_\chi}{\alpha^3 EI} = \dfrac{1\,000 \times 2.441}{0.373^3 \times 5 \times 10^6} = 0.009\,4(\text{m}) = 9.4(\text{mm})$

14. [答案](B)

[解析]首先计算单桩承载力：

$R_a = u_p \sum q_{si} l_i + q_p A_p = \pi \times 0.5 \times (5 \times 20 + 10 \times 25) + 250 \times \dfrac{1}{4} \pi \times 0.5^2 = 598.87(\text{kN})$

由式　$f_{spk} = \lambda m \dfrac{R_a}{A_p} + \beta(1-m) f_{sk}$

可以解得置换率：

$m = \dfrac{f_{spk} - \beta f_{sk}}{\dfrac{\lambda R_a}{A_p} - \beta f_{sk}} = \dfrac{320 - 0.8 \times 100}{\dfrac{598.87}{0.196} - 0.8 \times 100} = 0.080\,7$

$d_e = d/\sqrt{m} = 0.5/\sqrt{0.080\,7} = 1.76(\text{m})$

$s = d_e/1.05 = 1.68$

15. [答案](B)

[解析]软黏土地基土层中点的自重应力为 $P_z = \gamma' h = (18-10) \times \dfrac{8}{2} = 32(\text{kPa})$

该土层最终固结沉降量 S_1 为：

$$S_1=\frac{H}{1+e_0}C_c\lg\frac{P_z+\Delta p}{P_z}=\frac{8}{1+1.30}\times0.5\times\lg\frac{32+120}{32}=1.739\times0.6767=1.18(\mathrm{m})$$

平均固结度达到 0.85 时该地基固结沉降量为

$S_{0.85}=1.18\times0.85=1.00(\mathrm{m})$

16. [**答案**](C)

[**解析**] $m=\dfrac{f_{spk}-\beta f_{sk}}{\dfrac{\lambda R_a}{A_p}-f_{sk}}\times100\%=\dfrac{150-0.6\times60}{\dfrac{200}{0.385}-0.6\times60}\times100\%=23.6\%$

17. [**答案**](B)

[**解析**]根据《建筑地基处理技术规范》(JGJ 79—2012)第 8.2.3 条及相应条文说明，每孔应灌碱液量为：

$V=\alpha\beta\pi r^2(l+r)n=0.68\times1.1\times3.14\times0.4^2\times(10+0.4)\times0.5=1.95(\mathrm{m}^3)$

每立方米碱液的固体烧碱量为：

$$G_s=\frac{1\,000M}{p}=\frac{1\,000\times0.1}{0.85}=117.6(\mathrm{kg})$$

则每孔应灌注固体烧碱量为：1.95×117.6=229(kg)

18. [**答案**](B)

[**解析**]计算滑弧的半径：$R=\sqrt{11^2+20^2}=22.83(\mathrm{m})$

抗滑力矩：$M_R=(3.1415\times76.06/180)\times30\times22.83^2=20\,757(\mathrm{kN\cdot m/m})$

滑动力矩：

裂缝水压力：$P_w=10\times3.33^2/2=55.44(\mathrm{kN/m})$，$M_1=55.44\times12.22=677(\mathrm{kN\cdot m/m})$

水上：$M_A=41.92\times18\times13=9\,809(\mathrm{kN\cdot m/m})$

水下：$M_B=144.11\times8\times4.44=5\,119(\mathrm{kN\cdot m/m})$

$$F_s=\frac{20\,757}{677+9\,809+5\,119}=1.33$$

19. [**答案**](C)

[**解析**]墙后水平土压力为

$$k_a=\tan^2\left(45°-\frac{35°}{2}\right)=0.271$$

$$E_a=\frac{1}{2}\gamma h^2\tan^2\left(45-\frac{\varphi}{2}\right)=0.5\times18\times5.5\times5.5\times0.271=73.78(\mathrm{kN/m})$$

水平土压力作用点距离墙底的距离为：$h_a=\dfrac{1}{3}h=\dfrac{1}{3}\times5.5=1.833(\mathrm{m})$

合力矩作用点距离墙趾的水平距离为

$$x_1=\frac{1.29\times164.5-73.78\times1.833}{164.5}=0.466(\mathrm{m})$$

偏心距 $e=2.0/2-0.466=0.534(\mathrm{m})>b/6=0.333\ \mathrm{m}$，属于大偏心

$$p_{kmax}=\frac{2\times164.5}{3x_f}=235(\mathrm{kPa})$$

20. [**答案**](B)

[**解析**]①不稳定岩体体积 V：

$$V=\frac{1}{2}\times20\times40=400(\mathrm{m}^3/\mathrm{m})$$

②滑面面积 A：

$A=BL=1\times[(10+20)^2+40^2]^{\frac{1}{2}}=50(\text{m}^2/\text{m})$

③稳定性安全系数

$F_s=(\gamma V\cos\theta\tan\varphi+Ac)/(\gamma V\sin\theta)$

$=(23\times400\times0.6\tan35°+50\times70)/(23\times400\times0.8)$

$=(3\ 865+3\ 500)/7\ 360$

$=1.0$

21. [**答案**](C)

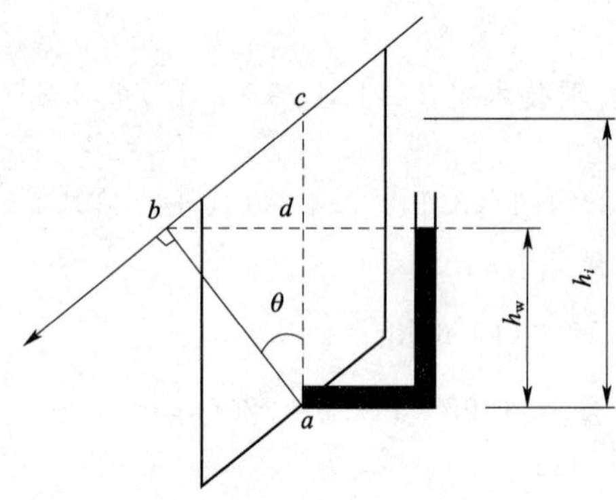

题 21 解图

[**解析**]由于产生沿着坡面的渗流，坡面线为一流线，过该条底部中点的等势线为 ab 线，水头高度为：$h_w=\overline{ad}=\overline{ab}\cos\theta=(\overline{ac}\cos\theta)\cos\theta=h_i\cos^2\theta=6\times\cos^2 28°=4.68(\text{m})$

$u_w=h_w r_w=46.8\ \text{kPa}$

22. [**答案**](D)

[**解析**]$k_a=\tan^2(45°-26°/2)=0.39$

$k_p=\tan^2(45°+26°/2)=2.56$

设反弯点距离地面为 h：

$h\gamma k_a-2c\sqrt{k_a}=(h-15)\gamma k_p+2c\sqrt{k_p}$

$h\times19\times0.39-2\times15\times0.625=(h-15)\times19\times2.56+2\times15\times1.6$

$h=16.08\ \text{m}$

$16.08-15=1.08\approx1.1(\text{m})$

23. [**答案**](A)

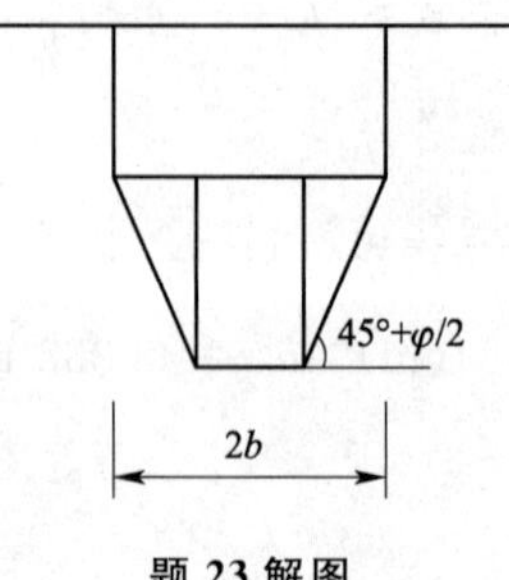

题 23 解图

[**解析**]根据太沙基理论：$q_v=\dfrac{\gamma b-c}{k\tan\varphi}[1-e^{-(kH/b)\tan\varphi}]$

$c=0, q=0, b=[10+2\times15\times\tan(45°-\varphi/2)]/2=13.66(\text{m})$

$k=\tan^2(45°-\varphi/2)=0.33$

$$q=\frac{\gamma b}{k\tan\varphi}[1-e^{-(kH/b)\tan\varphi}]$$

$$=\frac{19\times13.66}{0.33\times0.577}[1-e^{-(0.33\times12/13.66)\times0.577}]$$

$$=\frac{259.5}{0.1904}\times(1-e^{-0.167})$$

$$=1\,362.9\times0.154=210(\text{kPa})$$

24. [**答案**](D)

[**解析**]①从表中可以看出 1.0 m 以下土的饱和度均大于 60%，因此强夯法不适宜，应选择土或灰土垫层法。

②题干中已给出黄土地基湿陷量计算值 Δ_s，但尚需计算自重湿陷量 Δ_{zs}，

$\Delta_{zs}=0.9\times(1\,000\times0.015+1\,000\times0.017)=28.8(\text{mm})$

因此该场地为非自重湿陷性黄土场地，黄土地基湿陷等级为Ⅱ级(中等)，对多层建筑地基处理厚度不宜小于 2.0 m。

③从表中可看出，4.0 m 深度处土样以下的湿陷起始压力值已大于 100 kPa，因此地基处理的深度至 4.5 m 处即可满足要求，地基处厚度不宜小于 3.0 m，地基处理宜采用土或灰土垫层法，处理厚度 3.0 m。

④综合分析，地基处理宜采用土或灰土垫层法，处理厚度 3.0 m，因此选(D)。

25. [**答案**](A)

[**解析**]《公路路基设计规范》(JTG D30—2015)第 7.5.4 条公式：$L=H\cot\beta$ 和 $\beta=\frac{45°+\frac{\varphi}{2}}{k}$，算出地下溶洞坍塌扩散在岩层中的影响范围，再加上岩层上覆盖土层的塌陷影响范围(扩散角取 45°，即为土层厚度)，就是最小安全距离。$L=2.5+4=6.5(\text{m})$，故选(A)。

26. [**答案**](C)

[**解析**]根据《铁路路基支挡结构设计规范》(TB 10025—2006)条文说明第 12.2.4 条。

$$\beta=\frac{45°}{A+1}+\frac{2A+1}{2(A+1)}\varphi-\alpha=\frac{45°}{0.5+1}+\frac{2\times0.5+1}{2\times(0.5+1)}\times18°-27°=15°$$

27. [**答案**](D)

[**解析**]据《建筑抗震设计规范》(GB 50011—2010)第 4.1.6 条、第 5.1.4 条、第 5.1.5 条。

①数据准备

$\alpha_{max}=0.24$(8 度，多遇地震，设计基本地震加速度 $0.30g$)

$T_g=0.45$ s(设计地震分组第一组，场地类别Ⅲ类)

$\eta_2=1.0$(阻尼比 $\zeta=0.05$)

②地震影响系数曲线

$T<T_g$　　取水平段

③$\alpha=\eta_2\alpha_{max}=1.0\times0.24=0.24$

28. [**答案**](B)

[**解析**]据《建筑抗震设计规范》(GB 50011—2010)第 4.1.3 条、第 4.1.4 条、第 4.1.6 条。

①根据岩土名称及性状，深度 60 m 以内不可能有剪切波速大于 500 m/s 的岩土层，故覆

盖层厚度应取 60 m。

②在计算深度 20 m 范围内的土层应属于中软土，等效剪切波速介于 140～250 m/s 之间。

③场地类别可划分为Ⅲ类。

29. [答案](C)

[解析]据《公路工程抗震规范》(JTG B02—2013)第 4.3.2 条。

①对粉土层，$d_u=5\ m$，$d_b=2.0\ m$，$d_0=7.0\ m$

$d_u=5\ m<d_0+d_b-2\ m=7\ m$

$d_w>d_0+d_b-3\ m=6\ m$

$d_u+d_w=5\ m+d_w>1.5d_0+2d_b-4.5\ m=10\ m$

如不考虑液化，需满足 $d_w>5\ m$。

②对砂土层，$d_u=5\ m$，$d_b=2.0\ m$，$d_0=8.0\ m$

$d_u=5\ m<d_0+d_b-2\ m=8\ m$

$d_w>d_0+d_b-3\ m=7\ m$

$d_u+d_w=5\ m+d_w>1.5d_0+2d_b-4.5\ m=11.5\ m$

如不考虑液化，需满足 $d_w>6.5\ m$。

综合分析，地下水埋深至少为 6.5 m。

30. [答案](C)

[解析]①桩身轴力由大变小深度处即为自重湿陷性黄土分布深度处，即自重湿陷性黄土层深度范围为 0～14 m。

②据《建筑基桩检测技术规范》(JGJ 106—2014)式(A.0.14-4)计算桩侧平均负摩阻力值：

$$q_{si}=\frac{Q_i-Q_{i+1}}{ul_i}=\frac{2\ 800-3\ 270}{0.8\times3.14\times14}=-13.36(\text{kPa})$$

专业案例(下午卷)答案

1. [答案](C)

[解析]据《土工试验方法标准》(GB/T 50123—1999)第 16.4 节计算如下。

$\sigma_3=150$ kPa 时，σ_1 应为 $\sigma_3+2c_u=150+2\times70=290(\text{kPa})$

2. [答案](D)

[解析]$\rho=\dfrac{m}{V}=\dfrac{380}{200}=1.90(\text{g/cm}^3)$

$$w=\frac{m_w}{m_s}=\frac{32-28}{28}=0.143$$

$$\rho_d=\frac{\rho}{1+w}=\frac{1.90}{1+0.143}=1.66(\text{g/cm}^3)$$

3. [答案](A)

[解析]据《岩土工程勘察规范》(GB 50021—2001)(2009 年版)第 10.2.5 条计算如下。

(1)查表得 $\omega=0.437$

(2)$E_0=\omega\dfrac{pd}{s}=0.437\times169\times0.79=58.3(\text{MPa})$

4. [答案](B)

[解析]据《水利水电工程地质勘察规范》(GB 50487—2008)第 G.0.6 条计算如下。

$$n=100\%-\frac{100\%\gamma}{G_s\gamma_w(1+0.01w)}=100\%-\frac{100\%\times19}{2.7\times10\times(1+0.01\times22)}=42.3\%$$

$J_{cr}=(G_s-1)(1-n)=(2.7-1)\times(1-0.423)=0.98$

5. [答案](D)

[解析]据《建筑地基基础设计规范》(GB 50007—2011)第 5.2.5 条计算如下。

查承载力系数表：$\varphi_k=30°, M_b=1.90, M_d=5.59, M_c=7.95$

$\gamma=19-10=9(kN/m^3)$

$\gamma_m=[1.0\times17+0.5\times(17-10)+0.5\times(19-10)]/2=12.5(kN/m^3)$

$f_a=1.90\times9\times3+5.59\times12.5\times2+7.95\times0=51.3+139.75=191.05(kPa)$

6. [答案](D)

[解析]据《建筑地基基础设计规范》(GB 50007—2011)第 5.4.2 条计算如下。

$d\geqslant(3.5b-a)\tan\beta=(3.5\times2-4)\times\tan35°=2.10(m)$

对于条形基础$[160+1.6\times20\times(d-0.5)]\times2\geqslant350+2\times20d$

因此，$d\geqslant2.58$ m≈2.6 m

7. [答案](C)

[解析]据《建筑地基处理技术规范》(JGJ 79—2012)第 5.2.8 条计算如下。

$$\frac{t_1}{h_1^2}=\frac{t_2}{h_2^2}$$

$$t_1=\frac{h_1^2}{h_2^2}t_2=\frac{90\,000}{1}\times0.5=45\,000(h)=5.13(y)$$

8. [答案](A)

[解析]据土力学基本理论计算如下。

高层部位 $p_{0高}=430-(3\times20+4\times10)=330(kPa)$

如图根据应力叠加原理，得

$L/B=(40+8)/20=2.4, z/B=12/20=0.6$

查表得，$\alpha_1(2.4,0.60)=0.233\,4$

$L/B=20/8=2.5, z/B=12/8=1.5$

查表，$\alpha_2=(0.164+0.171+0.148+0.157)/4=0.160\,0$

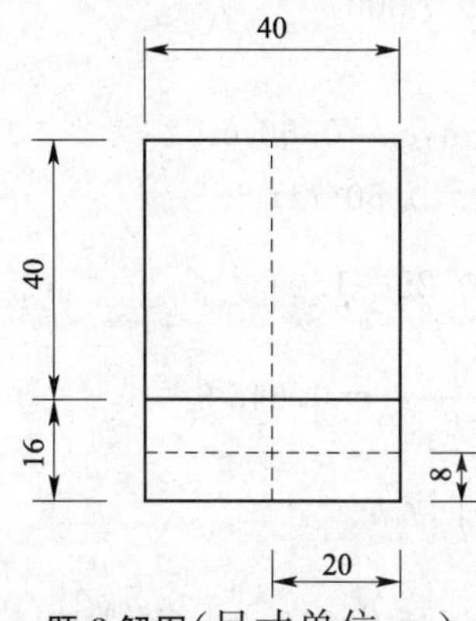

题 8 解图(尺寸单位：m)

$\alpha_{高层引起}=(0.233\,4-0.160\,0)\times2=0.146\,8$

高层产生的附加应力＝330×0.146 8＝48.4(kPa)

9. [**答案**](B)

[**解析**]据《建筑地基基础设计规范》(GB 50007—2011)第5.1.7条计算如下。

黏性土的 $\varphi_{zs}=1.0$

$w_p+2=19<w<=17+5=22$

水位埋深3 m，标准冻深1.60 m，

$m_v=3-1.6=1.4(m)$

查表G.0.1，得到冻胀性类别为冻胀，所以 $\varphi_{zw}=0.90$

环境系数为 $\varphi_{ze}=0.90$

所以，$z_d=1.6\times1.0\times0.90\times0.90=1.3(m)$

10. [**答案**](C)

[**解析**]据《建筑地基基础设计规范》(GB 50007—2011)第5.2.7条计算如下。

$p_{cz}=2\times19+2.5\times9=60.5(kPa)$

$$f_{az}=f_{ak}+\eta_d\gamma_m(d-0.5)=60+1.0\times\frac{(2\times19+2.5\times9)}{4.5}\times(4.5-0.5)$$

$$=60+53.8=113.8(kPa)$$

根据已知压力扩散角23°，按原设计基础宽度2 m，验算下卧层为

$$p_z+p_{cz}=\frac{2\times(320/2+1.5\times19-1.5\times19)}{2+2\times3\times\tan23^\circ}+60.5$$

$$=70.38+60.5=130.88(kPa)\geqslant f_{az}$$

$$p_z=f_{az}-p_{cz}=113.8-60.5=\frac{b\times(320/b+1.5\times19-1.5\times19)}{b+2\times3\times\tan23^\circ}=53.3(kPa)$$

计算 $b=3.46$ m

11. [**答案**](A)

[**解析**]据《建筑桩基技术规范》(JGJ 94—2008)第5.5.6条～第5.5.11条计算如下。

$L_c/B_c=1, s_a/d=2/0.5=4, L/d=15/0.5=30$

查附表：$C_0=0.055, C_1=1.477, C_2=6.843$

$$\Psi_e=C_0+\frac{n_b-1}{C_1(n_b-1)+C_2}=0.055+\frac{4-1}{1.477\times3+6.843}=0.321$$

$$s=1\times0.321\times\left(\frac{290}{20\ 000}\times350+\frac{250}{5\ 000}\times350\right)=7.25\ (cm)$$

12. [**答案**](C)

[**解析**]$h_0=0.75$ m，$c_1=0.60$ m，$c_2=0.60$ m

$\alpha_{1x}=\alpha_{1y}=(2.8-0.6)/2-0.6=0.50(m)$

$$\lambda_{1x}=\lambda_{1y}=\frac{0.5}{0.75}=0.667(\text{满足}\ 0.25\sim1.0)$$

$$\beta_{1x}=\alpha_{1y}=\frac{0.56}{\lambda_{1x}+0.20}=\frac{0.56}{0.667+0.20}=0.645\ 9$$

$$\left[\beta_{1x}\left(c_2+\frac{\alpha_{1y}}{2}\right)+\beta_{1x}\left(c_1+\frac{\alpha_{1x}}{2}\right)\right]f_t h_0$$

$$=\left[0.645\ 9\times\left(0.6+\frac{0.5}{2}\right)+0.645\ 9\times\left(0.6+\frac{0.5}{2}\right)\right]\times1\ 570\times0.75$$

$$=1\ 292.9(kN)$$

13. [答案](D)

[解析]据《公路桥涵地基与基础设计规范》(JTG D63—2007)第6.3.6条计算如下。

$$\varphi=\arctan\frac{M}{\gamma_w V(\rho-\alpha)}$$

$$\rho=\frac{I}{V}=\frac{50}{40}=1.25(\mathrm{m})$$

$$\rho-\alpha=1.25-0.4=0.85(\mathrm{m})$$

$$\varphi=\arctan\frac{48}{10\times40\times0.85}=8°2'$$

14. [答案](B)

[解析]据《建筑地基处理技术规范》(JGJ 79—2012)第7.2.2条计算如下。

$$e_1=e_{max}-D_{r1}(e_{max}-e_{max})=0.978-0.886\times(0.978-0.742)=0.769$$

$$S=0.95\xi d\sqrt{\frac{1+e_0}{e_0-e_1}}$$

$$=0.95\times1.0\times0.4\times\sqrt{\frac{1+0.902}{0.902-0.769}}=0.95\times1.0\times0.4\times3.780=1.44(\mathrm{m})$$

取 $S\approx1.40$ m。

15. [答案](C)

[解析]据《港口工程地基规范》(JTS 147—1—2010)第8.3.8条计算如下。

$$\overline{U}_{120}=\frac{30}{120}\overline{U}_{120}+\frac{30}{120}\overline{U}_{90}+\frac{60}{120}\overline{U}_{60}=0.25\times0.960+0.25\times0.916+0.5\times0.821=0.880$$

16. [答案](B)

[解析]$m=\dfrac{d^2}{d_e^2}=\dfrac{0.5^2}{(1.05\times1.2)^2}=0.157$

$$E_{sp}=mE_p+(1-m)E_s=0.157\times90\times10^3+(1-0.157)\times2.5\times10^3=16\ 237.5(\mathrm{kPa})$$

据土力学公式 $S=\dfrac{\Delta p}{E_s}h$ 得:

$$S_1=\frac{(P_z+P_{z1})l}{2E_{sp}}=\frac{(80+15)\times15}{2\times16\ 237.5}=0.043\ 8(\mathrm{m})=43.8(\mathrm{mm})$$

17. [答案](C)

[解析]据《碾压式土石坝设计规范》(DL/T 5395—2007)第10.2节计算如下。

$$J_{a\text{-}x}=3/3=1$$

$$n_1=\frac{e}{1+e}=\frac{0.667}{1+0.667}=0.4$$

$$(G_s-1)(1-n_1)/k=(2.67-1)\times(1-0.4)/2=0.501<1=J_{a\text{-}x}$$

$$t=\frac{Kj_{a\text{-}x}t_1\gamma_w-(G_s-1)(1-n_1)t_1\gamma_w}{\gamma}$$

$$=\frac{2\times1\times3\times10-(2.67-1)\times(1-0.4)\times3\times10}{18.5-10}=3.52(\mathrm{m})$$

18. [答案](B)

[解析]原设计挡墙抗滑力 $F=\dfrac{1.0+2.0}{2}\times4\gamma\times0.6=3.6\gamma$

变更设计净挡墙增厚 b,且抗滑力与原墙相同,故 $\left(\dfrac{1.0+2.0}{2}+b\right)\times4\gamma\times0.5=F=3.6\gamma$

$3+2b=3.6$

$b=\frac{0.6}{2}=0.3(\text{m})$

19. [**答案**](D)

[**解析**] $p_t=F/[\sin(\alpha+\beta)\tan\varphi+\cos(\alpha+\beta)]=1\ 220/(\sin65°\times\tan18°+\cos65°)$
$=1\ 701(\text{kN})$

20. [**答案**](B)

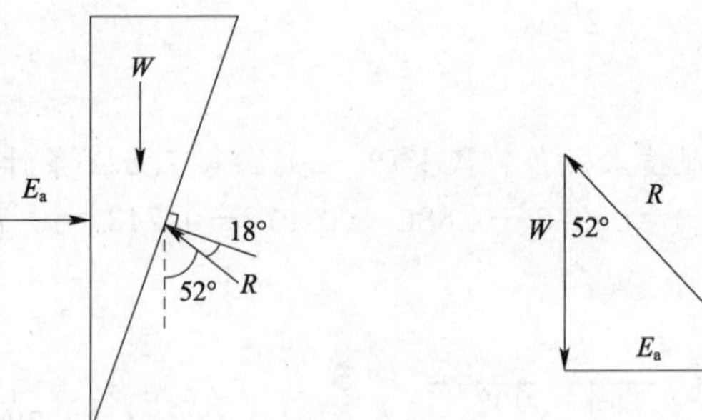

题 20 解图

[**解析**]自重 $W=20\times8\times8/2\tan70°=233(\text{kN})$

$E_a=W\tan52°=298(\text{kN})$

21. [**答案**](C)

[**解析**]据《建筑基坑支护技术规程》(JGJ 120—2012)第 C.0.1 条计算如下。

$\frac{(10+1-H)\times20}{8\times10}=1.1$

$H=6.6\ \text{m}$

22. [**答案**](D)

[**解析**]据《建筑基坑支护技术规程》(JGJ 120—2012)第 6.1.2 条计算如下。

$\frac{E_{pk}\alpha_p+(G-u_mB)\alpha_G}{E_{ak}\alpha_a}\geqslant K_{ov}$

$\frac{1\ 200\times2+(10\times20\times B-4\times10\times B)\times\frac{1}{2}B}{800\times4}\geqslant1.3$

解得 $B\geqslant4.69\ \text{m}$

23. [**答案**](B)

[**解析**]据《水利水电工程地质勘察规范》(GB 50487—2008)附录 N 划分如下：

$T=20+28+24-3-2=67<85$

$S=\frac{R_bk_v}{\sigma_m}\qquad k_v=\left(\frac{3\ 320}{4\ 176}\right)^2=0.63$

$S=\frac{55.8\times0.63}{11.5}=3.1<4$

按表 N.0.1 判断为Ⅲ类围岩，选(B)。

24. [**答案**](A)

[**解析**]原位十字板试验具有不改变土的应力状态和对土的扰动较小的优势，故试验结果最接近软土的真实情况；薄壁取土器取样质量较好，而厚壁取土器取样已明显扰动，

故试验结果最差。

25. [答案](C)

[解析]大气影响深度为 3.0 m 大气影响急剧层深度为 3.0×0.45=1.35(m)。因此,取 1.35 m。

26. [答案](A)

[解析]据《工程地质手册》第六篇第四章计算如下。

已知 $\eta_{max}=1\ 250$ mm,$\tan\beta=\tan60°=1.73$,$H=110$ m

$$r=\frac{H}{\tan\beta}=\frac{110}{1.73}=63.58(\text{m})$$

$$i_{max}=\frac{\eta_{max}}{r}=\frac{1\ 250}{63.58}=19.66(\text{mm/m})>10\ \text{mm/m},\text{不宜作为建筑场地。}$$

27. [答案](B)

[解析]岩块重量 $W=2.6\times4.6\times25=299(\text{kN/m})$

平行坡面的静水压力 $E_N=\frac{1}{2}\times10\times4.6^2\times\cos20°=99(\text{kN/m})$

$$k_1=\frac{\text{抗滑移作用力}}{\text{下滑作用力}}=\frac{299\times\cos20°\times\tan16°+50\times2.6}{299\times\sin20°+99}=\frac{210.57}{201.26}=1.05$$

$$k_2=\frac{\text{抗倾覆力矩}}{\text{倾覆力矩}}=\frac{299\times0.435}{99\times4.6/3}=\frac{130.07}{151.8}=0.86$$

由于 $k_2<k_1$,选其小者 $k_2=0.86$。

28. [答案](D)

[解析]$$\nu_{se}=\frac{20}{\frac{2}{150}+\frac{3}{200}+\frac{5}{100}+\frac{10}{300}}=179.1(\text{m/s})$$

覆盖层厚度应取 25 mm。注意花岗岩孤石,应视作周围土体。

29. [答案](B)

[解析]据《水工建筑物抗震设计规范》(DL 5073—2000)第 4.5.9 条计算如下。

$F_h=\frac{\alpha_h\xi G_{Eh}\alpha_i}{g}$,由表 5.1.3 可得 $\alpha_i=1.75$

$$F_h=\frac{\alpha_h\xi G_{Eh}\alpha_i}{g}=\frac{0.2g\times0.25\times4\ 000\times1.75}{g}=350(\text{kN/m})$$

30. [答案](A)

[解析]据《建筑基桩检测技术规范》(JGJ 106—2014)计算如下。

$$H=\frac{t_2-t_1}{2}c=\frac{0.009\ 3-0.008\ 7}{2}\times1\ 000=0.3(\text{m})$$

2008年全国注册岩土工程师专业考试试卷(新解)

专业知识(上午卷)

一、单项选择题(共40题,每题1分。每题的备选项中只有一个最符合题意)

1.下列关于基床系数的论述中,明显错误的是(　　)。

(A)是地基土在外力作用下产生单位变位时所需的压力

(B)水平基床系数和垂直基床系数都可用载荷试验确定

(C)基床系数也称弹性抗力系数或地基反力系数

(D)仅与土性本身有关,与基础的形状和作用面积无关

2.对某土试样测得以下物理力学性质指标:饱和度 $S_1=100\%$,液限 $W_L=37\%$,孔隙比 $e=1.24$,压缩系数 $a_{1,2}=0.9\ MPa^{-1}$,有机质含量 $W_u=4\%$,该试样属于(　　)。

(A)有机质土　　(B)淤泥质土　　(C)泥炭　　(D)淤泥

3.(　　)是在饱和砂层中钻进时使用泥浆的主要目的。

(A)冷却钻头　　(B)保护孔壁

(C)提高取样质量　　(D)携带、悬浮与排除砂粒

4.水库工程勘察中,在可能发生渗漏或浸没地段,应利用钻孔或水井进行地下水位动态观测,其观测时间应符合(　　)。

(A)不少于一个丰水期　　(B)不少于一个枯水期

(C)不少于一个水文年　　(D)不少于一个勘察期

5.按弹性理论,在同样条件下,土体的压缩模量 E_S 和变形模量 E_0 的关系可用式 $E_S=\beta' E_0$ 表示,其中 β' 值应符合(　　)。

(A)$\beta'>1$　　(B)$\beta'=1$

(C)$\beta'<1$　　(D)黏性土 $\beta'>1$,无黏性土 $\beta'<1$

6.对土壤中氡浓度进行调查,最合理的测氡采样方法是(　　)。

(A)用特制的取样器按照规定采集土壤中气体

(B)用特制的取样器按照规定采集现场空气中气体

(C)用特制的取样器按照规定采集一定数量的土壤

(D)用特制的取样器按照规定采集一定数量的土中水样

7.某地下水化学成分表达式为 $M1.16\dfrac{Cl51.8HCO_3 42.1}{Na59.4Ca37.8}18℃$,该地下水化学类型应为(　　)。

(A)$Cl\cdot HCO_3$-$Na\cdot Ca$ 型水　　(B)$Na\cdot Ca$-$Cl\cdot HCO_3$ 型水

(C)$HCO_3\cdot Cl$-$Ca\cdot Na$ 型水　　(D)$Ca\cdot Na^-$-$HCO_3\cdot Cl$ 型水

8.在港口工程勘察中,测得某黏性土原状试样的锥沉量(76 g液限仪沉入土中的深度)为6 mm。该黏性土天然状态属于(　　)。

(A)硬塑　　(B)可塑　　(C)软塑　　(D)流塑

9.断层的位移方向可借助羽毛状节理进行判断。下面是三个羽毛状节理和断层的剖面图,

其中图(1)、(2)中的节理为张节理，图(3)中的节理为压性剪节理。下面对断层类别的判断(　　)是完全正确的。

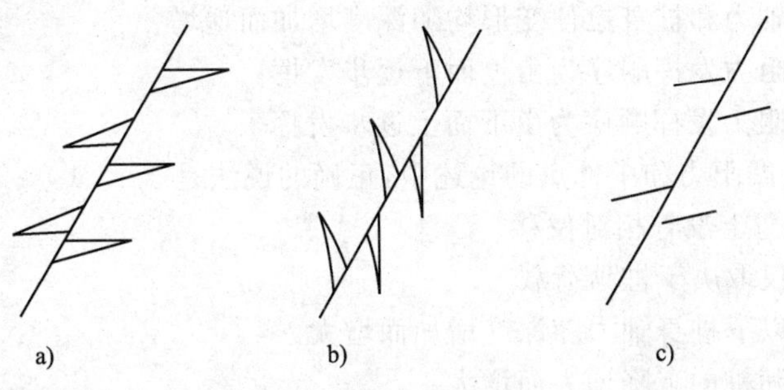

题 9 图

(A)(1)正断层、(2)逆断层、(3)逆断层

(B)(1)正断层、(2)逆断层、(3)正断层

(C)(1)逆断层、(2)正断层、(3)逆断层

(D)(1)逆断层、(2)正断层、(3)正断层

10. 下图给出了三个钻孔压水试验的 P-Q 曲线，(　　)表明试验过程中试段内岩土裂隙状态发生了张性变化。

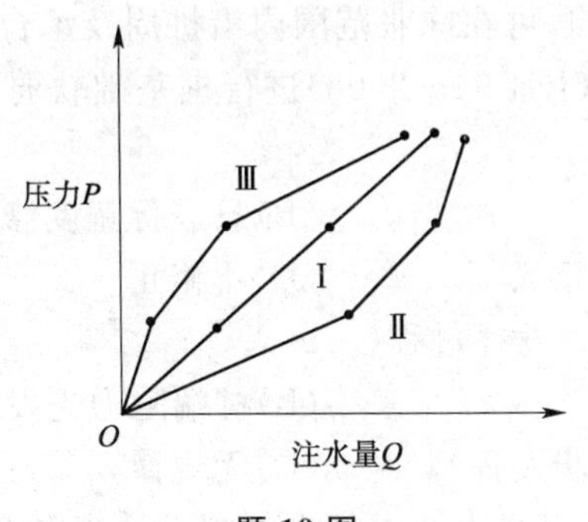

题 10 图

(A)曲线Ⅰ　　(B)曲线Ⅱ　　(C)曲线Ⅲ　　(D)无法确定

11. 某完全饱和黏性土的天然含水率为 60%，其天然孔隙比最接近于(　　)。

(A)1.0　　(B)1.3　　(C)1.6　　(D)1.9

12. 同一土层单元中，厚薄土层相间呈规律沉积，当薄层与厚层的厚度比小于 1/10 且多次出现时，该土层单元的定名宜选择(　　)。

(A)互层　　(B)夹层　　(C)夹薄层　　(D)交错层

13. 颗粒粒径级配不连续的地层，在渗透力的作用下，具有较大流速的地下水将土中的细颗粒带走的现象，表现为(　　)。

(A)流土　　(B)管涌　　(C)液化　　(D)突涌

14. 某盐渍土场地上建筑拟采用桩基础，综合考虑所需单桩承载力高，持力层起伏大，场地周边环境对噪声限制较严等因素，选用(　　)的桩基方案比较合理。

(A)静压预制混凝土桩　　(B)静压钢管桩

(C)沉管灌注桩　　(D)钻孔灌注桩

15. 下列关于抗拔桩和抗压桩的论述中，说法正确的是(　　)。

(A)抗压桩(不产生桩侧负摩阻力的场地)桩身轴力和桩身压缩变形均随深度增加而递增

(B)抗拔桩桩身轴力和桩身拉伸变形均随深度增加而递增

(C)抗压桩的摩阻力发挥顺序为由上而下逐步发挥

(D)抗压桩的摩阻力发挥顺序为由下而上逐步发挥

16. 下列关于桩侧负摩阻力和中性点的论述中,正确的说法是(　　)。

(A)中性点处桩与土没有相对位移

(B)中性点位置仅取决于桩顶荷载

(C)中性点截面以下桩身轴力随深度增加而增大

(D)中性点深度随桩的沉降增大而增大

17. (　　)的情况下,群桩承载力最宜取各单桩承载力之和。

(A)端承型低承台群桩　　(B)端承型高承台群桩

(C)摩擦型群桩　　(D)摩擦型低承台群桩

18. 下列关于季节性冻土地基中,桩基设计特点描述中,正确的是(　　)。

(A)桩端进入冻深浅以下最小深度大于 1.5 m 即可

(B)为消除冻胀对桩基作用,宜采用预制混凝土桩和钢桩

(C)不计入冻胀深度范围内桩测阻力,即可消除地基土冻胀对承载力的影响

(D)为消除冻胀作用的影响,可在冻胀范围内沿桩周及承台作隔冻处理

19. 根据《建筑桩基技术规范》(JGJ 94—2008)进行桩基础软弱下卧层承载力验算,说法正确的是(　　)。

(A)只进行深度修正　　(B)只进行宽度修正

(C)同时进行深度、宽度修正义　　(D)不修正

20. 端承摩擦桩单桩竖向承载力发挥过程(　　)。

(A)桩侧阻力先发挥　　(B)桩端阻力先发挥

(C)桩侧阻力、桩端阻力同步发挥　　(D)无规律

21. 单排人工挖孔扩底桩,桩身直径 1.0m,扩大桩端设计直径 2.0 m,根据《建筑地基基础设计规范》(GB 50007—2011),扩底桩的最小中心距应符合(　　)。

(A)4.0 m　　(B)3.5 m　　(C)3.0 m　　(D)2.5 m

22. 根据《建筑地基处理技术规范》(JGJ 79—2012),采用单液硅化法加固地基,对加固的地基土检验的时间间隔从硅酸钠溶液灌注完毕算起应符合(　　)。

(A)3～7 d　　(B)7～10 d　　(C)14 d　　(D)28 d

23. 某建筑物处在深厚均质软黏土地基上,筏板基础。承载力要求达到 160 kPa,工后沉降控制值为 15 cm。初步方案采用水泥土桩复合地基加固。主要设计参数为:桩长15.0 m,桩径 50 cm,置换率为 20%。经验算:复合地基承载力为 158 kPa,工后沉降达到22 cm。为满足设计要求,采取(　　)的改进措施最为合理。

(A)桩长和置换率不变,增加桩径

(B)在水泥土桩中插入预制钢筋混凝土桩,形成加筋水泥土桩复合地基

(C)采用素混凝土桩复合地基加固,桩长和置换率不变

(D)将水泥土桩复合地基中的部分水泥土桩改用较长的素混凝土桩,形成长短桩复合地基

24. 某地基采用强夯法加固,试夯后发现地基有效加固深度未达到设计要求,(　　)的措施

对增加有效加固深度最有效。

(A)提高单击夯击能　　(B)增加夯击遍数

(C)减小夯击点距离　　(D)增大夯击间歇时间

25.某软土地基拟采用素混凝土进行加固处理。在其他条件不变的情况下，(　　)的措施对提高复合地基的承载力收效最小。

(A)提高桩身强度　　(B)减少桩的间距

(C)增加桩长　　(D)增加桩的直径

26.对刚性基础下复合地基的褥垫层越厚所产生的效果，正确的说法是(　　)。

(A)桩土应力比就越大　　(B)土分担的水平荷载就越大

(C)基础底面应力集中就越明显　　(D)地基承载力就越大

27.某碾压式土石坝高 50 m，坝基有 4 m 厚砂砾层和 22 m 厚全风化强透水层，(　　)的坝基防渗措施方案的效果最好。

(A)明挖回填截水槽　　(B)水平铺盖

(C)截水槽＋混凝土防渗墙　　(D)截水槽＋水平铺盖

28.根据《建筑地基处理技术规范》(JGJ 79—2012)，经地基处理后形成的人工地基，基础宽度地基承载力修正系数应为(　　)。

(A)2.0　　(B)1.5　　(C)1.0　　(D)0.0

29.某挤密碎石桩工程，进行单桩复合地基载荷试验，各单点的复合地基承载力特征值分别为 163 kPa、188 kPa、197 kPa，根据《建筑地基处理技术规范》(JGJ 79—2012)，则复合地基承载力特征值应为(　　)。

(A)163 kPa　　(B)175 kPa

(C)182 kPa　　(D)192 kPa

30.计算库仑主动土压力时，图(　　)所示的土楔体所受的力系是正确的。

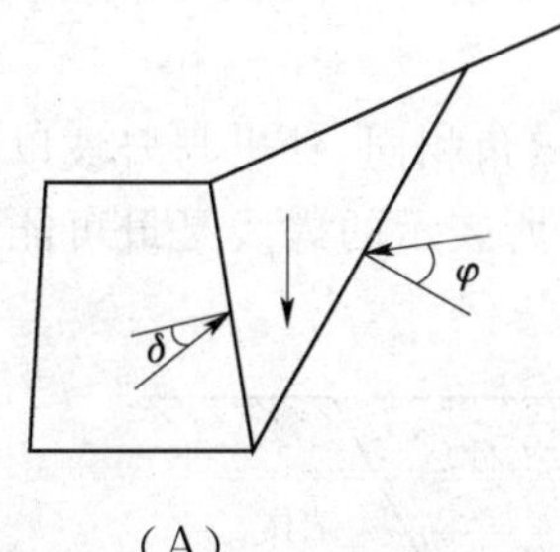

(A)

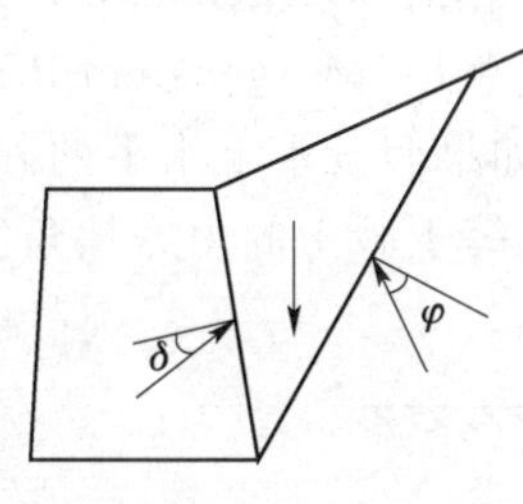

(B)

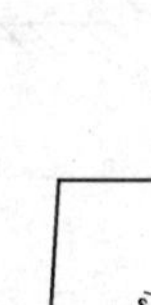

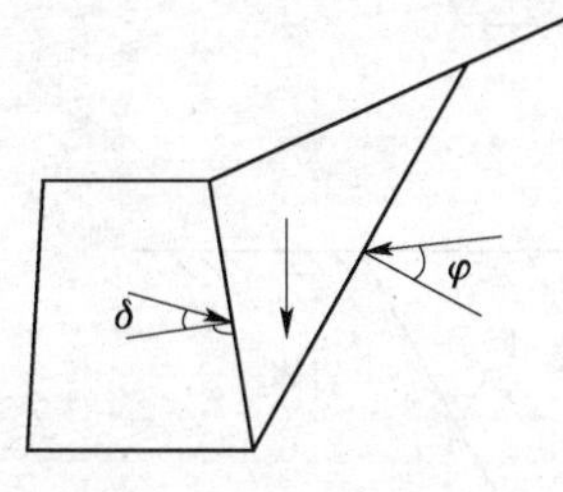

(C)

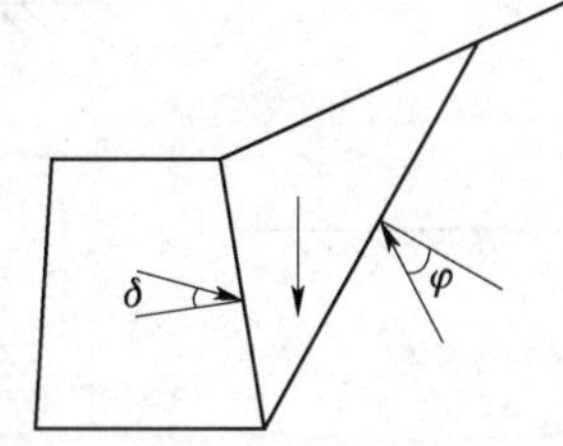

(D)

31.对于预应力锚杆杆件轴向拉力分布，(　　)的图示表示的锚杆自由段和锚固段的轴向拉力分布是正确的。

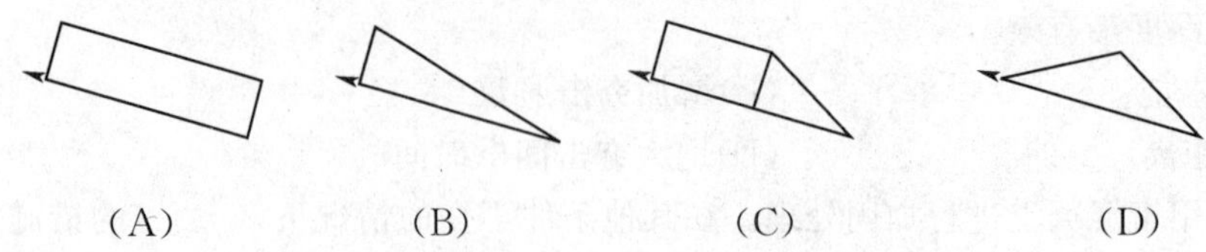

32.(　　)所列的黏性土不宜作为土石坝的防渗体填筑料。

(A)高塑性冲积黏土，塑限含水率 $W_p=26\%$，液限含水率 $W_l=47\%$

(B)在料场为湿陷性黄土

(C)掺入小于50%比例的砾石的粉质黏土

(D)红黏土

33.地震引发的滑坡和山体崩塌的堆积体截断了山谷的河流，形成堰塞湖。在来水条件相同的情况下，下列关于堆积体土质的选项中，(　　)相对来说最不易使堰塞湖在短期内溃决。

(A)主要是细粒土

(B)主要是风化的黏性土、砂及碎石的混合体

(C)50%为粒径大于220 mm的块石，其余50%为粒径小于20 mm的砾砂土

(D)75%为粒径大于220 mm的块石，其余25%为粒径小于20 mm的砾砂土

34.(　　)的情况可以不进行土石坝的抗滑稳定性计算。

(A)施工期包括竣工时的上下游坝坡　　(B)初次蓄水时的上游边坡

(C)稳定渗流期上下游坝坡　　(D)水库水位降落期的上游坝坡

35.当其他条件都相同时，对于同一均质土坡，(　　)的算法计算得出的抗滑稳定安全系数最大。

(A)二维滑动面的瑞典圆弧条分法

(B)二维滑动面的简化毕肖普(Bishop)法

(C)三维滑动面的摩根斯顿-普赖斯(Morgenstem-Price)法

(D)二维滑动面的摩根斯顿-普赖斯(Morgenstem-Price)法

36.对于下图中的浸水砂土土坡，如果假设水上水下的砂土内摩擦角相同，砂土与岩坡以及砂土与岩石地面间的摩擦角都等于砂土的内摩擦角。(　　)所表示的虚线是最可能发生的滑裂面。

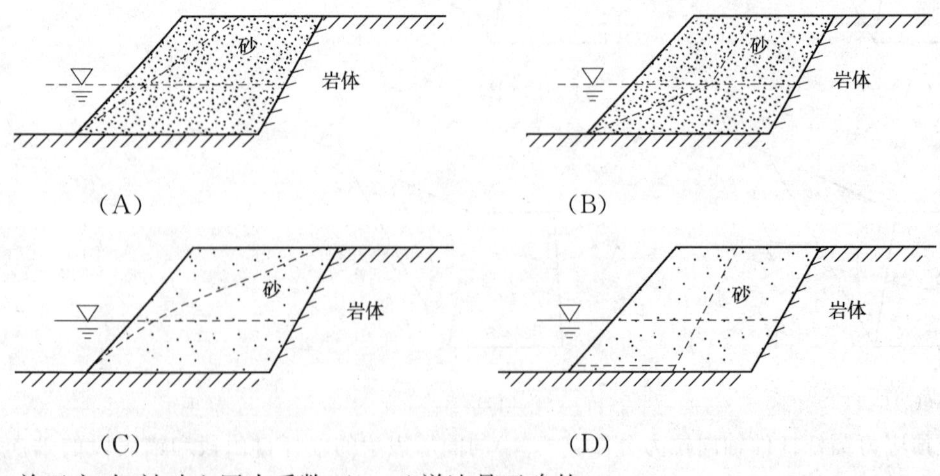

37.关于主动、被动土压力系数，(　　)说法是正确的。

(A)主动土压力系数随土的内摩擦角增大而增大
(B)被动土压力系数随土的内摩擦角增大而增大
(C)主动土压力系数随土的黏聚力增大而增大
(D)被动土压力系数随土的黏聚力增大而增大

38.某建筑工程混凝土灌注桩桩长为 25 m,桩径为 1 200 mm,采用钻芯法检测桩体质量时,每根受检桩钻芯孔数和每孔截取的混凝土抗压芯样试件组数应符合(　　)的要求。

(A)1 孔、3 组　　(B)2 孔、2 组
(C)3 孔、2 组　　(D)2 孔、3 组

39.某工程采用水泥土搅拌桩进行地基处理,设计桩长 8.0 m,桩径 500 mm,正方形满堂布桩,桩心距 1 200 mm。现拟用圆形承压板进行单桩复合地基承载力静载荷试验,其承压板直径应选择(　　)。

(A)1 200 mm　　(B)1 260 mm
(C)1 354 mm　　(D)1 700 mm

40.采用静载荷试验测定土的弹性系数(基床系数)的比例系数,(　　)为该比例系数的计量单位。

(A)无量纲　　(B)kN/m^2
(C)kN/m^3　　(D)kN/m^4

二、多项选择题(共 30 题,每题 2 分。每题的备选项中有两个或三个符合题意,错选、少选、多选均不得分)

41.下图为岩层节理走向玫瑰图,有关图中节理走向的下列描述中,(　　)是正确的。

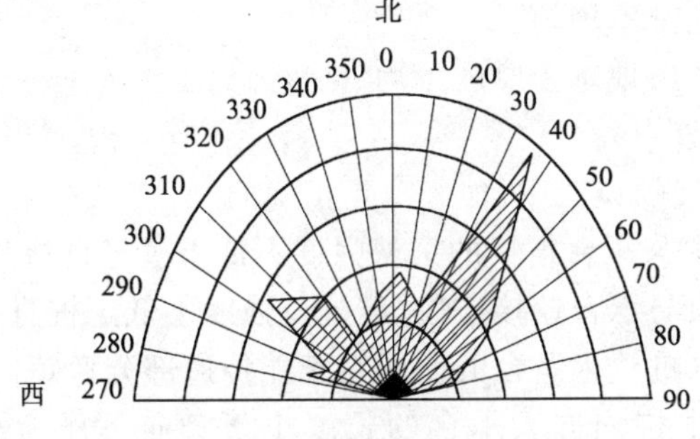

题 41 图

(A)走向约北偏东 35°的节理最发育　　(B)走向约北偏西 55°的节理次发育
(C)走向约南偏西 35°的节理最发育　　(D)走向约南偏东 55°的节理不发育

42.(　　)适用于在渗透系数很低的淤泥层中测定孔隙水压力。

(A)立管式测压计　　(B)水压式测压计
(C)电测式测压计　　(D)气动测压计

43.下列对断层性质及对铁路选线影响的评价中,(　　)是正确的。

(A)受张力作用形成的断层,其工程地质条件比受压力作用形成的断层差
(B)隧道穿过断层时,应避免通过断层交叉处
(C)线路垂直通过断层比顺着断层方向通过受的危害大
(D)在路堑两侧断层面倾向线路与反向线路相比,前者工程条件是有利的

44.对岩基载荷试验确定地基承载力特征值时,正确的说法是(　　)。

(A)每个场地试验数不小于 3 个,取小值

(B)当 p-s 曲线有明显比例界限时，取比例界限所对应荷载值；无明显比例界限时，按相对沉降量取合适的数值

(C)取极限荷载除以 2 的安全系数，并与比例界限的荷载值相比较，取其小值

(D)将极限荷载除以 3 的安全系数，并与比例界限的荷载值相比较，取其小值

45. 关于高压固结试验，(　　)是不正确的。

(A)土的前期固结压力是土层在地质历史上所曾经承受的上覆土层的最大有效自重压力

(B)土的压缩指数是指 e-lg$p$ 曲线上小于前期固结压力的曲线段斜率

(C)土的再压缩指数是指 e-lg$p$ 曲线上再压缩量与压力差比值的对数值

(D)土的回弹指数是指 e-lg$p$ 曲线回弹曲线段两端点连线的斜率

46. 根据土的波速测试成果，可计算出(　　)。

(A)动泊松比　　(B)动阻尼比

(C)动弹性模量　　(D)地基刚度系数

47. 下列正确的说法是(　　)。

(A)红黏土都具有明显的胀缩性

(B)有些地区的红黏土具有一定的胀缩性

(C)红黏土的胀缩性表现为膨胀量轻微，收缩量较大

(D)红黏土的胀缩性表现为膨胀量较大，收缩量轻微

48. (　　)可能是造成沉井下沉过程中发生倾斜的原因。

(A)沉井在平面上各边重量不相等

(B)下沉过程中井内挖土不均匀

(C)下沉深度范围内各层地基土厚度不均、强度不等

(D)抽水降低井内水位

49. 下列关于承台与桩连接的说法中，(　　)是正确的。

(A)水平荷载要求桩顶与承台连接的抗剪强度不低于桩身抗剪强度

(B)弯矩荷载要求桩顶与承台铰接连接，且抗拉强度不低于桩身抗拉强度

(C)竖向下压荷载要求桩锚入承台的作用在于能传递部分弯矩

(D)竖向上拔荷载要求桩顶嵌入承台的长度小于竖向下压荷载要求桩顶嵌入承台的长度

50. 采取(　　)的措施能有效提高沉井下沉速率。

(A)减小每节筒身高度　　(B)在沉井外壁射水

(C)将排水下沉改为不排水下沉　　(D)在井壁与土之间压入触变泥浆

51. 在泥浆护壁灌注桩施工方法中，泥浆除了能保持钻孔孔壁稳定之外，有时还具有另外一些作用，(　　)对泥浆的作用作了正确的描述。

(A)正循环成孔，将钻渣带出孔外　　(B)反循环成孔，将钻渣带出孔外

(C)旋挖钻成孔，将钻渣带出孔外　　(D)冲击钻成孔，悬浮钻渣

52. 在极限承载力状态下，对下列各种桩型承受桩顶竖向荷载时的抗力的描述中，(　　)是正确的。

(A)摩擦桩：桩侧阻力　　(B)端承摩擦桩：主要是桩端阻力

(C)端承桩：桩端阻力　　(D)摩擦端承桩：主要是桩侧阻力

53. 桩基完工后，(　　)会引起桩周负摩阻力。

(A)场地大面积填土　　(B)自重湿陷性黄土地基浸水
(C)膨胀土地基浸水　　(D)基坑开挖

54. 根据《建筑桩基技术规范》(JGJ 94—2008)计算大直径灌注桩承载力时,侧阻力尺寸效应系数主要考虑了(　　)的影响。
(A)孔壁应力解除　　(B)孔壁的粗糙度
(C)泥皮影响　　(D)孔壁扰动

55. 分析土工格栅加筋垫层加固地基的作用机理,(　　)是正确的。
(A)增大压力扩散角　　(B)调整基础的不均匀沉降
(C)约束地基侧向变形　　(D)加快软弱土的排水固结

56. 关于灌浆的特点,正确的说法是(　　)。
(A)劈裂灌浆主要用于可灌性较差的黏性土地基
(B)固结灌浆是将浆液灌入岩石裂缝,改善岩石的力学性质
(C)压密灌浆形成的上抬力可能使下沉的建筑物回升
(D)劈裂灌浆时劈裂缝的发展走向容易控制

57. 某高速公路通过一滨海滩涂地区,淤泥含水率大于 90%,孔隙比大于 2.1,厚约16.0 m。按设计路面高程需在淤泥面上回填 4.0～5.0 m 厚的填上,(　　)的地基处理方案是比较可行的。
(A)强夯块石墩置换法　　(B)搅拌桩复合地基
(C)堆载预压法　　(D)振冲砂石桩法

58. 在含水率很高的软土地基中,(　　)的情况属于砂井施工的质量事故。
(A)缩颈　　(B)断颈　　(C)填料不密实　　(D)错位

59. 采用预压法进行软土地基加固竣工验收时,宜采用(　　)进行检验。
(A)原位十字板剪切试验　　(B)标准贯入试验
(C)重型动力触探试验　　(D)室内土工试验

60. 下述对电渗法加固地基的叙述中,(　　)是正确的。
(A)电渗法加固地基的主要机理是排水固结
(B)电渗法加固地基可用太沙基固结理论分析
(C)土体电渗渗透系数一般比其水力渗透系数小
(D)土体电渗渗透系数大小与土的孔隙大小无关

61. 对于在水泥土桩中设置预制钢筋混凝土小桩以形成劲性水泥土桩复合地基,(　　)的叙述是合理的。
(A)劲性水泥土桩桩体模量大,可明显减小复合地基沉降量
(B)劲性水泥土桩桩体强度高,可有效提高复合地基承载力
(C)劲性水泥土桩复合地基可以解决有机质含量高,普通水泥土桩不适用的难题
(D)当水泥土桩的承载力取决于地基土体所能提供的摩阻力时,劲性水泥土桩优越性就不明显

62. 在生活垃圾卫生填埋场中,库区底部衬里采用双层高密度聚乙烯土工膜防渗,在两层土工膜之间设置厚度大于 30 cm 的渗沥液导流(检测)层,(　　)可用作该导流层填料。
(A)均匀粗砂　　(B)压实黏土　　(C)膨润土　　(D)砂砾石

63. 下列的边坡极限平衡稳定计算方法中,(　　)不适用于非圆弧滑裂面。
(A)简单条分法(瑞典条分法)

(B)简化毕肖普(Bishop)法

(C)摩根斯顿-普赖斯(Morgenstem-Price)法

(D)简布(Janbu)法

64. 在某水库库区内,如下图所示有一个结构面方向与坡面方向一致的岩石岸坡,岩石为夹有饱和泥岩夹层的板岩,坡下堆积有大体积的风化碎石。(　　)的情况对于该边坡稳定性是不利的。

(A)水库水位从坡底地面逐渐上升　　(B)水库水位缓慢下降

(C)在坡顶削方　　(D)连续降雨

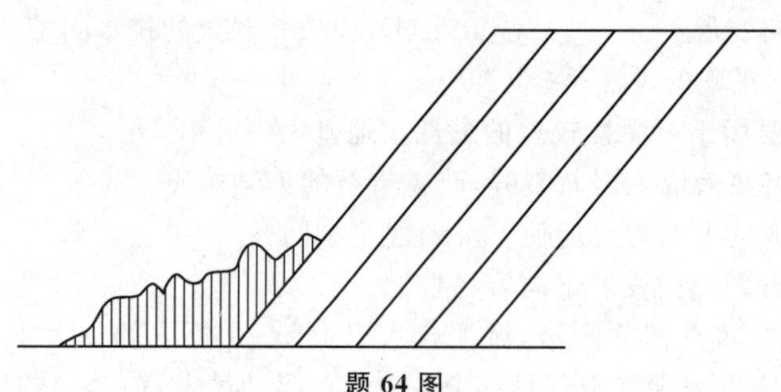

题 64 图

65. (　　)可用来作为铁路路基黏性土填方施工压实质量的控制指标。

(A)压实系数 K_h　　(B)地基系数 K_{30}

(C)标准贯入击数 N　　(D)剪切波波速

66. 在下列的土工合成材料产品中,(　　)可用于作为加筋土结构物的加筋材料。

(A)土工带　　(B)土工网　　(C)土工模袋　　(D)土工格栅

67. 在进行灰土垫层检测时,普遍发现其压实系数大于1,(　　)有可能是造成这种结果的原因。

(A)灰土垫层的含水率偏大　　(B)灰土垫层的含灰率偏小

(C)灰土的最大干密度试验结果偏小　　(D)灰土垫层中石灰的石渣含量偏大

68. 对钻孔灌注桩进行竖向抗压静载荷试验时,通过桩身内力测试可得到(　　)的结果。

(A)桩身混凝土强度等级　　(B)桩周各土层的分层侧摩阻力

(C)桩的端承力　　(D)有负摩擦桩的中性点位置

69. 经项目主管部门批准,下列建设工程勘察设计中,(　　)可以直接发包。

(A)铁路工程　　(B)采用特定的专利或专有技术

(C)建筑艺术造型有特殊要求　　(D)拆迁工程

70. 下列选项中,(　　)属于书面形式合同。

(A)信件　　(B)口头订单　　(C)传真　　(D)电子邮件

专业知识(下午卷)

一、单项选择题(共40题,每题1分。每题的备选项中只有一个最符合题意)

1. 下列关于荷载标准值的叙述中,(　　)是正确的。

(A)荷载标准值为荷载代表值与荷载分项系数的乘积

(B)荷载标准值为荷载的基本代表值,为设计基准期内最大荷载设计统计分布的特征值

(C)荷载标准值为建筑结构使用过程中在结构上可能同时出现的荷载中的最大值

(D)荷载标准值为设计基准期内，其超越的总时间为规定的较小比率或超越频率为规定频率的荷载值

2.下列有关工程设计中可靠度和安全等级的叙述中，( )是正确的。

(A)岩土工程只能采用以概率理论为基础的极限状态设计方法

(B)建筑结构设计安全等级是根据结构类型和受力体系确定的

(C)地基基础的设计等级是根据基础类型和地基承受的上部荷载大小确定的

(D)结构可靠度是指结构在规定的时间内，在规定的条件下，完成预定功能的概率

3.根据《工程结构可靠性设计统一标准》(GB 50153—2008)，下列有关建筑结构可靠度设计原则的叙述中，( )是正确的。

(A)为保证建筑结构具有规定的可靠度，除应进行必要的设计计算外，还应对结构材料性能、施工质量、使用与维护进行相应控制

(B)建筑物中各类结构构件必须与整个结构都具有相同的安全等级

(C)结构的设计使用年限是指结构通过正常维护和大修能按预期目的使用，完成预定功能的年限

(D)建筑结构的设计使用年限不应小于设计基准期

4.( )属于无筋扩展基础。

(A)毛石基础　　(B)十字交叉基础

(C)柱下条形基础　　(D)筏板基础

5.地基承载力深度修正系数取决于( )的类别和性质。

(A)基底下的土　　(B)综合考虑基础底面以下和以上的土

(C)基础底面以上的土　　(D)基础两侧的土

6.关于微风化岩石地基上墙下条形基础的地基承载力，( )的说法是正确的。

(A)埋深从室外地面算起进行深度修正

(B)埋深从室内地面算起进行深度修正

(C)不进行深度修正

(D)埋深取室内和室外地面标高的平均值进行深度修正

7.某山区铁路桥桥台采用明挖扩大基础，持力层为强风化花岗岩。基底合力偏心距 $e=0.8$ m，基底截面核心半径 $\rho=0.75$ m，( )是计算基底压力的正确方法。

(A)按基底面积计算平均压应力，须考虑基底承受的拉应力

(B)按基底面积计算最大压应力，不考虑基底承受的拉应力

(C)按基底受压区计算平均压应力，须考虑基底承受的拉应力

(D)按基底受压区计算最大压应力，不考虑基底承受的拉应力

8.某铁塔采用浅基础，持力层为全风化砂岩，岩体破碎成土状。按照《建筑地基基础设计规范》(GB 50007—2011)，( )是确定地基承载力特征值的正确方法。

(A)根据砂岩饱和单轴抗压强度标准值，取 0.1 折减系数

(B)根据砂岩饱和单轴抗压强度标准值，取 0.05 折减系数

(C)根据砂岩天然湿度单轴抗压强度标准值

(D)根据平板载荷试验结果，可进行深宽修正

9.某教学楼由 10 层和 2 层两部分组成，均拟设埋深相同的 1 层地下室。地基土为均匀的细粒土，场地在勘察深度内未见地下水。以下基础方案中的( )不能有效减少高低层的不均匀沉降。

(A)高层采用筏形基础,低层采用柱下条形基础

(B)高层采用箱形基础,低层采用柱下独立基础

(C)高层采用箱形基础,低层采用筏形基础

(D)高层改用2层地下室,低层仍采用1层地下室,均采用筏形基础

10. 在黏性土土层中开挖8 m深的基坑,拟采用土钉墙支护。经验算现有设计不能满足整体稳定性要求。(　　)的措施可最有效地提高该土钉墙的整体稳定性。

(A)在规程允许范围内,适当减小土钉的间距

(B)对部分土钉施加预应力

(C)增加土钉的长度

(D)增加喷射混凝土面层的厚度和强度

11. 关于在基坑工程中进行的锚杆试验,(　　)说法是错误的。

(A)锚杆施工完毕1周内,应立即进行抗拔试验

(B)在最大试验荷载下锚杆仍未达到破坏标准时,可取该最大荷载值作为锚杆极限承载力值

(C)锚杆验收试验的最大试验荷载应取锚杆轴向受拉承载力设计值 N_0

(D)对于非永久性的基坑支护工程中的锚杆,在有些情况下也需要进行蠕变试验

12. 某城市地铁6 km区间隧道,自南向北穿越地层依次为:一般粉质黏土、残积土、中强风化砂岩、砂砾岩、强-微风化安山岩。该区间位于市中心地带,道路交通繁忙,建筑物多,采用(　　)施工比较合适。

(A)明挖法　　(B)盖挖逆作法

(C)浅埋暗挖法　　(D)盾构法

13. 沿海淤泥软黏土场地的某基坑工程,开挖深度为5 m,基坑周边环境的要求不高,围护结构允许向外占用宽度3～4 m。该工程最适宜选用(　　)基坑围护结构类型。

(A)灌注排桩加土层锚杆　　(B)地下连续墙

(C)水泥土墙　　(D)土钉墙

14. 在其他条件相同的情况下,有下列Ⅰ、Ⅱ、Ⅲ、Ⅳ四种不同平面尺寸的基坑。从有利于基坑稳定性而言,(　　)是正确的。

Ⅰ. 30 m×30 m方形　　Ⅱ. 10 m×10 m方形

Ⅲ. 10 m×30 m长方形　　Ⅳ. 10m直径的圆形

(注:选项中的“>”表示“优于”。)

(A)Ⅳ>Ⅱ>Ⅲ>Ⅰ　　(B)Ⅳ>Ⅱ>Ⅰ>Ⅲ

(C)Ⅰ>Ⅲ>Ⅱ>Ⅳ　　(D)Ⅱ>Ⅳ>Ⅲ>Ⅰ

15. 某基坑拟采用排桩或地下连续墙悬臂支护结构,地下水位在基坑底以下,支护结构嵌入深度设计最主要由(　　)控制。

(A)抗倾覆　　(B)抗水平滑移

(C)抗整体稳定　　(D)抗坑底隆起

16. 某过江隧道工作井井深34 m,采用地下连续墙支护,地层及结构如下图所示。场地地下水有2层,浅层潜水位深度为1.5 m,深部承压水水位深度11.8 m,水量丰富,并与江水连通。下列地下水控制措施中,(　　)相对来说是最有效的。

(A)对浅层潜水用多级井点降水,对深层承压水,用管井降水方案

(B)采用进入卵石层适宜深度的隔水帷幕,再辅以深井降水并加固底部方案

(C)对浅层潜水,用多级井点降水,对深层承压水,加强观测

(D)设置深度进入基岩(泥岩)的封闭隔水帷幕,并疏干帷幕内的地下水

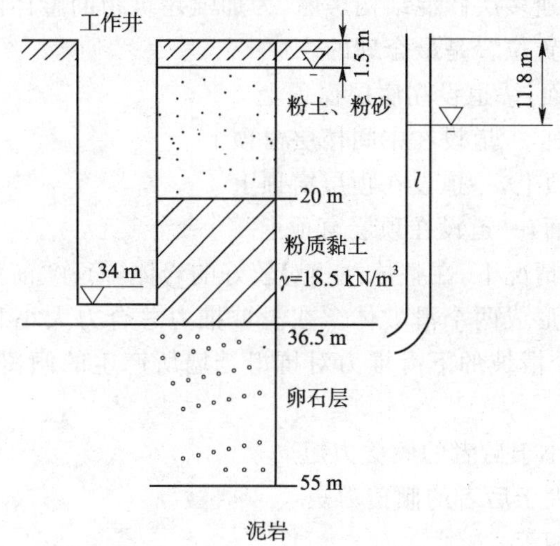

题 16 图

注:图中所注数字指从地面算起的深度。

17. 在日温差较大的地区,(　　)对道路的危害最大。

(A)氯盐渍土　　(B)亚氯盐渍土

(C)硫酸盐渍土　　(D)碱性盐渍土

18. 在地下水位高于基岩面的隐伏岩溶发育地区,在抽降地下水的过程中发生了地面突陷事故,事故最可能的原因是(　　)。

(A)基岩内部的溶洞坍塌

(B)基岩上覆土层因抽降地下水,导致地层不均匀压缩

(C)基岩上覆土层中的土洞坍塌

(D)建筑物基底压力过大,地基土剪切破坏

19. 如下图所示,建筑物的沉降一般是以(　　)变形为主。

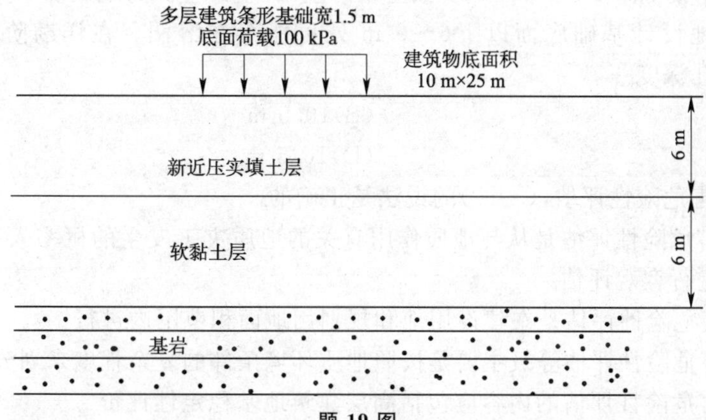

题 19 图

(A)建筑物荷载引起的地基土变形

(B)压实填土的自重变形

(C)软黏土由上覆填土的重力产生的变形

(D)基岩由上覆土层重力产生的变形

20. 在不均匀岩土地基上建多层砖混结构房屋，为加强建筑物的整体刚度，拟增设两道圈梁。下列(　　)的圈梁设置位置是最合理的。

(A)一道设在基础顶面，一道设在底层窗顶上

(B)一道设在基础顶面，一道设在中间楼层窗顶上

(C)一道设在底层窗顶上，一道设在顶层窗顶上

(D)一道设在基础顶面，一道设在顶层窗顶上

21. 在其他条件都一样的情况下，在整体性相对较好的岩体(简称"前者")和较松散的堆积体(简称"后者")中分别形成两个滑坡体。在滑坡推力总合力大小和作用方向及滑体厚度都相同时，若将这两个滑坡的下滑推力对抗滑挡墙所产生的倾覆力矩进行比较，其结构应最符合(　　)。

(A)前者的倾覆力矩小于后者的倾覆力矩

(B)前者的倾覆力矩大于后者的倾覆力矩

(C)二者的倾覆力矩相等

(D)二者的倾覆力矩大小无法比较

22. (　　)的措施并不能有效地减小膨胀土地基对建筑物的破坏。

(A)增加基础埋深　　(B)减少建筑物层数

(C)增加散水宽度　　(D)对地基土进行换填

23. 在某湿陷性黄土场地拟修建一座大型水厂，已查明基础底面以下为厚度 8 m 的全新统(Q_4)自重湿陷性黄土，设计拟采用强夯法消除地基的全部湿陷性。根据《湿陷性黄土地区建筑规范》(GB 50025—2004)的规定，预估强夯单击夯击能至少应大于(　　)。

(A)7 000 kN·m　　(B)6 000 kN·m

(C)5 000 kN·m　　(D)4 000 kN·m

24. (　　)所列土性指标和工程性质，可采用扰动土样进行测定。

(A)膨胀土的自由膨胀率　　(B)黄土的湿陷性

(C)软土的灵敏度　　(D)多年冻土的融沉等级

25. 某框架结构厂房，拟采用 2 m×3 m 独立矩形基础，基础埋深为地表以下 2.5 m。初勘阶段已查明场地设计基础底面以下6～9 m 处可能存在溶洞。在详勘阶段至少应选用(　　)的钻孔深度。

(A)9.0 m　　(B)10.5 m

(C)13.5 m　　(D)16.5 m

26. 关于地质灾害危险性评估，(　　)的说法是正确的。

(A)地质灾害危险性评估是从与地质作用有关的地质灾害发生的概率入手，对其潜在的危险性进行客观评估

(B)地质灾害危险性评估是在建设用地和规划用地面积范围内进行

(C)地质灾害危险性评估等级主要是按照地质环境条件的复杂程度来划分

(D)地质灾害危险性评估的内容应包括高层建筑地基稳定性评价

27. 某黄土试样原始高度为 20 mm，当加压至上覆土层的饱和自重压力时，下沉稳定后的高度为 19 mm，在此压力下浸水后测得附加下沉稳定后的高度为 18 mm。该试样的自重湿陷系数为(　　)。

(A)0.050　　　　(B)0.053

(C)0.100　　　　(D)0.110

28. 公路边坡岩体较完整，但其上部有局部悬空的完整岩石可能成为危石时，下列防治工程措施中（　　）是不适用的。

(A)钢筋混凝土立柱　　　　(B)浆砌片石支顶

(C)预应力锚杆支护　　　　(D)喷射钢筋混凝土防护

29.（　　）不属于《中国地震动参数区划图》(GB 18306—2015)中的内容。

(A)地震基本烈度可按地震动峰值加速度确定

(B)按场地类型调整地震动反应谱特征周期

(C)确定地震影响系数最大值

(D)设防水准为 50 年超越概率 10%

30. 按照《建筑抗震设计规范》(GB 50011—2010)确定建筑的设计特征周期与（　　）无关。

(A)抗震设防水准　　　　(B)所在地的设计地震分组

(C)覆盖层厚度　　　　(D)等效剪切波速

31. 强震时，（　　）不属于地震液化时可能产生的现象。

(A)砂土地基地面产生喷水冒砂

(B)饱和砂土内有效应力大幅度提高

(C)地基失效造成建筑物产生不均匀沉陷

(D)倾斜场地产生大面积土体流滑

32. 对于存在液化土层承受竖向荷载为主的低承台桩基，（　　）的做法是不合适的。

(A)各类建筑都应进行桩基抗震承载力验算

(B)不宜计入承台周围土的抗力

(C)处于液化土中的桩基承台周围，宜用非液化土填筑夯实

(D)桩承受全部地震作用，桩承载力应扣除液化土层的全部桩周摩阻力

33. 某河流下游区拟修建土石坝，场区设计烈度为 7 度，建基面以下的第四系覆盖层厚度为 30 m，地层岩性为黏性土和砂土的交互沉积层，$\nu_{sm}=230$ m/s，该土石坝的附属水工结构物基本自振周期为 1.1 s，该水工结构物抗震设计时的场地特征周期宜取（　　）。

(A)0.20　　　　(B)0.25

(C)0.30　　　　(D)0.35

34. 根据《公路工程抗震规范》(JTG B02—2013)，（　　）与确定桥墩地震荷载的动力放大系数无关。

(A)桥墩所在场地的地基土容许承载力

(B)根据基本烈度确定的水平地震系数

(C)结构在计算方向的自震周期

(D)桥墩所在场地的场地土类别

35.（　　）不属于岩土工程施工投标文件的内容。

(A)施工方法和施工工艺　　　　(B)主要施工机械及施工进度计划

(C)投标报价要求　　　　(D)主要项目管理人员与组织机构

36. 招标代理机构违反《招标投标法》，损害他人合法利益的应对其进行处罚，（　　）是不对的。

(A)处 5 万元以上 25 万元以下的罚款

(B)对单位直接责任人处单位罚款数额10%以上15%以下罚款

(C)有违法所得的,并处没收违法所得

(D)情节严重的,暂停甚至取消招标代理资格

37. 检测机构违反《建设工程质量检测管理办法》相关规定,一般对违规行为处以1万元以上3万元以下罚款,(　　)不在此罚款范围。

(A)超出资质范围从事检测活动的

(B)出具虚假检测报告的

(C)未按照国家有关工程建设强制性标准进行检测的

(D)未按规定上报发现的违法违规行为和检测不合格事项的

38. 根据《合同法》的规定,因发包人变更计划、提供的资料不准确,或者未按照期限提供必需的勘察工作条件而造成勘察的返工、停工,发包人应当承担(　　)。

(A)按照勘察人实际消耗的工作量增付费用

(B)双倍支付勘察人因此消耗的工作量

(C)赔偿勘察人的全部损失

(D)不必偿付任何费用

39. 企业为职工缴纳的住房公积金属于下列建筑安装工程费用项目构成中的(　　)。

(A)措施费　　(B)企业管理费

(C)规费　　(D)社会保障费

40. 根据建设部颁布的《勘察设计注册工程师管理规定》,规定了注册工程师享有的权利,(　　)不在此范围。

(A)在规定范围内从事执业活动

(B)保守在执业中知悉的他人的技术秘密

(C)保管和使用本人的注册证书和执业印章

(D)对本人执业活动进行解释和辩护

二、多项选择题(共30题,每题2分。每题的备选项中有两个或三个符合题意,错选、少选、多选均不得分)

41. 下列各种荷载中,属于永久荷载的有(　　)。

(A)结构自重　　(B)积灰荷载

(C)吊车荷载　　(D)地下结构上的土压力

42. (　　)的荷载(作用)效应组合可用于正常使用极限状态设计。

(A)基本组合　　(B)标准组合

(C)偶然组合　　(D)频遇组合

43. 下列关于建筑结构三种设计状况的叙述,(　　)是正确的。

(A)对于持久状况,可用承载能力极限状态设计替代正常使用极限状态设计

(B)对于短暂状况,可根据需要进行正常使用极限状态设计

(C)对偶然状况,可用正常使用极限状态设计替代承载能力极限状态设计

(D)对以上三种状况,均应进行承载能力极限状态设计

44. (　　)是影响土质地基承载力的因素。

(A)基底以下土的性质　　(B)基底以上土的性质

(C)基础材料　　(D)基础宽度和埋深

45. (　　)属于地基土的动力性质参数。

(A)动力触探试验锤击数　　(B)剪切波速

(C)刚度系数　　(D)基床系数

46. 按照《建筑地基基础设计规范》(GB 50007—2011)，根据土的抗剪强度指标计算地基承载力特征值时，(　　)的表述是正确的。

(A)土的 φ_k 为零时，f_a 的计算结果与基础宽度无关

(B)承载力系数与 c_k 无关

(C)φ_k 越大，承载力系数 M_c 越小

(D)φ_k 为基底下一定深度内土的内摩擦角统计平均值

47. 在设计某海港码头时，对于深厚软弱土地基采用抛石基床。为使地基承载力能达到设计要求，还可以采用(　　)的措施。

(A)增加基础的宽度　　(B)增加基床的厚度

(C)减少边载　　(D)减缓施工加荷速率

48. 下列关于《建筑地基基础设计规范》(GB 50007—2011)中压缩模量当量值的概念中，(　　)是错误的。

(A)按算术平均值计算　　(B)按小值平均值计算

(C)按压缩层厚度加权平均值计算　　(D)按总沉降量相等的等效值计算

49. 新奥法作为一种开挖隧道的地下工程方法，(　　)反映了其主要特点。

(A)充分利用岩体强度，发挥围岩的自承能力

(B)利用支护结构承担全部围岩压力

(C)及时进行初期锚喷支护，控制围岩变形，使支护和围岩共同协调作用

(D)及早进行衬砌支护，使衬砌结构尽早承担围岩压力

50. 关于深基坑地下连续墙上的土压力，(　　)的描述是正确的。

(A)墙后主动土压力状态比墙前坑底以下的被动土压力状态容易达到

(B)对相同开挖深度和支护墙体，黏性土土层中产生主动土压力所需墙顶位移量比砂土的大

(C)在开挖过程中，墙前坑底以下土层作用在墙上的土压力总是被动土压力，墙后土压力总是主动土压力

(D)墙体上的土压力分布与墙体的刚度有关

51. 某场地土层为：上层 3 m 为粉质土，以下为含有层间潜水的 4 m 厚的细砂，再下面是深厚的黏土层。基坑开挖深度为 10 m，不允许在坑外人工降低地下水。在下列支护方案中，选用(　　)的方案比较合适。

(A)单排间隔式排桩　　(B)地下连续墙

(C)土钉墙　　(D)双排桩＋桩间旋喷止水

52. 由地下连续墙支护的软土地基基坑工程，在开挖过程中，发现坑底土体隆起，基坑周围地表水平变形和沉降速率急剧加大，基坑有失稳趋势。此时，应采取(　　)的抢险措施。

(A)在基坑外侧壁土体中注浆加固

(B)在基坑侧壁上部四周卸载

(C)加快开挖速度，尽快达到设计坑底标高

(D)在基坑内墙前快速堆土

53. 在地下水位以下开挖基坑时，基坑坑外降水可以产生(　　)的有利效果。

(A)防止基底发生渗透破坏

(B)减少支护结构上的总的压力

(C)有利于水资源的保护与利用

(D)减少基坑工程对周边既有建筑物的影响

54. 下列有关盐渍土性质的描述中,(   )的说法是正确的。

(A)盐渍土的溶陷性与压力无关

(B)盐渍土的腐蚀性除与盐类的成分、含盐量有关外,还与建筑结构所处的环境条件有关

(C)盐渍土的起始冻结温度随溶液的浓度增大而升高

(D)氯盐渍土总含盐量增大,其强度也随之增大

55. (   )的措施对减少煤矿采空区场地建筑物的变形危害是有利的。

(A)增大采深采厚比

(B)预留保安煤柱

(C)将建筑物布置在变形移动盆地边缘

(D)对采空区和巷道进行充填处理

56. 对于折线滑动面、从滑动面倾斜方向和倾角考虑,下列说法中,(   )符合滑坡稳定分析的抗滑段条件。

(A)滑动面倾斜方向与滑动方向一致,滑动面倾角小于滑面土的综合内摩擦角

(B)滑动面倾斜方向与滑动方向一致,滑动面倾角大于滑面土的综合内摩擦角

(C)滑动面倾斜方向与滑动方向一致,滑动面倾角等于滑面土的综合内摩擦角

(D)滑动面倾斜方向与滑动方向相反

57. 将多年冻土用作建筑地基时,只有符合(   )的情况下才可采用保持冻结状态的设计原则。

(A)多年冻土的年平均地温为−0.5~1.0℃

(B)多年冻土的年平均地温低于−1.0℃

(C)持力层范围内地基土为坚硬冻土,冻土层厚度大于15 m

(D)非采暖建筑

58. 天然状态下红黏土具有(   )的明显特性。

(A)高液限　　(B)裂隙发育　　(C)高压缩性　　(D)吸水膨胀明显

59. 在膨胀土地区,(   )工程措施是正确的。

(A)坡地挡墙填土采用灰土换填、分层夯实

(B)边坡按1∶2放坡,并在坡面、坡顶修筑防渗排水沟和截水沟

(C)在建筑物外侧采用宽度不小于1.2 m和坡度为3%~5%的散水

(D)在烟囱基础下采用适当的隔热措施

60. 高速公路穿越泥石流地段时,可采用(   )的防治措施。

(A)修建桥梁跨越泥石流沟　　(B)修建涵洞让泥石流通过

(C)在泥石流沟谷的上游修建拦挡坝　　(D)修建格栅坝拦截小型泥石流

61. 有关建筑结构地震影响系数的下列说法中,(   )是正确的。

(A)水平地震影响系数等于结构总水平地震作用标准值与结构等效总重力荷载之比

(B)水平地震影响系数最大值就是地震动峰值加速度

(C)地震影响系数与场地类别和设计地震分组有关

(D)当结构自振周期小于特征周期时,地震影响系数与建筑结构的阻尼比无关

62. 在抗震设计中划分建筑场地类别时,(   )是必须考虑的。

(A)场地的地质、地形、地貌条件　　(B)各岩土层的深度和厚度

(C)各岩土层的剪切波速　　　　　　(D)发震断裂错动对地面建筑的影响

63. 设计烈度为8度地区修建土石坝时,采用(　　)的抗震措施是适宜的。

(A)加宽坝顶,采用上部陡、下部缓的断面

(B)增加防渗心墙的刚度

(C)岸坡地下隧洞设置防震缝

(D)加厚坝顶与岸坡基岩防渗体和过渡层

64. 设计烈度8度地区的2级土石坝,抗震设计时总地震效应取(　　)。

(A)垂直河流向水平地震作用效应与竖向地震作用效应平方总和的方根值

(B)顺河流向水平地震作用效应与竖向地震作用效应平方总和的方根值

(C)竖向地震作用效应乘以0.5后加上垂直河流向的水平地震作用效应

(D)竖向地震作用效应乘以0.5后加上顺河流向的水平地震作用效应

65. 在确定覆盖层厚度、划分建筑场地类别和考虑特征周期时,(　　)的说法是正确的。

(A)建筑场地的类别划分仅仅取决于场地岩土的名称和性状

(B)等效剪切波速计算深度的概念与覆盖层厚度是不完全一样的

(C)在有些情况下,覆盖层厚度范围内的等效剪切波速也可能大于500 m/s

(D)场地的特征周期总是随着覆盖层厚度的增大而增大

66. 山区二级公路,无法避让一条发震断层,在线位确定时,(　　)的方法是应该遵守的。

(A)桥位墩台宜置于断层的相同盘　　　(B)路线宜布设在断层上盘

(C)宜布设在断层破碎带较窄的部位　　(D)加固沿线的崩塌体

67. 实施ISO9000族标准的八项质量原则中,为加强组织"与供方的互利关系",组织方应采取(　　)。

(A)与供方共享专门技术和资源

(B)识别和选择关键供方

(C)系统地管理好与供方的关系

(D)测量供方的满意程度并根据结果采取相应措施

68. 根据《建设工程质量管理条例》,勘察设计单位有(　　)行为的,应责令改正,处10万元以上30万元以下的罚款。

(A)未根据勘察成果文件进行工程设计的

(B)超越本单位资质等级承揽设计的

(C)未按照工程建设强制性标准进行设计的

(D)将设计项目转包或违法分包的

69. 关于发包人及承包人的说法,(　　)是正确的。

(A)发包人可以与总承包人订立建设工程合同

(B)发包人可以分别与勘察人、设计人、施工人订立勘察、设计、施工承包合同

(C)经发包人同意,承包人可以将其承包的全部建设工程转包给第三人

(D)经发包人同意,承包人可以将其承包的全部建设工程分解成若干部分,分别分包给第三人

70. 下列关于建筑工程监理的说法,(　　)是不正确的。

(A)建筑工程监理应当依据法律、行政法规及有关技术标准、设计文件等代表建设单位实施监督

(B)经建设单位同意,监理单位可部分转让工程监理业务

(C)工程监理人员发现工程设计不符合质量要求,应当报告建设单位要求设计单位改正

(D)监理单位依据施工组织设计进行监理

专业案例(上午卷)

1. 某黄土试样进行室内双线法压缩试验,一个试样在天然湿度下压缩至 200 kPa,压力稳定后浸水饱和,另一个试样在浸水饱和状态下加荷至 200 kPa,试验数据见下表。若该土样上覆土的饱和自重压力为 150 kPa,其湿陷系数与自重湿陷系数分别最接近(　　)。

题 1 表

压力/kPa	0	50	100	150	200	200 浸水饱和
天然湿度下试样高度 h_p/mm	20.00	19.79	19.50	19.21	18.92	18.50
浸水饱和状态下试样高度 h'_p/mm	20.00	19.55	19.19	18.83	18.50	—

(A)0.015、0.015　　(B)0.019、0.017

(C)0.021、0.019　　(D)0.075、0.058

2. 下图为某地质图的一部分,图中虚线为地形等高线,粗实线为一倾斜岩面的出露界线。a、b、c、d 为岩面界线和等高线的交点,直线 ab 平行于 cd,和正北方向的夹角为 15°,两线在水平面上的投影距离为 100 m。下列关于岩面产状的选项中,(　　)是正确的。

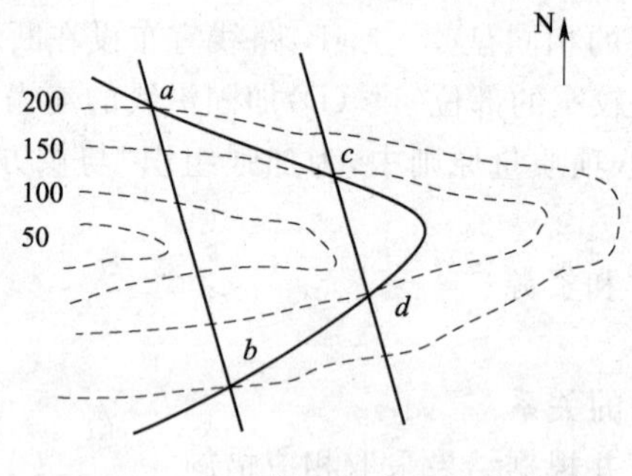

题 2 图

(A)NE75°,∠27°　　(B)NE75°,∠63°

(C)SW75°,∠27°　　(D)SW75°,∠63°

3. 为求取有关水文地质参数,带两个观察孔的潜水完整井,进行 3 次降深抽水试验,其地层和井壁结构如下图所示,已知 $H=15.8$ m;$r_1=10.6$ m;$r_2=20.5$ m;抽水试验成果见下表。渗透系数 k 最接近(　　)。

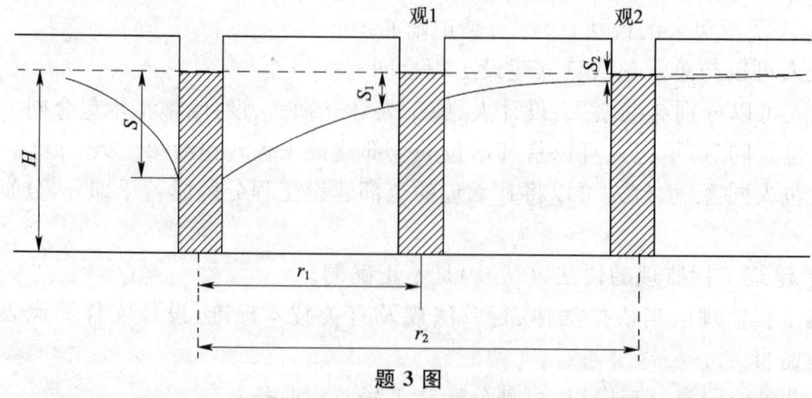

题 3 图

题 3 表

水位降深 S/m	滴水量 Q/(m^3/d)	观 1 水位降深 S_1/m	观 2 水位降 S_2/m
5.6	1 490	2.2	1.8
4.1	1 218	1.8	1.5
2.0	817	0.9	0.7

(A)25.6 m/d　　(B)28.9 m/d　　(C)31.7 m/d　　(D)35.2 m/d

4. 预钻式旁压试验得到压力 P-V 的数据，据此绘制 P-V 曲线如下表和下图所示，图中 ab 为直线段，采用旁压试验临塑荷载法确定，该试验土层的 f_{ak} 值与（　　）最接近。

题 4 表

压力 P/kPa	30	60	90	120	150	180	210	240	270
变形 V/cm^3	70	90	100	110	120	130	140	170	240

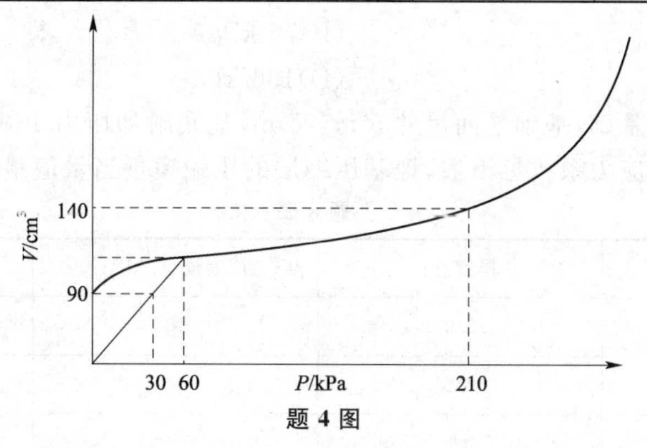

题 4 图

(A)120 kPa　　(B)150 kPa　　(C)180 kPa　　(D)210 kPa

5. 如下图所示，某砖混住宅条形基础，地层为黏粒含量小于 10% 的均质粉土，重度 19 kN/m^3，施工前用深层载荷试验实测基底标高处的地基承载力特征值为 350 kPa，已知上部结构传至基础顶面的竖向力为 260 kN/m，基础和台阶上土平均重度为20 kN/m^3，按《建筑地基基础设计规范》(GB 50007—2011)要求，基础宽度的设计结果接近（　　）。

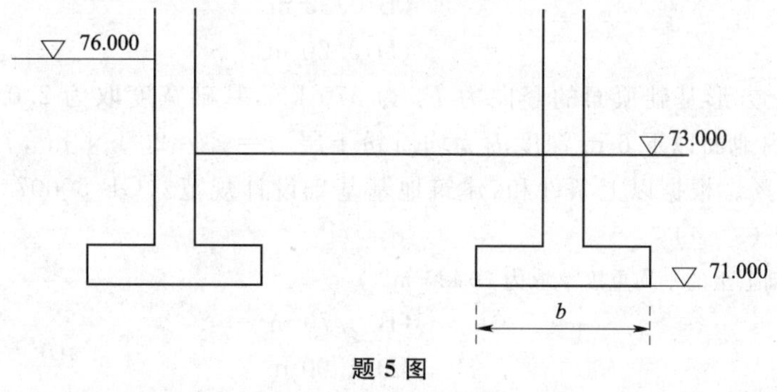

题 5 图

(A)0.84 m　　(B)1.04 m　　(C)1.33 m　　(D)2.17 m

6. 高速公路在桥头段软土地基上采用高填方路基，路基平均宽度 30 m，路基自重及路面荷载传至路基底面的均布荷载为 120 kPa，地基土均匀，平均 E_s＝6 MPa，沉降计算压缩层厚度按 24 m 考虑，沉降计算修正系数取 1.2，桥头路基的最终沉降量最接近（　　）。

(A)124 mm　　(B)248 mm　　(C)206 mm　　(D)495 mm

7. 山前冲洪积场地如下图所示，粉质黏土①层中潜水水位埋深 1.0 m，黏土②层下卧砾砂

③层，③层内存在承压水，水头高度和地面平齐，地表下 7.0 m 处地基土的有效自重应力最接近(　　)。

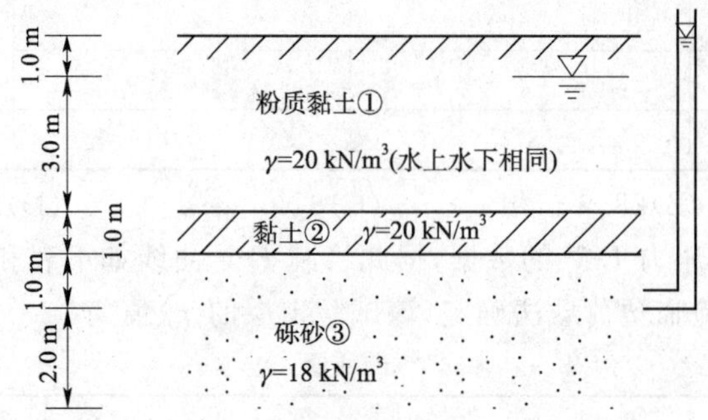

题 7 图

(A)66 kPa　　(B)76 kPa

(C)86 kPa　　(D)136 kPa

8. 天然地基上的独立基础，基础平面尺寸 5 m×5 m，基底附加压力 180 kPa，基础下地基土的性质和平均附加应力系数见下表，地基压缩层的压缩模量当量值最接近(　　)。

题 8 表

土的名称	厚度/m	压缩模量/MPa	平均附加应力系数
粉土	2.0	10	0.938 5
粉质黏土	2.5	18	0.573 7
基岩	>5	—	—

(A)10 MPa　　(B)12 MPa

(C)15 MPa　　(D)17 MPa

9. 条形基础底面处的平均压力为 170 kPa，基础宽度 $B=3$ m，在偏心荷载作用下，基底边缘处的最大压力值为 280 kPa，该基础合力偏心距最接近(　　)。

(A)0.50 m　　(B)0.33 m

(C)0.25 m　　(D)0.20 m

10. 柱下素混凝土方形基础顶面的竖向力 F_k 为 570 kN，基础宽度取为 2.0 m，柱脚宽度为 0.40 m。室内地面以下 6 m 深度内为均质粉土层，$\gamma=\gamma_m=20$ kN/m³，$f_{ak}=150$ kPa，黏粒含量 $\rho_c=7\%$。根据以上条件和《建筑地基基础设计规范》(GB 50007—2011)，柱基础埋深应不小于(　　)。

(注：基础与基础上土的平均重度 γ 取为 20 kN/m³。)

(A)0.50 m　　(B)0.70 m

(C)0.80 m　　(D)1.00 m

11. 作用于桩基承台顶面的竖向力设计值为 5 000 kN，x 方向的偏心距为 0.1 m，不计承台及承台上土自重，承台下布置 4 根桩，如下图所示，根据《建筑桩基技术规范》(JGJ 94—2008)计算，承台承受的正截面最大弯矩与(　　)最为接近。

(A)1 999.8 kN·m　　(B)2 166.4 kN·m

(C)2 999.8 kN·m　　(D)3 179.8 kN·m

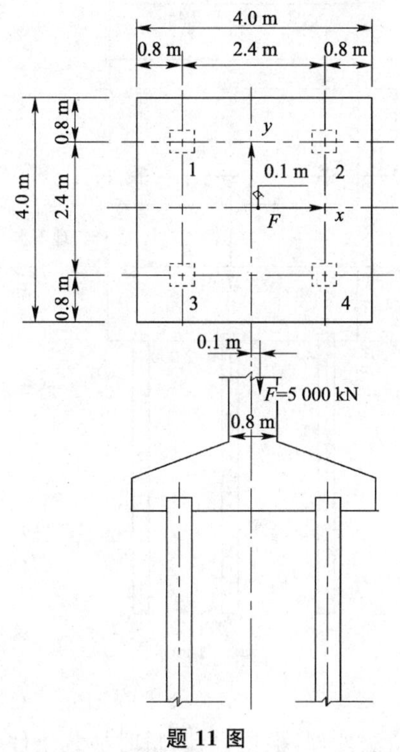

题 11 图

12. 一圆形等截面沉井排水挖土下沉过程中处于如下图所示状态，刃脚完全掏空，井体仍然悬在土中，假设井壁外侧摩阻力呈倒三角形分布，沉井自重 $G_0=1\ 800$ kN，地表下5 m处井壁所受拉力最接近（　　）。（假定沉井自重沿深度均匀分布）

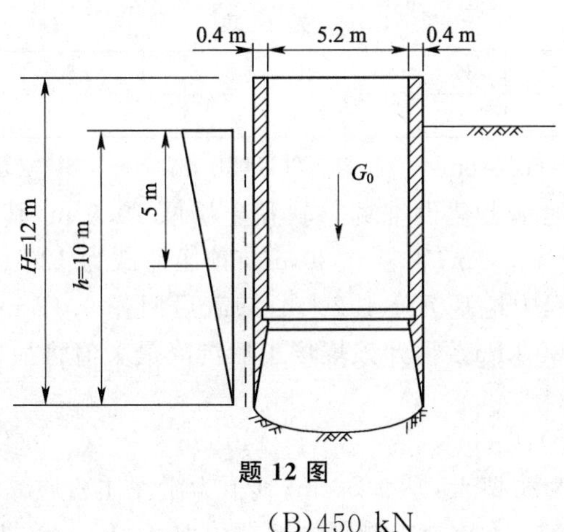

题 12 图

(A)300 kN　　(B)450 kN

(C)600 kN　　(D)800 kN

13. 某铁路桥梁桩基如下图所示，作用于承台顶面的竖向力和承台底面处的力矩分别为6 000 kN·m和2 000 kN·m。桩长40 m，桩径0.8 m，承台高度2 m，地下水位与地表齐平，桩基所穿过土层的按厚度加权平均内摩擦角为$\overline{\varphi}=24°$，假定实体深基础范围内承台、桩和土的混合平均重度取20 kN/m³，根据《铁路桥涵地基和基础设计规范》(TB 10002.5—2005)按实体基础验算，桩端底面处地基容许承载力至少应接近（　　）才能满足要求。

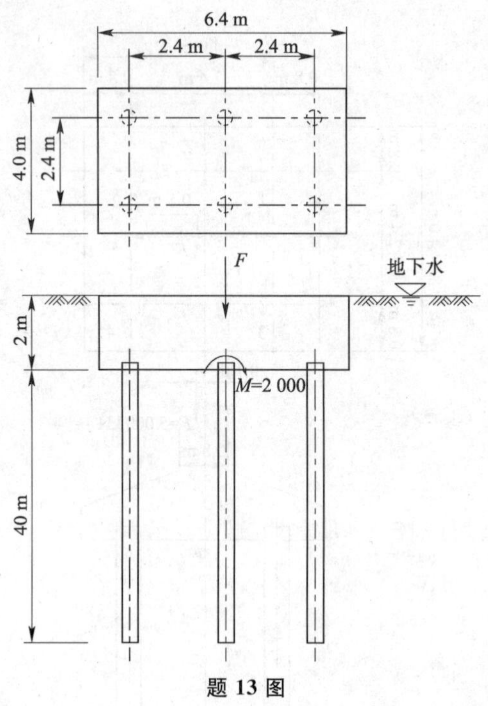

题 13 图

(A)465 kPa　　(B)890 kPa　　(C)1 100 kPa　　(D)1 300 kPa

14. 某软黏土地基采用排水固结法处理，根据设计，瞬时加载条件下加载后不同时间的平均固结度见下表(表中数据可内插)。加载计划如下：第一次加载(可视为瞬时加载，下同)量为30 kPa，预压20 d后第二次再加载30 kPa，再预压20 d后第三次再加载60 kPa，第一次加载后到80 d时观测到的沉降量为120 cm。到120 d时，沉降量最接近(　　)。

题 14 表

t/d	10	20	30	40	50	60	70	80	90	100	110	120
U/(%)	37.7	51.5	62.2	70.6	77.1	82.1	86.1	89.2	91.6	93.4	94.9	96.0

(A)130 cm　　(B)140 cm　　(C)150 cm　　(D)160 cm

15. 在一正常固结软黏土地基上建设堆场。软黏土层厚10.0 m，其下为密实砂层。采用堆载预压法加固，砂井长10.0 m，直径0.30 m。预压荷载为120 kPa，固结度达0.80时卸除堆载。堆载预压过程中地基沉降1.20 m，卸载后回弹0.12 m。堆场面层结构荷载为20 kPa，堆料荷载为100 kPa。预计该堆场工后沉降最大值将最接近(　　)。

(注：不计次固结沉降。)

(A)20 cm　　(B)30 cm　　(C)40 cm　　(D)50 cm

16. 某工业厂房场地浅表为耕植土，厚0.50 m；其下为淤泥质粉质黏土，厚约18.0 m，承载力特征值 $f_{ak}=70$ kPa，水泥土搅拌桩侧阻力特征值取9 kPa。单桩承载力发挥系数取1.0，下伏厚层密实粉细砂层。采用水泥土搅拌桩加固，要求复合地基承载力特征值达150 kPa。假设有效桩长12.00 m，桩径 ϕ500 mm，桩身强度折减系数 η 取0.25，桩端天然地基土承载力发挥系数 α 取0.50，水泥加固土试块90 d龄期立方体抗压强度平均值为2.4 MPa，桩间土承载力折减系数 β 取0.75。初步设计复合地基面积置换率将最接近(　　)。

(A)13%　　(B)18%　　(C)21%　　(D)25%

17. 一墙背垂直光滑的挡土墙，墙后填土面水平，如下图所示。上层填土为中砂，厚 $h_1=$

2 m，重度 $\gamma_1=18\ kN/m^3$，内摩擦角为 $\varphi_1=28°$；下层为粗砂，$h_2=4$ m，$\gamma_2=19\ kN/m^3$，$\varphi_2=31°$。无地下水，下层粗砂层作用在墙背上的总主动土压力 E_{a2} 最接近于(　　)。

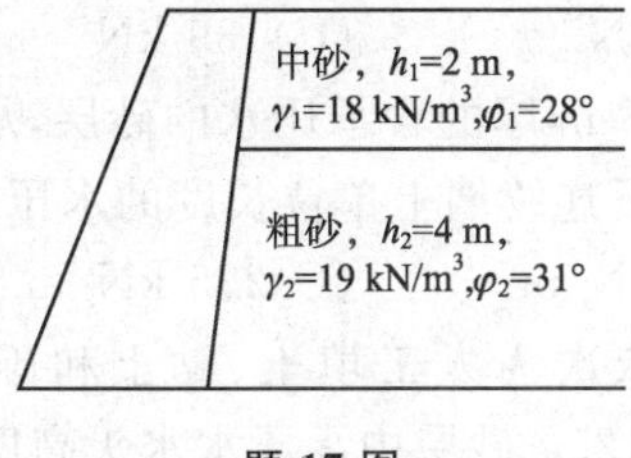

题 17 图

(A)65 kN/m　　(B)87 kN/m　　(C)95 kN/m　　(D)106 kN/m

18. 透水地基上的重力式挡土墙，如下图所示，墙后砂填土的 $c=0$，$\varphi=30°$，$\gamma=18\ kN/m^3$。墙高 7 m，上顶宽 1 m，下底宽 4 m，混凝土重度为 25 kN/m³。墙底与地基土摩擦系数为 $f=0.58$。当墙前后均浸水时，水位在墙底以上 3 m，除砂土饱和重度变为 $\gamma_{sat}=20\ kN/m^3$ 外，其他参数在浸水后假定都不变。水位升高后该挡土墙的抗滑移稳定安全系数最接近于(　　)。

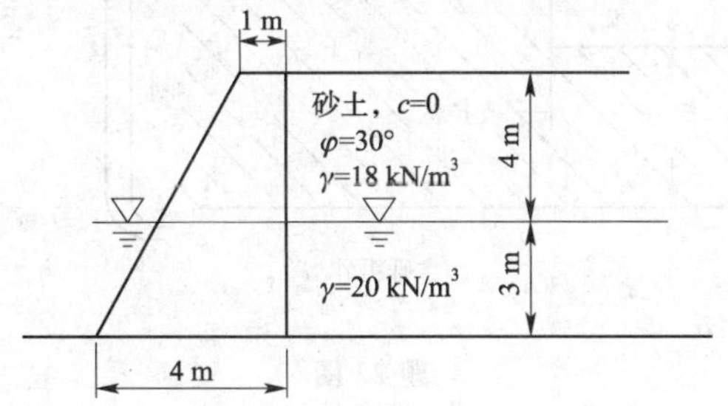

题 18 图

(A)1.08　　(B)1.40　　(C)1.45　　(D)1.88

19. 一填方土坡相应于下图的圆弧滑裂面时，每延长米滑动土体的总重量 $W=250$ kN/m，重心距滑弧圆心水平距离为 6.5 m，计算的安全系数为 $F_{su}=0.8$，不能满足抗滑稳定而要采取加筋处理，要求安全系数达到 $F_{sr}=1.3$。按照《土工合成材料应用技术规范》(GB 50290—2014)，采用设计容许抗拉强度为 19 kN/m 的土工格栅以等间距布置时，土工格栅的最少层数接近(　　)。

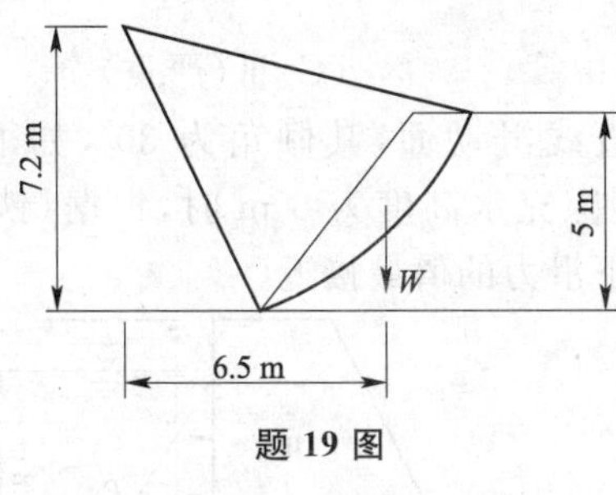

题 19 图

(A)5　　(B)6　　(C)7　　(D)8

20. 高速公路排水沟呈梯形断面，设计沟内水深 1.0 m，过水断面积 $W=2.0\ m^2$，湿周 $P=4.10$ m，沟底纵坡 0.005，排水沟粗糙系数 $n=0.025$，该排水沟的最大流速最接近于(　　)。

(A)1.67 m/s　　(B)3.34 m/s　　(C)4.55 m/s　　(D)20.5 m/s

21. 墙面垂直的土钉墙边坡，土钉与水平面夹角为 15°，土钉的水平与竖直间距都是 1.2 m。

墙后地基土的 $c=15$ kPa,$\varphi=20°$,$\gamma=19$ kN/m^3,无地面超载。假定轴向拉力的调整系数为 0.9,在 9.6 m 深度处的每根土钉的轴向拉力标准值最接近于(　　)。

(A)92 kN　　(B)102 kN　　(C)139 kN　　(D)208 kN

22. 在基坑的地下连续墙后有一 5 m 厚的含承压水的砂层,承压水头高于砂层顶面 3 m。在该砂层厚度范围内作用在地下连续墙上单位长度的水压力合力最接近于(　　)。

(A)125 kN/m　　(B)150 kN/m　　(C)275 kN/m　　(D)400 kN/m

23. 基坑开挖深度为 6 m,土层依次为人工填土、黏土和砾砂,如下图所示。黏土层,$\gamma=19.0$ kN/m^3,$c=20$ kPa,$\varphi=12°$。砂层中承压水水头高度为 9 m。基坑底至含砾粗砂层顶面的距离为 4 m。抗突涌安全系数取 1.1,为满足抗承压水突涌稳定性要求,场地承压水最小降深最接近于(　　)。

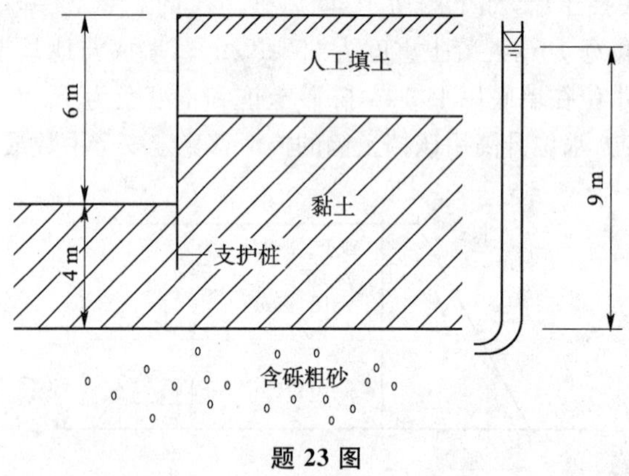

题 23 图

(A)1.4 m　　(B)2.1 m　　(C)2.7 m　　(D)4.0 m

24. 以厚层黏性土组成的冲积相地层,由于大量抽汲地下水引起大面积地面沉降。经 20 年观测,地面总沉降量达 1 250 mm,从地面下深度 65 m 处以下沉降观测标未发生沉降,在此期间,地下水位深度由 5 m 下降到 35 m。该黏性土地层的平均压缩模量最接近(　　)。

(A)10.8 MPa　　(B)12.5 MPa　　(C)15.8 MPa　　(D)18.1 MPa

25. 某场地基础底面以下分布的湿陷性砂厚度为 7.5 m,按厚度平均分 3 层采用 0.50 m^2 的承压板进行了浸水载荷试验,其附加湿陷量分别为 6.4 cm,8.8 cm 和 5.4 cm。该地基的湿陷等级为(　　)。

(A)Ⅰ(较微)　　(B)Ⅱ(中等)　　(C)Ⅲ(严重)　　(D)Ⅳ(很严重)

26. 在某裂隙岩体中,存在一直线滑动面,其倾角为 30°,如下图所示。已知岩体重力为 1 500 kN/m,当后缘垂直裂隙充水高度为 8 m 时,根据《铁路工程不良地质勘察规程》(TB 10027—2012)计算得下滑力的值最接近(　　)。

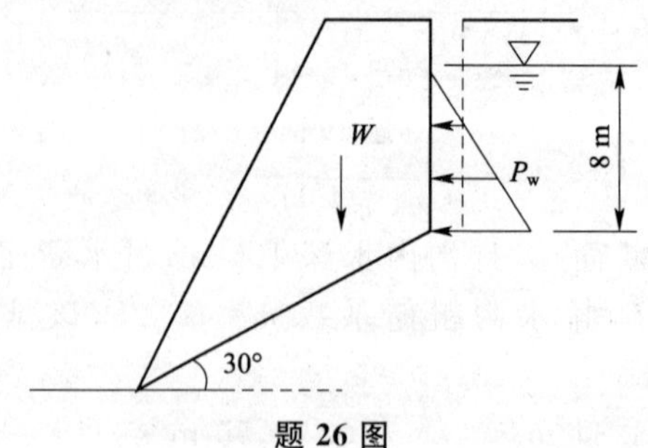

题 26 图

(A)1 027 kN/m　(B)1 238 kN/m　(C)1 330 kN/m　(D)1 430 kN/m

27. 已知场地地震烈度 7 度，设计基本地震加速度为 0.15g，设计地震分组为第一组。对建造于Ⅱ类场地上、结构自振周期为 0.40 s、阻尼比为 0.05 的建筑结构进行截面抗震验算时，相应的水平地震影响系数最接近(　　)。

(A)0.08　(B)0.10　(C)0.12　(D)0.16

28. 某 8 层民用住宅高 24 m。已知场地地基土层的埋深及性状如下表所示，则该建筑的场地类别可划分为(　　)的结果。

题 28 表

层序	岩土名称	层底深度/m	性状	f_{ak}/kPa
①	填土	1.0	—	120
②	黄土	7.0	可塑	160
③	黄土	8.0	流塑	100
④	粉土	12.0	中密	150
⑤	细砂	18.0	中密-密实	200
⑥	中砂	30.0	密实	250
⑦	卵石	40.0	密实	500
⑧	基岩	—	—	—

注：f_{ak}为地基承载力特征值。

(A)Ⅱ类　(B)Ⅲ类　(C)Ⅳ类　(D)无法确定

29. 某建筑拟采用天然地基。场地地基土由上覆的非液化土层和下伏的饱和粉土组成。地震烈度为 8 度。按《建筑抗震设计规范》(GB 50011—2010)进行液化初步判别时，下列选项中只有(　　)需要考虑液化影响。

选项	上覆非液化土层厚度 d_u/m	地下水位深度 d_w/m	基础埋置深度 d_b/m
(A)	6.0	5.0	1.0
(B)	5.0	5.5	2.0
(C)	4.0	5.5	1.5
(D)	6.5	6.0	3.0

30. 某钻孔灌注桩，桩长 15 m，采用钻芯法对桩身混凝土强度进行检测，共采取 3 组芯样，试件抗压强度(单位：MPa)分别为：第一组，45.4、44.9、46.1；第二组，42.8、43.1、41.8；第三组，40.9、41.2、42.8。该桩身混凝土强度代表值最接近(　　)。

(A)41.6 MPa　(B)42.6 MPa　(C)43.2 MPa　(D)45.5 MPa

专业案例(下午卷)

1. 在地面下 8.0 m 处进行扁铲侧胀试验，地下水位 2.0 m，水位以上土的重度为 18.5 kN/m²。试验前率定时膨胀至 0.05 mm 及 1.10 mm 的气压实测值分别为 ΔA=10 kPa及 ΔB=65 kPa，试验时膜片膨胀至 0.05 mm 及 1.10 mm 和回到 0.05 mm 的压力分别为 A=70 kPa 及 B=220 kPa和 C=65 kPa。压力表读数 Z_m=5 kPa，该试验点的侧

胀水平应力指数与(　　)最为接近。

(A)0.07　　(B)0.09　　(C)0.11　　(D)0.13

2. 下表为某建筑地基中细粒土层的部分物理性质指标，据此请对该层土进行定名和状态描述，并指出(　　)是正确的。

题 2 表

密度 ρ/(g/cm³)	相对密度 d(比重)	含水量 W/(%)	液限 W_L/(%)	塑限 w_P/(%)
1.95	2.70	23	21	12

(A)粉质黏土，流塑　　(B)粉质黏土，硬塑

(C)粉土，稍湿，中密　　(D)粉土，湿，密实

3. 进行海上标贯试验时共用钻杆 9 根，其中 1 根钻杆长 1.20 m，其余 8 根钻杆，每根长 4.1 m，标贯器长 0.55 m。实测水深 0.5 m，标贯试验结束时水面以上钻杆余尺2.45 m。标贯试验结果为：预击 15 cm，6 击；后 30 cm，10 cm 击数分别为 7、8、9 击。标贯试验段深度(从水底算起)及标贯击数应为(　　)。

(A)20.8～21.1 m，24 击　　(B)20.65～21.1 m，30 击

(C)27.3～27.6 m，24 击　　(D)27.15～21.1 m，30 击

4. 某铁路工程勘察时要求采用 K_{30} 方法测定地基系数，下表为采用直径 30 cm 的荷载板进行竖向载荷试验获得的一组数据。则试验所得 K_{30} 值与(　　)最为接近。

题 4 表

分级	1	2	3	4	5	6	7	8	9	10
荷载强度 P/MPa	0.01	0.02	0.03	0.04	0.05	0.06	0.07	0.08	0.09	0.10
下沉 S/mm	0.267 5	0.545 0	0.855 0	1.098 5	1.369 5	1.650 0	2.070 0	2.412 5	2.837 5	3.312 5

(A)12 MPa/m　　(B)36 MPa/m

(C)46 MPa/m　　(D)108 MPa/m

5. 如下图所示，条形基础宽度 2.0 m，埋深 2.5 m，基底总压力 200 kPa，按照《建筑地基基础设计规范》(GB 50007—2011)，基底下淤泥质黏土层顶面的附加应力值最接近(　　)。

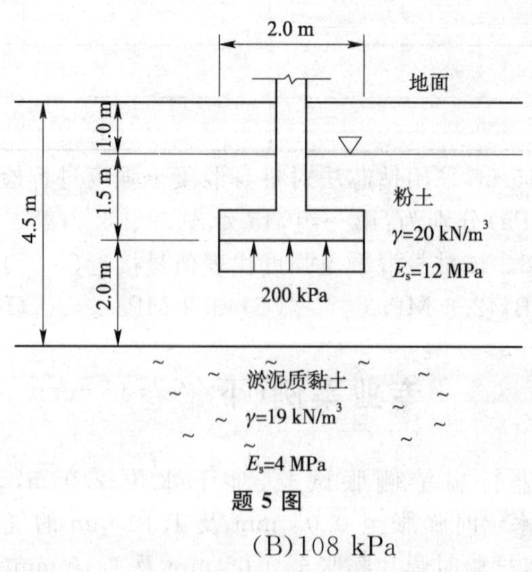

题 5 图

(A)89 kPa　　(B)108 kPa

(C)81 kPa　　(D)200 kPa

6. 某仓库外墙采用条形砖基础，墙厚 240 mm，基础埋深 2.0 m，已知作用于基础顶面标高处的上部结构荷载标准组合值为 240 kN/m。地基为人工压实填上，承载力特征值为 160 kPa，重度 19 kN/m^3。按照《建筑地基基础设计规范》(GB 50007—2011)，基础最小高度最接近(　　)。

(A)0.5 m　　(B)0.6 m　　(C)0.7 m　　(D)1.1 m

7. 高速公路连接线路平均宽度 25 m，硬壳层厚 5.0 m，$f_{ak}=180$ kPa，$E_s=12$ MPa，重度 $\gamma=19$ kN/m^3，下卧淤泥质土，$f_{ak}=80$ kPa，$E_s=4$ MPa，路基重度 20 kN/m^3，在充分利用硬壳层，满足强度条件下的路基填筑最大高度最接近(　　)。

(A)4.0 m　　(B)8.7 m　　(C)9.0 m　　(D)11.0 m

8. 某住宅楼采用长宽 40 m×40 m 的筏形基础，埋深 10m。基础底面平均总压力值为 300 kPa。室外地面以下土层重度 γ 为 20 kN/m^3，地下水位在室外地面以下 4 m。根据下表数据计算基底下深度7～8 m 土层的变形值 $\Delta S'_{7\sim8}$ 最接近于(　　)。

题 8 表

第 i 土层	基底至第 i 土层底面距离 Z_1	E_{s1}
1	4.0 m	20 MPa
2	8.0 m	16 MPa

(A)7.0 mm　　(B)8.0 mm　　(C)9.0 mm　　(D)10.0 mm

9. 某框架结构，1 层地下室，室外与地下室室内地面高程分别为 16.2 m 和 14.0 m。拟采用柱下方形基础，基础宽度 2.5 m，基础埋深在室外地面以下 3.0 m。室外地面以下为厚 1.2 m 人工填土，$\gamma=17$ kN/m^2；填土以下为厚 7.5 m 的第四纪粉土，$\gamma=19$ kN/m^3，$c_k=18$ kPa，$\varphi_k=24°$，场区未见地下水。根据土的抗剪强度指标确定的地基承载力特征值最接近(　　)。

(A)170 kPa　　(B)190 kPa　　(C)210 kPa　　(D)230 kPa

10. 某铁路涵洞基础位于深厚淤泥质黏土地基上，基础埋置深度 10 m，地基土不排水抗剪强度 C_u 为 35 kPa，地基土天然重度 18 kN/m^3，地下水位在地面下 0.5 m 处，按照《铁路桥涵地基和基础设计规范》(TB 10002.5—2005)，安全系数 m' 取 2.5，涵洞基础地基容许承载力$|\sigma|$的最小值接近于(　　)。

(A)60 kPa　　(B)70 kPa　　(C)80 kPa　　(D)90 kPa

11. 某公路桥梁嵌岩钻孔灌注桩基础，清孔及岩石破碎等条件良好，河床岩层有冲刷，桩径 $D=1\,000$ mm，在基岩顶面处，桩承受的弯矩 $M_H=500$ kN·m，基岩的天然湿度单轴极限抗压强度 $R_a=40$ MPa，按《公路桥涵地基与基础设计规范》(JTG D63—2007)计算，单桩轴向受压容许承载力[P]与(　　)最为接近。

(注：取 $\beta=0.6$，系数 c_1、c_2 不需考虑降低采用。)

(A)12 350 kN　　(B)16 350 kN

(C)19 350 kN　　(D)22 350 kN

12. 如下图所示，竖向荷载设计值 $F=24\,000$ kN，承台混凝土为 C40($f_t=1.91$ MPa)，按《建筑桩基技术规范》(JGJ 94—2008)验算柱边 $A-A$ 至桩边连线形成的斜截面的抗剪承载力与剪切力之比(抗力/V)最接近(　　)。

(A)1.10　　(B)1.12

(C)1.13　　(D)1.16

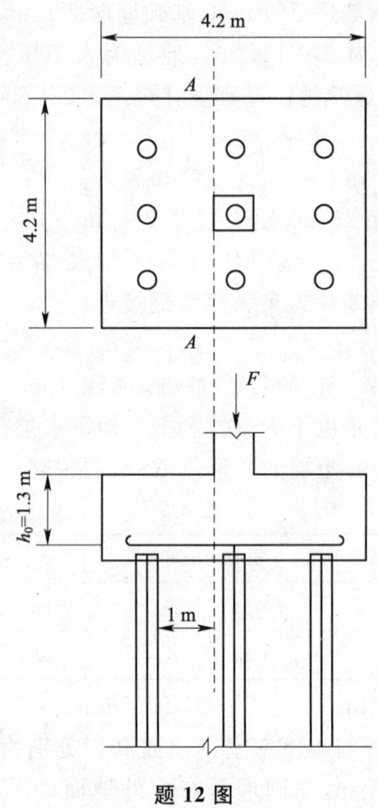

题 12 图

13. 某一柱一桩（端承灌注桩）基础，桩径 1.0 m，桩长 20 m，承受轴向竖向荷载设计值 N=5 000 kN，地表大面积堆载，P=60 kPa，桩周土层分布如下图所示，根据《建筑桩基技术规范》(JGJ 94—2008)，桩身混凝土强度等级（见下表）选用（　　）最经济合理。

（注：不考虑地震作用，灌注桩施工工艺系数 ψ_c＝0.7，负摩阻力系数 ζ_n＝0.20。）

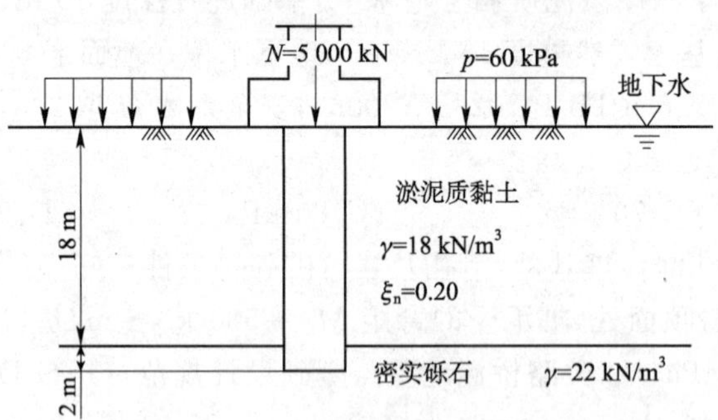

题 13 图

题 13 表

混凝土强度等级	C20	C25	C30	C35
轴心抗压强度设计值 f_c/(N/mm²)	9.6	11.9	14.3	16.7

A. C20　　B. C25　　C. C30　　D. C35

14. 采用单液硅化法加固拟建设备基础的地基，设备基础的平面尺寸为 3 m×4 m，需加固的自重湿陷性黄土层厚 6 m，土体初始孔隙比为 1.0，假设硅酸钠溶液的相对密度为 1.00，溶液的填充系数为0.70，所需硅酸钠溶液用量(m^3)最接近(　　)。

(A)30　　(B)50　　(C)65　　(D)100

15. 场地为饱和淤泥质黏性土，厚5.0 m，压缩模量 E_s 为2.0 MPa，重度为17.0 kN/m³，淤泥质黏性土下为良好的地基土，地下水位埋深0.50 m。现拟打设塑料排水板至淤泥质黏性土层底，然后分层铺设砂垫层，砂垫层厚度0.80 m，重度20 kN/m³，采用80 kPa大面积真空预压3个月(预压时地下水位不变)。取沉降计算的经验系数 $\xi=1.0$，则固结度达85%时的沉降量最接近(　　)。

(A)15 cm　　(B)20 cm　　(C)25 cm　　(D)10 cm

16. 某软土地基土层分布和各土层参数如下图所示。已知基础埋深为2.0 m，采用搅拌桩复合地基，搅拌桩长14.0 m，桩径 $\phi600$，桩身强度平均值 $f_{cu}=1.98$ MPa，强度折减系数 $\eta=0.25$，桩端端阻力发挥系数为0.4。单桩承载力发挥系数为1.0，按《建筑地基处理技术规范》(JGJ 79—2012)计算，该搅拌桩单桩承载力特征值取(　　)较合适。

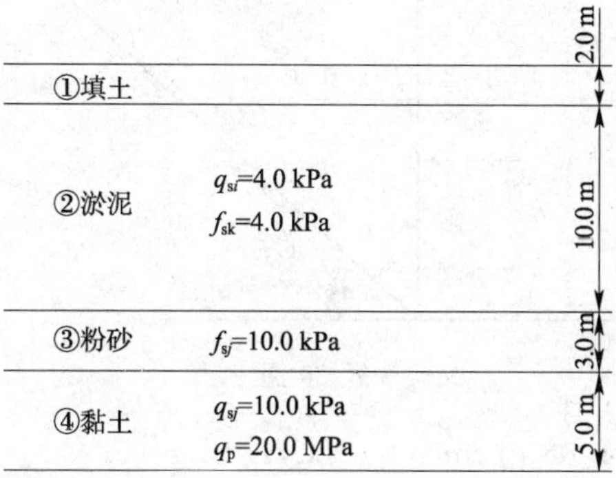

2.0 m
①填土
②淤泥　q_{sl}=4.0 kPa　f_{sk}=4.0 kPa　10.0 m
③粉砂　f_{sj}=10.0 kPa　3.0 m
④黏土　q_{sj}=10.0 kPa　q_p=20.0 MPa　5.0 m

题16图

(A)120 kN　　(B)140 kN　　(C)160 kN　　(D)180 kN

17. 某软土地基土层分布和各土层参数如下图所示，已知基础埋深为2.0 m，采用搅拌桩复合地基，搅拌桩长10.0 m，桩直径500 mm，单桩承载力为120 kN，要使复合地基承载力达到180 kPa，单桩承载力发挥系数取1.0，按正方形布桩，桩间距取(　　)较为合适。

(注：假设桩间土地基承载力修正系数 $\beta=0.5$。)

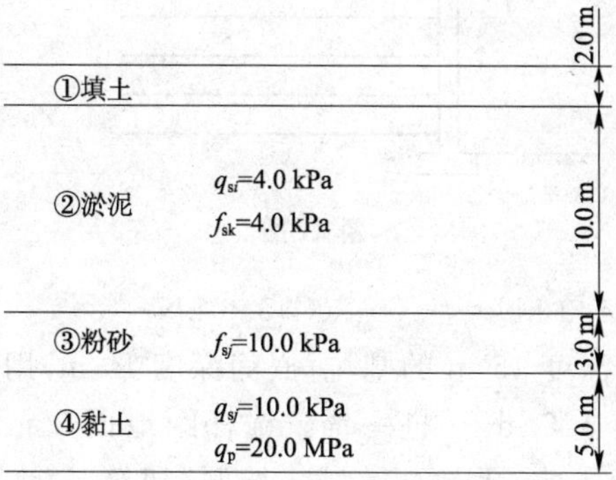

2.0 m
①填土
②淤泥　q_{sl}=4.0 kPa　f_{sk}=4.0 kPa　10.0 m
③粉砂　f_{sj}=10.0 kPa　3.0 m
④黏土　q_{sj}=10.0 kPa　q_p=20.0 MPa　5.0 m

题17图

(A)0.85 m　　(B)0.95 m　　(C)1.05 m　　(D)1.1 m

18. 土坝因坝基渗漏严重，拟在坝顶采用旋喷桩技术做一道沿坝轴方向的垂直防渗心墙，墙身伸到坝基下伏的不透水层中。已知坝基基底为砂土层，厚度10 m，沿坝轴长度为100 m，旋喷桩墙体的渗透系数为 1×10^{-7} cm/s，墙宽 2 m，当上游水位高度40 m，下游水位高度 10 m 时，加固后该土石坝坝基的渗漏量最接近（　　）（不考虑土坝坝身的渗漏量）。

(A)0.9 m^3/d　　(B)1.1 m^3/d　　(C)1.3 m^3/d　　(D)1.5 m^3/d

19. 有黏质粉性土和砂土两种土料，其重度都等于 18 kN/m^3。砂土 $c_1=0$ kPa，$\varphi_1=35°$；黏质粉性土 $c_2=20$ kPa，$\varphi_2=20°$。对于墙背垂直光滑和填土表面水平的挡土墙，对应于（　　）的墙高时，用两种土料作墙后填土计算的作用于墙背的总主动土压力值正好是相同的。

(A)6.6 m　　(B)7.0 m　　(C)9.8 m　　(D)12.4 m

20. 在饱和软黏土地基中开槽建造地下连续墙，槽深 8.0 m，槽中采用泥浆护壁，已知软黏土的饱和重度为 16.8 kN/m^3，$c_u=12$ kPa，$\varphi_u=0''$。对于如下图所示的滑裂面，保证槽壁稳定的最小泥浆密度最接近于（　　）。

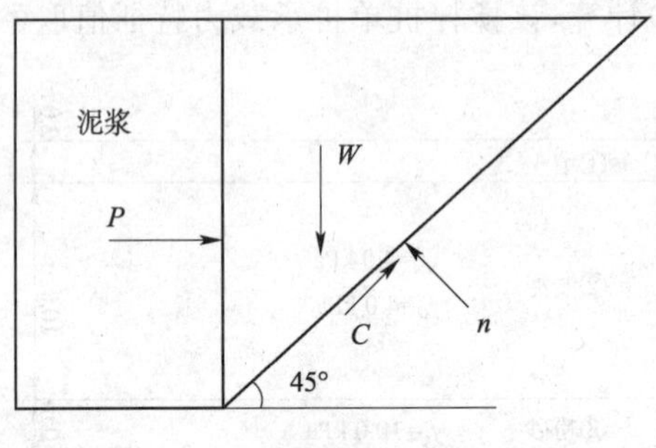

题 20 图

(A)1.00 g/cm^3　　(B)1.08 g/cm^3　　(C)1.12 g/cm^3　　(D)1.22 g/cm^3

21. 如下图所示的加筋土挡土墙，拉筋间水平及垂直间距 $S_s=S_y=0.4$ m，填料重度 $\gamma=19$ kN/m^3，综合内摩擦角 $\varphi=35°$，按《铁路路基支挡结构设计规范》(TB 10025—2006)，深度 4 m 处的拉筋拉力最接近（　　）。

（注：拉筋拉力峰值附加系数取 $k=1.5$。）

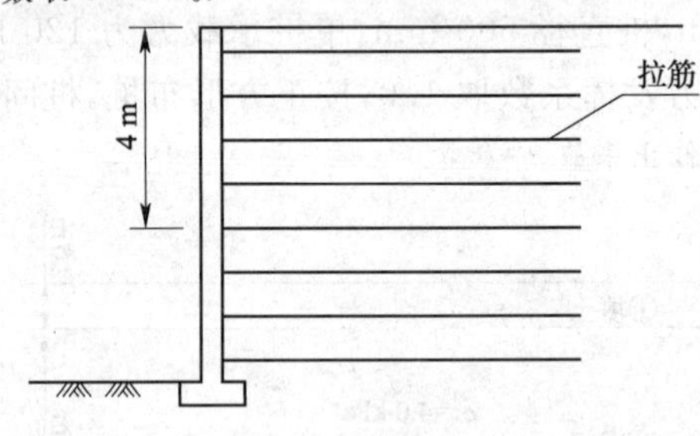

题 21 图

(A)3.9 kN　　(B)4.9 kN　　(C)5.9 kN　　(D)6.9 kN

22. 在均匀砂土地基上开挖深度 15 m 的基坑，嵌固深度 10 m，用间隔式排桩＋单排锚杆支护，桩径1 000 mm，桩距 1.6 m，一桩一锚。锚杆距地面 3 m。已知该砂土的重度 $\gamma=20$ kN/m^3，$\varphi=30°$，无地下水，无地面荷载。按照《建筑基坑支护技术规程》(JGJ 120—2012)规定计算的每根桩受到的主动土压力最接近于（　　）。

(A)167 kN　　(B)1 800 kN　　(C)2 083 kN　　(D)3 333 kN

23. 某基坑位于均匀软弱黏性土场地如下图所示，土层主要参数：$\gamma=18.5$ kN/m^3，固结不排水强度指标 $c_k=14$ kPa，$\varphi_k=10°$。基坑开挖深度为 5.0 m。拟采用水泥土墙支护，水泥土重度为20.0 kN/m³，挡墙宽度为3.0 m，嵌固深度为3.0。根据《建筑基坑支护技术规程》(JGJ 120—2012)计算水泥土墙抗滑移稳定性系数，该值最接近(　　)。

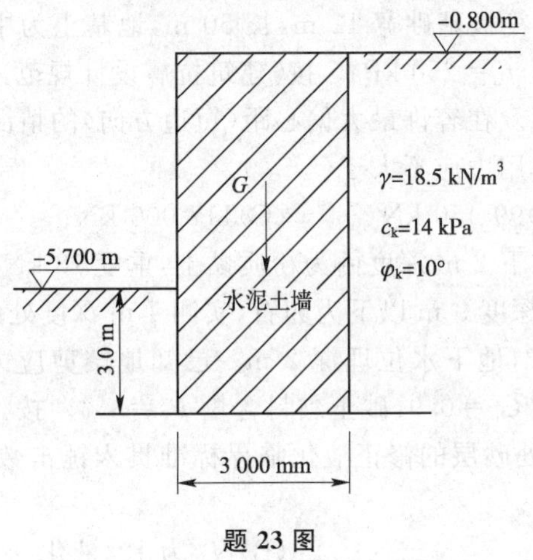

题 23 图

(A)1.0 m　　(B)1.2 m　　(C)1.4 m　　(D)1.6 m

24. 刚性桩穿过厚 20 m 的未充分固结新近填土层，并以填土层的下卧层为桩端持力层，在其他条件相同情况下，(　　)作为桩端持力层时，基桩承受的下拉荷载最大。简述理由。

(A)可塑状黏土　　(B)红黏土　　(C)残积土　　(D)微风化砂岩

25. 某不扰动膨胀土试样在室内试验后得到含水量 W 与竖向线缩率 δ_s 的一组数据见下表，按《膨胀土地区建筑技术规范》(GB 50112—2013)该试样的收缩系数 λ_s 最接近(　　)。

题 25 表

试验次序	含水量 w/(%)	竖向线缩率 δ_s/(%)
1	7.2	6.4
2	12.0	5.8
3	16.1	5.0
4	18.6	4.0
5	22.1	2.6
6	25.1	1.4

(A)0.05　　(B)0.13　　(C)0.20　　(D)0.40

26. 根据泥石流痕迹调查测绘结果，在一弯道处的外侧泥位高程为 1 028 m，内侧泥位高程为 1 025 m，泥面宽度 22 m，弯道中心线曲率半径为 30 m，按《铁路工程不良地质勘察规程》(TB 10027—2012)计算，该弯道处近似的泥石流流速最接近(　　)。

(采用公式：$V_c=\sqrt{\frac{R_0\sigma g}{B}}$。式中：$R_0$ 为曲率半径，σ 为泥位高程差，g 为重力加速度，B 为泥面宽度。)

(A)8.2 m/s　　(B)7.3 m/s　　(C)6.4 m/s　　(D)5.5 m/s

27. 有一岩体边坡，要求垂直开挖。已知岩体有一个最不利的结构面为顺坡方向，与水平方向夹角为 55°，岩体有可能沿此向下滑动，摩擦角 $\varphi_m=20°$。现拟采用预应力锚索进行加固，锚索与水平方向的下倾夹角为 20°。在距坡底 10 m 高处的锚索的自由段设计长度应考虑不小于(　　)。

(注：锚索自由段应超深伸入滑动面以下不小于1.5 m，不考虑支挡结构厚度。)

(A)5 m (B)7.5 m (C)8.5 m (D)9 m

28. 某8层建筑物高24 m，筏板基础宽12 m，长50 m，地基土为中密—密实细砂，深宽修正后的地基承载力特征值 $f_a=250$ kPa。按《建筑抗震设计规范》(GB 50011—2010)验算天然地基抗震竖向承载力。在容许最大偏心距(短边方向)的情况下，按地震作用效应标准组合的建筑物总竖向作用力应不大于(　　)。

(A)76 500 kN (B)99 450 kN (C)117 000 kN (D)195 000 kN

29. 某公路桥梁场地地面以下2 m深度内为粉质黏土，重度18 kN/m³；深度2～9 m为粉砂、细砂，重度20 kN/m³；深度9 m以下为卵石，实测7 m深度处砂层的标贯值为10。场区水平地震系数 k_h 为0.2，地下水位埋深2 m。已知地震剪应力随深度的折减系数 $C_V=0.9$，标贯击数修正系数 $C_n=0.9$，砂土黏料含量 $P_c=3\%$。按《公路工程抗震规范》(JTG B02—2013)，7 m深度处砂层的修正液化临界标准贯入锤击数 N_{cr} 最接近的结果和正确的判别结论应是(　　)。

(A) N_0 为10，不液化 (B) N_0 为10，液化

(C) N_0 为12，液化 (D) N_0 为12，不液化

30. 某人工挖孔嵌岩灌注桩桩长为8 m，其低应变反射波动力测试曲线如下图所示。该桩桩身完整性类别及桩身波速值符合(　　)。

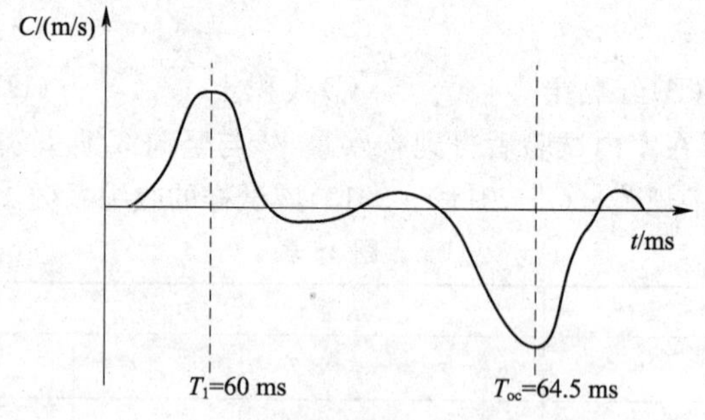

题30图

(A)Ⅰ类桩，C=1 777.8 m/s (B)Ⅱ类桩，C=1 777.8 m/s

(C)Ⅰ类桩，C=3 555.6 m/s (D)Ⅱ类桩，C=3 555.6 m/s

2008年全国注册岩土工程师专业考试试卷参考答案(新解)

专业知识(上午卷)答案

一、单项选择题

1.(D) 《岩土工程勘察规范》(GB 50021—2001)(2009年版)第4.2.12条

2.(B) 《岩土工程勘察规范》(GB 50021—2001)(2009年版)附录A.0.5

3.(B) 本题4个答案都是钻探过程中泥浆的作用,但在砂层中泥浆的主要作用保护孔壁稳定

4.(C) 《水利水电工程地质勘察规范》(GB 50487—2008)第5.3.5条

5.(A) 压缩模量是室内有侧限条件下测得的,变形模量是在现场无侧限条件下得到的,很显然,无侧限条件下的沉降变形大,模量低。$\beta>1$

6.(A) 《工程地质手册》(第四版)319页

7.(A) 《工程地质手册》(第四版)983页

8.(C) 《水运工程岩土勘察规范》(JTS 133—2013)表4.2.9-3

9.(D) 伴生张节理与断层面相交的锐角指向本盘的错动方向,伴生剪节理与断层相交的锐角指向对盘的错动方法,详见《全国注册岩土工程师专业考试培训教材》P1-79

10.(C) 《工程地质手册》(第四版)第1009页

11.(C) 此题隐含的条件是饱和度为100%,黏性土的土粒密度为2.7

12.(C) 《岩土工程勘察规范》(GB 50021—2001)(2009年版)第3.3.6条

13.(B) 级配不连续,颗粒大形成的孔隙大,由于缺少中间粒径,细颗粒很有可能在渗透水流作用下随水流被带走,形成管涌

14.(D)

15.(C)

16.(A) 《全国注册岩土工程师专业考试培训教材》P4-55

17.(B)

18.(D) 《建筑桩基技术规范》(JGJ 94—2008)第3.4.3条

19.(A) 《建筑桩基技术规范》(JGJ 94—2008)第5.4.1条条文说明

20.(A)

21.(C) 《建筑桩基技术规范》(JGJ 94—2008)第3.3.3条

22.(B) 《建筑地基处理技术规范》(JGJ 79—2012)第8.4.2条

23.(D) 此种类型题已出现多次。对于深厚软黏土地基,工后沉降主要来自于复合地基以下未处理软黏土,因此据《建筑地基处理技术规范》(JGJ 79—2012)第7.2.2条第5款及条文说明可知,增加桩长可增加软黏土的变形模量,有效降低沉降量。对于本题,在复合地基承载力基本符合要求的前提下,最有效的方法为(D)选项,即可有效减少工后沉降,又可适当增加复合地基承载力

24.(A) 《建筑地基处理技术规范》(JGJ 79—2012)第6.3.3条及条文说明

25.(A) 减小桩距、增大桩径可以提高置换率,可以提高复合地基承载力。对于刚性桩,

一般情况下，增加桩长可以提高侧摩阻力，提高单桩承载力，从而提高复合地基承载力。但相比较而言，提高置换率比增加桩长效果更好。对(A)选项，提高桩身混凝土强度，则混凝土桩刚度越大，则越不利于桩间土承载力的发挥，因此，对于提高复合地基的承载力有限

26. (B)　《建筑地基处理技术规范》(JGJ 79—2012)第7.7.2条第4款条文说明

27. (C)　据《碾压式土石坝设计规范》(DL/T 5395—2007)第8.3.2条、第8.3.4条、第8.3.6条可知，(C)选项效果最好

28. (D)　《建筑地基处理技术规范》(JGJ 79—2012)第3.0.4条

29. (C)　《建筑地基处理技术规范》(JGJ 79—2012)第B.0.11条

$$f_m=\frac{163+188+197}{3}=182.7\ (\text{kPa})$$

$197-163=34\ (\text{kPa})<0.3\times182.7=54.81\ (\text{kPa})$

故承载力特征值取182.7 kPa

30. (B)

31. (C)

32. 暂无　《碾压式土石坝设计规范》(DL/T 5395—2007)第6.1.5条～第6.1.7条

33. (A)

34. (B)　《碾压式土石坝设计规范》(DL/T 5395—2007)第10.3.2条

35. (C)　安全系数大小关系为：瑞典圆弧法(整体)＜瑞典条分法(简单条分法)＜毕肖普法＜简布法＜二维普赖斯法＜三维普赖斯法

36. (A)　水上水下砂土、砂土与岩坡的内摩擦角也相同，在砂层中滑动面应该是平面(剖面上应为直线)，(A)、(D)之间，(A)成为滑动面的可能性更大

37. (B)

38. (D)　《建筑基桩检测技术规范》(JGJ 106—2014)第7.1.2条、第7.4.1条

39. (C)　《建筑地基处理技术规范》(JGJ 79—2012)第A.0.2条

40. (D)　据《岩土工程勘察规范》(GB 50021—2001)(2009年版)第10.2.6条，基床系数的单位为kN/m^3，基床系数$k_v=mz$，则基床系数的比例系数的单位为kN/m^4

二、多项选择题

41. (A)、(B)、(C)　在走向玫瑰花图中沿半径方向越长，表示在此方向的节理数量越多，详见《全国注册岩土工程师专业考试培训教材》有关节理裂隙的统计

42. (C)、(D)　《岩土工程勘察规范》(GB 50021—2001)(2009年版)附录E

43. (A)、(B)　据《铁路工程不良地质勘察规程》(TB 10027—2012)第12.2节，受拉力作用形成断层，以正断层为主，断层带较宽，线路不能在断裂交叉处通过，线路与断层相遇时最好是大角度与断层相交，断层面与坡向相同时最危险

44. (A)、(D)　《建筑地基基础设计规范》(GB 50007—2011)附录H

45. (A)、(B)、(C)　前期固结压力是指土层在地质历史上所承受过的上覆土层自重压力或其他压力，前期固结压力后的直线斜率为压缩指数，详见《工程地质手册》(第四版)第144页、第145页

46. (A)、(C)　《岩土工程勘察规范》(GB 50021—2001)(2009年版)第10.10.5条

47. (B)、(C)　《岩土工程勘察规范》(GB 50021—2001)(2009年版)第6.2.2条条文说明

48. (B)、(C)

49. 暂无

50.(B)、(D)

51.(A)、(D)

52.(A)、(C)

53.(A)、(B)

54.(A)、(D)　《建筑桩基技术规范》(JGJ 94—2008)第5.3.6条

55.(A)、(B)、(C)　《建筑地基处理技术规范》(JGJ 79—2012)第4.2.1条第7款及条文说明

56.(A)、(B)、(C)　本题可参考《地基处理手册》相关内容。劈裂灌浆是在灌浆压力作用下,向钻孔泵送不同类型的流体,以克服地层的初始应力和抗拉强度,引起岩石或土体结构的破坏和扰动,使地层中原有的孔隙或裂隙扩张,或形成新的裂隙或孔隙,使透水性地基的可灌性和浆液扩散距离大大提高。固结灌浆可以改善岩石力学性能,提高弹性模量,增进整体性和均一性,减少变形和不均匀沉陷,同时,还可以加强帷幕的防渗。在坝基岩体普遍较差,而坝又较高时,往往进行全面灌浆。当基础岩体较好时,只在坝基上下游应力大的部位进行固结灌浆。对裂缝发育,岩体破碎和泥化夹层集中的地区要着重进行固结灌浆。压密灌浆是通过钻孔向土层中压入浓浆,随着土体的压密和浆液的挤入,将在压浆点周围形成灯泡形空间,并因浆液的挤压作用而产生辐射状上抬力,从而引起地层局部隆起,许多工程利用这一原理纠正了地面建筑物的不均匀沉降

57.(B)、(C)　据《建筑地基处理技术规范》(JGJ 79—2012)第6.5.1条第1款可知,强夯置换墩应穿透软土层,到达较硬土层上,深度不宜超过10 m,故(A)不可行。由第7.2.1条第1款,砂石桩因其沉降难以精确控制,不适用于高速公路等对沉降要求严格的工程,故(D)不适合。(B)、(C)是处理饱和软土地基常用的地基加固方法

58.(A)、(B)、(D)　参考《地基处理手册》相关内容。对于含水率很高的软土,应用砂井容易产生缩颈、断颈、错位等现象。而对于本题的填料不密实不属于质量事故,属于普通的质量问题,一般事故是指产生较严重后果

59.(A)、(D)　《建筑地基处理技术规范》(JGJ 79—2012)第5.4.2条、第5.4.3条

60.(A)、(D)　参考《地基处理手册》相关内容。电渗法是在地基中插入金属电极并通以直流电,土中自由水和弱结合水因分子自身的极性不同,在直流电场作用下向阴极移动并排出,使土中含水量减少,地基得到固结压密,强度提高。电渗法是在总应力不变的情况下,增大有效应力,产生固结沉降,是排水固结法的一种。其电渗透系数与土颗粒的大小、土孔隙大小无关,是带正电的水分子的移动,目前尚无相关文献比较电渗透系数与水力渗透的大小。电渗法主要适用于渗透系数小于10^{-6} cm/s的细颗粒土

61.(D)　对(A)选项,水泥土桩体模量提高对复合地基沉降量减小作用不明显,更好的方法是增加桩长及提高置换率。对(B)、(D)选项,水泥土桩体强度提高,但在软土地基中状体承载力一般由侧摩阻力提供,因此对提高复合地基承载力作用有限。对(C)选项,由于劲性水泥土桩的外层仍是水泥土,所以本桩型不能解决普通水泥土桩不适用的问题

62.(A)、(D)　《生活垃圾卫生填埋处理技术规范》(GB 50869—2013)图8.2.4

63.(A)、(B)　简布非圆弧滑裂面

64.(B)、(D)　水位下降形成向坡外的渗流力对边坡稳定性不利,连续降雨,雨水沿夹层面产生渗流对边坡稳定不利

65.(A)、(B)　《铁路路基设计规范》(TB 10001—2005)第7.3.1条

66.(A)、(D)　《全国注册岩土工程师专业考试培训教材》P5-136

67.(C)、(D)　压实系数为控制干密度与最大干密度之比,即现场的控制压实密度与试验

室中击实试验最大干密度的之比。实验室采用的是轻型击实设备，如果测定的最大干密度偏小，其压实系数可能偏大。灰土密度小，当灰土含量越大，控制干密度偏小，造成压实系数偏大，同理，石渣密度较大，当石渣含量偏大时，压实系数也可能偏大

68.(B)、(C)、(D)　在桩身不同位置预埋设测力装置，可得到不同位置处的桩身轴向力，就可算出不同位置间摩阻力、端阻力和中性点位置

69.(B)、(C)

70.(A)、(C)、(D)

专业知识(下午卷)答案

一、单项选择题

1.(B)　《建筑结构荷载规范》(GB 50009—2012)第2.1.6条

2.(D)　《工程结构可靠性设计统一标准》(GB 50153—2008)第2.1.22条、第3.2.1条

3.(A)　《工程结构可靠性设计统一标准》(GB 50153—2008)第2.1.5条、第2.1.49条、第3.4.1条

4.(A)

5.(A)　《建筑地基基础设计规范》(GB 50007—2011)第5.2.4条

6.(C)　《建筑地基基础设计规范》(GB 50007—2011)附录H.0.10条

7.(D)　《铁路桥涵地基和基础设计规范》(TB 10002.5—2005)第5.1.2条

8.(D)　《建筑地基基础设计规范》(GB 50007—2011)第5.2.4条、第5.2.6条

9.(C)

10.(C)

11.(A)　《建筑基坑支护技术规程》(JGJ 120—2012)附录A

12.(D)

13.(C)

14.(A)

15.(A)　《建筑基坑支护技术规程》(JGJ 120—2012)第4.2.1条

16.(D)

17.(C)　据《工程地质手册》(第四版)第501页，硫酸盐渍土具有胀缩性，对路基危害较大

18.(C)　抽取地下水不会引起基岩内部溶洞的坍塌，(D)选项的破坏与降水无关，(B)、(C)选项二者中因地下水下降使覆盖层中土洞上边的土层失去支撑或真空吸蚀而产生坍塌的可能性最大

19.(C)

20.(D)　《建筑地基基础设计规范》(GB 50007—2011)第7.4.4条

21.(B)

22.(B)　《膨胀土地区建筑技术规范》(GB 50112—2013)第5.5.4条、第5.7.2条、第5.7.4条

23.(C)　《湿陷性黄土地区建筑规范》(GB 50025—2004)表6.3.6

24.(A)　黄土的湿陷性、软土的灵敏度和多年冻土的融沉等级试验，要保持土的结构，必须使用原状土样，而膨胀土的自由膨胀率可用扰动土样

25.(C)　《岩土工程勘察规范》(GB 50021—2001)(2009年版)第5.1.5条

26.(A)　此题与地质灾害危险性评估的概念、内容、等级有关。详见《工程地质手册》(第四版)第605页～第607页

27.(A)　《湿陷性黄土地区建筑规范》(GB 50025—2004)第4.3.4条

28.(C)　《公路路基设计规范》(JTG D30—2015)第7.3.2条

29.(C)　据《中国地震动参数区划图》(GB 18306—2015)附录G,(A)正确。据第8.2条,(B)正确。据第3.9条,(D)正确。地震影响系数最大值可通过《建筑抗震设计规范》(GB 50011—2010)确定,(C)错误

30.(A)　《建筑抗震设计规范》(GB 50011—2010)第4.1.6条、第5.1.4条

31.(B)　参照《土力学》(第三版),土特别是饱和松散砂土、粉土,在振动荷载作用下,土中超孔隙水压力逐渐积累,有效应力降低,当孔隙水压力累积至总应力时,有效应力为零,土粒处于悬浮状态,表现出类似于水的性质而完全丧失其抗剪强度,这种现象称为“土的振动液化”。喷砂冒水是砂土液化的典型现象。(A)正确,(B)错误。由《建筑抗震设计规范》(GB 50011—2010)第4.3.6条、4.3.10条可知,(C)、(D)正确

32.(D)　《建筑抗震设计规范》(GB 50011—2010)第4.4节

33.(D)　《水工建筑物抗震设计规范》(DL 5073—2000)第3.1.2条、第3.1.3条、第4.3.6条

34.(B)　《公路工程抗震规范》(JTG B02—2013)中桥梁抗震设计已不采用动力放大系数,而采用设计加速度反应谱。按89规范第4.2.3条,答案为(B)

35.(C)

36.(B)

37.(B)

38.(A)

39.(C)

40.(B)

二、多项选择题

41.(A)、(D)　《建筑结构荷载规范》(GB 50009—2012)第3.1.1条

42.(B)、(D)　《建筑结构荷载规范》(GB 50009—2012)第3.2.7条

43.(B)、(D)　《建筑结构荷载规范》(GB 50009—2012)第4.3.1条

44.(A)、(B)、(D)　《建筑地基基础设计规范》(GB 50007—2011)第5.2.4条

45.(B)、(C)　《岩土工程勘察规范》(GB 50021—2001)(2009年版)第10.10.5条

46.(A)、(B)　《建筑地基基础设计规范》(GB 50007—2011)第5.2.5条

47.(A)、(B)、(D)　《港口工程地基规范》(JTS 147—1—2010)第5.4.1条

48.(A)、(B)、(C)　《建筑地基基础设计规范》(GB 50007—2011)第5.3.5条条文说明

49.(A)、(C)

50.(A)、(B)、(D)

51.(B)、(D)

52.(B)、(D)

53.(A)、(B)

54.(B)、(D)　有的盐渍土浸水后,需要在一定的压力作用下,才会产生溶陷;硫酸盐渍土具有较强的腐蚀性,当硫酸盐含量超过1%时,就对混凝土产生有害影响,氯盐渍土具有一定腐蚀性,当氯盐含量大于4%时,对混凝土产生不利影响;起始冻结温度随溶液浓度的增加而降低等。详见《工程地质手册》(第四版)第502页、第503页

55.(A)、(B)、(D) 当采空区距离地表越远，地表越稳定，预留保安柱和充填处理对巷道的支撑并减少其变形空间，有利于减少变形。详见《工程地质手册》(第四版)第569页、第573页

56.(A)、(D)

57.(B)、(C)、(D) 据《工程地质手册》(第四版)第497页，保持冻结状态的设计包括4条，(B)、(C)、(D)是其中3条

58.(A)、(B) 《岩土工程勘察规范》(GB 50021—2001)(2009年版)第6.2.1条、第6.2.2条及条文说明

59.(C)、(D) 《膨胀土地区建筑技术规范》(GB 50112—2013)第8.5节

60.(A)、(C)、(D) 涵洞很容易被泥石流填满，线路将受到泥石流的影响

61.(A)、(C) 据《建筑抗震设计规范》(GB 50011—2010)第5.1.4条、第5.1.5条、第5.2.1条，(A)、(C)正确，(D)错误。由《中国地震动参数区划图》(GB 18306—2015)第3.4条可知，地震动峰值加速度是对应于规准化地震动加速度反应谱最大值的水平加速度，故(B)错误

62.(B)、(C) 《建筑抗震设计规范》(GB 50011—2010)第4.1.2条、4.1.6条

63.(C)、(D) 《水工建筑物抗震设计规范》(DL 5037—2000)第5.2.2条、第5.2.4条

64.(B)、(D) 《水工建筑物抗震设计规范》(DL 5037—2000)第4.1.2条、第4.1.4条、第4.1.8条

65.(B)、(C) 据《建筑抗震设计规范》(GB 50011—2010)第4.1.2条、第4.1.5条、表5.1.4-2可知，(A)、(D)错误，(B)正确。当在花岗岩区有风化岩壳时，会经常出现等效剪切波速大于500 m/s，此时岩壳不能作为孤石、透镜体处理，故(C)正确。

66.(A)、(C)、(D) 《公路工程抗震规范》(JTG B02—2013)第3.6.2条

67.(A)、(B)

68.(A)、(C)

69.(A)、(B)

70.(B)、(D)

专业案例(上午卷)答案

1. [**答案**](C)

[**解析**]据《湿陷性黄土地区建筑规范》(GB 50025—2004)第4.3.3条、第4.3.4条，计算如下：

$$\delta_Z=\frac{19.21-18.83}{20}=0.019$$

$$\delta_s=\frac{18.92-18.5}{20}=0.021$$

答案(C)正确。

2. [**答案**](A)

[**解析**]走向为NW345°，倾向为NE75°，ab线与cd线水平距离为100 m，垂直高差为

$\Delta h=200-150=50(\text{m})$

倾角α为

$$\tan\alpha=\frac{\Delta h}{\Delta l}=\frac{50}{100}=0.5$$

$\alpha=26.6°\approx27°$

答案(A)正确。

3. [**答案**](B)

[**解析**]$k=\dfrac{0.732Q}{(2H-S_1-S_2)(S_1-S_2)}\lg\dfrac{r_2}{r_1}$

$$k_1=\frac{0.732\times1\,490}{(2\times15.8-2.2-1.8)\times(2.2-1.8)}\times\lg\frac{20.5}{10.6}=27.4(\text{m/d})$$

$$k_2=\frac{0.732\times1\,218}{(2\times15.8-1.8-1.5)\times(1.8-1.5)}\times\lg\frac{20.5}{10.6}=30.1(\text{m/d})$$

$$k_3=\frac{0.732\times817}{(2\times15.8-0.9-0.7)\times(0.9-0.7)}\times\lg\frac{20.5}{10.6}=28.5(\text{m/d})$$

$$k=\frac{1}{3}(k_1+k_2+k_3)=\frac{1}{3}\times(27.4+30.1+28.5)=28.4(\text{m/d})$$

答案(B)正确。

4. [**答案**](C)

[**解析**]$P_f=210$ kPa,$P_{0m}=60$ kPa,$P_0\approx30$ kPa,$q_k=P_f-P_0=210-30=180$(kPa)

答案(C)正确。

5. [**答案**](C)

[**解析**]设 $b<3$ m,查得 $\eta_b=0.5$,$\eta_d=2.0$

$f_a=f_{ak}+\eta_b\gamma(b-3)+\eta_d\gamma_m(d-0.5)$

$350=f_{ak}+0+2\times19\times(5-0.5)$

$f_{ak}=179$ kPa

埋深为 2.0 m 时的承载力特征值 f_a' 为:

$f_a'=f_{ak}+\eta_d\gamma_m(d-0.5)=179+2\times19\times(2-0.5)=236$(kPa)

$$b=\frac{F}{f_a'-\gamma d}=\frac{260}{236-20\times2}=1.33$$

答案(C)正确。

6. [**答案**](C)

[**解析**]解法一:据《公路桥涵地基与基础设计规范》(JTG D63—2007)第 4.3.4 条及第 M.0.2 条计算条形基础

$$\frac{Z}{b}=\frac{24}{30}$$

查 M.0.2 表,得 $\bar{\alpha}=0.86$,桥台处只有一半路基荷载

$$\bar{\alpha}\times\frac{1}{2}=\frac{1}{2}\times0.86=0.43$$

$$S=\Psi_s\sum\frac{P_0}{E_{si}}(Z_i\bar{\alpha}_i-Z_{i-1}\bar{\alpha}_{i-1})$$

$$=1.2\times\frac{120}{6\times10^3}\times(24\times0.43-0\times0.5)$$

$$=0.247\,9(\text{m})=247.9(\text{mm})$$

解法二:

条形基础,$\dfrac{Z}{b}=\dfrac{24}{15}=1.6$

查得 $\bar{\alpha}_i = 2 \times 0.215\,2 = 0.4304$

$$S = \Psi_s \sum \frac{P_0}{E_{si}}(Z_i \bar{\alpha}_i - Z_{i-1} \bar{\alpha}_{i-1})$$

$$= 1.2 \times \frac{120}{6 \times 10^3} \times (24 \times 0.430\,4 - 0 \times 0.5)$$

$$= 0.247\,9(\text{m}) = 247.9(\text{mm})$$

答案(C)正确。

7. [**答案**](A)

[**解析**]$\sigma' = \sigma - u = 20 \times (1+3+1) + 18 \times 2 - 10 \times 7 = 66(\text{kPa})$

答案(A)正确。

8. [**答案**](B)

[**解析**] $z_1 \bar{\alpha}_1 = 2 \times 0.938\,5 = 1.88$

$z_2 \bar{\alpha}_2 = 4.5 \times 0.573\,7 = 2.58$

$$\bar{E}_s = \frac{\sum A_i}{\sum \frac{A_i}{E_{si}}} = \frac{(1.88-0)+(2.58-1.88)}{\frac{1.88-0}{10}+\frac{2.58-1.88}{1.8}} = 11.37(\text{MPa})$$

答案(B)正确。

9. [**答案**](B)

[**解析**]$P_{kmax} + P_{kmin} = 2P_k$

$280 + P_{kmin} = 2 \times 170$

$P_{kmin} = 60$

$$P_{kmax} - P_{kmin} = \frac{2M_k}{W}$$

$$280 - 60 = 2 \times \frac{M_k}{1 \times 3^2/6}$$

$M_k = 165$

$M_k = Ne = P_k be = 165$

$170 \times 3 \times e = 165$

$e = 0.323\,5$ m

答案(B)正确。

10. [**答案**](C)

[**解析**](1)考虑刚性基础的扩展角： 假定 $P_k \leqslant 200$ kPa，则 $\tan\alpha = 1:1$

$$H_0 \geqslant \frac{b-b_0}{2\tan\alpha} = \frac{2-0.4}{2 \times (1/1)} = 0.8$$

$$P_k = \frac{F+G}{A} = \frac{570 + 2 \times 2 \times 0.8 \times 20}{2 \times 2} = 158.5(\text{kPa}) < 200\ \text{kPa}$$，成立。

(2)考虑承载力的要求，$\eta_b = 0.5$，$\eta_d = 2.0$

$$P_k = \frac{F+G}{A} = \frac{570 + d \times 2 \times 2 \times 20}{2 \times 2}$$

$f_a = f_{ak} + \eta_b \gamma (b-3) + \eta_d \gamma_m (d-0.5) = 150 + 0 + 2 \times 20 \times (d-0.5)$

$P_k = f_a$，则得到 $d = 0.625$，取基础埋深较大值，$d = 0.8$。

答案(C)正确。

11. [答案](B)

[解析]$N_{max}=\frac{F+G}{n}+\frac{M_x Y_i}{\sum Y_i^2}=\frac{5\ 000+0}{4}+\frac{5\ 000\times 0.1\times 1.2}{1.2^2\times 4}=1\ 354.17(kN)$

$M_y=\sum N_i Y_i=2\times 1\ 354.17\times(1.2-0.4)=2\ 166.67(kN\cdot m)$

答案(B)正确。

12. [答案](A)

[解析]解法一:据受力分析计算如下:

设地表处井壁外侧摩阻力为 P_{max},则

$10\pi dP_{max}\times\frac{1}{2}=1\ 800$

$P_{max}=(2\times 1\ 800)/[10\times 3.14\times(5.2+2\times 0.4)]=19.1(kPa)$

地面以下 5 m 处的摩擦力 P' 为:$\frac{P'}{5}=\frac{P_{max}}{10}$,则

$P'=\frac{1}{2}P_{max}=\frac{1}{2}\times 19.1=9.55(kPa)$

地面以下 5～10 m 的摩擦力的合力

$P=\frac{1}{2}P'\pi d\times 5=\frac{1}{2}\times 9.55\times 3.14\times(5.2+2\times 0.4)\times 5=449.805(kN)$

地表 5 m 以下沉井自重

$G'=\frac{5}{12}\times G=\frac{5}{12}\times 1\ 800=750(kN)$

井壁拉力为

$T=750-449.8=300.2(kN)$

解法二:$P=\frac{1}{4}G_0=\frac{1}{4}\times 1\ 800=450(kN)$

$T=G'-P=\frac{5}{12}\times 1\ 800-450=300(kN)$

答案(A)正确。

13. [答案](A)

[解析]据《铁路桥涵地基和基础设计规范》(TB 10002.5—2005)附录 E 计算如下:

$$A=\left(2\times 2.4+0.8+2\times 40\times\tan\frac{24^\circ}{4}\right)\times\left(2.4+0.8+2\times 40\times\tan\frac{24^\circ}{4}\right)$$

$$=14.01\times 11.61=162.6(m^2)$$

$N=A(l+d)r_m+F=162.4\times(40+2)\times 10+6\ 000=74\ 208(kN)$

$$\frac{N}{A}+\frac{M}{W}=\frac{74\ 208}{162.6}+\frac{2\ 000\times 6}{11.61\times 14.01^2}=461.65(kPa)$$

答案(A)正确。

14. [答案](B)

[解析]据《港口工程地基规范》(JTS 147-1—2010)第 8.3.8 条

$$U_{rz}=\sum_{i=1}^{m}U_{rzi}\left(t-\frac{t_i^0+t_i^1}{2}\right)\frac{S_i}{\sum S_i}=\sum_{i=1}^{m}U_{rzi}\frac{P_i}{\sum P_i}$$

$$U_{80}=\frac{P_1}{\sum p}U_{1\ 80}+\frac{P_2}{\sum p}U_{2\ 60}+\frac{P_3}{\sum p}U_{3\ 40}$$

$$=\frac{30}{120}\times 89.2+\frac{30}{120}\times 82.1+\frac{60}{120}\times 70.6=78.125$$

$$U_{120}=\frac{P_1}{\sum P}U_{1\ 120}+\frac{P_2}{\sum P}U_{2\ 100}+\frac{P_3}{\sum P}U_{3\ 60}$$

$$=\frac{30}{120}\times 96+\frac{30}{120}\times 93.4+\frac{60}{120}\times 89.2=91.95$$

$$\frac{U_{120}}{S_{120}}=\frac{U_{80}}{S_{80}}$$

$$S_{120}=\frac{U_{120}}{U_{80}}S_{80}=\frac{91.95}{78.125}\times 120=141.24(\mathrm{cm})$$

答案(B)正确。

15. [**答案**](C)

[**解析**]地基在 120 kPa 时的最终沉降量 S 为：

$$S=\frac{120}{0.8}=150(\mathrm{cm})$$

工后沉降量 S' 为：

$$S'=150-120+12=42(\mathrm{cm})$$

答案(C)正确。

16. [**答案**](B)

[**解析**]据《建筑地基处理技术规范》(JGJ 79—2012)第 7.1.5 条和第 7.3.3 条计算如下。

(1)确定单桩承载力：

$$R_a=\eta f_{cu}A_P=0.25\times 2\,400\times\frac{\pi}{4}\times 0.5^2=117.75(\mathrm{kN})$$

$$R_a=U_P\sum Q_{si}l_i+\alpha q_P A_P=0.5\times 3.14\times 9\times 12+0.5\times 70\times\frac{3.14}{4}\times 0.5^2$$
$$=176.4(\mathrm{kN})$$

取 $R_a=117.75$ kN。

(2)计算面积置换率：

$$f_{spk}=\lambda m\frac{R_a}{A_P}+\beta(1-m)f_{sk}$$

$$m=\frac{f_{spk}-\beta f_{sk}}{\frac{\lambda R_a}{A_P}-\beta f_{sk}}\times 100\%=\frac{150-0.75\times 70}{\frac{117.75}{0.196\,25}-0.75\times 70}\times 100\%=17.8\%$$

答案(B)正确。

17. [**答案**](C)

[**解析**]据《建筑基坑支护技术规程》(JGJ 120—2012)第 3.4.2 条计算如下。

$$P_{a2}{}^{上}=r_1h_1k_{a2}=18\times 2\times\tan^2\left(45^\circ-\frac{31^\circ}{2}\right)=11.5$$

$$P_{a2}{}^{下}=(r_1h_1+r_2h_2)K_{a2}=(18\times 2+19\times 4)\times\tan^2\left(45^\circ-\frac{31^\circ}{2}\right)=35.84$$

$$E_{a2}=\frac{1}{2}(P_{a2}{}^{上}+P_{aZ}{}^{下})h_2=\frac{1}{2}\times(11.5+35.84)\times 4=94.68(\mathrm{kN})$$

答案(C)正确。

18. [**答案**](C)

[**解析**]据土压力理论及挡墙理论计算。

解法一：$K_a=\tan^2\left(45°-\frac{30°}{2}\right)=\frac{1}{3}$

$E_{a1}=0.5\times18\times4^2\times\frac{1}{3}=48(\text{kN})$

$E_{a2}=18\times4\times3\times\frac{1}{3}=72(\text{kN})$

$E_{a3}=0.5\times10\times3^2\times\frac{1}{3}=15(\text{kN})$

$E_a=E_{a1}+E_{a2}+E_{a3}=135(\text{kN})$

墙重：$W=0.5\times[(1+2.714)\times4\times25+(2.714+4)\times3\times15]=337$

$K=337\times\frac{0.58}{135}=1.45$

解法二：$E_a=135$ kN，墙前水压力合力为 P_W

$L=\frac{3}{7}\times\sqrt{3^2+7^2}=3.264$

$H=\frac{3}{7}\times3=1.286$

$P_W=\frac{1}{2}\gamma_w H_2 L=\frac{1}{2}\times10\times3\times3.264=48.96(\text{kN})$

$P_{W水平}=48.96\times\frac{3}{3.264}=45.919(\text{kN})$

$P_{W垂直}=48.96\times\frac{1.286}{3.264}=19.29(\text{kN})$

$W=\frac{1}{2}\times(1+4)\times7\times25+19.29-3\times10\times4=336.79$

$K=336.79\times\frac{0.58}{135}=1.45$

答案(C)正确。

19. [**答案**](D)

[**解析**]据《土工合成材料应用技术规范》(GB 50290—2014)第7.5.3条计算如下：

$M_0=250\times6.5=1\,625$

$D=7.2-\frac{5}{3}=5.533$

$T_S=(F_{sr}-F_{su})\frac{M_0}{D}=(1.3-0.8)\times\frac{1\,625}{5.533}=147(\text{kN/m})$

$n=\frac{147}{19}=7.7$(层)≈8 层

答案(D)正确。

20. [**答案**](A)

[**解析**]解法一(专家给出的解法)：据水力学公式计算，得：

水力半径 $R=\frac{W}{\rho}=\frac{2}{4.1}=0.488(\text{m})<1.0\ \text{m}$

流速系数 $C=\frac{1}{n}R^{1.5\sqrt{n}}=\frac{1}{0.025}\times0.488^{1.5\times\sqrt{0.025}}=33.74$

流速 $U=C\sqrt{Ri}=33.74\times\sqrt{0.488\times0.005}=1.67(\text{m/s})$

解法二：据《水力学》(华北水利学院编)，得：

$$R=\frac{A}{X}=\frac{2}{4.1}=0.488(\text{m})$$

$$V=\frac{1}{n}R^{\frac{2}{3}}2^{\frac{1}{2}}=\frac{1}{0.025}\times0.488^{\frac{2}{3}}\times0.005^{\frac{1}{2}}=1.75(\text{m/s})$$

答案(A)正确。

21. [**答案**](A)

[**解析**]据《建筑基坑支护技术规程》(JGJ 120—2012)第3.4.2条、第5.2.2条、第5.2.3条计算：

(1)由于基坑垂直，所以主动土压力折减系数 ξ 取1。

(2)主动土压力强度为：

$$P_{\text{ak}}=\sigma_{\text{ak}}k_{\text{ai}}-2c\sqrt{k_{\text{ai}}}=19\times9.6\times\tan^2(45°-20°/2)-2\times15\times\tan(45°-20°/2)=68.4(\text{kPa})$$

(3)单根土钉轴向拉力的标准值为：

$$N_{\text{kj}}=\frac{1}{\cos\alpha_j}\xi\eta_jP_{\text{ak}}S_{\text{xj}}S_{\text{yj}}=\frac{1}{\cos15°}\times1\times0.9\times68.4\times1.2\times1.2=91.77(\text{kN})$$

答案(A)正确。

22. [**答案**](C)

[**解析**]据成层土中水压力理论计算如下：

$$P_{\text{w顶}}=\gamma_{\text{w}}h_1=10\times3=30(\text{kPa})$$

$$P_{\text{w底}}=\gamma_{\text{w}}h_1+R_{\text{w}}h_2=10\times3+10\times5=80(\text{kPa})$$

$$P_{\text{w}}=\frac{1}{2}(P_{\text{w顶}}+P_{\text{w底}})h_2=\frac{1}{2}\times(30+80)\times5=275(\text{kN/m})$$

答案(C)正确。

23. [**答案**](B)

[**解析**]据《建筑基支护技术规程》(JGJ 120—2012)第C.0.1条计算

$$\frac{D\gamma}{h_{\text{w}}\gamma_{\text{w}}}\geqslant K_h\Rightarrow\frac{D\gamma}{(9-\Delta h)\gamma_{\text{w}}}\geqslant K_{\text{h}}\Rightarrow\frac{4\times19}{(9-\Delta h)\times10}\geqslant1.1$$

解得：$\Delta h\geqslant2.1\text{m}$

答案(B)正确。

24. [**答案**](A)

[**解析**]据《全国注册岩土工程师专业考试培训教材》相关内容计算如下：

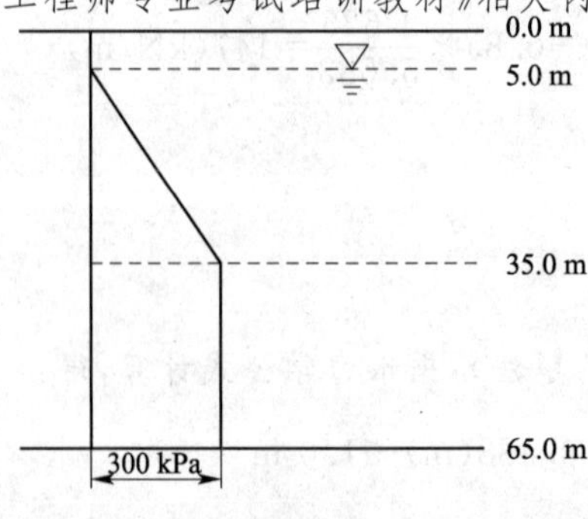

题24解图

$S_i=\frac{\Delta P_i}{E_{si}}H_i$

$1\,250=\frac{10\times30\times10^{-3}\times0.5}{E_s}\times30\times10^3+\frac{10\times30\times10^{-3}}{E_s}\times30\times10^3$

$E_s=10.8$ MPa

答案(A)正确。

25. [**答案**](C)

[**解析**]据《岩土工程勘察规范》(GB 50021—2001)(2009年版)第6.1.5条、第6.1.6条计算如下：

$\frac{\Delta F_{s\text{imin}}}{b}=\frac{5.4}{70.7}=0.077>0.025$

$\Delta s=\sum\beta\Delta F_{si}H_i=0.014\times(6.4+8.8+5.4)\times250=72.1(\text{cm})$

$\Delta s=72.1\ \text{cm}>60\ \text{cm}$

土层厚度大于3.0 m,为Ⅲ级。

答案(C)正确。

26. [**答案**](A)

[**解析**]据《铁路工程不良地质勘察规程》(TB 10027—2012)第A.0.2条计算如下：

$V=\frac{1}{2}\gamma_W h_W^2=\frac{1}{2}\times10\times8^2=320(\text{kN})$

下滑力为 $T=W\sin\beta+V\cos\beta=1\,500\times\sin30^\circ+320\times\cos30^\circ=1\,027(\text{kN/m})$

答案(A)正确。

27. [**答案**](B)

[**解析**]据《建筑抗震设计规范》(GB 50011—2010)第5.1.4条、第5.1.5条计算如下：

$T_g=0.35, T_g<T<5T_g, \alpha_{max}=0.12$

$\alpha=\left(\frac{T_g}{T}\right)^\gamma\eta_2\alpha_{max}=\left(\frac{0.35}{0.4}\right)^{0.9}\times1\times0.12=0.106$

答案(B)正确。

28. [**答案**](A)

[**解析**]据《建筑抗震设计规范》(GB 50011—2010)第4.1节：

(1) 覆盖层厚度为30 m,取V_{se}计算深度为20 m;

(2) 除①③层为软弱之外,20 m范围内均为中软土,V_{se}应在140～250 m/s之间；

(3) 场地应为Ⅱ类。

答案(A)正确。

29. [**答案**](C)

[**解析**]$d_0=7.0$ m

(A):$d_u=6$ m,$d_0+d_b-2=7+2-2=7(\text{m})$,$d_W=5$ m($d_b<2$ m时,取2 m)

$d_0+d_b-3=6(\text{m})$,$d_u+d_W=11$ m

$1.5d_0+2d_b-4.5=1.5\times7+2\times2-4.5=10(\text{m})$

$d_u+d_W>1.5d_0+2d_b-4.5$ m

成立,可不考虑地震影响。

(B):$d_u=5$ m;$d_0+d_b-2=7(\text{m})$,$d_W=5.5$ m

$d_0+d_b-3=6(\text{m})$,$d_u+d_W=10.5$ m

$1.5d_0+2d_b-4.5=1.5\times7+2\times2-4.5=10(\text{m})$

$d_u + d_W > 1.5d_0 + 2d_b - 4.5$ m

成立，可不考虑地震影响。

(C)：$d_u = 4.0$ m，$d_0 + d_b - 2 = 7$(m)，$d_W = 5.5$ m；$d_0 + d_b - 3 = 6$(m)($d_b < 2$ m 时，取 2 m)

$d_u + d_W = 9.5$ m，$1.5d_0 + 2d_b - 4.5 = 1.5 \times 7 + 2 \times 1.5 - 4.5 = 10$(m)

三个不等式均不成立，需考虑液化影响，同时可验证，(D)也可不考虑液化影响。答案(C)正确。

30. [**答案**](A)

[**解析**]据《建筑基桩检测技术规范》(JGJ 106—2014)第 7.6.1 条计算如下：

$$P_{m1} = \frac{1}{3} \times (45.4 + 44.9 + 46.1) = 45.5 (\text{MPa})$$

$$P_{m2} = \frac{1}{3} \times (42.8 + 43.1 + 41.8) = 42.6 (\text{MPa})$$

$$P_{m3} = \frac{1}{3} \times (40.9 + 41.2 + 42.8) = 41.6 (\text{MPa})$$

答案(A)正确。

专业案例(下午卷)答案

1. [**答案**](D)

[**解析**]据《岩土工程勘察规范》(GB 50021—2001)(2009 年版)第 10.8.3 条计算如下：

$$K_D = (P_0 - U_0)/\sigma_{V_0}$$

$$P_0 = 1.05(A - Z_m + \Delta A) - 0.05(B - Z_m - \Delta B)$$

$$= 1.05 \times (70 - 5 + 10) - 0.05 \times (220 - 5 - 65)$$

$$= 71.25 (\text{kPa})$$

$$U_0 = r_w h_w = 10 \times 6 = 60 (\text{kPa})$$

$$\sigma_{V_0} = \sum r_i h_i = 18.5 \times 2 + 8.5 \times 6 = 88$$

$$K_D = (71.25 - 60)/88 = 0.1278$$

答案(D)正确。

2. [**答案**](D)

[**解析**]据《岩土工程勘察规范》(GB 50021—2001)(2009 年版)第 3.3.4 条、第 3.3.10 条及物理指标间的换算公式计算如下：

$I_p = W_L - W_P = 21 - 12 = 9 < 10$，土为粉土；$20 < W = 23 < 30$，湿度分类为湿。

据此即可判定答案(D)正确。

另外

$$e = \frac{G_s \rho_W (1 + 0.01W)}{\rho} - 1 = \frac{2.70 \times 10 \times (1 + 0.01 \times 23)}{19.5} - 1 = 0.703$$

粉土为密实粉土。

答案(D)正确。

3. [**答案**](C)

[**解析**]$3.2 + 4.1 \times 8 + 0.55 - 6.5 - 2.45 = 27.6$(m)，$27.6 - 0.3 = 27.3$(m)

$N_{63.5} = 7 + 8 + 9 = 24$

答案(C)正确。

4. [**答案**](B)

[**解析**]据《铁路路基设计规范》(TB 10001—2005)第 2.0.7 条计算如下：

$$\frac{1.3695-1.0985}{1.25-1.0985}=\frac{0.05-0.04}{P-0.04}$$

$P=0.04559$

$$K_{30}=\frac{P}{0.00125}=\frac{0.04559}{0.00125}=36.472(\mathrm{MPa/m^3})$$

答案(B)正确。

5. [**答案**](A)

[**解析**]据《建筑地基基础设计规范》(GB 50007—2011)第 5.2.7 条计算如下：

$\frac{E_{s1}}{E_{s2}}=\frac{12}{4}=3$，$\frac{z}{b}=\frac{2}{2}=1>0.5$，取 $\theta=23°$，则

$$P_z=\frac{b(P_k-P_c)}{b+2z\tan\theta}=\frac{2\times[200-(1\times20+1.5\times10)]}{2+2\times2\times\tan 23°}=89.24(\mathrm{kPa})$$

答案(A)正确。

6. [**答案**](D)

[**解析**]压实填土　$\eta_b=0, \eta_d=1.0$

$$f_a=f_{ak}+\eta\gamma(b-3)+\eta_d\gamma_m(d-0.5)=160+0+1\times19\times(2-0.5)=188.5(\mathrm{kPa})$$

$$P_k=\frac{F_k+G_k}{b}=\frac{240+2\times1\times19\times b}{b}=f_a=188.5\ \mathrm{kPa},\qquad b=1.6\ \mathrm{m}$$

砖基础宽高比为 1∶1.5

$$h_0\geqslant\frac{b-b_0}{2\tan\alpha}=\frac{1.6-0.24}{2\times\frac{1}{1.5}}=1.02(\mathrm{m})$$

答案(D)正确。

7. [**答案**](A)

[**解析**]解法一：据《建筑地基基础设计规范》(GB 50007—2011)第 5.2.7 条计算如下：

$\frac{E_{s1}}{E_{s2}}=\frac{12}{4}=3, \frac{z}{b}=\frac{5}{25}=0.2<0.25$

θ 取 $0°$，$f_{az}=f_{ak}+\eta_d\gamma_m(d-0.5)=80+1.0\times19\times(5-0.5)=165.5(\mathrm{kPa})$

设路堤高度为 H，则

$$P_z=\frac{b(P_k-P_c)}{b+2z\tan\theta}=P_k=20H$$

$P_{cz}=\gamma h=19\times5, 20H+19\times5=165.5, H=3.525$

解法二：据《公路桥涵地基与基础设计规范》(JTG D63—2007)第 3.3.5 条计算如下：

$[f_a]=[f_{a0}]+\gamma_2 h=80+19\times5=175(\mathrm{kPa})$

$20H+19\times5=175, H=4.0\ \mathrm{m}$

答案(A)正确。

8. [**答案**](D)

[**解析**]据《建筑地基基础设计规范》(GB 50007—2011)第 5.3.5 条计算如下：

$P_0=300-(4\times20+6\times10)=160(\mathrm{kPa})$

$\frac{L}{B}=1.0,\frac{Z_{i-1}}{b}=\frac{7}{20}=0.35$

$\bar{\alpha}_{i-1}=0.2480\times4$

$\frac{z_i}{b}=\frac{8}{20}=0.4$

$\bar{\alpha}_i=0.2474\times4$

$$\Delta S_{7\sim8}=\frac{P_0}{E_{si}}(z_i\bar{\alpha}_i-z_{i-1}\bar{\alpha}_{i-1})=\frac{160}{16\times10^3}\times(8\times0.2474\times4-7\times0.248\times4)$$

$$=0.009728(\mathrm{m})=9.728(\mathrm{mm})$$

答案(D)正确。

9. [**答案**](C)

[**解析**]据《建筑地基基础设计规范》(GB 50007—2011)第5.2.5条计算如下：

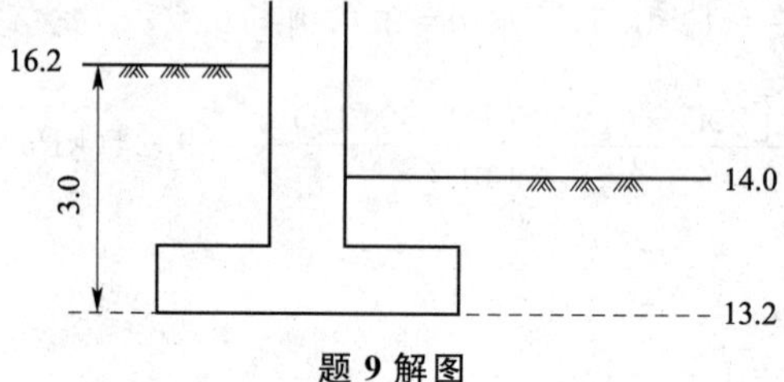

题9解图

$\varphi_k=24°,M_b=0.8,M_d=3.87,M_c=6.45$

$$f_a=M_b\gamma b+M_d\gamma_m d+M_cC_k=0.8\times19\times2.5+3.87\times19\times0.8+6.45\times18$$
$$=212.924(\mathrm{kPa})$$

答案(C)正确。

10. [**答案**](D)

[**解析**]据《铁路桥涵地基和基础设计规范》(TB 10002.5—2005)第4.1.4条计算如下：

$$[\sigma]=5.14Cu\frac{1}{m_7}+r_2h=5.14\times35\times\frac{1}{2.5}+18\times1=89.96(\mathrm{kPa})$$

答案(D)正确。

11. [**答案**](D)

[**解析**]据《公路桥涵地基与基础设计规范》(JTG D63—2007)第5.3.4条、第5.3.5条计算如下：

$$h=\sqrt{\frac{M_H}{0.066\beta R_aD}}=\sqrt{\frac{500}{0.066\times0.6\times40\times10^3\times1}}=0.56(\mathrm{m})$$

$$[P]=(C_1A+C_2Uh)R_a$$
$$=\left(0.6\times\frac{3.14}{4}\times1^2+0.05\times1\times3.14\times0.56\right)\times40\times10^3$$
$$=22356.8(\mathrm{kN})$$

答案(D)正确。

12. [**答案**](D)

[**解析**]据《建筑桩基技术规范》(JGJ 94—2008)第5.9.10条计算如下：

$a_x=1.0$

$\lambda=\frac{a_x}{h_0}=\frac{1}{1.3}=0.7692$

$\alpha=\frac{1.75}{\lambda+0.1}=\frac{1.75}{0.7692+0.1}=0.9891$

$$\beta_{hs}=\left(\frac{800}{h_0}\right)^{1/4}=\left(\frac{800}{1\,300}\right)^{1/4}=0.9$$

$$\alpha\beta_{hs}f_t b_0 h_0=0.989\,1\times0.9\times1.91\times10^3\times4.2\times1.3=9\,283.44(\text{kN})$$

$$V=24\,000\times\frac{3}{9}=8\,000$$

$$\frac{\alpha\beta_{hs}f_t b_0 h_0}{V}=\frac{9\,283.44}{8\,000}=1.16$$

答案(D)正确。

13. [**答案**](B)

[**解析**]据《建筑桩基技术规范》(JGJ 94—2008)第 5.4.4 条及第 5.8 节计算如下：

$$\frac{l_n}{l_0}=0.9,\qquad l_n=18\times0.9=16.2(\text{m})$$

$$\sigma_i{}'=P+\sum r_e\Delta Z_e+\frac{1}{2}r_i\Delta Z_i=60+(18-10)\times16.2\times\frac{1}{2}=124.8(\text{kPa})$$

$$q_{si}{}^n=\zeta_n\sigma_i{}'=0.2\times124.8=24.96$$

$$Q_g{}^n=\eta_n U\sum q_{si}{}^n l_i=1\times1\times3.14\times24.96\times16.2=1\,269.67(\text{kN})$$

$$N_{max}=N+Q_g{}^n=5\,000+1\,269.67=6\,269.67(\text{kN})$$

取稳定系数 $\varphi=1.0$，$N\leqslant\Psi_c f_c A_{ps}\varphi$

$$f_c\geqslant\frac{N_{max}}{\Psi_c\varphi A_{ps}}=\frac{6\,269.67\times4}{0.7\times1\times1\times3.14}=11\,409.8(\text{kPa})\approx11.4(\text{MPa})$$

答案(B)正确。

14. [**答案**](C)

[**解析**]据《建筑地基处理技术规范》(JGJ 79—2012)第 8.2.2 条计算

$$V=(3+2\times1)\times(4+2\times1)\times6=180(\text{m}^3)$$

$$\bar{n}=\frac{1}{e_0+1}=\frac{1}{1+1}=0.5$$

$$Q=v\bar{n}d_{N1}\alpha=180\times0.5\times1\times0.7=63(\text{m}^3)$$

15. [**答案**](B)

[**解析**]据《建筑地基处理技术规范》(JGJ 79—2012)第 5.2.12 条计算

$$S_f=\xi\sum\frac{e_0-e_1}{1+e_0}h=\frac{\Delta P}{E_s}H=\frac{0.8\times20+80}{2\times10^3}\times5\times10^2=24$$

$$S_{0.85}=S_f\times0.85=24\times0.85=20.4(\text{cm})$$

答案(B) 正确。

16. [**答案**](B)

[**解析**]据《建筑地基处理技术规范》(JGJ 79—2012)第 11.2.4 条计算如下：

$$\begin{aligned}R_a&=U_p\sum q_{si}l_i+\alpha q_P A_P\\&=0.6\times3.14\times(4.0\times10+10\times3+12\times1)+0.4\times200\times\frac{3.14}{4}\times0.6^2\\&=177.096(\text{kN})\end{aligned}$$

$$R_a=\eta f_{cu}A_p=0.25\times1.98\times10^3\times\frac{3.14}{4}\times0.6^2=139.887(\text{kN})$$

取 $R_a=140$ kN。

答案(B)正确。

17. [**答案**](A)

[**解析**]据《建筑地基处理技术规范》(JGJ 79—2012)第7.1.5条计算如下：

$$m=\frac{f_{spk}-\beta f_{sk}}{\frac{\lambda R_a}{A_P}-\beta f_{sk}}=\frac{180-0.5\times40}{\frac{120\times4}{3.14\times0.5^2}-0.5\times40}=0.27$$

$$d_e=\frac{d}{\sqrt{m}}=\frac{0.5}{\sqrt{0.27}}=0.96(m)$$

$$S=\frac{d_e}{1.13}=\frac{0.96}{1.13}=0.85(m)$$

答案(A)正确。

18. [**答案**](C)

[**解析**]防渗心墙水利比降 $i=(40-10)/2=15$

渗透速度 $V=Ki=1\times10^{-7}\times15=1.5\times10^{-6}(cm/s)$

$Q=VA=1.5\times10^{-6}\times10\times10^2\times100\times10^2=15(cm^3/s)=1.296(m^3/d)$

答案(C)正确。

19. [**答案**](D)

[**解析**]据朗肯理论计算如下：

对于砂土：$E_{a1}=\frac{1}{2}\gamma H^2 k_{a1}=\frac{1}{2}\times18\times H^2\times\tan^2\left(45^\circ-\frac{35^\circ}{2}\right)$

对于黏质粉土：$Z_0=\frac{2c_2}{\gamma\sqrt{K_{a2}}}=\frac{2\times20}{18\times\tan\left(45^\circ-\frac{35^\circ}{2}\right)}=3.17(m)$

$$E_{a2}=\frac{1}{2}\gamma(H-Z_0)^2K_{a2}=\frac{1}{2}\times18\times(H-3.17)^2\times\tan^2\left(45^\circ-\frac{20}{2}\right)$$

$E_{a1}=E_{a2}$

解得 $H=12.4$ m。

答案(D)正确。

20. [**答案**](B)

[**解析**]据静力平衡条件计算如下(取1 m宽度计算)：

$$W=\frac{1}{2}bh\gamma=\frac{1}{2}\times8\times8\times16.8=537.6(kN)$$

$$C=\frac{H}{\sin\alpha}C_u=8\times\sqrt{2}\times12=135.7$$

$$W_T=W\sin\alpha-c=537.6\times\frac{1}{\sqrt{2}}-135.7=244.4$$

$$P=\frac{1}{2}\gamma H^2=\frac{1}{2}\gamma\times8^2=32\gamma$$

$$P\cos\alpha=W_T\Rightarrow\frac{1}{\sqrt{2}}\times32\gamma=244.4$$

$\gamma=10.8\ kN/m^3$

答案(B)正确。

21. [**答案**](C)

[**解析**]据《铁路路基支挡结构设计规范》(TB 10025—2006)第 8.2.8 条、第 8.2.10 条计算如下：

$\lambda_0=1-\sin\phi_0=1-\sin 35°=0.4264$

$\lambda_a=\tan^2\left(45°-\dfrac{\phi_0}{2}\right)=\tan^2\left(45°-\dfrac{35°}{2}\right)=0.271$

$\lambda_4=\lambda_0\times\left(1-\dfrac{4}{6}\right)+\lambda_a\times\dfrac{4}{6}=0.4264\times\left(1-\dfrac{4}{6}\right)+0.271\times\dfrac{4}{6}=0.3228$

$\sigma_{h14}=\lambda_4 rh_4=0.3228\times19\times4=24.53(\text{kPa})$

$\sigma_{h14}=\sigma_{h14}+\sigma_{h24}=24.53+0=24.53(\text{kPa})$

$T_4=K\sigma_{h4}S_xS_y=1.5\times24.53\times0.4\times0.4=5.89(\text{kN})$

答案(C)正确。

22. [**答案**](D)

[**解析**]据《建筑基坑支护技术规程》(JGJ 120—2012)第 3.4.2 条计算如下：

$P_{ak}=\sigma_{ak}K_{ai}-2c\sqrt{K_{ai}}=20\times25\times\tan^2(45°-30°/2)-0=166.67(\text{kPa})$

$E_a=\dfrac{1}{2}hP_{ak}S=\dfrac{1}{2}\times25\times166.67\times1.6=3333.4(\text{kN})$

答案(D)正确。

23. [**答案**](C)

[**解析**]据第 6.1.1 条计算如下：

(1)水泥土墙的重力：

$G=3\times8\times1\times20=480(\text{kN})$

(2)土压力系数：

$K_a=\tan^2(45°-10°/2)=0.704$

(3)土压力为 0 点的埋深：

$Z_0=\dfrac{2c}{\gamma\sqrt{K_a}}=\dfrac{2\times14}{18.5\times\sqrt{0.704}}=1.8(\text{m})$

(4)主动土压力强度：

$P_{ak}=\sigma_{ak}K_{ai}-2c\sqrt{K_{ai}}=8\times18.5\times0.704-2\times14\times\sqrt{0.704}=80.7(\text{kPa})$

(5)主动土压力：

$E_a=\dfrac{1}{2}\times(8-1.8)\times80.7=250.2(\text{kN})$

(6)被动土压力系数：

$K_p=\tan^2(45°+10°/2)=1.42$

(7)基坑底的被动土压力强度：

$P_{pk1}=2c\sqrt{K_p}=2\times14\times\sqrt{1.42}=33.4(\text{kPa})$

(8)水泥土墙底的被动土压力强度：

$P_{pk2}=\sigma_pK_p+2c\sqrt{K_p}=3\times18.5\times1.42+33.4=112.2(\text{kPa})$

(9)被动土压力：

$E_p=\dfrac{1}{2}h(P_{pk1}+P_{pk2})=\dfrac{1}{2}\times3\times(33.4+112.2)=218.4$

(10)抗滑移安全系数：

$K_s=\dfrac{E_{pk}+(g-u_mB)\tan\varphi+cB}{E_{ak}}=\dfrac{218.4+(480-0)\times\tan10°+14\times3}{250.2}=1.379$

答案(C)正确。

24. [**答案**](D)

[**解析**]桩端土层刚度越大,桩的变形越小,中性点位置越往下,下拉荷载越大,在题中4个选项中,(D)的刚度最大,因此(D)的下拉荷载最大。

答案(D)正确。

25. [**答案**](D)

[**解析**]据《膨胀土地区建筑技术规范》(GB 50112—2013)第4.2.4条计算,收缩系数为直线收缩阶段含水率减少1%时的竖向线缩率(见下表)。

题25表

试验次序	含水率 w/(%)	竖向线缩率 δ_s/(%)	含水率减小1%时的竖向线缩率
1	7.2	6.4	0.125
2	12.0	5.8	0.195
3	16.1	5.0	0.4
4	18.6	4.0	0.4
5	22.1	2.6	0.4
6	25.1	1.4	—

例如:含水率由25.1减小到22.1时,含水率变化1%的竖向线缩率为 $\sigma_s=\dfrac{2.6-1.4}{25.1-22.1}=0.4$,其他计算同理,从表中可看出,直线收缩段内含水率减小1%的竖向线缩率为0.4%。

答案(D)正确。

26. [**答案**](C)

[**解析**]$V_c=\sqrt{\dfrac{R_0\sigma g}{B}}=\sqrt{\dfrac{30\times(1\,028-1\,025)\times9.81}{22}}=6.33(\text{m/s})$

答案(C)正确。

27. [**答案**](B)

[**解析**]解法一:如下图所示。

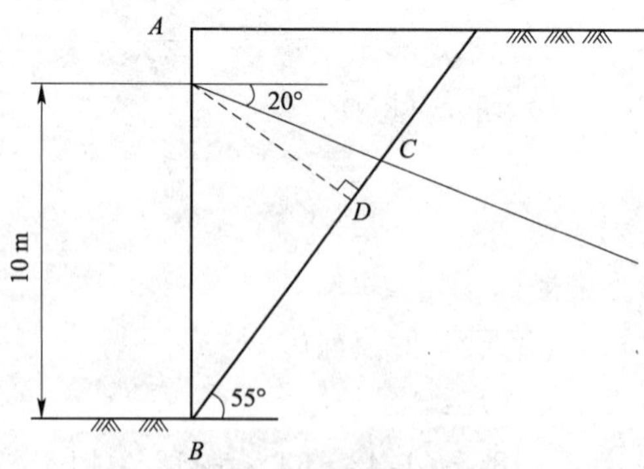

题27解图

$AD=AB\sin(90°-55°)=5.736(\text{m})$

$\angle CAD=90°-20°-(90°-35°)=15°$

$AC=\dfrac{AD}{\cos 15°}=\dfrac{5.736}{\cos 15°}=5.938(\text{m})$

$AC+1.5=5.938+1.5=7.438(\text{m})$

解法二：据《建筑基坑支护技术规程》(JGJ 120—2012)第 4.7.5 条计算如下：

$45°+\frac{\varphi}{2}=55°$　　　　$\varphi_m=20°$

$$l_f=\frac{(a_1+a_2-d\tan\alpha)\sin(45°-\varphi_m/2)}{\sin(45°+\varphi_m/2+\alpha)}+\frac{d}{\cos\alpha}+1.5$$

$$=\frac{(10-0)\times\sin(45°-20°/2)}{\sin(45°+20°/2+20°)}+0+1.5=\frac{10\times0.5736}{0.9659}+1.5=7.438(\text{m})$$

答案(B)正确。

28. [答案](B)

[解析]据《建筑抗震设计规范》(GB 50011—2010)第 4.2.3 条、第 4.2.4 条，《建筑地基基础设计规范》(GB 50007—2011)第 5.2.5 条计算如下：

$\zeta_a=1.3$，$f_{aE}=\zeta_a f_a=1.3\times250=325(\text{kPa})$，$\frac{H}{B}=\frac{24}{12}=2$

o 应力区面积不宜超过 15%

$P_{kmax}\leqslant1.2f_{aE}=1.2\times325=390(\text{kPa})$

$$P_{kmax}=\frac{2(F_k+G_k)}{3la}$$

$$F_k+G_k=3laP_{kmax}/2=3\times50\times12\times(1-0.15)\times\frac{1}{3}\times390\times\frac{1}{2}=99\ 450(\text{kN})$$

$$\frac{99\ 450}{0.85\times12\times50}=195(\text{kPa})<f_{aE}=325\text{ kPa}$$

答案(B)正确。

29. [答案](C)

[解析](新版规范中已经不采用该计算方法)据《公路工程抗震设计规范》(JTJ 004—1989)第 2.2.3 条计算如下：

$\zeta=1-0.17P_c^{\frac{1}{2}}=1-0.17\times3^{\frac{1}{2}}=0.7055$

$\sigma_e=\gamma_u d_w+(\gamma_d-10)(d_s-d_w)=18\times2+(20-10)\times(7-2)=86$

$\sigma_0=\gamma_u d_W+\gamma_d(d_s-d_W)=18\times2+20\times(7-2)=136$

$$N_0=\left[11.8\times\left(1+13.06\times\frac{136}{86}\times0.2\times0.9\right)^{\frac{1}{2}}-8.09\right]\times0.7055=12.37\approx12.4$$

$N_1=10\times0.9=9<N_0$，为液化。

答案(C)正确。

30. [答案](C)

[解析]据《建筑基桩检测技术规范》(JGJ 106—2014)第 8.4.1 条计算如下：

$$C_i=\frac{2\ 000\ L}{\Delta T}=\frac{2\ 000\times8}{64.5-60}=3\ 555.6(\text{m/s})$$

则桩为Ⅰ类桩。

答案(C)正确。

2009年全国注册岩土工程师专业考试试卷(新解)

专业知识(上午卷)

一、单项选择题(共40题,每题1分。每题的备选项中只有一个最符合题意)

1. 对地层某结构面的产状记为30°∠60°时,(　　)对结构面的描述是正确的。

(A) 倾向30°;倾角60°　　(B) 走向30°;倾角60°

(C) 倾向60°;倾角30°　　(D) 走向30°;倾角60°

2. 现场直接剪切试验,最大法向荷载应按(　　)的要求选取。

(A) 大于结构荷载产生的附加应力　　(B) 大于上覆岩土体的有效自重压力

(C) 大于试验岩土体的极限承载力　　(D) 大于设计荷载

3. 完整石英岩断裂前的应力—应变曲线最有可能接近右图(　　)的曲线形状。

(A) 直线

(B)S形曲线

(C) 应变硬化型曲线

(D) 应变软化型曲线

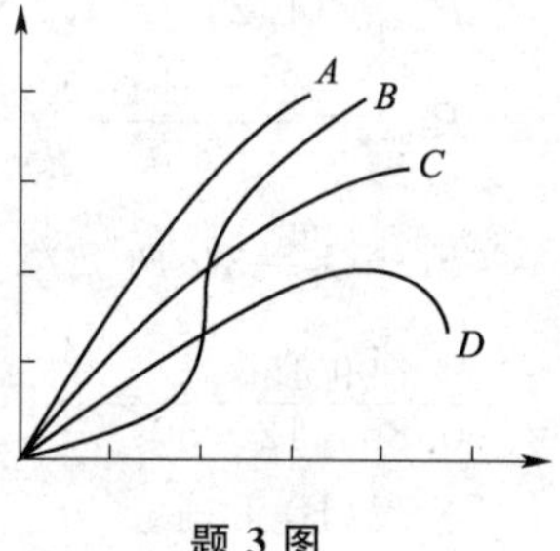

题3图

4. 存在可能影响工程稳定性的发震断裂,下列关于建筑物最小避让距离的说法中(　　)是正确的。

(A) 抗震设防烈度是8度,建筑物设防类别为丙类,最小避让距离150 m

(B) 抗震设防烈度是8度,建筑物设防类别为乙类,最小避让距离300 m

(C) 抗震设防烈度是9度,建筑物设防类别为丙类,最小避让距离300 m

(D) 抗震设防烈度是9度,建筑物设防类别为乙类,最小避让距离400 m

5. 在岩层中进行跨孔法波速测试,孔距符合《岩土工程勘察规范》(GB 50021—2001)(2009年版)要求的是(　　)。

(A)4 m　　(B)12 m　　(C)20 m　　(D)30 m

6. 某建筑地基土样颗分结果见下表,土名正确的是(　　)。

题6表

>2 mm	2～0.5 mm	0.5～0.25 mm	0.25～0.075 mm	<0.075 mm
15.8%	33.2%	19.5%	21.3%	10.2%

(A) 细砂　　(B) 中砂　　(C) 粗砂　　(D) 砾砂

7. 进行开口钢环式十字板剪切试验时,测试读数顺序对的是(　　)。

(A) 重塑,轴杆,原状　　(B) 轴杆,重塑,原状

(C) 轴杆,原状,重塑　　(D) 原状,重塑,轴杆

8. 为测求某一砂样最大干密度和最小干密度分别进行了两次试验,最大两次试验结果为1.58 g/cm³和1.60 g/cm³;最小两次试验结果为1.40 g/cm³和1.42 g/cm³。最大干密度和最小干密度ρ_{dmax}和ρ_{dmin}的最终值分别为(　　)。

(A)$\rho_{dmax}=1.60\ g/cm^3$;$\rho_{dmin}=1.40\ g/cm^3$

(B)$\rho_{dmax} = 1.58\ g/cm^3$;$\rho_{dmin} = 1.42\ g/cm^3$

(C)$\rho_{dmax} = 1.60\ g/cm^3$;$\rho_{dmin} = 1.41\ g/cm^3$

(D)$\rho_{dmax} = 1.59\ g/cm^3$;$\rho_{dmin} = 1.41\ g/cm^3$

9. 对土体施加围压σ_3,再施加偏压力$\sigma_1-\sigma_3$,在偏压力作用下,土体产生孔隙水压力增量Δu,由偏压引起的有效应力增量应为(　　)。

(A)$\Delta\sigma_1' = \sigma_1 - \sigma_3 - \Delta u$;$\Delta\sigma_3' = -\Delta u$　　(B)$\Delta\sigma_1' = \sigma_1 - \Delta u$;$\Delta\sigma_3' = \sigma_3 - \Delta u$

(C)$\Delta\sigma_1' = \sigma_1 - \sigma_3 - \Delta u$;$\Delta\sigma_3' = \Delta u$　　(D)$\Delta\sigma_1' = \Delta u$;$\Delta\sigma_3' = -\Delta u$

10. 在以下四种钻探方法中,(　　)不适用于黏土。

(A)螺旋钻　　(B)岩芯钻探

(C)冲击钻　　(D)振动钻探

11. 现有甲、乙两土样的物性指标如下表所示,以下说法中正确的是(　　)。

题 11 表

土样	W_L	W_P	W	G_S	S_r
甲	39	22	30	2.74	100
乙	23	15	18	2.70	100

(A)甲比乙含有更多的黏土　　(B)甲比乙具有更大的天然重度

(C)甲干重度大于乙　　(D)甲的孔隙比小于乙

12. 在民用建筑详勘阶段,勘探点间距的决定因素是(　　)。

(A)岩土工程勘察等级　　(B)工程重要性等级

(C)场地复杂程度等级　　(D)地基复杂程度等级

13. 用液塑限联合测定仪测定黏性土的界限含水率时,在含水率与圆锥下沉深度关系图中,(　　)的下沉深度对应的含水率是塑限。

(A)2 mm　　(B)10 mm　　(C)17 mm　　(D)20 mm

14. 关于《建筑桩基技术规范》(JGJ 94—2008)中等效沉降系数说法正确的是(　　)。

(A)群桩基础按(明德林)附加应力计算的沉降量与按等代墩基(布奈斯克)附加应力计算的沉降量之比

(B)群桩沉降量与单桩沉降量之比

(C)实测沉降量与计算沉降量之比

(D)桩顶沉降量与桩端沉降量之比

15. 依据《建筑桩基技术规范》(JGJ 94—2008),正、反循环灌注桩灌注混凝土前,对端承桩和摩擦桩,孔底沉渣的控制指标正确的是(　　)。

(A)端承型$\leqslant$ 50 mm;摩擦型$\leqslant$ 200 mm

(B)端承型$\leqslant$ 50 mm;摩擦型$\leqslant$ 100 mm

(C)端承型$\leqslant$ 100 mm;摩擦型$\leqslant$ 50 mm

(D)端承型$\leqslant$ 100 mm;摩擦型$\leqslant$ 100 mm

16. 某建筑桩基的桩端持力层为碎石土,根据《建筑桩基技术规范》(JGJ 94—2008)桩端全断面进入持力层的深度不宜小于(　　)。

(注:选项中d为桩径。)

(A)0.5d　　(B)1.0d　　(C)1.5d　　(D)2.0d

17. 对于高承台桩基,在其他条件(包括桩长、桩间土)相同时,(　　)的情况基桩最易产生压屈失稳。

(A)桩顶铰接;桩端置于岩石层顶面

(B)桩顶铰接;桩端嵌固于岩石层中

(C)桩顶固接;桩端置于岩石层顶面

(D)桩顶固接;桩端嵌固于岩石层中

18. 由于工程降水引起地面沉降,对建筑桩基产生负摩阻力,(　　)的情况下产生的负摩阻力最小。

(A)建筑结构稳定后开始降水

(B)上部结构正在施工时开始降水

(C)桩基施工完成,开始浇筑地下室底板时开始降水

(D)降水稳定一段时间后再进行桩基施工

19. 根据《建筑桩基技术规范》(JGJ 94—2008)的相关规定,下列关于灌注桩配筋的要求中正确的是(　　)。

(A)抗拔桩的配筋长度应为桩长的2/3

(B)摩擦桩的配筋应为桩长的1/2

(C)受负摩阻力作用的基桩,桩身配筋长度应穿过软弱层并进入稳定土层

(D)受压桩主筋不应少于6ϕ6

20. 根据《建筑桩基技术规范》(JGJ 94—2008)的相关规定,下列关于灌注桩后注浆工法的叙述中正确的是(　　)。

(A)灌注桩后注浆是一种先进的成桩工艺

(B)是一种有效的加固桩端、桩侧土体,提高单桩承载力的辅助措施

(C)可与桩身混凝土灌注同时完成

(D)主要施用于处理断桩、缩径等问题

21. 下列关于泥浆护壁正反循环钻孔灌注桩施工与旋挖成孔灌注桩施工的叙述中,正确的是(　　)。

(A)前者与后者都是泥浆循环排碴

(B)前者比后者泥浆用量少

(C)在粉土、砂土地层中,后者比前者效率高

(D)在粉土、砂土地层中,后者沉渣少,灌注混凝土前不需清孔

22. 加固湿陷性黄土地基时,(　　)的情况不宜采用减液法。

(A)拟建设备基础

(B)受水浸湿引起湿陷,并需阻止湿陷发展的即有建筑基础

(C)受油浸引起倾斜的储油罐基础

(D)沉降不均匀的即有设备基础

23. 在处理可液化砂土时,最适宜的处理方法是(　　)。

(A)水泥土搅拌桩　　(B)水泥粉煤灰碎石桩

(C)振冲碎石桩　　(D)柱锤冲扩桩

24. 下列关于散体材料桩的说法中,不正确的是(　　)。

(A)桩体的承载力主要取决于桩侧土体所能提供的最大侧限力

(B)在荷载的作用下桩体发生膨胀,桩周土进入塑性状态

(C)单桩承载力随桩长的增大而持续增大

(D)散体材料桩不适用于饱和软黏土层中

25. 下列关于石灰桩加固机理和适用条件的说法中不正确的是(　　)。

(A)石灰桩通过生石灰吸水膨胀作用,以及对桩周土的离子交换和胶凝反映使桩身强度提高

(B)桩身中生石灰与矿石渣等拌和料通过水化胶凝反应,使桩身强度提高

(C)石灰桩适用于地下水以下的饱和砂土

(D)石灰桩作用于地下水位以上的土层时宜适当增加拌和料的含水率

26. 用高应变法检测桩直径为 700 mm,桩长为 28 m 的钢筋混凝土灌注桩的承载力,预估该桩的极限承载力为 5 000 kN,在进行高应变法检测时,宜选用的锤重是(　　)。

(A)25 kN　　(B)40 kN　　(C)75 kN　　(D)100 kN

27. 采用碱液法加固地基,若不考虑由于固体烧碱投入后引起的液体体积的变化,则1.0 m^3 水中加入含杂质20%的商品固体烧碱165 kg配制所得的碱液浓度(g/L)最接近(　　)。

(A)70　　(B)130　　(C)165　　(D)210

28. 用堆载预压法处理软土地基时,对塑料排水带的说法,不正确的是(　　)。

(A)塑料排水带的当量换算直径总是大于塑料排水带的宽度和厚度的平均值

(B)塑料排水带的厚度与宽度的比值越大,其当量换算直径与宽度的比值就越大

(C)塑料排水带的当量换算直径可以当作排水竖井的直径

(D)在同样的排水竖井直径和间距的条件下,塑料排水带的截面积小于普通圆形砂井

29. 采用砂井法处理地基时,袋装砂井的主要作用是(　　)。

(A)构成竖向增强体　　(B)构成和保持竖向排水通道

(C)增大复合土层的压缩模量　　(D)提高复合地基的承载力

30. 如下图所示的土石坝体内的浸润线形态分析结果,它应该属于(　　)坝型。

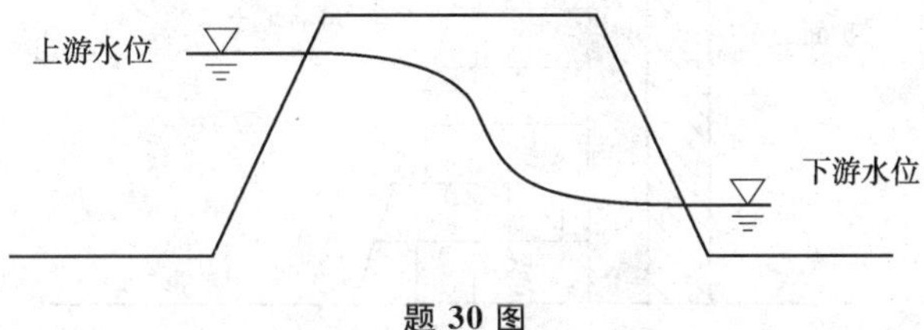

题 30 图

(A)均质土坝　　(B)斜墙防渗堆石坝

(C)心墙防渗堆石坝　　(D)面板堆石坝

31. 如下图所示的均质土坝的坝体浸润线,它应该是(　　)的排水形式。

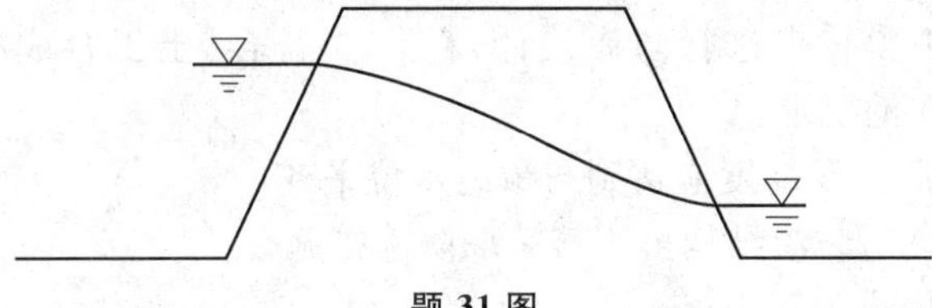

题 31 图

(A)棱体排水　　(B)褥垫排水　　(C)无排水　　(D)贴坡排水

32. 据《土工合成材料应用技术规范》(GB 50290—2014) 加筋土工合成材料的容许抗拉强度 T_a 与其拉伸试验强度的关系 $T_a=\dfrac{T}{RF}$,$RF=RF_{CR}\cdot RF_{iD}\cdot RF_D$。式中:$RF_{CR}$ 为材料

因蠕变影响的强度折减系数；RF_{iD} 为材料在施工过程中受损伤的强度折减系数；RF_D 为材料长期老化的强度折减系数；RF 为综合强度折减系数。当无经验时，其数值可采用（　　）。

(A)1.3 ～ 1.6　　(B)1.6 ～ 2.5　　(C)2.5 ～ 5.0　　(D)5.0 ～ 7.5

33. 对于同一个均质的黏性土天然土坡，用如下图所示各圆对应的假设圆弧裂面验算，（　　）计算安全系数最大。

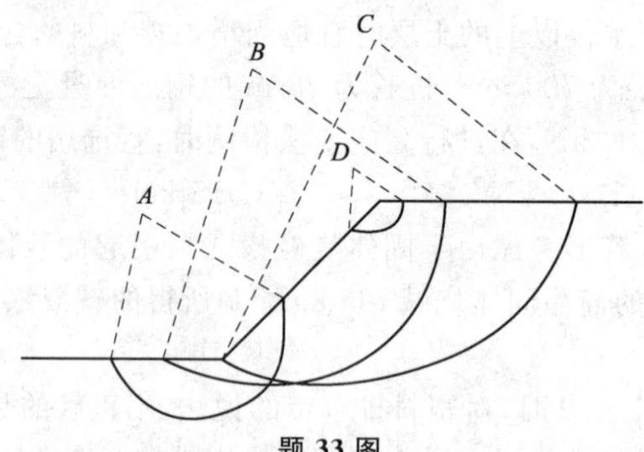

题 33 图

(A)A 圆弧　　(B)B 圆弧　　(C)C 圆弧　　(D)D 圆弧

34. 在外墙面垂直的自身稳定的挡土墙面外 10 cm，加作了一护面层，如图所示，当护面向外位移时可使间隙土体达到主动状态，间隙充填有以下 4 种情况：① 间隙充填有风干砂土；② 充填有含水率为 50% 的稍湿土；③ 充填饱和砂土；④ 充满水。按照护面上总水平压力的大小次序，下列正确的是（　　）。

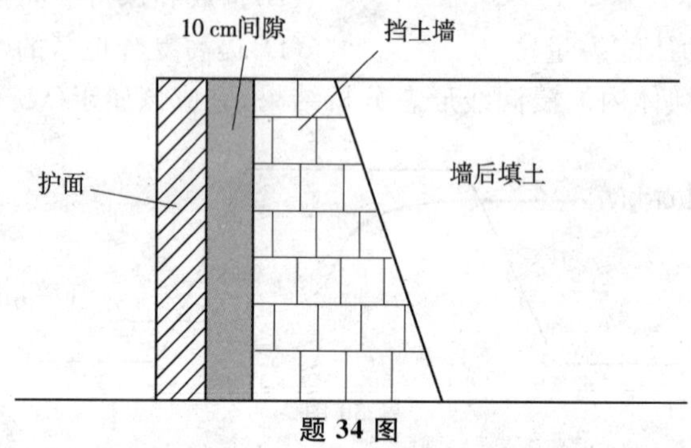

题 34 图

(A)1 > 2 > 3 > 4　　(B)3 > 4 > 1 > 2　　(C)3 > 4 > 2 > 1　　(D)4 > 3 > 2 > 1

35. 在选择加筋土挡墙的拉筋材料时，（　　）是拉筋不需要的性能。

(A)抗拉强度大　　(B)与填料之间有足够的摩擦力

(C)有较好的耐久性　　(D)有较大的延伸率

36. 输水渠道采用土工膜技术进行防渗设计，（　　）符合《土工合成材料应用技术规范》(GB 50290—2014) 的要求。

(A)渠道边坡土工膜铺设高度应达到与最高水位平齐

(B)在季节冻土地区对防渗结构可不再采取防冻措施

(C)土工膜厚度不应小于 0.25 mm

(D)防渗结构中的下垫层材料应选用渗透性较好的碎石

37. 坡率为 1∶2 的稳定的土质路基边坡，按《公路路基设计规范》(JTG D30—2015)，公路路基坡面防护最适合（　　）。

(A)植物防护　　(B)锚杆网格喷浆(混凝土)防护

(C)预应力锚索混凝土框架植被防护　　(D)对坡面全封闭的抹面防护

38. 某黄土场地灰土垫层施工过程中，分层检测灰土压实系数，下列关于环刀取样位置的说法中正确的是(　　)。

(A)每层表面以下的 1/3 厚度处　　(B)每层表面以下的 1/2 厚度处

(C)每层表面以下的 2/3 厚度处　　(D)每层的层底处

39. 在进行浅层平板载荷试验中，下述情况中不能作为试验停止条件之一的是(　　)。

(A)本级荷载的沉降量大于前级荷载沉降量的 5 倍，P-S 曲线出现明显的陡降

(B)承压板周边的土出现明显的侧向挤出，周边岩土出现明显隆起，或径向裂隙持续发展

(C)在某级荷载作用 24 h，沉降速率不能达到相对稳定标准

(D)总沉降量与承压板宽度(或直径)之比达到 0.015

40. 下列关于设计基准期的叙述正确的是(　　)。

(A)设计基准期是为确定可变作用及与时间有关的材料性能取值而选用的时间参数

(B)设计基准期是设计规定的结构或结构构件不需大修而可按期完成预定目的的使用的时期

(C)设计基准期等于设计使用年限

(D)设计基准期按结构的设计使用年限的长短而确定

二、多项选择题(共 30 题，每题 2 分。每题的备选项中有两个或三个符合题意，错选、少选、多选均不得分)

41. 根据《岩土工程勘察规范》(GB 50021—2001)(2009 年版)，对岩溶地区的二、三级工程基础底面与洞体顶板间岩土层厚度虽然小于独立基础宽度的 3 倍或条形基础宽度的6 倍，但当符合(　　)时可不考虑岩溶稳定性的不利影响。

(A)岩溶漏斗被密实的沉积物充填且无被水冲蚀的可能

(B)洞室岩体基本质量等级为 Ⅰ 级、Ⅱ 级，顶板岩石厚度小于洞跨

(C)基础底面小于洞的平面尺寸

(D)宽度小于 1.0 m 的竖向洞隙近旁的地段

42.(　　)包括在港口工程地质调查与测绘工作中。

(A)天然和人工边坡的稳定性评价

(B)软弱土层的分布范围和物理力学性质

(C)微地貌单元

(D)地下水与地表水关系

43. 在其他腐蚀性条件相同的情况下，下列关于地下水对混凝土结构腐蚀性的评价中(　　)是正确的。

(A)常年位于地下水中的混凝土结构比处于干湿交替带的腐蚀程度高

(B)在直接临水条件下，位于湿润区的混凝土结构比位于干旱区的腐蚀程度高

(C)处于冰冻段的混凝土结构比处于不冻段混凝土结构的腐蚀程度高

(D)位于强透水层中的混凝土结构比处于弱透水层中的腐蚀程度高

44. 土层的渗透系数 k 受(　　)的因素影响。

(A)土的孔隙比　　(B)渗透水头压力

(C)渗透水的补给　　(D)渗透水的温度

45. 关于土的压缩试验过程，（　　）的叙述是正确的。

(A)在一般压力作用下，土的压缩可看作土中孔隙体积减小

(B)饱和土在排水过程中始终是饱和的

(C)饱和土在压缩过程中含水量保持不变

(D)压缩过程中，土粒间的相对位置始终保持不变

46. 利用预钻式旁压试验资料，可获得的地基土的工程指标有（　　）。

(A)静止侧压力系数 k_0　　(B)变形模量

(C)地基土承载力　　(D)孔隙水压力

47. 根据《建筑桩基技术规范》(JGJ 94—2008)，下列关于承受上拔力桩基的说法中（　　）是正确的。

(A)对于二级建筑桩基基桩抗拔极限承载力应通过现场单桩上拔静载试验确定

(B)应同时验算群桩呈整体破坏和呈非整体破坏的基桩抗拔承载力

(C)群桩呈非整体破坏时，基桩抗拔极限承载力标准值为桩侧极限摩阻力标准值与桩自重之和

(D)群桩呈整体破坏时，基桩抗拔极限承载力标准值为桩侧极限摩阻力标准值与群桩基础所包围的土的自重之和

48.《建筑桩基技术规范》(JGJ 94—2008) 中对于一般建筑物的柱下独立桩基，桩顶作用效应计算公式中隐含了（　　）的假定。

(A)在水平荷载效应标准组合下，作用于各基桩的水平力相等

(B)各基桩的桩距相等

(C)在荷载效应标准组合竖向力作用下，各基桩的竖向力不一定都相等

(D)各基桩的平均竖向力与作用的偏心，竖向力的偏心距大小无关

49. 根据《建筑桩基技术规范》(JGJ 94—2008)，下列关于桩基沉降计算的说法中，（　　）是正确的。

(A)桩中心距不大于 6 倍桩径的桩基、地基附加应力按布辛奈斯克(Boussinesq) 解进行计算

(B)承台顶的荷载采用荷载效应准永久组合

(C)单桩基础桩端平面以下地基中由基桩引起的附加应力按布辛奈斯克(Boussinesq) 解进行计算确定

(D)单桩基础桩端平面以下地基中由承台引起的附加应力按明德林(Mindlin) 解计算确定

50. 根据《建筑桩基技术规范》(JGJ 94—2008)，下列关于变刚度调平设计方法的论述中（　　）是正确。

(A)变刚度调平设计应考虑上部结构形式荷载，地层分布及其相互作用效应

(B)变刚度主要指调查上部结构荷载的分布，使之与基桩的支撑刚度相匹配

(C)变刚度主要指通过调整桩径、桩长、桩距等改变基桩支撑刚度分布，使之与上部结构荷载相匹配

(D)变刚度调平设计的目的是使建筑物沉降趋于均匀，承台内力降低

51. 下列关于负摩阻力的说话中，（　　）是正确的。

(A)负摩阻力不会超过极限侧摩阻力

(B)负摩阻力因群桩效应而增大

(C)负摩阻力会加大桩基沉降

(D)负摩阻力与桩侧土相对于桩身之间的沉降差有关

52. 关于几种灌注桩施工工艺特点的描述中，(　　)是正确的。

(A)正反循环钻成孔灌注施工工艺适用范围广，但泥浆排量较大

(B)长螺旋钻孔灌注桩工法不需泥浆护壁

(C)旋挖钻成孔灌注桩施工工法，因钻机功率大，特别适用于大块石，漂石多的地层

(D)冲击钻成孔灌注桩施工工法适用于坚硬土层、岩层，但成孔效率低

53. 下列关于预制桩锤击沉桩施打顺序的说法中，(　　)合理。

(A)对于密集桩群，自中间向两个方面或四周对称施打

(B)当一侧毗邻建筑物时，由毗邻建筑物向另一侧施打

(C)根据基础底面设计标高，宜先浅后深

(D)根据桩的规格，宜先小后大，先短后长

54. 对砂土地基、砂石桩的下列施工顺序中(　　)是合理的。

(A)由外向内　　(B)由内向外

(C)从两侧向中间　　(D)从一边向另一边

55. 根据《建筑地基处理技术规范》(JGJ 79—2012)，下列关于灰土挤密桩复合地基设计、施工的叙述中，(　　)是正确的。

(A)初步设计按当地经验确定时，灰土挤密桩复合地基承载力特征值不宜大于200 kPa

(B)桩孔内分层回填，分层夯实，桩体内的平均压实系数，不宜小于0.94

(C)成孔时，当土的含水率低于12% 时，宜对拟处理范围内土层进行适当增湿

(D)复合地基变形计算时，可采用载荷试验确定的变形模量作为复合土层的压缩模量

56. 某围海造地工程，原始地貌为滨海滩涂，淤泥层厚约 28.0 m，顶面标高约 0.5 m，设计采用真空预压法加固，其中排水板长 18.0 m，间距 1.0 m，砂垫层厚 0.8 m，真空度为 90 kPa，预压期为 3 个月，预压完成后填土到场地交工面标高约 5.0 m，该场地用 2 年后，实测地面沉降达 100 cm 以上，已严重影响道路，管线和建筑物的安全使用。问造成场地工后沉降过大的主要原因有(　　)。

(A)排水固结法处理预压荷载偏小　　(B)膜下真空度不够

(C)排水固结处理排水板深度不够　　(D)砂垫层厚度不够

57. 某海堤采用抛石挤淤法进行填筑，已知海堤范围多年平均海水深约1.0 m，其下为淤泥层厚8.0 m，淤泥层下部是粗砾砂层，再下面是砾质黏性土，为保证海堤着底(即抛石海堤底到达粗砾砂)(　　)有利。

(A)加大抛石堤高度　　(B)加大抛石堤宽度

(C)增加堤头和堤侧爆破　　(D)增加高能级强夯

58. 采用预压法加固淤泥地基时，在其他条件不变的情况下，(　　)的措施有利于缩短预压工期。

(A)减少砂井间距　　(B)加厚排水砂垫层

(C)加大预压荷载　　(D)增大砂井直径

59. 采用土或灰土挤密桩局部处理地基，处理宽度应大于基底一定范围，其主要作用可用(　　)来解释。

(A)改善应力扩散　　(B)防渗隔水

(C)增强地基稳定性　　(D)防止基底土产生侧向挤出

60. 在松砂地基中，挤密碎石桩复合地基中的碎石垫层其主要作用可用(　　)来说明。

(A)沟成水平排水通道，加速排水固结　　(B)降低碎石桩桩体中竖向应力

(C)降低桩间土层中竖向应力　　　　　　(D)减少桩土应力比

61. 天然边坡有一危岩需加固，其结构面倾角 45°，欲用预应力锚索加固，如果锚索方向竖直。如右图所示，已知上下接触面间的结构面摩擦角 $\varphi = 45°$，黏聚力 $c = 35$ kPa，则锚索施力后(　　)是正确的。

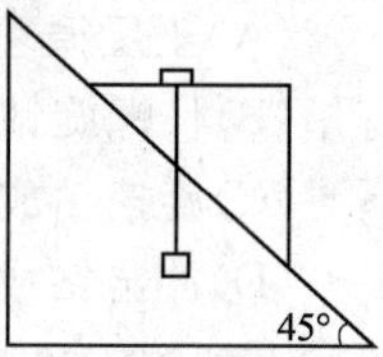

45°

题 61 图

(A)锚索增加了结构面的抗滑力 ΔR，也增加滑动力 ΔT，且 $\Delta R = \Delta T$

(B)该危岩的稳定性系数将增大

(C)该危岩的稳定性系数将不变

(D)该危岩的稳定性系数将减少

62. 当如下图所示的有软弱黏性土地基的黏土厚心墙堆石坝在坝体竣工时，(　　)更危险。

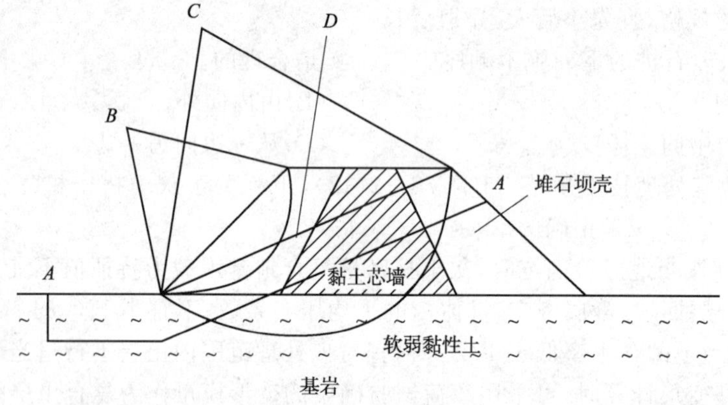

题 62 图

(A)穿过坝基土的复合滑动面　　　　　(B)通过堆石坝壳的圆弧滑动面

(C)通过坝基土的圆弧滑动面　　　　　(D)直线滑动面

63. 软土地区修建公路路基路堤采用反压护道措施，(　　)正确。

(A)反压护道应与路堤同时填筑

(B)路堤两侧反压护道的宽度必须相等

(C)路堤两侧反压护道的高度越高越有利

(D)采用反压护道的主要作用是保证路堤稳定性

64. 对于一墙竖直、填土水平，墙底水平的挡土墙；墙后填土为砂土，墙背与土间的摩擦角 $\delta = \frac{\varphi}{2}$，底宽为墙高 0.6 倍。(1) 假定墙背光滑的朗肯土压力理论计算主动土压力；(2) 不用考虑墙背摩擦的库仑土压力理论计算主动土压力。如用上述两种方法计算的主动土压力相比较，(　　)是正确的。

(A)朗肯理论计算的抗倾覆稳定安全系数小

(B)朗肯理论计算的抗滑稳定性安全系数较小

(C)朗肯理论计算的墙底压力分布较均匀

(D)朗肯理论计算的墙底压力平均值更大

65. 下面选项中(　　)不宜设置生活垃圾卫生填埋场。

(A)季节冻土地区　　　　　　　　　　(B)活动坍塌地带

(C)湿陷性黄土地区　　　　　　　　　(D)洪泛区

66. 采用低应变法检测钢筋混凝土桩的桩身完整性时，下列对测量传感器安装描述中(　　)是正确的。

(A)传感器安装应与桩顶面垂直

(B)实心桩的传感器安装位置为桩中心

(C)空心桩的传感器安装在桩壁厚的1/2处

(D)传感器安装位置应位于钢筋笼的主筋处

67.(　　)的建筑物在施工及使用期间应进行变形观测。

(A)地上33层,框剪结构,天然地基

(B)地上11层住宅,CFG桩复合地基

(C)地基基础设计等级为乙级的建筑物

(D)桩基础受临近基坑开挖影响的丙级建筑

68.以下关于招标代理机构的表述中正确的有(　　)。

(A)招标代理机构是行政主管部门所属的专门负责招标代理工作的机构

(B)应当在招标人委托的范围内办理招标事宜

(C)应具备经国家建设行政主管部门认定的资格

(D)建筑行政主管部门有权为招标人指定招标代理机构

69.注册土木工程师(岩土)的执业范围包括(　　)。

(A)建筑工程施工管理　　(B)本专业工程招标、采购、咨询

(C)本专业工程设计　　(D)对岩土工程施工进行指导和监督

70.根据《建设工程质量检测管理办法》的规定,检测机构有(　　)行为时,被处以1万元以上3万元以下罚款。

(A)使用不符合条件的检测人员

(B)伪造检测数据,出具虚假检测报告

(C)未按规定上报发现的违法违规行为和检测不合格事项的

(D)转包检测业务

专业知识(下午卷)

一、单项选择题(共40题,每题1分。每题的备选项中只有一个最符合题意)

1.下列关于设计基准期的叙述正确的是(　　)。

(A)设计基准期是为确定可变作用及与时间有关的材料性能取值而选用的时间参数

(B)设计基准期是设计规定的结构或结构构件不需大修而可按期完成预定目的的使用的时期

(C)设计基准期等于设计使用年限

(D)设计基准期按结构的设计使用年限的长短而确定

2.上部结构荷载传至基础顶面的平均压力见下表,基础和台阶上土的自重压力为60 kPa,按《建筑地基基础设计规范》(GB 50007—2011)确定基础尺寸时,荷载应取(　　)。

题2表

承载力极限状态	正常使用极限状态	
基本组合	标准组合	准永久组合
200 kPa	180 kPa	160 kPa

(A)260 kPa (B)240 kPa (C)200 kPa (D)180 kPa

3. 建筑地基基础设计中的基础抗剪切验算采用(　　)的设计方法。

(A)容许承载能力设计　(B)单一安全系数法

(C)基于可靠度的分项系数设计法　(D)多系数设计法

4. (　　)的条件对施工期间的地下车库抗浮最为不利。

(A)地下车库的侧墙已经建造完成,地下水处于最高水位

(B)地下车库的侧墙已经建造完成,地下水处于最低水位

(C)地下车库顶板的上覆土层已经完成,地下水处于最高水位

(D)地下车库顶板的上覆土层已经完成,地下水处于最低水位

5. 按《建筑地基基础设计规范》(GB 50007—2011)的规定,在抗震设防区,除岩石地基外,天然地基上高层建筑筏型基础埋深不宜小于(　　)。

(A)建筑物高度的1/15　(B)建筑物宽度的1/15

(C)建筑物高度的1/18　(D)建筑物宽度的1/18

6. 条形基础宽度3 m,基础底面的荷载偏心距为0.5 m,基底边缘最大压力值和基底平均压力值的比值符合(　　)。

(A)1.2 (B)1.5 (C)1.8 (D)2.0

7. 据《建筑地基基础设计规范》(GB 50007—2011)的规定,土质地基承载力计算公式:$f_a = M_b\gamma b + M_d\gamma_m d + M_c C_k$,按其基本假定,下列有关$f_a$的论述中(　　)是正确的。

(A)根据刚塑性体极限平衡的假定得出的地基极限承载力

(B)按塑性区开展深度为0的地基容许承载力

(C)根据条形基础应力分布的假定得到的地基承载力,塑性区开展深度为基础宽度的1/4

(D)假定为偏心荷载,$e/b = 1/6$作用下的地基承载力特征值

8. 对于不排水强度的内摩擦角为零的土,其深度修正系数和宽度修正系数的正确组合为(　　)。

(A)深度修正系数为0;宽度修正系数为0

(B)深度修正系数为1;宽度修正系数为0

(C)深度修正系数为0;宽度修正系数为1

(D)深度修正系数为1;宽度修正系数为1

9. 对5层的异形柱框架结构位于高压缩性地基土的住宅,(　　)的地基变形允许值为《建筑地基基础设计规范》(GB 50007—2011)规定的变形限制指标。

(A)沉降量200 mm　(B)沉降差0.003 l(l为相柱基中心距)

(C)倾斜0.003　(D)整体倾斜0.003

10. (　　)的基坑内支撑刚度最大、整体性最好,可最大限度地避免由节点松动而失事。

(A)现浇混凝土桁架支撑结构　(B)钢桁架结构

(C)钢管平面对撑　(D)型管平面斜撑

11. 在支护桩及连续墙的后面垂直于基坑侧壁的轴线埋设土压力盒,在同样条件下,下列(　　)的土压力最大。

(A)地下连续墙后　(B)间隔式排桩

(C)连续密布式排桩　(D)间隔式双排桩的前排桩

12. 关于城市地铁施工方法,下列说法中(　　)不正确。

(A)城区内区间的隧道宜采用暗挖法

(B)郊区的车站可采用明挖法

(C)在城市市区内的道路交叉口采用盖挖逆筑法

(D)竖井施工可采用暗挖法

13. 某采用坑内集水井排水的基坑渗流流网如下图所示，其中坑底最易发生流土的点位是(　　)。

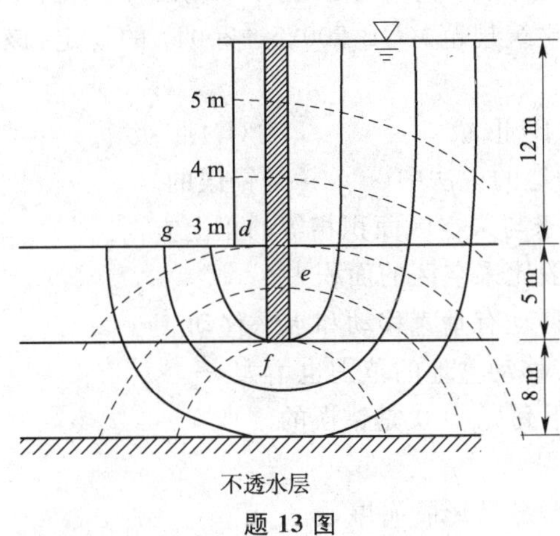

题 13 图

(A)点 d　　(B)点 f　　(C)点 e　　(D)点 g

14. 设计时对地下连续墙墙身结构质量检测，宜优先采用(　　)。

(A)高应变动测法　　(B)声波透射法

(C)低应变动测法　　(D)钻芯法

15. 根据《地下铁道工程施工及验收规范》(GB 50299—1999)(2003 年版)，在采用暗挖法施工时，对地下铁道施工断面，下面错误的是(　　)。

(A)可以欠挖

(B)允许少量超挖

(C)在硬岩中允许超挖量要小一些

(D)在土质隧道中比在岩质隧道中允许超挖量要小一些

16. 建筑基坑采用水泥土墙支护形式，其嵌固深度 h_d 和墙体宽度 b 的确定，按《建筑基坑支护技术规程》(JGJ 120—2012) 设计时，(　　)是正确的。

(A)嵌固深度 h_d 和墙体宽度 b 均按整体稳定计算确定

(B)嵌固深度 h_d 按整体稳定计算确定，墙体宽度按墙体的抗倾覆稳定计算确定

(C)h_d 和 b 均按墙体的抗倾覆稳定计算确定

(D)h_d 按抗倾覆稳定确定，b 按整体稳定计算确定

17. 据《岩土工程勘察规范》(GB 50021—2001)(2009 年版)，当填土底面的天然坡度大于(　　)时，应验算其稳定性。

(A)15%　　(B)20%　　(C)25%　　(D)30%

18. 据《岩土工程勘察规范》(GB 50021—2001)(2009 年版)，具有(　　)所示特征的土，可初判为膨胀土。

(A)膨胀率 > 2%　　(B)自由膨胀率 > 40%

(C)蒙脱石含量 ≥ 17%　　(D)标准吸湿含水率 ≥ 4.8%

19. 某红黏土的含水率试验如下：天然含水率 51%，液限 80%，塑限 48%，该红黏土的状态应

为(　　)。

(A)坚硬　　(B)硬塑　　(C)可塑　　(D)软塑

20. 在某多年冻土地区进行公路路基工程勘探，已知该冻土天然上限深度6 m，下列勘探深度中(　　)不符合《公路工程地质勘察规范》(JTG C20—2011) 的要求。

(A)9.5 m　　(B)12.5 m　　(C)15.5 m　　(D)18.5 m

21. 某湿陷性黄土场地，自量湿陷量的计算值 Δ_{zs} = 315 mm，湿陷量的计算值 Δ_s = 652 mm，根据《湿陷性黄土地区建筑规范》(GB 50025—2004) 的规定，该场地湿陷性黄土地基的湿陷等级应为(　　)。

(A)Ⅰ级　　(B)Ⅱ级　　(C)Ⅲ级　　(D)Ⅳ级

22. 下列关于采空区移动盆地的说法中(　　)是错误的。

(A)移动盆地都直接位于与采空区面积相等的正上方

(B)移动盆地的面积一般比采空区的面积大

(C)移动盆地内的地表移动有垂直移动和水平移动

(D)开采深度增大，地表移动盆地的范围也增大

23. 关于崩塌形成的条件，下列(　　)是错误的。

(A)高陡斜坡易形成崩塌

(B)软岩强度低，易风化，最易形成崩塌

(C)岩石不利结构面倾向临空面时，易沿结构面形成崩塌

(D)昼夜温差变化大，危岩易产生崩塌

24. 在破碎的岩质边坡坡体内有地下水渗流活动，但不易确定渗流方向时，在边坡稳定计算中，做了简化假定，采用不同的坡体深度计入地下水渗透力的影响，最安全的是(　　)。

(A)计算下滑力和抗滑力都采用饱和重度

(B)计算下滑力和抗滑力都采用浮重度

(C)计算下滑力用饱和重度，抗滑力用浮重度

(D)计算下滑力用浮重度，计算抗滑力用饱和重度

25. 当填料为(　　)时，填方路堤稳定性分析可采用 $K = \tan\varphi/\tan\alpha$ 公式计算。

(注：k 为稳定系数；φ 为内摩擦角；α 为坡面与水平面夹角。)

(A)一般黏性土　　(B)混碎石黏性土

(C)纯净的中细砂　　(D)粉土

26. 有一微含砾的砂土形成的土坡，在(　　)下土坡稳定性最好。

(A)天然风干状态　　(B)饱和状态并有地下水向外流出

(C)天然稍湿状态　　(D)发生地震

27. 当采用不平衡推力传递法进行滑坡稳定性计算时，下述说法中(　　)不正确。

(A)当滑坡体内地下水位形成统一水面时，应计入水压力

(B)用反演法求取强度参数时，对暂时稳定的滑坡稳定系数可取 0.95 ～ 1.0

(C)滑坡推力作用点可取在滑体厚度 1/2 处

(D)作用于某一滑块滑动分力与滑动方向相反时，该分力可取负值

28. 某拟建电力工程场地，属于较重要建筑项目，地质灾害发育中等，地形地貌复杂，岩土体工程地质性质较差，破坏地质环境的人类活动较强烈，则本场地地质灾害危险性评估分级应为(　　)。

(A)一级　　(B)二级　　(C)三级　　(D)二或三级

29. 我国建筑抗震设防的目标是"三个水准",(　　)的说法不符合规范。

(A)抗震设防"三个水准"是"小震不坏,大震不倒"的具体化

(B)在遭遇众值烈度时,结构可以视为弹性体系

(C)在遭遇基本烈度时,建筑处于正常使用状态

(D)在遭遇罕遇烈度时,结构有较大的但又是有限的非弹性变形

30. (　　)与确定建筑结构的地震影响系数无关。

(A)场地类别和设计地震分组

(B)结构自震周期和阻尼比

(C)50 年地震基准期的超越概率为 10% 的地震加速度

(D)建筑结构的抗震设防类别

31. 只有满足(　　),按剪切波速传播时间计算的等效剪切波速 V_{se} 的值与按厚度加权平均值计算的平均剪切波速 V_{sm} 值才是相等的。

(A)覆盖层正好是 20 m

(B)覆盖层厚度范围内,土层剪切波速随深度呈线性增加

(C)计算深度范围内的各土层剪切波速都相同

(D)计算深度范围内,各土层厚度相同

32. 在水利水电工程中,土的液化判别工作可分为初判和复判两个阶段,下述说法中(　　)不正确。

(A)土的颗粒太粗(粒径大于 5 mm 颗粒的含量大于某个界限值)或太细(颗粒小于 0.005 mm 颗粒的含量大于某个界限值),在初判时都有可能判定为不液化

(B)饱和土可以采用剪切波速进行液化初判

(C)饱和少黏性土也可以采用室内的物理性质试验进行液化复判

(D)所有饱和无黏性土和少黏性土的液化判定都必须进行初判和复判

33. 某工程场地勘察钻探揭示基岩埋深 68 m,剪切波速见下表,该建筑场地类别应属于(　　)。

题 33 表

深度 /m	剪切波速 /(m/s)
0 ~ 2	100
2 ~ 5	200
5 ~ 10	300
10 ~ 15	350
15 ~ 68	400

(A)Ⅰ类　　(B)Ⅱ类　　(C)Ⅲ类　　(D)Ⅳ类

34. (　　)的场地条件是确定建筑的设计特征周期的依据。

(A)设计地震分组和抗震设防烈度　　(B)场地类别和建筑场地阻尼比

(C)抗震设防烈度和场地类别　　(D)设计地震分组和场地类别

35. (　　)不属于建设投资中工程建设其他费用。

(A)预备费　　(B)勘察设计费　　(C)土地使用费　　(D)工程保险费

36. (　　)不属于建设工程项目可行性研究的基本内容。

(A)投资估算　　(B)市场分析和预测

(C)环境影响评价　　(D)施工图设计

37. 某建筑工程勘察1号孔深度为10 m，地层为：0～2 m为含硬杂质≤10%的填土；2～8 m为细砂；8～10 m为卵石（粒径≤50 mm的颗粒大于50%）。0～10 m跟管钻进，孔口高程50 m，钻探时气温30℃，按2002年收费标准计算钻孔的实物工作收费额，其结果为（　　）。

(A)1 208元　(B)1 812元　(C)1 932.8元　(D)2 053.6元

38. 据《建设工程委托监理合同（示范文本）》，在监理业务范围内，监理单位聘用专家咨询时所发生的费用由（　　）支付。

(A)监理单位　(B)建设单位

(C)施工单位　(D)监理单位与施工单位协商确定

39.（　　）应当对工程建设强制标准负责解释。

(A)工程建设设计单位　(B)工程建设标准批准部门

(C)施工图设计文件审查单位　(D)省级以上建设行政主管部门

40. 在建设工程勘察合同履行过程中，下列有关发包人对承包人进行检查的作法中，符合法律规定的是（　　）。

(A)发包人需经承包人同意方可进行检查

(B)发包人在不妨碍承包人正常工作的情况下可随时进行检查

(C)发包人可随时进行检查

(D)发包人只能在隐蔽工程隐蔽前进行检查

二、多项选择题（共30题，每题2分。每题的备选项中有两个或三个符合题意，错选、少选、多选均不得分）

41. 下列有关可靠性与设计方法的叙述中，（　　）是正确的。

(A)可靠性是结构在规定时间内和规定条件下，完成预定功能的能力

(B)可靠性指标能定量反映工程的可靠性

(C)安全系数能定量反映工程的可靠性

(D)不同工程设计中，相同安全系数表示工程的可靠度相同

42.（　　）属于定值设计法。

(A)《公路桥涵地基与基础设计规范》(JTG D63—2007)中容许承载力设计

(B)《建筑地基基础设计规范》(GB 50007—2011)中基础结构的抗弯设计

(C)《建筑地基基础设计规范》(GB 50007—2011)中地基稳定性验算

(D)《建筑边坡工程技术规范》(GB 50330—2013)边坡稳定性计算

43. 下列关于基础埋深的叙述中，（　　）是正确的。

(A)在满足地基稳定和变形要求前提下，基础宜浅埋

(B)对位于岩石地基上的高层建筑筏形基础，箱形基础埋深应满足抗滑要求

(C)在季节性冻土地区，基础的埋深应大于设计冻深

(D)新建建筑物与既有建筑物相邻时，新建建筑物基础埋深不宜小于既有建筑基础埋深

44. 建筑物的局部剖面如下图所示，室外地坪填土是在结构封顶以后进行的，在下列计算中，（　　）是正确的。

(A)外墙基础沉降计算时，附加应力 = 总应力 $-\gamma_m d$ 中，d 取用5.0 m

(B)外墙地基承载力修正的埋深项 $\eta_d\gamma_m(d-0.5)$ 中，d 取用1.0 m

(C)中柱基础沉降计算时，附加应力 = 总应力 $-\gamma_m d$ 中，d 取用3.0 m

(D)中柱地基承载力修正的埋深项，$\eta_d\gamma_m(d-0.5)$ 中，d 取用3.0 m

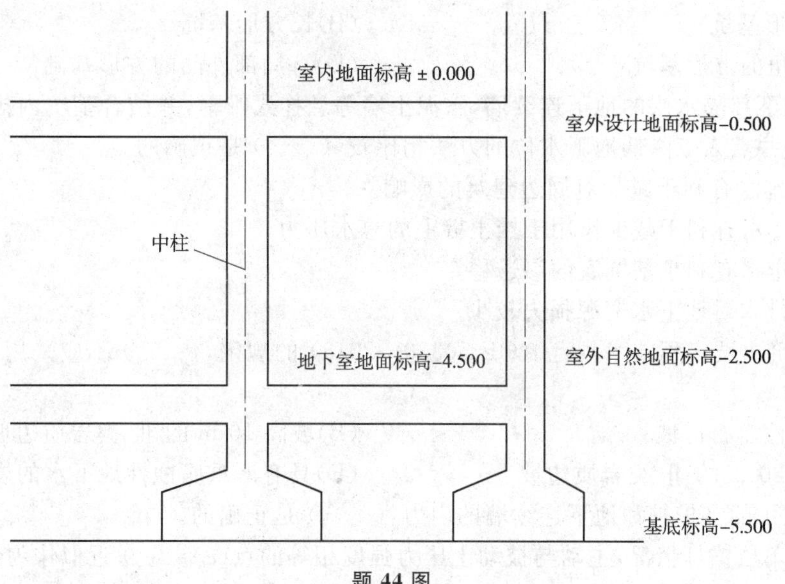

题 44 图

45.(　　)对地基承载力有影响。

(A)基础埋深、基础宽度　　(B)地基土抗剪强度

(C)地基土的质量密度　　(D)基础材料的强度

46.按《建筑地基基础设计规范》(GB 50007—2011)对地基基础设计的规定,(　　)是不正确的。

(A)所有建筑物的地基计算,均应满足承载力计算的有关规定

(B)设计等级为丙级的所有建筑物可不作变形验算

(C)软弱地基上的建筑物存在偏心荷载时,应作变形验算

(D)地基承载力特征值小于 130 kPa,所有建筑应作变形验算

47.关于条形基础的内力计算,(　　)是正确的。

(A)墙下条形基础采用平面应变问题分析内力

(B)墙下条形基础的纵向内力必须采用弹性地基梁法计算

(C)柱下条形基础在纵、横两个方向均存在弯矩、剪力

(D)柱下条形基础横向的弯矩和剪力的计算方法与墙下条形基础相同

48.关于文克勒地基模型,(　　)是正确的。

(A)文克勒地基模型研究的是均质弹性半无限体

(B)假定地基由独立弹簧组成

(C)基床系数是地基土的三维变形指标

(D)文克勒地基模型可用于计算地基反力

49.在其他条件相同的情况下,对于如下图所示地下连续墙支护的 A、B、C、D 四种平面形状基坑,如它们长边尺寸都相等,(　　)安全性较差,需采取加强措施。

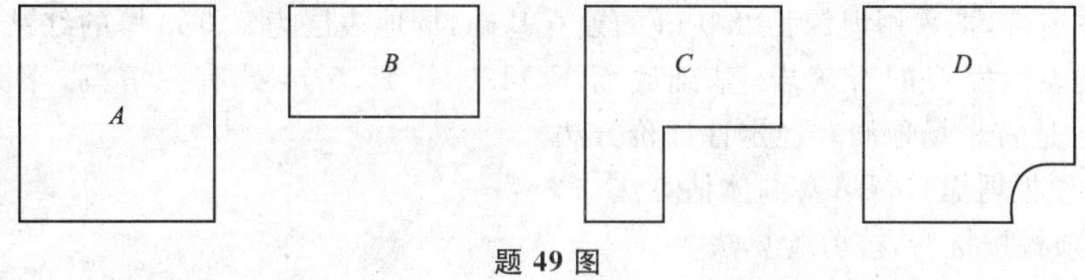

题 49 图

(A)正方形基坑　　　　　　　　　　　(B)长方形基坑

(C)有阳角的方形基坑　　　　　　　　(D)有局部外凸的方形基础

50. 用未嵌入下部隔水层的地下连续墙,水泥土墙等悬挂式帷幕,并结合基坑内排水方法,与采用坑外井点人工降低地下水位的方法相比较,(　　)是正确的。

(A)坑内排水有利于减少对周边建筑的影响

(B)坑内排水有利于减少作用于挡土墙上的总水压力

(C)坑内排水有利于基坑底的渗透稳定

(D)坑内排水对地下水资源损失较少

51. 根据《建筑边坡工程技术规范》(GB 50330—2013)的规定,(　　)不应采用钢筋混凝土锚喷支护。

(A)膨胀性岩石边坡　　　　　　　　(B)坡高 10 m 的 Ⅲ 类岩质边坡

(C)坡高 20 m 的 Ⅱ 类岩质边坡　　　(D)具有严重腐蚀性地下水的岩质边坡

52. 对于基坑中的支护桩和地下连续墙的内力,(　　)是正确的。

(A)对于单层锚杆情况,主动与被动土压力强度相等的点($e_a = e_p$)近似作为弯矩零点

(B)对悬臂式桩、墙的总主动与被动土压力相同的点($\sum E_a = \sum E_p$)是弯矩最大点

(C)对于悬臂式桩、墙总主动与被动土压力差最大的点($\sum E_a - \sum E_p)_{max}$ 是轴力最大点

(D)对悬臂式桩、墙总主动与被动土压力相等的点($\sum E_a = \sum E_p$)近似为弯矩零点

53. 根据《建筑基坑支护技术规程》(JGJ 120—2012),下列关于地下水控制的设计与施工要求中,(　　)是正确的。

(A)当因降水而危及周边环境安全时,宜采用截水或回灌方法

(B)当坑底以下含水层渗透性强、厚度较大时,不应单独采用悬挂式截水方案

(C)回灌井与降水井的距离不宜大于 6 m

(D)当一级真空井点降水不满足降水深度要求时,可采用多级井点降水方法

54. 在软土地区进行岩土工程勘察,宜采用(　　)的原位测试方法。

(A)扁铲试验　　　　　　　　　　(B)静力触探试验

(C)十字板剪切试验　　　　　　　(D)重型圆锥形动力触探

55. 公路软弱地基处理的下列方法中,(　　)适用于较大深度范围内的素填土地基。

(A)强夯　　　　　　　　　　　　(B)堆载预压

(C)换填垫层　　　　　　　　　　(D)挤密桩

56. (　　)是膨胀土的基本特性。

(A)在天然状态下,膨胀土的含水率和孔隙比都很高

(B)膨胀土的变形或应力对湿度状态的变化特别敏感

(C)膨胀土的裂隙是吸水时形成的

(D)膨胀土同时具有吸水膨胀和失水收缩两种变形特性

57. 某多层住宅楼,拟采用埋深为 2.0 m 的独立基础,场地表层为 2.0 m 厚的红黏土,以下为薄层岩体裂隙发育的石灰岩,基础底面下 14.0 ～ 15.5 m 处有一溶洞,下列选项中,(　　)为适宜本场地洞穴稳定性评价方法。

(A)溶洞顶板坍塌自行填塞洞体估算法

(B)溶洞顶板按抗弯,抗剪验算法

(C)溶洞顶板按冲切验算法

(D)根据当地经验按工程类比法

58. 在其他条件均相同的情况下，下列关于岩溶发育程度与地层岩性关系的说法中，(　　)是正确的。

(A)岩溶在石灰岩地层中的发育速度小于白云岩地层

(B)厚层可溶岩岩溶发育比薄层可溶岩强烈

(C)可溶岩含杂质越多，岩溶发育越强烈

(D)结晶颗粒粗大的可溶岩较结晶颗粒细小的可溶岩岩溶发育更易

59. (　　)的勘察方法不适用泥石流勘察。

(A)勘探、物探

(B)室内试验，现场测试

(C)地下水长期观测和水质分析

(D)工程地质测绘和调查

60. 为排除滑坡体内的地下水补给来源拟设置截水盲沟，(　　)的盲沟布置方式是合理的。

(A)布置在滑坡后缘裂缝 5 m 外的稳定坡面上

(B)布置在滑坡可能发展的范围 5 m 外稳定地段透水层底部

(C)截水盲沟与地下水流方向垂直

(D)截水盲沟与地下水流方向一致

61. 在进行山区工程建设的地质灾害危险性评估时，应特别注意(　　)的地质现象。

(A)崩塌

(B)泥石流

(C)软硬不均的地基

(D)位于地下水溢出带附近工程建成后可能处于浸湿状态的斜坡

62. 对于结构自振周期大于特征周期的某高耸建筑物来说，在确定地震影响系数时，假设其他条件都相同，(　　)是正确的。

(A)设计地震分组第一组的地震影响系数总是比第二组的地震影响系数大

(B)Ⅱ 类场地的地震影响系数总是比 Ⅲ 类场地的地震影响系数大

(C)结构自振周期越大，地震影响系数越小

(D)阻尼比越大，曲线下降段的衰减指数就越小

63. 在地震区进行场地岩土工程勘察时，(　　)是勘察报告中应包括的与建筑抗震有关的内容。

(A)划分对建筑有利、不利和危险地段

(B)提供建筑抗震设防类别

(C)提供建筑场地类别

(D)进行天然地基和基础的抗震承载力验算

64. 关于饱和砂土的液化机理，(　　)是正确的。

(A)如果振动作用的强度不足以破坏砂土的结构，液化不发生

(B)如果振动作用的强度足以破坏砂土结构，液化也不一定发生

(C)砂土液化时，砂土的有效内摩擦角将降低到零

(D)砂土液化以后，砂土将变得更松散

65. 在采用标准贯入试验进一步判别地面下 20 m 深度范围内的土层液化时，(　　)是正确的。

(A)地震烈度越高，液化判别标准贯入值锤击数临界值也就越大

(B)设计近震场地的标贯锤击数临界值总是比设计远震的临界值更大

(C)标准贯入锤击数临界值总是随地下水位深度的增大而减少

(D)标准贯入锤击数临界值总随标贯深度增大而增大

66. 暂无

67. 验算天然地基地震作用下的竖向承载力时,(　　)是正确的。

(A)基础底面压力按地震作用效应标准组合并采用"拟静力"法计算

(B)抗震承载力特征值较静力荷载下承载力特征值有所降低

(C)地震作用下结构可靠度容许有一定程度降低

(D)对于多层砌体房屋,在地震作用下基础底面不宜出现零应力区

68. 根据《建设工程质量管理条例》的罚则,(　　)是正确的。

(A)施工单位在施工中偷工减料的,使用不合格建筑材料、建筑配件和设备的责令改正,处以10万元以上20万元以下罚款

(B)勘察单位未按照工程建筑强制性标准进行勘察的,处10万元以上30万元以下罚款

(C)工程监理单位将不合格工程,建筑材料按合格签字,处50万元以上100万元以下罚款

(D)设计单位将承担的设计项目转包或违法分包的,责令改正,没收违法所得,处设计费1倍以上2倍以下罚款

69. 根据《招标投标法》,(　　)是正确的。

(A)招标人将必须进行的招标项目以其他方式规避招标的,责令限期改正,可以处项目合同金额千分之五以上千分之十以下的罚款

(B)投标人相互串通投标的,中标无效,处中标项目金额的千分之五以上千分之十以下罚款

(C)中标人将中标项目转让他人的,违反本规定,将中标项目的部分主体工作分包他人的,转让,分包无效,处转让分包项目金额的千分之五以上千分之十以下的罚款

(D)中标人不按照与招标人订立的合同履行义务,情节严重的,取消其一至二年内参加依法必须进行招标的项目的投标资格并予以公告

70. (　　)属于《建设工程勘察合同(示范文本)》中规定的发包人的责任。

(A)提供勘察范围内地下埋藏物的有关资料

(B)以书面形式明确勘察任务及技术要求

(C)提出增减勘察量的意见

(D)青苗相对赔偿

专业案例(上午卷)

1. 某公路需填方,要求填土干重度为 $\gamma_d = 17.8\ \text{kN/m}^3$,需填方量为40万 m^3,对采料场勘察结果为:土的比重 $G_s = 2.7\ \text{g/cm}^3$;含水率 $W = 15.2\%$;孔隙比 $e = 0.823$。该料场储量至少要达到(　　)才能满足要求(以万 m^3 计)。

(A)48　　(B)72　　(C)96　　(D)144

2. 某场地地下水位如下图所示,已知黏土层饱和重度 $\gamma_s = 19.2\ \text{kN/m}^3$,砂层中承压水头 $h_w = 15\ \text{m}$(由砂层顶面起算),$h_1 = 4\ \text{m}$,$h_2 = 8\ \text{m}$,砂层顶面有效应力及黏土层中的单位渗流力最接近(　　)。

(A)43.6 kPa;3.75 kN/m^3　　(B)88.2 kPa;7.6 kN/m^3

(C)150 kPa;10.1 kN/m^3　　(D)193.6 kPa;15.5 kN/m^3

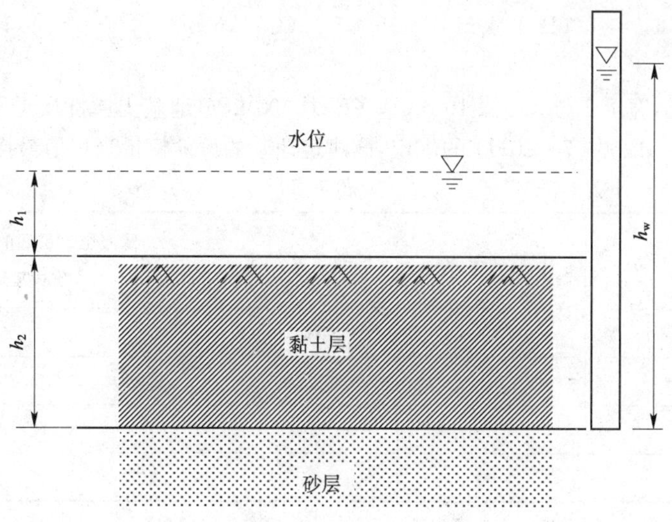

题 2 图

3. 对于饱和软黏土进行开口钢环十字板剪切试验，十字板常数为 129.41 m^{-2}，钢环系数为 0.003 86 kN/0.01mm，某一试验点的测试钢环读数记录如下表，该试验点处土的灵敏度最接近（　　）。

题 3 表

原状土读数 0.01 mm	2.5	7.6	12.6	17.8	23.0	27.6	31.2	32.5	35.4	36.5	34.0	30.8	30.0
重塑土读数 0.01 mm	1.0	3.6	6.2	8.7	11.2	13.5	14.5	14.8	14.6	13.8	13.2	13.0	—
轴杆读数 0.01 mm	0.2	0.8	1.3	1.8	2.3	2.6	2.8	2.6	2.5	2.5	2.5	—	—

(A)2.5　　(B)2.8　　(C)3.3　　(D)3.8

4. 用内径为 79.8 mm，高为 20 mm 的环刀切取未扰动黏性土试样，相对密度 $G_s = 2.70$，含水率 $W = 40.3\%$，湿土质量 154 g，现做侧限压缩试验，在压力 100 kPa 和 200 kPa 作用下，试样总压缩量分别为 $S_1 = 1.4$ mm 和 $S_2 = 2.0$ mm，其压缩系数 $a_{1\text{-}2}$ 最接近（　　）。

(A)0.4 MPa^{-1}　　(B)0.5 MPa^{-1}　　(C)0.6 MPa^{-1}　　(D)0.7 MPa^{-1}

5. 如下图所示箱涵的外部尺寸为宽 6 m、高 8 m，四周壁厚均为 0.4 m，顶面距原地面 1.0 m，抗浮设计地下水位埋深 1.0 m，混凝土重度 25 kN/m^3，地基土及填土的重度均为 18 kN/m^3，若要满足抗浮安全系数 1.05 的要求，地面以上覆土的最小厚度应接近（　　）。

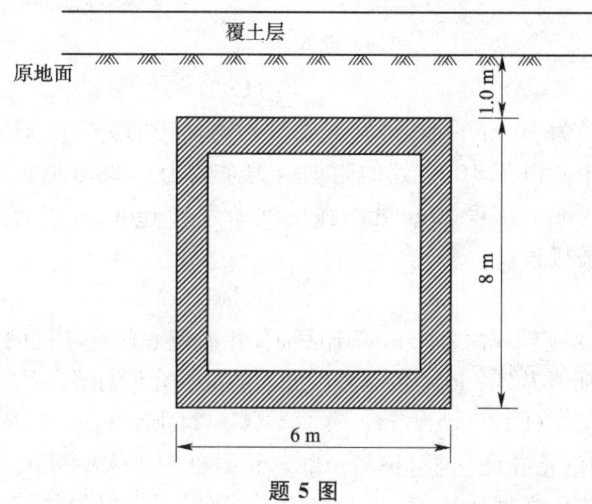

题 5 图

(A)1.2 m　　(B)1.4 m　　(C)1.6 m　　(D)1.8 m

6. 暂无

7. 某建筑筏形基础，宽度 15 m，埋深 10 m，基底压力 400 kPa，地基土层性质见下表，按《建筑地基基础设计规范》(GB 50007—2011) 的规定，该建筑地基的压缩模量当量值最接近(　　)。

题 7 表

序号	岩土名称	层底埋深 /m	压缩模量 /MPa	基底至该层底的平均符加应力系数$\bar{\alpha}$(基础中心点)
1	粉质黏土	10	12.0	—
2	粉土	20	15.0	0.897 4
3	粉土	30	20.0	0.728 1
4	基岩	—	—	—

(A)15 MPa　　(B)16.6 MPa　　(C)17.5 MPa　　(D)20 MPa

8. 建筑物长度 50 m，宽 10 m，比较筏板基础和 1.5 m 的条形基础两种方案，已分别求得筏板基础和条形基础中轴线上、变形计算深度范围内(为简化计算，假定两种基础的变形计算深度相同) 的附加应力，随深度分布的曲线(近似为折线) 如下图所示，已知持力层的压缩模量 $E_s = 4$ MPa，下卧层的压缩模量 $E_s = 2$ MPa，这两层土的压缩变形引起的筏板基础沉降 S_f 与条形基础沉降 S_t 之比最接近(　　)。

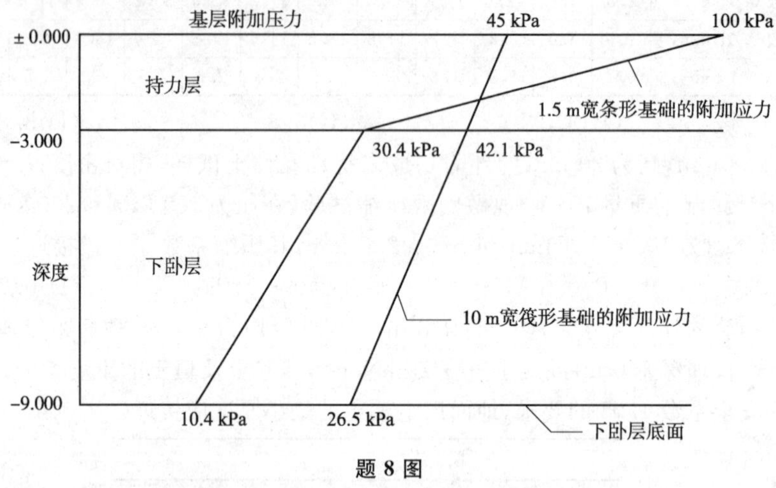

题 8 图

(A)1.23　　(B)1.44　　(C)1.65　　(D)1.86

9. 均匀土层上有一直径为 10 m 的油罐，其基底平均附加压力为 100 kPa，已知油罐中心轴线上在油罐基础底面中心以下 10 m 处的附加应力系数为 0.285，通过沉降观测得到油罐中心的底板沉降为 200 mm，深度 10 m 处的深层沉降为 40 mm，则 10 m 范围内土层用近似方法估算的反算模量最接近(　　)。

(A)2.5 MPa　　(B)4.0 MPa　　(C)3.5 MPa　　(D)5.0 MPa

10. 条形基础宽度为 3 m，基础埋深 2.0 m，基础底面作用有偏心荷载，偏心距 0.6 m，已知深宽修正后的地基承载力特征值为 200 kPa，传至基础底面的最大允许总竖向压力最接近(　　)。

(A)200 kN/m　　(B)270 kN/m　　(C)324 kN/m　　(D)600 kN/m

11. 某工程采用泥浆护壁钻孔灌注桩，桩径 1 200 mm，桩端进入中等风化岩 1.0 m，岩体较完整，岩块饱和单轴抗压强度标准值 41.5 MPa，桩顶以下土层参数依次列表如下，按《建筑桩基技术规范》(JGJ 94—2008) 估算，单桩极限承载力最接近(　　)。

(注:取桩嵌岩段侧阻和端阻力综合系数为 0.76。)

题 11 表

岩土层编号	岩土层名称	桩顶以下岩土层厚度 /m	q_{sik}/kPa	q_{pik}/kPa
1	黏土	13.7	32	—
2	粉质黏土	2.3	40	—
3	粗砂	2.00	75	2 500
4	强风化岩	8.85	180	—
5	中等风化岩	8.00	—	—

(A)32 200 kN　　(B)36 800 kN　　(C)40 800 kN　　(D)44 200 kN

12. 某地下车库作用有 141 MN 的浮力，基础上部结构和土重为 108 MN，拟设置直径 600 mm，长 10 m 的抗浮桩，桩身重度为 25 kN/m³，水重度为 10 kN/m³，基础底面以下 10 m 内为粉质黏土，其桩侧极限摩阻力为 36 kPa，车库结构侧面与土的摩擦力忽略不计，据《建筑桩基技术规范》(JGJ 94—2008)，按群桩呈非整体破坏估算，需要设置抗拔桩的数量应大于(　　)。

(A)83 根　　(B)89 根　　(C)108 根　　(D)118 根

13. 某柱下桩基采用等边三角形承台，如右图所示，承台等厚，三向均匀，在荷载效应基本组合下，作用于基桩顶面的轴心竖向力为2 100 kN，承台及其上土重标准值为300 kN，按《建筑桩基技术规范》(JGJ 94—2008) 计算，该承台正截面最大弯矩接近(　　)。

(A)531 kN·m

(B)670 kN·m

(C)743 kN·m

(D)814 kN·m

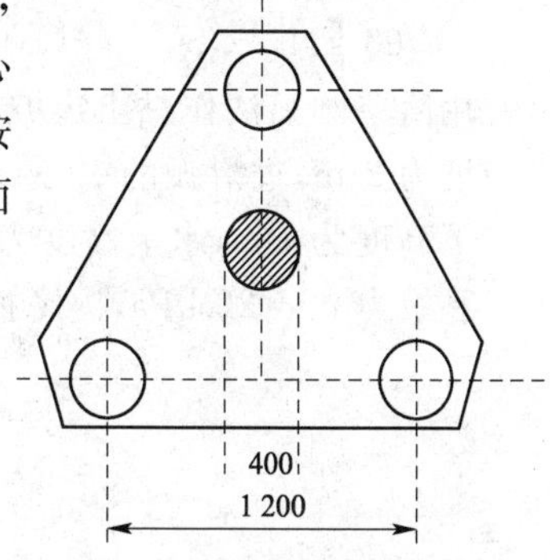

题 13 图

14. 某高层住宅筏形基础，基底埋深 7 m，基底以上土的天然重度 20 kN/m³，天然地基承载力特征值 180 kPa，采用水泥粉煤灰碎石桩(CFG) 复合地基，现场试验测得单桩承载力特征值为 600 kN，正方形布桩，桩径 400 mm，桩间距为 1.5 m×1.5 m，单桩承载力发挥系数假定为 1.0，桩间土承载力折减系数 β 取 0.95，该建筑物基底压力不应超过(　　)。

(A)428 kPa　　(B)558 kPa　　(C)623 kPa　　(D)641 kPa

15. 某重要工程采用灰土挤密桩复合地基，桩径 400 mm，等边三角形布桩，中心距1.0 m，桩间土在地基处理前的平均干密度为 1.38 t/m³，据《建筑地基处理技术规范》(JGJ 79—2012) 在正常施工条件下，挤密深度内，桩间土的平均干密度预计可达到(　　)。

(A)1.48 t/m³　　(B)1.54 t/m³　　(C)1.61 t/m³　　(D)1.68 t/m³

16. 某工程采用旋喷桩复合地基，桩长 10 m，桩径 600 mm，桩身 28 d 强度为 3.96 MPa，桩身强度折减系数为 0.25，单桩承载力发挥系数假定为 1.0，桩端阻力发挥系数取 1.0，基底以下相关地层埋深及桩侧阻力特征值，桩端阻力特征值如下图所示，单桩竖向承载力特征值与(　　) 接近。

(A)210 kN　　(B)280 kN　　(C)378 kN　　(D)520 kN

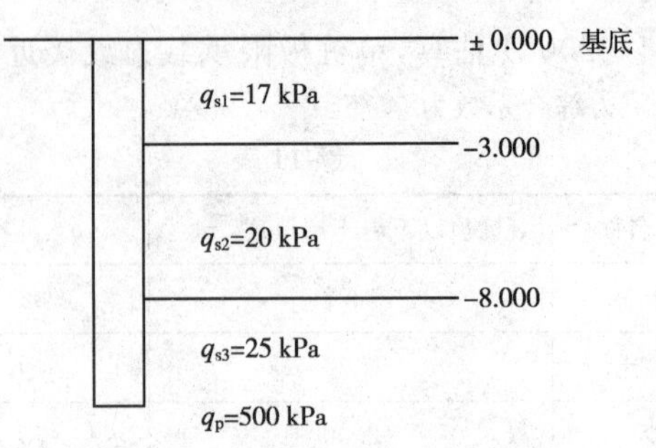

题 16 图

17. 有一码头的挡土墙，墙高 5 m，墙背垂直光滑，墙后为充填的砂($e=0.9$)，填土表面水平，地下水与填土表面平齐，已知砂的饱和重度 $\gamma=18.7\ \mathrm{kN/m^3}$，内摩擦角 $\varphi=30°$，当发生强烈地震时，饱和的松砂完全液化，如不计地震惯性力，液化时每延长米墙后总水平力是(　　)。

(A)78 kN　　(B)161 kN　　(C)203 kN　　(D)234 kN

18. 有一码头的挡土墙，墙高 5 m，墙背垂直光滑，墙后为充填的松砂，填土表面水平，地下水位与墙顶齐平，已知：砂的孔隙比为 0.9，饱和重度 $\gamma_{sat}=18.7\ \mathrm{kN/m^3}$，内摩擦角 $\varphi=30°$，强震使饱和松砂完全液化，震后松砂沉积变密实，孔隙比 $e=0.65$，内摩擦角 $\varphi=35°$，震后墙后水位不变，墙后每延长米上的主动土压力和水压力之和是(　　)。

(A)68 kN　　(B)120 kN　　(C)150 kN　　(D)160 kN

19. 用简单圆弧法作黏土边坡稳定性分析，如下图所示，滑弧的半径 $R=30$ m，第 i 土条的宽度为 2 m，过滑弧的中心点切线渗流水面和土条顶部与水平线的夹角均为 30°，土条的水下高度为 7 m，水上高度为 3.0 m，已知黏土在水位上、下的天然重度均为 $\gamma=20\ \mathrm{kN/m^3}$，黏聚力 $c=22$ kPa，内摩擦角 $\varphi=25°$，该土条的抗滑力矩是(　　)。

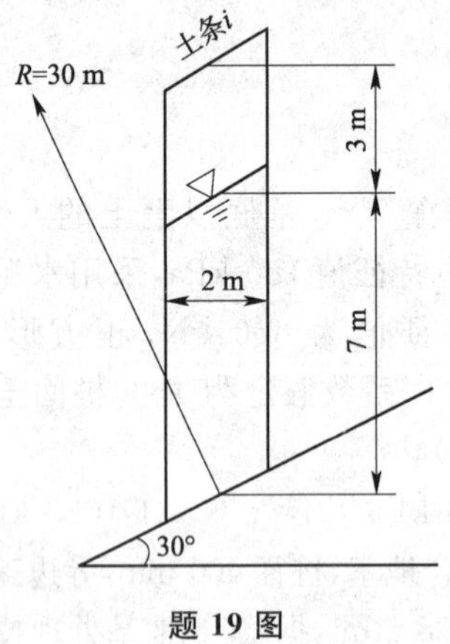

题 19 图

(A)3 000 kN·m　　(B)4 110 kN·m　　(C)4 680 kN·m　　(D)6 360 kN·m

20. 某填方高度为 8 m 的公路路基垂直通过一作废的混凝土预制场，在地面高程原建有 30 个钢筋混凝土梁，梁下有 53 m 深灌注桩，为了避免路面不均匀沉降，在地梁上铺设聚苯乙烯(泡沫)板块(EPS)，路基填土重度 $18.4\ \mathrm{kN/m^3}$，据计算，在地基土 8 m 填方的荷载下，沉降量为 15 cm，忽略地梁本身的沉降，EPS 的平均压缩模量为 $E_s=500$ kPa，为消除地基不均匀沉降，在地梁上铺设聚苯乙烯的厚度为(　　)。

(A)150 mm (B)350 mm (C)550 mm (D)750 mm

21. 暂无

22. 均匀砂土地基基坑，地下水位与地面齐平，开挖深度 12 m，采用坑内排水，渗流流网如下图所示，各相临等势线之间的水头损失 Δh 相等，基坑底处之最大平均水力梯度最接近（　　）。

(A)0.44 (B)0.55 (C)0.80 (D)1.00

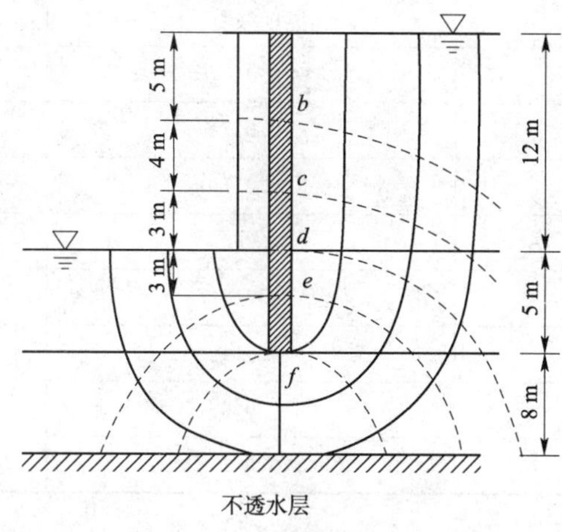

题 22 图

23. 如下图所示，基坑深度 5 m，插入深度 5 m，地层为砂土，参数为 $\gamma = 20\ \mathrm{kN/m^3}$，$c = 0$，$\varphi = 30°$，地下水位埋深 6 m，采用排桩支护形式，桩长 10 m，根据《建筑基坑支护技术规程》(JGJ 120—2012)，作用在每延长米支护体系上的总水平荷载是（　　）。

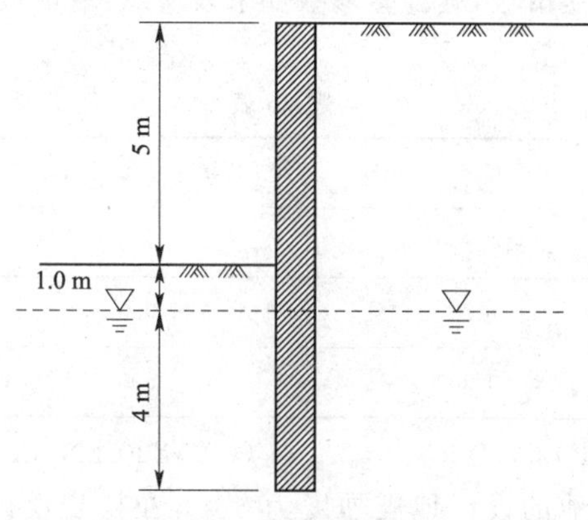

题 23 图

(A)210 kN (B)280 kN (C)307 kN (D)611 kN

24. 陇西地区某湿陷性黄土场地的地层情况为：0 ～ 12.5 m 为湿陷性黄土，12.5 m 以下为非湿陷性土。探井资料如表，假设场地地层水平，均匀，地面标高为 ±0.000，根据《湿陷性黄土地区建筑规范》(GB 50025—2004) 的规定，湿陷性黄土地基的湿陷等级为（　　）。

题 24 表

取样深度 /m	δ_s	δ_{zs}
1	0.076	0.011
2	0.070	0.013
3	0.065	0.016

续上表

取样深度 /m	δ_s	δ_{zs}
4	0.055	0.017
5	0.050	0.018
6	0.045	0.019
7	0.043	0.020
8	0.037	0.022
9	0.011	0.010
10	0.036	0.025
11	0.018	0.027
12	0.014	0.016
13	0.006	0.010
14	0.002	0.005

(A)Ⅰ类　(B)Ⅱ类　(C)Ⅲ类　(D)Ⅳ类

25. 某季节性冻土地基实测冻土厚度为 2.0 m，冻前原地面标高为 186.128 m，冻后实测地面标高 186.288，该土层平均冻胀率接近(　　)。

(A)7.1%　(B)8.0%　(C)8.7%　(D)8.5%

26. 某一滑动面为折线的均质滑坡，其计算参数如下表所示：取滑坡推力安全系数为 1.05，滑坡 ③ 条块的剩余下滑力是(　　)。

题 26 表

滑块编号	下滑力 /(kN/m)	抗滑力 /(kN/m)	传递系数
①	3 600	1 100	0.6
②	8 700	7 000	0.90
③	1 500	2 600	—

(A)2 140 kN/m　(B)2 730 kN/m　(C)3 220 kN/m　(D)3 790 kN/m

27. 某混凝土水工重力坝场地的设计地震烈度为 8 度，在初步设计的建基面标高以下深度 15 m 范围内地层和剪切波速如下表所示：已知该重力坝的基本自震周期为 0.9 s，在考虑设计反应谱时，下列特征周期 T_g 和设计反应谱最大值的代表值 β_{max} 的不同组合中正确的是(　　)。

题 27 表

层序	地层	层底深度 /m	剪切波速 /(m/s)
1	中砂	6	235
2	圆砾	9	336
3	卵石	12	495
4	基岩	＞15	720

(A) $T_g = 0.20$ s; $\beta_{max} = 2.50$　　(B) $T_g = 0.20$ s; $\beta_{max} = 2.00$

(C) $T_g = 0.30$ s; $\beta_{max} = 2.50$　　(D) $T_g = 0.30$ s; $\beta_{max} = 2.00$

28. 在地震烈度为 8 度的场地修建采用天然地基的住宅楼，设计时需要对埋藏于非液化土层之下的厚层砂土进行液化判别，(　　)的组合条件可以初判别为不考虑液化影响。

(A) 上覆非液化土层厚度 5 m，地下水深 3 m，基础埋深 2 m

(B) 上覆非液化土层厚度 5 m，地下深 5 m，基础埋深 1.0 m

(C) 上覆非液化土层厚度 7 m，地下水深 3 m，基础埋深 1.5 m

(D) 上覆非液化土层厚度 7 m，地下水深 5 m，基础埋深 1.5 m

29. 某水利工程位于 8 度地震区，抗震设计按近震考虑，勘察时地下水位在当时地面以下的深度为 2.0 m，标准贯入点在当时地面以下的深度为 6 m，实测砂土（黏粒含量 $\rho_c < 3\%$）标准贯入锤击数为 20 击，工程正常运行后，下列四种情况下，(　　)在地震液化复判中应将该砂土判为液化土。

(A) 场地普遍填方 3.0 m　　(B) 场地普遍挖方 3.0 m

(C) 地下水位普遍上升 3.0 m　　(D) 地下水位普遍下降 3.0 m

30. 某场地钻孔灌注桩桩身平均波速为 3 555.6 m/s，其中某根桩低应变反射波动力测试曲线如下图所示，对应图中的时间 t_1、t_2 和 t_s 的数值分别为 60、66 和 73.5 ms，在混凝土强度变化不大的情况下，该桩长最接近(　　)。

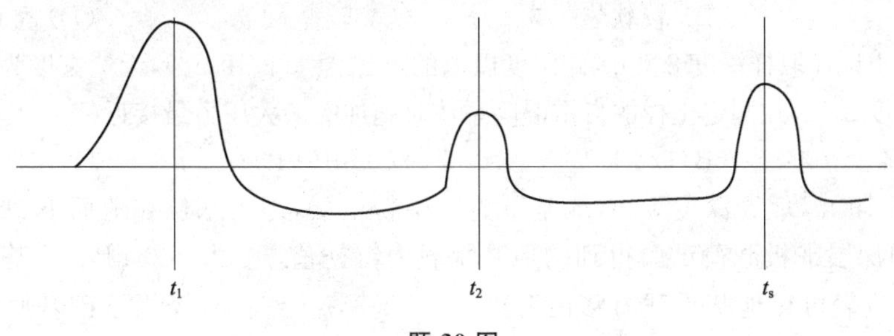

题 30 图

(A) 10.7 m　　(B) 21.3 m　　(C) 24 m　　(D) 48 m

2009年专业案例（下午卷）

专业案例（下午卷）

1. 基工程水质分析试验结果见下表。

题 1 表

成分	Na^+	K^+	Ca^{2+}	Mg^{2+}	NH_4^-	Cl^-	SO_4^{2-}	HCO_3^-	游离 CO_2	侵蚀性 CO_2
矿化度 /(mg/L)	51.39	28.78	75.43	20.23	10.80	83.47	27.19	366.00	22.75	1.48

其总矿化度最接近(　　)。

(A) 480 mg/L　　(B) 585 mg/L

(C) 660 mg/L　　(D) 690 mg/L

2. 某常水头试验装置见下图，土样 Ⅰ 的渗透系数 $k_1 = 0.7$ cm/s，土样 Ⅱ 的渗透系数 $k_2 = 0.1$ cm/s，土样横截面积 $A = 200$ cm^2，如果保持图中的水位恒定，则该试验的流量 Q 应保持在(　　)。

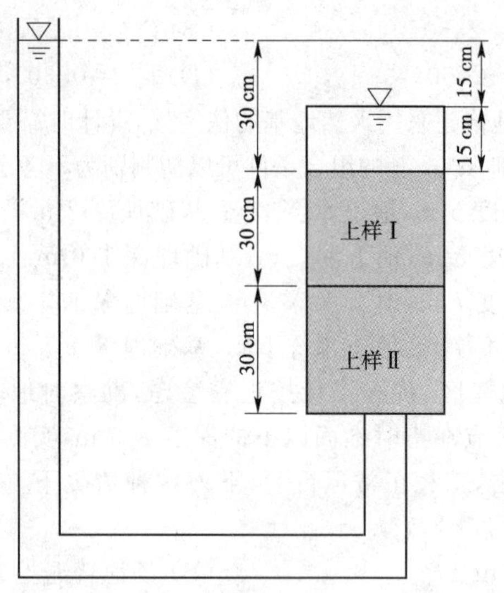

题 2 图

(A)3.0 cm^3/s　　(B)5.75 cm^3/s　　(C)8.75 cm^3/s　　(D)12 cm^3/s

3. 直径为 50 mm，长为 70 mm 的标准岩石试试件，进行径向点荷载强度试验，测得破坏时极限荷载为 4 000 N，破坏瞬间加荷点未发生贯入现象，该岩石的坚硬程度属于(　　)。

(A) 软岩　　(B) 较软岩　　(C) 较坚硬岩　　(D) 坚硬岩

4. 某湿陷性黄土试样取样深度 8.0 m，此深度以上的天然含水率 19.8%，天然密度为1.57 g/cm^3，土样相对密度 2.70，在测定土样的自重湿陷系数时施加的最大压力最接近(　　)。

(A)105 kPa　　(B)126 kPa　　(C)140 kPa　　(D)216 kPa

5. 筏板基础宽 10 m，埋置深度 5 m，地基下为厚层粉土层，地下水位在地面下 20 m 处，在基底标高上用深层平板载荷试验得到的地基承载力特征值 f_{ak} 为 200 kPa，地基土的重度为 19 kN/m^3，查表可得地基承载力修正系数 $\eta_b = 0.3$，$\eta_d = 1.5$，筏板基础基底均布压力为(　　)时刚好满足地基承载力的设计要求。

(A)345 kPa　　(B)284 kPa　　(C)217 kPa　　(D)167 kPa

6. 某柱下独立基础底面尺寸为 3 m × 4 m，传至基础底面的平均压力为 300 kPa，基础埋深 3.0 m，地下水埋深 4.0 m，地基的天然重度 20 kN/m^3，压缩模量 $E_{s1} = 15$ MPa，软弱下卧层顶面埋深 6 m，压缩模量 $E_{s2} = 5$ MPa，在验算下卧层强度时，软弱下卧层顶面处附加应力与自重应力之和最接近(　　)。

(A)199 kPa　　(B)179 kPa　　(C)159 kPa　　(D)79 kPa

7. 某场地建筑地基岩石为花岗岩、块状结构，勘探时取样 6 组，测得饱和单轴抗压强度的平均值为 29.1 MPa，变异系数为 0.022，按照《建筑地基基础设计规范》(GB 50007—2011)的规定，该建筑地基的承载力特征值最大取值接近(　　)。

(A)29.1 MPa　　(B)28.6 MPa　　(C)14.3 MPa　　(D)10 MPa

8. 某场地三个平板载荷试验，试验数据见下表。按《建筑地基基础设计规范》(GB 50007—2011) 确定的该土层的地基承载力特征值接近(　　)。

题 8 表

试验点号	1	2	3
比例界限对应的荷载值 /kPa	160	165	173
极限荷载 /kPa	300	340	330

(A)170 kPa (B)165 kPa (C)160 kPa (D)150 kPa

9. 某 25 万人的城市，市区内某 4 层框架结构建筑物，有采暖，采用方形基础，基底平均压力 130 kPa，地面下 5 m 范围内的黏性土为弱冻胀土，该地区的标准冻结深度为 2.2 m，在考虑冻胀的情况下，据《建筑地基基础设计规范》(GB 50007—2011)，该建筑基础最小埋深最接近(　　)。

(A)0.8 m (B)1.0 m (C)1.2 m (D)1.4 m

10. 某稳定边坡坡角 β 为 30°，矩形基础垂直于坡顶边缘线的底面边长为 2.8 m，基础埋深 d 为 3 m，按《建筑地基基础设计规范》(GB 50007—2011) 基础底面外边缘线至坡顶的水平距离应不小于(　　)。

(A)1.8 m (B)2.5 m (C)3.2 m (D)4.6 m

11. 某公路桥梁钻孔桩为摩擦桩，桩径为 1.0 m，桩长 35 m，土层分布及桩侧摩阻力标准值 q_{ik}，桩端处土的承载力基本允许值 $[f_{a0}]$ 如下图所示，桩端以上各土层的加权平均重度 $\gamma_2 = 20\ \text{kN/m}^3$，桩端处土的容许承载力随深度修正系数 $k_2 = 5.0$，根据《公路桥涵地基与基础设计规范》(JTG D63—2007) 计算，单桩轴向受压承载力容许值最接近(　　)。

(注：取修正系数 $\lambda = 0.8$，清底系数 $m_0 = 0.8$。)

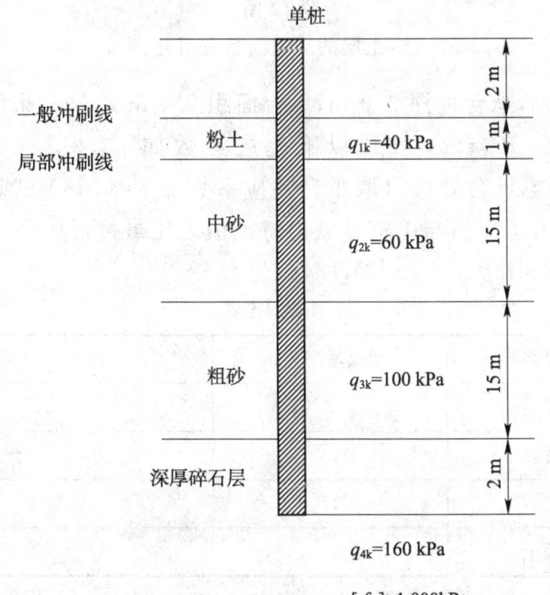

题 11 图

(A)5 620 kN (B)5 780 kN (C)5 940 kN (D)6 280 kN

12. 某柱下单桩独立基础采用混凝土灌注桩，桩径 800 mm，桩长 30 m，在荷载效应准永久组合作用下，作用在桩顶的附加荷载 $Q = 6\ 000$ kN，桩身混凝土弹性模量 $E_c = 3.15 \times 10^4\ \text{N/mm}^2$，在该桩桩端以下的附加应力假定按分段线性分布，土层压缩模量如下图所示，不考虑承台分担荷载作用，据《建筑桩基技术规范》(JGJ 94—2008) 计算，该单桩最终沉降量接近(　　)。

(注：取沉降计算经验系数 $\psi = 1.0$ 桩身压缩系数 $\xi_e = 0.6$。)

(A)55 mm (B)60 mm

(C)67 mm (D)72 mm

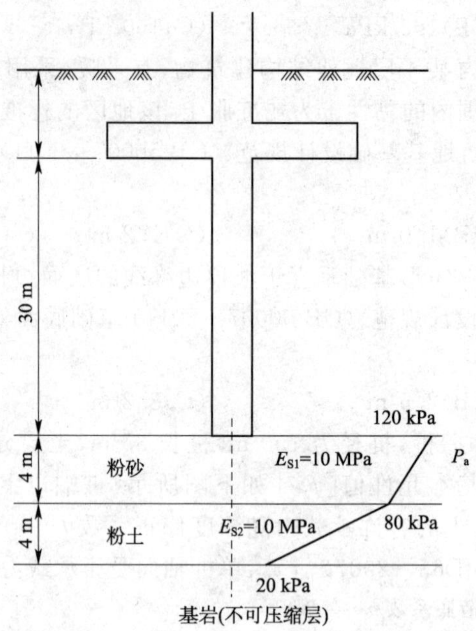

题 12 图

注:土层的压缩横量有误差。

13. 某柱下 6 桩独立基础,承台埋深 3.0 m,承台面积 2.4 m×4 m,采用直径 0.4 m 灌注桩,桩长 12 m,桩距 $S_a/d=4$,桩顶以下土层参数如下,根据《建筑桩基技术规范》(JGJ 94—2008),考虑承台效应,(取承台效应系数 $\eta_c=0.14$)试确定考虑地震作用时,复合基桩竖向承载力特征值与单桩承载力特征值之比最接近(　　)。

(注:取地基抗震承载力调整系数 $\xi_a=1.5$。)

题 13 表

层序	土名	层底埋深 /m	q_{sk}/kPa	q_{pk}/kPa
①	填土	3	—	—
②	粉质黏土	13	25	—
③	粉砂	17	100	6 000
④	粉土	25	45	800

注:② 层粉质黏土的基承载力特征值为 $f_{ak}=300$ kPa。

(A)1.05　　(B)1.11　　(C)1.16　　(D)1.26

14. 某松散砂土地基,拟采用直径 400 mm 的振冲桩进行加固,如果取处理后桩间土承载力特征值 $f_{ak}=90$ kPa,桩土应力比取 3.0,采用等边三角形布桩,要使加固后的地基承载力特征值达到 120 kPa,据《建筑地基处理技术规范》(JGJ 79—2012),振冲砂石桩的间距应选用(　　)。

(A)0.85 m　　(B)0.93 m　　(C)1.00 m　　(D)1.10 m

15. 某建筑场地剖面如下图所示,拟采用水泥粉煤灰碎石桩(CFG) 进行加固,已知基础埋深 2.0 m,CFG 桩长 14 m,桩径 500 mm,桩身强度 $f_{cu}=26.67$ MPa,桩间土承载力折减系数为 0.8,单桩承载力发挥系数假定为 1.0,按《建筑地基处理技术规范》(JGJ 79—2012) 计算,如复合地基承载力特征值要求达到 180 kPa,则 CFG 桩面积置换率 m 应为(　　)。

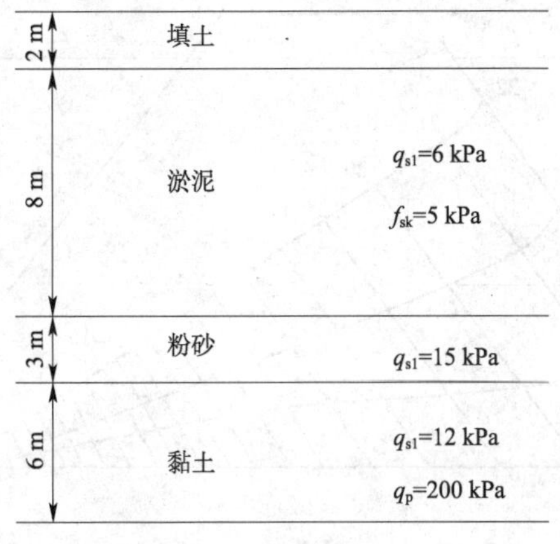

题 15 图

(A)10%　　(B)12%　　(C)15%　　(D)18%

16. 某场地地层如下图所示，拟采用水泥搅拌桩进行加固，已知基础埋深 2.0 m，搅拌桩桩径 600 mm，桩长 14 m，桩身强度 $f_{cu}=0.96$ MPa，桩身强度折减系数 $\eta=0.25$，桩间土承载力折减系数 $\beta=0.6$，桩端土地基承载力折减系数 $\alpha=0.4$，搅拌桩中心距 1.0 m，采用等边三角形布桩，复合地基承载力特征值取(　　)。

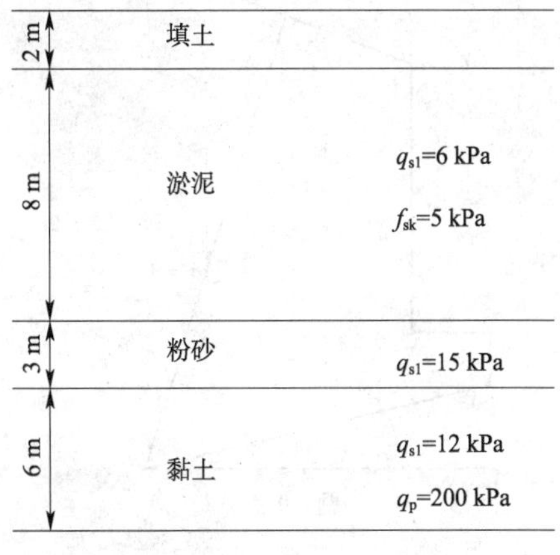

题 16 图

(A)80 kPa　　(B)90 kPa　　(C)100 kPa　　(D)110 kPa

17. 采用砂石桩法处理松散的细砂，已知处理前细砂的孔隙比 $e_0=0.95$，砂石桩桩径500 mm，如果要求砂石桩挤密后 e_1 达到 0.6，按《建筑地基处理技术规范》(JGJ 79—2012) 计算，考虑振动下沉密实作用修正系数 $\xi=1.1$，采用等边三角形布桩，砂石桩桩距采用(　　)。

(A)1.0 m　　(B)1.2 m　　(C)1.4 m　　(D)1.6 m

18. 有一分离式墙面的加筋土挡墙，墙面只起装饰和保护作用，墙高 5 m，整体式混凝土墙面距包裹式加筋墙体的水平距离为 10 cm，其间充填孔隙率为 $n=0.4$ 的砂土，由于排水设施失效，10 cm 间隙充满了水，此时作用于每延长米墙面的总水压力是(　　)。

(A)125 kN　　(B)5 kN　　(C)2.5 kN　　(D)50 kN

19. 小型均质土坝的蓄水高度为 16 m，流网如下图所示，流网中水头梯度等势线间隔数为 $M=22$，从下游算起等势线编号见下图，土坝中 G 点处于第 20 条等势线上，其位置在地面以上 11.5 m，G 点的孔隙水压力接近(　　)。

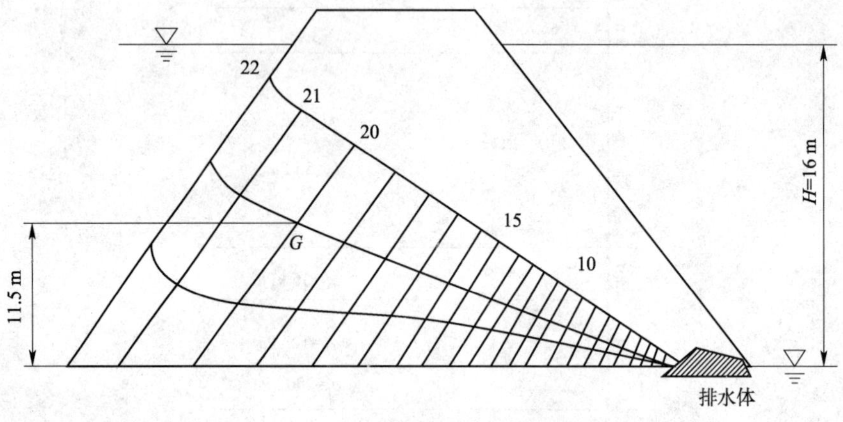

题 19 图

(A)30 kPa　　(B)45 kPa　　(C)115 kPa　　(D)145 kPa

20. 山区重力式挡土墙自重 200 kN/m，经计算墙背主动土压力水平分力 $E_x = 200$ kN/m，竖向分力 $E_y = 80$ kN/m，挡土墙基底倾角 15°，基底摩擦系数 0.65，该情况的抗滑移稳定性安全系数最接近(　　)(不计墙前土压力)。

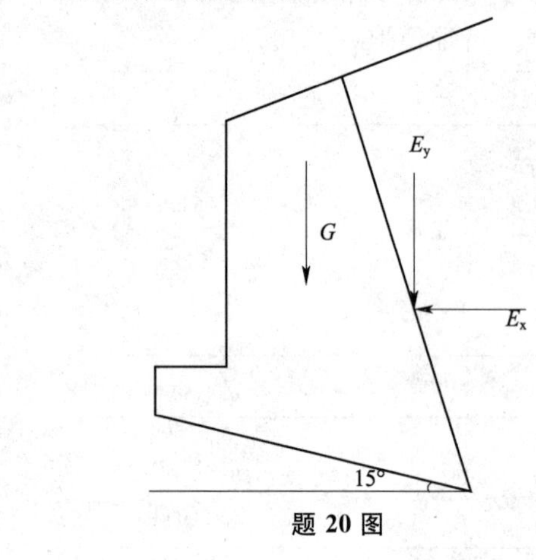

题 20 图

(A)0.9　　(B)1.3　　(C)1.7　　(D)2.2

21. 如图，挡土墙墙高等于 6 m，墙后砂土厚度 $h = 1.6$ m，已知砂土的重度 $\gamma = 17.5$ kN/m³，内摩擦角为 30°，黏聚力为 0，墙后黏性土的重度为 18.15 kN/m³，内摩擦角 18°，黏聚力为 10 kPa，按朗肯理论计算，则作用于每延长米挡墙的总主动土压力 E_a 最接近(　　)。

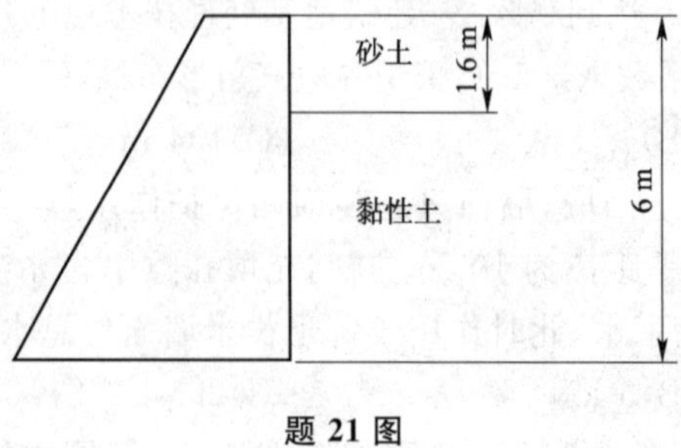

题 21 图

(A)82 kN　　(B)92 kN　　(C)102 kN　　(D)112 kN

22. 在饱和软土中基坑开挖采用地下连续墙支护，已知软土的十字板剪切试验的抗剪强度 τ

= 34 kPa，基坑开挖深度 16.3 m，墙底插入坑底以下深 17.3 m，设 2 道水平支撑，第一道撑于地面高程，第二道撑于距坑底 3.5 m，每延长米支撑的轴向力均为2 970 kN，沿着如下图所示的以墙顶为圆心、以墙长为半径的圆弧整体滑动，若每米的滑动力矩为 154 230 kN · m，其安全系数最接近（　　）。

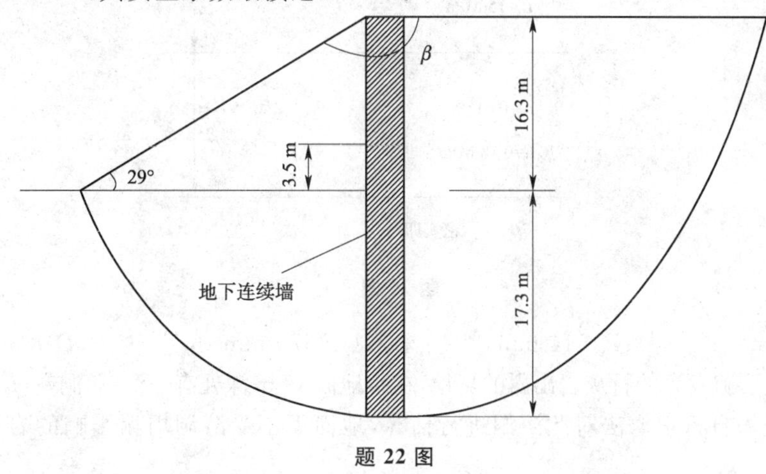

题 22 图

(A)1.3　　(B)1.0　　(C)0.9　　(D)0.6

23. 某场地情况如下图所示，场地第 ② 层中承压水头在地面下 6 m，现需在该场地进行沉井施工，沉井直径 20 m，深 13.0 m，自地面算，拟采用设计单井出水量 50 m^3/h 的完整井沿沉井外侧布置，降水影响半径为 160 m，将承压水水位降低至井底面下 1.0 m，则合理的降水井数量最接近（　　）。

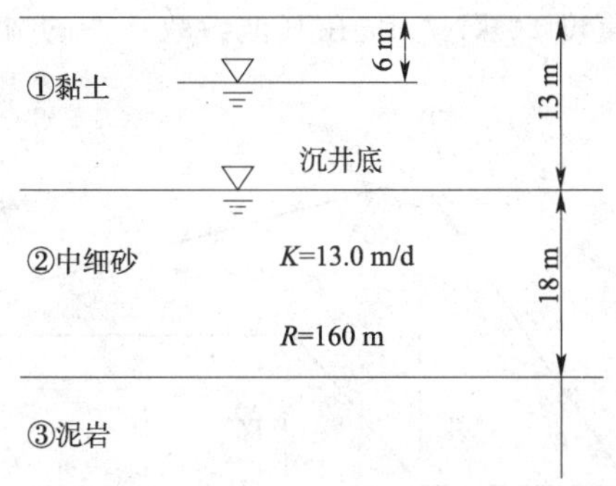

题 23 图

(A)4　　(B)6　　(C)8　　(D)12

24. 某采空区场地倾向主断面上每隔 20 m 间距顺序排列 A、B、C 三点，地表移动前测量的高程相同，地表移动后测量的垂直移动分量为：B 点较 A 点多 42 mm，较 C 点少 30 mm，水平移动分量，B 点较 A 点少 30 mm，较 C 点多 20 mm，据《岩土工程勘察规范》(GB 50021—2001)（2009 年版）判定该场地的适宜性为（　　）。

(A) 不宜建筑的场地　　(B) 相对稳定的场地

(C) 作为建筑场地，应评价其适宜性　　(D) 无法判定

25. 土层剖面及计算参数如下图所示，由于大面积抽取地下水，地下水位深度由抽水前距地面10 m，以 2 m/ 年的速率逐年下降，忽略卵石层以下岩土层的沉降，10 年后地面沉降总量接近（　　）。

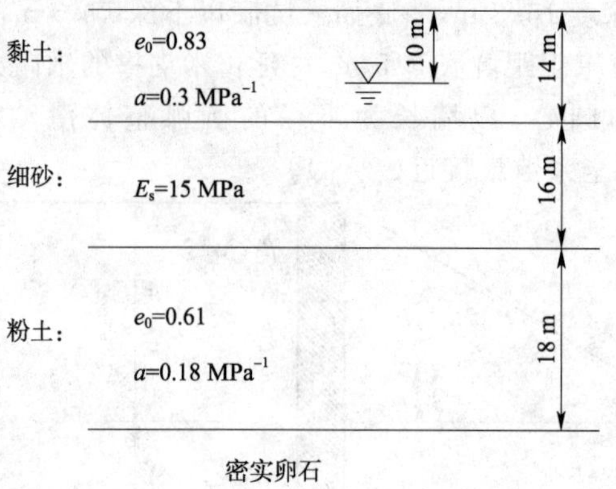

题 25 图

(A)415 mm　　(B)544 mm　　(C)670 mm　　(D)810 mm

26. 某一薄层且裂隙发育的石灰岩出露的场地，在距地面 17 m 深处有一溶洞，洞室 H_0 =2.0 m，按溶洞顶板坍塌自行填塞法对此溶洞进行估算，地面下不受溶洞坍塌影响的岩层安全厚度最接近（　　）。

（注：石灰岩松散系数取 1.2。）

(A)5 m　　(B)7 m　　(C)10 m　　(D)12 m

27. 某饱和软黏土边坡已出现明显的变形迹象，可以认为在 $\varphi_u = 0$ 整体圆弧法计算中，其稳定性系数 $k_1 = 1.0$。假设有关参数如下：下滑部分 W_1 的截面积为 30.2 m^2，力臂 $d_1 = 3.2$ m，滑体平均重度为 17 kN/m^3；为确保边坡安全，在坡脚进行了反压，反压体 W_3 的截面积为 9 m^2，力臂 $d_3 = 3.0$ m，重度 20 kN/m^3。在其他参数不变的情况下，反压后边坡的稳定系数 k_2 接近（　　）。

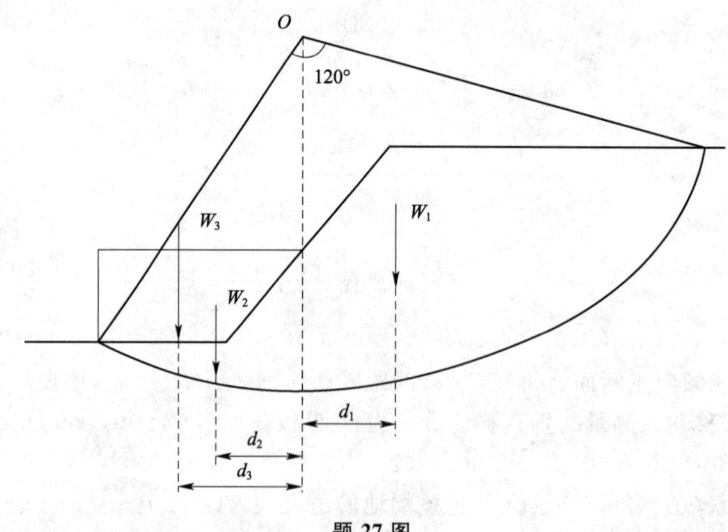

题 27 图

(A)1.15　　(B)1.26　　(C)1.33　　(D)1.59

28. 某建筑场地抗震设防烈度 8 度，设计地震分组第一组，场地土层及其剪切波速如下表所示，建筑物自振周期 0.40 s，阻尼比 0.05，按 50 年超越概率 63% 考虑，建筑结构的地震影响系数取值是（　　）。

题 28 表

序号	土层名称	层底深度 /m	剪切波速 /(m/s)
①	填土	1.0	120
②	淤泥	10.0	90
③	粉土	16.0	180
④	卵石	20.0	460
⑤	基岩	—	800

(A)0.14　　(B)0.15　　(C)0.16　　(D)0.17

29. 如下图所示为某工程场地剪切波速测试结果，据此计算确定场地土层的等效剪切波速和场地的类别，(　　)的组合是合理的。

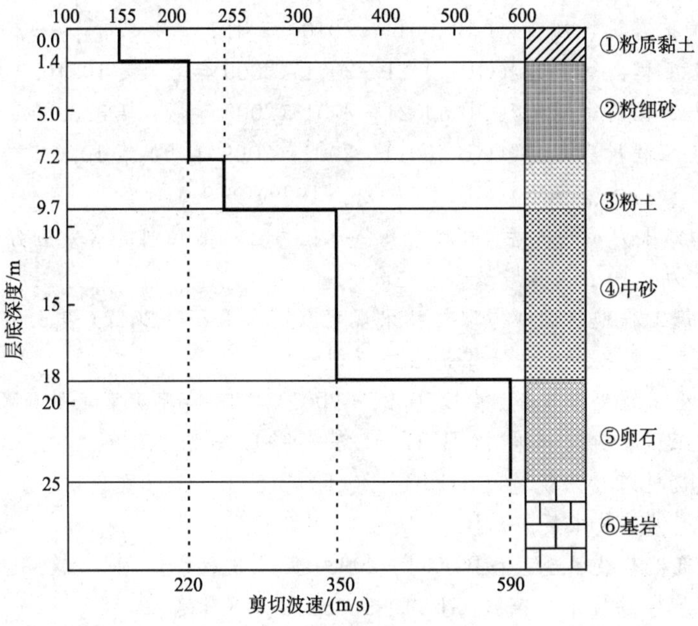

题 29 图

(A)173 m/s；Ⅱ 类　　(B)261 m/s；Ⅱ 类

(C)193 m/s；Ⅲ 类　　(D)290 m/s；Ⅳ 类

30. 土石坝下游有渗漏水出逸，在附近设导渗沟，用直角三角形水堰测其明流流量，实测堰上水头为 0.3 m，该处明流流量为(　　)。

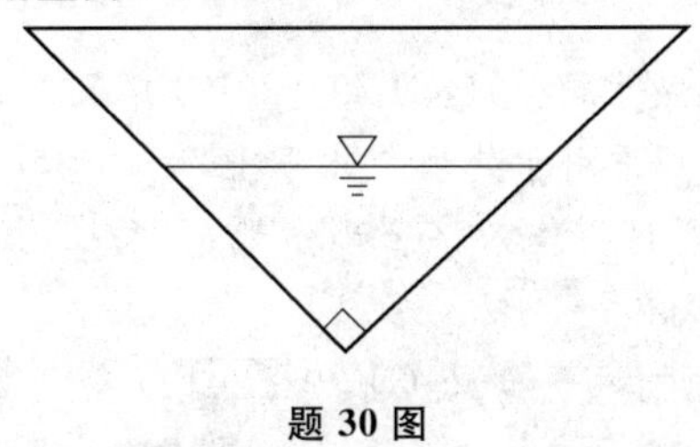

题 30 图

(A)0.07 m^3/s　　(B)0.27 m^3/s　　(C)0.54 m^3/s　　(D)0.85 m^3/s

2009年全国注册岩土工程师专业考试试卷参考答案(新解)

专业知识(上午卷)答案

一、单项选择题

1.(A)　倾斜岩层的产状表示方法有:① 走向、倾向、倾角法;② 倾向、倾角法。本题即为第二种表示方法,没有走向、倾角法

2.(D)　《岩土工程勘察规范》(GB 50021—2001)(2009年版) 第10.9.4条

3.(A)　完整的石英岩坚硬属于脆性材料,应力-应变关系应近似为直线

4.(D)　《建筑抗震设计规范》(GB 50011—2010) 第4.1.7条

5.(B)　《岩土工程勘察规范》(GB 50021—2001)(2009年版) 第10.10.3条

6.(B)　《岩土工程勘察规范》(GB 50021—2001)(2009年版) 第3.3.3条

7.(D)　《岩土工程勘察规范》(GB 50021—2001)(2009年版) 第10.6.3条

8.(D)　《土工试验方法标准》(GB/T 50123—1999) 第9.1.3条

9.(A)　施加偏压力 $\sigma_1-\sigma_3$ 后,引起的孔隙水压力 Δu,则轴向的有效应力为 $\sigma_1-\sigma_3-\Delta u$,围压的有效应力为 $\sigma_3-\Delta u$,其增量为 $-\Delta u$

10.(C)　《建筑工程地质勘探与取样技术规程》(JGJ/T 87—2012) 表5.3.1

11.(A)　根据土的各指标的换算关系进行判断

12.(D)　《岩土工程勘察规范》(GB 50021—2001)(2009年版) 第4.1.6条

13.(A)　《土工试验方法标准》(GB/T 50123—1999) 第8.1.6条

14.(A)　《建筑桩基技术规范》(JGJ 94—2008) 第5.5.9条条文说明

15.(B)　《建筑桩基技术规范》(JGJ 94—2008) 第6.3.9条

16.(B)　《建筑桩基技术规范》(JGJ 94—2008) 第3.3.3条

17.(A)　《建筑桩基技术规范》(JGJ 94—2008) 第5.8.4条

18.(D)　先降水稳定后,再桩基施工不会产生负摩阻力

19.(C)　《建筑桩基技术规范》(JGJ 94—2008) 第4.1.1条

20.(B)　《建筑桩基技术规范》(JGJ 94—2008) 第6.7.1条条文说明

21.(C)　在粉土、砂土中采用旋挖成孔效率更高

22.(C)　据《建筑地基处理技术规范》(JGJ 79—2002) 第16.1.2条,(C) 正确。2012年规范无相应条文规定

23.(C)　据《建筑地基处理技术规范》(JGJ 79—2012) 第7.2.1条、第7.3.1条、第7.7.1条、第7.8.1条可知,振冲碎石桩可适用于处理液化砂土,而柱锤冲扩桩需通过实验确定其适用性。对于振冲碎石桩,不仅可通过桩体对挤密砂土地基,施工过程中的振动也可使砂土密度增加,有利于抵抗液化

24.(C)　据《建筑地基处理技术规范》(JGJ 79—2012) 第7.2.1条可知,散体材料单桩承载力主要取决于桩周土的侧限压力,由于桩周土强度较低,因此在荷载的作用下易发生膨胀,挤压周围土体,使其发生弹塑性变形,故(A)、(B) 正确。由于散体材料桩体没有黏结强度,应力在传递过程中损耗很快,增加桩长对提高地基承载力和减小变形并不明显,即散体

材料桩复合地基存在有效桩长

25.(C)　据《建筑地基处理技术规范》(JGJ 79—2002)及《地基处理手册》相关内容,(C)错误。2012规范已删除石灰桩内容

26.(C)　《建筑基桩检测技术规范》(JGJ 106—2014)第9.2.5条

27.(B)　$165\times(1-0.2)\times1\,000/1\,000=132\ (g/L)$

28.无答案　据《建筑地基处理技术规范》(JGJ 79—2012)第5.2.3条,$d_p=\frac{2(b+\delta)}{\pi}>\frac{(b+\delta)}{2}$,故(A)正确。

由 $d_p=\frac{2(b+\delta)}{\pi}$ 得:$\frac{d_p}{b}=\frac{2(1+\delta/b)}{\pi}$。故(B)正确。

由第5.2.5条可知,塑料排水带的当量换算直径可以当作排水竖井的直径,(C)正确。

对选项(D),砂井直径为d,塑料排水带直径为d_p,按题意,当$d_p=\frac{2(b+\delta)}{\pi}=d$时,砂井面积与塑料排水带面积之差为:

$$\frac{\pi d^2}{4}-b\delta=\frac{\pi}{4}\times\frac{4\ (b+\delta)^2}{\pi^2}-b\delta=\frac{b^2+\delta^2-1.14b\delta}{\pi}>\frac{b^2+\delta^2-2b\delta}{\pi}\geqslant 0$$

故(D)正确

29.(B)　砂井的主要作用为构成和保持竖向排水通道,与塑料排水带的作用相同

30.(C)

31.(C)

32.(C)　《土工合成材料应用技术规范》(GB 50290—2014)第3.1.3条

33.(A)　对于黏性土坡,滑坡体下部是抗滑段,上部的滑动段,(A)选项中的坡上部分范围小,产生的下滑力也小,而抗滑段范围大,所以(A)选项最稳定

34.(B)

35.(D)　《铁路路基支挡结构设计规范》(TB 10025—2006)第8.1.5条

36.(C)　《土工合成材料应用技术规范》(GB 50290—2014)第5.2.4条、第5.3.3条

37.(A)　《公路路基设计规范》(JTG D30—2003)第5.2.1条、第5.2.2条、第5.2.3条、第5.2.4条

38.(C)　《湿陷性黄土地区建筑规范》(GB 50025—2004)第6.2.6条

39.(D)　《建筑地基基础设计规范》(GB 50007—2011)附录C.0.5

40.(A)　《工程结构可靠性设计统一标准》(GB 50153—2008)第2.1.49条

二、多项选择题

41.(A)、(D)　《岩土工程勘察规范》(GB50021—2001)(2009年版)第5.1.10条

42.(C)、(D)　《水利水电工程地质勘察规范》(GB 50487—2008)第12.0.7条

43.(C)、(D)　《岩土工程勘察规范》(GB 50021—2001)(2009年版)第12.2.1条、第12.2.2条、表G.0.1

44.(A)、(D)　孔隙比越大土中的孔隙体积越多,渗透能力就强,温度影响水的黏滞性,从而影响水的流速

45.(A)、(B)　土的压缩过程就是土中孔隙减少的过程,孔隙的减少必须要将孔隙中的水或空气排出,在压缩过程中土颗粒的位置也不断移动

46.(B)、(C)　《工程地质手册》(第四版)第257页或《岩土工程勘察规范》(GB

50021—2001)(2009 年版) 第 10.7.5 条

47.(A)、(B)　《建筑桩基技术规范》(JGJ 94—2008) 第 5.4.5 条、第 5.4.6 条

48.(A)、(C)、(D)　《建筑桩基技术规范》(JGJ 94—2008) 第 5.1.1 条、第 5.7.3 条

49.(A)、(B)　《建筑桩基技术规范》(JGJ 94—2008) 第 5.5.6 条、第 5.5.9 条

50.(A)、(C)、(D)　《建筑桩基技术规范》(JGJ 94—2008) 第 3.1.8 条及条文说明

51.(A)、(C)　《建筑桩基技术规范》(JGJ 94—2008) 第 5.4.4 条

52.(A)、(B)

53.(A)、(B)　《建筑桩基技术规范》(JGJ 94—2008) 第 7.4.4 条

54.(A)、(C)　《建筑地基处理技术规范》(JGJ 79—2012) 第 7.2.4 条第 7 款

55.(C)、(D)　据《建筑地基处理技术规范》(JGJ 79—2012) 第 7.5.2 条第 8 款,(B) 错误。据第 9 款,(A) 错误。据第 10 款,(D) 正确。据第 7.5.3 条第 3 款,(C) 正确

56.(A)、(C)　据《港口工程地基规范》(JTS 147—1—2010) 第 8.3.1 条可知,0.8 m 厚砂垫层已满足要求。对于本题,淤泥层厚 28 m,而排水板长 18 m,其较大的工后沉降主要由下卧淤泥层的固结度不高所致,其原因是预压荷载偏小、排水板深度不够所致。本题中膜下真空度已达 80 kPa 以上,满足设计要求

57.(A)、(C)、(D)　参考《公路工程地基处理手册》相关内容。抛石挤淤法是采用填入一定量的块石,利用其自重或借助于其他外力,将淤泥挤出基地范围,提高地基强度的方法。对于本题,为了保证抛石海堤到达粗砾砂层,可以采用振动、强夯、爆破、堆载或卸载等方式进行对填石的引导或加压促使其沉底

58.(A)、(C)、(D)　减小砂井间距和增大砂井直径相当于缩短了排水距离,加速排水,有利于缩短预压工期。砂土垫层主要起到汇水和排水作用,增加其厚度对预压工期影响较小。而增大预压荷载,即超载预压,可减小预压时间

59.(A)、(C)、(D)　《建筑地基处理技术规范》(JGJ 79—2012) 第 7.5.2 条条文说明

60.(B)、(D)　据《建筑地基处理技术规范》(JGJ 79—2012) 第 7.2.2 条第 7 款条文说明。由于地基为松砂,碎石垫层的排水作用不是其主要功能

61.(A)、(D)

62.(A)、(C)

63.(A)、(D)

64.(A)、(B)

65.(B)、(D)　《生活垃圾卫生填埋处理技术规范》(GB 50869—2013) 第 4.0.2 条

66.(A)、(C)　《建筑基桩检测技术规范》(JGJ 106—2014) 第 8.3.3 条

67.(A)、(B)、(D)　《建筑地基基础设计规范》(GB 50007—2011) 第 10.2.9 条、第 3.0.1 条

68.(B)、(C)

69.(B)、(C)、(D)

70.(A)、(C)、(D)

专业知识(下午卷)答案

一、单项选择题

1.(A)　《工程结构可靠性设计统一标准》(GB 50153—2008) 第 2.1.49 条

2.(B)　《建筑地基基础设计规范》(GB 50007—2011) 第 3.0.5 条

3.(D)　《建筑地基基础设计规范》(GB 50007—2011) 第 3.0.5 条
4.(A)
5.(A)　《建筑地基基础设计规范》(GB 50007—2011) 第 5.1.4 条
6.(D)
7.(C)
8.(B)　《建筑地基基础设计规范》(GB 50007—2011) 表 5.2-5
9.(B)　《建筑地基基础设计规范》(GB 50007—2011) 第 5.3.4 条
10.(A)
11.(A)
12.(D)
13.(A)　因为 d 点位于基坑面处(即为临空面处),最先产生破坏
14.(B)　利用预埋在墙身中测声管,实测出相邻测声管间墙体波速,进而判断墙身质量
15.(A)
16.(B)　《建筑基坑支护技术规程》(JGJ 120—2012) 第 6.1.1 条 ～ 第 6.1.3 条条文说明
17.(B)　《岩土工程勘察规范》(GB 50021—2001)(2009 年版) 第 6.5.5 条
18.(B)　《岩土工程勘察规范》(GB 50021—2001)(2009 年版) 附录 D
19.(B)　《岩土工程勘察规范》(GB 50021—2001)(2009 年版) 第 6.2.2 条
20.(A)　《公路工程地质勘察规范》(JTG C20—2011) 第 8.2.10 条
21.(C)　《湿陷性黄土地区建筑规范》(GB 50025—2004) 第 4.4.7 条
22.(A)　移动盆地的面积一般大于采空区的面积,详见《工程地质手册》(第四版) 第 567 页
23.(B)　崩塌易发生在高陡的斜坡,软岩抗风化能力差形成不了陡坡,当存在不利的结构面、温差、暴雨、地震和基坑开挖等容易形成崩塌
24.(C)　在实际边坡的稳定性计算中,当下滑力取大值,抗滑力取小值,更安全些
25.(C)　此公式为无黏性土边坡稳定性公式
26.(C)　由击实试验可知,砂土的最优含水率为 4% ～ 6%,此时砂土的毛细吸力最大,也称为“假黏聚力”
27.(B)　《岩土工程勘察规范》(GB 50021—2001)(2009 年版) 第 5.2.7 条、第 5.2.8 条条文说明
28.(A)　《地质灾害评估条例》第 5.8 节
29.(C)　《建筑抗震设计规范》(GB 50011—2010) 第 1.0.1 条条文说明
30.(D)　据《建筑抗震设计规范》(GB 50011—2010) 第 5.1.4 条、5.1.5 条可知,(A)、(B) 均与地震影响系数有关。而 50 年内设计概率超过 10% 的地震加速度与抗震设防烈度有关,进而决定地震影响系数最大值,故(C) 与地震影响系数也有关
31.(C)　据《建筑抗震设计规范》(GB 50011—2010) 第 4.1.5 条可知,只有当各土层剪切波速相等时,二者计算的等效剪切波速才相同
32.(D)　《水利水电工程地质勘察规范》(GB 50487—2008) 附录 P
33.(B)　《建筑抗震设计规范》(GB 50011—2010) 第 4.1.4 条 ～ 第 4.1.6 条
34.(D)　《建筑抗震设计规范》(GB 50011—2010) 第 5.1.4.2 条
35.(A)
36.(D)
37.(B)

38.(A)

39.(B)

40.(B)

二、多项选择题

41.(A)、(B)　《工程结构可靠性设计统一标准》(GB 50153—2008) 第 2.2.21 条、第 3.2.4 条、第 3.2.5 条

42.(A)、(C)、(D)

43.(A)、(B)　《建筑地基基础设计规范》(GB 50007—2011) 第 5.1.2 条、第 5.1.3 条、第 5.1.5 条、第 5.1.8 条

44.(B)、(C)

45.(A)、(B)、(C)

46.(B)、(D)　《建筑地基基础设计规范》(GB 50007—2011) 第 3.0.2 条

47.(A)、(C)、(D)

48.(B)、(D)

49.(C)、(D)

50.(A)、(D)

51.(A)、(D)　《建筑边坡工程技术规范》(GB 50330—2013) 第 9.1.2 条

52.(A)、(B)

53.(A)、(B)、(D)　此答案是按旧规范给出的,新规范中没有对应的条款

54.(A)、(B)、(C)　《岩土工程勘察规范》(GB 50021—2001)(2009 年版) 第 10 节

55.(B)、(D)

56.(B)、(D)　天然状态的膨胀土的含水率和孔隙比都较小,很密实,吸水膨胀,失水收缩,易出现裂缝,详见《工程地质手册》(第四版) 第 470 页

57.(A)、(D)　红黏土下伏的石灰岩裂隙发育,就不能采用(B)、(C) 的方法,详见《工程地质手册》(第四版) 第 530 页

58.(B)、(D)　石灰岩的岩溶发育速度比白云岩快,厚而纯的石灰岩岩溶发育速度快,见《工程地质手册》(第四版) 第 23 页

59.(B)、(C)　《岩土工程勘察规范》(GB 50021—2001)(2009 年版) 第 5.4.3 条、第 5.4.4 条

60.(A)、(B)、(C)　设置截水盲沟阻止水进入坡体,一般设置在滑坡后缘 5 m 以外的稳定地段,宜与水流方向垂直

61.(A)、(B)、(D)　地质灾害评估的主要包括:滑坡、崩塌、泥石流、地面塌陷、地裂缝和地面沉降。在山区主要考虑前三者

62.(C)、(D)　《建筑抗震设计规范》(GB 50011—2010) 第 5.1.4 条、第 5.1.5 条

63.(A)、(C)　《建筑抗震设计规范》(GB 50011—2010) 第 4.1.9 条

64.(B)、(C)　砂土液化机理是由于振动产生超孔隙水压力,当孔隙水压力等于其总应力时,其有效应力为零,砂土颗粒发生悬浮,即砂土液化。砂土液化后孔隙水溢出,压密固结,更加密实,因此,地震强度影响孔隙水压力,从而影响液化,与砂土结构无关

65.(A)、(C)、(D)　《建筑抗震设计规范》(GB 50011—2010) 第 4.3.4 条

66.暂无

67.(A)、(C)　据《建筑抗震设计规范》(GB 50011—2010) 第 4.2.2 条、第 4.2.3 条条文说明可知,(C) 正确,(B) 错误。据第 4.2.4 条条文说明可知,(A) 正确。据第 4.2.4 条可知(D)

错误

68. (B)、(C)

69. (A)、(B)

70. (A)、(B)、(D)

专业案例(上午卷)答案

1. [**答案**](C)

[**解析**](1) 填土的干重量 W_d 为：

$$W_d = \gamma_d V = 17.8 \times 40 \times 10^4 = 712\ \text{kN}$$

(2) 料场中天然土料的干重度 $\gamma_{d天然}$ 为：

$$\gamma_{d天然} = \frac{G_s \rho_w}{1+e} = \frac{2.7 \times 1}{1+0.823} = 1.48\ (\text{g/cm}^3) = 14.8(\text{kN/m}^3)$$

(3) 天然土料的体积 V 为：

$$V = \frac{W_d}{\gamma_{d天然}} = \frac{712 \times 10^4}{14.8} = 481\,081\ (\text{m}^3) = 48.1\ (\text{m}^3)$$

储量不得小于2倍,答案为(C)。

2. [**答案**](A)

[**解析**](1) 砂层顶面有效自重应力σ'_c的计算,由于砂层中为承压水,黏土层顶面为潜水,则：

$$\sigma_c = \gamma_s h_2 + \gamma_W h_1 = 19.2 \times 8 + 10 \times 4 = 193.6\ (\text{kN/m}^2)$$

$$u = h_w \gamma_w = 15 \times 10 = 150\ (\text{kPa})$$

$$\sigma'_c = 193.6 - 150 = 43.6\ (\text{kPa})$$

(2) 渗透力 F 为：

$$F = i\gamma_w = \frac{(15-4-8)}{8} \times 10 = 3.75\ (\text{kN/m}^3)$$

答案为(A)。

3. [**答案**](B)

[**解析**](1) 原状土的抗剪强度　　$C_u = KC(R_y - R_g)$

(2) 重塑土的抗剪强度　　$C_u' = KC(R_c - R_g)$

其中,$R_y = 36.5$,$R_c = 14.8$,$R_g = 2.8$。

(3) 灵敏度 S_t 为：

$$S_t = \frac{C_u}{C_u'} = \frac{KC(R_y - R_g)}{KC(R_c - R_g)} = \frac{R_y - R_g}{R_c - R_g} = \frac{36.5 - 2.8}{14.8 - 2.8} = 2.81$$

答案为(B)。

4. [**答案**](D)

[**解析**] 据《土工试验方法标准》(GB/T 50123—1999) 第 14.1 节。

(1) 土的天然重度 γ 为：

$$\gamma = \frac{m}{V} = \frac{154 \times 4}{3.14 \times 7.98^2 \times 2} = 1.54\ (\text{g/cm}^3) = 15.4(\text{kN/m}^3)$$

(2) 土地的天然孔隙比 e_0 为：

$$e_0 = \frac{G_s \gamma_w \times (1 + 0.01W)}{\gamma} - 1 = \frac{2.7 \times 10 \times (1 + 0.01 \times 40.3)}{15.4} - 1 = 1.460$$

(3) 各级压力作用下土的孔隙比

100 kPa 压力下：

$$e_1 = e_0 - \frac{1+e_0}{h_0}\Delta h_i = 1.460 - \frac{1+1.460}{20} \times 1.4 = 1.287\ 8$$

200 kPa 压力下：

$$e_2 = e_0 - \frac{1+e_0}{h_0}\Delta h_i = 1.460 - \frac{1+1.460}{20} \times 2.0 = 1.214$$

(4) 压缩系数 $a_{1\text{-}2}$ 为：

$$a_{1\text{-}1} = \frac{e_1 - e_2}{P_2 - P_1} = \frac{1.287\ 8 - 1.214}{200 - 100} = 0.007\ 38\ (\text{kPa}^{-1}) = 0.738(\text{MPa}^{-1})$$

答案为(D)。

5. [**答案**](A)

[**解析**] 取单位长度箱涵进行验算(如下图所示)。

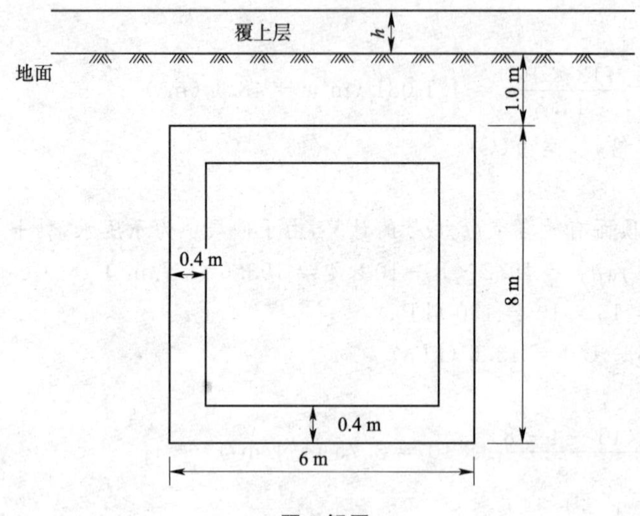

题 5 解图

(1) 箱涵自重 W_1 为：

$W_1 = (6 \times 8 \times 1 - 5.2 \times 7.2 \times 1) \times 25 = 264(\text{kN})$

(2) 箱涵以上天然土层土重 W_2 为：

$W_2 = 6 \times 1 \times 1 \times 18 = 108(\text{kN})$

(3) 浮力 F 为：

$F = 6 \times 8 \times 1 \times 10 = 480(\text{kN})$

(4) 上覆土层重 W_3

$\frac{W_1 + W_2 + W_3}{F} = 1.05$，即

$\frac{264 + 108 + W_3}{480} = 1.05$

得出：$W_3 = 132$ kN。

(5) 上覆土层的厚度 h

$6 \times h \times 1 \times 18 = 132$，得出 $h = 1.22$ m。

答案为(A)。

6. [**答案**] 暂无

7. [**答案**](B)

[**解析**] 据《建筑地基基础设计规范》(GB 50007—2011) 第 5.3.5 条。

(1) 计算 A_1、A_2：

$$A_1 = z_1\bar{\alpha}_1 - z_0\bar{\alpha}_0 = 10 \times 0.8974 - 0 = 8.974$$

$$A_2 = z_2\bar{\alpha}_2 - z_1\bar{\alpha}_1 = 20 \times 0.7281 - 10 \times 0.8974 = 5.588$$

(2) 求压缩模量的当量值 $\overline{E_s}$：

$$\overline{E_s} = \frac{\sum A_i}{\sum \frac{A_i}{E_{si}}} = \frac{8.974 + 5.588}{\frac{8.974}{15} + \frac{5.588}{20}} = 16.59(\text{MPa})$$

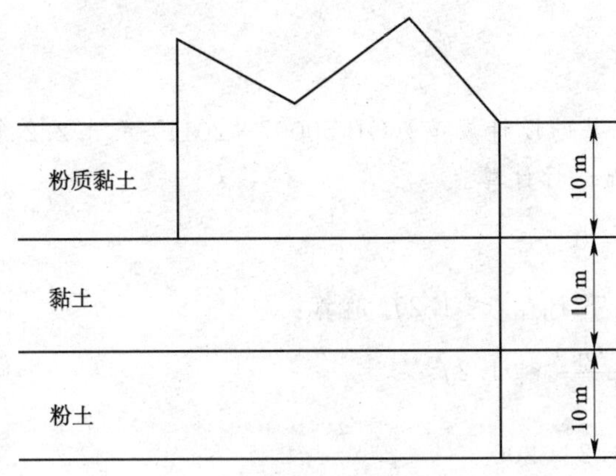

题 7 解图

答案为(B)。

8. [**答案**](A)

[**解析**](1) 条形基础沉降 S_1：

$$S_1 = \sum \frac{\sigma_i}{E_{si}} h_i = \frac{100 + 30.4}{2 \times 4000} \times 3 + \frac{30.4 + 10.4}{2 \times 2000} \times 6 = 0.0489 + 0.0612$$

$$= 0.1101(\text{m})$$

(2) 筏形基础沉降 S_2：

$$S_2 = \sum \frac{\sigma_i}{E_{si}} h_i = \frac{45 + 42.1}{2 \times 4000} \times 3 + \frac{42.1 + 26.5}{2 \times 2000} \times 6 = 0.0327 + 0.1029$$

$$= 0.1356(\text{m})$$

(3) 二者之比为： $\frac{S_2}{S_1} = \frac{0.1356}{0.1101} = 1.23$

答案为(A)。

9. [**答案**](B)

[**解析**] 假设应力为线性分布，如下图所示。

(1) 求基础底面 10 m 以下的附加应力为：

$$\sigma_1 = P_0\alpha = 100 \times 0.285 = 28.5(\text{kPa})$$

(2) 求平均反算模量 E_{s1}：由 $s_1 = \frac{\sigma_1}{E_{s1}} h_1$，得 $(0.2 - 0.04) = \frac{100 + 28.5}{2E_{s1}} \times 10$

得出 $E_{s1} = 4015.6\ \text{kPa} = 4.0156\ \text{MPa}$

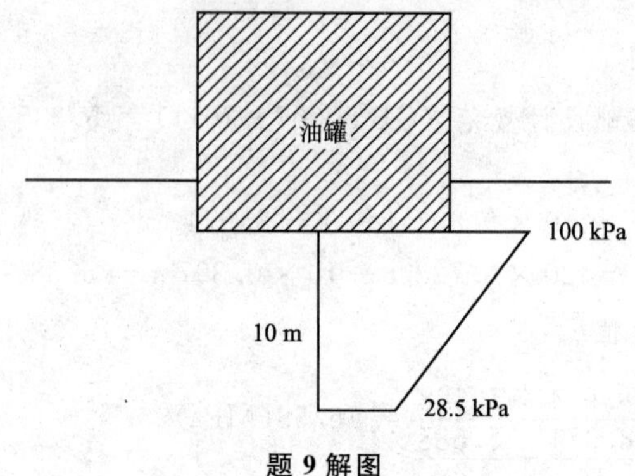

题 9 解图

答案为(B)。

10. [**答案**](C)

[**解析**] 据《建筑地基基础设计规范》(GB 50007—2011) 第 5.2.2 条。

取单位长度条形基础进行计算。

$$e = 0.6 > \frac{b}{6} = 0.5$$

(1) 按偏心荷载作用下 $P_{\text{Kmax}} \leqslant 1.2 f_{\text{a}}$ 验算：

$$P_{\text{Kmax}} = \frac{2(F_{\text{K}} + G_{\text{K}})}{3al} \leqslant 1.2 f_{\text{a}}$$

$$\frac{2 \times N}{3 \times 0.9 \times 1} \leqslant 1.2 \times 200$$

$N \leqslant 324$ kN。

(2) 按 $P_{\text{K}} \leqslant f_{\text{a}}$ 验算：

$$\frac{F_{\text{K}} + G_{\text{K}}}{A} < f_{\text{a}}$$

$\dfrac{N}{3 \times 1} \leqslant 200, N \leqslant 600$ kN，取 $N = 324$ kN。

答案为(C)。

11. [**答案**](D)

[**解析**] 据《建筑桩基技术规范》(JGJ 94—2008) 第 5.3.9 条。

(1) 土层的总极限侧阻力标准值 Q_{sk} 为：

$$\begin{aligned} Q_{\text{sk}} &= u \sum q_{\text{sik}} l_i \\ &= 3.14 \times 1.2 \times (32 \times 13.7 + 40 \times 2.3 + 75 \times 2 + 180 \times 8.85) \\ &= 8\,566.17 \text{ (kN)} \end{aligned}$$

(2) 嵌岩段总极限阻力标准值 Q_{rk} 为：

$$\begin{aligned} Q_{\text{rk}} &= \xi_{\text{r}} f_{\text{rk}} A_{\text{p}} \\ &= 0.76 \times 41\,500 \times \left(\frac{3.14}{4} \times 1.2^2\right) \\ &= 35\,652.8 \text{ (kN)} \end{aligned}$$

(3) 单桩极限承载力 Q_{uk} 为：

$$Q_{\text{uk}} = Q_{\text{sk}} + Q_{\text{rk}} = 8\,566.17 + 35\,183.7 = 44\,219.0 \text{ (kN)}$$

答案为(D)。

12. [**答案**](D)

[**解析**] 据《建筑桩基技术规范》(JGJ 94—2008) 第 5.4.5 条、第 5.4.6 条。

(1) 基础的总浮力 $N_{k总}$ 为：

$N_{k总} = 141 - 108 = 33\ (\text{MN}) = 33\ 000\ (\text{kN})$

(2) 群桩呈非整体破坏时基桩的抗拔极限承载力标准值 T_{uk} 为：

$\frac{l}{d} = \frac{10}{0.6} = 16.7 < 20$，取 $\lambda = 0.7$，则

$T_{uk} = \sum \lambda_i Q_{sik} u_i L_i = 0.7 \times 36 \times 3.14 \times 0.6 \times 10 = 474.77\ (\text{kN})$

(3) 桩身自重 G_p 为：

$$G_p = V\rho_{桩}' = \frac{3.14 \times 0.6^2}{4} \times 10 \times (25 - 10) = 42.39\ (\text{kN})$$

(4) 桩数 n 为：

$\frac{N_{k总}}{n} = \frac{T_{uk}}{2} + G_p$，即 $\frac{33\ 000}{n} = \frac{474.77}{2} + 42.39$，得 $n = 117.95$ 根 ≈ 118 根。

答案为(D)。

13. [**答案**](C)

[**解析**] 据《建筑桩基技术规范》(JGJ 94—2008) 第 5.9.2 条。

(1) 柱截面边长 c 为：

$c = 0.8d = 0.8 \times 0.4 = 0.32(\text{m})$

(2) 等边三桩承台正截面弯矩 M 为：

$$M = \frac{N_{max}}{3}\left(S_a - \frac{\sqrt{3}}{4}c\right) = \frac{2\ 100}{3} \times \left(1.2 - \frac{\sqrt{3}}{4} \times 0.32\right) = 743\ (\text{kN} \cdot \text{m})$$

答案为(C)。

14. [**答案**](B)

[**解析**] 据《建筑地基处理技术规范》(JGJ 79—2012) 第 7.1.5 条、第 2.2.8 条。

(1) 一根桩承担的地基处理等效圆直径 d_e 为：

$d_e = 1.13S = 1.13 \times 1.5 = 1.695\ (\text{m})$

(2) 面积置换率 m 为：

$$m = \frac{d^2}{d_e^2} = \frac{0.4^2}{1.695^2} = 0.055\ 69$$

(3) 复合地基承载力 f_{spk} 为：

$$\begin{aligned} f_{spk} &= \lambda m \frac{R_a}{A} + \beta(1-m) f_{sk} \\ &= 1 \times 0.055\ 69 \times \frac{600 \times 4}{3.14 \times 0.4^2} + 0.95 \times (1 - 0.055\ 69) \times 180 \\ &= 266.04 + 161.48 \\ &= 427.5\ (\text{kPa}) \end{aligned}$$

深度修正为：

$f_a = f_{spk} + \eta_d \gamma_m (d - 0.5) = 427.5 + 1 \times 20 \times (7 - 0.5) = 557.5\ (\text{kPa})$

答案为(B)。

15. [**答案**](C)

[**解析**] 据《建筑地基处理技术规范》(JGJ 79—2012) 第 7.5.2 条。

(1) 求桩间土的最大干密度 ρ_{dmax}，取平均挤密系数$\overline{\eta}_c = 0.93$，由

$$S = 0.95d\sqrt{\frac{\overline{\eta}_c\rho_{dmax}}{\overline{\eta}_c\rho_{dmax} - \overline{\rho}_d}}$$ 得：

$$1.0 = 0.95 \times 0.4 \times \sqrt{\frac{0.93 \times \rho_{dmax}}{0.93 \times \rho_{dmax} - 1.38}}$$

解得，$\rho_{dmax} = 1.73$。

(2) 在成孔挤密深度内，桩间土的平均干密度 ρ_{d1} 为：

$$\rho_{d1} = \overline{\eta}_c\overline{\rho}_{dmax} = 0.93 \times 1.73 = 1.61(\mathrm{T/m^3})$$

答案为(C)。

16. [**答案**](B)　　据《建筑地基处理技术规范》(JGJ 79—2012)。

(1) 按桩身材料计算的单桩竖向承载力特征值 R_a 为：

$$R_a = \frac{1}{4\lambda}f_{cu}A_p = 0.25 \times 3.96 \times 10^3 \times 3.14 \times 0.3^2 = 279.8(\mathrm{kN})$$

(2) 按桩周土的强度计算的单桩竖向承载力特征值 R_a 为：

$$R_a = U_p\sum q_{si}L_i + \alpha_p q_p A_p$$

$$= 3.14 \times 0.6 \times (17 \times 3 + 20 \times 5 + 25 \times 2) + 500 \times 3.14 \times 0.3^2$$

$$= 520.0(\mathrm{kN})$$

取较小值，$R_a = 279.8\ \mathrm{kN}$。

答案为(B)。

17. [**答案**](D)

[**解析**] 地震液化时需注意两点：第一，砂土的重度为饱和重度；第二，砂土的内摩擦角 φ 变为0，这时主动土压力系数 $k_a = \tan^2(45° - \varphi/2) = 1$，而这时，土粒骨架之间已不接触。因此，每延长米挡墙上的总水平力为：

$$E_a = \frac{1}{2}\gamma h^2 k_a = \frac{1}{2} \times 18.7 \times 5^2 \times 1 = 233.75(\mathrm{kN})$$

答案为(D)。

18. [**答案**](C)

[**解析**] 液化后砂土变密实，墙后总水平力有水压力与土压力两种。

(1) 总水压力 E_W 为：

$$E_W = \frac{1}{2}\gamma_W H^2 = \frac{1}{2} \times 10 \times 5^2 = 125(\mathrm{kN/m})$$

(2) 地震后土的高度：

$$\Delta h = \frac{0.9 - 0.65}{1 + 0.9} \times 5 = 0.658$$

$$H = 5 - 0.658 = 4.342$$

(3) 地震后土的重度：

$$5 \times 18.7 = (5 - 0.658) \times \gamma + 0.658 \times 10$$

$$\gamma = 20\ \mathrm{kN/m^3}$$

(4) 总压力 E_a 为：

$$E_a = \frac{1}{2}\gamma' H^2 K_a = \frac{1}{2} \times 10 \times 4.342^2 \times \tan^2\left(45° - \frac{35°}{2}\right) = 25.5(\mathrm{kN/m})$$

(5) 总水平压力 E 为：

$E = E_a + E_W = 25.5 + 125 = 150.5(kN/m)$

答案为(C)。

19. [**答案**](C)

[**解析**](题目条件不适合采用2013年新规范推荐的简化毕肖普法解答)据《建筑边坡工程技术规范》(GB 50330—2002)第5.2.3条。

(1)垂直于第 i 条滑动面的力 N_i 为:

$$N_i = (G_i + G_{bi})\cos\theta_i + P_{w_i}\sin(\alpha_i - \theta_i) = G_i\cos\theta_i = [20\times3\times2+(20-10)\times7\times2]\cos30° = 225.17(kN/m)$$

(2)第 i 土条的总抗滑力 R_i 为:

$$R_i = N_i\tan\varphi_i + C_i l_i = 225.17\times\tan25° + 22\times2\times\frac{1}{\cos30°} = 155.8(kN/m)$$

(3)总抗滑力矩 M_i 为:

$$M_i = R_i R = 155.8\times30 = 4\,674(kN\cdot m)$$

答案为(C)。

20. [**答案**](C)

[**解析**]如下图所示,设在梁顶铺设ESP板的厚度为 h,则ESP板的压缩量与原地面的沉降量相等,即 $\frac{(8-h)\gamma}{E_s} = \frac{\Delta h}{h}$,从而得 $\frac{(8-h)\times18.4}{500} = \frac{0.15}{h}$,得出 $18.4h^2 - 147.2h + 75 = 0$,解出 $h = 0.547$ m。

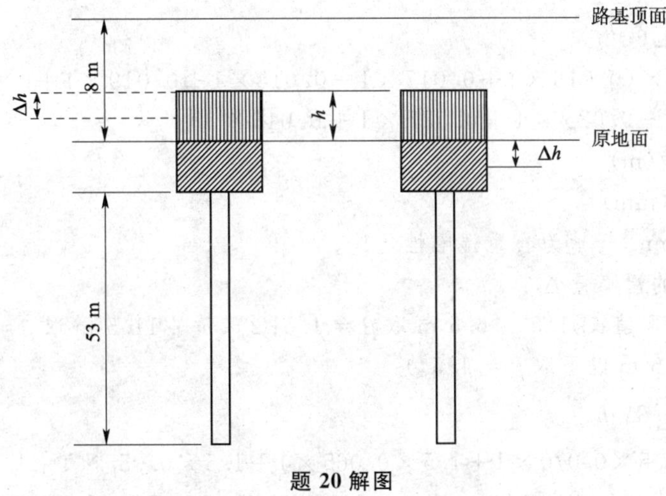

题20解图

答案为(C)。

21. [**答案**]暂无

22. [**答案**](A)

[**解析**](1)等势线间的水头损失 Δh 为: $\Delta h = \frac{12}{9} = 1.333$

(2)水力梯度为: $i = \frac{\Delta h}{S} = \frac{1.333}{3} = 0.444$

答案为(A)。

23. ［**答案**］(D)

［**解析**］据《建筑基坑支护技术规程》(JGJ 120—2012) 第 3.4 节。

如下图所示。

水面处：

$P_{ak} = \sigma_{ak} K_a = 6 \times 20 \times (\tan 45° - 30°/2) = 69.3(\text{kPa})$

$E_{a1} = \frac{1}{2} \times 6 \times 69.3 = 207.9(\text{kN})$

支挡结构端部：

$P_{ak} = \sigma_{ak} K_a = (6 \times 20 + 4 \times 10) \times \tan(45° - 30°/2) = 92.4(\text{kPa})$

$E_{a2} = \frac{1}{2} \times 4 \times (69.3 + 92.4) = 323.4(\text{kN})$

$u_a = 4 \times 10 = 40(\text{kPa})$

$p_w = \frac{1}{2} \times 4 \times 40 = 80(\text{kN})$

$$\begin{aligned} E_a &= E_{a1} + E_{a2} + p_w \\ &= 207.9 + 323.4 + 80 \\ &= 611.3(\text{kN}) \end{aligned}$$

答案为(D)。

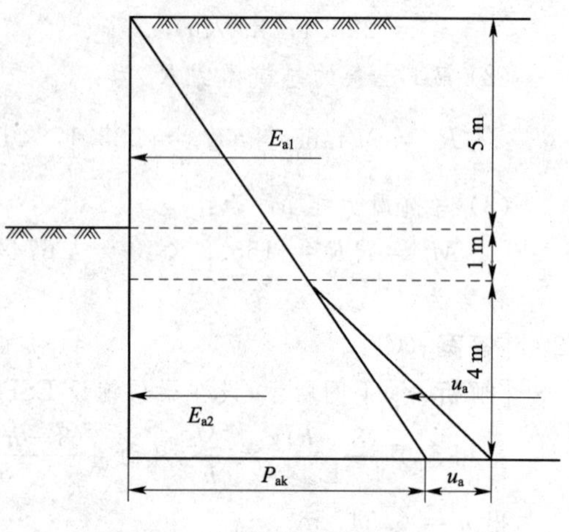

题 23 解图

24. ［**答案**］(B)

［**解析**］据《湿陷性黄土地区建筑规范》(GB 50025—2004) 第 4.4.4 条、第 4.4.5 条。

(1) 计算场地的自重湿陷量 Δ_{zs}：

$$\begin{aligned} \Delta_{zs} &= \beta_0 \sum \delta_{zsi} h_i \\ &= 1.5 \times (0.016 \times 1 + 0.017 \times 1 + 0.018 \times 1 + 0.019 \times 1 + 0.020 \times 1 + 0.022 \\ &\quad \times 1 + 0.025 \times 1 + 0.027 \times 1 + 0.016 \times 1) \\ &= 0.27(\text{m}) \\ &= 270(\text{mm}) \end{aligned}$$

$\Delta_{zs} > 70$ mm，场地为自重湿陷性场地。

(2) 计算场地的湿陷量 Δ_s：

（注意 β 的取值：①1.5 ～ 6.5 m 取 $\beta = 1.5$；②6.5 ～ 11.5 m 取 $\beta = 1.0$；③11.5 m 以下取 $\beta = 1.5$。）

$$\begin{aligned} \Delta_s &= \sum \beta \Delta_{si} h_i \\ &= (1.5 \times 0.070 \times 1 + 1.5 \times 0.065 \times 1 + 1.5 \times 0.055 \times 1 + 1.5 \times 0.050 \times 1 + \\ &\quad 1.5 \times 0.045 \times 1) + (1 \times 0.043 \times 1 + 1 \times 0.037 \times 1 + 1 \times 0.036 \times 1 + 1 \times \\ &\quad 0.018 \times 1) + 1.5 \times 0.016 \times 1 \\ &= 0.585\,5(\text{m}) \\ &= 585.5(\text{mm}) \end{aligned}$$

(3) 湿陷等级判别：

由 $70 < \Delta_{zs} \leqslant 350$，$300 < \Delta_s \leqslant 700$，可判断场地为 Ⅱ 级或 Ⅲ 级；由 $\Delta_{zs} < 300$ mm，$\Delta_s < 600$ 可判断场地湿陷等级为 Ⅱ 级。

答案为(B)。

25. [**答案**](C)

[**解析**] 据《铁路工程特殊岩土勘察规程》(TB 10038—2012) 第 8.5.5 条。

(1) 地表冻胀量 Δh 为：

$$\Delta h = 186.288 - 186.128 = 0.16(\text{m})$$

(2) 平均冻胀率 η 为

$$\eta = \frac{0.16}{2 - 0.16} = 0.0869 = 8.69\%$$

答案为(C)。

26. [**答案**](B)

[**解析**] 据《建筑地基基础设计规范》(GB 50007—2011)。

(1) 第 1 块的剩余下滑力 F_1 为：

$$\begin{aligned} F_1 &= F_{n-1}\psi + \gamma_t G_{nt} - G_{nn}\tan\varphi_n - C_n l_n \\ &= F_{n-1}\psi + \gamma_t G_{nt} - R_n \\ &= 0 + 1.05 \times 3\,600 - 1\,100 = 2\,680(\text{kN/m}) \end{aligned}$$

(2) 第 2 块的剩余下滑力 F_2 为：

$$F_2 = 2\,680 \times 0.76 + 1.05 \times 8\,700 - 7\,000 = 4\,171.8(\text{kN/m})$$

(3) 第 3 块的剩余下滑力 F_3 为：

$$F_3 = 4\,171.8 \times 0.9 + 1.05 \times 1\,500 - 2\,600 = 2\,729.62(\text{kN/m})$$

答案为(B)。

27. [**答案**](D)

[**解析**] 据《水工建筑物抗震设计规范》(DL 5073—2000) 第 3.1.2 条、第 3.1.3 条、第 4.3.4 条、第 4.3.6 条。

(1) 场地土类型的划分

$$V_{sm} = \frac{\sum V_{si} h_i}{\sum h_i} = \frac{235 \times 6 + 336 \times 3 + 495 \times 3}{6 + 3 + 3} = 325.25(\text{m/s})$$

$250 < V_{sm} < 500$,场地为中硬场地土。

(2) 场地类别的划分

$d_{0V} = 12$ m,中硬场地土,场地类别为 Ⅱ 类。

(3) 场地特征周期 T_g

$T < 1.0$ s,Ⅱ 类场地 $T_g = 0.3$ s。

(4) 设计反应谱最大值的代表值 β_{max} 即为:混凝土重力坝 $\beta_{max} = 2.0$。

答案为(D)。

28. [**答案**](D)

[**解析**] 据《建筑抗震设计规范》(GB 50011—2010) 第 4.3.3 条。

基础埋深均小于 2 m,取 d_b 为 2.0 m,上覆非液化层厚度最大值为 7 m,地下水埋深最大值为 5 m,所以选项(D) 的液化可能性是最小的。

$d_u = 7 < d_0 + d_b - 2 = 8 + 2 - 2 = 8$

$d_w = 5 < d_0 + d_b - 3 = 8 + 2 - 3 = 7$

$d_u + d_w = 7 + 5 = 12 > 1.5d_0 + 2d_b - 4.5 = 1.5 \times 8 + 2 \times 2 - 4.5 = 11.5$

不液化。

答案为(D)。

29. [**答案**](B)

[**解析**] 据《水利水电工程地质勘察规范》(GB 50487—2008) 附录 P。

(1) 判断选项(A)。

① 工程正常运行时的修正标贯击数 $N_{63.5}$ 为:

$$N_{63.5}=N_{63.5}'\left(\frac{d_s+0.9d_w+0.7}{d_s'+0.9d_w'+0.7}\right)=20\times\left(\frac{9+0.9\times5+0.7}{6+0.9\times2+0.7}\right)=33.4(\text{击})$$

② 临界标准贯入锤击数 N_{cr} 为:

$$N_{cr}=N_0[0.9+0.1(d_s-d_W)]\sqrt{\frac{3\%}{\rho}}=10\times[0.9+0.1\times(9-5)]\times1=13(\text{击})$$

$N_{63.5}>N_{cr}$。选项(A) 不液化。

(2) 判断选项(B)。

① 工程正常运行时的修正标贯击数 $N_{63.5}$ 为:

$$N_{63.5}=20\times\left(\frac{3+0.9\times0+0.7}{6+0.9\times2+0.7}\right)=8.7$$

② 临界标准贯入锤击数 N_{cr}:

$$N_{cr}=N_0[0.9+0.1(d_s-d_W)]\sqrt{\frac{3\%}{\rho}}=10\times[0.9+0.1\times(5-0)]\times1=14(\text{击})$$

$N_{63.5}<N_{cr}$,选项(B) 液化。

(3) 用同样的办法可判断选项(C)、(D),均不液化。

答案为(B)。

30. [**答案**](C)

[**解析**] 据《建筑基桩检测技术规范》(JGJ 106—2014) 第 8.4.1 条。

用公式 $C_i=\frac{2\,000\,L}{\Delta T}$ 或 $L=\frac{C\Delta T}{2}$ 计算:

$$L=\frac{C\Delta T}{2}=3\,555.6\times(73.5-60)\times\frac{1}{2}\times\frac{1}{1\,000}=24\ (\text{m})$$

答案为(C)。

专业案例(下午卷) 答案

1. [**答案**](A)

[**解析**] 据"面授班辅导讲义"第八讲。

不计侵蚀性 CO_2 及游离 CO_2,HCO_3^- 按 50% 计,则固体物质(盐分) 的总量为:

$$51.39+28.78+75.43+20.23+10.80+83.47+27.19+\frac{1}{2}\times366.00=480.29(\text{mg/L})$$

答案为(A)。

2. [**答案**](C)

[**解析**](1) 水力梯度 I 为:

$$I=\frac{\Delta h}{l}=\frac{15}{60}=0.25$$

(2) 平均渗透系数 k 为:

$$k=\frac{H}{\frac{H_1}{k_1}+\frac{H_2}{k_2}}=\frac{60}{\frac{30}{0.7}+\frac{30}{0.1}}=0.175(\text{cm/s})$$

(3) 流量 Q 为：

$$Q = kFI = 0.175 \times 200 \times 0.25 = 8.75(\text{cm}^3/\text{s})$$

答案为(C)。

3. [**答案**](C)

[**解析**] 据《工程岩体试验方法标准》(GB/T 50266—2013) 第 2.12.9 条、《工程岩体分级标准》(GB 50218—2014) 第 3.3.1 条。

(1) 等价岩芯直径 D_e

$D_e^2 = D^2$，得 $D_e = D = 50$ mm。

(2) 点荷载强度 I_s 为：

$$I_s = \frac{P}{D_e^2} = \frac{4\,000}{50^2} = 1.6\ (\text{N/mm}^2)$$，因为 $d = 50$ mm，所以 $I_{s(50)} = I_s = 1.6\ \text{N/mm}^2$。

(3) 岩石单轴饱和抗压强度 R_c 为：

$$R_c = 22.82 I_{s(50)}^{0.75} = 22.82 \times 1.6^{0.75} = 32.5\ (\text{MPa})$$

(4) 岩石坚硬程度的划分

$30 < R_c < 60$，岩石为较坚硬岩。

答案为(C)。

4. [**答案**](C)

[**解析**] 据《湿陷性黄土地区建筑规范》(GB 50025—2004)。

(1) 干密度 ρ_d 为：

$$\rho_d = \frac{\rho}{1 + 0.01W} = \frac{1.57}{1 + 0.01 \times 19.8} = 1.31(\text{g/cm}^3)$$

(2) 孔隙比 e 为：

$$e = \frac{d_s \rho_w (1 + 0.01w)}{\rho} - 1 = \frac{2.7 \times 1.0 \times (1 + 0.01 \times 19.8)}{1.57} - 1 = 1.06。$$

(3) 土的饱和密度 ρ_s 为(取 $S_r = 85\%$)：

$$\rho_s = \rho_d \left(1 + \frac{S_r e}{d_s}\right) = 1.31 \times \left(1 + \frac{0.85 \times 1.06}{2.7}\right) = 1.75(\text{g/cm}^3) = 17.5(\text{kN/m}^3)$$

(4) 上覆土层的饱和压力 P 为：

$$P = \rho_s h = 17.5 \times 8 = 140\ (\text{kPa})$$

答案为(C)。

5. [**答案**](C)

[**解析**] 据《建筑地基基础设计规范》(GB 50007—2011) 第 5.2.4 条。

(1) f_{ak} 为深层载荷试验测得的值，因此不需再进行深度修正。

(2) 对 f_{ak} 进行宽度修正得：

$$f_a = f_{ak} + \eta_b \gamma_m (b - 3) = 200 + 0.3 \times 19 \times (6 - 3) = 217.1(\text{kPa})$$

筏板基础底面压力为 217.1 kPa 时，刚好满足承载力的要求。

答案为(C)。

6. [**答案**](B)

[**解析**] 据《建筑地基基础设计规范》(GB 50007—2011) 第 5.2.7 条。

如下图所示。

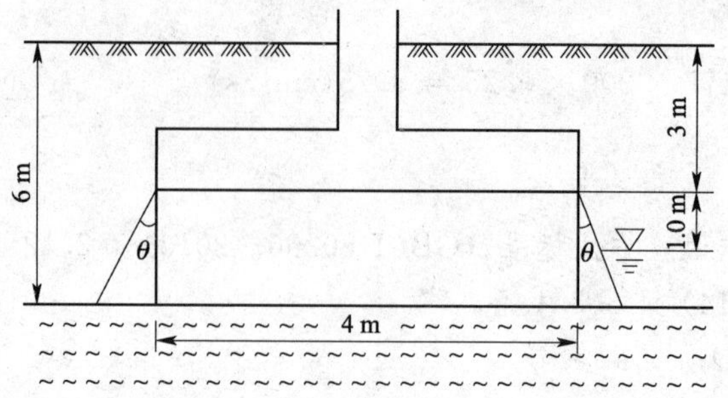

题 6 解图

(1) 基础底面的天然应力 P_c 为：

$$P_c = \gamma d = 20 \times 3 = 60\ (\text{kPa})$$

(2) 应力扩散角 θ

由于 $\frac{E_{s1}}{E_{s2}} = \frac{15}{5} = 3$，得 $\frac{z}{b} = \frac{3}{3} = 1 > 0.5$，查表得 $\theta = 23°$。

(3) 软弱下卧层顶面处的附加应力 P_z 为：

$$P_z = \frac{lb(P_k - P_c)}{(b + 2z\tan\theta)(l + 2z\tan\theta)} = \frac{4 \times 3 \times (300 - 60)}{(3 + 2 \times 3 \times \tan 23°) \times (4 + 2 \times 3 \times \tan 23°)} = 79.3\ (\text{kPa})$$

(4) 软弱下卧层顶面的自重应力 P_{cz} 为：

$$P_{cz} = \sum \gamma_i H_i = 20 \times 3 + 20 \times 1 + 10 \times 2 = 100\ (\text{kPa})$$

(5) 软弱下卧层顶面处的附加应力与自重应力的和 $P_z + P_{cz}$ 为：

$$P_z + P_{cz} = 79.3 + 100 = 179.3\ (\text{kPa})$$

答案为(B)。

7. [**答案**](C)

[**解析**] 据《建筑地基基础设计规范》(GB 50007—2011)。

(1) 统计修正系数 ψ 为：

$$\psi = 1 - \left(\frac{1.074}{\sqrt{n}} + \frac{4.678}{n^2}\right)\delta = 1 - \left(\frac{1.074}{\sqrt{6}} + \frac{4.678}{6^2}\right) \times 0.022 = 0.9875$$

(2) 单轴抗压强度的标准值 f_{rk} 为：

$$f_{rk} = \psi f_{rm} = 0.9875 \times 29.1 = 28.7(\text{MPa})$$

(3) 承载力特征值的最大值 f_a 为：

$$f_a = \psi_\gamma f_{rk} = 0.5 \times 28.7 = 14.3(\text{MPa})$$

答案为(C)。

8. [**答案**](C)

[**解析**] 据《建筑地基基础设计规范》(GB 50007—2011) 第 C.0.7 条、第 C.0.8 条。

(1) 单个试验点承载力特征值的确定：

①1 号点：$\frac{300}{2} = 150 < 160$，取 $f_{ak1} = 150$ kPa。

②2 号点：$\frac{340}{2} = 170 > 165$，取 $f_{ak2} = 165$ kPa。

③3 号点：$\frac{330}{2} = 165 < 173$，取 $f_{ak3} = 165$ kPa。

(2) 承载力特征值的平均值 f_{akm} 为：

$$f_{akm} = \frac{1}{n}\sum f_{aki} = \frac{1}{3} \times (150 + 165 + 165) = 160\ (kPa)$$

(3) 确定承载力特征值 f_{ak} 为：

$$f_{akmax} - f_{ak} = 165 - 160 = 5(kPa) < 0.3f_{akm} = 0.3 \times 160 = 48\ (kPa)$$

取 $f_{ak} = f_{akm} = 160(kPa)$。

答案为(C)。

9. [**答案**](B)

[**解析**] 据《建筑地基基础设计规范》(GB 50007—2011) 第 5.1.7 条、第 5.1.8 条、第 G.0.2 条。

(1) 设计冻深 z_d 为：

$$z_d = z_0\psi_{zs}\psi_{zw}\psi_{ze} = 2.2 \times 1.0 \times 0.95 \times 0.95 = 1.985\ 5(m)$$

(2) 基底下允许残留冻土层厚度 h_{max}：

查表得，$h_{max} = 0.95$。

(3) 基础最小埋深 d_{min} 为：

$$d_{min} = z_d - h_{max} = 1.985\ 5 - 0.95 = 1.035\ 5(m)$$

答案为(B)。

10. [**答案**](B)

[**解析**] 据《建筑地基基础设计规范》(GB 50007—2011) 第 5.4.2 条。如下图所示。

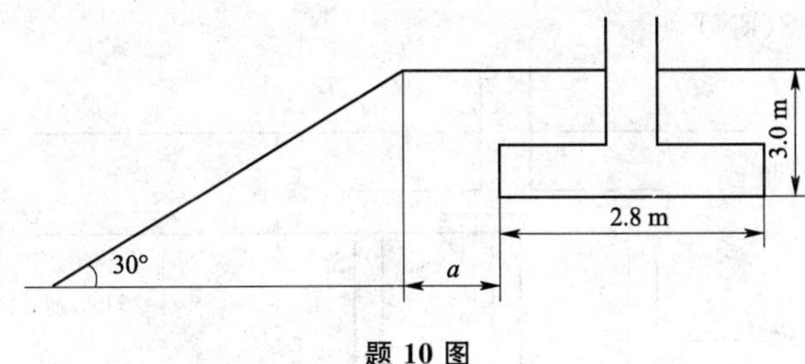

题 10 图

$$a > 2.5b - \frac{d}{\tan\beta} = 2.5 \times 2.8 - \frac{3}{\tan 30^\circ} = 1.8(m)$$

a 最小取 2.5 m。

答案为(B)。

11. [**答案**](A)

[**解析**] 据《公路桥涵地基与基础设计规范》(JTG D63—2007) 第 5.3.3 条。

(1) 桩端处土的承载力容许值 q_r：

$$q_r = m_0\lambda\{[f_{a0}] + k_2\gamma_2(h-3)\}$$
$$= 0.8 \times 0.8 \times [1\ 000 + 5 \times (20-10) \times (33-3)]$$
$$= 1\ 600(kPa)$$

(2) 单桩轴向受压承载力的容许值$[R_a]$：

$$[R_a] = \frac{1}{2}u\sum q_{ik}l_i + A_pq_r$$
$$= \frac{1}{2} \times 3.14 \times 1 \times (60 \times 15 + 100 \times 15 + 160 \times 2) + 3.14 \times 0.5^2 \times 1\ 600$$
$$= 5\ 526.4(kN)$$

答案为(A)。

12. [**答案**](C)

[**解析**] 据《建筑桩基技术规范》(JGJ 79—2008) 第 5.5.14 条。

(1) 土层沉降量的计算：

$$\psi\sum\frac{\sigma_{zi}}{E_{si}}\Delta z_i = 1\times\left(\frac{120+80}{2\times10\times1\,000}\times4+\frac{80+20}{2\times10\times1\,000}\times4\right)=0.06\ (\text{m})=60(\text{mm})$$

(2) 桩身沉降量的计算：

$$S_e=\xi_e\frac{Q_j l_j}{E_c A_p S}=0.6\times\frac{6\,000\times30\times4}{3.15\times10^7\times3.14\times0.8^2}=0.006\,8(\text{m})=6.8(\text{mm})$$

(3) 桩基的最终沉降量为 66.8 mm。

答案为(C)。

13. [**答案**](B)

[**解析**] 据《建筑桩基技术规范》(JGJ 94—2008) 第 5.3.5 条、第 5.2.5 条、第 5.2.2 条。如下图所示。

(1) 单桩竖向极限承载力标准值 Q_{uk} 为：

$$\begin{aligned}Q_{uk}&=u\sum q_{sik}l_i+q_{pk}A_p\\&=3.14\times0.4\times(25\times10+100\times2)+6\,000\times3.14\times0.2^3\\&=565.2+753.6\\&=1\,318.8(\text{kN})\end{aligned}$$

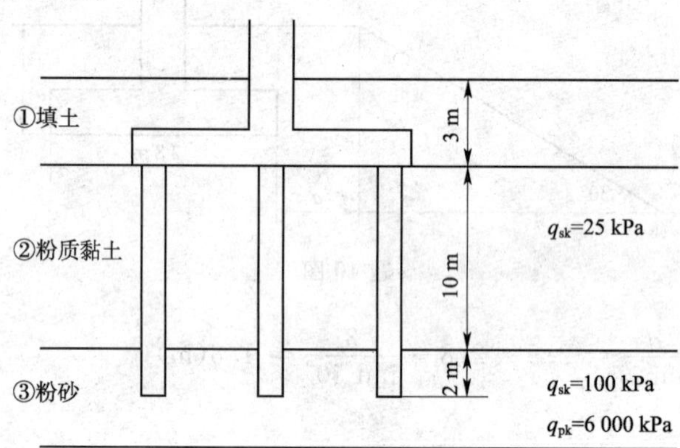

题 13 图

(2) 单桩竖向承载力特征值 R_a 为：

$$R_a=\frac{1}{k}Q_{uk}=\frac{1}{2}\times1\,318.8=659.4\ (\text{kN})$$

(3) 考虑地震作用时复合基桩竖向承载力 R：

$$A_c=\frac{A-nA_{ps}}{n}=\frac{2.4\times4-6\times3.14\times0.2^2}{6}=1.4744$$

$$R=R_a+\frac{\xi_a}{1.25}\eta_c f_{ak}A_c=659.4+\frac{1.5}{1.25}\times0.14\times300\times1.474\,4=733.7(\text{kN})$$

(4) 二者的比值为 $\frac{R}{R_a}=\frac{733.7}{659.4}=1.11$。

答案为(B)。

14. [**答案**](B)

[**解析**] 据《建筑地基处理技术规范》(JGJ 79—2012) 第 7.1.5-1 条。

(1) 求面积置换率 m：

$f_{spk} = [1 + m(n-1)]f_{sk}$，即 $120 = [1 + m(3-1)] \times 90$，解得 $m = 0.1667$。

(2)1 根砂石桩承担的处理面积 A_e 为：

由 $m = \dfrac{d^2}{d_e^2}$ 可推出 $A_e = \dfrac{A_p}{m} = \dfrac{3.14 \times 0.2^2}{0.1667} = 0.7534(m^2)$

(3) 三角形布桩，桩间距 s 为：

$s = 1.08\sqrt{A_e} = 1.08 \times \sqrt{0.7534} = 0.9374(m)$

答案为(B)。

15. [**答案**](B)

[**解析**] 据《建筑地基处理技术规范》(JGJ 79—2012) 第 7.7.2 条。

(1) 单桩承载力 R_a：

$$R_a \leqslant \frac{1}{\lambda} \cdot \frac{1}{4} \cdot f_{cu}A_p = \frac{1}{4} \times 26.67 \times 1000 \times 3.14 \times 0.25^2 = 1308.3(kN)$$

$$\begin{aligned} R_a &= u_p \sum q_{si} l_i + q_p A_p \\ &= 3.14 \times 0.5 \times (6 \times 8 + 15 \times 3 + 12 \times 3) + 200 \times 3.14 \times 0.25^2 \\ &= 241.78(kN) \end{aligned}$$

取 $R_a = 241.78kN$。

(2) 面积置换率 m：

$$f_{spk} = \lambda m \frac{R_a}{A_p} + \beta(1-m)f_{sk}，即\ 180 = m \times \frac{1 \times 241.78}{3.14 \times 0.25^2} + 0.8 \times (1-m) \times 50$$

求得 $m = 0.117$。

答案为(B)。

16. [**答案**](C)

[**解析**] 据《建筑地基处理技术规范》(JGJ 79—2012) 第 7.3.3 条。

(1) 单桩承载力 R_a：

$$R_a = \eta f_{cu} A_p = 0.25 \times 0.96 \times 1000 \times 3.14 \times 0.3^2 = 67.8(kN)$$

$$\begin{aligned} R_a &= U_p \sum q_{si} l_i + \alpha_p q_p A_p \\ &= 3.14 \times 0.6 \times (6 \times 8 + 15 \times 3 + 12 \times 3) + 0.4 \times 200 \times 3.14 \times 0.3^2 \\ &= 265.6(kN) \end{aligned}$$

取 $R_a = 67.8\ kN$。

(2) 面积置换率 m：

$$d_e = 1.05s = 1.05 \times 1 = 1.05(m)$$

$$m = \frac{d^2}{d_e^2} = \frac{0.6^2}{1.05^2} = 0.3265$$

(3) 复合地基承载力 f_{spk} 为：

$$\begin{aligned} f_{spk} &= \lambda m \frac{R_a}{A_p} + \beta(1-m)f_{sk} \\ &= 0.3265 \times \frac{67.8}{3.14 \times 0.3^2} + 0.6 \times (1 - 0.3265) \times 50 \\ &= 98.5\ (kPa) \end{aligned}$$

答案为(C)。

17. [**答案**](B)

[**解析**] 据《建筑地基处理技术规范》(JGJ 79—2012) 第 7.2.2 条。

桩间距 s 为：

$$s = 0.95\xi d\sqrt{\frac{1+e_0}{e_0-e_1}} = 0.95\times1.1\times0.5\times\sqrt{\frac{1+0.95}{0.95-0.6}} = 1.23(\mathrm{m})$$

答案为(B)。

18. [**答案**](A)

[**解析**] $E_w = \frac{1}{2}\gamma_w h^2 = \frac{1}{2}\times10\times5^2 = 125(\mathrm{kN/m})$

答案为(A)。

19. [**答案**](A)

[**解析**](1)G 点的位置水头为 11.5 m。

(2)G 点的水头损失为：$\frac{16}{21}\times2 = 1.52\ (\mathrm{m})$

(3)G 点的孔隙水压力为：$(16-11.5-1.52)\times10 = 29.8\ (\mathrm{kPa})$

答案为(A)。

20. [**答案**](C)

[**解析**] 据《铁路路基支挡结构设计规范》(TB 10025—2006) 第 3.3.1 条。

$\sum N = G + E_y = 200 + 80 = 280\ (\mathrm{kN/m})$

$$K_c = \frac{[\sum N + (\sum E_x + E_x{}')\tan\alpha_0]f + E_x{}'}{\sum E_x - \sum N\tan\alpha_0}$$

$$= \frac{[280+(200-0)\times\tan15^\circ]\times0.65+0}{200-280\times\tan15^\circ}$$

$$= 1.7344$$

答案为(C)。

21. [**答案**](C)

[**解析**] 据《建筑基坑支护技术规程》(JGJ 120—2012) 第 3.4 节。

如下图所示。

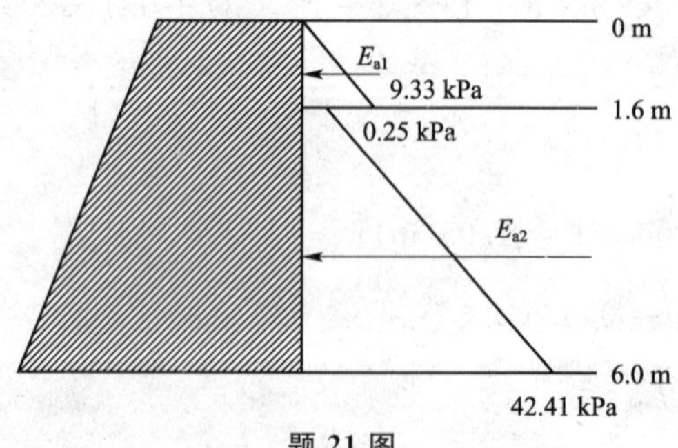

题 21 图

(1) 计算砂土中的土压力合力 E_{a1}：

$$e_{a1} = \gamma_1 h_1 k_{a1} = 17.5\times1.6\times\tan^2\left(45^\circ-\frac{30^\circ}{2}\right) = 9.33(\mathrm{kPa})$$

$$E_{a1} = \frac{1}{2}e_{a1}h_1 = \frac{1}{2}\times9.33\times1.6 = 7.47(\mathrm{kN})$$

(2) 计算黏土中的土压力的合力：

$$e_{a顶} = \gamma_1 h_1 K_{a2} - 2c_2\sqrt{K_{a2}}$$

$$= 17.5 \times 1.6 \times \tan^2\left(45^\circ - \frac{18^\circ}{2}\right) - 2 \times 10 \times \tan\left(45^\circ - \frac{18^\circ}{2}\right)$$

$$= 0.25(\text{kPa})$$

$$e_{a底} = (\gamma_1 h_1 + \gamma_2 h_2)K_{a2} - 2c_2\sqrt{K_{a2}}$$

$$= e_{a顶} + \gamma_2 h_2 K_{a2}$$

$$= 0.25 + 18.15 \times (6 - 1.6) \times \tan^2\left(45^\circ - \frac{18^\circ}{2}\right)$$

$$= 42.41(\text{kPa})$$

$$E_{a2} = \frac{1}{2}(e_{a顶} + e_{a底})h_2 = \frac{1}{2} \times (0.25 + 42.41) \times (6 - 1.6) = 93.85(\text{kN})$$

$$E_a = E_{a1} + E_{a2} = 7.47 + 93.85 = 101.32(\text{kN})$$

答案为(C)。

22. [**答案**](C)

[**解析**] 据题意：

(1) 滑动弧弧长 l：(取 1 m 宽度验算)

$$l = \frac{\pi D}{360^\circ}(180^\circ - 29^\circ) = \frac{3.14 \times (16.3 + 17.3) \times 2}{360^\circ} \times (180^\circ - 29^\circ) = 88.5(\text{m})$$

(2) 抗滑力矩 R：

$$R = cl\tau + N(16.3 - 3.5)$$

$$= 34 \times 88.5 \times (16.3 + 17.3) + 2\,970 \times (16.3 - 3.5)$$

$$= 101\,102.4 + 38\,016$$

$$= 139\,118.4\ (\text{kN} \cdot \text{m})$$

$$K = \frac{139\,118.4}{154\,230} = 0.902$$

答案为(C)。

23. [**答案**](A)

[**解析**] 据《建筑基坑支护技术规程》(JGJ 120—2012) 附录 E。

(1) 大井出水量 Q 为：

$$Q = 2\pi k \frac{MS_d}{\ln\left(1 + \frac{R}{r_0}\right)} = 2 \times 3.14 \times 13 \times \frac{18 \times 8}{\ln\left(1 + \frac{160}{10}\right)} = 4\,149.7\ (\text{m}^3/\text{d})$$

(2) 需要的降水井数 n 为：

$$n = \frac{Q}{q} = \frac{4\,149.7}{50 \times 24} = 3.5$$

$3.5 \times 1.1 = 3.85$，则 $n \approx 4$。

答案为(A)。

24. [**答案**](B)

[**解析**] 据《工程地质手册》、《岩土工程勘察规范》(GB 50021—2001)(2009 年版)。

(1) 最大倾斜值：

$$i_{BC} = \frac{\Delta\eta_{BC}}{l} = \frac{30}{20} = 1.5\ (\text{mm/m})$$

$$i_{AB}=i_{max}=\frac{\Delta\eta_{AB}}{l}=\frac{42}{20}=2.1\ (mm/m)$$

(2) 最大水平变形 ε 为：

$$\varepsilon=\frac{\Delta\xi}{l}=\frac{30}{20}=1.5\ (mm/m)$$

(3) 曲率值 k_B：

$$l_{1\text{-}2}=\frac{1}{2}\times[(20\times1\ 000-30)+(20\times1\ 000-20)]=19\ 975\ (mm)=19.975\ (m)$$

$$k_B=\frac{i_{AB}-i_{BC}}{l_{1\text{-}2}}=\frac{2.1-1.5}{19.975}=0.03\ (mm/m^2)$$

按《岩土工程勘察规范》(GB 50021—2001)(2009 年版) 第 5.5.5 条，该场地为相对稳定的场地。

答案为(B)。

25. [**答案**](B)

[**解析**](1) 降水后各土层的附加应力增量：

① 黏土层中：$\sigma_1'=\frac{1}{2}\times(14-10)\times10=20(kPa)$

② 细砂层中：$\sigma_2'=\frac{1}{2}(4\times10+20\times10)=120(kPa)$

③ 黏土层中：$\sigma_3'=20\gamma_w=20\times10=200\ (kPa)$

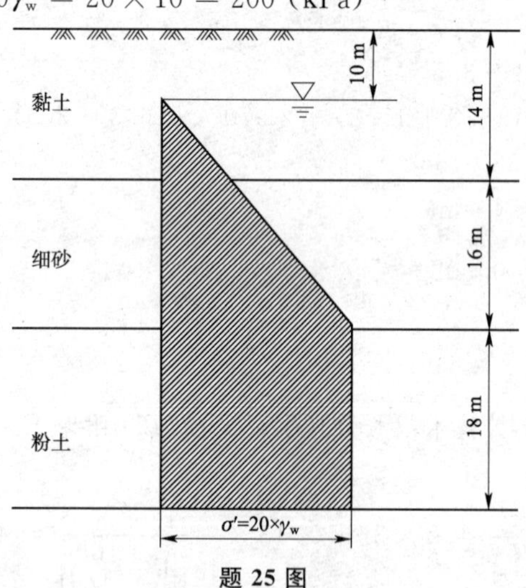

题 25 图

(2) 地面总沉降量 S 为：

$$S=\frac{a_1}{1+e_{01}}\sigma_1'h_1+\frac{\sigma_2'}{E_2}h_2+\frac{a_3}{1+e_{03}}\sigma_3'h_3$$

$$=\frac{0.3\times0.001}{1+0.83}\times20\times4\times10^3+\frac{120}{15\times1\ 000}\times16\times10^3+\frac{0.18\times0.001}{1+0.61}\times200\times18\times10^3$$

$$=543.6\ (mm)$$

答案为(B)。

26. [**答案**](C)

[**解析**] $H=\frac{H_0}{k-1}=\frac{2}{1.2-1}=10(m)$

$h=17-10=7(m)$

答案为(B)。

27. [**答案**](C)

[**解析**](1) 抗滑力矩 M_f：

$$F_s=\frac{M_f}{M_T}=1$$

$$M_f=M_T=W_1d_1=F_1\gamma_1d_1=30.2\times17\times3.2=1\ 642.88$$

(2) 压脚后的稳定性系数 F_s'：

$$F_s'=\frac{M_f+M_3}{M_T}=\frac{1\ 642.88+9\times20\times3}{1\ 642.88}=1.33$$

答案为(C)。

28. [**答案**](C)

[**解析**] 据《建筑抗震设计规范》(GB 50011—2010) 第 5.1.4 条、第 5.1.5 条。

(1) 场地类别的划分：

① 覆盖层厚度 16 m。

② 场地等效剪切波速为：

$$t=\sum\frac{d_i}{v_{si}}=\frac{1}{120}+\frac{9}{90}+\frac{6}{180}=0.141\ 7(\mathrm{s})$$

$$v_{se}=\frac{d_0}{t}=\frac{16}{0.141\ 7}=112.9\ (\mathrm{m/s})$$

场地为 Ⅲ 类。

(2) 多遇地震 8 度时，α_{max} 为 0.16，特征周期 T_g 为 0.45 m。

(3) 地震影响系数 $\alpha=\eta_2\alpha_{max}=0.16$。

答案为(C)。

29. [**答案**](B)

[**解析**] 据《建筑抗震设计规范》(GB 50011—2010) 第 4.1.4 条 ～ 第 4.1.6 条。

(1) 覆盖层厚度为 18 m。

(2) 等效剪切波速 v_{se}：

$$t=\sum\left(\frac{d_i}{v_{si}}\right)=\frac{1.4}{155}+\frac{5.8}{220}+\frac{2.5}{255}+\frac{8.3}{350}=0.068\ 9(\mathrm{s})$$

$$v_{se}=\frac{18}{0.068\ 9}=261.2(\mathrm{m/s})$$

(3) 场地类别为 Ⅱ 类。

答案为(B)。

30. [**答案**](A)

[**解析**] $Q=1.4H^{\frac{5}{2}}=1.4\times0.3^{\frac{5}{2}}=0.069(\mathrm{m^3/s})$

答案为(A)。

2010年全国注册岩土工程师专业考试试卷（新解）

专业知识（上午卷）

一、单项选择题（共40题，每题1分。每题的备选项中只有一个最符合题意）

1. 根据《岩土工程勘察规范》(GB 50021—2001)(2009年版)，对工程地质测绘相关精度要求，如测绘比例尺选用1∶5 000，则地质测绘点的实测精度应不低于下列哪个选项？（　　）

(A)5 m　(B)10 m　(C)15 m　(D)20 m

2. 某岩质边坡，坡度为40°，走向为NE30°，倾向SE，发育如下四组结构面，其中哪个选项所表示的结构面对其稳定性最为不利？（　　）

(A)120°∠35°　(B)290°∠35°　(C)110°∠65°　(D)290°∠65°

3. 根据下列描述判断，哪一选项的土体属于残积土？（　　）

(A)原始沉积的未搬运的土体

(B)岩石风化成土样，留在原地的土体

(C)经搬运沉积后保留原基本特征，且夹砂砾粉土的土体

(D)岩石风化成土状经冲刷崩塌在坡底沉积的土体

4. 基准基床系数 K_v 由下列哪一选项中的试验直接测得？（　　）

(A)承压板直径为30 cm的平板载荷试验

(B)螺旋板直径为30 cm的螺旋板载荷试验

(C)探头长度为24 cm的扁铲侧胀试验

(D)旁压器直径为9 cm的旁压试验

5. 下列各地质年代排列顺序中哪个选项是正确的？（　　）

(A)三叠纪、泥盆纪、白垩纪、奥陶纪　(B)泥盆纪、奥陶纪、白垩纪、三叠纪

(C)白垩纪、三叠纪、泥盆纪、奥陶纪　(D)奥陶纪、白垩纪、三叠纪、泥盆纪

6. 某场地地表水体水深3.0 m，其下粉质黏土层厚度为7.0 m，其下为砂卵石层，承压水头12.0 m，则粉质黏土层单位渗透力大小最接近下列哪个选项？（　　）

(A)2.86 kN/m³　(B)4.29 kN/m³　(C)7.14 kN/m³　(D)10.00 kN/m³

7. 利用已有遥感资料进行工程地质测验时，下列哪一选项的工作流程是正确的？（　　）

(A)踏勘→初步解译→验证和成图　(B)初步解译→详细解译→验证成图

(C)初步解译→踏勘和验证→成图　(D)踏勘→初步解译→详细解译→成图

8. 下列选项中哪种取土器最适用于在软塑黏性土中采取Ⅰ级土试样？（　　）

(A)固定活塞薄壁取土器　(B)自由活塞薄壁取土器

(C)单动三重管回转取土器　(D)双动三重管回转取土器

9. 某建筑地基存在一混合土层，该土层的颗粒最大粒径为200 mm。问要在该土层上进行圆形载荷板的现场载荷试验，承压板面积至少不小于下列哪一选项中的值？（　　）

(A)0.25 m²　(B)0.5 m²　(C)0.8 m²　(D)1.0 m²

10. 下列哪一选项应该是沉积岩的结构？（　　）

(A)斑状结构　　(B)碎屑结构　　(C)玻璃质结构　　(D)变晶结构

11. 反映岩土渗透性大小的吕荣值可由下列哪一选项中的试验方法测得？　　(　　)

(A)压水试验　　(B)抽水试验

(C)注水试验　　(D)室内变水头渗透试验

12. 某峡谷坝址区场地覆盖层厚度为 30 m，欲建坝高 60 m，根据《水利水电工程地质勘察规范》(GB 50487—2008)，在可行性研究阶段，该峡谷区坝址钻孔进入基岩的深度应不小于下列哪一选项的要求？　　(　　)

(A)10 m　　(B)30 m　　(C)50 m　　(D)60 m

13. 对需要分析侵蚀性 CO_2 的水试样，现场取样后应立即加入下列哪一选项中的化学物质？　　(　　)

(A)漂白剂　　(B)生石灰　　(C)石膏粉　　(D)大理石粉

14. 下列关于工程结构或某一部分进入极限状态的描述中，下列哪一选项属于正常使用极限状态？　　(　　)

(A)基坑边坡抗滑安全系数达 1.3

(B)建筑地基沉降量达到规范规定的地基变形允许值

(C)地基沉降量达到地基受压破坏时的极限沉降值

(D)地基承受荷载达到地基极限承载力

15. 计算地基变形时，以下荷载组合的取法哪个选项符合《建筑地基基础设计规范》(GB 50007—2011)？　　(　　)

(A)承载能力极限状态下荷载效应的基本组合，分项系数为 1.2

(B)承载能力极限状态下荷载效应的基本组合，分项系数均为 1.0

(C)正常使用极限状态的标准组合，不计风荷载和地震作用

(D)正常使用极限状态下的准永久组合，不计风荷载和地震作用

16. 关于结构重要性系数的表述下列哪一选项是正确的？　　(　　)

(A)结构重要性系数取值应根据结构安全等级、场地等级和地基等级综合确定

(B)结构安全等级越高，结构重要性系数取值越大

(C)结构重要性系数取值越大，地基承载力安全储备越大

(D)结构重要性系数取值在任何情况下均不得小于 1.0

17. 某厂房(单层、无行车、柱下条形基础)地基经勘察的浅表“硬壳层”厚 1.0～2.0 m，其下为淤泥质土，层厚有变化，平均厚 15.0 m，淤泥质土层下分布可塑粉质黏土，工程性质较好。采用水泥搅拌桩处理后墙体因地基不均匀沉降产生裂隙，且有不断发展趋势，现拟比选地基再加固处理措施，下列哪个选项最为有效？(提问与原题可能不相一致)　　(　　)

(A)压密注浆法　　(B)CFG 桩法

(C)树根桩法　　(D)锚杆静压桩法

18. 某堆场，浅表“硬壳层”黏土厚度 1.0～2.0 m，其下分布厚约 15.0 m 淤泥。淤泥层下为可塑-硬塑粉质黏土和中密-密实粉细砂层，采用大面积堆载预压法处理，设置塑料排水带，间距 0.8 m，其上接堆填黏性土夹块石、碎石，堆填高度约 4.5 m，堆积近两年。卸载后进行试验，发现预压效果不理想，造成预压效果不好的最主要原因是以下哪个选项？　　(　　)

(A)预压荷载小，预压时间短

(B)塑料排水间距偏小

(C)直接堆填,未铺设砂垫层,导致排水不畅

(D)该场地不适用堆载预压法

19. 关于砂石桩施工顺序,下列哪一项是错误的? ( )

(A)黏性土地基,以一侧向另一侧隔排进行

(B)砂土地基,从中间向外围进行

(C)粉土地基,从中间向外围进行

(D)临近既有建筑物,应自既有建筑物一侧向外侧进行

20. 作为换填垫层法的土垫层的压实标准,压实系数 λ_c 的定义为下列哪一选项? ( )

(A)土的最大干密度与天然干密度之比

(B)土的控制干密度与最大干密度之比

(C)土的天然干密度与最小干密度之比

(D)土的最小干密度与控制干密度之比

21. 采用真空预压法加固软土地基时,在真空管路中设置止回阀的主要作用是以下哪个选项? ( )

(A)防止地表水从管路中渗入软土地基中

(B)减少真空泵运行时间,以节省电费

(C)避免真空泵停泵后膜内真空度过快降低

(D)维持膜下真空度的稳定,提高预压效果

22. 在地基处理方案比选时,对搅拌桩复合地基初步设计采用的桩土应力比取以下那个选项的值更合适? ( )

(A)3　　(B)10　　(C)30　　(D)50

23. CFG 桩施工采用长螺旋成孔,管内泵压混合料成桩时,坍落度宜控制在下列哪个选项的范围内? ( )

(A)20～80 mm　　(B)80～120 mm

(C)120～160 mm　　(D)160～200 mm

24. 预压法加固地基设计时,在其他条件不变的情况下,以下哪个选项的参数对地基固结速度影响最小? ( )

(A)砂井直径大小　　(B)排水板间距

(C)排水砂垫层的厚度　　(D)拟加固土体的渗透系数

25. 某地铁车站基坑位于深厚的饱和淤泥质黏土层中,该土层属于欠固结土,采取坑内排水措施进行坑底抗隆起稳定验算,采用水土合算时,选用下列哪一选项中的抗剪强度最合适? ( )

(A)固结不排水强度

(B)固结快剪强度

(C)排水剪强度

(D)用十字板剪切试验确定坑底以下土的不排水强度

26. 在某中粗砂场地开挖基坑,用插入不透水层的地下连续墙截水,当场地墙后地下水位上升时,墙背上受到的主动土压力(前者)和水土总压力(后者)各自的变化规律为下列哪个选项? ( )

(A)前者变大,后者变大　　(B)前者变小,后者变大

(C)前者变小,后者变小　　(D)两者均没有变化

27. 某基坑深 16.0 m，采用排桩支护，三排预应力锚索，桩间采用旋喷桩止水，基坑按设计要求开挖到底，施工过程未发现异常，并且桩水平位移也没超过设计要求，但发现坑边局部地面下沉，初步判断其主要原因为下列哪个选项？（　　）

(A)锚索锚固力不足(B)排桩配筋不足　(C)止水帷幕渗漏　(D)土方开挖过快

28. 某地铁盾构拟穿过滨海别墅群，别墅群为 3～4 层天然地基的建筑。地基持力层主要为渗透系数较大的冲洪积厚砂层，基础底面到盾构板的距离为 6.0～10.0 m，采用下列哪个方案最可行？（　　）

(A)采用敞开式盾构施工　(B)采用挤压式盾构施工

(C)采用土压平衡式盾构施工　(D)采用气压盾构施工

29. 在其他条件相同的情况下，下列哪个地段的隧洞围岩相对最稳定？（　　）

(A)隧洞的洞口地段　(B)隧洞的弯段

(C)隧洞的平直洞段　(D)隧洞的交叉洞段

30. 在地下洞室选址区内，岩体中水平应力值较大，测得最大主应力方向为南北方向。问地下厂房长轴方向为以下哪一选项时，最不利于厂房侧壁的岩体稳定？（　　）

(A)东西方向　(B)北东方向

(C)南北方向　(D)北西方向

31. 在地铁线路施工中，与盾构法相比，表述浅埋暗挖法（矿山法）特点的下述哪个选项是正确的？（　　）

(A)浅埋暗挖法施工更安全

(B)浅埋暗挖法更适合于隧道断面变化和线路转折的情况

(C)浅埋暗挖法应全断面开挖施工

(D)浅埋暗挖法适用于周边环境对施工有严格要求的情况

32. 关于抗震设计基本概念，下列哪个选项的说法是不正确的？（　　）

(A)抗震设防要求就是建设工程抗御地震破坏的准则和在一定风险下抗震设计采用的地震烈度或者地震动参数

(B)按照给定的地震烈度或地震动参数对建设工程进行抗震设防设计，可以理解为该建设工程在一定时期内存在着一定的抗震风险概率

(C)罕遇地震烈度和多遇地震烈度相比，它们的设计基准期是不同的

(D)超越概率就是场地可能遭遇不小于给定的地震烈度或地震动参数的概率

33. 有甲、乙、丙、丁四个场地地震烈度和设计地震分组都相同，它们的等效剪坡波速 v_{se} 和场地覆盖层厚度如下表所示。比较各场地的特征周期 T_g，下列哪个选项是正确的？（　　）

题 33 表

场地	v_{se}/(m/s)	覆盖层厚度/m
甲	400	90
乙	300	60
丙	200	40
丁	100	10

(A)各场地的 T_g 值都不相等　(B)有两个场地的 T_g 值相等

(C)有三个场地的 T_g 值相等　　　　(D)四个场地的 T_g 值都相等

34. 计算地震作用和进行结构抗震验算时，下列哪个选项的说法是不符合《建筑抗震设计规范》(GB 50011—2010)规定的？（　　）

(A)结构总水平地震作用标准值和总竖向地震作用标准值都是将结构等效总重力荷载分别乘以相应的地震影响系数最大值

(B)竖向地震影响系数最大值小于水平地震影响系数最大值

(C)建筑结构应进行多遇地震作用下的内力和变形分析，此时可以假定结构与构件处于弹性工作状态

(D)对于有可能导致地震时产生严重破坏的建筑结构等部位，应进行罕遇地震作用下的弹塑性变形分析

35. 按《建筑抗震设计规范》(GB 50011—2010)规定，抗震设计使用的地震影响系数曲线下降段起点的周期值应为下列哪个选项？（　　）

(A)地震活动周期　　　　(B)结构自振周期

(C)设计特征周期　　　　(D)地基固有周期

36. 关于建筑抗震设计，下列哪个说法是正确的？（　　）

(A)用多遇地震作用计算结构弹性位移和结构内力，进行截面承载力验算

(B)用设计地震作用计算结构弹性位移和结构内力，进行截面承载力验算

(C)用罕遇地震作用计算结构弹性位移和结构内力，进行截面承载力验算

(D)抗震设计指抗震计算，不包括抗震措施

37. 关于建筑抗震地震影响系数的阐述，下列哪个说法是正确的？（　　）

(A)地震影响系数的大小与抗震设防烈度和场地类别无关

(B)在同一个场地上，相邻两个自振周期相差较大的高层建筑住宅，其抗震设计采用的地震影响系数不相同

(C)地震影响系数计量单位为 m^2/s

(D)水平地震影响系数最大值只与抗震设防烈度有关

38. 某砖混结构建筑物在一侧墙体（强度一致）地面标高处布置五个观测点，1～5 号点的沉降值分别为 11 mm、69 mm、18 mm、25 mm 和 82 mm，则墙体裂缝的形态最可能为下列哪一选项的图示？（　　）

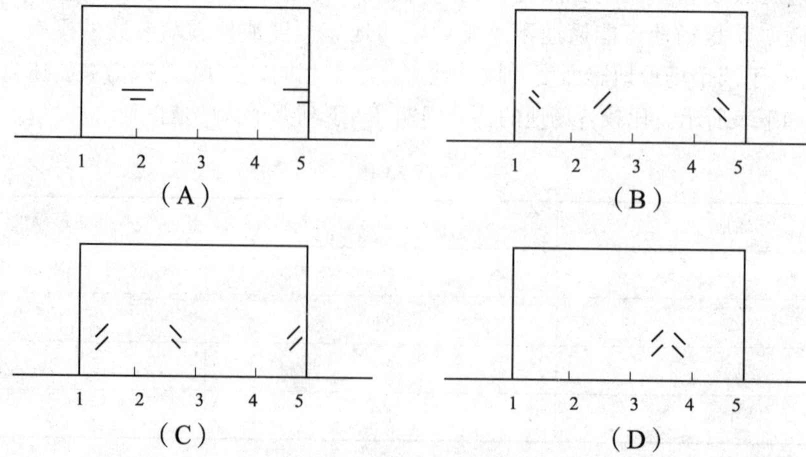

39. 下列关于建筑基桩检测的要求哪个选项是正确的？（　　）

(A)采用压重平台提供单桩竖向抗压静载试验的反力时压重施加于地基土上的压应力大于地基承载力特征质的2.0倍

(B)单孔钻芯检测发现桩身混凝土质量问题时,宜在同一基桩增加钻孔验证

(C)受检桩的混凝土强度达到设计强度的70%时即可进行钻芯法检测

(D)单桩竖向抗压静载试验的加载量不应小于设计要求的单桩极限承载力标准值的2.0倍

40. 下列选项中哪一类桩不适宜采用高应变法检测基桩竖向抗压承载力? （ ）

(A)混凝土预制桩　(B)打入式钢管桩

(C)中等直径混凝土灌注桩　(D)大直径扩底桩

二、多项选择题(共30题,每题2分。每题的备选项中有两个或三个符合题意,错选、少选、多选均不得分)

41. 地下水对岩土的作用评价中,下列哪些选项属于水的力学作用? （ ）

(A)渗流　(B)融陷　(C)突涌　(D)崩解

42. 单孔法测试地层波速,关于压缩波、剪切波传输过程中的不同特点,下列说法中哪些选项是正确的? （ ）

(A)压缩波为初至波,剪切波速较压缩波慢

(B)敲击木板两端,压缩波、剪切波波形相位差均为180°

(C)压缩波比剪切波传播能量衰减快

(D)压缩波频率低,剪切波频率高

43. 下列关于剪切应变速率对三轴试验成果的影响分析,哪些是正确的? （ ）

(A)UU试验,因不测孔隙水压力,在通常剪切应变速率范围内对强度影响不大

(B)CU试验,对不同土类应选择不同的剪切应变速率

(C)CU试验,剪切应变速率较快时,测得的孔隙水压力数值偏大

(D)CD试验,剪切应变速率对试验结果的影响,主要反映在剪切过程中是否存在孔隙水压力

44. 对非饱和土试样进行压缩试验,压缩过程没有排水与排气,则下列对压缩过程中试样物理性质指标变化的判断,哪些选项是正确的? （ ）

(A)土样相对密度增大　(B)土的重度增大

(C)土的含水率不变　(D)土的饱和度增大

45. 关于土的压缩系数 a_v,压缩模量 E_s、压缩指数 C_c 的下列论述中哪些说法是正确的? （ ）

(A)压缩系数 a_v 值的大小随选取的压力段不同而变化

(B)E_s 值的大小和 a_v 的变化成反比

(C)C_c 只与土性有关,不随压力变化

(D)C_c 越小,土的压缩性越高

46. 关于港口工程地质勘察工作布置原则的叙述,下列哪些选项是正确的? （ ）

(A)可行性研究阶段勘察,河港宜垂直岸向布置勘探线,海港勘探点可按网格状布置

(B)初步设计阶段勘察,河港水工建筑区域勘探点应按垂直岸向布置

(C)初步设计阶段勘察,海港水工建筑物区域,勘探线应按垂直于水工建筑长轴方向布置

(D)初步设计阶段勘察,港口陆域建筑区宜按平行地形、地貌单元走向布置勘探线

47. 关于各种极限状态计算中涉及的荷载代表值,下列哪项符合《建筑结构荷载规范》(GB 50009—2012)规定? （ ）

(A)永久荷载均采用标准值

(B)结构自重采用平均值

(C)可变荷载均采用组合值

(D)可变荷载的组合值等于可变荷载标准值乘以荷载组合值系数

48. 在挡土结构设计中，下列哪些选项应按承载能力极限状态设计？（　）

(A)稳定性验算　(B)截面设计确定材料和配筋

(C)变形计算　(D)验算裂缝宽度

49.《建筑桩基技术规范》(JGJ 94—2008)在关于桩基设计所采用的作用效应组合和抗力取值原则的下列叙述中，哪些是正确的？（　）

(A)确定桩数和布桩时，由于抗力是采用基桩或复合基桩极限承载力除以综合安全系数 $k=2$ 确定的特征值，故采用荷载分项系数 $\gamma_G=1$、$\gamma_Q=1$ 的荷载效应标准组合

(B)验算坡地、岸边建筑桩基整体稳定性采用综合安全系数，故其荷载效应采用 $\gamma_G=1$，$\gamma_Q=1$ 的标准组合

(C)计算荷载作用下基桩沉降和水平位移时，考虑土体固结变形时效特点，应采用荷载效应基本组合

(D)在计算承台结构和桩身结构时，应与上部混凝土结构一致，承台顶面作用效应应采用基本组合，其抗力应采用包含抗力分项系数的设计值

50. 依据《建筑地基处理技术规范》(JGJ 79—2012)，下列说法中，哪些选项是正确的？（　）

(A)预压法施工，真空预压区边缘应大于或等于建筑物基础所包围的范围

(B)强夯法施工，每边超出基础外缘宽度宜为基底下设计处理深度 1/2～2/3，且不宜小于 3.0 m

(C)振冲桩施工，当要求消除地基液化时，在基础外缘扩大宽度应大于可液化土层厚度的 1/3

(D)竖向承载搅拌桩可只在建筑物基础范围内布置

51. 某软土地基采用水泥搅拌桩复合地基加固，搅拌桩直径为 600 mm，桩中心间距为1.2 m，正方形布置，按《建筑地基处理技术规范》(JGJ 79—2012)进行复合地基载荷试验，以下关于试验要点的说法哪些选项是正确的？（　）

(A)按四根桩复合地基，承压板尺寸应采用 1.8 m×1.8 m

(B)试验前应防止地基土扰动，承压板底面下宜铺设粗砂垫层

(C)试验最大加载压力不应小于设计压力值的 2 倍

(D)当压力－沉降曲线呈平缓光滑曲线时，复合地基承载力特征值可取承压板沉降量与宽度之比 0.015 所对应的压力

52. 采用水泥搅拌法加固地基时，以下关于水泥土的表述，哪些选项是正确的？（　）

(A)固化剂掺入量对水泥土强度影响较大

(B)水泥土强度与原状土的含水率高低有关

(C)土中有机物含量对水泥土的强度影响较大

(D)水泥土重度比原状土重度增加较大但含水率降低较小

53. 对软土地基堆载预压法加固时，以下说法哪些是正确的？（　）

(A)超载预压是指预压荷载大于加固地基以后的工作荷载

(B)多级堆载预压加固时，在一级预压荷载作用下，地基土的强度增长满足下一级荷载下地基稳定性要求时方可施加下一级荷载

(C)堆载预压加固时，当地基固结度符合设计要求后，方可卸载

(D)对堆载预压后的地基，应采用标贯试验或圆锥动力触探试验等方法进行检测

54. 经换填垫层处理后的地基承载力验算时，下列哪些说法正确？（　　）

(A)对地基承载力进行修正时，宽度修正系数取 0

(B)对地基承载力进行修正时，深度修正系数对压实粉土取 1.5，对压密砂土取 2.0

(C)有下卧软土层时，应验算下卧层的地基承载力

(D)处理后地基承载力不超过处理前地基承载力的 1.5 倍

55. 根据现行《建筑地基处理技术规范》(JGJ 79—2012)，对于建造在处理后的地基上的建筑物，以下哪些说法是正确的？（　　）

(A)甲级建筑应进行沉降观测

(B)甲级建筑应进行变形验算，乙级建筑可不进行变形验算

(C)位于斜坡上的建筑物应进行稳定性验算

(D)地基承载力特征值不再进行宽度修正，但要做深度修正

56. 关于堆载预压法和真空预压法加固地基机理的描述，下列哪些选项是正确的？（　　）

(A)堆载预压中地基土的总应力增加

(B)真空预压中地基土的总应力不变

(C)采用堆载预压法和真空预压法加固时都要控制加载速率

(D)采用堆载预压法和真空预压法加固时预压区周围土体侧向位移方向一致

57. 下列哪些选项是围岩工程地质详细分类的基本依据？（　　）

(A)岩石强度　　(B)结构面状态和地下水

(C)岩体完整程度　　(D)围岩强度应力比

58. 关于目前我国城市地铁车站常用的施工方法，下面哪些施工方法是合理和常用的？（　　）

(A)明挖法　　(B)盖挖法

(C)浅埋暗挖法　　(D)盾构法

59. 在某深厚软塑至可塑黏性土场地开挖 5 m 的基坑，拟采用水泥土挡墙支护结构，下列哪些验算是必需的？（　　）

(A)水泥土挡墙抗倾覆　　(B)圆弧滑动整体稳定性

(C)水泥土挡墙正截面的承载力　　(D)抗渗透稳定性

60. 根据《建筑基坑支护技术规程》(JGJ 120—2012)有关规定计算作用在支护结构上的土压力时，以下哪些说法是正确的？（　　）

(A)对地下水位以下的碎石土应水土分算

(B)对地下水位以下的黏土应水土合算

(C)对于黏性土抗剪强度指标 c、φ 值采用三轴不固结不排水试验指标

(D)土压力系数按朗肯土压力理论计算

61. 在基坑支护结构设计中，关于坑底地下埋深 h_d 的确定，下面哪些说法是正确的？（　　）

(A)水泥土墙是由抗倾覆稳定决定的

(B)悬臂式地下连续墙与排桩是由墙、桩的抗倾覆稳定决定的

(C)饱和软黏土中多层支撑的连续墙是由坑底抗隆起稳定决定的

(D)饱和砂土中多层支撑的连续墙，坑底以下的埋深是由坑底抗渗透稳定决定的

62. 关于膨胀土的性质，下列哪些选项是正确的？（　　）

(A)当含水率相同时，上覆压力大时膨胀量大，上覆压力小时膨胀量小

(B)当上覆压力相同时，含水率高的膨胀量大，含水率小的膨胀量小

(C)当上覆压力超过膨胀力时土不会产生膨胀，只会产生压缩

(D)常年地下水位以下的膨胀土的膨胀量为零

63. 根据《中国地震动参数区划图》(GB 18306—2015)，下列哪些选项的说法是正确的？（　　）

(A)地震动参数是指地震动峰值加速度和地震动反应谱特征周期

(B)地震动峰值加速度指的是与地震动加速度反应谱最大值相应的水平加速度

(C)地震动反应谱特征周期指的是地震动加速度反应谱开始下降点对应的周期

(D)地震动峰值加速度与《建筑抗震设计规范》(GB 50011—2010)中的地震影响系数最大值是一样的

64. 对于水工建筑物的抗震设计来说，关于地震作用的说法，哪些是不正确的？（　　）

(A)一般情况下水工建筑物只考虑水平地震作用

(B)设计烈度为9度的1级土石坝应同时计入水平向和竖向地震作用

(C)各类土石坝混凝土重力坝的主体部分应同时考虑顺河流方向和垂直河流方向的水平向地震作用

(D)当同时计算反相正交方向地震的作用效应时，总的地震作用效应可将不同方向的地震作用效应直接相加并乘以耦合系数

65. 按照《公路工程抗震规范》(JTG B02—2013)，通过标准贯入试验进一步判定土层是否液化时，修正液化临界标准贯入锤击数 N_{cr} 与下列哪些选项的因素有关？（　　）

(A)水平地震系数　　(B)标准贯入锤击数的修正系数

(C)地下水位深度　　(D)液化抵抗系数

66. 在抗震设计中进行波速测试得到的土层剪切波速可用于下列哪些选项？（　　）

(A)确定水平地震影响系数最大值　　(B)确定液化土特征深度

(C)确定覆盖层厚度　　(D)确定场地类别

67. 按《建筑抗震设计规范》(GB 50011—2010)选择建筑场地时，下列哪些场地属于抗震危险地段？（　　）

(A)可能发生地陷的地段　　(B)液化指数等于12的地段

(C)可能发生地裂的地段　　(D)高耸孤立的山丘

68. 关于建筑抗震场地土剪切波速的表述，下列说法哪些符合《建筑抗震设计规范》(GB 50011—2010)的规定？（　　）

(A)场地土等效剪切波速计算深度取值与地基基础方案无关

(B)计算等效剪切波速时，对剪切波速大于500 m/s的土层，剪切波速取500 m/s

(C)在任何情况下，等效剪切波速计算深度不大于20 m

(D)场地土等效剪切波速的计算和场地覆盖层厚度无关

69. 在滑坡监测中，根据孔内测斜结果可判断下列哪些选项的滑坡特征？（　　）

(A)滑动面深度　　(B)滑动方向

(C)滑动速率　　(D)剩余下滑力大小

70. 关于高、低应变法动力测桩的叙述，下列哪些选项是正确的？（　　）

(A)两者均采用一维应力波理论分析计算桩-土系统响应

(B)两者均可检测桩身结构的完整性

(C)两者均要求在检测前凿除灌注桩顶破碎层

(D)两者均只实测速度(或加速度)信号

专业知识（下午卷）

一、单项选择题（共 40 题，每题 1 分。每题的备选项中只有一个最符合题意）

1. 根据如下图所示的地基压力-沉降关系曲线判断，哪一条曲线最有可能表明地基发生的是整体剪切破坏？（　　）

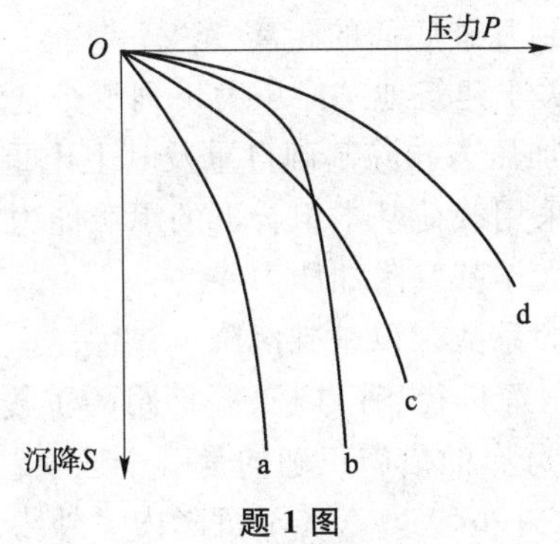

题 1 图

(A)a 曲线　　(B)b 曲线　　(C)c 曲线　　(D)d 曲线

2. 如下图所示，甲为既有的 6 层建筑物，天然土层均匀，地基基础埋深 2 m，乙为后建的 12 层建筑物，筏基。两建筑物的净距离 5 m，两建筑物建成后，甲建筑物两山墙上出现了裂缝。下列甲建筑物两侧山墙裂缝形式的示意图选项中，其中哪个选项的裂缝可能是由于乙建筑物的影响造成的？（　　）

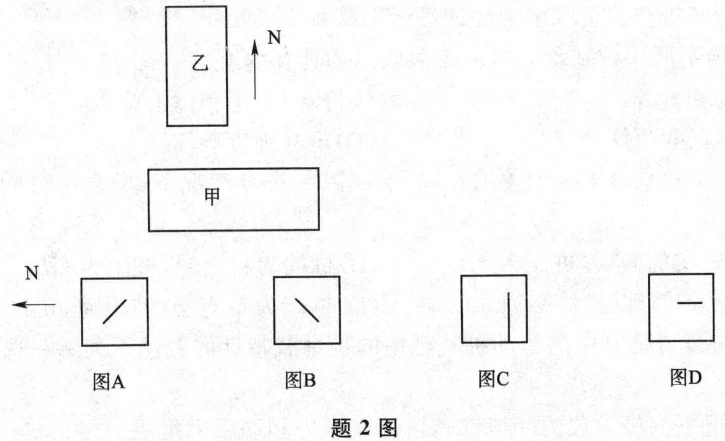

题 2 图

(A)图 A　　(B)图 B　　(C)图 C　　(D)图 D

3. 矩形基础 A 顶面作用着竖向力 N 与水平力 H，基础 B 的尺寸与地质条件和基础 A 相同，竖向力 N 与水平力 H 的数值和作用方向均与基础 A 相同，但竖向力 N 与水平力 H 都作用在基础 B 的底面处。比较两个基础基底反力（平均基底压力 $\overline{P}$，最大值 P_{max}，最小值 P_{min}），下列哪个选项正确？（竖向力 N 作用在基础平面中点）（　　）

(A)$\overline{P}_A=\overline{P}_B$　　$P_{maxA}>P_{maxB}$　　(B)$\overline{P}_A>\overline{P}_B$　　$P_{maxB}=P_{minB}$

(C)$\overline{P}_A>\overline{P}_B$　　$P_{maxA}=P_{maxB}$　　(D)$\overline{P}_A<\overline{P}_B$　　$P_{maxB}=P_{minB}$

4. 建筑物地下室的外包底面积为 800 m^2，埋置深度 $d=2$ m，上部结构竖向压力为 160 MN，未修正的持力层的地基承载力特征值 $f_{ak}=200$ kPa，下列关于天然地基上的基础选择形式的建议中哪个选项是最合适的？（　　）

(A)柱下独立基础　　　　　　　　　(B)条形基础

(C)十字交叉条形基础　　　　　　　(D)筏形基础

5. 对于钢筋混凝土独立基础有效高度的规定,下列哪个选项是正确的?　(　)

(A)从基础顶面到底面的距离

(B)包括基础垫层在内的整个高度

(C)从基础顶面到基础底部受力钢筋中心的距离

(D)基础底面受力钢筋中心到基础底面的距离

6. 对于埋深 2 m 的独立基础,关于建筑地基净反力下列哪个选项是正确的?　(　)

(A)地基净反力是指基底附加压力扣除基础自重及其上土重后的剩余净基底压力

(B)地基净反力常用于基础采用载荷基本组合下的承载能力极限状态计算

(C)地基净反力在数值上常大于基底附加压力

(D)地基净反力等于基底反力系数乘以基础沉降

7. 均匀土质条件下,建筑物采用等桩径、等桩长、等桩距的桩筏基础,在均布荷载作用下,下列关于沉降和基底桩顶反力分布的措施正确的是哪个选项?　(　)

(A)沉降内大外小,反力内大外小　　　(B)沉降内大外小,反力内小外大

(C)沉降内小外大,反力内大外小　　　(D)沉降内小外大,反力内小外大

8. 关于桩间土沉降引起的桩侧负摩阻力和中性点的叙述,下列哪一选项是正确的?　(　)

(A)中性点处桩身轴力为 0

(B)中性点深度随桩的沉降增大而减小

(C)负摩阻力在桩周土沉降后保持不变

(D)对摩擦型基桩产生负摩阻力要比端承型基桩大

9. 下列哪个选项不属于桩基承载能力极限状态的计算内容?　(　)

(A)承台抗剪切验算　　　　　　　(B)预制吊运和锤击验算

(C)桩身裂缝宽度验算　　　　　　(D)桩身强度验算

10. 桩径 d、桩长 l 和承台下桩间土均相同,下列哪一选项情况下,承台下桩间土的承载力发挥最大?　(　)

(A)桩端为密实的砂层,桩距为 $6d$　　　(B)桩端为粉土层,桩距为 $6d$

(C)桩端为密实的砂层,桩距为 $3d$　　　(D)桩端为粉土层,桩距为 $3d$

11. 关于 CFG 桩复合地基中的桩和桩基础中的桩承载特性的叙述下列哪一选项是正确的?　(　)

(A)两种情况下的桩承载力一般都是由侧摩阻力和端阻力组成

(B)两种情况下桩身抗剪能力相当

(C)两种情况下桩身抗弯能力相当

(D)两种情况下桩配筋要求是相同的

12. 下列哪个选项因素对基桩的成桩工艺系数(工作条件系数)φ_c 无影响?　(　)

(A)桩的类型　　(B)成桩工艺　　(C)桩身混凝土强度　　(D)桩周土性

13. 下列成桩挤土效应的叙述中,哪个选项是正确的?　(　)

(A)不影响桩基设计选型、布桩和成桩质量控制

(B)在饱和黏性土中,会起到排水加密、提高承载力的作用

(C)在松散土和非饱和填土中,会引发灌注桩断桩、缩径等质量问题

(D)对于打入式预制桩,会导致桩体上浮,降低承载力,增大沉降

14. 下列关于桩基设计中基桩布置原则的叙述，哪一选项是正确的？ ( )

(A)基桩最小中心距的确定主要取决于有效发挥桩的承载力和成桩工艺两方面因素

(B)为改善筏板的受力状态，基础应均匀布桩

(C)应使与基桩受水平力方向相垂直的方向有较大的抵抗截面模量

(D)桩群承载力合力点宜与承台平面形心重合，以减小荷载偏心的负面效应

15. 某预应力锚固工程设计要求抗拔安全系数为 2.0，锚固体与孔隙的抗剪强度为0.2 MPa，多孔锚索锚固力为 400 kN，孔径为 130 mm，则锚固段长度最接近下列哪一选项中的值？ ( )

(A)12.5 m (B)9.8 m (C)7.6 m (D)4.9 m

16. 下列哪个选项中的土不得用于加筋土挡墙的填料？ ( )

(A)砂土 (B)块石土 (C)砾石土 (D)碎石土

17. 用圆弧条分法进行稳定分析时，计算图示(见下图)的静水位下第 i 土条的滑动力矩，运用下面哪一选项与用公式 $\omega_i'\sin\theta_i \cdot R$ 计算的滑动力矩是一致的？(ω_i、ω'_i 分别表示用饱和重度浮重度计算的土条自重，$P_{\omega_{1i}}$、$P_{\omega_{2i}}$ 分别表示土条左侧、右侧的水压力，u_i 表示土条底部滑动面上的水压力，R 为滑弧半径) ( )

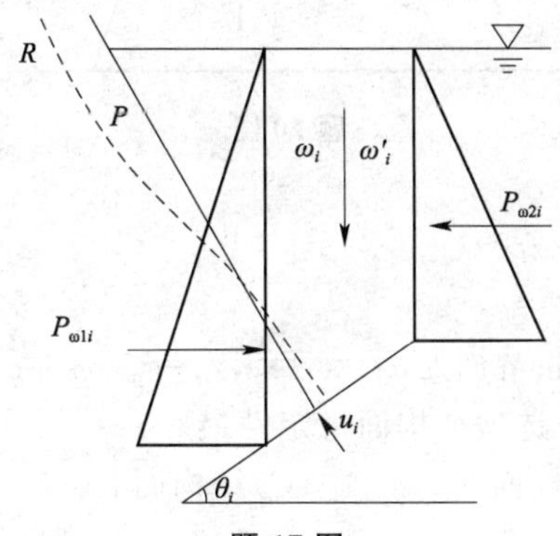

题 17 图

(A)用 ω_i 计算滑动力矩不计 $P_{\omega_{1i}}$、$P_{\omega_{2i}}$ 及 u_i

(B)用 ω_i 与 u_i 的差值计算滑动力矩

(C)用 ω_i、u_i、$P_{\omega_{1i}}$、$P_{\omega_{2i}}$ 计算滑动力矩之和

(D)用 ω_i 与用 $\Delta P_{\omega_i}=(P_{\omega_{2i}}-P_{\omega_{1i}})$计算的滑动力矩之和

18. 某 5 m 高的重力式挡土墙，墙后填土为砂土，如下图所示，如果下面含水率的四种情况都达到了主动土压力状态：①风干砂土；②含水率为 50%的湿润砂土；③水位与地面齐平，成为饱和砂土；④水位达到墙高的一半，水位以下为饱和砂土。按墙背的水土总水平压力($E=E_a+E_\omega$)大小排序，下面哪一选项是正确的？ ( )

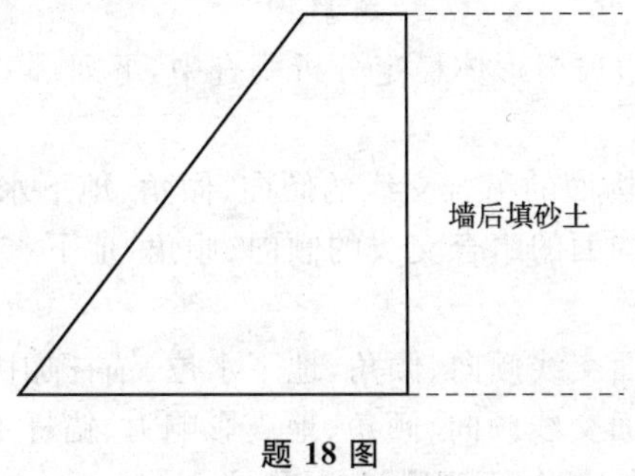

题 18 图

(A)①>②>③>④　　(B)③>④>①>②

(C)③>④>②>①　　(D)④>③>①>②

19. 在水工土石坝设计中，下面哪一选项是错误的？（　　）

(A)心墙用于堆石坝的防渗

(B)混凝土面板堆石坝中的面板主要用于上游护坡

(C)在分区布置的堆石坝中渗透系数小的材料布置在上游，渗透系数大的布置在下游

(D)棱柱体排水可降低土石坝的浸润线

20. 按朗肯土压力理论计算的主动土压力的分布如图所示，下面哪一选项所列的情况与图示土压力分布相符？（　　）

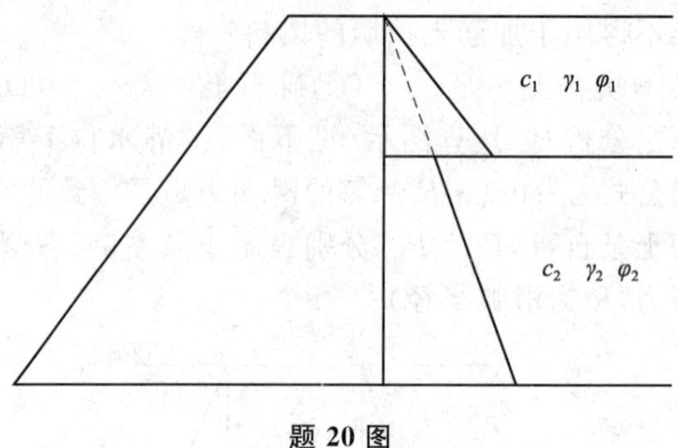

题 20 图

(A) $c_1=c_2=0$，$\gamma_1>\gamma_2$，$\varphi_1=\varphi_2$

(B) $c_1=c_2=0$，$\gamma_1=\gamma_2$，$\varphi_2>\varphi_1$

(C) $c_1=0$，$c_2>0$，$\gamma_1=\gamma_2$，$\varphi_1=\varphi_2$

(D)墙后的地下水位在土层的界面处，$c_1=c_2=0$，$\gamma_1=\gamma_{m2}$，$\varphi_1=\varphi_2$（γ_{m2}为下层土的饱和重度）

21. 下列赤平面投影图中，哪一选项结构面稳定性最好？（　　）

(A)结构面 1　　(B)结构面 2　　(C)结构面 3　　(C)结构面 4

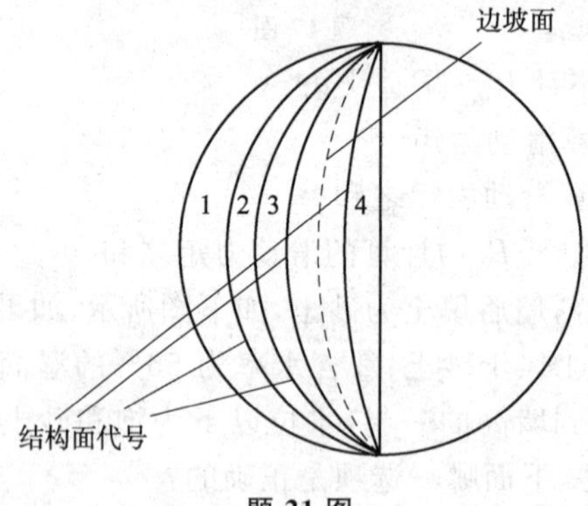

题 21 图

22. 地震烈度 6 度区内进行边坡楔形体稳定分析调查中，下列哪一选项是必须调查的？（　　）

(A)各结构面的产状，结构面的组合交线的倾向、倾角、地下水位、地震影响力

(B)各结构面的产状、结构面的组合交线的倾向、倾角、地下水位、各结构面摩擦系数和黏聚力

(C)各结构面产状，结构面交线倾向、倾角、地下水位、锚杆加固力

(D)各结构面产状，结构面交线倾向、倾角、地震影响力、锚杆加固力

23. 关于滑坡稳定性验算的表述中，下列哪个选项不正确？（　　）

(A)滑坡稳定性验算时，除应验算整体稳定性外，必要时还应验算局部稳定性

(B)滑坡推力计算也可以作为稳定性的定量评价

(C)滑坡安全系数应根据滑坡的危害程度综合确定

(D)滑坡安全系数在考虑地震、暴雨附加影响时适当增大

24. 在下列关于泥石流扇与洪积扇的区别的表述中，哪一选项是不正确的？（　　）

(A)泥石流扇堆积物无分选，而洪积扇堆积物有一定分选

(B)泥石流扇堆积物有层次，而洪积扇堆积物无层次

(C)泥石流扇堆积物的石块具有棱角而洪积扇碎屑有一定摩圆度

(D)流石流扇堆积物的工程地质差异大，而洪积扇堆积物相对差异较小

25. 评价目前正处于滑动阶段的滑坡，其滑带土为黏性土，当取土样进行直剪试验时，宜采用下列哪种方法？（　　）

(A)快剪　(B)固结快剪　(C)慢剪　(D)多次剪切

26. 在边坡工程中，采用柔性防护网的主要目的为下列哪个选项？（　　）

(A)增加边坡的整体稳定性　(B)提高边坡排泄地下水的能力

(C)美化边坡景观　(D)防止边坡落石

27. 因建设大型水利工程需要，某村庄拟整体搬迁至长江一高阶地处。拟建场地平坦，上部地层主要为约 20 m 厚、可塑至硬塑状态的粉质黏土，下伏基岩为泥岩，无活动断裂从场地通过，工程建设前对该场地进行地层灾害危险性评估，根据《地质灾害危险性评估技术要求(试行)》(国土资发[2004]69 号)，该场地地质灾害危险性评估分级是下列哪一选项？（　　）

(A)一级　(B)二级

(C)三级　(D)资料不够，难以确定等级

28. 某多年冻土地区，一层粉质黏土，塑限含水率 $\omega_p=18.2\%$，总含水率 $\omega_0=26.8\%$，平均融沉系数 $\delta_0=5$，其融陷类别是下列哪个选项？（　　）

(A)不融沉　(B)弱融沉　(C)融沉　(D)强融沉

29. 下列关于膨胀土胀缩变形的叙述中，哪个选项是错误的？（　　）

(A)膨胀土的 SiO_2 含量越高，胀缩量越大

(B)膨胀土的蒙脱石和伊利石含量越高，胀缩量越大

(C)膨胀土的初始含水率越高，其膨胀量越小，而收缩量越大

(D)在其他条件相同的情况下，膨胀土的黏粒含量越高，胀缩变形会越大

30. 在黄土地基评价时，湿陷起始压力 P_{sh} 可用于下列哪个选项？（　　）

(A)评价黄土地基承载力

(B)评价黄土地基的湿陷等级

(C)对非自重湿陷性黄土场地考虑地基处理深度

(D)确定桩基负摩阻力的计算深度

31. 盐渍土的盐胀性主要是由于下列哪种易溶盐结晶后体积膨胀造成的？（　　）

(A)Na_2SO_4　(B)$MgSO_4$　(C)Na_2CO_3　(D)$CaCO_3$

32. 采用黄土薄壁取土器取样的钻孔，钻探时采用下列哪种规格(钻头直径)的钻头最合适？（　　）

(A)146 mm　(B)127 mm　(C)108 mm　(D)89 mm

33. 根据《岩土工程勘察规范》(GB 50021—2001)(2009 年版)岩溶场地施工勘察阶段，对于大直径嵌岩桩勘探点应逐桩布置，桩端以下勘探深度至少应达到下列哪一选项的要

求？（　　）

(A)3 倍桩径且不小于 5 m　　(B)4 倍桩径且不小于 8 m

(C)5 倍桩径且不小于 12 m　　(D)大于 8 m，与桩径无关

34. 某泥石流流体密度为 $\rho_c = 1.8 \times 10^3\ \mathrm{kg/m^3}$，堆积物呈舌状，按《铁路工程不良地质勘察规程》(TB 10027—2012)的分类标准，该泥石流可判为下哪个选项中的类型？（　　）

(A)稀性水石流　　(B)稀性泥石流　　(C)稀性泥流　　(D)黏性泥石流

35. 某岩土工程勘察项目地处海拔 2 500 m 地区，进行成图比例为 1∶2 000 的带状工程地质测绘，测绘面积为 1.2 $\mathrm{km^2}$，作业时气温 −15℃，问该工程地质测绘实物工作收费最接近哪一选项中的值(2002 年勘察设计收费标准收费基价 5 100 元/$\mathrm{km^2}$)？（　　）

(A)6 100 元　　(B)8 000 元　　(C)9 800 元　　(D)10 500 元

36. 关于注册土木工程师(岩土)的执业，下列哪一选项不符合《注册土木工程师(岩土)执业及管理工作暂行规定》？（　　）

(A)岩土工程勘察过程中，提供的正式土工试验成果可不需要注册土木工程师(岩土)签章

(B)过渡期间，暂未聘用注册土木工程师(岩土)，但持有工程勘察乙级资质的单位，提交的乙级勘察项目的技术文件，可不必由注册土木工程师(岩土)签章

(C)岩土工程设计文件可由注册土木工程师(岩土)签字，也可由注册结构工程师签字

(D)注册土木工程师(岩土)的执业范围包括环境岩土工程

37. 根据《招标投标法》，下列关于中标的说法哪个选项正确？（　　）

(A)招标人和中标人应当自中标通知书发出之日起三十日内，按照招标文件和中标人的投标文件订立书面合同

(B)依法必须进行招标的项目，招标人和中标人应当自中标发生之日起十五日内，按照招标文件和中标人的投标文件订立书面合同

(C)招标人和中标人应当自中标通知书收到之日起三十日内，按照招标文件和中标招人的投标文件订立书面合同

(D)招标人和中标人应当自中标通知书收到之日起十五日内，按照招标文件和中标招人的投标文件订立书面合同

38. 承包单位将承包的工程转包，且由于转包工程不符合规定的质量标准造成的损失，应按下列哪个选项承担赔偿责任？（　　）

(A)只由承包单位承担赔偿责任

(B)只由接受转包的单位承担赔偿责任

(C)承包单位与接受转包的单位承担连带赔偿责任

(D)建设单位承包单位与接受转包的单位承担连带赔偿责任

39. 勘察单位未按工程建设强制性标准进行勘察的，应责令改正，并接受以下哪种处罚？（　　）

(A)处 10 万元以上 30 万元以下的罚款

(B)处 50 万元以上 100 万元以下的罚款

(C)处勘察费 25%以上 50%以下的罚款

(D)处勘察费 1 倍以上 2 倍以下的罚款

40. 根据《建筑法》，有关建筑安全生产管理的规定，下列哪个选项是错误的？（　　）

(A)建设单位应当向建筑施工企业提供与施工现场相关的地下管线资料，建筑施工企业应当采取措施加以保护

(B)建筑施工企业的最高管理者对本企业的安全生产负法律责任，项目经理对所承担的项目的安全生产负责

(C)建筑施工企业应当建立健全的劳动安全生产教育培训制度，未经安全生产教育培训的人员，不得上岗作业

(D)建筑施工企业必须为从事危险作业的职工办理意外伤害保险，支付保险费

二、多项选择题(共 30 题，每题 2 分。每题的备选项中有两个或三个符合题意，错选、少选、多选均不得分)

41. 基础形式选择时，下列哪些选项是可行的？（　　）

(A)无筋扩展基础用作柱下条形基础

(B)条形基础用于框架结构或砌体承重结构

(C)筏形基础用于地下车库

(D)独立基础用于带地下室的建筑物

42. 关于墙下条形扩展基础的结构设计计算，下列哪些说法符合《建筑地基基础设计规范》(GB 50007—2011)规定？（　　）

(A)进行墙与基础交接处的受冲切验算时，使用基底附加应力

(B)基础厚度的设计主要考虑受冲切验算需要

(C)基础横向受力钢筋在设计上仅考虑抗弯作用

(D)荷载效应组合采用基本组合

43. 已知矩形基础底面的压力为线性分布，宽度方向最大边缘压力为基底平均压力的 1.2 倍，基础的宽度为 B，长度为 L，基础底面积为 A，抵抗矩为 W，传至基础底面的竖向力为 N，力矩为 M，下列哪些说法是正确的？（　　）

(A)偏心距 $e<\dfrac{B}{6}$

(B)宽度方向最小边缘压力为基底平均压力的 0.8 倍

(C)偏心距 $e=\dfrac{W}{N}$

(D)$M=\dfrac{NB}{6}$

44. 下列地基沉降计算参数的适用条件中，哪些选项是正确的？（　　）

(A)回弹再压缩指数只适用于欠固结土

(B)压缩指数对超固结土、欠固结土和正常固结土都适用

(C)压缩指数不适用于《建筑地基基础设计规范》(GB 50007—2011)的沉降计算方法

(D)变形模量不适用于沉降计算的分层总和法

45. 基础尺寸与荷载如下图所示，下列哪些选项是正确的？（　　）

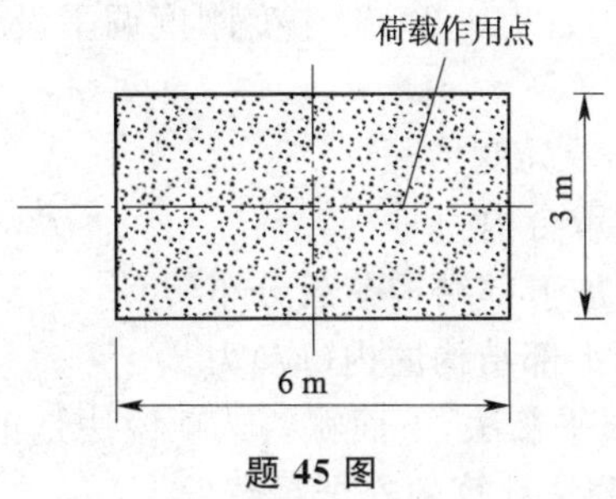

题 45 图

(A)计算该基础角点下土中应力时,查表得系数 $n=\frac{z}{b}$,b 取 3 m

(B)计算基础底面抵抗矩 $W=\frac{b^2L}{6}$中,b 取 3 m

(C)计算地基承载力宽度修正时,b 取 3 m

(D)计算大偏心基底反力分布时,$P_{max}=\frac{2(F_k+G_k)}{3la}$中,$l$ 取 6 m

46. 根据《建筑桩基技术规范》(JGJ 94—2008),桩侧土水平抗力系数的比例系数 m 值与下列哪些选项有关? ( )

(A)土的性质　　(B)桩入土深度

(C)桩在地面处的水平位移　　(D)桩的种类

47. 软土中的摩擦型桩基的沉降由下列哪些选项组成? ( )

(A)桩侧土层的沉降量　　(B)桩身压缩变形量

(C)桩端刺入变形量　　(D)桩端平面以下土层的整体压缩变形量

48. 为提高桩基的水平承载力,以下哪些措施是有效的? ( )

(A)增加承台混凝土的强度等级　　(B)增大桩径

(C)加大混凝土保护层厚度　　(D)提高桩身配筋率

49. 以下关于承台效应系数取值的叙述,哪些符合《建筑桩基技术规范》(JGJ 94—2008)的规定? ( )

(A)后注浆灌注桩承台,承台效应系数应取高值

(B)箱形承台,桩仅布置于墙下,承台效应系数按单排桩条形承台取值

(C)宽度为 $1.2d$(d 表示桩距)的单排桩条形承台,承台效应系数按非条形承台取值

(D)饱和软黏土中预制桩基础,承台效应系数因挤土作用可适当提高

50. 下列关于软土地基减沉复合疏桩基础设计原则的叙述,哪些是正确的? ( )

(A)桩和桩间土在受荷变形过程中始终保持两者共同分担荷载

(B)桩端持力层宜选择坚硬土层,以减少桩端的刺入变形

(C)宜采用使桩间土荷载分担比较大的大桩距

(D)软土地基减沉复合疏桩基础桩身不需配钢筋

51. 根据《建筑桩基技术规范》(JGJ 94—2008),下列关于受水平作用桩的设计验算要求哪些是正确的? ( )

(A)桩顶固端的桩,应验算桩顶正截面弯矩

(B)桩顶自由的桩,应验算桩身最大弯矩截面处的正截面弯矩

(C)桩顶铰接的桩,应验算桩顶正截面的弯矩

(D)桩端为固端的嵌岩桩,不需进行水平承载力验算

52. 关于《建筑桩基技术规范》(JGJ 94—2008)中变刚度调平设计概念的说法,下列哪些选项是正确的? ( )

(A)变刚度调平设计可减小差异变形

(B)变刚度调平设计可降低承台内力

(C)变刚度调平设计可不考虑上部结构荷载分布

(D)变刚度调平设计可降低上部结构的内(应)力

53. 关于边坡稳定分析中的极限平衡法,下面哪些选项说法是正确的? ( )

(A)对于均匀土坡,瑞典条分法计算的安全系数偏大

(B)对于均匀土坡，毕肖普条分法计算的安全系数对一般工程可满足精度要求

(C)对于存在软弱夹层的土坡稳定分析，应当采用考虑软弱夹层的任意滑动面的普遍条分法

(D)推力传递系数法计算的安全系数是偏大的

54. 在饱和软黏土地基中的工程，下列关于抗剪强度选取的说法，哪些选项是正确的？ (　　)

(A)快速填筑路基的地基稳定分析使用地基土的不排水抗剪强度

(B)快速开挖的基坑支护结构上的土压力计算可使用地基土的固结不排水抗剪强度

(C)快速修建的建筑物地基承载力特征值采用不排水抗剪强度

(D)大面积预压渗流固结处理以后的地基上的快速填筑填方路基稳定分析可用固结排水抗剪强度

55. 饱和黏性土的不固结不排水强度 $\varphi_u=0$，地下水位与地面齐平。用朗肯主动土压力理论进行水土合算及水土分算，计算墙后水土压力，下面哪些选项是错误的？ (　　)

(A)两种算法计算的总压力是相等的

(B)两种算法计算的压力分布是相同的

(C)两种算法计算的零压力区高度 Z_0 是相等的

(D)两种算法的主动土压力系数 K_a 是相等的

56. 挡水的土工结构物下游地面可能会发生流土，对于砂土则可称为“砂沸”。下面各选项中关于砂沸发生条件的哪些选项是正确的？ (　　)

(A)当砂土中向上的水力梯度大于或等于流土的临界水力梯度时，就会发生砂沸

(B)在相同饱和重度和相同水力梯度下，粉细砂比中粗砂更容易发生砂沸

(C)在相同饱和重度及相同水力梯度下，薄的砂层比厚的砂层更易发生砂沸

(D)在砂层上设置反滤层，并在其上填筑碎石层，可防止砂沸

57. 对于黏土厚心墙堆石坝，在不同工况下进行稳定性分析时应采用不同的强度指标，下列哪些选项是正确的？ (　　)

(A)施工期黏性土可采用不固结不排水(UU)强度指标，用总应力法进行稳定分析

(B)稳定渗流期对黏性土可采用固结排水试验(CD)强度指标，用有效应力法进行稳定分析

(C)在水库水位降落期，对于黏性土应采用不固结不排水(UU)强度指标，用总应力法进行稳定分析

(D)对于粗粒土，在任何工况下都应采用固结排水(CD)强度指标进行稳定性分析

58. 在下列哪些情况下，膨胀土地基变形量可仅按收缩变形计算确定？ (　　)

(A)经常受高温作用的地基

(B)经常有水浸湿的地基

(C)地面有覆盖且无蒸发可能时

(D)离地面 1 m 处地基土的天然含水率大于 1.2 倍塑限含水量

59. 倾斜岩面(倾斜角为 α)上有一孤立、矩形岩体，宽为 b，高为 h，岩体与倾斜岩面间的内摩擦角为 φ，$c=0$，如下图所示，则岩体在下列哪些情况时处于失稳状态？ (　　)

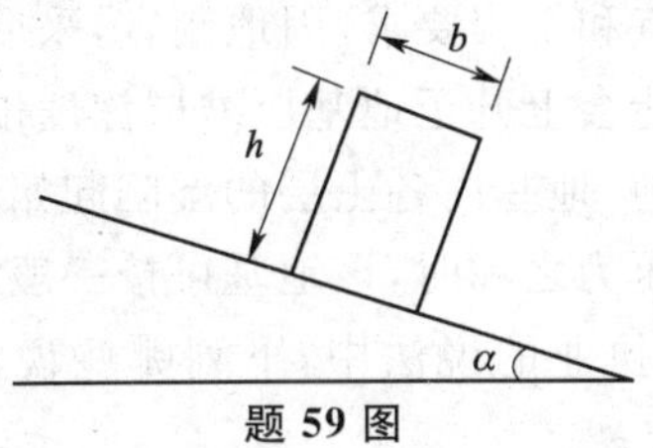

题 59 图

(A)$\alpha<\varphi$，且$\dfrac{b}{h}>\tan\alpha$　　　　(B)$\alpha<\varphi$，且$\dfrac{b}{h}<\tan\alpha$

(C)$\alpha>\varphi$，且$\dfrac{b}{h}>\tan\alpha$　　　　(D)$\alpha>\varphi$，且$\dfrac{b}{h}<\tan\alpha$

60. 关于黄土湿陷起始压力P_{sh}的论述中，下列哪些选项是正确的？（　　）

(A)湿陷性黄土浸水饱和开始出现湿陷时的压力

(B)测定自重湿陷系数试验时，需要分级加荷至试样上覆土的饱和自重压力，此时的饱和自重压力即为湿陷起始压力

(C)室内测定湿陷起始压力可选用单线法压缩试验或双线法压缩试验

(D)现场测定湿陷起始压力可选用单线法静载荷试验或双线法静载荷试验

61. 下图为膨胀土试样的膨胀率与压力关系曲线图，根据图示内容判断，下列哪些选项是正确的？（　　）

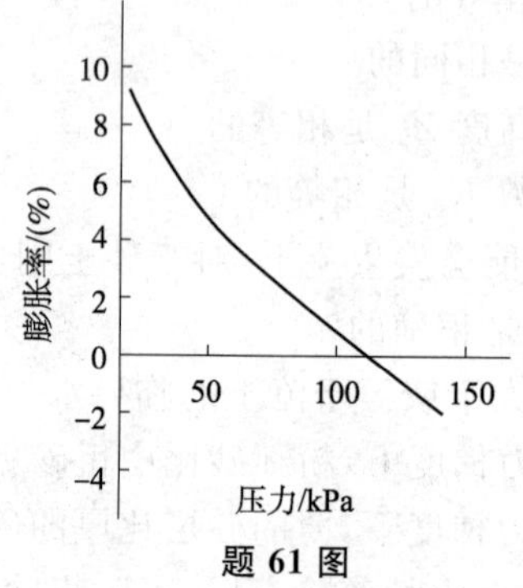

题 61 图

(A)自由膨胀率约为 8.4%　　　　(B)50 kPa 压力下膨胀率约为 4%

(C)膨胀力约为 110 kPa　　　　(D)150 kPa 压力下的膨胀力约为 110 kPa

62. 关于采空区地表移动盆地的特征，下列哪些选项是正确的？（　　）

(A)地表移动盆地的范围总是比采空区面积大

(B)地表移动盆地的形状总是对称于采空区

(C)移动盆地中间区地表下沉最大

(D)移动盆地内边缘产生压缩变形，外边缘区域产生拉伸变形

63. 多年冻土区进行工程建设时，下列哪些选项符合规范要求？（　　）

(A)地基承载力的确定应同时满足保持冻结地基和容许融化地基的要求

(B)重要建筑物选址应避开融区与多年冻土区之间的过渡带

(C)对冻土融化有关的不良地质作用调查应该在九月和十月进行

(D)多年冻土地区钻探宜缩短施工时间，宜采用大口径低速钻进

64. 在湿陷性黄土场地进行建设，下列哪些选项中的设计原则是正确的？（　　）

(A)对甲类建筑物应消除地基的全部湿陷量或采用桩基础穿透全部湿陷性黄土层

(B)应根据湿陷性黄土的特点和工程要求，因地制宜，采取以地基处理为主的综合措施

(C)在使用期内地下水位可能会上升至地基压缩层深度以内的场地不能进行建设

(D)在非自重湿陷性黄土场地，地基内各土层的湿陷起始压力值，均大于其附加应力与上覆土的天然状态下自重压力之和时，该地基可按一般地区的地基设计

65. 关于注册土木工程师(岩土)执业的说法中，下列哪些说法不符合《注册土木工程师(岩土)执业及管理工作暂行规定》？（　　）

(A)注册土木工程师(岩土)的年龄一律不得超过70岁

(B)注册土木工程师(岩土)的证书和执业印章一般应由本人保管,必要时也可由聘用单位代为保管

(C)过渡期间,未取得注册证书和执业印章的人员,不得从事岩土工程及相关业务活动

(D)注册土木工程师(岩土)可在全国范围内从事岩土工程及相关业务活动

66. 合同中有下列哪些情形时,合同无效? ( )

(A)以口头形式订立合同 (B)恶意串通,损害第三人利益

(C)以合法形式掩盖非法目的 (D)无处分权的人订立合同后取得处分权的

67. 在招标投标活动中,下列哪些情形会导致中标无效? ( )

(A)投标人以向评标委员会成员行贿的手段谋取中标的

(B)招标人与投标人就投标价格投标方案等实质性内容进行谈判的

(C)依法必须进行招标的项目的招标人向他人透露已获取招标文件的潜在投标人的名称、数量的

(D)招标人与中标人不按照招标文件和中标人的投标文件订立合同的

68. 下列哪些选项属于建设投资中工程建设其他费用? ( )

(A)涨价预备费 (B)农用土地征用费 (C)工程监理费 (D)设备购置费

69. 违反《建设工程质量管理条例》,对以下哪些行为应责令改正,并处10万元以上30万元以下的罚款? ( )

(A)设计单位未根据勘察成果文件进行工程设计的

(B)勘察单位超越本单位资质等级承揽工程的

(C)设计单位指定建筑材料生产厂或供应商的

(D)设计单位允许个人以本单位名义承揽工程的

70. 下列依法必须进行招标的项目中,哪些应公开招标? ( )

(A)基础设施项目

(B)全部使用国有资金投资的项目

(C)国有资金投资占控股或者主导地位的项目

(D)使用国际组织贷款资金的项目

专业案例(上午卷)

1. 某压水试验地面进水管的压力表读数 $P_p=0.90$ MPa,压力表中心高于孔口0.5 m,压入流量 $Q=80$ L/min,试验段长度 $L=5.1$ m,钻杆及接头的压力总损失为0.04 MPa,钻孔为斜孔,其倾角 $\alpha=60°$,地下水位位于试验段之上,自孔口至地下水位段钻孔的实际长度 $H=24.8$ m,则试验段地层的透水率(吕荣值Lu)最接近下列哪个选项? ( )

(A)14.0 (B)14.5 (C)15.6 (D)16.1

2. 某公路工程,承载比(CBR)三次平行试验成果见下表。

题2表

贯入量(0.01 m)		100	150	200	250	300	400	500	750
荷载强度/kPa	试样1	114	224	273	308	338	393	442	496
	试样2	136	182	236	280	307	362	410	460
	试样3	183	245	313	357	384	449	493	532

上述三次平行试验土的干密度满足规范要求，则据上述资料确定的 CBR 值应为下列何选项？（　　）

(A)4.0％　　(B)4.2％　　(C)4.4％　　(D)4.5％

3. 某工程测得中等风化岩体压缩波波速 v_{pm} = 3 185 m/s，剪切速率 v_s = 1 603 m/s，相应岩块的压缩波波速 v_{pt} = 5 067 m/s，剪切速率 v_s = 2 438 m/s，岩石质量密度 ρ = 2.642 g/cm^3 饱和单轴抗压强度 R_c = 40 MPa，则该岩体基本质量指标 BQ 为下列何数值？（　　）

(A)252　　(B)310　　(C)491　　(D)714

4. 已知某地区淤泥土标准固结试验 e-lg$p$ 曲线直线段起点在 50～100 kPa 之间该地区某淤泥土样测得 100～210 kPa 压力段压缩系数 a_{1-2} 为 1.66 MPa^{-1}，其压缩指数 C_c 值最接近下列哪个选项？（　　）

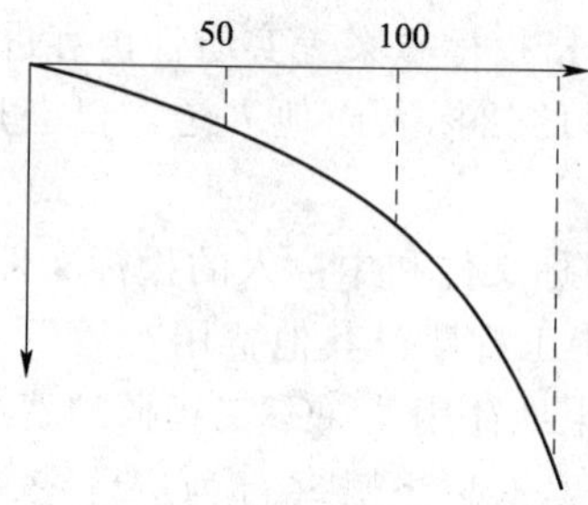

题 4 图

(A)0.4　　(B)0.45　　(C)0.5　　(D)0.55

5. 如下图所示（图中单位为 mm），某建筑采用柱下独立方形基础，基础底面尺寸为 2.4 m×2.4 m，柱截面尺寸为 0.4 m×0.4 m，基础顶面中心处作用的柱轴竖向力 F = 700 kN，力矩 M = 0，根据《建筑地基基础设计规范》(GB 50007—2011)，则基础的柱边截面处的弯矩设计值最接近下列哪个选项的数值？（　　）

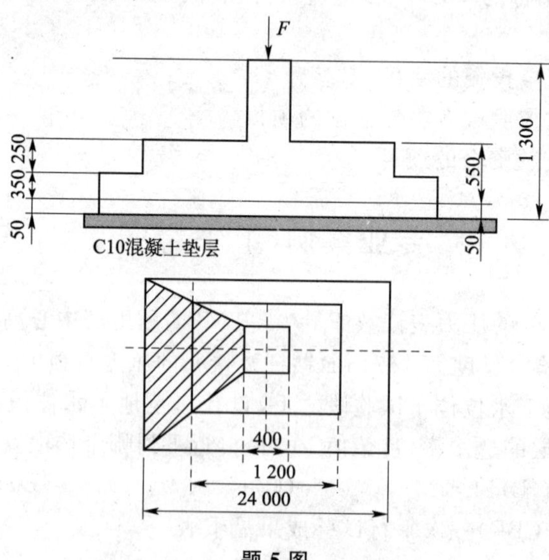

题 5 图

(A)105 kN·m　　(B)145 kN·m　　(C)185 kN·m　　(D)225 kN·m

6. 某毛石基础如下图所示，荷载效应标准组合基础底面处的平均压力值为 110 kPa，基础中砂浆强度等级为 M5，根据《建筑地基基础设计规范》(GB 50007—2011)设计，则基础高度 H_0 至少应取下列哪个选项的数值？（　　）

2010年专业案例（上午卷）

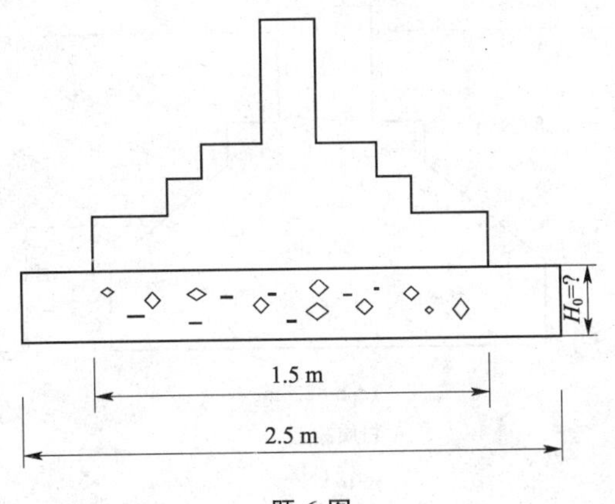

题 6 图

(A)0.5 m　　(B)0.75 m　　(C)1.0 m　　(D)1.5 m

7. 某条形基础，上部结构传至基础顶面的竖向荷载 $F_k=320$ kN/m，基础宽度 $b=4$ m，基础埋置深度 $d=2$ m，基础底面以上土的重度为 $\gamma=18$ kN/m^3，基础底面至软弱下卧层顶的距离 $Z=2$ m，已知扩散角 $\theta=25°$，扩散到软弱下卧层顶面处的附加压力最接近下列哪个选项中的值？（　　）

(A)35 kPa　　(B)45 kPa　　(C)57 kPa　　(D)66 kPa

8. 某建筑方形基础，作用于基础底面的竖向力为 9 200 kN，基础底面尺寸为 6 m×6 m，基础埋深 2.5 m，基础底面上下土层均为粉质黏土，重度 19 kN/m^3，综合 e-p 关系试验数据见下表，基础中心点上下的附加应力系数 α 见下图，已知沉降计算经验系数为 0.4，将粉质黏土按一层计算，该基础中心点的最终沉降量最接近哪个选项？（　　）

题 8 表

压力 P_i/kPa	0	50	100	200	300	400
孔隙比 e	0.544	0.534	0.526	0.512	0.508	0.506

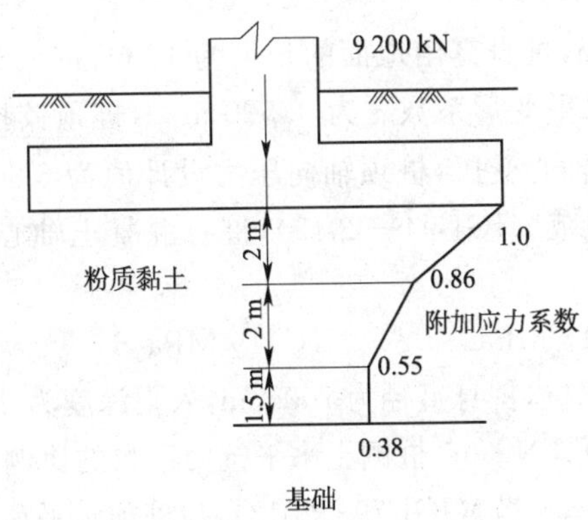

题 8 图

(A)10 mm　　(B)23 mm　　(C)35 mm　　(D)57 mm

9. 某建筑物基础受轴向压力，其矩形基础剖面及土层的指标如下图所示，基础底面尺寸为 1.5 m×2.5 m，根据《建筑地基基础设计规范》(GB 50007—2011)由土的抗剪强度指标确定的地基承载力特征值 f_a 应与下列哪一选项最为接近？（　　）

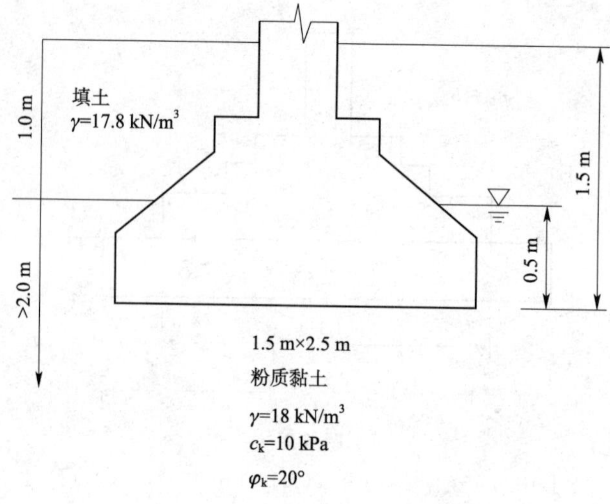

题 9 图

(A)138 kPa　(B)143 kPa　(C)148 kPa　(D)153 kPa

10. 某建筑物，其基础底面尺寸为 3 m×4 m，埋深为 3 m，基础及其上土的平均重度为 20 kN/m³，建筑物传至基础顶面的偏心荷载 F_k=1 200 kN，距基底中心 1.2 m，水平荷载 H_k=200 kN，作用位置如下图所示。基础底面边缘的最大压力值 P_{kmax} 与下列哪个选项最为接近？（　）

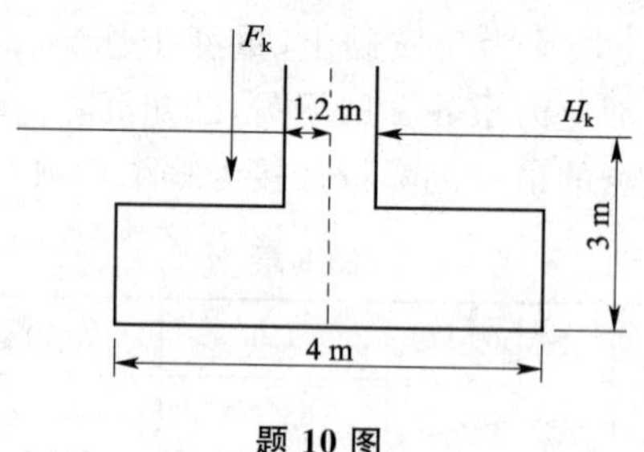

题 10 图

(A)265 kPa　(B)341 kPa　(C)415 kPa　(D)454 kPa

11. 某灌注桩直径为 800 mm，桩身露出地面的长度为 10 m，桩入土长度为 20 m，桩端嵌入较完整的坚硬岩石，桩的水平变形系数 α 为 0.520 m^{-1}，桩顶铰接，桩顶以下 5 m 范围内箍筋间距为 200 mm，该桩轴心受压，桩顶轴向压力设计值为 6 800 kN，成桩工艺系数 ψ_c 取 0.8，按《建筑桩基技术规范》(JGJ 94—2012)，桩身混凝土轴心抗压强度设计值应不小于下列选项中哪个数值？（　）

(A)15 MPa　(B)17 MPa　(C)19 MPa　(D)21 MPa

12. 群桩基础中的某灌注桩基桩，桩身直径为 700 mm，入土深度为 25 m，配筋率为 0.60%，桩身抗弯刚度 EI 为 2.83×10⁵ kN·m² 桩侧土水平抗力系数的比例系数 m 为 2.5 MN/m⁴ 桩顶为铰接。按《建筑桩基技术规范》(JGJ 79—2012)，当桩顶水平荷载为 50 kN 时，其水平位移值为下列哪个选项中的数值？（　）

(A)6 mm　(B)9 mm　(C)12 mm　(D)15 mm

13. 某软土地基上多层建筑，采用减沉复合疏桩基础，筏板平面尺寸为 35 m×10 m，承台底设置钢筋混凝土预制方桩共计 102 根，桩截面尺寸为 200 mm×200 mm，间距 2 m，桩长 15 m，正三角形布置，地层分布及土层参数如下图所示。试问按《建筑桩基技术规范》(JGJ 94—2008)计算的

基础中心点由桩土相互作用产生的沉降 S_{sp}，其值与下列哪一个选项接近？（　　）

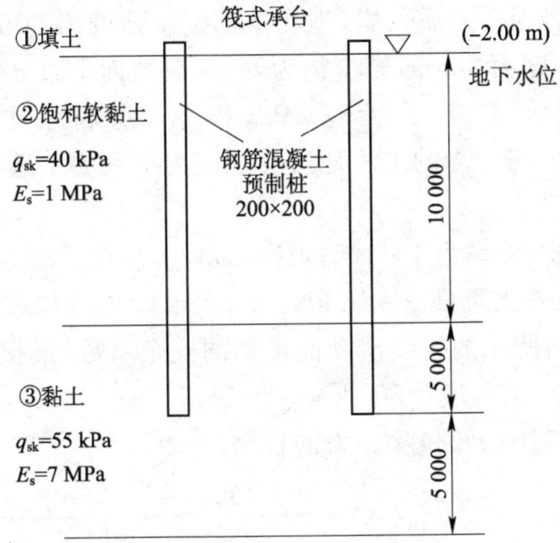

题 13 图

注：图中未注明的尺寸以 mm 计

(A)6.4 mm　(B)8.4 mm　(C)11.9 mm　(D)15.8 mm

14. 为确定水泥土搅拌桩复合地基承载力，进行多桩复合地基静载试验，桩径为 500 mm，正三角形布置，桩中心为距为 1.20 m，则进行三桩复合地基载荷试验的圆形承压板直径应取下列哪个选项的值？（　　）

(A)2.0 m　(B)2.2 m　(C)2.4 m　(D)2.65 m

15. 某软土地基拟采用堆载预压法进行加固，已知淤泥的水平向排水固结系数为 $C_h = 3.5\times10^{-4}cm^2/s$，塑料排水板宽度为 100 mm，厚度为 4 mm，间距为 1.0 m，等边三边形布置，预压荷载一次施加，如果不计竖向排水固结和排水板的井阻及涂抹的影响，按《建筑地基处理技术规范》(JGJ 79—2012)计算，当淤泥固结度达到 90%时，所需的预压时间与下列哪个选项接近？（　　）

(A)5 个月　(B)7 个月　(C)8 个月　(D)10 个月

16. 对于某新近堆积的自重湿陷性黄土地基，拟采用灰土挤密桩对柱下独立基础的地基进行加固，已知基础为 1.0 m×1.0 m 的方形基础，该层黄土平均含水率为 10%，最优含水率为 18%，平均干密度为 1.50 t/m^3。根据《建筑地基处理技术规范》(JGJ 79—2012)，为达到最好加固效果，拟对该基础 5.0 m 深度范围内的黄土进行增湿，则最少加水量取下列哪个选项中的数值合适？（　　）

(A)0.65 t　(B)2.6 t　(C)3.8 t　(D)5.8 t

17. 岩质边坡由泥质粉砂岩与泥岩互层组成为不透水边坡，边坡后部有充满水的竖直拉裂带(见下图)，静水压力 P_w 为 1 125 kN/m，可能滑动的层面上部岩体重量 W 为 22 000 kN/m，层面摩擦角 φ 为 22°，C=20 kPa，其安全系数最接近下列哪个选项的数值？（　　）

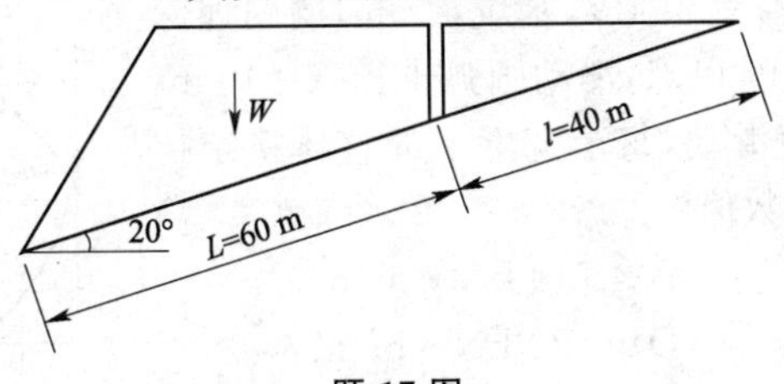

题 17 图

(A)$K=1.09$　(B)$K=1.17$　(C)$K=1.27$　(D)$K=1.37$

18. 水电站的地下厂房围岩为白云质灰岩，饱和单轴抗压强度为 50 MPa，围岩岩体完整性系数 $k_v=0.50$，结构面宽度为 3 mm，充填物为岩屑，裂隙面平直光滑，结构面延伸长度7 m，岩壁渗水，围岩的最大主应力为 8 MPa，根据《水利水电工程地质勘察规范》(GB 50487—2008)该厂房围岩的工程地质类别应为下列哪个选项所述？（　）

(A)Ⅰ　(B)Ⅱ　(C)Ⅲ　(D)Ⅳ

19. 有一部分浸水的砂土坡，坡率为 1∶1.5，坡高 4 m，水位在 2 m 处，水上、水下砂土的内摩擦角均为 $\varphi=38°$，水上砂土重度 $\gamma=18\ \text{kN/m}^3$，水下砂土饱和重度 $\gamma_{sat}=20\ \text{kN/m}^3$，用传递系数法计算沿如下图所示的折线滑动面滑动的安全系数，最接近于下列哪个选项中的数值？（已知 $W_2=1\,000$ kN，$P_1=560$ kN，$\alpha_1=38.7°$，$\alpha_2=15.0°$，P_1 为第一块传递到第二块上的推力，W_2 为第二块已知扣除浮力的自重）（　）

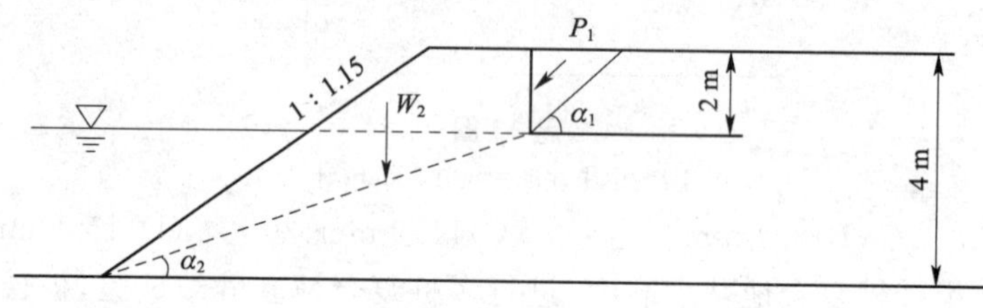

题 19 图

(A)1.17　(B)1.04　(C)1.21　(D)1.52

20. 如下图所示重力式挡土墙和墙后岩石陡坡之间填砂土，墙高 6 m，墙背倾角 60°，岩石陡坡倾角 60°，砂土 $\gamma=17\ \text{kN/m}^3$，$\varphi=30°$，砂土与墙背及岩坡间的摩擦角均为 15°，该挡土墙上的主动土压力合力 E_a 与下列哪个选项接近？（　）

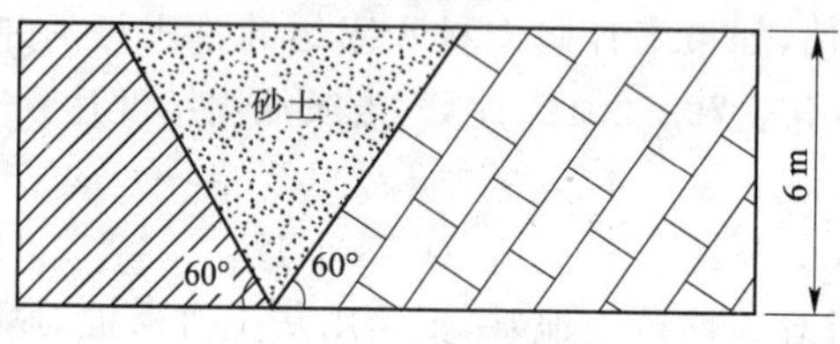

题 20 图

(A)250 kN/m　(B)217 kN/m　(C)187 kN/m　(D)83 kN/m

21. 某二级基坑侧壁安全等级为 2 级，垂直开挖，采用复合土钉墙支护，设一排预应力锚索，自由段长度为 5.0 m，已知锚索水平反力值为 250 kN，水平倾角为 20°，锚杆水平间距为 2.0 m，挡土结构的计算宽度为 2.0 m，锚孔直径为 150 mm，土层与砂浆锚固体的极限摩阻力标准值 $q_{sik}=46$ kPa，锚索的设计长度至少取下列何值才能满足要求？（　）

(A)16 m　(B)18 m　(C)25 m　(D)30 m

22. 一个在饱和软黏土中的重力式水泥挡土墙如右图所示，土的不排水抗剪强度 $C_u=30$ kPa，基坑深 5m，墙的埋深 4 m，滑动圆心在墙顶内侧 O 点，滑动圆弧半径 $R=10$ m，沿着图示的圆弧滑动面滑动，每米宽度上的整体稳定抗滑力矩最接近下列哪一数值？（　）

(A)1 570 kN·m/m　(B)4 710 kN·m/m

(C)7 850 kN·m/m　(D)9 420 kN·m/m

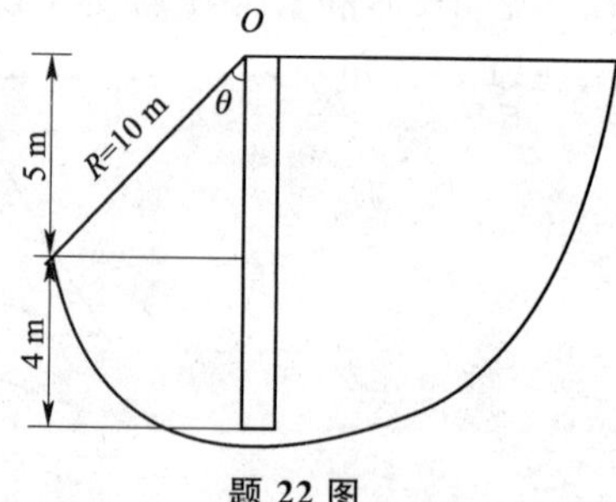

题 22 图

23. 拟在砂卵石地基中开挖 10 m 深的基坑，地下水与地面齐平，坑底为基岩，拟用旋喷法形成厚度 2 m 的截水墙，在墙内放坡开挖基坑，坡率为 1∶1.5，截水墙外侧砂卵石的饱和重度为 19 kN/m^3，截水墙内侧砂卵石重度为 17 kN/m^3，内摩擦角 φ=35°(水上、水下相同)，截水墙水泥土重为 γ=20 kN/m^3，墙底及砂卵石土抗滑体与基岩的摩擦系数 μ=0.4。该挡土墙体的抗滑稳定安全系数最接近下列何值？（ ）

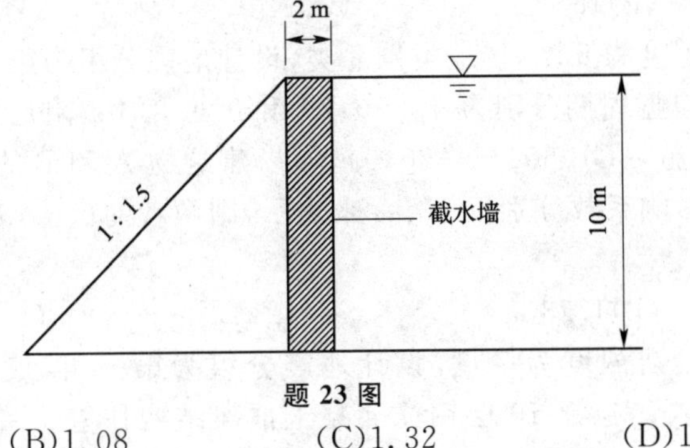

题 23 图

(A)1.00　(B)1.08　(C)1.32　(D)1.55

24. 有一个岩石边坡，要求垂直开挖，采用预应力锚索加固(见下图)，已知岩体的一个最不利结构面为顺坡方向，与水平方向夹角为 55°，内摩擦角 φ_k = 20°，锚索与水平方向夹角为 20°，要求锚索自由段伸入该潜在滑动面长度不小于 1.5 m，在 10 m 高处的该锚索的自由段总长度至少应达到哪个选项的值？（ ）

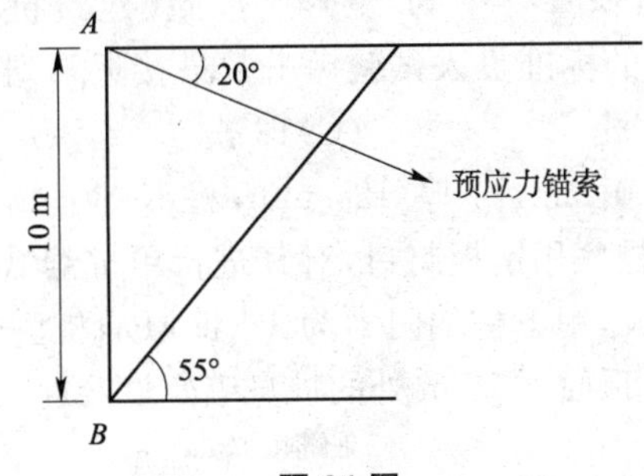

题 24 图

(A)5.0 m　(B)7.5 m　(C)8.5 m　(D)10.0 m

25. 一悬崖上突出一矩形截面的完整岩体(见下图)，长 L 为 8 m，厚(高)h 为 6 m，重度 γ 为 22 kN/m^3，允许抗拉强度[σ_t]为 1.5 MPa，则该岩体拉裂崩塌的稳定系数最接近于下列哪个选项的值？（ ）

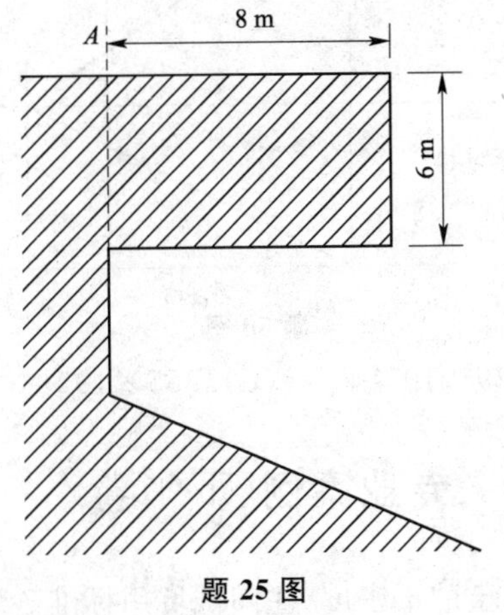

题 25 图

(A)2.2　　　　(B)1.8　　　　(C)1.4　　　　(D)1.1

26. 一无黏性土均质斜坡，处于饱和状态，地下水平行坡面渗流，土体饱和重度 γ_{sat} 为 20 kN/m³，$c=0$，$\varphi=30°$，假设滑动面为直线，则该斜坡稳定的临界坡角最接近下列哪个选项的值？（　　）

(A)14°　　　　(B)16°　　　　(C)22°　　　　(D)30°

27. 某场地抗震设防烈度为 8 度，场地类别Ⅱ类，设计地震分组为第一组，建筑物 A 和建筑物 B 的结构基本自振周期分别为 $T_A=0.2$ s 和 $T_B=0.4$ s，阻尼比均为 $\zeta=0.05$。根据《建筑抗震设计规范》(GB 50011—2010)，如果建筑物 A 和 B 的相应于结构基本自振周期的水平地震影响系数分别以 α_A、α_B 来表示，则两者的比值(α_A/α_B)最接近下列哪个选项的值？（　　）

(A)0.83　　　　(B)1.23　　　　(C)1.13　　　　(D)2.13

28. 某建筑场地抗震设防烈度为 7 度，设计地震分组为第一组，设计基本地震加速度为 $0.1g$，场地类别Ⅲ类。拟建 10 层钢筋混凝土框架结构住宅。结构等效总重力荷载为 137 062 kN，结构基本自振周期为 0.9 s(已考虑周期折减系数)，阻尼比为 0.05，当采用底部剪力法时，基础顶面处的结构总水平地震作用标准值与下列哪个选项最接近？（　　）

(A)5 875 kN　　　　(B)6 375 kN　　　　(C)6 910 kN　　　　(D)7 500 kN

29. 在存在液化土层的地基中的低承台群桩基础，若打桩前该液化土层的标准贯入锤击数为 10 击，打入式预制桩的面积置换率为 3.3%，按照《建筑抗震设计规范》(GB 50011—2010)计算，打桩后桩间土的标准贯入试验锤击数最接近下列哪个选项？（　　）

(A)10 击　　　　(B)18 击　　　　(C)13 击　　　　(D)30 击

30. 某 PHC 管桩，桩径为 500 mm，壁厚 125 mm，桩长 30 m，桩身混凝土弹性模量为 3.6×10^{7} kPa(视为常量)，桩底用钢板封口，对其进行单桩静载试验并进行桩身内力测试。根据实测资料，在极限荷载作用下桩端阻力为 1 835 kPa，桩侧阻力如下图所示，则该 PHC 管桩在极限荷载条件下，桩顶面下 10 m 处的桩身应变最接近于下列哪个选项？（　　）

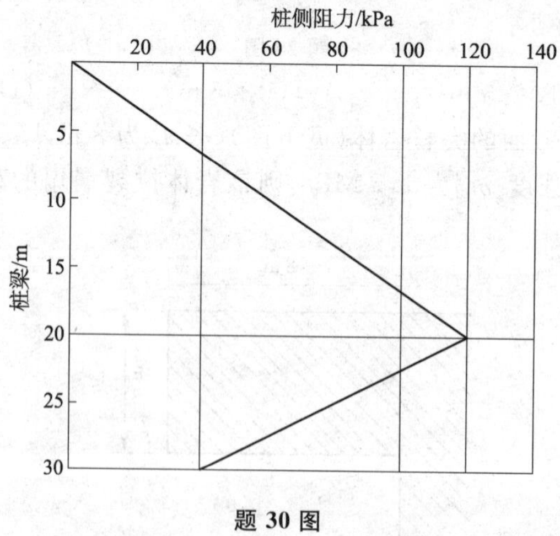

题 30 图

(A)4.16×10^{-4}　　　　(B)4.29×10^{-4}　　　　(C)5.55×10^{-4}　　　　(D)5.72×10^{-4}

专业案例(下午卷)

1. 某工程采用灌砂法测定表层土的干密度，注满试坑用标准砂质量为 5 625 g，标准砂密度为

1.55 g/cm³。试坑中采取的土的试样质量为6 898 g，含水率为17.8%，该土层的干密度数值接近下列哪个选项？（　　）

(A)1.60 g/cm³　(B)1.65 g/cm³　(C)1.70 g/cm³　(D)1.75 g/cm³

2.已知一砂土层中某点应力达到极限平衡时，过该点的最大剪应力平面上的法向应力和剪应力分别为264 kPa和132 kPa，则关于该点处的大主应力σ_1、小主应力σ_3及该砂土内摩擦角φ的值，下列哪个选项是正确的？（　　）

(A)$\sigma_1=396$ kPa，$\sigma_3=132$ kPa，$\varphi=28°$　(B)$\sigma_1=264$kPa，$\sigma_3=132$ kPa，$\varphi=30°$

(C)$\sigma_1=396$ kPa，$\sigma_3=132$ kPa，$\varphi=30°$　(D)$\sigma_1=396$ kPa，$\sigma_3=264$ kPa，$\varphi=36°$

3.某工地需进行夯实填土，经试验得知，所用土料的天然含水率为5%，最优含水率为15%，为使填土在最优含水率状态下夯实，1 000 kg原土料中应加入下列哪个选项中的水量？（　　）

(A)95 kg　(B)100 kg　(C)115 kg　(D)145 kg

4.在某建筑地基中存在一细粒土层，该层土的天然含水率为24%，经液塑限联合测定法试验求得，对应圆锥下沉深度2 mm、10 mm、17 mm时，含水率分别为16.0%、27%、34%。请分析判断，根据《岩土工程勘察规范》(GB 50021—2001)(2009年版)对本层土的定名和状态描述，下列哪个选项是正确的？（　　）

(A)粉土、湿　(B)粉质黏土、可塑　(C)粉质黏土、软塑　(D)黏土、可塑

5.某筏基底板梁板布置如下图所示，筏板混凝土强度等级C35($f_t=1.57$ N/mm²)，根据《建筑地基基础设计规范》(GB 50007—2011)计算，该底板受冲切承载力最接近下列哪个选项的数值？（　　）

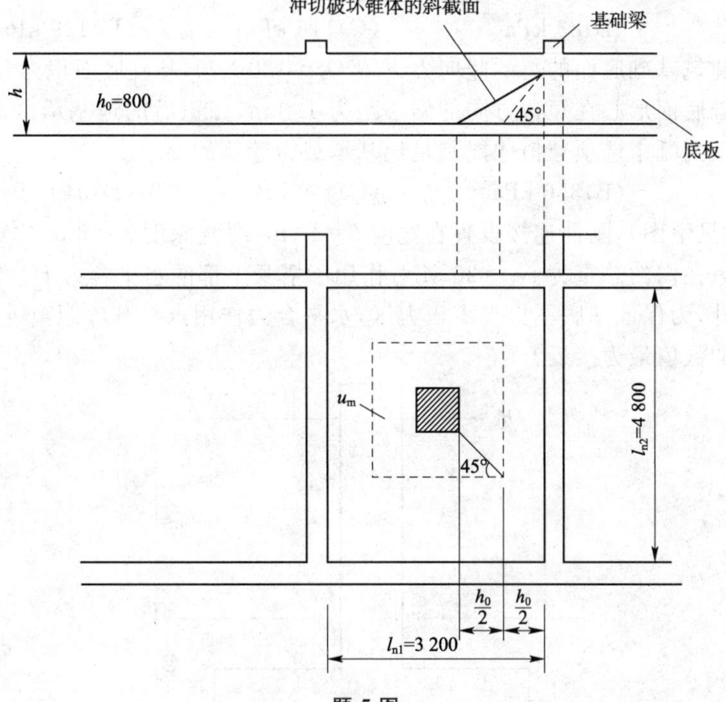

题5图

(A)5.6×10³ kN　(B)11.25×10³ kN　(C)16.08×10³ kN　(D)19.70×10³ kN

6.某老建筑物采用条形基础，宽度2.0 m，埋深2.5 m，拟增层改造，探明基底以下2.0 m深处下卧淤泥质粉土，$f_{ak}=90$ kPa，$E_s=3$ MPa，如下图所示，已知上层土的重度为18 kN/m²，基础及其上土的平均重度为20 kN/m³，地基承载力特征值$f_{ak}=160$ kPa，无地下水，试问基础顶

面所允许的最大竖向力 F_k 与下列哪个选项最接近？（　　）

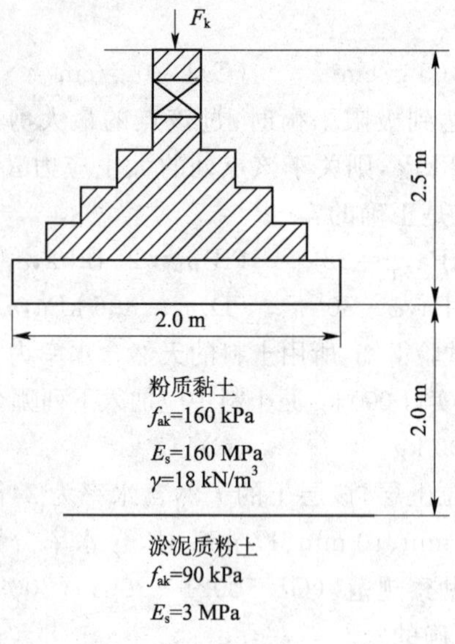

题 6 图

(A)180 kN/m　　(B)300 kN/m　　(C)320 kN/m　　(D)340 kN/m

7. 条形基础宽度为 3.6 m，基础自重和基础上的土重为 $G_k=100$ kN/m，上部结构传至基础顶面的竖向力值为 $F_k=200$ kN/m，F_k+G_k 合力的偏心距为 0.4 m，修正后的地基承载力特征值至少要达到下列哪个选项中的值才能满足承载力验算要求？（　　）

(A)68 kPa　　(B)83 kPa　　(C)116 kPa　　(D)139 kPa

8. 作用于高层建筑基础底面的总的竖向力 $F_k+G_k=120$ MN，基础底面积为 30 m×10 m，荷载重心与基础底面形心在短边方向的偏心距为 1.0 m，修正后的地基承载力特征值 f_a 至少应不小于下列哪个选项数值才能满足地基承载力验算的要求？（　　）

(A)250 kPa　　(B)350 kPa　　(C)460 kPa　　(D)540 kPa

9. 有一工业塔（见下图），刚性连接设置在宽度 $b=10$ m、埋置深度 $d=3$ m 的矩形基础板上，包括基础自重在内的总重为 $N_k=20$ MN，作用于塔身上部的水平合力 $H_k=1.5$ MN，基础侧面抗力不计，为保证基底不出现零压力区，水平合力作用点与基底距离 h 的最大值与下列哪个选项的数值最为接近？（　　）

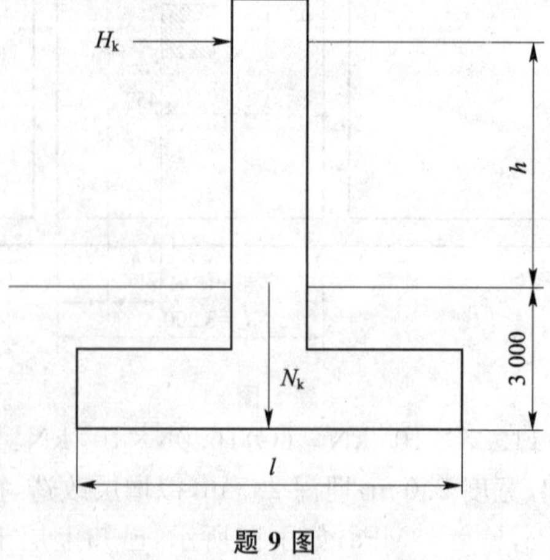

题 9 图

(A)15.2 m　　(B)19.3 m　　(C)21.5 m　　(D)24.0 m

10. 建筑物埋深 10 m,基底附加应力为 300 kPa,基底以下压缩层范围内各土层的压缩模量、回弹模量及建筑物中心点附加应力系数 α 分布见下图,地面以下所有土的重度均为 20 kN/m^3,无地下水,沉降修正系数为 $\psi_s=0.8$,回弹沉降修正系数 $\psi_c=1.0$,回弹变形的计算深度为 11 m。回弹再压缩变形量增大系数取 1.1,该建筑物中心点的总沉降量最接近于下列哪个选项的数值?（　　）

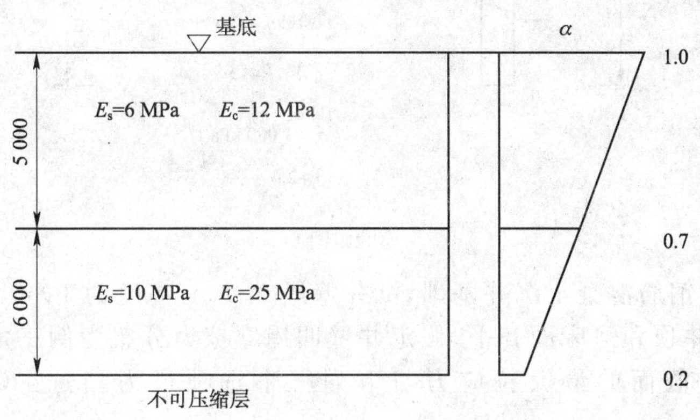

题 10 图

(A)142 mm　　(B)161 mm　　(C)327 mm　　(D)337 mm

11. 如下图所示的柱下桩基承台,承台混凝土轴心抗拉强度设计值 $f_t=1.71$ MPa,按《建筑桩基技术规范》(JGJ 94—2008)计算承台柱边 A_1-A_1 斜截面的受剪承载力,其值与下列哪个选项中的数值最接近?（　　）

(A)1.00 MN　　(B)1.21 MN　　(C)1.53 MN　　(D)2.04 MN

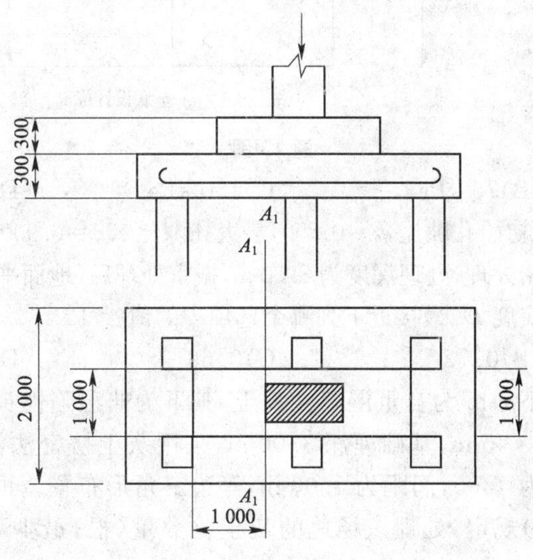

题 11 图

12. 某泥浆护壁灌注桩,桩径为 800 mm,桩长 24 m,采用桩端侧联合后注浆,桩侧注浆断面位于桩顶下 12 m,桩周土性及后注浆桩侧阻力与桩端阻力增强系数如下图所示,按《建筑桩基技术规范》(JGJ 94—2008)估算的单桩极限承载力最接近下列哪个选项的值?（　　）

(A)5 620 kN　　(B)6 460 kN　　(C)7 420 kN　　(D)7 700 kN

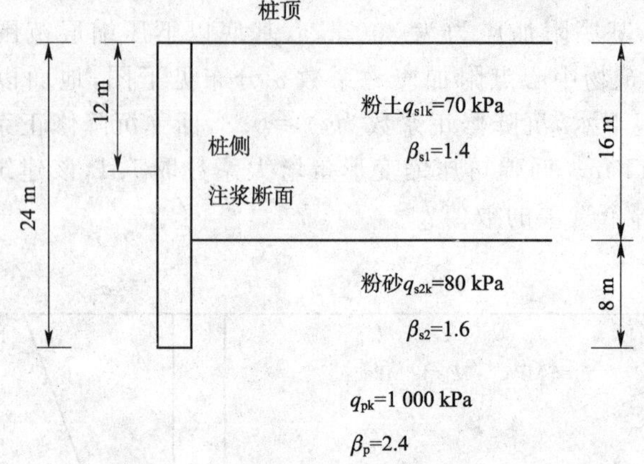

题 12 图

13. 铁路桥梁采用钢筋混凝土沉井基础，沉井壁厚 0.4 m，高度为 12 m，排水挖土下沉施工完成后，沉井顶和河床面齐平，假定井壁四周摩擦力分布为倒三角形(见下图)，施工中沉井井壁截面的最大拉应力与下列哪个选项最为接近？(注：井壁容重为 25kN/m³)　(　　)

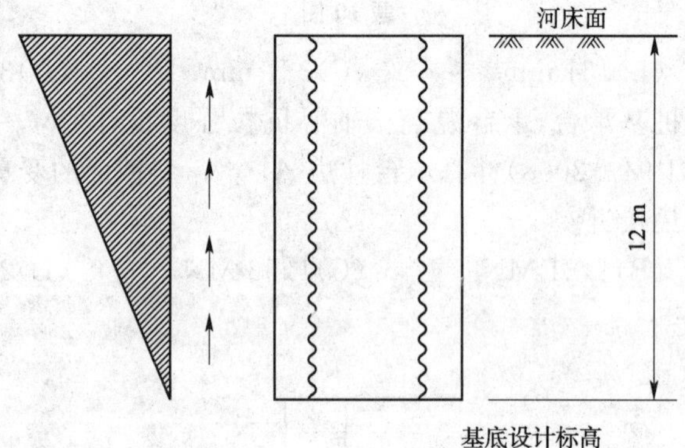

题 13 图

(A)0　(B)75 kPa　(C)150 kPa　(D)300 kPa

14. 某松散砂土地基，砂土初始孔隙比 e_0＝0.850，最大孔隙比 e_{max}＝0.900，最小孔隙比e_{min}＝0.550，采用不加填料振冲振密处理，处理深度为 8.00 m，振密处理后，地面平均下沉0.80 m，此时处理范围内砂土的相对密实度 D_r 最接近下列哪个选项中的值？　(　　)

(A)0.76　(B)0.72　(C)0.66　(D)0.62

15. 某黄土场地，地面以下 8 m 为自重湿陷性黄土，其下为非湿陷性黄土层，建筑物采用筏板基础，底面积为 18 m×45 m，基础埋深 3.00 m，采用灰土挤密法消除自重湿陷性黄土的湿陷性，灰土桩直径为 ϕ400，间距为 1.00 m，等边三角形布置。根据《建筑地基处理技术规范》(JGJ 79—2012)规定，处理该场地的灰土桩数量(根)最少不应少于下列哪个选项中的数量？　(　　)

(A)936　(B)1 245　(C)1 328　(D)1 592

16. 某填海造地工程，对软土地基拟采用堆载预压法进行加固，已知海水深 1.0 m，下卧淤泥层厚度 10.0 m，天然密度 ρ＝1.5 g/cm³，室内固结试验测得各级压力下的孔隙比如下表所示，如果淤泥上覆填土的附加压力 P_0 取 125 kPa，按《建筑地基处理技术规范》

(JGJ 79－2012)计算，该淤泥的最终沉降量，取经验修正系数为 1.2，将 10 m 厚的淤泥层按一层计算，则最终沉降量最接近下列哪个选项中的值？（　　）

题 16 表

P/kPa	0	12.5	25.0	50	100	200	300
e	2.325	2.215	2.102	1.926	1.71	1.475	1.325

(A)1.46 m　　(B)1.82 m　　(C)1.96 m　　(D)2.64 m

17. 拟对厚度为 10 m 的淤泥层进行预压法加固，已知淤泥面上铺设 1.0 m 厚中粗砂垫层，再上覆厚约 2.0 m 压实填土，地下水位与砂层顶面齐平，淤泥三轴固结不排水试验得到黏聚力 c=10.0 kPa，φ_{cu}=9.5°，淤泥面处的天然抗剪强度 τ_0=12.3 kPa，中粗砂重度为 20 kN/m^3，填土重度为 18 kN/m^3，按《建筑地基处理技术规范》(JGJ 79—2012)计算，如果要使淤泥面处抗剪强度值提高 50%，则要求该处的固结度至少达到以下哪个选项中的值？（　　）

(A)60%　　(B)70%　　(C)80%　　(D)90%

18. 某重力式挡土墙如下图所示，墙重为 767 kN/m，墙后填砂土，γ=17 kN/m^3，c=0，φ=32°，墙底与地基间的摩擦系数 μ=0.5，墙背与砂土间的摩擦角 δ=16°，用库仑土压力理论计算此墙的抗滑稳定安全系数最接近下列哪个选项中的值？（　　）

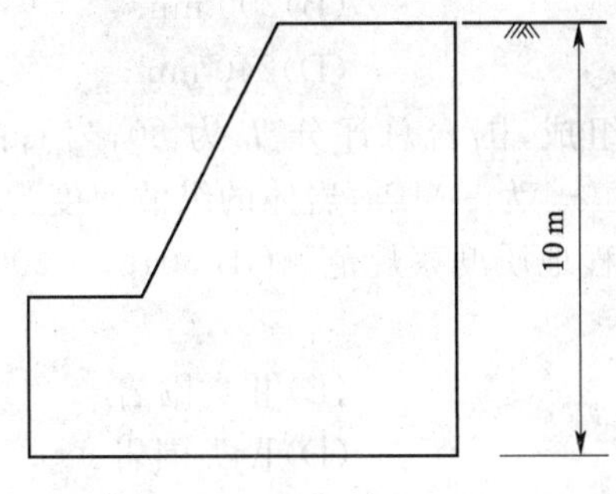

题 18 图

(A)1.23　　(B)1.83　　(C)1.68　　(D)1.60

19. 设计一个坡高 15 m 的填方土坡，用圆弧条分法计算得到的最小安全系数为 0.89，对应的滑动力矩为 36 000 kN·m/m，圆弧半径为 37.5 m，为此需要对土坡进行加筋处理，如下图所示，如果要求的安全系数为 1.3，按照《土工合成材料应用技术规范》(GB 50290—2014)计算，1 延长米填方需要的筋材总加筋力最接近下列哪个选项中的值？（　　）

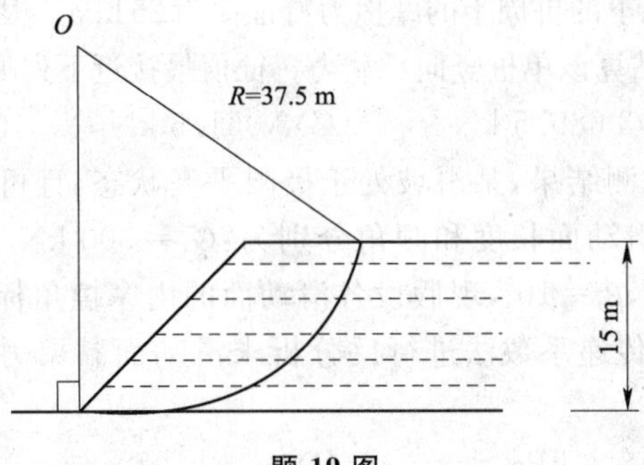

题 19 图

(A)1 400 kN/m　　(B)1 000 kN/m　　(C)454 kN/m　　(D)400 kN/m

20. 如下图所示的挡土墙，墙背竖直光滑，墙后填土水平，上层填 3 m 厚的中砂，重度为 18 kN/m^3，$\varphi=28°$；下层填 5 m 厚的粗砂，重度为 19 kN/m^3，$\varphi=32°$。5 m 粗砂层作用在挡土墙上的总主动土压力最接近下列哪个选项中的值？　（　）

中砂$\varphi_1=28°$
$\gamma_1=18$ kN/m^3
$h_1=3$ m
粗砂$\varphi_1=32°$
$\gamma_2=19$ kN/m^3
$h_2=5$ m

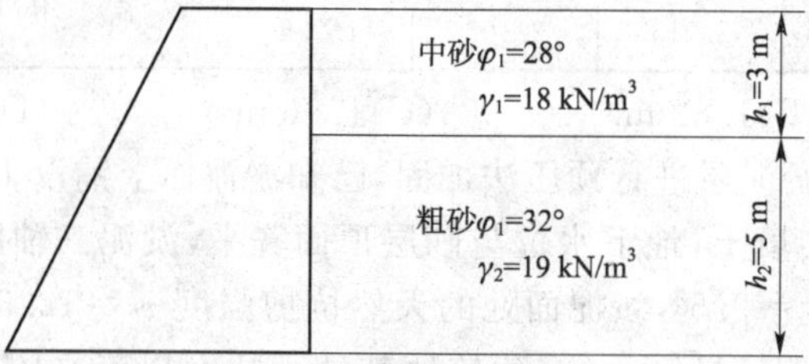

题 20 图

(A)172 kN/m　　(B)168 kN/m

(C)162 kN/m　　(D)156 kN/m

21. 在软土地基上快速填筑一路堤，建成后 70 d 观测的平均沉降为 120 mm，140 d 观测的平均沉降为 160 mm，已知固结度 $u_t \geqslant 60\%$，可按照太沙基的一维固结理论公式 $u=1-0.81e^{-\alpha t}$ 预测其后期沉降量和最终沉降量，则此路堤最终沉降量 S 最接近下列哪个选项中的值？　（　）

(A)180 mm　　(B)200 mm

(C)220 mm　　(D)240 mm

22. 某洞段围岩，由厚层砂岩组成，围岩总评分 T 为 80，岩石的饱和单轴抗压强度 R_b 为 55 MPa，围岩的最大主应力 σ_m 为 9 MPa，岩体的纵波速度为 3 000 m/s，岩石的纵波速度 4 000 m/s，按《水利水电工程地质勘察规范》(GB 50487—2008)，该洞段围岩的类别应为下列哪一选项？　（　）

(A)Ⅰ类围岩　　(B)Ⅱ类围岩

(C)Ⅲ类围岩　　(D)Ⅳ类围岩

23. 某基坑深 6.0 m，采用悬臂排桩支护，排桩嵌固深度为 6.0 m，地面无超载，重要性系数 $\gamma_0=1.0$，场地内无地下水，土层为砂砾层，$\gamma=20$ kN/m^3，$c=0$，$\varphi=30°$，厚15.0 m。按《建筑基坑支护技术规程》(JGJ 120—2012)，悬臂排桩抗倾覆稳定系数 K_s 最接近下列哪个选项中的数值？　（　）

(A)1.1　　(B)1.2　　(C)1.3　　(D)1.4

24. 某单层湿陷性黄土场地，黄土的厚度为 10 m，该层黄土的自重湿陷量计算值 $\Delta_{zs}=300$ mm 在该场地上拟建建筑物，拟采用钻孔灌注桩基础，桩长 45 m，桩径为 1 000 mm，桩端土的承载力特征值为 1 200 kPa，黄土以下的桩周土的摩擦力特征值为 25 kPa。根据《湿陷性黄土地区建筑规范》(GB 50025—2004)，估算该单桩竖向承载力特征值最接近下列哪个选项？　（　）

(A)4 474.5 kN　　(B)3 689.5 kN　　(C)3 061.5 kN　　(D)3 218.5 kN

25. 根据勘察资料和变形监测结果，某滑坡处于极限平衡状态，且可分为 2 个条块（如下图所示），每个滑坡的重力、滑动面长度和倾角分别为：$G_1=500$ kN/m，$L_1=12$ m，$\beta_1=30°$，$G_2=800$ kN/m，$L_2=10$ m，$\beta_2=10°$，现假设各滑动面的内摩擦角标准值 φ 均为 10°。滑体稳定系数 $k=1.0$，如果用传递系数法进行反分析求滑动面黏聚力标准值 C，其值最接近下列哪个选项？　（　）

(A)7.4 kPa　　(B)8.6 kPa　　(C)10.5 kPa　　(D)14.5 kPa

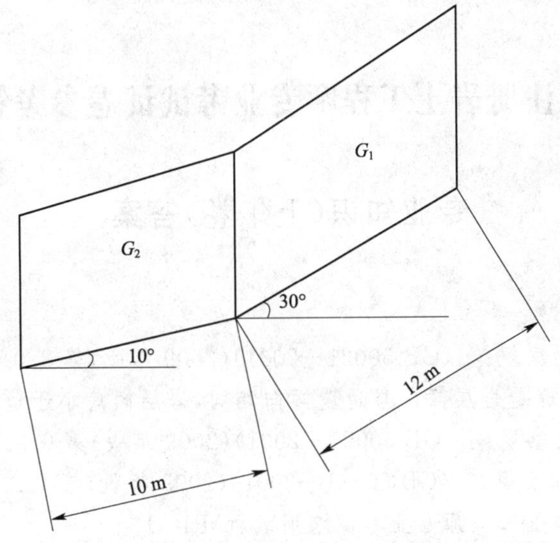

题 25 图

26. 某膨胀土地区的多年平均气候参数为：a 为 0.225 35，c 为 42.7。确定该地区大气影响急剧层深度为下列哪项的值？（　）

(A)4.0 m　(B)3.0 m　(C)1.8 m　(D)1.4 m

27. 某非自重湿陷性黄土试样，含水量 w=15.6%，土粒相对密度（比重）D_r=2.70，质量密度 ρ=1.60g/cm^3，液限 w_L=30.0%，塑限 w_p=17.9%，桩基设计时需要根据饱和状态下的液性指数查取设计参数，该试样饱和度达 85%时的液性指数最接近下列哪项？（　）

(A)0.85　(B)0.92　(C)0.99　(D)1.06

28. 某拟建工程建成后正常蓄水深度为 3.0 m，该地区抗震设防烈度为 7 度，设计地震加速度为 0.10g，只考虑近震影响。因地层松散，设计采用挤密法进行地基处理，处理后保持地面标高不变，勘察时地下水位埋深 3 m，地下 5 m 深度处粉细砂的标准贯入试验锤击数为 5，取扰动样室内测定黏粒含量小于 3%。按《水利水电工程地质勘察规范》(GB 50487—2008)，处理后该处标准贯入试验实测击数至少达到下列哪个选项时，才能消除地震液化影响？（　）

(A)5 击　(B)13 击　(C)19 击　(D)30 击

29. 已知，某建筑场地抗震设防烈度为 8 度，设计地震加速度为 0.30g，设计地震分组为第一组，场地覆盖层厚度为 20 m，等效剪切波速为 240 m/s，结构自振周期为 0.40 s，阻尼比为 0.40，在计算水平地震作用时，相应于多遇地震的水平地震影响系数值最接近下列哪个选项？（　）

(A)0.24　(B)0.22　(C)0.14　(D)0.12

30. 某建筑地基处理采用 3∶7 灰土垫层换填，该 3∶7 灰土击实试验结果如下表所示。

题 30 表

湿密度/(g/m^3)	1.59	1.76	1.85	1.79	1.63
含水率	17.0	19.0	21.0	23.0	25.0

采用环力法对刚施工完毕的第一层灰土进行施工质量检验，测得试样的湿密度为 1.78 g/cm^3，含水率为 19.3%，其压实系数最接近下列哪一选项？（　）

(A)0.94　(B)0.95　(C)0.97　(D)0.99

2010年全国注册岩土工程师专业考试试卷参考答案(新解)

专业知识(上午卷)答案

一、单项选择题

1.(C)　《岩土工程勘察规范》(GB 50021—2001)(2009年版)第8.0.3条

2.(A)　最不利的情况是岩层倾向与边坡倾向相同,岩层倾角小于边坡坡角

3.(B)　《岩土工程勘察规范》(GB 50021—2001)(2009年版)第6.9.1条

4.(A)　《岩土工程勘察规范》(GB 50021—2001)(2009年版)第4.2.12条、第10.2.6条

5.(C)　《全国注册岩土工程师专业考试培训教材》P1-51

6.(A)　根据渗透力 $j=\gamma_w i$ 计算

7.(C)　《岩土工程勘察规范》(GB 50021—2001)(2009年版)第8.0.7条

8.(A)　《建筑工程地质勘探与取样技术规程》(JGJ/T 87—2012)附录C

9.(C)　《岩土工程勘察规范》(GB 50021—2001)(2009年版)第6.4.2条

10.(B)　沉积岩的结构有:碎屑结构、泥质结构、化学结构及生物化学结构

11.(A)　压水试验可测透水率和渗透系数,见《工程地质手册》(第四版)第1009页

12.(D)　《水利水电工程地质勘察规范》(GB 50487—2008)第5.4.2条

13.(D)　如要检测侵蚀性 CO_2 的水样,在密封前应加一定量的大理石粉,详见《工程地质手册》(第四版)第985页表9-2-14

14.(B)

15.(D)　《建筑地基基础设计规范》(GB 50007—2011)第3.0.5条

16.(B)　《工程结构可靠性设计统一标准》(GB 50153—2008)第A.1.7条条文说明

17.(D)　根据题意,其地基再加固处理措施需快速提供承载力,以使厂房下沉趋势尽快得以遏制,由于压密注浆、树根桩承载力提高需要一定时间,故不合适。CFG桩一般处理拟建场地地基,也不合适。锚杆静压桩属预制桩的一种,施工速度快,受力明确,经常用于处理地基不均匀沉降引起的上部结构倾斜开裂

18.(C)　对于本题,采用堆载预压法进行地基处理合适。预压填土高度约4.5 m(约为90 kPa),荷载足够,预压两年,时间较长,而塑料排水带间距0.8 m,也较小,这些都不是预压效果不理想的主要因素。根据题意,预压场地未设置排水垫层,直接堆填夹块石、碎石的黏性土,造成排水不畅,是预压效果不理想的主要因素

19.(B)　《建筑地基处理技术规范》(JGJ 79—2012)第7.2.4条

20.(B)　《建筑地基处理技术规范》(JGJ 79—2012)表4.2.4注

21.(C)　《建筑地基处理技术规范》(JGJ 79—2012)第5.3.11条条文说明

22.(B)　规范中无相关条文规定,可参考《地基处理手册》相关内容,进行初步设计时,桩土应力比可选在8左右

23.(D)　《建筑地基处理技术规范》(JGJ 79—2012)第7.7.3条第1款1)规定

24.(C)　砂井直径的大小、排水板间距的大小直接影响排水距离,进而决定地基固结速度

的快慢，而土体渗透系数越大，固结速度越快。对于砂垫层只是起到汇水、排水的通道，对固结速度的影响较小

25.(D)　《建筑地基处理技术规范》(JGJ 79—2012)第9.1.6条(4)

26.(B)

27.(C)

28.(C)

29.(C)　隧道的平直段的围岩结构、围岩压力分布均匀，与其他3个备选答案相比是最稳定的

30.(A)　《铁路工程地质勘察规范》(TB 10012—2007)第4.3.1条

31.(B)

32.(C)　据《建筑抗震设计规范》(GB 50011—2010)第1.0.1条、第3.1.1条条文说明。罕遇地震烈度、多遇地震烈度、设防地震烈度超越概率不同，而设计基准周期相同，均为50年

33.(D)　据《建筑抗震设计规范》(GB 50011—2010)第4.1.6条。四个场地均为Ⅱ类场地，地震分组相同，故四个场地特征周期相同

34.(A)　据《建筑抗震设计规范》(GB 50011—2010)第3.6.1条、第3.6.2条可知，(C)、(D)正确。据第5.2.1条、第5.3.1条可知，(A)错误，(B)正确

35.(C)　《建筑抗震设计规范》(GB 50011—2010)第2.1.7条

36.(A)　《建筑抗震设计规范》(GB 50011—2010)第1.0.1条条文说明

37.(B)　《建筑抗震设计规范》(GB 50011—2010)第5.1.4条、第5.1.5条

38.(C)　倾斜裂缝通常是不均匀沉降引起的，倾斜裂缝的倾斜方向指向沉降较小的一侧

39.(B)　《建筑基桩检测技术规范》(JGJ 106—2014)第3.2.5条、第3.4.4条、第4.2.2条、第4.2.4条

40.(D)　《建筑基桩检测技术规范》(JGJ 106—2014)第9.1.1条

二、多项选择题

41.(A)、(C)　渗流和突涌是地下水压力作用形成，而融陷是温度变化引起土状态的变化，崩解是因吸水而引起的

42.(A)、(C)　纵波(压缩波)比横波(剪切波)速度快，但能量传播衰减的也快，压缩波振幅小，剪切波振幅大，水平敲击木板两端目的是产生优势的剪切波

43.(A)、(B)、(D)　《土工试验方法标准》(GB/T 50123—1999)第16.4条、第16.5.3条、第16.6.1条

44.(B)、(C)、(D)　在压缩过程中体积不断减少，总的重量不变，重度增加，但含水率不变，因非饱和土在压缩过程中饱和度增加

45.(A)、(B)、(C)　e-p不是线性的，不同的压力段压缩系数不同，e-lg$p$曲线上，当压力大于前期固结压力时，是线性的，压缩模量的值是一定的，只反映土的性质

46.(A)、(B)　《水运工程岩土勘察规范》(JTS 133—2013)第5.2.7条、第5.3.5条

47.(A)、(D)　《建筑结构荷载规范》(GB 50009—2012)第3.1.2条、第3.1.3条、第3.1.5条

48.(A)、(B)　《建筑地基基础设计规范》(GB 50007—2011)第3.0.5条

49.(A)、(B)、(D)　《建筑桩基技术规范》(JGJ 94—2008)第3.1.7条及条文说明

50.(B)、(D)　《建筑地基处理技术规范》(JGJ 79—2012)第5.2.21条、第6.3.3.6条、第7.2.2条，(B)选项为2002年版规范表述，2012年版规范还将“宜”改为“应”

51.(B)、(C)　　据《建筑地基处理技术规范》(JGJ 79—2012)第 B.0.2 条、第 B.0.3 条、第 B.0.5 条、第 B.0.10 条。对(A)选项,承压板尺寸应为 2.4 m×2.4 m。对(D)选项,应取承压板沉降量与宽度之比为 0.006～0.008 对应的压力为复合地基承载力特征值

52.(A)、(B)、(C)　　据《建筑地基处理技术规范》(JGJ 79—2012)第 7.3.1 条及条文说明、第 7.3.2 条可知,(A)、(C)选项正确。据《建筑地基处理技术规范理解与应用》可知,(B)正确。一般情况水泥比重较黏土颗粒相对密度稍大,故水泥土相对密度比原状土重度增加有限,一般随着掺入水泥量的增加而增加,而含水率一般情况下也比原状土稍低,随着掺入水泥量的增加而减小

53.(A)、(B)、(C)　　《建筑地基处理技术规范》(JGJ 79—2012)第 5.1.6 条、第 5.1.5 条、第 5.4.3 条

54.(A)、(C)　　据《建筑地基处理技术规范》(JGJ 79—2012)第 3.0.4 条、第 3.0.5 条,对(D)选项,只有灰土、土挤密桩有相关规定,其他处理方法无此规定

55.(A)、(C)、(D)　　据《建筑地基处理技术规范》(JGJ 79—2012)第 3.0.4 条、第 3.0.5 条可知,(C)、(D)选项正确。据《建筑地基基础设计规范》(GB 50007—2011)第 3.0.2 条第 1 款,设计等级为甲、乙级的建筑均应进行变形验算,故(B)选项错误。据《建筑地基基础设计规范》(GB 50007—2011)第 10.3.8 条可知,甲级建筑应进行沉降观测,(A)选项正确

56.(A)、(B)　　据《建筑地基处理技术规范》(JGJ 79—2012)第 5.2.29 条条文说明可知,真空预压是逐渐降低土体的孔隙水压力,不增加总应力条件下增加土体有效应力;而堆载预压是增加土体总应力和孔隙水压力,并随着孔隙水压力的逐渐消散而使有效应力逐渐增加,故(A)、(B)选项正确。由第 5.1.5 条可知,(C)选项错误。堆载预压区土体向外位移,而真空预压法土体向内侧产生位移,故(D)选项错误

57.(A)、(B)、(C)　　《水利水电工程地质勘察规范》(GB 50487—2008)附录 N.0.7

58.(A)、(B)、(C)　　《城市轨道交通岩土工程勘察规范》(GB 50307—2012)

59.(A)、(B)、(C)　　《建筑基坑支护技术规程》(JGJ 120—2012)第 6.1.2 条、第 6.1.3 条、第 6.1.5 条

60.(A)、(B)、(D)　　《建筑基坑支护技术规程》(JGJ 120—2012)第 3.1.14 条

61.(B)、(C)、(D)　　《建筑基坑支护技术规程》(JGJ 120—2012)第 6.1.1 条条文说明

62.(C)、(D)　　膨胀土的膨胀量和膨胀力与含水率有关,当其小于膨胀最大时的界限含水率时吸水后膨胀变形越大,膨胀力越小,限制其变形,才能表现出膨胀力,膨胀力有最大值。当大于界限含水率时,其膨胀量为零

63.(A)、(B)、(C)　　《中国地震动峰值加速度区划图》第 2 章术语和符号中明确了地震动参数、地震动峰值加速度和地震动反应谱的特征周期的基本概念

64.(C)、(D)　　《水工建筑抗震设计规范》(DL 5073—2000)第 4.1.1 条、第 4.1.2 条、第 4.1.4 条、第 4.1.5 条、第 4.1.6 条

65.(A)、(C)　　《公路工程抗震规范》(JTG B02—2013)对临界标准贯入锤击数 N_{cr} 计算公式已进行修改,N_{cr} 的计算取决于设计基本地震动峰值加速度、场地区的特征周期、标准贯入点埋深、地下水位埋深、黏粒含量。按 89 规范,答案为(A)、(C)

66.(C)、(D)　　据《建筑抗震设计规范》(GB 50011—2010)第 4.1.4 条、第 4.1.6 条可知,确定覆盖层厚度及确定场地类别均需土层剪切波速。水平地震影响系数最大值与地震影响烈度和多遇地震、罕遇地震相关,液化土特征深度取决于设防烈度

67.(A)、(C)　　《建筑抗震设计规范》(GB 50011—2010)4.1.1 条

68.(A)、(C)　《建筑抗震设计规范》(GB 50011—2010)4.1.4 条

69.(A)、(B)、(C)　滑坡监测常用方法中有一种钻孔监测，对钻孔的倾斜-深度曲线，位移-深度曲线就可判断滑动面位置、滑动方向，滑动速度

70.(A)、(B)、(C)　高应变和低应变都是基于一维弹性应力波理论来分析应力波在杆件的传播特性。低应变采用小锤锤击的方式来分析桩身完整性；高应变用重锤敲击桩体，确定桩体完整性和承载力，两种方法都必须清除桩顶的破碎层，避免影响应力波的传输；低应变测试的速度谱和加速度谱，而高应变同时测桩体位移和速度谱或加速度谱

专业知识(下午卷)答案

一、单项选择题

1.(B)　土体呈整体剪切破坏，曲线的前段似直线，土体处于弹性变形阶段，过了某点后，曲线出现弯曲，表明土体进入塑性变形阶段

2.(B)　乙建筑物建成后改变了甲建筑基底的附加应力，使得西北侧基底附加应力增量大于西南侧，故产生图 B 所示裂缝

3.(B)　对应基底压力，A 基础比 B 基础还要增加基础及其上填土的重量，所以基底平均压力 A 大于 B，此外由于 B 基础水平力并不产生力矩，无偏心作用，故基底压力为均布

4.(D)　估算基底压力与承载力比较，可见必须选用筏基方可满足地基承载力要求

5.(C)　《建筑地基基础设计规范》(GB 50007—2011)图 8.2.8

6.(B)　《建筑地基基础设计规范》(GB 50007—2011)图 8.2.8 中 P_j 的注解

7.(B)　《建筑桩基技术规范》(JGJ 94—2008)第 3.1.8.5 条

8.(B)　桩身沉降增加后可以减小负摩阻力范围，从而中性点深度减小

9.(C)　《建筑桩基技术规范》(JGJ 94—2008)第 3.1.7 条条文说明

10.(B)　《建筑桩基技术规范》(JGJ 94—2008)第 5.2.5 条

11.(A)　两种情况下桩身侧阻、端阻均发挥作用，CFG 桩抗剪、抗弯能力很弱

12.(C)　《建筑桩基技术规范》(JGJ 94—2008)第 5.8.3 条

13.(D)　打入式预制桩有强烈的挤土效应，降低了承载力

14.(A)　《建筑桩基技术规范》(JGJ 94—2008)第 3.3.3 条及条文说明

15.(B)　据《铁路路基支挡结构设计规范》(TB 10025—2006)第 12.2.5 条计算确定

16.(B)　《铁路路基支挡结构设计规范》(TB 10025—2006)第 8 节

17.(C)　用 $Fw_i\sin\theta \cdot R - w_i'\sin\theta \cdot R$ 计算多出的滑动力矩，可能被土条周围形成的水压力算出力矩抵消

18.(B)

19.(B)　《碾压式土石坝设计规范》(DL/T 5395—2007)第 7.7 节、第 7.8 节及条文说明

20.(B)

21.(D)　利用赤平投影定性评价边坡稳定性，图中每条线代表空间的一个平面，曲线的凹向指向其面的倾向方向，曲线的中点到圆心的距离代表倾角的大小，距离越长，倾角越小，5 条线弯曲方向相同，结构面与坡向相同，只有 4 在坡面线的左侧，4 结构面的倾角大于坡角

22.(B)　《岩土工程勘察规范》(GB 50021—2001)(2009 年版)第 4.7.1 条、第 4.7.3 条条文说明

23.(D)　滑坡安全系数当同时考虑地震、暴雨附加影响时应适当降低

24.(B)　泥石流堆积的石块均具尖锐的棱角(磨圆差)、粒径悬殊、无方向性、无明显的分选层理,其他特点见《工程地质手册》(第四版)第566页,洪积物见《工程地质学》

25.(D)　《岩土工程勘察规范》(GB 50021—2001)(2009年版)第5.2.7条条文说明

26.(D)

27.(C)　《地质灾害评估技术要求》

28.(C)　《岩土工程勘察规范》(GB 50021—2001)(2009年版)第6.6.2条

29.(A)　膨胀土的化学成分以 SiO_2、Al_2O_3 和 Fe_2O_3 为主,黏土粒的硅铝分子比 $\frac{SiO_2}{Al_2O_3+Fe_2O_3}$ 的比值愈小,膨胀量就小。见《工程地质手册》(第四版)第470页

30.(C)　在非自重湿陷性黄土场地,当各土层的湿陷起始压力大于各土层的饱和自重与附加应力之和时,各类建筑可按非湿陷性黄土地基设计,见《工程地质手册》(第四版)第426页

31.(A)　硫酸盐渍土中的无水芒硝(Na_2SO_4)的含量较多,在32.4℃以上时,体积很小,当温度下降至32.4℃时,吸收10个水分子,使体积增大,如此循环反复使土体变松

32.(A)　《建筑工程地质勘探与取样技术规程》(JGJ/T 87—2012)

33.(A)　《岩土工程勘察规范》(GB 50021—2001)(2009年版)第5.1.6条

34.(D)　《铁路工程不良地质勘察规程》(TB 10027—2012)第C.0.1条

35.(C)

36.(B)

37.(A)

38.(C)

39.(A)

40.(B)

二、多项选择题

41.(B)、(C)、(D)　据培训教材各基础类型适用条件介绍

42.(B)、(C)、(D)　《建筑地基基础设计规范》(GB 50007—2011)第3.0.5条(4)、第8.2.7条

43.(A)、(B)　基本的偏心荷载作用下基底压力计算

44.(B)、(C)、(D)　《铁路特殊路基设计规范》(TB 10035—2006)第3.2.4条

45.(A)、(C)　计算角点下附加应力不需要分块,宽度仍为 $b=3$ m;承载力修正取短边

46.(A)、(C)、(D)　《建筑桩基技术规范》(JGJ 94—2008)第5.7.5条及条文说明

47.(B)、(C)、(D)　《建筑桩基技术规范》(JGJ 94—2008)第5.5.14条、第5.6.2条条文说明

48.(B)、(D)　《建筑桩基技术规范》(JGJ 94—2008)第5.7节

49.(B)、(C)　《建筑桩基技术规范》(JGJ 94—2008)第5.2.5条

50.(A)、(C)　《建筑桩基技术规范》(JGJ 94—2008)第5.6.1条、第5.6.2条条文说明

51.(A)、(B)　《建筑桩基技术规范》(JGJ 94—2008)第5.8.10条

52.(A)、(B)、(D)　《建筑桩基技术规范》(JGJ 94—2008)第3.1.8条及条文说明

53.(B)、(C)、(D)　《公路路基设计规范》(JTG D30—2009)第7.2.2条

54.(A)、(B)、(C)　《铁路特殊岩土勘察规程》(TB 10038—2012)第5.2.3条、《公路桥涵地基与基础设计规范》(JTG D63—2007)第3.3.5条

55.(A)、(B)、(C)　经计算两种情况下主动土压力系数相同,其他方面不同

56.(A)、(D)　向上的水力梯度大于临界水力梯度是产生砂沸的条件,设置反滤层为有效

措施

57.(A)、(B)、(D)　《碾压式土石坝设计规范》(DL/T 5395—2007)附录E

58.(A)、(D)　《膨胀土地区建筑技术规范》(GB 50112—2013)第5.2.7条

59.(B)、(C)、(D)　斜坡的破坏既可能是滑动也可能是转动

60.(A)、(C)、(D)　《湿陷性黄土地区建筑规范》(GB 50025—2004)第4.3.5条、第4.3.6条

61.(B)、(C)、(D)　《膨胀土地区建筑技术规范》(GB 50112—2013)附录F

62.(A)、(C)、(D)　一般情况下地表移动盆地的范围总是比采空区大,是否对称和岩层的产状有关,其形状如盆状,中间下沉大,岩体向中心移动,内侧受压,外侧受拉。见《工程地质手册》(第四版)第567页

63.(B)、(D)　《岩土工程勘察规范》(GB 50021—2001)(2009年版)第6.6.5条、第6.6.6条条文说明

64.(A)、(B)　《湿陷性黄土地区建筑规范》(GB 50025—2004)第5.1.3条、第5.1.6条、第6.1.1条、第6.1.2条

65.(A)、(B)、(C)

66.(B)、(C)

67.(A)、(B)、(C)

68.(B)、(C)

69.(A)、(C)

70.(B)、(C)

专业案例(上午卷)答案

1.[**答案**](B)

[**解析**]据《工程地质手册》第九篇第三章第三节。

①求总压力、倾斜钻孔水柱压力 $H\sin\alpha$:

$P_z=\gamma_w(H_z\sin\alpha+0.5)=10\times(24.8\times\sin60^\circ+0.5)=220(\text{kPa})=0.22(\text{MPa})$

$P=P_p+P_z-P_s=0.9+0.22-0.04=1.08(\text{MPa})$

②求吕荣值:

$$q=\frac{Q}{LP}=\frac{80}{5.1\times1.08}=14.5(\text{Lu})$$

答案(B)正确。

2.[**答案**](B)

[**解析**]据《公路土工试验规程》(JTG E40—2007)第17章、附录A。

计算2.5 mm、5.0 mm各次的承载比:

$$\text{CBR}_{2.5}=\frac{p}{7\,000}\times100\%\qquad(\text{T0134}-3)$$

$$\text{CBR}_{5.0}=\frac{p}{10\,500}\times100\%\qquad(\text{T0134}-4)$$

计算如下:

第一次　$\text{CBR}_{2.5}=4.4\%$　$\text{CBR}_{5.0}=4.2\%$

第二次　$\text{CBR}_{2.5}=4.0\%$　$\text{CBR}_{5.0}=3.9\%$

第三次　$\text{CBR}_{2.5}=5.1\%$　$\text{CBR}_{5.0}=4.7\%$

据三次试验,$CBR_{5.0}$均不大于相应之$CBR_{2.5}$,$CBR_{2.5}$的平均值为4.5%。

标准差 $S=\sqrt{\frac{1}{n-1}\sum_{i=1}^{n}(x_i-\bar{x})^2}=\sqrt{\frac{0.1^2+0.5^2+0.6^2}{2}}=0.56$

变异系数 $c_v=\frac{S}{\bar{x}}=\frac{0.56}{4.5}=12.5\%>12\%$,故应去掉一个偏大的值(5.1%),取其余2个的平均值。

$CBR_{2.5}=\frac{4.4\%+4.0\%}{2}=4.2\%$,重复验证,满足要求,故正确答案为(B)。

3. **[答案]**(B)

[解析]据《工程岩体分级标准》(GB 50218—2014)第4.2.2条。

$K_v=(v_{Pm}/v_{Pt})^2=(3\,185/5\,067)^2=0.395$

$90K_v+30+65.55>R_c=40$,取$R_c=40$ MPa

$0.04R_c+0.4=2>K_v=395$,取$K_v=0.395$

$BQ=100+3R_c+250K_v=100+3\times40+250\times0.395=318.75$

答案(B)正确。

4. **[答案]**(D)

[解析]据《土工试验方法标准》(GB/T 50213—1999)第4.1.12条。

$\Delta e=a_{1-2}\Delta P=1.66\times(0.21-0.1)=0.182\,6$

$C_c=\frac{\Delta e}{\lg P_2-\lg P_1}=\frac{0.182\,6}{\lg210-\lg100}=0.566\,7$

答案(D)正确。

5. **[答案]**(A)

[解析]据《建筑地基基础设计规范》(GB 50007—2011)第8.2.11条。

①计算基底净反力:

$p_j=\frac{F}{b^2}=\frac{700}{2.4^2}=121.5(\text{kPa})$

②计算柱边截面的弯矩:

$$M=0.4\times1.0\times121.5\times\left(\frac{1}{2}\times1.0\right)+2\times1.0^2\times\frac{1}{2}\times121.5\times\left(\frac{2}{3}\times1.0\right)$$
$$=105.3(\text{kN}\cdot\text{m})$$

答案(A)正确。

6. **[答案]**(B)

[解析]据《建筑地基基础设计规范》(GB 50007—2011)第8.1.1条。

查表得 $\tan\alpha=1/1.5$

$H_0=\frac{b-b_0}{2\tan\alpha}=\frac{2.5-1.5}{2}\times1.5=0.75(\text{m})$

答案(B)正确。

7. **[答案]**(C)

[解析]据《建筑地基基础设计规范》(GB 50007—2011)第5.2.7条。

由于集中荷载N作用于基础顶面,故基础底面的附加应力可直接由集中荷载除以基础宽度求得。

$P_c=2\times18=36\ (\text{kPa})$

$$P_k=\frac{F_k+G_k}{A}=\frac{320+2\times4\times1\times20}{4\times1}=120(\text{kPa})$$

$$p_z=\frac{b(P_k-P_c)}{b+2Z\tan\theta}=\frac{4\times(120-36)}{4+2\times2\times\tan25^\circ}=57.3(\text{kPa})$$

答案(C)正确。

8.[**答案**](B)

[**解析**]据《建筑地基基础设计规范》(GB 50007—2011)第5.3.5条。

①求基底附加压力 $p_0=\frac{9\,200}{6\times6}-19\times2.5=208.1(\text{kPa})$

②求平均附加应力系数

$$\alpha=\left(\frac{1.0+0.86}{2}\times2+\frac{0.86+0.55}{2}\times2+\frac{0.55+0.38}{2}\times1.5\right)\times\frac{1}{2+2+1.5}=0.721$$

地基平均附加应力 $=\alpha p_0=0.721\times208.1=150(\text{kPa})$

③平均自重压力 $=(2.5+2.5+2+2+1.5)\times\frac{19}{2}=99.75(\text{kPa})$

④自重对应的孔隙比 $e_1=0.526$

自重+附加 $=100+150=250(\text{kPa})$,对应的 $e_2=(0.512+0.508)/2=0.51$

⑤最终沉降量 $S-\psi_s\frac{e_1-e_2}{1+e_1}H=0.4\times\frac{0.526-0.51}{1+0.526}\times5\,500-23(\text{mm})$

答案(B)正确。

9.[**答案**](B)

[**解析**]据《建筑地基基础设计规范》(GB 50007—2011)第5.2.5条。

根据持力层粉质黏土 $\varphi_k=22^\circ$,查《建筑地基基础设计规范》(GB 50007—2011)表5.2.5得:

$M_b=0.61,M_d=3.44,M_c=6.04$

$$\gamma_m=\frac{17.8\times1+(18-10)\times0.5}{1+0.5}=14.53(\text{kN/m}^3)$$

$$\begin{aligned}f_a&=M_b\gamma b+M_d\gamma_m d+M_c c_k\\&=0.61\times(18.0-10)\times1.5+3.44\times14.53\times1.5+6.04\times10\\&=142.7(\text{kPa})\end{aligned}$$

答案(B)正确。

10.[**答案**](D)

[**解析**]据《建筑地基基础设计规范》(GB 50007—2011)第5.2.2条。

$G_k=3\times4\times3\times20=720(\text{kN})$

$M_k=F_k e'+Hh=1\,200\times1.2+200\times3=2\,040(\text{kN}\cdot\text{m})$

$$e=\frac{M_k}{N}=\frac{2\,040}{1\,200+720}=1.062\,5>\frac{b}{6}=\frac{4}{6}=0.667$$

按大偏心计算:

$$a=\frac{b}{2}-e=\frac{4}{2}-1.062\,5=0.937\,5$$

$$p_{kmax}=\frac{2(F+G)}{3la}=\frac{2\times(1\,200+720)}{3\times0.937\,5\times3}=455.1(\text{kPa})$$

答案(D)正确。

11. [答案](D)

[解析]据《建筑桩基设计规范》(JGJ 94—2008)第5.8.2条、第5.8.4条。

$l_c=0.7(l_0+4.0/\alpha)=0.7\times\left(10+\frac{4.0}{0.520}\right)=12.38(\mathrm{m})$

$l_c/d=12.38/0.8=15.5$

查表5.8.4-2，$\varphi=0.81$

$f_c\geqslant\frac{N}{\varphi\psi_c A_{ps}}=\frac{6\,800\times4}{0.81\times0.8\times3.14\times0.8^2}=20\,887.4(\mathrm{kN})\approx20.887(\mathrm{MN})$

答案(D)正确。

12. [答案](A)

[解析]据《建筑桩基技术规范》(JGJ 94—2008)第5.7.3条、第5.7.2条、第5.7.5条。

①桩身的计算宽度：

$b_0=0.9\times(1.5d+0.5)=0.9\times(1.5\times0.7+0.5)=1.395(\mathrm{m})$

②水平变形系数：

$\alpha=(mb_0/EI)^{1/5}$

$=[2.5\times10^3\times1.395/(2.83\times10^5)]^{1/5}$

$=0.415\,1(\mathrm{m}^{-1})$

③查表5.7.2得V_χ

$\alpha h=0.415\times25=10.4$

$V_\chi=2.441$

④计算桩顶水平位移计算值：

$\chi_{oa}=R_{ha}V_\chi/(\alpha^3\cdot EI)$　　(5.7.3-5)

$=50\times2.441/(0.415^3\times2.83\times10^5)$

$=0.006(\mathrm{m})$

$=6(\mathrm{mm})$

答案(A)正确。

13. [答案](D)

[解析]据《建筑桩基技术规范》(JGJ 94—2008)第5.6.2条。

$d=1.27\times0.2=0.254(\mathrm{m})$

$s_a/d=0.886\sqrt{A}/(\sqrt{n}\cdot b)=0.886\times\sqrt{35\times10}/(\sqrt{102}\times0.2)=8.206$

$\bar{q}_{su}=(40\times10+55\times5)/(10+5)=675/15=45(\mathrm{kPa})$

$\bar{E}_s=(1\times10+7\times5)/15=3(\mathrm{MPa})$

$s_{sp}=280\frac{\bar{q}_{su}}{\bar{E}_s}\cdot\frac{d}{(s_a/d)^2}=280\times\frac{45}{3}\times\frac{0.254}{8.206^2}=15.84(\mathrm{mm})$

答案(D)正确。

14. [答案](B)

[解析]据《建筑地基处理技术规范》(JGJ 79—2012)第B.0.2条

$d_e=1.05S=1.05\times1.20=1.26(\mathrm{m})$

$A_e=\frac{\pi}{4}d_e{}^2=\frac{3.14}{4}\times1.26^2=1.246(\mathrm{m}^2)$

$3A_e=\frac{\pi}{4}d_e{'}^2$

$d_e{'}=\sqrt{\frac{12}{\pi}A_e}=\sqrt{\frac{12}{3.14}\times 1.246}=2.18(\text{m})$

答案(B)正确。

15.[**答案**](B)

[**解析**]据《建筑地基处理技术规范》(JGJ 79—2012)第 5.2.3 条～第 5.2.5 条、第 5.2.7 条、第 5.2.8 条。

$d_e=1.05l=1.05\times 1.0=1.05(\text{m})$

$d_p=\frac{2(b+\delta)}{\pi}=\frac{2\times(0.1+0.004)}{3.14}=0.066(\text{m})$

$n=\frac{d_e}{d_w}=\frac{d_e}{d_p}=\frac{1.05}{0.066}=15.91$

n 满足 15～22 的要求。

$F_n=\ln n-\frac{3}{4}=2.77-0.75=2.02$

$c_h=3.5\times 10^{-4}\ \text{cm}^2/\text{s}=3.024\times 10^{-3}\ \text{m}^2/\text{d}$

$\overline{U}_r=1-e^{-\frac{8c_h}{F_n d_e{}^2}t}$ 得 $t=-\frac{F_n d_e{}^2\ln(1-\overline{U}_r)}{8c_h}=211.97\ \text{d}=7.07$ 月

答案(B)正确。

16.[**答案**](D)

[**解析**]据《建筑地基处理技术规范》(JGJ 79—2012)第 7.5.3 条。

处理范围为自重湿陷性黄土,局部处理,为 1×75%=0.75(m)与 1.0 m 的较大值,取 1.0 m。

$V=3\times 3\times 5=45(\text{m}^3)$

$Q=V\overline{\rho}_d(w_{op}-\overline{w})k=45\times 1.5\times(18-10)\%\times(1.05\sim 1.10)=5.67\sim 5.94(\text{t})$

答案(D)正确。

17.[**答案**](A)

[**解析**]据《铁路工程不良地质勘察规程》(TB 10027—2012)第 A.0.2 条。

$K=(W\cos\alpha\tan\varphi+cL-P_w\sin\alpha\tan\varphi)/(W\sin\alpha+P_w\cos\alpha)$

$=(22\,000\times 0.94\times 0.40+20\times 60-1\,125\times 0.342\times 0.4)/(22\,000\times 0.342+1\,125\times 0.94)$

$=1.095$

答案(A)正确。

18.[**答案**](D)

[**解析**]据《水利水电工程地质勘察规范》(GB 50487—2008)附录 N。

对该围岩工程地质分类分项评分:

①岩石强度评分 $A=16.7$ 分。

②岩体完整程度评分 $B=20$ 分(硬质岩)。

③结构面状态评分 $C=12$ 分。

④基本因素评分 $T'=A+B+C=48.7$ 分。

⑤地下水评分 $D=-6$ 分。

⑥岩体完整性差,不再进行主要结构面产状评分的修正。

⑦总评分 $T=48.7-6=42.7$(分)。

⑧围岩强度应力比 $s=R_b K_v/\sigma_m = 50\times0.5/8 = 3.125$。

⑨围岩类别判定为Ⅳ类。

答案(D)正确。

19.[**答案**](C)

[**解析**](本题条件不适合用 2013 年新版规范中传递系数隐式解法)

据《建筑边坡工程技术规范》(GB 50330—2002)第 5.2.5 条。

$$F_s = \frac{[P_1\sin(\alpha_1-\alpha_2)+W_2\cos\alpha_2]\tan\varphi}{P_1\cos(\alpha_1-\alpha_2)+W_2\sin\alpha_2}$$

$$= \frac{(560\times\sin23.7^\circ+1\,000\times\cos15^\circ)\times\tan38^\circ}{560\times\cos23.7^\circ+1\,000\times\sin15^\circ}=1.205$$

答案(C)正确。

20.[**答案**](A)

[**解析**]据《建筑边坡工程技术规范》(GB 50330—2013)第 6.2.8 条。

$$K_a = \frac{\sin60^\circ}{\sin(60^\circ-15^\circ+60^\circ-15^\circ)\times\sin60^\circ}\times\frac{\sin120^\circ\times\sin(60^\circ-15^\circ)}{\sin^2 60^\circ} = \frac{0.866}{0.866}\times\frac{0.612}{0.75}=0.816$$

$$E_a = \frac{1}{2}\gamma H^2 K_a = \frac{1}{2}\times17\times6^2\times0.816 = 249.8(\text{kN})$$

答案(A)正确。

21.[**答案**](C)

[**解析**]据《建筑基坑支护技术规程》(JGJ 120—2012)第 4.7.2 条、第 4.7.3 条、第 4.7.4 条。

$$N_k = \frac{F_h S}{b_a\cos\alpha} = \frac{250\times2}{2\times\cos20^\circ} = 266.0(\text{kN})$$

$$R_k \geqslant K_t N_k = 1.6\times266 = 425.6(\text{kN})$$

$$R_k = \pi d\sum q_{sik} l_i$$

$$l_i = \frac{R_k}{\pi d q_{sik}} = \frac{425.6}{3.14\times0.15\times46} = 19.64\ (\text{m})$$

锚杆总长度为 l:

$$l = 5 + l_i = 5 + 19.64 = 24.64(\text{m})$$

答案(C)正确。

22.[**答案**](C)

[**解析**]$\theta=\arccos(5/10)=60^\circ$

弧长 l 为:$l=\dfrac{\pi D\times(90^\circ+60^\circ)}{360^\circ}=26.17$

$$M = ClR = 30\times26.17\times10 = 7\,851(\text{kN}\cdot\text{m})$$

答案(C)正确。

23.[**答案**](B)

[**解析**]水压力:$P_w = \dfrac{1}{2}\gamma_w H^2 = \dfrac{1}{2}\times10\times10^2 = 500(\text{kN})$

土压力:$E_a = \dfrac{1}{2}\gamma' H^2 K_a = \dfrac{1}{2}\times9\times10^2\times\tan^2\left(45^\circ-\dfrac{35^\circ}{2}\right) = 121.96(\text{kN})$

墙体自重:$W_1 + W_2 = 2\times10\times20 + \dfrac{1}{2}\times10\times15\times17 = 1\,675(\text{kN})$

摩擦力:$R = 1\,675\times0.4 = 670(\text{kN})$

安全系数：$F_s = \dfrac{R}{P_w + E_a} = \dfrac{670}{500 + 121.96} = 1.077$

答案(B)正确。

24.［**答案**］(B)

［**解析**］据《建筑基坑支护技术规程》(JGJ 120—2012)第4.7.5条。

$$l_f \geqslant \frac{(a_1 + a_2 - d\tan\alpha)\sin(45° - \frac{\varphi}{2})}{\sin(45° + \frac{\varphi}{2} + \alpha)} + \frac{d}{\cos\alpha} + 1.5$$

$$= \frac{(10 - 0 \times \tan20°) \times \sin(45° - \frac{20°}{2})}{\sin(45° + \frac{20°}{2} + 20°)} + \frac{0}{\cos\alpha} + 1.5$$

$$= 7.43(\mathrm{m})$$

答案(B)正确。

25.［**答案**］(A)

［**解析**］据《工程地质手册》(第四版)第557页公式。

A 点(未出现裂缝)的拉应力为

$$\sigma_{A抗} = \frac{My}{I}$$

$$M = \frac{1}{2}\gamma h l^2 = \frac{1}{2} \times 22 \times 6 \times 8^2 = 4\ 224$$

$$I = \frac{h^3}{12} = \frac{6^3}{12} = 18$$

$$y = \frac{h}{2} = \frac{6}{2} = 3$$

$$\sigma_{A拉} = \frac{4\ 224 \times 3}{18} = 704(\mathrm{kN})$$

$$K = \frac{[\sigma_{拉}]}{[\sigma_{A拉}]} = \frac{1.5 \times 10^3}{704} = 2.13$$

答案(A)正确。

26.［**答案**］(B)

［**解析**］下滑力为重力的滑动方向分力 G_t 与水的渗透力 P_W 之和。

$G_t = W\sin\alpha = \gamma' v\sin\alpha$

$P_W = \gamma_W iv = \gamma_W \sin\alpha v$(水为顺坡渗流)

抗滑力 F 为：

$F = W\cos\alpha\tan\varphi = \gamma' v\cos\alpha\tan\varphi$

当极限平衡时(取有效重度)

$$K = 1 = \frac{W\cos\alpha\tan\varphi}{W\sin\alpha + \gamma_W\sin\alpha} = \frac{\gamma' v\cos\alpha\tan\varphi}{(\gamma' + \gamma_W)v\sin\alpha} = \frac{\gamma'}{\gamma' + \gamma_W} \cdot \frac{\tan\varphi}{\tan\alpha} = \frac{\gamma'}{\gamma_{sat}} \cdot \frac{\tan30°}{\tan\alpha} = 1$$

求得 $\alpha = 16.1°$

答案(B)正确。

27.［**答案**］(C)

［**解析**］据《建筑抗震设计规范》(GB 50011—2010)第5.1.4条、第5.1.5条。

查规范得，特征周期 $T_g=0.35$

由 $\zeta=0.05$ 得：$\eta_2=1.0,\gamma=0.9$。

$\alpha_A=\eta_2\alpha_{max}=\alpha_{max}$

$$\alpha_B=\left(\frac{T_g}{T}\right)^{\gamma}\eta_2\alpha_{max}=\left(\frac{0.35}{0.4}\right)^{0.9}\alpha_{max}=0.8867\alpha_{max}$$

$$\frac{\alpha_A}{\alpha_B}=\frac{\alpha_{max}}{0.8867\alpha_{max}}=1.128$$

答案(C)正确。

28.[**答案**](A)

[**解析**]据《建筑抗震设计规范》(GB 50011—2010)表5.1.4-1、表5.1.4-2。

$\alpha_{max}=0.08,T_g=0.45$ s，已知 $T=0.9,T_g<T<5T_g$，得：

$$\alpha=\left(\frac{T_g}{T}\right)^{\gamma}\eta_2\alpha_{max}=\left(\frac{0.45}{0.9}\right)^{0.9}\times1\times0.08=0.04287$$

据第5.2.1条，基础顶面处的结构总水平地震作用标准值：

$F_{Ek}=\alpha G_{eq}=0.04287\times137062=5875.87$(kN)

答案(A)正确。

29.[**答案**](C)

[**解析**]根据《建筑抗震设计规范》(GB 50011—2010)中4.4.3的公式可得：

$$\begin{aligned}N_1&=N_p+100\rho(1-e^{-0.3N_p})\\&=10+100\times0.033\times(1-e^{-0.3\times10})\\&=10+100\times0.033\times(1-0.05)\\&=13.14(\text{击})\end{aligned}$$

答案(C)正确。

30.[**答案**](D)

[**解析**]据《建筑基桩检测技术规范》(JGJ 106—2014)附录A。

先计算10 m处的轴力，然后计算应变。

总桩侧阻力 $Q_{sk}=3.14\times0.5\times[20\times120/2+10\times(40+120)/2]=3140$(kN)

总桩端阻力 $Q_{pk}=3.14\times0.25\times0.25\times1835=360$(kN)

总极限荷载 $Q_{uk}=Q_{sk}+Q_{pk}=3140+360=3500$(kN)

10 m处轴力 $Q_i=Q_{uk}-uq_{skl}=3500-3.14\times0.5\times10\times60/2=3029$(kN)

10 m处应变：

$$\begin{aligned}\varepsilon&=Q_i/(E_iA_i)\\&=3029/(36\times10^6)/[3.14\times(0.25\times0.25-0.125\times0.125)]\\&=5.72\times10^{-4}\end{aligned}$$

答案(D)正确。

专业案例(下午卷)答案

1.[**答案**](A)

[**解析**]

①试坑体积 v：

$v = G/\rho = 5\ 625/1.55 = 3\ 629.0\,(\text{cm}^3)$

②试坑中的干土质量 G_s：

$$G_s = \frac{G'}{1+W} = \frac{6\ 898}{1+0.178} = 5\ 855.7(\text{g})$$

③干重度 ρ_g：

$$\rho = \frac{G_s}{v} = 5\ 855.7/3\ 629.0 = 1.614(\text{g/cm}^3)$$

答案(A)正确。

2.[**答案**](C)

[**解析**]如下图所示。

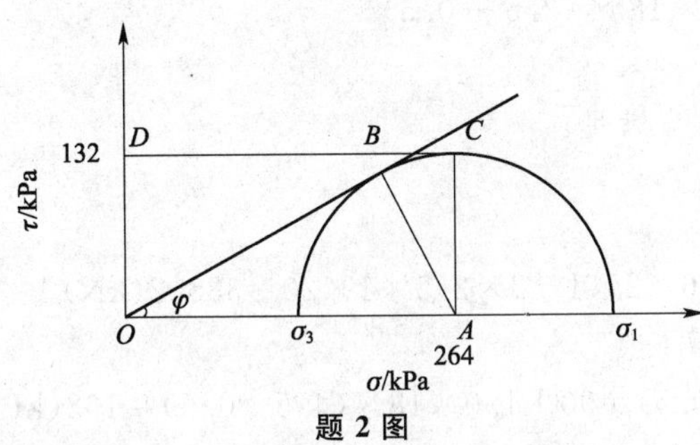

题 2 图

$AB = AC = OD = 132(\text{kPa})$

$\sigma_3 = OA - AC = 264 - 132 = 132(\text{kPa})$

$\sigma_1 = OA + AC = 264 + 132 = 396(\text{kPa})$

$$\varphi = \arcsin\frac{AB}{OA} = \arcsin\frac{132}{264} = 30°$$

答案(C)正确。

3.[**答案**](A)

[**解析**]据《建筑地基处理技术规范》(JGJ 79—2012)第 7.5.3 条。

①干土的质量 G_s：

$$G_s = \frac{G}{1+W} = \frac{1\ 000}{1+0.05} = 952.38(\text{kg})$$

②需加水量 Q：

$$Q = v\bar{\rho}_d(W_{op} - \overline{W})k = G_s(W_{op} - \overline{W}) = 952.38 \times (0.15 - 0.05) = 95.238(\text{kg})$$

答案(A)正确。

4.[**答案**](B)

[**解析**]据：①《土工试验方法标准》(GB/T 50123—1999)第 8.1.5 条。

②《岩土工程勘察规范》(GB 50021—2001)(2009 年版)第 3.3.5 条。

①塑限为 2 m，对应的含水率 16.0%，液限为 10mm，对应的含水率为 27%。

② $I_P = W_L - W_P = 27 - 16 = 11$，$I_P$ 大于 10，小于 17，应定名为粉质黏土。

③$$I_L = \frac{w_0 - w_P}{I_P} = \frac{24-16}{11} = 0.73$$

I_L 在 0.25～0.75 之间，土为可塑。

答案(B)正确。

5.[**答案**](B)

[**解析**]根据《建筑地基基础设计规范》(GB 50007—2011)，$F_L \leqslant 0.7\beta_{hp} f_t u_m h_0$

$\beta_{hp}=1$

$u_m=2(l_{n1}-h_0)+2(l_{n2}-h_0)=2\times(3.2-0.8)+2\times(4.8-0.8)=12.8(m)$

$0.7\beta_{hp} f_t u_m h_0=0.7\times1.0\times1.57\times10^3\times12.8\times0.8=11.254\times10^3(kN)$

答案(B)正确。

6. [**答案**](B)

[**解析**]据《建筑地基基础设计规范》(GB 50007—2011)第5.2.4条、第5.2.7条。

①上层土承载力验算：

$$\begin{aligned} f_{a上} &= f_{ak上}+\eta_d\gamma(b-3)+\eta_d\gamma_m(d-0.5) \\ &= 160+0+1.6\times18\times(2.5-0.5) \\ &= 217.6\ (kPa) \end{aligned}$$

②无偏心荷载所以 P_k 应满足：

$$P_k=\frac{F_k+G_k}{A}\leqslant f_{a上}$$

$F_k\leqslant f_{a上}A-G_k=217.6\times2\times1-2\times2.5\times1\times20=335.2(kN)$

③下层土的承载力验算：

$f_{az}=f_{ak}+\eta_d\gamma_d(z-0.5)=90+1.0\times18\times(4.5-0.5)=162(kPa)$

$E_{s1}/E_{s2}=15/3=5$，$z/b=2/2=1>0.5$，取 $\theta=25°$

$p_z+p_{cz}\leqslant f_{az}$

$$\frac{b(P_k-P_c)}{b+2z\tan\theta}+\gamma(d+z)\leqslant f_{az}$$

$$\frac{2(P_k-2.5\times18)}{2+2\times2\times\tan25°}+18\times(2.5+2)\leqslant 162\ kPa$$

得出：$P_k\leqslant201.54kPa$，即 $\dfrac{F_k+G_k}{A}\leqslant201.54\ kPa$

$$\frac{F_k+2\times2.5\times1\times20}{2\times1}\leqslant201.54\ kPa$$

$F_k\leqslant303.08\ kPa$

答案(B)正确。

7. [**答案**](C)

[**解析**]据《建筑地基基础设计规范》(GB 50007—2011)第5.2.4条等。

$e=0.4\ m$，$b/6=0.6\ m$，为小偏心，$e<b/6$，所以

$$P_k=\frac{F_k+G_k}{A}=\frac{200+100}{3.6\times1}=83.3(kPa)$$

$$P_{kmax}=\frac{F_k+G_k}{A}+\frac{M_k}{W}=83.3+\frac{300\times0.4\times6}{1\times3.6^2}=138.86(kPa)$$

由 $P_k<f_a$ 得：$f_a\geqslant83.3\ kPa$

由 $P_{kmax}\leqslant1.2f_a$ 得：$f_a\geqslant\dfrac{138.86}{1.2}=115.7(kPa)$

答案(C)正确。

8. [**答案**](D)

[**解析**]据《建筑地基基础设计规范》(GB 50007—2011)第5.2.2条。

$$P_k=\frac{F_k+G_k}{A}=\frac{120\times10^3}{30\times10}=400(\text{kPa})$$

$e=1.0,\frac{b}{6}=\frac{10}{6}=1.67$，则 $e<\frac{b}{6}$

$$P_{kmax}=P_k+\frac{M}{W}=400+\frac{120\times10^3\times1\times6}{30\times10^2}=640(\text{kPa})$$

由 $P_k\leqslant f_a$ 得：$f_a>400$ kPa

由 $P_{kmax}\leqslant1.2f_a$ 得：$f_a\geqslant\frac{P_{kmax}}{1.2}=640/1.2=533.3(\text{kPa})$

答案(D)正确。

9.[**答案**](B)

[**解析**]由平衡方程得偏心距由下式表示 $e=\frac{H_k(h+d)}{N_k}$

不出现零压力区，则 $e=l/6=10/6=1.67$。

将偏心距 e、水平力 H_k 及竖向荷载 N_k 代入上式，即可解得 h。

$$h=\frac{eN_k}{H_k}-d=\frac{1.67\times20}{1.5}-3=19.3(\text{m})$$

答案(B)正确。

10.[**答案**](D)

[**解析**]据《建筑地基基础设计规范》(GB 50007—2011)第5.3.5条、第5.3.10条、第5.3.11条。

①压缩量 S 为：

$$S=\psi_s(\frac{\sigma_1}{E_{s1}}h_1+\frac{\sigma_2}{E_{s2}}h_2)$$

$$=0.8\times300\times\left[\frac{(1+0.7)/2}{6}\times5+\frac{(0.7+0.2)/2}{10}\times6\right]=234.8(\text{mm})$$

②回弹量 S_c 为：

$$S_c=\psi_c(\frac{\sigma_1}{E_{c1}}h_1+\frac{\sigma_2}{E_{c2}}h_2)$$

$$=1.0\times\left[\frac{200\times(1+0.7)}{12\times10^3\times2}\times5+\frac{200\times(0.7+0.2)}{25\times10^3\times2}\times6\right]=92.43(\text{mm})$$

回弹再压缩量是 S'_c：

$S'_c=\gamma'_{R'=1.0}S_c=1.1\times92.43=101.67(\text{mm})$

沉降量为：$S+S'_c=234.8+101.67=336.5(\text{mm})$

答案(D)正确。

11.[**答案**](A)

据《建筑桩基技术规范》(JGJ 94—2008)第5.9.10条。

[**解析**] $a_x=1.0$；$\lambda_x=\frac{a_x}{h_0}=\frac{1}{0.3+0.3}=1.6667$

$$\alpha=\frac{1.75}{\lambda+1}=\frac{1.75}{1.6667+1}=0.6562$$

$\beta_{hs}\alpha f_t b_0 h_0=1\times0.6562\times1.71\times(1\times0.3+2\times0.3)=1.0099(\text{MN})$

答案(A)正确。

12.[**答案**](D)

据《建筑桩基技术规范》(JGJ 94—2008)第5.3.10条。

[解析]$Q_{uk}=Q_{sk}+Q_{gsk}+Q_{gpk}$

$$=u\sum q_{sjk}l_j+u\sum\beta_{si}q_{sik}l_{gi}+\beta_p q_{pu}A_p$$

$$=0+0.8\times3.14\times(1.4\times70\times16+1.6\times80\times8)+\frac{3.14}{4}\times0.8^2\times1\,000\times2.4$$

$$=7\,716.86(\text{kN})$$

答案(D)正确。

13.[答案](B)

[解析]设沉井量为G,$G=Al\gamma=A\times12\times25=300A$,则井壁阻力分布图形及井壁自重分布图形如下图所示。

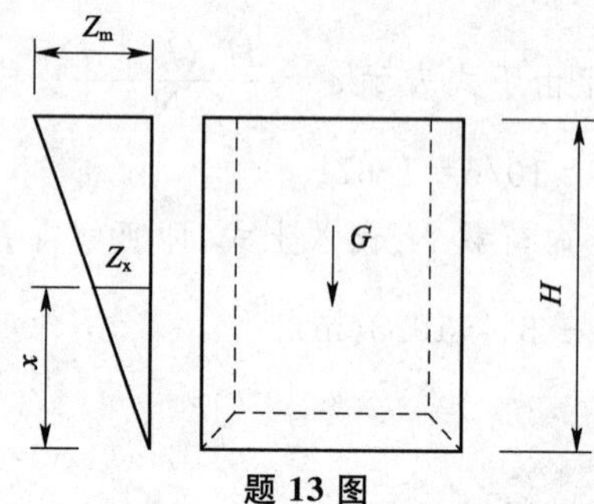

题13图

从图中可看出,自沉井一半高度处以上,单位长度的摩阻力大于单位长度的沉井自重。所以,最大拉应力作用点位于沉井一半高度处。6 m处总自重为$G/2$,6 m处摩阻力为$G/4$,所以总拉力为$G/2-G/4=G/4=75A$。

$\sigma_{max}=\frac{1}{4}\times25\times12=75(\text{kPa})$

拉应力$\sigma_{拉}=75A/A=75(\text{kPa})$

答案(B)正确。

14.[答案](C)

[解析]据《建筑地基处理技术规范》(JGJ 79—2012)第7.2.2条。

$\frac{e_1-e_2}{1+e_1}=\varepsilon$

$\frac{0.85-e_2}{1+0.85}=\frac{0.8}{8}$

$e_2=0.665$

$D_r=\frac{e_{max}-e_2}{e_{max}-e_{min}}=\frac{0.900-0.665}{0.900-0.550}=0.671\,4$

答案(C)正确。

15.[答案](C)

[解析]据《建筑地基处理技术规范》(JGJ 79—2012)第7.5.2条。

$d_e=1.05S=1.05\times1.0=1.05(\text{m})$

$A_e=\pi d_e^2/4=3.14\times1.05^2/4=0.865\,5(\text{m}^2)$

处理深度为5 m,处理宽度及长度为:

$l=45+2\times2.5=50(\text{m})$

$B=18+2\times2.5=23(\text{m})$

$A=lB=50\times23=1\ 150(\text{m}^2)$

$n=A/A_e=1\ 150/0.865\ 5=1\ 328.7$(根)

答案(C)正确。

16.[**答案**](C)

[**解析**]据《建筑地基处理技术规范》(JGJ 79—2012)第5.2.12条。

淤泥层中点的初始应力为：$\sigma_0=\frac{1}{2}\gamma H=\frac{1}{2}\times(15-10)\times10=25\ (\text{kPa})$

对应的孔隙比为e_0，查表得：$e_0=2.102$

堆载后中点的应力为$\sigma_1=\sigma_0+P=25+125=150(\text{kPa})$

对应的孔隙比为$e_1=\frac{1.710+1.475}{2}=1.593$

土层的沉降量S_f为

$$S_f=\xi_s\left(\frac{e_0-e_1}{1+e_0}\right)h=1.2\times\frac{2.102-1.593}{1+2.102}\times10=1.969(\text{m})$$

答案(C)正确。

17.[**答案**](C)

[**解析**]据《建筑地基处理技术规范》(JGJ 79—2012)第5.2.11条。

$\tau_{ft}=\tau_{f0}+\Delta\sigma_z U_t\tan\varphi_{cu}$

$$U_t=\frac{\tau_{ft}-\tau_{f0}}{\Delta\sigma_z\tan\varphi_{cu}}=\frac{1.5\times12.3-12.3}{(2\times18+10\times1)\times\tan9.5^\circ}=0.798\ 9\approx80\%$$

答案(C)正确。

18.[**答案**](B)

[**解析**]据《建筑边坡工程技术规范》(GB 50330—2013)第6.2.3条、第10.2.3条。

$$K_a=\frac{\cos^2 32^\circ}{\cos16^\circ\times\left[1+\sqrt{\frac{\sin(32^\circ+16^\circ)\times\sin32^\circ}{\cos16^\circ}}\right]^2}=\frac{0.72}{0.96\times2.7}=0.278$$

$$E_a=\frac{1}{2}\times0.278\times10^2\times17=236(\text{kN})$$

$E_{ax}=E_a\cos16^\circ=236.47\times\cos16^\circ=227(\text{kN})$

$E_{az}=E_a\sin16^\circ=236.47\times\sin16^\circ=65(\text{kN})$

$$K=\frac{(G+E_{az})u}{E_{ax}}=\frac{(767+65)\times0.5}{227}=1.83$$

答案(B)正确。

19.[**答案**](C)

[**解析**]据《土工合成材料应用技术规范》(GB 50290—2014)第7.5.3条。

$$D=R-\frac{H}{3}$$

$T_s=(F_{sr}-F_{su})M_0/D=(1.3-0.89)\times36\ 000/(37.5-15/3)=454.2(\text{kN/m})$

答案(C)正确。

20.[**答案**](D)

[**解析**]

$e_{a2顶}=\sigma_1K_{a2}-2c_2\sqrt{K_{a2}}=18\times3\times\tan^2(45^\circ-32^\circ/2)+0=16.59(\text{kPa})$

$e_{a2底} = \sigma_2 K_{a2} - 2c_2\sqrt{K_{a2}} = (18\times3+19\times5)\times\tan^2(45°-32°/2)+0 = 45.78(\text{kPa})$

$E_{a2} = \dfrac{1}{2}(e_{a2顶}+e_{a2底})h_2 = \dfrac{1}{2}\times(16.59+45.78)\times5 = 155.925(\text{kN/m})$

答案(D)正确。

21.［**答案**］(B)

［**解析**］设总沉降量为 s，则有：70 d 的固结度为 $120/s$，140 d 的固结度为 $160/s$。

则有：

$U=1-0.81e^{-\alpha t}$

$$\begin{cases}120/s=1-0.81e^{-\alpha\times70}\\160/s=1-0.81e^{-\alpha\times140}\end{cases}$$

解方程组可得 $s=200$ mm

答案(B) 正确。

22.［**答案**］(C)

［**解析**］据《水利水电工程地质勘察规范》(GB 50487—2008) 附录 N。

$K_v=(V_{p体}/V_{p岩})^2=(3\,000/4\,000)^2=0.562\,5$

$S=\dfrac{R_bK_v}{\sigma_m}=\dfrac{55\times0.562\,5}{9}=3.437\,5$

$T=80$，围岩类别初步定为Ⅱ类。

$S<4$，围岩类别宜降低一级，定为Ⅲ类。

答案(C)正确。

23.［**答案**］(A)

［**解析**］据《建筑基坑支护技术规程》(JGJ 120—2012) 第 4.2.1 条。

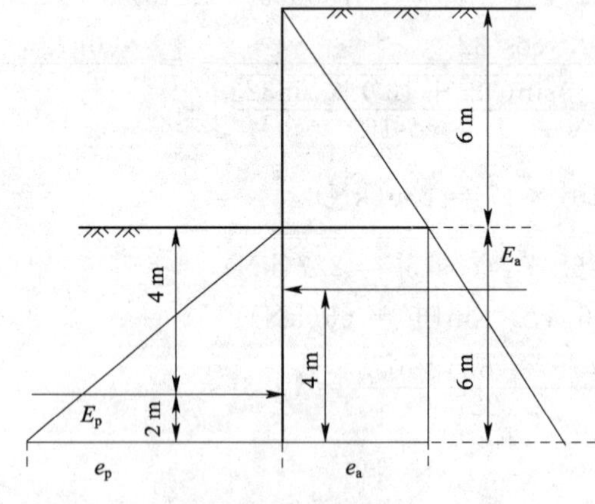

题 23 图

$e_a = \gamma h_1 K_a = 20\times12\times\tan^2(45°-30°/2) = 80(\text{kPa})$

$E_a = \dfrac{1}{2}e_a h = \dfrac{1}{2}\times80\times12 = 480(\text{kN/m})$

$a_{a1} = \dfrac{1}{3}h = \dfrac{1}{3}\times12 = 4(\text{m})$

$e_p = \gamma h_2 K_p = 20\times6\times\tan^2(45°+30°/2) = 360.0(\text{kPa})$

$E_p = \dfrac{1}{2}e_p h_2 = \dfrac{1}{2}\times360\times6 = 1\,080.0(\text{kN/m})$

$a_{p1}=6/3=2(m)$

$$K=\frac{a_{p1}\sum E_p}{a_{a1}\sum E_a}=\frac{2\times 1\,080}{4\times 480}=1.125$$

答案(A)正确。

24.[**答案**](D)

[**解析**]据《湿陷性黄土地区建筑规范》(GB 50025—2004)第 5.7.4 条条文说明。

取 $q_s^n=15$ kPa

$$Q_{uk}=Q_{sk}-Q_g^n+Q_{pk}$$

$$=3.14\times1\times35\times25-3.14\times1\times10\times15+\frac{3.14}{4}\times1^2\times1\,200$$

$$=3\,218.5(kN)$$

答案(D)正确。

25.[**答案**](A)

[**解析**]据《建筑地基基础设计规范》(GB 50007—2011)第 6.4.3 条。

$$F_1=\gamma_t G_{nt}-G_{nn}\tan\varphi_n-C_n l_n$$

$$=G_{1t}-G_{1n}\tan\varphi_1-C_1 l_1$$

$$=500\times\sin30^\circ-500\times\cos30^\circ\times\tan10^\circ-C\times12$$

$$=173.65-12C$$

$$\psi=\cos(\beta_{n-1}-\beta_n)-\sin(\beta_{n-1}-\beta_n)\tan\varphi_n$$

$$=\cos(30^\circ-10^\circ)-\sin(30^\circ-10^\circ)\times\tan10^\circ$$

$$=0.879\,4$$

$$F_2=F_1\psi+\gamma_t G_{2t}-G_{2n}\tan\varphi_2-C_2 l_2$$

$$=(173.65-12C)\times0.879\,4+1\times800\times\sin10^\circ-800\times\cos10^\circ\times\tan10^\circ-C\times10$$

$$=152.77-20.55C=0$$

求得 $C=7.43$ kPa

答案(A)正确。

26.[**答案**](D)

[**解析**]据《膨胀土地区建筑技术规范》(GB 50112—2013)中第 5.2.11 条、第 5.2.13 条。

$$\psi_w=1.152-0.726\,a-0.001\,07c$$

$$=1.152-0.726\times0.225\,35-0.001\,07\times42.7$$

$$=0.942\,7\approx0.9$$

大气影响深度 d_a 最接近 3.0 m

大气影响急剧层深度为 $0.45d_a=0.45\times3.0=1.35(m)\approx1.4(m)$

答案(D)正确。

27.[**答案**](C)

[**解析**]据《湿陷性黄土地区建筑规范》(GB 50025—2004)条文说明式(5.7.4-2)。

①天然孔隙比 e:

$$e=\frac{d_s\rho_w(1+0.01w)}{\rho}-1=\frac{2.7\times1\times(1+0.156)}{1.60}-1=0.950\,75$$

② $S_r=85\%$ 时的含水量 W_{85}:

$$W_{85}=\frac{eS_r}{d_s}=\frac{0.950\,75\times0.85}{2.70}=0.299\,3=29.93\%$$

③液性指数 I_l：

$$I_l=\frac{W_{85}-W_P}{W_l-W_P}=\frac{29.93-17.9}{30-17.9}=0.994\,2$$

答案(C)正确。

28.[**答案**](B)

[**解析**]据《水利水电工程地质勘察规范》(GB 50487—2008)附录 P。

$N_0=6$

$$N_{cr}=N_0[0.9+0.1(d_s-d_w)]\sqrt{\frac{3\%}{\rho_c}}=6\times[0.9+0.1\times(5-0)]\times1\geqslant8.4$$

当 $N\geqslant8.4$ 时，不液化，即

$$N=N'\left(\frac{d_s+0.9d_w+0.7}{d'_s+0.9d'_w+0.7}\right)\geqslant8.4$$

$$N'\times\left(\frac{5+0.9\times0+0.7}{5+0.9\times3+0.7}\right)\geqslant8.4$$

$N'\geqslant12.4$(击)

答案(B)正确。

29.[**答案**](D)

[**解析**]据《建筑抗震设计规范》(GB 50011—2010)第 5.1.4 条、第 5.1.5 条、第 5.1.6 条。

①场地类别为Ⅱ类。

② $\alpha_{max}=0.24g$　　$T_g=0.35$ s

$T=0.4$，大于 T_g，小于 $5T_g$

$$\gamma=0.9+\frac{0.05-\xi}{0.5+5\xi}=0.9+\frac{0.05-0.40}{0.5+5\times0.40}=0.76$$

$$\eta_2=1+\frac{0.05-\xi}{0.06+1.7\xi}=1+\frac{0.05-0.4}{0.06+1.7\times0.4}=0.527<0.55$$

取 $\eta_2=0.55$

$$\alpha=\left(\frac{T_g}{T}\right)^{\gamma}\eta_2\alpha_{max}=\left(\frac{0.35}{0.40}\right)^{0.76}\times0.55\times0.24=0.119$$

答案(D)正确。

30.[**答案**](C)

[**解析**]据《土工试验方法标准》(GB/T 50123—1999)第 10.0.6 条。

$$\rho_{di}=\frac{\rho_{0i}}{1+0.01w_i}$$

击实试验时：

$$\rho_{d1}=\frac{1.59}{1+0.17}=1.36\ (\text{g/cm}^3)$$

$$\rho_{d2}=\frac{1.76}{1+0.19}=1.48\ (\text{g/cm}^3)$$

$$\rho_{d3}=\frac{1.85}{1+0.21}=1.53\ (\text{g/cm}^3)$$

$$\rho_{d4}=\frac{1.79}{1+0.23}=1.46\ (\text{g/cm}^3)$$

$$\rho_{d5}=\frac{1.63}{1+0.25}=1.30\ (g/cm^3)$$

$$\rho_{dmax}=1.53\ (g/cm^3)$$

施工检测时：

$$\rho_d=\frac{1.78}{1+0.193}=1.49\ (g/cm^3)$$

$$\lambda=\frac{\rho_d}{\rho_{dmax}}=\frac{1.49}{1.53}=0.975$$

答案(C)正确。

2011年全国注册岩土工程师专业考试试卷(新解)

专业知识(上午卷)

一、单项选择题(共40题,每题1分。每题的备选项中只有一个最符合题意)

1. 岩土工程勘察中,钻进较破碎岩层时,岩芯钻探的岩芯采取率最低不应低于下列哪个选项的数值? (　　)

(A)50%　　(B)65%　　(C)80%　　(D)90%

2. 工程勘察中要求测定岩石质量指标RQD时,应采用下列哪种钻头? (　　)

(A)合金钻头　　(B)钢粒钻头　　(C)金刚石钻头　　(D)牙轮钻头

3. 下列哪种矿物遇冷稀盐酸会剧烈起泡? (　　)

(A)石英　　(B)方解石　　(C)黑云母　　(D)正长石

4. 在某建筑碎石土地基上,采用0.5 m^2 的承压板进行浸水载荷试验。测得在200 kPa压力下的附加湿陷量为25 mm。该层碎石土的湿陷程度为下列哪个选项? (　　)

(A)无湿陷性　　(B)轻微　　(C)中等　　(D)强烈

5. 核电厂初步设计勘察应分四个地段进行,各地段有不同的勘察要求。下列哪个选项是四个地段的准确划分? (　　)

(A)核岛地段、常规岛地段、电气厂房地段、附属建筑地段

(B)核反应堆厂房地段、核燃料厂房地段、电气厂房地段、附属建筑地段

(C)核安全有关建筑地段、常规建筑地段、电气厂房地段、水工建筑地段

(D)核岛地段、常规岛地段、附属建筑地段、水工建筑地段

6. 关于受地层渗透性影响,地下水对混凝土结构的腐蚀性评价的说法,下列哪一选项是错误的?(选项中除比较条件外,其余条件均相同) (　　)

(A)强透水层中的地下水比弱透水层中的地下水的腐蚀性强

(B)水中侵蚀性 CO_2 含量越高,腐蚀性越强

(C)水中重碳酸根离子 HCO_3^- 含量越高,腐蚀性越强

(D)水的pH值越低,腐蚀性越强

7. 在黏性土层中取土时,取土器取土质量由高到低排列,下列哪个选项的排序是正确的? (　　)

(A)自由活塞式→水压固定活塞式→束节式→厚壁敞口式

(B)厚壁敞口式→束节式→自由活塞式→水压固定活塞式

(C)束节式→厚壁敞口式→水压固定活塞式→自由活塞式

(D)水压固定活塞式→自由活塞式→束节式→厚壁敞口式

8. 在岩土工程勘探中,旁压试验孔与已完成的钻探取土孔的最小距离为下列哪个选项? (　　)

(A)0.5 m　　(B)1.0 m　　(C)2.0 m　　(D)3.0 m

9. 某一土层描述为:粉砂与黏土呈韵律沉积,前者层厚30～40 cm,后者层厚20～30 cm,按现行规范规定,定名最确切的是下列哪一选项? (　　)

(A)黏土夹粉砂层　　(B)黏土与粉砂互层

(C)黏土夹薄层粉砂　　　　　　　　　　(D)黏土混粉砂

10. 下列关于断层的说法，哪个是错误的？（　　）

(A)地堑是两边岩层上升，中部岩层相对下降的数条正断层的组合形态

(B)冲断层是逆断层的一种

(C)稳定分布的岩层的突然缺失，一定由断层作用引起

(D)一般可将全新世以来活动的断层定为活动性断层

11. 从下图潜水等位线判断，河流和潜水间补给关系正确的是下列哪一选项？（　　）

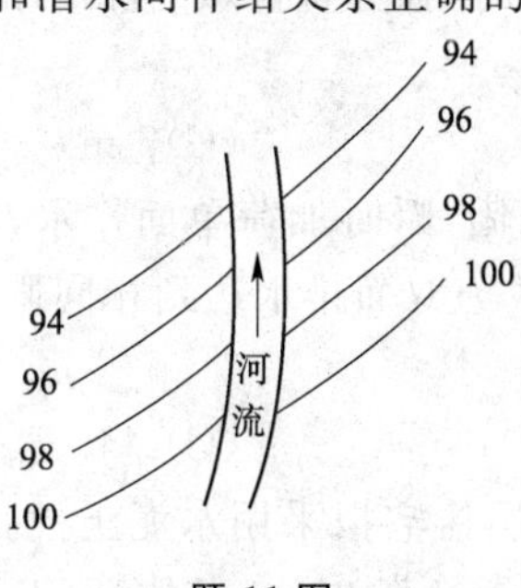

题 11 图

(A)河流补给两侧潜水　　　　　　　　(B)两侧潜水均补给河流

(C)左侧潜水补给河流，河流补给右侧潜水　(D)右侧潜水补给河流，河流补给左侧潜水

12. 根据《水运工程岩土勘察规范》(JTS 133—2013)，当砂土的不均匀系数 C_u 和曲率系数 C_c，满足下列哪个选项的条件时，可判定为级配良好的砂土？（　　）

(A)$C_u \geqslant 5, C_c = 1 \sim 3$　　　　(B)$C_u > 5, C_c = 3 \sim 5$

(C)$C_u \geqslant 10, C_c = 3 \sim 5$　　　　(D)$C_u > 10, C_c = 5 \sim 10$

13. 在铁路工程地质勘察工作中，当地表水平方向存在高电阻率屏蔽层时，最适合采用下列哪种物探方法？（　　）

(A)电剖面法　　(B)电测深法　　(C)交流电磁法　　(D)高密度电阻率法

14. 按《建筑桩基技术规范》(JGJ 94—2008)的要求，关于桩基设计采用的作用效应组合，下列哪个选项是正确的？（　　）

(A)计算桩基结构承载力时，应采用荷载效应标准组合

(B)计算荷载作用下的桩基沉降时，应采用荷载效应标准组合

(C)进行桩身裂缝控制验算时，应采用荷载效应准永久组合

(D)验算岸边桩基整体稳定时，应采用荷载效应基本组合

15. 计算建筑地基变形时，传至基础底面的荷载效应应按下列哪个选项采用？（　　）

(A)正常使用极限状态下荷载效应的标准组合

(B)正常使用极限状态下荷载效应的准永久组合

(C)正常使用极限状态下荷载效应的准永久组合，不计入风荷载和地震作用

(D)承载能力极限状态下荷载效应的基本组合，但其分项系数均为 1.0

16. 编制桩的静载荷试验方案时，由最大试验荷载产生的桩身内力应小于桩身混凝土的抗压强度，验算时桩身混凝土的强度应取用下列哪个选项？（　　）

(A)混凝土抗压强度的设计值　　　　(B)混凝土抗压强度的标准值

(C)混凝土棱柱体抗压强度平均值　　(D)混凝土立方体抗压强度平均值

17. 采用碱液法中的双液法加固地基时，"双液"是指下列哪一项中的双液？（　　）

(A)$Na_2O \cdot nSiO_2$,$CaCl_2$　　(B)NaOH,$CaCl_2$

(C)NaOH,$CaSO_4$　　(D)Na_2O,$MgCl_2$

18. 某多层工业厂房采用预应力管桩基础，由于地面堆载作用致使厂房基础产生不均匀沉降。拟采用加固措施，下列哪个选项最为合适？（　　）

(A)振冲碎石桩　　(B)水泥粉煤灰碎石桩

(C)锚杆静压桩　　(D)压密注浆

19. 采用强夯置换法处理软土地基时，强夯置换墩的深度不宜超过下列哪一选项中的数值？（　　）

(A)3 m　　(B)5 m　　(C)7 m　　(D)10 m

20. 某软土地基采用排水固结法加固，瞬时加荷单面排水，达到某一竖向固结度时需要时间 t，则其他条件不变的情况下，改为双面排水达到相同固结度需要的预压时间应为下列哪一项？（　　）

(A)t　　(B)$t/2$　　(C)$t/4$　　(D)$t/8$

21. 某软土地基软土层厚 30 m，5 层住宅拟采用水泥土搅拌桩复合地基加固，桩长 10 m，桩径 600 mm，水泥掺入比 18%，置换率 20%，经估算，工后沉降不能满足要求，为了满足控制工后沉降要求，下列哪个选项中的建议最合理？（　　）

(A)增大桩径　　(B)增加水泥掺和比　　(C)减小桩距　　(D)增加桩长

22. 刚性基础下刚性桩复合地基的桩土应力比随荷载增大的变化规律符合下述哪一选项？（　　）

(A)增大　　(B)减小　　(C)没有规律　　(D)不变

23. 根据《建筑地基处理技术规范》(JGJ 79—2012)采用碱液法加固地基，竣工验收工作应在加固施工完毕多少天后进行？（　　）

(A)3～7　　(B)7～10　　(C)14　　(D)28

24. 使用土工合成材料作为换填法中加筋层的筋材时，下列哪项不属于土工合成材料的主要作用？（　　）

(A)降低垫层底面压力　　(B)加大地基整体刚度

(C)增大地基整体稳定性　　(D)加速地基固结排水

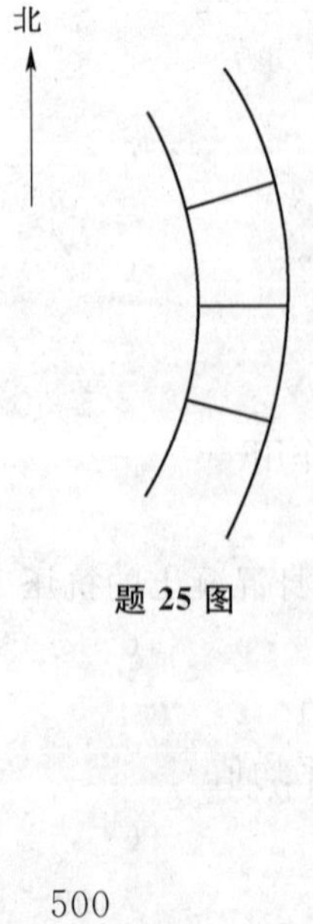

北

题 25 图

25. 右图所示的为在均匀黏性土地基中采用明挖施工，平面上为弯段的某地铁线路。采用分段开槽浇筑的地下连续墙加内支撑支护，没有设置连续腰梁，结果开挖到全段接近设计坑底高程时，支护结构破坏，基坑失事。在按平面应变条件设计的情况下，最可能发生的情况是下列哪一选项？（　　）

(A)东侧连续墙先破坏

(B)两侧连续墙先破坏

(C)两侧发生相同的位移，同时破坏

(D)无法判断

26. 下列关于新奥法的说法，哪一选项是正确的？（　　）

(A)支护结构承受全部荷载

(B)围岩只传递荷载

(C)围岩不承受荷载

(D)围岩与支护结构共同承受荷载

27. 在具有高承压水头的细砂层中用冻结法支护开挖隧道的旁通道，由于工作失误，致使冻土融化，承压水携带大量砂粒涌入已经衬砌完成的隧道，周围地面急剧下沉，此时最快捷最有效的抢险措施是下列哪一项？（　　）

(A)堵溃口

(B)对流沙段地基进行水泥灌浆

(C)从隧道由内向外抽水

(D)封堵已经塌陷的隧道两端，向其中回灌高压水

28. 在深厚砂石层地基上修建砂石坝，需设置地下垂直混凝土防渗墙和坝体堆石棱体排水，下列几种方案中哪一个是合理的？（　　）

(A)防渗墙和排水体都设置在坝体上游

(B)防渗墙和排水体都设置在坝体下游

(C)防渗墙设置在坝体上游，排水体设置在坝体下游

(D)防渗墙设置在坝体下游，排水体设置在坝体上游

29. 在卵石层上的新填砂土层中灌水稳定下渗，地下水位较深，有可能产生下列哪项效果？（　　）

(A)降低砂的有效应力　　(B)增加砂土的重力

(C)增加土的基质吸力　　(D)产生管涌

30. 对于单支点的基坑支护结构，在采用等值梁法计算时需要假定等值梁上有一个铰接点，该铰接点一般可近似取在等值梁上的哪个位置？（　　）

(A)主动土压力强度等于被动土压力强度的位置

(B)主动土压力合力等于被动土压力合力的位置

(C)等值梁上剪力为 0 的位置

(D)基坑底面下 1/4 嵌入深度处

31. 边坡采用预应力锚索加固时，下列哪个选项不正确？（　　）

(A)预应力锚索由自由段、锚固段、紧固头三部分组成

(B)锚索与水平面的夹角，以下倾 15°～30°为宜

(C)预应力锚索只能适用于岩质地层的边坡加固

(D)锚索必须做好防锈、防腐处理

32. 下列哪个选项不符合《建筑抗震设计规范》(GB 50011—2010)中有关抗震设防的基本思路和原则？（　　）

(A)抗震设防是以现有的科学水平和经济条件为前提的

(B)以“小震不坏、中震可修、大震不倒”三个水准目标为抗震设防目标

(C)以承载力验算作为第一阶段设计，和以弹塑性变形验算作为第二阶段设计来实现设防目标

(D)对已编制抗震设防区划的城市，可按批准的抗震设防烈度或设计地震动参数进行抗震设防

33. 根据《建筑抗震设计规范》(GB 50011—2010)，下列有关抗震设防的说法中，哪个选项是错误的？（　　）

(A)多遇地震烈度对应于地震发生概率统计分析的“众值烈度”

(B)取 50 年超越概率 10%的地震烈度为“抗震设防烈度”

(C)罕遇地震烈度比基本烈度普遍高一度半

(D)处于抗震设防区的所有新建建筑工程均须进行抗震设计

34. 根据《建筑抗震设计规范》(GB 50011—2010)，计算等效剪切波速时，下列哪个选项不符合规范规定？ (　　)

(A)等效剪切波速的计算深度不大于 20 m

(B)等效剪切波速的计算深度有可能小于覆盖层厚度

(C)等效剪切波速取计算深度范围内各土层剪切波速倒数的厚度加权平均值的倒数

(D)等效剪切波速与计算深度范围内各土层的厚度及该土层所处的深度有关

35. 按《建筑抗震设计规范》(GB 50011—2010)选择建筑物场地时，下列哪项表述是正确的？ (　　)

(A)对抗震有利地段，可不采取抗震措施

(B)对抗震一般地段，可采取一般抗震措施

(C)对抗震不利地段，当无法避开时应采用有效措施

(D)对抗震危险地段，必须采取有效措施

36. 某建筑物坐落在性质截然不同的地基上，按照《建筑抗震设计规范》(GB 50011—2010)的规定进行地基基础设计时，下列哪个选项是正确的？ (　　)

(A)同一结构单元可以设置在性质截然不同的地基上，但应采取有效措施

(B)同一结构单元不宜部分采用天然地基部分采用桩基

(C)差异沉降满足设计要求时，不分缝的主楼和裙楼可以设置在性质截然不同的地基上

(D)当同一结构单元必须采用不同类型的基础形式和埋深时，只控制好最终沉降量即可

37. 某建筑场地位于地震烈度 7 度区的冲洪积平原，设计基准期内年平均地下水位埋深2 m，地表以下由 4 层土层构成(见下表)，按照《建筑抗震设计规范》(GB 50011—2010)进行液化初判，下列哪些选项是正确的？ (　　)

题 37 表

土层编号	土名	层底埋深/m	性质简述
①	粉土	5	Q_4 黏粒含量 8%
②	粉细砂	10	Q_3
③	粉土	15	黏粒含量 9%
④	粉土	50	黏粒含量 6%

(A)①层粉土不液化　　(B)②层粉细砂可能液化

(C)③层粉土不液化　　(D)④层粉土可能液化

38. 下列哪个选项可以用于直接检测桩身完整性？ (　　)

(A)低应变动测法　　(B)钻芯法

(C)声波透射法　　(D)高应变法

39. 采用钻芯法检测建筑基桩质量，当芯样试件尺寸偏差为下列哪个选项时，试件不得用作抗压强度试验？ (　　)

(A)试件端面与轴线的不垂直度角不超过 2°

(B)试件端面的不平整度在 100 mm 长度内不超过 0.1 mm

(C)沿试件高度任一直径与平均直径相差不大于 2 mm

(D)芯样试件平均直径小于 2 倍表观混凝土粗骨料最大粒径

40. 某钻孔灌注桩竖向抗压静载荷试验的 P-s 曲线如右图所示，此曲线反映的情况最可能是

下列哪种因素造成的?(　　)

(A)桩侧负摩阻力　　(B)桩体扩径

(C)桩底沉渣过厚　　(D)桩身强度过低

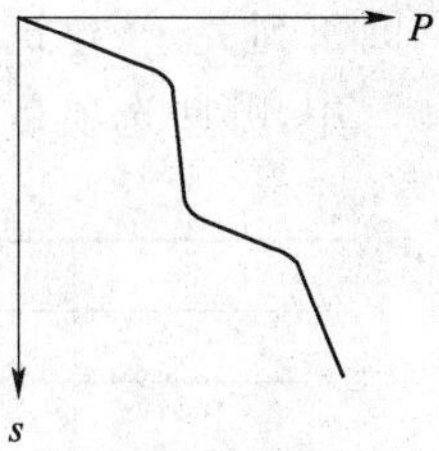

题 40 图

二、多项选择题(共 30 题,每题 2 分。每题的备选项中有两个或三个符合题意,错选、少选、多选均不得分)

41. 在建筑工程详细勘察阶段,下列选项中的不同勘探孔的配置方案,哪些符合《岩土工程勘察规范》(GB 50021—2001)(2009 年版)的规定?(　　)

(A)钻探取土孔 3 个、标贯孔 6 个,鉴别孔 3 个,共 12 个孔

(B)钻探取土孔 4 个、标贯孔 4 个,鉴别孔 4 个,共 12 个孔

(C)钻探取土孔 3 个、静探孔 9 个,共 12 个孔

(D)钻探取土孔 4 个、静探孔 2 个、鉴别孔 6 个,共 12 个孔

42. 下列关于土的液性指数 I_L 和塑性指数 I_P 的叙述,哪些是正确的?(　　)

(A)两者均为土的可塑性指标

(B)两者均为土的固有属性,和土的现时状态无关

(C)塑性指数代表土的可塑性,液性指数反映土的软硬度

(D)液性指数和塑性指数成反比

43. 关于目力鉴别粉土和黏性土的描述,下列哪些选项是正确的?(　　)

(A)粉土的摇振反应比黏性土迅速　　(B)粉土的光泽反应比黏性土明显

(C)粉土的干强度比黏性土高　　(D)粉土的韧性比黏性土低

44. 关于孔壁应变法测试岩体应力的说法,下列哪些选项是正确的?(　　)

(A)孔壁应变法测试适用于无水、完整或较完整的岩体

(B)测试孔直径小于开孔直径,测试段长度为 50 cm

(C)应变计安装妥当后,测试系统的绝缘值不应大于 100 MΩ

(D)当采用大循环加压时,压力分为 5~10 级,最大压力应超过预估的岩体最大主应力

45. 下列哪些选项可用于对土试样扰动程度的鉴定?(　　)

(A)压缩试验　　(B)三轴固结不排水剪试验

(C)无侧限抗压强度试验　　(D)取样现场外观检查

46. 下列关于毛细水的说法哪些是正确的?(　　)

(A)毛细水上升是由于表面张力导致的

(B)毛细水不能传递静水压力

(C)细粒土的毛细水的最大上升高度大于粗粒土

(D)毛细水是包气带中局部隔水层积聚的具有自由水面的重力水

47. 按照《工程结构可靠性设计统一标准》(GB 50153—2008)的要求,关于极限状态设计要求的表述,下列哪些选项是正确的?(　　)

(A)对偶然设计状况,应进行承载能力极限状态设计

(B)对地震设计状况,不需要进行正常使用极限状态设计

(C)对短暂设计状况,应进行正常使用极限状态设计

(D)对持久设计状况,尚应进行正常使用极限状态设计

48. 下列哪些作用可称为“荷载”?(　　)

(A)结构自重　　(B)预应力　　(C)地震　　(D)温度变化

49. 下列关于《建筑地基基础设计规范》(GB 50007—2011)有关公式采取的设计方法的论述中，哪些选项是正确的？（　　）

题 49 表

	规范公式编号	规范公式	设计方法
A	式(5.4.1)	$M_R/M_S \geqslant 1.2$	安全系数法
B	式(5.2.1-2)	$P_{max} \leqslant 1.2f_a$	概率极限状态设计法
C	式(8.5.4-1)	$Q_k \leqslant R_a$	安全系数法
D	式(8.5.9)	$Q \leqslant A_p f_c \psi_c$	概率极限状态设计法

50.《建筑地基处理技术规范》(JGJ 79—2012)中，砂土相对密实度 D_r，堆载预压固结度计算中第 i 级荷载加载速率 q_i，土的竖向固结系数 C_v，压缩模量当量值 $\overline{E}_s$ 的计量单位，下列哪些选项是不正确的？（　　）

(A) D_r (g/cm^3)　(B) q_i (kN/d)　(C) C_v (cm^2/s)　(D) $\overline{E}_s$ (MPa^{-1})

51. 对建筑地基进行换填垫层法施工时，以下哪些选项的说法是正确的？（　　）

(A)换填厚度不宜大于 3.0 m

(B)垫层施工应分层铺填、分层碾压，碾压机械应根据不同填料进行选择

(C)分段碾压施工时，接缝处应选择桩基或墙角部位

(D)垫层土料的施工含水率不应超过最优含水率

52. 某滨海滩涂地区经围海造地形成的建筑场地，拟建多层厂房，场地地层自上而下为：①填土层，厚 2.0～5.0 m；②淤泥层，流塑状，厚 4.0～12.0 m；③冲洪积粉质黏土和砂层。进行该厂房地基处理方案比选时，下列哪些选项的方法合适？（　　）

(A)搅拌桩复合地基 (B)强夯置换法　(C)管桩复合地基　(D)砂石桩法

53. 采用水泥土搅拌法加固地基时，下述哪些选项的地基土必须通过现场试验确定其适用性？（　　）

(A)正常固结的淤泥或淤泥质土　(B)有机质含量介于 10%～25%的泥炭质土

(C)塑性指数 I_P=19.3 的黏土　(D)地下水具有腐蚀性的场地土

54. 下面关于砂井法和砂桩法的表述，哪些是正确的？（　　）

(A)直径小于 300 mm 的称为“砂井”，大于 300 mm 的称为“砂桩”

(B)采砂井法加固地基需要预压，采用砂桩法加固地基不需要预压

(C)砂井法和砂桩法都具有排水作用

(D)砂井法和砂桩法加固地基的机理相同，所不同的是施工工艺

55. 根据《建筑地基处理技术规范》(JGJ 79—2012)，下列关于采用石灰桩法处理软黏土地基的叙述中哪些选项是正确的？（　　）

(A)复合地基承载力特征值一般不宜超过 160 kPa

(B)石灰材料应选用新鲜生石灰块

(C)石灰桩宜留 500 mm 以上的孔口高度，并用含水率适当的黏性土封口，封口材料必须夯实，封口标高应略高于原地面

(D)石灰桩加固地基竣工验收检测宜在施工完毕 14 d 后进行

56. 下列关于堆载预压法处理软弱黏土地基的叙述中，哪些选项是正确的？（　　）

(A)控制加载速率的主要目的是防止地基发生剪切破坏

(B)工程上一般根据每天最大竖向变形量和边桩水平位移量控制加载速率

(C)采用超载预压法处理后地基将不会发生固结变形

(D)采用超载预压法处理后将有效减小地基的次固结变形

57. 地下水位很高的地基，上部为填土，下部为砂、卵石土，再下部为弱透水层。拟开挖一 15 m深基坑。由于基坑周边有重要建筑物，不允许降低地下水位。下面哪些选项的支护方案是适用的？（ ）

(A)水泥土墙　　(B)地下连续墙

(C)土钉墙　　(D)排桩，在桩后设置截水帷幕

58. 下列关于土钉墙支护体系与锚杆支护体系受力特性的描述，哪些是正确的？（ ）

(A)土钉所受拉力沿其整个长度都是变化的，锚杆在自由段上受到的拉力沿长度是不变的

(B)土钉墙支护体系与锚杆支护体系的工作机理是相同的

(C)土钉墙支护体系是以土钉和它周围加固了的土体一起作为挡土结构，类似重力挡土墙

(D)将一部分土钉施加预应力就变成了锚杆，从而形成了复合土钉墙

59. 当进行地下洞室工程勘察时，对下列哪些选项的洞段要给予高度重视？（ ）

(A)隧洞进出口段　　(B)缓倾角围岩段

(C)隧洞上覆岩体最厚的洞段　　(D)围岩中存在节理裂隙洞段

60. 开挖深埋的隧道或洞室时，有时会遇到岩爆。除了地应力较高外，下列哪些选项中的因素容易引起岩爆？（ ）

(A)抗压强度低的岩石　　(B)富含水的岩石

(C)质地坚硬性脆的岩石　　(D)开挖断面不规则的部分

61. 在岩质公路隧道勘察设计中，从实测的围岩纵波波速和横波波速可以求得围岩的下列哪些指标？（ ）

(A)动弹性模量　　(B)动剪切模量　　(C)动压缩模量　　(D)动泊松比

62. 基坑支护的水泥土墙基底为中密细砂，根据抗倾覆稳定条件确定其嵌固深度和墙体厚度时，下列哪些选项是需要考虑的因素？（ ）

(A)墙体重度　　(B)墙体水泥土强度

(C)地下水位　　(D)墙内外土的重度

63. 根据《中国地震动参数区划图》(GB 18306—2015)，下列哪些选项的说法是符合规定的？（ ）

(A)《中国地震动参数区划图》以地震动参数为指标，将国土划分为不同抗震设防要求的区域

(B)《中国地震动参数区划图》的场地条件为平坦稳定的一般场地

(C)《中国地震动参数区划图》的比例尺为 1∶3 000 000，必要时可以放大使用

(D)位于地震动参数划分界线附近的建设工程的抗震设防要求需做专门研究

64. 在下列有关抗震设防的说法中，哪些选项是符合规定的？（ ）

(A)抗震设防烈度是一个地区的设防依据，不能随意提高或降低

(B)抗震设防标准是一种衡量对建筑抗震能力要求高低的综合尺度

(C)抗震设防标准主要取决于建筑抗震设防类别的不同

(D)《建筑抗震设计规范》(GB 50011—2010)规定的设防标准是最低的要求，具体工程设防标准可按业主要求提高

65. 当符合下列哪些选项的情况时，可忽略发震断裂错动对地面建筑的影响？（ ）

(A)10 万年以来未曾活动过的断裂

(B)抗震设防烈度小于8度

(C)抗震设防烈度9度，隐伏断裂的土层覆盖厚度大于60 m

(D)丙、丁类建筑

66. 地震烈度7度区，地面下无液化土层，采用低承台桩基，承台周围无软土($f_{ak}>120$ kPa)，按《建筑抗震设计规范》(GB 50011—2010)的规定，下列哪些情况可以不进行桩基抗震承载力验算？ ( )

(A)一般单层的厂房 (B)28层框剪结构办公楼

(C)7层(高度21 m)框架办公楼 (D)33层核心筒框架结构高层住宅

67. 地震烈度7度区，某建筑场地存在液化粉土，分布较平坦且均匀。按照《建筑抗震设计规范》(GB 50011—2010)的规定，下列哪些情况可以采用不消除液化沉陷的地基抗液化措施？ ( )

(A)地基液化等级严重，建筑设防类别为丙类

(B)地基液化等级中等，建筑设防类别为丙类

(C)地基液化等级中等，建筑设防类别为乙类

(D)地基液化等级严重，建筑设防类别为丁类

68. 浅埋天然地基的建筑，对于饱和砂土和饱和粉土地基的液化可能性考虑，下列哪些说法是正确的？ ( )

(A)上覆非液化土层厚度越大，液化可能性就越小

(B)基础埋置深度越小，液化可能性就越大

(C)地下水位埋深越浅，液化可能性就越大

(D)同样的标贯击数实测值，粉土的液化可能性比砂土大

69. 关于低应变法测桩的说法，下列哪些选项是正确的？ ( )

(A)检测实心桩时，激振点应选择在离桩中心2/3半径处

(B)检测空心桩时，激振点和传感器宜在同一水平面上，且与桩中心连线的夹角宜为90°

(C)传感器的安装应与桩顶面垂直

(D)瞬压激振法检测时，应采用重锤狠击的方式获取桩身上部缺陷反射信号

70. 在对某场地素土挤密桩身检测时，发现大部分压实系数都未达到设计要求，下列哪些选项可造成此种情况？ ( )

(A)土料含水率偏大 (B)击实试验的最大干密度偏小

(C)夯实遍数偏少 (D)土料含水率偏小

专业知识(下午卷)

一、单项选择题(共40题，每题1分。每题的备选项中只有一个最符合题意)

1. 下列关于文克尔(Winkler)地基模型的叙述，正确的是哪个选项？ ( )

(A)基底某点的沉降与作用在基底的平均压力成正比

(B)刚性基础的基底反力图按曲线规律变化

(C)柔性基础的基底反力图按直线规律变化

(D)地基的沉降只发生在基底范围内

2. 关于浅基础临塑荷载 P_{cr} 的论述，下列哪一个选项是错误的？ ( )

(A)临塑荷载公式是在均布条形荷载情况下导出的

(B)推导临塑荷载公式时，认为地基土中某点处于极限平衡状态时，由自重引起的各向土应力相等

(C)临塑荷载是基础下即将出现塑性区时的荷载

(D)临塑荷载公式用于矩形和圆形基础时，其结果偏于不安全

3.一多层建筑两侧均有纯地下车库，筏板基础与主楼相连，基础埋深 8 m，车库上覆土厚度为 3 m，地下水位为地面下 2 m，基坑施工期间采取降水措施，主体结构施工完成，地下车库上部土方未回填时，施工单位擅自停止抽水，造成纯地下车库部分墙体开裂，下列图中哪种开裂方式与上述情况相符？（ ）

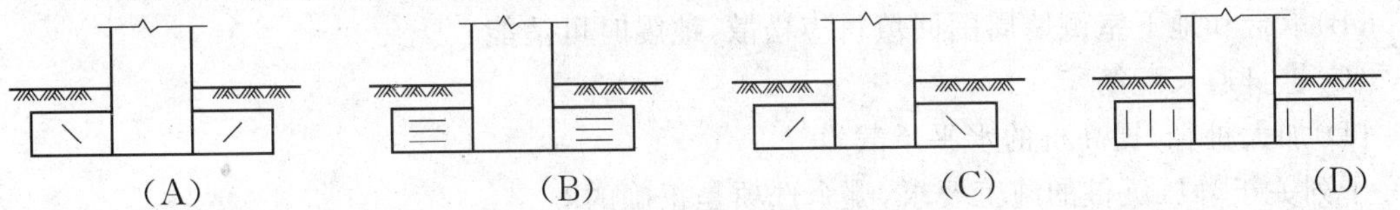

4.下列关于土的变形模量与压缩模量的试验条件的描述，哪个选项是正确的？（ ）

(A)变形模量是在侧向有限膨胀条件下试验得出的

(B)压缩模量是在单向应力条件下试验得出的

(C)变形模量是在单向应变条件下试验得出的

(D)压缩模量是在侧向变形等于零的条件下试验得出的

5.按《建筑地基基础设计规范》(GB 50007—2011)计算均布荷载条件下地基中应力分布时，下列哪个选项是正确的？（ ）

(A)基础底面角点处的附加应力等于零

(B)反映相邻荷载影响的附加应力分布随深度而逐渐减小

(C)角点法不适用基础范围以外任意位置点的应力计算

(D)无相邻荷载时基础中心点下的附加应力在基础底面处为最大

6.矩形基础短边为 B，长边为 L，长边方向轴线上作用有竖向偏心荷载，计算基底压力分布时，关于基础底面抵抗矩的表达式，下列哪一个选项是正确的？（ ）

(A)$BL^2/6$　　(B)$BL^3/12$　　(C)$LB^2/6$　　(D)$LB^3/12$

7.根据《建筑桩基技术规范》(JGJ 94—2008)，当桩顶以下 $5d$ 范围内箍筋间距不大于 100 mm 时，桩身受压承载力设计值可考虑纵向主筋的作用，其主要原因是下列哪一个选项？（ ）

(A)箍筋起水平抗剪作用　　(B)箍筋对混凝土起侧向约束增加作用

(C)箍筋的抗压作用　　(D)箍筋对主筋的侧向约束作用

8.桩周土层相同，下列选项中哪种桩端土层情况下，填土引起的负摩阻力最大？（ ）

(A)中风化砂岩　　(B)密实砂层

(C)低压缩性黏土　　(D)高压缩性粉土

9.关于特殊土中的桩基设计与施工，下列哪个说法是不正确的？（ ）

(A)岩溶地区岩层埋深较浅时，宜采用钻、冲孔桩

(B)膨胀土地基中桩基，宜采用挤土桩消除土的膨胀性

(C)湿陷性黄土中的桩基，应考虑单桩极限承载力折减

(D)填方场地中的桩基，宜待填土地基沉降基本稳定后成桩

10.根据《建筑桩基技术规范》(JGJ 94—2008)，对于设计等级为乙级的桩基，当地质条件复杂时，关于确定基桩抗拔极限承载力方法，下列哪个选项是正确的？（ ）

(A)静力触探法　　(B)经验参数法
(C)现场试桩法　　(D)同类工程类比法

11. 桩身露出地面或桩侧为液化土的桩基，当桩径、桩长、桩侧土层条件相同时，以下哪一种情况最易压屈失稳？（　）
(A)桩顶自由，桩端埋于土层中　　(B)桩顶铰接，桩端埋于土层中
(C)桩顶固接，桩端嵌岩　　(D)桩顶自由，桩端嵌岩

12. 下列哪个选项的措施对提高桩基抗震性能无效？（　）
(A)对受地震作用的桩，桩身配筋长度穿过可液化土层
(B)承台和地下室侧墙周围回填料应松散，地震时可消能
(C)桩身通长配筋
(D)加大桩径，提高桩的水平承载力

13. 下列关于静压沉桩的施工要求，哪个选项是正确的？（　）
(A)当场地地层中局部含沙、碎石、卵石时，宜最后在该区域进行压桩
(B)当持力层埋深或桩的入土深度差别较大时，宜先施压短桩，后施压长桩
(C)最大压桩力不宜小于设计的单桩竖向极限承载力的标准值
(D)当需要送桩时，可采用工程桩用作送桩器

14. 柱下多桩承台，为保证柱对承台不发生冲切和剪切破坏，采取下列哪一项措施最有效？（　）
(A)增加承台厚度　　(B)增大承台配筋率
(C)增加桩数　　(D)增大承台平面的尺寸

15. 新建高铁填方路基设计时，控制性的路基变形是下列哪一选项？（　）
(A)差异沉降量　　(B)最终沉降量
(C)工后沉降量　　(D)侧向位移量

16. 对于坡角45°的岩坡，下列哪个选项的岩体结构面最不利于边坡抗滑的稳定？（　）
(A)结构面竖直　　(B)结构面水平
(C)结构面倾角33°，倾向与边坡坡向相同　　(D)结构面倾角33°，倾向与边坡坡向相反

17. 垃圾卫生填埋场底部的排水防渗层的主要结构自上而下的排列顺序，下列哪项正确？（　）
(A)砂石排水导流层—黏土防渗层—土工膜
(B)砂石排水导流层—土工膜—黏土防渗层
(C)土工膜—砂石排水导流层—黏土防渗层
(D)黏土防渗层—土工膜—砂石排水倒流层

18. 在同样的设计条件下，作用在哪种基坑支挡结构上的侧向土压力最大？（　）
(A)土钉墙　　(B)悬臂式板桩
(C)水泥土挡墙　　(D)逆作法施工的刚性地下室外墙

19. 拟建的地铁线路从下方穿越正在运行的另一条地铁，上、下两条地铁间垂直净距2.8 m，为粉土地层，无地下水影响，则下列哪一项施工方法是适用的？（　）
(A)暗挖法　　(B)冻结法　　(C)明挖法　　(D)逆作法

20. 有一坡度为1∶1.5的砂土坡，砂土的内摩擦角$\varphi=35°$，黏聚力$c=0$，当采用直线滑动面法进行稳定分析时，下面哪一个滑动面所对应的安全系数最小（α为滑动面与水平地面间夹角）？（　）
(A)$\alpha=29°$　　(B)$\alpha=31°$

(C) $\alpha = 33°$　　(D) $\alpha = 35°$

21. 下列选项中哪种土工合成材料不适合用于增强土体的加筋？（　　）

(A)塑料土工格栅　　(B)塑料排水带(板)

(C)土工带　　(D)土工布

22. 对海港防洪堤进行稳定性计算时，下列哪个选项中的水位高度所对应的安全系数最小？（　　）

(A)最高潮位　　(B)最低潮位

(C)平均高潮位　　(D)平均低潮位

23. 在铁路选线遇到滑坡时，下列哪一项是错误的？（　　）

(A)对于性质复杂的大型滑坡，线路应尽量绕避

(B)对于性质简单的中型滑坡，线路可不绕避

(C)线路必须通过滑坡时，宜从滑坡体中部通过

(D)线路通过稳定滑坡下缘时，宜采用路堤形式

24. 当表面相对不透水的边坡被水淹没时，如边坡滑动面(软弱结构面)的倾角 θ 小于坡角 α 时，则静水压力对边坡稳定的影响符合下列哪一选项？（　　）

(A)有利　　(B)不利　　(C)无影响　　(D)不能确定

25. 填土位于土质斜坡上(见下图)，已知填土的内摩擦角 $\varphi=27°$，斜坡土层的内摩擦角 $\varphi=20°$。验算填土在暴雨工况下沿斜坡面滑动稳定性时，滑面的摩擦角 φ 宜采用哪一选项？（　　）

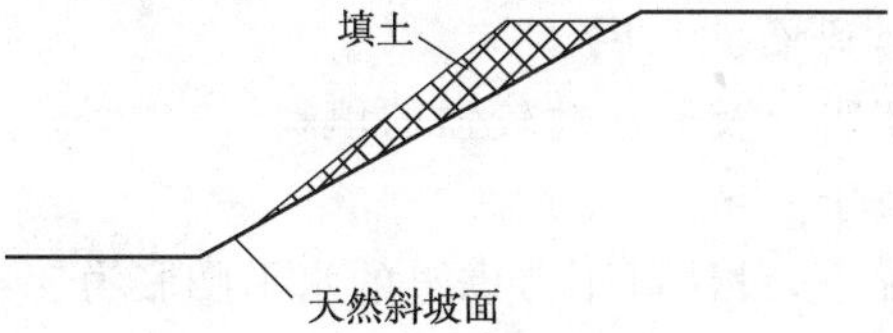

填土

天然斜坡面

题 25 图

(A)填土的 φ　　(B)斜坡土层的 φ

(C)填土的 φ 与斜坡土层二者的平均值　　(D)斜坡土层的 φ 经适当折减后的值

26. 水库的堆积土库岸在库水位消落时，地下水平均水力梯度为 0.32，进行岸坡稳定性分析时，单位体积土体沿渗流方向所受的渗透力的估计值最接近哪一选项？（　　）

(A) 0.32 kN/m^3　　(B) 0.96 kN/m^3　　(C) 2.10 kN/m^3　　(D) 3.20 kN/m^3

27. 一个地区的岩溶性形态规模较大，水平溶洞和暗河发育，这类岩溶最可能是在下列哪一种地壳运动中形成的？（　　）

(A)地壳上升　　(B)地壳下降　　(C)地壳间歇性下降　(D)地壳相对稳定

28. 地下水强烈的活动于岩土交界处的岩溶地区，在地下水作用下很容易形成下列哪一项岩溶形态？（　　）

(A)溶洞　　(B)土洞　　(C)溶沟　　(D)溶槽

29. 按《岩土工程勘察规范》(GB 50021—2001)(2009 年版)相关规定，对于高频率泥石流沟谷，泥石流的固体物质一次冲出量为 3×10^4 m^3 时，属于下列哪类型泥石流？（　　）

(A) $Ⅰ_1$ 类　　(B) $Ⅰ_2$ 类　　(C) $Ⅱ_1$ 类　　(D) $Ⅱ_3$ 类

30. 常年抽汲地下水造成的大面积地面沉降，主要是由于下列哪一选项的原因造成的？（　　）

(A)水土流失

(B)欠压密土的自重固结

(C)长期渗透力对地层施加的附加荷载

(D)地下水位下降，使土层有效自重应力增大所产生的附加荷载使土层固结

31. 当水库存在下列哪种条件时，可判断水库存在岩溶渗漏？ (　　)

(A)水库周边有可靠的非岩溶化的地层封闭

(B)水库邻谷的常年地表水或地下水位高于水库正常设计蓄水位

(C)河间地块地下水分水岭水位低于水库正常蓄水位，库内外有岩溶水力联系

(D)经连通试验证实，水库没有向邻谷或下游河湾排泄

32. 根据《岩土工程勘察规范》(GB 50021—2001)(2009 年版)，废渣材料加高坝的勘察可按堆积规模垂直坝轴线布设勘探线，其勘探线至少不少于下列哪一选项？ (　　)

(A)6 条　　(B)5 条　　(C)3 条　　(D)2 条

33. 各级湿陷性黄土地基上的丁类建筑，其地基可不处理，但应采取相应措施，下列哪一选项要求是正确的？ (　　)

(A)Ⅰ类湿陷性黄土地基，应采取基本防水措施

(B)Ⅱ类湿陷性黄土地基，应采取结构措施

(C)Ⅲ类湿陷性黄土地基，应采取检漏防水措施

(D)Ⅳ类湿陷性黄土地基，应采取结构措施和基本防水措施

34. 根据《膨胀土地区建筑技术规范》(GB 50112—2013)，在膨胀土地区设计挡土墙，下列哪一选项不符合规范规定？ (　　)

(A)墙背应设置碎石或砂砾石滤水层

(B)墙背填土宜选用非膨胀土及透水性较强的填料

(C)挡土墙的高度不宜大于 6 m

(D)在满足一定条件情况下，设计可不考虑土的水平膨胀力

35. 根据《勘察设计注册工程师管理规定》，下列哪一选项不属于注册工程师的义务？ (　　)

(A)保证执业活动成果的质量，并承担相应责任

(B)接受继续教育，提高执业水准

(C)对侵犯本人权利的行为进行申诉

(D)保守在执业中知悉的他人技术秘密

36. 根据《合同法》，下列哪一项是错误的？ (　　)

(A)发包人未按照约定的时间和要求提供原材料、设备场地、资金、技术资料的，承包人可以顺延工期，并有权要求赔偿停工、窝工等损失

(B)发包人未按照约定支付价款的，承包人可将该工程折价或拍卖，折价或拍卖款优先受偿工程款

(C)发包人可以分别与勘察人和设计人订立勘察合同和设计合同，经发包人同意，勘察人和设计人可以将自己承包的部分工作交由第三人完成

(D)因施工人的原因致使建设工程质量不符合约定的，发包人有权要求施工人在合理期限内无偿修理或返工改建

37. 根据《招标投标法》，对于违反本法规定的相关责任人应承担的法律责任的描述，下列哪个选项是错误的？ (　　)

(A)招标人向他人透露已获取招标文件的潜在投标人的名称及数量的，给予警告，可以并处一万元以上十万元以下的罚款

(B)投标人以向招标人或评标委员会成员行贿的手段谋取中标的，中标无效，处中标项目金额千分之五以上千分之十以下罚款

(C)投标人以他人名义投标骗取中标的，中标无效，给招标人造成损失的，依法承担赔偿责任，构成犯罪的，依法追究刑事责任

(D)中标人将中标项目肢解后，分别转让给他人的，转让无效，处转让项目金额百分之一以上百分之三以下罚款

38. 下列哪个选项属于建筑安装工程费用项目的全部构成？（　　）

(A)直接费、间接费、措施费、设备购置费

(B)直接费、间接费、措施费、利润

(C)直接费、间接费、利润、税款

(D)直接费、间接费、措施费、工程建设其他费用

39. 按《工程勘察收费标准》(2002 年修订本)计算勘察费时，当附加调整系数为两个以上时，应按以下哪项确定总附加调查系数？（　　）

(A)附加调整系数连乘

(B)附加调整系数连加

(C)附加调整系数相加，减去附加调整系数的个数，加上定值 1

(D)附加调整系数相加，减去附加调整系数的个数

40. 由两个以上勘察单位组成的联合体投标，应按下列哪项确定资质等级？（　　）

(A)按照资质等级最高的勘察单位　　(B)按照资质等级最低的勘察单位

(C)根据各自承担的项目等级　　(D)按照招标文件的要求

二、多项选择题(共 30 题，每题 2 分。每题的备选项中有两个或三个符合题意，错选、少选、多选均不得分)

41. 为减少建筑物沉降和不均匀沉降，通常可采用下列哪些措施？（　　）

(A)选用轻型结构，减轻墙体自重

(B)尽可能不设置地下室

(C)采用架空地板代替室内填土

(D)对不均匀沉降要求严格的建筑物，扩大基础面积以减小基底压力

42. 建筑物的沉降缝宜设置在下列哪些部位？（　　）

(A)框筒结构的核心筒和外框柱之间　　(B)建筑平面的转折部位

(C)建筑高度差异或荷载差异的部位　　(D)地基土的压缩性有显著差异的部位

43. 关于《建筑地基基础设计规范》(GB 50007—2011)中软弱下卧层强度验算的论述，下列哪些说法是正确的？（　　）

(A)持力层的压缩模量越大，软弱下卧层顶面的附加应力越小

(B)持力层的厚度与基础宽度之比越大，软弱下卧层顶面的附加应力越小

(C)基础底面的附加应力越大，软弱下卧层顶面的附加应力越大

(D)软弱下卧层的强度越大，软弱下卧层顶面的附加应力越小

44. 计算基坑地基土的回弹再压缩变形值时，下列哪些选项的表述是正确的？（　　）

(A)采用压缩模量计算

(B)采用回弹再压缩模量计算

(C)采用基坑底面以上土的自重压力(地下水位以下扣除水的浮力)计算

(D)采用基底附加压力计算

45. 下图表示矩形基础，长边方向轴线上作用有竖向偏心荷载 F，假设基础底面接触压力分布为线性，问关于基底压力分布的规律，下列哪些选项是合理的？（　）

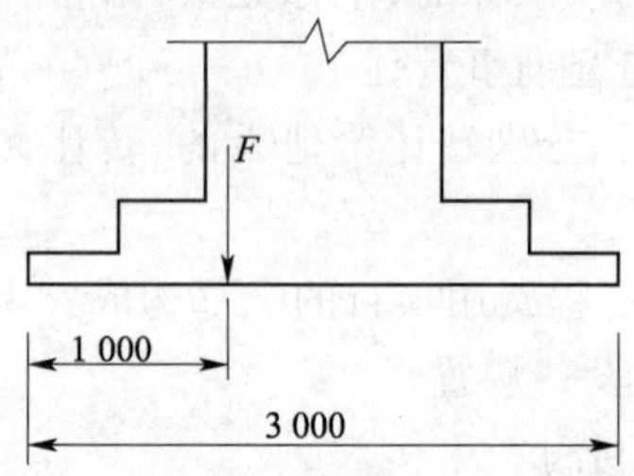

题 45 图（尺寸单位：mm）

(A) 基底压力分布为三角形
(B) 基础边缘最小压力值 P_{min} 的大小与荷载 F 的大小无关
(C) 基础边缘最大压力值 P_{max} 的大小与荷载 F 的大小有关
(D) 基底压力分布为梯形

46. 下列哪些泥浆指标是影响泥浆护壁成孔灌注桩混凝土灌注质量的主要因素？（　）
(A) 相对密度　(B) 含砂率　(C) 黏度　(D) pH

47. 为提高桩基水平承载力，下列哪些选项的措施是有效的？（　）
(A) 约束桩顶的自由度
(B) 将方桩改变成矩形桩，短轴平行于受力方向
(C) 增大桩径
(D) 加固上部桩间土体

48. 根据《建筑桩基技术规范》(JGJ 94—2008)，计算高承台桩基偏心受压混凝土桩正截面受压承载力时，下列哪些情况下应考虑桩身在弯矩作用平面内的挠曲对轴向力偏心距的影响？（　）
(A) 桩身穿越可液化土
(B) 桩身穿越湿陷性土
(C) 桩身穿越膨胀性土
(D) 桩身穿越不排水抗剪强度小于 10 kPa 的软土

49. 根据《建筑地基基础设计规范》(GB 50007—2011)，关于桩基水平承载力的叙述，下列哪些选项是正确的？（　）
(A) 当作用于桩基的外力主要为水平力时，应对桩基的水平承载力进行验算
(B) 当外力作用面的桩距较小时，桩基的水平承载力可视为各单桩的水平承载力之和
(C) 承台侧面所有土层的抗力均应计入桩基的水平承载力
(D) 当水平推力较大时，可设置斜桩提高桩基水平承载力

50. 对于深厚软土地区，超高层建筑桩基础宜采用以下哪几种桩型？（　）
(A) 钻孔灌注桩　(B) 钢管桩
(C) 人工挖孔桩　(D) 沉管灌注桩

51. 下列哪些选项属于桩基承载力极限状态的计算内容？（　）
(A) 桩身裂缝宽度验算　(B) 承台的抗冲切验算
(C) 承台的抗剪切验算　(D) 桩身强度计算

52. 下列哪些选项的措施能有效地提高桩的水平承载力？（　　）

(A) 加固桩顶以下 2 ~ 3 倍桩径范围内的土体

(B) 加大桩径

(C) 桩顶从固接变为铰接

(D) 增大桩身配筋长度

53. 在软弱地基上修建的土质路堤，采用下列哪些选项的工程措施可加强软土地基的稳定性？（　　）

(A) 在路堤坡脚增设反压护道　　(B) 加大路堤坡角

(C) 增加填筑体的密实度　　(D) 对软弱地基进行加固处理

54. 土筑堤坝在最高洪水位下，由于堤身浸润线抬高，背水坡面有水浸出，形成“散浸”。下列哪些选项的工程措施对治理“散浸”是有效的？（　　）

(A) 在堤坝的迎水坡面上铺设隔水土工膜　　(B) 在堤坝的背水坡面上铺设隔水土工膜

(C) 在下游堤身底部设置排水设施　　(D) 在上游堤身前抛掷堆石

55. 有一土钉墙支护的基坑，坑壁土层自上而下为“人工填土 — 黏质粉土 — 粉细砂”，基坑底部为砂砾石层。在基坑挖到坑底时，由于降雨等原因，墙后地面发生裂缝，墙面开裂，坑壁有坍塌危险。下列哪些抢险措施是合适的？（　　）

(A) 在坑底墙前堆土　　(B) 在墙后坑外地面挖土卸载

(C) 在墙后土层中灌浆加固　　(D) 在墙前坑底砂砾石层中灌浆加固

56. 根据《水利水电工程地质勘察规范》(GB 50487—2008)，下列哪些选项属于土的渗透变形？（　　）

(A) 流土　　(B) 突涌　　(C) 管涌　　(D) 振动液化

57. 在采空区进行工程建设时，下列哪些地段不宜作为建筑场地？（　　）

(A) 地表移动活跃的地段　　(B) 倾角大于 55° 的厚矿层露头地段

(C) 采空区采深采厚比大于 30 的地段　　(D) 采深小、上覆岩层极坚硬地段

58. 关于地质构造，对岩溶发育的影响，下列哪些说法正确的？（　　）

(A) 向斜轴部比背斜轴部的岩溶要发育

(B) 压性断裂区比张性断裂区的岩溶要发育

(C) 岩层倾角陡比岩层倾角缓岩溶要发育

(D) 新构造运动对近期岩溶发育影响最大

59. 在岩溶地区，下列哪些选项符合土洞发育规律？（　　）

(A) 颗粒细、黏性大的土层容易形成土洞

(B) 土洞发育区与岩溶发育区存在因果关系

(C) 土洞发育地段，其下伏岩层中一定有岩溶通道

(D) 人工急剧降低地下水位会加剧土洞的发育

60. 在一岩溶发育的场地拟建一栋 8 层住宅楼，下列哪些情况不考虑岩溶对地基稳定性的影响？（　　）

(A) 溶洞被密实的碎石土充填满，地下水位基本不变化

(B) 基础底面以下为软弱土层，条形基础宽度 5 倍深度内的岩土交界面处的地下水位随场地临近河流水位变化而变化

(C) 洞体为基本质量等级 Ⅰ 级岩体，顶板岩石厚度大于洞跨

(D) 基础底面以下土层厚度大于独立基础宽度的 3 倍，且不具备形成土洞或其他地面变形的条件

61. 滑坡钻探为获取较高的岩芯采取率，宜采用下列哪几种钻进方法？（　）

(A) 冲击钻进 (B) 冲洗钻进

(C) 无泵反循环钻进 (D) 干钻

62. 下列关于膨胀土地基上建筑物变形的说法中，哪些是正确的？（　）

(A) 多层房屋比平房容易开裂

(B) 建筑物往往建成多年后才出现裂缝

(C) 建筑物裂缝多呈正“八”字形，上窄下宽

(D) 地下水位低的比地下水位高的容易开裂

63. 盐渍土具有下列选项的哪些特征？（　）

(A) 具有溶陷性和膨胀性

(B) 具有腐蚀性

(C) 易溶盐溶解后，与土体颗粒进行化学反应

(D) 盐渍土的力学强度随总含盐量的增加而增加

64. 下列哪些情况下，可不针对地基湿陷性进行处理？（　）

(A) 甲类建筑：在非自重湿陷性黄土场地，地基内各土层的湿陷起始压力值均大于其附加压力与上覆土的饱和自重压力之和

(B) 乙类建筑：地基湿陷量的计算值小于 50 mm

(C) 丙类建筑：Ⅱ 级湿陷性黄土地基

(D) 丁类建筑：Ⅰ 级湿陷性黄土地基

65. 根据《建筑法》，有关建筑工程安全生产管理的规定，下列哪些选项是正确的？（　）

(A) 工程施工需要临时占用规划，批准范围以外场地的，施工单位应当按照国家有关规定办理申请批准手续

(B) 施工单位应当加强对职工安全生产的教育培训，未经安全生产教育培训的人员，不得上岗作业

(C) 工程实行施工总承包管理的，各分项工程的施工现场安全由各分包单位负责，总包单位负责协调管理

(D) 施工中发生事故时，建筑施工企业应当采取紧急措施减少人员伤亡和事故损失，并按照国家有关规定及时向有关部门报告

66. 根据《建筑法》，建筑工程施工需要申领许可证时，需要具备下列哪些条件？（　）

(A) 在城市规划区内的建筑工程，已经取得规划许可证

(B) 已经确定建筑施工企业

(C) 施工设备和人员已经进驻现场

(D) 场地已经完成“三通一平”(通路、通水、通电，场地平整)

67. 根据国务院《建设工程质量管理条例》，有关施工单位的质量责任和义务，下列哪些选项是正确的？（　）

(A) 总承包单位依法将建设工程分包给其他单位的，分包单位应当按照分包合同的约定，对其分包工程的质量向总包单位负责，总包单位与分包单位，对分包工程的质量承担连带责任

(B) 涉及结构安全的检测试样，应当由施工单位，在现场取样后，直接送有资质的单位进行检测

(C) 隐蔽工程在隐蔽前，施工单位应当通知建设单位和建设工程质量监督机构

(D) 施工单位应当依法取得相应等级的资质证书，当其他单位以本单位的名义投标时，

该单位也应当具备相应等级的资质证书

68. 关于公开招标和邀请招标的说法，下列哪些选项是正确的？（　　）

(A) 公开招标是指招标人以招标公告的方式邀请不特定的法人或者其他组织投标

(B) 邀请招标是指招标人以投标邀请书的方式邀请特定的法人或者其他组织投标

(C) 国家重点项目不适宜公开招标的，经国务院发展计划部门批准，可以进行邀请招标

(D) 关系社会公共利益，公众安全的基础设施项目必须进行公开招标

69. 在建设工程合同履行中，因发包人的原因致使工程中途停建的，下列哪些选项属于发包人应承担的责任？（　　）

(A) 应采取措施弥补或者减小损失

(B) 赔偿承包人因此造成停工、窝工的损失

(C) 赔偿承包人因此造成机械设备调迁的费用

(D) 向承包人支付违约金

70. 下列哪些选项属于设计单位的质量责任和义务？（　　）

(A) 注册执业人员应在设计文件上签字

(B) 当勘察成果文件不满足设计要求时，可进行必要的修改使其满足工程建设强制性标准的要求

(C) 在设计文件中明确设备生产厂和供应商

(D) 参与建设工程质量事故分析

专业案例(上午卷)

1. 某建筑基槽宽 5 m，长 20 m，开挖深度为 6 m，基底以下为粉质黏土。在基槽底面中间进行平板载荷试验，采用直径为 800 mm 的圆形承压板。载荷试验结果显示，在 P-s 曲线线性段对应 100 kPa 压力的沉降量为 6 mm。基底土层的变形模量 E_0 值最接近下列哪个选项？（　　）

(A)6.3 MPa　　(B)9.0 MPa　　(C)12.3 MPa　　(D)14.1 MPa

2. 取网状构造冻土试样 500 g，待冻土样完全融化后，加水调成均匀的糊状，糊状土质量为 560 g，经试验测得糊状土的含水率为 60%，则冻土试样的含水率最接近下列哪个选项？（　　）

(A)43%　　(B)48%　　(C)54%　　(D)60%

3. 取某土试样 2 000 g，进行颗粒分析试验，测得各级筛上质量见下表。

题 3 表

孔径 /mm	20	10	5	2.0	1.0	0.5	0.25	0.075
筛上质量 /g	0	100	600	400	100	50	40	150

筛底质量为 560 g。已知土样中的粗颗粒以棱角形为主，细颗粒为黏土，则下列哪一选项对该土样的定名最准确？（　　）

(A) 角砾　　(B) 砾砂　　(C) 含黏土角砾　　(D) 角砾混黏土

4. 下图为一工程地质剖面图，图中虚线为潜水水位线。已知 $h_1 = 15$ m，$h_2 = 10$ m，$M = 5$ m，$l = 50$ m，第 ① 层土渗透系数 $k_1 = 5$ m/d，第 ② 层土渗透系数 $k_2 = 50$ m/d，其下为不透水层。通过 1、2 断面之间的单宽(每米) 平均水平渗流流量最接近下列哪个选项的数值？（　　）

(A)6.25 m^3/d　　(B)15.25 m^3/d　　(C)25.00 m^3/d　　(D)31.25 m^3/d

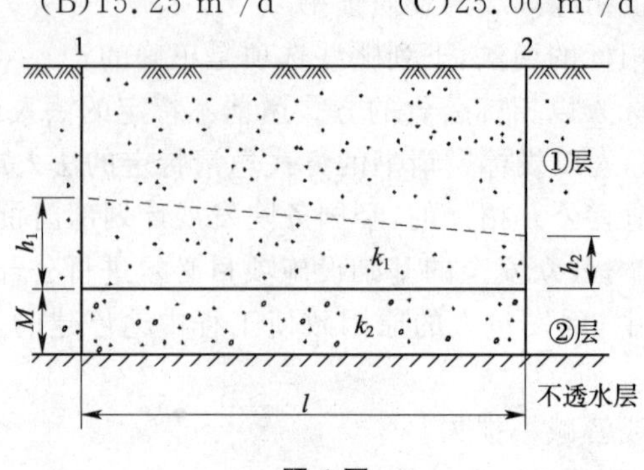

题 4 图

5. 在地面作用矩形均布荷载 $p = 400$ kPa，承载面积为 4 m × 4 m，则承载面积中心 O 点下 4 m 深处的附加应力与角点 C 下 8 m 深处的附加应力比值最接近下列何值？(矩形均布荷载中心点下竖向附加应力系数 α_0 可由下表查得)　　(　　)

题 5 表　附加应力系数 α_0

z/b	l/b	
	1.0	2.0
0.0	1.000	1.000
0.5	0.701	0.800
1.0	0.336	0.481

(A)1/2　　(B)1　　(C)2　　(D)4

6. 如下图所示柱基础底面尺寸为 1.8 m × 1.2 m，作用在基础底面的偏心荷载 $F_k + G_k = 300$ kN，偏心距 $e = 0.2$ m，基础底面应力分布最接近下列哪项？　　(　　)

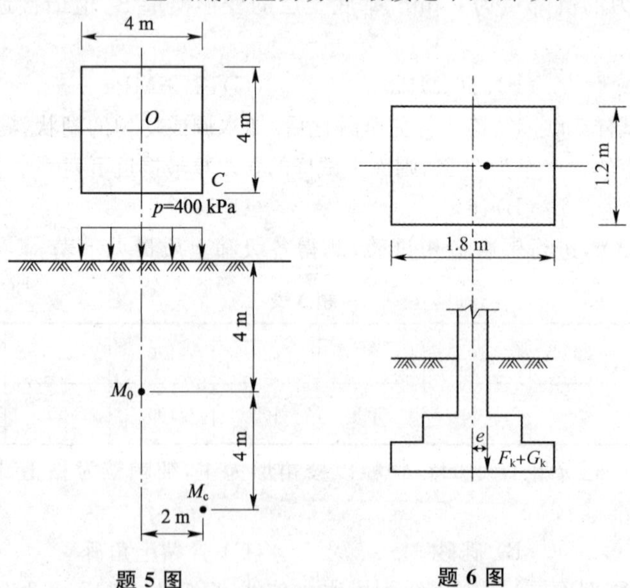

题 5 图　　**题 6 图**

7. 如下图所示矩形基础，地基土的天然重度 $\gamma = 18$ kN/m^3，饱和重度 $r_{sat} = 20$ kN/m^3，基础及基础上土重度 $\gamma_G = 20$ kN/m^3，$\eta_b = 0$，$\eta_d = 1.0$，估算该基础底面积最接近下列何值？　　(　　)

(A)3.2 m^2　　(B)3.6 m^2　　(C)4.2 m^2　　(D)4.6 m^2

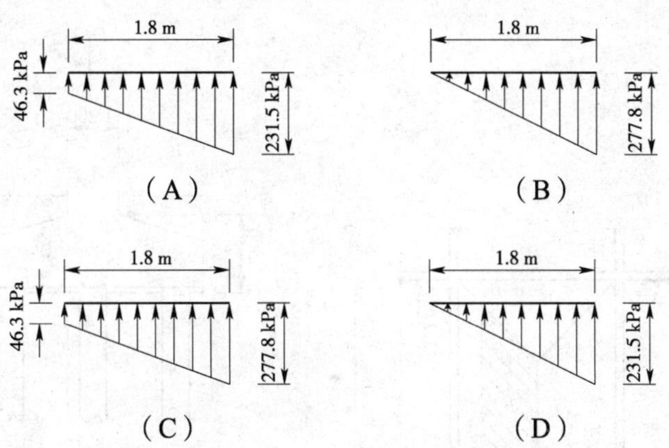

8. 如下图所示，某建筑采用柱下独立方形基础，拟采用C20钢筋混凝土材料，基础分二阶，底面尺寸2.4 m×2.4 m，柱截面尺寸为0.4 m×0.4 m。基础顶面作用竖向力700 kN，力矩87.5 kN·m，则柱边的冲切力最接近下列哪个选项？（　　）

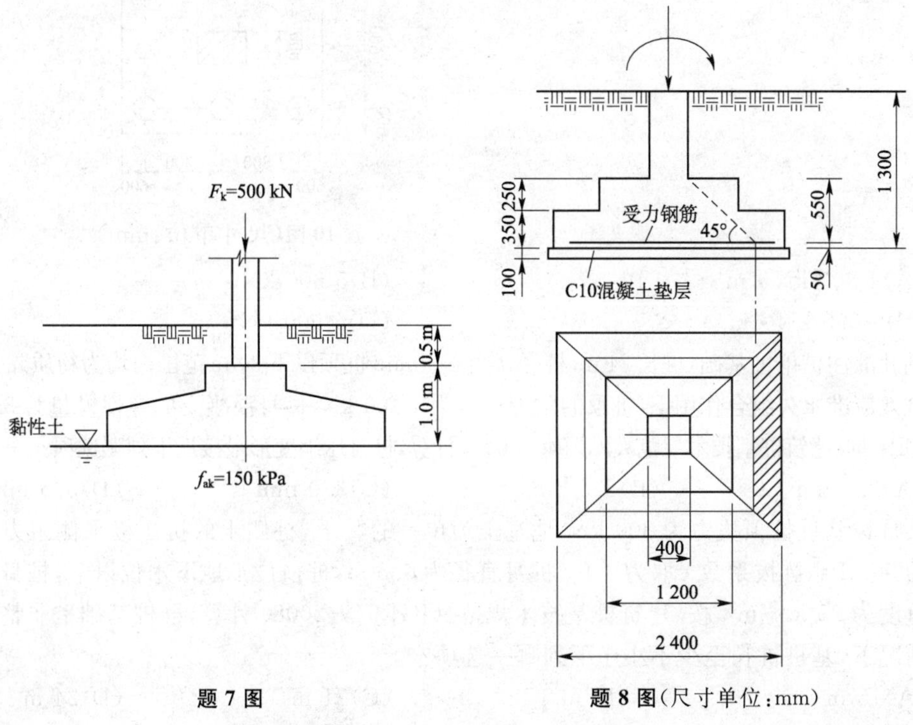

题7图　　题8图(尺寸单位:mm)

(A)95 kN　(B)110 kN　(C)140 kN　(D)160 kN

9. 某梁板式筏基底板区格如下图所示，筏板混凝土强度等级为C35(f_t = 1.57 N/mm²)，根据《建筑地基基础设计规范》(GB 50007—2011)计算，该区格底板斜截面受剪承载力最接近下列何值？（　　）

(A)5.6×10³ kN　(B)6.65×10³ kN

(C)16.08×10³ kN　(D)119.70×10³ kN

10. 桩基承台如下图所示，已知柱轴力F = 12 000 kN，力矩M = 1 500 kN·m，水平力H = 600 kN(F、M和H均对应荷载效应基本组合)，承台及其上填土的平均重度为20 kN/m³。按《建筑桩基技术规范》(JGJ 94—2008)计算，图示虚线截面处的弯矩设计值最接近下列哪一数值？（　　）

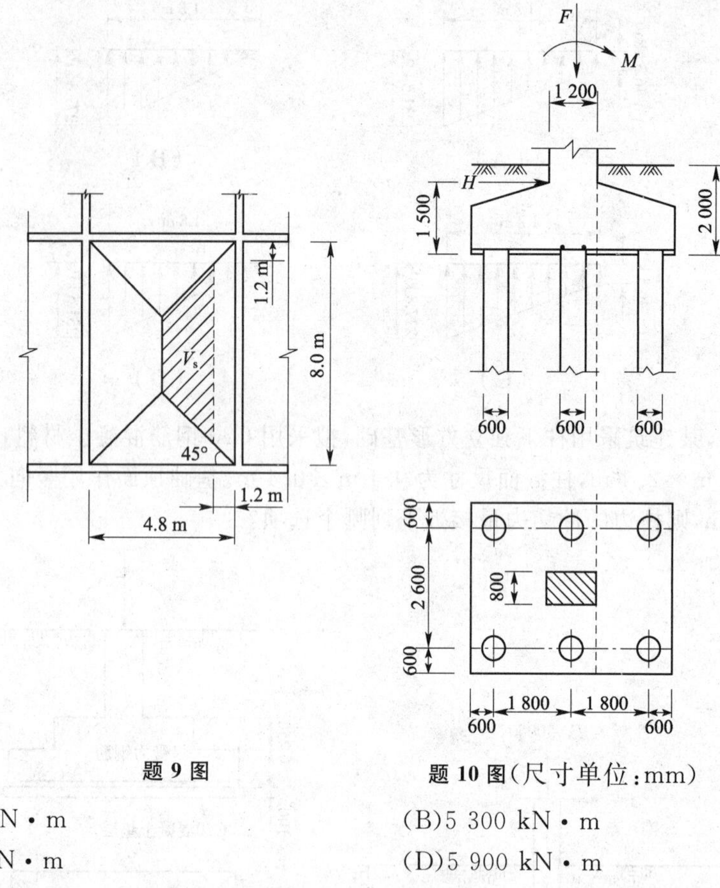

题 9 图 **题 10 图**(尺寸单位:mm)

(A)4 800 kN·m (B)5 300 kN·m

(C)5 600 kN·m (D)5 900 kN·m

11. 钻孔灌注桩单桩基础,桩长 24 m,桩径 $d=600$ mm,桩顶以下 30 m 范围内均为粉质黏土,在荷载效应准永久组合作用下,桩顶的附加荷载为 1 200 kN,桩身混凝土的弹性模量为 3.0×10^4 MPa,据《建筑桩基技术规范》(JGJ 94—2008) 计算,桩身压缩变形最接近下列哪选项? ( )

(A)2.0 mm (B)2.5 mm (C)3.0 mm (D)3.5 mm

12. 某抗拔基桩桩顶拔力为 800 kN,地基土为单一的黏土,桩侧土的抗压极限侧阻力标准值为 50 kPa,抗拔系数 λ 取为 0.8, 桩身直径为 0.5 m,桩顶位于地下水位以下,桩身混凝土重度为 25 kN/m³,按《建筑桩基技术规范》(JGJ 94—2008) 计算,群桩基础呈非整体破坏情况下,基桩桩长至少不小于下列哪一选项? ( )

(A)15 m (B)18 m (C)21 m (D)24 m

13. 如下图所示,某端承桩单桩基础的桩直径 $d=600$ mm,桩端嵌入基岩,桩顶以下 10 m 为欠固结的淤泥质土,该土有效重度为 8.0 kN/m³,桩侧土的抗压极限侧阻力标准值为 20 kPa,负摩阻力系数 ξ_n 为 0.25,按《建筑桩基技术规范》(JGJ 94—2008) 计算,桩侧负摩阻力引起的下拉荷载最接近于下列哪一项? ( )

(A)150 kN (B)190 kN (C)250 kN (D)300 kN

14. 某建筑场地地层分布及参数(均为特征值) 如下图所示,拟采用水泥土搅拌桩复合地基。已知基础埋深 2.0 m,搅拌桩长 8.0 m,桩径 ϕ600 mm,等边三角形布置。经室内配比试验,水泥加固土试块强度为 1.0 MPa,假定桩身强度折减系数 $\eta=0.3$,桩间土承载力折减系数 $\beta=0.6$,单桩承载载力发挥系数为 1.0,按《建筑地基处理技术规范》(JGJ 79—2012) 计算,要求复合地基承载力特征值达到 100 kPa,则搅拌桩间距值取下列哪项? ( )

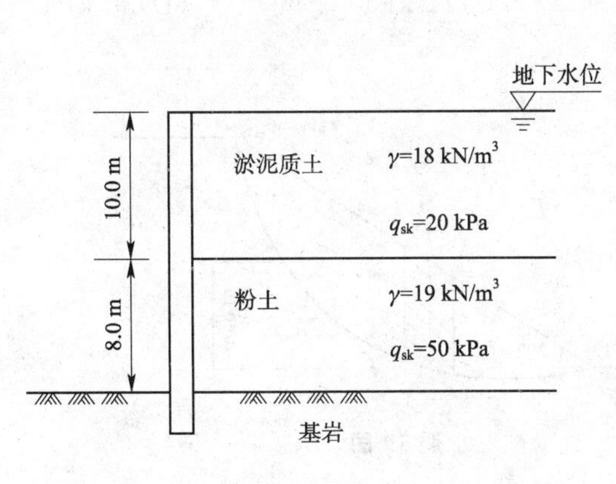

题 13 图

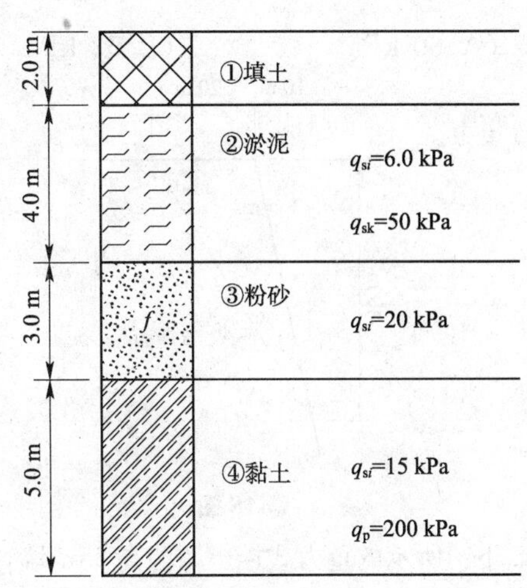

题 14 图

(A)0.9 m　　(B)1.1 m　　(C)1.3 m　　(D)1.5 m

15. 某工程地表淤泥层厚 12.0 m，淤泥层重度为 16 kN/m³。已知淤泥的压缩试验数据如下表所示。地下水位与地面齐平。采用堆载预压法加固，先铺设厚 1.0 m 砂垫层，砂垫层重度为 20 kN/m³，堆载土层厚 2.0 m，重度为18 kN/m³。沉降经验系数 ξ 取 1.1，假如地基沉降过程中附加应力不发生变化，按《建筑地基处理技术规范》(JGJ 79--2012) 估算，淤泥层的压缩量最接近下列哪选项？　(　　)

题 15 表

压力 P/kPa	12.5	25.0	50.0	100.0	200.0	300.0
孔隙比 e	2.108	2.005	1.786	1.496	1.326	1.179

(A)1.2 m　　(B)1.4 m　　(C)1.7 m　　(D)2.2 m

16. 某独立基础底面尺寸为 2.0 m×4.0 m，埋深 2.0 m，相应荷载效应标准组合时，基础底面处平均压力 $P_k=150$ kPa；软土地基承载力特征值 $f_{ak}=70$ kPa，天然重度 $\gamma=18.0$ kN/m³，地下水位埋深 1.0 m；采用水泥土搅拌桩处理，桩径 ϕ500 mm，桩长 10.0 m；桩间土承载力折减系数 $\beta=0.5$；经试桩，单桩承载力特征值 $R_a=110$ kN，如单桩承载力发挥系数取 1.0，则基础下布桩量为多少根？　(　　)

(A)6　　(B)8　　(C)10　　(D)12

17. 砂土地基，天然孔隙比 $e_0=0.892$，最大孔隙比 $e_{max}=0.988$，最小孔隙比 $e_{min}=0.742$，该地基拟采用挤密碎石桩加固，按等边三角形布桩，碎石桩直径为 0.50 m，挤密后要求砂土相对密度 $D_{r1}=0.886$，则满足要求的碎石桩桩距(修正系数 ξ 取 1.0) 最接近下列哪个选项？　(　　)

(A)1.4 m　　(B)1.6 m　　(C)1.8 m　　(D)2.0 m

18. 某很长的岩质边坡的断面形状如下图所示，岩体受一组走向与边坡平行的节理面所控制，节理面的内摩擦角为 35°，黏聚力为 70 kPa，岩体重度为 23 kN/m³。边坡沿节理面的抗滑稳定系数最接近下列哪个选项？　(　　)

(A)0.8　　(B)1.0　　(C)1.2　　(D)1.3

19. 下图所示的一个坡角为 28° 的均质土坡，由于降雨，土坡中地下水发生平行于坡面方向的渗流，利用圆弧条分法进行稳定分析时，其中第 i 条块高度为 6 m，作用在该条块底面上的孔隙水压力最接近下列哪一数值？　(　　)

(A)60 kPa　　(B)53 kPa　　(C)47 kPa　　(D)30 kPa

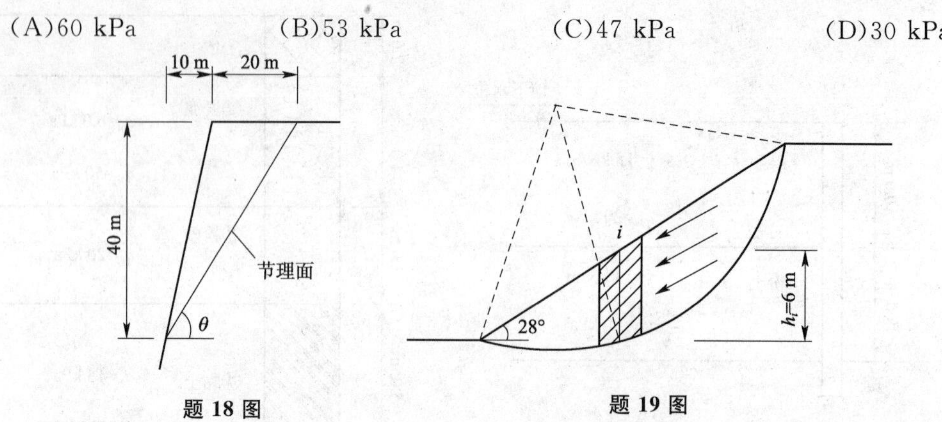

题 18 图　　　　题 19 图

20. 下图所示的重力式挡土墙墙高 8 m，墙背垂直光滑，填土与墙顶平，填土为砂土，$\gamma = 20\ \mathrm{kN/m^3}$，内摩擦角 $\varphi = 36°$。该挡土墙建在岩石边坡前，岩石边坡坡脚与水平方向夹角 $\theta = 70°$，岩石与砂填土间摩擦角为 18°。作用于挡土墙上的主动土压力最接近下列哪项？（　　）

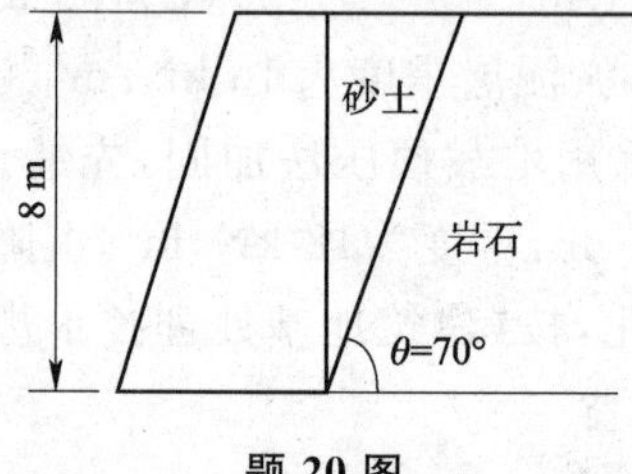

题 20 图

(A)166 kN/m　　(B)298 kN/m　　(C)157 kN/m　　(D)213 kN/m

21. 采用土钉加固一破碎岩质边坡，其中某根土钉有效锚固长度 L 为 4 m，该土钉计算承受拉力 E 为 188 kN，锚孔直径 d 为 108 mm，锚孔孔壁和砂浆间的极限抗剪强度 τ 为 0.25 MPa，钉材与砂浆间极限黏结力 τ_g 为 2 MPa，钉材直径 d_b 为 32 mm，该土钉抗拔安全系数最接近下列哪项？（　　）

(A)$k = 0.55$　　(B)$k = 1.80$　　(C)$k = 2.37$　　(D)$k = 4.28$

22. 在饱和软黏土地基中开挖条形基坑，采用 8 m 长的板桩支护，如下图所示。地下水位已降至板桩底部，坑边地面无荷载。地基土重度为 $\gamma = 19\ \mathrm{kN/m^3}$，通过十字板现场测试得地基土的抗剪强度为 30 kPa。按《建筑地基基础设计规范》(GB 50007—2011) 的规定，为满足基坑抗隆起稳定性要求，此基坑最大开挖深度不能超过下列哪一选项？（　　）

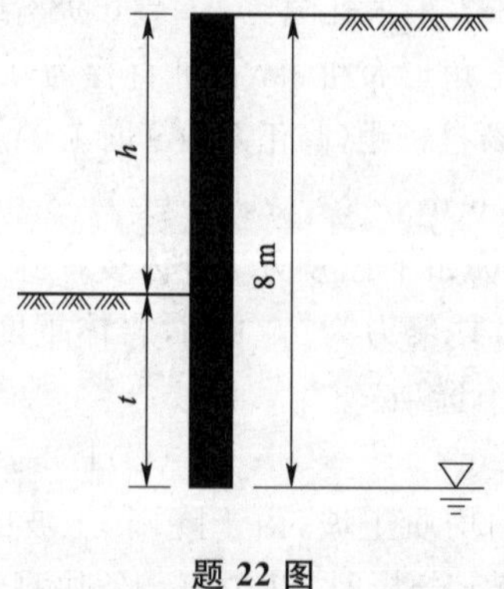

题 22 图

(A)1.2 m　　(B)3.3 m　　(C)6.1 m　　(D)8.5 m

23. 基坑锚杆拉拔试验时，已知锚杆水平拉力 $T = 400$ kN，锚杆倾角 $\alpha = 15°$，锚固体直径 $D = 150$ mm，锚杆总长度为 18 m，自由段长度为 6 m。在其他因素都已考虑的情况下，锚杆锚固体与土层的平均摩阻力最接近下列哪一项？（　　）

(A)49 kPa　　(B)73 kPa　　(C)82 kPa　　(D)90 kPa

24. 某推移式均质堆积土滑坡，堆积土的内摩擦角 $\varphi = 40°$，该滑坡后缘滑裂面与水平面的夹角最可能是下列哪一项？（　　）

(A)40°　　(B)60°　　(C)65°　　(D)70°

25. 斜坡上有一矩形截面的岩体，被一走向平行坡面、垂直层面的张裂隙切割到层面（见下图），岩体重度 $\gamma = 24$ kN/m³，层面倾角 $\alpha = 20°$，岩体的重心铅垂延长线距 O 点 $d = 0.44$ m，在暴雨充水至张裂隙顶面时，该岩体倾倒稳定系数 K 最接近下列哪一选项？（不考虑岩体两侧及底面阻力和扬压力）（　　）

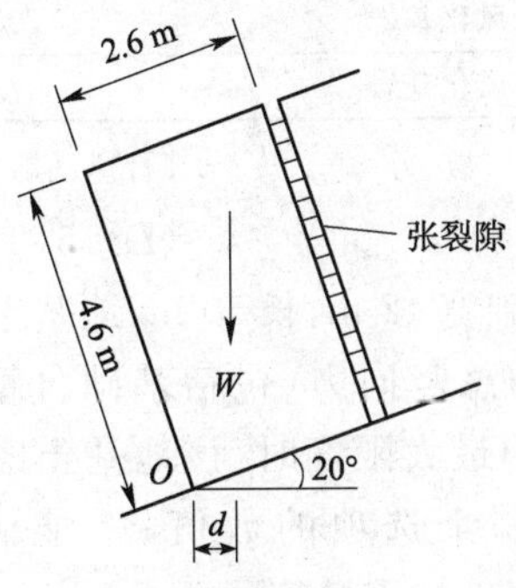

题 25 图

(A)0.78　　(B)0.83　　(C)0.93　　(D)1.20

26. 如下图所示，边坡岩体由砂岩夹薄层页岩组成，边坡岩体可能沿软弱的页岩层面发生滑动。已知页岩层面抗剪强度参数 $c = 15$ kPa，$\varphi = 20°$，砂岩重度 $\gamma = 25$ kN/m³。设计要求抗滑安全系数为 1.35，则每米宽度滑面上至少需增加多少法向压力才能满足设计要求？（　　）

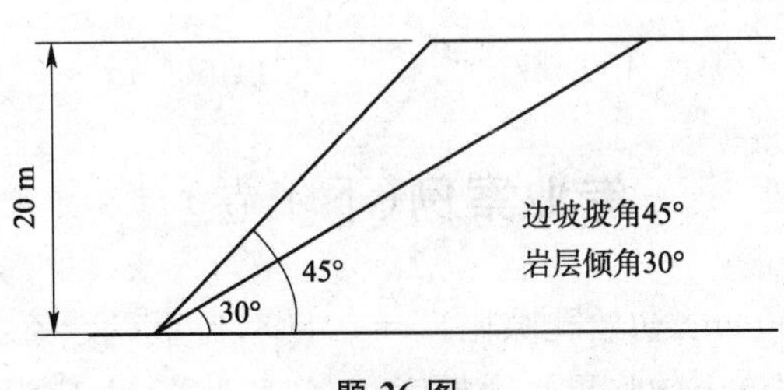

题 26 图

(A)2 180 kN　　(B)1 970 kN　　(C)1 880 kN　　(D)1 730 kN

27. 某黄土试样的室内双线法压缩试验数据如下表所示，其中一个试样保持在天然湿度下分级加荷至 200 kPa，下沉稳定后浸水饱和；另一个试样在浸水饱和状态下分级加荷至 200 kPa。按此表计算，黄土湿陷起始压力最接近下列哪个选项的数据？（　　）

题 27 表

压力 P/kPa	0	50	100	150	200	200（浸水饱和）
天然湿度下试样高度 h_p/mm	20.00	19.79	19.53	19.25	19.00	18.60
浸水饱和状态下试样高度 h'_p/mm	20.00	19.58	19.26	18.92	18.60	—

(A)75 kPa　(B)100 kPa　(C)125 kPa　(D)150 kPa

28. 某场地的钻孔资料和剪切波速测试结果见下表，按《建筑抗震设计规范》(GB 50011—2010)确定的场地覆盖层厚度和计算得出的土层等效剪切波速 v_{se} 与下列哪个选项最为接近？（　）

题 28 表

土层序号	土层名称	层底深度/m	剪切波速/(m/s)
①	粉质黏土	2.5	160
②	粉细砂	7.0	200
③－1	残积土	10.5	260
③－2	孤石	12.0	700
③－3	残积土	15.0	420
④	强风化基岩	20.0	550
⑤	中风化基岩	—	—

(A)10.5 m,200 m/s　(B)13.5 m,225 m/s

(C)15.0 m,235 m/s　(D)15.0 m,250 m/s

29. 某8层建筑物高25 m，筏板基础宽12 m，长50 m，地基土为中密细砂层。已知按地震作用效应标准组合传至基础底面的总竖向力(包括基础自重和基础上的土重)为100 MN。基底零压力区达到规范规定的最大限度时，该地基土经深宽修正后的地基土承载力特征值 f_a 至少不能小于下列哪个选项的数值，才能满足《建筑抗震设计规范》(GB 50011—2010)关于天然地基基础抗震验算的要求？（　）

(A)128 kPa　(B)167 kPa　(C)251 kPa　(D)392 kPa

30. 某灌注桩，桩径1.2 m，桩长60 m，采用声波透射法检测桩身完整性，两根钢制声测管中心间距为0.9 m，管外径为50 mm，壁厚2 mm，声波探头外径28 mm。水位以下某一截面平测实测声时为0.206 ms，试计算该截面处桩身混凝土的声速最接近下列哪一选项？（　）

注：声波探头位于声测管中心；声波在钢材中的传播速度为5 420 m/s，在水中的传播速度为1 480 m/s；仪器系端延迟时间为零。

(A)4 200 m/s　(B)4 400 m/s　(C)4 600 m/s　(D)4 800 m/s

专业案例(下午卷)

1. 某砂土试样高度 $H=30$ cm，初始孔隙比 $e_0=0.803$，比重 $G_s=2.71$，进行渗透试验(见下图)。渗透水力梯度达到流土的临界水力梯度时，总水头差 Δh 应为下列哪项？（　）

(A)13.7 cm　(B)19.4 cm　(C)28.5 cm　(D)37.6 cm

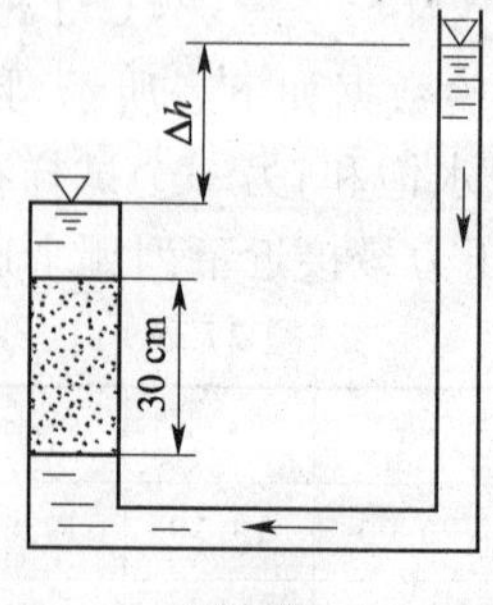

题 1 图

2. 用内径 8.0 cm、高 2.0 cm 的环刀切取饱和原状土试样，湿土质量 $m_1 = 183$ g，进行固结试验后，湿土的质量 $m_2 = 171.0$ g，烘干后土的质量 $m_3 = 131.4$ g，土的相对密度 $G_s = 2.70$，则经压缩后，土孔隙比变化量 Δe 最接近下列哪项？（　　）

(A) 0.137　　(B) 0.250　　(C) 0.354　　(D) 0.503

3. 某土层颗粒级配曲线见下图，根据《水利水电工程地质勘察规范》(GB 50487—2008) 判断，其渗透变形最有可能是下列哪一选项？（　　）

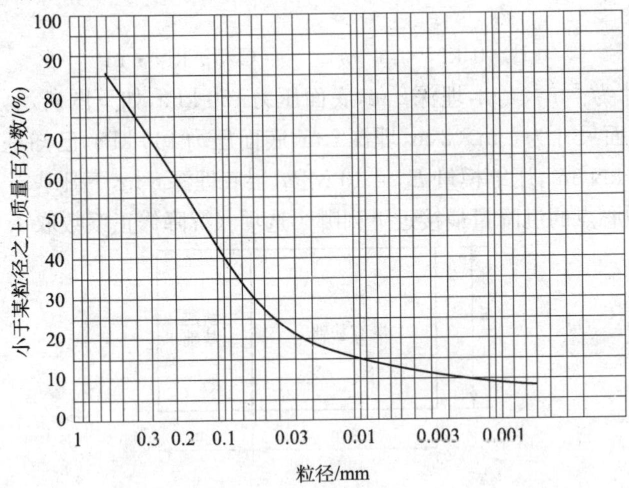

题 3 图

(A) 流土　　(B) 管涌　　(C) 接触冲刷　　(D) 接触流失

4. 某新建铁路隧道埋深较大，其围岩的勘察资料如下：① 岩石饱和单轴抗压强度 $R_c = 55$ MPa，岩体纵波波速 3 800 m/s，岩石纵波波速 4 200 m/s；② 围岩中地下水水量较大；③ 围岩的应力状态为极高应力。其围岩的级别为下列哪个选项？（　　）

(A) Ⅰ 级　　(B) Ⅱ 级　　(C) Ⅲ 级　　(D) Ⅳ 级

5. 甲建筑已沉降稳定，其东侧新建乙建筑，开挖基坑时，采取降水措施，使甲建筑物东侧潜水地下水位由 −5.0 m 下降至 −10.0 m，基底以下地层参数及地下水位见下图。甲建筑物东侧由降水引起的沉降量接近于下列何值？（　　）

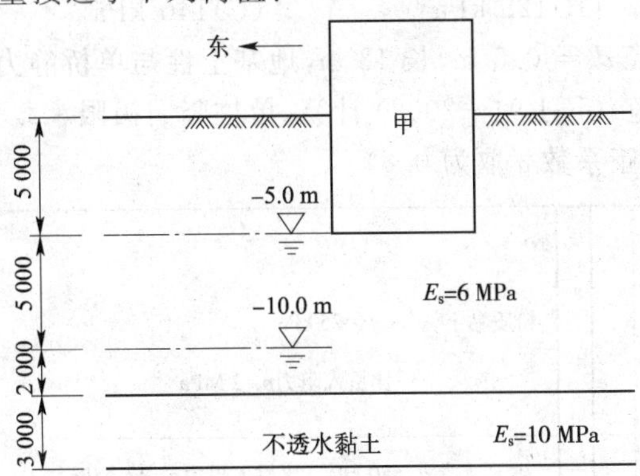

题 5 图(尺寸单位：mm)

(A) 38 mm　　(B) 41 mm　　(C) 63 mm　　(D) 76 mm

6. 从基础底面算起的风力发电塔高 30 m，圆形平板基础直径 $d = 6$ m，侧向风压的合力为 15

kN，合力作用点位于基础底面以上 10 m 处，当基础底面的平均压力为 150 kPa 时，基础边缘的最大与最小压力之比最接近下列何值？$\left(\text{圆形板的抵抗矩 } W=\dfrac{\pi d^3}{32}\right)$ （　　）

(A)1.10　　(B)1.15　　(C)1.20　　(D)1.25

7. 某条形基础宽度 2 m，埋深 1 m，地下水埋深 0.5 m。承重墙位于基础中轴，宽度 0.37 m，作用于基础顶面荷载 235 kN/m，基础材料采用筋钢混凝土。验算基础底板配筋时的弯矩最接近于下列哪个？ （　　）

(A)35 kN·m　　(B)40 kN·m　　(C)55 kN·m　　(D)60 kN·m

8. 既有基础平面尺寸为 4 m×4 m，埋深 2 m，底面压力 150 kPa，如下图所示，新建基础紧贴既有基础修建，基础平面尺寸为 4 m×2 m，埋深 2 m，底面压力 100 kPa，已知基础下地基土为均质粉土，重度 $\gamma=20\ \text{kN/m}^3$，压缩模量 $E_s=10$ MPa，层底埋深 8 m，下卧基岩，则新建基础的荷载引起的既有基础中心点的沉降量最接近下列哪个选项？（沉降修正系数取 1.0） （　　）

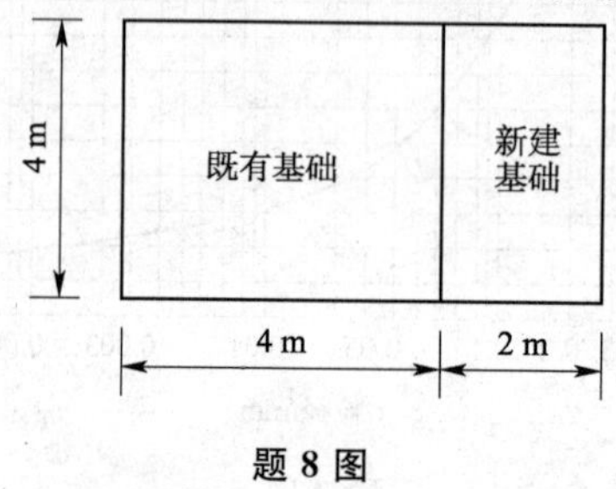

题 8 图

(A)1.8 mm　　(B)3.0 mm　　(C)3.3 mm　　(D)4.5 mm

9. 某独立基础平面尺寸为 5 m×3 m，埋深 2.0 m，基础底面压力标准组合值 150 kPa。场地地下水位埋深 2 m，地层及岩土参数见下表，则软弱下卧层②的层顶附加应力与自重应力之和最接近下列哪个选项？ （　　）

题 9 表

层号	层底埋深 /m	天然重度 /(kN/m³)	承载力特征值 f_{ak}/kPa	压缩模量 /MPa
①	4.0	18	180	9
②	8.0	18	80	3

(A)105 kPa　　(B)125 kPa　　(C)140 kPa　　(D)150 kPa

10. 某混凝土预制桩，桩径 $d=0.5$ m，长 18 m，地基土性与单桥静力触探资料如下图所示，按《建筑桩基技术规范》(JGJ 94—2008) 计算，单桩竖向极限承载力标准值最接近下列哪个选项？（桩端阻力修正系数 α 取为 0.8） （　　）

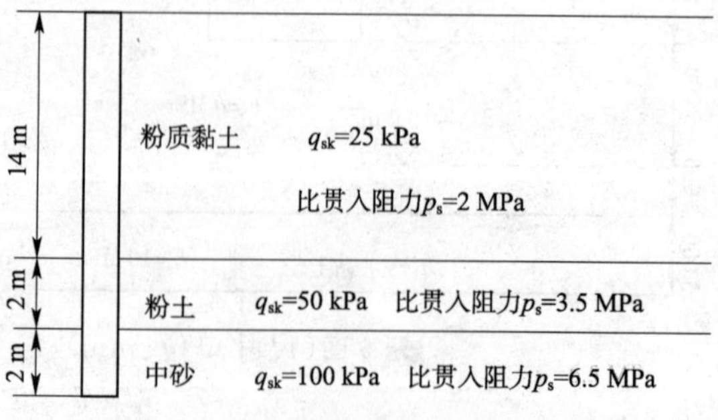

题 10 图

(A)900 kN　　(B)1 020 kN　　(C)1 920 kN　　(D)2 230 kN

11. 某柱下桩基础如下图所示，采用5根相同的基桩，桩径 $d = 800$ mm，地震作用效应和荷载效应标准组合下，柱作用在承台顶面处的竖向力 $F_k = 10\ 000$ kN，弯矩设计值 $M_{yk} = 480$ kN·m，承台与土自重标准值 $G_k = 500$ kN，据《建筑桩基技术规范》(JGJ 94—2008)，基桩竖向承载力特征值至少要达到下列何值，该柱下桩基才能满足承载力要求？（　　）

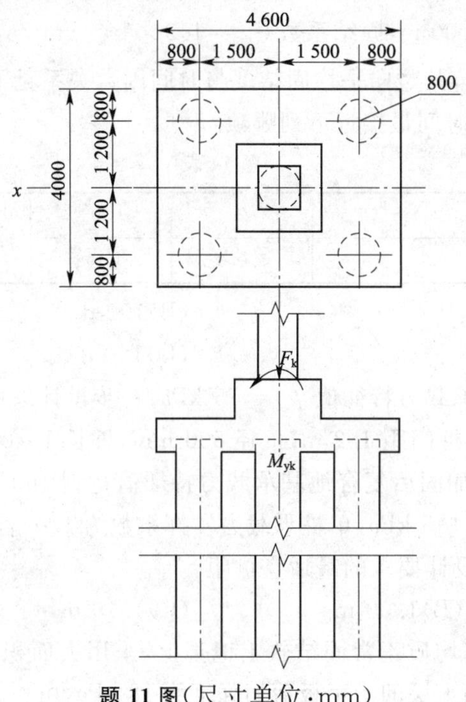

题11图（尺寸单位：mm）

(A)1 460 kN　　(B)1 680 kN　　(C)2 100 kN　　(D)2 180 kN

12. 某构筑物柱下桩基础采用16根钢筋混凝土预制桩，桩径 $d = 0.5$ m，桩长20 m，承台埋深5 m，其平面布置剖面地层如下图所示。荷载效应标准组合下，作用于承台顶面的竖向荷载 $F_k = 27\ 000$ kN，承台及其上土重 $G_k = 1\ 000$ kN，桩端以上各土层的 $q_{sik} = 60$ kPa，软弱层顶面以上土的平均重度 $\gamma_m = 18$ kN/m^3，按《建筑桩基技术规范》(JGJ 94—2008)验算，软弱下卧层承载力特征值至少应接近下列何值才能满足要求？(取 $\eta = 1.0, \theta = 15°$)（　　）

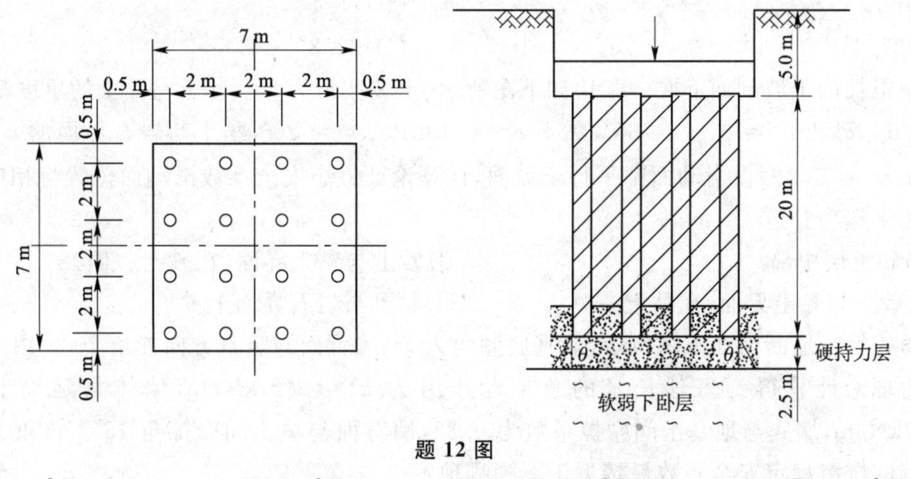

题12图

(A)66 kPa　　(B)84 kPa　　(C)175 kPa　　(D)204 kPa

13. 某黄土地基采用碱液法处理，其土体天然孔隙比为 1.1，灌注孔成孔深度 4.8 m，注液管底部距地表 1.4 m，若单孔碱液灌注量 v 为 960 L 时，按《建筑地基处理技术规范》(JGJ 79—2012)，其加固土层的厚度最接近于下列哪选项？（　）

(A)4.8 m　(B)3.8 m　(C)3.4 m　(D)2.9 m

14. 某饱和淤泥质土层厚 6.00 m，固结系数 $C_v = 1.9 \times 10^{-2}$ cm²/s，在大面积堆载作用下，淤泥质土层发生固结沉降，其竖向平均固结度与时间因数关系见下表。当平均固结度 $\overline{U}_z$ 达 75% 时，所需要预压的时间最接近下列哪项？（　）

题 14 表

竖向平均固结度 $\overline{U}_z$/(%)	25	50	75	90
时间因数 T_v	0.050	0.196	0.450	0.850

(A)60 d　(B)100 d

(C)140 d　(D)180 d

15. 某软土场地，淤泥质土承载力特征值 $f_a = 75$ kPa；初步设计采用水泥土搅拌桩复合地基加固，等边三角形布桩，桩间距 1.2 m，桩径 500 mm，桩长 10.0 m，桩间土承载力折减系数 β 取 0.75，设计要求加固后复合地基承载力特征值达到 160 kPa。经载荷试验，复合地基承载力特征值 $f_{spk} = 145$ kPa，单桩承载力发挥系数为 1.0，若其他设计条件不变，调整桩间距，下列哪项满足设计要求的最适宜桩距？（　）

(A)0.90 m　(B)1.00 m　(C)1.10 m　(D)1.20 m

16. 某大型油罐群位于滨海均质正常固结软土地基上，采用大面积堆载预压法加固，预压荷载 140 kPa，处理前测得土层的十字板剪切强度为 18 kPa，由三轴固结不排水剪测得土的内摩擦角 $\varphi_{cu} = 16°$。堆载预压至 90 d 时，某点土层固结度为 68%，则此时该点土体由固结作用增加的强度最接近下列哪一选项？（　）

(A)45 kPa　(B)40 kPa

(C)27 kPa　(D)25 kPa

17. 现需设计一无黏性土的简单边坡，已知边坡高度为 10 m，土的内摩擦角 $\varphi = 45°$，黏聚力 $c = 0$，当边坡坡角 β 最接近于下列哪项时，其稳定安全系数 $F_s = 1.3$？（　）

(A)45°　(B)41.4°

(C)37.6°　(D)22.8°

18. 纵向很长的土坡剖面上取一条块如下图所示，土坡坡角为 30°，砂土与黏土的重度都是 18 kN/m³，砂土 $c_1 = 0$、$\varphi_1 = 35°$，黏土 $c_2 = 30$ kPa、$\varphi_2 = 20°$，黏土与岩石界面的 $c_3 = 25$ kPa、$\varphi_3 = 15°$，假设滑动面都平行于坡面，计算论证最小安全系数滑动面位置将相应于下列哪个选项？（　）

(A)砂土层中部　(B)砂土与黏土界面，在砂土一侧

(C)砂土与黏土界面，在黏土一侧　(D)黏土与岩石界面上

19. 重力式挡土墙断面如下图所示，墙基底倾角为 6°，墙背面与竖直方向夹角 20°。用库仑土压力理论计算得到每延长米的总主动压力为 $E_a = 200$ kN/m，墙体每延长米自重 300 kN/m，墙底与地基土间摩擦系数为 0.33，墙背面与填土间摩擦角 15°。该重力式挡土墙的抗滑稳定安全系数最接近于下列哪项？（　）

(A)0.50　(B)0.66　(C)1.10　(D)1.20

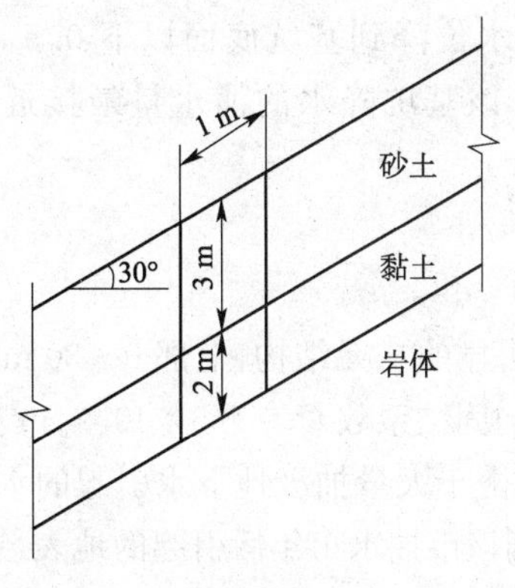

题 18 图

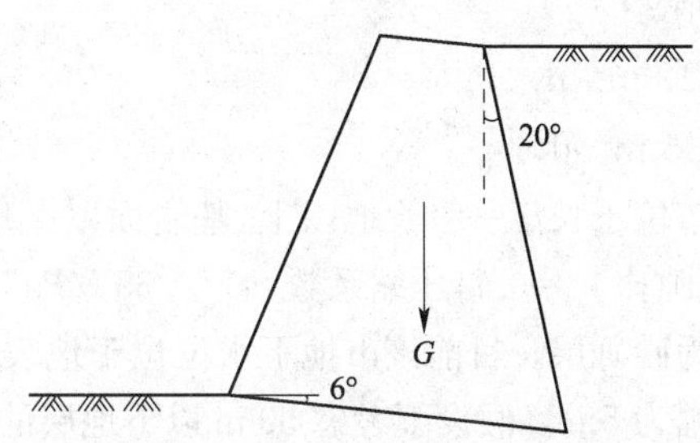

题 19 图

20. 一个采用地下连续墙支护的基坑土层分布如下图所示，砂土与黏土天然重度均为 20 kN/m³，砂层厚 10 m，黏土隔水层厚 1 m，在黏土隔水层以下砾石层中有承压水，承压水头 8 m。没有采用降水措施，为了保证抗突涌的渗透稳定安全系数不小于 1.1，该基坑的最大开挖深度 H 不能超过下列哪一选项？（　）

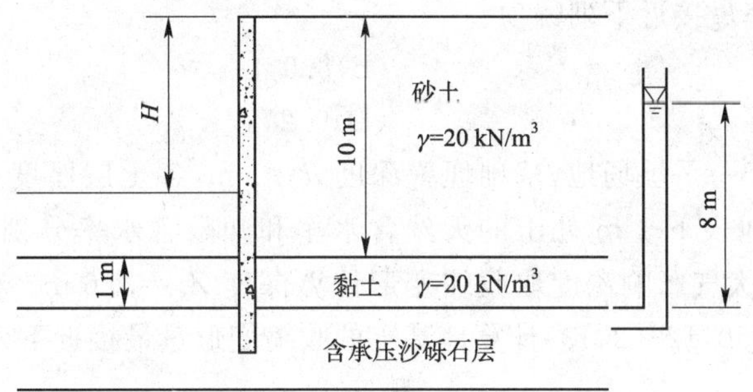

题 20 图

(A) 2.2 m　　(B) 5.6 m　　(C) 6.6 m　　(D) 7.0 m

21. 有一均匀黏性土地基，要求开挖深度 15 m 的基坑，采用桩锚支护。已知该黏性土的重度 $\gamma=19$ kN/m³，黏聚力 $c=15$ kPa，内摩擦角 $\varphi=26°$。坑外地面均布荷载为 48 kPa，按《建筑基坑支护技术规程》(JGJ 120—2012) 规定计算，等值梁的弯矩零点距坑底面的距离最接近于下列哪一个？（　）

(A) 2.3 m　　(B) 1.7 m　　(C) 1.5 m　　(D) 0.4 m

22. 某电站引水隧洞，围岩为流纹斑岩，其各项评分见下表，实测岩体纵波波速平均值为 3 320 m/s，岩块的纵波波速为 4 176 m/s。岩石饱和单轴抗压强度 $R_b=55.8$ MPa，围岩最大主应力 $\sigma_m=11.5$ MPa，按《水利水电工程地质勘察规范》(GB 50487—2008) 的要求进行围岩分类，则应是下列哪一选项？（　）

题 22 表

项目	岩石强度	岩体完整程度	结构面状态	地下水状态	主要结构面产状
评分	20 分	28 分	24 分	−3 分	−2 分

(A) Ⅰ类　　(B) Ⅱ类　　(C) Ⅲ类　　(D) Ⅳ类

23. 某基坑开挖深度 10 m，地面以下 2 m 为人工填土，填土以下 18 m 厚为中、细砂，含水层平均渗透系数 $K=1.0$ m/d；砂层以下为黏土层，地下水位在地表以下 2 m。已知基坑的等

效半径 $r_0=10$ m，降水影响半径 $R=76$ m，要求地下水位降到基坑底面以下 0.5 m，井点深为 20 m，基坑远离边界，不考虑周边水体的影响。该基坑降水的涌水量最接近下列哪个数值？（　　）

(A)342 m^3/d　　(B)380 m^3/d

(C)425 m^3/d　　(D)453 m^3/d

24. 某城市位于长江一级阶地以上，基岩面以上地层具有明显的二元结构，上部 0～30 m 为黏性土，孔隙比 $e_0=0.7$，压缩系数 $a_v=0.35\ MPa^{-1}$，平均竖向固结系数 $C_v=4.5\times10^{-3}\ cm^2/s$；30 m 以下为砂砾层。目前该市地下水位位于地表下 2.0 m，由于大量抽汲地下水引起的水位年平均降幅为 5 m。假设不考虑 30 m 以下地层的压缩量，则该市抽水 1 年后引起的地表最终沉降量最接近下列哪个选项？（　　）

(A)26 mm　　(B)84 mm

(C)237 mm　　(D)263 mm

25. 某季节性冻土地基冻土层冻后的实测厚度为 2.0 m，冻前原地面标高为 195.426 m，冻后实测地面标高为 195.586 m，按《铁路工程特殊岩土勘察规程》(TB 10038—2012)确定，该土层平均冻胀率最接近下列哪项？（　　）

(A)7.1%　　(B)8.0%

(C)8.7%　　(D)9.2%

26. 某单层住宅楼位于一平坦场地，基础埋置深度 $d=1$ m，各土层厚度及膨胀率、收缩系数列于下表。已知地表下 1 m 处土的天然含水率和塑限含水率分别为 $w_1=22\%$、$w_P=17\%$，按此场地的大气影响深度取收缩变形计算深度 $Z_n=3.6$ m。根据《膨胀土地区建筑技术规范》(GB 50112—2013)计算地基土的收缩变形量最接近下列哪项？（　　）

题 26 表

层号	分层深度 Z_i/m	分层厚度 h_i/mm	各分层发生的含水率变化均值 Δw_i	膨胀率 δ_{epi}	收缩系数 λ_{si}
1	1.64	640	0.028 5	0.001 5	0.28
2	2.28	640	0.027 2	0.024 0	0.48
3	2.92	640	0.017 9	0.025 0	0.31
4	3.60	680	0.012 8	0.026 0	0.37

(A)16 mm　　(B)30 mm

(C)49 mm　　(D)60 mm

27. 某建筑拟采用天然地基，基础埋置深度 1.5 m。地基土由厚度为 d_u 的上覆非液化土层和下伏的饱和砂土组成。地震烈度 8 度，近期内年最高地下水位深度为 d_w。按《建筑抗震设计规范》(GB 50011—2010)对饱和砂土进行液化初步判别后，下列哪个选项还需要进一步进行液化判别？（　　）

(A)$d_u=7.0$ m；$d_w=6.0$ m　　(B)$d_u=7.5$ m；$d_w=3.5$ m

(C)$d_u=9.0$ m；$d_w=5.0$ m　　(D)$d_u=3.0$ m；$d_w=7.5$ m

28. 如下图所示，位于地震区的非浸水公路挡土墙，墙高 5 m，墙后填料的内摩擦角 $\varphi=36°$，墙背摩擦角 $\delta=\varphi/2$，填料重度 $\gamma=19\ kN/m^3$，抗震设防烈度为 9 度，无地下水。作用在该墙上的地震主动土压力 E_a 与下列哪个选项最接近？（　　）

提示:库仑主动土压力系数基本公式为 $K_a=\dfrac{\cos^2\varphi}{\cos\delta\left[1+\sqrt{\dfrac{\sin(\varphi+\delta)\sin\varphi}{\cos\delta}}\right]^2}$

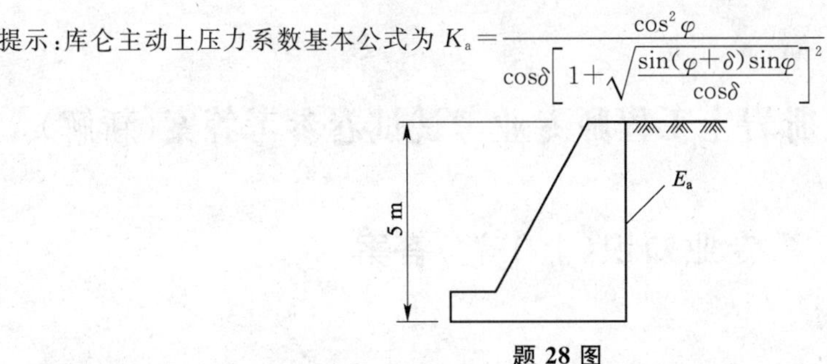

题 28 图

(A)180 kN/m　(B)150 kN/m　(C)120 kN/m　(D)70 kN/m

29. 某场地设防烈度为 8 度,设计地震分组为第一组,地层资料见下表,则按《建筑抗震设计规范》(GB 50011—2010)确定的特征周期最接近于下列哪个选项?　(　)

题 29 表

土　名	层底埋深/m	土层厚度/m	土层剪切波速/(m/s)
粉细砂	9	9	170
粉质黏土	37	28	130
中砂	47	10	230
粉质黏土	58	11	200
中砂	66	8	350
砾石	84	18	550
强风化岩	94	10	600

(A)0.20 s　(B)0.35 s　(C)0.45 s　(D)0.55 s

30. 某住宅楼钢筋混凝土灌注桩,桩径为 0.8 m,桩长为 30 m,桩身应力波传播速度为 3 800 m/s。对该桩进行高应变应力测试后得到如下图所示的曲线和数据,其中 R_x = 3 MN,则该桩桩身完整性类别为下列哪一选项?　(　)

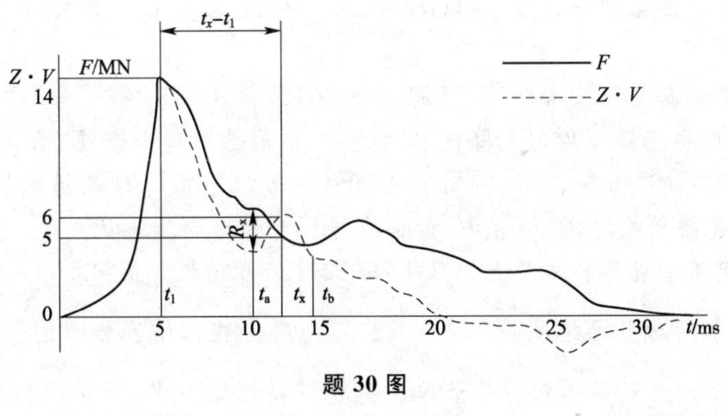

题 30 图

(A)Ⅰ类　(B)Ⅱ类　(C)Ⅲ类　(D)Ⅳ类

2011年全国注册岩土工程师专业考试试卷参考答案(新解)

专业知识(上午卷)答案

一、单项选择题

1.(B)　《建筑工程地质勘探与取样技术规程》(JGJ/T 87—2012)表5.5.1

2.(C)　《建筑工程地质勘探与取样技术规程》(JGJ/T 87—2012)第5.3.6条

3.(B)　《全国注册岩土工程师专业考试培训教材》P1-41

4.(B)　《岩土工程勘察规范》(GB 50021—2001)(2009年版)表6.1.4

5.(D)　《岩土工程勘察规范》(GB 50021—2001)(2009年版)第4.6.14条

6.(C)　《岩土工程勘察规范》(GB 50021—2001)(2009年版)表12.2.2

7.(D)　《建筑工程地质勘探与取样技术规程》(JGJ/T 87—2012)附录C

8.(B)　《岩土工程勘察规范》(GB 50021—2001)(2009年版)第10.7.3条

9.(B)　《岩土工程勘察规范》(GB 50021—2001)(2009年版)第3.3.6条

10.(C)　《全国注册岩土工程师专业考试培训教材》P1-68

11.(D)　从潜水等水位线图可看出,地下水总体流向从右下往左上,河流右侧的潜水等水位线比左侧的高,地下水从右流入河流,再从河流补给左侧

12.(A)　《水运工程岩土勘察规范》(JTS 133—2013)第4.2.14条

13.(C)　《铁路工程地质勘察规范》(TB 10012—2007)表B.0.1

14.(C)　《建筑桩基技术规范》(JGJ 94—2008)第3.1.7条

15.(C)　《建筑地基基础设计规范》(GB 50007—2011)第3.0.5条

16.(B)

17.(B)　《建筑地基处理技术规范》(JGJ 79—2012)第8.2.3条

18.(C)　对于厂房基础不均匀沉降的加固措施,一般选取施工方便、承载力施加快的处理方法。根据选项,振冲碎石桩、水泥粉煤灰碎石桩一般用于拟建建筑场地的加固,而压密注浆承载力的发挥需要较长时间,综合考虑,锚杆静压桩最为合适

19.(D)　《建筑地基处理技术规范》(JGJ 79—2012)第6.3.5条

20.(C)　瞬时加荷地基固结度$U_z=1-\frac{8}{\pi^2}e^{-\frac{\pi^2 C_v}{4H^2}t}$,可见在固结度相同的情况下所需要的时间与距离平方成正比。双面排水相较于单面排水距离缩短一半,则时间缩短为原来的1/4。可参考《土力学》(四校合编,第三版)第178页例6-5

21.(D)　本题在历年考试中已多次出现,对控制工后沉降而言最有效的方法即为增加桩长

22.(A)　本题属于理解性题目。在正常使用下,刚性桩桩土应力比随荷载的增大而增大,而柔性桩桩土应力比随着荷载的增大而减小。此题也是重复考题

23.(D)　《建筑地基处理技术规范》(JGJ 79—2012)第8.4.3条

24.(D)　《建筑地基处理技术规范》(JGJ 79—2012)第4.2.1条第7款条文说明

25.(B)

26.(D)　《全国注册岩土工程师专业考试培训教材》P7-126

27.(D)

28.(C)　《碾压式土石坝设计规范》(DL/T 5395—2007)第3.1.5条、《全国注册岩土工程师专业考试培训教材》P6-63

29.(B)　灌水稳定下渗时，会对砂土产生向下的渗流力，增加砂土的重力

30.(A)　《建筑边坡工程技术规范》(GB 50330—2013)第F.0.4条

31.(C)　《建筑基坑支护技术规程》(JGJ 120—2012)第4.7.8条、第4.8.3条

32.(D)　据《建筑抗震设计规范》(GB 50011—2010)第1.0.1条及条文说明可知，(A)、(B)、(C)正确。据第1.0.5条及条文说明可知，一般情况下采用抗震设防烈度作为一个地区抗震设防依据的地震烈度，在一定条件下，可采用经国家有关主管部门批准发布的供设计采用的抗震设防区划的地震动参数，故(D)错误

33.(C)　《建筑抗震设计规范》(GB 50011—2010)第1.0.1条条文说明

34.(D)　《建筑抗震设计规范》(GB 50011—2010)第4.1.5条

35.(C)　据《建筑抗震设计规范》(GB 50011—2010)第3.3.1条，规范未对(A)、(B)项进行规定，而(D)错误，故(C)为正确答案

36.(B)　《建筑抗震设计规范》(GB 50011—2010)第3.3.4条

37.(C)　据《建筑抗震设计规范》(GB 50011—2010)第4.3.3条第1款，(B)错误，而题中强调场地土为冲洪积平原，说明越深部的地层年代越久，故③、④层土的沉积年代晚于Q_3

38.(B)　《建筑基桩检测技术规范》(JGJ 106—2014)第3.1.1条

39.(D)　《建筑基桩检测技术规范》(JGJ 106—2014)附录E.0.5

40.(C)　当施加桩顶的压力大于桩身侧阻力后，桩底虚土逐渐被压密，此时出现较大沉降，压实后强度又开始增加

二、多项选择题

41.(B)、(D)　《岩土工程勘察规范》(GB 50021—2001)(2009年版)第4.1.20条

42.(A)、(C)　土的塑性指数和液性指数都是土的可塑性指标，液性指数是随含水率的变化而变化，与土的状态有关，对某一特定的土来说，塑性指数是不变的，液性指数与塑性指数不成反比

43.(A)、(D)　《岩土工程勘察规范》(GB 50021—2001)(2009年版)第3.3.7条条文说明

44.(A)、(B)、(D)　《工程岩体试验方法标准》(GB/T 50266—2013)第5.1节

45.(A)、(C)、(D)　据《土工试验方法标准》(GB/T 50123—1999)中各试验土样制备条件

46.(A)、(C)　毛细水上升是由于表面张力导致的，其上升高度与岩土孔隙大小有关，能否传递静水压力还有争议。见《全国注册岩土工程师专业考试培训教材》P1-398

47.(A)、(D)　《工程结构可靠性设计统一标准》(GB 50153—2008)第4.3节

48.(A)、(B)　《建筑结构荷载规范》(GB 50009—2012)第3.1.1条

49.(A)、(D)

50.(A)、(B)、(D)　《土工试验方法标准》(GB/T 50123—1999)第9.3.5条、第14.1.16条、第14.1.10条，《建筑地基处理技术规范》(JGJ 79—2012)第5.2.7条，D_r为无量纲，$\dot{q}_i$单位为kPa/d，$\bar{E}_s$单位为MPa

51.(A)、(B)　《建筑地基处理技术规范》(JGJ 79—2012)第4.1.4条、第4.3.1条、第4.3.3条

52.(A)、(C)　据《建筑地基基础设计规范》(GB 50007—2011)第3.0.1条、第3.0.2条可知，多层厂房对地基变形有严格要求。因此，强夯置换法和砂石桩法均不适用于对变形要求

严格的工程

53.(B)、(D)　《建筑地基处理技术规范》(JGJ 79—2012)第7.3.2条及条文说明

54.(B)、(C)　砂井是指预压地基中起固结排水作用的竖井，而砂桩指砂石桩复合地基，砂桩主要起置换作用，同时兼具排水功能，但其在地基加固中机理不同，作用不同，并不能简单地按直径区分

55.(A)、(B)、(C)　据《建筑地基处理技术规范》(JGJ 79—2002)第13章内容，正确答案为(A)、(B)、(C)。2012年规范已取消石灰桩相关内容

56.(A)、(B)、(D)　《建筑地基处理技术规范》(JGJ 79—2012)第5.2.10条、第5.1.9条。采用超载预压法处理地基后，可减少工后沉降量(不会完全消除沉降变形)、缩短处理工期、减小次固结变形

57.(B)、(D)

58.(A)、(C)

59.(A)、(B)

60.(C)、(D)　《水利水电工程地质勘察规范》(GB 50487—2008)附录Q

61.(A)、(B)、(D)　通过纵、横波波速可以确定动弹性模量、动剪切模量和动泊松比

62.(A)、(C)、(D)　《建筑基坑支护技术规程》(JGJ 120—2012)第6.1.1条、第6.1.2条

63.(A)、(B)　据《中国地震动参数区划图》(GB 18306—2015)第3.3条，(A)正确。据第4.1条，(B)正确。由第五代《中国地震动参数区划图》可知，其比例尺为1∶24 000 000，故(C)正确。据第6.1.2条和第7.1.2条，分界线附近的基本地震动峰值加速度应按就高原则或专门研究确定，而分界线附近的基本地震动加速度反应谱特征周期应按就高原则确定，(D)错误

64.(A)、(B)、(D)　《建筑抗震设计规范》(GB 50011—2010)第2.1.1条条文说明

65.(A)、(B)　《建筑抗震设计规范》(GB 50011—2010)第4.1.7条

66.(A)、(C)　《建筑抗震设计规范》(GB 50011—2010)第4.4.1条

67.(B)、(D)　《建筑抗震设计规范》(GB 50011—2010)表4.3.6

68.(A)、(C)　《建筑抗震设计规范》(GB 50011—2010)第4.3.3条

69.(B)、(C)　《建筑基桩检测技术规范》(JGJ 106—2014)第8.3.4条

70.(A)、(C)、(D)　《建筑地基处理技术规范》(JGJ 79—2012)第7.5.2条

专业知识(下午卷)答案

一、单项选择题

1.(D)

2.(D)　《全国注册岩土工程师专业考试培训教材》P3-106

3.(C)

4.(D)　变形模量一般通过现场静载试验确定，是在无侧限条件下完成的，压缩模量是室内试验确定的，是在有侧限条件下完成

5.(D)　《全国注册岩土工程师专业考试培训教材》P3-42

6.(A)

7.(B)　《建筑桩基技术规范》(JGJ 94—2008)第4.1.1条条文说明

8.(A)　《建筑桩基技术规范》(JGJ 94—2008)表5.4.4-2

9.(B)

10.(C)　《建筑桩基技术规范》(JGJ 94—2008)第 5.3.1 条

11.(A)

12.(B)　《建筑抗震设计规范》(GB 50011—2010)第 4.4.3 条、第 4.4.4 条、第 4.4.5 条

13.(C)　《建筑桩基技术规范》(JGJ 94—2008)第 7.5.7 条、第 7.5.10 条

14.(A)　《建筑桩基技术规范》(JGJ 94—2008)第 5.9.7 条、第 5.9.10 条

15.(C)　填方路基软土的沉降是控制工后沉降，主要变形为主固结沉降

16.(C)　倾向相同或相近，结构面倾角小于坡角为最不利

17.(B)　《生活垃圾卫生填埋处理技术规范》(GB 50869—2013)第 8.2.4 条

18.(D)

19.(A)

20.(C)　砂层的坡角越大，稳定性越差

21.(B)　《土工合成材料应用技术规范》(GB/T 50290—2014)第 7.1.2 条

22.(B)　《港口工程地基规范》(JTS 147—1—2010)第 6.1.3 条及条文说明

23.(C)　《铁路工程不良地质勘察规程》(TB 10027—2012)第 4.2.1 条

24.(A)　静水压力具有反压坡脚的作用

25.(D)　填土的内摩擦角大于坡体的摩擦角，滑动面应在坡体内，由于暴雨使内摩擦角减小

26.(D)　计算公式 $j=\gamma_w i=10\times0.32=3.2(\text{kN/m}^3)$

27.(D)　溶洞都是地壳处于相对稳定期间形成的，时间越长，溶洞发育的规模越大

28.(B)　土洞发生的条件见 2005 年专业知识下午卷 34 题的解答

29.(B)　《岩土工程勘察规范》(GB 50021—2001)(2009 年版)附录 C

30.(D)　地面沉降的形成机制，由于地下水位下降，孔隙水压力减少相应的有效应力增加所产生的附加应力使土层进一步固结

31.(C)　《水利水电工程地质勘察规范》(GB 50487—2008)第 C.0.3 条

32.(C)　《岩土工程勘察规范》(GB 50021—2001)(2009 年版)第 4.5.12 条

33.(A)　《湿陷性黄土地区建筑规范》(GB 50025—2004)第 3.0.1 条、第 3.0.2 条、附录 E

34.(C)　《膨胀土地区建筑技术规范》(GB 50112—2013)第 5.4.3 条

35.(C)

36.(B)

37.(D)

38.(C)

39.(C)

40.(B)

二、多项选择题

41.(A)、(C)、(D)　《全国注册岩土工程师专业考试培训教材》P3-157

42.(B)、(C)、(D)　《全国注册岩土工程师专业考试培训教材》P3-156

43.(A)、(B)、(C)　《建筑地基基础设计规范》(GB 50007—2011)第 5.2.7 条及条文说明

44.(B)、(C)　《建筑地基基础设计规范》(GB 50007—2011)第 5.3.10 条、第 5.3.11 条

45.(A)、(B)、(C)

46.(A)、(B)、(C)　《建筑桩基技术规范》(JGJ 94—2008)第 6.3.2 条条文说明

47.(A)、(C)、(D)　《建筑桩基技术规范》(JGJ 94—2008)第 5.7.2 条条文说明

48.(A)、(D)　《建筑桩基技术规范》(JGJ 94—2008)第 5.8.5 条

49.(A)、(D)　《建筑地基基础设计规范》(GB 50007—2011)第 8.5.7 条

50.(A)、(B)　《建筑桩基技术规范》(JGJ 94—2008)附录 A

51.(B)、(C)、(D)　《建筑地基基础设计规范》(GB 50007—2011)第 3.0.5 条(4)

52.(A)、(B)　《建筑桩基技术规范》(JGJ 94—2008)第 5.7.2 条及条文说明

53.(A)、(D)　《公路路基设计规范》(JTG D30—2015)第 7.6.5 条

54.(A)、(C)　《碾压式土石坝设计规范》(DL/T 5395—2007)第 7.5 节、第 7.7 节

55.(A)、(B)

56.(A)、(C)　《水利水电工程地质勘察规范》(GB 50487—2008)附录 C

57.(A)、(B)　《岩土工程勘察规范》(GB 50021—2001)(2009 年版)第 5.5.5 条

58.(A)、(C)、(D)　岩溶发育的影响因素与地质构造的关系，向斜的核部地下水量大、张性断裂比较宽，水量大，倾角陡的地下水径流快，这些都有利于岩溶的发育

59.(B)、(C)、(D)　土洞发生的条件见 2005 年专业知识下午卷 34 题的解答

60.(A)、(C)、(D)　《岩土工程勘察规范》(GB 50021—2001)(2009 年版)第 5.1.10 条

61.(C)、(D)　《铁路工程不良地质勘察规程》(TB 10027—2012)第 4.4.4 条

62.(B)、(D)　在膨胀土地基上矮房子比高房屋容易开裂、建筑物多呈倒八字裂隙，远离地下水位的易开裂，见《膨胀土地区建筑技术规范》(GB 50112—2013)第 4.3.3 条或《工程地质手册》(第四版)第 473 页

63.(A)、(B)　盐渍土的工程性质包括：溶陷性、盐胀性、腐蚀性、吸湿性等。详见《工程地质手册》(第四版)第 501 页～第 503 页

64.(A)、(B)、(D)　《湿陷性黄土地区建筑规范》(GB 50025—2004)第 6.1.3 条、第 6.1.4 条

65.(B)、(D)

66.(A)、(B)

67.(A)、(C)

68.(A)、(B)、(C)

69.(A)、(B)、(C)

70.(A)、(D)

专业案例(上午卷)答案

1.[答案](B)

[解析]首先判断该试验属于浅层还是深层平板载荷试验：虽然试验深度为 6 m，但基槽宽度已大于承压板直径 3 倍，故属于浅层载荷试验。根据《岩土工程勘察规范》(GB 50021—2001)(2009 年版)式(10.2.5-1)计算变形模量：

$$E_0=I_0(1-\mu^2)\frac{pd}{s}=0.785\times(1-0.38^2)\times\frac{100\times0.8}{6}=8.96\ (\text{MPa})$$

答案(B)。

若按深层载荷板计算，则利用规范公式(10.2.5-2)，结果为：

$$E_0=\omega\frac{pd}{s}=0.475\times\frac{100\times0.8}{6}=6.33\ (\text{MPa})$$

答案(A)。

2.[答案](A)

[解析]直接由《土工试验方法标准》(GB/T 50123—1999)式(4.0.6)计算

$$w=\left[\frac{m_1}{m_2}(1+0.01w_h)-1\right]\times100\%=\left[\frac{500}{560}\times(1+0.01\times60)-1\right]\times100\%=42.9\%$$

该题可不用规范公式,直接通过指标换算得出答案。

3.[答案](C)

[解析]据《岩土工程勘察规范》(GB 50021—2001)(2009 年版)第 6.4.1 条

大于 2 mm 颗粒含量为(100+600+400)/2 000=55%,大于 50%粗颗粒以棱形为主,属角砾;小于 0.075 mm 的细颗粒含量为 560/2 000=28%,大于 25%,属混合土;细颗粒为黏土,则定名为含黏土角砾。

4.[答案](D)

[解析]1、2 两断面间的水力梯度:$i=(15-10)/50=0.1$

第一层土的单宽渗流流量:

$q_1=[k_1 i(h_1+h_2)/2]\times1=[5\times0.1\times(15+10)/2]\times1=6.25\ (m^3/d)$

第二层土的单宽渗流流量:$q_2=k_2 iM\times1=50\times0.1\times5\times1=25\ (m^3/d)$

整个断面的渗流流量:$q=q_1+q_2=6.25+25=31.25(m^3/d)$

答案为(D)。

若只计算第一层的渗流量,答案为(A)。

本题也可用等效渗透系数计算。

5.[答案](D)

[解析]据《建筑地基基础设计规范》(GB 50007—2011)附录 K

①求 σ_{z_0}:由 $z/b=4/4=1.0$,$l/b=4/4=1.0$,查表得 $\alpha_0=0.336$

承载面积中心 O 点下 $z=4$ m 处 M_0 点的附加应力 $\sigma_{z_0}=\alpha_0 p=0.336\times400=134.4\ (kPa)$

②求 σ_{zc}:由 $z/2b=8/8=1.0$,$2l/2b=8/8=1.0$,查表得 $\alpha_0=0.336$

承载面积角点 C 下 $z=8$ m 处 M_c 点的附加应力 $\sigma_{zc}=\frac{1}{4}\alpha_0 p=\frac{1}{4}\times0.336\times400=33.6\ (kPa)$

③$\dfrac{\sigma_{z_0}}{\sigma_{zc}}=\dfrac{\alpha_0 p}{\frac{1}{4}\alpha_0 p}=4$

注:①可不求出具体数值;

②可用规范表查附加应力系数。

6.[答案](A)

[解析]据《建筑地基基础设计规范》(GB 50007—2011)第 5.2.2 条

$e=0.2\ m<l/6=1.8/6=0.3(m)$

$$p_{kmax}=\frac{F_k+G_k}{lb}\times\left(1+\frac{6e}{l}\right)=\frac{300}{1.8\times1.2}\times\left(1+\frac{6\times0.2}{1.8}\right)=231.48\ (kPa)$$

$$p_{kmin}=\frac{F_k+G_k}{lb}\times\left(1-\frac{6e}{l}\right)=\frac{300}{1.8\times1.2}\times\left(1-\frac{6\times0.2}{1.8}\right)=46.3\ (kPa)$$

先判断小偏心,应力分布为梯形,然后只计算 p_{max} 亦可。

7.[答案](B)

[解析]据《建筑地基基础设计规范》(GB 50007—2011)式(5.2.1-1)

①求地基承载力特征值：

$f=f_{ak}+\eta_b\gamma(b-3)+\eta_d\gamma_m(d-0.5)=150+1.0\times18\times(1.5-0.5)=168$ (kPa)

②确定基础底面积：

按中心荷载作用计算基底面积

$$A_0=\frac{F_k}{f_a-\gamma_G d}=\frac{500}{168-20\times1.5}=3.62\ (\mathrm{m}^2)$$

或 $A=\dfrac{F_k+G_k}{f_a}=\dfrac{F_k+A\times1.5\times20}{f_a}$

求得 $A=3.62\ \mathrm{m}^2$

8.[**答案**](C)

[**解析**]据《建筑地基基础设计规范》(GB 50007—2011)式(8.2.8-3)，$F_L=p_jA_L$

①计算偏心距 $e=M/F=87.5/700=0.125(\mathrm{m})<2.4/6=0.4(\mathrm{m})$，属小偏心。

②计算基底最大净反力

$$p_{j\max}=\frac{F}{b^2}\left(1+\frac{6e}{b}\right)=(700/2.4^2)\times(1+6\times0.125/2.4)=159.5\ (\mathrm{kPa})$$

③基础有效高度 $h_0=0.55$ m，阴影宽度 $=2.4/2-0.4/2-0.55=0.45$ (m)

④冲切力 $=p_{j\max}A_i=159.5\times\dfrac{1}{2}\times0.45\times(2.4+2.4-2\times0.45)=139.96$ (kN)

根据规范第 8.2.7 条规定，p_j 取 $p_{j\max}$(阴影部分短边)$=0.4+2\times0.55$ 也可。

9.[**答案**](B)

[**解析**]据《建筑地基基础设计规范》(GB 50007—2011)第 8.4.12 条

$V_s\leqslant0.7\beta_{hs}f_t(l_{n2}-2h_0)h_0$

$\beta_{hs}=(800/h_0)^{1/4}=(800/1\,200)^{1/4}=0.9$

$0.7\beta_{hs}f_t(l_{n2}-2h_0)h_0=0.7\times0.9\times1.57\times(8.0-2\times1.2)\times1.2\times10^3=6.65\times10^3$ (kN)

10.[**答案**](C)

[**解析**]据《建筑桩基技术规范》(JGJ 94—2008)第 5.9.1 条、第 5.9.2 条

先计算右侧两基桩净反力设计值。

右侧两根基桩的净反力值：

$$N_{右}=\frac{F}{n}+\frac{M_yx_i}{\sum x_j^2}=\frac{12\,000}{6}+\frac{(1\,500+600\times1.5)\times1.8}{4\times1.8^2}=2\,333\ (\mathrm{kN})$$

弯矩设计值：$M_y=\sum N_ix_i=2\times2\,333\times(1.8-0.6)=5\,599$ (kN·m)

11.[**答案**](A)

[**解析**]据《建筑桩基技术规范》(JGJ 94—2008)第 5.5.14 条、式(5.5.14-3)

①$s_e=\xi_e\dfrac{Q_jl_j}{E_cA_{ps}}$

摩擦桩 $l/d=24/0.6=40$，$\xi_e=(2/3+l/2)/2=0.583\,3$，$A_{ps}=0.3^2\times3.14=0.282\,6\ (\mathrm{m}^2)$，$E_c=3.0\times10^4$ MPa

②$s_e=\xi_e\dfrac{Q_jl_j}{E_cA_{ps}}=0.583\,3\times\dfrac{1\,200\times24}{3.0\times10^4\times0.282\,6}=1.98$ (mm)

12.[**答案**](D)

[**解析**]据《建筑桩基技术规范》(JGJ 94—2008)第 5.4.5 条

①$G_p=\frac{(\gamma-\gamma_w)l\pi d^2}{4}=\frac{15l\times 3.14\times 0.5^2}{4}=2.94l$

②$T_{uk}=\sum\lambda_i q_{sik}u_i l_i=0.8\times 50\times 3.14\times 0.5l=62.8l$

③$N_k\leqslant T_{uk}/2+G_p$，$800\leqslant 62.8l/2+2.94l$，$800\leqslant 34.34l$，$l\geqslant 23.3\ \text{m}$

13.［**答案**］(B)

［**解析**］据《建筑桩基技术规范》(JGJ 94—2008)第5.4.3条、第5.4.4条

①查表5.4.4-2，桩端嵌入基岩，$l_n/l_0=1$，$l_n=l_0=10\ \text{m}$

②$\sigma'_{\gamma 1}=\frac{0+\gamma' h}{2}=\frac{0+8.0\times 10}{2}=40.0\ (\text{kPa})$

③$q_{s_1}^n=\xi_{n_1}\sigma'_1=\xi_{n_1}\sigma'_{\gamma_1}=0.25\times 40=10.0\ (\text{kPa})<20\ (\text{kPa})$，取 $q_{s_1}^n=10.0\ (\text{kPa})$

④$Q_g^n=\mu q_{s_1}^n l_1=3.14\times 0.6\times 10\times 10=188.4\ (\text{kN})$

14.［**答案**］(B)

［**解析**］据《建筑地基处理技术规范》(JGJ 79—2012)第7.1.5条

$R_a=\pi d\sum q_{si}l+\alpha q_p A_p$

$=3.14\times 0.6\times(6.0\times 4.0+20.0\times 3.0+15.0\times 1.0)+(0.4\sim 0.6)\times 200\times 3.14\times 0.3^2$

$=209.13\sim 220.43\ (\text{kN})$

$R_a=\eta f_{cu}A_p=0.3\times 1.0\times 1\,000\times 3.14\times 0.3^2=84.78\ (\text{kN})$，取小值

因此，$m=\frac{f_{spk}-\beta f_{sk}}{\lambda R_a/A_p-\beta f_{sk}}=\frac{100-0.6\times 50}{300-0.6\times 50}\times 100\%=25.9\%$

$d_e^2=d^2/m\approx 1.39$　　$d_e=1.18\ \text{m}$　　$s=1.18/1.05=1.12\ (\text{m})$

15.［**答案**］(C)

［**解析**］据《建筑地基处理技术规范》(JGJ 79—2012)第5.2.12条

淤泥层中点自重应力为：$\gamma h=(16-10)\times 6.0=36.0\ (\text{kPa})$

查表得相应孔隙比 $e_1=1.909$

淤泥层中点自重应力与附加应力之和为：$36.0+20\times 1.0+18\times 2.0=92.0\ (\text{kPa})$

查表得相应孔隙比 $e_2=1.542$

$s=\xi\sum_{i=1}^{n}\frac{e_{1i}-e_{2i}}{1+e_{1i}}h_i=1.1\times\frac{1.909-1.542}{1+1.909}\times 12=1.67\ (\text{m})$

16.［**答案**］(B)

［**解析**］据《建筑地基处理技术规范》(JGJ 79—2012)第7.1.5条

①$f_{spk}=\lambda m R_a/A_p+\beta(1-m)f_{sk}=m\times 110/0.196+0.5\times(1-m)\times 70=526.2m+35$

其中：$A_p=0.25\times 0.25\pi=0.196\ (\text{m}^2)$

②经深度修正后，复合地基承载力特征值：

$f_a=f_{spk}+\eta_d\gamma_m(d-0.5)=526.2m+35+1.0\times 13\times(2-0.5)=526.2m+54.5$

其中：$\eta_d=1.0$，$\gamma_m=(1.00\times 18+1.00\times 8)/2.0=13.0\ (\text{kN/m}^3)$

③$p_k\leqslant f_a$，即 $150\leqslant 526.2m+54.5$，得 $m\geqslant 0.18$

水泥土搅拌桩可只在基础内布桩，$m=nA_p/A$，$n=mA/A_p=0.18\times 2\times 4/0.196=7.35$（根），取 $n=8$根。

17.［**答案**］(C)

［**解析**］据《建筑地基处理技术规范》(JGJ 79—2012)第7.2.2条

依据规范公式(7.2.2-1)，$S=0.95\xi d\sqrt{\dfrac{1+e_0}{e_0-e_1}}$

依据规范公式(7.2.2-3)，先求上式中的 e_1

$e_1=e_{max}-D_{r_1}(e_{max}-e_{min})=0.988-0.886\times(0.988-0.742)=0.770$

$S=0.95\times1.0\times0.5\times\sqrt{\dfrac{1+0.892}{0.892-0.770}}=1.87\ (m)$

取 $S\approx1.80$ m

18.［答案］(B)

［解析］①不稳定岩体体积 V： $V=(1/2)\times20\times40=400\ (m^3/m)$

②滑面面积 A： $A=BL=1\times[(10+20)^2+40^2]^{1/2}=50\ (m^2/m)$

③稳定性安全系数：

$$F_s=\frac{\gamma V\cos\theta\tan\varphi+Ac}{\gamma V\sin\theta}=\frac{23\times400\times0.6\times\tan35^\circ+50\times70}{23\times400\times0.8}=1.0$$

19.［答案］(C)

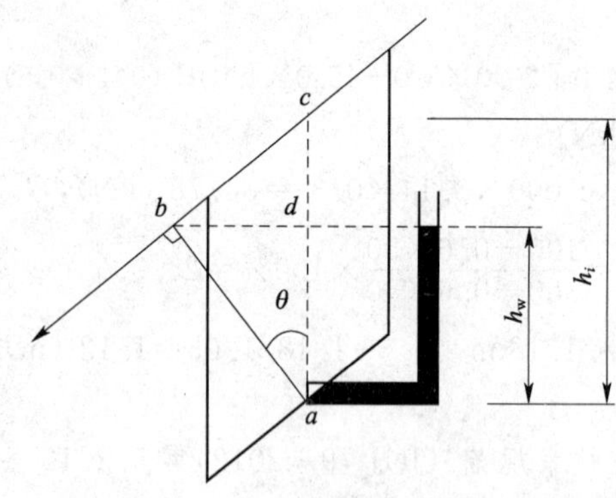

题 19 解图

［解析］由于产生沿着坡面的渗流，坡面线为一流线，过该条底部中点的等势线为 ab 线，水头高度为：

$h_w=\overline{ad}=\overline{ab}\cos\theta=(\overline{ac}\cos\theta)\cos\theta=h_i\cos^2\theta=6\times\cos^2 28^\circ=4.68\ (m)$

孔隙水压力$=h_w\gamma_w=4.68\times10=46.8\ (kPa)$

20.［答案］(B)

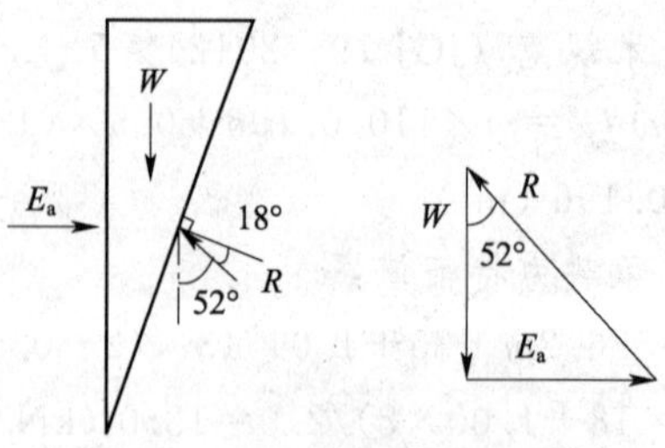

题 20 解图

［解析］自重 $W=\dfrac{20\times8\times8}{2\times\tan70^\circ}=233\ (kN)$　　　$E_a=W\tan52^\circ=298\ (kN/m)$

21.［答案］(B)

［解析］用锚孔壁岩土对砂浆抗剪强度计算土钉极限锚固力 F_1：

$F_1=\pi dl\tau=3.1416\times0.108\times4\times250=339$ (kN)

用钉材与砂浆间黏结力计算土钉极限锚固力 F_2：

$F_2=\pi d_b l\tau_g=3.1416\times0.032\times4\times2000=804$ (kN)

有效锚固力 F 取小值 339 kN

土钉抗拔安全系数 $k=F/E=339/188=1.80$

22.[**答案**](B)

[**解析**]$\dfrac{N_c\tau_0+\gamma t}{\gamma(h+t)+q}\geqslant1.6$，$\tau_0=c_u=30$ kPa，$N_c=5.14$，$q=0$，$h+t=8$ m

$\dfrac{5.14\times30+19t}{19\times8}\geqslant1.6$，$19t\geqslant89$，$t=4.68$ m，$h=3.32$ m

23.[**答案**](B)

[**解析**]锚固段长度： $l=18-6=12$ (m)

轴向拉力： $N=\dfrac{T}{\cos\alpha}=\dfrac{400}{\cos15^\circ}=414$ (kN)　　$\bar{q}_s=\dfrac{N}{\pi Dl}=\dfrac{414}{\pi\times0.15\times12}=73$ (kPa)

24.[**答案**](C)

[**解析**]滑坡主滑段后面的牵引段的大主应力 σ_1 为土体铅垂方向的自重力，小主应力 σ_3 为水平压应力。因滑动失去侧向支撑而产生主动土压破裂，破裂面(即滑坡壁)与水平面夹角 $\beta=45^\circ+\varphi/2=45^\circ+40^\circ/2=65^\circ$，故选(C)。

25.[**答案**](B)

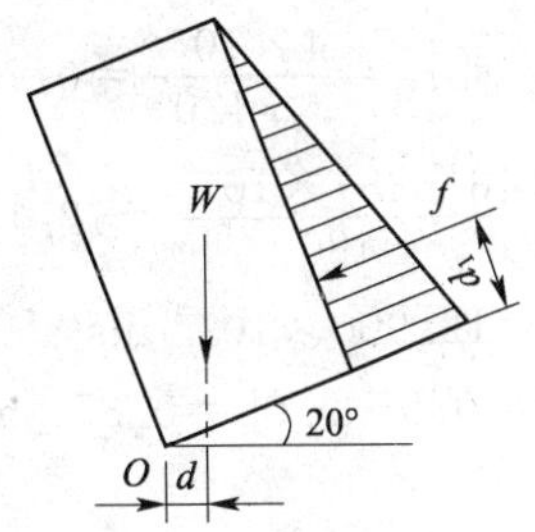

题 25 解图

[**解析**]$K=\dfrac{Wd}{fd_1}=\dfrac{\gamma bl\times0.44}{\frac{1}{2}\gamma_w h_w^2\cos20^\circ\times\frac{h_w}{3}}=\dfrac{24\times2.6\times4.6\times0.44}{\frac{10}{2}\times4.6^2\times\cos20^\circ\times\frac{4.6}{3}}=0.83$

26.[**答案**](B)

[**解析**]①滑体体积 $V=\frac{1}{2}H^2\cot\beta-\frac{1}{2}H^2\cot\alpha=\frac{1}{2}\times20\times20\times(\cot30^\circ-\cot45^\circ)=146.4$ (m^3)

②滑体重量 $W=\gamma V=25\times146.4=3660$ (kN)

③假设施加法向力 f

$$F=\frac{cl+(W\cos\beta+f)\tan\varphi}{W\sin\beta}=\frac{15\times\frac{20}{\sin30^\circ}+(3660\times\cos30^\circ+f)\times\tan20^\circ}{3660\times\sin30^\circ}=1.35$$

$f=1969$ kN

27.[**答案**](C)

[**解析**]根据规范第 2.1.8 条、第 4.3.5 条及条文说明，湿陷起始压力下：

$\dfrac{h_p-h'_p}{h_0}=0.015$，$h_p-h'_p=0.015\times20=0.3$ (mm)

当 $p=100$ kPa 时，$h_p-h'_p=0.27$ mm；当 $p=150$ kPa 时，$h_p-h'_p=0.33$ mm。

$\frac{p_{sh}-100}{0.3-0.27}=\frac{150-100}{0.33-0.27}$，解得，$p_{sh}=125$ kPa

28.[答案](C)

[解析]按《建筑抗震设计规范》(GB 50011—2010)式(4.1.4)，取土层①、②、③-1、③-2、③-3 的覆盖层厚度为 15.0 m。

将孤石③-2 视为残积土③-1，$v_{se}=15.0/(2.5/160+4.5/200+5.0/260+3.0/420)=233$ (m/s)

将孤石③-2 视为残积土③-3，$v_{se}=15.0/(2.5/160+4.5/200+3.5/260+4.5/420)=241$ (m/s)

取最接近选项(C)。

29.[答案](C)

[解析]按《建筑抗震设计规范》(GB 50011—2010)表 4.2.3，地基抗震承载力调整系数 $\zeta_a=1.3$

①基础底面平均压力 $p=100\,000/(12\times 50)=167$ (kPa)

按式(4.2.4—1)，$p=167\leqslant f_{aE}=\zeta_a f_a$，$f_a=167/1.3=128$ (kPa)

②基础边缘最大压力：

建筑物高宽比 $25/12=2.1<4$

$p_{max}=2\times 100\,000/[(1-0.15)\times 12\times 50]=392$ (kPa)

按式(4.2.4-2)，$p_{max}=392\leqslant 1.2f_{aE}=1.2\times 1.3f_a$，$f_a\geqslant 392/(1.2\times 1.3)=251$ (kPa)

①、②两种情况取其大者，$f_a\geqslant 251$ kPa。

30.[答案](B)

[解析]①声波在钢管中的传播时间 $t_{钢}=\frac{4\times 10^{-3}}{5\,420}=0.738\times 10^{-6}$ (s)

②声波在水中的传播时间 $t_{水}=\frac{(46-28)\times 10^{-3}}{1\,480}=12.162\times 10^{-6}$ (s)

③$t'=t_{钢}+t_{水}=12.900\times 10^{-6}$ s$=12.900\times 10^{-3}$ ms

④两个测管外壁之间的净距离 $l=0.9-0.05=0.85$ (m)

⑤声波在混凝土中的传播时间

$t_{ci}=0.206-0-12.900\times 10^{-3}=0.193\,1(\text{ms})=1.931\times 10^{-4}(\text{s})$

⑥该截面混凝土声速 $v_i=\frac{l}{t_{ci}}=\frac{0.85}{1.931\times 10^{-4}}=4\,402$ (m/s)

专业案例(下午卷)答案

1.[答案](C)

[解析]砂土有效重度 $\gamma'=\gamma_w(G_s-1)/(1+e_0)=10\times(2.71-1)/(1+0.803)=9.5$ (kN/m^3)

渗透水力梯度=临界水力梯度

$\frac{\Delta h}{H}=\frac{\gamma'}{\gamma_w}$　　　$\Delta h/30=9.5/10$　　　$\Delta h=30\times 9.5/10=28.5$ (cm)

2.[答案](B)

[解析]原状土样的体积 $V_1=\pi\times 4\times 4\times 2=100.5$ (cm^3)

土的干密度 $\rho_d=\frac{m_3}{V_1}=\frac{131.4}{100.5}=1.31$ (g/cm^3)

土的初始孔隙比 $e_0=G_s\frac{\rho_w}{\rho_d}-1=2.7\times\frac{1.0}{1.31}-1=1.061$

压缩后土中孔隙的体积 $V_2=\frac{m_2-m_3}{\rho_w}=\frac{171.0-131.4}{1.0}=39.6\ (cm^3)$

土粒的体积 $V_3=\frac{m_3}{G_s\rho_w}=\frac{131.4}{2.7\times1.0}=48.7\ (cm^3)$

压缩后土的孔隙比 $e_1=\frac{V_2}{V_3}=\frac{39.6}{48.7}=0.813$，$\Delta e=1.061-0.813=0.248$

该题计算步骤稍多，但均是土工试验基本概念换算，概念明确，计算简单。

另[解析]孔隙体积变化量：$\frac{183-171}{1}=12$

孔隙比变化量：$12\Big/\left(\frac{131.4}{2.7}\right)=0.247$

3. **[答案]**(B)

[解析]按曲线所示，$d_{10}=0.002$，$d_{60}=0.2$，$d_{70}=0.3$，按《水利水电工程地质勘察规范》(GB 50487—2008)附录G求不均匀系数：

$C_u=\frac{d_{60}}{d_{10}}=\frac{0.2}{0.002}=100$，$C_u>5$，则需求 P。

图示曲线为级配连续的土，其粗、细颗粒的区分粒径 d：

$d=\sqrt{d_{70}d_{10}}=\sqrt{0.3\times0.002}=0.024$

其中，细颗粒含量从曲线中求取，$P\approx20\%<25\%$，故判别为管涌。

4. **[答案]**(C)

[解析]据《铁路隧道设计规范》(TB 10003—2005)附录A

①基本分级：

$R_c=55$ MPa，属硬质岩。

$K_v=\left(\frac{3\,800}{4\,200}\right)^2=0.82>0.75$，属完整岩石。

岩体纵波波速3 800 m/s，故围岩基本分级为Ⅱ级。

②围岩分级修正：

a. 地下水修正，地下水水量较大，Ⅱ级修正为Ⅲ级；

b. 埋深修正，埋深较大，Ⅱ级不修正；

c. 综合修正为Ⅲ级。

③综合分类为Ⅲ级。

5. **[答案]**(A)

[解析]据《建筑地基基础设计规范》(GB 50007—2011)第5.3.5条

$S=\left(\frac{50/2}{6}\times5+\frac{50}{6}\times2\right)=37.5\ (mm)$

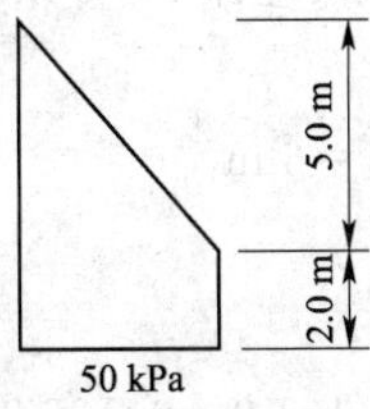

题5解图

该题也可按地面沉降的方法计算。

6. [答案](A)

[解析]据《建筑地基基础设计规范》(GB 50007—2011)第 5.2.2 条

求基础底面抵抗矩：

$M=10\times15\ \mathrm{kN\cdot m}$

$W=\frac{\pi d^3}{32}=\frac{3.14\times6^3}{32}=21.2\ (\mathrm{m^3})$

$P_{\max}=P_k+\frac{M}{W}=150+\frac{10\times15}{21.2}=157.1\ (\mathrm{kPa})$

$P_{\min}=P_k-\frac{M}{W}=150-\frac{10\times15}{21.2}=142.9\ (\mathrm{kPa})$

$\frac{P_{\max}}{P_{\min}}=\frac{157.1}{142.9}=1.1$

7. [答案](B)

[解析]据《建筑地基基础设计规范》(GB 50007—2011)第 8.2.11 条

①计算基础净反力：净反力计算与地下水无关，$p_j=F/b=235/2=118\ (\mathrm{kPa})$

②计算弯矩：$M=\frac{1}{2}p_j a_1^2=0.5\times118\times\left(\frac{2-0.37}{2}\right)^2=39\ (\mathrm{kN\cdot m})$

$$M=\frac{1}{12}a_1^2\left[(2l+a')\left(p_{\max}+p-\frac{2G}{A}\right)+(p_{\max}-p)l\right]$$

$$=\frac{1}{12}\times\left(\frac{2-0.37}{2}\right)^2\times\left[(2\times1+1)\left(p_{\max}+p-\frac{2G}{A}\right)+(p_{\max}-p)\times1\right]$$

$p_{\max}=p\qquad p=\frac{F+G}{A}$

$G=1.35G_k=1.35\times[20\times0.5+(20-10)\times0.5]\times2\times1=40.5\ (\mathrm{kN})$

$M=\frac{1}{12}\times0.815^2\times3\times\left(\frac{2\times235+2\times40.5}{2\times1}-\frac{2\times40.5}{2\times1}\right)=39\ (\mathrm{kN\cdot m})$

8. [答案](A)

[解析]据《建筑地基基础设计规范》(GB 50007—2011)第 5.3.5 条

①计算 $ABED$ 的角点 A 的平均附加应力系数 α_1：

$l/b=1.0$，$z/2=6/2=3.0$，既有基础下(埋深 2～8 m)平均附加应力系数 $\alpha_1=0.1369$

②计算 $ACFD$ 的角点 A 的平均附加应力系数 α_2：

$l/b=2.0$，$z/2=6/2=3.0$，既有基础下(埋深 2～8 m)平均附加应力系数 $\alpha_2=0.1619$

③计算沉降量

$p_0=100-2\times20=60\ (\mathrm{kPa})\qquad z_i=6\ \mathrm{m}$

$$s=\psi_s s'=\psi_s\sum_{i=1}^{n}\frac{p_0}{E_{si}}(z_i\overline{\alpha}_i-z_{i-1}\overline{\alpha}_{i-1})$$

$$=2\times1.0\times(100-2\times20)/10\times(0.1619-0.1369)\times6=1.8\ (\mathrm{mm})$$

$s=\frac{60}{10}\times6\times2\times0.1619-\frac{60}{10}\times6\times2\times0.1369=1.8\ (\mathrm{mm})$

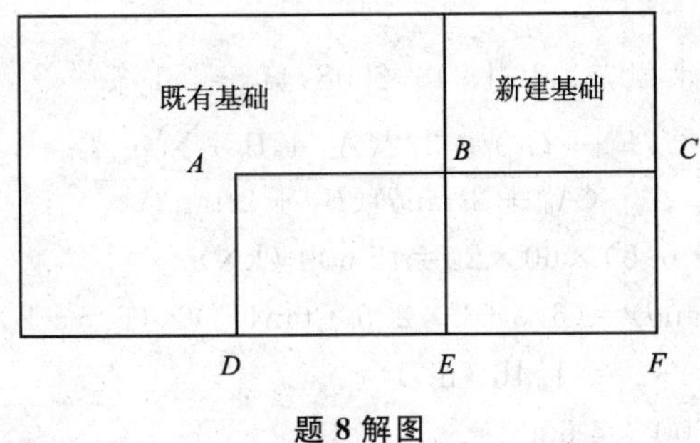

题 8 解图

9.[**答案**](A)

[**解析**]据《建筑地基基础设计规范》(GB 50007—2011)第 5.2.7 条

①基底附加压力 $p_0=p_k-p_c=150-2\times18=114$ (kPa)

②模量比 $E_{s1}/E_{s2}=9/3=3$,$z/b=2/3=0.67>0.5$,扩散角取值 23°。

③第②层的层顶附加应力$=\dfrac{lb(p_k-p_c)}{(b+2z\tan\theta)(l+2z\tan\theta)}$

$$=\frac{5\times3\times114}{(3+2\times2\times\tan23^\circ)\times(5+2\times2\times\tan23^\circ)}=54\ (\text{kPa})$$

④第②层的层顶自重应力(有效应力)$=2\times18+2\times(18-10)=52$ (kPa)

⑤第②层的层顶附加应力与自重应力之和$=54+52=106$ (kPa)

10.[**答案**](C)

[**解析**]据《建筑桩基技术规范》(JGJ 94—2008)第 5.3.3 条

①$p_{sk1}=\dfrac{3.5+6.5}{2}=5(\text{MPa})$,$p_{sk2}=6.5$ (MPa)

$p_{sk1}<p_{sk2}$,$p_{sk}=\dfrac{1}{2}(p_{sk1}+\beta p_{sk2})$

$\dfrac{p_{sk2}}{p_{sk1}}=\dfrac{6.5}{5}=1.3<5$,查表 5.3.3-3,得 $\beta=1$

$p_{sk}=\dfrac{1}{2}\times(5+6.5)=5.75(\text{MPa})=5\ 750$ (kPa)

②$Q_{uk}=Q_{sk}+Q_{pk}=u\sum q_{sik}l_i+\alpha p_{sk}A_p$

$=3.14\times0.5\times(14\times25+2\times50+2\times100)+0.8\times5\ 750\times0.25\times3.14\times0.5^2$

$=1\ 923.3$ (kN)

11.[**答案**](B)

[**解析**]据《建筑桩基技术规范》(JGJ 94—2008)第 5.1.1 条、第 5.2.1 条

①$N_{Ekmax}=\dfrac{F_k+G_k}{n}+\dfrac{M_{yk}x_i}{\sum x_j^2}=\dfrac{10\ 000+500}{5}+\dfrac{480\times1.5}{4\times1.5^2}=2\ 180$ (kN)

$N_{Ek}=\dfrac{F_k+G_k}{n}=\dfrac{10\ 000+500}{5}=2\ 100$ (kN)

②$N_{Ek}\leqslant1.25R$,$R\geqslant\dfrac{N_{Ek}}{1.25}=\dfrac{2\ 100}{1.25}=1\ 680$ (kN)

③$N_{Ekmax}\leqslant1.5R$,$R\geqslant\dfrac{N_{Ekmax}}{1.5}=\dfrac{2\ 180}{1.5}=1\ 453$ (kN)

两者选其大值,即 1 680 kN。

12. [**答案**](B)

[**解析**]据《建筑桩基技术规范》(JGJ 94—2008)第 5.4.1 条

$\sigma_z+\gamma_m z\leqslant f_{az}$ $\qquad \sigma_z=\dfrac{(F_k+G_k)-3/2(A_0+B_0)\sum q_{sik}l_i}{(A_0+2t\tan\theta)(B_0+2t\tan\theta)}$

$(A_0+B_0)q_{sik}l_i=(6.5+6.5)\times60\times20=15\,600$ (kN)

$(A_0+2t\tan\theta)(B_0+2t\tan\theta)=(6.5+2\times2.5\times\tan15°)\times(6.5+2\times2.5\times\tan15°)$

$=61.46$ (m²)

$\sigma_z=\dfrac{28\,000-1.5\times15\,600}{61.46}=\dfrac{4\,600}{61.46}=74.85$ (kPa)

$f_{az}=f_{ak}+\eta_d\gamma_m\times(22.5-0.5)\geqslant\sigma_z+\gamma_m\times22.5$

$f_{ak}=\sigma_z+\gamma_m\times0.5=74.85+18\times0.5=83.85$ (kPa)

13. [**答案**](B)

[**解析**]据《建筑地基处理技术规范》(JGJ 79—2012)第 8.2.3 条

l 为灌注孔长度,从注液管底部到灌注孔底部距离,$l=4.8-1.4=3.4$ (m)

r 为有效加固半径,$r=0.6\sqrt{\dfrac{V}{nl\times10^3}}=0.6\times\sqrt{\dfrac{960}{0.523\times3.4\times10^3}}=0.44$

其中:n 为天然孔隙率,$n=\dfrac{e}{1+e}=\dfrac{1.1}{1+1.1}=0.523$

故 $h=3.4+0.44=3.84$(m)

14. [**答案**](B)

[**解析**]查表,$\overline{U}_z=75\%$时,$T_v=0.45$,$T_v=C_vt/H^2$

$t=T_vH^2/C_v=0.45\times600\times600/1.9\times10^{-2}=8\,526\,316\text{(s)}\approx99$ (d)

15. [**答案**](C)

[**解析**]$d_{e1}=1.05S_1=1.05\times1.20=1.26$ (m),$m_1=(d/d_{e1})^2=(0.5/1.26)^2=0.157\,5$

根据《建筑地基处理技术规范》(JGJ 79—2012)第 7.3.3 条

$145=0.157\,5R_a/(0.25\times0.25\pi)+0.75\times(1-0.157\,5)\times75$,$R_a=121.6$ kPa

$160=m_2\times121.6/(0.25\times0.25\pi)+0.75\times(1-m_2)\times75$,$m_2=0.184$

$d_{e2}=\sqrt{\dfrac{0.5\times0.5}{0.184}}=1.16$ (m) $\qquad S_2=d_{e2}/1.05=1.16/1.05=1.10$ (m)

16. [**答案**](C)

[**解析**]按《建筑地基处理技术规范》(JGJ 79—2012)第 5.2.11 条,强度增长值为:

$\Delta\tau=\Delta\sigma_zU_t\tan\varphi_{cu}$

$\Delta\sigma_z$ 为预压荷载引起的某点土体附加应力,由于大面积堆载可取预压荷载 140 kPa

$U_t=0.68$ $\qquad \varphi_{cu}=16°$ $\qquad \Delta\tau=140\times0.68\times\tan16°=27.3$ (kPa)

17. [**答案**](C)

[**解析**]无黏性土 $F_s=\dfrac{\tan\varphi}{\tan\beta}$,$\tan\beta=\dfrac{\tan\varphi}{F_s}=\dfrac{\tan45°}{1.3}=0.769$,$\beta=37.6°$

18. [**答案**](D)

[**解析**]答案(B),砂土与黏土界面,在砂土一侧:$F_s=\dfrac{\tan\varphi}{\tan\theta}=\dfrac{\tan\varphi}{\tan30°}=1.21$

答案(C),砂土与黏土界面,在黏土一侧,纵向与顺坡向都取单位宽度计算:

$W=3\times1\times\cos30°\times18=46.8$ (kN)

$$F_s=\frac{W\cos30°\tan20°+30}{W\sin30°}=\frac{44.75}{23.4}=1.91$$

答案(D),黏土与岩石界面上,纵向与顺坡方向都取单位宽度计算:

$W=5\times1\times\cos30°\times18=77.9\ (\text{kN})$

$$F_s=\frac{W\cos\theta\tan\varphi+c}{W\sin\theta}=\frac{77.9\times\cos30°\times\tan15°+25}{77.9\times\sin30°}=1.11$$

19.[**答案**](D)

[**解析**]根据《建筑地基基础设计规范》(GB 50007—2011)式(6.7.5-1):

$F_s=\frac{(G_n+E_{an})\mu}{E_{at}-G_t}\qquad G_n=G\cos6°=298.4\ \text{kN}\qquad G_t=G\sin6°=31.4\ \text{kN}$

$E_{an}=200\times\cos(70°-6°-15°)=131\ (\text{kN})$

$E_{at}=200\times\sin(70°-6°-15°)=150.3\ (\text{kN})$

$$\frac{(298.4+131)\times0.33}{150.3-31.4}=1.190$$

如果未计及墙底倾斜,则会有其他错误答案。

20.[**答案**](C)

[**解析**]据《建筑基坑支护技术规程》(JGJ 120—2012)第 C.0.1 条

$\frac{(10+1-H)\times20}{8\times10}=1.1\qquad H-6.6\ \text{m}$

典型错误:安全系数取 1 时为 7.0 m;按浮重度计算时为 2.2 m;不考虑黏土层自重时为 5.6 m。

21.[**答案**](C)

[**解析**]$\sqrt{k_a}=\tan(45°-\varphi/2)=\tan32°=0.625\qquad k_a=0.39$

$\sqrt{k_p}=\tan(45°+\varphi/2)=1.6\qquad k_p=2.56$

设计算点到地面的距离为 h:

主动土压力:$P_{ak}=\sigma_{ak}K_{ai}-2c\sqrt{K_{ai}}=(19h+48)\times0.39-2\times15\times0.625$

被动土压力:$P_{pk}=19\times(h-15)\times2.56+2\times15\times1.6$

$P_{ak}=P_{pk}$

则$(19h+48)\times0.39-2\times15\times0.625=19\times(h-15)\times2.56+2\times15\times1.6$

简化得:$h=16.53$ m

反弯点距坑底的距离为:$h-15=16.53-16=1.53$ (m)

答案(C)正确。

22.[**答案**](C)

[**解析**]①围岩总评分:$T=20+28+24-3-2=67<85$

②围岩强度应力比:$S=\frac{R_b k_v}{\sigma_m}\qquad k_v=\left(\frac{3\,320}{4\,176}\right)^2=0.63\qquad S=\frac{55.8\times0.63}{11.5}=3.1<4$

③按《水利水电工程地质勘察规范》(GB 50487—2008)表 N.0.7 得,答案为Ⅲ类围岩(相应降低一级)。

23.[**答案**](A)

[**解析**]据《建筑基坑支护技术规程》(JGJ 120—2012)附录 E 第 E.0.1 条式(E.0.1)

$$Q=\pi k\frac{(2H-S_d)S_d}{\ln(1+\frac{R}{r_0})}$$

$=3.14\times1\times\dfrac{[2\times(20-2)-(20-2-10+0.5)]\times(20-2-10+0.5)}{\ln(1+76/10)}$

$=341.1\ (m^3/d)$

24.[**答案**](D)

[**解析**]①采用分层总和法计算,公式为 $s=\sum\limits_{i=1}^{n}\dfrac{a_i}{1+e_0}\Delta p_i H_i$

②将地层分为2层,2~7 m为第一层,厚度为5 m;7~30 m为第二层,厚度为23 m。

③计算各层地面最终沉降量 s_∞:

$s_{1\infty}=\dfrac{a_v}{1+e_0}\Delta pH=\dfrac{0.35}{1+0.7}\times25\times5=25.74\ (mm)$

$s_{2\infty}=\dfrac{a_v}{1+e_0}\Delta pH=\dfrac{0.35}{1+0.7}\times50\times23=236.76\ (mm)$ $s_\infty=262.5\ mm$

25.[**答案**](C)

[**解析**]根据《铁路工程特殊岩土勘察规程》(TB 10038—2012)

①地表冻胀量 Δh: $\Delta h=195.586-195.426=0.16\ (m)$

②平均冻胀率 η: $\eta=\dfrac{0.16}{2.0-0.16}\times100\%=8.7\%$

26.[**答案**](A)

[**解析**]根据《膨胀土地区建筑技术规范》(GB 50112—2013)第5.2.7条,当离地面1 m处地基土的天然含水率大于1.2倍塑限含水率时,膨胀土地基变形只计算收缩变形量。

根据规范第5.2.9条,单层住宅 $\Psi_s=0.8$

$S_s=\Psi_s\sum\lambda_{si}\Delta w_i h_i$

$=0.8\times(0.28\times0.0285\times640+0.48\times0.0272\times640+0.31\times0.0179\times640+0.37\times0.0128\times680)$

$=16.2\ (mm)$

27.[**答案**](B)

[**解析**]基础埋置深度 $d_b=1.5$ m,不超过2 m,应采用 $d_b=2$ m。

烈度8度时,液化土特征深度 $d_0=8$ m。

初判条件:$d_u>8+2-2=8\ (m)$,$d_w>8+2-3=7\ (m)$,$d_u+d_w>1.5\times8+2\times2-4.5=11.5\ (m)$。

三个条件都不满足的只有B项。

28.[**答案**](C)

[**解析**]假定墙后填料为砂土,按《公路工程抗震规范》(JTG B02—2013)附录A.0.1条,由表A.0.1,地震角 $\theta=6°$

$K_{ca}=\dfrac{1-\sin\varphi}{\cos\varphi}=\dfrac{1-\sin36°}{\cos36°}=0.51$

$$K_a=\frac{\cos^2(\varphi-\alpha-\theta)}{\cos\theta\cos^2\alpha\cos(\alpha+\delta+\theta)\left[1+\sqrt{\dfrac{\sin(\varphi+\delta)\sin(\varphi-\beta-\theta)}{\cos(\alpha-\beta)\cos(\alpha+\delta+\theta)}}\right]^2}$$

$$=\frac{\cos^2(36°-0°-6°)}{\cos6°\times\cos^2 0°\times\cos(0°+18°+6°)\times\left[1+\sqrt{\dfrac{\sin(36°+18°)\times\sin(36°-0°-6°)}{\cos(0°-0°)\times\cos(0°+18°+6°)}}\right]^2}$$

$=0.496$

计算地震主动土压力 E_{ea}

$$E_{ea}=\left[\frac{1}{2}\gamma H^2+qH\frac{\cos\alpha}{\cos(\alpha-\beta)}\right]K_a-2cHK_{ca}$$

$$=\left(\frac{1}{2}\times19\times5^2+0\right)\times0.496-2\times0\times5\times0.51$$

$$=117.8\ (\text{kN/m})$$

29.[**答案**](C)

[**解析**]①剪切波从地表传至20 m深度的传播时间

$t=\sum(d_i/v_{si})=9/170+11/130=0.1376(\text{s})$

②等效剪切波速 $v_{se}=20/0.1376=145.3(\text{m/s})$

③确定覆盖层厚度66 m。

查《建筑抗震设计规范》(GB 50011—2010)表4.1.6得出Ⅲ类,查表5.1.4-2得出特征周期为0.45 s。

30.[**答案**](C)

[**解析**]①根据《建筑基桩检测技术规范》(JGJ 106—2014)式(9.4.12-1)计算桩身完整性系数 β:

$$\beta=\frac{[F(t_1)+ZV(t_1)]-2R_x+[F(t_x)-ZV(t_x)]}{[F(t_1)+ZV(t_1)]-[F(t_x)-ZV(t_x)]}$$

从题中和图中可知:$F(t_1)=14$ MN,$ZV(t_1)=14$ MN,$F(t_x)=5$ MN,$ZV(t_x)=6$ MN,代入上面公式计算得 $\beta=0.724$。

②按表9.4.12确定该桩身完整性类别:$0.6\leqslant\beta<0.8$,因此该桩身完整性类别为Ⅲ类。

2012年全国注册岩土工程师专业考试试卷(新解)

专业知识(上午卷)

一、单项选择题(共40题,每题1分。每题的备选项中只有一个最符合题意)

1. 风化岩勘察时,每一风化带采取试样的最少组数不应少于下列哪个选项? ( )

(A)3组 (B)6组

(C)10组 (D)12组

2. 进行标准贯入试验时,下列哪个选项的操作方法是错误的? ( )

(A)锤质量63.5 kg,落距76 cm的自由落锤法

(B)对松散砂层用套管保护时,管底位置须高于试验位置

(C)采用冲击方式钻进时,应在试验标高以上15 cm停钻,清除孔底残土后再进行试验

(D)在地下水位以下进行标贯时,保持孔内水位高于地下水位一定高度

3. 野外地质调查时发现某地层中二叠系地层位于侏罗系地层之上,两者产状基本一致,对其接触关系,最有可能的是下列哪一选项? ( )

(A)整合接触 (B)平行不整合接触

(C)角度不整合接触 (D)断层接触

4. 在大比例尺地质图上,河谷处断层出露线与地形等高线呈相同方向弯曲,但断层出露线弯曲度总比等高线弯曲度小,据此推断断层倾向与坡向关系说法正确的是哪项? ( )

(A)与坡向相反 (B)与坡向相同且倾角大于坡角

(C)与坡向相同且倾角小于坡角 (D)直立断层

5. 第四系中更新统冲积和湖积混合土层用地层和成因的符号表示正确的是哪一项? ( )

(A)Q_2^{al+pl} (B)Q_2^{al+l}

(C)Q_3^{al+el} (D)Q_4^{pl+l}

6. 下列关于海港码头工程水域勘探的做法哪一个是错误的? ( )

(A)对于可塑状黏性土可采用厚壁敞口取土器采取Ⅱ级土样

(B)当采用146套管时,取原状土样的位置低于套管底端0.50 m

(C)护孔套管泥面以上长度不可超出泥面以下长度的2倍

(D)钻孔终孔后进行水位观测以统一校正该孔的进尺

7. 岩土工程勘察中采用75 mm单层岩芯管和金刚石钻头对岩层钻进,其中某一回次进尺1.00 m,取得岩芯7块,长度分别依次为6 cm、12 cm、10 cm、10 cm、10 cm、13 cm、4 cm,评价该回次岩层质量的正确选项是哪一个? ( )

(A)较好的 (B)较差的

(C)差的 (D)不确定

8. 下图所示为一预钻式旁压试验的 p-V 曲线,图中 a、b 分别为该曲线中直线段的起点和终点,c 点为 ab 延长线和 V 轴的交点,过 c 点和 p 轴平行的直线与旁压曲线交于 d 点,最右侧的虚线为旁压曲线的渐近线。根据图中给定的特征值,采用临塑荷载法确定地基土承载力 f_{ak} 的正确计算公式为下列哪个选项? ( )

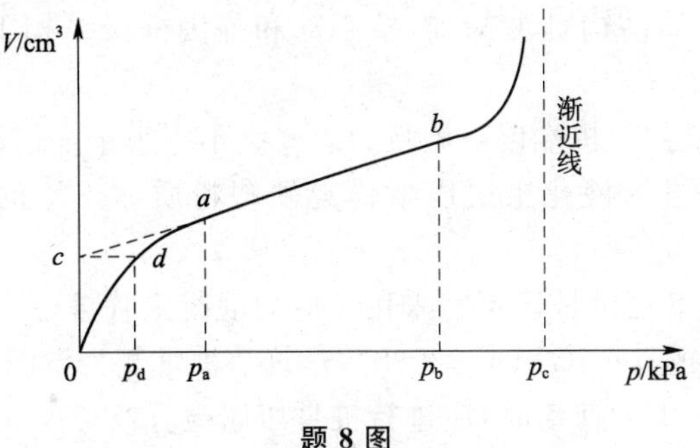

题 8 图

(A) $f_{ak}=p_b-p_d$　　(B) $f_{ak}=p_b-p_a$

(C) $f_{ak}=\frac{1}{2}p_b$　　(D) $f_{ak}=\frac{1}{3}p_c$

9. 在公路工程地质勘察中，用查表法确定地基承载力基本容许值时，下列哪个选项的说法是不正确的？（　）

(A)砂土地基可根据土名、土的密实度和水位情况查表

(B)粉土地基可根据土的天然孔隙比和液性指数查表

(C)老黏土地基可根据土的压缩模量查表

(D)软土地基可根据土的天然含水率查表

10. 新建铁路工程地质勘察的"加深地质工作"是在下列哪个阶段进行的？（　）

(A)踏勘和初测之间　　(B)初测和定测之间

(C)定测和补充定测之间　　(D)补充定测阶段

11. 水利水电工程地质勘察中，关于地基土渗透系数标准值的取值方法，下列哪个选项是错误的？（　）

(A)用于人工降低地下水位及排水计算时，应采用抽水试验的小值平均值

(B)用于水库渗流量计算时，应采用抽水试验的大值平均值

(C)用于浸没区预测时，应采用抽水试验的大值平均值

(D)用于供水计算时，应采用抽水试验的小值平均值

12. 一断层断面如下图所示，则下列哪个选项中的线段长度为断层的地层断距？（　）

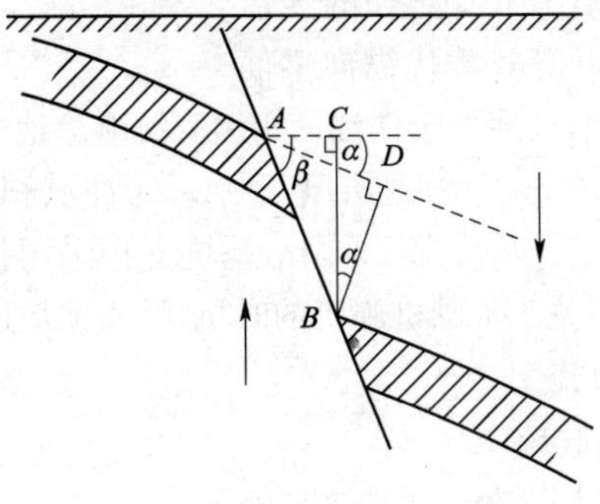

题 12 图

(A)线段 AB　　(B)线段 AC

(C)线段 BC　　(D)线段 BD

13. 根据《建筑桩基技术规范》(JGJ 94—2008)规定，下列关于桩基布置原则的说法，哪个选项是错误的？（　）

(A)对于框架一核心筒结构桩筏基础，核心筒和外围框架结构下基桩应按等刚度、等桩长设计

(B)当存在软弱下卧层时，桩端以下硬持力层厚度不宜小于3倍设计桩径

(C)抗震设防区基桩进入液化土层以下稳定硬塑粉质黏土层的长度不宜小于4～5倍桩径

(D)抗震设防烈度为8度的地区不宜采用预应力混凝土管桩

14. 根据《建筑桩基技术规范》(JGJ 94—2008)，建筑基桩桩侧为淤泥，其不排水抗剪强度为8 kPa，桩的长径比大于下列何值时，应进行桩身压屈验算？ （ ）

(A)20　(B)30　(C)40　(D)50

15. 根据《建筑桩基技术规范》(JGJ 94—2008)，以下4个选项中，哪项对承台受柱的冲切承载力影响最大？ （ ）

(A)承台混凝土的抗压强度　(B)承台混凝土的抗剪强度

(C)承台混凝土的抗拉强度　(D)承台配筋的抗拉强度

16. 根据《建筑桩基技术规范》(JGJ 94—2008)的要求，关于钢筋混凝土预制桩施工，下列说法中正确的选项是哪一个？ （ ）

(A)桩端持力层为硬塑黏性土时，锤击沉桩终锤应以控制桩端标高为主，贯入度为辅

(B)采用静压沉桩时，场地地基承载力不应小于压桩机接地压强的1.0倍，且场地应平整，桩身弯曲矢高的允许偏差为1%桩长

(C)对大面积密集桩群锤击沉桩时，监测桩顶上涌和水平位移的桩数应不少于总桩数的5%

(D)当桩群一侧毗邻已有建筑物时，锤击沉桩由该建筑物处向另一方向施打

17. 以下哪种桩型有挤土效应，且施工措施不当容易形成缩颈现象？ （ ）

(A)预应力管桩　(B)钻孔灌注桩

(C)钢筋混凝土方桩　(D)沉管灌注桩

18. 根据《建筑桩基技术规范》(JGJ 94—2008)有关规定，下列关于基桩构造和设计的做法哪项不符合要求？ （ ）

(A)关于桩身混凝土最低强度等级：预制桩C30，灌注桩C25，预应力实心桩C40

(B)关于最小配筋率：打入式预制桩0.8%，静压预制桩0.6%

(C)钻孔桩的扩底直径应小于桩身直径的3倍

(D)后注浆钢导管注浆后可等效替代纵向钢筋

19. 某高层建筑采用钻孔桩基础，场地处于珠江三角洲滨海滩涂地区，场地地面相对标高±0.0 m，主要地层为：①填土层厚4.0 m；②淤泥层厚6.0 m；③冲洪积粉土、砂土、粉质黏土等，层厚10.0 m；④花岗岩风化残积土。基坑深29.0 m，基坑支护采用排桩加4排预应力锚索进行支护，综合考虑相关条件，下列关于基础桩施工的时机，哪一项最适宜？ （ ）

(A)基坑开挖前，在现地面施工

(B)基坑开挖到底后，在坑底施工

(C)基坑开挖到−10.0 m(相对标高)深处时施工

(D)基坑开挖到−28.0 m(相对标高)深处时施工

20. 某端承型单桩基础，桩入土深度15 m，桩径$d=0.8$ m，桩顶荷载$Q_0=500$ kN，由于大面积抽排地下水而产生负摩阻力，负摩阻力平均值$q_s^n=20$ kPa。中性点位于桩顶下7 m，桩身最大轴力最接近下列何值？ （ ）

(A)350 kN　(B)850 kN　(C)750 kN　(D)1 250 kN

21. 某碾压式土石坝坝高 50 m，根据《碾压式土石坝设计规范》(DL/T 5395—2007)，以下哪种黏性土可以作为坝的防渗体填筑料？（　）

(A)分散性黏土

(B)膨胀土

(C)红黏土

(D)塑性指数大于 20 和液限大于 40%的冲积黏土

22. 某土石坝坝高 70 m，坝基为砂砾石，其厚度为 8.0 m，该坝对渗漏量损失要求较高，根据《碾压式土石坝设计规范》(DL/T 5395—2007)，以下哪种渗流控制形式最合适？（　）

(A)上游设防渗铺盖　(B)下游设水平排水垫层

(C)明挖回填黏土截水槽　(D)混凝土防渗墙

23. 扶壁式挡土墙立板的内力计算，可按下列哪种简化模型进行计算？（　）

(A)三边简支，一边自由　(B)二边简支，一边固端，一边自由

(C)三边固端，一边自由　(D)二边固端，一边简支，一边自由

24. 有一无限长稍密中粗砂组成的边坡，坡角为 25°，中粗砂内摩擦角为 30°，有自坡顶的顺坡渗流时土坡安全系数与无渗流时土坡安全系数之比最接近下列哪个选项？（　）

(A)0.3　(B)0.5　(C)0.7　(D)0.9

25. 挡土墙墙背直立、光滑，填土与墙顶平齐，墙后有 2 层不同的砂土($c=0$)，其重度和内摩擦角分别为 γ_1、φ_1、γ_2、φ_2，主动土压力 p_a 沿墙背的分布形式如下图所示，由图可以判断下列哪个选项是正确的？（　）

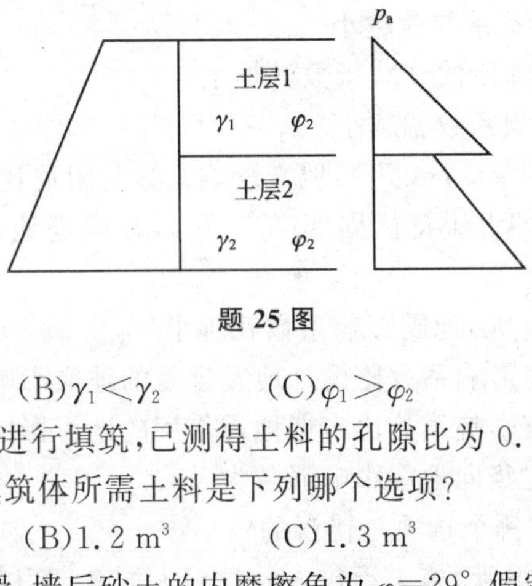

题 25 图

(A)$\gamma_1>\gamma_2$　(B)$\gamma_1<\gamma_2$　(C)$\varphi_1>\varphi_2$　(D)$\varphi_1<\varphi_2$

26. 某路基工程需要取土料进行填筑，已测得土料的孔隙比为 0.80，如果要求填筑体的孔隙比为 0.50，试问 1 m^3 填筑体所需土料是下列哪个选项？（　）

(A)1.1 m^3　(B)1.2 m^3　(C)1.3 m^3　(D)1.4 m^3

27. 某挡土墙墙背直立、光滑，墙后砂土的内摩擦角为 $\varphi=29°$，假定墙后砂土处于被动极限状态，滑面与水平面的夹角为 $\beta=30.5°$，滑体的重量为 G，问相应的被动土压力最接近下列哪个选项？（　）

(A)1.21G　(B)1.52G　(C)2.88G　(D)1.98G

28. 某均质砂土边坡，假定该砂土的内摩擦角在干、湿状态下都相同，问以下哪种情况下边坡的稳定安全系数最小？（　）

(A)砂土处于干燥状态　(B)砂土处于潮湿状态

(C)有顺坡向地下水渗流的情况　(D)边坡被静水浸没的情况

29. 用于液化判别的黏粒含量应采用下列哪种溶液作为分散剂直接测定？（　）

(A)硅酸钠　(B)六偏磷酸钠

(C)酸性硝酸银　(D)酸性氯化钡

30. 某地区设计地震基本加速度为0.15g，建筑场地类别为Ⅲ类，当规范无其他特别规定时，宜按下列哪个抗震设防烈度（设计基本地震加速度）对建筑采取抗震构造措施？（　）

(A)7度(0.10g)　　(B)7度(0.15g)

(C)8度(0.20g)　　(D)8度(0.30g)

31. 对于抗震设防类别为乙类的建筑物，下列选项中哪项不符合《建筑抗震设计规范》(GB 50011—2010)的要求？（　）

(A)在抗震设防烈度为7度的地区，基岩埋深50 m，建筑物位于发震断裂带上

(B)在抗震设防烈度为8度的地区，基岩埋深70 m，建筑物位于发震断裂带上

(C)在抗震设防烈度为9度的地区，基岩埋深70 m，建筑物距发震断裂的水平距离为300 m

(D)在抗震设防烈度为9度的地区，基岩埋深100 m，建筑物距发震断裂的水平距离为300 m

32. 根据《建筑抗震设计规范》(GB 50011—2010)，下列哪个选项是我国建筑抗震设防三个水准的准确称谓？（　）

(A)小震、中震、大震　　(B)多遇地震、设防地震、罕遇地震

(C)近震、中远震、极远震　　(D)众值烈度、基本烈度、设防烈度

33. 根据《建筑抗震设计规范》(GB 50011—2010)，建筑结构的阻尼比在0.05～0.10范围内，而其他条件相同的情况下，下列关于地震影响系数曲线的说法中，哪个选项是不正确的？（　）

(A)阻尼比越大，阻尼调整系数就越小

(B)阻尼比越大，曲线下降段的衰减指数就越小

(C)阻尼比越大，地震影响系数就越小

(D)在曲线的水平段($0.1\ \mathrm{s}<T<T_g$)，地震影响系数与阻尼比无关

34. 已知建筑结构的自振周期大于特征周期($T>T_g$)，在确定地震影响系数时，下列说法中哪个选项是不正确的？（　）

(A)土层等效剪切波速越大，地震影响系数就越小

(B)设计地震近震的地震影响系数比设计地震远震的地震影响系数大

(C)罕遇地震作用的地震影响系数比多遇地震作用的地震影响系数大

(D)水平地震影响系数比竖向地震影响系数大

35. 根据《合同法》规定，下列哪个选项是错误的？（　）

(A)总承包人或者勘察、设计、施工承包人经发包人同意，可以将自己承包的部分工作交由第三人完成

(B)承包人不得将其承包的全部建设工程转包给第三人或者将其承包的全部建设工程肢解以后以分包的名义分别转包给第三人

(C)承包人将工程分包给具备相应资质条件的单位，分包单位可将其承包的工程再分包给具有相应资质条件的单位

(D)建设工程主体结构的施工必须由承包人自行完成

36. 施工单位对列入建设工程概算的安全作业环境及安全施工措施所需费用，不包含下列哪个选项？（　）

(A)安全防护设施的采购　　(B)安全施工措施的落实

(C)安全生产条件的改善　　(D)安全生产事故的赔偿

37. 根据《勘察设计注册工程师管理规定》，下列哪个选项是正确的？（ ）

(A)注册工程师实行注册执业管理制度。取得资格证书的人员，可以以注册工程师的名义执业

(B)建设主管部门在收到申请人的申请材料后，应当即时作出是否受理的决定，并向申请人出具书面凭证

(C)申请材料不齐全或者不符合法定形式的，应当在10日内一次性告知申请人需要补正的全部内容

(D)注册证书和执业印章是注册工程师的执业凭证，由注册工程师本人保管、使用。注册证书和执业印章的有效期为2年

38. 在正常使用条件下，下列关于建设工程的最低保修期限说法，哪个选项是错误的？（ ）

(A)电气管线、给排水管道、设备安装和装修工程，为3年

(B)屋面防水工程，有防水要求的卫生间、房间和外墙面的防渗漏，为5年

(C)供热与供冷系统，为2个采暖期、供冷期

(D)建设工程的保修期，自竣工验收合格之日起计算

39. 建设工程勘察、设计注册执业人员和其他专业技术人员未受聘于一个建设工程勘察、设计单位或者同时受聘于两个以上建设工程勘察、设计单位，从事建设工程勘察、设计活动的，对其违法行为的处罚，下列哪个选项是错误的？（ ）

(A)责令停止违法行为，没收违法所得

(B)处违法所得5倍以上10倍以下的罚款

(C)情节严重的，可以责令停止执行业务或者吊销资格证书

(D)给他人造成损失的，依法承担赔偿责任

40. 招标代理机构违反《招标投标法》规定，泄露应当保密的与招标投标活动有关的情况和资料的，或者与招标人、投标人串通损害国家利益、社会公共利益或者其他合法权益的，下列哪个选项的处罚是错误的？（ ）

(A)处五万元以上二十五万元以下的罚款

(B)对单位直接负责的主管人员和其他直接责任人员处单位罚款数额百分之十以上百分之二十以下的罚款

(C)有违法所得的，并处没收违法所得；情节严重的，暂停直至取消招标代理资格

(D)构成犯罪的，依法追究刑事责任；给他人造成损失的，依法承担赔偿责任

二、多项选择题(共30题，每题2分。每题的备选项中有两个或三个符合题意，错选、少选、多选均不得分)

41. 通过单孔抽水试验，可以求得下列哪些水文地质参数？（ ）

(A)渗透系数　　(B)越流系数

(C)释水系数　　(D)导水系数

42. 赤平投影图可以用于下列哪些选项？（ ）

(A)边坡结构面的稳定性分析　　(B)节理面的密度统计

(C)矿层厚度的计算　　(D)断层视倾角的换算

43. 对倾斜岩层的厚度，下列哪些选项的说法是正确的？（ ）

(A)垂直厚度总是大于真厚度

(B)当地面与层面垂直时，真厚度等于视厚度

(C)在地形地质图上，其真厚度就等于岩层界线顶面和底面标高之差

(D)真厚度的大小与地层倾角有关

44. 岩土工程勘察中对饱和软黏土进行原位十字板剪切和室内无侧限抗压强度对比试验，十字板剪切强度与无侧限抗压强度数据不相符的是下列哪些选项？ （　）

(A)十字板剪切强度 5 kPa，无侧限抗压强度 10 kPa

(B)十字板剪切强度 10 kPa，无侧限抗压强度 25 kPa

(C)十字板剪切强度 15 kPa，无侧限抗压强度 25 kPa

(D)十字板剪切强度 20 kPa，无侧限抗压强度 10 kPa

45. 下列哪些形态的地下水不能传递静水压力？ （　）

(A)强结合水　　(B)弱结合水

(C)重力水　　(D)毛细管水

46. 在水电工程勘察时，下列哪些物探方法可以用来测试岩体的完整性？ （　）

(A)面波法　　(B)声波波速测试

(C)地震 CT　　(D)探地雷达法

47. 按照《建筑桩基技术规范》(JGJ 94—2008)，根据现场试验法确定低配筋率灌注桩的地基土水平抗力系数的比例系数 m 值时，下列选项中哪几项对 m 值有影响？ （　）

(A)桩身抗剪强度　　(B)桩身抗弯刚度

(C)桩身计算宽度　　(D)地基土的性质

48. 大面积密集混凝土预制桩群施工时，采用下列哪些施工方法或辅助措施是适宜的？ （　）

(A)在饱和淤泥质土中，预先设置塑料排水板

(B)控制沉桩速率和日沉桩量

(C)自场地四周向中间施打(压)

(D)长短桩间隔布置时，先沉短桩，后沉长桩

49. 对于可能产生负摩阻力的拟建场地，桩基设计、施工时采取下列哪些措施可以减少桩侧负摩阻力？ （　）

(A)对于湿陷性黄土场地，桩基施工前，采用强夯法消除上部或全部土层的自重湿陷性

(B)对于填土场地，先成桩后填土

(C)施工完成后，在地面大面积堆载

(D)对预制桩中性点以上的桩身进行涂层润滑处理

50. 下列哪些措施有利于发挥复合桩基承台下地基土的分担荷载作用？ （　）

(A)加固承台下地基土　　(B)适当减小桩间距

(C)适当增大承台宽度　　(D)采用后注浆灌注桩

51. 下列哪些情况会引起既有建筑桩基负摩阻？ （　）

(A)地面大面积堆载　　(B)降低地下水位

(C)上部结构增层　　(D)桩周为超固结土

52. 在软土地区施工预制桩，下列哪些措施能有效减少或消除挤土效应的影响？ （　）

(A)控制沉桩速率　　(B)合理安排沉桩顺序

(C)由锤击沉桩改为静压沉桩　　(D)采取引孔措施

53. 对于摩擦型桩基，当承台下为下列哪些类型土时不宜考虑承台效应？ （　）

(A)可液化土层　　(B)卵石层

(C)新填土　　(D)超固结土

54. 牵引式滑坡一般都有主滑段、牵引段和抗滑段，相应地有主滑段滑动面，牵引段滑动面和

抗滑段滑动面。以下哪些选项的说法是正确的？ （ ）

(A)牵引段大主应力 σ_1 是该段土体自重应力，小主应力 σ_3 为水平压应力

(B)抗滑段大主应力 σ_1 平行于主滑段滑面，小主应力 σ_3 与 σ_1 垂直

(C)牵引段破裂面与水平面的夹角为 $45°-\varphi/2$，φ 为牵引段土体的内摩擦角

(D)抗滑段破裂面与 σ_1 夹角为 $45°+\varphi_1/2$，φ_1 为抗滑段土体的内摩擦角

55. 由于朗肯土压力理论和库仑土压力理论分别根据不同的假设条件，以不同的分析方法计算土压力，计算结果会有所差异，以下哪些选项是正确的？ （ ）

(A)相同条件下朗肯公式计算的主动土压力大于库仑公式

(B)相同条件下库仑公式计算的被动土压力小于朗肯公式

(C)当挡土墙背直立且填土面与挡墙顶平齐时，库仑公式与朗肯公式计算结果是一致的

(D)不能用库仑理论的原公式直接计算黏性土的土压力，而朗肯公式可以直接计算各种土的土压力

56. 土石坝防渗采用碾压黏土心墙，下列防渗土料碾压后的哪些指标（性质）满足《碾压式土石坝设计规范》(DL/T 5395—2007)中的相关要求？ （ ）

(A)渗透系数为 1×10^{-6} cm/s (B)水溶盐含量为5%

(C)有机质含量为1% (D)有较好的塑性和渗透稳定性

57. 重力式挡墙设计工程中，可采取下列哪些措施提高该挡墙的抗滑移稳定性？ （ ）

(A)增大挡墙断面尺寸 (B)墙底做成逆坡

(C)直立墙背上做卸荷台 (D)基础之下换土做砂石垫层

58. 根据《土工合成材料应用技术规范》(GB/T 50290—2014)，当采用土工膜或复合土工膜作为路基防渗隔离层时，可以起到下列哪些作用？ （ ）

(A)防止软土路基下陷 (B)防止路基翻浆冒泥

(C)防治地基土盐渍化 (D)防止地面水投入膨胀土地基

59. 关于公路桥梁抗震设防分类的确定，下列哪些选项是符合规范规定的？ （ ）

(A)三级公路单跨跨径为 200 m 的特大桥，定为B类

(B)高速公路单跨跨径为 50 m 的大桥，定为B类

(C)二级公路单跨跨径为 80 m 的特大桥，定为B类

(D)四级公路单跨跨径为 100 m 的特大桥，定为A类

60. 在确定地震影响的特征周期时，下列哪些选项的说法是正确的？ （ ）

(A)地震烈度越高，地震影响的特征周期就越大

(B)土层等效剪切波速越小，地震影响的特征周期就越大

(C)震中距越大，地震影响的特征周期就越小

(D)计算罕遇地震对建筑结构的作用时，地震影响的特征周期应增加

61. 关于地震烈度，下列哪些说法是正确的？ （ ）

(A)50年内超越概率约为63%的地震烈度称为众值烈度

(B)50年内超越概率为2%～3%的地震烈度也可称为最大预估烈度

(C)一般情况下，50年内超越概率为10%的地震烈度作为抗震设防烈度

(D)抗震设防烈度是一个地区设防的最低烈度，设计中可根据业主要求提高

62. 按照《建筑抗震设计规范》(GB 50011—2010)，下列有关场地覆盖层厚度的说法，哪些选项是不正确的？ （ ）

(A)在所有的情况下，覆盖层厚度以下各层岩土的剪切波速均不得小于 500 m/s

(B)在有些情况下，覆盖层厚度以下各层岩土的剪切波速可以小于 500 m/s

(C)在特殊情况下，覆盖层厚度范围内测得的土层剪切波速可能大于 500 m/s

(D)当遇到剪切波速大于 500 m/s 的土层就可以将该土层的层面深度确定为覆盖层厚度

63. 根据《建筑抗震设计规范》(GB 50011—2010)，地震区的地基和基础设计，应符合下列哪些选项的要求？ (   )

(A)同一结构单元的基础不宜设置在性质截然不同的地基上

(B)同一结构单元不宜部分采用天然地基，部分采用桩基

(C)同一结构单元不允许采用不同基础类型或显著不同的基础埋深

(D)当地基土为软弱黏性土、液化土、新近填土或严重不均匀土时，应采取相应的措施

64. 某场地位于山前河流冲洪积平原上，土层变化较大，性质不均匀，局部分布有软弱土和液化土，个别地段边坡在地震时可能发生滑坡，下列哪些选项的考虑是合理的？ (   )

(A)该场地属于对抗震不利和危险地段，不宜建造工程，应予避开

(B)根据工程需要进一步划分对建筑抗震有利、一般、不利和危险的地段，并做出综合评价

(C)严禁建造丙类和丙类以上的建筑

(D)对地震时可能发生滑坡的地段，应进行专门的地震稳定性评价

65. 下列哪些选项不属于建筑安装工程费中的直接费？ (   )

(A)土地使用费　　(B)施工降水费

(C)建设期利息　　(D)勘察设计费

66. 根据《建设工程质量检测管理办法》规定，检测机构资质按照其承担的检测业务内容分为下列哪些选项？ (   )

(A)专项检测机构资质　　(B)特种检测机构资质

(C)见证取样检测机构资质　　(D)评估取样检测机构资质

67. 根据《安全生产法》，下列哪些选项是生产经营单位主要负责人的安全生产职责？ (   )

(A)建立、健全本单位安全生产责任制

(B)组织制定本单位安全生产规章制度和操作规程

(C)取得特种作业操作资格证书

(D)及时、如实报告生产安全事故

68. 下列选项中哪些行为违反了《建设工程安全生产管理条例》？ (   )

(A)勘察单位提供的勘察文件不准确，不能满足建设工程安全生产的需要

(D)勘察单位超越资质等级许可的范围承揽工程

(C)勘察单位在勘察作业时，违反操作规程，导致地下管线破坏

(D)施工图设计文件未经审查擅自施工

69. 工程建设标准批准部门应当对工程项目执行强制性标准情况进行监督检查，监督检查的方式有下列哪些选项？ (   )

(A)重点检查　　(B)专项检查

(C)自行检查　　(D)抽查

70. 建设单位收到建设工程竣工报告后，应当组织设计、施工、工程监理等有关单位进行竣工验收。建设工程竣工验收应当具备下列哪些条件？ (   )

(A)完成建设工程设计和合同约定的各项内容

(B)有施工单位签署的工程保修书

(C)有工程使用的主要建筑材料、建筑构配件和设备的进场试验报告

(D)有勘察、设计、施工、工程监理等单位分别提交的质量合格文件

专业知识(下午卷)

一、单项选择题(共40题,每题1分。每题的备选项中只有一个最符合题意)

1. 按照《建筑地基基础设计规范》(GB 50007—2011)的要求,基础设计时的结构重要性系数γ_0,最小不应小于下列哪个选项的数值? ( )

(A)1.0 (B)1.1

(C)1.2 (D)1.35

2. 按照《建筑桩基技术规范》(JGJ 94—2008)的要求,下列关于桩基设计时,所采用的作用效应组合与相应的抗力,哪个选项是正确的? ( )

(A)确定桩数和布桩时,应采用传至承台底面的荷载效应基本组合,相应的抗力应采用基桩或复合基桩承载力特征值

(B)计算灌注桩桩基结构受压承载力时,应采用传至承台顶面的荷载效应基本组合;桩身混凝土抗力应采用抗压强度设计值

(C)计算荷载作用下的桩基沉降时,应采用荷载效应标准组合

(D)计算水平地震作用、风载作用下的桩基水平位移时,应采用水平地震作用、风载效应准永久组合

3. 根据《建筑结构荷载规范》(GB 50009—2012),下列哪种荷载组合用于承载能力极限状态计算? ( )

(A)基本组合 (B)标准组合

(C)频遇组合 (D)准永久组合

4. 某冻胀地基,基础埋深2.8 m,地下水位埋深10.0 m,为降低或消除切向冻胀力,在基础侧面回填下列哪种材料的效果最优? ( )

(A)细砂 (B)中砂

(C)粉土 (D)粉质黏土

5. 下列关于土的变形模量的概念与计算的论述,哪个选项是错误的? ( )

(A)通过现场原位载荷试验测得

(B)计算公式是采用弹性理论推导的

(C)公式推导时仅考虑土体的弹性变形

(D)土的变形模量反映了无侧限条件下土的变形性质

6. 下列几种浅基础类型,哪种最适宜用刚性基础假定? ( )

(A)独立基础 (B)条形基础

(C)筏形基础 (D)箱形基础

7. 相同地基条件下,宽度与埋置深度都相同的墙下条形基础和柱下正方形基础,当基底压力相同时,对这两种基础的设计计算结果的比较,哪个选项是不正确的? ( )

(A)条形基础的中心沉降大于正方形基础

(B)正方形基础的地基承载力安全度小于条形基础

(C)条形基础的沉降计算深度大于正方形基础

(D)经深宽修正后的承载力特征值相同

8. 建筑物采用筏板基础,在建筑物施工完成后平整场地,已知室内地坪标高$H_n = 25.60$ m,

室外设计地坪标高 $H_w = 25.00$ m，自然地面标高 $H_g = 21.50$ m，基础底面标高 $H_j =$ 20.00 m，软弱下卧层顶面标高 $H_r = 14.00$ m。对软弱下卧层承载力进行深度修正时，深度 d 取下列哪个选项是正确的？（　）

(A)6.0 m　(B)7.5 m　(C)11 m　(D)11.6 m

9. 根据《建筑地基基础设计规范》(GB 50007—2011)的要求，以下关于柱下条形基础的计算要求和规定，哪一项是正确的？（　）

(A)荷载分布不均，如地基土比较均匀，且上部结构刚度较好，地基反力可近似按直线分布

(B)对交叉条形基础，交点上的柱荷载，可按交叉梁的刚度或变形协调的要求，进行分配

(C)需验算柱边缘处基础梁的受冲切承载力

(D)当存在扭矩时，还应做抗弯计算

10. 采用堆载预压法加固淤泥土层，以下哪一因素不会影响淤泥的最终固结沉降量？（　）

(A)淤泥的孔隙比　(B)淤泥的含水率

(C)排水板的间距　(D)淤泥面以上堆载的高度

11. 根据《建筑地基处理技术规范》(JGJ 79—2012)，下列哪项地基处理方法用于软弱黏性土效果最差？（　）

(A)真空顶压法　(B)振冲密实桩法

(C)旋喷桩法　(D)深层搅拌法

12. 建筑场地回填土料的击实试验结果为：最佳含水率 22%，最大干密度 1.65 g/cm^3。如施工质量检测得到的含水率为 23%，重度为 18 kN/m^3，则填土的压实系数最接近下列哪个选项？（重力加速度取 10 m/s^2）（　）

(A)0.85　(B)0.89

(C)0.92　(D)0.95

13. 某火电厂场地为厚度 30 m 以上的湿陷性黄土，为消除部分湿陷性并提高地基承载力，拟采用强夯法加固地基，下列哪个选项是正确的？（　）

(A)先小夯击能小间距夯击，再大夯击能大间距夯击

(B)先小夯击能大间距夯击，再大夯击能小间距夯击

(C)先大夯击能小间距夯击，再小夯击能大间距夯击

(D)先大夯击能大间距夯击，再小夯击能小间距夯击

14. 某地基土层分布自上而下为：①黏土层 1.0 m；②淤泥质黏土夹砂层，厚度 8 m；③黏土夹砂层，厚度 10 m，再以下为砂层。层②土天然地基承载力特征值为 80 kPa，设计要求达到 120 kPa，问下述地基处理技术中，从技术经济综合分析，下列哪一种地基处理方法最不合适？（　）

(A)深层搅拌法　(B)堆载预压法

(C)真空预压法　(D)CFG 桩复合地基法

15. 某大型油罐处在厚度为 50 m 的均质软黏土地基上，设计采用 15 m 长的素混凝土桩复合地基加固，工后沉降控制值为 15 cm。现要求提高设计标准，工后沉降控制值为 8.0 cm，问下述思路哪一条最为合理？（　）

(A)增大素混凝土桩的桩径　(B)采用同尺寸的钢筋混凝土桩作为增强体

(C)提高复合地基置换率　(D)增加桩的长度

16. 下述哪一种地基处理方法对周围土体产生挤土效应最大？（　）

(A)旋喷桩法　(B)深层搅拌法

(C)沉管碎石桩法　　　　　　　　　(D)CFG 桩法(需用长螺旋钻成孔)

17. 采用搅拌桩复合地基加固软土地基,已知软土地基承载力特征值 $f_{ak}=60$ kPa,已知搅拌桩面积置换率为 20%,单桩承载力发挥系数为 1.0,桩的承载力 $f_{pk}=510$ kPa,桩间土承载力发挥系数为 1.0,问复合地基承载力接近以下哪个数值?　(　　)

(A)120 kPa　　(B)150 kPa　　(C)180 kPa　　(D)200 kPa

18. 关于隧道新奥法的设计施工,下列哪个说法是正确的?　(　　)

(A)支护体系设计时不考虑围岩的自承能力

(B)支护体系设计时应考虑围岩的自承能力

(C)隧道开挖后经监测围岩充分松动变形后再衬砌支护

(D)隧道开挖后经监测围岩压力充分释放后再衬砌支护

19. 在地下水丰富的地层中开挖深基坑,技术上需要同时采用降水井和回灌井,请问其中回灌井的主要作用是下列哪一个选项?　(　　)

(A)回收地下水资源

(B)加大抽水量以增加水头降低幅度

(C)保持坑外地下水位处于某一动态平衡状态

(D)减少作用在支护结构上的主动土压力

20. 相同地层条件、周边环境和开挖深度的两个基坑,分别采用钻孔灌注桩排桩悬臂支护结构和钻孔灌注桩排桩加钢筋混凝土内支撑支护结构,支护桩长相同,假设悬臂支护结构和桩一撑支护结构支护桩体所受基坑外侧朗肯土压力的计算值和实测值分别为 $P_{理1}$、$P_{实1}$ 和 $P_{理2}$、$P_{实2}$。试问它们的关系下列哪个是正确的?　(　　)

(A)$P_{理1}=P_{理2}$,$P_{实1}<P_{实2}$　　(B)$P_{理1}>P_{理2}$,$P_{实1}>P_{实2}$

(C)$P_{理1}<P_{理2}$,$P_{实1}<P_{实2}$　　(D)$P_{理1}=P_{理2}$,$P_{实1}>P_{实2}$

21. 如右图所示,已知某中砂地层中基坑开挖深度 $H=8.0$ m,中砂天然重度 $\gamma=18.0$ kN/m³,饱和重度 $\gamma_{sat}=20$ kN/m³,内摩擦角 $\varphi=30°$,基坑边坡土体中地下水位至地面距离 4.0 m。试问作用在坑底以上支护墙体上的总水压力 P_w 大小是下面哪个选项中的数值(单位:kN/m)?　(　　)

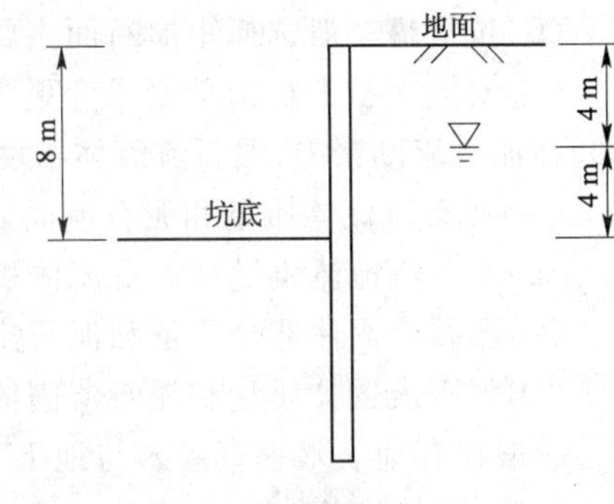

题 21 图

(A)160

(B)80

(C)40

(D)20

22. 在上题基坑工程中,采用疏干排水,当墙后地下水位降至坑底标高时,根据《建筑基坑支护技术规程》(JGJ 120—2012)作用在坑底以上墙体上的总朗肯主动土压力大小最接近下列哪个选项中的数值(单位:kN/m)?　(　　)

(A)213　　(B)197　　(C)106　　(D)48

23. 某开挖深度为 10 m 的基坑,坑底以下土层均为圆砾层,地下水位埋深为 1 m,侧壁安全等级为一级。拟采用地下连续墙加内撑支护形式。为满足抗渗透稳定性要求,按《建筑基坑支护技术规程》(JGJ 120—2012)的相关要求,地下连续墙的最小嵌固深度最接近下列哪个选项?　(　　)

(A)4 m　　(B)10 m　　(C)12 m　　(D)13.5 m

24. 隧道衬砌外排水设施通常不包括下列哪个选项？ ( )

(A)纵向排水盲管 (B)环向导水盲管

(C)横向排水盲管 (D)竖向盲管

25. 公路边坡岩体较完整，但其上部有局部悬空的岩石而且可能成为危岩时，下列哪项工程措施是不宜采用的？ ( )

(A)钢筋混凝土立柱支撑 (B)浆砌片石支顶

(C)柔性网防护 (D)喷射混凝土防护

26. 高速公路穿越泥石流地区时，下列防治措施中哪项是不宜采用的？ ( )

(A)修建桥梁跨越泥石流沟 (B)修建涵洞让泥石流通过

(C)泥石流沟谷的上游修建拦挡坝 (D)修建格栅坝拦截小型泥石流

27. 下列关于盐渍土含盐类型和含盐量对土的工程性质影响的叙述中，哪一选项是正确的？ ( )

(A)氯盐渍土的含盐量越高，可塑性越低

(B)氧盐渍土的含盐量增大，强度随之降低

(C)硫酸盐渍土的含盐量增大，强度随之增大

(D)盐渍土的含盐量越高，起始冻结温度越高

28. 地质灾害危险性评估的灾种不包括下列哪一选项？ ( )

(A)地面沉降 (B)地面塌陷

(C)地裂缝 (D)地震

29. 关于滑坡治理中抗滑桩的设计，下列哪一说法是正确的？ ( )

(A)作用在抗滑桩上的下滑力作用点位于滑面以上三分之二滑体厚度处

(B)抗滑桩竖向主筋应全部通长配筋

(C)抗滑桩一般选择矩形断面主要是为了施工方便

(D)对同一抗滑桩由悬臂式变更为在桩顶增加预应力锚索后，嵌固深度可以减小

30. 在泥石流勘察中，泥石流流体密度的含义是指下列哪一项？ ( )

(A)泥石流流体质量和泥石流固体部分体积的比值

(B)泥石流流体质量和泥石流体积的比值

(C)泥石流固体部分质量和泥石流体积的比值

(D)泥石流固体质量和泥石流固体部分体积的比值

31. 一般在有地表水垂直渗入与地下水交汇地带，岩溶发育更强烈些，其原因主要是下列哪一项？(其他条件相同时) ( )

(A)不同成分水质混合后，会产生一定量的 CO_2，使岩溶增强

(B)不同成分的地下水浸泡后，使岩石可溶性增加

(C)地下水交汇后，使岩溶作用时间增加

(D)地下水交汇后，使机械侵蚀作用强度加大

32. 抗滑桩与高层建筑桩基相比，一般情况下，下列哪一个表述是错误的？ ( )

(A)桩基承受垂直荷载为主，抗滑桩承受水平荷载为主

(B)桩基设计要计桩侧摩阻力，抗滑桩不计桩侧摩阻力

(C)桩基桩身主要按受压构件设计，抗滑桩桩身主要按受弯构件设计

(D)两种桩对桩顶位移的要求基本一样

33. 下列关于膨胀土地区的公路路堑边坡设计的说法哪项是不正确的？ ( )

(A)可采用全封闭的相对保湿防渗措施，以防发生浅层破坏

(B)应遵循缓坡率、宽平台、固坡脚的原则

(C)坡高低于 6 m、坡率 1∶1.75 的边坡都可以不设边坡宽平台

(D)强膨胀土地区坡高 6 m、坡率 1∶1.75 的边坡设置的边坡宽平台应大于 2 m

34. 在层状岩体中开挖出边坡，坡面倾向 NW45°、倾角 53°。根据开挖坡面和岩层面的产状要素，下列哪个选项的岩层面最容易发生滑动破坏？（　）

(A)岩层面倾向 SE55°、倾角 35°　　(B)岩层面倾向 SE15°、倾角 35°

(C)岩层面倾向 NW50°、倾角 35°　　(D)岩层面倾向 NW15°、倾角 35°

35. 在盐分含量相同条件下，下列哪一类盐渍土的溶解度及吸湿性最大？（　）

(A)磷酸盐渍土　　(B)氯盐渍土

(C)硫酸盐渍土　　(D)亚硫酸盐渍土

36. 碎石填土的均匀性及密实性评价宜采用下列哪一种测试方法？（　）

(A)静力触探　　(B)轻型动力触探

(C)重型动力触探　　(D)标准贯入试验

37. 经筛分，某花岗岩风化残积土中大于 2 mm 的颗粒质量占总质量的百分比为 25%。根据《水运工程岩土勘察规范》(JTS 133—2013)，该土的定名应为下列哪个选项？（　）

(A)黏性土　　(B)砂质黏性土

(C)砾质黏性土　　(D)砂混黏土

38. 在采用高应变法对预制混凝土方桩进行竖向抗压承载力检测时，关于加速度传感器和应变式力传感器投影到桩截面上的安装位置，下列哪一选项是量优的？（　）

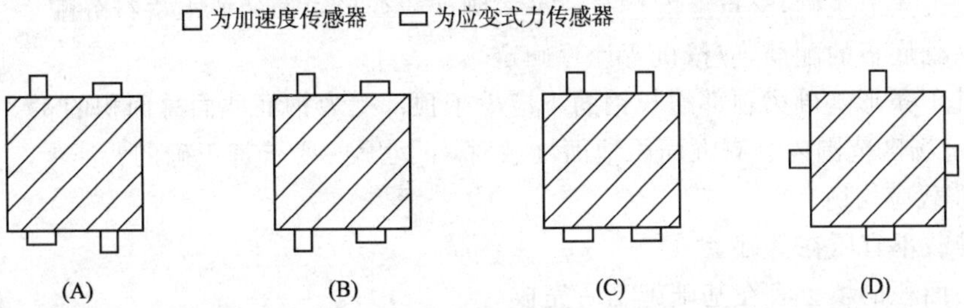

□为加速度传感器　▭为应变式力传感器

(A)　(B)　(C)　(D)

39. 下列哪一种检测方法适宜检测桩身混凝土强度？（　）

(A)单桩竖向抗压静载试验　　(B)声波透射法

(C)高应变法　　(D)钻芯法

40. 复合地基竣工验收时，承载力检验常采用复合地基静载荷试验，下列哪一种因素不是确定承载力检验前的休止时间的主要因素？（　）

(A)桩身强度　　(B)桩身施工质量

(C)桩周土的强度恢复情况　　(D)桩周土中的孔隙水压力消散情况

二、多项选择题(共 30 题，每题 2 分。每题的备选项中有两个或三个符合题意，错选、少选、多选均不得分)

41. 按照《建筑桩基技术规范》(JGJ 94—2008)的要求，下列哪些选项属于桩基承载力极限状态的描述？（　）

(A)桩基达到最大承载能力　　(B)桩身出现裂缝

(C)桩基达到耐久性要求的某项限值　　(D)桩基发生不适于继续承载的变形

42. 按照《建筑地基基础设计规范》(GB 50007—2011)的要求，下列哪些建筑物的地基基础设

计等级属于甲级？（　　）

(A)高度为30 m以上的高层建筑

(B)体型复杂，层数相差超过10层的高低层连成一体的建筑物

(C)对地基变形有要求的建筑物

(D)场地和地基条件复杂的一般建筑物

43. 根据《建筑结构荷载规范》(GB 50009—2012)，对于正常使用极限状态下荷载效应的准永久组合，应采用下列哪些荷载值之和作为代表值？（　　）

(A)永久荷载标准值　　(B)可变荷载准永久值

(C)风荷载标准值　　(D)可变荷载标准值

44. 根据《建筑地基基础设计规范》(GB 50007—2011)，当地基受力层范围内存在软弱下卧层时，按持力层土的承载力计算出基础底面尺寸后，尚须对软弱下卧层进行验算，下列选项中哪些叙述是正确的？（　　）

(A)基底附加压力的扩散是按弹性理论计算的

(B)扩散面积上的总附加压力比基底的总附加压力小

(C)下卧层顶面处地基承载力特征值需经过深度修正

(D)满足下卧层验算要求就不会发生剪切破坏

45. 根据《建筑地基基础设计规范》(GB 50007—2011)，下列选项中有关基础设计的论述中，哪些选项的观点是错误的？（　　）

(A)同一场地条件下的无筋扩展基础，基础材料相同时，基础底面处的平均压力值越大，基础的台阶宽高比允许值就越小

(B)交叉条形基础，交点上的柱荷载可按刚度或变形协调的要求进行分配

(C)基础底板的配筋，应按抗弯计算确定

(D)柱下条形基础梁顶部通长钢筋不应少于顶部受力钢筋截面总面积的1/3

46. 当建筑场区范围内具有大面积地面堆载时，下列哪些要求是正确的？（　　）

(A)堆载应均衡

(B)堆载不宜压在基础上

(C)大面积的填土宜在基础施工后完成

(D)条件允许时，宜利用堆载预压过的建筑场地

47. 遇有软弱地基，地基基础设计，施工及使用时下列哪些做法是适宜的？（　　）

(A)设计时，应考虑上部结构和地基的共同作用

(B)施工时，应注意对淤泥和淤泥质土基槽底面的保护，减少扰动

(C)荷载差异较大的建筑物，应先建设轻、低部分，后建重、高部分

(D)活荷载较大的构筑物或构筑物群(如料仓、油罐等)，使用初期应快速均匀加荷载

48.《建筑地基基础设计规范》(GB 50007—2011)中给出的最终沉降量计算公式中，未能直接考虑下列哪些因素？（　　）

(A)附加应力的分布是非线性的

(B)土层非均匀性对附加应力分布可能产生的影响

(C)次固结对总沉降的影响

(D)基础刚度对沉降的调整作用

49. 根据《建筑地基处理技术规范》(JGJ 79—2012)，地基处理施工结束后，应间隔一定时间方可进行地基和加固体的质量检验，下列选项中有关间隔时间长短的比较哪些是不合理

的？ （ ）

(A)振冲桩处理粉土地基＞砂石桩处理砂土地基

(B)水泥土搅拌桩承载力检测＞振冲桩处理粉土地基

(C)砂石桩处理砂土地基＞硅酸钠溶液灌注加固地基

(D)硅酸钠溶液灌注加固地基＞水泥土搅拌桩承载力检测

50. 当采用水泥粉煤灰碎石桩(CFG)加固地基时，通常会在桩顶与基础之间设置褥垫层，关于褥垫层的作用，下列哪些选项的叙述是正确的？ （ ）

(A)设置褥垫层可使竖向桩土荷载分担比增大

(B)设置褥垫层可使水平向桩土荷载分担比减小

(C)设置褥垫层可减少基础底面的应力集中

(D)设置褥垫层可减少建筑物沉降变形

51. 采用真空预压法加固软土地基时，以下哪些措施有利于缩短预压工期？ （ ）

(A)减小排水板间距 (B)增加排水砂垫层厚度

(C)采用真空堆载联合预压法 (D)在真空管路中设置止回阀和截门

52. 以下哪些地基处理方法适用于提高饱和软土地基承载力？ （ ）

(A)堆载预压法 (B)深层搅拌法

(C)振冲挤密法 (D)强夯法

53. 根据《建筑地基处理技术规范》(JGJ 79—2012)，以下哪些现场测试方法适用于深层搅拌法的质量检测？ （ ）

(A)静力触探试验 (B)平板载荷试验

(C)标准贯入试验 (D)取芯法

54. 根据《建筑地基处理技术规范》(JGJ 79—2012)，采用强夯碎石墩加固饱和软土地基，对该地基进行质量检验时，应该做以下哪些检验？ （ ）

(A)单墩载荷试验

(B)桩间土在置换前后的标贯试验

(C)桩间土在置换前后的含水率、孔隙比、c、φ 值等物理力学指标变化的室内试验

(D)碎石墩密度随深度的变化

55. 某大型工业厂房长约 800 m，宽约 150 m，为单层轻钢结构。地基土为 6.0～8.0 m 薄填土，下卧硬塑的坡残积土，拟对该填土层进行强夯法加固，由于填土为新近堆填的素填土，以花岗岩风化的砾质黏性土为主，被雨水浸泡后地基松软，雨期施工时以下哪些措施是有效的？ （ ）

(A)对表层 1.5～2.0 m 填土进行换填，换为砖渣或采石场的碎石渣

(B)加大夯点间距，减小两遍夯之间的间歇时间

(C)增加夯击遍数，减少每遍夯击次数

(D)在填土中设置一定数量砂石桩，然后再强夯

56. 根据《建筑地基基础设计规范》(GB 50007—2011)，下列哪些选项是可能导致软土深基坑坑底隆起失稳的原因？ （ ）

(A)支护桩竖向承载力不足 (B)支护桩抗弯刚度不够

(C)坑底软土地基承载力不足 (D)坡顶超载过大

57. 假定某砂性地层基坑开挖降水过程中土体中的稳定渗流是二维渗流，可用流网表示，关于组成流网的流线和等势线，下列哪些说法是正确的？ （ ）

(A)流线与等势线恒成正交

(B)基坑坡顶和坑底线均为流线

(C)流线是流函数的等值线,等势线是水头函数的等值线

(D)基坑下部不透水层边界线系流线

58. 根据《建筑基坑支护技术规程》(JGJ 120—2012),关于预应力锚杆的张拉与锁定,下列哪些选项是正确的? ( )

(A)锚固段强度大于 15 MPa,并达到设计强度等级的 75%后方可进行张拉

(B)拉力型钢绞线锚杆宜采用钢绞线束整体张拉锁定的方法

(C)锚杆张拉锁定值宜取锚杆轴向受拉承载力标准值的 0.50~0.65 倍

(D)锚杆张拉控制应力不应超过锚杆受拉承载力标准值的 0.75 倍

59. 盾构法隧道的衬砌管片作为隧道施工的支护结构,在施工阶段其主要作用包括下列哪些选项? ( )

(A)保护开挖面以防止土体变形、坍塌

(B)承受盾构推进时千斤顶顶力及其他施工荷载

(C)隔离地下有害气体

(D)防渗作用

60. 在基坑各部位外部环境条件相同的情况下,基坑顶部的变形监测点应优先布置在下列哪些部位? ( )

(A)基坑长边中部　　(B)阳角部位

(C)阴角部位　　(D)基坑四角

61. 下列哪些情况下,膨胀土的变形量可按收缩变形量计算? ( )

(A)游泳池的地基　　(B)大气影响急剧层内接近饱和的地基

(C)直接受高温作用的地基　　(D)地面有覆盖且无蒸发可能的地基

62. 下列关于用反算法求取滑动面抗剪强度参数的表述,哪些选项是正确的? ( )

(A)反算法求解滑动面 c 值或 φ 值,其必要条件是恢复滑动前的滑坡断面

(B)用一个断面反算时,总是假定 $c=0$,求综合 φ

(C)对于首次滑动的滑坡,反算求出的指标值可用于评价滑动后的滑坡稳定性

(D)当有挡墙因滑坡而破坏时,反算中应包括其可能的最大抗力

63. 下列有关大范围地面沉降的表述中,哪些是正确的? ( )

(A)发生地面沉降的区域,仅存在一处沉降中心

(B)发生地面沉降的区域,必然存在厚层第四纪堆积物

(C)在大范围密集的高层建筑区域内,严格控制建筑容积率是防治地面沉降的有效措施

(D)对含水层进行回灌后,沉降了的地面基本上就能完全复原

64. 关于黄土湿陷起始压力 P_{sh} 的论述中,下列哪些选项是正确的? ( )

(A)因为对基底下 10 m 以内的土层测定湿陷系数 δ_s 的试验压力一般为 200 kPa,所以黄土的湿陷起始压力一般可用 200 kPa

(B)对于自重湿陷性黄土,工程上测定地层的湿陷起始压力意义不大

(C)在进行室内湿陷起始压力试验时,单线法应取 2 个环刀试样,双线法应取 4 个环刀试样

(D)湿陷起始压力不论室内试验还是现场试验都可以测定

65. 在多年冻土地区修建路堤,下列哪些选项的说法是正确的? ( )

(A)路堤的设计应综合考虑地基的融化沉降量和压缩沉降量,路基预留加宽和加高值应按照竣工后的沉降量确定
(B)路基最小填土高度要满足防止冻胀翻浆和保证冻土上限不下降的要求
(C)填挖过渡段、低填方地段在进行换填时,换填厚度应根据基础沉降变形计算确定
(D)根据地下水情况,采取一定措施,排除对路基有害的地下水

66. 关于计算滑坡推力的传递系数法,下列哪些叙述是不正确的? ( )
(A)依据每个条块静力平衡关系建立公式,但没有考虑力矩平衡
(B)相邻条块滑面之间的夹角大小对滑坡推力计算结果影响不大
(C)划分条块时需要考虑地面线的几何形状特征
(D)所得到的滑坡推力方向是水平的

67. 下列哪些选项是黏性泥石流的基本特性? ( )
(A)密度较大 (B)水是搬运介质
(C)泥石流整体呈等速流动 (D)基本发生在高频泥石流沟谷

68. 下列关于红黏土的特征表述中哪些是正确的? ( )
(A)红黏土具有与膨胀土一样的胀缩性
(B)红黏土由于孔隙比及饱和度都很高,故力学强度较低,压缩性较大
(C)红黏土失水后出现裂隙
(D)红黏土往往有上硬下软的现象

69. 采用钻芯法检测建筑基桩质量,当芯样试件不能满足平整度及垂直度要求时,可采用某些材料在专用补平机上补平。关于补平厚度的要求,下列哪些选项是正确的? ( )
(A)采用硫黄胶泥补平厚度不宜大于 1.5 mm
(B)采用硫黄胶泥补平厚度不宜大于 3 mm
(C)采用水泥净浆补平厚度不宜大于 5 mm
(D)采用水泥砂浆补平厚度不宜大于 10 mm

70. 桩的水平变形系数计算公式为 $\alpha=\left(\frac{mb_0}{EI}\right)^{1/5}$,关于公式中各因子的单位下列哪些选项是正确的? ( )
(A)桩的水平变形系数 α 没有单位
(B)地基土水平抗力系数的比例系数 m 的单位为 kN/m^3
(C)桩身计算宽度 b_0 的单位为 m
(D)桩身抗弯刚度 EI 的单位为 $kN\cdot m^2$

专业案例(上午卷)

1. 某建设场地为岩石地基,进行了三组岩基载荷试验,试验数据如下表所示,则求岩石地基承载力特征值应为下列哪项? ( )

题 1 表

序号	比例界限/kPa	极限荷载/kPa
1	640	1 920
2	510	1 580
3	560	1 440

(A)480 kPa　(B)510 kPa　(C)570 kPa　(D)823 kPa

2.某洞室轴线走向为南北向，其中某工程段岩体实测岩体纵波波速为3 800 m/s，主要软弱结构面产状为倾向NE68°，倾角为59°，岩石单轴饱和抗压强度 $R_c=72$ MPa，岩块测得纵波波速为4 500 m/s，垂直洞室轴线方向的最大初始应力为12 MPa，洞室地下水呈淋雨状，水量为8 L/min，该工程岩体质量等级为下列哪些选项？（　　）

(A)Ⅰ级　(B)Ⅱ级　(C)Ⅲ级　(D)Ⅳ级

3.现场水文地质试验，已知潜水含水层底板埋深9.0 m，设置潜水完整井，井径 $D=200$ mm，实测地下水位埋深1.0 m，抽水至水位埋深7.0 m，后让水位自由恢复，不同恢复时间测得地下水位如下表所示，则地层渗透系数为下列哪个选项的值？（　　）

题3表

测试时间/min	1	5	10	30	60
水位埋深/cm	603	412	332	190	118.5

(A)1.3×10^{-3} cm/s　(B)1.8×10^{-4} cm/s

(C)4×10^{-4} cm/s　(D)5.2×10^{-4} cm/s

4.某高层建筑工程拟采用天然地基，埋深10 m，基底附加应力为280 kPa，基础中心点下附加应力系数见下表，初勘探明地下水埋深3.0 m，地基土为中低压缩性粉土和粉质黏土，平均天然重度 $\gamma=19.1$ kN/m³，$e=0.71$，$G_s=2.70$，则详勘孔深为多少？（$\gamma_w=10$ kN/m³）（　　）

题4表

基础中心点以下深度/m	8	12	16	20	24	28	32	36	40
附加应力系数	0.80	0.61	0.45	0.33	0.26	0.20	0.16	0.13	0.11

(A)24 m　(B)28 m　(C)34 m　(D)40 m

5.某独立基础，底面尺寸为2.5 m×2.0 m，埋深2.0 m，F 为700 kN，基础及其上土的平均重度为20 kN/m³，作用于基础底面的力矩 $M=260$ kN·m，$H=190$ kN，则基础最大压应力为多少？（　　）

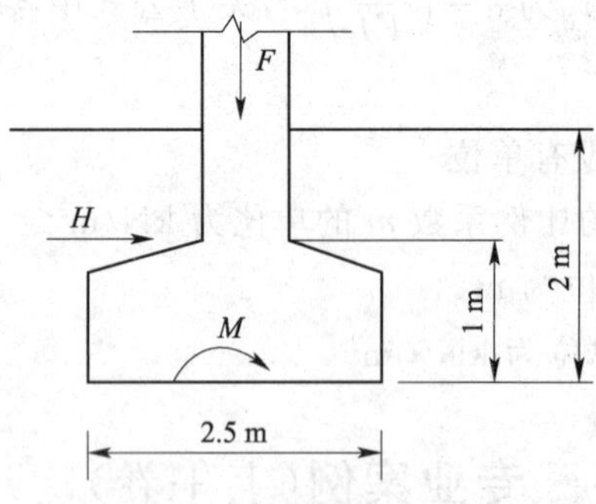

题5图

(A)400 kPa　(B)396 kPa　(C)213 kPa　(D)180 kPa

6.大面积料场地层分布及参数如下图所示，第②层黏土的压缩试验结果见下表，地表堆载120 kPa，求在此荷载的作用下，黏土层的压缩量与下列哪个数值最接近。（　　）

题6表

P/kPa	0	20	40	60	80	100	120	140	160	180
e	0.900	0.865	0.840	0.825	0.810	0.800	0.791	0.783	0.776	0.771

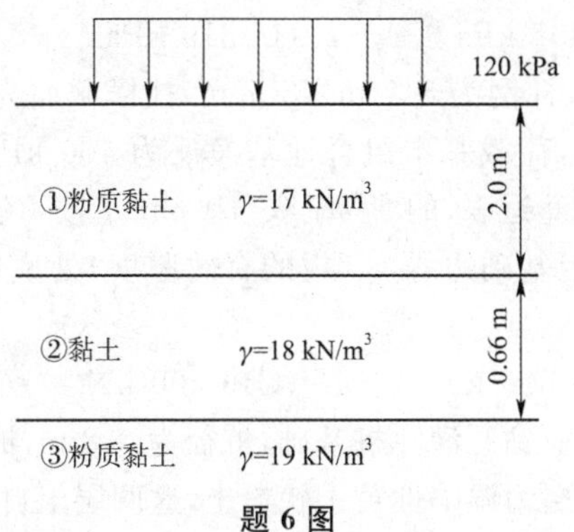

题 6 图

(A)46 mm (B)35 mm (C)28 mm (D)23 mm

7. 如下图所示的多层建筑物，其条形基础的基础宽度为 1.0 m，埋深 2.0 m。拟增层改造，荷载增加后，相应于荷载效应标准组合时，上部结构传至基础顶面的竖向力为160 kN/m，采用加深、加宽基础方式托换，基础加深 2.0 m，基底持力层土质为粉砂，考虑深宽修正后持力层地基承载力特征值为 200 kPa，无地下水，基础及其上土的平均重度取 22 kN/m³，荷载增加后设计选择的合理的基础宽度为下列哪个选项？ ( )

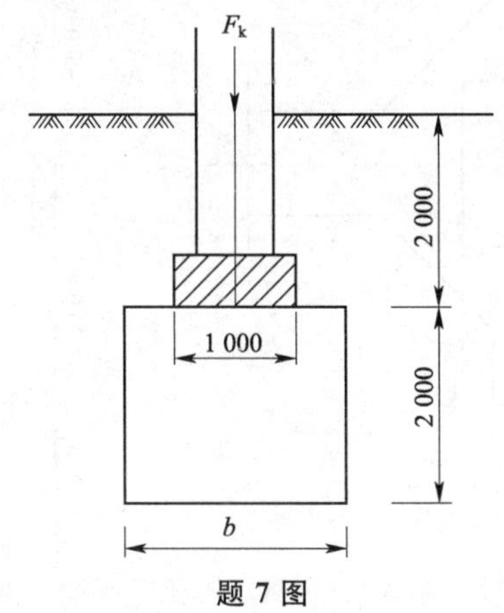

题 7 图

(A)1.4 m (B)1.5 m (C)1.6 m (D)1.7 m

8. 某高层住宅楼与裙楼的地下结构相互连接，均采用筏板基础，基底埋深为室外地面下 10.0 m。主楼住宅楼基底平均压力 $P_{k1}=260$ kPa，裙楼基底平均压力 $P_{k2}=90$ kPa，土的重度为 18 kN/m³，地下水位埋深 8.0 m，住宅楼与裙楼长度方向均为 50 m，其余指标如下图所示，则修正后住宅楼地基承载力特征值最接近下列哪个选项？ ( )

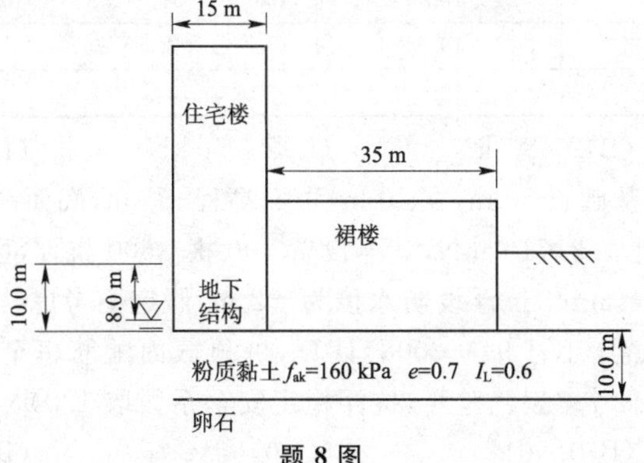

题 8 图

(A)299 kPa　　(B)307 kPa　　(C)319 kPa　　(D)410 kPa

9. 如下图所示的梁板式筏基，柱网为 8.7 m×8.7 m，柱横截面为 1 450 mm×1450 mm，柱下交叉基础梁，梁宽 450 mm，荷载基本组合地基净反为 400 kPa，底板厚 1 000 mm，双排钢筋，钢筋合力点至板截面近边的距离取 70 mm，按《建筑地基基础设计规范》(GB 50007—2011)计算，距基础边缘 h_0(板的有效厚度)处底板斜截面所承受的剪力设计值为下列哪个选项？（　　）

(A)4 100 kN　　(B)5 500 kN　　(C)6 200 kN　　(D)6 500 kN

10. 某甲类建筑物拟采用干作业钻孔灌注桩基础，桩径为 0.8 m，桩长 50.0 m，拟建场地土层如下图所示，其中土层②、③层为湿陷性黄土状粉土，这两层土自重湿陷量 $\Delta_{zs}=440$ mm，④层粉质黏土无湿陷性，桩基设计参数见下表，根据《建筑桩基技术规范》(JGJ 94—2008)和《湿陷性黄土地区建筑规范》(GB 50025—2004)规定，单桩所能承受的竖向力 N_k 最大值最接近下列哪个数值？(黄土状粉土的中性点深度比取 $l_n/l_0=0.5$)（　　）

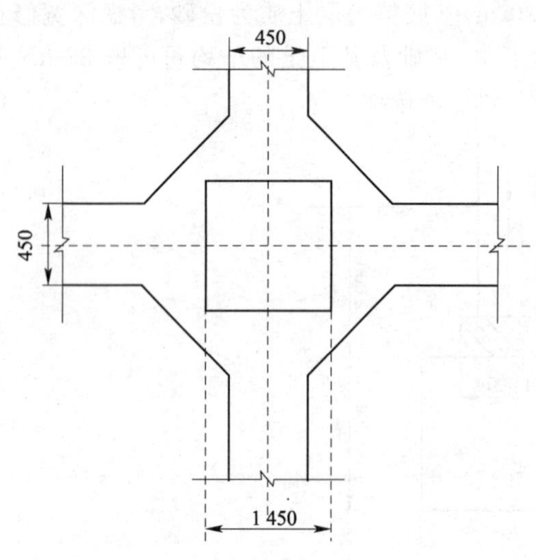

题 9 图(尺寸单位：mm)

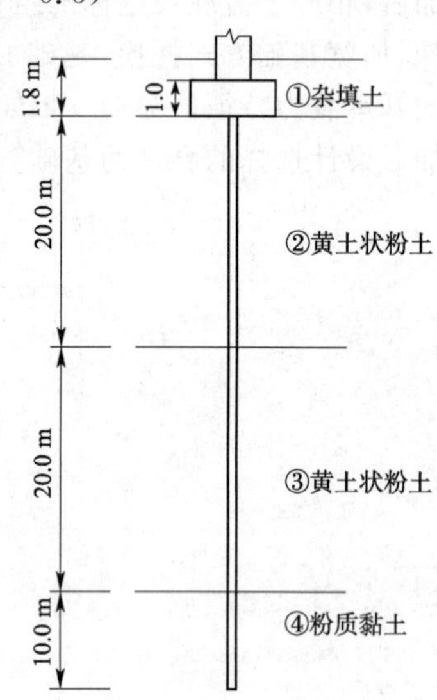

题 10 图

题 10 表

地层编号	地层名称	天然重度 γ /(kN/m³)	干作业钻孔灌注桩	
			桩的极限侧阻力标准值 q_{sik}/kPa	桩的极限端阻力标准值 q_{pk}/kPa
②	黄土状粉土	18.7	31	
③	黄土状粉土	19.2	42	
④	粉质黏土	19.3	100	2 200

(A)2 110 kN　　(B)2 486 kN　　(C)2 864 kN　　(D)3 642 kN

11. 某地下箱形构筑物，基础长 50 m，宽 40 m，顶面高程 −3 m，底面高程为 −11 m，构筑物自重(含上覆土重)总计 1.2×10^5 kN，其下设置 100 根 ϕ600 抗浮灌注桩，桩轴向配筋抗拉强度设计值为 300 N/mm²，抗浮设防水位为 −2 m，假定不考虑构筑物与土的侧摩阻力，按《建筑桩基技术规范》(JGJ 94—2008)计算，桩顶截面配筋率至少是下列哪一个选项？(分项系数取 1.35，不考虑裂缝验算，抗浮稳定安全系数取 1.0)（　　）

(A)0.40%　　(B)0.50%　　(C)0.65%　　(D)0.96%

12. 某公路桥(跨河),采用钻孔灌注桩,直径为1.2 m,桩端入土深度为50 m,桩端为密实粗砂,地层参数见下表,桩基位于水位以下,无冲刷,假定清底系数为0.8,桩周土的平均浮重度 $\overline{\gamma}=9.0$,根据《公路桥涵地基与基础设计规范》(JTG D63—2007)计算,施工阶段单桩轴向抗压承载力容许值最接近下列哪个选项? ( )

题 12 表

土层厚度/mm	岩性	q_{ik}/kPa	f_{a0} 承载力基本容许值/kPa
35	黏土	40	
10	粉土	60	
20	粗砂	120	500

(A)6 000 kN (B)7 000 kN (C)8 000 kN (D)9 000 kN

13. 某钻孔灌注桩群桩基础,桩径为0.8 m,单桩水平承载力特征值为 $R_{ha}=100$ kN(位移控制),沿水平荷载方向布桩排数 $n_1=3$,垂直水平荷载方向每排桩数 $n_2=4$,距径比 $s_a/d=4$,承台位于松散填土中,埋深0.5 m,桩的换算深度 $\alpha h=3.0$ m,考虑地震作用,按《建筑桩基技术规范》(JGJ 94—2008)计算群桩中复合基桩水平承载力特征值最接近下列哪个选项? ( )

(A)134 kN (B)154 kN (C)157 kN (D)177 kN

14. 某厚度6 m的饱和软土层,采用大面积堆载预压处理,堆载压力 P_0-100 kPa,在某时刻测得超孔隙水压力沿深度分布曲线如右图所示,则此时饱和软土的压缩量最接近下列哪个数值?(总压缩量计算经验系数取1.0,$E_s=2.5$ MPa) ( )

(A)92 mm (B)118 mm

(C)148 mm (D)240 mm

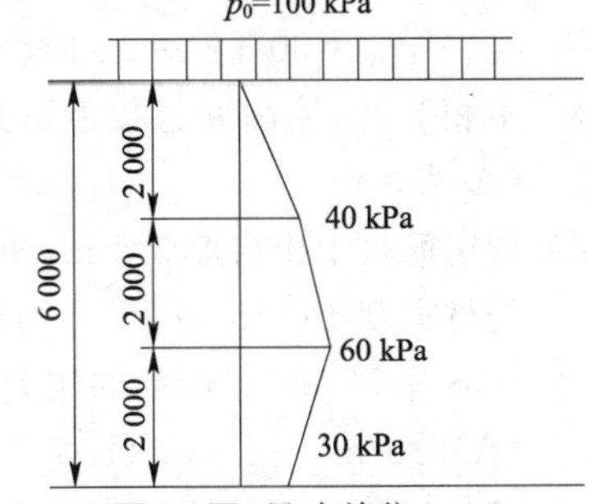

题 14 图(尺寸单位:mm)

15. 某场地地基为淤泥质粉质黏土,天然地基承载力特征值为60 kPa,拟采用水泥土搅拌桩复合地基加固,桩长15.0 m,桩径600 mm,桩周侧阻力 $q_s=10$ kPa,端阻力 $q_p=40$ kPa,桩身强度折减系数 η 取0.25,桩端天然地基土的承载力折减系数 α 取0.4,水泥加固土试块90 d龄期立方体抗压强度平均值为 $f_{cu}=2.16$ MPa,桩间土承载力折减系数 β 取0.6,单桩承载力发挥系数 λ 取1.0,要使复合地基承载力特征值达到160 kPa,用等边三角形布桩时,桩间距最接近下列哪个选项的数值? ( )

(A)0.5 m (B)0.8 m (C)1.2 m (D)1.6 m

16. 某软土地基拟采用堆载预压法进行加固,已知在工作荷载作用下软土地基的最终固结沉降量为248 cm,在某一超载预压荷载作用下软土的最终固结沉降量为260 cm。如果要求该软土地基在工作荷载作用下工后沉降量小于15 cm,在该超载预压荷载作用下软土地基的平均固结度应达到以下哪个选项? ( )

(A)80% (B)85% (C)90% (D)95%

17. 某地基软黏土层厚10 m,其下为砂层,土的固结系数为 $C_h=C_v=1.8\times10^{-3}$ cm^2/s。采用塑料排水板固结排水。排水板宽 $b=100$ mm,厚度 $\delta=4$ mm,塑料排水板正方形排列,间距 $l=1.2$ m,深度打至砂层顶,在大面积瞬时预压荷载120 kPa作用下,按《建筑地基处理技术规范》(JGJ 79—2012)计算,预压60 d时地基达到的固结度最接近下列哪个选项?(为简化计算,不计竖向固结度,不考虑涂抹和井阻影响) ( )

(A)65% (B)73% (C)83% (D)91%

18. 如下图所示岩质边坡高 12 m，坡面坡率为 1∶0.5，坡顶 BC 水平，岩体重度 $\gamma=23\ kN/m^3$，滑动面 AC 的倾角为 $\beta=42°$，测得滑动面材料饱水时的内摩擦角 $\varphi=18°$，岩体的稳定安全系数为 1.0 时，滑动面黏聚力最接近下列哪项数值？（ ）

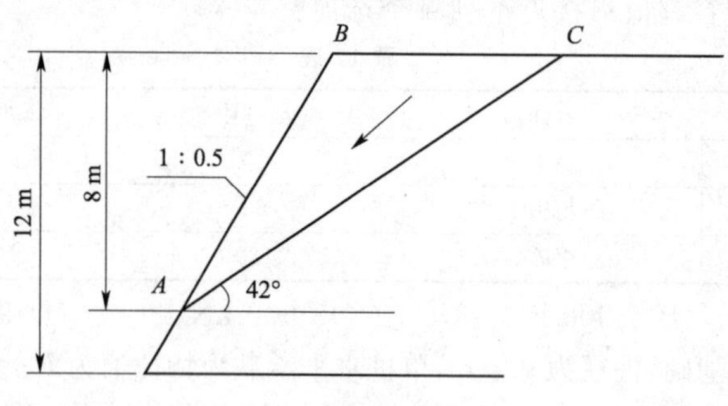

题 18 图

(A)18 kPa　(B)16 kPa　(C)14 kPa　(D)12 kPa

19. 有一重力式挡土墙，墙背垂直光滑。填土面水平。地表荷载 $q=49.4$ kPa，无地下水，拟使用两种墙后填土：一种是黏土，$c_1=20$ kPa，$\varphi_1=12°$，$\gamma_1=19\ kN/m^3$；另一种是砂土，$c_2=0$，$\varphi_2=30°$，$\gamma_2=21\ kN/m^3$。当采用黏土填料和砂土填料的墙总主动土压力两者基本相等时，墙高 h 最接近下列哪个选项？（ ）

(A)4.0 m　(B)6.0 m　(C)8.0 m　(D)10.0 m

20. 假定筋材上土层厚 3.5 m，加筋土的重度 $\gamma=19.5\ kN/m^3$，筋材与填土的摩擦系数 $\mu=0.35$，筋材宽度 $B=10$ cm，设计筋材与土受到的拉力为 35 kN，按《土工合成材料应用技术规范》(GB/T 50290—2014)的相关要求，筋材在破裂面外的有效长度为下列哪个选项？（ ）

(A)6.5 m　(B)7.5 m　(C)9.5 m　(D)11.5 m

21. 某建筑浆砌石挡土墙重度为 22 kN/m^3，墙高 6 m，底宽 2.5 m，顶宽 1 m，墙后填料重度为19 kN/m^3，黏聚力为 20 kPa，内摩擦角为 15°，忽略墙背与填土的摩阻力，地表均布荷载为25 kPa，则该挡土墙的抗倾覆稳定安全系数最接近下列哪个选项？（ ）

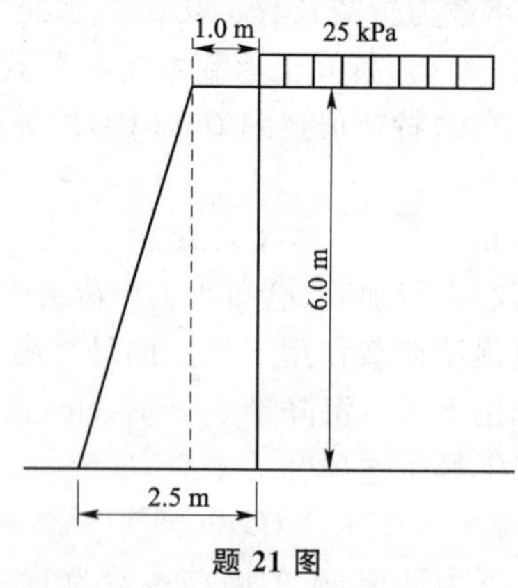

题 21 图

(A)1.5　(B)1.8　(C)2.0　(D)2.2

22. 某公路Ⅳ级围岩单线隧道，矿山法开挖，衬砌顶距地面 13 m，开挖宽度为 6.4 m，衬砌结构高度为 6.5 m，围岩重度为 24 kN/m^3，计算摩擦角为 50°。根据《公路隧道设计规范》(JTG D70—2004)，围岩水平均布压力最小值是多少？（ ）

(A)14.8 kPa　(B)41.4 kPa　(C)46.8 kPa　(D)98.5 kPa

23. 某基坑深 15 m，采用桩锚支护形式，$c=15$ kPa，$\varphi=20°$，第一道锚位于地面下 4.0 m，锚固体直径 150 mm，倾角 15°，该点挡土构件计算宽度内弹性支点的水平反力为 250 kN，挡土结构的计算宽度及锚杆的水平距离均为 3 m，水平拉力为 250 kN，土与锚之间摩擦力标准值为50 kPa，如果按三级基坑考虑，基坑反弯点至坑底的距离假定为 2 m，挡土构件的水平厚度假定为 0.8m，锚杆设计长度最接近下列哪个数值？（ ）

(A)18.0 m (B)21.0 m (C)22.5 m (D)24.0 m

24. 如右图所示，某天然岩质边坡，已知每延长米滑体作用在桩上的剩余下滑力为900 kN/m，桩间距为 6 m，悬臂段长 9 m，嵌固段为 8 m，剩余下滑力在桩上的分布按矩形分布，则抗滑桩锚固段顶端的弯矩为下列哪个选项？（ ）

(A)28 900 kN·m (B)24 300 kN·m

(C)3 210 kN·m (D)19 800 kN·m

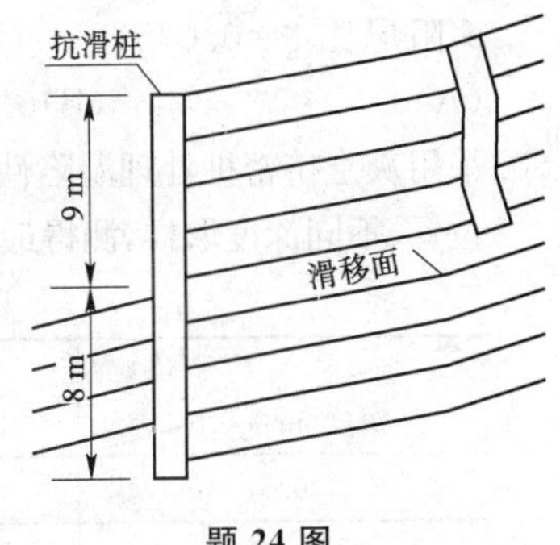

题 24 图

25. 有一 6 m 宽的均匀土层边坡，$\gamma=17.5$ kN/m³，根据最危险滑动圆弧计算得到的抗滑力矩为3 580 kN·m。滑动力矩为 3 705 kN·m，为提高边坡的稳定性，提出如下图所示的两种方案。卸荷土方量相同而卸荷部位不同，试计算卸荷前卸荷方案 1、卸荷方案 2 的边坡稳定系数（分别为 K_0、K_1、K_2），判断二者关系为下列哪一选项？（假设卸荷后抗滑力矩不变） （ ）

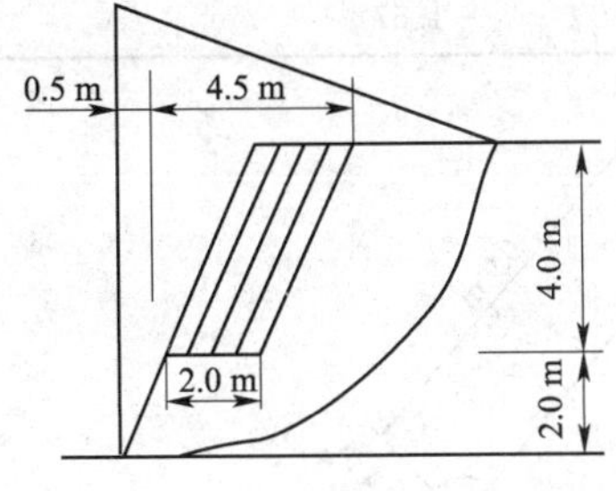

卸荷方案1

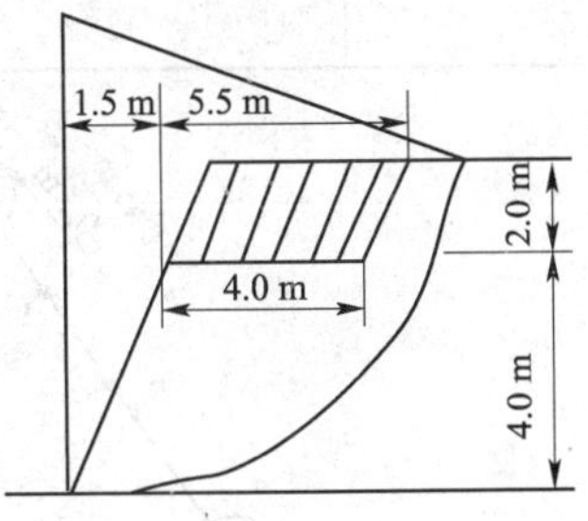

卸荷方案2

题 25 图

(A)$K_0=K_1=K_2$ (B)$K_0<K_1=K_2$ (C)$K_0<K_1<K_2$ (D)$K_0<K_2<K_1$

26. 某地面沉降区，观测其累计沉降 120 cm，预计后期沉降 50 cm，今在其上建设某工程，场地长 200 m，宽 100 m，要求填土沉降稳定后比原地面（未沉降前）高 0.8 m，黄土压实系数为 0.94，填土沉降不计，回填土料 $w=29.6$，$\gamma=19.6$ kN/m³，$G_s=2.71$，最大干密度为 1.69 g/cm³，最优含水率为 20.5%，则填料的体积为多少？ （ ）

(A)21 000 m³ (B)42 000 m³ (C)52 000 m³ (D)67 000 m³

27. 公路桥梁抗震级别为 A 类，8 度区地震基本峰值加速度为 0.20g，设计桥台台身高度为 8 m，台后填土为无黏性土，填土 $\gamma=18$ kN/m³，$\varphi=33°$，则 E1 地震作用下桥台的主动土压力为何值？ （ ）

(A)105 kN/m (B)186 kN/m (C)236 kN/m (D)286 kN/m

28. 某水利工程场地勘察，在进行标准贯入试验时，标准贯入点在当时地面以下的深度为 5 m，地下水位在当时地面以下的深度为 2 m。工程正常运用时，场地已在原地面上覆盖了 3 m 厚的填土。地下水位较原水位上升了 4 m。已知场地地震设防烈度为8度，比相应的震中烈度小 2 度，现需对该场地粉砂（黏粒含量 $\rho=6\%$）进行地震液化复判。按照

《水利水电工程地质勘察规范》(GB 50487—2008)，当时实测的标准贯入锤击数至少要不小于下列哪个选项的数值时，才可将该粉砂复判为不液化土？（　　）

(A)14　　(B)13　　(C)12　　(D)11

29. 某Ⅲ类场地上的建筑结构，设计基本地震加速度 0.30g，设计地震分组第一组，按《建筑抗震设计规范》(GB 50011—2010)规定，当有必要进行罕遇地震作用下的变形验算时，算得的水平地震影响系数与下列哪个选项的数值最为接近？（已知结构自振周期 T=0.75 s，阻尼比 ζ=0.075）（　　）

(A)0.55　　(B)0.62　　(C)0.74　　(D)0.83

30. 采用灰土挤密桩处理湿陷性黄土，桩间土最优含水率为17%，相应湿密度为2.0 g/cm^3，在不同位置、不同深度取样，测得最大干密度如下表所示，则桩间土平均挤密系数 η_c 为多少？（　　）

题 30 表

深度/m ＼ 位置	A	B	C
0.5	1.52	1.58	1.63
1.5	1.54	1.60	1.67
2.5	1.55	1.57	1.65
3.5	1.51	1.58	1.66
4.5	1.53	1.59	1.64
5.5	1.52	1.57	1.62

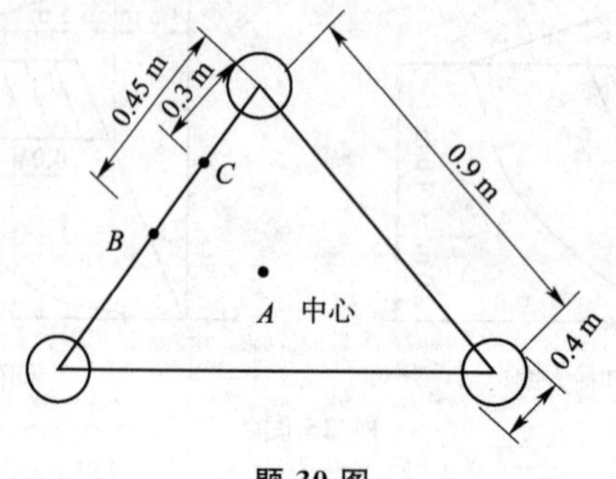

题 30 图

(A)0.894　　(B)0.910　　(C)0.927　　(D)0.944

专业案例(下午卷)

1. 某工程场地进行十字板剪切试验，测定的 8 m 以内土层的不排水抗剪强度如下表所示。

题 1 表

试验深度 H/m	1.0	2.0	3.0	4.0	5.0	6.0	7.0	8.0
不排水抗剪强度 C_u/kPa	38.6	35.3	7.0	9.6	12.3	14.4	16.7	19.0

其中软土层的十字板剪切强度与深度呈线性相关(相关系数 r=0.98)，最能代表试验深度范围内软土不排水抗剪强度标准值的是下列哪个选项？（　　）

(A)9.5 kPa　　(B)12.5 kPa　　(C)13.9 kPa　　(D)17.5 kPa

2. 某勘察场地地下水为潜水，布置 k_1、k_2、k_3 三个水位观测孔，同时观测稳定水位埋深分别为 2.70 m、3.10 m、2.30 m，观测孔坐标和高程数据如下表所示。地下水流向正确的选项是

哪一个？（　　）

题 2 表

观测孔号	坐标		孔口高程/m
	X/m	Y/m	
k_1	25 818.00	29 705.00	12.70
k_2	25 818.00	29 755.00	15.60
k_3	25 868.00	29 705.00	9.80

(A)45°　　(B)135°　　(C)225°　　(D)315°

3. 某场地位于水面以下，表层 10 m 为粉质黏土，土的天然含水率为 31.3%，天然重度为 17.8 kN/m³，天然孔隙比为 0.98，土粒相对密度为 2.74，在地表下 8 m 深度取土样测的先期固结压力为 76 kPa，该深度处土的超固结比接近下列哪一选项？（　　）

(A)0.9　　(B)1.1　　(C)1.3　　(D)1.5

4. 某铁路工程地质勘察中，揭示地层如下：①粉细砂层，厚度 4 m；②软黏土层，未揭穿。地下水位埋深为 2 m，粉细砂层的土粒相对密度 $G_s=2.65$，水上部分的天然重度 $\gamma=19.0$ kN/m³，含水率 $w=15\%$，整个粉细砂层密实程度一致，软黏土层的不排水抗剪强度 $c_u=20$ kPa。软黏土层顶面的容许承载力为下列何值？(取安全系数 $k=1.5$)（　　）

(A)69 kPa　　(B)98 kPa　　(C)127 kPa　　(D)147 kPa

5. 天然地基上的桥梁基础，底面尺寸为 2 m×5 m，基础埋置深度、地层分布及相关参数见下图，地基承载力基本容许值为 200 kPa，根据《公路桥涵地基与基础设计规范》(JTG D63—2007)计算，修正后的地基承载力容许值最接近于下列哪个选项？（　　）

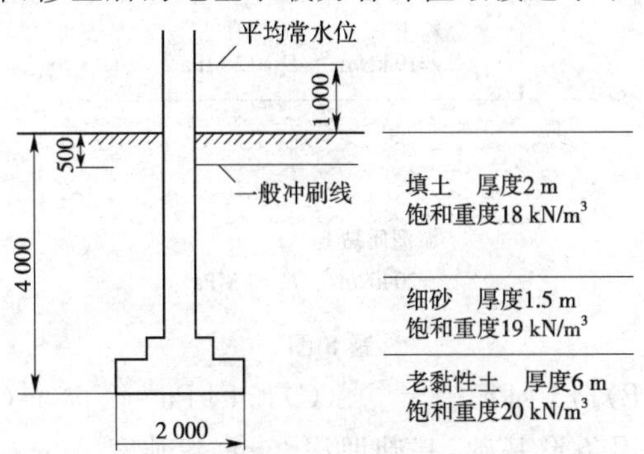

题 5 图(尺寸单位：mm)

(A)200 kPa　　(B)220 kPa　　(C)238 kPa　　(D)356 kPa

6. 某高层建筑筏板基础，平面尺寸为 20 m×40 m，埋深 8 m，基底压力的准永久组合值为 607 kPa，地面以下 28 m 范围内为山前冲洪积粉土、粉质黏土，平均重度为 19 kN/m³，其下为密实卵石，基底下 20 m 深度内的压缩模量当量值为 18 MPa。实测筏板基础中心点最终沉降量为 80 mm，则由该工程实测资料推出的沉降经验系数最接近下列哪个选项？（　　）

(A)0.15　　(B)0.20　　(C)0.66　　(D)0.80

7. 某地下车库采用筏板基础(见下图)，基础宽 35 m，长 50 m，地下车库自重作用于基底的平均压力 $p_k=70$ kPa，埋深 10.0 m，地面下 15 m 范围内土的重度为 18 kN/m³(回填前后相同)，抗浮设计地下水位埋深 1.0 m。若要满足抗浮安全系数 1.05 的要求，需用钢渣替换

2012年专业案例（下午卷）

地下车库顶面一定厚度的覆土，则钢渣的最小厚度接近下列哪个选项？（　　）

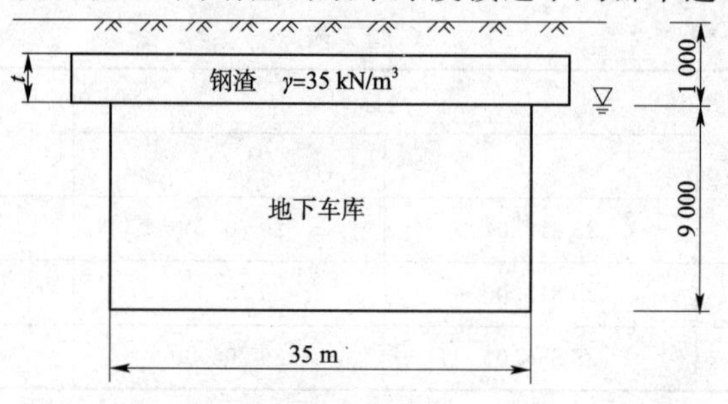

题 7 图(尺寸单位:mm)

(A)0.22 m　　(B)0.33 m　　(C)0.38 m　　(D)0.70 m

8. 某建筑物采用条形基础，基础宽度为 2.0 m，埋深 3.0 m，基底平均压力为 180 kPa，地下水位埋深 1.0 m，其他指标如下图所示，则软弱下卧层修正后地基承载力特征值最小为下列何值时，才能满足规范要求？（　　）

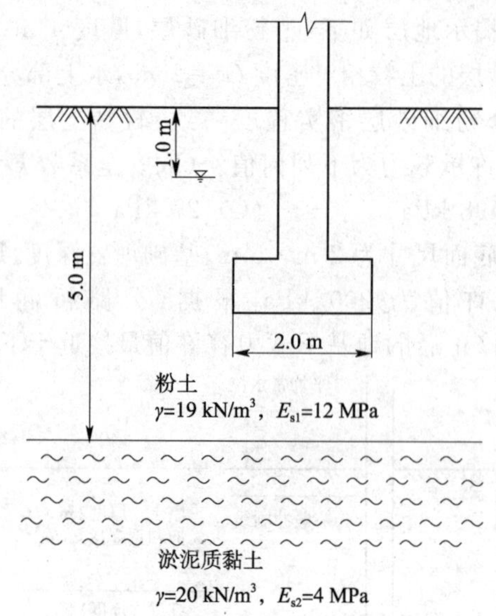

题 8 图

(A)134 kPa　　(B)145 kPa　　(C)154 kPa　　(D)162 kPa

9. 如右图所示，某建筑采用条形基础，基础埋深 2 m，基础宽度 5 m。作用于每延长米基础底面的竖向力为 F，力矩 M 为 300 kN·m/m，基础下地基反力无零应力区。地基土为粉土，地下水位埋深 1.0 m，水位以上土的重度为 18 kN/m³，水位以下土的饱和重度为 20 kN/m³，黏聚力为 25 kPa，内摩擦角为 20°。该基础作用于每延长米基础底面的竖向力 F 最大值接近下列哪个选项？（　　）

(A)253 kN/m　　(B)1 157 kN/m

(C)1 265 kN/m　　(D)1 518 kN/m

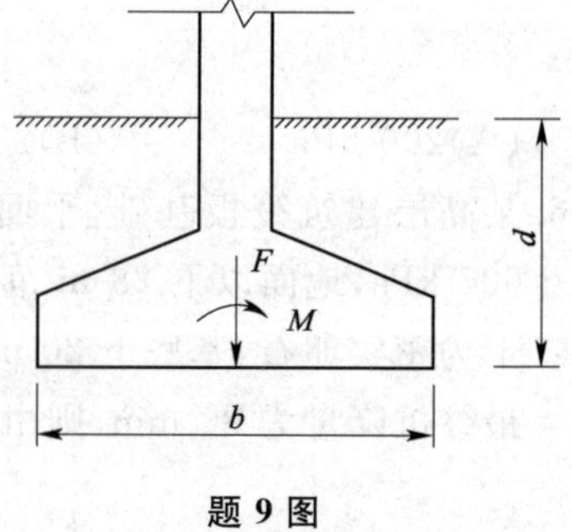

题 9 图

10. 某正方形承台下布端承型灌注桩 9 根，桩身直径为 700 mm，纵、横桩间距约为 2.5 m，地下水位埋深为 0，桩端持力层为卵石，桩周土 0～5 m 为均匀的新填土，以下为正常固结土层，假定填土重度为 18.5 kN/m³，桩侧极限负摩阻力标准值为 30 kPa，按《建筑桩基技术规范》

(JGJ 94—2008)考虑群桩效应时,计算得基桩下拉荷载最接近下列哪个选项? ( )

(A)180 kN (B)230 kN (C)280 kN (D)330 kN

11. 假设某工程中上部结构传至承台顶面处相应于荷载效应标准组合下的竖向力 F_k = 10 000 kN、弯矩 M_k = 500 kN·m,水平力 H_k = 100 kN,设计承台尺寸为 1.6 m×2.6 m,厚度为 1.0 m,承台及其上土平均重度为 20 kN/m³,桩数为 5 根,如下图所示。根据《建筑桩基技术规范》(JGJ 94—2008),单桩竖向极限承载力标准值最小应为下列何值? ( )

(A)1 690 kN (B)2 030 kN (C)4 060 kN (D)4 800 kN

12. 某多层住宅框架结构,采用独立基础,荷载效应准永久值组合下作用于承台底的总附加荷载 F_k = 360 kN,基础埋深 1 m,方形承台,边长为 2 m,土层分布如下图所示。为减少基础沉降,基础下疏布 4 根摩擦桩,钢筋混凝土预制方桩为 0.2 m×0.2 m,桩长10 m,单桩承载力特征值 R_a = 80 kN,地下水水位在地面下 0.5 m,根据《建筑桩基技术规范》(JGJ 94—2008)计算,由承台底地基土附加应力作用下产生的承台中点沉降量为下列何值?(沉降计算深度取承台底面下 3.0 m) ( )

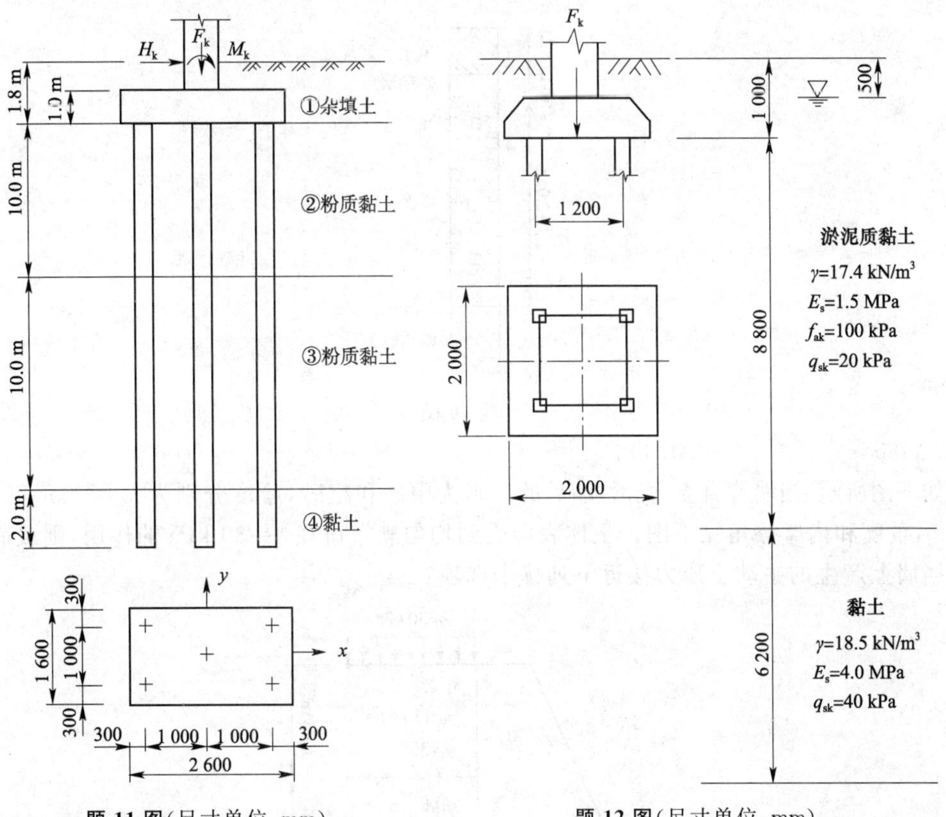

题 11 图(尺寸单位:mm) **题 12 图**(尺寸单位:mm)

(A)14.8 mm (B)20.9 mm (C)39.7 mm (D)53.9 mm

13. 某建筑松散砂土地基,处理前现场测得砂土孔隙比 e = 0.78,砂土最大、最小孔隙比分别为 0.91 和 0.58,采用砂石桩法处理地基,要求挤密后砂土地基相对密实度达到 0.85,若桩径为 0.8 m,等边三角形布置,则砂石桩的间距为下列何项数值?(取修正系数 ξ = 1.2) ( )

(A)2.90 m (B)3.14 m (C)3.62 m (D)4.15 m

14. 拟对非自重湿陷性黄土地基采用灰土挤密桩加固处理，处理面积为 22 m×36 m，采用正三角形满堂布桩，桩距 1.0 m，桩长 6.0 m，加固前地基土平均干密度 ρ_d = 1.4 t/m^3，平均含水率 w = 10%，最优含水率 w_{op} = 16.5%，为了优化地基土挤密效果，成孔前拟在三角形布桩形心处挖孔预渗水增湿，损耗系数为 k = 1.1，则完成该场地增湿施工需加水量接近下列哪个选项数值？（　　）

(A)289 t　　(B)318 t　　(C)410 t　　(D)476 t

15. 某场地用振冲法复合地基加固，填料为砂土，桩径 0.8 m，正方形布桩，桩距 2.0 m，现场平板载荷试验测定复合地基承载力特征值为 200 kPa，桩间土承载力特征值为 150 kPa。估算的桩土应力比与下列何项数值最为接近？（　　）

(A)2.67　　(B)3.08　　(C)3.30　　(D)3.67

16. 某堆载预压法工程，典型地质剖面如下图所示，填土层重度为 18 kN/m^3，砂垫层重度为 20 kN/m^3，淤泥层重度为 16 kN/m^3，e_0 = 2.15，$C_v = C_h$ = 3.5×10^{-4} cm^2/s。如果塑料排水板断面尺寸为 100 mm×4 mm，间距为 1.0 m×1.0 m，正方形布置，长 14.0 m，堆载一次施加，则预压 8 个月后，软土平均固结度 U 最接近以下哪个选项？（　　）

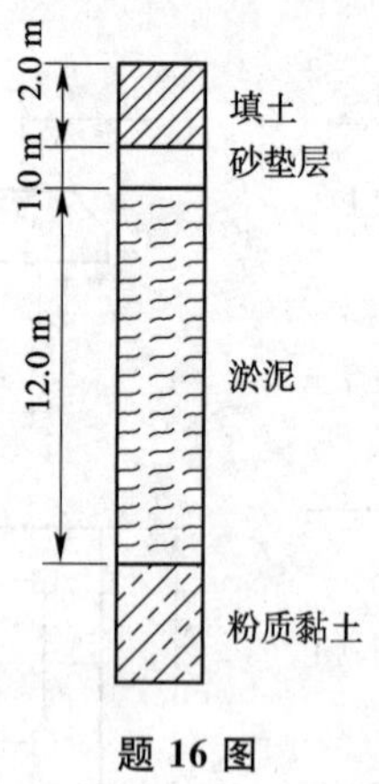

题 16 图

(A)85%　　(B)91%　　(C)93%　　(D)96%

17. 如下图所示，挡墙背直立、光滑，墙后的填料为中砂和粗砂，厚度分别为 h_1 = 3 m 和 h_2 = 5 m，重度和内摩擦角见下图。土体表面受到均匀满布荷载 q = 30 kPa 的作用，则载荷 q 在挡墙上产生的主动土压力接近下列哪个选项？（　　）

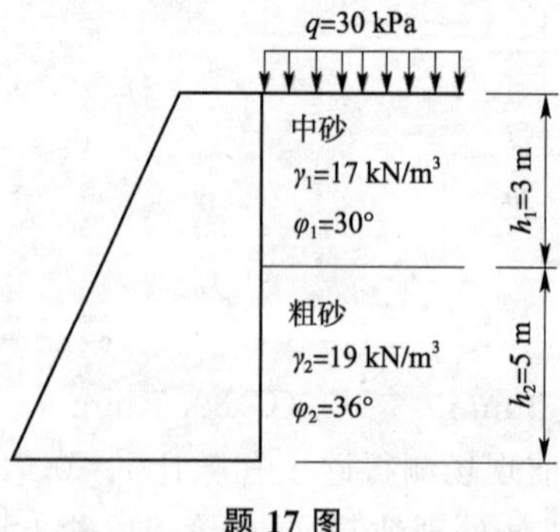

题 17 图

(A)49 kN/m　　(B)59 kN/m　　(C)69 kN/m　　(D)79 kN/m

18. 某建筑旁有一稳定的岩石山坡，坡角为 60°，依山拟建挡土墙，墙高 6 m，墙背倾角为 75°，墙后填料采用砂土，重度为 20 kN/m^3，内摩擦角为 28°，土与墙背间的摩擦角为 15°，土与山坡间的摩擦角为 12°，墙后填土高度为 5.5 m。挡土墙墙背主动土压力最接近下列哪个选项？（　　）

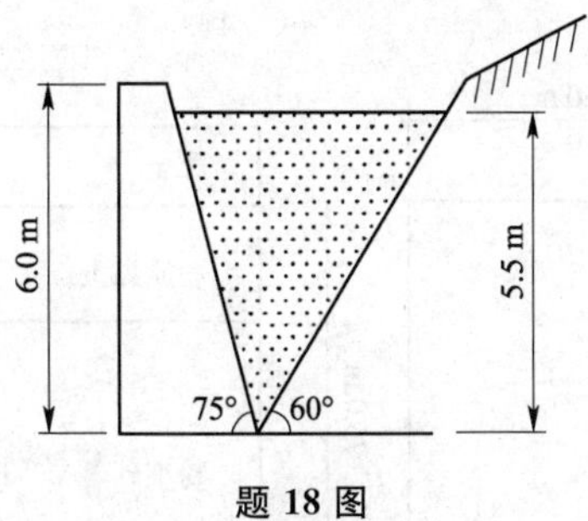

题 18 图

(A)160 kN/m　　(B)190 kN/m　　(C)220 kN/m　　(D)260 kN/m

19. 如下图所示，挡墙墙背直立、光滑，填土表面水平。填土为中砂，重度 $\gamma=18$ kN/m^3，饱和重度 $\gamma_{sat}=20$ kN/m^3，内摩擦角 $\varphi=32°$，地下水位距离墙顶 3 m。作用在墙上的总的水土压力（主动）接近下列哪个选项？（　　）

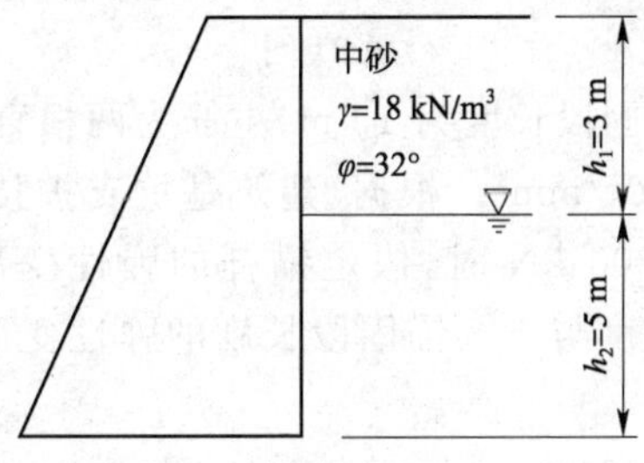

题 19 图

(A)180 kN/m　　(B)230 kN/m　　(C)270 kN/m　　(D)310 kN/m

20. 如下图所示，某场地的填筑体的支挡结构采用加筋土挡墙。复合土工带拉筋间的水平间距与垂直间距分别为 0.8 m 和 0.4 m，土工带宽 10 cm。填料重度为 18 kN/m^3，综合内摩擦角为 32°。拉筋与填料间的摩擦系数为 0.26，拉筋拉力峰值附加系数为 2.0。根据《铁路路基支挡结构设计规范》(TB 10025—2006)，按照内部稳定性验算，深度 6 m 处的最短拉筋长度接近下列哪一选项？（　　）

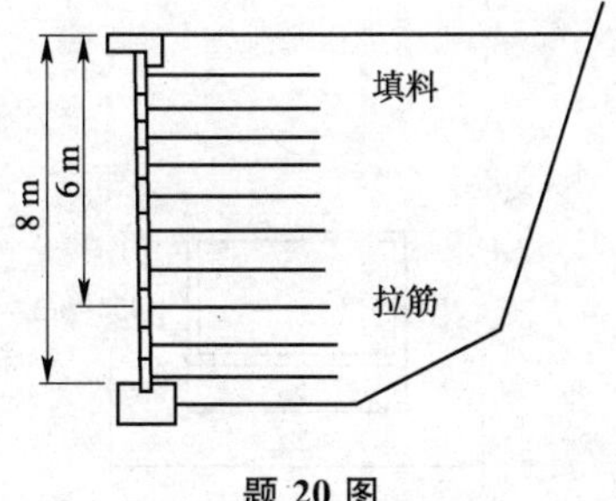

题 20 图

(A)3.5 m　　(B)4.2 m　　(C)5.0 m　　(D)5.8 m

21. 某基坑开挖深度为 8.0 m，其基坑形状及场地土层如下图所示，基坑周边无重要构筑物及管线。粉细砂层渗透系数为 1.5×10^{-2} cm/s，在水位观测孔中测得该层地下水水位埋深为 0.5 m。为确保基坑开挖过程中不致发生突涌，拟采用完整井降水措施（降水井管井过滤器半径设计为 0.15 m，过滤器长度与含水层厚度一致），将地下水水位降至基坑开挖面以下 0.5 m。假定单井出水量为 1 600 m^3/d，根据《建筑基坑支护技术规程》(JGJ 120—2012)估算，本基坑降水时需要布置的降水井数量(口)为下列何项？ ( )

(A)2 (B)3 (C)4 (D)5

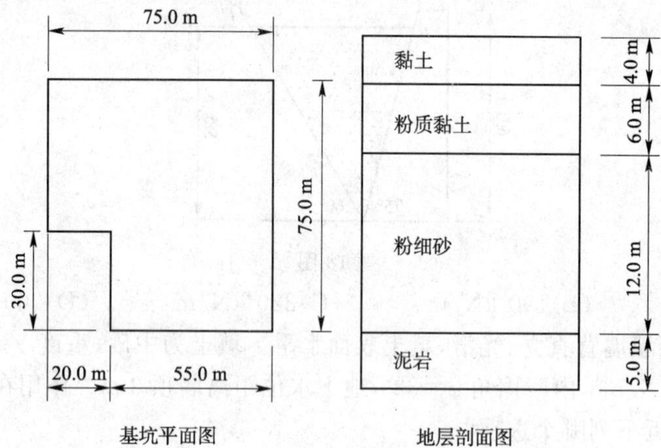

题 21 图

22. 锚杆自由段长度为 6 m，锚固段长度为 10 m，主筋为两根直径 25 mm 的 HRB400 钢筋，钢筋弹性模量为 2.0×10^5 N/mm^2。根据《建筑基坑支护技术规程》(JGJ 120—2012)计算，锚杆验收最大加载至 300 kN 时，假定锚杆的弹性变形不小于自由段弹性变形的 80%，则且不大于自由段长度与 1/2 锚固段长度的弹性变形计算值，其最大弹性变形值不应大于下列哪个数值？ ( )

(A)0.45 cm (B)0.89 cm (C)1.68 cm (D)2.37 cm

23. 一地下结构置于无地下水的均质砂土中，砂土的 $\gamma=20$ kN/m^3、$c=0$、$\varphi=30°$，上覆砂土厚度 $H=20$ m，地下结构宽 $2a=8$ m、高 $h=5$ m。假定从洞室的底角起形成一与结构侧壁成$(45°-\varphi/2)$的滑移面，并延伸到地面(见下图)，取 $ABCD$ 为下滑体。作用在地下结构顶板上的竖向压力最接近下列哪个选项？ ( )

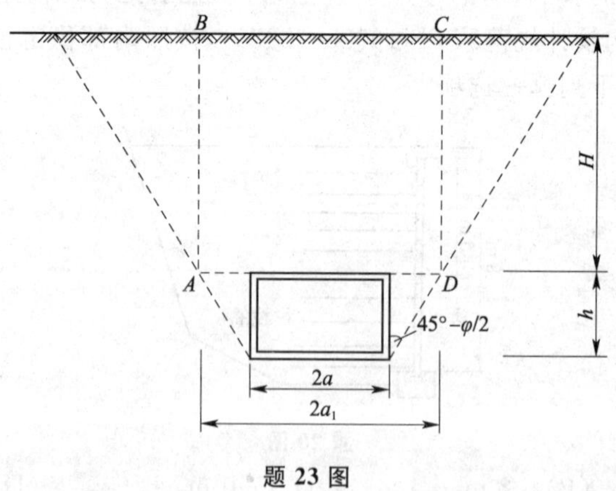

题 23 图

(A)65 kPa (B)200 kPa (C)290 kPa (D)400 kPa

24. 如下图所示的顺层岩质边坡内有一软弱夹层 $AFHB$，层面 CD 与软弱夹层平行，在沿 CD 顺层清方后，设计了两个开挖方案：方案 1，开挖坡面 $AEFB$，坡面 AE 的坡率为1∶0.5；方案 2，开挖坡面 $AGHB$，坡面 AG 的坡率为 1∶0.75。比较两个方案中坡体 AGH 和

AEF 在软弱夹层上的滑移安全系数，下列哪个选项的说法是正确的？（要求解答过程）（　　）

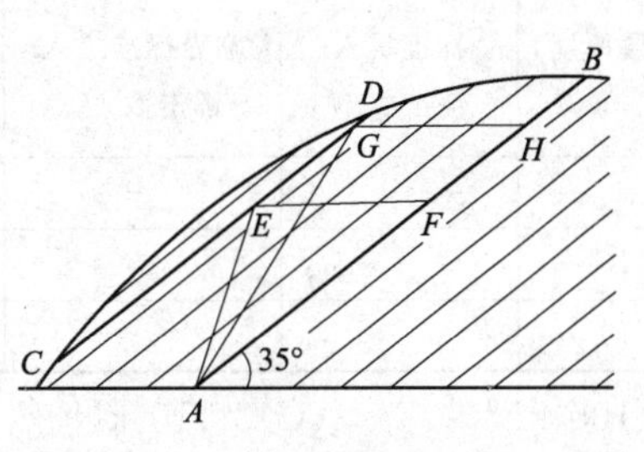

题 24 图

(A)两者安全系数相同　　(B)方案 2 坡体的安全系数小于方案 1

(C)方案 2 坡体的安全系数大于方案 1　　(D)难以判断

25. 某滨海盐渍土地区修建一级公路，料场土料为细粒氯盐渍土或亚氯盐渍土，对料场深度 2.5 m 以内采取土样进行含盐量测定，结果见下表。根据《公路工程地质勘察规范》(JTG C20—2011)，判断料场盐渍土作为路基填料的可用性为下列哪项？（　　）

题 25 表

取样深度/m	0～0.05	0.05～0.25	0.25～0.5	0.5～0.75	0.75～1.0	1.0～1.5	1.5～2.0	2.0～2.5
含盐量/(%)	6.2	4.1	3.1	2.7	2.1	1.7	0.8	1.1

注：离子含量以 100 g 干土内的含盐量计。

(A)0～0.80 m 可用　　(B)0.80～1.50 m 可用

(C)1.50 m 以下可用　　(D)不可用

26. 陡崖上悬出截面为矩形的危岩体（见下图），长 $L=7$ m，高 $h=5$ m，重度 $\gamma=24\ kN/m^3$，抗拉强度$[\sigma]=0.9$ MPa，A 点处有一竖向裂隙，则危岩处于沿 ABC 截面的拉裂式破坏极限状态时，A 点处的张拉裂隙深度 a 最接近下列哪一个数值？（　　）

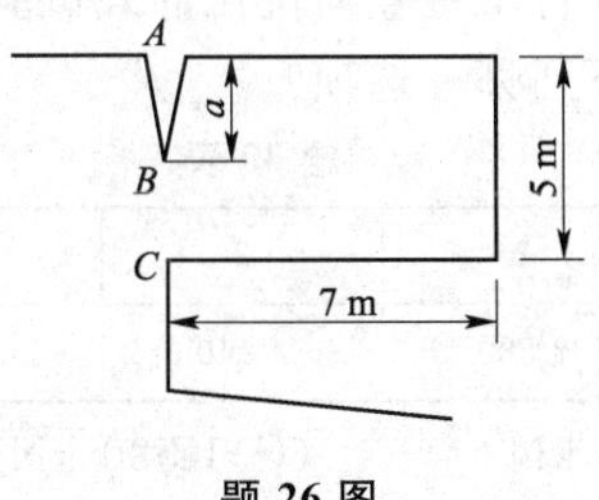

题 26 图

(A)0.3 m　　(B)0.6 m　　(C)1.0 m　　(D)1.5 m

27. 建筑物位于小窑采空区，小窑巷道采煤，煤巷宽 2 m，顶板至地面 27 m，顶板岩体重度为 $22\ kN/m^3$，内摩擦角为 34°，建筑物横跨煤巷，基础埋深 2 m，基底附加压力为 250 kPa。按顶板临界深度法近似评价，地基稳定性为下列哪一选项？（　　）

(A)地基稳定　　(B)地基稳定性差

(C)地基不稳定　　(D)地基极限平衡

28. 地震烈度 8 度地区地下水位埋深 4 m，某钻孔桩桩顶位于地面以下 1.5 m，桩顶嵌入承台底面 0.5 m，桩直径 0.8 m，桩长 20.5 m，地层资料见下表，桩全部承受地震作用，按《建筑抗震设计规范》(GB 50011—2010)的规定，单桩竖向抗震承载力特征值最接近于下列

哪个选项？（　　）

题 28 表

土层名称	层底埋深/m	土层厚度/m	标准贯入锤击数 N	临界标准贯入锤击数 N_{cr}	极限侧阻力标准值/kPa	极限端阻力标准值/kPa
粉质黏土①	5.0	5	—	—	30	
粉土②	15.0	10	7	10	20	
密实中砂③	30.0	15	—	—	50	4 000

(A)1 680 kN　(B)2 100 kN　(C)3 110 kN　(D) 3 610 kN

29. 某场地设计基本地震加速度为 0.15g，设计地震分组为第一组，地下水位深度为2.0 m，地层分布和标准贯入点深度及锤击数见下表。按照《建筑抗震设计规范》(GB 50011—2010)进行液化判别，得出的液化指数和液化等级最接近下列哪个选项？（　　）

题 29 表

土层序号		土层名称	层底深度/m	标贯深度 d_s/m	标贯击数 N
①		填土	2.0		
②	②-1	粉土（黏粒含量为 6%）	8.0	4.0	5
	②-2			6.0	6
③	③-1	粉细砂	15.0	9.0	12
	③-2			12.0	18
④		中粗砂	20.0	16.0	24
⑤		卵石			

(A)12.0、中等　(B)15.0、中等　(C)16.5、中等　(D)20.0、严重

30. 某建筑工程基础采用灌注桩，桩径 ϕ600 mm，桩长 25 m，低应变检测结果表明这 6 根基桩均为Ⅰ类桩。对 6 根基桩进行单桩竖向抗压静载试验的成果见下表，该工程的单桩竖向抗压承载力特征值最接近下列哪一选项？（　　）

题 30 表

试桩编号	1	2	3	4	5	6
Q_u/kN	2 880	2 580	2 940	3 060	3 530	3 360

(A)1 290 kN　(B)1 480 kN　(C)1 530 kN　(D)1 680 kN

2012年全国注册岩土工程师专业考试试卷参考答案(新解)

专业知识(上午卷)答案

一、单项选择题

1.(A)　《岩土工程勘察规范》(GB 50021—2001)(2009年版)第6.9.3条第3款

2.(C)　《岩土工程勘察规范》(GB 50021—2001)(2009年版)第10.5.3条第1款

3.(D)　二叠系地层位于侏罗系地层之上,即老地层在上,前三个备选答案都要求地层是正常层序,只有断层可以将老地层推移到新地层之上

4.(A)　此题与"V"法则有关,详见《全国注册岩土工程师专业考试培训教材》P1-58或《工程地质学》地质构造部分

5.(B)　《水运工程岩土勘察规范》(JTS 133—2013)附录D.0.2

6.(D)　《水运工程岩土勘察规范》(JTS 133—2013)表13.2.2

7.(D)　《岩土工程勘察规范》(GB 50021—2001)(2009年版)第2.1.8条

8.(A)　《岩土工程勘察规范》(GB 50021—2001)(2009年版)第10.7.4条及条文说明

9.(B)　《公路桥涵地基与基础设计规范》(JTG D63—2007)第3.3.3条、第3.3.5条

10.(A)　《铁路工程地质勘察规范》(TB 10012—2007)第7.1.1条

11.(C)　《水利水电工程地质勘察规范》(GB 50487—2008)第E.0.2条第5款

12.(D)　据《工程地质手册》(第四版)第13页,(A)、(B)、(C)选项在图中都有说明

13.(A)　《建筑桩基技术规范》(JGJ 94—2008)第3.3.2条第3款、第3.4.6条第1款、第3.3.3条第4款及第5款

14.(D)　《建筑桩基技术规范》(JGJ 94—2008)第3.1.3条

15.(C)　《建筑桩基技术规范》(JGJ 94—2008)第5.9.7条

16.(D)　《建筑桩基技术规范》(JGJ 94—2008)第7.4.6条第2款、第7.5.1条、第7.4.9条第7款、第7.4.4条第2款

17.(D)

18.(C)　《建筑桩基技术规范》(JGJ 94—2008)第4.1.2条、第4.1.5条、第4.1.6条、第4.1.3条第1款、第5.3.11条

19.(C)

20.(B)　$Q_g^n = \eta_n u \sum q_{si}^n l_i = 1 \times 3.14 \times 0.8 \times 20 \times 7 = 351.68(\text{kN})$

$$N_k + Q_g^n = 500 + 351.68 = 851.68(\text{kN})$$

21.(C)　《碾压式土石坝设计规范》(DL/T 5395—2007)第6.1.5条

22.(C)　《碾压式土石坝设计规范》(DL/T 5395—2007)第8.3.2条

23.(C)　《铁路路基支挡结构设计规范》(TB 10025—2006)第5.2.8条

24.(B)　有渗流时,安全系数为:

$$K' = \frac{V\gamma' \cos 25° \times \tan 30°}{V\gamma' \sin 25° + V\gamma_w \sin 25°}$$

$$\gamma' \approx \gamma_w$$

所以 $K' = \dfrac{\cos25° \times \tan30°}{2 \times \sin25°} = \dfrac{\tan30°}{2 \times \tan25°}$

无渗流时，安全系数为：

$K = \dfrac{\tan30°}{\tan25°}$

所以：$K'/K = \dfrac{1}{2} = 0.5$

25.(D) ①$e_a = \gamma h k_a$

② 在土层界面处 $e_{a1} > e_{a2}$，由于在此处 $\gamma h = \gamma_1 h_1$ 是定值，所以 $k_{a1} > k_{a2}$，即 $\varphi_1 < \varphi_2$ 成立。

26.(B) 天然土料孔隙率为 $n_1 = \dfrac{e}{1+e} = \dfrac{0.8}{1+0.8} = 0.4444$

填筑体孔隙率为 $n_2 = \dfrac{e}{1+e} = \dfrac{0.5}{1+0.5} = 0.3333$

1 m^3 中的固体颗粒为：$1 \times (1 - n_2) = 0.6667$

填筑 1 m^3 所需的土料为：

$V = \dfrac{0.6667}{(1-n_1)} = \dfrac{0.6667}{(1-0.4444)} \approx 1.2(m^3)$

27.(C) $e_p = G\tan^2(45° + \varphi) = G\tan^2(45° + 29°/2) = 2.88G$

28.(C) 有顺坡向下的渗流，有渗透破坏力

29.(B) 《建筑抗震设计规范》(GB 50011—2010)第 4.3.3 条注

30.(C) 《建筑抗震设计规范》(GB 50011—2010)第 3.3.3 条

31.(C) 《建筑抗震设计规范》(GB 50011—2010)第 4.1.7 条

32.(B) 《建筑抗震设计规范》(GB 50011—2010)第 1.0.1 条

33.(D) 据《建筑抗震设计规范》(GB 50011—2010)第 5.1.5 条，地震影响系数的水平段与 η_2 有关，而 η_2 与阻尼比有关，故(D)选项错误，而通过试算可知(A)、(B)、(C)选项正确

34.(B) 据《建筑抗震设计规范》(GB 50011—2010)表 5.4.1-1、表 5.1.4-2、第 5.1.4 条、第 5.1.5 条可知，(B)选项错误，(C)正确。土层剪切波速越大，场地条件越好，地震影响系数越小，(A)选项正确。据第 5.3.1 条可知，(D)选项正确

35.(C) 《合同法》第二百七十二条

36.(D)

37.(B) 《勘察设计注册工程师管理规定》第六条、第八条、第十条

38.(A) 《建设工程质量管理条例》第四十条

39.(B)

40.(B) 《招标投标法》第五十条

二、多项选择题

41.(A)、(C)、(D) 《岩土工程勘察规范》(GB 50021—2001)(2009 年版)附录 E.0.1

42.(A)、(C)、(D) 极射赤平投影(构造地质学)

43.(A)、(B) 对于倾斜岩层，垂直厚度总是大于真厚度(垂直岩层层面测得的厚度)，当地面与层面垂直时就是真厚度，真厚度的大小与倾角无关

44.(B)、(C)、(D) 原则：$q_u = 2C_u$

45.(A)、(B) 此题提法有误，应是“不能传递静水压力”结合水在传递静水压力时有损失

46.(B)、(C) 《水利水电工程地质勘察规范》(GB 50487—2008)附录 B

47.(B)、(C)、(D)　《建筑桩基技术规范》(JGJ 94—2008)第5.7.5条

48.(A)、(B)　《建筑桩基技术规范》(JGJ 94—2008)第7.4.4条

49.(A)、(D)　《建筑桩基技术规范》(JGJ 94—2008)第3.4.7条消除或减小负摩阻力的方法

50.(A)、(C)　《建筑桩基技术规范》(JGJ 94—2008)第5.2.5条

51.(A)、(B)　《建筑桩基技术规范》(JGJ 94—2008)第5.4.2条

52.(A)、(B)、(D)　《建筑桩基技术规范》(JGJ 94—2008)第7.4.9条、第7.5.14条、第7.5.15条

53.(A)、(C)　《建筑桩基技术规范》(JGJ 94—2008)第5.2.5条

54.(A)、(B)　牵引段按主动土压力考虑,抗滑段按被动土压力考虑

55.(A)、(D)　①与朗肯公式比,库仑公式计算的主动土压力偏小,而被动土压力偏大;②只有当墙背直立光滑,墙后填土表面水平时,二者计算结果才一致,此处未提到墙背光滑;③库仑公式计算时未能考虑C值

56.(A)、(C)、(D)　第6.1.4条

57.(A)、(B)、(D)

58.(B)、(C)、(D)

59.(B)、(C)　据《公路工程抗震规范》(JTG B02—2013)第3.1.1条可知,三级公路单跨跨径为200 m的特大桥,应为A类,故(A)选项错误;四级公路单跨跨径为100 m的特大桥,应为C类,故(D)选项错误

60.(B)、(D)　据《建筑抗震设计规范》(GB 50011—2010)第5.1.4条。特征周期与地震烈度无关,(A)选项错误。土层等效剪切波速越小,场地越软,场地类别越高,特征周期越大,(B)选项正确。震中距越大,地震波传播距离越远,地震分组越高,特征周期越大,(C)选项错误

61.(A)、(B)、(C)　据《建筑抗震设计规范》(GB 50011—2010)第1.0.1条,(A)、(B)、(C)正确。据第2.1.1条、第2.1.2条及第2章条文说明可知:抗震设防烈度是一个地区的设防依据,不能随意提高或降低。而抗震设防标准是一种衡量对建筑抗震能力要求高低的综合尺度,本规范规定的设防标准是最低的要求,具体工程的设防标准可按业主要求提高

62.(A)、(D)　据《建筑抗震设计规范》(GB 50011—2010)第4.1.4条第2款规定,覆盖层以下土层的剪切波速可以小于500 m/s,故(A)选项错误,(B)选项正确。据第3款规定,当土层中存在孤石、透镜体时,剪切波速可能大于500 m/s,故(C)选项正确。据第1款的要求,(D)选项错误

63.(A)、(B)、(D)　《建筑抗震设计规范》(GB 50011—2010)第3.3.4条

64.(B)、(D)　《建筑抗震设计规范》(GB 50011—2010)第4.1.1条及第3.1.1条

65.(A)、(C)、(D)

66.(A)、(C)　《建设工程质量检测管理办法》第4条

67.(A)、(B)、(D)　《安全生产法》第17条

68.(A)、(C)　《建设工程安全生产管理条例》第12条

69.(A)、(B)、(D)　《实施工程建设强制性标准监督规定》第9条

70.(A)、(B)、(C)　《建设工程质量管理条例》第16条

专业知识(下午卷)答案

一、单项选择题

1.(A)　《建筑地基基础设计规范》(GB 50007—2011)第 3.0.5 条第 5 款

2.(B)　《建筑桩基技术规范》(JGJ 94—2008)第 3.1.7 条、第 5.5.6 条

3.(A)　《建筑结构荷载规范》(GB 50009—2012)第 3.2.3 条～第 3.2.10 条

4.(B)　《建筑地基基础设计规范》(GB 50007—2011)第 5.1.9 条条文说明第 1 款

5.(C)　《岩土工程勘察规范》(GB 50021—2001)(2009 年版)第 10.2.5 条

6.(A)　《建筑地基基础设计规范》(GB 50007—2011)第 8.1.1 条条文说明

7.(B)　土力学教科书

8.(B)　21.5−14=7.5 (m),《建筑地基基础设计规范》(GB 50007—2011)第 5.2.7 条

9.(B)　第 8.3.2 条

10.(C)　由土力学相关知识,单向压缩固结沉降为:

$$s=\sum_{i=1}^{n}\frac{e_{1i}-e_{2i}}{1+e_{1i}}H_i=\sum_{i=1}^{n}\frac{a_i\Delta p_i}{1+e_{1i}}H_i=\sum_{i=1}^{n}\frac{\Delta p_i}{E_{si}}H_i$$

因此,排水板的间距与最终固结沉降量无关,只与固结时间有关

11.(B)　《建筑地基处理技术规范》(JGJ 79—2012)第 5.1.1 条、第 7.2.1 条第 2 款、第 7.3.1条、第 7.4.1 条

12.(B)　$\rho_d=\frac{\rho}{1+0.01w}=\frac{18}{1+0.23}=14.6\ (\mathrm{kN/m^3})=1.46\ (\mathrm{g/cm^3})$

$\lambda_c=\frac{\rho_d}{\rho_{dmax}}=\frac{1.46}{1.65}=0.887$

13.(D)　据《建筑地基处理技术规范》(JGJ 79—2012)第 6.3.3 条第 1 款条文说明、第 5 款条文说明。由于需要处理的厚度较深,故应先采用大夯击能,同时对于细粒土,应采用较大的夯击间距。因此先采用大夯击能大间距夯击,而后采用小夯击能小间距满夯

14.(C)　据《建筑地基处理技术规范》(JGJ 79—2012)第 7.3.1 条、第 5.1.2 条、第 7.7.1 条,设计要求地基承载力达到 120 kPa,已超过真空预压法设计要求 80 kPa 限制

15.(D)　此题出现频率极高,对控制工后沉降最为有效的方法为增加桩长

16.(C)　旋喷桩、搅拌桩、CFG 桩都不会对周围土体产生挤土效应,而沉管碎石桩在施工过程中采用振动、锤击、冲击等方法会对周围土体产生挤土效应,其主要靠置换作用和振密周围土体提高承载力

17.(B)　$f_{spk}=\lambda m\frac{R_a}{A_p}+\beta(1-m)f_{sk}=1\times0.2\times510+1\times(1-0.2)\times60=150\ (\mathrm{kPa})$

18.(B)

19.(C)

20.(A)　两个条件相同的基坑,朗肯土压力的计算值应相同,悬壁支挡结构变形大,所以实测的土压力应较小一些

21.(B)　据《建筑基坑支护技术规程》(JGJ 120—2012)第 3.4.4 条

$u_a=\gamma_w h_w=10\times4=40\ (\mathrm{kPa})$

$E_w=\frac{1}{2}h_w e_w=\frac{1}{2}\times4\times40=80\ (\mathrm{kN/m})$

2012年专业知识(下午卷)答案

22.(B) 据《建筑基坑支护技术规程》(JGJ 120—2012)第 3.4.2 条

$p_{ak}=\sigma_{ak}k_{ai}-2c\sqrt{k_{ai}}=18\times8\times\tan^2(45°-30°/2)-0=48\ (kPa)$

$E_a=\frac{1}{2}hP_{ak}=\frac{1}{2}\times8\times48=192\ (kN/m)$

23.(A) 据《建筑基坑支护技术规程》(JGJ 120—2012)附录 C 第 C.0.2 条，取 $\gamma'=10$

$\frac{(2l_d+0.8D_1)\gamma'}{\Delta h\gamma_w}\geqslant k_f$

$\frac{[2l_d+0.8\times(10-1)]\times10}{(10-1)\times10}\geqslant1.6$

解得：$l_d=3.6\ m$

24.(C) 《公路隧道设计规范》(JTG D70—2004)第 10.3.4 条

25.(D) 《公路路基设计规范》(JTG D30—2015)第 7.3.2 条第 4 款

26.(B) 《公路路基设计规范》(JTG D30—2015)第 7.4.2 条

27.(A) 《岩土工程勘察规范》(GB 50021—2001)(2009 年版)第 6.8.5 条条文说明

28.(D) 《地质灾害危险性评估技术要求(试行)》第 2.1 条

29.(D) 《铁路路基支挡结构设计规范》(TB 10025—2006)第 10.2.6 条、第 10.3.4 条、第 10.1.4 条、第 10.2.10 条

30.(B) 这就是泥石流流体密度的概念，见《工程地质手册》(第四版)第 561 页

31.(A) 当两处于平衡状态的水流汇聚到一起，其温度、浓度不同时，岩溶作用就进一步增强，这是岩溶作用的混合溶蚀作用，《工程地质手册》(第四版)第 525 页

32.(D)

33.(A) 《公路路基设计规范》(JTG D30—2015)第 7.8.1 条第 5 款、第 7.8.2 条第 5 款

34.(C) 岩石边坡稳定性的定性分析理论，即最危险滑动面为与边坡走向相近，倾向相同，倾角小于边坡坡面倾角的结构面为最危险结构面。

35.(B) 氯化物盐类的基本性质：溶解性大，具有明显的吸湿性，硫酸盐类没有吸湿性。详见《工程地质手册》(第四版)第 501 页、第 502 页

36.(C) 《水运工程岩土勘察规范》(JTS 133—2013)表 4.2.10-1

37.(C) 《水运工程岩土勘察规范》(JTS 133—2013)表 4.2.8

38.(A) 《建筑基桩检测技术规范》(JGJ 106—2014)附录 F

39.(D) 《建筑基桩检测技术规范》(JGJ 106—2014)第 7.1.1 条

40.(B) 《建筑基桩检测技术规范》(JGJ 106—2014)第 3.2.6 条

二、多项选择题

41.(A)、(D) 《建筑桩基技术规范》(JGJ 94—2008)第 3.1.1 条第 1 款

42.(B)、(D) 《建筑地基基础设计规范》(GB 50007—2011)第 3.0.1 条

43.(A)、(B) 《建筑结构荷载规范》(GB 50009—2012)第 3.2.10 条

44.(C)、(D) 《建筑地基基础设计规范》(GB 50007—2011)第 5.2.7 条

45.(B)、(D) 《建筑地基基础设计规范》(GB 50007—2011)第 8.1.1 条、第 8.3.2 条第 3 款、第 8.2.7 条第 3 款、第 8.3.1 条第 4 款

46.(A)、(B)、(D) 《建筑地基基础设计规范》(GB 50007—2011)第 7.5.2 条、第 7.5.1 条

47.(A)、(B) 《建筑地基基础设计规范》(GB 50007—2011)第 7.1.3 条、第 7.1.4 条、第 7.1.5 条

48.(B)、(C)、(D)　《建筑地基基础设计规范》(GB 50007—2011)第5.3.5条、附录K

49.(C)、(D)　《建筑地基处理技术规范》(JGJ 79—2012)第7.2.5条第2款、第7.3.7条第3款、第8.4.2条第1款

50.(B)、(C)　《建筑地基处理技术规范》(JGJ 79—2012)第7.7.2条条文说明

51.(A)、(C)　据《建筑地基处理技术规范》(JGJ 79—2012)第5.2.17条、第5.1.7条、第5.3.11条,减小排水板间距、采用真空堆载联合预压可以缩短预压工期,而砂垫层只起到汇水及排水作用,不能缩短预压工期,而设置止回阀和截门是为了防止意外停泵情况下膜下真空度过快降低

52.(A)、(B)　据《建筑地基处理技术规范》(JGJ 79—2012)第5.1.1条、第7.3.1条、第7.2.1条、第6.1.2条,振冲挤密法和强夯法不适合饱和软土地基

53.(B)、(D)　《建筑地基处理技术规范》(JGJ 79—2012)第7.3.7条

54.(A)、(D)　《建筑地基处理技术规范》(JGJ 79—2012)第6.3.13条、第6.3.14条

55.(A)、(C)、(D)　据《建筑地基处理技术规范》(JGJ 79—2012)第6.3.8条条文说明,当表层土体松软时,应铺设一层1～2m的砂石垫层以利施工机械运转,故(A)选项正确。据第6.3.3条第3款、第4款可知,对饱和软土,为使超静孔隙水压力消散,应增加两遍夯之间的间隔时间,故(B)选项错误,(C)选项正确。在填土中设置一定数量的砂石桩,可起到排水作用,提高承载力

56.(C)、(D)　《建筑地基基础设计规范》(GB 50007—2011)附录V

57.(A)、(C)、(D)　《全国注册岩土工程师专业考试培训教材》

58.(A)、(B)　《建筑基坑支护技术规程》(JGJ 120—2012)第4.8.7条

59.(A)、(B)　《全国注册岩土工程师专业考试培训教材》

60.(A)、(B)　《建筑基坑工程监测技术规范》(GB 50497—2009)第5.2.2条

61.(B)、(C)　《膨胀土地区建筑技术规范》(GB 50112—2013)第5.2.7条第2款

62.(A)、(D)　反算法假定滑坡处于极限状态时滑坡情况,确定出的一些参数将用于其他边坡的稳定性评价,而不是滑坡后的评价,当有挡墙因滑坡而破坏,按最大抗力反算出c、φ最小

63.(B)、(C)　地面沉降的中心应与地下水的降落漏斗中心相对应,不一定就一处,对含水层进行回灌地表也不能完全恢复,详见《工程地质手册》(第四版)第575页、第576页

64.(B)、(D)　《湿陷性黄土地区建筑规范》(GB 50025—2004)第4.3.2条、第4.3.5条、第4.3.7条

65.(A)、(B)、(D)　《公路路基设计规范》(JTG D30—2015)第7.11.2条、第7.11.4条第3款

66.(B)、(C)、(D)　《公路路基设计规范》(JTG D30—2015)第7.2.2条第2款,《建筑地基基础设计规范》(GB 50007—2011)第6.4.3条

67.(A)、(C)　《工程地质手册》(第四版)第560页或《铁路工程不良地质勘察规程》(TB 10027—2012)附录C.0.1-5

68.(C)、(D)　红黏土主要表现出的收缩性,(A)选项不正确,尽管其含水率较高,但强度较高,压缩性较低,见《工程地质手册》(第四版)第449页

69.(A)、(C)　《建筑基桩检测技术规范》(JGJ 106—2014)附录E第E.0.2条

70.(C)、(D)　《建筑桩基技术规范》(JGJ 94—2008)第5.7.5条

专业案例(上午卷)答案

1.[**答案**](A)

[**解析**]据《建筑地基基础设计规范》(GB 50007—2011)第 H.0.10 条第 1 款。

确定各组试验的承载力值。

①第 1 组:比例界限为 640 kPa

$\frac{1}{3}\times$极限荷载$=\frac{1}{3}\times 1\ 920=640$ (kPa)

取 640 kPa。

②第 2 组:比例界限为 510 kPa

$\frac{1}{3}\times$极限荷载$=\frac{1}{3}\times 1\ 580=526.7$ (kPa)

取 510 kPa。

③第三组:比例界限为 560 kPa

$\frac{1}{3}\times$极限荷载$=\frac{1}{3}\times 1\ 440=480$ (kPa)

取 480 kPa。

④取三组试验结果的最小值 480 kPa 为岩石地基承载力的特征值。

2.[**答案**](C)

[**解析**]据《工程岩体分级标准》(GB 50218—2014)。

①计算岩体的完整性指数:$K_v=\left(\frac{V_{pm}}{V_{pc}}\right)^2=\left(\frac{3\ 800}{4\ 500}\right)^2=0.71$。

②$90K_v+30=90\times0.71+30=93.9>R_c=72$;

$0.04R_c+0.4=0.04\times72+0.4=3.28>K_v=0.71$。

③$BQ=100+3R_c+250K_v=90+3\times72+250\times0.71=493.5$。

④地下水影响修正系数:按出水量 8 L/(min·m)<10 L/(min·m)和 BQ=483.5>450,查表为 $K_1=0.1$。

⑤主要结构面产状影响修正系数:主要结构面走向与洞轴线夹角为 $90°-68°=22°$,倾角 59°,$K_2=0.4\sim0.6$,取 $K_2=0.5$。

⑥初始应力状态影响修正系数:$\frac{R_c}{\sigma_{max}}=\frac{72}{12}=6$,为高应力区,$K_3=0.5$。

⑦岩体本质量指标修正值:

$[BQ]=BQ-100(K_1+K_2+K_3)=493.5-100\times(0.1+0.5+0.5)=383.5$

⑧查表 4.1.1 可以确定该岩体质量等级为Ⅲ级。

3.[**答案**](C)

[**解析**]据《全国注册岩土工程师专业考试培训教材》第一篇第五章第四节表 5.4.4 中的公式:$k=\frac{3.5r_w^2}{(H+2r_w)t}\ln\frac{s_1}{s_2}$

①地下水位以下的有效含水层厚度为:$H=900-100=800$ (cm)。

初始地下水降深 $s_1=700-100=600$ (cm),时间 t 在 60 s、300 s、600 s、1 800 s、3 600 s 时的水位降深分别为 503.0 cm、312.0 cm、232.0 cm、90.0 cm、18.5 cm。

抽水井半径 $r_w=\dfrac{D}{2}=10$ cm。

②根据题意,渗透系数求解采用潜水完整井水位恢复法,计算不同恢复时间的 k 值如下:

a. $t=60$ s,$k=\dfrac{3.5\times10^2}{(800+2\times10)\times60}\times\ln\dfrac{600}{503.0}=1.25\times10^{-3}$ (cm/s)

b. $t=300$ s,$k=\dfrac{3.5\times10^2}{(800+2\times10)\times300}\times\ln\dfrac{600}{312.0}=9.3\times10^{-4}$ (cm/s)

c. $t=600$ s,$k=\dfrac{3.5\times10^2}{(800+2\times10)\times600}\times\ln\dfrac{600}{232}=6.8\times10^{-4}$ (cm/s)

d. $t=1\,800$ s,$k=\dfrac{3.5\times10^2}{(800+2\times10)\times1\,800}\times\ln\dfrac{600}{90}=4.5\times10^{-4}$ (cm/s)

e. $t=3\,600$ s,$k=\dfrac{3.5\times10^2}{(800+2\times10)\times3\,600}\times\ln\dfrac{600}{15.5}=4.1\times10^{-4}$ (cm/s)

③绘制 k-t 曲线图(见下图):

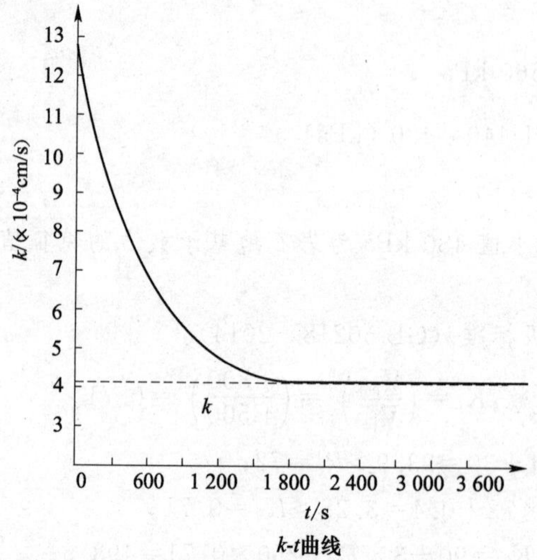

k-t曲线

题3解图

由图得到含水层渗透系数最接近 4.1×10^{-4} cm/s。

4.[答案](C)

[解析]据《岩土工程勘察规范》(GB 50021—2001)(2009 年版)第 4.1.18 条规定:地基变形计算深度,对中、低压缩性土可取附加压力等于上覆土层有效自重压力 20%的深度。

①采用试算法,假设钻孔深度 34 m,距基底深度 $z=34-10=24$ (m)。

②计算上覆土层有效自重压力,水下部分用浮重度:

$$\gamma'=\frac{G_s-1}{1+e}\gamma_w=\frac{2.70-1}{1+0.71}\times10=10\ (\text{kN/m}^3)$$

③上覆土层有效自重压力为 $3\times19.1+31\times10=367.3$ (kPa)。

④计算 34 m 深处的附加压力,$z=24$ m,查表得 $\alpha_i=0.26$。

附加压力 $=p_0\alpha_i=280\times0.26=72.8$ (kPa)

⑤附加压力/有效自重压力 $=\dfrac{72.8}{367.3}=0.198$,小于 20%,满足要求。

5.[答案](A)

[解析]据《建筑地基基础设计规范》(GB 50007—2011)第 5.2.2 条。

①基础及其上土重：$G=\gamma dlb=20\times2\times2.5\times2=200$ (kN)

②基础底面的力矩：$M=M_1+Hh=260+190\times1.0=450$ (kN·m)

③偏心距 $e=\dfrac{M}{F+G}=\dfrac{450}{700+200}=0.5\ (\text{m})>\dfrac{b}{6}=\dfrac{2.5}{6}=0.42\ (\text{m})$，大偏心。

④$P_{kmax}=\dfrac{2(F_k+G_k)}{3la}=\dfrac{2\times(700+200)}{3\times2.0\times\left(\dfrac{2.5}{2}-0.5\right)}=400$ (kPa)

6.[答案](D)

[解析]据《建筑地基处理技术规范》(JGJ 79—2012)第5.2.12条。

①黏土层层顶自重：$q_1=2.0\times17=34$ (kPa)

②黏土层层底自重：$q_2=34+0.66\times18=45.88$ (kPa)

③黏土层平均自重：$\dfrac{q_1+q_2}{2}=\dfrac{34+45.88}{2}=39.94$ (kPa)

④查表得：$e_1=0.840$(插值法)

⑤黏土层平均总荷载：$\bar{\sigma}+\bar{q}=120+39.94=159.94$ (kPa)

⑥查表得：$e_2=0.776$(插值法)

⑦$S=\dfrac{e_1-e_2}{1+e_1}h=\dfrac{0.840-0.776}{1+0.840}\times0.66=0.023\ (\text{m})=23\ (\text{mm})$

7.[答案](B)

[解析]$b=\dfrac{F_k}{f_a-\gamma_G d}=\dfrac{160}{200-22\times4}=1.43$ (m)

8.[答案](A)

[解析]据《建筑地基基础设计规范》(GB 50007—2011)第5.2.4条条文说明：主裙楼一体的结构，将基础底面以上范围内的荷载按基础两侧超载考虑，且当超载宽度大于基础宽度两倍时，可将超载折算成土层厚度作为基础埋深，基础两侧超载不等时取小值。

①基础埋深内，土的平均重度 $\gamma_m=\dfrac{18\times8+(18-10)\times2}{10}=16\ (\text{kN/m}^3)$。

②主楼住宅楼宽15 m，裙楼宽35 m>2×15 m，故基础埋深需计算超载折算为土层的厚度，裙楼折算成土层厚度 $d_1=\dfrac{90}{16}=5.63$(m)。

住宅楼另一侧土的埋深为10m，取二者小值，计算埋置深度 $d=5.63$ m。

③基础宽度 $b=15$ m>6 m，取 $b=6$ m，据 $e=0.7$，$I_t=0.6$，查规范表5.2.4得 $\eta_b=0.3$，$\eta_d=1.6$。

④$f_a=160+0.3\times(18-10)\times(6-3)+1.6\times16\times(5.63-0.5)=298.53$ (kPa)

9.[答案](A)

[解析]据《建筑地基基础设计规范》(GB 50007—2011)第8.4.12条第3款。

本题要计算 V_s，关键计算阴影面积：

①$h_0=1\,000-70=930$ (mm)

②阴影三角形底边长 $a=8.7-2\times\left(\dfrac{0.45}{2}+0.93\right)=6.39$ (m)

阴影三角形高 $h=\dfrac{1}{2}a=\dfrac{1}{2}\times6.39=3.195$ (m)

③所受荷载三角形面积：

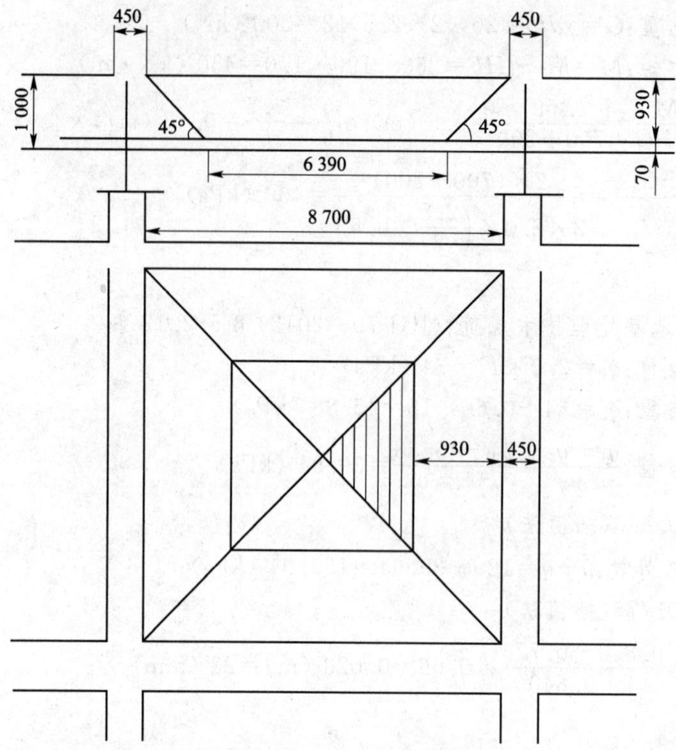

题 9 解图(尺寸单位:mm)

$A=\frac{1}{2}\times 6.39\times 3.195=10.208\ (\text{m}^2)$

④$V_s=PA=400\times 10.208=4\ 083.21\ (\text{kN})$

10.[答案](A)

[解析]①根据《建筑桩基技术规范》(JGJ 94—2008)第 5.4.4 条,中性点深度:

$l_n=0.5\times 40=20\ (\text{m})$。

②根据《湿陷性黄土地区建筑规范》(GB 50025—2004)表 5.7.5,桩侧负摩阻力特征值为 15 kPa。

③根据《建筑桩基技术规范》(JGJ 94—2008)第 5.4.3 条,计算单桩极限承载力标准值:

$$N_k=\frac{1}{2}Q_{uk}-Q_g^n=\frac{1}{2}\left(u\sum q_{sik}l_i+q_{pk}A_p\right)-Q_g^n$$

$$=\frac{1}{2}\times[3.14\times 0.8\times(42\times 20+100\times 10)+2\ 200\times 3.14\times 0.4^2]-15\times 20\times 3.14\times 0.8$$

$$=2\ 110.1\ (\text{kN})$$

11.[答案](C)

[解析]据《建筑地基基础设计规范》(GB 50007—2011)第 3.0.5 条第 4 款、第 3.0.6 条第 4 款。

①计算浮力:浮力$=50\times 40\times(11-3)\times 10=1.6\times 10^5(\text{kN})$

②计算桩预轴向拉力设计值:

$$N=\frac{1.35\times(\text{浮力}-\text{自重})}{n}=\frac{1.35\times(1.6\times10^5-1.2\times10^5)}{100}=540\ (\text{kN})$$

③计算钢筋截面面积：$N\leqslant f_yA_s$，$540\times10^3\leqslant300A_s$，$A_s\geqslant1\ 800\ \text{mm}^2$

④计算配筋率：$\rho_g\geqslant\frac{1\ 800}{3.14\times300^2}=0.006\ 37=0.637\%$

12.[**答案**](C)

[**解析**]据《公路桥涵地基与基础设计规范》(JTG D63—2007)第3.3.4条、第5.3.7条。

①$l/d=50/1.2=41.1$，查《规范》表5.3.3－2得$\lambda=0.85$

②查《规范》表3.3.4得$k_2=6.0$

③计算桩端处土的承载力容许值(《规范》第5.3.3条)q_r：

$q_r=m_0\lambda\{[f_{a0}]+k_2\gamma_2(h-3)\}$，其中$\lambda$取0.85，$k_2$取6.0，取$h=40$ m。

$q_r=0.8\times0.85\times[500+6.0\times9.0\times(40-3)]=1\ 698.6\ (\text{kPa})>1\ 450\ \text{kPa}$

取1 450 kPa。

④计算单桩轴向抗压承载力容许值$[R_a]$(《规范》第5.3.3条)：

$$[R_a]=\frac{1}{2}u\sum_{i=1}^{n}q_{ik}l_i+A_pq_r$$
$$=0.5\times3.14\times1.2\times(40\times35+60\times10+120\times5)+3.14\times0.6^2\times1\ 450$$
$$=6\ 537.5\ (\text{kN})$$

⑤计算单桩轴向抗压承载力：按《规范》第5.3.7条规定，抗力系数取1.25。

单桩轴向抗压承载力$=1.25[R_a]=8\ 171.9\ (\text{kN})$

13.[**答案**](C)

[**解析**]据《建筑桩基技术规范》(JGJ 94—2008)第5.7.3条。

①群桩基础的基桩水平承载力特征值应考虑由承台、桩群、土相互作用产生的群桩交应，即$R_h=\eta_hR_{ha}$

②考虑地震作用，且$s_a/d=4<6$，$\eta_h=\eta_i\eta_r+\eta_l$

$$\eta_i=\frac{(s_a/d)^{0.015n_2+0.45}}{0.15n_1+0.10n_2+1.9}=\frac{4^{0.015\times4+0.45}}{0.15\times3+0.10\times4+1.9}=0.737$$

③因为$ah=3.0$ m，查表5.7.3－1得$\eta_r=2.13$

④承台位于松散填土中，所以$\eta_l=0$，所以$\eta_h=0.737\times2.13+0=1.57$

⑤$R_h=\eta_hR_{ha}=1.57\times100=157\ (\text{kN})$

14.[**答案**](C)

[**解析**]①土层平均固结度：

$$U_t=1-\frac{\text{某时刻超孔隙水压力图面积}}{\text{起始孔隙水压力图面积}}$$
$$=1-\frac{\frac{1}{2}\times40\times2+\frac{1}{2}\times(40+60)\times2+\frac{1}{2}\times(60+30)\times2}{100\times6}=0.617$$

②软土层最终总压缩量：$s=\frac{p_0H}{E_s}=\frac{100\times6\ 000}{2.5\times10^3}=240\ (\text{mm})$

③此刻饱和软土的压缩量：$s_t=sU_t=240\times0.617=148\ (\text{mm})$

15.[**答案**](C)

[**解析**]据《建筑地基处理技术规范》(JGJ 79—2012)第7.3.3条。

①桩的截面积：$A_p=\frac{3.14\times0.6^2}{4}=0.2826\ (m^2)$

②据桩身强度确定单桩竖向承载力：

$R_a=\eta f_{cu}A_p=0.25\times2.16\times10^3\times0.2826=152.6\ (kN)$

③据桩周土和桩端土抗力确定单桩竖向承载力：

$R_a=u_p\sum q_{si}l_i+aq_pA_p=3.14\times0.6\times10\times15+0.4\times40\times0.2826=287.1\ (kN)$

取二者较小值为单桩竖向承载力，$R_a=152.6$ kN

④$m=\dfrac{f_{spk}-\beta f_{sk}}{\dfrac{\lambda R_a}{A_p}-\beta f_{sk}}=\dfrac{160-0.6\times60}{\dfrac{152.6}{0.2826}-0.6\times60}=24.6\%$

⑤等效圆直径：$d_e=\frac{d}{\sqrt{m}}=\frac{0.6}{\sqrt{0.246}}=1.2097$

⑥桩间距(三角形布桩)：$s=\frac{d_e}{1.05}=1.2097/1.05=1.152\ (m)$

16.［答案］(C)

［解析］据预压固结的基本理论。

①已知工后沉降量为15 cm，则软土的预压固结沉降量应为：248－15＝233 (cm)

②因此在超载预压条件下的固结度为：$U=\frac{233}{260}\times100\%=89.6\%\approx90\%$

17.［答案］(C)

［解析］据《建筑地基处理技术规范》(JGJ 79—2012)第5.2.4条～第5.2.9条。

①正方形布置，塑料排水板有效排水直径：$d_e=1.13l=1.13\times1.2=1.359\ (m)$

②塑料排水板当量换算直径：$d_p=\frac{2(b+\delta)}{\pi}=\frac{2\times(100+4)}{3.14}=66.2\ (mm)$

③井径比：$n=\frac{d_e}{d_p}=\frac{1356}{66.2}=20.5$

④根据题目要求不计竖向固结度，主要考虑径向固结度，按太沙基单向固结理论计算：

$U_r=1-e^{-\frac{8c_h}{F_n d_c^2}t}$

$n>15$

$F_n=\ln n-\frac{3}{4}=\ln20.5-\frac{3}{4}=2.27$

⑤固结度：

$U_r=1-e^{-\frac{8c_h}{F_n d_c^2}t}=1-e^{\frac{-8\times1.8\times10^{-3}}{2.27\times135.6^2}\times60\times24\times60\times60}=83.27\%$

18.［答案］(B)

［解析］①$AC=\frac{8}{\sin42°}=11.96(m)$，坡角$\alpha=\arctan(1:0.5)=63.43°$

②$AB=\frac{8}{\sin63.43°}=8.94\ (m)$

③滑体ABC的重力W为：

$W=\frac{1}{2}\gamma\cdot AC\cdot AB\cdot\sin(\alpha-\beta)$

$=0.5\times23\times11.96\times8.94\times\sin(63.43°-42°)$

$=449.3$ (kN/m)

④滑体下滑力：$F=449.3\times\sin42°=300.6$ (kN/m)

⑤滑面抗滑力：$R=449.3\times\cos42°\times\tan18°+11.96c=108.5+11.96c$

⑥安全系数：$K=1.0=\dfrac{108.5+11.96c}{300.6}$

⑦$c=\dfrac{300.6\times1.0-108.5}{11.96}=16$ (kPa)

19.[**答案**](B)

[**解析**]①采用砂土时，$k_{a2}=\tan^2\left(45°-\dfrac{30°}{2}\right)=\dfrac{1}{3}$

②$e_{a21}=qk_{a2}=49.4\times\dfrac{1}{3}=16.47$

③$e_{a22}=(q+\gamma_2 h)k_{a2}=(49.4+21h)\times\dfrac{1}{3}=7h+16.47$

④$E_{a2}=\dfrac{1}{2}(e_{a21}+e_{a22})h=3.5h^2+16.47h$

⑤采用黏土时，$k_{a1}=\tan^2\left(45°-\dfrac{\varphi_1}{2}\right)=\tan^2\left(45°-\dfrac{12°}{2}\right)=0.656$

⑥$e_{a11}=qk_{a1}-2c_1\sqrt{k_{a1}}=49.4\times0.656-2\times20\times\sqrt{0.656}=0$

⑦$e_{a12}=(q+\gamma_1 h)k_{a1}-2c_1\sqrt{k_{a1}}$

$=(49.4+19h)\times0.656-2\times20\times\sqrt{0.656}=12.464h$

⑧$E_{a1}=\dfrac{1}{2}(e_{a11}+e_{a12})h=\dfrac{1}{2}\times(0+12.464h)h=6.232h^2$

⑨由 $E_{a1}=E_{a2}$ 知 $6.232h^2=3.5h^2+16.47h$，解得，$h=6.02$ m

20.[**答案**](B)

[**解析**]据《土工合成材料应用技术规范》(GB 50290—2014)第 7.3.5 条。

①筋材上的有效法向应力为：$\sigma_v=\gamma h=19.5\times3.5=68.2$ (kPa)

②由 $T=2\sigma_v BL_e f$，可得：$L_e=\dfrac{T}{2\sigma_v Bf}=\dfrac{35}{2\times68.25\times0.1\times0.35}=7.3$ (m)

21.[**答案**](C)

[**解析**]①$k_a=\tan^2\left(45°-\dfrac{\varphi}{2}\right)=\tan^2\left(45°-\dfrac{15°}{2}\right)=0.59$

②由 $e_a=0=(\gamma z_0+q)k_a-2c\sqrt{k_a}$ 导出：

$z_0=\dfrac{2c}{\gamma\sqrt{k_a}}-\dfrac{q}{\gamma}=\dfrac{20\times20}{19\times\sqrt{0.59}}-\dfrac{25}{19}=1.42$ (m)

③$e_a=(\gamma h+q)k_a-2c\sqrt{k_a}=(19\times6+25)\times0.59-2\times20\times\sqrt{0.59}=51.29$ (kPa)

④$E_a=\dfrac{1}{2}e_a(h-z_0)=\dfrac{1}{2}\times51.29\times(6-1.42)=117$ (kPa)

⑤作用点距墙底高度：

$z=\dfrac{h-z_0}{3}=\dfrac{6-1.42}{3}=1.53$ (m)

⑥挡墙自重对墙址的力矩：

$M_{抗}=(\frac{1}{2}\times1.5\times6\times22\times1.5\times\frac{2}{3})+[6\times1\times22\times(1.5+0.5)]=363$

⑦$K=\frac{363}{117\times1.53}=2.03$

22. [**答案**](A)

[**解析**]据《公路隧道设计规范》(JTG D70—2004)第 6.2.3 条和附录 E。

首先确定计算断面的深浅埋类型：

①$s=4$,因为 $B=6.4\ \text{m}>5\ \text{m}$,所以 $i=0.1$

②$\omega=1+0.1\times(6.4-5)=1.14$

③$h=0.45\times2^{s-1}\omega=0.45\times2^{4-1}\times1.14=4.104$

④矿山法施工条件下,Ⅳ级围岩浅、深埋临界高度取 $H_p=2.5h=2.5\times4.104=10.26\ (\text{m})<13\ \text{m}$,因此该断面应按深埋隧道计算。

⑤深埋隧道垂直均匀分布围岩压力按下式确定：

$q=\gamma h=\gamma h_q=24\times4.104=98.50\ (\text{kPa})$

⑥水平围岩压力按规范取侧压系数,取 $K_0=0.15\sim0.30$,取小值 0.15,则

$e_1=K_0q=0.15\times98.50=14.78\ (\text{kPa})$

23. [**答案**](D)

[**解析**]据《建筑基坑支护技术规程》(JGJ 120—2012)第 4.7.2 条、第 4.7.3 条、第 4.7.4 条。

①锚固段长度：

$$N_k=\frac{F_sS}{b_a\cos\alpha}=\frac{250\times3}{3\times\cos15^\circ}=258.8\ (\text{kN})$$

$$R_k=N_kK_t=258.8\times1.4=362.32\ (\text{kN})$$

$$R_k=\pi d\sum q_{ski}l_i$$

$$l_i=\frac{R_k}{\pi d\sum q_{ski}}=\frac{362.32}{3.14\times0.150\times50}=15.4\ (\text{m})$$

② 非锚固段长度：

$$l_f=\frac{(a_1+a_2-d\tan\alpha)\sin(45^\circ-\varphi_m/2)}{\sin(45^\circ+\varphi_m/2+\alpha)}+\frac{d}{\cos\alpha}+1.5$$

$$=\frac{[(15-4)+2-0.8\times\tan15^\circ]\times\sin(45^\circ-20^\circ/2)}{\sin(45^\circ+20^\circ/2+15^\circ)}+\frac{0.8}{\cos15^\circ}+1.5$$

$$=8.9\ (\text{m})$$

$$l_i+l_f=15.4+8.9=24.3\ (\text{m})$$

24. [**答案**](B)

[**解析**]悬臂段可按悬臂桩计算,矩形分布荷载在桩上所产生的作用力。

①$E=FL=900\times6=5\ 400\ (\text{kN})$

②作用点距锚固段顶端的距离为 $9/2=4.5\ (\text{m})$

③锚固段顶端的弯矩:$W=5\ 400\times4.5=24\ 300\ (\text{kN}\cdot\text{m})$

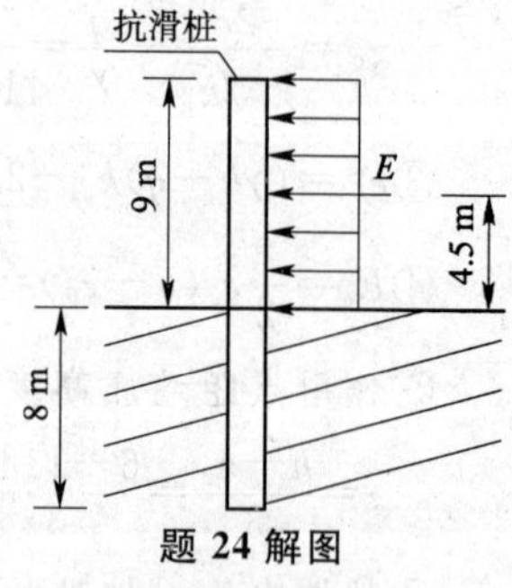

题 24 解图

25. [**答案**](C)

[**解析**]解法一：

①按下列公式近似计算边坡稳定系数 K，$K=\frac{抗滑力矩}{滑动力矩}$

②$K_0=\frac{3\ 580}{3\ 705}=0.97$

③卸载方案件中土的滑动力臂为：$0.5+\frac{1}{2}\times4.5=2.75$ (m)

④$K_1=\frac{3\ 580}{3\ 705-2\times4\times17.5\times2.75}=1.08$

⑤卸载方案 2 中土的滑动力臂为：$1.5+\frac{1}{2}\times5.5=4.25$ (m)

⑥$K_2=\frac{3\ 580}{3\ 705-4\times2\times17.5\times4.25}=1.15$

解法二：用分析法也可得到正确答案。由图示可知。方案二卸荷体重心至滑动圆心垂线的距离大于方案一的，所以在同样的卸土方量下，其滑动力矩的减少量要大于方案一的，故 $K_0<K_1<K_2$。

26.［答案］(C)

［解析］①按题意，回填高度为消除累计沉降量损失 1.2 m，加后期预留量 0.5 m 加填筑厚度 0.8 m，总计 2.5 m。故体积 $V_0=200\times100\times(1.2+0.5+0.8)=50\ 000$ (m^3)

②土料压实后的干重：$G=\lambda_c\times10\rho_{dmax}V_0=0.94\times16.9\times50\ 000=794\ 300$ (kN)

③天然土料的干重度：$\gamma_d=\frac{\gamma}{1+0.01w}=\frac{19.6}{1+0.01\times29.6}=15.1$ (kN/m^3)

④天然土料的体积：$V_1=\frac{G}{\gamma_d}=\frac{794\ 300}{15.1}=52\ 603$ (m^3)

27.［答案］(B)

［解析］据《公路工程抗震规范》(JTG B02—2013)第 7.2.5 条。

计算主动土压力系数 K_A：

$$K_A=\frac{\cos^2\varphi}{(1+\sin\varphi)^2}=\frac{\cos^2 33°}{(1+\sin33°)^2}=0.295$$

桥梁设防类别为 A 类，E1 地震作用，查《规范》表 3.1.3，抗震重要性系数 $C_i=1.0$。

则 E1 地震作用下桥台主动土压力为

$$\begin{aligned}E_{ea}&=\frac{1}{2}\gamma H^2K_a(1+0.75C_iK_h\tan\varphi)\\&=0.5\times18\times8^2\times0.295\times(1+0.75\times1.0\times0.2\times0.65)\\&=186.5\ (kN/m)\end{aligned}$$

28.［答案］(D)

［解析］据《水利水电工程地质勘察规范》(GB 50487—2008)附录 P。

①根据已知条件，$d_s=8.0$ m，$d_w=1.0$ m，$d'_s=5.0$ m，$d'_w=2.0$ m，$N_0=12$，$\rho_c=6\%$

②按式(P.0.4－3)，$N_{cr}=12\times[0.9+0.1\times(8-1)]\times\sqrt{3/6}=13.6$

③按式(P.0.4－2)，$N_{63.5}=N'_{63.5}\times\left(\frac{8+0.9\times1+0.7}{5+0.9\times2+0.7}\right)=1.28N'_{63.5}$

④$N'_{63.5}>\frac{13.6}{1.28}=10.6$

29.［答案］(C)

［解析］据《建筑抗震设计规范》(GB 50011—2010)第 5.1.5 条。

①水平地震影响系数最大值 α_{max}：按《规范》表 5.1.4－1，$\alpha_{max}=1.20$。

②特征周期：按《规范》表 5.1.4－2，$T_g=0.45+0.05=0.50$ (s)。

③阻尼调整系数和衰减指数：

$$\gamma=0.9+\frac{0.05-\zeta}{0.3+6\zeta}=0.9+\frac{0.05-0.075}{0.3+6\times0.075}=0.87$$

$$\eta_2=1+\frac{0.05-\zeta}{0.08+1.6\zeta}=1+\frac{0.05-0.075}{0.08+1.6\times0.075}=0.875$$

④$T_g<T<5T_g$，水平地震影响系数 α，按《规范》图 5.1.5 可得：

$$\alpha=\left(\frac{T_g}{T}\right)^{\gamma}\eta_2\alpha_{max}=\left(\frac{0.50}{0.75}\right)^{0.87}\times0.875\times1.2=0.74$$

30.［答案］(D)

［解析］据《建筑地基处理技术规范》(JGJ 79—2012)第 7.5.2 条第 4 款。

①采用下列公式计算：

干密度 $\rho_d=\dfrac{\rho}{1+0.01w}$，挤密系数 $\bar{\eta}_c=\dfrac{\bar{\rho}_{d1}}{\rho_{dmax}}$

②最优含水率为 17%时，桩周土的最大干密度为：

$$\rho_{dmax}=\frac{2.00}{1+0.01\times17}=1.709\ (g/cm^3)$$

③计算桩间土的平均干密度：根据《建筑地基处理技术规范》(JGJ 79—2012)中第 7.5.2 条第 4 款的条文说明，桩间土的平均干密度为 B、C 两处所有土样干密度的平均值，即

$$\rho_d=\frac{1.58+1.60+1.57+1.58+1.59+1.57+1.63+1.67+1.65+1.66+1.64+1.62}{12}$$

$$=1.613\ (g/cm^3)$$

④计算桩间土的平均挤密度系数：

$$\eta_c=\frac{\rho_d}{\rho_{dmax}}=\frac{1.613}{1.709}=0.944$$

专业案例(下午卷)答案

1.［答案］(B)

［解析］据《岩土工程勘察规范》(GB 50021—2001)(2009 年版)第 14.2 节。

①各深度的十字板抗剪峰值强度值可知，深度 1.0 m、2.0 m 为浅部硬壳层，不应参加统计。

②软土十字板抗剪强度平均值：

$$C_{um}=\frac{\sum_{i=1}^{n}C_{ui}}{n}=\frac{7.0+9.6+12.3+14.4+16.7+19.0}{6}=13.2\ (kPa)$$

③计算标准差：

$$\sigma_f=\sqrt{\frac{1}{n-1}\left[\sum_{i=1}^{n}C_{ui}^2-\frac{\left(\sum_{i=1}^{n}C_{ui}\right)^2}{n}\right]}$$

$$=\sqrt{\frac{1}{6-1}\times\left[(7.0^2+9.6^2+12.3^2+14.4^2+16.7^2+19.0^2)-\frac{(7.0^2+9.6^2+12.3^2+14.4^2+16.7^2+19.0^2)^2}{6}\right]}$$

$=4.46$

由于软土十字板抗剪强度与深度呈线性相关，剩余标准差为：

$\sigma_r=\sigma_f\sqrt{1-r^2}=4.46\times\sqrt{1-0.98^2}=0.8875$

其变异系数为：$\delta=\frac{\sigma_r}{\varphi_m}=\frac{0.8875}{13.2}=0.067$

④抗剪强度修正时按不利组合考虑取负值，计算统计修正系数：

$$\gamma=1-\left(\frac{1.704}{\sqrt{n}}+\frac{4.678}{n^2}\right)\delta=1-\left(\frac{1.704}{\sqrt{6}}+\frac{4.678}{6^2}\right)\times0.067=0.945$$

⑤该场地软土的十字板峰值抗剪强度标准值为：

$C_{uk}=\gamma_s C_{um}=0.945\times13.2=12.5$ (kPa)

2. [**答案**](D)

[**解析**]答题依据：地下水基础知识及测量等基础知识。

①计算三个观测孔的稳定水位高程：

k_1 孔为：12.70－2.70＝10.00 (m)

k_2 孔为：15.60－3.10＝12.50 (m)

k_3 孔为：9.80－2.30＝7.50 (m)

②根据观测孔坐标绘制平面草图：k_1、k_2、k_3 三点构成一个直角三角形，k_1 孔为直角角点，直角边 k_1k_2 为 EW 方向，k_1k_3 为 SN 方向，边长均为 50 m。

③求 k_2、k_3 孔斜边上稳定水位高程为 10 m 的点：由于$\frac{12.50+7.50}{2}=10.00$ (m)，k_2、k_3 孔斜边中点稳定水位高程为 10 m。

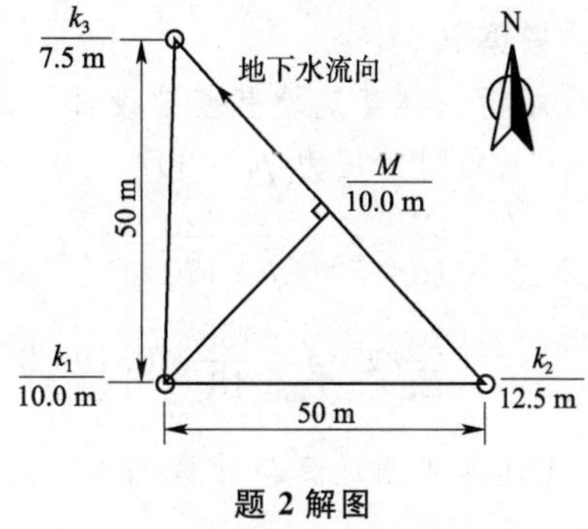

题 2 解图

④地下水流向判断：

10 m 等水位线通过 k_1 和 k_2、k_3 孔斜边中点，走向为 45°－225°。

地下水流向为：225°＋90°＝315°

3. [**答案**](B)

[**解析**]①$\rho_{饱和}=\frac{(G_s+0.01es_r)\rho_w}{1+e}=\frac{(2.74+0.01\times0.98\times100)\times9.8}{1+0.98}=18.4$ (kN/m^3)

②$\gamma'=\rho_{饱和}-\gamma_w=18.4-10=8.4$

③计算自重应力：$P_0=\gamma'h$，$P_0=\gamma'h=8.4\times8=67.2$ (kPa)

④计算超固结比：$\mathrm{OCR}=\frac{P_c}{P_0}=\frac{76}{67.2}=1.13$

4. [**答案**](D)

[**解析**]据《铁路工程地质勘察规范》(TB 10012—2007)附录 D 中式(D.0.1)。

①容许承载力$[\sigma]=\frac{1}{k}5.14c_u+\gamma h$

持力层为不透水层，水中部分粉细砂层应用饱和重度，由已知指标计算。

②孔隙比 $e=\frac{G_s\gamma_w(1+w)}{\gamma}-1=\frac{2.65\times10\times(1+0.15)}{19.0}-1=0.604$

③饱和重度 $\gamma_{sr}=\frac{G_s+e}{1+e}\gamma_w=\frac{2.65+0.604}{1+0.604}\times10=20.29$ (kN/m³)

④$\gamma h=2\times19.0+2\times20.29=78.58$ (kPa)

⑤代入《规范》式(D.0.1)得,$[\sigma]=\frac{1}{1.5}\times5.14\times20+78.58=147$ (kPa)

5. [**答案**](C)

[**解析**]①h 自一般冲刷线起算,$h=3.5$ m,$b=2$ m。

②基底处于水面下,持力层不透水,取饱和重度 $\gamma_1=20$ kN/m³

③基底处于水面下,持力层不透水,取饱和重度的加权平均值

$\gamma_2=\frac{1.5\times18+1.5\times19+0.5\times20}{3.5}=18.71$ (kN/m³)

④查表 3.3.4,$k_1=0$,$k_2=2.5$

⑤$[f_a]=[f_{a0}]+k_1\gamma_1(b-2)+k_2\gamma_2(h-3)=200+0+2.5\times18.71\times(3.5-3)=223.4$ (kPa)

⑥按平均常水位至一般冲刷线的水深每米增大 10 kPa,则

$[f_a]=223.4+10\times1.5=238.4$ (kPa)

6. [**答案**](B)

[**解析**]据《建筑地基基础设计规范》(GB 50007—2011)第 5.3.5 条。

①基底附加压力 $p_0=607-19\times8=455$ (kPa)

②$\frac{l}{b}=\frac{20}{10}=2$, $\frac{z}{b}=\frac{20}{10}=2$,角点平均附加压力系数 $\bar{\alpha}=0.1958$

③$s=4\frac{p_0}{E_s}\bar{\alpha}z=4\times\frac{455}{18}\times0.1958\times20=396$ (mm)

④计算实测沉降与计算沉降的比值:$\frac{80}{396}=0.20$

7. [**答案**](C)

[**解析**]计算依据:土力学原理。

①基底平均压力 $p_k=70$ kPa

②需覆盖钢渣的厚度假设为 t,则覆盖层平均压力为:$p_t=35t+18\times(1-t)$

③地下室底面浮力:$p_f=9\times10=90$ (kPa)

抗浮安全性验算:$k_s=\frac{70+35t+18\times(1-t)}{90}=1.05$,$t=0.38$ m

8. [**答案**](A)

[**解析**]据《建筑地基基础设计规范》(GB 50007—2011)第 5.2.7 条。

持力层与下卧层土压缩模量比:

①$\frac{E_{s1}}{E_{s2}}=\frac{12}{4}=3$,$\frac{z}{b}=\frac{5-3}{2}=1>0.5$,地基压力扩散角为 23°

②$p_c=19\times1+(19-10)\times2=37$ (kPa)

③$p_z=\frac{2\times(180-37)}{2+2\times2\times\tan23°}=77.3$ (kPa)

④$p_{cz}=1\times19+4\times9=55$ (kPa)

⑤总压力为:$p_z+p_{cz}=77.3+55=132.3$ (kPa)

9. [**答案**](B)

[**解析**]据《建筑地基基础设计规范》(GB 50007—2011)第 5.2.5 条。

①无零应力区，为小偏心，采用公式法计算承载力。

$\varphi=20°, M_b=0.51, M_d=3.06, M_c=5.66$

$$f_a=M_b\gamma b+M_d\gamma_m d+M_c c_k$$

$$=0.51\times(20-10)\times5+3.06\times\frac{18+10}{2}\times2+5.66\times25=253\ (\text{kPa})$$

②以最大边缘压力控制

$$p_{max}=1.2f_a=1.2\times253=303.6, W=\frac{1}{6}lb^2=\frac{1}{6}\times1\times5^2=4.16$$

③$p_{max}=p+\frac{M}{W}, p=p_{max}-\frac{M}{W}=303.6-\frac{300}{4.16}=231.48$

$F=231.48\times5=1\ 157.4\ (\text{kN/m})$

（该题偏心距已超过规范要求。）

10. [**答案**]（B）

[**解析**]据《建筑桩基技术规范》（JGJ 94—2008）第5.4.4条。

①查表5.4.4-2，桩端持力层为卵石，$\frac{l_n}{l_0}=0.9, l_n=0.9\times5=4.5\ (\text{m})$

②$\eta_n=\frac{s_{ax}s_{ay}}{\pi d\left(\frac{q_s^n}{\gamma_m}+\frac{d}{4}\right)}=\frac{2.5\times2.5}{3.14\times0.7\times\left(\frac{30}{8.5}+\frac{0.7}{4}\right)}=0.768$

③$Q_g^n=\eta_n u\sum_{i=1}^{n}q_{si}^n l_i=0.768\times3.14\times0.7\times30\times4.5=227.9\ (\text{kN})$

11. [**答案**]（C）

[**解析**]①根据《建筑桩基技术规范》（JGJ 94—2008）第5.1节和第5.2节，计算承台及其上土自重标准值为：$G_k=20\times1.6\times2.6\times1.8=150\ (\text{kN})$

②单桩轴心竖向力：$N_k=\frac{F_k+G_k}{n}=\frac{10\ 000+150}{5}=2\ 030\ (\text{kN})$

③计算偏心荷载下最大竖向力：

$$N_{kmax}=\frac{F_k+G_k}{n}+\frac{M_{yk}x_i}{\sum x_j^2}=2\ 030+\frac{(500+100\times1.8)\times1.0}{4\times1.0^2}=2\ 200\ (\text{kN})$$

④按照桩基规范5.2.1条要求：

a. 由 $N_k\leqslant R$，得 $R\geqslant2\ 030$ kN；

b. 由 $N_{kmax}\leqslant1.2R$ 得 $R\geqslant\frac{1}{1.2}N_{kmax}=\frac{1}{1.2}\times2\ 200=1\ 822(\text{kN})$，取 $R=2\ 030$ kN。

⑤$Q_{uk}=2R=2\times2\ 030=4\ 060\ (\text{kN})$

12. [**答案**]（A）

[**解析**]据《建筑桩基技术规范》（JGJ 94—2008）第5.6.2条。

①桩端持力层为黏土，则 $\eta_p=1.3$。

②承台底净面积：$A_c=2\times2-4\times0.2\times0.2=3.84$

③假设天然地基平均附加压力：

$$p_0=\eta_p\frac{F-nR_a}{A_c}=1.3\times\frac{360-4\times80}{3.84}=13.54\ (\text{kPa})$$

④$B_c=B\sqrt{A_c}/L=2\times\sqrt{3.84}/2=1.96$

⑤由 $2z/B_c=2\times3/1.96=3.06\approx3, a/b=1/1=1$

查规范附录D中表D.0.1－2得：当[$z/b=3.0, a/b=1$]时，$\bar{\alpha}=0.1369$

⑥$s_s=4p_0\sum\frac{z_i\bar{\alpha}_i-z_{i-1}\bar{\alpha}_{i-1}}{E_{si}}=4p_0\frac{z_i\bar{\alpha}_i}{E_{si}}$

$=4\times13.54\times\frac{3\times0.1369}{1.5\times10^3}=0.0148(\text{m})=14.8\ (\text{mm})$

13. **[答案]**(B)

[解析]据《建筑地基处理技术规范》(JGJ 79—2012)第7.2.2条。

①$e_1=e_{max}-D_{r1}(e_{max}-e_{min})=0.91-0.85\times(0.91-0.58)=0.63$

②等边三角形布置 $s=0.95\xi d\sqrt{\frac{1+e_0}{e_0-e_1}}=0.95\times1.2\times0.8\times\sqrt{\frac{1+0.78}{0.78-0.63}}=3.14\ (\text{m})$

14. **[答案]**(D)

[解析]据《建筑地基处理技术规范》(JGJ 79—2012)第7.5.3条。

解法一：

①正三角形布桩，每根桩承担的处理地基面积：$A_c=\frac{\pi d_c^2}{4}=\frac{3.14\times(1.05\times1)^2}{4}=0.865\ (\text{m}^2)$

②相应每根桩承担的处理地基体积：$V_c=0.865\times6=5.19\ (\text{m}^3)$

③该体积增湿到最优含水率需加水量：

$Q_1=V_c\bar{\rho}_d(w_{op}-\bar{w})k=5.19\times1.4\times(0.165-0.10)\times1.1=0.52\ (\text{t})$

④采用满堂布桩整片处理地基，布桩处理面积：$A=22\times36=792\ (\text{m}^2)$

⑤总桩数：$n=\frac{A}{A_c}=\frac{792}{0.865}=916$(根)

总加水量：$Q=nQ_1=916\times0.52=476\ (\text{t})$

解法二：

①布桩处理面积：$A=22\times36=792\ (\text{m}^2)$

②该面积处理深度6 m，增湿到最优含水率需加水量：

$Q=V\bar{\rho}_d(w_{op}-\bar{w})k=792\times6\times1.4\times(0.165-0.10)\times1.1=476\ (\text{t})$

15. **[答案]**(D)

[解析]据《建筑地基处理技术规范》(JGJ 79—2012)第7.1.5条。

桩土面积置换率 $m=\frac{d^2}{d_c^2}=\frac{0.8^2}{(1.13\times2)^2}=0.125$

$f_{spk}=[1+m(n-1)]f_{sk}$，即 $200=[1+0.125(n-1)]\times150$，解得 $n=3.67$。

16. **[答案]**(B)

[解析]据《全国注册岩土工程师专业考试培训教材》P5-42～P5-44。

①$d_w=d_p=\frac{2(b+\delta)}{\pi}=\frac{2\times(100+4)}{\pi}=66.2\ (\text{mm})$

②$d_e=1.13l=1.13\times1=1.13\ (\text{m})$

③$n=\frac{1.13}{0.0662}=17$

④$F_n=\frac{n^2}{n^2-1}\ln n-\frac{3n^2-1}{4n^2}=\frac{17^2}{17^2-1}\times\ln17-\frac{3\times17^2-1}{4\times17^2}=2.1$

⑤$T_v=\frac{C_vt}{H^2}=\frac{3.5\times10^{-4}\times8\times30\times24\times60\times60}{(12\times100)^2}=5.04\times10^{-3}$

⑥$U_v=1-\frac{8}{\pi^2}e^{-\frac{\pi^2}{4}T_v}=1-\frac{8}{\pi^2}e^{-\frac{\pi^2}{4}\times 5.04\times 10^{-3}}=0.2$

⑦$U_r=1-e^{-\frac{8}{F_n}T_v}=1-e^{-\frac{8C_vt}{F_nd_e^2}}=1-e^{-\frac{8\times 3.5\times 10^{-4}\times 8\times 30\times 24\times 60\times 60}{2.1\times(1.13\times 100)^2}}=0.89$

⑧$U=1-(1-u_v)(1-u_r)=1-(1-0.2)\times(1-0.89)=0.912\approx 91\%$

17. [**答案**](C)

[**解析**]采用朗肯理论计算。填料和荷载的作用都使墙后土体处于极限平衡状态时，墙上的主动土压力分布如右图所示。

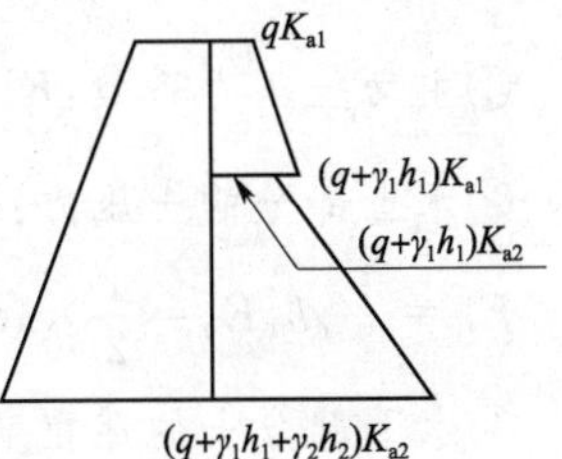

荷载 q 使挡墙上增加的主动土压力为：

①$K_{a1}=\tan^2\left(45-\frac{\varphi_1}{2}\right)$

$=\tan^2\left(45-\frac{30^\circ}{2}\right)=0.333$

②$K_{a2}=\tan^2\left(45-\frac{\varphi_2}{2}\right)$

$=\tan^2\left(45-\frac{36^\circ}{2}\right)=0.26$

③$\Delta E_a=qK_{a1}h_1+qK_{a2}h_2$

$=q(K_{a1}h_1+K_{a2}h_2)$

$=30\times(0.333\times 3+0.26\times 5)=69\ (\text{kN/m})$

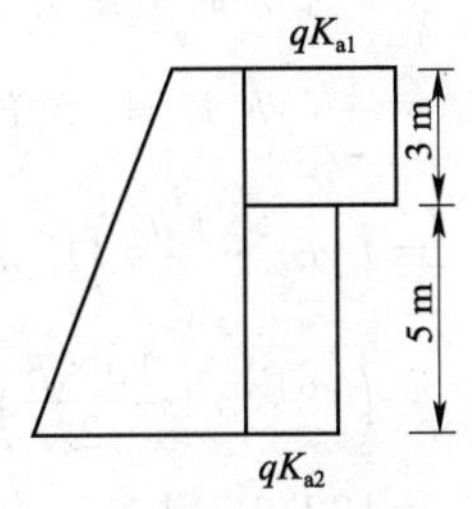

题 17 解图

18. [**答案**](B)或(C)

[**解析**]解法一：

据《建筑边坡工程技术规范》(GB 50330—2013)第 6.2.8 条。

①$c=0,\eta=\frac{2c}{\gamma H}=0$

②$K_a=\frac{\sin(\alpha+\beta)}{\sin(\alpha-\delta+\theta-\delta_R)\sin(\theta-\beta)}\left[\frac{\sin(\alpha+\theta)\sin(\theta-\delta_R)}{\sin^2\alpha}-\eta\frac{\cos\delta_R}{\sin\alpha}\right]$

$=\frac{\sin(75^\circ+0^\circ)}{\sin(75^\circ-15^\circ+60^\circ-12^\circ)\times\sin(60^\circ-0^\circ)}\times\frac{\sin(75^\circ+60^\circ)\times\sin(60^\circ-12^\circ)}{\sin^2 75^\circ}$

$=0.66$

③$E_{ak}=\frac{1}{2}\gamma H^2K_a=\frac{1}{2}\times 20\times 5.5^2\times 0.66=199.65\ (\text{kN/m})$

应选(B)。

解法二：

据《建筑地基基础设计规范》(GB 50007—2011)第 6.7.3 条。

①$\alpha=75^\circ,\theta=60^\circ,\beta=0,\delta_r=12^\circ,\delta=15^\circ,\psi_c=1.1$

②当 $\theta>45^\circ+\frac{28^\circ}{2}$ 时：

$k_a=\frac{\sin(\alpha+\theta)\sin(\alpha+\beta)\sin(\theta-\delta_r)}{\sin^2\alpha\sin(\theta-\beta)\sin(\alpha-\delta+\theta-\delta_r)}$

$=\frac{\sin(75^\circ+60^\circ)\times\sin(75^\circ+0^\circ)\times\sin(60^\circ-12^\circ)}{\sin^2 75^\circ\times\sin(60^\circ-0^\circ)\times\sin(75^\circ-15^\circ+60^\circ-12^\circ)}$

$=0.66$

③$E_a=\psi_c\dfrac{1}{2}\gamma h^2 k_a=1.1\times0.5\times20\times5.5\times5.5\times0.66=219.6$ (kN/m)

应选(C)。

19. [**答案**](C)

[**解析**]采用朗肯理论进行计算。

①主动土压力系数：$K_a=\tan^2\left(45°-\dfrac{\varphi}{2}\right)=\tan^2\left(45°-\dfrac{32°}{2}\right)=0.31$

②水上部分的土压力：

$E_{a1}=\dfrac{1}{2}\gamma h_1^2 K_a=\dfrac{1}{2}\times18\times3^2\times0.31=25.11$ (kN/m)

③水下部分土的浮重度：

$\gamma'=\gamma_{sat}-\gamma_w=20-10=10$ (kN/m^3)

④水下部分的土压力：

$$E_{a2}=\frac{1}{2}(\gamma h_1 K_a+\gamma h_1 K_a+\gamma' h_2 K_a)h_2$$

$$=\left(\gamma h_1+\frac{\gamma' h_2}{2}\right)K_a h_2$$

$$=\left(18\times3+\frac{10\times5}{2}\right)\times0.31\times5$$

$$=122.45\ (\text{kN/m})$$

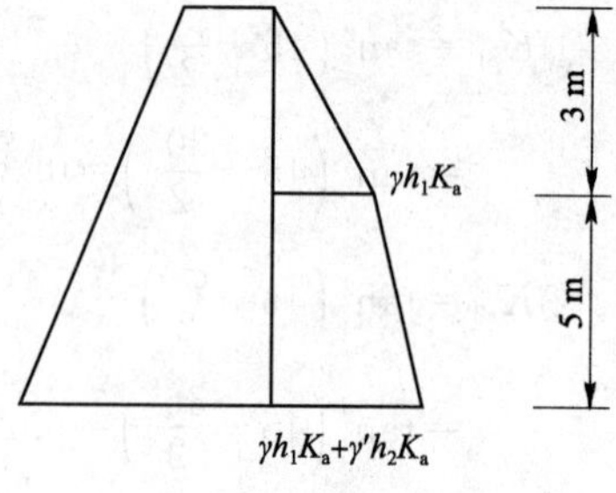

题 19 解图

⑤总主动土压力为：25.11+122.45=147.56 (kN/m)

⑥水压力：$P_w=\dfrac{1}{2}\gamma_w h_2^2=\dfrac{1}{2}\times10\times5^2=125$ (kN/m)

⑦总的水土压力为：147.56+125=272.56 (kN/m)

20. [**答案**](C)

[**解析**]据《铁路路基支挡结构设计规范》(TB 10025—2006)第 8.2.8 条、第 8.2.10 条、第 8.2.12 条。

①锚固区和非锚固区的分界线如图中的虚线所示。

最短拉筋长度 L 为自由段长度 $L_a=ab$ 和有效锚固段长度 $L_b=bc$ 之和。

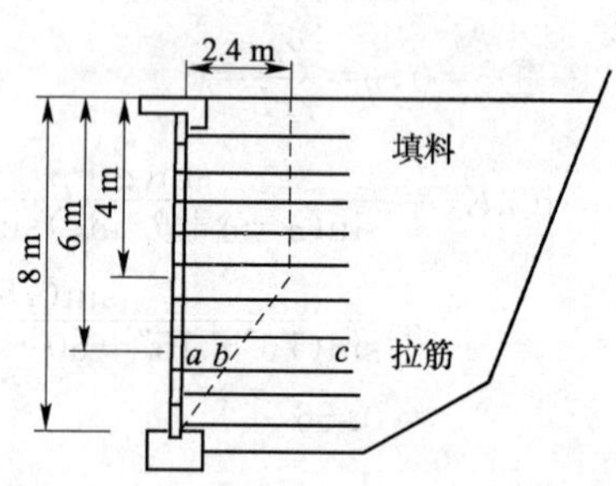

②$L_a=\dfrac{2}{4}\times2.4=1.2$ (m)

③主动土压力系数：$h_1\geqslant6$ m 时，

$\lambda_i=\lambda_a=\tan^2\left(45°-\dfrac{\varphi}{2}\right)=\tan^2\left(45°-\dfrac{32°}{2}\right)=0.31$

④6 m 深处的水平土压力：

$\sigma_{hi}=\lambda_i\sigma_{vi}=\lambda_i\gamma h_i=0.31\times18\times6=33.48$ (kN/m^2)

⑤拉筋拉力：$T_i=K\sigma_{hi}S_xS_y$

$=2\times33.48\times0.8\times0.4$

$=21.4$ (kN)

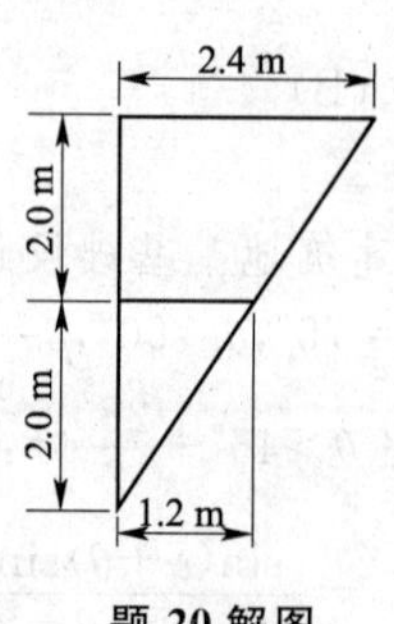

题 20 解图

⑥$L_b=\dfrac{T_i}{2\sigma_{vi}af}=\dfrac{21.4}{2\times108\times0.1\times0.26}=3.81$ (m)

⑦$L=L_a+L_b=1.2+3.81=5.01$ (m)

21. [**答案**](B)

[**解析**]据《建筑基坑支护技术规程》(JGJ 120—2012)附录E。

①基坑降水设计时基坑内水位降深为：$S=8.0-0.5+0.5=8.0$ (m)

②本基坑为不规则块状基坑，其等效半径为：$r_0=\sqrt{\frac{A}{\pi}}=\sqrt{\frac{75\times75-20\times30}{3.14}}=40$ (m)

③本场地含水层为承压含水层，基坑周边无重要构筑物，基坑侧壁安全等级为三级，场地含水层影响半径为：

$$R=10s\sqrt{k}=10\times8.0\times\sqrt{1.5\times10^{-2}\times\frac{24\times60\times60}{100}}=288\ (\text{m})$$

④承压水完整井基坑远离边界，基坑总涌水量为：

$$Q=2\pi k\frac{MS_d}{\ln(1+R/r_0)}=2\times3.14\times12.96\times\frac{12\times8}{\ln(1+288/40)}=3\,713\ (\text{m}^3/\text{d})$$

⑤至少需要的降水井数为：$n=1.1\times\frac{Q}{q}=1.1\times\frac{3\,713}{1\,600}=2.32$ (口)≈3 (口)

22. [**答案**](C)

[**解析**]据《建筑基坑支护技术规程》(JGJ 120—2012)。

①实测的弹性变形值不应大于自由段长度与二分之一锚固段长度之和的弹性变形计算值，计算长度为：$L=6+\frac{10}{2}=11$ (m)。

②$A_s=2\times3.14\times\left(\frac{25}{2}\right)^2=981.2\ (\text{mm}^2)$

③弹性变形为：$s=\frac{T/A}{E}L=\frac{300\times10^3/981.2}{2.0\times10^5}\times11=0.016\,8\ (\text{m})=1.68\ (\text{cm})$

23. [**答案**](C)

[**解析**]①$a_1=a+h\tan\left(45°-\frac{\varphi}{2}\right)=4+5\times\tan\left(45°-\frac{30°}{2}\right)=6.89$

②$K_1=\tan\varphi\tan^2\left(45°-\frac{\varphi}{2}\right)=\tan30°\times\tan^2\left(45°-\frac{30°}{2}\right)=0.192\,4$

③$c=0$　　可不计算 K_2

④$q=\gamma H\left[1-\frac{H}{2a_1}K_1-\frac{c}{a_1\gamma}(1-2K_2)\right]=20\times20\times\left[1-\frac{20}{2\times6.89}\times0.192\,4-0\right]$

$=286.8$ (kPa)

24. [**答案**](A)

[**解析**]①对于滑体 AEF，设其沿滑面高为 h，滑面 $AF=L$，重力 $W=\frac{1}{2}\gamma hL\times1$

②安全系数：$K=\frac{W\cos\beta\tan\varphi+CL}{W\sin\beta}=\frac{0.5\gamma hL\cos\beta\tan\varphi+CL}{0.5\gamma hL\sin\beta}=\frac{0.5\gamma h\cos\beta\tan\varphi+C}{0.5\gamma h\sin\beta}$

③由此可见，K 与滑面长度 L 无关，因为 $CD/\!/AB$，所以两个滑体的 h 相同，其他参数都相同，故安全系数也相同。

25. [**答案**](C)

[**解析**]据《公路工程地质勘察规范》(JTG C20—2011)第8.4.9条式(8.4.9-1)。

①计算料土中易溶盐平均含量：

$$DT=\frac{0.05\times6.2+0.2\times4.1+0.25\times3.1+0.25\times2.7+0.25\times2.1+0.5\times1.7+0.5\times0.8+0.5\times1.1}{2.5}=1.96$$

②根据土料含盐量及盐渍土名称，按该规范表 8.4.4 对盐渍土进行分类，属中盐渍土。

③按《规范》表 8.4.9-2 判定细粒氯盐亚氯盐中盐渍土土料作为一级公路路基的可用性为 1.5 m 以下可用。

26. [**答案**](B)

[**解析**]据《全国注册岩土工程师专业考试培训教材》第八篇第八章式(8.2.4)。

①裂隙端点 B 处的拉应力 $\sigma_{B拉}=\dfrac{3L^2\gamma h}{(h-a)^2}$

②当岩体处于拉裂式崩塌极限平衡时，$k=1$，则 $\dfrac{[\sigma_拉]}{\sigma_{B拉}}=1$，导出：

$$a=h-\sqrt{\frac{3L^2\gamma h}{[\sigma_拉]}}=5-\sqrt{\frac{3\times 7^2\times 24\times 5}{0.9\times 10^3}}=0.573\ (\mathrm{m})$$

27. [**答案**](B)

[**解析**]据《全国注册岩土工程师专业考试培训教材》。

按题干要求的顶板临界深度法，顶板临界深度计算公式为：

$$H_0=\frac{B\gamma+\sqrt{B^2\gamma^2+4B\gamma p_0\tan\varphi\tan^2(45°-\varphi/2)}}{2\gamma\tan\varphi\tan^2(45°-\varphi/2)}$$

$$=\frac{2\times 22+\sqrt{2^2\times 22^2+4\times 2\times 22\times 250\times\tan 34°\times\tan^2(45°-34°/2)}}{2\times 22\times\tan 34°\times\tan^2(45°-34°/2)}$$

$$=17.35\ (\mathrm{m})$$

$H_0=17.35$ m，$H=27-2=25$ (m)，$1.5H_0=1.5\times 17.35=26$ (m)，$H_0<H<1.5H_0$，故选(B)。

28. [**答案**](B)

[**解析**]①求粉土②的液化折减系数：

粉土②的 $\dfrac{N}{N_{cr}}=\dfrac{7}{10}=0.7$，查表 4.4.3，桩周摩阻力折减系数：$d_s<10$ m，取 1/3；10 m$<d_s<$20 m，取 2/3。

②求折减后单桩极限承载力：

$$Q_{uk}=3.14\times 0.8\times\left(3\times 30+\frac{1}{3}\times 5\times 20+\frac{2}{3}\times 5\times 20+7\times 50\right)+3.14\times 0.4^2\times 4\,000$$
$$=3\,366\ (\mathrm{kN})$$

③单桩承载力特征值：$R_a=\dfrac{Q_{uk}}{2}=\dfrac{3\,366}{2}=1\,683$ (kN)

④单桩竖向抗震承载力：$R_{aE}=1.25R_a=1.25\times 1\,683=2\,104$ (kN)

29. [**答案**](C)

[**解析**]①先逐点判别，计算相应的标贯击数临界值 N_{cr}：

依据《建筑抗震设计规范》(GB 50011—2010)式(4.3.4)，$N_0=10$，$\beta=0.8$，$d_w=2.0$ m

$N_{cr}=N_0\beta[\ln(0.6d_s+1.5)-0.1d_w]\sqrt{3/\rho_c}$

4 m 处：$N_{cr}=10\times 0.8\times[\ln(0.6\times 4+1.5)-0.1\times 2]\times\sqrt{3/6}=6.6$，该点液化。

6 m 处：$N_{cr}=10\times 0.8\times[\ln(0.6\times 6+1.5)-0.1\times 2]\times\sqrt{3/6}=8.1$，该点液化。

9 m 处：$N_{cr}=10\times 0.8\times[\ln(0.6\times 9+1.5)-0.1\times 2]\times\sqrt{3/3}=13.9$，该点液化。

12 m 处：$N_{cr}=10\times 0.8\times[\ln(0.6\times 12+1.5)-0.1\times 2]\times\sqrt{3/3}=15.7$，该点不液化。

16 m 处：$N_{cr}=10\times0.8\times[\ln(0.6\times16+1.5)-0.1\times2]\times\sqrt{3/3}=17.7$，该点不液化。

②4 m 处的点代表的土层的上层界面为 2 m，下层界面为 5 m，权函数为 10。

③6 m 处点代表的土层的上层界面为 5 m，下层界面为 8 m，中心点位于 6.5 m 处，下层界面为 8 m，中心点位于 6.5 m 处，权函数为：

$$w_{6.5}=\frac{2}{3}\times(20-6.5)=9$$

④9 m 处点代表的土层的上层界面为 8 m，下层界面为 10.5 m，中心点位于 9.25 m 处：

$$w_{9.25}=\frac{2}{3}\times(20-9.25)=7.17$$

⑤液化指数：

$$\begin{aligned}I_L&=\sum_{i=1}^{n}\left(1-\frac{N_i}{N_{cri}}\right)w_i d_i\\&=\left(1-\frac{5}{6.6}\right)\times10\times3+\left(1-\frac{6}{8.1}\right)\times9\times3+\left(1-\frac{12}{13.9}\right)\times7.17\times2.5\\&=16.72\end{aligned}$$

⑥查表 4.3.5 得中等液化，$I_L=16.7$。

30. [**答案**](B)

[**解析**]据《建筑基桩检测技术规范》(JGJ 106—2014)第 4.4.3 条及条文说明。

①对全部 6 根进行统计：

$$Q_{u平均值}=\frac{2\,880+2\,580+2\,940+3\,060+3\,530+3\,360}{6}=3\,058.3\ (\text{kN})$$

$$Q_{u极差}=3\,530-2\,580=950\ (\text{kN})$$

$$\frac{Q_{u极差}}{Q_{u平均值}}=\frac{950}{3\,058.3}=0.31$$，不符合规范要求。

②删除最大值 3 530 kN 后重新统计：

$$Q_{u平均值}=\frac{2\,880+2\,580+2\,940+3\,060+3\,360}{5}=2\,964\ (\text{kN})$$

$$Q_{u极差}=3\,360-2\,580=780\ (\text{kN})$$

$$\frac{Q_{u极差}}{Q_{u平均值}}=\frac{780}{2\,964}=0.26$$，符合规范要求。

③求单桩竖向抗压承载力特征值：

$$R_a=\frac{Q_u}{2}=\frac{2\,964}{2}=1\,482\ (\text{kN})$$

2013年全国注册岩土工程师专业考试试卷(新解)

专业知识(上午卷)

一、单项选择题(共40题,每题1分。每题的备选项中只有一个最符合题意)

1.某次抽水试验,抽水量保持不变,观测地下水位变化,则可认定该项抽水试验属于(　　)。

(A)完整井抽水　　(B)非完整井抽水试验

(C)稳定流抽水试验　　(D)非稳定流抽水试验

2.地温测试采用贯入法试验时,要求温度传感器插入试验深度后静止一定时间才能进行测试,其主要目的是(　　)。

(A)减少传感器在土层初始环境中波动的影响

(B)减少贯入过程中产生的热量对测温结果的影响

(C)减少土层经扰动后固结对测温结果的影响

(D)减少地下水位恢复过程对测温结果的影响

3.在工程地质调查与测绘中,下列(　　)的方法最适合用于揭露地表线性构造。

(A)钻探　　(B)探槽

(C)探井　　(D)平洞

4.为工程降水需要做的抽水试验,其最大降深选用最合适的是(　　)。

(A)工程所需的最大降水深度

(B)静水位和含水层顶板间的距离

(C)设计动水位

(D)完整井取含水层厚度,非完整井取12倍的试验段厚度

5.下列关于压缩指数含义的说法,(　　)是正确的(P_c是先期固结压力)。

(A)e-p曲线上任两点割线斜率

(B)e-p曲线某压力区间段割线斜率

(C)e-$\lg p$曲线上P_c点前直线段斜率

(D)e-$\lg p$曲线上过P_c点后直线段斜率

6.对于内河港口,在工程可行性研究阶段,勘探线布置方向的正确选项是(　　)。

(A)平行于河岸方向　　(B)与河岸成45°角

(C)垂直于河岸方向　　(D)沿建筑物轴线方向

7.在建筑工程勘察中,当钻孔采用套管护壁时,套管的下设深度与取样位置之间的距离,不应小于(　　)。

(A)0.15 m　　(B)1倍套管直径

(C)2倍套管直径　　(D)3倍套管直径

8.在水域勘察中采用地震反射波法探测地层时,漂浮检波器采集到的地震波是(　　)。

(A)压缩波　　(B)剪切波

(C)瑞利波　　(D)面波

9. 对一个粉土土样进行慢剪试验，剪切过程历时接近(　　)。

(A)0.5 h　　(B)1 h　　(C)2 h　　(D)4 h

10. 根据《公路工程地质勘察规范》(JTG C20—2011)规定，钻探中发现滑动面(带)迹象时，钻探回次进尺最大不得大于(　　)。

(A)0.3 m　　(B)0.5 m　　(C)0.7 m　　(D)1.0 m

11. 在建筑工程勘察中，当需要采取Ⅰ级冻土试样时，其钻孔成孔口径最小不宜小于(　　)。

(A)75 mm　　(B)91 mm　　(C)130 mm　　(D)150 mm

12. 渗流作用可能产生流土或管涌现象，仅从土质条件判断，下列(　　)类型的土最容易产生管涌破坏。

(A)缺乏中间粒径的砂砾石，细粒含量为25%

(B)缺乏中间粒径的砂砾石，细粒含量为35%

(C)不均匀系数小于10的均匀砂土

(D)不均匀系数大于10的砂砾石，细粒含量为25%

13. 在建筑工程勘察中，现场鉴别粉质黏土有以下表现：①手按土易变形，有柔性，掰时似橡皮；②能按成浅凹坑。可判定该粉质黏土属于(　　)状态。

(A)硬塑　　(B)可塑　　(C)软塑　　(D)流塑

14. 柱下条形基础设计计算中，确定基础翼板的高度和宽度时，按《建筑地基基础设计规范》(GB 50007—2011)的规定，选择的作用效应及其组合正确的是(　　)。

(A)确定翼板的高度和宽度时，均按正常使用极限状态下作用效应的标准组合计算

(B)确定翼板的高度和宽度时，均按承载能力极限状态下作用效应的基本组合计算

(C)确定翼板的高度时，按承载能力极限状态下作用效应的基本组合计算，并采用相应的分项系数；确定基础宽度时，按正常使用极限状态下作用效应的标准组合计算

(D)确定翼板的宽度时，按承载能力极限状态下作用效应的基本组合计算，并采用相应的分项系数；确定基础高度时，按正常使用极限状态下作用效应的标准组合计算

15. 以下设计内容按正常使用极限状态计算的是(　　)。

(A)桩基承台高度确定　　(B)桩身受压钢筋配筋

(C)高层建筑桩基沉降计算　　(D)岸坡上建筑桩基的整体稳定性验算

16. 以下作用中不属于永久作用的是(　　)。

(A)基础及上覆土自重　　(B)地下室侧土压力

(C)地基变形　　(D)桥梁基础上的车辆荷载

17. 采用搅拌桩加固软土形成复合地基时，搅拌桩单桩承载力与(　　)无关。

(A)被加固土体的强度　　(B)桩端土的承载力

(C)搅拌桩的置换率　　(D)掺入的水泥量

18. 采用真空—堆载联合预压时，以下(　　)的做法最合理。

(A)先进行真空预压，再进行堆载预压

(B)先进行堆载预压，再进行真空预压

(C)真空预压与堆载预压同时进行

(D)先进行真空预压一段时间后，再同时进行真空和堆载预压

19. 在深厚均质软黏土地基上建一油罐，采用搅拌桩复合地基。原设计工后沉降控制值为15.0 cm。现要求提高设计标准，工后沉降要求小于8.0 cm，则下述思路(　　)比较合理。

(A)提高复合地基置换率　　(B)增加搅拌桩的长度

(C)提高搅拌桩的强度　　(D)增大搅拌桩的截面积

20.关于强夯法地基处理，下列(　　)说法是错误的。

(A)为减小强夯施工对邻近房屋结构的有害影响，强夯施工场地与邻近房屋之间可设置隔振沟

(B)强夯的夯点布置范围，应大于建筑物基础范围

(C)强夯法处理砂土地基时，两遍点夯之间的时间间隔必须大于 7 d

(D)强夯法的有效加固深度与加固范围内地基土的性质有关

21.地质条件相同，复合地基的增强体分别采用①CFG 桩、②水泥土搅拌桩、③碎石桩，当增强体的承载力正常发挥时，三种复合地基的桩土应力比之间为(　　)关系。

(A)①＜②＜③　　(B)①＞②＞③

(C)①＝②＝③　　(D)①＞③＞②

22.根据《建筑地基处理技术规范》(JGJ 79—2012)，下列(　　)地基处理方法不适用于处理可液化地基。

(A)强夯法　　(B)柱锤冲扩桩法

(C)水泥土搅拌桩法　　(D)振冲法

23.某软土地基上建设 2～3 层别墅(筏板基础、天然地基)，结构封顶时变形观测结果显示沉降较大且差异沉降发展较快，需对房屋进行地基基础加固以控制沉降，下列(　　)加固方法最合适。

(A)树根桩法　　(B)加深基础法

(C)换填垫层法　　(D)增加筏板厚度

24.下列关于土工合成材料加筋垫层作用机理的论述中，(　　)是不正确的。

(A)增大压力扩散角　　(B)调整不均匀沉降

(C)提高地基稳定性　　(D)提高地基土抗剪强度指标

25.对于铁路隧道洞门结构形式，下列(　　)的说法不符合《铁路隧道设计规范》(TB 10003—2005)要求。

(A)在采用斜交洞门时，其端墙与线路中线的交角不应大于 45°

(B)设有运营通风的隧道，洞门结构形式应结合通风设施一并考虑

(C)位于城镇、风景区、车站附近的洞门，宜考虑建筑景观及环境协调要求

(D)有条件时，可采用斜切式洞门结构

26.拟修建于Ⅳ级软质围岩中的两车道公路隧道，埋深为 70 m，采用复合式衬砌。对于初期支护，下列(　　)的说法是不符合规定的。

(A)确定开挖断面时，在满足隧道净空和结构尺寸的条件下，还应考虑初期支护并预留变形量 80 mm

(B)拱部和边墙喷射了混凝土厚度为 150 mm

(C)按承载能力设计时，初期支护的允许洞周水平相对收敛值可选用 1.2％

(D)初期支护应按荷载结构法进行设计

27.一个软土中的重力式基坑支护结构，如下图所示，基坑底处主动土压力及被动土压力强度分别为 p_{a1}、p_{b1}，支护结构底部主动土压力及被动土压力强度为 p_{a2}、p_{b2}，对此支护结构进行稳定分析时，合理的土压力模式是(　　)。

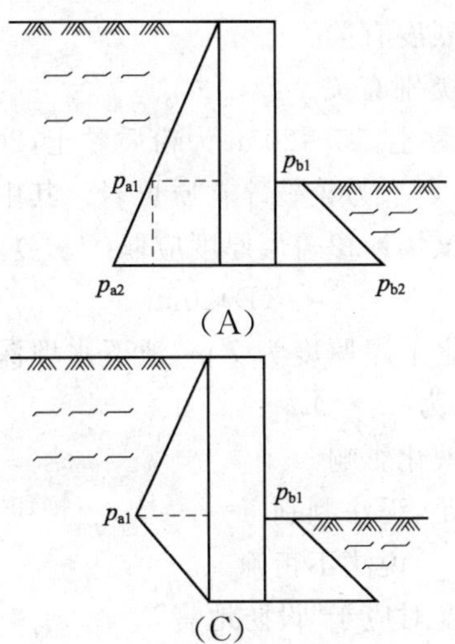

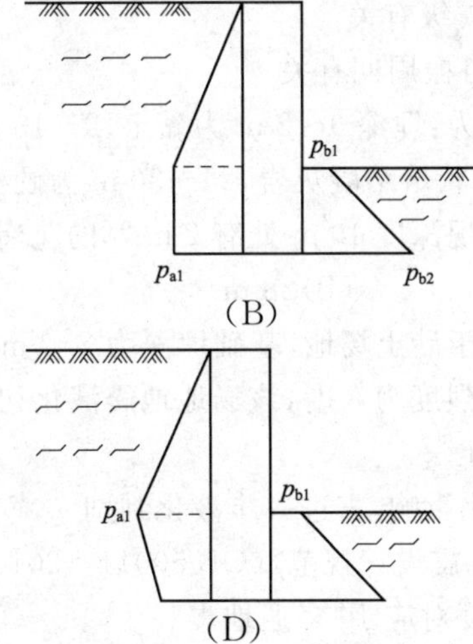

28.某中心城区地铁车站深基坑工程，开挖深度为地表下20 m，其场地地层结构为：地表下0～18 m为一般黏性土，18～30 m为砂性土，30～45 m为强～中等风化的砂岩。场地地下水主要是上部第四纪地层中的上层滞水和承压水，承压水头埋藏深度为地表下2 m。挡土结构拟采用嵌岩地下连续墙。关于本基坑的地下水控制，可供选择的方法有以下几种：a.地下连续墙槽段接头处外侧布置一排多头深层搅拌桩；b.基坑内设置降水井；c.坑内布置高压旋喷桩封底。从技术安全性和经济适宜性分析，下列（　　）方案是最合适的。

(A)a＋b　　(B)b＋c

(C)a＋c　　(D)a、b、c均不需要

29.关于深基坑水平支撑弹性支点刚度系数的大小，下列（　　）的说法是错误的。

(A)与支撑的尺寸和材料性质有关　　(B)与支撑的水平间距无关

(C)与支撑构件的长度成反比　　(D)与支撑腰梁或冠梁的挠度有关

30.关于深基坑工程土方的挖运，下列（　　）的说法是错误的。

(A)对于软土基坑，应按分层、对称开挖的原则，限制每层土的开挖厚度，以免对坑内工程桩造成不利影响

(B)大型内支撑支护结构基坑，可根据内支撑布局和主体结构施工工期要求，采用盆式或岛式等不同开挖方式

(C)长条形软土基坑应采取分区、分段开挖方式，每段开挖到底后应及时检底、封闭、施工地下结构

(D)当基坑某侧的坡顶地面荷载超过设计要求的超载限制时，应采取快速抢运的方式挖去该侧基坑土方

31.关于一般黏性土基坑工程支挡结构稳定性验算，下列（　　）说法不正确。

(A)桩锚支护结构应进行坑底隆起稳定性验算

(B)悬臂桩支护结构可不进行坑底隆起稳定性验算

(C)当挡土构件底面以下有软弱下卧层时，坑底稳定性的验算部位尚应包括软弱下卧层

(D)多层支点锚拉式支挡结构，当坑底以下为软土时，其嵌固深度应符合以最上层支点为轴心的圆弧滑到稳定性要求

32.根据《建筑抗震设计规范》(GB 50011—2010)，关于特征周期的确定，下列（　　）的表述是正确的。

(A)与地震震级有关　　(B)与地震烈度有关
(C)与结构自振周期有关　　(D)与场地类别有关

33. 某场地地层为:埋深 0～2 m 为黏土,2～15 m 为淤泥质黏土,15～20 m 为粉质黏土,20～25 m 为密实状熔结凝灰岩,25～30 m 为硬塑状黏性土,之下为较破碎软质页岩。其中有部分钻孔发现深度 10 m 处有 2 m 厚的花岗岩滚石,则该场地覆盖层厚度应取(　　)。
(A)30 m　　(B)28 m　　(C)25 m　　(D)20 m

34. 某公路桥位于砂土场地,基础埋深为 2.0 m,上覆非液化土层厚度为 7 m,地下水埋深为 5.0 m,地震烈度为 8 度,该场地地震液化初步判定结果为(　　)。
(A)不液化土　　(B)不考虑液化影响
(C)考虑液化影响,需进一步液化判别　　(D)条件不足,无法判别

35. 根据《建筑抗震设计规范》(GB 50011—2010),下列(　　)说法不正确。
(A)众值烈度对应于“多遇地震”　　(B)基本烈度对应于“设防地震”
(C)最大预估烈度对应于“罕遇地震”　　(D)抗震设防烈度等同于基本烈度

36. 拟建场地地基液化等级为中等时,下列(　　)措施尚不满足《建筑抗震设计规范》(GB 50011—2010)的规定。
(A)抗震设防类别为乙类的建筑物采用桩基础,桩端深入液化深度以下稳定土层中足够长度
(B)抗震设防类别为丙类的建筑物采取部分消除地基液化沉陷的措施,且对基础和上部结构进行处理
(C)抗震设防类别为丁类的建筑物不采取消除液化措施
(D)抗震设防类别为乙类的建筑物进行地基处理,处理后的地基液化指数小于 5

37. 地震经验表明,对宏观烈度和地质情况相似的柔性建筑,通常是大震级、远震中距情况下的震害,要比中、小震级近震中距的情况重得多。下列(　　)是导致该现象发生的最主要原因。
(A)震中距越远,地震动峰值加速度越小
(B)震中距越远,地震动持续时间越长
(C)震中距越远,地震动的长周期分量越显著
(D)震中距越远,地面运动振幅越小

38. 依据《建筑基桩检测技术规范》(JGJ 106—2014),单桩水平静载试验,采用单向多循环加载法。每一级恒、零载的累计持续时间为(　　)。
(A)6 min　　(B)10 min　　(C)20 min　　(D)30 min

39. 某高应变实测桩身两侧力时程曲线如下图所示,出现该类情况最可能的原因是(　　)。

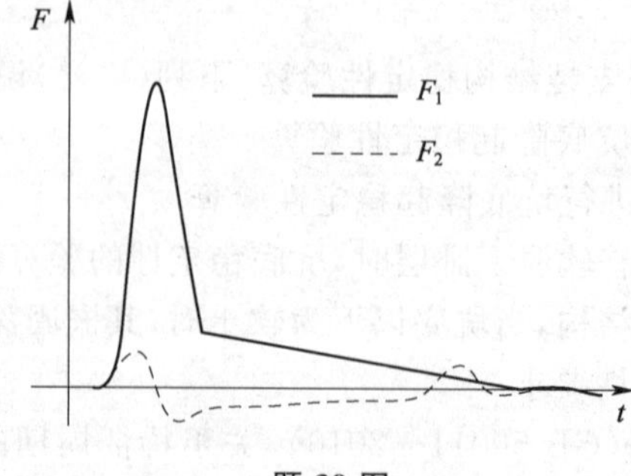

题 39 图

(A)锤击偏心　　(B)传感器安装处混凝土开裂

(C)加速度传感器松动　　(D)力传感器松动

40. 声波透射法和低应变法两种基桩检测方法所采用的波均为机械波，其传播方式和传播媒介也完全相同。对同一根混凝土桩，声波透射法测出的波速 v 与低应变法测出的波速 c 是(　　)关系。

(A)$v>c$　　(B)$v<c$　　(C)$v=c$　　(D)不能肯定

二、多项选择题(共30题，每题2分。每题的备选项中有两个或三个符合题意，错选、少选、多选均不得分)

41. 钻探结束后，应对钻孔进行回填，下列(　　)做法是正确的。

(A)钻孔宜采用原土回填

(B)临近堤防的钻孔应采用干黏土球回填

(C)有套管护壁的钻孔应拔起套管后再回填

(D)采用水泥浆液回填时，应由孔口自上而下灌入

42. 下列关于工程地质钻探、取样的叙述中，(　　)是正确的。

(A)冲击钻进方法适用于碎石土层钻进，但不满足采取扰动土样的要求

(B)水文地质试验孔段可选用聚丙烯酰胺泥浆或植物胶泥浆作冲洗液

(C)采用套管护壁时，钻进过程中应保持孔内水头压力不低于孔周地下水压

(D)在软土地区，可采用双动三重管回转取土器对饱和软黏土采取Ⅰ级土样

43. 下列(　　)的试验方法可用来测求土的泊松比。

(A)无侧限单轴压缩法　　(B)单轴固结仪法

(C)三轴压缩仪法　　(D)载荷试验法

44. 在以下对承压水特征的描述中，(　　)是正确的。

(A)承压水一定是充满在两个不透水层(或弱透水层)之间的地下水

(B)承压水的分布区和补给区是一致的

(C)承压水水面非自由面

(D)承压含水层的厚度随降水季节变化而变化

45. 下列有关原状取土器的描述，(　　)是错误的。

(A)固定活塞薄壁取土器的活塞是固定在薄壁筒内的，不能自由移动

(B)自由活塞薄壁取土器的活塞在取样时可以在薄壁筒内自由移动

(C)回转式三重管(单、双动)取土器取样时，必须用冲洗液循环作业

(D)水压固定活塞取土器取样时，必须用冲洗液循环作业

46. 在水利水电工程地质勘察中，有关岩体和结构面抗剪断强度的取值，下列(　　)说法是正确的。

(A)混凝土坝基础和岩石间抗剪断强度参数按峰值强度的平均值取值

(B)岩体抗剪断强度参数按峰值强度的大值平均值取值

(C)硬性结构面抗剪断强度参数按峰值强度的大值平均值取值

(D)软弱结构面抗剪断强度参数按峰值强度的小值平均值取值

47. 根据《建筑地基基础设计规范》(GB 50007—2011)，以下极限状态中，(　　)属于承载能力极限状态。

(A)桩基水平位移过大引起桩身开裂破坏

(B)12层住宅建筑下的夜板基础平均沉降达20 cm

(C)建筑物因深层地基的滑动而出现过大倾斜

(D)5 层民用建筑的整体倾斜达到 0.4%

48. 桩基设计时，按《建筑桩基技术规范》(JGJ 94—2008)的规定要求，以下选项所采用的作用效应组合(　　)是正确的。

(A)群桩中基桩的竖向承载力验算时，桩顶竖向力按作用效应的标准组合计算

(B)计算桩基中点沉降时，承台底面的平均附加压力 p_0，取作用效应标准组合下的压力值

(C)受压桩桩身截面承载力验算时，桩顶轴向压力取作用效应基本组合下的压力值

(D)抗拔桩裂缝控制计算中，对允许出现裂缝的三级裂缝控制等级基桩，其最大裂缝宽度按作用效应的准永久组合计算

49. 根据《建筑地基基础设计规范》(GB 50007—2011)关于荷载的规定，进行下列计算或验算时，(　　)所采用的荷载组合类型相同。

(A)按地基承载力确定基础底面积　　(B)计算地基变形

(C)按单桩承载力确定桩数　　(D)计算滑坡推力

50. 滨海地区大面积软土地基常采用排水固结法处理，以下(　　)选项的说法是正确的。

(A)考虑涂抹作用时，软土的水平向渗透系数将减小，且越靠近砂井，水平向渗透系数越小

(B)深厚软土中打设排水板后，软土的竖向排水固结可忽略不计

(C)由于袋装砂井施工时，挤土作用和对淤泥层的扰动，砂井的井阻作用将减小

(D)对沉降有较严格限制的建筑，应采用超载预压法处理，使预压荷载下受压土层各点的有效竖向应力大于建筑物荷载引起的附加应力

51. 某地基土层分布自上而下为：①淤泥质黏土夹砂层，厚度 8 m，地基承载力特征值为 80 kPa；②黏土层，硬塑，厚度 12 m；以下为密实砾层。有建筑物基础埋置于第 1 层中，则下述地基处理技术中，(　　)可适用于该地基加固。

(A)深层搅拌　　(B)砂石桩法

(C)真空预压法　　(D)素混凝土桩复合地基法

52. 软土地基上的某建筑物，采用钢筋混凝土条形基础，基础宽度 2 m，拟采用换填垫层法进行地基处理，换填垫层厚度 1.5 m。影响该地基承载力及变形性能的因素有(　　)。

(A)换填垫层材料的性质　　(B)换填垫层的压实系数

(C)换填垫层下软土的力学性质　　(D)换填垫层的质量检测方法

53. 采用水泥粉煤灰碎石桩处理松散砂土地基，下列(　　)方法适合于复合地基桩间土承载力检测。

(A)静力触探试验　　(B)载荷试验

(C)十字板剪切试验　　(D)面波试验

54. 根据《建筑地基处理技术规范》(JGJ 79—2012)、《建筑地基基础设计规范》(GB 50007—2011)，对于建造在处理后地基上的建筑物，下列(　　)说法是正确的。

(A)处理后的地基应满足建筑物地基承载力、变形和稳定性要求

(B)经处理后的地基，在受力层范围内不允许存在软弱下卧层

(C)各种桩型的复合地基竣工验收时，承载力检验均应采用现场载荷试验

(D)地基基础设计等级为乙级，体型规则、简单的建筑物，地基处理后可不进行沉降观测

55. 下列有关预压法的论述中，(　　)是正确的。

(A)堆载预压和真空预压均属于排水固结

(B)堆载预压使地基土中的总压力增加,真空预压总压力是不变的

(C)真空预压法由于不增加剪应力,地基不会产生剪切破坏,可适用于很软弱的黏土地基

(D)袋装砂井或塑料排水板作用是改善排水条件,加速主固结和次固结

56. 下列有关复合地基的论述,(　　)是正确的。

(A)复合地基是由天然地基土体和增强体两部分组成的人工地基

(B)形成复合地基的基本条件是天然地基土体和增强体通过变形协调共同承担荷载作用

(C)在已经满足复合地基承载力情况下,增大置换率和增大桩体刚度,可有效减少沉降

(D)深厚软土的水泥土搅拌桩复合地基由建筑物对变形要求确定施工桩长

57. 公路隧道穿越膨胀岩地层时,下列(　　)措施是正确的。

(A)隧道支护衬砌宜采用圆形或接近圆形的断面形状

(B)开挖后及时施作初期支护封闭围岩

(C)初期支护刚度不宜过大

(D)初期支护后应立即施筑二次衬砌

58. 对于铁路隧道的防排水设计,采用下列(　　)措施是较为适宜的。

(A)地下水发育的长隧道纵向坡度应设置为单面坡

(B)隧道衬砌可采用厚度不小于 30 cm 的防水混凝土

(C)隧道纵向坡度不宜小于 0.3%

(D)在隧道两侧设置排水沟

59. 在铁路隧道工程施工中,当隧道拱部局部拥塌或超挖时,下列(　　)材料可用于回填。

(A)混凝土　　(B)喷射混凝土

(C)片石混凝土　　(D)浆砌片石

60. 根据《建筑基坑支护技术规程》(JGJ 120—2012),关于深基坑工程设计,下列(　　)是正确的。

(A)基坑支护设计使用期限,即从基坑土方开挖之日起至基坑完成使用功能结束,不应小于 1 年

(B)基坑支护结构设计必须同时满足承载力极限状态和正常使用极限状态

(C)同样的地质条件下,基坑支护结构的安全等级主要取决于基坑开挖的深度

(D)支护结构的安全等级对设计时支护结构的重要性系数和各种稳定性安全系数的取值有影响

61. 根据《建筑基坑支护技术规程》(JGJ 120—2012),关于在分析计算支撑式挡土结构时采用的平面杆系结构弹性支点法,下列(　　)选项的说法是正确的。

(A)基坑底面以下的土压力和土的反力均应考虑土的自重作用产生的应力

(B)基坑底面以下某点的土抗力值的大小随挡土结构的位移增加而线性增加,其数值不应小于被动土压力值

(C)多层支撑情况下,最不利作用效应一定发生在基坑开挖至坑底时

(D)支撑连接处可简化为弹性支座,其弹性刚度应满足支撑与挡土结构连接处的变形协调条件

62. 关于膨胀土地区的建筑地基变形量计算,下列(　　)说法是正确的。

(A)地面有覆盖且无蒸发时,可按膨胀变形量计算

(B)当地表下 1 m 处地基土的天然含水率接近塑限时,可按胀缩变形量计算

(C)收缩变形计算深度取大气影响深度和浸水影响深度中的大值

(D)膨胀变形量可通过现场浸水载荷试验确定

63. 依据《建筑抗震设计规范》(GB 50011—2010)，下列关于场地类别的叙述，(　　)是正确的。

(A)场地类别用以反映不同场地条件对基岩地震动的综合放大效应

(B)场地类别的划分要依据场地覆盖层厚度和场地土层软硬程度这两个因素

(C)场地挖填方施工不会改变建筑场地类别

(D)已知各地基土层的层底深度和剪切波速就可以划分建筑场地类别

64. 基础埋置深度不超过 2 m 的天然地基上的建筑，若所处地区抗震设防烈度为 7 度，地基土由上向下为非液化土层和可能液化的砂土层，依据《建筑抗震设计规范》(GB 50011—2010)，当上覆非液化土层厚度和地下水位深度处于下图中Ⅰ、Ⅱ、Ⅲ和Ⅳ区中的(　　)区时可不考虑砂土液化对建筑的影响。

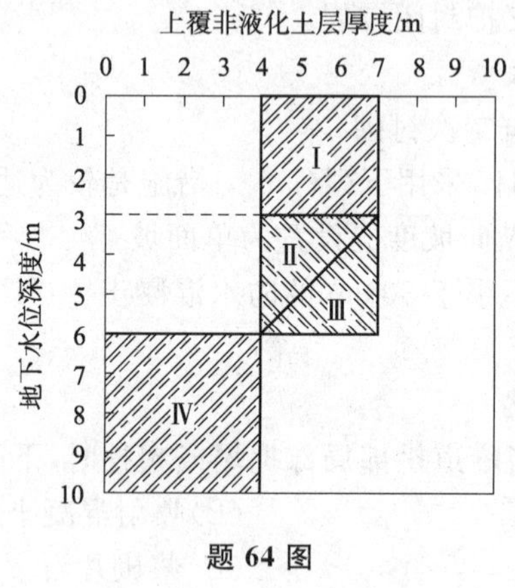

题 64 图

(A)Ⅰ区　　(B)Ⅱ区　　(C)Ⅲ区　　(D)Ⅳ区

65. 场地类别不同可能影响到(　　)。

(A)地震影响系数　　(B)特征周期

(C)设计地震分组　　(D)地基土阻尼比

66. 拟建场地有发震断裂通过时，在按高于本地区抗震设防烈度一度的要求采取抗震措施并提高基础和上部结构整体性的条件下，下列(　　)情况和做法不满足《建筑抗震设计规范》(GB 50011—2010)的规定。

(A)在抗震设防烈度为 8 度地区，上覆土层覆盖厚度为 50 m，单栋 6 层乙类建筑物距离主断裂带 150 m

(B)在抗震设防烈度为 8 度地区，上覆土层覆盖厚度为 50 m，单栋 8 层丙类建筑物距离主断裂带 150 m

(C)在抗震设防烈度为 9 度地区，上覆土层覆盖厚度为 80 m，单栋 2 层乙类建筑物距离主断裂带 150 m

(D)在抗震设防烈度为 9 度地区，上覆土层覆盖厚度为 80 m 单栋 2 层丙类建筑物距离主断裂带 150 m

67. 按照《建筑抗震设计规范》(GB 50011—2010)，对于可液化土的液化判别，下列选项中(　　)说法是不正确的。

(A)抗震设防烈度为 8 度的地区，粉土的黏粒含量为 15%时可判为不液化土

(B)抗震设防烈度为 8 度的地区，拟建 8 层民用住宅采用桩基础，采用标准贯入试验法判

别地基土的液化情况时，可只判别地面下 15 m 范围内土的液化

(C)当饱和土经杆长修正的标准贯入锤击数小于或等于被化判别标准贯入锤击数临界值时，应判为液化土

(D)勘察未见地下水时，不需要进行液化判别

68. 对于各类水工建筑物抗震设计的考虑，下列(　　)说法是符合《水工建筑物抗震设计规范》(DL 5073—2000)的。

(A)一般采用基本烈度作为设计烈度

(B)抗震设防类为甲类的水工建筑物，比基本烈度提高 2 度作为设计烈度

(C)施工期短暂时可不与地震作用组合

(D)空库期可不与地震作用组合

69. 按照《建筑基桩检测技术规范》(JGJ 106—2014)，下列关于灌注桩钻芯法检测开始时间的说法中，(　　)是正确的。

(A)受检桩的混凝土龄期达到 28 d

(B)预留同条件养护试块强度达到设计强度

(C)受检桩混凝土强度达到设计强度的 70%

(D)受检桩混凝土强度大于 15 MPa

70. 超声波在传播过程中碰到混凝土内部缺陷时，超声波仪上会出现(　　)变化。

(A)波形畸变　　(B)声速提高

(C)声时增加　　(D)振幅增加

专业知识(下午卷)

一、单项选择题(共 40 题，每题 1 分。每题的备选项中只有一个最符合题意)

1. 均匀地基上的某直径 30 m 油罐，罐底为 20 mm 厚钢板，储油后其基底压力接近地基的临塑荷载，则该罐底基底压力分布形态最接近于(　　)。

(A)外围大、中部小，马鞍形分布

(B)外围小、中部大，倒钟形分布

(C)外围和中部近似相等，接近均匀分布

(D)无一定规律

2. 某直径 20 m 钢筋混凝土圆形筒仓，沉降观测结果显示，直径方向两端的沉降量分别为 40 mm、90 mm，则在该直径方向上筒仓的整体倾斜最接近(　　)。

(A)2%　　(B)2.5%　　(C)4.5%　　(D)0.5%

3. 某高层建筑矩形筏基，平面尺寸 15 m×24 m，地基土比较均匀。按照《建筑地基基础设计规范》(GB 50007—2011)，在作用的准永久组合下，结构竖向荷载重心在短边方向的偏心距不宜大于(　　)。

(A)0.25 m　　(B)0.4 m　　(C)0.5 m　　(D)2.5 m

4. 按《建筑地基基础设计规范》(GB 50007—2011)进行地基的沉降计算时，以下叙述中错误的是(　　)。

(A)若基底附加压力为 P_0，沉降计算深度为 Z_n，沉降计算深度范围内压缩模量的当量值为 $\overline{E}$，则按分层总和法计算的地基变形量为 $\frac{P_0}{\overline{E}}Z_n$

(B)当存在相邻荷载影响时，地基沉降计算深度 Z_n 将增大

(C)基底附加压力 P_0 值为基底平均压力值减除基底以上基础及上覆土自重后的压力值

(D)沉降计算深度范围内土层的压缩性越大，沉降计算的经验系数越大

5. 根据《建筑地基基础设计规范》(GB 50007—2011)，在柱下条形基础设计中，以下叙述中错误的是(　　)。

(A)条形基础梁顶部和底部的纵向受力钢筋按基础梁纵向弯矩设计值配筋

(B)条形基础梁的高度按柱边缘处基础梁剪力设计值确定

(C)条形基础翼板的受力钢筋按基础纵向弯矩设计值配筋

(D)条形基础翼板的高度按基础横向验算截面剪力设计值确定

6. 某滨河路堤，设计水位高程 20 m，壅水高 1 m，波浪侵袭高度为 0.3 m，斜水流局部冲高 0.5 m，河床淤积影响高度为 0.2 m，根据《铁路路基设计规范》(TB 10001—2005)，该路堤设计路肩高程应不低于(　　)。

(A)21.7 m　　(B)22.0 m　　(C)22.2 m　　(D)22.5 m

7. 根据《建筑桩基技术规范》(JGJ 94—2008)，对于饱和黏性土场地，5 排 25 根摩擦型闭口 PHC 管桩群桩，其基桩的最小中心距可选(　　)(d 为桩径)。

(A)3.0d　　(B)3.5d　　(C)4.0d　　(D)4.5d

8. 根据《建筑桩基技术规范》(JGJ 94—2008)，下列(　　)不属于重要建筑抗压桩基承载能力极限状态设计的验算内容。

(A)桩端持力层下软弱下卧层承载力　　(B)桩身抗裂

(C)桩身承载力　　(D)桩基沉降

9. 当沉井沉至设计高程，刃脚下的土已掏空时，按《铁路桥涵地基和基础设计规范》(TB 10002.5—2005)，验算刃脚向内弯曲强度，土压力应按(　　)计算。

(A)被动土压力　　(B)静止土压力

(C)主动土压力　　(D)静止土压力和主动土压力的平均值

10. 根据《建筑桩基技术规范》(JGJ 94—2008)，施打大面积密集预制桩桩群时，对桩顶上涌和水平位移进行监测的数量应满足下列(　　)要求。

(A)不少于总桩数的 1%　　(B)不少于总桩数的 3%

(C)不少于总桩数的 5%　　(D)不少于总桩数的 1

11. 根据《建筑桩基技术规范》(JGJ 94—2008)，下列关于建筑桩基中性点的说法中正确的是(　　)。

(A)中性点以下，桩身的沉降小于桩侧土的沉降

(B)中性点以上，随着深度增加，桩身轴向压力减少

(C)对于摩擦型桩，由于承受负摩阻力桩基沉降增大，其中性点位置随之下移

(D)对于端承型桩，中性点位置基本不变

12. 根据《铁路桥涵地基和基础设计规范》(TB 10002.5—2005)，计算施工阶段荷载情况下的混凝土、钢筋混凝土沉井各计算截面强度时，材料容许应力可在主力加附加力的基础上适当提高，其提高的最大数值为(　　)。

(A)5%　　(B)10%　　(C)15%　　(D)20%

13. 根据《建筑桩基技术规范》(JGJ 94—2008)的规定，下列关于桩基抗拔承载力验算的要求，(　　)是正确的。

(A)应同时验算群桩基础呈整体破坏和非整体破坏时基桩的抗拔承载力

(B)地下水位的上升与下降对桩基的抗拔极限承载力值无影响

(C)标准冻深线的深度对季节性冻土上轻型建筑的短桩基础的抗拔极限承载力无影响

(D)大气影响急剧层深度对膨胀土上轻型建筑的短桩基础的抗拔极限承载力无影响

14. 根据《建筑桩基技术规范》(JGJ 94—2008),下列关于受水平荷载和地震作用桩基的桩身受弯承载力和受剪承载力验算的要求,(　　)是正确的。

(A)应验算桩顶斜截面的受剪承载力

(B)对于桩顶固接的桩,应验算桩端正截面弯矩

(C)对于桩顶自由或铰接的桩,应验算桩顶正截面弯矩

(D)当考虑地震作用验算桩身正截面受弯和斜截面受剪承载力时,应采用荷载效应准永久组合

15. 根据《碾压式土石坝设计规范》(DL/T 5395—2007)的规定,土石坝的防渗心墙的土料选择,以下(　　)是不合适的。

(A)防渗土料的渗透系数不大于 1.0×10^{-5} cm/s

(B)水溶盐含量和有机质含量两者均不大于 5%

(C)有较好的塑性和渗透稳定性

(D)浸水与失水时体积变化较小

16. 某均质土石坝稳定渗流期的流网如下图所示,则 b 点的孔隙水压力为(　　)。

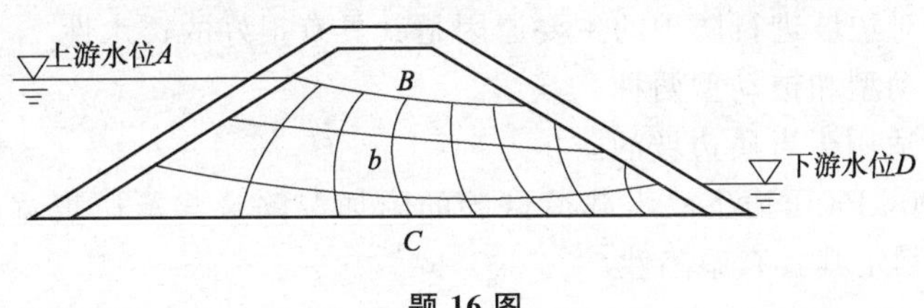

题 16 图

(A)A 点与 b 点的水头压力　　(B)B 点与 b 点的水头压力

(C)b 点与 C 点的水头压力　　(D)b 点与 D 点的水头压力

17. 某直立岩质边坡高 10 m,坡顶上建筑物至坡顶边缘的距离为 6.0 m。主动土压力为 E_a,静止土压力为 E_0,β_1 为岩质边坡静止岩石压力的折减系数,该边坡支护结构上侧向岩石压力宜取(　　)。

(A)E_a　　(B)E_0　　(C)$\beta_1 E_0$　　(D)$\frac{E_a+E_0}{2}$

18. 某路基工程中,备选四种填料的不均匀系数 C_u 和曲率系数 C_c 如下,(　　)是级配良好的填料。

(A)$C_u=2.6, C_c=2.6$　　(B)$C_u=8.5, C_c=2.6$

(C)$C_u=2.6, C_c=8.5$　　(D)$C_u=8.5, C_c=8.5$

19. 某路基工程需要取土料进行填筑,已测得土料的孔隙比为 1.15,压实度达到设计要求时填筑体的孔隙比为 0.65,则 1 m^3 填筑体所需土料宜选择(　　)。

(A)1.1 m^3　　(B)1.2 m^3　　(C)1.3 m^3　　(D)1.4 m^3

20. 根据《建筑边坡工程技术规范》(GB 50330—2013),对下列边坡稳定性分析的论述中,(　　)是错误的。

(A)规模较大的碎裂结构岩质边坡宜采用圆弧滑动法计算

(B)对规模较小、结构面组合关系较复杂的块体滑动破坏,宜采用赤平投影法

(C)在采用折线滑动法进行计算时，当最前部条块稳定性系数不能较好地反映边坡整体稳定性时，可以采用所有条块稳定系数的平均值

(D)对可能产生平面滑动的边坡宜采用平面滑动法进行计算

21. 根据《铁路路基支挡结构设计规范》(TB 10025—2006)，墙背为折线形的铁路重力式挡土墙，可简化为两直线段计算土压力，其下墙段的土压力的计算可采用(　　)。

(A)力多边形法　　(B)第二破裂面法

(C)延长墙背法　　(D)换算土柱法

22. 根据《碾压式土石坝设计规范》(DL/T 5395—2007)，以下关于坝体排水设置的论述中，(　　)是不正确的。

(A)土石坝应设置坝体排水，降低浸润线和孔隙水压力

(B)坝内水平排水伸进坝体的极限尺寸，对于黏性土均质坝为坝底宽的 1/2，砂性土均质坝为坝底宽的 1/3

(C)贴坡排水体的顶部高程应与坝顶高程一致

(D)均质坝和下游坝常用弱透水材料填筑的土石坝，宜优先选用坝内竖式排水，其底部可用褥垫排水将渗水引出

23. 下列关于柔性网边坡防护的叙述中，(　　)是错误的。

(A)采用柔性网防护解决不了边坡的整体稳定性问题

(B)采用柔性网对边坡进行防护的主要原因是其具有很好的透水性

(C)柔性网分主动型和被动型两种

(D)柔性网主要适用于岩质边坡的防护

24. 对于砂土，在 200 kPa 压力下浸水载荷试验的附加湿陷量与承压板宽度之比，最小不小于(　　)时，应判定其具有湿陷性。

(A)0.010　　(B)0.015　　(C)0.023　　(D)0.070

25. 下列四个选项中，(　　)是赤平极射投影方法无法做到的。

(A)初步判别岩质边坡的稳定程度

(B)确定不稳定岩体在边坡上的位置和范围

(C)确定边坡不稳定岩体的滑动方向

(D)分辨出对边坡失稳起控制作用的主要结构面

26. 下列关于膨胀土的膨胀率与膨胀力论述中，(　　)是正确的。

(A)基底压力越大，膨胀土的膨胀力越大

(B)100 kPa 压力下的膨胀率应该大于 50 kPa 压力下的膨胀率

(C)自由膨胀率的大小不仅与土的矿物成分有关，也与土的含水率有关

(D)同一种土的自由膨胀率越大，意味着膨胀力也越大

27. 右图为一地层剖面，初始潜水位与承压水头高度同为水位 1，由于抽取地下承压水使承压水头高度下降到水位 2，这时出现明显地面沉降。(　　)的地层对地面沉降贡献最大(不考虑地下水越流)。

(A)潜水含水层　　(B)潜水含水层＋隔水层

(C)隔水层　　(D)承压含水层

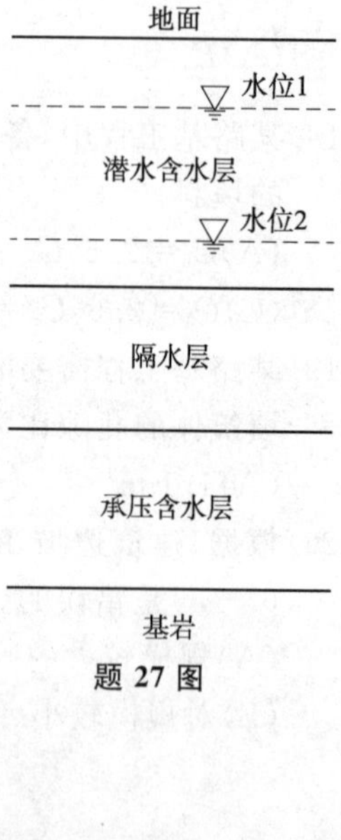

地面

水位1

潜水含水层

水位2

隔水层

承压含水层

基岩

题 27 图

28. 同样条件下，下列(　　)的岩石溶蚀速度最快。

(A)石膏　　(B)岩盐　　(C)石灰岩　　(D)白云岩

29.在深厚软土区进行某基坑工程详勘时,除了十字板剪切试验、旁压试验、扁铲侧胀试验和螺旋板载荷试验四种原位测试外,还最有必要进行(　　)的原位测试。

(A)静力触探试验　　(B)深层载荷板试验

(C)轻型圆锥动力触探试验　　(D)标准贯入试验

30.在地下水强烈活动于岩土交界面的岩溶地区,由地下水作用形成土洞的主要原因为(　　)。

(A)溶蚀　　(B)潜蚀　　(C)湿陷　　(D)胀缩

31.某一土的有机质含量为25%,该土的类型属于(　　)。

(A)无机土　　(B)有机质土　　(C)泥炭质土　　(D)泥炭

32.坡度为5°的膨胀土场地,土的塑限为20%,地表下10 m和2.0 m处的天然含水率分别为25%和22%,膨胀土地基的变形量取值为下列(　　)。

(A)膨胀变形量　　(B)膨胀变形量与收缩量之和

(C)膨胀变形量与收缩变形量之大者　　(D)收缩变形量

33.正在活动的整体滑坡,剪切裂缝多出现在滑坡体的(　　)部位。

(A)滑坡体前缘　　(B)滑坡体中间

(C)滑坡体两侧　　(D)滑坡体后缘

34.某硫酸盐渍土场地,每100 g土中的总含盐量平均值为2.65 g,试判定该土属于下列(　　)类型的硫酸盐渍土。

(A)弱盐渍土　　(B)中盐渍土　　(C)强盐渍土　　(D)超盐渍土

35.下列(　　)的行为违反了《建设工程安全生产管理条例》。

(A)施工图设计文件未经审查批准就使用

(B)建设单位要求压缩合同约定的工期

(C)建设单位将建筑工程肢解发包

(D)未取得施工许可证擅自施工

36.根据《安全生产法》规定,下列(　　)不是生产经营单位主要负责人的安全生产职责。

(A)建立、健全本单位安全生产责任制

(B)组织制定本单位安全生产规章制度

(C)编制专项安全施工组织设计

(D)督促、检查本单位的安全生产工作

37.地质灾害按照人员伤亡、经济损失的大小,分为四个等级。下列(　　)说法是错误的。

(A)特大型:因灾死亡30人以上或者直接经济损失1 000万元以上的

(B)大型:因灾死亡10人以上30人以下或者直接经济损失500万元以上1 000万元以下的

(C)中型:因灾死亡10人以上20人以下或者直接经济损失100万元以上500万元以下的

(D)小型:因灾死亡3人以下或者直接经济损失100万元以下的

38.根据《建设工程安全生产管理条例》,关于建设工程安全施工技术交底,下列(　　)是正确的。

(A)建设工程施工前,施工单位负责项目管理的技术人员向施工作业人员交底

(B)建设工程施工前,施工单位负责项目管理的技术人员向专职安全生产管理人员交底

(C)建设工程施工前，施工单位专职安全生产管理人员向施工作业人员交底

(D)建设工程施工前，施工单位负责人向施工作业人员交底

39.《注册土木工程师(岩土)执业及管理工作暂行规定》规定，注册土木工程师(岩土)在执业过程中，应及时、独立地在规定的岩土工程技术文件上签章。以下(　　)岩土工程技术文件不包括在内。

(A)岩土工程勘察成果报告书责任页

(B)土工试验报告书责任页

(C)岩土工程咨询项目咨询报告书责任页

(D)施工图审查报告书责任页

40.下列关于注册工程师继续教育的说法，(　　)是错误的。

(A)注册工程师在每一注册期内应达到国务院建设行政主管部门规定的本专业继续教育要求

(B)继续教育作为注册工程师逾期初始注册、延续注册和重新申请注册的条件

(C)继续教育按照注册工程师专业类别设置，分为必修课和选修课

(D)继续教育每注册期不少于 40 学时

二、多项选择题(共 30 题，每题 2 分。每题的备选项中有两个或三个符合题意，错选、少选、多选均不得分)

41.根据《建筑地基基础设计规范》(GB 50007—2011)，按土的抗剪强度指标确定地基承载力特征值时，以下情况中，(　　)取值是正确的。

(A)当基础宽度 3 m$<b<$6 m，或基础埋置深度大于 0.5 m 时，按基础底面压力验算地基承载力时，相应的地基承载力特征值应进一步进行宽度和深度修正

(B)基底地基持力层为粉质黏土，基础宽度为 2.0 m，取 b=2.0 m

(C)C_k 取基底下一倍短边宽度深度范围内土的黏聚力标准值

(D)γ_m 取基础与上覆土的平均重度 20 kN/m^3

42.按照《建筑地基基础设计规范》(GB 50007—2011)的规定，以下关于场地冻结深度的叙述中，(　　)是正确的。

(A)土中粗颗粒含量越多，场地冻结深度越大

(B)对于黏性土地基，场地冻结深度通常大于标准冻结深度

(C)土的含水率越大，场地冻结深度越小

(D)场地所处的城市人口越多，场地冻结深度越大

43.按照《建筑地基基础设计规范》(GB 50007—2011)，在对地基承载力特征值进行深宽修正时，下列(　　)选项是正确的。

(A)基础宽度小于 3 m 一律按 3 m 取值，大于 6 m 一律按 6 m 取值

(B)地面填土在上部结构施工完成后施工，基础埋深从天然地面标高算起

(C)在基底高程处进行深层载荷试验确定的地基承载力特征值，不须进行深宽修正

(D)对地下室，采用条形基础时，基础埋深从室内地坪高程和室外地坪高程的平均值处算起

44.按照《建筑地基基础设计规范》(GB 50007—2011)，在满足一定条件时，柱下条形基础的地基反力可按直线分布且条形基础梁的内力可按连续梁计算。下列(　　)选项的条件是正确的。

(A)地基比较均匀　　　　　　　　(B)上部结构刚度较好

(C)荷载分布均匀　　　　　　　　(D)基础梁的高度不小于柱距的1/10

45.根据《建筑地基基础设计规范》(GB 50007—2011)确定柱基底面尺寸时所采用的地基承载力特征值,其大小与(　　)因素有关。

(A)基础荷载　　(B)基础埋深　　(C)基础宽度　　(D)地下水位

46.桩筏基础下基桩的平面布置应考虑(　　)因素。

(A)桩的类型　　　　　　　　(B)上部结构荷载分布

(C)桩身的材料强度　　　　　(D)上部结构刚度

47.依据《建筑桩基技术规范》(JGJ 94—2008)的规定,下列有关承台效应系数的论述,(　　)是正确的。

(A)承台效应系数 η 随桩间距的增大而增大

(B)单排桩条形承台的效应系数小于多排桩的承台效应系数 η_c

(C)对端承型桩基,其承台效应系数 η_c 应取1.0

(D)基底为新填土、高灵敏度软土时,承台效应系数和取零

48.《建筑桩基技术规范》(JGJ 94—2008)中关于考虑承台、基桩协同工作和土的弹性抗力作用,计算受水平荷载的桩基时的基本假定包括下列(　　)选项。

(A)对于低承台桩基,桩顶处水平抗力系数为零

(B)忽略桩身、承台、地下墙体侧面与土之间的黏着力和摩擦力对抵抗水平力的作用

(C)将土体视为弹性介质,其水平抗力系数随深度不变,为常数

(D)桩顶与承台铰接,承台的刚度与桩身刚度相同

49.在以下的桩基条件中,(　　)桩应按端承型桩设计。

(A)钻孔灌注桩桩径0.8 m,桩长18 m,桩端为密实中砂,桩侧范围土层均为密实细砂

(B)人工挖孔桩桩径1.0 m,桩长20 m,桩端进入较完整基岩0.8 m

(C)PHC管桩桩径0.6 m,桩长15 m,桩端为密实粉砂,桩侧范围土层为淤泥

(D)预制方桩边长0.25 m,桩长25 m,桩端、桩侧土层均为淤泥质黏土

50.根据《建筑桩基技术规范》(JGJ 94—2008),下列关于建筑桩基承台计算的说法,(　　)是正确的。

(A)当承台悬挑边有多排基桩形成多个斜截面时,应对每个斜截面的受剪承载力进行验算

(B)轴心竖向力作用下桩基承台受柱冲切,冲切破坏锥体应采用自柱(墙)边或承台变阶处至相应桩顶边缘连线所构成的锥体

(C)承台的受弯计算时,对于筏形承台,均可按局部弯矩作用进行计算

(D)对于柱下条形承台梁的弯矩,可按弹性地基梁进行分析计算

51.根据《建筑桩基技术规范》(JGJ 94—2008),下列关于建筑工程灌注桩施工的说法,(　　)是正确的。

(A)条形桩基沿垂直轴线方向的长钢套管护壁人工挖孔桩桩位允许偏差为200 mm

(B)沉管灌注桩的充盈系数小于1.0时,应全长复打

(C)对于超长泥浆护壁成孔灌注桩,灌注水下混凝土可分段施工,但每段间隔不得大于24 h

(D)泥浆护壁成孔灌注桩后注浆主要目的是处理孔底沉渣和桩身泥皮

52.根据《建筑桩基技术规范》(JGJ 94—2008)确定单桩竖向极限承载力时,以下选项中(　　)是正确的。

(A)桩端置于完整、较完整基岩的嵌岩桩，其单桩竖向极限承载力由桩周土总极限侧阻力和嵌岩段总极限阻力组成

(B)其他条件相同时，敞口钢管桩因土塞效应，其端阻力大于闭口钢管桩

(C)对单一桩端后注浆灌注桩，其单桩竖向极限承载力的提高来源于桩端阻力和桩侧阻力的增加

(D)对于桩身周围有液化土层的低承台桩基，其液化土层范围内侧阻力取值为零

53.某建在灰岩地基上的高土石坝，已知坝基透水性较大，进行坝基处理时，以下(　　)选项是合理的。

(A)大面积溶蚀未形成溶洞的可做铺盖防渗

(B)浅层的溶洞应采用灌浆方法处理

(C)深层的溶洞较发育时，应做帷幕灌浆，同时还应进行固结灌浆处理

(D)当采用灌浆方法处理岩溶时，应采用化学灌浆或超细水泥灌浆

54.根据《公路路基设计规范》(JTG D30—2015)，以下有关路基的规定，(　　)是正确的。

(A)对填方路基，应优先选用粗粒土作为填料。液限大于50%，塑性指数大于26的细粒土，不得直接作为填料

(B)对于挖方路基，当路堑边坡有地下水渗出时，应设置渗沟和仰斜式排水孔

(C)路基处于填挖交接处时，对挖方区路床0.80 m范围内土体应超挖回填碾压

(D)高填方路堤的堤身稳定性可采用简化毕肖甫法计算，稳定安全系数宜取1.2

55.某高度为12 m直立红黏土建筑边坡，已经采用"立柱+预应力锚索+挡板"进行了加固支护，边坡处于稳定状态，但在次年暴雨期间，坡顶2 m以下出现渗水现象，且坡顶沥青道路路面开始出现与坡面纵向平行的连通裂缝。设计师提出的(　　)处理措施是合适的。

(A)在坡顶紧贴支挡结构后增设一道深10.0 m的隔水帷幕

(B)在坡面增设长12 m的泄水孔

(C)在原立柱上增设预应力锚索

(D)在边坡中增设锚杆

56.根据《碾压式土石坝设计规范》(DL/T 5395—2007)，对土石坝坝基采用混凝土防渗墙进行处理时，以下(　　)选项是合适的。

(A)用于防渗墙的混凝土内可掺黏土、粉煤灰等外加剂，并有足够的抗渗性和耐久性

(B)高坝坝基深砂砾石层的混凝土防渗墙，应验算墙身强度

(C)混凝土防渗墙插入坝体土质防渗体高度应不低于1.0 m

(D)混凝土防渗墙嵌入基岩宜大于0.5 m

57.根据《建筑边坡工程技术规范》(GB 50330—2013)，下列有关于边坡支护形式适用性的论述，(　　)选项是正确的。

(A)锚杆挡墙不宜在高度较大且无成熟工程经验的新填方边坡中应用

(B)变形有严格要求的边坡和开挖土石方危及边坡稳定性的边坡不宜采用重力式挡墙

(C)扶壁式挡墙在填方高度10～15 m的边坡中采用是较为经济合理的

(D)采用坡率法时应对边坡环境进行整治

58.下列(　　)选项是岩质边坡发生倾倒破坏的基本条件。

(A)边坡体为陡倾较薄层的岩体　　(B)边坡的岩体较破碎

(C)边坡存在地下水　　(D)边坡的坡度较陡

59.下列关于盐渍土盐胀性的叙述中，(　　)是正确的。

(A)当土中硫酸钠含量不超过1%时，可不考虑盐胀性

(B)盐渍土的盐胀作用与温度关系不大

(C)盐渍土中含有伊利石和蒙脱石，所以才表现出盐胀性

(D)含盐量相同时硫酸盐渍土的盐胀性较氯盐渍土强

60.滑坡稳定性计算常用的方法有瑞典圆弧法、瑞典条分法、毕肖甫法及简布法，下列关于这些方法的论述中，(　　)是正确的。

(A)瑞典圆弧法仅适用于 $\varphi=0$ 的均质黏性土坡

(B)简布法仅适用于圆弧滑动面的稳定性计算

(C)毕肖甫法和简布法计算的稳定系数比较接近

(D)瑞典条分法不仅满足滑动土体整体力矩平衡条件，也满足条块间的静力平衡条件

61.下列关于红黏土特征的表述中，(　　)是正确的。

(A)红黏土失水后易出现裂隙

(B)红黏土具有与膨胀土一样的胀缩性

(C)红黏土往往有上硬下软的现象

(D)红黏土为高塑性的黏土

62.下列关于湿陷起始压力的叙述中，(　　)是正确的。

(A)室内试验确定的湿陷起始压力就是湿陷系数为0.015时所对应的试验压力

(B)在室内采用单线法压缩试验测定湿陷起始压力时，应不少于5个环刀试样

(C)对于自重湿陷性黄土，土样的湿陷起始压力肯定大于其上覆土层的饱和自重压力

(D)对于非自重湿陷性黄土，土样的湿陷起始压力肯定小于其上覆土层的饱和自重压力

63.关于人工长期降低岩溶地下水位引起的岩溶地区地表塌陷，下列(　　)说法是正确的。

(A)塌陷多分布在土层较厚，且土颗粒较细的地段

(B)塌陷多分布在溶蚀洼地等地形低洼处

(C)塌陷多分布在河床两侧

(D)塌陷多分布在断裂带及褶皱轴部

64.下列关于建筑场地污染土勘察的叙述中，(　　)是正确的。

(A)勘探点布置时近污染源处宜密，远污染源处宜疏

(B)确定污染土和非污染土界限时，取土间距不宜大于1 m

(C)同一钻孔内采取不同深度的地下水样时，应采取严格的隔离措施

(D)根据污染土的颜色、状态、气味可确定污染对土的工程特性的影响程度

65.根据《注册土木工程师(岩土)执业及管理工作暂行规定》，下列(　　)说法是正确的。

(A)自2009年9月1日起，凡《工程勘察资质标准》规定的甲级、乙级岩土工程项目，统一实施注册土木工程师(岩土)执业制度

(B)注册土木工程师(岩土)可在规定的执业范围内，以注册土木工程师(岩土)的名义从事岩土工程及相关业务

(C)自2012年9月1日起，甲、乙级岩土工程的项目负责人须由本单位聘用的注册土木工程师(岩土)承担

(D)《工程勘察资质标准》规定的丙级岩土工程项目不实施注册土木工程师(岩土)执业制度

66.下列(　　)行为违反了《建设工程质量检测管理办法》相关规定。

(A)委托未取得相应资质的检测机构进行检测的

(B)明示或暗示检测机构出具虚假检测报告,篡改或伪造检测报告的

(C)未按规定在检测报告上签字盖章的

(D)送检试样弄虚作假的

67. 根据《建设工程安全生产管理条例》,施工单位的(　　)人员应当经建设行政主管部门或者其他有关部门考核合格后方可任职。

(A)现场一般作业人员　　(B)专职安全生产管理人员

(C)项目负责人　　(D)单位主要负责人

68. 下列关于开标的说法,(　　)是正确的。

(A)在投标截止日期后,按规定时间、地点,由招标人主持开标会议

(B)招标人在招标文件要求提交投标文件的截止时间前收到的所有投标文件,开标时都应当当众予以拆封、宣读

(C)邀请所有投标人到场后方可开标

(D)开标过程应当记录,并存档备查

69. 根据《建筑法》,建筑工程实行质量保修制度。下列(　　)属于保修范围。

(A)地基基础工程　　(B)主体结构工程

(C)园林绿化工程　　(D)供热、供冷工程

70.《建设工程勘察设计管理条例》规定,建设工程勘察、设计单位不得将所承揽的建设工程勘察、设计转包。承包方下列(　　)行为属于转包。

(A)承包方将承包的全部建设工程勘察、设计再转给其他具有相应资质等级的建设工程勘察、设计单位

(B)承包方将承包的建设工程主体部分的勘察、设计转给其他具有相应资质等级的建设工程勘察、设计单位

(C)承包方将承包的全部建设工程勘察、设计肢解以后以分包的名义分别转给其他具有相应资质等级的建设工程勘察、设计单位

(D)承包方经发包方书面同意后,将建设工程主体部分勘察、设计以外的其他部分转给其他具有相应资质等级的建设工程勘察、设计单位

专业案例(上午卷)

1. 某多层框架建筑位于河流阶地上,采用独立基础,基础埋深为 2.0 m,基础平面尺寸 2.5 m×3.0 m,基础下影响深度范围内地基土均为粉砂,在基底标高进行平板载荷试验,采用 0.3 m×0.3 m 的方形载荷板,各级试验荷载下的沉降数据见下表。

题 1 表

荷载 p/kPa	40	80	120	160	200	240	280	320
沉降量 s/mm	0.9	1.8	2.7	3.6	4.5	5.6	6.9	9.2

实际基础下的基床系数最接近(　　)。

(A)13 938 kN/m³　　(B)27 484 kN/m³　　(C)44 444 kN/m³　　(D)89 640 kN/m³

2. 某场地冲积砂层内需测定地下水的流向和流速,呈等边三角形布置 3 个钻孔(题 2 图),钻孔孔距为 60.0 m,测得 A、B、C 三孔的地下水位标高分别为 28.0 m、24.0 m、24.0 m,地层

的渗透系数为 1.8×10^{-3} cm/s，则地下水的流速接近（　　）。

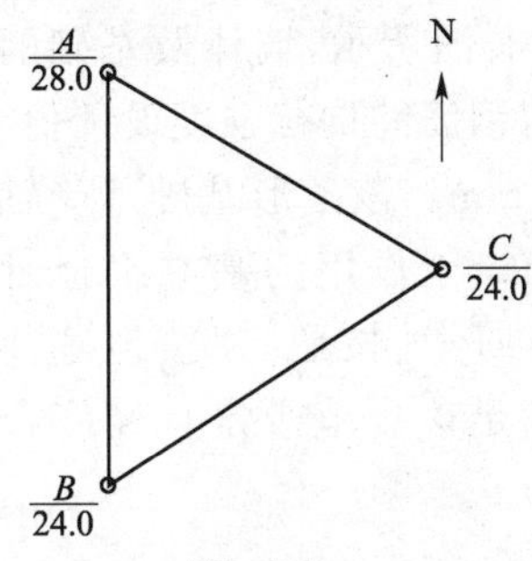

题 2 图

(A) 1.2×10^{-4} cm/s　(B) 1.4×10^{-4} cm/s　(C) 1.6×10^{-4} cm/s　(D) 1.8×10^{-4} cm/s

3. 某正常固结饱和黏性土试样进行不固结不排水试验得：$\varphi_u=0$，$c_u=25$ kPa。对同样的土进行固结不排水试验，得到有效抗剪强度指标为：$c'=0$，$\varphi'=30°$。该试样在固结不排水条件下剪切破坏时的有效大主应力和有效小主应力为（　　）。

(A) $\sigma'_1=50$ kPa，$\sigma'_3=20$ kPa　(B) $\sigma'_1=50$ kPa，$\sigma'_3=25$ kPa

(C) $\sigma'_1=75$ kPa，$\sigma'_3=20$ kPa　(D) $\sigma'_1=75$ kPa，$\sigma'_3=25$ kPa

4. 某港口工程拟利用港池航道疏浚土进行冲填造陆，冲填区需填土方量为 10 000 m^3，疏浚土的天然含水率为 31.0%，天然重度为 18.9 kN/m^3，冲填施工完成后冲填土的含水率为 62.6%，重度为 16.4 kN/m^3，不考虑沉降和土颗粒流失，使用的疏浚土方量接近（　　）。

(A) 5 000 m^3　(B) 6 000 m^3　(C) 7 000 m^3　(D) 8 000 m^3

5. 某建筑基础为柱下独立基础，基础平面尺寸为 5 m×5 m，基础埋深 2 m，室外地面以下土层参数见下表，假定变形计算深度为卵石层顶面。计算基础中点沉降时，沉降计算深度范围内的压缩模量当量值最接近（　　）。

题 5 表

土层名称	土层层底埋深/m	重度/(kN/m^3)	压缩模量 E_s/MPa
粉质黏土	2.0	19	10
粉土	5.0	18	12
细砂	8.0	18	18
密实卵石	15.0	18	90

(A) 12.6 MPa　(B) 13.4 MPa　(C) 15.0 MPa　(D) 18.0 MPa

6. 如下图所示的双柱基础，相应于作用的标准组合时，Z_1 的柱底轴力为 1 680 kN，Z_2 的柱底轴力为 4 800 kN，假设基础底面压力线性分布，则基础底面边缘 A 的压力值最接近（　　）（基础及其上土平均重度取 20 kN/m^3）。

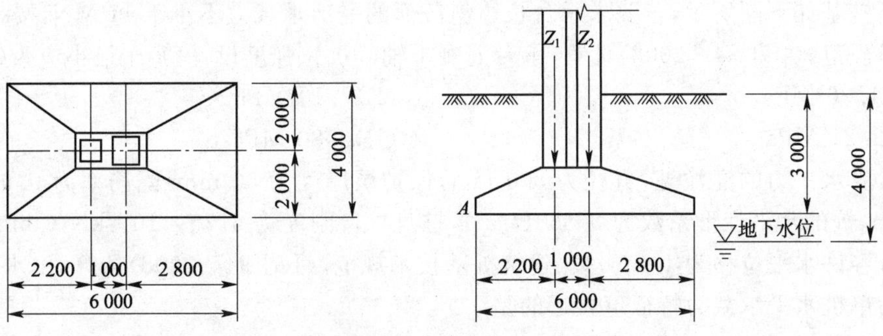

题 6 图（尺寸单位：mm）

(A)286 kPa　　(B)314 kPa　　(C)330 kPa　　(D)346 kPa

7. 某墙下钢筋混凝土条形基础如右图所示，墙体及基础的混凝土强度等级均为C30，基础受力钢筋的抗拉强度设计值 f_y 为300 N/mm²，保护层厚度为50 mm。该条形基础承受轴心荷载，假定地基反力线性分布，相应于作用的基本组合时基础底面地基净反力设计值为200 kPa。按照《建筑地基基础设计规范》(GB 50007—2011)，满足该规范规定且经济合理的受力主筋面积为(　　)。

(A)1 263 mm²/m　　(B)1 425 mm²/m

(C)1 695 mm²/m　　(D)1 520 mm²/m

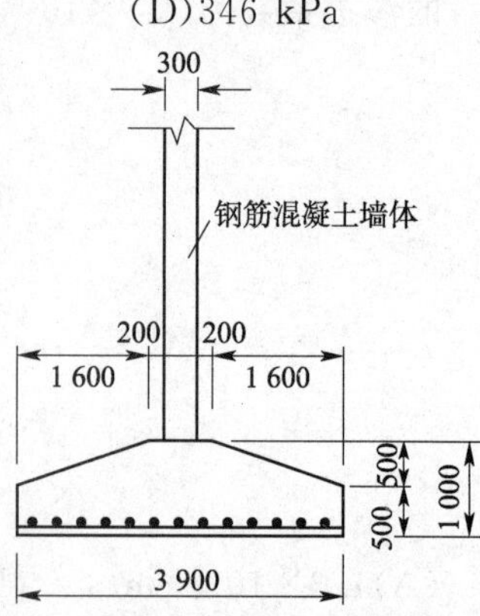

题7图（尺寸单位：mm）

8. 如下图所示某钢筋混凝土地下构筑物，结构物、基础底板及上覆土体的自重传至基底的压力值为70 kN/m²，现拟通过向下加厚结构物基础底板厚度的方法增加其抗浮稳定性及减小底板内力，忽略结构物四周土体约束对抗浮的有利作用，按照《建筑地基基础设计规范》(GB 50007—2011)，筏板厚度增加量最接近(　　)（混凝土的重度取25 kN/m³）。

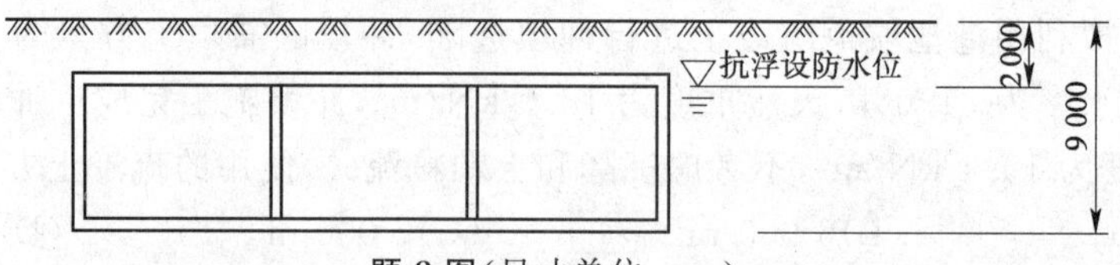

题8图（尺寸单位：mm）

(A)0.25 m　　(B)0.40 m　　(C)0.55 m　　(D)0.70 m

9. 某多层建筑，设计拟选用条形基础，天然地基，基础宽度为2.0 m，地层参数见下表，地下水位埋深10 m，原设计基础埋深2 m时，恰好满足承载力要求。因设计变更，预估荷载将增加50 kN/m，保持基础宽度不变，根据《建筑地基基础设计规范》(GB 50007—2011)，估算变更后满足承载力要求的基础埋深最接近(　　)。

题9表

层号	层底埋深/m	天然重度/(kN/m³)	土的类别
①	2.0	18	填土
②	10.0	18	粉土(黏粒含量为8%)

(A)2.3 m　　(B)2.5 m　　(C)2.7 m　　(D)3.4 m

10. 柱下桩基如下图所示，若要求承台长边斜截面的受剪承载力不小于11 MN，按《建筑桩基技术规范》(JGJ 94—2008)计算，承台混凝土轴心抗拉强度设计值 f_t 最小应为(　　)。

(A)1.96 MPa　　(B)2.10 MPa

(C)2.21 MPa　　(D)2.80 MPa

11. 某承受水平力的灌注桩，直径为800 mm，保护层厚度为50 mm，配筋率为0.65%，桩长30 m，桩的水平变形系数为0.360(l/m)，桩身抗弯刚度为6.75×10¹¹ kN·mm²，桩顶固接且容许水平位移为4 mm，按《建筑桩基技术规范》(JGJ 94—2008)估算，由水平位移控制的单桩水平承载力特征值接近的是(　　)。

(A)50 kN　　(B)100 kN　　(C)150 kN　　(D)200 kN

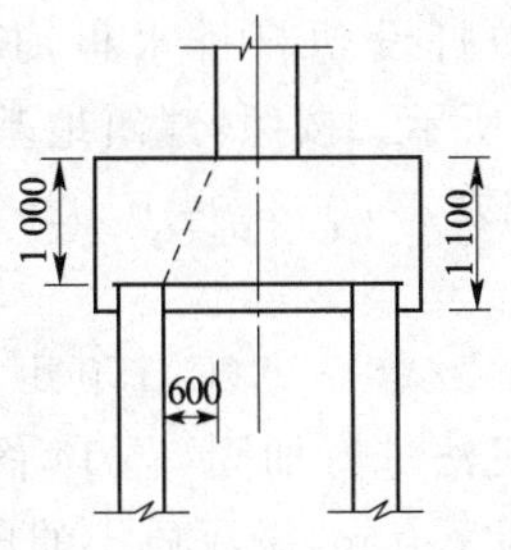

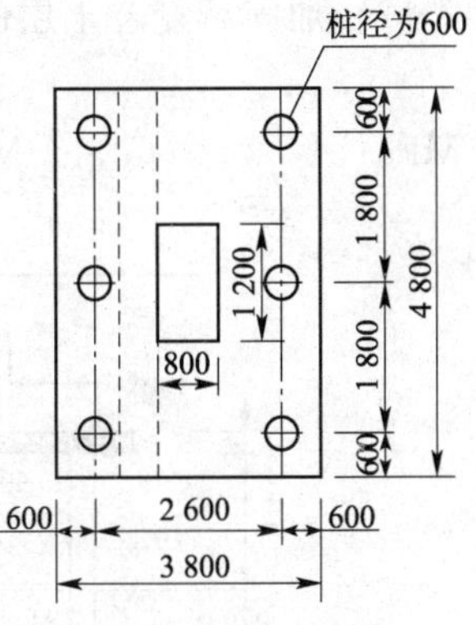

题 10 图(尺寸单位:mm)

12. 某多层住宅框架结构,采用独立基础,荷载效应准永久组合下作用于承台底的总附加荷载 $F_k=360$ kN,基础埋深 1 m,方形基础,边长为 2 m,土层分布如下图所示。为减少基础沉降,基础下疏布 4 根摩擦桩,钢筋混凝土预制方桩 0.2 m×0.2 m,桩长 10 m,根据《建筑桩基技术规范》(JGJ 94—2008),计算桩土相互作用产生的基础中心点沉降量 S_{sp} 最接近(　　)。

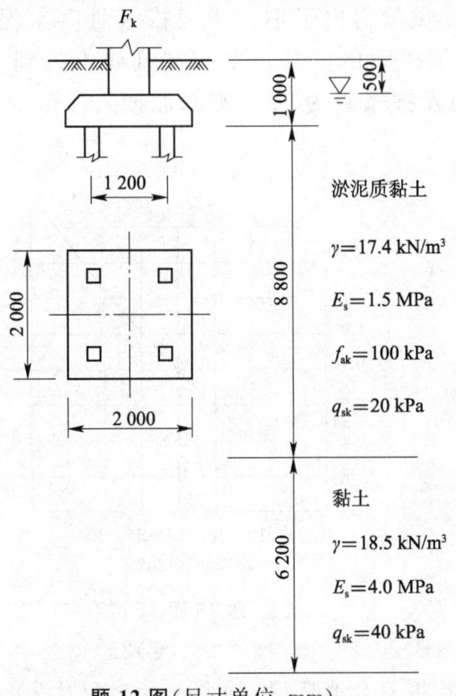

题 12 图(尺寸单位:mm)

(A)15 mm　　(B)20 mm　　(C)40 mm　　(D)54 mm

13. 拟对某淤泥土地基采用预压法加固,已知淤泥的固结系数 $C_h=C_v=2.0\times10^{-3}$ cm²/s,淤泥层厚度为 20.0 m，在淤泥层中打设塑料排水板，长度打穿淤泥层，预压荷载 $p=100$ kPa，分两级等速加载，如下图所示。按照《建筑地基处理技术规范》(JGJ 79—2012)公式计算，如果已知固结度计算参数 $\alpha=0.8$、$\beta=0.025$，则地基固结度达到 90%时预压时间为(　　)。

(A)110 d　　(B)125 d　　(C)150 d　　(D)180 d

14. 拟对某淤泥质软土地基采用石灰桩法进行加固(题 14 图)，石灰桩直径为 350 mm，间距为 900 mm，正三角形布置，桩长为 7.0 m，淤泥质土的压缩模量为 2.0 MPa，根据《建筑地基处理技术规范》(JGJ 79—2012)，加固后复合土层的压缩模量值最接近(　　)(系数取 1.2，桩土应力比取 3.0)。

(A)2.5 MPa　　(B)3.0 MPa　　(C)3.5 MPa　　(D)4.0 MPa

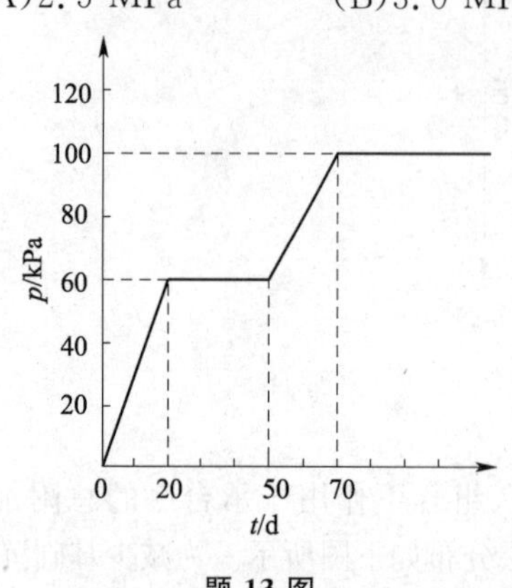

题 13 图

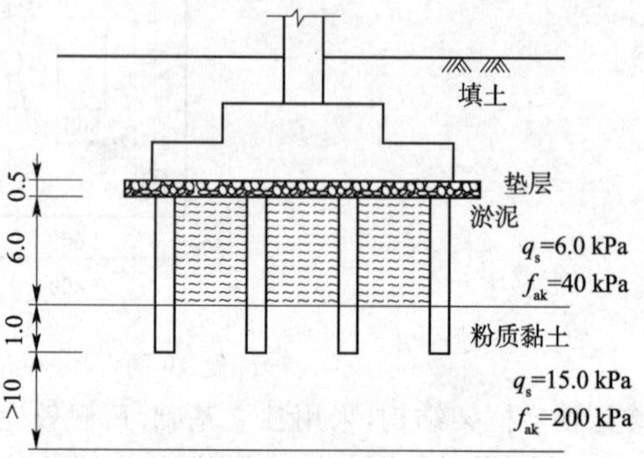

题 14 图(尺寸单位：m)

15. 某建筑场地浅层有 6.0 m 厚淤泥，设计拟采用喷浆的水泥搅拌桩法进行加固，桩径取 600 mm，室内配比试验得出了不同水泥掺入量时水泥土 90 d 龄期抗压强度值，详见下图，如果单桩承载力由桩身强度控制且要求达到 80 kN，桩身强度折减系数取 0.25，单桩承载力发挥系数为 1.0，则水泥掺入量至少应选择(　　)。

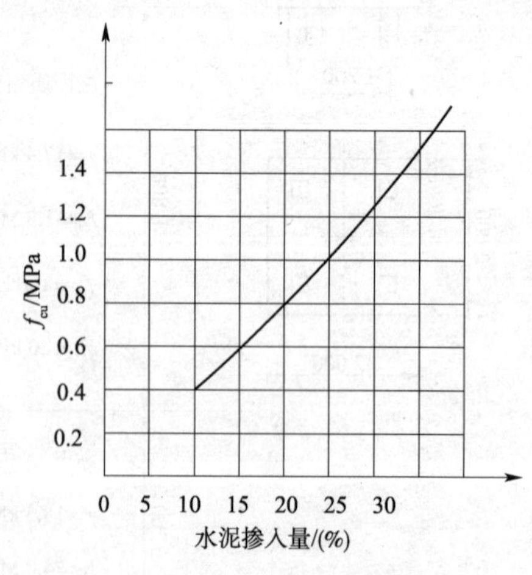

题 15 图

(A)15%　　(B)20%　　(C)25%　　(D)30%

16. 已知独立柱基水泥搅拌桩复合地基(题 14 图)，承台尺寸为 2.0 m×4.0 m，布置 8 根桩，桩直径 ϕ600 mm，桩长 7.0 m，如果桩身抗压强度取 0.96 MPa，桩身强度折减系数 0.25，桩间土和桩端土承载力发挥系数均为 0.4，不考虑深度修正，充分发挥复合地基承载，单桩承载力发挥系数为 1.0，则基础承台底最大荷载（荷载效应标准组合）最接近（　　）。

(A)475 kN　　(B)630 kN　　(C)710 kN　　(D)950 kN

17. 某安全等级为一级的土质边坡采用永久锚杆支护，锚杆倾角为 15°，锚固体直径为 260 mm，土体与锚固体黏结强度特征值为 30 kPa，锚杆水平间距为 2 m，排距为 2.2 m，其主动土压力标准值的水平分量 e_{ahk} 为 18 kPa。按照《建筑边坡工程技术规范》(GB 50330—2013)计算，以锚固体与地层间锚固破坏为控制条件，其锚固段长度宜为（　　）。

(A)1.0 m　　(B)5.0 m　　(C)8.7 m　　(D)10.0 m

18. 某带卸荷台的挡土墙，如下图所示，$H_1=2.5$ m，$H_2=3$ m，$L=0.8$ m，墙后填土的重度 $\gamma=18$ kN/m³，$c=0$，$\varphi=20°$。按朗肯土压力理论计算，挡土墙墙后 BC 段上作用的主动土压力合力最接近（　　）。

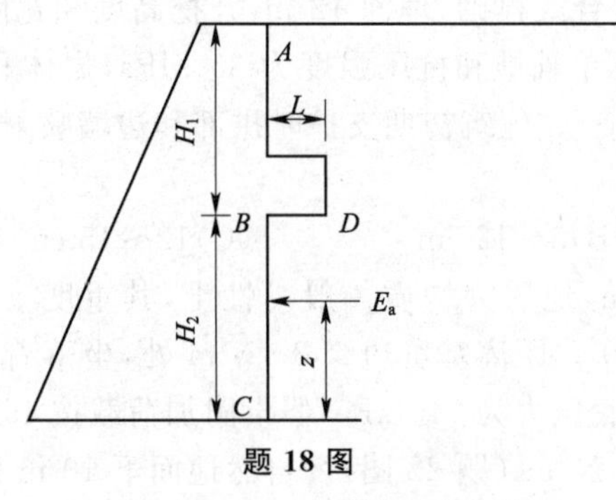

题 18 图

(A)93 kN　　(B)106 kN

(C)121 kN　　(D)134 kN

19. 如下图所示某碾压土石坝的地基为双层结构，表层土④的渗透系数 k_1 小于下层土⑤的渗透系数 k_2，表层土④厚度为 4 m，饱和重度为 19 kN/m³，孔隙率为 0.45；土石坝下游坡脚处表层土④的顶面水头为 2.5 m，该处底板水头为 5 m。安全系数取 2.0，按《碾压式土石坝设计规范》(DL/T 5395—2007)计算，下游坡脚排水盖重层②的厚度不小于（　　）（盖重层②饱和重度取 19 kN/m³）。

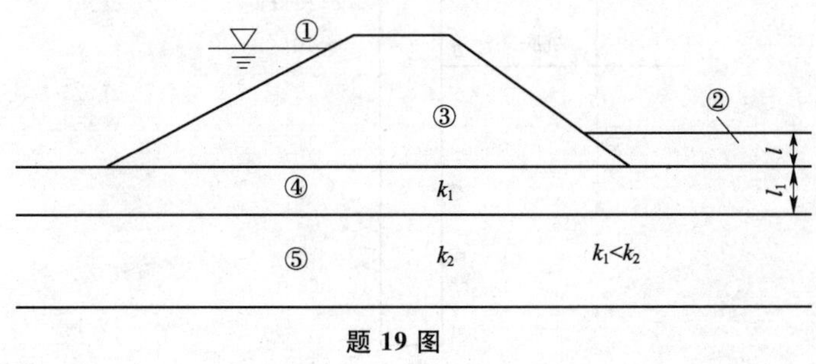

题 19 图

(A)0　　(B)0.75 m

(C)1.55 m　　(D)2.65 m

20. 某高填方路堤公路选线时发现某段路堤附近有一溶洞（题 20 图），溶洞顶板岩层厚度为 2.5 m，岩层上覆土层厚度为 3.0 m，顶板岩体内摩擦角为 40°，对一级公路安全系数取为 1.25，根据《公路路基设计规范》(JTG D30—2015)，该路堤坡脚与溶洞间的最小安全距离不小于（　　）。

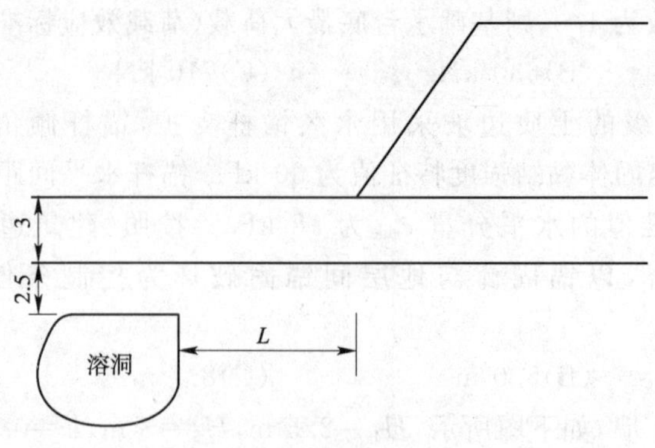

题 **20** 图(尺寸单位:m)

(A)4 m (B)5 m (C)6 m (C)7 m

21. 两车道公路隧道采用复合式衬砌,埋深 12 m,开挖高度和宽度分别为 6 m 和 5 m。围岩重度为 22 kN/m^3,岩石单轴饱和抗压强度为 35 MPa,岩体和岩石的弹性纵波速度分别为 2.8 km/s 和 4.2 km/s。施筑初期支护时拱部和边墙喷射混凝土厚度范围宜选用( )。

(A)5～8 cm (B)8～12 cm (C)12～15 cm (D)15～25 cm

22. 某基坑开挖深度为 6 m,地层为均质一般黏性土,其重度 $\gamma=18.0$ kN/m^3,黏聚力 $c=$ 20 kPa,内摩擦角 $\varphi=10°$。距离基坑边缘 3～5 m 处,坐落着一条形构筑物,其基底宽度为 2 m,埋深为 2 m,基底压力为 140 kPa,假设附加荷载按 45°应力双向扩散,基底以上土与基础平均重度为 18 kN/m^3(题 22 图)。自然地面下 10 m 处支护结构外侧的主动土压力强度标准值最接近( )。

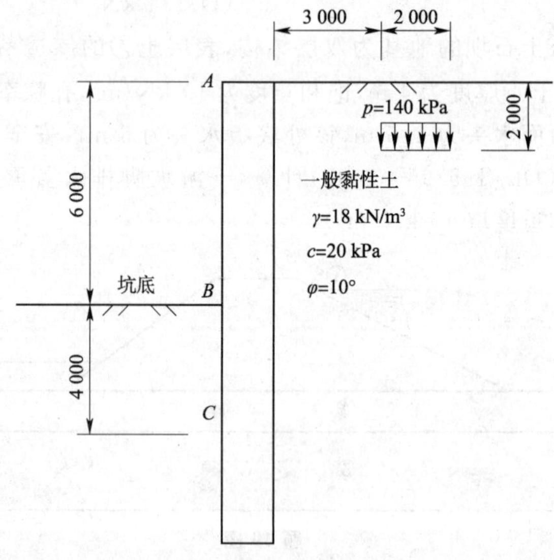

题 **22** 图(尺寸单位:mm)

(A)93 kPa (B)112 kPa (C)118 kPa (D)192 kPa

23. 某二级基坑,开挖深度 $H=5.5$ m,拟采用水泥土墙支护结构,其嵌固深度 $l_d=6.5$ m,水泥土墙体的重度为 19 kN/m^3,墙体两侧主动土压力与被动土压力强度标准值分布如下图所示(单位:kPa)。按照《建筑基坑支护技术规程》(JGJ 120—2012),计算该重力式水泥土墙满足倾覆稳定性要求的宽度,其值最接近( )。

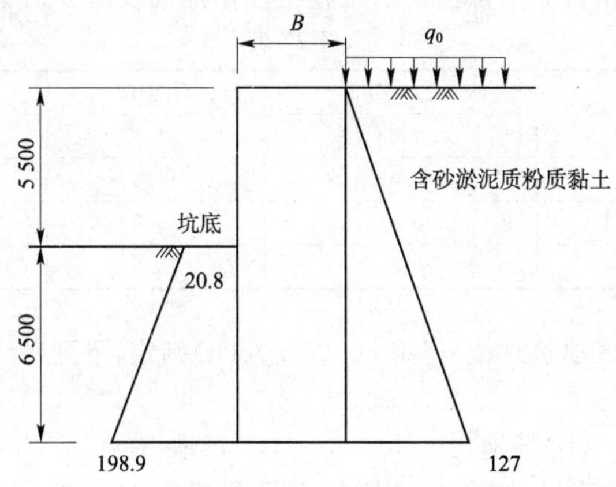

题 23 图(尺寸单位:mm)

(A)4.2 m　　(B)4.5 m　　(C)5.0 m　　(D)5.5 m

24. 西南地区某沟谷中曾遭受过稀性泥石流灾害,铁路勘察时通过调查,该泥石流中固体物质相对密度为 2.6,泥石流流体重度为 13.8 kN/m³,泥石流发生时沟谷过水断面宽为 140 m、面积为 560 m²,泥石流流面纵坡为 4.0%,粗糙系数为 4.9,计算该泥石流的流速最接近(　　)(可按公式 $v_m = \dfrac{m_m}{\alpha} R^{2/3} I^{1/2}$ 进行计算)。

(A)1.20 m/s　　(B)1.52 m/s

(C)1.83 m/s　　(D)2.45 m/s

25. 根据勘察资料,某滑坡体可分为 2 个块段(题 25 图),每个块段的重力、滑面长度、滑面倾角及滑面抗剪强度标准值分别为:$G_1 = 700$ kN/m,$L_1 = 12$ m,$\beta_1 = 30°$,$\varphi_1 = 12°$,$c_1 = 10$ kPa;$G_2 = 820$ kN/m,$L_2 = 10$ m,$\beta_2 = 10°$,$\varphi_2 = 10°$,$c_2 = 12$ kPa。采用传递系数法计算,滑坡稳定安全系数最接近(　　)。

(A)0.94　　(B)1.00　　(C)1.07　　(D)1.15

26. 岩坡顶部有一高 5 m 倒梯形危岩,下底宽 2 m,如下图所示。其后裂缝与水平向夹角为 60°,由于降雨使裂缝中充满水。如果岩石重度为 23 kN/m³,在不考虑两侧阻力及底面所受水压力的情况下,该危岩的倾覆安全系数最接近(　　)。

(A)1.5　　(B)1.7　　(C)3.0　　(D)3.5

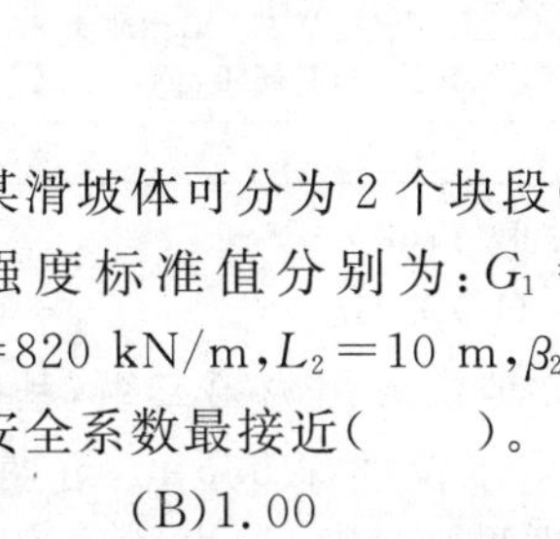

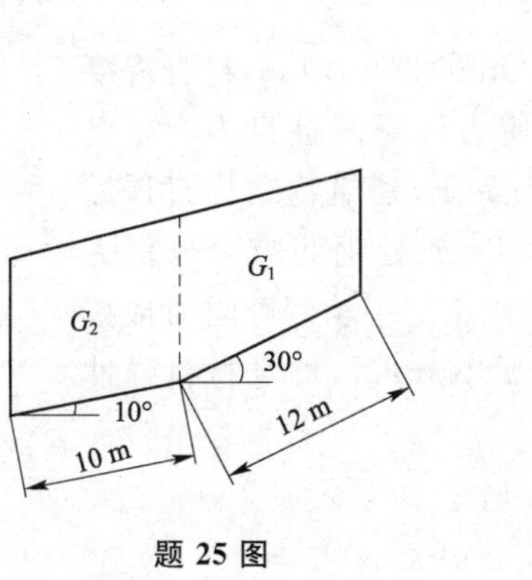

题 25 图

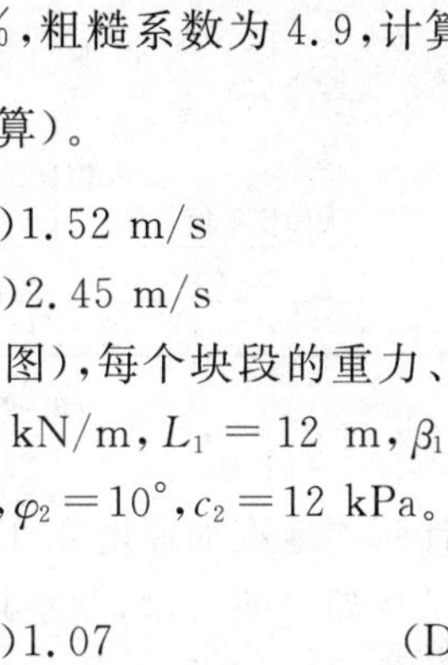

题 26 图(尺寸单位:m)

27. 有 4 个黄土场地，经试验其上部土层的工程特性指标代表值分别见下表。

题 27 表

土性指标	e	$\alpha_{50\sim150}$/MPa^{-1}	γ/(kN/m^3)	w/(%)
场地一	1.120	0.62	14.3	17.6
场地二	1.090	0.62	14.3	12.0
场地三	1.051	0.51	15.2	15.5
场地四	1.120	0.51	15.2	17.6

根据《湿陷性黄土地区建筑规范》(GB 50025—2004)判定，下列(　　)黄土场地分布有新近堆积黄土。

(A)场地一　　(B)场地二　　(C)场地三　　(D)场地四

28. 某邻近岩质边坡的建筑场地，所处地区抗震设防烈度为 8 度，设计基本地震加速度为 0.30g，设计地震分组为第一组。岩石剪切波速及有关尺寸如下图所示。建筑采用框架结构，抗震设防分类属丙类建筑，结构自振周期 T=0.40 s，阻尼比 ζ=0.05。按《建筑抗震设计规范》(GB 50011—2010)进行多遇地震作用下的截面抗震验算时，相应于结构自振周期的水平地震影响系数值最接近(　　)。

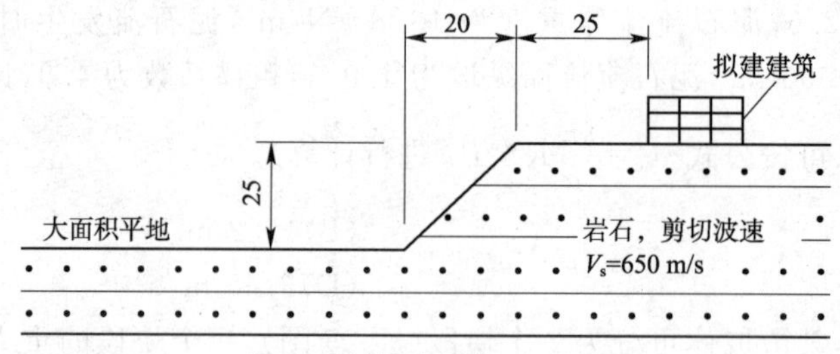

题 28 图(尺寸单位：m)

(A)0.13　　(B)0.16　　(C)0.18　　(D)0.22

29. 某建筑场地设计基本地震加速度 0.30g，设计地震分组为第二组，基础埋深小于 2 m，某钻孔揭示地层结构如下图所示；勘察期间地下水位埋深 5.5 m，近期年内最高水位埋深 4.0 m；在地面下 3.0 m 和 5.0 m 处实测标准贯入试验，锤击数均为 3 击，经初步判别认为需要对细砂土进一步进行液化判别。若标准贯入锤击数不随土的含水率变化而变化，试按《建筑抗震设计规范》(GB 50011—2010)计算该钻孔的液化指数最接近(　　)(只需判别 15 m 深度范围以内的液化)。

(A)3.9　　(B)8.2

(C)16　　(D)31.5

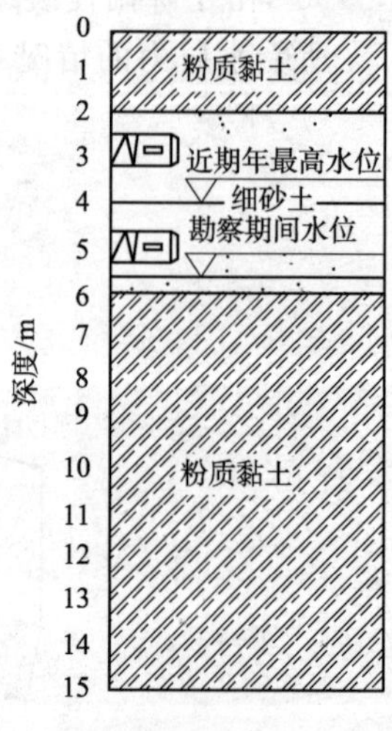

题 29 图

30. 某工程采用钻孔灌注桩基础，桩径 800 mm，桩长 40 m，桩身混凝土强度为 C30，钢筋笼上埋设钢弦式应力计量测桩身内力。已知地层深度 3～14 m 范围内为淤泥质黏土，建筑物结构封顶后进行大面积堆土造景，测得深度 3 m、14 m 处钢筋应力分别为 30 000 kPa和 37 500 kPa，此时淤泥质黏土层平均侧摩阻力最接近(　　)(钢筋弹性模量 E_s=2.0×10^5 N/mm^2，桩身材料弹性模量 E=3.0×10^4 N/mm^2)。

(A)25.0 kPa　　(B)20.5 kPa

(C)−20.5 kPa　　(D)−25.0 kPa

专业案例(下午卷)

1. 某工程勘察场地地下水位埋藏较深,基础埋深范围为砂土,取砂土样进行腐蚀性测试,其中一个土样的测试结果见下表。按Ⅱ类环境、无干湿交替考虑,此土样对基础混凝土结构腐蚀性正确的选项是(　　)。

题1表

腐蚀介质	SO_4^{2-}	Mg^{2+}	NH_4^+	OH^-	总矿化度	pH
含量	4 551 mg/kg	3 183 mg/kg	16 mg/kg	42 mg/kg	20 152 mg/kg	6.85

(A)微腐蚀　　(B)弱腐蚀　　(C)中等腐蚀　　(D)强腐蚀

2. 在某花岗岩岩体中进行钻孔压水试验,钻孔孔径为110 mm,地下水位以下试验段长度为5.0 m。资料整理显示,该压水试验 P-Q 曲线为A(层流)型,第三(最大)压力阶段压力为1.0 MPa,压入流量为7.5 L/min。该岩体的渗透系数最接近(　　)。

(A)1.4×10^{-5} cm/s　　(B)1.8×10^{-5} cm/s　　(C)2.2×10^{-5} cm/s　　(D)2.6×10^{-5} cm/s

3. 某粉质黏土土样中混有粒径大于5 mm的颗粒,占总质量的20%,对其进行轻型击实试验,干密度 ρ_d 和含水率 w 数据如下表所列,该土样的最大干密度最接近(　　)(注:粒径大于5 mm的土颗粒的饱和面干相对密度取值2.60)。

题3表

w/(%)	16.9	18.9	20.0	21.1	23.1
ρ_d/(g/cm³)	1.62	1.66	1.67	1.66	1.62

(A)1.61 g/cm³　　(B)1.67 g/cm³　　(C)1.74 g/cm³　　(D)1.80 g/cm³

4. 某岩石地基进行了8个试样的饱和单轴抗压强度试验,试验值分别为:15 MPa、13 MPa、17 MPa、13 MPa、15 MPa、12 MPa、14 MPa、15 MPa。该岩基的岩石饱和单轴抗压强度标准值最接近(　　)。

(A)12.3 MPa　　(B)13.2 MPa　　(C)14.3 MPa　　(D)15.3 MPa

5. 某正常固结的饱和黏性土层,厚度4 m,饱和重度为20 kN/m³,黏土的压缩试验结果见下表。采用在该黏性土层上直接大面积堆载的方式对该层土进行处理,经堆载处理后土层的厚度为3.9 m,估算得堆载量最接近(　　)。

题5表

P/kPa	0	20	40	60	80	100	120	140
e	0.900	0.865	0.840	0.825	0.810	0.800	0.794	0.783

(A)60 kPa　　(B)80 kPa　　(C)100 kPa　　(D)120 kPa

6. 如下图所示柱下独立基础底面尺寸为2 m×3 m,持力层为粉质黏土,重度 $\gamma=18.5$ kN/m³,$c_k=20$ kPa,$\varphi_k=16°$,基础埋深位于天然地面以下1.2 m。上部结构施工结束后进行大面积回填土,回填土厚度为1.0 m,重度 $\gamma=17.5$ kN/m³。地下水位位于基底平面处。作用的标准组合下传至基础顶面(与回填土顶面齐平)的柱荷载 $F_k=650$ kN,$M_k=70$ kN·m,按《建筑地基基础设计规范》(GB 50007—2011)计算,基底边缘最大压力 p_{max} 与持力层地基承载力特征值 f_a 的比值 K 最接近(　　)。

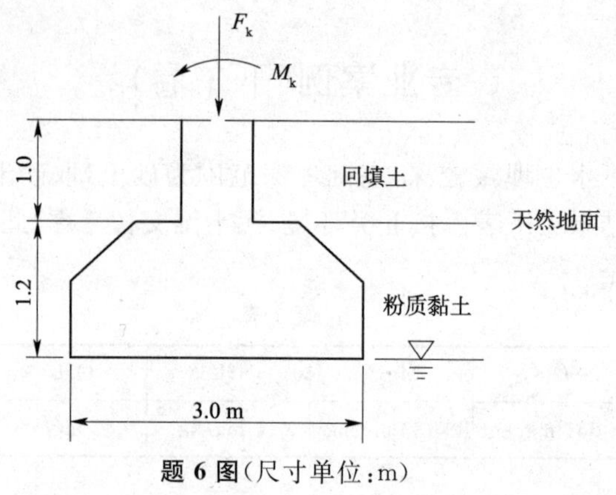

题 6 图(尺寸单位:m)

(A)0.85　　(B)1.0　　(C)1.1　　(D)1.2

7. 如下图所示,甲、乙二相邻基础,其埋深及基底平面尺寸均相同,埋深 $d=1.0$ m,底面尺寸均为 2 m×4 m,地基土为黏土,压缩模量 $E_s=3.2$ MPa。作用的准永久组合下基础底面处的附加压力分别为 $p_{0甲}=120$ kPa、$p_{0乙}=60$ kPa,沉降计算经验系数取 $\psi_s=1.0$,根据《建筑地基基础设计规范》(GB 50007—2011)计算,甲基础荷载引起的乙基础中点的附加沉降量最接近(　　)。

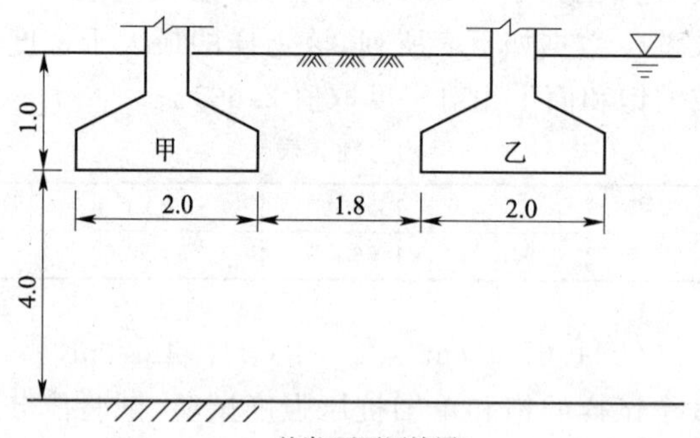

题 7 图(尺寸单位:m)

(A)1.6 mm　　(B)3.2 mm　　(C)4.8 mm　　(D)40.8 mm

8. 已知柱下独立基础底面尺寸 2.0 m×3.5 m,相应于作用效应标准组合时传至基础顶面±0.00处的竖向力和力矩分别为 $F_k=800$ kN、$M_k=50$ kN·m,基础高度 1.0 m,埋深1.5 m,如右图所示。根据《建筑地基基础设计规范》(GB 50007—2011)方法验算柱与基础交接处的截面受剪承载力时,其剪力设计值最接近(　　)。

(A)220 kN　　(B)350 kN

(C)480 kN　　(D)550 kN

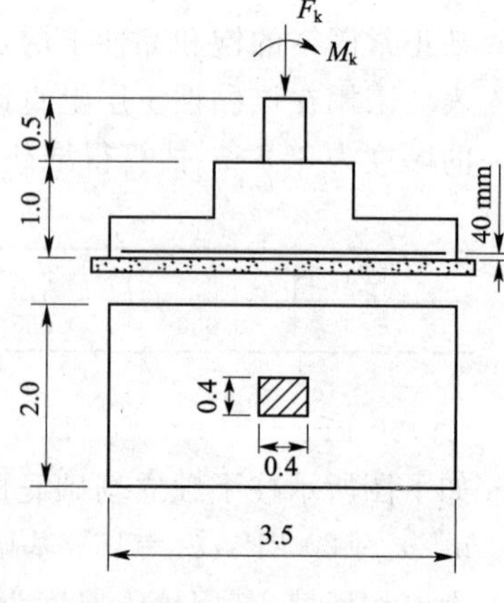

题 8 图(尺寸单位:m)

9. 某建筑位于岩石地基上,对该岩石地基的测试结果为:岩石饱和单轴抗压强度的标准值为 75 MPa,岩块弹性纵波速度为 5 100 m/s,岩体的弹性纵波速度为 4 500 m/s。该岩石地基的承载力特征值为(　　)。

(A)1.5×10^4 kPa　　(B)2.25×10^4 kPa

(C)3.75×10^4 kPa　　(D)7.50×10^4 kPa

10. 某公路桥梁河床表层分布有 8 m 厚的卵石，其下为微风化花岗岩，节理不发育，饱和单轴抗压强度标准值为 25 MPa，考虑河床岩层有冲刷，设计采用嵌岩桩基础，桩直径为 1.0 m，计算得到桩在基岩顶面处的弯矩设计值为 1 000 kN·m，则桩嵌入基岩的有效深度最小为(　　)。

(A)0.69 m　　(B)0.78 m　　(C)0.98 m　　(D)1.10 m

11. 某减沉复合疏桩基础，荷载效应标准组合下，作用于承台顶面的竖向力为 1 200 kN，承台及其上土的自重标准值为 400 kN，承台底地基承载力特征值为 80 kPa，承台面积控制系数为 0.60，承台下均匀布置 3 根摩擦型桩，基桩承台效应系数为 0.40，按《建筑桩基技术规范》(JGJ 94—2008)计算，单桩竖向承载力特征值最接近(　　)。

(A)350 kN　　(B)375 kN　　(C)390 kN　　(D)405 kN

12. 某框架柱采用 6 桩独立基础，桩基承台埋深为 2.0 m，承台面积为 3.0 m×4.0 m，采用边长 0.2 m 钢筋混凝土预制实心方桩，桩长 12 m，承台顶部标准组合下的轴心竖向力为 F_k，桩身混凝土强度等级为 C25，抗压强度设计值 f_c=11.9 MPa，箍筋间距为150 mm，根据《建筑桩基技术规范》(JGJ 94—2008)，若按桩身承载力验算，该桩基础能承受的最大竖向力 F_k 最接近(　　)(承台与其上土的重度取 20 kN/m³，上部结构荷载效应基本组合按标准组合的 1.35 倍取用)。

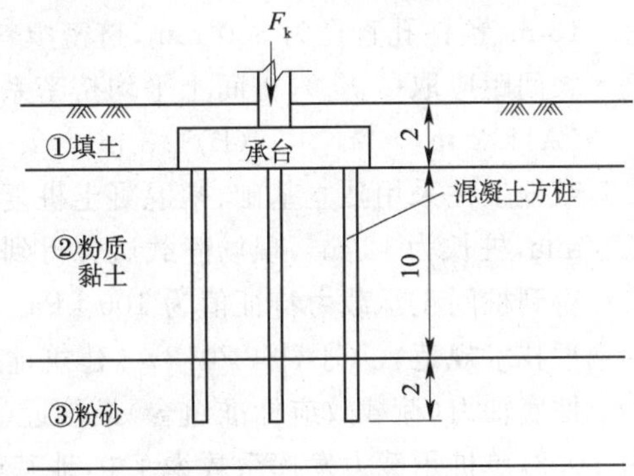

题 12 图(尺寸单位:m)

(A)1 320 kN　　(B)1 630 kN　　(C)1 950 kN　　(D)2 270 kN

13. 某承台埋深 1.5 m，承台下为钢筋混凝土预制方桩，断面为 0.3 m×0.3 m，有效桩长为 12 m，地层分布如图，地下水位于地面下 1 m。在粉细砂和中粗砂层进行了标准贯入试验，结果如下图所示。根据《建筑桩基技术规范》(JGJ 94—2008)计算单桩极限承载力最接近(　　)。

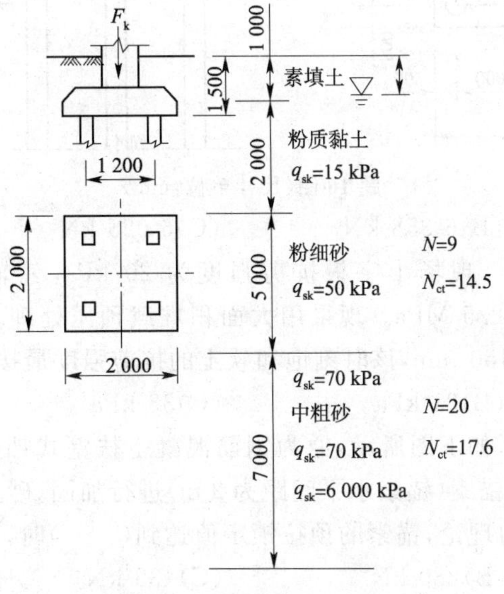

题 13 图(尺寸单位:mm)

(A)589 kN (B)789 kN

(C)1 129 kN (D)1 329 kN

14. 某建筑地基采用 CFG 桩进行地基处理，桩径为 400 mm，正方形布置，桩距为 1.5 m，CFG 桩施工完成后，进行 CFG 单桩静载试验和桩间土静载试验，试验得到：CFG 桩单桩承载力特征值为 600 kN，桩间土承载力特征值为 150 kPa。该地区的工程经验为：单桩承载力的发挥系数取 0.9，桩间土承载力的发挥系数取 0.8。该复合地基的荷载等于复合地基承载力特征值时，桩土应力比最接近（　　）。

(A)28 (B)32 (C)36 (D)40

15. 某场地湿陷性黄土厚度为 10～13 m，平均干密度为 1.24 g/cm^3，设计拟采用挤密桩法进行处理，要求处理后桩间土最大干密度达到 1.60 g/cm^3。挤密桩正三角形布置，桩长为 13 m，预钻孔直径为 300 mm，挤密填料孔直径为 600 mm。满足设计要求的灰土桩的最大间距应取（　　）（桩间土平均挤密系数取 0.93）。

(A)1.2 m (B)1.3 m (C)1.4 m (D)1.5 m

16. 某框架柱采用独立基础、素混凝土桩复合地基，基础尺寸、布桩如下图所示。桩径为 500 mm，桩长为 12 m。现场静载试验得到单桩承载力特征值为 500 kN，浅层平板载荷试验得到桩间土承载力特征值为 100 kPa。充分发挥该复合地基承载力时，依据《建筑地基处理技术规范》(JGJ 79—2012)、《建筑地基基础设计规范》(GB 50007—2011)计算，该柱的柱底轴力（荷载效应标准组合）最接近（　　）（根据地区经验桩间土承载力发挥系数 β 取 0.8，单桩承载力发挥系数为 1.0，地基土的重度取 18 kN/m^3，基础及其上土的平均重度取 20 kN/m^3）。

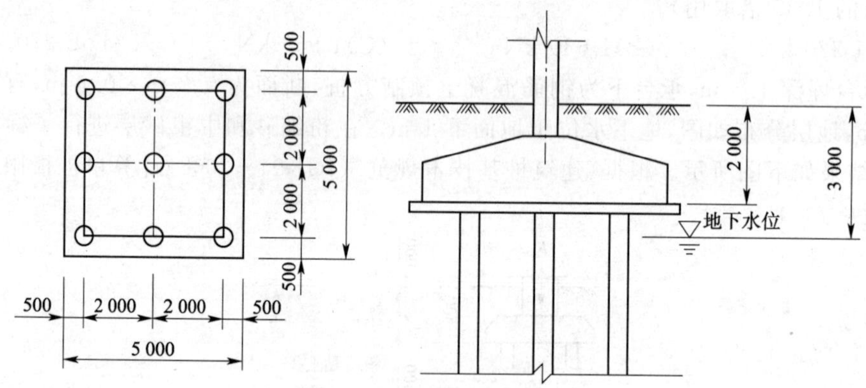

题 16 图(尺寸单位：mm)

(A)7 108 kN (B)6 358 kN (C)6 025 kN (D)5 778 kN

17. 某厚度 6 m 饱和软土，现场十字板抗剪强度为 20 kPa，三轴固结不排水试验 $c_{cu}=13$ kPa，$\varphi_{cu}=12°$，$E_s=2.5$ MPa。现采用大面积堆载预压处理，堆载压力 $p_0=100$ kPa，经过一段时间后沉降 150 mm，该时刻饱和软土的抗剪强度最接近（　　）。

(A)13 kPa (B)21 kPa (C)33 kPa (D)41 kPa

18. 某砂土边坡，高 4.5 m，如下图所示，原为钢筋混凝土扶壁式挡土结构，建成后其变形过大，再采取水平预应力锚索（锚索水平间距为 2 m）进行加固，砂土的 $\gamma=21$ kN/m^3，$c=0$，$\varphi=20°$。按朗肯土压力理论，锚索的预拉锁定值达到（　　）时，砂土将发生被动破坏。

(A)210 kN (B)280 kN (C)435 kN (D)870 kN

19. 某建筑岩质边坡如下图所示，已知软弱结构面黏聚力 $c_k=20$ kPa，内摩擦角 $\varphi_k=35°$，与

水平面夹角 $\theta=45°$，滑裂体自重 $G=2\ 000$ kN/m，作用于支护结构上每延长米的主动岩石压力合力标准值最接近(　　)。

(A)212 kN/m　　(B)252 kN/m　　(C)275 kN/m　　(D)326 kN/m

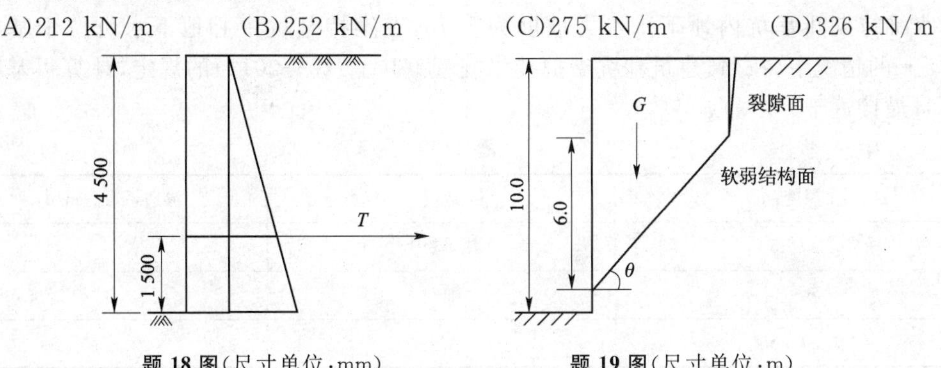

题 18 图(尺寸单位:mm)　　题 19 图(尺寸单位:m)

20. 一种粗砂的粒径大于 0.5 mm 颗粒的质量超过总质量的 50%，细粒含量小于 5%，级配曲线如下图所示。这种粗粒土按照铁路路基填料分组应属于(　　)。

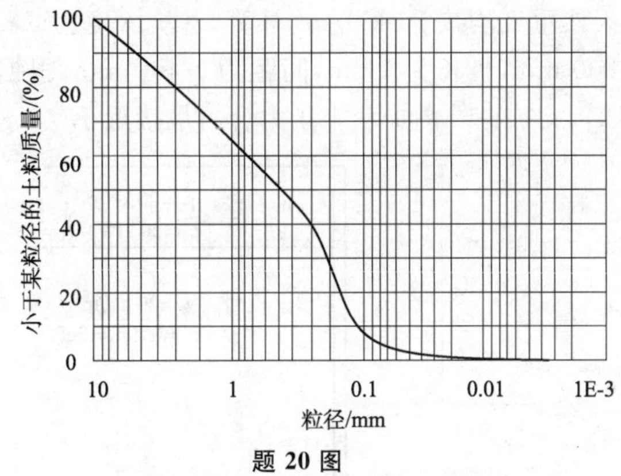

题 20 图

(A)A 组填料　　(B)B 组填料　　(C)C 组填料　　(D)D 组填料

21. 如下图所示，河堤由黏性土填筑而成，河道内侧正常水深 3.0 m，河底为粗砂层，河堤下卧两层粉质黏土层，其下为与河底相通的粗砂层，其中粉质黏土层①的饱和重度为 19.5 kN/m³，渗透系数为 2.1×10^{-5} cm/s；粉质黏土层②的饱和重度为 19.8 kN/m³，渗透系数为 3.5×10^{-5} cm/s。河内水位上涨高度 H 的最小值接近(　　)时，粉质黏土层①将发生渗透破坏。

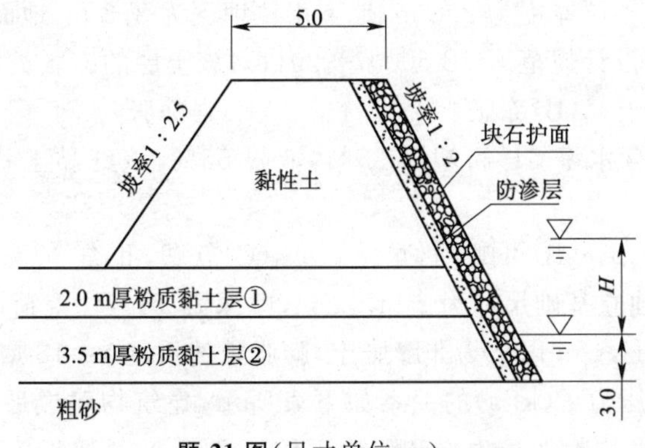

题 21 图(尺寸单位:m)

(A)4.46 m　　(B)5.83 m　　(C)6.40 m　　(D)7.83 m

2013年专业案例（下午卷）

22. 某拟建场地远离地表水体，地层情况见下表，地下水埋深为 6 m，拟开挖一长 100 m、宽 80 m 的基坑，开挖深度为 12 m。施工中在基坑周边布置井深为 22 m 的管井进行降水，降水维持期间基坑内地下水水力坡度为 1/15，在维持基坑中心地下水位位于基底下 0.5 m的情况下，按照《建筑基坑支护技术规程》(JGJ 120—2012)的规定，计算得基坑涌水量最接近于(　　)。

题 22 表

深度/m	地层	渗透系数/(m/d)
0～5	黏质粉土	
5～30	细砂	5
30～35	黏土	—

(A)2 528 m/d　　(B)3 527 m/d　　(C)2 277 m/d　　(D)2 786 m/d

23. 某基坑的土层分布情况如下图所示，黏土层厚 2 m，砂土层厚 15 m，地下水埋深为地下 20 m，砂土与黏土天然重度均按 20 kN/m³ 计算，基坑深度为 6 m，拟采用悬臂桩支护形式，支护桩桩径为 800 mm，桩长为 11 m，间距为 1 400 mm，根据《建筑基坑支护技术规程》(JGJ 120—2012)，支护桩外侧主动土压力合力最接近于(　　)。

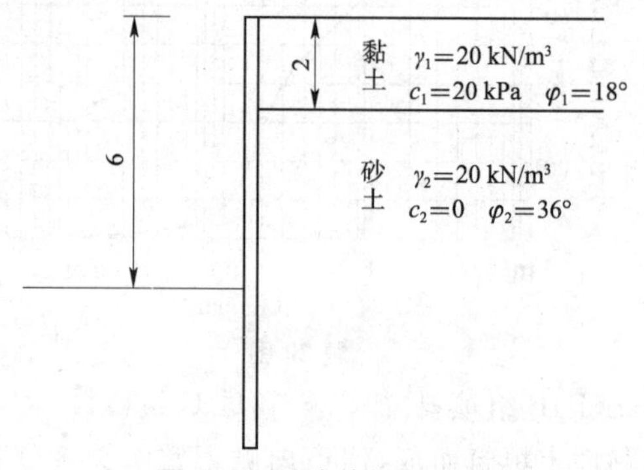

题 23 图(尺寸单位:m)

(A)248 kN　　(B)267 kN　　(C)316 kN　　(D)375 kN

24. 某季节性冻土层为黏性土，测得地表冻胀前标高为 160.67 m，土层冻前含水率为 30%，塑限为 22%，液限为 45%，其粒径小于 0.005 mm 的颗粒含量小于 60%，当最大冻深出现时，场地最大冻土层厚度为 2.8 m，地下水位埋深为 3.5 m，地面标高为 160.85 m。按照《建筑地基基础设计规范》(GB 50007—2011)，该土层的冻胀类别为(　　)。

(A)弱冻胀　　(B)冻胀　　(C)强冻胀　　(D)特强冻胀

25. 某红黏土的天然含水率 51%，塑限 35%，液限 55%，该红黏土状态及复浸水特征类别为(　　)。

(A)软塑，Ⅰ类　　(B)可塑，Ⅰ类　　(C)软塑，Ⅱ类　　(D)可塑，Ⅱ类

26. 膨胀土地基上的独立基础尺寸为 2 m×2 m，埋深为 2 m，柱上荷载为 300 kN，在地面以下 4 m 内为膨胀土，4 m 以下为非膨胀土，膨胀土的重度 $\gamma=18\ kN/m^3$，室内试验求得的膨胀率 δ_{ep}(%)与压力 P(kPa)的关系如下表所示，建筑物建成后其基底中心点下，土在平均自重压力与平均附加压力之和作用下的膨胀率 δ_{ep} 最接近(　　)(基础的重度按 20 kN/m³ 考虑)。

2013年专业案例(下午卷)

题 26 表

膨胀率 δ_{ep}/(%)	垂直压力 P/kPa
10	5
6.0	60
4.0	90
2.0	120

(A)5.3%　　(B)5.2%　　(C)3.4%　　(D)2.9%

27. 抗震设防烈度为8度地区的某高速公路特大桥,结构阻尼比为0.05,结构自振周期(T)为0.45 s;场地类型为Ⅱ类,特征周期(T_g)为0.35 s;水平向设计基本地震加速度峰值为0.3g,进行E2地震作用下的抗震设计时,按《公路工程抗震规范》(JTG B02—2013)确定竖向设计加速度反应谱最接近(　　)。

(A)0.30g　　(B)0.45g　　(C)0.89g　　(D)1.15g

28. 某水工建筑物场地地层2 m以内为黏土,2~20 m为粉砂,地下水埋深1.5 m,场地地震动峰值加速度为0.2 s。钻孔内深度3 m、8 m、12 m处实测土层剪切波速分别为180 m/s、220 m/s、260 m/s。请用计算说明地震液化初判结果最合理的是(　　)。

(A)3 m处可能液化,8 m、12 m处不液化　　(B)8 m处可能液化,3 m、12 m处不液化

(C)12 m处可能液化,3 m、8 m处不液化　　(D)3 m、8 m、12 m处均可能液化

29. 某建筑场地设计基本地震加速度0.2g,设计地震分组为第二组,土层柱状分布及实测剪切波速如下表所示,则该场地的特征周期最接近(　　)。

题 29 表

层序	岩土名称	层厚 d_i	层底深度/m	实测剪切波速 v_{si}/(m/s)
1	填土	3.0	3.0	140
2	淤泥质粉质黏土	5.0	8.0	100
3	粉质黏土	8.0	16.0	160
4	卵石	15.0	31.0	480
5	基岩	—	—	>500

(A)0.30 s　　(B)0.40 s　　(C)0.45 s　　(D)0.55 s

30. 某工程采用灌注桩基础,灌注桩桩径为800 mm,桩长为30 m,设计要求单桩竖向抗压承载力特征值为3 000 kN。已知桩间土的地基承载力特征值为200 kPa,按照《建筑基桩检测技术规范》(JGJ 106—2014),采用压重平台反力装置对工程桩进行单桩竖向抗压承载力检测时,若压重平台的支座只能设置在桩间土上,则支座底面积不宜小于(　　)。

(A)20 m²　　(B)24 m²　　(C)30 m²　　(D)36 m²

2013年全国注册岩土工程师专业考试试卷参考答案(新解)

专业知识(上午卷)答案

一、单项选择题

1.(D)　完整井是井揭露含水层的全部厚度,全部范围内进水,稳定流是流量和水位降深在抽水过程中保持相对稳定,详见培训教材抽水试验介绍

2.(B)　贯入过程中必然有热量产生,其对测温结果亦有较大影响,故需静止一定时间去除贯入热量对测试结果的影响

3.(B)　钻孔、竖井反映某一位置从地表到地下土层的性质、分布等情况,平洞反映地下某一深度的线性构造,只有槽探反映地表线性地质构造,见《工程地质手册》(第四版)第108页

4.(A)　《岩土工程勘察规范》(GB 50021—2001)(2009年版)第7.2.5条

5.(D)　压缩指数就是压力大于前期固结压力后,e-lg$p$曲线末端的直线段斜率,见《工程地质手册》(第四版)第144页

6.(C)　《水运工程岩土勘察规范》(JTS 133—2013)第5.2.7条

7.(D)　《岩土工程勘察规范》(GB 50021—2001)(2009年版)第9.4.5条

8.(A)　在所给的四种波中只有纵波可以在水中传递

9.(D)　慢剪是先在法向压力后达到完全固结,一般固结时间根据渗透性不同,3～16 h之后施以慢速剪切,每次剪切历时一般在1～4 h

10.(A)　《公路工程地质勘察规范》(JTG C20—2011)第7.2.9条

11.(C)　《建筑工程地质勘探与取样技术规程》(JGJ/T 87—2012)第5.2.2条

12.(D)　《水利水电工程地质勘察规范》(GB 50487—2008)附录G

13.(B)　可塑状态的黏性土,可容易捏塑成各种形状,并能保持一定时间,详见《建筑工程地质勘探与取样技术规程》(JGJ/T 87—2012)附录G.0.2表

14.(C)　《建筑地基基础设计规范》(GB 50007—2011)第3.0.5条

15.(C)　《建筑地基基础设计规范》(GB 50007—2011)第3.0.5条

16.(D)　《工程结构可靠性设计统一标准》(GB 50153—2008)附录C

17.(C)　据《建筑地基处理技术规范》(JGJ 79—2012)第7.1.5条第3款,单桩竖向承载力特征值:$R_a = u_p \sum_{i=1}^{n} q_{si} l_{pi} + \alpha_p q_p A_p$,可知,被加固土的强度越高,侧摩阻力$q_{si}$越大,承载力越高,桩端土的承载力越高,桩的承载力越高。同时据第7.3.1条条文说明,第7.3.3条第3款,$R_a = \eta f_{cu} A_p$,掺入的水泥量越多,则水泥土的强度越高,单桩承载力越高

18.(D)　据《建筑地基处理技术规范》(JGJ 79—2012)第5.2.31条、第5.3.14条,(D)选项施工顺序合理

19.(B)　减小软土地基工后沉降最有效的方法是增加搅拌桩的长度。此题在历年考试中已出现多次

20.(C)　据《建筑地基处理技术规范》(JGJ 79—2012)第6.3.3条第1款,(D)选项正确。据第6.3.3条第4款,(C)选项错误。据第6.3.3条第6款,(B)选项正确。据第6.3.10条,

(A)选项正确

21.(B)　据《建筑地基处理技术规范》(JGJ 79—2012)第 7.1.5 条及条文说明可知，复合地基中增强体单桩承载力发挥和桩间土承载力发挥与桩、土相对刚度有关，在相同褥垫层厚度的条件下，相对刚度差值越大，其承载力差值越大，桩土应力比越大。CFG 桩桩体材料为水泥、碎石、砂子等，水泥土搅拌桩材料为土、水泥，而碎石桩桩体材料为散粒体，其强度要远低于有黏结强度桩体，因此，对桩体刚度，CFG 桩＞水泥搅拌桩＞碎石桩；对桩土应力，CFG 桩＞水泥搅拌桩＞碎石桩

22.(C)　此题属于理解题。一般情况下，松散的饱和砂土易发生液化，而密实砂土一般不会发生液化。对于此题，关键是看地基处理方法是否可以增加砂土的相对密度，强夯法、柱锤冲扩桩法、振冲法处理地基时都可以使场地土密实，从而使得原来可能液化的砂土变成非液化砂土。而水泥土搅拌桩在施工时不会对桩周土起到密实作用。故(C)选项不适用于处理可液化地基

23.(A)　对于本题，加深基础、增加筏板厚度虽可以减小沉降，由于主体工程已完成，故对本题不适合。而换填垫层法适用于拟建建筑物地基处理，对本题树根桩法适用于已建建筑物地基加固

24.(D)　据《建筑地基处理技术规范》(JGJ 79—2012)第 4.2.1 条第 7 款条文说明，土工合成材料加筋垫层可提高土的抗剪强度，但不会影响土体抗震强度指标

25.(A)　《铁路隧道设计规范》(TB 10003—2005)第 6.0.2 条

26.(D)　《公路隧道设计规范》(JTG D70—2004)第 8.4.1 条、第 8.4.2 条、第 9.2.5 条、第 9.2.8 条

27.(A)　《建筑基坑支护技术规程》(JGJ 120—2012)第 3.4.2 条、第 6.1.1 条、第 6.1.2 条

28.(A)　嵌岩地下连续墙外加接头位置处的深层搅拌桩截水效果较好，再结合坑内降水即可，不需要再设置旋喷桩封底，因为地下连续墙已经潜入岩内

29.(B)　《建筑基坑支护技术规程》(JGJ 120—2012)第 4.1.10 条

30.(D)　《建筑基坑支护技术规程》(JGJ 120—2012)第 8.1.2 条、第 8.1.7 条及《全国注册岩土工程师专业考试培训教材》中基坑工程基本理论

31.(D)　《建筑基坑支护技术规程》(JGJ 120—2012)第 4.2.4 条、第 4.2.5 条

32.(D)　据《建筑抗震设计规范》(GB 50011—2010)第 5.1.4 条，特征周期与场地类别和地震动分组有关

33.(C)　据《建筑抗震设计规范》(GB 50011—2010)第 4.1.4 条，题中密实状熔结凝灰岩为火山岩硬夹层，应视为刚体，其厚度应从覆盖土层中扣除，部分钻孔发现花岗岩滚石，应视同周围土层，因此，覆盖层底面深度为 30 m，其厚度应为 30－5＝25 (m)

34.(B)　据《公路工程抗震规范》(JTG B02—2013)第 4.3.2 条，由题意可知，$d_u=7.0$ m，$d_w=5.0$ m，$d_b=2.0$ m，$d_0=8.0$ m

$d_u=7.0\ \text{m}<d_0+d_b-2\ \text{m}=8\ \text{m}$

$d_w=5.0\ \text{m}<d_0+d_b-3\ \text{m}=7\ \text{m}$

$d_u+d_w=12\ \text{m}>1.5d_0+2d_b-4.5\ \text{m}=11.5\ \text{m}$

可知，可不考虑该砂土层的液化影响。(B)选项正确

35.(D)　据《建筑抗震设计规范》(GB 50011—2010)第 1.0.1 条及条文说明、第 1.0.5 条及条文说明。一般情况下，建筑的抗震设防烈度采用地震动参数区划图确定的地震基本烈度，在一定条件下，可采用经国家有关主管部门规定的权限批准发布的供设计采用的抗震设

防区划的地震动参数。因此,(D)选项错误

36.(D)　据《建筑抗震设计规范》(GB 50011—2010)第4.3.6条、第4.3.7条。地基液化等级为中等,建筑抗震设防类别为乙类,应采取全部消除液化措施或部分消除液化沉陷且对基础和上部结构处理,(A)选项为全部消除液化沉陷,故正确,(D)选项为部分消除地基液化沉陷的措施,且没有对基础和上部结构处理措施,故错误。(B)、(C)两项均符合规范要求

37.(C)　据《建筑抗震设计规范》(GB 50011—2010)第3.2节及条文说明。场地土对地震动具有滤波和放大作用,在大震级、远震中距情况下,由于地震波传播过程中场地土的滤波作用,其长周期较为显著,而高层建筑自振周期较长,因此,柔性建筑震害较重。同理,软土地基上的柔性结构易遭到破坏,刚性结构表现较好,坚硬场地上的柔性结构表现较好(刚性结构表现无规律可循)

38.(D)　《建筑基桩检测技术规范》(JGJ 106—2014)第6.3.2条

39.(A)　《建筑基桩检测技术规范》(JGJ 106—2014)第9.4.2条

40.(A)　根据资料完整的混凝土声波速度一般在4 000～5 000 m/s,而完整的C25的低应变测得波速为3 300～3 800 m/s

二、多项选择题

41.(A)、(B)　《建筑工程地质勘探与取样技术规程》(JGJ/T 87—2012)第13.02条、第13.04条

42.(A)、(C)　《建筑工程地质勘探与取样技术规程》(JGJ/T 87—2012)表5.3.1条、第5.4.2条、第5.4.4条

43.(B)、(C)　据培训教材该系列试验方法可测成果介绍

44.(A)、(C)　地下水按埋藏条件可分为包气带水、潜水、承压水。承压水是指加在两隔水层之间的具有承压性质的重力水,承压水的补给区、承压区和排泄去有较严格区分,承压水量随季节波动小。详见《全国注册岩土工程师专业考试培训教材》P1-404

45.(A)、(C)、(D)　《建筑工程地质勘探与取样技术规程》(JGJ/T 87—2012)第6.3.3条、第6.4节

46.(A)、(D)　《水利水电工程地质勘察规范》(GB 50487—2008)附录E

47.(A)、(C)　《建筑地基基础设计规范》(GB 50007—2011)第5.3.4条

48.(A)、(C)　《建筑地基基础设计规范》(GB 50007—2011)第5.2.1条、第5.5.6条、第5.8.2条、第5.8.8条

49.(A)、(C)　《建筑地基基础设计规范》(GB 50007—2011)第3.0.5条

50.(A)、(B)、(D)　据《建筑地基处理技术规范》(JGJ 79—2012)第5.2.8条条文说明,对涂抹区的渗透系数,由于土被扰动的程度不同,越靠近竖井,k_s越小,(A)选项正确。据第5.2.8条条文说明,竖井采用挤土方式施工时,由于井壁涂抹及对周围土的扰动而使土的渗透系数降低,故(C)选项错误。据第5.1.7条可知,(D)选项正确。据土力学相关知识,在实际工程中当软土层较厚且存在竖向排水体时,可略去竖向排水固结部分而仅计算径向排水平均固结度,故(B)选项正确

51.(A)、(D)　由于要求处理后的地基承载力大于80 kPa,故真空预压法不适用,一般情况下,砂石桩也不适用于淤泥质土层,对本题,搅拌桩法及素混凝土桩复合地基法适合

52.(A)、(B)、(C)　据《建筑地基处理技术规范》(JGJ 79—2012)第4.2.2条,不同的换填材料其压力扩散角不同,故(A)选项正确。由第4.2.7条,地基变形由垫层本身变形和下卧层变形组成,因此换填垫层的压实系数及下卧软土的力学性质会影响地基的最终变形量,故

(B)、(C)选项正确

53.(A)、(B)　据《岩土工程勘察规范》(GB 50021—2001)(2009 版)第 10.6.1 条，十字板剪切试验适用于测定饱和软黏土不排水抗剪强度及灵敏度，故(C)错误。据第 10.10.5 条，面波试验用于测定岩土小应变的动弹性模量、动剪切模量和动泊松比，故(D)选项错误。据第 10.2.1 条、第 10.3.4 条可知，静载试验、静力触探试验可以用来测定地基土的承载力

54.(A)、(C)　据《建筑地基处理技术规范》(JGJ 79—2012)第 3.0.5 条，(A)选项正确、(B)选项错误。据第 7.1.3 条可知，(C)选项正确。据《建筑地基基础设计规范》(GB 50007—2011)第 10.3.8 条，(D)选项错误

55.(A)、(B)、(C)　据《建筑地基处理技术规范》(JGJ 79—2012)第 5.2.29 条条文说明，(B)、(C)选项是正确的。据第 5.2.12 条，地基土次固结变形大小和土的性质有关，泥炭土、有机质土或高塑性黏土层次固结变形显著，而与排水条件无关，故(D)选项错误

56.(A)、(B)、(D)　据《建筑地基处理技术规范》(JGJ 79—2012)第 2.1.2 条，(A)选项正确，由第 7.1.5 条，(B)选项正确。对于深厚软黏土地基，有效减少沉降的方法应是增加桩长，故(C)选项不准确。由第 7.3.3 条第 1 款，(D)选项正确

57.(A)、(B)、(C)　《公路隧道设计规范》(JTG D70—2004)第 14.2 节

58.(B)、(C)、(D)　《铁路隧道设计规范》(TB 10003—2005)第 3.4.2 条、第 13.2.3 条、第 13.3.3 条

59.(A)、(B)　《铁路隧道设计规范》(TB 10003—2005)第 7.2.8 条

60.(B)、(D)　《建筑基坑支护技术规程》(JGJ 120—2012)第 3.1 节

61.(A)、(D)　《建筑基坑支护技术规程》(JGJ 120—2012)第 4.1 节

62.(A)、(B)、(D)　《膨胀土地区建筑技术规范》(GB 50112—2013)第 5.2.7 条、附录 C

63.(A)、(D)　据《建筑抗震设计规范》(GB 50011—2010)第 4.1.4 条。本题属理解题，需对相关抗震理论有所掌握。场地类别划分依据场地覆盖层厚度和场地土平均剪切波速确定，故(B)选项错误。一般情况下，覆盖层厚度从天然地面起算，当存在深挖方和高填方地基时，应注意深挖高填对覆盖层厚度的影响

64.(C)、(D)　据《建筑抗震设计规范》(GB 50011—2010)第 4.3.3 条。由题意可知，$d_b=2.0\ \mathrm{m}$，$d_0=7.0\ \mathrm{m}$

$$d_u>d_0+d_b-2\ \mathrm{m}=7\ \mathrm{m}$$

$$d_w>d_0+d_b-3\ \mathrm{m}=6\ \mathrm{m}$$

$$d_u+d_w>1.5d_0+2d_b-4.5\ \mathrm{m}=11.5\ \mathrm{m}$$

对Ⅰ区、Ⅱ区，3 个公式均不满足，需考虑液化影响。对Ⅲ区，第 3 式满足要求，可不考虑液化影响。对Ⅳ区，第 2 式满足要求，可不考虑液化影响

65.(A)、(B)　据《建筑抗震设计规范》(GB 50011—2010)第 5.1.4 条、第 5.1.5 条，(A)、(B)选项正确，由第 3.2 节条文说明可知，设计地震分组考虑的是震源机制、震级大小和震中距的远近，故(C)选项错误。地基土的阻尼比一定程度上可以反映土的软硬，但场地类别除反映场地软硬(以剪切波速考虑)外，还需考虑覆盖层厚度，故(D)选项错误

66.(A)、(C)　据《建筑抗震设计规范》(GB 50011—2010)第 4.1.7 条，由表 4.1.7 可知，(A)、(C)、(D)三项均不满足要求，但在避让距离的范围内，对于低于三层的丙丁类建筑可提高一度采取抗震措施，并提高基础和上部结构的整体性，因此(D)选项满足抗震要求。此题应注意特殊情况，看规范应仔细

67.(B)、(C)、(D)　据《建筑抗震设计规范》(GB 50011—2010)第 4.3.3 条，由第 2 款可

知,(A)选项正确;由第3款可知,地下水位深度采用的是设计基准期内年平均最高水位或近期内最高水位,故(D)选项错误。由第4.3.4条,桩基础属深基础,因此液化判别深度应为20 m,(B)选项错误,液化判别采用的标准贯入锤击数是未经杆长修正,(C)选项错误

68.(A)、(C)　据《水工建筑物抗震设计规范》(DL 5073—2000)第1.0.6条,由第1款可知(A)选项正确,由第2款可知(B)选项错误,由第5款可知,(C)选项正确,(D)选项错误

69.(A)、(B)　《建筑基桩检测技术规范》(JGJ 106—2014)第3.2.5条

70.(A)、(C)　《建筑基桩检测技术规范》(JGJ 106—2014)第10.4节

专业知识(下午卷)答案

一、单项选择题

1.(C)　由于钢板较薄,可视为柔性基础,上部为均布荷载,基底压力亦为均布

2.(B)　整体倾斜为(0.09−0.04)/20=0.002 5

3.(A)　据《建筑地基基础设计规范》(GB 50007—2011)第8.4.2条要求,$e<0.1W/A=0.25$ (m)

4.(C)　基底附加压力 P_0 为基底压力减去基底位置处的天然土体的自重应力

5.(C)　柱下条形基础的翼板应按照其横向弯矩值控制设计

6.(C)　据《铁路路基设计规范》(TB 10001—2005)第3.0.2条

$20+1+0.5+0.2+0.5=22.2$ (m)

7.(D)　据《建筑桩基技术规范》(JGJ 94—2008)第3.3.3条,饱和软黏土中闭口管桩挤土桩

8.(B)　《建筑桩基技术规范》(JGJ 94—2008)第3.1.1条

9.(C)　《铁路桥涵地基和基础设计规范》(TB 10002.5—2005)第7.2.2条

10.(D)　《建筑桩基技术规范》(JGJ 94—2008)第7.4.9条

11.(D)　据培训教材基础工程中负摩阻力知识点

12.(B)　《铁路桥涵地基和基础设计规范》(TB 10002.5—2005)第7.2.1条

13.(A)　《建筑桩基技术规范》(JGJ 94—2008)第5.4节

14.(A)　《建筑桩基技术规范》(JGJ 94—2008)第5.8.10条

15.(B)　《碾压式土石坝设计规范》(DL/T 5395—2007)第6.1.4条

16.(B)　B 点与 b 点位于同一条等势线上

17.(A)　侧向上有向临空方向的变形,边坡岩体作用在支护结构的力为主动土压力

18.(B)　《铁路路基设计规范》(TB 10001—2005)表5.2.2

19.(C)　$\frac{G_s\rho_w}{1+e_1}V=\frac{G_s\rho_w}{1+e_2}\times 1, V=1.33\ \text{m}^3$

20.(C)　《建筑边坡工程技术规范》(GB 50330—2013)第5.2.2条、第5.2.3条

21.(A)　《铁路路基支挡结构设计规范》(TB 10025—2006)第3.2.9条

22.(C)　《碾压式土石坝设计规范》(DL/T 5395—2007)第7.7节

23.(B)　《公路路基设计规范》(JTG D30—2015)第7.3.2条及条文说明

24.(C)　《岩土工程勘察规范》(GB 50021—2001)(2009年版)第6.1.2条

25.(B)　在赤平投影图中,可定性分析出哪些结构面对边坡稳定不利,由于这些结构面都是平移到球心处,无法确定其位置

26.(D)　　膨胀土的膨胀压力大小与其膨胀变性有关，变形越大其膨胀压力越小，自由膨胀率是试样在烘干或风干的条件下的试验，与含水率无关，详见《工程地质手册》(第四版)第480页

27.(D)　　承压水位下降，使承压含水层和上覆的黏土层的水位都下降，根据资料，在地面沉降各地层中，黏土层的沉降贡献最大，水位上升，地表回弹，其砂层的贡献最大

28.(B)　　岩盐一般为易溶盐，石膏属于中溶盐，碳酸盐属于难溶盐

29.(A)　　《岩土工程勘察规范》(GB 50021—2001)(2009年版)第6.3.5条、第10.3.1条

30.(B)　　当地水位下降到低于基岩面时，水会对土产生潜蚀、搬运作用，在岩土交界面处易形成土洞，见《工程地质手册》(第四版)第532页

31.(C)　　《岩土工程勘察规范》(GB 50021—2001)(2009年版)附录A.0.5

32.(D)　　《膨胀土地区建筑技术规范》(GB 50112—2013)第5.2.7-2条

33.(C)　　滑坡在滑动过程中与两侧的岩土进行剪切

34.(C)　　《岩土工程勘察规范》(GB 50021—2001)(2009年版)第6.2.8-2条

35.(B)　　《建设工程安全生产管理条例》第55条

36.(C)　　《安全生产法》第17条

37.(C)　　《地质灾害防治条例》第4条

38.(A)　　《建设工程安全生产管理条例》第27条

39.(B)　　《注册土木工程师(岩土)执业及管理工作暂行规定》附录：签署文件目录

40.(D)　　《勘察设计注册工程师管理规定》

二、多项选择题

41.(B)、(C)　　《建筑地基基础设计规范》(GB 50007—2011)第5.2.5条

42.(A)、(C)　　《建筑地基基础设计规范》(GB 50007—2011)第5.1.7条

43.(A)、(B)　　《建筑地基基础设计规范》(GB 50007—2011)第5.2.4条

44.(A)、(B)、(C)　　《建筑地基基础设计规范》(GB 50007—2011)第8.3.2条

45.(B)、(C)、(D)　　《建筑地基基础设计规范》(GB 50007—2011)第5.2.4条

46.(A)、(B)、(D)　　《建筑桩基技术规范》(JGJ 94—2008)第3.3.3条

47.(A)、(D)　　《建筑桩基技术规范》(JGJ 94—2008)第5.2.5条

48.(A)、(B)　　《建筑桩基技术规范》(JGJ 94—2008)附录C.0.1

49.(B)、(C)　　端承型桩基端阻占有较大比例，根据题目条件，(B)、(C)为正确选项

50.(A)、(B)、(D)　　《建筑桩基技术规范》(JGJ 94—2008)第5.9节

51.(B)、(D)　　《建筑桩基技术规范》(JGJ 94—2008)第6.2.4条、第6.3.30条、第6.5.4条、第6.7.1条

52.(A)、(C)　　《建筑桩基技术规范》(JGJ 94—2008)第5.3节

53.(A)、(C)　　《碾压式土石坝设计规范》(DL/T 5395—2007)第8.4.2条、第8.4.4条

54.(A)、(B)、(C)　　《公路路基设计规范》(JTG D30—2015)第3.3.1条、第3.4.5条、第3.5.3条、第3.6.8条

55.(B)、(C)　　渗水、裂缝已经产生，(A)选项继续堵水是不合理的，必须采取泄水及加预应力锚索控制变形的措施

56.(A)、(B)、(D)　　《碾压式土石坝设计规范》(DL/T 5395—2007)第8.3.8条

57.(A)、(B)、(D)　　《建筑边坡工程技术规范》(GB 50330—2013)第9.1.4条、第11.1.3条及第12.1.2条条文说明

58.(A)、(D)　倾倒破坏属于崩塌的一种，地形陡峻、结构面近于直立，详见《工程地质手册》(第四版)第554页

59.(A)、(D)　无水芒硝(Na_2SO_4)在32.4℃以上为无水晶体，体积很小，但低于32.4℃时，吸收10个水分子，使体积增大，盐渍土中的黏土矿物很少。详见《工程地质手册》(第四版)第501页～第503页

60.(A)、(C)　简布法适用于非圆弧滑动面，瑞典圆弧条分法没有考虑条间的作用力

61.(A)、(C)、(D)　《岩土工程勘察规范》(GB 50021—2001)(2009年版)第6.2节及条文说明

62.(A)、(B)　《湿陷性黄土地区建筑规范》(GB 50025—2004)第4.3.5条、第4.4.6-2条

63.(B)、(C)、(D)　塌陷的分布受岩溶发育规律、发育程度的制约，同时还与地质构造、地形地貌、土层厚度有关。详见《工程地质手册》(第四版)第535页

64.(A)、(B)、(C)　《岩土工程勘察规范》(GB 50021—2001)(2009年版)第6.10.7条、第6.10.8条

65.(A)、(B)、(C)　《注册土木工程师(岩土)执业及管理工作暂行规定》

66.(A)、(B)、(D)　《建设工程质量检测管理办法》第29条、第31条

67.(B)、(C)、(D)　《建设工程安全生产管理条例》第36条

68.(A)、(B)、(D)　《招标投标法》第34条、第35条

69.(A)、(B)、(D)　《建筑法》第62条

70.(A)、(B)、(C)　《建设工程勘察设计管理条例》第19条

专业案例(上午卷)答案

1.[**答案**](A)

[**解析**]据《工程地质手册》(第四版)第232页、第233页。

①基准基床系数 K_v：

取 $p=120$ kPa、$s=2.7$ mm 计算：$K_v=\dfrac{p}{s}=\dfrac{120}{2.7\times10^{-3}}\approx44\,444\ (\text{kN/m}^3)$

②对于砂土地基计算实际基础下的基床系数 K_s：

$$K_s=\left(\frac{B+0.3}{2B}\right)^2K_v=\left(\frac{2.5+0.3}{2\times2.5}\right)^2\times44\,444=13\,937.64\ (\text{kN/m}^3)\approx13\,938\ (\text{kN/m}^3)$$

2.[**答案**](B)

[**解析**]据《工程地质手册》(第四版)第993页、第994页。B、C孔地下水位标高分别为24.0 m、24.0 m，说明B、C孔连线为一条等水位线，地下水的流向是垂直B、C孔连线的，且由A孔垂直流向B、C孔连线的。

利用水力梯度求地下水流速：$V=ik$

水力梯度：$i=\dfrac{28-24}{60\times\cos30^\circ}=0.076\,98$

渗透系数：$k=1.8\times10^{-3}$ (cm/s)

则：$V=ik=0.076\,98\times1.8\times10^{-3}=1.385\,6\times10^{-4}(\text{cm/s})\approx1.4\times10^{-4}(\text{cm/s})$

3.[**答案**](D)

[**解析**]解法一：已知 $\varphi_u=0$，$c_u=25$，如图所示，可求出 $\sigma_1-\sigma_2=2c_u=50$。

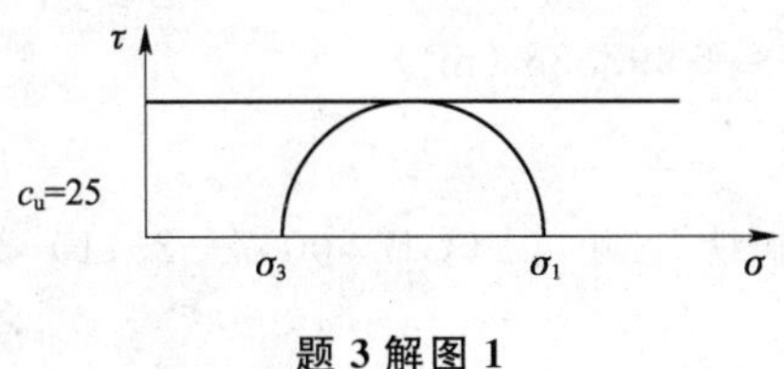

题 3 解图 1

只有(D)选项符合。

解法二：已知 $c'=0, \varphi'=30°$。

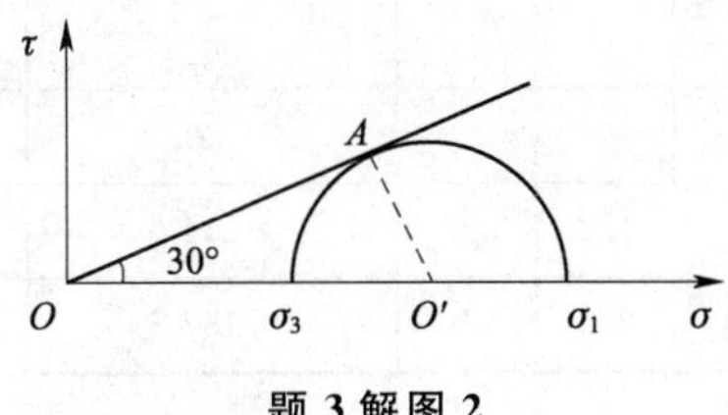

题 3 解图 2

由图示的关系可以得出：$AO'=\frac{1}{2}OO', AO'=\sigma_3 O'$

所以有如下关系成立：$O\sigma_3=\sigma_3 O'=O'\sigma_1=AO'$

所以 $O\sigma_1=3O\sigma_3$，即 $\sigma_1=3\sigma_3$

只有(D)选项满足。

解法三：根据摩尔—库仑理论极限平衡条件：

黏性土、粉土时：

$$\sigma_1=\sigma_3\tan^2\left(45°+\frac{\varphi}{2}\right)+2c\tan\left(45°+\frac{\varphi}{2}\right)$$

对固结不排水试验，为有效抗剪强度指标时，则有：

$$\sigma'_1=\sigma'_3\tan^2\left(45°+\frac{\varphi'}{2}\right)+2c'\tan\left(45°+\frac{\varphi'}{2}\right)$$

代入题中已知条件 $c'=0, \varphi'=30°$，得：

$$\sigma'_1=\sigma'_3\tan^2\left(45°+\frac{\varphi'}{2}\right)=\sigma'_3\tan\left(45°+\frac{30°}{2}\right)=3\sigma'_3 \quad ①$$

不固结不排水试验 $\varphi'_u=0, c_u=25$ kPa 时，则有：

$$\frac{\sigma'_1-\sigma'_3}{2}=\frac{(\sigma'_1-u)-(\sigma'_3-u)}{2}=\frac{\sigma'_1-\sigma'_3}{2}=c_u$$

得：$\sigma'_1-\sigma'_3=2c_u=2\times25=50$ (kPa) ②

联合式①、②解得：$\sigma'_1=75$ kPa，$\sigma'_3=25$ kPa。

4. [**答案**](C)

[**解析**]根据物理力学性质指标之间的换算关系式计算如下：

疏浚土的天然干重度：$\gamma_d=\frac{\gamma}{1+0.01w}=\frac{18.9}{1+0.01\times31.0}=14.43$ (kN/m³)

施工后冲填土的干重度：$\gamma'_d=\frac{\gamma'}{1+0.01w'}=\frac{16.4}{1+0.01\times62.6}=10.09$ (kN/m³)

疏浚土和施工后的冲填土的干重度是不变的，假设使用的疏浚土方量为 V，冲填土需填方量 $V'=10\,000$ m³，则：

$V\gamma_d=V'\gamma'_d$

$$V=\frac{V'\gamma'_{\mathrm{d}}}{\gamma_{\mathrm{d}}}=\frac{10\,000\times 10.09}{14.43}=6\,992.38\ (\mathrm{m}^3)$$

5.［答案］(B)

［解析］据《建筑地基基础设计规范》(GB 50007—2011)第 5.3.6 条及附录 K 的表 K.0.1-2,计算如下表所示。

题 5 解表

土层名称	基底到 i 层层底深度 z_i/m	z/b	l/b	查附录 K 表 K.0.1-2:$\bar{\alpha}_i$	$4z_i\bar{\alpha}_i$	$A_i=4z_i\bar{\alpha}_i-4z_{i-1}\bar{\alpha}_{i-1}$
粉质黏土	0	0	1	0.25	0	0
粉土	3	1.2	1	0.214 9	2.578 8	2.578 8
细砂	6	2.4	1	0.157 8	3.787 2	1.208 4

则压缩模量当量值:

$$\overline{E}_{\mathrm{s}}=\frac{\sum A_i}{\sum\frac{A_i}{E_{\mathrm{s}}}}=\frac{2.578\,8+1.208\,4}{\frac{2.578\,8}{12}+\frac{1.208\,4}{18}}=13.428(\mathrm{MPa})\approx 13.4\ (\mathrm{MPa})$$

6.［答案］(D)

［解析］据《建筑地基基础设计规范》(GB 50007—2011)第 5.2.2 条计算如下:

以基础底面中心(型心)为旋转中心,计算偏心距 e:

$$e=\frac{\sum M_{\mathrm{k}}}{F_{\mathrm{k}}+G_{\mathrm{k}}}=\frac{1\,680\times 0.8-4\,800\times 0.2}{1\,680+4\,800+4\times 6\times 3\times 20}=0.048\,5(\mathrm{m})<\frac{b}{6}=\frac{4}{6}=0.677\ (\mathrm{m})$$

属于小偏心,且基础底面边缘 A 的压力值为最大压力值,则由规范第 5.2.2 条式(5.2.2-2)计算 $p_{\max}$:

抵抗矩:$W=\frac{bl^2}{6}=\frac{4\times 6^2}{6}=24\ (\mathrm{m}^3)$

力矩:$\sum M_{\mathrm{k}}=1\,680\times 0.8-4\,800\times 0.2=384\ (\mathrm{kN\cdot m})$

则:$p_{\max}=\frac{F_{\mathrm{k}}+G_{\mathrm{k}}}{A}+\frac{\sum M_{\mathrm{k}}}{W}=\frac{(1\,680+4\,800)+(4\times 6\times 3\times 20)}{4\times 6}+\frac{384}{24}=346\ (\mathrm{kPa})$

7.［答案］(B)

［解析］据《建筑地基基础设计规范》(GB 50007—2011)第 8.2.1 条、第 8.2.14 条、第 8.2.12 条,计算如下:

①由《规范》第 8.2.14 条,求任意截面每延长米宽度的弯矩:

$$M_{\mathrm{I}}=\frac{1}{6}a_1^2\left(2p_{\max}+p-\frac{3G}{A}\right)$$

因为墙体材料为钢筋混凝土,取 $a_1=b_1=1.6+0.2=1.8\ (\mathrm{m})$,所以:

$$M_{\mathrm{I}}=\frac{1}{6}a_1^2(2p_{\max}+p)=\frac{1}{6}\times 1.8^2\times(2\times 200+200)=324\ (\mathrm{kN\cdot m})$$

②由《规范》第 8.2.12 条计算配筋面积:

$$A_{\mathrm{s}}=\frac{M}{0.9f_yh_0}=\frac{M_{\mathrm{I}}}{0.9f_yh_0}=\frac{324\times 10^3}{0.9\times 300\times(1-0.05)}\approx 1\,263\ (\mathrm{mm}^2/\mathrm{m})$$

由构造要求,最小配筋率为:$0.15\%\times 950\times 1\,000=1\,425\ (\mathrm{mm}^2/\mathrm{m})$,取二者中的大值,可

满足构造要求和计算要求。

8.[**答案**](A)

[**解析**]据《建筑地基基础设计规范》(GB 50007—2011)第5.4.3条，假设筏板厚度增加量为h，取垂直投影平面上单位面积(1 m^2)的柱状体积计算，则：

$$\frac{G_k}{N_{w,k}}=\frac{(70+25h)\times 1}{(9-2+h)\times 10\times 1}\geqslant 1.05$$

解得：$h\approx 0.24$ m

9.[**答案**](C)

[**解析**]设计需变更，预估荷载将增加50 kN/m，但保持基础宽度不变，因此增加的荷载属于基底附加荷载，为了减少这部分增加的基底附加压，只有通过加深基础埋深来补偿，计算如下：

粉土的$\eta_d=2.0$，则：

$\Delta p_0=\Delta N/A=50/(2\times 1)=25$ (kPa)

$\Delta p_0=\Delta h\gamma\eta_d=\Delta h\times 18\times 2$

$$\Delta h=\frac{25}{18\times 2}=0.69\ (\text{m})$$

实际基础埋深为$d=2+0.69=2.69$ (m)

10.[**答案**](C)

[**解析**]据《建筑桩基技术规范》(JGJ 94—2008)第5.9.10条第1款规定，计算如下：

截面的剪跨比：$\lambda_y=\alpha_y/h_0=0.6/1.0=0.6$

承台剪切系数：$\alpha=\frac{1.75}{\lambda+1}=\frac{1.75}{0.6+1}=1.09375$

受剪切承载力截面高度影响系数：$\beta_{hs}=\left(\frac{800}{h_0}\right)^{1/4}=\left(\frac{800}{1000}\right)^{1/4}=0.9457$

则承台长边斜截面的受剪承载力，按式(5.9.10-1)计算：

$V\leqslant\beta_{hs}\alpha f_t b_0 h_0=\beta_{hs}\alpha f_t b_{0y}h_0=0.9457\times 1.09375\times f_t\times 4.8\times 1.0$

由题意：

$\beta_{hs}\alpha f_t b_0 h_0=\beta_{hs}\alpha f_t b_{0y}h_0=0.9457\times 1.09375\times f_t\times 4.8\times 1.0\geqslant 11\times 10^3$

解得：$f_t\geqslant 2.2155$ MPa

11.[**答案**](B)

[**解析**]据《建筑桩基技术规范》(JGJ 94—2008)第5.7.2条第6款规定，计算如下：

计算桩的换算埋深：$\alpha h=0.360\times 30=10.8>4$，取$\alpha h=4.0$，查表5.7.2，得$v_\chi=0.940$。

由题意已知：

$EI=6.75\times 10^{11}\ \text{kN}\cdot\text{mm}^2=6.75\times 10^5\ \text{kN}\cdot\text{m}^2$，$\chi_{0a}=4\ \text{mm}=4\times 10^{-3}$ m，$\alpha=0.360\ \text{m}^{-1}$

由式(5.7.2-2)得：

$$R_{ha}=0.75\frac{\alpha^3 EI}{v_\chi}\chi_{0a}=0.75\times\frac{0.36^3\times 6.75\times 10^5}{0.940}\times 4\times 10^{-3}=100.509\ (\text{kN})$$

12.[**答案**](C)

[**解析**]据《建筑桩基技术规范》(JGJ 94—2008)第5.6.2条式(5.6.2-3)，计算如下：

$$\bar{q}_{su}=\frac{h_1 q_{sk1}+h_2 q_{sk2}}{h_1+h_2}=\frac{8.8\times 20+1.2\times 40}{8.8+1.2}=22.4\ (\text{kPa})$$

$$\bar{E}_s=\frac{h_1 E_{s1}+h_2 E_{s2}}{h_1+h_2}=\frac{8.8\times 1.5+1.2\times 4.0}{8.8+1.2}=1.8\ (\text{MPa})$$

$d=1.27b=1.27\times0.2=0.254$ (m)，$s_a=1.2$ m，桩为规则排列，则：

$s_a/d=1.2/0.254=4.724$

由式(5.6.2-3)计算：

$$s_{sp}=280\frac{\overline{q}_{su}}{\overline{E}_s}\cdot\frac{d}{(s_a/d^2)^2}=280\times\frac{22.4}{1.8\times10^3}\times\frac{0.254}{4.724^2}=39.66\times10^{-3}\text{(m)}\approx40\text{ (mm)}$$

13.［答案］(B)

［解析］据《建筑地基处理技术规范》(JGJ 79—2012)第 5.2.7 条规定，计算如下：

$$\overline{U}_T=\sum_{i=1}^{n}\frac{\dot{q}_i}{\sum\Delta p}\left[(T_i-T_{i-1})-\frac{\alpha}{\beta}e^{-\beta t}(e^{\beta T_i}-e^{\beta T_{i-1}})\right]$$

由题意得：$\overline{U}_t=90\%$，$\dot{q}_1=60/20=3$(kPa/d)，$\dot{q}_2=40/20=2$ (kPa/d)

$\sum\Delta p=60+40=100$ (kPa)，$\alpha=0.8$，$\beta=0.025$

代入上式，得：

$$90\%=\frac{3}{100}\times\left[(20-0)-\frac{0.8}{0.025}\times e^{0.025t}(e^{0.025\times20}-e^{0.025\times0})\right]+\frac{2}{100}\times$$
$$\left[(70-50)-\frac{0.8}{0.025}\times e^{-0.025t}(e^{0.025\times70}-e^{0.025\times50})\right]$$

解上式得：

$0.9=0.6-0.623e^{-0.025}+0.4-1.449e^{-0.025t}\Rightarrow e^{-0.025t}=0.04826\Rightarrow$

$\ln0.04826=-0.025t$

解得：$t=121.25$ d

14.［答案］(B)

［解析］据《地基处理手册》(第三版)第十二章式(12-5)，计算如下：

加固后复合土层的压缩模量计算公式：$E_{sp}=[1+m(n-1)]E'_s$

由题意已知：$\alpha=1.2$，$m=d^2/d_e^2=0.35^2/(1.05\times0.9)^2=0.1372$，$n=3.0$，$E_s=2.0$ MPa

$E'_s=\alpha E_s=1.2\times2=2.4$ (MPa)

则代入上式得：$E_{sp}=[1+m(n-1)]E'_s=[1+0.1372\times(3.0-1)]\times2.4=3.059$ (MPa)

15.［答案］(C)

［解析］据《建筑地基处理技术规范》(JGJ 79—2012)式(7.3.3)：

$R_a=\eta f_{cu}A_p$

$$f_{cu}=\frac{R_a}{\eta A_p}=\frac{80}{0.3\times3.14\times0.3^2}=0.94\text{ (MPa)}$$

查图中所给出的曲线得，水泥掺入量为 25%。

16.［答案］(B)

［解析］据《建筑地基处理技术规范》(JGJ 79—2012)第 7.3.3 条、第 7.1.5 条规定，计算如下：

$$R_a=u_p\sum_{i=1}^{n}q_{si}l_i+\alpha q_pA_p$$
$$=3.14\times0.6\times(6.0\times6.0+15.0\times1.0)+0.4\times200\times3.14\times\left(\frac{0.6}{2}\right)^2$$
$$=118.692\text{ (kN)}$$

$R_a = \eta f_{cu} A_p = 0.25 \times 0.96 \times 10^3 \times 3.14 \times \left(\frac{0.6}{2}\right)^2 = 67.824$ (kN)

比较上面两个计算结构取小值，即得单桩承载力 $R_a = 67.824$ kN

面积置换率：$m = \frac{\text{桩的总面积}}{\text{承台总面积}} = \frac{8 \times 3.14 \times \left(\frac{0.6}{2}\right)^2}{2.0 \times 4.0} = 0.2826$

$$f_{spk} = \lambda m \frac{R_a}{A_p} + \beta(1-m) f_{sk}$$

$$= 0.2826 \times \frac{67.824}{3.14 \times \left(\frac{0.6}{2}\right)^2} + 0.4 \times (1 - 0.2826) \times 40$$

$$= 79.3042 \text{ (kPa)}$$

则基础承台底最大荷载为：$N = f_{spk} A = 79.3042 \times 2.0 \times 4.0 = 634.42$ (kN)

17. [**答案**](C)

[**解析**]据《建筑边坡工程技术规范》(GB 50330—2013)第 8.2.1 条、第 8.2.3 条规定，计算如下：

锚杆的轴向拉力标准值：$N_{ak} = \frac{H_{tk}}{\cos\alpha} = \frac{e_{ahk} A}{\cos\alpha} = \frac{18 \times 2 \times 2.2}{\cos 15^\circ} \approx 82$ (kN)

锚固段长度：$l_a \geq \frac{K N_{ak}}{\pi D f_{rbk}} = \frac{2.6 \times 82}{3.14 \times 0.26 \times 30} = 8.7$ (m)

18. [**答案**](A)

[**解析**]据《铁路路基支挡结构设计规范》(TB 10025—2006)第 4.2.2 条规定，计算如下：

计算示意图如下图所示，BC 段挡土墙上的主动土压力 E_a 为图中阴影部分面积，墙后填土为砂性土，根据题意，按照朗肯土压力理论计算如下：

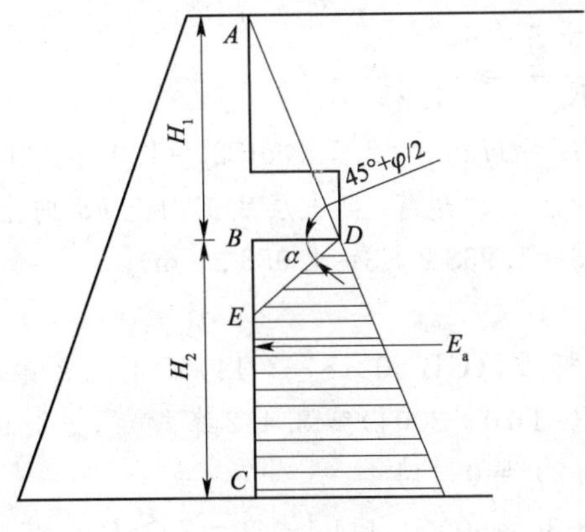

题 18 解图

主动土压力系数：$K_a = \tan^2\left(45^\circ - \frac{\varphi}{2}\right) = \tan^2\left(45^\circ - \frac{20^\circ}{2}\right) = 0.4903$

$\triangle BDE$ 的 $\angle BDE$ 为下墙 BC 段填土的破裂角，即 $\angle BDE = 45^\circ + \frac{\varphi}{2}$，则：

$BE = BD\tan\alpha = L\tan\left(45^\circ + \frac{\varphi}{2}\right) = 0.8 \times \tan\left(45^\circ + \frac{20^\circ}{2}\right) = 1.1425$

上墙填土在 D 处产生的主动土压力强度：

$p_{ak\text{-}D} = H_1 \gamma K_a = 2.5 \times 18 \times 0.4903 = 22.0635$ (kPa)

上、下墙填土在 C 处产生的主动土压力强度：

$p_{ak\text{-}C}=(H_1+H_2)\gamma K_a=(2.5+3)\times18\times0.4903=48.5397$ (kPa)

挡土墙墙后 BC 段上作用的主动土压力合力 E_a 为：

$$E_a=\frac{1}{2}(p_{ak\text{-}D}+p_{ak\text{-}C})H_2-\frac{1}{2}p_{ak-D}BE$$

$$=\frac{1}{2}\times(22.0635+48.5397)\times3-\frac{1}{2}\times22.0635\times1.1425$$

$$=93.301\ (kN)\approx93\ (kN)$$

19. [**答案**](C)

[**解析**]据《碾压式土石坝设计规范》(DL/T 5395—2007)第 10.2.4 条规定，计算如下：

由题意，先求出表层土④的土粒相对密度 G_{s1}，由土的力学指标换算关系式，得：

$$G_{s1}=\frac{100\rho-0.01nS_r\rho_w}{(100-n)\rho_w}=\frac{100\times1.9-0.01\times45\times100\times1}{(100-45)\times1}=2.6364$$

表层土在坝下游坡脚的渗透坡降为：

$$J_{a\text{-}x}=\frac{5-2.5}{4}=0.625>(G_{s1}-1)(1-n_1)/K=(2.6364-1)(1-0.45)/2=0.45$$

符合规范要求。

排水盖重层的厚度 t 为：

$$t=[KJ_{a-x}t_1\gamma_w-(G_{s1}-1)(1-n_1)t_1\gamma_w]/\gamma$$

$$=[2\times0.625\times4\times10-(2.6364-1)(1-0.45)\times4\times10]/(19-10)$$

$$=1.5555\ (m)$$

20. [**答案**](B)

[**解析**]据《公路路基设计规范》(JTG D30—2015)第 7.5.4 条规定，计算如下：

溶洞坍塌扩散角：$\beta=\dfrac{45°+\dfrac{\varphi}{2}}{K}=\dfrac{45°+\dfrac{40°}{2}}{1.25}=52°$

溶洞顶板岩层影响范围：$L'=H\cot\beta=2.5\times\cot52°=1.9532$ (m)

顶板岩层上的上覆土层由溶洞顶边缘、自土层底部向上 45°向上绘斜线，在水平面上投影长度为 3 m，则：$L=L'+3=1.9532+3=4.9532$ (m)。

21. [**答案**](C)

[**解析**]据《工程岩体分级标准》(GB 50218—2014)第 4.2.2 条和第 4.1.1 条规定，以及《公路隧道设计规范》(JTG D70—2004)第 8.4.2 条规定，分别计算分析如下：

$K_v=(v_{pm}/v_{pr})^2=(2.8/4.2)^2=0.4444$

已知 $R_c=35$ MPa，$90K_v+30=90\times0.4444+30=70>R_c=35$，取 $R_c=35$ MPa

$0.04R_c+0.4=0.04\times35+0.4=1.8>K_v=0.4444$，取 $K_v=0.4444$

则 $BQ=100+3R_c+250K_v=100+3\times35+250\times0.4444=316.1$，查《工程岩体分级方法标准》(GB 50218—2014)表 4.1.1 可知：岩体基本质量分级为Ⅳ级。

《公路隧道设计规范》(JTG D70—2004)第 8.4.2 条表 8.4.2-1 可知：拱部和边墙喷射混凝土厚度范围为 12～15 cm。

22. [**答案**](B)

[**解析**]据《建筑基坑支护技术规程》(JGJ 120—2012)第 3.4.2 条、第 3.4.5 条、第 3.4.7 条计算：

$K_a=\tan^2\left(45°-\frac{\varphi}{2}\right)=\tan^2\left(45°-\frac{10°}{2}\right)=0.7041$

$\sigma_{ak}=\sigma_{ac}+\sum\Delta\sigma_{k,j}$

$\sigma_{ac}=\gamma h=18\times10=180$ (kPa)

$(2+3)\text{m}<10\text{ m}<(2+2+3\times3)$ m

$\Delta\sigma_k=\frac{p_0 b}{b+2a}=\frac{(140-2\times18)\times2}{2+2\times3}=26$ (kPa)

$\sigma_{ak}=\sigma_{ac}+\sum\Delta\sigma_{k,j}=\sigma_{ac}+\Delta\sigma_k=180+26=206(\text{kPa})$

$$p_{ak}=\sigma_{ak}K_{a,i}-2c_i\sqrt{K_{a,i}}=\sigma_{ak}K_a-2c\sqrt{K_a}=206\times0.7041-2\times20\times\sqrt{0.7041}$$
$$=111.48\ (\text{kPa})\approx112\ (\text{kPa})$$

23. [**答案**](B)

[**解析**]据《建筑基坑支护技术规程》(JGJ 120—2012)第6.1.2条规定,计算如下:

重力式水泥土墙的倾覆稳定性计算公式:

$$\frac{E_{pk}a_p+(G-u_m B)a_G}{E_{ak}a_a}\geqslant K_{0v}=1.3$$

其中:

$$E_{pk}a_p=20.8\times6.5\times\frac{1}{2}\times6.5+\frac{1}{2}\times(198.9-20.8)\times6.5\times\frac{1}{3}\times6.5$$
$$=1693.52\ (\text{kN}\cdot\text{m})$$

$E_{ak}a_a=\frac{1}{2}\times127\times12\times\frac{1}{3}\times12=3048\ (\text{kN}\cdot\text{m})$

$G=(5.5+6.5)\times B\times19\times1=228B$

无地下水,$u_m=0$

代入上式,得:$\frac{1693.52+228B\times\frac{1}{2}\times B}{3048}\geqslant1.3$

解得:$B=4.4612$ m≈4.5 m

24. [**答案**](C)

[**解析**]据《工程地质手册》(第四版)第三章第二节第二条第(一)小条相关内容(第561页、第562页),计算如下:

根据题意已知 $G_s=2.6$,$\rho_m=13.8$ kN/m^3=1.38 t/m^3≈1.4 t/m^3,查表6-3-3得:$\alpha=1.37$

粗糙系数:$m_m=4.9$

泥石流流体水力半径,可近似计算为:$R=560/140=4$ (m)

泥石流流面纵坡比降:$I=4\%=0.04$

则该泥石流的流速:$v_m=\frac{m_m}{\alpha}R^{2/3}I^{1/2}=\frac{4.9}{1.37}\times4^{2/3}\times0.04^{1/2}=1.80$ (m/s)

25. [**答案**](C)

[**解析**]据《岩土工程勘察规范》(GB 50021—2001)(2009年版)第5.2.8条条文说明,计算如下:

$$\psi=\cos(\theta_1-\theta_2)-\sin(\theta_1-\theta_2)\tan\varphi_2$$
$$=\cos(30°-10°)-\sin(30°-10°)\times\tan10°=0.8794$$

$R_1=N_1\tan\varphi_1+c_1L_1=G_1\cos\beta_1\tan\varphi_1+c_1L_1$

$=700\times\cos30^\circ\times\tan12^\circ+10\times12=248.86$ (kN/m)

$R_2=N_2\tan\varphi_2+c_2L_2=G_2\cos\beta_2\tan\varphi_2+c_2L_2$

$=820\times\cos10^\circ\times\tan10^\circ+12\times10=262.39$ (kN/m)

$T_1=G_1\sin\beta_1=700\times\sin30^\circ=350$ (kN/m)

$T_2=G_2\sin\beta_2=700\times\sin10^\circ=142.39$ (kN/m)

则：$F_s=\dfrac{\sum\limits_{i=1}^{n-1}(R_i\prod\limits_{j=1}^{n-1}\Psi_j)+R_n}{\sum\limits_{i=1}^{n-1}(T_i\prod\limits_{j=1}^{n-1}\Psi_j)+T_n}=\dfrac{R_1\Psi_1+R_2}{T_1\Psi_1+T_2}=\dfrac{248.86\times0.8794+262.39}{350\times0.8794+142.39}\approx1.07$

26.[**答案**](B)

[**解析**]抗倾覆力矩主要是危岩的自重产生的力矩，可以分成一个矩形块和一个三角形块两部分来计算，则：

抗倾覆力矩$=2\times5\times1\times23\times\dfrac{1}{2}\times2+\dfrac{1}{2}\times5\times\dfrac{5}{\tan60^\circ}\times1\times23\times\left(2+\dfrac{1}{3}\times\dfrac{5}{\tan60^\circ}\right)$

$=721.7$ (kN·m)

倾覆力矩是由危岩后裂缝内水压力造成的。

倾覆力矩$=\dfrac{1}{2}\times5\times10\times\dfrac{5}{\sin60^\circ}\times\left(2\times\sin30^\circ+\dfrac{1}{3}\times\dfrac{5}{\sin60^\circ}\right)=422.12$ (kN·m)

则在不考虑两侧阻力及底面所受水压力的情况下，该危岩的抗倾覆安全系数F_s为：

$F_s=\dfrac{抗倾覆力矩}{倾覆力矩}=\dfrac{721.7}{422.12}\approx1.7$

27.[**答案**](A)

[**解析**]据《湿陷性黄土地区建筑规范》(GB 50025—2004)附录C第C.0.2条规定，计算如下：

判别式：$R=-68.45e+10.98a-7.16\gamma+1.18w$，$R_0=-154.80$

场地一：

$R=-68.45e+10.98a-7.16\gamma+1.18w$

$=-68.45\times1.120+10.98\times0.62-7.16\times14.3+1.18\times17.6$

$=-151.48>R_0=-154.80$

可判断场地一分布有新近堆积黄土。

以下的判断结果是(答题时可以不写)：

场地二：

$R=-68.45e+10.98a-7.16\gamma+1.18w$

$=-68.45\times1.090+10.98\times0.62-7.16\times14.3+1.18\times12.0$

$=-156.03<R_0=-154.80$

可判断场地二没有分布新近堆积黄土。

场地三：

$R=-68.45e+10.98a-7.16\gamma+1.18w$

$=-68.45\times1.051+10.98\times0.51-7.16\times15.2+1.18\times15.5$

$=-156.88<R_0=-154.80$

可判断场地三没有分布新近堆积黄土。

场地四：

$R=-68.45e+10.98a-7.16\gamma+1.18w$

$=-68.45\times1.120+10.98\times0.51-7.16\times15.2+1.18\times17.6$

$=-159.13<R_0=-154.80$

可判断场地四没有分布新近堆积黄土。

28.[答案](D)

[解析]据《建筑抗震设计规范》(GB 50011—2010)第4.1.6条、第4.1.8条、第5.1.4条、第5.1.5条规定，计算如下：

根据题意，覆盖层厚度为0，$V_s=650$ m/s，查表4.1.6，可知场地类别为I_1类，查表5.1.4-2，可知特征周期值$T_g=0.25$s，则$T_g=0.25\text{ s}<T=0.4\text{ s}<5T_g=1.25\text{ s}$，由第5.1.5条图5.1.5可知，水平地震影响系数位于曲线下降段，计算公式为：

$\alpha=\left(\frac{T_g}{T}\right)^{\gamma}\eta_2\alpha_{max}$

由表5.1.4-1查得$\alpha_{max}=0.24$

$\alpha=\left(\frac{T_g}{T}\right)^{\gamma}\eta_2\alpha_{max}=\left(\frac{0.25}{0.4}\right)^{0.9}\times1.0\times0.24=0.1572\approx0.16$

由于本场地位于边坡坡顶边缘附近，该局部突出的地形有对水平地震影响系数放大作用，据《建筑抗震设计规范》(GB 50011—2010)第4.1.8条条文说明(规范第295页、第296页)，该放大系数λ计算如下：

由本题图可知：$H=25$ m，$L=20$ m，$L_1=25$ m，则：

$H/L=25/20=1.25>1.0$

查第4.1.8条条文说明表2得：增大幅度$\alpha=0.4$

$L_1/H=25/25=1<2.5$，则取$\xi=1.0$

放大系数：$\lambda=1+\xi\alpha=1+1.0\times0.4=1.4$

多遇地震作用下的截面抗震验算时，相应于结构自振周期的水平地震影响系数α'：

$\alpha'=\lambda\alpha=1.4\times0.16=0.224$

29.[答案](C)

[解析]据《建筑抗震设计规范》(GB 50011—2010)第4.3.4条、第4.3.5条规定，计算范围为4～6 m，计算如下：

$N_{cr}=N_0\beta[\ln(0.6d_s+1.5)-0.1d_w]\sqrt{3/\rho_c}$

$=16\times0.95\times[\ln(0.6\times5+1.5)-0.1\times4]\times\sqrt{3/3}$

$=16.78$

$I_{IE}=\sum_{i=1}^{n}\left(1-\frac{N_i}{N_{cri}}\right)d_iW_i=\left(1-\frac{3}{16.78}\right)\times1\times10+\left(1-\frac{3}{16.78}\right)\times1\times\frac{2}{3}\times(20-5.5)=16.1$

30.[答案](C)

[解析]由题意可知建筑物结构封顶后进行大面积堆土造景，地层深度3～14 m范围为淤泥质黏土，此时淤泥质黏土层就会产生负摩阻力，要想求出该负摩阻力值，必须先要知道该淤泥质黏土层对桩体产生的下拉荷载值。下拉荷载值就是淤泥质黏土层在该深度范围内对桩体产生的应力增量，可以利用钢筋的应变等于桩体混凝土应变的关系来求得。

$\varepsilon_{钢筋}=\frac{钢筋应力增量}{钢筋弹性模量}=\frac{37\,500-30\,000}{2.0\times10^5\times10^3}$

$\varepsilon_{桩体混凝土}=\frac{桩体混凝土应力增量}{桩体混凝土弹性模量}=\frac{桩体混凝土应力增量}{3.0\times10^4\times10^3}$

由 $\varepsilon_{钢筋}=\varepsilon_{桩体混凝土}$ 得：

$$\frac{37\,500-30\,000}{2.0\times10^5\times10^3}=\frac{桩体混凝土应力增量}{3.0\times10^4\times10^3}$$

解得：桩体混凝土应力增量为 1 125 kPa，则桩体受到的下拉荷载值为：

$1\,125\times3.14\times0.4^2=565.2$ (kN)

根据《建筑桩基技术规范》(JGJ 94—2008)第 5.4.4 条第 2 款式(5.4.4-3)得：

$$Q_g^n=\eta_n u\sum_{i=1}^{n}q_{si}^n l_i$$

则有：$565.2=1\times3.14\times0.8\times q_{si}^n\times(13-4)$

解得：$q_s^n\approx20.5$ kPa，为负摩阻力，所以淤泥质黏土层平均侧摩阻力为 −20.45 kPa。

专业案例(下午卷)答案

1.［**答案**］(C)

［**解析**］据《岩土工程勘察规范》(GB 50021—2001)(2009 年版)第 12.2.1 条表 12.2.1，符合题意的表格中心的系数应修正，应乘以 1.3 和 1.5 的系数。

SO_4^{2-}：

$1\,500\times1.3\times1.5=2\,925$ (mg/kg)

$3\,000\times1.3\times1.5=5\,850$ (mg/kg)

2 925 mg/kg<4 551 mg/kg<5 850 mg/kg

SO_4^{2-} 的腐蚀性评价为中等腐蚀。

Mg^{2+}：

$2\,000\times1.5=3\,000$ (mg/kg)

$3\,000\times1.5=4\,500$ (mg/kg)

3 000 mg/kg<3 183 mg/kg<4 500 mg/kg

Mg^{2+} 的腐蚀性评价为弱腐蚀。

NH_4^+：

$500\times1.5=750$ (mg/kg)

16 mg/kg<750 mg/kg

NH_4^+ 的腐蚀性评价为微腐蚀。

OH^-：

$4\,300\times1.5=6\,450$ (mg/kg)

42 mg/kg<6 450 mg/kg

OH^- 的腐蚀性评价为微腐蚀。

总矿化度：

$20\,000\times1.5=30\,000$ (mg/kg)

20 152 mg/kg<30 000 mg/kg

总矿化度的腐蚀性评价为微腐蚀。

pH 的腐蚀性评价为微腐蚀性，腐蚀性最高的为 SO_4^{2-}，中等腐蚀性。

2.［**答案**］(B)

［**解析**］据《全国注册岩土工程师专业考试培训教材》第一篇第五章第五节五，计算如下：

岩体透水率：$q=\frac{Q_3}{Lp_3}=\frac{7.5}{5\times1.0}=1.5\ \text{Lu}<10\ \text{Lu}$，且 P-Q 曲线为 A(层流)型。

渗透系数计算公式为 $k=\frac{Q}{2\pi HL}\ln\frac{L}{r_0}$，式中，$H$ 为试验水头，由题意第三(最大)压力阶段压力为 1.0 MPa，换算为：

$$H=p_w/\gamma_w=1.0\times1\ 000/10=100\ (\text{m})$$

已知：$L=5.0\ \text{m}$，$r_0=110/2=55\ (\text{mm})=0.055\ (\text{m})$

$$Q=7.5\ \text{L/min}=7.5\times10^{-3}/[1/(60\times24)]=10.8\ (\text{m}^3/\text{d})$$

代入渗透系数公式计算得：

$$k=\frac{Q}{2\pi HL}\ln\frac{L}{r_0}=\frac{10.8}{2\times3.14\times100\times5}\times\ln\left(\frac{5}{0.055}\right)=0.015\ 51\ (\text{m/d})$$
$$=1.794\times10^{-5}(\text{cm/s})\approx1.8\times10^{-5}(\text{cm/s})$$

3.[**答案**](D)

[**解析**]据《土工试验方法标准》(GB/T 50123—1999)第 10.0.9 条规定，计算如下：

$$\rho'_{\max}=\frac{1}{\frac{1-P_5}{\rho_{d\max}}+\frac{P_5}{\rho_w G_{s2}}}=\frac{1}{\frac{1-0.2}{1.67}+\frac{0.2}{1\times2.60}}=1.798\ 8\ (\text{g/cm}^3)\approx1.8\ (\text{g/cm}^3)$$

4.[**答案**](B)

[**解析**]据《岩土工程勘察规范》(GB 50021—2001)(2009 年版)第 14.2.2 条、第 14.2.3 条、第 14.2.4 条规定，计算如下：

平均值：

$$\phi_m=\frac{\sum_{i=1}^{n}\phi_i}{n}=\frac{15+13+17+13+15+12+14+15}{8}=14.25$$

标准差：

$$\sigma_f=\sqrt{\frac{1}{8-1}\left[\sum_{i=1}^{n}\phi_i^2-\frac{\left(\sum_{i=1}^{n}\phi_i\right)^2}{n}\right]}$$
$$=\sqrt{\frac{1}{8-1}\times\left[(15^2+13^2+17^2+13^2+15^2+12^2+14^2+15^2)-\frac{(15+13+17+13+15+12+14+15)^2}{8}\right]}$$
$$=1.581\ 1$$

变异系数：

$$\delta=\frac{\sigma_f}{\phi_m}=\frac{1.581\ 1}{14.25}=0.111$$

统计修正系数：

$$\gamma_s=1-\left(\frac{1.704}{\sqrt{n}}+\frac{4.678}{n^2}\right)\delta=1-\left(\frac{1.704}{\sqrt{8}}+\frac{4.678}{8^2}\right)\times0.111=1-0.675\ 5\times0.111=0.925$$

岩石饱和单轴抗压强度标准：

$$f_k=\gamma_s\phi_m=0.925\times14.25=13.1812\ 5\ (\text{MPa})$$

5.[**答案**](B)

[**解析**]根据土力学理论，计算如下：

4 m 厚饱和黏性土层中点土的自重应力为 2×20=40(kPa)，由题目提供的压缩试验表可知，对应的天然孔隙比 $e_0=0.840$，$s=\sum_{i=1}^{n}\frac{e_{0i}-e_{1i}}{1+e_{0i}}h_i$，则：

$$0.1=1\times\frac{0.84-e_1}{1+0.84}\times 4$$

解得：$e_1=0.794$

查表得：自重应力和附加应力之和对应的压力为 120 kPa，附加应力为 $120-40=80$(kPa)，也即堆载量为 80 kPa。

6.【答案】(C)

【解析】据《建筑地基基础设计规范》(GB 50007—2011) 第 5.2.2 条、第 5.2.5 条规定，计算如下：

偏心距：

$$e=\frac{M_k}{N_k}=\frac{M_k}{F_k+G_k}=\frac{70}{650+2\times3\times1.2\times20+2\times3\times1.0\times17.5}=0.0779<\frac{b}{6}=\frac{3}{6}=0.5$$

属于小偏心，则：

$$p_{max}=\frac{F_k+G_k}{A}+\frac{M_k}{W}=\frac{650+2\times3\times1.2\times20+2\times3\times1.0\times17.5}{2\times3}+\frac{70}{2\times3^2/6}=173.17\ (\text{kPa})$$

由题意，计算地基承载力特征值 f_a：

由 $\phi_k=16°$ 查规范表 5.2.5，得：$M_b=0.36$，$M_d=2.43$，$M_c=5.00$，则：

$$f_a=M_b\gamma b+M_d\gamma_m d+M_c c_k$$
$$=0.36\times(18.5-10)\times2+2.43\times18.5\times1.2+5.00\times20=160.066\ (\text{kPa})$$

$$\frac{p_{max}}{f_a}=\frac{173.17}{160.066}\approx1.1$$

注：该题 $e=0.5$，不符合式(5.2.5)的使用条件。

7.【答案】(B)

【解析】甲基础对乙基础的作用画图分析如下，其荷载作用大小为：

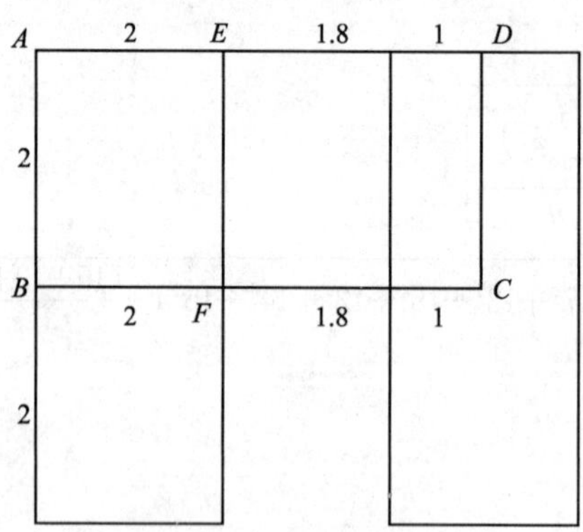

(矩形 *ABCD*—矩形 *CDEF*)×2

题 7 解图

矩形 $ABCD$：$z/b=4/2=2$，$L/b=4.8/2=2.4$，查附录 K 表 K.0.1-2，得 $\bar{\alpha}=0.1982$

矩形 $CDEF$：$z/b=4/2=2$，$L/b=2.8/2=1.4$，查附录 K 表 K.0.1-2，得 $\bar{\alpha}=0.1875$

$$\Delta s=\psi_s\Delta s'$$
$$=\psi_s\frac{2p_{0甲}}{E_s}(z_{ABCD}\bar{\alpha}_{ABCD}-z_{CDEF}\bar{\alpha}_{CDEF})$$
$$=1.0\times\frac{2\times120}{3.2}\times(4\times0.1982-4\times0.1875)$$

$=3.2$ (mm)

8. [答案](C)

[解析]据《建筑地基基础设计规范》(GB 50007—2011)第 8.2.9 条规定,柱与基础交接处的剪力设计值 V_s 计算方法是:过柱的边缘作一条直线,该直线与基础边缘交点 A、B,围成的阴影部分 $ABCD$ 面积乘以基底平均净反力。

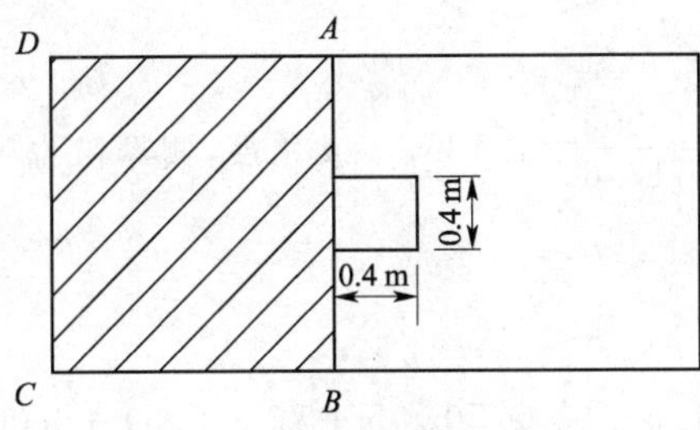

题 8 解图

则得:$\left(\frac{3.5}{2}-\frac{0.4}{2}\right)\times 2.0\times \frac{1.35\times 800}{2.0\times 3.5}=487.29$ (kN)

9. [答案](C)

[解析]据《建筑地基基础设计规范》(GB 50007—2011)第 5.2.6 条规定,计算如下:

先判断岩体地基的完整程度:

$$K_v=\left(\frac{V_{pm}}{V_{pr}}\right)^2=\left(\frac{4\,500}{5\,100}\right)^2=0.778\,5$$

据规范第 4.1.4 条表 4.1.4 查得:岩体地基完整程度为完整。

据规范第 5.2.6 条,对完整岩体,折减系数 ψ_r 取 0.5,则:

$f_a=\psi_r f_{rk}=0.5\times 75\times 10^3=3.75\times 10^4$ (kPa)

10. [答案](B)

[解析]据《公路桥涵地基与基础设计规范》(JTG D63—2007)第 5.3.5 条规定,计算如下:

$$h=\sqrt{\frac{M_h}{0.065\,5\beta f_{rk} d}}=\sqrt{\frac{1\,000}{0.065\,5\times 1.0\times 25\times 10^3\times 1}}=0.781\,5\ (\text{m})$$

11. [答案](D)

[解析]据《建筑桩基技术规范》(JGJ 94—2008)第 5.6.1 条规定,计算如下:

$$A_c=\xi\frac{F_k+G_k}{f_{ak}}=0.60\times\frac{1\,200+400}{80}=12(\text{m}^2)$$

$$n=3\geqslant\frac{F_k+G_k-\eta_c f_{ak} A_c}{R_a}=\frac{1\,200+400-0.40\times 80\times 12}{R_a}$$

解得:$R_a\geqslant 405.333$ kN

12. [答案](A)

[解析]据《建筑桩基技术规范》(JGJ 94—2008)第 5.8.2 条、第 5.1.1 条规定,计算如下:

因箍筋间距 150 mm>100 mm,则:

$N\leqslant\psi_c f_c A_{ps}=0.85\times 11.9\times 10^3\times 0.2\times 0.2=404.6$ (kN)

N 为基本组合值,转换为标准组合值:

$$N_k=\frac{N}{1.35}=\frac{404.6}{1.35}=299.704\ (\text{kN})$$

轴心竖向力作用下:

$N_k=\dfrac{F_k+G_k}{n}\Rightarrow F_k=nN_k-G_k=6\times299.704-3.0\times4.0\times2\times20=1\,318.224\ (\text{kN})$

13. [答案](C)

[解析]据《建筑桩基技术规范》(JGJ 94—2008)第5.3.12条规定,计算如下:

对于粉细砂层:$\lambda_N=\dfrac{N}{N_{cr}}=\dfrac{9}{14.5}=0.621$,则 $0.6<\lambda_N<0.8$,$d_L=8\ \text{m}<10\ \text{m}$,查表5.3.12得 $\psi_l=1/3$。

对于中粗砂层,$\lambda_N=\dfrac{N}{N_{cr}}=\dfrac{20}{17.6}=1.136$,不液化层,侧摩阻力不折减。

$$
\begin{aligned}
Q_{uk} &= Q_{sk}+Q_{pk}\\
&= u\sum q_{sik}l_i+q_{pk}A_p\\
&= 4\times0.3\times\left(15\times1.5+\frac{1}{3}\times50\times5+70\times5.5\right)+6\,000\times0.3\times0.3\\
&= 1\,129\ (\text{kN})
\end{aligned}
$$

14. [答案](C)

[解析]复合地基的荷载等于复合地基承载力特征值时,说明桩和桩间土的承载力得到完全发挥。

桩上的应力:$\dfrac{\lambda R_a}{A_p}=\dfrac{0.9R_a}{A_p}=\dfrac{600\times0.9}{3.14\times0.2^2}=4\,299.363\ (\text{kPa})$

土层上的应力:$150\times0.8=120\ (\text{kPa})$

桩土应力比:$\dfrac{4\,299.363}{120}\approx36$

15. [答案](A)

[解析]据《湿陷性黄土地区建筑规范》(GB 50025—2004)第6.4.2条、第6.4.4条规定,计算如下:

$$S=0.95\sqrt{\frac{\bar{\eta}_c\rho_{dmax}D^2-\rho_{d0}d^2}{\bar{\eta}_c\rho_{dmax}-\rho_{d0}}}=0.95\times\sqrt{\frac{0.93\times1.6\times0.6^2-1.24\times0.3^2}{0.93\times1.6-1.24}}\approx1.24\ (\text{m})$$

16. [答案](C)

[解析]据《建筑地基处理技术规范》(JGJ 79—2012)第7.1.5条,计算如下:

置换率:$m=\dfrac{9\times3.14\times0.25^2}{5\times5}=0.070\,65$

$$
\begin{aligned}
f_{spk} &= \lambda m\frac{R_a}{A_p}+\beta(1-m)f_{sk}\\
&= 0.070\,65\times\frac{500}{3.14\times0.25^2}+0.8\times(1-0.070\,65)\times100\\
&= 254.348\ (\text{kPa})
\end{aligned}
$$

据《建筑地基基础设计规范》(GB 50007—2011)第5.2.4条,对复合地基承载力修正如下:

$f_a=f_{ak}+\eta_b\gamma(b-3)+\eta_d\gamma_m(d-0.5)=254.348+0+1\times18\times(2-0.5)=281.3\ (\text{kPa})$

据《建筑地基基础设计规范》(GB 50007—2011)第5.2.2条规定,轴心荷载作用时,计算如下:

$P_k=\dfrac{F_k+G_k}{A}=\dfrac{F_k+5\times5\times2\times20}{5\times5}\leqslant f_a=281.3\ \text{kPa}$

解得：$F_k=6\ 033.5\ \text{kN}$

17.[**答案**](C)

[**解析**]根据土力学理论，计算如下：

本场地 6 m 厚软土的最终沉降量：

$$s=\sum_{i=1}^{n}\frac{\Delta p_i}{E_{si}}h_i=\frac{p_0}{E_s}h=\frac{100}{2.5\times10^3}\times6=0.24\ (\text{m})=240\ (\text{mm})$$

经过某一时间后沉降 150 mm 时的固结度：

$$U_t=\frac{150}{240}\times100\%=62.5\%$$

据《建筑地基处理技术规范》(JGJ 79—2012)第 5.2.11 条：

$$\tau_{ft}=\tau_{f0}+\Delta\sigma_z U_t\tan\varphi_{cu}=20+100\times0.625\times\tan12^\circ=33.285\ (\text{kPa})$$

18.[**答案**](D)

[**解析**]由题意可知，锚索锁定作用，使挡土墙后填土达到被动土压力时，其锁定值计算如下：

由朗肯土压力理论，被动土压力强度计算公式是 $p_p=\gamma zK_p+2c\sqrt{K_p}$，墙后填土为砂性土，$c=0$，则：

$$p_p=\gamma zK_p=\gamma z\tan^2\left(45^\circ+\frac{\varphi}{2}\right)$$

挡土墙底被动土压力强度：

$$p_p=\gamma z\tan^2\left(45^\circ+\frac{\varphi}{2}\right)=21\times4.5\times\tan^2\left(45^\circ+\frac{20^\circ}{2}\right)=192.74\ (\text{kPa})$$

墙后土压力分布为三角形分布，则墙后单位长度受到的被动土压力的合力为：

$$E_p=\frac{1}{2}p_p h\times1=\frac{1}{2}\times192.74\times4.5\times1=433.67\ (\text{kN/m})$$

由于锚索水平间距为 2 m，则每条锚索的锁定值为：

$$2E_p=2\times433.67=867.34\ (\text{kN})$$

19.[**答案**](A)

[**解析**]据《建筑边坡工程技术规范》(GB 50330—2013)第 6.3.3 条规定，计算如下：

滑裂面长度：$L=\frac{6}{\sin\theta}=\frac{6}{\sin45^\circ}=8.485\ (\text{m})$

则主动岩石压力合力标准值为：

$$E_{ak}=G\tan(\theta-\varphi_s)-\frac{c_s L\cos\varphi_s}{\cos(\theta-\varphi_s)}$$

$$=2\ 000\times\tan(45^\circ-35^\circ)-\frac{20\times8.485\times\cos35^\circ}{\cos(45^\circ-35^\circ)}$$

$$=211.5\ (\text{kN/m})$$

20.[**答案**](B)

[**解析**]据《铁路路基设计规范》(TB 10001—2005)第 5.2.2 条表 5.2.2 下面的"注：1"规定，计算分析如下：

不均匀系数：$C_u=\frac{d_{60}}{d_{10}}=\frac{0.7}{0.1}=7>5$

曲率系数：$C_c=\frac{d_{30}^2}{d_{10}\times d_{60}}=\frac{0.2^2}{0.1\times0.7}=0.571\ 4$，不在 1～3 范围内，属于不良级配。

由粒径大于 0.5 mm 颗粒的质量超过总质量的 50%，细粒含量小于 5%，查表 5.2.2 知填料分组为B组。

21.[**答案**](C)

[**解析**]由题意，粉质黏土层①将发生渗透破坏时，其临界水力比降为：$i_{cr}=\frac{\gamma'}{\gamma_w}$。

假设发生渗透破坏时粉质黏土层①的水头差为Δh_1，则：$i_{cr}=\frac{\Delta h_1}{h_1}$，式中$h_1$为粉质黏土层①层厚度，则有：$i_{cr}=\frac{\Delta h_1}{h_1}=\frac{\gamma'}{\gamma_w}$，代入已知数据，得：

$$\frac{\Delta h_1}{2.0}=\frac{19.5-10}{10}$$

解得：$\Delta h_1=1.9$ m。

假设发生渗透破坏时粉质黏土层②的水头差为Δh_2，利用粉质黏土层①和层②接触面处流速相等的关系，求出Δh_2。$v_1=i_1k_1=\frac{\Delta h_1}{h_1}k_1$，$v_2=i_2k_2=\frac{\Delta h_2}{h_2}k_2$，由$v_1=v_2$，得：

$$\frac{\Delta h_1}{h_1}k_1=\frac{\Delta h_2}{h_2}k_2\Rightarrow\frac{1.9}{2.0}\times2.1\times10^{-5}=\frac{\Delta h_2}{3.5}\times3.5\times10^{-5}$$

解得：$\Delta h_2=1.995$ m

发生渗透破坏时，粉质黏土层②层底我们把它看成是一条等势线，则有：

$$\Delta h_1+\Delta h_2+2.0+3.5=H+3.0$$

解得：$H=6.395$ m。

22.[**答案**](C)

[**解析**]据《建筑基坑支护技术规程》(JGJ 120—2012)附录E、第7.3.11条，计算如下：

该降水属于均质含水层潜水非完整井的基坑降水总涌水量计算，计算公式为：

$$Q=\pi k\frac{H^2-h^2}{\ln\left(1+\frac{R}{r_0}\right)+\frac{h_m-l}{l}\ln\left(1+0.2\frac{h_m}{r_0}\right)}$$

$h_m=\frac{H+h}{2}$，其中，$H=30-6=24$ (m)，$h=24-6-0.5=17.5$ (m)，则：

$$h_m=\frac{H+h}{2}=\frac{24+17.5}{2}=20.75\ (\text{m})$$

由规范第7.3.11条规定，降水影响半径R为：

$$R=2s_w\sqrt{kH}=2\times10\times\sqrt{5\times24}=219.089\ (\text{m})$$

由附录E第E.0.1条规定，基坑等效半径：

$$r_0=\sqrt{A/\pi}=\sqrt{100\times80/3.14}=50.475\ (\text{m})$$

由附录E第E.0.2条规定，过滤器进水部分长度：

$$l=22-12-0.5-r_0\times\frac{1}{15}=9.5-50.475\times\frac{1}{15}=6.135\ (\text{m})$$

将以上数据代入涌水量公式里，得：

$$Q=\pi k\frac{H^2-h^2}{\ln\left(1+\frac{R}{r_0}\right)+\frac{h_m-l}{l}\ln\left(1+0.2\frac{h_m}{r_0}\right)}$$

$$=3.14\times5\times\frac{24^2-17.5^2}{\ln\left(1+\frac{219.089}{50.475}\right)+\frac{20.75-6.135}{6.135}\times\ln\left(1+0.2\times\frac{20.75}{50.475}\right)}$$

$=2\ 273.26\ (m/d)$

23.[**答案**](D)

[**解析**]据《建筑基坑支护技术规程》(JGJ 120—2012)第 3.4.2 条规定,计算如下:

黏土层在基层底产生的主动土压力强度为:

$$p_{ak1}=\sigma_{ak1}K_{a1}-2c\sqrt{K_{a1}}$$
$$=\gamma_1 h_1\tan^2\left(45°-\frac{\varphi_1}{2}\right)-2c_1\tan\left(45°-\frac{\varphi_1}{2}\right)$$
$$=20\times2\times\tan^2\left(45°-\frac{18°}{2}\right)-2\times20\times\tan\left(45°-\frac{18°}{2}\right)$$
$$=-7.95\ (kPa)<0$$

应取 $p_{ak1}=0$,即黏性土层主动土压力合力 E_{a1} 为 0。

砂土顶面处主动土压力强度为:

$$p_{ak2}=\sigma_{ak1}K_{a2}=\gamma_1 h_1\tan^2\left(45°-\frac{\varphi_2}{2}\right)=20\times2\times\tan^2\left(45°-\frac{35°}{2}\right)=10.84\ (kPa)$$

砂土层底面处主动土压力强度为:

$$p_{ak3}=(\sigma_{ak1}+\sigma_{ak2})K_{a2}$$
$$=(\gamma_1 h_1+\gamma_2 h_2)\tan^2\left(45°-\frac{\varphi_2}{2}\right)$$
$$=(20\times2+20\times9)\times\tan^2\left(45°-\frac{35°}{2}\right)$$
$$=59.62\ (kPa)$$

则支护桩外侧主动土压力合力为:

$$E_a=E_{a1}+E_{a2}=1.4\times\left[\frac{1}{2}\times(10.84+59.62)\right]=443.9\ (kN)$$

24.[**答案**](B)

[**解析**]据《建筑地基基础设计规范》(GB 50007—2011)附录 G 第 G.0.1 规定,计算如下:

平均冻胀率:$\eta=\frac{\Delta z}{Z_d}\times100\%=\frac{160.85-160.67}{2.8-(160.85-160.67)}\times100\%=6.87\%$

冻前天然含水率 $w=30\%$,塑限含水率 $w_p=22\%$,液限含水率 $w_L=45\%$,则:

$w_p+5=27<w=30<w_p+9=31$

冻结期间地下水位距地表的最小距离:

$h_w=3.5-2.8=0.7\ (m)<2\ m$

综上查表 G.0.1,可知该土冻胀类别为强冻胀。又由于塑性指数为 $I_p=45-22=23>22$,冻胀性降低一级,则该土冻胀性为冻胀。

25.[**答案**](C)

[**解析**]据《岩土工程勘察规范》(GB 50021—2001)(2009 年版)第 6.2.2 条规定,计算如下:

①状态判别:

含水比:$\alpha_w=\frac{w}{w_L}=\frac{51}{55}\approx0.93$

查表 6.2.2-1,该红黏土状态分类为:软塑。

②复浸水特征判别:

$I_r=\frac{w_L}{w_p}=\frac{55}{35}\approx1.571$

$I'_r=1.4+0.0066w_L=1.4+0.0066\times55=1.763$

则 $I_r<I'_r$，查表 6.2.2-2，可知该红黏土复浸水特性分类为Ⅱ类。

26.［答案］(D)

［解析］①求出基底中心以下 2 m 内膨胀土层平均自重压力：由题意，基础底面中心以下 2 m处，土的自重应力为 4×18=72 (kPa)，基底处土的自重应力为：2×18=36 (kPa)，那么基底中心以下 2 m 范围内土的平均自重压力为：

$\overline{p}_c=(36+72)/2=54$ (kPa)

②求出基底中心以下 2 m 范围内的平均附加压力：

基底附加压力为：$p_0=p_k-p_c=\frac{F_k+G_k}{A}-\gamma d=\frac{300+2\times2\times2\times20}{2\times2}-18\times2=79$ (kPa)

基底中心点下 2 m 处的附加应力为：$z/b=2/1=2$，$L/b=2/2=1$，查《建筑地基基础设计规范》(GB 50007—2011)附录 K 表 K.0.1-1，$\alpha=0.084$，则：

$p'_0=4\alpha p_0=4\times0.084\times79=26.5$ (kPa)

那么基底中心以下 2 m 范围内土的平均附加压力为：

$\overline{p'}_0=(79+26.5)/2=52.8$ (kPa)

③建筑物建成后其基底中心点下，土在平均自重压力与平均附加压力之和作用下的膨胀率 δ_{ep}：$\overline{p}_c+\overline{p'}_0=54+52.8=106.8$ (kPa)，由题目的表内查得，$\frac{106.8-90}{120-90}=\frac{\delta_{ep}-4}{2-4}$，解得：$\delta_{ep}\approx2.9\%$。

27.［答案］(B)

［解析］据《公路工程抗震规范》(JTG B02—2013)第 5.2.1 条、第 5.2.2 条、第 5.2.5条规定，计算如下：

①先计算水平设计加速度反应谱：

水平设计加速度反应谱最大值 S_{max}：

$S_{max}=2.25C_iC_sC_dA=2.25\times1.7\times1.0\times1.0\times0.3g=1.1475g$

由于 $T>T_g$，阻尼比为 0.05，水平设计加速度反应谱：

$S=S_{max}(T_g/T)=1.1475g\times(0.35/0.45)=0.8925g$

②再求竖向设计加速度反应谱：

Ⅱ类场地，属于土层场地，且 $T=0.45$ s>0.3 s，所以，竖向对平向谱比系数：$R=0.5$，竖向设计加速度反应谱为：$0.5S=0.5\times0.8925g=0.44625g\approx0.45g$

28.［答案］(D)

［解析］据《水利水电工程地质勘察规范》(GB 50487—2008)附录 P 第 P.0.3 条第 5 款、第 7 款规定，计算如下：

判别式：$V_{st}=291\sqrt{K_HZr_d}$

3 m 处：$V_{st}=291\times\sqrt{0.2\times3\times(1.0-0.01\times3)}=222$ (m/s)>180 m/s，此处可能液化。

8 m 处：$V_{st}=291\times\sqrt{0.2\times8\times(1.0-0.01\times8)}=353.06$ (m/s)>220 m/s，此处可能液化。

12 m 处：$V_{st}=291\times\sqrt{0.2\times12\times(1.0-0.02\times12)}=393.01$ (m/s)>260 m/s，此处可能液化。

29. [**答案**](D)

[**解析**]据《建筑抗震设计规范》(GB 50011—2010)第4.1.4条、第4.1.6条、第5.1.4条规定,计算如下:

①第4层卵石层实测剪切波速大于其上各土层剪切波速的2.5倍,其下基岩层剪切波速大于400 m/s,所以覆盖层厚度为地面到第4层顶面,为16.0 m。

②计算等效剪切波速:$v_{se}=\dfrac{d_0}{\sum\limits_{i=1}^{n}(D_i/v_{st})}=\dfrac{16.0}{\dfrac{3.0}{140}+\dfrac{5.0}{100}+\dfrac{8.0}{160}}=131.765\ (\text{m/s})$

查表4.1.6,得该场地类别为Ⅲ类。

由题意,设计地震分组为第二组,场地类别为Ⅲ类,则查表5.1.4-2,得该场地的特征周期为0.55 s。

30. [**答案**](B)

[**解析**]据《建筑基桩检测技术规范》(JGJ 106—2014)第4.1.4条、第4.2.2条规定,计算如下:

由第4.1.4条规定,加载量为:

$2\times3\,000=6\,000\ (\text{kN})$

由4.2.2条第1款,加载反力装置能提供的反力不得小于最大加载量的1.2倍,得反力为:

$1.2\times6\,000=7\,200\ (\text{kN})$

由4.2.2条第5款,压重施加于地基的压应力不宜大于地基承载力特征值的1.5倍,则支座底面积为:

$\dfrac{7\,200}{1.5\times200}=24\ (\text{m}^2)$

2014年全国注册岩土工程师专业考试试卷(新解)

专业知识(上午卷)

一、单项选择题(共40题,每题1分。每题的备选项中只有一个最符合题意)

1. 某港口岩土工程勘察,有一粉质黏土和粉砂成层状交替分布的土层,粉质黏土平均层厚40 cm,粉砂平均层厚5 cm,按《水运工程岩土勘察规范》(JTS 133—2013),该层土应定名为(　　)。

(A)互层土　　(B)夹层土　　(C)间层土　　(D)混层土

2. 某化工车间建设前场地土的压缩模量为12 MPa,车间运行若干年后,场地土压缩模量降低到9 MPa,根据《岩土工程勘察规范》(GB 50021—2001)(2009年版)该场地的污染对场地土的压缩模量的影响程度为(　　)。

(A)轻微　　(B)中等　　(C)大　　(D)强

3. 在粉细砂含水层中进行抽水试验,最合适的抽水孔过滤器是(　　)。

(A)骨架过滤器　　(B)缠丝过滤器　　(C)包网过滤器　　(D)用沉淀管替代

4. 在潮差较大的海域钻探,回次钻进前后需进行孔深校正时,正确做法是(　　)。

(A)涨潮和落潮时均加上潮差　　(B)涨潮和落潮时均减去潮差

(C)涨潮时加上潮差,退潮时减去潮差　　(D)涨潮时减去潮差,退潮时加上潮差

5. 岩体体积结构面数含义是指(　　)。

(A)单位体积内结构面条数　　(B)单位体积内结构面组数

(C)单位体积内优势结构面条数　　(D)单位体积内优势结构面组数

6. 关于潜水地下水流向的判定,下列说法(　　)是正确的。

(A)从三角形分布的三个钻孔中测定水位,按从高到低连线方向

(B)从多个钻孔测定地下水位,确定等水位线,按由高到低垂线方向

(C)从多个观测孔的抽水试验中测定水位,按主孔与最深水位孔连线方向

(D)从多个观测孔的压水试验中测定水量,按主孔与最大水量孔连线方向

7. 在多个观测孔的抽水试验中,要求抽水孔与最近的观测孔的距离不宜小于含水层厚度,其主要原因是(　　)。

(A)减少水力坡度对计算参数的影响　　(B)避免三维流所造成的水头损失

(C)保证观测孔中有足够的水位降深　　(D)提高水量和时间关系曲线的精度

8. 在城市轨道交通岩土工程勘察中,有机质含量是用(　　)温度下的灼失量来测定的。

(A)70℃　　(B)110℃　　(C)330℃　　(D)550℃

9. 在城市轨道交通详细勘察阶段,下列有关地下区间勘察工作布置的说法,(　　)不符合规范要求。

(A)对复杂场地,地下区间勘探点间距宜为10～30 m

(B)区间勘探点宜在隧道结构中心线上布设

(C)控制性勘探孔的数量不应少于勘探点总数的1/3

(D)对非岩石地区,控制性勘探孔进入结构底板以下不应小于3倍的隧道直径(宽度)

10. 在公路工程初步勘察时，线路工程地质调绘宽度沿路线左右两侧的距离各不宜小于（　　）。

(A)50 m　　(B)100 m　　(C)150 m　　(D)200 m

11. 在钻孔中使用活塞取土器采取Ⅰ级原状土试样，其取样回收率的正常值应介于（　　）范围之间。

(A)0.85～0.90　　(B)0.90～0.95　　(C)0.95～1.00　　(D)1.00～1.05

12. 对含有机质超过干土质量5%的土进行含水率试验时，应将温度控制在（　　）范围内恒温下烘至恒量。

(A)65～70℃　　(B)75～80℃　　(C)95～100℃　　(D)105～110℃

13. 下列关于建筑工程初步勘察工作的布置原则，（　　）不符合《岩土工程勘察规范》(GB 50021—2001)(2009年版)的规定。

(A)勘探线应平行于地貌单元布置

(B)勘探线应垂直于地质构造与地层界线布置

(C)每个地貌单元均应有控制性勘探点

(D)在地形平坦地区，可按网格布置勘探点

14. 在计算地下车库的抗浮稳定性时按《建筑地基基础设计规范》(GB 50007—2011)的规定，应采用以下（　　）荷载效应组合。

(A)正常使用极限状态下作用的标准组合　　(B)正常使用极限状态下作用的准永久组合

(C)正常使用极限状态下作用的频遇组合　　(D)正常使用极限状态下作用的基本组合

15. 在以下的作用（荷载）中，通常不用于建筑地基变形计算的作用效应是（　　）。

(A)风荷载　　(B)车辆荷载

(C)积灰积雪荷载　　(D)安装及检修荷载

16. 按照《建筑地基基础设计规范》(GB 50007—2011)的规定，下列（　　）建筑物的地基基础设计等级不属于甲级。

(A)邻近地铁的2层地下车库

(B)软土地区3层地下室的基坑工程

(C)同一楼板上主楼12层，裙房3层，平面体型是E形的商住楼

(D)2层地面卫星接收站

17. 软土场地采用堆载预压法对其淤泥层进行处理，其他条件相同，达到同样固结度时，上下两面排水时间为 t_1，单面排水时间为 t_2，则两者之间关系为（　　）。

(A)$t_1=\frac{1}{8}t_2$　　(B)$t_1=\frac{1}{4}t_2$　　(C)$t_1=\frac{1}{2}t_2$　　(D)$t_1=t_2$

18. 软土场地中，（　　）对碎石桩单桩竖向抗压承载力影响最大。

(A)桩周土的水平侧限力　　(B)桩周土的竖向侧阻力

(C)碎石的粒径　　(D)碎石的密实度

19. 比较堆载预压法和真空预压法处理淤泥地基，以下（　　）说法正确。

(A)地基中的孔隙水压力变化规律相同

(B)预压区边缘土体侧向位移方向一致

(C)均需控制加载速率，以防加载过快导致淤泥地基失稳破坏

(D)堆载预压法土体总应力增加，真空预压法土体总应力不变

20. 根据《建筑地基处理技术规范》(JGJ 79—2012)的有关规定，对局部软弱地基进行换填垫层施工时，以下（　　）说法错误。

(A)采用轻型击实试验指标时，灰土、粉煤灰换填垫层的压实系数应大于等于 0.95

(B)采用重型击实试验指标时，垫层施工时需要的干密度应比轻型击实试验时的大

(C)垫层的施工质量检验应分层进行，压实系数可采用环刀法或灌砂法检验

(D)验收时垫层承载力应采用现场静载荷试验进行检验

21. 根据《建筑地基处理技术规范》(JGJ 79—2012)，采用真空预压法加固软土地基时，以下(　　)论述错误。

(A)膜下真空度应稳定地保持在 86.7 kPa 以上，射流真空泵空抽气时应达到 95 kPa 以上的真空吸力

(B)密封膜宜铺设 3 层，热合时宜采用双热合缝的平搭接

(C)真空管路上应设置止回阀和截门，以提高膜下真空度，减少用电量

(D)当建筑物变形有严格要求时，可采用真空—堆载联合预压法且总应力宜超过建筑物的竖向荷载

22. 某建筑地基主要土层自上而下为：①素填土，厚 2.2 m；②淤泥，含水率为 70%，厚 5 m；③粉质黏土，厚 3 m；④花岗岩残积土厚 5 m；⑤强风化花岗岩，厚 4 m。初步设计方案为：采用搅拌桩复合地基，搅拌桩直径 ϕ600 mm，长 9 m，根据地基承载力要求算得桩间距为 800 mm。审查人员认为搅拌桩太密，在同桩长情况下，改用(　　)方案最合适。

(A)石灰桩　　(B)旋喷桩

(C)挤密碎石桩　　(D)水泥粉煤灰碎石桩

23. 根据《建筑地基处理技术规范》(JGJ 79—2012)，下列有关地基处理的论述中(　　)是错误的。

(A)经处理后的地基，基础宽度 1 m 时地基承载力修正系数应取为零

(B)处理后的地基可采用圆弧滑动法验算整体稳定性，其安全系数不应小于 1.3

(C)多桩型复合地基的工作特性是在等变形条件下的增强体和地基土共同承担载荷

(D)多桩型复合地基中的刚性桩布置范围应大于基础宽度

24. 某场地采用多桩型复合地基，采用增强体 1 和增强体 2，见下图，当采用多桩(取增强体 1 和增强体 2 各 2 根)，复合地基静载荷试验时，载荷板面积取下列(　　)。

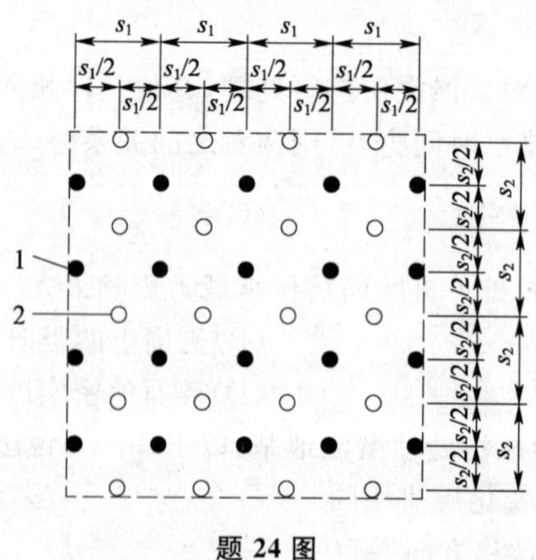

题 24 图

(A)$s_1{}^2+s_2{}^2$　　(B)$2s_1s_2$　　(C)$(s_1+s_2)^2$　　(D)$2s_1{}^2+2s_2{}^2$

25. 采用复合式衬砌的公路隧道，在初期支护和二次衬砌之间设置防水板及无纺布组成的防水层，以防止地下水渗漏进入衬砌内，下列(　　)要求不符合《公路隧道设计规范》(JTG

D70—2004)规定。

(A)无纺布的密度不小于 300 g/m^2

(B)防水板接缝搭接长度不小于 100 mm

(C)在施工期遇到无地下水地段也应设置防水层

(D)二次衬砌的混凝土应满足抗渗要求，在冻害地段的地区，其抗渗等级应不低于 S6

26. 对于隧道仰拱和底板的施工，下列(　　)选项不符合《铁路隧道设计规范》(TB 10003—2005)的要求。

(A)仰拱或底板施工前必须将隧底虚渣、积水等清除干净，超挖部分采用片石混凝土回填与找平

(B)保持洞室稳定，仰拱或底板要及时封闭

(C)仰拱应超前拱墙衬砌施作，超前距离宜保持 3 倍以上衬砌循环作业长度

(D)在仰拱或底板施工，变形缝处应按相关工艺规范做防水处理

27. 铁路隧道复合式衬砌的初期支护益采用喷锚支护，其基层平整度应符合(　　)(D 为初期支护基层相邻两凸面凹进去的深度，L 为基层两凸面的距离)。

(A)$D/L\leqslant\frac{1}{2}$　　(B)$D/L\leqslant\frac{1}{6}$　　(C)$D/L\geqslant\frac{1}{2}$　　(D)$D/L\geqslant\frac{1}{2}$

28. 根据《建筑基坑支护技术规程》(JGJ 120　2012)预应力锚杆施工采用二次压力注浆工艺时，下列关于注浆孔的设置，(　　)正确。

(A)注浆管应在锚杆全场范围内设置注浆孔

(B)注浆管应在锚杆前端$\frac{1}{4}\sim\frac{1}{3}$锚固段范围内设置注浆孔

(C)注浆管应在锚杆末端$\frac{1}{4}\sim\frac{1}{3}$锚固段范围内设置注浆孔

(D)注浆管应在锚杆末端$\frac{1}{3}$锚杆全长范围内设置注浆孔

29. 某建筑深基坑工程采用排桩支护结构，桩径为 1 m，排桩间距为 1.2 m，当采用平面杆系结构弹性支点法计算时，单根支护桩上的土压力反力计算宽度为(　　)。

(A)1.8 m　　(B)1.5 m

(C)1.2 m　　(D)1.0 m

30. 如下图所示，某基坑深 10 m，长方形平面尺寸为 50 m×30 m，距离基坑边 4～6 m 为 3～4 层的天然地基民房场地，场地地层从地面起为：①填土层厚 2 m；②淤泥质黏土层厚2 m；③冲砂层厚 3 m；④粉质黏土层，可塑到硬塑，承压水水头位于地面下 1 m。按照基坑安全环境安全经济合理的原则，以下(　　)支护方案最合适。

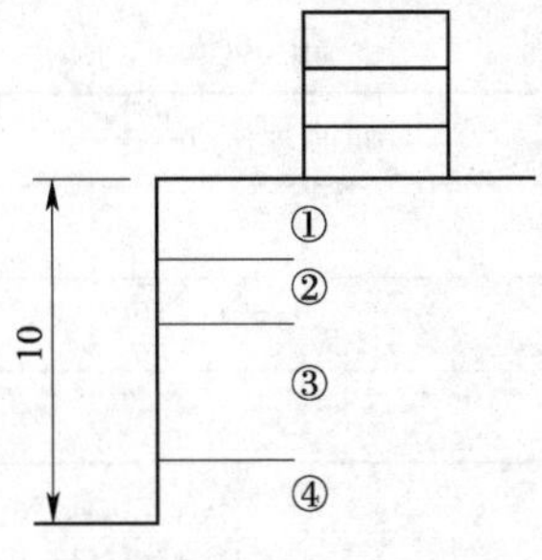

题 30 图(尺寸单位：m)

(A)搅拌桩复合土钉支护　　(B)钢板桩加锚索支护

(C)搅拌桩重力式挡墙支护　　(D)地下连续墙加内支撑支护

31. 在Ⅳ级围岩地段修建两车道小净距公路隧道时，下列（　　）不符合《公路隧道设计规范》(JTG D70—2004)要求。

(A)应综合隧道地质和进出口地形条件及使用要求确定最小净距

(B)最小净距小于 6 m 时，可用系统锚杆加固中间岩柱，大于 6 m 时可用水平对拉锚杆取代

(C)施工过程应遵循“少扰动，快加固，勤测量，早封闭”的原则以确保中间岩柱的稳定

(D)应优先选用复合式衬砌，可采用小导管作为超前支护措施

32. 根据《建筑抗震设计规范》(GB 50011—2010)的规定，在深厚第四系覆盖层地区，对于可液化土的液化判别，下列（　　）说法不正确。

(A)抗震设防烈度为 8 度的地区，饱和粉土的黏粒含量为 15%时可判为不液化土

(B)抗震设防烈度为 8 度的地区，拟建 8 层民用住宅，采用桩基础，采用标准贯入试验法判别地基土的液化情况时，可只判别地面下 15 m 范围内土的液化

(C)当饱和砂土未经杆长修正的标准贯入锤击数小于或等于液化判别标准贯入锤击数临界值时，应判为液化

(D)勘察未见地下水时，应按设计基准期内年平均最高水位进行液化判别

33. 下列关于建筑抗震设计叙述中，正确的是（　　）。

(A)设计地震分组为第一、第二、第三组分别对应于抗震设防的三个地震烈度水准

(B)抗震设防烈度为 7 度区所对应的设计地震基本加速度为 0.10g

(C)设计周期可根据《中国地震动参数区划图》(GB 18306—2015)查取

(D)50 年设计基准期超越概率 10%的地震加速度为设计基本地震加速度

34. 在其他条件相同的条件下，下列关于砂土液化可能性的叙述中，（　　）不正确。

(A)颗粒磨圆度越好，液化可能性越大　　(B)排水条件越好，液化可能性越大

(C)震动时间越长，液化可能性越大　　(D)上覆土层越薄，液化可能性越大

35. 根据《中国地震动参数区划图》(GB 18306—2015)规定，下列（　　）符合要求。

(A)中国地震动峰值加速度区划图比例尺为 1∶400，允许放大使用

(B)中国地震动峰值反应谱特征周期区划图比例尺为 1∶400，可放大使用

(C)位于地震动参数区划分界线附近的扩建工程不应直接采用本标准，应专门研究

(D)核电站可直接采用本标准

36. 某土石坝坝址的勘察资料见下表，拟建场地土层开挖 15 m 深度后建造土石坝，按照《水工建筑物抗震设计规范》(DL 5073—2000)规定，该工程场地场土类型属于（　　）。

题 36 表

岩土名称	层顶埋深/m	实测剪切波速/(m/s)
粉土	0	140
中砂	15	280
安山岩	30	700

(A)软弱场地土　　(B)中软场地土

(C)中硬场地土　　(D)坚硬场地土

37.某建筑场地类别为Ⅲ类，设计基本地震加速度为0.15g，按《建筑抗震设计规范》(GB 50011—2010)规定，除规范规定外对建筑物采取抗震构造措施时，宜符合(　　)。

(A)按抗震设防烈度为7度(0.10g)时抗震设防类别建筑的要求

(B)按抗震设防烈度为7度(0.15g)时抗震设防类别建筑的要求

(C)按抗震设防烈度为8度(0.20g)时抗震设防类别建筑的要求

(D)按抗震设防烈度为7度(0.30g)时抗震设防类别建筑的要求

38.高应变检测单桩承载力，力传感器直接测到(　　)。

(A)传感器安装面外的应变　　(B)传感器安装面外的应力

(C)桩顶部的锤击力　　(D)桩头附近的应力

39.某大直径桩采用钻芯法检测时，在桩身共钻有两孔，在某深度发现缺陷现象，检测人员在两个钻孔相同深度各采集3块混凝土芯样试件，得到该深度处的两个抗压强度代表值，则该桩在该深度的芯样试件抗压强度代表值由下列(　　)方法确定。

(A)取两个抗压强度代表值中的最小值

(B)取两个抗压强度代表值中的平均值

(C)取所有6件试件抗压强度代表值中的最小值

(D)取两组试件抗压强度代表值中的最小值的平均值

40.关于建筑基坑工程监测点布置，下列(　　)说法是正确的。

(A)混凝土支撑监测截面宜选择在两支点中部

(B)围护墙的水平位移监测点宜布置在角点处

(C)立柱的内力监测点宜设在坑底以上各层立柱上部的1/3部位

(D)坑外水位监测点应沿基坑被保护对象的周边布置

二、多项选择题(共30题，每题2分。每题的备选项中有两个或三个符合题意，错选、少选、多选均不得分)

41.铁路增建第二条线时，就工程地质条件而言，选线合理的是(　　)。

(A)泥石流地段宜选在既有线下游一侧

(B)水库坍岸地宜选在水库一侧

(C)路堑边坡坍塌变形地段宜选在有病害一侧

(D)河谷地段宜选在地形平坦的宽谷一侧

42.关于高压固结试验，下列说法正确的是(　　)。

(A)土的前期固结压力是土层在地质历史上所曾经承受过得上覆土层的最大有效自重压力

(B)土的压缩指数是指e-lg$p$曲线上大于前期固结压力的直线段斜率

(C)土的再压缩指数是指e-lg$p$曲线上再压缩模量与压力差比值的对数值

(D)土的回强压缩指数是指e-lg$p$曲线上回弹圆两端点连线的斜率

43.用载荷试验确定地基承载力特征值时，下列(　　)说法不正确。

(A)试验最大加载量按设计承载力的2倍确定

(B)取极限荷载除以2的安全系数作为地基承载力特征值

(C)试验深度大于5 m的平板载荷试验属于深层平板载荷试验

(D)沉降曲线出现陡降且本级沉降大于前级的5倍时可作为终止试验的一个标准

44.下列关于深层平板载荷试验的说法，(　　)是正确的。

(A)深层平板载荷试验适用于确定埋深大于5 m的地基承载力

(B)深层平板载荷试验适用于确定大直径基桩桩端土层的承载力

(C)深层平板载荷试验所确定的地基承载力特征值基础埋深的修正系数为零

(D)深层平板载荷试验的试验井直径应大于承压板直径

45. 下列(　　)试验方法适用于测粒径大于 5 mm 的土的颗粒相对密度。

(A)比重瓶法　　(B)浮称法　　(C)虹吸筒法　　(D)移液管法

46. 下列关于土对钢结构腐蚀性评价的说法,正确的是(　　)。

(A)氧化还原电位越高,腐蚀性越强　　(B)视电阻率越高,腐蚀性越强

(C)极化电流密度越大,腐蚀性越强　　(D)质量损失越大,腐蚀性越强

47. 根据《建筑地基基础设计规范》(GB 50007—2011),关于地基基础的作用取值及设计规定,说法正确的是(　　)。

(A)挡土墙的稳定计算与挡土截面

(B)在同一个地下车库设计中,抗压作用与抗浮作用的基本组合值不同

(C)对于地基基础设计等级为丙级的情况,其结构重要性系数 γ_0 可取 0.9

(D)若建筑结构的设计使用年限为 50 年,则地基基础的设计使用年限也可定为 50 年

48. 根据《建筑地基基础设计规范》(GB 50007—2011)及《建筑桩基技术规范》(JGJ 94—2008)规定,在以下地基基础计算中,作用效应采用正常使用状态下作用标准组合的是(　　)。

(A)基础底面确定计算基底压力

(B)柱与基础交接处冲切验算时,计算地基土单位面积净反力

(C)抗拔桩的裂线控制计算时,计算桩身混凝土拉应力

(D)群桩中基桩水平承载力验算时基桩桩顶水平力

49. 在以下地基基础设计验算中,按《建筑地基基础设计规范》(GB 50007—2011)规定,应按正常使用极限状态进行设计计算的是(　　)。

(A)柱基的不均匀沉降验算

(B)基础裂缝宽度验算

(C)支挡结构与内支撑的截面验算

(D)受很大水平力作用的建筑地基稳定性验算

50. 下列(　　)地基处理方法在加固地基时有挤密作用。

(A)强夯法　　(B)柱锤冲扩桩　　(C)水泥搅拌桩　　(D)振冲法

51. 某软土路堤拟采用 CFG 桩复合地基,经验算,最危险滑动面通过 CFG 桩身,其整体滑动稳定性系数不满足要求,下列(　　)方法可显著提高复合地基的整体滑动稳定性。

(A)提高 CFG 桩的混凝土强度等级

(B)在 CFG 桩桩身内设置钢筋笼

(C)增加 CFG 桩桩长

(D)复合地基施工前对软土进行预压处理

52. 根据《建筑地基处理技术规范》(JGJ 79—2012)规定,对拟建建筑物进行地基处理,下列(　　)说法正确。

(A)确定水泥粉煤灰碎石桩复合地基的设计参数时应考虑基础刚度

(B)经处理后的地基在受力层范围内不应存在软弱下卧层

(C)各桩型的复合地基竣工验收时承载力检验均应采取现场载荷试验

(D)地基处理方法比选与上部结构特点有关

53. 根据《建筑地基处理技术规范》(JGJ 79—2012)采用灰土挤密桩加固湿陷性黄土地基时，下列(　　)说法正确。

(A)石灰可选用新鲜消石灰，土料宜选用粉质黏土，灰土的体积比为 2∶8

(B)处理后的复合地基承载力特征值不宜大于处理前天然地基承载力特征值的 1.4 倍

(C)桩顶应设置褥垫层，厚度可取 500 mm，压实系数不应低于 0.95

(D)采用钻孔夯扩法成孔时，桩顶设计标高以上的预留覆土厚不宜小于 1.2 m

54. 采用预压法进行软基处理时，下列(　　)说法正确。

(A)勘察时应查明软土层厚度，透水层位置及水源补给情况

(B)塑料排水板和砂井的井径比相同时，处理效果也相同

(C)考虑砂井的涂抹作用后，软基的固结度将减小

(D)超载预压时，超载量越大，软基的次固结系数越大

55. 有一厂房工程，浅层 10 m 范围内以流塑～软塑黏性土为主，车间地坪需要回填 1.5 m 覆土，正常使用时地坪堆载要求为 50 kPa，差异沉降控制在 5‰以内，下列(　　)地基处理方法较为合适。

(A)强夯法　　(B)水泥搅拌桩法　　(C)碎石桩法　　(D)注浆钢管桩

56. 某松散粉土可液化地基，液化土层厚 8 m，其下卧为中密砂卵石层，若需消除其液化并将地基承载力提高到 300 kPa，下列处理方案(　　)可选。

(A)旋喷桩复合地基

(B)碎石桩＋水泥粉煤灰碎石多桩型复合地基

(C)水泥土搅拌桩复合地基

(D)柱锤冲扩桩复合地基

57. 根据《建筑基坑支护技术规程》(JGJ 120—2012)规定，深基坑水平对撑支护结构中关于计算宽度内弹性支点的刚度系数，下列说法正确的是(　　)。

(A)与支撑的截面尺寸、支撑材料的弹性模量有关

(B)与支撑水平间距无关

(C)与支撑两边基坑土方开挖方式及开挖时间差异有关

(D)同样条件下，预加轴向压力时钢支撑的刚度系数大于不预加轴向压力的刚度系数

58. 根据《建筑基坑支护技术规程》(JGJ 120—2012)规定，关于悬臂式支护桩嵌固深度的计算和设计说法正确的是(　　)。

(A)应满足绕支护桩底部转动的力矩平衡

(B)应满足整体稳定性验算要求

(C)当支护桩桩端以下存在软弱土层时，必须穿过软弱土层

(D)必须进行隆起稳定性验算

59. 对穿越基本稳定的山体的铁路隧道，按照《铁路隧道设计规范》(TB 10003—2005)规定，在初步判定是否属于浅埋隧道时，应考虑下列(　　)因素。

(A)覆盖层厚度　　(B)围岩等级

(C)地表是否平坦　　(D)地下水位埋深

60. 采用桩锚支护形式的建筑基坑坑底隆起稳定性验算不满足要求时，可采取下列(　　)措施。

(A)增加支护桩桩径　　(B)增加支护桩的嵌固深度

(C)增加锚杆长度　　(D)加固坑底土体

61. 当采用平面干系结构弹性支点法对基坑支护结构进行分析计算时，关于分布在支护桩上的土压力反力说法正确的是（　　）。

(A)与支护桩嵌固段水平位移有关

(B)与基坑底部土性参数有关

(C)与基坑主动土压力系数大小无关

(D)计算土抗力最大值应不少于被动土压力

62. 某地区由于长期开采地下水，发生大面积地面沉降，根据工程地质和水文地质条件，下列（　　）措施可采用。

(A)限制地下水的开采量　　(B)向含水层进行人工补给

(C)调整地下水开采层次，进行合理开采　　(D)对地面沉降区土体进行注浆加固

63. 下列措施可以全部或部分消除地基液化的是（　　）。

(A)钻孔灌注桩　　(B)挤密碎石桩

(C)强夯　　(D)长螺旋施工水泥粉煤灰碎石桩

64. 按《水工建筑物抗震设计规范》(DL 5073—2000)进行水工建筑物抗震计算，下列（　　）说法正确。

(A)采用地震作用于水库最高蓄水位组合

(B)一般情况下，采用上游水位为正常蓄水位

(C)对土石坝上游坝坡采用最不利的常遇水位

(D)采用地震作用与水库死水位的组合

65. 在抗震设防烈度为8度的地区，（　　）可不进行天然地基及基础的抗震承载力验算。

(A)一般单层厂房

(B)规范规定可不进行上部结构抗震验算的建筑

(C)9层的一般民用框架结构房屋

(D)地基为松散砂土层的2层框架结构民用建筑

66. 根据《水利水电工程地质勘察规范》(GB 50487—2008)规定，判别饱和少黏性土液化时，可采用下列（　　）指标。

(A)剪切速度　　(B)标准贯入锤击数

(C)液性指数　　(D)颗粒粒径 d_{10}

67. 某高速公路桥梁地基内有液化土层，根据《公路工程抗震规范》(JTG B02—2013)，验算其承载力时，下列说法正确的有（　　）。

(A)采用桩基时液化土层的桩侧摩阻力应折减

(B)采用桩基时液化土层的内摩擦角不用折减

(C)采用天然地基时，计算液化土层以下地基承载力应计入液化土层及以上土层重力

(D)采用天然地基时，液化土层以上的中密碎石土的地基承载力宜提高

68. 某平坦稳定的中硬场地，拟新建一般的居民小区，研究显示50年内场地地面峰值加速度与超越概率关系如下表所示，结合《建筑抗震设计规范》(GB 50011—2010)，下列针对该场地的说法中，（　　）是不正确的。

题68表

峰值加速度	$0.07g$	$0.10g$	$0.20g$	$0.40g$
超越概率/(%)	63	50	10	2

(A)该场地峰值加速度为 0.07g 地震的理论重现期约为 475 年

(B)今后 50 年内，场地遭受峰值加速度为大于 0.10g 地震的可能性为 50%

(C)可按照抗震设防烈度 8 度(0.20g)的相关要求进行结构抗震设计

(D)遭遇峰值加速度为 0.40g 地震时，抗震设防目标为损坏控制在可修范围内

69. 建筑基坑工程监测工作应符合下列(　　)要求。

(A)应采用仪器监测与巡视检查相结合的方法

(B)监测点应均匀布置

(C)至少应有 3 个稳定、可靠的点作为变形监测网的基准点

(D)对同一监测项目宜采用相同的观测方法和观测线路

70. 下列关于高、低应变法测桩的叙述中，(　　)是正确的。

(A)低应变法可以判断桩身结构的完整性

(B)低应变法动荷载能使土体产生塑性位移

(C)高应变法只能测定单桩承载力

(D)高应变法检测桩承载力时要求桩土间产生相对位移

专业知识(下午卷)

一、单项选择题(共 40 题，每题 1 分。每题的备选项中只有一个最符合题意)

1. 均质地基以下措施中，既可以提高地基承载力又可以有效减小地基沉降的是(　　)。

(A)设置基础梁的增大基础刚度　　(B)提高混凝土的强度等级

(C)采用“宽基浅埋”，减小基础埋深　　(D)设置地下室增大基础埋深

2. 场地天然地面标高 5.4 m，柱下独立基础设计基底埋深低于天然地面以下 1.5 m，在基础工程完工后 1 周内，室内地面填高至设计标高 5.9 m，下列(　　)取值正确。

(A)按承载力理论公式计算持力层地基承载力时，基础埋深 $d=2.0$ m

(B)承载力验算计算基地压力时，基础和填土重 $G_k = \gamma_G A d$ 中的 $d=2.0$ m

(C)地基沉降计算中的计算基地附加压力 $P_0 = P - \gamma d$ 时，$d=2.0$ m

(D)以上各计算中，基础埋深均为 $d=1.5$ m

3. 单层工业厂房，排架结构，跨度 24 m，柱距 9 m，单柱荷载 3 000 kN，基础底面下土层主要为密实的卵石层，在选择柱下基础形式时，(　　)最为合适。

(A)筏基础　　(B)独立基础　　(C)桩基础　　(D)十字交叉梁

4. 三个不同地基上承受不同轴心荷载的墙下条形基础，基础底面荷载、尺寸相同，三个基础地基反力的分布形态分别为：①马鞍形；②均匀分布；③倒钟形。三个基础在墙与基础交接处弯矩设计值之间关系为(　　)。

(A)①<②<③　　(B)①>②>③

(C)①<②>③　　(D)①=②=③

5. 按《建筑地基基础设计规范》(GB 50007—2011)规定，在沉降计算的应力分析过程中，下列对于地基的假定错误的是(　　)。

(A)地基为弹塑性体　　(B)半无限体

(C)线弹性体　　(D)均匀各向同性

6. 按《建筑地基基础设计规范》(GB 50007—2011)规定，关于柱下钢筋混凝土独立基础的设

计，错误的选项是（　　）。

（A）对具备形成冲切锥条件的柱基，应验算基础受冲切承载力

（B）对不具备形成冲切锥条件的柱基，应验算柱根处基础受剪切承载力

（C）基础底板应验算受弯承载力

（D）当柱的混凝土强度等级大于基础的，可不验算基础顶面的局部受压承载力

7. 在《建筑桩基技术规范》（JGJ 94—2008）中，关于偏心竖向压力作用下，群桩基础中基桩的桩顶作用效应的计算，以下正确的是（　　）。

（A）距离竖向力合力作用点最远的基桩，其桩顶竖向作用力计算值最小

（B）中间桩的桩顶作用力计算值最小

（C）计算假定承台下桩顶作用力为鞍形分布

（D）计算假定承台为柔性板

8. 按《建筑桩基技术规范》（JGJ 94—2008）在确定基桩竖向承载力特征值时，以下（　　）情况下摩擦型桩基应考虑承台效应。

（A）上部结构整体刚度较好，体型简单的构（建）筑物承台底为液化土

（B）对差异沉降适应性极强的排架结构和柔性结构，承台底为新近回填土

（C）软土地基减沉复合疏桩基础承台底为湿陷性土

（D）按变刚度调平原则设计的桩基刚度相对弱化区承台为湿陷性土

9. 以下措施中对提高单桩水平承载力作用最小的是（　　）。

（A）提高桩身混凝土强度　　（B）增大桩的直径和变长

（C）提高桩侧土的抗剪强度　　（D）提高端土的抗剪强度

10. 按《建筑桩基技术规范》（JGJ 94—2008），承载力极限状态下关于竖向受压桩基承载力特征值的描述合理的为（　　）。

（A）摩擦型群桩的承载力近似等于各单位桩承载力之和

（B）端承型群桩的承载力近似等于各单位桩承载力之和

（C）摩擦端承桩的桩顶荷载主要由桩侧摩阻力承担

（D）端承摩擦桩的桩顶荷载主要由桩端阻力承担

11. 按《公路桥涵地基与基础设计规范》（JTG D63—2007）关于桩基础的构造要求为（　　）。

（A）对于锤击或静压沉桩的摩擦桩，在桩顶处的中距不应小于桩径或边长的3倍

（B）桩顶直接埋入承台连接时，当桩径为1.5 m时，埋入长度取1.2 m

（C）当钻孔桩按内力计算不需配筋时，应在桩顶3.0～5.0 m内配构造筋

（D）直径为1.2 m的边桩时，其外侧承台边缘距离可取360 mm

12. 某铁路桥梁钻孔灌注摩擦桩，成孔桩径为1.0 m。按《铁路桥涵地基和基础设计规范》（TB 10002.5—2005），其最小中心距为（　　）m。

（A）1.5　　（B）2.0　　（C）2.5　　（D）3.0

13. 对于设计使用年限不少于50年，非腐蚀环境中的建筑桩基，下列（　　）不符合《建筑地基基础设计规范》（GB 50007—2011）。

（A）预制桩的混凝土强度等级不应低于C30

（B）预应力桩的混凝土强度不应低于C35

（C）灌注桩的混凝土强度不应低于C25

（D）预应力混凝土管桩用做抗桩时应按桩身裂缝控制等级为二级的要求进行桩身水泥抗裂验算

14. 据《建筑桩基技术规范》(JGJ 94—2008)，采用静压法沉桩时，预制桩最小配筋率不应小于(　　)。

(A)0.4%　　(B)0.6%　　(C)0.8%　　(D)1.0%

15. 某锚杆不同状态下，主筋应力及锚固段摩擦应力的分布曲线如右图所示，则(　　)曲线表示锚杆处于工作状态时锚固段摩擦应力分布。

(A)a　　(B)b

(C)c　　(D)d

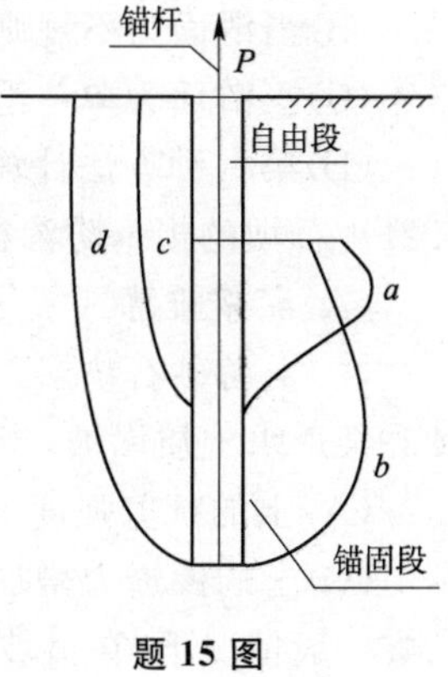

题15图

16. 关于计算挡土墙受的土压力，下列论述错误的是(　　)。

(A)采用朗肯土压力理论可以计算墙背上各点的土压力强度，但计算的 E_a 偏大

(B)采用库仑土压力理论求得的墙背上得总土压力，但 E_p 偏大

(C)朗肯土压力理论假定墙背倾角 ε 不大于 $45°-\frac{\varphi}{2}$

(D)库仑土压力理论假定填土为无黏性土，如果俯斜求挡土墙的墙背倾角过大，可能会产生第二滑动面

17. 据《建筑边坡工程技术规范》(GB 50330—2013)相关要求，下列关于锚杆挡墙适应性说法错误的是(　　)。

(A)配筋混凝土装配式锚杆挡土墙适用于填土边坡

(B)现浇钢筋水泥板肋式锚杆挡土墙适用于挖方边坡

(C)钢筋水泥格构式锚杆挡土墙适用于稳定性差的土质边坡

(D)切坡后可能引起滑坡的边坡应采用排桩式锚杆挡土墙支护

18. 铁路路基支挡结构采用抗滑桩，据《铁路路基支挡结构设计规范》(TB 10025—2006)，关于作用在抗滑桩上滑坡推力说法错误的是(　　)。

(A)滑坡推力计算时采用的滑带土方强度指标，可采用试验资料或用反算值及经验数据等综合确定

(B)在计算滑坡推力时，假定滑动面均匀下滑

(C)当滑动体为砾石类或块石类时，下滑力计算时应采用梯形分布

(D)滑坡推力计算时，可通过加大自重产生的下滑力或折减滑面的抗剪强度来增大安全度

19. 根据《铁路路基设计规范》(TB 10001—2005)，对沿河铁路冲刷防护工程设计的说法，错误的是(　　)。

(A)防护工程基地应埋设在冲刷深度以下不小于 1.0 m 或嵌入基岩内

(B)冲刷防护工程应与上下游岸坡平顺连接，端部嵌入岸壁足够深度

(C)防护工程顶面高程应为设计水位加壁水高再加 0.5 m

(D)在流速为 4～8 m/s 的河流，主流冲刷的路堤边坡，可采用 0.3～0.6 m 厚的浆砌片的护坡

20. 关于土石坝反滤层，下列说法错误的是(　　)。

(A)反滤层的渗流性应大于被保护土，并能通畅地排出透流水

(B)下游坝壳与断层带，破碎的等接触部位应设反滤层

(C)设合理的下游反滤层可以使坝体防渗体裂缝自愈

(D)防渗体下游反滤层材料的级配层数和厚度相对于上游反滤层可简化

21. 根据《公路路基设计规范》(JTG D30—2015)的相关要求,对边坡锚固进行稳定计算有两种简化方法,第一种是锚固作用力简化为作用于坡面上的一个集中力,第二种是锚固作用力简化为作用于滑面上的一个集中力。这两种计算方法对边坡锚固稳定安全系数计算结果的影响分析,(　　)是不正确的。

(A)应取两种计算方法的锚固边坡稳定安全系数的小值作为锚固边坡的稳定安全系数

(B)当滑面为不规则面、滑面强度有差异时,两种计算方法计算结果不同

(C)当滑面为单一滑面(平面滑动面)、滑动面强度相同时,两种方法的计算结果相同

(D)第一种方法计算的锚固边坡稳定安全系数比第二种的要大

22. 土石坝的坝基防渗稳定处理措施中,(　　)不合理。

(A)灌浆帷幕　　(B)下游水平排水垫层

(C)上游砂石垫层　　(D)下游透水盖重

23. 某透水土质岸坡,当高水位快速下降后岸坡出现失稳,主要原因最可能是(　　)。

(A)土的抗剪强度下降　　(B)土的有效应力增加

(C)土的渗透力增加　　(D)土的潜蚀作用。

24. 一般情况下,在滑坡形成过程中最早出现的是下列(　　)变形裂缝。

(A)前缘的鼓胀裂缝　　(B)后缘的拉张裂缝

(C)两侧的剪切裂缝　　(D)中前部的扇形裂缝

25. 沉积岩岩质边坡,层面为结合差的软弱结构面。按层面与边坡倾向的组合关系,下列极射赤平投影图示中,稳定性最差的边坡是(　　)。

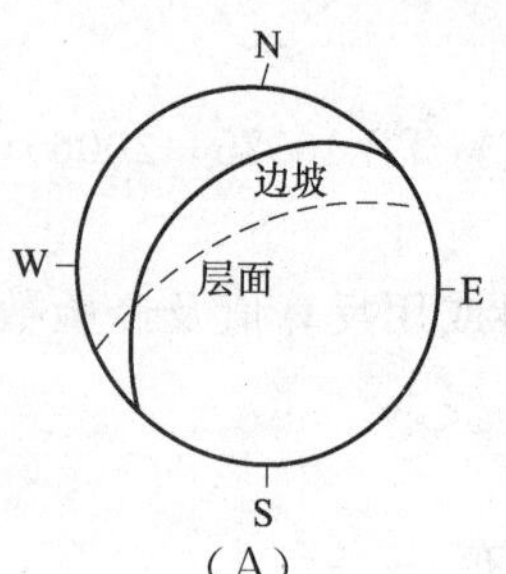

(A)

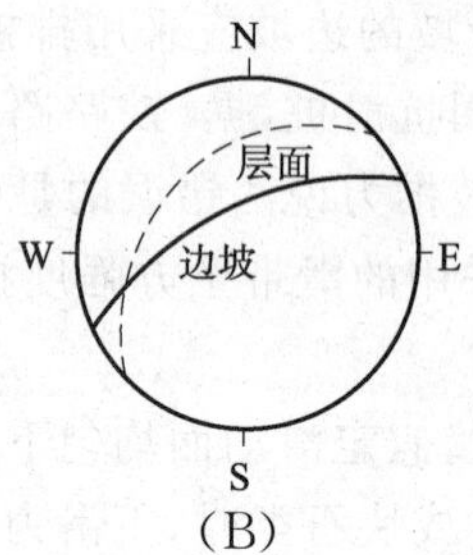

(B)

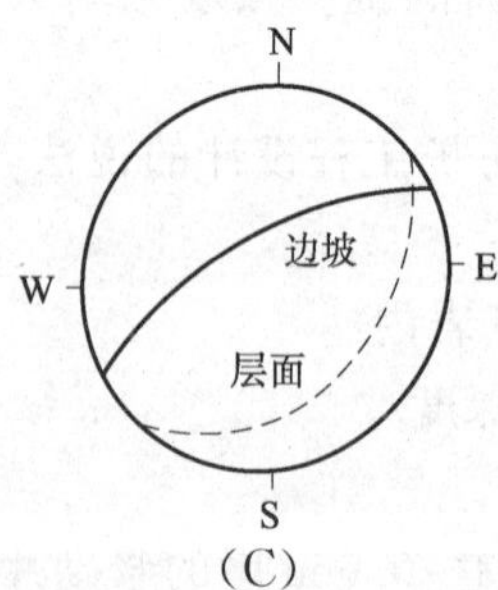

(C)

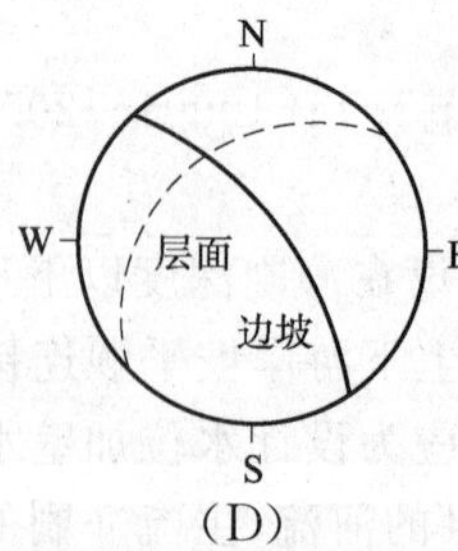

(D)

26. 下列(　　)措施不适用公路膨胀土路堤边坡防护。

(A)植被防护　　(B)滑架植物

(C)浆砌毛石护面　　(D)支撑渗沟加拱形骨架植被

27. 若地基土含水率降低,下列(　　)类特殊土将对建筑物产生明显危害。

(A)湿陷性黄土　　(B)花岗岩类残积土

(C)盐渍土　　(D)膨胀土

28. 根据《岩土工程勘察规范》(GB 50021—2001)(2009 年版),下列关于特殊岩土取样间距的要求中,(　　)是不正确的。

(A)对于膨胀土,在大气影响深度范围内,取样间距可为 2.0 m

(B)对于湿陷性黄土,在探井中取样时,竖向间距宜为 1.0 m

(C)对于盐渍土,初勘时在 0～5 m 范围内采取扰动样的间距宜为 1.0 m

(D)对于盐渍土,详勘时在 0～5 m 范围内采取扰动样的间距宜为 0.5 m

29. 对盐渍岩土进行地基处理时,下列(　　)方法不可行。

(A)对以盐胀性为主的盐渍土可采用浸水预溶法进行处理

(B)对硫酸盐渍土可采用深入氯盐的方法进行处理

(C)对盐渍岩中的蜂窝状溶蚀洞穴可采用抗硫酸盐水泥灌浆处理

(D)不论是溶陷性为主还是盐胀性为主的盐渍土均可采用换土垫层法进行处理

30. 根据《岩土工程勘察规范》(GB 50021—2001)(2009 年版),当标准贯入锤击数为 45 击时,花岗岩的风化程度应判定为(　　)。

(A)中风化　　(B)强风化

(C)全风化　　(D)残积土

31. 根据《膨胀土地区建筑技术规范》(GB 50112—2013),需要对某膨胀土场地上住宅小区绿化,土的孔隙比为 0.96,种植速生树种时,隔离沟与建筑物的最小距离不应小于(　　)。

(A)1 m　　(B)3 m　　(C)5 m　　(D)7 m

32. 在膨胀土地区建设城市轨道交通,采取土试样测得土的自由膨胀率为 60%,蒙脱石含量为 10%,阳离子交换量为 200 mmol/kg,该土层的膨胀潜势分类为(　　)。

(A)弱　　(B)中

(C)强　　(D)不能确定

33. 不宜设置垃圾填埋场的场地为(　　)。

(A)岩溶发育场地

(B)夏季主导风向下风向场地

(C)库容仅能保证填埋场使用年限在 12 年左右的场地

(D)人口密度及征地费用较低的场地

34. 膨胀土遇水膨胀的主要原因为(　　)。

(A)膨胀土的孔隙比小

(B)膨胀土的黏粒含量较高

(C)水分子可进入膨胀土矿物晶格构造内部

(D)膨胀土土粒间的连接遇水膨胀

35. 生产经营单位的主要负责人未履行安全生产管理职责导致发生生产安全事故,受到刑事处罚的,自刑罚执行完毕之日起,至少(　　)内不得担任任何生产经营单位的主要负责人。

(A)3 年　　(B)4 年

(C)5 年　　(D)6 年

36. 生产经营单位发生生产安全事故后,事故现场有关人员应当立即报告,下列(　　)选项是正确的。

(A)立即报告本单位负责人　　(B)立即报告建设单位负责人

(C)立即报告监理单位负责人　　(D)立即报告安全生产监督管理部门

37. 下列(　　)违反《地质灾害防治条例》规定的行为,处5万元以上20万元以下的罚款。

(A)未按照规定对地质灾害易发区内的建设工程进行地质灾害危险性评估的

(B)配套的地质灾害治理工程未经验收或者经验收不合格,主体工程即投入生产或者使用的

(C)对工程建设等人为活动引发的地质灾害不予治理的

(D)在地质灾害危险区内爆破、削坡、进行工程建设以及从事其他可能引发地质灾害活动的

38. 下列关于招标代理机构的说法,(　　)不符合《招标投标法》的规定。

(A)从事工程建设项目招标代理业务资格由国务院或省、自治区、直辖市人民政府的建设行政主管部门认定

(B)从事工程建设项目招标代理资格认定具体办法由国务院建设行政主管部门会同国务院有关部门制定

(C)从事其他招标代理业务的招标代理机构,其资格认定的主管部门由省、自治区、直辖市人民政府规定

(D)招标代理机构与行政机关和其他国家机关不得存在隶属关系或者其他利益关系

39. 按《建设工程质量检测管理办法》的规定,下列(　　)选项不在见证取样检测范围。

(A)桩身完整性检测　　(B)简易土工试验

(C)混凝土、砂浆强度检验　　(D)预应力钢绞线、锚夹具检验

40. 下列(　　)不属于工程建设强制性标准监督检查的内容。

(A)有关工程技术人员是否熟悉、掌握强制性标准

(B)工程项目的规划、勘察、设计、施工、验收是否符合强制性标准的规定

(C)工程项目的安全、质量是否符合强制性标准的规定

(D)工程技术人员是否参加过强制性标准的培训

二、多项选择题(共30题,每题2分。每题的备选项中有两个或三个符合题意,错选、少选、多选均不得分)

41. 按照《建筑地基基础设计规范》(GB 50007—2011)中公式计算地基持力层的承载力特征值时,考虑的影响因素包括(　　)。

(A)建筑物结构形式及基础刚度

(B)持力层的物理力学性质

(C)地下水位埋深

(D)软弱下卧层的物理力学性质

42. 软弱地基上荷载、高度差异大的建筑,对减小其地基沉降或不均匀沉降危害有效的措施包括(　　)。

(A)先建荷载小、层数低的部分,再建荷载大、层数高的部分

(B)采用筏基、桩基增大基础的整体刚度

(C)在高度或荷载变化处设置沉降缝

(D)针对不同荷载与高度,选用不同的基础方案

43. 高层建筑筏形基础实际内力、挠度与下列(　　)因素有关。

(A)计算模型　　(B)上部结构刚度

(C)柱网间距　　(D)地基受力层的压缩模量

44. 某建筑地基从天然地面算起。自上而下分别为:粉土,厚度5 m;黏土,厚度2 m;粉砂,厚

度 20 m。各层土的天然重度均为 20 kN/m^3。基础埋深 3 m,勘察发现有一层地下水,埋深 3 m,含水层为粉土,黏土为隔水层。下列用于地基沉降计算的自重应力选项,(　　)是正确的。

(A)10 m 深度处的自重应力为 200 kPa　　(B)7 m 深度处的自重应力为 100 kPa

(C)4 m 深度处的自重应力为 70 kPa　　(D)3 m 深度处的自重应力为 60 kPa

45. 根据《建筑地基基础设计规范》(GB 50007—2011),对于地基土的工程特性指标的代表值,下列(　　)选项的取值是正确的。

(A)确定土的先期固结压力时,取特征值

(B)确定土的内摩擦角时,取标准值

(C)载荷试验确定承载力时,取特征值

(D)确定土的压缩模量时,取平均值

46. 根据《建筑桩基技术规范》(JGJ 94—2008),当采用等效作用分层总和法计算桩基沉降时,下列(　　)说法是正确的。

(A)等效作用面以下的应力分布按弹性半无限体内作用力的 Mindlin 解确定

(B)等效作用的计算面积为桩群边桩外围所包围的面积

(C)等效作用附加压力近似取承台底平均附加压力

(D)计算的最终沉降量忽略了桩身压缩量

47. 根据《建筑桩基技术规范》(JGJ 94—2008),进行钢筋混凝土桩正截面受压承载力验算时,下列(　　)选项是正确的。

(A)预应力混凝土管桩因混凝土强度等级高和加工预制生产,桩身质量可控性强,离散性小,成桩工艺系数不小于 1.0

(B)对于高承台基桩、桩身穿越可液化土,当为轴心受压时,应考虑压曲影响

(C)对于高承台基桩、桩身穿越可液化土,当为偏心受压时,应考虑弯曲作用平面内的挠曲对轴向力偏心距的影响

(D)灌注桩桩径为 0.8 m,顶部 3 m 范围内配置 $\phi8@100$ 的螺旋式箍筋,计算正截面受压承载力时计入纵向主筋的受压承载力

48. 根据《建筑桩基技术规范》(JGJ 94—2008),下列(　　)做法与措施符合抗震设防区桩基的设计要求。

(A)桩应进入液化层以下稳定土层一定深度

(B)承台和地下室侧墙周围应松散回填,以耗能减震

(C)当承台周围为可液化土时,将承台外每侧 1/2 承台边长范围内的土进行加固

(D)对于存在液化扩展地段,应验算桩基在图流动的侧向作用力下的稳定性

49. 根据《建筑桩基技术规范》(JGJ 94—2008),桩身直径为 1.0 m 的扩底灌注桩,当扩底部分土层为粉土,采用人工挖孔时,符合规范要求的扩底部分设计尺寸为(　　)(D 为扩底直径,h_c 为扩底高度)。

(A)D=1.6 m、h_c=0.8 m　　(B)D=2.0 m、h_c=0.5 m

(C)D=3.0 m、h_c=3.0 m　　(D)D=3.2 m、h_c=3.2 m

50. 根据《公路桥涵地基与基础设计规范》(JTG D63—2007),下列(　　)说法是正确的。

(A)混凝土沉井刃脚不宜采用素混凝土结构

(B)表面倾斜较大的岩层上不适宜做桩基础,而适宜采用沉井基础

(C)排水下沉时,沉井重力须大于井壁与土体间的摩阻力标准值

(D)沉井井壁的厚度应根据结构强度、施工下沉需要的重力、便于取土和清基等因素而定

51. 下列(　　)指标参数对泥浆护壁钻孔灌注桩后注浆效果有较大影响。

(A)终止注浆量　　(B)终止注浆压力

(C)注浆管直径　　(D)桩身直径

52. 按照《建筑桩基技术规范》(JGJ 94—2008),下列关于混凝土预制桩静压桩施工的质量控制措施中,(　　)是正确的。

(A)第一节桩下沉时垂直度偏差不应大于 0.5%

(B)最后一节有效桩长宜短不宜长

(C)抱压力可取桩身允许侧向压力的 1.2 倍

(D)对于大面积桩群,应控制日压桩量

53. Ⅲ类岩体边坡拟采用喷锚支护,根据《建筑边坡工程技术规范》(GB 50330—2013)的相关规定,以下(　　)选项是正确的。

(A)系统锚杆采用全长黏结锚杆　　(B)系统锚杆间距为 2.5 m

(C)系统锚杆倾角为 15°　　(D)喷射混凝土面板厚度为 100 mm

54. 土石坝采用混凝土防渗墙进行坝基防渗处理,以下(　　)选项可以延长防渗墙的使用年限。

(A)减小防渗墙的渗透系数　　(B)减小渗透坡降

(C)减小混凝土水泥用量　　(D)增加墙厚

55. 某路堤采用黏性土进行碾压填筑,当达到最优含水率时对压实黏性土相关参数的表述,下列选项正确的是(　　)。

(A)含水率最小　　(B)干密度最大

(C)孔隙比最小　　(D)重度最大

56. 铁路路基边坡采用重力式挡土墙作为支挡结构时,下列(　　)选项符合《铁路路基支挡结构设计规范》(TB 10025—2006)的要求。

(A)挡土墙墙身材料应用混凝土或片石混凝土

(B)浸水挡土墙背填料为砂性土时,应计算墙背动水压力

(C)挡土墙基底埋深一般不应小于 1.0 m

(D)墙背为折线形且可简化为两直线段计算土压力时,下墙段的土压力可用延长墙背发计算

57. 在某一地区欲建一高 100 m 的土石坝,下列(　　)选项不宜直接作为该坝的防渗体材料。

(A)膨胀土

(B)压实困难的干硬性黏土

(C)塑性指数小于 20 和液限小于 40%的冲积黏土

(D)红黏土

58. 下列(　　)措施可以减小膨胀土地基对建筑物的破坏。

(A)增加散水宽度　　(B)减小建筑物层数

(C)采用灰土对地基进行换填　　(D)设置沉降缝

59. 某铁路岩质边坡岩体较完整,但其上部局部悬空处发育有危石,防治时可选用下列(　　)工程措施。

(A)浆砌片石支顶　　(B)钢筋混凝土立柱支顶

(C)预应力锚杆加固　　　　　　　　　　(D)喷射混凝土防护

60. 下列有关滑坡体受力分析的叙述中,(　　)选项是错误的。

(A)滑坡滑动的原因一定是滑坡体上任何部位的滑动力都大于抗滑力

(B)地震力仅作为滑动力考虑

(C)对反翘的抗滑段,若地下水上升到滑面以上,滑面处的静水压力会全部转化为滑动力

(D)在主滑段进行削方减载,目的是在抗滑力不变的情况下减小滑动力

61. 下列有关盐渍土的论述中,(　　)是正确的。

(A)盐渍土的腐蚀性评价以 Cl^-、SO_4^{2-} 作为主要腐蚀性离子

(B)盐渍土在含水率较低且含盐量较高时其抗剪强度就较低

(C)盐渍土的起始冻结温度不仅与溶液的浓度有关,而且与盐的类型有关

(D)盐渍土的盐胀性主要是由于硫酸钠结晶吸水后体积膨胀造成的

62. 关于黄土室内湿陷性试验,下列论述中(　　)选项是正确的。

(A)压缩试验式样浸水前与浸水后的稳定标准是不同的

(B)单线法压缩试验不应少于 5 个环刀试样而双线法压缩试验只需 2 个

(C)计算上覆土的饱和自重压力时土的饱和度可取 85%

(D)测定湿陷系数的试验压力应为天然状态下的自重压力

63. 根据《湿陷性黄土地区建筑规范》(GB 50025—2004),采用试坑浸水试验确定黄土自重湿陷量的实测值,下列论述中(　　)选项是正确的。

(A)观测自重湿陷的深标点应以试坑中心对称布置

(B)观测自重湿陷的深标点应以试坑中心向坑边不少于 3 个方向布置

(C)可停止浸水的湿陷稳定标准不仅与每天的平均湿陷量有关,也与浸水量有关

(D)停止浸水后观测到的下沉量不应计入自重湿陷梁实测值

64. 公路通过泥石流地区时,可采取跨越、排导和拦截等措施,下列选项中(　　)属于跨越措施。

(A)桥隧　　　　(B)过水路面　　　　(C)渡槽　　　　(D)格栅坝

65. 根据《建筑工程安全生产管理条例》,下列选项(　　)是施工单位项目负责人的安全责任。

(A)制定本单位的安全生产责任制度

(B)对建设工程项目的安全施工负责

(C)确保安全生产费用的有效使用

(D)将保证安全施工的措施报送建设工程所在地建设行政主管部门

66. 下列费用中,(　　)属于建筑安装工程费用组成中的间接费。

(A)施工机械使用费　　　　　　　　(B)养老保险费

(C)职工教育费　　　　　　　　　　(D)工程排污费

67. 对经评估认为可能引发地质灾害或者可能遭受地质灾害危害的建设工程,下列(　　)选项是正确的。

(A)应当配套建设地质灾害治理工程

(B)地质灾害治理工程的设计、施工和验收不应当与主体工程的设计、施工、验收同时进行

(C)不能以建设工程勘察取代地质灾害评价

(D)配套的地质灾害治理工程未经验收后者验收不合格的,主体工程不得投入生产或者使用

68. 根据《合同法》，关于违约责任，下列(　　)说法是正确的。

(A)当事人一方不履行合同义务或者履行合同义务不符合约定的，在履行或采取补救措施后，对方还有其他损失的，应当赔偿损失

(B)当事人一方不履行合同义务或者履行合同义务不符合约定，给对方造成损失赔偿额应相当于因违约所造成的损失，包括合同履行后可获得的利益，但不超过违反合同一方订立合同时预见或者应当预见到的因违反合同可能造成的损失

(C)当事人可以约定一方违约时应当根据违约情况向对方支付一定数额的违约金，也可约定因违约产生的损失赔偿额的计算方法

(D)当事人就延迟履行约定违约金的，违约方支付违约金后，不再履行债务

69. 下列(　　)说法符合《勘察设计注册工程师管理规定》。

(A)取得资格证书的人员，必须经过注册方能以注册工程师的名义执业

(B)注册土木工程师(岩土)的注册受理和审批，由省、自治区、直辖市人民政府建设主管部门负责

(C)注册证书和职业印章是注册工程师的执业凭证，由注册工程师本人保管、使用，注册证书和执业印章的有效期为2年

(D)不具有完全民事行为能力的，负责审批的部门应当办理注销手续，收回注册证书和执业印章或者公告其注册证书和执业印章作废

70. 下列(　　)说法符合《注册土木工程师(岩土)执业及管理工作暂行规定》的要求。

(A)凡未经注册土木工程师(岩土)签章的技术文件，不得作为岩土工程项目实施的依据

(B)注册土木工程师(岩土)执业制度可实行代审、代签制度

(C)在规定的执业范围内，甲、乙岩土工程的项目负责人须由本单位聘用的注册土木工程师(岩土)承担

(D)注册土木工程师(岩土)在执业过程中，有权拒绝在不合格或有弄虚作假内容的技术文件上签章。聘用单位不得强迫注册土木工程师(岩土)在工程技术文件上签章

专业案例(上午卷)

1. 某饱和黏性土样，测定土粒相对密度为2.70，含水率为31.2%，湿密度为1.85 g/cm^3，环刀切取高20 mm的试样，进行侧限压缩试验，在压力100 kPa和200 kPa作用下压缩量分别为$S_1=1.4$ mm，$S_2=1.8$ mm，则体积压缩系数$m_{V1\text{-}2}$最接近(　　)。

(A)0.30 MPa^{-1}　　(B)0.25 MPa^{-1}

(C)0.20 MPa^{-1}　　(D)0.15 MPa^{-1}

2. 在地面下7 m处进行扁铲侧胀试验，地下水位埋深1.0 m，试验前率定时膨胀至0.05 mm及1.10 mm的气压实测值分别为10 kPa和80 kPa，试验时膜片膨胀至0.05 mm、1.10 mm和回到0.05 mm的压力值分别为100 kPa、260 kPa和90 kPa，调零前压力表初始读数为8 kPa，计算得该试验点的侧胀孔压指数为(　　)。

(A)0.16　　(B)0.48　　(C)0.65　　(D)0.83

3. 某公路隧道走向80°，其围岩产状50°∠30°，欲作沿隧道走向的工程地质剖面(垂直比例与水平比例比值为2)，则在剖面图上地层倾角取值最接近(　　)。

(A)27°　　(B)30°　　(C)38°　　(D)45°

4. 某港口工程，基岩为页岩，试验测得其风化掩体纵波速度为 2.5 km/s，风化岩块纵波速度为 3.2 km/s，新鲜岩体纵波速度为 5.6 km/s。根据《水运工程岩土勘查规范》(JTS 133—2013)判断，该基岩的风化程度（按波速风化折减系数评价）和完整程度分类为（　　）。

(A)中等风化、较破碎　　(B)中等风化、较完整

(C)强风化、较完整　　(D)强风化、较破碎

5. 柱下独立基础及地基土层如下图所示，基础的底面尺寸 3.0 m×3.6 m，持力层压力扩散角 θ=23°，地下水位埋深 1.2 m。按照软弱下卧层承载力的设计要求，基础可承受的竖向作用力 F_k最大值与（　　）最接近（基础和基础上土的平均重度取 20 kN/m^3）。

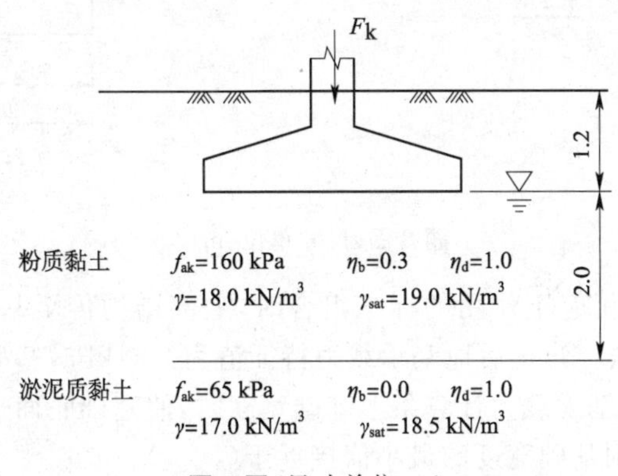

题 5 图（尺寸单位：m）

(A)1 180 kN　　(B)1 440 kN

(C)1 890 kN　　(D)2 090 kN

6. 柱下方形基础采用 C15 素混凝土建造，柱角截面尺寸为 0.6 m×0.6 m，基础高度 H=0.7 m，基础埋深 d=1.5 m，场地地基土为均质黏性土，重度 γ=19.0 kN/m^3，孔隙比 e=0.9，地基承载力特征值 f_{ak}=180 kPa，地下水位埋藏很深。基础顶面的竖向力为 580 kN，根据《建筑地基基础设计规范》(GB 50007—2011)的设计要求，满足设计要求的最小基础宽度为（　　）（基础和基础上土的平均重度取 20 kN/m^3）。

(A)1.8 m　　(B)1.9 m　　(C)2.0 m　　(D)2.1 m

7. 如下图所示某拟建建筑物采用墙下条形基础，建筑物外墙厚 0.4 m，作用基础顶面的竖向力为 300 kN/m，力矩为 100 kN/m，由于场地限制，力矩作用方向一侧的基础外边缘距离外墙皮的距离为 2 m，保证基底压力均布时，估算基础宽度最接近（　　）。

(A)1.98 m

(B)2.52 m

(C)3.74 m

(D)4.45 m

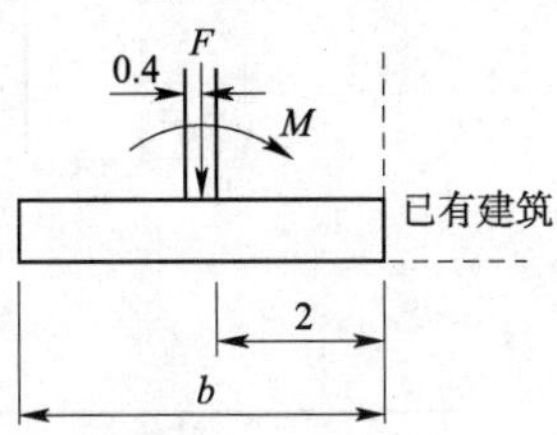

题 7 图（尺寸单位：m）

8. 某高层建筑，平面、立面如下图所示，相应于作用的标准组合时，地上建筑物荷载平均值为 15 kPa/层，地下建筑物（含基础）平均荷载 40 kPa/层，假定基底压力现行分布，则基础底面右边缘的压力值最接近（　　）。

(A)319 kPa　　(B)668 kPa

(C)692 kPa　　(D)882 kPa

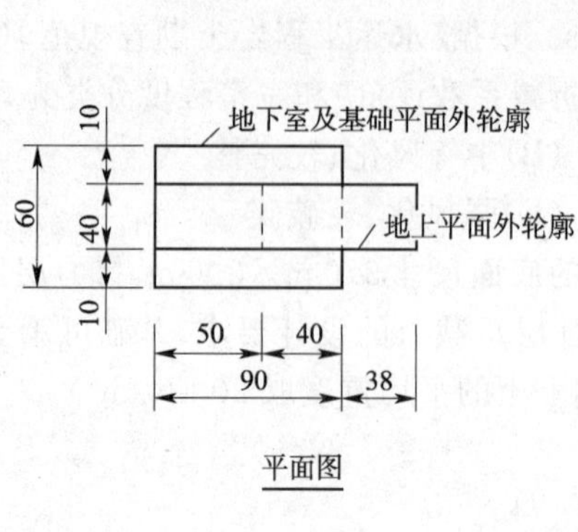

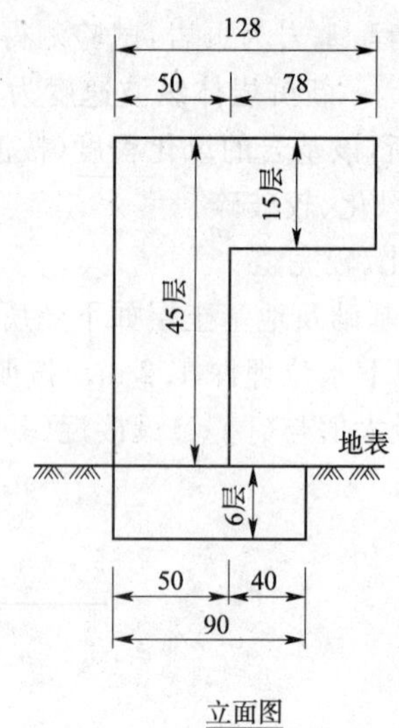

题 8 图(尺寸单位:m)

9. 条形基础埋深为 3 m,相应于作用的标准组合时,上部结构传至基础顶面的竖向力 F_k = 200 kN/m,为偏心荷载。修正后地基承载力特征值为 200 kPa,基础和基础上土的平均重度取 20 kN/m³。按地基承载力计算条形基础宽度时,使基础底面边缘处的最小压力恰好为零,且无零应力区,则基础宽度的最小值接近于(　　)。

(A)1.5 m　　(B)2.3 m　　(C)3.4 m　　(D)4.1 m

10. 某桩基础采用钻孔灌注桩,桩径为 0.6 m,桩长 10.0 m,承台底面尺寸及布桩如下图所示,承台顶面荷载效应标准组合下的竖向力 F_k = 6 300 kN。土层条件及桩基计算参数如下图和下表所示。根据《建筑桩基技术规范》(JGJ 94—2008)计算,作用于软弱下卧层④层顶面的附加应力 σ_z 最接近(　　)(承台及上覆土重度取 20 kN/m³)。

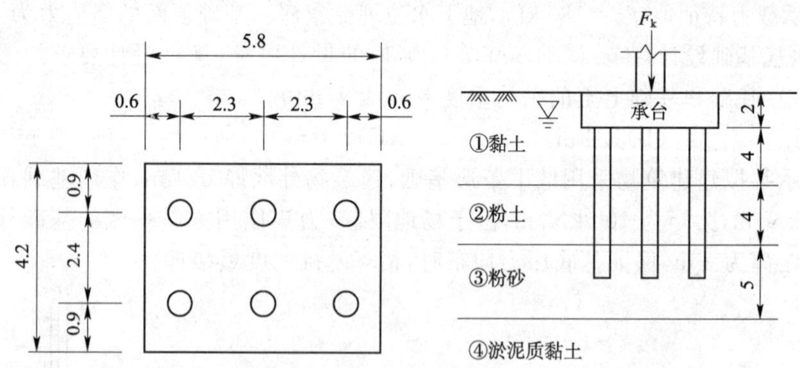

题 10 图(尺寸单位:m)

题 10 表

层序号	土名	天然重度 γ /(kN/m³)	极限侧阻力标准值/kPa	极限端阻力标准值/kPa	压缩模量 E_s /MPa
①	黏土	18.0	35		
②	粉土	17.5	55	2 100	10
③	粉砂	18.0	60	3 000	16
④	淤泥质黏土	18.5	30		3.2

(A)8.5 kPa　　(B)18 kPa　　(C)30 kPa　　(D)40 kPa

11. 某钻孔灌注桩单桩基础，桩径为 1.2 m，桩长 16 m，土层条件如右图所示，地下水位在桩顶平面处。若桩顶平面处作用大面积堆载 $p=50$ kPa，根据《建筑桩基技术规范》(JGJ 94—2008)计算，桩侧负摩阻力引起的下拉荷载 Q_g^n 最接近(　　)(忽略密实粉砂层的压缩量)。

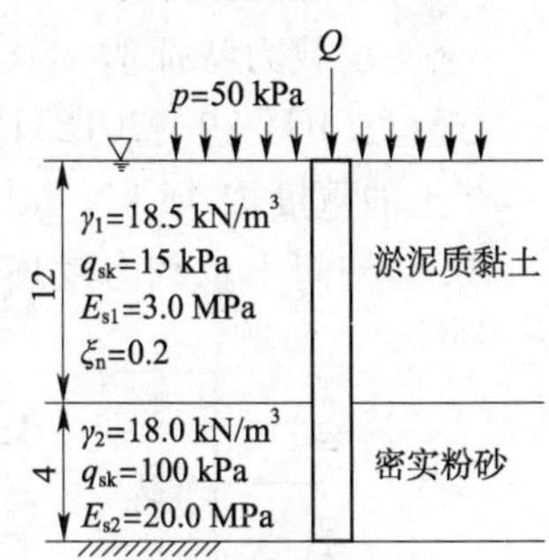

题 11 图(尺寸单位：m)

(A)240 kN　　(B)680 kN

(C)910 kN　　(D)1 220 kN

12. 某桩基工程，采用 PHC600 管桩，有效桩长 28 m，送桩 2 m，桩端闭塞，桩端选择密实粉细砂作持力层，桩侧土层分布如下表所示，根据单桥探头静力触探资料，桩端全截面以上 8 倍桩径范围内的比贯入阻力平均值为 4.8 MPa，桩端全界面以下 4 倍桩径范围内的比贯入阻力平均值为 10.0 MPa，桩端阻力修正系数 $\alpha=0.8$，根据《建筑桩基技术规范》(JGJ 94—2008)，计算单桩极限承载力标准值最接近(　　)。

题 12 表

层序号	土名	层底埋深/m	静力触探 p_s/MPa	q_{s1k}/kPa
1	填土	6.0	0.7	15
2	淤泥质黏土	10.0	0.56	28
3	淤泥质粉质黏土	20.0	0.70	35
4	粉质黏土	28.0	1.10	52.5
5	粉细砂	35.0	10.0	100

(A)3 820 kN　　(B)3 920 kN　　(C)4 300 kN　　(D)4 410 kN

13. 某铁路桥梁采用钻孔灌注桩基础，地层条件和基桩入土深度如下图所示，成孔桩径和设计桩径均为 1.0 m，桩底支承力折减系数 m_0 取 0.7。如果不考虑冲刷及地下水的影响，根据《铁路桥涵地基和基础设计规范》(TB 10002.5—2005)，计算基桩的容许承载力最接近(　　)。

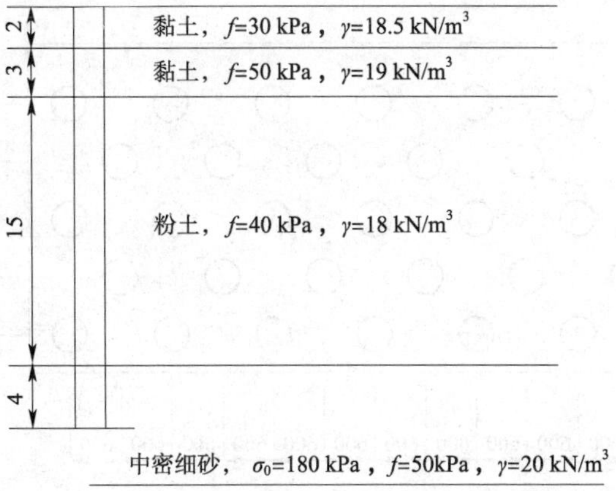

2　黏土，f=30 kPa，γ=18.5 kN/m^3

3　黏土，f=50 kPa，γ=19 kN/m^3

15　粉土，f=40 kPa，γ=18 kN/m^3

4

中密细砂，σ_0=180 kPa，f=50kPa，γ=20 kN/m^3

题 13 图(尺寸单位：m)

(A)1 700 kN　　(B)1 800 kN　　(C)1 900 kN　　(D)2 000 kN

14. 某承受轴心荷载的钢筋混凝土条形基础，采用素混凝土桩复合地基，基础宽度、布桩如下图所示，桩径为 400 mm，桩长 15 m。现场静载试验得出的单桩承载力特征值 400 kN，桩间土的承载力特征值 150 kPa。充分发挥该复合地基的承载力时，根据《建筑地基处理技术规范》(JGJ 79—2012)计算，该条基顶面的竖向荷载(荷载效应标准组合)最接近(　　)(土的重度取 18 kN/m^3，基础和上覆土平均重度取 20 kN/m^3，单桩承载力发挥系数取 0.9，桩间土承载力发挥系数取 1)。

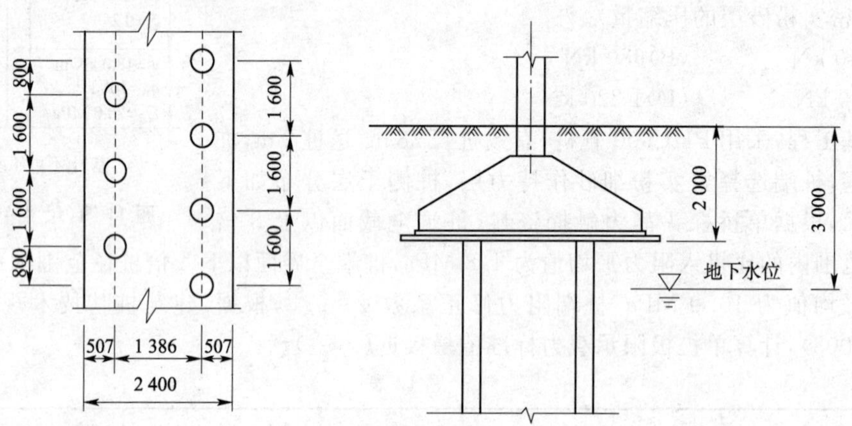

题 14 图(尺寸单位：mm)

(A)700 kN/m　　(B)755 kN/m　　(C)790 kN/m　　(D)850 kN/m

15. 某场地湿陷性黄土厚度为 6 m，天然含水率为 15%，天然重度为 14.5 kN/m^3。设计拟采用灰土挤密桩法进行处理，要求处理后桩间土平均干密度达到 1.5 g/cm^3。挤密桩等三角形布置，桩孔直径为 400 mm。满足设计要求的灰土桩的最大间距应取(　　)(忽略处理后地面标高的变化，桩间土平均挤密系数不小于 0.93)。

(A)0.70 m　　(B)0.80 m　　(C)0.95 m　　(D)1.20 m

16. 某松散粉细砂场地，地基处理前承载力特征值 100 kPa，现采用砂石桩满堂处理，桩径为 400 mm，桩位如下图所示。处理后桩间土的承载力提高了 20%，桩土应力比为 3，按照《建筑地基处理技术规范》(JGJ 79—2012)估算的该砂石桩复合地基的承载力特征值最接近(　　)。

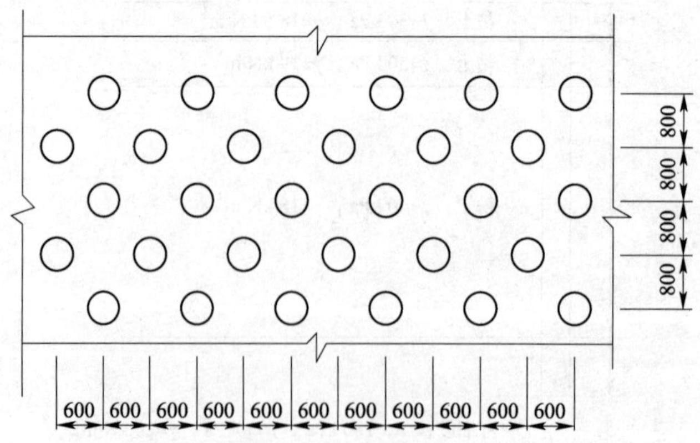

题 16 图(尺寸单位：mm)

(A)135 kPa　　(B)150 kPa　　(C)170 kPa　　(D)185 kPa

17. 某住宅楼基底以下地层主要为：①中砂～砾砂，厚度为 8.0 m，承载力特征值为 200 kPa，桩侧阻力特征值为 25 kPa；②粉质黏土，厚度为 16.0 m，承载力特征值为 250 kPa，桩侧阻力特征值为 30 kPa，其下卧为微风化大理岩。拟采用 CFG 桩＋水泥土搅拌桩复合地基，承台尺寸为 3.0 m×3.0 m；CFG 桩桩径 ϕ450 mm，桩长 20 m，单桩抗压承载力特征值为850 kN；水泥土搅拌桩桩径 ϕ600 mm，桩长 10 m，桩身强度为 2.0 MPa，桩身强度折减系数η＝0.25，桩端阻力发挥系数 α_p＝0.5。根据《建筑地基处理技术规范》(JGJ 79—2012)，该承台可承受的最大上部荷载（标准组合）最接近（　　）（单桩承载力发挥系数取 $\lambda_1=\lambda_2=1.0$，桩间土承载力发挥系数 β=0.9，复合地基承载力不考虑深度修正）。

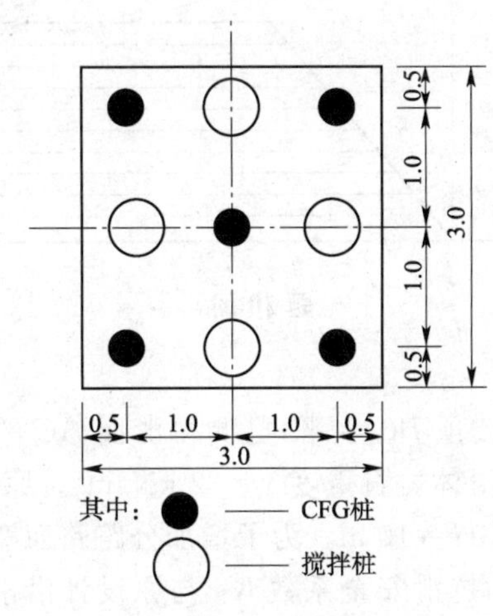

题 17 图（尺寸单位：m）

(A)4 400 kN　(B)5 200 kN　(C)6 080 kN　(D)7 760 kN

18. 某土坝的坝体为黏性土，坝壳为砂土，其有效孔隙率 n=40%，原水位（▽1）时流网如下图所示，根据《碾压式土石坝设计规范》(DL/T 5395—2007)，当库水位骤降至 B 点以下时，坝内 A 点的孔隙水压力最接近（　　）。

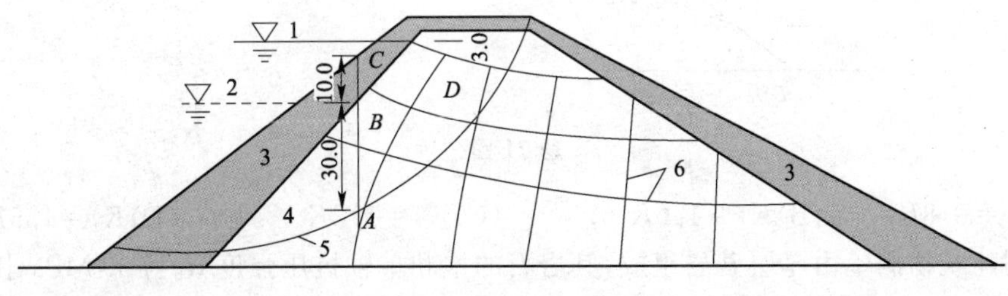

题 18 图

1-原水位　2-剧降后水位　3-坝壳（砂土）　4-坝体（黏性土）　5-滑裂面　6-水位降落前的流网

注：图中尺寸单位为 m；

D 点到原水位线的垂直距离为 3.0 m。

(A)300 kPa　(B)330 kPa　(C)370 kPa　(D)400 kPa

19. 某直立的黏性土边坡，采用排桩支护，坡高 6 m，无地下水，土层参数 c=10 kPa、φ=20°，重度为 18 kN/m³，地面均布荷载为 q=20 kPa，在 3 m 处设置一排锚杆，根据《建筑边坡工程技术规范》(GB 50330—2013)相关要求，按等值梁法计算排桩反弯点到坡脚的距离最接近（　　）。

(A)0.55 m　(B)0.65 m　(C)0.72 m　(D)0.92 m

20. 如下图所示，某填土边坡高 12 m，设计验算时采用圆弧条分法分析，其最小安全系数为 0.88，对应每延长米的抗滑力矩为 22 000 kN·m，圆弧半径为 25.0 m，不能满足该边坡稳定要求，拟采用加筋处理，等间距布置 10 层土工格栅，每层土工格栅的水平拉力均按 45 kN/m 考虑，按照《土工合成材料应用技术规范》(GB 50290—2014)，该边坡加筋处理后的稳定安全系数最接近(　　)。

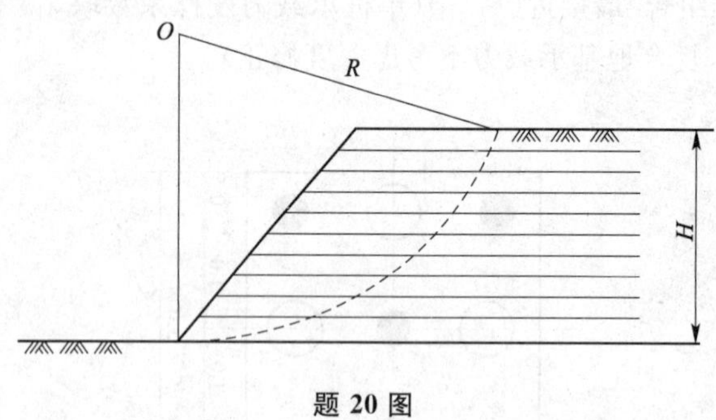

题 20 图

(A)1.1　　(B)1.2　　(C)1.3　　(D)1.4

21. 如下图所示路堑岩石边坡坡顶 BC 水平，已测得滑面 AC 的倾角 $\beta=30°$，滑面内摩擦角 $\varphi=18°$，黏聚力 $c=10$ kPa，滑体岩石重度 $\gamma=22$ kN/m^3。原设计开挖坡面 BE 的坡率为 1∶1，滑面出露点 A 距坡顶 $H=10$ m。为了增加公路路面宽度，将坡率改为 1∶0.5。坡率改变后边坡沿滑面 DC 的抗滑安全系数 K_2 与原设计沿滑面 AC 的抗滑安全系数 K_1 之间的正确关系是(　　)。

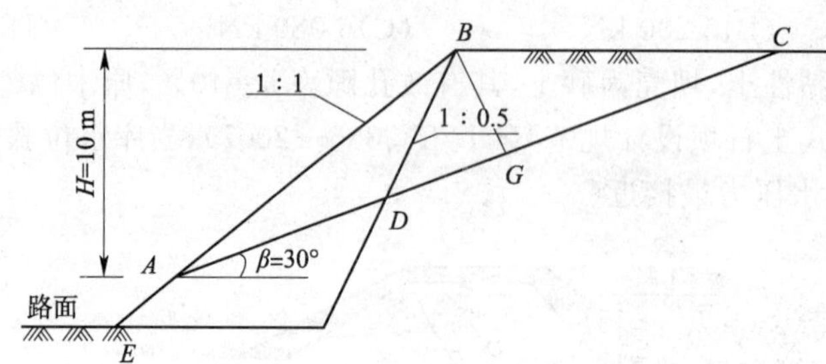

题 21 图

(A)$K_1=0.8K_2$　　(B)$K_1=1.0K_2$　　(C)$K_1=1.2K_2$　　(D)$K_1=1.5K_2$

22. 某水利建筑物洞室由厚层砂岩组成，其岩石的饱和单轴抗压强度 R_b 为 30 MPa，围岩的最大主应力 σ_m 为 9 MPa。岩体的纵波速度为 2 800 m/s，岩石的纵波速度为 3 500 m/s。结构面状态评分为 25，地下水评分为 −2，主要结构面产状评分为 −5。根据《水利水电工程地质勘察规范》(GB 50487—2008)，该洞室围岩的类别是(　　)。

(A)Ⅰ类围岩　　(B)Ⅱ类围岩　　(C)Ⅲ类围岩　　(D)Ⅳ类围岩

23. 如下图所示某软土基坑，开挖深度 $H=5.5$ m，地面超载 $q_0=20$ kPa，地层为均质含砂淤泥质粉质黏土，土的重度 $\gamma=18$ kN/m^3。黏聚力 $c=8$ kPa，内摩擦角 $\varphi=15°$，不考虑地下水作用，拟采用水泥土墙支护结构，其嵌固深度 $L_d=6.5$ m，挡墙宽度 $B=4.5$ m，水泥土墙体的重度为 19 kN/m^3。按照《建筑基坑支护技术规程》(JGJ 120—2012)计算该重力式水泥土墙抗滑移安全系数，其值最接近(　　)。

(A)1.0　　(B)1.2　　(C)1.4　　(D)1.6

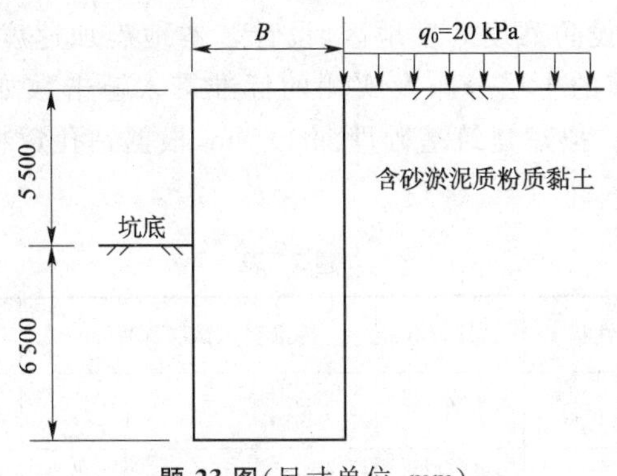

题 23 图(尺寸单位:mm)

24. 某岩石边坡代表性剖面如下图所示,边坡倾向 270°,一裂隙面刚好从坡脚出露,裂隙面产状为 270°∠30°,坡体后缘一垂直张裂缝正好贯通至裂隙面。由于暴雨,使垂直张裂缝和裂隙面瞬间充满水,边坡处于极限平衡状态(即滑坡稳定系数 k_s=1.0)。经测算,裂隙面长度 L=30 m,后缘张裂缝深度 d=10 m,每延长米潜在滑体自重 G=6 450 kN,裂隙面的黏聚力 c=65 kPa,试计算裂隙面的内摩擦角最接近(　　)(坡脚裂隙面有泉水渗出,不考虑动水压力,水的重度取 10 kN/m³)。

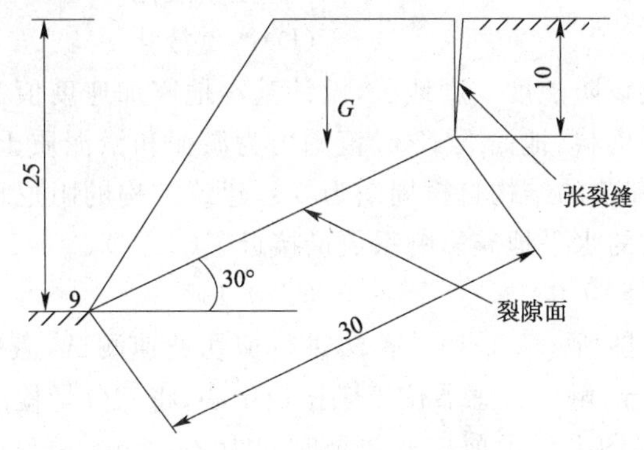

题 24 图(尺寸单位:m)

(A)13°　　(B)17°　　(C)18°　　(D)24°

25. 如下图所示某山区拟建一座尾矿堆积坝,堆积坝采用尾矿细砂分层压实而成,尾矿的内摩擦角为 36°,设计坝体下游坡面坡度 α=25°。随着库内水位逐渐上升,坝下游坡面下部会有水顺坡渗出,尾矿细砂的饱和重度为 22 kN/m³,水下内摩擦角为 33°。坝体下游坡面渗水前后的稳定系数最接近(　　)。

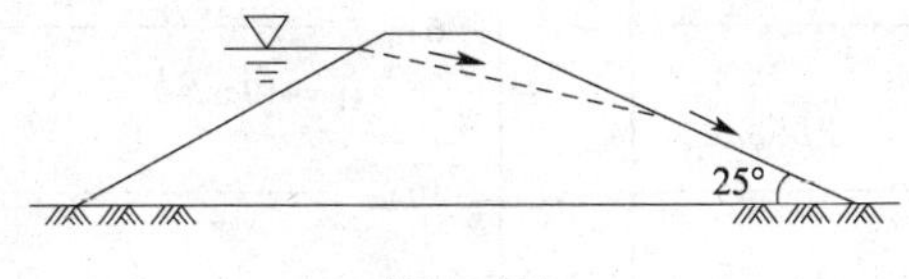

题 25 图

(A)1.56、0.76　　(B)1.56、1.39　　(C)1.39、1.12　　(D)1.12、0.76

26. 某民用建筑场地为花岗岩残积土场地,场地勘察资料表明,土的天然含水率为 18%,其中细粒土(粒径小于 0.5 mm)的质量百分含量为 70%,细粒土的液限为 30%,塑限为 18%,该花岗岩残积土的液性指数最接近(　　)。

(A)0　　(B)0.23　　(C)0.47　　(D)0.64

27. 某乙类建筑位于抗震设防烈度 8 度地区，设计基本地震加速度值为 0.2g，设计地震分组为第一组，钻孔揭露的土层分布及实测的标准贯入锤击数如下表所示，近期内年最高地下水埋深 6.5 m。拟建建筑基础埋深 1.5 m，根据钻孔资料，下列（　　）的说法是正确的。

题 27 表

层序号	岩土名称和性状	层厚/m	标准贯入试验深度/m	实测标准贯入锤击数
1	粉质黏土	2	—	—
2	黏土	4	—	—
3	粉砂	3.5	8	10
4	细砂	15	13	23
			16	25

(A)可不考虑液化影响　　(B)轻微液化

(C)中等液化　　(D)严重液化

28. 某建筑场地位于抗震设防烈度 8 度地区，设计基本地震加速度值为 0.2g，设计地震分组为第一组。根据勘察资料，地面下 13 m 范围内为淤泥和淤泥质土，其下为波速大于 500 m/s 的卵石，若拟建建筑的结构自振周期为 3 s，建筑结构的阻尼比为 0.05，则计算罕遇地震作用时建筑结构的水平地震影响系数最接近于（　　）。

(A)0.023　　(B)0.034　　(C)0.147　　(D)0.194

29. 某场地地层结构如下图所示。采用单孔法进行剪切波速测试，激振板长 2 m、宽 0.3 m，其内侧边缘距孔口 2 m，触发传感器位于激振板中心；将三分量检波器放入钻孔内地面下 2 m 深度时，实测波形图上显示剪切波初至时间为 29.4 ms。已知土层②～④和基岩的剪切波速如下图所示，试按《建筑抗震设计规范》(GB 50011—2010)计算土层的等效剪切波速，其值最接近（　　）。

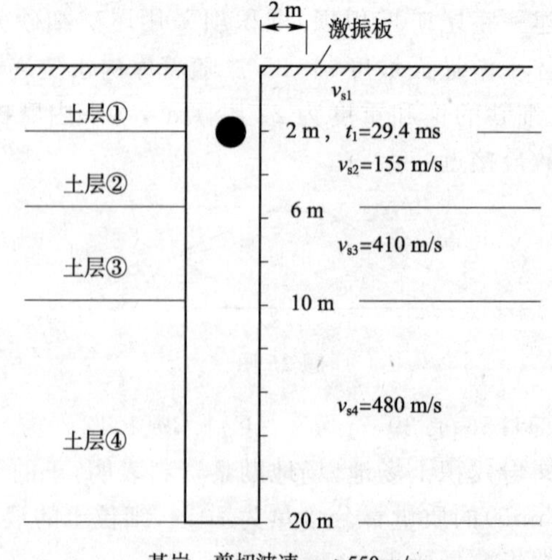

题 29 图

(A)109 m/s (B)131 m/s (C)142 m/s (D)154 m/s

30. 某工程采用 CFG 桩复合地基，设计选用 CFG 桩桩径为 500 mm，按等边三角形布桩，面积置换率为 6.25%，设计要求符合地基承载力特征值 $f_{spk}=300$ kPa，则单桩复合地基载荷试验最大加载压力不应小于(　　)。

(A)2 261 kN (B)1 884 kN

(C)1 131 kN (D)942 kN

专业案例(下午卷)

1. 某小型土石坝坝基土的颗粒分析成果见下表，该土属级配连续的土，孔隙率为 0.33，土粒相对密度为 2.66，根据区分颗粒确定的细颗粒含量为 32%。根据《水利水电工程地质勘察规范》(GB 50487—2008)确定坝基渗透变形类型及估算最大允许水力比降值为(　　)(安全系数取 1.5)。

题 1 表

土粒直径/mm	0.025	0.038	0.07	0.31	0.40	0.7
小于某粒径的土质量百分比/(%)	5	10	20	60	70	100

(A)流土型、0.74 (B)管涌型、0.58

(C)过渡型、0.58 (D)过渡型、0.39

2. 某天然岩块质量为 134.00 g，在 100～110℃温度下烘干 24 h 后，质量变为 128.00 g。然后对岩块进行蜡封，蜡封后试样的质量为 135.00 g，蜡封试件沉入水中的质量为 80.00 g。试计算该岩块的干密度最接近(　　)(注：水的密度取 1.0 g/cm^3，蜡的密度取 0.85 g/cm^3)。

(A)2.33 g/cm^3 (B)2.52 g/cm^3

(C)2.74 g/cm^3 (D)2.87 g/cm^3

3. 在某碎石土地层中进行超重型圆锥动力触探试验，在 8 m 深度处测得贯入 10 cm 的 $N_{120}=25$ 击，已知圆锥探头及杆件系统的质量为 150 kg，采用荷兰公式计算该深度处的动贯入阻力最接近(　　)。

(A)3.0 MPa (B)9.0 MPa

(C)21.0 MPa (D)30.0 MPa

4. 某大型水电站地基位于花岗岩上，其饱和单轴抗压强度为 50 MPa，岩体弹性纵波波速为 4 200 m/s，岩块弹性纵波波速为 4 800 m/s，岩石质量指标 RQD=80%，地基岩体结构面平直且闭合，不发育，勘探时未见地下水。根据《水利水电工程地质勘察规范》(GB 50487—2008)，该地基岩体的工程地质类别为(　　)。

(A)Ⅰ类 (B)Ⅱ类

(C)Ⅲ类 (D)Ⅳ类

5. 某既有建筑基础为条形基础，基础宽度 $b=3.0$ m，埋深 $d=2.0$ m，剖面如下图所示。由于房屋改建，拟增加一层，导致基础底面压力由原来的 65 kPa 增加至 85 kPa，沉降计算的经验系数 $\psi_s=1.0$。计算由于房屋改建使淤泥质黏土层产生的附加沉降量最接近(　　)。

(A)9.0 mm (B)10.0 mm

(C)20.0 mm (D)35.0 mm

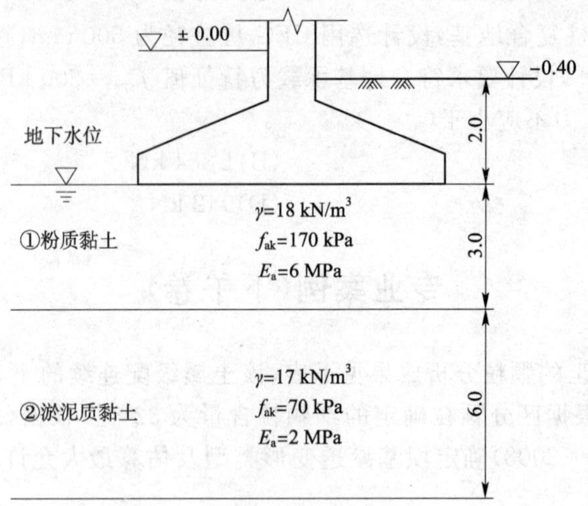

题 5 图(尺寸单位:m)

6. 柱下独立方形基础地面尺寸为 2.0 m×2.0 m,高 0.5 m,有效高度为 0.45 m,混凝土强度等级为 C20(轴心抗拉强度设计值 f_t = 1.1 MPa)。柱截面尺寸为 0.4 m×0.4 m。基础顶面作用竖向力 F,偏心距为 0.12 m。根据《建筑地基基础设计规范》(GB 50007—2011),满足柱与基础交接处受冲切承载力的验算要求时,基础顶面可承受的最大竖向力 F(相应于作用的基本组合设计值)最接近(　　)。

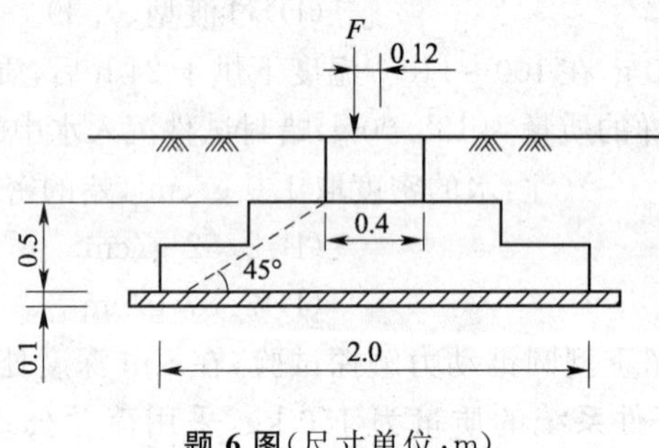

题 6 图(尺寸单位:m)

(A)980 kN　　(B)1 080 kN　　(C)1 280 kN　　(D)1 480 kN

7. 某房屋,条形基础,天然地基。基础持力层为中密粉砂,承载力特征值为 150 kPa。基础宽度 3 m,埋深 2 m,地下水埋深 8 m。该基础承受轴心荷载,地基承载力刚好满足要求。现拟对该房屋进行加层改造,相应于作用的标准组合时基础顶面轴心荷载增加 240 kN/m。若采用增加基础宽度的方法满足地基承载力的要求。根据《建筑地基基础设计规范》(GB 50007—2011),基础宽度的最小增加量最接近(　　)(基础及基础以上土体的平均重度取 20 kN/m³)。

(A)0.63 m　　(B)0.7 m　　(C)1.0 m　　(D)1.2 m

8. 某墙下钢筋混凝土筏形基础,厚度 1.2 m,混凝土强度等级 C30,受力钢筋拟采用 HRB400 钢筋,主要保护层厚度为 40 mm。已知该筏板的弯矩图(相应于作用的基本组合时的弯矩设计值)如下图所示。按照《建筑地基基础设计规范》(GB 50007—2011),满足该规范规定且经济合理的筏板顶部受力主筋配置为(　　)(注:C30 混凝土抗压强度设计值为 14.3 N/mm²,HRB400 钢筋抗拉强度设计值为 360 N/mm²)。

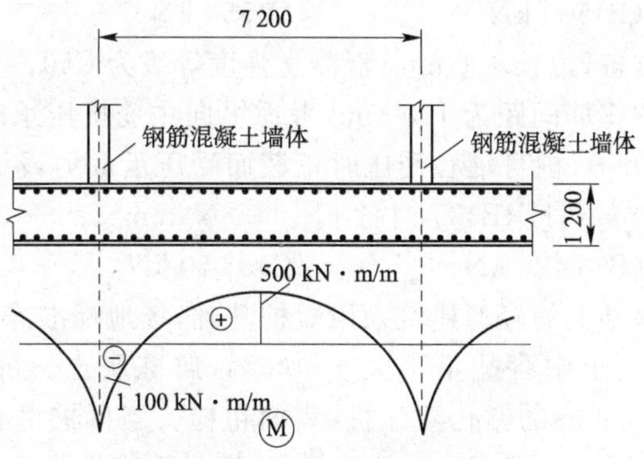

题 8 图(尺寸单位:mm)

题 8 表

公称直径/mm	不同根数钢筋的计算截面面积/mm²								
	1	2	3	4	5	6	7	8	9
6	28.3	57	85	113	142	170	198	226	255
8	50.3	101	151	201	252	302	352	402	453
10	78.5	157	236	314	393	471	550	628	707
12	113	226	339	452	565	678	791	904	1 017
14	154	308	461	615	769	923	1 077	1 231	1 385
16	201	402	603	804	1 005	1 206	1 407	1 608	1 809
18	255	509	763	1 017	1 272	1 527	1 781	2 036	2 290
20	314	628	942	1 256	1 570	1 884	2 199	2 513	2 827
22	380	760	1 140	1 520	1 900	2 281	2 661	3 041	3 421
25	491	982	1 473	1 964	2 454	2 945	3 436	3 927	4 418
28	616	1 232	1 847	2 463	3 079	3 695	4 310	4 926	5 542
32	804	1 609	2 413	3 217	4 021	4 826	5 630	6 434	7 238
36	1 018	2 036	3 054	4 072	5 089	6 107	7 125	8 143	9 161
40	1 257	2 513	3 770	5 027	6 283	7 540	8 796	10 053	11 310
50	1 964	3 928	5 892	7 856	9 820	11 784	13 748	15 712	17 676

(A)Φ18@200　　(B)Φ20@200　　(C)Φ22@200　　(D)Φ25@200

9. 公路桥涵基础建于多年压实未经破坏的旧桥基础上，基础平面尺寸为 2 m×3 m，修正后地基承载力容许值$[f_a]$为 160 kPa，基底双向偏心受压，承受的竖向力作用位置为图中o点。根据《公路桥涵地基与基础设计规范》(JTG D63—2007)，按基底最大压应力计算时，能承受的最大竖向力最接近(　　)。

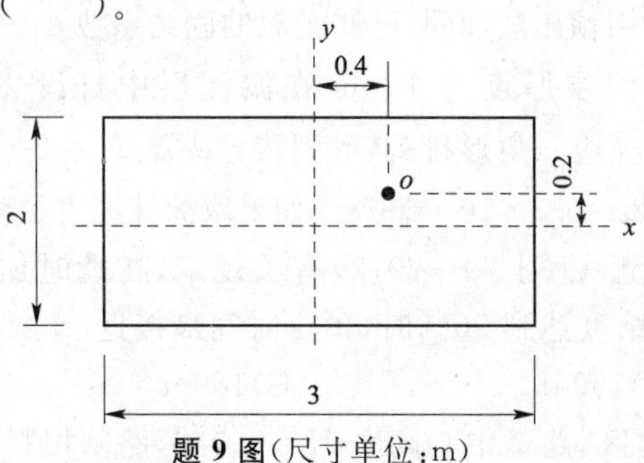

题 9 图(尺寸单位:m)

(A)460 kN　　(B)500 kN　　(C)550 kN　　(D)600 kN

10. 某钢筋混凝土预制方桩，边长 400 mm，混凝土强度等级为 C40，主筋为 HRB335，12Φ18，桩顶以下 2 m 范围内箍筋间距为 100 mm，考虑纵向主筋抗压承载力，根据《建筑桩基技术规范》(JGJ 94—2008)，桩身轴心受压时正截面受压承载力设计值最接近(　　)(C40 混凝土 $f_c = 19.1\ N/mm^2$，HRB335 钢筋 $f'_y = 300\ N/mm^2$)。

(A)3 960 kN　　(B)3 420 kN　　(C)3 050 kN　　(D)2 600 kN

11. 某位于季节性冻土地基上的轻型建筑采用短桩基础，场地标准冻深为 2.5 m。地面以下 20 m 深度内为粉土。土中含盐量不大于 0.5%，属冻胀土。抗压桩侧阻力标准值为 30 kPa，桩型为直径 0.6 m 的钻孔灌注桩，表面粗糙。当群桩呈非整体破坏时，根据《建筑桩基技术规范》(JGJ 94—2008)，自地面算起，满足抗冻拔稳定要求的最短桩长最接近(　　)($N_G = 180$ kN，桩身重度取 25 kN/m³，抗拔系数取 0.5，切向冻胀力及相关系数取规范表中相应的最小值)。

(A)4.7 m　　(B)6.0 m　　(C)6.4 m　　(D)8.3 m

12. 某公路桥梁采用振动沉入预制桩，桩身截面尺寸为 400 mm×400 mm，地层条件和桩入土深度如下图所示。桩基可能承受拉力，根据《公路桥涵地基与基础设计规范》(JTG D63—2007)，桩基受拉承载力容许值最接近(　　)。

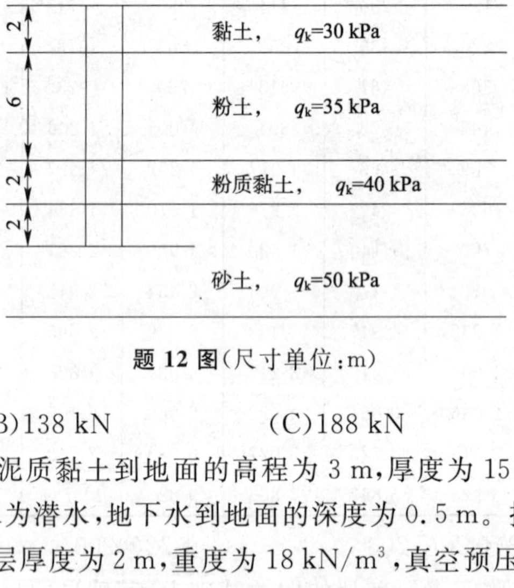

题 12 图(尺寸单位：m)

(A)98 kN　　(B)138 kN　　(C)188 kN　　(D)228 kN

13. 某大面积软土场地，淤泥质黏土到地面的高程为 3 m，厚度为 15 m，压缩模量为 1.2 MPa。其下为黏性土，地下水为潜水，地下水到地面的深度为 0.5 m。拟采用堆载和真空联合预压处理。场地上覆土层厚度为 2 m，重度为 18 kN/m³，真空预压强度为 80 kPa，真空膜上设置水池储水，水深 2 m。当淤泥质土层固结度达到 80%时，地面沉降量最接近(　　)(取沉降经验系数 $\psi_w = 1.1$)。

(A)1.00 m　　(B)1.10 m　　(C)1.20 m　　(D)1.30 m

14. 拟对某淤泥质土地基采用预压法加固，已知淤泥的固结系数 $C_h = C_v = 2.0\times10^{-3}\ cm^2/s$，$k_h = 1.2\times10^{-7}$ cm/s，淤泥层厚度为 10 m，在淤泥层中打设袋装砂井，砂井直径 $d_w =$ 70 mm，间距为 1.5 m，等边三角形排列，砂料渗透系数 $k_w = 2\times10^{-2}$ cm/s，长度打穿淤泥层，涂抹区的渗透系数 $k_s = 0.3\times10^{-7}$ cm/s。如果取涂抹区直径为砂井直径的 2.0 倍，按照《建筑地基处理技术规范》(JGJ 79—2012)有关规定，在瞬时加载条件下，考虑涂抹和井阻影响时，地基径向固结度达到 90%时，预压时间最接近(　　)。

(A)120 d　　(B)150 d　　(C)180 d　　(D)200 d

15. 某公路路堤位于软土地区，路基中心高度 $H = 3.5$ m，路基填料重度为 20 kN/m³，填土速率约为 0.04 m/d。路线地表下 0～2.0 m 为硬塑黏土，2.0～8.0 m 为流塑状态软土，软土不排水抗剪强度为 18 kPa，路基地基采用常规预压方法处理，用分层部和法计算的地基主固结沉降量为 20 cm。如公路通车时软土固结度达到 70%，根据《公路路基设计规范》(JTG D30—2015)，则此时的地基沉降量最接近(　　)。

(A)14 cm　　(B)17 cm　　(C)19 cm　　(D)20 cm

16. 某住宅楼一独立承台，作用于基底的附加压力 $P_0=600$ kPa，基底以下土层主要为：①中砂～砾砂，厚度为 8.0 m，承载力特征值为 200 kPa，压缩模量为 10.0 MPa；②含砂粉质黏土，厚度为 16.0 m，压缩模量为 8.0 MPa，下卧为微风化大理岩。拟采用 CFG 桩＋水泥土搅拌桩复合地基，承台尺寸为 3.0 m×3.0 m，布桩如下图所示，CFG 桩桩径 ϕ450 mm，桩长为 20 m，设计单桩竖向抗压承载力特征值 $R_a=700$ kN；水泥土搅拌桩直径为 ϕ600 mm，桩长为 10 m，设计单桩承载力特征值 $R_a=300$ kN，假定复合地基的沉降计算地区经验系数 $\psi_s=0.4$。根据《建筑地基处理技术规范》(JGJ 79—2012)，该独立承台复合地基在中砂～砾砂层中的沉降量最近(　　)(单桩承载力发挥系数：CFG 桩 $\lambda_1=0.8$，水泥土搅拌桩 $\lambda_2=1.0$；桩间土承载力发挥系数 $\beta=1.0$)。

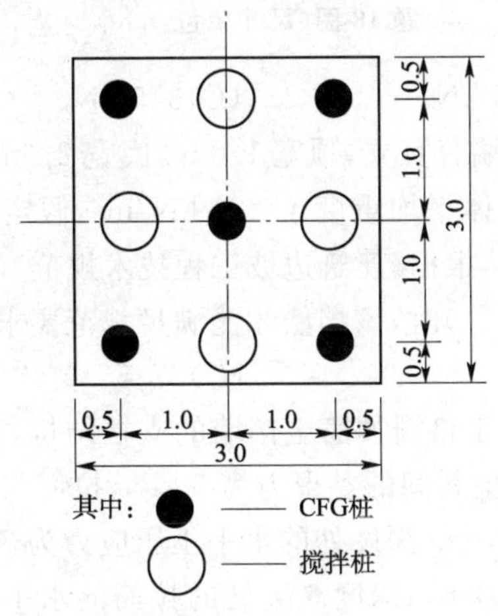

题 16 图(尺寸单位：m)

(A)68.0 mm　　(B)45.0 mm　　(C)34.0 mm　　(D)23.0 mm

17. 如下图所示某铁路边坡高 8 m，岩体节理发育，重度为 22 kN/m³，主动土压力系数为 0.36。采用土钉墙支护，墙面坡率为 1∶0.4，墙背摩擦角为 25°。土钉成孔直径为 90 mm，其方向垂直于墙面，水平和垂直间距均为 1.5 m。浆体与孔壁间黏结强度设计值为 200 kPa，采用《铁路路基支挡结构设计规范》(TB 10025—2006)，计算距墙顶 4.5 m 处 6 m 长土钉 AB 的抗拔安全系数最接近于(　　)。

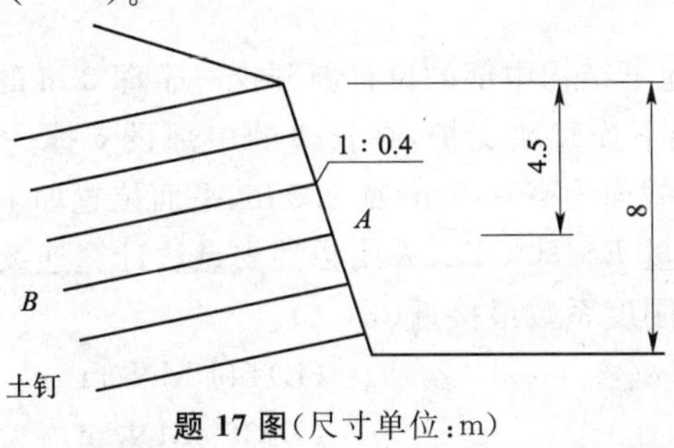

题 17 图(尺寸单位：m)

(A)1.1　　　　(B)1.4　　　　(C)1.7　　　　(D)2.0

18. 某砂土边坡，高 6 m，砂土的 $\gamma=20\ \text{kN/m}^3$、$c=0$、$\varphi=30°$。采用钢筋混凝土扶壁式挡土结构，此时该挡墙的抗倾覆安全系数为 1.70。工程建成后需在坡顶堆载 $q=40\ \text{kPa}$，拟采用预应力锚索进行加固，锚索的水平间距为 2.0 m，下倾角为 15°，土压力按朗肯理论计算，根据《建筑边坡工程技术规范》(GB 50330—2013)，如果要保证坡顶堆载后扶壁式挡土结构的抗倾覆安全系数不小于 1.60，则锚索的轴向拉力设计值应最接近(　　)。

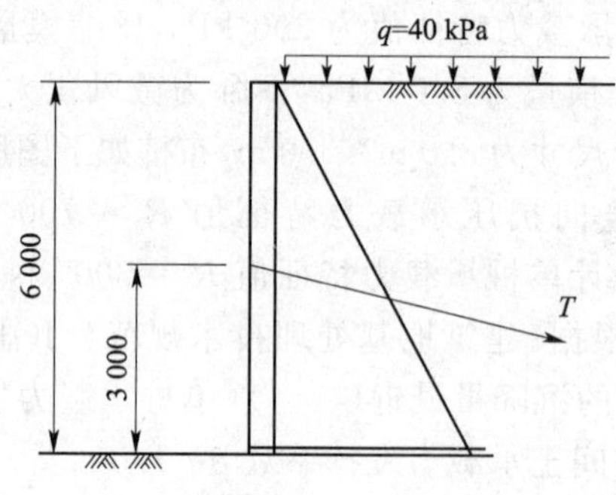

题 18 图(尺寸单位：mm)

(A)162 kN　　　　(B)325 kN　　　　(C)345 kN　　　　(D)365 kN

19. 某浆砌块石挡墙高 6.0 m，墙背直立，顶宽 1.0 m，底宽 2.6 m，墙体重度 $\gamma=24\ \text{kN/m}^3$，墙后主要采用砾砂回填，填土体平均重度 $\gamma=20\ \text{kN/m}^3$，假定填砂与挡墙的摩擦角 $\delta=0°$，地面均布荷载取 $15\ \text{kN/m}^3$，根据《建筑边坡工程技术规范》(GB 50330—2013)，墙后填砂层内摩擦角 φ 至少达到(　　)时，该挡墙才能满足规范要求的抗倾覆稳定性。

(A)23.5°　　　　(B)32.5°　　　　(C)37.5°　　　　(D)39.5°

20. 某Ⅰ级铁路路基，拟采用土工格栅加筋土挡墙的支挡结构，高 10 m，土工格栅拉筋的上、下层间距为 1.0 m，拉筋与填料间的黏聚力为 5 kPa，拉筋与填料之间的内摩擦角为 15°，重度为 $21\ \text{kN/m}^3$。经计算，6 m 深度处的水平土压应力为 75 kPa，根据《铁路路基支挡结构设计规范》(TB 10025—2006)，深度 6 m 处的拉筋的水平回折包裹长度的计算值最接近(　　)。

(A)1.0 m　　　　(B)1.5 m　　　　(C)2.0 m　　　　(D)2.5 m

21. 某安全等级为一级的建筑基坑，采用桩锚支护形式。支护桩桩径为 800 mm，间距为 1 400 mm，倾角为 15°。采用平面杆系结构弹性支点法进行分析计算，得到支护桩计算宽度内的弹性支点水平反力为 420 kN。若锚杆施工时采用抗拉强度为 180 kN 的钢绞线，则每根锚杆需要至少配置(　　)这样的钢绞线。

(A)2 根　　　　(B)3 根　　　　(C)4 根　　　　(D)5 根

22. 暂无

23. 紧邻某长 200 m 大型地下结构中部的位置新开挖一个深 9 m 的基坑，基坑长 20 m、宽 10 m。新开挖基坑采用地下连续墙支护，在长边的中部设支撑一层，支撑一端支于已有地下结构中板位置，支撑截面为高 0.8 m、宽 0.6 m，平面位置如下图虚线所示，采用 C30 钢筋混凝土，设其弹性模量 $E=30\ \text{GPa}$，采用弹性支点法计算连续墙的受力，取单位宽度作计算单元，支撑的支点刚度系数最接近(　　)。

(A)72 MN/m　　　　(B)144 MN/m

(C)288 MN/m　　　　(D)360 MN/m

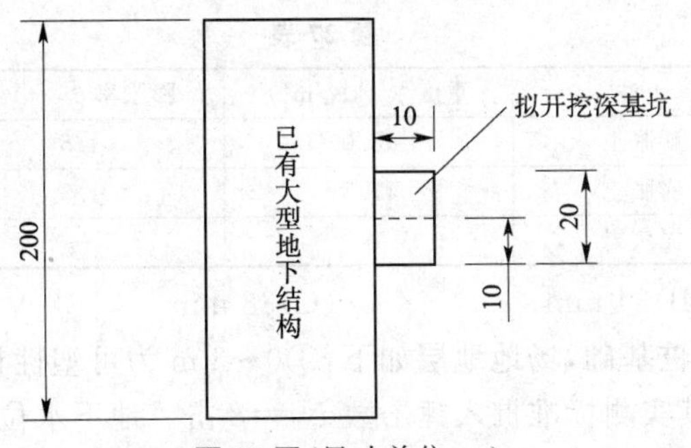

题 23 图(尺寸单位:m)

24. 有一倾覆式危岩体,高 6.5 m,高 3.2 m(见下图,可视为均质刚性长方体),危岩体的密度为 $2.6\ g/cm^3$。在考虑暴雨后使后缘张裂隙充满水和水平地震加速度值为 $0.20g$ 的条件下,危岩体的抗倾覆稳定系数为(　　)(重力加速度取 $10\ m/s^2$)。

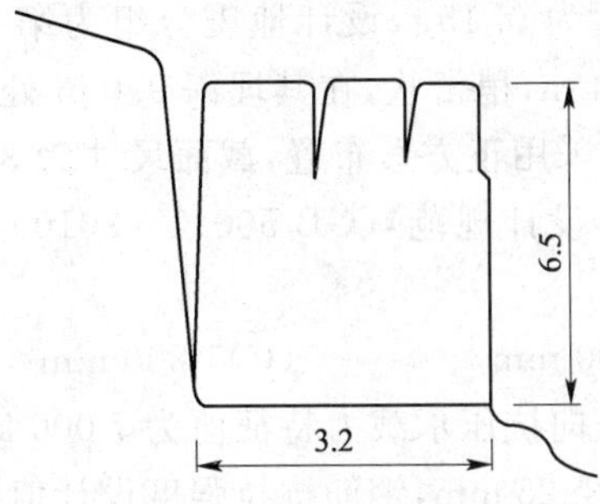

题 24 图(尺寸单位:m)

(A)1.90　　(B)1.76　　(C)1.07　　(D)0.18

25. 某铁路需通过饱和软黏土地段,软黏土的厚度为 5 m,路基土重度 $\gamma=17.5kN/m^3$,不固结不排水抗剪强度为 $\varphi=0°$,$c_u=13.6\ kPa$。若土堤和路基土为同一种软黏土,填筑时采用泰勒(Taylor)稳定数图解法估算土堤临界高度最接近(　　)。

(A)3.6 m　　(B)4.3 m　　(C)4.6 m　　(D)5.5 m

26. 某公路路堑,存在一折线均质滑坡,计算参数如下表所示,若滑坡推力安全系数为 1.20。第一块滑体剩余下滑力传递到第二滑体的传递系数为 0.85,在第三块滑体后设置重力式挡墙,按《公路路基设计规范》(JTG D30—2015)计算作用在该挡墙上的每延长米作用力最接近(　　)。

题 26 表

滑体编号	下滑力/(kN/m)	抗滑力/(kN/m)	滑面倾角
①	5 000	2 100	35°
②	6 500	5 100	26°
③	2 800	3 500	26°

(A)3 900 kN　　(B)4 970 kN　　(C)5 870 kN　　(D)6 010 kN

27. 某三层建筑物位于膨胀土场地,基础为浅基础,埋深 1.2 m,基础的尺寸为 2.0 m×2.0 m,湿度系数 $\psi_w=0.6$,地表下 1 m 处的天然含水率 $w=26.4\%$,塑限含水率 $w_p=20.5$,各深度处膨胀土的工程特性指标如下表所示。该地基的分级变形量最接近(　　)。

题 27 表

土层深度	土性	重度 $\gamma/(kN/m^3)$	膨胀率 $\delta_{ep}/(\%)$	收缩系数 λ_i
0～2.5 m	膨胀土	18.0	1.5	0.12
2.5～3.5 m	膨胀土	17.8	1.3	0.11
3.5 m 以下	泥灰岩	—	—	—

(A)30 mm　(B)34 mm　(C)38 mm　(D)80 mm

28. 某公路桥梁采用摩擦桩基础，场地地层如下：①0～3 m 为可塑性粉质黏土；②3～14 m 为稍密至中密状粉砂，其实测标准贯入锤击数 $N_1=8$ 击。地下水位埋深为 2.0 m。桩基穿过②层后进入下部持力层。根据《公路工程抗震规范》(JTG B02—2013)，计算②层粉砂桩长范围内桩侧摩阻力液化影响平均折减系数最接近(　　)(假设②层土经修正的液化判别标准贯入锤击数临界值 $N_{cr}=9.5$ 击)。

(A)1.00　(B)0.83　(C)0.79　(D)0.67

29. 某场地设计基本地震加速度为 0.15g，设计地震分组为第一组，其地层如下：①黏土，可塑，层厚 8 m；②粉砂，层厚 4 m，稍密状，在其埋深 9.0 m 处标准贯入锤击数为 7 击，场地地下水位埋深为 2.0 m。拟采用正方形布置，截面尺寸为 300 mm×300 mm 的预制桩进行液化处理，根据《建筑抗震设计规范》(GB 50011—2010)，其桩距至少不小于(　　)时才能达到不液化。

(A)800 mm　(B)1 000 mm　(C)1 200 mm　(D)1 400 mm

30. 某桩基工程设计要求单桩竖向抗压承载力特征值为 7 000 kN，静载试验利用邻近 4 根工程桩作为锚桩，锚桩主筋直径 25 mm，钢筋抗拉强度设计值为 360 N/mm^2。根据《建筑基桩检测技术规范》(JGJ 106—2014)，计算得每根锚桩提供上拔力所需的主筋根数至少为(　　)。

(A)18 根　(B)20 根　(C)22 根　(D)24 根

2014年全国注册岩土工程师专业考试试卷参考答案(新解)

专业知识(上午卷)答案

一、单项选择题

1.(B)　《水运工程岩土勘察规范》(JTS 133—2013)第4.2.7条

2.(B)　《岩土工程勘察规范》(GB 50021—2001)(2009年版)第6.10.12条

3.(C)　据培训教材抽水试验部分,粉细砂含水层适合采用包网过滤器

4.(D)　校正后孔深等于总进尺减去水深,涨潮时,应减去潮差;退潮时,应加上潮差

5.(A)　《工程岩体分级标准》(GB 50218—2014)第2.1.6条

6.(B)　据培训教材"水文地质学",先确定等水位线,与等水位线垂直由高指向地即为流向

7.(B)　据培训教材"水文地质学知识",当含水层渗透性强、降深大的观测孔距主孔应远些,这既有利于控制降落漏斗,又能避免观测孔位于紊流和三维流明显地段

8.(D)　《城市轨道交通岩土工程勘察规范》(GB 50307—2012)第4.2.3条

9.(B)　《城市轨道交通岩土工程勘察规范》(GB 50307—2012)第7.3节

10.(D)　《公路工程地质勘察规范》(JTG C20—2011)第5.2.2条

11.(C)　《建筑工程地质勘探与取样技术规程》(JGJ/T 87—2012)第12.0.2条

12.(A)　《土工试验方法标准》(GB/T 50123—1999)第4.0.3条

13.(A)　《岩土工程勘察规范》(GB 50021—2001)(2009年版)第4.1.5条

14.(D)　《建筑地基基础设计规范》(GB 50007—2011)第3.0.5条

15.(A)　《建筑地基基础设计规范》(GB 50007—2011)第3.0.5条

16.(C)　《建筑地基基础设计规范》(GB 50007—2011)第3.0.1条

17.(B)　据《土力学》相关知识,平均竖向固结度计算公式:$\overline{U}_z = 1 - \frac{8}{\pi^2}e^{-\frac{\pi^2}{4}T_v}$,$T_v = \frac{C_v t}{H^2}$。因此固结时间与排水距离的平方成反比,故(B)正确

18.(A)　据《建筑地基处理技术规范》(JGJ 79—2012)第7.2.1条,振冲碎石桩和沉管砂石桩用于处理软土地基,桩体很难发挥挤密作用,其主要作用是通过置换与黏土形成复合地基,同时形成排水通道加速软土的排水固结,砂石桩单桩承载力主要取决于桩周土的侧限压力,在竖向荷载作用下,其侧向鼓胀主要由桩周土的侧限力约束,使其承载力提高

19.(D)　据《建筑地基处理技术规范》(JGJ 79—2012)第5.2.29条条文说明,真空预压是逐渐降低土体的孔隙水压力,不增加总应力条件下增加土体有效应力,而堆载预压是增加土体总应力和孔隙水压力,并随着孔隙水压力的逐渐消散而使有效应力逐渐增加,故(A)错误,(D)正确。据第5.1.5条,对真空预压工程,可采用一次连续抽真空至最大压力的加荷方式,故(C)错误。在竖向荷载作用下,堆载预压区边缘土体向外位移,而真空预压区边缘土体向内侧位移,故(B)错误

20.(B)　据《建筑地基处理技术规范》(JGJ 79—2012)第4.2.4条表格及注,(A)正确,(B)错误。据第4.4.1条~第4.4.5条,(C)、(D)正确

21.(C)　据《建筑地基处理技术规范》(JGJ 79—2012)第5.2.22条、第5.3.10条,(A)正确。据第5.3.12条第3款,(B)正确。据第5.3.11条条文说明,(C)错误。据第5.1.7条,

(D)正确

22.(D)　根据题意，在同等桩长情况下，原搅拌桩太密，因此新方案需增大桩距，相应的应增加单桩承载力，石灰桩、旋喷桩单桩承载力与搅拌桩相似，而挤密碎石桩不适用于软土地基，只有水泥粉煤灰碎石桩单桩承载力远大于搅拌桩，故(D)合适

23.(D)　据《建筑地基处理技术规范》(JGJ 79—2012)第3.0.4条、第3.0.7条，(A)、(B)正确。据第7.9.2条条文说明，多桩型复合地基的工作特性，是在等变形条件下的增强体和地基共同承担荷载，故(C)正确。据第7.9.4条，(D)错误

24.(B)　其承压板面积应为下图所示区域，故(B)正确

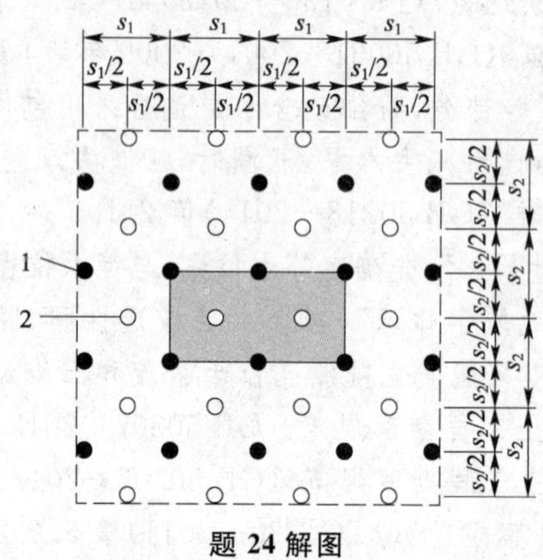

题24解图

25.(D)　《公路隧道设计规范》(JTG D70—2004)第10.2.2条

26.(A)　《铁路隧道设计规范》(TB 10003—2005)第7.2.6条

27.(B)　《铁路隧道设计规范》(TB 10003—2005)第7.2.1条

28.(C)　《建筑基坑支护技术规程》(JGJ 120—2012)第4.8.4条

29.(C)　《建筑基坑支护技术规程》(JGJ 120—2012)第4.1.7条

30.(D)　《建筑基坑支护技术规程》(JGJ 120—2012)第3.3.2条

31.(B)　《公路隧道设计规范》(JTG D70—2004)第11.1.2条

32.(B)　据《建筑抗震设计规范》(GB 50011—2010)第4.3.3条，由第2款可知(A)正确，据第3款可知，(D)正确。据第4.3.4条，桩基础属深基础，因此液化判别深度应为20 m，(B)错误，液化判别采用的标准贯入锤击数是未经杆长修正，(C)正确。此题与2013年专业知识上午卷67题基本相同

33.(D)　据《建筑抗震设计规范》(GB 50011—2010)第1.0.1条条文说明、第3.2节条文说明可知，与三个地震烈度水准相应的是抗震设防目标，而设计地震分组是考虑震源机制、震级大小和震中距远近，(A)错误。据第3.2.2条，7度设防烈度对应的设计地震基本加速度为$0.1g$和$0.15g$，(B)错误。《中国地震动参数区划图》(GB 18306—2015)查取的是反应谱特征周期，经场地调整后才会得到设计特征周期，(C)错误。据第2.1.6条，(D)正确

34.(B)　此题属于理解题。土颗粒磨圆度越好，其抗剪强度越低，土体越容易破坏，液化可能性越大，(A)正确。排水条件越好，超静孔隙水压力降低越快，有效应力不容易降为零，越不易液化，(B)错误。震动时间越长，超静孔隙水压力越高，有效应力越容易将为零，越容易液化，(C)正确。上覆土层越薄，上覆压力越小，抑制喷砂冒水作用小，可根据《建筑抗震设计规范》(GB 50011—2010)第4.3.3条第3款规定，(D)正确

35.无答案　由第五代中国地震动峰值加速度区划图和中国地震动加速度反应谱特征周

期区划图可知，其比例尺为均为1∶24 000 000，故(A)、(B)错误。据第6.1.2条和第7.1.2条，分界线附近的基本地震动峰值加速度应按就高原则或专门研究确定，而分界线附近的基本地震动加速度反应谱特征周期应按就高原则确定，(C)错误。据《中国地震动参数区划图》(GB 18306—2015)第1节规定，本标准适用于一般工程的抗震设防，(D)错误

36.(C)　据《水工建筑物抗震设计规范》(DL 5073—2000)第3.1.3条，场地土类型按土层平均剪切波速确定，范围为建基面下15 m深度且不深于场地覆盖层厚度，对此题，15～30 m范围内为中砂土，剪切波速280 m/s，为中硬场地土

37.(C)　《建筑抗震设计规范》(GB 50011—2010)第3.3.3条

38.(A)　《建筑基桩检测技术规范》(JGJ 106—2014)第9.3.2条及条文说明

39.(B)　《建筑基桩检测技术规范》(JGJ 106—2014)第7.6.1条

40.(D)　《建筑基坑工程监测技术规范》(GB 50497—2009)第5.2节

二、多项选择题

41.(A)、(D)　《铁路工程地质勘察规范》(TB 10012—2007)第8.2.3条

42.(B)、(D)　前期固结压力是指土层在地质历史上所承受过的最大有效压力，不只是上覆土重，前期固结压力后的直线斜率为压缩指数，详见《工程地质手册》(第四版)第144页、第145页

43.(B)、(C)　《建筑地基基础设计规范》(GB 50007—2011)附录C

44.(A)、(B)、(C)　《岩土工程勘察规范》(GB 50021—2001)(2009年版)第10.2.1条、第10.2.3条，《建筑地基基础设计规范》(GB 50007—2011)附录D

45.(B)、(C)　《土工试验方法标准》(GB/T 50123—1999)第6.3.1条、第6.4.1条

46.(C)、(D)　《岩土工程勘察规范》(GB 50021—2001)(2009年版)表12.2.5

47.(B)、(D)　《建筑地基基础设计规范》(GB 50007—2011)第3.0.5条、第3.0.7条

48.(A)、(C)、(D)　《建筑地基基础设计规范》(GB 50007—2011)第3.0.5条

49.(A)、(B)　《建筑地基基础设计规范》(GB 50007—2011)第3.0.5条

50.(A)、(B)、(D)　据《建筑地基处理技术规范》(JGJ 79—2012)第6.3.5条第1款条文说明，强夯置换的加固原理为下列三者之和：强夯置换＝强夯(加密)＋碎石墩＋特大直径排水井。故(A)正确。据第7.2.1条条文说明，振冲法对黏性土主要起到置换作用，对砂土和粉土除置换作用外还有振实挤密作用，故(D)正确。据第7.8.1条条文说明，柱锤冲扩桩在成孔及成桩过程中对原土具有动力挤密作用，故(B)正确

51.(A)、(B)、(D)　在CFG桩桩身配置钢筋笼及施工前对软土进行预压处理均可显著提高复合地基的整体滑动稳定性。而增加桩长不影响其滑动稳定性，提高混凝土的强度及配置钢筋笼均可提高桩体的抗剪强度，从而提高整体稳定性

52.(A)、(C)、(D)　据《建筑地基处理技术规范》(JGJ 79—2012)第7.7.2条第5款及条文说明，(A)正确。据第3.0.5条第2款，(B)错误。据第7.1.3条，(C)正确。据第3.0.2条，(D)正确

53.(A)、(C)、(D)　据《建筑地基处理技术规范》(JGJ 79—2012)第7.5.2条第6款，(A)正确。据第7.5.2条第9款，(B)错误。据第7.5.2条第8款，(C)正确。据第7.5.3条第2款，(D)正确

54.(A)、(C)　据《建筑地基处理技术规范》(JGJ 79—2012)第5.1.3条，(A)正确。水平径向固线度计算公式：$\overline{U}_r=1-e^{\frac{-8C_h}{Fd_c^2}t}$，当塑料排水板和砂井的井径比相同时，$F$相同，但等效直径$d_e$可能不同，则处理效果可能不同，(B)错误。据第5.2.8条条文说明，竖井采用挤土

方式施工时，由于井壁涂抹及周围土的扰动，而使土的渗透系数降低，因而影响土层的固结速率，此即为涂抹影响。故(C)正确。据第5.2.12条条文说明，次固结变形的大小和土的性质有关，故(D)错误

55.(B)、(D)　据《建筑地基处理技术规范》(JGJ 79—2012)第6.1.2条，强夯法不适合流塑～软塑黏性土。据第7.2.1条第1款，碎石桩法不适用于对变形控制严格的建筑。水泥搅拌桩、注浆钢管桩符合本题要求

56.(B)、(D)　据《建筑地基处理技术规范》(JGJ 79—2012)第7.2.1条、第7.3.1条、第7.7.1条、第7.8.1条可知，碎石桩、柱锤冲扩桩在施工过程中对桩间土都具有挤密作用，振冲碎石桩可适用于处理液化砂土，而柱锤冲扩桩需通过试验确定其适用性，故(B)、(D)正确。而旋喷桩、水泥土搅拌桩在施工中对桩间土没有挤密作用，故不会消除液化影响

57.(A)、(C)、(D)　《建筑基坑支护技术规程》(JGJ 120—2012)第4.1.10条

58.(A)、(B)　《建筑基坑支护技术规程》(JGJ 120—2012)第4.2节

59.(A)、(B)　《铁路隧道设计规范》(TB 10003—2005)第4.1.4条

60.(B)、(D)　《建筑基坑支护技术规程》(JGJ 120—2012)第4.2.4条

61.(A)、(B)　《建筑基坑支护技术规程》(JGJ 120—2012)第4.1节

62.(A)、(B)、(C)　《岩土工程勘察规范》(GB 50021—2001)(2009年版)第5.6.5条

63.(B)、(C)　据《建筑抗震设计规范》(GB 50011—2010)第4.3.7条第3款，(B)、(C)正确。而钻孔灌注桩、长螺旋施工水泥粉煤灰碎石桩为非挤土桩，无法消除液化影响

64.(B)、(C)　《水工建筑物抗震设计规范》(DL 5073—2000)第4.4.1条、第4.4.2条

65.(A)、(B)　据《建筑抗震设计规范》(GB 50011—2010)第4.2.1条，(A)、(B)正确，(C)错误。据第4.2.1条条文说明可知，松散砂土易发生液化而导致地基失效，故(D)需验算天然地基及基础的抗震承载力

66.(A)、(B)、(C)　《水利水电工程地质勘察规范》(GB 50487—2008)附录P

67.(A)、(C)　据《公路工程抗震规范》(JTG B02—2013)第4.2.4条，(C)正确，(D)错误。据第4.4.2条，(A)正确，(B)错误

68.(A)、(D)　据《建筑抗震设计规范》(GB 50011—2010)第1.0.1条条文说明，结合题意可知，50年内，超越概率为63%的地震为“多遇地震”，重现期为50年，超越概率为10%的地震为“设防地震”，重现期为475年，超越概率为2%的地震为“罕遇地震”，重现期为2 400年。故(B)、(C)正确，峰值加速度0.07g地震的重现期为50年，故(A)错误，峰值加速度为0.40g对应的是罕遇地震，抗震设防目标为结构有较大的非弹性变形，但应控制在规定的范围内，以免倒塌，故(D)错误

69.(A)、(C)、(D)　《建筑基坑工程监测技术规范》(GB 50497—2009)第4.1.1条、第6.1.2条

70.(A)、(D)　《建筑基桩检测技术规范》(JGJ 106—2014)第3.1.1条

专业知识(下午卷)答案

一、单项选择题

1.(D)　设置地下室增加了基础埋深，提高了承载力；同时增加埋深，减小了基底附加压力，从而减小地基沉降

2.(B)　《建筑地基基础设计规范》(GB 50007—2011)第5.2.4条

3.(B)　根据跨度尺寸及荷载估算基底压力，并考虑密实卵石较高的承载能力，独立基础

即可满足

4.(B)　基础底面荷载相同，基础尺寸相同，基底压力也即地基反力合力相同，只是分布形式不同；马鞍形分布应力集中于外侧，倒钟形集中于中部。对于墙与基础交界处的弯矩，马鞍形集中于外侧的应力，力臂更大，弯矩也就更大；倒钟形相反；均布居中

5.(A)　《建筑地基基础设计规范》(GB 50007—2011)第5.3.5条

6.(D)　《建筑地基基础设计规范》(GB 50007—2011)第8.2.7条

7.(A)　《建筑地基基础设计规范》(GB 50007—2011)第5.1.1条及条文说明

8.(C)　《建筑地基基础设计规范》(GB 50007—2011)第5.2.4条、第5.2.5条

9.(D)　《建筑桩基技术规范》(JGJ 94—2008)第5.7节

10.(B)　《建筑桩基技术规范》(JGJ 94—2008)第5.2节

11.(C)　《公路桥涵地基与基础设计规范》(JTG D63—2007)第5.2节

12.(C)　《铁路桥涵地基和基础设计规范》(TB 10002.5—2005)第6.3.2条

13.(B)　《建筑桩基技术规范》(JGJ 94—2008)第8.5.3条

14.(B)　《建筑桩基技术规范》(JGJ 94—2008)第4.1.6条

15.(A)　《建筑边坡工程技术规范》(GB 50330—2013)第8.4.1条条文说明

16.(C)　朗肯土压力理论假定墙背竖直光滑，墙后填土水平

17.(C)　《建筑边坡工程技术规范》(GB 50330—2013)第9.1.1条文说明

18.(C)　《铁路路基支挡结构设计规范》(TB 10025—2006)第10.2.3条、第10.2.4条

19.(C)　《铁路路基设计规范》(TB 10001—2005)第10.3.3条、第10.3.4条

20.(D)　《碾压式土石坝设计规范》(DL/T 5395—2007)第7.6节

21.(D)　《公路路基设计规范》(JTG D30—2015)第5.2.2条条文说明

22.(C)　《碾压式土石坝设计规范》(DL/T 5395—2007)第8.3.2条

23.(C)　水位快速下降，坡体内的地下水向坡外渗流，降低坡体稳定性

24.(B)　《工程地质手册》(第四版)第538页

25.(B)　B图中层面和坡面在同一侧，层面弧顶到圆心的距离长，层面的倾角小于坡面的倾角，稳定性差

26.(C)　《公路路基设计规范》(JTG D30—2015)第7.8.2条

27.(D)　膨胀土因含水率降低，在地表形成裂缝，不利于建筑物的安全

28.(A)　《岩土工程勘察规范》(GB 50021—2001)(2009年版)第6.7.4条、第6.8.4条

29.(A)　盐渍土的地基处理中针对盐胀性的处理方法有换土垫层、设地面隔热层、设变形缓冲层和化学处理方法，但没有浸水预溶法，详见《工程地质手册》第507页～第508页

30.(C)　《岩土工程勘察规范》(GB 50021—2001)(2009年版)附录A.0.3注4

31.(C)　《膨胀土地区建筑技术规范》(GB 50112—2013)第5.3.5条

32.(A)　《膨胀土地区建筑技术规范》(GB 50112—2013)附录A

33.(A)　《生活垃圾卫生填埋处理技术规范》(GB 50869—2013)第4.0.3条

34.(C)　膨胀土的矿物成分主要为蒙脱石、伊利石，其亲水性的差异是内部结构的不同，水进入结晶格架的多少不同

35.(C)　《安全生产法》第81条

36.(A)　《安全生产法》第70条

37.(D)　《地质灾害防治条例》第41条～第43条

38.(C)　《招标投标法》第14条

39.(A)　《建筑工程质量检测管理办法》附件一

40.(D)　《实施工程建设强制性标准监督规定》第10条

二、多项选择题

41.(B)、(C)　《建筑地基基础设计规范》(GB 50007—2011)第5.2.4条

42.(B)、(C)、(D)　据培训教材基础工程减小地基不均匀沉降措施章节

43.(B)、(C)、(D)　《建筑地基基础设计规范》(GB 50007—2011)第8.4.1条

44.(A)、(C)、(D)　《建筑地基基础设计规范》(GB 50007—2011)第8.1.14条

45.(B)、(C)、(D)　《建筑地基基础设计规范》(GB 50007—2011)第4.2.2条

46.(C)、(D)　《建筑桩基技术规范》(JGJ 94—2008)第5.5.6条

47.(B)、(C)　《建筑桩基技术规范》(JGJ 94—2008)第5.8节

48.(A)、(C)、(D)　《建筑桩基技术规范》(JGJ 94—2008)第3.4.6条

49.(A)、(C)　《建筑桩基技术规范》(JGJ 94—2008)第4.1.3条

50.(A)、(C)、(D)　《公路桥涵地基与基础设计规范》(JTG D63—2007)第6.2节

51.(A)、(B)　《建筑桩基技术规范》(JGJ 94—2008)第6.7.6条

52.(A)、(D)　《建筑桩基技术规范》(JGJ 94—2008)第7.5.8条

53.(A)、(C)　《建筑边坡工程技术规范》(GB 50330—2013)第10.3节

54.(A)、(B)、(D)　《碾压式土石坝设计规范》(DL/T 5395—2007)第8.3.8条

55.(B)、(C)　按最优含水率压实路堤，获得最大干密度，使孔隙比最小

56.(A)、(C)　《铁路路基支挡结构设计规范》(TB 10025—2006)第3.2节、第3.4.2条

57.(A)、(B)、(D)　《碾压式土石坝设计规范》(DL/T 5395—2007)第6.1.5条、第6.1.6条

58.(A)、(C)、(D)　《膨胀土地区建筑技术规范》(GB 50112—2013)第5.5.2条、第5.5.4条、第5.7.1条

59.(A)、(B)、(C)　《公路路基设计规范》(JTG D30—2015)第7.3.2条

60.(A)、(C)、(D)　滑坡体滑动不--定任何部位的下滑力都大于抗滑力；反翘的抗滑段，水位上升减少了抗滑力，并不是静水压力转化成滑动力；在考虑地震作用时，都是考虑不利情况；削方减载，即减少了滑动力也减少部分抗滑力

61.(A)、(C)、(D)　《工程地质手册》(第四版)第501页～第503页

62.(B)、(C)　《湿陷性黄土地区建筑规范》(GB 50025—2004)第4.3节

63.(A)、(B)　《湿陷性黄土地区建筑规范》(GB 50025—2004)第4.3.8条

64.(A)、(B)　《公路路基设计规范》(JTG D30—2015)第7.4.2条

65.(B)、(C)　《建设工程安全生产管理条例》第21条

66.(B)、(C)、(D)　据培训教材“工程经济与管理建设工程项目总投资构成”

67.(A)、(C)、(D)　《地质灾害防治条例》第24条

68.(A)、(B)、(C)　《合同法》第112条～第114条

69.(A)、(D)　《勘察设计注册工程师管理规定》第6条、第7条、第10条、第15条

70.(A)、(C)、(D)　《注册土木工程师(岩土)执业及管理暂行规定》第3条、第4条

专业案例(上午卷)答案

1.[**答案**](C)

[**解析**]据《土工试验方法标准》(GB/T 50123—1999)第14.1节

$$e_0=\frac{d_s(1+\omega)\rho_w}{\rho}-1=\frac{2.70\times(1+0.312)\times 1}{1.85}-1=0.915$$

$$e_1=e_0-\frac{1+e_0}{h_0}\Delta h_1=0.915-\frac{1+0.915}{20}\times 1.4=0.781$$

$$e_2=0.915-\frac{1+0.915}{20}\times 1.8=0.743$$

$$a_v=\frac{e_1-e_2}{p_2-p_1}=\frac{0.781-0.743}{0.200-0.100}=0.38$$

$$m_{v1-2}=\frac{a_v}{1+e_1}=\frac{0.38}{1+0.781}=0.213\ (\text{MPa}^{-1})$$

2.［**答案**］(D)

［**解析**］据《岩土工程勘察规范》(GB 50021—2001)(2009 年版)第 10.8.3 条

$$\begin{aligned}p_0&=1.05(A-Z_M+\Delta A)-0.05(B-Z_M-\Delta B)\\&=1.05\times(100-8+10)-0.05\times(260-8-80)\\&=98.5\ (\text{kPa})\end{aligned}$$

$$p_2=C-Z_M+\Delta A=90-8+10=92\ (\text{kPa})$$

$$u_0=10\times(7-1)=60\ (\text{kPa})$$

$$U_D=\frac{P_2-u_0}{P_0-u_0}=\frac{92-60}{98.5-60}=0.83$$

3.［**答案**］(D)

［**解析**］据《全国注册岩土工程师专业考试培训教材》P1-56

$\tan\beta=\tan\alpha\cos\theta$

β 为视倾角(岩层沿隧道走向的倾角)，α 为岩层的倾角，θ 为岩层的倾向与隧道走向的夹角($80°-50°=30°$)，则有：

$\tan\beta=\tan 30°\times\cos 30°=0.5$

剖面图的垂直与水平比为 2，假定水平长 l，垂直高为 $2l\tan\beta$，则：

$$\tan\beta_1=\frac{2l\tan\beta}{l}=\frac{2\times l\times 0.5}{l}=1$$

其夹角为 $\beta_1=45°$

4.［**答案**］(C)

［**解析**］据《港口岩土工程勘察规范》(JTS 133—1—2010)附录 A

$k_{vp}=\dfrac{3.2}{5.6}=0.571$，查表 A.0.1-2 为中风化。

$k_v=\left(\dfrac{2.5}{3.2}\right)^2=0.61$，查表 4.1.2 为较完整。

按新规范《水运工程岩土勘察规范》(JTS 133—2013)附录 A 判断为强风化、较完整，答案为(C)。

5.［**答案**］(B)

［**解析**］$p_k=\dfrac{F_k+G_k}{A}=\dfrac{F_k+3.0\times 3.6\times 1.2\times 20}{3.0\times 3.6}$

$$p_{cz}=1.2\times 18+2.0\times 9=39.6\ (\text{kPa})$$

$$p_z=\frac{3.0\times 3.6\times(p_k-1.2\times 18)}{(3.0+2\times 2\times\tan 23°)\times(3.6+2\times 2\times\tan 23°)}$$

$$f_{az}=65+\frac{1.2\times 18+2.0\times 9}{3.2}\times(3.2-0.5)=98.41\ (\text{kPa})$$

由 $p_z+p_{cz}=f_{az}$，解得：$F_k=1\ 444\ (\text{kN})$

6.［**答案**］(B)

［**解析**］查表得 $\eta_b=0,\eta_d=1.0$，

$f_a=180+0+1.0\times 19.0\times(1.5-0.5)=199\ (\text{kPa})$

由 $b^2\geqslant\dfrac{F_k}{f_a-\gamma_G d}=\dfrac{580}{199-20\times 1.5}=3.43\ (\text{m}^2)$，解得：$b=1.85$ m，试取为 1.9 m

$p_k=\dfrac{580+20\times 1.9^2\times 1.5}{1.90^2}=190.66\ (\text{kPa})$，查表得宽高比允许值为 1∶1

$$\frac{\frac{b-b_0}{2}}{0.7}=\frac{\frac{1.90-0.6}{2}}{0.7}=0.93<1$$，满足设计要求。

7.［**答案**］(C)

［**解析**］若要保证基底压力均布，需对基础底面中心的合力矩为零，则有：

$e=\dfrac{100}{300}=0.33\ (\text{m})$

则基础总宽度 $b=2\times(2+0.4/2-0.33)=3.74\ (\text{m})$

8.［**答案**］(B)

［**解析**］总竖向力：

$F_k+G_k=40\times 6\times 90\times 60+15\times 45\times 50\times 40+15\times 15\times 78\times 40=3\ 348\ 000\ (\text{kN})$

合力偏心距：

$$e=\frac{M_k}{F_k+G_k}$$

$$=\frac{15\times 15\times 78\times 40\times(78/2+10/2)-15\times 45\times 50\times 40\times(90/2-50/2)}{3\ 348\ 000}$$

$$=1.161(\text{m})$$

$e=1.161<\dfrac{b}{6}=\dfrac{90}{6}=15$

属于小偏心情况，所以

$$p_{kmax}=\frac{F_k+G_k}{A}\left(1+\frac{6e}{b}\right)=\frac{3\ 348\ 000}{60\times 90}\times\left(1+\frac{6\times 1.161}{90}\right)=667.98\ (\text{kPa})$$

9.［**答案**］(C)

［**解析**］基底压力三角形分布时，$p_{kmax}=\dfrac{2(F_k+G_k)}{b}\leqslant 1.2f_a$，即

$$2\times\frac{200+20\times b\times 3}{b}\leqslant 1.2\times 200$$

解得：$b\geqslant 3.33$ m

基底平均压力 $p_k=\dfrac{F_k+G_k}{b}\leqslant f_a$

解得，$b\geqslant 1.43$ m，取大值。

10.［**答案**］(C)

［**解析**］其中，$A_0=2.3\times 2+0.6=5.2\ (\text{m})$，$B_0=2.4+0.6=3.0\ (\text{m})$

$t=5-2=3\ (\text{m})>0.5B_0=1.5$ m，$E_{s1}/E_{s2}=16/3.2=5.0$，查表取 $\theta=25°$

$G_k = 4.2 \times 5.8 \times 2 \times 20 = 974.4\ (\text{kN})$

$$\sigma_z = \frac{(F_k + G_k) - \frac{3}{2}(A_0 + B_0)\Sigma q_{sik} l_i}{(A_0 + 2t\tan\theta)(B_0 + 2t\tan\theta)}$$

$$= \frac{(6\,300 + 974.4) - \frac{3}{2} \times (5.2 + 3.0) \times (35 \times 4 + 55 \times 4 + 60 \times 2)}{(5.2 + 2 \times 3 \times \tan 25^\circ) \times (3.0 + 2 \times 3 \times \tan 25^\circ)}$$

$\approx 30\ (\text{kPa})$

11.［**答案**］(B)

［**解析**］首先确定中性点深度，由于持力层为基岩，取 $l_n / l_0 = 1.0$

根据题意桩周软弱土层下限深度 l_0 取 12 m，故 $l_n = 12$ m

$$\sigma_i' = p + \frac{1}{2}\gamma_i \Delta z_i = 50 + \frac{1}{2} \times (18.5 - 10) \times 12 = 101\ (\text{kPa})$$

$q_{si}^n = \xi_n \sigma_i' = 0.2 \times 101.0 = 20.2\ (\text{kPa}) > q_{sk} = 15\ \text{kPa}$，取小，则 $q_{si}^n = 15\ \text{kPa}$

$Q_g^n = \eta_n u q_{si}^n l_i = 1 \times 3.14 \times 1.2 \times 15 \times 12 = 678.2\ (\text{kN})$

12.［**答案**］(A)

［**解析**］$\frac{p_{sk2}}{p_{sk1}} = \frac{10}{4.8} = 2.1 < 5$，查表取 $\beta = 1$

$p_{sk1} = 4.8\ \text{MPa} < p_{sk2}$

$$p_{sk} = \frac{1}{2}(p_{sk1} + \beta p_{sk2}) = \frac{1}{2} \times (4\,800 + 1 \times 10\,000) = 7\,400\ (\text{kPa})$$

$Q_{uk} = u \Sigma q_{sik} l_i + \alpha p_{sk} A_p$

$$= 3.14 \times 0.6 \times (4 \times 15 + 4 \times 28 + 10 \times 35 + 8 \times 52.5 + 2 \times 100) + 0.8 \times 7\,400 \times \frac{3.14 \times 0.6^2}{4}$$

$= 3\,824.5\ (\text{kN})$

13.［**答案**］(B)

［**解析**］据《铁路路基设计规范》(TB 10001—2005)第 6.2.2 条

$h = 2 + 3 + 15 + 4 = 24\ (\text{m}) > 10d = 10\ \text{m}$

中密细砂，查表 4.1.3，取 $k_2 = 3$，$k_2' = k_2/2 = 1.5$

$$\gamma_2 = \frac{2 \times 18.5 + 3 \times 19 + 15 \times 18 + 4 \times 20}{24} = 18.5\ (\text{kN/m}^3)$$

$[\sigma] = \sigma_0 + k_2 \gamma_2 (4d - 3) + k_2' \gamma_2 (6d)$

$= 180 + 3 \times 18.5 \times (4 \times 1 - 3) + 1.5 \times 18.5 \times (6 \times 1)$

$= 402\ (\text{kPa})$

$$[P] = \frac{1}{2} U \sum f_i l_i + m_0 A [\sigma]$$

$$= \frac{1}{2} \times 3.14 \times 1.0 \times (2 \times 30 + 3 \times 50 + 15 \times 40 + 4 \times 50) + 0.7 \times \frac{3.14 \times 1.0^2}{4} \times 402$$

$= 1\,806.6\ (\text{kN})$

14.［**答案**］(B)

［**解析**］据《建筑地基处理技术规范》(JGJ 79—2012)第 7.1.5 条

①计算面积置换率 m

$$m = \frac{2 \times \frac{3.14 \times 0.4^2}{4}}{2.4 \times 1.6} = 0.065\,4$$

②计算复合地基承载力特征值

$$f_{spk} = \lambda m \frac{R_a}{A_p} + \beta(1-m) f_{sk}$$

$$= 0.9 \times 0.065\,4 \times \frac{400}{\frac{3.14 \times 0.4^2}{4}} + 1.0 \times (1-0.065\,4) \times 150$$

$$= 327.6\ (\text{kPa})$$

③计算经修正后的地基承载力特征值

$$f_{sp} = f_{spk} + \gamma_m(d-0.5) = 327.6 + 18 \times (2-0.5) = 354.6\ (\text{kPa})$$

④计算条基顶面的竖向荷载

$$\frac{F_k + G_k}{b} = \frac{F_k + 20 \times 2 \times 2.4}{2.4} = 354.6$$

$F_k = 755.04\ \text{kN/m}$

15.[**答案**](C)

[**解析**]据《建筑地基处理技术规范》(JGJ 79—2012)第 7.5.2 条

①计算地基处理前土的干密度

$$\bar{\rho}_d = \frac{\rho}{1+\omega} = \frac{1.45}{1+0.15} = 1.261\ (\text{g/cm}^3)$$

②计算灰土挤密桩最大间距

$$s = 0.95d\sqrt{\frac{\bar{\eta}_c \rho_{dmax}}{\bar{\eta}_c \rho_{dmax} - \bar{\rho}_d}} = 0.95 \times 0.4 \times \sqrt{\frac{1.5}{1.5-1.261}} = 0.952\ (\text{m})$$

16.[**答案**](B)

[**解析**]据《建筑地基处理技术规范》(JGJ 79—2012)第 7.5.2 条

①计算复合地基的置换率

$$m = \frac{2 \times \frac{3.14 \times 0.4^2}{4}}{1.2 \times 1.6} = 0.131$$

②计算复合地基承载力特征值

$$f_{spk} = [1+m(n-1)]f_{sk} = [1+0.131 \times (3-1)] \times 100 \times (1+20\%) = 151.44\ (\text{kPa})$$

17.[**答案**](C)

[**解析**]据《建筑地基处理技术规范》(JGJ 79—2012)第 7.5.2 条

①计算搅拌桩、CFG 桩面积置换率

水泥土搅拌桩：$m_1 = \frac{A_{p1}}{s^2} = \frac{4 \times \frac{3.14 \times 0.6^2}{4}}{3^2} = 0.125\,6$

CFG 桩：$m_2 = \frac{A_{p2}}{s^2} = \frac{5 \times \frac{3.14 \times 0.45^2}{4}}{3^2} = 0.088\,3$

②计算搅拌桩单桩承载力特征值

按桩周土提供承载力确定 R_{a1}

$$R_{a1} = u_p \sum_{i=1}^{n} q_{si} l_{pi} + \alpha_p q_p A_p$$

$$= 3.14 \times 0.6 \times (8 \times 25 + 2 \times 30) + 0.5 \times 250 \times \frac{3.14 \times 0.6^2}{4}$$

$= 525.2\ (\text{kN})$

按桩自身强度确定 R_{a1}

$$R_{a1}=\eta f_{cu}A_p=0.25\times 2.0\times 10^3\times\frac{3.14\times 0.6^2}{4}=141.3\ (\text{kN})$$

取小值，$R_{a1}=141.3\ \text{kN}$

③计算复合地基承载力特征值

$$f_{spk}=m_1\frac{\lambda_1 R_{a1}}{A_{p1}}+m_2\frac{\lambda_2 R_{a2}}{A_{p2}}+\beta(1-m_1-m_2)f_{sk}$$

$$=0.1256\times\frac{1.0\times 141.3}{\frac{3.14\times 0.6^2}{4}}+0.0883\times\frac{1.0\times 850}{\frac{3.14\times 0.45^2}{4}}+0.90\times(1-0.1256-0.0883)\times 200$$

$$=676.44\ (\text{kPa})$$

④计算承台可承受最大上部荷载

$$F_k=f_{spk}A=676.44\times(3\times 3)=6\,088\ (\text{kN})$$

18. [**答案**](B)

[**解析**]据《碾压式土石坝设计规范》(DL/T 5395—2007)附录 D

$$u=\gamma_w[h_1+h_2(1-n_e)-h']$$

$$=10\times[30+10\times(1-0.4)-3]$$

$$=330\ (\text{kPa})$$

19. [**答案**](C)

[**解析**]据《建筑边坡工程技术规范》(GB 50330—2013)附录 F.0.4

$$K_a=\tan^2\left(45^\circ-\frac{20^\circ}{2}\right)=0.49$$

$$K_p=\tan^2\left(45^\circ+\frac{20^\circ}{2}\right)=2.04$$

假定坑底至反弯点的距离为 h_n

$$e_{ak}=qK_a+\gamma HK_a-2c\sqrt{K_a}$$

$$=20\times 0.49+18\times(6+h_n)\times 0.49-2\times 10\times\sqrt{0.49}$$

$$=8.82h_n+48.72$$

$$e_{pk}=\gamma HK_p+2c\sqrt{K_p}$$

$$=18h_n\times 2.04+2\times 10\times\sqrt{2.04}$$

$$=36.72h_n+28.57$$

令 $e_{ak}=e_{pk}$，得：$h_n=0.72\ \text{m}$

20. [**答案**](C)

[**解析**]据《土工合成材料应用技术规范》(GB 50290—2014)第 7.5.3 条

抗滑力矩：$M_0=\frac{22\,000}{0.88}=25\,000\ (\text{kN}\cdot\text{m})$

加筋拉力：$T_s=45\times 10=450\ (\text{kN/m})$

力臂：$D=25-12/3=21\ (\text{m})$

$$T_s=\frac{(F_{sr}-F_{su})M_0}{D}$$

$450=\frac{(F_{sr}-0.88)\times 25\,000}{21}$，得：$F_{sr}=1.26$

21. [**答案**](B)

[**解析**]据《建筑边坡工程技术规范》(GB 50330—2013)附录 A

假定滑动面长度为 L,滑动体(三角形)高度 $BG=h$,则抗滑安全系数:

$$K=\frac{G\cos\theta\tan\varphi+cL}{G\sin\theta}=\frac{\gamma V\cos\theta\tan\varphi+cL}{\gamma V\sin\theta}=\frac{\gamma\left(\frac{1}{2}hL\right)\cos\theta\tan\varphi+cL}{\gamma\left(\frac{1}{2}hL\right)\sin\theta}=\frac{\frac{1}{2}\gamma h\cos\theta\tan\varphi+c}{\frac{1}{2}\gamma h\sin\theta}$$

可见,抗滑安全系数与滑动面长度并无关系,因此只改变 L 并不影响抗滑安全系数。

22. [**答案**](D)

[**解析**]据《水利水电工程地质勘察规范》(GB 50487—2008)附录 N

$R_b=30$ MPa,评分 $A=10$,为软质岩

$K_v=\left(\frac{2\,800}{3\,500}\right)^2=0.64$,查表插值可得 $B=16.25$

结构面评分 $C=25$,地下水评分 $D=-2$,结构面产状评分 $E=-5$

总评分:$A+B+C+D+E=10+16.25+25-2-5=44.25$

围岩强度应力比:$S=\frac{R_bK_v}{\sigma_m}=\frac{30\times0.64}{9}=2.13>2$,查表围岩类别为Ⅳ类。

23. [**答案**](C)

[**解析**]据《建筑基坑支护技术规程》(JGJ 120—2012)第 6.1.1 条

主动土压力系数:$K_a=\tan^2\left(45°-\frac{15°}{2}\right)=0.589$

临界深度 $z_0=\frac{\frac{2c}{\sqrt{K_a}}-q}{\gamma}=\frac{\frac{2\times8}{\sqrt{0.589}}-20}{18}=0.047\approx0$,可按三角形分布处理。

主动土压力合力:$E_{ak}=\frac{1}{2}\gamma H^2K_a=\frac{1}{2}\times18\times(6.5+5.5)^2\times0.589=763.34$ (kN/m)

被动土压力系数:$K_p=\tan^2\left(45+\frac{15°}{2}\right)=1.698$

坑底位置处:$\sigma_{p1}=2c\sqrt{K_p}=20.85$ (kPa)

墙底位置处:$\sigma_{p2}=\gamma zK_p+2c\sqrt{K_p}=219.5$ (kPa)

被动土压力合力:$E_{pk}=\frac{1}{2}\times(20.85+219.5)\times6.5=781.1$ (kN/m)

水泥土墙自重:$G=(6.5+5.5)\times4.5\times19=1\,026$ (kN/m)

安全系数:$F_s=\frac{E_{pk}+(G-u_mB)\tan\varphi+cB}{E_{ak}}=\frac{781.1+(1\,026-0)\times\tan15°+8\times4.5}{763.34}=1.43$

24. [**答案**](D)

[**解析**]据《铁路工程不良地质勘察规程》(TB 10027—2012)附录 A

后缘裂缝静水压力:$V=\frac{1}{2}\gamma_w z_w^2=\frac{1}{2}\times10\times10^2=500$ (kN/m)

裂隙面孔压:$u=\frac{1}{2}\gamma_w z_w L=\frac{1}{2}\times10\times10\times30=1\,500$ (kN/m)

$$K_s=\frac{(G\cos\beta-u-V\sin\beta)\tan\varphi+cL}{G\sin\beta+V\cos\beta}$$

即 $\dfrac{(6\,450\times\cos30^\circ-1\,500-500\times\sin30^\circ)\tan\varphi+30\times65}{6\,450\times\sin30^\circ+500\times\cos30^\circ}=1$

求得：$\varphi=24^\circ$

25.[答案](A)

[解析]据《全国注册岩土工程师专业考试培训教材》P6-4

渗水之前：$K_s=\dfrac{\tan\varphi}{\tan\beta}=\dfrac{\tan36^\circ}{\tan25^\circ}=1.56$

渗水之后：$K_s=\dfrac{\gamma'}{\gamma_{sat}}\cdot\dfrac{\tan\varphi}{\tan\beta}=\dfrac{(22-10)}{22}\times\dfrac{\tan33^\circ}{\tan25^\circ}=0.76$

26.[答案](C)

[解析]据《岩土工程勘察规范》(GB 50021—2001)(2009 年版)第 6.9.4 条条文说明

含水率：$w_f=\dfrac{w-0.01w_A p_{0.5}}{1-0.01p_{0.5}}=\dfrac{18-0.01\times5\times(100-70)}{1-0.01\times(100-70)}=23.6$

塑性指数：$I_p=w_L-w_p=30-18=12$

液性指数：$I_L=\dfrac{w_f-w_p}{I_p}=\dfrac{23.6-18}{12}=0.47$

27.[答案](A)

[解析]据《建筑抗震设计规范》(GB 50011—2010)第 4.3.3 条

首先进行初判，由题意可知，$d_u=6.0$ m，$d_w=6.5$ m，$d_b=2.0$ m，$d_0=8.0$ m

$d_u=6.0\text{ m}<d_0+d_b-2\text{ m}=8\text{ m}$

$d_w=6.5\text{ m}<d_0+d_b-3\text{ m}=7\text{ m}$

$d_u+d_w=12.5\text{ m}>1.5d_0+2d_b-4.5\text{ m}=11.5\text{ m}$

可知，该场地可不考虑液化影响。

28.[答案](D)

[解析]据《建筑抗震设计规范》(GB 50011—2010)第 5.1.4 条、第 5.1.5 条

①计算水平设计加速度反应谱最大值 α_{max}

设防烈度为 8 度，设计基本地震加速度为 0.20g，罕遇地震条件下的水平地震影响系数最大值为：$\alpha_{max}=0.90$。

②确定场地特征周期 T_g

由题意可知，地基土为软弱土，剪切波速小于 150 m/s，覆盖层厚度为 13 m，由表 4.1.6 可知，场地类别为Ⅱ类。

场地类别为Ⅱ类，地震分组为第一组，由表 5.1.4-2 可知，特征周期为 0.35 s。

由于计算罕遇地震，故特征周期应增加 0.05 s，$T_g=0.35+0.05=0.40$ (s)

③计算水平地震影响系数

$5T_g=2.0\text{ s}<T=3.0\text{ s}<6.0\text{ s}$

$\alpha=[\eta_2 0.2^\gamma-\eta_1(T-T_g)]\alpha_{max}=[0.235-0.2(3-5\times0.4)]\times0.9=0.193\,5$

29.[答案](B)

[解析]据《建筑抗震设计规范》(GB 50011—2010)第 4.1.5 条

①第一层土的剪切波速

$v_{s1}=\dfrac{\sqrt{2^2+\left(2+\dfrac{0.3}{2}\right)^2}}{0.029\,4}=99.88$ (m/s)

②由题意可判断覆盖层厚度为 6 m

$$v_{se}=\frac{d_0}{\sum \frac{d_i}{\nu_{si}}}=\frac{6}{\frac{2}{99.88}+\frac{4}{155}}=130.9\ (\text{m/s})$$

30.[**答案**](B)

[**解析**]据《建筑地基处理技术规范》(JGJ 79—2012)

①单桩复合地基静载试验的承压板的面积：$A=\frac{A_P}{m}=\frac{3.14\times 0.5^2}{4\times 0.0625}=3.14\ (\text{m}^2)$

②最小单桩复合地基承载力特征值：$R_a=f_{spk}A=300\times 3.14=942\ (\text{kN})$

③试验最大加载量不应小于单桩复合地基承载力特征值的 2 倍：

$2R_a=2\times 942=1\,884\ (\text{kN})$

专业案例(下午卷)答案

1.[**答案**](D)

[**解析**]据《水利水电工程地质勘察规范》(GB 50487—2008)附录 G

$C_u=\frac{d_{60}}{d_{10}}=\frac{0.31}{0.038}=8.16>5$，$25\%\leqslant p=32\%<35\%$，属于过渡型。

临界水力坡降：$J_{cr}=2.2(G_s-1)(1-n)^2\frac{d_5}{d_{20}}=2.2\times(2.66-1)\times(1-0.33)^2\times\frac{0.025}{0.07}=0.585$

允许水力坡降：$J'=\frac{J_{cr}}{1.5}=\frac{0.585}{1.5}=0.39$

2.[**答案**](C)

[**解析**]据《工程岩体试验方法标准》(GB/T 50266—2013)第 2.3.10 条

$$\rho_d=\frac{m_s}{\frac{m_1-m_2}{\rho_w}-\frac{m_1-m_s}{\rho_p}}=\frac{128}{\frac{135-80}{1}-\frac{135-128}{0.85}}=2.74\ (\text{g/cm}^3)$$

3.[**答案**](D)

[**解析**]据《岩土工程勘察规范》(GB 50021—2001)(2009 年版)第 10.4.1 条条文说明

贯入度：$e=\frac{D}{N}=\frac{10}{25}=0.4\ (\text{cm/击})$

探头面积：$A=\frac{\pi}{4}d^2=\frac{3.14}{4}\times 7.4^2=43\ (\text{cm}^2)$

$$q_d=\frac{M}{M+m}\cdot\frac{MgH}{Ae}=\frac{120}{120+150}\times\frac{120\times 9.81\times 1}{43\times 0.4}=30.4\ (\text{MPa})$$

4.[**答案**](B)

[**解析**]据《水利水电工程地质勘察规范》(GB 50487—2008)附录 V

$R_b=50$ MPa，属于中硬岩

$k_v=\left(\frac{4\,200}{4\,800}\right)^2=0.77>0.75$，岩体完整

RQD＝80％＞70％，查表 V 判断地基岩体工程地质分类Ⅱ类。

5.[**答案**](C)

[**解析**]据《建筑地基基础设计规范》(GB 50007—2011)第 5.3.5 条

(注意:题目只要求计算淤泥层压缩量)计算见下表。

题 **5** 解表

z_i	l/b	z_i/b	$\bar{\alpha}_i$	$4z_i\bar{\alpha}_i$	$4(z_i\bar{\alpha}_i-z_{i-1}\bar{\alpha}_{i-1})$	E_{si}
3.0	10(条形)	3/1.5=2	0.201 8	2.421 6		
9.0	10(条形)	9/1.5=6	0.121 6	4.377 6	1.956 0	2

$$\Delta s=\psi_s\frac{\Delta p_0}{E_{si}}(z_i\bar{\alpha}_i-z_{i-1}\bar{\alpha}_{i-1})=1.0\times\frac{(85-65)}{2}\times1.956=19.56\ (\text{mm})$$

6.[答案](D)

[解析]据《建筑地基基础设计规范》(GB 50007—2011)第8.2.8条

基底冲切力:$F_l=P_{j\max}A_l=\frac{F}{2\times2}\times\left(1+\frac{6\times0.12}{2}\right)\times\frac{2^2-(0.4+2\times0.45)^2}{4}=0.196\,3F$

满足:$0.196\,3F\leqslant0.7\beta_{hp}f_t a_m h_0=0.7\times1.0\times1.1\times10^3\times(0.40+0.45)\times0.45$

解得:$F=1\,500$ kN

7.[答案](B)

[解析]据《建筑地基基础设计规范》(GB 50007—2011)第5.2.4条

加层之前:$f_a=f_{ak}+\eta_b\gamma(b-3)+\eta_d\gamma_m(d-0.5)$
$=150+2\times20\times(3-3)+3\times20\times(2-0.5)$
$=240\ (\text{kPa})$

基底压力:$p_k=\frac{F_k+G_k}{b}=f_a$,解得:$F_k+G_k=240\times3=720\ (\text{kN/m})$

加层之后:$f_a=240+2.0\times20\Delta b=40\Delta b+240$

基底压力:$p_k=\frac{720+(240+\Delta b\times2\times20)}{3+\Delta b}=f_a=40\Delta b+240$

解得:$\Delta b=0.69$ m

8.[答案](C)

[解析]据《建筑地基基础设计规范》(GB 50007—2011)

所需钢筋面积 $A_s=\frac{M}{0.9f_yh_0}\times10^6=\frac{500}{0.9\times360\times10^3\times(1.2-0.04)}\times10^6=1\,330\ (\text{mm}^2)$

根据最小配筋率要求,所需最小配筋面积:$A_s=1\,000\times(1\,200-40)\times0.15\%=1\,740\ (\text{mm}^2)$

取大值,$A_s=1\,740\ \text{mm}^2$

根据选项,如按间距200 mm,每延长米需布置$\frac{1\,000}{200}=5$根钢筋。

查表可见,当$d=22$ mm,钢筋面积1 900 mm²,满足要求并经济。

9.[答案](D)

[解析]据《公路桥涵地基与基础设计规范》(JTG D63—2007)第3.3.6条、第4.2.2条

双偏心受压最大压力:$p_{\max}=\frac{N}{A}+\frac{M_x}{W_x}+\frac{M_y}{W_y}\leqslant\gamma_R[f_a]$

其中,$\gamma_R=1.5$(条件:多年压实且未经破坏的旧桥基础)

因此,$p_{\max}=\frac{N}{2\times3}+\frac{N\times0.4}{\frac{2\times3^2}{6}}+\frac{N\times0.2}{\frac{3\times2^2}{6}}\leqslant1.5\times160=240$,解得:$N=600$ kN

10.[**答案**](B)

[**解析**]据《建筑桩基技术规范》(JGJ 94—2008)第 5.8.2 条

$N \leqslant \psi_c f_c A_{ps} + 0.9 f'_y A'_s$

$= 0.85 \times 19.1 \times 10^3 \times 0.4^2 + 0.9 \times 300 \times 10^3 \times 12 \times \dfrac{3.14 \times 0.018^2}{4}$

$= 3\,421.66$ (kN)

11.[**答案**](C)

[**解析**]据《建筑桩基技术规范》(JGJ 94—2008)第 5.4.6 条、第 5.4.7 条

假定总桩长为 l(自地面算起)

$G_p = A_i l \gamma_G = 3.14 \times \left(\dfrac{0.6}{2}\right)^2 \times l \times 25$

$T_{uk} = \sum \lambda_i q_{sik} u_i l_i = 0.5 \times 30 \times 3.14 \times 0.6 \times (l - 2.5)$

由 $z_0 = 2.5$ m,查表得:$\eta_f = 0.9$

查表:$q_f = 60 \times 1.1 = 66$ (kPa)(注:表面粗糙灌注桩,且结合题目要求取 1.1 提高系数。)

冻拔力设计值为:$\eta_f q_f u z_0 = 0.9 \times 66 \times 3.14 \times 0.6 \times 2.5 = 279.77$ (kN)

代入:$\eta_f q_f u z_0 \leqslant \dfrac{T_{uk}}{2} + N_G + G_p$,解得:$l \geqslant 6.4$ m

12.[**答案**](C)

[**解析**]据《公路桥涵地基与基础设计规范》(JTG D63—2007)第 5.3.8 条

$[R_t] = 0.3u\sum_{i=1}^{n} \alpha_i l_i q_{ik}$

$= 0.3 \times (4 \times 0.4) \times (0.6 \times 2 \times 30 + 0.9 \times 6 \times 35 + 0.7 \times 2 \times 40 + 1.1 \times 2 \times 50)$

$= 187.7$ (kN)

13.[**答案**](D)

[**解析**](此题为原题表述,依答案可理解为软土距原地面 2 m,地下水 0.5 m,处理后软土距地表 3 m。)

据《建筑地基处理技术规范》(JGJ 79—2012)第 5.2.12 条及土力学相关知识

$S_t = \overline{U}_t S_\infty = \overline{U}_t \xi \dfrac{\Delta P}{E_s} H = 0.8 \times 1.1 \times \dfrac{18 \times 1 + 10 \times 2 + 80}{1\,200} \times 15 = 1.298$ (m)

14.[**答案**](D)

[**解析**]据《建筑地基处理技术规范》(JGJ 79—2012)第 5.2.8 条

竖井的有效排水直径:$d_e = 1.05 \times 1\,500 = 1\,575$ (mm),井径比 $n = \dfrac{d_e}{d_w} = \dfrac{1\,575}{70} = 22.5$

竖井纵向通水量:$q_w = k_w \dfrac{\pi d_w^2}{4} = 2.0 \times 10^{-2} \times \dfrac{3.14 \times 7^2}{4} = 0.769$ (cm³/s)

$F_n = \ln n - \dfrac{3}{4} = \ln 22.5 - \dfrac{3}{4} = 2.36$

$F_r = \dfrac{\pi^2 L^2}{4} \cdot \dfrac{k_h}{q_w} = \dfrac{3.14^2 \times 1\,000^2}{4} \times \dfrac{1.2 \times 10^{-7}}{0.769} = 0.385$

$F_s = \left(\dfrac{k_h}{k_s} - 1\right) \ln s = \left(\dfrac{1.2 \times 10^{-7}}{0.3 \times 10^{-7}} - 1\right) \times \ln 2 = 2.079$

$F = F_n + F_s + F_\gamma = 2.36 + 2.079 + 0.385 = 4.824$

径向固结度：$\overline{U}_r = 1 - e^{-\frac{8C_h}{Fd_e^2}t} = 1 - e^{-\frac{8\times 2.0\times 10^{-3}}{4.824\times 157.5^2}t} = 0.90$

得：$t=1.723\times 10^7$ s$=199.4$ d

15.［答案］(C)

［解析］据《公路路基设计规范》(JTG D30—2015)第7.6.2条

路基地基采用常规预压法处理，$\theta=0.9$，填土速率约为0.04 m/d，$V=0.025$

软土不排水抗剪强度为18 kPa，小于20 kPa，硬壳层厚度为2 m，$Y=0$

沉降系数：

$$m_s = 0.123\gamma^{0.7}(\theta H^{0.2} + VH) + Y$$
$$= 0.123\times 20^{0.7}\times(0.9\times 3.5^{0.2} + 0.025\times 3.5) + 0$$
$$= 1.246$$

软土固结度达到70%时，地基沉降量：

$$S_t = (m_s - 1 + U_t)S_c = (1.246 - 1 + 0.7)\times 20 = 18.9\ \text{(cm)}$$

16.［答案］(D)

［解析］据《建筑地基处理技术规范》(JGJ 79—2012)第7.9.6条、第7.9.7条

①计算搅拌桩、CFG桩面积置换率

$$\text{CFG 桩置换率：} m_1 = \frac{A_{p1}}{s^2} = \frac{5\times\frac{3.14\times 0.45^2}{4}}{3^2} = 0.0883$$

$$\text{搅拌桩置换率：} m_2 = \frac{A_{p2}}{s^2} = \frac{4\times\frac{3.14\times 0.6^2}{4}}{3^2} = 0.1256$$

②计算复合地基承载力特征值

$$f_{spk} = m_1\frac{\lambda_1 R_{a1}}{A_{p1}} + m_2\frac{\lambda_2 R_{a2}}{A_{p2}} + \beta(1 - m_1 - m_2)f_{sk}$$
$$= 0.0883\times\frac{0.8\times 700}{3.14\times(0.45/2)^2} + 0.1256\times\frac{1.0\times 300}{3.14\times(0.6/2)^2} + 1.0\times(1 - 0.0883 - 0.1256)\times 200$$
$$= 602\ \text{(kPa)}$$

③计算复合地基压缩模量

$$\text{压缩模量提高系数：}\xi = \frac{f_{spk}}{f_{ak}} = \frac{602}{200} = 3.01$$

处理后压缩模量：$E'_s=3.01\times 10=30.1$ (MPa)

④按照规范法计算复合地基的沉降量

$$\frac{z}{b} = \frac{8.0}{3/2} = 5.33\text{，}l/b = 1\text{，查表插值，}\bar{\alpha} = 0.089$$

$$s = \psi_s\frac{p_0}{E_{si}}(z_i\bar{\alpha}_i - z_{i-1}\bar{\alpha}_{i-1}) = 0.4\times\frac{600}{30.1}\times 4\times 8.0\times 0.089 = 22.71\ \text{(mm)}$$

17.［答案］(D)

［解析］根据《铁路路基支挡结构设计规范》(TB 10025—2006)第9.2节

$$h_i=4.5\ \text{m}>\frac{1}{3}H=2.7\ \text{m}$$

$$\text{墙背与竖直面间夹角：}\alpha=\arctan\left(\frac{0.4}{1}\right)=21.8^\circ$$

$$\sigma_i = \frac{2}{3}\lambda_a\gamma H\cos(\delta - \alpha) = \frac{2}{3}\times 0.36\times 22\times 8\times\cos(25^\circ - 21.8^\circ) = 42.2\ \text{(kPa)}$$

因此，$E_i = \frac{\sigma_i S_x S_y}{\cos\beta} = \frac{42.2 \times 1.5 \times 1.5}{\cos 21.8^\circ} = 102.26\ (\text{kN})$

$h_i = 4.5\ \text{m} > \frac{1}{2}H = 4.0\ \text{m}$

由于节理发育，则 $l = 0.7(H - h_i) = 0.7 \times (8 - 4.5) = 2.45\ (\text{m})$

有效锚固长度 $l_e = 6.0 - 2.45 = 3.55\ (\text{m})$

因此，$F_i = \pi d_h l_e \tau = 3.14 \times 0.09 \times 3.55 \times 200 = 200.65\ (\text{kN})$

抗拔安全系数 $\frac{F_i}{E_i} = \frac{200.65}{102.26} = 1.962$

18.[**答案**](B)

[**解析**]据《建筑边坡工程技术规范》(GB 50330—2013)第 12.2 节

堆载前抗倾覆力矩：$\frac{M}{\left[\frac{1}{2} \times 20 \times 6^2 \times \tan^2\left(45^\circ - \frac{30^\circ}{2}\right)\right] \times \frac{6}{3}} = 1.70$

解得：$M = 408\ \text{kN} \cdot \text{m/m}$

堆载之后：$\frac{408 + \frac{N_{ak}\cos 15^\circ}{2} \times 3}{\left[\frac{1}{2} \times 20 \times 6^2 \times \tan^2\left(45^\circ - \frac{30^\circ}{2}\right)\right] \times \frac{6}{3} + \left[40 \times 6 \times \tan^2\left(45^\circ - \frac{30^\circ}{2}\right)\right] \times \frac{6}{2}} \geq 1.6$

解得：$N_{ak} \geq 248.5\ \text{kN}$

锚杆轴向拉力设计值：$N_a \geq \gamma_Q N_{ak} = 1.30 \times 248.5 = 323\ (\text{kN})$

(注意：新版规范已经无此转换要求)

19.[**答案**](C)

[**解析**]根据《建筑边坡工程技术规范》(GB 50330—2013)第 11.2.4 条

抗倾覆力矩：可分为三角形和矩形两部分计算

$\frac{1}{2} \times (2.6-1) \times 6 \times 24 \times \left[\frac{2}{3} \times (2.6-1)\right] + 1 \times 6 \times 24 \times \left(2.6 - 1 + \frac{1}{2}\right) = 425.3\ (\text{kN} \cdot \text{m/m})$

总的倾覆力矩(先计算梯形土压力强度分布，再分为两块计算力矩，注意新规范挡墙土压力增大系数，墙高 5～8 m，取 1.1)：

$(15K_a \times 6) \times 1.1 \times \frac{6}{2} + \left[\frac{1}{2} \times (20 \times 6K_a) \times 6\right] \times 1.1 \times \frac{6}{3} = 1\,089K_a$

$\frac{425.3}{1\,089K_a} \geq 1.6$，解得：$K_a = 0.244$，$K_a = \tan^2\left(45^\circ - \frac{\varphi}{2}\right)$，反解得：$\varphi = 37.42^\circ$

20.[**答案**](A)

[**解析**]根据《铁路路基支挡结构设计规范》(TB 10025—2006)第 8.2.8 条、第 8.2.14 条

当 $h_i = 6\ \text{m}$，$\lambda_i = \lambda_0\left(1 - \frac{h_i}{6}\right) + \lambda_a \frac{h_i}{6} = 0 + \tan^2\left(45^\circ - \frac{15^\circ}{2}\right) \times \frac{6}{6} = 0.589$

$\sigma_{hi} = \sigma_{h1i} = \lambda_i \gamma h_i = 0.589 \times 21 \times 6 = 74.2\ (\text{kPa})$

$l_0 = \frac{D\sigma_{hi}}{2(c + \gamma h_i \tan\delta)} = \frac{1 \times 74.2}{2 \times (5 + 21 \times 6 \times \tan 15^\circ)} = 0.957\ (\text{m})$

21.[**答案**](C)

[**解析**]据《建筑基坑支护技术规程》(JGJ 120—2012)第 3.1.6 条、第 3.1.7 条、第 4.7.3 条

锚杆轴向拉力标准值：$N_k = \frac{F_h s}{b_a \cos\alpha} = \frac{420 \times 1.4}{1.4 \times \cos 15^\circ} = 434.8\ (\text{kN})$

锚杆轴向力设计值：$N = \gamma_0 \gamma_F N_k = 1.1 \times 1.25 \times 434.8 = 597.9\ (\text{kN})$

$n = \frac{N}{T} = \frac{597.9}{180} = 3.3$，取 $n=4$ 根

22.［**答案**］暂无

23.［**答案**］(B)

［**解析**］据《建筑基坑支护技术规程》(JGJ 120—2012)第 4.1.10 条

考虑已有大型结构存在，支撑不动点调整系数取 1

$$k_R = \frac{\alpha_R E A b_a}{\lambda l_0 s} = \frac{1.0 \times 30 \times 10^3 \times (0.6 \times 0.8) \times 1.0}{1.0 \times 10 \times 10} = 144\ (\text{MN/m})$$

24.［**答案**］(C)

［**解析**］据《全国注册岩土工程师专业考试培训教材》P8-127

$W = 3.2 \times 6.5 \times 2.6 \times 10 = 540.8\ (\text{kN/m})$

水平地震力：$F = W\alpha_h = 540.8 \times 0.2 = 108.16\ (\text{kN/m})$

$$k = \frac{6Wa}{10h_0^3 + 3Fh} = \frac{6 \times 540.8 \times \frac{3.2}{2}}{10 \times 6.5^3 + 3 \times 108.16 \times 6.5} \approx 1.07$$

25.［**答案**］(B)

［**解析**］据《铁路工程特殊岩土勘察规程》(TB 10038—2012)第 6.2.4 条条文说明

$$H_c = \frac{5.52 c_u}{\gamma} = \frac{5.52 \times 13.6}{17.5} \approx 4.3\ (\text{m})$$

26.［**答案**］(C)

［**解析**］据《公路路基设计规范》(JTG D30—2015)

根据一二块传递系数反算内摩擦角：$\psi_i = \cos(\alpha_{i-1} - \alpha_i) - \sin(\alpha_{i-1} - \alpha_i)\tan\varphi_1$

即 $\psi_2 = 0.85 = \cos(35^\circ - 26^\circ) - \sin(35^\circ - 26^\circ) \times \tan\varphi$

求得：$\tan\varphi = 0.88, \varphi = 41.35^\circ$

则：$\psi_3 = \cos(26^\circ - 26^\circ) - \sin(26^\circ - 26^\circ) \times 0.88 = 1.00$

逐块剩余下滑力计算：$T_i = F_s W_i \sin\alpha_i + \psi_i T_{i-1} - W_i \cos\alpha_i \tan\varphi_i - c_i l_i$

$T_1 = 1.2 \times 5\,000 + 0 - 2\,100 = 3\,900\ (\text{kN/m})$

$T_2 = 1.2 \times 6\,500 + 0.85 \times 3\,900 - 5\,100 = 6\,015\ (\text{kN/m})$

$T_3 = 1.2 \times 2\,800 + 1.00 \times 6\,015 - 3\,500 = 5\,875\ (\text{kN/m})$

即为挡墙所受每延长米作用力。

27.［**答案**］(A)

［**解析**］据《膨胀土地区建筑技术规范》(GB 50112—2013)第 5.2.7 条、第 5.2.9 条

$w = 26.4\% > 1.2w_p = 24.6\%$，$\Delta w_1 = w_1 - \psi_w w_p = 0.264 - 0.6 \times 0.205 = 0.141$

$$\begin{aligned} s &= \psi_s \sum_{i=1}^{n} \lambda_{si} \Delta w_i h_i \\ &= 0.8 \times [0.12 \times 0.141 \times (2\,500 - 1\,200) + 0.11 \times 0.141 \times (3\,500 - 2\,500)] \\ &= 30\ (\text{mm}) \end{aligned}$$

28.［**答案**］(C)

［**解析**］据《公路工程抗震规范》(JTG B02—2013)第 4.4.2 条

液化抵抗系数：$C_e = \frac{N_1}{N_{cr}} = \frac{8}{9.5} = 0.84$

摩阻力液化影响评价折减系数：$\psi = \frac{7 \times \frac{2}{3} + 4 \times 1.0}{11} = 0.788$

29.[**答案**](B)

[**解析**]据《建筑抗震设计规范》(GB 50011—2010)第4.4.3条第3款

设计基本地震加速度为0.15g，$N_0=10$，设计地震分组为第一组，$\beta=0.8$

标准贯入锤击数临界值：

$$
\begin{aligned}
N_{cr} &= N_0\beta[\ln(0.6d_s + 1.5) - 0.1d_w]\sqrt{3/\rho_c} \\
&= 10 \times 0.8 \times [\ln(0.6 \times 9 + 1.5) - 0.1 \times 2] \times \sqrt{3/3} \\
&= 13.85
\end{aligned}
$$

若采用预制桩进行处理后不液化，需满足：

$N_{cr} \leqslant N_1 = N_p + 100\rho(1 - e^{-0.3N_p})$

$13.85 = 7 + 100\rho(1 - e^{-0.3\times7})$，得：$\rho=0.078$

$\rho=\frac{0.3^2}{s^2}=0.078$，得：$s=1\,074$ mm

30.[**答案**](D)

[**解析**]据《建筑基桩检测技术规范》(JGJ 106—2014)第4.1.3条、第4.2.2条

加载量不应小于设计要求的单桩承载力特征值的2倍，加载反力装置提供的反力不得小于最大加载量的1.2倍。

$7\,000\times1.2\times2.0=4n\times\frac{3.14\times25^2}{4}\times360\times10^{-3}$

得：$n=23.8$，取$n=24$根。

2016年全国注册岩土工程师专业考试试卷(新解)

专业知识(上午卷)

一、单项选择题(共40题,每题1分。每题的备选项中只有一个最符合题意)

1. 某建筑工程岩土工程勘察,采取薄壁自由活塞式取土器,在可塑状黏性土层中采取土试样,取样回收率为0.96,下列关于本次取得的土试样质量评价哪个选项是正确的?( )

(A)土样有隆起,符合Ⅰ级土试样　　(B)土样有隆起,符合Ⅱ级土试样

(C)土样受挤压,符合Ⅰ级土试样　　(D)土样受挤压,符合Ⅱ级土试样

2. 采用压缩模量进行沉降验算时,其室内固结试验最大压力的取值应不小于下列哪一选项?( )

(A)高压固结试验的最高压力为32MPa

(B)土的有效自重压力和附加压力之和

(C)土的有效自重压力和附加压力二者之大值

(D)设计有效荷载所对应的压力值

3. 岩土工程勘察中评价土对混凝土结构腐蚀性时,指标 Mg^{2+} 的单位是下列哪一选项?( )

(A)mg/L　　(B)mg/kg　　(C)mmol/L　　(D)%

4. 某土样现场鉴定描述如下:刀切有光滑面,手摸有黏滞感和少量细粒,稍有光泽,能搓成1～2mm的土条,其最有可能是下列哪类土?( )

(A)黏土　　(B)粉质黏土　　(C)粉土　　(D)粉砂

5. 在节理玫瑰图中,自半圆中心沿着半径方向引射的直线段长度的含义是指下列哪一项?( )

(A)节理倾向　　(B)节理倾角　　(C)节理走向　　(D)节理条数

6. 某拟建铁路线路通过软硬岩层相间、地形坡度约60°的边坡坡脚,坡体中竖向裂隙发育,有倾向临空面的结构面,预测坡体发生崩塌破坏时,最可能是下列哪种形式?( )

(A)拉裂式　　(B)错断式

(C)滑移式　　(D)鼓胀式

7. 水利水电工程中,下列关于岩爆的说法哪个是错误的?( )

(A)岩体具备高地应力、岩质硬脆、完整性好、无地下水涌段易产生岩爆

(B)岩石强度应力比越小,岩爆强度越大

(C)深埋隧道比浅埋隧道易产生岩爆

(D)最大主应力与岩体主节理面夹角大小和岩爆强度正相关

8. 土层的渗透系数不受下列哪个因素影响?( )

(A)黏粒含量　　(B)渗透水的温度

(C)土的孔隙率　　(D)压力水头

9. 某土层的天然重度为 18.5kN/m³，饱和重度为 19kN/m³，问该土层的流土临界水力比降为下列何值？（水的重度按 10kN/m³ 考虑）（　　）

(A)0.85　　(B)0.90　　(C)1.02　　(D)1.42

10. 下列关于不同地层岩芯采取率要求由高到低的排序，哪个选项符合《建筑工程地质勘探与取样技术规程》(JGJ/T 87—2012)的规定？（　　）

(A)黏土层、地下水位以下粉土层、完整岩层

(B)黏土层、完整岩层、地下水位以下粉土层

(C)完整岩层、黏土层、地下水位以下粉土层

(D)地下水位以下粉土层、黏土层、完整岩层

11. 在某地层进行标准贯入试验，锤击数达到 50 时，贯入深度为 20cm，问该标准贯入试验锤击数为下列哪个选项？（　　）

(A)50　　(B)75

(C)100　　(D)贯入深度未达到要求，无法确定

12. 某场地地层剖面为三层结构，地层由上至下的电阻率关系为 $\rho_1>\rho_2$、$\rho_2<\rho_3$，问本场地的电测深曲线类型为下列哪个选项？（　　）

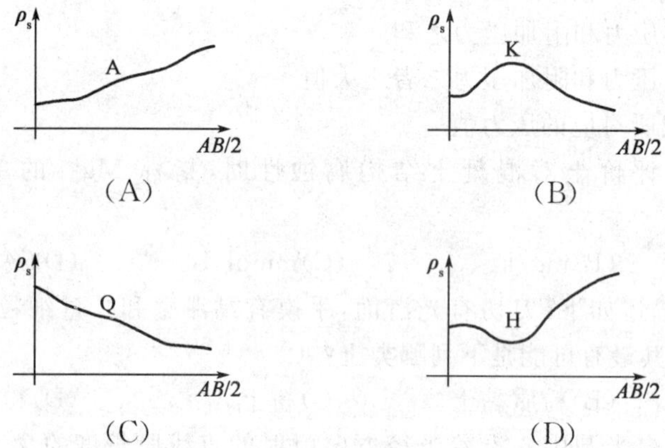

13. 某水电工程土石坝初步设计阶段勘察，拟建坝高 45m，下伏基岩埋深 40m，根据《水利水电工程地质勘察规范》(GB 50487—2008)，坝基勘察孔进入基岩的最小深度是下列哪个选项？（　　）

(A)5m　　(B)10m

(C)20m　　(D)30m

14. 根据《建筑地基基础设计规范》(GB 50007—2011)规定，在计算地基变形时，其作用效应组合的计算方法，下列哪个选项是正确的？（　　）

(A)由永久作用标准值、可变作用标准值乘以相应的组合值系数组合计算

(B)由永久作用标准值计算，不计风荷载、地震作用和可变作用

(C)由永久作用标准值、可变作用标准值乘以相应准永久值系数组合计算，不计风荷载和地震作用

(D)由永久作用标准值及可变作用标准值乘以相应分项系数组合计算，不计风荷载和地震作用

15. 根据《工程结构可靠性设计统一标准》(GB 50153—2008)的规定，对于不同的工程结构设计状况，应进行相应的极限状态设计，关于设计状况对应的极限状态设计要求，下列叙

述错误的是哪个选项？（　　）

(A)持久设计状况，应同时进行正常使用极限状态和承载能力极限状态设计

(B)短暂设计状况，应进行正常使用极限状态设计，根据需要进行承载能力极限状态设计

(C)地震设计状况，应进行承载能力极限状态设计，根据需要进行正常使用极限状态设计

(D)偶然设计状况，应进行承载能力极限状态设计，可不进行正常使用极限状态设计

16. 某软土地区小区拟建7层住宅1栋，12层住宅2栋，33层高层住宅10栋，绿地地段拟建2层地下车库，持力层地基承载力特征值均为100kPa，按照《建筑地基基础设计规范》(GB 50007—2011)确定地基基础设计等级，问下列哪个选项不符合规范规定？（　　）

(A)地下车库基坑工程为乙级　　(B)高层住宅为甲级

(C)12层住宅为乙级　　(D)7层住宅为乙级

17. 某新近回填的杂填土场地，填土成分含建筑垃圾，填土厚约8m，下卧土层为坚硬的黏性土，地下水位在地表下12m处，现对拟建的3层建筑地基进行地基处理，处理深度要求达到填土底，下列哪种处理方法最合理、有效？（　　）

(A)搅拌桩法　　(B)1000kN·m能级强夯法

(C)柱锤扩桩法　　(D)长螺旋CFG桩法

18. 某12层住宅楼采用筏板基础，基础下土层为：①粉质黏土，厚约2.0m；②淤泥质土，厚约8.0m；③可塑～硬塑状粉质黏土，厚约5.0m。该工程采用了水泥土搅拌桩复合地基，结构封顶后，发现建筑物由于地基原因发生了整体倾斜，且在持续发展。现拟对该建筑物进行阻倾加固处理，问下列哪个选项最合理？（　　）

(A)锤击管桩法　　(B)锚杆静压桩法

(C)沉管灌注桩法　　(D)长螺旋CFG桩法

19. 某独立基础，埋深1.0m，若采用C20素混凝土桩复合地基，桩间土承载力特征值为80kPa，按照《建筑地基处理技术规范》(JGJ 79—2012)，桩土应力比的最大值接近下列哪个数值？（单桩承载力发挥系数、桩间土承载力发挥系数均为1.0）（　　）

(A)30　　(B)60　　(C)80　　(D)125

20. 关于注浆加固的表述，下列哪个选项是错误的？（　　）

(A)隧道堵漏时，宜采用水泥和水玻璃的双液注浆

(B)碱液注浆适用于处理地下水位以上渗透系数为(0.1～2.0)m/d的湿陷性黄土

(C)硅化注浆用于自重湿陷性黄土地基上既有建筑地基加固时应沿基础侧向先内排、后外排施工

(D)岩溶发育地段需要注浆时，宜采用水泥砂浆

21. 根据《建筑地基处理技术规范》(JGJ 79—2012)，下列真空预压处理的剖面图中最合理的选项是哪一个？（　　）

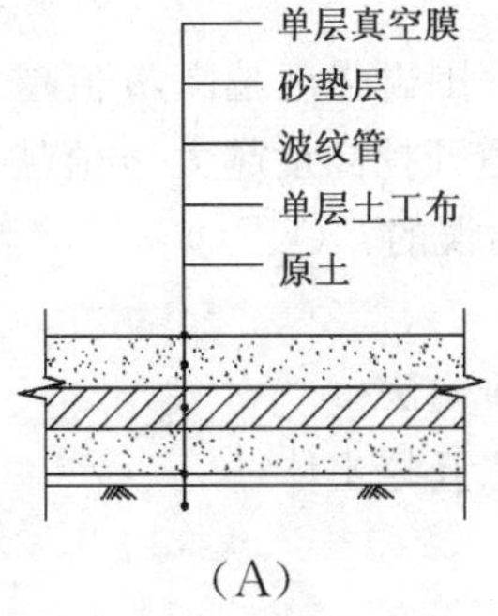

(A)

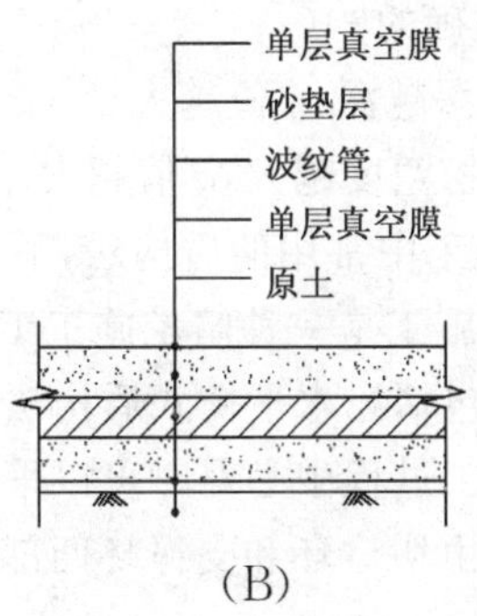

(B)

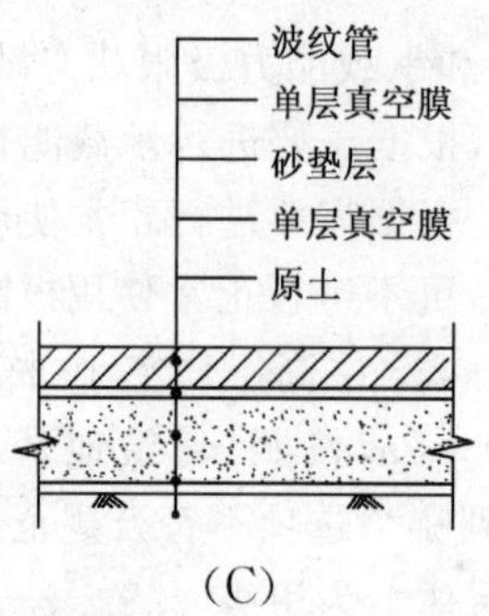

(C)

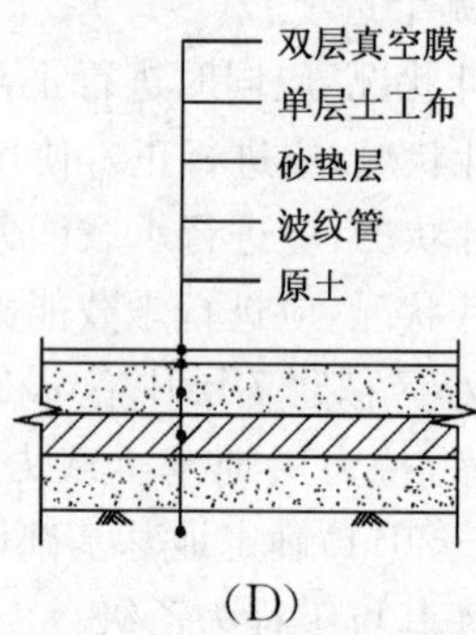

(D)

22. 下列关于注浆法地基处理的表述，哪个选项是正确的？（　　）

(A)化学注浆，如聚氨酯等，一般用于止水、防渗、堵漏、不能用于加固地基

(B)海岸边大体积素混凝土平台基底注浆加固可采用海水制浆

(C)低渗透性土层中注浆，为减缓凝固时间，可增加水玻璃，并以低压、低速注入

(D)注浆加固体均会产生收缩，降低注浆效果，可通过添加适量膨胀剂解决

23. 采用水泥搅拌桩加固淤泥时，以下哪个选项对水泥土强度影响最大？（　　）

(A)淤泥的含水量　　(B)水泥掺入量

(C)灰浆泵的注浆压力　　(D)水泥浆的水灰比

24. 针对某围海造地工程，采用预压法加固淤泥层时，以下哪个因素对淤泥的固结度影响最小？（　　）

(A)淤泥的液性指数　　(B)淤泥的厚度

(C)预压荷载　　(D)淤泥的渗透系数

25. 朗肯土压力的前提条件之一是假设挡土墙墙背光滑，按此理论计算作用在基坑支护结构上的主动土压力理论值与挡土墙墙背有摩擦力的实际值相比，下列哪个说法是正确的？（　　）

(A)偏大　　(B)偏小

(C)相等　　(D)不能确定大小关系

26. 某基坑开挖深度为8m，支护桩长度为15m，桩顶位于地表，采用落底式侧向止水帷幕，支护结构长度范围内地层主要为粗砂，墙后地下水埋深为地表下5m。请问支护桩主动侧所受到的静水压力的合力大小与下列哪个选项中的数值最接近？（单位：kN/m）（　　）

(A)1000　　(B)750

(C)500　　(D)400

27. 对于深埋单线公路隧道，关于该隧道垂直均匀分布的松散围岩压力 q 值的大小，下列哪种说法是正确的？（　　）

(A)隧道埋深越深，q 值越大　　(B)隧道围岩强度越高，q 值越大

(C)隧道开挖宽度越大，q 值越大　　(D)隧道开挖高度越大，q 值越大

28. 关于地铁施工中常用的盾构法，下列哪种说法是错误的？（　　）

(A)盾构法施工是一种暗挖施工工法

(B)盾构法包括泥水平衡式盾构法和土压平衡式盾构法

(C)盾构施工过程中必要时可以采用人工开挖方法开挖土体

(D)盾构机由切口环和支撑环两部分组成

29. 关于双排桩的设计计算，下列哪种说法不符合《建筑基坑支护技术规程》(JGJ 120—2012)的规定？（　　）

(A)作用在后排桩上的土压力计算模式与单排桩相同

(B)双排桩应按偏心受压、偏压受拉进行截面承载力验算

(C)作用在前排桩嵌固段上的土反力计算模式与单排桩不相同

(D)前后排桩的差异沉降对双排桩结构的内力、变形影响较大

30. 瓦斯地层的铁路隧道衬砌设计时，应采取防瓦斯措施，下列措施中哪个选项不满足规范要求？（　　）

(A)不宜采用有仰拱的封闭式衬砌

(B)应采用复合式衬砌，初期支护的喷射混凝土厚度不应小于 15cm，二次衬砌模筑混凝土厚度不应小于 40cm

(C)衬砌施工缝隙应严密封填

(D)向衬砌背后压注水泥砂浆，加强封闭

31. 在含水砂层中采用暗挖法开挖公路隧道，下列哪项施工措施是不合适的？（　　）

(A)从地表沿隧道周边向围岩中注浆加固

(B)设置排水坑道或排水钻孔

(C)设置深井降低地下水位

(D)采用模筑混凝土作为初期支护

32. 下列哪种说法不符合《建筑抗震设计规范》(GB 50011—2010)的规定？（　　）

(A)同一结构单元的基础不宜设置在性质截然不同的地基上

(B)同一结构单元不允许部分采用天然地基部分采用桩基

(C)处于液化土中的桩基承台周围，宜用密实干土填筑夯实

(D)天然地基基础抗震验算时，应采用地震作用效应标准组合

33. 按《公路工程抗震规范》(JTG B02—2013)进一步进行液化判别时，采用的标贯击数是下列哪一选项？（　　）

(A)实测值　　(B)经杆长修正后的值

(C)经上覆土层总压力影响修正后的值　　(D)经杆长和地下水影响修正后的值

34. 根据《建筑抗震设计规范》(GB 50011—2010)的规定，结构的水平地震作用标准值按下式确定：$F_{EK}=\alpha_1 G_{eq}$，下列哪个选项对式中 α_1 的解释是正确的？（　　）

(A)地震动峰值加速度

(B)设计基本地震加速度

(C)相应于结构基本自振周期的水平地震影响系数

(D)水平地震影响系数最大值乘以阻尼调整系数

35. 地震产生的横波、纵波和面波，若将其传播速度分别表示为 v_s、v_p 和 v_R，下列哪个选项表示的大小关系是正确的？（　　）

(A) $v_p>v_s>v_R$　　(B) $v_p>v_R>v_s$

(C) $v_R>v_p>v_s$　　(D) $v_R>v_s>v_p$

36. 某地区场地土的类型包括岩石、中硬土和软弱土三类。根据地震记录得到不同场地条件的地震反应谱曲线如图所示（结构阻尼平均为 0.05，震级和震中距大致相同），试问图中曲线①、②、③分别对应于下列哪个选项场地土条件的反应谱？（　　）

(A)岩石、中硬土、软弱土　　(B)岩石、软弱土、中硬土

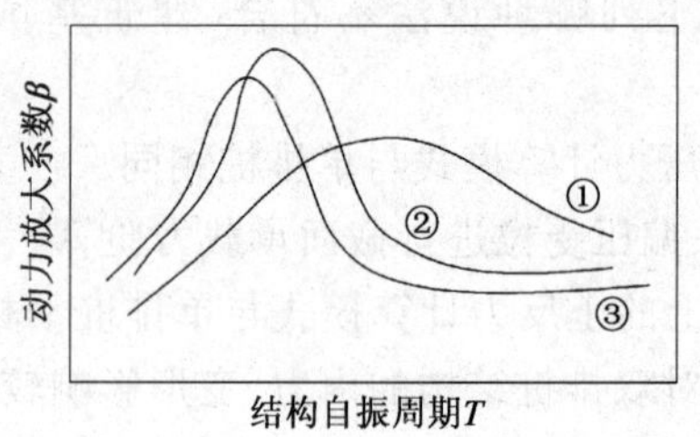

题 36 图

(C)中硬土、软弱土、岩石　　(D)软弱土、中硬土、岩石

37. 抗震设防烈度是指 50 年内超越概率为下列哪一项时的地震烈度？(　　)

(A)2%　　(B)3%

(C)10%　　(D)63%

38. 某工程采用钻孔灌注桩基础，桩基设计等级为乙级。该工程总桩数为 100 根，桩下承台矩形布桩，每个承台下设置 4 根桩。按《建筑基桩检测技术规范》(JGJ 106—2014)制定检测方案时，桩身完整性检测的数量应不少于几根？(　　)

(A)10 根　　(B)20 根

(C)25 根　　(D)30 根

39. 对水泥粉煤灰碎石桩复合地基进行验收检测时，按照《建筑地基处理技术规范》(JGJ 79—2012)，下述检测要求中哪项不正确？(　　)

(A)应分别进行复合地基静载试验和单桩静载试验

(B)复合地基静载试验数量每个单体工程不应少于 3 点

(C)承载力检测数量为总桩数的 0.5%～1.0%

(D)桩身完整性检测数量不少于总桩数的 10%

40. 某水井采用固定式振弦式孔隙水压力计观测水位，压力计初始频率为 $f_0=3000\text{Hz}$，当日实测频率为 $f_1=3050\text{Hz}$，已知其压力计的标定系数为 $k=5.25\times10^{-5}\text{kPa/Hz}^2$，若不考虑温度变化影响，则当日测得水位累计变化值为下列哪个选项？(　　)

(A)水位下降 1.6m　　(B)水位上升 1.6m

(C)水位下降 1.3m　　(D)水位上升 1.3m

二、多项选择题(共 **30** 题，每题 **2** 分。每题的备选项中有两个或三个符合题意，错选、少选、多选均不得分)

41. 根据《建筑工程地质勘探与取样技术规程》(JGJ/T 87—2012)，下列关于钻探技术的要求哪些是正确的？(　　)

(A)在中等风化的石灰岩中抽水试验孔的孔径不小于 75mm

(B)采用套管护壁时宜先将套管打入土中

(C)在粉质黏土中的回次进尺不宜超过 2.0m

(D)要求采取岩芯的钻孔，应采用回转钻进

42. 根据《公路工程地质勘察规范》(JTG C20—2011)，遇下列哪些情况时应对隧道围岩岩体基本质量指标 BQ 进行修正？(　　)

(A)围岩稳定性受软弱结构面影响，且有一组起控制作用

(B)微风化片麻岩，开挖过程中有岩爆发生岩块弹出，洞壁岩体发生剥离

(C)微风化泥炭岩，开挖过程中侧壁岩体位移显著，持续时间长，成洞性差

(D)环境干燥,泥炭含水量极低,无地下水

43. 详细勘察阶段,下列有关量测偏(误)差的说法哪些符合《建筑工程地质勘探与取样技术规程》(JGJ 87—2012)的规定?(   )

(A)水域中勘探点平面位置允许偏差为±50cm

(B)水域中孔口高程允许偏差为±10cm

(C)水域钻进中分层深度允许误差为±20cm

(D)水位量测读数精度不得低于±3cm

44. 下列关于工程地质钻探中钻孔冲洗液选用的说法,哪些是正确的?(   )

(A)用作水文地质试验的孔段,不得选用泥浆作冲洗液

(B)钻进可溶性盐类地层时,不得采用与该地层可溶性盐类相应的饱和盐水泥浆作冲洗液

(C)钻进遇水膨胀地层时,可采用植物胶泥浆作冲洗液

(D)钻进胶结较差地层时,可采用植物胶泥浆作冲洗液

45. 在港口工程地质勘察中,需对水土进行腐蚀性评价,下列有关取样的说法哪些不符合《水运工程岩土勘察规范》(JTS 133—2013)的规定?(   )

(A)每个工程场地均应取水试样或土试样进行腐蚀性指标的测试

(B)试样应在混凝土结构和钢结构所处位置采取,每个场地不少于 2 件

(C)当土中盐类成分和含量分布不均时,要分层取样,每层不少于 2 件

(D)地下水位以下为渗透系数小于 1.1×10^{-6} cm/s 的黏性土时应加取土试样

46. 对于特殊工程隧道穿越单煤层时的绝对瓦斯涌出量,下列哪些说法是正确的?(   )

(A)与煤层厚度是正相关关系

(B)与隧道穿越煤层的长度、宽度相关

(C)与煤层的水分、灰分含量呈负相关关系

(D)与隧道温度无关

47. 根据《建筑桩基技术规范》(JGJ 94—2008)的规定,以下采用的作用效应组合,正确的是哪些选项?(   )

(A)计算荷载作用下的桩基沉降时,采用作用效应标准组合

(B)计算风荷载作用下的桩基水平位移时,采用风荷载的标准组合

(C)进行桩基承台裂缝控制验算时,采用作用效应标准组合

(D)确定桩数时,采用作用效应标准组合

48. 根据《工程结构可靠性设计统一标准》(GB 50153—2008)的规定,以下对工程结构设计基准期和使用年限采用正确的是哪些选项?(   )

(A)房屋建筑结构的设计基准期为 50 年

(B)标志性建筑和特别重要的建筑结构,其设计使用年限为 50 年

(C)铁路桥涵结构的设计基准期为 50 年

(D)公路特大桥和大桥结构的设计使用年限为 100 年

49. 按照《建筑地基基础设计规范》(GB 50007—2011)规定,在以下地基基础的设计计算中,属于按承载能力极限状态设计计算的是哪些选项?(   )

(A)桩基承台高度计算

(B)砌体承重墙下条形基础高度计算

(C)主体结构与裙房地基基础沉降量计算

(D)位于坡地的桩基整体稳定性验算

50. 真空预压法处理软弱地基，若要显著提高地基固结速度，以下哪些选项的措施是合理的？（　）

(A)膜下真空度从50kPa增大到80kPa

(B)当软土层下有厚层透水层时，排水竖井穿透软土层进入透水层

(C)排水竖井的间距从1.5m减小到1.0m

(D)排水砂垫层由中砂改为粗砂

51. 复合地基的增强体穿越了粉质黏土、淤泥质土、粉砂三层土，当水泥掺量不变时，下列哪些桩型桩身强度沿桩长变化不大？（　）

(A)搅拌桩　　(B)注浆钢管桩

(C)旋喷桩　　(D)夯实水泥土桩

52. 按照《建筑地基处理技术规范》(JGJ 79—2012)，关于地基处理效果的检验，下列哪些说法是正确的？（　）

(A)堆载预压后的地基，可进行十字板剪切试验或静力触探试验

(B)压实地基，静载试验荷载板面积为$0.5m^2$

(C)水泥粉煤灰碎石桩复合地基，应进行单桩静载荷试验，加载量不小于承载力特征值的2倍

(D)对换填垫层地基，应检测压实系数

53. 均质土层中，在其他条件相同情况下，下述关于旋喷桩成桩直径的表述，哪些选项是正确的？（　）

(A)喷头提升速度越快，直径越小

(B)入土深度越大，直径越小

(C)土体越软弱，直径越小

(D)水灰比越大，直径越小

54. 下列哪些地基处理方法的处理效果可采用静力触探检验？（　）

(A)旋喷桩桩身强度　　(B)灰土换填

(C)填石强夯置换　　(D)堆载预压

55. 关于水泥粉煤灰碎石桩复合地基的论述，下列哪些说法是错误的？（　）

(A)水泥粉煤灰碎石桩可仅在基础范围内布桩

(B)当采用长螺旋压灌法施工时，桩身混合料强度不应超过C30

(C)水泥粉煤灰碎石桩不适用于处理液化地基

(D)对噪声或泥浆污染要求严格的场地可优先选用长螺旋中心压灌成桩工艺

56. 根据《建筑地基处理技术规范》(JGJ 79—2012)，下面关于复合地基处理的说法，哪些是正确的？（　）

(A)搅拌桩的桩端阻力发挥系数，可取0.4～0.6，桩长越长，单桩承载力发挥系数越大

(B)计算复合地基承载力时，若增强体单桩承载力发挥系数取低值，桩间土承载力发挥系数可取高值

(C)采用旋喷桩复合地基时，桩间土越软弱，桩间土承载力发挥系数越大

(D)挤土成桩工艺复合地基，其桩间土承载力发挥系数一般大于等于非挤土成桩工艺

57. 关于散体围岩压力的普氏计算方法，其理论假设包括下列哪些内容？（　）

(A)岩体由于节理的切割，开挖后形成松散岩体，但仍具有一定的黏结力

(B)硐室开挖后，硐顶岩体将形成一自然平衡拱，作用在硐顶的围岩压力仅是自然平衡拱

内的岩体自重

(C)形成的硐顶岩体既能承受压应力又能承受拉应力

(D)表征岩体强度的坚固系数应结合现场地下水的渗漏情况，岩体的完整性等进行修正

58. 影响地下硐室支护结构刚度的因素有下列哪些选项？（　　）

(A)支护体所使用的材料　　(B)硐室的截面尺寸

(C)支护结构形式　　(D)硐室的埋置深度

59. 根据《铁路隧道设计规范》(TB 10003—2005)，下列哪些情形下的铁路隧道，经初步判断可不按浅埋隧道设计？（　　）

(A)围岩为中风化泥岩，节理发育，覆盖层厚度为9m的单线隧道

(B)围岩为微风化片麻岩，节理不发育，覆盖层厚度为9m的双线隧道

(C)围岩为离石黄土，覆盖层厚度为16m的单线隧道

(D)围岩为一般黏性土，覆盖层厚度为16m的双线隧道

60. 关于锚杆设计与施工，下列哪些说法符合《建筑基坑支护技术规程》(JGJ 120—2012)的规定？（　　）

(A)土层中锚杆长度不宜小于11m

(B)土层中锚杆自由段长度不应小于5m

(C)锚杆注浆固结体强度不宜低于15MPa

(D)预应力锚杆的张拉锁定应在锚杆固结体强度达到设计强度的70%后进行

61. 根据《建筑基坑支护技术规程》(JGJ 120—2012)，土钉墙设计应验算下列哪些内容？（　　）

(A)整体滑动稳定性验算

(B)坑底隆起稳定性验算

(C)水平滑移稳定性验算

(D)倾覆稳定性验算

62. 下列地貌特征中，初步判断哪些属于稳定的滑坡地貌特征？（　　）

(A)坡体后壁较高，长满草木

(B)坡体前缘较陡，受河水侧蚀常有坍塌发生

(C)坡体平台面积不大，有后倾现象

(D)坡体前缘较缓，两侧河谷下切到基岩

63. 下列哪些选项可以表征建筑所在地区遭受的地震影响？（　　）

(A)设计基本地震加速度　　(B)特征周期

(C)地震影响系数　　(D)场地类别

64. 按《建筑抗震设计规范》(GB 50011—2010)，当结构自振周期不可能小于 T_g（T_g 为特征周期），也不可能大于 $5T_g$ 时，增大建筑结构的下列哪些选项可减小地震作用？（　　）

(A)阻尼比　　(B)自振周期

(C)刚度　　(D)自重

65. 按《建筑抗震设计规范》(GB 50011—2010)，影响液化判别标准贯入锤击数临界值的因素有下列哪些选项？（　　）

(A)设计地震分组　　(B)可液化土层厚度

(C)标贯试验深度　　(D)场地地下水位

66. 按《公路工程地质勘察规范》(JTG C20—2011)采用标准贯入试验进行饱和砂土液化判

别时，需要下列哪些参数？（　　）

(A)砂土的黏粒含量　　(B)抗剪强度指标

(C)抗震设防烈度　　(D)地下水位深度

67. 根据《建筑抗震设计规范》(GB 50011—2010)，关于建筑结构的地震影响系数，下列哪些说法正确？（　　）

(A)与地震烈度有关

(B)与震中距无关

(C)与拟建场地所处的抗震地段类别有关

(D)与建筑所在地的场地类别无关

68. 下列关于地震影响系数的说法正确的是哪些选项？（　　）

(A)抗震设防烈度越大，地震影响系数越大

(B)自振周期为特征周期时，地震影响系数取最大值

(C)竖向地震影响系数一般比水平地震影响系数大

(D)地震影响系数曲线是一条有两个下降段和一个水平段的曲线

69. 某根桩，检测时判断其桩身完整性类别为Ⅰ类，则下列说法中正确的是哪些选项？（　　）

(A)若对该桩进行抗压静载试验，肯定不会出现桩身结构破坏

(B)无需进行静载试验，该桩的单桩承载力一定满足设计要求

(C)该桩桩身不存在不利缺陷，结构完整

(D)该桩桩身结构能够保证上部结构荷载沿桩身正常向下传递

70. 采用声波透射法检测桩身完整性时，降低超声波的频率会导致下列哪些结果？（　　）

(A)增大超声波的传播距离

(B)降低超声波的传播距离

(C)提高对缺陷的分辨能力

(D)降低对缺陷的分辨能力

专业知识(下午卷)

一、单项选择题(共40题，每题1分。每题的备选项中只有一个最符合题意)

1. 按《建筑地基基础设计规范》(GB 50007—2011)，采用室内单轴饱和抗压强度确定岩石承载力特征值时，岩石的试样尺寸一般为下列哪一项？（　　）

(A)5cm 立方体　　(B)8cm 立方体

(C)100mm × 100mm 圆柱体　　(D)50mm × 100mm 圆柱体

2. 某大桥墩位于河床之上，河床土质为碎石类土，河床自然演变冲刷深度1.0m，一般冲刷深度1.2m，局部冲刷深度0.8m，根据《公路桥涵地基与基础设计规范》(JTG D63—2007)，墩台基础基底埋深安全值最小选择下列何值？（　　）

(A)1.2m　　(B)1.8m　　(C)2.6m　　(D)3.0m

3. 冻土地基土为粉黏粒含量16%的中砂，冻前地下水位距离地表1.4m，天然含水率17%，平均冻胀率3.6%，根据《公路桥涵地基与基础设计规范》(JTG D63—2007)，该地基的季节性冻胀性属于下列哪个选项？（　　）

(A)不冻胀　　(B)弱冻胀　　(C)冻胀　　(D)强冻胀

4. 某场地地层分布均匀，地下水位埋深 2m，该场地上有一栋 2 层砌体结构房屋，采用浅基础，基础埋深 1.5m，在工程降水过程中，该两层房屋墙体出现了裂缝，下列哪个选项的裂缝形态最有可能是由于工程降水造成的？（　　）

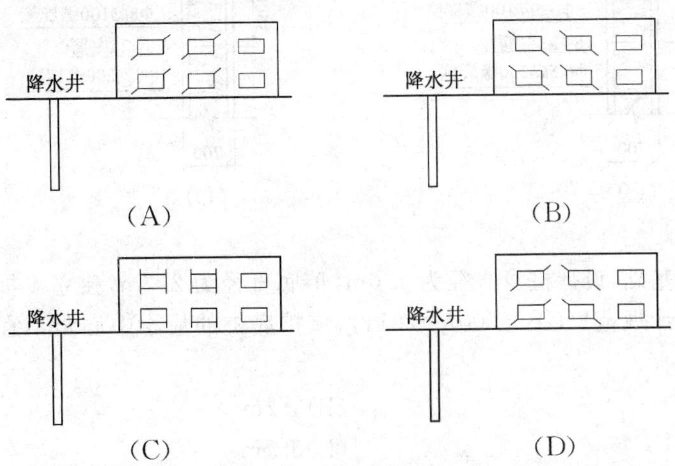

5. 在设计满足要求并且经济合理的情况下，下列哪种基础的挠曲变形最小？（　　）

(A)十字交叉梁基础　　(B)箱形基础

(C)筏板基础　　(D)无筋扩展基础

6. 地基上的条形基础（宽度为 b）和正方形基础（宽度为 b），基础荷载均为 p(kPa)，其他条件相同，二者基础中心点下的地基附加应力均为 $0.1p$ 时的深度之比最接近下列哪个选项？（　　）

(A)2　　(B)3　　(C)4　　(D)5

7. 某竖向承载的端承型灌注桩，桩径 0.8m，桩长 18m，按照《建筑桩基技术规范》(JGJ 94—2008)的规定，该灌注桩钢筋笼的最小长度为下列何值？（不计插入承台钢筋长度）（　　）

(A)6m　　(B)9m　　(C)12m　　(D)18m

8. 按照《建筑桩基技术规范》(JGJ 94—2008)规定，对桩中心距不大于 6 倍桩径的桩基进行最终沉降量计算时，下列说法哪项是正确的？（　　）

(A)桩基最终沉降量包含桩身压缩量及桩端平面以下土层压缩量

(B)桩端平面等效作用附加压力取承台底平均附加应力

(C)桩基沉降计算深度与桩侧土层厚度无关

(D)桩基沉降计算结果与桩的数量及布置无关

9. 按照《建筑桩基技术规范》(JGJ 94—2008)规定，下列抗压灌注桩与承台连接图中，正确的选项是哪一个？（图中尺寸单位：mm）（　　）

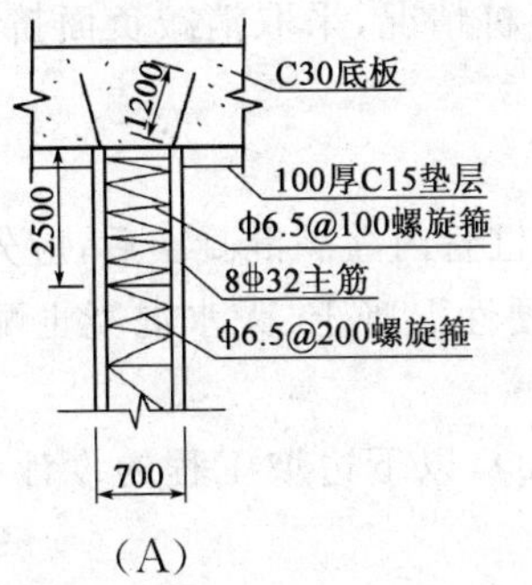

(A)

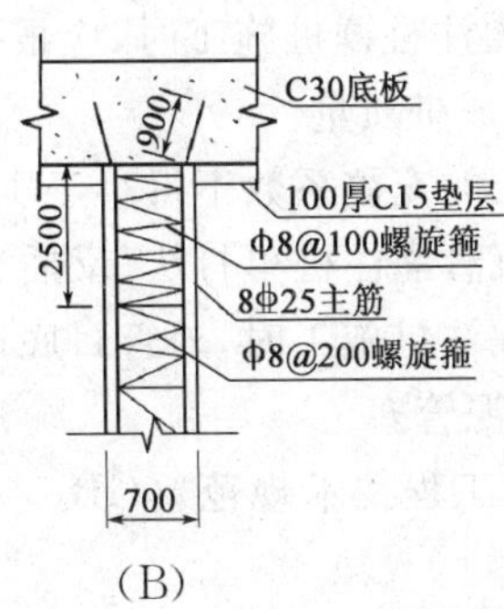

(B)

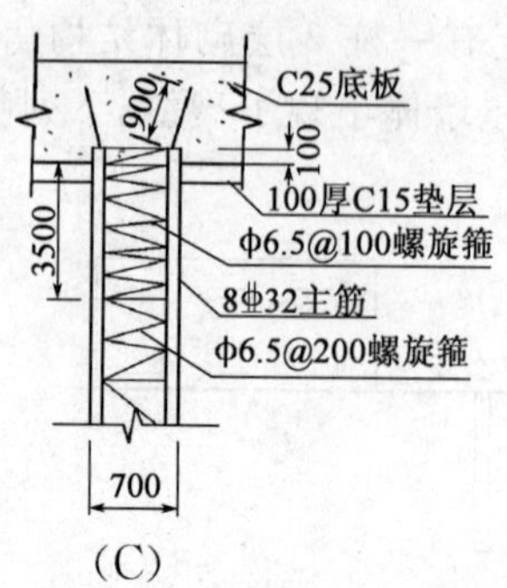

(C)

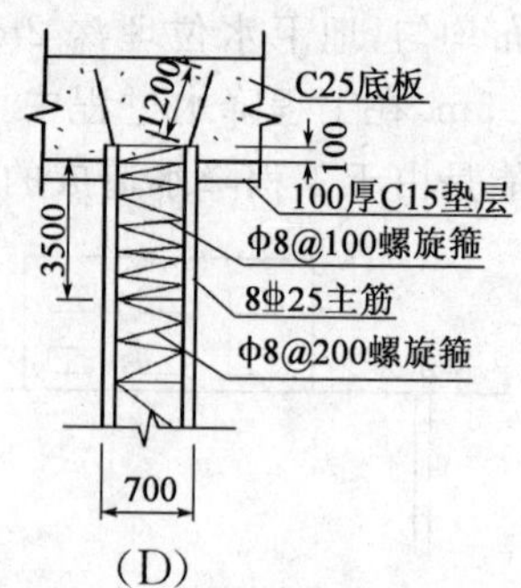

(D)

10. 某扩底灌注桩基础，设计桩身直径为 1.0m，扩底直径为 2.2m，独立 4 桩承台。根据《建筑地基基础设计规范》(GB 50007—2011)，该扩底桩的最小中心距不宜小于下列何值？(　　)

(A)3.0m　　(B)3.2m

(C)3.3m　　(D)3.7m

11. 某钻孔灌注桩基础，根据单桩静载试验结果取地面处水平位移为 10mm，所确定的水平承载力特征值为 300kN，根据《建筑桩基技术规范》(JGJ 94—2008)，验算地震作用下的桩基水平承载力时，单桩水平承载力特征值应为下列哪个选项？(　　)

(A)240kN　　(B)300kN

(C)360kN　　(D)375kN

12. 某铁路工程，采用嵌入完整的坚硬基岩的钻孔灌注桩，设计桩径为 0.8m，根据《铁路桥涵地基和基础设计规范》(TB 10002—2005)，计算嵌入深度为 0.4m，其实际嵌入基岩的最小深度应为下列哪个选项？(　　)

(A)0.4m　　(B)0.5m

(C)0.8m　　(D)1.2m

13. 对于泥浆护壁成孔灌注桩施工，下列哪些做法不符合《建筑桩基技术规范》(JGJ 94—2008)的要求？(　　)

(A)除能自行造浆的黏性土层外，均应制备泥浆

(B)在清孔过程中，应保证孔内泥浆不被置换，直至灌注水下混凝土

(C)排渣可采用泥浆循环或抽渣筒方法

(D)开始灌注混凝土时，导管底部至孔底的距离宜为 300～500mm

14. 下列关于沉管灌注桩施工的做法哪一项不符合《建筑桩基技术规范》(JGJ 94—2008)的要求？(　　)

(A)锤击沉管灌注桩群桩施工时，应根据土质、布桩情况，采取消减负面挤土效应的技术措施，确保成桩质量

(B)灌注混凝土的充盈系数不得小于 1.0

(C)振动冲击沉管灌注桩单打法、反插法施工时，桩管内灌满混凝土后，应先拔管再振动

(D)内夯沉管灌注桩施工时，外管封底可采用干硬性混凝土、无水混凝土配料，经夯击形成阻水、阻泥管塞

15. 根据《建筑边坡工程技术规范》(GB 50330—2013)，以下边坡工程的设计中哪些不需要进行专门论证？(　　)

(A)坡高 10m 且有外倾软弱结构面的岩质边坡

(B)坡高 30m 稳定性差的土质边坡

(C)采用新技术、新结构的一级边坡工程

(D)边坡潜在滑动面内有重要建筑物的边坡工程

16.根据《建筑边坡工程技术规范》(GB 50330—2013),采用扶壁式挡土墙加固边坡时,以下关于挡墙配筋的说法哪个是不合理的?(　　)

(A)立板和扶壁可根据内力大小分段分级配筋

(B)扶壁按悬臂板配筋

(C)墙趾按悬臂板配筋

(D)立板和扶壁、底板和扶壁之间应根据传力要求设置连接钢筋

17.图示的墙背为折线形 ABC 的重力式挡土墙,根据《铁路路基支挡结构设计规范》(TB 10025—2006),可简化为上墙 AB 段和下墙 BC 段两直线段计算土压力,试问下墙 BC 段的土压力计算宜采用下列哪个选项?(　　)

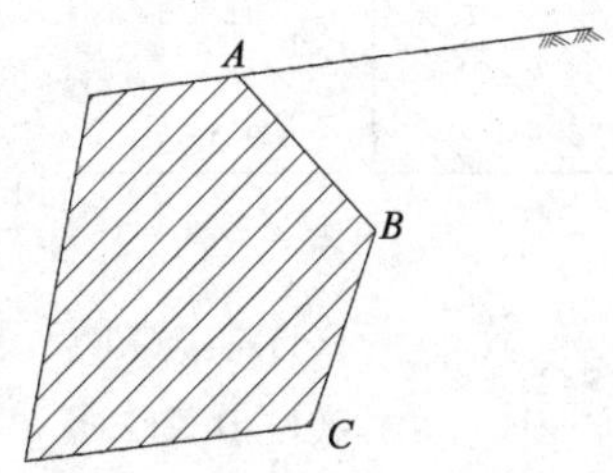

(A)力多边形　　　　(B)第二破裂面法

(C)延长墙背法　　　　(D)校正墙背法

18.根据《铁路路基支挡结构设计规范》(TB 10025—2006),在浸水重力式挡土墙设计时,下列哪种情况下可不计墙背动水压力?(　　)

(A)墙背填料为碎石土时　　　　(B)墙背填料为细砂土时

(C)墙背填料为粉砂土时　　　　(D)墙背填料为细粒土时

19.下图所示的某开挖土质边坡,边坡中夹有一块孤石(ABC),土层的内摩擦角 $\varphi=20°$,该开挖边坡沿孤石的底面 AB 产生滑移,按朗肯土压力理论,当该土质边坡从 A 点向上产生破裂面 AD 时,其与水平面的夹角 β 最接近于下列哪个选项?(　　)

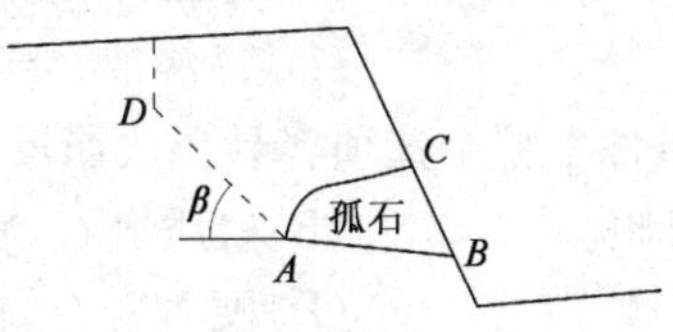

(A)35°　　　　(B)45°

(C)55°　　　　(D)65°

20.采用抗滑桩治理铁路滑坡时,以下哪个选项不符合《铁路路基支挡结构设计规范》(TB 10025—2005)相关要求?(　　)

(A)作用于抗滑桩的外力包括滑坡推力、桩前滑体抗力和锚固段地层的抗力

2016年专业知识(下午卷)

(B)滑动面以上的桩身内力应根据滑坡推力和桩前滑体抗力计算

(C)抗滑桩桩底支撑可采用固定端

(D)抗滑桩锚固深度的计算，应根据地基的横向容许承载力确定

21. 某 10m 高的铁路路堑岩质边坡，拟采用现浇无肋柱锚杆挡墙，其墙面板的内力宜按下列哪个选项计算？（　）

(A)单向板　　(B)简支板

(C)连续梁　　(D)简支梁

22. 图示的挡土墙墙背直立、光滑，墙后砂土处于主动极限状态时，滑裂面与水平面的夹角为 θ，砂土的内摩擦角 $\varphi=28°$，滑体的自重为 G，试问主动土压力的值最接近下列哪个选项？（　）

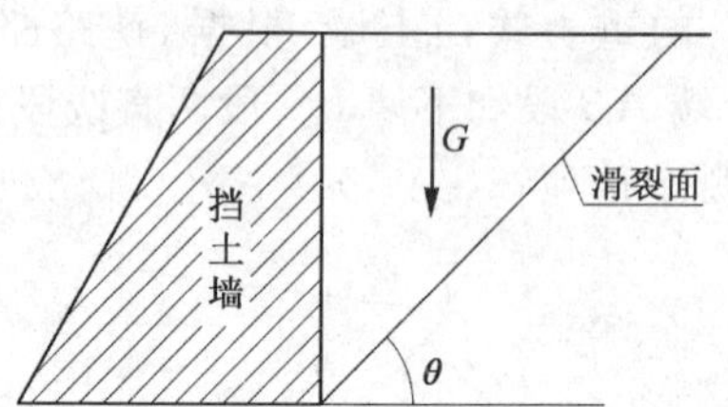

(A)1.7G　　(B)1.3G

(C)0.6G　　(D)0.2G

23. 关于特殊土的有关特性表述，下列哪个选项是错误的？（　）

(A)膨胀土地区墙体破坏常见"倒八字"形裂缝

(B)红黏土的特征多表现为上软下硬，裂缝发育

(C)冻土在冻结状态时承载力较高，融化后承载力会降低

(D)人工填土若含有对基础有腐蚀性的工业废料时，不宜作为天然地基

24. 根据《岩土工程勘察规范》(GB 50021—2001)(2009 年版)计算花岗岩残积土中细粒土的天然含水量时，土中粒径大于 0.5mm 颗粒吸着水可取下列哪个选项的值？（　）

(A)0　　(B)3%

(C)5%　　(D)7%

25. 采空区顶部岩层由于变形程度不同，在垂直方向上通常会形成三个不同分带，下列有关三个分带自上而下的次序哪一个选项是正确的？（　）

(A)冒落带、弯曲带、裂隙带　　(B)弯曲带、裂隙带、冒落带

(C)裂隙带、弯曲带、冒落带　　(D)冒落带、裂隙带、弯曲带

26. 在高陡的岩石边坡上，下列条件中哪个选项容易形成崩塌？（　）

(A)硬质岩石，软弱结构面外倾　　(B)软质岩石，软弱结构面外倾

(C)软质岩石，软弱结构面内倾　　(D)硬质岩石，软弱结构面内倾

27. 在自重湿陷性黄土场地施工时，下列哪个临时设施距建筑物外墙的距离不满足《湿陷性黄土地区建筑规范》(GB 50025—2004)的要求？（　）

(A)搅拌站，10m　　(B)给、排水管道，12m

(C)淋灰池，15m　　(D)水池，25m

28. 下面对特殊性土的论述中，哪个选项是不正确的？（　）

(A)硫酸盐渍土的盐胀性主要是由土中含有 Na_2SO_4 引起的

(B)土体中若不含水就不可能发生冻胀

(C)膨胀土之所以具有膨胀性是因为土中含有大量亲水性矿物

(D)风成黄土中粉粒含量高是其具有湿陷性的主要原因

29. 关于滑坡治理设计，下面哪种说法是错误的？（ ）

(A)当滑体有多层潜在滑动面时应取最深层滑动面确定滑坡推力

(B)可根据不同验算断面的滑坡推力设计相应的抗滑结构

(C)滑坡推力作用点可取在滑体厚度的二分之一处

(D)锚索抗滑桩的主筋不应采用单面配筋

30. 增大抗滑桩的嵌固深度，主要是为了满足下列哪一项要求？（ ）

(A)抗弯曲　　(B)抗剪切

(C)抗倾覆　　(D)抗拉拔

31. 岩体结构面的抗剪强度与下列哪种因素无关？（ ）

(A)倾角　　(B)起伏粗糙程度

(C)充填状况　　(D)张开度

32. 对近期发生的滑坡进行稳定性验算时，滑面的抗剪强度宜采用下列哪一种直剪试验方法取得的值？（ ）

(A)慢剪　　(B)快剪

(C)固结快剪　　(D)多次重复剪

33. 下列矿物中哪一种对膨胀土的胀缩性影响最大？（ ）

(A)蒙脱石钙　　(B)蒙脱石钠

(C)伊利石　　(D)高岭石

34. 滑坡稳定性计算时，下列哪一种滑带土的抗剪强度适用于采取综合黏聚力法？（ ）

(A)易碎石土为主　　(B)以较均匀的饱和黏性土为主

(C)以砂类土为主　　(D)以黏性土和碎石土组成的混合土

35. 根据《建设工程勘察设计资质管理规定》，下列哪项规定是不正确的？（ ）

(A)企业首次申请、增项申请工程勘察、工程设计资质，其申请资质等级最高不超过乙级，且不考核企业工程勘察、工程设计业绩

(B)企业改制的，改制后不再符合资质标准的，应按其实际达到的资质标准及本规定重新核定

(C)已具备施工资质的企业首次申请同类别或相近类别的工程勘察、工程设计资质的，不得将工程总承包业绩作为工程业绩予以申报

(D)企业在领取新的工程勘察、工程设计资质证书的同时，应当将原资质证书交回原发证机关予以注销

36. 公开招标是指下列哪个选项？（ ）

(A)招标人以招标公告的方式邀请特定的法人或其他组织投标

(B)招标人以招标公告的方式邀请不特定的法人或其他组织投标

(C)招标人以投标邀请书的方式邀请特定的法人或其他组织投标

(D)招标人以投标邀请书的方式邀请不特定的法人或其他组织投标

37. 建筑安装工程费用项目组成中，企业管理费是指建筑安装企业组织施工生产和经营管理所需的费用，下列费用哪项不属于企业管理费？（ ）

(A)固定资产使用费　　(B)差旅交通费

(C)职工教育经费　　　　　　　　　　　(D)社会保障费

38. 建设工程合同中，下列哪个说法是不正确的？(　　)

(A)发包人可以与总承包人订立建设工程合同，也可以分别与勘察人、设计人、施工人订立勘察、设计、施工承包合同

(B)总承包或者勘察、设计、施工承包人经发包人同意，可以将自己承包的部分工作交由第三人完成

(C)建设工程合同应当采用书面形式

(D)分包单位将其承包的工程可再分包给具有同等资质的单位

39. 根据《中华人民共和国招标投标法》，关于联合体投标，下列哪个选项是错误的？(　　)

(A)由同一专业的单位组成的联合体，按照资质等级较低的单位确定资质等级

(B)联合体各方应当签订共同投标协议，明确约定各方拟承担的工作和责任

(C)联合体中标的，联合体各方应分别与招标人签订合同

(D)招标人不得强制投标人组成联合体共同投标，不得限制投标人之间的竞争

40. 根据《建筑工程五方责任主体项目负责人质量终身责任追究暂行办法》，由于勘察原因导致工程质量事故的，对勘察单位项目负责人进行责任追究，下列哪个选项是错误的？(　　)

(A)项目负责人为勘察设计注册工程师的，责令停止执业 1 年，造成重大质量事故的，吊销执业资格证书，5 年以内不予注册；情节特别恶劣的，终身不予注册

(B)构成犯罪的，移送司法机关依法追究刑事责任

(C)处个人罚款数额 5%以上 10%以下的罚款

(D)向社会公布曝光

二、多项选择题(共 **30** 题，每题 **2** 分。每题的备选项中有两个或三个符合题意，错选、少选、多选均不得分)

41. 当采用筏形基础的高层建筑和裙房相连时，为控制其沉降及差异沉降，下列哪些选项符合《建筑地基基础设计规范》(GB 50007—2011)的规定？(　　)

(A)当高层建筑与相连的裙房之间不设沉降缝时，可在裙房一侧设置后浇带

(B)当高层建筑封顶后可浇筑后浇带

(C)后浇带设置在相邻裙房第一跨时比设置在第二跨时更有利于减小高层建筑的沉降量

(D)当高层建筑与裙房之间不设沉降缝和后浇带时，裙房筏板厚度宜从裙房第二跨跨中开始逐渐变化

42. 根据《建筑地基基础设计规范》(GB 50007—2011)，在进行地基变形验算时，除控制建筑物的平均沉降量外，尚需控制其他指标，下列说法正确的是哪些选项？(　　)

(A)条形基础的框架结构建筑，主要控制基础局部倾斜

(B)剪力墙结构高层建筑，主要控制基础整体倾斜

(C)独立基础的单层排架结构厂房，主要控制柱基的沉降量

(D)框架筒体结构高层建筑，主要控制筒体与框架柱之间的沉降差

43. 当地基持力层下存在较厚的软弱下卧层时，设计中可以考虑减小基础埋置深度，其主要目的包含下列哪些选项？(　　)

(A)减小地基附加压力　　　　　　　　(B)减小基础计算沉降量

(C)减小软弱下卧层顶面附加压力　　　(D)增大地基压力扩散角

44. 按照《建筑地基基础设计规范》(GB 50007—2011)，地基持力层承载力特征值由经验值确定时，下列哪些情况，不应对地基承载力特征值进行深宽修正？（　　）

(A)淤泥地基　　(B)复合地基

(C)中风化岩石地基　　(D)微风化岩石地基

45. 根据《铁路路基设计规范》(TB 10001—2005)，关于软土地基上路基的设计，下列哪些说法不符合该规范的要求？（　　）

(A)泥炭土地基的总沉降量等于瞬时沉降和主固结沉降之和

(B)路基工后沉降控制标准，路桥过渡段与路基普通段相同

(C)地基沉降计算时，压缩层厚度按附加应力等于 0.1 倍自重应力确定

(D)任意时刻的沉降量计算值等于平均固结度与总沉降计算值的乘积

46. 根据《建筑桩基技术规范》(JGJ 94—2008)计算基桩竖向承载力时，下列哪些情况下宜考虑承台效应？（　　）

(A)桩数为 3 根的摩擦型柱下独立桩基

(B)桩身穿越粉土层进入密实砂土层、桩间距大于 6 倍桩径的桩基

(C)承台底面存在湿陷性黄土的桩基

(D)软土地基的减沉疏桩基础

47. 竖向抗压摩擦型桩基，桩端持力层为黏土，桩侧存在负摩阻力，以下叙述正确的是哪几项？（　　）

(A)桩顶截面处桩身轴力最大

(B)在中性点位置，桩侧土沉降为零

(C)在中性点以上桩周土层产生的沉降超过基桩沉降

(D)在计算基桩承载力时应计入桩侧负摩阻力

48. 下列哪些选项符合桩基变刚度调平设计理念？（　　）

(A)对局部荷载较大区域采用桩基，其他区域采用天然地基

(B)裙房与主楼基础不断开时，裙房采用小直径预制桩，主楼采用大直径灌注桩

(C)对于框架—核心筒结构高层建筑桩基，核心筒区域桩间距采用 $3d$，核心筒外围区域采用 $5d$

(D)对于大体量筒仓，考虑边桩效应，适当增加边桩、角桩数量，减少中心桩数量

49. 下列哪些选项可能会影响钻孔灌注桩孔壁的稳定？（　　）

(A)正循环冲孔时泥浆上返的速度

(B)提升或下放钻具的速度

(C)钻孔的直径和深度

(D)桩长范围内有充填密实的溶洞

50. 下列关于沉井基础刃脚设计的要求，哪些符合《公路桥涵地基与基础设计规范》(JTG D63—2007)的规定？（　　）

(A)沉入坚硬土层的沉井应采用带有踏面的刃脚，并适当加大刃脚底面宽度

(B)刃脚斜面与水平面交角为 50°

(C)软土地基上沉井刃脚底面宽度 200mm

(D)刃脚部分的混凝土强度等级为 C20

51. 施打大面积预制桩时，下列哪些措施符合《建筑桩基技术规范》(JGJ 94—2008)的要求？（　　）

(A)对预钻孔沉桩，预钻孔孔径宜比桩径大 50～100mm

(B)对饱和黏性土地基，应设置袋装砂井或塑料排水板

(C)应控制打桩速率

(D)沉桩结束后，宜普遍实施一次复打

52. 下列哪些人工挖孔灌注桩施工的做法符合《建筑桩基技术规范》(JGJ 94—2008)的要求？(　　)

(A)人工挖孔桩的桩径(不含护壁)不得小于 0.8m，孔深不宜大于 30m

(B)人工挖孔桩混凝土护壁的厚度不应小于 100mm，混凝土强度等级不应低于桩身混凝土强度等级

(C)每日开工前必须探测井下的有毒、有害气体；孔口四周必须设置护栏

(D)挖出的土石方应及时运离孔口，临时堆放时，可堆放在孔口四周 1m 范围内

53. 根据《碾压式土石坝设计规范》(DL/T 5395—2007)进行坝坡和坝基稳定性计算时，以下哪些选项是正确的？(　　)

(A)均质坝的稳定安全系数等值线的轨迹会出现若干区域，每个区域都有一个低值

(B)厚心墙坝宜采用条分法，计算条块间作用力

(C)对于有软弱夹层、薄心墙坝坡稳定分析可采用满足力和力矩平衡的摩根斯顿—普莱斯等方法

(D)对层状土的坝基稳定安全系数计算时，在不同的圆弧滑动面上计算，即可找到最小稳定安全系数

54. 根据《建筑边坡工程技术规范》(GB 50330—2013)，以下关于建筑边坡工程设计所采用的荷载效应最不利组合选项，哪些是正确的？(　　)

(A)计算支护结构稳定时。应采用荷载效应的基本组合，其分项系数可取 1.0

(B)计算支护桩配筋时，应采用承载能力极限状态的标准组合，支护结构的重要性系数 γ_0 对一级边坡取 1.1

(C)复核重力式挡墙地基承载力时，应采用正常使用极限状态的基本组合，相应的抗力应采用地基承载力标准值

(D)计算支护结构水平位移时，应采用荷载效应的准永久组合，不计入风荷载和地震作用

55. 土工织物作路堤坡面反滤材料时，下列哪些选项是正确的？(　　)

(A)土工织物在坡顶和底部应锚固

(B)土工织物应进行堵淤试验

(C)当坡体为细粒土时，可采用土工膜作为反滤材料

(D)当坡体为细粒土时，可采用土工格栅作为反滤材料

56. 根据《铁路路基设计规范》(TB 10001—2005)，下列哪些选项符合铁路路基基床填料的选用要求？(　　)

(A)Ⅰ级铁路的基床底层填料应选用 A、B 组填料，否则应采取土质改良或加固措施

(B)Ⅱ级铁路的基床底层填料应选用 A、B 组填料，若选用 C 组填料时，其塑性指数不得大于 12，液限不得大于 31%，否则应采取土质改良或加固措施

(C)基床表层选用砾石类土作为填料时，应采用孔隙率和地基系数作为压实控制指标

(D)基床表层选用改良土作为填料时，应采用压实系数和地基系数作为压实控制指标

57. 根据《建筑边坡工程技术规范》(GB 50330—2013)，边坡支护结构设计时，下列哪些选项是必须进行的计算或验算？(　　)

(A)支护桩的抗弯承载力计算

(B)重力式挡墙的地基承载力计算

(C)边坡变形验算

(D)支护结构的稳定验算

58.下列有关红黏土的描述中哪些选项是正确的?(　　)

(A)水平方向的厚度变化不大,勘探点可按常规间距布置

(B)垂直方向状态变化大,上硬下软,地基计算时要进行软弱下卧层验算

(C)常有地裂现象,勘察时应查明其发育特征、成因等

(D)含水比是红黏土的重要土性指标

59.对于湿陷性黄土地基上的多层丙类建筑,消除地基部分湿陷量的最小处理厚度,下列哪些说法是正确的?(　　)

(A)当地基湿陷等级为Ⅰ级时,地基处理厚度不应小于1m,且下部未处理湿陷性黄土层的湿陷起始压力值不宜小于100kPa

(B)当非自重湿陷性黄土场地为Ⅱ级时,地基处理厚度不宜小于2m,且下部未处理湿陷性黄土层的湿陷起始压力值不宜小于100kPa

(C)当非自重湿陷性黄土场地为Ⅲ级时,地基处理厚度不宜小于3m,且下部未处理湿陷性黄土层的剩余湿陷量不应大于200mm

(D)当非自重湿陷性黄土场地为Ⅳ级时,地基处理厚度不宜小于4m,且下部未处理湿陷性黄土层的剩余湿陷量不应大于300mm

60.对膨胀土地区的建筑进行地基基础设计时,下列哪些说法是正确的?(　　)

(A)地表有覆盖且无蒸发,可按膨胀变形量计算

(B)当地表下1m处地基土的含水量接近液限时,可按胀缩变形量计算

(C)收缩变形量计算深度取大气影响深度和浸水影响深度中的大值

(D)膨胀变形量可通过现场浸水载荷试验确定

61.根据《铁路工程不良地质勘察规程》(TB 10027—2012),稀性泥石流具备下列哪些特征?(　　)

(A)呈紊流状态

(B)漂石、块石呈悬浮状

(C)流体物质流动过程具有垂直交换特征

(D)阵性流不明显,偶有股流或散流

62.下列哪些土层的定名是正确的?(　　)

(A)颜色为棕红或褐黄,覆盖于碳酸岩系之上,其液限大于或等于50%的高塑性黏土称为原生红黏土

(B)天然孔隙比大于或等于1.0,且天然含水量小于液限的细粒土称为软土

(C)易溶盐含量大于0.3%,且具有溶陷、盐胀、腐蚀等特性的土称为盐渍土

(D)由细粒土和粗粒土混杂且缺乏中间粒径的土称为混合土

63.下列有关盐渍土性质的描述哪些选项是正确的?(　　)

(A)硫酸盐渍土的强度随着总含盐量的增加而减小

(B)氯盐渍土的强度随着总含盐量的增加而增大

(C)氯盐渍土的可塑性随着氯含量的增加而提高

(D)硫酸盐渍土的盐胀作用是由温度变化引起的

64.根据《铁路工程特殊岩土勘察规程》(TB 10038—2012),下列哪些属于黄土堆积地貌?(　　)

(A)黄土梁　　(B)黄土平原

(C)黄土河谷　　(D)黄土冲沟

65.根据《建筑工程五方责任主体项目负责人质量终身责任追究暂行办法》,下列哪些选项是正确的?(　　)

(A)建筑工程五方责任主体项目负责人是指承担建筑工程项目建设的建设单位项目负责人、勘察项目负责人、设计单位项目负责人、施工单位项目负责人、施工图审查单位项目负责人

(B)建筑工程五方责任主体项目负责人质量终身责任,是指参与新建、扩建、改建的建筑工程项目负责人按照国家法律规定和有关规定,在工程设计使用年限内对工程质量承担相应责任

(C)勘察、设计单位项目负责人应当保证勘察设计文件符合法律法规和工程建设强制性标准的要求,对因勘察、设计导致的工程质量事故或质量问题承担责任

(D)施工单位项目经理应当按照经审查合格的施工图设计文件和施工技术标准进行施工,对因施工导致的工程质量事故或质量问题承担责任

66.根据《安全生产许可证条例》,下列哪些选项是正确的?(　　)

(A)国务院建设主管部门负责中央管理的建筑施工企业安全生产许可证的颁发和管理

(B)安全生产许可证由国务院安全生产监督管理部门规定统一的式样

(C)安全生产许可证颁发管理机关应当自收到申请之日起45日内审查完毕,经审查符合本条例规定的安全生产条件的,颁发安全生产许可证

(D)安全生产许可证的有效期为3年。安全生产许可证有效期需要延期的,企业应当于期满前1个月向原安全生产许可证颁发管理机关办理延期手续

67.《工程勘察资质标准》规定的甲级、乙级岩土工程项目,下列哪些文件的责任页应由注册土木工程师(岩土)签字并加盖执业印章?(　　)

(A)岩土工程勘察成果报告

(B)岩土工程勘察补充成果报告

(C)施工图审查合格书

(D)土工试验报告

68.根据《中华人民共和国安全生产法》,生产经营单位有下列哪些行为逾期未改正的,责令停产停业整顿,并处五万元以上十万元以下罚款?(　　)

(A)未按规定设置安全生产管理机构或配备安全生产管理人员的

(B)特种作业人员未按规定经专门的安全作业培训并取得相应资格,上岗作业的

(C)未为从业人员提供符合要求的劳动防护用品的

(D)未对安全设备进行定期检测的

69.根据《建设工程安全生产管理条例》,下列选项哪些是勘察单位的安全责任?(　　)

(A)提供施工现场及毗邻区域的供水、供电等地下管线资料,并保证资料真实、准确、完整

(B)严格执行操作规程,采取措施保证各类管线安全

(C)严格执行工程建设强制性标准

(D)提供的勘察文件真实、准确

70.根据《中华人民共和国合同法》,下列哪些情形之一,合同无效?(　　)

(A)恶意串通,损害第三人利益

(B)损害社会公共利益

(C)当事人依法委托代理人订立的合同

(D)口头合同

专业案例(上午卷)

1.在均匀砂土地层进行自钻式旁压试验,某试验点深度为7.0m,地下水位埋深为1.0m,测得原位水平应力 $\sigma_h=93.6$kPa;地下水位以上砂土的相对密度 $d_s=2.65$,含水率 $w=15\%$,天然重度 $\gamma=19.0$kN/m^3,请计算试验点处的侧压力系数 K_0 最接近下列哪个选项?(水的重度 $\gamma_w=10$kN/m^3)(　　)

(A)0.37　　(B)0.42　　(C)0.55　　(D)0.59

2.某风化岩石用点荷载试验求得的点荷载强度指数 $I_{s(50)}=1.28$MPa,其新鲜岩石的单轴饱和抗压强度 $f_r=42.8$MPa。试根据给定条件判定该岩石的风化程度为下列哪一项?(　　)

(A)未风化　　(B)微风化　　(C)中等风化　　(D)强风化

3.某建筑场地进行浅层平板载荷试验,方形承压板,面积0.5m^2,加载至375kPa时,承压板周围土体明显侧向挤出,实测数据如下:

题3表

p/kPa	25	50	75	100	125	150	175	200	225	250	275	300	325	350	375
s/mm	0.80	1.60	2.41	3.20	4.00	4.80	5.60	6.40	7.85	9.80	12.1	16.4	21.5	26.6	43.5

根据该试验分析确定的土层承载力特征值是哪一选项?(　　)

(A)175kPa　　(B)188kPa　　(C)200kPa　　(D)225kPa

4.某污染土场地,土层中检测出的重金属及含量见下表:

题4表(1)

重金属名称	Pb	Cd	Cu	Zn	As	Hg
含量/(mg/kg)	47.56	0.54	21.51	93.56	21.95	0.23

土中重金属含量的标准值按下表取值:

题4表(2)

重金属名称	Pb	Cd	Cu	Zn	An	Hg
含量/(mg/kg)	250	0.3	50	200	30	0.3

根据《岩土工程勘察规范》(GB 50021—2001)(2009年版),按内梅罗污染指数评价,该场地的污染等级符合下列哪个选项?(　　)

(A)Ⅱ级,尚清洁　　(B)Ⅲ级,轻度污染

(C)Ⅳ级,中度污染　　(D)Ⅴ级,重度污染

5.某高度60m的结构物,采用方形基础,基础边长15m,埋深3m。作用在基础底面中心的

竖向力为 24000kN。结构物上作用的水平荷载呈梯形分布，顶部荷载分布值为 50kN/m，地表处荷载分布为 20kN/m，如图所示。求基础底面边缘的最大压力最接近下列哪个选项的数值？（不考虑土压力的作用）(　　)

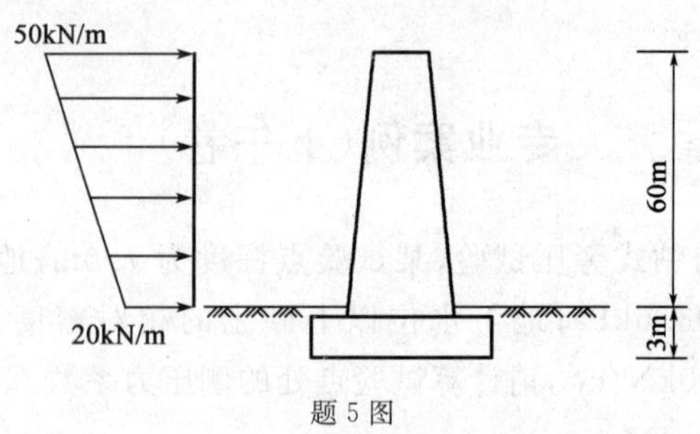

题 5 图

(A)219kPa　　(B)237kPa　　(C)246kPa　　(D)252kPa

6. 某建筑采用条形基础，其中条形基础 A 的底面宽度为 2.6m，其他参数及场地工程地质条件如图所示。按《建筑地基基础设计规范》(GB 50007—2011)，根据土的抗剪强度指标确定基础 A 地基持力层承载力特征值，其值最接近以下哪个选项？(　　)

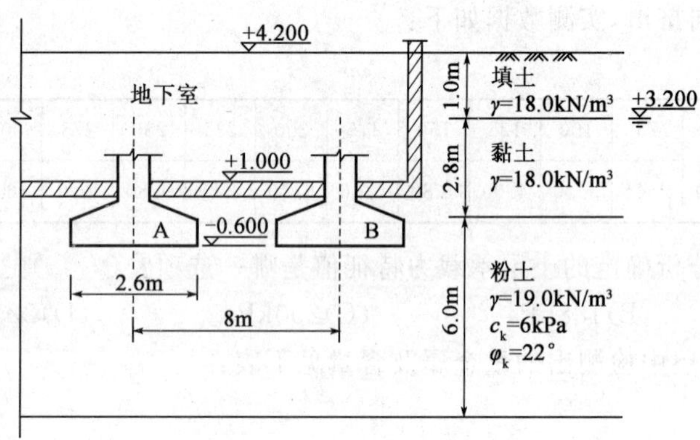

题 6 图

(A)69kPa　　(B)98kPa　　(C)161kPa　　(D)220kPa

7. 某铁路桥墩台基础，所受的外力如图所示，其中 P_1 = 140kN，P_2 = 120kN，F_1 = 190kN，T_1 = 30kN，T_2 = 45kN。基础自重 W = 150kN，基底为砂类土，根据《铁路桥涵地基和基础设计规范》(TB 10002.5—2005)，该墩台基础的滑动稳定系数最接近下列哪个选项的数值？(　　)

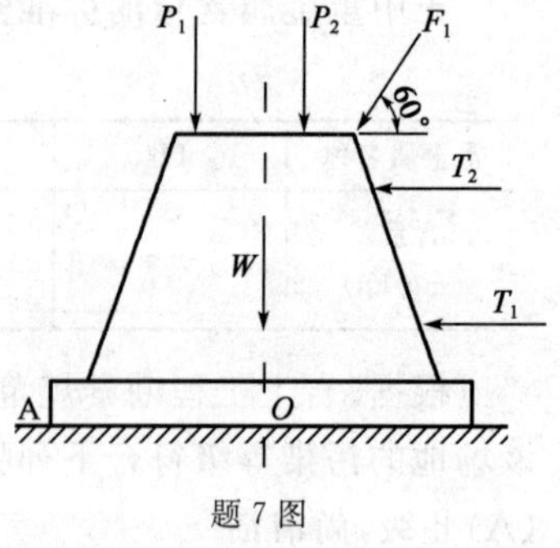

题 7 图

(A)1.25

(B)1.30

(C)1.35

(D)1.40

8. 柱基A宽度 $b=2m$，柱宽度为0.4m，柱基内、外侧回填土及地面堆载的纵向长度均为20m。柱基内、外侧回填土厚度分别为2.0m、1.5m，回填土的重度为 $18kN/m^3$，内侧地面堆载为30kPa，回填土及堆载范围如图所示。根据《建筑地基基础设计规范》(GB 50007—2011)，计算回填土及地面堆载作用下柱基A内侧边缘中点的地基附加沉降量时，其等效均布地面荷载最接近下列哪个选项的数值？(　　)

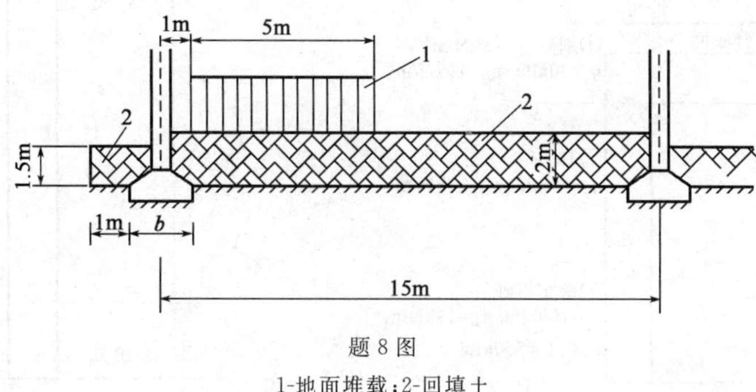

题8图

1-地面堆载；2-回填土

(A)40kPa　　(B)45kPa

(C)50kPa　　(D)55kPa

9. 某钢筋混凝土墙下条形基础，宽度 $b=2.8m$，高度 $h=0.35m$，埋深 $d=1.0m$，墙厚370mm。上部结构传来的荷载：标准组合为 $F_1=288.0kN/m$，$M_1=16.5kN \cdot m/m$；基本组合为 $F_2=360.0kN/m$，$M_2=20.6kN \cdot m/m$；准永久组合为 $F_3=250.4kN/m$，$M_3=14.3kN \cdot m/m$。按《建筑地基基础设计规范》(GB 50007—2011)规定计算基础底板配筋时，基础验算截面弯矩设计值最接近下列哪个选项？(基础及其上土的平均重度为 $20kN/m^3$)(　　)

(A)72kN·m/m　　(B)83kN·m/m

(C)103kN·m/m　　(D)116kN·m/m

10. 某打入式钢管桩，外径为900mm。如果按桩身局部压屈控制，根据《建筑桩基技术规范》(JGJ 94—2008)，所需钢管桩的最小壁厚接近下列哪个选项？(钢管桩所用钢材的弹性模量 $E=2.1\times10^5N/mm^2$，抗压强度设计值 $f'_y=350N/mm^2$)(　　)

(A)3mm　　(B)4mm

(C)8mm　　(D)10mm

11. 某公路桥梁基础采用摩擦钻孔灌注桩，设计桩径为1.5m，勘察报告揭露的地层条件，岩土参数和基桩的入土情况如图所示。根据《公路桥涵地基与基础设计规范》(JTG D63—2007)，在施工阶段时的单桩轴向受压承载力容许值最接近下列哪个选项？(不考虑冲刷影响：清底系数 $m_0=1.0$，修正系数 λ 取0.85：深度修正系数 $k_1=4.0$，$k_2=6.0$，水的重度取 $10kN/m^3$)(　　)

(A)9500kN　　(B)10600kN

(C)11900kN　　(D)13700kN

12. 某工程勘察报告揭示的地层条件以及桩的极限侧阻力和极限端阻力标准值如图所示，拟采用干作业钻孔灌注桩基础，桩设计直径为1.0m，设计桩顶位于地面下1.0m，桩端进入粉细砂层2.0m。采用单一桩端后注浆，根据《建筑桩基技术规范》(JGJ 94—2008)，计算

单桩竖向极限承载力标准值最接近下列哪个选项？（桩侧阻力和桩端阻力的后注浆增强系数均取规范表中的低值）(　　)

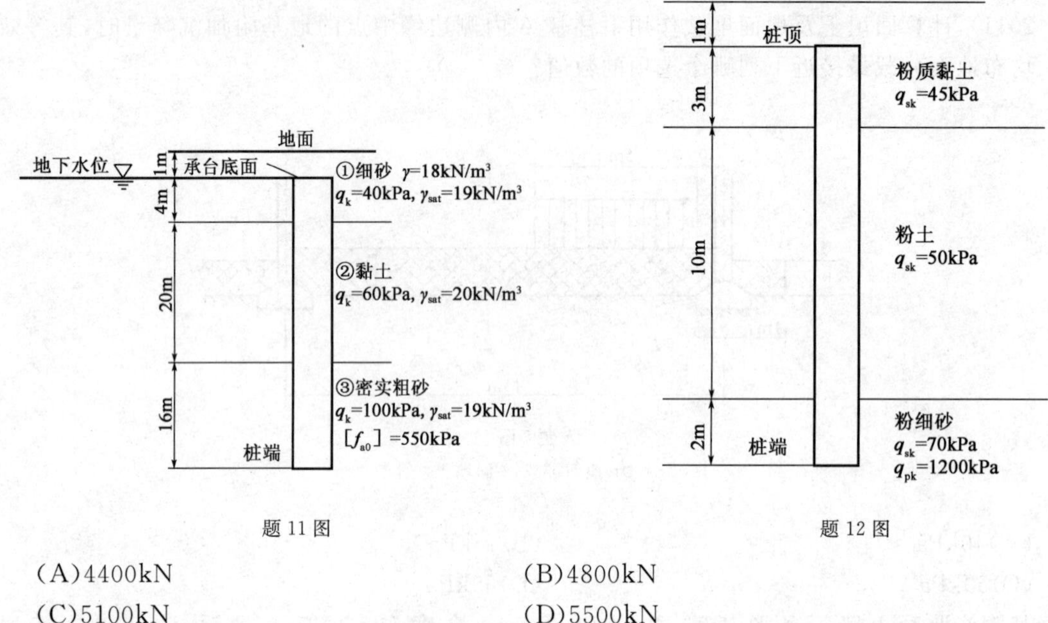

题 11 图　　　　题 12 图

(A)4400kN　　　　(B)4800kN

(C)5100kN　　　　(D)5500kN

13. 某均匀布置的群桩基础，尺寸及土层条件见示意图。已知相应于作用准永久组合时，作用在承台底面的竖向力为 668000kN，当按《建筑地基基础设计规范》(GB 50007—2011)考虑土层应力扩散，按实体深基础方法估算桩基最终沉降量时，桩基沉降计算的平均附加应力最接近下列哪个选项？（地下水位在地面以下 1m）(　　)

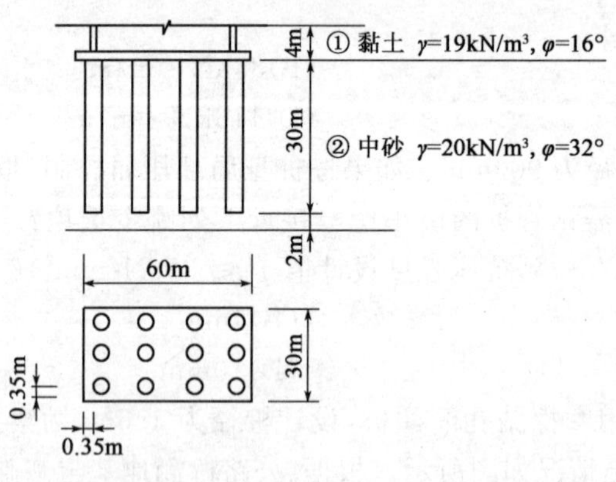

题 13 图

(A)185kPa　　　　(B)215kPa

(C)245kPa　　　　(D)300kPa

14. 某场地为细砂层，孔隙比为 0.9，地基处理采用沉管砂石桩，桩径 0.5m，桩位如图所示（尺寸单位：mm），假设处理后地基土的密度均匀，场地标高不变，问处理后细砂的孔隙比最接近下列哪个选项？(　　)

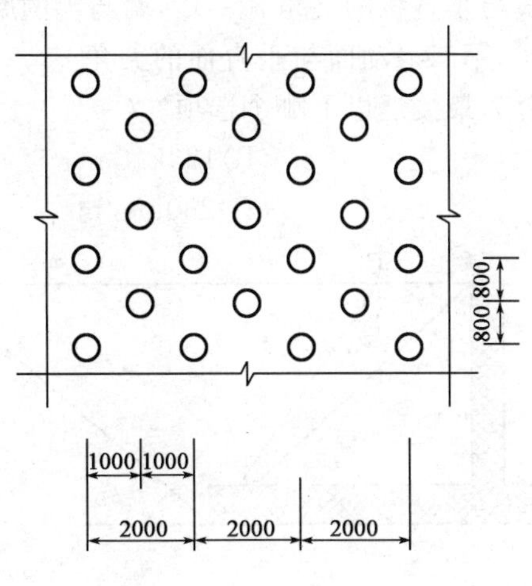

题 14 图(尺寸单位:mm)

(A)0.667　　　　　　　　　　　　　　(B)0.673

(C)0.710　　　　　　　　　　　　　　(D)0.714

15. 某搅拌桩复合地基,搅拌桩桩长 10m,桩径 0.6m,桩距 1.5m,正方形布置。搅拌桩湿法施工,从桩顶标高处向下的土层参数见下表。按照《建筑地基处理技术规范》(JGJ 79—2012)估算,复合地基承载力特征值最接近下列哪个选项?(桩间土承载力发挥系数取 0.8,单桩承载力发挥系数取 1.0)(　　)

题 15 表

编　号	厚　度/m	承载力特征值 f_{ak}/kPa	侧阻力特征值/kPa	桩端端阻力发挥系数	水泥土 90d 龄期立方体抗压强度 f_{cu}/MPa
①	3	100	15	0.4	1.5
②	15	150	30	0.6	2.0

(A)117kPa　　(B)126kPa　　(C)133kPa　　(D)150kPa

16. 某湿陷性黄土场地,天然状态下,地基土的含水率为 15%,重度为 15.4kN/m^3。地基处理采用灰土挤密法,桩径 400mm,桩距 1.0m,采用正方形布置。忽略挤密处理后地面标高的变化,问处理后桩间土的平均干密度最接近下列哪个选项?(重力加速度 g 取 10m/s^2)(　　)

(A)1.50g/cm^3　　(B)1.53g/cm^3　　(C)1.56g/cm^3　　(D)1.58g/cm^3

17. 某工程软土地基采用堆载预压加固(单级瞬时加载),实测不同时刻 t 及竣工时(t=150d)地基沉降量 s 如下表所示。假定荷载维持不变。按固结理论,竣工后 200d 时的工后沉降最接近下列哪个选项?(　　)

题 17 表

时刻 t/d	50	100	150(竣工)
沉降 s/mm	100	200	250

(A)25mm　　(B)47mm　　(C)275mm　　(D)297mm

18. 某悬臂式挡土墙高 6.0m,墙后填砂土,并填成水平面。其 γ=20kN/m^3,c=0,φ=30°,墙

踵下缘与墙顶内缘的连线与垂直线的夹角 $\alpha=40°$，墙与土的摩擦角 $\delta=10°$。假定第一滑动面与水平面夹角 $\beta=45°$，第二滑动面与垂直面的夹角 $\alpha_{cr}=30°$，问滑动土体 BCD 作用于第二滑动面的土压力合力最接近以下哪个选项？(　　)

(A)150kN/m　　(B)180kN/m

(C)210kN/m　　(D)260kN/m

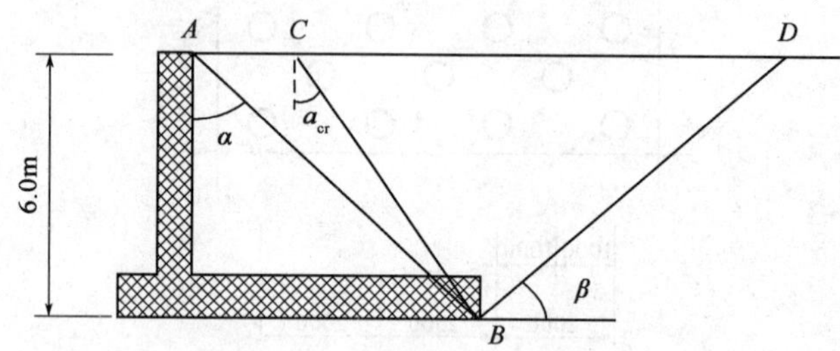

题 18 图

19. 海港码头高 5.0m 的挡土墙如图所示。墙后填土为冲填的饱和砂土，其饱和重度为 $18kN/m^3$，$c=0$，$\varphi=30°$，墙土间摩擦角 $\delta=15°$，地震时冲填砂土发生了完全液化，不计地震惯性力，问在砂土完全液化时作用于墙后的水平总压力最接近于下面哪个选项？(　　)

(A)33kN/m　　(B)75kN/m

(C)158kN/m　　(D)225kN/m

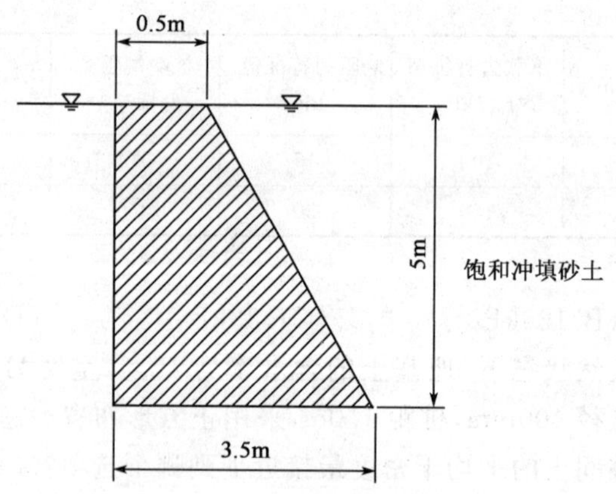

题 19 图

20. 一无限长砂土坡，坡面与水平面夹角为 α，土的饱和重度 $\gamma_{sat}=21kN/m^3$，$c=0$，$\varphi=30°$，地下水沿土坡表面渗流，当要求砂土坡稳定系数 K_s 为 1.2 时，α 角最接近下列哪个选项？(　　)

(A)14.0°　　(B)16.5°　　(C)25.5°　　(D)30.0°

21. 如图所示，某河流梯级挡水坝，上游水深 1m，AB 高度为 4.5m，坝后河床为砂土，其 $\gamma_{sat}=21kN/m^3$，$c'=0$，$\varphi'=30°$，砂土中有自上而下的稳定渗流，A 到 B 的水力坡降 i 为 0.1，按朗肯土压力理论，估算作用在该挡土坝背面 AB 段的总水平压力最接近下列哪个选项？(　　)

(A)70kN/m　　(B)75kN/m　　(C)176kN/m　　(D)183kN/m

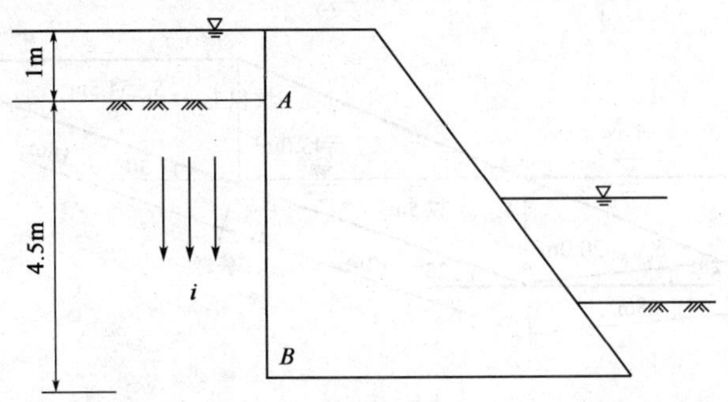

题 21 图

22. 在岩体破碎、节理裂隙发育的砂岩岩体内修建的两车道公路隧道，拟采用复合式衬砌。岩石饱和单轴抗压强度为 30MPa。岩体和岩石的弹性纵波速度分别为 2400m/s 和 3500m/s，按工程类比法进行设计。试问满足《公路隧道设计规范》(JTG D70—2004)要求时，最合理的复合式衬砌设计数据是下列哪个选项？(　　)

(A)拱部和边墙喷射混凝土厚度 8cm；拱、墙二次衬砌混凝土厚 30cm

(B)拱部和边墙喷射混凝土厚度 10cm；拱、墙二次衬砌混凝土厚 35cm

(C)拱部和边墙喷射混凝土厚度 15cm；拱、墙二次衬砌混凝土厚 35cm

(D)拱部和边墙喷射混凝土厚度 20cm；拱、墙二次衬砌混凝土厚 45cm

23. 某基坑开挖深度为 10m，坡顶均布荷载 $q_0=20$kPa，坑外地下水位于地表下 6m，采用桩撑支护结构、侧壁落底式止水帷幕和坑内深井降水。支护桩为 ϕ800 钻孔灌注桩，其长度为 15m。场地地层结构和土性指标如图所示。假设坑内降水前后，坑外地下水位和土层的 c、φ 值均没有变化。根据《建筑基坑支护技术规程》(JGJ 120—2012)，计算降水后作用在支护桩上的主动侧总侧压力，该值最接近下列哪个选项(kN/m)？(　　)

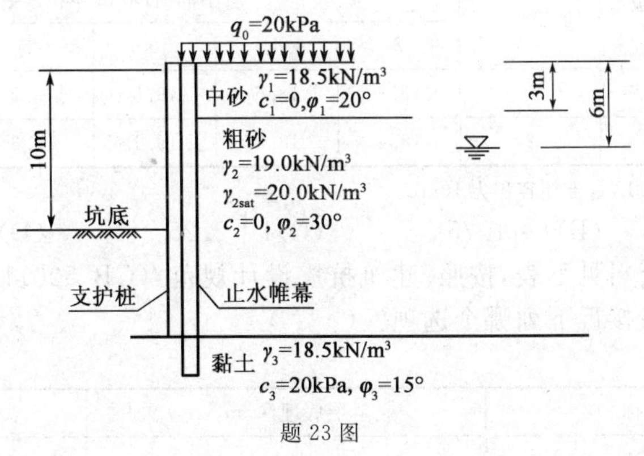

题 23 图

(A)1105　　(B)821　　(C)700　　(D)405

24. 某水库有一土质岩坡，主剖面各分场面积如下图所示，潜在滑动面为土岩交界面。土的重度和抗剪强度参数如下：$\gamma_{天然}=19\text{kN/m}^3$，$\gamma_{饱和}=19.5\text{kN/m}^3$，$c_{水上}=10$kPa，$\varphi_{水上}=19°$，$c_{水下}=7$kPa，$\varphi_{水下}=16°$，按《岩土工程勘察规范》(GB 50021—2001)(2009 年版)计算，该岸坡沿潜在滑动面计算的稳定系数最接近下列哪一个选项？(水的重度取 10kN/m³)(　　)

(A)1.09　　(B)1.04　　(C)0.98　　(D)0.95

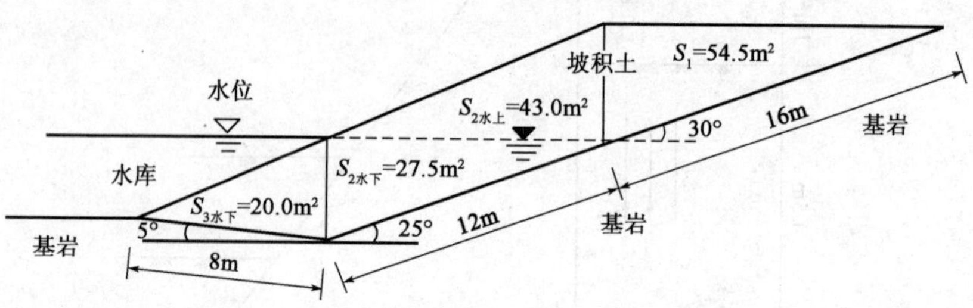

题 24 图

25. 某泥石流沟调查时，制成代表性泥石流流体，测得样品总体积 0.5m³，总质量 730kg。痕迹调查测绘见堆积有泥球，在一弯道处两岸泥位高差为 2m，弯道外侧曲率半径为 35m，泥面宽度为 15m。按《铁路工程不良地质勘察规程》(TB 10027—2012)，泥石流流体性质及弯道处泥石流流速为下列哪个选项？(重力加速度 g 取 $10m/s^2$)(　　)

(A)稀性泥流，6.8m/s

(B)稀性泥流，6.1m/s

(C)黏性泥石流，6.8m/s

(D)黏性泥石流，6.1m/s

26. 某高速公路通过一膨胀土地段，该路段膨胀土的自由膨胀率试验成果如下表(假设可仅按自由膨胀率对膨胀土进行分级)。按设计方案，开挖后将形成高度约 8m 的永久路堑膨胀土边坡，拟采用坡率法处理，问：按《公路路基设计规范》(JTG D30—2015)，下列哪个选项的坡率是合理的？(　　)

题 26 表

试样编号	干土质量/g	量筒编号	不同时间(h)体积读数/mL					
			2	4	6	8	10	12
SY1	9.83	1	18.2	18.6	19.0	19.2	19.3	19.3
	9.87	2	18.4	18.8	19.1	19.3	19.4	19.4

注：量筒容积为 50mL，量土杯容积为 10mL。

(A)1∶1.50　　(B)1∶1.75　　(C)1∶2.25　　(D)1∶2.75

27. 某建筑场地勘察资料见下表，按照《建筑抗震设计规范》(GB 50011—2010)的规定，土层的等效剪切波速最接近下列哪个选项？(　　)

题 27 表

土 层 名 称	层底埋深/m	剪切波速/m/s
粉质黏土①	2.5	180
粉土②	4.5	220
玄武岩③	5.5	2500
细中砂④	20	290
基岩⑤	—	>500

(A)250m/s　　(B)260m/s　　(C)270m/s　　(D)280m/s

28. 某建筑场地抗震设防烈度为 8 度，设计基本地震加速度为 0.30g，设计地震分组为第一组。场地土层及其剪切波速见下表。建筑结构的自振周期 $T=0.30$s，阻尼比为 0.05。请问特征周期 T_g 和建筑结构的水平地震影响系数 α 最接近下列哪一选项？(按多遇地震作用考虑)(　　)

题 28 表

层　序	土 层 名 称	层底埋深/m	剪切波速 v_{si}/(m/s)
①	填土	2.0	130
②	淤泥质黏土	10.0	100
③	粉砂	14.0	170
④	卵石	18.0	450
⑤	基岩	—	800

(A) $T_g=0.35$s　$\alpha=0.16$　　(B) $T_g=0.45$s　$\alpha=0.24$

(C) $T_g=0.35$s　$\alpha=0.24$　　(D) $T_g=0.45$s　$\alpha=0.16$

29. 某高速公路单跨跨径为 140m 的桥梁，其阻尼比为 0.04，场地水平向设计基本地震动峰值加速度为 $0.20g$，设计地震分组为第一组，场地类别为Ⅲ类。根据《公路工程抗震规范》(JTG B02—2013)，试计算在 E1 地震作用下的水平设计加速度反应谱最大值 S_{max} 最接近下列哪个选项？(　　)

(A) $0.16g$　　(B) $0.24g$　　(C) $0.29g$　　(D) $0.32g$

30. 某高强混凝土管桩，外径为 500mm，壁厚为 125mm，桩身混凝土强度等级为 C80，弹性模量为 3.8×10^4 MPa，进行高应变动力检测，在桩顶下 1.0m 处两侧安装应变式力传感器，锤重 40kN，锤落高 1.2m，某次锤击，由传感器测得的峰值应变为 $350\mu\varepsilon$，则作用在桩顶处的峰值锤击力最接近下列哪个选项？(　　)

(A) 1755kN　　(B) 1955kN　　(C) 2155kN　　(D) 2355kN

专业案例(下午卷)

1. 在某场地采用对称四极剖面法进行电阻率测试，四个电极的布置如图所示，两个供电电极 A、B 之间的距离为 20m，两个测量电极 M、N 之间的距离为 6m。在一次测试中，供电回路的电流强度为 240mA，测量电极间的电位差为 360mV。请根据本次测试的视电阻率值，按《岩土工程勘察规范》(GB 50021—2001)(2009 年版)，判断场地土对钢结构的腐蚀性等级属于下列哪个选项？(　　)

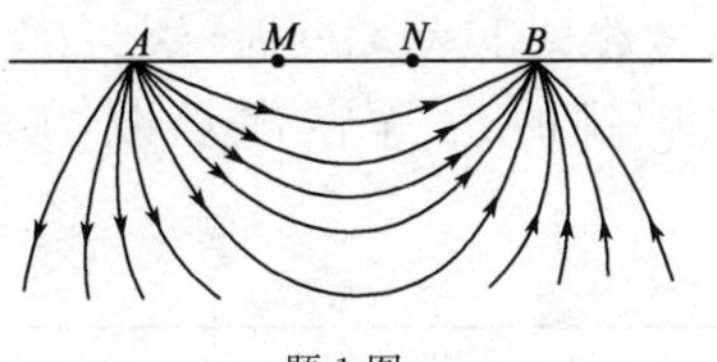

题 1 图

(A) 微　　(B) 弱　　(C) 中　　(D) 强

2. 取黏土试样测得：质量密度 $\rho=1.80\text{g/cm}^3$，土粒相对密度 $G_s=2.70$，含水率 $w=30\%$。拟使用该黏土制造相对密度为 1.2 的泥浆，问制造 1m^3 泥浆所需的黏土质量为下列哪个选项？(　　)

(A) 0.41t　　(B) 0.67t　　(C) 0.75t　　(D) 0.90t

3. 某饱和黏性土试样，在水温15℃的条件下进行变水头渗透试验，四次试验实测渗透系数如表所示，问该土样在标准温度下的渗透系数为下列哪个选项？（　）

题3表

试验次数	渗透系数/(cm/s)	试验次数	渗透系数/(cm/s)
第一次	3.79×10^{-5}	第三次	1.47×10^{-5}
第二次	1.55×10^{-5}	第四次	1.71×10^{-5}

(A) 1.58×10^{-5} cm/s　(B) 1.79×10^{-5} cm/s

(C) 2.13×10^{-5} cm/s　(D) 2.42×10^{-5} cm/s

4. 某洞室轴线走向为南北向，岩体实测弹性波速度为3800m/s，主要软弱结构面产状为：倾向NE68°，倾角59°；岩石单轴饱和抗压强度 $R_c=72$MPa，岩块弹性波速度为4500m/s，垂直洞室轴线方向的最大初始应力为12MPa；洞室地下水成淋雨状出水，水量为8L/min·m，根据《工程岩体分级标准》(GB/T 50218—2014)，则该工程岩体的级别可确定为下列哪个选项？（　）

(A) Ⅰ级　(B) Ⅱ级　(C) Ⅲ级　(D) Ⅳ级

5. 某场地两层地下水，第一层为潜水，水位埋深3m，第二层为承压水，测管水位埋深2m。该场地上的某基坑工程，地下水控制采用截水和坑内降水，降水后承压水水位降低了8m，潜水水位无变化，土层参数如图所示，试计算由承压水水位降低引起③细砂层的变形量最接近下列哪个选项？（　）

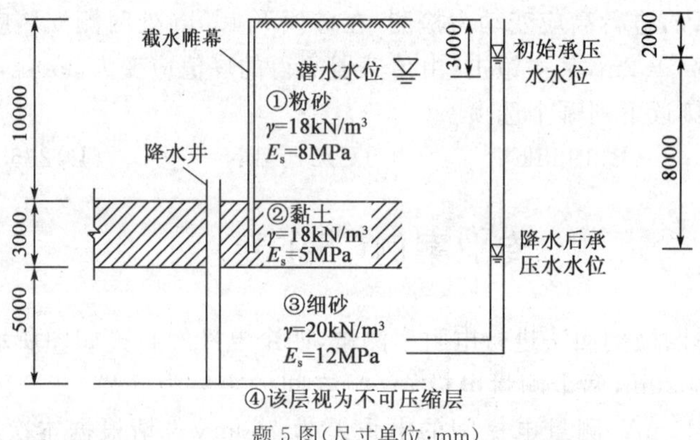

题5图(尺寸单位:mm)

(A) 33mm　(B) 40mm　(C) 81mm　(D) 121mm

6. 某铁路桥墩台为圆形，半径为2.0m，基础埋深4.5m，地下水位埋深1.5m，不受水流冲刷，地面以下相关地层及参数见下表。根据《铁路桥涵地基和基础设计规范》(TB 10002.5—2005)，该墩台基础的地基容许承载力最接近下列哪个选项的数值？（　）

题6表

地层编号	地层岩性	层底深度/m	天然重度/(kN/m³)	饱和重度/(kN/m³)
①	粉质黏土	3.0	18	20
②	稍松砂砾	7.0	19	20
③	黏质粉土	20.0	19	20

(A)270kPa (B)280kPa (C)300kPa (D)340kPa

7. 某建筑场地天然地面下的地质参数如表所示，无地下水。拟建建筑基础埋深2.0m，筏板基础，平面尺寸20m×60m，采用天然地基，根据《建筑地基基础设计规范》(GB 50007—2011)，满足下卧层②层强度要求的情况下，相应于作用的标准组合时，该建筑基础底面处于的平均压力最大值接近下列哪个选项？（ ）

题7表

序 号	名 称	层底深度/m	重度/(kN/m^3)	地基承载力特征值/kPa	压缩模量/MPa
①	粉质黏土	12	19	280	21
②	粉土，黏粒含量为12%	15	18	100	7

(A)330kPa (B)360kPa (C)470kPa (D)600kPa

8. 某高层建筑为梁板式基础，底板区格为矩形双向板，柱网尺寸为8.7m×8.7m，梁宽为450mm，荷载基本组合地基净反力设计值为540kPa，底板混凝土轴心抗拉强度设计值为1570kPa，按《建筑地基基础设计规范》(GB 50007—2011)，验算底板受冲切所需的有效厚度最接近下列哪个选项？（ ）

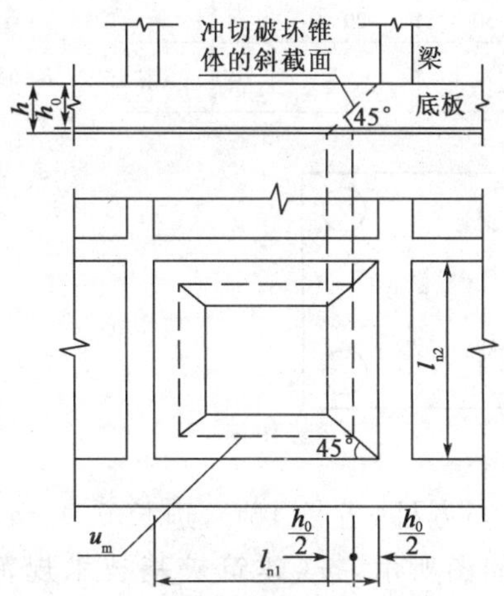

题8图

(A)0.825m (B)0.747m (C)0.658m (D)0.558m

9. 某建筑采用筏板基础，基坑开挖深度10m，平面尺寸为20m×100m，自然地面以下土层为粉质黏土，厚度20m，再下为基岩，土层参数见下表，无地下水。根据《建筑地基基础设计规范》(GB 50007—2011)，估算基坑中心点的开挖回弹量最接近下列哪个选项？（回弹量计算经验系数取1.0）（ ）

题9表

土 层	层底深度/m	重度/(kN/m^3)	回弹模量(MPa)				
			$E_{0\text{-}0.025}$	$E_{0.025\text{-}0.05}$	$E_{0.05\text{-}0.1}$	$E_{0.1\text{-}0.2}$	$E_{0.2\text{-}0.3}$
粉质黏土	20	20	12	14	20	240	300
基岩	—	22	—				

(A)5.2mm (B)7.0mm (C)8.7mm (D)9.4mm

10. 某四桩承台基础，准永久组合作用在每根基桩桩顶的附加荷载为 1000kN，沉降计算深度范围内分为两计算土层，土层参数如图所示，各基桩对承台中心计算轴线的应力影响系数相同，各土层 1/2 厚度处的应力影响系数见图示，不考虑承台底地基土分担荷载及桩身压缩。根据《建筑桩基技术规范》(JGJ 94—2008)，应用明德林解计算桩基沉降量最接近下列哪个选项？（取各基桩总端阻力与桩顶荷载之比 $\alpha=0.2$，沉降经验系数 $\psi_p=0.8$）（　　）

(A)15mm　　(B)20mm　　(C)60mm　　(D)75mm

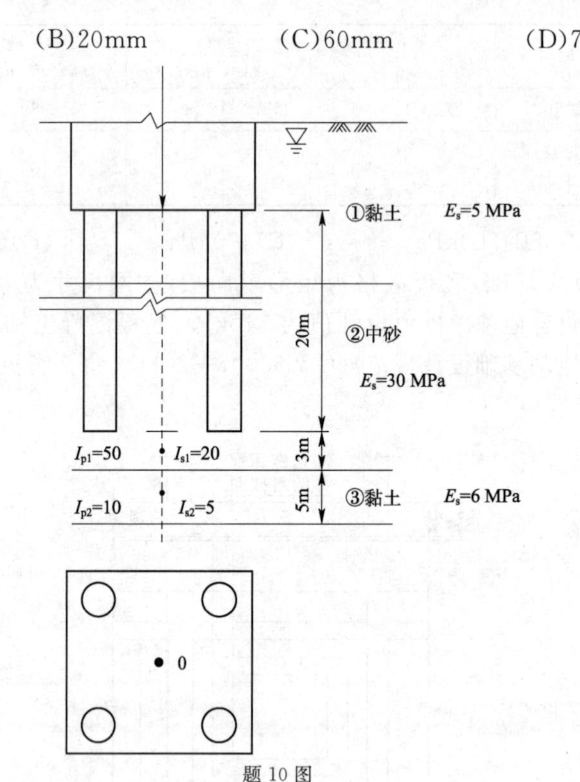

题 10 图

11. 某基桩采用混凝土预制实心方桩，桩长 16m，边长 0.45m，土层分布及极限侧阻力标准值、极限端阻力标准值如图所示，按《建筑桩基技术规范》(JGJ 94—2008)确定的单桩竖向极限承载力标准值最接近下列哪个选项？（不考虑沉桩挤土效应对液化影响）（　　）

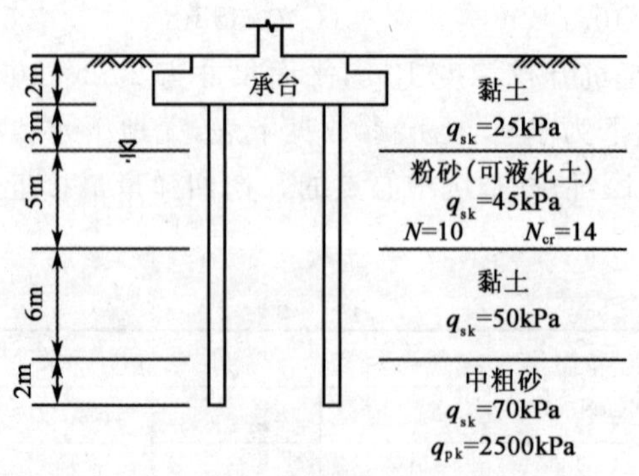

题 11 图

(A)780kN　　(B)1430kN　　(C)1560kN　　(D)1830kN

2016年专业案例（下午卷）

12. 竖向受压高承台桩基础，采用钻孔灌注桩，设计桩径 1.2m，桩身露出地面的自由长度 l_0 为 3.2m，入土长度 h 为 15.4m，桩的换算埋深 $\alpha h<4.0$，桩身混凝土强度等级为 C30，桩顶 6m 范围内的箍筋间距为 150mm，桩与承台连接按铰接考虑，土层条件及桩基计算参数如图所示。按照《建筑桩基技术规范》(JGJ 94—2008)计算基桩的桩身正截面受压承载力设计值最接近下列哪个选项？（成桩工艺系数 $\psi_c=0.75$，C30 混凝土轴心抗压强度设计值 $f_c=14.3\mathrm{N/mm^2}$，纵向主筋截面积 $A'_s=5024\mathrm{mm^2}$，抗压强度设计值 $f'_y=210\mathrm{N/mm^2}$）（　　）

(A)9820kN　　(B)12100kN　　(C)16160kN　　(D)10580kN

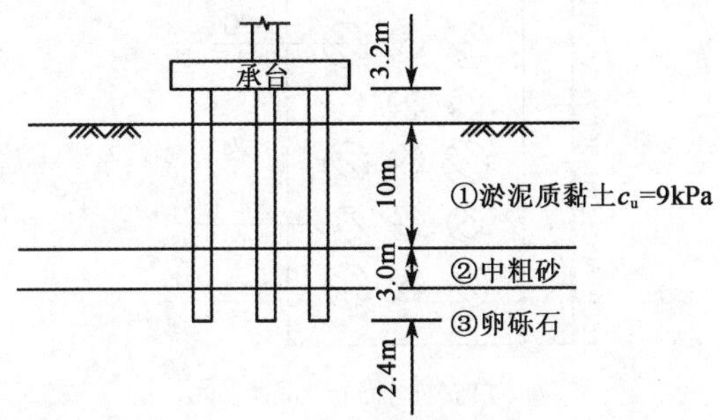

题 12 图

13. 已知某场地地层条件及孔隙比 e 随压力变化拟合函数如下表，②层以下为不可压缩层，地下水位在地面处，在该场地上进行大面积填土，当堆土荷载为 30kPa 时，估算填土荷载产生的沉降最接近下列哪个选项？（沉降经验系数 ξ 按 1.0，变形计算深度至应力比为 0.1 处）（　　）

题 13 表

土 层 名 称	层底埋深(m)	饱和重度 γ/(kN/m³)	e-lg$p$ 关系式
①粉砂	10	20.0	$e=1-0.05\lg p$
②淤泥粉质黏土	40	18.0	$e=1.6-0.2\lg p$

(A)50mm　　(B)200mm　　(C)230mm　　(D)300mm

14. 某筏板基础采用双轴水泥土搅拌桩复合地基，已知上部结构荷载标准值 $F=140\mathrm{kPa}$，基础埋深 1.5m，地下水位在基底以下，原持力层承载力特征值 $f_{ak}=60\mathrm{kPa}$，双轴搅拌桩面积 $A=0.71\mathrm{m^2}$，桩间不搭接，湿法施工，根据地基承载力计算单桩承载力特征值（双轴）$R_a=240\mathrm{kN}$，水泥土单轴抗压强度平均值 $f_{cu}=1.0\mathrm{MPa}$，问下列搅拌桩平面图中，为满足承载力要求，最经济合理的是哪个选项？（桩间土承载力发挥系数 $\beta=1.0$，单桩承载力发挥系数 $\lambda=1.0$，基础及以上土的平均重度 $\gamma=20\mathrm{kN/m^3}$，基底以上土体重度平均值 $\gamma_m=18\mathrm{kN/m^3}$，图中尺寸单位为 mm）（　　）

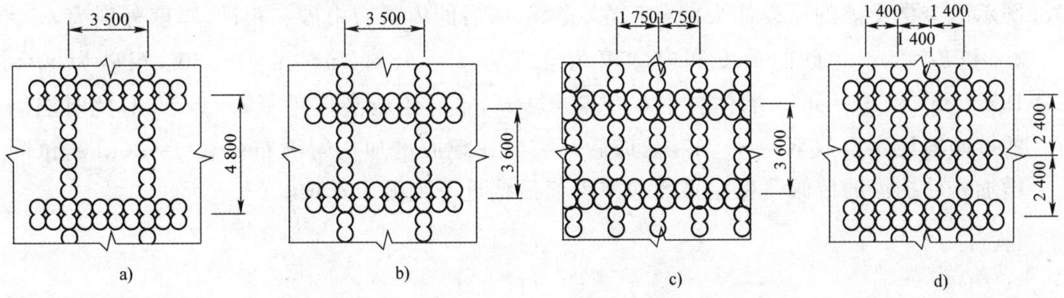

15. 某松散砂石地基，拟采用碎石桩和CFG桩联合加固，已知柱下独立承台平面尺寸为2.0m×3.0m，共布设6根CFG桩和9根碎石桩(见图)。其中CFG桩直径为400mm，单桩竖向承载力特征值$R_a=600$kN；碎石桩直径为300mm，与砂土的桩土应力比取2.0；砂土天然状态地基承载力特征$f_{ak}=100$kPa，加固后砂土地基承载力$f_{ak}=120$kPa。如果CFG桩单桩承载力发挥系数$\lambda_1=0.9$，桩间土承载力发挥系数$\beta=1.0$，问该复合地基压缩模量提高系数最接近下列哪个选项？(　　)

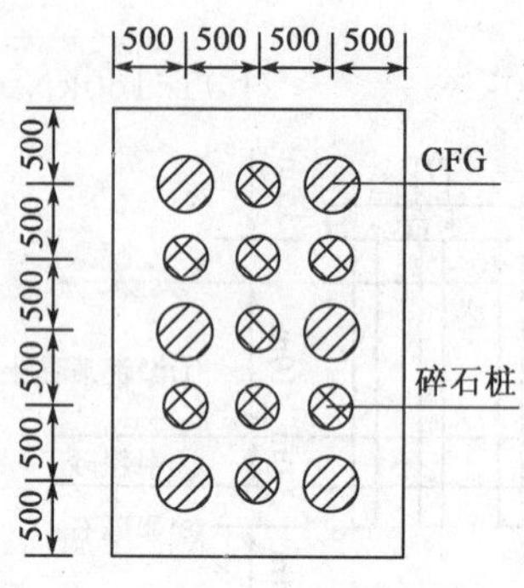

题15图(尺寸单位:mm)

(A)5.0　　(B)5.6　　(C)6.0　　(D)6.6

16. 某直径600mm的水泥土搅拌桩桩长12m，水泥掺量(重量)为15%，水灰比(重量比)为0.55，假定土的重度$\gamma=18\text{kN/m}^3$，水泥相对密度为3.0，请问完成一根桩施工需要配制的水泥浆体体积最接近下列哪个选项？($g=10\text{m/s}^2$)(　　)

(A)0.63　　(B)0.81　　(C)1.15　　(D)1.50

17. 如图所示某折线形均质滑坡，第一块的剩余下滑力为1150kN/m，传递系数为0.8，第二块的下滑力为6000kN/m，抗滑力为6600kN/m。现拟挖除第三块滑块，在第二块末端采用抗滑桩方案，抗滑桩的间距为4m，悬臂段高度为8m。如果取边坡稳定安全系数$F_{st}=1.35$，剩余下滑力在桩上的分布按矩形分布，按《建筑边坡工程技术规范》(GB 50330—2013)计算作用在抗滑桩上相对于嵌固段顶部A点的力矩最接近于下列哪个选项？(　　)

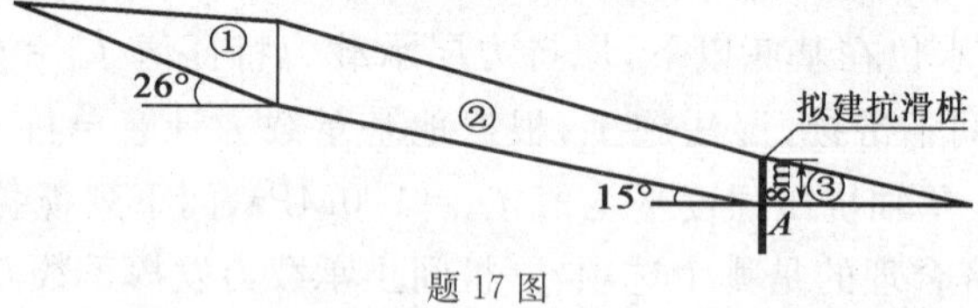

题17图

(A)10595kN·m　　(B)10968kN·m　　(C)42377kN·m　　(D)43872kN·m

18. 图示既有挡土墙的原设计为墙背直立、光滑，墙后的填料为中砂和粗砂，厚度分别为$h_1=3$m和$h_2=5$m，中砂的重度和内摩擦角分别为$\gamma_1=18\text{kN/m}^3$和$\varphi_1=30°$，粗砂为$\gamma_2=19\text{kN/m}^3$和$\varphi_2=36°$。墙体自重$G=350$kN/m，重心距墙趾作用距$b=2.15$m，此时挡墙的抗倾覆稳定系数$K_0=1.71$。建成后又需要在地面增加均匀满布荷载$q=20$kPa，试问增加q后挡墙的抗倾覆稳定系数的减少值最接近下列哪个选项？(　　)

(A)1.0　　(B)0.8

(C)0.5　　(D)0.4

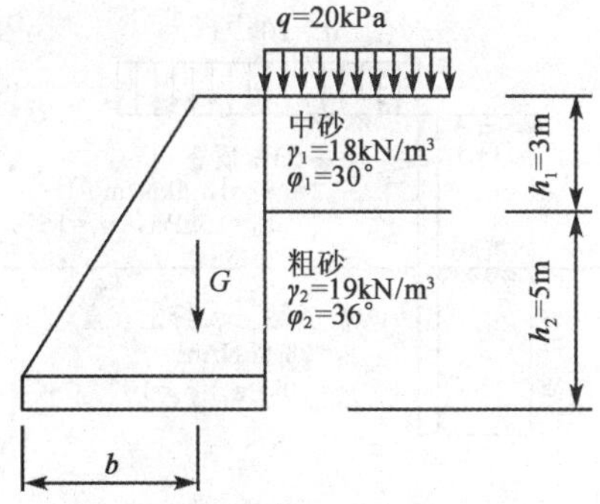

题 18 图

19. 图示的铁路挡土墙高 $H=6\text{m}$，墙体自重 450kN/m。墙后填土表面水平，作用有均布荷载 $q=20\text{kPa}$，墙背与填料间的摩擦角 $\delta=20°$，倾角 $\alpha=10°$。填料中砂的重度 $\gamma=18\text{kN/m}^3$，主动压力系数 $K_a=0.377$，墙底与地基间的摩擦系数 $f=0.36$。试问，该挡土墙沿墙底的抗滑安全系数最接近下列哪个选项？（不考虑水的影响）（　　）

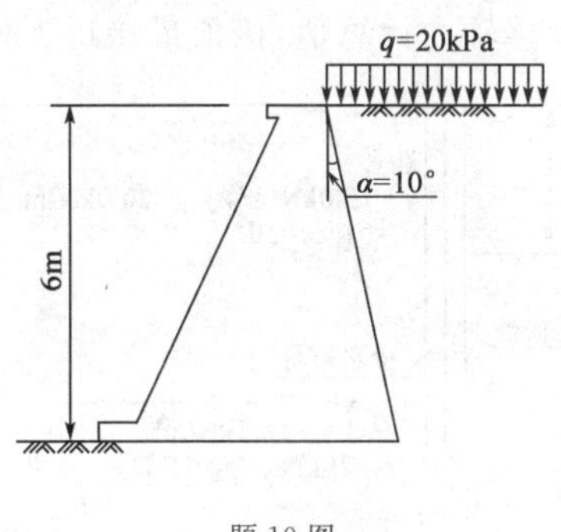

题 19 图

(A)0.91　　(B)1.12　　(C)1.33　　(D)1.51

20. 图示的岩石边坡，开挖后发现坡体内有软弱夹层形成的滑面 AC，倾角 $\beta=42°$，滑面的内摩擦角 $\varphi=18°$。滑体 ABC 处于临界稳定状态，其自重为 450kN/m。若要使边坡的稳定安全系数达到 1.5，每延米所加锚索的拉力 P 最接近下列哪个选项？（锚索下倾角为 $\alpha=15°$）（　　）

(A)155kN/m

(B)185kN/m

(C)220kN/m

(D)250kN/m

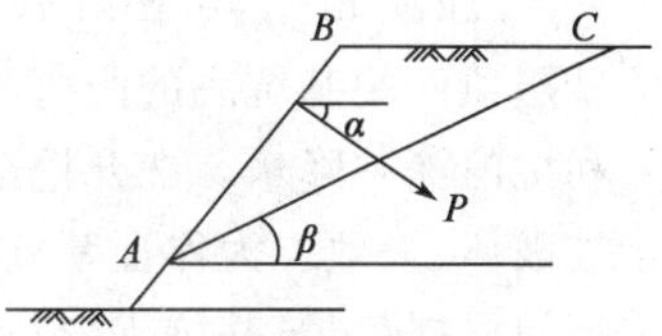

题 20 图

21. 某开挖深度为 6m 的深基坑，坡顶均布荷载 $q_0=20\text{kPa}$，考虑到其边坡土体一旦产生过大变形，对周边环境产生的影响将是严重的，故拟采用直径 800mm 的钻孔灌注桩加预应力锚索支护结构，场地地层主要由两层土组成，未见地下水，主要物理力学性质指标如图所示。试问根据《建筑基坑支护技术规程》(JGJ 120—2012) 和 Prandtl 极限平衡理论公式计算，满足坑底抗隆起稳定性验算的支护桩嵌固深度至少为下列哪个选项的数值？（　　）

(A)6.8m　　(B)7.2m　　(C)7.9m　　(D)8.7m

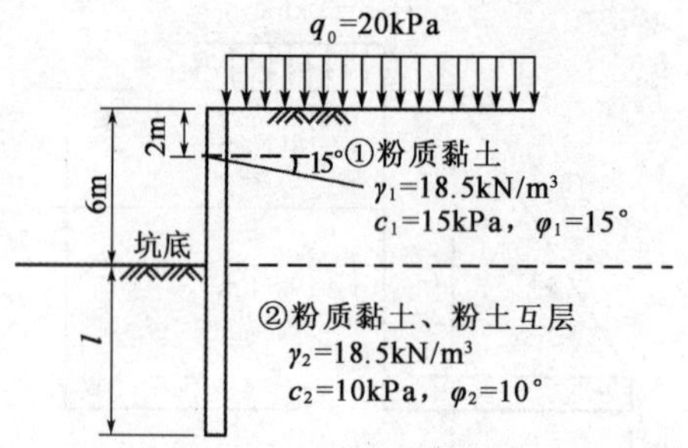

题 21 图

22. 如图所示，某安全等级为一级的深基坑工程采用桩撑支护结构，侧壁落底式止水帷幕和坑内深井降水。支护桩为 ϕ800 钻孔灌注桩，其长度为 15m，支撑为一道 $\phi 609\times16$ 的钢管，支撑平面水平间距为 6m，采用坑内降水后，坑外地下水位位于地表下 7m，坑内地下水位位于基坑底面处，假定地下水位上、下粗砂层的 c、φ 值不变，计算得到作用于支护桩上主动侧的总压力值为 900kN/m，根据《建筑基坑支护技术规程》(JGJ 120—2012)，若采用静力平衡法计算单根支撑轴力计算值，该值最接近下列哪个数值？（　　）

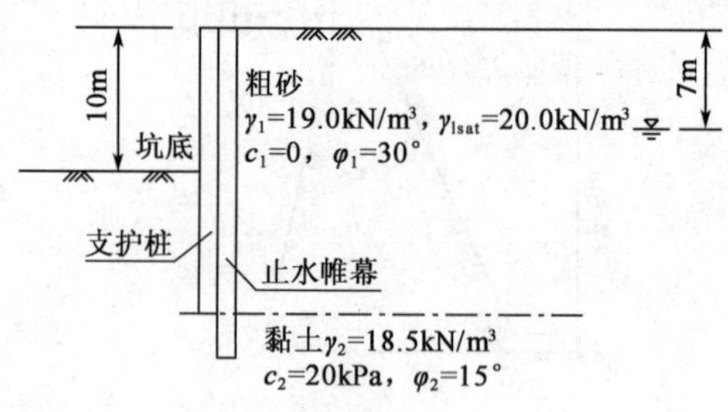

题 22 图

(A)1800kN　　(B)2400kN　　(C)3000kN　　(D)3300kN

23. 某基坑开挖深度为 6m，土层依次为人工填土、黏土和含砾粗砂，如图所示。人工填土层，$\gamma_1=17\text{kN/m}^3$，$c_1=15\text{kPa}$，$\varphi_1=10°$；黏土层，$\gamma_2=18\text{kN/m}^3$，$c_2=20\text{kPa}$，$\varphi_2=12°$。含砾粗砂层顶面距基坑底的距离为 4m，砂层中承压水水头高度为 9m，设计采用排桩支护结构和坑内深井降水。在开挖至基坑底部时，由于土方开挖运输作业不当，造成坑内降水井被破坏、失效。为保证基坑抗突涌稳定性、防止基坑底发生流土，拟紧急向基坑内注水。请问根据《建筑基坑支护技术规程》(JGJ 120—2012)，基坑内注水深度至少应最接近于下列哪个选项的数值？（　　）

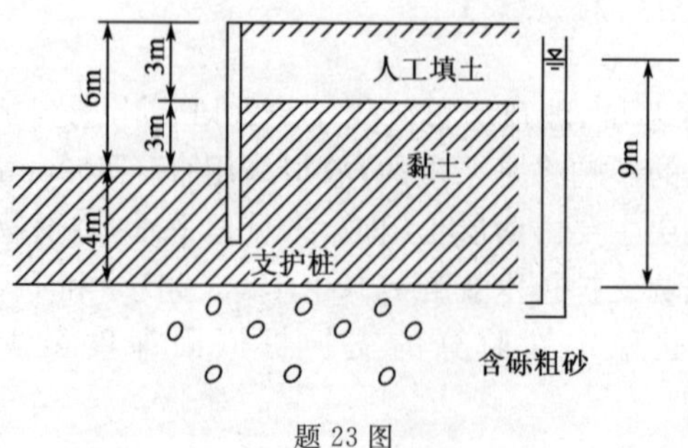

题 23 图

(A)1.8m　　(B)2.0m　　(C)2.3m　　(D)2.7m

24. 某多年冻土层为黏性土，冻结土层厚度为2.5m，地下水埋深为3.2m，地表标高为194.75m，已测得地表冻胀前标高为194.62m，土层冻前天然含水率w=27%，塑限w_p=23%，液限w_L=46%，根据《铁路工程特殊岩土勘察规程》(TB 10038—2012)，该土层的冻胀类别为下列哪个选项？(　　)

(A)不冻胀　　(B)弱冻胀　　(C)冻胀　　(D)强冻胀

25. 某膨胀土场地拟建3层住宅，基础埋深为1.8m，地表下1.0m处地基土的天然含水量为28.9%，塑限含水量为22.4%，土层的收缩系数为0.2，土的湿度系数为0.7，地表下15m深处为基岩层，无热源影响。计算地基变形量最接近下列哪个选项？(　　)

(A)10mm　　(B)15mm　　(C)20mm　　(D)25mm

26. 关中地区黄土场地内6层砖混住宅楼室内地坪标高为0.00m，基础埋深为−2.0m，勘察时某探井土样室内试验结果如表所示，探井井口标高为−0.5m，按照《湿陷性黄土地区建筑规范》(GB 50025—2004)，对该建筑物进行地基处理时最小处理厚度为下列哪一选项？(　　)

(A)2.0m　　(B)3.0m　　(C)4.0m　　(D)5.0m

题26表

编　号	取样深度/m	e	γ/(kN/m³)	δ_s	δ_{zs}	P_{sh}/kPa
1	1.0	0.941	16.2	0.018	0.002	65
2	2.0	1.032	15.4	0.068	0.003	47
3	3.0	1.006	15.2	0.042	0.002	73
4	4.0	0.952	15.9	0.014	0.005	85
5	5.0	0.969	15.7	0.062	0.020	90
6	6.0	0.954	16.1	0.026	0.013	110
7	7.0	0.864	17.1	0.017	0.014	138
8	8.0	0.914	16.9	0.012	0.007	150
9	9.0	0.939	16.8	0.019	0.018	165
10	10.0	0.853	17.1	0.029	0.015	182
11	11.0	0.860	17.1	0.016	0.005	198
12	12.0	0.817	17.7	0.014	0.014	—

注：12m以下为非湿陷性土层。

27. 某场地中有一土洞，洞穴顶埋深为12.0m，洞穴高度为3m，土体应力扩散角为25°，当拟建建筑物基础埋深为2.0m时，若不让建筑物扩散到洞体上，基础外边缘距该洞边的水平距离最小值接近下列哪个选项？(　　)

(A)4.7m　　(B)5.6m　　(C)6.1m　　(D)7.0m

28. 某场地抗震设防烈度为9度，设计基本地震加速度为0.40g，设计地震分组为第三组，覆盖层厚度为9m。建筑结构自振周期T=2.45s，阻尼比ζ=0.05。根据《建筑抗震设计规范》(GB 50011—2010)，计算罕遇地震作用时建筑结构的水平地震影响系数值最接近下列哪个选项？

(A)0.074　　(B)0.265　　(C)0.305　　(D)0.335

29. 某建筑场地抗震设防烈度为7度，设计基本地震加速度为0.15g，设计地震分组为第三组，拟建建筑基础埋深2m。某钻孔揭示的地层结构，以及间隔2m(为方便计算所做的假设)测试得到的实测标准贯入锤击数(N)如图所示。已知20m深度范围内地基土均为全新世冲积地层,粉土、粉砂和粉质黏土层的黏粒含量(ρ_c)分别为13%、11%和22%,近期内年最高地下水位埋深1.0m。试按《建筑抗震设计规范》(GB 50011—2010)计算该钻孔的液化指数最接近下列哪个选项? ( )

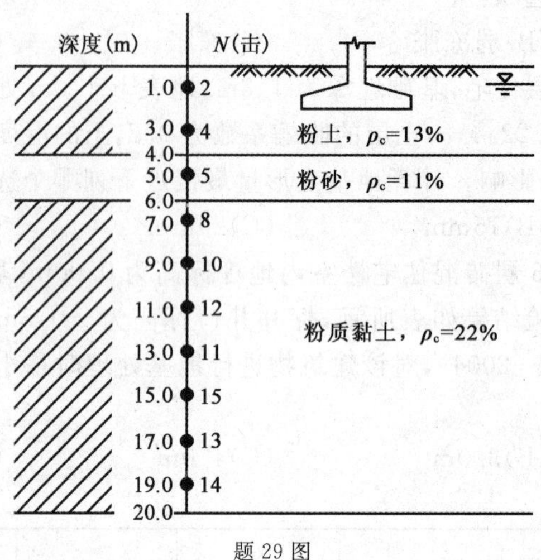

题29图

(A)7.0　　(B)13.2　　(C)18.7　　(D)22.5

30.某建筑工程进行岩石地基荷载试验,共试验3点。其中1号试验点 p-s 曲线的比例界限为1.5MPa,极限荷载值为4.2MPa;2号试验点 p-s 曲线的比例界限为1.2MPa,极限荷载为3.0MPa;3号试验点 p-s 曲线的比例界限值为2.7MPa,极限荷载为5.4MPa;根据《建筑地基基础设计规范》(GB 50007—2011),本场地岩石地基承载力特征值为哪个选项? ( )

(A)1.0MPa　　(B)1.4MPa　　(C)1.8MPa　　(D)2.1MPa

2016年全国注册岩土工程师专业考试试卷参考答案(新解)

专业知识(上午卷)答案

一、单项选择题

1.(C)　据《建筑工程地质勘探与取样技术规程》(JGJ/T 87—2012)第12.0.2条条文说明，回收率大于1.0时，表面土样隆起，活塞上移，回收率低于1.0时，则活塞随同取样管下移，土样可能受压。据《岩土工程勘察规范》(GB 50021—2011)(2009年版)第9.4.1条条文说明第2款，回收率等于0.98左右是最理想的，大于1.0或小于0.95是土样受扰动的标志。对本题，回收率等于0.96，表明土样受挤压，同时土样未扰动，属Ⅰ级土试样，选项(C)正确。

2.(B)　据《土工实验方法标准》(GB/T 50123—1999)第14.1.5条第3款，最后一级压力应大于土的自重压力与附加压力之和，故本题正确答案为(B)。

3.(B)　据《岩土工程勘察规范》(GB 50021—2011)(2009年版)表12.2.1注3，Mg^{2+}的单位以mg/kg表示，故选项(B)正确。

4.(B)　据《建筑工程地质勘探与取样技术规程》(JGJ/T 87—2012)附录G表G.0.1，选项(B)正确。

5.(D)　据《2016全国注册岩土工程师专业考试培训教材》(上册)P1－66，可知其直线段长度表示该方向上的节理数量，故选项(D)正确。

6.(C)　据《2016全国注册岩土工程师专业考试培训教材》(上册)P8－119表8.2.1，可知题中描述符合滑移式崩塌的主要特点，故选项(C)正确。

7.(D)　据《水利水电工程地质勘察规范》(GB 50487—2008)附录Q及条文说明，最大主应力与岩体主节理面夹角越小，岩爆越强烈，故选项(D)描述错误。

8.(D)　据《2016全国注册岩土工程师专业考试考前辅导讲义》(上册)第十讲P70，压力水头并不会影响土的渗透系数，故选项(D)正确。

9.(B)　据《2016全国注册岩土工程师专业考试考前辅导讲义》(上册)第十三讲P82，该土层发生流土时的临界水利比降$i_{cr}=\gamma'/\gamma_w=(19-10)/10=0.9$，正确答案为(B)。

10.(B)　据《建筑工程地质勘探与取样技术规程》(JGJ/T 87—2012)表5.5.1，选项(B)正确。

11.(B)　据《岩土工程勘察规范》(GB 50021—2011)(2009年版)第10.5.3条第3款，$N=30\times50/\Delta S=30\times50/20=75$，选项(B)正确。

12.(D)　据《工程地质手册》第四版P81表2-5-4，选项(D)正确。

13.(B)　据《水利水电工程地质勘察规范》(GB 50487—2008)第6.3.2条第3款，基岩埋深小于坝高，故钻孔进入基岩深度不宜小于10m，选项(B)正确。

14.(C)　《建筑地基基础设计规范》(GB 50007—2011)第3.0.5条。

15.(B)　《工程结构可靠性设计统一标准》(GB 50153—2008)第4.2.1、第4.3.1条。

16.(A)　《建筑地基基础设计规范》(GB 50007—2011)第3.0.1条，软土两层地下室基坑工程应为甲级。

17.(C)　据《建筑地基处理技术规范》(JGJ 79—2012)第7.3.1条、第7.7.1条，水泥土搅拌桩法、长螺旋 CFG 桩法不适用于处理杂填土场地，强夯法虽然可以处理杂填土场地，但据表 6.3.3-1，单击采用 1000kN·m 夯击能不合理，据第 7.8.1 条，柱锤冲扩桩法较为合适。

18.(B)　已建建筑且倾斜持续发展，最有效的应为锚杆静压桩，此题多次出现。

19.(B)　据《建筑地基处理技术规范》(JGJ 79—2012)第 7.1.6 条，桩身承载力特征值 $f_{pk}=R_a/A_p=f_{cu}/4\lambda=20\times1000/4=5000$(kPa)，桩土应力比 $n=f_{pk}/f_{sk}=5000/80=62.5$，选项(B)正确。

20.(C)　据《建筑地基处理技术规范》(JGJ 79—2012)第 8.2.1 条条文说明，选项(A)、(D)正确，据第 8.2.3 条，选项(B)正确，据第 8.3.2 条，选项(C)错误。

21.(D)　《建筑地基处理技术规范》(JGJ 79—2012)中无相关规定，可根据经验判断。真空膜是保持膜下真空压力，而土工布是防止砂垫层刺破真空膜，砂垫层起水平排水作用，波纹管为水平向排水体。

22.(D)　该题出题较偏，相关规范及《工程地质手册》中均无对应条款，相关规定散见于《地基处理手册》。聚氨酯即可进行防渗堵漏，同时也可加固地基。一般海水不应用作注浆加固。水玻璃一般起到促使水泥浆液早凝的作用。为改善注浆液的收缩性，可加入适量的铝粉或饱和盐水作为膨胀剂。

23.(B)　据《建筑地基处理技术规范》(JGJ 79—2012)第 7.3.1 条条文说明，影响水泥土搅拌桩的强度的因素较多，但水泥掺入量影响最大，选项(B)正确。

24.(C)　由土力学基本原理及固结度的计算公式可知，预压荷载的大小只影响最终固结沉降的大小，并不会影响固结度，此知识点在历年考试中多次出现。

25.(A)　见培训教材土力学基本理论部分，朗肯土压力忽略摩擦影响导致的结果是主动土压力计算结果偏大，被动土压力偏心，结果偏于安全。

26.(C)　简单计算即可。水头高度 15－5＝5(m)，水压力三角形分布，算其面积即合力 500kN/m.

27.(C)　《公路隧道设计规范》6.2.3 条，开挖宽度越大 q 值越大，其他选项也可排除。

28.(C)　盾构施工过程中无法再采用人工开挖方法开挖土体。

29.(C)　《建筑基坑支护设计规程》(JGJ 120—2012)第 4.12.2 条。

30.(A)　典型的规范型题目，《铁路隧道设计规范》第 7.3.4 条。

31.(B)　排水措施不当可带走砂土颗粒导致破坏。

32.(B)　据《建筑抗震设计规范》(GB 50011—2010)第 3.3.4 条第 1 款，选项(A)正确，据第 2 款，选项(B)错误。据第 4.2.2 条，选项(C)正确。据第 4.4.4 条，选项(D)正确。

33.(A)　据《公路工程抗震规范》(JTG B02—2013)式 4.3.4 中 N_i 的解释。

34.(C)　据《建筑抗震设计规范》(GB 50011—2010)第 5.2.1 条。

35.(A)　据《2016 全国注册岩土工程师专业考试培训教材》(下册)P9－3，纵波传播速度最快，横波次之，而面波最慢。

36.(D)　据《2016 全国注册岩土工程师专业考试考前辅导讲义》(上册)P330，当其他条件相同时，土质越软，其动力放大系数的峰值所对应的周期越长。

37.(C)　据《建筑抗震设计规范》(GB 50011—2010)第 2.1.1 条。

38.(C)　据《建筑基桩检测技术规范》(JGJ 106—2014)第 3.3.3 条第 1 款、第 2 款。

39.(C)　据《建筑地基处理技术规范》(JGJ 79—2012)第 7.7.4 条。

40.(B)　据《2016 注册岩土工程师专业考试辅导教材》(下册)P10－17 式(1.5.3)。

$u=k(f_0^2-f^2)=5.25\times10^{-5}\times(3050^2-3000^2)=15.9$(kPa)，则水位上升 15.9/10＝1.59(m)。

二、多项选择题

41.(A)、(C)、(D)　　据《岩土工程勘察规范》(GB 50021—2011)(2009年版)附录A表A.0.1、《建筑工程地质勘探与取样技术规程》(JGJ/T 87—2012)表5.2.2知，中等风化的石灰岩属于软质岩石，其抽水试验孔的孔径应大于75mm，故选项(A)正确。由第5.4.4条，采用套管护壁时，应先钻进后跟进套管，故选项(B)错误。由第5.3.3条第3款，在黏性土中，回次进尺不宜超过2m，故选项(C)正确。由第5.3.2条，对于要求采取岩芯的钻孔，应采用回转钻进，故选项(D)正确。

42.(A)、(B)、(C)　　据《公路工程地质勘察规范》(JTG C20—2011)第5.13.8条、附录D、附录E，选项(A)、(B)、(C)正确。

43.(B)、(C)　　据《建筑工程地质勘探与取样技术规程》(JGJ/T 87—2012)第4.0.1条第2款，水域中勘探点详细勘察阶段平面位置允许偏差为$^{+1.0\text{m}}_{0}$，高程允许偏差为±0.1m，选项(A)错误，选项(B)正确。由第5.2.3条第1款，选项(C)正确。由第11.0.3条，水位测量读数精读不得低于±20cm，选项(D)错误。

44.(C)、(D)　　据《建筑工程地质勘探与取样技术规程》(JGJ/T 87—2012)第5.4.2条，选项(A)(B)描述错误，选项(C)、(D)正确。

45.(A)、(C)、(D)　　此题有争议，《水运工程岩土勘察规范》(JTS 133—2013)第11.0.3.1条中规定了进行水分析时水试样的采取原则，但题干是对水土进行腐蚀性评价时试样的采取，条文规定与题意不完全相符，同时规范中无(A)、(D)选项的规定。若按《岩土工程勘察规范》(GB 50021—2011)(2009年版)第12.1节规定，选项(A)、(C)、(D)为正确答案。

46.(A)、(B)、(D)　　据《铁路工程不良地质勘察规程》(TB 10027—2012)附录F，选项(A)、(B)、(D)描述正确，选项(C)错误。

47.(B)、(C)、(D)　　《建筑桩基技术规范》(JGJ 94—2008)第3.1.7条。

48.(A)、(D)　　《工程结构可靠性设计统一标准》(GB 50153—2008)附录A。

49.(A)、(B)、(D)　　《建筑地基基础设计规范》(GB 50007—2011)第3.0.5条。

50.(C)　　据固结度的计算公式可知，增加荷载即增大真空度，不会影响固结速度，选项(A)错误。而减小竖井的间距可以加快排水速度，增加固结速度，选项(C)正确。排水砂垫层从中砂改为粗砂也不会显著提高固结速度，选项(D)错误。据《建筑地基处理技术规范》(JGJ 79—2012)第5.2.20条，排水竖井不应进入下卧透水层，选项(B)错误。

51.(B)、(D)　　根据题意，当周围土介质物理性质截然不同时并不会影响桩身强度，根据选项可知，搅拌桩、旋喷桩的桩身强度受原土影响较大，而注浆钢管桩和夯实水泥土桩桩身强度受周围土影响较小，选项(B)、(D)正确。

52.(A)、(C)　　据《建筑地基处理技术规范》(JGJ 79—2012)第5.4.3条，选项(A)正确。据附录B第B.0.2条，选项(B)错误。据第10.1.4条，选项(C)正确。

53.(A)、(B)　相关规范或教材无相关内容，只能根据经验判断。在喷射压力、喷嘴直径等参数相同情况下，喷头提升速度越快，直径越小，入土深度越大阻力越大，直径越小，选项(A)、(B)正确。土体越软弱阻力相对较小，直径越大。水灰比越大，其浆液黏滞性越小，形成的直径越大，选项(C)、(D)错误。

54.(B)、(D)　　据《建筑地基处理技术规范》(JGJ 79—2012)第4.4.1条、第5.4.3条、第6.3.14条、第7.4.10条，经灰土换填和堆载预压处理后地基可采用静力触探检验，而含有竖向增强体的复合地基不宜采用静力触探进行检验，故选项(A)、(C)错误，选项(B)、(D)正确。

55.(B)、(C)　　据《建筑地基处理技术规范》(JGJ 79—2012)第7.7.2条第5款，选项(A)

正确。据第7.7.3条第1款2)规定,选项(D)正确。据第7.7.3条第1款条文说明,若地基土是松散的饱和粉土、粉细砂,以消除液化和提高承载力为目的,此时应选择振动沉管桩施工,选项(C)错误。对长螺旋旋压灌法施工,规范中没有规定桩身混合料的强度,故选项(B)错误。

56.(B)、(D)　据《建筑地基处理技术规范》(JGJ 79—2012)第7.3.3条第2款及其条文说明,桩端阻力发挥系数的取值高低取决于地基承载力,与桩长无关,选项(A)错误。第7.1.5条条文说明p167原文,故选项(B)正确。参照第7.3.3条第2款搅拌桩的相关规定,桩间土越软弱,其桩间土承载力发挥系数越低,故选项(C)错误。当采用挤土成桩工艺时,桩间土承载力一般会增大,故桩间土承载力发挥系数一般会变大,故选项(D)正确。

57.(A)、(B)、(D)　详见培训教材普氏理论,平衡拱岩体只能承受压应力不能承受拉应力,其他选项正确。

58.(A)、(B)、(C)　根据基本力学知识可知D选项对支护结构刚度无直接影响。

59.(B)、(C)　《铁路隧道设计规范》(TB 10003—2005)第4.1.4条。

60.(A)、(B)　《建筑基坑支护技术规程》(JGJ 120—2012)第4.7.9,4.8.7条。

61.(A)、(B)　《建筑基坑支护技术规程》(JGJ 120—2012)第5.1条。

62.(A)、(D)　见培训教材滑坡稳定性部分典型地貌特征。

63.(A)、(B)　据《建筑抗震设计规范》(GB 50011—2010)第3.2.1条。

64.(A)、(B)　据《建筑抗震设计规范》(GB 50011—2010)第5.1.5条、第5.2.1条,建筑所受地震作用与水平地震影响系数、建筑自重成正比关系。当水平地震影响系数位于曲线下降段时,增大阻尼比、自振周期可减小水平地震影响系数,而增大刚度(相当于减小自振周期)和建筑自重,结构地震作用也增大。

65.(A)、(C)、(D)　据《建筑抗震设计规范》(GB 50011—2010)第4.3.4条,设计地震分组、标贯试验深度、场地地下水位与液化判别标准贯入击数临界值有关。

66.(A)、(C)、(D)　据《公路工程地质勘察规范》(JTG C20—2011)第7.11.8条。此题略有争议,实际上,参考其条文说明,饱和砂土的液化判别与黏粒含量无关,饱和粉土液化判别需要考虑其黏粒含量,在《建筑抗震设计规范》条文中也有明确规定,但在该规范条文中未明确说明对砂土是否需要进行粘粒含量修正。

67.(A)、(C)　据《2016全国注册岩土工程师专业考试考前辅导讲义》(上册)p330注③,决定地震影响系数的主要因素有烈度、场地条件、阻尼比、设计地震分组(震源远近)。

68.(A)、(B)　据《建筑抗震设计规范》(GB 50011—2010)第5.1.4条、第5.1.5条,抗震设防烈度越大,水平地震影响系数最大值越大,地震影响系数越大,选项(A)正确。当自振周期为0.1～T_g时,地震影响系数取最大值,选项(B)正确。竖向地震影响系数一般比水平地震影响系数小,选项(C)错误。地震影响系数曲线是由一个直线上升段、两个下降段和一个水平段组成的曲线,选项(D)错误。

69.(C)、(D)　本题根据《建筑基桩检测技术规范》(JGJ 106—2014)无法直接找到相应条文规定,但根据第2.1.2条条文说明、第3.1.5条条文说明可判断正确答案为(C)、(D)。

70.(A)、(D)　据《建筑基桩检测技术规范》(JGJ 106—2014)第10.2.1条条文说明。

专业知识(下午卷)答案

一、单项选择题

1.(D)　《工程岩土试验方法标准》第2.7.3条。

2.(B)　根据《公路桥涵地基与基础设计规范》第4.1.1—6条，总冲刷深度为：1.0+1.2+0.8=3.0(m)，大桥非岩石河床，查表差值可得埋深为1.8m。

3.(C)　《公路桥涵地基与基础设计规范》附录H。

4.(B)　工程降水所形成降水漏斗可导致近端基础沉降量更大，形成B选项所示拉裂缝。

5.(D)　无筋扩展基础即刚性基础视为刚体，几乎无挠曲变形发生。

6.(B)　《建筑地基基础设计规范》(GB 50007—2011)附录K，总附加应力系数为0.1，按中心点分为四块，每块附加应力系数为0.025。查表方形基础z/b=4.2，条形基础z/b=12.6，故二者深度比最近3倍。

7.(D)　《建筑桩基技术规范》(JGJ 94—2008)第4.1.1条。

8.(C)　《建筑桩基技术规范》(JGJ 94—2008)第5.5.6条。

9.(D)　《建筑桩基技术规范》(JGJ 94—2008)第4.2.4条，桩顶纵主筋应锚入承台内，其锚入长度不宜小于35倍纵向主筋直径。

10.(C)　《建筑地基基础设计规范》(GB 50007—2011)第8.5.3条，中心距不宜小于取1.5倍扩底直径。

11.(D)　《建筑桩基技术规范》(JGJ 94—2008)第5.7.2条7款提高1.25倍。

12.(B)　《铁路桥涵地基和基础设计规范》(TB 10002—2005)第6.3.7条。

13.(B)　《建筑桩基技术规范》(JGJ 94—2008)第6.3条。

14.(C)　《建筑桩基技术规范》(JGJ 94—2008)第6.5条。

15.(A)　《建筑边坡工程技术规范》(GB 50330—2013)第1.0.2条。

16.(B)　《建筑边坡工程技术规范》(GB 50330—2013)第12.3.4条文说明。

17.(A)　《铁路路基支挡结构设计规范》(TB 10025—2006)第3.2.9条。

18.(A)　《铁路路基支挡结构设计规范》(TB 10025—2006)第3.2.3条。

19.(C)　即为朗肯土压力理论的主动破裂角45+0.5×20=55(°)。

20.(C)　《铁路路基支挡结构设计规范》(TB 10025—2005)第10.2条。

21.(C)　《铁路路基支挡结构设计规范》(TB 10025—2005)第6.2.6条。

22.(C)　满足朗肯条件破裂角为45+0.5×28=59(°)，求解力的三角形即可。

23.(B)　据《岩土工程勘察规范》(GB 50021—2001)(2009年版)第6.2.2条，选项(B)错误。据6.5.5条第2款，选项(D)正确。据《膨胀土地区建筑技术规范》(GB 50112—2013)第4.3.3条第4款，选项(A)正确。依据工程常识，选项(C)正确。

24.(C)　据《岩土工程勘察规范》(GB 50021—2001)(2009年版)第6.9.4条条文说明。

25.(B)　据《2016全国注册岩土工程师专业考试考前辅导讲义》(上册)第69讲。

26.(A)　据《2016全国注册岩土工程师专业考试考前辅导讲义》(上册)第67讲，当坚硬岩石其不利结构面倾向凌空面时较易发生崩塌。

27.(C)　据《湿陷性黄土地区建筑规范》(GB 50025—2004)第8.2.2条、第8.2.3条。

28.(D)　据《2016注册岩土工程师专业考试考前辅导讲义》(上册)第63讲、第64讲、第65讲，风成黄土土颗粒间含有可溶盐及大孔隙、欠固结是其具有湿陷性的主要原因，选项(D)描述错误。

29.(A)　据《建筑地基基础设计规范》(GB 50007—2011)第6.4.3条。

30.(C)　此题在各规范中无法找到相应的条文规定，可以参考《建筑基坑支护技术规程》排桩的设计内容，基坑支护排桩与滑坡支护的抗滑桩受力基本相同，其嵌固深度主要由抗倾覆稳定性决定。而抗弯曲、抗剪切主要由桩身截面尺寸决定，抗滑桩一般不进行拉拔验算。

31.(A)　据《工程岩体分级标准》(GBT 50218—2014)表 3.2.4、《水利水电工程地质勘察规范》附录 N 表 N.0.9—3。

32.(D)　据《岩土工程勘察规范》(GB 50021—2001)(2009 年版)第 5.2.7 条。

33.(B)　据《膨胀土地区建筑技术规范》(GB 50112—2013)第 3.0.1 条条文说明。

34.(B)　据《工程地质手册》(第四版)P548。

35.(C)　据《建筑工程勘察设计资质管理规定》第十七条、第十八条、第二十条。

36.(B)　据《中国人民共和国招标投标法》第十条。

37.(D)　据《2016 注册岩土工程师专业考试培训教材》(下册)第十一篇图 1.1.2。

38.(D)　据《中华人民共和国合同法》第二百七十条、第二百七十二条。

39.(C)　据《中华人民共和国招投标法》第三十一条。

40.(C)　据《建筑工程五方责任主体项目负责人质量终身责任追究暂行办法》第十二条。

二、多项选择题

41.(A)、(D)　《建筑地基基础设计规范》(GB 50007—2011)第 8.4.20 条。

42.(B)、(C)　《建筑地基基础设计规范》(GB 50007—2011)第 5.3.4 条。

43.(B)、(C)、(D)　属基本原理，减小埋深措施可以减小沉降，减小下卧层顶面附加压力，z/b 增大后压力扩散角也增大。

44.(C)、(D)　《建筑地基基础设计规范》(GB 50007—2011)表 5.2.4 表注。岩石地基除强风化、全风化外不进行深宽修正。

45.(A)、(B)、(D)　《铁路路基设计规范》(TB 10001—2005)第 7.6.1 条。

46.(B)、(D)　《建筑桩基技术规范》(JGJ 94—2008)第 5.2.3、5.2.4 条。

47.(C)、(D)　负摩阻力相关基本原理，中性点位置轴力最大，中性点位置桩侧土相对于桩的沉降为零，不是实际沉降为零。

48.(A)、(B)、(C)　《建筑桩基技术规范》(JGJ 94—2008)第 3.1.8 条。

49.(A)、(B)、(C)　见培训教材钻孔灌注桩施工部分。

50.(B)、(C)　《公路桥涵地基与基础设计规范》(JTG D63—2007)第 6.2.4 条。

51.(B)、(C)、(D)　《建筑桩基技术规范》(JGJ 94—2008)第 7.4.9 条。

52.(A)、(B)、(C)　《建筑桩基技术规范》(JGJ 94—2008)第 6.6—Ⅱ条。

53.(A)、(B)、(C)　《碾压式土石坝设计规范》(DL/T 5395—2007)第 10.3.10 条及条文说明。

54.(A)、(D)　《建筑边坡工程技术规范》(GB 50330—2013)第 3.3.2 条。

55.(A)、(B)、(C)　《土工合成材料应用技术规范》(GB/T 50290—2014)第 4.2.1,4.3.2 条。

56.(A)、(C)、(D)　《铁路路基设计规范》(TB 10001—2005)第 6.2.1,6.2.2 条。

57.(A)、(B)、(D)　《建筑边坡工程技术规范》(GB 50330—2013)第 3.3.6 条。

58.(B)、(C)、(D)　据《岩土工程勘察规范》(GB 50021—2001)(2009 年版)第 6.2.2 条条文说明、第 6.2.3 条、第 6.2.4 条条文说明。

59.(A)、(B)、(C)　据《湿陷性黄土地区建筑规范》(GB 50025—2004)第 6.1.5 条。

60.(A)、(D)　据《膨胀土地区建筑技术规范》(GB 50112—2013)第 5.2.7 条、第 5.2.9 条、第 C.0.1 条。

61.(A)、(C)、(D)　据《铁路工程不良地质勘察规程》(TB 10027—2012)附录 C 表 C.0.1—5。

62.(A)、(C)、(D)　据《岩土工程勘察规范》(GB 50021—2001)(2009 年版)第 6.2.1 条、

第 6.3.1 条、第 6.4.1 条、第 6.8.1 条。

63.(A)、(B)、(D)　据《岩土工程勘察规范》(GB 50021—2001)(2009 年版)第 6.8.2 条条文说明、第 6.8.5 条条文说明。

64.(A)、(B)　据《铁路工程特殊岩土勘察规范》(TB 10038—2012)附录 A 表 A.0.1。

65.(B)、(C)、(D)　据《建筑工程五方责任主体项目负责人质量终身责任追究暂行办法》第二条、第三条、第五条。

66.(B)、(C)　据《安全生产许可条例》第四条、第七条、第八条。

67.(A)、(B)　据《注册土木工程师(岩土)职业及管理工作暂行规定》附件 1。

68.(A)、(B)　据《中华人民共和国安全生产法》第九十五条。

69.(B)、(C)、(D)　据《建设工程安全生产管理条例》第十二条。

70.(A)、(B)　据《中华人民共和国合同法》第五十二条。

专业案例(上午卷)答案

1.[**答案**](B)

[**解析**]据《2016 全国注册岩土工程师专业考试考前辅导讲义》(上册)第四讲表 4.2

$$e=\frac{G_s(1+\omega)\gamma_w}{\gamma}-1=\frac{2.65\times(1+0.15)\times10}{19}-1=0.604$$

$$\gamma'=\frac{G_s-1}{1+e}\gamma_w=\frac{2.65-1}{1+0.604}\times10=10.3\ (\mathrm{kN/m^3})$$

$$K_0=\frac{\sigma'_h}{\sigma'_v}=\frac{93.6-10\times6}{19\times1+10.3\times(7-1)}=0.416$$

此题应明确土的静止侧压力系数 K_0 为水平有效应力与上覆有效竖向应力之比。

2.[**答案**](C)

[**解析**]据《工程岩体分级标准》(GB/T 50218—2014)第 4.1.3 条、《岩土工程勘察规范》(GB 50021—2011)(2009 年版)附录 A 表 A.0.3

$$R_c=22.82I_{s(50)}^{0.75}=22.82\times1.28^{0.75}=27.46\ (\mathrm{MPa})$$

$$K_f=\frac{27.46}{42.8}=0.642$$,中等风化

3.[**答案**](A)

[**解析**]据《建筑地基基础设计规范》(GB 50007—2011)附录 C

加载至 375kPa 时,承压板周围土体明显侧向挤出,故上一级荷载 350kPa 为极限荷载

根据题意,可知比例界限荷载为 200kPa

比较 200 kPa 与 350/2=175kPa,则土层承载力特征值取 175kPa。

4.[**答案**](B)

[**解析**]据《岩土工程勘察规范》(GB 50021—2011)(2009 年版)第 6.10.13 条条文说明

①计算土壤单项污染指数

土壤单项污染指数=土壤污染实测值/土壤污染物质量标准

$$pl_{Pb}=\frac{47.56}{250}=0.19,\ pl_{Cd}=\frac{0.54}{0.3}=1.80,\ pl_{Cu}=\frac{20.51}{50}=0.41$$

$$pl_{Zn}=\frac{93.56}{200}=0.468,\ pl_{As}=\frac{21.95}{30}=0.732,\ pl_{Hg}=\frac{0.23}{0.3}=0.767$$

②计算内梅罗污染指数

$$pl_{均}=\frac{0.19+1.8+0.41+0.468+0.732+0.767}{6}=0.728$$

$$pl_{最大}=1.8$$

$$P_N=\sqrt{\frac{pl_{均}^2+pl_{最大}^2}{2}}=\sqrt{\frac{0.728^2+1.8^2}{2}}=1.373$$

$1.0<1.37<2.0$,属轻度污染。

5.[答案](D)

[解析]偏心距计算

$$e=\frac{\sum M}{\sum N}=\frac{20\times60\times\left(\frac{60}{2}+3\right)+\frac{1}{2}\times30\times60\times\left(\frac{2}{3}\times60+3\right)}{24000}=3.26>\frac{b}{6}$$

$$=\frac{15}{6}=2.5$$

大偏心:$p_{k\max}=\frac{2(F_k+G_k)}{3l\left(\frac{b}{2}-e\right)}=\frac{2\times24000}{3\times15\times\left(\frac{15}{2}-3.26\right)}=251.6\ (\text{kPa})$

6.[答案](B)

[解析]注意有地下室,基础埋深应为1+0.6=1.6m。

持力层 $\varphi_k=22$,查表 $M_b=0.61$,$M_d=3.44$,$M_c=6.04$

$$f_a=M_b\gamma b+M_d\gamma_m d+M_c c_k=0.61\times9\times2.6+3.44\times\frac{0.6\times8+1\times9}{1.6}\times1.6+6.04\times6$$
$$=98$$

7.[答案](C)

[解析]注意各力作用方向及力臂及F1力的分解,

根据《铁路桥涵地基基础设计规范》3.1.2条砂类土基底摩擦系数0.4。

$$K_c=\frac{f\sum P_i}{\sum T_i}=\frac{0.4\times(140+120+190\times\sin60+150)}{30+45+190\times\cos60}=1.35$$

8.[答案](B)

[解析]根据《建筑地基基础设计规范》附录N

$\frac{a}{5b}=\frac{20}{5\times2}=2>1$,$\beta_i$ 取表格第一行参数

$$q_{eq}=0.8\left[\sum_{i=0}^{10}\beta_i q_i-\sum_{i=0}^{10}\beta_i p_i\right]$$

$$=0.8\times\left[\begin{matrix}0.3\times36+(0.29+0.22+0.15+0.1+0.08)\times66+\\(0.06+0.04+0.03+0.02+0.01)\times36-(0.3+0.29)\times1.5\times18\end{matrix}\right]=44.9$$

9.[答案](C)

[解析]注意选用基本组合 $e=\frac{M}{N}=\frac{20.6}{360+1.35\times20\times2.8\times1\times1}=0.047$,

属于小偏心

根据《建筑地基基础设计规范》8.2.11条

$$p_{\max}=\frac{F+G}{A}\left(1+\frac{6e}{b}\right)=\frac{360+75.6}{2.8}\times\left(1+\frac{6\times0.047}{2.8}\right)=171.24;$$

$p=\dfrac{F+G}{A}=\dfrac{360+75.6}{2.8}=155.57$

$M_{\mathrm{I}}=\dfrac{1}{6}a_1^2\left(2p_{\max}+p-3\dfrac{G}{A}\right)=\dfrac{1}{6}\times\left(\dfrac{2.8-0.37}{2}\right)^2\left(2\times171.24+155.57-3\times\dfrac{1.35\times20\times2.8}{2.8}\right)$

$=103$

10. [答案](D)

[解析]根据《建筑桩基技术规范》5.8.6 条

当 $d>600\text{mm}$，$\dfrac{t}{d}\geqslant\dfrac{f'_y}{0.388E}$；$t\geqslant\dfrac{350}{0.388\times2.1\times10^5}\times900=3.87\ (\text{mm})$

还需 $d\geqslant900\text{mm}$，$\dfrac{t}{d}\geqslant\sqrt{\dfrac{f'_y}{14.5E}}$；$t\geqslant900\times\sqrt{\dfrac{350}{14.5\times2.1\times10^5}}=9.65\ (\text{mm})$

11. [答案](C)

[解析]根据《公路桥涵地基基础设计规范》5.3.3 条。

注意粗砂端阻不应超过 1450kPa

$q_r=m_0\lambda[f_{a0}]+k_2\gamma_2(h-3)]=1\times0.85$

$\left[550+6\times\dfrac{1\times18+4\times8+10\times20+9\times16}{41}\times(40-3)\right]$

$=2281\geqslant1450\text{kPa}$，

$[R_a]=\dfrac{1}{2}u\sum_{i-1}^{n}q_{ik}l_i+A_pq_r=\dfrac{1}{2}\times3.14\times1.5\times(40\times4+60\times20+100\times16)+\dfrac{3.14}{4}\times$

$1.5^2\times1450=9531.8\ (\text{kN})$施工阶段乘系数1.25，$1.25\times9531.8=11915\ (\text{kN})$

12. [答案](A)

[解析]干作业桩端以上 6m 为增强段，桩端增强系数要折减，此外要考虑大直径桩尺寸效应。

根据《建筑桩基技术规范》5.3.10 条

对于粉质黏土及粉土层：

$\beta_{si}=1.4,\psi_{si}=\left(\dfrac{0.8}{d}\right)^{0.2}=\left(\dfrac{0.8}{1}\right)^{0.2}=0.956$

对于粉细砂层：

$\beta_{si}=1.6,\beta_p=0.8\times2.4=1.92$

$\psi_{si}=\psi_p=\left(\dfrac{0.8}{d}\right)^{1/3}=\left(\dfrac{0.8}{1}\right)^{1/3}=0.928$

$Q_{uk}=Q_{sk}+Q_{gsk}+Q_{gpk}=u\sum\psi_{si}q_{sjk}l_j+u\sum\psi_{si}\beta_{si}q_{sik}l_{gi}+\psi_p\beta_pq_{pk}A_p=3.14\times1\times$
$(0.956\times45\times3+0.956\times50\times6)+3.14\times1\times0.956\times1.4\times50\times4+3.14\times$
$1\times0.928\times1.6\times70\times2+0.928\times1.92\times1200\times3.14\times0.5^2$

$=1305.8+840.5+652.72+1678.42=4478\ (\text{kN})$

13. [答案](B)

[解析]根据《建筑地基基础设计规范》附录 R

$A=\left(a_0+2l\tan\dfrac{\varphi}{4}\right)\left(b_0+2l\tan\dfrac{\varphi}{4}\right)=\left(29.3+2\times30\times\tan\dfrac{32}{4}\right)\left(59.3+2\times30\times\tan\dfrac{32}{4}\right)$

$=2555.7\ (\text{m}^2)$

$P_0=\dfrac{668000}{2555.7}-[19\times1+9\times3]=215.4\ (\text{kPa})$

14.［答案］(A)

［解析］如图所示划分计算单元

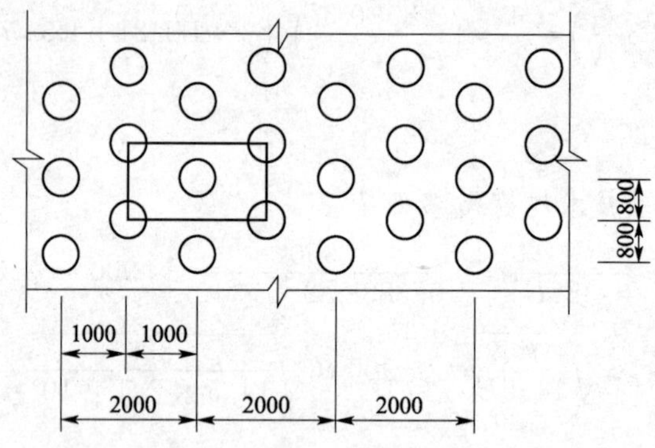

题 14 解图(尺寸单位:mm)

面积置换率：$m=\dfrac{2\times3.14\times0.25^2}{1.6\times2}=0.1227$

打桩前后地面标高未变,

则 $\dfrac{1+e_1}{1}=\dfrac{1+e_2}{1-m}$，$\dfrac{1+0.9}{1}=\dfrac{1+e_2}{1-0.1227}$，解得 $e_2=0.667$

15.［答案］(A)

［解析］据《建筑地基处理技术规范》(JGJ 79—2012)第 7.1.5 条、第 7.3.3 条

面积置换率：$m=\dfrac{d^2}{d_e^2}=\dfrac{0.6^2}{(1.13\times0.6)^2}=0.1253$

按桩周土确定单桩承载力特征值：

$R_a=u_p\sum_{i=1}^{n}q_{si}l_{pi}+\alpha_p q_p A_p=3.14\times0.6\times(15\times3+30\times7)+0.6\times150\times3.14\times0.3^2=$ 505.85(kN)

按桩身强度确定单桩承载力特征值：

$R_a=\eta f_{cu}A_p=0.25\times1500\times3.14\times0.3^2=106(\text{kN})$

取 $R_a=106\text{kN}$

复合地基承载力特征值：

$f_{spk}=\lambda m\dfrac{R_a}{A_p}+\beta(1-m)f_{sk}=1.0\times0.1253\times\dfrac{106}{3.14\times0.3^2}+0.8\times(1-0.1253)\times100=$ 116.97(kPa)

16.［答案］(B)

［解析］据《建筑地基处理技术规范》(JGJ 79—2012)第 7.5.2 条

处理前地基土干密度：$\rho_{d1}=\dfrac{\rho}{1+\omega}=\dfrac{1.54}{1+0.15}=1.34\ (\text{g/cm}^3)$

$$s=0.89d\sqrt{\frac{\bar{\eta}_c\rho_{d\max}}{\bar{\eta}_c\rho_{d\max}-\rho_d}}=0.89d\sqrt{\frac{\bar{\rho}_{d1}}{\bar{\rho}_{d1}-\rho_d}}=0.89\times0.4\times\sqrt{\frac{\bar{\rho}_{d1}}{\bar{\rho}_{d1}-1.34}}=1.0$$

解得：$\bar{\rho}_{d1}=1.533\ \text{g/cm}^3$

17.［答案］(A)

［解析］据《建筑地基处理技术规范》(JGJ 79—2012)第 5.4.1 条条文说明

$$s_f = \frac{s_3(s_2 - s_1) - s_2(s_3 - s_2)}{(s_2 - s_1) - (s_3 - s_2)} = \frac{250(200-100) - 200(250-200)}{(200-100) - (250-200)} = 300\ (\text{mm})$$

$$s_f = \frac{s_3(s_2 - s_1) - s_2(s_3 - s_2)}{(s_2 - s_1) - (s_3 - s_2)} = \frac{s_3(250-200) - 250(s_3 - 250)}{(250-200) - (s_3 - 250)} = 300\ (\text{mm})$$

计算得：$s_3 = 275$ (mm)

故工后沉降 $s = 275 - 250 = 25$ (mm)

18.[**答案**](C)

[**解析**]可依据力的平衡计算土压力

土体 ΔBCD 的重力 $G_{BCD} = \frac{1}{2} \times 6 \times (6 \times \tan 30 + 6 \times \tan 45) \times 20 = 567.8$ (kN/m)

$$\frac{E_a}{\sin(\beta - \varphi)} = \frac{G_{BCD}}{\sin(180 - (\alpha - \delta) - (\beta - \varphi))};$$

即 $\frac{E_a}{\sin(45-30)} = \frac{567.8}{\sin(180 - (60-30) - (45-30))}$

$E_a = 207.8$ (kN/m)

19.[**答案**](D)

[**解析**]当墙后砂土完全液化时，可以将其视为液体处理，与水压力计算方法相同。

$\frac{1}{2}\gamma h^2 = \frac{1}{2} \times 18 \times 5^2 = 225$ (kN/m)

20.[**答案**](A)

[**解析**]

$F_s = \frac{\gamma' \cdot \tan\varphi}{\gamma_{sat} \cdot \tan\alpha} = \frac{11\tan 30}{21\tan\alpha} = 1.2$；解得：$\alpha = 14°$

21.[**答案**](C)

[**解析**]渗流的存在使得土压力增加，水压力减小。

水头差 $\Delta h = i \times l = 0.45$m；$A$ 点水压力为 10kPa，B 点水压力为 $55 - 0.45 \times 10 = 50.5$ (kPa)

总水压力 $\frac{1}{2}(10 + 50.5) \times 4.5 = 136.125$ (kN/m)

单位体积渗透力 $j = \gamma_w i = 10 \times 0.1 = 1$ (kN/m^3)

总土压力 $\frac{1}{2}(\gamma' + j)h^2 K_a = \frac{1}{2} \times (11 + 1) \times 4.5^2 \times \tan^2\left(45 - \frac{30}{2}\right) = 40.5$

故 AB 段总压力为 $136.125 + 40.5 = 176.625$

22.[**答案**](C)

[**解析**]根据《公路隧道设计规范》3.6.3 条

$K_v = \left(\frac{2400}{3500}\right)^2 = 0.47$；

$R_c \leqslant 90K_v + 30 = 72.3$，$R_c$ 取 30；

$K_v \leqslant 0.004R_c + 0.4 = 1.6$，$K_v$ 取 0.47

$BQ = 90 + 3R_c + 250K_v = 90 + 3 \times 30 + 250 \times 0.47 = 297.5$

围岩级别为Ⅳ级，查表 8.4.2—1 选(C)

23.[**答案**](A)

[**解析**]计算主动土压力系数，中砂 $K_a = 0.49$；粗砂 $K_a = 0.333$

各点土压力强度计算：

地表：$e_{a1} = (q + \gamma H) \cdot K_a = 20 \times 0.49 = 9.8$ (kPa)

中砂底面：$e_{a2} = (20 + 18.5 \times 3) \cdot 0.49 = 37$ (kPa)

粗砂顶面：$e_{a3} = (20 + 18.5 \times 3) \cdot 0.333 = 25.1$ (kPa)

地下水位处：$e_{a4} = (20 + 18.5 \times 3 + 19 \times 3) \cdot 0.333 = 44.1$ (kPa)

桩底：$e_{a5} = (q + \gamma H) \cdot K_a = (20 + 18.5 \times 3 + 19 \times 3 + 10 \times 9) \cdot 0.333 = 74.1$ (kPa)

水土总压力为$\frac{1}{2}(9.8+37)\times 3+\frac{1}{2}(25.1+44.1)\times 3+\frac{1}{2}(44.1+74.1)\times 9+\frac{1}{2}\times 10\times 9^2=1111$ (kN/m)

24.［答案］(B)

［解析］据《岩土工程勘察规范》(GB 50021—2001)(2009 年版)第 5.2.8 条条文说明

$\psi_j = \cos(\theta_i - \theta_{i+1}) - \sin(\theta_i - \theta_{i+1})\tan\varphi_{i+1}$

$\psi_1 = \cos(30 - 25) - \sin(30 - 25)\tan 16 = 0.971$

$\psi_2 = \cos(25 + 5) - \sin(25 + 5)\tan 16 = 0.723$

$R_i = N_i \tan\varphi_i + c_i l_i = G_i \cos\theta_i \tan\varphi_i + c_i l_i$ ，$T_i = G_i \sin\varphi_i$

$R_1 = 54.5 \times 19 \times \cos 30 \tan 19 + 10 \times 16 = 468.78$ (kN)，$T_1 = 54.5 \times 19 \times \sin 30 = 517.75$ (kN)

$R_2 = (43 \times 19 + 27.5 \times 9.5) \times \cos 25 \tan 16 + 7 \times 12 = 364.22$ (kN)

$T_2 = (43 \times 19 + 27.5 \times 9.5) \times \sin 25 = 455.69$ (kN)

$R_3 = 20 \times 9.5 \times \cos(-5)\tan 16 + 8 \times 7 = 110.27$ (kN)，$T_3 = 20 \times 9.5 \times \sin(-5) = -16.56$ (kN)

$$F_s = \frac{\sum_{i=1}^{n-1}\left(R_i \prod_{j=i}^{n-1}\psi_j\right) + R_n}{\sum_{i=1}^{n-1}\left(T_i \prod_{j=i}^{n-1}\psi_j\right) + T_n} = \frac{468.78 \times 0.971 \times 0.723 + 364.22 \times 0.723 + 110.27}{517.75 \times 0.966 \times 0.723 + 455.69 \times 0.723 - 16.56} = 1.04$$

25.［答案］(B)

［解析］据《铁路工程不良地质勘察规程》(TB 10027—2012)第 7.3.3 条条文说明、附录 C 表 C.0.1—5

弯道处泥石流流速：$v_c = \sqrt{\frac{R_0 \sigma g}{B}} = \sqrt{\frac{\left(35 - \frac{15}{2}\right) \times 2 \times 10}{15}} = 6.09$ (m/s)

泥石流流体密度：$\rho = \frac{730}{0.5} = 1460$ (kg/m^3)，堆积有泥球，属稀性泥流。

26.［答案］(C)

［解析］据《膨胀土地区建筑技术规范》(GB 50112—2013)第 4.2.1 条、附录 D,《公路路基设计规范》(JTG D30—2015)表 7.9.7—1

$\delta_{ef1} = \frac{\nu_w - \nu_0}{\nu_0} = \frac{19.3 - 10}{10} = 0.93$ ，$\delta_{ef2} = \frac{\nu_w - \nu_0}{\nu_0} = \frac{19.4 - 10}{10} = 0.94$

$9.87 - 9.83 = 0.04g < 0.1g$ ，$\delta_{ef} = (0.93 + 0.94)/2 = 0.935$ ，膨胀势强。

边坡高 8m，查表边坡坡率可取 1:2.0～1:2.5。

27.［答案］(B)

［解析］据《建筑抗震设计规范》(GB 50011—2010)第 4.1.4 条、第 4.1.5 条

由土层剪切波速可知，覆盖层厚度为20m，但计算剪切波速时应减去玄武岩的厚度。

$$v_{se}=\frac{d_0}{\sum_{i=1}^{n}\frac{d_i}{v_{si}}}=\frac{19}{\frac{2.5}{180}+\frac{2}{220}+\frac{14.5}{290}}=260.3\ (m/s)$$

28.[**答案**](C)

[**解析**]据《建筑抗震设计规范》(GB 50011—2010)第4.1.4条、第4.1.5条、第4.1.6条、第5.1.4条、第5.1.5条

450/170=2.65>2.5，覆盖层厚度为14m

等效剪切波速为：$v_{se}=\frac{d_0}{\sum_{i=1}^{n}\frac{d_i}{v_{si}}}=\frac{14}{\frac{2}{130}+\frac{8}{100}+\frac{4}{170}}=117.7\ (m/s)$

场地类型为Ⅱ类，设计地震分组为第一组，特征周期 $T_g=0.35s$

场地抗震设防烈度为8度，设计基本地震加速度为0.30g，多遇地震，$\alpha_{max}=0.24$

$0.1<T=0.30s<T_g$，$\alpha=\alpha_{max}=0.24$

29.[**答案**](C)

[**解析**]据《公路工程抗震规范》(JTG B02—2013)第3.1.1条、第3.1.3条、第5.2.2条、第5.2.4条

高速公路单跨跨径140m的桥梁，其抗震设防类别为B类。

E1地震作用，其抗震重要性修正系数 $C_i=0.5$(取表中括号中数值)

设计基本地震动峰值加速度为0.20g，场地类别为Ⅲ类，场地系数 $C_s=1.2$

$\xi\neq0.05$，阻尼调整系数：$C_d=1+\frac{0.05-\xi}{0.06+1.7\xi}=1+\frac{0.05-0.04}{0.06+1.7\times0.04}=1.08$

水平设计加速度反应谱最大值 S_{max}：

$S_{max}=2.25C_iC_sC_dA_h=2.25\times0.5\times1.2\times1.08\times0.2=0.292$

30.[**答案**](B)

[**解析**]本题根据力学基础知识

管桩顶部锤击应力：$\sigma=E\xi=3.8\times10^7\times350\times10^{-6}=13300\ (kPa)$

桩顶处峰值锤击力：$F=\sigma A=13300\times\frac{3.14\times(0.5^2-0.25^2)}{4}=1957.6\ (kN)$

专业案例(下午卷)答案

1.[**答案**](B)

[**解析**]据《工程地质手册》(第四版)表2-5-2、式2-5-1

$K=\pi\frac{AM\cdot AN}{MN}=3.14\times\frac{7\times13}{6}=47.6(m)$

$\rho=K\frac{\Delta V}{I}=47.6\times\frac{360}{240}=71.5(\Omega\cdot m)$

据《岩土工程勘察规范》(GB 50021—2011)(2009年版)表12.2.5

土对钢结构的腐蚀性等级为弱。

2.[**答案**](A)

[**解析**]此题与以往常见的填土压实类考题原理相同，将粘土看成土样A，而将配置后的饱

和泥浆看作土样B,由A土样到B土样,土颗粒质量不变,即 $V_1\rho_{d1}=V_2\rho_{d2}$

$$\rho_{d1}=\frac{\rho_0}{1+0.01\omega}=\frac{1.8}{1+0.01\times30}=1.385\ (g/cm^3)$$

$$\rho_{d2}=\frac{d_s(\rho-0.01S_r\rho_w)}{d_s-0.01S_r}=\frac{2.7\times(1.2-0.01\times100\times1)}{2.7-0.01\times100}=0.318\ (g/cm^3)$$

$$V_1=\frac{V_2\rho_{d2}}{\rho_{d1}}=\frac{1\times0.318}{1.385}=0.23(m^3)$$

所需黏土质量 $m=\rho V=1.8\times0.23=0.414(t)$

3.[**答案**](B)

[**解析**]据《土工试验方法标准》(GB/T 50123—1999)第13.1.3条、第13.1.4条

第一次试验渗透系数 3.79×10^{-5} cm/s 与其他几次试验的允许差值大于 2×10^{-5} cm/s

其余三次试验标准温度下的渗透系数为:

$$k_{20-2}=k_T\frac{\eta_T}{\eta_{20}}=1.55\times10^{-5}\times1.133=1.756\times10^{-5}(cm/s)$$

$$k_{20-3}=k_T\frac{\eta_T}{\eta_{20}}=1.47\times10^{-5}\times1.133=1.666\times10^{-5}(cm/s)$$

$$k_{20-4}=k_T\frac{\eta_T}{\eta_{20}}=1.71\times10^{-5}\times1.133=1.973\times10^{-5}(cm/s)$$

$$k_{20}=\frac{1.756+1.666+1.937}{3}=1.786\times10^{-5}(cm/s)$$

4.[**答案**](C)

[**解析**]据《工程岩体分级标准》(GB/T 50218—2014)第4.1.1条、第4.2.2条、第5.2.2条

岩体完整性指数:$K_v=\left(\frac{3800}{4500}\right)^2=0.713$

$90K_v+30=90\times0.713+30=94.17$

$0.04R_c+0.4=0.04\times72+0.4=3.28$

故取 R_c=72MPa,K_v=0.713 代入计算

岩体基本质量指标:

$BQ=100+3R_c+250K_v=100+3\times72+250\times0.713=494.25$

洞室地下水呈淋雨状出水,水量为80L/min·m,地下水影响修正系数查表取 K_1=0.15

结构面倾向NE68°,则走向为NW22°,与洞室轴线的夹角小于30°

结构面倾角59°,主要软弱结构面产状影响修正系数查表取 K_2=0.5

$\frac{R_c}{\sigma_{max}}=\frac{72}{12}=6$,为高应力区,初始应力状态影响修正系数查表取 K_3=0.5

岩体质量指标:

$[BQ]=BQ-100(K_1+K_2+K_3)=494.25-100\times(0.15+0.5+0.5)=379.2$

围岩类别为Ⅲ类。

5.[**答案**](A)

[**解析**]承压水水位下降将导致有效应力相应的增加,从而引起新的变形。

$$\Delta s_i=\frac{\Delta P_i}{E_{si}}H_i=\frac{8\times10}{12}\times5=33.3(mm)$$

6.[**答案**](A)

[**解析**]根据《铁路桥涵地基基础设计规范》4.1.3条

因持力层为稍松砾砂，修正系数 $k_1 = 3 \times 0.5 = 1.5$，$k_2 = 5 \times 0.5 = 2.5$，基本承载力 $\sigma_0 = 200$

注意基础边长需要等面积原则换算

$$[\sigma] = \sigma_0 + k_1\gamma_1(b-2) + k_2\gamma_2(h-3) = 200 + 1.5 \times 10 \times (\sqrt{\pi \times 2^2} - 2) + 2.5 \times \frac{1.5 \times 18 + 1.5 \times 10 + 1.5 \times 10}{4.5}(4.5-3) = 270.7(\text{kPa})$$

7.［答案］(B)

［解析］根据《建筑地基基础设计规范》5.2.7 条

$\dfrac{E_{s1}}{E_{s2}} = \dfrac{21}{7} = 3$，$\dfrac{z}{b} = \dfrac{10}{20} = 0.5$，查表扩散角 $\theta = 23^\circ$

$$P_z = \frac{lb(p_k - p_c)}{(b + 2z\tan\theta)(l + 2z\tan\theta)} = \frac{20 \times 60 \times (p_k - 2 \times 19)}{(20 + 2 \times 10\tan 23)(60 + 2 \times 10\tan 23)} = 0.615p_k - 23.37$$

$f_{az} = f_{ak} + \eta_d\gamma_m(d - 0.5) = 100 + 1.5 \times 19 \times (12 - 0.5) = 427.75$

$p_z + p_{cz} = 0.615p_k - 23.37 + 12 \times 19 \leqslant f_{az} = 427.75$；解得 $p_k \leqslant 362.8\text{kPa}$

8.［答案］(B)

［解析］据《建筑地基基础设计规范》8.4.12 条，先假定底部厚度小于 800mm。

$l_{n1} = l_{n2} = 8.7 - 0.45 = 8.25\text{m}$

$$h_0 = \frac{l_{n1} + l_{n2} - \sqrt{(l_{n1} + l_{n2})^2 - \dfrac{4p_n l_{n1} l_{n2}}{p_n + 0.7\beta_{hp} f_t}}}{4}$$

$$= \frac{(8.25 + 8.25) - \sqrt{(8.25 + 8.25)^2 - \dfrac{4 \times 540 \times 8.25 \times 8.25}{540 + 0.7 \times 1 \times 1570}}}{4} = 0.747\text{m} < 0.8$$

$0.747 > 8.25/14 = 0.589$

满足底板厚度与最大双向板格的短边净跨之比不应小于 1/14 的要求。

9.［答案］(B)

［解析］残留粉质黏土层的中点埋深为 15m，开挖前自重应力 15×20＝300kPa，查表附加应力系数为 0.2353。开挖卸荷 4×0.2353×200＝188kPa。应力从 300kPa 降至(300－188)＝112kPa。

故回弹模量应选取最后两区段平均值。

$$\Delta S_i = \psi_c \frac{\Delta P_i}{E_{si}} H_i = \left(\frac{188}{270}\right) \times 10 = 6.96(\text{mm})$$

10.［答案］(C)

［解析］根据《建筑桩基技术规范》5.5.14 条

中砂层：$\sigma_{z1} = \sum_{j=1}^{m} \dfrac{Q_j}{l_j^2}[\alpha_j I_{p,ij} + (1 - \alpha_j) I_{s,ij}] = 4 \times \dfrac{1000}{20^2}[0.2 \times 50 + (1 - 0.2) \times 20] = 260\ (\text{kPa})$

黏土层：$\sigma_{z2} = 4 \times \dfrac{1000}{20^2}[0.2 \times 10 + (1 - 0.2) \times 5] = 60\ (\text{kPa})$

$$s = \psi \sum_{i=1}^{n} \frac{\sigma_{zi}}{E_{si}} \Delta z_i = 0.8 \times \left[\frac{260}{30} \times 3 + \frac{60}{6} \times 5\right] = 60.8\ (\text{mm})$$

11.［答案］(C)

［解析］根据《建筑桩基规范》5.3.12 条

考虑液化影响

$$\lambda_N = \frac{N}{N_{cr}} = \frac{10}{14} = 0.714, d_L \leqslant 10m, 取\ \psi_l = \frac{1}{3}$$

$Q_{uk} = u\sum q_{sik} l_i + q_{pk} A_p = 4 \times 0.45 \times \left(25 \times 3 + \frac{1}{3} \times 45 \times 5 + 50 \times 6 + 70 \times 2\right) + 2500 \times 0.45^2 = 1568.25\ (kN)$

12.[**答案**](A)

[**解析**]根据《建筑桩基技术规范》5.8条

其中 $l_c = 1 \times (l_0 + h) = 3.2 + 15.4 = 18.6(m)$;

$\frac{l_c}{d} = \frac{18.6}{1.2} = 15.5$,查表取稳定系数 $\varphi = 0.81$

桩顶以下5d范围的桩身螺旋式箍筋间距150mm超过100mm,所以

$$N \leqslant \varphi(\psi_c f_c A_{ps}) = 0.81 \times \left(0.75 \times 14.3 \times 10^3 \times \frac{3.14}{4} \times 1.2^2\right) = 9820\ (kN)$$

13.[**答案**](B)

[**解析**]变形计算深度 h

$10 \times 10 + 8 \times (h - 10) = 30/0.1$,得 $h = 35m$

土层名称	层底埋深(m)	饱和重度 $\gamma(kN/m^3)$	e-lg$p$ 关系式
①粉砂	10	20.0	$e=1.0-0.05\lg p$
②淤泥质粉质黏土	40	18.0	$e=1.6-0.20\lg p$

①粉砂层

土层中点5m处有效自重应力为50kPa,对应孔隙比 $e_0=1.0-0.05\lg 50=0.915$

土层中点5m处有效自重应力与附加应力之和为80kPa,对应孔隙比 $e_1=1.0-0.05\lg 80=0.905$

②淤泥质粉质黏土层

土层中点22.5m处有效自重应力为200kPa,对应孔隙比 $e_0=1.6-0.20\lg 200=1.140$

土层中点22.5m处有效自重应力与附加应力之和为230kPa,对应孔隙比

$e_1=1.6-0.2\lg 230=1.128$

据《建筑地基处理技术规范》(JGJ 79—2012)第5.2.12条,场地最终沉降量:

$$s_f=\xi \sum_{i=1}^{n} \frac{e_{0i}-e_{1i}}{1+e_{0i}} h_i=1.0\times\left[\frac{0.915-0.905}{1+0.915}\times 10000+\frac{1.128-1.14}{1+1.14}\times 25000\right]=192.4\ (mm)$$

14.[**答案**](C)

[**解析**]据《建筑地基处理技术规范》(JGJ 79—2012)第7.1.5条、第7.3.3条

按桩身强度计算单桩承载力:$R_a = \eta f_{cu} A_p = 0.25 \times 1000 \times 0.71 = 177.5\ (kN)$

故取 $R_a = 177.5kN$

复合地基承载力特征值:

$$f_{spk} = \lambda m \frac{R_a}{A_p} + \beta(1 - m) f_{sk} = 1.0 \times m \times \frac{177.5}{0.71} + 1.0 \times (1 - m) \times 60 = 190m + 60$$

按埋深修正后复合地基承载力特征值:

$f_{spa} = f_{spk} + \eta_d \gamma_m (d - 0.5) = 190m + 60 + 1.0 \times 18 \times (1.5 - 0.5) = 190m + 78$

基底压力:$p_k = 140 + 20 \times 15 = 170\ (kPa)$

处理后复合地基应满足 $f_{spa} \geqslant p_k$，即 $190m+78 \geqslant 170$，得 $m \geqslant 0.484$

计算各选项面积置换率：

$$m_A = \frac{8 \times 0.71}{3.5 \times 4.8} = 0.338\ ,\ m_B = \frac{7 \times 0.71}{3.5 \times 3.6} = 0.394$$

$$m_C = \frac{4.5 \times 0.71}{1.75 \times 3.6} = 0.507\ ,\ m_D = \frac{3 \times 0.71}{1.4 \times 2.4} = 0.634$$

15.［答案］(D)

［解析］据《建筑地基处理技术规范》(JGJ 79—2012)第 7.9.6 条

CFG 桩面积置换率：$m_1 = \dfrac{6 \times 3.14 \times 0.4^2/4}{2 \times 3} = 0.1256$

碎石桩面积置换率：$m_2 = \dfrac{9 \times 3.14 \times 0.3^2/4}{2 \times 3} = 0.1060$

$$f_{spk} = m_1 \frac{\lambda_1 R_{a1}}{A_{p1}} + \beta[1 - m_1 + m_2(n-1)]f_{sk} = 0.1256 \times \frac{0.9 \times 600}{\frac{3.14 \times 0.4^2}{4}} + 1.0 \times$$

$$[1 - 0.1256 + 0.106 \times (2-1)] \times 120 = 657.65\ (\text{kPa})$$

复合地基压缩模量提高系数：$\xi = \dfrac{f_{spk}}{f_{ak}} = \dfrac{657.65}{100} = 6.6$

16.［答案］(B)

［解析］单根搅拌桩水泥掺量：$m_c = \dfrac{3.14}{4} \times 0.6^2 \times 12 \times 1.8 \times 0.15 = 0.916(\text{t})$

水泥浆液中水的质量：$m_w = 0.55m_c = 0.55 \times 0.916 = 0.504(\text{t})$

水泥浆液体积：$V = \dfrac{0.916}{3} + \dfrac{0.504}{1} = 0.81(\text{m}^3)$

17.［答案］(C)

［解析］根据《建筑边坡支护技术规范》附录 A

$$P_n = 0 = P_i = P_{i-1}\psi_{i-1} + T_i - \frac{R_i + N}{F_s} = 1150 \times 0.8 + 6000 - \frac{6600 + N}{1.35}$$

求得 $N=2742\text{kN}$

作用 A 的力矩：$M = 2742 \times \cos 15 \times 4 \times \dfrac{8}{2} = 42377\ (\text{kN} \cdot \text{m})$

18.［答案］(C)

［解析］此题目不需要算土压力，倾覆力矩 $M = \dfrac{350 \times 2.15}{1.71} = 440\ (\text{kN} \cdot \text{m})$

$$F_s = \frac{350 \times 2.15}{440 + 20 \times \tan^2\left(45 - \frac{30}{2}\right) \times 3 \times (5+1.5) + 20 \times \tan^2\left(45 - \frac{36}{2}\right) \times 5 \times 2.5}$$

$$= 1.19$$

$1.71 - 1.19 = 0.52$

19.［答案］(C)

［解析］土压力强度计算

墙顶 $e_{a1} = (\gamma h + q)K_a = 20 \times 0.377 = 7.54\ (\text{kPa})$

墙底 $e_{a2} = (18 \times 6 + 20) \times 0.377 = 48.26\ (\text{kPa})$

合力计算：$E_a = \dfrac{1}{2}(7.54 + 48.26) \times 6 = 167.4\ (\text{kN/m})$

$$K_c=\frac{f\sum P_i}{\sum T_i}=\frac{0.36\times(450+167.4\times\sin30^\circ)}{167.4\times\cos30^\circ}=1.33$$

20.［**答案**］(B)

［**解析**］根据初始临界稳定状态条件：$K_s=\frac{\gamma V\cos\theta\cdot\tan\varphi+Ac}{\gamma V\sin\theta}=1$

加锚索后安全系数提为1.5：

$$K_s=\frac{(\gamma V\cos\theta\cdot\tan\varphi+Ac)+P\sin(15+42)\tan\varphi+P\sin(15+42)}{\gamma V\sin\theta}=\frac{450\times\sin42+P\sin57tg18+P\cos57}{450\times\sin42}$$

$=1.5$

求得 $P=185$ (kN/m)

21.［**答案**］(C)

［**解析**］根据《建筑基坑支护技术规范》第 4.2.4 条

由题干基坑变形对周边影响严重判断基坑安全等级为二级，抗隆起安全系数取 1.6。

$$N_q=\tan^2\left(45^\circ+\frac{\varphi}{2}\right)e^{\pi\tan\varphi}=\tan^2\left(45+\frac{10}{2}\right)e^{3.14\times\tan10}=2.47$$

$$N_c=(N_q-1)/\tan\varphi=(2.47-1)/\tan10=8.34$$

$$\frac{\gamma_{m2}l_dN_q+cN_c}{\gamma_{m1}(h+l_d)+q_0}\geqslant K_b$$

$$\frac{18.5\times l_d\times2.47+10\times8.34}{18.5\times(6+l_d)+20}\geqslant1.6\text{，解 }l_d\geqslant7.85$$

22.［**答案**］(D)

［**解析**］被动土压力：

$$E_{pk}=\frac{1}{2}\gamma h^2K_p+\frac{1}{2}\gamma_wh^2=0.5\times10\times5^2\times\tan^2(45^\circ+\frac{30^\circ}{2})+0.5\times10\times5^2=500\ (\text{kN/m})$$

根据平衡条件，每延米支撑轴力标准值 $N_k=E_{ak}-E_{pk}=900-500=400$ (kN/m)

转换为单根支撑轴力设计值 $N=\gamma_0\gamma_FN_k=6\times1.1\times1.25\times400=3300$ (kN)

23.［**答案**］(D)

［**解析**］根据《建筑基坑支护技术规范》附录 C

假定注水深度为 t，$\frac{D\gamma}{h_w\gamma_w}=\frac{18\times4+10t}{9\times10}\geqslant1.1$；解 $t\geqslant2.7$

24.［**答案**］(B)

［**解析**］据《铁路工程特殊岩土工程勘察规程》(TB 10038—2012)第 8.5.5 条、附录 D

平均冻胀率：$\eta=\frac{\Delta z}{h-\Delta z}=\frac{194.75-194.65}{2.5-(194.75-194.65)}=4.17\%$，冻胀等级为Ⅲ级冻胀

$w_p=23>22$，冻胀性应降低一级，该土层的冻胀类别为Ⅱ级弱冻胀。

25.［**答案**］(C)

［**解析**］据《膨胀土地区建筑技术规范》(GB 50112—2013)第 5.2.7 条、第 5.2.9 条、第 5.2.10 条、第 5.2.12 条

地表下 1.0m 处的含水率 28.9% 大于 1.2 倍塑限含水率($1.2w_p=1.2\times22.4\%=26.88\%$)，地基变形量按收缩变形量计算

土的湿度系数为 0.7，查表得大气影响深度为 4.0m

$$\Delta w_1=w_1-\psi_ww_p=0.289-0.7\times0.224=0.1322$$

$$\Delta w_i=\Delta w_1-(\Delta w_1-0.01)\frac{z_i-1}{z_{sn}-1}=0.1322-(0.1322-0.01)\times\frac{2.9-1}{4-1}=0.0548$$

地基变形量：$s_s=\psi_s\sum_{i=1}^{n}\lambda_{si}\cdot\Delta w_i\cdot h_i=0.8\times0.2\times0.0548\times2.2\times10^3=19.3(\text{mm})$

26.［答案］(C)

［解析］据《湿陷性黄土地区建筑规范》(GB 50025—2004)第4.4.3条、第4.4.4条、第4.4.5条、第4.4.7条、第6.1.5条第2款

$$\Delta_{zs}=\beta_0\sum_{i=1}^{n}\delta_{zsi}h_i=0.9\times(0.02+0.018+0.015)\times1000=47.7\ (\text{mm})$$

$$\Delta_s=\sum_{i=1}^{n}\beta\delta_{si}h_i=1.5\times(0.068+0.042+0.062+0.026)\times1000+1.0\times(0.017+0.019+0.029+0.016)\times1000=378\ (\text{mm})$$

该场地属非自重湿陷性黄土场地，湿陷等级为Ⅱ级

对丙类多层建筑，当地基湿陷等级为Ⅱ级时，地基处理厚度不宜小于2m，且下部未处理湿陷性黄土层的湿陷起始压力值不小于100kPa。对该场地应处理至取第5层土底面，第5层土代表范围为5～6m，故处理至6m，处理厚度为4m。

应特别注意此题探井标高为－0.5m，因此各土层取样深度实际为－1.5m、－2.5m……

27.［答案］(C)

［解析］据《公路路基设计规范》(JTG D30—2015)第7.6.3条

$$L=H\cot\beta=(12+3-2)\cot(90-25)=6.06\ (\text{m})$$

28.［答案］(D)

［解析］据《建筑抗震设计规范》(GB 50011—2010)第4.1.6条、第5.1.4条、第5.1.5条

覆盖层厚度为9m，可判断其场地类别为Ⅱ类

设计地震分组为第三组，罕遇地震作用，特征周期 $T_g=0.45+0.05=0.50\ (\text{s})$

场地抗震设防烈度为9度，罕遇地震作用，$\alpha_{max}=1.40$

$T_g=0.50\text{s}<T=2.45\text{s}<5T_g=2.5\text{s}$

水平地震影响系数：$\alpha=\left(\frac{T_g}{T}\right)^{0.9}\alpha_{max}=\left(\frac{0.5}{2.45}\right)^{0.9}\times1.4=0.335$

29.［答案］(B)

［解析］据《建筑抗震设计规范》(GB 50011—2010)第4.3.3条、第4.3.4条、第4.3.5条

场地土中粉砂、粉土是可液化土

抗震设防烈度为7度，粉土的粘粒含量为13%，粉土层不液化

设计基本地震加速度0.15g，$N_0=10$；设计地震分组为第三组，$\beta=1.05$

$$N_{cr}=N_0\beta[\ln(0.6d_s+1.5)-0.1d_w]\sqrt{\frac{3}{\rho_c}}=10\times1.05\times[\ln(0.6\times5+1.5)-0.1\times1]=14.7$$

$$I_{lE}=\sum_{i=1}^{n}\left[1-\frac{N_i}{N_{cr}}\right]d_iW_i=\left(1-\frac{5}{14.7}\right)\times2\times10=13.2$$

30.［答案］(A)

［解析］据《建筑地基基础设计规范》(GB 50007—2011)附录H

1号试验点：1.5MPa＞4.2MPa/3＝1.4MPa，地基承载力取1.4MPa

2号试验点：1.2MPa＞3.0MPa/3＝1.0MPa，地基承载力取1.0MPa

3号试验点：2.7MPa＞5.4MPa/3＝1.8MPa，地基承载力取1.8MPa

取3个试验点最小值1.0MPa作为该岩石地基承载力特征值

2017年全国注册岩土工程师专业考试试卷(新解)

专业知识(上午卷)

一、单项选择题(共40题,每题1分。每题的备选项中只有一个最符合题意)

1. 对轨道交通地下区间详细勘察时勘探点布置最合适是下列哪一项? ( )

(A)沿隧道结构轮廓线布置 (B)沿隧道结构外侧一定范围内布置

(C)沿隧道结构内侧一定范围内布置 (D)沿隧道中心线布置

2. 现场描述某层土由黏性土和砂混合组成,室内土工试验测得其中黏性土含量(质量)为35%,根据《水运工程岩土勘察规范》(JTS 133—2013),该层土的定名应为下列哪个选项? ( )

(A)砂夹黏性土 (B)砂混黏性土

(C)砂间黏性土 (D)砂和黏性土互层

3. 某全新活动断裂在全新世有过微弱活动,测得其平均活动率 $v=0.05$mm/年,该断裂所处区域历史地震震级为5级。根据《岩土工程勘察规范》(GB 50021—2001)(2009年版)该活动断裂的分级应为下列哪个选项? ( )

(A)Ⅰ级 (B)Ⅱ级 (C)Ⅲ级 (D)Ⅳ级

4. 下列关于重型圆锥动力触探和标准贯入试验不同之处的描述中,哪个选项是正确的? ( )

(A)落锤的质量不同 (B)落锤的落距不同

(C)所用钻杆的直径不同 (D)确定指标的贯入深度不同

5. 下列关于土的标准固结试验的说法,哪个选项是不正确的? ( )

(A)第一级压力的大小应视土的软硬程度而定

(B)压力等级宜按等差级数递增

(C)只需测定压缩系数时,最大压力不小于400kPa

(D)需测定先期固结压力时,施加的压力应使测得的 $e\text{-}\log p$ 曲线下段出现直线段

6. 根据《岩土工程勘察规范》(GB 50021—2001)(2009年版),下列关于桩基勘探孔孔深的说法和做法中,哪个选项是不正确的? ( )

(A)对需验算沉降的桩基,控制性勘探孔深度应超过地基变形计算深度

(B)嵌岩桩的勘探孔钻至预计嵌岩面

(C)在预计勘探孔深度内遇到稳定坚实岩土时,孔深可适当减少

(D)有多种桩长方案对比时,应能满足最长桩方案

7. 下列对断层的定名中,哪个选项是正确的? ( )

(A)F1、F2、F3均为正断层

(B)F1、F2、F3均为逆断层

(C)F1、F3为正断层,F2为逆断层

(D)F1、F3为逆断层,F2为正断层

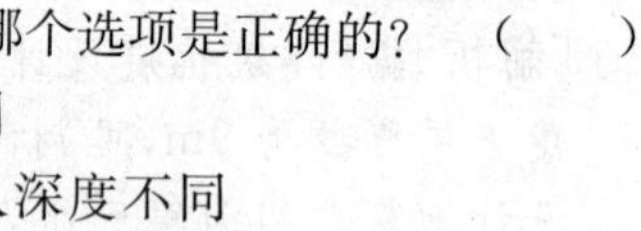

F1 F2 F3

题7图

8. 需测定软黏土中的孔隙水压力时,不宜采用下列哪种测压计? ( )

(A)气动测压计 (B)立管式测压计

(C)水压式测压计 (D)电测试测压计

9. 水利水电工程中，下列关于水库浸没的说法哪个是错误的？ ( )

(A)浸没评价按初判、复判两个阶段进行

(B)渠道周围地下水位高于渠道设计水位的地段，可初判为不可能浸没地段

(C)初判时，浸没地下水埋深临界值是土的毛管水上升高度与安全超高值之和

(D)预测蓄水后地下水埋深值大于浸没地下水埋深临界值时，应判定为浸没区

10. 关于岩石膨胀性试验下列哪个说法是错误的？ ( )

(A)遇水易崩解的岩石不应采用岩石自由膨胀率试验

(B)遇水不易崩解的岩石不宜采用岩石体积不变条件下的膨胀压力试验

(C)各类岩石均可采用岩石侧向约束膨胀率试验

(D)自由膨胀率试验采用圆柱体试件时，圆柱体高度宜等于直径

11. 根据《城市轨道交通岩土工程勘察规范》(GB 50307—2012)，下列关于岩石风化的说法中哪项是错误的？ ( )

(A)岩体压缩波波速相同时，硬质岩岩体比软质岩岩体往往风化程度高

(B)泥岩和半成岩，可不进行风化程度划分

(C)岩石风化程度除可根据波速比、风化系数等来划分外，也可根据经验划分

(D)强风化岩石无法测取风化系数

12. 黄土室内湿陷试验的变形稳定标准为下列哪个选项？ ( )

(A)每小时变形不大于0.005mm

(B)每小时变形不大于0.01mm

(C)每小时变形不大于0.02mm

(D)每小时变形不大于0.05mm

13. 下列关于工程地质测绘和调查的说法中，哪个选项是不正确的？ ( )

(A)测绘和调查范围应与工程场地大小相等

(B)地质界线和地质观测点的测绘精度在图上不应低于3mm

(C)地质观测点的布置尽量利用天然和已有的人工露头

(D)每个地质单元都应有地质观测点

14. 按照《工程结构可靠性设计统一标准》(GB 50153—2008)规定，关于设计使用年限的叙述，以下选项中正确的是哪个选项？ ( )

(A)设计规定的结构或结构构件无需维修即可使用的年限

(B)设计规定的结构或结构构件经过大修可使用的年限

(C)设计规定的结构或结构构件不需进行大修即可按预定目的使用的年限

(D)设计规定的结构或结构构件经过大修可按预定目的使用的年限

15. 按照《建筑地基基础设计规范》(GB 50007—2011)规定，在进行基坑围护结构配筋计算计时，作用在围护结构上的土压力计算所采用的作用效应组合为以下哪个选项？ ( )

(A)正常使用极限状态下作用的标准组合

(B)正常使用极限状态下作用的准永久组合

(C)承载能力极限状态下作用的基本组合，采用相应的分项系数

(D)承载能力极限状态下作用的基本组合，其分项系数均为1.0

16. 根据《建筑地基基础设计规范》(GB 50007—2011)规定，扩展基础受冲切承载力计算公式($p_j A_l \leqslant 0.7\beta_{hp} f_t \alpha_m h_0$)中的 P_j 为下列选项中的哪一项？ ( )

(A)相应于作用的标准组合时的地基土单位面积总反力
(B)相应于作用的基本组合时的地基土单位面积净反力
(C)相应于作用的标准组合时的地基土单位面积净反力
(D)相应于作用的基本组合时的地基土单位面积总反力

17. 树根桩主要施工工序有:①成孔;②下放钢筋笼;③投入碎石和砂混合料;④注浆;⑤埋设注浆管。下列选项中正确的施工顺序是哪一选项? ( )

(A)①→⑤→④→②→③ (B)①→②→⑤→③→④
(C)①→⑤→②→④→③ (D)①→③→⑤→④→②

18. 塑料排水带作为堆载预压地基处理竖向排水措施时,其井径比是指下列哪个选项? ( )

(A)有效排水直径与排水带当量换算直径的比值
(B)排水带宽度与有效排水直径的比值
(C)排水带宽度与排水带间距的比值
(D)排水带间距与排水带厚度的比值

19. 下列关于既有建筑地基基础加固措施的叙述中,错误的是哪一项? ( )

(A)采用锚杆静压桩进行基础托换时,桩型可采用预制方桩、钢管桩、预制管桩
(B)锚杆静压桩桩尖达到设计深度后,终止压桩力应取设计单桩承载力特征值的1.0倍,且持续时间不少于3min
(C)某建筑物出现了轻微损坏,经查其地基膨胀等级为Ⅰ级,可采用加宽散水及在周围种植草皮等措施进行保护
(D)基础加深时,宜在加固过程中和使用期间对被加固的建筑物进行监测,直到变形稳定

20. 某CFG桩单桩复合地基静载试验,试验方法及场地土层条件如下图所示,在加载达到复合地基极限承载力时,CFG桩桩身轴力图分布形状最接近下列哪个选项? ( )

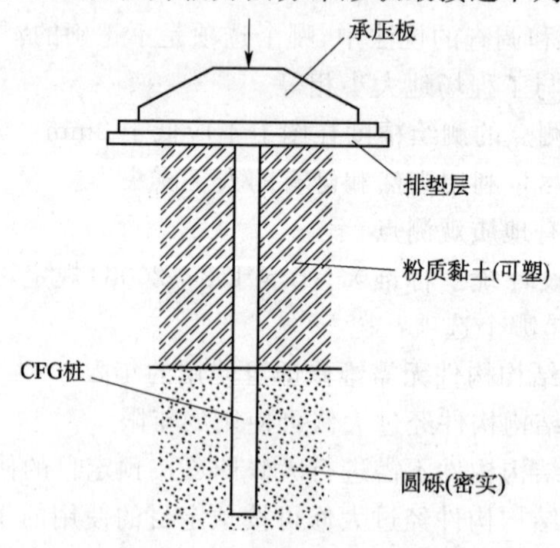

题20图

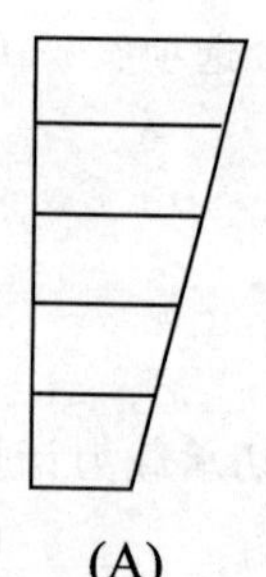
(A)

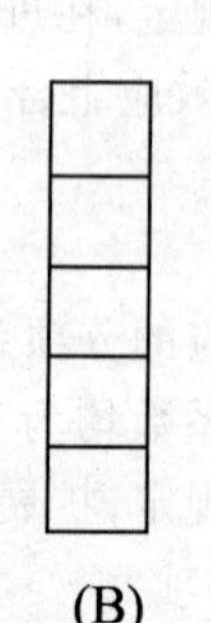
(B)

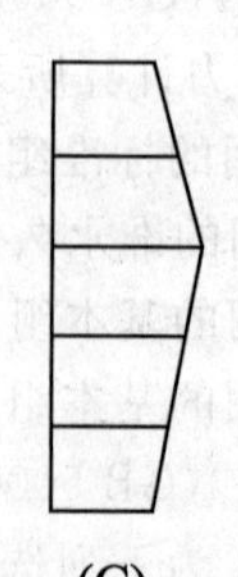
(C)

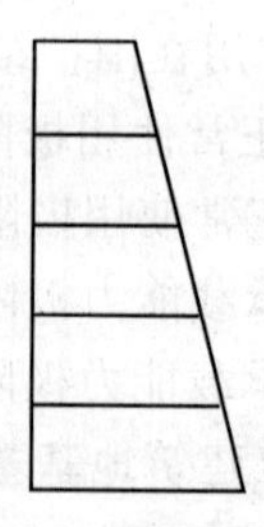
(D)

21. 某构筑物采用筏板基础，基础尺寸 20m×20m，地基土为深厚黏土，要求处理后地基承载力特征值不小于 200kPa，沉降不大于 100mm，某设计方案采用搅拌桩复合地基，桩长 10m，计算结果为：复合地基承载力特征值为 210kPa，沉降为 180mm，为满足要求，问下列何种修改方案最合理有效？（　　）

(A)搅拌桩全部改为 CFG 桩，置换率、桩长不变

(B)置换率、桩长不变，增加搅拌桩桩径

(C)总桩数不变，部分搅拌桩加长

(D)增加搅拌桩的水泥掺量提高桩身强度

22. 某填土工程拟采用粉土作填料，粉土土粒相对密度为 2.70，最优含水率为 17%，现无击实试验资料，试计算该粉土的最大干密度最接近下列何值？（　　）

(A)1.6t/m³　　(B)1.7t/m³　　(C)1.8t/m³　　(D)1.9t/m³

23. 预压法处理软弱地基，下列哪个说法是错误的？（　　）

(A)真空预压法加固区地表中心点的侧向位移小于该点的沉降

(B)真空预压法控制真空度的主要目的是防止地基发生失稳破坏

(C)真空预压过程中地基土的孔隙水压力会减小

(D)超载预压可减小地基的次固结变形

24. 根据《建筑地基处理技术规范》(JGJ 79—2012)，以下关于复合地基的选项哪项是正确的？（　　）

(A)相同地质条件下，桩土应力比 n 的取值碎石桩大于 CFG 桩

(B)计算单桩承载力时，桩端阻力发挥系数 α_p 的取值搅拌桩大于 CFG 桩

(C)无地区经验时，桩间土承载力发挥系数 β 取值，水泥土搅拌桩小于 CFG 桩

(D)无地区经验时，单桩承载力发挥系数 λ 的取值，搅拌桩小于 CFG 桩

25. 某铁路隧道围岩内地下水发育，下列防水措施中哪项措施不满足规范要求？（　　）

(A)隧道二次衬砌采用厚度为 30cm 的防水抗渗混凝土

(B)在复合衬砌初期支护与二次衬砌之间铺设防水板，并设系统盲管

(C)在隧道内紧靠两侧边墙设置与线路坡度一致的纵向排水沟

(D)水沟靠道床侧墙体预留孔径为 8cm 的泄水孔，间距 500cm

26. 某均质土基坑工程，采用单道支撑板式支护结构（如右图所示）。当开挖至坑底并达到稳定状态后，下列支护结构弯矩图中哪个选项是合理的？（　　）

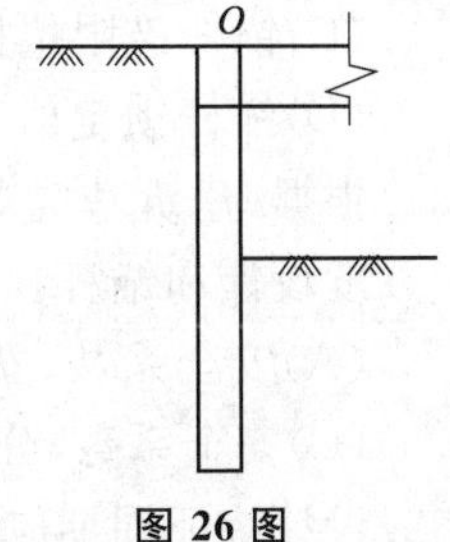

图 26 图

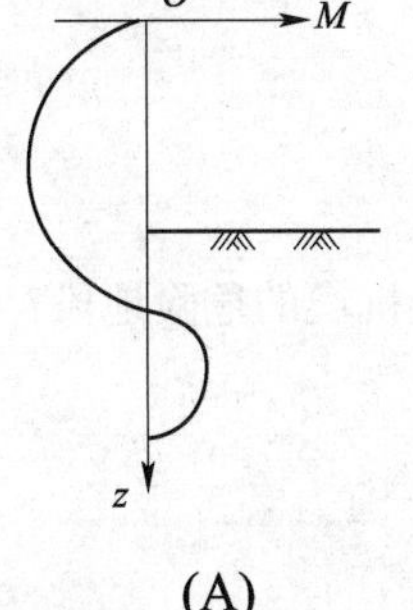

(A)

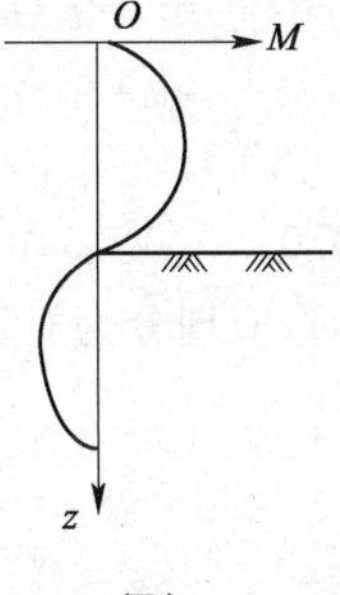

(B)

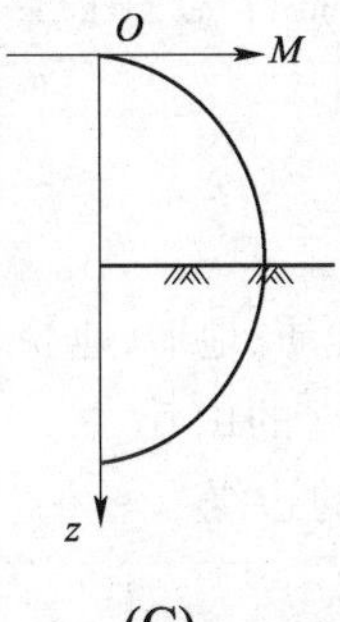

(C)

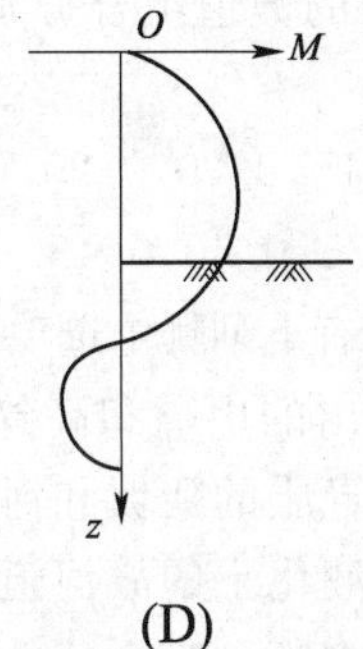

(D)

27. 基坑工程中，下列有关预应力锚杆受力的指标，从大到小顺序应为哪个选项？（　　）

①极限抗拔承载力标准值

②轴向拉力标准值

③锁定值

④预张拉值

(A)①>②>③>④　　(B)①>④>②>③

(C)①>③>②>④　　(D)①>②>④>③

28. 基坑支护施工中，关于土钉墙的施工工序，正确的顺序是下列哪个选项？（　）

①喷射第一层混凝土面层

②开挖工作面

③土钉施工

④喷射第二层混凝土面层

⑤绑扎钢筋网

(A)②③①④⑤　　(B)②①③④⑤

(C)③②⑤①④　　(D)②①③⑤④

29. 在Ⅳ级围岩中修建两车道的一级公路隧道时，对于隧道永久性支护衬砌设计，提出了如下的4个必选方案，其中哪个方案满足规范要求？（　）

(A)采用喷锚衬砌，喷射混凝土厚度50mm

(B)采用等截面的整体式衬砌，并设置与拱圈厚度相同的抑拱，以便封闭围岩

(C)采用复合式衬砌，初期支护的拱部和边墙喷10cm的混凝土，锚杆长度2.5m

(D)采用复合式衬砌，二次衬砌采用3.5cm厚的模筑混凝土，抑拱与拱墙厚度相同

30. 基坑工程中锚杆腰梁截面设计时，作用在腰梁的锚杆轴向力荷载应取下列哪个选项？（　）

(A)锚杆轴力设计值

(B)锚杆轴力标准值

(C)锚杆极限抗拔承载力标准值

(D)锚杆锁定值

31. 根据《建筑基坑支护技术规程》(JGJ 120—2012)的规定，对桩—锚支护结构中的锚杆长度设计和锚杆杆件截面设计，分别采用下列哪个选项中的系数？（　）

(A)安全系数、安全系数　　(B)分项系数、安全系数

(C)安全系数、分项系数　　(D)分项系数、分项系数

32. 设计特征周期应根据建筑所在地的设计地震分组和场地类别确定。对Ⅱ类场地，下列哪个选项的数值组合分别对应了设计地震分组第一组、第二组和第三组的设计特征周期(s)？（　）

(A)0.15，0.20，0.25　　(B)0.25，0.30，0.35

(C)0.35，0.40，0.45　　(D)0.40，0.45，0.50

33. 场地具有下列哪个选项的地质、地形、地貌条件时，应划分为对建筑抗震的危险地段？（　）

(A)突出的山嘴和高耸孤立的山丘

(B)非岩质的陡坡和河岸的边缘

(C)有液化土的故河道

(D)发震断裂带上可能发生地表错位的部位

34. 根据《建筑抗震设计规范》(GB 50011—2010)的固定，结构的水平地震作用标准值按下式确定 $F_{Ek}=\alpha_1 G_{eq}$。下列哪个选项对式中 α_1 的解释是正确的？（　）

(A)地震动峰值加速度

(B)设计基坑地震加速度

(C)相应于结构基本自振周期的水平地震影响系数

(D)水平地震影响系数最大值乘以阻尼调整系数

35. 位于抗震设防烈度为8度区，抗震设防类别为丙类的建筑物，其拟建场地内存在一条最晚活动时间为Q_3的活动断裂。该建筑物应采取下列哪种应对措施？（　　）

(A)可忽略断裂错动的影响

(B)拟建建筑物避让该断裂的距离不小于100m

(C)拟建建筑物避让该断裂的距离不小于200m

(D)提高一度采取抗震措施

36. 建筑设计中，抗震措施不包括下列哪项内容？（　　）

(A)加设基础圈梁　　(B)内力调整措施

(C)地震作用计算　　(D)增强上部结构刚度

37. 某土层实测剪切波速为550m/s，其土的类型属下列哪一项？（　　）

(A)坚硬土　　(B)中硬土　　(C)中软土　　(D)软弱土

38. 根据《建筑地基基础设计规范》(GB 50007—2011)的规定，拟用浅层平板载荷试验确定某建筑地基浅部软土的地基承载力，试验中采用的承压板直径最小不应小于下列哪一选项？（　　）

(A)0.5m　　(B)0.8m　　(C)1.0m　　(D)1.2m

39. 根据《岩土工程勘察规范》(GB 50021—2001)(2009年版)的规定，为保证静力触探数据的可靠性与准确性，静力触探探头应匀速压入土中，其贯入速率为下列哪一选项？（　　）

(A)0.2m/min　　(B)0.6m/min　　(C)1.2m/min　　(D)2.0m/min

40. 下列关于建筑沉降观测说法正确的是哪一选项？（　　）

(A)观测点测站高差中误差不应大于±0.15mm

(B)观测应在建筑施工至±0.0后开始

(C)建筑物倾斜应为观测到的基础最大沉降差异值与建筑物高度的比值

(D)当最后100d的沉降速率小于0.01～0.04mm/d时可认为已进入稳定阶段

二、多项选择题(共30题，每题2分。每题的备选项中有两个或三个符合题意，错选、少选、多选均不得分)

41. 下列关于管涌和流土的论述中哪些选项是正确的？（　　）

(A)管涌是一种渐进性质的破坏

(B)管涌只发生在渗流溢出处，不会出现在土体内部

(C)流土是一种突变性质的破坏

(D)向上的渗流可能会产生流土破坏

42. 围压和偏应力共同作用产生的孔隙水压力可表示为：$\Delta u=B[\Delta\sigma_3+A(\Delta\sigma_1-\Delta\sigma_3)]$。下列关于孔隙水压力系数$A$、$B$的说法中，哪些选项是正确的？（　　）

(A)孔隙水压力系数A反映土的剪胀(剪缩)性

(B)剪缩时A值为负，剪胀时A值为正

(C)孔隙水压力系数B反映了土体的饱和程度

(D)对于完全饱和的土$B=1$，对干土$B=0$

43. 下列哪些取土器的选用是合适的？（　　）

(A)用单动三重管回转取土器采取细砂Ⅱ级土样
(B)用双动三重管回取土器采取中砂Ⅱ级土样
(C)用标准贯入器采取Ⅲ级砂土样
(D)用厚壁敞口取土器采取砾砂Ⅱ级土样

44.关于标准贯入试验锤击数数据，下列说法正确的是哪几项？（　）
(A)勘察报告应提供不做修正的实测数据
(B)用现行各类规范判别液化时，均不作修正
(C)确定砂土密实度时，应作杆长修正
(D)估算地基承载力时，如何修正应按相应的规范确定

45.通过岩体原位应力测试能够获取的参数包括？（　）
(A)空间应力　(B)弹性模量　(C)抗剪强度　(D)泊松比

46.对黏性土填料进行击实试验时，下列哪些选项是正确的？（　）
(A)重型击实仪试验比轻型击实仪得到的土料最优含水率要小
(B)一定的击实功能作用下，土料达到某个干密度所对应含水率是唯一值
(C)一定的击实功能作用下，土料达到最大干重度对应最优含水率
(D)击实完成时，超出击实角项的试样高度应小于6mm

47.下列选项哪些是永久荷载？（　）
(A)土压力　(B)屋面积灰荷载　(C)书库楼面荷载　(D)预应力

48.根据《建筑地基基础设计规范》(GB 50007—2011)规定，在以下设计计算中，基底压力计算正确的是？（　）
(A)地基承载力验算时，基底压力按计入基础自重及其上土重后相应于作用的标准组合时的地基土单位面积压力计算
(B)确定基础底面尺寸时，基底压力扣除基础自重及其上土重后相应于作用的标准组合时的地基土单位面积压力计算
(C)基础底板配筋时，基底压力按扣除基础自重及其上土重后相应作用的基本组合时的地基土单位面积压力计算
(D)计算地基沉降时基底压力按扣除基础自重及其上土重后的准永久组合时的地基土单位面积压力计算

49.《建筑地基基础设计规范》(GB 50007—2011)关于“建筑物的变形计算值不应大于地基变形允许值”的规定符合《工程结构可靠性设计统一标准》(GB 50153—2008)的下列哪些基本概念或规定？（　）
(A)地基变形计算值对应作用效应项
(B)地基变形计算所用的荷载不包括可变荷载
(C)地基变形验算是一种正常使用极限状态的计算
(D)地基变形允许值对应抗力项

50.下列关于换填土质量要求的说法正确的是哪些选项？（　）
(A)采用灰土换填时，用作灰土的生石灰应过筛，不得夹有熟石灰块，也不得含有过多水分
(B)采用二灰土(石灰、粉煤灰)换填时，由于其干重度较灰土大，因此石灰碾压时最优含水率较灰土小
(C)采用素土换填时，压实时应使用重度接近最大重度

(D)采用砂石土换填时，含泥量不应过大，也不应含有过多的有机杂物

51. 其他条件相同时，关于强夯法地基处理，下列说法哪些是错误的？（　）

(A)强夯有效加固深度，砂土场地大于黏性土场地

(B)两遍夯击之间时间间隔，砂土场地大于黏性土场地

(C)强夯处理深度相同时，要求强夯超出建筑基础外缘的宽度，砂土场地大于黏性土场地

(D)抢行地基承载力检测与强夯施工结束的时间间隔，砂土场地大于黏性土场地

52. 按照《建筑地基处理技术规范》(JGJ 79—2012)为控制垫层的施工质量，下列地基处理方法中涉及的垫层材料质量检验，应做干密度试验的是？（　）

(A)湿陷性黄土上桩锤冲扩桩顶的褥垫层　(B)灰土挤密桩桩顶的褥垫层

(C)夯实水泥土桩桩顶的褥垫层　(D)换填垫层

53. 按照《建筑地基处理技术规范》(JGJ 79—2012)采用以下方法进行地基处理时，哪些可以只在基础范围内布桩？（　）

(A)沉管砂石桩　(B)灰土挤密桩　(C)夯实水泥土桩　(D)混凝土预制桩

54. 按照《建筑地基处理技术规范》(JGJ 79—2012)关于处理后地基静载试验，下列说法错误的是？（　）

(A)单桩复合地基荷载静载试验可以测定承压板下应力主要影响范围内复合土层的承载力和压缩模量

(B)黏土地基上的刚性桩复合地基极限荷载为 Q_u，压力—沉降曲线是缓变形，静载试验承压板边长 2.5m，沉降 25mm 对应的压力 Q_s 小于 $0.5Q_u$，则承载力特征值去 Q_s

(C)极限荷载为 Q_u，比例界限对应的荷载值 Q_b，等于 $0.6Q_u$，则承载力特征值取 Q_b

(D)通过静载试验可确定强夯处理后地基承压板力主要影响范围内土层的水平承载力和变形模量

55. 城市道路某段路基为沟谷回填形式，回填厚度为 6.0～10.0m，填土为花岗岩残积砾质黏性土，较松散，被雨水浸泡后含水率较高，设计采用强夯法进行加固，以下哪些措施能合理有效改善？（　）

(A)增加夯击能和夯点击数　(B)设置降水井强制抽排水

(C)在路基表面填垫碎石层　(D)打设砂石桩

56. 某地基硬壳层厚约 5m，下面有 10m 左右淤泥质土层，再下面是较好的黏土层，采用振动沉管法施工的水泥粉煤灰碎石桩加固，以下部黏土层为桩端持力层，下列说法错误的是？（　）

(A)满堂布桩时，施工顺序应从四周向内推进施工

(B)置换率较高时，应放慢施工速度

(C)遇到淤泥质土时，拔管速度应当加快

(D)振动沉管法的混合坍落度一般较长螺旋钻中的压灌成桩法的要小

57. 根据《建筑基坑支护技术规程》(JGJ 120—2012)，锚杆试验的有关规定，下列说法正确的是？（　）

(A)锚杆基本试验应采用循环加卸荷载法，每级加卸荷载稳定后试读锚头位移不应少于 3 次

(B)锚杆的弹性变形应控制小于自由段常应变形计算值的 80%

(C)锚杆验收试验中的最大试验荷载应取轴向受拉承载力设计值的 1.3 倍

(D)如果某级荷载作用下的锚头位移不收敛，可认为锚杆已破坏

58. 对于基坑工程中采用深井回灌方法减少降水引起的周边环境影响，下列说法正确的是？（　）

(A)回灌井应布置在降水井外围，回灌井与降水井距离不应超过 6m

(B)回灌井应进入稳定含水层中，应在含水层中全长设置滤管

(C)回灌应采用清水，水质满足环保环境保护要求

(D)回灌率应根据保护要求，且不应低于 90％

59.下列哪些选项属于地下连续墙柔性槽段接头？（ ）

(A)圆形锁口管接头 (B)楔形接头

(C)工字形钢接头 (D)十字形穿孔钢板接头

60.根据《建筑基坑工程监测技术规范》(GB 50497—2009)，关于建筑基坑检测预算值的设定，下列选项正确的是？（ ）

(A)按基坑开挖影响范围内建筑物的正常使用要求确定

(B)涉及燃气管线的，按压力管线变形要求或燃气主管部门要求确定

(C)由基坑支护设计单位在基坑设计文件中给定

(D)由基坑监测单位确定

61.在岩层中开挖铁路隧道，下列选项正确的是？（ ）

(A)围岩压力是隧道开挖后因围岩松动而作用于支护结构上的压力

(B)围岩压力是隧道开挖后因围岩变形而作用于衬砌结构上的压力

(C)围岩压力是围岩岩体中的地应力

(D)在Ⅳ级围岩中其他条件相同的情况下，支护结构刚度越大，其上的围岩压力越大

62.关于膨胀土地基变形量取值，下列选项正确的是？（ ）

(A)膨胀变形量应取基础的最大膨胀上升量

(B)胀缩变形量应取基础的最大胀缩变形量

(C)收缩变形量应取基础的最小收缩下沉量

(D)变形差应取相邻两基础的变形量之差

63.对于饱和砂土和饱和粉土进行液化判别时，在同一标贯试验深度和地下水位的条件下，如果砂土和粉土的实测标贯锤击数相同，下列说法正确的是？（ ）

(A)粉细砂比粉土更易液化

(B)黏粒含量较多的砂土容易液化

(C)平均粒径 d_{50} 为 0.10～0.20mm 的砂土较不易液化

(D)粉土中黏粒含量越多越不易液化

64.为了全部消除建筑地基液化溶陷，采取下列哪些措施是符合《建筑抗震设计规范》(GB 50011—2010)的？（ ）

(A)采用桩基时，桩端深入液化深度以下的土层中的长度不应小于 0.5m

(B)采用深基础时，基础底面应埋入液化深度以下的稳定土层中深度不应小于 0.5m

(C)采用加密法或换土法处理时，处理宽度应超过基础边缘以外 1m

(D)采用强夯加固时，应处理至液化深度以下

65.按照《水利水电工程地质勘察规范》(GB 50487—2008)，当采用标贯锤击数法进行土的地震液化复判时，下列说法正确的是？（ ）

(A)实测标贯入锤击数应先进行钻杆长度校正

(B)实测标贯入锤击数应按工程正常运用时的贯入点深度和地下水位深度进行校正

(C)液化判别标贯入锤击数临界值与标贯入试验时的贯入点深度和地下水位

(D)标贯入锤击数法可适用于标贯入点在地面以下 20mm 内的深度

66. 下列哪些方法可以全部消除建筑物地基液化? ( )

(A)挤密碎石桩 (B)强夯

(C)现场地面以上增加大面积压实填土 (D)长螺旋施工的CFG桩复合地基

67. 对于抗震设防类别为丙类的建筑物,当拟建场地符合下列哪些选项时,其水平地震影响系数应适当增加? ( )

(A)位于河岸边缘 (B)位于边坡坡顶边缘

(C)地基液化等级为中等 (D)地基土为软弱土

68. 下列关于局部地形条件对于地震反应影响的描述正确的是? ( )

(A)高突地形高度越大,影响越大

(B)场地离高突地形边缘距离越大,影响越大

(C)边坡越陡影,响越大

(D)坡降越大,影响越大

69. 需要检测混凝灌注桩桩身缺陷及其位置,下列哪些方法可以达到此目的? ( )

(A)单桩水平静载试验 (B)低应变法

(C)高应变法 (D)声波透射法

70. 某建筑桩基进行单桩竖向抗压静载荷试验,试桩为扩底灌注桩,桩径为1 000mm,扩底直径2 200mm,锚桩采用4根900直径灌注桩,则下列关于试桩与锚桩.基准桩之间中心距设计正确的是哪些选项? ( )

(A)试桩与锚桩中心距为4m

(B)试桩与基准桩中心距为4.2m

(C)基准桩与锚桩中心距为4m

(D)试桩与锚桩基准桩中心距均为4.2m

专业知识(下午卷)

一、单项选择题(共40题,每题1分,每题的备选项中只有一个最符合题意)

1. 对于地基土的冻胀性及防治措施,下列哪个选项是错误的? ( )

(A)对在地下水位以上的基础,基础侧面应回填非冻胀性的中砂或粗砂

(B)建筑物按采暖设计,当冬季不能正常采暖时,应对地基采取保温措施

(C)基础下软弱黏性土层换填卵石层后,设计冻深会减小

(D)冻胀性随冻前天然含水率增加而增大

2. 根据《建筑地基基础设计规范》(GB 50007—2011),关于地基承载力特征值 f_{ak} 的表述,下列哪个选项是正确的? ( )

(A)地基承载力特性值指的就是临塑荷载 p_{cr}

(B)地基承载力特征值小于或等于载荷试验比例界限值

(C)极限承载力的1/3就是地基承载力特征值

(D)土的物理性质指标相同,其承载力特征值就一定相同

3. 根据《建筑地基基础设计规范》(GB 50007—2011),采用地基承载力理论公式确定地基承载力特征值时,以下设计验算正确的选项是哪项? ( )

(A)理论公式适用于轴心受压和偏心距大于 $b/6$ 的受压基础的地基承载力计算

(B)按理论公式计算并进行地基承载力验算后,无需进行地基变形验算

(C)按理论公式计算地基承载力特征值时，对于黏性土地基，基础底面宽度 $b<3\text{m}$ 时按 3m 取值

(D)按理论公式计算的地基承载力特征值，不再根据基础埋深和宽度进行修正

4. 基底下地质条件完全相同的两个条形基础，按《建筑地基基础设计规范》(GB 50007—2011)规定进行地基沉降计算时，以下描述正确的选项是哪项？（　　）

(A)基础的基底附加压力相同，基础宽度相同，则地基沉降量相同

(B)基础的基底附加压力相同，基础高度相同，则地基沉降量相同

(C)基础的基底压力相同，基础宽度相同，则地基沉降量相同

(D)基础的基底附加压力相同，基础材料强度相同，则地基沉降量相同

5. 某墙下条形基础，相应于作用的标准组合时基底平均压力为 90kPa，按《建筑地基基础设计规范》(GB 50007—2011)规定方法进行基础高度设计，当采用砖基础时，恰好满足设计要求的基础高度为 0.9m。若改用 C15 素混凝土基础，基础宽度不变，则基础高度不应小于以下何值？（　　）

(A)0.45m　　(B)0.6m　　(C)0.9m　　(D)1.35m

6. 某柱下钢筋混凝土条形基础，柱基础的混凝土强度等级均为 C30，在进行基础梁的承载力设计时，对基础梁可以不计算下列哪个选项的内容？（　　）

(A)柱底边缘截面的受弯承载力　　(B)柱底边缘截面的受剪切承载力

(C)柱底部位的局部受压承载力　　(D)跨中截面的受弯承载力

7. 根据《建筑桩基技术规范》(JGJ 94—2008)，验算桩身正截面受拉承载力应采用下列哪一种荷载效应组合？（　　）

(A)标准组合　　(B)基本组合　　(C)永久组合　　(D)准永久组合

8. 某建筑物对水平位移敏感，拟采用钻孔灌注桩基础，设计桩径 800mm，桩身配筋率 0.7%，入土 15m。根据水平静载试验，其临界水平荷载为 220kN，地面处桩顶水平位移为 10mm 时对应的荷载为 320kN，地面处桩顶水平位移为 6mm 时对应荷载为 260kN。根据《建筑桩基技术规范》(JGJ 94—2008)，该建筑单桩水平承载力特征值可取下列哪一个值？（　　）

(A)240kN　　(B)220kN　　(C)195kN　　(D)165kN

9. 对于桩径 1.5m，桩长 60m 的泥浆护壁钻孔灌注桩，通常情况下，下列何种工艺所用泥浆量最少？（　　）

(A)正循环钻进成孔　　(B)气举反循环钻进成孔

(C)旋挖钻机成孔　　(D)冲击反循环钻进成孔

10. 某公路桥梁拟采用摩擦型钻孔灌注桩，地层为稍密至中密碎石土。静载试验确定的单桩竖向容许承载力为 3000kN，按照《公路工程抗震规范》(JTG B02—2013)进行抗震验算时的单桩竖向容许承载力可采用下列哪个值？（　　）

(A)3 000kN　　(B)3 750kN　　(C)3 900kN　　(D)4 500kN

11. 某方形截面高承台基桩，边长 0.5m，桩身压曲计算长度 10m，按照《建筑桩基技术规范》(JGJ 94—2008)规定进行正截面受压承载力验算，其稳定系数 φ 的取值最接近下列哪一选项？（　　）

(A)0.5　　(B)0.75　　(C)0.98　　(D)1.0

12. 根据《建筑桩基技术规范》(JGJ 94—2008)，下列关于长螺旋钻孔压灌桩工法的叙述，哪个选项是正确的？（　　）

(A)长螺旋钻孔压灌桩属于挤土桩

(B)长螺旋钻孔压灌桩主要适用于碎石土层和穿越砾石夹层

(C)长螺旋钻孔压灌桩不需泥浆护壁

(D)长螺旋钻孔压灌桩的混凝土坍落度通常小于 160mm

13. 下列关于后注浆灌注桩承载力特点的叙述,哪一选项是正确的? ( )

(A)摩擦灌注桩,桩端后注浆后可转为端承桩

(B)端承灌注桩,桩侧后注浆后可转为摩擦桩

(C)后注浆可改变灌注桩侧阻与端阻的发挥顺序

(D)后注浆提高灌注桩承载力的幅度主要取决于注浆土层的性质与注浆参数

14. 某群桩基础,桩径 800mm,下列关注桩基承台设计的哪个选项符合《建筑桩基技术规范》(JGJ 94—2008)的要求? ( )

(A)高层建筑平板式和梁板式筏形承台的最小厚度不应小于 200mm

(B)柱下独立桩基承台的最小宽度不应小于 200mm

(C)对于墙下条形承台梁,承台的最小厚度不应小于 200mm

(D)墙下布桩的剪力墙结构筏行承台的最小厚度不应小于 200mm

15. 某铁路路堑边坡修建大型块石土堆积体,采用如下图所示的抗滑桩支护,桩的悬臂段长 8m,试问作用在桩上的滑坡推力的分布形式宜选用下列哪个图形? ( )

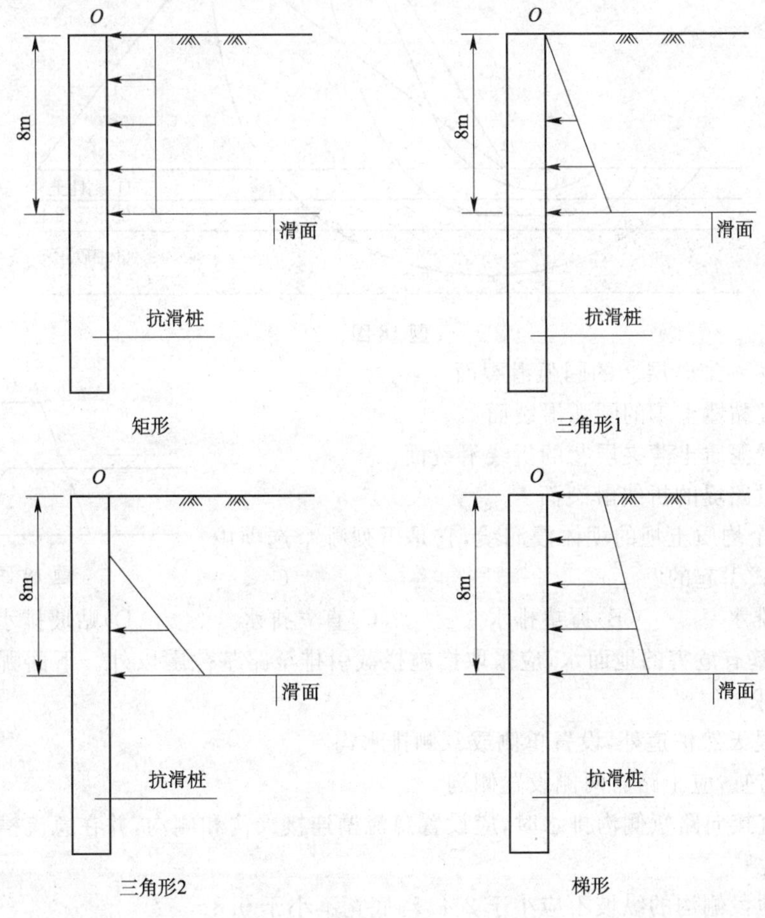

题 15 图

(A)矩形 (B)三角形 1 (C)三角形 2 (D)梯形

16. 作用于沿河公路路基挡土墙上的荷载，下列哪个选项中的荷载不是偶然荷载？（　　）

(A)地震作用力　　(B)泥石流作用力

(C)流水压力　　(D)墙顶护栏上的车辆撞击力

17. 下图为某一粉质黏土均质土坝的下游棱体排水，其反滤层的材料从左向右 1→2→3 依次符合下面哪个选项？（　　）

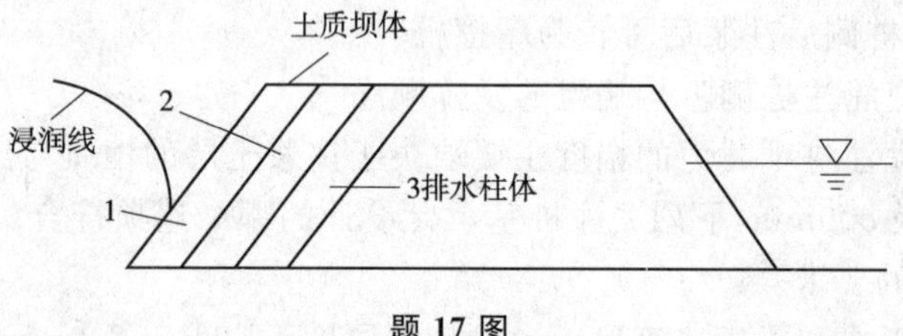

题 17 图

(A)砂→砾→碎石　　(B)碎石→砾→砂

(C)砾→砂→碎石　　(D)碎石→砂→砾

18. 一个粉质黏土的压实填方路堤建于硬塑状黏性土①地基上，其下为淤泥质土薄夹层②，再下层为深厚中密细砂层③，如下图所示。判断下面哪个选项滑裂面是最可能滑裂面？（　　）

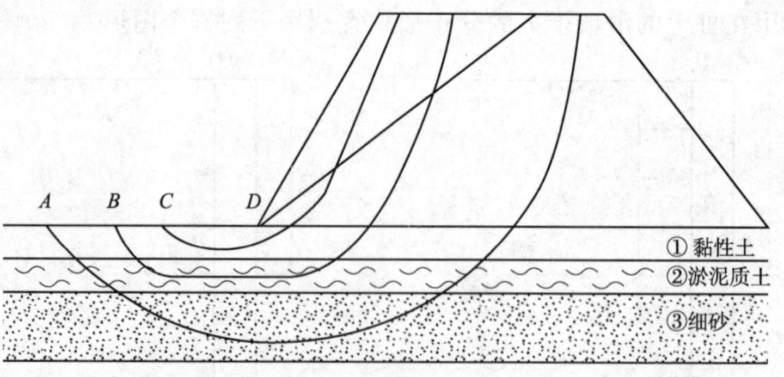

题 18 图

(A)下部达到细砂层③的圆弧滑裂面

(B)只通过黏性土①的圆弧滑裂面

(C)通过淤泥质土薄夹层②的折线滑裂面

(D)只通过路堤的折线滑裂面

19. 下图为一个均质土坝的坝体浸润线，它是下列哪个选项中的排水形式引起的？（　　）

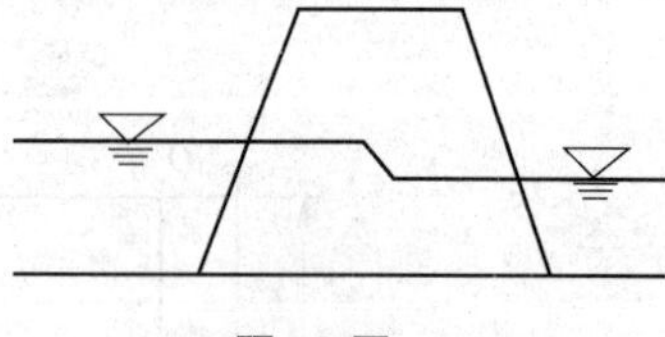

题 19 图

(A)棱体排水　　(B)褥垫排水　　(C)直立排水　　(D)贴坡排水

20. 对铁路路基有危害的地面水，应采取措施拦截引排至路基范围以外。下面哪项措施不符合规范要求？（　　）

(A)在路堤天然护道外，设置单侧或双侧排水沟

(B)对于路堑，应于路肩两侧设置侧沟

(C)天沟直接向路堑侧沟排水时，应设置急流槽连接天沟和侧沟，并在急流槽出口处设置消能池

(D)路堑地段侧沟的纵坡不应小于 2%，沟底宽不小于 0.8m

21. 按照《铁路路基支挡结构设计规范》(TB 10025—2006)，下列哪个选项中的地段最适合采用土钉墙？（　　）

(A)中强腐蚀性土层地段　　(B)硬塑状残积黏性土地段

(C)膨胀土地段　　(D)松散的砂土地段

22. 某小型土坝下游面棱体排水采用土工织物做反滤材料，根据《土工合成材料应用技术规范》(GB/T 50290—2014)，下列哪个选项的做法是正确的？其中 O_{95} 为土工织物的等效孔径，d_{85} 为被保护土的特征粒径。（　）

(A)采用的土工织物渗透系数和被保护土的渗透系数相接近

(B)淤堵试验的梯度比控制在 GR≤5

(C)O_{95}/d_{85} 的比值采用 5 以上

(D)铺设土工织物时，在顶部和底部应予固定，坡面上应设防滑钉

23. 关于黄土湿陷试验的变形稳定标准，下列论述中哪个选项是不正确的？（　）

(A)现场静载荷试验为连续 2 小时内每小时的下沉量小于 0.1mm

(B)现场试坑浸水试验停止试验为最后 5 天的平均湿陷量小于每天 1mm

(C)现场试坑浸水试验终止试验为停止浸水后继续观测不少于 10 天，且连续 5 天的平均下沉量不大于每天 1mm

(D)室内试验为连续 2 小时内每小时变形不大于 0.1mm

24. 滑坡的发展过程可分为蠕滑、滑动、剧滑和稳定四个阶段。但由于条件不同，有些滑坡发展阶段不明显。问下列滑坡中，哪个选项的滑坡最不易出现明显的剧滑阶段？（　）

(A)滑体沿圆弧形滑动面滑移的土质滑坡

(B)滑面为平面，无明显抗滑段的岩质顺层滑坡

(C)滑面总体倾角较平缓，且抗滑段较长的堆积层滑坡

(D)楔形体滑坡

25. 盐渍土中各类盐类，按其在下列哪个温度水中的溶解度分为易溶盐、中溶盐和难溶盐？（　）

(A)0℃　　(B)20℃　　(C)35℃　　(D)60℃

26. 下列哪个选项的盐渍土对普通混凝土的腐蚀性最强？（　）

(A)氯盐渍土　　(B)亚氯盐渍土　　(C)碱性盐渍土　　(D)硫酸盐渍土

27. 黄土地基湿陷量的计算值最大不超过下列哪一选项时，各类建筑物的地基均可按一般地区的规定设计？（　）

(A)300mm　　(B)70mm　　(C)50mm　　(D)15mm

28. 红黏土地基满足下列哪个选项时，土体易出现大量裂缝？（　）

(A)天然含水率高于液限　　(B)天然含水率介于液限和塑限区间

(C)天然含水率介于塑限和缩限区间　　(D)天然含水率低于缩限

29. 某细粒土天然重度 γ 为 13.6kN/m^3，天然含水率 w 为 58%，液限 w_L 为 47%，塑限 w_P 为 29%，孔隙比 e 为 1.58，有机质含量 w_u 为 9%，根据《岩土工程勘察规范》(GB 50021—2001)(2009 年版)相关要求，该土的类型为下列哪个选项？（　）

(A)淤泥质土　　(B)淤泥　　(C)泥炭质土　　(D)泥炭

30. 土洞形成的过程中，水起的主要作用为下列哪个选项？（　）

(A)水的渗透作用　　(B)水的冲刷作用

(C)水的潜蚀作用　　(D)水的软化作用

31. 湿陷性黄土浸水湿陷的主要原因为下列哪个选项？（　）

(A)土颗粒间的固化联结键浸水破坏　　(B)土颗粒浸水软化

(C)土体浸水收缩　　　　　　　　(D)浸水使土体孔隙中气体排出

32. 关于对钢结构的腐蚀性评价中，下列哪个说法是错误的？（　）

(A)pH 值大小与腐蚀性强弱呈反比

(B)氧化还原电位大小与腐蚀性强弱呈反比

(C)视电阻率大小与腐蚀性强弱呈正比

(D)极化电流密度大小与腐蚀性强弱呈正比

33. 下列哪一选项是推移滑坡的主要诱发因素？（　）

(A)坡体土方卸载　　　　　　　　(B)坡脚挖方或河流冲刷坡脚

(C)坡脚地表积水下渗　　　　　　(D)坡体上方堆载

34. 处理湿陷黄土地基，下列哪个方法是不适用的？（　）

(A)强夯法　　(B)灰土垫层法　　(C)振冲碎石桩法　　(D)预浸水法

35. 安全施工所需费用属于下列建筑安装工程费用项目构成中的哪一项？（　）

(A)直接工程费　　(B)措施费　　(C)规费　　(D)企业管理费

36. 工程监理人员发现工程设计不符合工程质量标准或合同约定的质量要求时，应按下列哪个选项处理？（　）

(A)要求设计单位改正

(B)报告建设主管部门要求设计单位改正

(C)报告建设单位要求设计单位改正

(D)与设计单位协商进行改正

37. 勘查设计单位违反工程建设强制性标准造成工程质量事故的，按下列哪个选项处理是正确的？（　）

(A)按照《中华人民共和国建筑法》有关规定，对事故责任单位和责任人进行处罚

(B)按照《中华人民共和国合同法》有关规定，对事故责任单位和责任人进行处罚

(C)按照《建设工程质量管理条例》有关规定，对事故责任单位和责任人进行处罚

(D)按照《中华人民共和国招标投标法》有关规定，对事故责任单位和责任人进行处罚

38. 根据《建设工程质量管理条例》，以下关于建设单位的质量责任和义务的条款中，哪个选项是错误的？（　）

(A)建设工程发包单位不得迫使承包方以低于成本价的价格竞标，不得任意压缩合理工期

(B)建设单位不得明示或者暗示设计单位或者施工单位违反工程建设强制性标准，降低建设工程质量

(C)涉及建筑主体和承重结构变动的装修工程，建设单位应当要求装修单位提出加固方案，没有加固方案的，不得施工

(D)建设单位应当将施工图提交相关部门审查，施工图设计文件未经审查批准的，不得使用

39. 根据《建筑工程五方责任主体项目负责人质量终身责任追究暂行办法》，下列哪项内容不属于项目负责人质量终身责任信息档案内容？（　）

(A)项目负责人姓名、身份证号码、职业资格、所在单位、变更情况等

(B)项目负责人签署的工程质量终身责任承诺书

(C)法定代表人授权书

(D)项目负责人不良质量行为记录

40. 根据《房屋建筑和市政基础设施工程施工图设计文件审查管理办法》规定，关于一类审查机构应当具备的条件，下列哪个选项是错误的？（ ）

(A)审查人员应当有良好的职业道德，有12年以上所需专业勘察、设计工作经历

(B)在本审查机构专职工作的审查人员数量，专门从事勘察文件审查的，勘察专业审查人员不少于7人

(C)60岁以上审查人员不超过该专业审查人员规定人数的1/2

(D)有健全的技术管理和质量保证体系

二、多项选择题(共30题，每题2分。每题的备选项中有两个或三个符合题意，错选、少选、多选均不得分)

41. 某主裙连体建筑物，如果采用整体筏板基础，差异沉降计算值不能满足规范要求，针对这一情况，可采用下列哪些方案解决？（ ）

(A)在与主楼相邻的裙房的第一跨设置沉降后浇带

(B)对裙房部位进行地基处理，降低其地基承载力及刚度

(C)增加筏板基础的配尽量

(D)裙房由筏板基础改为独立基础

42. 下列选项中哪些假定不符合太沙基极限承载力理论假定？（ ）

(A)平面应变　　(B)平面应力

(C)基底粗糙　　(D)基底下的土为无质量介质

43. 根据《建筑地基基础设计规范》(GB 50007—2011)，在下列关于软弱下卧层验算方法的叙述中正确的是？（ ）

(A)基础底面的附加压力通过一定厚度的持力层扩散为软弱下卧层顶面的附加压力

(B)在其他条件相同的情况下，持力层越厚，软弱下卧层顶面的附加压力越小

(C)在其他条件相同的情况下，持力层的压缩模量越高，扩散到软弱下卧层顶面的附加压力越小

(D)软弱下卧层的承载力特征值需要经过深宽修正

44. 根据《建筑地基基础设计规范》(GB 50007—2011)，在下列关于持力层、地基承载力深宽修正方法的论述中，下列说法正确的是？（ ）

(A)深度修正系数是按基础埋置深度范围内的土的类型查表备选用的

(B)宽度修正系数是按持力层土的类型查表选用的

(C)对于软土地基采用换填法加固持力层，宽度修正系数按换填后的土选用

(D)深度修正时采用的土的重度为基底以上土的加权平均重度

45. 根据《建筑地基基础设计规范》(GB 50007—2011)，采用地基承载力理论公式计算快速加荷情况下饱和软黏土地基承载力时，以下各因素中对计算结果不产生影响的是哪些选项？（ ）

(A)基础宽度　　(B)荷载大小

(C)基底以上土的重度　　(D)基础埋深

46. 某高层建筑群桩基础采用设计桩径为800mm的钻孔灌注桩，承台下布置了9根桩，桩顶设计高程位于施工现场地面下10.0m，下列关于该桩基施工质量的要求，哪些选项符合《建筑桩基技术规范》(JGJ 94—2008)规定？（ ）

(A)成孔垂直度的允许偏差不大于1.0%

(B)承台下中间桩的桩位允许偏差不大于150mm

(C)承台下边桩的桩位允许偏差不大于 110mm

(D)个别断面桩径允许小于设计值 50mm

47. 钻孔灌注桩施工时,下列哪些选项对防止孔壁坍塌是有利的? ( )

(A)选用合适的制备泥浆

(B)以砂土为主的地层,钻孔过程中利用原地层自行造浆

(C)提升钻具时,及时向孔内补充泥浆

(D)在受水位涨落影响时,泥浆面应低于最高水位 1.5m 以上

48. 对于钻孔灌注桩成孔深度的控制要求,下列哪些选项符合《建筑桩基技术规范》(JGJ 94—2008)要求? ( )

(A)摩擦桩应以设计桩长控制为主

(B)端承桩应以桩端进入持力层的设计深度控制为主

(C)摩擦端承桩应以桩端进入持力层的设计深度控制为辅,以设计桩长控制为主

(D)端承摩擦桩应以桩端进入持力层的设计深度控制为主,以设计桩长控制为辅

49. 按照《建筑桩基技术规范》(JGJ 94—2008)规定,下列关于干作业成孔扩底灌注桩的施工要求错误的? ( )

(A)人工挖孔桩混凝土护壁可以不配置构造钢筋

(B)当渗水量过大时,人工挖孔桩可在桩孔中边抽水边开挖

(C)浇筑桩顶以下 5m 范围内的混凝土时,应随浇筑随振捣,每次浇筑高度不得大于 1.5m

(D)扩底桩灌注混凝土时,当第一次灌注超过扩底部位的顶面时,可不必振捣,然后继续灌注

50. 下列关于混凝土预制桩现场的制作要求,哪些符合《建筑桩基技术规范》(JGJ 94—2008)规定? ( )

(A)桩身混凝土强度等级不应低于 C20

(B)混凝土宜用机械搅拌,机械振捣

(C)浇筑时宜从桩尖开始灌注

(D)一次浇筑完成,严禁中断

51. 根据《建筑桩基技术规范》(JGJ 94—2008),下列关于减沉复合疏桩基础的论述中正确的是? ( )

(A)减沉复合疏桩基础是在地基承载力基本满足要求情况下的疏布摩擦桩基础

(B)减沉复合疏桩基础中,桩距下应大于 5 倍桩径

(C)减沉复合疏桩基础的沉降等于桩长范围内桩间土的压缩量

(D)减沉复合疏桩基础中,上部结构荷载主要由桩和桩间土共同承担

52. 某高层建筑采用钻孔灌注桩基础,桩径 800mm,桩长 15m。单桩承担竖向受压荷载 2000kN,桩端持力层为中风化花岗岩,设计所采取的下列哪些构造措施符合《建筑桩基技术规范》(JGJ 94—2008)的要求? ( )

(A)纵向主筋配 8ϕ20

(B)桩身通长配筋

(C)桩身混凝土强度等级 C20

(D)主筋的混凝土保护层厚度不少于 50mm

53. 在软黏土地基上修建填方路堤,用聚丙烯双向土工格栅加固地基。实测的格栅的拉力随时间变化示意图如下所示,其施工期以后格栅的拉力减少,可能是下面哪些选项的

原因？（　　）

(A)筋材的蠕变大于土的蠕变

(B)土工格栅上覆盖填土发生了差异沉降

(C)软黏土地基随时间的固结

(D)路基上车辆的反复荷载

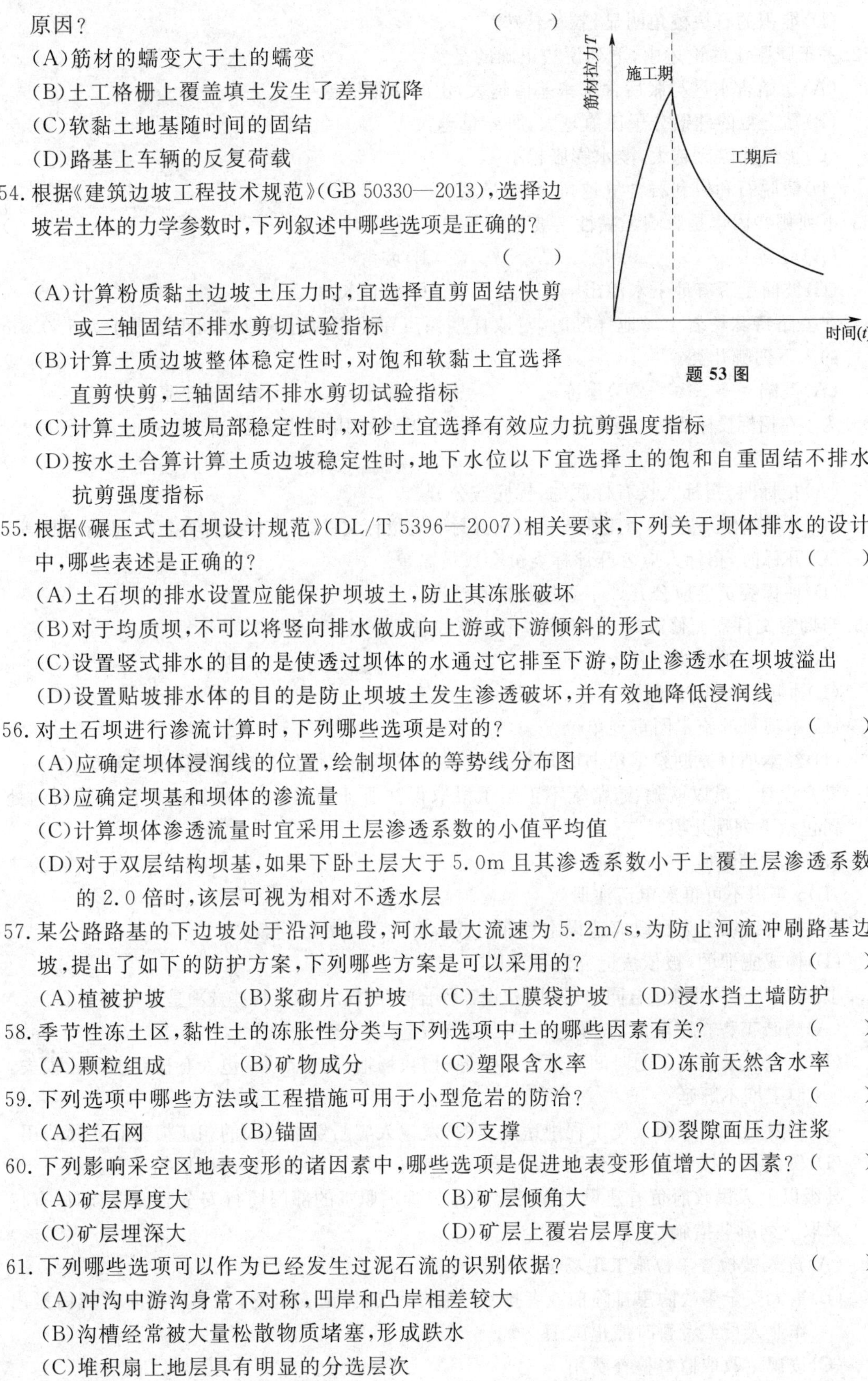

题 53 图

54. 根据《建筑边坡工程技术规范》(GB 50330—2013)，选择边坡岩土体的力学参数时，下列叙述中哪些选项是正确的？（　　）

(A)计算粉质黏土边坡土压力时，宜选择直剪固结快剪或三轴固结不排水剪切试验指标

(B)计算土质边坡整体稳定性时，对饱和软黏土宜选择直剪快剪，三轴固结不排水剪切试验指标

(C)计算土质边坡局部稳定性时，对砂土宜选择有效应力抗剪强度指标

(D)按水土合算计算土质边坡稳定性时，地下水位以下宜选择土的饱和自重固结不排水抗剪强度指标

55. 根据《碾压式土石坝设计规范》(DL/T 5396—2007)相关要求，下列关于坝体排水的设计中，哪些表述是正确的？（　　）

(A)土石坝的排水设置应能保护坝坡土，防止其冻胀破坏

(B)对于均质坝，不可以将竖向排水做成向上游或下游倾斜的形式

(C)设置竖式排水的目的是使透过坝体的水通过它排至下游，防止渗透水在坝坡溢出

(D)设置贴坡排水体的目的是防止坝坡土发生渗透破坏，并有效地降低浸润线

56. 对土石坝进行渗流计算时，下列哪些选项是对的？（　　）

(A)应确定坝体浸润线的位置，绘制坝体的等势线分布图

(B)应确定坝基和坝体的渗流量

(C)计算坝体渗透流量时宜采用土层渗透系数的小值平均值

(D)对于双层结构坝基，如果下卧土层大于5.0m且其渗透系数小于上覆土层渗透系数的2.0倍时，该层可视为相对不透水层

57. 某公路路基的下边坡处于沿河地段，河水最大流速为5.2m/s，为防止河流冲刷路基边坡，提出了如下的防护方案，下列哪些方案是可以采用的？（　　）

(A)植被护坡　(B)浆砌片石护坡　(C)土工膜袋护坡　(D)浸水挡土墙防护

58. 季节性冻土区，黏性土的冻胀性分类与下列选项中土的哪些因素有关？（　　）

(A)颗粒组成　(B)矿物成分　(C)塑限含水率　(D)冻前天然含水率

59. 下列选项中哪些方法或工程措施可用于小型危岩的防治？（　　）

(A)拦石网　(B)锚固　(C)支撑　(D)裂隙面压力注浆

60. 下列影响采空区地表变形的诸因素中，哪些选项是促进地表变形值增大的因素？（　　）

(A)矿层厚度大　(B)矿层倾角大

(C)矿层埋深大　(D)矿层上覆岩层厚度大

61. 下列哪些选项可以作为已经发生过泥石流的识别依据？（　　）

(A)冲沟中游沟身常不对称，凹岸和凸岸相差较大

(B)沟槽经常被大量松散物质堵塞，形成跌水

(C)堆积扇上地层具有明显的分选层次

(D)堆积的石块棱角明显,粒径悬殊

62. 关于膨胀土的论述中,下列说法正确的是?（ ）

(A)初始含水量与胀后含水率差值越大,土的膨胀量越小

(B)黏土粒的硅铝分子比值越大,胀缩量越大

(C)土的孔隙比越大,浸水膨胀越小

(D)蒙脱石和伊利石含量越高,胀缩量越大

63. 下列哪些因素是影响无黏性土坡稳定性的主要因素?（ ）

(A)坡高　　(B)坡角

(C)坡面是否有地下水溢出　　(D)坡面长度

64. 在公路特殊性岩土场地详勘时,对取样勘探点在地表附近的取样间距要求不大于0.5m的为下列哪几类?（ ）

(A)湿陷　　(B)季冻　　(C)膨胀　　(D)盐渍

65. 为了在招标投标活动中遵循公开、公平、公正和诚实信用的原则,规定下列哪些做法不正确?（ ）

(A)招标时,招标人设有标底的,标底应公开

(B)开标应公开进行,由工作人员当众拆封所有投标文件,并宣读投标人名称.投标价格等

(C)开标时,招标人应公开评标委员会成员名单

(D)评标委员会应公开评审意见与推荐情况

66. 当勘察文件需要修改时,下列哪些单位有权进行修改?（ ）

(A)本项目的勘察单位

(B)本项目的设计单位

(C)本项目的施工图审查单位

(D)经本项目原勘察单位书面同意,由建设单位委托其他具有相应资质的勘察单位

67. 勘察设计人员以欺骗、贿赂等不正当手段取得注册证书的,可能承担的责任和受到的处罚包括下列哪几项?（ ）

(A)被撤销注册

(B)5年内不可再次申请注册

(C)被县级以上人民政府建设主管部门或者有关部门处以罚款

(D)构成犯罪的,被依法追究刑事责任

68. 根据《中华人民共和国合同法》分则“建设工程合同”的规定,以下哪些选项是正确的?（ ）

(A)隐蔽工程在隐蔽以前,承包人应当通知发包人检查

(B)发包人未按规定的时间和要求提供原材料、场地、资金等,承包人有权要求赔偿损失,但工期不顺延

(C)因发包人的原因致使工程中途停建的,发包人应赔偿承包人的相应损失和实际费用

(D)发包人未按照约定支付工程款,承包人有权将该工程折价卖出以抵扣工程款

69. 县级以上人民政府负有建设工程安全绳监督管理职责的部门履行安全监督检查时,有权采取下列哪些措施?（ ）

(A)进入被检查单位施工现场进行检查

(B)重大安全事故隐患排除前或者排除过程中无法保证安全的,责令从危险区域内撤出作业人员或者暂时停止施工

(C)按规定收取监督检查费用

(D)纠正施工中违反安全生产要求的行为

70. 投标人有下列哪些违法行为，中标无效，可处中标项目金额千分之五以上千分之十以下的罚款？（　　）

(A)投标人未按照招标文件要求编制投标文件

(B)投标人相互串通投标报价

(C)投标人向招标人行贿谋取中标

(D)投标人以他人名义投标

专业案例(上午卷)

1. 对某工程场地中的碎石土进行重型圆锥动力触探试验，测得重型圆锥动力触探击数为25击/10cm，试验钻杆长度为15m，在试验完成时地面以上的钻杆余尺为1.8m，则确定该碎石土的密实度为下列哪个选项？(注：重型圆锥动力触探头长度不计)（　　）

(A)松散　(B)稍密　(C)中密　(D)密实

2. 某城市轨道工程的地基土为粉土，取样后测得土粒比重为2.71，含水率为35%，密度为1.75g/cm^3，在粉土地基上进行平板载荷试验，圆形承压板的面积为0.25m^2，在各级荷载作用下测得承压板的沉降量如下表所示，请按《城市轨道交通岩土工程勘察规范》(GB 50307—2012)确定粉土层的地基承载力为下列哪项？（　　）

题2表

加载 p(kPa)	20	40	60	80	100	120	140	160	180	200	220	240	260	280
沉降量 s(mm)	1.33	2.75	4.16	5.58	7.05	8.39	9.93	11.42	12.71	14.18	15.55	17.02	18.45	20.65

(A)121kPa　(B)140kPa　(C)158kPa　(D)260kPa

3. 取某粉质黏土试样进行三轴固结不排水压缩试验，施加周围压力为200kPa，测得初始孔隙水压力为196kPa，待土试样固结稳定后再施加轴向压力直至试样破坏。测得土样破坏时的轴向压力为600kPa，孔隙水压力为90kPa，试样破坏时的孔隙水压力系数为下列哪一选项？（　　）

(A)0.17　(B)0.23　(C)0.30　(D)0.50

4. 某公路隧道走向80°，其围岩产状50°∠30°，现需绘制沿隧道走向的地质剖面(水平与垂直比例尺一致)，问剖面图上地层视倾角取值最接近下列哪个选项？（　　）

(A)11.2°　(B)16.1°　(C)26.6°　(D)30°

5. 墙下条形基础，作用于基础底面中心的竖向力为每延米300kN，弯矩为每延米150kN·m，拟控制基底反力作用有效宽度不小于基础宽度的0.8倍，满足此要求的基础宽度最小值最接近下列哪个选项？（　　）

(A)1.85m　(B)2.15m　(C)2.55m　(D)3.05m

6. 在地下水位很深的场地上，均质厚层细砂地基的平板载荷试验结果如下表所示，正方形压板边长为b=0.7m，土的重度γ=19kN/m^3，细砂的承载力修正系数η_b=2.0，η_d=3.0，在进行边长2.5m，埋置深度d=1.5m的方形柱基础设计时，根据载荷试验结果按s/b=0.015确定且按《建筑地基基础设计规范》(GB 50007—2011)的要求进行修正的地基承载力特征值最接近下列何值？（　　）

题6表

p(kPa)	25	50	75	100	125	150	175	200	250	300
s(mm)	2.17	4.20	6.44	8.61	10.57	14.07	17.50	21.07	31.64	49.91

(A)150kPa　　(B)180kPa　　(C)200kPa　　(D)220kPa

7. 条形基础宽 2m，基础埋深 1.5m，地下水位在地面下 1.5m，地面下土层厚度及有关的试验指标见下表，相应于荷载效应标准组合时，基底处平均压力为 160kPa，按《建筑地基基础设计规范》(GB 50007—2011)对软弱下卧层②进行验算，其结果符合下列哪个选项？　(　　)

题 7 表

层号	土的类别	土层厚度 (m)	天然重度 (kN/m³)	饱和重度 (kN/m³)	压缩模量	地基承载力特征值 f_{ak} (kPa)
①	粉砂	3	20	20	12	160
②	黏粒含量大于10%的粉土	5	17	17	3	70

(A)软弱下卧层顶面处附加压力为 78kPa，软弱下卧层承载力满足要求

(B)软弱下卧层顶面处附加压力为 78kPa，软弱下卧层承载力不满足要求

(C)软弱下卧层顶面处附加压力为 87kPa，软弱下卧层承载力满足要求

(D)软弱下卧层顶面处附加压力为 87kPa，软弱下卧层承载力不满足要求

8. 某承受轴心荷载的柱下独立基础如下图所示(图中尺寸单位:mm)。基础混凝土强度等级 C30，问：根据《建筑地基基础设计规范》(GB 50007—2011)，该基础可承受的最大冲切力设计值最接近下列何值？(C30 混凝土轴心抗拉强度设计值为 1.43N/mm²，基础主筋的保护层为 50mm)　(　　)

(A)1 000kN　　(B)2 000kN

(C)3 000kN　　(D)4 000kN

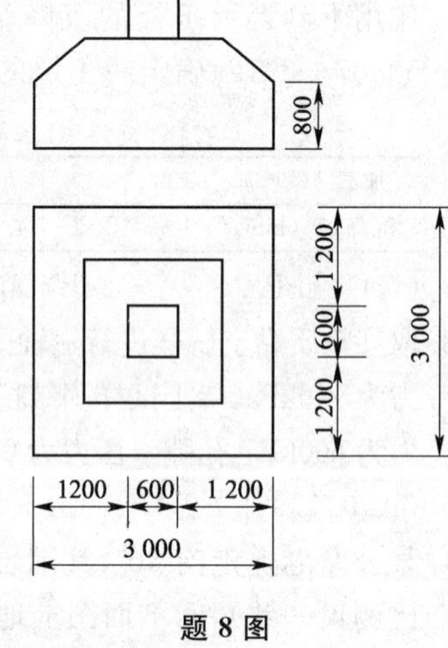

题 8 图

9. 某筏板基础，平面尺寸为 12m×20m，其地质资料如下图所示，地下水位在地面处，相应于作用效应准永久组合时基础底面的竖向合力 F=18 000kN，力矩 M=8 200kN·m，基底压力按线性分布计算。按照《建筑地基基础设计规范》(GB 50007—2011)规定的方法，计算筏板基础长边两端 A 点与 B 点之间的沉降差值(沉降计算经验系数取 ψ_s=1.0)，其值最接近以下哪个数值？　(　　)

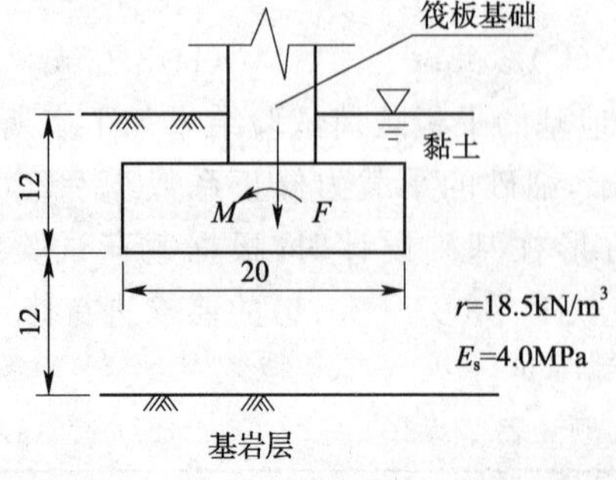

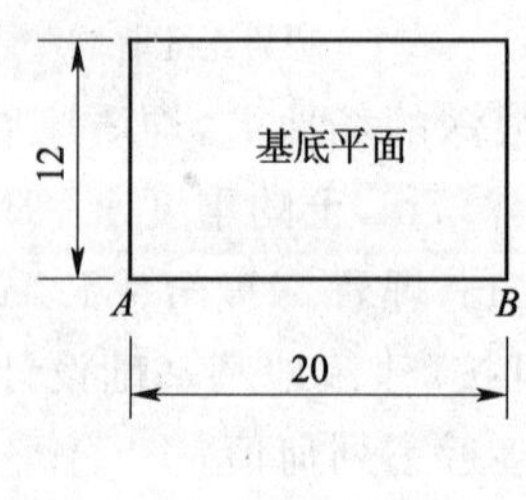

题 9 图(尺寸单位:m)

(A)10mm (B)14mm (C)20mm (D)41mm

10. 某构筑物基础拟采用摩擦型钻孔灌注桩承受竖向压力荷载和水平荷载，设计桩长10.0m，桩径800mm。当考虑桩基承受水平荷载时，下列桩身配筋长度符合《建筑桩基技术规范》(JGJ 94—2008)的最小值是哪个选项？(不考虑承台锚固筋长度及地震作用负摩阻力，桩土的相关参数：$EI=4.0\times10^5\text{kN}\cdot\text{m}^2$，$m=10\text{MN/m}^4$) ( )

(A)10.0m (B)9.0m (C)8.0m (D)7.0m

11. 某多层建筑采用条形基础，宽度1m，其地质条件如下图所示，基础底面埋深为地面下2m，地基承载力特征值120kPa，可以满足承载力要求，拟采用减沉复合疏桩基础减小基础沉降，桩基设计采用桩径为600mm的钻孔灌注桩，桩端进入第②层土2m，如果桩沿条形基础的中心线单排均匀布置，根据《建筑桩基技术规范》(JGJ 94—2008)，下列桩间距选项中哪一个最适宜？(传至条形基础顶面的荷载$F_k=120\text{kN/m}$，基础底面以上土和承台的重度取20kN/m^3，承台面积控制系数$\xi=0.6$，承台效应系数$\eta_c=0.6$) ( )

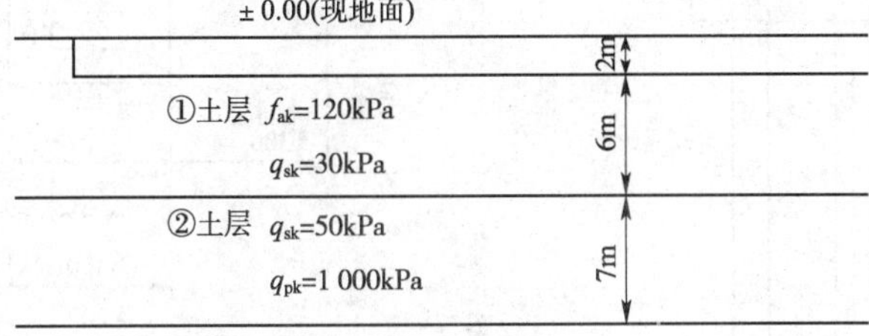

题11图

(A)4.2m (B)3.6m (C)3.0m (D)2.4m

12. 某建筑桩基作用于承台顶面的荷载效应标准组合偏心竖向力为5 000kN，承台及其上土自重的标准值为500kN。桩的平面位置和偏心竖向力作用点位置如下图所示。问承台下基桩最大竖向力最接近下列哪个选项？(不考虑地下水的影响，图中尺寸单位：mm) ( )

(A)1 270kN (B)1 820kN (C)2 010kN (D)2 210kN

13. 某柱下阶梯形承台如下图所示，方桩截面为0.3m×0.3m，承台混凝土强度等级为C40($f_c=19.1\text{MPa}$，$f_t=1.71\text{MPa}$)，根据《建筑桩基技术规范》(JGJ 94—2008)，计算所得变阶处斜截面A_1-A_1的抗剪承载力设计值最接近下列哪一项？ ( )

(A)1 500kN (B)1 640kN (C)1 730kN (D)3 500kN

14. 某高填土路堤，填土高度5m，上部等效附加荷载按30kPa，无水平附加荷载，采用满铺水平复合土工织物按1m厚度等间距分层加固，已知填土重度18kN/m^3，侧压力系数$k_a=0.6$，不考虑土工布自重，地下水位在填土以下，综合强度折减系数为3.0，则按《土工合成材料应用技术规范》(GB/T 50290—2014)选用的土工织物极限抗拉强度及铺设合理组合方式最接近下列哪个选项？ ( )

(A)上面2m单层80kN/m，下面3m双层80kN/m

(B)上面3m单层100kN/m，下面2m双层100kN/m

(C)上面2m单层120kN/m，下面3m双层120kN/m

(D)上面3m单层120kN/m，下面2m双层120kN/m

15. 某高层建筑采用CFG桩复合地基加固，桩长12m，复合地基承载力特征值$f_{spk}=500\text{kPa}$，已知基础尺寸为48m×12m，基底埋深$d=3\text{m}$，基底附加压力$p_0=450\text{kPa}$，地质条件如下表所示，请问按《建筑地基处理技术规范》(JGJ 79—2012)估算板底地基中心点最终沉降最接近以下哪个选项？(算至①层底) ( )

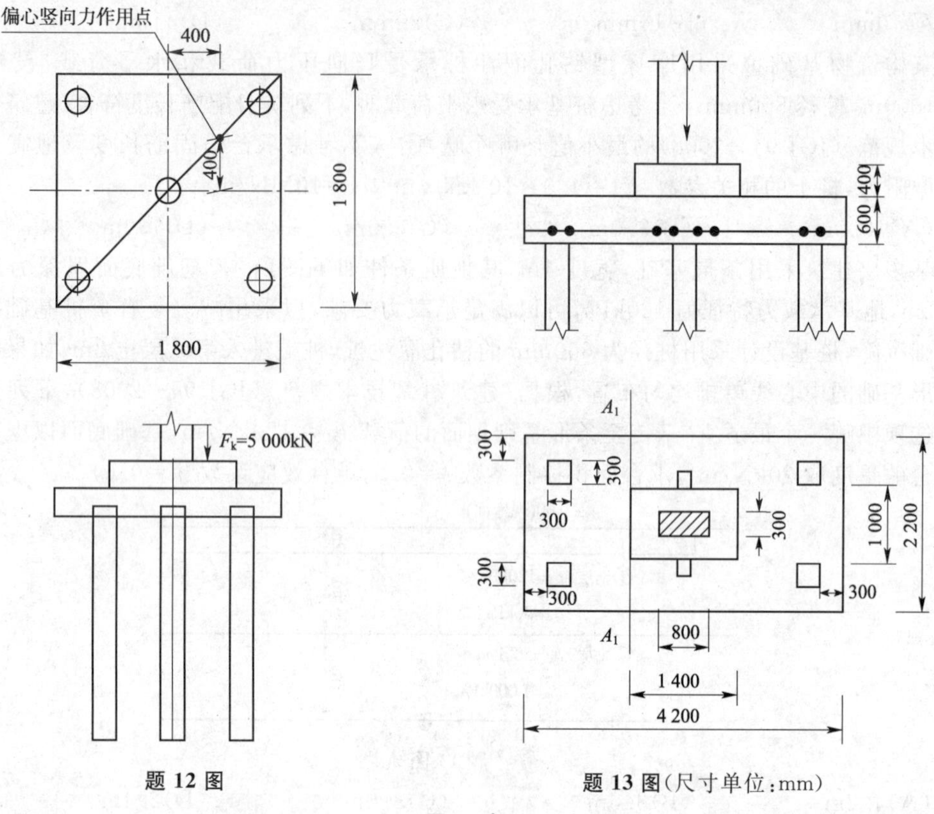

题 12 图

题 13 图(尺寸单位:mm)

题 15 表

层序	土层名称	层底埋深(m)	压缩模量 E_s(MPa)	地基承载力特征值 f_{ak}(kPa)
①	粉质黏土	27	12	200

(A)65mm (B)80mm (C)90mm (D)275mm

16. 某工程要求地基处理后的承载力特征值达到 200kPa,初步设计采用振冲碎石桩复合地基,桩径取 0.8m,桩长取 10m,正三角形布桩,桩间距 1.8m,经现场试验测得单桩承载力特征值为 200kN,复合地基承载力特征值为 170kPa,未能达到设计要求。若其他条件不变,只通过调整桩间距使复合地基承载力满足设计要求,请估算合适的桩间距最接近下列哪个选项? ( )

(A)1.0m (B)1.2m (C)1.4m (D)1.6m

17. 有一个大型设备基础,基础尺寸为 15m×12m,地基土为软塑状态的黏性土,承载力特征值为 80kPa,拟采用水泥土搅拌桩复合地基,以桩身强度控制单桩承载力,单桩承载力发挥系数取 1.0,桩间土承载力发挥系数取 0.5,按照配比试验结果,桩身材料立方体抗压强度平均值为 2.0MPa,桩身强度折减系数取 0.25,采用桩径 d=0.5m,设计要求复合地基承载力特征值达到 180kPa。请估算理论布桩数最接近下列哪个选项?(只考虑基础范围内布桩) ( )

(A)180 根 (B)280 根

(C)380 根 (D)480 根

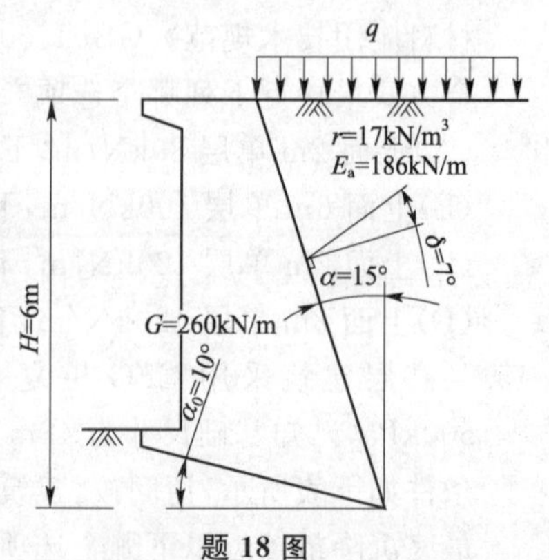

题 18 图

18. 如下图所示,某填土边坡采用重力式挡墙防护,挡墙基础处于风化岩层中，墙高 $H=6.0\text{m}$，墙体自重 $G=260\text{kN/m}$，墙背倾角 $\alpha=15°$。填料以建筑弃土为主，重度 $\gamma=17\text{kN/m}^3$，对墙背的摩擦角 $\delta=7°$，土压力 $E_a=186\text{kN/m}$。墙底倾角 $\alpha_0=10°$，墙底摩擦系数 $\mu=0.6$。为了使墙体抗滑安全系数 K 不小于 1.3，挡土墙建成后地面附加荷载 q 的最大值最接近下列哪个选项？（　　）

(A)10kPa　(B)20kPa　(C)30kPa　(D)40kPa

19. 如图所示的某硬质岩石边坡结构面 BFD 的倾角 $\beta=30°$，内摩擦角 $\varphi=15°$，黏结力 $c=16\text{kPa}$，原设计开挖坡面 ABC 的坡率 1∶1，块体 BCD 沿 BFD 的抗滑安全系数 $K_1=1.2$。为了增加公路路面宽度，将坡面改到 EC，坡率变为 1∶0.5。块体 CFD 自重 $W=520\text{kN/m}$，如果要求沿结构面 FD 的抗滑安全系数 $K=2.0$，需增加的锚索拉力 P 最接近下列哪个选项？（锚索下倾角 $\lambda=20°$）（　　）

(A)145kN/m　(B)245kN/m　(C)345kN/m　(D)445kN/m

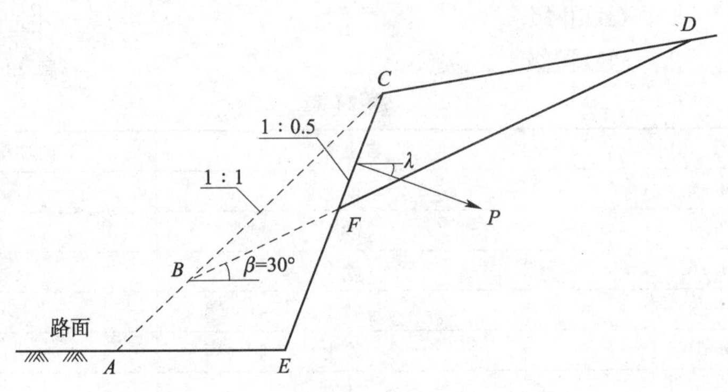

题 19 图

20. 某一滑坡体体积为 12 000m³，重度为 20kN/m³，滑面倾角为 35°，内摩擦角 $\varphi=30°$，黏聚力 $c=0$，综合水平地震系数 $\alpha_w=0.1$ 时，按《建筑边坡工程技术规范》(GB 50330—2013)，计算该滑坡体在地震作用时的稳定系数最接近下列哪个选项？（　　）

(A)0.52　(B)0.67　(C)0.82　(D)0.97

21. 如图所示，挡墙背直立.光滑，填土表面水平，墙高 $H=6\text{m}$，填土为中砂，天然重度 $\gamma=18\text{kN/m}^3$，饱和重度 $\gamma_{sat}=20\text{kN/m}^3$，水上水下内摩擦角均为 $\varphi=32°$，黏聚力 $c=0$。挡土墙建成后如果地下水位上升到 4m 时，作用在挡土墙上的压力与无水位时相比，增加的压力最接近下列哪个选项？（　　）

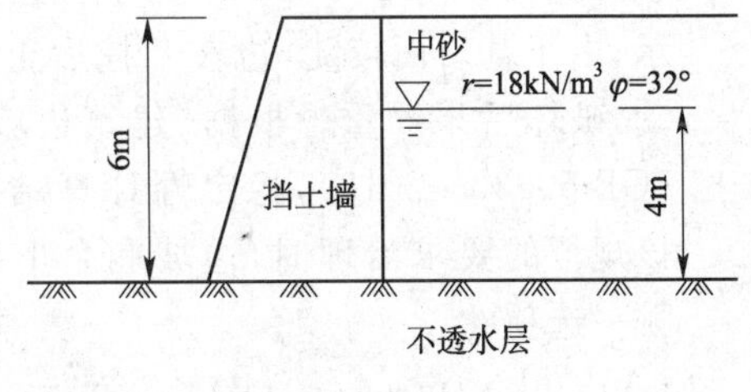

题 21 图

(A)10kN/m　(B)60kN/m　(C)80kN/m　(D)100kN/m

22. 在饱和软黏土中开挖条形基坑，采用 11m 长的悬臂钢板桩支护，桩顶与地面齐平。已知软土的饱和重度 $\gamma=17.8\text{kN/m}^3$，土的十字板剪切试验的抗剪强度 $\tau=40\text{kPa}$，地面超载为 10kPa。按照《建筑地基基础设计规范》(GB 50007—2011)，为满足钢板桩入土深度底部土体隆起稳定性要求，此基坑最大开挖深度最接近下面哪一个选项的值？（　　）

(A)3.0m　(B)4.0m　(C)4.5m　(D)5.5m

23. 如下图所示的傍山铁路单线隧道，岩体属于 V 级围岩，地面坡率 1∶2.5，埋深 16m，隧道跨度 $B=7\text{m}$。隧道围岩计算摩擦角 $\varphi_c=45°$，重度 $\gamma=20\text{kN/m}^3$，隧道顶板土柱两侧内摩

擦角 $\theta=30°$，试问作用在隧道上方的垂直压力 q 值宜选用下列哪个选项？（　　）

(A)150kPa

(B)170kPa

(C)190kPa

(D)220kPa

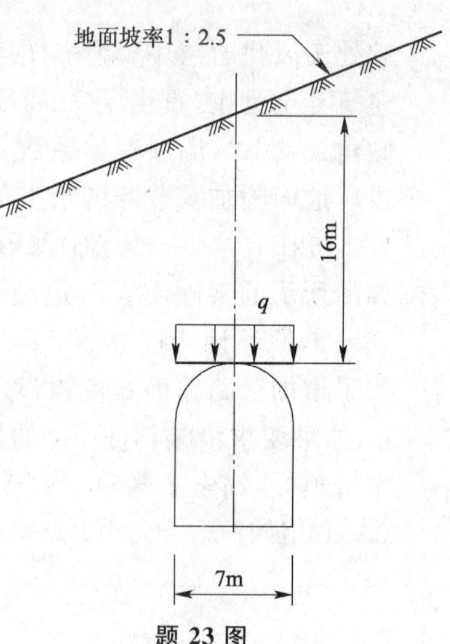

题 23 图

24. 某湿陷性砂土上的厂房采用独立柱基础，基础尺寸为2m×1.5m，埋深2m。在地表采用面积为0.25m^{2}的方形承压板进行浸水载荷试验，试验结果如下表，按照《岩土工程勘察规范》(GB 50021—2001)(2009年版)，该地基的湿陷等级为下列哪个选项？（　　）

(A)Ⅰ级　(B)Ⅱ级

(C)Ⅲ级　(D)Ⅳ级

题 24 表

深度(m)	岩土类型	附加湿陷量(cm)
0～2	砂土	8.5
2～4	砂土	7.8
4～6	砂土	5.2
6～8	砂土	1.2
8～10	砂土	0.9
>10	基岩	

25. 某季节性冻土层为黏性土，冻前地面标高为250.235m，$w_P=21\%$，$w_L=45\%$；冬季冻结后地面标高为250.396m，冻土层底处标高为248.181m。根据《建筑地基基础设计规范》(GB 50007—2011)，该季节性冻土层的冻胀等级和类别为下列哪个选项？（　　）

(A)Ⅱ级 弱胀冻　(B)Ⅲ级 胀冻　(C)Ⅳ级 强胀冻　(D)Ⅴ级 特强胀冻

26. 拟开挖一个高度为8m的临时性土质边坡，如下图所示，由于基岩面较陡，边坡开挖后土体易沿基岩面滑动，破坏后果严重。根据《建筑边坡工程技术规范》(GB 50330—2013)，稳定性计算结果见下表。当按该规范的要求治理时，边坡剩余下滑力最接近下列哪一选项？（　　）

(A)336kN/m　(B)338kN/m

(C)346kN/m　(D)362kN/m

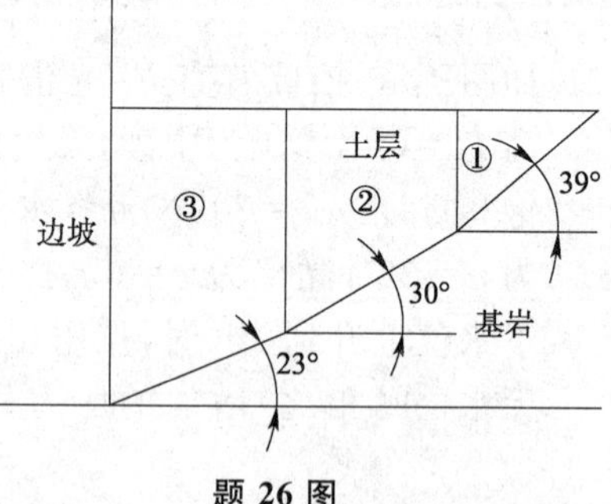

题 26 图

题 26 表

条块编号	滑面倾角 θ(°)	下滑力 T(kN/m)	抗滑力 R(kN/m)	传递系数 ψ	稳定系数 F_s
①	39.0	40.44	16.99	0.920	0.450
②	30.0	242.62	95.68	0.940	
③	23.0	277.45	138.35		

27. 某公路工程场地地面下的黏土层厚4m，其下为细砂，层厚12m，再其下为密实的卵石层，整个细砂层在8度地震条件下将产生液化。已知细砂层的液化抵抗系数 $C_e=0.7$，若采用桩基础，桩身穿过整个细砂层范围，进入其下的卵石层中，根据《公路工程抗震规范》(JTG

B02—2013)，试求桩长范围内细砂层的桩侧阻力折减系数最接近下列哪个选项？（　　）

(A) $\frac{1}{4}$　　(B) $\frac{1}{3}$　　(C) $\frac{1}{2}$　　(D) $\frac{2}{3}$

28. 某 8 层民用建筑高度 30m，宽 10m，场地抗震设防烈度为 7 度，拟采用天然地基，基础底面上下均为硬塑黏性土，重度为 19kN/m^3，孔隙比 $e=0.80$，地基承载力特征值 $f_{ak}=150\text{kPa}$，条形基础底面宽度 $b=2.5\text{m}$，基础埋置深度 $d=5.5\text{m}$。按地震作用效应标准组合进行抗震验算时，在容许最大偏心情况下，基础底面处所能承受的最大的竖向荷载最接近下列哪个选项的数值？（　　）

(A)250kN/m　　(B)390kN/m　　(C)470kN/m　　(D)500kN/m

29. 某建筑场地抗震设防烈度为 8 度，设计基本地震加速度 0.2g，设计地震分组为第二组，地下水位于地表下 3m，某钻孔揭示的地层目标标贯资料如下表所示。经初判，场地饱和砂土可能液化，试计算该钻孔的液化指数最接近下列哪个选项？（为简化计算，表中试验点数及深度为假设）（　　）

(A)0　　(B)1.6　　(C)13.7　　(D)19

题 29 表

土层序号	土名	土层厚度(m)	标贯试验深度(m)	标贯击数	黏粒含量(%)
①	黏土	1			
②	粉土	10	6	6	14
			8	7	
③	粉砂	5	12	18	3
			14	24	
④	细砂	6	17	25	2
			19	25	
⑤	黏土	3			

30. 某工程采用深层平板载荷试验确定地基承载力，共进行了 S_1、S_2、S_3 三个试验点，各试验点数据如下表，请按照《建筑地基基础设计规范》(GB 50007—2011)判定该层地基承载力特征值最接近下列何值？（取 $s/d=0.015$ 所对应的荷载作为承载力特征值）（　　）

(A)2 570kPa　　(B)2 670kPa　　(C)2 770kPa　　(D)2 870kPa

题 30 表

荷载(kPa)	S_1	S_2	S_3
	累计沉降量(mm)	累计沉降量(mm)	累计沉降量(mm)
1 320	2.31	3.24	1.61
1 980	6.44	7.47	6.09
2 640	10.98	13.06	11.12
3 300	15.77	21.49	17.02
3 960	20.68	31.19	23.69
4 620	26.66	42.39	34.83
5 280	34.26	56.02	50.36
5 940	43.01	79.26	67.38
6 600	52.21	104.56	84.93

专业案例(下午卷)

1. 室内定水头渗透试验，试样高度 40mm，直径 75mm，测得试验时的水头损失为 46mm，渗水量为每 24 小时 3 520cm^3。问该试样土的渗透系数最接近下列哪个选项？（　　）

(A)1.2×10^{-4}cm/s　(B)3.0×10^{-4}cm/s

(C)6.2×10^{-4}cm/s　(D)8.0×10^{-4}cm/s

2. 取土试样进行压缩试验，测得土样初始孔隙比 0.85，加载至自重压力时孔隙比为 0.80，根据《岩土工程勘察规范》(GB 50021—2001)(2009 年版)相关说明，用体积应变评价该土样的扰动程度为下列哪一选项？（　　）

(A)几乎未扰动　(B)少量扰动　(C)中等扰动　(D)很大扰动

3. 某抽水试验，场地内深度 10.0～18.0m 范围内为均质，各向同性等厚，分布面积很大的砂层，其上下均为黏土层，抽水孔孔深 20.0m，孔径为 200mm，滤水管设置于深度 10.0～18.0m 段，另在距抽水孔中心 10.0m 处设置观测孔，原始稳定地下水位埋深为 1.0m，以水量为 1.60L/s 长时间抽水后，测得抽水孔内稳定水位埋深为 7.0m，观测孔水位埋深为 2.8m，则含水层的渗透系数 k 最接近以下哪个答案？（　　）

(A)1.4m/d　(B)1.8m/d　(C)2.6m/d　(D)3.0m/d

4. 某公路工程采用电阻应变式十字板剪切试验估算软土路基临界深度。测得未扰动土剪损时最大微应变值 $R_y=300\mu\varepsilon$，传感器的率定系数 $\xi=1.585\times10^{-4}\text{kN}/\mu\varepsilon$，十字板常数 $k=545.97\text{m}^{-2}$，取峰值强度的 0.7 倍作为修正后现场不排水抗剪强度。据此估算的修正后软土的不排水抗剪强度最接近下列哪个选项？（　　）

(A)12.4kPa　(B)15.0kPa　(C)18.2kPa　(D)26.0kPa

5. 均匀深厚地基上，宽度为 2m 的条形基础，埋深 1m，受轴向荷载作用。经验算地基承载力不满足设计要求，基底平均压力比地基承载力特征值大了 20kPa；已知地下水位在地面下 8m，地基承载力的深度修正系数为 1.60，水位以上土的平均重度为 19kN/m^3，基础及台阶上土的平均重度为 20kN/m^3，如采取加深基础埋置深度的方法以提高地基承载力，将埋置深度至少增大到下列哪个选项时才能满足设计要求？（　　）

(A)2.0m　(B)2.5m　(C)3.0m　(D)3.5m

6. 某饱和软黏土地基上的条形基础，基础宽度 3m，埋深 2m，在荷载 F、M 共同作用下，该地基发生滑动破坏。已知圆弧滑动面如图所示(图中尺寸单位：mm)，软黏土饱和重度 16kN/m^3，滑动面上土的抗剪强度指标：$c=20$kPa，$\varphi=0$。上部结构传递至基础顶面中心的竖向力 $F=360$kN/m，基础及基础以上土体的平均重度为 20kN/m^3，求地基发生滑动破坏时作用于基础上的力矩 M 的最小值最接近下列何值？（　　）

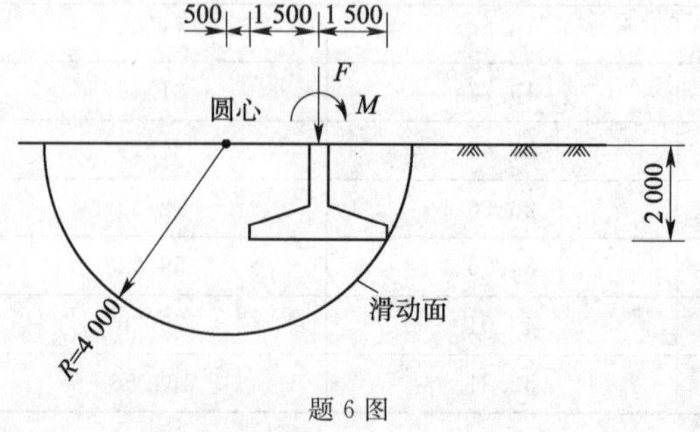

题 6 图

2017年专业案例(下午卷)

(A)45kN·m/m　(B)118kN·m/m　(C)237kN·m/m　(D)285kN·m/m

7. 某3m×4m矩形独立基础如图(图中尺寸单位:mm),基础埋深2.5m,无地下水。已知上部结构传递至基础顶面中心的力为$F=2500$kN,力矩为$M=300$kN·m。假设基础底面压力线性分布,求基础底面边缘的最大压力最接近下列何值?(基础及其上土体的平均重度为20kN/m^3)　(　)

(A)407kPa　(B)427kPa　(C)465kPa　(D)506kPa

8. 某矩形基础,底面尺寸2.5m×4.0m,基底附加压力$p_0=200$kPa,基础中心点下地基附加应力曲线如图,问:基底中心点下深度为1.0~4.5m范围内附加应力曲线与坐标轴围成的面积A(图中阴影部分)最接近下列何值?(图中尺寸单位:mm)　(　)

(A)274kN/m　(B)308kN/m　(C)368kN/m　(D)506kN/m

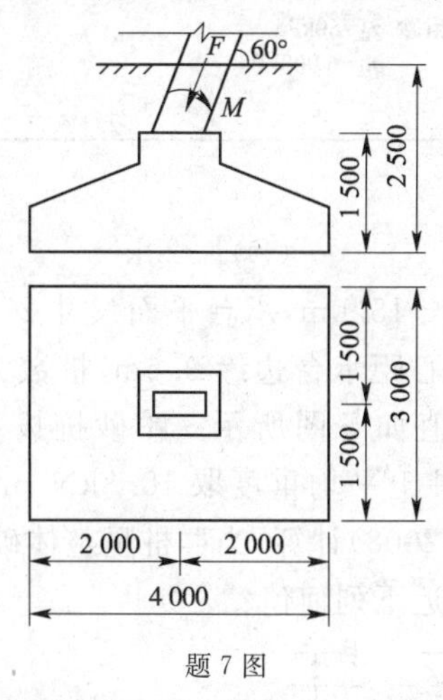

题7图

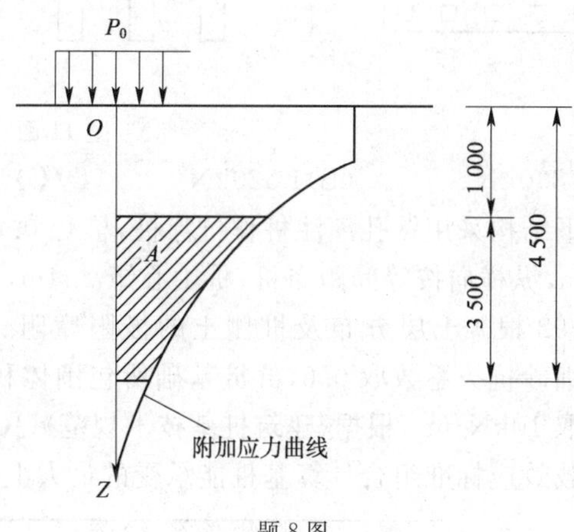

题8图

9. 位于均质黏性土地基上的钢筋混凝土条形基础,基础宽度为2.4m,上部结构传至基础顶面相应于荷载效应标准组合时的竖向力为300kN/m,该力偏心距为0.1m。黏性土地基天然重度18.0kN/m^3,孔隙比0.83,液性指数0.76,地下水为埋深很深,由载荷试验确定的地基承载力特征值$f_{ak}=130$kPa。基础及基础上覆土的加权平均重度为20kN/m^3。根据《建筑地基基础设计规范》(GB 50007—2011)验算,经济合理的基础埋深最接近下列哪个选项的数值?　(　)

(A)1.1m　(B)1.2m　(C)1.8m　(D)1.9m

10. 某工程地层条件如下图所示,拟采用敞口PHC管桩,承台底面位于自然地面下1.5m,桩端进入中粗砂持力层4m。桩外径600mm,壁厚110m。根据《建筑桩基技术规范》(JGJ 94—2008),根据土层参数估算得到单桩竖向极限承载力标准值最接近下列哪个选项?　(　)

(A)3 656kN　(B)3 474kN

(C)3 205kN　(D)2 749kN

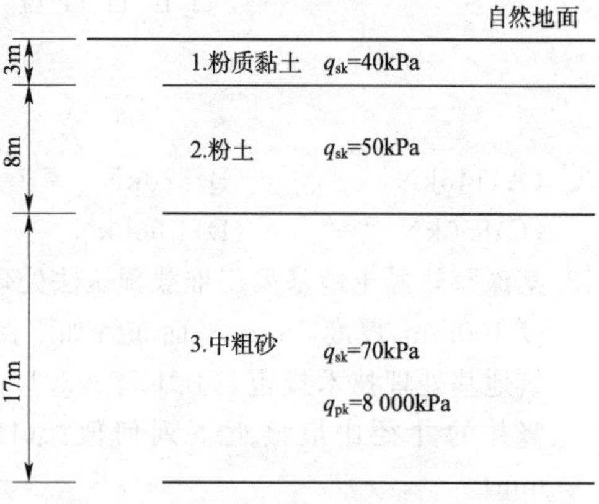

自然地面
3m　1.粉质黏土　$q_{sk}=40$kPa
8m　2.粉土　$q_{sk}=50$kPa
17m　3.中粗砂　$q_{sk}=70$kPa　$q_{pk}=8\ 000$kPa

题10图

11. 某工程采用低承台打入预制实心方桩,桩的截面尺寸500mm×500mm,有效桩长18m。桩为正方形布置,距离为1.5m×1.5m。地质条件及各层土的极限侧阻力、极限端阻力以及桩的入土深度，布桩方式如下图所示。根据《建筑桩基技术规范》(JGJ 94—2008)和《建筑抗震设计规范》(GB 50011—2010)，在轴心竖向力作用下，进行桩基抗震验算时所取用的单桩竖向抗震承载力特征值最接近下列哪个选项？(地下水位于地表下 1m)　(　)

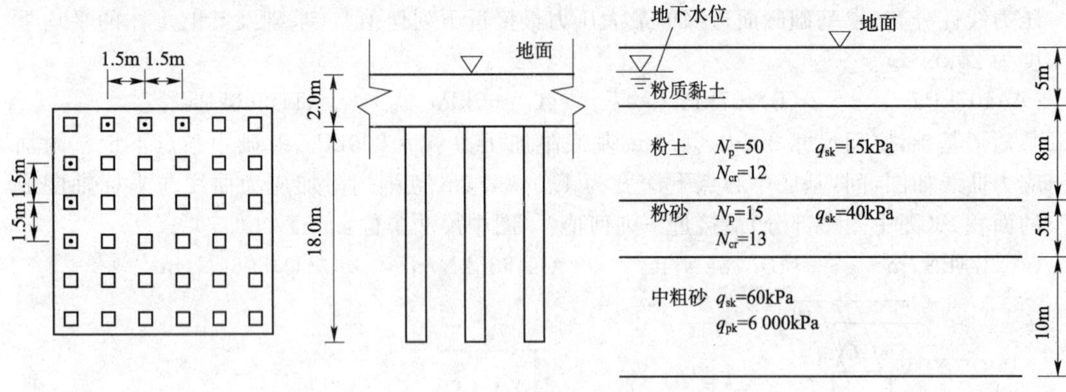

题 11 图

(A)1 830kN　(B)1 520kN　(C)1 440kN　(D)1 220kN

12. 某地下结构采用钻孔灌注桩作抗浮桩，桩径 0.6m，桩长 15.0m，承台平面尺寸 27.6m×37.2m，纵横向按等间距布桩，桩中心矩 2.4m，边桩中心距承台边缘 0.6m，桩数为 12×16=192 根。土层分布及桩侧土的极限摩阻力标准值如下图所示。粉砂抗拔系数取 0.7，细砂抗拔系数取 0.6，群桩基础所包围体积内的桩土平均重度取 18.8kN/m³，水的重度取 10kN/m³，根据《建筑桩基技术规范》(JGJ 94—2008)计算，当群桩呈整体破坏时，按荷载效应标准组合计算基桩能承受的最大上拔力接近下列何值？　(　)

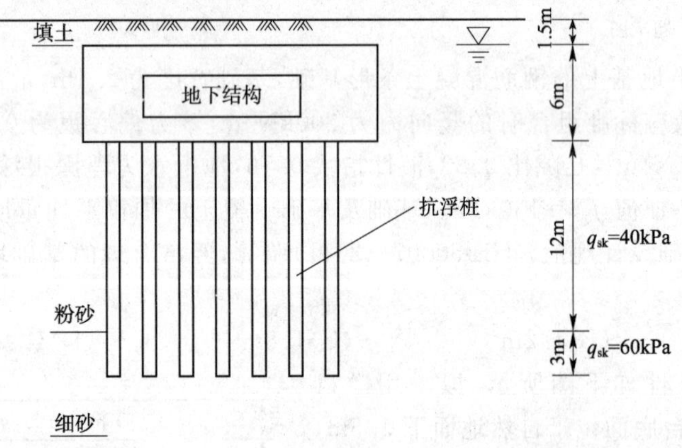

题 12 图

(A)145kN　(B)820kN

(C)850kN　(D)1 600kN

13. 某深厚软黏土地基采用堆载预压法处理，塑料排水带宽度 100mm，厚度 5mm，平面布置如下图所示。按照《建筑地基处理技术规范》(JGJ 79—2012)，求塑料排水带竖井的井径比最接近下列何值？(图中尺寸单位为 mm)　(　)

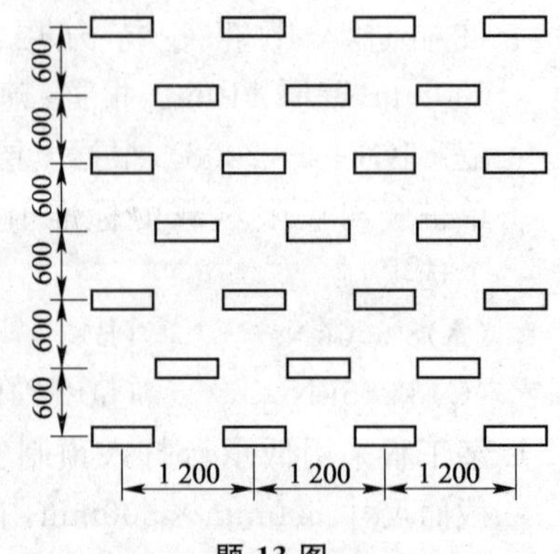

题 13 图

(A)13.5　(B)14.3

(C)15.2　(D)16.1

14. 在某建筑地基上，对天然地基、复合地基进行静载试验，试验得出的天然地基承载力特征值为150kPa，复合地基的承载力特征值为400kPa，单桩复合地基试验承压板为边长1.5m的正方形，刚性桩直径0.4m。试验加载至400kPa时测得的刚性桩桩顶处轴力为550kN。求桩间土承载力发挥系数最接近下列何值？（　　）

(A)0.8　　(B)0.95　　(C)1.1　　(D)1.25

15. 某砂土场地，试验得到砂土的最大最小孔隙比为0.92、0.60。地基处理前，砂土的天然重度为15.8kN/m^3，天然含水率为12%，土粒相对密度为2.68。该场地经振冲挤密法（不加填料）处理后，场地地面下沉量为0.7m。振冲挤密法有效加固深度6.0m（从处理前地面算起），求挤密处理后砂土的相对密实度最接近下列何值？（忽略侧向变形）（　　）

(A)0.76　　(B)0.72　　(C)0.66　　(D)0.62

16. 碱液法加固地基，拟加固土层的天然孔隙比为0.82，灌注孔成孔深度6m，注液管底部在孔口以下4m，碱液充填系数取0.64，试验测得加固地基半径为0.5m，则按《建筑地基处理技术规范》(JGJ 79—2012)，估算单孔碱液灌注量最接近下列哪个选项？（　　）

(A)0.32m^3　　(B)0.37m^3　　(C)0.62m^3　　(D)1.1m^3

17. 在黏土的简单圆弧条分法计算边坡稳定中，滑弧的半径为30m，第i土条的宽度为2m，过滑弧底中心的切线，渗流水面和土条顶部与水平方向所成夹角都是30°。土条水下高度为7m，水上高度为3m。黏土的天然重度和饱和重度γ=20kN/m^3，问计算的第i土条滑动力矩最接近于下列哪个选项？（　　）

(A)4 800kN·m/m

(B)5 800kN·m/m

(C)6 800kN·m/m

(D)7 800kN·m/m

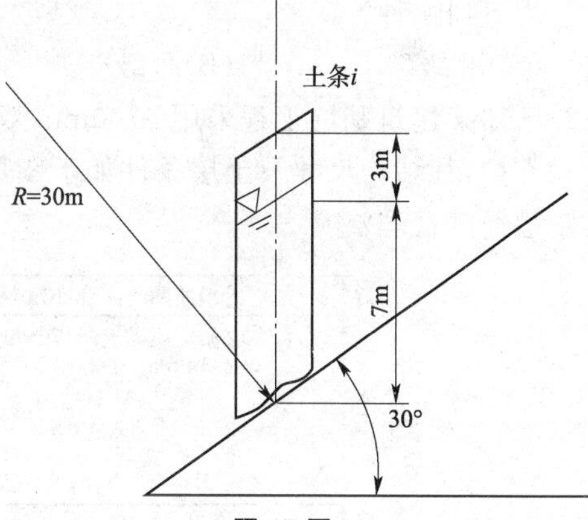

题 17 图

18. 某重力式挡土墙，墙高6m，墙背垂直光滑，墙后填土为松砂，填土表面水平，地下水与填土表面齐平，已知松砂的孔隙比e_1=0.9，饱和重度γ_1=18.5kN/m^3，内摩擦角φ_1=30°，挡土墙后饱和松砂采用不加填料振冲法加固，加固后墙后松砂振冲变密实，孔隙比e_2=0.6，内摩擦角φ_2=35°。加固后墙后水位标高假设不变，按朗肯土压力理论，则加固前后墙后每延米上的主动土压力变化值最接近下列哪个选项？（　　）

(A)0kN/m　　(B)6kN/m　　(C)16kN/m　　(D)36kN/m

19. 某浆砌块石挡墙，墙高6.0m，顶宽1.0m，底宽2.6m，重度γ=24kN/m^3。假设墙背直立光滑，墙后采用砾砂回填，墙顶面以下土体平均重度γ=19kN/m^3，综合内摩擦角φ=35°，假定地面的附加荷载为q=15kPa，该挡墙的抗倾覆稳定系数最接近以下哪个选项？（　　）

(A)1.45　　(B)1.55　　(C)1.65　　(D)1.75

20. 图示临水库岩质边坡内有一控制节理面，其水位与水库的水位齐平，假设节理面水上和水下的内摩擦角φ=30°，黏聚力c=130kPa，岩体重度γ=20kN/m^3，坡顶高程为40.0m，坡脚高程为0.0m，水库水位从30.0m降到10.0m时，节理面的水位保持原水位，按《建筑边坡工程技术规范》(GB 50330—2013)相关要求，该边坡沿节理面的抗滑稳定安全系数下降值最接近下列哪个选项？（　　）

(A)0.45　　(B)0.60　　(C)0.75　　(D)0.90

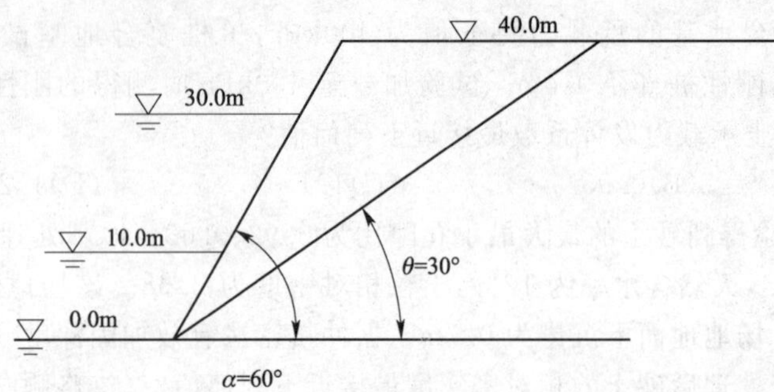

题 20 图

21. 某地下工程穿越一座山体，已测得该地段代表性的岩体和岩石的弹性纵波速分别为 3 000m/s 和 3 500m/s。岩石饱和单轴抗压强度实测值为 35MPa，岩体中仅有点滴状出水，出水量为 20L/(min·10m)；主要结构面走向与洞轴线夹角为 62°，倾角 78°；初始应力为 5MPa。根据《工程岩体分级标准》(GB/T 50218—2014)，该项工程岩体质量等级应为下列哪种？　　(　　)

(A)Ⅱ级　　(B)Ⅲ级　　(C)Ⅳ级　　(D)Ⅴ级

22. 已知某建筑基坑工程采用 φ700mm 双轴水泥土搅拌桩(桩间搭接 200mm)重力式挡土墙支护，其结构尺寸及土层条件如下图所示(尺寸单位为 m)，请问下列哪个断面格栅形式最经济合理？　　(　　)

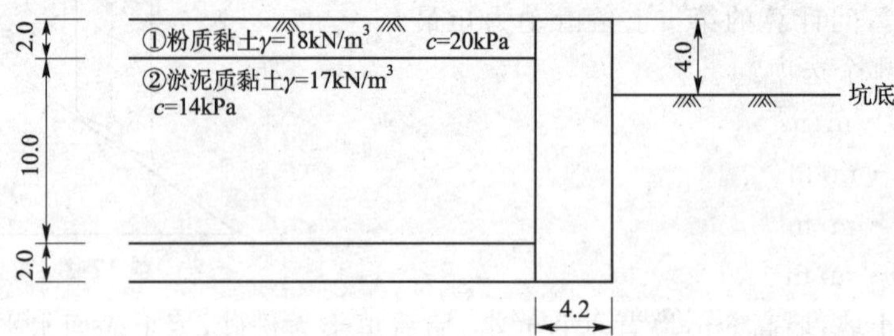

题 22 图

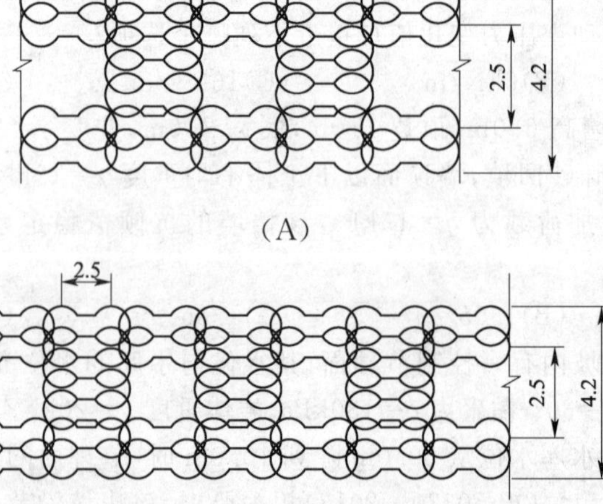

(A)

(B)

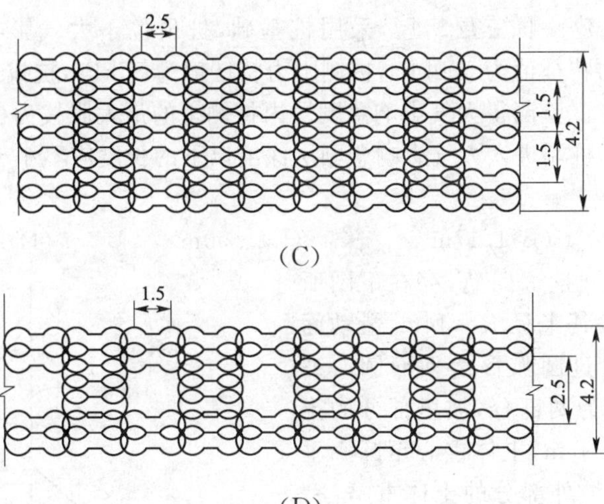

(C)

(D)

23. 某 $L\times B=32\text{m}\times16\text{m}$ 矩形基坑，挖深 6m，地表下为粉土层，总厚度 9.5m，下卧隔水层，地下水为潜水，埋深 0.5m，拟采用开放式深井降水，抽水试验确定土层渗透系数 $K=0.2\text{m/d}$，影响半径 $R=30\text{m}$，潜水完整井单井出水量 $q=40\text{m}^3/\text{d}$，请问为满足坑内地下水位在坑底下不少于 0.5m，下列完整降水井数量哪个选项最为经济合理，并画出井位平面布置示意图。 （　　）

(A)一口　　(B)两口　　(C)三口　　(D)四口

24. 某厂房场地初勘揭露覆盖土层厚度 13m 的黏性土，测试得出所含易溶盐为石盐（NaCl）和无水芒硝（Na_2SO_4），测试结果见下表。当厂房基础埋深按 1.5m 考虑时，试判定盐渍土类型和溶陷等级为下列哪个选项？ （　　）

题 24 表

取样深度(m)	盐分摩尔浓度(mmol/100g)		溶陷系数 δ_{rx}(%)	含盐量(%)
	$C(Cl^-)$	$C(SO_4^{2-})$		
0—1	35	80	0.040	13.408
1—2	30	65	0.035	10.985
2—3	15	45	0.030	7.268
3—4	5	20	0.025	3.133
4—5	3	5	0.020	0.886
5—7	1	2	0.015	0.343
7—9	0.5	1.5	0.008	0.242
9—11	0.5	1	0.006	0.171
11—13	0.5	1	0.005	0.171

(A)强盐渍土Ⅰ级弱溶陷　　(B)强盐渍土Ⅱ级中溶陷

(C)超盐渍土Ⅰ级弱溶陷　　(D)超盐渍土Ⅱ级中溶陷

25. 东北某地区多年冻土地基为粉土层，取冻土试样后测得土粒相对密度为 2.7，天然密度为 1.9g/cm^3，冻土总含水率为 43.8%；土样融化后测得密度为 2.0g/cm^3，含水率为 25.0%，根据《岩土工程勘察规范》(GB 50021—2001)(2009 年版)，该多年冻土的类型为下列哪个选项？ （　　）

(A)少冰冻土　　(B)多冰冻土　　(C)富冰冻土　　(D)饱冰冻土

26. 某膨胀土地基上建一栋三层房屋，采用桩基础，桩顶位于大气影响急剧层内，桩径为500mm，桩端阻力特征值为500kPa，桩侧阻力特征值为35kPa，抗拔系数为0.70，桩顶竖向力为150kN，经试验测得大气影响急剧层内桩侧土的最大胀拔力标准值为195kN。按胀缩变形计算时，桩端进入大气影响急剧层深度以下的长度应不小于下列哪个选项？（　　）

(A)0.94m　(B)1.17m　(C)1.50m　(D)2.00m

27. 在均匀黏性土中开挖一路堑，存在下图所示的圆弧滑动面，其半径 $R=14\text{m}$，滑动面长度 $L=28\text{m}$，通过圆弧形滑动面圆心 O 的垂线将滑体分为两部分，坡里部分的土体重 $W_1=1\,450\text{kN/m}$，土体重心至圆心垂线距 $d_1=4.5\text{m}$；坡外部分的土体重 $W_2=350\text{kN/m}$，土体重心至圆心垂线距 $d_2=2.5\text{m}$。问：在滑带土的内摩擦角 $\varphi\approx0$ 情况下，该路堑极限平衡状态下的滑带土不排水剪切强度 C_u 最接近下列哪个选项？（　　）

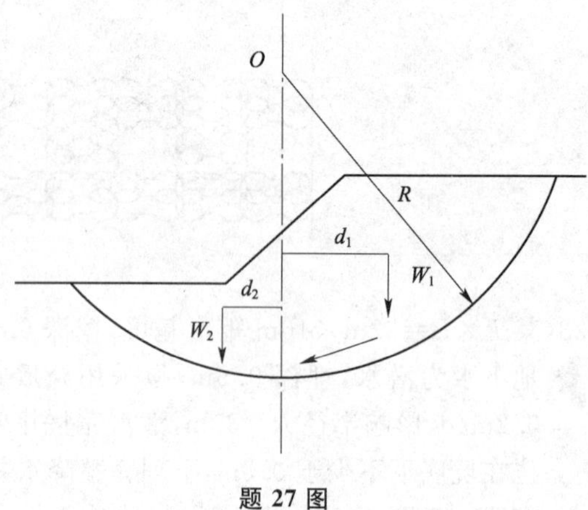

题27图

(A)12.5kPa　(B)14.4kPa

(C)15.8kPa　(D)17.2kPa

28. 某建筑场地地面下为中密中砂，其天然重度为 18kN/m^3，地基承载力特征值为200kPa，地下水位埋深1.0m。若独立基础尺寸为3m×2m，埋深2m，需进行天然地基基础抗震验算，请验算天然地基抗震承载力最接近下列哪一个选项？（　　）

(A)260kPa　(B)286kPa　(C)372kPa　(D)414kPa

29. 某高速公路桥梁，单跨跨径150m，基岩场地，区划图上的特征周期 $T_g=0.35\text{s}$，结构自振周期 $T=0.30\text{s}$，结构的阻尼比 $\xi=0.05$，水平向设计基本地震动峰值加速度 $A_h=0.30\text{g}$，进行E1地震作用下的抗震设计时，按《公路工程抗震规范》(JTG B02—2013)，确定该桥梁水平向和竖向设计加速度反应谱分别是哪一选项？（　　）

(A)0.218g　0.131g　(B)0.253g　0.152g

(C)0.304g　0.182g　(D)0.355g　0.213g

30. 对某建筑场地钻孔灌注桩进行单桩水平静载试验，桩径800mm，桩身抗弯刚度 EI 为 $600000\text{kN}\cdot\text{m}^2$，桩顶自由且水平力作用于地面处。根据 $H-t-Y_0$（水平力—时间—作用点位移）曲线判定，水平临界荷载为150kN，相应水平位移为3.5mm，根据《建筑基桩检测技术规范》(JGJ 106—2014)的规定，计算对应水平临界荷载的地基土水平抗力系数的比例系数 m 值最接近下列哪个选项？（桩顶水平位移系数 v_y 取2.441）（　　）

(A)15.0MN/m^4　(B)21.3MN/m^4　(C)30.5MN/m^4　(D)40.8MN/m^4

2017年全国注册岩土工程师专业考试试卷参考答案(新解)

专业知识(上午卷)答案

一、单项选择题

1.(B)　据《城市轨道交通岩土工程勘察规范》(GB 50307—2012)第7.3.4条第4款。

2.(B)　据《水运工程岩土勘察规范》(JTS 133—2013)第4.2.6.2条,黏性土含量为35%,应定名为砂混黏性土。

3.(C)　据《岩土工程勘察规范》(GB 50021—2001)(2009年版)第5.8.3条。

4.(D)　据《岩土工程勘察规范》(GB 50021—2001)(2009年版)表10.4.1、表10.5.2可知,圆锥动力触探与标准贯入试验锤的质量均为63.5kg,落距均为76cm,探杆直径均为42mm,其贯入指标圆锥动力触探为10cm,而标准贯入试验为30cm,除此之外,二者的贯入器也不同。

5.(B)　据《土工试验方法标准》(GB/T 50123—1999)第14.1.5条第3款、第4款。

6.(B)　据《岩土工程勘察规范》(GB 50021—2001)(2009年版)第4.9.4条。

7.(C)　首先判断上下盘,位于断层线上方的为上盘,下方的为下盘。上盘相对下移,下盘相对上移的为正断层。反之为逆断层。

8.(B)　据《岩土工程勘察规范》(GB 50021—2001)(2009年版)附录E.0.2条,立管式测压计适用于渗透系数较大的均匀孔隙含水层。

9.(D)　据《水利水电工程地质勘察规范》(GB 50487—2008)附录D.0.1条、第D.0.3条第3款、第D.0.5条、第D.0.6条。

10.(B)　据《工程岩体试验方法标准》(GB/T 50266—2013)第2.5.1条、第2.5.3条第2款。

11.(D)　据《城市轨道交通岩土工程勘察规范》(GB 50307—2012)附录B,可知(B)、(C)描述正确,(D)描述错误。一般情况下岩石越坚硬,其压缩波波速越高,故当硬质岩体与软质岩体压缩波波速相同时,硬质岩的风化程度会更高,(A)正确。

12.(B)　据《湿陷性黄土地区建筑规范》(GB 50025—2004)第4.3.2条第5款。

13.(A)　据《岩土工程勘察规范》(GB 50021—2001)(2009年版)第8.0.3条、第8.0.4条。

14.(C)　据《工程结构可靠性设计统一标准》(GB 50153—2008)第2.1.5条。

15.(C)　据《建筑地基基础设计规范》(GB 50007—2011)第3.0.5条。

16.(B)　据《建筑地基基础设计规范》(GB 50007—2011)第8.2.8条。

17.(B)　树根桩为灌注桩,其施工顺序与普通灌注桩相同,可根据常识判断正确答案为(B)。

18.(A)　据《建筑地基处理技术规范》(JGJ 79—2012)第5.2.5条。

19.(B)　据《建筑地基处理技术规范》(JGJ 79—2012)第9.3节及条文说明、第10.2.7条,《既有建筑物地基基础加固技术规范》(JGJ 123—2012)第11.4.2条第4款、第11.4.3条第2款、第10.2.4条第1款。

20.(C)　据《建筑地基处理技术规范》(JGJ 79—2012)第 7.7.2 条条文说明第 6 款第 2)项，桩的最大轴力作用点不在桩顶，而在中性点处，即中性点处的轴力大于桩顶的受力。

21.(C)　此类型题出现多次，对深厚软黏土地基控制沉降最有效的手段是增加桩长。

22.(C)　据《建筑地基处理技术规范》(JGJ 79—2012)第 6.2.2 条第 5 款。

23.(B)　据《建筑地基处理技术规范》(JGJ 79—2012)第 5.2.25 条条文说明，真空预压工程，在抽真空过程中将产生向内的侧向变形，孔隙水压力降低，故(A)、(C)描述正确。据第 5.2.22 条条文说明，真空度越大，预压效果越好，(B)选项错误。据《考前辅导讲义》(上册)第五篇、第三讲、一、3、5)超载预压的作用，超载预压可减小地基的次固结变形。

24.(C)　据《建筑地基处理技术规范》(JGJ 79—2012)第 7.1.5 条，桩土应力比为桩体应力与处理后桩间土应力之比，碎石桩属于散体材料桩，其桩体应力较小，桩土应力比也较小，(A)错误。据第 7.3.3 条第 2 款、第 3 款，水泥土搅拌桩桩间土承载力发挥系数一般取 0.4～0.8，单桩承载力发挥系数取 1.0，桩端端阻力发挥系数可取 0.4～0.6。据第 7.7.2 条第 6 款，CFG 桩桩间土承载力发挥系数取 0.9～1.0，单桩承载力发挥系数取 0.8～0.9，桩端端阻力发挥系数取 1.0。

25.(D)　据《铁路隧道设计规范》(TB 10003—2005)第 13.2.3 条，(A)、(B)正确；据第 13.3.3 条，(C)正确，泄水孔间距应为 100～300cm，所以(D)错误。

26.(D)　坑深范围内由于主动土压力的作用会导致排桩坑内侧受拉，排除(A)；根据等值梁法经验，坑底以下主动、被动土压力强度相同的点，为弯矩零点，综合判定选(D)。

27.(B)　据《建筑基坑支护技术规范》(JGJ 120—2012)第 4.7.2 条，极限抗拔承载力标准值＞轴向拉力标准值，①＞②；第 4.7.7 条，锁定值宜取轴向拉力标准值的 0.75～0.9 倍，②＞③；第 4.8.7 条 4.8.8 表，可知①＞④＞②；最终大小排序应为①＞④＞②＞③。

28.(D)　土钉墙施工顺序为：开挖工作面—喷射第一层混凝土—土钉施工—绑扎钢筋—喷射第二次混凝土，D 正确。

29.(D)　据《公路隧道设计规范》(JTG D70—2004)第 8.1.1 条，一级公路隧道应采用复合式衬砌，(B)错误。据第 8.4.2 条，(A)(C)错误，仰拱与拱墙的二次衬砌厚度应为 35cm，(D)正确。

30.(A)　据《建筑基坑支护设计规范》(JGJ 120—2012)第 4.7.11 条。

31.(C)　据《建筑基坑支护技术规程》(JGJ 120—2012)第 4.7.2 条条文说明，锚杆杆体截面设计采用分项系数法，锚杆长度设计采用的是安全系数法。

32.(C)　据《建筑抗震设计规范》(GB 50011—2010)表 5.1.4-2。

33.(D)　据《建筑抗震设计规范》(GB 50011—2010)表 4.1.1。

34.(C)　据《建筑抗震设计规范》(GB 50011—2010)第 5.2.1 条。

35.(A)　据《建筑抗震设计规范》(GB 50011—2010)第 4.1.7 条第 1 款，属于非全新世(全新世为 Q_4)活动断裂，可忽略断裂错动对地表建筑物的影响。

36.(C)　据《建筑抗震设计规范》(GB 50011—2010)第 2.1.10 条，抗震措施指除地震作用计算和抗力计算以外的抗震设计内容。

37.(A)　据《建筑抗震设计规范》(GB 50011—2010)表 4.1.3。

38.(B)　据《建筑抗震设计规范》(GB 50011—2010)附录 C.0.1 条。

39.(C)　据《岩土工程勘察规范》(GB 50021—2001)(2009 年版)第 10.3.2 条第 2 款。

40.(D)　据《建筑变形测量规范》(JGJ 8—2007)第 3.0.4 条，观测点测站高差中误差的大小与变形测量级别有关，(A)错误。据第 5.5.5 条第 1 款，(B)错误，据第 4 款，(D)正确。据第 5.5.7 条第 1 款,(C)错误。

二、多项选择题

41.(A)、(C)、(D)　流土的定义:在向上的渗透作用下,表层局部范围内的土体或颗粒群同时发生悬浮、移动的现象。任何类型的土,只要水力坡降达到一定的大小,都可发生流土破坏。

管涌的定义:在渗流作用下,一定级配的无黏性土中的细小颗粒,通过较大颗粒所形成的孔隙发生移动,最终在土中形成与地表贯通的管道,造成土体塌陷,这种现象称为管涌。

题 41 表　流土与管涌的比较

项目	流　土	管　涌
现象	土体局部范围的颗粒同时发生移动	土体内细颗粒通过粗粒形成的孔隙通道移动
位置	只发生在水流渗出的表层	可发生于土体内部和渗流溢出处
土类	只要渗透力足够大,可发生在任何土中	一般发生在特定级配的无粘性土或分散性黏土
历时	破坏过程短	破坏过程相对较长
后果	导致下游坡面产生局部滑动等	导致结构发生塌陷或溃口

42.(A)、(C)、(D)　A 为在偏应力增量作用下的孔隙压力系数,其定义为当试样在轴向应力增量 $\Delta\sigma_1-\Delta\sigma_3$ 作用时,产生的孔隙水压力为 Δu_1,$\Delta u_1=BA(\Delta\sigma_1-\Delta\sigma_3)$,其数值与土的种类、应力历史有关,反映土体剪切过程中的剪胀(剪缩)性,对超固结黏土在偏应力作用下将发生体积膨胀,产生负的孔隙水压力,故 A 为负值。

B 为在各向应力相等条件下的孔隙压力系数。即试样在不排水条件下受到各向相等压力增量时,产生的孔隙压力增量与压力增量之比。B 是反映土体饱和程度的指标。$B=1$,饱和土;$B=0$,土完全干燥;$0<B<1$,非饱和土;饱和度越大,B 越接近于 1。

43.(A)、(B)、(C)　据《建筑工程地质勘探与取样技术规程》(JGJ/T 87—2012)附录 C。

44.(A)、(D)　据《岩土工程勘察规范》(GB 50021—2001)(2009 年版)第 10.5.5 条及条文说明可知,(A)、(D)描述正确,据第 3.3.9 条,(C)错误。据《水利水电工程地质勘察规范》(GB 50487—2008)附录 P.0.4 条,(B)错误。

45.(A)、(B)、(D)　据《工程岩体试验方法标准》(GB/T 50266—2013)第 6 章及附录 A,岩体应力测试可获取空间应力、弹性模量、泊松比等参数。也可参考《工程地质手册》(第四版)第 286 页。

46.(A)、(C)、(D)　细粒土的击实曲线如右图所示,在一定的击实功能作用下,只有当土的含水率为某一适宜值时,土样才能达到最密实,因此击实曲线会出现峰值,峰值对应的纵坐标为最大干密度 ρ_{dmax},对应的横坐标为最优(佳)含水率 ω_{op},(B)错误,(C)正确。同一种土,加大击实功能,土的最大干密度增加,而最优含水率减小,(A)正确。据《土工试验方法标准》(GB/T 50123—1999)第 10.0.5 条,(D)正确。

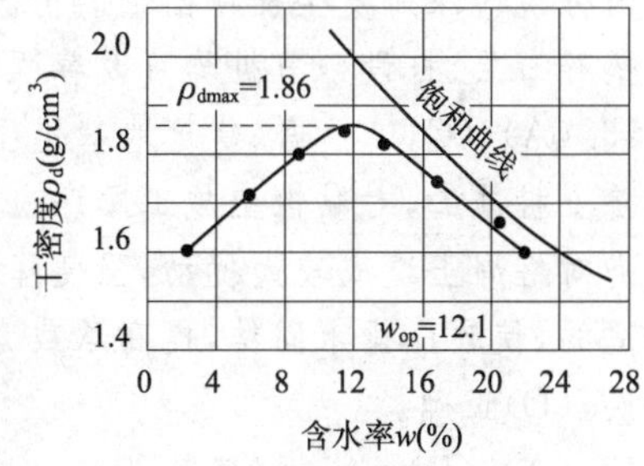

题 46 图

47.(A)、(D)　据《建筑结构荷载规范》(GB 50009—2012)3.1.1 条,(A)、(D)正确。

48.(A)、(C)　据《建筑地基基础设计规范》(GB 50007—2011)第 3.0.5 条,承载力验算、确定基础底面尺寸时采用荷载效应标准组合,地基沉降计算用荷载效应准永久组合,计算配筋时荷载效应基本组合;其中基底压力只有在计算配筋时扣除基础及其上填土的重量,其他

2017年专业知识(上午卷)答案

均需计入。

49.(A)、(C)　据《建筑地基基础设计规范》(GB 50007—2011)第3.0.5条,计算地基变形时,传至基础底面上的作用效应应按正常使用极限状态下作用的准永久组合,不应计入风荷载和地震作用,(C)正确;据《工程结构可靠性设计统一标准》(GB 50153—2008)第3.1.6条,准永久组合包括永久荷载标准值和可变荷载的准永久值,(B)错误;据《工程结构可靠性设计统一标准》(GB 50153—2008)第8.3.1条,$S_d \leqslant C$,前者表示作用效应,后者表示设计对变形等规定的相应限值,(A)正确,(D)错误。

50.(C)、(D)　据《建筑地基处理技术规范》(JGJ 79—2012)第4.2.1条第1款,(D)正确,据第3款,灰土应使用消石灰,而非生石灰,(A)错误。垫层压实时,应达到一定的压实标准,尽量接近最大重度,(C)正确。据《地基处理手册》(第三版)第55页,二灰垫层的最优含水率较灰土大,(B)错误。

51.(B)、(C)、(D)　据《建筑地基处理技术规范》(JGJ 79—2012)第6.3.3条第1款,(A)正确。据第4款,两遍夯之间的时间间隔取决于土中超静孔隙水压力消散的时间,砂土透水性强,故间隔时间短,(B)错误。据第6款,强夯处理范围与建筑物基础范围有关,与场地土类别无关,(C)错误。据第6.3.14条第2款,强夯地基承载力检测与施工结束的时间间隔砂土场地小于黏性土场地,(D)错误。

52.(B)、(D)　据《建筑地基处理技术规范》(JGJ 79—2012)第7.8.4条第5款、第7.6.2条第6款,柱锤冲扩桩和夯实水泥土桩桩顶垫层应采用夯填度控制(压实后厚度与虚铺土层厚度之比)。据第4.2.4条、第7.5.2条第8款,灰土挤密桩桩顶垫层、换填垫层采用压实度控制,需要取样开展干密度试验。

53.(C)、(D)　散体材料桩一般处理范围需要超过基础底面积,而黏结材料桩可只在基础范围内布桩。

54.(A)、(B)、(C)　据《建筑地基处理技术规范》(JGJ 79—2012)附录A.0.1条,现场载荷试验可得到变形模量,室内压缩试验可得到压缩模量,(A)错误,(D)正确。据第A.0.5条第2款,极限荷载小于比例界限的0.5倍,承载力特征值应取$0.5Q_u$,(C)错误。据第3款,承压板边长2.5m>2m,按2m计算,故应取沉降20mm所对应的荷载作为承载力特征值,(B)错误。

55.(B)、(C)、(D)　由于填土松散,被雨水浸泡后含水率较高,增加夯击能或夯击点数会因夯坑过深而发生提锤困难的情况,故(A)不适宜。设置降水井强制抽排水、在路基表面填垫碎石层、打设砂石桩均可改善强夯的加固效果。

56.(A)、(C)　据《建筑地基处理技术规范》(JGJ 79—2012)第7.2.4条,振动沉管法属于挤土桩施工,对黏性土施工顺序应由中间向四周推进,(A)错误。淤泥质土地基中置换率较高对桩周土造成较大扰动,强度降低,侧向约束较低,孔隙水压力升高,故放慢施工速度是合适的,使软土排水固结,提高承载力降低孔隙水压力,(B)正确。据第7.7.3条第2款,(C)错误,(D)正确。

57.(A)、(D)　据《建筑基坑支护技术规程》(JGJ 120—2012)附录A.2.5条,锚杆基本试验宜采用多循环加载法,每级加、卸载稳定后,在观测时间内测读锚头位移不应少于3次,(A)正确;A.4.6条第2款,在抗拔承载力检测值下测得的弹性位移量应大于杆体自由段长度理论弹性伸长量的80%,B错误;A.4.1条锚杆验收试验中最大试验荷载应不小于锚杆的抗拔承载力检测值,抗拔承载力检测值应按不同支护结构的安全等级取不同的系数,(C)错误;A.2.6条,锚头位移不收敛时,应终止继续试验,可认为锚杆已经破坏,(D)正确。

58.(B)、(C)　据《建筑基坑支护技术规程》(JGJ 120—2012)第7.3.25条。

59.(A)、(B)、(C)　据《建筑基坑支护技术规程》(JGJ 120—2012)第4.5.9条(A)、(B)、(C)正确。

60.(A)、(B)、(C)　据《建筑基坑工程监测技术规程》(GB 50497—2009)第8.0.3条(A)正确;据第8.0.5条(B)正确;据第8.0.1条(C)正确。

61.(A)、(B)、(D)　围岩压力是地下隧道开挖后,围岩松动变形后应力发生重分布,之后作用于支护结构上的压力,(A)、(B)正确;围岩压力不是地应力,(C)错误;支护结构刚度越大,围岩自平衡发挥的作用越小,支护结构承担的围岩压力就越大,(D)正确。

62.(A)、(C)、(D)　据《膨胀土地区建筑技术规范》(GB 50112—2013)第5.2.15条。

63.(A)、(D)　据《建筑抗震设计规范》(GB 50011—2010)第4.3.3条,其他条件相同时,砂土较粉土的液化特征深度更大,说明砂土更易液化,(A)正确。据第4.3.4条,粉土黏粒含量越大,标准贯入锤击数临界值越小,越不易液化,(D)正确。据《土动力学》(张克绪、谢君斐著)第148页,当平均粒径为0.07～0.08mm时最易液化,平均粒径越大越不易液化,(C)错误。黏粒含量越高,土粒间的黏着力越大,砂土越不易液化,(B)错误。

64.(B)、(D)　据《建筑抗震设计规范》(GB 50011—2010)第4.3.7条。

65.(B)、(C)　据《水利水电工程地质勘察规范》(GB 50487—2008)附录P.0.4条第1款2)项,(A)错误,(B)正确,据第3)项,(C)正确。据第5)项,(D)错误。

66.(A)、(B)、(C)　据《建筑抗震设计规范》(GB 50011—2010)第4.3.7条,挤密法、强夯法、增加上覆非液化土层厚度均可消除地基液化沉陷的影响。

67.(A)、(B)　据《建筑抗震设计规范》(GB 50011—2010)第4.1.8条。

68.(A)、(C)、(D)　据《建筑抗震设计规范》(GB 50011—2010)第4.1.8条条文说明。

69.(B)、(C)、(D)　据《建筑基桩检测技术规范》(JGJ 106—2014)表3.1.1。

70.(B)、(C)　据《建筑基桩检测技术规范》(JGJ 106—2014)第4.2.6条,试桩与锚桩的中心距应大于2倍扩大端直径,即大于4.4m,(A)、(D)错误。试桩与基准桩、基准桩与锚桩中心距应大于4D即4m即可,(B)、(C)正确。

专业知识(下午卷)答案

一、单项选择题

1.(C)　据《建筑地基基础设计规范》(GB 50007—2011)第5.1.9条(A)、(B)正确;查表5.1.7-1,卵石对冻结深度的影响系数大于软弱黏性土,设计冻深会增大,(C)错误;附录G表G.0.1,冻前含水率越大,冻胀级别越高,其冻胀性增大,(D)正确。

2.(B)　据《建筑地基基础设计规范》(GB 50007—2011)第2.1.3条,地基承载力特性值是由载荷试验测定的地基土压力变形曲线线性变形段内规定的变形所对应的压力值,其最大值为比例界限值,(B)正确。

3.(D)　据《建筑地基基础设计规范》(GB 50007—2011)第5.2.5条。

4.(A)　基础宽度相同则应力影响深度相同,如再满足基底附加压力相同的条件,则地基沉降量相同。

5.(B)　据《建筑地基基础设计规范》(GB 50007—2011)第8.1.1条,砖基础,宽高比取1∶1.5,$H_0 \geqslant \frac{b-b_0}{2\tan\alpha}$,解得$b-b_0=1.2\text{m}$,采用素混凝土基础时,$H_0 \geqslant \frac{1.2}{2\times 1}=0.6\text{m}$,(B)正确。

6.(C)　　据《建筑地基基础设计规范》(GB 50007—2011)第 8.3.2 条。

7.(B)　　据《建筑桩基技术规范》(JGJ 94—2008)第 5.8.7 条。

8.(C)　　据《建筑桩基技术规范》(JGJ 94—2008)第 5.7.2 条,单桩水平承载力特征值,0.75×260=195kN。(C)正确。

9.(C)　　旋挖成孔效率高且泥浆用量少,(C)正确。

10.(C)　　据《公路工程抗震规范》(JTG B02—2013)第 4.4.1 条 $R_{aE}=KR_{a}=1.3\times3\,000=3\,900$kN。

11.(B)　　据《建筑桩基技术规范》(JGJ 94—2008)第 5.8.4 条 $l_{c}/b=10/0.5=20$,查表 $\varphi=0.75$。

12.(C)　　长螺旋钻孔灌注桩属于干作业即可成桩,无需泥浆护壁,(C)正确。据《建筑桩基技术规范》(JGJ 94—2008)第 6.4.1 条(A)、(B)错误;第 6.4.4 条,(D)错误。

13.(D)　　据《建筑桩基技术规范》(JGJ 94—2008)第 5.3.10 条条文说明。

14.(D)　　据《建筑桩基技术规范》(JGJ 94—2008)第 4.2.1 条。

15.(B)　　据《铁路路基支挡结构设计规范》(TB 10025—2006)第 10.2.3 条及条文说明。

16.(C)　　据《公路路基设计规范》(JTG D30—2015)附录 H 表 H.0.1-2。

17.(A)　　图中渗流方向为从左到右,反滤层应从细到粗,(A)正确。

18.(C)　　路堤已经压实,①层为黏土为硬塑状态,但②层淤泥质相对软弱且较薄,(C)正确。

19.(B)　　褥垫排水层位于坝体内,直接降低坝体内部浸润线。

20.(D)　　据《铁路路基设计规范》(TB 10001—2005)第 9.2.1～9.2.6 条。

21.(B)　　据《铁路路基支挡结构设计规范》(TB 10025—2006)第 9.1.1 条。

22.(D)　　据《土工合成材料应用技术规范》(GB/T 50290—2014)第 4.2.3 条、4.2.4 条。

23.(D)　　据《湿陷性黄土地区建筑规范》(GB 50025—2004)第 4.3.7 条第 3 款,(A)正确。据第 4.3.8 条第 3 款(B)正确,据第 4 款,(C)正确。据第 4.3.2 条第 5 款,(D)错误。

24.(C)　　本题可依据常识进行判断,滑面倾角平缓,下滑力小,同时抗滑段较长,因此滑动较为缓慢。

25.(B)　　据《盐渍土地区建筑技术规范》(GB/T 50942—2014)第 2.1.11～2.1.13 条。

26.(D)　　据《盐渍土地区建筑技术规范》(GB/T 50942—2014)第 4.4.2 条条文说明、第 4.4.6 条条文说明。

27.(C)　　据《湿陷性黄土地区建筑规范》(GB 50025—2004)第 5.1.3 条第 1 款。

28.(D)　　据《工程地质手册》(第四版)第 448 页。

29.(B)　　据《岩土工程勘察规范》(GB 50021—2001)(2009 年版)附录表 A.0.5,该土为有机质土,其中 $w>w_{L}$,$e>1.5$,判定为淤泥。

30.(C)　　据《工程地质手册》(第四版)第 532 页,土洞的形成主要是水的潜蚀作用导致的。

31.(A)　　湿陷性黄土颗粒间为 $CaCO_3$、$CaSO_3$ 等可溶盐,形成胶结,在一定压力下受水浸湿,土结构迅速破坏,并产生显著附加下沉。

32.(C)　　据《岩土工程勘察规范》(GB 50021—2001)(2009 年版)表 12.2.5。

33.(D)　　推移式滑坡的特点是滑体上部首先发生滑动,然后挤压下部引起变形和移动。如上部堆载、后缘充水等因素都会使上部下滑力增大,诱发滑坡。

34.(C)　　据《湿陷性黄土地区建筑规范》(GB 50025—2004)第 6.1.10 条。对于湿陷性黄土地基处理时一般不宜采用透水性材料,防止后期渗水引起地基下沉。

35.(B)　据《2018 年注册岩土工程师注册考试培训教材》(下册)第十一篇、第一节、图 1.1.2 建筑安装工程费用组成。

36.(C)　据《中华人民共和国建筑法》第三十二条。

37.(C)　据《实施工程建设强制性标准监督规定》第二十条。

38.(C)　据《建设工程质量管理条例》第十条,(A)、(B)正确。据第十一条,(D)正确。据第十五条,(C)错误。

39.(D)　据《建设工程五方责任主体项目负责人质量终身责任追究暂行办法》第十条。

40.(A)　据《房屋建筑和市政基础设施工程施工图设计文件审查管理办法》第七条。

二、多项选择题

41.(C)、(D)　据《建筑地基基础设计规范》(GB 50007—2011)第 8.4.20 条第 2 款,(A)错误;对裙房进行降低承载力及刚度的处理,理论上可以减小和主楼的沉降差,但实际工程中一般不会如此处理,(B)错误。增加筏板配筋量可以增加其刚度对减小沉降差有作用,(C)正确;裙房采用独立基础也有利于减小其与主楼沉降差,(D)正确。

42.(B)、(D)　详见培训教材土力学知识,太沙基极限承载力理论适用于基础底面粗糙的条形基础,条形基础处理时视为平面应变问题。

43.(A)、(B)、(C)　基底附加压力通过持力层的应力扩散作用把附加压力扩散到软弱下卧层顶面,理论上讲持力层越厚扩散到下卧层顶面的面积越大,强度就越低。(A)、(B)正确。持力层压缩模量越高,压力扩散角越大,扩散到软弱下卧层顶面的附加应力越小,(C)正确,软弱下卧层承载力特征值只进行深度修正,不进行宽度修正,所以(D)错误。

44.(B)、(D)　据《建筑地基基础设计规范》(GB 50007—2011)第 5.2.4 条,修正系数是按基础底面以下土的性质查表的,(A)错误,(B)正确;换填法地基处理不进行宽度修正,只进行深度修正,(C)错误;深度修正时采用的土的重度为基底以上土的加权平均重度,(D)正确。

45.(A)、(B)　据《建筑地基基础设计规范》(GB 50007—2011)第 5.2.5 条(C)、(D)有关,快速加荷情况下饱和软黏土其内摩擦角可视为零,则宽度承载力系数 $M_b=0$,因此承载力与基础宽度无关。

46.(A)、(B)、(D)　据《建筑桩基技术规范》(JGJ 94—2008)表 6.2.4。

47.(A)、(C)　据《建筑桩基技术规范》(JGJ 94—2008)第 6.3.1 条,砂土为主的土层无法自行造浆,(B)错误,合适的泥浆有很好的护壁防塌孔作用,(A)正确;提升钻具时,及时补充损失的泥浆是有利的,(C)正确;第 6.3.2 条,(D)错误。

48.(A)、(B)　据《建筑桩基技术规范》(JGJ 94—2008)第 6.2.3 条。

49.(A)、(B)、(D)　据《建筑桩基技术规范》(JGJ 94—2008)第 6.6.4 条,6.6.6 条,6.6.14 条。

50.(B)、(D)　《建筑桩基技术规范》(JGJ 94—2008)第 4.1.5 条,预制桩混凝土强度不宜低于 C30,(A)错误;第 7.1.6 条,预制桩浇筑时从桩顶开始灌注,(C)错误;(B)、(D)正确。

51.(A)、(D)　据《建筑桩基技术规范》(JGJ 94—2008)第 2.1.5 条,(A)正确;据第 5.5.14 条,(B)错误;第 5.6.2 条,(C)错误;据第 5.6.1 条,(D)正确。

52.(A)、(B)、(D)　据《建筑桩基技术规范》(JGJ 94—2008)第 4.1.1 条(A)、(B)正确;据第 4.1.2 条(C)错误,(D)正确。

53.(A)、(D)　筋材的蠕变大于土的蠕变可能导致格栅拉力下降;土工格栅上覆盖填土发生了差异沉降可导致格栅拉力上升;拉力变化与路基固结无关;路堤上车辆的反复荷载作用亦可导致应力松弛。

54.(A)、(C)、(D)　据《建筑边坡工程技术规范》(GB 50330—2013)第4.3.5条、第4.3.7条。

55.(A)、(C)　据《碾压式土石坝设计规范》(DL/T 5395—2007)第7.7.1条、第7.7.5条条文说明、第7.7.8条条文说明。

56.(A)、(B)　据《碾压式土石坝设计规范》(DL/T 5395—2007)第10.1.1条、第10.1.3条、第10.1.7条。

57.(B)、(D)　据《公路路基设计规范》(JTG D30—2015)第5.3.1条表5.3.1。

58.(A)、(B)、(C)、(D)　据《建筑地基基础设计规范》(GB 50027—2011)表G.0.1,可知冻胀性与土颗粒大小、塑限含水率、冻前含水率有关,同时表注3表明塑性指数也是影响因素之一,而塑性指数反映的是土的颗粒组成、矿物成分等。

59.(A)、(B)、(C)　据《工程地质手册》(第四版)第558页。

60.(A)、(B)　据《工程地质手册》(第四版)第569页。矿层埋深越大,变形发展至地表所需时间越长,地表变形值越小,变形平缓均匀,但移动盆地的范围增大;矿层厚度大,采空的空间大,地表的变形值增大;矿层倾角大,水平移动值大,地表出现裂缝可能性大,地表移动盆地与采空区的位置更不对称。上覆岩层强度高、分层厚度大时,产生地表变形的采空面积要大,过程时间长,有些甚至不产生地表变形。

61.(A)、(B)、(D)　据《工程地质手册》(第四版)第565页。

62.(B)、(C)、(D)　据《工程地质手册》(第四版)第470页。初始含水率与膨胀后含水率差值越大,说明吸水量越大,土的膨胀量越大,(A)错误。

63.(B)、(C)　据《土力学》土坡稳定性相关知识,无黏性土坡稳定安全系数 $K=\tan\varphi/\tan\beta$,其稳定性只与砂土内摩擦角 φ 和坡脚 β 有关;发生渗流时的稳定安全系数为 $K=\frac{\gamma'\tan\varphi}{\gamma_{sat}\tan\beta}$,与无渗流情况相比,相差 γ'/γ_{sat} 倍,此值约为1/2,因此,当坡面有渗流作用时,稳定安全系数约降低一半。

64.(B)、(D)　据《公路工程地质勘察规范》(JTJ 064—2011)第8.1.6条第2款3)项,(A)错误。据第8.2.10条第3款3)项,(B)正确。据第8.3.9条第3款,(C)错误。据第8.4.7条第3款,(D)正确。

65.(A)、(C)、(D)　据《中华人民共和国招标投标法》第二十二条、第三十六条、第三十七条、第四十四条。

66.(A)、(D)　据《建设工程勘察设计管理条例》第二十八条。

67.(A)、(C)、(D)　据《勘察设计注册工程师管理规定》第二十九条。

68.(A)、(C)　据《中华人民共和国合同法》第十六章《建设工程合同》第二百七十八条、第二百八十三条、第二百八十四条、第二百八十六条。

69.(A)、(B)、(D)　据《建设工程安全生产管理条例》第四十三条。

70.(B)、(C)、(D)　据《中华人民共和国招标投标法》第五十三条、第五十四条。

专业案例(上午卷)答案

1.[答案](C)

[解析]据《岩土工程勘察规范》(GB 50021—2001)(2009年版)第3.3.8条及附录B.0.1条

杆长 $L=15\text{m}$，查表插值，杆长修正系数：$\alpha_1=0.595$。

修正后的锤击数：$N_{63.5}=\alpha\cdot N'_{63.5}=0.595\times25=14.875$（击），密实度为中密。

2.［答案］(B)

［解析］据《城市轨道交通岩土工程勘察规范》(GB 50307—2012)第4.3.5条第3款、第15.6.8条第2款

粉土孔隙比：$e=\dfrac{G_s\rho_w(1+0.01\omega)}{\rho}-1=\dfrac{2.71\times(1+0.35)}{1.75}-1=1.09$，密实度为稍密

承压板直径：$d=\sqrt{\dfrac{4A}{\pi}}=\sqrt{\dfrac{4\times0.25}{3.14}}=564.3\text{mm}$

取 $s/d=0.02$，即 $s=11.29\text{mm}$ 对应的荷载：$p=158.3\text{kPa}$

$p_{max}/2=140\text{kPa}<158.3\text{kPa}$，即地基承载力取140kPa

3.［答案］(C)

［解析］据《土力学》相关知识或《考前辅导讲义》(上册)第42页

孔隙水压力系数：$B=\dfrac{\Delta u_3}{\Delta\sigma_3}=\dfrac{196}{200}=0.98$

轴向应力增量作用时，产生的孔隙水压力为 Δu_1，即 $\Delta u_1=BA(\Delta\sigma_1-\Delta\sigma_3)$

$0.98\times A\times(600-200)=90$，得 $A=0.23$

4.［答案］(C)

［解析］据《考前辅导讲义》(上册)第9页

由已知条件，围岩真倾角：$\alpha=30°$；视倾向与真倾向间的夹角：$\theta=80°-50°=30°$

视倾角与真倾角间的关系：$\tan\beta=\tan\alpha\cdot\cos\theta=\tan30\times\cos30=0.5$

即视倾角：$\beta=26.6°$

5.［答案］(B)

［解析］$e=150/300=0.5\text{m}$，$a=0.5b-e=0.5b-0.5$

则反力有效宽度 $3a\geqslant0.8b$，解得 $b\leqslant3a/0.8$，$b\geqslant2.143\text{m}$

6.［答案］(B)

［解析］据《建筑地基基础设计规范》(GB 50007—2011)5.2.4条

$s=0.015b=0.015\times700=10.5\text{mm}$

插值 $s=10.5\text{mm}$ 时，荷载值 $P_{s=0.015}=125\text{kPa}$

最大加载量的一半$=0.5\times300=150\text{kPa}$

二者取小值 $P=125\text{kPa}$，查表 $\eta_b=2.0$，$\eta_d=3.0$

$f_a=f_{ak}+\eta_b r(b-3)+\eta_d r_m(d-0.5)=125+3\times19\times(1.5-0.5)=182\text{kPa}$

7.［答案］(A)

［解析］据《建筑地基基础设计规范》5.2.7条

$z/b=1.5/2=0.75$，$E_{s1}/E_{s2}=12/3=4$，插值 $\theta=24°$

$$P_z=\frac{b(P_K-P_C)}{b+2z\tan\theta}=\frac{2\times(160-1.5\times20)}{2+2\times1.5\tan24°}=77.9\text{kPa}$$

$P_{cz}=1.5\times20+1.5\times(20-10)=45\text{kPa}$

$P_z+P_{cz}=77.9+45=122.9\text{kPa}$

粉土，查表 $\eta_d=1.5$

$r_m=\frac{1.5\times18+1.5\times8}{1.5+1.5}=13$

$f_{az}=160+1.5\times13\times(3-0.5)=126.25\text{kPa}$

则 $P_z+P_{cz}<f_{az}$，满足承载力要求

8.[答案](D)

[解析]据《建筑地基基础设计规范》8.2.8 条

$h=0.8, \beta_{hp}=1.0, h_0=0.8-0.05=0.75$

$a_m=0.5(a_t+h_0)=a_t+h_0=0.6+0.75=1.35\text{m}$

$F_l\leqslant4\times0.7\beta_{hp}f_t a_m h_0=4\times0.7\times1.0\times1.43\times10^3\times1.35\times0.75=4\times1\,013=4\,052\text{kN}$

9.[答案](A)

[解析]据《建筑地基基础设计规范》5.3.5 条

$e=8\,200/18\,000=0.46<b/6$，属于小偏心

$\Delta P=P_A-P_B=2\frac{M}{W}=2\times\frac{8\,200}{\frac{12\times20^2}{6}}=20.5\text{kPa}$

$l/b=12/20=0.6, z/b=12/20=0.6$，查表 $\overline{\alpha_A}=0.196\,6, \overline{\alpha_B}=0.035\,5$

$\Delta S=\psi_S\sum_{i=1}^{n}\frac{P_0}{E_{si}}(z_i\overline{\alpha_A}-z_i\overline{\alpha_B})$

$=1.0\times\frac{20.5}{4}\times(12\times0.196\,6-12\times0.035\,5)=9.9\text{mm}$

10.[答案](C)

[解析]据《建筑地基基础设计规范》4.1.1 条

$d=0.8\text{m}<1\text{m}, b_0=0.9(1.5d+0.5)=0.9\times(1.5\times0.8+0.5)=1.53\text{m}$

$\alpha=\sqrt[5]{\frac{mb_0}{EI}}=\sqrt[5]{\frac{10\times10^3\times1.53}{4.0\times10^5}}=0.521$

桩身配筋长度 $>4/\alpha=4/0.521=7.7\text{m}$

规范要求桩身配筋长度需 $>\frac{2}{3}$ 的桩长 $=6.7\text{m}$

取大值(6.7,7.7)

11.[答案](B)

[解析]据《建筑桩基技术规范》5.6.1 条

$A_c=\xi\frac{F_k+G_k}{f_{ak}}=0.6\times\frac{120+1\times1\times2\times20}{120}=0.8\text{m}^2$

$Q_{uk}=u\sum q_{sik}l_i+q_{pk}A_p$

$=3.14\times0.6\times(30\times6+50\times2)+100\times\frac{3.14\times0.6^2}{4}=810$

$R_a=\frac{1}{2}Q_{uk}=\frac{1}{2}\times810=405$

$n\geqslant\frac{F_k+G_k-\eta_c f_{ak}A_c}{R_a}=\frac{120+1\times1\times2\times20-0.6\times120\times0.8}{405.06}=0.253$

$s\leqslant\frac{1}{n}=\frac{1}{0.253}=3.95\text{m}$

12.[答案](D)

[解析]据《建筑桩基技术规范》5.1.1条

$$N_{\mathrm{Kmax}}=\frac{F_{\mathrm{k}}+G_{\mathrm{k}}}{n}+\frac{M_{\mathrm{xk}}y_{\mathrm{i}}}{\sum y_{\mathrm{j}}^{2}}+\frac{M_{\mathrm{yk}}x_{\mathrm{i}}}{\sum x_{\mathrm{j}}^{2}}=\frac{5\,000+500}{5}+\frac{5\,000\times0.4\times0.9}{4\times0.9^{2}}+\frac{5\,000\times0.4\times0.9}{4\times0.9^{2}}$$

$$=2\,211\mathrm{kN}$$

13.[答案](B)

[解析]据《建筑桩基技术规范》5.9.10条

$h_0=0.6<0.8$,则 $\beta_{\mathrm{hs}}=1$

$a_{\mathrm{x}}=0.5\times(4.2-1.4)-0.3-0.3=0.8$,$\lambda_{\mathrm{x}}=a_{\mathrm{x}}/h_0=0.8/0.6=1.3$

$\alpha=1.75/(\lambda_{\mathrm{x}}+1)=1.75/(1.3+1)=0.76$

$\beta_{\mathrm{hs}}\alpha f_{\mathrm{t}}b_0h_0=1.0\times0.76\times1710\times2.1\times0.6=1637\mathrm{kN}$

14.[答案](C)

[解析]据《土工合成材料应用技术规范》(GB/T 50290—2014)第7.3.5条、第3.1.3条

每层筋材承受的水平拉力:$T_i=\left[\left(\sigma_{\mathrm{v}i}+\sum\Delta\sigma_{\mathrm{v}i}\right)K_i+\Delta\sigma_{\mathrm{h}i}\right]s_{\mathrm{v}i}/A_{\mathrm{r}}$

其中:$\sum\Delta\sigma_{\mathrm{v}i}=30\mathrm{kPa}$,$\sigma_{\mathrm{v}i}=\gamma h$,$K_i=0.6$,$s_{\mathrm{v}i}=1$,$A_{\mathrm{r}}=1$

第1层筋材拉力:$T_1=(18\times1+30)\times0.6=28.8\mathrm{kN}$,极限强度:$T=3\times28.8=86.4\mathrm{kN}$

第2层筋材拉力:$T_2=(18\times2+30)\times0.6=39.6\mathrm{kN}$,极限强度:$T=3\times39.6=118.8\mathrm{kN}$

第3层筋材拉力:$T_3=(18\times3+30)\times0.6=50.4\mathrm{kN}$,极限强度:$T=3\times50.4=151.2\mathrm{kN}$

第4层筋材拉力:$T_4=(18\times4+30)\times0.6=61.2\mathrm{kN}$,极限强度:$T=3\times61.2=183.6\mathrm{kN}$

第5层筋材拉力:$T_5=(18\times5+30)\times0.6=72\mathrm{kN}$,极限强度:$T=3\times72=216\mathrm{kN}$

故上面2m单层120kN/m,下面3m双层120kN/m较为合理。

15.[答案](B)

[解析]据《建筑地基处理技术规范》(JGJ 79—2012)第7.1.7条、第7.1.8条,《建筑地基基础设计规范》(GB 50007—2011)第5.3.5条、附录表K.0.1-2

复合地基的压缩模量:$E_{\mathrm{sp}}=\zeta E_{\mathrm{s}}=\dfrac{f_{\mathrm{spk}}}{f_{\mathrm{ak}}}E_{\mathrm{s}}=\dfrac{500}{200}\times12=30\mathrm{MPa}$

题15表

z/m	l/b	z/b	$\bar{\alpha}$	$z\bar{\alpha}$	$z_i\bar{\alpha}_i-z_{i-1}\bar{\alpha}_{i-1}$	E_{s}(MPa)
0.0	4.0	0.0	4×0.25=1.00	0		
12.0	4.0	2.0	4×0.2012=0.8048	9.6576	9.6576	30
24.0	4.0	4.0	4×0.1485=0.594	14.256	4.5984	12

变形计算深度范围内压缩模量当量值:$\overline{E}_{\mathrm{s}}=\dfrac{\sum A_i}{\sum\dfrac{A_i}{E_{\mathrm{s}i}}}=\dfrac{9.657\,6+4.598\,4}{\dfrac{9.657\,6}{30}+\dfrac{4.598\,4}{12}}=20\mathrm{MPa}$

沉降计算经验系数:$\psi_{\mathrm{s}}=0.25$

$$s=\psi_{\mathrm{s}}\sum\frac{p_0}{E_{\mathrm{s}i}}(z_i\bar{\alpha}_i-z_{i-1}\bar{\alpha}_{i-1})=0.25\times450\times\left(\frac{9.657\,6}{30}+\frac{4.598\,4}{12}\right)=79.33\mathrm{mm}$$

16.[答案](C)

[解析]据《建筑地基处理技术规范》(JGJ 79—2012)第7.1.5条第1款

将 $n=\dfrac{f_{\mathrm{pk}}}{f_{\mathrm{sk}}}$ 代入 $f_{\mathrm{spk}}=[1+m(n-1)]f_{\mathrm{sk}}$,得 $f_{\mathrm{spk}}=mf_{\mathrm{pk}}+(1-m)f_{\mathrm{sk}}$

根据已知条件:$m_1=\dfrac{0.8^2}{(1.05\times1.8)^2}=0.179$,$f_{\mathrm{pk}}=\dfrac{200}{3.14\times0.8^2/4}=398.1\mathrm{kPa}$

$f_{spk1}=0.179\times398.1+(1-0.179)f_{sk}=170$，得 $f_{sk}=120.3kPa$

$f_{spk2}=m_2\times398.1+(1-m_2)\times120.3=200$，得 $m_2=0.2869$

$$s=\frac{d}{1.05\sqrt{m_2}}=\frac{0.8}{1.05\times\sqrt{0.2869}}=1.42m$$

17.［答案］(B)

［解析］据《建筑地基处理技术规范》(JGJ 79—2012)第7.1.5条、第7.3.3条

单桩承载力：$R_a=\eta f_{cu}A_p=0.25\times2000\times3.14\times0.25^2=98.13kN$

置换率：$m=\dfrac{f_{spk}-\beta\cdot f_{sk}}{\dfrac{\lambda R_a}{A_p}-\beta\cdot f_{sk}}=\dfrac{180-0.5\times80}{\dfrac{1.0\times98.13}{0.19625}-0.5\times80}=0.3043$

布桩数量：$n=\dfrac{mA}{A_p}=\dfrac{0.3043\times15\times12}{0.19625}=279.1$ 根

18.［答案］(B)

［解析］据《建筑地基基础设计规范》6.7.5条

由库伦土压力理论，先求土压力系数 $0.5\times17\times6\times6\times K_a=186$，$K_a=0.608$

$$K=\frac{(G_n+E_{an})\mu}{G_t+E_{at}}=\frac{[260\times\cos10°+(186+0.608\times q\times6)\cos58°]}{260\times\sin10°+(186+0.608\times q\times6)\sin58°}=1.3$$

$q=23kPa$

19.［答案］(B)

［解析］可证明由于块体CDB与CDF以C为顶点的高度一致，则两块体的抗滑动安全系数相同，

$$K_1=\frac{W\cdot\cos\alpha\cdot\tan\varphi+c\times L_{FD}}{W\cdot\sin\alpha}=\frac{520\times\cos30°\times\tan15°+16\times L_{FD}}{520\times\sin30°}=1.2$$

解得，$L_{FD}=11.96m$

当增加锚索以后

$$K=\frac{[W\cdot\cos\alpha+P\cdot\sin(30°+20°)]\tan\varphi+c\times L_{FD}+P\cdot\cos(30°+20°)}{W\cdot\sin\alpha}$$

$$=\frac{[520\times\cos30°+P\cdot\sin(30°+20°)]\times\tan15°+16\times11.96+P\cdot\cos(30°+20°)}{520\times\sin30°}=2.0$$

$P=245.2$

20.［答案］(B)

［解析］据《建筑边坡工程技术规范》5.2.6条

$\alpha_w=0.1$，$Q_e=\alpha_w G=0.1\times12000\times20=24000kN/m$

$$K=\frac{抗滑}{滑动}=\frac{(240000\times\cos35°-24000\times\sin35°)\tan30°}{240000\times\sin35°-24000\times\cos35°}=0.67$$

21.［答案］(B)

［解析］$K_a=\tan\left(45°-\dfrac{32°}{2}\right)=0.307$

水位上升前：

$$E_{a前}=\frac{1}{2}\times18\times6^2\times0.307=99.5$$

水位上升后：

水位面处土压力强度 $e_1=18\times2\times0.307=11.052kPa$

墙底处土压力强度 $e_2=(18\times2+10\times4)\times0.307=23.33\text{kPa}$

$$E_{a后}=\frac{1}{2}\times11.05\times2+\frac{1}{2}\times(11.052+23.33)\times4+\frac{1}{2}\times10\times4^2=159.8$$

$$\Delta E_a=E_{a后}-E_{a前}=159.8-99.5=60.3\text{kN/m}$$

22.[答案](B)

[解析]据《建筑地基基础设计规范》续表 V.0.1

$$K_D=\frac{N_c\tau_0+rt}{r(h+t)+q}=\frac{5.14\times40+17.8t(11-h)}{17.8\times11+10}\geqslant1.6$$

解得,$h\leqslant4.1\text{m}$

23.[答案](D)

[解析]据《铁路隧道计规范》附录 E

单线,$10<t=16\times\cos\alpha=14.86\text{m}$,按非偏压浅埋隧道设计。

$$\tan\beta=\tan\varphi_c+\sqrt{\frac{(\tan^2\varphi_c+1)\tan\varphi_c}{\tan\varphi_c-\tan\theta}}=\tan45^\circ+\sqrt{\frac{(\tan^2 45^\circ+1)\tan45^\circ}{\tan45^\circ-\tan30^\circ}}$$

$$=3.174$$

$$\lambda=\frac{\tan\beta-\tan\varphi_c}{\tan\beta[1+\tan\beta(\tan\varphi_c-\tan\theta)+\tan\varphi_c\cdot\tan\theta]}$$

$$=\frac{3.174-\tan45^\circ}{3.174\times[1+3.174\times(\tan45^\circ-\tan30^\circ)+\tan45^\circ\cdot\tan30^\circ]}$$

$$=0.235$$

$$q=rh\left(1-\frac{\lambda h\tan\theta}{B}\right)=20\times16\times\left(1-\frac{0.235\times16\times\tan30^\circ}{7}\right)=220\text{kPa}$$

24.[答案](B)

[解析]据《岩土工程勘察规范》(GB 50021—2001)(2009 年版)第 6.1.5 条、第 6.1.6 条

湿陷性土的附加湿陷量:$\Delta F_s=\delta_s b=0.023\times0.5-1.5\text{cm}$

判断湿陷性土层的厚度为 0~8m,其余为非湿陷性土

基础埋深 2.0m,湿陷量的计算范围为 2~8m,即基底下 0~6m

湿陷量:$\Delta_s=\sum\beta\Delta F_{si}h_i=0.020\times(7.8\times200+5.2\times200+1.2\times200)=56.8\text{cm}$

湿陷等级为Ⅱ级。

25.[答案](B)

[解析]据《建筑地基基础设计规范》(GB 50007—2011)第 5.3.5 条、附录表 K.0.1-2

平均冻胀率:$\eta=\frac{\Delta z}{Z_d}=\frac{250.396-250.235}{250.235-248.181}=7.84\%$,为Ⅳ级、强冻胀

$I_p=45-21=23>22$,冻胀性降低一级,为Ⅲ级、冻胀

26.[答案](C)

[解析]据《岩土工程勘察规范》(GB 50021—2001)(2009 年版)第 3.2.1 条、第 5.3.2 条、附录 A.0.3 条

边坡高度为 8m,破坏后果严重,可知边坡安全等级为二级

临时边坡,边坡治理后稳定安全系数应达到 1.20

剩余下滑力:$P_i=P_{i-1}\psi_{i-1}+T_i-R_i/F_s$,传递系数:$\psi_{i-1}=\cos(\theta_{i-1}-\theta_i)-\sin(\theta_{i-1}-\theta_i)\tan\varphi_i/F_s$

边坡处理前:

$\psi_1=\cos(39-30)-\sin(39-30)\tan\varphi_2/0.45=0.920$，得 $\tan\varphi_2=0.195$

$\psi_2=\cos(30-23)-\sin(30-23)\tan\varphi_3/0.45=0.940$，得 $\tan\varphi_3=0.194$

边坡处理后：

$\psi_1=\cos(39-30)-\sin(39-30)\times0.195/1.2=0.962$

$\psi_2=\cos(30-23)-\sin(30-23)\times0.194/1.2=0.973$

$P_1=T_1-R_1/F_s=40.44-16.99/1.2=26.28\text{kN/m}$

$P_2=P_1\psi_1+T_2-R_2/F_s=26.28\times0.962+242.62-95.68/1.2=188.17\text{kN/m}$

$P_3=P_2\psi_2+T_3-R_3/F_s=188.17\times0.973+277.45-138.35/1.2=345.25\text{kN/m}$

27.[**答案**](C)

[**解析**]据《公路工程抗震规范》(JTG B02—2013)第 4.4.2 条

桩侧阻力折减系数：$\psi=\dfrac{6\times\frac{1}{3}+6\times\frac{2}{3}}{12}=\dfrac{1}{2}$

28.[**答案**](D)

[**解析**]据《建筑抗震设计规范》(GB 50011—2010)第 4.2.3 条、第 4.2.4 条，《建筑地基基础设计规范》(GB 50007—2011)第 5.2.2 条、第 5.2.4 条

硬塑黏土，$e=0.80$，可知 I_L、e 均小于 0.85，承载力修正系数 $\eta_b=0.3$，$\eta_d=1.6$

修正后的承载力特征值：

$f_a=f_{ak}+\eta_b\gamma(b-3)+\eta_d\gamma_m(d-0.5)=150+0+1.6\times19\times(5.5-0.5)=302\text{kPa}$

$f_{ak}=150\text{kPa}$，地基抗震承载力调整系数取$\zeta_a=1.3$

地基抗震承载力：$f_{aE}=\zeta_a f_{ak}=1.3\times302=392.6\text{kPa}$

建筑高宽比小于 4，基础接触面积 $3la=(1-0.15)\times2.5\times1=2.125\text{m}^2$

应满足 $p_{max}=\dfrac{2(F_k+G_k)}{3la}\leqslant1.2f_{aE}$，即$\dfrac{2(F_k+G_k)}{2.125}\leqslant1.2\times392.6$

基础底面处所承受的最大竖向荷载：$F_k+G_k=500.6\text{kN/m}$

29.[**答案**](B)

[**解析**]据《建筑抗震设计规范》(GB 50011—2010)第 4.3.4 条、第 4.3.5 条

$N_{cr}=N_0\beta[\ln(0.6d_s+1.5)-0.1d_w]\sqrt{3/\rho_c}$，$\beta=0.95$，$N_0=12$

12m 处：$N_{cr}=12\times0.95\times[\ln(0.6\times12+1.5)-0.1\times3]\sqrt{3/3}=21.24>18$，液化

14m 处：$N_{cr}=12\times0.95\times[\ln(0.6\times14+1.5)-0.1\times3]\sqrt{3/3}=22.71<24$，不液化

17m 处：$N_{cr}=12\times0.95\times[\ln(0.6\times17+1.5)-0.1\times3]\sqrt{3/3}=24.62>25$，不液化

19m 处：$N_{cr}=12\times0.95\times[\ln(0.6\times19+1.5)-0.1\times3]\sqrt{3/3}=25.73>25$，液化

12m 处：$d_i=2\text{m}$，$W_i=\dfrac{2}{3}(20-12)=5.33$

19m 处：$d_i=2\text{m}$，$W_i=\dfrac{2}{3}(20-19)=0.67$，注意计算深度为 20m

$$I_{IE}=\sum_{i=1}^{n}\left[1-\frac{N_i}{N_{cri}}\right]d_iW_i=\left(1-\frac{18}{21.24}\right)\times2\times5.33+\left(1-\frac{25}{25.73}\right)\times2\times0.67=1.66$$

30.[**答案**](B)

[**解析**]据《建筑地基基础设计规范》(GB 50007—2011)附录 C

承压板直径：$d=\sqrt{\dfrac{4\times0.5}{\pi}}=0.798$，对应的沉降值：$s=0.015d=11.97\text{mm}$

对 S_1点：$p_1=2\ 640+\frac{3\ 300-2\ 640}{15.77-10.98}\times(11.97-10.98)=2\ 776.41\text{kPa}$，$p_{max}/2=6\ 600/2=3\ 300\text{kPa}$

对 S_2点：$p_2=1\ 980+\frac{2\ 640-1\ 980}{13.06-7.47}\times(11.97-7.47)=2\ 511.31\text{kPa}$，$p_{max}/2=6\ 600/2=3\ 300\text{kPa}$

对 S_3点：$p_3=2\ 640+\frac{3\ 300-2\ 640}{17.02-11.12}\times(11.97-11.12)=2\ 735.08\text{kPa}$，$p_{max}/2=6\ 600/2=3\ 300\text{kPa}$

承载力平均值：$f_{ak}=\frac{2\ 776.41+2\ 511.31+2\ 735.08}{3}=2\ 674.27\text{kPa}$

验算极差：$2\ 776.41-2\ 511.31=265.1\text{kPa}<0.3\times2\ 675.27=802.28\text{kPa}$

承载力特征值：$f_{ak}=2674.27\text{kPa}$

专业案例(下午卷)答案

1.［答案］(D)

［解析］据《土工试验方法标准》(GB/T 50123—1999)第13.2.3条

渗透系数：$k=\frac{QL}{AHt}=\frac{3\ 520\times4}{\frac{3.14}{4}\times7.5^2\times4.6\times24\times3\ 600}=8.02\times10^{-4}\text{cm/s}$

2.［答案］(C)

［解析］据《岩土工程勘察规范》(GB 50021—2001)(2009年版)第9.4.1条第4款2)项

体应变：$\xi_v=\frac{\Delta e}{1+e_0}=\frac{0.85-0.80}{1+0.85}=2.7\%$，中等扰动

3.［答案］(D)

［解析］据《考前辅导讲义》(上册)表1.46

由题意：10.0～18.0m为砂层，其上下均为黏土层，滤水管设置于10.0～18.0m段，设置一个观测孔，可知抽水形式为有一个观测孔的承压水完整井。

$Q=1.6\text{L/s}=138.24\text{m}^3/\text{d}$，$M=8\text{m}$，$r=0.1\text{m}$，$r_1=10\text{m}$

$s=7-1=6\text{m}$，$s_1=2.8-1=1.8\text{m}$

$k=\frac{0.366Q}{M(s-s_1)}\lg\frac{r_1}{r}=\frac{0.366\times138.24}{8\times(6-1.8)}\lg\frac{10}{0.1}=3.01\text{m/d}$

4.［答案］(C)

［解析］据《工程地质手册》(第四版)第248页

土的抗剪强度：$\tau_f=K\cdot\xi\cdot R_v=545.97\times300\times1.585\times10^{-4}=25.96\text{kPa}$

修正后的抗剪强度：$\tau_f'=0.7\times25.96=18.17\text{kPa}$

5.［答案］(A)

［解析］加深前，$P_k=f_{ak}+20$ — ①

加深后：$f_{a2}=f_{ak}+1.6\times19.0\times(d-0.5)=f_{ak}-15.2+30.4d$

则 $P_k+20(d-1)=f_{ak}-15.2+30.4d$— ②

①②式联立解得 $d=1.46\text{m}$

6.［答案］(C)

[解析]$F_s=\dfrac{C_u LR}{Wd}=\dfrac{20\times 3.14\times 4\times 4}{360\times 2+2\times 3\times 2\times (20-16)+M}=1$

解得 $M=237\text{kN}\cdot\text{m}$

7. [答案](B)

[解析]$e=\dfrac{M_k}{F_k+G_k}=\dfrac{2\ 500\times \cos 60°\times 1.5-300}{2500\times \sin 60°+3\times 4\times 2.5\times 20}=0.57<\dfrac{b}{6}=\dfrac{4}{6}=0.67$

小偏心,$P_{\text{Kmax}}=\dfrac{F_k+G_k}{A}\left(1+\dfrac{6e}{b}\right)$

$=\dfrac{2\ 500\times \sin 60°+3\times 4\times 2.5\times 20}{3\times 4}\left(1+\dfrac{6\times 0.57}{4}\right)=426\text{kPa}$

8. [答案](B)

[解析]

题 8 表

z_i	l/b	z/b	α_i	$4\alpha_i z_i-4\alpha_{i-1}z_{i-1}$
1.0	1.6	0.8	0.239 5	0.958 0
4.5	1.6	3.6	0.138 9	1.542 2

$A=200\times 1.5422=308$

9. [答案](B)

[解析]黏性土查表,$\eta_b=0.3$,$\eta_d=1.6$

$f_a=f_{ak}+\eta_b r(b-3)+\eta_d r_m(d-0.5)=130+0+1.6\times 18\times (d-0.5)=115.6+28.8d$

$P_k=\dfrac{F_k+G_k}{A}=\dfrac{300+2.4\times 1\times d\times 201}{2.4\times 1}\leqslant f_a$

$d\geqslant 1.07\text{m}$

$P_{\text{Kmax}}=\dfrac{F_k+G_k}{A}\left(1+\dfrac{6e}{b}\right)=\dfrac{300+2.4\times 1\times d\times 201}{2.4\times 1}\left(1+\dfrac{6\times \dfrac{30}{300+48d}}{2.4}\right)\leqslant 1.2f_a$

$d\geqslant 1.2\text{m}$

10. [答案](B)

[解析]据《建筑桩基技术规范》5.3.8 条

$d_1=0.6-2\times 0.11=0.38$,$h_b/d_1=4/0.38=10.53>5$,$\lambda_p=0.8$

$A_j=\pi(d^2-d_1^2)/4=3.14\times (0.6^2-0.38^2)/4=0.171\text{m}^2$

$A_{p1}=\pi d_1^2/4=3.14\times 0.38^2/4=0.113\text{m}^2$

$Q_{uk}=Q_{sk}+Q_{pk}=3.14\times 0.6\times (40\times 1.5+50\times 8+70\times 4)+8\ 000\times (0.17+0.113)=3\ 477\text{kN}$

11. [答案](B)

[解析]根据《建筑抗震设计规范》4.4.2 条.4.4.3 条

粉土层 $N_p<N_{cr}$,可能液化,$\rho=0.5^2/1.5^2=0.111$

$N_1=N_p+100\rho(1-e^{-0.3N_p})=9+100\times 0.111\times (1-e^{-0.3\times 9})=19.35>N_p=12$,不液化,不需折减。

$Q_{uk}=u\sum q_{sik}l_i+q_{pk}A_p$

$=4\times 0.5\times (10\times 3+15\times 8+40\times 5+60\times 2)+600\times 0.5^2$

$=2\ 440\text{kN}$

$R_a=\frac{Q_{uk}}{2}=1\ 220\text{kN}$

$R_{aE}=1.25R_a=1\ 525\text{kN}$

12. [答案](B)

[解析]据《建筑桩基设计规范》5.4.5 条

呈整体破坏时，桩整体外围尺寸 $a=27.6-2\times(0.6-0.3)=27.0\text{m}$

$b=37.2-2\times(0.6-0.3)=36.6\text{m}$

$N_k\leqslant\frac{1}{2}T_{gk}+G_{gp}$

$T_{gk}=\frac{1}{n}u_1\sum\lambda_i q_{sik}l_i=\frac{1}{192}\times2\times(27.0+36.6)\times(0.7\times40\times12+0.6\times60\times3)=294.2\text{kN}$

$G_{gp}=\frac{1}{192}\times27.0\times36.6\times15\times(18.8-10)=679.4\text{kN}$

$N_k\leqslant\frac{1}{2}T_{gk}+G_{gp}=\frac{1}{2}\times294.2+679.4=826.5\text{kN}$

13. [答案](B)

[解析]据《建筑地基处理技术规范》(JGJ 79—2012)第 5.2.3 条、第 5.2.5 条

选择图中所示单元体，等效排水面积：$A_e=\frac{1.2\times1.2}{2}=0.72\text{m}^2$

竖井的有效排水直径：$d_e=\sqrt{\frac{4A_e}{\pi}}=\sqrt{\frac{4\times0.72}{3.14}}=957.7\text{mm}$

当量换算直径：$d_p=\frac{2(b+\delta)}{\pi}=\frac{2\times(100+5)}{3.14}=66.88\text{mm}$

井径比：$n=\frac{d_e}{d_p}=\frac{957.7}{66.88}=14.32$

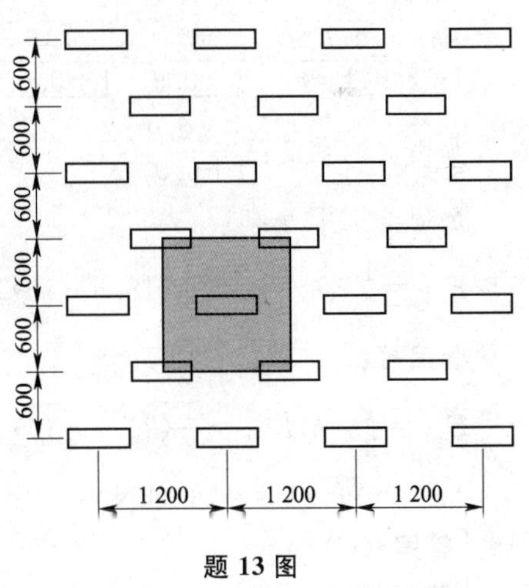

题 13 图

14. [答案](C)

[解析]据《建筑地基处理技术规范》(JGJ 79—2012)第 7.1.5 条

置换率：$m=\frac{3.14\times0.4^2/4}{1.5\times1.5}=0.056$

由 $f_{spk}=\lambda m\frac{R_a}{A_p}+\beta(1-m)f_{sk}$，得 $400=0.056\times\frac{550}{0.1256}+\beta(1-0.056)\times150$

解得：$\beta=1.093$(桩顶处实测轴力 550kN 即为 λR_a)

15. [答案](A)

[解析]据《建筑地基处理技术规范》(JGJ 79—2012)第 7.2.2 条第 4 款

处理前砂土孔隙比：$e=\frac{G_s\rho_w(1+0.01\omega)}{\rho}-1=\frac{2.68\times1.0\times(1+0.12)}{1.58}-1=0.90$

$\frac{1+e_0}{6}=\frac{1+e_1}{6-0.7}$，处理后孔隙比：$e_1=0.678$

处理后相对密实度：$D_{r1}=\frac{e_{max}-e_1}{e_{max}-e_{min}}=\frac{0.92-0.678}{0.92-0.6}=75.63\%$

16. [答案](C)

[解析]据《建筑地基处理技术规范》(JGJ 79—2012)第8.2.3条第7款

孔隙率：$n=\frac{e}{1+e}=\frac{0.82}{1+0.82}=0.451$

每孔碱液灌注量：$V=\alpha\beta\pi r^2(l+r)n=0.64\times1.1\times3.14\times0.5^2\times(6-4+0.5)\times0.451=0.623\text{m}^3$

17. [答案](B)

[解析]对于条块 $G=2\times3\times20+2\times7\times(20-10)=260\text{kN/m}$

总渗透力 $J=10\times\sin30°\times2\times7=70$

渗透力的力臂 $a=30-\frac{1}{2}\times7\cos30°=26.96\text{m}$(方向为平行坡面向下)

$M_{滑}=260\times30\times\sin30°+70\times26.96=5787\text{kN/m}$

18. [答案](C)

[解析]加固后的高度：

$$\frac{h_1}{1+e_1}=\frac{h_2}{1+e_2}\Rightarrow\frac{6}{1+0.9}=\frac{h_2}{1+0.6}\Rightarrow h_2=5.05$$

加固后的重度：$\frac{d_s+0.9}{1+0.9}=1.85\Rightarrow d_s=2.615$，则 $\gamma_{sat}=\frac{2.615+0.6}{1+0.6}\times10=20.1$

加固前土压力：

$$E_{a前}=\frac{1}{2}r_1h_1^2K_{a前}=\frac{1}{2}(18.5-10)\times6^2\tan\left(45°+\frac{30°}{2}\right)=51\text{kN/m}$$

加固后：

$$E_{a后}=\frac{1}{2}r_1h_1^2K_{a后}=\frac{1}{2}(20.1-10)\times5.05^2\tan\left(45°+\frac{35°}{2}\right)=34.9\text{kN/m}$$

$\Delta E_a=51-34.9=16.1\text{kN/m}$

19. [答案](C)

[解析]倾覆力矩：

$$K_a=\tan\left(45°+\frac{35°}{2}\right)=0.271, e_{a上}=15\times0.271=4.06\text{kPa}$$

$e_{a下}=(19\times6+15)\times0.271=34.96\text{kPa}$

倾覆力矩$=0.5\times(34.96-4.06)\times6\times6\times1/3+4.06\times6\times6\times1/2=258.5$

抗倾覆力矩：

$0.5\times1.6\times6\times24\times1.6\times2/3+1\times6\times24\times(0.5\times1+1.6)=425.28$

$K=425.28/258.5=1.65$

20. [答案](A)

[解析]降水前：

$$重力\ V_{总}=\frac{1}{2}H^2\left(\frac{1}{\tan\alpha}-\frac{1}{\tan\beta}\right)=\frac{1}{2}\times40^2\times\left(\frac{1}{\tan30°}-\frac{1}{\tan60°}\right)=924\text{m}^3$$

$$V_{水下}=\frac{1}{2}\times30^2\times\left(\frac{1}{\tan30°}-\frac{1}{\tan60°}\right)=520\text{m}^3$$

$$K_1=\frac{\gamma V\cos\theta\tan\varphi+Ac}{\gamma V\sin\theta}=\frac{[20\times(924-520)+10\times520]\cos30\cdot\tan30+\frac{40}{\sin30°}\times130}{\gamma V\sin\theta}=2.56$$

水位下降后：

$V_1=\frac{1}{2}\frac{\gamma_w h^2}{\sin\theta}=\frac{10\times10^2}{2\times\sin60^\circ}=577, V_2=\frac{1}{2}\frac{\gamma_w h^2}{\sin\theta}=\frac{1}{2}\times\frac{10\times30^2}{\sin30^\circ}=9\ 000$

$$K_2=\frac{(20\times924\cos30^\circ-9000+577\cos30^\circ)\tan30^\circ+\frac{40}{\sin30^\circ}\times130}{20\times924\sin30^\circ-577\sin30^\circ}=1.65$$

$\Delta K=K_1-K_2=2.56-1.65=0.91$

21.[答案](C)

[解析]根据《工程岩体分级标准》(GB/T 50218—2014)4.2 节

$K_v=\left(\frac{3\ 000}{3\ 500}\right)^2=0.735$

$90K_v+30=90\times0.735+30=96.15>35$，取 $R_c=35$

$0.04R_c+0.4=0.04\times35+0.4=1.8>0.735$，取 $K_v=0.735$

$BQ=100+3R_c+250K_v=90+3\times35+250\times0.735=388.75$

$Q=20L/(\min\cdot10\text{m})$，查表 $K_1=0.1$，查表 $K_2=0.2$，$R_c/\sigma_{\max}=35/5=7$，查表 $K_3=0.5$

$[BQ]=BQ-100(K_1+K_2+K_3)=388.75-100\times(0.1+0.2+0.5)=308.76$

若 K_1、K_2 取小值，BQ 为 318。

查表为Ⅳ级岩体。

22.[答案](C)

[解析]据《建筑基坑支护技术规程》公式(6.2.3)，即验算 $A\leqslant\delta\frac{Cu}{\gamma_m}$ 是否满足即可。

考虑主要土层(算加权平均亦可)，则 $C=15\text{kPa}$，$\gamma_m=\frac{18\times2+17\times10}{2+10}=17.16$

分别验算，对于 A 项，其中 $A=(3.5-0.35)\times(2.5-0.35)=6.77$，$u=2\times(3.5+2.5-0.7)=10.6$

则，$A=6.77>\delta\frac{Cu}{\gamma_m}=0.5\times\frac{15\times10.6}{17.16}=4.63$，不满足

同理，(B)不满足，(C)，(D)满足。但考虑经济性选(C)。

23.[答案](B)

[解析]据《建筑基坑支护技术规程》附录 E

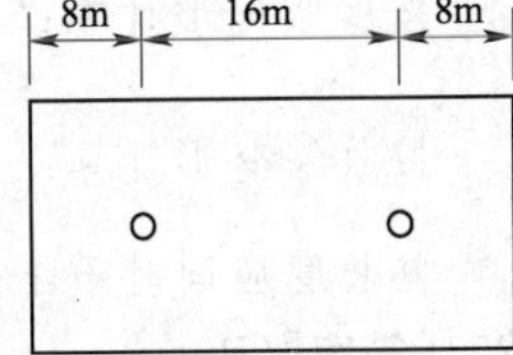

题 23 图

$H=9.5-0.5=9\text{m}$，$s_d=6+0.5-0.5=6\text{m}$

$r_0=\sqrt{A/\pi}=\sqrt{32\times16/3.14}=12.77$

$$Q=\pi k\frac{(2H-s_d)s_d}{\ln\left(1+\frac{R}{r_0}\right)}=3.14\times0.2\frac{(2\times9-6)\times6}{\ln\left(1+\frac{30}{12.77}\right)}=37.41\text{m}^3/\text{d}$$

$q=1.1\frac{Q}{n}=1.1\times\frac{37.41}{n}=40\text{m}^3/\text{d}\Rightarrow n=1.03$，取 2 口井。

两口井易布置在坑内，长边的两个四分点处，如右图所示。

但需要验算四个角落(因为其距离井最远)处降深是否达到要求，其中

$r_1=\sqrt{8^2+8^2}=11.3\text{m}$，$r_2=\sqrt{24^2+8^2}=25.3\text{m}$

$S_i=H-\sqrt{H^2-\sum_{j=1}^{n}\frac{q_j}{\pi k}\ln\frac{R}{r_{ij}}}=9-\sqrt{9^2-\frac{40}{0.2\pi}\ln\frac{30}{11.3}-\frac{40}{0.2\pi}\ln\frac{30}{25.3}}=6.2\text{m}>6\text{m}$，满足降深要求。

24.[答案](C)

[解析]据《盐渍土地区建筑技术规范》(GB/T 50942—2014)第 3.0.3 条、第 3.0.4 条、第 4.2.5 条：

$$\frac{c(\mathrm{Cl}^-)}{2c(\mathrm{SO}_4^{2-})}=\frac{35\times1+30\times1+15\times1+5\times1+3\times1+1\times2+0.5\times2+0.5\times2+0.5\times2}{2\times(80\times1+65\times1+45\times1+20\times1+5\times1+2\times2+1.5\times2+1\times2+1\times2)}$$
$=0.204$

属于硫酸盐渍土。

$$\overline{DT}=\frac{\sum_{i=1}^{n}h_iDT_i}{\sum_{i=1}^{n}h_i}=\frac{13.408\times1+10.985\times1+7.268\times1+3.133\times1+0.886\times1+0.343\times2}{7}$$
$=5.2\%$

属于超盐渍土。

$$s_{\mathrm{rx}}=\sum_{i=1}^{n}\delta_{\mathrm{rx}i}h_i=0.035\times0.5+0.030\times1+0.025\times1+0.020\times1+0.015\times2=122.5\mathrm{mm}$$

为Ⅰ级弱溶陷。

25.[答案](D)

[解析]据《岩土工程勘察规范》(GB 50021—2001)(2009 年版)第 6.6.2 条

冻土试样融化前的孔隙比：$e_1=\frac{G_s\rho_w(1+0.01\omega)}{\rho}-1=\frac{2.70\times1.0\times(1+0.438)}{1.9}-1=1.043$

冻土试样融化后的孔隙比：$e_2=\frac{G_s\rho_w(1+0.01\omega)}{\rho}-1=\frac{2.70\times1.0\times(1+0.25)}{2.0}-1=0.688$

融化下沉系数：$\delta_0=\frac{e_1-e_2}{1+e_1}=\frac{1.043-0.688}{1+1.043}=17.4\%$，该粉土为饱冻土层。

26.[答案](D)

[解析]据《膨胀土地区建筑技术规范》(GB 50112—2013)第 5.7.7 条

按膨胀变形计算：$l_a\geqslant\frac{\upsilon_e-Q_k}{u_p\cdot\lambda\cdot q_{sa}}=\frac{195-150}{3.14\times0.5\times0.7\times35}=1.17\mathrm{m}$

按收缩变形计算：$l_a\geqslant\frac{Q_k-A_p\cdot q_{pa}}{u_p\cdot q_{sa}}=\frac{150-3.14\times0.25^2\times500}{3.14\times0.5\times35}=0.944\mathrm{m}$

其长度应同时不小于 $4d=2.0\mathrm{m}$ 和 1.5m，应取 $l_a=2.0\mathrm{m}$

27.[答案](B)

[解析]根据整体圆弧滑动法

$$F_s=\frac{抗滑力矩}{滑动力矩}=\frac{c\cdot L\cdot R+W_2\times d_2}{W_1\times d_1}=\frac{c\times28\times14+350\times2.5}{1\,450\times4.5}=1.0$$

解得：$c=14.4\mathrm{kPa}$

28.[答案](C)

[解析]据《建筑地基基础设计规范》(GB 5007—2011)第 5.2.4 条、《建筑抗震设计规范》(GB 50011—2010)第 4.2.3 条

基础尺寸 3m×2m，埋深 2.0m，需进行深度修正，$\eta_d=4.4$

$$f_a=f_{ak}+\eta_d\gamma_m(d-0.5)=200+4.4\times\frac{8+18}{2}\times(2-0.5)=285.8\mathrm{kPa}$$

中密中砂，$\zeta_a = 1.3$，$f_{aE} = \zeta_a f_a = 1.3 \times 285.8 = 371.5\text{kPa}$

29.［答案］(B)

［解析］据《公路工程抗震规范》(JTG B02—2013)第3.1.1条、第3.1.3条、第5.2.1条～5.2.5条

由已知条件：桥梁为B类，$C_i = 0.5$，$C_s = 0.9$，$C_d = 1.0$，$T_g = 0.25\text{s}$

水平设计加速度反应谱最大值：$S_{max} = 2.25 C_i C_s C_d A_h = 2.25 \times 0.5 \times 0.9 \times 1.0 \times 0.30 = 0.304$

$T > T_g$，水平设计加速度反应谱：$S_H = S_{max}(T_g/T) = 0.304 \times (0.25/0.30) = 0.253$

基岩场地，$R = 0.6$，竖向设计加速度反应谱：$S_V = RS_H = 0.6 \times 0.253 = 0.152$

30.［答案］(B)

［解析］据《建筑基桩检测技术规范》(JGJ 106—2014)第6.4.2条

桩径0.8m，桩身计算宽度：$b_0 = 0.9(1.5D + 1.5) = 0.9 \times (1.5 \times 0.8 + 0.5) = 1.53\text{m}$

$$m = \frac{(\nu_y \cdot H)^{\frac{5}{3}}}{b_0 Y_0^{\frac{5}{3}} (EI)^{\frac{2}{3}}} = \frac{(2.441 \times 150)^{\frac{5}{3}}}{1.53 \times (3.5 \times 10^{-3})^{\frac{5}{3}} (600\,000)^{\frac{2}{3}}} = 21\,343.7\text{kN/m}^4$$

2017年专业案例（下午卷）答案

参考文献

[1] 中华人民共和国国家标准. GB 50021—2001　岩土工程勘察规范(2009 年版)[S]. 北京:中国建筑工业出版社,2009.

[2] 中华人民共和国行业标准. JGJ/T 87—2012　建筑工程地质勘探与取样技术规程[S]. 北京:中国建筑工业出版社,2012.

[3] 中华人民共和国国家标准. GB 50153—2008　工程结构可靠性设计统一标准[S]. 北京:中国建筑工业出版社,2009.

[4] 中华人民共和国国家标准. GB 50218—2014　工程岩体分级标准[S]. 北京:中国计划出版社,2015.

[5] 中华人民共和国国家标准. GB/T 50266—2013　工程岩体试验方法标准[S]. 北京:中国计划出版社,2013.

[6] 中华人民共和国国家标准. GB/T 50123—1999　土工试验方法标准[S]. 北京:中国计划出版社,1999.

[7] 中华人民共和国国家标准. GB 50009—2012　建筑结构荷载规范[S]. 北京:中国建筑工业出版社,2012.

[8] 中华人民共和国国家标准. GB 50007—2011　建筑地基基础设计规范[S]. 北京:中国建筑工业版社,2012.

[9] 中华人民共和国行业标准. JGJ 94—2008　建筑桩基技术规范[S]. 北京:中国建筑工业出版社,2008.

[10] 中华人民共和国国家标准. GB 50011—2010　建筑抗震设计规范[S]. 北京:中国建筑工业出版社,2010.

[11] 中华人民共和国行业标准. JGJ 79—2012　建筑地基处理技术规范[S]. 北京:中国建筑工业出版社,2013.

[12] 中华人民共和国国家标准. GB 50025—2004　湿陷性黄土地区建筑规范[S]. 北京:中国建筑工业出版社,2004.

[13] 中华人民共和国国家标准. GB 50112—2013　膨胀土地区建筑技术规范[S]. 北京:中国建筑工业出版社,2013.

[14] 中华人民共和国行业标准. JGJ 120—2012　建筑基坑支护技术规程[S]. 北京:中国建筑工业出版社,2012.

[15] 中华人民共和国行业标准. JTG B02—2013　公路工程抗震规范[S]. 北京:人民交通出版社,2013.

[16] 中华人民共和国行业标准. JTG D30—2015　公路路基设计规范[S]. 北京:人民交通出版社股份有限公司,2015.

[17] 中华人民共和国行业标准. JTG D63—2007　公路桥涵地基与基础设计规范[S]. 北京:人民交通出版社,2007.

[18] 中华人民共和国行业标准. JTG C20—2011　公路工程地质勘察规范[S]. 北京:人民交通出版社,2011.

[19] 中华人民共和国行业标准. TB 10012—2007 铁路工程地质勘察规范[S]. 北京:中国铁道出版社,2007.
[20] 中华人民共和国行业标准. TB 10001—2005 铁路路基设计规范[S]. 北京:中国铁道出版社,2005.
[21] 中华人民共和国行业标准. TB 10025—2006 铁路路基支挡结构设计规范[S]. 北京:中国铁道出版社,2006.
[22] 中华人民共和国行业标准. TB 10027—2012 铁路工程不良地质勘察规程[S]. 北京:中国铁道出版社,2012.
[23] 中华人民共和国行业标准. TB 10038—2012 铁路工程特殊岩土勘察规程[S]. 北京:中国铁道出版社,2012.
[24] 中华人民共和国行业标准. TB 10035—2006 铁路特殊路基设计规范[S]. 北京:中国铁道出版社,2006.
[25] 中华人民共和国行业标准. JTS 133—2013 水运工程岩土勘察规范[S]. 北京:人民交通出版社,2014.
[26] 中华人民共和国行业标准. JTS 147—1—2010 港口工程地基规范[S]. 北京:人民交通出版社,2010.
[27] 中华人民共和国行业标准. DL/T 5395—2007 碾压式土石坝设计规范[S]. 北京:中国电力出版社,2008.
[28] 中华人民共和国国家标准. GB 50487—2008 水利水电工程地质勘察规范[S]. 北京:中国计划出版社,2009.
[29] 中华人民共和国行业标准. DL 5073—2000 水工建筑物抗震设计规范[S]. 北京:中国电力出版社,2001.
[30] 中华人民共和国国家标准. GB 18306—2015 中国地震动参数区划图[S]. 北京:中国标准出版社,2016.
[31] 中华人民共和国国家标准. GB 50330—2013 建筑边坡工程技术规范[S]. 北京:中国建筑工业出版社,2014.
[32] 中华人民共和国行业标准. TB 10002.5—2005 铁路桥涵地基和基础设计规范[S]. 北京:中国铁道出版社,2005.
[33] 中华人民共和国国家标准. GB 50040—1996 动力机器基础设计规范[S]. 北京:中国计划出版社,1997.
[34] 中华人民共和国行业标准. JGJ 118—2011 冻土地区建筑地基基础设计规范[S]. 北京:中国建筑工业出版社,2012.
[35] 中华人民共和国国家标准. GB 50202—2002 建筑地基基础工程施工质量验收规范[S]. 北京:中国计划出版社,2002.
[36] 林在贯,高大钊,顾宝和,等. 岩土工程手册[M]. 北京:中国建筑工业出版社,1994.
[37] 常士骠,张苏民. 工程地质手册[M]. 3 版. 北京:中国建筑工业出版社,2007.
[38]《地基处理手册》编委会. 地基处理手册[M]. 2 版. 北京:中国建筑工业出版社,2000.
[39]《桩基工程手册》编写委员会. 桩基工程手册[M]. 北京:中国建筑工业出版社,1995.
[40] 史佩栋. 实用桩基工程手册[M]. 北京:中国建筑工业出版社,1999.
[41] 铁路第一勘测设计院. 铁路工程设计技术手册(路基)[M]. 北京:中国铁道出版社,1995.
[42] 铁路第一勘测设计院. 铁路工程地质手册[M]. 北京:中国铁道出版社,1999.

[43] 林宗元.岩土工程勘察设计手册[M].沈阳:辽宁科学技术出版社,1996.
[44] 林宗元.岩土工程监理手册[M].沈阳:辽宁科学技术出版社,1996.
[45] 交通部第二公路勘察设计院.公路设计手册(路基)[M].北京:人民交通出版社,1987.
[46] 高大钊.土力学与基础工程[M].北京:中国建筑工业出版社,1998.
[47] 华南理工大学.地基及基础[M].3版.北京:中国建筑工业出版社,1999.
[48] 高大钊.地基基础设计与施工丛书[M].2版.北京:机械工业出版社,2002.
[49] 黄强.注册岩土工程师专业考试复习教程[M].北京:中国建筑工业出版社,2002.
[50] 建设部执业资格注册中心.全国注册土木工程师(岩土)执业资格考试辅导[M].北京:中国计划出版社,2002.
[51] 陈希哲.土力学地基基础[M].3版.北京:清华大学出版社,1998.
[52] 杨小平.土力学及地基基础[M].武汉:武汉大学出版社,2000.
[53] 周景星.基础工程[M].北京:清华大学出版社,2001.
[54] 凌志平,易经武.基础工程[M].北京:人民交通出版社,1997.
[55] 杨天林.基础工程[M].北京:人民交通出版社,1999.
[56] 王广月.地基基础工程[M].北京:中国水利水电出版社,2001.
[57] 李先钊.基础工程[M].北京:中国铁道出版社,2000.
[58] 钱家欢,殷宗泽.土工原理与计算[M].2版.北京:中国水利水电出版社,1996.
[59] 叶观宝,叶书麟.地基处理与托换技术[M].2版.北京:中国建筑工业出版社,1994.
[60] 陈仲颐,叶书麟.基础工程学[M].北京:中国建筑工业出版社,1990.
[61] 刘建航,侯学渊.基坑工程手册[M].北京:中国建筑工业出版社,1997.
[62] 黄强.深基坑支护工程设计技术[M].北京:中国建材工业出版社,1998.
[63] 洪疏康.土质学与土力学[M].北京.人民交通出版社,1997.
[64] 陈仲颐,周量星,王洪瑾.土力学[M].北京:清华大学出版社,1994.
[65] 徐志英.岩石力学[M].北京:中国水利水电出版社,2001.
[66] 梁富权,刘毓栋.路基路面工程[M].北京:人民交通出版社,1996.
[67] 王杰贤.动力地基基础[M].北京:科学出版社,2001.
[68] 刘惠珊,张在明.地震区场地及地基基础[M].北京:中国建筑工业出版社,1994.
[69] 赵树德.工程地质与岩土工程[M].西安:西北大学出版社,1998.
[70] 高维华,王丽玫.建筑地质学[M].西安:西安交通大学出版社,1993.
[71] 韩晓雷.工程地质学原理[M].北京:机械工业出版社,2003.
[72] 赵树德.土力学[M].北京:高等教育出版社,2001.
[73] 方左英.路基工程[M].北京:人民交通出版社,1995.
[74] 钱鸿缙.湿陷性黄土地基[M].北京:中国建筑工业出版社,1985.
[75] 孔宪立.工程地质学[M].北京:中国建筑工业出版社,1997.
[76] 冯连昌,郑晏武.中国湿陷性黄土[M].北京:中国铁道出版社,1982.
[77] 翟礼先.中国湿陷性黄土区域建筑工程地质概要[M].北京:科学出版社,1983.
[78] 西南交通大学.铁路工程地质[M].北京:中国铁道出版社,1980.
[79] 李永善.西安地裂及渭河盆地活断层研究[M].北京:地震出版社,1992.
[80] 中华人民共和国建筑法[S].北京:中国建筑工业出版社,2008.
[81] 中华人民共和国合同法[S].北京:法律出版社,2009.
[82] 国务院.建设工程质量管理条例[S].北京:中国建筑工业出版社,2000.

[83] 国务院.建筑工程勘察设计管理条例[S].北京:中国计划出版社,2000.
[84] 国家发展计划委员会.工程建设项目招标范围和规模标准规定[S].北京:中国法制出版社,2000.
[85] 国家发展计划委员会,建设部.工程勘察设计收费标准(2002年修订本)[S].北京:中国市场出版社,2002.
[86] 建设部,国家工商行政管理局.建设工程勘察合同文本[S].北京:中国建筑工业出版社,1996.
[87] 建设部.关于进一步加强工程招标投标管理的规定[S].北京:中国建筑工业出版社,2009.
[88] 建设部.实施工程建设强制性标准监督规定[S].北京:中国建筑工业出版社,2002.
[89] 杨秀美.工程技术经济学[M].成都:西南交通大学出版社,1993.
[90] 隆威,黄树华.岩土工程预决算指南[M].长沙:中南工业大学出版社,1996.
[91] 郑连庆.建筑工程经济与管理[M].广州:华南理工大学出版社,1997.
[92] 李欣.2000版ISO9000标准质量体系内部审核点培训教材[M].北京:中国计量出版社,2002.
[93] 王珊.岩土工程新技术实用全书[M].长春:银声音像出版社,2004.
[94] 杨英华.土力学[M].北京:地质出版社,1990.
[95] 顾慰慈.挡土墙土压力计算[M].北京:中国建材工业出版社,2005.
[96] 林宗元.岩土工程试验监测手册[M].北京:中国建筑工业出版社,2005.
[97] 林宗元.简明岩土工程勘察设计手册[M].北京:中国建筑工业出版社,2003.
[98] 中国土木工程协会.注册岩土工程师专业考试复习教程[M].北京:中国建筑工业出版社,2004.
[99] 高大钊.桩基础的设计方法与施工技术[M].北京:机械工业出版社,1999.
[100] 米祥友,徐前.注册岩土工程师专业考试辅导指南[M].北京:地震出版社,2003.
[101] 高永贵,韩晓雷.全国注册土木工程师(岩土)执业资格考试应试指导及复习题解[M].北京:中国建材工业出版社,2005.
[102] 赵明华.土力学与基础工程[M].武汉:武汉理工大学出版社,2003.
[103] 常士骠,张苏民.工程地质手册[M].4版.北京:中国建筑工业出版社,2007.
[104] 顾晓鲁.地基与基础[M].北京:中国建筑工业出版社,2003.
[105] 龚晓南.地基处理手册[M].北京:中国建筑工业出版社,2000.
[106] 林宗元.岩土工程治理手册[M].北京:中国建筑工业出版社,2005.
[107] 黄绍铭,高大钊.软土地基与地下工程[M].北京:中国建筑工业出版社,2005.
[108] 夏明耀,曾进伦.地下工程设计施工手册[M].北京:中国建筑工业出版社,1999.
[109] 刘国彬,王卫东.基坑工程手册[M].2版.北京:中国建筑工业出版社,2009.
[110] 国家标准建筑抗震设计规范管理组.建筑抗震设计规范统一培训教材[M].北京:地震出版社,2010.
[111] 郑颖人.边坡与滑坡工程治理[M].北京:人民交通出版社,2007.
[112] 钱七虎.岩土工程师手册[M].北京:人民交通出版社,2010.
[113] 杨连生.水利水电工程地质[M].武汉:武汉大学出版社,2004.
[114] 滕延京.建筑地基处理技术规范理解与应用[M].北京:中国建筑工业出版社,2013.
[115] 刘起霞.地基处理[M].北京:北京大学出版社,2013.

[116] 武崇福．地基处理[M]．北京：冶金工业出版社，2013.
[117] 张克恭，刘松玉．土力学[M]．北京：中国建筑工业出版社，2010.
[118] 朱炳寅．建筑抗震设计规范应用与分析[M]．北京：中国建筑工业出版社，2011.
[119] 李守巨．建筑抗震设计规范释义与应用[M]．北京：化学工业出版社，2012.
[120] 刘薇，叶良，孙平平．工程造价与管理[M]．北京：电子工业出版社，2014.
[121] 彭红涛．工程造价管理[M]．北京：中国水利水电出版社，2012.

2018 年注册岩土工程师专业考试培训班招生通知

（咨询电话　　孙老师、于老师：18543011906　　QQ 群：77411503）

于海峰老师团队主讲的先达注册岩土工程师专业考试考前培训班，自 2003 年起，到 2017 年已经举办了十五届，深受广大考生的信任与欢迎。

于海峰老师团队对考试内容及考试命题理解深刻，对岩土工程方面的基础知识和基本理论掌握全面，有丰富的高校教学经验和注册考试培训经验，有在多个行业、多年从事实践工作的经历，出版了《全国注册岩土工程师专业考试培训教材》和《全国注册岩土工程师专业考试模拟训练题集及历年真题新解》（2017 年之前由华中科技大学出版社出版至第 10 版，2018 年由人民交通出版社出版至第 2 版），并且在自己开办的培训班上使用《注册岩土工程师专业考试辅导讲义》、《注册岩土工程师专业考试模拟冲刺试卷》等内部资料，为广大参考学员提供了较大的帮助，帮助学员能够扎实地掌握基础知识，准确地抓住考试重点，在考前快速地提高答题速度和准确率。

早些年是于海峰老师个人单独办培训班，近年来逐渐加入了孙老师、孟老师等四位大学教授、副教授（均较早通过了注册岩土工程师专业考试），大家分工明确，各负其责，形成了一支崭新的培训团队，齐心协力为学员提供优质、到位的培训服务。2003—2012 年，历时十载，一直在长春举办面授班。从 2013 年开始应广大学员的强烈要求，把面授班“搬上网”，让学员在家中即可享受到与面授班一样优质的考前辅导培训。

根据最新考试形势的变化，并基于十多年注册岩土工程师专业考试培训经验，特制订最新的“2018（第十六届）注册岩土工程师专业考试培训计划”。

培训班特点：

一、权威的复习资料

第一轮资料能让学员由浅入深迅速上手，第二轮资料能让学员有效地系统把握整个知识体系，最后一轮考前模拟押题试卷能让学员迅速掌握考试技巧，把握考试动态适应考试状态。

二、全面细致的辅导视频讲解

包括：各大重点规范，土力学基础工程等重要基本理论，历年专业知识及案例真题讲座，考前内部辅导讲义，考试经验技巧，考前模拟试卷的详细讲解。为学员提供全面透彻的辅导讲解。

三、高效的专题答疑指导

根据知识体系划分多个专题答疑群为学员做专题答疑；多位大学老师和于老师一同为学员做及时精准的答疑解惑，迅速提高学员的复习效率。

四、权威的培训辅导方案与考试预测

从 2003 年至今积累十余年的培训经验，以及对注册岩土工程师专业考试内容的把握和动态信息的掌握，为学员提供高效的培训方案和权威精准的考前预测。

于海峰注册岩土工程师培训中心

（网址：www.rgetc.cn）

2018 年 1 月 1 日

2018年注册岩土工程师专业考试培训计划

根据目前考试形势和变化动态，并基于十五年岩土培训辅导经验，于海峰注册岩土工程师培训中心制订了“2018年(第十六届)注册岩土工程师专业考试培训计划”。

一、复习进程的三个阶段

从复习进程方面，培训分为三个阶段：两轮复习＋考前模拟冲刺！

(1)快速上手复习阶段；

(2)考点精讲系统强化—提高完善复习阶段；

(3)考前模拟冲刺阶段。

基本思路：通过第一阶段，让不会复习或者效率很低无从下手的学员迅速上手，在老师指导下掌握基本理论，学习重点规范，通过一定数量针对性的题目训练，具备解答基本考试题型的能力，打下坚实的理论基础，迅速完成第一轮复习，带着疑问和不足进入第二阶段；通过第二阶段内部考前辅导资料配合视频讲座(历年面授班的核心内容)完成考点精讲、内部辅导、专题答疑等环节，再次系统全面地复习一轮，使学员真正系统地熟练掌握、通透考点，复习效果进一步提升；之后进入第三阶段检验成果，通过考前模拟试卷训练来检验复习效果并及时发现问题查漏补缺，并通过模考训练和专题考试指导(辅导老师详解答题方法、技巧、注意事项、临场应对措施等宝贵考试实战经验)迅速适应考试，进入临考状态。使学员顺利发挥出自己平时系统扎实的复习水平，最终稳健赢得考试胜利！

第一阶段：快速上手复习阶段

2017年10月1日—2018年3月31日，学习内容如下：

1.规范学习(主要是重点规范的学习)

20本重点规范的目录和视频讲解见后面的视频讲课目录。

2.基础知识和基本理论的复习

主要参考由于海峰编写的《全国注册岩土工程师专业考试培训教材》(2018版)，配合相应的基本理论讲座视频进行复习。

3.考题练习

以于海峰编写的《全国注册岩土工程师专业考试模拟训练题集及历年真题新解》(2018版)中的题目为主进行练习，迅速理解规范及相关基本理论。本书中的题目主要分为两部分。

(1)基本题型练习：与各章节中大纲要求有关的练习题，共分十一章，题型有单选题、多选题、案例模拟题等。

(2)历年真题新解：2002—2017年共15套考试真题，答案均按新规范进行核对与修改，均有视频逐题讲解，应结合视频讲解进行练习。

第二阶段：考点精讲系统强化—提高完善复习阶段

该阶段原为“面授班集中讲解阶段”，应广大学员的强烈要求，改为网络“考点精讲辅导阶段”，可以在家直接收看视频，享受面授班同等待遇。

培训时间约为2018年4月1日—2018年7月30日。授课方式为：网络视频授课，学员可以加入于老师的2018年培训学员QQ群进行辅导答疑，有四位大学教授和于老师一起在QQ群进行实时辅导，使用的教材为于海峰编写的内部教材《2018注册岩土工程师专业考试辅导讲义》，该教材约有80个讲座，主要内容包括：

(1)考试大纲中包括的学科重要知识点；

(2)以往历年考试中涉及的重复性考点；

(3)以往历年考试中出现的重要题型；

(4)对2018年考试内容和题型的预测。

注:历年考试证明,于海峰编写的《辅导讲义》具有较高的贴题率,2017年的考题中与《辅导讲义》相关的题目有51个,达到了85%;2016年的考题中与《辅导讲义》相关的题目有49个,达到了82%;2014年的考题中与《辅导讲义》相关的题目有46个,达到了77%;2013年的考题中与《辅导讲义》相关的题目有45个,超过了75%,与20本重点规范相关的题目超过了50题。此前每年都能准确地预测50题以上(2008年55题,2009年57题,2010年54题,2011年52题)。经过修订的《辅导讲义》,会更加贴近考题。相信该讲义会给学员带来更加准确的指导。

第三阶段:考前模拟冲刺阶段

培训时间约为2018年8月1日—2018年9月初(2018年考试时间预计为10月20日、21日两天)。考虑到考试形势的变化,以及考生平时会做题,但考试难发挥等问题推出该考前冲刺阶段内容。设置如何考试如何高效答题专题讲座;通过全真考试模拟(卷面形式、答题时间、考试后评分等完全仿真考试过程),让学员做到平时训练和考试一样,从而做到“考试就和平时一样”。此外,根据非重点规范的特点和考试形势的变化,把非重点规范应对策略讲座和法律法规讲座亦放在该阶段冲刺复习。

二、根据培训覆盖内容划分三个系列

1.规范规程法规系列

本培训涵盖了考试涉及的规范规程法规讲解(20本重点规范精讲+非重点规范应对策略解读+18本法律法规讲座)。规范规程是注册岩土工程师专业考试的依据、根本。规范规程就如同这场考试战役的武器,战士对武器必须精通、熟练。

一句话:通过该部分学习,帮助学员解决全部规范和法律法规问题。

2.考点知识点系列

基于对考试大纲的深入理解(并关注其变化),以及十余年的培训辅导经验,并根据考试变化动态,为学员凝练总结了知识点考点体系,通过考点精讲、原理讲授、习题解读、实时答疑等环节使学员达到熟练掌握的程度。知识点考点就如同这场考试战役的弹药,必须稳稳拿到手,备足。

一句话:通过该部分,帮助学员解决考点知识点问题。

3.考前模拟冲刺系列

通过各种专项训练使学员迅速适应考试。如:如何考试,如何答题等专题讲座;聘请阅卷专家给学员做如何标准作答,如何避免考试低级错误等专题讲座;通过四套模拟题自测和视频解答,学员可及时查漏补缺;再通过两次全真考试模拟(卷面形式、答题时间、考试后评分等完全仿真考试过程),学员可迅速适应考试,找出考试状态。适应考试就如同打仗摸清地形,做到知己知彼。

一句话:通过该部分,帮助学员解决考试动态的变化和适应考试问题。

精通规范+精通考点+精通考试。武器擦亮了+弹药备足了+地形摸清了=打一场漂亮的考试战役!

我们准备好了!你,准备好了吗?

于海峰注册岩土工程师培训中心

(网址:www.rgetc.cn)

2018年1月1日

2018年培训收费标准、优惠政策及交费方法

(咨询电话　孙老师、于老师：18543011906　QQ群：77411503)

一、免费试听系列

(1)考试大纲讲座(免费)；

(2)专业考试科目、分值、时间分配及题型特点(免费)；

(3)专业考试参考书目讲座(免费)；

(4)2011年专业考试真题讲解(免费)；

(5)《建筑地基处理技术规范》(第七章)(免费)；

(6)培训思路及发展规划等相关说明(免费)。

二、单项收费标准

(1)交费1800元：收看20个重点规范视频讲座(按照2018大纲要求更新，累计约220小时)。

——敢讲规范的注岩培训班，投入大量精力为学员逐条剖析解读规范的注岩培训班。规范是注岩考试的根本。

(2)交费2000元：收看2002—2017年"历年真题新解"视频讲座(逐个剖析讲解每一道真题，累计约210小时)，收看土力学、基础工程等重要基本理论剖析精讲。

——市面上大部分版本的2002—2009年历年真题都来源于我们培训班长期积累并已经出版至2018版的《全国注册岩土工程师专业考试模拟训练题集及历年真题新解》，2010年之后命题组才正式公开出版真题。

(3)交费4000元：收看考点精讲辅导阶段的"2018内部辅导八十讲"视频讲解(累计约170小时)，实时QQ群答疑，即原面授班内部培训的核心内容。

——从2003年至今十余年的培训经验积累，历史悠久的注岩培训班，靠老学员口碑相传招新学员。

(4)交费2000元：收看非重点规范备考应对策略讲座；法律法规讲座；如何标准作答、如何适应考试讲座；2018考前全真模拟试卷。

——实时关注考试变化动态，为学员及时提供应对策略，让学员迅速适应注岩考试之变化；为学员提供系统、到位、有效的注岩培训。

三、组合优惠方案

组合一：视频(1)。优惠价格：1800元。

组合二：视频(1)+(2)。优惠价格：3500元。

组合三：视频(1)+(2)+(3)。优惠价格：5800元。

组合四：视频(2)+(3)+(4)。优惠价格：5800元。

组合五：全科视频(1)+(2)+(3)+(4)。优惠价格：6800元。

每种组合的优惠力度，学员可自行计算。此外，如多名学员同时报名，另有优惠。

于海峰注册岩土工程师培训中心

(网址：www.rgetc.cn)

2018年1月1日

2018 全国勘察设计注册工程师执业资格考试用书

Quanguo Zhuce Yantu Gongchengshi Zhuanye Kaoshi
Moni Xunlian Tiji ji Linian Zhenti Xinjie

全国注册岩土工程师专业考试
模拟训练题集及历年真题新解

基本题型练习

于海峰　孙　超　主编

内 容 提 要

本书分上、下两册。

上册内容包括专业知识选择题(2600余题)、专业案例分析例题(300余题)及专业案例模拟练习题(400余题)。其中,专业知识选择题均依据现行考试推荐规范给出参考答案及答题依据,对专业案例分析例题也均依据现行考试推荐规范给出相关解题步骤并进行了归纳分析,并对专业案例练习题均给出了详细的解题步骤及依据。

下册内容为2002～2017年真题(专业知识＋专业案例)及其全新解答。全部按照现行考试推荐规范要求进行了修改。

本书是参加全国注册土木工程师(岩土)执业资格考试专业考试的考生必备的复习资料,也可作为相关培训机构的培训教材,以及大专院校相关专业师生及工程技术人员的参考用书。

图书在版编目(CIP)数据

2018全国注册岩土工程师专业考试模拟训练题集及历年真题新解 / 于海峰，孙超主编. —北京：人民交通出版社股份有限公司，2018.1

ISBN 978-7-114-14416-5

Ⅰ. ①2… Ⅱ. ①于… ②孙… Ⅲ. ①岩土工程—资格考试—题解 Ⅳ. ①TU4-44

中国版本图书馆CIP数据核字(2017)第309453号

书　　名：**2018全国注册岩土工程师专业考试模拟训练题集及历年真题新解**
著 作 者：于海峰　孙　超
责任编辑：刘彩云　李　娜
出版发行：人民交通出版社股份有限公司
地　　址：(100011)北京市朝阳区安定门外外馆斜街3号
网　　址：http://www.ccpress.com.cn
销售电话：(010)59757973
总 经 销：人民交通出版社股份有限公司发行部
经　　销：各地新华书店
印　　刷：中国电影出版社印刷厂
开　　本：787×1092　1/16
印　　张：107.5
字　　数：2720千
版　　次：2018年1月　第1版
印　　次：2018年1月　第1次印刷
书　　号：ISBN 978-7-114-14416-5
定　　价：188.00元(含上、下两册)

全国注册岩土工程师专业考试
模拟训练题集及历年真题新解

编委会名单

Introduction 序

我国的岩土工程自1986年实行岩土工程体制以来，取得了很大进步。随着国家经济建设的持续发展，各类工程建设规模越来越大，活动范围越来越广，工程难度也日益加大，这就客观地要求我们必须不断提高岩土工程技术水平，积极主动地迎战更加艰巨的任务。为适应当前不断发展变化的新形势和新任务的需要，20世纪末，国家决定实行注册土木工程师(岩土)执业资格制度，规定注册岩土工程师必须经过全国统一考试，合格后才能获得执业资格。考试分基础考试和专业考试，国家为此专门组织专家成立了基础和专业资格考试试题设计评分专家组，并于2002年开始了定期考试。

我国国土辽阔，工程地质条件非常复杂，加之不同岩土工程特点要求各有不同，不同的行业规定要求也各有所异，这就给应试人员的考前复习准备带来一定难度。为了减小这一难度，必须在复习方法上加强系统化，对量大、面广的各种工程地质条件，不同工程特点，不同的专业需求和不同的规范规定进行系统化的复习，才能帮助考生取得好成绩。

于海峰等同志主编的《全国注册岩土工程师专业考试模拟训练题集及历年真题新解》就是一部系统性较强的训练题集。全集上册共分十章，它涵盖了不同的工程地质条件、不同特点的工程和不同规范的规定。针对各类问题逐一设置了一系列例题，并进行了例题解析；同时还设置了若干案例模拟题，以利读者思考，最后逐一给出了答案。这本题集是一部涵盖面广，比较全面、系统的岩土工程专业训练资料，更是一部岩土工程专业考试应试者考前应读的好书。

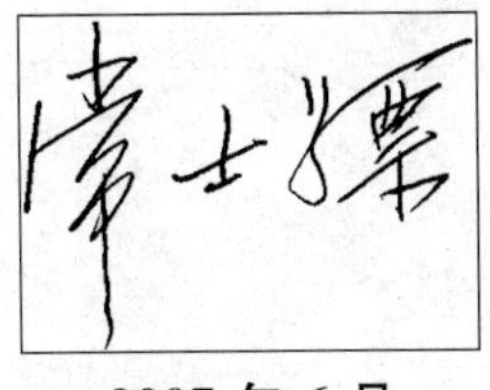

2007年6月

Preface 前言

注册土木工程师(岩土)专业考试从 2002 年开始至 2018 年已有 17 年的历史，它适应了我国勘察设计市场实行注册执业制度、与国际市场接轨的需要。从近几年来的考试情况看，考生普遍感到对基础知识掌握不全面，对规范的理解不深刻，对具体问题的分析不熟练。针对这种情况，为提高广大技术人员应对考试的能力，特编写本书。本书出版的目的主要是提高应试者的应考能力，同时也力求使从业技术人员在对规范的理解与应用、解决实际生产问题的能力，以及在基础理论的理解方面，都能有一定程度的提高。

本书按最新注册岩土工程师专业考试大纲要求及专业考试题型特点编写，共分为以下两个分册。

(1)上册——基本题型练习

该部分内容是把考试的规范分条进行理解，把规范分解成若干题型进行模拟训练，把内容编为单选题、多选题和案例题。通过对题的解答来加深对规范条文的理解，因为近几年的题目都是以规范作为答题的第一依据。为此，根据 2018 年的规范变化情况，做了如下的修订：

①重新改写了“第 8 章 特殊条件下的岩土工程”，使改写后的内容与《地质灾害危险性评估技术规范》(DZ/T 0286—2015)，《煤矿采空区岩土工程勘察规范》(GB 51044—2014)吻合，符合 2018 年最新考试规范的要求。

②重新改写了“第 9 章 地震工程”，使改写后的内容与《水电工程水工建筑物抗震设计规范》(NB 35047—2015)吻合，符合 2018 年最新考试规范的要求。

本次修订的分工：第一章、第八章由孙法德、杜兆成、佟德生修编；第三章、第四章由孙超、周□宏修编，第五章、第九章由孟凡超、尹洪峰、吴奭、邱道文修编，第六章、第七章由吕兆庆、孙有为修编，其余内容由于海峰修编。本册内容由于海峰、孙超统稿。

(2)下册——历年真题新解

根据 2018 年注册岩土工程师考试最新规范要求，对于新版规范《地质灾害危险性评估技术规范》(DZ/T 0286—2015)、《煤矿采空区岩土工程勘察规范》(GB 51044—2014)、《水电工程水工建筑物抗震设计规范》(NB 35047—2015)涉及的内容进行了全面更新，对历年真题按照新规范进行了逐一重新解答。

本册全书都已经按照新规范进行了重新修改，对一些已知条件与新规范相比有所缺失的做了补充，对应答案也按照新规范的要求进行了修改。虽使得有一些题目与原题有了不同，但方便了考生依据最新规范解答题目适应考试。本书对于历年真题尽可能做到少改动、尽量保留原考题风貌。相信这套专业考试历年真题全新解答会给广大考生复习考试带来最大的帮助。

本册内容由孙超、杜兆成修编，由于海峰统稿。

本书内容全面，题型接近考题，考点、重点及难点处均有多题重复出现，列举了注册土木工程师(岩土)执业资格考试中出现的基本考点和基本题型,是开始复习时掌握考点和知识点的必备工具书,是参加全国注册土木工程师(岩土)执业资格考试的必备资料,也可供大专院校相关专业的师生及工程技术人员参考。

我们非常荣幸地邀请到国家级勘察大师、《工程地质手册》主编常士骠先生为此书撰写序言,在此特表示衷心感谢!另外,中国兵器工业勘察设计研究院总工程师化建新先生审阅了部分书稿,并提出了宝贵的建议,在此一并表示感谢!

本书也必将以最新的面貌奉献给大家,相信我们的努力不会白费!我们的成果究竟是好是坏,还需要大家给出切实的评价!本书篇幅较大,相信没有这样的篇幅,也涵盖不了注册岩土考试的内容。希望大家根据自己的需要,有选择地阅读。

由于注册岩土工程师专业考试正处在不断完善的过程中,题型特点、题量大小、难易程度等方面都在不断地变化,加之作者水平有限,时间也很仓促,书中必定存在诸多谬误,恳请各位专家、同行指正。

于海峰

2018 年 1 月

目　录

*第1章 岩土工程勘察

1.1 土石分类

1.1.1 按《岩土工程勘察规范》(GB 50021—2001)(2009年版)划分岩体基本质量等级

GB 50021—2001(2009年版)/3.2.2 规定：岩石坚硬程度、岩体完整程度和岩体基本质量等级的划分，应分别按表3.2.2.1～表3.2.2.3执行。

岩石坚硬程度分类 表3.2.2.1

坚硬程度	坚硬岩	较硬岩	较软岩	软岩	极软岩
饱和单轴抗压强度/MPa	$f_r>60$	$30<f_r\leqslant60$	$15<f_r\leqslant30$	$5<f_r\leqslant15$	$f_r\leqslant5$

注：1. 当无法取得饱和单轴抗压强度数据时，可用点荷载试验强度换算，换算方法按现行国家标准《工程岩体分级标准》(GB/T 50218)执行。

2. 当岩体完整程度为极破碎时，可不进行坚硬程度分类。

岩体完整程度分类 表3.2.2.2

完整程度	完整	较完整	较破碎	破碎	极破碎
完整性指数	>0.75	0.75～0.55	0.55～0.35	0.35～0.15	<0.15

注：完整性指数为岩体压缩波速度与岩块压缩波速度之比的平方，注意选定岩体和岩块测定波速时，应注意其代表性。

岩体基本质量等级分类 表3.2.2.3

坚硬程度	完整程度				
	完整	较完整	较破碎	破碎	极破碎
坚硬岩	Ⅰ	Ⅱ	Ⅲ	Ⅳ	Ⅴ
较硬岩	Ⅱ	Ⅲ	Ⅳ	Ⅳ	Ⅴ
较软岩	Ⅲ	Ⅳ	Ⅳ	Ⅴ	Ⅴ
软　岩	Ⅳ	Ⅳ	Ⅴ	Ⅴ	Ⅴ
极软岩	Ⅴ	Ⅴ	Ⅴ	Ⅴ	Ⅴ

* 本书一般采用国家标准规范，部分内容沿用了工程上的习惯，请读者注意。

【例题 1】

已知某工程岩体指标为：饱和单轴抗压强度 f_r 为 48 MPa，岩块压缩波速度为 5.6 km/s，岩体压缩波速度为 4.3 km/s，该岩体的基本质量级别为（　　）。

(A) Ⅰ级　　(B) Ⅱ级　　(C) Ⅲ级　　(D) Ⅳ级

解　①岩体坚硬程度，$f_r=48$ MPa，岩体为较硬岩。

②岩体完整程度，$K=v_{p岩体}^2/v_{p岩块}^2=4.3^2/5.6^2=0.59$，完整程度为较完整。

③岩体基本质量级别，较硬岩，较完整，基本质量级别为Ⅲ级。

例题解析

①岩石的坚硬程度应根据饱和单轴抗压强度按表 3.2.2.1 确定。

②饱和单轴抗压强度也可通过点荷载试验强度换算，方法见《工程岩体分级标准》(GB/T 50218—2014)第 3.3.1 条。其公式为：

$$R_c=22.82\ I_{s(50)}^{0.75}$$

式中，R_c 为饱和单轴抗压强度；$I_{s(50)}$ 为实测的岩石点荷载强度指数。

③岩体完整程度依完整性指数按表 3.2.2.2 确定，完整性指数为岩体压缩波速度与岩块压缩波速度之比的平方。

④根据岩体的坚硬程度和岩体的完整程度，按表 3.2.2.3 确定岩体的基本质量等级。

⑤本例题中正确答案为(C)Ⅲ级，如误把波速比作为完整性指数，则得到错误答案(B)Ⅱ级。

【案例模拟题 1】

某工程岩体饱和单轴抗压强度 f_r 为 64 MPa，岩块压缩波速度为 6.2 km/s，岩体压缩波速度为 3.8 km/s，该岩体的基本质量级别为（　　）。

(A) Ⅰ级　　(B) Ⅱ级　　(C) Ⅲ级　　(D) Ⅳ级

【案例模拟题 2】

某工程初步勘察时在地表露头测得岩体弹性波速度为 2.8 km/s，岩块弹性波速为 3.9 km/s，岩石点荷载强度指数为 2.3，该岩体的基本质量级别应为（　　）。

(A) Ⅰ级　　(B) Ⅱ级　　(C) Ⅲ级　　(D) Ⅳ级

1.1.2　按《岩土工程勘察规范》(GB 50021—2001)(2009 年版)计算岩石质量指标

GB 50021—2001)(2009 年版)/2.1.8 规定：岩石质量指标(RQD, Rock Quality Designation)用直径为 75 mm 的金刚石钻头和双层岩芯管在岩石中钻进，连续取芯，回次钻进所取岩芯中，长度大于 10 cm 的岩芯段长度之和与该回次进尺的比值，以百分数表示。

GB 50021—2001)(2009 年版)/3.2.5 规定：岩石的描述应包括地质年代、地质名称、风化程度、颜色、主要矿物、结构、构造和岩石质量指标 RQD。对沉积岩应着重描述沉积物的颗粒大小、形状、胶结物成分和胶结程度；对岩浆岩和变质岩应着重描述矿物结晶大小和结晶程度。

根据岩石质量指标 RQD，可分为好的(RQD>90)、较好的(RQD=75～90)、较差的(RQD=50～75)、差的(RQD=25～50)和极差的(RQD<25)。

【例题 2】

某隧道工程地质钻探时，某一回次进尺中共进尺 1.2 m，采取的岩芯长度分别为 3.2 cm、

1.5 cm、9.8 cm、16 cm、30 cm、6 cm、27 cm、11 cm、10 cm、5.3 cm，该段岩石的质量指标为(　　)。

(A)好的　　(B)较好的　　(C)较差的　　(D)差的

解

岩石的 RQD 值的计算为：

RQD=[(16+30+27+11)/120]×100%=70%，岩体为较差的。

例题解析

①计算 RQD 时必须是 75 mm 金刚石钻头，双层岩芯管连续取芯钻进。

②统计单位为每回次进尺的长度。

③累计本回次进尺中单个岩芯长度大于 10 cm 的岩芯总长度。

④计算回次进尺中大于 10 cm 的岩芯长度的百分比。

⑤本例题中正确答案为(C)，如误把小于 10 cm 的岩芯长度也累计起来，则得到错误答案 RQD=78.3%。

【案例模拟题 3】

某隧道工程地质钻探时，采用 75 mm 金刚石钻头连续取芯钻进，某回次进尺 1.6 m，采取的块状岩芯长度分别为 5.4 cm、6.8 cm、9.9 cm、10.0 cm、26 cm、32 cm、21 cm、18 cm；碎石状岩芯累计长度 15 cm，岩粉若干，该岩石的 RQD 值为(　　)。

(A)97%　　(B)76.3%　　(C)66.9%　　(D)60.6%

【案例模拟题 4】

某工程钻孔 ZK-4，采用 75 mm 金刚石钻头连续取芯钻进，在某一回次进尺中钻进 2.0 m，采得岩芯长度为 11 cm、13 cm、18 cm、16 cm、25 cm、27 cm、8 cm，该岩石应为(　　)。

(A)好的　　(B)较好的　　(C)较差的　　(D)差的

1.1.3 按《岩土工程勘察规范》(GB 50021—2001)(2009 年版)划分砂土的密实程度

GB 50021—2001)(2009 年版)/3.3.9 规定：砂土的密实度应根据标准贯入试验锤击数实测值 N 划分为密实、中密、稍密和松散，并应符合表 3.3.9 的规定。当用静力触探探头阻力划分砂土密实度时，可根据当地经验确定。

砂土密实度分类　　表 3.3.9

标准贯入锤击数 N	密　实　度	标准贯入锤击数 N	密　实　度
$N \leqslant 10$	松散	$15 < N \leqslant 30$	中密
$10 < N \leqslant 15$	稍密	$N > 30$	密实

【例题 3】

某场地勘察时在地下 10 m 砂土层中进行标准贯入一次，实测击数为 35 击，地面以上标准贯入杆长 2.0 m，地下水位为 0.5 m，该点砂层的密实度为(　　)。

(A)松散　　(B)稍密　　(C)中密　　(D)密实

解

N=35，砂土为密实状态。

例题解析

①应以标准贯入锤击数实测值判定砂土的密实程度，不进行触探杆长度的修正。

②本例题中正确答案为(D)，若进行杆长修正则 $N=28.4$，得出错误答案(C)。

【案例模拟题 5】

某民用建筑场地地表下 15 m 处砂土层实测标准贯入锤击数为 18 击，场地地下水位 2.0 m，该点砂层的密实度为(　　)。

(A)松散　　(B)稍密　　(C)中密　　(D)密实

【案例模拟题 6】

某工业建设场地为砂土，地表下 5.5 m 处标准贯入击数为 19 击，该砂土的密实度为(　　)。

(A)松散　　(B)稍密　　(C)中密　　(D)密实

1.1.4 按《岩土工程勘察规范》(GB 50021—2001)(2009 年版)划分粉土的密实程度和湿度

GB 50021—2001)(2009 年版)/3.3.10 规定：粉土的密实度应根据孔隙比 e 划分为密实、中密和稍密；其湿度应根据含水率 w(%)划分为稍湿、湿、很湿。密实度和湿度的划分应分别符合表 3.3.10.1 和表3.3.10.2的规定。

粉土密实度分类　　表 3.3.10.1

孔隙比 e	密实度
$e<0.75$	密实
$0.75\leqslant e\leqslant 0.90$	中密
$e>0.9$	稍密

注：当有经验时，也可用原位测试或其他方法划分粉土的密实度。

粉土湿度分类　　表 3.3.10.2

含水率 w	湿度
$w<20$	稍湿
$20\leqslant w\leqslant 30$	湿
$w>30$	很湿

【例题 4】

某粉土试样的室内试验指标如下：$w=26\%$；$\rho=1.94\ \mathrm{g/cm^3}$；$G_s=2.65$。该土样的密实度和湿度为(　　)。

(A)中密，湿　　(B)中密，饱和　　(C)密实，湿　　(D)密实，饱和

解

①换算土体密度

$$\rho=1.94\ \mathrm{g/cm^3}$$

②计算孔隙比 e

$$e=\frac{G_s\rho_w(1+0.01w)}{\rho}-1=\frac{2.65\times1\times(1+0.01\times26)}{1.94}-1=0.721$$

③粉土的密实度及湿度

$e=0.721$,密实状态;$w=26$,湿度状态为湿。

例题解析

①粉土的密实度用孔隙比确定,孔隙比可通过实测指标 w、ρ、G_s 换算,也可通过其他条件或指标换算。

②粉土的湿度按含水率进行分类。

③本例题中正确答案为(C)密实,湿。

【案例模拟题 7】

某饱和粉土试样室内试验结果:$w=32\%$,$G_s=2.66$。该土样的密实度及湿度为(　　)。

(A)中密,湿　　(B)稍密,湿　　(C)中密,很湿　　(D)稍密,很湿

【案例模拟题 8】

某民用建筑场地中取得干燥粉土试样,密度为 1.56 g/cm^3,相对密度为 2.70,其密实度及湿度为(　　)。

(A)密实,稍湿　　(B)中密,稍湿　　(C)密实,干燥　　(D)中密,干燥

1.1.5 按《岩土工程勘察规范》(GB 50021—2001)(2009 年版)划分黏性土的稠度状态

GB 50021—2001)(2009 年版)/3.3.11 规定:黏性土的状态应根据液性指数 I_L 划分为坚硬、硬塑、可塑、软塑和流塑,并应符合表 3.3.11 的规定。

黏性土状态分类　　表 3.3.11

液性指数	状态	液性指数	状态
$I_L \leqslant 0$	坚硬	$0.75 < I_L \leqslant 1$	软塑
$0 < I_L \leqslant 0.25$	硬塑	$I_L > 1$	流塑
$0.25 < I_L \leqslant 0.75$	可塑		

【例题 5】

某黏性土样含水率为 28%,液限为 33%,塑限为 17%,该土样的状态为(　　)。

(A)坚硬　　(B)硬塑　　(C)可塑　　(D)软塑

解

①求液性指数 I_L:

$$I_L=\frac{w-w_P}{w_L-w_P}=\frac{28-17}{33-17}=0.69$$

②稠度状态,$I_L=0.69$,稠度状态为可塑。

例题解析

①黏性土的稠度状态依据液性指数进行划分,划分时应注意不同的行业规范规定的界限值是不同的。

②本例题中土样的液性指数为 $I_L=0.69$,正确答案为(C)可塑。

【案例模拟题 9】

某黏性土样含水率为 30%,液限为 32%,塑限为 18%,该黏性土的稠度状态为(　　)。

(A)硬塑　　(B)可塑　　(C)软塑　　(D)流塑

【案例模拟题 10】

某黏性土样含水率为 24%,液限为 35%,塑性指数为 16,该黏性土样的稠度状态为(　　)。

(A)硬塑　　(B)可塑　　(C)软塑　　(D)流塑

1.1.6 按《岩土工程勘察规范》(GB 50021—2001)(2009 年版)划分岩石的风化程度

GB 20021—2001(2009 年版)/A.0.3 规定:岩石风化程度可按表 A.0.3 划分。

岩石按风化程度分类　　表 A.0.3

风化程度	野 外 特 征	风化程度参数指标	
		波速比 K_v	风化系数 K_f
未风化	岩质新鲜,偶见风化痕迹	0.9~1.0	0.9~1.0
微风化	结构基本未变,仅节理面有渲染或略有变色,有少量风化裂隙	0.8~0.9	0.8~0.9
中等风化	结构部分破坏,沿节理面有次生矿物,风化裂隙发育,岩体被切割成岩块,用镐难挖,干钻不易钻进	0.6~0.8	0.4~0.8
强风化	结构大部分破坏,矿物成分显著变化,风化裂隙很发育,岩体破碎,用镐可挖,干钻不易钻进	0.4~0.6	<0.4
全风化	结构基本破坏,但尚可辨认,有残余结构强度,可用镐挖,干钻可钻进	0.2~0.4	—
残积土	组织结构全部破坏,已风化成土状,锹镐易挖掘,干钻易钻进,具有可塑性	<0.2	—

注:1. 波速比 K_v 为风化岩石与新鲜岩石压缩波速度之比。
2. 风化系数 K_f 为风化岩石与新鲜岩石饱和单轴抗压强度之比。
3. 岩石风化程度,除按表列野外特征和定量指标划分外,也可根据当地经验划分。
4. 花岗岩类岩石,可采用标准贯入试验划分($N \geqslant 50$ 为强风化,$50 > N \geqslant 30$ 为全风化,$N < 30$ 为残积土)。
5. 泥岩和半成岩,可不进行风化程度划分。

【例题 6】

某工程岩体风化岩石饱和单轴抗压强度为 4.2 MPa,压缩波速度为 2.1 km/s;新鲜岩石饱和单轴抗压强度为 10.5 MPa,压缩波速度为 3.4 km/s,该岩石的风化程度为(　　)。

(A)微风化　　(B)中等风化　　(C)强风化　　(D)全风化

解

①求风化系数 K_f:$K_f = f_{r风化}/f_{r新鲜} = 4.2/10.5 = 0.4$。

②求波速比 K_v:$K_v = v_{p风化}/v_{p新鲜} = 2.1/3.4 = 0.62$。

③岩石风化类型:$K_v = 0.62$,$K_f = 0.4$,风化程度为中等风化。

例题解析

①岩石风化程度应综合考虑岩石风化系数与波速比两个指标。

②风化系数为风化岩石与新鲜岩石饱和单轴抗压强度之比。

③波速比为风化岩石与新鲜岩石压缩波(纵波)速度之比。

④本例题正确答案为(B)中等风化,如果用完整性系数(波速比的平方)与风化系数进行

查表，则得到错误答案(D)全风化。

【案例模拟题 11】

某工程岩体风化岩石饱和单轴压强度为 15.1 MPa，压缩波速度为 3.2 km/s；新鲜岩石饱和单轴抗压强度为 28.4 MPa，压缩波速度为 4.3 km/s，岩石的风化程度应为(　　)。

(A)未风化　　(B)微风化　　(C)中等风化　　(D)强风化

【案例模拟题 12】

某工程岩体中风化岩石饱和单轴抗压强度为 16.6 MPa，纵波速度为 3.5 km/s；新鲜岩石饱和单轴抗压强度为 19.8 MPa，纵波速度为 4.0 km/s，该岩石风化程度类别为(　　)。

(A)未风化　　(B)微风化　　(C)中等风化　　(D)强风化

1.1.7　按《公路桥涵地基与基础设计规范》(JTG D63—2007)对地基岩土进行分类

JTG D63—2007 的相关规定如下。

3.1.1　公路桥涵地基的岩土可分为岩石、碎石土、砂土、粉土、黏性土和特殊性岩土。

3.1.2　岩石为颗粒间连接牢固、呈整体或具有节理裂隙的地质体。作为公路桥涵地基，除应确定岩石的地质名称外，尚应按本规范第 3.1.3 条、第 3.1.4 条、第 3.1.5 条和第 3.1.6条规定划分其坚硬程度、完整程度、节理发育程度、软化程度和特殊性岩石。

3.1.3　岩石的坚硬程度应根据岩块的饱和单轴抗压强度标准值 f_{rk} 按表 3.1.3 分为坚硬岩、较硬岩、较软岩、软岩和极软岩 5 个等级。当缺乏有关试验数据或不能进行该项试验时，可按本规范附录表 A.0.1.1 定性分级。岩石的风化程度可按本规范附录表 A.0.1.2 分为未风化、微风化、中风化、强风化、全风化 5 个等级。

岩石坚硬程度分级　　表 3.1.3

坚硬程度类别	坚硬岩	较硬岩	较软岩	软岩	极软岩
饱和单轴抗压强度标准值 f_{rk}/MPa	$f_{rk}>60$	$30<f_{rk}\leqslant 60$	$15<f_{rk}\leqslant 30$	$5<f_{rk}\leqslant 15$	$f_{rk}\leqslant 5$

注：岩石饱和单轴抗压强度试验要点，见本规范附录 B。

3.1.4　岩体完整程度根据完整性指数按表 3.1.4 分为完整、较完整、较破碎、破碎和极破碎 5 个等级。当缺乏有关试验数据时，可按本规范附录表 A.0.1.3 划分。

岩体完整程度划分　　表 3.1.4

完整程度等级	完整	较完整	较破碎	破碎	极破碎
完整性指数	>0.75	0.75～0.55	0.55～0.35	0.35～0.15	<0.15

注：完整性指数为岩体纵波波速与岩块纵波波速之比的平方。

3.1.5　岩体节理发育程度根据节理间距按表 3.1.5 分为节理很发育、节理发育、节理不发育 3 类。

岩体节理发育程度的分类　　表 3.1.5

程　度	节理不发育	节理发育	节理很发育
节理间距/mm	>400	200～400	20～200

3.1.6　岩石按软化系数可分为软化岩石和不软化岩石，当软化系数等于或小于0.75时，应定为软化岩石，大于0.75时，定为不软化岩石。

当岩石具有特殊成分、特殊结构或特殊性质时，应定为特殊性岩石，如易溶性岩石、膨胀性岩石、崩解性岩石、盐渍化岩石等。

3.1.7　碎石为粒径大于2 mm的颗粒含量超过总质量50%的土。碎石土可按表3.1.7分为漂石、块石、卵石、碎石、圆砾和角砾6类。

碎石土的分类　　表3.1.7

土的名称	颗粒形状	粒组含量
漂石	圆形及亚圆形为主	粒径大于200 mm的颗粒含量超过总质量的50%
块石	棱角形为主	
卵石	圆形及亚圆形为主	粒径大于20 mm的颗粒含量超过总质量的50%
碎石	棱角形为主	
圆砾	圆形及亚圆形为主	粒径大于2 mm的颗粒含量超过总质量的50%
角砾	棱角形为主	

注：碎石土分类时，应根据粒组含量从大到小以最先符合者确定。

3.1.8　碎石土的密实度，可根据重型动力触探锤击数$N_{63.5}$按表3.1.8分为松散、稍密、中密、密实4级。当缺乏有关试验数据时，碎石土平均粒径大于50 mm或最大粒径大于100 mm时，按本规范附录表A.0.2鉴别其密实度。

碎石土的密实度　　表3.1.8

锤击数$N_{63.5}$	密实度	锤击数$N_{63.5}$	密实度
$N_{63.5} \leqslant 5$	松散	$10 < N_{63.5} \leqslant 20$	中密
$5 < N_{63.5} \leqslant 10$	稍密	$N_{63.5} > 20$	密实

注：1. 本表适用于平均粒径小于或等于50 mm且最大粒径不超过100 mm的卵石、碎石、圆砾、角砾。

2. 表内$N_{63.5}$为经修正后锤击数的平均值，锤击数的修正按本规范附录C进行。

3.1.9　砂土为粒径大于2 mm的颗粒含量不超过总质量的50%、粒径大于0.075 mm的颗粒超过总质量的50%的土。砂土可按表3.1.9分为砾砂、粗砂、中砂、细砂和粉砂5类。

砂土分类　　表3.1.9

土的名称	粒组含量
砾砂	粒径大于2 mm的颗粒含量占总质量的25%～50%
粗砂	粒径大于0.5 mm的颗粒含量超过总质量的50%
中砂	粒径大于0.25 mm的颗粒含量超过总质量的50%
细砂	粒径大于0.075 mm的颗粒含量超过总质量的85%
粉砂	粒径大于0.075 mm的颗粒含量超过总质量的50%

3.1.10　砂土的密实度可根据标准贯入锤击数按表3.1.10分为松散、稍密、中密、密实4级。

砂土的密实度　表 3.1.10

标准贯入锤击数 N	密　实　度	标准贯入锤击数 N	密　实　度
$N \leqslant 10$	松散	$15 < N \leqslant 30$	中密
$10 < N \leqslant 15$	稍密	$N > 30$	密实

3.1.11　粉土为塑性指数 $I_P \leqslant 10$ 且粒径大于 0.075 mm 的颗粒含量不超过总质量 50%的土。

3.1.12　粉土的密实度应根据孔隙比 e 划分为密实、中密和稍密；其湿度应根据天然含水率 w(%) 划分为稍湿、湿、很湿。密实度和湿度的划分应分别符合表 3.1.12.1 和表 3.1.12.2的规定。

粉土密实度分类　表 3.1.12.1

孔隙比 e	密实度
$e < 0.75$	密实
$0.75 \leqslant e \leqslant 0.90$	中密
$e > 0.9$	稍密

粉土湿度分类　表 3.1.12.2

天然含水率 w/(%)	湿　度
$w < 20$	稍湿
$20 \leqslant w \leqslant 30$	湿
$w > 30$	很湿

3.1.13　黏性土为塑性指数 $I_P > 10$ 且粒径大于 0.075 mm 的颗粒含量不超过总质量 50%的土。黏性土根据塑性指数按表 3.1.13分为黏土和粉质黏土。

黏性土的分类　表 3.1.13

塑性指数 I_P	土的名称
$I_P > 17$	黏土
$10 < I_P \leqslant 17$	粉质黏土

注：液限和塑限分别按 76 g 锥试验确定。

3.1.14　黏性土的软硬状态可根据液性指数 I_L 按表 3.1.14 分为坚硬、硬塑、可塑、软塑、流塑 5 种状态。

黏性土的状态　表 3.1.14

液性指数 I_L	状　态	液性指数 I_L	状　态
$I_L \leqslant 0$	坚硬	$0.75 < I_L \leqslant 1$	软塑
$0 < I_L \leqslant 0.25$	硬塑	$I_L > 1$	流塑
$0.25 < I_L \leqslant 0.75$	可塑	—	—

3.1.15　黏性土可根据沉积年代(表 3.1.15)分为老黏性土、一般黏性土和新近沉积黏性土。

黏性土的沉积年代分类　表 3.1.15

沉积年代	土的分类
第四纪晚更新世(Q_3)及以前	老黏性土
第四纪全新世(Q_4)	一般黏性土
第四纪全新世(Q_4)以后	新近沉积黏性土

3.1.16　特殊性岩土是具有一些特殊成分、结构和性质的区域性地基土，包括软土、膨胀土、湿陷性土、红黏土、冻土、盐渍土和填土等。

3.1.17　软土为滨海、湖沼、谷地、河滩等处天然含水率高、天然孔隙比大、抗剪强度低的细粒土，其鉴别指标应符合表 3.1.17 的规定，包括淤泥、淤泥质土、泥炭、泥炭质土等。

软土地基鉴别指标　　表 3.1.17

指标名称	天然含水率 w/(%)	天然孔隙比 e	直剪内摩擦角 φ/(°)	十字板剪切强度 C_u/kPa	压缩系数 a_{1-2}/MPa^{-1}
指标值	≥35 或液限	≥1.0	宜小于 5	<35	宜大于 0.5

3.1.18　淤泥为在静水或缓慢的流水环境中沉积，并经生物化学作用形成，其天然含水率大于液限、天然孔隙比大于或等于 1.5 的黏性土。

天然含水率大于液限而天然孔隙比小于 1.5 但大于或等于 1.0 的黏性土或粉土为淤泥质土。

3.1.19　膨胀土为土中黏粒成分主要由亲水性矿物组成，同时具有显著的吸水膨胀和失水收缩特征，其自由膨胀率大于或等于 40%的黏性土。

3.1.20　湿陷性土为浸水后产生附加沉降，其湿陷系数大于或等于 0.015 的土。

3.1.21　红黏土为碳酸盐岩系的岩石经红土化作用形成的高塑性黏土，其液限一般大于 50。红黏土经再搬运后仍保留其基本特征且其液限大于 45 的土为次生红黏土。

3.1.22　盐渍土为土中易溶盐含量大于 0.3%，并具有溶陷、盐胀、腐蚀等工程特性的土。

3.1.23　填土根据其组成和成因，可分为素填土、压实填土、杂填土、冲填土。

素填土为由碎石土、砂土、粉土、黏性土等组成的填土。经过压实或夯实的素填土为压实填土。杂填土为含有建筑垃圾、工业废料、生活垃圾等杂物的填土。冲填土为由水力冲填泥沙形成的填土。

【例题 7】

某公路工程勘察工作中取得粉土的原状土样，室内测得密度 $\rho=1.85\ g/cm^3$，含水率 $w=35\%$，土粒密度 $G_s=2.68$。该粉土的密实度和湿度分别为(　　)。

(A)稍密，湿　　(B)稍密，很湿　　(C)中密，湿　　(D)中密，很湿

解

孔隙比 e：

$$
\begin{aligned}
e &= [G_s\rho_w(1+w)]/\rho-1 \\
&= [2.68\times1\times(1+35\%)]/1.85-1=0.956
\end{aligned}
$$

据《公路桥涵地基与基础设计规范》(JTG D63—2007)第 3.1.12 条，密实度为稍密，湿度为很湿。

选项(B)正确。

【案例模拟题 13】

某公路工程中测得黏性土的天然含水率为 28%，液限为 32%，塑限为 18%，该黏土的稠度状态为(　　)。

(A)硬塑　　(B)可塑　　(C)软塑　　(D)流塑

【案例模拟题 14】

某公路工程勘察工作中测得砂土的标准贯入锤击数为 18 击，该砂土的密实度为(　　)。

(A)松散　　(B)稍密　　(C)中密　　(D)密实

1.1.8 按《水运工程岩土勘察规范》(JTS 133—2013)划分砂土的密实度

JTS 133—2013 规定:砂土的密实度可根据标准贯入击数 N 按表 4.2.11 确定。

砂土密实度分类 表 4.2.11

砂土密实度	松散	稍密	中密	密实	极密实
标准贯入试验锤击数 N	$N\leqslant10$	$10<N\leqslant50$	$15<N\leqslant30$	$30<N\leqslant50$	$N>50$

注:对地下水位以下的中、粗砂,其 N 值宜按实测锤击数增加 5 击计。

【例题 8】

某港口工程勘察工作对地面下 10 m 处粗砂土进行标准贯入试验,测得锤击数为47 击,场地中地下水埋深为 1.5 m,该粗砂土的密实状态为(　　)。

(A)稍密　　(B)中密　　(C)密实　　(D)极密实

解

砂土的密实度实测击数为 47 击,砂土位于地下水位以下,锤击数应加上 5,得 52 击,砂土的密实度为极密实。

例题解析

①《水运工程岩土勘察规范》(JTS 133—2013)用标准贯入锤击数判定砂土密实程度时应按实测锤击数判定,不必进行杆长修正。

②对水下中、粗砂,其标准贯入击数应按实测锤击数增加 5 击计。

③本例题正确答案为(D)极密实,如不考虑砂土位于水位以下而直接采用实测击数,则得到错误答案(C)密实。

【案例模拟题 15】

某港口工程进行地质勘察时对地面下 2.0 m 的粗砂土进行标准贯入试验,测得锤击数为 13 击,该场地中地下水位埋深为 2.8 m,砂土的密实度应为(　　)。

(A)松散　　(B)稍密　　(C)中密　　(D)密实

【案例模拟题 16】

某港口工程进行工程地质勘察时,对地面下 8.5 m 处的粉砂层进行标准贯入试验时,测得锤击数为 33 击,该场地地下水位埋深为 2.0 m,粉砂土的密实度应为(　　)。

(A)松散　　(B)稍密　　(C)中密　　(D)密实

1.1.9 按《水运工程岩土勘察规范》(JTS 133—2013)对黏性土及淤泥性土分类

JTS 133—2013 的相关规定如下。

4.2.3.4　塑性指数大于 10 的土应定名为黏性土,并按表 4.2.3-3 分为黏土和粉质黏土。

黏性土分类 表 4.2.3-3

名称	黏土	粉质黏土
塑性指数 I_p	$I_p>17$	$10<I_p\leqslant17$

注:塑性指数的液限值由 76 g 圆锥仪沉入土中 10 mm 测定。

4.2.4　在静水或缓慢的流水环境中沉积，天然含水率大于或等于36%且大于液限、天然孔隙比大于或等于1.0的黏性土应定名为淤泥性土，淤泥性土应按表4.2.4进一步划分为淤泥质土、淤泥和流泥。

淤泥性土的分类　　表4.2.4

指标＼土的名称	淤泥质土	淤泥	流泥
孔隙比 e	$1.0\leqslant e<1.5$	$1.5\leqslant e<2.4$	$e\geqslant 2.4$
含水率 w/(%)	$36\leqslant w<55$	$55\leqslant w<85$	$w\geqslant 85$

注：淤泥质土可根据塑性指数按第4.2.3.4条再划分为淤泥质黏土或淤泥质粉质黏土。

4.2.5　土中有机质含量不小于5%时，可按现行国家标准《岩土工程勘察规范》(GB 50021)划分为有机质土、泥炭质土和泥炭。

4.2.13　黏性土状态应根据液性指数按表4.2.13-1确定，黏性土的天然状态可根据标准贯入试验锤击数或锥沉量分别按表4.2.13-2和表4.2.13-3确定。

根据液性指数确定黏性土的状态　　表4.2.13-1

液性指数 I_L	$I_L>1$	$0.75<I_L\leqslant 1$	$0.25<I_L\leqslant 0.75$	$0<I_L\leqslant 0.25$	$I_L\leqslant 0$
状态	流塑	软塑	可塑	硬塑	坚硬

根据标准贯入试验击数确定黏性土的天然状态　　表4.2.13-2

标准贯入试验击数 N	$N<2$	$2\leqslant N<4$	$4\leqslant N<8$	$8\leqslant N<15$	$N\geqslant 15$
天然状态	很软	软	中等	硬	坚硬

根据锥沉量确定黏性土的天然状态　　表4.2.13-3

锥沉量 h/mm	$h\geqslant 7$	$5\leqslant h<7$	$3\leqslant h<5$	$2\leqslant h<3$	$h<2$
天然状态	很软	软	中等	硬	坚硬

注：锥沉量为76g圆锥仪沉入土中的毫米数。

【例题9】

某港口工程勘察时测得淤泥性土的天然含水率为65%，土的相对密度为2.60，该淤泥性土的名称应为(　　)。

(A)淤泥质土　　(B)淤泥　　(C)流泥　　(D)浮泥

解

①土的重度 γ

$$\gamma=\frac{G(1+\omega)}{1+G\omega}\gamma_{w}=\frac{2.6\times(1+0.65)}{1+2.6\times0.65}\times10=15.9(\text{kN/m}^3)$$

②土的孔隙比

$$e=\frac{G\gamma_{w}(1+\omega)}{\gamma}-1=\frac{2.6\times10\times(1+0.65)}{15.9}-1=1.698$$

③土的名称

含水率为65%，孔隙比为1.698，该淤泥性土的名称应为淤泥。

例题解析

①《水运工程岩土勘察规范》(JTS 133—2013)采用孔隙比及天然含水率对淤泥性土进行分类。

②土的天然重度可以根据天然含水率及土的相对密度(比重)按理论公式(4.2.13-1)或经验公式(4.2.13-2)计算求得。

③土的孔隙比可根据含水率、天然重度及相对密度换算。

④对淤泥质土,应根据塑性指数划分为淤泥质黏土或淤泥质粉质黏土。

⑤本例题中正确答案为(B)淤泥。

【案例模拟题 17】

某港口工程中测得淤泥性土的天然含水率为45%,相对密度为2.55,塑性指数为19,该淤泥性土的名称应为(　　)。

(A)淤泥质黏土　　(B)淤泥质粉质黏土

(C)淤泥　　(D)流泥

【案例模拟题 18】

某港口工程中在黏土层中进行标准贯入试验,测得锤击数为12击,该黏性土的天然状态为(　　)。

(A)坚硬　　(B)硬　　(C)中等　　(D)软

【案例模拟题 19】

某港口工程中采得黏土原状试样,采用76 g平衡锥沉入土中的深度为6 mm,该黏土的天然状态为(　　)。

(A)硬　　(B)中等　　(C)软　　(D)很软

1.1.10　按《水利水电工程地质勘察规范》(GB 50487—2008)划分岩体的风化带

GB 50487—2008 的相关规定如下。

附录 H　岩体风化带划分

H.0.1　岩体风化带的划分一般应符合表H.0.1的规定。

岩体风化带划分　　表 H.0.1

风化带	主要地质特征	风化岩与新鲜岩纵波速之比
全风化	全部变色,光泽消失; 岩石的组织结构完全破坏,已崩解和分解成松散的土状或砂状,有很大的体积变化,但未移动,仍残留有原始结构痕迹; 除石英颗粒外,其余矿物大部分风化蚀变为次生矿物; 锤击有松软感,出现凹坑,矿物手可捏碎,用锹可以挖动	<0.4
强风化	大部分变色,只有局部岩块保持原有颜色; 岩石的组织结构大部分已破坏;小部分岩石已分解或崩解成土,大部分岩石呈不连续的骨架或心石,风化裂隙发育,有时含大量次生夹泥; 除石英外,长石、云母和铁镁矿物已风化蚀变; 锤击哑声,岩石大部分变酥,易碎,用镐撬可以挖动,坚硬部分需爆破	0.4~0.6

续上表

风化带		主要地质特征	风化岩与新鲜岩纵波速之比
弱风化（中等风化）	上带	岩石表面或裂隙面大部分变色，断口色泽新鲜； 岩石原始组织结构清楚完整，但大多数裂隙已风化，裂隙壁风化剧烈，宽一般为 5～10 cm，大者可达数十厘米； 沿裂隙铁镁矿物氧化锈蚀，长石变得浑浊、模糊不清； 锤击哑声，用镐难挖，需用爆破	0.6～0.8
	下带	岩石表面或裂隙面大部分变色，断口色泽新鲜； 岩石原始组织结构清楚完整，沿部分裂隙风化，裂隙壁风化较剧烈，宽一般为 1～3 cm； 沿裂隙铁镁矿物氧化锈蚀，长石变得浑浊、模糊不清； 锤击发音较清脆，开挖需用爆破	0.6～0.8
微风化		岩石表面或裂隙面有轻微褪色； 岩石组织结构无变化，保持原始完整结构； 大部分裂隙闭合或为钙质薄膜充填，仅沿大裂隙有风化蚀变现象，或有锈膜浸染； 锤击发音清脆，开挖需用爆破	0.8～0.9
新鲜		保持新鲜色泽，仅大的裂隙面偶见褪色； 裂隙面紧密，完整或焊接状充填，仅个别裂隙面有锈膜浸染或轻微蚀变； 锤击发音清脆，开挖需用爆破	0.9～1.0

H.0.2　碳酸盐岩溶蚀风化带划分一般应符合下列规定：

①灰岩、白云质灰岩、灰质白云岩、白云岩等碳酸盐岩，其风化往往具溶蚀风化特点，风化带的划分应符合表 H.0.2 规定。

②部分白云岩（因微裂隙极其发育）、灰岩（因特殊结构构造，如豆状、瘤状等），有时具均匀风化特征，当其均匀风化特征明显时，风化带的划分宜按表 H.0.1 进行。

③灰岩与泥岩之间的过渡类岩石，随着泥质含量的增加，其风化形式逐渐由溶蚀风化为主向均匀风化过渡，当以溶蚀风化为主时，风化带应按表 H.0.2 划分，当以均匀风化为主时，风化带按表 H.0.1 划分。

碳酸盐岩溶蚀风化带划分　　表 H.0.2

风　化　带	主要地质特征
表层强烈溶蚀风化	沿断层、裂隙及层面等结构面溶蚀风化强烈，风化裂隙发育。在地表往往形成上宽下窄溶缝、溶沟、溶槽，其宽（深）一般数厘米至数米不等，且多有黏土、碎石充填；而在地下（如勘探平硐等）则多见溶蚀风化裂隙、宽缝（洞穴）等，其规模一般数厘米至数十厘米不等，且多有黏土、碎石土等充填； 溶蚀风化结构面之间，岩石断口保持新鲜岩石色泽，岩石原始组织结构清楚完整； 该带岩体一般完整性较差，强度低

续上表

风化带		主要地质特征
裂隙性溶蚀风化	上带	沿断层、裂隙及层面等结构面溶蚀风化现象较普遍，风化裂隙较发育，结构面胶结物风化蚀变明显或溶蚀充泥现象普遍，溶蚀风化张开宽度一般为3～10 mm； 结构面间的岩石组织结构无变化，保持原始完整结构，岩石表面或裂隙面风化蚀变或褪色明显； 岩体完整性受结构面溶蚀风化影响明显，岩体强度略有下降
	下带	沿部分断层、裂隙及层面等结构面有溶蚀风化现象，结构面上见有风化膜或锈膜浸染，但溶蚀充泥或夹泥膜现象少见且宽度一般小于3 mm； 岩石原始结构清楚，组织结构无变化，岩石表面或裂隙面有轻微褪色； 岩体完整性受结构面溶蚀风化影响轻微，岩体强度降低不明显
微新岩体		保持新鲜色泽，仅岩石表面或大的裂隙面偶见褪色； 大部分裂隙紧密、闭合或为钙质薄膜充填，仅个别裂隙面有锈膜浸染或轻微蚀变

H.0.3 使用表H.0.1和表H.0.2时，遇有下列情况之一时，岩体风化带的划分可适当调整：

①除弱风化岩体外，当其他风化岩体厚度较大时，也可根据需要进一步划分。

②选择性风化作用地区，当发育囊状风化、隔层风化、沿裂隙风化等特定形态的风化带时，可根据岩石的风化状态确定其等级。

③某些特定地区，岩体风化剖面呈非连续性过渡时，分级可缺少一级或二级。

【例题10】

某水电工程勘察时测得风化岩体纵波速度为2.6 km/s，新鲜岩体纵波速度为5.8 km/s，该岩体的风化带定名为(　　)。

(A)全风化　　(B)强风化　　(C)中等风化　　(D)微风化

解

①求波速比。

波速比＝风化岩石纵波速度/新鲜岩石纵波速度＝2.6/5.8＝0.45

②风化带定名。波速比为0.45，风化带应为强风化。

例题解析

①《水利水电工程地质勘察规范》(GB 50487—2008)中对岩石风化带的划分只考虑波速比，不考虑风化系数。

②本例题中正确答案为(B)强风化；若采用完整性系数划分则得到答案(A)全风化。

【案例模拟题20】

某水利工程风化岩体纵波速度为2.2 km/s，新鲜岩体纵波速度为3.8 km/s，该岩体风化带类型为(　　)。

(A)全风化　　(B)强风化　　(C)中等风化　　(D)微风化

1.2 岩土参数的分析和选定

1.2.1 按《岩土工程勘察规范》(GB 50021—2001)(2009 年版)进行岩土参数的分析和选定

GB 50021—2001)(2009 年版)/14.2.2 规定：岩土参数统计应符合下列要求。

①岩土的物理力学指标，应按场地的工程地质单元和层位分别统计。

②应按下列公式计算平均值、标准差和变异系数。

$$\phi_m = \frac{\sum_{i=1}^{n} \phi_i}{n} \tag{14.2.2.1}$$

$$\sigma_f = \sqrt{\frac{1}{n-1}\left[\sum_{i=1}^{n} \phi_i^2 - \frac{\left(\sum_{i=1}^{n} \phi_i\right)^2}{n}\right]} \tag{14.2.2.2}$$

$$\delta = \frac{\sigma_f}{\phi_m} \tag{14.2.2.3}$$

式中，ϕ_m 为岩土参数的平均值；σ_f 为岩土参数的标准差；δ 为岩土参数的变异系数。

③分析数据的分布情况并说明数据的取舍标准。

GB 50021—2001)(2009 年版)/14.2.3 规定：主要参数宜绘制沿深度变化的图件，并按变化特点划分为相关型和非相关型。需要时应分析参数在水平方向上的变异规律。

相关型参数宜结合岩土参数与深度的经验关系，按下式确定剩余标准差，并用剩余标准差计算变异系数。

$$\sigma_r = \sigma_f \sqrt{1-r^2} \tag{14.2.3.1}$$

$$\delta = \frac{\sigma_r}{\phi_m} \tag{14.2.3.2}$$

式中，σ_r 为剩余标准差；r 为相关系数，对非相关型，$r=0$。

GB 50021—2001)(2009 年版)/14.2.4 规定：岩土参数的标准值 ϕ_k 可按下列方法确定：

$$\phi_k = \gamma_s \phi_m \tag{14.2.4.1}$$

$$\gamma_s = 1 \pm \left\{\frac{1.704}{\sqrt{n}} + \frac{4.678}{n^2}\right\}\delta \tag{14.2.4.2}$$

式中，γ_s 为统计修正系数。

注：1. 式中正负号按不利组合考虑，如抗剪强度指标的修正系数应取负值。

2. 统计修正系数 γ_s 也可按岩土工程的类型和重要性、参数的变异性和统计数据的个数，根据经验选用。

GB 50021—2001)(2009 年版)/14.2.5 规定：在岩土工程勘察报告中，应按下列不同情况提供岩土参数值：

①一般情况下，应提供岩土参数的平均值、标准差、变异系数、数据分布范围和数据的数量。

②承载能力极限状态计算所需要的岩土参数标准值，应按式(14.2.4.1)计算；当设计规范另有专门规定的标准值取值方法时，可按有关规范执行。

风险概率 $\alpha=0.05$ 条件下的 β 值(表 14.2.5.1)：

设
$$\gamma_s=1\pm\beta\delta$$

则
$$\beta=\frac{1.704}{\sqrt{n}}+\frac{4.678}{n^2}$$

$\alpha=0.05$ 条件下的 β 值 表 14.2.5.1

n	2	3	4	5	6	7	8	9	10	11
β	2.374	1.504	1.144	0.949	0.826	0.740	0.676	0.626	0.586	0.552
n	12	13	14	15	16	17	18	19	20	21
β	0.524	0.500	0.479	0.461	0.444	0.429	0.416	0.404	0.393	0.382

【例题 11】

某场地进行岩土工程勘察取得 10 组土样，属于同一土层，其孔隙比及压缩系数的试验结果如下表所示。

编号	1	2	3	4	5	6	7	8	9	10
孔隙比	0.987	0.826	0.809	0.893	0.912	0.945	0.930	0.911	0.906	0.889
压缩系数/MPa^{-1}	0.442	0.489	0.390	0.404	0.510	0.509	0.403	0.399	0.424	0.497

该土样孔隙比及压缩系数的标准值为(　　)。

(A)0.928，0.478　(B)0.945，0.465　(C)0.901，0.447　(D)0.972，0.473

解

①计算参数的平均值

$$e_m=\frac{1}{n}\sum_{i=1}^{n}e_i=\frac{1}{10}\times(0.987+0.826+0.809+0.893+0.912+0.945+0.930+0.911+0.906+0.889)=0.9008$$

$$a_m=\frac{1}{n}\sum_{i=1}^{n}a_i=\frac{1}{10}\times(0.442+0.489+0.390+0.404+0.510+0.509+0.403+0.399+0.424+0.497)=0.4467$$

②计算参数的标准差

$$\sum_{i=1}^{n}e_i^2=0.987^2+0.826^2+0.809^2+0.893^2+0.912^2+0.945^2+0.930^2+0.911^2+0.906^2+0.889^2=8.1391$$

$$\sigma_{f(e)}=\left\{\frac{1}{n-1}\left[\sum_{i=1}^{n}e_i^2-\frac{1}{n}\left(\sum_{i=1}^{n}e_i\right)^2\right]\right\}^{\frac{1}{2}}=\left[\frac{1}{n-1}\left(\sum_{i=1}^{n}e_i^2-ne_m^2\right)\right]^{\frac{1}{2}}$$

$$=\left[\frac{1}{10-1}\times(8.1391-10\times0.9008^2)\right]^{\frac{1}{2}}=0.0524$$

$$\sum_{i=1}^{n} a_i^2 = 0.442^2 + 0.489^2 + 0.390^2 + 0.404^2 + 0.510^2 + 0.509^2 + 0.403^2 + 0.399^2 + 0.424^2 + 0.497^2 = 2.0174$$

$$\sigma_{f(a)} = \left\{\frac{1}{n-1}\left[\sum_{i=1}^{n} a_i^2 - \frac{1}{n}\left(\sum_{i=1}^{n} a_i\right)^2\right]\right\}^{\frac{1}{2}} = \left[\frac{1}{n-1}\left(\sum_{i=1}^{n} a_i^2 - n a_m^2\right)\right]^{\frac{1}{2}}$$

$$= \left[\frac{1}{10-1} \times (2.0174 - 10 \times 0.4467^2)\right]^{\frac{1}{2}} = 0.0494$$

③计算参数的变异系数

$$\delta_{(e)} = \sigma_{f(e)}/e_m = 0.0524/0.9008 = 0.058$$

$$\delta_{(a)} = \sigma_{f(a)}/a_m = 0.0494/0.4467 = 0.111$$

④参数的标准值($n=10$)

$$\gamma_{s(e)} = 1 + \left(\frac{1.704}{\sqrt{n}} + \frac{4.678}{n^2}\right)\delta_{(e)} = 1 + \beta\delta_{(e)} = 1 + 0.586 \times 0.058 = 1.03$$

$$e_k = \gamma_{s(e)} e_m = 1.03 \times 0.9008 = 0.928$$

$$\gamma_{s(a)} = 1 + \left(\frac{1.704}{\sqrt{n}} + \frac{4.678}{n^2}\right)\delta_{(a)} = 1 + \beta\delta_{(a)} = 1 + 0.586 \times 0.111 = 1.07$$

$$a_k = \gamma_{s(a)} a_m = 1.07 \times 0.4467 = 0.478$$

该土层孔隙比及压缩系数的标准值分别为 0.928 和 0.478 MPa^{-1}。

例题解析

①《岩土工程勘察规范》(GB 50021—2001)(2009 年版)中一般要求给出指标的标准值。

②求指标的标准值的步骤为:平均值→标准差→变异系数→统计修正系数→标准值。

③统计修正系数中的"+""−"号按不利组合考虑选取。

④本例题的正确结果应为(A)0.928,0.478。

【案例模拟题 21】

某土工试验测得土样孔隙比结果如下表所示。

序号	1	2	3	4	5	6
孔隙比	0.862	0.931	0.894	0.875	0.902	0.883

该土样标准值为(　　)。

(A)0.891　(B)0.916　(C)0.909　(D)0.895

【案例模拟题 22】

某民用建筑勘察工作中采得黏性土原状土样 16 组,测得压缩系数平均值 $a_{1\sim 2m}=0.45$,标准差为0.06,其标准值为(　　)。

(A)0.423　(B)0.450　(C)0.477　(D)0.493

1.2.2 按《港口工程地基规范》(JTS 147-1—2010)关于岩土基本变量的概率分布及统计参数的近似确定方法

JTS 147-1—2010 的相关规定如下。

A.1 一般规定

A.1.1 进行样本统计分析,首先应按代表性分区,根据工程地质勘察确定的不同地质单元,区分属于不同母体的子样,分别对不同土层的岩土基本变量进行统计。

A.1.2 岩土基本变量应包括物理性指标和力学性指标。

A.1.3 基本变量的概率分布,应根据样本数据和估计的样本特征参数进行不同分布的拟合度检验,得出合适的分布。除固结系数外,其余物理力学指标可选择为正态分布。黏聚力和内摩擦角应考虑互相关。

A.2 岩土基本变量统计参数的确定方法

A.2.1 除土的抗剪强度指标 c、φ 外,其余基本变量 x 的统计参数根据其样本数据 $(x_1, x_2, \cdots, x_n)$,可按下列公式计算:

$$\mu_x = \frac{1}{n}\sum_{i=1}^{n} x_i \tag{A.2.1-1}$$

$$\sigma_x = \left[\frac{1}{n-1}\sum_{i=1}^{n}(x_i - \mu_x)^2\right]^{\frac{1}{2}} \tag{A.2.1-2}$$

$$\delta_x = \frac{\sigma_x}{\mu_x} \tag{A.2.1-3}$$

式中,μ_x 为平均值;n 为样本试验件数;x_i 为第 i 个样本数据($i=1\sim n$);σ_x 为标准差;δ_x 为变异系数。

A.2.2 土的抗剪强度指标统计参数可按下列方法确定:

①简化相关法即 τ 平均法按下列公式计算:

抗剪强度指标 $\tan\varphi$ 或 φ、c 的平均值

$$\mu_{\tan\varphi} = \frac{1}{n}\sum_{i=1}^{n}\tan\varphi_i \tag{A.2.2-1}$$

$$\mu_\varphi = \arctan(\mu_{\tan\varphi}) \tag{A.2.2-2}$$

$$\tan\varphi_i = \frac{\sum_{i,j=1}^{k}(P_j - \mu_p)\tau_{ij}}{\sum_{j=1}^{k}(P_j - \mu_p)^2} \tag{A.2.2-3}$$

$$\varphi_i = \arctan\frac{\sum_{j=1}^{k}(P_j - \mu_p)\tau_{ij}}{\sum_{j=1}^{k}(P_j - \mu_p)^2} \tag{A.2.2-4}$$

$$\mu_c = \frac{1}{n}\sum_{i=1}^{n} c_i \tag{A.2.2-5}$$

$$c_i = \mu_{\tau i} - \mu_p\tan\varphi_i \tag{A.2.2-6}$$

$$\mu_{\mathrm{p}} = \frac{1}{k}\sum_{j=1}^{k} p_j \tag{A.2.2-7}$$

$$\mu_{\tau i} = \frac{1}{k}\sum_{j=1}^{k} \tau_{ij} \tag{A.2.2-8}$$

抗剪强度指标 c 和 $\tan\varphi$ 标准差

$$\sigma_{\tan\varphi} = \sqrt{\frac{1}{\Delta}\Big[k\sum_{j=1}^{k}(p_j^2\sigma_{\tau j}^2) - \sum_{j=1}^{k}p_j^2\sum_{j=1}^{k}\sigma_{\tau j}^2\Big]} \tag{A.2.2-9}$$

$$\Delta = k\sum_{j=1}^{k} p_j^4 - \Big(\sum_{j=1}^{k} p_j^2\Big)^2 \tag{A.2.2-10}$$

$$\sigma_{\tau j} = \sqrt{\frac{1}{n}\sum_{i=1}^{n}(c_i + p_j\tan\varphi_i - \mu_{\mathrm{c}} - p_j\mu_{\tan\varphi})^2} \tag{A.2.2-11}$$

$$\sigma_{\mathrm{c}} = \sqrt{\frac{1}{k}\sum_{j=1}^{k}\sigma_{\tau j}^2 - \frac{1}{k}\Big[\sum_{j=1}^{k}p_j^2\Big]\sigma_{\tan\varphi}^2} \tag{A.2.2-12}$$

$$\sigma_{\varphi} = \frac{180}{\pi}\sigma_{\tan\varphi}\cos^2\mu_{\varphi} \tag{A.2.2-13}$$

式中，$\mu_{\tan\varphi}$ 为 $\tan\varphi$ 的平均值；n 为试验组数；φ_i 为第 i 组($i=1\sim n$)试验的内摩擦角 φ 的回归值(°)；$\tan\varphi_i$ 为 φ_i 的正切函数；μ_{φ} 为内摩擦角 φ 的平均值(°)；k 为每一组试验的垂直压力级数($j=1\sim k$)；p_j 为试验第 j 级垂直压力($j=1\sim k$)(kPa)；μ_{p} 为第 i 组($i=1\sim n$)试验的各级垂直压力 p_j($j=1\sim k$)的平均值(kPa)；τ_{ij} 为第 i 组试验($i=1\sim n$)第 j 级压力($j=1\sim k$)下的抗剪强度(kPa)；μ_{c} 为黏聚力的平均值(kPa)；c_i 为第 i 组($i=1\sim n$)试验的黏聚力的回归值(kPa)；$\mu_{\tau i}$ 为第 i 组试验($i=1\sim n$)各级压力($j=1\sim k$)下抗剪强度 τ_{ij} 的平均值(kPa)；$\sigma_{\tan\varphi}$ 为 $\tan\varphi$ 的标准差；$\sigma_{\tau j}$ 为对应于第 j 级垂直压力的 $1\sim n$ 组抗剪强度试验值的标准差(kPa)；σ_{c} 为黏聚力 c 的标准差(kPa)；σ_{φ} 为内摩擦角 φ 的标准差(°)。

②正交变换法按下列公式计算：

抗剪强度指标 c 和 $\tan\varphi$ 变换

$$c = c' + p_{\mathrm{s}}\tan\varphi \tag{A.2.2-14}$$

$$p_{\mathrm{s}} = \gamma\frac{\sigma_{\mathrm{c}}}{\sigma_{\tan\varphi}} \tag{A.2.2-15}$$

$$c' = c - p_{\mathrm{s}}\tan\varphi \tag{A.2.2-16}$$

$$\sigma_{\mathrm{c}} = \sqrt{\frac{1}{n}\sum_{i=1}^{n}(c_i - \mu_{\mathrm{c}})^2} \tag{A.2.2-17}$$

$$\sigma_{\tan\varphi} = \sqrt{\frac{1}{n}\sum_{i=1}^{n}(\tan\varphi_i - \mu_{\tan\varphi})^2} \tag{A.2.2-18}$$

c 和 $\tan\varphi$ 的相关系数 γ

$$\gamma = \frac{\sigma_{\mathrm{c}\cdot\tan\varphi}}{\sigma_{\mathrm{c}}\sigma_{\tan\varphi}} \tag{A.2.2-19}$$

c 和 $\tan\varphi$ 的协方差 $\sigma_{\mathrm{c}\cdot\tan\varphi}$

$$\sigma_{c\cdot\tan\varphi}=\frac{1}{n}\sum_{i=1}^{n}(c_i-\mu_c)(\tan\varphi_i-\mu_{\tan\varphi}) \tag{A.2.2-20}$$

c'和 $\tan\varphi$ 的统计参数

$$\mu'_c=\mu_c-p_s\mu_{\tan\varphi} \tag{A.2.2-21}$$

$$\sigma'_c=\sigma_c\sqrt{1-\gamma^2} \tag{A.2.2-22}$$

式中，c 为黏聚力(kPa)；φ 为内摩擦角(°)；γ 为 c 和 $\tan\varphi$ 的相关系数；σ_c、$\sigma_{\tan\varphi}$ 分别为用传统法求得的 c 和 $\tan\varphi$ 的标准差；c_i 为第 i 组($i=1\sim n$)试验的黏聚力回归值，用式(A.2.2-6)计算；μ_c 为黏聚力 c 的平均值(kPa)，用式(A.2.2-5)计算；φ_i 为第 i 组($i=1\sim n$)试验的内摩擦角回归值，应用式(A.2.2-4)计算；$\mu_{\tan\varphi}$ 为 $\tan\varphi$ 的平均值，应用式(A.2.2-1)计算；$\sigma_{c\cdot\tan\varphi}$ 为 c 和 $\tan\varphi$ 协方差。

③计算地基承载力及边坡稳定时，c 和 φ 的标准值 c_k 和 φ_k 按下列公式计算：

$$c_k=\mu_c \tag{A.2.2-23}$$

$$\varphi_k=\mu_\varphi \tag{A.2.2-24}$$

式中，c_k 为黏聚力 c 的标准值(kPa)；μ_c 为黏聚力 c 的均值(kPa)；φ_k 为内摩擦角的标准值(°)；μ_φ 为内摩擦角的均值(°)。

A.3 可靠指标计算时基本变量统计参数的确定方法

A.3.1 对于需要进行可靠指标计算的工程，岩土基本变量分布参数的统计应按随机场考虑。

A.3.2 各土层岩土基本变量的最少取样件数不应少于6组，每组代表1个岩土基本变量沿深度的随机过程样本，应具有代表性，样本中每个相邻子样的取样间距应小于等于相关距离。

A.3.3 除土的抗剪强度指标 c、φ 外，其余基本变量 x 的统计参数根据其样本数据($x_1,x_2,\cdots,x_n$)，应符合下列规定：

A.3.3.1 平均值应按下式计算：

$$\mu_x^s=\frac{1}{n}\sum_{i=1}^{n}x_i \tag{A.3.3-1}$$

式中，μ_x^s 为随机过程平均值；x_i 为随机过程样本子样数据($i=1\sim n$)；n 为随机过程子样件数。

A.3.3.2 标准差应分为点标准差和均值标准差两部分统计。

A.3.3.3 点标准差应按下式计算：

$$\sigma_x=\left[\frac{1}{n-1}\sum_{i=1}^{n}(x_i-\mu_x^s)^2\right]^{\frac{1}{2}} \tag{A.3.3-2}$$

式中，σ_x 为点标准差；x_i 为随机过程样本子样数据($i=1\sim n$)；μ_x^s 为随机过程平均值；n 为随机过程子样件数。

A.3.3.4 均值标准差计算应满足下列要求：

①一维空间随机场标准差按下式计算：

$$\bar{\sigma}_x=\sigma_x[\Gamma^2(h)]^{\frac{1}{2}} \tag{A.3.3-3}$$

式中，$\bar{\sigma}_x$ 为一维空间随机场均值标准差；σ_x 为点标准差；$\Gamma^2(h)$为一维方差折减系数。

②二维空间随机场标准差按下式计算：

$$\bar{\sigma}_{xy}=\eta\bar{\sigma}_x \tag{A.3.3-4}$$

式中，$\bar{\sigma}_{xy}$为二维空间随机场均值标准差；$\bar{\sigma}_x$ 为一维空间随机场均值标准差；η 为空间均值方差修正系数，按随机取样要求取样，获取资料，按二维随机场理论计算，有经验时按经验取值。

A. 3. 3. 5　一维随机过程方差折减系数的确定应满足下列要求：

①基本变量的原始数据随深度变化时，对原始数据按下式进行标准化处理，处理后的土层作为“统计上均匀”。

$$x'_i=\frac{x_i-u_x}{\sigma_x} \tag{A.3.3-5}$$

式中，x'_i 为标准化后的样本数据；x_i 为随深度变化的一维随机过程原始数据($i=1\sim n$)；u_x 为对应原始数据 x_i($i=1\sim n$)随深度规律变化的均值；σ_x 为 x_i 的点标准差。

②用相关函数法求相关距离。首先对 $\Delta z=i\Delta z_0$ 取不同的 i 值(其中，Δz_0 为取样间距，$i=1\sim n$)，计算相关函数 $\rho(\Delta z)=\rho(i\Delta z_0)=\frac{1}{n-i}\sum_{k=i}^{n-i}x_k{}'x'_{k+1}$；其次利用计算值点绘出$\rho(\Delta z)$-$\Delta z$ 图，利用式(A. 3. 3-6)进行相关函数的回归，确定参数 b 和 ω 的值，利用式(A. 3. 3-7)计算相关距离 δ_u。

$$\rho(\tau)=e^{-b|\tau|}\cos(\omega\tau) \tag{A.3.3-6}$$

$$\delta_u=\frac{2b}{b^2+\omega^2} \tag{A.3.3-7}$$

式中，$\rho(\tau)$为相关函数；b、ω 为相关函数的参数；δ_u 为相关距离(m)。

③用作图法确定完全不相关距离 h^*。首先根据下列公式绘制 $\Gamma^2(h)$-h/δ_u 曲线，找到两曲线的交点，其横坐标记为 n^*，则完全不相关范围 $L^*=n^*\delta_u$，完全不相关距离 $h^*=0.5L^*$。

$$\Gamma^2(h)=\begin{cases}1 & (h\leqslant\delta_u)\\ \dfrac{\delta_u}{h} & (h\geqslant\delta_u)\end{cases} \tag{A.3.3-8}$$

$$\Gamma^2(h)=\frac{2}{h^2(b^2+\omega^2)^2}\{bh(b^2+\omega^2)+(\omega^2-b^2)-e^{-bh}[2\omega b\sin(\omega h)+(\omega^2-b^2)\cos(\omega h)]\} \tag{A.3.3-9}$$

式中，$\Gamma^2(h)$为一维方差折减函数；δ_u 为相关距离(m)；h 为按一维随机场用以平均的局部竖向距离；b、ω 为相关函数的回归参数。

④求一维方差折减系数。有效影响深度 L 小于完全不相关距离 h^* 时，令 $h=L$，带入式(A. 3. 3-9)计算得到 $\Gamma^2(h)$；有效影响深度 L 大于完全不相关距离 h^* 时，令 $h=h^*$，代入式(A. 3. 3-9)计算得到 $\Gamma^2(h)$。

A. 3. 4　按一维随机过程确定土的抗剪强度指标统计参数应符合下列规定。

A. 3. 4. 1　采用简化相关法确定土的抗剪强度指标统计参数时应满足下列要求：

①抗剪强度指标 $\tan\varphi$ 或 φ、c 的平均值按式(A. 2. 2-1)～式(A. 2. 2-8)计算。

②抗剪强度指标 c 和 $\tan\varphi$ 均值标准差按下式计算：

$$\bar{\sigma}_{\tan\varphi}=\sqrt{\frac{1}{\Delta}[k\sum_{j=1}^{k}p_j^2\sigma_{\tau j}^2\Gamma_{\tau j}^2(h)-\sum_{j=1}^{k}p_j^2\sum_{j=1}^{k}\sigma_{\tau j}^2\Gamma_{\tau j}^2(h)]} \tag{A.3.4-1}$$

$$\Delta = k\sum_{j=1}^{k} p_j^4 - \left(\sum_{j=1}^{k} P_j^2\right)^2 \tag{A.3.4-2}$$

$$\sigma_{\tau j} = \sqrt{\frac{1}{n}\sum_{i=1}^{n}(c_i + p_j \tan\varphi_i - \mu_c - p_j\mu_{\tan\varphi})^2} \tag{A.3.4-3}$$

$$\bar{\sigma}_c = \sqrt{\frac{1}{k}\sum_{j=1}^{k}\sigma_{\tau j}^2\Gamma_{\tau j}^2(h) - \frac{1}{k}\left(\sum_{j=1}^{k}p_j^2\right)(\bar{\sigma}_{\tan\varphi})^2} \tag{A.3.4-4}$$

$$\bar{\sigma}_\varphi = \frac{180}{\pi}\bar{\sigma}_{\tan\varphi}\cos^2\mu_\varphi \tag{A.3.4-5}$$

式中，$\bar{\sigma}_{\tan\varphi}$为$\tan\varphi$的均值标准差；$k$ 为每一组试验的垂直压力级数($j=1\sim k$)；p_j 为每组试验的第 j 级垂直压力(kPa)($j=1\sim k$)；$\sigma_{\tau j}$ 对应于每组($i=1\sim n$)试验 j 级垂直压力下的抗剪强度 τ_{ij}($i=1\sim n$)组成的随机过程的点标准差；$\Gamma_{\tau j}^2(h)$为对应于每组($i=1\sim n$)试验 j 级压力下的抗剪强度 τ_{ij} ($i=1\sim n$)组成的随机过程的方差折减系数，可按本附录第 A.3.3 条的有关规定确定；n 为试验组数；c_i 为第 i 组($i=1\sim n$)试验的黏聚力的回归值(kPa)；φ_i 为第 i 组($i=1\sim n$)试验的内摩擦角 φ 的回归值(°)；μ_c 为黏聚力的平均值(kPa)；$\mu_{\tan\varphi}$为 $\tan\varphi$ 的平均值；μ_φ 为内摩擦角 φ 的平均值(°)；$\bar{\sigma}_c$ 为黏聚力 c 的均值标准差(kPa)；$\bar{\sigma}_\varphi$ 为内摩擦角 φ 的均值标准差(°)。

A.3.4.2　采用正交变换法确定土的抗剪强度指标统计参数时应满足下列要求：

①抗剪强度指标 c 和 $\tan\varphi$ 变换按下列公式计算：

$$c = c' + p_s\tan\varphi \tag{A.3.4-6}$$

$$p_s = \frac{\bar{\sigma}_{c\cdot\tan\varphi} + \bar{\sigma}_{\tan\varphi\cdot c}}{2\bar{\sigma}_{\tan\varphi}^2} \tag{A.3.4-7}$$

$$c' = c - p_s\tan\varphi \tag{A.3.4-8}$$

式中，c 为土的黏聚力(kPa)；c'为正交变换后的黏聚力(kPa)；p_s 为待求常数；φ 为土的内摩擦角(°)；$\bar{\sigma}_{\tan\varphi}$为 $\tan\varphi$ 的均值标准差；$\bar{\sigma}_{c\cdot\tan\varphi}$(或 $\bar{\sigma}_{\tan\varphi\cdot c}$)为 c、$\tan\varphi$(或 $\tan\varphi$、c)的均值协方差。

②p_s 计算方法。首先根据第 A.3.4.1(2)项求出每一组试验第 j 级压力下的抗剪强度的均值方差 $\bar{\sigma}_{\tau j}^2\Gamma_{\tau j}^2(h)$，然后利用数据$[p_j, \sigma_{\tau j}^2\Gamma_{\tau j}^2(h)]$，$j=1,2,\cdots,k$，按式(A.3.4-9)进行回归计算，得到 $\bar{\sigma}_c^2$、$\bar{\sigma}_{\tan\varphi}^2$及($\bar{\sigma}_{c\cdot\tan\varphi}+\bar{\sigma}_{\tan\varphi\cdot c}$)，代入式(A.3.4-7)即可得到 p_s。

$$\sigma_{\tau j}^2\Gamma_{\tau j}^2(h) = \bar{\sigma}_c^2 + p_j(\bar{\sigma}_{c\cdot\tan\varphi} + \bar{\sigma}_{\tan\varphi\cdot c}) + p_j^2\bar{\sigma}_{\tan\varphi}^2 \tag{A.3.4-9}$$

式中，$\sigma_{\tau j}^2$为某级压力(j，$j=1\sim k$)下对应的 $1\sim n$ 个 τ 值的点方差；$\Gamma_{\tau j}^2$为 $\sigma_{\tau j}^2$ 的方差折减系数；$\bar{\sigma}_c$ 为黏聚力 c 的均值标准差；$\bar{\sigma}_{\tan\varphi}$ 为内摩擦角的均值标准差；$\bar{\sigma}_{c\cdot\tan\varphi}$(或 $\bar{\sigma}_{\tan\varphi\cdot c}$)为 c、$\tan\varphi$(或 $\tan\varphi$、c)的均值协方差；p_j 为对应 $\sigma_{\tau j}^2$ 的某级压力(j，$j=1\sim k$)。

③c'和 $\tan\varphi$ 统计参数按下列公式计算：

$$\mu'_c = \mu_c - p_s\mu_{\tan\varphi} \tag{A.3.4-10}$$

$$\bar{\sigma}'_c = \sqrt{\bar{\sigma}_c^2 + p_s^2\bar{\sigma}_{\tan\varphi}^2} \tag{A.3.4-11}$$

式中，μ_c 为黏聚力的平均值(kPa)；$\mu_{\tan\varphi}$为 $\tan\varphi$ 的平均值；p_s 为待求常数；$\bar{\sigma}_c$ 为黏聚力 c 的均值标准差；$\bar{\sigma}_{\tan\varphi}$为内摩擦角的均值标准差。

A.3.5　土层的一维空间均值和一维空间均值标准差应根据该土层所有样本的一维空间均值或一维空间均值标准差计算确定。

【例题 12】

某港口工程勘察时测得土层的天然重度值如下表所示。

序号	1	2	3	4	5	6
天然重度(kN/m^3)	18.2	18.3	18.1	17.9	17.9	18.2

该土样天然重度的变异系数为(　　)。

(A)0.007　　(B)0.008　　(C)0.009　　(D)0.010

解

①计算平均值 μ_x

$$\mu_x=\frac{1}{n}\sum_{i=1}^{n}x_i=\frac{1}{6}\times(18.2+18.3+18.1+17.9+17.9+18.2)=18.1$$

②计算标准差($n<30$)

$$\begin{aligned}\sigma_x&=\sqrt{\frac{1}{n-1}\sum_{i=1}^{n}(x_i-\mu_x)^2}\\&=\left\{\frac{1}{6-1}[(18.2-18.1)^2+(18.3-18.1)^2+(18.1-18.1)^2+\right.\\&\left.(17.9-18.1)^2+(17.9-18.1)^2+(18.2-18.1)^2]\right\}^{\frac{1}{2}}\\&=0.17\end{aligned}$$

③变异系数 δ_x

$$\delta_x=\frac{\sigma_x}{\mu_x}=\frac{0.17}{18.1}=0.009$$

例题解析

①《港口岩土工程勘察规范》(JTS 133-1—2010)要求统计出物理性质指标的平均值、标准差及变异系数。

②抗剪强度参数的统计方法非常烦琐,如考试时计算,用时过多,故列出例题及案例模拟训练题。

③本例题正确答案为(C)0.009。

【案例模拟题 23】

某港口工程室内试验中压缩系数值如下表所示。

序号	1	2	3	4	5	6
压缩系数	0.024	0.028	0.019	0.025	0.019	0.027

该土层压缩系数的变异系数应为(　　)。

(A)0.14　　(B)0.15　　(C)0.16　　(D)0.17

1.2.3　按《建筑地基基础设计规范》(GB 50007—2011)确定抗剪强度指标 c、φ 值的标准值

GB 50007—2011/E.0.1 规定:内摩擦角标准值 φ_k、黏聚力标准值 c_k 可按下列规定计算。

①根据室内 n 组三轴压缩试验的结果,按下列公式计算变异系数、某一土性指标的试验平均值和标准差。

$$\delta = \frac{\sigma}{\mu} \qquad \text{(E. 0. 1. 1)}$$

$$\mu = \frac{\sum_{i=1}^{n}\mu_i}{n} \qquad \text{(E. 0. 1. 2)}$$

$$\sigma = \sqrt{\frac{\sum_{i=1}^{n}{\mu_i}^2 - n\mu^2}{n-1}} \qquad \text{(E. 0. 1. 3)}$$

式中，δ 为变异系数；μ 为试验平均值；σ 为标准差。

②按下列公式计算内摩擦角和黏聚力的统计修正系数 ψ_φ、ψ_c。

$$\psi_\varphi = 1 - \left(\frac{1.704}{\sqrt{n}} + \frac{4.678}{n^2}\right)\delta_\varphi \qquad \text{(E. 0. 1. 4)}$$

$$\psi_c = 1 - \left(\frac{1.704}{\sqrt{n}} + \frac{4.678}{n^2}\right)\delta_c \qquad \text{(E. 0. 1. 5)}$$

式中，ψ_φ 为内摩擦角的统计修正系数；ψ_c 为黏聚力的统计修正系数；δ_φ 为内摩擦角的变异系数；δ_c 为黏聚力的变异系数。

③按下列公式计算内摩擦角和黏聚力的标准值。

$$\varphi_k = \psi_\varphi \varphi_m \qquad \text{(E. 0. 1. 6)}$$

$$c_k = \psi_c c_m \qquad \text{(E. 0. 1. 7)}$$

式中，φ_m 为内摩擦角的试验平均值；c_m 为黏聚力的试验平均值。

【例题 13】

某民用建筑工程中对土层采取了 6 组原状土样，直剪试验结果如下表所示。

序号	1	2	3	4	5	6
黏聚力/kPa	21	25	18	19	22	20
内摩擦角/(°)	15°	17°	19°	19°	14°	16°

该土层黏聚力及内摩擦角的标准值为(　　)。

(A)20.8 kPa,16.7°　(B)18.5 kPa,15.3°　(C)19.2 kPa,17.3°　(D)18.6 kPa,18.0°

解

①求平均值 μ_c、μ_φ

$$\mu_c = \frac{1}{n}\sum_{i=1}^{n}\mu_{ci} = \frac{1}{6}\times(21+25+18+19+22+20) = 20.8$$

$$\mu_\varphi = \frac{1}{n}\sum_{i=1}^{n}\mu_{\varphi i} = \frac{1}{6}\times(15+17+19+19+14+16) = 16.7$$

②求标准差 σ_c、σ_φ

$$\sum_{i=1}^{n}\mu_{ci}^2 = 21^2+25^2+18^2+19^2+22^2+20^2 = 2\ 635$$

$$\sum_{i=1}^{n}\mu_{\varphi i}^{2}=15^2+17^2+19^2+19^2+14^2+16^2=1\,688$$

$$\sigma_c=\sqrt{\frac{\sum_{i=1}^{n}\mu_{ci}^{2}-n\mu_c^2}{n-1}}=\sqrt{\frac{2\,635-6\times 20.8^2}{6-1}}=2.799$$

$$\sigma_\varphi=\sqrt{\frac{\sum_{i=1}^{n}\mu_{\varphi i}^{2}-n\mu_\varphi^2}{n-1}}=\sqrt{\frac{1\,688-6\times 16.7^2}{6-1}}=1.712$$

③求变异系数 δ_c、δ_φ

$$\delta_c=\frac{\sigma_c}{\mu_c}=\frac{2.799}{20.8}=0.135$$

$$\delta_\varphi=\frac{\sigma_\varphi}{\mu_\varphi}=\frac{1.712}{16.7}=0.103$$

④求统计修正系数 ψ_c、ψ_φ

$$\psi_c=1-\left(\frac{1.704}{\sqrt{n}}+\frac{4.678}{n^2}\right)\delta_c=1-\left(\frac{1.704}{\sqrt{6}}+\frac{4.678}{6^2}\right)\times 0.135=0.889$$

$$\psi_\varphi=1-\left(\frac{1.704}{\sqrt{n}}+\frac{4.678}{n^2}\right)\delta_\varphi=1-\left(\frac{1.704}{\sqrt{6}}+\frac{4.678}{6^2}\right)\times 0.103=0.915$$

⑤求标准值 c_k、φ_k

$$c_k=\psi_c c_m=\psi_c\mu_c=0.889\times 20.8=18.5(\text{kPa})$$

$$\varphi_k=\psi_\varphi\varphi_m=\psi_\varphi\mu_\varphi=0.915\times 16.7=15.3(°)$$

该土样黏聚力、内摩擦角的标准值分别为 18.5 kPa、15.3°。

例题解析

①《建筑地基基础设计规范》(GB 50007—2011)中规定的 c、φ 值的统计方法与《岩土工程勘察规范》(GB 50021—2001)(2009 年版)中指标的统计方法步骤相同，但统计修正系数取“—”号。

②该统计方法是建立在已知 c、φ 值单值的基础之上的。而 c、φ 值的单值如何统计出来，规范中则并未涉及，可参考《工程地质手册》中的相关规定。

③本例题中正确答案为(B)，$c_k=18.5$ kPa，$\varphi_k=15.3°$。

【案例模拟题 24】

某民用建筑物地基勘察时室内直剪试验结果如下表所示。

序号	1	2	3	4	5	6
黏聚力 c_i/ kPa	12.0	12.4	16.4	15.8	17.0	13.7
内摩擦角 φ_i	14°	15°	15°	16°	17°	17°

该土样的黏聚力和内摩擦角标准值为(　　)。

(A)14.6 kPa、15.7°　　(B)12.8 kPa、14.7°

(C)15.3 kPa、16.2°　　(D)14.9 kPa、16.0°

1.3 土的物理性质指标及其换算

1.3.1 用直接指标换算间接指标

用直接指标换算间接指标如表1.3.1.1和表1.3.1.2所示。

试验直接测定的基本物理性质指标　　表1.3.1.1

指标名称	符号	物理意义	试验项目及方法	取土要求
含水率/(%)	w	土中水的质量与土粒质量之比 $w=\frac{m_w}{m_s}\times100\%$	含水率试验：烘干法（温度100～105℃）酒精燃烧法 炒干法	保持天然湿度
相对密度	G_s	土粒质量与同体积的4℃时水的质量之比 $G_s=\frac{m_s}{V_s\rho_w}$（$\rho_w$-水的密度）	比重试验：比重瓶法 浮称法 虹吸筒法	扰动土
质量密度（密度）/(g/cm³)	ρ	土的总质量与其体积之比即单位体积的质量 $\rho=\frac{m}{V}$	密度试验：环刀法 蜡封法 注砂法	Ⅰ～Ⅱ级土试样
重力密度（重度）/(kN/m³)	γ	土的总重量与其体积之比，即质量密度乘以重力加速度 $\gamma=g\rho=9.8\rho\approx10\rho$		

由含水率、相对密度、密度计算求得的基本物理性质指标　　表1.3.1.2

指标名称	符号	物理意义	基本公式
干密度/(g/cm³)	ρ_d	$\rho_d=\frac{m_s}{V}=\frac{\text{土粒质量}}{\text{土的总体积}}$	$\rho_d=\frac{\rho}{1+0.01w}$
孔隙比	e	$e=\frac{V_v}{V_s}=\frac{\text{土中孔隙体积}}{\text{土粒体积}}$	$e=\frac{G_s\rho_w(1+0.01w)}{\rho}-1$
孔隙率/(%)	n	$n=\frac{V_v}{V}\times100\%=\frac{\text{土中孔隙体积}}{\text{土的总体积}}\times100\%$	$n=\frac{e}{1+e}\times100\%$
饱和度/(%)	S_r	$S_r=\frac{V_w}{V_v}\times100\%=\frac{\text{土中水的体积}}{\text{土中孔隙体积}}\times100\%$	$S_r=\frac{wG_s}{e}$

【例题 14】

某土样天然含水率为 25.2%，相对密度为 2.68，密度为 1.92 g/cm³，求该土样的干重度、孔隙比、孔隙率、饱和度。

解

①求干密度

$$\rho_d=\frac{\rho}{1+0.01w}=\frac{1.92}{1+0.01\times 25.2}=1.53(\mathrm{g/cm^3})$$

②求孔隙比

$$e=\frac{G_s\rho_w(1+0.01w)}{\rho}-1=\frac{2.68\times 1\times(1+0.01\times 25.2)}{1.92}-1=0.748$$

③求孔隙率

$$n=\frac{e}{1+e}\times 100\%=\frac{0.748}{1+0.748}\times 100\%=42.8\%$$

④求饱和度

$$S_r=\frac{wG_s}{e}=\frac{25.2\times 2.68}{0.748}=90.3\%$$

该土样干密度、孔隙比、孔隙率、饱和度分别为：

$$\rho_d=1.53\ \mathrm{g/cm^3};e=0.748;n=42.8;S_r=90.3\%$$

例题解析

①物理性质指标换算是最基本、最常用和经常出考题的知识点，应熟练掌握。

②一般情况下，含水率、土的密度和相对密度为实测指标，其余为间接指标，间接指标可通过实测指标进行换算。

③指标换算时应特别注意各指标的单位和量纲。

【案例模拟题 25】

某土样天然含水率为 24%，相对密度为 2.70，重力密度为 19 kN/m³，该土样的干重度、孔隙比、孔隙率、饱和度为(　　)。

(A)15.3 kN/m³、0.762、43.2%、85%

(B)16.2 kN/m³、0.823、42.8%、80%

(C)16.2 kN/m³、0.762、43.2%、80%

(D)16.5 kN/m³、0.921、46.4%、75%

【案例模拟题 26】

某工程勘察中采取一饱和土样进行室内土工试验，环刀容积为 21.7 cm³，环刀加湿土重 73 g，烘干后测得环刀加干土重 62.35 g，环刀质量为 32.5 g，土粒相对密度为 2.70，则该土样的天然重度、含水率、干密度、孔隙比、孔隙率为(　　)。

(A)18.7 kN/m³、34%、1.58 g/cm³、0.79、43%

(B)18.8 kN/m³、40.6%、1.49 g/cm³、0.88、42.5%

(C)17.9 kN/m³、34%、1.55 g/cm³、0.93、39.4%

(D)18.7 kN/m³、35.7%、1.38 g/cm³、0.963、49.1%

表 1.3.1.3 为工程中常用的物理指标换算公式表。

土的基本物理性质指标换算公式

表 1.3.1.3

已知指标	所求指标						
	含水率 w/(%)	相对密度 G_s	密度 ρ	干密度 ρ_d	孔隙比 e	孔隙率 n/(%)	饱和度 S_r/(%)
w、G_s、ρ				$\frac{\rho}{1+0.01w}$	$\frac{G_s\rho_w(1+0.01w)}{\rho}-1$	$100-\frac{100\rho}{G_s\rho_w(1+0.01w)}$	$\frac{wG_s\rho}{G_s\rho_w(1+0.01w)-\rho}$
w、G_s、ρ_d			$(1+0.01w)\rho_d$		$\frac{G_s\rho_w}{\rho_d}-1$	$100-\frac{100\rho_d}{G_s\rho_w}$	$\frac{wG_s\rho_d}{G_s\rho_w-\rho_d}$
w、G_s、e			$\frac{G_s\rho_w(1+0.01w)}{1+e}$	$\frac{G_s\rho_w}{1+e}$		$\frac{100e}{1+e}$	$\frac{wG_s}{e}$
w、G_s、n			$(1+0.01w)(1-0.01n)G_s\rho_w$	$(1-0.01n)G_s\rho_w$	$\frac{n}{100-n}$		$\frac{(100-n)wG_s}{n}$
w、G_s、S_r			$\frac{S_rG_s\rho_w(1+0.01w)}{wG_s+S_r}$	$\frac{S_rG_s\rho_w}{wG_s+S_r}$	$\frac{wG_s}{S_r}$	$\frac{100wG_s}{wG_s+S_r}$	
w、ρ、e		$\frac{(1+e)\rho}{(1+0.01w)\rho_w}$		$\frac{\rho}{1+0.01w}$		$\frac{100e}{1+e}$	$\frac{w(1+e)\rho}{(1+0.01w)e\rho_w}$
w、ρ、n		$\frac{100\rho}{(1+0.01w)(100-n)\rho_w}$		$\frac{\rho}{1+0.01w}$	$\frac{n}{100-n}$		$\frac{100w\rho}{n(1+0.01w)\rho_w}$
w、ρ、S_r		$\frac{S_r\rho}{S_r\rho_w(1+0.01w)-w\rho}$		$\frac{\rho}{1+0.01w}$	$\frac{w\rho}{S_r\rho_w(1+0.01w)-w\rho}$	$\frac{100w\rho}{S_r\rho_w(1+0.01w)}$	
w、ρ_d、e		$\frac{(1+e)\rho_d}{\rho_w}$	$(1+0.01w)\rho_d$			$\frac{100e}{1+e}$	$\frac{w(1+e)\rho_d}{e\rho_w}$
w、ρ_d、n		$\frac{100\rho_d}{(100-n)\rho_w}$	$(1+0.01w)\rho_d$		$\frac{n}{100-n}$		$\frac{100w\rho_d}{n\rho_w}$
w、ρ_d、S_r		$\frac{S_r\rho_d}{S_r\rho_w-w\rho_d}$	$(1+0.01w)\rho_d$		$\frac{w\rho_d}{S_r\rho_w-w\rho_d}$	$\frac{100w\rho_d}{S_r\rho_w}$	
w、e、S_r		$\frac{eS_r}{w}$	$\frac{eS_r(1+0.01w)\rho_w}{(1+e)w}$	$\frac{eS_r\rho_w}{(1+e)w}$		$\frac{100e}{1+e}$	
w、n、S_r		$\frac{nS_r}{(100-n)w}$	$\frac{nS_r(1+0.01w)\rho_w}{100w}$	$\frac{nS_r\rho_w}{100w}$	$\frac{n}{100-n}$		
G_s、ρ、ρ_d	$\frac{100\rho}{\rho_d}-100$				$\frac{G_s\rho_w}{\rho_d}-1$	$100-\frac{100\rho_d}{G_s\rho_w}$	$\frac{100(\rho-\rho_d)G_s}{G_s\rho_w-\rho_d}$

续上表

已知指标	所求指标						
	含水率 $w/(\%)$	相对密度 G_s	密度 ρ	干密度 ρ_d	孔隙比 e	孔隙率 $n/(\%)$	饱和度 $S_r/(\%)$
G_s、ρ、e	$\frac{100\rho(1+e)}{G_s\rho_w}-100$			$\frac{G_s\rho_w}{1+e}$		$\frac{100e}{1+e}$	$\frac{(1+e)\rho-G_s\rho_w}{e}\times100$
G_s、ρ、n	$\frac{100\rho}{G_s\rho_w(1-0.01n)}-100$			$(1-0.01n)G_s\rho_w$	$\frac{n}{100-n}$		$\frac{100\rho-(100-n)G_s\rho_w}{0.01n}$
G_s、ρ、S_r	$\frac{S_r(G_s\rho_w-\rho)}{G_s(\rho-0.01S_r\rho_w)}$			$\frac{G_s(\rho-0.01S_r\rho_w)}{G_s-0.01S_r}$	$\frac{G_s\rho_w-\rho}{\rho-0.01S_r\rho_w}$	$\frac{100(G_s\rho_w-\rho)}{G_s-0.01S_r}$	
G_s、ρ_d、S_r	$\frac{S_r(G_s\rho_w-\rho_d)}{G_s\rho_d}$		$\frac{0.01S_r(G_s\rho_w-\rho_d)}{G_s}+\rho_d$		$\frac{G_s\rho_w}{\rho_d}-1$	$100-\frac{100\rho_d}{G_s\rho_w}$	
G_s、e、S_r	$\frac{eS_r}{G_s}$		$\frac{(G_s+0.01eS_r)\rho_w}{1+e}$	$\frac{G_s\rho_w}{1+e}$		$\frac{100e}{1+e}$	
G_s、n、S_r	$\frac{nS_r}{(100-n)G_s}$		$\frac{0.01nS_r\rho_w+(100-n)G_s\rho_w}{100}$	$(1-0.01n)G_s\rho_w$	$\frac{n}{100-n}$		
ρ、ρ_d、e	$\frac{100\rho}{\rho_d}-100$	$\frac{(1+e)\rho_d}{\rho_w}$				$\frac{100e}{1+e}$	$\frac{100(\rho-\rho_d)(1+e)}{e\rho_w}$
ρ、ρ_d、n	$\frac{100\rho}{\rho_d}-100$	$\frac{100\rho_d}{(100-n)\rho_w}$			$\frac{n}{100-n}$		$\frac{100(\rho-\rho_d)}{0.01n}$
ρ、ρ_d、S_r	$\frac{100\rho}{\rho_d}-100$	$\frac{S_r\rho_d}{S_r\rho_w-100(\rho-\rho_d)}$			$\frac{\rho-\rho_d}{0.01S_r\rho_w-\rho+\rho_d}$	$\frac{100(\rho-\rho_d)}{0.01S_r}$	
ρ、e、S_r	$\frac{eS_r\rho_w}{\rho(1+e)-0.01eS_r\rho_w}$	$\frac{(1+e)\rho}{\rho_w}-0.01eS_r$		$\rho-\frac{0.01eS_r\rho_w}{(1+e)}$		$\frac{100e}{1+e}$	
ρ、n、S_r	$\frac{nS_r\rho_w}{100\rho-0.01nS_r\rho_w}$	$\frac{100\rho-0.01nS_r\rho_w}{(100-n)\rho_w}$		$\rho-\frac{0.01nS_r\rho_w}{100}$	$\frac{n}{100-n}$		
ρ_d、e、S_r	$\frac{eS_r\rho_w}{(1+e)\rho_d}$	$\frac{(1+e)\rho_d}{\rho_w}$	$\frac{0.01eS_r\rho_w}{1+e}+\rho_d$			$\frac{100e}{1+e}$	
ρ_d、n、S_r	$\frac{0.01nS_r\rho_w}{\rho_d}$	$\frac{100\rho_d}{(100-n)\rho_w}$	$\frac{0.01nS_r\rho_w}{100}+\rho_d$		$\frac{n}{100-n}$		

1.3.2 工程中常用的物理指标换算

【例题 15】

某饱和砂土含水率为 25%，土粒相对密度为 2.65，该砂土的天然重度、孔隙比及干重度应为（　　）。

(A)19.9 kN/m³、0.663、15.5 kN/m³　　(B)19.9 kN/m³、0.689、16.0 kN/m³

(C)19.5 kN/m³、0.693、15.9 kN/m³　　(D)19.9 kN/m³、0.663、15.9 kN/m³

解

①求天然重度

根据表 1.3.1.3 中公式，考虑砂土为饱和状态，因此，$S_r=100\%$。

$$\gamma=\frac{S_rG_s\rho_w(1+0.01w)}{wG_s+S_r}=\frac{100\times2.65\times10\times(1+0.01\times25)}{25\times2.65+100}=19.9(\mathrm{kN/m^3})$$

②求孔隙比

$$e=\frac{wG_s}{S_r}=\frac{25\times2.65}{100}=0.663$$

③求干重度

$$\gamma_d=\frac{S_rG_s\rho_w}{wG_s+S_r}=\frac{100\times2.65\times10}{25\times2.65+100}=15.9(\mathrm{kN/m^3})$$

该土样天然密度为 19.9 kN/m³，孔隙比为 0.663，干重度为 15.9 kN/m³。

例题解析

①在物理性质指标换算时，如已知三个相互独立的指标，即可换算其他指标。

②如已知两个指标时，可通过其他条件确定第三个指标，如饱和状态土体的饱和度$S_r=100\%$，干燥状态土体的含水率等于零等。

③本例题中土样为饱和土样，$S_r=100\%$，正确答案为(D)。

【案例模拟题 27】

某饱和黏土天然重度为 19.8 kN/m³，含水率为 28%，其相对密度、干密度、孔隙比应分别为（　　）。

(A)2.70、1.59、0.764　　(B)2.73、1.55、0.981

(C)2.73、1.55、0.764　　(D)2.73、1.60、0.764

【案例模拟题 28】

某干燥砂土相对密度为 2.70，干密度为 1.58 g/cm³，则该砂土的孔隙比和天然密度为（　　）。

(A)0.709、1.95　　(B)0.832、1.95

(C)0.709、1.58　　(D)0.832、1.58

【案例模拟题 29】

某工程中需填筑土坝，最优含水率为 23%，土体天然含水率为 12%，汽车装载质量为 10 t，若把土体配制成最优含水率，每车土体需加水量为（　　）。

(A)0.78 t　　(B)0.88 t　　(C)0.98 t　　(D)1.08 t

【案例模拟题 30】

某均质土坝长 1.2 km，高 20 m，坝顶宽 8 m，坝底宽 75 m，要求压实度不小于 0.95，天然料场中土料含水率为21%，相对密度为2.70，重度为18 kN/m³，最大干重度为16.8 kN/m³，最优含水率为20%，填筑该土坝需天然土料(　　)。

(A)9.9×10⁵ m³　　(B)10.7×10⁵ m³　　(C)11.5×10⁵ m³　　(D)12.6×10⁵ m³

1.3.3　饱和状态下及地下水位以下土的基本物理性质指标

饱和状态下土的孔隙全部为水所充填，饱和度 $S_r=100\%$。此时土的含水率和土的密度分别称为饱和含水率和饱和密度。

$$w_{sr}=\frac{100e}{G_s}=\frac{G_s\rho_w-\rho_d}{G_s\rho_d}\times 100\%=\frac{G_s\rho_w-\rho_{sr}}{G_s(\rho_{sr}-\rho_w)}\times 100\% \qquad (1.3.3.1)$$

$$\rho_{sr}=\frac{G_s+e}{1+e}\rho_w=\frac{G_s(100+w_{sr})}{G_s w_{sr}+100}\rho_w \qquad (1.3.3.2)$$

式中，w_{sr}为饱和含水率(%)；ρ_{sr}为饱和密度(g/cm³)；其余符号意义同前。

地下水位以下的土，颗粒受到水的浮力作用，其密度称为水下浮密度。

$$\rho'=\frac{\rho_d(G_s-1)}{G_s}=\frac{G_s-1}{1+e}\rho_w=(1-0.01n)(G_s-1)\rho_w \qquad (1.3.3.3)$$

式中，ρ'为水下浮密度(g/cm³)；其余符号意义同前。

【例题 16】

某干燥砂土天然密度为1.57 g/cm³，相对密度为2.68，若使砂土饱水，其饱水后的含水率、密度、浮密度分别为(　　)。

(A)26.4%、1.89 g/cm³、0.99 g/cm³　　(B)26.4%、1.98 g/cm³、1.05 g/cm³

(C)25.1%、1.98 g/cm³、1.05 g/cm³　　(D)26.4%、1.98 g/cm³、0.98 g/cm³

解

①饱和状态含水率

$$w_{sat}=\frac{G_s\rho_w-\rho_d}{G_s\rho_d}\times 100\%=\frac{2.68\times 1.0-1.57}{2.68\times 1.57}\times 100\%=26.4\%$$

②饱和状态的密度

$$\rho_{sat}=\frac{G_s(100+w_{sat})}{G_s w_{sr}+100}\rho_w=\frac{2.68\times(100+26.4)}{2.68\times 26.4+100}\times 1=1.98(\text{g/cm}^3)$$

③土体的浮密度

$$\rho'=\frac{\rho_d(G_s-1)}{G_s}=\frac{1.57\times(2.68-1)}{2.68}=0.98(\text{g/cm}^3)$$

该土体饱和状态含水率为26.4%，饱和状态天然密度为1.98 g/cm³，水下浮密度为0.98 g/cm³。

例题解析

①饱和状态即土体中孔隙完全被水充填而没有气体的状态。该状态土体的饱和度为100%，重度最大，含水率最高。

②本例题中正确答案为(D)。

$w_{sr}=26.4$　　$\rho_{sr}=1.98\text{ g/cm}^3$　　$\rho'=0.98\text{ g/cm}^3$

【案例模拟题 31】

某黏性土处于包气带中，天然含水率为13%，相对密度为2.72，天然重度为19.4 kN/m³，若使该土体饱水,其含水率及重度为(　　)。

(A)21.5%、19.9 kN/m³　　(B)18.5%、20.9 kN/m³

(C)21.5%、20.9 kN/m³　　(D)18.5%、19.9 kN/m³

【案例模拟题 32】

某砂土的相对密度为 2.65,干燥状态密度为 1.56 g/cm³,若砂土置于水下,其浮密度为(　　)。

(A)0.97 g/cm³　　(B)1.97 g/cm³　　(C)0.89 g/cm³　　(D)1.89 g/cm³

1.3.4　土的可塑性指标

1.直接测定的黏性土的可塑性指标

直接测定的黏性土的可塑性指标见表 1.3.4.1。

直接测定的可塑性指标　　表 1.3.4.1

指标名称	符号	物 理 意 义	试验方法	取土要求
液限	w_L(%)	土由可塑状态过渡到流动状态的界限含水率	圆锥仪法	扰动土
塑限	w_P(%)	土由可塑状态过渡到半固体状态的界限含水率	搓条法	扰动土

注:1.土的可塑性指标与土的颗粒组成、矿物成分、活动性、吸附水的表面电荷强度等有关,因此能较好地反映出土的某些物理特性。

2.某些国家,例如美国、英国、加拿大、日本等,多采用碟式仪法测定土的液限。与圆锥仪法相对比,两者的近似关系式为

$$w'_L=1.28w_L-4.6$$

$$w_L=0.78w'_L+3.6$$

式中,w'_L 为碟式仪测定的液限(%);w_L 为圆锥仪测定的液限(%)。对于绝大多数的黏性土来说,$w'_L>w_L$。

3.在水利部门用圆锥仪联合测定土的液限和塑限。其方法为:将土制备成不同的含水率,分别控制圆锥仪下沉深度为 4~5 mm、9~10 mm、16~18 mm 范围内,记录下沉量及其相应含水率。绘制圆锥仪下沉深度与含水率的双对数关系曲线,如图 1.3.4.1 所示。从图上可查得圆锥仪下沉深度为 17 mm 处的相应含水率为液限;下沉深度为 2 mm 处的相应含水率为塑限。

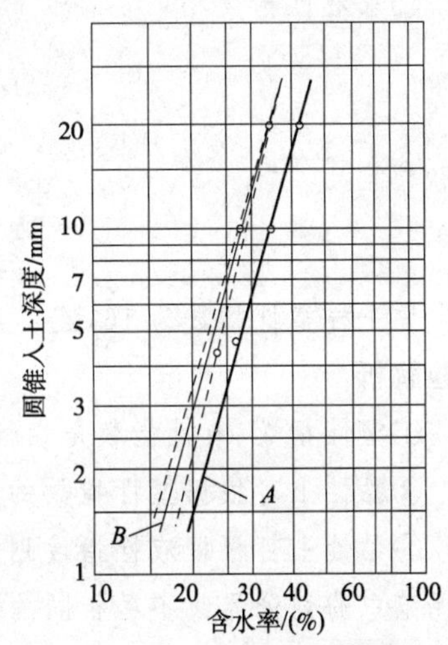

图 1.3.4.1　圆锥下沉深度与含水率关系

2.计算求得的黏性土可塑性指标

计算求得的黏性土可塑性指标见表 1.3.4.2。

计算求得的可塑性指标　　表 1.3.4.2

指标名称	符号	物 理 意 义	计 算 公 式
塑性指数	I_P	土呈可塑状态时含水率的变化范围,代表土的可塑程度	$I_P=w_L-w_P$
液性指数	I_L	土抵抗外力的量度,其值越大,抵抗外力的能力越小	$I_L=\frac{w-w_P}{w_L-w_P}$

续上表

指标名称	符号	物理意义	计算公式
含水比	u	土的天然含水率与液限含水率之比	$u=\frac{w}{w_L}$
活动度	A	土的含水率变化时土的体积相应变化的程度，其值越大，变化程度越大	$A=\frac{I_P}{P_{0.002}}$

注：式中，$P_{0.002}$为土中粒径小于 0.002 mm 的颗粒含量占全重的百分数，其余符号意义同前。

【例题 17】

某黏性土样含水率为 28%，液限为 34%，塑限为 18%，该黏性土样塑性指数、液性指数及含水比分别为(　　)。

(A)10、0.63、0.82　(B)16、0.63、0.53　(C)16、0.38、0.82　(D)16、0.63、0.82

解

①求塑性指数

$$I_P=w_L-w_P=16$$

②求液性指数

$$I_L=\frac{w-w_P}{w_L-w_P}=\frac{28-18}{34-18}=0.63$$

③求含水比

$$u=\frac{w}{w_L}=28/34=0.82$$

该土样塑性指数为 16，液性指数为 0.63，含水比为 0.82。

例题解析

①塑性指数、液性指数是黏性土的重要指标，对其物理意义及计算方法应熟练地掌握。

②黏性土可根据塑性指数的大小进行分类，如黏土($I_p>17$)，粉质黏土($10<I_p\leqslant17$)。

③黏性土可根据液性指数划分其稠度状态，如硬塑、可塑、软塑、流塑等，但应该注意不同规范中的划分界线不尽相同。

④在红黏土中，多以含水比来划分其状态。详见《岩土工程勘察规范》(GB 50021—2001)(2009 年版)第 6.2.2 条。

⑤本例题中正确答案为(D)，塑性指数为 16，液性指数为 0.63，含水比为 0.82。

【案例模拟题 33】

某黏性土样含水率为 26%，液限为 32%，塑限为 18%，该黏性土按《建筑地基基础设计规范》(GB 50007—2011)进行划分时，其状态为(　　)。

(A)流塑　　(B)硬塑　　(C)软塑　　(D)可塑

【案例模拟题 34】

某红黏土含水率为 50%，液限为 58%，塑限为 20%，该土的状态应为(　　)。

(A)硬塑　　(B)可塑　　(C)软塑　　(D)流塑

1.3.5 砂土的密实度指标及颗粒组成指标

1. 直接测定的颗粒组成及砂土的密实度指标

直接测定的颗粒组成及砂土的密实度指标见表 1.3.5.1。

直接测定的颗粒组成和砂土密度指标 表 1.3.5.1

指标名称	符号	单位	物理意义	试验方法
颗粒组成	—	—	土按粒径大小分组所占的质量百分数	筛分法、比重计法、移液管法
最大干密度	ρ_{dmax}	g/cm³	土在最紧密状态的干密度	击实法
最小干密度	ρ_{dmin}	g/cm³	土在最松散状态的干密度	注入法、量筒法

2. 计算求得的颗粒组成指标及砂土的密实度指标

①颗粒组成见表 1.3.5.2。

计算求得的颗粒组成指标 表 1.3.5.2

指标名称	符号	单位	物理意义	求得方法
界限粒径	d_{60}	mm	小于该粒径颗粒占总质量的 60%	从颗粒级配曲线上求得(图 1.3.5.1)
平均粒径	d_{50}	mm	小于该粒径的颗粒占总质量的 50%	从颗粒级配曲线上求得(图 1.3.5.1)
中间粒径	d_{30}	mm	小于该粒径的颗粒占总质量的 30%	从颗粒级配曲线上求得(图 1.3.5.1)
有效粒径	d_{10}	mm	小于该粒径的颗粒占总质量的 10%	从颗粒级配曲线上求得(图 1.3.5.1)
不均匀系数	C_u	—	土的不均匀系数越大,表明土的粒度成分越不均匀	$C_u=\frac{d_{60}}{d_{10}}$
曲率系数(级配系数)	C_c	—	表示某种粒径的粒组是否缺失的情况	$C_c=\frac{d_{30}{}^2}{d_{10}d_{60}}$

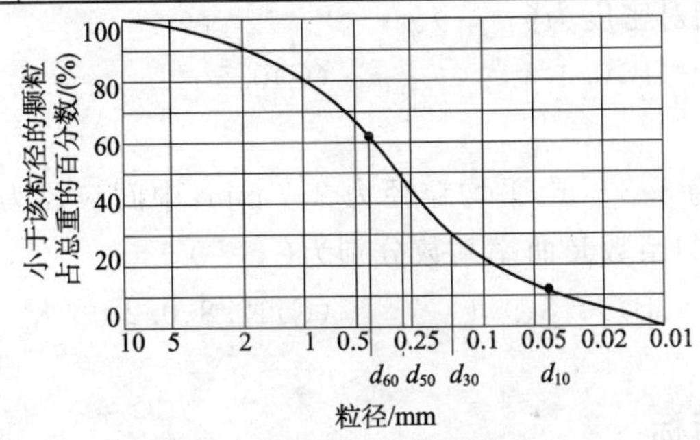

图 1.3.5.1 颗粒级配曲线

②砂土的相对密实度。

其公式为

$$D_r=\frac{e_{max}-e}{e_{max}-e_{min}}=\frac{\rho_{dmax}(\rho_d-\rho_{dmin})}{\rho_d(\rho_{dmax}-\rho_{dmin})} \tag{1.3.5.1}$$

$$e_{max}=\frac{G_s\rho_w}{\rho_{dmin}}-1 \qquad e_{min}=\frac{G_s\rho_w}{\rho_{dmax}}-1$$

式中,e 为天然孔隙比;e_{max} 为最大孔隙比;e_{min} 为最小孔隙比;ρ_{dmax} 为最大干密度(g/cm³);ρ_{dmin} 为最小干密度(g/cm³);D_r 为相对密实度。

【例题 18】

某砂土天然孔隙比为 0.72,最大孔隙比为 0.93,最小孔隙比为 0.64,从累计曲线上查得界限粒径为 2.53 mm，中间粒径为 0.36 mm，有效粒径为 0.2 mm，平均粒径为 1.47 mm，该砂土的相对密度、不均匀系数及曲率系数分别为（　　）。

(A)0.65、12.65、0.26　　(B)0.72、12.65、0.58

(C)0.72、12.65、0.26　　(D)0.72、8.43、0.26

解

①求相对密度

$$D_r=\frac{e_{max}-e}{e_{max}-e_{min}}=\frac{0.93-0.72}{0.93-0.64}=0.72$$

②求不均匀系数

$$C_u=\frac{d_{60}}{d_{10}}=2.53/0.2=12.65$$

③求曲率系数

$$C_c=\frac{d_{30}^2}{d_{10}d_{60}}=\frac{0.36^2}{0.2\times 2.53}=0.26$$

该砂土相对密度为 0.72，不均匀系数为 12.65，曲率系数为 0.26。

例题解析

①砂土的相对密度可通过孔隙性指标或各种状态的重度指标求出。

②各种特征粒径需从累计曲线上查取，为小于某粒径的颗粒在土体中所占的比例。

③本例题中正确答案为(C)。

【案例模拟题 35】

某干燥土样重度为 15.6 kN/m³，最大干重度为 16.4 kN/m³，最小干重度为 15.1 kN/m³，该砂土的相对密度为（　　）。

(A)0.3　　(B)0.4　　(C)0.5　　(D)0.6

【案例模拟题 36】

某砂土的界限粒径为 3.2 mm，平均粒径为 2.7 mm，中间粒径为 0.40 mm，有效粒径为 0.25 mm，该砂土的不均匀系数及曲率系数分别为（　　）。

(A)12.8、9.6　　(B)10.8、9.1　　(C)12.8、0.2　　(D)10.8、0.2

1.3.6　土的透水性指标

1. 物理意义

土的透水性指标以土的渗透系数 k 表示，其物理意义为当水力梯度等于1时的渗透速度。

$$k=\frac{Q}{FI}=\frac{v}{I}\tag{1.3.6.1}$$

式中，k 为渗透系数（cm/s 或 m/d）；Q 为渗透通过的水量（cm³/s 或m³/d）；F 为通过水量的总横断面积（cm² 或m²）；v 为渗透速度（cm/s 或 m/d）；I 为水力梯度。

2. 测定方法

试验室测定方法如表 1.3.6.1 所示。

渗透系数的室内测定法　　表 1.3.6.1

土的名称	试验方法	取土要求
黏性土	南 55 型渗透仪法 负压式渗透仪法	Ⅰ～Ⅱ级试样，环刀面积 $30\ cm^2$ 或 $32.2\ cm^2$
砂　土	70 型渗透仪法 土样管法	风干试样不少于 4 000 g 风干试样不少于 400 g

【例题 19】

某土样采用南 55 型渗透仪在实验室进行渗透系数试验，试样高度为 2.0 cm，面积 $30\ cm^2$，试样水头 40 cm，渗透水量为每 24h $160\ cm^3$，该土样的渗透系数最接近(　　)。

(A)1.0×10^{-6} cm/s　　(B)2.0×10^{-6} cm/s

(C)3.0×10^{-6} cm/s　　(D)4.0×10^{-6} cm/s

解

①水力梯度 I

$$I=\frac{\Delta h}{L}=\frac{40-0}{2}=20$$

②渗透速度 v

$$v=\frac{Q}{F}=\frac{160/(24\times60\times60)}{30}=6.2\times10^{-5}(\text{cm/s})$$

③渗透系数 K

$$K=\frac{v}{I}=\frac{6.2\times10^{-5}}{20}=3.1\times10^{-6}(\text{cm/s})$$

例题解析

①渗透系数是土的重要透水性指标，一般采用原位或室内试验测定，工程中亦可以采用经验值。

②本例题正确答案为(C)，在考试时有些答案与计算结果相同，而有些答案与计算结果不完全相同，这时应取最接近的数值。

【案例模拟题 37】

某土样进行渗透系数测试，采用土样管法，两测试孔间距离为 20 cm，水头差为 35 cm，过水断面面积为 $30\ cm^2$，日透水量为 $0.1\ m^3$，该土样渗透系数应为(　　) cm/s。

(A)1.2×10^{-2}　　(B)2.2×10^{-2}　　(C)1.2×10^{-3}　　(D)2.2×10^{-3}

1.3.7　土的击实性指标

1. 击实试样制备

①干法制备试样应按下列步骤进行：用四分法取代表性土样 20 kg(重型为 50 kg)，风干碾碎，过 5 mm(重型过 20 mm 或 40 mm)筛，将筛下土样拌匀，并测定土样的风干含水率。根据土的塑限预估最优含水率，并制备 5 个不同含水率的一组试样，相邻 2 个试样含水率的差值宜为 2%。

注：轻型击实中 5 个含水率中应有 2 个大于塑限，2 个小于塑限，1 个接近塑限。

②湿法制备试样应按下列步骤进行：取天然含水率的代表性土样 20 kg（重型为 50 kg），碾碎，过 5 mm 筛（重型过 20 mm 或 40 mm），将筛下土样拌匀，并测定土样的天然含水率。根据土样的塑限预估最优含水率，选择至少 5 个含水率的土样，分别将天然含水率的土样风干或加水进行制备，应使制备好的土样水分均匀分布。

2. 击实试验步骤

①将击实仪平稳置于刚性基础上，击实筒与底座连接好，安装好护筒，在击实筒内壁均匀涂一薄层润滑油。称取一定量试样，倒入击实筒内，分层击实，轻型击实试样为 2～5 kg，分 3 层，每层 25 击；重型击实试样为 4～10 kg，分 5 层，每层 56 击，若分 3 层，每层94 击。每层试样高度宜相等，两层交界处的土面应刨毛。击实完成时，超出击实筒顶的试样高度应小于 6 mm。

②卸下护筒，用直刮刀修平击实筒顶部的试样，拆除底板，试样底部若超出筒外，也应修平，擦净筒外壁，称筒与试样的总质量，准确至 1 g，并计算试样的湿密度。

③用推土器将试样从击实筒中推出，取 2 个代表性试样测定含水率，2 个含水率的差值应不大于 1％。

④对不同含水率的试样依次击实。

3. 试样干密度计算

试样的干密度计算公式为

$$\rho_d=\frac{\rho_0}{1+w_i} \tag{1.3.7.1}$$

式中，w_i 为某点试样的含水率（％）。

4. 干密度和含水率的关系曲线

干密度和含水率的关系曲线，应在直角坐标纸上绘制（图 1.3.7.1），并应取曲线峰值点相应的纵坐标为击实试样的最大干密度，相应的横坐标为击实试样的最优含水率。当关系曲线不能绘出峰值点时，应进行补点，土样不宜重复使用。

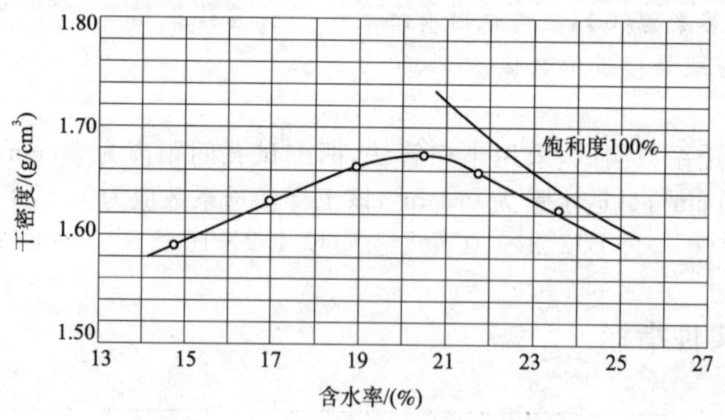

图 1.3.7.1 ρ_d-w 关系曲线（击实曲线）

5. 气体体积等于零的等值线计算

气体体积等于零（即饱和度 100％）的等值线应按下式计算，并应将计算值绘于本标准图 1.3.7.1 的关系曲线上。

$$w_{set}=\left(\frac{\rho_w}{\rho_d}-\frac{1}{G_s}\right)\times 100\% \tag{1.3.7.2}$$

式中，w_{set} 为试样的饱和含水率(%)；ρ_w 为温度4℃时水的密度(g/cm^3)；ρ_d 为试样的干密度(g/cm^3)；G_s 为土颗粒相对密度。

6. 最大干密度和最优含水率校正

轻型击实试验中，当试样中粒径大于5 mm的土质量小于或等于试样总质量的30%，应对最大干密度和最优含水率进行校正。

①最大干密度应按下式校正

$$\rho'_{dmax}=\frac{1}{\frac{1-P_5}{\rho_{dmax}}+\frac{P_5}{\rho_w G_{s2}}} \tag{1.3.7.3}$$

式中，ρ'_{dmax} 为校正后试样的最大干密度(g/cm^3)；P_5 为粒径大于5 mm土的质量百分数(%)；G_{s2} 为粒径大于5 mm土粒的饱和面干相对密度；ρ_{dmax} 为粒径小于5 mm土的击实试样的最大干密度。

②最优含水率应按下式进行校正(计算至0.1%)

$$w'_{opt}=w_{opt}(1-P_5)+P_5 w_{ab} \tag{1.3.7.4}$$

式中，w'_{opt} 为校正后试样的最优含水率(%)；w_{opt} 为击实试样的最优含水率(%)；w_{ab} 为粒径大于5 mm土粒的吸着含水率(%)。

【例题 20】

如下表所示，某风干土样中大于5 mm的颗粒含量为8.5%，粗粒成分(大于5 mm)的吸着含水率为3.5 %，相对密度为2.58，细粒粒组的相对密度为2.60，轻型击实试验结果如下，试确定该土样的最大干密度及最优含水率应为(　　)。

试样含水率 w_i/(%)	13.7	15.5	17.4	19.2	21.1
击实后试样密度 ρ_{0i}/(g/cm^3)	1.85	1.92	1.96	1.98	1.99

(A)1.67、16.2　(B)1.72、17.4　(C)1.67、17.4　(D)1.72、16.2

解

①试样的干密度 ρ_d。

当 w=13.7%时

$$\rho_d=\frac{\rho_{oi}}{1+0.01w_i}=\frac{1.85}{1+0.01\times13.7}=1.63(g/cm^3)$$

当 w=15.5%时

$$\rho_d=\frac{\rho_{oi}}{1+0.01w_i}=\frac{1.92}{1+0.01\times15.5}=1.66(g/cm^3)$$

当 w=17.4%时

$$\rho_d=\frac{\rho_{oi}}{1+0.01w_i}=\frac{1.96}{1+0.01\times17.4}=1.67(g/cm^3)$$

当 w=19.2%时

$$\rho_d=\frac{\rho_{oi}}{1+0.01w_i}=\frac{1.98}{1+0.01\times19.2}=1.66(g/cm^3)$$

当 w=21.1%时

$$\rho_d=\frac{\rho_{oi}}{1+0.01w_i}=\frac{1.99}{1+0.01\times21.1}=1.64(g/cm^3)$$

②试样的饱和含水率。

当 $\rho_d = 1.67\ g/cm^3$ 时

$$w_{set} = \left(\frac{\rho_w}{\rho_d} - \frac{1}{G_s}\right) \times 100\% = \left(\frac{1}{1.67} - \frac{1}{2.60}\right) \times 100\% = 21.4\%$$

当 $\rho_d = 1.66\ g/cm^3$ 时

$$w_{set} = \left(\frac{\rho_w}{\rho_d} - \frac{1}{G_s}\right) \times 100\% = \left(\frac{1}{1.66} - \frac{1}{2.60}\right) \times 100\% = 21.8\%$$

当 $\rho_d = 1.64\ g/cm^3$ 时

$$w_{set} = \left(\frac{\rho_w}{\rho_d} - \frac{1}{G_s}\right) \times 100\% = \left(\frac{1}{1.64} - \frac{1}{2.60}\right) \times 100\% = 22.5\%$$

当 $\rho_d = 1.63\ g/cm^2$ 时

$$w_{set} = \left(\frac{\rho_w}{\rho_d} - \frac{1}{G_s}\right) \times 100\% = \left(\frac{1}{1.63} - \frac{1}{2.60}\right) \times 100\% = 22.9\%$$

③绘制 ρ_d-w 关系曲线及 ρ_d-w_{set} 曲线(下图)。

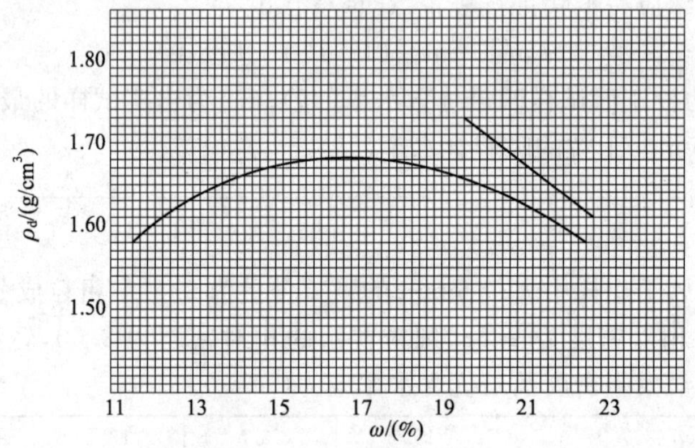

ρ_d-w 关系曲线

由图中可求出最优含水率 w_{opt} 为 17.4%,最大干密度为 $1.670\ g/cm^3$。

④最大干密度及最优含水率的校正。

最大干密度的校正

$$\rho'_{dmax} = \frac{1}{\frac{1-P_5}{\rho_{dmax}} + \frac{P_5}{\rho_w G_{s2}}} = \frac{1}{\frac{1-0.085}{1.67} + \frac{0.085}{1 \times 2.58}} = 1.72(g/cm^3)$$

最优含水率校正

$$w'_{opt} = w_{opt}(1-P_5) + P_5 w_{ab} = 17.4 \times (1-0.01 \times 8.5) + 0.01 \times 8.5 \times 3.5 = 16.2\%$$

例题解析

①土试样最优含水率和最大干密度一般由击实试验得出,最优含水率一般接近于塑限。

② ρ_d-w 曲线称为击实曲线,击实曲线峰值点所对应的含水率即最优含水率,相应的干密度为最大干密度。

③当土体中大于 5 mm 的颗粒含量为 3%～30%时,应对最优含水率及最大干密度按式(1.3.7.3)和式(1.3.7.4)修正。

④本例题正确答案为(D)。

【案例模拟题 38】

某土样大于 5 mm 的颗粒百分含量为 20%,粗粒组的吸着含水率为 18%,相对密度为 2.68,细粒组的最优含水率为 20%,最大干密度为 $1.66\ g/cm^3$,该土样的最大干密度及最优含水率应为(　　)。

(A)1.80 g/cm³、18%　　(B)1.73 g/cm³、18%

(C)1.80 g/cm³、19.6%　　(D)1.73 g/cm³、19.6%

1.3.8 土体的压缩性指标

固结试验应按下列步骤进行。

①在固结容器内放置护环、透水板和薄型滤纸，将带有试样的环刀装入护环内，放上导环，试样上依次放上薄型滤纸、透水板和加压上盖，并将固结容器置于加压框架正中，使加压上盖与加压框架中心对准，安装百分表或位移传感器。

注：滤纸和透水板的湿度应接近试样的湿度。

②施加 1 kPa 的预压力使试样与仪器上下各部件之间接触，将百分表或传感器调整到零位并测读初读数。

③确定需要施加的各级压力，压力等级宜为 12.5 kPa、25 kPa、50 kPa、100 kPa、200 kPa、400 kPa、800 kPa、1 600 kPa、3 200 kPa。第一级压力的大小应视土的软硬程度而定，宜用 12.5 kPa、25 kPa 或 50 kPa。最后一级压力应大于土的自重压力与附加压力之和。只需测定压缩系数时，最大压力不小于 400 kPa。

④需要确定原状土的先期固结压力时，初始段的荷重率应小于 1，可采用 0.5 或 0.25，施加的压力应使测得的 e-lg$P$ 曲线下段出现直线段，对超固结土，应进行卸压、再加压来评价其再压缩特性。

⑤对于饱和试样，施加第一级压力后应立即向水槽中注水浸没试样。非饱和试样进行压缩试验时，须用湿棉纱围住加压板周围。

⑥需要测定沉降速率、固结系数时，施加每一级压力后，宜按下列时间顺序测记试样的高度变化，时间为 6″、15″、1′、2′15″、4′、6′15″、9′、12′15″、16′、20′15″、25′、30′15″、36′、42′15″、49′、64′、100′、200′、400′、23 h、24 h，至稳定为止。不需要测定沉降速率时，则施加每级压力后 24 h 测定试样高度变化作为稳定标准，只需测定压缩系数的试样，施加每级压力后，每小时变形达 0.01 mm 时，测定试样高度变化作为稳定标准。按此步骤逐级加压至试验结束。

注：测定沉降速率仅适用饱和土。

⑦需要进行回弹试验时，可在某级压力下固结稳定后退压，直至退到要求的压力，每次退压至 24 h 后测定试样的回弹量。

⑧试验结束后吸去容器中的水，迅速拆除仪器各部件，取出整块试样，测定含水率。

试样的初始孔隙比应按下式计算

$$e_0=\frac{(1+w_0)G_s\rho_w}{\rho_0}-1 \tag{1.3.8.1}$$

式中，e_0 为试样的初始孔隙比。

各级压力下试样固结稳定后的单位沉降量应按下式计算

$$S_i=\frac{\sum\Delta h_i}{h_0}\times10^3 \tag{1.3.8.2}$$

式中，S_i 为某级压力下的单位沉降量(mm/m)；h_0 为试样初始高度(mm)；$\sum\Delta h_i$

为某级压力下试样固结稳定后的总变形量(mm)(等于该级压力下固结稳定读数减去仪器变形量);10^3 为单位换算系数。

各级压力下试样固结稳定后的孔隙比应按下式计算

$$e_i = e_0 - \frac{1+e_0}{h_0}\Delta h_i \tag{1.3.8.3}$$

式中,e_i 为各级压力下试样固结稳定后的孔隙比。

某一压力范围内的压缩系数,应按下式计算

$$a_v = \frac{e_i - e_{i+1}}{P_{i+1} - P_i} \tag{1.3.8.4}$$

式中,a_v 为压缩系数(MPa^{-1});P_i 为某级压力值(MPa)。

某一压力范围内的压缩模量,应按下式计算

$$E_s = \frac{1+e_0}{a_v} \tag{1.3.8.5}$$

式中,E_s 为某压力范围内的压缩模量(MPa)。

某一压力范围内的体积压缩系数,应按下式计算

$$m_v = \frac{1}{E_s} = \frac{a_v}{1+e_0} \tag{1.3.8.6}$$

式中,m_v 为某一压力范围内的体积压缩系数(MPa^{-1})。

压缩指数和回弹指数,应按下式计算

$$C_c \text{ 或 } C_s = \frac{e_i - e_{i+1}}{\lg P_{i+1} - \lg P_i} \tag{1.3.8.7}$$

式中,C_c 为压缩指数;C_s 为回弹指数。

以孔隙比为纵坐标,压力为横坐标绘制孔隙比与压力的关系曲线,如图 1.3.8.1 所示。

以孔隙比为纵坐标,以压力的对数为横坐标,绘制孔隙比与压力的对数关系曲线,如图 1.3.8.2所示。

原状土试样的先期固结压力,应按下列方法确定。在 e-$\lg P$ 曲线上找出最小曲率半径 R_{min} 的点 O(图 1.3.8.2),过 O 点做水平线 OA,切线 OB 及$\angle AOB$ 的平分线 OD,OD 与曲线下段直线段的延长线交于 E 点,则对应于 E 点的压力值即为该原状土试样的先期固结压力。

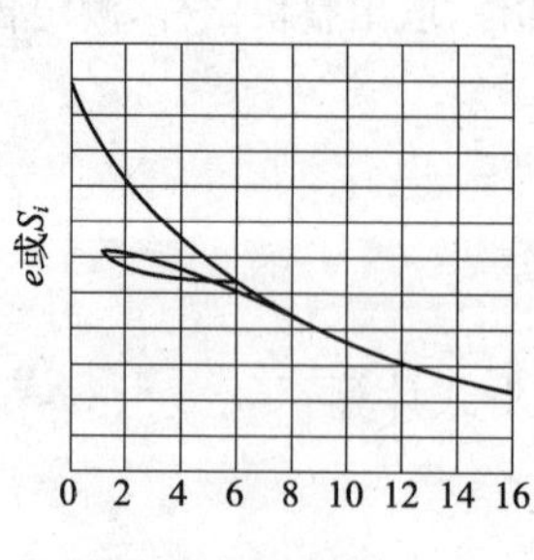

图 1.3.8.1 $e(S_i)$-P 关系曲线

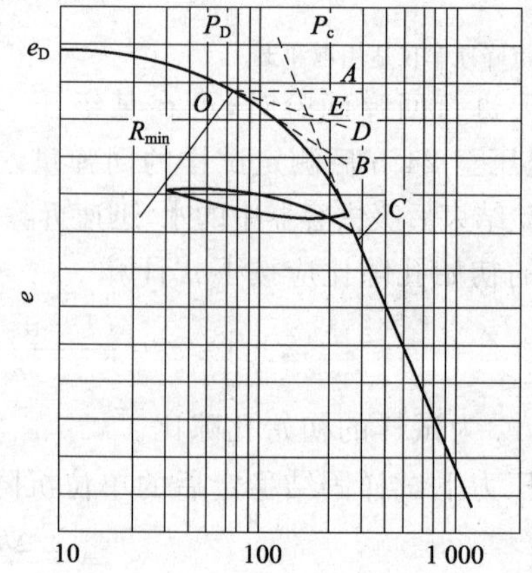

图 1.3.8.2 用 e-$\lg P$ 曲线求 P_c 示意图

【例题 21】

土样的压缩曲线如右图所示曲线 1，该土样 100～200 kPa 压力区间的压缩系数，压缩模量、体积压缩系数和 100～300 kPa 压力区间的压缩指数分别为(　　)。

(A)0.45、4.24、0.24、0.358

(B)0.25、4.24、0.24、0.147

(C)0.45、4.24、0.83、0.147

(D)0.45、4.24、0.24、0.147

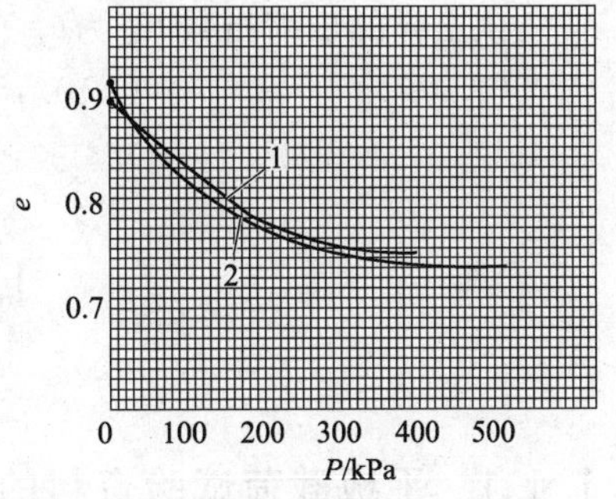

土样压缩曲线

解

①在压缩曲线上查出压力分别为 0 kPa、100 kPa、200 kPa、300 kPa 时的孔隙比：

$$e_0=0.910;e_1=0.835;e_2=0.790;e_3=0.765$$

②100 ～200 kPa 区间的压缩系数、压缩模量和体积压缩系数：

$$a_{1-2}=\frac{e_1-e_2}{P_2-P_1}=\frac{0.835-0.790}{200-100}\times10^3=0.45(\mathrm{MPa}^{-1})$$

$$E_{s1-2}=\frac{1+e_0}{a_{1-2}}=\frac{1+0.91}{0.45}=4.24(\mathrm{MPa})$$

$$m_{v1-2}=\frac{a_{1-2}}{1+e_0}=\frac{1}{E_{s1-2}}=\frac{1}{4.24}=0.24(\mathrm{MPa}^{-1})$$

③100～300 kPa 区间的压缩指数：

$$C_c=\frac{e_1-e_3}{\lg P_3-\lg P_1}=\frac{0.835-0.765}{\lg300-\lg100}=0.147$$

该土样的 100～200 kPa 压力段的压缩系数为 0.45 MPa^{-1}，压缩模量为 4.24 MPa，体积压缩系数为 0.24 MPa^{-1}；100～300 kPa 压力段的压缩指数为 0.147。

例题解析

①压缩性指标是土体的重要力学性质指标，必须熟练掌握，既能单独计算，又能进行换算。

②要注意单位及单位的换算。

③压缩指数及回弹指数系在 e-lg$P$ 曲线上求出的，前期固结压力也是用作图法在 e-lg$P$ 曲线上求出的。

④本例题的正确答案为(D)。

【案例模拟题 39】

某黏土试样天然孔隙比为 0.987，固结试验各级压力下，固结稳定的孔隙比如下表所示，该土样的压缩系数及压缩模量分别为(　　)。

压力/kPa	25	50	100	200	400
孔隙比	0.968	0.925	0.863	0.772	7.718

(A)0.91 MPa^{-1}、2.2 MPa　　(B)0.81 MPa^{-1}、12.2 MPa

(C)0.81 MPa^{-1}、2.2 MPa　　(D)0.91 MPa^{-1}、12.2 MPa

【案例模拟题 40】

某黏性土前期固结压力为 180 kPa，固结试验结果如下表所示。

压力/kPa	25	50	100	200	400	800	1 600
孔隙比	0.914	0.894	0.845	0.751	0.706	0.661	0.616

该土样的压缩指数 C_c 为(   )。

(A)0.13   (B)0.15   (C)0.17   (D)0.19

1.4 原位测试方法

1.4.1 平板载荷试验资料的整理及成果应用

1.4.1.1 试验要求

1. 承压板面积

承压板面积一般采用 2500～5000 cm²,对均质、密实的土(如老堆积土、砂土)可采用1000 cm²,对新近堆积土、软土和填土则不应小于 5000 cm²。

承压板尺寸与沉降量的关系:一般认为当基底压力相同,承压板宽度很小时,宽度的大小与沉降量的增加成反比,当承压板的宽度超过一定值后,宽度的增加与沉降量的增加成正比,当宽度再增加时,相对沉降量即趋于定值,不再随宽度的增加而增加。

承压板尺寸与比例界限的关系:根据我国一些勘察单位的试验研究,认为在相同埋深的条件下,不同尺寸的承压板测得的比例界限 P_0 值是不变的,但相同尺寸的承压板,埋深不同时,P_0 值是变化的。

2. 试坑宽度

根据半无限空间弹性理论,试验标高处的试坑宽度应等于或大于承压板宽度的 3 倍。但为了某种特殊目的,也可进行嵌入式载荷试验,即试坑宽度稍大于承压板宽度(每边宽出 2 cm)。

3. 试验湿度和结构

试验前,应保持土层的天然湿度和原状结构。

4. 承压板保护层

承压板与土层接触处,应铺设厚约 2 cm 的中、粗砂,以保证承压板水平并与土层均匀接触。对软塑、流塑状态的黏性土或饱和的松散砂,承压板周围应铺设 20～30 cm 厚的原土作为保护层。

5. 降低水位

当试验标高低于地下水位时,为使试验顺利进行,应先将水位降至试验标高以下,并在试坑底部铺设一层厚 5 cm 左右的中、粗砂,安装设备,待水位恢复后再加荷试验。

6. 加荷标准

荷载按等量分级施加,每级荷载增量为预估极限荷载的 1/10～1/8。当不易预估极限荷载时,可参考表 1.4.1.1 选用。

每级荷载增量参考值 表 1.4.1.1

试验土层特征	每级荷载增量/kPa
淤泥、流塑黏性土、松散砂土	≤15
软塑黏性土、粉土、稍密砂土	15～25
可塑～硬塑黏性土、粉土、中密砂土	25～50
坚硬黏性土、粉土、密实砂	50～100
碎石土、软岩石、风化岩石	100～200

7. 稳定标准

①相对稳定法：每加一级荷载按 10′、10′、10′、15′、15′计算，以后每隔 30′～60′观测一次沉降，直到 1 h 的沉降量不大于 0.1 mm 为止。

②快速法：自加荷操作历时的一半开始，每隔 15 min 观测一次，每级荷载保持 2 h。

8. 尽可能使最终荷载达到极限压力，以评价承载力安全度

出现极限压力的标志如下：

①承压板周围土明显隆起或出现破坏性裂纹。

②荷载增加不多，而沉降量急剧增加。

③荷载不变，24 h 内沉降随时间等速或加速发展。

9. 回弹观测

回弹观测：分级卸荷，观测回弹值。分级卸荷量为分级加荷增量的 2 倍，15 min 观测一次，1 h 后再卸一级荷载，荷载完全卸除后，应继续观测 3 h。

1.4.1.2 试验资料的整理

1. 相对稳定法试验

根据原始记录绘制 P-S 和 S-t 曲线草图。

修正沉降观测值：先求出校正值 S_0 和 P-S 曲线斜率 C，S_0 和 C 的求法有以下几种：

①图解法。在 P-S 曲线草图上找出比例界限点，从比例界限点引一直线，使比例界限前的各点均匀靠近该直线，直线与纵坐标交点的截距即为 S_0。将直线上任一点的 S、P 和 S_0 代入下式求得 C 值

$$S=S_0+CP \tag{1.4.1.1}$$

②最小二乘法。计算式为

$$NS_0+C\sum P-\sum S'=0 \tag{1.4.1.2}$$

$$S_0\sum P+C\sum P^2-\sum PS'=0 \tag{1.4.1.3}$$

解上两式得

$$C=\frac{N\sum PS'-\sum P\sum S'}{N\sum P^2-(\sum P)^2} \tag{1.4.1.4}$$

$$S_0=\frac{\sum S'\sum P^2-\sum P\sum PS'}{N\sum P^2-(\sum P)^2} \tag{1.4.1.5}$$

式中，N 为加荷次数；S_0 为校正值(cm)；P 为单位面积压力(kPa)；S'为各级荷载下的原始沉降值(cm)；C 为斜率。

求得 S_0 和 C 值后，按下述方法修正沉降观测值 S：对于比例界限以前各点，根据 C、P 值按 $S=CP$ 计算；对于比例界限以后各点，则按 $S=S'-S_0$ 计算。

根据 P 和修后的 S 值绘制 P-S 曲线。

1.4.1.3 成果应用(据《工程地质手册》第4版)

确定地基土承载力有如下方法：

1.强度控制法

强度控制法即以比例界限 P_0 作为地基土承载力。这种方法适用于硬塑至坚硬的黏性土、粉土、砂土、碎石土。比例界限的确定方法如下所述：

①当 P-S 曲线上有较明显的直线段时，一般采用直线段的终点所对应的压力即比例界限。

②P-S 曲线上无明显的直线段时，可用下述方法确定。

(A)在某一荷载下，其沉降增量超过前一级荷载下沉降增量的两倍，$\Delta S_n>2\Delta S_{n-1}$ 的点所对应的压力即为比例界限。

(B)绘制 $\lg P$-$\lg S$ 曲线，曲线上转折点所对应的压力为比例界限。

(C)绘制 P-$\Delta S/\Delta P$ 曲线，曲线上的转折点所对应的压力即为比例界限。其中 ΔP 为荷载增量，ΔS 为相应的沉降增量。

当极限荷载小于对应比例界限的荷载值的2倍时，取极限荷载值的一半作为承载力特征值。

2.相对沉降控制法

根据沉降量和承压板宽度的比值 S/b 确定。对一般黏性土、粉土宜采用相对沉降量 $S/b\leqslant 0.02$ 对应的压力为地基承载力；对砂土宜采用 $S/b\leqslant 0.010\sim 0.015$ 对应的压力为地基承载力。

【例题22】

某场地中进行载荷试验，承压板面积 5 000 cm²，试坑深度 2.5 m，其中第二号试验点的资料如下表所示，该试验点土层的比例极限、极限荷载及地基土的承载力(取 $F_s=4$)。

荷载 N/kN	25	50	75	100	125	150	175	200	225	250
承压板沉降值 S/mm	5	6	6.9	7.7	10.5	12.5	15	18	25	42

注：荷载增至250 kN后，变形速度加快，加荷后30 min，变形值为42 mm，于是停止试验。

(A)200 kPa，450 kPa，200 kPa　　(B)200 kPa，450 kPa，225 kPa

(C)200 kPa，450 kPa，325 kPa　　(D)200 kPa，450 kPa，262.5 kPa

解

①绘制 P-S 曲线。

(A)计算各级荷重作用下承压板底面的压力 P_i

$$P_i=\frac{N_i}{A}$$

式中，N_i 为第 i 级荷载值；A 为承压板面积，$0.5\ m^2$。

计算结果如下表所示：

荷重 N/kN	25	50	75	100	125	150	175	200	225	250
承压板底面压力 P/kPa	50	100	150	200	250	300	350	400	450	500

(B)绘制 P-S 曲线。以承压板底面压力 P(kPa)为横坐标，以相应的承压板沉降值 S(mm)为纵坐标，绘制 P-S 关系曲线如下图曲线1所示。

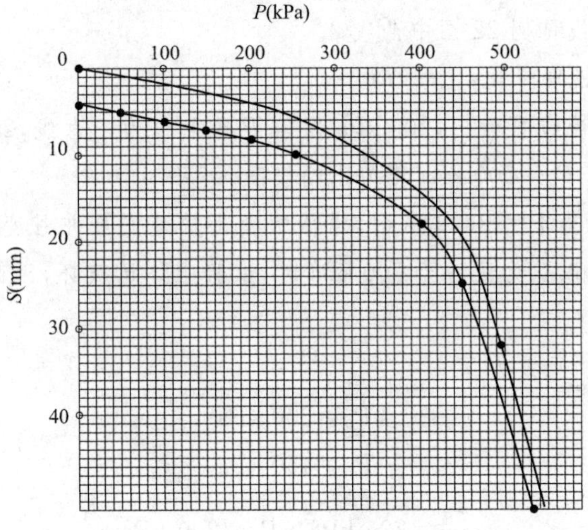

P-S 关系曲线

(C)对 P-S 曲线进行修正。曲线开始段中的4个点，基本上在一条直线上，设直线段在 S 轴上的截距为 S_0，斜率为 C，则直线段方程可表示为

$$S=S_0+CP$$

式中，S_0、C 可按下式求得

$$C=\frac{n\sum PS'-\sum P\sum S'}{n\sum P^2-(\sum P)^2}$$

$$=[4\times(50\times5+100\times6+150\times6.9+200\times7.7)-(50+100+150+200)\times(5+6+6.9+7.7)]/[4\times(50^2+100^2+150^2+200^2)-(50+100+150+200)^2]$$

$$=0.018$$

$$S_0=\frac{\sum S'\sum P^2-\sum P\sum PS'}{n\sum P^2-(\sum P)^2}$$

$$= [(5+6+6.9+7.7)\times(50^2+100^2+150^2+200^2)-(50+100+150+200)\times(50\times5+100\times6+150\times6.9+200\times7.7)]/[4\times(50^2+100^2+150^2+200^2)-(50+100+150+200)^2]$$

$$= 4.15$$

对 $P\leqslant200$ 直线段，以方程 $S=CP$ 即以方程 $S=0.018P$ 作直线；对 $P>200$ 曲线段，取 $S=S'-S_0=S'-4.15$ 作圆滑曲线。

式中，S' 为各压力对应的实测载荷板沉降值。

校正后各级压力下的沉降值如下表所示。

承压板底面压力 P/kPa	50	100	150	200	250	300	350	400	450	500
与 P 对应的承压板沉降值 S/mm	0.9	1.8	2.7	3.6	6.35	8.35	10.85	13.85	20.85	37.85

校正后的 P-S 曲线见例 22 图中曲线 2。

②求比例极限和极限荷载。

从修正后的 P-S 曲线可看出，200 kPa 以前 P-S 曲线为一直线，200 kPa 以后 P-S 曲线为明显的曲线段，故取 $P_0=200$ kPa 作为比例极限。

从试验记录中知，当 $P=500$ kPa 时，承压板变形快速发展并且变形量接近前一级荷载变形量的 2 倍，因此可以认为压力为 500 kPa 时，试验土体已破坏，因此，取前一级荷载为极限荷载 $P_u=450$ kPa。

③确定试验土层的承载力 f_k。

$$P_0=200\text{ kPa}$$

$$P_u=450\text{ kPa}$$

$$\frac{P_u}{2}=225\text{ kPa}>P_0=200\text{ kPa}$$

则 f_k 取 200 kPa。

该试验土层比例极限为 200 kPa，极限荷载为 450 kPa，承载力为 200 kPa。

例题解析

①在进行平板载荷时，应注意选择稳定标准并掌握好破坏判别标准。

②载荷曲线的修正可采用图解法或最小二乘法进行修正，修正后的 P-S 曲线为一通过坐标原点的光滑曲线。

③确定比例极限和极限荷载。

④采用强度控制法、相对沉降控制法或极限荷载法确定地基的承载力。

【案例模拟题 41】

某载荷试验承压板面积为 5 000 cm^2，试验资料如下表所示。

承压板底面压力 P/kPa	40	80	120	160	200	240	280	320	360
承压板沉降值 S/mm	5.2	6.3	7.4	8.6	9.7	13.9	16.4	19.9	46.3

试绘制 P-S 曲线并进行修正，该土层的比例极限、极限荷载及承载力分别为(　　)。

(A)200 kPa、320 kPa、160 kPa　　(B)200 kPa、320 kPa、200 kPa

(C)200 kPa、320 kPa、230 kPa　　(D)200 kPa、320 kPa、260 kPa

【案例模拟题 42】

某砂土场地载荷试验资料如下表所示(承压板面积为 5 000 cm^2)。

载荷板底面压力 P/kPa	50	100	150	200	250	300	350	400	450	500
载荷板沉降量 S/mm	7.0	9.0	12.0	17.0	23	29	36	43	50	61

①试绘出 P-S 曲线并进行修正。

②该土层的承载力为(　　)。

(A)100 kPa　　(B)200 kPa　　(C)300 kPa　　(D)400 kPa

1.4.2 按《岩土工程勘察规范》(GB 50021—2001)(2009 年版)用浅层平板载荷试验结果计算土的变形模量

GB 50021—2001)(2009 年版)/10.2.5 规定：土的变形模量应根据 P-S 曲线的初始直线段，可按均质各向同性半无限弹性介质的弹性理论计算。

浅层平板载荷试验的变形模量 E_0(MPa)，可按下式计算

$$E_0 = I_0(1-\mu^2)\frac{Pd}{s} \tag{10.2.5.1}$$

深层平板载荷试验和螺旋板载荷试验的变形模量 E_0(MPa)可按下式计算

$$E_0 = \omega\frac{Pd}{s} \tag{10.2.5.2}$$

式中，I_0 为刚性承压板的形状系数，圆形承压板取 0.785；方形承压板取 0.886；μ 为土的泊松比(碎石土取 0.27，砂土取 0.30，粉土取 0.35，粉质黏土取 0.38，黏土取 0.42)；d 为承压板直径或边长(m)；s 为与 P 对应的沉降(mm)；ω 为与试验深度和土类有关的系数，可按表 10.2.5选用。

深层载荷试验计算系数 ω　　表 10.2.5

d/z	土类				
	碎石土	砂土	粉土	粉质黏土	黏土
0.30	0.477	0.489	0.491	0.515	0.524
0.25	0.469	0.480	0.482	0.506	0.514
0.20	0.460	0.471	0.474	0.497	0.505
0.15	0.444	0.454	0.457	0.479	0.487
0.10	0.435	0.446	0.448	0.470	0.478
0.05	0.427	0.437	0.439	0.461	0.468
0.01	0.418	0.429	0.431	0.452	0.459

注：d/z 为承压板直径和承压板底面深度之比。

GB 50021—2001)(2009 年版)/10.2.6 规定：基准基床系数 K_v 可根据承压板边长为 30 cm 的平板载荷试验，按下式计算

$$K_v = \frac{P}{s} \tag{10.2.6.1}$$

【例题 23】

某民用建筑场地中进行载荷试验，试坑深度为 1.8 m，圆形承压板面积为 5 000 cm^2，试验土层为黏土，修正后的 P-S 曲线上具有明显的比例极限值，比例极限为 200 kPa，直线段斜率为 0.06 mm/kPa，该黏土层的变形模量为(　　)。

(A)7.6 MPa　　(B)8.6 MPa　　(C)9.6 MPa　　(D)10.6 MPa

解

①确定相关的系数。

圆形承压板，取 $I_0=0.785$，试验土层为黏土，取 $\mu=0.42$，承压板面积为 5 000 cm^2，直径 $d=0.798$ m，与比例极限对应的沉降量 S 值

$$S=CP=0.06\times200=12(\text{mm})$$

②土层的变形模量 E_0

$$E_0=I_0(1-\mu^2)\frac{Pd}{S}=0.785\times(1-0.42^2)\times\frac{200\times0.798}{12}=8.6(\text{MPa})$$

例题解析

①变形模量是通过载荷试验确定的，注意其与压缩模量在意义、试验方法及应用上的区别。

②在计算时应注意各参数的单位。

③对 P-S 曲线有明显直线段的，取直线段上任一点的压力及与其对应的变形代入公式，对 P-S 曲线无明显直线段的，应取第一特征点($\lg P$-$\lg S$ 曲线上第一拐点或 P-$\Delta S/\Delta P$ 曲线上第一拐点)所对应的压力或 $P_{0.015}$、$P_{0.01}$ 及与之对应的沉降值代入公式。

④计算基床系数时，P、S 取值与上述方法相同。

⑤本例题正确答案为(B)8.6 MPa。

【案例模拟题 43】

某民用建筑场地为砂土场地，采用圆形平板载荷试验，试坑深度 1.5 m，承压板面积为 2 500 cm^2，修正后初始直线段方程为

$$S=0.05P$$

式中，S 为承压板沉降值(mm)；P 为承压板底面压力(kPa)。

该砂土层的变形模量为(　　)。

(A)8 MPa　　(B)10 MPa　　(C)12 MPa　　(D)14 MPa

【案例模拟题 44】

某砂土场地上进行螺旋板载荷试验，试验深度为 10 m，螺旋板直径为 0.5 m。P-S 曲线初始段为直线，直线段与 S 轴截距为 4 mm，直线段终点压力值为 180 kPa，实测沉降值为 9.5 mm，该砂土层变形模量为(　　)。

(A)4.1 MPa　　(B)7.2 MPa　　(C)10.3 MPa　　(D)13.4 MPa

1.4.3　动力触探方法(据《工程地质手册》)

1. 轻型动力触探

试验设备：轻型动力触探试验设备主要由圆锥头、触探杆、空心锤三部分组成，见图 1.4.3.1。

试验要点：先用轻便钻具钻至试验土层标高，然后对土层连续进行触探，使穿心锤自由落下，将触探杆竖直打入土层中，记录每打入土层 30 cm 的锤击数 N_{10}。

适用范围：一般用于贯入深度小于 4 m 的一般黏性土和黏性素填土层。

国内动力触探设备类型及规格见表 1.4.3.1。

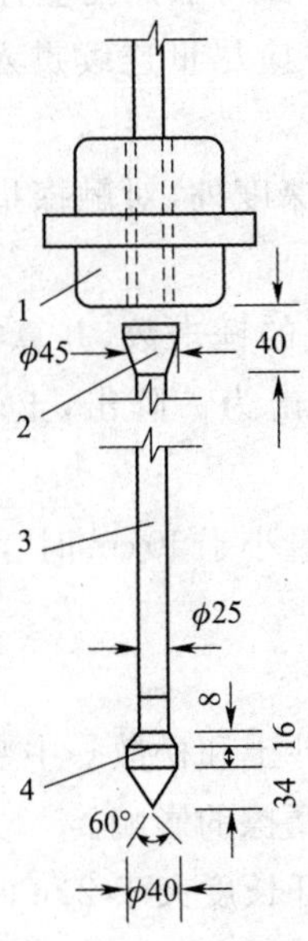

图 1.4.3.1 轻型动力触探试验设备(尺寸单位：cm)

1-穿心锤；2-锤垫；3-触探杆；4-锥头

国内动力触探设备类型及规格 表 1.4.3.1

触探设备类型	落锤质量/kg	落锤距离/cm	探头规格	触探指标	触探杆外径/mm
轻型	10±0.2	50±2	圆锥头，锥角 60°，锥底直径 4.0 cm，锥底面积 12.6 cm^2	贯入 30 cm 的锤击数 N_{10}	25
重型	63.5±0.5	76±2	圆锥头，锥角 60°，锥底直径 7.4 cm，锥底面积 43 cm^2	贯入 10 cm 的锤击数 $N_{63.5}$	42
超重型	120±1.0	100±2	圆锥头，锥角 60°，锥底直径 7.4 cm，锥底面积 43 cm^2	贯入 10 cm 的锤击数 N_{120}	50～60

2.重型动力触探

试验设备:重型动力触探试验的设备主要由触探头(图 1.4.3.2)、触探杆及穿心锤三部分组成。

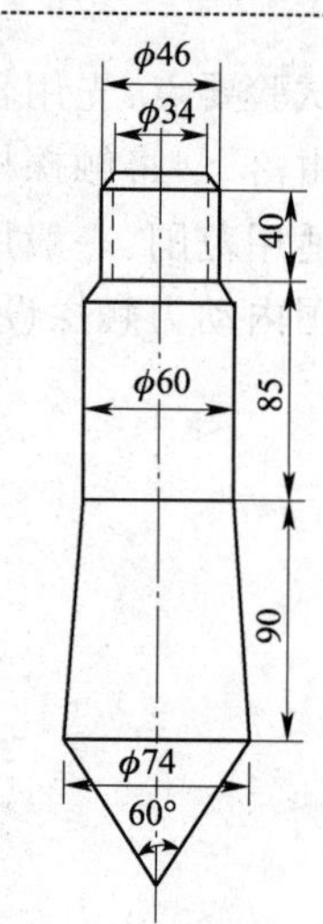

图 1.4.3.2 重型动力触探探头(尺寸单位:cm)

试验要点:

①贯入前,触探架应安装平稳,保持触探孔垂直。

②试验时穿心锤应自由下落并应尽量连续贯入,锤击速率宜为 15～30 击/min。

量尺读数:除了及时记录贯入深度外,对触探指标(锤击数)有下列两种量读方法:

①记录一阵击的贯入量及相应的锤击数,并算得每贯入 10 cm 所需锤击数 $N_{63.5}$,一般以 5 击为一阵击,土较松软时应少于 5 击。

②当土层较为密实时(5 击贯入量小于 10 cm 时),可直接记读每贯入 10 cm 所需锤击数。

影响因素的校正:

①侧壁摩擦影响的校正:对于砂土和松散～中密的圆砾、卵石,触探深度在 1～15 m 的范围内时,一般可不考虑侧壁摩擦的影响。

②触探杆长度的校正:当触探杆长度大于 2 m 时,需按下式校正

$$N_{63.5}=\alpha_1 N \tag{1.4.3.1}$$

式中,$N_{63.5}$ 为重型动力触探试验锤击数;N 为贯入 10 cm 的实测锤击数;α_1 为重型圆锥动力触探锤击修正系数,按表 1.4.3.2 确定。

重型圆锥动力触探锤击修正系数 α 表 1.4.3.2

L/m \ $N'_{63.5}$	5	10	15	20	25	30	35	40	≥50
2	1.00	1.00	1.00	1.00	1.00	1.00	1.00	1.00	
4	0.96	0.95	0.93	0.92	0.90	0.89	0.87	0.86	0.84
6	0.93	0.90	0.88	0.85	0.83	0.81	0.79	0.78	0.75
8	0.90	0.86	0.83	0.80	0.77	0.75	0.73	0.71	0.67
10	0.88	0.83	0.79	0.75	0.72	0.69	0.67	0.64	0.61
12	0.85	0.79	0.75	0.70	0.67	0.64	0.61	0.59	0.55
14	0.82	0.76	0.71	0.66	0.62	0.58	0.56	0.53	0.50
16	0.79	0.73	0.67	0.62	0.57	0.54	0.51	0.48	0.45
18	0.77	0.70	0.63	0.57	0.53	0.49	0.46	0.43	0.40
20	0.75	0.67	0.59	0.53	0.48	0.44	0.41	0.39	0.36

注:表中 L 为杆长。

③地下水影响的校正：对于地下水位以下的中、粗、砾砂和圆砾、卵石，锤击数可按下式修正

$$N_{63.5}=1.1N'_{63.5}+1.0 \tag{1.4.3.2}$$

式中，$N_{63.5}$为经地下水影响校正后的锤击数；$N'_{63.5}$为未经地下水影响校正而经触探杆长度影响校正后的锤击数。

适用范围：一般适用于砂土和碎石土。

3.超重型动力触探

试验设备：超重型动力触探试验的设备主要由触探头(同重型触探探头)、提锤架偏心轮、锤体、导向杆、触探杆等组成。

试验要点如下：

①贯入时应使穿心锤自由下落，地面上的触探杆的高度不应过高，以免倾斜和摆动过大。

②贯入过程应尽量连续，锤击速率宜为15～25击/min。

③贯入深度一般不宜超过20 m。

影响因素的校正。

触探杆长度影响的校正：当触探杆长度大于1 m时，锤击数可按下式进行校正

$$N_{120}=\alpha_2 N \tag{1.4.3.3}$$

式中，N_{120}为超重型触探试验锤击数；α_2为超重型圆锥动力触探锤击数修正系数，按表1.4.3.3确定。

超重型圆锥动力触探锤击数修正系数 α_2 表1.4.3.3

L/m \ N'_{120}	1	3	5	7	9	10	15	20	25	30	35	40
1	1.00	1.00	1.00	1.00	1.00	1.00	1.00	1.00	1.00	1.00	1.00	1.00
2	0.96	0.92	0.91	0.90	0.90	0.90	0.90	0.89	0.89	0.88	0.88	0.88
3	0.94	0.88	0.86	0.85	0.84	0.84	0.84	0.83	0.82	0.82	0.81	0.81
5	0.92	0.82	0.79	0.78	0.77	0.77	0.76	0.75	0.74	0.73	0.72	0.72
7	0.90	0.78	0.75	0.74	0.73	0.72	0.71	0.70	0.68	0.68	0.67	0.66
9	0.88	0.75	0.72	0.70	0.69	0.68	0.67	0.66	0.64	0.63	0.62	0.62
11	0.87	0.73	0.69	0.67	0.66	0.66	0.64	0.62	0.61	0.60	0.59	0.58
13	0.86	0.71	0.67	0.65	0.64	0.63	0.61	0.60	0.58	0.57	0.56	0.55
15	0.86	0.69	0.65	0.63	0.62	0.61	0.59	0.58	0.56	0.55	0.54	0.53
17	0.85	0.68	0.63	0.61	0.60	0.60	0.57	0.56	0.54	0.53	0.52	0.50
19	0.84	0.66	0.62	0.60	0.58	0.58	0.56	0.54	0.52	0.51	0.50	0.48

注：L为杆长。

4.动力触探资料整理及成果应用

(1)资料整理

触探指标可用锤击数 N 值及动贯入阻力 q_d 表示，目前，国内多采用锤击数来表示。

锤击数 N 值是以贯入一定深度的锤击数 N(如 N_{10}、N_{28}、$N_{63.5}$、N_{120})作为触探指标，可通过 N 值与其他室内试验和原位测试指标建立相关关系，从而获得土的物理力学性质指标，这种方法比较简单、直观，使用也方便，因此被国内外广泛采用。

动力触探试验资料(触探击数或动贯入阻力)与深度的关系曲线称为触探曲线，触探曲线可绘成直方图，根据触探曲线的形态，结合钻探资料可进行力学分层。

(2)成果应用

①评价砂土的密度：用重型动力触探击数可确定砂土、碎石土的孔隙比和砂土的密度。

②确定地基土的承载力：用动力触探指标可查表确定地基土的承载力。

③确定地基土的抗剪强度和变形模量：用动力触探指标(触探击数或动贯入阻力)可查表或通过经验公式确定地基土的变形模量。

④确定桩尖持力层和单桩承载力：在地层层位分布规律比较清楚的地区，特别是上软下硬的二元结构地层，用动力触探能很快地确定端承桩的桩尖持力层，但在地层变化复杂和无经验地区，不宜单独用动力触探确定桩尖持力层。

初步设计阶段可通过动力探指标，用经验公式确定单桩承载力。

【例题 24】

某民用建筑场地中钻孔 ZK-4，0～5 m 为黏性土，5.0～13.0 m 为粗砂土，地下水位为 1.5 m。对 4.0 m 处黏土进行重型动力触探试验时，共进行 3 阵锤击。第一阵贯入 5.0 cm，锤击数为 6 击。第二阵贯入 5.2 cm，锤击数为 6 击。第三阵贯入 5.0 cm，锤击数为 7 击。触探杆长度为 5 m，在砂土层 8 m 处进行重型动力触探时，贯入 14 cm 的锤击数为 28 击。触探杆长度为 9 m，该黏土层和砂土层中修正后的锤击数分别为(　　)。

(A)11.5、18.1　　(B)12.1、18.3　　(C)12.3、18.6　　(D)11.8、18

解

①黏土层中重型动力触探锤击数的修正。

贯入深度 S：5＋5.2＋5＝15.2(cm)

锤击数 K：6＋6＋7＝19(击)

贯入 10 cm 的实测锤击数

$$N=10K/S=10\times19/15.2=12.5$$

杆长 4 m，N＝12.5 时的杆长修正系数

$$\alpha_{(4,12.5)}=(0.95+0.93)/2=0.94$$

杆长 6 m，N＝12.5 时的杆长修正系数

$$\alpha_{(6,12.5)}=(0.90+0.88)/2=0.89$$

杆长 5 m, N=12.5 时的杆长修正系数

$$\alpha_{(5,12.5)}=(0.94+0.89)/2=0.915$$

4.0 m 处修正后的锤击数

$$N_{63.5}=\alpha_1 N=0.915\times 12.5=11.4$$

②粗砂土层中重型动力触探锤击数的修正。

贯入深度为 10 cm 的锤击数 N

$$N=10K/S=10\times 28/14=20$$

杆长 9.0 m, N=20 时的杆长修正系数

$$\alpha_{(9,20)}=(0.80+0.75)/2=0.775$$

杆长修正后的锤击数

$$N'_{63.5}=\alpha_1 N=0.775\times 20=15.5$$

地下水影响修正后的锤击数 $N_{63.5}$

$$N_{63.5}=1.1N'_{63.5}+1.0=1.1\times 15.5+1.0=18.1$$

黏土层 4.0 m 处修正后的重型动力触探锤击数为 11.5，砂土层中 8.0 m 处修正后的重型动力触探锤击数为 18.1。

例题解析

①黏土的重型动力触探锤击数修正时，只进行触探杆长度的校正，而地下水位以下的中、粗、砾砂和圆砾，卵石锤击数除进行杆长修正外还需进行地下水影响的校正。

②杆长修正系数除与触探杆长度有关外，还应考虑实测锤击数的影响，在查表时应按触探杆长度及实测锤击数等因素查表，并且应采用插值法确定杆长修正系数 α。

③触探杆长度一般均大于测试点的埋深，实际杆长应等于地面以上触探杆长度与测试点埋深之和。

④本例题正确答案为(A)。如杆长修正系数不考虑 N 值，即按 $N\leqslant 1$ 计算杆长修正系数，则得到错误答案(B)。如 N 值按小于等于 1 考虑，并把测试点埋深做杆长，则得到错误答案(C)。如把测试点埋深做杆长，N 值按实测值考虑，则得到错误答案(D)。

【案例模拟题 45】

某黏土场地中进行两次重型动力触探，第一次在 5 m 处，地面以上杆长 1.0 m，贯入 15 cm 的锤击数为 18 击，第二次在 8.0 m 处，地面以上杆长 1.0 m，贯入 13 cm 的锤击数为 16 击，校正后的重型动力触探锤击数分别为(　　)。

(A)11.1、10.5　　(B)11.8、10.6　　(C)10.8、10.3　　(D)11.5、11.3

【案例模拟题 46】

某砂土场地中的一钻孔在 15 m 处进行重型动力触探试验，贯入 18 cm，锤击数为 30 击，触探杆在地面以上长度为 1.5 m，地下水位 2.0 m，修正后的锤击数为(　　)。

(A)14　　(B)11.3　　(C)12.5　　(D)13.5

【例题 25】

某民用建筑场地中卵石土地基埋深为 2.0 m，地下水位为 1.0 m，在 2.5 m 处进行超重型动力触探试验，地面以上触探杆长度为 1.5 m，贯入 16 cm，锤击数为 18 击，修正后的锤击数为(　　)。

(A)8.9　　(B)8.3　　(C)8.0　　(D)7.5

解

①实测锤击数 N

$$N=10K/S=10\times18/16=11.3$$

②锤击数修正

触探杆长度

$$L=2.5+1.5=4.0(\text{m})$$

经插值得

$$\alpha_2=0.804$$

$$N_{120}=\alpha_2 N'=0.804\times11.3=9.08$$

例题解析

本例题正确答案为(A)。

【案例模拟题 47】

某河漫滩场地为卵石土，地面下 2.0 m 进行超重型动力触探试验，贯入 13.5 cm，锤击数为 19 击，地面以上触探杆长度为 1.5 m，地下水位为 1.0 m，修正后的锤击数应为(　　)。

(A)11.4　　(B)10.3　　(C)9.2　　(D)8.1

1.4.4 按《岩土工程勘察规范》(GB 50021—2001)(2009 年版)对圆锥动力触探锤击数进行修正

GB 50021—2001)(2009 年版)/B.0.1 规定：当采用重型圆锥动力触探确定碎石土密实度时，锤击数 $N_{63.5}$ 应按下式修正

$$N_{63.5}=\alpha_1 N'_{63.5}$$

式中，$N_{63.5}$ 为修正后的重型圆锥动力触探锤击数；α_1 为修正系数，按表 B.0.1 取值；$N'_{63.5}$ 为实测重型圆锥动力触探锤击数。

重型圆锥动力触探锤击数修正系数　　表 B.0.1

L/m	$N'_{63.5}$								
	5	10	15	20	25	30	35	40	≥50
2	1.00	1.00	1.00	1.00	1.00	1.00	1.00	1.00	
4	0.96	0.95	0.93	0.92	0.90	0.89	0.87	0.86	0.84
6	0.93	0.90	0.88	0.85	0.83	0.81	0.79	0.78	0.75
8	0.90	0.86	0.83	0.80	0.77	0.75	0.73	0.71	0.67
10	0.88	0.83	0.79	0.75	0.72	0.69	0.67	0.64	0.61
12	0.85	0.79	0.75	0.70	0.67	0.64	0.61	0.59	0.55
14	0.82	0.76	0.71	0.66	0.62	0.58	0.56	0.53	0.50

续上表

L/m	$N'_{63.5}$								
	5	10	15	20	25	30	35	40	≥50
16	0.79	0.73	0.67	0.62	0.57	0.54	0.51	0.48	0.45
18	0.77	0.70	0.63	0.57	0.53	0.49	0.46	0.43	0.40
20	0.75	0.67	0.59	0.53	0.48	0.44	0.41	0.39	0.36

注：L 为杆长。

GB 50021—2001)(2009 年版)/B.0.2 规定：当采用超重型圆锥动力触探确定碎石土密实度时，锤击数 N_{120} 应按下式修正

$$N_{120}=\alpha_2 N'_{120} \tag{B.0.2}$$

式中，N_{120} 为修正后的超重型圆锥动力触探锤击数；α_2 为修正系数，按表 B.0.2 取值；N'_{120} 为实测超重型圆锥动力触探锤击数。

超重型圆锥动力触探锤击数修正系数 表 B.0.2

L/m	N'_{120}											
	1	3	5	7	9	10	15	20	25	30	35	40
1	1.00	1.00	1.00	1.00	1.00	1.00	1.00	1.00	1.00	1.00	1.00	1.00
2	0.96	0.92	0.91	0.90	0.90	0.90	0.90	0.89	0.89	0.88	0.88	0.88
3	0.94	0.88	0.86	0.85	0.84	0.84	0.84	0.83	0.82	0.82	0.81	0.81
5	0.92	0.82	0.79	0.78	0.77	0.77	0.76	0.75	0.74	0.73	0.72	0.72
7	0.90	0.78	0.75	0.74	0.73	0.72	0.71	0.70	0.68	0.68	0.67	0.66
9	0.88	0.75	0.72	0.70	0.69	0.68	0.67	0.66	0.64	0.63	0.62	0.62
11	0.87	0.73	0.69	0.67	0.66	0.66	0.64	0.62	0.61	0.60	0.59	0.58
13	0.86	0.71	0.67	0.65	0.64	0.63	0.61	0.60	0.58	0.57	0.56	0.55
15	0.86	0.69	0.65	0.63	0.62	0.61	0.59	0.58	0.56	0.55	0.54	0.53
17	0.85	0.68	0.63	0.61	0.60	0.60	0.57	0.56	0.54	0.53	0.52	0.50
19	0.84	0.66	0.62	0.60	0.58	0.58	0.56	0.54	0.52	0.51	0.50	0.48

注：L 为杆长。

【例题 26】

某碎石土场地地下水埋深为 1.5 m，在 12.0 m 处进行重型动力触探，贯入 14 cm 的锤击数为 63 击，地面以上触探杆长度为 1.0 m，如确定碎石土的密实度，修正后的锤击数为(　　)。

(A)25.7　　(B)25.2　　(C)24.4　　(D)23.6

解

①实测锤击数

$$N'_{63.5}=\frac{10K}{S}=10\times\frac{63}{14}=45$$

②实测锤击的修正

触探杆长度：$l=1.0+12=13.0$(m)

$l=13$，$N'_{63.5}=40$ 时的修正系数

$$\alpha_{1(13,40)}=\frac{1}{2}\times(0.59+0.53)=0.56$$

$l=13$，$N'_{63.5}=50$ 时的修正系数

$$\alpha_{1(13,50)}=\frac{1}{2}\times(0.55+0.5)=0.525$$

$l=13$，$N'_{63.5}=45$ 时的修正系数

$$\alpha_{1(13,45)}=\frac{1}{2}\times(0.56+0.525)=0.543$$

修正后的锤击系数

$$N_{63.5}=\alpha N'_{63.5}=0.543\times45=24.4$$

修正后的锤击数为 24.4。

例题解析

①《岩土工程勘察规范》(GB 50021—2001)(2009 年版)确定碎石土密实度对重型动力触探锤击数修正时，只进行杆长修正。

②杆长修正系数可按触探杆长度 l 和实测锤击数 $N'_{63.5}$ 查表 B.0.1 确定，查表时应采用内插法。

③触探杆长度为地表以上触探杆长度与测试点埋深之和。

④当一个土层进行多次动探时，应对修正后的动探击数进行分析。以其标准值进行评价。

⑤本例题中正确答案为(C)，如果用测试点深度作为触探杆长度，则得到错误答案(A)。

【案例模拟题 48】

某碎石土场地中进行重型动力触探一次，测试深度 2.8 m，触探杆长度 4.0 m，贯入 15 cm 的锤击数为 32 击，该碎石土的密实度为(　　)。

(A)松散　　(B)稍密　　(C)中密　　(D)密实

【案例模拟题 49】

某碎石土层中共进行 6 次重型动力触探试验，修正后的动探击数分别为 14、11.2、12.4、10.1、9、12，该碎石土的密实度为(　　)。

(A)松散　　(B)稍密　　(C)中密　　(D)密实

1.4.5 按《岩土工程勘察规范》(GB 50021—2001)(2009 年版)计算动贯入阻力

GB 50021—2001)(2009 年版)/10.4.1 规定：圆锥动力触探试验(DPT，Dynamic Penetration Test)是用一定质量的重锤，以一定高度的自由落距，将标准规格的圆锥形探头贯入土中，根据打入土中一定距离所需的锤击数，判定土的力学特性，具有勘探和测试双重功能。

本规范列入三种圆锥动力触探(轻型、重型和超重型)。轻型动力触探的优点是轻便，对于施工验槽，填土勘察，查明局部软弱土层、洞穴等分布，均有实用价值。重型动力触探是应用最广泛的一种，其规格标准与国际通用标准一致，超重型动力触探

的能量指数(落锤能量与探头截面积之比)与国外的并不一致,但相近,适用于碎石土。

表中所列贯入指标为贯入一定深度的锤击数(如 N_{10}、$N_{63.5}$、N_{120}),也可采用动贯入阻力。动贯入阻力可采用荷兰的动力公式

$$q_d=\frac{M}{M+m}\cdot\frac{MgH}{Ae} \tag{10.6}$$

式中,q_d 为动贯入阻力(MPa);M 为落锤质量(kg);m 为圆锥探头及杆件系统(包括打头、导向杆等)的质量(kg);H 为落距(m);A 为圆锥探头截面积(cm^2);e 为贯入度,等于 D/N(D 为规定贯入深度;N 为规定贯入深度的击数);g 为重力加速度,其值为 9.81 m/s^2。

上式建立在古典的牛顿非弹性碰撞理论(不考虑弹性变形量的损耗),故限用于:

①贯入土中深度小于 12 m,贯入度 2～50 mm;

②$m/M<2$。

如果实际情况与上述适用条件出入大,用上式计算应慎重。

有的单位已经研制电测动贯入阻力的动力触探仪,这是值得研究的方向。

【例题 27】

某场地中地层为黏性土,在 3.0 m 处进行重型动力触探,触探杆长 4.0 m,探头及杆件系统重 20.0 kg,探头直径为 74 mm,重锤落距 76 cm,贯入 15 cm 的击数为 20 击,该测试点动贯入阻力为(　　)。

(A)10 MPa　　(B)11.2 MPa　　(C)12 MPa　　(D)13.5 MPa

解

①贯入度　　$e=\frac{D}{N}=\frac{15}{20}=0.75$(cm/击)

②探头面积　　$A=\frac{\pi}{4}d^2=\frac{3.14}{4}\times7.4^2=43$($cm^2$)

③其他参数

重型动力触探落锤质量 $M=63.5$(kg)

落距 $H=0.76$(m)

④动贯入阻力

$$q_d=\frac{M}{M+m}\cdot\frac{MgH}{Ae}=\frac{63.5}{63.5+20}\times\frac{63.5\times9.81\times0.76}{43\times0.75}=11.2\text{(MPa)}$$

该测试点动贯入阻力为 11.2 MPa。

例题解析

①贯入度为每击的贯入深度,单位为cm/击,同时应注意其他参数也必须按要求的单位代入公式,计算出的动贯入阻力单位为MPa。

②本例题动贯入阻力公式的适用条件:测试深度应小于 12 m,$0.2\ cm<e<5.0\ cm$;$m/M<2$。

③本例题正确答案为(B),$q_d=11.2$ MPa。

【案例模拟题 50】

某场地中在深度为 10 m 处进行重型动力触探试验,探头及杆件的质量为 85 kg,探头直径为 74 mm,贯入度为 0.3 cm,该土层动贯入阻力为(　　)。

(A)11.0 MPa　　(B)12.6 MPa　　(C)14.5 MPa　　(D)15.7 MPa

1.4.6 《岩土工程勘察规范》(GB 50021—2001)(2009年版)中十字板剪切试验成果的应用

GB 50021—2001)(2009年版)/10.6.5规定：十字板不排水抗剪强度，主要用于可假设$\varphi \approx 0$，按总应力法分析的各类土工问题中。

1.计算地基承载力

按中国建筑科学研究院、华东电力设计院的经验，地基容许承载力可按下式估算

$$q_a = 2c_u + \gamma h \tag{1.4.6.1}$$

式中，c_u为修正后的不排水抗剪强度(kPa)；γ为土的重度(kN/m³)；h为基础埋深(m)。

2.地基抗滑稳定性分析

3.估算桩的端阻力和侧阻力

桩端阻力 $$q_p = 9c_u \tag{1.4.6.2}$$

桩侧阻力 $$q_s = \alpha c_u \tag{1.4.6.3}$$

α与桩类型、土类、土层顺序等有关；依据q_p及q_s可以估算单桩极限承载力。

4.检查地基加固效果

通过加固前后土的强度变化，可以检验地基的加固效果。

5.判定软土固结历史

根据c_u-h曲线，判定软土的固结历史：若c_u-h曲线大致呈一通过地面原点的直线，可判定为正常固结土；若c_u-h直线不通过原点，而与纵坐标的向上延长轴线相交，则可判定为超固结土。

据《工程地质手册》(第4版)。

(1)仪器的结构和规格

仪器主要由下列三部分组成：

①测力装置：开口钢环式测力装置(图1.4.6.1)，借助钢环的拉伸变形来反映施加扭力的大小。

②十字板头(图1.4.6.2)：目前国内外多采用矩形十字板头且径高比为1∶2的标准型。常用的规格有50 mm×100 mm和75 mm×150 mm的两种。前者适用于稍硬的黏性土，后者适用于软黏土。

③轴杆：按轴杆与十字板头的连接方式有离合式和牙嵌式两种。一般使用的轴杆直径约为20 mm。

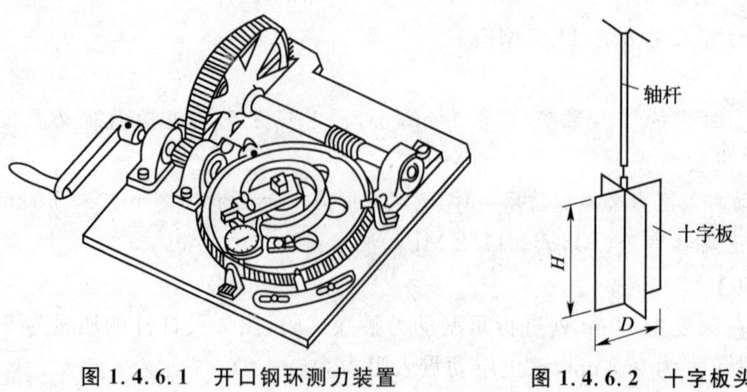

图1.4.6.1 开口钢环测力装置　　图1.4.6.2 十字板头

(2)试验方法及要求

①用回转钻开孔,并用旋转法(不宜用击入法)下套管至预定试验深度以上3～5倍套管直径处,再用提土器清孔,在钻孔内允许有少量虚土残存,但不宜超过15 cm。在软土中钻进时,应在孔中保持足够水位,以防止软土在孔底涌起。

②将十字板头、离合器、轴杆与试验钻杆逐节接好下入孔内,使十字板头与孔底接触,接上导杆。先用专用摇把套在导杆上向右旋转,使十字板头离合器咬合,再将十字板头徐徐压入土中的预定试验深度。如压入有困难,可用锤轻轻击入。

③装上底座和测力装置,并将底座与套管、底座与固定套之间用制紧轴制紧。装上量测钢环变形的百分表,并调整百分表至零。

④试验开始即开动秒表,以约每10 s/r的速率旋转转盘,使最大扭力值在3～10 min内达到。每转一圈,测记钢环变形读数一次,直到土体剪损(即读取最大读数),仍继续读数1 min。此时施加于钢环的作用力,就是使原状土剪损时的总作用力R_y值。

⑤在完成上述原状土试验后,拔下连接导杆与测力装置的特制键,套上摇把连续转动导杆、轴杆数转,使土体完全破坏,再插上特制键,按步骤④以每10 s一转的速率进行试验,即可获得扰动土的总作用力R_c值。

⑥拔掉特制键,将十字板轴杆向上提起3～5 cm,使连接轴杆与十字板头的离合器分离,再插上特制键,仍按步骤④测得轴杆和设备的机械阻力R_g值。至此一个试验点的试验工作全部结束。

(3)资料整理

①计算土的抗剪强度

$$c_u = KC(R_y - R_0) \tag{1.4.6.4}$$

式中,c_u为土的不排水抗剪强度(kPa);C为钢环系数(kN/0.01 mm);R_y为原状土剪损时量表最大读数(0.01 mm);R_g为轴杆与土摩擦时量表最大读数(0.01 mm);K为十字板常数(m^{-2}),可按下式或表1.4.6.1采用。

$$K = \frac{2R}{\pi D^2\left(\frac{D}{3}+H\right)} \tag{1.4.6.5}$$

式中,R为转盘半径(m);D为十字板头直径(m);H为十字板头高度(m)。

十字板规格及十字板常数K值 表1.4.6.1

十字板规格($D\times H$)/mm	十字板头尺寸/mm			盘半径/mm	十字板常数/(K/m^{-2})
	直径D	高度H	厚度B		
50×100	50	100	2～3	200,250	436.78,545.97
50×100	50	100	2～3	210	458.62
75×150	75	150	2～3	200,250	129.41,161.77
75×150	75	150	2～3	210	135.88

②计算重塑土抗剪强度

$$c'_u = KC(R_c - R_g) \tag{1.4.6.6}$$

式中：c'_u为重塑土不排水抗剪强度(kPa)；R_c 为重塑土剪损时量表最大读数(0.01 mm)；R_g 为轴杆与土摩擦时量表最大读数(0.001/mm)。

③计算土的灵敏度

$$S_t=\frac{c_u}{c'_u} \tag{1.4.6.7}$$

④绘制抗剪强度与试验深度的关系曲线，以了解土的抗剪强度随深度的变化规律(图 1.4.6.3)。

⑤绘制抗剪强度与回转角的关系曲线，以了解土的结构性和受剪时的破坏过程(图 1.4.6.4)。

主要有广东省水利电力勘测设计院研制的电阻应变式十字板仪和四川省建筑科学研究所研制的 CLD-1 型十字板—静力触探两用仪。

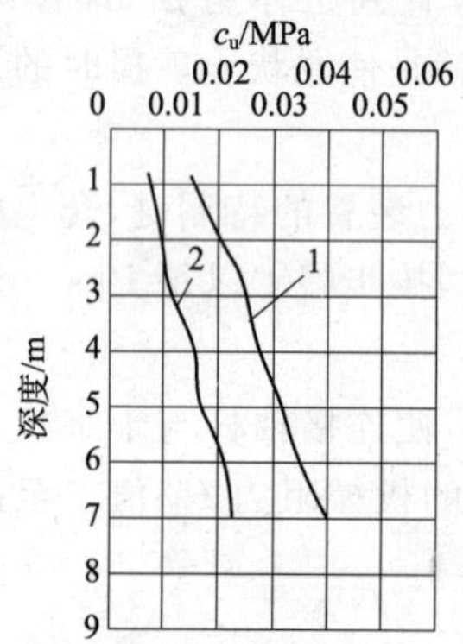

图 1.4.6.3 抗剪强度随深度变化曲线

1-未扰动土；2-扰动土

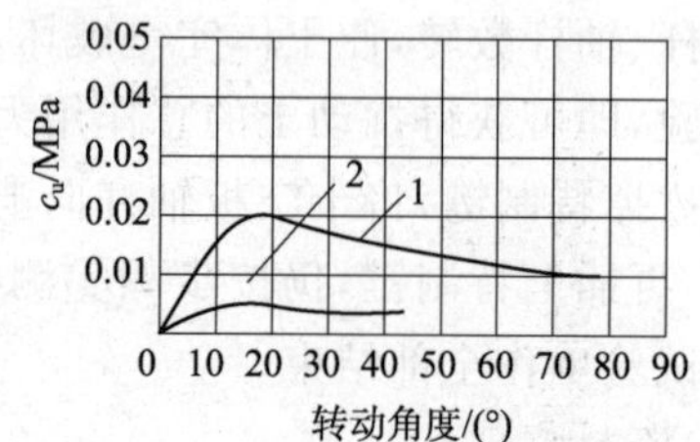

图 1.4.6.4 抗剪强度与转角关系曲线

1-未扰动土；2-扰动土

【例题 28】

某黏性土场地中地下水位为 0.5 m，基础埋深为 1.0 m，土层重度为 19 kN/m³，十字板剪切试验结果表明，修正后的不排水抗剪强度为 36 kPa，场地中黏性土地基的容许承载力应为(　　)。

(A)72 kPa　(B)85 kPa　(C)91 kPa　(D)100 kPa

解

地基的容许承载力

$$q_a=2c_u+\gamma h=2\times36+19\times0.5+(19-10)\times0.5=86(\text{kPa})$$

黏性土地基的容许承载力为 86 kPa。

例题解析

①可依据十字板剪切试验中修正后的不排水抗剪强度值，结合地面试验确定地基承载力和单桩承载力，计算边坡稳定性并判定软黏性土的固结历史。

②本例题正确答案为(B)。

【案例模拟题 51】

某软黏土场地中基础埋深为 2.0 m，土层重度为 19.5 kN/m³，3.0 m 处十字板剪切试验中修正后的不排水抗剪强度为 40 kPa，该地基的容许承载力为(　　)。

(A)80 kPa　(B)110 kPa　(C)119 kPa　(D)130 kPa

【案例模拟题 52】

十字板剪切试验中,土的抗剪强度 $c_u = KC(R_y - R_g)$,式中 K 值的表达式是(　　)。

(A)$K=\dfrac{R}{\pi D^2\left(\dfrac{D}{3}+H\right)}$　　(B)$K=\dfrac{2R}{\pi D^2\left(\dfrac{D}{3}+H\right)}$

(C)$K=\dfrac{R}{\pi\dfrac{D^2}{2}\left(\dfrac{D}{3}+2H\right)}$　　(D)$K=\dfrac{2R}{\pi D^2\left(\dfrac{D}{3}+2H\right)}$

【案例模拟题 53】

某民用建筑场地中在软黏土层中进行机械式十字板剪切试验,测得厚状土剪切破坏时百分表最大读数为 220(0.01 mm),轴杆与土摩擦时百分表读数为 15(0.01 mm),轴杆旋转 6 圈后,百分表最大读数为 80(0.01 mm),轴杆与土摩擦时百分表读数为 10(0.01 mm),已知十字板常数为 161.77 m^{-2},钢环系数为 1.3 N/0.01 mm。

①土体峰值强度为(　　)。

(A)43 kPa　　(B)48 kPa　　(C)53 kPa　　(D)58 kPa

②土体残余强度为(　　)。

(A)10 kPa　　(B)15 kPa　　(C)20 kPa　　(D)25 kPa

③土体灵敏度为(　　)。

(A)2　　(B)3　　(C)4　　(D)5

1.4.7　按《岩土工程勘察规范》(GB 50021—2001)(2009 年版)计算动弹性模量

GB 50021—2001)(2009 年版)/10.10.5 规定:小应变动剪切模量、动弹性模量和动泊松比,应按下列公式计算

$$G_d = \rho v_S^2 \tag{10.11}$$

$$E_d = \frac{\rho v_S^2(3v_P^2 - 4v_S^2)}{v_P^2 - v_S^2} \tag{10.12}$$

$$\mu_d = \frac{v_P^2 - 2v_S^2}{2(v_P^2 - v_S^2)} \tag{10.13}$$

式中,v_S、v_P 分别为剪切波波速和压缩波波速;G_d 为土的动剪切模量;E_d 为土的动弹性模量;μ_d 为土的动泊松比;ρ 为土的质量密度。

【例题 29】

某均质黏土场地中进行的波速测试,测得平均剪切波波速为 310 m/s,平均压缩波波速为 750 m/s,土层重度为 18.5 kN/m^3,该场地土的动剪切模量、动弹性模量及动泊松比分别为(　　)。

(A)1.78×10^5 kN/m^2、6.0×10^5 kN/m^2、0.5

(B)1.78×10^5 kN/m^2、5.0×10^5 kN/m^2、0.4

(C)2.8×10^5 kN/m^2、5.0×10^5 kN/m^2、0.3

(D)2.8×10^5 kN/m^2、3.6×10^5 kN/m^2、0.3

解

①动剪切模量

$$G_d=\rho v_S^2=1.85\times310^2=1.78\times10^5(\text{kN/m}^2)$$

②动弹性模量

$$E_d=\frac{\rho v_S^2(3v_P^2-4v_S^2)}{v_P^2-v_P^2}=\frac{1.85\times310^2\times(3\times750^2-4\times310^2)}{750^2-310^2}=5.0\times10^5(\text{kN/m}^2)$$

③动泊松比

$$\mu_d=\frac{v_P^2-2v_S^2}{2(v_P^2-v_S^2)}=\frac{750^2-2\times310^2}{2\times(750^2-310^2)}=0.40$$

该场地动剪切模量为 1.78×10^5 kN/m²，动弹性模量为 5.0×10^5 kN/m²，动泊松比为 0.4。

例题解析

①运用公式时应注意各系数的单位。

②本例题正确答案为(B)。

【案例模拟题 54】

某砂土场地进行波速测试，平均剪切波波速为 400 m/s，平均压缩波波速度为700 m/s，该场地地基土的重度为 18 kN/m³，场地的动弹性模量及动泊松比为(　　)。

(A)7.2×10^5、0.35　　(B)3.5×10^5、0.35

(C)3.5×10^5、0.26　　(D)7.2×10^5、0.26

1.4.8 《水运工程岩土勘察规范》(JTS 133—2013)中动力触探的应用

JTS 133—2013 的相关规定如下。

4.2.11　砂土的密实度可根据标准贯入试验击数按表 4.2.11 判定。

砂土密实度分类　　表 4.2.11

标准贯入试验击数 N	$N\leqslant10$	$10<N\leqslant15$	$15<N\leqslant30$	$30<N\leqslant50$	$N>50$
密实度	松散	稍密	中密	密实	极密实

注：对地下水位以下的中、粗砂，其 N 值宜按实测锤击数增加 5 击计。

14.6.1　圆锥动力触探试验可用于黏性土、砂类土、碎石类土、极软岩、软岩等。

14.6.2　圆锥动力触探试验的类型可分为轻型、重型和超重型三种，其规格和适用土类应符合表 14.6.2 的规定。

圆锥动力触探类型　　表 14.6.2

类型		轻型	重型	超重型
落锤	锤的质量/kg	10	63.5	120
	落距/cm	50	76	100
探头	直径/mm	40	74	74
	锥角/(°)	60	60	60
探杆直径/mm		25	42	50

续上表

类型	轻型	重型	超重型
指标	贯入 30 cm 的读数 N_{10}	贯入 10 cm 的读数 $N_{63.5}$	贯入 10 cm 的读数 N_{120}
主要适用岩土	填土、砂土、粉土、黏性土	砂土、中密以下的碎石土、极软岩	密实和很密的碎石土、软岩、极软岩

14.6.3 圆锥动力触探试验操作要点应符合下列规定。

14.6.3.1 所有连接部件应连接紧密，并采用自动落锤装置，轻型动力触探可采用手动落锤。

14.6.3.2 触探杆最大偏斜度不应超过 2%，锤击贯入应连续进行，应防止锤击偏心、探杆倾斜和侧向晃动，保持探杆垂直度；锤击速率每分钟宜为 15～30 击。进行水上试验时，发生导向杆与探杆晃动及锤击偏心的情况，应停止试验。

14.6.3.3 每贯入 1 m，宜将探杆转动一圈半；连续贯入深度超过 10 m，每贯入 20 cm宜转动探杆一圈半。砂、圆砾、角砾和卵石、碎石土连续触探深度不宜超过 12 m。

14.6.3.4 水域钻孔采用浮式平台时，贯入度量测基面应不受平台晃动的影响。

14.6.3.5 对轻型动力触探，当 N_{10} 大于 100 击或贯入 15 cm 锤击数超过 50 击时，可停止试验；对重型动力触探，当连续 3 次 $N_{63.5}$ 大于 50 击时，可停止试验或改用超重型动力触探。

14.6.3.6 探头直径磨损不应大于 2 mm，锥尖高度磨损不应大于 5 mm。

14.6.4 圆锥动力触探试验成果分析应满足下列要求：

①单孔连续圆锥动力触探试验绘制锤击数与贯入深度关系曲线，并统计单孔分层贯入指标平均值。

②根据各孔分层的贯入指标平均值，用厚度加权平均法计算场地分层贯入指标平均值和变异系数。

③根据圆锥动力触探试验成果，结合地区经验，进行力学分层，评定岩土的均匀性和物理性质、土的强度、变形参数、地基承载力、单桩承载力，查明土洞、软硬土层界面、检测地基处理效果等。

④根据具体情况对锤击数进行修正；采用动力触探击数确定碎石土密实度时，按现行国家标准《岩土工程勘察规范》(GB 50021)的有关规定进行修正。

【例题 30】

某港口地基勘察时对地下水位以下的中砂土层进行了标准贯入试验，实测标准贯入击数为 8 击，该砂土的密实度为(　　)。

(A)稍密　　(B)中密　　(C)密实　　(D)极密实

解

锤击数

$$N_c = 8 + 5 = 13(\text{击})$$

砂土的密实度为稍密。

例题解析

对地下水位以下的中、粗砂，其 N 值宜按实测锤击数增加 5 击计。

【案例模拟题 55】

某港口场地为中砂土场地，进行重型动力触探试验，平均每 5 击贯入深度为 3 cm，该砂土的密实度为（　　）。

(A)稍密　　(B)中密　　(C)密实　　(D)极密实

1.4.9 《水运工程岩土勘察规范》(JTS 133—2013)中载荷资料的应用

JTS 133—2013 的相关规定如下。

14.2.1　浅层平板载荷试验可用于测定浅层地基各类岩土承压板下 1.5～2.0 倍承压板的宽度或直径深度的承载力和变形模量。

14.2.2　浅层平板载荷试验点的平面布置应具有代表性，在同一岩土层上不应少于 3 个点，试验点应布置在基础底面高程处。

14.2.3　浅层平板载荷试验应符合下列规定。

14.2.3.1　试坑底面宽度或直径不应小于承压板宽度或直径的 3 倍。

14.2.3.2　试坑底岩土应避免扰动，试验前应保持其原状结构和天然湿度，尽快安装试验设备。拟试压表面应采用粗砂或中砂找平，找平厚度不超过 20 mm。

14.2.3.3　载荷试验宜采用圆形刚性承压板，土的载荷试验承压板面积不应小于 0.25 m^2，对软土或填土不应小于 0.5 m^2；岩石载荷试验承压板的面积不宜小于 0.07 m^2。

14.2.3.4　加荷标准，包括设备自重的第一级荷载宜接近试坑挖除的土重；以后每级荷载增量，对于低、中等压缩性土宜采用 50 kPa，高压缩性土宜采用 25 kPa，特别软弱的土宜采用 10 kPa，软岩、较软岩宜采用 100～200 kPa。当能够预估极限荷载时，每级荷载增量宜取极限荷载的 1/12～1/8。

14.2.3.5　加荷方式宜采用分级维持荷载沉降相对稳定法；有地区经验时，可采用分级加荷沉降非稳定法；荷载的量测精度不应低于最大荷载的±1%，承压板沉降量的量测精度不应低于±0.01 mm。对不同岩土试验的相对稳定标准应满足下列要求：

①试验对象为土体时，每级荷载施加后，间隔 10 min、10 min、10 min、15 min、15 min测读一次沉降，以后间隔 30 min 测读一次，直到连续 2 h 内每 1 h 沉降增量小于等于 0.1 mm 的相对稳定标准时，施加下一级荷载。

②试验对象为岩体时，每级荷载施加后，间隔 1 min、2 min、2 min、5 min 测读一次沉降，以后每隔 10 min 测读一次，直到连续 3 次读数差小于等于 0.01 mm 的相对稳定标准时，施加下一级荷载。

14.2.3.6　当以确定地基变形模量为目的时，试验应进行至出现比例界限点以后 1～2 级荷载为止。当以确定地基承载力为目的时，试验应进行至能获得极限荷载或者最后一级荷载达到设计荷载的 2 倍为止。出现下列情况之一时，可终止试验，并取前三种情况对应的前一级荷载为极限荷载：

①承压板周围的土被挤出或出现裂缝和隆起，沉降急剧增加。

②本级荷载的沉降量大于前级荷载的沉降量的 5 倍，荷载与沉降曲线出现明显陡降。

③在某级荷载下，持续 24 h 内沉降速率等速或加速发展，不能达到相对稳定标准。

④总沉降量超过承压板宽度或直径的 1/12。

14.2.3.7 需要进行回弹观测时，卸荷应分级进行并观测回弹值，每级卸荷载量可为加荷的2倍。每卸一级荷载后应以10 min为间隔连续观测1 h，荷载卸完后应以30 min为间隔继续观测3 h。

14.2.4 浅层平板载荷试验资料的整理和应用应符合下列规定。

14.2.4.1 浅层平板载荷试验的资料整理应首先绘制荷载与沉降曲线（P-S 曲线）。

14.2.4.2 变形模最应根据 P-S 曲线的初始直线段按下列公式确定：

承压板为圆形 $$E_0 = 0.785(1-\mu^2)d\frac{P}{S} \tag{14.2.4-1}$$

承压板为方形 $$E_0 = 0.886(1-\mu^2)b\frac{P}{S} \tag{14.2.4-2}$$

式中，E_0 为试验土层的变形模量（MPa）；μ 为地基土的泊松比；d、b 为承压板的直径、边长（cm）；P 为 P-S 曲线线性段的压力（kPa）；S 为对应于施加压力的沉降量（cm）。

14.2.4.3 地基土的泊松比可按表14.2.4采用。

泊 松 比 值 表14.2.4

土的名称	碎石土	砂土	粉土	粉质黏土	黏土
泊松比 μ	0.27	0.30	0.35	0.38	0.42

14.2.4.4 地基承载力可按下列方法确定：

(1) P-S 曲线上存在明显的直线段时，以比例界限 P_0 值作为容许承载力；比例界限 P_0 值与极限荷载 P_u 接近时，将 P_u 除以安全系数2.0～3.0，作为容许承载力。

(2) P-S 曲线上没有明显的直线段时，在 P-S 曲线较平缓的区段选取承载力，对一般黏性土、软土采用相对沉降不大于0.02对应的压力作为容许承载力；极限荷载 P_u 小于 $P_{s/b=0.02}$ 的2倍时，以 $P_u/2$ 作为容许承载力；对低压缩性土、砂土采用相对沉降0.010～0.015对应的压力作为容许承载力；对软岩、较软岩采用相对沉降0.001～0.002对应的压力作为容许承载力。

14.2.4.5 基准基床系数可根据承压板的边长为30 cm的平板载荷试验按下式计算：

$$K_v = P/S \tag{14.2.4-3}$$

式中，K_v 为基准基床系数（kN/m^3）；P/S 为 P-S 曲线直线段的斜率，P-S 曲线无直线段时，P 取临塑荷载的一半（kPa），S 为相应于该 P 值的沉降值（m）。

【例题 31】

某港口工程中进行载荷试验，圆形载荷板面积为2 500 cm^2，场地为粉质黏土，载荷曲线上查得比例极限为200 kPa，相应的沉降量为12 mm，极限荷载为320 kPa，相应的沉降值为49 mm，如安全系数取2，该粉质黏土的变形模量及承载力分别为（　　）。

(A)6 313 kPa、200 kPa　　(B)2 560.6 kPa、200 kPa

(C)6 313 kPa、160 kPa　　(D)2 560.6 kPa、160 kPa

解

①变形模量 E_0

载荷板直径 d 为

$$d=\sqrt{\frac{A\times4}{\pi}}=\sqrt{\frac{2\,500\times4}{3.14}}=56.4(\text{cm})$$

$$E_0=0.785(1-\mu^2)d\,\frac{P}{S}=0.785\times(1-0.38^2)\times56.4\times\frac{200}{1.2}=6\,313.5(\text{kPa})$$

②承载力

由比例极限 $P_0=200$ kPa；极限荷载 $P_u=320$ kPa 得

$$\frac{1}{2}P_u=160\ \text{kPa}<200\ \text{kPa}$$

$\frac{1}{2}P_u<P_0$，取 $\frac{1}{2}P_u$ 作为土的允许承载力。

该粉质黏土的变形模量为 6 534.9 kPa，承载力为 160 kPa。

例题解析

①利用载荷试验资料确定变形模量时，P 与 S 应在直线段或与之相当的范围内取值。

②承载力取值应根据 P-S 曲线类型及 P_0 与 P_u 的关系选取。

③本例题中正确答案为(C)，如采用极限荷载及其相应的沉降量计算变形模量并取比例极限作为地基的承载力则得到错误答案(B)。

【案例模拟题 56】

某港口地基土为砂土，采用面积为 5 000 cm^2 的圆形载荷板进行平板载荷试验，测得比例极限为 180 kPa，与其相应的沉降值为 10 mm，最终荷载为 400 kPa，相应的沉降值为 40 cm，但土体未出现破坏现象，该砂土的变形模量及承载力分别为(　　)。

(A)10 262.0 kPa、200 kPa　　(B)5 736.8 kPa、200 kPa

(C)10 262.0 kPa、180 kPa　　(D)5 736.8 kPa、180 kPa

【案例模拟题 57】

某港口工程地基为均质黏土，采用面积 5 000 cm^2 的载荷板进行载荷试验，比例界限为 200 kPa，相应的沉降值为 8 mm，该黏土的变形模量为(　　)。

(A)11 MPa　　(B)13 MPa　　(C)15 MPa　　(D)17 MPa

1.4.10 《水运工程岩土勘察规范》(JTS 133—2013)中旁压试验资料的整理及应用

JTS 133—2013 的相关规定如下。

14.7.1　旁压试验可分为预钻式和自钻式两类。预钻式旁压试验可用于黏性土、粉土、砂土、碎石土、残积土、风化岩和软岩等；自钻式旁压试验可用于软土、黏性土、粉土、砂土等。

14.7.2　旁压试验孔应符合下列规定：

14.7.2.1　试验孔的平面布置应具有代表性，在同一场地不宜少于 2 个孔；试验孔与已有钻孔的水平距离不得小于 3 m。

14.7.2.2　孔内试验点的垂直间距不宜小于 1 m，旁压器的测量腔应在同一土层内，同一土层内试验点总数不宜少于 6 个。

14.7.2.3　预钻式旁压试验应根据岩土条件采用适当的成孔方法，其成孔质量应满足下列要求：

①孔壁垂直、光滑、截面呈圆形、不受扰动。

②成孔直径比旁压器外径大 2～6 mm；成孔深度大于试验深度 0.5 m。

③同一试验孔试验点按自上而下顺序，每一试验段成孔后尽快试验。

14.7.2.4 自钻式旁压试验应根据岩土条件调整切削器位置、冲洗液喷头位置、进尺速率、切削器旋转速率、冲洗液压力与流量，并保证自钻成孔质量。

14.7.3 旁压试验操作主要技术要求应符合下列规定：

14.7.3.1 旁压试验的加压等级可为预估极限压力的 1/12～1/8。也可参照表 14.7.3选用。

试验的加压等级 表 14.7.3

土的工程特性	加压等级 ΔP/kPa	
	临塑压力前	临塑压力后
淤泥、淤泥质土、流塑的黏性土、粉土，饱和或松散粉细砂	$\Delta P \leqslant 15$	$\Delta P \leqslant 30$
软塑的黏性土、粉土，稍密很湿的粉细砂，稍密的中、粗砂	$15 < \Delta P \leqslant 25$	$30 < \Delta P \leqslant 50$
可塑至硬塑的黏性土、粉土，中密至密实很湿的粉细砂，稍密至中密的中、粗砂	$25 < \Delta P \leqslant 50$	$50 < \Delta P \leqslant 100$
坚硬的黏性土、粉土，密实的中、粗砂	$50 < \Delta P \leqslant 100$	$100 < \Delta P \leqslant 200$
中密至密实的碎石类土、风化岩、软岩	$\Delta P > 100$	$\Delta P > 200$

14.7.3.2 各级压力下的相对稳定时间宜为 1 min 或 3 min，可按下列要求测记测管的水位下降值或旁压器测量腔扩张体积量：

①对稳定时间为 1 min 的，按 15 s、30 s、60 s 测记。

②对稳定时间为 3 min 的，按 1 min、2 min、3 min 测记。

14.7.3.3 当扩张体积相当于测量腔的固有体积时，或压力达到仪器的容许最大压力时，应终止试验。

14.7.4 旁压试验资料的整理和应用应符合下列规定：

14.7.4.1 绘制 P-V 曲线应采用校正后的压力和校正后的体积变量。

14.7.4.2 从 P-V 曲线上可按下列方法确定初始压力、临塑压力和极限压力：

①将旁压曲线直线段延长与纵坐标轴相交，由交点作与 P 轴平行线相交于曲线的一点，其对应的压力为初始压力值。

②取旁压曲线直线段的终点，即曲线与直线段的第二个切点所对应的压力为临塑压力值。

③曲线过临塑压力，趋向于纵轴平行的渐近线时，其对应的压力为极限压力值。当极限压力值不能直接求取时，可用曲线外推法或倒数曲线法求取。

14.7.4.3 旁压模量可按下式计算：

$$E_{m}=2(1+\mu)(V_{c}+V_{m})\frac{\Delta P}{\Delta V} \tag{14.7.4-1}$$

式中，E_m 为旁压模量（kPa）；μ 为地基土的泊松比，可按表 14.2.4 取值；V_c 为旁压器中腔初始体积（cm^3）；V_m 为平均体积增量，为旁压曲线上直线段两端点间压力所对应的体积增量之和的一半（cm^3）；ΔP 为旁压曲线上直线段的压力增量（kPa）；ΔV 为相应于 ΔP 的体积增量（cm^3）。

14.7.4.4 地基容许承载力可按下列公式确定：

临塑压力法 $$f=P_f-P_0 \tag{14.7.4-2}$$

极限压力法 $$f=\frac{(P_L-P_0)}{F} \tag{14.7.4-3}$$

式中：f 为地基容许承载力(kPa)；P_f 为临塑压力(kPa)；P_0 为初始压力(kPa)；P_L 为极限压力(kPa)；F 为安全系数，取 2～3。

14.7.4.5 静止侧压力系数可按下式估算：

$$K_0=\frac{P_0}{z\gamma} \tag{14.7.4-4}$$

式中，K_0 为静止侧压力系数；P_0 为初始压力(kPa)；z 为旁压器中心点至地面的土柱高度(m)；γ 为土的重度(kN/m^3)。

【例题 32】

某港口工程场地中进行旁压试验，从整理后的旁压曲线上查得 $P_0=40$ kPa，$P_{0m}=100$ kPa，$P_f=280$ kPa，$P_L=460$ kPa，与各特征点压力相对应的体积变形量分别为 $V_0=80$ cm^3，$V_{0m}=90$ cm^3，$V_f=130$ cm^3，$V_L=600$ cm^3，旁压器中腔体积为 565 cm^3，中腔长度为 200 mm，外径为 60 mm，量管截面积为 13.2 cm^2，取安全系数 $F=2$，泊松比 $\mu=0.3$，该土层的容许承载力及旁压模量分别为(　　)。

(A)210 kPa、7 897.5 kPa　　(B)225 kPa、7 897.5 kPa

(C)240 kPa、7 897.5 kPa　　(D)210 kPa、6 987.4 kPa

解

①地基土的容许承载力 f

临塑压力法

$$f=P_f-P_0=280-40=240(\text{kPa})$$

极限压力法

$$f=\frac{(P_L-P_0)}{F}=(460-40)/2=210(\text{kPa})$$

取 $f=210$ kPa

②旁压模量 E_m

$$V_m=\frac{(V_{0m}+V_f)}{2}=(90+130)/2=110(\text{cm}^3)$$

$$\Delta P=P_f-P_{0m}=280-100=180(\text{kPa})$$

$$\Delta V=V_f-V_{0m}=130-90=40(\text{cm}^3)$$

$$E_m=2(1+\mu)(V_0+V_m)\frac{\Delta P}{\Delta V}$$

$$=2\times(1+0.3)\times(565+110)\times\frac{180}{40}=7\,897.5(\text{kPa})$$

该地基土承载力为 210 kPa，旁压模量为 7 897.5 kPa。

例题解析

①承载力应取临塑压力法和极限压力法中较小值。

②平均体积增量 V_m 应取 $(V_f+V_{0m})/2$，《工程地质手册》中 V_m 取 $(V_0+V_f)/2$。

③泊松比 μ 可取经验值。

④本例题中正确答案为(A)。

【案例模拟题 58】

某港口工程中黏土场地进行旁压试验，旁压器中腔长度 250 mm，中腔体积为 491 cm^3，土体泊松比为 0.40，安全系数取 2.0，旁压特征点压力值分别为 $P_0=80$ kPa，$P_{0m}=100$ kPa，$P_f=240$ kPa，$P_1=420$ kPa 与特征点压力相对应的体积变形量分别为 $V_0=80$ cm^3，$V_{0m}=100$ cm^3，$V_f=120$ cm^3，$V_1=480$ cm^3，该土层承载力及旁压模量分别为(　　)。

(A)170 kPa、11 779.6 kPa　　(B)170 kPa、89 783.5 kPa

(C)160 kPa、11 779.6 kPa　　(D)160 kPa、89 783.5 kPa

【案例模拟题 59】

某港口工程为黏土场地，在 5.0 m 处进行旁压试验，测得初始压力为 35 kPa，临塑压力为 240 kPa，极限压力为 450 kPa，黏土的天然重度为 20 kN/m^3，地下水位埋深为 2.0 m，该黏性土的静止侧压力系数为(　　)。

(A)0.35　　(B)0.5　　(C)0.6　　(D)0.7

1.4.11　插值方法在岩土工程中的应用

在岩土工程实践工作中和注册岩土工程师考试中，经常会遇到插值问题，这些插值问题多数为一元一次插值，见图 1.4.11.1。有些为二元一次插值，二元一次插值可简化为三个一元一次插值问题。

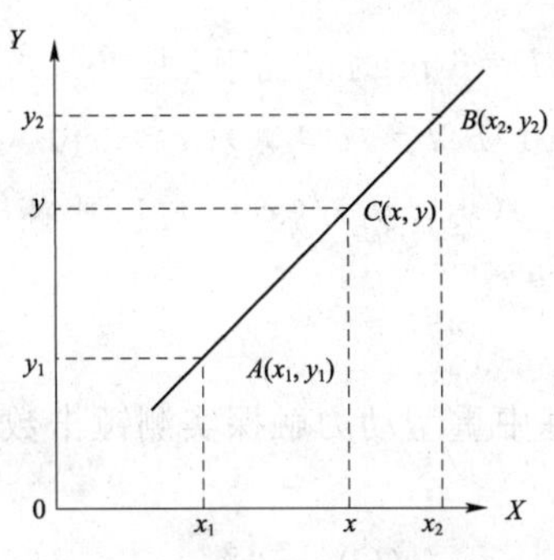

图 1.4.11.1　一元一次插值

所谓一元一次插值问题即已知平面直角坐标系中直线 AB 上两点 $A(x_1, y_1)$、$B(x_2, y_2)$，求直线 AB 两点间横坐标为 x 的某一点 C 的纵坐标。

因为

$$\frac{x-x_1}{x_2-x_1}=\frac{y-y_1}{y_2-y_1}$$

所以可推导出

$$y=y_1+(x-x_1)\frac{y_2-y_1}{x_2-x_1}$$

在实际问题中，(y_2-y_1)、(x_2-x_1)都是两个较小的数，且有一定规律。$(x-x_1)$也是一个可以心算的小数，因此可直接把$(x-x_1)$、(y_2-y_1)和(x_2-x_1)心算得出，计算非常简便。下面举例说明。

【例题 33】

某民用建筑场地为碎石土，为判定碎石土的密实度进行了重型动力触探，触探杆长度为6.0 m，实测动探击数为22，该碎石土的密实度为(　　)。

(A)松散　　(B)稍密　　(C)中密　　(D)密实

解

据《岩土工程勘察规范》(GB 50021—2001)(2009 年版)第 3.3.8 条及附录 B 计算如下。

①确定插值点

触探杆长度为 6 m，实测击数为 22 击，查《岩土工程勘察规范》附录 B 表 B.0.1。

$$L=6, N'_{63.5}=20 \text{ 时}, \alpha_1=0.85$$

$$L=6, N'_{63.5}=25 \text{ 时}, \alpha_1=0.83$$

可不考虑杆长 L，令

$$x_1=20, y_1=0.85$$

$$x_2=25, y_2=0.83$$

②求当 $x=22$ 时 y 的值

$$x_2-x_1=25-20=5$$

$$y_2-y_1=0.83-0.85=-0.02$$

$$x-x_1=22-20=2$$

$$y=y_1+(x-x_1)\frac{y_2-y_1}{x_2-x_1}=0.85+2\times\frac{-0.02}{5}=0.842$$

例题解析

①首先确定插值范围，即在 $L=6$ m 的情况下，求 $20<N'_{63.5}<25$ 时，α_1 的值。

②计算(实际工作熟练掌握后应心算或口算)(x_2-x_1)、(y_2-y_1)、$(x-x_1)$的值。

③代入公式：$y=y_1+(x-x_1)(y_2-y_1)/(x_2-x_1)$，可求出 $N'_{63.5}=22$ 时 α_1 的值。

④本例题中 $\alpha_1=0.842$。

【案例模拟题 60】

某民用建筑场地碎石土地基中重型动力触探实测锤击数为 43，触探杆长为 8 m，杆长修正系数应取(　　)。

(A)1.0　　(B)0.71　　(C)0.70　　(D)0.67

【案例模拟题 61】

某民用建筑场地为碎石土场地，在 9.0 m 处进行重型动力触探试验，测得锤击数为25 击，该碎石土的密实度为(　　)。

(A)松散　　(B)稍密　　(C)中密　　(D)密实

在工程实践中，有时会遇到多因素插值，如在上面的例题 32 和模拟题 60 中，如杆长 L 不是偶数 2、4、6、…、20 时，杆长修正系数就是受实测锤击数 $N'_{63.5}$ 和杆长 L 两因素影响的，在插值时一般是二元一次插值问题，这些问题可以化为三个一元一次线性插值问题，一元一次插值方法与上面介绍的方法相同，举例说明如下。

【例题 34】

某民用建筑场地为碎石土，用重型动力触探指标确定碎石土的密实度，实测动探击数为32 击，动探杆长度为 13 m，该碎石土的密实度为(　　)。

(A)松散　　(B)稍密　　(C)中密　　(D)密实

解

①确定插值范围

触探杆长度：$12<L=13<14$；

实测动探击数：$30<N'_{63.5}=32<35$。

$$当\ L=12, N'_{63.5}=30\ 时, \alpha_1=0.64$$

$$当\ L=12, N'_{63.5}=35\ 时, \alpha_1=0.61$$

$$当\ L=14, N'_{63.5}=30\ 时, \alpha_1=0.58$$

$$当\ L=14, N'_{63.5}=35\ 时, \alpha_1=0.56$$

$$当\ L=13, N'_{63.5}=32\ 时, \alpha_1=?$$

②设 $L=12$ m，求 $N'_{63.5}=32$ 时的修正系数

$$x_1=30\quad x_2=35,$$

$$y_1=0.64\quad y_2=0.61$$

求当 $x=32$ 时的 y 值

$$x-x_1=32-30=2$$

$$x_2-x_1=35-30=5$$

$$y_2-y_1=0.61-0.64=-0.03$$

$$y=y_1+(x-x_1)\frac{y_2-y_1}{x_2-x_1}=0.64+2\times\frac{-0.03}{5}=0.628$$

（完成第一次插值）

③设 $L=14$ m，求 $N'_{63.5}=32$ 时的修正系数

$$x_1=30\quad x_2=35$$

$$y_1=0.58\quad y_2=0.56$$

求当 $x=32$ 时的修正系数 y 值

$$x-x_1=32-30=2$$

$$x_2-x_1=35-30=5$$

$$y_2-y_1=0.56-0.58=-0.02$$

$$y=y_1+(x-x_1)\frac{y_2-y_1}{x_2-x_1}=0.58+2\times\frac{-0.02}{5}=0.572$$

（完成第二次插值）

④设 $N'_{63.5}=32$，求 $L=13$ m 时的修正系数

$$x_1=12\quad x_2=14$$

$$y_1=0.628\quad y_2=0.572$$

求当 $x=L=13$ m 时修正系数 y 值

$$x-x_1=13-12=1$$

$$x_2-x_1=14-12=2$$

$$y_2-y_1=0.572-0.628=-0.056$$

$$y=y_1+(x-x_1)\frac{y_2-y_1}{x_2-x_1}=0.628+1\times\frac{-0.056}{2}=0.60$$

特别强调的是，$L=13$ 位于 12 与 14 之间，即 $x_2-x=x-x_1$；这时，$x_2-x_1=2(x-x_1)$，函数 y 的值即等于 y_1 与 y_2 之和的一半，即

$$y=y_1+(x-x_1)\frac{y_2-y_1}{x_2-x_1}=y_1+\frac{1}{2}(y_2-y_1)=\frac{1}{2}(y_1+y_2)$$

$$=\frac{1}{2}\times(0.628+0.572)=0.6$$

（完成第三次插值）

$$\text{当 } L=13 \text{ 时}, N'_{63.5}=32 \text{ 时}, \alpha_1=0.60$$

$$N_{63.5}=\alpha_1 N'_{63.5}=0.6\times32=19.2$$

该碎石土为中密状态。

例题解析

①二元一次插值问题可简化为三个一元一次插值问题，插值时应先确定插值区间，然后分步计算。

②如 $x_2-x=x-x_1$，则 $y=(y_2+y_1)/2$ 即中间点函数值为两端点函数值的一半。

③先熟悉插值方法，然后多做练习，尽量做到能心算或口算，这样，才能在考试时节省宝贵的时间。

④本例题中正确答案为(C)。

【案例模拟题 62】

某公路工程中一小桥地基为一般黏性土，室内试验测得孔隙比为 0.930，液性指数为 0.77，该黏性土地基的承载力[按《公路桥涵地基与基础设计规范》(JTG D63—2007)计算]应为(　　)。

(A)143 kPa　　(B)166 kPa　　(C)159.1 kPa　　(D)171 kPa

【案例模拟题 63】

某民用建筑场地为碎石土场地，在地表下 7.5 m 处进行重型动力触探，地面以上触探杆长 1.0 m，连续击打 17 锤后贯入 6.5 cm，如需确定碎石土的密实度，其动探击数应采用(　　)。

(A)19.3　　(B)19.7　　(C)20　　(D)26.2

1.5　特殊性岩土

1.5.1　按《岩土工程勘察规范》(GB 50021—2001)(2009 年版)判定湿陷性土地基的湿陷等级

GB 50021—2001)(2009 年版)的相关规定如下。

6.1.1　本节适用于干旱和半干旱地区除黄土以外的湿陷性碎石土、湿陷性砂土和其他湿陷性土的岩土工程勘察。对湿陷性黄土的勘察应按现行国家标准《湿陷性黄土地区建筑规范》(GB 50025—2004)执行。

6.1.4　湿陷性土的岩土工程评价应符合下列规定：

①湿陷性土的湿陷程度划分应符合表 6.1.4 的规定。

②湿陷性土的地基承载力宜采用载荷试验或其他原位测试确定。

③对湿陷性土边坡，当浸水因素引起湿陷性土本身或其与下伏地层接触面的强度降低时，应进行稳定性评价。

湿陷程度分类 表 6.1.4

湿陷程度 \ 试验条件	附加湿陷量 ΔF_s/cm	
	承压板面积 0.50 m^2	承压板面积 0.25 m^2
轻微	$1.6<\Delta F_s\leqslant 3.2$	$1.1<\Delta F_s\leqslant 2.3$
中等	$3.2<\Delta F_s\leqslant 7.4$	$2.3<\Delta F_s\leqslant 5.3$
强烈	$\Delta F_s>7.4$	$\Delta F_s>5.3$

注：对能用取土器取得不扰动试样的湿陷性粉砂，其试验方法和评定标准按现行国家标准《湿陷性黄土地区建筑规范》(GB 50025—2004)执行。

6.1.5 湿陷性土地基受水浸湿至下沉稳定为止的总湿陷量 Δ_s(cm)，应按下式计算：

$$\Delta_s = \sum_{i=1}^{n}\beta\Delta F_{si}h_i \tag{6.1.5}$$

式中，ΔF_{si} 为第 i 层土浸水载荷试验的附加湿陷量(cm)；h_i 为第 i 层土的厚度(cm)，从基础底面(初步勘察时自地面下 1.5 m)算起，$\Delta F_{si}/b<0.023$ 的不计入；β 为修正系数(cm^{-1})。承压板面积为 0.5 m^2 时，$\beta=0.014$ 承压板面积为 0.25 m^2 时，$\beta=0.020$。

6.1.6 湿陷性土地基的湿陷等级应按表 6.1.6 判定。

湿陷性土地基的湿陷等级 表 6.1.6

总湿陷量 Δ_s/cm	湿陷性土总厚度/m	湿 陷 等 级
$5<\Delta_s\leqslant 30$	>3	Ⅰ
	≤3	Ⅱ
$30<\Delta_s\leqslant 60$	>3	
	≤3	Ⅲ
$\Delta_s>60$	>3	
	≤3	Ⅳ

6.1.7 湿陷性土地基的处理应根据土质特征、湿陷等级和当地建筑经验等因素综合确定。

【例题 35】

某干旱砂土场地中民用建筑初步勘察资料如下：

①0～2.4 m，砂土，$\Delta F_{s1}=2.91$ cm；

②2.4～3.5 m，砂土，$\Delta F_{s2}=4.2$ cm；

③3.5～7.2 m，砂土，$\Delta F_{s3}=1.05$ cm；

④7.2 m 以下，全风化泥岩。

承压板面积为 0.25 m^2，垂直压力为 200 kPa，该地基的湿陷等级为(　　)。

(A)Ⅰ级　　(B)Ⅱ级　　(C)Ⅲ级　　(D)Ⅳ级

解

①承压板宽度 b

$$b=\sqrt{A}=\sqrt{0.25\times 10\,000}=50(\text{cm})$$

②计算附加湿陷量与承压板宽度之比。

$$\Delta F_{s1}/b=2.91/50=0.058\,2$$

$$\Delta F_{s2}/b=4.2/50=0.084$$

$$\Delta F_{s3}/b=1.05/50=0.021$$

第三层土的附加湿陷量与承压板直径之比小于 0.023，其湿陷量不应计入总湿陷量。

③计算总湿陷量

$$\Delta_s=\sum_{i=1}^{n}\beta\Delta F_{si}h_i=0.020\times[2.91\times(240-150)+4.2\times(350-240)]$$
$$=14.5\ (\text{cm})$$

$$\sum h_i=0.9+1.1=2\ (\text{m})<3\ \text{m}$$

$\Delta_s=14.5$ cm，湿陷性土总厚度小于 3 m，由表 6.1.6 知，湿陷等级为Ⅱ级。

例题解析

①计算湿陷性土的总湿陷量时，ΔF_{si} 和 h_i 的单位均使用cm。

②初步设计自地表下 1.5 m 起算，施工图设计自基础底面起算，计算至湿陷性土底面止。

③计算总湿陷量时，$\Delta F_{si}/b<0.023$ 的不应计入。

④根据总湿陷量 Δ_s 和湿陷性土总厚度确定湿陷性土地基的湿陷性等级。

⑤湿陷性土的湿陷程度划分时，采用面积为 5 000 cm^2 或 2 500 cm^2 的承压板测得的附加湿陷量 ΔF_{si}。

⑥本例题中正确答案为(B)。

【案例模拟题 64】

某干旱地区民用建筑场地初勘资料如下：

①0～2.4 m，砂土，$\Delta F_{s1}=3.9$ cm；

②2.4～4.2 m，砂土，$\Delta F_{s2}=3.8$ cm；

③4.2～6.1 m，砂土，$\Delta F_{s3}=1.1$ cm；

④6.1 mm 以下为基岩。

承压板面积为 2500 cm^2，垂直压力为 200 kPa。该场地土的总湿陷量及湿陷等级分别为

(　　)。

(A)32.4 cm、Ⅲ级　　　　(B)20.7 cm、Ⅱ级

(C)32.4 cm、Ⅱ级　　　　(D)20.7 cm、Ⅰ级

1.5.2　按《岩土工程勘察规范》(GB 50021—2001)(2009 年版)划分红黏土的状态、地基均匀性等

GB 50021—2001)(2009 年版)/6.2.2 规定：红黏土地区的岩土工程勘察，应着重查明其状态分布、裂隙发育特征及地基的均匀性。

①红黏土的状态除按液性指数判定外，尚可按表 6.2.2.1 判定。

红黏土的状态分类　　表 6.2.2.1

状　态	含　水　比
坚硬	$\alpha_w \leqslant 0.55$
硬塑	$0.55 < \alpha_w \leqslant 0.70$
可塑	$0.70 < \alpha_w \leqslant 0.85$
软塑	$0.85 < \alpha_w \leqslant 1.00$
流塑	$\alpha_w > 1.00$

注：$\alpha_w = w/w_L$。

②红黏土的结构可根据其裂隙发育特征按表 6.2.2.2 分类。

红黏土的结构分类　　表 6.2.2.2

土体结构	裂隙发育特征
致密状的	偶见裂隙(<1 条/m)
巨块状的	较多裂隙(1～2 条/m)
碎块状的	富裂隙(>5 条/m)

③红黏土的复浸水特性可按表 6.2.2.3 分类。

红黏土的复浸水特性分类　　表 6.2.2.3

类　别	I_r 与 I'_r 关系	复浸水特性
Ⅰ	$I_r \geqslant I'_r$	收缩后复浸水膨胀，能恢复到原位
Ⅱ	$I_r < I'_r$	收缩后复浸水膨胀，不能恢复到原位

注：$I_r = w_L/w_P$，$I'_r = 1.4 + 0.0066 w_L$。

④红黏土的地基均匀性可按表 6.2.2.4 分类。

红黏土的地基均匀性分类　　表 6.2.2.4

地基均匀性	地基压缩层范围内岩土组成
均匀地基	全部由红黏土组成
不均匀地基	由红黏土和岩石组成

【例题 36】

某红黏土地基详勘时资料如下：$w=46\%$，$w_P=32\%$，$w_L=58\%$，该红黏土的状态及复浸水性类别分别为（　　）。

(A)软塑、Ⅰ类　　(B)可塑、Ⅰ类　　(C)软塑、Ⅱ类　　(D)可塑、Ⅱ类

解

①含水比

$$\alpha_w = w/w_L = 46/58 = 0.79$$

该红黏土为可塑状态。

②液性指数

$$I_L = \frac{w - w_P}{w_L - w_P} = \frac{46-32}{58-32} = 0.54$$

该红黏土为可塑状态。

③复浸水特性分类

液塑比 I_r

$$I_r = w_L/w_P = 58/32 = 1.81$$

界限液塑比 I'_r

$$I'_r = 1.4 + 0.0066 w_L = 1.4 + 0.0066 \times 58 = 1.78$$

$I_r = 1.81 > I'_r = 1.78$，液塑比大于界限液塑比，复浸水特性类别为Ⅰ类。

该红黏土状态为可塑，复浸水特性类别为Ⅰ类。

例题解析

①红黏土的状态可按液性指数 I_L 确定，也可按含水比 α_w 确定。

②红黏土的复浸水特性可按液塑比和界限液塑比分类。

③本例中正确答案为(B)。

【案例模拟题 65】

黏土场地含水率 $w=44\%$，液限 $w_L=61\%$，塑限 $w_P=35\%$，该红黏土地基的状态及复浸水性类别分别为（　　）。

(A)软塑、Ⅰ类　　(B)可塑、Ⅰ类　　(C)软塑、Ⅱ类　　(D)可塑、Ⅱ类

1.5.3　按《岩土工程勘察规范》(GB 50021—2001)(2009 年版)修正花岗岩残积土的液性指数

GB 50021—2001)(2009 年版)/6.9.4 规定：对花岗岩残积土，为求得合理的液性指数，应确定其中细粒土(粒径小于 0.5 mm)的天然含水率 w_f、塑性指数 I_P、液性指数 I_L，试验应筛去粒径大于 0.5 mm 的粗颗粒后再做。而常规试验方法所测的天然含水率失真，计算出的液性指数都小于零，与实际情况不符。细粒土的天然含水率可以实测，也可用下式计算：

$$w_f = \frac{w - w_A \times 0.01 P_{0.5}}{1 - 0.01 P_{0.5}} \qquad I_P = w_L - w_P \qquad I_L = \frac{w_f - w_P}{I_P}$$

式中：w 为花岗岩残积土(包括粗、细粒土)的天然含水率(%)；w_A 为粒径大于 0.5 mm 颗粒吸着水含水率(%)，可取 5%；$P_{0.5}$ 为粒径大于 0.5 mm 颗粒质量占总质量的百分比(%)；w_L 为粒径小于 0.5 mm 颗粒的液限含水率(%)；w_P 为粒径小于 0.5 mm 颗粒的塑限含水率(%)。

【例题 37】

某民用建筑场地为花岗岩残积土场地，场地勘察资料表明，土的天然含水率为 16%，其中细粒土(粒径小于 0.5 mm)的质量百分含量为 75%，细粒土的液限为 29，塑限为 18，该花岗岩残积土的液性指数及状态分别为(　　)。

(A)−0.18、坚硬　　(B)0.15、坚硬　　(C)−0.18、硬塑　　(D)0.15、硬塑

解

①细粒土的天然含水率：

取粒径大于 0.5 mm 的颗粒吸着水含水率 $w_A=5\%$。

粒径大于 0.5 mm 颗粒质量占总质量的百分比 $P_{0.5}=100\%-75\%=25\%$。

细粒土的天然含水率 w_f

$$w_f=\frac{w-w_A\times 0.01P_{0.5}}{1-0.01P_{0.5}}=\frac{16-5\times 0.01\times 25}{1-0.01\times 25}=19.7\%$$

②花岗岩残积土的液性指数及状态：

塑性指数 I_p

$$I_P=w_L-w_P=29-18=11$$

液性指数 I_L

$$I_L=\frac{w_f-w_P}{I_P}=\frac{19.7-18}{11}=0.15$$

$I_L=0.15$，花岗岩残积土为硬塑状态。

例题解析

①确定花岗岩残积土的状态时，应对天然含水率进行修正，液塑限应筛除粒径大于 0.5 mm 的颗粒后进行试验。

②本例题正确答案为(D)，如不对天然含水率进行修正，则得到错误答案(A)。

【案例模拟题 66】

某花岗岩残积土场地，土的天然含水率为 17%，粗粒土(粒径大于 0.5 mm)的颗粒质量百分含量为 31%，细粒部分的液限为 30%，塑限为 18%，该花岗岩残积土的液性指数应为(　　)。

(A)−0.1　　(B)0　　(C)0.1　　(D)0.37

1.6 工程岩体分级及围岩分类

1.6.1 按《工程岩体分级标准》(GB/T 50218—2014)进行岩体分级

GB/T 50218—2014 的相关规定如下。

3.1 分级因素及其确定方法

3.1.1 岩体基本质量应由岩石坚硬程度和岩体完整程度两个因素确定。

3.1.2 岩石坚硬程度和岩体完整程度，应采用定性划分和定量指标两种方法确定。

3.2 分级因素的定性划分

3.2.1 岩石坚硬程度的定性划分应符合表 3.2.1 的规定。

岩石坚硬程度的定性划分　　表 3.2.1

坚硬程度		定性鉴定	代表性岩石
硬质岩	坚硬岩	锤击声清脆，有回弹，震手，难击碎； 浸水后，大多无吸水反应	未风化～微风化的； 花岗岩、正长岩、闪长岩、辉绿岩、玄武岩、安山岩、片麻岩、硅质板岩、石英岩、硅质胶结的砾岩、石英砂岩、硅质石灰岩等
	较坚硬岩	锤击声较清脆，有轻微回弹，稍震手，较难击碎； 浸水后，有轻微吸水反应	1.中等(弱)风化的坚硬岩； 2.未风化～微风化的：熔结凝灰岩、大理岩、板岩、白云岩、石灰岩、钙质砂岩、粗晶大理岩等
软质岩	较软岩	锤击声不清脆，无回弹，较易击碎； 浸水后，指甲可刻出印痕	1.强风化的坚硬岩； 2.中等(弱)风化的较坚硬岩； 3.未风化～微风化的：凝灰岩、千枚岩、砂质泥岩、泥灰岩、泥质砂岩、粉砂岩、砂质页岩等
	软岩	锤击声哑，无回弹，有凹痕，易击碎；浸水后，手可掰开	1.强风化的坚硬岩； 2.中等(弱)风化～强风化的较坚硬岩； 3.中等(弱)风化的较软岩； 4.未风化的泥岩、泥质页岩、绿泥石片岩、绢云母片岩等
	极软岩	锤击声哑，无回弹，有较深凹痕，手可捏碎； 浸水后，可捏成团	1.全风化的各种岩石； 2.强风化的软岩； 3.各种半成岩

3.2.2 岩石坚硬程度定性划分时，其风化程度应按表 3.2.2 的规定确定。

岩石风化程度的划分 表 3.2.2

风化程度	风化特征
未风化	岩石结构构造未变，岩质新鲜
微风化	岩石结构构造、矿物成分和色泽基本未变，部分裂隙面有铁锰质渲染或略有变色
中等(弱)风化	岩石结构构造部分破坏，矿物成分和色泽较明显变化，裂隙面风化较剧烈
强风化	岩石结构构造大部分破坏，矿物成分和色泽明显变化，长石、云母和铁镁矿物已风化蚀变
全风化	岩石结构构造完全破坏，已崩解和分解成松散土状或砂状，矿物全部变色，光泽消失，除石英颗粒外的矿物大部分风化蚀变为次生矿物

3.2.3 岩体完整程度的定性划分应符合表 3.2.3 的规定。

岩体完整程度的定性划分 表 3.2.3

完整程度	结构面发育程度		主要结构面的结合程度	主要结构面类型	相应结构类型
	组数	平均间距/m			
完整	1～2	＞1.0	结合好或结合一般	节理、裂隙、层面	整体或巨厚层状结构
较完整	1～2	＞1.0	结合差	节理、裂隙、层面	块状或厚层状结构
	2～3	1.0～0.4	结合好或结合一般		块状结构
较破碎	2～3	1.0～0.4	结合差	节理、裂隙、劈理、层面、小断层	裂隙块状或中厚层状结构
	≥3	0.4～0.2	结合好		镶嵌碎裂结构
			结合一般		薄层状结构
破碎	≥3	0.4～0.2	结合差	各种类型结构面	裂隙块状结构
		≤0.2	结合一般或结合差		碎裂结构
极破碎	无序		结合很差		散体状结构

注：平均间距指主要结构面间距的平均值。

3.2.4 结构面的结合程度，应根据结构面特征，按表 3.2.4 确定。

结构面结合程度的划分 表 3.2.4

结合程度	结构面特征
结合好	张开度小于 1 mm，为硅质、铁质或钙质胶结，或结构面粗糙，无充填物； 张开度 1～3 mm，为硅质或铁质胶结； 张开度大于 3 mm，结构面粗糙，为硅质胶结
结合一般	张开度小于 1 mm，结构面平直，钙泥质胶结或无充填物； 张开度 1～3 mm，为钙质胶结； 张开度大于 3 mm，结构面粗糙，为铁质或钙质胶结

续上表

结合程度	结构面特征
结合差	张开度 1～3 mm，结构面平直，为泥质胶结或钙泥质胶结； 张开度大于 3 mm，多为泥质或岩屑充填
结合很差	泥质充填或泥夹岩屑充填，充填物厚度大于起伏差

3.3 分级因素的定量指标

3.3.1 岩石坚硬程度的定量指标，应采用岩石饱和单轴抗压强度 R_c。R_c 应采用实测值。当无条件取得实测值时，也可采用实测的岩石点荷载强度指数 $I_{s(50)}$ 的换算值，并按下式计算：

$$R_c = 22.82 I_{s(50)}^{0.75} \tag{3.3.1}$$

式中，R_c 为岩石饱和单轴抗压强度(MPa)。

3.3.2 岩体完整程度的定量指标，应采用岩体完整性指数 K_v。K_v 应采用实测值。当无条件取得实测值时，也可用岩体体积节理数 J_v，并按表 3.3.2 确定对应的 K_v 值。

J_v 与 K_v 的对应关系 表 3.3.2

J_v/(条/m³)	<3	3～10	10～20	20～35	≥35
K_v	>0.75	0.75～0.55	0.55～0.35	0.35～0.15	≤0.15

3.3.3 岩石饱和单轴抗压强度 R_c 与岩石坚硬程度的对应关系，可按表 3.3.3 确定。

R_c 与岩石坚硬程度的对应关系 表 3.3.3

R_c/MPa	>60	60～30	30～15	15～5	≤5
坚硬程度	硬质岩		软质岩		
	坚硬岩	较坚硬岩	较软岩	软岩	极软岩

3.3.4 岩体完整性指数 K_v 与岩体完整程度的对应关系，可按表 3.3.4 确定。

K_v 与岩体完整程度的对应关系 表 3.3.4

K_v	>0.75	0.75～0.55	0.75～0.35	0.35～0.15	≤0.15
完整程度	完整	较完整	较破碎	破碎	极破碎

3.3.5 定量指标 R_c、$I_{s(50)}$ 的测试应符合本标准附录 A 的规定。

3.3.6 定量指标 K_v、J_v 的测试应符合本标准附录 B 的规定。

4 岩体基本质量分级

4.1 基本质量级别的确定

4.1.1 岩体基本质量分级，应根据岩体基本质量的定性特征和岩体基本质量指标 BQ 两者相结合，并应按表 4.1.1 确定。

岩体基本质量分级 表 4.1.1

岩体基本质量级别	岩体基本质量的定性特征	岩体基本质量指标(BQ)
Ⅰ	坚硬岩，岩体完整	>550
Ⅱ	坚硬岩，岩体较完整； 较坚硬岩，岩体完整	550～451

续上表

岩体基本质量级别	岩体基本质量的定性特征	岩体基本质量指标(BQ)
Ⅲ	坚硬岩,岩体较破碎; 较坚硬岩,岩体较完整; 较软岩,岩体完整	450～351
Ⅳ	坚硬岩,岩体破碎; 较坚硬岩,岩体较破碎～破碎; 较软岩,岩体较完整～较破碎; 软岩,岩体完整～较完整	350～251
Ⅴ	较软岩,岩体破碎; 软岩,岩体较破碎～破碎; 全部极软岩及全部极破碎岩	≤250

4.1.2 当根据基本质量定性特征和岩体基本质量指标 BQ 确定的级别不一致时,应通过对定性划分和定量指标的综合分析,确定岩体基本质量级别。当两者的级别划分相差达1级及以上时,应进一步补充测试。

4.1.3 各基本质量级别岩体的物理力学参数,可按本标准表 D.0.1 确定。结构面抗剪断峰值强度参数,可根据其两侧岩石的坚硬程度和结构面结合程度,按本标准表 D.0.2 确定。

4.2 基本质量的定性特征和基本质量指标

4.2.1 岩体基本质量的定性特征,应由本标准表 3.2.1 和表 3.2.3 所确定的岩石坚硬程度及岩体完整程度组合确定。

4.2.2 岩体基本质量指标的确定应符合下列规定:

①岩体基本质量指标 BQ,应根据分级因素的定量指标 R_c 的兆帕数值和 K_v,按下式计算:

$$BQ=100+3R_c+250K_v \tag{4.2.2}$$

②使用公式(4.2.2)计算时,应符合下列规定:

a. 当 $R_c>90K_v+30$ 时,应以 $R_c=90K_v+30$ 和 K_v 代入计算 BQ 值。

b. 当 $K_v>0.04R_c+0.4$ 时,应以 $K_v=0.04R_c+0.4$ 和 R_c 代入计算 BQ 值。

5 工程岩体级别的确定

5.1 一般规定

5.1.1 对工程岩体进行初步定级时,应按本标准表 4.1.1 确定的岩体基本质量级别作为岩体级别。

5.1.2 对工程岩体进行详细定级时,应在岩体基本质量分级的基础上,结合不同类型工程的特点,根据地下水状态、初始应力状态、工程轴线或工程走向线的方位与主要结构面产状的组合关系等修正因素,确定各类工程岩体质量指标。

5.1.3 岩体初始应力状态对地下工程岩体级别的影响,应按本标准表 C.0.2 以相应初始应力和围岩强度确定的强度应力比值作为修正控制因素。

5.1.4 岩体初始应力状态,有实测的应力成果时,应采用实测值;无实测成果时,可根据工程埋深或开挖深度、地形地貌、地质构造运动史、主要构造线、钻孔中的岩心饼化和开挖过程中出现的岩爆等特殊地质现象,按本标准附录 C 作出评估。

5.1.5 对膨胀性及易溶性等特殊岩类，还应根据其特殊的变形破坏特性、岩溶发育程度及其对工程岩体的影响，综合确定工程岩体的级别。

5.2 地下工程岩体级别的确定

5.2.1 地下工程岩体详细定级，当遇有下列情况之一时，应对岩体基本质量指标BQ进行修正，并以修正后获得的工程岩体质量指标值依据本标准表4.1.1确定岩体级别。

①有地下水。

②岩体稳定性受结构面影响，且有一组起控制作用。

③工程岩体存在由强度应力比所表征的初始应力状态。

5.2.2 地下工程岩体质量指标[BQ]，可按下式计算。其修正系数K_1、K_2、K_3值，可分别按表5.2.2-1、表5.2.2-2、表5.2.2-3确定。

$$[BQ]=BQ-100(K_1+K_2+K_3) \quad (5.2.2)$$

式中，[BQ]为地下工程岩体质量指标；K_1为地下工程地下水影响修正系数；K_2为地下工程主要结构面产状影响修正系数；K_3为初始应力状态影响修正系数。

地下工程地下水影响修正系数 K_1 表5.2.2-1

地下水出水状态	BQ				
	>550	550～451	450～351	350～251	≤250
潮湿或点滴状出水，$p≤0.1$或$Q≤25$	0	0	0～0.1	0.2～0.3	0.4～0.6
淋雨状或线流状出水，$0.1<p≤0.5$或$25<Q≤125$	0～0.1	0.1～0.2	0.2～0.3	0.4～0.6	0.7～0.9
涌流状出水，$p>0.5$或$Q>125$	0.1～0.2	0.2～0.3	0.4～0.6	0.7～0.9	1.0

注：1. p为地下工程围岩裂隙水压(MPa)。

2. Q为每10 m洞长出水量(L/min·10 m)。

地下工程主要结构面产状影响修正系数 K_2 表5.2.2-2

结构面产状及其与洞轴线的组合关系	结构面走向与洞轴线夹角<30°结构面倾角30°～75°	结构面走向与洞轴线夹角>60°结构面倾角>75°	其他组合
K_2	0.4～0.6	0～0.2	0.2～0.4

初始应力状态影响修正系数 K_3 表5.2.2-3

围岩强度应力比$\left(\frac{R_c}{\sigma_{max}}\right)$	BQ				
	>550	550～451	450～351	350～251	≤250
<4	1.0	1.0	1.0～1.5	1.0～1.5	1.0
4～7	0.5	0.5	0.5	0.5～1.0	0.5～1.0

5.2.3 对跨度不大于 20 m 的地下工程，岩体自稳能力可按本标准附录 E 中表 E.0.1 确定。当其实际的自稳能力与本标准表 E.0.1 中相应级别的自稳能力不相符时，应对岩体级别作相应调整。

5.2.4 对跨度大于 20 m 或特殊的地下工程岩体，除应按本标准确定基本质量级别外，详细定级时，尚可采用其他有关标准中的方法，进行对比分析，综合确定岩体级别。

5.3 边坡工程岩体级别的确定

5.3.1 岩石边坡工程详细定级时，应根据控制边坡稳定性的主要结构面类型与延伸性、边坡内地下水发育程度，以及结构面产状与坡面间关系等影响因素，对岩体基本质量指标 BQ 进行修正，并以获得的工程岩体质量指标值按本标准表 4.1.1 确定岩体级别。

5.3.2 边坡工程岩体质量指标[BQ]，可按下列公式计算。其修正系数 λ、K_4、K_5值，可分别按表 5.3.2-1、表 5.3.2-2、表 5.3.2-3 确定。

$$[BQ]=BQ-100(K_4+\lambda K_5) \tag{5.3.2-1}$$

$$K_5=F_1\times F_2\times F_3 \tag{5.3.2-2}$$

式中，λ 为边坡工程主要结构面类型与延伸性修正系数；K_4 为边坡工程地下水影响修正系数；K_5 为边坡工程主要结构面产状影响修正系数；F_1 为反映主要结构面倾向与边坡倾向间关系影响的系数；F_2 为反映主要结构面倾角影响的系数；F_3 为反应边坡倾角与主要结构面倾角间关系影响的系数。

边坡工程主要结构面类型与延伸性修正系数 λ 表 5.3.2-1

结构面类型与延伸性	修正系数 λ
断层、夹泥层	1.0
层面、贯通性较好的节理和裂隙	0.9～0.8
断续节理和裂隙	0.7～0.6

边坡工程地下水影响修正系数 K_4 表 5.3.2-2

边坡地下水发育程度	BQ				
	＞550	550～451	450～351	350～251	≤250
潮湿或点滴状出水，$p_w<0.2H$	0	0	0～0.1	0.2～0.3	0.4～0.6
线流状出水，$0.2H<p_w\leqslant 0.5H$	0～0.1	0.1～0.2	0.2～0.3	0.4～0.6	0.7～0.9
涌流状出水，$p_w>0.5H$	0.1～0.2	0.2～0.3	0.4～0.6	0.7～0.9	1.0

注：1. p_w 为边坡坡内潜水或承压水头(m)。

2. H 为边坡高度(m)。

边坡工程主要结构面产状影响修正 表 5.3.2-3

序号	条件与修正系数	影响程度划分				
		较微	较小	中等	显著	很显著
1	结构面倾向与边坡坡面倾向间的夹角/(°)	＞30	30～20	20～10	10～5	≤5
	F_1	0.15	0.40	0.70	0.85	1.0
2	结构面倾角/(°)	＜20	20～30	30～35	35～45	≥45
	F_2	0.15	0.40	0.70	0.85	1.0
3	结构面倾角与边坡坡面倾角之差/(°)	＞10	10～0	0	0～−10	≤−10
	F_3	0	0.2	0.8	2.0	2.5

注:表中负值表示结构面倾角小于坡面倾角,在坡面出露。

5.3.3 对高度不大于 60 m 的边坡工程岩体,可根据已确定的级别,按本标准附录 E 中表 E.0.2 确定其自稳能力。

5.3.4 对高度大于 60 m 或特殊边坡工程岩体,除按本标准第 5.3.2 条确定[BQ]值外,尚应根据坡高影响,结合工程进行专门论证,综合确定岩体级别。

5.4 地基工程岩体级别的确定

5.4.1 地基工程岩体应按本标准表 4.1.1 规定的岩体基本质量级别定级。

5.4.2 地基工程各级别岩体基岩承载力基本值 f_0 可按表 5.4.2 确定。

基岩承载力基本值 f_0 表 5.4.2

岩体级别	Ⅰ	Ⅱ	Ⅲ	Ⅳ	Ⅴ
f_0/MPa	＞7.0	7.0～4.0	4.0～2.0	2.0～0.5	≤0.5

附录 A R_c、$I_{s(50)}$ 测试的规定

A.0.1 岩石饱和单轴抗压强度 R_c 的测试应符合下列规定:

①试验取样应根据地层岩性变化及岩体分级单元进行布置,并能反映拟分级岩体的坚硬程度及其变化规律。

②标准试件为圆柱形,可用钻孔岩心或在坑探槽中采取岩块加工制成。试件直径宜为 48～54 mm,并应大于岩石最大颗粒直径的 10 倍。试件高度与直径之比宜为2.0～2.5。

③试件加工精度应符合下列要求:

a. 试件两端面不平行度误差不应大于 0.05 mm。

b. 沿试件高度、直径的误差不应大于 0.3 mm。

c. 端面应垂直于试件轴线,最大偏差不应大于 0.25°。

④可采用自由吸水法或强制饱和法使试件吸水饱和。对软岩或极软岩,试件应采取保护措施。

⑤试验时，试件应置于试验机承压板中心，试件两端面应与试验机上下压板接触均匀，应以每秒0.5～1.0 MPa的速率加载直至破坏，应根据破坏荷载及试件截面面积计算岩石单轴抗压强度。

⑥每组试件数量不应少于3个。

A.0.2 岩石点荷载强度指数 $I_{s(50)}$ 的测试应符合下列规定：

①岩石点荷载强度指数 $I_{s(50)}$ 的测试，其试件尺寸应符合下列规定：

a. 径向岩心加载试验，岩心直径宜为30～70 mm，长度应为试件直径的1.4倍。

b. 岩心轴向加载试验，岩心直径宜为30～70 mm，长度应为试件直径的0.5～1.0倍。

c. 方块体试件或不规则块体试件，试件的最短边长宜为30～80 mm，加荷点间距 D 与通过两加载点的最小截面平均宽度 W 之比宜为0.5～1.0，且加载点至自由端的距离 L 应大于 $0.5D$。

②岩石点荷载强度指数测试过程中，沿加载点间的距离量测允许偏差应为±2%。岩心轴向试验中的试件纵截面宽度 W、方块体试件及不规则块体试件的通过两加载点的最小截面平均宽度 W，其量测允许偏差应为±5%。

③试验时应连续均匀加载，使试件控制在10～60 s内破坏。当破坏面贯穿整个试件，并通过两加载点时，试验结果方应有效。

④未经修正的岩石点荷载强度指数应按下式计算：

$$I_s = \frac{P}{D_e^2} \tag{A.0.2-1}$$

式中，I_s 为未经修正的岩石点荷载强度指数(MPa)；P 为破坏载荷(N)；D_e 为等价岩心直径(mm)。

岩心径向加载、岩心轴向加载、方块体及不规则块体加载试验，其等效岩心直径 D_e 应分别按下列公式计算：

$$D_e = D \tag{A.0.2-2}$$

$$D_e = \sqrt{\frac{4A}{\pi}} \tag{A.0.2-3}$$

$$D_e = \sqrt{\frac{4WD}{\pi}} \tag{A.0.2-4}$$

式中，D 为加载点间的距离(mm)；A 为通过两加载点的最小截面积(mm^2)；W 为通过两加载点的最小截面平均宽度(mm)。

⑤岩石点荷载强度指数应换算成直径为50 mm的标准试件的点荷载强度指数 $I_{s(50)}$。$I_{s(50)}$ 可按下列公式计算：

$$I_{s(50)} = K_d I_s \tag{A.0.2-5}$$

$$K_d = \left(\frac{D_e}{50}\right)^m \tag{A.0.2-6}$$

式中，K_d 为尺寸效应修正系数；m 为修正指数，可取0.40～0.45，也可根据同类岩石的实测资料，通过在对数坐标图上绘制不同等效直径的 P-D_e^2 关系图，并用作图法确定。

⑥点荷载强度指数测试，同组试验岩样数量不应少于 10 个。试验成果应为舍去最大、最小测试值后的算术平均值。

⑦点荷载测试不适用于砾岩和 R_c 不大于 5 MPa 的极软岩。

附录 B　K_v、J_v 测试的规定

B.0.1　岩体完整性指数 K_v 的测试应符合下列规定：

①应针对不同的工程地质岩组或岩性段，选择有代表性的测段，测试岩体弹性纵波速度，并应在同一岩体中取样，测试岩石弹性纵波速度。

②对于岩浆岩，岩体弹性纵波速度测试宜覆盖岩体内各裂隙组发育区域；对沉积岩和沉积变质岩层，弹性波测试方向宜垂直于或大角度相交于岩层层面。

③K_v 值应按下式计算：

$$K_v = \left(\frac{V_{pm}}{V_{pr}}\right)^2 \tag{B.0.1}$$

式中，V_{pm} 为岩体弹性纵波速度(km/s)；V_{pr} 为岩石弹性纵波速度(km/s)。

B.0.2　岩体体积节理数 J_v 的测试应符合下列规定：

①应针对不同的工程地质岩组或岩性段，选择有代表性的出露面或开挖壁面进行节理(结构面)统计。有条件时，宜选择两个正交岩体壁面进行统计。

②岩体体积节理数 J_v 的测试应采用直接法或间距法。

③间距法的测试应符合下列规定：

a. 测线应水平布置，测线长度不宜小于 5 m；根据具体情况，可增加垂直测线，垂直测线长度不宜小于 2 m。

b. 应对与测线相交的各结构面迹线交点位置及相应结构面产状进行编录，并根据产状分布情况对结构面进行分组。

c. 应对测线上同组结构面沿测线方向间距进行测量与统计，获得沿测线方向视间距。应根据结构面产状与测线方位，计算该组结构面沿法线方向的真间距，其算术平均值的倒数即为该组结构面沿法向每米长结构面的条数。

d. 对迹线长度大于 1 m 的分散节理应予以统计，已为硅质、铁质、钙质胶结的节理不应参与统计。

e. J_v 值应根据节理统计结果按下式计算：

$$J_v = \sum_{i-1}^{n} S_i + S_0, i = 1,\cdots,n \tag{B.0.2}$$

式中：J_v 为岩体体积节理数(条/m^3)；n 为统计区域内结构面组数；S_i 为第 i 组结构面沿法向每米长结构面的条数；S_0 为每立方米岩体非成组节理条数。

附录 C　岩体初始应力场评估

C.0.1　没有岩体初始应力实测成果时，可根据地形和地质勘察资料，按下列方法对初始应力场作出评估：

①较平缓的孤山体，一般情况下，初始应力的铅直向应力为自重应力，水平向应力不大于 $\frac{\mu}{1-\mu}\gamma H$。

②通过对历次构造形迹的调查和对近期构造运动的分析，以第一序次为准，根据复合关系，确定最新构造体系，据此确定初始应力的最大主应力方向。

当铅直向应力为自重应力，且是主应力之一时，水平向主应力较大的一个，可取 $0.8\gamma H \sim 1.2\gamma H$ 或更大。

③埋深大于1 000 m，随着深度的增加，初始应力场逐渐趋向无静水压力分布；大于1 500 m以后，可按静水压力分布确定。

④在峡谷地段，从谷坡至山体以内，可划分为应力松弛区、应力过渡区、应力稳定区和河底应力集中区。峡谷的影响范围，在水平方向一般为谷宽的1～3倍。在谷底较深部位，最大主应力趋于水平且多垂直于河谷。

⑤地表岩体剥蚀显著地区，水平向应力应按原覆盖层厚度计算，其覆盖层厚度应包括已剥蚀的部分。

C.0.2 根据岩体开挖或钻孔取心过程中出现的高初始应力条件下的主要现象，可按表C.0.2评估工程岩体所对应的强度应力比范围值。

工程岩体强度应力比评估 表C.0.2

高初始应力条件下的主要现象	$\frac{R_c}{\sigma_{max}}$
1. 硬质岩：岩心常有饼化现象；开挖过程中时有岩爆发生，有岩块弹出，洞壁岩体发生剥离，新生裂缝多，围岩易失稳；基坑有剥离现象，成形性差。 2. 软质岩：开挖过程中洞壁岩体有剥离，位移极为显著，甚至发生大位移，持续时间长，不易成洞；基坑发生显著隆起或剥离，不易成形	<4
1. 硬质岩：岩心时有饼化现象；开挖过程中偶有岩爆发生，洞壁岩体有剥离和掉块现象，新生裂缝较多；基坑时有剥离现象，成形性一般尚好。 2. 软质岩：开挖过程中洞壁岩体位移显著，持续时间较长，围岩易失稳；基坑有隆起现象，成形性较差	4～7

注：σ_{max}为垂直洞轴线方向的最大初始应力。

附录D 岩体及结构面物理力学参数

D.0.1 岩体物理力学参数可按表D.0.1确定。

岩体物理力学参数 表D.0.1

岩体基本质量级别	重力密度 γ/(kN/m³)	抗剪断峰值强度		变形模量 E/GPa	泊松比 μ
		内摩擦角 φ/(°)	黏聚力 c/MPa		
Ⅰ	>26.5	>60	>2.1	>33	<0.20
Ⅱ		60～50	2.1～1.5	33～16	0.20～0.25
Ⅲ	26.5～24.5	50～39	1.5～0.7	16～6	0.25～0.30
Ⅳ	24.5～22.5	39～27	0.7～0.2	6～1.3	0.30～0.35
Ⅴ	<22.5	<27	<0.2	<1.3	>0.35

D.0.2 岩体结构面抗剪断峰值强度参数可按表 D.0.2 确定。

岩体结构面抗剪断峰值强度 表 D.0.2

类别	两侧岩石的坚硬程度及结构面的结合程度	内摩擦角 φ/(°)	黏聚力 c/MPa
1	坚硬岩,结合好	>37	>0.22
2	坚硬~较坚硬岩,结合一般;较软岩,结合好	37~29	0.22~0.12
3	坚硬~较坚硬岩,结合差;较软岩~软岩,结合一般	29~19	0.12~0.08
4	较坚硬~较软岩,结合差~结合很差;软岩,结合差;软质岩的泥化面	19~13	0.08~0.05
5	较坚硬岩及全部软质岩,结合很差;软质岩泥化层本身	<13	<0.05

附录 E 工程岩体自稳能力

E.0.1 地下工程岩体自稳能力,应按表 E.0.1 确定。

地下工程岩体自稳能力 表 E.0.1

岩体级别	自稳能力
Ⅰ	跨度≤20 m,可长期稳定,偶有掉块,无塌方
Ⅱ	跨度<10 m,可长期稳定,偶有掉块; 跨度 10~20 m,可基本稳定,局部可发生掉块或小塌方
Ⅲ	跨度<5 m,可基本稳定; 跨度 5~10 m,可稳定数月,可发生局部块体位移及小、中塌方; 跨度 10~20 m,可稳定数日至 1 个月,可发生小、中塌方
Ⅳ	跨度≤5 m,可稳定数日至 1 个月; 跨度>5 m,一般无自稳能力,数日至数月内可发生松动变形、小塌方,进而发展为中、大塌方。埋深小时,以拱部松动破坏为主;埋深大时,有明显塑性流动变形和挤压破坏
Ⅴ	无自稳能力

注:1. 小塌方:塌方高度小于 3 m,或塌方体积小于 30 m^3。

2. 中塌方:塌方高度为 3~6 m,或塌方体积为 30~100 m^3。

3. 大塌方:塌方高度大于 6 m,或塌方体积大于 100 m^3。

E.0.2 边坡工程岩体自稳能力，应按表E.0.2确定。

边坡工程岩体自稳能力 表E.0.2

岩体级别	自稳能力
Ⅰ	高度≤60 m，可长期稳定，偶有掉块
Ⅱ	高度<30 m，可长期稳定，偶有掉块； 高度30～60 m，可基本稳定，局部可发生楔形体破坏
Ⅲ	高度<15 m，可基本稳定，局部可发生楔形体破坏； 高度15～30 m，可稳定数月，可发生由结构面及局部岩体组成的平面或楔形体破坏，或由反倾结构面引起的倾倒破坏
Ⅳ	高度<8 m，可稳定数月，局部可发生楔形体破坏； 高度8～15 m，可稳定数日至1个月，可发生由不连续面及岩体组成的平面或楔形体破坏，或由反倾结构面引起的倾倒破坏
Ⅴ	不稳定

注：表中边坡指坡角大于70°的陡倾岩质边坡。

【例题38】

某工程中的岩体定量指标如下：

①单轴饱和抗压强度 $R_c=62$ MPa；

②岩石弹性纵波速度为4 200 m/s；

③岩体弹性纵波速度为2 400 m/s；

④岩体所处地应力场中与工程主轴线垂直的最大主应力 $\sigma_{max}=9.5$ MPa；

⑤岩体中主要结构面倾角为20°，岩体处于潮湿状态。

该岩体的基本质量级别及工程岩体的级别可确定为（ ）。

(A)Ⅲ级、Ⅲ级 (B)Ⅳ级、Ⅲ级 (C)Ⅲ级、Ⅳ级 (D)Ⅳ级、Ⅳ级

解

①岩体的完整性指数 K_v

$$K_v=(V_{pm}/V_{pr})^2=(2.4/4.2)^2=0.33$$

②岩体的基本质量指标BQ

(A) $90K_v+30=90\times0.33+30=59.7$

$R_c=62>59.7$ 取 $R_c=59.7$

(B) $0.04R_c+0.4=0.04\times59.7+0.4=2.79$

$K_v=0.33\leqslant2.79$ 取 $K_v=0.33$

(C) $BQ=100+3R_c+250K_v=100+3\times59.7+250\times0.33=361.6$

③岩体基本质量分级

由 BQ=361.6 可初步确定岩体基本质量分级为Ⅲ级。

④基本质量指标的修正

(A)地下水影响修正系数 K_1

岩体处于潮湿状态,BQ=361.6,因此,取 $K_1=0.1$。

(B)主要软弱结构面产状影响修正系数 K_2

因为主要软弱结构面倾角为 20°,故取 $K_2=0.3$。

(C)初始应力状态影响修正系数 K_3

$$R_c/\sigma_{max}=62/9.5=6.53$$

岩体应力情况为高应力区。

由 BQ=361.6,查得高应力区初始应力状态影响修正系数 $K_3=0.5$。

(D)基本质量指标的修正值[BQ]

$$[BQ]=BQ-100(K_1+K_2+K_3)=361.6-100\times(0.1+0.3+0.5)=271.6$$

⑤工程岩体的详细定级

因为修正后的基本质量指标[BQ]=271.6,所以该岩体的级别应确定为Ⅳ级。

该岩体基本质量级别为Ⅲ级,详细定级应为Ⅳ级。

例题解析

①岩体坚硬程度采用单轴饱和抗压强度划分,也可采用点荷载强度指数换算;岩体完整程度用岩体完整性指数 K_v(波速比的平方)划分,也可采用体积节理数 J_V 查表确定。

②计算岩体基本质量指标 BQ 时:

当 $R_c>90K_v+30$ 时,应以 $R_c=90K_v+30$ 和 K_v 值代入,计算 BQ 值;

当 $K_v>0.04R_c+0.4$ 时,应以 $K_v=0.04R_c+0.4$ 代入,计算 BQ 值。

③在确定工程岩体级别时,应对岩体基本质量指标进行修正,以修正后的岩体基本质量指标确定工程岩体的级别。岩体基本质量指标修正方法见附录 D。

④本例题正确答案为(C)。

【案例模拟题 67】

某工程岩体指标如下:

①单轴饱和抗压强度 $R_c=68$ MPa;

②岩石弹性纵波速度为 5.6 km/s;

③岩体弹性纵波速度为 4.2 km/s;

④岩体所处地应力场中与工程主轴线垂直的最大主应力 $\sigma_{max}=10$ MPa;

⑤岩体中结构面倾角为 60°,结构面产状影响修正系数为 0.5;

⑥岩体处于干燥状态。

该工程岩体的详细级别可确定为(　　)。

(A)Ⅱ级　　(B)Ⅲ级　　(C)Ⅳ级　　(D)Ⅴ级

【案例模拟题 68】

某洞室初勘工作资料如下:

①点荷载强度指数 $I_{s(50)}=2.9$ MPa；

②岩体体积节理数 $J_v=3$ 条；

③洞室埋深为 80 m，岩体重度为 22 kN/m^3，处于自重应力场中；

④结构面产状影响修正系数为 0.4；

⑤洞壁为潮湿状态。

该工程岩体的级别应详细确定为(　　)。

(A)Ⅱ级　　(B)Ⅲ级　　(C)Ⅳ级　　(D)Ⅴ级

1.6.2 按《铁路隧道设计规范》(TB 10003—2005)进行隧道围岩分级

TB 10003—2005 的相关规定如下。

附录 A 铁路隧道围岩基本分级

A.1 围岩基本分级

A.1.1 分级因素及其确定方法应符合下列规定：

①围岩基本分级应由岩石坚硬程度和岩体完整程度两个因素确定。

②岩石坚硬程度和岩体完整程度，应采用定性划分和定量指标两种方法综合确定。

A.1.2 岩石坚硬程度可按表 A.1.2 划分。

表 A.1.2

岩石类别		单轴饱和抗压强度 R_c/MPa	代表性岩石
硬质岩	极硬岩	$R_c>60$	未风化或微风化的花岗岩、片麻岩、闪长岩、石英岩、硅质灰岩、钙质胶结的砂岩或砾岩等
	硬岩	$30<R_c\leqslant60$	弱风化的极硬岩；未风化或微风化的熔结凝灰岩、大理岩、板岩、白云岩、灰岩、钙质胶结的砂岩、结晶颗粒较粗的岩浆岩等
软质岩	较软岩	$15<R_c\leqslant30$	强风化的极硬岩；弱风化的硬岩；未风化或微风化的云母片岩、千枚岩、砂质泥岩、钙泥质胶结的粉砂岩和砾岩、泥灰岩、泥岩、凝灰岩等
	软岩	$5<R_c\leqslant15$	强风化的极硬岩；弱风化至强风化的硬岩；弱风化的较软岩和未风化或微风化的泥质岩类；泥岩、煤、泥质胶结的砂岩和砾岩等
	极软岩	$R_c\leqslant5$	全风化的各类岩石和成岩作用差的岩石

A.1.3 岩体完整程度可按表 A.1.3 划分。

岩体完整程度的划分 表 A.1.3

完整程度	结构面特征	结构类型	岩体完整性指数 K_v
完 整	结构面1～2组，以构造型节理或层面为主，密闭型	巨块状整体结构	$K_v>0.75$
较完整	结构面2～3组，以构造型节理、层面为主，裂隙多呈密闭型，部分为微张型，少有充填物	块状结构	$0.75\geqslant K_v>0.55$
较破碎	结构面一般为3组，以节理及风化裂隙为主，在断层附近受构造影响较大，裂隙以微张型和张开型为主，多有充填物	层状结构 块石、碎石状结构	$0.55\geqslant K_v>0.35$
破 碎	结构面大于3组，多以风化型裂隙为主，在断层附近受构造作用影响大，裂隙宽度以张开型为主，多有充填物	碎石角砾状结构	$0.35\geqslant K_v>0.15$
极破碎	结构面杂乱无序，在断层附近受断层作用影响大，宽张裂隙全为泥质或泥夹岩屑充填，充填物厚度大	散体状结构	$K_v\leqslant 0.15$

A.1.4 围岩基本分级可按表 A.1.4 确定。

围岩的基本分级 表 A.1.4

级别	岩体特征	土体特征	围岩弹性纵波速度/(km/s)
Ⅰ	极硬岩，岩体完整		>4.5
Ⅱ	极硬岩，岩体较完整；硬岩，岩体完整		3.5～4.5
Ⅲ	极硬岩，岩体较破碎；硬岩或软硬岩互层，岩体较完整；较软岩，岩体完整		2.5～4.0
Ⅳ	极硬岩，岩体破碎；硬岩，岩体较破碎或破碎；较软岩或软硬岩互层，且以软岩为主，岩体较完整或较破碎；软岩，岩体完整或较完整	具压密或成岩作用的黏性土、粉土及砂类土，一般钙质、铁质胶结的粗角砾土、粗圆砾土、碎石土、卵石土、大块石土，黄土(Q_1、Q_2)	1.5～3.0
Ⅴ	软岩，岩体破碎至极破碎；全部极软岩及全部极破碎岩(包括受构造影响严重的破碎带)	一般第四系坚硬、硬塑黏性土，稍密及以上、稍湿、潮湿的碎(卵)石土、粗圆砾土、细圆砾土、粗角砾土、细角砾土、粉土及黄土(Q_3、Q_4)	1.0～2.0
Ⅵ	受构造影响很严重呈碎石、角砾及粉末、泥土状的断层带	软塑状黏性土、饱和的粉土、砂类土等	<1.0 (饱和状态的土小于1.5)

A.2 隧道围岩分级修正

A.2.1 隧道围岩级别的修正应符合下列规定：

①围岩级别应在围岩基本分级的基础上，结合隧道工程的特点，考虑地下水状态、初始地应力状态等必要的因素进行修正。

②地下水状态的分级宜按表 A.2.1-1 确定。

地下水状态的分级 表 A.2.1-1

级　别	状　态	渗水量/[L/(min · 10 m)]
Ⅰ	干燥或湿润	＜10
Ⅱ	偶有渗水	10～25
Ⅲ	经常渗水	25～125

③地下水对围岩级别的修正，宜按表 A.2.1-2 进行。

地下水影响的修正 表 A.2.1-2

地下水状态分级 \ 围岩基本分级	Ⅰ	Ⅱ	Ⅲ	Ⅳ	Ⅴ	Ⅵ
Ⅰ	Ⅰ	Ⅱ	Ⅲ	Ⅳ	Ⅴ	—
Ⅱ	Ⅰ	Ⅱ	Ⅳ	Ⅴ	Ⅵ	—
Ⅲ	Ⅱ	Ⅲ	Ⅳ	Ⅴ	Ⅵ	—

④围岩初始地应力状态，当无实测资料时，可根据隧道工程埋深、地貌、地形、地质、构造运动史、主要构造线与开挖过程中出现的岩爆、岩芯饼化等特殊地质现象，按表 A.2.1-3评估。

初始地应力场评估基准 表 A.2.1-3

初始地应力状态	主要现象	评估基准 R_c/σ_{max}
极高应力	1.硬质岩：开挖过程中时有岩爆发生，有岩块弹出，洞壁岩体发生剥离，新生裂缝多，成洞性差 2.软质岩：岩芯常有饼化现象，开挖过程中洞壁岩体有剥离，位移极为显著，甚至发生大位移，持续时间长，不易成洞	＜4
高应力	1.硬质岩：开挖过程中可能出现岩爆，洞壁岩体有剥离和掉块现象，新生裂缝较多，成洞性较差 2.软质岩：岩芯时有饼化现象，开挖过程中洞壁岩体位移显著，持续时间较长，成洞性差	4～7

注：R_c 为岩石单轴饱和抗压强度(MPa)；σ_{max} 为最大地应力值(MPa)。

⑤初始地应力对围岩级别的修正宜按表 A.2.1-4 进行。

初始地应力影响的修正 表 A.2.1-4

修正级别 围岩基本分级 初始地应力状态	Ⅰ	Ⅱ	Ⅲ	Ⅳ	Ⅴ
极高应力	Ⅰ	Ⅱ	Ⅲ或Ⅳ[1]	Ⅴ	Ⅵ
高应力	Ⅰ	Ⅱ	Ⅲ	Ⅳ或Ⅴ[2]	Ⅵ

注：1. 围岩岩体为较破碎的极硬岩、较完整的硬岩时定为Ⅲ级；围岩岩体为完整的较软岩、较完整的软硬互层时定为Ⅳ级。

2. 围岩岩体为破碎的极硬岩、较破碎及破碎的硬岩时定为Ⅳ级；围岩岩体为完整及较完整软岩、较完整及较破碎的较软岩时定为Ⅴ级。

⑥隧道洞身埋藏较浅，应根据围岩受地表的影响情况进行围岩级别修正。当围岩为风化层时，应按风化层的围岩基本分级考虑；围岩仅受地表影响时，应较相应围岩降低1～2级。

A.2.2 施工阶段隧道围岩级别的判定宜按表 A.2.2 的判定卡进行。

施工阶段围岩级别判定卡 表 A.2.2

<table>
<tr><td rowspan="2">工程名称</td><td colspan="4" rowspan="2"></td><td rowspan="2">位置</td><td>里程</td><td></td><td rowspan="2">评定</td></tr>
<tr><td>距洞口距离/m</td><td></td></tr>
<tr><td rowspan="4">岩性指标</td><td colspan="5">岩石类型(名称)</td><td colspan="2">黏聚力 $c=$ MPa；$\varphi=$</td><td rowspan="4">极硬岩
硬岩
较软岩
软岩
极软岩
土</td></tr>
<tr><td colspan="5">单轴饱和抗压强度 $R_c=$ MPa</td><td colspan="2">点荷载强度极限 $I_x=$ MPa</td></tr>
<tr><td colspan="5">变形模量 $E=$ GPa</td><td colspan="2">泊松比 $v=$</td></tr>
<tr><td colspan="5">天然重度 $\gamma=$ kN/m^3</td><td colspan="2">其他</td></tr>
<tr><td rowspan="7">岩体完整状态</td><td colspan="2">地质构造影响程度</td><td>轻微</td><td>较重</td><td>严重</td><td colspan="2">极严重</td><td>完整</td></tr>
<tr><td rowspan="4">地质结构面</td><td>间距/m</td><td>>1.5</td><td>0.6～1.5</td><td>0.2～0.6</td><td>0.06～0.2</td><td><0.06</td><td>较完整</td></tr>
<tr><td>延伸性</td><td>极差</td><td>差</td><td>中等</td><td>好</td><td>极好</td><td>较破碎</td></tr>
<tr><td>粗糙度</td><td>明显台阶状</td><td>粗糙波纹状</td><td colspan="2">平整光滑有擦痕</td><td>平整光滑</td><td>破碎</td></tr>
<tr><td>张开性/mm</td><td>密闭
<0.1</td><td>部分张开
0.1～0.5</td><td>张开
0.5～1.0</td><td>无充填张开
>1.0</td><td>黏土充填</td><td rowspan="3">极破碎</td></tr>
<tr><td colspan="2">风化强度</td><td>未风化</td><td>微风化</td><td>弱风化</td><td>强风化</td><td>全风化</td></tr>
<tr><td colspan="2">简要说明</td><td colspan="5"></td></tr>
<tr><td>地下水状态</td><td colspan="3">渗水量/[L/(min・10 m)]</td><td><10
干燥或湿润</td><td colspan="2">10～25
偶有渗水</td><td>25～125
经常渗水</td><td>干燥或湿润
偶有渗水
经常渗水</td></tr>
</table>

续上表

初始地应力状态	埋深 $H=$ m					
	地质构造应力状态			其他		
围岩级别	Ⅰ	Ⅱ	Ⅲ	Ⅳ	Ⅴ	Ⅵ
备注						
记录者		复核者		日期		

【例题 39】

某铁路隧道围岩岩体纵波速度为 3.6 km/s，围岩中岩石纵波速度为 4.8 km/s，岩石饱和单轴抗压强度为 63 MPa，隧道围岩中地下水量较大，围岩应力状态为高应力，隧道埋藏较深，不受地表影响。该铁路隧道围岩的级别为(　　)。

(A)Ⅰ级　　(B)Ⅱ级　　(C)Ⅲ级　　(D)Ⅳ级

解

①岩体的完整程度：

$$K_v=(V_{pm}/V_{pr})^2=(3.6/4.8)^2=0.56$$

岩体为较完整。

②隧道围岩的基本分级：

a. $R_c=63$ MPa，围岩坚硬程度为极硬岩；

b. $K_v=0.56$，围岩完整程度为较完整；

c. 岩体纵波速度 $V_{pm}=3.6$ km/s；

d. 按铁路隧道围岩基本分级要求，该隧道围岩基本级别为Ⅱ级。

③围岩级别的修正。

a. 地下水影响的修正。围岩中地下水量较大，围岩基本分级为Ⅱ级，受地下水影响修正后应为Ⅲ级。

b. 高地应力对围岩分级的修正。围岩应力状态为高应力，基本分级为Ⅱ级，受地应力影响修正后的级别可不降低。

c. 围岩受地表影响修正。围岩埋藏较深，不受地表影响，围岩级别可不降低。

d. 围岩级别的确定。考虑地下水影响，高地应力影响及地表影响，该隧道围岩级别宜比其基本分级降低一级，为Ⅲ级。

该隧道围岩的级别为Ⅲ级。

例题解析

①《铁路隧道设计规范》(TB 10003—2005)围岩分类方法中，岩石坚硬程度采用岩石单

轴饱和抗压强度划分，完整程度采用岩体完整性指数划分，也可采用定性方法划分岩体的完整程度。

②划分围岩的基本级别可依据岩体的坚硬程度及完整程度，并参考岩体纵波速度和岩体的特征。

③围岩受地下水影响，受高地应力影响，或埋深较浅时，应对围岩级别进行修正。

④本例题正确答案为(C)。

【案例模拟题 69】

某铁路隧道围岩岩体纵波速度为 2.4 km/s，岩石纵波速度为 3.4 km/s，岩石单轴饱和抗压强度为 46.0 MPa，隧道中围岩处于干燥状态，围岩应力状态为极高应力，隧道埋深较大，不受地表影响，该隧道围岩的级别应确定为(　　)。

(A)Ⅱ级　　(B)Ⅲ级　　(C)Ⅳ级　　(D)Ⅴ级

1.6.3 按《水利水电工程地质勘察规范》(GB 50487—2008)进行围岩工程地质分类

GB 50487—2008 的相关规定如下。

附录 N　围岩工程地质分类

N.0.1　围岩工程地质分类分为初步分类和详细分类。

初步分类适用于规划阶段、可研阶段以及深埋洞室施工之前的围岩工程地质分类，详细分类主要用于初步设计、招标和施工图设计阶段的围岩工程地质分类。根据分类结果，评价围岩的稳定性，并作为确定支护类型的依据，其标准应符合表 N.0.1 的规定。

N.0.2　围岩初步分类以岩石强度、岩体完整程度、岩体结构类型为基本依据，以岩层走向与洞轴线的关系、水文地质条件为辅助依据，并应符合表 N.0.2 的规定。

围岩稳定性评价　　表 N.0.1

<table>
<tr><th>围岩类型</th><th>围岩稳定性评价</th><th>支护类型</th></tr>
<tr><td>Ⅰ</td><td>稳定。围岩可长期稳定，一般无不稳定块体</td><td rowspan="2">不支护或局部锚杆或喷薄层混凝土。大跨度时，喷混凝土、系统锚杆加钢筋网</td></tr>
<tr><td>Ⅱ</td><td>基本稳定。围岩整体稳定，不会产生塑性变形，局部可能产生掉块</td></tr>
<tr><td>Ⅲ</td><td>局部稳定性差。围岩强度不足，局部会产生塑性变形，不支护可能产生塌方或变形破坏。完整的较软岩，可能暂时稳定</td><td>喷混凝土、系统锚杆加钢筋网。采用 TBM 掘进时，需及时支护。跨度大于 20 m 时，宜采用锚索或刚性支护</td></tr>
<tr><td>Ⅳ</td><td>不稳定。围岩自稳时间很短，规模较大的各种变形和破坏都可能发生</td><td rowspan="2">喷混凝土、系统锚杆加钢筋网，刚性支护，并浇筑混凝土衬砌。不适宜于开敞式 TBM 施工</td></tr>
<tr><td>Ⅴ</td><td>极不稳定。围岩不能自稳，变形破坏严重</td></tr>
</table>

围岩初步分类 表 N.0.2

围岩类别	岩质类型	岩体完整程度	岩体结构类型	围岩分类说明
Ⅰ、Ⅱ	硬质岩	完整	整体或巨厚层状结构	坚硬岩定Ⅰ类,中硬岩定Ⅱ类
Ⅱ、Ⅲ		较完整	块状结构、次块状结构	坚硬岩定Ⅱ类,中硬岩定Ⅲ类,薄层状结构定Ⅲ类
Ⅱ、Ⅲ			厚层或中厚层状结构、层(片理)面结合牢固的薄层状结构	
Ⅲ、Ⅳ			互层状结构	洞轴线与岩层走向夹角小于30°时,定Ⅳ类
Ⅲ、Ⅳ		完整性差		
Ⅲ			薄层状结构	岩质均一且无软弱夹层时可定Ⅲ类
Ⅳ、Ⅴ		较破碎	镶嵌结构	—
Ⅴ		破碎	碎裂结构	有地下水活动时定Ⅴ类
			碎块或碎屑状散体结构	—
Ⅲ、Ⅳ	软质岩	完整	整体或巨厚层状结构	较软岩定Ⅲ类,软岩定Ⅳ类
Ⅳ、Ⅴ		较完整	块状或次块状结构	较软岩定Ⅳ类,软岩定Ⅴ类
		完整性差	厚层、中厚层或互层状结构	
		较破碎	薄层状结构	较软岩无夹层时可定Ⅳ类
		破碎	碎裂结构	较软岩可定Ⅳ类
			碎块或碎屑状散体结构	—

N.0.3 岩质类型的确定,应符合表 N.0.3 的规定。

岩质类型划分 表 N.0.3

岩质类型	硬质岩		软质岩		
	坚硬岩	中硬岩	较软岩	软岩	极软岩
饱和单轴抗压强度 R_b/MPa	$R_b>60$	$60\geqslant R_b>30$	$30\geqslant R_b>15$	$15\geqslant R_b>5$	$R_b\leqslant 5$

N.0.4 岩体完整程度根据结构面组数、结构面间距确定,并应符合表 N.0.4 的规定。

岩体完整程度划分 表 N.0.4

间距/cm \ 组数	1～2	2～3	3～5	>5 或无序
>100	完整	完整	较完整	较完整
50～100	完整	较完整	较完整	差
30～50	较完整	较完整	差	较破碎
10～30	较完整	差	较破碎	破碎
<10	差	较破碎	破碎	破碎

N.0.5 岩体结构类型划分应符合附录 U 的规定。

N.0.6 对深埋洞室，当可能发生岩爆或塑性变形时，围岩类别宜降低一级。

N.0.7 围岩工程地质详细分类应以控制围岩稳定的岩石强度、岩体完整程度、结构面状态、地下水和主要结构面产状 5 项因素之和的总评分为基本判据，围岩强度应力比为限定判据，并应符合表 N.0.7 的规定。

地下洞室围岩详细分类 N.0.7

围岩类别	围岩总评分 T	围岩强度应力比 S
Ⅰ	>85	>4
Ⅱ	$85 \geqslant T > 65$	>4
Ⅲ	$65 \geqslant T > 45$	>2
Ⅳ	$45 \geqslant T > 25$	>2
Ⅴ	$T \leqslant 25$	—

注：Ⅱ、Ⅲ、Ⅳ类围岩，当围岩强度应力比小于本表规定时，围岩类别宜相应降低一级。

N.0.8 围岩强度应力比 S 可根据下式得：

$$S=\frac{R_b K_v}{\sigma_m} \tag{N.0.8}$$

式中，R_b 为岩石饱和单轴抗压强度（MPa）；K_v 为岩体完整性系数；σ_m 为围岩的最大主应力（MPa），当无实测资料时可以自重应力代替。

N.0.9 围岩详细分类中 5 项因素的评分应符合下列规定：

①岩石强度的评分应符合表 N.0.9-1 的规定。

岩 石 强 度 评 分 表 N.0.9-1

岩质类型	硬质岩		软质岩	
	坚硬岩	中硬岩	较软岩	软岩
饱和单轴抗压强度 R_b/MPa	$R_b > 60$	$60 \geqslant R_b > 30$	$30 \geqslant R_b > 15$	$15 \geqslant R_b$
岩石强度评分 A	30～20	20～10	10～5	5～0

注：1. 岩石饱和单轴抗压强度大于 100 MPa 时，岩石强度的评分为 30。

2. 岩石饱和单轴抗压强度小于 5 MPa 时，岩石强度的评分为 0。

②岩体完整程度的评分应符合表 N.0.9-2 规定。

岩体完整程度评分 表 N.0.9-2

岩体完整程度		完整	较完整	完整性差	较破碎	破碎
岩体完整性系数 K_v		K_v>0.75	0.75≥K_v>0.55	0.55≥K_v>0.35	0.35≥K_v>0.15	K_v≤0.15
岩体完整性评分 B	硬质岩	40～30	30～22	22～14	14～6	<6
	软质岩	25～19	19～14	14～9	9～4	<4

注：1. 当 30 MPa<R_b≤60 MPa，岩体完整程度与结构面状态评分之和大于 65 时，按 65 评分。

2. 当 15 MPa<R_b≤30 MPa，岩体完整程度与结构面状态评分之和大于 55 时，按 55 评分。

3. 当 5 MPa<R_b≤15 MPa，岩体完整程度与结构面状态评分之和大于 40 时，按 40 评分。

4. 当 R_b≤5 MPa，岩体完整程度与结构面状态不参加评分。

③结构面状态的评分应符合表 N.0.9-3 的规定。

结构面状态评分 表 N.0.9-3

结构面状态	宽度 W/mm	W<0.5		0.5≤W<5.0									W≥5.0		
	充填物			无充填			岩屑			泥质			岩屑	泥质	无充填
	起伏粗糙状况	起伏粗糙	平直光滑	起伏粗糙	起伏光滑或平直粗糙	平直光滑	起伏粗糙	起伏光滑或平直粗糙	平直光滑	起伏粗糙	起伏光滑或平直粗糙	平直光滑	—	—	—
结构面状态评分 C	硬质岩	27	21	24	21	15	21	17	12	15	12	9	12	6	0～3
	较软岩	27	21	24	21	15	21	17	12	15	12	9	12	6	
	软岩	18	14	17	14	8	14	11	8	10	8	6	8	4	0～2

注：1. 结构面的延伸长度小于 3 m 时，硬质岩、较软岩的结构面状态评分另加 3 分，软岩加 2 分；结构面延伸长度大于 10 m 时，硬质岩、较软岩减 3 分，软岩减 2 分。

2. 结构面状态最低分为 0。

④地下水状态的评分应符合表 N.0.9-4 的规定。

地 下 水 评 分 表 N.0.9-4

活动状态			渗水到滴水	线状流水	涌水
水量 Q/(L/min·10 m 洞长)或压力水头 H/m			Q≤25 或 H≤10	25<Q≤125 或 10<H≤100	Q>125 或 H>100
基本因素评分 T'	T'>85	地下水评分 D	0	0～-2	-2～-6
	85≥T'>65		0～-2	-2～-6	-6～-10
	65≥T'>45		-2～-6	-6～-10	-10～-14
	45≥T'>25		-6～-10	-10～-14	-14～-18
	T'≤25		-10～-14	-14～-18	-18～-20

注：1. 基本因素评分 T' 是前述岩石强度评分 A、岩体完整性评分 B 和结构面状态评分 C 的和。

2. 干燥状态取 0 分。

⑤主要结构面产状的评分应符合表 N.0.9-5 的规定。

主要结构面产状评分 表 N.0.9-5

结构面走向与洞轴线夹角 β		$90°\geqslant\beta\geqslant60°$				$60°>\beta\geqslant30°$				$\beta<30°$			
结构面倾角 α		$\alpha>70°$	$70°\geqslant\alpha>45°$	$45°\geqslant\alpha>20°$	$\alpha\leqslant20°$	$\alpha>70°$	$70°\geqslant\alpha>45°$	$45°\geqslant\alpha>20°$	$\alpha\leqslant20°$	$\alpha>70°$	$70°\geqslant\alpha>45°$	$45°\geqslant\alpha>20°$	$\alpha\leqslant20°$
结构面产状评分 E	洞顶	0	−2	−5	−10	−2	−5	−10	−12	−5	−10	−12	−12
	边墙	−2	−5	−2	0	−5	−10	−2	0	−10	−12	−5	0

注：按岩体完整程度分级为完整性差、较破碎和破碎的围岩不进行主要结构面产状评分的修正。

N.0.10 对过沟段、极高地应力区（大于 30 MPa）、特殊岩土及喀斯特化岩体的地下洞室围岩稳定性，以及地下洞室施工期的临时支护措施需专门研究，对钙（泥）质弱胶结的干燥砂砾石、黄土等土质围岩的稳定性和支护措施需要开展针对性的评价研究。

N.0.11 跨度大于 20 m 的地下洞室围岩的分类，除采用本附录的分类外，还宜采用其他有关国家标准综合评定，对国际合作的工程还可采用国际通用的围岩分类进行对比使用。

【例题 40】

某水工建筑物地下隧洞位于硬质岩中，围岩资料如下：

①岩石饱和单轴抗压强度为 48 MPa；

②岩体完整性系数为 0.75；

③岩体中结构面平直光滑，呈闭合状态，结构面延长度一般为 1.5～2.5 m；

④围岩中地下水较少，呈点滴状出水状态；

⑤围岩中主要结构面走向与隧洞轴线交角为 80°，结构面出露于洞顶部，倾角为10°～15°；

⑥围岩中主应力值分别为 $\sigma_1=11$ MPa、$\sigma_2=\sigma_3=4$ MPa，洞室与 σ_2 方向平行。

试评价该水工建筑物隧道围岩的类别为（　　）。

(A)Ⅱ类　　(B)Ⅲ类　　(C)Ⅳ类　　(D)Ⅴ类

解

①岩石强度评分 A

$$\frac{A-20}{48-60}=\frac{10-20}{30-60}\qquad A=16$$

②岩体完整程度评分 B

$$K_v=0.75, B=30$$

③结构面状态评分 C

$$21+3=24$$

④地下水评分 D

$$T'=A+B+C=16+30+24=70$$

地下水评分 D：

$$\frac{D-0}{70-85}=\frac{-2-0}{65-85} \qquad D=-1.5$$

⑤主要结构面产状评分 E

主要结构面走向与洞轴线交角 90°～60°，倾角小于 20°，完整程度为较完整，洞顶部的结构面产状评分 $E=-10$。

⑥围岩强度应力比 S

$$S=\frac{R_b K_v}{\sigma_m}=\frac{48\times0.75}{11}=3.27$$

⑦确认各评分因素的值

a. $R_b=48$。

b. $60>R_b>30$，$B+C=30+24=54\leqslant65$，取 $B+C=54$。

c. $\alpha=10°\sim15°$，取 $E=-10$。

⑧围岩总评分 T

$$T=A+B+C+D+E=16+30+24+(-1.5)+(-10)=58.5$$

⑨围岩类别

由 $T=58.5$，$S=3.27$，可把该水工建筑物隧道围岩的类别定为Ⅲ类。

例题解析

①《水利水电工程地质勘察规范》(GB 50487—2008)围岩分类方法有两个判据，一个是基本判据 T，另一个是限定性判据 S。

②基本判据为五因素之和，其中前三项为基本因素，均为正值，后两项为修正因素，均为负值，最大负值为－20，即级别降低一级。

③限定性判据为围岩强度应力比，即岩体强度与围岩中最大主应力之比，岩体强度一般由岩块强度 R_c 折减后得到，折减系数一般取岩体的完整性指数。

④一般先按围岩总评分确定围岩类别，但当限定性判据 S 不能满足时，围岩类别要适当降低。

⑤本例题正确答案为(B)。

【案例模拟题 70】

某水工建筑物隧道围岩资料如下：

①岩石饱和单轴抗压强度为 69 MPa；

②岩体完整性系数为 0.65；

③结构面平均张开度为 2.0 mm，有泥质充填，结构面平直光滑；

④地下水活动状态为线状流水，10 m 洞长每分钟出水量为 50 L；

⑤结构面产状无规律，延长度小于 3.0 m；

⑥洞室围岩应力状态为 $\sigma_1=4.2$ MPa、$\sigma_2=\sigma_3=1.8$ MPa，洞轴线与 σ_1 方向平行。

该水工建筑物围岩类别应为(　　)。

(A)Ⅱ类　　(B)Ⅲ类　　(C)Ⅳ类　　(D)Ⅴ类

【案例模拟题 71】

某水工建筑物隧道围岩岩石强度评分为 20，岩体完整程度评分 30，结构面状态评分为 21，地下水评分为 0，主要结构面产状评分为－2，岩体完整性系数为 0.75，岩石饱和单轴抗压强度为 60 MPa，围岩中与洞轴垂直的最大主应力为 15 MPa，该岩体的围岩工程地质分类为(　　)。

(A)Ⅰ类　　(B)Ⅱ类　　(C)Ⅲ类　　(D)Ⅳ类

1.6.4 按《公路隧道设计规范》(JTG D70—2004)划分隧道围岩的类别

公路隧道围岩分类与《工程岩体分级标准》(GB/T 50218—2014)中分类方法相同，例题和案例模拟题略。

1.7 土的渗透变形判别

按《水利水电工程地质勘察规范》(GB 50487—2008)进行土的渗透变形判别，该规范的相关规定如下。

附录G　土的渗透变形判别

G.0.1　土的渗透变形特征应根据土的颗粒组成、密度和结构状态等因素综合分析确定。

①土的渗透变形宜分为流土、管涌、接触冲刷和接触流失四种类型。

②黏性土的渗透变形主要是流土和接触流失两种类型。

③对于重要工程或不易判别渗透变形类型的土，应通过渗透变形试验确定。

G.0.2　土的渗透变形判别应包括下列内容：

①判别土的渗透变形类型。

②确定流土、管涌的临界水力比降。

③确定土的允许水力比降。

G.0.3　土的不均匀系数应采用下式计算：

$$C_u=\frac{d_{60}}{d_{10}} \tag{G.0.3}$$

式中，C_u 为土的不均匀系数；d_{60} 为小于该粒径的含量占总土重60%的颗粒粒径(mm)；d_{10} 为小于该粒径的含量占总土重10%的颗粒粒径(mm)。

G.0.4　细颗粒含量的确定应符合下列规定。

①级配不连续的土：颗粒大小分布曲线上至少有一个以上粒组的颗粒含量小于或等于3%的土，称为级配不连续的土。以上述粒组在颗粒大小分布曲线上形成的平缓段的最大粒径和最小粒径的平均值或最小粒径作为粗、细颗粒的区分粒径 d，相应于该粒径的颗粒含量为细颗粒含量 P。

②级配连续的土：粗、细颗粒的区分粒径为：

$$d=\sqrt{d_{70}d_{10}} \tag{G.0.4}$$

式中，d_{70} 为小于该粒径的含量占总土重70%的颗粒粒径(mm)。

G.0.5　无黏性土渗透变形类型的判别可采用以下方法：

①不均匀系数小于等于5的土可判为流土。

②对于不均匀系数大于5的土可采用下列判别方法：

(A)流土：

$$P\geqslant 35\% \tag{G.0.5-1}$$

(B)过渡型，取决于土的密度、粒级和形状：

$$25\% \leqslant P < 35\% \tag{G.0.5-2}$$

(C)管涌：

$$P < 25\% \tag{G.0.5-3}$$

③接触冲刷宜采用下列方法判别：

对双层结构地基，当两层土的不均匀系数均等于或小于10，且符合下式规定的条件时，不会发生接触冲刷。

$$\frac{D_{10}}{d_{10}} \leqslant 10 \tag{G.0.5-4}$$

式中，D_{10}、d_{10}分别代表较粗和较细一层土的颗粒粒径(mm)，小于该粒径的土重占总土重的10%。

④接触流失宜采用下列方法判别。

对于渗流向上的情况，符合下列条件将不会发生接触流失。

(A)不均匀系数等于或小于5的土层

$$\frac{D_{15}}{d_{85}} \leqslant 5 \tag{G.0.5-5}$$

式中，D_{15}为较粗一层土的颗粒粒径(mm)，小于该粒径的土重占总土重的15%；d_{85}为较细一层土的颗粒粒径(mm)，小于该粒径的土重占总土重的85%。

(B)不均匀系数等于或小于10的土层

$$\frac{D_{20}}{d_{70}} \leqslant 7 \tag{G.0.5-6}$$

式中，D_{20}为较粗一层土的颗粒粒径(mm)，小于该粒径的土重占总土重的20%；d_{70}为较细一层土的颗粒粒径(mm)，小于该粒径的土重占总土重的70%。

G.0.6　流土与管涌的临界水力比降宜采用下列方法确定。

①流土型宜采用下式计算：

$$J_{cr} = (G_s - 1)(1 - n) \tag{G.0.6-1}$$

式中，J_{cr}为土的临界水力比降；G_s为土粒相对密度；n为土的孔隙率(以小数计)。

②管涌型或过渡型宜采用下式计算：

$$J_{cr} = 2.2(G_s - 1)(1 - n)^2 \frac{d_5}{d_{20}} \tag{G.0.6-2}$$

式中，d_5、d_{20}分别为小于该粒径的含量占总土重的5%和20%的颗粒粒径(mm)。

③管涌型也可采用下式计算：

$$J_{cr} = \frac{42 d_3}{\sqrt{\frac{k}{n^3}}} \tag{G.0.6-3}$$

式中，k为土的渗透系数(cm/s)；d_3为小于该粒径的含量占总土重3%的颗粒粒径(mm)。

G.0.7　无黏性土的允许比降宜采用下列方法确定：

①以土的临界水力比降除以1.5～2.0的安全系数；当渗透稳定对水工建筑物危害较大时，取2的安全系数；对于特别重要的工程也可用2.5的安全系数。

②无试验资料时，可根据表G.0.7选用经验值。

无黏性土允许水力比降 表 G.0.7

<table>
<tr><td rowspan="3">允许水力比降</td><td colspan="6">渗透变形类型</td></tr>
<tr><td colspan="3">流土型</td><td rowspan="2">过渡型</td><td colspan="2">管涌型</td></tr>
<tr><td>$C_u \leqslant 3$</td><td>$3 < C_u \leqslant 5$</td><td>$C_u \geqslant 5$</td><td>级配连续</td><td>级配不连续</td></tr>
<tr><td>$J_{允许}$</td><td>0.25～0.35</td><td>0.35～0.50</td><td>0.50～0.80</td><td>0.25～0.40</td><td>0.15～0.25</td><td>0.10～0.20</td></tr>
</table>

注:本表不适用于渗流出口有反滤层的情况。

【例题 41】

某水库坝基土层的累积曲线如下图所示,曲线上相应粒径及其对应的小于该粒径的百分含量如下表所示,土的孔隙度为42%,试判别土的渗透变形的类型。

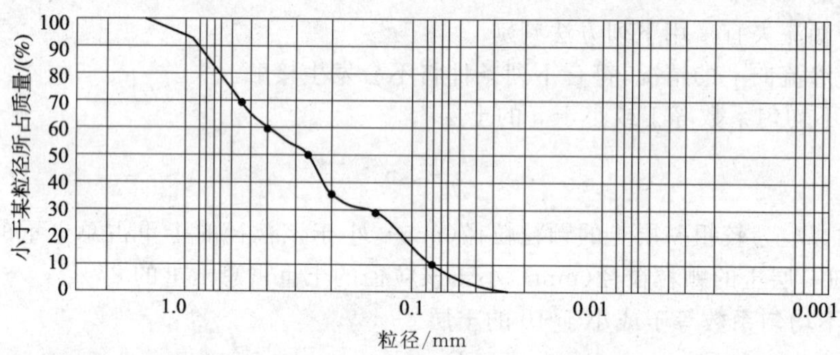

粒径名称	d_{10}	d_{30}	d_{50}	d_{60}	d_{70}
粒径/mm	0.08	0.13	0.28	0.39	0.52

该类土的渗透变形类型为(　　)。

(A)管涌型　　(B)过渡型　　(C)流土型　　(D)不能确定

解

不均匀系数 C_u

$$C_u = d_{60}/d_{10} = 0.39/0.08 = 4.9$$

$C_u < 5$,土的渗透变形类型为流土。

例题解析

①判别渗透变形的基础是首先确定土的粒度成分,从累积曲线上查出各特征粒径的值,利用判别式进行判别。

②本例题正确答案为(C)。

【案例模拟题 72】

某坝基土层试验资料如下,试判别土的渗透变形的类型为(　　)。

指标名称	含水率	质量密度	相对密度 G_s
数值	5.6%	1.78 g/cm^3	2.65

筛孔直径/mm	10	5	2	0.5	0.25	0.1
累计百分含量	96	87	78	61	42	7

(A)管涌型　　(B)流土　　(C)接触冲刷　　(D)接触流失

【案例模拟题 73】

河床表层为粗砂层，下伏粉砂层，粗砂土和粉砂土累积曲线如下图所示，试判别在坝下水平渗流作用下和下游垂直渗流作用下的渗透变形为（　　）。

(A)可发生接触冲刷，不会发生接触流失

(B)不会发生接触冲刷，可发生接触流失

(C)二者均不会发生

(D)二者均可能发生

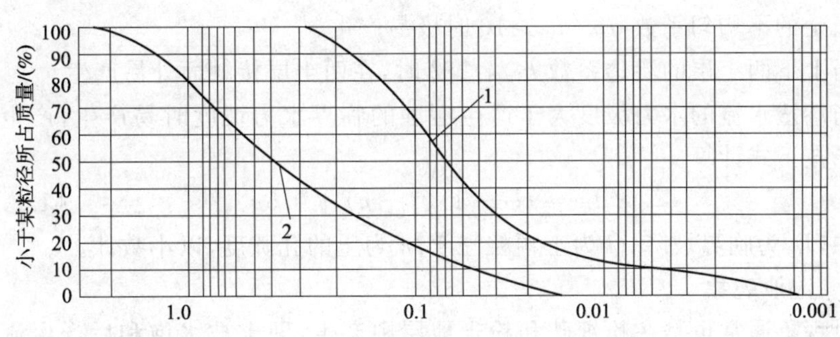

【案例模拟题 74】

河床中某砂层的不均匀系数 $C_u=8$，细粒颗粒含量 $P_c=31\%$，土粒相对密度为 2.65，$d_5=0.06$，$d_{20}=0.1$，孔隙率 42%，如安全系数取 2.0，该土层的允许水力比降值为（　　）。

(A)0.72　　(B)0.48　　(C)0.36　　(D)0.24

1.8 地　下　水

岩土工程勘察、设计、施工过程中，应充分考虑地下水的影响与作用，在进行岩土工程勘察时应根据设计和施工的需要提供有关参数，并进行分析评价和预测可能产生的后果，提出防护或监测等工程措施。

1.8.1 地下水的作用

1.8.1.1 地下水的浮托作用

地下水对水位以下的岩土体有静水压力的作用，并产生浮托力。这种浮托力比较明确地可以按阿基米德原理确定，即当岩土体的节理裂隙或孔隙中的水与岩土体外界的地下水相通，其浮托力应为岩土体的岩石体积部分或土颗粒体积部分的浮力。

当建筑物位于粉土、砂土、碎石土和节理裂隙发育的岩石地基时，按设计水位100%计算浮托力；

当建筑物位于节理裂隙不发育的岩石地基时，按设计水位50%计算浮托力；

当建筑物位于黏性土地基时，其浮托力较难确切地确定，应结合地区的实际经验考虑。

根据《建筑地基基础设计规范》(GB 50007—2011)规定，确定地基承载力设计值时，无论是基础底面以下土的天然重度或是基础底面以上土的加权平均重度的确定，地下水位以下均取有效重度。

1.8.1.2 地下水的潜蚀作用

潜蚀作用通常产生于粉细砂、粉土地层中，即在施工降水等活动过程中产生水头压差，在动水压力作用下，土颗粒受到冲刷，将细颗粒冲走，使土的结构破坏，易产生潜蚀作用的条件如下：

①当土的不均匀系数 $d_{60}/d_{10}>10$ 时极易产生。

②当上下两土层的渗透系数 $k_1/k_2>2$ 时，在两土层接触面处易产生。

③当渗透水流的水力坡度大于产生潜蚀的临界水力坡度时易产生，产生潜蚀的临界坡降按下式计算。

$$I_C=(G-1)(1-n)+0.5n \tag{1.8.1.2.1}$$

式中，I_C 为临界坡降；G 为土颗粒密度；n 为土的孔隙度，以小数计。

1.8.1.3 流沙现象

流沙现象通常也是在粉细砂和粉土地层中产生，即土被水饱和后产生流动的现象，易产生流沙的条件如下。

①水力坡降大于临界水力坡降时，即动水压力超过土粒质量时易产生流沙，其临界水力坡降按下式计算：

$$I_C=(G-1)(1-n) \tag{1.8.1.2.2}$$

式中，符号意义同前。

②粉细砂或粉土的孔隙度越大，越易形成流沙。

③粉细砂或粉土的渗透系数越小，排水性能越差时，越易形成流沙。

参照《上海市工程地质图集》说明，上海地区在深度 2.5～7 m 的地层中，符合下列条件时认为可能产生流沙现象：

①地层中粉细砂或粉土层厚度大于 25 cm。

②颗粒级配不均匀系数 $d_6/d_{10}<5$。

③土的含水率大于 30%。

④土的孔隙率大于 43%。

1.8.1.4 基坑突涌

当基坑下部有承压水层时，应评价基坑开挖引起承压水头压力冲毁基坑底板造成突涌的可能性，通常是按压力平衡概念进行验算，即 $\gamma H=\gamma_w h$，要求基坑开挖后不透水层的厚度 $H\geqslant(\gamma_w/\gamma)h$，认为是安全的(图 1.8.1.4.1)。式中，$H$ 为基坑开挖后不透水层的厚度(m)；γ 为土的重度(kN/m^3)；γ_w 为水的重度(kN/m^3)；h 为承压水头高于含水层顶板的高度(m)。

当 $H<(\gamma_w/\gamma)h$ 时，则应用减压井降低基坑下部承压水头，为防止由于承压水压力引起基坑突涌，在减压井降水过程中，可测定孔隙水压力进行监测，要求不透水层顶板 A 点的孔隙水压力应小于总应力的 70%，当基坑开挖面很窄时，此条件可放宽一些，因为土的抗剪强度对抵抗隆起起到一定的作用(图 1.8.1.4.2)。

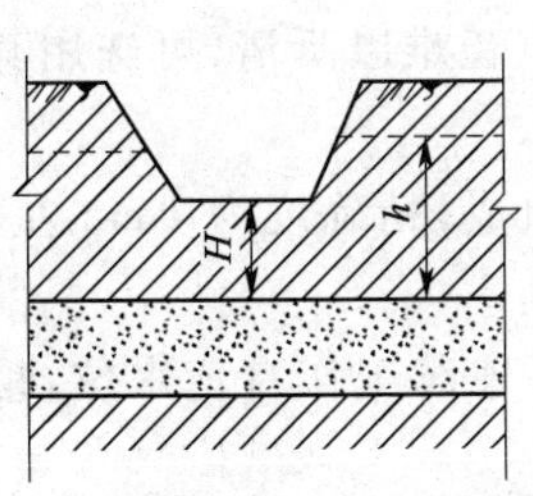

图 1.8.1.4.1 基坑底最小不透水层厚度

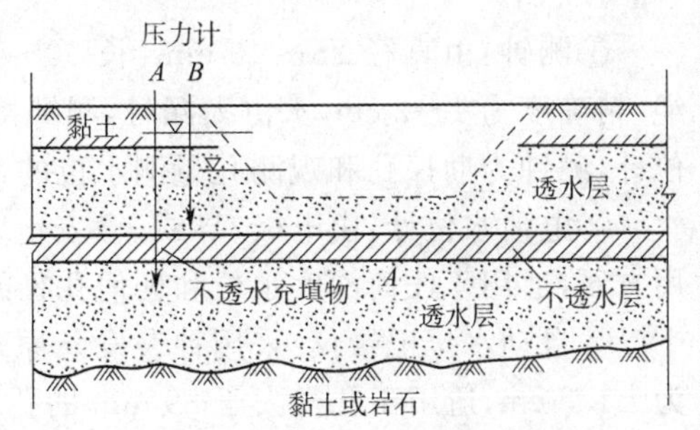

图 1.8.1.4.2 基坑下存在承压地下水的情况

1.8.2 地下水参数测定

1.8.2.1 地下水参数

①导水系数 $T(m^2/d)$：表示岩层通过地下水的能力，它是水力梯度等于1时，通过1 m宽度含水层整个饱和厚度的地下水水量，在数值上等于渗透系数 k 与含水层厚度 M 的乘积，即

$$T = kM \tag{1.8.2.1.1}$$

②导压系数 a：又称水压传导系数，表示水压力从一点传到另一点的速率，a 值由含水层厚度 M(m)与渗透系数 k 的乘积除以储水系数 S 所得，即

$$a = \frac{kM}{S} \tag{1.8.2.1.2}$$

由于含水层并非绝对均质，所以 a 值实际上是个变数，为简化起见，计算时看成近似常数。

③储水系数 S：又称释水系数、弹性给水系数，表示水压变化1 m时，从单位面积(1 m^2)含水层中释放或储存的水量，无因次。对于潜水含水层其储水系数在数值上等于给水度。

④渗透系数 k(m/d)：其物理意义可从达西公式 $V=kI$ 中表明，即水力坡度(I)等于1时，水的渗透速度即为渗透系数。

⑤越流系数(k_e)：表示地下水通过弱含水层渗流到主要含水层的能力，它等于含水层与越流弱含水层之间水头差为1 m时，通过1 m^2 越流分界面上的流量，即

$$k_e = \frac{k'}{m'} \text{或} k_e = \frac{km}{B^2} \tag{1.8.2.1.3}$$

式中，k'、m'分别为含水层顶板或底板的弱含水层的渗透系数和厚度。

⑥越流因素 B：表示越流含水层之间相互作用大小的参数，即

$$B = \sqrt{\frac{k\,mm'}{k'}} \tag{1.8.2.1.4}$$

1.8.2.2 地下水位测定

地下水静止水位系指天然状态下处于相对稳定状态的水位，即在一定时段内无明显的上升或下降趋势。

测定水位可根据工程性质、施工条件和量测精度选用水位计类型。

①测钟：由直径 25～40 mm、长 50～80 mm 的金属圆筒制成，上端封闭连接测绳，精确度为 1～2 cm，水位太深时，测钟接触水面时的声音难以听清，可选用其他水位计，测钟为勘探孔和观测孔量测水位的常用工具。

②电池水位计：由电极、导线、微安电流表、干电池组成，精确度为 1 cm 左右，使用方便，适用于任何深度水位和任何孔径的勘探孔。

③自动水位记录仪：采用钟表发条原理自动记录，可连续工作自记水位，精确度为±1.5 cm，适用于孔径大于 89 mm 的孔(井)。

1.8.2.3 地下水流向流速测定

地下水流动的方向，在平面图上，它垂直于地下水等水位线。

①测水位法确定地下水流向，即沿等边三角形顶点布置三个钻孔，孔距 50～100 m(当潜水位坡度越大，钻孔间距应越大)，当利用已有钻孔时，三个孔须形成锐角三角形，其中最小的夹角不宜小于 40°。

测得各孔水位高程后，编制等水位线图，从标高高的等水位线向标高低的等水位线画垂线，即为地下水的流向，见图 1.8.2.3.1。

②用指示剂测定地下水流速，当地下水流向确定后，沿流向线布置两个钻孔，上游为指示剂投放孔，下游作观测孔，指示剂投放孔与观测孔的距离由含水层的透水条件确定，见表 1.8.2.3.1。为避免指示剂绕观测孔流过，可在观测孔两侧 0.5～1.0 m 各布一辅助观测孔，见图 1.8.2.3.2，并按下式计算流速。

$$u=\frac{l}{t} \tag{1.8.2.3.1}$$

式中，u 为地下水实际流速(m/h)；l 为指示剂投放孔与观测孔距离(m)；t 为观测孔内指示剂出现所需时间(h)。

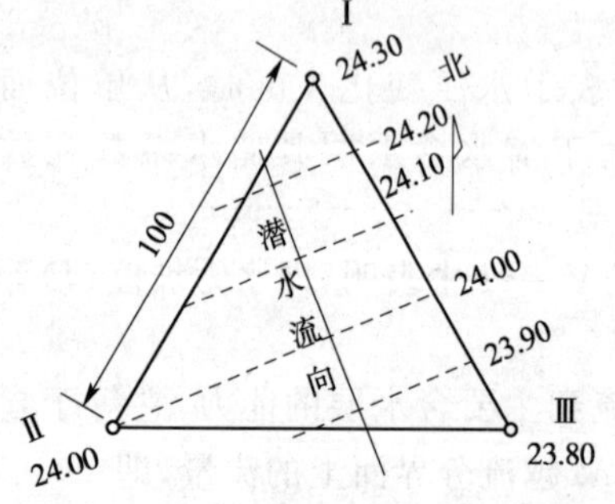

图 1.8.2.3.1 测定地下水流向的钻孔布置略图(尺寸单位：m)

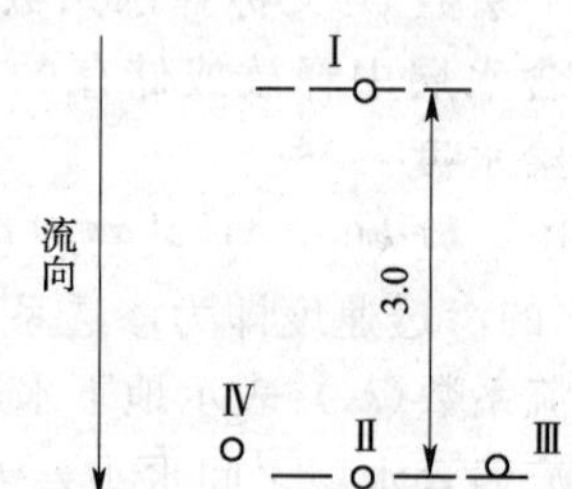

图 1.8.2.3.2 测定地下水流速钻孔分布略图(尺寸单位：m)

Ⅰ-投剂孔；Ⅱ-主要观测孔；Ⅲ、Ⅳ-辅助观测孔

指示剂投放孔与观测孔间距 表 1.8.2.3.1

含水层条件	距离/m
粉土	1～2
细粒砂	2～5
含砾粗砂	5～15
裂隙发育的岩石	10～15
岩溶发育的石灰岩	>50

1.8.2.4 渗透系数的测定

主要根据场地水文地质条件及岩土工程设计施工的需要，选择以下试验方法。

1. 渗水试验

试坑渗水试验适用于测定包气带非饱和岩土层的渗透系数，常用的有试坑法、单环法和双环法。

①试坑法是在表层土中挖一试坑，坑底离潜水位3～5 m，试坑为方形、圆形均可，面积1 000 cm^2，坑底铺设2 cm厚的砂砾石层，试验开始时，控制流量，连续均衡，必须使试坑中的水层厚度保持常数(以10 cm为宜)，在坑底设置一标尺，便于观测坑内水位，求出单位时间内渗入坑底的水量Q，除以坑底面积F，得到平均渗透速度V，即$V=Q/F$，当坑内水柱高度不大于或等于10 cm时，可认为水头梯度近于1，则$k=V$。

②单环法是在试坑底嵌入一高为20 cm、直径37.75 cm的铁环，该铁环圈定的面积为1 000 cm^2。在试验开始时，用Mariotte瓶控制环内水柱，保持在10 cm高度，试验进行到渗入水量Q固定不变时为止，此时所得的渗透速度(V)即为该岩土的渗透系数，即$V=Q/F=k$。

通过系统记录渗水量，求得各时间段内的平均渗透速度，据此编绘渗透速度历时曲线图(图1.8.2.4.1)。渗透速度随时间延长而逐渐减小并趋于常数(呈水平线)，此时的渗透速度即为渗透系数(k)。

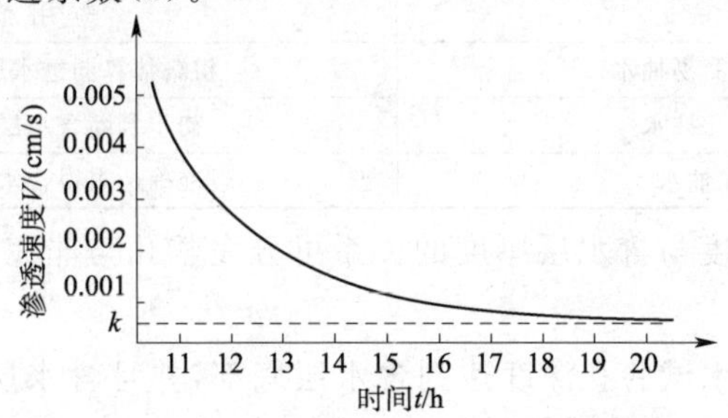

图1.8.2.4.1 渗透试验中渗透速度历时曲线图

③双环法是在试坑底嵌入两个铁环，外径直径采用0.5 m，内环直径采用0.25 m。试验时往铁环内注水，用Mariotte瓶控制外环和内环的水柱都保持在同一高度(如10 cm)。根据内环所取得的资料按上述方法确定岩土层的渗透系数。由于内环中水只产生垂向渗入，排除了侧向渗流的误差，因此该法获得的成果精度比试坑法和单环法高。

2. 注水试验

钻孔注水试验适用于地下水位埋藏较深，不便于进行抽水试验的场地，或在干的透水岩土层中进行。注水试验装置见图1.8.2.4.2。

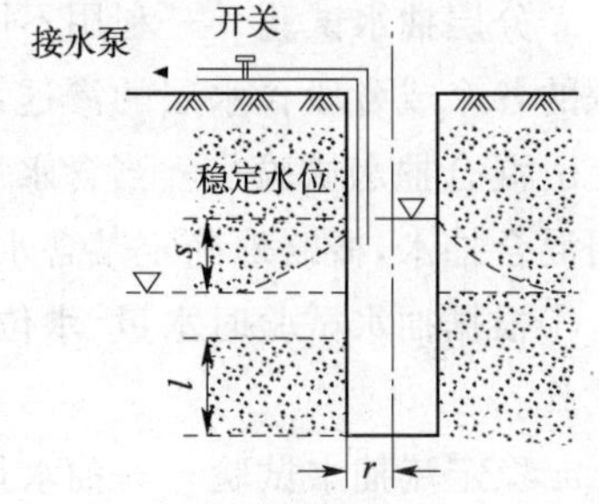

图1.8.2.4.2 钻孔注水试验示意图

连续往孔内注水，形成稳定的水位和常量的注入量。注水稳定时间因目的和要求不同而异，一般为4～8 h，以此数据计算岩土层的渗透系数k值。

根据水工建筑部门的经验，在巨厚的水平分布较宽的岩土层中做常量注水试验时，可按下列公式计算渗透系数k。

当$l/r\leqslant 4$时

$$k=\frac{0.08Q}{rs\sqrt{\frac{1}{2r}+\frac{1}{4}}} \tag{1.8.2.4.1}$$

当 $l/r>4$ 时

$$k=\frac{0.366Q}{ls}\lg\frac{2l}{r} \tag{1.8.2.4.2}$$

式中，l 为试验段过滤器长度(m)；Q 为常量注水量(m^3/d)；s 为孔中水柱高度(m)；r 为钻孔或过滤器半径(m)。

以上方法求得的 k 值一般比抽水试验求得的 k 值小 15%～20%。

3.抽水试验

抽水试验为岩土工程勘察中查明建筑场地的地层渗透性，测定有关水文地质参数常用方法之一。应根据勘察工作的目的要求和水文地质条件的差异采用不同的抽水试验类型。

(1)抽水试验的类型

①根据试验方法和孔数可分为三种，如表 1.8.2.4.1 所示。

抽水试验方法及应用范围 表 1.8.2.4.1

方　法	应用范围
钻孔或探井简易抽水	粗略估算弱透水层的渗透系数
不带观测孔抽水	初步判断含水层的渗透系数
带观测孔抽水	较准确地求得含水层的各种参数

②根据试验段长度与含水层厚度的关系可分完整孔与非完整孔两种，在选择计算公式时应做区别。

a.完整孔——抽水试验孔深度达到含水层底部，并且含水层的整个厚度中孔壁都是透水的，即过滤器的长度等于含水层厚度。

b.非完整孔——抽水试验孔深度没有达到含水层底部，即过滤器长度小于含水层的厚度。

③抽水试验孔中存在多个含水层，在进行抽水试验时又可分为分层抽水与混合抽水。

a.分层抽水试验——利用不同深度的钻孔进行分层或分段抽水，以便取得不同埋深的各个或各段含水层的渗透系数，以及水位、水量等水文地质参数。

b.混合抽水试验——当含水层数较多，且含水层之间的水力特征基本一致时，可采用混合抽水，概略地确定某含水层组的有关水文地质参数。

④根据抽水试验时水量、水位与时间关系，又分为稳定流抽水试验和非稳定流抽水试验。

a.稳定流抽水试验——抽水量与水位降深在规定的稳定延续时间内，不随时间而变化，同时相对稳定，按裘布依的基本公式或推导的公式计算渗透系数。

b.非稳定流抽水试验——抽水量与水位降深随抽水时间的延续而变化。按泰斯基本公式或推导的公式计算渗透系数。

在岩土工程勘察中仍大量采用稳定流抽水试验，必要时用少量非稳定流抽水试验计算水文地质参数。

(2)抽水试验的技术要求

①抽水孔与观测孔的布置。抽水孔位置应根据试验的目的，结合场地水文地质、地形、地貌条件及周围环境，布置在有代表性地段。

观测孔的布置应围绕主孔，可布置 1～2 排，首先应布置在与地下水流向相垂直的方向上。当布置 2 排时，其中一排应布置在平行地下水流向的方向上，与抽水孔的距离以 1～2 个含水层厚度为宜，并掌握近抽水孔处较密、远抽水孔处较稀、透水性强的岩土较之透水性弱的岩土距离较稀的原则，参见表 1.8.2.4.2。观测孔深度一般要求进入抽水试验段厚度之中，若为非均质含水层，观测孔的深度应与抽水孔一致。

观测孔与主孔距离间的关系　　表 1.8.2.4.2

含水层岩性	渗透系数 k/(m/d)	地下水类型	观测孔距主孔的距离/m			影响半径近似值/m
			第一孔	第二孔	第三孔	
坚硬多裂隙的岩层	＞60	承压水 潜水	15～20 10～15	30～40 20～30	60～80 40～60	＞500
坚硬稍有裂隙的岩层	60～20	承压水 潜水	6～8 5～7	10～15 8～12	20～30 15～20	150～250
没有细颗粒的纯砾、卵石层，均质的粗、中砂	＞60	承压水 潜水	8～10 4～6	15～20 10～15	30～40 20～25	200～300
含有大量细颗粒的砾石土和卵石土	60～20	承压水 潜水	5～7 3～5	8～12 6～8	15～20 10～15	100～200
非均质的杂粒砂和细砂	20～5	承压水 潜水	3～5 2～3	6～8 4～6	10～15 8～12	80～150

②对水位降深及延续时间要求。经抽水后测得的稳定水位与原静止水位之间的垂直距离称为降深；抽水后所得到稳定水位和稳定流量所需延续一段时间，这个过程称为一个落程，岩土工程勘察中抽水试验稳定延续时间一般为 8～24 h。

抽水试验一般要求进行三个落程，当进行简易抽水试验时可进行两个落程，各个落程的水位降深宜采用下列数值

$$s_1 = \frac{1}{6}H;\quad s_2 = \frac{1}{4}H;\quad s_3 = \frac{1}{3}H$$

或按

$$s_3 = s_{max};\qquad s_2 = \frac{2}{3}s_3;\qquad s_1 = \frac{1}{3}s_3$$

式中，H 为潜水水柱高度(由静水位至孔底)(m)；s_1、s_2、s_3 分别为三个落程的降深值(m)。

③渗透系数计算可根据条件按表 1.8.2.4.3～表 1.8.2.4.8 选用。渗透系数的经验数值可参考表 1.8.2.4.9～表 1.8.2.4.11。

潜水非完整井(淹没过滤器井壁进水)渗透系数 表 1.8.2.4.3

图形	计算公式	适用条件
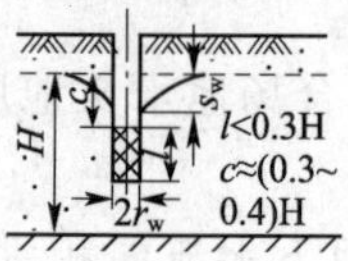 $l<0.3H$, $c\approx(0.3\sim0.4)H$	$k=\dfrac{0.366Q}{ls_{w}}\lg\dfrac{0.66l}{r_{w}}$	①过滤器安置在含水层中部; ②$l<0.3H$; ③$c\geqq0.3H\sim0.4H$; ④单孔
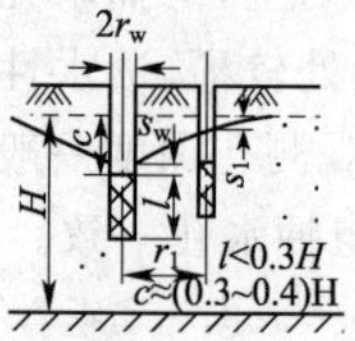 $l<0.3H$, $c\approx(0.3\sim0.4)H$	$h=\dfrac{0.16Q}{l(s_{w}-s_{2})}\left(2.3\lg\dfrac{0.66l}{r_{w}}-\text{arsh}\dfrac{l}{2r_{1}}\right)$	①②③条件同上; ④有一个观测孔
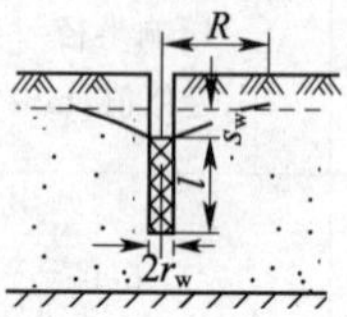	$k=\dfrac{0.366Q(\lg R-\lg r_{w})}{(s_{w}+l)s}$	①过滤器位于含水层中部; ②单孔
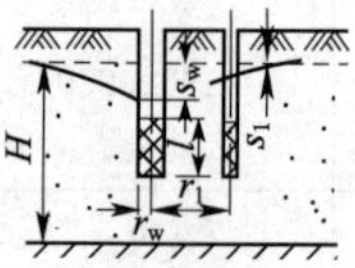	$k=\dfrac{0.366Q(\lg r_{1}-\lg r_{w})}{(s_{w}-s_{1})(s-s_{1}+l)}$	①条件同上; ②一个观测孔
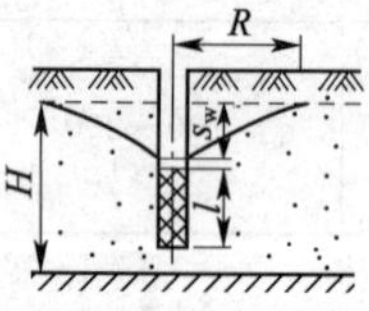	$k=\dfrac{0.73Q(\lg R-\lg r_{w})}{s_{w}(H+l)}$	①过滤器位于含水层下部; ②单孔

潜水非完整井(非淹没过滤器井壁进水)渗透系数 表 1.8.2.4.4

图形	计算公式	适用条件
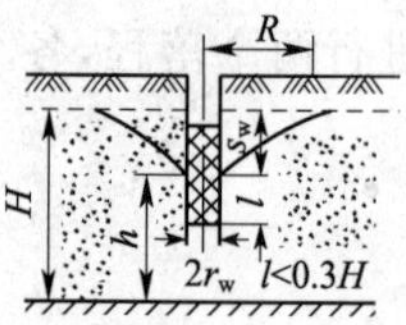 $l<0.3H$	$k=\dfrac{0.73Q}{s_{w}\left(\dfrac{l+s_{w}}{\lg\dfrac{R}{r_{w}}}+\dfrac{l}{\lg\dfrac{0.66l}{r_{w}}}\right)}$	①过滤器安置在含水层上部; ②$l<0.3H$; ③含水层厚度很大
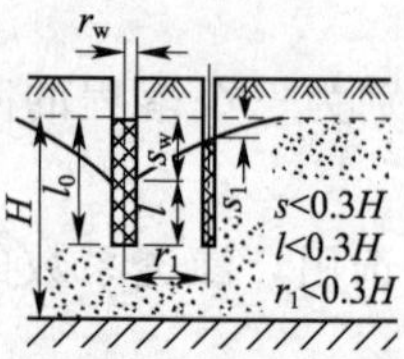 $s<0.3H$, $l<0.3H$, $r_1<0.3H$	$k=\dfrac{0.16Q}{l'(s-s_{1})}\left(2.3\lg\dfrac{1.6l'}{r_{w}}-\text{arsh}\dfrac{l'}{r_{1}}\right)$ 式中,$l'=l_{0}-0.5(s+s_{1})$	①过滤器安置在含水层上部; ②$l<0.3H$; ③$s<0.3l_{0}$; ④一个观测孔 $r_{1}<0.3H$

续上表

图形	计算公式	适用条件
	$k=\dfrac{0.73Q}{s_w\left[\dfrac{l+s_w}{\lg\dfrac{R}{r_w}}+\dfrac{2m}{\dfrac{1}{2a}\left(2\lg\dfrac{4m}{r_w}-A\right)-\lg\dfrac{4m}{R}}\right]}$ 式中，m 为抽水时过滤器（进水部分）长度的中点至含水层底的距离； A 取决于 $a=\dfrac{2}{m}$	①条件同上； ②$l>0.3H$； ③单孔
	$h=\dfrac{0.366Q(\lg R-\lg r_w)}{H_1 s_w}$ 式中，H_1 为至过滤器底部的含水层深度	单孔
	$h=\dfrac{0.366Q}{ls_w}\lg\dfrac{0.66l}{r_w}$	①河床下抽水； ②过滤器安置在含水层上部或中部； ③$c>\dfrac{l}{\ln\dfrac{l}{r_w}}$（一般 $c<2\sim3$ m）； ④$H_1<0.5H$

潜水完整井渗透系数 表 1.8.2.4.5

图形	计算公式	适用条件
抽水孔(井) 观$_1$ 观$_2$	$k=\dfrac{0.732Q}{s(2H-s)}\lg\dfrac{R}{r}$	单孔(井)抽水
	$k=\dfrac{0.732Q}{s(2H-s-s_1)(s-s_1)}\lg\dfrac{r_1}{r}$	有一个观测孔
	$k=\dfrac{0.732Q}{(2H-s_1-s_2)(s_1-s_2)}\lg\dfrac{r_2}{r_1}$	有两个观测孔

承压水非完整井渗透系数 表 1.8.2.4.6

图形	计算公式	适用条件与说明
	$k=\dfrac{0.366Q}{ls}\lg\dfrac{al}{r}$ $a=1.6$ 吉林斯基 $a=1.32$ 巴布什金	承压水（或潜水），过滤器紧接含水层顶板（或底板）。$l/r>5$，$l<0.3M$（或 $l<0.3H$）
	$k=0.366\dfrac{Q}{Ms}\left[\dfrac{1}{2a}\left(2\lg\dfrac{4M}{r}-A\right)-\lg\dfrac{4M}{R}\right]$ $a=l/M$	承压孔，过滤器紧接含水层顶板。$l/r>5$，$l>0.3M$（马斯凯特公式）

承压水完整井渗透系数 表 1.8.2.4.7

图　形	计算公式	适用条件与说明
	$k=\dfrac{0.366Q}{Ms}\lg\dfrac{R}{r}$	裘布依公式 单孔(井)抽水
	$k=\dfrac{0.366Q}{M(s-s_1)}\lg\dfrac{r_1}{r}$	多孔抽水 有一个观测孔
	$k=\dfrac{0.366Q}{M(s_1-s_2)}\lg\dfrac{r_2}{r_1}$	有两个观测孔

根据水位恢复速度计算渗透系数 表 1.8.2.4.8

图　形	计算公式	适用条件	说　明
	$k=\dfrac{1.57r_w(h_2-h_1)}{t(s_1+s_2)}$	①承压水层； ②大口径平底井(或试坑)	求得一系列与水位恢复时间有关的数值 k 后，则可作 $k=f(t)$ 曲线，根据此曲线，可确定近于常数的渗透系数值，如下图所示。
	$h=\dfrac{r_w(h_2-h_1)}{t(s_1+s_2)}$	①条件同上； ②大口径半球状井底(试坑)	
	$k=\dfrac{3.5r_w^2}{(H+2r)t}\ln\dfrac{s_1}{s_2}$	潜水完整井	
	$k=\dfrac{\pi r_w}{4t}\ln\dfrac{H-h_1}{H-h_2}$	①潜水非完整井； ②大口径井底进水井壁不进水	左列公式均作近似计算用

渗透系数经验数值 表 1.8.2.4.9

土　类	渗透系数/(m/d)	土　类	渗透系数/(m/d)
重亚黏土	＜0.05	细粒砂	1～5
轻亚黏土	0.05～0.1	中粒砂	5～20
亚黏土	0.1～0.5	粗粒砂	20～50
黄土	0.25～0.05	砾石	100～500
粉土质砂	0.5～1.0	漂砾石	20～150
		漂石	500～1 000

注：本表摘自《水文地质手册》，土分类为旧分类法，亚黏土相当于粉质黏土，轻亚黏土相当于粉土，表 1.8.2.4.11同为此释。

砾石渗透系数　表 1.8.2.4.10

平均粒径 d_{50}/mm	25.0	21.0	14.0	10.0	5.8	3.0	2.5
不均一系数 $\eta\left(\frac{d_{60}}{d_{10}}\right)$	2.7	2.0	2.0	6.3	5.0	3.5	2.7
渗透系数 $k/(\mathrm{cm}\cdot\mathrm{s}^{-1})$	20.0	20.0	10.0	5.0	3.3	3.3	0.8

几种土的渗透系数　表 1.8.2.4.11

土　类	渗透系数 $k/(\mathrm{cm}\cdot\mathrm{s}^{-1})$	土　类	渗透系数 $k/(\mathrm{cm}\cdot\mathrm{s}^{-1})$
黏土	$<1.2\times10^{-6}$	细砂	$1.2\times10^{-3}\sim6.0\times10^{-3}$
亚黏土	$1.2\times10^{-6}\sim6.0\times10^{-5}$	中砂	$6.0\times10^{-3}\sim2.4\times10^{-2}$
轻亚黏土	$6.0\times10^{-5}\sim6.0\times10^{-4}$	粗砂	$2.4\times10^{-2}\sim6.0\times10^{-2}$
黄土	$3.0\times10^{-4}\sim6.0\times10^{-4}$	砾砂	$6.0\times10^{-2}\sim1.8\times10^{-1}$
粉砂	$6.0\times10^{-4}\sim1.2\times10^{-3}$		

注：本表摘自《工程地质手册》，见表 1.8.2.4.9 注释。

④影响半径 R 的计算公式，可参照表 1.8.2.4.12 选用，其经验值可参照表 1.8.2.4.13。

影响半径计算公式　表 1.8.2.4.12

计算公式	适用条件	备　注
$\lg R=\frac{s_1\lg r_2-s_2\lg r_1}{s_1-s_2}$	①承压水；②两个观测孔	计算精度可靠（裘布依公式）
$\lg R=\frac{s_1(2H-s_1)\lg r_2-s_2(2H-s_2)\lg r_1}{(s_1-s_2)(2H-s_1-s_2)}$	①潜水；②两个观测孔	同上
$\lg R=\frac{s\lg r_1-s_1\lg r}{s-s_1}$	①承压水；②一个观测孔	计算成果一般偏大
$\lg R=\frac{s(2H-s)\lg r_1-s_1(2H-s_1)\lg r}{(s-s_1)(2H-s-s_1)}$	①潜水；②一个观测孔	同上
$\lg R=\frac{2.73kms}{Q}+\lg r$	①承压水；②单孔抽水	计算成果一般偏大
$\lg R=\frac{1.366k(2H-s)s}{Q}+\lg r$	①潜水；②单孔抽水	同上
$R=10s\sqrt{k}$	①承压水；②单孔抽水	概略计算（吉哈尔特经验公式）
$R=2s\sqrt{Hk}$	①潜水；②单孔抽水	概略计算（库萨金经验公式）
$R=\sqrt{\frac{12t}{\mu}\sqrt{\frac{Qk}{\pi}}}$	①潜水；②完整孔	（柯泽尼公式）
$R=3\sqrt{\frac{kHt}{\mu}}$	潜水	（威伯公式）
$R=\frac{Q}{2kHi}$	承压水	概略计算（凯尔盖公式）

注：s_1、s_2 表示观测孔水位降深(m)；r_1、r_2 表示观测孔至抽水孔的距离(m)；r 表示抽水孔(井)半径(m)；H (M)表示潜水(承压水)含水层厚度(m)；k 表示渗透系数(m/d)；t 表示时间(d)；μ 表示给水度；i 表示地下水力坡降。

松散岩层影响半径 R 经验值 表 1.8.2.4.13

松散岩层名称	主要颗粒直径/mm	所占质量/(%)	影响半径 R/m
粉砂	0.05～0.1	<70	25～50
细砂	0.1～0.25	>70	50～100
中砂	0.25～0.5	>50	100～200
粗砂	0.5～1.0	>50	300～400
极粗砂	1.0～2.0	>50	400～500
小砾	2.0～3.0		500～600
中砾	3.0～5.0		600～1 500
大砾	5.0～10.0		1 500～3 000

4.压水试验

在坚硬及半坚硬岩土层中，当地下水距地表很深时，常用压水试验测定岩层的透水性，多用于水库、水坝工程。

1)压水试验的方法和类型

①按试验段划分可分为分段压水试验、综合压水试验和全孔压水试验。

②按压力点划分为一点压水试验、三点压水试验和多点压水试验。

③按试验压力划分为低压压水试验和高压压水试验。

④按加压的动力源划分为水柱压水法、自流式压水法和机械法压水试验。

2)压水试验的主要参数

(1)压入水量

压入水量是在某一个确定压力作用下，压入水量呈稳定状态的流量。当控制某一设计压力值呈稳定后，每隔 10 min 测读压入水量，连续四次读数，其最大值与最小值之差小于最终值 5%时为本级压力的最终压入水量。若进行简易压水试验，其稳定标准可放宽至最大值与最小值之差小于最终值 10%。

(2)压力阶段和压力值

压水试验的总压力是指用于试验段的实际平均压力。其单位习惯上均以水柱高度m 计算，其水柱高度系由地下水位算起。应按工程需要确定试验的最大压力值和压力施加的分级数及起始压力。

(3)试验段长度

试验段长度可根据地层的单层厚度、裂隙发育程度等因素确定，一般为 5～10 cm。若岩芯完好，可适当加长试验段，但不宜大于 10 m。可利用专门的活动栓塞分段隔离。

3)压水试验成果应用及计算

(1)透水率

透水率指当试段压力为 1MPa 时每米试段的压入水流量(L/min)。试段透水率采用第三阶段的压力值(P_3)和流量值(Q_3)计算：

$$q=\frac{Q_3}{Lp_3}$$

式中，q 为试段的透水率(Lu)，取两位有效数字；L 为试段长度(m)；Q_3 为第三阶段的计算流量(L/min)；p_3 为第三阶段的试段压力(MPa)。

(2)渗透系数 k

当试段位于地下水位以下，透水性较小(q<10Lu)、P-Q 曲线为 A(层流)型时，岩体的渗透系数：

$$k=\frac{Ql}{2\pi HL}\ln\frac{L}{r_0}$$

式中，k 为岩体渗透系数(m/d)；Q 为压入流量(m^3/d)；H 为试验水头(m)；r_0 为钻孔半径(m)。

当试验段位于地下水位以下，透水性较小，P-Q 曲线为 B(紊流)型时，可用第一阶段的压力 P_1(换算成水头值，以 m 计)和流量 Q_3 代入上式近似地计算渗透系数。

【例题 42】

某潜水含水层中打了一口抽水井及观测孔，进行潜水完整井抽水试验，已知初始水位为 14.69 m，抽水井直径 0.3 m，抽水试验参数见下表，该含水层的平均渗透系数为(　　)。

(A)34.51 m/d　(B)35.83 m/d　(C)35.77 m/d　(D)36.37 m/d

抽水试验参数

井型	至抽水井中心距离/m	降深					
		第一次降深		第二次降深		第三次降深	
		水位/m	流量/(m^3/d)	水位/m	流量/(m^3/d)	水位/m	流量/(m^3/d)
抽水井	—	13.32	302.4	12.90	456.8	12.39	506.00
观测井	12	13.77	—	13.57	—	13.16	—

解

仅有1个观测孔的渗透系数按下式计算

$$k=\frac{0.732Q}{(2H-S-S_1)(S-S_1)}\lg\frac{r_1}{r}$$

式中，k 为渗透系数；Q 为每天抽水量；H 为初始水位；S 为抽水井水位下降深度；S_1 为观测井水位下降深度；r_1 为观测井与抽水井中心距离；r 为抽水井半径。

第一次降深

$$Q=302.4\ \text{m}^3/\text{d}, r_1=12\ \text{m}, r=0.15\ \text{m}, H=14.69\ \text{m}$$

$$S_1=14.69-13.7=0.92\ (\text{m}), S=14.69-13.32=1.37\ (\text{m})$$

$$k_1=\frac{0.732\times302.4}{(2\times14.69-1.37-0.92)\times(1.37-0.92)}\times\lg\frac{12}{0.15}=34.51(\text{m/d})$$

第二次降深

$$Q=456.8\ \text{m}^3/\text{d}, r_1=12\ \text{m}, r=0.15\ \text{m}, H=14.69\ \text{m}$$

$$S_1=14.69-13.57=1.12\ (\text{m}), S=14.69-12.9=1.79\ (\text{m})$$

$$k_2=\frac{0.732\times456.8}{(2\times14.69-1.79-1.12)\times(1.79-1.12)}\times\lg\frac{12}{0.15}=35.83(\text{m/d})$$

第三次降深

$$Q=506\ \text{m}^3/\text{d}, r_1=12\ \text{m}, r=0.15\ \text{m}, H=14.69\ \text{m}$$

$S_1 = 14.69 - 13.16 = 1.53\text{(m)}, S = 14.69 - 12.39 = 2.3\text{(m)}$

$$k_3 = \frac{0.732 \times 506}{(2 \times 14.69 - 2.3 - 1.53) \times (2.3 - 1.53)} \times \lg \frac{12}{0.15} = 35.77\text{(m/d)}$$

所以试验含水层的平均渗透系数为

$$k = (k_1 + k_2 + k_3)/3 = (34.51 + 35.83 + 35.77)/3 = 36.37\text{(m/d)}$$

【案例模拟题 75】

某工程场地进行单孔抽水试验，地层情况及滤水管位置见下图，滤水管上下均设止水装置，抽水参数为：钻孔深 12 m，承压水位 1.5 m，钻孔直径 0.8 m。假定影响半径 100 m，第一次降深 2.1 m，涌水量 510 m^3/d；第二次降深 3.0 m，涌水量 760 m^3/d；第三次降深4.2 m，涌水量 1 050 m^3/d，用裘布依公式计算含水层的平均渗透系数 k 为（　　）。

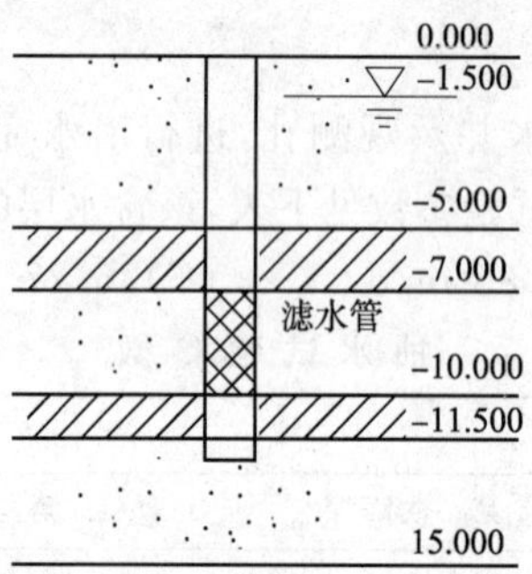

地层情况及滤水管位置（高程单位：m）

(A)71 m/d　　(B)74.2 m/d　　(C)73.2 m/d　　(D)73 m/d

【案例模拟题 76】

某建筑基坑为粉细砂地层，在基坑施工中采取降水措施，土的不均匀系数 $C_u = 12$，相对密度 $G_s = 2.70$，孔隙度 $n = 42\%$，如防止潜蚀作用产生，渗透水流的水力坡度不应大于（　　）。

(A)0.4　　(B)0.8　　(C)1.2　　(D)1.6

【案例模拟题 77】

某建筑场地（下图）中 0～8.0 m 为黏性土，天然重度为 19 kN/m^3；8～12 m 为粗砂土，粗砂层为承压含水层，水头埋深为 1.0 m，现拟开挖建筑基坑，当基坑挖深为（　　）m 时坑底不会产生基坑突涌现象。

(A)3.0　　(B)4.0　　(C)4.3　　(D)5.0

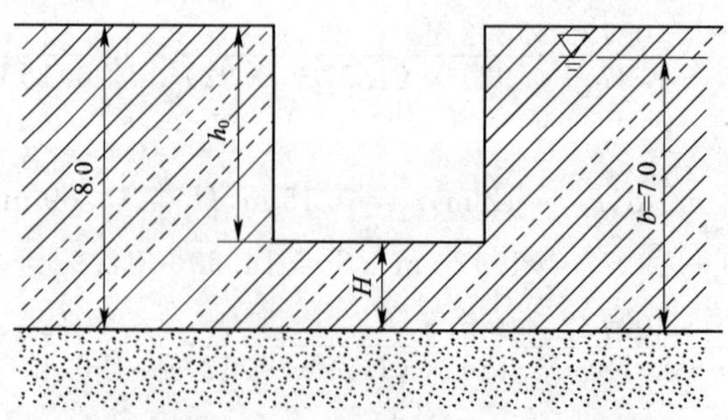

案例模拟题 77 图（尺寸单位：m）

【案例模拟题 78】

某水工建筑物场地地层(下图)情况如下:0～10 m 粉砂土,10 m 以下为泥岩,现有一孔径为 150 mm 的钻孔钻至泥岩,在钻孔中进行注水试验,初始地下水位为地表下 5.0 m,第一次注水试验时钻孔中稳定水位为地表下 2.0 m,常量注水量为 15.4 m^3/d;第二次注水试验时钻孔中稳定地下水位为地表下 1.5 m,常量注水量为 18.5 m^3/d;第三次注水试验时钻孔中稳定地下水位为地表下 1.0 m;常量注水量为 22.4 m^3/d。该地层的渗透系数为(   )m/d。

(A)0.80　　(B)0.82　　(C)0.83　　(D)0.87

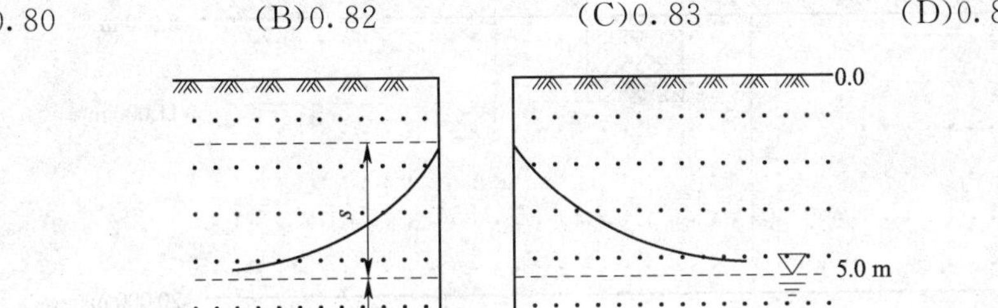

案例模拟题 78 图

【案例模拟题 79】

某建筑场地进行单孔抽水试验,地层结构(下图)为:0～15 m 中砂土,15 m 以下为泥岩,地下水埋深为 1.0 m 抽水井深度为 10 m,过滤器长度 4.0 m,安置在抽水井底部,抽水井直径为 60 cm,第一次降深为 1.5 m,稳定涌水量为 191 m^3/d;第二次降深为 3.0 m,稳定涌水量为 451.3 m^3/d;第三次降深为 4.5 m,稳定涌水量为 781 m^3/d,则该砂土层的渗透系数为(   )m/d。

(A)11　　(B)13　　(C)15　　(D)17

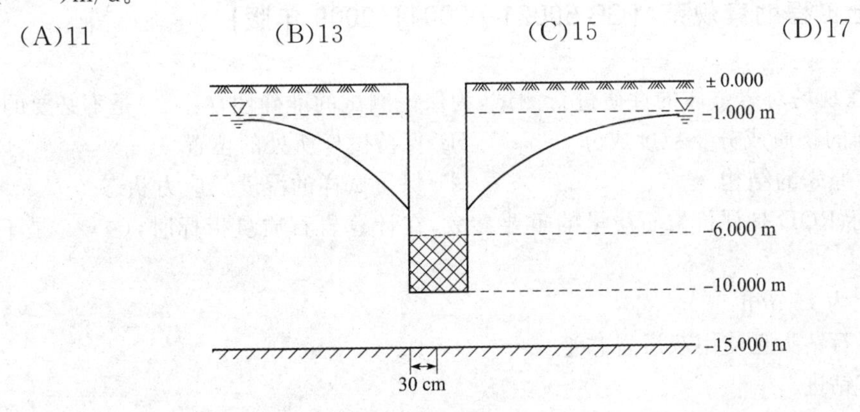

案例模拟题 79 图

【案例模拟题 80】

某建筑场地中进行抽水试验(下图),含水层为承压含水层,隔水顶板厚 8.0 m,承压含水层厚 12 m,抽水井深 11.0 m,过滤器安置在井底,长 3.0 m,过滤器顶部紧接含水层顶板,抽水井直径为 60 cm,第一次降深为 2.0 m,稳定抽水量为 422 m^3/d;第二次降深为 4.0 m;稳定抽水量为 871 m^3/d;第三次降深为 6.0 m,稳定抽水量为 1 140 m^3/d;地下水水头位于地表下 1.0 m 处,如果用吉林斯基系数 a=1.6 计算,渗透系数为(   )。

(A)28 m/d (B)30 m/d (C)32 m/d (D)35 m/d

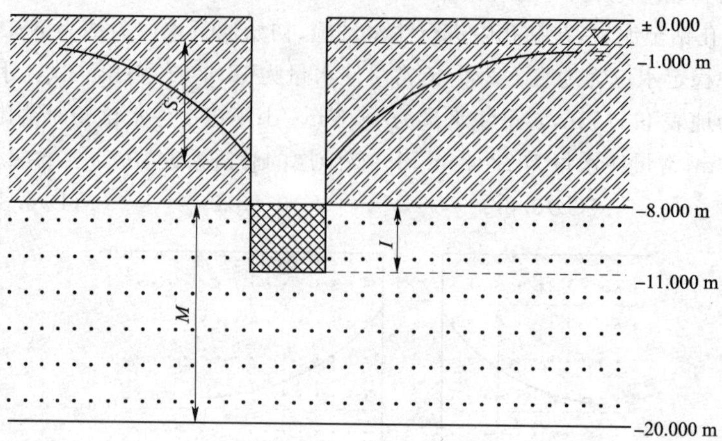

案例模拟题 80 图

【案例模拟题 81】

某钻孔中进行压水试验，钻孔半径为 110 mm，试验段长度为 2.0 m；总压力为 50 m 水柱高，稳定流量为 40 L/min。

①该试验段的单位吸水量为(　　) L/(min·m²)。

(A)0.10 (B)0.40 (C)1.00 (D)4.00

②如试验段底部距隔水层的厚度大于试验段长度，渗透系数为(　　)m/d。

(A)0.23 (B)2.3 (C)5.0 (D)23

1.9 单项选择题

1.9.1 《岩土工程勘察规范》(GB 50021—2001)(2009 年版)

1.原位测试是在现场对岩土体的性质进行测试，为保证测试的准确性，(　　)是不必要的。

(A)保持试样的物质成分及粒度成分 (B)保持试样所处的位置

(C)保持岩土原来的结构 (D)保持试样的湿度及应力状态

2.岩石质量指标 RQD 是评价岩石质量的重要参数，在计算岩石质量指标时，(　　)是不正确的。

(A)钻具直径为 75 mm

(B)采用金刚石钻头且使用双层岩芯管

(C)连续取芯钻进

(D)计算各岩层岩芯中长度大于 10 cm 岩芯总长度与该岩层厚度的比值

3.对建筑场地复杂程度的划分除考虑对建筑抗震的影响、不良地质作用的发育程度、地质环境的破坏程度及地形地貌的复杂程度外，还应考虑(　　)因素。

(A)场地地层的物理力学指标 (B)场地岩土层的厚度

(C)水文地质条件 (D)岩土层中地应力的分布及应力场特征

4.存在多年冻土层的地基应划分为(　　)。

(A)一级地基 (B)二级地基 (C)三级地基 (D)不能确定

5. 某一级建筑物(工程)位于简单场地的三级岩质地基上,其勘察等级可划分为(　　)。

(A)甲级　(B)乙级　(C)丙级　(D)丁级

6. 某岩石的点荷载试验强度 $I_{s(50)}$ 为 1.87 MPa,该岩石坚硬程度应为(　　)。

(A)坚硬岩　(B)较硬岩　(C)较软岩　(D)软岩

7. 某岩体的波速比(岩体压缩波速与岩块压缩波速的比值)为 0.60,其完整程度为(　　)

(A)完整　(B)较完整　(C)较破碎　(D)破碎

8. 破碎坚硬岩石的岩体基本质量等级分类应为(　　)。

(A)Ⅰ类　(B)Ⅱ类　(C)Ⅲ类　(D)Ⅳ类

9. 钻探回次进尺为 1.6 m,采用 75 mm 金刚石钻进,双层岩芯管,采取的岩总长度分别为 2.4 cm,5.8 cm,10.2 cm,24.2 cm,8.7 cm,9.6 cm,18.9 cm,14.7 cm 及碎块状、粉状岩芯,按 RQD 指标该岩石应为(　　)。

(A)好的　(B)较好的　(C)较差的　(D)差的

10. 某岩层平均厚度为 0.8 m,按《岩土工程勘察规范》(GB 50021—2001)(2009 年版),该岩层应为(　　)。

(A)巨厚层　(B)厚层　(C)中厚层　(D)薄层

11. 某土层灼烧失量 W_u 为 42%,按《岩土工程勘察规范》(GB 50021—2001)(2009 年版),该土层应定名为(　　)。

(A)有机质土　(B)泥炭质土　(C)强泥炭质土　(D)泥炭

12. 某土样粒度分析结果如下表所示,按《岩土工程勘察规范》(GB 50021—2001)(2009 年版),其土名应定为(　　)。

粒径区间/mm	>200	200～20	20～2	2～0.5	0.5～0.25	0.25～0.075	<0.075
质量百分含量/(%)	3	12	21.3	26.1	15.4	11.4	10.0

(A)圆砾　(B)砾砂　(C)粗砂　(D)粉土

13. 沉积的砂及黏土层呈韵律沉积,砂层平均单层厚 20～30 cm,黏土层平均单层厚度为4～5 cm,按《岩土工程勘察规范》(GB 50021—2001)(2009 年版)该土层应定名为(　　)。

(A)互层　(B)夹层　(C)夹薄层　(D)单独分层

14. 某碎石土中大于 200 mm 的颗粒含量为 0.1%,大于 50 mm 的含量为 40%,15 m 深处土层的触探实测击数为 $N'_{63.5}=25$,$N'_{120}=20$,该土层按《岩土工程勘察规范》(GB 50021—2001)(2009 年版)规定,其密实程度应为(　　)。

(A)松散　(B)稍密　(C)中密　(D)密实

15. 黏性土层的室内试验指标为含水率 $w=26\%$,塑限 $w_p=19$,液限 $w_L=35$,该土层按《岩土工程勘察规范》(GB 50021—2001)(2009 年版)规定,其状态应为(　　)。

(A)坚硬　(B)硬塑　(C)可塑　(D)软塑

16. 某桥涵地基中黏性土层试验结果为含水率 $w=26\%$,塑限 $w_p=19$,液限 $w_L=35$,按《公路桥涵地基与基础设计规范》(JTG D63—2007),其状态应为(　　)。

(A)坚硬　(B)硬塑　(C)可塑　(D)软塑

17. 对于房屋建筑及构筑物的岩土工程勘察应分阶段进行,按《岩土工程勘察规范》

(GB 50021—2001)(2009 年版)的有关要求,符合施工图设计要求的勘察应定名为(　　)。

(A)可行性研究勘察　　(B)初步勘察

(C)详细勘察　　(D)施工勘察

18. 对于房屋建筑及构筑物的岩土工程勘察,在初勘阶段勘察工作量的布置应符合一定原则,下列各原则中(　　)是错误的。

(A)勘察线应垂直于地貌单元、地质构造、地层界线布置

(B)每个地貌单元均应布置勘探点

(C)地形平坦地区,可按网格布置勘探点

(D)在建筑物的轮廓线上及中心点应布置勘探点

19. 下列要求是对房屋建筑及构筑物详细勘察采取土试样及进行原位测试的要求,其中错误的是(　　)。

(A)钻探取土试样孔的数量不应少于勘探孔总数的 1/3

(B)场地主要土层的原状土试样或原位测试数据不应少于 6 件(组)

(C)当取样条件特别困难且有一定经验时,取样及测试数据可适当减少

(D)对主要受力层内厚度大于 0.5 m 的夹层也应取样或进行原位测试

20. 按《岩土工程勘察规范》(GB 50021—2001)(2009 年版),地下洞室详细勘察应采用钻探、物探和测试为主的勘查方法,这时(　　)是不合适的。

(A)详细查明洞址、洞口、洞室穿越线路的工程地质和水文地质条件

(B)初步确定岩体质量等级(围岩类别)

(C)评价洞体和围岩的稳定性

(D)为设计支护结构和确定施工方案提供资料

21. 地下洞室详细勘察时,按《岩土工程勘察规范》(GB 50021—2001)(2009 年版),下列(　　)不正确。

(A)勘探点间距不应大于 50 m

(B)勘探点宜在洞室中线外侧 6～8 m 交叉布置

(C)采集试样及原位测试勘探孔数量不应少于勘探孔总数的 2/3

(D)第四系中的一般性勘探孔可钻至基底设计标高下 6～10 m

22. 按《岩土工程勘察规范》(GB 50021—2001)(2009 年版),岸边工程测定土的抗剪强度选用剪切试验方法时,下列(　　)可不予考虑。

(A)非饱和土在施工期间和竣工以后受水浸成为饱和土的可能性

(B)土的固结状态在施工和竣工后的变化

(C)岸边水位变化及波浪作用对土的状态的影响

(D)挖方卸荷或填方增荷对土性的影响

23. 按《岩土工程勘察规范》(GB 50021—2001)(2009 年版),管道工程勘察不应包括(　　)阶段。

(A)选线勘察　　(B)初步勘察　　(C)详细勘察　　(D)施工勘察

24. 按《岩土工程勘察规范》(GB 50021—2001)(2009 年版),管道工程详细勘察勘探点的布置,对下列(　　)可不予考虑。

(A)管道线路工程勘探点间距视地质条件复杂程度而定,宜为 200～1 000 m

(B)勘探孔深度宜为管道埋设深度以下 1～3 m

(C)对管道穿越工程,勘探点宜布置在穿越管道的中线上;偏离中线最大不应大于 3 m

(D)对管道穿越工程,勘探点间距最大不应大于 200 m,最少不应少于 3 个

25. 按《岩土工程勘察规范》(GB 50021—2001)(2009 年版),废弃物处理工程勘察的范围不应包括(　　)。

(A)堆填场(库区)上游的水量是否充足,水质是否符合要求

(B)堆填场(库区)初期坝相关的管线、隧洞等构筑物和建筑物

(C)堆填场邻近的相关地段

(D)地方建筑材料勘察

26. 按《岩土工程勘察规范》(GB 50021—2001)(2009 年版),工业废渣堆场废渣材料加高坝勘察工作的布置原则,(　　)是错误的。

(A)可按堆积规模垂直坝轴线布设不少于 3 条勘探线

(B)勘探点间距按 100 m 布置

(C)一般勘探孔应进入自然地面以下一定深度

(D)控制性勘探孔深度应能查明可能存在的软弱层

27. 按《岩土工程勘察规范》(GB 50021—2001)(2009 年版),垃圾填埋场勘察的岩土工程评价不宜包括(　　)。

(A)工程场地的整体稳定性及废弃物堆积体的变形和稳定性

(B)坝基、坝肩、库区和其他有关部位的强度、变形及其与时间的关系

(C)预测水位的变化及其影响

(D)洪水、滑坡、泥石流、岩溶、断裂等不良地质作用对工程的影响

28. 核电厂的勘察按《岩土工程勘察规范》(GB 50021—2001)(2009 年版),不应包括下列(　　)阶段。

(A)初步设计　　(B)详细设计　　(C)施工图设计　　(D)工程建造

29. 按《岩土工程勘察规范》(GB 50021—2001)(2009 年版),核电厂初步设计勘察的下列四个地段中,(　　)是相对最不重要的。

(A)核岛　　(B)常规岛　　(C)附属建筑　　(D)水工建筑

30. 边坡工程按《岩土工程勘察规范》(GB 50021—2001)(2009 年版)勘察时,可不包括下列(　　)阶段。

(A)可行性研究勘察　　(B)初步勘察

(C)详细勘察　　(D)施工勘察

31. 按《岩土工程勘察规范》(GB 50021—2001)(2009 年版),对边坡工程勘探及取样工作,不正确的是(　　)。

(A)勘探线应垂直边坡走向布置

(B)勘探点间距应根据地质条件确定

(C)勘探孔深度应穿过潜在滑动面进入稳定层 2～5 m

(D)对土层和软弱层应采取试样,且土层和岩层中均不应少于 6 件

32. 按《岩土工程勘察规范》(GB 50021—2001)(2009 年版),对于新设计的一般工程边坡,其稳定性系数 F_s 应为(　　)。

(A)1.30～1.50　　(B)1.15～1.30　　(C)1.05～1.15　　(D)1.10～1.25

33. 按《岩土工程勘察规范》(GB 50021—2001)(2009 年版),在基坑工程的勘察中,不正确的

是( )。

(A)勘察深度宜为开挖深度的2～3倍

(B)勘察的平面范围包括全部开挖边界内的范围

(C)在深厚软土区,勘察深度和范围尚应适当扩大

(D)复杂场地进行地下水治理时,如已有资料不能满足要求,应进行专门的水文地质勘察

34.按《岩土工程勘察规范》(GB 50021—2001)(2009年版),在对桩基础进行勘察时,对土质地基勘探点间距的要求,错误的是( )。

(A)端承桩勘探点距宜为12～24 m

(B)端承桩与摩擦桩勘探点距宜使持力层层面高差控制在1～2 m

(C)摩擦桩勘探点距宜为20～35 m

(D)复杂地基的一柱一桩工程,宜每柱设置勘探点

35.单桩竖向和水平向承载力。按《岩土工程勘察规范》(GB 50021—2001)(2009年版),对甲级建筑物和缺乏经验地区应符合下列要求,其中错误的是( )。

(A)应建议作静载试验,试验数量不宜少于工程桩数量的1%

(B)每个场地的试桩数不宜少于6个

(C)对承受较大水平荷载的桩应建议进行桩的水平荷载试验

(D)对承受上拔力的桩,应建议进行抗拔试验

36.按《岩土工程勘察规范》(GB 50021—2001)(2009年版),对岩溶进行勘察时,不正确的是( )。

(A)可行性勘察应查明岩溶、土洞的发育条件,并对其危害程度及发展趋势作出判断

(B)初步勘察应对场地的稳定性和工程建设的适宜性作出初步评价

(C)详细勘察应对地基基础的设计和岩溶治理提出建议

(D)施工勘察应对某一地段或尚待查明的专门问题进行补充勘察

37.按《岩土工程勘察规范》(GB 50021—2001)(2009年版),岩溶场地存在( )情况时,可不判定为未经处理不宜作为地基的不利地段。

(A)浅层洞体或溶洞群、洞径大且不稳定的地段

(B)有埋藏的漏斗、槽谷等,并覆盖有软弱土体的地段

(C)土洞或塌陷零星发育且埋藏较深的地段

(D)岩溶水排泄不畅,可能暂时淹没的地段

38.按《岩土工程勘察规范》(GB 50021—2001)(2009年版),对二级和三级工程,当地基属于( )条件时,可不考虑岩溶稳定的影响。

(A)条基底面以下土层较厚,大于基础宽度的3倍

(B)基础底面至洞顶厚度较小,小于3倍基础宽度,洞隙被密实沉积物填满且无被水冲蚀的可能性

(C)Ⅱ级岩体,顶板厚度大于1/2洞跨

(D)直径或宽度小于基础宽度的竖向洞隙

39.按《岩土工程勘察规范》(GB 50021—2001)(2009年版)之规定,滑坡勘察时下列对土的强度试验要求中,错误的是( )。

(A)采用室内野外滑动面重合剪,求出残余状态C、φ值

(B)对滑带土宜做重塑土或原状土多次剪试验,求出残余状态C、φ值

(C)剪切试验采用与滑动受力条件相似的方法

(D)对大挖方段的高边坡设计时,应采用反分析方法验算滑动面的抗剪强度指标

40. 按《岩土工程勘察规范》(GB 50021—2001)(2009 年版),下列对危岩和崩塌的岩土工程评价(　　)是不合适的。

(A)规模较大的破坏后果很严重,难于治理的,不宜作为工程场地,线路应绕避

(B)规模较大的破坏后果严重的,应对危岩进行加固处理,线路应采取防护措施

(C)规模较小的可作为工程场地

(D)规模较小且破坏后果不严重的,在有经验地区,对不稳定危岩可不采取治理措施

41. 按《岩土工程勘察规范》(GB 50021—2001)(2009 年版),泥石流勘察时,不正确的是(　　)。

(A)泥石流勘察应在可行性研究或初步勘察阶段进行

(B)泥石流勘察必须详细查明其堆积物的各土层厚度及物理力学参数值

(C)泥石流勘察应以工程地质测绘和调查为主

(D)测绘比例尺对全流域宜采用 1∶50 000;对中下游可采用 1∶2 000～1∶10 000

42. 按《岩土工程勘察规范》(GB 50021—2001)(2009 年版),泥石流地区工程建设适宜性的评价中,下述说法(　　)是不正确的。

(A) $Ⅰ_1$ 类和 $Ⅱ_1$ 类泥石流沟谷不宜作为建筑场地,各类线路宜避开

(B) $Ⅰ_2$ 类和 $Ⅱ_2$ 类泥石流沟谷的上、中、下游必须经治理后方可作为工程场地

(C) $Ⅰ_3$ 类和 $Ⅱ_3$ 类泥石流沟谷可在堆积区作为工程场地

(D)当上游弃渣量大量增加时,应判定产生新泥流的可能性

43. 按《岩土工程勘察规范》(GB 50021—2001)(2009 年版),采空区的下列(　　)不宜作为建筑场地。

(A)在开采过程中可能出现连续变形的地段

(B)地表移动活跃的地段

(C)倾角大于 45°的厚矿层露头地段

(D)地表水平变形大于 0.6 mm/m 的地段

44. 按《岩土工程勘察规范》(GB 50021—2001)(2009 年版),地面沉降的原因是(　　)。

(A)黄土的湿陷

(B)厚层软土的自重固结

(C)地下水位下降,有效应力增加

(D)承压水头下降

45. 按《岩土工程勘察规范》(GB 50021—2001)(2009 年版),对已发生地面沉降的地区采取的下列治理方案,(　　)是不合理的。

(A)减少地下水开采量和水位降深,调整开采层次

(B)当地面沉降发展剧烈时应彻底停止开采地下水、改用其他水源

(C)对地下水进行人工补给和回灌

(D)限制工程建设中的人工降低地下水位

46. 对于采用时程分析法进行抗震设计的工程,按《岩土工程勘察规范》(GB 50021—2001)(2009 年版),下列(　　)不是必需的。

(A)土层剖面　　(B)覆盖层厚度　　(C)剪切波速　　(D)动三轴参数

47. 按《岩土工程勘察规范》(GB 50021—2001)(2009 年版),对地震液化进行进一步判别时,下列(　　)是错误的。

(A)为判别液化，勘探孔深度应大于 20 m

(B)为判别液化，勘探点数不应少于 3 个

(C)一般情况下，判别应在地面以下 15 m 的范围内进行

(D)对桩基及基础埋深大于 5 m 的天然地基，判别深度宜加深至 20 m

48. 按《岩土工程勘察规范》(GB 50021—2001)(2009 年版)，用标准贯入试验判别液化时，(　　)是错误的。

(A)贯入锤击数应按实际深度进行较正

(B)勘探点数不应少于 3，孔深应大于液化判别深度

(C)试验点竖向间距宜为 1.0～1.5 m

(D)每层土的试验点数不宜小于 6 个

49. 某断裂带在全新世有过地震活动，且唐朝的地方志中已记载其震级最大可定为 7.1 度，按《岩土工程勘察规范》(GB 50021—2001)(2009 年版)，该断裂应定名为(　　)。

(A)非发震断裂　　(B)全新活动断裂

(C)非全新活动断裂　　(D)发震断裂

50.《岩土工程勘察规范》(GB 50021—2001)(2009 年版)中的湿陷性土不包括(　　)类型。

(A)湿陷性黄土　(B)湿陷性碎石土　(C)湿陷性砂土　(D)其他湿陷性土

51. 湿陷性土地基的湿陷等级按《岩土工程勘察规范》(GB 50021—2001)(2009 年版)，与(　　)无关。

(A)附加湿陷量　　(B)湿陷性土总厚度

(C)湿陷程度　　(D)承压板修正系数 β

52. 按《岩土工程勘察规范》(GB 50021—2001)(2009 年版)，(　　)不是红黏土的主要特征。

(A)下伏岩层为碳酸盐岩系　　(B)原生红黏土液限大于 50%

(C)次生红黏土液限大于 45%　　(D)液塑比 I_r 大于界限液塑比 I_r'

53. 某建筑场地中 A 为边长 1.5 m 的正方形基础；B 为边长 4.0 m 的正方形基础，场地红黏土最小厚度为 6 m，基础埋深为 1.0 m。按《岩土工程勘察规范》(GB 50021—2001)(2009 年版)，下列组合中下伏碳酸盐岩系(　　)。

Ⅰ. 建筑物 A 为均匀地基　　Ⅱ. 建筑物 A 为非均匀地基

Ⅲ. 建筑物 B 为均匀地基　　Ⅳ. 建筑物 B 为非均匀地基

(A)Ⅰ、Ⅲ　(B)Ⅱ、Ⅳ　(C)Ⅰ、Ⅳ　(D)Ⅱ、Ⅲ

54. 按《岩土工程勘察规范》(GB 50021—2001)(2009 年版)，对软土勘察时，下述(　　)是不正确的。

(A)软土的天然孔隙比大于等于 1.0；天然含水率大于液限

(B)软土勘察宜采用钻探取样与静力触探相结合的手段

(C)软土取样宜采用薄壁取土器或二(三)重回转取土器

(D)软土原位测试宜采用扁铲侧胀，螺旋板载荷等手段

55. 按《岩土工程勘察规范》(GB 50021—2001)(2009 年版)，在混合土勘察时，下列(　　)是不正确的。

(A)混合土是由细粒土和粗粒土混杂且缺乏中间粒径的土

(B)混合土可分为粗粒混合土和细粒混合土

(C)粗粒混合土的性质好于细粒混合土

(D)混合土的颗粒分析应采取大体积土样进行

56. 按《岩土工程勘察规范》(GB 50021—2001)(2009 年版),在填土勘察时,下列(　　)是不正确的。

(A)填土分为素填土、杂填土、冲填土及压实填土四类

(B)填土的均匀性及密实度宜采用触探法,并辅以室内试验

(C)填土底面的天然坡度大于 20%时,应验算其稳定性

(D)填土地段可不判定地下水对建筑材料的腐蚀性

57. 按《岩土工程勘察规范》(GB 50021—2001)(2009 年版),多年冻土的融沉性分类时可不考虑(　　)因素。

(A)冻土类型　(B)融沉系数　(C)总含水率　(D)黏性土的塑限

58. 按《岩土工程勘察规范》(50021—2001)(2009 年版),下述(　　)应作为定量判定膨胀岩土的依据。

(A)含有大量的亲水矿物　(B)湿度变化时有较大的体积变化

(C)受约束时产生较大的内应力　(D)自由膨胀率大于 40%

59. 按《岩土工程勘察规范》(GB 50021—2001)(2009 年版),膨胀性岩土室内试验除进行常规试验外,还应进行其他指标的测定,下列指标中可不测定的是(　　)。

(A)自由膨胀率　(B)膨胀力　(C)收缩系数　(D)最大膨胀上升量

60. 按《岩土工程勘察规范》(GB 50021—2001)(2009 年版),盐渍土的工程特性不包括(　　)。

(A)胶结　(B)溶陷　(C)盐胀　(D)腐蚀

61. 按《岩土工程勘察规范》(GB 50021—2001)(2009 年版),盐渍土按含盐量分类时,不应考虑(　　)。

(A)氯及亚氯盐　(B)硫酸及亚硫酸盐　(C)碳酸盐　(D)碱性盐

62. 按《岩土工程勘察规范》(GB 50021—2001)(2009 年版),下面表述的风化岩与残积土的勘探测试原则中,(　　)不正确的。

(A)勘探点间距应取本规范第四章规定值的平均值

(B)宜在探井中或采用二(三)重回转取土器采取试样

(C)原位测试可采用动力触探、标准贯入、波速测试、载荷试验等方法

(D)对残积土必要时进行湿陷性和湿化试验

63. 按《岩土工程勘察规范》(GB 50021—2001)(2009 年版),水试样采取后应及时试验,下列说法中(　　)是不正确的。

(A)清洁水放置时间不宜超过 72 h　(B)稍受污染水不宜超过 48 h

(C)受污染水不宜超过 12 h　(D)污染严重水不宜超过 6 h

64. 按《岩土工程勘察规范》(GB 50021—2001)(2009 年版),对水文地质参数中的初见水位及稳定水位,可在钻孔、探井、测压管内直接量测,下述说法(　　)不正确。

(A)稳定水位测量的间隔时间按地层的渗透性确定

(B)稳定水位测量的间隔时间按地层的类别确定

(C)砂土和碎石土不得少于 0.5 h,粉土和黏性土不得小于 8 h

(D)测量精度不得低于±2 cm

65. 按《岩土工程勘察规范》(GB 50021—2001)(2009 年版),选用工程地质测绘的比例尺时,下列(　　)是不正确的。

(A)可研勘察选用 1∶5 000～1∶20 000　(B)初步勘察选用 1∶2 000～1∶10 000

(C)详细勘察选用 1∶500～1∶2 000　　(D)条件复杂时，比例尺可适当放大

66. 按《岩土工程勘察规范》(GB 50021—2001)(2009 年版)，工程地质测绘时对地质观测点的布置、密度和定位的要求中，下列(　　)是不正确的。

(A)每个地质单元和地质界线均应布置观测点

(B)地质观测点的密度按场地条件、成图比例尺及工程要求确定

(C)地质观测点应充分利用天然和已有的人工露头

(D)地质观测点均应采用仪器定位

67. 按《岩土工程勘察规范》(GB 50021—2001)(2009 年版)，利用遥感影像资料解译进行工程地质测绘时，现场检验的野外工作不应包括(　　)。

(A)检查解译标志　(B)检查解译结果　(C)检查外推结果　(D)检查内插结果

68. 按《岩土工程勘察规范》(GB 50021—2001)(2009 年版)，螺旋钻探不适用于(　　)。

(A)黏性土　(B)粉土　(C)砂土　(D)碎石土

69. 按《岩土工程勘察规范》(GB 50021—2001)(2009 年版)，冲洗钻探不适用于(　　)。

(A)黏性土　(B)粉土　(C)砂土　(D)碎石土

70. 按《岩土工程勘察规范》(GB 50021—2001)(2009 年版)，锤击钻探不适用于(　　)。

(A)黏性土　(B)粉土　(C)砂土　(D)碎石土

71. 按《岩土工程勘察规范》(GB 50021—2001)(2009 年版)，(　　)对砂土的钻进效果最差。

(A)螺旋钻探　(B)锤击钻探　(C)震动钻探　(D)冲洗钻探

72. 按《岩土工程勘察规范》(GB 50021—2001)(2009 年版)，当对岩土层进行直接鉴别并采取不扰动试样时，不宜采用(　　)方法。

(A)岩芯钻探　(B)锤击钻探　(C)震动钻探　(D)冲洗钻探

73. 某乙级建筑物地基主要由一般黏性土组成，工程要求对地基土进行土类定名、含水率、密度、强度试验及固结试验，按《岩土工程勘察规范》(GB 50021—2001)(2009 年版)有关要求，应采用的土样级别应为(　　)。

(A)Ⅰ　(B)Ⅰ、Ⅱ　(C)Ⅱ、Ⅲ　(D)Ⅳ

74. 按《岩土工程勘察规范》(GB 50021—2001)(2009 年版)，在黏性土、粉土、砂土、碎石土及软岩中钻探采取Ⅰ级土样时(　　)是错误的。

(A)薄壁取土器适用于采取粉砂、粉土及不太硬的黏性土

(B)回转取土器适用于采取除流塑黏性土以外的大部分土

(C)探井中刻取块状土样适合于上述任何一种土

(D)厚壁敞口取土器适合采取砾砂、碎石及软岩试样

75. 按《岩土工程勘察规范》(GB 50021—2001)(2009 年版)，(　　)不符合载荷试验的技术要求。

(A)浅层平板载荷试验的试坑宽度不应小于承压板宽度的 3 倍，而深层平板载荷试验的试井直径应等于承压板直径

(B)螺旋板入土时，应按每转一圈下入一个螺距进行操作

(C)载荷试验宜采用圆形刚性承压板，尺寸按土的软硬或岩体的裂隙密度选用合理的尺寸

(D)载荷试验加荷方式宜采用非稳定加荷法，尽量缩短试验周期

76. 按《岩土工程勘察规范》(GB 50021—2001)(2009 年版)中载荷试验的技术要求，(　　)不能作为终止试验的条件。

(A)承压板周边土出现明显侧向挤出或隆起

(B)本级荷载沉降量大于前级荷载沉降量的5倍，曲线明显陡降

(C)24 h沉降速率不能达到相对稳定标准

(D)总沉降量与承压板直径之比大于0.02或0.015

77. 按《岩土工程勘察规范》(GB 50021—2001)(2009年版)静力触探试验技术要求，(　　)是不正确的。

(A)传感器(探头)应连同仪器等定期标定，现场试验归零误差不大于3%

(B)深度记录误差不大于触探深度的1%

(C)贯入深度不应超过30 m，以防断杆

(D)进行孔压消散试验时，不得松动探杆

78. 按《岩土工程勘察规范》(GB 50021—2001)(2009年版)，进行圆锥动力触探试验时，(　　)是正确的。

(A)轻型触探锤重10 kg，落距76 cm，指标为贯入30 cm的锤击数

(B)重型触探锤重63.5 kg；落距100 cm，指标为贯入10 cm的锤击数

(C)很密实的砂土宜采用超重型动力触探

(D)对轻型动力触探当贯入15 cm的锤击数大于50时，可停止试验

79. 按《岩土工程勘察规范》(GB 50021—2001)(2009年版)，标准贯入试验设备及技术要求中，(　　)是正确的。

(A)贯入器管靴长度不超过76 cm

(B)钻孔孔底残土厚度不应大于15 cm

(C)标准贯入试验孔在地下水位以上，应干钻，避免地下水对土浸泡

(D)贯入器放入孔底开始贯入后，应及时地记录每打10 cm的锤击数，累计打入30 cm的锤击数为标准贯入试验锤击数N

80. 按《岩土工程勘察规范》(GB 50021—2001)(2009年版)，进行十字板剪切试验时，(　　)不正确。

(A)测定饱和软黏土强度时，可认为$\varphi \approx 0$

(B)峰值强度后连续转动6圈，即认为板周土体达到重塑状态

(C)十字板剪切试验可测定黏性土的灵敏度

(D)十字板剪切能测定黏性土的摩擦角

81. 按《岩土工程勘察规范》(GB 50021—2001)(2009年版)，旁压试验成果不宜测求(　　)指标。

(A)土的密实程度　　(B)土的原位水平应力

(C)静止侧压力系数　　(D)不排水抗剪强度

82. 按《岩土工程勘察规范》(GB 50021—2001)(2009年版)，扁铲侧胀试验不适用于下述(　　)土层。

(A)软土　　(B)黄土　　(C)密实粉土　　(D)密实砂土

83. 按《岩土工程勘察规范》(GB 50021—2001)(2009年版)，现场直剪试验时，下述(　　)是不正确的。

(A)土体现场直剪试验每组不宜少于5个

(B)土体试验剪切面积不宜小于0.3 m^2

(C)土体试样高度不宜小于最小边长的0.5倍

(D)土体试验试体之间距离应大于最小边长的1.5倍

84. 按《岩土工程勘察规范》(GB 50021—2001)(2009 年版),波速测试主要方法不包括(　　)。

(A)单孔法　　(B)跨孔法　　(C)面波法　　(D)地震波法

85. 按《岩土工程勘察规范》(GB 50021—2001)(2009 年版),岩体应力测试时,(　　)是正确的。

(A)岩体应力测试适用于无水、完整或较完整的岩体

(B)地下洞室中测量岩体初始应力时,测点深度应超过洞半径的 2 倍

(C)同一钻孔内的测试读数不应少于两次

(D)岩芯应力解除后的围压试验应在 3 d 内进行

86. 按《岩土工程勘察规范》(GB 50021—2001)(2009 年版),激振法测试不能得到(　　)指标。

(A)地基刚度　　(B)阻尼比

(C)基础的自振周期　　(D)参振质量

87. 按《岩土工程勘察规范》(GB 50021—2001)(2009 年版),在评价水和土的腐蚀性时,(　　)无错误。

(A)当有足够经验认定场地内的水对建材为微腐蚀性时,可不进行腐蚀性评价

(B)当钢结构位于地下水位以下时,应采取地下水试样做腐蚀性试验

(C)每一建筑群采取土和水的试样数量不应少于 3 件

(D)评价土的侵蚀性时可不测定侵蚀性 CO_2,但应测定游离 CO_2

88. 某地基土的腐蚀性试验成果如下表所示,环境类别为Ⅰ类,地下水位埋深较大,最高水位低于基础,按《岩土工程勘察规范》(GB 50021—2001)(2009 年版)评价地基土对混凝土结构的腐蚀性应为(　　)。

腐蚀介质	SO_4^{2-}	Mg^{2+}
含量/(mg/kg)	880	3200

(A)弱腐蚀　　(B)中等腐蚀　　(C)强腐蚀　　(D)严重腐蚀

89. 按《岩土工程勘察规范》(GB 50021—2001)(2009 年版),某地基中水对混凝土的腐蚀性按环境类型进行评价时,对硫酸盐可评价为强腐蚀;对镁盐可评价为强腐蚀;对苛性碱可评价为强腐蚀;对铵盐和总矿化度可评价为中等腐蚀,最终评价应为(　　)。

(A)弱腐蚀　　(B)中等腐蚀　　(C)强腐蚀　　(D)严重腐蚀

90. 野外工作中某岩石的锤击声不清脆,无回弹,较易击碎,浸水后指甲可刻出印痕,按《岩土工程勘察规范》(GB 50021—2001)(2009 年版),该岩石定性评价应为(　　)。

(A)较硬岩　　(B)较软岩　　(C)软岩　　(D)极软岩

91. 某泥石流平均两年左右发生一次,流域面积为 5 km^2,堆积区面积为 1 km^2,按《岩土工程勘察规范》(GB 50021—2001)(2009 年版),该泥石流类型应为(　　)。

(A)$Ⅰ_1$　　(B)$Ⅰ_2$　　(C)$Ⅱ_1$　　(D)$Ⅱ_2$

92. 按《岩土工程勘察规范》(GB 50021—2001)(2009 年版),(　　)方法不宜测定渗透系数。

(A)压浆试验　　(B)压水试验　　(C)注水试验　　(D)抽水试验

93. 按《岩土工程勘察规范》(GB 50021—2001)(2009 年版),场地冰冻区分类应依据下面(　　)指标而定。

(A)场地环境类型　　(B)冬季最低气温

(C)一月份月平均气温　　(D)地面下温度

94. 根据建设工程的要求，查明、分析、评价、建设场地的地质、环境特征和岩土工程条件，编制勘察文件的活动称为(　　)。

(A)岩土工程勘探　(B)工程地质测绘

(C)现场检验及监测　(D)岩土工程勘察

95.《岩土工程勘察规范》适用于(　　)。

(A)水利工程　(B)铁路工程

(C)公路及桥隧工程　(D)上述以外的其他工程

96. 由不良地质作用引发的，危及人身、财产、工程或环境安全的事件称为(　　)。

(A)不良地质作用　(B)特殊地质条件　(C)地质灾害　(D)动力地质作用

97. 某岩石饱和单轴抗压强度为2.1 MPa，干燥状态单轴抗压强度为3.2 MPa，该岩石可称为(　　)。

(A)软化岩石　(B)易溶性岩石　(C)膨胀性岩石　(D)崩解性岩石

98. 对基本质量等级为Ⅲ级的岩体，下述(　　)内容是必须进行鉴定和描述的。

(A)结构面、结构体、岩层厚度和结构类型

(B)软化性、崩解性、膨胀性等特殊性质

(C)说明破碎的原因，如断层、全风化等

(D)开挖后是否有进一步风化的可能性

99. 粉土是介于砂土和黏性土之间的一种土，其定义为(　　)。

(A)大于0.075 mm的颗粒含量不超过总质量的50%

(B)塑性指数等于或小于10

(C)同时具备以上两个条件

(D)具备(A)、(B)且为第四纪全新世沉积的土

100. 测定塑性指数时采用的液限值为(　　)。

(A)76 g圆锥仪沉入土中17 mm深度的含水率

(B)76 g圆锥仪沉入土中10 mm深度的含水率

(C)100 g圆锥仪沉入土中17 mm深度的含水率

(D)100 g圆锥仪沉入土中10 mm深度的含水率

101. 黏性土的干强度指的是(　　)。

(A)将一小块土捏成土团风干后用手指捏碎、捏断及捻碎，根据用力大小区分干强度

(B)将一小块土捏成土团，风干后用小刀刻划，根据刻划的难易程度区分干强度

(C)将一小块土捏成土团风干后用锤击打，根据土团的抗击打能力来划分干强度

(D)将一小块土捏成土团，风干后用三轴试验仪压碎，根据无侧限抗压强度大小来区分干强度

102. 某砂土在5.0 m处进行标准贯入试验，测得实测锤击数31击，触探杆长6.0 m，该砂土的密实度为(　　)。

(A)松散　(B)稍密　(C)中密　(D)密实

103. 某粉土的天然含水率为28%，孔隙比为0.85，该粉土应定名为(　　)。

(A)稍密稍湿粉土 (B)稍密湿粉土 (C)中密稍湿粉土 (D)中密湿粉土

104. 复杂场地房屋建筑物初步勘探点的间距为(　　)。

(A)10～15 m (B)30～50 m (C)40～100 m (D)50～100 m

105. 下述对高层建筑详细勘察阶段的要求中,(　　)不正确。

(A)单栋高层建筑勘探点不应少于4个

(B)对密集的高层建筑群,每栋高层建筑控制性勘探点数不应少于2个

(C)一般情况下,自基础底面起算的勘探孔深度当基础底面宽度不大于5 m时,条形基础不小于基础宽度的3倍,独立基础不小于1.5倍

(D)控制性勘探孔深度应超过变形计算深度

1.9.2 《工程岩体分级标准》(GB/T 50218—2014)

1. 按《工程岩体分级标准》,下列(　　)是不正确的。

(A)岩体的基本质量分级只考虑岩石的坚硬程度和岩体的完整程度

(B)岩石的坚硬程度和岩体的完整程度应采用定性划分和定量指标两种方法确定

(C)工程岩体的基本质量分级应由初步定级和详细定级两步完成

(D)详细定级时应根据岩石单轴饱和抗压强度和岩体完整性指数确定的BQ值划分岩体的质量级别

2. 按《工程岩体分级标准》,(　　)是不正确的。

(A)岩石的坚硬程度即可采用定量指标确定,也可采用定性划分

(B)岩石风化程度及结构面结合程度是岩体分级的两个因素

(C)岩体完整性指数 K_V 与体积节理数可同样用来确定岩体完整程度

(D)工程岩体详细定级后,对跨度小于20 m的地下工程可查表确定岩体的自稳能力

3. 某工程在勘察后得到如下资料:R_c=45 MPa,V_{pm}=3.0 km/s,V_{pr}=4.5 km/s;平洞开挖时有点滴状出水;岩体结构面产状变化大,无优势结构面;围岩最大重分布应力 σ_{max}=19 MPa,则该岩体基本质量级别可初判为(　　)。

(A)Ⅱ级 (B)Ⅲ级 (C)Ⅳ级 (D)Ⅴ级

4. 某工程在勘察后得到如下资料:R_c=45 MPa,V_{pm}=3.0 km/s,V_{pr}=4.5 km/s;平洞开挖时有点滴状出水;岩体结构面产状变化大,无优势结构面;围岩最大初始应力 σ_{max}=19 MPa,则该岩体基本质量级别详细定级可确定为(　　)。

(A)Ⅱ级 (B)Ⅲ级 (C)Ⅳ级 (D)Ⅴ级

5. 某岩体有一组原生层面,间距为1.2 m;层面结合差,呈厚层状结构,野外调查时锤击声清脆,有回弹、震手、难击碎,无吸水反应,岩石基本质量指标BQ=455,修正后的基本指标[BQ]=400;施工过程中在跨度18 m的洞室内围岩无自稳能力且有明显的塑性流动变形和挤压破坏,据岩体分级标准,该岩体初步定级时其基本质量级别应为(　　)。

(A)Ⅰ级 (B)Ⅱ级 (C)Ⅲ级 (D)Ⅳ级

6. 某岩体有一组原生层面,间距为1.2 m;层面结合差,呈厚层状结构,野外调查时锤击声清脆,有回弹、震手、难击碎,无吸水反应,岩石基本质量指标BQ=455,修正后的基本指标

[BQ]=400;施工过程中在18 m跨度的洞室内围岩无自稳能力且有明显的塑性流动变形和挤压破坏,详细定级时岩体质量级别应确定为(　　)。

(A)Ⅰ级　(B)Ⅱ级　(C)Ⅲ级　(D)Ⅳ级

7. 某岩体有一组原生层面,间距为1.2 m;层面结合差,呈厚层状结构,野外调查时锤击声清脆,有回弹、震手、难击碎,无吸水反应,岩石基本质量指标BQ=455,修正后的基本指标[BQ]=400;施工过程中,在18 m跨度的洞室内围岩无自稳能力且有明显的塑性流动变形和挤压破坏,考虑岩体的自稳能力其质量级别应定为(　　)。

(A)Ⅰ级　(B)Ⅱ级　(C)Ⅲ级　(D)Ⅳ级

8. 点荷载强度指数 $I_{s(50)}$ 是指(　　)。

(A)50 mm的正方形试件点荷载强度

(B)50 mm的长方形试件沿50 mm边长方向加荷时的点荷载强度

(C)圆柱形试件长度为50 mm,沿轴向加压时的点荷载强度

(D)圆柱形试件直径为50 mm径向加压时的点荷载强度

9. 下列(　　)与初始应力场无关。

(A)天然状态下岩体中的应力　(B)自重状态下岩体中的应力

(C)构造运动强烈地区岩体中的应力　(D)工程施工开挖过程中岩体中的应力

10. 确定岩体基本质量的因素为(　　)。

(A)岩石坚硬程度　(B)岩体完整程度

(C)岩石风化程度　(D)(A)和(B)

11. 某岩体结构构造部分破坏,矿物色泽较明显变化,裂隙面出现风化矿物,该岩体风化程度为(　　)。

(A)微风化　(B)弱风化　(C)强风化　(D)全风化

12. 某岩体体积节理数 $J_v=15$ 条/m^3,其完整程度可划分为(　　)。

(A)较完整　(B)较破碎　(C)破碎　(D)极破碎

13. 某岩石单轴饱和抗压强度 $R_C=68$ MPa,完整性指数 $K_V=0.30$,该岩体基本质量指标BQ值为(　　)。

(A)369　(B)336　(C)320　(D)300

14. 某工程岩体 $R_C=30$ MPa,$K_V=0.60$ 该岩体承载力基本值可确定为(　　)。

(A)0.5 MPa　(B)1.5 MPa　(C)2.5 MPa　(D)5.5 MPa

15. 某工程中采取岩芯直径为70 mm,做径向加荷点荷载试验,如某块岩芯破坏时荷载为 $P=600$,则 R_C 值为(　　)。

(A)5.3 MPa　(B)6.8 MPa　(C)11.6 MPa　(D)12.8 MPa

1.9.3 《工程岩体试验方法标准》(GB/T 50266—2013)

1. 按《工程岩体试验方法标准》,块体密度试验不宜用(　　)。

(A)量积法　(B)水中称量法　(C)蜡封法　(D)比重瓶法

2. 按《工程岩体试验方法标准》,进行吸水性试验时,下述(　　)是正确的。

(A)吸水率试验采用煮沸法,饱和吸水率试验采用真空抽气法

(B)吸水性试验不适用于遇水崩解的岩石

(C)自由浸水饱和时,初次注水高度不能大于试件的1/2

(D)真空抽气法饱和时,抽真空的最少时间不能少于 8 h

3.按《工程岩体试验方法标准》,进行岩石膨胀性试验时,(　　)不正确。

(A)自由膨胀率,侧向约束膨胀率及膨胀力试验试件数量均不得少于 3

(B)自由膨胀率浸水后试验时间不得小于 48 h

(C)侧向约束膨胀试验时,试样顶部应保持 5 kPa 的持续压力

(D)进行膨胀压力试验时,首先施加 5 kPa 的压力,然后再缓慢注水

4.按《工程岩体试验方法标准》,耐崩解性试验中,(　　)是正确的。

(A)试样形状应为圆柱或六面体状

(B)每组试验试件数量不宜少于 6 个

(C)试验应进行两个循环后停止

(D)计算第二循环的耐崩解性指数作为岩石耐崩解性指标

5.按《工程岩体试验方法标准》,进行单轴抗压强度试验时,(　　)不正确。

(A)试验应采用岩芯或岩块制成的规则试件

(B)试件端面应垂直于试件轴线,最大偏差不得大于 10mm

(C)每组试件同一状态下的数量不应少于 3 件

(D)试验时的加荷速率宜为 0.5～1.0 MPa/s

6.按《工程岩体试验方法标准》,进行岩石单轴压缩试验时,(　　)不正确。

(A)应选用相同规格和灵敏度的工作片和补偿片,阻值差不得大于 0.2 Ω

(B)应变片粘贴应牢固,黏在试样中部,并避开大的斑晶或裂隙

(C)试样上、中、下部均应布置应变片

(D)岩石单轴压缩试验结果即可得到平均弹性模量,也可得到割线弹性模量

7.按《工程岩体试验方法标准》,进行岩石三轴压缩试验时,(　　)正确。

(A)同一含水状态下的每组试验试件的数量不宜少于 5 个

(B)侧压力值可按等比级数进行选择

(C)首先以 0.05 MPa 的速率施加侧向压力到预定值,然后再施加轴向压力

(D)用库仑—莫尔强度理论确定岩石三轴应力状态下的强度参数

8.按《工程岩体试验方法标准》,进行岩石抗拉试验时,(　　)不正确。

(A)抗拉强度采用拉伸试验方法进行测试

(B)试件直径宜为 48 ～54 mm,厚度宜为直径的 0.5～1.0 倍

(C)加荷速率宜为 0.3～0.5 MPa

(D)试件厚度对抗拉强度有较大的影响

9.按《工程岩体试验方法标准》,进行岩石直剪试验时,(　　)不正确。

(A)岩石直剪试验适用于岩石、岩石结构面及混凝土与岩石的胶结面

(B)岩块直剪试件直径(边长)不得小于 5 cm;高度应与直径(边长)相等

(C)每组试件数量不应少于 5 个

(D)法向荷载应一次施加完毕

10.按《工程岩体试验方法标准》,进行点荷载强度试验时,(　　)不正确。

(A)点荷载试验可使用任意形状的试件

(B)试件最少不能少于 5 件

(C)当加荷点间距不等于 50 mm 时,应对点荷载强度进行修正

(D)点荷载强度具有各向异性

11. 某岩石进行岩石颗粒密度试验采用比重瓶法，干岩粉质量为 31.23 g，瓶及试液总质量为 137.10 g，瓶、试液及岩粉总质量为 156.96 g，同温度下水的密度为 0.98 g/cm³，该岩石颗粒的密度为（　　）。

(A)2.68 g/cm³　　(B)2.69 g/cm³　　(C)2.70 g/cm³　　(D)2.71 g/cm³

12. 某干岩块烘干后质量为 208.0 g，用蜡封后的质量为 232.1 g，放入水中后称量为 182.1 g，假设石蜡的质量为 0.9 g/cm³，则该岩块的体积为（　　）。

(A)74.8 cm³　　(B)76.8 cm³　　(C)78.0 cm³　　(D)80.0 cm³

13. 某岩石进行饱和吸水率试验，干岩块试件质量为 520 g，煮沸后饱和岩块质量为 550 g 饱和岩块在水中的称量为 245 g，水的密度为 0.98 g/cm³，该岩块的干重度为（　　）。

(A)16.7 kN/m³　　(B)17 kN/m³　　(C)17.5 kN/m³　　(D)18 kN/m³

14. 某岩芯进行饱和单轴抗压试验，岩芯直径为 50 mm，试验时破坏荷载为 118.5 kN，该岩芯饱和单轴抗压强度为（　　）。

(A)23.7 MPa　　(B)30.2 MPa　　(C)60.4 MPa　　(D)82 MPa

15. 某岩芯直径为 50 mm，长度为 40 mm，抗拉试验最大破坏荷载为 2 800 N，岩石的抗拉强度为（　　）。

(A)0.9 MPa　　(B)1.2 MPa　　(C)1.4 MPa　　(D)1.6 MPa

16. 岩芯直径为 50 mm，长度为 60 mm 进行轴向点荷载试验，破坏荷载为 8 600 N，修正指数为 0.8，岩石点荷载强度 $I_{s(50)}$ 为（　　）。

(A)2.0 MPa　　(B)2.3 MPa　　(C)2.7 MPa　　(D)3.4 MPa

1.9.4 《土工试验方法标准》(GB/T 50123—1999)

1. 按《土工试验方法标准》，原状土试样饱水时，不宜采用（　　）。

(A)煮沸法　　(B)浸水法　　(C)毛细管法　　(D)抽气(真空)法

2. 按《土工试验方法标准》，测定土的含水率时，不宜采用（　　）。

(A)风干法　　(B)炒干法　　(C)烘干法　　(D)酒精燃烧法

3. 按《土工试验方法标准》，测定易破裂和形状不规则坚硬土的密度时，宜采用（　　）。

(A)环刀法　　(B)蜡封法　　(C)灌水法　　(D)灌砂法

4. 按《土工试验方法标准》，测定土粒密度时，对大于 20 mm 的颗粒含量约占 30%的土，宜采用（　　）。

(A)移液管法　　(B)比重瓶法　　(C)浮称法　　(D)虹吸筒法

5. 按《土工试验方法标准》进行比重瓶法试验时，（　　）不正确。

(A)比重瓶法仅适用于砂土及黏性土

(B)比重瓶分长颈和短颈两种，容积有 100 mL 和 50 mL 两种

(C)对瓶中水的温度进行测量时，误差不应大于 0.5℃

(D)采用中性液体试验时，不能采用煮沸法

6. 按《土工试验方法标准》，颗粒分析试验时，（　　）不正确。

(A)筛分法适用于粒径为 0.075～60 mm 之间的土

(B)密度计法和移液管法适用于粒径小于 0.075 mm 的土

(C)粒径大于 60 mm 的土不能测量其粒度成分

(D)不均匀系数和曲率系数是恒量土的分选和级配的指标

7. 按《土工试验方法标准》,(　　)是错误的。

(A)测定黏性土的液限可用液塑限联合测试法和碟式仪法

(B)测定黏性土的塑限可用搓条法

(C)收缩皿法适用于测定胀缩性土的塑限

(D)联合测定法测液塑限时圆锥入土深度宜分别为 3~4 mm、7~9 mm、15~17 mm

8. 按《土工试验方法标准》,砂土相对密度试验时,(　　)不正确。

(A)最大干密度试验宜采用击实法

(B)最小干密度采用漏斗法和量筒法

(C)砂土体积最大值的测量误差不宜大于 5 mL

(D)最大干密度试样的制备宜分三次(层)完成

9. 按《土工试验方法标准》,进行击实试验时,(　　)不正确。

(A)击实试验分轻型击实试验和重型击实试验

(B)试样的制备均应采用湿法

(C)轻型击实时宜采用 5 个不同的含水率,且应有 2 个大于塑限、2 个小于塑限、1 个接近塑限

(D)资料应包括干密度与含水率关系曲线及气体体积等于零($S_r=100\%$)等值线

10. 按《土工试验方法标准》,承载比试验时,(　　)不正确。

(A)承载比试验采用扰动土样进行　　(B)击实锤质量为 4.5 kg,落距 457 mm

(C)贯入前后均应测定土样的浸水膨胀性　(D)贯入试验应不少于 3 个

11. 按《土工试验方法标准》,进行固结试验时,(　　)不正确。

(A)固结试验分为标准固结试验及应变控制连续加荷固结试验

(B)需测定回弹试验时,应测定每次退压 24 h 的回弹量

(C)第一级固结压力宜为 50 kPa

(D)一般最后一级固结压力不应小于自重压力与附加压力之和

12. 按《土工试验方法标准》,固结试验测定的参数中,(　　)不正确。

(A)压缩系数、压缩指数、回弹指数、固结系数

(B)压缩模量、体积压缩系数

(C)变形模量、压缩指数、回弹指数

(D)前期固结压力、压缩系数

13. 按《土工试验方法标准》,进行黄土湿陷试验时,下述(　　)不正确。

(A)湿陷宜分级进行,最小压力宜为 50 kPa,最大压力宜为 300 kPa

(B)当规定的浸水压力较大时,垂直压力宜分级施加

(C)沉水后试样变形小于 0.01 mm/h 时,即认为变形稳定

(D)自重湿陷垂直压力值应为土体的饱和自重压力

14. 按《土工试验方法标准》,进行湿陷起始压力试验时,下述(　　)不正确。

(A)单线法每组试样不宜少于 5 个,双线法用 2 个试样

(B)单线法应对 5 个试样在天然湿度下分级加压至规定压力后浸水饱和

(C)双线法试验压力等级在 150 kPa 以内时,每级增量不宜大于 50 kPa

(D)单线法试验精度高于双线法

15. 按《土工试验方法标准》,进行三轴试验时,下述(　　)不正确。

(A)三轴试验方法有不固结不排水剪(UU)、固结不排水剪(CU)、测孔隙水压力试验

$(\overline{CU})$和固结排水剪(CD)四种
(B)试样直径宜为35～101 mm,高度为直径的2～2.5倍
(C)可对原状土样及扰动土样进行试验
(D)必须采用抽气法进行饱和

16.按《土工试验方法标准》,进行三轴试验时,(　　)不正确。
(A)不固结不排水剪试验施加垂直荷载及围压时均不能排水
(B)固结不排水剪时,孔隙水压力消散95%后,方可施加垂直荷载
(C)固结排水剪的剪切速率宜为0.05%～0.1%
(D)当试样较少时,可进行一个试样多级加荷试验

17.按《土工试验方法标准》,进行无侧限抗压强度试验时,(　　)不正确。
(A)无侧限抗压强度适用于饱和细粒土
(B)试样直径宜为35～50 mm,高度为直径的2～2.5倍
(C)试验完成时间宜为8～10 min
(D)可测求黏性土的灵敏度

18.按《土工试验方法标准》,进行直剪试验时,(　　)不正确。
(A)对细粒土进行直剪试验时,分为慢剪与快剪两种
(B)慢剪试验剪切速度宜为0.02 mm/min
(C)当剪应力与位移关系曲线无峰值时,取4 mm位移时的剪应力作为抗剪强度
(D)砂类土抗剪强度试验不考虑排水问题

1.9.5 《铁路工程地质勘察规范》(TB 10012—2007)

1.铁路工程地质勘察的勘察阶段应划分为(　　)。
(A)预可勘察、工可勘察、初步勘察、详细勘察
(B)可研勘察、初步设计勘察、施工图设计勘察、施工期中勘察
(C)规划阶段勘察、可研阶段勘察、初步设计勘察、技施设计勘察
(D)踏勘、初测、定测、补充定测

2.按《铁路工程地质勘察规范》,定测所适应的设计阶段为(　　)。
(A)预可行性研究　(B)可行性研究　(C)初步设计　(D)施工图设计

3.按《铁路工程地质勘察规范》,当地质条件特别复杂、路线方案多或比选范围大时,应在(　　)报告中提出安排"加深地质工作"。
(A)踏勘　(B)初测
(C)定测　(D)补充定测

4.铁路工程地质勘察工作中如遇到隐伏的岩溶洞穴时,宜采用的勘探方法是(　　)。
(A)工程地质调绘　(B)物探　(C)钻探　(D)原位测试

5.按《铁路工程地质勘察规范》,在进行工程地质调绘工作时,对全线工程地质图宜选用的比例尺是(　　)。
(A)1∶10 000～1∶500 000　(B)1∶2 000～1∶5 000
(C)1∶500～1∶10 000　(D)1∶200

6.按《铁路工程地质勘察规范》,路基工程不应包括(　　)。
(A)高路堤、深路堑　(B)支挡建筑物

(C)改河改沟工程　　(D)小桥涵及旱桥工程

7. 按《铁路工程地质勘察规范》，桥涵工程勘察时，下述说法(　　)不正确。

(A)一般情况下，大中桥勘探点应沿桥址纵断面方向布置，并不应超出墩台基础轮廓线

(B)砂土应分层取样，进行颗粒分析

(C)当地震峰值加速度不小于 $0.1g$ 时，应判定饱和粉土及砂土的液化可能性

(D)一般性钻孔勘探深度应为20～40 m，控制性钻孔勘探深度应为30～60 m

8. 按《铁路工程地质勘察规范》，当路线通过滑坡错落地段时，应选择在(　　)地段通过较适宜。

(A)地质条件较复杂的滑坡群

(B)地形零乱，坡脚有地下水出露的山坡

(C)路线通过坡脚，路线标高低于坡脚地面标高

(D)路线通过坡顶，路线标高低于坡顶地面标高

9. 按《铁路工程地质勘察规范》，当路线通过风沙地段时，首先选择的地段是(　　)。

(A)风沙较严重的大漠内部　　(B)山地陡坡积砂地段

(C)山地背风侧风影部分以外地段　　(D)有风沙活动的隘口段

10. 按《铁路工程地质勘察规范》，放射性地区不包括下列(　　)地区。

(A)放射性矿床分布区　　(B)大范围酸性岩浆岩分布区

(C)核电厂及其邻近地区　　(D)放射性地方病例蔓延区

11. 按《铁路工程地质勘察规范》，测定基底以下5 m以内新近堆积黄土的湿陷系数时，垂直压力应为(　　)。

(A)100～150 kPa　　(B)200 kPa

(C)使用其上覆土的饱和自重压力　　(D)300 kPa

12. 按《铁路工程地质勘察规范》，当地震加速度不小于 $0.1g$ 时，下述(　　)种黄土需判定其液化性。

(A)饱和午城黄土　(B)饱和离石黄土　(C)饱和黏质黄土　(D)饱和砂质黄土

13. 按《铁路工程地质勘察规范》，编制初步设计地质篇的依据是(　　)。

(A)初测工程地质资料和可研工程设计资料

(B)初测工程地质资料和初步设计资料

(C)定测资料和初步设计资料

(D)定测资料和可研工程设计资料

14. 按《铁路工程地质勘察规范》，增建第二线选线时，下述(　　)说法不正确。

(A)泥石流地段宜选在既有线下游一侧

(B)风沙地段宜选在当地主风向的背风一侧

(C)软土地基段有明显横坡时，宜选在横坡下侧

(D)水库坍岸地段宜选在靠水库一侧

15. 按《铁路工程地质勘察规范》，Q_3 的马兰黄土地段进行岩土施工时，工程分级应为(　　)。

(A)松土　(B)普通土　(C)硬土　(D)软岩

16. 按《铁路工程地质勘察规范》，应力铲试验最适合应用于(　　)。

(A)软土　(B)黏性土　(C)粉土　(D)砂土

17. 在铁路工程勘察时，标准贯入试验不宜应用于(　　)。

(A)碎石土　　(B)砂土　　(C)粉土　　(D)黏性土

18. 按《铁路工程地质勘察规范》,对均质黏性土分布区,当边坡高度为10 m时,其坡率应为(　　)。

(A)1∶1～1∶1.5　　(B)1∶0.75～1∶1.25

(C)可根据当地经验选定　　(D)应进行专门研究后确定

19. 某碎石土的状态为半胶结状态,碎石主要成分为黏土岩等软质岩石,胶结物为泥质,按《铁路工程地质勘察规范》,该土的基本承载力 σ_0 应为(　　)。

(A)550 kPa　　(B)800 kPa　　(C)920 kPa　　(D)1 200 kPa

20. 离石黄土的试验指标如下表所示,试确定其承载力基本值 σ_0 为(　　)。

项目	W	W_l	e	C/kPa	φ
数值	20	23	0.75	35	22°

(A)400 kPa　　(B)300 kPa　　(C)240 kPa　　(D)200 kPa

1.9.6 《公路工程地质勘察规范》(JTG C20—2011)

1. 按《公路工程地质勘察规范》,公路工程勘察阶段不包括(　　)。

(A)规划阶段工程地质勘察

(B)可行性研究阶段工程地质勘察

(C)初步设计工程地质勘察

(D)详细工程地质勘察

2. 按《公路工程地质勘察规范》,预可研勘察阶段中,下列(　　)可不作为主要任务。

(A)收集特殊性岩土的有关资料

(B)收集拟建公路走廊的自然条件及地质条件

(C)了解公路沿线建筑材料的分布状况

(D)测试大桥等重点工程地基岩土层的物理及力学参数

3. 按《公路工程地质勘察规范》,公路路基初勘应包括(　　)。

Ⅰ.工程地质选线　　Ⅱ.一般路基　　Ⅲ.高路堤　　Ⅳ.陡坡路堤

Ⅴ.深路堑　　Ⅵ.支挡工程　　Ⅶ.河岸防护工程　　Ⅷ.改河工程

Ⅸ.小桥涵　　Ⅹ.互通式立交

(A)Ⅰ、Ⅱ、Ⅲ、Ⅳ、Ⅴ、Ⅵ、Ⅶ、Ⅷ　　(B)Ⅱ、Ⅲ、Ⅳ、Ⅴ、Ⅵ、Ⅶ、Ⅷ、Ⅸ、Ⅹ

(C)Ⅱ、Ⅲ、Ⅳ、Ⅴ、Ⅵ　　(D)全部十项内容

4. 按《公路工程地质勘察规范》,桥位初勘时钻孔的数量及深度布置原则应符合规范要求,下述说法中(　　)是错误的。

(A)钻孔数量应按桥梁的类别及场地的工程地质条件布置

(B)条件简单的中桥,孔数一般为2～3个

(C)当覆盖层较薄,基岩风化层不厚时,对于坚硬岩钻孔应进入微风化层一定深度

(D)当采取原状土试样进行室内试验时,孔径不宜小于75 mm

5. 按《公路工程地质勘察规范》,桥位初勘地质钻探时,黏性土地层岩芯采取率不宜小于(　　)。

(A)85%　　(B)80%　　(C)65%　　(D)没有明确规定

1.9.7 《水利水电工程地质勘察规范》(GB 50487—2008)

1. 按《水利水电工程地质勘察规范》,工程地质勘察大纲不应包括的项目是( )。
(A)工程概况 (B)工作内容及方法
(C)工作进度安排 (D)岩土层参数统计表
2. 按《水利水电工程地质勘察规范》,规划阶段勘察时不应包括的内容是( )。
(A)规划河段的区域地质和地震概况
(B)梯级水库的地质条件和主要工程地质问题
(C)长引水线路的工程地质条件
(D)地下水动态观测及岩土体位移监测
3. 按《水利水电工程地质勘察规范》,规划阶段坝址勘察时,下述( )规定不正确。
(A)峡谷区坝址工程地质测绘比例尺可选用 1∶5 000～1∶10 000
(B)坝址区物探可采用地面物探方法
(C)各梯级坝址勘探线上可不布置钻探孔
(D)对坝址区主要岩土、地表水和地下水进行鉴定性试验
4. 按《水利水电工程地质勘察规范》,下列( )标志不能作为直接判定活断层的根据。
(A)错断了全新世地层
(B)构造岩最小绝对年龄测定值在 100 万年以内
(C)沿断层有密集而频繁的近期微震活动
(D)与已知活断层有共生关系
5. 按《水利水电工程地质勘察规范》,进行水库可行性研究工程地质勘察工作时,下述( )说法不正确。
(A)水库库址勘察内容应包括渗漏、库岸稳定、浸没及其他环境地质问题
(B)峡谷区坝址河床钻孔深度,当覆盖层厚度小于 40 m,坝高小于 70 m 时,应为 1 倍坝高
(C)对溢洪道建筑物的主要岩土层应取样试验
(D)各类天然建材的初查储量不宜小于设计需要量的 2 倍
6. 按《水利水电工程地质勘察规范》,初步设计阶段土石坝坝址勘察时,下述( )说法不正确。
(A)工程地质测绘的范围应包括库址区及坝肩地段
(B)可采用综合测试查明覆盖层层次,测定土层密度
(C)勘探点间距宜采用 50～100 m
(D)岩土试验时,第四系地层主要土层的物理力学性质试验累计有效组数不应小于 12 组
7. 按《水利水电工程地质勘察规范》,隧洞初步设计勘察时,下述( )说法不正确。
(A)跨度大于 25 m 的地下洞室为大跨度地下洞室
(B)查明压力管道地段上覆岩体厚度和岩体应力状态
(C)查明隧洞进出口边坡的地质结构等
(D)应详细查明压力管道围岩的上覆山体稳定性
8. 按《水利水电工程地质勘察规范》,下列( )勘察阶段的工程地质报告中应提交区域综合地质图。
(A)规划阶段 (B)可行性研究阶段

(C)初步设计阶段　　　　　　　　　　　(D)实施设计阶段

9.按《水利水电工程地质勘察规范》,进行喀斯特渗漏评价时,下述(　　)说法不正确。

(A)对喀斯特的渗漏应通过调查及宏观分析进行估算,做出综合评价

(B)库水位高于邻谷河水位,河间地块无地下水分水岭及隔水层时,库区存在向邻谷渗漏问题

(C)坝肩喀斯特发育,无封闭隔水层时存在较严重的浇坝渗漏问题

(D)防渗漏措施应以灌浆为主

10.按《水利水电工程地质勘察规范》进行浸没评价时,下列(　　)地段可初步判定为不易浸没的地段。

(A)平原型水库周边,地面高程低于库水位地段

(B)库岸由相对不透水岩层组成,不透水层顶面高于库水位

(C)盆地型水库边缘与山前洪积扇相连的地段

(D)地下水排泄不畅,补给量大于排出量的库岸地区

1.9.8　《港口工程地基规范》(JTS 147-1—2010)

1.按《港口工程地基规范》,岩石分类时不考虑的因素是(　　)。

(A)软化系数　　(B)结构面发育状况　　(C)岩石强度　　(D)风化程度

2.某粉砂层位于地下水位以下,实测标准贯入击数为34,按《港口工程地基规范》,其密实度应划分为(　　)。

(A)松散　　(B)稍密　　(C)中密　　(D)密实

3.《港口工程地基规范》中,中等风化花岗岩的平均纵波速度约为(　　)km/s。

(A)2　　(B)3　　(C)4　　(D)5

1.9.9　综合单项选择题

1.下列(　　)不是河流侵蚀堆积地貌。

(A)河床　　(B)牛轭湖　　(C)河口三角洲　　(D)河间地块

2.下述(　　)不是冰川地貌。

(A)幽岩　　(B)终碛堤　　(C)峰林　　(D)蛇堤

3.某山地地质构造形态以背斜及向斜为主,河流走向与向斜轴基本一致,该山地宜称为(　　)。

(A)断块山　　(B)褶皱断块山　　(C)断块褶皱山　　(D)褶皱山

4.某山地绝对高度为800～1 000 m,相对高差约300 m,其山地类型为(　　)。

(A)低山　　(B)中低山　　(C)低中山　　(D)中山

5.山坡上面流将风化碎屑物质携带到山脚下,围绕坡脚成带状堆积,该山麓斜坡堆积地貌类型为(　　)。

(A)冲积扇　　(B)坡积裙　　(C)山前平原　　(D)山间凹地

6.某水系中河流侵蚀作用几乎停止,以堆积作用为主,河谷宽阔,阶地完整,牛轭湖及蛇曲发育,该河谷应称为(　　)。

(A)少年期河谷　　(B)壮年期河谷　　(C)中年期河谷　　(D)老年期河谷

7.下述(　　)地貌单元中在平水期无水流,而在洪水期有水流,且在平面上呈沿河谷分布

的长条形。

(A)河床 (B)河漫滩 (C)牛轭湖 (D)阶地

8. 对河流的阶地,下述(　　)不正确。

(A)阶地是地壳上升河流下切形成的地貌

(B)阶地表面在洪水期不被淹没

(C)高级阶地形成年代较低级阶地晚

(D)阶地一般发育在河流凸岸,凹岸侵蚀严重,一般不易形成阶地

9. 下述(　　)为大陆停滞水堆积地貌。

(A)潟湖 (B)砂坝 (C)冲积平原 (D)沼泽地

10. 下述地貌类型中一般(　　)的海拔高度最低。

(A)峰丛 (B)岩溶盆地 (C)岩溶平原 (D)孤峰

11. 下述冰川地貌中(　　)为冰碛地貌。

(A)冰斗 (B)角峰 (C)冰前扇地 (D)悬谷

12. 一般新月形沙丘的(　　)方向表征当地的主风向。

(A)由凸出一侧指向凹形一侧的 (B)由凹形一侧指向凸出一侧的

(C)平行于弦的 (D)不一定

13. 一般在水流稳定的深水相多形成(　　)构造。

(A)水平层理 (B)波状层理 (C)交错层理 (D)斜层理

14. 下述(　　)一般不能表征岩层的产状。

(A)走向 (B)倾向 (C)倾角 (D)视倾角

15. 某倾斜岩层在水平地面出露的厚度称为(　　)。

(A)真厚度 (B)视厚度 (C)水平厚度 (D)垂直厚度

16. 某地区调查结果表明,地层走向基本平行,中间地层较新向两侧地层依次变老,这个地层应为(　　)。

(A)断层地区 (B)褶皱地区 (C)向斜地区 (D)背斜地区

17. 关于断层、节理、解理的下述说法中,(　　)正确。

(A)断层断开了岩层,节理没有断开岩层

(B)断层两侧岩层有明显位移,而节理两侧岩层无明显位移

(C)节理是构造作用的结果

(D)解理是原生裂隙,成岩过程中形成的裂隙

18. 下述(　　)不能作为判别活动断裂的标志。

(A)近代地质时期内有过较强地震活动

(B)目前正在活动

(C)将来(今后一百年)可能继续活动

(D)产状为波状,变化较大

19. 有两地层产状相同,互相接触,但其时代不连续,这种地质现象应称为(　　)。

(A)平行不整合 (B)角度不整合 (C)假角度不整合 (D)整合

20. 下述关于岩体结构的说法中,(　　)不正确。

(A)岩体是天然的岩石块体,是由岩块组成的

(B)岩体是指岩块及结构面共同组成的地质体

(C)岩体的强度主要受结构面的强度、发育规律及组合关系控制

(D)岩体的强度与岩块的强度也有一定的关系

21. 下述矿物中硬度最大的是(　　)。

(A)萤石　(B)黄玉　(C)长石　(D)石英

22. 下述(　　)矿物具有极完全的一组解理。

(A)长石　(B)石英　(C)云母　(D)方解石

23. 在野外某花岗岩岩体中见有一种矿物，颜色为肉红色，形状为柱状自形，呈玻璃光泽，条痕为白色，且有两组正交的完全解理，断口平坦，用小刀刻划可勉强看见痕迹，该矿物可能为(　　)。

(A)斜长石　(B)正长石　(C)辉石　(D)角闪石

24. 某火山碎屑岩成岩后经过高温高压作用产生重结晶，该岩石应划分成(　　)岩类。

(A)岩浆岩　(B)沉积岩　(C)变质岩　(D)不确定

25. 砂土的结构一般为(　　)。

(A)单粒结构　(B)絮状结构　(C)蜂窝状结构　(D)海绵状结构

26. 关于塑性图，下述不正确的是(　　)。

(A)塑性图是对黏性土、粉土、有机质土分类的一种方法

(B)塑性图中的两个指标为液限及塑性指数

(C)塑性图中 A 线表征粉质土及黏质土的界限，一般平行于水平轴

(D)塑性图中 B 线表征低液限与高液限的界限，一般平行于纵轴

27. 进行工程地质测绘时，在初步勘察阶段一般选用(　　)比例尺进行测绘。

(A)小比例　(B)中比例尺　(C)大比例尺　(D)不确定

28. 对工程地质测绘的精度要求，下述(　　)不正确。

(A)测绘的精度可用填图时所划分单元的最小尺寸来表征，如 2 mm、3 mm、5 mm 等

(B)测绘的精度可用实际单元的界限在图上标定时的误差大小来表示

(C)测绘的精度可用地质点的密度来表示

(D)为保证测绘精度，测绘时应采用比提交成图比例尺大一级的地形图作为填图底图

29. 进行工程地质测绘前的准备工作中，不应包括(　　)。

(A)收集和研究已有资料　(B)进行现场踏勘

(C)编制测绘纲要　(D)利用地面摄影照片转绘成图

30. 实地进行工程地质测绘时为查明某地质界线而沿该界线布点，该方法称为(　　)。

(A)路线法　(B)布点法　(C)追索法　(D)综合法

31. 进行工程地质测绘时，对地质点的定点采用"导线法"，即从标准基点出发，用测绳及罗盘向被测目标作导线，该方法称为(　　)。

(A)目测法　(B)仪器法　(C)半仪器法　(D)综合法

32. 工程地质测绘时，一般可忽略(　　)。

(A)地形地貌特征　(B)不良地质现象

(C)地表水及泉点的分布规律　(D)岩土体的物理力学参数

33. 工程地质勘探的方法中，一般不包括(　　)。

(A)槽探　(B)坑探　(C)钻探　(D)触探

34. 下述(　　)不是回转钻进。

(A)螺钻钻进　　(B)无岩芯钻进　　(C)岩芯钻进　　(D)锤击钻进

35. 下述(　　)岩层一般不适宜使用硬质合金钻进。

(A)红黏层　　(B)强风化板岩

(C)未风化细粒花岗片麻岩　　(D)砂岩

36. 泥浆钻进时,下述说法中(　　)不正确。

(A)泥皮具有保持孔壁的作用,泥皮越厚,性能越好

(B)泥浆具有护壁、堵漏的功能

(C)泥浆静切力越大,悬浮岩粉能力越强,不易漏失

(D)泥浆中加入石灰岩粉等物质时,泥浆的黏度增加,静切力增加

37. 某钻孔采用岩芯钻探,用泥浆作为冲洗液需用泥浆 2 m^3,泥浆的相对密度为 1.3 g/cm^3,黏土的相对密度为 1.8 g/cm^3,需加水及黏土量分别为(　　)t。

(A)1.35、1.25　　(B)1.25、1.35　　(C)1.25、0.75　　(D)0.75、1.25

38. 下述勘探的技术要求中,(　　)不正确。

(A)岩土层界面的量测误差一般不应超过 5 cm

(B)采用螺钻钻进时,回次进尺一般不应超过 1.0 m

(C)断层破碎带是影响岩石的重要因素,在钻探时岩芯采取率要高于一般岩石

(D)对定向钻孔应分段进行孔斜测量

39. 勘探编录时,下述(　　)不正确。

(A)钻探编录时应及时按土层描述,不得事后追记

(B)对探槽及探井应进行描述,并绘制展开图

(C)对于砂土应描述名称、颜色、湿度、密度、粒径、浑圆度、母岩成分、胶结物、包含物等

(D)野外观察要以手触法为主,必要时可采用现有的标准化定量化方法

40. 软土地层中钻进时,如孔壁缩孔严重,最好采用(　　)方法。

(A)优质泥浆护壁　　(B)套管护壁

(C)管钻钻进　　(D)干钻钻进

41. 下述关于取土器的说法中,(　　)不正确。

(A)取土器直径应大于环刀直径,另外取土器越长,直径则相应减少,以减少摩阻力

(B)内间隙比过小时,取土器内壁摩擦引起的压密扰动越大

(C)外间隙比增加,取土器进入土层的阻力减小

(D)面积比增加,土样扰动程度增加

42. 取土器的上部封闭装置一般不宜采用(　　)。

(A)可分半合式　　(B)限制球阀式　　(C)上提活阀式　　(D)简易活塞式

43. 采取原状土试样时,不宜采用(　　)。

(A)击入法　　(B)压入法　　(C)回转法　　(D)振动法

44. 对勘探点进行测量定位时,一般不采用(　　)。

(A)极坐标法　　(B)直角坐标法　　(C)导线法　　(D)前方交汇法

45. 用水准仪测量高程时,水准点和勘探点间较近,后视读数(水准点)为 3 687 mm,前视读数(测量点)为 2 435 mm,水准点高程为 184.872 m,则勘探点的高程为(　　)。

(A)178.750 m　　(B)183.620 m　　(C)186.124 m　　(D)188.559 m

46. 下述(　　)不能在实验室直接测定。

(A)土粒的密度　　(B)土体的质量密度

(C)土体的重力密度　　(D)土体的干密度

47. 斯蒂诺原理第一是原始水平原理,第二是叠覆原理,即地层层序律,对新沉积层在老地层之上,下述(　　)不符合这一规律。

(A)河流沉积　(B)海洋中沉积　(C)湖泊中沉积　(D)洞穴中沉积

48. 在地质历史时期中,有一些长期沉降的狭长地带,这些地带沉积岩厚度较大,一般称为(　　)。

(A)地槽　(B)地台　(C)板块　(D)海沟

49. 中生代地层一般不包括(　　)。

(A)白垩纪　(B)侏罗纪　(C)三叠纪　(D)二叠纪

50. 某沉积岩层产状直立,由若干个单层组成,在每个单层中,左侧颗粒较细,右侧颗粒较粗,由此判别下述(　　)是正确的。

(A)左侧地层较新,右侧地层较老　(B)右侧地层较新,左侧地层较老

(C)上部地层较新,下部地层较老　(D)无法判断

51. 某地地层中二叠纪地层与白垩纪地层接触,产状基本相同,这种接触关系称为(　　)。

(A)非整合　(B)整合　(C)平行不整合　(D)角度不整合

52. 下列(　　)是存在于土体孔隙中的水。

(A)沸石水　(B)结晶水　(C)结构水　(D)结合水

53. 下列(　　)状态的水是可以自由在地下流动的。

(A)结合水　(B)重力水　(C)毛细水　(D)固态水

54. 干强度试验是指下述(　　)。

(A)将土块捏成土团,风干后用手捏碎,根据用力大小判断干强度

(B)将原状土块放入烘箱中烘干,然后用手捏碎,根据用力大小判断干强度

(C)将土块风干,然后进行单轴抗压试验,判断干强度

(D)将土块风干,然后用袖珍贯入仪进行测试,判断干强度

55. 将含水率略大于塑限的土块放在手中揉捏均匀,然后在手掌中搓成直径为 3 mm 的土条,再揉成团,然后再次搓条,用手捏土条,这种方法称为(　　)。

(A)搓条试验　(B)韧性试验　(C)光泽度试验　(D)摇震反应

1.10　多项选择题

1. 土中的原生矿物包括(　　)。

(A)长石　(B)石英　(C)云母　(D)蒙脱石

2. 土中的不可溶性次生矿物包括(　　)。

(A)卤化物　(B)硫酸盐　(C)氧化物　(D)黏土矿物

3. 土中的黏土矿物包括(　　)。

(A)高岭石　(B)伊利石　(C)蛭石　(D)方解石

4. 鉴定黏土矿物的常用方法有(　　)。

(A)X 射线衍射法　(B)差热分析法　(C)红外光谱法　(D)虹吸管法

5. 土体孔隙中可能存在着(　　)。

(A)结晶水　(B)结合水　(C)毛细水　(D)沸石水

6. 强结合水具有以下(　　)特性。

(A)水分子完全失去自由活动的能力,并紧密地、整齐地排列着

(B)水的密度较大,一般可达 1.5～1.8 g/cm^3

(C)在力学性质上与固体物质相同

(D)当受到剪力时立即就产生流动

7. 黏粒表面电荷的形成主要有(　　)。

(A)氧化作用与还原作用　　(B)选择性吸附作用

(C)颗粒表面分子离解作用　　(D)同晶替代作用

8. 土粒间的连接按连接物质内容可分为下述(　　)类型。

(A)结合水连接　　(B)冰连接　　(C)胶结连接　　(D)无连接

9. 土体的下列指标中,(　　)为实测指标。

(A)干密度　　(B)含水率　　(C)土体密度　　(D)土粒密度

10. 黏性土的膨胀性通常用下述(　　)指标表示。

(A)膨胀率　　(B)膨胀力　　(C)膨胀速度　　(D)膨胀含水率

11. 黏性土的崩解性可用下列(　　)指标来表示。

(A)崩解速度　　(B)崩解时间　　(C)崩解力　　(D)崩解特征

12. 黏性土的渗透性受下列(　　)因素影响。

(A)黏性土的粒度成分

(B)黏性土的厚度

(C)黏性土的结构及构造

(D)黏性土中孔隙溶液的交换阳离子成分及浓度

13. 下列(　　)因素对土体的压缩性有影响。

(A)矿物成分　　(B)结构状态及构造特征

(C)土体的受力历史　　(D)加荷速率及荷载性质

14. 下列属于软土的主要工程地质特征的是(　　)。

(A)高孔隙比、饱水,天然含水率大于液限

(B)透水性极强

(C)压缩性高

(D)抗剪强度低

15. 工程地质测绘的主要研究内容包括(　　)。

(A)地层、岩性与地形、地貌　　(B)地质构造与水文地质条件

(C)自然地质现与工程地质现象　　(D)建筑物的结构形式

16. 工程地质勘察工作中的主要勘探方法为(　　)。

(A)动力触探工作与静力触探工作　　(B)物探工作与钻探工作

(C)坑槽探工作　　(D)室内试验工作

17. 钻探的观察、描述和编录工作主要应包括(　　)。

(A)岩芯的观察、描述和编录工作

(B)钻进动态的观察和记录工作

(C)地下水的观测和记录工作与孔内原位测试的记录工作

(D)钻探机械的使用寿命

18. 土体原位测试方法包括(　　)。

(A)载荷试验　　(B)旁压试验

(C)应力解除法测量地应力试验　　(D)标贯试验与扁铲侧胀试验

19. 工程地质勘察工作中一般应对下述(　　)进行长期观测工作。

(A)岩土体的长期强度　　(B)岩土体中的孔隙水压力

(C)斜坡岩土体的变形及滑坡动态　　(D)建筑物沉降及变形观测

20. 天然建筑材料的储量计算方法包括(　　)。

(A)算术平均法　　(B)平行断面法　　(C)三角形法　　(D)等值梁法

21. 下列(　　)属于地下水。

(A)潜水　　(B)承压水　　(C)上层滞水　　(D)结构水

22. 下列关于毛细水的说法中,(　　)是正确的。

(A)引起毛细水上升的力为孔隙水膜表面的张力

(B)卵石及碎石类土中一般无毛细水

(C)毛细水的上升高度只能通过实测获得

(D)粉土的毛细水上升高度一般大于粗砂土

23. 关于土的活动性指数,下述说法中正确的是(　　)。

(A)活动性指数用来表征土体的微结构

(B)活动性指数用来衡量黏土矿物吸附结合水的能力

(C)用 $I_{p}/P_{0.005}$ 来表示

(D)用 $I_{p}/P_{0.002}$ 来表示

24. 风化作用包括(　　)。

(A)日照和机械破碎　　(B)水的腐蚀和冰裂作用

(C)根劈作用　　(D)接触交代作用

25. 下列(　　)属于山麓斜坡堆积地貌。

(A)洪积扇　　(B)坡积裙　　(C)山前平原　　(D)剥蚀残山

26. 下列(　　)为少年期河谷地貌特征。

(A)河曲　　(B)隘谷　　(C)峡谷　　(D)牛轭湖

27. 下列(　　)为河流堆积地貌。

(A)冲积平原　　(B)湖泊平原　　(C)河口三角洲　　(D)沼泽地

28. 下列(　　)为海成地貌。

(A)河口三角洲　　(B)砂坝和砂堤

(C)潟湖和海滨沼泽　　(D)沙嘴

29. 下列(　　)为冰蚀地貌。

(A)冰斗　　(B)幽谷　　(C)冰前扇地　　(D)石芽残丘

30. 下列(　　)为风成地貌。

(A)石漠　　(B)石林　　(C)泥漠　　(D)风蚀盆地

31. 下列(　　)属于沉积岩的原生构造。

(A)片麻理　　(B)水平层理　　(C)波状层理　　(D)交错层理

32. 下列(　　)为褶皱的基本要素。

(A)轴与轴面　　(B)走向与倾向　　(C)翼与翼角　　(D)脊

33. 下列(　　)为断层的基本要素。

(A)断层面

(B)断层面的走向线和断层面的倾向线

(C)总断距

(D)断层的性质

(E)垂直断距、地层断距和水平断距

34. 主要第四纪堆积物包括(　　)。

(A)残积物、坡积物、洪积物　　(B)冲积物、湖泊堆积物、沼泽堆积物

(C)滨海堆积物、冰川堆积物、风积物　　(D)区域变质产物

35. 下列(　　)为岩浆岩。

(A)花岗岩　　(B)辉绿岩　　(C)砾岩　　(D)板岩

36. 下列(　　)为直流电法勘探方法。

(A)电测深法　　(B)电剖面法　　(C)中间梯度法　　(D)电磁法

37. 下列(　　)不适用采取冲击钻探方法。

(A)黏性土　　(B)粉土　　(C)砂土　　(D)碎石土

38. 下列(　　)适合采取Ⅱ级原状土样。

(A)水压固定活塞取土器　　(B)自由活塞取土器

(C)敞口取土器　　(D)厚壁敞口取土器

39. 采取不扰动土试样的方法包括(　　)。

(A)击入法　　(B)压入法　　(C)回转法　　(D)爆扩法

40. 土的前期固结压力 P_c 与土的自重压力 P_0 关系的下述说法中，不正确的是(　　)。

(A)$P_c>P_0$　　(B)$P_c<P_0$　　(C)$P_c=P_0$　　(D)不确定

41. 下列(　　)符合红黏土物理力学性质的基本特点。

(A)含水率高　　(B)孔隙比低　　(C)液、塑限高　　(D)压缩性低

42. 软土具有下列(　　)工程性质。

(A)触变性和流变性　　(B)高压缩性和低强度

(C)低透水性　　(D)均匀性

43. 下述地貌类型中(　　)为构造、剥蚀地貌。

(A)中山　　(B)丘陵　　(C)山间凹地　　(D)河间地块

44. 下述地貌类型中(　　)为河流侵蚀堆积地貌。

(A)冲积平原　　(B)洪积扇　　(C)牛轭湖　　(D)阶地

45. 下述地貌类型中(　　)为冰碛地貌。

(A)冰斗　　(B)冰水阶地　　(C)冰前扇地　　(D)幽谷

46. 下述(　　)作用为大陆流水堆积作用。

(A)冰水堆积　　(B)洪水堆积　　(C)泉水堆积　　(D)湖泊堆积

47. 在沉积岩地区中，岩层呈现下述(　　)接触关系时可表明上下岩层的时代存在明显的时间间隔。

(A)整合接触　　(B)平行不整合

(C)角度不整合　　(D)假角度不整合

48. 断层的基本要素包括(　　)。

(A)断层面　　(B)断层走向线　　(C)断层倾向线　　(D)总断距

49. 岩石按成因可分为三大岩类，它们是(　　)。

(A)岩浆岩　　(B)沉积岩　　(C)变质岩　　(D)混合岩

50. 变质岩包括下列(　　)岩石。

(A)粗面岩　　(B)片麻岩　　(C)千枚岩　　(D)硅岩

51.岩体的基本质量等级分类时主要考虑下述(　　)因素。

(A)风化程度　　(B)坚硬程度　　(C)完整程度　　(D)岩石成因

52.黏性土按塑性图分类时主要考虑下述(　　)指数。

(A)液限　　(B)塑限　　(C)液性指数　　(D)塑性指数

53.在野外条件下对碎石土的密实程度进行鉴别时,宜参考下述(　　)因素。

(A)骨架颗粒含量和排列　　(B)可挖性

(C)可钻性　　(D)标贯击数

54.进行岩土工程勘察时,对场地等级的划分应考虑下列(　　)因素。

(A)地形地貌、地质环境及不良地质作用　　(B)水文地质条件

(C)对建筑抗震的影响　　(D)破坏后果的严重性

55.考虑岩土工程勘察等级时,其评定标准包括下述(　　)方面。

(A)工程重要性等级　　(B)工程投资额

(C)场地复杂程度等级　　(D)地基复杂程度等级

56.公路工程地质勘察阶段的划分一般包括(　　)阶段。

(A)可行性研究勘察　　(B)初步工程地质勘察

(C)详细工程地质勘察　　(D)施工勘察

57.进行工程地质测绘时,实地测绘的方法一般采用(　　)。

(A)路线法　　(B)相片成果法　　(C)布点法　　(D)追索法

58.进行工程地质测绘时,对测绘对象的标测方法一般采用(　　)。

(A)仪器法　　(B)半仪器法　　(C)内插法　　(D)目测法

59.下述地球物理勘探方法中,(　　)属于电磁法勘探方法。

(A)充电法　　(B)频率测深法　　(C)激发极化法　　(D)探地雷达

60.下述钻探方法中,(　　)为岩芯钻进方法。

(A)土层圆筒形钻头冲击钻进　　(B)孔底全面钻进

(C)钻粒钻进　　(D)金刚石钻进

61.泥浆钻进中,泥浆的作用为(　　)。

(A)护壁、堵漏　　(B)携带、悬漂与排除岩粉

(C)冷却钻头、润滑钻具　　(D)测定水文地质参数

62.设计取土器时,应考虑下列技术要求中的(　　)。

(A)取土器进入土层要顺利,尽量减小摩擦阻力和对土样的扰动

(B)取土器要有可靠的密封性能,使取样时不掉土

(C)取土器的尺寸应符合保护孔壁的要求

(D)取土器结构简单,便于加工和操作

63.下述指标中,(　　)是在实验室直接测定的指标。

(A)含水率　　(B)相对密度　　(C)质量密度　　(D)饱和密度

64.下述指标中,(　　)为黏性土的可塑性指标。

(A)饱和度　　(B)活动度　　(C)含水比　　(D)液性指数

65.下述关于土的击实性的说法中,(　　)正确。

(A)砂土的击实性与含水率无关

(B)土的可塑性增大时最优含水率减小

(C)夯实功增大时,最优含水率减小,最大干密度增加

(D)工程中采用人力夯实时,土的含水率宜略小于最优含水率,而采用机械夯实时土的含水率宜略大于最优含水率

66. 下述关于土的承载比试验的叙述中,(　　)正确。

(A)贯入柱的直径为 100 mm

(B)应分别计算贯入深度为 2.5 mm 和 5 mm 时的承载比

(C)贯入深度为 5 mm 时标准荷载强度宜取 10 500

(D)贯入测试结束后,宜对土样进行浸水膨胀试验,测定土样的吸水膨胀量。

67. 在土样压缩试验时,可绘制 e-P 曲线即压缩曲线,下述(　　)是有可能与曲线有关的。

(A)压缩系数　　(B)压缩模量　　(C)回弹指数　　(D)滞回圈

68. 土体剪切试验按排水条件可分为以下(　　)方法。

(A)不固结不排水剪　　(B)固结不排水剪

(C)不固结排水剪　　(D)固结排水剪

69. 圆锥动力触探的触探指标包括(　　)。

(A)触探曲线　　(B)触探捶击数　　(C)动贯入阻力　　(D)侧摩阻力

70. 圆锥动力触探的试验成果可用于以下(　　)方面。

(A)利用触探曲线进行力学分层　　(B)评价地基土的承载力

(C)评价砂土液化　　(D)确定单桩承载力

71. 影响标准贯入试验的因素有很多,下述说法中(　　)是正确的。

(A)钻杆长度较大时,由于贯入时钻杆弯曲及抬臂而消耗能量使得实际贯入能力下降而使得实测标贯击数偏高

(B)由于土的自重压力增加,相同密度的土体标贯击数偏高

(C)标准贯入击数与地下水无关

(D)饱和粉细砂的密度不同时,对标准贯入击数的影响也是不同的

72. 下述关于静力触探的叙述中,(　　)不正确。

(A)静力触探是直接测定土体力学性能的原位测试方法

(B)静力触探指标点反映土层的力学性质,与其他因素无关

(C)静力触探曲线中,触探指标与深度是一一对应的,真实地反映了不同深度处土的软硬程度

(D)静力触探指标可应用于土层分类,确定地基的承载能力,确定土的变形指标,确定土的不排水抗剪强度,确定土的内摩擦角,估计饱和黏性土的天然重度,确定砂土的相对密实度和确定砂土密实度的界限,判别黏性土的塑性状态,估算单耗承载力等

73. 进行浅层平板载荷试验时,下述(　　)不正确。

(A)浅层平板载荷试验时,试验标高处的试坑宽度或直径不应小于承压板宽度或直径的 3 倍

(B)当基底压力相同时,沉降量与承压板宽度的增加成正比

(C)总沉降量与承压板宽度之比为 0.04 时即认为土体已经破坏,可终止试验

(D)载荷试验后可分级卸荷,观测回弹值

74. 进行载荷试验时,下述(　　)可以判定为土体的比例极限。

(A)P-S 曲线初始直线段的终点　　(B)P-S 曲线尾部直线段的终点

(C)$\lg P$-$\lg S$ 曲线上转折点对应的荷载　　(D)P-$\Delta P/\Delta s$ 曲线上转折点对应的荷载

75. 下述(　　)是通过载荷试验测定的指标。

(A)测限缩模量　(B)变形模量

(C)固结系数　(D)基准基床系数

76. 现场直接剪切试验的布置方案一般有以下方法(　　)。

(A)平推法　(B)斜推法　(C)楔形体法　(D)垂直推挤法

77. 十字板剪切试验成果可应用于以下(　　)方面。

(A)判定软土的最终沉降量　(B)确定软土路基的临界高度

(C)判定软土固结历史　(D)检验软土地基加固改良的历史

78. 旁压试验时使用的旁压器形式一般有(　　)。

(A)单腔式　(B)双腔式　(C)三腔式　(D)多腔式

79. 下述(　　)属于岩体原位测试方法。

(A)变角极法剪切试验　(B)承压极法变形试验

(C)岩体应力测试　(D)岩体直剪(斜推法)试验

80. 地基土的主要动力参数为(　　)。

(A)地基刚度　(B)刚度系数　(C)阻尼比　(D)参振质量

81. 地下水在岩土中有如下(　　)存在形式。

(A)结合水　(B)结晶水　(C)结构水　(D)结冰水

82. 下述(　　)为下降泉。

(A)悬挂泉　(B)侵蚀泉　(C)断层泉　(D)接触泉

83. 地下水水质的分析方法中,以下(　　)不属于专门分析。

(A)简分析　(B)全分析

(C)特殊分析　(D)水对建筑材料的腐蚀性分析

84. 原位水文地质测试方法包括(　　)。

(A)地下水水质测定　(B)地下水流向测定

(C)地下水流速测定　(D)注水试验

85. 对于抽水试验,下述(　　)说法是错误的。

(A)潜水完整井抽水试验时,主孔水位降深不宜小于含水层厚度的 1/3

(B)降落漏斗的水平投影为图形或接近图形

(C)正规抽水试验宜三次降深,最大降深宜接近设计动水位

(D)如 S-Q 曲线较陡,即水位降深较大而总流量较小时,说明含水层颁布范围小、渗透性差、补给条件差

86. 在压水试验时,下述对压力计算零线的说法中(　　)是正确的。

(A)地下水位位于试验段以下时,以通过试验段 1/2 处的水平线作为压力计算零线

(B)地下水位位于试验段之内时,以地下水位与试验段底面中点作为压力计算零线

(C)地下水位位于试验段之上时且试验段在含水层中,以地下水位线作为压力计算零线

(D)无地下水时,压力计算零线取试验段顶面水平线

87. 下述对压水试验 P-Q 曲线说法中(　　)不正确。

(A)A 型 P-Q 曲线升压曲线为通过原点的直线,降压曲线与升压曲线基本重合

(B)C 型曲线升压曲线凸向 P 轴,降压曲线与升压曲线不重合,呈顺时针环状

(C)D 型曲线表明压水过程中裂隙面而受到冲蚀

(D)E 型曲线表明压水过程中裂隙有扩张

88. 下述(　　)情况适宜采用注水试验。

(A)水位较浅的潜水含水层

(B)水位接近地表的承压水含水层

(C)地下水位埋藏较深,不便于进行抽水试验

(D)干燥的砂层

89. 下述(　　)为在两种大的界面上发生的渗透变形。

(A)管漏　　(B)流土　　(C)接触冲刷　　(D)接触流失

90. 在堤坝下游采取防治渗透变形的方案时,可采用(　　)方法。

(A)铺设压渗盖重(压重)　　(B)黏土防渗墙

(C)排水减压井　　(D)下游排水体

91. 基坑坑底发生突涌的形式一般有(　　)。

(A)基坑侧壁渗水严重,坑底水大量聚集

(B)坑底出现网状或树枝状裂缝,地下水从裂缝中涌出

(C)基坑底出现流沙现象

(D)基坑底发生喷水冒砂现象,使基坑积水,地基土扰动

92. 一般情况下,地下水抗浮设防水位应按下述(　　)原则确定。

(A)当有长期水位观测资料时,抗浮设防水位可根据该层地下水实测最高水位和建筑物运营期间地下水的变化来确定

(B)无长期水位观测资料或资料缺乏时,按勘察期间实测最高稳定水位并结合场地条件综合确定

(C)在南方滨海、滨江地区,抗浮设防水位不宜低于室外地坪标高

(D)抗浮设防水位可不考虑承压水的影响,而只考虑施工期间的抗设防水时,可按一个水文年的最高水位确定

1.11 答　　案

1.11.1 案例模拟题答案

1. (C)

解:$f_r=64\ \text{MPa}>60\ \text{MPa}$　　$k=\dfrac{V^2_{\text{p岩体}}}{V^2_{\text{P岩块}}}=\dfrac{3.8^2}{6.2^2}=0.38$

基本质量级别为Ⅲ级。

2. (D)

解:$(f_r)R_C=22.82I^{0.75}_{s(50)}=22.82\times2.3^{0.75}=42.6(\text{MPa})$

$k=\dfrac{2.8^2}{3.9^2}=0.52$

基本质量级别为Ⅳ级。

3. (D)

解:$\text{RQD}=\dfrac{26+32+21+18}{160}=60.6\%$

4.(C)

解:$RQD=\frac{11+13+18+16+25+27}{200}=55\%$

岩石质量为较差的。

5.(C)

解:$15<N=18<30$

砂土为中密状态。

6.(C)

解:$15<N=19<30$

砂土为中密状态。

7.(C)

解:$e=\frac{G_s\omega}{S_r}=\frac{32\times 2.66}{100}=0.85$

密实度为中密,湿度为很湿。

8.(A)

解:$e=\frac{G_s\rho_w}{\rho_d}-1=\frac{2.7\times 1}{1.56}-1=0.731$

密实度为密实,湿度为稍湿。

9.(C)

解:$I_L=\frac{\omega-\omega_p}{\omega_L-\omega_p}=\frac{30-18}{32-18}=0.86$

黏性土为软塑状态。

10.(B)

解:$w_p=w_L-I_p=35-16=19$ $\quad$ $I_L=\frac{w-w_p}{I_p}=\frac{24-19}{16}=0.31$

黏性土为可塑状态。

11.(C)

解:$K_v=\frac{3.2}{4.3}=0.74$ $\quad$ $K_f=\frac{15.1}{28.4}=0.53$

风化程度为中等风化。

12.(B)

解:$K_v=\frac{3.5}{4}=0.875$ $\quad$ $K_f=\frac{16.6}{19.8}=0.838$

岩石风化程度为微风化。

13.(B)

解:据《公路桥涵地基与基础设计规范》(JTG D63—2007)第3.1.14条。

$I_L=\frac{w-w_p}{w_L-w_p}=\frac{28-18}{32-18}=0.71$

14.(C)

解:据《公路桥涵地基与基础设计规范》(JTG D63—2007)第3.1.10条,砂土的密实度为中密。

15.(B)

解:$N=13$,砂土为稍密状态。

16.(C)

解:$N=33$,粉砂为密实状态。

17.(A)

解:$\gamma=\frac{G(1+w)}{1+Gw}\gamma_w=\frac{2.55\times(1+0.45)}{1+2.55\times0.45}\times10=17.2\ (\text{kN/m}^3)$

$e=\frac{2.55\times10\times(1+0.45)}{17.2}-1=1.15$

$I_p=19>17$

该土名应为淤泥质黏土。

18.(B)

解:$8<N=12<15$,黏性土天然状态为硬。

19.(C)

解:5 mm<锥沉量(6 mm)<7 mm,黏土的天然状态为软。

20.(B)

解:波速比$=\frac{2.2}{3.8}=0.58$

风化带类型为强风化。

21.(C)

解:$e_m=\frac{1}{6}\times(0.862+0.931+0.894+0.875+0.902+0.883)=0.891\ 2$

$\sum e_i^2=0.862^2+0.931^2+0.894^2+0.875^2+0.902^2+0.883^2=4.768$

$\sigma_f=\left[\frac{1}{6-1}\times(4.768-6\times0.891\ 2^2)\right]^{\frac{1}{2}}=0.023$

$\delta=\frac{\sigma_f}{e_m}=\frac{0.023}{0.891\ 2}=0.025\ 8$

$\gamma_s=1+\beta\delta=1+0.826\times0.025\ 8=1.02$

$e_k=\gamma_s e_m=1.02\times0.891\ 2=0.909$

22.(C)

解:$\delta=\frac{\sigma_f}{a_m}=\frac{0.06}{0.45}=0.133$

$\gamma_s=1+\beta\delta=1+0.444\times0.133=1.06$

$a_k=\gamma_s a_m=1.06\times0.45=0.477$

23.(C)

解:$\mu_x=\frac{1}{6}\times(0.024+0.028+0.019+0.025+0.019+0.027)=0.023\ 7$

$$\sigma_x=\{\frac{1}{6-1}\times[(0.024-0.023\ 7)^2+(0.028-0.023\ 7)^2+(0.019-0.023\ 7)^2+(0.025-0.023\ 7)^2+(0.019-0.023\ 7)^2+(0.027-0.023\ 7)^2]\}^{\frac{1}{2}}=0.003\ 88$$

$\delta_x=\frac{\sigma_x}{\mu_x}=\frac{0.003\ 88}{0.023\ 7}=0.164\approx0.16$

24. (B)

解：$\mu_c=\dfrac{1}{6}\times(12.0+12.4+16.4+15.8+17.0+13.7)=14.55$

$\mu_\phi=\dfrac{1}{6}\times(14+15+15+16+17+17)=15.67$

$\sum_{i=1}^{n}\mu_{ci}^2=12.0^2+12.4^2+16.4^2+15.8^2+17.0^2+13.7^2=1\ 293.05$

$\sum_{i=1}^{n}\mu_{\phi i}^2=14^2+15^2+15^2+16^2+17^2+17^2=1\ 480$

$\sigma_c=\sqrt{\dfrac{1\ 293.05-6\times14.55^2}{6-1}}=2.137$

$\sigma_\phi=\sqrt{\dfrac{1\ 480-6\times15.67^2}{6-1}}=1.158$

$\delta_c=\dfrac{\sigma_c}{\mu_c}=\dfrac{2.137}{14.55}=0.147$

$\delta_\phi=\dfrac{1.158}{15.67}=0.073\ 9$

$\psi_c=1-0.826\times0.147=0.879$

$\psi_\phi=1-0.826\times0.073\ 9=0.939$

$c_u=0.879\times14.55=12.8$

$\phi_k=0.939\times15.67=14.7$

25. (A)

解：$\rho_d=\dfrac{\rho}{1+0.01w}=\dfrac{1.9}{1+0.01\times24}=1.53(\text{g/cm}^3)=15.3(\text{kN/m}^3)$

$e=\dfrac{G_s\rho_w(1+0.01w)}{\rho}-1=\dfrac{2.7\times1\times(1+0.01\times24)}{1.9}-1=0.762$

$n=\dfrac{e}{1+e}=\dfrac{0.762}{1+0.762}=0.432=43.2\%$

$S_r=\dfrac{wG_s}{e}=\dfrac{24\times2.7}{0.762}=85$

26. (D)

解：$\rho=\dfrac{73-32.5}{21.7}=1.866(\text{g/cm}^3)$

$w=\dfrac{73-62.35}{62.35-32.5}=35.68$

$e=\dfrac{G_s\rho_w(1+0.01w)}{\rho}-1=\dfrac{2.7\times1\times(1+0.01\times35.68)}{1.866}-1=0.963$

$\rho_d=\dfrac{\rho}{1+0.01w}=\dfrac{1.866}{1+0.01\times35.68}=1.375\approx1.38(\text{g/cm}^3)$

$n=\dfrac{e}{1+e}\times100\%=\dfrac{0.963}{1+0.963}\times100\%=49.1\%$

27. (C)

解：$G_s=\dfrac{S_r\rho}{S_r\rho_w(1+0.01w)-w\rho}=\dfrac{100\times1.98}{100\times1.0\times(1+0.01\times28)-28\times1.98}=2.73$

$\rho_d=\frac{\rho}{1+0.01w}=\frac{1.98}{1+0.01\times28}=1.55(g/cm^3)$

$e=\frac{w\rho}{S_r\rho_w(1+0.01w)-w\rho}$

$=\frac{28\times19.8}{100\times10\times(1+0.01\times28)-28\times19.8}=0.764$

28.(C)

解:$e=\frac{G_s\rho_w}{\rho_d}-1=\frac{2.70\times1}{1.58}-1=0.709$

$\rho=(1+0.01w)\rho_d=(1+0.01\times0)\times1.58=1.58(g/cm^3)$

29.(C)

解:$\begin{cases}\frac{m_w}{m_s}=0.12\\m_w+m_s=10\end{cases}$ 解方程组得

$m_s=8.93$

$m_w=1.07$

$\frac{m'_w}{m_s}=0.23$

$m'_w=0.23\times8.93=2.054$

$m'_w-m_w=2.054-1.07=0.984(t)$

30.(B)

解:土坝体积 $V=\frac{1}{2}\times(8+75)\times20\times1\,200=996\,000(m^3)$

土料压实后的干重 $G=\eta\gamma_{dmax}V$

$G=0.95\times16.8\times996\,000=15\,896\,160(kN)$

天然土料的干重度 $\gamma_d=\frac{\gamma}{1+0.01w}=\frac{18}{1+0.01\times21}=14.876\approx14.88(kN/m^3)$

天然土料体积 V_1

$V_1=\frac{G}{\gamma_d}=\frac{15\,896\,160}{14.88}=1\,068\,290.3(m^3)$

31.(C)

解:$e=\frac{G_s\rho_w(1+0.01w)}{\rho}-1=\frac{2.72\times1\times(1+0.01\times13)}{1.94}-1=0.584$

$w_{sat}=\frac{100e}{G_s}=\frac{100\times0.584}{2.72}=21.5\%$

$\rho_{sat}=\frac{G_s+e}{1+e}\rho_w=\frac{2.72+0.584}{1+0.584}\times1=2.09(g/cm^3)$

32.(A)

解:$\rho'=\frac{\rho_d(G_s-1)}{G_s}=\frac{1.56\times(2.65-1)}{2.65}=0.97(g/cm^3)$

33.(D)

解:$I_P=w_L-w_p=32-18=14$

$I_L=\dfrac{w-w_p}{w_L-w_p}=\dfrac{26-18}{32-18}=0.57$

据《建筑地基基础设计规范》(GB 50007—2011)表 4.1.10,该土为可塑状态。

34.(C)

解:$I_L=\dfrac{w-w_p}{w_L-w_p}=\dfrac{50-20}{58-20}=\dfrac{30}{38}=0.79$

红黏土为软塑状态。

$u=\dfrac{w}{w_L}=\dfrac{50}{58}=0.862$

据《岩土工程勘察规范》(GB 50021—2001)(2009 年版)表 6.2.2-1,此红黏土为软塑状态。

35.(B)

解:$D_r=\dfrac{\rho_{dmax}(\rho_d-\rho_{dmin})}{\rho_d(\rho_{dmax}-\rho_{dmin})}=\dfrac{16.4\times(15.6-15.1)}{15.6\times(16.4-15.1)}=0.404$

36.(C)

解:$C_u=\dfrac{d_{60}}{d_{10}}=\dfrac{3.2}{0.25}=12.8$

$C_c=\dfrac{d_{30}^2}{d_{60}d_{10}}=\dfrac{0.4^2}{3.2\times0.25}=0.2$

37.(B)

解:$I=\dfrac{\Delta h}{L}=\dfrac{35}{20}=1.75$

$V=\dfrac{Q}{F}=\dfrac{\dfrac{(0.1\times10^6)}{(24\times60\times60)}}{30}=0.038\ 58$

$K=\dfrac{V}{I}=\dfrac{0.038\ 58}{1.75}=2.2\times10^{-2}(\text{cm/s})$

38.(C)

解:$\rho'_{dmax}=\dfrac{1}{\dfrac{1-P_5}{\rho_{dmax}}+\dfrac{P_5}{\rho_w Gs_2}}=\dfrac{1}{\dfrac{1-0.2}{1.66}+\dfrac{0.2}{1\times2.68}}=1.797$

$w'_{opt}=w_{opt}(1-P_5)+P_5w_{ab}=20\times(1-0.2)+0.2\times18=19.6$

39.(A)

解:$a_v=\dfrac{0.863-0.772}{0.2-0.1}=0.91(\text{MPa}^{-1})$

$E_s=\dfrac{1+e_0}{a_v}=\dfrac{1+0.987}{0.91}=2.18(\text{MPa})$

40.(B)

解:取先期固结压力后任意两点计算 C_c

$C_c=\dfrac{0.751-0.616}{\lg1\ 600-\lg200}=0.149\approx0.15$

41.(A)

解:绘出 P-S 曲线图,从图中可看出,初始直线段终点压力为 200 kPa,压力为 360 kPa 时开始破坏,取比例极限为 200 kPa,极限荷载为 320 kPa,且 1/2×320=160(kPa)<200 kPa,承载力宜取 160 kPa。

42.(B)

解:绘制 P-S 曲线,曲线为圆滑曲线,S_0 约为 5 mm,取 $P_{0.015}$ 作为承载力。

$$d=\sqrt{\frac{4A}{\pi}}=\sqrt{\frac{4\times 5\ 000}{3.14}}=79.8(\mathrm{cm})$$

$$S=0.015d=0.015\times 79.8=11.97\approx 12(\mathrm{mm})$$

$P=200$ kPa 时,$S=S'-S_0=17-5=12(\mathrm{mm})$,承载力宜取 200 kPa。

43.(A)

解:$E_0=I_0(1-\mu^2)\dfrac{pd}{S}=0.785\times(1-0.30^2)\times\dfrac{1}{0.05}\times\sqrt{\dfrac{4\times 2\ 500}{3.14}}\times 10^{-2}=8.06\approx 8(\mathrm{MPa})$

44.(B)

解:$S=S'-S_0=9.5-4=5.5(\mathrm{mm})$

$\dfrac{d}{z}=\dfrac{0.5}{10}=0.05$　砂土 $w=0.437$

$$E_0=w\frac{Pd}{S}=0.437\times\frac{180\times 0.5}{5.5}=7.15(\mathrm{MPa})$$

45.(C)

解:5.0 m 处,

杆长$=5+1=6.0$ (m),$N=\dfrac{10K}{S}=\dfrac{10\times 18}{15}=12$

$$\alpha=0.90+(12-10)\times\frac{0.88-0.90}{15-10}=0.892$$

$$N_{63.5}=\alpha N=0.892\times 12=10.7$$

8.0 m 处,

杆长$=8+1=9$ (m)　　$N=\dfrac{10K}{S}=\dfrac{10\times 16}{13}=12.3$　　经插值后　$\alpha=0.829$

$$N_{63.5}=\alpha N=0.829\times 12.3=10.2$$

46.(C)

解:杆长修正

杆长 $15+1.5=16.5(\mathrm{m})$

$$N=\frac{10K}{S}=\frac{10\times 30}{18}=16.67$$

经插值后　$\alpha=0.642$　　$N_{63.5}{}'=0.642\times 16.67=10.7$

地下水修正

$$N_{63.5}=1.1N_{63.5}{}'+1=1.1\times 10.7+1=12.77$$

47.(A)

解:杆长$=2.0+1.5=3.5$ (m)　　$N=10\dfrac{K}{S}=\dfrac{10\times 19}{13.5}=14.1$

插值得 $\alpha_2=0.801$　$N_{120}=\alpha_2 N=0.801\times 14.1=11.29$

48.(C)

解:$N=\dfrac{10\times 32}{15}=21.3$　　查表 B.0.1 经插值后得　$\alpha=0.915$

$N_{63.5}=\alpha_1 N_{63.5}{}'=0.915\times 21.3=19.5$　　$10<N_{63.5}<20$,碎石土为中密状态。

49.(C)

解：修正后的动探击数有5个在10～20击，有一个为9击，应综合评定该碎石土层的密实度为中密。

50.(D)

解：$q_d = \frac{M}{M+m} \cdot \frac{MgH}{Ae} = \frac{63.5}{63.5+85} \times \frac{63.5 \times 9.81 \times 0.76}{43 \times 0.3} = 15.69(\text{MPa})$

51.(C)

解：$q_a = 2c_u + \gamma h = 2 \times 40 + 19.5 \times 2 = 119(\text{kPa})$

52.(B)

解：十字板剪切过程中，外力矩与抵抗力矩平衡，于是得：

外力 $F = C(R_y - R_g)$

外力矩 $M_外 = RC(R_y - R_g)$

抵抗力矩有三部分，即侧表面、上表面及下表面，其中上、下表面的抵抗力矩 M_1、M_2：

$$M_1 = M_2 = \frac{\pi D^2}{4} C_u \frac{D}{2} \times \frac{2}{3} = \frac{\pi}{12} D^3 C_u$$

侧表面的抵抗力矩：

$$M_3 = \pi DH \frac{D}{2} C_u = \frac{\pi}{2} D^2 HC_u$$

内外力矩平衡，得：

$$RC(R_y - R_g) = 2 \times \frac{\pi}{12} D^3 C_u + \frac{\pi}{2} D^2 HC_u$$

整理后得：

$$C_u = \frac{2R}{\pi D^2 (D/3 + H)} C(R_y - R_g)$$

令 $K = \frac{2R}{\pi D^2 \left(\frac{D}{3} + H\right)}$，是与十字板规格有关的参数，称为十字板常数。

53.①(A)；②(B)；③(B)

解：$C_{u峰} = KC(R_y - R_g) = 161.77 \times 1.3 \times (220 - 15)$

$= 43\ 111.7(\text{N/m}^2) = 43(\text{kPa})$

$C_{u残} = KC(R_c - R_g) = 161.77 \times 1.3 \times (80 - 10)$

$= 14\ 721(\text{N/m}^2) = 14.7(\text{kPa})$

$$S_t = \frac{C_{u峰}}{C_{u残}} = \frac{43}{14.7} = 2.9$$

如只求灵敏度时

$$S_t = \frac{C_{u峰}}{C_{u残}} = \frac{R_{y峰} - R_{g峰}}{R_{y残} - R_{g残}} = \frac{220 - 15}{80 - 10} = 2.9$$

54.(D)

解：$E_d = \frac{1.8 \times 400^2 \times (3 \times 700^2 - 4 \times 400^2)}{700^2 - 400^2} = 7.2 \times 10^5$

$$\mu_d = \frac{700^2 - 2 \times 400^2}{2 \times (700^2 - 400^2)} = 0.26$$

55.(B)

解：$N_c = \frac{5 \times 10}{3} = 16.7$；砂土密实度为中密。

56.(C)

解：$E_0=0.785(1-\mu^2)d\dfrac{P}{S}=0.785\times(1-0.3^2)\times\sqrt{\dfrac{4\times5\ 000}{3.14}}\times\dfrac{180}{1.0}=10\ 262.0(\text{kPa})$

$P_0=180\text{ kPa}$；$P_u=400\text{ kPa}$　$P_u>2P_0$

取承载力为 180 kPa。

57.(B)

解：$E_0=0.785(1-\mu^2)d\dfrac{P}{S}=0.785\times0.82\times\sqrt{\dfrac{4\times5\ 000}{3.14}}\times\dfrac{200}{0.8}=12\ 925.0(\text{kPa})\approx13(\text{MPa})$

58.(C)

解：$f=P_f-P_0=240-80=160(\text{kPa})$

$f=\dfrac{1}{2}(P_1-P_0)=\dfrac{1}{2}\times(420-80)=170(\text{kPa})$

取 $f=160\text{ kPa}$

$E_m=2(1+\mu)(V_0+V_m)\dfrac{\Delta P}{\Delta V}=2\times(1+0.4)\times\left[491+\dfrac{1}{2}\times(120+100)\right]\times\dfrac{240-100}{120-100}$

$=11\ 779.6(\text{kPa})$

59.(B)

解：有效垂直应力 $\sigma'=\gamma z=\sum\gamma_i h_i=20\times2+(20-10)\times3=70\ (\text{kPa})$

$K_0=\dfrac{P_0}{\sigma'}=\dfrac{35}{70}=0.5$

60.(C)

解：杆长 8.0 m

当 $N'_{63.5}=40$ 时，$\alpha_1=0.71$

当 $N'_{63.5}=50$ 时，$\alpha_1=0.67$

当 $N'_{63.5}=43$ 时，$\alpha_1=0.71+(43-40)\times\dfrac{0.67-0.71}{50-40}=0.698\approx0.70$

61.(C)

解：$\alpha_1=0.77+(9-8)\times\dfrac{0.72-0.77}{10-8}=0.745$

当插值点位于两点间中点时，可采用如下公式：

$y=\dfrac{y_2+y_1}{2}=\dfrac{0.72+0.77}{2}=0.745$

$N_{63.5}=\alpha_1 N'_{63.5}=0.745\times25=18.6$

碎石土为中密状态。

62.(C)

解：据《公路桥涵地基与基础设计规范》(JTG D63—2007)表 2.1.2.2，计算如下：

当 $I_L=0.7$，$e=0.93$ 时的承载力 σ'_0

$\sigma'_0=180+(0.93-0.9)\times\dfrac{150-180}{1.0-0.9}=171(\text{kPa})$

当 $I_L=0.8$，$e=0.93$ 时的承载力 σ''_0

$\sigma''_0=160+(0.93-0.9)\times\dfrac{140-160}{1.0-0.9}=154(\text{kPa})$

当 $I_L=0.77$，$e=0.93$ 时的承载力 σ_0

$\sigma_0=171+(0.77-0.7)\times\dfrac{154-171}{0.8-0.7}=159.1(\text{kPa})$

63.(B)

解：$N'_{63.5}=\dfrac{10K}{S}=10\times\dfrac{17}{6.5}=26.2$

$N'_{63.5}=25, L=8.5\text{ m}$ 时，

$\alpha_1{}'=0.77+(8.5-8.0)\times\dfrac{0.72-0.77}{10.0-8.0}=0.757\ 5$

$N'_{63.5}=30, I=8.5\text{ m}$ 时，

$\alpha_1{}''=0.75+(8.5-8.0)\times\dfrac{0.69-0.75}{10.0-8.0}=0.735$

$N_{63.5}{}'=26.2, L=8.5\text{ m}$ 时，

$\alpha_1=0.757\ 5+(26.2-25)\times\dfrac{0.735-0.757\ 5}{30-25}=0.752\ 1$

$N_{63.5}=\alpha_1 N_{63.5}{}'=0.752\ 1\times 26.2=19.7$

64.(B)

解：$b=\sqrt{2\ 500}=50(\text{cm})$

$\dfrac{3.9}{50}=0.078$；$\dfrac{3.8}{50}=0.076$；$\dfrac{1.1}{50}=0.022<0.023$

$\Delta_s=0.02\times[3.9\times(240-150)+3.8\times(420-240)]=20.7(\text{cm})$

$\sum h_i=4.2-1.5=2.7(\text{m})<3.0\text{ m}$

地基的湿陷等级为Ⅱ级。

65.(D)

解：$\alpha_w=\dfrac{w}{w_L}=\dfrac{44}{61}=0.72$

$I_L=\dfrac{w-w_p}{w_L-w_p}=\dfrac{44-35}{61-35}=0.35$

红黏土为可塑状态。

$I_r=\dfrac{w_L}{w_p}=\dfrac{61}{35}=1.74$

$I_r{}'=1.4+0.006\ 6w_L=1.4+0.006\ 6\times 61=1.80$

$I_r<I_r{}'$ 复浸水特性分类为Ⅱ类。

66.(D)

解：$w_f=\dfrac{w-w_A 0.01P_{0.5}}{1-0.01P_{0.5}}=\dfrac{17-5\times 0.01\times 31}{1-0.01\times 31}=22.4$

$I_L=\dfrac{w_f-w_p}{w_L-w_p}=\dfrac{22.4-18}{30-18}=0.37$

67.(C)

解：$K_v=\dfrac{V_{P体}^2}{V_{P岩}^2}=\dfrac{4.2^2}{5.6^2}=0.56$

$90K_v+30=90\times 0.56+30=80.4>R_c$

$0.64R_c+0.4=0.04\times 68+0.4=3.12>K_v$

$BQ=100+3R_c+250K_v=100+3\times 68+250\times 0.56=444$

$K_1=0, K_2=0.5$

$\dfrac{R_c}{\sigma_{max}}=\dfrac{68}{10}=6.8$；$K_3=0.5$

$[BQ]=BQ-100(K_1+K_2+K_3)=444-100\times(0+0.5+0.5)=344$

68.(B)

解：$R_c=22.82I_{s(50)}^{0.75}=22.82\times2.9^{0.75}=50.7(MPa)$

$J_v=3, K_v=0.75$；

$\sigma_{max}=\gamma h=80\times2.2\times10^{-3}=1.76\ (MPa)$

$90K_v+30=90\times0.75+30=97.5>R_c$

$0.04R_c+0.4=0.04\times50.7+0.4=2.42>K_v$

$BQ=100+3R_c+250K_v=100+3\times50.7+250\times0.75=439.6$

$K_1=0.01$；$K_2=0.4$

$\dfrac{R_c}{\sigma_{max}}=\dfrac{50.7}{1.76}=28.8>7$；$K_3=0$

$[BQ]=BQ-100[K_1+K_2+K_3]=439.6-100\times(0.1+0.4+0)=389.6$

岩体级别详细定级应为Ⅲ级。

69.(D)

解：$R_c=46$ MPa，岩石为硬岩。

$K_v=\dfrac{2.4^2}{3.4^2}=0.50$，岩体为较破碎岩体。

基本分级为Ⅳ类，无地下水影响，隧道埋藏较深，不受地表影响，但应力状态为极高应力，围岩级别应确定为Ⅴ级。

70.(B)

解：$A=30+(60-100)\times\dfrac{20-30}{60-100}=22.25$

$B=30+(0.65-0.75)\times\dfrac{22-30}{0.55-0.75}=26$

$C=9$

$B+C=26+9$，取 $A=22.25$

$R_b>60, B+C=26+9=35<65$，取 $B+C=35$

$T'=A+B+C=22.25+26+9=57.25$

$D=-6+(50-25)\times\dfrac{(-10)-(-6)}{125-25}=-7$

$K_v=0.65>0.55$（完整程度为较完整）

结构面无规律且延长度较小，取 $E=0$。

$S=\dfrac{R_bK_v}{\sigma_m}=\dfrac{69\times0.65}{4.2}=10.7$

$T=A+B+C+D+E=22.25+26+9+(-7)+0=48.25$

围岩类别为Ⅲ类。

71.(C)

解：$B+C=30+21=51$，取 $A=20$

$A=20, R_b=60$ MPa，取 $B+C=51$

$T=A+B+C+D+E=20+30+21+0-2=69$

$B=30, K_v=0.75$

$$S=\frac{R_b K_v}{\sigma_m}=\frac{60\times0.75}{15}=3$$

$T=69$,围岩可定为Ⅱ类,但 $S=3<4$ 宜降低一级,即围岩类别为Ⅲ类。

72.(B)

解:绘累积曲线,查得如下参数

$d_{10}=0.11; d_{60}=0.49; d_{70}=1.8$

$$C_u=\frac{d_{60}}{d_{10}}=\frac{0.49}{0.11}=4.5<5$$

渗透变形为流土。

73.(C)

解:从曲线中查得

$d_{10}=0.009; d_{60}=0.09; D_{10}=0.045; D_{60}=0.55$

$$C_{u粉砂}=\frac{0.09}{0.009}=10.0$$

$$C_{u粗砂}=\frac{0.55}{0.045}=12.2$$

$D_{20}=0.13 \quad d_{70}=0.13$

$\frac{D_{20}}{d_{70}}=\frac{0.13}{0.13}=1<7$,不会发生接触流失。

$\frac{D_{10}}{d_{10}}=\frac{0.045}{0.009}=5<10$,不会发生接触冲刷。

74.(C)

解:$C_u=8>5, 25<P_c=31<35$;

渗透变形为过渡型。

临界水利比降 J_{cr}

$$J_{cr}=2.2(G_s-1)(1-n)^2\frac{d_5}{d_{20}}$$

$$=2.2\times(2.65-1)\times(1-0.42)^2\times\frac{0.06}{0.1}=0.732$$

$$J_{允许}=\frac{J_{cr}}{K}=\frac{0.732}{2}=0.366$$

75.(D)

解:承压水完整井单孔抽水试验公式查《岩土工程手册》第七章表7.2.8得

$$K=\frac{0.366Q}{MS}\lg\frac{R}{r}$$

其中:$M=10-7=3, R=100, r=\frac{d}{2}=0.4(\text{m})$

则:$K_1=\frac{0.366\times510}{3\times2.1}\lg\frac{100}{0.4}=71.05$

$$K_2=\frac{0.366\times760}{3\times3}\lg\frac{100}{0.4}=74.11$$

$$K_3=\frac{0.366\times1050}{3\times4.2}\lg\frac{100}{0.4}=73.14$$

$$K=\frac{1}{3}(K_1+K_2+K_3)=\frac{1}{3}\times(71.05+74.11+73.14)=72.77\approx73$$

76. (C)

解:据《岩土工程手册》式(7.1.1)计算为

$$I_c=(G-1)(1-n)+0.5n=(2.7-1)(1-0.42)+0.5\times0.42=1.2$$

77. (C)

解:据《岩土工程手册》第 7.1.4 节计算如下

$$H\geqslant\frac{\gamma_w}{\gamma}h=\frac{10}{19}\times(8-1)=3.7(\mathrm{m})$$

基坑深度为 $h_0=8-3.7=4.3(\mathrm{m})$

78. (C)

解:据《岩土工程手册》第 7.2.4 节计算如下

$$l=5.0\ \mathrm{m},r=150\times10^{-3}\times\frac{1}{2}=0.075(\mathrm{m})$$

$$\frac{l}{r}=\frac{5.0}{0.075}=66.7>4$$

$$K=\frac{0.366Q}{ls}\lg\frac{2l}{r}$$

$$K_1=\frac{0.366\times15.4}{5\times3}\times\lg\frac{2\times5}{0.075}=0.798$$

$$K_2=\frac{0.366\times18.5}{5\times3.5}\times\lg\frac{2\times5}{0.075}=0.822$$

$$K_3=\frac{0.366\times22.4}{5\times4}\times\lg\frac{2\times5}{0.075}=0.871$$

$$K=\frac{1}{3}(K_1+K_2+K_3)=\frac{1}{3}\times(0.798+0.822+0.871)=0.83$$

79. (B)

解:该类型为潜水非完整井抽水,稳定流,淹没过滤器井壁进水的情况,可按《岩土工程手册》表7.2.4中第一种情况计算

$$K=\frac{0.366Q}{lS_w}\lg\frac{0.66l}{r_w}$$

其中:$l=4.0\ \mathrm{m},r_w=0.30\ \mathrm{m}$。

$$K_1=\frac{0.366\times191}{4\times1.5}\times\lg\frac{0.66\times4}{0.3}=11.0$$

$$K_2=\frac{0.366\times451.3}{4\times3}\times\lg\frac{0.66\times4}{0.3}=13.0$$

$$K_3=\frac{0.366\times781}{4\times4.5}\times\lg\frac{0.66\times4}{0.3}=15.0$$

$$K=\frac{1}{3}(K_1+K_2+K_3)=\frac{1}{3}\times(11+13+15)=13$$

80. (B)

解:该类型为承压水非完整井稳定流抽水试验,可按《岩土工程手册》表 7.2.7 中公式

计算

$$K=\frac{0.366Q}{lS}\lg\frac{al}{r}$$

其中：$l=3.0$ m，$r=0.3$ m，$a=1.6$

$$\frac{l}{r}=\frac{3.0}{0.3}=10>5$$

$$0.3M=0.3\times12=3.6(\text{m})>l$$

$$K_1=\frac{0.366\times422}{3\times2}\times\lg\frac{1.6\times3}{0.3}=30.1$$

$$K_2=\frac{0.366\times871}{3\times4}\times\lg\frac{1.6\times3}{0.3}=32.0$$

$$K_3=\frac{0.366\times1\ 140}{3\times6}\times\lg\frac{1.6\times3}{0.3}=27.9$$

$$K=\frac{1}{3}(K_1+K_2+K_3)=\frac{1}{3}\times(30.1+32.0+27.9)=30$$

81. ①(B)；②(A)

解：按《岩土工程手册》第 7.2.4 节计算如下

$$①w=\frac{Q}{LP}=\frac{40}{2\times50}=0.40$$

$$②K=0.527w\lg\frac{0.66L}{r}=0.527\times0.4\times\lg\frac{0.66\times2}{0.110}=0.23$$

1.11.2 单项选择题答案

1.11.2.1 《岩土工程勘察规范》(GB 50021—2001)(2009 年版)

1.(A) 据第 2.1.4 条

2.(D) 据第 2.1.8 条

3.(C) 据第 3.1.2 条

4.(A) 据第 3.1.3 条及其条文说明

5.(B) 据第 3.1.4 条

6.(B) 据 $R_c=22.82\times1.87^{0.75}=36.5$ MPa，据《工程岩体分级标准》(GB/T 50218—2014)第 3.2.2 条、第 3.3.1 条

7.(C) 据第 3.2.2 条

8.(D) 据第 3.2.2 条

9.(D) 据第 3.2.5 条

10.(B) 据第 3.2.6 条

11.(C) 据附录 A 表 A.0.5

12.(B) 据第 3.3.3 条

13.(B) 据第 3.3.6 条

14.(D) 碎石土中最大粒径大于 100 mm，$N_{120}=\alpha_2 N'_{120}=0.58\times20=11.6$，据附录 B 及第 3.3.8 条

15.(C) 据第 3.3.11 条

16.(C) 据《公路桥涵地基与基础设计规范》(JTG D63—2007)

17.(C) 据第 4.1.2 条
18.(D) 据第 4.1.5 条
19.(C) 据第 4.1.20 条
20.(B) 据第 4.2.7 条
21.(C) 据第 4.2.10 条、第 4.2.11 条
22.(C) 据第 4.3.7 条
23.(D) 据第 4.4.2 条
24.(D) 据第 4.4.8 条
25.(A) 据第 4.5.3 条
26.(B) 据第 4.5.12 条、第 4.5.17 条
27.(B) 据第 4.5.13 条
28.(B) 据第 4.6.3 条
29.(C) 据第 4.6.14 条、第 4.6.19 条
30.(A) 据第 4.7.2 条
31.(D) 据第 4.7.4 条、第 4.7.5 条
32.(B) 据第 4.7.7 条
33.(B) 据第 4.8.3 条、第 4.8.5 条
34.(B) 据第 4.9.2 条
35.(B) 据第 4.9.6 条
36.(B) 据第 5.1.2 条
37.(C) 据第 5.1.9 条
38.(B) 据第 5.1.10 条
39.(D) 据第 5.2.7 条
40.(D) 据第 5.3.5 条
41.(B) 据第 5.4.2 条、第 5.4.3 条
42.(B) 据第 5.4.6 条
43.(B) 据第 5.5.5 条
44.(C) 据第 5.6.1 条
45.(B) 据第 5.6.5 条
46.(D) 据第 5.7.3 条
47.(A) 据第 5.7.8 条、第 5.7.9 条
48.(A) 据第 5.7.8 条、第 5.7.9 条
49.(B) 据第 5.8.2 条、第 5.8.3 条
50.(A) 据第 6.1.1 条
51.(D) 据第 6.1.5 条
52.(D) 据第 6.2.1 条、第 6.2.2 条
53.(C) 据第 6.2.2 条
54.(C) 据第 6.3.1 条、第 6.3.3 条、第 6.3.4 条、第 6.3.5 条
55.(C) 据第 6.4.1 条、第 6.4.2 条
56.(D) 据第 6.5.1 条、第 6.5.3 条、第 6.5.5 条
57.(A) 据第 6.6.2 条

58.(D) 据第 6.7.1 条、第 D.0.1 条
59.(D) 据第 6.7.5 条
60.(A) 据第 6.8.1 条
61.(C) 据第 6.8.2 条
62.(A) 据第 6.9.3 条
63.(D) 据第 7.1.5 条
64.(B) 据第 7.2.3 条
65.(A) 据第 8.0.3 条
66.(D) 据第 8.0.4 条
67.(D) 据第 8.0.7 条
68.(D) 据第 9.2.1 条
69.(D) 据第 9.2.1 条
70.(A) 据第 9.2.1 条
71.(A) 据第 9.2.1 条
72.(D) 据第 9.2.1 条
73.(A) 据第 9.4.1 条
74.(D) 据第 9.4.2 条
75.(D) 据第 10.2.3 条
76.(D) 据第 10.2.3 条
77.(C) 据第 10.3.2 条
78.(D) 据第 10.4.1 条、第 10.4.2 条
79.(A) 据第 10.5.2 条、第 10.5.3 条
80.(D) 据第 10.6.1 条、第 10.6.3 条、第 10.6.4 条
81.(A) 据第 10.7.5 条
82.(D) 据第 10.8.1 条
83.(B) 据第 10.9.3 条
84.(D) 据第 10.10 节
85.(A) 据第 10.11.1 条、第 10.11.2 条、第 10.11.3 条、第 10.11.4 条
86.(C) 据第 10.12.1 条
87.(A) 据第 12.1.1 条、第 12.1.2 条、第 12.1.3 条
88.(B) 据第 12.2.1 条、第 12.2.3 条
89.(C) 据第 12.2.3 条
90.(B) 据第 A.0.1 条、表 A.0.1
91.(B) 据第 C.0.1 条
92.(A) 据第 E.0.1 条
93.(C) 据第 G.0.2 条
94.(D) 据第 2.1.1 条
95.(D) 据第 1.0.2 条
96.(C) 据第 2.1.11 条
97.(A) 据第 3.2.4 条
98.(A) 据第 3.2.8 条、第 3.2.6 条

99.(C) 据第 3.3.4 条

100.(B) 据第 3.3.5 条

101.(A) 据《岩土工程手册》第 2.5.2 节

102.(D) 据第 3.3.9 条

103.(D) 据第 3.3.10 条

104.(B) 据第 4.1.6 条

105.(B) 据第 4.1.17 条、第 4.1.18 条

1.11.2.2 《工程岩体分级标准》(GB/T 50218—2014)

1.(D) 据第 5.2.1 条、第 5.2.2 条,D.0.1 条

2.(B)

3.(C) $BQ=100+3\times45+250\times\left(\frac{3.0}{4.5}\right)^2=346.1$

4.(D) $[BQ]=346.1-100\times(0.2+0.3+1.2)=176.1$,岩体质量级别可确定为Ⅳ级

5.(B) 据第 4.1.1 条、第 5.2.1 条及附录 E

6.(C) 同上

7.(D) 同上

8.(D) 据第 2.1.7 条

9.(D) 据第 2.1.9 条

10.(D) 据第 3.1.1 条

11.(B) 据表 3.2.2

12.(B) 据第 3.4.3 条、第 3.4.4 条

13.(B) 据第 4.2.2 条

14.(B) 据第 4.1.1 条、第 4.2.2 条、第 5.2.6 条

15.(A) 据第 3.3.1 条文说明

1.11.2.3 《工程岩体试验方法标准》(GB/T 50266—2013)

1.(D) 据第 2.3.1 条

2.(B) 据第 2.4.1 条、第 2.4.5 条

3.(D) 据第 2.5.1 条、第 2.5.7 条、第 2.5.8 条、第 2.5.9 条

4.(D) 据第 2.6.2 条、第 2.6.5 条、第 2.6.6 条

5.(B) 据第 2.7.1 条、第 2.7.6 条、第 2.7.9 条

6.(C) 据第 2.8.5 条、第 2.8.6 条

7.(C) 据第 2.9.2 条、第 2.9.5 条、第 2.9.6 条

8.(A) 据第 2.10.1 条、第 2.10.2 条、第 2.10.5 条

9.(D) 据第 2.11.1 条、第 2.11.3 条、第 2.11.5 条、第 2.11.9 条

10.(A) 据第 2.12.3 条、第 2.12.5 条、第 2.12.9 条

11.(B) 据第 2.2.6 条

12.(B) 据第 2.3.16 条

13.(A) 据第 2.4.6 条

14.(C) 据第 2.7.10 条

15.(A) 据第 2.10.6 条

16.(C) 据第 2.12.9 条

1.11.2.4 《土工试验方法标准》(GB/T 50123—1999)

1.(A) 据第 3.2.1 条

2.(A)

3.(B) 据第 5.2.1 条

4.(D) 据第 6.4.1 条

5.(A) 据第 6 章

6.(C) 据第 6.1.1 条、第 7.2.1 条、第 7.3.1 条、第 7.1.8 条

7.(C) 据第 8 章

8.(A) 据第 9 章

9.(B) 据第 10 章

10.(C) 据第 11 章

11.(C) 据第 14 章

12.(C) 据第 14 章

13.(A) 据第 15.5 节

14.(D) 据第 15 章

15.(D) 据第 16 章

16.(C) 据第 16 章

17.(A) 据第 17 章

18.(A) 据第 18 章

1.11.2.5 《铁路工程地质勘察规范》(TB 10012—2007)

1.(D) 据第 3.1.1 条

2.(C) 据第 3.1.1 条

3.(B) 据第 7.1.1 条

4.(B) 据第 3.5.2 条

5.(A) 据第 3.4.6 条

6.(D) 据第 4.1 节

7.(D) 据第 4.2.3 条

8.(D) 据第 5.1.3 条

9.(C) 据第 5.5.3 条

10.(C) 据第 5.10.1 条

11.(A) 据第 6.1.7 条

12.(D) 据第 6.1.7 条

13.(C) 据第 7.5 节

14.(D) 据第 8.2.3 条

15.(B) 据第 A.0.1 条

16.(A) 据第 B.0.2 条

17.(A) 据第 B.0.2 条

18.(A) 据第 C.0.1 条

19.(C) 据表 D.0.1—2

20.(C) 据表 D.0.1—10

1.11.2.6 《公路工程地质勘察规范》(JTG C20—2011)

1.(A)

2.(D) 据第 4.1.2 条

3.(B)

4.(D) 据第 5.11.4 条

5.(B) 据第 5.11.4 条

1.11.2.7 《水利水电工程地质勘察规范》(GB 50487—2008)

1.(D) 据第 3.0.3 条

2.(D) 据第 4.1.2 条

3.(C) 据第 4.4.3 条

4.(B) 据第 5.2.4 条

5.(D) 据第 5.3 节、第 5.4.1 条、第 5.6.2 条、第 5.14.3 条

6.(A) 据第 6.3.2 条

7.(A) 据第 6.9.1 条

8.(A) 据第 A.0.1 条

9.(D) 据附录 C

10.(B) 据附录 D

1.11.2.8 《港口工程地基规范》(JTS 147-1—2010)

1.(B) 据第 4.1.1 条

2.(D) 据第 4.2.7 条

3.(B) 据表 D1

1.11.2.9 综合单项选择题

1.(C) 据《工程地质手册》第 4 版表 1.1.1

2.(C) 据《工程地质手册》第 4 版表 1.1.1

3.(D) 据《工程地质手册》第 4 版 P2

4.(A) 据《工程地质手册》第 4 版表 1.1.4

5.(B) 据《工程地质手册》第 4 版 P3 表 1-1-5

6.(D)

7.(B) 据《工程地质手册》第 4 版表 1-1-6

8.(C) 据《工程地质手册》第 4 版表 1-1-6

9.(D) 据《工程地质手册》第 4 版表 1-1-8

10.(D) 据《工程地质手册》第 4 版表 1-1-11

11.(C) 据《工程地质手册》第 4 版表 1-1-12

12.(A)

13.(A) 据《工程地质手册》第 4 版表 1-2-2

14.(D) 据《工程地质手册》第 4 版 P12

15.(B)

16.(C) 据《工程地质手册》第 4 版 P2

17.(B) 据《工程地质手册》第 4 版 P12～13

18.(D) 据《工程地质手册》第 4 版 P13～14

19.(A) 据《工程地质手册》第 4 版表 1-2-3

20.(A) 据《工程地质手册》第 4 版 P13～14

21.(B)
22.(C)
23.(B)
24.(C) 据《工程地质手册》第4版P17
25.(A) 据《工程地质手册》第4版表1-3-14
26.(C) 据《工程地质手册》第4版P22～23
27.(B) 据《工程地质手册》第4版P45
28.(C) 据《工程地质手册》第4版P46
29.(D) 据《工程地质手册》第4版P46～47
30.(C) 据《工程地质手册》第4版P48
31.(C) 据《工程地质手册》第4版P49
32.(D) 据《工程地质手册》第4版P49～50
33.(D) 据《工程地质手册》第4版P108～109
34.(D) 据《工程地质手册》第4版P109
35.(C) 据《工程地质手册》第4版表2-6-3、表2-6-4
36.(A) 据《工程地质手册》第4版P112～113
37.(B) 据《工程地质手册》第4版P113
38.(C) 据《工程地质手册》第4版P113～114
39.(C) 据《工程地质手册》第4版P114
40.(B) 据《工程地质手册》第4版P114
41.(A) 据《工程地质手册》第4版P117～118
42.(A) 据《工程地质手册》第4版P119
43.(D) 据《工程地质手册》第4版P122
44.(B) 据《工程地质手册》第4版P125～126
45.(C) 据《工程地质手册》第4版P127
46.(D) 据《工程地质手册》第4版P133
47.(D) 48.(A) 49.(D) 50.(A) 51.(C) 52.(D) 53.(B)
54.(A) 55.(B)

1.11.3 多项选择题答案

1.(A)、(B)、(C)
2.(C)、(D)
3.(A)、(B)、(C)
4.(A)、(B)、(C)
5.(B)、(C)
6.(A)、(B)
7.(B)、(C)、(D)
8.(A)、(B)、(D)
9.(B)、(C)、(D)
10.(A)、(B)

11.(A)、(B)、(D)
12.(A)、(C)、(D)
13.(B)、(C)、(D)
14.(A)、(C)、(D)
15.(A)、(B)、(C)
16.(A)、(B)、(C)
17.(A)、(B)、(C)
18.(A)、(B)、(D)
19.(B)、(C)、(D)
20.(A)、(B)、(C)
21.(A)、(B)、(C)
22.(A)、(B)、(D)
23.(B)、(D)
24.(A)、(B)、(C)
25.(A)、(B)、(C)
26.(B)、(C)
27.(A)、(C)
28.(B)、(C)、(D)
29.(A)、(B)、(C)
30.(A)、(C)、(D)
31.(A)、(B)、(C)
32.(A)、(C)、(D)
33.(A)、(B)、(C)
34.(A)、(B)、(C)
35.(A)、(B)
36.(A)、(B)、(C)
37.(B)、(C)、(D)
38.(A)、(B)、(C)
39.(A)、(B)、(C)
40.(A)、(B)、(C)
41.(A)、(C)、(D)
42.(A)、(B)、(C)
43.(A)、(B)　据《工程地质手册》第 4 版 P1
44.(C)、(D)　据《工程地质手册》第 4 版 P1
45.(B)、(C)　据《工程地质手册》第 4 版 P8
46.(B)、(D)　据《工程地质手册》第 4 版 P10
47.(B)、(C)、(D)　据《工程地质手册》第 4 版 P12
48.(A)、(B)、(C)　据《工程地质手册》第 4 版 P13
49.(A)、(B)、(C)　据《工程地质手册》第 4 版 P15
50.(B)、(C)　据《工程地质手册》第 4 版 P17
51.(B)、(C)　据《工程地质手册》第 4 版 P19

52.(A)、(D)　据《工程地质手册》第 4 版 P22
53.(A)、(B)、(C)
54.(A)、(B)、(C)　据《工程地质手册》第 4 版 P40
55.(A)、(C)、(D)　据《工程地质手册》第 4 版 P41
56.(A)、(B)、(C)　据《工程地质手册》第 4 版 P42
57.(A)、(C)、(D)　据《工程地质手册》第 4 版 P48
58.(A)、(B)、(D)　据《工程地质手册》第 4 版 P49
59.(B)、(D)　据《工程地质手册》第 4 版 P75
60.(A)、(C)、(D)　据《工程地质手册》第 4 版 P109
61.(A)、(B)、(C)　据《工程地质手册》第 4 版 P112
62.(A)、(B)、(D)　据《工程地质手册》第 4 版 P117
63.(A)、(B)、(C)　据《工程地质手册》第 4 版 P133
64.(B)、(C)、(D)　据《工程地质手册》第 4 版 P136
65.(A)、(C)　据《工程地质手册》第 4 版 P138
66.(B)、(C)　据《工程地质手册》第 4 版 P140
67.(A)、(B)、(D)　据《工程地质手册》第 4 版 P141
68.(A)、(B)、(D)　据《工程地质手册》第 4 版 P149
69.(B)、(C)　据《工程地质手册》第 4 版 P174
70.(A)、(B)、(D)　据《工程地质手册》第 4 版 P176
71.(A)、(B)、(D)　据《工程地质手册》第 4 版 P187
72.(A)、(B)、(C)　据《工程地质手册》第 4 版 P197～218
73.(B)、(C)　据《工程地质手册》第 4 版 P219
74.(A)、(C)、(D)　据《工程地质手册》第 4 版 P223
75.(B)、(C)、(D)　据《工程地质手册》第 4 版 P228
76.(A)、(B)、(C)　据《工程地质手册》第 4 版 P234
77.(B)、(C)、(D)　据《工程地质手册》第 4 版 P250
78.(A)、(C)　据《工程地质手册》第 4 版 P253
79.(B)、(C)、(D)　据《工程地质手册》第 4 版 P289～290
80.(A)、(C)、(D)　据《工程地质手册》第 4 版 P292
81.(A)、(D)　据《工程地质手册》第 4 版 P976
82.(A)、(B)、(D)　据《工程地质手册》第 4 版 P979
83.(A)、(B)、(C)　据《工程地质手册》第 4 版 P981
84.(B)、(C)、(D)　据《工程地质手册》第 4 版 P993
85.(A)、(B)　据《工程地质手册》第 4 版 P997
86.(A)、(C)　据《工程地质手册》第 4 版 P1004
87.(B)、(D)　据《工程地质手册》第 4 版 P1009
88.(C)、(D)　据《工程地质手册》第 4 版 P1011
89.(C)、(D)
90.(A)、(C)、(D)　据《工程地质手册》第 4 版 P1021
91.(B)、(C)、(D)　据《工程地质手册》第 4 版 P1023
92.(A)、(B)

第2章 岩土工程设计基本原则

2.1 单项选择题

2.1.1 综合单项选择题

1.结构达到最大承载能力或达到不适于继续承载的变形的极限状态时,称为(　　)。

(A)正常使用极限状态　　(B)承载能力极限状态

(C)临界荷载　　(D)极限荷载

2.下述(　　)不适合按承载能力极限状态设计计算。

(A)承载力　　(B)挡土墙土压力

(C)地基或斜坡稳定及滑坡推力问题　　(D)地基的过度塑性变形或液化

3.当用定值法按承载能力极限状态设计计算时,应采用下述(　　)公式。

(A)$r_0 \leqslant R$　　(B)$F_s = R/r_0 S \geqslant 1$　　(C)$P_f = 1 - \phi(\beta)$　　(D)$P_s = 1 - P_f$

注:r_0 为结构重要性系数;R 为抗力设计值;S 为荷载效应的基本组合值;P_f 为失效概率;P_s 为可靠度;β 为可靠性指标;ϕ 为标准正态分布函数。

4.当结构达到正常使用或耐久性能某项规定限值的极限状态时,称为(　　)。

(A)正常使用极限状态　　(B)承载能力极限状态

(C)临界荷载　　(D)极限荷载

5.按正常使用极限状态设计计算时,下述满足变形条件的表达式为(　　)。

(A)$P_f = 1 - \varphi(\beta)$　　(B)$P_s = 1 - P_f$　　(C)$P \leqslant f(c、\varphi、\gamma、b、d)$　(D)$S \leqslant C$

注:P 为上部结构传至地基的荷载标准组合值;f 为地基承载力特征值;c、φ 为地基土的强度参数;γ 为地基土的天然重度;b、d 为基础的宽度和埋深;S 为变形计算值;C 为容许变形值。

6.下述(　　)为地基基础设计等级为乙级的建筑物。

(A)主楼平面为T形,层数为18层,裙楼平面为正方形,层数为3层的建筑物

(B)边坡高度为15 m的坡顶边缘建筑物

(C)场地及地基条件简单、荷载分布均匀的10层民用建筑物

(D)次要的轻型建筑物

7.在结构使用期间,荷载的量值是单调上升的,并最终趋于某一极限值,这种荷载称为(　　)。

(A)永久荷载　　(B)可变荷载　　(C)偶然荷载　　(D)特殊荷载

8.下述(　　)为可变荷载。

(A)土压力　　(B)吊车荷载　　(C)地震作用　　(D)撞击力

9.下述(　　)不是偶然荷载的特点。

(A)在结构使用期间可能出现,也可能不出现

(B)在结构使用期间一旦出现量值很大

(C)在结构使用期间荷载持续的时间较短

(D)在结构使用期间荷载值随时间变化而变化

10.下述说法中(　　)正确。

(A)永久荷载采用基本组合值作为代表值

(B)永久荷载采用结构荷载标准组合值作为代表值

(C)可变荷载采用标准值、组合值、频遇值或准永久值作为其代表值

(D)偶然荷载采用偶然组合值作为其代表值

11.下述对结构基本组合的荷载分项系数的说法中(　　)不正确。

(A)当其效应对结构不利时,由可变荷载效应控制的组合中的永久荷载的分项系数应取1.20

(B)当其效应对结构有利时,永久荷载的分项系数一般情况下应取1.0

(C)进行结构抗浮验算时,其效应对结构有利的永久荷载的分项系数应取0.9

(D)可变荷载的分项系数一般取1.3

12.为确定可变荷载代表值而选用的时间参数称为(　　)。

(A)工程使用期　　(B)荷载周期

(C)设计基准期　　(D)荷载作用期

13.在设计基准期内,其超越的总时间约为设计基准期一半的荷载值称为(　　)。

(A)标准值　　(B)组合值　　(C)频遇值　　(D)准永久值

14.土压力的作用特点具有以下(　　)特点,所以把它作为永久荷载。

(A)荷载值不随时间的变化而变化

(B)荷载值单调增加,最终达到某一个极限值

(C)荷载值变化量与其平均值相比可以忽略不计

(D)可能产生也可能不产生

15.在设计基准期内最大荷载统计分布的特征值亦即荷载的基本代表值称为(　　)。

(A)标准值　　(B)组合值　　(C)频遇值　　(D)准永久值

2.1.2 《工程结构可靠性设计统一标准》(GB 50153—2008)

1.(　　)为短暂设计状况。

(A)在结构使用过程中一定出现,且持续很长的设计状况,其持续期一般与设计使用年限为同一数量级

(B)在结构施工和使用过程中出现概率较大,而与设计使用年限相比,其持续期很短的设计状况

(C)在结构使用过程中出现概率很小,且持续期很短的设计状况

(D)结构遭受地震时的设计状况

2.(　　)是可逆正常使用极限状态。

(A)对应于结构和结构构件达到最大承载力或不适于继续承载的变形的状态

(B)对应于结构或结构构件达到正常使用或耐久性能的某项规定限值的状态

(C)当产生超越正常使用极限状态的作用卸除后，该作用产生的超越状态不可恢复的正常使用极限状态

(D)当产生超越正常使用极限状态的使用卸除后，该作用产生的超越状态可以恢复的正常使用状态

3.(　　)为可靠度。

(A)结构在规定时间内、规定条件下完成预定功能的能力

(B)结构在规定时间内、规定条件下完成预定功能的概率

(C)结构不能完成预定功能的概率

(D)代表物理量的一组规定的变量，用于表示作用和影响环境 、材料和岩土性能以及几何参数的特征

4.(　　)为容许应力法。

(A)使结构或地基基础在作用的标准值下产生的应力不超过材料或岩土强度标准值除以某一安全系数的设计方法

(B)不使结构超越某种规定的极限状态的方法

(C)使结构或地基在作用的设计值下产生的应力不超过规定的容许应力的设计方法

(D)使结构或地基的抗力标准值与作用标准值的效应之比不低于某一规定的安全系数的设计方法

5.(　　)为土工作用。

(A)在设计所考虑的时期内始终存在且其量值变化与平均值相比可以忽略不计的作用，或其变化是单调的并趋于某个限值的作用

(B)在设计使用年限内其量值随时间变化，且其变化与平均值相比不可忽略不计的作用

(C)在设计使用年限内不一定出现，而一旦出现，其量值很大且持续期很短的作用

(D)由岩土、填方或地下水传递到结构上的作用

6.(　　)为动态作用。

(A)在结构上具有固定空间分布的作用，当固定作用在结构某一点上的大小和方向确定后，该作用在整个结构上的作用即得以确定

(B)在结构上产生的加速度可以忽略不计的作用

(C)使结构产生的加速度可以忽略不计的作用

(D)使结构产生的加速度不可忽略不计的作用

7.(　　)为作用的设计值。

(A)在设计基准期内被超越的总时间与设计基准期比率较大的作用值，可通过准永久系数($\varphi_q \leqslant 1$)对作用标准值的折减来表示

(B)极限状态设计所采用的作用值，它可以是作用的标准值或可变作用的伴随值

(C)作用的代表值与作用分项系数的乘积

(D)在不同作用的同时影响下，为验证某一极限状态的结构可靠度而采用的一组作用设计值

8. 工程结构设计时，应根据结构破坏可能产生的后果来划分工程结构的安全等级，而在考虑结构破坏可能产生的后果时，可不必考虑(　　)的影响。

(A)危及人的生命　　(B)造成经济损失

(C)对社会或环境产生影响　　(D)修复的难易程度

9. 工程结构设计时，对于一般结构的结构构件，安全等级应取(　　)。

(A)一级　　(B)二级　　(C)三级　　(D)低于三级

10. (　　)是错误的。

(A)可靠度水平的设置应根据结构构件的安全等级、失效模式和经济因素等确定

(B)对结构的安全性和适用性应采用相同的可靠度水平

(C)当有充分的统计数据时，结构构件的可靠度宜采用可靠的指标 β 度量

(D)结构构件设计时采用的可靠指标，可根据对现有结构构件的可靠度分析，并结合使用经验和经济因素等确定

11. 下列关于极限状态的说法中，(　　)是错误的。

(A)结构状态分为承载能力极限状态和正常使用极限状态

(B)对结构的各种极限状态均应规定明确的标志或限值

(C)结构设计时，应对结构的不同极限状态分别进行计算或验算

(D)当某一极限状态的计算或验算起控制作用时，应首先验算该极限状态，然后再验算其他极限状态

12. (　　)不是承载能力极限状态。

(A)基础底面的压力超过地基承载力

(B)建筑物的整体倾斜超过允许值

(C)地基失稳

(D)地基沉降较大，不适于继续承载

13. 短暂设计状况适用于(　　)。

(A)结构使用时的正常情况

(B)结构出现的临时情况，包括结构施工和维修时的情况等

(C)结构出现的异常情况，包括结构遭受火灾、爆炸、撞击时的情况等

(D)结构遭受地震时的情况，在抗震设防地区必须考虑地震设计状况

14. (　　)的工况在极限状态设计时可不进行正常使用极限状态设计。

(A)持久设计状况　　(B)短暂设计状况

(C)偶然设计状况　　(D)地震设计状况

15. 在进行承载能力极限状态设计时，不应采用(　　)。

(A)基本组合　　(B)标准组合

(C)偶然组合　　(D)地震组合

16. 在进行正常使用极限状态设计时，不应采用(　　)。

(A)基本组合　　(B)标准组合

(C)频遇组合　　(D)准永久组合

17. 关于结构上的作用，(　　)与时间无明显关系。

(A)永久作用　　(B)可变作用

(C)偶然作用　　　　　　(D)自由作用

18. 对于可变作用作为随机变量时，其统计参数和概率分布类型应以观测数据为基础，运用参数估计和概率分布的假设检验方法确定，检验的显著性水平可取(　　)。

(A)0.95　　(B)0.90　　(C)0.05　　(D)0.10

19. 当有充分观测数据时，对于结构上的作用的标准值的取值要求，(　　)的说法是错误的。

(A)作用的标准值应按在设计基准期内最不利作用概率分布的某个统计特征值确定

(B)当有条件时，可对各种作用统一规定该统计特征值的概率定义

(C)当观测数据很充分时，作用的标准值也可根据工程经验通过分析判断确定

(D)对有明确界限值的有界作用，作用的标准值应取其界限值

20. 采用分项系数设计方法时，对于承载能力极限状态设计表达式中，(　　)是错误的。

(A)作用组合应为可能同时出现的作用的组合

(B)每个作用组合中应包括一个主导可变作用或一个偶然作用或一个地震作用

(C)当结构中永久作用位置的变异，对静力平衡或类似的极限状态设计结果很敏感时，该永久作用的有利部分不应考虑

(D)对不同的设计状况应采用不同的设计组合

21. 当采用分项系数设计方法时，对持久设计状况和短暂设计状况应采用(　　)。

(A)标准组合　　(B)准永久组合　　(C)基本组合　　(D)偶然组合

22. 当采用分项系数设计方法时，(　　)可用于正常使用极限状态。

(A)地震组合　　(B)偶然组合　　(C)频遇组合　　(D)基本组合

23. 结构上的(　　)作用为永久作用。

(A)风荷载　　(B)扬压力　　(C)混凝土收缩力　　(D)地震作用

2.2　多项选择题

1. 当荷载具备以下(　　)特点时可定为永久荷载。

(A)荷载值很大

(B)荷载值不随时间变化而变化

(C)荷载值的变化量与荷载平均值相比可以忽略不计

(D)荷载值的变化是单调的并能趋于某一限值

2. 下述(　　)为可变荷载。

(A)结构自重　　(B)风荷载　　(C)楼面活荷载　　(D)地震力

3. 偶然荷载具有以下(　　)特点。

(A)结构使用期间不一定出现

(B)荷载值很大

(C)荷载持续的时间很短

(D)荷载值变化很大，变化量与其平均值相比不可以忽略不计

4. 下述(　　)荷载组合中一般没有偶然荷载。

(A)基本组合　　(B)准永久值组合　　(C)偶然组合　　(D)频遇组合

5. 荷载设计值与下述(　　)有关。

(A)荷载代表值　　　　　　(B)荷载组合值系数

(C)荷载的分项系数　　　　　　　(D)荷载频遇值系数

6. 结构的荷载效应包括(　　)。

(A)结构外荷载值　(B)结构内力　(C)结构变形　(D)结构裂缝

7. 下述(　　)荷载为永久荷载。

(A)吊车荷载　(B)结构预应力　(C)撞击力　(D)土压力

8. 下述对荷载代表值取值的说法中,(　　)是正确的。

(A)对永久荷载应取标准值作为代表值

(B)确定可变荷载代表值时应采用 50 年设计基准值

(C)可变荷载的代表值应取最大值

(D)偶然荷载的代表值应取平均值

9. 按承载能力极限状态设计计算时,可以采用下述(　　)荷载效应组合。

(A)标准组合　(B)基本组合　(C)偶然组合　(D)准永久组合

10. 按不同的设计要求,按正常使用极限状态设计计算时可采用下述(　　)荷载组合。

(A)标准组合　(B)基本组合　(C)准永久组合　(D)频遇组合

11. (　　)为按正常使用极限状态设计计算的情况。

(A)按地基承载力确定基础底面积　　(B)计算地基变形

(C)计算斜坡稳定性　　　　　　　　(D)计算基础内力及配筋

12. (　　)为正常使用极限状态的范畴。

(A)结构达到最大承载能力　　　　　(B)结构出现了不适于继续承载的变形

(C)结构达到正常使用规定的极限状态　(D)结构达到耐久性能规定的极限状态

13. 计算地基变形时,应考虑下述(　　)。

(A)屋面活荷载　(B)雪荷载　(C)风荷载　(D)地震力

14. 关于工程结构的功能要求,(　　)是正确的。

(A)当发生火灾时,在规定时间内可保持足够的承载力

(B)对重要的结构,应采取必要的措施,防止出现结构的连续性倒塌

(C)对一般的结构,宜采取适当的措施,防止出现结构的连续倒塌

(D)对港口工程以外的工程结构,“撞击”指非正常撞击

15. 在结构设计时,应采取适当的措施使结构不出现或少出现可能的破坏,(　　)是合理的。

(A)避免、消除或减少结构可能受到的伤害

(B)采用对可能受到的危害反应敏感的结构类型

(C)采用当单个构件或结构的有限部分被意外移除或结构出现可接受的局部破坏时,结构的其他部位仍能保存的结构类型

(D)宜采用无破坏预兆的结构类型

16. 工程结构设计时,应根据结构破坏可能产生的后果的严重性采用不同的安全等级,评价结构破坏可能产生的后果的依据包括(　　)。

(A)危及人的生命　　　　(B)造成经济损失

(C)修复的难易程度　　　(D)对社会或环境产生影响

17. 设置工程结构可靠度水平的依据包括(　　)。

(A)工程结构构件的安全等级　　(B)失效模式

(C)技术水平　　　　　　　　　(D)经济因素

18. 下列关于工程结构的可靠度的说法中,(　　)是正确的。

(A)对结构的安全性和适用性可采用不同的可靠度水平

(B)当有充分统计数据时,结构构件的可靠度宜采用可靠度指标 β 度量

(C)结构构件设计时采用的可靠指标,可根据对现有结构构件的可靠度分析,并结合使用经验和经济因素等确定

(D)各类结构构件的安全等级每相差一级,其可靠指标的取值宜相差 0.05

19. (　　)属于承载能力极限状态。

(A)结构构件或连接因超过材料强度而破坏或因过度变形而不适于继续承载

(B)结构因局部破坏而发生连续倒塌

(C)影响正常使用的振动

(D)结构或结构构件的疲劳破坏

20. (　　)属于正常使用极限状态。

(A)结构或结构构件丧失稳定

(B)结构因局部破坏而发生连续倒塌

(C)影响正常使用或外观的变形

(D)影响正常使用或耐久性能的局部破坏

21. 在进行工程结构极限状态设计时,(　　)可根据需要进行正常使用极限状态设计。

(A)持久设计状况　　(B)短暂设计状况

(C)偶然设计状况　　(D)地震设计状况

22. 进行承载能力极限状态设计时,应根据不同的设计状况采用不同的组合,(　　)是可能使用的。

(A)基本组合　　(B)偶然组合

(C)地震组合　　(D)准永久组合

23. 工程结构进行正常使用极限状态设计时,可能采用(　　)。

(A)频遇组合　　(B)偶然组合

(C)准永久组合　　(D)地震组合

24. 工程结构上的作用随时间的变化,可分为(　　)。

(A)可变作用　　(B)自由作用

(C)偶然作用　　(D)动态作用

25. 工程结构或结构构件按承载能力极限状态设计时,(　　)是正确的。

(A)结构或结构构件的破坏或过度变形,此时结构的材料强度起控制作用

(B)整个结构或其一部分作为刚体失去静力平衡,此时结构材料或地基的刚度起控制作用

(C)地基的破坏或过度变形,此时岩土的强度起控制作用

(D)结构或结构构件的疲劳破坏,此时结构的刚度起控制作用

26. 工程结构进行承载能力极限状态设计时,(　　)是正确的。

(A)地基的破坏或过度变形的承载能力极限状态设计可采用分项系数法进行

(B)地基的破坏或过度变形有承载力设计,不应采用容许应力法等进行

(C)结构或结构构件的疲劳破坏的承载能力极限状态设计,可按结构疲劳可靠性验算方法进行

(D)每个作用组合应包括一个主导可变作用或一个偶然作用或一个地震作用

27. 在公路桥涵结构承载能力极限状态设计时,(　　)可采用作用的基本组合。

(A)持久设计状况　　　　　　　　　　　　(B)短暂设计状况
(C)偶然设计状况　　　　　　　　　　　　(D)地震设计状况

28.(　　)为工程结构上的可变作用。
(A)钢材焊接变形　　　　　　　　　　　　(B)混凝土收缩
(C)安装荷载　　　　　　　　　　　　　　(D)地震作用

2.3 答　案

2.3.1 单项选择题答案

2.3.1.1 综合单项选择题

1.(B) 据《工程地质手册》第4版(中国建筑工业出版社,1992,下同)P43
2.(A) 据《工程地质手册》第4版P43
3.(B) 据《工程地质手册》第4版P44
4.(A) 据《工程地质手册》第4版P44
5.(D) 据《工程地质手册》第4版P45
6.(C) 据《工程地质手册》第4版P329
7.(A) 据《工程地质手册》第4版P330
8.(B) 据《工程地质手册》第4版P330
9.(D) 据《工程地质手册》第4版P330
10.(C) 据《工程地质手册》第4版P330
11.(D) 据《工程地质手册》第4版P331
12.(C) 据《建筑结构荷载规范》(GB 50009—2012)第2.1.5条
13.(D) 据《建筑结构荷载规范》(GB 50009—2012)第2.1.9条
14.(B) 据《建筑结构荷载规范》(GB 50009—2012)第2.1.1条
15.(A) 据《建筑结构荷载规范》(GB 50009—2012)第2.1.6条

2.3.1.2 《工程结构可靠性设计统一标准》(GB 50153—2008)

1.(B) 据第2.1.7条、第2.1.8条、第2.1.9条、第2.1.10条
2.(D) 据第2.1.14条、第2.1.15条、第2.1.16条、第2.1.17条
3.(B) 据第2.1.21条、第2.1.22条、第2.1.23条、第2.1.25条
4.(A) 据第2.1.31条、第2.1.32条、第2.1.33条
5.(D) 据第2.1.37条、第2.1.38条、第2.1.39条、第2.1.41条
6.(D) 据第2.1.42条、第2.1.43条、第2.1.44条、第2.1.45条
7.(C) 据第2.1.52条、第2.1.54条、第2.1.55条、第2.1.56条
8.(D) 据第3.2.1条
9.(B) 据第3.2.1条、第2.2.2条
10.(B) 据第3.2.3条、第3.2.4条
11.(D) 据第4.1.1条、第4.1.2条、第4.1.3条

12.(B) 据第 4.1.1 条

13.(B) 据第 4.2.1 条

14.(C) 据第 4.3.1 条

15.(B) 据第 4.3.2 条

16.(A) 据第 4.3.3 条

17.(D) 据第 5.2.3 条

18.(C) 据第 5.2.5 条

19.(C) 据第 5.2.6 条

20.(C) 据第 8.2.3 条

21.(C) 据第 8.2.4 条

22.(C) 据第 8.3.2 条

23.(C) 据第 C.1.1 条

2.3.2 多项选择题答案

1.(B)、(C)、(D) 据《建筑结构荷载规范》(GB 50009—2012)第 2.1.1 条

2.(B)、(C) 据《建筑结构荷载规范》(GB 50009—2012)第 2.1.2 条

3.(A)、(B)、(C) 据《建筑结构荷载规范》(GB 50009—2012)第 2.1.3 条

4.(A)、(B)、(D) 据《建筑结构荷载规范》(GB 50009—2012)第 2.1.13 条～第 2.1.17 条

5.(A)、(C) 据《建筑结构荷载规范》(GB 50009—2012)第 2.1.10 条

6.(B)、(C)、(D) 据《建筑结构荷载规范》(GB 50009—2012)第 2.1.11 条

7.(B)、(D) 据《建筑结构荷载规范》(GB 50009—2012)第 3.1.1 条

8.(A)、(B) 据《建筑结构荷载规范》(GB 50009—2012)第3.1.2 条、第 3.1.3 条

9.(B)、(C) 据《建筑结构荷载规范》(GB 50009—2012)第 3.2.2 条

10.(A)、(C)、(D) 据《建筑结构荷载规范》(GB 50009—2012)第3.2.7 条

11.(A)、(B) 据《建筑地基基础设计规范》(GB 50007—2011)第 3.0.5 条

12.(C)、(D) 据《工程地质手册》第 4 版 P43

13.(A)、(B) 据《工程地质手册》第 4 版 P332

14.(A)、(B)、(C) 据《工程结构可靠性设计统一标准》(GB 50153—2008)第 3.1.2 条

15.(A)、(C) 据《工程结构可靠性设计统一标准》(GB 50153—2008)第 3.1.3 条

16.(A)、(B)、(D) 据《工程结构可靠性设计统一标准》(GB 50153—2008)第 3.2.1 条

17.(A)、(B)、(D) 据《工程结构可靠性设计统一标准》(GB 50153—2008)第 3.2.3 条

18.(A)、(B)、(C) 据《工程结构可靠性设计统一标准》(GB 50153—2008)第 3.2.3 条、第 3.2.4 条、第 3.2.5 条

19.(A)、(B)、(D) 据《工程结构可靠性设计统一标准》(GB 50153—2008)第 4.1.1 条

20.(C)、(D) 据《工程结构可靠性设计统一标准》(GB 50153—2008)第 4.1.1 条

21.(B)、(D) 据《工程结构可靠性设计统一标准》(GB 50153—2008)第 4.3.1 条

22.(A)、(B)、(C) 据《工程结构可靠性设计统一标准》(GB 50153—2008)第 4.3.2 条

23.(A)、(C) 据《工程结构可靠性设计统一标准》(GB 50153—2008)第 4.3.3 条、第

4.3.2 条

24.(A)、(C) 据《工程结构可靠性设计统一标准》(GB 50153—2008)第 5.2.3 条

25.(A)、(C) 据《工程结构可靠性设计统一标准》(GB 50153—2008)第 8.2.1 条

26.(A)、(C)、(D) 据《工程结构可靠性设计统一标准》(GB 50153—2008)第 8.2.2 条、第 8.2.3 条

27.(A)、(B) 据《工程结构可靠性设计统一标准》(GB 50153—2008)第 A.3.4 条

28.(C)、(D) 据《工程结构可靠性设计统一标准》(GB 50153—2008)第 C.1.2 条、第 C.1.1 条

第3章 浅 基 础

3.1 土中应力计算

3.1.1 自重应力计算

由于土的自重产生的应力，称为自重应力。在一般情况下，土层的覆盖面积很大，所以土的自重可看作分布面积为无限大的荷载，土体在自重作用下既不能有侧向变形也不能有剪切变形，只能产生垂直变形。根据这个条件，均质土中的自重应力可按下式求得：

$$\sigma_{cz}=\gamma z$$

式中，σ_{cz}为地面下 z 深度处的垂直向自重应力（kPa）；γ 为土的天然重度（kN/m^3）；z 为由地面至计算点的深度（m）。

当地基由成层土组成[图 3.1.1.1a)]，任意层 i 的厚度为 z_i，重度为 γ_i 时，则在深度 $z=\sum_{i}^{n}z_i$ 处的自重应力 σ_{cz} 为

$$\sigma_{cz}=\gamma_1 z_1+\gamma_2 z_2+\gamma_3 z_3+\cdots+\gamma_n z_n=\sum_{i=1}^{n}\gamma_i z_i \qquad (3.1.1.1)$$

若有地下水存在，则水位以下各层土的重度 γ_i 应以浮重度 $\gamma_i'=\gamma_{sat}-\gamma_w$ 代替。若地下水位以下存在不透水层（如岩层），则在不透水层层面处浮力消失，此处的自重应力等于全部上覆的水土的总重[图 3.1.1.1b)]。

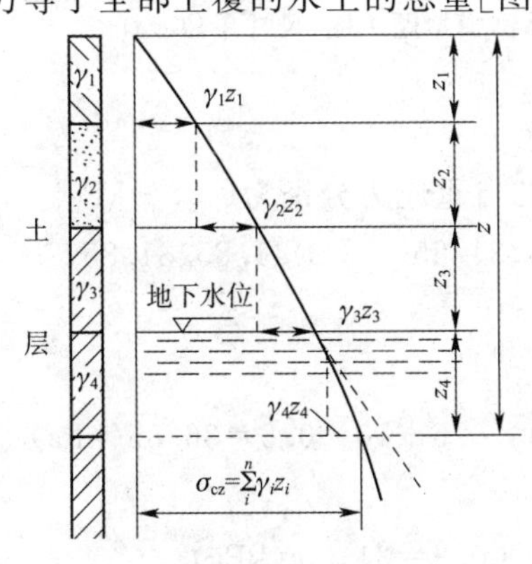

a)成层土、有地下水的情况

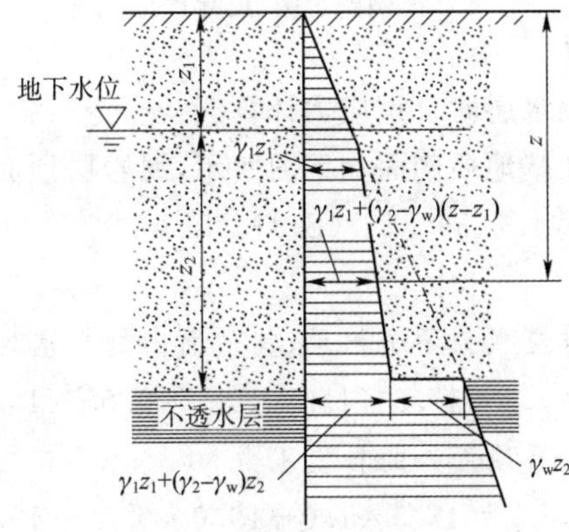

b)成层土、地下水有不透水层的情况

图 3.1.1.1 土的自重应力分布

一般情况下（对正常固结土及超固结土），自重应力不会引起地基变形，因为土层形成后已有很长时间，土在自重作用下的压缩过程早已完结。只有那些生成年代不久的新土层（如新的填土、冲填土等欠固结土），才可能有自重作用下的变形问题。

【例题 1】

无隔水层时自重应力计算。

某地基地质剖面如下图所示，细砂层底面处的自重应力为(　　)kPa。

(A)62.05　　(B)47.05　　(C)82.05　　(D)42.05

解

耕植土层底面处　　$\sigma_{cz}=17.0\times0.6=10.2$(kPa)

地下水位处　　$\sigma_{cz}=10.2+18.6\times0.5=19.5$(kPa)

粉质砂土底面处　　$\sigma_{cz}=19.5+(19.7-10)\times1.5=34.05$(kPa)

细砂层底面处　　$\sigma_{cz}=34.05+(16.5-10)\times2.0=47.05$(kPa)

应选选项(B)。

例题解析

①地下水位以上土的重度应选用土层的天然重度。

②地下水位以下土的重度应选用浮重度，即土的饱和重度减去水的重度，即 $\gamma_i'=\gamma_{sat}-\gamma_w$。

【案例模拟题 1】

某地质剖面如下图所示，细砂底面处的自重应力为(　　)kPa。

(A)66.5　　(B)90.9　　(C)65.9　　(D)50.9

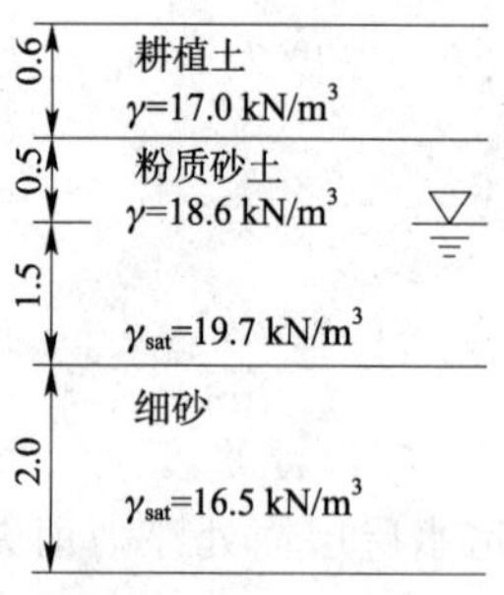

例题 1 图(尺寸单位:m)

1.1
耕植土
γ=17.5 kN/m^3
1.5
粉质砂土
γ=18.8 kN/m^3
0.5
γ_{sat}=20.0 kN/m^3
细砂
2.0
γ_{sat}=17.0 kN/m^3

案例模拟题 1 图(尺寸单位:m)

【例题 2】

有隔水层时自重应力计算。

某地基地质剖面如下图所示，泥岩层顶面内、外的自重应力分别为(　　)kPa。

(A)41.7、36.85　(B)31.85、36.85　(C)36.85、31.85　(D)41.85、31.85

解

泥岩应视为不透水层，其顶面内的自重应力为

$$\sigma_{cz内}=17.5\times1.0+19.0\times0.5+(19.7-10)\times0.5+10\times0.5=36.85(\text{kPa})$$

泥岩层顶面外的自重压力为

$$\sigma_{cz外}=17.5\times1.0+19.0\times0.5+(19.7-10)\times0.5=31.85\ (\text{kPa})$$

应选选项(C)。

例题解析

①透水层中地下水位以下土体重度应为浮重度，$\gamma_i'=\gamma_{sat}-\gamma_w$。

②若地下水位以下存在不透水层时，不透水层层面以上的自重应力求解与透水层土体求法相同，不透水层层顶面内的自重应力有突变，即自重应力等于上覆水土的总重引起的应力。

【案例模拟题 2】

某工程地质剖面如下图所示。

①地下水位以下 0.5 m 处土的自重应力为(　　)kPa。

(A)28　　(B)23　　(C)27　　(D)25

②泥岩层顶面内土的自重应力为(　　)kPa。

(A)36　　(B)28　　(C)38　　(D)48

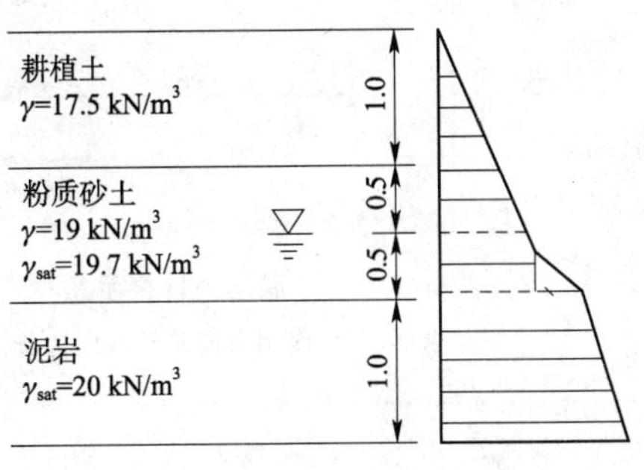

例题 2 图(尺寸单位:m)

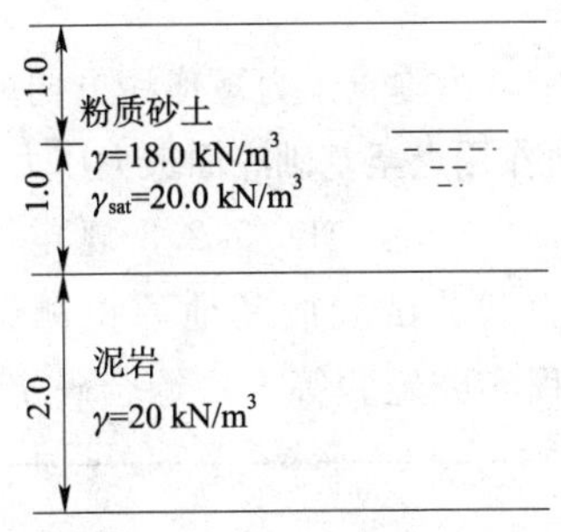

案例模拟题 2 图(尺寸单位:m)

3.1.2　按《建筑地基基础设计规范》(GB 50007—2011)进行基础底面压力计算

GB 50007—2011/5.2.1 规定:基础底面的压力,应符合下式要求。

当轴心荷载作用时

$$p_k \leqslant f_a \tag{5.2.1.1}$$

式中,p_k 为相应于荷载效应标准组合时,基础底面处的平均压力值;f_a 为修正后的地基承载力特征值。

当偏心荷载作用时,除符合式(5.2.1.1)要求外,尚应符合下式要求

$$p_{kmax} \leqslant 1.2 f_a \tag{5.2.1.2}$$

式中,p_{kmax}为相应于荷载效应标准组合时,基础底面边缘的最大压力值。

GB 50007—2011/5.2.2 规定:基础底面的压力,可按下列公式确定。

当轴心荷载作用时

$$p_k = \frac{F_k + G_k}{A} \tag{5.2.2.1}$$

式中,F_k 为相应于荷载效应标准组合时,上部结构传至基础顶面的竖向力值;G_k 为基础自重和基础上的土重;A 为基础底面面积。

当偏心荷载作用时

$$p_{kmax} = \frac{F_k + G_k}{A} + \frac{M_k}{W} \tag{5.2.2.2}$$

$$p_{kmin} = \frac{F_k + G_k}{A} - \frac{M_k}{W} \tag{5.2.2.3}$$

式中，M_k 为相应于荷载效应标准组合时，作用于基础底面的力矩值；W 为基础底面的抵抗矩；p_{kmin} 为相应于荷载效应标准组合时，基础底面边缘的最小压力值。

当偏心距 $e>b/6$ 时（图 5.2.2），p_{kmax} 应按下式计算

$$p_{kmax}=\frac{2(F_k+G_k)}{3la} \qquad (5.2.2.4)$$

式中，l 为垂直于力矩作用方向的基础底面边长；a 为合力作用点至基础底面最大压力边缘的距离。

GB 50007—2011/5.2.3 规定：地基承载力特征值可由载荷试验或其他原位测试、公式计算，并结合工程实践经验等方法综合确定。

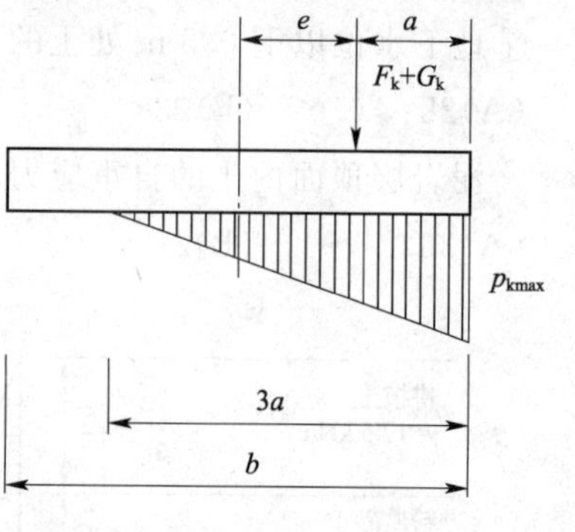

图 5.2.2　偏心荷载（$e>b/6$）下基底压力计算示意

b-力矩作用方向基础底面边长

【例题 3】

中心荷载作用下基底压力的计算。

一墙下条形基础底宽 1 m，埋深 1 m，承重墙传来的相应于荷载效应标准组合时，作用于基础顶面的竖向力为 150 kN/m，则基底压力为(　　)kPa。

(A)140　　(B)150　　(C)160　　(D)170

解

$$基底压力\ p_k=\frac{F_k+G_k}{A}=\frac{F_k}{b\times 1}+\frac{\gamma_G bd\times 1}{b\times 1}=\frac{F_k}{b}+20d=\frac{150}{1}+20\times 1=170(\mathrm{kN/m^2})$$

应选选项(D)。

例题解析

计算基底压力时，如果荷载作用于基础顶面注意别漏掉基础和其上覆土所产生的压力，基础和其上覆土体的平均重度按 20 kN/m^3 计。

【案例模拟题 3】

已知某基础形心受到上部结构传来的相应于荷载效应标准组合时上部结构传至基础顶面的竖向力为 400 kN，基础埋深 1.5 m，基础底面尺寸为 3 m×2 m，则其基底压力为(　　)kPa。

(A)66.7　　(B)96.7　　(C)230　　(D)200

【例题 4】

偏心荷载作用下基底压力的计算（$e<b/6$）。

已知基底面积为（右图）3 m×2 m，基底中心处的偏心力矩 $M_k=147$ kN·m，上部结构传来的相应于荷载效应标准组合时作用于基础底面的竖向力值为 490 kN，则基底压力为(　　)kPa。

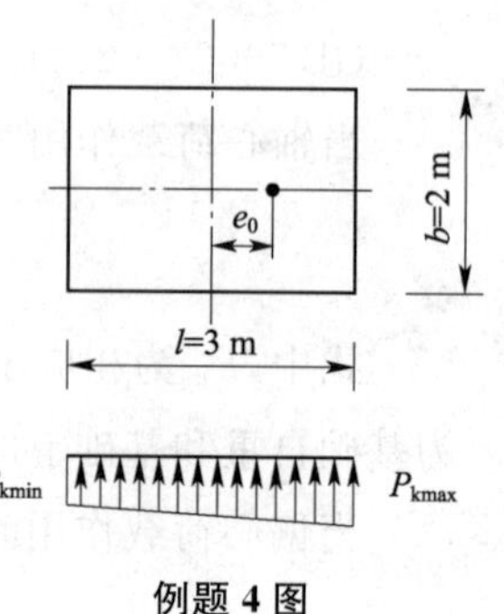

例题 4 图

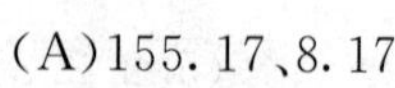

(A)155.17、8.17　　(B)130.67、32.67

(C)163.33、0　　(D)141.76、30.31

解

$N_k = F_k + G_k$

偏心距 $e_0 = \frac{M_k}{N_k} = \frac{147}{490} = 0.3(\text{m})$

$\frac{l}{6} = \frac{3}{6} = 0.5(\text{m})$

$e < \frac{l}{6}$

$$p_{kmax} = \frac{F_k + G_k}{A} \pm \frac{M_k}{W} = \frac{N_k}{A} \pm \frac{e_0 N_k}{\frac{bl^2}{6}}$$

$$p_{kmin} = \frac{N_k}{A}\left(1 \pm \frac{6e_0}{l}\right) = \frac{490}{3\times 2} \times \left(1 \pm \frac{6\times 0.3}{3}\right) = \frac{130.67(\text{kN/m}^2)}{32.67(\text{kN/m}^2)}$$

应选选项(B)。

例题解析

①判别 e_0 与 $b/6$ 的关系是关键。

当 $e_0 \leqslant \frac{b}{6}$ 时

$$\begin{matrix} p_{kmax} \\ p_{kmin} \end{matrix} = \frac{N}{A}\left(1 \pm \frac{6e_0}{l}\right)$$

②如下图所示的两图的作用效果相同，计算基底压力时都应考虑偏心。

对矩形基础，$W = bl^2/6$。其中，l 为力矩作用方向基础的边长。

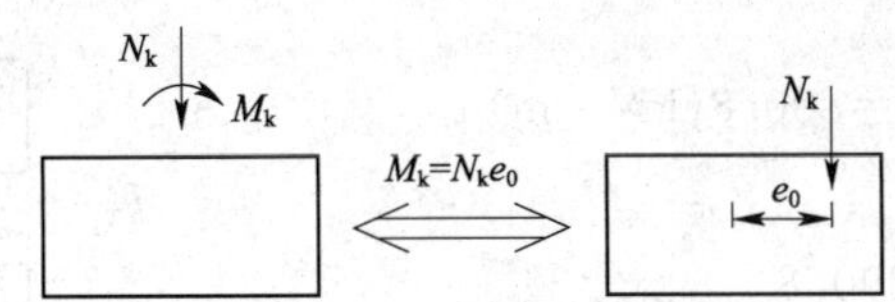

例题 4 解析图

③如荷载是作用于基础底面，则已包括基础自重。

【案例模拟题 4】

已知基底底面尺寸为 4 m×2 m，基础底面处作用有上部结构传来的相应于荷载效应标准组合时的竖向力值为 700 kN，合力的偏心距 0.3 m，如下图所示，则基底压力为(　　)kPa。

(A)206.25、48.75　　(B)115.06、59.93

(C)126.88、48.13　　(D)142.63、32.38

【案例模拟题 5】

已知某矩形基础尺寸为 4 m×3 m，基础顶面作用有上部结构传来的相应于荷载效应标准组合时的竖向力和力矩，分别为 500 kN、150 kN·m，如下图所示，基础埋深 2 m，则基底压力为(　　)kPa。

(A)51.23、32.10　　(B)60.80、22.53　　(C)119.17、44.17　　(D)100.42、62.92

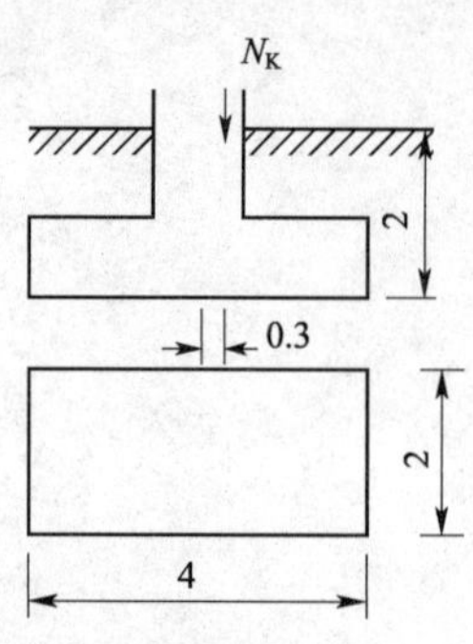

案例模拟题 4 图(尺寸单位:m)

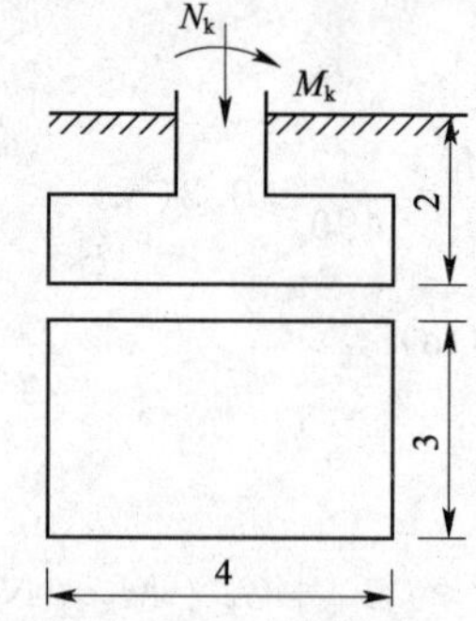

案例模拟题 5 图(尺寸单位:m)

【例题 5】

偏心荷载作用下基底压力的计算($e>b/6$)。

某构筑物基础(下图),在设计地面标高处作用有上部结构传来的相应于荷载效应标准组合时的偏心竖向力 680 kN,偏心距 1.31 m,基础埋深为 2 m,底面尺寸 4 m×2 m,则基底最大压力为(　　)kPa。

(A)300.3　　(B)204.2　　(C)150.15　　(D)250.63

解

基础及填土重力

$$G_k=20\times4\times2\times2=320(\text{kN})$$

$$F_k+G_k=680+320=1\,000(\text{kN})$$

基础形心处的弯矩

$$M_k=680\times1.31=890.8(\text{kN}\cdot\text{m})$$

偏心距

$$e_0=\frac{M_k}{F_k+G_k}=\frac{890.8}{1\,000}=0.89(\text{m})$$

$$\frac{b}{6}=\frac{4}{6}=0.67\ (\text{m})$$

$e_0>b/6$　基础底面出现零应力区

$$a=\frac{b}{2}-e_0=\frac{4}{2}-0.89=1.11(\text{m})$$

$$p_{\text{kmax}}=\frac{2(F_k+G_k)}{3al}=\frac{2\times1\,000}{3\times1.11\times2}=300.3(\text{kN/m}^2)$$

应选选项(A)。

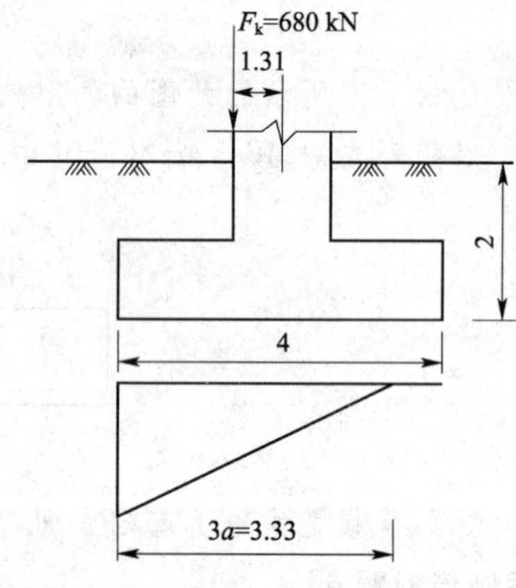

例题 5 图　偏心荷载基底压力计算(尺寸单位:m)

例题解析

①当偏心距 $e_0>b/6$ 时:

$$p_{\text{kmax}}=\frac{2(F_k+G_k)}{3al}$$

②偏心距 e_0 是作用于基础形心处的总弯矩与竖向力合力的比值。

【案例模拟题 6】

如下图所示,某构筑物基础底面尺寸为 3 m×2 m,上部结构传来的相应于荷载效应标准组合时基底中心处的力矩为 300 kN·m，作用于基础顶面的竖向力为 260 kN，基础埋深 2 m，则基底边缘最大压力为（　　）kPa。

(A)416.67　　(B)277.77

(C)185.19　　(D)217.86

案例模拟题 6 图（尺寸单位：mm）

【案例模拟题 7】

已知基础底面尺寸为 4 m×2 m，在基础顶面受上部结构传来的相应于荷载效应标准组合时的偏心竖向力为 500 kN，偏心距 1.41 m，基础埋深 2 m，如下图所示，则基底边缘最大压力为（　　）kPa。

(A)146.20　　(B)239.77　　(C)119.88　　(D)73.10

【例题 6】

有地下水时箱形基础基底压力的计算。

某高层建筑采用天然地基，基底面积为 15 m×45 m，相应于荷载效应标准组合时，传至基础底面的包括上部结构及地下室的竖向力总重设计值为135 000 kN，基础埋深及工程地质剖面如下图所示，则地基土所承担的压力为（　　）kPa。

(A)220　　(B)200　　(C)180　　(D)160

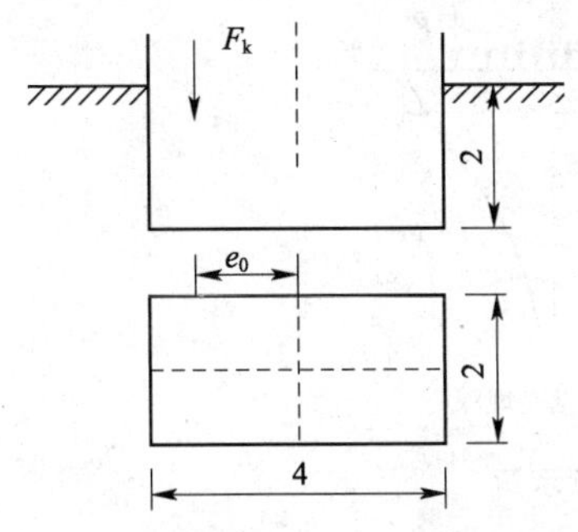

案例模拟题 7 图（尺寸单位：m）

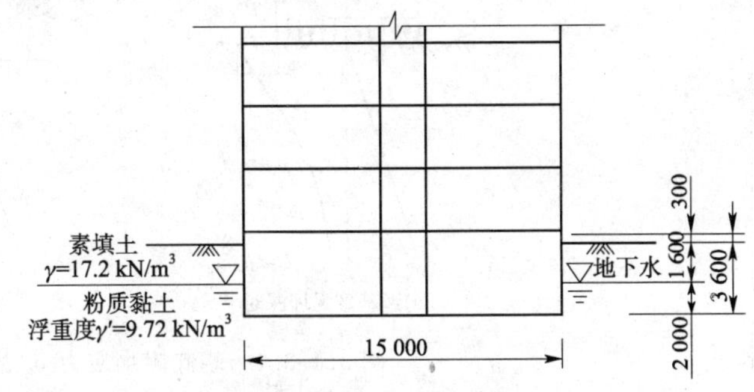

例题 6 图（尺寸单位：mm）

解

作用于底板上的反力值

$$p_k=\frac{F_k+G_k}{A}=\frac{135\ 000}{15\times45}=200(\text{kPa})$$

底板传到地基上的压力由地基土和水共同承担。

水所承担的压力　$p_{水}=10\times2=20(\text{kPa})$

土所承担的压力　$p_{有效}=200-20=180(\text{kPa})$

应选选项(C)。

例题解析

计算箱形基础基底压力时，应考虑地下水对箱基的浮力。

3.1.3 基础底面附加应力计算

由于建筑物的荷载作用在土中产生的应力，称为附加应力。

凡由建筑物荷载产生的附加应力，其分布规律与自重应力不同。因为基础的面积是有限的，基础荷载是局部荷载，应力通过荷载下的土粒逐个传递至深层，在此同时发生应力扩散，随着深度的增加，荷载分布到更大的面积上去，使单位面积上的应力越来越小。所以附加应力值是随深度增加而逐渐减小的。

附加应力的另一特点是使地基产生新的变形，从而使建筑物发生沉降。变形的延续时间在可塑的或软的黏性土中往往很长，常达数年或十余年以上。

当基础无埋深时，附加应力就等于基底处的接触压力[图 3.1.3.1a)]；当基础埋于地面下 D 深度时，附加应力要小于接触压力，因为 D 深度处土原先承受压力，把接触压力扣除土原先承受的压力，所余部分才是由于修建建筑物新增加到土层上的附加压力。因此，在有埋深的情况下，基底处的附加应力为

$$p_0 = p_k - p_c = p_k - \gamma D \tag{3.1.3.1}$$

式中，p_0 为基底处的附加应力(kPa)；p_k 为基底处的接触压力(kPa)；p_c 为基底处的自重压力(kPa)；γ 为土的重度(kN/m³)；D 为基础埋深(m)。

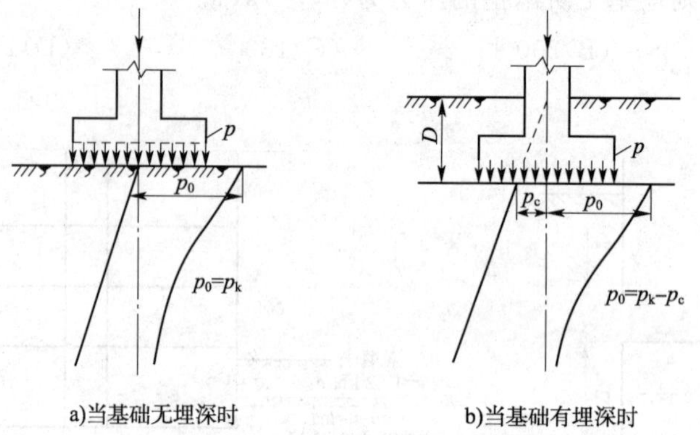

图 3.1.3.1 基底附加应力 p_0 的计算示意

由式(3.1.3.1)可以看出，如接触压力 p_k 不变，埋深越大则附加应力越小。利用这一点，在地基的承载力不高时，为了减少建筑物的沉降，措施之一就是减少基底附加应力，为此，可将基础埋深适当增加，附加应力就减小了。如将高层建筑埋于地下 8～9 m，而在地下部分修建两三层地下室，使

$$p_0 = p_k - \gamma D = 0 \tag{3.1.3.2}$$

这时基底没有附加应力了，沉降也不会产生(如果不考虑挖基坑卸载与建房再加载的变形的话)，这样的基础称为浮式基础或者叫补偿基础(图 3.1.3.2)，即它不下沉，而是"浮"在那里，建筑物的重量正好"补偿"了挖去的土重。

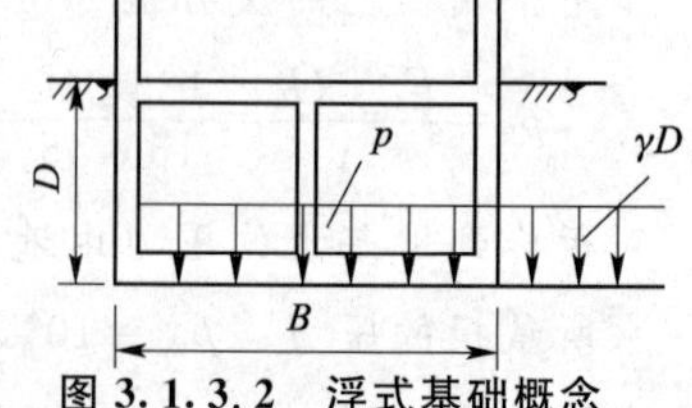

图 3.1.3.2 浮式基础概念

【例题 7】

轴心荷载作用下基底附加应力计算。

若在如下图所示的土层上设计一条形基础，基础埋深 $d=0.8$ m，相应于荷载效应标准

组合时，上部结构传至基础顶向竖向力 $F_k=200$ kN/m，基础宽度为 1.3 m，则基底附加应力为(　　)kPa。

(A)139.93　　(B)155.93　　(C)156.25　　(D)154.97

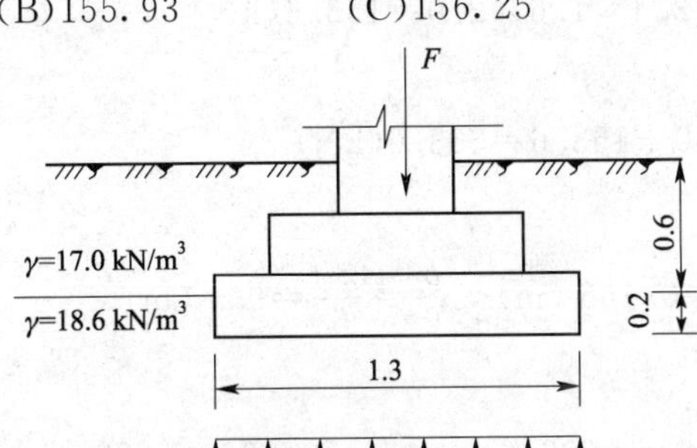

例题 7 图　基底附加压力分布(尺寸单位:m)

解

基底压力　$p_k=\dfrac{F_k+G_k}{A}=\dfrac{200+20\times1.3\times0.8}{1.3}=169.85$(kPa)

基底附加压力　$p_0=p_k-\gamma_0 d=169.85-(17.0\times0.6+18.6\times0.2)=155.93$(kPa)

应选选项(B)。

例题解析

①基底附加应力就是基底压力(接触压力)减去土的自重应力。

②计算基础自重时，基础混凝土与土的平均重度取 20 kN/m³。

③计算自重应力时，土层重度取天然重度，水下取浮重度。

【案例模拟题 8】

已知某矩形基础底面尺寸为 4 m×2 m，如下图所示，基础埋深 2 m，相应于荷载效应标准组合时，上部结构传至基础顶面的竖向力 $F_k=300$ kN，则基底附加应力为(　　)kPa。

(A)3.1　　(B)45.5　　(C)43.1　　(D)41.5

【例题 8】

偏心荷载作用下基底附加应力计算($e<b/6$)。

某矩形基础底面尺寸为 2.4 m×1.6 m，埋深 $d=2.0$ m，相应于荷载效应标准组合时，上部结构传至基础底面的力矩和基础顶面的竖向力分别为 $M_k=100$ kN·m、$F_k=450$ kN，其他条件见下图，则基底最大、最小附加压力分别为(　　)kPa。

(A)129.42、32.15　(B)222.4、92　(C)186.0、55.6　(D)188.4、58

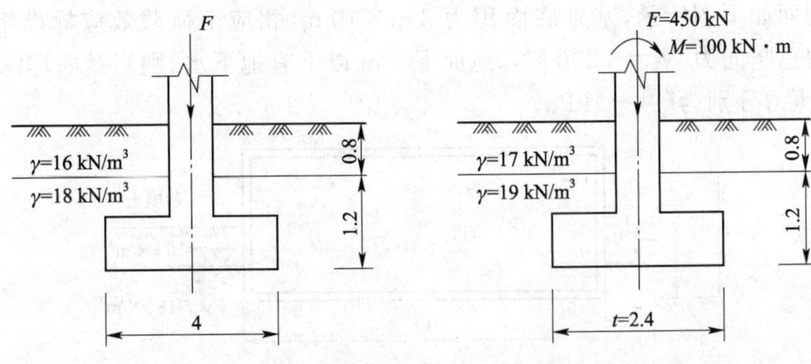

案例模拟题 8 图(尺寸单位:m)　　例题 8 图(尺寸单位:m)

解

①求基础及其上覆土重

$$G_k=\gamma_G Ad=20\times2.4\times1.6\times2.0=153.6(\text{kN})$$

②求竖向荷载的合力

$$N_k=F_k+G_k=450+153.6=603.6(\text{kN})$$

③求偏心距

$$e_0=\frac{M_k}{N_k}=\frac{100}{603.6}=0.166\ (\text{m})<\frac{b}{6}=\frac{2.4}{6}=0.4\ (\text{m})$$

④求基底压力

$$\frac{p_{max}}{p_{min}}=\frac{N_k}{A}(1\pm\frac{6e_0}{l})=\frac{603.6}{2.4\times1.6}(1\pm\frac{6\times0.166}{2.4})=\frac{222.4}{92.0}\left(\frac{\text{kPa}}{\text{kPa}}\right)$$

⑤求基底附加压力

$$\sigma_{cd}=17\times0.8+19\times1.2=36.4(\text{kPa})$$

$$p_{0max}=p_{max}-\sigma_{cd}=222.4-36.4=186.0(\text{kPa})$$

$$p_{0min}=p_{min}-\sigma_{cd}=92.0-36.4=55.6(\text{kPa})$$

应选选项(C)。

【案例模拟题 9】

已知矩形基础底面尺寸为 4 m×3 m，相应于荷载效应标准组合时，上部结构传至基础顶面的偏心竖向力 $F_k=550$ kN，偏心距为 1.42 m，埋深为 2 m，其他条件见下图，则基底最大附加压力为(　　)kPa。

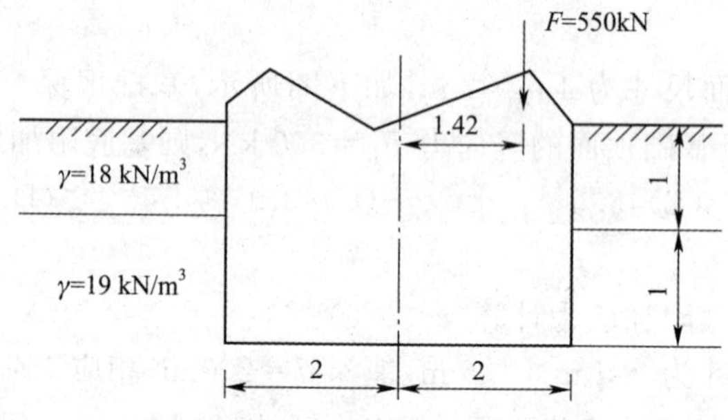

案例模拟题 9 图(尺寸单位:m)

(A)98.57　　(B)553.76　　(C)147.59　　(D)276.88

【例题 9】

某水池剖面如下图所示，基础底面积为 8 m×10 m，相应于荷载效应标准组合时，上部结构及基础的总竖向力 $N_k=3\ 200$ kN，地面下 1 m 以下有地下水，则当基底埋深 2 m 和 4 m 时，基底附加压力分别为(　　)kPa。

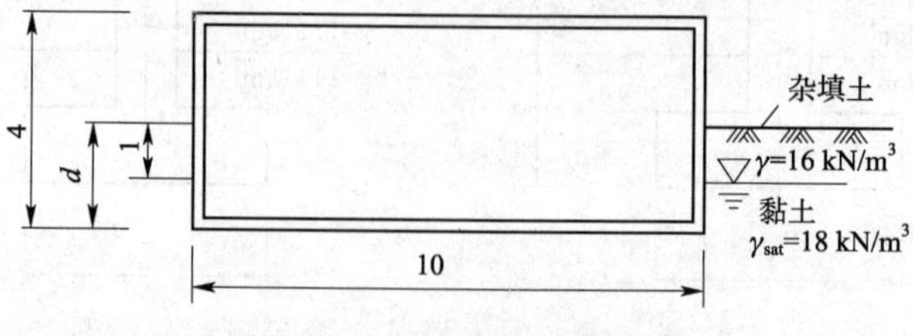

例题 9 图　水池剖面(尺寸单位:m)

(A)6、24　　(B)16、0　　(C)8、16　　(D)4、16

解

基底平均压力 $p_k=\dfrac{N_k}{A}=\dfrac{3\ 200}{8\times10}=40(\text{kPa})$

①埋深 2 m 时：

基底处土的自重应力 $\sigma_{c1}=16\times1+(18-10)\times1=24(\text{kPa})$

基底附加压力 $p_{01}=p_k-\sigma_{c1}=40-24=16(\text{kPa})$

②埋深为 4 m 时：

基底处土的自重应力 $\sigma_{c2}=16\times1+(18-10)\times3=40(\text{kPa})$

基底附加压力 $p_{02}=p_k-\sigma_{c2}=40-40=0(\text{kPa})$

可见埋深 4 m，即水池为全地下式时，基底附加压力为零，几乎不会发生沉降。

应选选项(B)。

例题解析

①当基础无回填土时，无论基础埋深如何变化，基底压力不变。当有回填土时，基底压力随埋深的增大而增大。

②基础埋深不同时，基底处土的自重应力随深度变化而变化，基底附加应力也随之变化。

【案例模拟题 10】

某矩形基础底面尺寸为 4 m×2 m，相应于荷载效应标准组合时，上部结构传至基础顶面的竖向力为 300 kN，土的重度 $\gamma=16\ \text{kN/m}^3$，当埋深分别为 2 m 和 4 m 时，基底附加压力分别为(　　)kPa。

(A)45.5、53.5　　(B)45.5、13.5　　(C)5.5、13.5　　(D)77.5、53.5

3.1.4　地基附加应力计算

利用角点应力表达式，可以求算平面上任意点 M(可以在矩形面积之外)下任意深度处的竖向应力，这种方法称为角点法。

角点法求任意点应力的做法，是通过 M 作一些辅助线，使 M 成为几个矩形的公共角点，M 点以下 z 深度的应力 σ_z 就等于这几个矩形在该深度引起的应力之总和。根据 M 点位置不同，可分下列几种情况。

①M 点在矩形均布荷载面以内时[图 3.1.4.1a)]

$$\sigma_z(M)=(\alpha_{a\text{I}}+\alpha_{a\text{II}}+\alpha_{a\text{III}}+\alpha_{a\text{IV}})p$$

式中，p 基础底面的平均附加压力(kPa)；$\alpha_{a\text{I}}$、$\alpha_{a\text{II}}$、$\alpha_{a\text{III}}$、$\alpha_{a\text{IV}}$ 为小矩形Ⅰ、Ⅱ、Ⅲ、Ⅳ的角点应力系数，分别根据 A_i/B_i、z/B_i(A_i、B_i 每个小矩形的长边和短边)查《建筑地基基础设计规范》(GB 50007—2011)附录 K 表 K.0.1.1。

对图 3.1.4.1b)的情况有

$$\sigma_z(M)=(\alpha_{a\text{I}}+\alpha_{a\text{II}})p$$

②M 点在矩形荷载面以外时[图 3.1.4.1c)]

$$\sigma_z(M)=[\alpha_{a(Mb)}+\alpha_{a(Mc)}-\alpha_{a(Ma)}-\alpha_{a(Md)}]p$$

式中，$\alpha_{a(Mb)}$、$\alpha_{a(Mc)}$ $\alpha_{a(Ma)}$、$\alpha_{a(Md)}$ 表示矩形 $Mhbe$、$Mecf$、$Mhag$、$Mgdf$ 的角点应力系数，查《建筑地基基础设计规范》(GB 50007—2011)表 K.0.1.1。

③M 点为矩形荷载面的中心点时，这时只需将荷载面划成四等分[图 3.1.4.1d)]，M 点下的 σ_z 值只是小矩形 $Mabc$ 的 4 倍而已。

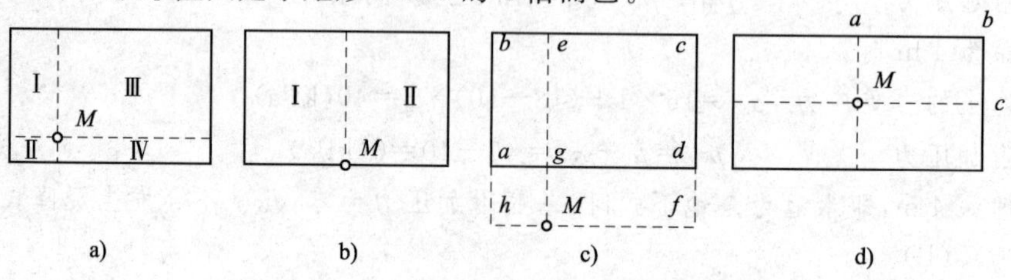

图 3.1.4.1　按角点法确定地基应力

GB 50007—2011/附录 K　附加应力系数 α、平均附加应力系数 $\bar{\alpha}$

K.0.1　矩形面积上均布荷载作用下角点的附加应力系数 α、平均附加应力系数 $\bar{\alpha}$(表 K.0.1.1)。

矩形面积上均布荷载作用下角点附加应力系数 α　　表 K.0.1.1

z/b	l/b										
	1.0	1.2	1.4	1.6	1.8	2.0	3.0	4.0	5.0	6.0	10.0	条形
0.0	0.250	0.250	0.250	0.250	0.250	0.250	0.250	0.250	0.250	0.250	0.250	0.250
0.2	0.249	0.249	0.249	0.249	0.249	0.249	0.249	0.249	0.249	0.249	0.249	0.249
0.4	0.240	0.242	0.243	0.243	0.244	0.244	0.244	0.244	0.244	0.244	0.244	0.244
0.6	0.223	0.228	0.230	0.232	0.232	0.233	0.234	0.234	0.234	0.234	0.234	0.234
0.8	0.200	0.207	0.212	0.215	0.216	0.218	0.220	0.220	0.220	0.220	0.220	0.220
1.0	0.175	0.185	0.191	0.195	0.198	0.200	0.203	0.204	0.204	0.204	0.205	0.205
1.2	0.152	0.163	0.171	0.176	0.179	0.182	0.187	0.188	0.189	0.189	0.189	0.189
1.4	0.131	0.142	0.151	0.157	0.161	0.164	0.171	0.173	0.174	0.174	0.174	0.174
1.6	0.112	0.124	0.133	0.140	0.145	0.148	0.157	0.159	0.160	0.160	0.160	0.160
1.8	0.097	0.108	0.117	0.124	0.129	0.133	0.143	0.146	0.147	0.148	0.148	0.148
2.0	0.084	0.095	0.103	0.110	0.116	0.120	0.131	0.135	0.136	0.137	0.137	0.137
2.2	0.073	0.083	0.092	0.098	0.104	0.108	0.121	0.125	0.126	0.127	0.128	0.128
2.4	0.064	0.073	0.081	0.088	0.093	0.098	0.111	0.116	0.118	0.118	0.119	0.119
2.6	0.057	0.065	0.072	0.079	0.084	0.089	0.102	0.107	0.110	0.111	0.112	0.112
2.8	0.050	0.058	0.065	0.071	0.076	0.080	0.094	0.100	0.102	0.104	0.105	0.105
3.0	0.045	0.052	0.058	0.064	0.069	0.073	0.087	0.093	0.096	0.097	0.099	0.099
3.2	0.040	0.047	0.053	0.058	0.063	0.067	0.081	0.087	0.090	0.092	0.093	0.094
3.4	0.036	0.042	0.048	0.053	0.057	0.061	0.075	0.081	0.085	0.086	0.088	0.089
3.6	0.033	0.038	0.043	0.048	0.052	0.056	0.069	0.076	0.080	0.082	0.084	0.084
3.8	0.030	0.035	0.040	0.044	0.048	0.052	0.065	0.072	0.075	0.077	0.080	0.080

续上表

z/b	l/b											
	1.0	1.2	1.4	1.6	1.8	2.0	3.0	4.0	5.0	6.0	10.0	条形
4.0	0.027	0.032	0.036	0.040	0.044	0.048	0.060	0.067	0.071	0.073	0.076	0.076
4.2	0.025	0.029	0.033	0.037	0.041	0.044	0.056	0.063	0.067	0.070	0.072	0.073
4.4	0.023	0.027	0.031	0.034	0.038	0.041	0.053	0.060	0.064	0.066	0.069	0.070
4.6	0.021	0.025	0.028	0.032	0.035	0.038	0.049	0.056	0.061	0.063	0.066	0.067
4.8	0.019	0.023	0.026	0.029	0.032	0.035	0.046	0.053	0.058	0.060	0.064	0.064
5.0	0.018	0.021	0.024	0.027	0.030	0.033	0.043	0.050	0.055	0.057	0.061	0.062
6.0	0.013	0.015	0.017	0.020	0.022	0.024	0.033	0.039	0.043	0.046	0.051	0.052
7.0	0.009	0.011	0.013	0.015	0.016	0.018	0.025	0.031	0.035	0.038	0.043	0.045
8.0	0.007	0.009	0.010	0.011	0.013	0.014	0.020	0.025	0.028	0.031	0.037	0.039
9.0	0.006	0.007	0.008	0.009	0.010	0.011	0.016	0.020	0.024	0.026	0.032	0.035
10.0	0.005	0.006	0.007	0.007	0.008	0.009	0.013	0.017	0.020	0.022	0.028	0.032
12.0	0.003	0.004	0.005	0.005	0.006	0.006	0.009	0.012	0.014	0.017	0.022	0.026
14.0	0.002	0.003	0.003	0.004	0.004	0.005	0.007	0.009	0.011	0.013	0.018	0.023
16.0	0.002	0.002	0.003	0.003	0.003	0.004	0.005	0.007	0.009	0.010	0.014	0.020
18.0	0.001	0.002	0.002	0.002	0.003	0.003	0.004	0.006	0.007	0.008	0.012	0.018
20.0	0.001	0.001	0.002	0.002	0.002	0.002	0.004	0.005	0.006	0.007	0.010	0.016
25.0	0.001	0.001	0.001	0.001	0.001	0.002	0.002	0.003	0.004	0.004	0.007	0.013
30.0	0.001	0.001	0.001	0.001	0.001	0.001	0.002	0.002	0.003	0.003	0.005	0.011
35.0	0.000	0.000	0.001	0.001	0.001	0.001	0.001	0.002	0.002	0.002	0.004	0.009
40.0	0.000	0.000	0.000	0.000	0.001	0.001	0.001	0.001	0.001	0.002	0.003	0.008

注：l 为基础长度(m)；b 为基础宽度(m)；z 为计算点离基础底面垂直距离(m)。

【例题 10】

地基中心点下附加应力的计算(下图)。

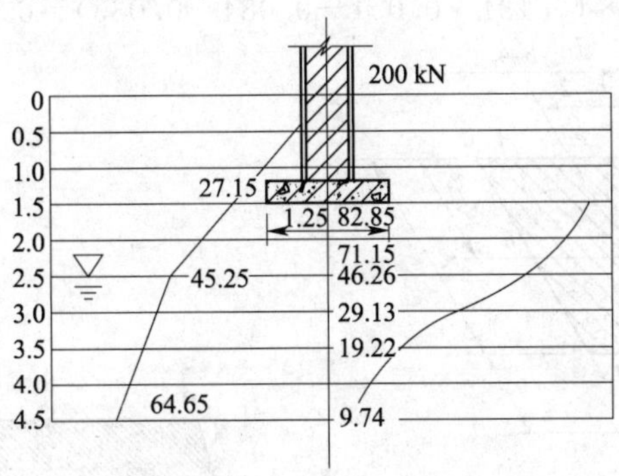

例题 10 图(尺寸单位:m)

基础底面埋深 $D=1.5$ m，基础尺寸 $BL=1.25$ m×2 m，相应于荷载效应标准组合时，上部结构传到地面处的荷载为 200 kN，基底上下均为黏土，土的重度 $\gamma=18.1$ kN/m^3，饱和重度为 19.7 kN/m^3，地下水位位于基底下 1.0 m 处，则基底中心点下 3.0 处的附加应力为(　　)kPa。

(A)2.40　　(B)7.29　　(C)9.61　　(D)29.16

解

基底附加应力

$$p_k=\frac{F_k+G_k}{A}-\gamma D=\frac{200+20\times1.25\times2\times1.5}{1.25\times2}-18.1\times1.5=82.85(\text{kPa})$$

基底以下各点附加应力用角点法计算：$L=1\ \text{m}$，$B=0.625\ \text{m}$，则

$z/b=4.8$，$l/b=1.6$，查规范 GB 50007—2011 表 K.0.1.1 得 $\alpha=0.029$，

$\sigma_c=4\alpha P_0=4\times0.029\times82.85=9.61(\text{kPa})$

应选选项(C)。

例题解析

①求 l/b、z/b 时，l、b 均为实际划分的小矩形的长边及短边长度。

②查表时应采用内插法。

【案例模拟题 11】

已知矩形基础相应于荷载效应标准组合时，上部结构传到地面处的荷载为 800 kN，基础尺寸为 4 m×2 m，基础埋深 2 m，土的重度 $\gamma=17.5\ \text{kN/m}^3$，则基底中心点以下 2.0 m 处的附加应力为(　　)kPa。

(A)12.6　　(B)21　　(C)50.4　　(D)84

【例题 11】

地基中任意点处附加应力的计算。

有一矩形底面基础 $b=4\ \text{m}$，$l=6\ \text{m}$，相应于荷载效应标准组合时，基础底面的附加应力为 $P_0=100\ \text{kPa}$，如下图所示，用角点法计算矩形基础外 k 点下深度 $z=6\ \text{m}$ 处 N 点竖向附加应力为(　　)kPa。

(A)13.1　　(B)6.5　　(C)29.9　　(D)18.2

解

如题解图所示，将 k 点置于假设的矩形受荷面积的角点处，按角点法计算 N 点的附加应力。N 点的附加应力是由受荷面积($ajki$)与($iksd$)引起的附加应力之和，减去矩形受荷面积($bjkr$)与($rksc$)引起的附加应力，即

$$\sigma_z=\sigma_z(ajki)+\sigma_z(iksd)-\sigma_z(bjkr)-\sigma_z(rksc)$$

$$\sigma_z=100\times(0.131+0.051-0.084-0.033)=6.5(\text{kPa})$$

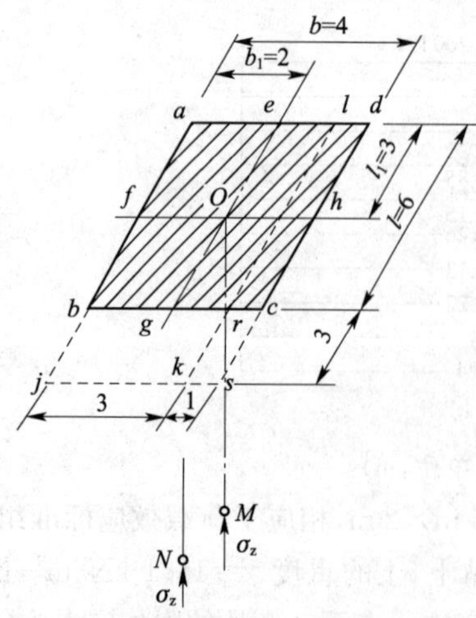

例题 11 图(尺寸单位:m)

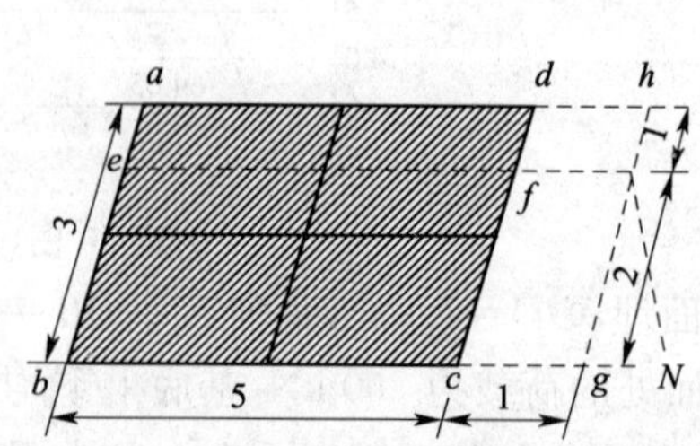

例题 11 解图(尺寸单位:m)

计算结果如下表所示。

荷载作用面积	l/b	z/b	α_c
$ajki$	9/3=3	6/3=2	0.131
$iksd$	9/1=9	6/1=6	0.051
$bjkr$	3/3=1	6/3=2	0.084
$rksc$	3/1=3	6/1=6	0.033

应选选项(B)。

例题解析

①关键是正确划分矩形,注意荷载叠加时,荷载作用的面积相加和相减后应与原受荷面积相同。

②确定每个小矩形的长边和短边(特别注意 z/b),当计算点不是基础底面中心点时,每个小矩形的长边和短边不相同。长边长度一定要大于短边长度。

【案例模拟题 12】

有一矩形基础顶面受到建筑物传来的相应于荷载效应标准组合时的轴心竖向力为 2 250 kN,基础尺寸为 5 m×3 m,埋深 1.5 m,土的重度 γ=18.0 kN/m³,则基础外 K 点下深度 z=3 m 处 N 点竖向附加应力为(　　)kPa。

(A)159.72　　(B)87.52　　(C)21.88　　(D)39.93

【例题 12】

条形基础中心线下附加应力的计算。

已知某条形基础基宽 2.0 m,埋深 1 m,地基土重度为 18 kN/m³,建筑物作用在基础顶面上的相应于荷载效应标准组合时的中心荷载为 236 kN/m,则此条形基础底面中心线下 z=2 m 的竖向附加应力为(　　)kPa。

(A)16.44　　(B)32.88　　(C)49.2　　(D)65.76

解

基底附加应力

$$p_0=\frac{236\times1+20\times2.0\times1\times1}{2.0}-18\times1=120(\text{kPa})$$

z/b=2/1=2,查规范 GB 50007—2011 表 K.0.1.1 得

$$\alpha=0.137$$

$$\sigma_z=4\times0.137\times120=65.76(\text{kPa})$$

应选选项(D)。

例题解析

计算条形基础均布荷载中心线下某点的竖向附加应力时,计算公式为

$$\sigma_z=4\alpha_c\left(\text{条形},\frac{z}{b/2}\right)p_0$$

【案例模拟题 13】

已知条形基础埋深 1.5 m,基底宽度为 1.6 m,地基土重度 γ=17.6 kN/m³,作用在基础顶面上的相应于荷载效应标准组合时的条形均布荷载为 250 kN/m,则此条形基础底面中心线下 z=4 m 处的竖向附加应力为(　　)kPa。

(A)39.64　　(B)9.91　　(C)18.46　　(D)36.93

【例题 13】

三角形荷载作用下地基附加应力的计算。

已知条形基础基宽 2.4 m，如下图所示，作用在基底面上的相应于荷载效应标准组合时的三角形荷载引起的基底最大附加压力值 p_0 为 200 kPa，则此条形基础中心线下 $z=6$ m 处的竖向附加应力为(　　)kPa。

(A)12.3　　(B)24.76　　(C)24.6　　(D)24.44

解

如图所示，将三角形荷载划分为三部分，即三角形荷载(abf)，三角形荷载(fde)和矩形荷载($fbcd$)。其计算结果如下表所示。

荷载作用面积	z/b	l/b	α_c	基础底面附加应力
abf	6/1.2=5	条形	0.0309	100
fde	6/1.2=5	条形	0.0301	100
$fbcd$	6/1.2=5	条形	0.062	100

$\sigma_z=2(0.0309+0.0301+0.062)\times 100=24.6$(kPa)

应选选项(C)。

例题解析

计算条形基础三角形荷载中心线下某点的附加应力公式为

$$\sigma_z=2\left[\alpha_2\left(条形,\frac{z}{b/2}\right)+\alpha_1\left(条形,\frac{z}{b/2}\right)+\alpha_{矩}\left(条形,\frac{z}{b/2}\right)\right]\frac{p_0}{2}$$

$$=\left[\alpha_2\left(条形,\frac{z}{b/2}\right)+\alpha_1\left(条形,\frac{z}{b/2}\right)+\alpha_{矩}\left(条形,\frac{z}{b/2}\right)\right]p_0$$

【案例模拟题 14】

如下图所示，已知条形基础基宽 2 m，作用在基底上的相应于荷载效应标准组合时的三角形荷载引起的基底附加压力值的最大值 $p_0=150$ kPa，则此条形基础边缘线 a 点下 $z=4.5$ m 处的竖向附加应力为(　　)kPa。

(A)8.90　　(B)17.76　　(C)10.07　　(D)20.15

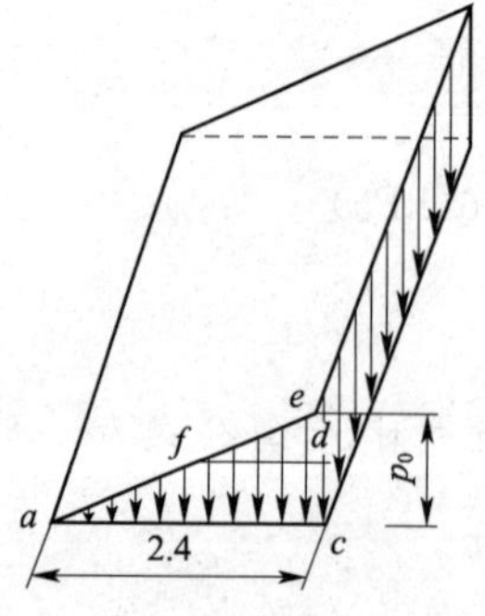

题 13 图(尺寸单位:m)

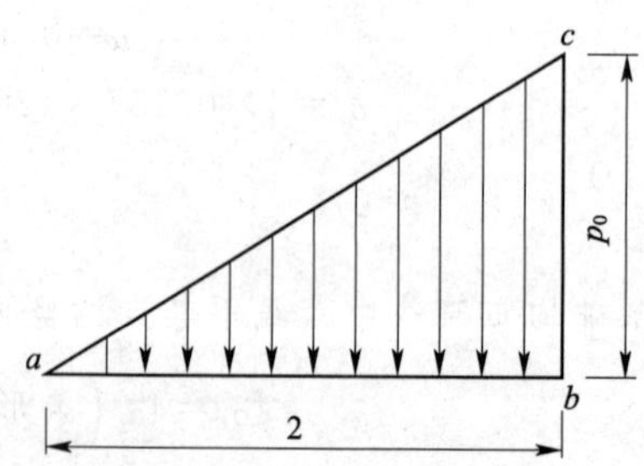

案例模拟题 14 图(尺寸单位:m)

【案例模拟题 15】

某条形基础底宽 4 m，作用在基底上的相应于荷载效应标准组合时的三角形荷载引起的基底附加压力值的最大值 $p_0=180$ kPa，则此条形基础中心线下 $z=6$ m 处的竖向附加应力为(　　)kPa。

(A)17.79　　(B)43.27　　(C)35.59　　(D)46.94

3.2　地基承载力计算

3.2.1　按《建筑地基基础设计规范》(GB 50007—2011)中土的抗剪强度指标 c_k、φ_k 确定地基承载力特征值

GB 50007—2011/5.2.5 规定：当偏心距 e 小于或等于 0.033 倍基础底面宽度时，根据土的抗剪强度指标确定地基承载力特征值可按下式计算，并应满足变形要求

$$f_a = M_b \gamma b + M_d \gamma_m d + M_c c_k \qquad (5.2.5)$$

式中，f_a 为由土的抗剪强度指标确定的地基承载力特征值；M_b、M_d、M_c 为承载力系数，按表 5.2.5 确定；b 为基础底面宽度，大于 6 m 时按 6 m 取值，对于砂土，小于 3 m 时按 3 m 取值；c_k 为基底下一倍短边宽深度内土的黏聚力标准值。

表 5.2.5　承载力系数 M_b、M_d、M_c

土的内摩擦角标准值 φ_k	M_b	M_d	M_c
0°	0	1.00	3.14
2°	0.03	1.12	3.32
4°	0.06	1.25	3.51
6°	0.10	1.39	3.71
8°	0.14	1.55	3.93
10°	0.18	1.73	4.17
12°	0.23	1.94	4.42
14°	0.29	2.17	4.69
16°	0.36	2.43	5.00
18°	0.43	2.72	5.31
20°	0.51	3.06	5.66
22°	0.61	3.44	6.04
24°	0.80	3.87	6.45
26°	1.10	4.37	6.90
28°	1.40	4.93	7.40
30°	1.90	5.59	7.95
32°	2.60	6.35	8.55

续上表

土的内摩擦角标准值 φ_k	M_b	M_d	M_c
34°	3.40	7.21	9.22
36°	4.20	8.25	9.97
38°	5.00	9.44	10.80
40°	5.80	10.84	11.73

注：φ_k 为基底下一倍短边宽深度内土的内摩擦角标准值。

【例题 14】

按理论公式计算地基承载力特征值。

某房屋墙下条形基础底面宽度为 1.5 m，基础埋深 1.30 m，偏心距 $e=0.04$ m，地基为粉质黏土，黏聚力 $c_k=12$ kPa，内摩擦角 $\varphi_k=26°$，地下水位距地表 1.0 m，地下水位以上土的重度 $\gamma=18$ kN/m³，地下水位以下土的饱和重度 $\gamma_{sat}=19.5$ kN/m³，则该地基土的承载力特征值为(　　)kPa。

(A)220.12　　(B)218.73　　(C)189.60　　(D)235.23

解

偏心距　$e=0.04\ \text{m}<0.033b=0.033\times1.5=0.0495(\text{m})$

可按《建筑地基基础设计规范》(GB 50007—2011)中式(5.2.5)计算。

按 $\varphi_k=26°$，查规范表 5.2.5 得

$$M_b=1.10,M_d=4.37,M_c=6.90$$

地下水位以下土的浮重度

$$\gamma=\gamma_{sat}-\gamma_w=19.5-10=9.5(\text{kN/m}^3)$$

$$\gamma_m=\frac{18\times1.0+9.5\times0.3}{1.0+0.3}=16.04(\text{kN/m}^3)$$

$$f_a=M_b\gamma b+M_d\gamma_m d+M_c c_k$$
$$=1.1\times9.5\times1.5+4.37\times16.04\times1.3+6.90\times12=189.60(\text{kPa})$$

应选选项(C)。

例题解析

①只有当 $e\leqslant0.033b$ 时，才可通过理论公式用土的抗剪强度指标确定地基承载力特征值。

②如果基底以上是混合土层，γ_m 取基础底面以上土的加权平均有效重度。

③如果基底位于地下水位以下，则 γ 取浮重度。

【案例模拟题 16】

已知某条形基础底面宽 2.0 m，基础埋深 1.5 m，相应于荷载效应标准组合时，上部结构传至基础底面竖向力的合力偏心距 $e=0.05$ m，地基为均质粉质黏土，地下水位位于基底下 3.5 m，基础底面下土层的黏聚力 $c_k=10$ kPa，内摩擦角 $\varphi_k=20°$，土的重度 $\gamma=18$ kN/m³，则该地基土的承载力特征值为(　　)kPa。

(A)142.60　　(B)156.58　　(C)162.74　　(D)175.51

3.2.2 按《建筑地基基础设计规范》(GB 50007—2011)对地基承载力进行深宽修正

GB 50007—2011/5.2.4 规定：当基础宽度大于 3 m 或埋置深度大于 0.5 m 时，从载荷试验或其他原位测试、经验值等方法确定的地基承载力特征值，尚应按下式修正

$$f_a = f_{ak} + \eta_b \gamma (b-3) + \eta_d \gamma_m (d-0.5) \quad (5.2.4)$$

式中，f_a 为修正后的地基承载力特征值；f_{ak} 为地基承载力特征值，按本规范第 5.2.3 条的原则确定；η_b、η_d 为基础宽度和埋深的地基承载力修正系数，按基底下土的类别查表 5.2.4 取值；γ 为基础底面以下土的重度，地下水位以下取浮重度；b 为基础底面宽度(m)，当基宽小于 3 m 时按 3 m 取值，大于 6 m 时按 6 m 取值；γ_m 为基础底面以上土的加权平均重度，地下水位以下取浮重度；d 为基础埋置深度(m)，一般自室外地面标高算起。在填方整平地区，可自填土地面标高算起，但填土在上部结构施工后完成时，应从天然地面标高算起。对于地下室，如采用箱形基础或筏形基础时，基础埋置深度自室外地面标高算起；当采用独立基础或条形基础时，应从室内地面标高算起。

承载力修正系数 表 5.2.4

土的类别		η_b	η_d
淤泥和淤泥质土		0	1.0
人工填土 e 或 I_L 大于等于 0.85 的黏性土		0	1.0
红黏土	含水比 $\alpha_w > 0.8$	0	1.2
	含水比 $\alpha_w \leqslant 0.8$	0.15	1.4
大面积压实填土	压实系数大于 0.95、黏粒含量 $\rho_c \geqslant 10\%$ 的粉土	0	1.5
	最大干密度大于 2.1 t/m^3 的级配砂石	0	2.0
粉土	黏粒含量 $\rho_c \geqslant 10\%$ 的粉土	0.3	1.5
	黏粒含量 $\rho_c < 10\%$ 的粉土	0.5	2.0
	e 及 I_L 均小于 0.85 的黏性土	0.3	1.6
	粉砂、细砂(不包括很湿与饱和时的稍密状态)	2.0	3.0
	中砂、粗砂、砾砂和碎石土	3.0	4.4

注：1. 强风化和全风化的岩石，可参照所风化成的相应土类取值，其他状态下的岩石不修正。

2. 地基承载力特征值按本规范附录 D 深层平板载荷试验确定时 η_d 取 0。

【例题 15】

地基承载力特征值的深宽修正。

某混合结构基础埋深 1.5 m，基础宽度 4 m，场地为均质黏土，重度 $\gamma_m = 17.5\ kN/m^3$，孔隙比 $e = 0.8$，液性指数 $I_L = 0.78$，地基承载力特征值 $f_{ak} = 190$ kPa，则修正后的地基承载力特征值为(　　)kPa。

(A)223.25　　(B)195.25　　(C)218　　(D)222

解

因为基础宽度 4 m>3 m，基础埋深 1.5 m>0.5 m，故需对地基承载力特征值 f_{ak} 进行深宽修正。

按 $e = 0.8$，$I_L = 0.78$，查规范表 5.2.4，得 $\eta_b = 0.3$，$\eta_d = 1.6$

则 $f_a = f_{ak} + \eta_b \gamma (b-3) + \eta_d \gamma_m (d-0.5) = 190 + 0.3 \times 17.5 \times (4-3) + 1.6 \times 17.5 \times (1.5-0.5) = 223.25$ (kPa)

应选选项(A)。

例题解析

①注意 γ、γ_m 的取值，γ 是基底以下土的重度，一般取基底面以下一倍基础宽度范围内的重度，地下水位以下取浮重度，γ_m 是基底以上土的加权平均重度，地下水位以下取浮重度。

②b 小于 3 m 时，b 取 3 m；b 大于 6 m 时，b 取 6 m。

【案例模拟题 17】

某墙下条形基础，基础宽度为 3.6 m，基础埋深 1.65 m，室内外高差为 0.45 m，地基为黏性土($\eta_b = 0$，$\eta_d = 1.0$ m，$\gamma = 16\ \mathrm{kN/m^3}$，$\gamma_{sat} = 16.8\ \mathrm{kN/m^3}$)，地下水位位于地面以下 0.5 m 处，地基承载力特征值 $f_{ak} = 120\ \mathrm{kN/m^3}$，则修正后的地基承载力特征值为(　　)kPa。

(A)131.02　　(B)136.56　　(C)138.96　　(D)131.91

3.2.3 按《公路桥涵地基与基础设计规范》(JTG D63—2007)确定软土地基承载力

JTG D63—2007 的相关规定如下。

3.3.5 软土地基承载力容许值$[f_a]$按下列规定确定：

①软土地基承载力基本容许值$[f_{a0}]$应由载荷试验或其他原位测试取得。载荷试验和原位测试确有困难时，对于中小桥、涵洞基底未经处理的软土地基，承载力容许值$[f_a]$可采用以下两种方法确定：

(A)根据原状土天然含水率 w，按表 3.3.5 确定软土地基承载力基本容许值$[f_{a0}]$，然后按式(3.3.5.1)计算修正后的地基承载力容许值$[f_a]$：

$$[f_a] = [f_{a0}] + \gamma_2 h \tag{3.3.5.1}$$

式中，γ_2、h 的意义同式(3.3.4)。

软土地基承载力基本容许值$[f_{a0}]$　　表 3.3.5

天然含水率 w/(%)	36	40	45	50	55	65	75
$[f_{a0}]$/kPa	100	90	80	70	60	50	40

(B)根据原状土强度指标确定软土地基承载力容许值$[f_a]$：

$$[f_a] = \frac{5.14}{m} k_p C_u + \gamma_2 h \tag{3.3.5.2}$$

$$k_p = \left(1 + 0.2\frac{b}{l}\right)\left(1 - \frac{0.4H}{blC_u}\right) \tag{3.3.5.3}$$

式中，m 为抗力修正系数，可视软土灵敏度及基础长宽比等因素选用 1.5～2.5；C_u 为地基土不排水抗剪强度标准值(kPa)；k_p 为系数；H 为由作用(标准值)引起的水平力(kN)；b 为基础宽度(m)，有偏心作用时，取 $b-2e_b$；l 为垂直于 b 边的基础长度(m)，有偏心作用时，取 $l-2e_l$；e_b、e_l 为偏心作用在宽度和长度方向的偏心距；γ_2、h 的意义同式(3.3.4)。

②经排水固结方法处理的软土地基，其承载力基本容许值$[f_{a0}]$应通过载荷试验或其他原位测试方法确定；经复合地基方法处理的软土地基，其承载力基本容许值应通过载荷试验确定，然后按式(3.3.5.1)计算修正后的软土地基承载力容许值$[f_a]$。

【例题 16】

求软土地基承载力容许值(右图)。

已知有一软土地基的桥墩，持力层不透水，桥墩宽 4 m、长 6 m，基础埋深 2 m，该桥墩承受偏心荷载，该荷载在基础长度方向的偏心距 1 m，在宽度方向的偏心距 0.5，水平荷载 500 kN，不排水抗剪强度 $C_u=40$ kPa，桥墩埋深部分土的重度 $\gamma=16.0\ \text{kN/m}^3$，抗力修正系数为 2.2，则该软土地基容许载力为(　　)kPa。

(A)94.6　　(B)115.83

(C)126.62　　(D)137.14

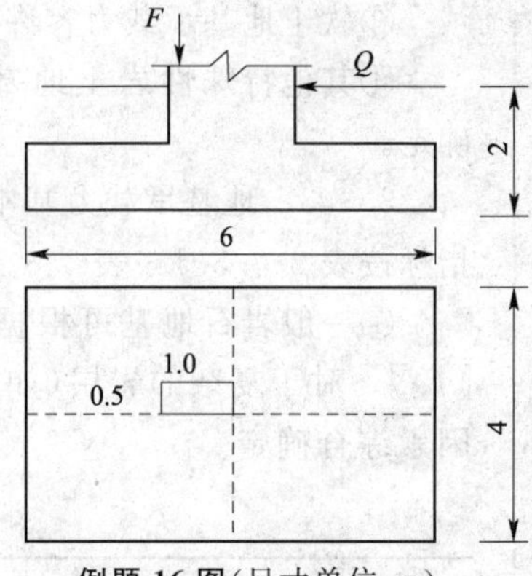

例题 16 图(尺寸单位：m)

解

$$k_p=\left(1+0.2\frac{B}{L}\right)\left(1-\frac{0.4H}{BLC_u}\right)$$

$$=\left(1+0.2\times\frac{4-2\times0.5}{6-2\times1}\right)\times\left[1-\frac{0.4\times500}{(4-2\times0.5)\times(6-2\times1)\times40}\right]=0.67$$

$$[f_a]=\frac{5.14}{m}k_pC_u+\gamma_2h=\frac{5.14}{2.2}\times0.67\times40+16\times2=94.6(\text{kPa})$$

应选选项(A)。

例题解析

①按式(3.3.5.2)计算的容许承载力不再按基础深宽进行修正。

②当有偏心力作用时 b 取 $b-2e_b$，l 取 $l-2e_l$。

【案例模拟题 18】

已知软土地基上有一矩形桥墩，持力层透水，墩宽 1 m，墩长 10 m，该桥墩受轴心竖向荷载 300 kN，在不考虑长平力的情况下，不排水抗剪强度 $C_u=50$ kPa，地下水位在地面以下 0.5 m，基础底面以上土的重度 $\gamma=16.0\ \text{kN/m}^3$，$\gamma_{sat}=18.6\ \text{kN/m}^3$，基础埋深 2 m，抗力修正系数 2.2，则该软土地基承载力容许值为(　　)kPa。

(A)81.28　　(B)96.83　　(C)98.52　　(D)140

3.2.4　按《公路桥涵地基与基础设计规范》(JTG D63—2007)确定地基容许承载力

JTG D63—2007 的相关规定如下。

3.3.1　地基承载力的验算，应以修正后的地基承载力容许值$[f_a]$控制。该值系在地基原位测试或本规范给出的各类岩土承载力基本容许值$[f_{a0}]$的基础上，经修正而得。

3.3.2　地基承载力容许值应按以下原则确定：

①地基承载力基本容许值应首先考虑由载荷试验或其他原位测试取得，其值不应大于地基极限承载力的1/2。

对中小桥、涵洞，当受现场条件限制，或载荷试验和原位测试确有困难时，也可按照本规范第3.3.3条有关规定采用。

②地基承载力基本容许值尚应根据基底埋深、基础宽度及地基土的类别按照本规范第3.3.4条规定进行修正。

③软土地基承载力容许值可按照本规范第3.3.5条确定。

④其他特殊性岩土地基承载力基本容许值可参照各地区经验或相应的标准确定。

3.3.3　地基承载力基本容许值[f_{a0}]可根据岩土类别、状态及其物理力学特性指标按表3.3.3.1～表3.3.3.7选用。

①一般岩石地基可根据强度等级、节理按表3.3.3.1确定承载力基本容许值[f_{a0}]。对于复杂的岩层(如溶洞、断层、软弱夹层、易溶岩石、软化岩石等)应按各项因素综合确定。

岩石地基承载力基本容许值[f_{a0}]　　表3.3.3.1

坚硬程度 \ [f_{a0}]/kPa \ 节理发育程度	节理不发育	节理发育	节理很发育
坚硬岩、较硬岩	>3 000	3 000～2 000	2 000～1 500
较软岩	3 000～1 500	1 500～1 000	1 000～800
软岩	1 200～1 000	1 000～800	800～500
极软岩	500～400	400～300	300～200

②碎石土地基可根据其类别和密实程度按表3.3.3.2确定承载力基本容许值[f_{a0}]。

碎石土地基承载力基本容许值[f_{a0}]　　表3.3.3.2

土名 \ [f_{a0}]/kPa \ 密实程度	密实	中密	稍密	松散
卵石	1 200～1 000	1 000～650	650～500	500～300
碎石	1 000～800	800～550	550～400	400～200
圆砾	800～600	600～400	400～300	300～200
角砾	700～500	500～400	400～300	300～200

注：1.由硬质岩组成，填充砂土者取高值；由软质岩组成，填充黏性土者取低值。

2.半胶结的碎石土，可按密实的同类土的[f_{a0}]值提高10%～30%。

3.松散的碎石土在天然河床中很少遇见，需特别注意鉴定。

4.漂石、块石的[f_{a0}]值，可参照卵石、碎石适当提高。

③砂土地基可根据土的密实度和水位情况按表3.3.3.3确定承载力基本容许值[f_{a0}]。

砂土地基承载力基本容许量[f_{a0}] 表 3.3.3.3

土名及水位情况 \ [f_{a0}]/kPa \ 密实度		密实	中密	稍密	松散
砾砂、粗砂	与湿度无关	550	430	370	200
中砂	与湿度无关	450	370	330	150
细砂	水上	350	270	230	100
	水下	300	210	190	—
粉砂	水上	300	210	190	—
	水下	200	110	90	—

④粉土地基可根据土的天然孔隙比 e 和天然含水率 w(%)按表 3.3.3.4 确定承载力基本容许值[f_{a0}]。

粉土地基承载力基本容许值[f_{a0}] 表 3.3.3.4

e \ [f_{a0}]/kPa \ w/(%)	10	15	20	25	30	35
0.5	400	380	355	—	—	—
0.6	300	290	280	270	—	—
0.7	250	235	225	215	205	—
0.8	200	190	180	170	165	—
0.9	160	150	145	140	130	125

⑤老黏性土地基可根据压缩模量 E_s 按表 3.3.3.5 确定承载力基本容许值[f_{a0}]。

老黏性土地基承载力基本容许值[f_{a0}] 表 3.3.3.5

E_s/MPa	10	15	20	25	30	35	40
[f_{a0}]/kPa	380	430	470	510	550	580	620

注:当老黏性土 E_s<10MPa 时,承载力基本容许值[f_{a0}]按一般黏性土(表 3.3.3.6)确定。

⑥一般黏性土可根据液性指数 I_L 和天然孔隙比 e 按表 3.3.3.6 确定地基承载力基本容许值[f_{a0}]。

一般黏性土地基承载力基本容许值[f_{a0}] 表 3.3.3.6

e \ [f_{a0}]/kPa \ I_L	0	0.1	0.2	0.3	0.4	0.5	0.6	0.7	0.8	0.9	1.0	1.1	1.2
0.5	450	440	430	420	400	380	350	310	270	240	220	—	—
0.6	420	410	400	380	360	340	310	280	250	220	200	180	—

续上表

I_L / $[f_{a0}]$/kPa / e	0	0.1	0.2	0.3	0.4	0.5	0.6	0.7	0.8	0.9	1.0	1.1	1.2
0.7	400	370	350	330	310	290	270	240	220	190	170	160	150
0.8	380	330	300	280	260	240	230	210	180	160	150	140	130
0.9	320	280	260	240	220	210	190	180	160	140	130	120	100
1.0	250	230	220	210	190	170	160	150	140	120	110	—	—
1.1	—	—	160	150	140	130	120	110	100	90	—	—	—

注:1.土中含有粒径大于 2 mm 的颗粒质量超过总质量 30%以上者,$[f_{a0}]$可适当提高。

2.当 $e<0.5$ 时,取 $e=0.5$;当 $I_L<0$ 时,取 $I_L=0$。此外,超过表列范围的一般黏性土,$[f_{a0}]=57.22E_s^{0.57}$。

⑦新近沉积黏性土地基可根据液性指数 I_L 和天然孔隙比 e 按表 3.3.3.7 确定承载力基本容许值$[f_{a0}]$。

新近沉积黏性土地基承载力基本容许值$[f_{a0}]$ 表 3.3.3.7

I_L / $[f_{a0}]$/kPa / e	≤0.25	0.75	1.25
≤0.8	140	120	100
0.9	130	110	90
1.0	120	100	80
1.1	110	90	—

【例题 17】

确定地基容许承载力。

一桥墩的地基土是一般黏性土,天然孔隙比 $e=0.4$,天然含水率 $w=16\%$,塑限含水率为 13%,液限含水率为 28%,则该地基容许承载力为(　　)kPa。

(A)380　　(B)410　　(C)430　　(D)450

解

液性指数　$I_L=\dfrac{w-w_p}{w_L-w_p}=\dfrac{16-13}{28-13}=\dfrac{3}{15}=0.2$

天然孔隙比　$e=0.4<0.5$,e 取 0.5

查规范表 3.3.3.6,得$[f_{a0}]=430$ kPa。

应选选项(C)。

例题解析

①对于一般黏性土,当 $e<0.5$ 时,取 $e=0.5$;$I_L<0$ 时,取 $I_L=0$。对于超出规范表 3.3.3.6 范围的一般黏性土,$[f_{a0}]=57.22E_s^{0.57}$,E_s 为土的压缩模量(MPa)。

②黏性土的状态按液性指数 I_L 划分,见《公路桥涵地基与基础设计规范》(JTG D63—2007)表 3.1.14。

③查承载力表时应采用内插法。

【案例模拟题 19】

一桥台的地基是新近沉积黏性土，天然孔隙比 $e=0.9$，液性指数 $I_L=0.75$，则该地基容许承载力为(　　)kPa。

(A)110　　(B)120　　(C)130　　(D)90

【案例模拟题 20】

某一桥墩的地基土是一般黏性土，天然孔隙比 $e=1.0$，液性指数 $I_L=1.1$，土的压缩模量 $E_s=2.2$ MPa，则该地基容许承载力为(　　)kPa。

(A)70.17　　(B)79.21　　(C)89.69　　(D)110

【案例模拟题 21】

一桥台的地基土是中等密实细砂，位于地下水位之上，天然孔隙比 $e=0.7$，则该地基容许承载力为(　　)kPa。

(A)190　　(B)210　　(C)230　　(D)270

3.2.5 按《公路桥涵地基与基础设计规范》(JTG D63—2007)进行地基承载力深宽修正

JTG D63—2007 的相关规定如下。

3.3.4 修正后的地基承载力容许值 $[f_a]$ 按下式确定。当基础位于水中不透水地层上时，$[f_a]$ 按平均常水位至一般冲刷线的水深每米再增大 10 kPa。

$$[f_a]=[f_{a0}]+k_1\gamma_1(b-2)+k_2\gamma_2(h-3) \tag{3.3.4}$$

式中，$[f_a]$ 为修正后的地基承载力容许值(kPa)；b 为基础底面的最小边宽(m)(当 $b<2$ m时，取 $b=2$ m；当 $b>10$ m 时，取 $b=10$ m)；h 为基底埋置深度(m)，自天然地面起算，有水流冲刷时自一般冲刷线起算(当 $h<3$ m 时，取 $h=3$ m；当 $h/b>4$ 时，取 $h=4b$)；k_1、k_2 分别为基底宽度、深度修正系数，根据基底持力层土的类别按表 3.3.4 确定；γ_1 为基底持力层土的天然重度(kN/m^3)，若持力层在水面以下且为透水者，应取浮重度；γ_2 为基底以上土层的加权平均重度(kN/m^3)(换算时若持力层在水面以下，且不透水时，不论基底以上土的透水性质如何，一律取饱和重度；当透水时，水中部分土层则应取浮重度)。

地基土承载力宽度、深度修正系数 k_1、k_2　　表 3.3.4

土类 / 系数	黏性土				粉土	砂土								碎石土			
	老黏性土	一般黏性土		新近沉积黏性土	—	粉砂		细砂		中砂		砾砂、粗砂		碎石、圆砾、角砾		卵石	
		$I_L\geq0.5$	$I_L<0.5$		—	中密	密实	中密	密实	中密	密实	中密	密实	中密	密实	中密	密实
k_1	0	0	0	0	0	1.0	1.2	1.5	2.0	2.0	3.0	3.0	4.0	3.0	4.0	3.0	4.0
k_2	2.5	1.5	2.5	1.0	1.5	2.0	2.5	3.0	4.0	4.0	5.5	5.0	6.0	5.0	6.0	6.0	10.0

注：1. 对于稍密和松散状态的砂、碎石土，k_1、k_2 值可采用表列中密值的 50%。

2. 强风化和全风化的岩石，可参照所风化成的相应土类取值；其他状态下的岩石不修正。

【例题 18】

修正后地基承载力容许值$[f_a]$。

某水中基础尺寸 6.0 m×4.5 m,持力层为黏性土,$e=0.8$,$I_L=0.45$,无冲刷,常水位在地表上 0.5 m,其他条件见下图,则该地基修正后的地基承载力为(　　)kPa。

(A)374.25　　(B)321.88　　(C)278.1　　(D)351.13

解

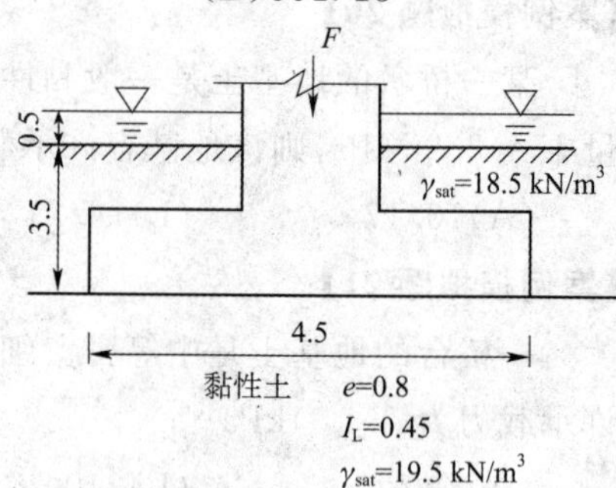

例题 18 图(尺寸单位:m)

①确定地基承载力基本容许值:

持力层是黏性土,$e=0,8$,$I_L=0.45$,查规范 JTG D63—2007 表 3.3.3-6 得$[f_{a0}]=250$ kPa。

②修正后的地基承载力容许值:

按黏性土,$I_L=0.45<0.5$,查规范得 $k_1=0$,$k_2=2.5$,黏性土呈可塑状态,可视为不透水层。

$$[f_a]=[f_{a0}]+k_1\gamma_1(b-2)+k_2\gamma_2(h-3)$$
$$=250+0\times19.5\times(4.5-2)+2.5\times18.5\times(3.5-3)=273.1(\text{kPa})$$

考虑水后:

$$[f_a]=273.1+0.5\times10=278.1(\text{kPa})$$

应选选项(C)。

例题解析

①b 是基础底面的短边宽(或是直径),当 $b<2$ m 时,$b=2$ m;当 $b>10$ m 时,$b=10$ m。

②基础受水流冲刷时,基础埋深由冲刷线算起。

③持力层为不透水层,γ_1 和 γ_2 均采用饱和重度;持力层为透水层,水下部分的 γ_1 和 γ_2 均采用浮重度。

【案例模拟题 22】

有一基础,底面尺寸为 4.0 m×6.0 m,埋置深度为 4 m,持力层为黏性土,天然孔隙比 $e=0.6$,天然含水率 $w=20\%$,塑限含水率 $w_p=11\%$,液限含水率为 30%,土的重度为 20.0 kN/m³,基础埋深范围内土的重度 $\gamma_{sat}=20.0$ kN/m³,则该地基允许承载力为(　　)kPa。

(A)352.11　　(B)371　　(C)396　　(D)374.13

3.2.6　按《建筑地基基础设计规范》(GB 50007—2011)确定基础底面积

GB 50007—2011/5.2.1 规定:基础底面的压力,应符合下式要求。

当轴心荷载作用时

$$p_k\leqslant f_a \qquad (5.2.1.1)$$

式中,p_k 为相应于荷载效应标准组合时,基础底面处的平均压力值;f_a 为修正后的地基承载力特征值。

当偏心荷载作用时,除符合式(5.2.1.1)要求外尚应符合下式要求。

$$p_{kmax}\leqslant1.2f_a \qquad (5.2.1.2)$$

式中,p_{kmax}为相应于荷载效应标准组合时,基础底面边缘的最大压力值。

GB 50007—2011/5.2.2 规定:基础底面的压力,可按下列公式确定。

①当轴心荷载作用时

$$p_k=\frac{F_k+G_k}{A} \tag{5.2.2.1}$$

式中，F_k 为相应于荷载效应标准组合时，上部结构传至基础顶面的竖向力值；G_k 为基础自重和基础上的土重；A 为基础底面面积。

②当偏心荷载作用时

$$p_{kmax}=\frac{F_k+G_k}{A}+\frac{M_k}{W} \tag{5.2.2.2}$$

$$p_{kmin}=\frac{F_k+G_k}{A}-\frac{M_k}{W} \tag{5.2.2.3}$$

式中，M_k 为相应于荷载效应标准组合时，作用于基础底面的力矩值；W 为基础底面的抵抗矩；p_{kmin} 为相应于荷载效应标准组合时，基础底面边缘的最小压力值。

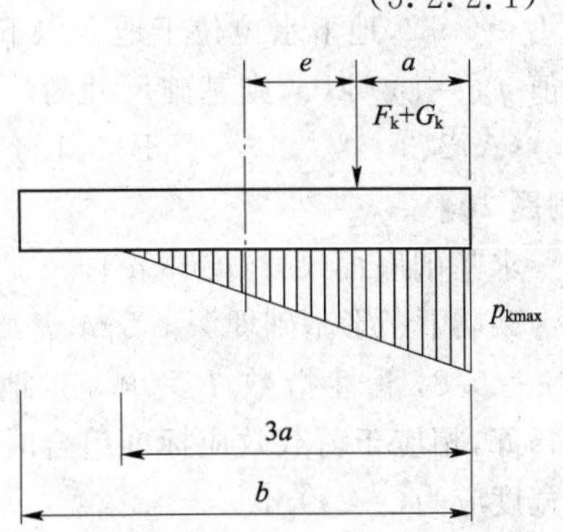

图 5.2.2　偏心荷载（$e>b/6$）下基底压力计算示意

b-力矩作用方向基础底面边长

当偏心距 $e>b/6$ 时（图 5.2.2），p_{kmax} 应按下式计算

$$p_{kmax}=\frac{2(F_k+G_k)}{3la} \tag{5.2.2.4}$$

式中，l 为垂直于力矩作用方向的基础底面边长；a 为合力作用点至基础底面最大压力边缘的距离。

【例题 19】

求基础尺寸（$b<3$ m）。

某矩形基础顶面受到上部结构传来的，相应于荷载效应标准组合时的轴心竖向力值 $F_k=250$ kN，基础埋深 1.5 m，场地为均质粉土，重度 $\gamma=18.0$ kN/m^3，黏粒含量 $\rho_c=11\%$，地基承载力特征值 $f_{ak}=190$ kN/m^2，则基础尺寸合理选项为（　　）m。

(A)1、1.4　　(B)2、3　　(C)1、1.2　　(D)1.5、2

解

①修正地基承载力特征值

假定基础宽度 $b<3$ m，因为 $d=1.5$ m>0.5 m，故需对 f_{ak} 进行深度修正。因为黏粒含量 $\rho_c=11\%>10\%$，查规范 GB 50007—2011 表 5.2.4 得 $\eta_d=1.5$。

$$f_a=f_{ak}+\eta_d\gamma_m(d-0.5)=190+1.5\times18.0\times(1.5-0.5)=217(\text{kN/m}^2)$$

②求基础尺寸

$$A\geqslant\frac{F}{f_a-\gamma_G d}=\frac{250}{217-20\times1.5}=1.34(\text{m}^2)$$

A 取 1.4 m^2，取 $b=1$ m<3 m，与假设相符，则 $l=1.4$ m。

应选选项(A)。

例题解析

首先假设 $b<3$ m，对承载力特征值 f_{ak} 进行深度修正，再按公式 $A\geqslant F/(f_a-\gamma_G d)$ 确定基础尺寸，如 $b\leqslant3$ m，与假设相符，即为所求，如 $b>3$ m，则需重新假设 b，再次对承载力特征值进行深度及宽度修正并确定底面尺寸，直到假设的 b 与计算所得的 b 值相符为止。

【案例模拟题 23】

已知矩形基础顶面受到上部结构传来的，相应于荷载效应标准组合时的轴心竖向力值 $F_k=220$ kN，基础埋深 1.7 m，室内外地面高差 0.5 m，地基为黏土，孔隙比 $e=0.8$，液性指数 $I_L=0.72$，地下水位位于地面以下 0.6 m，$\gamma=16$ kN/m³，$\gamma_{sat}=17.2$ kN/m³，地基承载力特征值 $f_{ak}=150$ kPa，则基础尺寸为(　　)m。

(A)2、3　　(B)1、1.6　　(C)1.5、2　　(D)0.8、1

【例题 20】

求基础底面尺寸($b>3$ m)。

某墙下条形基础埋深 1.5 m，基础埋深范围内及持力层均为黏土，重度 17.5 kN/m³，孔隙比 $e=0.8$，液性指数 $I_L=0.78$，地基承载力特征值 $f_{ak}=190$ kN/m²，室内外地面高差 0.45 m，相应于荷载效应标准组合时基础顶面受到的轴向竖向力 $F_k=610$ kN/m，则基础底面宽度应为(　　)m。

(A)2.0　　(B)3.4　　(C)3.8　　(D)4.0

解

①修正地基承载力特征值。

假定基础宽度 $b<3$ m，因为 $d=1.5\text{ m}>0.5$ m，故需对 f_{ak} 进行深度修正，由规范 GB 50007—2011 表 5.2.4 得

$$\eta_b=0.3,\ \eta_d=1.6$$

$$f_a=f_{ak}+\eta_d\gamma_m(d-0.5)=190+1.6\times17.5\times(1.5-0.5)=218(\text{kN/m}^2)$$

②求基础宽度。

室内外高差为 0.45 m，故基础自重计算高度

$$\overline{d}=1.5+\frac{0.45}{2}=1.73(\text{m})$$

$$b\geqslant\frac{F}{f_a-\gamma_G d}=\frac{610}{218-20\times1.73}=3.33(\text{m})$$

$b>3$ m 与假设相反，则根据 $b\geqslant3.33$ m，再假设 $b=3.4$ m，对 f_{ak} 进行深宽修正。

$$\begin{aligned}f_a&=f_{ak}+\eta_b\gamma(b-3)+\eta_d\gamma_m(d-0.5)=218+0.3\times17.5\times(3.4-3)\\&=220.1(\text{kN/m}^2)\end{aligned}$$

$$b\geqslant\frac{F}{f_a-\gamma_G d}=\frac{610}{220.1-20\times1.73}=\frac{610}{185.5}=3.29(\text{m})$$

则取 $b=3.4$ m 符合假设。

③验算。

基底平均压力

$$P_k=\frac{F_k}{b}+\gamma_G d=\frac{610}{3.4}+20\times1.73=214.01\ (\text{kPa})<f_a=220.1(\text{kPa})(\text{满足要求})$$

应选选项(B)。

例题解析

首先假设 $b<3$ m，对 f_{ak} 进行深度修正，按公式 $b\geqslant F/(f_a-\gamma_G d)$ 确定基础尺寸。如果 $b>3.0$ m，与假设不相符，根据 $b\geqslant F/(f_a-\gamma_G d)$ 确定的范围，再次假设 b 值，对 f_{ak} 进行深宽修正，如符合假设，即为所求。

【案例模拟题 24】

已知矩形基础埋深 1.5 m，基础顶面受到上部结构传来的，相应于荷载效应标准组合时

的轴心竖向力值 $F_k=2\ 500$ kN，基础埋深范围内为粉土，且黏粒含量 $\rho_c\geqslant 10\%$，重度 $\gamma=17.5$ kN/m^3，持力层为粉土，承载力特征值 $f_{ak}=130$ kPa，则基础尺寸应为（　　）m。

(A)3.5、4　　(B)4、5　　(C)4、4.5　　(D)5、6

【案例模拟题 25】

已知墙下条形基础在相应于荷载效应标准组合时基础顶面受到的轴向竖向力 $F_k=400$ kN/m，基础埋深 $d=1.65$ m，室内外地面高差 0.45 m，地下水位位于地面以下 0.5 m 处，地基为黏土（$\eta_b=0.3$，$\eta_d=1.6$），$\gamma=16$ kN/m^3，$\gamma_{sat}=16.8$ kN/m^3，其他条件如下图所示，地基承载力特征值 $f_{ak}=120$ kPa，则基础宽度应为（　　）m。

(A)2.0　　(B)2.8　　(C)4.0　　(D)4.2

【例题 21】

求条形基础宽度（$b>3$ m）。

已知墙下条形基础相应于荷载效应标准组合时基础顶面受到的轴向竖向力 $F_k=430$ kN/m，总弯矩 $M_k=80$ kN·m，基础埋深 $d=1.7$ m，室内外地面高差 0.45 m，地基为红黏土，含水比 $\alpha_w\leqslant 0.8$，$\gamma=17$ kN/m^3，$\gamma_{sat}=18$ kN/m^3，地下水位位于地面以下 0.5 m，地基承载力特征值 $f_{ak}=120$ kN/m^2（下图），基础宽度应为（　　）m。

(A)2.6　　(B)3.2　　(C)3.9　　(D)4.2

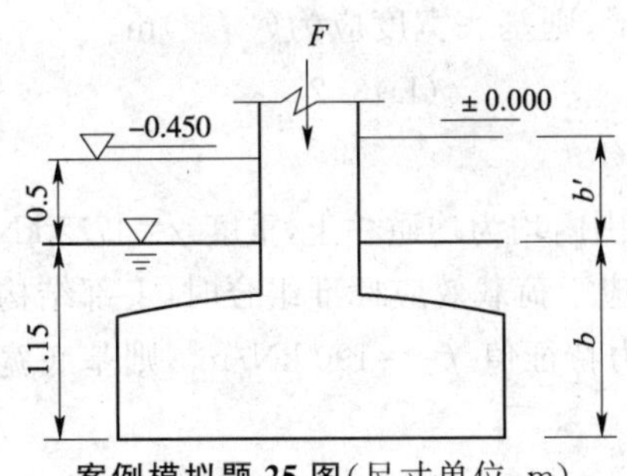

案例模拟题 25 图（尺寸单位：m）

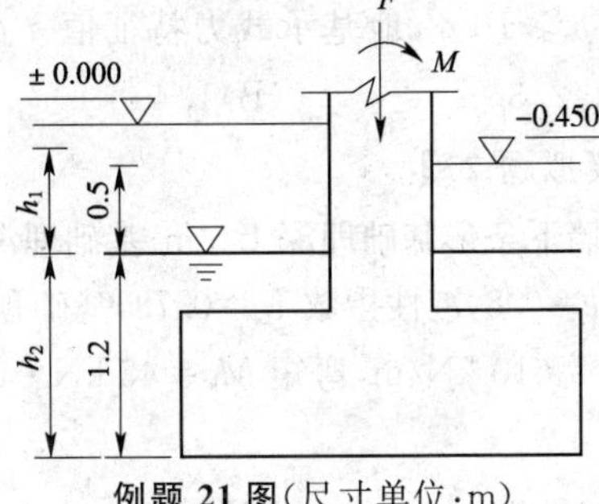

例题 21 图（尺寸单位：m）

解

①修正地基承载特征值。

假定基础宽度 $b<3$ m，因为 $d=1.7$ m>0.5 m，故需对 f_{ak} 进行深度修正。由已知 $\alpha_w\leqslant 0.8$ 的黏性土，查规范 GB 50007—2011 表 5.2.4 得

$$\eta_b=0.15,\eta_d=1.4$$

$$\gamma_m=\frac{0.5\times 17+1.2\times(18-10)}{0.5+1.2}=10.65(\text{kN/m}^3)$$

$$f_a=f_{ak}+\eta_d\gamma_m(d-0.5)=120+1.4\times 10.65\times(1.7-0.5)=137.89(\text{kPa})$$

②求基础宽度。

$$b\geqslant\frac{F}{f_a-\gamma_G h_1-(\gamma_G-10)h_2}=\frac{430}{137.89-20\times 0.725-10\times 1.2}=3.86(\text{m})$$

$b>3$ m，与假设相反，根据 $b\geqslant 3.86$ m，再次假设 $b=3.9$ m，对 f_{ak} 进行深宽修正。

$$\begin{aligned}f_a&=f_{ak}+\eta_b\gamma(b-3)+\eta_d\gamma_m(d-0.5)\\&=137.89+0.15\times(18-10)\times(3.9-3)\\&=138.97(\text{kN/m}^2)\end{aligned}$$

$$b\geqslant\frac{F}{f_a-\gamma_G h_1-(\gamma_G-10)h_2}=\frac{430}{138.97-20\times 0.725-10\times 1.2}=3.82(\text{m})$$

则取 $b=3.9$ m，满足假设。

③验算。

$$e=\frac{M_k}{F_k+G_k}=\frac{80}{430+(20\times0.725+10\times1.2)\times3.9}=0.15\ (\text{m})<\frac{3.9}{6}=0.65(\text{m})$$

$$p_{k_{\min}^{\max}}=\frac{430+(20\times0.725+10\times1.2)\times3.9}{3.9}(1\pm\frac{6\times0.15}{3.9})=\begin{matrix}168.3\ (\text{kPa})\\105.2\ (\text{kPa})\end{matrix}$$

基底平均压力

$$p_k=\frac{430+(20\times0.725+10\times1.2)\times3.9}{3.9}=136.76(\text{kPa})<f_a=138.97(\text{kPa})(\text{满足要求})$$

$p_{kmax}=168.3\ \text{kPa}$ 与 $1.2f_a=166.76\ \text{kPa}$ 接近(满足要求)

应选选项(C)。

例题解析

偏心荷载与轴心荷载在修正承载力特征值和求基础宽度时，计算方法相同，只是在验算时，须验算 $p_{kmax}\leqslant1.2f_a$。

【案例模拟题 26】

某条形基础相应于荷载效应标准组合时，顶面受到的上部结构传来的竖向力 $F_k=250\ \text{kN/m}$，弯矩为 12.0 kN·m，基础埋深 1.5 m，地基为均质粉土，重度 $\gamma=18.0\ \text{kN/m}^3$，黏粒含量 $\rho_c\geqslant10\%$，地基承载力特征值 $f_{ak}=190\ \text{kN/m}^2$，则基底宽度应为(　　)m。

(A)2.3　　(B)1.4　　(C)1.8　　(D)3.2

【案例模拟题 27】

某墙下条形基础埋深 1.5 m，基础埋深及持力层范围内均为均质黏土，重度 $\gamma=17.5\ \text{kN/m}^3$，孔隙比 $e=0.8$，液性指数 $I_L=0.78$，基础顶面受到的相应于荷载效应标准组合时，上部结构的竖向力 $F_k=610\ \text{kN/m}$，弯矩 $M_k=45\ \text{kN}\cdot\text{m}$，地基承载力特征值 $f_{ak}=190\ \text{kN/m}^2$，则基底宽度应为(　　)m。

(A)2.2　　(B)3.4　　(C)5.2　　(D)5.6

3.2.7 按《铁路桥涵地基和基础设计规范》(TB 10002.5—2005)确定地基的承载力

TB 10002.5—2005 的相关规定如下。

4.1　地基容许承载力

4.1.1　地基容许承载力[σ]系指在保证地基稳定的条件下，桥梁和涵洞基础下地基单位面积上容许承受的力。地基的基本承载力 σ_0 系指基础宽度 $b\leqslant2$ m、埋置深度 $h\leqslant3$ m 时的地基容许承载力，可按第 4.1.2 条中诸表确定，用原位测试方法确定时，可不受上述诸表限制；对重要桥梁或地质复杂桥梁应采用载荷试验及原位测试方法等综合确定。当 $b>2$ m 或 $h>3$ m 时，地基容许承载力可按第 4.1.3 条计算确定。软土地基容许承载力按第 4.1.4 条确定。

注：1. 基础宽度 b，对于矩形基础为短边宽度(m)，对于圆形或正多边形基础为 $\sqrt{F}$，F 为基础的底面积(m^2)。

2. 各类岩土地基基本承载力表中的数值允许内插。

3. 原位测试方法及成果的应用，可参照国家有关标准的规定。

4.1.2　土和岩石地基的基本承载力 σ_0 可按表 4.1.2-1～表 4.1.2-10 确定。

岩石地基的基本承载力 σ_0(单位:kPa)　　表 4.1.2-1

岩石类别 \ 节理发育程度 / 节理间距/cm	节理很发育	节理发育	节理不发育或较发育
	2~20	20~40	>40
硬质岩	1 500~2 000	2 000~3 000	>3 000
较软岩	800~1 000	1 000~1 500	1 500~3 000
软岩	500~800	700~1 000	900~1 200
极软岩	200~300	300~400	400~500

注:1. 对于溶洞、断层、软弱夹层、易溶岩的岩石等,应个别研究确定。

2. 裂隙张开或有泥质填充时,应取低值。

碎石类土地基的基本承载力 σ_0(单位:kPa)　　表 4.1.2-2

土名 \ 密实程度	松散	稍密	中密	密实
卵石土、粗圆砾土	300~500	500~650	650~1 000	1 000~1 200
碎石土、粗角砾土	200~400	400~550	550~800	800~1 000
细圆砾土	200~300	300~400	400~600	600~850
细角砾土	200~300	300~400	400~500	500~700

注:1. 半胶结的碎石类土可按密实的同类土的 σ_0 值,提高 10%~30%。

2. 由硬质岩块组成,充填砂类土者用高值;由软质岩块组成,充填黏性土者用低值。

3. 自然界中很少见松散的碎石类土,定为松散应慎重。

4. 漂石土、块石土的 σ_0 值,可参照卵石土、碎石土适当提高。

砂类土地基的基本承载力 σ_0(单位:kPa)　　表 4.1.2-3

土名	湿度 \ 密实程度	稍松	稍密	中密	密实
砾砂、粗砂	与湿度无关	200	370	430	550
中砂	与湿度无关	150	330	370	450
细砂	稍湿或潮湿	100	230	270	350
	饱和	—	190	210	300
粉砂	稍湿或潮湿	—	190	210	300
	饱和	—	90	110	200

粉土地基的基本承载力 σ_0(单位:kPa)　　表 4.1.2-4

e \ w	10	15	20	25	30	35	40
0.5	400	380	(355)				
0.6	300	290	280	(270)			
0.7	250	235	225	215	(205)		
0.8	200	190	180	170	(165)		
0.9	160	150	145	140	130	(125)	
1.0	130	125	120	115	110	105	(100)

注:1. e 为天然孔隙比,w 为天然含水率,有括号者仅供内插。

2. 在湖、塘、沟、谷与河漫滩地段及新近沉积的粉土,应根据当地经验取值。

Q_4 冲、洪积黏性土地基的基本承载力 σ_0(单位:kPa)　　表 4.1.2-5

孔隙比 e \ 液性指数 I_L	0	0.1	0.2	0.3	0.4	0.5	0.6	0.7	0.8	0.9	1.0	1.1	1.2
0.5	450	440	430	420	400	380	350	310	270	240	220	—	—
0.6	420	410	400	380	360	340	310	280	250	220	200	180	—
0.7	400	370	350	330	310	290	270	240	220	190	170	160	150
0.8	380	330	300	280	260	240	230	210	180	160	150	140	130
0.9	320	280	260	240	220	210	190	180	160	140	130	120	100
1.0	250	230	220	210	190	170	160	150	140	120	110	—	—
1.1	—	—	160	150	140	130	120	110	100	90	—	—	—

注:土中含有粒径大于 2 mm 的颗粒且按土重计占全重 30%以上时,σ_0 可酌予提高。

Q_3 及其以前冲、洪积黏性土地基的基本承载力 σ_0　　表 4.1.2-6

压缩模量 E_s/MPa	10	15	20	25	30	35	40
σ_0/kPa	380	430	470	510	550	580	620

注:1. 压缩模量 $E_s=\dfrac{1+e_1}{a_{1\sim 2}}$,式中,$e_1$ 为压力为 0.1 MPa 时土样的孔隙比;$a_{1\sim 2}$ 为对应于 0.1~0.2 MPa 压力段的压缩系数(MPa^{-1})。

2. 当 E_s<10 MPa 时,其基本承载力 σ_0 按表 4.1.2-5 确定。

残积黏性土地基的基本承载力 σ_0　　表 4.1.2-7

压缩模量 E_s/MPa	4	6	8	10	12	14	16	18	20
σ_0/kPa	190	220	250	270	290	310	320	330	340

注:本表适用于西南地区碳酸盐类岩层的残积红土,其他地区可参照使用。

新黄土(Q_4、Q_3)地基的基本承载力 σ_0(单位:kPa)　　表 4.1.2-8

液限 w_L	孔隙比 e \ 天然含水率 w	5	10	15	20	25	30	35
24	0.7	—	230	190	150	110	—	—
	0.9	240	200	160	125	85	(50)	—
	1.1	210	170	130	100	60	(20)	—
	1.3	180	140	100	70	40	—	—

续上表

液限 w_L \ 天然含水率 w / 孔隙比 e		5	10	15	20	25	30	35
28	0.7	280	260	230	190	150	110	—
	0.9	260	240	200	160	125	85	—
	1.1	240	210	170	140	100	60	—
	1.3	220	180	140	110	70	40	—
32	0.7	—	280	260	230	180	150	—
	0.9	—	260	240	200	150	125	—
	1.1	—	240	210	170	130	100	60
	1.3	—	220	180	140	100	70	40

注：1. 非饱和 Q_3 新黄土，当 $0.85<e<0.95$ 时，σ_0 值可提高 10%。

2. 本表不适用于坡积、崩积和人工堆积等黄土。

3. 括号内数值供内插用。

老黄土(Q_2、Q_1)地基的基本承载力 σ_0(单位：kPa)　　表 4.1.2-9

w/w_L \ e	$e<0.7$	$0.7\leqslant e<0.8$	$0.8\leqslant e\leqslant 0.9$	$e>0.9$
<0.6	700	600	500	400
0.6～0.8	500	400	300	250
>0.8	400	300	250	200

注：1. w 为天然含水率，w_L 为液限含水率，e 为天然孔隙比。

2. 山东地区老黄土黏聚力小于 50 kPa，内摩擦角小于 25°，σ_0 应降低 20%左右。

多年冻土地基的基本承载力 σ_0(单位：kPa)　　表 4.1.2-10

序号	土名 \ 基础底面的月平均最高土温/℃	−0.5	−1.0	−1.5	−2.0	−2.5	−3.5
1	块石土、卵石土、碎石土、粗圆砾土、粗角砾土	800	950	1 100	1 250	1 380	1 650
2	细圆砾土、细角砾土、砾砂、粗砂、中砂	600	750	900	1 050	1 180	1 450
3	细砂、粉砂	450	550	650	750	830	1 000
4	粉土	400	450	550	650	710	850
5	粉质黏土、黏土	350	400	450	500	560	700
6	饱冰冻土	250	300	350	400	450	550

注：1. 本表序号 1～5 类的地基基本承载力，适合于少冰冻土、多冰冻土，当序号 1～5 类的地基为富冰冻土时，表列数值应降低 20%。

2. 含土冰层的承载力应实测确定。

3. 基础置于饱冰冻土的土层上时，基础底面应敷设厚度不小于 0.30 m 的砂垫层。

4.1.3　当基础的宽度 $b>2$ m 或基础底面的埋置深度 $h>3$ m，且 $h/b\leqslant 4$ 时，地基的容许承载力可按下式计算：

$$[\sigma]=\sigma_0+k_1\gamma_1(b-2)+k_2\gamma_2(h-3) \tag{4.1.3}$$

式中，$[\sigma]$为地基的容许承载力(kPa)；σ_0 为地基的基本承载力(kPa)；b 为基础的短边宽度(m)，见第 4.1.1 条的注 1，大于 10 m 时，按 10 m 计算；h 为基础底面的埋置深度(m)，对于受水流冲刷的墩台，由一般冲刷线算起，不受水流冲刷者，由天然地面算起，位于挖方内，由开挖后地面算起；γ_1 为基底以下持力层土的天然重度(kN/m^3)，如持力层在水面以下且为透水者，应采用浮重；γ_2 为基底以上土的天然重度的平均值(kN/m^3)，如持力层在水面以下且为透水者，水中部分应采用浮重，如为不透水者，不论基底以上水中部分土的透水性质如何，应采用饱和重度；k_1、k_2 为宽度、深度修正系数，按持力层土确定，见表 4.1.3。

宽度、深度修正系数　　表 4.1.3

土的类别 / 系数	黏性土				粉土	黄土		砂类土						碎石类土					
	Q_4 的冲、洪积土		Q_3 及其以前的冲、洪积土	残积土		新黄土	老黄土	粉砂		细砂		中砂		砾砂粗砂		碎石圆砾角砾		卵石	
	$I_L<0.5$	$I_L\geqslant 0.5$						稍、中密	密实	稍、中密	密实	稍、中密	密实	稍、中密	密实	稍、中密	密实	稍、中密	密实
k_1	0	0	0	0	0	0	0	1	1.2	1.5	2	2	3	3	4	3	4	3	4
k_2	2.5	1.5	2.5	1.5	1.5	1.5	1.5	2	2.5	3	4	4	5.5	5	6	5	6	6	10

注：1. 节理不发育或较发育的岩石不做宽深修正，节理发育或很发育的岩石，k_1、k_2 可按碎类石土的系数，但对已风化成砂、土状者，则按砂类土、黏性土的系数。

2. 稍松状态的砂类土和松散状态的碎石类土，k_1、k_2 值可采用表列稍、中密值的 50%。

3. 冻土的 $k_1=0$、$k_2=0$。

4.1.4　软土地基的容许承载力，必须同时满足稳定和变形两方面的要求，可按下列方法确定，但应同时检算基础的沉降量，并符合有关规定。

①
$$[\sigma]=5.14C_u\frac{1}{m'}+\gamma_2 h \tag{4.1.4-1}$$

②对于小桥和涵洞基础，也可由下式确定软土地基容许承载力

$$[\sigma]=\sigma_0+\gamma_2(h-3) \tag{4.1.4-2}$$

式中，$[\sigma]$为地基容许承载力(kPa)；m' 为安全系数，可视软土灵敏度及建筑物对变形的要求等因素选 1.5～2.5；C_u 为不排水剪切强度(kPa)；γ_2 和 h 同第 4.1.3 条；σ_0 由表 4.1.4 确定。

软土地基的基本承载力 σ_0 表 4.1.4

天然含水率 w/(%)	36	40	45	50	55	65	75
σ_0/kPa	100	90	80	70	60	50	40

4.2 地基承载力的提高

4.2.1 墩台建在水中，基底土为不透水层，常水位高出一般冲刷线每高 1 m，容许承载力可增加 10 kPa。

4.2.2 主力加附加力时，地基容许承载力[σ]可提高 20%。主力加特殊荷载(地震力除外)时，地基容许承载力[σ]可按表 4.2.2 提高。

地基容许承载力的提高系数 表 4.2.2

地基情况	提高系数
基本承载力 σ_0>500 kPa 的岩石和土	1.4
150 kPa<σ_0≤500 kPa 的岩石和土	1.3
100 kPa<σ_0≤150 kPa 的土	1.2

4.2.3 既有桥墩台的地基土因多年运营被压密，其基本承载力可予以提高，但提高值不应超过 25%。

【例题 22】

某铁路桥梁采用独立墩基础，基础底面尺寸为 3 m×9 m，埋深为 4.0 m，地基土为均质黏土，时代为全新世，成因为河流冲积相，液性指数为 0.55，塑性指数为 18，孔隙比为 0.75，饱和重度为 20 kN/m³，桥墩位于河水中，常水位高出河底 2.0 m，一般冲刷线为河底下 0.5 m，该桥墩地基的容许承载力为(　　)kPa。

(A)272.5　　(B)297.5　　(C)312.5　　(D)321.5

解

①地基的基本承载力

当 $e=0.7$、$I_L=0.55$ 时：

$$\sigma_0=\frac{1}{2}(290+270)=280(\text{kPa})$$

当 $e=0.8$、$I_L=0.55$ 时：

$$\sigma_0=\frac{1}{2}(240+230)=235(\text{kPa})$$

当 $e=0.75$、$I_L=0.55$ 时：

$$\sigma_0=\frac{1}{2}(280+235)=257.5(\text{kPa})$$

②地基的容许承载力

查表 4.1.3 得：$k_1=0$，$k_2=1.5$

$[\sigma]=\sigma_0+k_1\gamma_1(b-2)+k_2\gamma_2(h-3)$
$=257.5+0+1.5\times20\times[(4-0.5)-3]$
$=272.5(\text{kPa})$

③墩台位于水中，基底为不透水层，容许承载力的增加值

$$(2+0.5)\times10=25(\text{kPa})$$

④地基的实际容许承载力

$$272.5+25=297.5(\text{kPa})$$

应选选项(B)。

【案例模拟题 28】

某铁路涵洞基础下为软土地基，地下水位与地面齐平，软土的天然含水率为 45%，饱和重度为 20 kN/m³，基础埋深为 4.0 m，地基土因多年营运已被压密，在改建既有线路时，地基土的容许承载力最多不宜超过(　　)kPa。

(A)60　　(B)80　　(C)100　　(D)120

【案例模拟题 29】

某铁路桥梁用采独立墩基础，基础底面尺寸为 3 m×9 m，埋深为 4 m，地基土为均匀的中密状态的细砂土，饱和重度为 20 kN/m³，桥墩位于河水中，常水位高出河底 2.0 m，一般冲刷线为河底下 0.5 m，该桥墩地基的容许承载力为(　　)kPa。

(A)240　　(B)252.5　　(C)255　　(D)280

3.2.8 按《公路桥涵地基与基础设计规范》(JTG D63—2007)确定基础底面积

JTG D63—2007 的相关规定如下。

4.2.2 基础底面岩土的承载力，当不考虑嵌固作用时，可按下式验算：

①当基底只承受轴心荷载时：

$$p=\frac{N}{A}\leqslant[f_a] \tag{4.2.2.1}$$

式中，p 为基底平均压应力；N 为由本规范第 1.0.8 条规定的作用短期效应组合在基底产生的竖向力；A 为基础底面面积。

②当基底单向偏心受压，承受竖向力 N 和弯矩 M 共同作用时，除满足本条第 1 款外，尚应符合下列条件：

$$p_{max}=\frac{N}{A}+\frac{M}{W}\leqslant\gamma_R[f_a] \tag{4.2.2.2}$$

式中，p_{max} 为基底最大压应力；M 为由本规范第 1.0.8 条规定的作用短期效应组合产生于墩台的水平力和竖向力对基底重心轴的弯矩；W 为基础底面偏心方向面积抵抗矩。

③当基底双向偏心受压，承受竖向力 N 和绕 x 轴弯矩 M_x 与绕 y 轴弯矩 M_y 共同作用时，除满足本条第1款外，尚应符合下列条件：

$$p_{max}=\frac{N}{A}+\frac{M_x}{W_x}+\frac{M_y}{W_y}\leqslant\gamma_R[f_a] \tag{4.2.2.3}$$

式中，M_x、M_y 为作用于基底的水平力和竖向力绕 x 轴、y 轴的对基底的弯矩；W_x、W_y 为基础底面偏心方向边缘绕 x 轴、y 轴的面积抵抗矩。

4.2.3　当设置在基岩上的基底承受单向偏心荷载，其偏心距 e_0 超过核心半径时，可仅按受压区计算基底最大压应力（不考虑基底承受拉力，见图4.2.3）。基底为矩形截面的最大压应力 p_{max} 按下式计算：

$$p_{max}=\frac{2N}{3da}=\frac{2N}{3\left(\frac{b}{2}-e_0\right)a} \tag{4.2.3}$$

式中，b 为偏心方向基础底面的边长；a 为垂直于 b 边基础底面的边长；d 为 N 作用点至基底受压边缘的距离；e_0 为 N 作用点距截面重心的距离。

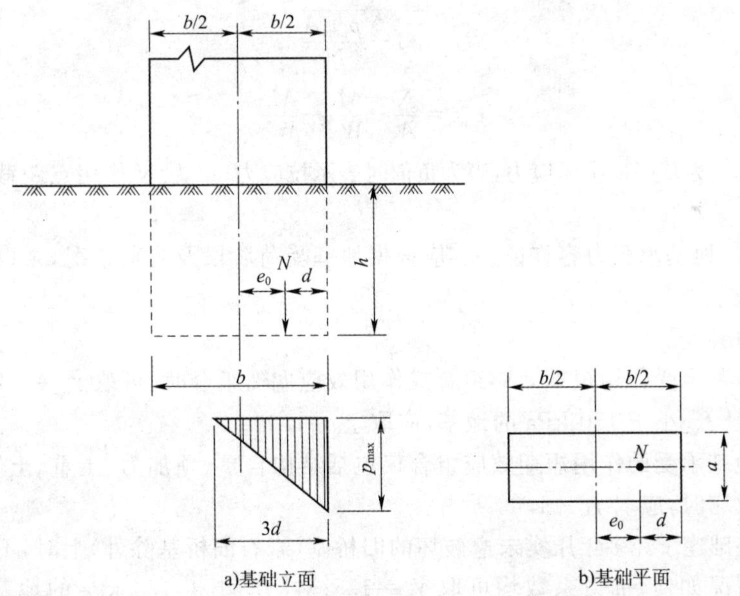

a)基础立面　　b)基础平面

图4.2.3　基岩上矩形截面基底单向偏心受压应力重分布图

4.2.4　当设置在基岩上的墩台基底承受双向偏心压应力且按本规范式(4.2.5.1)、式(4.2.5.2)计算的 $e_0/\rho>1.0$（ρ 为核心半径）时，可仅按受压区计算基底压应力（不考虑基底承受拉应力），墩台基底最大压应力可按本规范附录K确定。

4.2.5　桥涵墩台应验算作用于基底的合力偏心距。

①桥涵墩台基底的合力偏心距容许值[e_0]应符合表4.2.5的规定。

墩台基底的合力偏心距容许值$[e_0]$ 表 4.2.5

作用情况	地基条件	合力偏心距	备注
墩台仅承受永久作用标准值效应组合	非岩石地基	桥墩$[e_0]\leqslant 0.1\rho$	拱桥、钢构桥墩台，其合力作用点应尽量保持在基底重心附近
		桥台$[e_0]\leqslant 0.75\rho$	
墩台承受作用标准值效应组合或偶然作用(地震作用除外)标准值效应组合	非岩石地基	$[e_0]\leqslant\rho$	拱桥单向推力墩不受限制，但应符合本规范表 4.4.3 规定的抗倾覆稳定系数
	较破碎至极破碎岩石地基	$[e_0]\leqslant 1.2\rho$	
	完整、较完整岩石地基	$[e_0]\leqslant 1.5\rho$	

②基底以上外力作用点对基底重心轴的偏心距$[e_0]$按下式计算：

$$e_0=\frac{M}{N}\leqslant[e_0] \tag{4.2.5.1}$$

式中，N、M为作用于基底的竖向力和所有外力(竖向力、水平力)对基底截面重心的弯矩。

③基底承受单向或双向偏心受压的ρ值可按下式计算：

$$\rho=\frac{e_0}{1-\frac{p_{\min}A}{N}} \tag{4.2.5.2}$$

$$p_{\min}=\frac{N}{A}-\frac{M_x}{W_x}-\frac{M_y}{W_y} \tag{4.2.5.3}$$

式中，$p_{\min}$为基底最小压应力，当为负值时表示拉应力；e_0为N作用点距截面重心的距离。

3.3.6 地基承载力容许值$[f_a]$应根据地基受荷阶段及受荷情况，乘以下列规定的抗力系数γ_R。

(1)使用阶段

①当地基承受作用短期效应组合或作用效应偶然组合时，可取$\gamma_R=1.25$；但对承载力容许值$[f_a]$小于 150 kPa 的地基，应取$\gamma_R=1.0$。

②当地基承受的作用短期效应组合仅包括结构自重、预加力、土重、土侧压力、汽车和人群效应时，应取$\gamma_R=1.0$。

③当基础建于经多年压实未遭破坏的旧桥基(岩石旧桥基除外)上时，不论地基承受的作用情况如何，抗力系数均可取$\gamma_R=1.5$；对$[f_a]$小于 150 kPa 的地基，可取$\gamma_R=1.25$。

④基础建于岩石旧桥基上，应取$\gamma_R=1.0$。

(2)施工阶段

①地基在施工荷载作用下，可取$\gamma_R=1.25$。

②当墩台施工期间承受单向推力时，可取$\gamma_R=1.5$。

【例题 23】

求桥墩台基础底面积。

某矩形桥墩受作用短期效应组合在基底产生的竖向力合力 $N=2\ 580$ kN，作用在桥墩

基底重心轴的弯矩 $\sum M=350\ \text{kN}\cdot\text{m}$，地基土为亚砂土(应按透水层考虑)孔隙比 $e=0.7$，液性指数 $I_L=0.6$，饱和重度 $\gamma_{sat}=20\ \text{kN/m}^3$，其他条件如右图所示，则基底尺寸应为(　　)m。

(A)2.2、4　　(B)2.7、4

(C)3、4　　(D)4、5

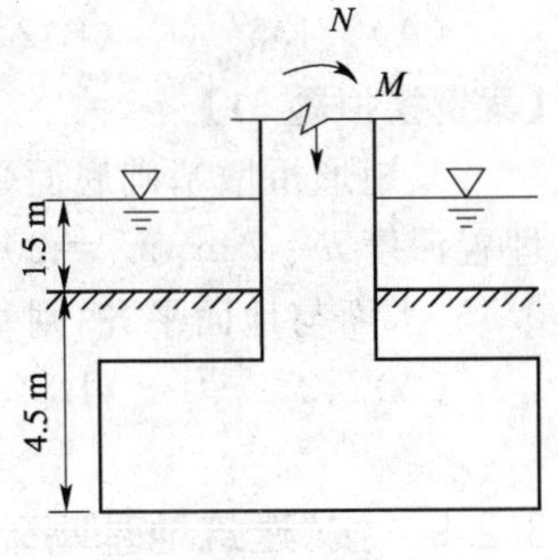

例题 23 图

解

①确定地基承载力基本允许值。

地基为亚砂土、属黏性土，$e=0.7$，$I_L=0.6$，查规范得 $[f_{a0}]=270\ \text{kPa}$。

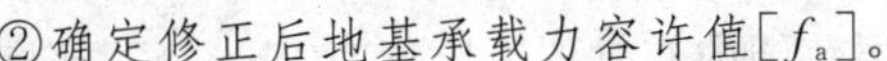

②确定修正后地基承载力容许值 $[f_a]$。

按黏性土 $I_L=0.6>0.5$，查规范得 $k_1=0$，$k_2=1.5$，

持力层为透水层

$$[f_a]=[f_{a0}]+k_1\gamma_1(b-2)+k_2\gamma_2(h-3)$$
$$=270+0+1.5\times10\times1.5=293(\text{kPa})$$

③确定基础尺寸。

$$A\geqslant\frac{N}{[f_a]}=\frac{2\ 580}{293}=8.8(\text{m}^2)$$

取 $A=8.8\ \text{m}^2$，假设 $b=4\ \text{m}$，则 $a=2.2\ \text{m}$

$$e=\frac{350}{2\ 580}=0.136<\frac{4}{6}=0.67(\text{m})$$

$$p_{max}=\frac{2\ 580}{8.8}\times\left(1+\frac{6\times0.136}{4}\right)=352.99(\text{kPa})$$

$$p_{min}=\frac{2\ 580}{8.8}\times\left(1-\frac{6\times0.136}{4}\right)=233.37(\text{kPa})$$

$$p=\frac{1}{2}(352.99+233.37)=293.19(\text{kPa})$$

$p<[f_a]$ 成立，取 $\gamma_R=1.25$，则 $p_{max}=352.99\leqslant1.25[f_a]$ 亦成立，选项(A)正确。

例题解析

①$[f_a]$ 为地基土修正后的容许承载力。

②判断持力层是否为透水层，如果持力层为透水层，则 γ_1 和 γ_2 一律采用浮重度。

【案例模拟题 30】

某矩形桥墩顶面受短期效应组合产生的竖向力为 $F=2850\ \text{kN}$，地基为黏性土，孔隙比 $e=0.7$，液性指数 $I_L=0.4$，$\gamma_{sat}=20\ \text{kN/m}^3$，其他条件见下图，则基础尺寸应为(　　)m。

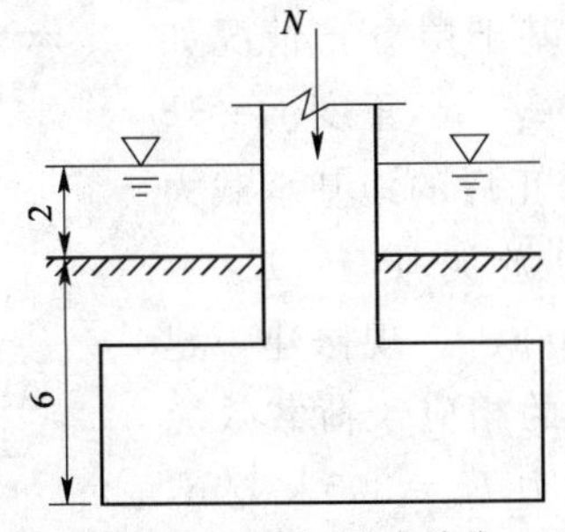

案例模拟题 30 图(尺寸单位:m)

(A)2、4.5　　(B)2、3　　(C)2.5、3　　(D)3、4

【案例模拟题 31】

某矩形桥墩基础底面受短期效应组合时的竖向力合力 $N=2810$ kN，弯矩 400 kN·m，埋置深度 $h=7$ m，$\gamma_{sat}=20$ kN/m³，地基容许承载力$[f_{a0}]=300$ kPa，土质为黏性土，$I_L=0.45$，水面与地面平齐，则基础尺寸应为(　　)m。

(A)2、3　　(B)3、4　　(C)2.5、3　　(D)2、2

3.2.9　按《建筑地基基础设计规范》(GB 50007—2011)进行软弱下卧层承载力验算

GB 50007—2011/5.2.7 规定：当地基受力层范围内有软弱下卧层时，应按下式验算

$$p_z+p_{cz}\leqslant f_{az} \tag{5.2.7.1}$$

式中，p_z 为相应于荷载效应标准组合时，软弱下卧层顶面处的附加压力值；p_{cz} 为软弱下卧层顶面处土的自重压力值；f_{az} 为软弱下卧层顶面处经深度修正后地基承载力特征值。

对条形基础和矩形基础，式(5.2.7.1)中的 p_z 值可按下列公式简化计算

条形基础

$$p_z=\frac{b(p_k-p_c)}{b+2z\tan\theta} \tag{5.2.7.2}$$

矩形基础

$$p_z=\frac{lb(p_k-p_c)}{(b+2z\tan\theta)(l+2z\tan\theta)} \tag{5.2.7.3}$$

式中，b 为矩形基础或条形基础底边的宽度；l 为矩形基础底边的长度；p_c 为基础底面处土的自重压力值；z 为基础底面至软弱下卧层顶面的距离；θ 为地基压力扩散线与垂直线的夹角，可按表 5.2.7 采用。

地基压力扩散角 θ　　表 5.2.7

E_{s1}/E_{s2}	z/b	
	0.25	0.50
3	6°	23°
5	10°	25°
10	20°	30°

注：1. E_{s1} 为上层土压缩模量；E_{s2} 为下层土压缩模量。

2. $z/b<0.25$ 时，取 $\theta=0°$，必要时，宜由试验确定；$z/b>0.50$ 时，θ 值不变。

【例题 24】

软弱下卧层承载力验算：地基土层分布情况如右图所示，上层为黏性土，厚度为 2.5 m，重度 $\gamma_1=18$ kN/m³，压缩模量 $E_{s1}=9$ MPa 修正后的地基承载力特征值 $f_a=165$ kPa。下层为淤泥质土，$E_{s2}=1.8$ MPa，承载力特征值 $f_{ak2}=90$ kPa。现修建一建筑物的条形基础，基础顶面受到的相应于荷载效应标准组合时上部结构传来的竖向力 $F_k=300$ kN/m，基础埋深 0.5 m，底宽 2 m。

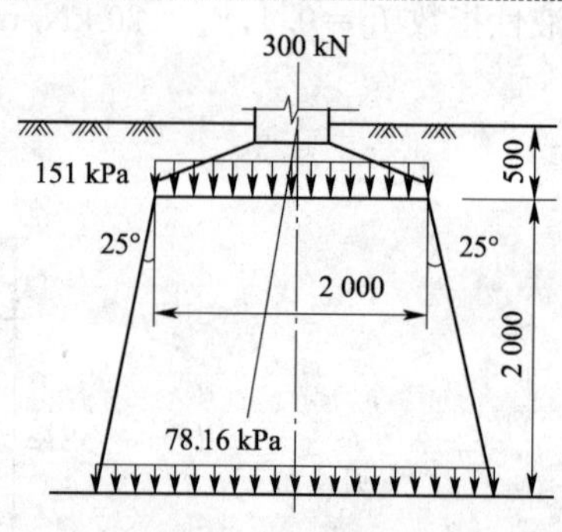

例题 24 图(尺寸单位：mm)

①软弱下卧层顶面处的附加压力值 p_z 与自重应力值 p_{cz} 的和是(　　)kPa。

(A)117.96　　(B)123.1　　(C)87.1　　(D)114.1

②软弱下卧层承载力验算结果为(　　)。

(A)满足　　(B)不满足

解

①持力层验算

$$p_k=\frac{F}{b}+20d=\frac{300}{2}+20\times0.5=160(\text{kPa})<f_a=165(\text{kPa})$$

②软弱下卧层验算

$$p_k-p_c=\frac{F}{b}+20d-\gamma_0 d=\frac{300}{2}+20\times0.5-18\times0.5=151(\text{kPa})$$

$$E_{s1}/E_{s2}=\frac{9}{1.8}=5$$

$$z/b=\frac{2}{2}=1.0>0.5$$

查规范表 5.2.7 得 $\theta=25°$

$$p_z=\frac{b(p_k-p_c)}{b+2z\tan\theta}=\frac{2\times151}{2+2\times2\times\tan25°}=78.1(\text{kPa})$$

$$p_{cz}=\gamma_0(d+z)=18\times(0.5+2)=45\ (\text{kPa})$$

查规范表 5.2.4 得 $\eta_d=1.0$。

$$f_{a2}=f_{ak2}+\eta_d\gamma_m(d-0.5)=90+1\times18\times(2.5-0.5)=126(\text{kPa})$$

验算:$p_z+p_{cz}=78.1+45=123.1(\text{kPa})<f_{a2}=126(\text{kPa})$,满足。

答案为:①(B);②(A)。

例题解析

①注意 z 是基础底面至软弱下卧层顶面的距离。

②当 E_{s1}/E_{s2} 等于其他值时,用内插法求扩散角 θ。

③对于沉降已经稳定的建筑或经过预压的地基,可适当提高地基承载力。

【案例模拟题 32】

已知矩形基础尺寸为 4 m×2 m(右图),上层为黏性土,压缩模量 $E_{s1}=8.5$ MPa,修正后的地基承载力特征值 $f_a=180$ kPa,下层为淤泥质土,$E_{s2}=1.7$ MPa,承载力特征值 $f_{ak2}=78$ kPa,相应于荷载效应标准组合时上部结构传至基础顶面的竖向力为 680 kN,则软弱下卧层顶面处的附加压力值 p_z 与自重应力值 p_{cz} 的和是(　　)kPa。

(A)54.8　　(B)43.2

(C)66.7　　(D)88

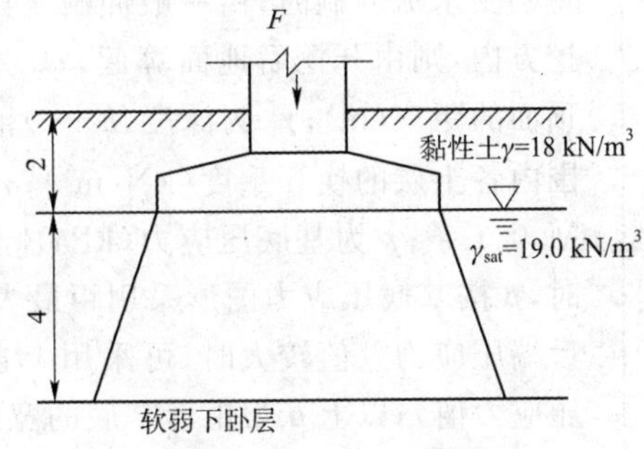

案例模拟题 32 图(尺寸单位:m)

【案例模拟题 33】

已知某独立柱基的基底尺寸为 2 600 mm×5 200 mm,相应于荷载效应标准组合时上部结构传至基础顶面的竖向力为:$F_1=2\,000$ kN,$F_2=200$ kN,力矩为 1 000 kN·m,水平力为 200 kN,基础自重力为 486.7 kN。基础埋置深度和工程地质剖面如下图所示,则软弱下卧层顶面处的附加压力值 p_z 与自重应力值 p_{cz} 的和是(　　)kPa。

(A)123.53　(B)134.2　(C)153.11　(D)110.21

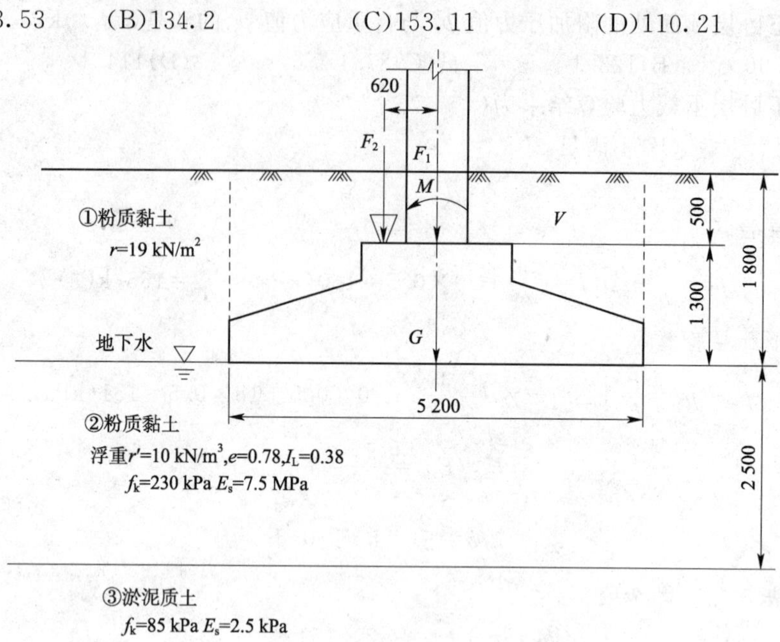

案例模拟题 33 图(尺寸单位:mm)

3.2.10　按《公路桥涵地基与基础设计规范》(JTG D63—2007)验算基础底面下软土层承载力

JTG D63—2007 的相关规定如下。

4.2.6　在基础底面下或基桩桩端下有软弱地基或软土层时,应按下式验算软弱地基或软土层的承载力:

$$p_z=\gamma_1(h+z)+\alpha(p-\gamma_2 h)\leqslant\gamma_R[f_a] \tag{4.2.6}$$

式中,p_z 为软弱地基或软土层的压应力;h 为基底或桩端处的埋置深度(m)(当基础受水流冲刷时,由一般冲刷线算起;当不受水流冲刷时,由天然地面算起;如位于挖方内,则由开挖后地面算起);z 为从基底或基桩桩端处到软弱地基或软土层地基顶面的距离(m);γ_1 为深度$(h+z)$范围内各土层的换算重度(kN/m³);γ_2 为深度 h 范围内各土层的换算重度(kN/m³);α 为土中附加压应力系数,参见本规范的附录 M 第 M.0.1 条;p 为基底压应力(kPa)[当 $z/b>1$ 时,p 采用基底平均压应力;当 $z/b\leqslant1$ 时,p 按基底压应力图形采用距最大压应力点 $b/4\sim b/3$ 处的压应力(对于梯形图形前后端压应力差值较大时,可采用上述 $b/4$ 点处的压应力值,反之,则采用上述 $b/3$ 处压应力值),以上 b 为矩形基底的宽度];$[f_a]$为软弱地基或软土层地基顶面土的承载力容许值,按本规范第 3.3.4 条或第 3.3.5 条规定采用。

若下卧层为压缩性较大的厚层软黏土时,应验算沉降量。

【例题 25】

验算桥涵基础底面软土层承载力。

某桥涵基础尺寸为 1.5 m×6 m,基底埋深 2 m,埋深范围内土的重度 γ=18 kN/m³,

持力层为粉质黏土，$\gamma=19\ \text{kN/m}^3$，距基底 3 m 处为淤泥质土层，基础受轴心荷载 800 kN，软土层顶面经深度修正后的容许承载力是 120 kPa，软土层顶面的应力为（　　）kPa。

(A)107.28　　(B)105.35　　(C)118.08　　(D)98.17

解

①求荷载产生的基底压力

$$p=\frac{F+G}{A}=\frac{800+20\times2\times1.5\times6}{1.5\times6}=128.89(\text{kPa})$$

②按 $l/b=6/1.5=4$，$z/b=3/1.5=2$，查规范 JTG D63—2007 附录 M 得 $\alpha=0.270$

③确定软土层的承载力

$[f_a]<150$ kPa，取 $\gamma_R=1.0$

$$\gamma_1=\frac{2\times18+3\times19}{2+3}=18.6(\text{kN/m}^3)$$

$$\gamma_2=18\ \text{kN/m}^3$$

$$\begin{aligned}p_z&=\gamma_1(h+z)+\alpha(p-\gamma_2 h)\\&=18.6\times(2+3)+0.270\times(128.89-18\times2)\\&=118.08(\text{kPa})<\gamma_R[f_a]\\&=120(\text{kPa})\end{aligned}$$

满足要求，应选选项(C)。

例题解析

①注意 b 为矩形基底短边长度。

②z 为基底到软土层顶面的距离。

【案例模拟题 34】

某正方形桥墩基底边长 2 m，基础埋深 1.5 m，埋深范围内土的重度 $\gamma=18\ \text{kN/m}^3$，持力层为亚砂土，土的重度 $\gamma=20\ \text{kN/m}^3$，距基底 2 m 处为淤泥质土层，基础承受相应于作用短期效应组合的轴心荷载 700 kN，淤泥质土层修正后的容许承载力为 140 kPa，则该淤泥质土层顶面的应力为（　　）kPa。

(A)182.86　　(B)190.27　　(C)131.38　　(D)126.45

【案例模拟题 35】

某矩形桥墩基底尺寸为 1.2 m×6 m，基础受相应于作用短期效应组合的竖向力合力 $N=1\ 000$ kN，弯矩 $M=238$ kN·m，基础埋深 1.5 m，埋深范围内及持力层均为粉质黏土，$\gamma=18\ \text{kN/m}^3$，基底以下 3 m 处为淤泥质土层，淤泥质土层修正后的容许承载力为 110 kPa，则该淤泥质土层顶面的应力为（　　）kPa。

(A)112.07　　(B)105.50　　(C)88.14　　(D)92.27

3.3　地基变形计算

3.3.1　用分层总和法计算地基的变形量

工程上常以固结试验资料为依据，采取分层总和法计算最终固结沉降量，然后乘以经验系数来作为基础最终沉降量。

分层总和法的原理是，将沉降计算深度内的土层按土质、应力变化情况和基础大小划分为若干个分层，分别计算各分层压缩量，然后求其总和，便得出最终沉降量。

1. 基本假设

如图 3.3.1.1 所示，地基的最终沉降量，通常采用分层总和法进行计算，即在地基沉降计算深度范围内划分为若干分层后计算各分层的竖向压缩量，认为基础的平均沉降量 s 为各分层土竖向压缩量 Δs_i 之和，即

$$s = \sum_{i=1}^{n} \Delta s_i \tag{3.3.1.1}$$

式中，n 为沉降计算深度范围内的分层数。

计算时通常假定地基土压缩时不允许侧向变形，即采用侧限条件下的压缩性指标。为了弥补这样得到的沉降量偏小的缺点，通常取基底中心点下的附加应力 p_z 进行计算。

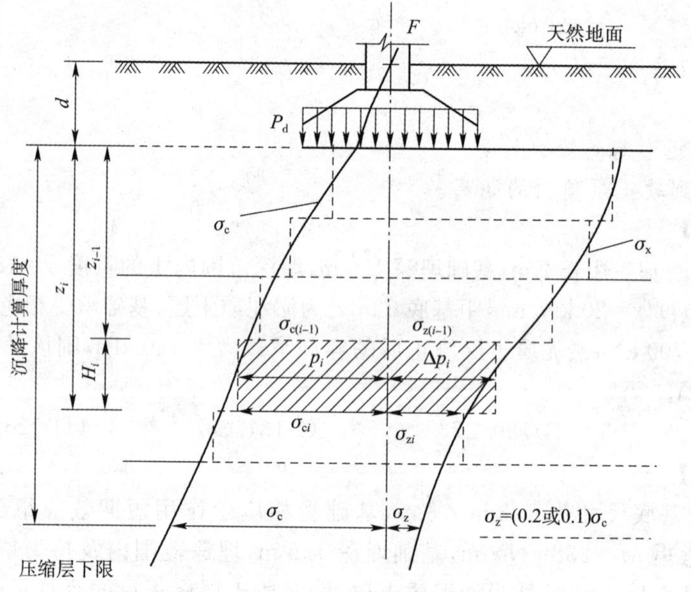

图 3.3.1.1　分层总和法计算地基最终沉降量

2. 计算步骤

①地基土分层。成层土的层面（不同土层的压缩性及重度不同）及地下水面（水面上下土的有效重度不同）是当然的分层界面，此外，分层厚度一般不宜大于 $0.4b$（b 为基底宽度）。附加应力沿深度的变化是非线性的，土的 e-p 曲线也是非线性的，因此分层厚度太大将产生较大的误差。

②计算各分层界面处土的自重力。土自重应力从天然地面起算，地下水位以下一般应取有效重度。

③计算各分层界面处基底中心下竖向附加应力。

④确定地基沉降计算深度(或压缩层厚度)。附加应力随深度递减,自重应力随深度递增,因此,到了一定深度之后,附加应力与自重应力相比很小,引起的压缩变形就可忽略不计了。一般取地基附加应力等于自重应力的20%($\sigma_z=0.2\sigma_c$)深度处作为沉降计算深度的限值;若在该深度以下为高压缩性土,则应取地基附加应力等于自重应力的10%($\sigma_z=\sigma_c$)深度处作为沉降计算深度的限值。

⑤计算各分层土的压缩量 Δs_i。根据基本假设,可利用室内压缩试验成果进行计算。

$$\Delta s_i=\varepsilon_i H_i=\frac{\Delta e_i}{1+e_{1i}}H_i=\frac{e_{1i}-e_{2i}}{1+e_{1i}}H_i \tag{3.3.1.2a}$$

$$=\frac{a_i(p_{2i}-p_{1i})}{1+e_{1i}}H_i=\frac{a\sigma_{zi}}{1+e_{1i}}H_i \tag{3.3.1.2b}$$

$$=\frac{\Delta p_i}{E_{si}}H_i \tag{3.3.1.2c}$$

式中,ε_i 为第 i 分层土的平均压缩形变;H_i 为第 i 层土的厚度;e_{1i}为对第 i 分层土上下层面自重应力值的平均值 $p_{1i}=[\sigma_{c(i-1)}+\sigma_{ci}]/2$ 从土的压缩曲线上得到的孔隙比;e_{2i}为对第 i 分层土上、下层面自重平均值 p_{1i}上、下层面附加应力值的平均值 $\Delta p_i=[\sigma_{z(i-1)}+\sigma_{zi}]/2$ 之和 $p_{2i}=p_{1i}+\Delta p_i$ 从土的压缩曲线上得到的孔隙比;a_i 为第 i 分层对 $p_{1i}\sim p_{2i}$段的压缩系数;E_{si}为第 i 分层对 $p_{1i}\sim p_{2i}$段的压缩模量。

计算时由根据已知条件选式[3.3.1.2a)]~式[3.3.1.2c)]中的一个进行计算。

⑥按式(3.3.1.1)计算基础的平均沉降量。

【例题 26】

用分层总和法计算基础沉降。

如下图所示矩形基础尺寸为 2 m×4 m,相应于荷载效应准永久组合时,(不计风荷载和地震作用)传至基础中心的荷载为 500 kN,基础埋深为 1.2 m,地下水位于基底以下 0.6 m,地基土层室内压缩试验成果见下表,用分层总和法计算基础中点的沉降量为(　　)mm。

土　层	压力 p/kPa				
	0	50	100	200	300
	e_i				
粉土	0.651	0.625	0.608	0.587	0.570
粉质黏土	0.978	0.889	0.855	0.809	0.773

(A)42.3　　(B)57.2　　(C)53.3　　(D)77.3

解

①地基分层。

考虑分层厚度不超过 $0.4b=0.8$ m 及地下水位,基底以下 1.2 m 的黏土层分两层,层厚均为 0.6 m,其下粉质黏土层分层厚度均为 0.8 m。

第3章　浅基础

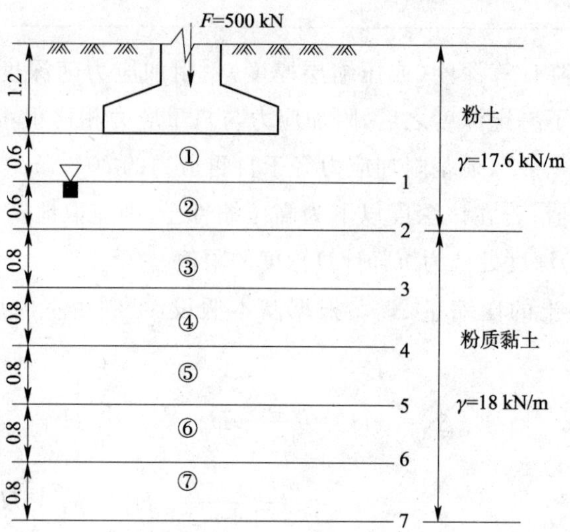

例题 26 图(尺寸单位:m)

②计算自重应力。

计算分层处的自重应力,地下水位以下取有效重度进行计算。

如第 3 点自重应力为

$$1.8\times17.6+0.6\times(17.6-9.8)+0.8\times(18-9.8)=42.92(\text{kPa})$$

计算各分层上、下界面处自重应力的平均值,作为该分层受压前所受竖向应力 p_{1i},各分层点的自重应力值及各分层的平均自重应力值见下表。

分层总和法计算地基最终沉降

分层点	深度 z_i/m	自重应力 σ_c/kPa	附加应力 σ_z/kPa	层号	层厚 H_i/m	自重应力平均值(p_{1i}) $\frac{\sigma_{c(i-1)}+\sigma_{ci}}{2}$/kPa	附加应力平均值(Δp_{1i}) $\frac{\sigma_{z(i-1)}+\sigma_{zi}}{2}$/kPa	总应力平均值 $p_{zi}+\Delta p_i$(即 p_{2i})/kPa	受压前孔隙比 e_{1i}(对应 p_{1i})	受压后孔隙比 e_{2i}(对应 p_{2i})	分层压缩量 $\Delta s_i=\frac{e_{1i}-e_{2i}}{1+e_{1i}}H_i$/mm
0	0	21.1	65.4								
1	0.6	31.7	61.0	①	0.6	26.4	63.2	89.6	0.637	0.612	9.2
2	1.2	36.4	47.6	②	0.6	34.1	54.3	88.4	0.633	0.612	7.7
3	2.0	42.9	31.4	③	0.8	39.7	39.5	79.2	0.907	0.869	15.9
4	2.8	49.5	20.9	④	0.8	46.2	26.2	72.4	0.896	0.874	9.3
5	3.6	56.0	14.6	⑤	0.8	52.8	17.8	70.6	0.887	0.875	5.1
6	4.4	62.6	10.7	⑥	0.8	59.3	12.7	72.0	0.883	0.874	3.8
7	5.2	69.2	8.2	⑦	0.8	65.9	9.5	75.4	0.878	0.872	2.3

③计算竖向附加应力。

基底平均附加应力

$$p_0=\frac{500+20\times2\times4\times1.2}{2\times4}-1.2\times17.6=65.4(\text{kPa})$$

查规范 GB 50007—2011 表 K.0.1.1 可得应力系数 α_c 及计算各分层点的竖向附加应力如第 1 点的附加应力为

$$4\alpha_c\left(\frac{4}{2},\frac{0.6}{1}\right)P_0=4\times0.233\times65.4=61(\text{kPa})$$

计算各分层上、下界面处附加应力的平均值。

各分层点的附加应力值及各分层的平均附加应力值见表 3.3.1.2。

④各分层点自重应力平均值和附加应力平均值之和作为该分层受压后所受总应力 p_{2i}。

⑤确定压缩层厚度。一般按 $\sigma_z=0.2\sigma_c$ 来确定压缩层深度，$z=4.4$ m 处 $\sigma_z=10.7$(kPa) $<0.2\sigma_c=0.2\times62.6=12.5$(kPa)。

⑥计算各分层的压缩量。

如第 3 层

$$\Delta s_3=\frac{e_{13}-e_{23}}{1+e_{13}}H_3=\frac{0.907-0.869}{1+0.907}\times800=15.9(\text{mm})$$

各分层的压缩量列于表 3.3.1.2 中。

⑦计算基础平均最终沉降量

$$s=\sum_{i=1}^{7}s_i=9.2+7.7+15.9+9.3+5.1+3.8+2.3=53.3(\text{mm})$$

应选选项(C)。

例题解析

①地基分层的考虑因素有：分层厚度不超过 $0.4b$；地下水位线及不同土质土层分界线应作为分层界线。

②计算自重应力时，地下水位以下取有效重度进行计算。

③计算竖向附加应力时，受荷面积划分后，注意 b 的取值及受荷面积的叠加。

【案例模拟题 36】

某矩形基础尺寸 2 m×3.6 m，相应于荷载效应准永久组合时(不计风荷载和地震作用)，基础受均布荷载 50 kPa，基础埋深 1 m，基础埋深范围内及持力层均为粉土，基岩埋深为 2.6 m，$\gamma=17.8\ \text{kN/m}^3$，地基土层室内压缩试验成果见下表，用分层总和法计算基础中点的沉降量为(　　)mm。

土　层	压力 p/kPa				
	0	50	100	200	300
孔隙比 e	0.652	0.628	0.610	0.589	0.572

(A)11.2　　(B)25.6　　(C)30.7　　(D)34.8

【案例模拟题 37】

墙下条形基础宽为 2.0 m，相应于荷载效应准永久组合时基础承受三角形附加应力，$p_{max}=50$ kPa，基础埋深 1.0 m，地基土质为粉土，$\gamma=17.7\ \text{kN/m}^3$，地基土层室内压缩试验成果见下表，用分层总和法计算基础中点下 0.4 m 厚土层的沉降量为(　　)mm。

土　　层	压力 p/kPa				
	0	50	100	200	300
孔隙比 e_i	0.972	0.887	0.851	0.810	0.774

(A)8.7　　(B)28.2　　(C)30.89　　(D)35.3

3.3.2 按《建筑地基基础设计规范》(GB 50007—2011)计算地基变形量

GB 50007—2011/5.3.5 规定：计算地基变形时，地基内的应力分布，可采用各向同性均质线性变形体理论。其最终变形量可按下式计算

$$s=\psi_s s'=\psi_s\sum_{i=1}^{n}\frac{p_0}{E_{si}}(z_i\bar{\alpha}_i-z_{i-1}\bar{\alpha}_{i-1}) \tag{5.3.5}$$

式中，s 为地基最终变形量(mm)；s' 为按分层总和法计算出的地基变形量；ψ_s 为沉降计算经验系数，根据地区沉降观测资料及经验确定，无地区经验时可采用表 5.3.5 的数值；n 为地基变形计算深度范围内所划分的土层数(图 5.3.5)；p_0 为对应于荷载效应准永久组合时的基础底面处的附加压力(kPa)；E_{si} 为基础底面至第 i 层土的压缩模量(MPa)，应取土的自重压力至土的自重压力与附加压力之和的压力段计算；z_i、z_{i-1} 为基础底面至第 i 层土、第 $i-1$ 层土底面的距离(m)；$\bar{\alpha}_i$、$\bar{\alpha}_{i-1}$ 为基础底面计算点至第 i 层土、第 $i-1$ 层土底面范围内平均附加应力系数，可按规范附录 K 采用。

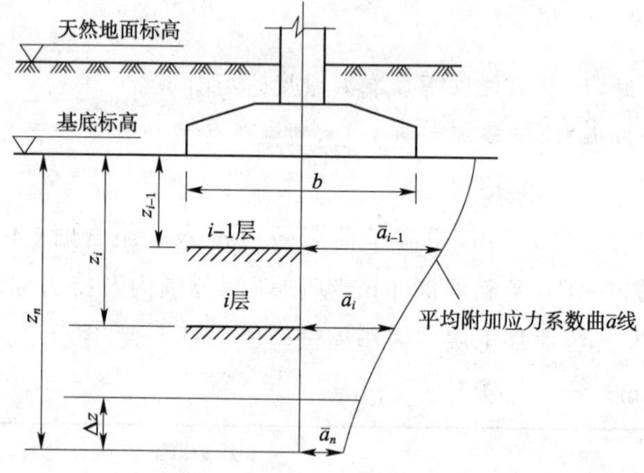

图 5.3.5　基础沉降计算的分层示意

沉降计算经验系数 φ_s

基底附加压力	$\overline{E}_s$/MPa				
	2.5	4.0	7.0	15.0	20.0
$P_0\geqslant f_{ak}$	1.4	1.3	1.0	0.4	0.2
$P_0\leqslant 0.75f_{ak}$	1.1	1.0	0.7	0.4	0.2

GB 50007—2011/5.3.6 规定：$\overline{E}_s$ 为变形计算深度范围内压缩模量的当量值，应按下式计算

$$\overline{E}_s = \frac{\sum A_i}{\sum \frac{A_i}{E_{si}}} \tag{5.3.6}$$

式中，A_i 为第 i 层土附加应力系数沿土层厚度的积分值。

GB 50007—2011/5.3.7 规定：地基变形计算深度 z_n（图 5.3.5），应符合下式要求

$$\Delta s'_n \leqslant 0.025 \sum_{i=1}^{n} \Delta s'_i \tag{5.3.7}$$

式中，$\Delta s'_i$ 为在计算深度范围内，第 i 层土的计算变形值；$\Delta s'_n$ 在由计算深度向上取厚度为 Δz 的土层计算变形值，Δz 见图 5.3.5 并按表 5.3.7 确定。

如确定的计算深度下部仍有较软土层时，应继续计算。

Δz　　表 5.3.7

b/m	$b \leqslant 2$	$2 < b \leqslant 4$	$4 < b \leqslant 8$	$8 < b$
Δz/m	0.3	0.6	0.8	1.0

GB 50007—2011/5.3.8 规定：当无相邻荷载影响，基础宽度在 1～30 m 范围内时，基础中点的地基变形计算深度也可按下列简化公式进行计算。在计算深度范围内存在基岩时，z_n 可取至基岩表面；当存在较厚的坚硬黏性土层，其孔隙比小于 0.5、压缩模量大于50 MPa，或存在较厚的密实砂卵石层，其压缩模量大于 80 MPa 时，z_n 可取至该层土表面。此时，地基土附加压力分布应考虑相对硬层存在的影响，按本规范公式(6.2.2)计算地基最终变形量。

$$z_n = b(2.5 - 0.4\ln b) \tag{5.3.8}$$

式中，b 为基础宽度(m)。

GB 50007—2011/5.3.9 规定：当存在相邻荷载时，应计算相邻荷载引起的地基变形，其值可按应力叠加原理，采用角点法计算。

【例题 27】

用应力面积法计算基础沉降。

某独立柱基底面尺寸 2.5 m×2.5 m，柱轴向力准永久组合值 F=1 250 kN(算至±0.000)处，基础自重和上覆土标准值 G=250 kN。基础埋深 2 m，其他数据见右图，按应力面积法计算基础中点的沉降量为(　　)mm。

(A)81.9　　(B)93.3

(C)97.4　　(D)102.5

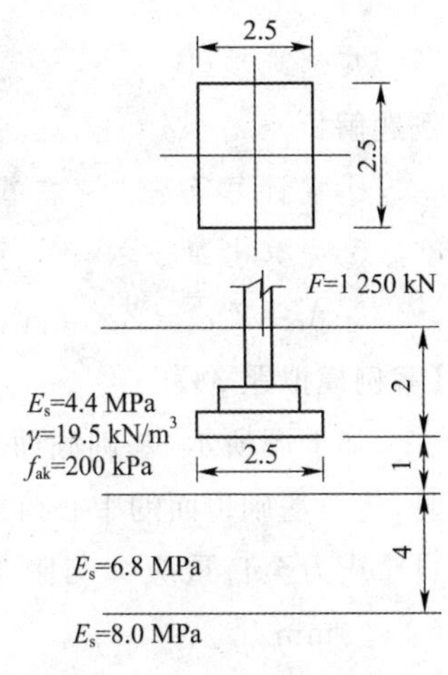

例题 27 图(尺寸单位：m)

解

①求基础底面附加压力。

基础底面压力

$$p = \frac{F+G}{A} = \frac{1\ 250+250}{2.5\times2.5} = 240\ (\text{kPa})$$

基底附加压力

$$p_0 = p - \gamma d = 240 - 19.5 \times 2 = 201\ (\text{kPa})$$

②确定沉降计算深度。

由规范公式(5.3.8)估算

$z_n = b(2.5 - 0.4\ln b) = 2.5(2.5 - 0.4 \times \ln 2.5) = 5.33\ (\text{m})$，　取 $z_n = 5.40$ m

③计算地基沉降计算深度范围内土层压缩量，见下表。

$\frac{Z}{\text{m}}$	$\frac{l}{b}$	$\frac{z}{b}$	$\overline{\alpha}_i$	$\overline{\alpha}_i z_i$	$A_i = \overline{\alpha}_i z_i - \overline{\alpha}_{i-1} z_{i-1}$	E_{si}/kPa	$\Delta S'_i = \frac{4p_0}{E_{si}}(\overline{\alpha}_i z_i - \overline{\alpha}_{i-1} z_{i-1})$/m	$s' = \sum \Delta s_i$/mm
0	1	0	0.250	0	0.235	4 400	4.29×10^{-2}	42.9
1.0	1	0.8	0.235	0.235	0.320	6 800	3.78×10^{-2}	80.7
5.0	1	4.0	0.111	0.555				
5.4	1	4.32	0.105	0.567	0.012	8 000	0.12×10^{-2}	81.9

④确定基础最终沉降量。

确定沉降计算范围内压缩模量当量值

$$\overline{E}_s = \frac{\sum A_i}{\sum \frac{A_i}{E_{si}}} = \frac{0.235 + 0.320 + 0.012}{\frac{0.235}{4\ 400} + \frac{0.320}{6\ 800} + \frac{0.012}{8\ 000}}$$

$$= 5\ 561(\text{kPa})$$

$$= 5.56(\text{MPa})$$

由规范表 5.3.5，当 $p_0 > f_{ak}$，$\overline{E}_s = 5.56$ MPa 时，内插

$$\psi_s = 1 + \frac{7 - 5.56}{7 - 4} \times (1.3 - 1) = 1.14$$

由此得

$$s = \psi_s s' = 1.14 \times 81.9 = 93.3(\text{mm})$$

应选选项(B)。

例题解析

①在计算范围内存在基岩时，z_n 可取至基岩表面。

②先算出四分之一受荷底面积的沉降量，然后乘以 4 即为总沉降量。

③$A_i = Z_i \overline{\alpha_i} - Z_{i-1} \overline{\alpha}_{i-1}$。

【案例模拟题 38】

如下图所示，基础底面尺寸为 4.8 m×3.2 m，埋深 1.5 m，相应于荷载效应准永久组合时，传至基础顶面的中心荷载 $F = 1\ 800$ kN，地基的土层分层及各层土的压缩模量(相应于自重应力至自重应力与附加应力之和段)，用应力面积法计算基础中点的最终沉降量为(　　)mm。

(A)128.3　　(B)132.9　　(C)141.7　　(D)147.3

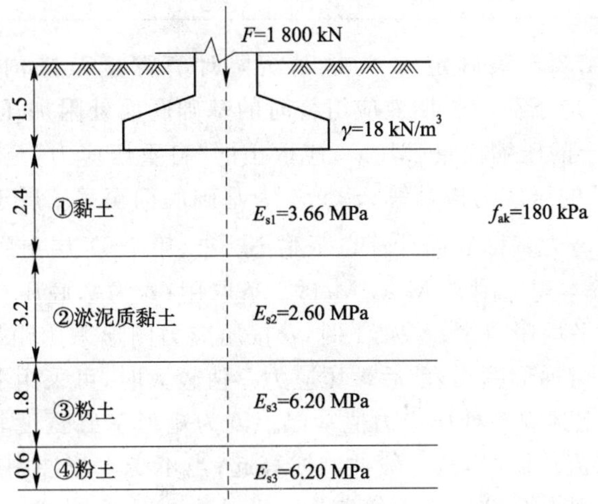

案例模拟 28 图(尺寸单位:m)

【案例模拟题 39】

已知传至基础顶面的柱轴力准永久组合值 $F=1\ 250$ kN,其他条件见下图,用应力面积法计算基础中点的最终沉降量为(　　)mm。

(A)82.8　　(B)93.7　　(C)98.1　　(D)117.8

案例模拟题 39 图(尺寸单位:m)

3.3.3　按《公路桥涵地基与基础设计规范》(JTG D63—2007)计算基础沉降量

JTG D63—2007 相关规定如下。

4.3.4　墩台基础的最终沉降量,可按下式计算:

$$s=\psi_s s_0=\psi_s\sum_{i=1}^{n}\frac{p_0}{E_{si}}(z_i\bar{\alpha}_i-z_{i-1}\bar{\alpha}_{i-1})\tag{4.3.4-1}$$

$$p_0=p-\gamma h\tag{4.3.4-2}$$

式中,s 为地基最终沉降量(mm);s_0 为按分层总和法计算的地基沉降量(mm);ψ 为沉降计算经验系数,根据地区沉降观测资料及经验确定,缺少沉降观测资料及经验数据时，可按本规范第 4.3.5 条确定；n 为地基沉降计算深度范围内所划分的土层数（图 4.3.4）；p_0 为对应于荷载长期效应组合时的基础底面处附加压应力（kPa）；E_{si} 为基础底面下第 i 层土的压缩模量（MPa），应取土的"自重压应力"至"土的自重压应力与附加压应力之和"的压应力段计算；z_i、z_{i-1} 为基础底面至第 i 层土、第 $i-1$ 层土底面的距离（m）；$\overline{\alpha}_i$、$\overline{\alpha}_{i-1}$ 为基础底面计算点至第 i 层土、第 $i-1$ 层土底面范围内平均附加压应力系数，可按本规范附录 M 第 M.0.2 条取用；p 为基底压应力（kPa）[当 $z/b>1$ 时，p 采用基底平均压应力；$z/b\leqslant1$ 时，p 按压应力图形采用距最大压应力点 $b/3\sim b/4$ 处的压应力（对梯形图形，前后端压应力差值较大时，可采用上述 $b/4$ 处的压应力值；反之，则采用上述 $b/3$ 处压应力值），以上 b 为矩形基底宽度]；h 为基底埋置深度（m）（当基础受水流冲刷时，从一般冲刷线算起；当不受水流冲刷时，从天然地面算起；如位于挖方内，则由开挖后地面算起）；γ 为 h 内土的重度（kN/m^3），基底为透水地基时水位以下取浮重度。

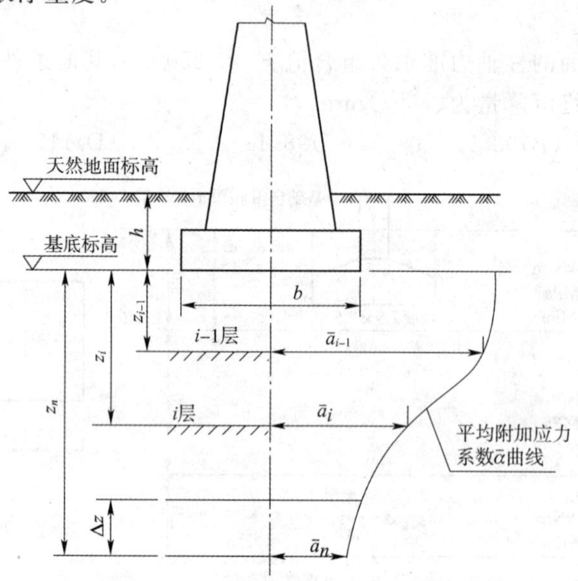

图 4.3.4 基底沉降计算分层示意图

4.3.5 沉降计算经验系数 ψ_s 可按表 4.3.5 确定。

沉降计算经验系数 ψ_s 表 4.3.5

基底附加压应力	$\overline{E}_s$/MPa				
	2.5	4.0	7.0	15.0	20.0
$p_0\geqslant[f_{a0}]$	1.4	1.3	1.0	0.4	0.2
$p_0\leqslant0.75[f_{a0}]$	1.1	1.0	0.7	0.4	0.2

注：1. 表中 $[f_{a0}]$ 为地基承载力基本容许值。

2. 表中 $\overline{E}_s$ 为沉降计算范围内压缩模量的当量值，应按下式计算：

$$\overline{E}_s=\frac{\sum A_i}{\sum\frac{A_i}{E_{si}}}$$

式中，A_i 为第 i 层土的附加压应力系数沿土层厚度的积分值。

4.3.6 地基沉降计算时设定计算深度 z_n，在 z_n 以上取 Δz 厚度(表 4.3.6)，其沉降量应符合下式：

$$\Delta s_n \leqslant 0.025\sum_{i=1}^{n}\Delta s_i \tag{4.3.6}$$

式中，Δs_n 为在计算深度底面向上取厚度为 Δz 的土层的计算沉降量，Δz 见图 4.3.4 并按表 4.3.6 采用；Δs_i 为在计算深度范围内，第 i 层土的计算沉降量。

已确定的计算深度下面，如仍有较软土层时，应继续计算。

Δz 值 表 4.3.6

基底宽度 b/m	$b\leqslant 2$	$2<b\leqslant 4$	$4<b\leqslant 8$	$b>8$
Δz/m	0.3	0.6	0.8	1.0

4.3.7 当无相邻荷载影响，基底宽度在 1～30 m 范围内时，基底中心的地基沉降计算深度 z_n 也可按下列简化公式计算：

$$z_n = b(2.5-0.4\ln b) \tag{4.3.7}$$

式中，b 为基础宽度(m)。

在计算深度范围内存在基岩时，z_n 可取至基岩表面；当存在较厚的坚硬黏土层，其孔隙比小于 0.5、压缩模量大于 50 MPa，或存在较厚的密实砂卵石层，其压缩模量大于 80 MPa 时，z_n 可取至该土层表面。

【例题 28】

求桥涵基础的沉降。

某高速公路在桥头段软土地基上采用高填方路基，路基平均宽度 30 m，路基自重及路面荷载传至路基底面的均布荷载为 120 kPa，地基土均匀，平均 $E_s=6$ MPa，沉降计算压缩层厚度按 24 m 考虑，沉降计算修正系数取 1.2，则桥头路基的最终沉降量最接近(　　)mm。

(A)124　　(B)248　　(C)206　　(D)495

解

根据《公路桥涵地基与基础设计规范》(JTG D63—2007)可知：

条形基础，$z/b=24/30=0.8$。查得 $\bar{\alpha}=0.86$，桥台位置处相当于一侧一半条形荷载作用，所以取 $\bar{\alpha}=0.86/2=0.43$，则

$$S=\psi_S\sum\frac{p_0}{E_{si}}(Z_i\bar{\alpha}_i-Z_{i-1}\bar{\alpha}_{i-1})=1.2\times\frac{120}{6\times10^3}(24\times0.43-0\times0.5)=248(\text{mm})$$

应选选项(B)。

例题解析

①比较不同规范中附加应力系数表格适用条件的差异。

②注意题目的背景及要求使用的计算方法。

【案例模拟题 40】

某桥墩基础底面尺寸为 4 m×8 m，正常使用极限状态下，相应于作用的长期效应组合时，作用于基底的中心荷载 N=8 000 kN(已包括基础重力及水的浮力)，基础埋深 1.5 m，地基土层情况如下图所示，地基土层室内压缩试验成果见下表，如果沉降计算的经验系数 M 取 0.4，则基础中心的沉降量为(　　)cm。(要求采用分层总和法计算)

(A)0.98　　(B)1.22　　(C)1.34　　(D)1.47

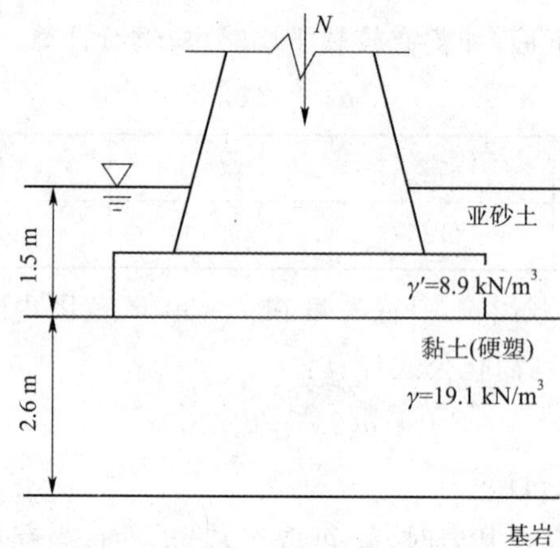

土　层	压力 p/kPa				
	0	50	100	200	300
孔隙比 e	0.867	0.865	0.857	0.842	0.835

3.4　确定基础的埋置深度

3.4.1　按《建筑地基基础设计规范》(GB 50007—2011)确定基础埋置深度

GB 50007—2011 相关规定如下。

5.1.1　基础的埋置深度，应按下列条件确定：

①建筑物的用途，有无地下室、设备基础和地下设施，基础的形式和构造；

②作用在地基上的荷载大小和性质；

③工程地质和水文地质条件；

④相邻建筑物的基础埋深；

⑤地基土冻胀和融陷的影响。

5.1.2　在满足地基稳定和变形要求的前提下，当上层地基的承载力大于下层土时，宜利用上层土作持力层。除岩石地基外，基础埋深不宜小于 0.5 m。

5.1.3　高层建筑基础的埋置深度应满足地基承载力、变形和稳定性要求。位于岩石地基上的高层建筑，其基础埋深应满足抗滑稳定性要求。

5.1.4　在抗震设防区，除岩石地基外，天然地基上的箱形和筏形基础其埋置深度不宜小于建筑物高度的1/15；桩箱或桩筏基础的埋置深度（不计桩长）不宜小于建筑物高度的1/18。

5.1.5　基础宜埋置在地下水位以上，当必须埋在地下水位以下时，应采取地基土在施工时不受扰动的措施。当基础埋置在易风化的岩层上，施工时应在基坑开挖后立即铺筑垫层。

5.1.6　当存在相邻建筑物时，新建建筑物的基础埋深不宜大于原有建筑基础。当埋深大于原有建筑基础时，两基础间应保持一定净距，其数值应根据建筑荷载大小、基础形式和土质情况确定。

5.1.7　季节性冻土地基的场地冻结深度应按下式进行计算：

$$z_d = z_0 \psi_{zs} \psi_{zw} \psi_{ze} \tag{5.1.7}$$

式中，z_d 为场地冻结深度（m），当有实测资料时，按 $z_d = h' - \Delta z$ 计算；h' 为最大冻深出现时场地最大冻土层厚度（m）；Δz 为最大冻深出现时场地地表冻胀量（m）；z_0 为标准冻结深度（m），当无实测资料时，按本规范附录F采用；ψ_{zs} 为土的类别对冻结深度的影响系数，按表5.1.7-1采用；ψ_{zw} 为土的冻胀性对冻结深度的影响系数，按表5.1.7-2采用；ψ_{ze} 为环境对冻结深度的影响系数，按表5.1.7-3采用。

土的类别对冻结深度的影响系数　　表5.1.7-1

土的类别	影响系数 ψ_{zs}
黏性土	1.00
细砂、粉砂、粉土	1.20
中、粗、砾砂	1.30
大块碎石土	1.40

土的冻胀性对冻结深度的影响系数　　表5.1.7-2

冻　胀　性	影响系数 ψ_{zw}
不冻胀	1.00
弱冻胀	0.95
冻胀	0.90
强冻胀	0.85
特强冻胀	0.80

环境对冻结深度的影响系数　　表5.1.7-3

周围环境	影响系数 ψ_{ze}
村、镇、旷野	1.00
城市近郊	0.95
城市市区	0.90

注：环境影响系数一项，当城市市区人口为20万～50万时，按城市近郊取值；当城市市区人口大于50万且不大于100万时，只计入市区影响；当城市市区人口超过100万时，除计入市区影响外，尚应考虑5km以内的郊区近郊影响系数。

5.1.8　季节性冻土地区基础埋置深度宜大于场地冻结深度。对于深厚季节冻土地区，当建筑基础底面土层为不冻胀、弱冻胀、冻胀土时，基础埋置深度可以小于场地冻结深度，基础底面下允许冻土层最大厚度应根据当地经验确定。没有地区经验时可按本规范附录G查取。此时，基础最小埋置深度 $d_{\min}$ 可按下式计算：

$$d_{\min} = z_{d} - h_{\max} \tag{5.1.8}$$

式中，$h_{\max}$ 为基础底面下允许冻土层最大厚度(m)。

5.1.9　地基土的冻胀类别分为不冻胀、弱冻胀、冻胀、强冻胀和特强冻胀，可按本规范附录G查取。在冻胀、强冻胀和特强冻胀地基上采用防冻害措施时应符合下列规定：

①对在地下水位以上的基础，基础侧表面应回填不冻胀的中、粗砂，其厚度不应小于200 mm；对在地下水位以下的基础，可采用桩基础、保温性基础、自锚式基础(冻土层下有扩大板或扩底短桩)，也可将独立基础或条形基础做成正梯形的斜面基础。

②宜选择地势高、地下水位低、地表排水条件好的建筑场地。对低洼场地，建筑物的室外地坪标高应至少高出自然地面300～500 mm，其范围不宜小于建筑四周向外各1倍冻结深度距离的范围。

③应做好排水设施，施工和使用期间防止水浸入建筑地基。在山区应设截水沟或在建筑物下设置暗沟，以排走地表水和潜水。

④在强冻胀性和特强冻胀性地基上，其基础结构应设置钢筋混凝土圈梁和基础梁，并控制建筑的长高比。

⑤当独立基础连系梁下或桩基础承台下有冻土时，应在梁或承台下留有相当于该土层冻胀量的空隙。

⑥外门斗、室外台阶和散水坡等部位宜与主体结构断开，散水坡分段不宜超过1.5 m，坡度不宜小于3%，其下宜填入非冻胀性材料。

⑦对跨年度施工的建筑，入冬前应对地基采取相应的防护措施；按采暖设计的建筑物，当冬季不能正常采暖时，也应对地基采取保温措施。

【例题29】

确定基础埋置深度。

某地区标准冻深为1.9 m，地基由均匀的粉砂土组成，为冻胀土，场地位于城市市区，基底平均压力为130 kPa，建筑物为民用住宅，采用矩形基础，基础尺寸为2 m×1 m，试确定基础的最小埋深为(　　)m。

(A)1.2　　(B)1.15　　(C)1.25　　(D)1.9

解

地基为粉砂土，查规范GB 50007—2011表5.1.7.1得 $\psi_{zs}=1.2$。

地基土为冻胀土，查规范GB 50007—2011表5.1.7.2得 $\psi_{zw}=0.9$。

场地位于城市市区，查规范GB 50007—2011表5.1.7.3得 $\psi_{ze}=0.9$。

由式(5.1.7)，得

$$z_{d} = z_{0}\psi_{zs}\psi_{zw}\psi_{ze} = 1.9\times1.2\times0.9\times0.9 = 1.85(\mathrm{m})$$

基底平均压力为 130 kPa，土质为冻胀土，民用住宅即采暖，矩形基础可取短边尺寸按方形计算，查规范 GB 50007—2011 表 G.0.2 得 $h_{max}=0.7$ m。

所以 $$d_{min}=z_d-h_{max}=1.85-0.7=1.15(\text{m})$$

应选选项(B)。

例题解析

①设计冻深应用标准冻深进行修正，特别应注意其中环境对冻深的影响系数的取值要求。

②查 h_{max} 时，注意规范 GB 50007—2011 表 G.0.2 不适用于宽度小于 0.6 m 的基础。

③地基土的冻胀性分类，查规范 GB 50007—2011 表 G.0.1，注意塑性指数大于 22 时，冻胀性降低一级。

【案例模拟题 41】

某地区标准冻深为 1.8 m，地基由均匀的碎石土(粒径小于 0.075 mm 颗粒含量大于 15%)组成，场地位于城市市区，该城市市区人口为 35 万。冻土层内冻前天然含水率的平均值为 16%，冻结期间地下水位距冻结面的最小距离为 1.5 m，则该地区基础设计冻深为(　　)m。

(A)1.8　　(B)2.04　　(C)2.27　　(D)2.15

【案例模拟题 42】

某村镇标准冻深 1.7 m，地基由均匀黏土组成，为强冻胀土。建筑物永久荷载标准值为 150 kPa，基础为条形基础，不采暖，则基础最小埋深为(　　)m。

(A)1.7　　(B)1.45　　(C)1.02　　(D)0.7

3.4.2 按《公路桥涵地基与基础设计规范》(JTG D63—2007)确定基础埋置深度

JTG D63—2007 的相关规定如下。

4.1.1 桥涵墩台基础(不包括桩基础)基底埋置深度应符合下列规定：

①当墩台基底设置在不冻胀土层中时，基底埋深可不受冻深的限制。

②上部为超静定结构的桥涵基础，其地基为冻胀土层时，应将基底埋入冻结线以下不小于 0.25 m。

③当墩台基础设置在季节性冻胀土层中时，基底的最小埋置深度可按下式计算：

$$d_{min}=z_d-h_{max} \tag{4.1.1.1}$$

$$z_d=\psi_{zs}\psi_{zw}\psi_{ze}\psi_{zg}\psi_{zf}z_0 \tag{4.1.1.2}$$

式中，d_{min} 为基底最小埋置深度(m)；z_d 为设计冻深(m)；z_0 为标准冻深(m)，无实测资料时，可按本规范附表 H.0.1 条采用；ψ_{zs} 为土的类别对冻深的影响系数，按表 4.1.1.1 查取；ψ_{zw} 为土的冻胀性对冻深的影响系数，按表 4.1.1.2 查取；ψ_{ze} 为环境对冻深的影响系数，按表 4.1.1.3 查取；ψ_{zg} 为地形坡向对冻深的影响系数，按表 4.1.1.4 查取；ψ_{zf} 为基础对冻深的影响系数，取 $\psi_{zf}=1.1$；h_{max} 为基础底面下容许最大冻层厚度(m)，按表 4.1.1.5 查取。

土的类别对冻深的影响系数ψ_{zs} 表 4.1.1.1

土的类别	黏性土	细砂、粉砂、粉土	中砂、粗砂、砾砂	碎石土
ψ_{zs}	1.00	1.20	1.30	1.40

土的冻胀性对冻深的影响系数ψ_{zw} 表 4.1.1.2

冻胀性	不冻胀	弱冻胀	冻胀	强冻胀	特强冻胀	极强冻胀
ψ_{zw}	1.00	0.95	0.90	0.85	0.80	0.75

注：季节性冻土分类见本规范附录 H。

环境对冻深的影响系数ψ_{ze} 表 4.1.1.3

周围环境	村、镇、旷野	城市近郊	城市市区
ψ_{ze}	1.00	0.95	0.90

注：当城市市区人口为 20 万～50 万时，按城市近郊取值；当城市市区人口大于 50 万且不大于 100 万时，按城市市区取值；当城市市区人口超过 100 万时，按城市市区取值，5 km 以内的郊区应按城市近郊取值。

地形坡向对冻深的影响系数ψ_{zg} 表 4.1.1.4

地开坡向	平坦	阳坡	阴坡
ψ_{zg}	1.0	0.9	1.1

不同冻胀土类别在基础底面下容许最大冻层厚度 h_{max} 表 4.1.1.5

冻胀土类别	弱冻胀	冻胀	强冻胀	特强冻胀	极强冻胀
h_{max}	$0.38z_0$	$0.28z_0$	$0.15z_0$	$0.08z_0$	0

注：z_0 为标准冻深(m)。季节性冻胀土分类见本规范附录表 H.0.2。

④涵洞基础设置在季节性冻土地基上时，出入口和自两端洞口向内各 2～6 m 范围内(或可采用不小于 2 m 的一段涵节长度)涵身基底的埋置深度可按式(4.1.1.1)计算确定。涵洞中间部分的基础埋深，可根据地区经验确定。严寒地区，当涵洞中间部分基础的埋深与洞口埋深相差较大时，其连接处应设置过渡段。冻结较深地区，也可采用将基底至冻结线处的地基土换填为粗颗粒土(包括碎石土、砾砂、粗砂、中砂，但其中粉黏粒含量不应大于 15%，或粒径小于 0.1 mm 的颗粒不应大于 25%)的措施。

⑤涵洞基础，在无冲刷处(岩石地基除外)，应设在地面或河床底以下埋深不小于 1 m处；如有冲刷，基底埋深应在局部冲刷线以下不小于 1 m；如河床上有铺砌层时，基础底面宜设置在铺砌层顶面以下不小于 1 m。

⑥非岩石河床桥梁墩台基底埋深安全值可按表 4.1.1.6 确定。

基底埋深安全值 表 4.1.1.6

桥梁类别	总冲刷深度/m				
	0	5	10	15	20
大桥、中桥、小桥(不铺砌)	1.5	2.0	2.5	3.0	3.5
特大桥	2.0	2.5	3.0	3.5	4.0

注:1. 总冲刷深度为自河床面算起的河床自然演变冲刷、一般冲刷与局部冲刷深度之和。

2. 表列数值为墩台基底埋入总冲刷深度以下的最小值;若对设计流量、水位和原始断面资料无把握或不能获得河床演变准确资料时,其值宜适当加大。

3. 若桥位上下游有已建桥梁,应调查已建桥梁的特大洪水冲刷情况,新建桥梁墩台基础埋置深度不宜小于已建桥梁的冲刷深度且酌加必要的安全值。

4. 如河床上有铺砌层时,基础底面宜设置在铺砌层顶面以下不小于 1 m。

⑦岩石河床墩台基底最小埋置深度可参考《公路工程水文勘测设计规范》(JTG C30)附录C确定。

⑧位于河槽的桥台,当其最大冲刷深度小于桥墩总冲刷深度时,桥台基底的埋深应与桥墩基底相同。当桥台位于河滩时,对河槽摆动不稳定河流,桥台基底高程应与桥墩基底高程相同;在稳定河流上,桥台基底高程可按照桥台冲刷结果确定。

4.1.2 墩台基础顶面标高宜根据桥位情况、施工难易程度、美观与整体协调综合确定。

【例题 30】

某公路桥位于平坦的旷野中,地基由均匀的中砂土组成,土的冻胀类别为弱冻胀,标准冻深为 1.5 m,上部结构为简支梁,考虑冻胀影响时,该桥基础的最小埋深不宜小于( )m。

(A)1.0 (B)1.3 (C)1.5 (D)2.0

解

据《公路桥涵地基与基础设计规范》(JTG D63—2007)第 4.1.1 条计算:

设计冻深 z_d

$$z_d=\psi_{zs}\psi_{zw}\psi_{ze}\psi_{zg}\psi_{zf}z_0=1.3\times0.95\times1.0\times1.0\times1.1\times1.5=2.038(\mathrm{m})$$

基础的最小埋深 d_{min},土为弱冻胀,查表得 $h_{max}=0.38z$。

$$d_{min}=z_d-h_{max}=z_d-0.38z_0=2.038-0.38\times1.5=1.468(\mathrm{m})$$

选项(C)正确。

【案例模拟题 43】

某公路桥基位于旷野阴坡场地中,地基由均质黏性土组成,黏性为冻胀土,标准冻深为 1.8 m,设计冻深为( )m。

(A)1.5 (B)1.8 (C)1.96 (D)2.15

【案例模拟题 44】

条件同案例模拟题 43,当考虑冻深影响时,基础的最小埋置深度不宜小于( )m。

(A)1.3 (B)1.5 (C)1.8 (D)2.0

第3章 浅基础

3.5　地基基础的稳定性验算

3.5.1　按《建筑地基基础设计规范》(GB 50007—2011)验算建筑物基础的稳定性

全国注册岩土工程师专业考试模拟训练题集及历年真题新解

GB 50007—2011 的相关规定如下。

5.4.1　地基稳定性可采用圆弧滑动面法进行验算。最危险的滑动面上诸力对滑动中心所产生的抗滑力矩与滑动力矩应符合下式要求：

$$M_R/M_S \geq 1.2 \tag{5.4.1}$$

式中，M_S 为滑动力矩(kN·m)；M_R 为抗滑力矩(kN·m)。

5.4.2　位于稳定土坡坡顶上的建筑，应符合下列规定：

①对于条形基础或矩形基础，当垂直于坡顶边缘线的基础底面边长不大于 3 m 时，其基础底面外边缘线至坡顶的水平距离(图 5.4.2)应符合下式要求，且不得小于 2.5 m。

条形基础

$$a \geq 3.5b - \frac{d}{\tan\beta} \tag{5.4.2-1}$$

矩形基础

$$a \geq 2.5b - \frac{d}{\tan\beta} \tag{5.4.2-2}$$

式中，a 为基础底面外边缘线至坡顶的水平距离(m)；b 为垂直于坡顶边缘线的基础底面边长(m)；d 为基础埋置深度(m)；β 为边坡坡角(°)。

②当基础底面外边缘线至坡顶的水平距离不满足式 (5.4.2-1)、式(5.4.2-2)的要求时，可根据基底平均压力按式 (5.4.1)确定基础距坡顶边缘的距离和基础埋深。

③当边坡坡角大于 45°、坡高大于 8 m 时，尚应按式 (5.4.1)验算坡体稳定性。

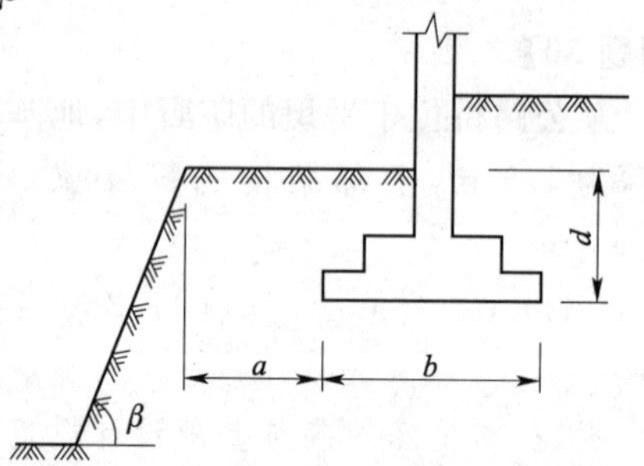

图 5.4.2　基础底面外边缘线至坡顶的水平距离示意

5.4.3　建筑物基础存在浮力作用时应进行抗浮稳定性验算，并应符合下列规定：

①对于简单的浮力作用情况，基础抗浮稳定性应符合下式要求：

$$\frac{G_k}{N_{w,k}} \geq K_w \tag{5.4.3}$$

式中，G_k 为建筑物自重及压重之和(kN)；$N_{w,k}$ 为浮力作用值(kN)；K_w 为抗浮稳定安全系数，一般情况下可取 1.05。

②抗浮稳定性不满足设计要求时，可采用增加压重或设置抗浮构件等措施。在整体满足抗浮稳定性要求而局部不满足时，也可采用增加结构刚度的措施。

【例题 31】

基础稳定性验算。

某建筑物基础为矩形基础，如下图所示，则基础边缘至坡脚的最小距离为(　　)m。

(A)3.66　　(B)11.35　　(C)6.66　　(D)14.35

解

由于 $b=3$ m，可按式(5.4.2.2)计算 a

$$a \geqslant 2.5b-\frac{d}{\tan\beta}=2.5\times 3-\frac{3}{\tan 38^\circ}=3.66(\mathrm{m})$$

所以

$$c=a+\frac{6}{\tan\beta}=3.66+\frac{6}{\tan 38^\circ}=11.35(\mathrm{m})$$

应选选项(B)。

例题解析

①用规范 GB 50007—2011 中式(5.4.2-1)和式(5.4.2-2)时，只有 $b\leqslant 3$ m 才可用，特别注意 $a\geqslant 2.5$ m。

②当边坡坡角大于 45°，坡高大于 8 m 时，尚应按圆弧滑动面法验算坡体稳定。

【案例模拟题 45】

某建筑物基础为条形基础，如下图所示，则基础边缘与坡顶的最小水平距离应为(　　)m。

(A)4.0　　(B)0.17　　(C)1.67　　(D)2.5

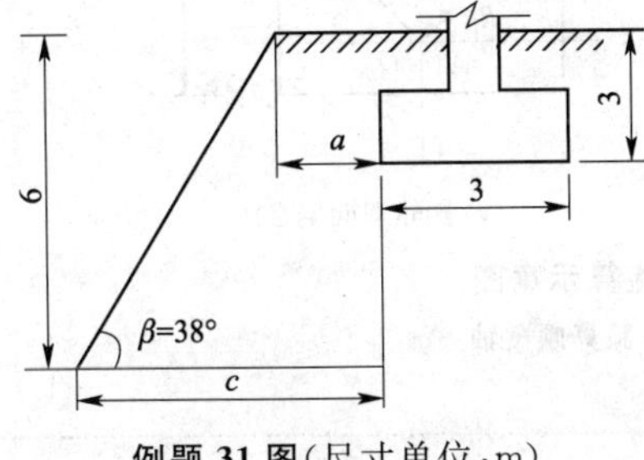

例题 31 图(尺寸单位：m)

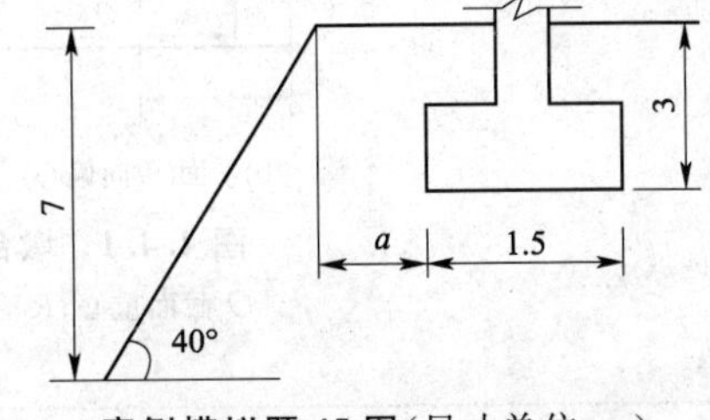

案例模拟题 45 图(尺寸单位：m)

3.5.2　按《公路桥涵地基与基础设计规范》(JTG D63—2007)验算桥涵墩台的抗倾覆稳定性

JTG D63—2007 的相关规定如下。

4.4.1　桥涵墩台基础的抗倾覆稳定，按下式计算(图 4.4.1)：

$$k_0=\frac{s}{e_0} \tag{4.4.1.1}$$

$$e_0=\frac{\sum P_i e_i+\sum H_i h_i}{\sum P_i} \tag{4.4.1.2}$$

式中，k_0 为墩台基础抗倾覆稳定性系数；s 为在截面重心至合力作用点的延长线上，自截面重心至验算倾覆轴的距离(m)；e_0 为所有外力的合力 R 在验算截面的作用点对基底重心轴的偏心距；P_i 为不考虑其分项系数和组合系数的作用标准值组合或偶然作用(地震除外)标准值组合引起的竖向力(kN)；e_i 为竖向力 P_i 对验算截面重心的力臂(m)；H_i 为不考虑其分项系数和组合系数的作用标准值组合或偶然作用(地震除外)标准值组合引起的水平力(kN)；h_i 为水平力对验算截面的力臂(m)。

注：1. 弯矩应视其绕验算截面重心轴的不同方向取正负号。

2. 对于矩形凹缺的多边形基础，其倾覆轴应取基底截面的外包线。

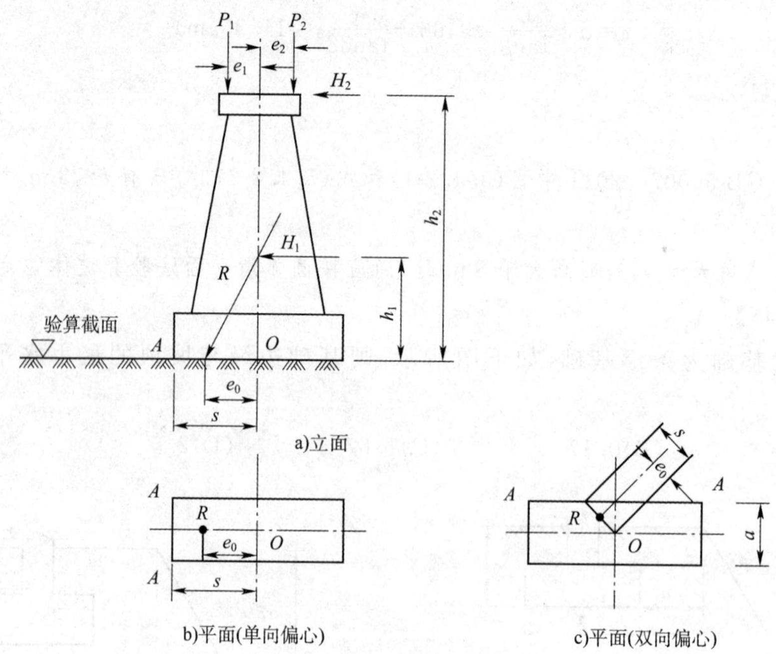

图 4.4.1 墩台基础的稳定验算示意图

O-截面重心；R-合力作用点；A-A-验算倾覆轴

【例题 32】

桥涵抗倾覆稳定性验算。

某桥墩两片梁自重压力分别为 $P_1=140$ kN，$P_2=120$ kN，车辆荷载产生的竖向压力 $P=200$ kN，桥墩自重 $P_3=120$ kN，水平力 $T=90$ kN，如右图所示，则抗倾覆稳定性系数为(　　)。

(A)1.80　　(B)1.76　　(C)2.25　　(D)1.5

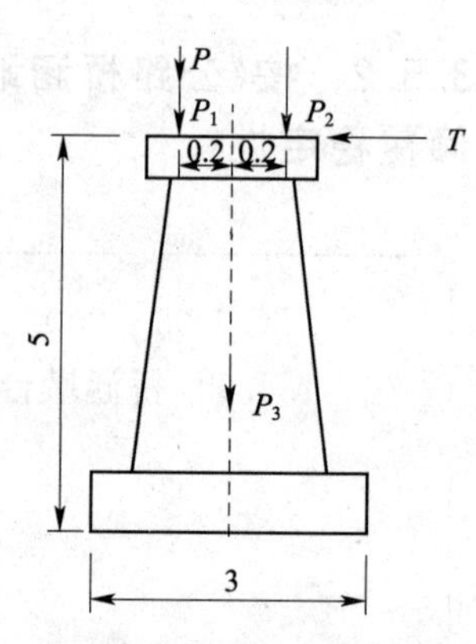

例题 32 图(尺寸单位：m)

解

合外力对基底重心轴的弯矩为

$$\sum M=(200+140-120)\times 0.2+90\times 5=494(\text{kN}\cdot\text{m})$$

合力的竖向分力为

$$\sum N=200+140+120+120=580(\text{kN})$$

合力竖向分力对基底重心的偏心距 e_0 为

$$e_0=\frac{\sum M}{\sum N}=\frac{494}{580}=0.85(\mathrm{m})$$

所以
$$k_0=\frac{y}{e_0}=\frac{1.5}{0.85}=1.76$$

应选选项(B)。

例题解析

计算偏心距 e_0 时,应注意荷载组合为最不利组合,即合外力对基底重心轴的弯矩为最大。

【案例模拟题 46】

某桥墩两片梁自重压力 $P_1=P_2=180$ kN,桥墩自重 $P_3=150$ kN,车辆荷载 $P=240$ kN,产生的水平力 $T=115$ kN,水面浮冰产生单侧撞击力为 30 kN,如下图所示,则抗倾覆稳定性系数为(　　)。

(A)1.42　　(B)2.06　　(C)1.77　　(D)1.57

【案例模拟题 47】

某重力式挡土墙,其重力 $W=340$ kN,如下图所示,则其抗倾覆稳定性系数为(　　)。

(A)1.25　　(B)1.56　　(C)1.84　　(D)2.0

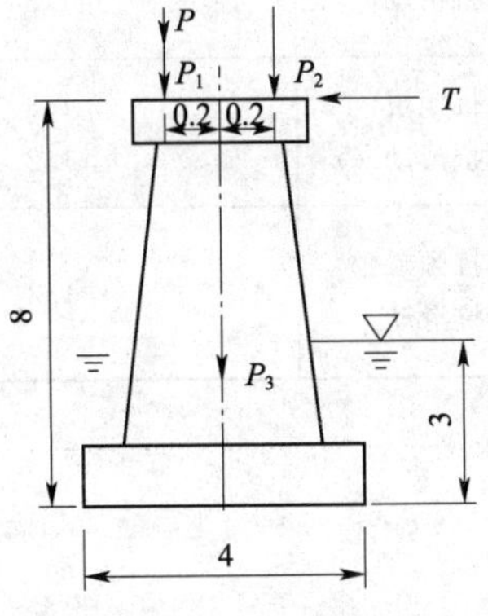

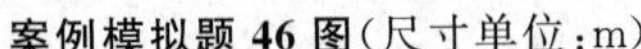

案例模拟题 46 图(尺寸单位:m)

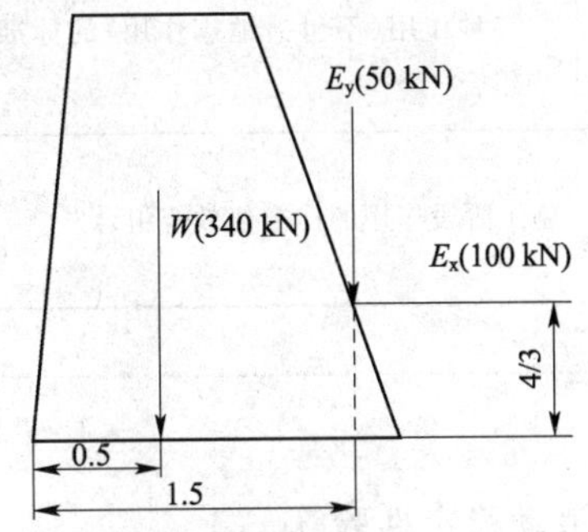

案例模拟题 47 图(尺寸单位:m)

3.5.3 按《公路桥涵地基与基础设计规范》(JTG D63—2007)验算桥涵墩台的抗滑动稳定性

JTG D63—2007 的相关规定如下。

4.4.2 桥涵墩台基础的抗滑动稳定性系数 k_c 按下式计算:

$$k_c=\frac{\mu\sum P_i+\sum H_{iP}}{\sum H_{ia}} \tag{4.4.2}$$

式中,k_c 为桥涵墩台基础的抗滑动稳定性系数;$\sum P_i$ 为竖向力总和;$\sum H_{iP}$ 为抗滑稳定水平力总和;$\sum H_{ia}$ 为滑动水平力总和;μ 为基础底面与地基土之间的摩擦系数,通过试验确定,而当缺少实际资料时,可参照表 4.4.2 采用。

注：$\sum H_{iP}$ 和 $\sum H_{ia}$ 分别为两个相对方向的各自水平力总和，绝对值较大者为滑动水平力 $\sum H_{ia}$，另一为抗滑稳定力 $\sum H_{iP}$；$\mu\sum P_i$ 为抗滑动稳定力。

基底摩擦系数　　表 4.4.2

地基土分类	μ	地基土分类	μ
黏土(流塑～坚硬)、粉土	0.25	软岩(极软岩～较软岩)	0.40～0.60
砂土(粉砂～砾砂)	0.30～0.40	硬岩(较硬岩～坚硬岩)	0.60～0.70
碎石土(松散～密实)	0.40～0.50		

4.4.3　验算墩台抗倾覆和抗滑动的稳定性时，稳定性系数不应小于表 4.4.3 的规定。

抗倾覆和抗滑动的稳定性系数　　表 4.4.3

作用组合		验算项目	稳定性系数
使用阶段	永久作用(不计混凝土收缩及徐变、浮力)和汽车、人群的标准值效应组合	抗倾覆 抗滑动	1.5 1.3
	各种作用(不包括地震作用)的标准值效应组合	抗倾覆 抗滑动	1.3 1.2
施工阶段作用的标准值效应组合		抗倾覆 抗滑动	1.2

【例题 33】

桥涵抗滑动稳定性验算。

条件同例题 32，地基土为硬塑黏土，则抗滑稳定系数为(　　)。

(A)1.42　　(B)1.61　　(C)1.56　　(D)1.38

解

$$\sum P_i = 580\ \text{kN} \qquad \sum T_i = 90\ \text{kN} \qquad \mu = 0.25$$

所以

$$K_c = \frac{\mu\sum P_i}{\sum T_i} = \frac{0.25\times 580}{90} = 1.61$$

应选选项(B)。

例题解析

注意当基础采取抗滑措施时，对滑动验算应考虑抗滑措施产生的阻力。

【案例模拟题 48】

某桥墩受两片梁自重 $P_1=120$ kN，$P_2=100$ kN，桥墩自重 $P_3=90$ kN，不考虑车辆荷载，春季受浮冰水平冲力可达 65 kN，地基土为软塑黏土，为提高抗滑稳定性，在基底做了防滑锚栓，可产生 20 kN 的阻力，则此桥墩在春融季节时的抗滑稳定性系数为(　　)。

(A)1.5　　(B)1.1　　(C)0.8　　(D)1.3

【案例模拟题 49】

条件同本章 3.5.2 节模拟题 47，基础为砂类土，则其抗滑稳定性系数 K_c 为(　　)。

(A)1.21　　(B)1.33　　(C)1.44　　(D)1.56

3.6 无筋扩展基础设计

按《建筑地基基础设计规范》(GB 50007—2011)进行无筋扩展基础设计的相关规定如下。

8.1.1 无筋扩展基础(图 8.1.1)高度应满足下式的要求：

$$H_0 \geqslant \frac{b-b_0}{2\tan\alpha} \tag{8.1.1}$$

式中，b 为基础底面宽度(m)；b_0 为基础顶面的墙体宽度或柱脚宽度(m)；H_0 为基础高度(m)；$\tan\alpha$ 为基础台阶宽高比 $b_2:H_0$，其允许值可按表 8.1.1 选用；b_2 为基础台阶宽度(m)。

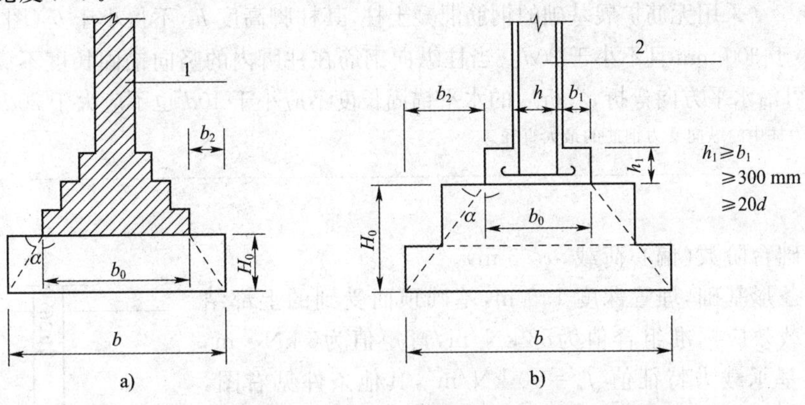

图 8.1.1 无筋扩展基础构造示意

d-柱中纵向钢筋直径

1-承重墙；2-钢筋混凝土柱

无筋扩展基础台阶宽高比的允许值　　表 8.1.1

基础材料	质量要求	台阶宽高比的允许值		
		$p_k \leqslant 100$	$100 < p_k \leqslant 200$	$200 < p_k \leqslant 300$
混凝土基础	C15 混凝土	1：1.00	1：1.00	1：1.25
毛石混凝土基础	C15 混凝土	1：1.00	1：1.25	1：1.50
砖基础	砖不低于 MU10、砂浆不低于M5	1：1.50	1：1.50	1：1.50
毛石基础	砂浆不低于M5	1：1.25	1：1.50	—

续上表

基础材料	质量要求	台阶宽高比的允许值		
		$p_k \leqslant 100$	$100 < p_k \leqslant 200$	$200 < p_k \leqslant 300$
灰土基础	体积比为 3∶7 或 2∶8 的灰土,其最小干密度: 粉土 1 550 kg/m³ 粉质黏土 1 500 kg/m³ 黏土 1 450 kg/m³	1∶1.25	1∶1.50	—
三合土基础	体积比 1∶2∶4～1∶3∶6(石灰∶砂∶集料),每层约虚铺 220 mm,夯至 150 mm	1∶1.50	1∶2.00	—

注:1. p_k 为作用的标准组合时基础底面处的平均压力值(kPa)。

2. 阶梯形毛石基础的每阶伸出宽度,不宜大于 200 mm。

3. 当基础由不同材料叠合组成时,应对接触部分做抗压验算。

4. 混凝土基础单侧扩展范围内基础底面处的平均压力值超过 300 kPa 时,尚应进行抗剪验算;对基底反力集中于立柱附近的岩石地基,应进行局部受压承载力验算。

8.1.2 采用无筋扩展基础的钢筋混凝土柱,其柱脚高度 h_1 不得小于 b_1(图 8.1.1),并不应小于 300 mm 且不小于 $20d$。当柱纵向钢筋在柱脚内的竖向锚固长度不满足锚固要求时,可沿水平方向弯折,弯折后的水平锚固长度不应小于 $10d$ 也不应大于 $20d$。

注:d 为柱中的纵向受力钢筋的最大直径。

【例题 34】

确定基础台阶数(偏心荷载,$b<3$ m)。

某墙下条形基础,埋置深度 1.5 m,基础顶面受到的上部结构传来的荷载效应标准组合值为 83 kN/m,弯矩值为 6 kN·m。修正后的地基承载力特征值 $f_a=90$ kN/m²,其他条件见右图,试按台阶的宽高比为 1/2 确定。

①混凝土基础上的砖放脚台阶数为(　　)。

(A)3　(B)4　(C)5　(D)6

②砖基础高度应为(　　)m。

(A)0.36　(B)0.42　(C)0.48　(D)0.54

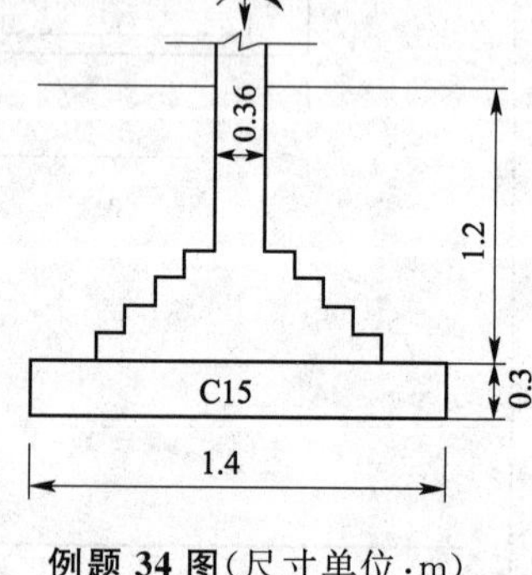

例题 34 图(尺寸单位:m)

解

①计算基础宽度。

$$b \geqslant \frac{F_k}{f_a-\gamma_G d}=\frac{83}{90-20\times1.5}=1.38(\text{m})$$

取 $b=1.4$ m。

②验算。

$$e=\frac{M}{N}=\frac{6}{83+20\times1.5\times1.4}=0.048$$

$$\frac{b}{6}=\frac{1.4}{6}=0.233(\text{m})$$

$$e<\frac{b}{6}$$

$$1.2f_a=108\ \text{kN/m}^2$$

$$p_{\substack{\max\\\min}}=\frac{83+20\times1.5\times1.4}{1.4}\times\left(1\pm\frac{6\times0.048}{1.4}\right)=\begin{matrix}107.6(\text{kPa})\\69.37(\text{kPa})\end{matrix}$$

$$p_{\max}=107.6\ \text{kPa},接近\ 108\ \text{kPa}(满足)$$

$$p_k=\frac{1}{2}\times(107.6+69.37)=88.5\ (\text{kPa})<f_a=90\ (\text{kPa})(满足)$$

③确定基础宽主脚台阶数。

基底平均压力 $p_k=88.5$ kPa<100 kPa,查规范 GB 50007—2011 表 8.1.1,得

$$\left[\frac{b_2}{H_0}\right]=\frac{1}{1.00},于是\ b_2=\left[\frac{b_2}{H_0}\right]H_0=\frac{1}{1.00}\times300=300(\text{mm})$$

$$n\geqslant\frac{\frac{b}{2}-\frac{a}{2}-b_2}{60}=(\frac{1\ 400}{2}-\frac{360}{2}-300)\times\frac{1}{60}=3.67,取\ n=4$$

④确定砖基础的高度。

砖基础台阶数取 4,高度应为 8 层砖。

$$H=8\times60=480\ (\text{mm})=0.48\ (\text{m})$$

应选选项(B)、(C)。

【案例模拟题 50】

某办公楼外墙厚度为 360 mm,从室内设计地面算起的埋置深度 $d=1.55$ m,基础顶面受到的上部结构传来的相应于荷载效应标准组合值 $F_k=88$ kN/m(右图)。修正后的地基土承载力特征值 $f_a=90$ kPa,室内外高差为 0.45 m。外墙基础采用灰土基础,$H_0=300$ mm,其上采用砖基础。

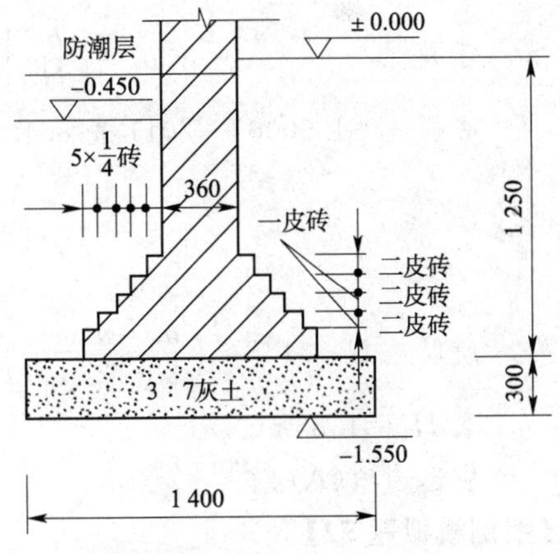

案例模拟题 50(尺寸单位:mm)

①试按二一间隔收砌法确定砖放脚的台阶数为(　　)。

(A)4　　(B)5　　(C)6　　(D)7

②基础总高度为(　　)m。

(A)0.78　　(B)0.48　　(C)0.9　　(D)0.6

【案例模拟题 51】

某墙下条形基础,埋置深度 1.5 m,基础顶面受到的上部结构传来的相应于荷载效应标准组合值为 $F_k=100$ kN/m,弯矩值 4 kN·m。修正后的地基承载力特征值 $f_a=110$ kPa,基础采用灰土基础,$H_0=300$ mm,其上采用砖基础,墙厚度为 360 mm,试按台阶宽高比1/2确定砖放脚的台阶数为(　　)。

(A)5　　(B)7　　(C)4　　(D)8

【例题 35】

确定条形基础台阶数(轴心荷载,$b>3$ m)。

墙下某条形基础,埋置深度 2.5 m,墙身厚度 360 mm,基础顶面受到的上部结构传来的相应于荷载效应标准组合值 $F_k=610$ kN/m,室内外高差 0.45 m,修正后的地基承载力特征

值 $f_a=240\ \text{kN/m}^2$，基础采用混凝土基础，$H_0=300$ mm，其上为毛石混凝土基础，则毛石混凝土高度应为(　　)m。

(A)1.85　　(B)1.75　　(C)1.65　　(D)1.55

解

①计算基础宽度

$$b\geqslant\frac{F}{f_a-\gamma_G d}=\frac{610}{240-20\times\left(2.5+\frac{0.45}{2}\right)}=3.29(\text{m})$$

取 $b=3.3$ m。

②验算

$$p_k=\frac{610}{3.3}+20\times\left(2.5+\frac{0.45}{2}\right)=239.35(\text{kPa})<f_a=240(\text{kPa})\text{满足}$$

③确定毛石混凝土高度

$p_k=234.85$ kPa，介于 200～300 kPa，查规范 GB 50007—2011 表8.1.1 得

$$\left[\frac{b_2}{H_0}\right]=\frac{1}{1.25}$$

于是
$$b_2=\left[\frac{b_2}{H_0}\right]H_0=\frac{1}{1.25}\times 300=240(\text{mm})$$

查规范 GB 50007—2011 表 8.1.1 得

$$\frac{b_1}{H_1}=1/1.5$$

$$H_1\geqslant 1.5b_1$$

所以　$$H_1\geqslant 1.5\times\left(\frac{b}{2}-\frac{a}{2}-b_2\right)=1.5\times\left(\frac{3\,300}{2}-\frac{360}{2}-240\right)=1\,845(\text{mm})$$

取 $H_1=1.85$ m。

应选选项(A)。

【案例模拟题 52】

已知墙下条形基础在±0.000 标高处相应于荷载效应组合时的轴力标准值 $F_k=400$ kN/m，埋深 2.65 m，室内外高差 0.45 m，修正后的地基承载力特征值 $f_a=160\ \text{kN/m}^2$，基础底部采用混凝土基础，$H_0=300$ mm，其上采用毛石混凝土基础，墙身厚 360 mm，则毛石混凝土高度至少应为(　　)m。

(A)1.74　　(B)1.84　　(C)1.94　　(D)2.04

【案例模拟题 53】

已知墙下条形基础，相应于荷载效应标准组合时中心荷载竖向力标准值为 610 kN/m，单位长度的总弯矩为 30 kN·m，基础埋深 2.5 m，墙身厚度 360 mm，修正后的地基承载力特征值 218 kN/m²，基础底部采用混凝土基础，$H_0=300$ mm，其上采用毛石混凝土基础，则基础总高度应为(　　)m。

(A)1.95　　(B)1.55　　(C)2.45　　(D)2.15

【例题 36】

确定基础台阶数(轴心荷载，$b<3$ m)。

某矩形基础相应于荷载效应组合时受轴心荷载标准值 $F_k=250$ kN，基础埋深 1.5 m，墙身厚度为 360 mm，修正后的地基承载力特征值为 217 kN/m²，基础底部采用毛石混凝土基

础，H_0＝300 mm，其上采用砖基础。

①砖放脚台阶数为(　　)。

(A)4　　(B)5　　(C)6　　(D)7

②阶宽高比为$\frac{1}{2}$时砖基础高度为(　　)mm。

(A)780　　(B)720　　(C)660　　(D)600

解

①确定基础尺寸

$$A \geqslant \frac{F_k}{f_a - \gamma_G d} = \frac{250}{217 - 20 \times 1.5} = 1.34(\mathrm{m}^2)$$

取 $A=1.4\ \mathrm{m}^2$　则可取 $b=1.4$ m，$l=$m。

②确定基础主脚台阶数

$$P_k = \frac{250}{1.4} + 20 \times 1.5 = 208.57(\mathrm{kPa})$$

查规范 GB 50007—2011 表 8.1.1 得

$$\left[\frac{b_2}{H_0}\right] = \frac{1}{1.50}$$

$$b_2 = \left[\frac{b_2}{H_0}\right] H_0 = \frac{1}{1.50} \times 300 = 200(\mathrm{mm})$$

$$n \geqslant \left(\frac{b}{2} - \frac{a}{2} - b_2\right) \times \frac{1}{60} = \left(\frac{1\,400}{2} - \frac{360}{2} - 200\right) \times \frac{1}{60} = 5.33$$

取 $n=6$。

③确定砖基础高度。

砖基础放脚台阶数为 6，宽高比为 1∶1.5，采用二一间隔收砌法，则砖基础应为 9＋1＝10(层)，其高度为

$$H = 10 \times 60 = 600(\mathrm{mm})$$

应选选项(C)、(D)。

【案例模拟题 54】

已知条形基础受相应于荷载效应组合时轴心荷载 F_k＝220 kN/m，基础埋深 1.7 m，室内外高差为 0.45 m，地下水位位于地面以下 0.6 m 处，修正后的地基承载力特征值为 170 kPa，基础底部采用灰土基础，H_0＝300 mm，其上为砖基础，砖墙厚度为 360 mm，则按二一间隔收砌法需砖基础高度为(　　)m。

(A)0.72　　(B)0.78　　(C)0.54　　(D)0.66

3.7　扩展基础设计

3.7.1　扩展基础底面积计算

计算要求见本章第 3.2.6 节。

【例题 37】

按地基承载力确定扩展基础底面积。

某墙下条形扩展基础埋深 1.5 m，室内外高差为 0.45 m，相应于荷载效应标准组合时中心荷载组合值为 700 kN/m，修正后的地基承载力特征值为 220 kN/m²，基础底面宽度应为(　　)m。

(A)3.4　　(B)3.6　　(C)3.8　　(D)4.2

解

室内外高差为 0.45 m，故基础自重计算高度 $\overline{d}=1.5+\frac{0.45}{2}=1.73(\mathrm{m})$

$$b \geqslant \frac{F}{f_a-\gamma_G d}=\frac{700}{220-20\times1.73}=3.78(\mathrm{m})$$

取 $b=3.8$ m。

验算　　$P_k=\frac{700}{3.8}+20\times1.73=218.8(\mathrm{kPa})<f_a=220$ kPa，满足

应选选项(C)。

【案例模拟题 55】

已知某混合结构外墙扩展基础，埋深 1.5 m，室内外高差 0.45 m，基础埋深范围内为均质黏土，重度 $\gamma_0=17.5$ kN/m²，孔隙比 $e=0.8$，液性指数 $I_L=0.78$，地基承载力特征值 $f_{ak}=190$ kN/m²，相应于荷载效应标准组合时中心荷载标准组合值 $F=230$ kN/m，则基础底面宽应为(　　)m。

(A)1.1　　(B)1.3　　(C)1.5　　(D)1.7

3.7.2　扩展基础受冲切承载力验算

GB 50007—2011 的相关规定如下。

8.2.8　柱下独立基础的受冲切承载力应按下列公式验算：

$$F_l \leqslant 0.7\beta_{hp} f_t a_m h_0 \qquad (8.2.8\text{-}1)$$

$$a_m=(a_t+a_b)/2 \qquad (8.2.8\text{-}2)$$

$$F_l=p_j A_l \qquad (8.2.8\text{-}3)$$

式中，β_{hp}为受冲切承载力截面高度影响系数，当 $h\leqslant800$ mm 时，β_{hp}取 1.0；当 $h\geqslant$ 2 000 mm时，β_{hp}取 0.9，其间按线性内插法取用。f_t 为混凝土轴心抗拉强度设计值(kPa)。h_0 为基础冲切破坏锥体的有效高度(m)。a_m 为冲切破坏锥体最不利一侧计算长度(m)。a_t 为冲切破坏锥体最不利一侧斜截面的上边长(m)，当计算柱与基础交接处的受冲切承载力时，取柱宽；当计算基础变阶处的受冲切承载力时，取上阶宽。a_b 为冲切破坏锥体最不利一侧斜截面在基础底面积范围内的下边长(m)，当冲切破坏锥体的底面落在基础底面以内[图 8.2.8a)、b)]，计算柱与基础交接处的受冲切承载力时，取柱宽加两倍基础有效高度；当计算基础变阶处的受冲切承载力时，取上阶宽加两倍该处的基础有效高度。p_j 为扣除基础自重及其上土重后相应于作用的基本组合时的地基土单位面积净反力(kPa)，对偏心受压基础可取基础边缘处最大地基土单位面积净反力；A_l 为冲切验算时取用的部分基底面积(m²)[图 8.2.8a)、b)中的阴

影面积$ABCDEF$]。F_l 为相应于作用的基本组合时作用在 A_l 上的地基土净反力设计值(kPa)。

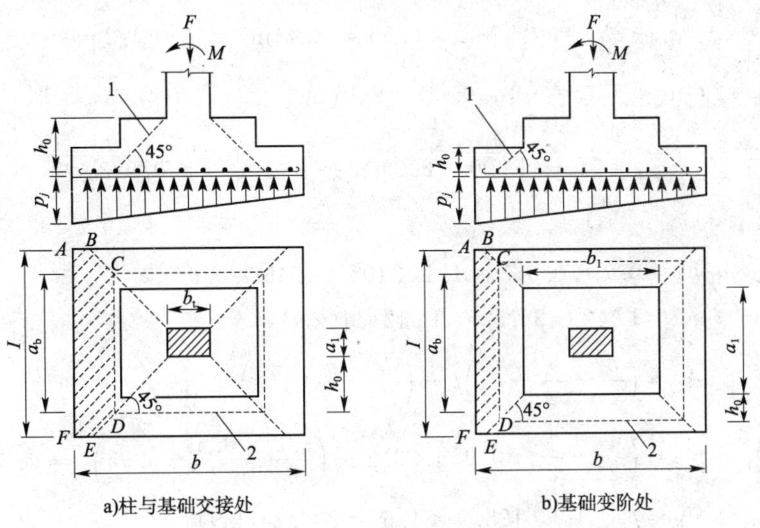

图 8.2.8　计算阶形基础的受冲切承力截面位置

1-冲切破坏锥体最不利一侧的斜截面;2-冲切破坏锥体的底面线

【例题 38】

矩形截面柱、矩形基础抗冲切承载力验算。

某矩形基础尺寸为 3 200 mm×4 000 mm,基础顶面受到相应于荷载效应基本组合时的竖向力 F=1 500 kN,弯矩为 100 kN·m,如下图所示,混凝土轴心抗拉强度设计值 f_t=1.1N/mm^2,矩形截面柱的尺寸为 1 000 mm×500 mm,基础埋深 2 m。

①基础的抗冲切承载力为(　　)kN。

(A)882.1　　(B)895.7　　(C)905.23　　(D)1 042.64

②地基受到的冲切力设计值为(　　)kN。

(A)206.24　　(B)217.1　　(C)270.90　　(D)285.2

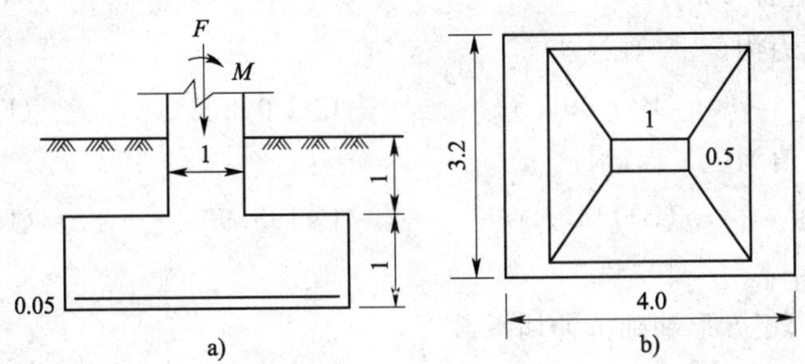

例题 38 图(尺寸单位:m)

解

$$e_0=\frac{M}{F}=\frac{100}{1\,500}=0.067(\mathrm{m})<\frac{4}{6}=0.67(\mathrm{m})$$

$$p_{jmax}=\frac{F}{A}+\frac{M}{W}=\frac{1\,500}{3.2\times 4}+\frac{100}{\frac{1}{6}\times 3.2\times 4^2}=128.9(\text{kPa})$$

$$h_0=h-0.05=0.95(\text{m})\qquad a_t=0.5\text{ m}$$

$$a_t+2h_0=0.5+2\times 0.95=2.4(\text{m})<l=3.2\text{ m}$$

所以 $a_b=2.4\text{ m}\qquad a_m=\frac{1}{2}(a_t+a_b)=1.45\text{ m}$

$$\beta_{hp}=1+(1\,000-800)\times\frac{0.9-1}{2\,000-800}=0.983$$

抗冲切承载力

$$\begin{aligned}0.7\beta_{hp}f_t a_m h_0&=0.7\times 0.983\times 1.1\times 10^6\times 1.45\times 0.95\\&=1\,042\,643(\text{N})=1\,042.64(\text{kN})\end{aligned}$$

$$\begin{aligned}A_l&=\left(\frac{b}{2}-\frac{b_t}{2}-h_0\right)l-\left(\frac{l}{2}-\frac{a_t}{2}-h_0\right)^2\\&=\left(\frac{4}{2}-\frac{1}{2}-0.95\right)\times 3.2-\left(\frac{3.2}{2}-\frac{0.5}{2}-0.95\right)^2=1.6(\text{m}^2)\end{aligned}$$

$$F_l=p_{jmax}A_l=128.9\times 1.6=206.24(\text{kN})$$

应选选项①(D),②(A)。

例题解析

①受冲切承载力截面高度影响系数 β_{hp},当 $h\leqslant 800$ mm 时,$\beta_{hp}=1.0$,当 $h\geqslant 2\,000$ mm 时,$\beta_{hp}=0.9$,其间按线性内插法 $\beta_{hp}=1-(h-800)/(12\,000)$。

②h_0 为基础冲切破坏锥体的有效高度,即基础高度扣去钢筋保护层厚度。

③当 $a_t+2h_0<l$ 时,阴影部分的面积 A_l 为:

$$A_l=\left(\frac{b}{2}-\frac{b_t}{2}-h_0\right)l-\left(\frac{l}{2}-\frac{a_t}{2}-h_0\right)^2$$

式中,b_t 为与 a_t 垂直方向柱的边长。

【案例模拟题 56】

有一矩形基础尺寸为 3 m×4 m,如下图所示,基础顶面受到相应于荷载效应基本组合时的竖向力 $F=1\,600$ kN,混凝土轴心抗拉强度设计值 $f_t=1.1\text{ N/mm}^2$,矩形截面柱尺寸 1 m×0.5 m,基础埋深 2 m。

①抗冲切承载力为(　　)kN。

(A)1 258.36　　(B)1 097.52　　(C)1 042.64　　(D)1 050.07

②冲切力设计值为(　　)kN。

(A)207.99　　(B)111.99　　(C)195.99　　(D)172.21

【例题 39】

正方形截面柱、正方形基础抗冲切承载力。

某正方形基础尺寸为 3 m×3 m,如下图所示,基础顶面受到相应于荷载效应基本组合时的竖向力 $F=1\,400$ kN,弯矩 120 kN·m,混凝土轴心抗拉强度设计值 $f_t=1.1\text{ N/mm}^2$,正方形截面柱尺寸 0.5 m×0.5 m,基础埋深 2 m。

①抗冲切承载力为(　　)kN。

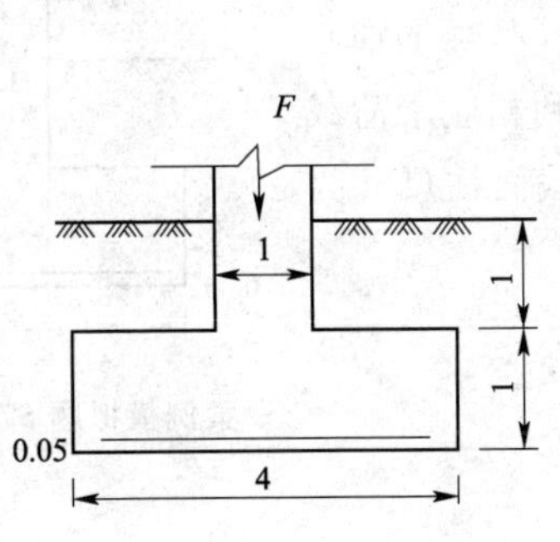

例模拟题 56 图(尺寸单位:m)

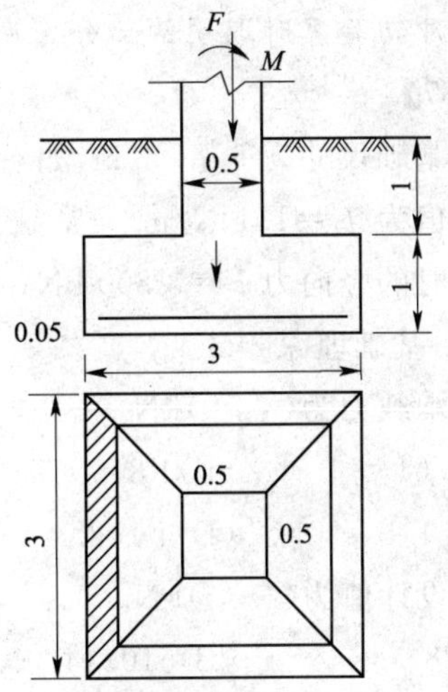

例题 39 图(尺寸单位:m)

(A)1 097.52　　(B)1 042.64　　(C)1 050.07　　(D)1 258.36

②冲切力设计值为(　　)kN。

(A)179.95　　(B)104.46　　(C)136.06　　(D)147.55

解

作用在基底形心竖向力

$$e_0 = \frac{M}{F} = \frac{120}{1\,400} = 0.085\,7(\mathrm{m}) < \frac{b}{6} = \frac{3}{6} = 0.5(\mathrm{m})$$

$$p_{\mathrm{jmax}} = \frac{F}{A} + \frac{M}{W} = \frac{1\,400}{3\times 3} + \frac{120}{\frac{1}{6}\times 3\times 3^2} = 182.22(\mathrm{kPa})$$

$$h_0 = 1 - 0.05 = 0.95\ (\mathrm{m})\quad a_t = 0.5\ \mathrm{m}$$

因为　$a_t + 2h_0 = 0.5 + 2\times 0.95 = 2.4\ (\mathrm{m}) < 3\ \mathrm{m}$

所以　$a_b = 2.4\ \mathrm{m}$

$$a_m = \frac{1}{2}(a_t + a_b) = \frac{1}{2}\times(0.5 + 2.4) = 1.45(\mathrm{m})$$

$$A_l = \frac{1}{4}[a^2 - (a_t + 2h_0)^2] = \frac{1}{4}\times(3^2 - 2.4^2) = 0.81(\mathrm{m}^2)$$

$$\beta_{hp} = 1 - \frac{h - 800}{12\,000} = 1 - \frac{1\,000 - 800}{12\,000} = 0.983$$

抗冲切承载力

$$0.7\beta_{hp} f_t a_m h_0 = 0.7\times 0.983\times 1.1\times 1.45\times 0.95\times 10^6 = 1\,042\,643.5(\mathrm{N}) = 1\,042.64(\mathrm{kN})$$

阴影部分地基净反力设计值

$$F_l = p_{\mathrm{jmax}} A_l = 182.22\times 0.81 = 147.6(\mathrm{kN})$$

应选答案①(B),②(D)。

例题解析

①正方形基础,应满足 $a_t + 2h_0 < a$,此时 $a_b = a_t + 2h_0$,正方形基础只有这一种情况。

②正方形冲切验算时取用的部分基底面积 $A_l=[a^2-(a_t+2h_0)^2]/4$。

【案例模拟题 57】

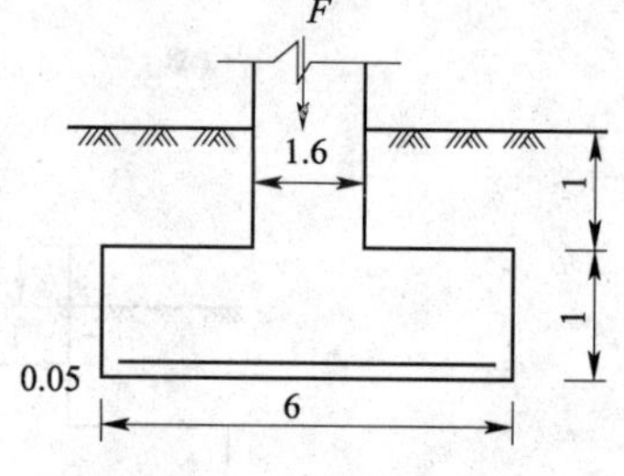

案例模拟题 57(尺寸单位:m)

某正方形基础尺寸为 6 m×6 m,如右图所示,混凝土轴心抗拉强度设计值为 $f_t=1.1\ N/mm^2$ 基础顶面受到相应于荷载效应基本组合时的竖向力 $F=3\ 800$ kN,正方形截面柱尺寸为 1.6 m×1.6 m,基础埋深 2 m。

①抗冲切承载力为(　　)kN。

(A)1 833.61　　(B)1 846.67

(C)1 478.4　　(D)1 178.4

②冲切力设计值为(　　)kN。

(A)323.28　　(B)510.14　　(C)627.03　　(D)950.04

【例题 40】

正方形截面柱、正方形基础(有变阶)抗冲切承载力验算。

如下图所示扩展基础,柱截面尺寸 0.5 m×0.5 m,基础底面尺寸为 3 m×3 m,基础埋深 2 m,基础高度为 800 mm,两个台阶,上台阶两个边长均为 1.3 m,$h_0=750$ mm,$h_{01}=350$ mm,$f_t=1.1\ N/mm^2$,基础顶面受到相应于荷载效应基本组合时的竖向力 $F=600$ kN,弯矩为 100 kN·m。

①柱与基础抗冲切承载力为(　　)kN。

(A)1 078.01　　(B)770.01　　(C)721.88　　(D)1 010.63

②基础变阶处抗冲切承载力为(　　)kN。

(A)662.21　　(B)579.43　　(C)508.21　　(D)444.68

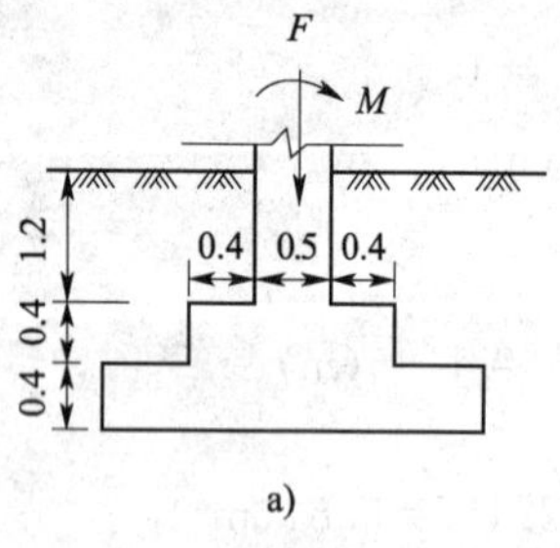

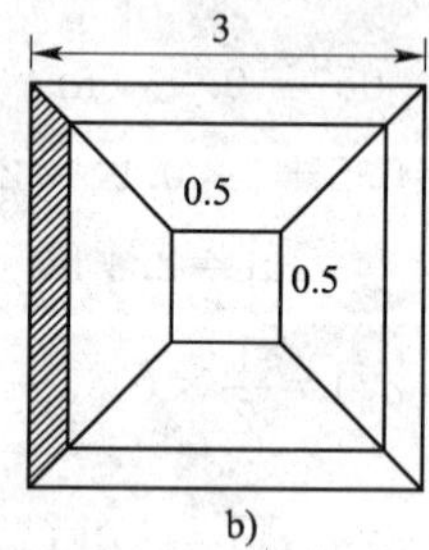

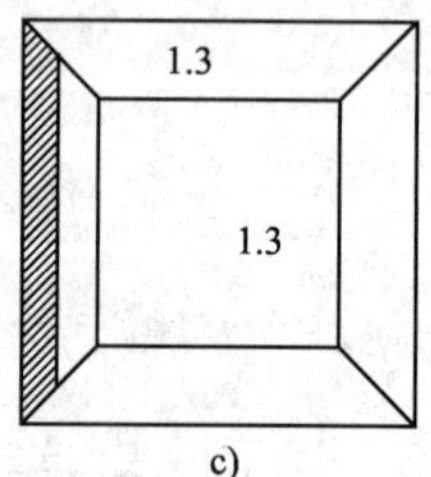

例题 40(尺寸单位:m)

解

①柱与基础交接处抗冲切承载力验算

$$a_t=0.5\ \text{m}$$

因为　$a_t+2h_0=0.5+2\times0.75=2\ (\text{m})<3\ \text{m}$

所以　$a_b=2\ \text{m}\quad a_m=\frac{1}{2}\times(a_t+a_b)=\frac{1}{2}\times(0.5+2)=1.25\ (\text{m})$

因　$h=800\ \text{mm}$

所以　$\beta_{hp}=1.0$

抗冲切承载力

$0.7\beta_{hp}f_ta_mh_0=0.7\times1.0\times1.1\times1.25\times0.75\times10^6=721\ 875(N)=721.88\ kN$

②基础变阶处抗冲切承载力验算：

$$a_t=1.3\ m$$

因为 $$a_t+2h_{01}=1.3+2\times0.35=2\ (m)<3\ m$$

所以 $$a_b=2\ m\quad a_m=\frac{1}{2}\times(a_t+a_b)=\frac{1}{2}\times(1.3+2)=1.65\ (m)$$

因 $$h=400\ mm$$

所以 $$\beta_{hp}=1.0$$

抗冲切承载力

$0.7\beta_{hp}f_ta_mh_0=0.7\times1.0\times1.1\times1.65\times0.35\times10^6=444\ 675(N)=444.68\ kN$

应选答案①(C)，②(D)。

例题解析

a_t 为冲切破坏锥体最不利一侧斜截面的上边长，当计算柱与基础交接处的受冲切承载力时，取柱宽；当计算基础变阶处的受冲切承载力时，取基础上阶宽。

【案例模拟题 58】

如右图所示扩展基础，柱截面为 400 mm×400 mm，基础底面为 2 400 mm × 2 400 mm，基础埋深 1.5 m，基础高度 $h=600mm$，两个台阶，上台阶两个边长均为1 100 mm，$h_0=550\ mm$，$h_{01}=250\ mm$，$f_t=1.1\ N/mm^2$，基础顶面受到相应于荷载效应基本组合时的竖向力设计值 $F=680\ kN$。

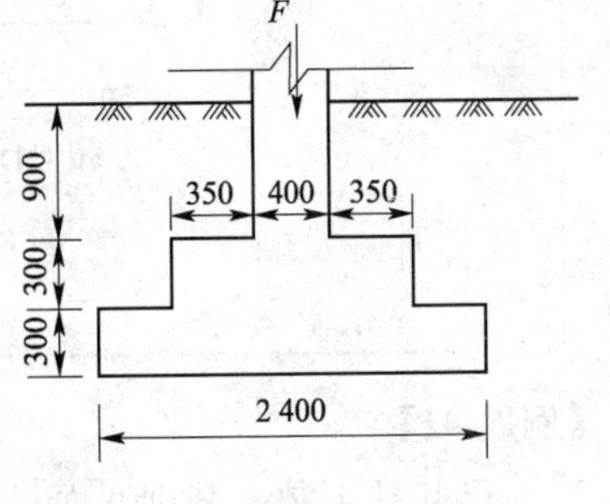

案例模拟题 58(尺寸单位：mm)

①柱与基础抗冲切承载力为(　　)kN。

(A)402.3　　(B)423.47

(C)438.87　　(D)461.97

②变阶处抗冲切承载力为(　　)kN。

(A)336.91　　(B)404.29

(C)259.9　　(D)311.88

3.7.3 扩展基础剪切承载力验算

GB 50007—2011 的相关规定如下。

8.2.9 当基础底面短边尺寸小于或等于柱宽加两倍基础有效高度时，应按下列公式验算柱与基础交接处截面受剪承载力：

$$V_s\leqslant0.7\beta_{ha}f_tA_0 \qquad (8.2.9\text{-}1)$$

$$\beta_{hs}=(800/h_0)^{1/4} \qquad (8.2.9\text{-}2)$$

式中，V_s 为相应于作用的基本组合时，柱与基础交接处的剪力设计值(kN)，图 8.2.9 中的阴影面积乘以基底平均净反力。β_{hs} 为受剪切承载力截面高度影响系数，当h_0<800 mm时，取 h_0=800 mm；当 h_0>2 000 mm 时，取 h_0=2 000 mm。A_0 为验算截面处基础的有效截面面积(m^2)。当验算截面为阶形或锥形时，可将其截面折算成矩形截面，截面的折算宽度和截面的有效高度按本规范附录 U 计算。

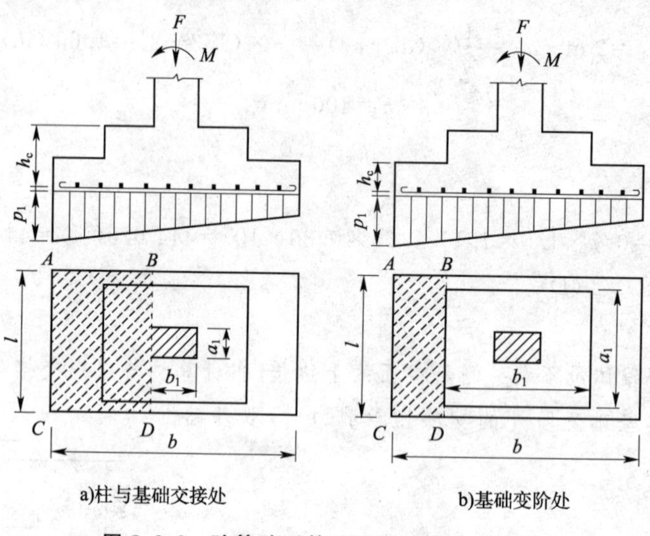

图 8.2.9　验算阶形基础受剪切承载力示意

【例题 41】

已知柱下独立基础底面尺寸为 2.0 m×3.5 m，相应于作用效应标准组合时传至基础顶面±0.000 处的竖向力和力矩分别为 F_k=800 kN、M_k=50 kN·m，基础高度为 1.0 m，埋深 1.5 m，如下图所示。根据《建筑地基基础设计规范》(GB 50007—2011)的方法验算柱与基础交接处的截面受剪承载力时，其剪力设计值最接近(　　)kN。

(A)200　　(B)350　　(C)480　　(D)550

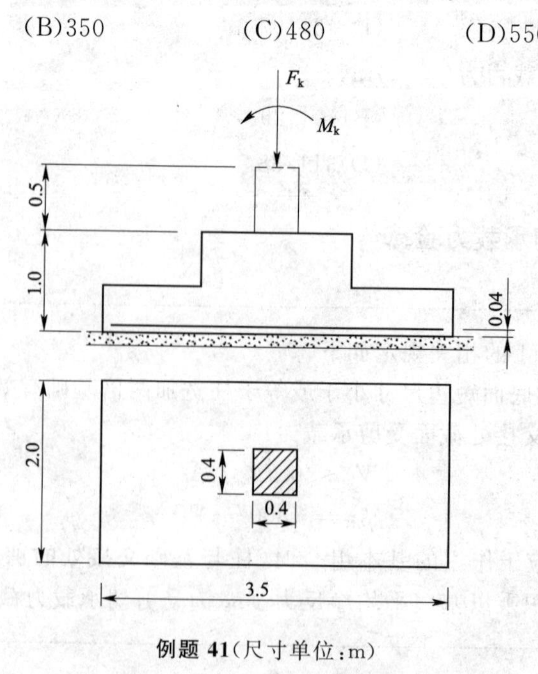

例题 41(尺寸单位：m)

解

根据《建筑地基基础设计规范》(GB 50007—2011)第 8.2.9 条求解，得：

①剪力计算对应的地基净反力计算面积

$$A_l=\left(\frac{b}{2}-\frac{b_l}{2}\right)l=\left(\frac{3.5}{2}-\frac{0.4}{2}\right)\times 2.0=3.1(\mathrm{m}^2)$$

②基底平均净反力计算

$$p_j=\frac{1.35\times 800}{3.5\times 2.0}=154.3(\mathrm{kPa})$$

③剪力设计值计算

$$V_s=p_j A_l=154.3\times 3.1=478.3(\mathrm{kN})$$

应选答案(C)。

例题解析

①基础短边尺寸小于或等于柱宽加两倍基础有效高度的柱下独立基础，以及墙下条形基础，应验算柱(墙)与基础交界处的基础受剪切承载力。

② p_j 采用基底平均净反力。

【案例模拟题 59】

如下图所示，某墙下条形基础，底宽 2.5 m，板高 350 mm，埋深 1 m，$f_t=1.1\ \mathrm{N/mm^2}$，相应于荷载效应基本组合时轴向力设计值 $F=200$ kN/m，则墙与基础间抗剪切承载力为(　　)kN。

(A)300.3　　(B)231　　(C)269.5　　(D)350.35

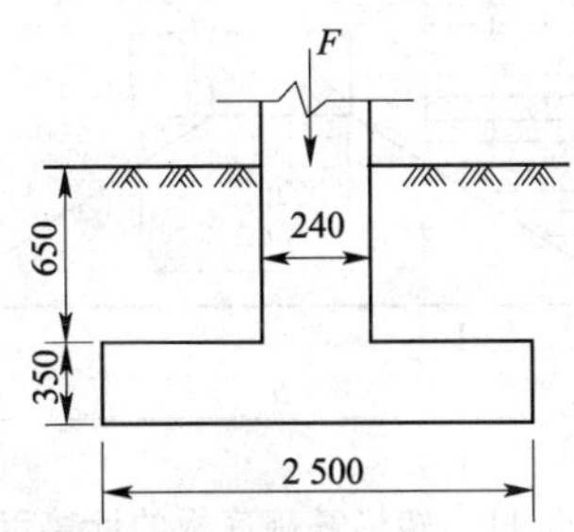

案例模拟题 59(尺寸单位：mm)

3.7.4 扩展基础底板的配筋应按《建筑地基基础设计规范》(GB 50007—2011)计算

GB 50007—2011 规定：基础底板的配筋应按抗弯计算确定。其相关规定如下。

8.2.11　在轴心荷载或单向偏心荷载作用下，当台阶的宽高比不大于 2.5 且偏心距不大于 1/6 基础宽度时，柱下矩形独立基础任意截面的底板弯矩可按下列简化方法进行计算(图 8.2.11)：

$$M_{\mathrm{I}}=\frac{1}{12}a_1^2\left[(2l+a')\left(p_{\max}+p-\frac{2G}{A}\right)+(p_{\max}-p)l\right] \quad (8.2.11\text{-}1)$$

$$M_{\mathrm{II}}=\frac{1}{48}(l-a')^2(2b+b')\left(p_{\max}+p_{\min}-\frac{2G}{A}\right) \quad (8.2.11\text{-}2)$$

式中，M_{I}、M_{II} 为相应于作用的基本组合时，任意截面Ⅰ-Ⅰ、Ⅱ-Ⅱ处的弯矩设计值（kN·m）；a_1 为任意截面Ⅰ-Ⅰ至基底边缘最大反力处的距离（m）；l、b 为基础底面的边长（m）；$p_{\max}$、$p_{\min}$ 为相应于作用的基本组合时的基础底面边缘最大和最小地基反力设计值（kPa）；p 为相应于作用的基本组合时在任意截面Ⅰ-Ⅰ处基础底面地基反力设计值（kPa）；G 为考虑作用分项系数的基础自重及其上的土自重（kN）；当组合值由永久作用控制时，作用分项系数可取 1.35。

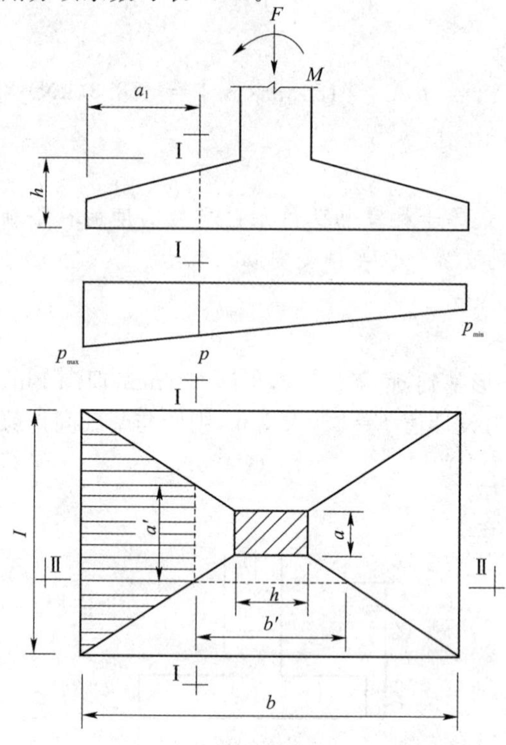

图 8.2.11　矩形基础底板的计算示意

8.2.12　基础底板配筋除满足计算和最小配筋率要求外，尚应符合本规范第 8.2.1 条第 3 款的构造要求。计算最小配筋率时，对阶形或锥形基础截面，可将其截面折算成矩形截面，截面的折算宽度和截面的有效高度，按附录 U 计算。基础底板钢筋可按下式计算：

$$A_s = \frac{M}{0.9 f_y h_0} \tag{8.2.12}$$

8.2.13　当柱下独立柱基底面长短边之比 ω 在 $2 \leqslant \omega \leqslant 3$ 范围时，基础底板短向钢筋应按下述方法布置：将短向全部钢筋面积乘以 λ 后求得的钢筋，均匀分布在与柱中心线重合的宽度等于基础短边的中间带宽范围内（图 8.2.13），其余的短向钢筋则均匀分布在中间带宽的两侧。长向配筋应均匀分布在基础全宽范围内。λ 按下式计算：

$$\lambda = 1 - \frac{\omega}{6} \tag{8.2.13}$$

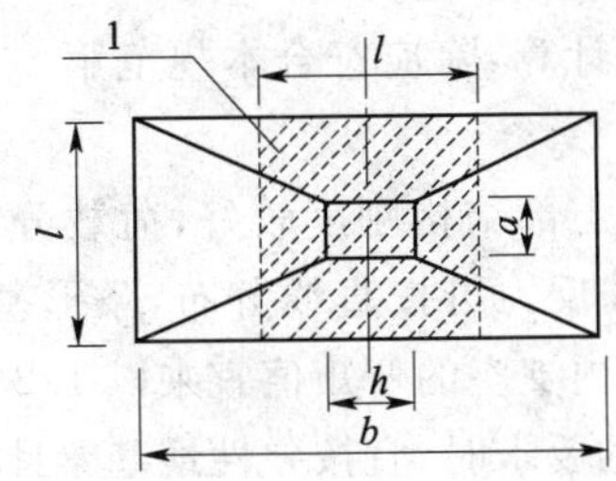

图 8.2.13　基础底板短向钢筋布置示意

1-λ 倍短向全部钢筋面积均匀配置在阴影范围内

8.2.14　墙下条形基础(图 8.2.14)的受弯计算和配筋应符合下列规定：

①任意截面每延长米宽度的弯矩，可按下式进行计算。

$$M_{\mathrm{I}} = \frac{1}{6}a_1^2\left(2p_{\max} + p - \frac{3G}{A}\right) \qquad (8.2.14)$$

②其最大弯矩截面的位置，应符合下列规定：

(A)当墙体材料为混凝土时，取 $a_1 = b_1$。

(B)如为砖墙且放脚不大于 1/4 砖长时，取 $a_1 = b_1 +$ 1/4 砖长。

③墙下条形基础底板每延长米宽度的配筋除满足计算和最小配筋率要求外，尚应符合本规范第 8.2.1 条第 3 款的构造要求。

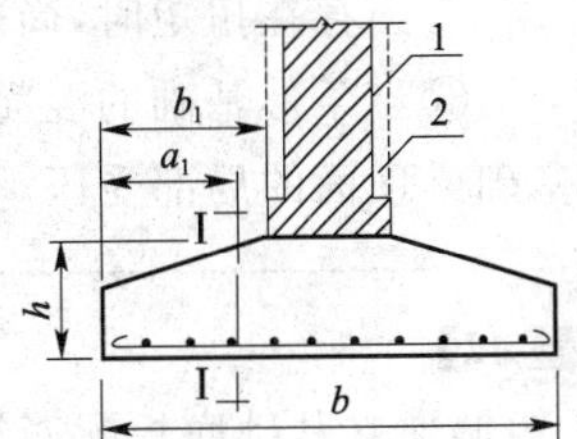

图 8.2.14　墙下条形基础的计算示意

1-砖墙；2-混凝土墙

8.3　柱下条形基础

8.3.1　柱下条形基础的构造，除应符合本规范第 8.2.1 条的要求外，尚应符合下列规定：

①柱下条形基础梁的高度宜为柱距的 1/8～1/4。翼板厚度不应小于 200 mm。当翼板厚度大于 250 mm 时，宜采用变厚度翼板，其顶面坡度宜小于或等于 1∶3。

②条形基础的端部宜向外伸出，其长度宜为第一跨距的 0.25 倍。

③现浇柱与条形基础梁的交接处，基础梁的平面尺寸应大于柱的平面尺寸，且柱的边缘至基础梁边缘的距离不得小于 50 mm(图 8.3.1)。

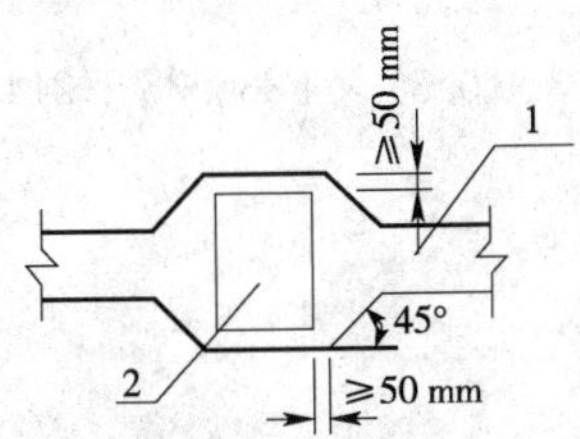

图 8.3.1　现浇柱与条形基础梁交接处平面尺寸

1-基础梁；2-柱

④条形基础梁顶部和底部的纵向受力钢筋除应满足计算要求外，顶部钢筋应按计算配筋全部贯通，底部通长钢筋不应少于底部受力钢筋截面总面积的 1/3。

⑤柱下条形基础的混凝土强度等级不应低于 C20。

8.3.2 柱下条形基础的计算，除应符合本规范第 8.2.6 条的要求外，尚应符合下列规定：

①在比较均匀的地基上，上部结构刚度较好，荷载分布较均匀，且条形基础梁的高度不小于 1/6 柱距时，地基反力可按直线分布，条形基础梁的内力可按连续梁计算，此时边跨跨中弯矩及第一内支座的弯矩值宜乘以 1.2 的系数。

②当不满足本条第①款的要求时，宜按弹性地基梁计算。

③对交叉条形基础，交点上的柱荷载可按静力平衡条件及变形协调条件进行分配，其内力可按本条上述规定分别进行计算。

④应验算柱边缘处基础梁的受剪承载力。

⑤当存在扭矩时，尚应做抗扭计算。

⑥当条形基础的混凝土强度等级小于柱的混凝土强度等级时，应验算柱下条形基础梁顶面的局部受压承载力。

【例题 42】

矩形独立基础底板配筋计算。

条件与本章例题 39 相同，则基础柱边截面弯矩设计值最接近(　　)kN·m。

(A)100　　(B)200　　(C)300　　(D)400

解

因台阶的宽高比(3－0.5)/2∶1＝1.25＜2.5，偏心距 $e<b/6$，故能应用《建筑地基基础设计规范》(GB 50007—2011)8.2.8.3 进行弯矩设计值计算，应用式(8.2.11-1)。

$$N=F+G=1\,400+1.35\times 20\times 3\times 3\times 2=1\,886(\mathrm{kN})$$

$$e_0=\frac{M}{N}=\frac{120}{1\,886}=0.064(\mathrm{m})<\frac{b}{6}=\frac{3}{6}=0.5(\mathrm{m})$$

$$p_{\min}^{\max}=\frac{N}{A}\left(1\pm\frac{6e_0}{l}\right)=\frac{1\,886}{9}\times\left(1\pm\frac{0.064}{3}\right)=\frac{236.38}{182.73}(\mathrm{kPa})$$

$$P=\frac{236.38-182.73}{3}\times 1.75+182.73=214(\mathrm{kPa})$$

$$M_{\mathrm{I}}=\frac{1}{12}a_1^2\left[(2l+a_1)\left(p_{\max}+p-\frac{2G}{A}\right)+(p_{\max}-p)l\right]$$

$$=\frac{1}{12}\times\left(\frac{3-0.5}{2}\right)^2\times\left[(2\times 3+0.5)\times\left(236.38+214-\frac{2\times 20\times 3\times 3\times 2\times 1.35}{3\times 3}\right)+(236.38-214)\times 3\right]$$

$$=298.5(\mathrm{kN\cdot m})$$

应选选项(C)。

例题解析

①a_1 为截面Ⅰ-Ⅰ至基底边缘最大反力处的距离。

②G 为考虑荷载分项系数的基础自重及其上的土自重；当组合值由永久荷载控制时，$G=1.35G_k$，G_k 为基础及其上土的标准自重。

【案例模拟题 60】

条件与本章案例模拟题 57 相同，其荷载组合值由永久荷载控制，正方形基础的底板配筋最合理的是(　　),其中基础采用 HPB300 级钢筋,$f_y=210\ \text{N/mm}^2$。

(A)32ϕ16　　(B)42ϕ14　　(C)70ϕ10　　(D)28ϕ20

【例题 43】

条形基础配筋计算。

如下图所示扩展基础,埋深 1.2 m,底宽 2.6 m,板高 0.35 m,基础底面受到相应于荷载效应基本组合时的竖向力设计值 $F=290$ kN/m(包括基础自重及上覆土重),$M=10.4$ kN·m,则条形基础墙边截面弯矩设计值最接近(　　)kN·m。

(A)24　　(B)34　　(C)44　　(D)54

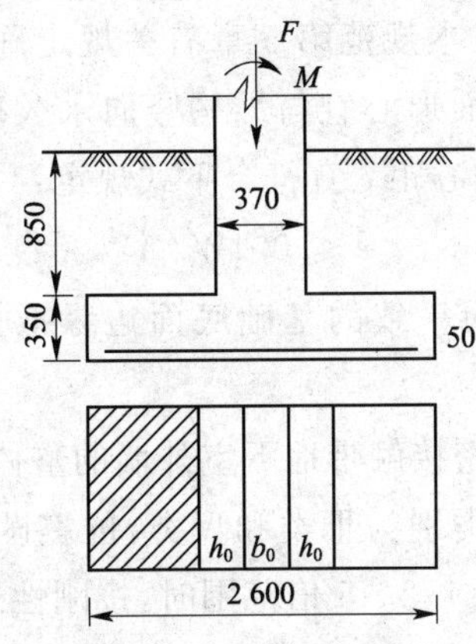

例题 43 图(尺寸单位:mm)

解

$$e_0=\frac{M}{F}=\frac{10.4}{290}=0.036(\text{m})<\frac{2.6}{6}=0.433(\text{m})$$

$$p_{\min}^{\max}=\frac{290}{2.6}\times\left(1\pm\frac{6\times0.036}{2.6}\right)=\begin{matrix}120.8\\102.3\end{matrix}(\text{kPa})$$

$$p=\frac{120.8-102.3}{2.6}\times\left(2.6-\frac{2.6-0.37}{2}\right)+102.3=112.87(\text{kPa})$$

$$M_{\text{I}}=\frac{1}{6}a_1^2\left(2p_{\max}+p-\frac{3G}{A}\right)$$

$$=\frac{1}{6}\times\left(\frac{2.6-0.37}{2}\right)^2\times(2\times120.8+112.87-3\times20\times1.2\times1.35)$$

$$=53.3(\text{kN}\cdot\text{m})$$

应选选项(D)。

例题解析

①墙下条形基础任意截面的弯矩 $M_{\text{I}}=\frac{1}{6}a_1^2(2p_{\max}+p-3G/A)$,$M_{\text{II}}=0$。

②其最大弯矩截面的位置,有如下规定:当墙体材料为混凝土时,取 $a_1=b_1$;当墙体材料为砖时,且放脚不大于 1/4 砖时,取 $a_1=b_1+1/4$ 砖长。

【案例模拟题 61】

条件与案例模拟题 59 相同,则条形基础墙边截面弯矩设计值最接近(　　)kN·m。

(A)21　　(B)31　　(C)41　　(D)51

3.7.5 高层建筑筏形基础设计

《建筑地基基础设计规范》(GB 50007—2011)的相关规定如下。

8.4.1 筏形基础分为梁板式和平板式两种类型，其选型应根据地基土质、上部结构体系、柱距、荷载大小、使用要求及施工条件等因素确定。框架—核心筒结构和筒中筒结构宜采用平板式筏形基础。

8.4.2 筏形基础的平面尺寸，应根据工程地质条件、上部结构的布置、地下结构底层平面及荷载分布等因素按本规范第5章有关规定确定。对单幢建筑物，在地基土比较均匀的条件下，基底平面形心宜与结构竖向永久荷载重心重合。当不能重合时，在作用的准永久组合下，偏心距 e 宜符合下式规定：

$$e \leqslant 0.1W/A \tag{8.4.2}$$

式中，W 为与偏心距方向一致的基础底面边缘抵抗矩(m^3)；A 为基础底面积(m^2)。

8.4.3 对四周与土层紧密接触带地下室外墙的整体式筏基和箱基，当地基持力层为非密实的土和岩石，场地类别为Ⅲ类和Ⅳ类，抗震设防烈度为8度和9度，结构基本自振周期处于特征周期的1.2～5倍范围时，按刚性地基假定计算的基底水平地震剪力、倾覆力矩可按设防烈度分别乘以0.90和0.85的折减系数。

8.4.4 筏形基础的混凝土强度等级不应低于C30，当有地下室时应采用防水混凝土。防水混凝土的抗渗等级应按表8.4.4选用。对重要建筑，宜采用自防水并设置架空排水层。

防水混凝土抗渗等级 表8.4.4

埋置深度 d/m	设计抗渗等级	埋置深度 d/m	设计抗渗等级
$d<10$	P6	$20\leqslant d<30$	P10
$10\leqslant d<20$	P8	$30\leqslant d$	P12

8.4.5 采用筏形基础的地下室，钢筋混凝土外墙厚度不应小于250 mm，内墙厚度不宜小于200 mm。墙的截面设计除满足承载力要求外，尚应考虑变形、抗裂及外墙防渗等要求。墙体内应设置双面钢筋，钢筋不宜采用光面圆钢筋，水平钢筋的直径不应小于12 mm，竖向钢筋的直径不应小于10 mm，间距不应大于200 mm。

8.4.6 平板式筏基的板厚应满足受冲切承载力的要求。

8.4.7 平板式筏基柱下冲切验算应符合下列规定：

①平板式筏基柱下冲切验算时应考虑作用在冲切临界截面重心上的不平衡弯矩产生的附加剪力。对基础边柱和角柱冲切验算时，其冲切力应分别乘以1.1和1.2的增大系数。距柱边 $h_0/2$ 处冲切临界截面的最大剪应力 τ_{max} 应按下列公式进行计算(图8.4.7)。板的最小厚度不应小于500 mm。

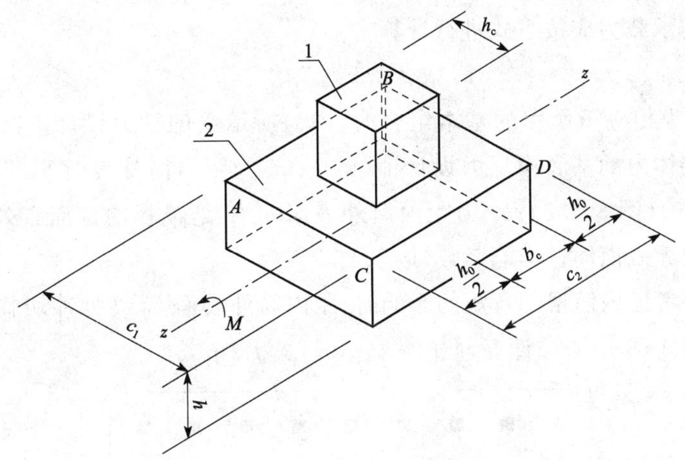

图 8.4.7 内柱冲切临界截面示意

1-柱;2-筏板

$$\tau_{\max}=\frac{F_l}{u_m h_0}+\alpha_s\frac{M_{\text{unb}}c_{\text{AB}}}{I_s} \tag{8.4.7-1}$$

$$\tau_{\max}\leqslant 0.7\times\left(0.4+\frac{1.2}{\beta_s}\right)\beta_{hp}f_t \tag{8.4.7-2}$$

$$\alpha_s=1-\frac{1}{1+\frac{2}{3}\sqrt{\frac{c_1}{c_2}}} \tag{8.4.7-3}$$

式中,F_l 为相应于作用的基本组合时的冲切力(kN),对内柱取轴力设计值减去筏板冲切破坏锥体内的基底净反力设计值;对边柱和角柱,取轴力设计值减去筏板冲切临界截面范围内的基底净反力设计值。u_m 为距柱边缘不小于 $h_0/2$ 处冲切临界截面的最小周长(m),按本规范附录 P 计算。h_0 为筏板的有效高度(m)。M_{unb} 为作用在冲切临界截面重心上的不平衡弯矩设计值(kN·m)。c_{AB} 为沿弯矩作用方向,冲切临界截面重心至冲切临界截面最大剪应力点的距离(m),按规范附录 P 计算。I_s 为冲切临界截面对其重心的极惯性矩(m^4),按本规范附录 P 计算。β_s 为柱截面长边与短边的比值,当 $\beta_s<2$ 时,β_s 取 2;当 $\beta_s>4$ 时,β_s 取 4。β_{hp} 为受冲切承载力截面高度影响系数,当 $h\leqslant800$ mm时,取 $\beta_{hp}=1.0$;当 $h\geqslant2\,000$ mm时,取 $\beta_{hp}=0.9$,其间按线性内插法取值。f_t 为混凝土轴心抗拉强度设计值(kPa)。c_1 为与弯矩作用方向一致的冲切临界截面的边长(m),按本规范附录 P 计算。c_2 为垂直于 c_1 的冲切临界截面的边长(m),按本规范附录 P 计算。α_s 为不平衡弯矩通过冲切临界截面上的偏心剪力来传递的分配系数。

②当柱荷载较大,等厚度筏板的受冲切承载力不能满足要求时,可在筏板上面增设柱墩或在筏板下局部增加板厚或采用抗冲切钢筋等措施满足受冲切承载能力要求。

8.4.8 平板式筏基内筒下的板厚应满足受冲切承载力的要求,并应符合下列规定:

①受冲切承载力应按下式进行计算：

$$F_l/u_m h_0 \leqslant 0.7\beta_{hp} f_t/\eta \tag{8.4.8}$$

式中，F_l 为相应于作用的基本组合时，内筒所承受的轴力设计值减去内筒下筏板冲切破坏锥体内的基底净反力设计值(kN)；u_m 为距内筒外表面 $h_0/2$ 处冲切临界截面的周长(m)(图 8.4.8)；h_0 为距内筒外表面 $h_0/2$ 处筏板的截面有效高度(m)；η 为内筒冲切临界截面周长影响系数，取 1.25。

②当需要考虑内筒根部弯矩的影响时，距内筒外表面 $h_0/2$ 处冲切临界截面的最大剪应力可按式(8.4.7-1)计算，此时 $\tau_{max} \leqslant 0.7\beta_{hp} f_t/\eta$。

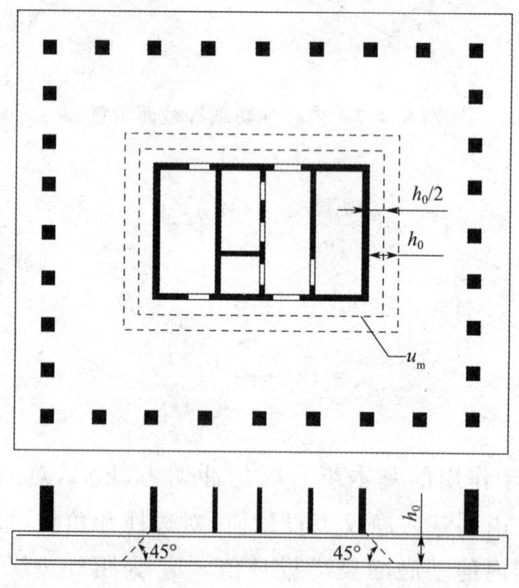

图 8.4.8 筏板受内筒冲切的临界截面位置

8.4.9 平板式筏基应验算距内筒和柱边缘 h_0 处截面的受剪承载力。当筏板变厚度时，尚应验算变厚度处筏板的受剪承载力。

8.4.10 平板式筏基受剪承载力应按下式验算，当筏板的厚度大于 2 000 mm 时，宜在板厚中间部位设置直径不小于 12 mm、间距不大于 300 mm 的双向钢筋网。

$$V_s \leqslant 0.7\beta_{hs} f_t b_w h_0 \tag{8.4.10}$$

式中，V_s 为相应于作用的基本组合时，基底净反力平均值产生的距内筒或柱边缘 h_0 处筏板单位宽度的剪力设计值(kN)；b_w 为筏板计算截面单位宽度(m)；h_0 为距内筒或柱边缘 h_0 处筏板的截面有效高度(m)。

8.4.11 梁板式筏基底板应计算正截面受弯承载力，其厚度尚应满足受冲切承载力、受剪切承载力的要求。

8.4.12 梁板式筏基底板受冲切、受剪切承载力计算应符合下列规定：

①梁板式筏基底板受冲切承载力应按下式进行计算：

$$F_l \leqslant 0.7\beta_{hp} f_t u_m h_0 \tag{8.4.12-1}$$

式中，F_l 为作用的基本组合时，图 8.4.12-1 中阴影部分面积上的基底平均净反力设计(kN)；u_m 为距基础梁边 $h_0/2$ 处冲切临界截面的周长(m)(图 8.4.12-1)。

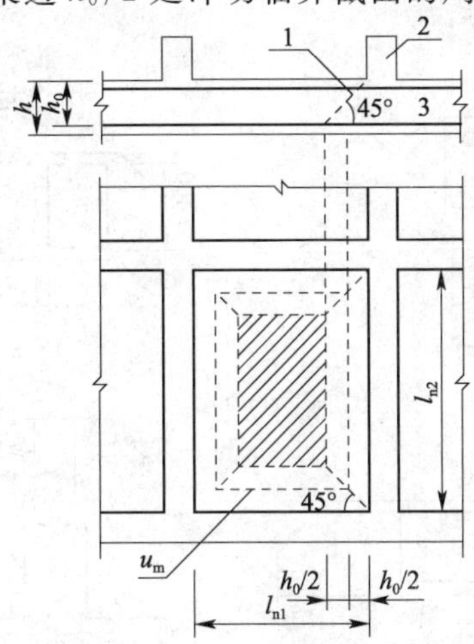

图 8.4.12-1　底板的冲切计算示意图

1-冲切破坏锥体的斜截面；2-梁；3-底板

②当底板区格为矩形双向板时，底板受冲切所需的厚度 h_0 应按下式进行计算，其底板厚度与最大双向板格的短边净跨之比不应小于 1/14，且板厚不应小于 400 mm。

$$h_0 = \frac{(l_{n1}+l_{n2}) - \sqrt{(l_{n1}+l_{n2})^2 - \dfrac{4p_n l_{n1} l_{n2}}{p_n + 0.7\beta_{hp} f_t}}}{4} \qquad (8.4.12\text{-}2)$$

式中，l_{n1}、l_{n2} 为计算板格的短边和长边的净长度(m)；p_n 为扣除底板及其上填土自重后，相应于作用的基本组合时的基底平均净反力设计值(kPa)。

③梁板式筏形基础双向底板斜截面受剪承载力应按下式进行计算：

$$V_s \leqslant 0.7\beta_{hs} f_t (l_{n2} - 2h_0) h_0 \qquad (8.4.12\text{-}3)$$

式中，V_s 为距梁边缘 h_0 处，作用在图 8.4.12-2 中阴影部分面积上的基底平均净反力产生的剪力设计值(kN)。

④当底板板格为单向板时，其斜截面受剪承载力应按本规范第 8.2.10 条验算，其底板厚度不应小于 400 mm。

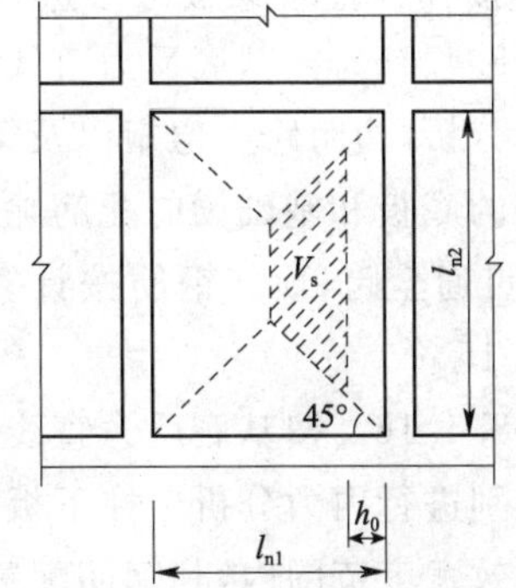

图 8.4.12-2　底板剪切计算示意

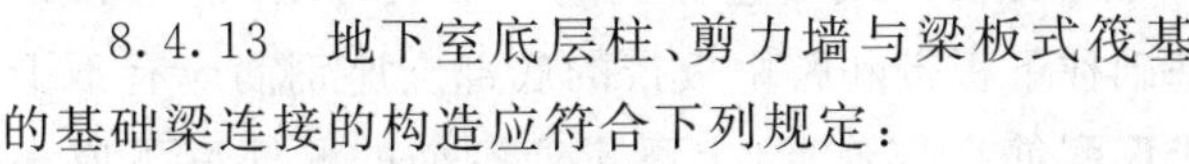

8.4.13　地下室底层柱、剪力墙与梁板式筏基的基础梁连接的构造应符合下列规定：

①柱、墙的边缘至基础梁边缘的距离不应小于 50 mm(图 8.4.13)。

②当交叉基础梁的宽度小于柱截面的边长时，交叉基础梁连接处应设置八字角，柱角与八字角之间的净距不宜小于 50 mm[图 8.4.13a)]。

③单向基础梁与柱的连接,可按图 8.4.13b)、c)采用。

④基础梁与剪力墙的连接,可按图 8.4.13d)采用。

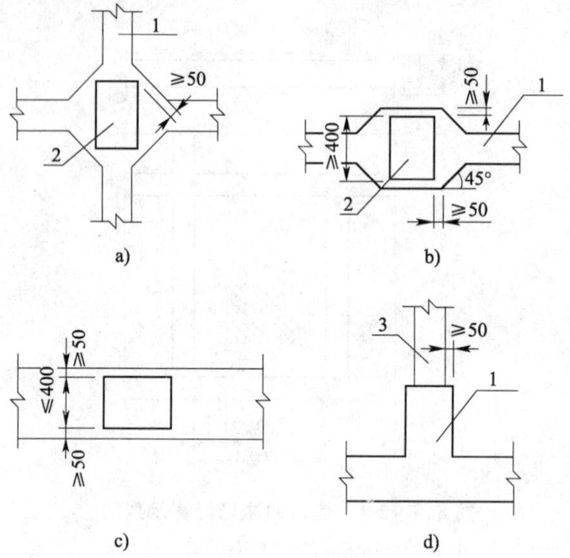

图 8.4.13 地下室底层柱或剪力墙与梁板式筏形基础的基础梁连接的构造要求(尺寸单位:mm)

1-基础梁;2-柱;3-墙

8.4.14 当地基土比较均匀、地基压缩层范围内无软弱土层或可液化土层、上部结构刚度较好,柱网和荷载较均匀、相邻柱荷载及柱间距的变化不超过 20%,且梁板式筏形基础梁的高跨比或平板式筏基板的厚跨比不小于 1/6 时,筏形基础可仅考虑局部弯曲作用。筏形基础的内力,可按基底反力直线分布进行计算,计算时基底反力应扣除底板自重及其上填土的自重。当不满足上述要求时,筏形基础内力可按弹性地基梁板方法进行分析计算。

8.4.15 按基底反力直线分布计算的梁板式筏形基础,其基础梁的内力可按连续梁分析,边跨跨中弯矩以及第一内支座的弯矩值宜乘以 1.2 的系数。梁板式筏形基础的底板和基础梁的配筋除满足计算要求外,纵横方向的底部钢筋尚应有不少于 1/3 贯通全跨,顶部钢筋按计算配筋全部连通,底板上下贯通钢筋的配筋率不应小于 0.15%。

8.4.16 按基底反力直线分布计算的平板式筏形基础,可按柱下板带和跨中板带分别进行内力分析。柱下板带中,柱宽及其两侧各 0.5 倍板厚且不大于 1/4 板跨的有效宽度范围内,其钢筋配置量不应小于柱下板带钢筋数量的一半,且应能承受部分不平衡弯矩 $\alpha_m M_{unb}$。M_{unb} 为作用在冲切临界截面重心上的不平衡弯矩,α_m 应按式(8.4.16)进行计算。平板式筏形基础柱下板带和跨中板带的底部支座钢筋应有不少于 1/3 贯通全跨,顶部钢筋应按计算配筋全部连通,上下贯通钢筋的配筋率不应小于 0.15%。

$$\alpha_m = 1 - \alpha_s \tag{8.4.16}$$

式中,α_m 为不平衡弯矩通过弯曲来传递的分配系数;α_s 按式(8.4.7-3)计算。

8.4.17 对有抗震设防要求的结构，当地下一层结构顶板作为上部结构嵌固端时，嵌固端处的底层框架柱下端截面组合弯矩设计值应按现行国家标准《建筑抗震设计规范》(GB 50011)的规定乘以与其抗震等级相对应的增大系数。当平板式筏形基础板作为上部结构的嵌固端、计算柱下板带截面组合弯矩设计值时，底层框架柱下端内力应考虑地震作用组合及相应的增大系数。

8.4.18 梁板式筏形基础梁和平板式筏形基础的顶面应满足底层柱下局部受压承载力的要求。对抗震设防烈度为9度的高层建筑，验算柱下基础梁、筏板局部受压承载力时，应计入竖向地震作用对柱轴力的影响。

8.4.19 筏板与地下室外墙的接缝、地下室外墙沿高度处的水平接缝应严格按施工缝要求施工，必要时可设通长止水带。

8.4.20 带裙房的高层建筑筏形基础应符合下列规定：

①当高层建筑与相连的裙房之间设置沉降缝时，高层建筑的基础埋深应大于裙房基础的埋深至少2 m。地面以下沉降缝的缝隙应用粗砂填实[图8.4.20a)]。

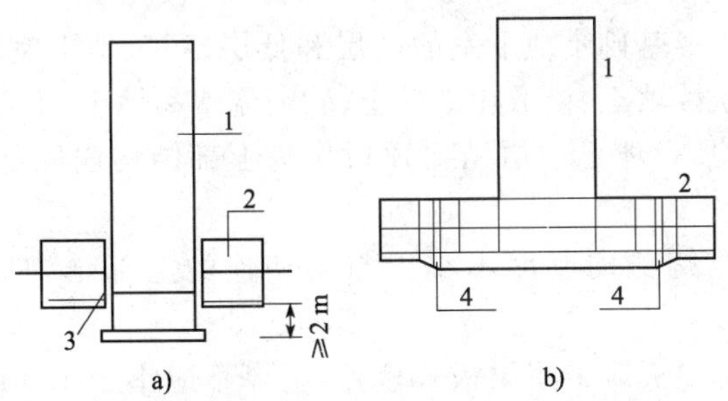

图8.4.20 高层建筑与裙房间的沉降缝、后浇带处理示意

1-高层建筑；2-裙房及地下室；3-室外地坪以下用粗砂填实；4-后浇带

②当高层建筑与相连的裙房之间不设置沉降缝时，宜在裙房一侧设置用于控制沉降差的后浇带，当沉降实测值和计算确定的后期沉降差满足设计要求后，方可进行后浇带混凝土浇筑。当高层建筑基础面积满足地基承载力和变形要求时，后浇带宜设在与高层建筑相邻裙房的第一跨内。当需要满足高层建筑地基承载力，降低高层建筑沉降量，减小高层建筑与裙房间的沉降差而增大高层建筑基础面积时，后浇带可设在距主楼边柱的第二跨内，此时应满足以下条件：

a. 地基土质较均匀。

b. 裙房结构刚度较好且基础以上的地下室和裙房结构层数不少于2层。

c. 后浇带一侧与主楼连接的裙房基础底板厚度与高层建筑的基础底板厚度相同[图8.4.20b)]。

③当高层建筑与相连的裙房之间不设沉降缝和后浇带时，高层建筑及与其紧邻一跨裙房的筏板应采用相同厚度，裙房筏板的厚度宜从第二跨裙房开始逐渐变化，应同时满足主、裙楼基础整体性和基础板的变形要求；应进行地基变形和基础内力的验算，验算时应分析地基与结构间变形的相互影响，并采取有效措施防止产生有不利影响的差异沉降。

8.4.21 在同一大面积整体筏形基础上建有多幢高层和低层建筑时，筏板厚度和配筋宜按上部结构、基础与地基土共同作用的基础变形和基底反力计算确定。

8.4.22 带裙房的高层建筑下的整体筏形基础，其主楼下筏板的整体挠度值不宜大于0.05%，主楼与相邻的裙房柱的差异沉降不应大于其跨度的0.1%。

8.4.23 采用大面积整体筏形基础时，与主楼连接的外扩地下室其角隅处的楼板板角，除配置两个垂直方向的上部钢筋外，尚应布置斜向上部构造钢筋，钢筋直径不应小于10 mm、间距不应大于200 mm，该钢筋伸入板内的长度不宜小于1/4的短边跨度；与基础整体弯曲方向一致的垂直于外墙的楼板上部钢筋及主裙楼交界处的楼板上部钢筋，钢筋直径不应小于10 mm、间距不应大于200 mm，且钢筋的面积不应小于现行国家标准《混凝土结构设计规范》(GB 50010)中受弯构件的最小配筋率，钢筋的锚固长度不应小于$30d$。

8.4.24 筏形基础地下室施工完毕后，应及时进行基坑回填工作。填土应按设计要求选料，回填时应先清除基坑中的杂物，在相对的两侧或四周同时回填并分层夯实，回填土的压实系数不应小于0.94。

8.4.25 采用筏形基础带地下室的高层和低层建筑、地下室四周外墙与土层紧密接触且土层为非松散填土、松散粉细砂土、软塑流塑黏性土，上部结构为框架、框剪或框架—核心筒结构，当地下一层结构顶板作为上部结构嵌固部位时，应符合下列规定：

①地下一层的结构侧向刚度不小于与其相连的上部结构底层楼层侧向刚度的1.5倍。

②地下一层结构顶板应采用梁板式楼盖，板厚不应小于180 mm，其混凝土强度等级不宜小于C30；楼面应采用双层双向配筋，且每层每个方向的配筋率不宜小于0.25%。

③地下室外墙和内墙边缘的板面不应有大洞口，以保证将上部结构的地震作用或水平力传递到地下室抗侧力构件中。

④当地下室内、外墙与主体结构墙体之间的距离符合表8.4.25的要求时，该范围内的地下室内、外墙可计入地下一层的结构侧向刚度，但此范围内的侧向刚度不能重叠使用于相邻建筑。当不符合上述要求时，建筑物的嵌固部位可设在筏形基础的顶面，此时宜考虑基侧土和基底土对地下室的抗力。

地下室墙与主体结构墙之间的最大间距 d 表8.4.25

抗震设防烈度7度、8度	抗震设防烈度9度
$d \leqslant 30$ m	$d \leqslant 20$ m

8.4.26 地下室的抗震等级、构件的截面设计及抗震构造措施应符合现行国家标准《建筑抗震设计规范》(GB 50011)的有关规定。剪力墙底部加强部位的高度应从地下室顶板算起；当结构嵌固在基础顶面时，剪力墙底部加强部位的范围尚应延伸至基础顶面。

【例题44】

筏形基础抗冲切承载力验算。

某梁板式筏形基础如右图所示，相应于荷载效应基本组合时基础底面平均净反力设计值为 280 kPa，混凝土强度 $f_t=1.1$ MPa，钢筋保护层厚度为 50 mm。

①此筏形基础的抗冲切承载力为（　　）kN。

(A)9 900　　(B)9 009

(C)10 010　　(D)11 000

②底板（　　）受冲切承载力的要求。

(A)满足　　(B)不满足

例题 44 图（尺寸单位：m）

解

①冲切承载力

$$h=500\ \text{mm}<800\ \text{mm}$$

取

$$\beta_{hp}=1.0\quad h_0=450\ \text{mm}$$

$$u_m=2(l_{n1}+l_{n2}-2h_0)=2\times(4\ 000+6\ 000-2\times450)=18\ 200\ (\text{mm})$$

抗冲切承载力

$$0.7\beta_{hp}f_t u_m h_0=0.7\times1\times1.1\times18\ 200\times450=9\ 009\ (\text{kN})$$

②冲切荷载

$$F_l=(l_{n1}-2h_0)(l_{n2}-2h_0)p_j=(4-2\times0.45)\times(6-2\times0.45)\times280=4\ 426.8\ (\text{kN})$$

$$F_l<0.7\beta_{hp}f_t u_m h_0=9\ 009(\text{kN})\text{，满足。}$$

应选答案①(B)，②(A)。

例题解析

①β_{hp} 的取值同扩展基础受冲切验算的 β_{hp}，其取值见规范 GB 50007—2011 第 8.2.8 条。

②u_m 可按下式计算：$u_m=2(l_{n1}+l_{n2}-2h_0)$。

③规范公式(8.4.12-1)中 $F_l=(l_{n1}-2h_0)(l_{n2}-2h_0)p_j$，其中 p_j 为相应于荷载效应基本组合时的地基土单位面积上平均净反力设计值。

【例题 45】

筏形基础底板厚度验算。

条件同本节例题 44，若底板厚度未知，试按受冲切验算所需底板厚度为（　　）m。

(A)0.3　　(B)0.4　　(C)0.5　　(D)0.6

解

由规范公式(8.4.12-2)：

$$h_0=\frac{(l_{n1}+l_{n2})-\sqrt{(l_{n1}+l_{n2})^2-\dfrac{4pl_{n1}l_{n2}}{p_n+0.7\beta_{hp}f_t}}}{4}=343.6(\text{mm})$$

$$h=h_0+50=343.6+50=393.6(\text{mm})\approx0.4\ \text{m}$$

应选选项(B)。

例题解析

①规范公式(8.4.12-2)是式(8.4.12-1)关于 h_0 的一元二次方程的解，使用规范公式(8.4.12-2)时，需注意各量的单位统一，以免计算出错误结果。

②规范公式(8.4.12-2)计算的结果为 h_0，即冲切破坏锥体的有效高度。

【例题 46】

筏形基础底板斜截面受剪承载力验算。

条件同本节例题 44。

①底板斜截面受剪承载力为(　　)kN。

(A)1 530　　(B)1 571　　(C)1 767　　(D)1 832

②底板斜截面(　　)受剪承载力的要求。

(A)满足　　(B)不满足

解

①受剪承载力。

由题 $h_0=450\text{ mm}<800\text{ mm}$，计算时取 800 mm。

$$\beta_{hs}=(800/h_0)^{1/4}=(800/800)^{1/4}=1$$

所以，受剪承载力为

$$0.7\beta_{hs}f_t(l_{n2}-2h_0)h_0=0.7\times1\times1.1\times(6\,000-2\times450)\times450=1\,767(\text{kN})$$

②剪切荷载。

$$V_s=p_jA=p_j\left(l_{n2}-\frac{l_{n1}}{2}-h_0\right)\left(\frac{l_{n1}}{2}-h_0\right)$$

$$=280\times\left(6-\frac{4}{2}-0.45\right)\times\left(\frac{4}{2}-0.45\right)=1\,540.7(\text{kN})$$

$V_s<0.7\beta_{hs}f_t(l_{n2}-2h_0)h_0=1\,767(\text{kN})$，满足。

应选答案①(C)，②(A)。

例题解析

①β_{hs}取值：当 $h_0<800$ mm 时，$\beta_{hs}=1$；当 $h_0>2\,000$ mm 时，$\beta_{hs}=0.795\,3$；当 800 mm$<h_0<2\,000$ mm 时，$\beta_{hs}=(800/h_0)^{1/4}$。

②规范公式(8.4.12-3)中，$V_s=p_jA$，其中 p_j 为阴影部分面积上的单位平均净反力，A 为阴影部分的面积，$A=\left(l_{n2}-\frac{l_{n1}}{2}-h_0\right)\left(\frac{l_{n1}}{2}-h_0\right)$。

3.8 单项选择题

3.8.1 《建筑地基基础设计规范》(GB 50007—2011)

1. 按《建筑地基基础设计规范》(GB 50007—2011)，国家对地基基础设计的技术经济政策是(　　)。

(A)技术先进，经济合理，安全适用，确保质量

(B)因地制宜，就地取材

(C)安全适用，技术先进，经济合理，确保质量，保护环境

(D)因地制宜，就地取材，保护环境和节约资源

2. 按《建筑地基基础设计规范》(GB 50007—2011)，划分地基基础设计等级的原则中，不考虑的是(　　)。

(A)地基的复杂程度

(B)建筑物的规模和功能特征

(C)地基问题可能造成建筑物破坏或影响正常使用的程度

(D)建筑物基础的类型

3.按《建筑地基基础设计规范》(GB 50007—2011),对原有工程有较大影响的新建25层高层建筑物的基础设计等级应为(　　)。

(A)甲级　　(B)乙级　　(C)丙级　　(D)不能确定

4.按《建筑地基基础设计规范》(GB 50007—2011),进行地基基础设计时,下述(　　)说法不正确。

(A)所有建筑物的地基计算均应满足承载力计算的有关规定

(B)设计等级为甲级、乙级的建筑物均应按地基变形设计

(C)丙级建筑物可不做变形验算

(D)存在偏心荷载的软弱地基上的丙级建筑物,应进行变形验算

5.按《建筑地基基础设计规范》(GB 50007—2011),条形基础地基主要受力层范围是(　　)。

(A)$1.5b$　　(B)$3b$

(C)$1.5b$或不小于5 m　　(D)$3b$且不小于5 m

6.按《建筑地基基础设计规范》(GB 50007—2011),地基基础设计前应进行岩土工程勘察,对勘察工作的规定中,下述不正确的是(　　)。

(A)岩土工程勘察报告中,视工程需要可不提供基坑降水的有关参数

(B)甲级建筑物应提供载荷试验指标

(C)丙级建筑物应提供抗剪强度指标、变形参数指标和触探资料

(D)建筑物地基均应进行施工验槽

7.地基基础设计时所采用的作用效应与相应的抗力限值的规定中,下列(　　)说法不正确。

(A)按地基承载力确定基础底面积及埋深时,传至基础上的荷载效应,应按正常使用极限状态下荷载效应的标准组合,其抗力应采用地基承载力特征值

(B)按单桩承载力确定桩数时,传至承台上的荷载效应应按正常使用极限状态下荷载效应的永久组合,抗力应采用单桩承载力特征值

(C)计算地基变形时,传至基础底面上的荷载效应应按正常使用极限状态下荷载效应的准永久性组合,不应计入风荷载和地震作用

(D)基础设计时的结构重要性系数γ_0不应小于1.0

8.按《建筑地基基础设计规范》(GB 50007—2011),下列丙级建筑物中需要进行地基变形验算的是(　　)。

(A)土层坡度小于5%,承载力特征值为180 kPa,5层砌体承重结构民用建筑

(B)承载力为150 kPa的水平土层,跨度为25 m,柱距6 m的单跨单层排架结构厂房

(C)承载力为180 kPa的水平土层,高度为80 m的烟囱

(D)承载力为90 kPa的水平土层,吊车额定起重量为8 t

9.按《建筑地基基础设计规范》(GB 50007—2011),某岩体$V_p=2.6$ km/s,岩块$V_p=3.9$ km/s,则其完整程度应划分为(　　)。

(A)破碎　　(B)较破碎　　(C)较完整　　(D)完整

10.某碎石土平均粒径为40 mm,进行重型圆锥动力触探时,一阵击为14锤,贯入量为5.6 cm,杆长为10 m,则按《建筑地基基础设计规范》(GB 50007—2011)其密实程度应为(　　)。

(A)密实　　(B)中密　　(C)稍密　　(D)松散

11.某黏性土塑限$w_p=22$,液限$w_L=38$,天然含水率$w=32\%$,按《建筑地基基础设计规范》

(GB 50007—2011)，其稠度状态应为(　　)。

(A)坚硬　　(B)硬塑　　(C)可塑　　(D)软塑

12. 按《建筑地基基础设计规范》(GB 50007—2011)，地基土工程特性指标的代表值的取值规定中，下述不正确的是(　　)。

(A)应以地基土的特征值作为工程特性指标的代表值

(B)抗剪强度指标应取标准值

(C)压缩性指标应取平均值

(D)载荷试验承载力应取特征值

13. 按《建筑地基基础设计规范》(GB 50007—2011)，确定地基土的工程特征指标时，下述说法中不正确的是(　　)。

(A)载荷试验包括浅层平板载荷试验和深层平板载荷试验

(B)土的抗剪强度指标可采用原状土室内剪切试验测定

(C)土的压缩性指标应采用载荷试验确定

(D)划分地基土的压缩性时压力段可为 100～200 kPa

14. 天然状态砂土的密实度一般用(　　)来测定。

(A)载荷试验　　(B)轻便触探

(C)十字板剪切试验　　(D)标准贯入

15. 塑性指数大于 17 的土应定名为(　　)。

(A)黏土　　(B)粉质黏土　　(C)粉土　　(D)粉砂

16. 表征黏性土稠度状态的指标是(　　)。

(A)孔隙比　　(B)相对密度　　(C)液性指数　　(D)含水率

17. 下述说法中无误的是(　　)。

(A)土的重度越大，其密实程度越高　　(B)液性指数越小，土越坚硬

(C)土的含水率越大，其饱和度越高　　(D)地下水位以下土的含水率为 100%

18. 某土层塑性指数 $I_p=19.3$，液性指数为 0.46，该土层应定名为(　　)。

(A)硬塑黏土　　(B)软塑黏土　　(C)可塑黏土　　(D)可塑粉质黏土

19. 下列对黏性土的塑性指数 I_p 及液性指数 I_L 的说法中，不正确的是(　　)。

(A)I_p 的大小主要与土体所含黏粒粒组的多少及矿物成分有关

(B)I_L 是表征黏性土软硬程度的物理指标

(C)土中黏粒越多，亲水性越强，I_p 就越大，土的可塑状态含水率的范围就越大

(D)工程中常用 I_L 作为划分黏性土及粉土的依据

20. 下述关于比表面积的说法中错误的是(　　)。

(A)作为分散体系的土，分散相的分散程度通常用比表面积表示

(B)土的比表面积一般用每克土体具有的表面积表示，单位为m^2/g

(C)土体中颗粒平均粒径越小，土体的比表面积越大

(D)土体中颗粒平均粒径越大，土体的比表面积越大

21. 某土的压缩曲线上与 100 kPa、200 kPa 对应的孔隙比为 0.87、0.72，该土为(　　)。

(A)高压缩性土　　(B)中压缩性土　　(C)低压缩性土　　(D)无压缩性土

22. 按压缩系数评价土的压缩性时，计算压缩系数的压力段 P_1 和 P_2 值应为(　　)。

(A)$P_1=100$ kPa；$P_2=200$ kPa

(B)$P_1=$自重压力；$P_2=$附加压力

(C)P_1＝自重压力；P_2＝自重压力＋附加压力

(D)P_1 饱和自重压力；P_2＝饱和自重压力＋附加压力

23. 基础埋置深度应按下列(　　)条件确定。

Ⅰ. 建筑物的用途，有无地下室，设备基础和地下设施，基础形式和构造

Ⅱ. 作用在地基上的荷载大小和性质

Ⅲ. 工程地质和水文地质条件

Ⅳ. 相邻建筑物的基础埋深

Ⅴ. 地基土冻胀和融陷的影响

(A)Ⅰ、Ⅱ、Ⅲ、Ⅳ　(B)Ⅰ、Ⅱ、Ⅳ、Ⅴ　(C)Ⅰ、Ⅱ、Ⅲ、Ⅴ　(D)Ⅰ、Ⅱ、Ⅲ、Ⅳ、Ⅴ

24. 确定高层建筑筏形及箱形基础的埋置深度时，下述说法中不正确的是(　　)。

(A)箱形、筏形基础的埋置深度应满足地基承载力，变形及稳定性要求

(B)抗震设防区的土基上箱基埋深不宜小于建筑的高度的 1/15

(C)抗震设防区的土基上的桩筏基础埋深不宜小于建筑高度的 1/18

(D)岩石地基上的高层建筑可不限制基础埋深

25. 确定季节性冻土的冻结深度时，可不考虑的是(　　)。

(A)地基土的类别　　(B)土的冻胀性

(C)场地的环境及位置　　(D)承载力的大小

26. 对冻胀、强冻胀、特强冻胀地基土采取防冻害措施时，下述说法中(　　)选项不正确。

(A)对地下水位以上的基础，基础侧面应回填不小于 200 mm 的非冻胀中粗砂

(B)为防止冻胀，应选择地势相对较低、地下水位相对较高的场地

(C)桩基承台下有冻土时，应预留相当于该土层冻胀量的空隙

(D)对跨年度施工的建筑入冬前应对地基采取相应的防护措施

27. 在满足地基稳定及变形要求的前提下基础宜浅埋，但对于非岩石地基，其埋深最小值不宜小于(　　)。

(A)0.3 m　(B)0.5 m　(C)0.8 m　(D)1.0 m

28. 确定冻土层的冻胀类别的依据是(　　)。

(A)天然含水率及地下水位埋深　　(B)冻胀率

(C)平均冻胀率　　(D)天然含水率、地下水埋深及塑限

29. 确定地基承载力的特征值时，除采用载荷试验外，也可采用其他方法，但不宜包括(　　)。

(A)反演分析法　(B)原位测试法　(C)公式计算法　(D)工程实践经验

30. 考虑基础底面压力确定基础底面积时，地基承载力的代表值应取(　　)。

(A)标准值　　(B)设计值

(C)特征值　　(D)修正后的地基承载力特征值

31. 下列(　　)情况下，地基承载力需进行深度修正及宽度修正。

(A)基础宽度等于 3 m，埋深等于 0.5 m 时

(B)承载力特征值由深层平板载荷试验确定的人工填土，基础宽度为 5 m，埋深为 4 m

(C)埋深为 0.5 m，宽度为 5.0 m 的淤泥质土地基上的基础

(D)宽度为 3.5 m，埋深为 1.0 m 的粉土地基上的基础

32. 某地基为均质黏性土地基，其物理力学参数为 $\gamma=18.5\ \mathrm{kN/m^3}$、$C_k=40\ \mathrm{kPa}$、$\varphi_k=17°$，基础宽度为 4.5 m，埋深 2.0 m，轴心荷载情况下其承载力特征值为(　　)。

(A)320 kPa　(B)335 kPa　(C)350 kPa　(D)365 kPa

33. 对破碎岩石地基承载力特征值可根据(　　)确定。

(A)可根据室内饱和单轴抗压强度通过折算求得

(B)可通过标准贯入试验确定

(C)可根据地区经验取值

(D)应通过平板载荷试验确定

34. 某完整岩体的岩石饱和单轴抗压强度标准值为 $f_{rk}=2\ 600$ kPa,其地基承载力特征值应为(　　)。

(A)260 kPa　(B)520 kPa　(C)1 300 kPa　(D)2 600 kPa

35. 验算地基软弱下卧层时,确定地基压力扩散角 θ 时,下述(　　)说法不正确。

(A)当 Z/b 在 0.25~0.5 时,上层土与下层土的压缩模量比值越大,应力扩散角越大

(B)θ 角与基础底面至软弱下卧层顶面的距离 Z 与基础宽度 b 的比值呈线性关系

(C)当 $Z/b<0.25$ 时,取 $\theta=0$

(D)当 $Z/b>0.5$ 时,取 $Z/b=0.5$

36. 验算地基受力层范围内软弱下卧层承载力时,下述说法中(　　)不正确。

(A)地基基础荷载计算应采用荷载效应标准组合

(B)下卧层顶面的压力为附加压力与自重压力值之和

(C)下卧层承载力特征值只进行深度修正,不进行宽度修正

(D)下卧层顶面处的附加应力值宜采用角点法计算求得

37. 在地基变形计算时,下述说法中(　　)不正确。

(A)砌体承重结构应由局部倾斜值控制

(B)单层排架结构应由相邻基础的沉降差控制

(C)高耸结构应由倾斜值控制

(D)沉降量可作为唯一的控制变形的参数

38. 按《建筑地基基础设计规范》(GB 50007—2011)考虑地基变形时,下述说法中(　　)正确。

(A)在必要情况下,需要分层预估建筑物在施工期间和使用期间的地基变形值,以便预留有关部分的净空,选择连接方式和施工顺序

(B)对其他低压缩性土可认为已完成最终沉降量的大部分

(C)对中压缩性土可认为已完成最终沉降量的全部

(D)对高压缩性土可认为已完成最终沉降量的大部分

39. 某砌体承重结构沿纵墙两点 A、B 距离为 L 其沉降差为 Δs,则 $\Delta s/L$ 为(　　)。

(A)沉降量　(B)沉降差　(C)倾斜　(D)局部倾斜

40. 计算地基变形时,下述(　　)说法不正确。

(A)地基内的应力分布,可采用各向同性均质线性变形体理论

(B)计算最终变形量可按规范推荐公式计算

(C)每层计算土层的压缩模量应取土的自重压力与自重压力同附加压力之和的压力段的值

(D)沉降计算的经验系数可按基底附加应力大小确定

41. 确定地基变形计算深度时,下述(　　)说法不正确。

(A)对无相邻荷载影响,基础宽度为 1~30 m 时,变形计算深度可根据基础宽度按简化

公式 $z_n=b(2.5-0.4\ln b)$ 计算求得

(B)对独立基础变形计算深度自基础底面算起不应小于 1.5 倍基础宽度且不宜小于 5 m

(C)变形计算深度应满足计算深度向上取 Δz(按规范取值)厚的土层计算变形值小于地基计算变形量的 2.5%

(D)当计算深度范围内存在基岩或厚层坚硬土层时,计算深度可取至该层土表面

42.计算基坑开挖地基土的回弹变形量时采用的模量应为(　　)。

(A)回弹模量　　(B)变形模量

(C)基坑底面以上的压缩模量　　(D)割线模量

43.计算基坑开挖地基土的回弹变形量时采用的压力 P_c 为(　　)。

(A)自重压力　　(B)饱和自重压力

(C)基坑底面以上的有效自重压力　　(D)前期固结压力

44.计算地基稳定性时,下述(　　)说法不正确。

(A)地基稳定性可采用圆弧滑动面法进行验算

(B)稳定性验算的安全系数应为 1.2

(C)位于稳定土坡坡顶上的建筑,当垂直于坡顶边缘线的基础底面边长不大于 3 m 时,可不限制其外边缘线至坡顶的水平距离

(D)当地基土坡坡角大于 45°,坡高大于 8 m 时,尚应验算坡体的稳定性

45.下述地基中,(　　)种不属于土岩组合地基。

(A)下卧基岩表面坡度为 26°的地基

(B)有石芽出露的石灰岩地基

(C)存在大块孤石的地基

(D)压缩层范围内有产状水平的沉积岩分布,且岩层埋深较浅的地基

46.对土岩组合地基进行褥垫法处理时,下述说法(　　)不正确。

(A)褥垫材料可采用炉渣、中砂、粗砂、土夹石等材料

(B)褥垫的厚度不宜小于 500 mm

(C)褥垫夯填度宜根据试验确定

(D)中粗砂的夯填度宜控制在 0.87±0.05

47.压实填土地基的填料及施工要求中,下述(　　)说法不正确。

(A)耕植土不得作为压实填土的填料

(B)应通过试验确定分层填料的厚度及分层压实遍数

(C)雨期施工时应采用防雨措施,防止出现橡皮土

(D)粉黏性土作填料时,不必考虑其含水率

48.压实填土地基的质量要求中,下述(　　)说法不正确。

(A)控制压实填土的指标宜采用压实系数

(B)压实系数为压实填土平均干密度与最大干密度的比值

(C)压实填土的控制含水率宜为最优含水率(W_{0p})±2%

(D)基础标高以上的填土,压实系数不应小于 0.94

49.排架结构地基主要受力层范围内压实填土的压实系数不宜小于(　　)。

(A)0.97　　(B)0.96　　(C)0.95　　(D)0.93

50.某粉质黏土用于填筑砌体承重结构主要受力层以下的地基,无试验资料,根据工程经验估算其土粒相对密度为 2.70,最优含水率为 22,则压实填土的控制干密度宜为(　　)。

(A)1.55　　(B)1.58　　(C)1.60　　(D)1.63

51. 对压实填土地基,下述(　　)说法不正确。

(A)某压实填土为粉质黏土组成,黏粒含量大于10%,当坡高为8 m时,坡度宜为1∶1.75

(B)斜坡上的压实填土应验算其稳定性

(C)压实填土区的上下水管道应采取防渗、防漏措施

(D)压实填土地基承载力特征值应根据现场原位测试或工程经验综合确定

52. 防治滑坡的原则及方法的叙述中,下列(　　)说法不正确。

(A)对场区内可能形成滑坡的地段,必须采取可靠的预防性措施

(B)对具有发展趋势并威胁建筑物安全使用的滑坡,应及早整治

(C)防治滑坡的处理措施主要有排水、支挡、卸载、反压等方法

(D)卸荷是从滑动体上挖除部分土体以减少滑体重量的过程

53. 计算滑坡推力的规定中,下述(　　)项不正确。

(A)对多层滑动的滑坡,应按滑动推力最大的滑动面确定滑坡推力

(B)选择代表性断面进行计算时,代表性断面不得少于3个

(C)滑坡推力的安全系数可依据地基基础设计的等级确定,对甲级、乙级及丙级建筑物,滑坡推力安全系数应分别为1.3、1.2、1.10

(D)滑坡推力作用点可取在滑体厚度的1/2处

54. 对折线形滑面的滑坡、计算滑坡推力可采用(　　)法。

(A)滑坡推力传递法　　(B)块体极限平衡法

(C)圆弧滑动面法　　(D)简化毕肖普法

55. 对碳酸盐地区、有岩溶与土洞现象存在时,下述(　　)说法不正确。

(A)独立基础下土层厚度大于基础宽度的3倍时,可不考虑岩溶对地基稳定性的影响

(B)基础底面存在面积小于25%的垂直洞隙,但基底岩石面积满足上部荷载要求时,可不考虑岩溶的影响

(C)对溶洞被密实的沉积物填满、承载力超过150 kPa,且无被水冲蚀可能性时,可不考虑岩溶的影响

(D)对岩溶水通道堵塞,有可能造成暂时性淹没的地段,未经处理不宜作为建筑地基

56. 对地基稳定性有影响的岩溶洞隙采取处理措施时,下述(　　)说法不正确。

(A)对洞口较小的洞隙可采用镶补、嵌塞与跨越

(B)对洞口较大的洞隙可采用梁、板等结构跨越

(C)对风化裂隙发育且较破碎的岩体,可采用钻孔桩进行加固处理

(D)对规模较小的洞隙,宜绕避

57. 土质边坡的设计原则中,下述(　　)不正确。

(A)对于稳定的边坡应采取保护及营造植被的防护原则

(B)边坡发育地段建筑物布局应依山就势,防止大挖大填

(C)边坡支挡结构的排水孔应按横竖两方向布置,间距不宜大于1.0 m,孔眼尺寸不得小于50 mm

(D)支挡结构后面的填土应选择透水性强的填料

58. 对整体稳定的土质边坡开挖时,下列规定中(　　)不正确。

(A)边坡坡度允许值应根据当地经验,参照同类土的稳定坡度确定

(B)砂土及充填物为砂土的碎石土,边坡坡度允许值应按自然休止角确定

(C)土质边坡开挖时,任何情况下不允许在坡脚及坡面积水

(D)边坡开挖时为节约施工用地,可将弃土堆置在坡顶及坡面上

59. 某边坡高度为 8 m,坡体由中密碎石土组成,充填物为硬塑黏土,则坡度的允许值宜采用(　　)。

(A)1∶0.5～1∶0.75　　(B)1∶0.75～1∶1.0

(C)1∶1.0～1∶1.25　　(D)1∶1.25～1∶1.5

60. 土质边坡支挡结构上的土压力计算时,可按(　　)计算。

(A)主动土压力　(B)被动土压力　(C)静止土压力　(D)水土总压力

61. 土质边坡高度为 8 m,计算土压力时,主动土压力增大系数宜取(　　)。

(A)0.9　(B)1.0　(C)1.1　(D)1.2

62. 土质边坡挡土墙稳定性验算时,下述(　　)说法不正确。

(A)抗滑稳定性验算应采用的公式为:$(G_n+E_{an})\mu/(E_{at}-G_t)\geqslant 1.3$

(B)抗倾覆稳定性验算的公式应采用:$(GX_0+E_{az}X_f)/(E_{ax}Z_f)\geqslant 1.6$

(C)整体滑动稳定性验算应采用萨尔玛法

(D)基底合力偏心距不应大于 0.25 倍基础宽度

63. 土质边坡重力式挡土墙的构造要求中,下述(　　)说法不正确。

(A)重力式挡墙不适用于高度大于 8 m 的边坡

(B)土质地基重力式挡墙基底逆坡坡度不宜大于 1∶10

(C)毛石挡土墙的墙顶宽度不宜小于 200 mm

(D)重力式挡土墙应每隔 10～20 m 设置一道伸缩缝

64. 岩石边坡与岩石锚杆的设计中,下述(　　)说法不正确。

(A)可根据当地经验按工程类比原则并参照本地区已有稳定边坡的坡度值确定整体稳定条件下岩石边坡的坡度

(B)整体稳定的岩石边坡开挖时可只做构造处理

(C)对两组或多组结构面交线倾向于临空面的边坡,可采用棱形体分割法计算棱体的下滑力

(D)对临时性锚杆的施工阶段设计可按下式计算锚杆抗拔承载力特征值:$R_t=\xi f U_r h_r$

65. 岩石锚杆挡土结构的设计要求及构造要求中,下述(　　)选项不正确。

(A)岩石锚杆挡土结构荷载宜采用主动土压力乘以 1.1～1.2 的增大系数

(B)立柱端部应嵌入稳定岩层内,并根据实际情况假定为固定支承或铰支承

(C)岩石锚杆嵌入稳定基岩中的深度不宜小于 5 m

(D)岩石锚杆与水平面间的夹角宜为 15°～25°

66. 某边坡初步设计阶段拟采用锚杆防护方案,砂浆与岩石间黏结强度特征值为 0.4 MPa,锚杆周长为 31.4 cm,有效锚固长度为 5 000 mm,锚杆抗拔承载力特征值应为(　　)。

(A)628 kN　(B)502 kN　(C)6 280 kN　(D)5 024 kN

67. 对于软弱地基及基础,下述说法中(　　)选项不正确。

(A)软弱地基是指由淤泥、淤泥质土、冲填土、杂填土或其他高压缩性土组成的地基

(B)软弱地基设计时,应考虑上部结构和地基的共同作用

(C)对荷载差异较大的建筑物,宜先建轻低部分,后建重高部分

(D)活荷载较大的构筑物,使用初期应根据沉降情况控制加载速率

68. 软弱地基的利用及处理原则中,下述(　　)说法不正确。

(A)对淤泥及淤泥质土,宜尽量用其上覆较好土层作持力层

(B)对暗塘、暗沟等可采用基础梁、换土、桩基或其他方法处理

(C)对杂填土地基可采用机械压实或夯实方法处理

(D)在堆载预压处理厚层淤泥时,预压荷载应足够大,从而能加速固结并减少预压固结的时间

69. 对软弱地基进行处理时,下述(　　)选项说法不正确。

(A)处理浅层软弱地基时可采用换填垫层法

(B)当软弱地基由特殊土组成时,设计时宜综合考虑土体的特殊性质,选择适当的增强体共同承担荷载

(C)复合地基承载力特征值应采用周边土的承载力特征值综合经验确定

(D)复合地基增强体顶部应设置褥垫层

70. 对软弱地基宜采取适当的建筑措施,下述说法中不正确的是(　　)。

(A)在满足使用和其他要求的前提下,建筑体型应力求简单

(B)在建筑物的适当部位应设置沉降缝

(C)相邻建筑物的基础间净距应满足设置沉降缝要求

(D)建筑物各组成部分的标高应根据可能产生的不均匀沉降采取相应控制措施

71. 下列对软弱地基采取的建筑措施中(　　)选项是不正确的。

(A)高度差异较大的建筑物,应加强两者之间的连接,连接结构应具有足够的强度,必要时应通过计算确定

(B)地基土的压缩性有显著差异处宜设置沉降缝

(C)相邻建筑物基础间的净距应根据影响建筑的预估平均沉降量及被影响建筑的长高比查表确定

(D)对室内地坪和地下设施的标高,应根据预估沉降量予以调整

72. 对软弱地基上的建筑物采取结构措施时,下述(　　)说法不正确。

(A)不宜采用减轻自重,调整各部位的荷载分布等措施

(B)当体型复杂荷载较大时可采用箱基、桩基、筏基等加强基础整体刚度减少不均匀沉降的措施

(C)对砌体承重结构宜采用设置圈梁、减小长高比等方法增强整体刚度和强度

(D)圈梁应设置在外墙、内纵墙及主要内横墙上,并宜在平面内连成封闭系统

73. 对存在大面积地面荷载的基础,下述说法中(　　)不正确。

(A)大面积地面荷载不宜压在基础上、大面积的填土,宜在基础施工前 3 个月内完成

(B)对中小型仓库可适当提高柱墙的抗弯能力,增强房屋的刚度

(C)当厂房中吊车梁在使用中有垫高或移动可能性时应适当增大吊车顶面与屋架下弦间的净空

(D)当车间内设有起重量超过 30 t 的吊车时,应采用桩基础

74. 无筋扩展基础设计时,下述(　　)说法不正确。

(A)无筋扩展基础系指由砖、毛石、混凝土、灰土、三合土等组成的墙下条形基础或柱下独立基础

(B)无筋扩展基础适用于多层民用建筑和轻型厂房

(C)对不同材料叠合而成的无筋扩展基础应对接触部分做抗压验算

(D)对基础底面处平均压力值超过 250 kPa 的无筋混凝土基础,尚应进行抗剪验算

75. 某无筋扩展基础底面处平均压力值为 180 kPa，采用毛石材料，其台阶允许宽高比为(　　)。

(A)1∶1.00　　(B)1∶1.25　　(C)1∶1.5　　(D)1∶2.00

76. 对无筋扩展基础的钢筋混凝土柱的柱脚高度要求，下述不正确的是(　　)。

(A)柱脚高度 h_1 不得小于柱脚宽度

(B)柱脚高度不得小于 300 mm

(C)柱脚高度不得小于柱中纵向受力钢筋最大直径的 20 倍

(D)柱的纵向钢筋应垂直锚固于柱脚内，不得沿水平向弯折

77. 某基础宽为 2.0 m，基础顶面柱脚宽 1.0 m；基础台阶的宽高比为 1∶2.00，该基础高度不应小于(　　)。

(A)0.5 m　　(B)1.0 m　　(C)1.5 m　　(D)2.0 m

78. 下列基础中，(　　)种为扩展基础。

(A)预制钢筋混凝土杯口基础　　(B)柱下条形基础

(C)平板式筏形基础　　(D)箱形基础

79. 扩展基础的构造要求中，下述(　　)不正确。

(A)锥形基础边缘高度不宜小于 200 mm

(B)阶梯形基础每阶高度宜为 300～500 mm

(C)墙下钢筋混凝土条形基础纵向分布钢筋直径不应小于 10 mm，间距不大于 200 mm，混凝土强度等级不应低于 C30

(D)钢筋保护层厚度有垫层时不宜小于 40 mm，无垫层时不宜小于 70 mm

80. 预制混凝土柱与杯口基础的连接要求中，下述(　　)说法不正确。

(A)当柱的截面长边尺寸为 600 mm 时，插入深度应与长边尺寸相等，并满足钢筋锚固长度要求及吊装要求

(B)当柱截面长边尺寸小于 500 mm 时，杯底厚度应不小于 150 mm，杯壁厚度应为 150～200 mm

(C)轴心受压时，如 $t/h_2 \geqslant 0.65$ 时，杯壁应按构造配筋

(D)当大偏心受压，$t/h_2 \geqslant 0.75$ 时，杯壁可不配筋

81. 下列对扩展基础的计算要求中，(　　)不正确。

(A)扩展基础底面积应根据荷载大小、性质及地基承载力特征值计算确定

(B)墙下条形基础相交处，不应重复计入基础面积

(C)对柱下独立基础，当冲切破坏锥体落在基础底面以内时，应验算柱与基础交接处及基础变阶处的受冲切承载力

(D)基础底板的配筋，应按抗弯计算确定，扩展基础顶面不需进行局部抗压验算

82. 柱下条形基础的构造要求中，下述(　　)正确。

(A)柱下条形基础的高度宜为柱距的 1/8～1/4；翼板厚度不应小于 200 mm

(B)条形基础端部宜向外伸出，伸出长度宜为第一跨跨距的 0.5 倍

(C)当翼板厚度大于 250 mm 时，宜采用变厚度翼板，其坡度宜小于等于 1∶3

(D)柱下条形基础混凝土的强度等级不应低于 C20

83. 柱下条形基础的计算要求中，下述说法不正确的是(　　)。

(A)条形基础相交处，不应重复计算基础底面积

(B)对均匀地基，上部结构刚度较好；荷载分布较均匀，基础梁高度不小于 1/6 柱距时，地

基反力可按直线分布，基础梁内力可按连续梁计算

(C)可不必验算柱边缘处的受剪承载力

(D)当存在扭矩时，尚应进行抗扭验算

84.高层建筑筏形基础的结构竖向永久荷载重心宜与基底平面形心重合，当不能重合时，荷载应用(　　)组合来验算偏心距 e。

(A)荷载效应基本组合　　(B)荷载效应标准组合

(C)荷载效应的准永久组合　　(D)荷载效应的永久组合

85.筏形基础的混凝土强度等级不应低于(　　)。

(A)C10　　(B)C15　　(C)C20　　(D)C30

86.筏形基础地下室的构造要求中，下述(　　)不正确。

(A)地下室混凝土外墙厚度不应小于 250 mm

(B)内墙厚度不应小于 200 mm

(C)竖向和水平钢筋直径不应小于 16 mm

(D)钢筋间距不应大于 200 mm

87.筏形基础的计算要求中，下述(　　)说法不正确。

(A)梁板式筏形基础应验算正截面受冲切承载力及受剪切承载力

(B)梁板式基础梁应验算受弯承载力

(C)平板式筏形基础板厚应满足受冲切承载力要求

(D)平板式筏形基础应验算各截面筏板的受剪承载力

88.筏形基础的构造要求中，下述不正确的是(　　)。

(A)当底板区格为矩形双向板时，梁板式筏基底板厚度不应小于 400 mm

(B)地下室底层柱与基础梁连接时，柱边缘与基础梁边缘距离不应小于 50 mm

(C)交叉基础梁宽度小于截面边长时，交叉基础梁连接处应设置八字角

(D)12 层以上建筑的梁板式筏形基础，其底板厚度与最大双向板格短边净跨之比不应小于 1/10

89.桩基础的构造要求中，下述不正确的是(　　)。

(A)摩擦型桩的中心距不宜小于桩身直径的 2 倍

(B)扩底灌注桩的扩底直径不应大于桩身直径的 3 倍

(C)非腐蚀性环境中预制桩混凝土强度等级不应低于 C30，灌注桩混凝土强度不应低于 C25

(D)桩顶嵌入承台内的长度不宜小于 50 mm

90.确定单桩竖向承载力的规定中，下述(　　)是不正确的。

(A)单桩竖向承载力特征值应通过单桩竖向静载荷试验确定

(B)对有经验地区，可采用静力触探及标贯试验确定单桩竖向承载力特征值

(C)当桩端嵌入完整及较完整的硬质岩石中时，可通过桩端岩石承载力特征值估算单桩竖向承载力特征值

(D)初步设计时单桩竖向承载力特征值可通过当地静载荷试验结果统计分析资料进行估算

91.下列可不进行沉降验算桩基础的是(　　)。

(A)场地和地基条件复杂的一般建筑物桩基

(B)场地和地基条件简单，桩端下存在软弱土层的 8 层民用建筑桩基

(C)次要的轻型建筑物、端承型桩基

(D)摩擦型桩基

92. 以控制沉降为目的设置桩基时，下述要求中不正确的是(　　)。

(A)应按桩顶荷载设计值验算桩身强度

(B)桩土荷载分配应按上部结构与地基共同作用分析确定

(C)桩端进入较好土层时，可不考虑软弱下卧层影响

(D)桩距可采用(4～6)d(d 为桩身直径)

93. 对于桩基承台的构造要求中，下述不正确的是(　　)。

(A)承台宽度不应小于 500 mm，最小厚度不应小于 300 mm

(B)桩的外边缘至承台边缘的距离不宜小于 75 mm

(C)三桩承台钢筋应按三向板带均匀布置，且最里面的 3 根钢筋围成的三角形在桩截面范围内

(D)承台混凝土强度等级不应低于 C20

94. 承台计算时，下述说法不正确的是(　　)。

(A)计算柱下桩基承台的弯矩时，多桩矩形承台计算截面取在柱边和承台高度变化处

(B)计算柱下桩基础独立承台受冲切承载力时，冲切荷载为作用于冲切破坏锥体上相应于荷载效应基本组合的冲切力设计值

(C)冲切破坏锥体与承台底面的夹角不小于 45°

(D)承台冲切计算应包括柱边冲切、承台变阶处冲切及角桩冲切

95. 承台计算时，下述说法不正确的是(　　)。

(A)应分别计算柱边和桩边，变阶处和桩边连线形成斜截面的受剪承载力

(B)当柱边外有多排桩形成多个剪切斜截面时，应对每个斜截面进行验算

(C)当计算截面剪跨比计算值小于 0.25 时取 0.25，大于 3 时取 3

(D)不必验算承台的柱下或桩上局部受压承载力

96. 承台之间的连接要求中，下述不正确的是(　　)。

(A)两桩承台宜在其长边方向设置联系梁

(B)有抗震要求的柱下独立承台，宜在两个主轴方向设置联系梁

(C)联系梁顶宜与承台位于同一高度，宽度不应小于 250 mm

(D)联系梁内上下纵向钢筋直径不应小于 12 mm，且不应少于 2 根，并应按受拉要求锚入承台

97. 岩石锚杆基础的要求中，下述正确的是(　　)。

(A)岩石锚杆适用于基岩中等风化和风化较轻的岩石地基

(B)锚杆孔直径不应小于 50 mm

(C)锚杆插入上部结构的长度应符合钢筋的锚固长度要求

(D)锚杆采用Ⅰ级或Ⅱ级钢筋，水泥砂浆强度不宜低于 C30

98. 基坑开挖与支护设计至少应包括的内容为(　　)。

Ⅰ. 支护体系方案的技术经济比较

Ⅱ. 支护结构的强度、变形和稳定性验算

Ⅲ. 支护结构的承载力稳定性和变形验算

Ⅳ. 地下水控制设计

Ⅴ. 对周边环境影响的控制设计

Ⅵ. 基坑土方开挖方案

(A)Ⅰ、Ⅱ、Ⅲ、Ⅳ (B)Ⅰ、Ⅱ、Ⅲ、Ⅳ、Ⅴ

(C)Ⅰ、Ⅱ、Ⅲ、Ⅳ、Ⅵ (D)Ⅰ、Ⅱ、Ⅲ、Ⅳ、Ⅴ、Ⅵ

99. 不作为永久结构使用的边坡支护结构的荷载效应可不考虑(　　)。

(A)基坑开挖影响范围内建筑物荷载、地面超载、施工荷载等

(B)温度变化对支护结构产生的影响

(C)黏性土遇水膨胀产生的膨胀压力

(D)临水支护结构波浪作用和水流退落时的渗透力

100. 计算支护结构的土压力时,(　　)应采用静止土压力。

(A)支护结构有向基坑方向变形或变形趋势时

(B)支护结构有向基坑边坡方向的变形时

(C)支护结构水平位移有严格限制时

(D)支护结构产生整体滑移变形时

101. 对支护结构的土压力及水压力进行计算时,下述原则不正确的是(　　)。

(A)对砂性土宜按水土分算的原则计算

(B)对粉质土可采用水土分算亦可采用水土合算

(C)对黏性土宜按水土合算的原则计算

(D)可按地区经验确定采用水土分算或水土合算

102. 基坑工程的勘探,试验原则中,下述不正确的是(　　)。

(A)基坑勘察的范围在基坑水平方向应达到基坑开挖深度的 1～2 倍

(B)勘探深度应满足基坑支护稳定性验算、降水和止水帷幕设计要求

(C)饱和黏性土试验方法应采用不固结不排水三轴试验

(D)应查明水文地质条件并进行水文地质勘察

103. 基坑开挖支护应进行稳定性验算,对(　　)的验算可不必进行。

(A)桩式支护结构抗倾覆稳定和抗水平推移稳定,整体抗滑稳定

(B)坑底抗隆起稳定性验算

(C)坑底抗渗透稳定性验算

(D)墙式支护结构的局部滑移稳定性验算

104. 对基坑工程地下水的控制要求中,下述不正确的是(　　)。

(A)控制地下水不宜采用降低地下水位的方法

(B)设计时应考虑降水排水引起的地表变形

(C)采用明排时应做反滤层

(D)停止降水时应采取保证结构物不上浮的措施

105. 预应力土层锚杆设计时,下述说法不正确的是(　　)。

(A)锚杆锚固体上、下排间距不宜小于 2.5 m,水平向间距不宜小于 1.5 m,锚固段上覆土层厚度不宜小于 4.0 m,锚杆倾角宜为 15°～35°

(B)土层锚杆钻孔直径不得小于 120 mm

(C)锚杆锚固段在最危险滑动面以外的有效计算长度不得小于 5 m

(D)锚杆锁定荷载可取锚杆设计承载力的 0.7～0.85 倍

106. 某岩石锤击声不清脆,无回弹,较易击碎,指甲可刻出印痕,则该岩体应为(　　)。

(A)极软岩 (B)软岩 (C)较软岩 (D)较硬岩

107. 某岩体有 3 组结构面,控制性结构面平均间距为 0.5 m,岩体的完整程度及代表性类型

应为( )。

(A)完整、整体结构 (B)较完整、块状结构

(C)较破碎、镶嵌状结构 (D)破碎、碎裂状结构

108. 某碎石土骨架颗粒含量等于总重的55%～60%,排列混乱,大部分不接触,其密度应为( )。

(A)密实 (B)中密 (C)稍密 (D)松散

109. 进行浅层平板载荷试验时,下列不能作为终止加载的条件的一项是( )。

(A)承压板周围的土明显地侧向挤出

(B)沉降量急剧增大,荷载—沉降曲线出现陡降段

(C)某级荷载下,24 h内沉降速率不能达到稳定

(D)沉降量与承压板直径之比超过0.04

110. 确定浅层平板载荷试验承载力特征值时,下述不正确的是( )。

(A)P-S曲线有比例界限时,取该比例界限所对应的荷载值

(B)当极限荷载小于比例界限荷载值2倍时,取极限荷载值的一半

(C)取最大加载量的一半作为承载力特征值

(D)压板面积为0.25～0.5 m^2,可取s/b=0.01～0.015所对应的荷载,但其值不应大于最大加载量的一半

111. 某土层载荷试验实测承载力特征值分别为280 kPa、290 kPa、305 kPa该土层地基承载力特值应为( )。

(A)280 kPa (B)285 kPa (C)290 kPa (D)295 kPa

112. 下述( )不能作为深层平板载荷试验终止加载的条件。

(A)P-S曲线上有可判定极限承载力的陡降段且沉降量超过0.04d(d为载荷板直径)

(B)某级荷载下24 h内沉降速率不能达到稳定

(C)本级沉降量大于前一级沉降量的2倍

(D)土层坚硬,沉降量很小,最大加载量超过设计要求的2倍

113. 地基的冻胀性类别应根据( )划分。

(A)冻前天然含水率

(B)黏性土的塑限

(C)冻结期间地下水位距冻结面的最小距离

(D)平均冻胀率

114. 粉砂土的含水率为15,标准冻深为1.6 m,地下水埋深5 m,则地基土的冻胀性类别应为( )。

(A)不冻胀 (B)弱冻胀 (C)冻胀 (D)强冻胀

115. 某建筑物按永久荷载标准值计算的基底平均压力为150 kPa,建筑物为采暖建筑,基础底面为方形,地基土为冻胀土,则建筑基底下允许残留的冻土层厚度h_{max}不宜超过( )m。

(A)0.65 (B)0.7 (C)0.75 (D)0.8

116. 岩基载荷试验时,下述( )不正确。

(A)有地区经验的破碎岩基可根据地区经验取值,不必进行载荷试验

(B)宜采用单循环加载,逐级递增,直到破坏,然后分级卸荷

(C)终止加载的条件之一为压力加不上或勉强加上不能保持稳定

(D)每级卸载应与加载级别相同,隔 10 min 测读一次,测三次后可卸下一级荷载

117. 某岩基进行三次载荷试验,结果分别为 3.5 MPa、3.8 MPa、4.0 MPa,岩基承载力特征值宜为(　　)。

(A)3.5 MPa　(B)3.77 MPa　(C)3.8 MPa　(D)4.0 MPa

118. 在岩基上进行载荷试验时测得比例界限为 2.8 MPa,当压力达到 6.0 MPa 施加下一级荷载时,24 h 内沉降量不断变化,沉降速率不断增大,这时该次载荷试验承载力特征值宜为(　　)。

(A)2.0 MPa　(B)2.8 MPa　(C)3.0 MPa　(D)6.0 MPa

119. 某土坡的挡土墙高 4.5 m,墙背填土为中密粗砂,排水条件符合规范要求,地表无超载,墙背填土表面倾角为 18°,墙背与水平面夹角为 78°,墙背表面与土体的摩擦角为土体的内摩擦角的一半,其主动土压力系数按查表法为(　　)。

(A)0.5　(B)0.54　(C)0.6　(D)0.64

120. 进行岩石锚杆抗拔试验时,试验数量的要求是(　　)。

(A)不少于总锚杆数 1%且不少于 6 根

(B)不少于总锚杆数 1%且不少于 3 根

(C)不少于总锚杆数 5%且不少于 6 根

(D)不少于总锚杆数 5%且不少于 3 根

121. 岩石锚杆抗拔试验时,通过锚杆极限承载力确定锚杆抗拔承载力特征值时采用的安全系数应为(　　)。

(A)1.5　(B)2.0　(C)2.5　(D)3.0

122. 进行单桩竖向静载试验确定竖向极限承载力时,下述不正确的是(　　)。

(A)当 Q-s 曲线陡降段明显时,取陡降段起点的荷载值

(B)当 Q-s 曲线呈缓变形时,取桩顶总沉降量 $s=40$ mm 所对应的荷载值

(C)参加统计的试桩极限承载力,满足极差不超过平均值的 30%时,取平均值作为单桩竖向极限承载力

(D)单桩竖向载力特征值宜取极限承载力的 1/3

123. 土层锚杆试验时,试验锚杆数不应少于(　　)。

(A)锚杆总数的 1%　(B)锚杆总数的 5%

(C)3 根　(D)6 根

124. 土层锚杆试验时加载方式宜为(　　)。

(A)分级加载　(B)单循环加载　(C)循环加载　(D)采用维持加载法

3.8.2 《公路桥涵地基与基础设计规范》(JTG D63—2007)

1. 选择桥涵基础的类型时,可不考虑(　　)的影响。

(A)水文条件　(B)地质条件　(C)上部构造及荷载　(D)地震烈度

2. 确定桥涵地基承载力基本容许值时,下述(　　)说法不正确。

(A)可根据理论公式计算结果确定

(B)可根据勘测,原位测试确定

(C)可根据物理性质指标查表确定

(D)对地质和结构复杂的桥涵地基的容许承载力可通过现场荷载试验确定

3.按土的物理性质指标确定地基承载力基本容许值时，下述(　　)不正确。

(A)老黏土的承载力可按压缩模量 E_s 确定

(B)一般黏性土的承载力可按液性指数及孔隙比查表确定

(C)软土地基的承载力可按含水率确定

(D)多年冻土的容许承载力可按冻土的冻胀性类别判定

4.当桥涵地基的宽度 b 和基础埋深 h 满足(　　)，且 $h/b\leqslant4$ 时，应对容许承载力进行深宽修正。

(A)$b>3$ m，$h>0.5$ m　　(B)$b>3$ m，$h>3$ m

(C)$b>2$ m，$h>3$ m　　(D)$b>2$ m，$h>0.5$ m

5.考虑地基土的容许载力提高时，下列(　　)说法不正确。

(A)当墩台建于水中而基底土又为不透水层时，可考虑自常水位至一般冲刷线处，水的超载影响对地基承载力的提高作用

(B)当地基承载力容许值$[f_a]<150$ kPa 时，应取 $\gamma_R=1.0$

(C)对经多年压实未受破坏的旧桥基，可考虑承载力的提高

(D)地基在施工荷载作用下，可取 $\gamma_R=1.5$

6.确定桥涵基础的埋置深度时，下述(　　)说法不正确。

(A)上部为外超静定结构的桥涵基础设置在冻胀土层中时，基础埋深可不受冻深的限制

(B)对有冲刷的小桥涵基础，基础埋深应在局部冲刷线以下不少于 1 m

(C)对小桥涵的基础底面，如河床上有铺砌层时，宜设置在铺砌层顶面以下 1 m

(D)墩台基础设置在季节性冻土层时，基底下可容许残留适当厚度的冻土层

7.对一般大桥考虑冲刷作用，当总冲刷深度为 5 m 时，基底埋置深度自初始河床算最小不应小于(　　)。

(A)2.0 m　　(B)4.0 m　　(C)7.0 m　　(D)8.0 m

8.某一般黏性土的 $I_l=0.4$，$e=0.5$，则其容许承载力为(　　)。

(A)420 kPa　　(B)400 kPa　　(C)380 kPa　　(D)360 kPa

9.某湿陷性新近堆积黄土，经人工夯实(0.5 kN 普通石夯，落距 50 cm，分别夯 3 遍)其夯实前的含水率为 $w=18\%$，液限为 25.7%，则人工处理后的容许承载力应为(　　)。

(A)100 kPa　　(B)110 kPa　　(C)120 kPa　　(D)130 kPa

10.当墩台基础位于不受冲刷地段且地面高于最低水位时，基础顶面的高度为(　　)。

(A)不宜高于最低水位

(B)根据桥位情况、施工难易程度、美观与整体协调综合确定

(C)不宜高于地面下 0.25 m

(D)不宜高于最低水位上 0.5 m

11.当桥台台背填土的高度 h 和软土地基相邻墩台间距 L 分别为(　　)时，应考虑台背填土对桥台基础底面的竖向附加压应力影响和邻近墩台对软土地基所引起的竖向附加压应力影响。

(A)$h>5$，$L<3$　　(B)$h>5$，$L<5$　　(C)$h<3$，$L<5$　　(D)$h<5$，$L<5$

12.当基础受竖向力 N 和弯矩 M 共同作用时，其最大压应力应满足(　　)。

(A)$p\leqslant[f_a]$　　(B)$p_{max}\leqslant[f_a]$　　(C)$p\leqslant\gamma_a[f_a]$　　(D)$p_{max}\leqslant\gamma_a[f_a]$

13.非岩石地基上仅承受永久作用标准值效应组合的桥台上基底截面核心半径为 2.0 m，则基础合力偏心距 e_0 为(　　)。

(A)$e_0\leqslant0.2$ m　　(B)$e_0\leqslant1.5$ m　　(C)$e_0\leqslant2.0$ m　　(D)$e_0\leqslant2.4$ m

14. 下列对桥涵墩台沉降的规定中正确的是(　　)。(注:L 为相邻墩台最小跨径。)

(A)墩台间的不均匀沉降差值不应使桥面形成大于0.4%的附加纵坡

(B)静定结构桥梁墩台间不均匀沉降差值还应满足结构的受力要求

(C)相邻墩台间不均匀沉降差值应包括施工中的沉降

(D)相邻墩台间不均匀沉降差值不应包括施工中的沉降

15. 地基压缩层的计算深度 z_n 应满足式 $\Delta s'_n \leqslant 0.025\sum_{i=1}^{n}\Delta s'_i$,其中 $\Delta s'_n$ 的意义是(　　)。

(A)在计算深度 z_n 处向上取一个自然土层的压缩量

(B)在计算深度 z_n 处向上取一个计算土层的压缩量

(C)在计算深度 z_n 处向上取计算层为1 m的压缩量

(D)在计算深度 z_n 处向上取厚度为 Δz 土层的压缩量,Δz 可按基础宽度 b 查表确定

16. 对使用阶段各种作用的标准值效应组合,验算挡土墙抗倾覆的稳定性时,其稳定性系数应为(　　)。

(A)1.2　　(B)1.3　　(C)1.4　　(D)1.5

17. 黏性土的含水率为 $w=28$,塑限 $w_p=19$,液限 $w_l=34$,则黏土的状态为(　　)。

(A)硬塑　　(B)可塑　　(C)软塑　　(D)流塑

18. 野外钻探时,砂土的标准贯入实测平均锤击数为 $N_{63.5}=16$,砂土的密实度为(　　)。

(A)密实　　(B)中密　　(C)稍密　　(D)松散

3.8.3 《港口工程地基规范》(JTS 147-1—2010)

1. 某地下水位以下的粗砂土标准贯入锤击数为 $N_{63.5}=14$,其密实度为(　　)。

(A)松散　　(B)稍密　　(C)中密　　(D)密实

2. 某黏性土塑性指数 $I_p=12$,其土名应定为(　　)。

(A)黏土　　(B)粉质黏土　　(C)低液限黏土　　(D)高液限黏土

3. 某黏土的液性指数 $I_L=0.55$,其稠度状态应为(　　)。

(A)硬塑　　(B)可塑　　(C)软塑　　(D)流塑

4. 某黏性土的标准贯入锤击数 $N_{63.5}=8$,则其天然状态应为(　　)。

(A)软　　(B)中等　　(C)硬　　(D)坚硬

5. 某淤泥性土的孔隙比 $e=1.5$,含水率 $w=58\%$,该土的名称为(　　)。

(A)淤泥质土　　(B)淤泥　　(C)流泥　　(D)浮泥

6. 某地基土为淤泥混砂,其承载力不应以下列(　　)方法确定。

(A)以物理性质指标计算确定　　(B)以力学性质指标计算确定

(C)以现场载荷试验结果确定　　(D)以十字板剪切试验结果确定

7. 砂混黏土的黏粒含量 M_c 是(　　)。

(A)$M_c<50\%$　　(B)$M_c>40\%$

(C)$10\%<M_c\leqslant40\%$　　(D)$M_c\leqslant10\%$

8. 某地基中黏土与粉砂成层出现,黏土层单层平均厚度为0.5~0.8 m,粉砂层单层平均厚度为8~10 cm,则该土名应定为(　　)。

(A)黏土粉砂互层　　(B)黏土夹粉砂层

(C)粉砂夹黏土层　　(D)黏土间薄层粉砂

9. 某地基由黏土与粉砂相间组成，黏土单层厚度为 20～30 cm，粉砂单层厚度为 5～7 cm，该土应定名为(　　)。

(A)黏土粉砂互层　　(B)黏土夹粉砂层

(C)黏土间薄层粉砂　　(D)黏土粉砂层

10. 验算港口地基的承载力时，下述说法中不正确的是(　　)。

(A)地基的承载力与基底合力的偏心距和倾斜率有关

(B)验算地基承载力时，有些情况下应计入地基所受波浪力

(C)验算承载力时，所需岩土基本参数统计件数应不少于 8 件

(D)当基础底面为条形以外的其他形状时，可简化为相当的矩形

11. 下列(　　)与地基极限承载力竖向分力标准值无关。

(A)基础的计算面宽度　　(B)基础底面以上土的重度标准值

(C)基础的形状和地基土的摩擦角　　(D)计算面以上边载的标准值

12. 验算土坡和地基稳定时，下列不正确的说法是(　　)。

(A)对土坡稳定起控制作用的土层试验指标宜取 5 件

(B)对开挖区宜采用卸荷条件下进行试验的抗剪强度指标

(C)对有桩的土坡和地基，在稳定计算中不宜计入桩的抗滑作用

(D)当试验指标为有效剪切试验指标时，抗力分项系数宜为 1.3～1.5

13. 验算地基沉降时，下述说法中不正确的是(　　)。

(A)对密实砂土地基可不进行沉降计算

(B)对条形基础，应采用基础短边两端及中点作为计算点

(C)对作用荷载中的永久作用应采用标准值，可变作用应采用准永久值，水位宜用设计低水位

(D)地基沉降应采用分层总和法计算

3.8.4 《铁路桥涵地基和基础设计规范》(TB 10002.5—2005)

1. 铁路桥涵地基和基础的设计使用年限为(　　)。

(A)25 年　　(B)50 年

(C)100 年　　(D)按设计年限确定

2. 下述对墩台明挖基础的基底埋置深度的要求中(　　)不正确。

(A)对冻胀土应在冻结线以下不小于 0.25 m

(B)对弱冻胀土，不应小于冻结深度

(C)在无冲刷处不应小于地面以下 2.0 m

(D)在有冲刷处，对于一般桥梁当冲刷总深度为 10 m 时，基底应在墩台附近最大冲刷线下不小于 2.5 m

3. 下述对涵洞基底埋深的说法中(　　)不正确。

(A)同一涵洞的基底埋深可采用不同值

(B)涵洞中间段的基底埋深不得小于两端洞口处埋深

(C)洞口向内各 2.0 m 范围内涵洞基底埋深在冻胀土上，应在冻结线以下 0.25 m

(D)涵洞中间部分的埋深可根据地区经验确定

4. 某桥梁基础所有外力的合力作用点至截面的重心的距离为 1.2 m，在沿截面重心与合力

作用点的连线上，自截面重心至检算倾覆轴的距离为 3.6 m，该墩台基础的倾覆稳定系数为（　　）。

(A)2.0　　(B)3.0　　(C)4.0　　(D)不确定

5. 某桥梁墩台竖向力合力为 18 876 kN，各水平力合力为 2 980 kN，地基为硬塑黏性土，其抗滑动稳定性系数为（　　）。

(A)1.5　　(B)1.7　　(C)1.9　　(D)2.5

6. 当有临时施工荷载作用时，墩台基础的抗倾覆稳定系数不宜小于（　　）。

(A)1.1　　(B)1.2　　(C)1.3　　(D)1.5

7. 墩台基础的滑动稳定系数不得小于（　　）。

(A)1.1　　(B)1.2　　(C)1.3　　(D)1.5

8. 下述对地基基本承载力的说法中（　　）正确。

(A)基本承载力系指通过载荷试验测得的承载力

(B)基本承载力是用承载力理论公式计算得到的承载力

(C)基本承载力系指基础宽度小于 2.0 m、埋置深度小于 3.0 m 时的地基容许承载力

(D)基本承载力是经过基础底面宽度和基础埋深修正后的承载力

9. 某饱和细砂为中密状态，其基本承载力可取（　　）。

(A)190 kPa　　(B)210 kPa　　(C)250 kPa　　(D)300 kPa

10. 某地基由粉土组成，天然含水率为 18%，天然孔隙比为 0.7，其基本承载力宜选为（　　）。

(A)225　　(B)229　　(C)230　　(D)235

11. 某地基由冲积黏性土组成，液性指数为 0.78，孔隙比为 0.72，地基的基本承载力为（　　）。

(A)186 kPa　　(B)216 kPa　　(C)224 kPa　　(D)234 kPa

12. 某场地由 Q_2 老黏土组成，压缩模量为 20 MPa，其地基的基本承载力为（　　）。

(A)430 kPa　　(B)470 kPa　　(C)510 kPa　　(D)550 kPa

13. 某新黄土地基天然含水率为 15%，孔隙比为 1.0，液限为 28%，其地基的基本承载力为（　　）。

(A)170 kPa　　(B)185 kPa　　(C)200 kPa　　(D)230 kPa

14. 某多年冻土地基由粉土组成，含水率为 20%，孔隙比为 0.7，基础底面的月平均最高土温为−1.0℃，该地基的基本承载力为（　　）。

(A)225 kPa　　(B)300 kPa　　(C)400 kPa　　(D)450 kPa

15. 某小桥涵地基为均质软土，土的重度为 18 kN/m^3，地下水位为 1.0 m，基础埋深为 3.0 m，天然含水率为 38%，其地基的容许承载力为（　　）。

(A)95 kPa　　(B)100 kPa　　(C)110 kPa　　(D)120 kPa

16. 某黏性土地基承载力为 200 kPa，当考虑主力加特殊荷载（非地震力）时，地基容许承载力可提高到（　　）。

(A)200 kPa　　(B)240 kPa　　(C)260 kPa　　(D)280 kPa

17. 某明挖桥墩基础垂直力合力为 16 000 kN，基础底面积为 40 m^2，基底最小应力为 280 kPa，外力对基础底面截面重心的偏心距与基底截面核心半径的比值 e/ρ 为（　　）。

(A)0.3　　(B)0.8　　(C)1.0　　(D)2.0

18. 按本规范相关规定，下述（　　）地基中可采用打入桩基础。

(A)粉土　　(B)风化泥岩

(C)卵石土　　　　　　　　　　(D)软硬互层的风化层

19. 某管柱基础采用振动下沉法施工，振动打桩机的额定最大振动力为 8 000 kN，振动冲击系数为 1.5，安全系数为 2.0，振动时作用于管柱上的计算外力为(　　)。

(A)8 000 kN　　(B)12 000 kN　　(C)16 000 kN　　(D)20 000 kN

20. 钢筋混凝土桩桩顶直接埋入承台板联结时，下述对埋入长度的要求中(　　)不正确。

(A)当桩径小于 0.6 m 时，不得小于 2 倍桩径

(B)当桩径为 0.6～1.2 m 时，不得小于 1.2 m

(C)当桩径为 0.6～1.8 m 时，不得小于 1.8 m

(D)当桩径大于 1.8 m 时，不得小于桩径

21. 采用强夯法加固湿陷性黄土地基后，平均干重度不得小于(　　)kN/m^3。

(A)15　　(B)16　　(C)17　　(D)18

22. 采用换填法处理软土地基时，下述(　　)不正确。

(A)垫层顶面尺寸不得小于基础底面尺寸

(B)应力扩散角一般为 35°

(C)砂垫层厚度一般取 1～3 m

(D)计算变形时砂垫层本身的沉降量可忽略不计

23. 当冻土层较厚，多年地温较低，多年冻土相对稳定时应采用(　　)设计原则。

(A)保持冻结　　　　　　　　(B)自然融化

(C)预先融化　　　　　　　　(D)根据实际情况选定

24. 某含砾粗砂土标准贯入锤击数为 28 击，其密实程度为(　　)。

(A)松散　　(B)稍密　　(C)中密　　(D)密实

25. 某场地中普通黏性土，用镐刨松后再用锹挖掘时需连蹬数次才能挖动，该土的施工工程分级(　　)。

(A)Ⅰ类、松土　　(B)Ⅱ类、普通土　　(C)Ⅲ类、硬土　　(D)Ⅳ类、软岩

3.9　多项选择题

1. 按《建筑地基基础设计规范》(GB 50007—2011)，划分地基基础设计等级时，下列建筑和地基类型应划为甲级的有(　　)。

(A)场地和地基条件复杂的一般建筑物

(B)次要的轻型建筑物

(C)对地基变形有特殊要求的建筑物

(D)对原有工程影响不大的新建建筑物

2. 按《建筑地基基础设计规范》(GB 50007—2011)，下列可不做地基变形计算的丙级建筑物有(　　)。

(A)层数为 6 层，地基承载力特征值 120 kPa 的框架结构建筑

(B)层数为 6 层，地基承载力特征值 180 kPa 的砌体承重结构建筑

(C)跨度 19 m，地基承载力特征值 90 kPa 的单跨单层排架结构(6 m 柱距)的厂房

(D)吊车额定起重量 22 t，地基承载力特征值 220 kPa 的多跨单层排架结构(6 m 柱距)建筑

3. 按《建筑地基基础设计规范》(GB 50007—2011)，对可不做变形验算的丙级建筑物，如遇下列何种情况(　　)仍应做变形验算。

(A)地基承载力特征值小于 130 kPa，且体型复杂的建筑

(B)软弱地基上的建筑物存在偏心荷载时

(C)相邻建筑距离过远，基底附加应力不可能重叠时

(D)地基内有厚度较大或厚薄不均的填土，其自重固结未完成时

4.按《建筑地基基础设计规范》(GB 50007—2011)，地基基础设计前应进行岩土工程勘察，设计等级为乙级的建筑物应提供的资料有(　　)。

(A)载荷试验指标　(B)抗剪强度指标　(C)变形参数指标　(D)触探资料

5.按《建筑地基基础设计规范》(GB 50007—2011)，地基土工程特征指标的代表值应为(　　)。

(A)标准值　(B)平均值　(C)特征值　(D)加权平均值

6.按《建筑地基基础设计规范》(GB 50007—2011)，土的抗剪强度指标，可采用(　　)方法测定。

(A)深层平板载荷试验　(B)原状土室内剪切试验

(C)无侧限抗压强度试验　(D)旁压试验

7.按《建筑地基基础设计规范》(GB 50007—2011)，基础埋置深度应按下列(　　)条件确定。

(A)建筑物的用途，有无地下室，设备基础和地下设施，基础的形式和构造

(B)作用在地基上的荷载大小和性质

(C)工程地质和水文地质条件

(D)相邻建筑物的上部结构形式

8.在冻胀、强冻胀、特强冻胀地基上，采用下列何种防冻害措施是正确的(　　)。

(A)对在地下水位以下的基础，可采用桩基础和自锚式基础

(B)对于低洼场地，宜在建筑四周向外一倍冻深范围内，使室外地坪至少高出自然地面 500 mm

(C)防止雨水、地表水，应设置排水设施

(D)当梁或桩基承台下有冻土时，应留有相当于该土层冻胀量的空隙

9.按《建筑地基基础设计规范》(GB 50007—2011)，确定地基承载力特征值的方法有(　　)。

(A)载荷试验　(B)原位测试

(C)公式计算　(D)建设单位的要求

10.按《建筑地基基础设计规范》(GB 50007—2011)，在对地基承载力特征值进行修正时，下列说法正确的有(　　)。

(A)基宽小于 3 m 按 3 m 取值，大于 6 m 按 6 m 取值

(B)填土在上部结构施工后完成时，基础埋置深度应从填土地面标高算起

(C)由深层平板载荷试验确定的地基承载力特征值，不需进行深度修正

(D)对于地下室，如采用箱形基础时，基础埋置深度自室内标高算起

11.按《建筑地基基础设计规范》(GB 50007—2011)，在计算地基变形时，下列规定正确的是(　　)。

(A)对于砌体承重结构，地基变形应由沉降量控制

(B)对于框架结构，地基变形应由相邻柱基的沉降差控制

(C)对于高耸结构，地基变形应由倾斜值控制

(D)对于多层建筑物在施工期间完成的沉降量，一般认为砂土已完成 90%以上

12. 按《建筑地基基础设计规范》(GB 50007—2011),在确定地基变形计算深度时,下列说法正确的是(　　)。

(A)当无相邻荷载影响、基宽在 1～30 m 内时,基础中点的变形计算深度为 $z_n=b(2.5-0.4\ln b)$

(B)当计算深度范围内存在基岩时,z_n 可取至基岩表面

(C)当存在孔隙比小于 0.5,压缩模量大于 50 MPa 的较厚坚硬黏性土层时,z_n 可取至该土层表面

(D)当存在压缩模量小于 80 MPa 的较厚的密实砂卵石层时,z_n 可取至该土层表面

13. 按《建筑地基基础设计规范》(GB 50007—2011),在选择压实填土填料时,下列规定正确的是(　　)。

(A)级配良好的砂土或碎石土

(B)性能不稳定的工业废料

(C)以粉质黏土、粉土作填料时,其含水率宜为最优含水率

(D)可以使用淤泥和耕土作为填料

14. 按《建筑地基基础设计规范》(GB 50007—2011),对无筋扩展基础进行设计时,下列说法正确的是(　　)。

(A)无筋扩展基础不适用于多层民用建筑

(B)柱纵向钢筋弯折后的水平锚固长度应大于 $20d$

(C)当基础由不同材料叠合组成时,应对接触部分做抗压验算

(D)基础底面处的平均压力值超过 300 kPa 的混凝土基础,应进行抗剪验算

15. 按《建筑地基基础设计规范》(GB 50007—2011),下列各项符合扩展基础构造要求的是(　　)。

(A)阶梯形基础的每阶高度不宜超过 300 mm

(B)底板受力钢筋的最小直径不宜小于 10 mm,间距不宜大于 200 mm;也不宜小于 100 mm

(C)墙下钢筋混凝土条形基础纵向分布钢筋的直径不小于 8 mm,间距不大于 300 mm

(D)当有垫层时钢筋保护层的厚度不小于 70 mm,无垫层时不小于 40 mm

16. 按《公路桥涵地基与基础设计规范》(JTG D63—2007),桥涵地基的承载力容许值应根据(　　)确定。

(A)软土可参照地区经验　　(B)原位测试

(C)荷载试验　　(D)承载力的基本容许值应进行深宽修正

17. 按《公路桥涵地基与基础设计规范》(JTG D63—2007),在确定软土地基的容许承载力时,下列说法正确的是(　　)。

(A)当基础受水冲刷时,埋置深度由一般冲刷线算起

(B)当有偏心荷载作用时,B 与 L 分别由 B' 与 L' 代替,$B'=B-2e_B$,$L'=L-2e_L$

(C)对于大中桥基础,可由公式 $[\sigma]=[\sigma_0]+\gamma_2(h-3)$ 计算容许承载力

(D)软土地基容许承载力不再按基础深、宽进行修正

18. 按《公路桥涵地基与基础设计规范》(JTG D63—2007),在对地基承载力基本容许值进行深宽修正时,下列说法正确的是(　　)。

(A)位于挖方内的基础,基础埋置深度由开挖后的地面算起

(B)如果持力层为透水者,基底以上在水中的土的重度采用浮重度,即土的饱和重度减水的重度

(C)如果持力层为不透水者，基底以下持力层的重度采用土的饱和重度

(D)冻土不再进行深宽修正

19. 按《公路桥涵地基与基础设计规范》(JTG D63—2007)，在确定桥涵墩台明挖基础的埋置深度时，下列说法正确的是(　　)。

(A)当墩台基底设置在不冻胀土层中，基底埋深可不受冻深的限制

(B)当上部为外超静定结构的桥涵基础，其地基为冻胀性土时，均应将基底埋入冻结线以下

(C)小桥涵基础，如有冲刷，基底埋深应在局部冲刷线以下不少于1 m

(D)涵洞的基础底面，如河床上有铺砌层时，宜设置在铺砌层顶面以下1 m

20. 按《公路桥涵地基与基础设计规范》(JTG D63—2007)，当新近堆积黄土为湿陷性黄土地基时，经人工处理后，其容许承载力可按下列系数提高，其中正确的是(　　)。

(A)人工夯实可提高1.5　　(B)换土夯实可提高1.3

(C)重锤夯实可提高2.0　　(D)打石灰砂桩可提高3.0

21. 在土体中一般均为自重应力状态，(　　)符合自重应力状态。

(A)铅直向主应力最大，水平向主应力最小

(B)中间主应力为水平向主应力

(C)三个主应力均与深度成正比

(D)水平向主应力与垂直向主应力之比称为泊松比

22. 对于基底压力的分布，下述说法中(　　)正确。

(A)柔性基础底面的接触压力是均匀分布的

(B)柔性基础底面的接触压力与其上部荷载分布情况相同

(C)当刚性基础边缘的上覆土层较厚时，基础底面压力很可能是钟形分布，即中间较大，两边较小

(D)当刚性基础底面为硬黏性土时反力多呈马鞍形分布

23. 对于基础底面以下接触压力的分布规律，下述说法中(　　)正确。

(A)基础底面压力的分布规律与基础的刚度无关

(B)基础底面压力的分布规律与荷载的大小和性质有关

(C)刚性基础底面压力的分布规律与基础下土层的性质有关

(D)刚性基础底面压力的分布规律与基础埋深无关

24. 对于刚性基础基底压力的分布，下述说法中(　　)正确。

(A)当基底压力较小时边缘压力较大，中间压力较小

(B)当荷载继续增加时，基底压力呈抛物线形分布，中间压力大，两侧压力小

(C)当外荷载较大，接近于地基破坏荷载时基底压力呈马鞍形分布

(D)工程中刚性基础基底压力多呈马鞍形分布，可简化为均匀分布计算

25. 在工程中计算基底压力时，下述(　　)正确。

(A)箱形基础刚度较大，基底压力可按矩形分布考虑

(B)中心荷载作用时，基底压力的分布为矩形

(C)一般情况下，偏心荷载作用且有力矩时基底压力的分布可能为三角形或梯形

(D)三角形分布的基底压力的最大值等于垂直荷载与基础底面积比值的2倍

26. 地基附加应力计算时，下述(　　)正确。

(A)在基础底面以下一定深度所引起的地基附加应力与基底荷载分布的形态无关，而只与其合力的大小和作用点位置有关

(B)附加应力的计算可采用布辛奈斯克(Boussinesq)弹性力学解

(C)工程中地基附加应力的计算可采用角点叠加法

(D)当条形基础受三角形分布荷载作用时，基础底面范围内的地基附加应力一定大于底面范围以外的地基附加应力

27. 计算地基附加应力时与下述(　　)有关。

(A)地基土的重度及抗剪强度参数　　(B)荷载的分布规律及其大小

(C)分布荷载的面积及其几何形状　　(D)附加应力计算点的位置

28. 下述(　　)符合均布矩形荷载下地基附加应力的分布规律。

(A)中心点下的垂直附加应力自基底起算随深度呈曲线衰减

(B)垂直附加应力具有一定的扩散性，它不仅分布于基底范围内，而且分布在基底荷载面积以外相当大的范围之下

(C)基底下某一深度水平面上的垂直附加应力在基底中轴线上最大，距中轴线越远应力越小

(D)地基中附加应力场中的主应力是垂直或水平的

29. 对非均质土层中的地基附加应力，下述说法中(　　)正确。

(A)当地基中变形模量随深度增加而增大时，中心点下地基垂直附加应力将产生应力集中

(B)当水平向变形模量大于竖向变形时地基中的垂直附加应力将出现应力扩散现象

(C)当水平向变形模量小于竖向变形模量时地基中的垂直附加应力将出现应力集中现象

(D)地基的垂直附加应力分布与水平方向的变形模量无关

30. 对于上软下硬的双层地基，下述说法中正确的是(　　)。

(A)上层软土层中的附加应力值比均质土时有所增大，即存在应力集中现象

(B)应力集中的程度与荷载面的宽度、压缩土层的厚度及界面上的摩擦力有关

(C)当压缩土层厚度为荷载面宽度的一半时，荷载面中轴线上各点的垂直附加应力随深度的增加是减小的

(D)上软下硬土层中地基附加应力产生应力集中现象是指地基中的附加应力大于基底压力的现象

31. 对于上硬下软的双层地基，下述说法中，(　　)正确。

(A) 这时地基中的垂直附加应力值小于均质地基中的垂直附加应力

(B)应力扩散现象与上、下土层的变形模量及泊松比有关

(C)应力扩散现象与基础宽度及上层硬土的厚度有关

(D)双层地基中应力扩散现象是指地基中垂直附加应力值小于基底附加压力的现象

32. 关于土层中的有效应力原理，下述(　　)正确。

(A)土体中的总应力与土体自重、土体中静水压力及外荷载有关

(B)总应力等于有效应力与孔隙水压力的和

(C)有效应力在数值上总是小于总压力

(D)孔隙水压力可能大于0、可能小于0、也可能等于0

33. 下述(　　)不符合有效应力原理。

(A)非饱和砂土中的孔隙水压力为零，因此土颗粒骨架上的有效应力与土体的总应力相等

(B)处于毛细带土体中的有效应力一般大于总应力

(C)渗流作用下土体中的垂直有效应力增加

(D)渗流作用下土体中的总应力一般不受影响

34. 土体在外力作用下发生变形时主要是由于(　　)原因。

(A)固体土颗粒被压缩

(B)土体中水及密闭气体被压缩

(C)水和气体从孔隙中被挤出

(D)土颗粒发生移动、重新排列、靠拢挤密

35. 室内常规压缩试验与工程中地基土的压缩变形不可能相同的是(　　)。

(A)受压力作用初期的侧向膨胀变形

(B)主固结变形

(C)次固结变形

(D)土颗粒之间的重新排列和靠拢

36. 土体的压缩性指标包括(　　)。

(A)压缩系数　　(B)压缩模量　　(C)压缩指数　　(D)回弹指数

37. 对于载荷试验，下述说法中正确的是(　　)。

(A)载荷试验准确可靠，应在所有工程中加以推广采用

(B)载荷曲线初始直线段的特征表明土体变形基本符合线弹性变化规律

(C)载荷试验中如某级荷载下土体持续变形而不能达到稳定标准则表明土体已破坏

(D)载荷曲线的尾部直线段表明土体呈现弹性变形特征；而载荷曲线中间的向下凹的曲线段则表明土体中出现了塑性变形

38. 对于旁压试验，下述说法中(　　)不正确。

(A)旁压试验是一种受力基本符合平面应力状态的原位测试方法

(B)在临塑压力之前，土体的变形基本为弹性变形

(C)试验时钻孔越小，对土的扰动越轻，试验结果越可靠

(D)旁压试验可测得较深层位土体的参数

39. 采用分层总和法计算地基最终沉降量时，下述假设中(　　)是正确的。

(A)计算土中应力时，假设地基土是均质的各向同性的半无限体

(B)地基土在压缩变形时可产生侧向膨胀

(C)计算指标采用侧限条件下的震颤缩性指标

(D)采用基础中心点下的附加应力计算地基的变形量

40. 计算地基沉降时下述说法中(　　)是正确的。

(A)采用分层总和法时某个单层土的压缩模量取值应考虑不同压力段的变化

(B)采用《建筑地基基础设计规范》(GB 50007—2011)沉降计算方法时，可假设各土层的压缩模量为常数

(C)固结土层沉降量相对较大,超固结土层沉降量相对较小

(D)计算超固结土层的沉降量时,应力变化范围的起点值应采用前期固结压力

41.按太沙基饱和土层一维固结理论,下述(　　)是正确的。

(A)饱和土层的一维固结模型可选用弹簧—活塞模型

(B)单面排水与双面排水均可采用一维固结理论的解来计算

(C)固结时间和其他条件均相同时,同一土层双面排水的固结度是单面排水固结度的2倍

(D)渗透系数与固结度无关

42.饱和土的渗透固结可采用弹簧-活塞模型来说明,下列叙述中(　　)是正确的。

(A)活塞顶面骤然受力的瞬间,孔隙水压力与总压力相等,有效应力为零

(B)随着荷载作用时间的延续,水从排水孔中排出,孔隙水压力不断减小,有效应力相应地增长

(C)孔隙水压力最终将散至0

(D)有效应力越大,水排出的速度就越快

43.地基最终沉降量中一般包括(　　)。

(A)瞬时沉降　　(B)主固结沉降　　(C)次固结沉降　　(D)震陷量

44.下述关于孔隙水压力系数的说法中(　　)正确。

(A)孔隙水压力系数 A 与偏应力增量 $\Delta\sigma_1-\Delta\sigma_3$ 有关,而孔隙水压力系数 B 只与围压增量 $\Delta\sigma_3$ 有关

(B)饱和土的 B 值为1而干燥土的 B 值为0,其他土的 B 值介于0～1

(C)饱和土体三轴试验时的孔隙水压力值一般介于 $\Delta\sigma_3$ 与 $\Delta\sigma_1$ 之间

(D)对砂土的孔隙压力系数 A、B 的研究具有更重要的意义

45.对于黏性土通常需进行以下(　　)方式测定其抗剪强度指标。

(A)固结排水剪　　(B)不固结排水剪

(C)固结不排水剪　　(D)不固结不排水剪

46.测定饱和黏性土的固结不排水抗剪强度时,下述(　　)说法是正确的。

(A)对正常固结土,孔隙水压力系数 A 始终为正值,土体有"剪缩"的趋势

(B)对超固结土,孔隙水压力系数 A 始终为负值,土体有"剪胀"的趋势

(C)孔隙水压力系数 B 始终是在0～1间变化

(D)试验过程中试样体积始终保持不变

47.对于无黏性土的抗剪强度试验,下述说法中(　　)是正确的。

(A)松砂剪切时强度随变形增加而增加,最终趋于一个极限值,而密实砂土在剪切时强度增加到一个极限值后却随剪切变形增加而降低,最后趋于一个稳定值

(B)密砂剪切时体积减小,当剪切变形达到某一个值后,体积又开始增加

(C)饱和土体剪切试验中如不排水,试样体积保持不变

(D)对于松砂土峰值抗剪强度远大于残余强度

48.地基的破坏形式可能是(　　)。

(A)压密破坏(非剪切破坏)　　(B)整体剪切破坏

(C)局部剪切破坏　　(D)冲剪破坏

49. 地基承载力的理论公式一般不适合(　　)。

(A)硬黏性土地基呈整体破坏　　(B)可塑黏性土地基呈局部剪切破坏

(C)软黏性土地基呈冲剪破坏　　(D)密实砂土地基呈整体破坏

50. 推导地基承载力理论公式时(　　)是正确的。

(A)采用正方形基础均布受荷条件推导　　(B)假定受力条为平面应变状态

(C)采用弹性理论公式推导　　(D)按土体极限平衡条件导出

51. 太沙基地基极限承载力理论公式与(　　)有关。

(A)基底水平面以上基础两侧的超载　　(B)基础底面的倾斜程度

(C)基础底面的宽度　　(D)地基土的摩擦角、内聚力及重度

52. 下述(　　)可作为地基的临界荷载。

(A)P_{cr}　　(B)$P_{\frac{1}{4}}$　　(C)$P_{\frac{1}{3}}$　　(D)P_{u}

53. 减少建筑物不均匀沉降的建筑措施包括(　　)。

(A)建筑物体型力求简单　　(B)适当设置沉降缝

(C)合理确定相邻建筑物的间距　　(D)设置圈梁

54. 减少建筑物的不均匀沉降的措施较多,下述方案中(　　)增强了承重结构的刚度和强度。

(A)减少建筑物长高比　　(B)设置圈梁

(C)增大基础的刚度和强度　　(D)减轻或调整建筑物的荷载

55. 下述(　　)为减轻建筑物不均匀沉降的施工措施。

(A)开挖基坑时注意保持基坑底土体的原状结构

(B)建筑物各部分存在荷载差异时先建重高部分,后建轻低部分

(C)合理布置纵横墙

(D)对软土地基上的建筑物应放慢施工速度或分期施工

56. 下述(　　)为无筋扩展基础。

(A)灰土基础　　(B)毛石混凝土基础　　(C)砖基础　　(D)杯口基础

57. 下述(　　)为浅基础类型。

(A)柱下十字交叉基础　　(B)筏板基础

(C)箱形基础　　(D)墩基础

3.10 答　案

3.10.1 案例模拟题答案

1. (A)

解:$\sigma_{cz}=\sum_{i=1}^{n}\gamma_i Z_i=17.5\times1.1+18.8\times1.5+(20-10)\times0.5+(17.0-10)\times2.0=66.5(\text{kPa})$

2. ①(B)　②(C)

解:①地下水位下0.5 m处σ_{cz1}

$\sigma_{cz1}=18\times1.0+(20-10)\times0.5=23(\text{kPa})$

②泥岩层顶面内σ_{cz2}

$\sigma_{cz2}=18\times1+(20-10)\times1+10\times1=38(\text{kPa})$

3.(B)

解：$p_k=\dfrac{F_k+G_k}{A}=\dfrac{400+20\times1.5\times3\times2}{3\times2}=96.7(\text{kPa})$

4.(C)

解：$\dfrac{b}{6}=\dfrac{4}{6}=\dfrac{2}{3}>0.3$，所以

$$p_{\substack{kmax\\kmin}}=\frac{F_k+G_k}{A}\pm\frac{M_k}{W}$$

$$p_{\substack{kmax\\kmin}}=\frac{N_k}{A}\left(1\pm\frac{6e_0}{l}\right)=\frac{700}{4\times2}\times\left(1\pm\frac{6\times0.3}{4}\right)=\begin{matrix}126.88(\text{kPa})\\48.13(\text{kPa})\end{matrix}$$

5.(D)

解：$p_{\text{kmin}}^{\text{kmax}}=\dfrac{F_k+G_k}{A}\pm\dfrac{M_k}{W}=\dfrac{500+20\times3\times4\times2}{3\times4}\pm\dfrac{150}{3\times4\times\dfrac{4}{6}}=\begin{matrix}100.42(\text{kPa})\\62.92(\text{kPa})\end{matrix}$

6.(C)

解：$e_0=\dfrac{M_k}{N_k}=\dfrac{300}{260+3\times2\times2\times20}=0.6(\text{m})$

$\dfrac{b}{6}=\dfrac{3}{6}=0.5<e_0$

$a=\dfrac{b}{2}-e_0=\dfrac{3}{2}-0.6=0.9(\text{m})$

$p_{kmax}=\dfrac{2(F_k+G_k)}{3al}=\dfrac{2\times(260+3\times2\times2\times20)}{3\times0.9\times2}=185.19(\text{kPa})$

7.(B)

解：$e_0=\dfrac{M_k}{F_k+G_k}=\dfrac{M_k}{N_k}=\dfrac{500\times1.41}{500+20\times4\times2\times2}=0.86(\text{m})$

$\dfrac{b}{6}=\dfrac{4}{6}=0.67<e_0$

$a=\dfrac{b}{2}-e_0=\dfrac{4}{2}-0.86=1.14$

$p_{kmax}=\dfrac{2(F_k+G_k)}{3al}=\dfrac{2\times(500+20\times4\times2\times2)}{3\times1.14\times2}=239.77(\text{kPa})$

8.(C)

解：$p_0=p_k-\gamma D=\dfrac{300+20\times4\times2\times2}{4\times2}-(16\times0.8+18\times1.2)=43.1(\text{kPa})$

9.(C)

解：$e_0=\dfrac{M_k}{N_k}=\dfrac{M_k}{F_k+G_k}=\dfrac{550\times1.42}{550+20\times4\times3\times2}=0.76(\text{m})$

$\dfrac{b}{6}=\dfrac{4}{6}=0.67<e_0=0.76\text{ m}$

$a=\dfrac{b}{2}-e_0=\dfrac{4}{2}-0.76=1.24$

$p_{kmax}=\dfrac{2(F_k+G_k)}{3al}=\dfrac{2\times(550+20\times4\times3\times2)}{3\times1.24\times3}=184.59(\text{kPa})$

$p_c=\gamma D=18\times1+19\times1=37(\text{kPa})$

$p_{0\max}=p_{k\max}-p_c=184.59-37=147.59(\text{kPa})$

10.(A)

解:基础埋深为 2.0 m 时

$p_k=\dfrac{F_k+G_k}{A}=\dfrac{300+20\times4\times2\times2}{4\times2}=77.5(\text{kPa})$

$p_c=\gamma D=16\times2.0=32(\text{kPa})$

$p_0=p-p_c=77.5-32=45.5(\text{kPa})$

基础埋深为 4.0 m 时

$p_k=\dfrac{F_k+G_k}{A}=\dfrac{300+20\times4\times2\times4}{4\times2}=117.5(\text{kPa})$

$p_c=rD=16\times4=64.0(\text{kPa})$

$p_0=p_k-p_c=117.5-64=53.5(\text{kPa})$

11.(C)

解:$p_0=p_k-p_c=\dfrac{F_k+G_k}{A}-\gamma D=\dfrac{800+20\times4\times2\times2}{4\times2}-17.5\times2=105(\text{kPa})$

$b=\dfrac{2}{2}=1.0(\text{m}),l=\dfrac{4}{2}=2.0(\text{m})$

$\dfrac{l}{b}=\dfrac{2}{1}=2.0;\dfrac{z}{b}=\dfrac{2.0}{1.0}=2.0$

$\alpha=0.120$

$\sigma_z=4\alpha p=4\times0.120\times105=50.4(\text{kPa})$

12.(C)

解:$p_0=p_k-p_c=\dfrac{F_k+G_k}{A}-\gamma D=\dfrac{2\,250+20\times5\times3\times1.5}{5\times3}-18\times1.5=153(\text{kPa})$

小矩形	长 l	宽 b	$\frac{l}{b}$	$\frac{z}{b}$	附加应力系数
ahke	6	1	6	3	0.097
ekgb	6	2	3	1.5	0.164
dhkf	1	1	1	3	0.045
fkgc	2	1	2	3	0.073

$\sigma_z=(\alpha_{ahke}+\alpha_{ekgb}-\alpha_{dhkf}-\alpha_{fkgc})p_0=(0.097+0.164-0.045-0.073)\times153$
$=21.88(\text{kPa})$

13.(A)

解:$p_0=p_k-p_c=\dfrac{F_k+G_k}{A}-\gamma D=\dfrac{250\times1+20\times1.6\times1\times1.5}{1.6\times1}-17.6\times1.5$
$=159.85(\text{kPa})$

$b=\dfrac{B}{2}=\dfrac{1.6}{2}=0.8$

$\dfrac{z}{b}=\dfrac{4}{0.8}=5,\alpha=0.062$

$\sigma_z = 4\alpha p_0 = 4\times 0.062\times 159.85 = 39.64$(kPa)

14.(B)

解:$\frac{z}{b}=\frac{4.5}{2}=2.25$ 查规范 GB 50007—2011 得 $\left(\frac{l}{b}\right)=10$

$\alpha_1^{2.0}=0.0636, \alpha^{2.5}=0.0548$

$\alpha_1^{2.25}=0.0592$ $\sigma_z=2\alpha_1 p_0=2\times 0.0592\times 150=17.76$(kPa)

15.(C)

解:$b=\frac{4}{2}=2.0, \frac{z}{b}=\frac{6}{2}=3.0$ $\alpha_1=0.0476; \alpha_2=0.0511; \alpha_{矩}=0.099$

$\sigma_z=2(\alpha_1+\alpha_2+\alpha_{矩})\frac{p_0}{2}=2\times 0.0476+0.0511+0.099\times\frac{180}{2}=35.59$(kPa)

16.(B)

解:查规范 GB 50007—2011 得

$M_b=0.51; M_d=3.06; M_c=5.66$

$f_a=M_b\gamma b+M_d\gamma_m d+M_c C_k=0.51\times 18\times 2.0+3.06\times 18\times 1.5+5.66\times 10$
$=156.58$(kPa)

17.(A)

解:$\gamma_m=\frac{16\times 0.5+6.8\times 1.15}{1.65}=9.59(\text{kN/m}^3)$

$f_a=f_{ak}+\eta_b\gamma(b-3)+\eta_d\gamma_m(d-0.5)$
$=120+0\times 6.8\times(3.6-3)+1.0\times 9.59\times(1.65-0.5)=131.02$(kPa)

18.(D)

解:$K_p=\left(1+0.2\frac{B}{L}\right)\left(1-\frac{0.4H}{BLC_u}\right)=\left(1+0.2\times\frac{1}{10}\right)\times 1=1.02$

$f_{a0}=\frac{5.14}{m}K_p C_u+\gamma_2 h=\frac{5.14}{2.2}\times 1.02\times 50+\frac{0.5\times 16+1.5\times 8.6}{0.5+1.5}\times 2=140$(kPa)

19.(A)

解:查 JTG D63—2007 表 3.3.3-7 得 $f_{a0}=110$ kPa

20.(C)

解:查 JTG D63—2007 表 3.3.3-6,已超出范围,因此

$f_{a0}=57.22E_S^{0.57}=57.22\times 2.2^{0.57}=89.69$(kPa)

21.(D)

解:根据规范 JTG D63—2007 表 3.3.3-3 得,$f_{a0}=270$ kPa

22.(C)

解:$I_L=\frac{w-w_p}{w_L-w_p}=\frac{20-11}{30-11}=0.47$

用插值法查规范,得$[f_{a0}]=346$ kPa

查规范,得 $I_L<0.5, k_1=0, k_2=2.5$

持力层为不透水层,采用饱和重度

$[f_a]=[f_{a0}]+k_1\gamma_1(b-2)+k_2\gamma_2(h-3)=346+0+2.5\times 20\times(4-3)=396$(kPa)

23.(B)

解:设基础宽度 $b<3$ m

$e=0.8, I_L=0.72$，则：$\eta_b=0.3, \eta_d=1.6$

则 $f_a=f_{ak}+\eta_b\gamma(b-3)+\eta_d\gamma_m(d-0.5)$

$$=150+0+1.6\times\frac{16\times0.6+7.2\times1.1}{1.7}\times(1.7-0.5)=169.80\ (\text{kPa})$$

$$f_a\geqslant\frac{F_k+G_k}{A}\Rightarrow A\geqslant\frac{F}{f_a-\gamma_d d}$$

$$A\geqslant\frac{220}{169.8-20\times\left(0.6+\frac{0.5}{2}\right)-10\times1.1}=1.55(\text{m}^2)\approx1.60(\text{m}^2)$$

设基础尺寸为 1 m×1.6 m，符合要求。

24.（B）

解：设基础宽度小于 3.0 m　粉土 $\eta_b=0.3, \eta_d=1.5$

$f_a=130+0+1.5\times17.5\times(1.5-0.5)=156.25(\text{kPa})$

$$A\geqslant\frac{F}{f_a-\gamma_G d}=\frac{2\,500}{156.25-20\times1.5}=19.8(\text{m}^2)$$

取基础尺寸为 4 m×5 m，则 $b=4$ m

$f_a=f_{ak}+\eta_b\gamma(b-3)+\eta_d\gamma_m(d-0.5)$

$=130+0.3\times17.5\times(4-3)+1.5\times17.5\times(1.5-0.5)=161.5(\text{kPa})$

$$A\geqslant\frac{F}{f_a-\gamma_G d}=\frac{2\,500}{161.5-20\times1.5}=19(\text{m}^2)$$

4×5＝20＞19，满足要求。

验算：$P_k=\frac{2\,500}{20}+20\times1.5=155(\text{kPa})<f_a=161.5\ \text{kPa}$

承载力满足要求。

25.（C）

解：设基础宽度 $b<3$ m

$$f_a=f_{ak}+\eta_d\gamma_m(d-0.5)=120+1.6\times\frac{0.5\times16+1.15\times6.8}{1.65}\times(1.65-0.5)$$

$=124.5(\text{kPa})$

$$b\geqslant\frac{F_k}{f_a-\gamma_G d}=\frac{400}{124.5-20\times\left(0.50+\frac{0.45}{2}\right)-10\times1.15}\approx4(\text{m})$$

$b>3$ m，与假设不符。

设 $b=4.0$ m，则有

$f_a=f_{ak}+\eta_b\gamma(b-3)+\eta_d\gamma_m(d-0.5)$

$=124.5+0.3\times6.8\times(4.0-3)=126.54(\text{kPa})$

$$b\geqslant\frac{F}{f_a-\gamma_G d}=\frac{400}{125-20\times\left(0.50+\frac{0.45}{2}\right)-10\times1.15}\approx4.0(\text{m})$$

验算：$p_k=\frac{400}{4.0}+20\times\left(0.5+\frac{0.45}{2}\right)+10\times1.15=126(\text{kPa})<f_a$

满足要求。

26.（B）

解：设基础宽度 $b<3$ m，则：$\eta_b=0.3, \eta_d=1.5$

$f_a = f_{ak} + \eta_b \gamma (b-3) + \eta_d \gamma_m (d-0.5) = 190 + 0 + 1.5 \times 18 \times (1.5-0.5) = 217 (kPa)$

$A = \dfrac{F}{f_a - \gamma_G d} = \dfrac{250}{217 - 20 \times 1.5} = 1.34 (m^2) \approx 1.4\ m^2$

验算 $p_k = \dfrac{F_k + G_k}{A} = \dfrac{250 + 20 \times 1.5 \times 1.4 \times 1}{1.4} = 208.57\ (kPa) < f_a$

$p_{kmin}^{kmax} = \dfrac{F_k + G_k}{A} \pm \dfrac{M_k}{W} = 208.57 \pm \dfrac{12.0}{1.4 \times 1.4 \times \dfrac{1}{6}} = \begin{matrix} 245.30 (kPa) \\ 171.84 (kPa) \end{matrix}$

$1.2 f_a = 1.2 \times 217 = 260 (kPa) > 245.30\ kPa$

应选选项(B)。

27.(B)

解:设 $b < 3\ m, \eta_b = 0.30, \eta_d = 1.6$

$f_a = f_{ak} + \eta_b \gamma (b-3) + \eta_d \gamma_m (d-0.5) = 190 + 0 + 1.6 \times 17.5 \times (1.5-0.5)$
$= 218\ (kPa)$

$b \geqslant \dfrac{F}{f_a - \gamma_G d} = \dfrac{610}{218 - 20 \times 1.5} = 3.24 (m)$

$b > 3.0\ m$ 取 $b = 3.3\ m$

则 $f_a = 218 + \eta_b \gamma (b-3) = 218 + 0.3 \times 17.5 \times (3.3-3) = 219.58 (kPa)$

$b \geqslant \dfrac{F}{f_a - \gamma_G d} = \dfrac{610}{219.58 - 20 \times 1.5} = 3.22 (m)$

验算:$p_k = \dfrac{F_k + G_k}{A} = \dfrac{610 + 20 \times 1 \times 1.5 \times 3.3}{3.3 \times 1} = 214.85 (kPa) < f_a = 219.58\ kPa$

$p_{kmax} = p_k + \dfrac{M_k}{W} = 214.85 + \dfrac{45}{1 \times 3.3 \times \dfrac{3.3}{6}} = 239.64 (kPa)$

$1.2 f_a = 1.2 \times 219.58 = 263.49 (kPa) > P_{kmax} = 239.64\ kPa$

$b = 3.3\ m$ 符合要求,选项(B)最接近。

28.(D)

解:①地基的基本承载力为

$\sigma_0 = 80\ kPa$(查规范 TB 10002.5—2005 表 4.1.4)

②地基的容许承载力为

$[\sigma] = \sigma_0 + \gamma_2 (h-3) = 80 \times 1.25 + 20 \times (4-3) = 120 (kPa)$

选项(D)正确。

29.(A)

解:①地基的基本承载为 $\sigma_0 = 210\ kPa$ (查规范 TB 10002.5—2005 表 4.1.2-3)

②地基的容许承载力:

查规范 TB 10002.5—2005 表 4.1.3 得:$k_1 = 1.5; k_2 = 3$

$[\sigma] = \sigma_0 + k_1 \gamma_1 (b-2) + k_2 \gamma_2 (h-3)$
$= 210 + 1.5 \times 10 \times (3-2) + 3 \times 10 \times [(4-0.5)-3]$
$= 240 (kPa)$

选项(A)正确。

30.(A)

解:$e = 0.7, I_L = 0.4$,查规范 JTG D63—2007 得:$[f_{a0}] = 310\ kPa$

一般黏性土，$I_L<0.5$ 查规范 JTG D63—2007 得：$k_1=0, k_2=2.5$

$[f_a]=[f_{a0}]+k_1\gamma_1(b-2)+k_2\gamma_2(h-3)+2\times10$

$=310+0+2.5\times20\times(6-3)+20=480(\text{kPa})$

$\frac{F+G}{A}\leqslant[f_a]\Rightarrow A\geqslant\frac{F}{[f_a]-\gamma_G h}=\frac{2\,859}{480-(20\times6+10\times2)}=8.38(\text{m}^2)$

设基础尺寸为 2 m×4.5 m，验算

$\sigma_{max}=\frac{N}{A}=\frac{2\,850+2\times4.5\times(2\times10+6\times20)}{2\times4.5}=466.70(\text{kPa})<[\sigma]=480\text{ kPa}$

满足要求。

31.(C)

解：$k_1=0, k_2=2.5$

$[f_a]=[f_{a0}]+k_1\gamma_1(b-2)+k_2\gamma_2(h-3)=300+0+2.5\times20\times(7-3)=500(\text{kPa})$

设基础与力矩垂直方向的宽度 l 为 2.5 m

$A\geqslant\frac{N}{[f_a]}=\frac{2\,810}{500}=5.62(\text{m}^2)$

$b=\frac{5.62}{2.5}=2.248(\text{m})$，考虑偏心，提高 20%

$b=2.248\times1.2=2.7(\text{m})$，取 $b=3\text{ m}$

验算 $\frac{N}{A}+\frac{\sum M}{W}=\frac{2\,810}{2.5\times3}+\frac{400}{2.5\times\frac{3^2}{6}}=481.3(\text{kPa})<1.25[f_a]=600\text{ kPa}$

满足要求。

32.(D)

解：$p_c=18\times2.0=36(\text{kPa})$

$p_k=\frac{F+G}{A}=\frac{680+4\times2\times2\times20}{4\times2}=125(\text{kPa})$

$\frac{E_{s1}}{E_{s2}}=\frac{8.5}{1.7}=5$

$\frac{Z}{b}=\frac{4}{2}=2>0.5$ 取 $\theta=25°$

$p_z=\frac{bl(p_k-p_C)}{(l+2z\tan\theta)(b+2z\tan\theta)}$

$=\frac{4\times2\times(125-36)}{(4+2\times4\times\tan25°)\times(2+2\times4\times\tan25°)}$

$=16.07(\text{kPa})$

$p_{cz}=18\times2+9\times4=72(\text{kPa})$

$p_z+p_{cz}=16.07+72=88.07(\text{kPa})$

33.(A)

解：$N_k=F_k+G_k=F_1+F_2+G=2\,000+200+486.7=2\,686.7(\text{kN})$

$p_k=\frac{F_k+G_k}{A}=\frac{2\,686.7}{2.6\times5.2}=198.7(\text{kPa})$

$p_c=\gamma h=19\times1.8=34.2(\text{kPa})$

$\frac{E_{s1}}{E_{s2}}=\frac{7.5}{2.5}=3$

$\frac{z}{b}=\frac{2.5}{2.6}=0.96>0.5$，查规范 GB 50007—2011 得 $\theta=23°$

$$p_z=\frac{bl(p_k-p_c)}{(b+2z\tan\theta)(l+2z\tan\theta)}$$

$$=\frac{2.6\times5.2\times(198.7-34.2)}{(2.6+2\times2.5\times\tan23°)\times(5.2+2\times2.5\times\tan23°)}$$

$$=64.33(\text{kPa})$$

$p_z+p_{cz}=64.33+34.2+10\times2.5=123.53(\text{kPa})$

选项(A)为正确。

34.(D)

解：$p=\frac{F+G}{A}=\frac{700+1.5\times2\times2\times20}{2\times2}=205(\text{kPa})$

方形基础 $Z/b=2/2=1.0$，$l/b=1$，查规范 JTG D63—2007 附录 M 得 $\alpha=0.334$

$$\sigma_{h+z}=\gamma_1(h+z)+\alpha(p-\gamma_2 h)$$

$$=\frac{1.5\times18+2\times20}{1.5+2}\times(1.5+2)+0.334\times(205-18\times1.5)$$

$$=126.45(\text{kPa})$$

35.(A)

解：$\frac{z}{b}=\frac{3.0}{1.2}=2.5>1$，采用平均压力

$p=\bar{p}=\frac{F+G}{A}=\frac{1\,000+1.2\times6\times1.5\times20}{1.2\times6}=168.89\ (\text{kPa})$

$\frac{l}{b}=\frac{6}{1.2}=5.0\quad \frac{z}{b}=\frac{3}{1.2}=2.5$，查规范 JTG D63—2007 附录 M 得 $\alpha=0.219$

$$\sigma_{h+z}=\gamma_1(h+z)+\alpha(p-\gamma_2 h)$$

$$=18\times(1.5+3.0)+0.219\times(168.89-18\times1.5)$$

$$=112.07(\text{kPa})$$

36.(A)

解：①划分土层。

基础下有 1.6 m 粉土，划分为两层，单层厚度为 0.8 m，$0.4b=0.4\times2=0.8$，满足要求。

②计算自重应力。

0 点：$\sigma_{c0}=1\times17.8=17.8(\text{kPa})$

1 点：$\sigma_{c1}=1.8\times17.8=32.0(\text{kPa})$

2 点：$\sigma_{c2}=2.6\times17.8=46.3(\text{kPa})$

③计算附加应力。

0 点　$\sigma_{z0}=p-p_c=50-17.8=32.2(\text{kPa})$

1 点　$\frac{l}{b}=\frac{\left(\frac{3.6}{2}\right)}{\left(\frac{2}{2}\right)}=1.8$；$\frac{z}{b}=\frac{0.8}{\left(\frac{2}{2}\right)}=0.8$

查规范 GB 50007—2011，得 $\alpha=0.216$

$\sigma_{z1}=4\alpha p=4\times0.216\times32.2=27.8(\text{kPa})$

2 点　$\frac{z}{b}=\frac{1.6}{\left(\frac{2}{2}\right)}=1.6$；$\alpha=0.145$

$\sigma_{z2}=4\times0.145\times32.2=18.7(\text{kPa})$

④自重应力平均值。

①层　$\overline{\sigma_{c1}}=\frac{1}{2}(17.8+32)=24.9(\text{kPa})$

②层　$\overline{\sigma_{c2}}=\frac{1}{2}(32+46.3)=39.2(\text{kPa})$

⑤附加应力平均值。

①层　$\overline{\sigma_{z1}}=\frac{1}{2}(32.2+27.8)=30(\text{kPa})$

②层　$\overline{\sigma_{z2}}=\frac{1}{2}(27.8+18.7)=23.3(\text{kPa})$

⑥总应力平均值。

①层　$p_{21}=24.9+30=54.9(\text{kPa})$

②层　$p_{22}=39.2+23.3=62.5(\text{kPa})$

⑦前孔隙比。

①层　$e_{11}=0.652+\frac{0.628-0.652}{50-0}\times(24.9-0)=0.640$

②层　$e_{21}=0.652+\frac{0.628-0.652}{50-0}\times(39.2-0)=0.633$

⑧后孔隙比。

①层　$e_{12}=0.628+\frac{0.610-0.628}{100-50}\times(54.9-50)=0.626$

②层　$e_{22}=0.628+\frac{0.610-0.628}{100-50}\times(62.5-50)=0.624$

⑨压缩量。

$s_1=\frac{e_{11}-e_{12}}{1+e_{11}}\times h_1=\frac{0.640-0.626}{1+0.640}\times800=6.8(\text{mm})$

$s_2=\frac{e_{21}-e_{22}}{1+e_{21}}\times h_2=\frac{0.633-0.624}{1+0.633}\times800=4.4(\text{mm})$

⑩沉降量 s。

$s=s_1+s_2=6.8+4.4=11.2(\text{mm})$

分层点	深度 z_i/m	自重应力 /kPa	附加应力 /kPa	层号	层厚	自重应力平均值 $\frac{\sigma_{ci-1}+\sigma_{ci}}{2}$ /kPa	附加应力平均值 $\frac{\sigma_{zi-1}+\sigma_{zi}}{2}$ /kPa	总应力平均值 $p_{zi}+\Delta p_i$ /kPa	受压前孔隙比 e_{1i}	受压后孔隙比 e_{2i}	分层压缩量 s_i /mm	总压缩量 s /mm
0	0	17.8	32.2									
1	0.8	32.0	27.8	①	0.8	24.9	30.0	54.9	0.640	0.626	6.8	
2	1.6	46.3	18.7	②	0.8	39.2	23.3	62.5	0.633	0.624	4.4	11.2

37. (A)

解：①附加应力计算。

50 kPa

a. 基底附加应力。

三角形荷载 1 号点的附加应力系数 $\alpha_1=0$

三角形荷载 2 号点的附加应力系数 $\alpha_2=0.25$

矩形荷载角点的附加应力系数 $\alpha=0.25$

$$\sigma_{z0}=2\alpha_1 p_{1\max}+2\alpha_2 p_{2\max}+2\alpha p$$
$$=2\times 0\times 25+2\times 0.25\times 25+2\times 0.25\times 25$$
$$=25(\text{kPa})$$

b. 基底下 0.5 m 的附加应力。

$$\frac{z}{b}=\frac{0.4}{1}=0.4$$

$\alpha_1=0.054\ 9$；$\alpha_2=0.189\ 4$；$\alpha=0.244$

$$\sigma_{z1}=2\alpha_1 p_{1\max}+2\alpha_2 p_{2\max}+2\alpha p$$
$$=2\times 0.054\ 9\times 25+2\times 0.189\ 4\times 25+2\times 0.244\times 25$$
$$=24.4(\text{kPa})$$

c. 平均附加应力。

$$\sigma_z=\frac{1}{2}\times(25+24.4)=24.7\ (\text{kPa})$$

②自重应力计算。

$$\sigma_{c1}=1\times 17.7=17.7\ (\text{kPa})$$

$$\sigma_{c2}=1.4\times 17.7=24.8\ (\text{kPa})$$

$$\sigma_c=\frac{1}{2}\times(17.7+24.8)=21.3\ (\text{kPa})$$

③总应力计算。

$$\sigma=21.3+24.7=46(\text{kPa})$$

④初始孔隙比。

$$e_1=0.972+\frac{0.887-0.972}{50-0}\times(21.3-0)=0.936$$

⑤压缩后孔隙比。

$$e_0=0.972+\frac{0.887-0.972}{50-0}\times(46-0)=0.894$$

⑥沉降量。

$$s_1=\frac{e_1-e_2}{1+e_1}h_1=\frac{0.936-0.894}{1+0.936}\times 400=8.7(\text{mm})$$

38. (A)

解：

①基础底面压力。

$$p=\frac{F+G}{A}=\frac{1\ 800+20\times 4.8\times 3.2\times 1.5}{4.8\times 3.2}=147.2(\text{kPa})$$

②基础底面附加压力。

$$p_0=p-\gamma d=147.2-18\times 1.5=120.2(\text{kPa})$$

③沉降计算深度。

$$z_n=b(2.5-0.4\ln b)=3.2\times(2.5-0.4\times \ln 3.2)=6.5(\text{m})$$

④计算深度范围内土层压缩量见下表。

z/m	$\frac{l}{b}$	$\frac{z}{b}$	$\overline{\alpha}_i$	$\overline{\alpha}_i Z_i$	$A_i=\overline{\alpha}_i Z_i-\overline{\alpha}_{i-1}Z_{i-1}$/m	E_{si}/kPa	$s_i{}'=4\frac{p_0}{Z_{si}}(\overline{\alpha}_i Z_i-\overline{\alpha}_{i-1}Z_{i-1})$/m	$s'=\sum s'_i$/mm
0	1.5	0	0.25	0				
2.4	1.5	1.5	0.211	0.506	0.506	3 660	0.066 5	66.5
5.6	1.5	3.5	0.139	0.778	0.272	2 600	0.050 3	116.8
6.5	1.5	4.0	0.127	0.826	0.048	6 200	0.003 7	120.5

⑤压缩模量当量值。

$$\overline{E}_s=\frac{\sum A_i}{\sum\frac{A_i}{E_{si}}}=\frac{0.506+0.272+0.048}{\frac{0.506}{3\ 660}+\frac{0.272}{2\ 600}+\frac{0.048}{6\ 200}}=3\ 296(\text{kPa})$$

设 $p_0<0.75f_{ak}$，则

$$\psi_s=1+(3.296-4)\times\frac{1.1-1}{2.5-4}=1.05$$

$$s=\psi_s s'=1.05\times120.5=126.5\ (\text{mm})$$

接近选项(A)。

39.(C)

解：①基底压力。

$$p_k=\frac{F_k+G_k}{A}=\frac{1\ 250+20\times2.5\times2.5\times2}{2.5\times2.5}=240(\text{kPa})$$

②基底附加压力。

$$p_0=p_k-\gamma D=240-19.5\times2=201(\text{kPa})$$

③沉降计算深度。

$$Z_n=b(2.5-0.4\ln b)=2.5\times(2.5-0.4\times\ln2.5)=5.33(\text{m})\approx5.4(\text{m})$$

④各土层压缩量计算见下表。

z/m	$\frac{z}{b}$	$\frac{z}{b}$	$\overline{\alpha}_i$	$\overline{\alpha}_i Z_i$	$A_i=\overline{\alpha}_i Z_i-\alpha_{i-1}Z_{i-1}$/m	E_{si}/kPa	$s'_i=\frac{4p_0}{E_{si}}(\overline{\alpha}_i z_i-\overline{\alpha}_{i-1}z_{i-1})$/m	$s'=\sum s_i{}'$/mm
0	1	0	0.250	0				
1.0	1	0.8	0.235	0.235	0.235	4 400	0.042 9	42.9
5.0	1	4.0	0.111	0.555	0.320	6 800	0.037 8	80.7
5.4	1	4.32	0.105	0.567	0.012	2 500	0.003 9	84.6

⑤压缩模量当量值。

$$\overline{E}_s=\frac{\sum A_i}{\sum\frac{A_i}{E_{si}}}=\frac{0.235+0.320+0.012}{\frac{0.235}{4\ 400}+\frac{0.320}{6\ 800}+\frac{0.012}{2\ 500}}=5\ 386(\text{kPa})$$

⑥沉降计算经验系数。

$p_0>f_{ak}$，则 ψ_s 为

$\psi_s = 1 + \frac{5.386-7}{4-7} \times (1.3-1) = 1.16$

⑦沉降量 s。

$s = \psi_s s' = 1.16 \times 84.6 = 98.1(\text{mm})$

40.(D)

解:①基底附加应力(计算黏土层顶面)。

$p_0 = \frac{N}{A} - \gamma h = \frac{8\,000}{4 \times 8} - 18.9 \times 1.5 = 221.7(\text{kPa})$

②分层。

0.4b=0.4×4=1.6 m,基底下可压缩层为 2.6 m,可分为两层,第一层 1.6 m,第二层 1.0 m。

③计算各层压缩量及压缩模量,列于下表。

点号	层号	层厚 D cm	自重应力/kPa	附加应力系数 α_i	附加应力/kPa	自重应力平均值/kPa	附加应力平均值/kPa	总应力平均值/kPa	初始孔隙比 e_1	压缩后孔隙比 e_2	单层压缩量 $s_i = \frac{e_{1i}-e_{2i}}{1+e_{1i}} h_i$/cm	$E_{si} = \frac{\Delta p \times 10^{-3}}{\frac{e_{1i}-e_{2i}}{1+e_{1i}}}$/MPa
0			28.4	1.000	221.7							
1	①	160	58.9	0.870	192.9	43.7	207.3	251.0	0.866	0.838	2.4	13.8
2	②	100	78.0	0.694	153.9	68.5	173.4	241.9	0.862	0.839	1.2	14.0

④自重应力。

0 点(黏土层顶面):$\sigma_{c0} = 18.9 \times 1.5 = 28.4(\text{kPa})$

1 点　　$\sigma_{c1} = 28.4 + 19.1 \times 1.6 = 58.9(\text{kPa})$

2 点　　$\sigma_{c2} = 58.9 + 19.1 \times 1 = 78(\text{kPa})$

⑤附加应力系数 α_i(查规范 JTG D63—2007)。

$\frac{l}{b} = \frac{8}{4} = 2.0$

0 点　$\frac{z}{b} = 0, \alpha = 1.000$

1 点　$\frac{z}{b} = \frac{1.6}{4} = 0.4, \alpha = 0.870$

2 点　$\frac{z}{b} = \frac{2.6}{4} = 0.65, \alpha = \frac{1}{2}(0.727 + 0.660) = 0.694$

⑥附加应力。

0 点:$\Delta p = 1.000 \times 221.7 = 221.7(\text{kPa})$

1 点:$\Delta p = 0.87 \times 221.7 = 192.9(\text{kPa})$

2 点:$\Delta p = 0.694 \times 221.7 = 153.9(\text{kPa})$

⑦初始孔隙比 e_1。

①层:$e_{11} = 0.876 + \frac{0.865-0.876}{50-0} \times (43.7-0) = 0.866$

②层:$e_{12} = 0.865 + \frac{0.857-0.865}{100-50} \times (68.5-50) = 0.862$

⑧压缩后孔隙比 e_2。

①层：$e_{21}=0.842+\frac{0.835-0.842}{300-200}\times(251-200)=0.838$

②层：$e_{22}=0.842+\frac{0.835-0.842}{300-200}\times(241.9-200)=0.839$

⑨单层压缩量。

$$s_1=\frac{e_1-e_2}{1+e_1}h_1=\frac{0.866-0.838}{1+0.866}\times160=2.4(\text{cm})$$

$$s_2=\frac{e_1-e_2}{1+e_1}h_2=\frac{0.862-0.839}{1+0.862}\times100=1.2(\text{cm})$$

⑩总沉降量 s。

$$s=m_s\sum s'=0.4\times(2.4+1.2)=1.44\ (\text{cm})$$

选项(D)最接近。

41.(C)

解：土层为弱冻胀土

$$z_d=z_0\psi_{zs}\psi_{zw}\psi_{ze}=1.8\times1.4\times0.95\times0.95=2.27\ (\text{m})$$

42.(B)

解：$z_d=z_0\psi_{zs}\psi_{zw}\psi_{ze}=1.7\times1.0\times0.85\times1.0=1.445\ (\text{m})$

43.(C)

解：据《公路桥涵地基与基础设计规范》(JTG D63—2007)第 4.1.1 条计算，

$$\begin{aligned}z_d&=\psi_{zs}\psi_{zw}\psi_{ze}\psi_{zg}\psi_{zf}z_0\\&=1.0\times0.9\times1.0\times1.1\times1.1\times1.8=1.96(\text{m})\end{aligned}$$

选项(C)正确。

44.(B)

解：据《公路桥涵地基基础设计规范》(JTG D63—2007)第 4.1.1 条计算，

$$\begin{aligned}d_{min}&=z_d-h_{max}=z_d-0.28z_0\\&=1.96-0.28\times1.8=1.456(\text{m})\end{aligned}$$

选项(B)正确。

45.(D)

解：$a\geqslant3.5b-\frac{d}{\tan\beta}=3.5\times1.5-\frac{3}{\tan40^\circ}=1.67(\text{m})<2.5\ \text{m}$

取 $a=2.5$ m。

46.(A)

解：$\sum M=(180-180+240)\times0.2+150\times0+115\times8+30\times3=1\ 058(\text{kN}\cdot\text{m})$

$$\sum N=180+180+240+150=750(\text{kN})$$

$$e_0=\frac{\sum M}{\sum N}=\frac{1\ 058}{750}=1.41(\text{m})$$

$$K_0=\frac{y}{e_0}=\frac{2}{1.41}=1.42$$

47.(C)

解：$K_0=\frac{Wb+E_ya}{E_xh}=\frac{340\times0.5+50\times1.5}{100\times\frac{4}{3}}=1.84$

48.(A)

解:$\mu=0.25$

$\sum P=120+100+90=310(\text{kN}) \qquad \sum T=65(\text{kN})$

$$K_C=\frac{\mu\sum P+H_{ip}}{\sum H_{ip}}=\frac{0.25\times310+20}{65}=1.5$$

49.(D)

解:$\sum P=340+50=390\ (\text{kN})$

$\sum T=100\ \text{kN} \qquad \mu=0.4$

$$K_c=\frac{\mu\sum P}{\sum T}=\frac{0.4\times390}{100}=1.56$$

50.①B,②A

解:①室外地面基础埋深。

$d_{外}=1.55-0.45=1.1(\text{m})$

②基础平均埋深。

$$d=\frac{1.55+1.1}{2}=1.325\ (\text{m})$$

③基础宽度 b。

$$b\geqslant\frac{F_k}{f_a-\gamma_G d}=\frac{88}{90-20\times1.325}=1.386(\text{m})\approx1.4(\text{m})$$

④验算。

$$p_k=\frac{F_k+G_k}{A}=\frac{88+20\times1.4\times1.325\times1}{1.4\times1}=89.4\ (\text{kPa})<f_a$$

⑤基础台阶(灰土)宽度。

$p_k<100\ \text{kPa}$

$$\left[\frac{b_2}{H_0}\right]=\frac{1}{1.25} \quad b_2=\left[\frac{b_2}{H_0}\right]H_0=\frac{1}{1.25}\times0.300=0.24(\text{m})$$

⑥砖放脚宽度。

$b_0=b-2b_2=1.4-2\times0.24=0.92(\text{m})$

⑦砖放脚台阶数 n。

$$n\geqslant\frac{\left(\frac{b}{2}-\frac{a}{2}\right)-b_2}{60}=\frac{\frac{1400}{2}-\frac{360}{2}-240}{60}=4.67\approx5$$

⑧采用二一间隔收砌法。

砖放脚高度为

$h=2\times60+60+2\times60+60+2\times60=480(\text{mm})$

⑨基础总高度 H。

$H=h+H_0=480+300=780(\text{mm})=0.78(\text{m})$

51.(C)

解:①基础宽度。

$$b\geqslant\frac{F_k}{f_a-\gamma_G d}=\frac{100}{110-20\times1.5}=1.25(\text{m})$$

②验算。

$$e=\frac{M}{N}=\frac{4}{100+20\times1.25\times1.5}=0.029\ (\mathrm{m})$$

$$\frac{b}{6}=\frac{1.25}{6}=0.208\ (\mathrm{m})>e$$

$$p_{\mathrm{kmax}}=\frac{100+20\times1.25\times1.5}{1.25}\times\left(1+\frac{6\times0.029}{1.25}\right)=125.3\ (\mathrm{kPa})$$

$1.2f_{\mathrm{a}}=1.2\times110=132\ (\mathrm{kPa})$

$p_{\mathrm{kmax}}<1.2f_{\mathrm{a}}$

$$p_{\mathrm{k}}=\frac{100+20\times1.25\times1.5}{1.25}=110\ (\mathrm{kPa})=f_{\mathrm{a}}\quad \text{满足要求。}$$

③允许宽高比。

$$\left[\frac{h_2}{H_0}\right]=\frac{1}{1.5}$$

④台阶宽度 b_2。

$$b_2=\left[\frac{b_2}{H_0}\right]H_0=0.667\times300=200(\mathrm{mm})=0.2(\mathrm{m})$$

⑤砖放脚宽度 b_0。

$b_0=b-2b_2=1.25-2\times0.2=0.85(\mathrm{m})$

⑥砖放脚台阶数 n。

$$n=\frac{\frac{b_0}{2}-\frac{a}{2}}{60}=\frac{\frac{0.85}{2}-\frac{0.36}{2}}{0.060}=4.08\approx4$$

52.(B)

解:①基础宽度 b。

$$b\geqslant\frac{F_{\mathrm{k}}}{f_{\mathrm{a}}-\gamma_{\mathrm{G}}d}=\frac{400}{160-20\times\left(2.65+\frac{0.45}{2}\right)}=3.9(\mathrm{m})$$

②验算。

$$p_{\mathrm{k}}=\frac{400+3.9\times\left(2.65+\frac{0.45}{2}\right)\times2}{3.9}=160(\mathrm{kPa})$$

③求 b_2。

$$\left[\frac{b_2}{H_0}\right]=1:1$$

$$b_2=\left[\frac{b_2}{H_0}\right]H_0=\frac{1}{1}\times300=300(\mathrm{mm})=0.3(\mathrm{m})$$

④毛石混凝土的台阶宽度 b_1。

$$b_1=\frac{1}{2}(b-a-2b_2)=\frac{1}{2}\times(3.9-0.36-2\times0.3)=1.47(\mathrm{m})$$

⑤毛石混凝土的高度 h。

$$p_{\mathrm{k}}=160\ \mathrm{kPa},\left[\frac{b_1}{H_0}\right]=\frac{1}{1.25}$$

$H_1\geqslant1.25b_1=1.25\times1.47=1.84\ (\mathrm{m})$

53.(C)

解:$b=\dfrac{610}{218-20\times2.5}=3.63(\text{m})$

$e=\dfrac{30}{610+20\times2.5\times3.63\times1}=0.038\ (\text{m})$

$\dfrac{b}{6}=\dfrac{3.63}{6}=0.60\ (\text{m})>e$

$p_k=\dfrac{610+20\times3.63\times2.5}{3.63}=218.0(\text{kPa})$

$p_{max}=p_k\left(1+\dfrac{6e}{b}\right)=218\times\left(1+\dfrac{6\times0.038}{3.63}\right)=231.7(\text{kPa})$

$1.2f_a=1.2\times218=261.6(\text{kPa})>p_{kmax}$

$b_2=\dfrac{1}{1.25}\times0.3=0.24\ (\text{m})$

$b_0=b-2b_2=3.63-2\times0.24\ (\text{m})=3.15\ (\text{m})$

$\left[\dfrac{b_1}{H_1}\right]=\dfrac{1}{1.5}$,则

$H_1=1.5b_1=1.5\times\left(\dfrac{3.15}{2}-\dfrac{0.36}{2}\right)=2.09\ (\text{m})$

总高度 H 为:$H=H_0+H_1=0.3+2.09=2.39(\text{m})$

54.(D)

解:$b=\dfrac{F_k}{f_a-\gamma_G d}=\dfrac{220}{170-20\times\left(0.6+\dfrac{0.45}{2}\right)-10\times(1.7-0.6)}=1.54\ (\text{m})\approx1.6(\text{m})$

$p_k=\dfrac{220+20\times\left(0.6+\dfrac{0.45}{2}\right)+10\times(1.7-0.6)}{1.6}=154.6(\text{kPa})$

$b_2=\left[\dfrac{b_2}{H_0}\right]H_0=\dfrac{1}{1.5}\times300=200(\text{mm})=0.2(\text{m})$

砖放脚台阶数 n

$n=\dfrac{\dfrac{b}{2}-\dfrac{a}{2}-b_2}{60}=\dfrac{\dfrac{1\,600}{2}-\dfrac{360}{2}-200}{60}=7$

砖基础采用二一间隔收砌法,则高度为 11 层砖。

$h=11\times60=660(\text{mm})=0.66(\text{m})$

55.(B)

解:设基础宽度 $b<3.0$ m,修正 f_{ak}

$f_a=f_{ak}+\eta_d\gamma_m(d-0.5)=190+1.6\times17.5\times(1.5-0.5)=218(\text{kPa})$

$b\geqslant\dfrac{F_k}{f_a-\gamma_G d}=\dfrac{230}{218-20\times\left(1.5+\dfrac{0.45}{2}\right)}=1.253(\text{m})$

取 $b=1.3$ m

验算:$p_k=\dfrac{230+20\times1.3\times\left(1.5+\dfrac{0.45}{2}\right)}{1.3}=211.4(\text{kPa})<f_a$

56. ①(C) ②(A)

解:①抗冲切承载力。

$a_t+2h_0=0.5+2\times(1-0.05)=2.4(\text{m})<3(\text{m})$

$a_m=\frac{1}{2}(a_t+a_b)=\frac{1}{2}\times(2.4+0.5)=1.45(\text{m})$

$\beta_{hp}=1-\frac{h-800}{12\,000}=1-\frac{1\,000-800}{12\,000}=0.983$

抗冲切力为

$0.7\beta_{hp}f_t a_m h_0=0.7\times0.983\times1.1\times10^3\times1.45\times0.95=1\,042.6(\text{kN})$

②冲切力。

$p=\frac{F}{A}=\frac{1\,600}{4\times3}=133.3(\text{kPa})$

$A_l=\left(\frac{b}{2}-\frac{b_c}{2}-h_0\right)l-\left(\frac{l}{2}-\frac{a_t}{2}-h_0\right)^2$

$=\left(\frac{4}{2}-\frac{1}{2}-0.95\right)\times3-\left(\frac{3}{2}-\frac{0.5}{2}-0.95\right)^2=1.56(\text{m}^2)$

$F_l=p_jA_l=133.3\times1.56=207.94(\text{kN})$

57. ①(A) ②(C)

解:抗冲切承载力

因为 $a_t+2h_0=1.6+2\times(1.0-0.5)=3.5(\text{m})<l$

所以 $a_b=a_t+2h_0$

$a_m=\frac{a_b+a_t}{2}=\frac{3.5+1.6}{2}=2.55(\text{m})$

$\beta_{hp}=1-\frac{h-800}{12\,000}=0.983$

抗冲切承载力

$0.7\beta_{hp}f_t a_m h_0=0.7\times0.983\times1.1\times10^3\times2.55\times0.95=1\,833.6(\text{kN})$

抗冲切验算地基净反力

$p_j=\frac{F}{A}=\frac{3\,800}{6\times6}=105.6(\text{kPa})$

$A_l=\frac{1}{4}[a^2-(a_t+2h_0)^2]=\frac{1}{4}\times[6^2-(1.6+2\times0.95)^2]=5.937\,5(\text{m}^2)$

$F_l=p_jA_l=105.6\times5.937\,5=627(\text{kN})$

58. ①(A) ②(C)

解:①柱与基础抗冲切承载力。

因为 $h_0=550<800$,所以 $\beta_{hp}=1.0$

因为 $a_t+2h_0=0.4+2\times0.55=1.5(\text{m})<2.4\text{ m}$

所以 $a_b=1.5\text{ m}$ $a_m=\frac{1}{2}(a_t+a_b)=\frac{1}{2}\times1(0.4+1.5)=0.95(\text{m})$

$0.7\beta_{hp}f_t a_m h_0=0.7\times1.0\times1.1\times10^3\times0.95\times0.55=402.3(\text{kN})$

②变阶处抗冲切承载力。

因为 $h_{01}=250<800$,所以 $\beta_{hp}=1.0$

因为 $a_t+2h_{01}=1.1+2\times0.25=1.6<2.4$

所以 $a_b=1.6 \quad a_m=\dfrac{a_t+a_b}{2}=\dfrac{1.1+1.6}{2}=1.35(\text{m})$

$0.7\beta_{hp}f_t a_m h_0=0.7\times1.0\times1.1\times10^3\times1.35\times0.25=259.9(\text{kN})$

59.(B)

解:$h_0=350-50=300(\text{mm})<800\ \text{mm}$,取 $\beta_{hs}=1$

抗剪切承载力 $0.7\beta_{hs}f_tA_0=0.7\times1\times1.1\times10^6\times(1\times0.3)=231(\text{kN})$

60.(D)

解:宽高比为$\dfrac{\frac{6-1.6}{2}}{1.0}=2.2<2.5,e=0$

因为 $M=0$,所以 $p_{max}=p_{min}=p=\dfrac{3\,800}{6\times6}+20\times2\times1.35=159.6(\text{kPa})$

$$M_{\text{I}}=M_{\text{II}}$$

$$=\frac{1}{48}\times(6-1.6)^2\times(2\times6+1.6)\times\left(159.6+159.6-\frac{2\times1.35\times20\times6\times6\times2}{6\times6}\right)$$

$$=1\,158.5(\text{kN}\cdot\text{m})$$

$$A_s=\frac{M}{0.9f_yh_0}=\frac{1\,158.5}{0.9\times210\times10^3\times0.95}=6\,452.3(\text{mm}^2)$$

根据最小配筋率 0.15%的要求

$A_s'=6\times0.95\times0.15\%=8\,550(\text{mm}^2)$

配置钢筋为 28ϕ20,则钢筋总面积为

$A_s=28\times\dfrac{3.14}{4}\times20\times20=8\,792(\text{mm}^2)$,满足要求。

61.(D)

解:$G=1.0\times1\times2.5\times20\times1.35=67.5(\text{kN})$

因为 $M=0$,所以 $p=p_{max}=\dfrac{F+G}{b}=\dfrac{200+67.5}{2.5}=107(\text{kPa})$

$$M_{\text{I}}=\frac{1}{6}a_1^2\left(2p_{max}+p-\frac{3G}{A}\right)$$

$$=\frac{1}{6}\times1.13^2\times\left(2\times107+107-\frac{3\times67.5}{2.5\times1}\right)$$

$$=51(\text{kN}\cdot\text{m})$$

3.10.2 单项选择题答案

3.10.2.1 《建筑地基基础设计规范》(GB 50007—2011)

1.(C) 据第 1.0.1 条

2.(D) 据第 3.0.1 条

3.(A) 据第 3.0.1 条

4.(C) 据第 3.0.2 条第 3 款 3)

5.(D) 据表 3.0.3 注①

6.(C)　据第 3.0.4 条

7.(B)　据第 3.0.5 条

8.(C)　据表 3.0.3

9.(B)　据第 4.1.4 条

10.(B)　据第 4.1.6 条及《岩土工程勘察规范》(GB 50021—2001)(2009 年版)附录 B，$N_{63.5}'=25$，$\alpha_1=0.72$，$N_{63.5}=18$

11.(C)　据第 4.1.10 条，$I_1=0.375$

12.(A)　据第 4.2.2 条

13.(C)　据第 4.2.3 条～第 4.2.6 条

14.(D)　据第 4.1.8 条

15.(A)　据第 4.1.9 条

16.(C)　据第 4.1.10 条

17.(B)

18.(C)　据第 4.1.9 条、第 4.1.10 条

19.(D)　据第 4.1.11 条

20.(D)

21.(A)　据第 4.2.6 条

22.(A)　据第 4.2.6 条

23.(D)　据第 5.1.1 条

24.(D)　据第 5.1.3 条、第 5.1.4 条

25.(D)　据第 5.1.7 条

26.(B)　据第 5.1.9 条

27.(B)　据第 5.1.2 条

28.(C)　据表 G.0.1

29.(A)　据第 5.2.3 条

30.(D)　据第 5.2.1 条

31.(D)　据第 5.2.4 条

32.(B)　据第 5.2.5 条

33.(D)　据第 5.2.6 条

34.(C)　据第 5.2.6 条

35.(B)　据第 5.2.7 条

36.(D)　据第 5.2.7 条

37.(D)　据第 5.3.4 条

38.(A)　据第 5.3.3 条

39.(D)

40.(D)　据第 5.3.5 条

41.(B)　据第 5.3.7 条、第 5.3.8 条

42.(A)　据第 5.3.10 条

43.(C)　据第 5.3.10 条

44.(C)　据第 5.4.1 条、第 5.4.2 条

45.(D)　据第 6.2.1 条

46.(B) 据第 6.2.5 条

47.(D)

48.(B) 据第 6.3.7 条

49.(B) 据表 6.3.7

50.(A) 据第 6.3.7 条、第 6.3.8 条

51.(D) 据第 6.3.9 条～第 6.3.11 条

52.(D) 据第 6.4.1 条、第 6.4.2 条

53.(B) 据第 6.4.3 条

54.(A) 据第 6.4.3 条

55.(A) 据第 6.6.6 条

56.(D) 据第 6.6.9 条

57.(C) 据第 6.7.1 条

58.(D) 据第 6.7.2 条

59.(B) 据表 6.7.2 条

60.(A) 据第 6.7.3 条

61.(C) 据第 6.7.3 条

62.(C) 据第 6.7.5 条

63.(C) 据第 6.7.4 条

64.(B) 据第 6.8.1 条～第 6.8.3 条、第 6.8.6 条

65.(C) 据第 6.8.4 条、第 6.8.5 条

66.(B) 据第 6.8.6 条

67.(C) 据第 7.1.1 条、第 7.1.3 条～第 7.1.5 条

68.(D) 据第 7.2.1 条、第 7.2.2 条、第 7.2.4 条、第 7.1.5 条

69.(C) 据第 7.2.6 条～第 7.2.8 条、第 7.2.13 条

70.(C) 据第 7.3.1 条、第 7.3.5 条

71.(A) 据第 7.3.1 条、第 7.3.2 条、表 7.3.3 条、第 7.3.5 条

72.(A) 据第 7.4.1 条～第 7.4.4 条

73.(B) 据第 7.5.2 条、第 7.5.4 条、第 7.5.6 条、第 7.5.7 条

74.(D) 据第 8.1.1 条

75.(C) 据表 8.1.1

76.(D) 据第 8.1.2 条

77.(B) 据第 8.1.1 条

78.(A)

79.(C) 据第 8.2.1 条

80.(C) 据第 8.2.4 条

81.(D) 据第 8.2.6 条、第 8.2.7 条

82.(B) 据第 8.3.1 条

83.(C) 据第 8.3.2 条

84.(C) 据第 8.4.2 条

85.(D) 据第 8.4.4 条

86.(C) 据第 8.4.5 条

87.(D) 据第 8.4.6 条～第 8.4.9 条、第 8.4.11 条

88.(D) 据第 8.4.12 条、第 8.4.13 条

89.(A) 据第 8.5.3 条

90.(B) 据第 8.5.6 条

91.(C) 据第 8.5.13 条、表 3.0.1

92.(C) 据第 8.5.16 条

93.(B) 据第 8.5.17 条

94.(B) 据第 8.5.18 条、第 8.5.19 条

95.(D) 据第 8.5.20 条～第 8.5.22 条

96.(A) 据第 8.5.23 条

97.(C) 据第 8.6.1 条

98.(D) 据第 9.1.3 条

99.(C) 据第 9.3.1 条

100.(C) 据第 9.3.2 条

101.(B) 据第 9.9.3 条

102.(C) 据第 9.2.1 条～第 9.2.3 条

103.(D) 据第 9.9.1 条～第 9.9.6 条

104.(A)

105.(C) 据第 9.6.3 条、第 9.6.7 条

106.(C) 据表 A.0.1

107.(B) 据表 A.0.2

108.(C) 据表 B.0.1

109.(D) 据第 C.0.5 条

110.(C) 据第 C.0.7 条

111.(C) 据第 C.0.8 条

112.(C) 据第 D.0.5 条

113.(D) 据表 G.0.1

114.(B) 据表 G.0.1

115.(B) 据表 G.0.2

116.(D) 据第 H.0.1 条、第 H.0.4 条、第 H.0.8 条、第 H.0.9 条

117.(A) 据第 H.0.10 条

118.(A) 据第 H.0.10 条

119.(B) 据第 L.0.2 条

120.(C) 据第 M.0.1 条

121.(B) 据第 M.0.7 条

122.(D) 据第 Q.0.10 条、第 Q.0.11 条

123.(C) 据第 Y.0.1 条

124.(C) 据第 Y.0.3 条

3.10.2.2 《公路桥涵地基与基础设计规范》(JTG D63—2007)

1.(D)

2.(A) 据第 3.3.2 条

3.(D) 据第 3.3.3 条
4.(C) 据第 3.3.4 条
5.(D) 据第 3.3.5 条、第 3.3.6 条
6.(A) 据第 4.1.1 条
7.(C) 据第 4.1.1 条
8.(B) 据表 3.3.3-6
9.(C)
10.(B) 据第 4.1.2 条
11.(B) 据第 4.2.1 条
12.(D) 据第 4.2.2 条
13.(B) 据表 4.2.5
14.(D) 据第 4.3.3 条
15.(D) 据第 4.3.6 条
16.(B) 据第 4.4.3 条
17.(B) 据表 3.1.14
18.(B) 据表 3.1.10

3.10.2.3 《港口工程地基规范》(JTS 147-1—2010)

1.(C) 据表 4.2.7
2.(B) 据表 4.2.10
3.(B) 据表 4.2.11-1
4.(C) 据表 4.2.11-2
5.(B) 据表 4.2.12
6.(A)
7.(C) 据第 4.2.17 条
8.(B) 据第 4.2.18 条
9.(B) 据第 4.2.18 条
10.(C)
11.(B) 据第 5.3.4 条
12.(A)
13.(A)

3.10.2.4 《铁路桥涵地基和基础设计规范》(TB 10002.5—2005)

1.(C) 据第 1.0.4 条
2.(D) 据第 1.0.9 条
3.(B) 据第 1.0.10 条
4.(B) 据第 3.1.1 条
5.(C) 据第 3.1.2 条
6.(B) 据第 3.1.1 条
7.(C) 据第 3.1.2 条
8.(C) 据第 4.1.1 条
9.(B) 据第 4.1.2 条、表 4.1.2-3
10.(B) 据第 4.1.2 条、表 4.1.2-4

11.(B) 据第 4.1.2 条、表 4.1.2-5
12.(B) 据第 4.1.2 条、表 4.1.2-6
13.(B) 据第 4.1.2 条、表 4.1.2-8
14.(D) 据第 4.1.2 条、表 4.1.2-10
15.(A) 据第 4.1.4 条
16.(C) 据第 4.2.2 条
17.(A) 据第 5.2.2 条
18.(A) 据第 6.1.1 条
19.(B) 据第 6.2.4 条
20.(C) 据第 6.3.6 条
21.(B) 据第 8.1.7 条
22.(A) 据第 8.2.4 条、第 8.2.5 条
23.(A) 据第 8.3.3 条
24.(C) 据第 A.0.2 条、表 A.0.2
25.(B) 据第 A.0.12 条、表 A.0.12

3.10.3 多项选择题答案

1.(A)、(C) 据第 3.0.1 条
2.(B)、(C)、(D) 据第 3.0.3 条
3.(A)、(B)、(D) 据第 3.0.2 条、表 3.0.3
4.(B)、(C)、(D) 据第 3.0.4 条
5.(A)、(B)、(C) 据第 4.2.2 条
6.(B)、(C) 据第 4.2.4 条
7.(A)、(B)、(C) 据第 5.1.1 条
8.(A)、(C)、(D) 据第 5.1.9 条
9.(A)、(B)、(C) 据第 5.2.3 条
10.(A)、(C) 据第 5.2.4 条
11.(B)、(C) 据第 5.3.4 条
12.(A)、(B)、(C) 据第 5.3.8 条
13.(A)、(C) 据第 6.3.6 条
14.(C)、(D) 据第 8.1.1 条、第 8.1.2 条
15.(B)、(C) 据第 8.2.1 条
16.(B)、(C)、(D) 据第 2.1.1 条
17.(A)、(B)、(D) 据第 2.1.2 条、第 2.1.3 条
18.(A)、(C)、(D) 据第 2.1.4 条
19.(A)、(C)、(D) 据第 3.1.1 条～第 3.1.3 条
20.(B)、(C) 据第 2.1.2 条、表 2.1.2.8
21.(A)、(B)、(C)
22.(B)、(D)
23.(B)、(C)

24.(A)、(B)、(D)

25.(B)、(C)

26.(B)、(C)

27.(B)、(C)、(D)

28.(A)、(B)、(C)

29.(A)、(B)、(C)

30.(A)、(B)

31.(A)、(B)、(C)

32.(A)、(B)、(D)

33.(A)、(C)

34.(C)、(D)

35.(A)、(C)

36.(A)、(B)、(C)

37.(B)、(C)

38.(A)、(C)

39.(A)、(C)、(D)

40.(A)、(B)、(C)

41.(A)、(B)

42.(A)、(B)、(C)

43.(A)、(B)、(C)

44.(A)、(B)、(C)

45.(A)、(C)、(D)

46.(A)、(B)、(D)

47.(A)、(B)、(C)

48.(B)、(C)、(D)

49.(B)、(C)

50.(B)、(C)、(D)

51.(A)、(C)、(D)

52.(B)、(C)

53.(A)、(B)、(C)

54.(A)、(B)、(C)

55.(A)、(B)、(D)

56.(A)、(B)、(C)

57.(A)、(B)、(C)

第4章 深基础

本章4.1～4.10节均截取自《建筑桩基技术规范》(JGJ 94—2008)。

4.1 基桩构造

Ⅰ 灌注桩

4.1.1 灌注桩应按下列规定配筋。

1.配筋率。

当桩身直径为300～2 000 mm时，正截面配筋率可取0.65%～0.2%(小直径桩取高值)；对受荷载特别大的桩、抗拔桩和嵌岩端承桩应根据计算确定配筋率，并不应小于上述规定值。

2.配筋长度。

①端承型桩和位于坡地、岸边的基桩应沿桩身等截面或变截面通长配筋。

②摩擦型灌注桩配筋长度不应小于2/3桩长；当受水平荷载时，配筋长度尚不宜小于$4.0/\alpha$(α为桩的水平变形系数)。

③对于受地震作用的基桩，桩身配筋长度应穿过可液化土层和软弱土层，进入稳定土层的深度不应小于本规范第3.4.6条的规定。

④受负摩阻力的桩、因先成桩后开挖基坑而随地基土回弹的桩，其配筋长度应穿过软弱土层并进入稳定土层，进入的深度不应小于$(2\sim3)d$。

⑤抗拔桩及因地震作用、冻胀或膨胀力作用而受拔力的桩，应等截面或变截面通长配筋。

3.对于受水平荷载的桩，主筋不应小于$8\phi12$；对于抗压桩和抗拔桩，主筋不应小于$6\phi10$；纵向主筋应沿桩身周边均匀布置，其净距不应小于60 mm。

4.箍筋应采用螺旋式，直径不应小于6 mm，间距宜为200～300 mm；受水平荷载较大的桩基、承受水平地震作用的桩基以及考虑主筋作用计算桩身受压承载力时，桩顶以下$5d$范围内的箍筋应加密，间距不应大于100 mm；当桩身位于液化土层范围内时箍筋应加密；当考虑箍筋受力作用时，箍筋配置应符合现行国家标准《混凝土结构设计规范》(GB 50010)的有关规定；当钢筋笼长度超过4 m时，应每隔2 m设一道直径不小于12 mm的焊接加劲箍筋。

4.1.2 桩身混凝土及混凝土保护层厚度应符合下列要求。

①桩身混凝土强度等级不得小于C25，混凝土预制桩尖强度等级不得小于C30。

②灌注桩主筋的混凝土保护层厚度不应小于35 mm，水下灌注桩的主筋混凝土保护层厚度不得小于50 mm。

③四类、五类环境中桩身混凝土保护层厚度应符合国家现行标准《港口工程混凝土结构设计规范》(JTJ 267)、《工业建筑防腐蚀设计规范》(GB 50046)的相关规定。

4.1.3　扩底灌注桩扩底端尺寸应符合下列规定(图 4.1.3)。

①对于持力层承载力较高、上覆土层较差的抗压桩和桩端以上有一定厚度较好土层的抗拔桩,可采用扩底;扩底端直径与桩身直径之比 D/d,应根据承载力要求及扩底端侧面和桩端持力层土性特征以及扩底施工方法确定;挖孔桩的 D/d 不应大于3,钻孔桩的 D/d 不应大于 2.5。

②扩底端侧面的斜率应根据实际成孔及土体自立条件确定,a/h_c 可取 1/4～1/2,砂土可取 1/4,粉土、黏性土可取 1/3～1/2。

③抗压桩扩底端底面宜呈锅底形,矢高 h_b 可取(0.15～0.20)D。

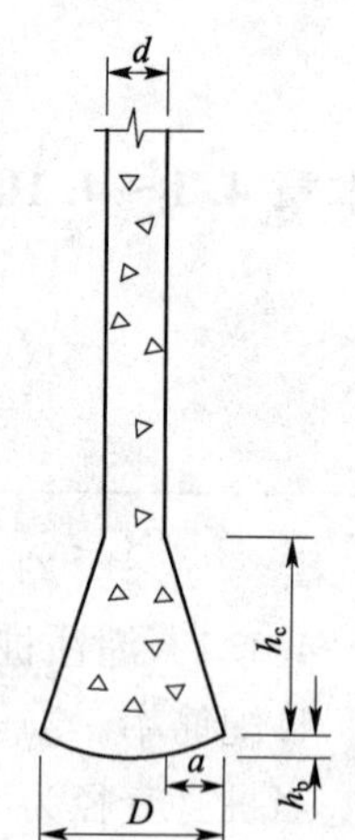

图 4.1.3　扩底桩构造

Ⅱ　混凝土预制桩

4.1.4　混凝土预制桩的截面边长不应小于 200 mm;预应力混凝土预制实心桩的截面边长不宜小于 350 mm。

4.1.5　预制桩的混凝土强度等级不宜低于 C30;预应力混凝土实心桩的混凝土强度等级不应低于 C40;预制桩纵向钢筋的混凝土保护层厚度不宜小于 30 mm。

4.1.6　预制桩的桩身配筋应按吊运、打桩及桩在使用中的受力等条件计算确定。采用锤击法沉桩时,预制桩的最小配筋率不宜小于 0.8%。静压法沉桩时,最小配筋率不宜小于 0.6%,主筋直径不宜小于 14 mm,打入桩桩顶以下(4～5)d 长度范围内箍筋应加密,并设置钢筋网片。

4.1.7　预制桩的分节长度应根据施工条件及运输条件确定;每根桩的接头数量不宜超过 3 个。

4.1.8　预制桩的桩尖可将主筋合拢焊在桩尖辅助钢筋上,对于持力层为密实砂和碎石类土时,宜在桩尖处包以钢板桩靴,加强桩尖。

Ⅲ　预应力混凝土空心桩

4.1.9　预应力混凝土空心桩按截面形式可分为管桩、空心方桩;按混凝土强度等级可分为预应力高强混凝土管桩(PHC)和空心方桩(PHS)、预应力混凝土管桩(PC)和空心方桩(PS)。离心成型的先张法预应力混凝土桩的截面尺寸、配筋、桩身极限弯矩、桩身竖向受压承载力设计值等参数可按本规范附录 B 确定。

4.1.10　预应力混凝土空心桩桩尖形式宜根据地层性质选择闭口形或敞口形;闭口形分为平底十字形和锥形。

4.1.11　预应力混凝土空心桩质量要求,尚应符合国家现行标准《先张法预应力混凝土管桩》(GB 13476)和《预应力混凝土空心方桩》(JG 197)及其他的有关标准规定。

4.1.12　预应力混凝土桩的连接可采用端板焊接连接、法兰连接、机械啮合连接、螺纹连接。每根桩的接头数量不宜超过 3 个。

4.1.13　桩端嵌入遇水易软化的强风化岩、全风化岩和非饱和土的预应力混凝土空心桩，沉桩后，应对桩端以上约 2 m 范围内采取有效的防渗措施，可采用微膨胀混凝土填芯或在内壁预涂柔性防水材料。

Ⅳ　钢　　桩

4.1.14　钢桩可采用管形、H 形或其他异形钢材。

4.1.15　钢桩的分段长度宜为 12～15 m。

4.1.16　钢桩焊接接头应采用等强度连接。

4.1.17　钢桩的端部形式，应根据桩所穿越的土层、桩端持力层性质、桩的尺寸、挤土效应等因素综合考虑确定，并可按下列规定采用。

1.钢管桩可采用下列桩端形式。

①敞口：带加强箍（带内隔板、不带内隔板）；不带加强箍（带内隔板、不带内隔板）。

②闭口：平底；锥底。

2.H 形钢桩可采用下列桩端形式。

①带端板。

②不带端板：锥底、平底（带扩大翼、不带扩大翼）。

4.1.18　钢桩的防腐处理应符合下列规定：

①钢桩的腐蚀速率当无实测资料时可按表 4.1.18 确定。

钢桩年腐蚀速率　　表 4.1.18

钢桩所处环境		单面腐蚀率/(mm/年)
地面以上	无腐蚀性气体或腐蚀性挥发介质	0.05～0.1
地面以下	水位以上	0.05
	水位以下	0.03
	水位波动区	0.1～0.3

②钢桩防腐处理可采用外表面涂防腐层、增加腐蚀余量及阴极保护；当钢管桩内壁同外界隔绝时，可不考虑内壁防腐。

4.2　承台构造

4.2.1　桩基承台的构造，除应满足抗冲切、抗剪切、抗弯承载力和上部结构要求外，尚应符合下列要求。

①柱下独立桩基承台的最小宽度不应小于 500 mm，边桩中心至承台边缘的距离不应小于桩的直径或边长，且桩的外边缘至承台边缘的距离不应小于 150 mm。对于墙下条形承台梁，桩的外边缘至承台梁边缘的距离不应小于 75 mm，承台的最小厚度不应小于 300 mm。

②高层建筑平板式和梁板式筏形承台的最小厚度不应小于 400 mm，墙下布桩的剪力墙结构筏形承台的最小厚度不应小于 200 mm。

③高层建筑箱形承台的构造应符合《高层建筑筏形与箱形基础技术规范》(JGJ 6)的规定。

4.2.2　承台混凝土材料及其强度等级应符合结构混凝土耐久性的要求和抗渗要求。

4.2.3 承台的钢筋配置应符合下列规定：

①柱下独立桩基承台钢筋应通长配置[图 4.2.3a)]，对四桩以上(含四桩)承台宜按双向均匀布置，对三桩的三角形承台应按三向板带均匀布置，且最里面的三根钢筋围成的三角形应在柱截面范围内[图 4.2.3b)]。钢筋锚固长度自边桩内侧算起(当为圆桩时，应将其直径乘以 0.8 等效为方桩)，不应小于 $35d_g$(d_g 为钢筋直径)；当不满足时应将钢筋向上弯折，此时水平段的长度不应小于 $25d_g$，弯折段长度不应小于 $10d_g$。承台纵向受力钢筋的直径不应小于 12 mm，间距不应大于 200 mm。柱下独立桩基承台的最小配筋率不应小于 0.15%。

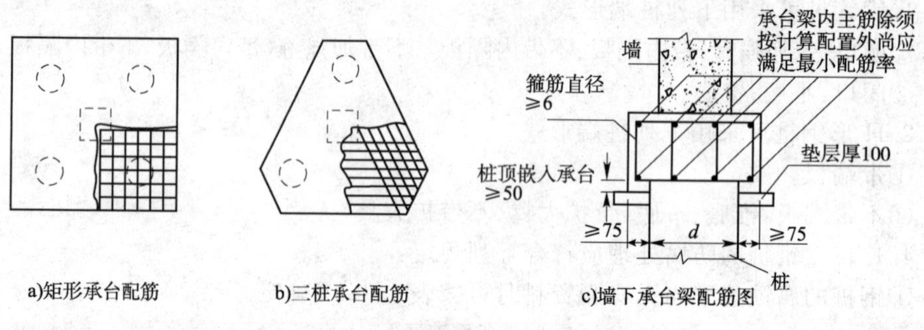

图 4.2.3 承台配筋示意(尺寸单位：mm)

②柱下独立两桩承台，应按现行国家标准《混凝土结构设计规范》(GB 50010)中的深受弯构件配置纵向受拉钢筋、水平及竖向分布钢筋。承台纵向受力钢筋端部的锚固长度及构造应与柱下多桩承台的规定相同。

③条形承台梁的纵向主筋应符合现行国家标准《混凝土结构设计规范》(GB 50010)关于最小配筋率的规定[图 4.2.3c)]，主筋直径不应小于 12 mm，架立筋直径不应小于 10 mm，箍筋直径不应小于 6 mm。承台梁端部纵向受力钢筋的锚固长度及构造应与柱下多桩承台的规定相同。

④筏形承台板或箱形承台板在计算中当仅考虑局部弯矩作用时，考虑到整体弯曲的影响，在纵横两个方向的下层钢筋配筋率不宜小于 0.15%；上层钢筋应按计算配筋率全部连通。当筏板的厚度大于 2 000 mm 时，宜在板厚中间部位设置直径不小于 12 mm、间距不大于 300 mm 的双向钢筋网。

⑤承台底面钢筋的混凝土保护层厚度，当有混凝土垫层时，不应小于 50 mm，无垫层时不应小于 70 mm；此外尚不应小于桩头嵌入承台内的长度。

4.2.4 桩与承台的连接构造应符合下列规定：

①桩嵌入承台内的长度对中等直径桩不宜小于 50 mm；对大直径桩不宜小于 100 mm。

②混凝土桩的桩顶纵向主筋应锚入承台内，其锚入长度不宜小于 35 倍纵向主筋直径。对于抗拔桩，桩顶纵向主筋的锚固长度应按现行国家标准《混凝土结构设计规范》(GB 50010)确定。

③对于大直径灌注桩，当采用一柱一桩时可设置承台或将桩与柱直接连接。

4.2.5　柱与承台的连接构造应符合下列规定：

①对于一柱一桩基础，柱与桩直接连接时，柱纵向主筋锚入桩身内长度不应小于35倍纵向主筋直径。

②对于多桩承台，柱纵向主筋应锚入承台不小于35倍纵向主筋直径；当承台高度不满足锚固要求时，竖向锚固长度不应小于20倍纵向主筋直径，并向柱轴线方向呈90°弯折。

③当有抗震设防要求时，对于一、二级抗震等级的柱，纵向主筋锚固长度应乘以1.15的系数；对于三级抗震等级的柱，纵向主筋锚固长度应乘以1.05的系数。

4.2.6　承台与承台之间的连接构造应符合下列规定：

①一柱一桩时，应在桩顶两个主轴方向上设置联系梁。当桩与柱的截面直径之比大于2时，可不设联系梁。

②两桩桩基的承台，应在其短向设置联系梁。

③有抗震设防要求的柱下桩基承台，宜沿两个主轴方向设置联系梁。

④连系梁顶面宜与承台顶面位于同一标高。连系梁宽度不宜小于250 mm，其高度可取承台中心距的1/15～1/10，且不宜小于400 mm。

⑤连系梁配筋应按计算确定，梁上下部配筋不宜小于2根直径12 mm的钢筋；位于同一轴线上的相邻跨连系梁纵筋应连通。

4.2.7　承台和地下室外墙与基坑侧壁间隙应灌注素混凝土或搅拌流动性水泥土，或采用灰土、级配砂石、压实性较好的素土分层夯实，其压实系数不宜小于0.94。

【例题1】

某建筑场地中设置摩擦型灌注桩，桩径1 200 mm，柱长10 m，因工程需要需先成桩后开挖基坑，场地地层为：0～1 m为回填土，1～8 m为软土，8 m以下为硬黏土，基坑开挖深度为3 m，该灌注柱桩身最小配筋长度应为(　　)。

(A)不小于2/3桩长　　(B)不小于1/2倍桩长

(C)不小于8.6 m　　(D)通长配筋

解

按《建筑桩基技术规范》(JGJ 94—2008)第4.1.1条第4款，配筋长度应为8.6 m，即穿过软弱土层并进入稳定土层，进入稳定土层的深度不小于(2～3)d。

例题解析

①在案例计算题中也时常出现问答型题。

②当某一项要求受多种因素控制时，应同时满足这些要求。

【案例模拟题1】

某扩底灌注桩扩底端位于砂土中，其扩底直径为2.0 m，桩径为1.0 m，其扩底段高度h_c及扩底端底面矢高h_b的尺寸宜选择(　　)。

(A)h_c=2.0 m，h_b=0.2 m　　(B)h_c=4.0 m，h_b=0.4 m

(C)h_c=4.0 m，h_b=0.2 m　　(D)h_c=2.0 m，h_b=0.4 m

【例题2】

某建筑物采用独立正方形基础，基础下设四根方桩，直径为250 mm，均匀布桩，桩中心至基础边缘的最小距离不应小于(　　)。

(A)250 mm　　(B)275 mm　　(C)300 mm　　(D)500 mm

解

据《建筑桩基技术规范》(JGJ 94—2008)第 4.2.1 条第 1 款，本题最小距离不应小于 275 mm。

例题解析

桩外边缘至承台边缘最小为 150 mm，加上桩的宽度的一半为 125 mm。

【案例模拟题 2】

某建筑桩基桩径为 1.2 m，其嵌入承台内的长度不应小于(　　)。

(A)50 mm　　(B)100 mm　　(C)150 mm　　(D)应计算后确定

4.3 桩顶作用效应计算

5.1.1　对于一般建筑物和受水平力(包括力矩与水平剪力)较小的高层建筑群桩基础，应按下列公式计算柱、墙、核心筒群桩中基桩或复合基桩的桩顶作用效应。

①竖向力

轴心竖向力作用下

$$N_k=\frac{F_k+G_k}{n} \tag{5.1.1.1}$$

偏心竖向力作用下

$$N_{ik}=\frac{F_k+G_k}{n}\pm\frac{M_{xk}y_i}{\sum y_j^2}\pm\frac{M_{yk}x_i}{\sum x_j^2} \tag{5.1.1.2}$$

②水平力

$$H_{ik}=\frac{H_k}{n} \tag{5.1.1.3}$$

式中，F_k 为荷载效应标准组合下，作用于承台顶面的竖向力；G_k 为桩基承台和承台上土自重标准值，对稳定的地下水位以下部分应扣除水的浮力；N_k 为荷载效应标准组合轴心竖向力作用下，基桩或复合基桩的平均竖向力；N_{ik} 为荷载效应标准组合偏心竖向力作用下，第 i 基桩或复合基桩的竖向力；M_{xk}、M_{yk} 分别为荷载效应标准组合下，作用于承台底面，绕通过桩群形心的 x、y 主轴的力矩；x_i、x_j、y_i、y_j 分别为第 i、j 基桩或复合基桩至 y 轴、x 轴的距离；H_k 为荷载效应标准组合下，作用于桩基承台底面的水平力；H_{ik} 为荷载效应标准组合下，作用于第 i 基桩或复合基桩的水平力；n 为桩基中的桩数。

5.1.2　对于主要承受竖向荷载的抗震设防区低承台桩基，在同时满足下列条件时，桩顶作用效应计算可不考虑地震作用：

①按现行国家标准《建筑抗震设计规范》(GB 50011)规定可不进行桩基抗震承载力验算的建筑物；

②建筑场地位于建筑抗震的有利地段。

5.1.3　属于下列情况之一的桩基，计算各基桩的作用效应、桩身内力和位移时，宜考虑承台(包括地下墙体)与基桩协同工作和土的弹性抗力作用，其计算方法可按本规范附录 C 进行：

①位于 8 度和 8 度以上抗震设防区的建筑，当其桩基承台刚度较大或由于上部结构与承台协同作用能增强承台的刚度时；

②其他受较大水平力的桩基。

【例题 3】

如下图所示，柱底传至承台顶面的荷载设计值为 $F_k=1\ 200\ \text{kN}$，$H_k=100\ \text{kN}$，$M_k=200\ \text{kN}\cdot\text{m}$。承台埋深 2 m，承台尺寸及桩间距见图，则作用在桩顶的 N_k、N_{kmax}、N_{kmin} 及 H_{1k} 分别为(　　)。

(A)451 kN、505 kN、399 kN、25 kN　　(B)450 kN、521 kN、403 kN、18 kN

(C)481 kN、535 kN、403 kN、18 kN　　(D)450 kN、521 kN、428 kN、25 kN

解

$G_k=3.6\times4.2\times2\times20=604.8(\text{kN})$

$M_{yk}=M_k+H_k\times1.2$

$=200+100\times1.2$

$=320(\text{kN}\cdot\text{m})$

$N_k=\dfrac{F_k+G_k}{n}=\dfrac{1\ 200+604.8}{4}=451.2(\text{kN})$

$$\begin{matrix}N_{kmax}\\N_{kmin}\end{matrix}=N_k\pm\frac{M_{yk}}{\sum x_j^2}x_{max}=451.2\pm\frac{320\times1.5}{4\times1.5^2}$$

$$=\begin{matrix}504.5(\text{kN})\\398.8(\text{kN})\end{matrix}$$

$H_{1k}=\dfrac{H_k}{n}=\dfrac{100}{4}=25(\text{kN})$

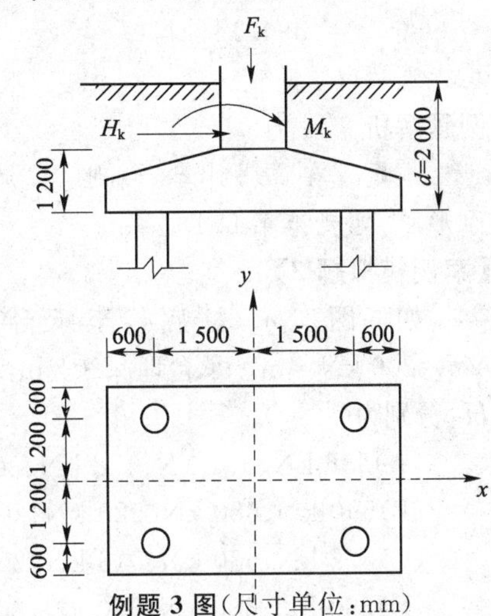

例题 3 图(尺寸单位:mm)

例题解析

①式中 F_k 是作用于承台顶面的力，而计算式中的 H_k、M_k 分别为作用于承台底面的力和力矩，解题时应注意题目中 H 作用的位置，并将 H 可能对承台底面桩群形心的矩计入 M_{xk} 或 M_{yk}。

②特别注意，M_{xk}、M_{yk} 分别为作用于承台底面通过桩群形心的 x、y 轴的弯矩设计值。坐标原点是桩群形心。当桩径相同且对称布桩时，桩群形心与承台底面形心重合(如例题 3)，但当桩采用不对称布桩，或桩径不同时，则桩群形心可能与承台底面形心不重合，此时应求出桩群形心，并将桩群形心作为坐标原点，参见例题 4。

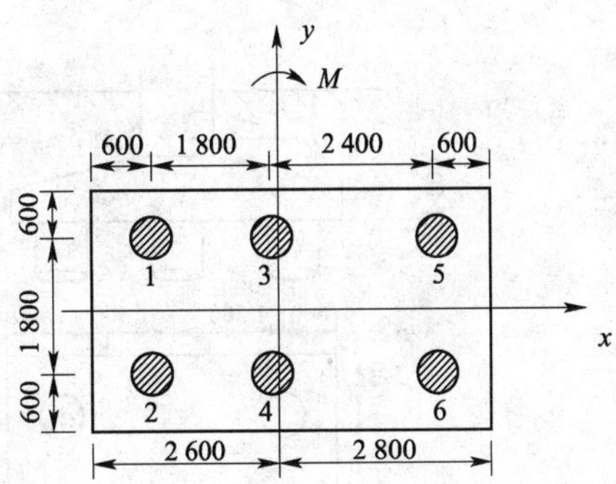

例题 4 图(尺寸单位:mm)

【例题 4】

非均匀布桩时的桩顶作用效应计算。

桩径 $d=600\ \text{mm}$，$F_k+G_k=2\ 500\ \text{kN}$，$M_{yk}=200\ \text{kN}\cdot\text{m}$，桩的平面布置如右图所示，则 N_{kmax} 和 N_{kmin} 分别为(　　)。

(A)442 kN、394 kN　　(B)465 kN、408 kN

(C)442 kN、405 kN　　(D)465 kN、394 kN

解

首先确定承台下桩群截面的重心(形心)，设桩截面面积为 A，则

$2A\times0.6+2A\times2.4+2A\times4.8=6Ax_A$

$$x_A=\frac{2\times0.6+2\times2.4+2\times4.8}{6}=2.6\ (\text{m})$$

1、2 号桩的 x 坐标为：$x_{1,2}=-(2.6-0.6)=-2.0$ (m)

3、4 号桩的 x 坐标为：$x_{3,4}=-(2.6-2.4)=-0.2$ (m)

5、6 号桩的 x 坐标为：$x_{5,6}=0.6+1.8+2.4-2.6=2.2$ (m)

$$N_{\text{kmax}}=\frac{F_k+G_k}{n}+\frac{M_{yk}x_{\max}}{\sum x_j^2}=\frac{2\,500}{6}+\frac{200\times2.2}{2\times(2^2+0.2^2+2.2^2)}$$

$$=441.5(\text{kN})$$

$$N_{\text{kmin}}=\frac{F_k+G_k}{n}-\frac{M_{yk}x_{\min}}{\sum x_i^2}=\frac{2\,500}{6}-\frac{200\times2}{2\times(2^2+0.2^2+2.2^2)}$$

$$=394.14(\text{kN})$$

选项(C)正确。

例题解析

本题旨在说明计算 N_{ik} 时，x、y 坐标系的原点，要选在桩群截面形心（重心），而非承台底面形心，见规范第 5.1.1 条。

【案例模拟题 3】

如下图所示，柱底传至承台顶面的荷载设计值为 $F_k=1\ 800$ kN，$H_k=150$ kN，$M_k=200$ kN·m。承台埋深 2.5 m，承台尺寸及桩间距如图所示，作用在桩顶的 N_k、N_{kmax}、N_{kmin}、H_{1k} 分别为（　　）。

(A)536 kN、595 kN、478 kN、30 kN

(B)590 kN、680 kN、520 kN、20 kN

(C)572 kN、630 kN、513 kN、20 kN

(D)590 kN、680 kN、520 kN、30 kN

【案例模拟题 4】

如下图所示，桩顶竖向力设计值 N_k 为（　　）。

(A)550 kN　　(B)560 kN　　(C)570 kN　　(D)580 kN

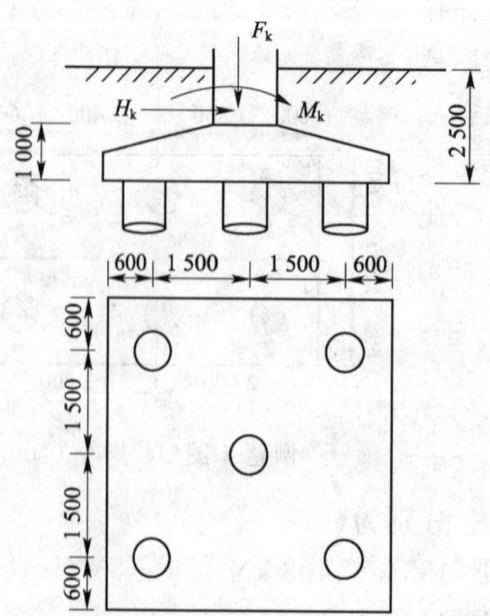

案例模拟题 3 图（尺寸单位：mm）

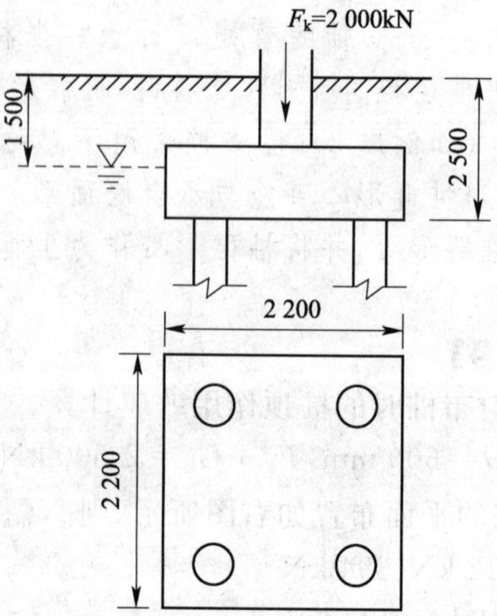

案例模拟题 4 图（尺寸单位：mm）

提示：计算 N 时，要考虑水浮力的影响。

4.4 桩基竖向承载力计算

5.2.1 桩基竖向承载力计算应符合下列要求：

①荷载效应标准组合

轴心竖向力作用下

$$N_k \leqslant R \tag{5.2.1.1}$$

偏心竖向力作用下，除满足上式外，尚应满足下式的要求

$$N_{kmax} \leqslant 1.2R \tag{5.2.1.2}$$

②地震作用效应和荷载效应标准组合

轴心竖向力作用下

$$N_{Ek} \leqslant 1.25R \tag{5.2.1.3}$$

偏心竖向力作用下，除满足上式外，尚应满足下式的要求

$$N_{Ekmax} \leqslant 1.5R \tag{5.2.1.4}$$

式中，N_k 为荷载效应标准组合轴心竖向力作用下，基桩或复合基桩的平均竖向力；N_{kmax} 为荷载效应标准组合偏心竖向力作用下，桩顶最大竖向力；N_{Ek} 为地震作用效应和荷载效应标准组合下，基桩或复合基桩的平均竖向力；N_{Ekmax} 为地震作用效应和荷载效应标准组合下，基桩或复合基桩的最大竖向力；R 为基桩或复合基桩竖向力承载力特征值。

5.2.2 单桩竖向承载力特征值 R_a 应按下式确定

$$R_a = \frac{1}{K} Q_{uk} \tag{5.2.2}$$

式中，Q_{uk} 为单桩竖向极限承载力标准值；K 为安全系数，取 $K=2$。

5.2.3 对于端承型桩基、桩数少于 4 根的摩擦型柱下独立桩基，或由于地层土性、使用条件等因素不宜考虑承台效应时，基桩竖向承载力特征值应取单桩竖向承载力特征值。

5.2.4 对于符合下列条件之一的摩擦型桩基，宜考虑承台效应确定其复合基桩的竖向承载力特征值：

①上部结构整体刚度较好、体型简单的建(构)筑物；

②对差异沉降适应性较强的排架结构和柔性构筑物；

③按变刚度调平原则设计的桩基刚度相对弱化区；

④软土地基的减沉复合疏桩基础。

5.2.5 考虑承台效应的复合基桩竖向承载力特征值可按下列公式确定：

不考虑地震作用时

$$R = R_a + \eta_c f_{ak} A_c \tag{5.2.5.1}$$

考虑地震作用时

$$R = R_a + \frac{\zeta_a}{1.25} \eta_c f_{ak} A_c \tag{5.2.5.2}$$

$$A_c = (A - nA_{ps})/n \tag{5.2.5.3}$$

式中，η_c 为承台效应系数，可按表 5.2.5 取值；f_{ak} 为承台下 1/2 承台宽度且不超过 5 m 深度范围内各层土的地基承载力特征值按厚度加权的平均值；A_c 为计算基桩

所对应的承台底净面积；A_{ps} 为桩身截面面积；A 为承台计算域面积对于柱下独立桩基，A 为承台总面积；对于桩筏基础，A 为柱、墙筏板的 1/2 跨距和悬臂边 2.5 倍筏板厚度所围成的面积；桩集中布置于单片墙下的桩筏基础，取墙两边各 1/2 跨距围成的面积，按条形承台计算 η_c；ζ_a 为地基抗震承载力调整系数，应按现行国家标准《建筑抗震设计规范》(GB 50011)采用。

当承台底为可液化土、湿陷性土、高灵敏度软土、欠固结土、新填土时，沉桩引起超孔隙水压力和土体隆起时，不考虑承台效应，取 $\eta_c=0$。

承台效应系数 η_c 表 5.2.5

B_c/l	s_a/d				
	3	4	5	6	>6
≤0.4	0.06～0.08	0.14～0.17	0.22～0.26	0.32～0.38	0.50～0.80
0.4～0.8	0.08～0.10	0.17～0.20	0.26～0.30	0.38～0.44	
>0.8	0.10～0.12	0.20～0.22	0.30～0.34	0.44～0.50	
单排桩条形承台	0.15～0.18	0.25～0.30	0.38～0.45	0.50～0.60	

注：1. 表中 s_a/d 为桩中心距与桩径之比；B_c/l 为承台宽度与桩长之比。当计算基桩为非正方形排列时，$s_a=\sqrt{A/n}$，A 为承台计算域面积，n 为总桩数。

2. 对于桩布置于墙下的箱、筏承台，η_c 可按单排桩条形承台取值。

3. 对于单排桩条形承台，当承台宽度小于 1.5d 时，η_c 按非条形承台取值。

4. 对于采用后注浆灌注桩的承台，η_c 宜取低值。

5. 对于饱和黏性土中的挤土桩基、软土地基上的桩基承台，η_c 宜取低值的 0.8 倍。

【例题 5】

某承台下设三根桩，桩型为 600 mm 钻孔灌注桩(干作业)，桩长 11 m，各层土的厚度、侧阻、端阻如下图所示。基桩竖向承载力特征值为(　　)。

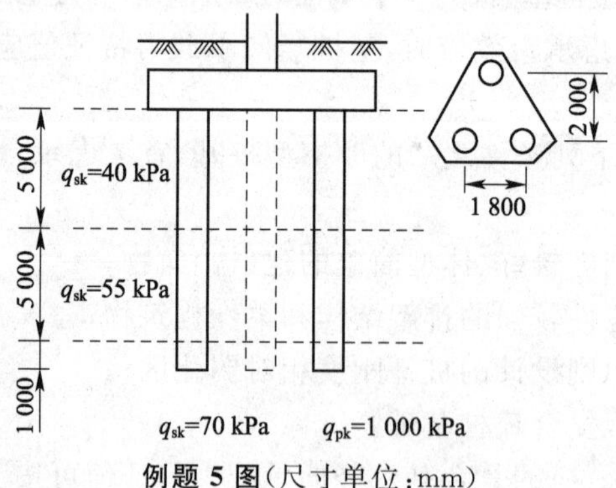

例题 5 图(尺寸单位：mm)

(A)750 kN　　(B)700 kN　　(C)650 kN　　(D)600 kN

解

① $Q_{sk}=u\sum q_{sik}l_i=3.14\times0.6\times(5\times40+5\times55+1\times70)=1\,026.8\ (\text{kN})$

② $Q_{pk}=q_{pk}A_p=1\,000\times\dfrac{3.14\times0.6^2}{4}=282.6\ (\text{kN})$

$Q_{sk}>Q_{pk}$，桩为端承摩擦桩

$n=3<4$，则取 $R=R_a$

$$R_a=\frac{1}{K}Q_{uk}=\frac{1}{K}(Q_{sk}+Q_{pk})=\frac{1}{2}\times(1\ 026.8+282.6)=654.7(\text{kN})$$

答案为(C)。

例题解析

因桩数不超过 3 根，故可不考虑承台效应，即 $R=R_a$。

【案例模拟题 5】

同例题 5，桩型改为 400 mm 沉管灌注桩，其他条件不变，基桩承载力特征值为（　　）。

(A)405 kN　　(B)463 kN

(C)483 kN　　(D)503 kN

【例题 6】

某体型简单，上部结构整体刚度较好的摩擦型桩基，采用 ϕ800 的泥浆护壁钻孔灌注桩，桩距如右图所示，不考虑地震作用，粉质黏土的地基承载力特征值 f_{ak} 为 200 kPa，确定图示桩基础中基桩的竖向承载力特征值 R 为（　　）。

(A)1 140 kN　　(B)1 180 kN

(C)1 220 kN　　(D)1 270 kN

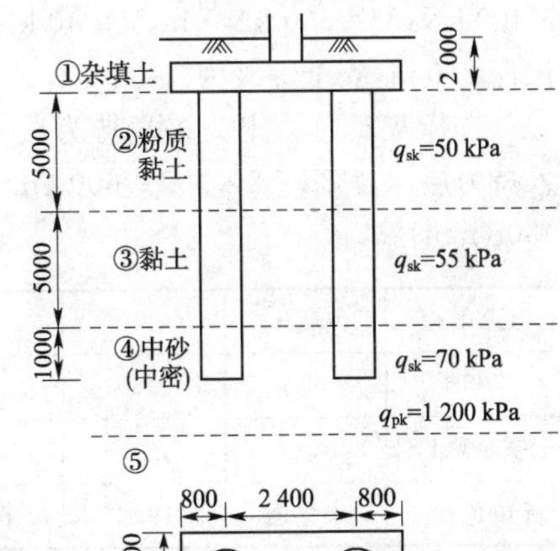

例题 6 图(尺寸单位：mm)

解

$$Q_{sk}=3.14\times0.8\times(5\times50+5\times55+2\times70)=1\ 670.5(\text{kN})$$

$$Q_{pk}=\frac{3.14\times0.8^2}{4}\times1\ 200=602.9(\text{kN})$$

$Q_{pk}<Q_{sk}$ 属于端承摩擦桩，n 不小于 4，应考虑承台效应。

$$A_c=(A-nA_{ps})/4=\left(4\times4-4\times\frac{3.14\times0.8^2}{4}\right)/4=3.498(\text{m}^2)$$

$$s_a/d=2\ 400/800=3$$

$$B_c/l=4/12=0.33$$

查得 $\eta_c=0.06\sim0.08$，取 $\eta_c=0.06$。

$$R_a=\frac{1}{K}Q_{uk}=\frac{1}{2}\times(1\ 670.5+602.9)=1\ 136.7(\text{kN})$$

$$R=R_a+\eta_c f_{ak}A_c=1\ 136.7+0.06\times200\times3.498=1\ 178.7(\text{kN})$$

答案为(B)。

例题解析

①新桩基规范 JGJ 94—2008 中取消了侧阻及端阻的群桩效应，只保留了承台效应，但计算承台效应系数 η_c 时，与旧规范 JGJ 94—1994 的方法也不相同，请注意。

②确定基桩竖向承载力特征值时，用安全系数 K 取代了抗力分项系数（γ_s、γ_p、γ_{sp}、γ_c）。

【案例模拟题 6】

条件同例题 6，将桩型改为边长为 400 mm 的预制方桩，则竖向承载力特征值 R 为（　　）。

(A)630 kN　　(B)730 kN　　(C)870 kN　　(D)920 kN

【例题 7】

规则布桩时复合基桩的竖向承载力验算。

已知某厂房柱(见下图)截面尺寸 400 mm×600 mm,柱底内力设计值分别为 $N=3\ 400$ kN,$M=500$ kN·m,$V=40$ kN,桩基承台底面埋深 2 m,地质资料如下表所示,地下水位深 2.0 m,安全等级为二级。

选择灰黄色粉土为桩端持力层。采用截面边长为 300 mm 的混凝土预制方桩,桩端进入持力层深度 $2d=2\times300=600$ (mm)(不包括桩尖部分),桩尖长度取 $1.5b=1.5\times300=450$ (mm)。

土层名称	厚度/m	γ/(kN/m^3)	e	S_r	I_p	I_L	φ	f_{ak}/kPa
杂填土	2	16						
灰色黏土	10.5	18.9	1.0	95.6%	18.4	1.0	20	220
灰黄色粉土	未穿透	19.6	0.7	96.5%	15	0.6	23	500

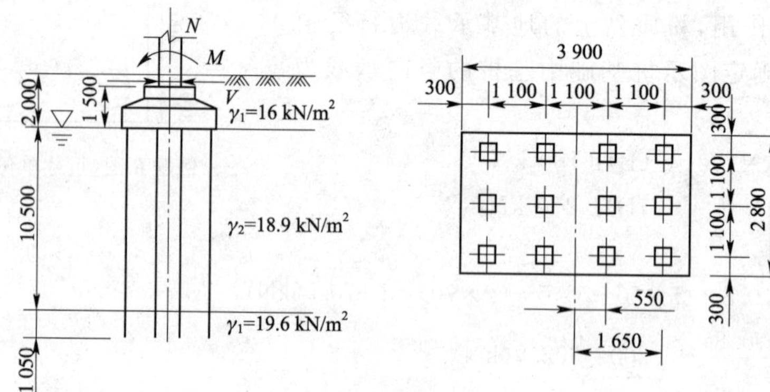

例题 7 图(尺寸单位:mm)

假设端承摩擦桩的单桩竖向承载力特征值为 600 kN,其基桩竖向承载力特征值至少为(　　)。

(A)600 kN　　(B)621 kN　　(C)700 kN　　(D)750 kN

解

$A_c=(A-nA_{ps})/n=(3.9\times2.8-12\times0.3\times0.3)/12=0.82(\text{m}^2)$

$l=10.5+0.6=11.1$

$s_a/d=1.1/0.3=3.7$

$B_c/l=2.8/11.1=0.25$

查表 5.2.5 得:

当 $s_a/d=3$ 时,$\eta_c=0.06$

当 $s_a/d=4$ 时,$\eta_c=0.14$

当 $s_a/d=3.7$ 时,$\dfrac{\eta_c-0.06}{0.14-0.06}=\dfrac{3.7-3}{4-3}$,得 $\eta_c=0.116$,修正 $\eta_c=0.8\times0.116=0.092\ 8$

$R=R_a+\eta_c f_{ak}A_c=600+0.092\ 8\times220\times0.82=616.7(\text{kN})$

4.5 单桩竖向极限承载力标准值的确定

4.5.1 根据静力触探资料确定混凝土预制桩单桩竖向极限承载力标准值

Ⅰ 一般规定

5.3.1 设计采用的单桩竖向极限承载力标准值应符合下列规定：

①设计等级为甲级的建筑桩基，应通过单桩静载试验确定。

②设计等级为乙级的建筑桩基，当地质条件简单时，可参照地质条件相同的试桩资料，结合静力触探等原位测试和经验参数综合确定；其余均应通过单桩静载试验确定。

③设计等级为丙级的建筑桩基，可根据原位测试和经验参数确定。

5.3.2 单桩竖向极限承载力标准值、极限侧阻力标准值和极限端阻力标准值应按下列规定确定。

①单桩竖向静载试验应按现行行业标准《建筑基桩检测技术规范》(JGJ 106)执行。

②对于大直径端承型桩，也可通过深层平板(平板直径应与孔径一致)载荷试验确定极限端阻力。

③对于嵌岩桩，可通过直径为 0.3 m 岩基平板载荷试验确定极限端阻力标准值，也可通过直径为 0.3 m 嵌岩短墩载荷试验确定极限侧阻力标准值和极限端阻力标准值。

④桩的极限侧阻力标准值和极限端阻力标准值宜通过埋设桩身轴力测试元件由静载试验确定，并通过测试结果建立极限侧阻力标准值和极限端阻力标准值与土层物理指标、岩石饱和单轴抗压强度以及与静力触探等土的原位测试指标间的经验关系，以经验参数法确定单桩竖向极限承载力。

Ⅱ 原位测试法

5.3.3 当根据单桥探头静力触探资料确定混凝土预制桩单桩竖向极限承载力标准值时，如无当地经验，可按下式计算

$$Q_{uk}=Q_{sk}+Q_{pk}=u\sum q_{sik}l_i+\alpha p_{sk}A_p \tag{5.3.3.1}$$

当 $p_{sk1}\leqslant p_{sk2}$ 时

$$p_{sk}=\frac{1}{2}(p_{sk1}+\beta p_{sk2}) \tag{5.3.3.2}$$

当 $p_{sk1}>p_{sk2}$ 时

$$p_{sk}=p_{sk2} \tag{5.3.3.3}$$

式中，Q_{sk}、Q_{pk} 分别为总极限侧阻力标准值和总极限端阻力标准值；u 为桩身周长；q_{sik} 为用静力触探比贯入阻力值估算的桩周第 i 层土的极限侧阻力；l_i 为桩周第 i 层土的厚度；α 为桩端阻力修正系数，可按表 5.3.3.1 取值；p_{sk} 为桩端附近的静力触探比贯入阻力标准值(平均值)；A_p 为桩端面积；p_{sk1} 为桩端全截面以上 8 倍桩径范围

第4章 深基础

内的比贯入阻力平均值；p_{sk2} 为桩端全截面以下 4 倍桩径范围内的比贯入阻力平均值，如桩端持力层为密实的砂土层，其比贯入阻力平均值超过 20 MPa 时，则需乘以表 5.3.3.2 中系数 C 予以折减后，再计算 p_{sk}；β 为折减系数，按表 5.3.3.3 选用。

注：1. q_{sik} 值应结合土工试验资料，依据土的类别、埋藏深度、排列次序，按图 5.3.3折线取值；图 5.3.3 中，直线Ⓐ（线段 gh）适用于地表下 6 m 范围内的土层；折线Ⓑ（线段 $oabc$）适用于粉土及砂土土层以上（或无粉土及砂土土层地区）的黏性土；折线Ⓒ（线段 $odef$）适用于粉土及砂土土层以下的黏性土；折线Ⓓ（线段 oef）适用于粉土、粉砂、细砂及中砂。

2. p_{sk} 为桩端穿过的中密至密实砂土、粉土的比贯入阻力平均值；p_{sl} 为砂土、粉土的下卧软土层的比贯入阻力平均值。

3. 采用的单桥探头，圆锥底面积为 15 cm²，底部带 7 cm 高滑套，锥角 60°。

4. 当桩端穿过粉土、粉砂、细砂及中砂层底面时，折线Ⓓ估算的 q_{sik} 值需乘以表 5.3.3.4 中系数 η_s 值。

桩端阻力修正系数 α 值 表 5.3.3.1

桩长/m	$l<15$	$15\leqslant l\leqslant 30$	$30<l\leqslant 60$
α	0.75	0.75～0.90	0.90

注：桩长 15 m$\leqslant l\leqslant$30 m，α 值按 l 值直线内插；l 为桩长（不包括桩尖高度）。

系　数　C 表 5.3.3.2

p_{sk}/MPa	20～30	35	>40
系数 C	5/6	2/3	1/2

折 减 系 数 β 表 5.3.3.3

p_{sk2}/p_{sk1}	≤5	7.5	12.5	≥15
β	1	5/6	2/3	1/2

注：表 5.3.3.2、表 5.3.3.3 可内插取值。

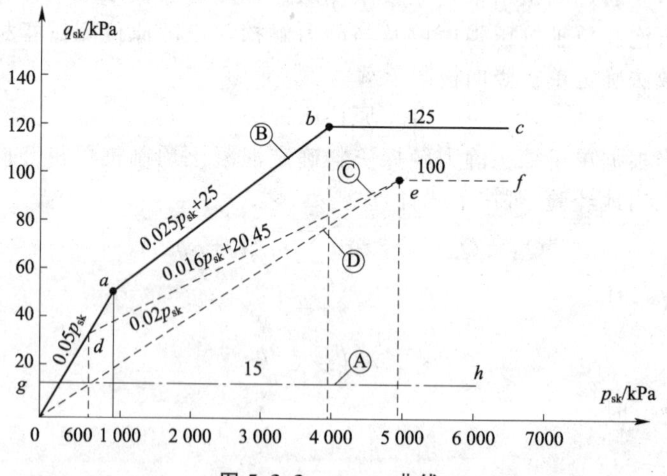

图 5.3.3　q_{sk}-p_{sk} 曲线

系　数　η_s　值 表 5.3.3.4

p_{sk}/p_{sl}	≤5	7.5	≥10
η_s	1.00	0.50	0.33

> 5.3.4 当根据双桥探头静力触探资料确定混凝土预制桩单桩竖向极限承载力标准值时，对于黏性土、粉土和砂土，如无当地经验时可按下式计算
>
> $$Q_{uk}=Q_{sk}+Q_{pk}=u\sum l_i\beta_i f_{si}+\alpha q_c A_p \tag{5.3.4}$$
>
> 式中，f_{si}为第 i 层土的探头平均侧阻力(kPa)；q_c 为桩端平面上、下探头阻力，取桩端平面以上 $4d$(d 为桩的直径或边长)范围内按土层厚度的探头阻力加权平均值(kPa)，然后再和桩端平面以下 $1d$ 范围内的探头阻力进行平均；α 为桩端阻力修正系数，对于黏性土、粉土取 2/3，饱和砂土取 1/2；β_i 为第 i 层土桩侧阻力综合修正系数[黏性土、粉土：$\beta_i=10.04(f_{si})^{-0.55}$；砂土：$\beta_i=5.05(f_{si})^{-0.45}$]。
>
> 注：双桥探头的圆锥底面积为 15 cm^2，锥角 60°，摩擦套筒高 21.85 cm，侧面积 300 cm^2。

【例题 8】

桩为预制混凝土方桩，截面 350 mm×350 mm，桩长 12 m(其中桩尖部分0.5 m)，承台埋深 2 m，静力触探成果如下图所示。桩的竖向极限承载力标准值为(　　)。

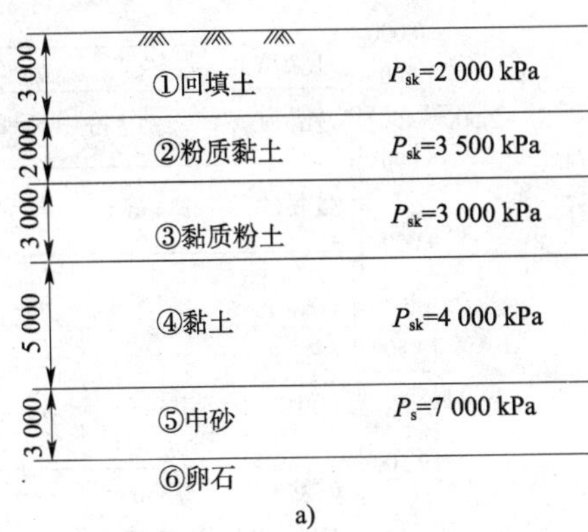

a)

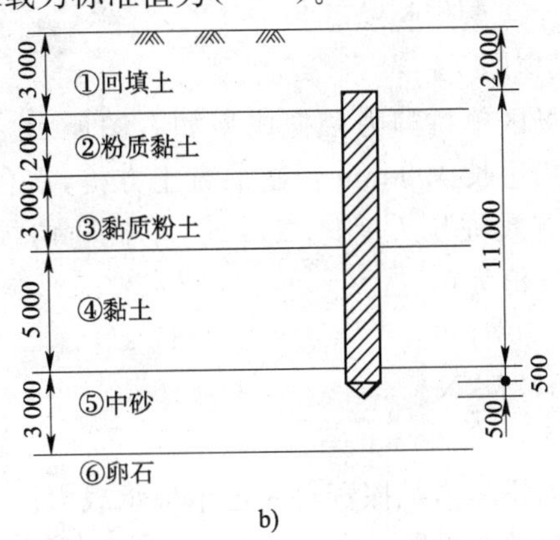

b)

例题 8 图(尺寸单位：mm)

解

按规范第 5.2.6 条，计算公式为

$$Q_{uk}=Q_{sk}+Q_{pk}=u\sum q_{sik}l_i+\alpha P_{sk}A_p$$

①按规范确定各层土 q_{sik}。

顶部 4 m 范围内，地表下 6 m，$q_{sik}=15$ kPa(按第 5.2.6.1 条中 A 线)

第③层土按 D 线 $q_{sik}=0.02p_s=0.02\times3\,000=60$(kPa)

$$\frac{p_{sk}}{p_{sl}}=\frac{3\,000}{4\,000}=0.75<5$$

$\eta_s=1.0$

$q_{sik}=60\times1=60$(kPa)

第④层土上部为粉土，下部为砂土，如按 B 线

$q_{sik}=0.025P_s+25=0.025\times4\,000+25=125$ (kPa)

如按 C 线

$q_{sik}=0.016P_s+20.45=84.45$(kPa)

按偏安全原则，实取 $q_{sik}=84.45$

第⑤层土按 D 线，因 $P_s>5\ 000$，所以，$q_{sik}=100$ kPa

②确定 α 及 P_{sk}。

$$P_{sk1}=\frac{0.5\times 7\ 000+(2.8-0.5)\times 4\ 000}{8\times 0.35}=4\ 535.7$$

$$P_{sk2}=\frac{4\times 0.35\times 7\ 000}{4\times 0.35}=7\ 000$$

$$\frac{P_{sk2}}{P_{sk1}}=\frac{7\ 000}{4\ 535.7}=1.543<5$$

取 $\beta=1$

$$P_{sk}=\frac{1}{2}(P_{sk1}+\beta P_{sk2})=\frac{1}{2}\times(4\ 535.7+1\times 7\ 000)=5\ 767.9$$

由规范表 5.2.6.2 得 $\alpha=0.75$

③代入公式计算 Q_{uk}。

$$\begin{aligned}Q_{uk}&=0.35\times 4\times[15\times 4+60\times 2+84.45\times 5+100\times 0.5]+0.75\times 5\ 767.9\times 0.35^2\\&=1\ 419(\text{kN})\end{aligned}$$

【案例模拟题 7】

某场区单桥静力触探成果如右图所示。当本工程采用边长 400 mm 预制混凝土方桩，承台埋深 2.5 m，有效桩长 $L=11.5$ m 时，单桩竖向极限承载力标准值为(　　)。

(A)707 kN　　(B)717 kN

(C)727 kN　　(D)816 kN

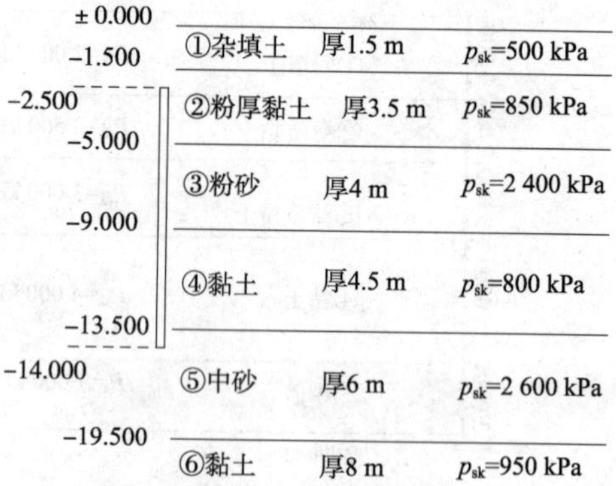

标高	土层	厚度	p_{sk}
±0.000 ~ −1.500	①杂填土	厚1.5 m	p_{sk}=500 kPa
−1.500 ~ −5.000	②粉厚黏土	厚3.5 m	p_{sk}=850 kPa
−5.000 ~ −9.000	③粉砂	厚4 m	p_{sk}=2 400 kPa
−9.000 ~ −13.500	④黏土	厚4.5 m	p_{sk}=800 kPa
−13.500 ~ −19.500	⑤中砂	厚6 m	p_{sk}=2 600 kPa
−19.500 ~	⑥黏土	厚8 m	p_{sk}=950 kPa

（图中另标：桩顶 −2.500，桩端 −14.000）

案例模拟题 7 图

【例题 9】

按双桥静力触探资料确定单桩承载力。

桩为预制混凝土方桩边长 400 mm，桩长 12 m(桩尖长 0.4 m)，承台埋深 2 m。地层及静力触探资料如下图所示。

单桩竖向承载力标准值为(　　)。

(A)1 850 kN　　(B)1 900 kN　　(C)1 950 kN　　(D)2 000 kN

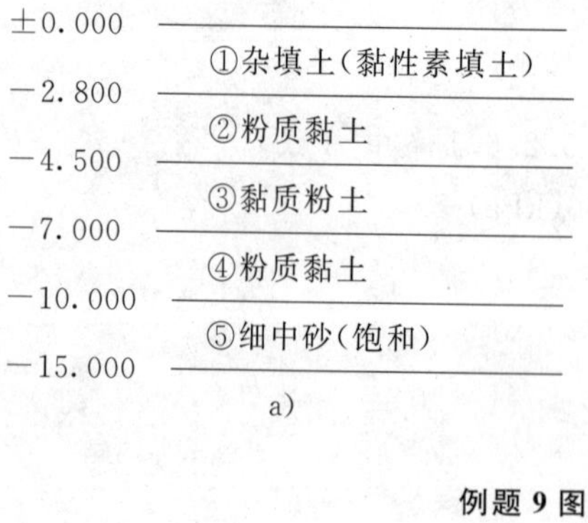

a)

标高	土层
±0.000 ~ −2.800	①杂填土(黏性素填土)
−2.800 ~ −4.500	②粉质黏土
−4.500 ~ −7.000	③黏质粉土
−7.000 ~ −10.000	④粉质黏土
−10.000 ~ −15.000	⑤细中砂(饱和)

b)

土层编号	指标名称	
	f_{sik}/kPa	q_{cik}/kPa
①	80	
②	120	
③	180	
④	140	800
⑤	200	1 500

例题 9 图　地层及静力触探资料

解

按规范第 5.2.7 条计算公式 $Q_{uk}=u\sum l_i\beta_i f_{sik}+\alpha q_{ck}A_p$ 计算。

①求各层的 β_i。

$$第①\sim④层\ \beta_i=10.04(f_{si})^{-0.55}=\begin{cases}①层 & \beta_i=0.9\\ ②层 & \beta_i=0.72\\ ③层 & \beta_i=0.58\\ ④层 & \beta_i=0.66\end{cases}$$

第⑤层 $\beta_i=5.05(f_{si})^{-0.45}=0.47$

②据所给条件 $\alpha=1/2$，桩端平面以上 $4d$ 范围内，$q_{ck}=1\,500$，以下 $1d$ 范围内 $q_c k=1\,500$。

③$Q_{uk}=0.4\times4\times(0.8\times0.9\times80+1.7\times0.72\times120+2.5\times0.58\times180+3\times0.66\times140+3.6\times0.47\times200)+0.5\times1\,500\times0.4^2$

$=1\,729.73+120=1\,849.73(kN)\approx1\,850(kN)$

4.5.2 根据土的物理指标与承载力参数之间的经验关系确定单桩竖向极限承载力标准值

Ⅲ 经验参数法

5.3.5 当根据土的物理指标与承载力参数之间的经验关系确定单桩竖向极限承载力标准值时，宜按下式估算

$$Q_{uk}=Q_{sk}+Q_{pk}=u\sum q_{sik}l_i+q_{pk}A_p \quad (5.3.5)$$

式中，q_{sik} 为桩侧第 i 层土的极限侧阻力标准值，如无当地经验时，可按表 5.3.5.1 取值；q_{pk} 为极限端阻力标准值，如无当地经验时，可按表 5.3.5.2 取值。

桩的极限侧阻力标准值 q_{sik}（单位：kPa） 表 5.3.5.1

土的名称	土的状态		混凝土预制桩	泥浆护壁钻(冲)孔桩	干作业钻孔桩
填土	—		22～30	20～28	20～28
淤泥	—		14～20	12～18	12～18
淤泥质土	—		22～30	20～28	20～28
黏性土	流塑	$I_L>1$	24～40	21～38	21～38
	软塑	$0.75<I_L\leqslant1$	40～55	38～53	38～53
	可塑	$0.50<I_L\leqslant0.75$	55～70	53～68	53～66
	硬可塑	$0.25<I_L\leqslant0.50$	70～86	68～84	66～82
	硬塑	$0<I_L\leqslant0.25$	86～98	84～96	82～94
	坚硬	$I_L\leqslant0$	98～105	96～102	94～104
红黏土	$0.7<a_w\leqslant1$		13～32	12～30	12～30
	$0.5<a_w\leqslant0.7$		32～74	30～70	30～70
粉土	稍密	$e>0.9$	26～46	24～42	24～42
	中密	$0.75\leqslant e\leqslant0.9$	46～66	42～62	42～62
	密实	$e<0.75$	66～88	62～82	62～82
粉细砂	稍密	$10<N\leqslant15$	24～48	22～46	22～46
	中密	$15<N\leqslant30$	48～66	46～64	46～64
	密实	$N>30$	66～68	64～86	64～86

续上表

土的名称	土的状态		混凝土预制桩	泥浆护壁钻(冲)孔桩	干作业钻孔桩
中砂	中密	$15<N\leqslant30$	54～74	53～72	53～72
	密实	$N>30$	74～95	72～94	72～94
粗砂	中密	$15<N\leqslant30$	74～95	74～95	76～98
	密实	$N>30$	95～116	95～116	98～120
砾砂	稍密	$5<N_{63.5}\leqslant15$	70～110	50～90	60～100
	中密(密实)	$N_{63.5}>15$	116～138	116～130	112～130
圆砾、角砾	中密、密实	$N_{63.5}>10$	160～200	135～150	135～150
碎石、孵石	中密、密实	$N_{63.5}>10$	200～300	140～170	150～170
全风化软质岩	—	$30<N\leqslant50$	100～120	80～100	80～100
全风化硬质岩	—	$30<N\leqslant50$	140～160	120～140	120～150
强风化软质岩	—	$N_{63.5}>10$	160～240	140～200	140～220
强风化硬质岩	—	$N_{63.5}>10$	220～300	160～240	160～260

注：1. 对于尚未完成自重固结的填土和以生活垃圾为主的杂填土，不计算其侧阻力。

2. a_w 为含水比，$a_w=w/w_L$，w 为土的天然含水率，w_L 为土的液限。

3. N 为标准贯入击数，$N_{63.5}$ 为重型圆锥动力触探击数。

4. 全风化、强风化软质岩和全风化、强风化硬质岩系指其母岩分别为 $f_{rk}\leqslant15$ MPa、$f_{rk}>30$ MPa 的岩石。

桩的极限端阻力标准值 q_{pk}（单位：kPa） 表 5.3.5.2

土的名称	桩型 / 土的状态		混凝土预制桩桩长 l/m				泥浆扩壁钻(冲)孔桩桩长 l/m				干作业钻孔桩桩长 l/m		
			$l\leqslant9$	$9<l\leqslant16$	$16<l\leqslant30$	$l>30$	$5\leqslant l<10$	$10\leqslant l<15$	$15\leqslant l<30$	$30\leqslant l$	$5\leqslant l<10$	$10\leqslant l<15$	$15\leqslant l$
黏性土	软塑	$0.75<I_L\leqslant1$	210～850	650～1 400	1 200～1 800	1 300～1 900	150～250	250～300	300～450	300～450	200～400	400～700	700～950
	可塑	$0.50<I_L\leqslant0.75$	850～1 700	1 400～2 200	1 900～2 800	2 300～3 600	350～450	450～600	600～750	750～800	500～700	800～1 100	1 000～1 600
	硬可塑	$0.25<I_L\leqslant0.50$	1 500～2 300	2 300～3 300	2 700～3 600	3 600～4 400	800～900	900～1 000	1 000～1 200	1 200～1 400	850～1 100	1 500～1 700	1 700～1 900
	硬塑	$0<I_L\leqslant0.25$	2 500～3 800	3 800～5 500	5 500～6 000	6 000～6 800	1 100～1 200	1 200～1 400	1 400～1 600	1 600～1 800	1 600～1 800	2 200～2 400	2 600～2 800
粉土	中密	$0.75\leqslant e\leqslant0.9$	950～1 700	1 400～2 100	1 900～2 700	2 500～3 400	300～500	500～650	650～750	750～850	800～1 200	1 200～1 400	1 400～1 600
	密实	$e<0.75$	1 500～2 600	2 100～3 000	2 700～3 600	3 600～4 400	650～900	750～950	900～1 100	1 100～1 200	1 200～1 700	1 400～1 900	1 600～2 100
粉砂	稍密	$10<N\leqslant15$	1 000～1 600	1 500～2 300	1 900～2 700	2 100～3 000	350～500	450～600	600～700	650～750	500～950	1 300～1 600	1 500～1 700
	中密、密实	$N>15$	1 400～2 200	2 100～3 000	3 000～4 500	3 800～5 500	600～750	750～900	900～1 100	1 100～1 200	900～1 000	1 700～1 900	1 700～1 900

续上表

土的名称	桩型 / 土的状态		混凝土预制桩桩长 l/m				泥浆扩壁钻(冲)孔桩桩长 l/m				干作业钻孔桩桩长 l/m		
			$l\leqslant9$	$9<l\leqslant16$	$16<l\leqslant30$	$l>30$	$5\leqslant l<10$	$10\leqslant l<15$	$15\leqslant l<30$	$30\leqslant l$	$5\leqslant l<10$	$10\leqslant l<15$	$15\leqslant l$
细砂	中密、密实	$N>15$	2 500~4 000	3 600~5 000	4 400~6 000	5 300~7 000	650~850	900~1 200	1 200~1 500	1 500~1 800	1 200~1 600	2 000~2 400	2 400~2 700
中砂	中密、密实	$N>15$	4 000~6 000	5 500~7 000	6 500~8 000	7 500~9 000	850~1 050	1 100~1 500	1 500~1 900	1 900~2 100	1 800~2 400	2 800~3 800	3 600~4 400
粗砂	中密、密实	$N>15$	5 700~7 500	7 500~8 500	8 500~10 000	9 500~11 000	1 500~1 800	2 100~2 400	2 400~2 600	2 600~2 800	2 900~3 600	4 000~4 600	4 600~5 200
砾砂	中密、密实	$N>15$	6 000~9 500		9 000~10 500		1 400~2 000		2 000~3 200		3 500~5 000		
角砾、圆砾	中密、密实	$N_{63.5}>10$	7 000~10 000		9 500~11 500		1 800~2 200		2 200~3 600		4 000~5 500		
碎石、卵石	中密、密实	$N_{63.5}>10$	8 000~11 000		10 500~13 000		2 000~3 000		3 000~4 000		4 500~6 500		
全风化软质岩		$30<N\leqslant50$	4 000~6 000				1 000~1 600				1 200~2 000		
全风化硬质岩		$30<N\leqslant50$	5 000~8 000				1 200~2 000				1 400~2 400		
强风化软质岩		$N_{63.5}>10$	6 000~9 000				1 400~2 200				1 600~2 600		
强风化硬质岩		$N_{63.5}>10$	7 000~11 000				1 800~2 800				2 000~3 000		

注:1. 砂土和碎石类土中桩的极限端阻力取值,宜综合考虑土的密实度,桩端进入持力层的深径比 h_b/d,土越密实,h_b/d 越大,取值越高。

2. 预制桩的岩石极限端阻力指桩端支承于中、微风化基岩表面或进入强风化岩、软质岩一定深度条件下极限端阻力。

3. 全风化、强风化软质岩和全风化、强风化硬质岩指其母岩分别为 $f_{rk}\leqslant15$ MPa、$f_{rk}>30$ MPa 的岩石。

【例题 10】

单根预制方桩的竖向极限承载力标准值计算。

有一钢筋混凝土预制方桩,边长为 30 cm,桩的入土深度 L=13 m。桩顶与地面齐平,地层第一层为杂填土,厚 1 m;第二层为淤泥质土,液性指数 0.9,厚 5 m;第三层为黏土,厚2 m,液性指数为 0.50;第四层为粗砂,标准贯入击数为 17 击,该层厚度较大,未揭穿。确定单桩竖向极限承载力标准值为(　　)。

(A)1 400　　(B)1 420　　(C)1 450　　(D)1 480

解

①根据规范表 5.3.5.1 确定各土层的桩侧摩阻力标准值 q_{sik}。

第一层杂填土不计侧摩阻力，$q_{s1k}=0$ kPa

第二层淤泥质土，取 $q_{s2k}=22$ kPa

第三层黏土，$q_{s3k}=70$ kPa

第四层粗砂由标贯击数 $N=17$，中密状态，取 $q_{s4k}=74$ kPa。

②根据规范表 5.3.5.2 确定桩端极限端阻力标准值 q_{pk}。

桩端持力层为中密粗砂，取 $q_{pk}=7\ 500$ kPa

③将以上数据带入规范式(5.3.5)得单桩竖向承载力标准值。

$$
\begin{aligned}
Q_{uk} &= Q_{sk}+Q_{pk}\\
&= u\sum q_{sik}l_i + q_{pk}A_p\\
&= 4\times0.3\times(0\times1+22\times5+70\times2+74\times5)+7\ 500\times0.3\times0.3\\
&= 1\ 419(\text{kN})
\end{aligned}
$$

【案例模拟题 8】

场地地层各件如下表所示，试确定当桩顶在地表以下 2.5 m，桩底进入第⑤层 0.8 m 的混凝土预制方桩(边长 350 mm)的单桩竖向极限承载力标准值为(　　)。(提示：取 $q_{s2k}=65$，$q_{s3k}=70$，$q_{s4k}=50$，$q_{s5k}=85$，$q_{p5k}=5\ 100$)

序　号	土　层	厚度/m	状态指标
①	杂填土	2	
②	粉质黏土	3	$I_L=0.51$
③	黏土	3.5	$I_L=0.45$
④	粉砂	2.0	中密
⑤	中砂	4	密实
⑥	黏土	5	$I_L=0.32$

(A)1 131 kN　　(B)1 231 kN　　(C)1 331 kN　　(D)1 431 kN

4.5.3　大直径桩单桩竖向承载力标准值

5.3.6　根据土的物理指标与承载力参数之间的经验关系，确定大直径桩单桩极限承载力标准值时，可按下式计算

$$Q_{uk}=Q_{sk}+Q_{pk}=u\sum\Psi_{si}q_{sik}l_i+\Psi_p q_{pk}A_p \tag{5.3.6}$$

式中，q_{sik} 为桩侧第 i 层土极限侧阻力标准值，如无当地经验值时，可按本规范表 5.3.5.1 取值，对于扩底桩变截面以上 $2d$ 长度范围不计侧阻力；q_{pk} 为桩径为 800 mm 的极限端阻力标准值，对于干作业挖孔(清底干净)可采用深层载荷板试验确定，而当不能进行深层载荷板试验时，可按表 5.3.6.1 取值；Ψ_{si}、Ψ_p 分别为大直径桩侧阻力、端阻力尺寸效应系数，按表 5.3.6.2 取值；u 为桩身周长，当人工挖孔桩桩周护壁为振捣密实的混凝土时，桩身周长可按护壁外直径计算。

干作业挖孔桩(清底干净,$D=800$ mm)极限端阻力标准值 q_{pk}(单位:kPa)　表 5.3.6.1

土的名称		状态		
黏性土		$0.25<I_L\leqslant0.75$	$0<I_L\leqslant0.25$	$I_L\leqslant0$
		800~1 800	1 800~2 400	2 400~3 000
粉土		—	$0.75\leqslant e\leqslant0.9$	$e<0.75$
		—	1 000~1 500	1 500~2 000
砂土、碎石类土		稍密	中密	密实
	粉砂	500~700	800~1 100	1 200~2 000
	细砂	700~1 100	1 200~1 800	2 000~2 500
	中砂	1 000~2 000	2 200~3 200	3 500~5 000
	粗砂	1 200~2 200	2 500~3 500	4 000~5 500
	砾砂	1 400~2 400	2 600~4 000	5 000~7 000
	圆砾、角砾	1 600~3 000	3 200~5 000	6 000~9 000
	卵石、碎石	2 000~3 000	3 300~5 000	7 000~11 000

注:1. 当桩进入持力层的深度 h_b 分别为 $h_b\leqslant D$,$D<h_b\leqslant4D$,$h_b>4D$ 时,q_{pk} 可相应取低、中、高值。

2. 砂土密实度可根据标贯击数判定,$N\leqslant10$ 为松散,$10<N\leqslant15$ 为稍密,$15<N\leqslant30$ 为中密,$N>30$ 为密实。

3. 当桩的长径比 $l/d\leqslant8$ 时,q_{pk} 宜取较低值。

4. 当对沉降要求不严时,q_{pk} 可取高值。

大直径灌注桩侧阻力尺寸效应系数 ψ_{si}、端阻力尺寸效应系数 ψ_p　表 5.3.6.2

土的类型	黏性土、粉土	砂土、碎石类土
Ψ_{si}	$(0.8/d)^{1/5}$	$(0.8/d)^{1/3}$
Ψ_p	$(0.8/D)^{1/4}$	$(0.8/D)^{1/3}$

注:当为等直径桩时,表中 $D=d$。

【例题 11】

大直径桩的竖向承载力计算。

某建筑柱下为一根灌注桩,柱、承台及其上土重传到桩基顶面的竖向力设计值 $F_k+G_k=2\ 400$ kN,承台埋深 2.0 m;灌注桩为圆形,直径为 900 mm,桩端 2 m 范围内直径扩到 1 200 mm,地基地质条件如右图所示。

根据《建筑桩基技术规范》(JGJ 94—2008)的规定,验算基桩的竖向承载力特征值是(　　)。

(A)1 800 kN　　(B)1 755 kN

(C)1 900 kN　　(D)2 000 kN

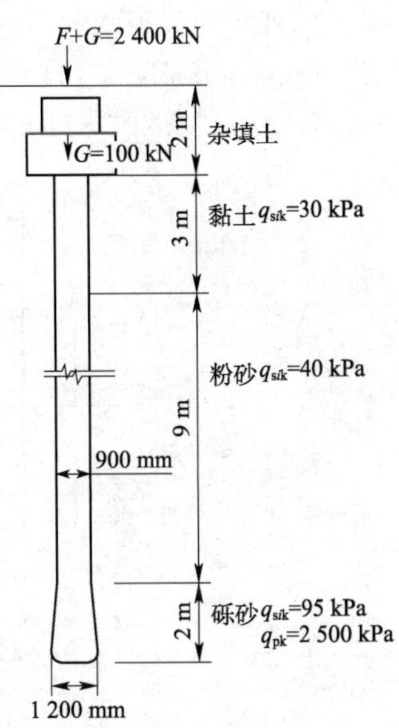

例题 11 图

解

①极限侧阻力标准值的确定(扩底段及变截面以上 $2d$ 长度范围内不计侧阻力)。

黏性土、粉土的侧阻力尺寸效应系数 Ψ_s

$\Psi_s=(0.8/d)^{\frac{1}{5}}=(0.8/0.9)^{\frac{1}{5}}=0.977$

砂土、碎石类土的侧阻力尺寸效应系数 Ψ_s

$\Psi_s=(0.8/d)^{\frac{1}{3}}=(0.8/0.9)^{\frac{1}{3}}=0.961$

$$Q_{sk}=u\sum_{i=1}^{n}\Psi_{si}q_{sik}l_i$$

$$=3.14\times0.9\times[0.977\times30\times3+0.961\times40\times(9-2\times0.9)]$$

$$=1\ 030.6(\text{kN})$$

②极限端阻力标准值的确定。

砂土、碎石类土端阻力尺寸效应系数 Ψ_p

$\Psi_p=(0.8/D)^{1/3}=(0.8/1.2)^{\frac{1}{3}}=0.874$

$$Q_{pk}=\Psi_p q_{pk}A_p=0.874\times2\ 500\times\frac{3.14\times1.2^2}{4}$$

$$=2\ 481.4(\text{kN})$$

③基桩的竖向承载力特征值。

$Q_{sk}<Q_{pk}$，桩为摩擦端承型桩基

$$R=R_a=\frac{1}{K}Q_{uk}=\frac{1}{K}(Q_{sk}+Q_{pk})=\frac{1}{2}\times(1\ 030.6+2\ 481.4)=1\ 756(\text{kN})$$

答案为(B)。

【案例模拟题 9】

大直径复合基桩的竖向极限承载力特征值计算。

某10层钢筋混凝土框架结构建筑物，安全等级为一级；一层为商业用房、二层以上为写字楼，全部采用现浇混凝土结构，主体总高度34.2 m；基础拟采用混凝土护壁的人工大孔径扩底灌注桩，护壁外直径1 000 mm，护壁厚100 mm，扩底桩端直径 D=1 600 mm，进入砾砂层1 000 mm，清底干净；承台厚400 mm，埋深1 600 mm；采用一柱一桩方案，某根中柱下的基桩组合竖向力设计值 N_k=4 006 kN。

承台及桩的平面布置如图1所示，桩的剖面如图2所示，地质报告土层的物理力学性能指标如下表所示，冻结深度1.5 m，地下水位在天然地面下15 m，不计承台底土阻力。

单桩竖向极限承载力标准值 Q_{uk} 及基桩竖向承载力特征值 R 分别为(　　)。

(A)4 808 kN、2 404 kN　　(B)5 014 kN、2 507 kN

(C)6 117 kN、5 811 kN　　(D)8 812 kN、4 819 kN

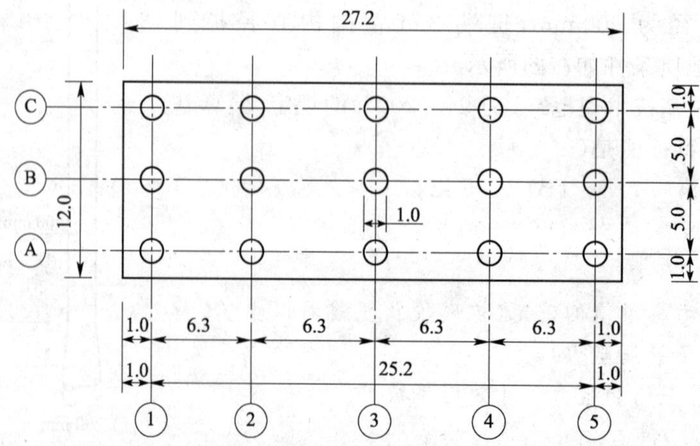

案例模拟题9图1　承台及桩平面布置(尺寸单位：m)

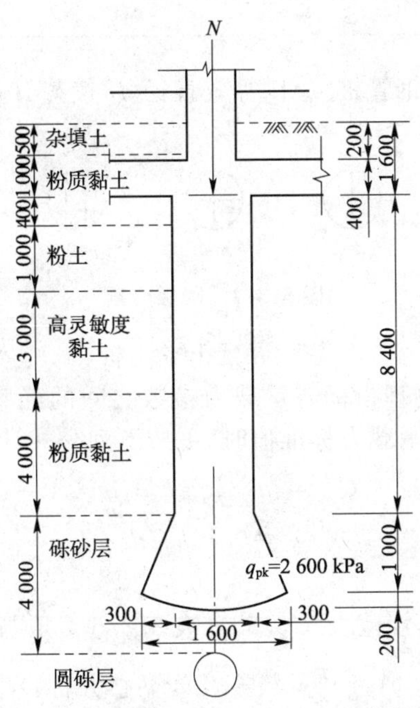

案例模拟题 9 图 2　基桩剖面图(尺寸单位:mm)

土层地质描述及物理力学指标

层序	地 层 描 述	土层厚度/m	含水率	天然重度/(kN/m³)	液性指数 I_L	孔隙比 e	f_a/kPa	q_{sik}/kPa	q_{pk}/kPa
0	杂填土	0.5		16.6				0	—
1	黄色粉质黏土	1.5	35%	18.3	0.25	0.9	110	74	—
2	粉土	1.0	39%	18.3		0.93	105	20	—
3	高灵敏度黏土	3.0	40%	17.7	1.0	1.10	90	34	—
4	灰黑色粉质粉土	4.0	35%	18.2	1.0	0.96	124	34	—
5	砾砂土	4.0		18.0		0.62	350	110	2 600
6	圆砾层	3.5		18.5			450	150	4 000

4.5.4　钢管桩及混凝土空心桩单桩竖向极限承载力标准值

Ⅳ　钢　管　桩

5.3.7　当根据土的物理指标与承载力参数之间的经验关系确定钢管桩单桩竖向极限承载力标准值时,可按下列公式计算

$$Q_{uk}=Q_{sk}+Q_{pk}=u\sum q_{sik}l_i+\lambda_p q_{pk}A_p \tag{5.3.7.1}$$

当 $h_b/d<5$ 时　　$\lambda_p=0.16h_b/d$　　(5.3.7.2)

当 $h_b/d\geqslant 5$ 时　　$\lambda_p=0.8$　　(5.3.7.3)

式中,q_{sik}、q_{pk} 为分别按本规范表 5.3.5.1、表 5.3.5.2 取与混凝土预制桩相同值;λ_p 为桩端土塞效应系数,对于闭口钢管桩 $\lambda_p=1$,对于敞口钢管桩按式(5.3.7.2)、式(5.3.7.3)取值;h_b 为桩端进入持力层深度;d 为钢管桩外径。

对于带隔板的半敞口钢管桩，应以等效直径 d_e 代替 d 确定 λ_p；$d_e=d/\sqrt{n}$；其中 n 为桩端隔板分割数（图 5.3.7）。

图 5.3.7　隔板分割

V　混凝土空心桩

5.3.8　当根据土的物理指标与承载力参数之间的经验关系确定敞口预应力混凝土空心桩单桩竖向极限承载力标准值时，可按下列公式计算

$$Q_{uk}=Q_{sk}+Q_{pk}=u\sum q_{sik}l_i+q_{pk}(A_j+\lambda_p A_{p1}) \tag{5.3.8.1}$$

当 $h_b/d<5$ 时

$$\lambda_p=0.16h_b/d \tag{5.3.8.2}$$

当 $h_b/d\geqslant 5$ 时

$$\lambda_p=0.8 \tag{5.3.8.3}$$

式中，q_{sik}、q_{pk} 分别按本规范表 5.3.5.1、表 5.3.5.2 取与混凝土预制桩相同值；A_j 为空心桩桩端净面积[管桩：$A_j=\frac{\pi}{4}(d^2-d_1^2)$，空心方桩：$A_j=b^2-\frac{\pi}{4}d_1^2$]；$A_{p1}$ 为空心桩敞口面积，$A_{p1}=\frac{\pi}{4}d_1^2$；$\lambda_p$ 为桩端土塞效应系数；d、b 分别为空心桩外径、边长；d_1 为空心桩内径。

【例题 12】

计算钢管桩承载力。

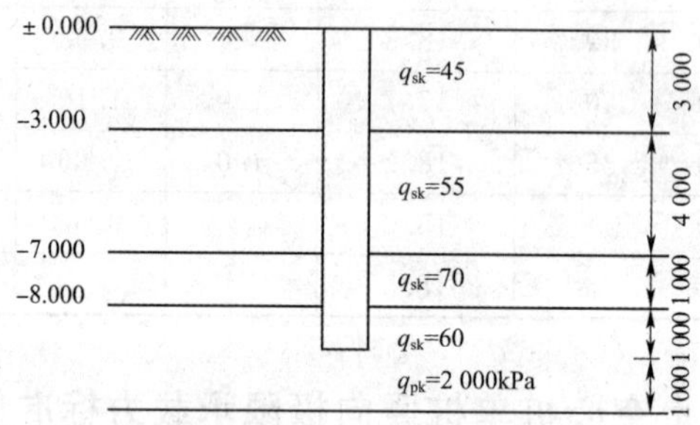

例题 12 图（尺寸单位：mm）

钢管桩外径 $D=900$ mm，桩长 9 m，桩周、桩端土的性质如下图所示，桩开口。钢管桩单桩竖向极限承载力标准值 Q_{uk} 为（　　）。

(A)1 309 kN　　(B)1 400 kN　　(C)1 500 kN　　(D)1 600 kN

解

按桩基规范 5.3.7 条规定，由所给条件知

$h_b=1$ m，$d=0.9$ m

$h_b/d=1/0.9=1.11<5$

$\lambda_p=0.16h_p/d=0.16\times1.11=0.178$

$Q_{uk}=u\sum q_{sik}l_i+\lambda_p q_{pk}A_p$

$=3.14\times0.9\times(3\times45+4\times55+1\times70+1\times60)+0.178\times2\,000\times\frac{3.14\times0.9^2}{4}$

$=1\,370.6+226.4=1\,597$(kN)

【案例模拟题 10】

计算钢管桩的承载力。

钢管桩外径 $D=900$ mm，桩长 9 m，桩周桩端土的性质如图，桩端开口带隔板，隔板形式如下图所示。钢管桩单桩竖向极限承载力标准值 Q_{uk}（　　）。

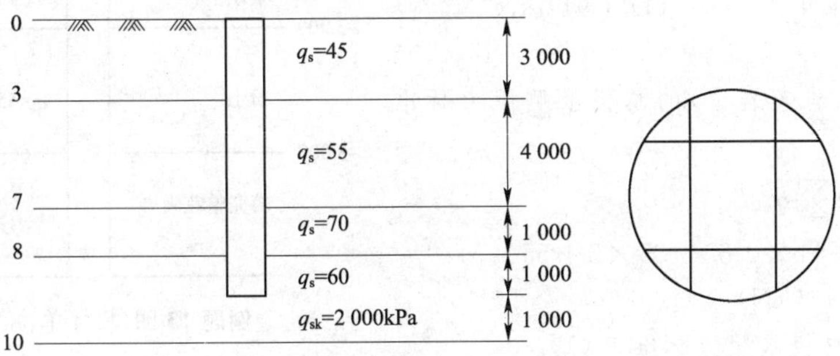

案例模拟题 10 图（尺寸单位：mm）

(A)2 000 kN　　(B)2 050 kN　　(C)2 100 kN　　(D)2 150 kN

4.5.5 嵌岩桩单桩竖向极限承载力计算

Ⅵ 嵌 岩 桩

5.3.9 桩端置于完整、较完整基岩的嵌岩桩单桩竖向极限承载力，由桩周土总极限侧阻力和嵌岩段总极限阻力组成。当根据岩石单轴抗压强度确定单桩竖向极限承载标准值时，可按下列公式计算

$$Q_{uk}=Q_{sk}+Q_{rk} \tag{5.3.9.1}$$

$$Q_{sk}=u\sum q_{sik}l_i \tag{5.3.9.2}$$

$$Q_{rk}=\zeta_r f_{rk}A_p \tag{5.3.9.3}$$

式中，Q_{sk}、Q_{rk}分别为土的总极限侧阻力标准值、嵌岩段总极限阻力标准值；q_{sik}为桩周第 i 层土的极限侧阻力，无当地经验时，可根据成桩工艺按本规范表 5.3.5.1取值；f_{rk}为岩石饱和单轴抗压强度标准值，黏土岩取天然湿度单轴抗压强度标准值；ζ_r为桩嵌岩段侧阻和端阻综合系数[与嵌岩深径比 h_r/d、岩石软硬程度和成桩工艺有关，可按表 5.3.9 采用；表中数值适用于泥浆护壁成桩，对于干作业成桩（清底干净）和泥浆护壁成桩后注浆，ζ_r 应取表列数值的 1.2 倍]。

桩嵌岩段侧阻和端阻综合系数 ζ_r　　表 5.3.9

嵌岩深径比 h_r/d	0	0.5	1.0	2.0	3.0	4.0	5.0	6.0	7.0	8.0
极软岩、软岩	0.60	0.80	0.95	1.18	1.35	1.48	1.57	1.63	1.66	1.70
较硬岩、坚硬岩	0.45	0.65	0.81	0.90	1.00	1.04	—	—	—	—

注：①极软岩、软岩指 $f_{rk}\leqslant15$ MPa，较硬岩、坚硬岩指 $f_{rk}>30$ MPa，介于二者之间可内插取值。

②h_r 为桩身嵌岩深度，当岩面倾斜时，以坡下方嵌岩深度为准；当 h_r/d 为非表列值时，ζ_r 可内插取值。

【例题 13】

嵌岩桩承载力确定。

按所给条件确定单桩承载力：桩径 600 mm，桩入较完整花岗岩 5 m，岩石饱和单轴抗压强度 $f_{rk}=2.5$ MPa，桩侧土摩阻力如下图所示。

嵌岩桩单桩竖向极限承载力标准值为(　　)。

(A)1 352 kN　　(B)1 452 kN

(C)1 552 kN　　(D)1 917 kN

例题 13 图(尺寸单位：mm)

解

①桩侧土(非嵌岩段)的总极限侧阻力标准值 Q_{sk}。

$$Q_{sk}=u\sum q_{sik}l_i$$
$$=3.14\times0.6\times(35\times3+55\times5)$$
$$=716(\text{kN})$$

②嵌岩段总极限阻力标准值 Q_{rk}。

$f_{rk}=2.5$ MPa<15 MPa，为软岩

$h_r/d=5/0.6=8.33$

查规范表 5.3.9 得 $\zeta_r=1.7$

$$Q_{rk}=\zeta_r f_{rk}A_p=1.7\times2.5\times1\ 000\times\frac{3.14\times0.6^2}{4}=1\ 201.05(\text{kN})$$

③桩竖向极限承载力标准值 Q_{uk}

$Q_{uk}=Q_{sk}+Q_{rk}=716+1\ 201.5=1\ 917.05(\text{kN})$

答案为(D)。

【案例模拟题 11】

按下图给出条件确定嵌岩桩单桩承载力：桩径为 ϕ 800，桩穿过破碎花岗岩进入较完整花岗岩 2 m，较完整花岗岩的饱和单轴抗压强度 $f_{rk}=35$ MPa，嵌岩桩单桩竖向承载力标准值 Q_{uk} 为(　　)。

(A)2 417 kN　　(B)2 427 kN　　(C)17 935 kN　　(D)18 935 kN

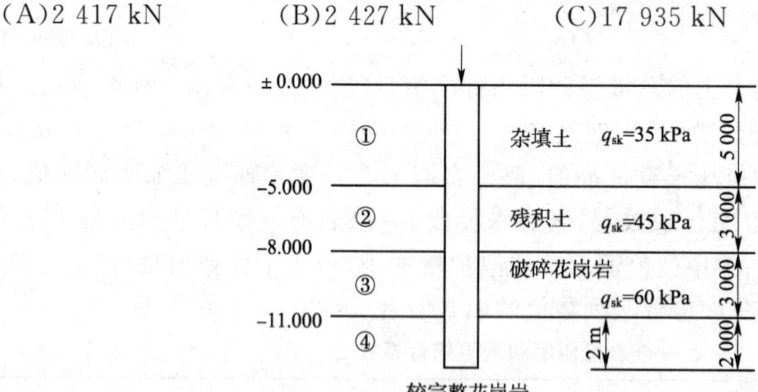

案例模拟题 11 图(尺寸单位：mm)

4.5.6　液化土层对单桩极限承载力的影响

5.3.12　对于桩身周围有液化土层的低承台桩基，当承台底面上下分别有厚度不小于 1.5 m、1.0 m 的非液化土或非软弱土层时，可将液化土层极限侧阻力乘以土层液化影

响折减系数计算单桩极限承载力标准值。土层液化影响折减系数 Ψ_l 可按表 5.3.12 确定。

土层液化影响折减系数 Ψ_l 表 5.3.12

$\lambda_N=\frac{N}{N_{cr}}$	自地面算起的液化土层深度 d_L/m	Ψ_l
$\lambda_N \leqslant 0.6$	$d_L \leqslant 10$ $10 < d_L \leqslant 20$	0 1/3
$0.6 < \lambda_N \leqslant 0.8$	$d_L \leqslant 10$ $10 < d_L \leqslant 20$	1/3 2/3
$0.8 < \lambda_N \leqslant 1.0$	$d_L \leqslant 10$ $10 < d_L \leqslant 20$	2/3 1.0

注：1. N 为饱和土标贯击数实测值，N_{cr} 为液化判别标贯击数临界值。

2. 对于挤土桩当桩距不大于 4 d，且桩的排数不少于 5 排、总桩数不少于 25 根时，土层液化影响折减系数可按表列值提高一档取值；桩间土标贯击数达到 N_{cr} 时，取 $\Psi_l=1$。

当承台底面上下非液化土层厚度小于以上规定时，土层液化影响折减系数 Ψ_l 取 0。

【例题 14】

某工程承台埋深 2 m，承台下设 4 根 600 mm 混凝土灌注桩，桩长 13.5 m，第③层土为可液化土，其他条件见下图和下表。单桩极限承载力标准值为(　　)。

(A)1 511 kN　(B)1 521 kN　(C)1 531 kN　(D)1 612 kN

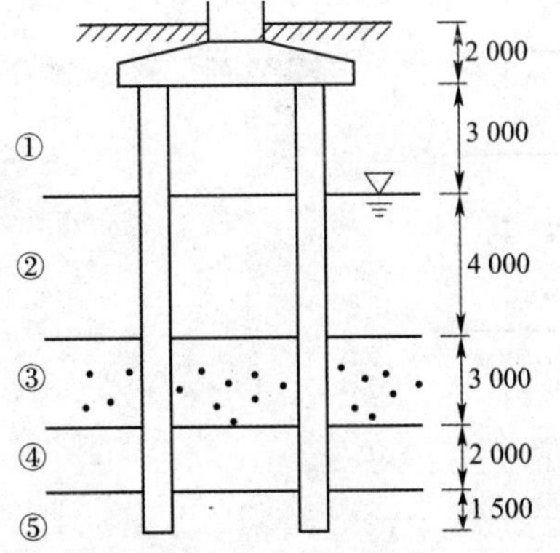

例题 14 图(尺寸单位：mm)

层号	指标				备注
	q_{sik}	q_{pk}	N	N_{cr}	
①	50				
②	55				
③	65		12	16	可液化土
④	50				
⑤	65	1 200			

解

承台下非液化土的厚度为 7 m > 1 m

自 9～10 m，液化土层的埋深 $d_l < 10$ m，$N/N_{cr}=12/16=0.75$，取 $\Psi_l'=1/3$

自 10～12 m，液化土层的埋深 $d_l > 10$ m，取 $\Psi_l''=2/3$，则 Ψ_l 的加权平均值为

$$\Psi_l=\frac{1}{3}\times\left(\frac{1}{3}\times1+\frac{2}{3}\times2\right)=0.556$$

$Q_{sk}=3.14\times0.6\times(50\times3+55\times4+0.556\times65\times3+50\times2+65\times1.5)$

$=1\,273.4(\text{kN})$

$Q_{pk}=1\,200\times\dfrac{3.14\times0.6^2}{4}=339.1(\text{kN})$

$Q_{uk}=Q_{sk}+Q_{pk}=1\,273.4+339.1=1\,612.5(\text{kN})$

答案为(D)。

例题解析

①根据规范规定，确定 λ_N 所用的 N 为实测值，不必进行杆长修正。

② d_L 为从地面起算的深度。10 m 以上与 10 m 以下应分别考虑。

③本题可与抗震规范中 N_{cr} 的计算结合起来，由应试者根据题目所给条件求出 N_{cr}。

【案例模拟题 12】

已知条件如下表和下图所示。

序号	土名	厚度	q_{sik}	q_{pk}	N	N_{cr}
①	填土	1 m				
②	粉质黏土	1.8	55			
③	粉砂	3.2	70		10	12
④	黏土	6	60			
⑤	中砂	5	75	1 200	18	16

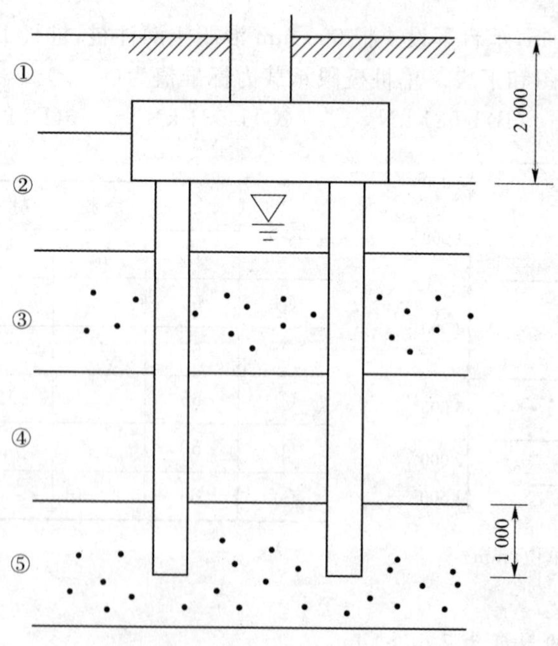

案例模拟题 12 图(尺寸单位:mm)

桩径 600 mm，桩长 $L=11$ m。有液化土层影响条件下单桩极限承载力标准值 Q_{uk} 为(　　)。

(A)1 200 kN　　(B)1 241 kN　　(C)1 392 kN　　(D)1 402 kN

4.6　特殊条件下桩基竖向承载力验算

4.6.1　桩基软弱下卧层承载力验算

I　软弱下卧层验算

5.4.1　对于桩距不超过 $6d$ 的群桩基础，桩端持力层下存在承载力低于桩端持力层承载力 1/3 的软弱下卧层时，可按下列公式验算软弱下卧层的承载力（图 5.4.1）

$$\sigma_z + \gamma_m z \leqslant f_{az} \qquad (5.4.1.1)$$

$$\sigma_z = \frac{(F_k + G_k) - [3(A_0 + B_0)/2]\sum q_{sik} l_i}{(A_0 + 2t\tan\theta)(B_0 + 2t\tan\theta)} \qquad (5.4.1.2)$$

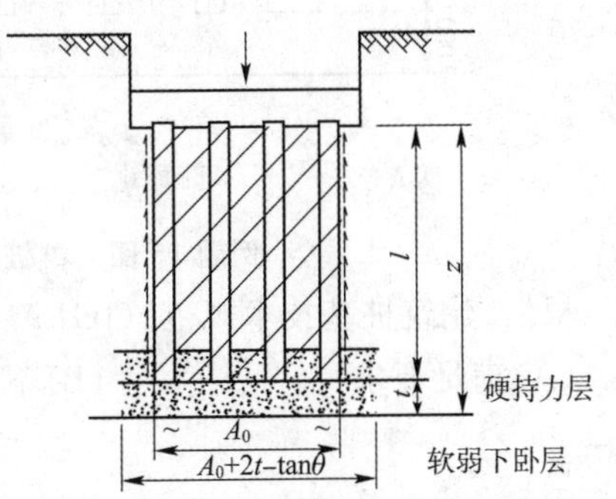

图 5.4.1　软弱下卧层承载力验算

式中，σ_z 为作用于软弱下卧层顶面的附加应力；γ_m 为软弱层顶面以上各土层重度（地下水位以下取浮重度）按厚度加权平均值；t 为硬持力层厚度；f_{az} 为软弱下卧层经深度 z 修正的地基承载力特征值；A_0、B_0 分别为桩群外缘矩形底面的长、短边边长；q_{sik} 为桩周第 i 层土的极限侧阻力标准值，无当地经验时，可根据成桩工艺按本规范表 5.3.5.1 取值；θ 为桩端硬持力层压力扩散角，按表 5.4.1 取值。

桩端硬持力层压力扩散角 θ　　表 5.4.1

E_{s1}/E_{s2}	$t=0.25B_0$	$t\geqslant 0.50B_0$
1	4°	12°
3	6°	23°
5	10°	25°
10	20°	30°

注：1. E_{s1}、E_{s2} 分别为硬持力层、软弱下卧层的压缩模量。

2. 当 $t<0.25B_0$ 时，取 $\theta=0°$，必要时，宜通过试验确定；而当 $0.25B_0<t<0.50B_0$ 时，可内插取值。

【例题 15】

软弱下卧层的承载力验算。

某群桩基础平面、剖面和地基土层分布情况如下图所示。其地质情况如下。

①杂填土：其重度 $\gamma=17.8\ \text{kN/m}^3$。

②淤泥质土：其重度 $\gamma=17.8\ \text{kN/m}^3$，桩的极限侧阻力标准值 $q_{sik}=20$ kPa，属高灵敏度软土。

③黏土：其重度 $\gamma=19.5\ \text{kN/m}^3$，桩的极限侧阻力标准值 $q_{sik}=60$ kPa，极限端阻力标准值 $q_{pk}=2\ 700$ kPa，土的压缩模量 $E_{s1}=8.0$ MPa。

④淤泥质土：地基承载力标准值 $f_{ak}=70$ kPa，压缩模量 $E_{s2}=1.6$ MPa，在桩长深度范围内各土层的加权平均土层极限摩擦力标准值 $q_{sk}=21$ kPa。

作用于桩基承台顶面的竖向力设计值 $F_k=4\ 800$ kN，桩基承台和承台上土自重设计值 $G_k=480$ kN。

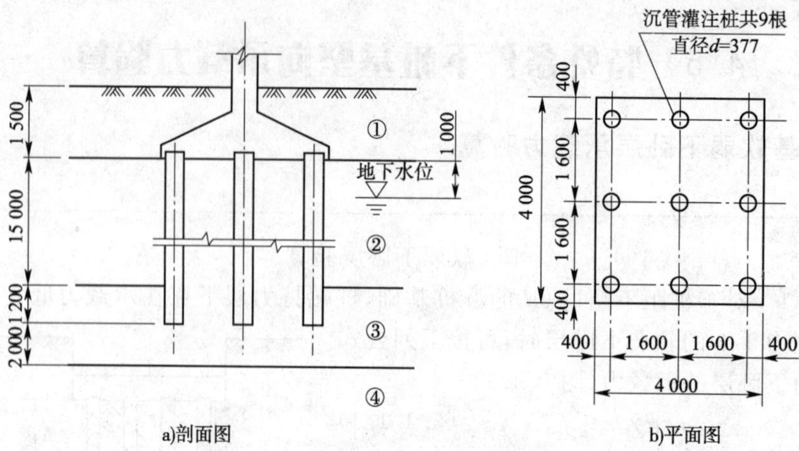

例题 15 图　群桩基础剖面和平面图(尺寸单位:mm)

根据《建筑桩基技术规范》(JGJ 94—2008)计算,验算软弱下弱层承载力(　　)。

(A)满足要求　　　　(B)不满足要求

解

①$\gamma_m z$ 的计算

$$\gamma_m z = \sum \gamma_i z_i = 17.8\times1.0+(17.8-10)\times14+(19.5-10)\times3.2=157.4(\text{kPa})$$

②σ_z 的计算

$E_{s1}/E_{s2}=8/1.6=5$

$A_0=B_0=1.6+1.6+0.377=3.577(\text{m})$

$t/B_0=2/3.577=0.56$

$t>0.5B_0$,查表 5.4.1,取 $\theta=25°$

$$\sigma_z=\frac{(F_k+G_k)-\frac{3}{2}(A_0+B_0)\sum q_{sik}l_i}{(A_0+2t\tan\theta)(B_0+2t\tan\theta)}$$

$$=\frac{(4\,800+480)-\frac{3}{2}\times(3.577+3.577)\times(20\times15+70\times1.2)}{(3.577+2\times2\times\tan 25°)\times(3.577+2\times2\times\tan 25°)}=39.2(\text{kPa})$$

③软弱下卧层承载力计算

查《建筑地基基础设计规范》(GB 50007—2011)得 $\eta_d=1.0$

$$\gamma_m=\frac{17.8\times1+7.8\times14+9.5\times3.2}{1+14+3.2}=8.65(\text{kPa})$$

$f_{az}=f_{ak}+\eta_d\gamma_m(z-0.5)$

$=70+1\times8.65\times(15+3.2-0.5)=223.1$

④验算软弱下卧层承载力

$\sigma_z+\gamma_m z=39.2+8.65\times(1+14+3.2)=196.6<f_{az}=223.1$

软弱下卧层承载力满足要求。

【案例模拟题 13】

对下图所示问题进行软弱下卧层强度验算,桩为 $\phi400$ 灌注桩,桩长 $L=9$ m,各层土的 γ 均为 20 kN/m³。软弱下卧层验算的结果为(　　)。

(A)满足要求　　　　　　　　　(B)不满足要求

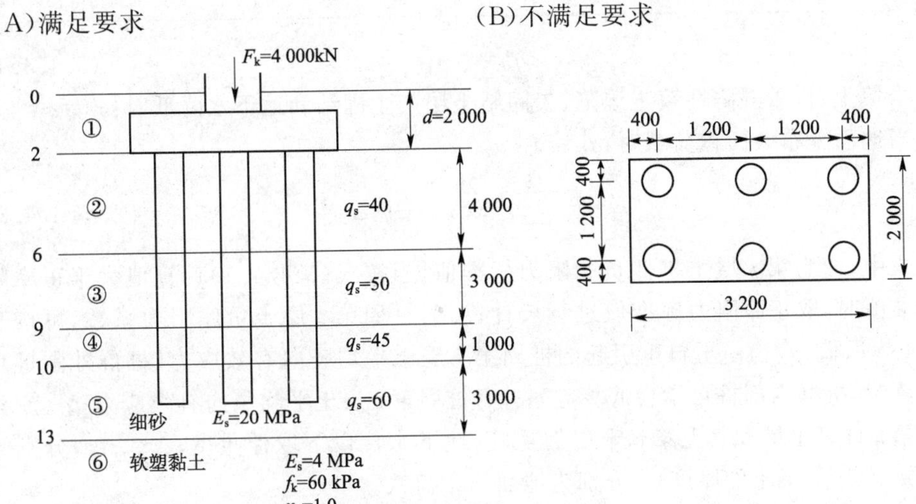

案例模拟题 13 图(尺寸单位:mm)

4.6.2　桩基负摩阻力验算

Ⅱ　负摩阻力计算

5.4.2　符合下列条件之一的桩基,当桩周土层产生的沉降超过基桩的沉降时,在计算基桩承载力时应计入桩侧负摩阻力:

①桩穿越较厚松散填土、自重湿陷性黄土、欠固结土、液化土层进入相对较硬土层时;

②桩周存在软弱土层,邻近桩侧地面承受局部较大的长期荷载,或地面大面积堆载(包括填土)时;

③由于降低地下水位,使桩周土有效应力增大,并产生显著压缩沉降时。

5.4.3　桩周土沉降可能引起桩侧负摩阻力时,应根据工程具体情况考虑负摩阻力对桩基承载力和沉降的影响;当缺乏可参照的工程经验时,可按下列规定验算。

①对于摩擦型基桩可取桩身计算中性点以上侧阻力为零,并可按下式计算基桩承载力

$$N_k \leqslant R_a \tag{5.4.3.1}$$

②对于端承型基桩除应满足上式要求外,尚应考虑负摩阻力引起基桩的下拉荷载 Q_g^n,并可按下式验算基桩承载力

$$N_k + Q_g^n \leqslant R_a \tag{5.4.3.2}$$

③当土层不均匀或建筑物对不均匀沉降较敏感时,尚应将负摩阻力引起的下拉荷载计入附加荷载验算桩基沉降。

注:本条中基桩的竖向承载力特征值 R_a 只计中性点以下部分侧阻值及端阻值。

5.4.4　桩侧负摩阻力及其引起的下拉荷载,当无实测资料时可按下列规定计算。

①中性点以上单桩桩周第 i 层土负摩阻力标准值,可按下列公式计算

$$q_{si}^n = \xi_{ni}\sigma_i' \qquad (5.4.4.1)$$

当填土、自重湿陷性黄土湿陷、欠固结土层产生固结和地下水降低时：$\sigma_i' = \sigma_{\gamma i}'$

当地面分布大面积荷载时：$\sigma_i' = p + \sigma_{\gamma i}'$

$$\sigma_{\gamma i}' = \sum_{e=1}^{i-1}\gamma_e \Delta z_e + \frac{1}{2}\gamma_i \Delta z_i \qquad (5.4.4.2)$$

式中，q_{si}^n 为第 i 层土桩侧负摩阻力标准值，当按式(5.4.4.1)计算值大于正摩阻力标准值时，取正摩阻力标准值进行设计；ξ_{ni} 为桩周第 i 层土负摩阻力系数，可按表 5.4.4.1 取值；$\sigma_{\gamma i}'$ 为由土自重引起的桩周第 i 层土平均竖向有效应力(桩群外围桩自地面算起，桩群内部桩自承台底算起)；σ_i' 为桩周第 i 层土平均竖向有效应力；γ_i、γ_e 分别为第 i 计算土层和其上第 e 土层的重度，地下水位以下取浮重度；Δz_i、Δz_e 分别为第 i 层土、第 e 层土的厚度；p 分别为地面均布荷载。

负摩阻力系数 ξ_n 表 5.4.4.1

土　类	ξ_n
饱和软土	0.15～0.25
黏性土、粉土	0.25～0.40
砂土	0.35～0.50
自重湿陷性黄土	0.20～0.35

注：1. 在同一类土中，对于挤土桩，取表中较大值，对于非挤土桩，取表中较小值。

2. 填土按其组成取表中同类土的较大值。

②考虑群桩效应的基桩下拉荷载可按下式计算

$$Q_g^n = \eta_n u \sum_{i=1}^{n} q_{si}^n l_i \qquad (5.4.4.3)$$

$$\eta_n = s_{ax}s_{ay} \Big/ \left[\pi d\left(\frac{q_s^n}{\gamma_m} + \frac{d}{4}\right)\right] \qquad (5.4.4.4)$$

式中，n 为中性点以上土层数；l_i 为中性点以上第 i 土层的厚度；η_n 为负摩阻力群桩效应系数；s_{ax}、s_{ay} 分别为纵、横向桩的中心距；q_s^n 为中性点以上桩周土层厚度加权平均负摩阻力标准值；γ_m 为中性点以上桩周土层厚度加权平均重度(地下水位以下取浮重度)。

对于单桩基础或按式(5.4.4.4)计算的群桩效应系数 $\eta_n > 1$ 时，取 $\eta_n = 1$。

③中性点深度 l_n 应按桩周土层沉降与桩沉降相等的条件计算确定，也可参照表 5.4.4.2确定。

中 性 点 深 度 l_n 表 5.4.4.2

持力层性质	黏性土、粉土	中密以上砂	砾石、卵石	基岩
中性点深度比 l_n/l_0	0.5～0.6	0.7～0.8	0.9	1.0

注：1. l_n、l_0 分别为自桩顶算起的中性点深度和桩周软弱土层下限深度。

2. 桩穿过自重湿陷性黄土层时，l_n 可按表列值增大 10%(持力层为基岩除外)。

3. 当桩周土层固结与桩基固结沉降同时完成时，取 $l_n = 0$。

4. 当桩周土层计算沉降量小于 20 mm 时，l_n 应按表列值乘以 0.4～0.8 折减。

【例题 16】

如下图所示，桩穿越 8 m 厚欠固结饱和软土①及正常固结中等强度黏土②，进入密实粉砂层③，试按摩擦型基桩验算基桩承力（$l_n/l_0=0.8$，泥浆护壁钻孔桩，桩径 600 mm）是否满足要求（　）。

(A)满足　　　　　　(B)不满足

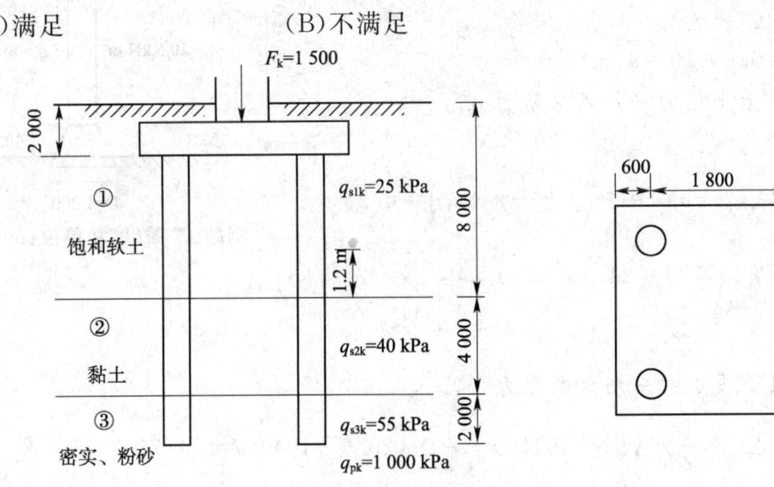

例题 16 图（尺寸单位：mm）

解

①确定中性点位置：

$l_n=0.8l_0=0.8\times(8-2)=4.8(\text{m})$

中性点位于承台底面下 4.8 m 处即黏土层顶面以上 1.2 m 处。

②计算桩顶作用力：

$G_k=3\times3\times2\times20=360(\text{kN})$

$$N_k=\frac{F_k+G_k}{n}=\frac{1\ 500+360}{4}=465(\text{kN})$$

③计算基桩竖向承载力特征值：

$$\begin{aligned}Q_{sk}&=u\sum q_{sik}l_i\\&=3.14\times0.6\times(25\times1.2+40\times4+55\times2)\\&=565.2(\text{kN})\end{aligned}$$

$$Q_{pk}=q_{pk}A_p=\frac{3.14\times0.6^2}{4}\times1\ 000=282.6(\text{kN})$$

承台下为欠固结软土，不计承台底土抗力，则

$$R=R_a=\frac{1}{K}Q_{uk}=\frac{1}{2}\times(565.2+282.6)=423.9(\text{kN})$$

$N_k>R_a$，不满足。

【案例模拟题 14】

条件同例题 16，将第①层改为自重湿陷性黄土。单桩竖向承载力特征值最多为（　　）。

(A)413 kN　　(B)495 kN　　(C)502 kN　　(D)515 kN

【例题 17】

单桩下拉荷载计算。

如下图所示，扩底桩（端承型）穿越 10 m 厚饱和软土，支承在密实卵石上，作用在桩上的

下拉荷载 Q_g^n 最多为(　　)。

(A)203 kN　　(B)213 kN

(C)223 kN　　(D)405 kN

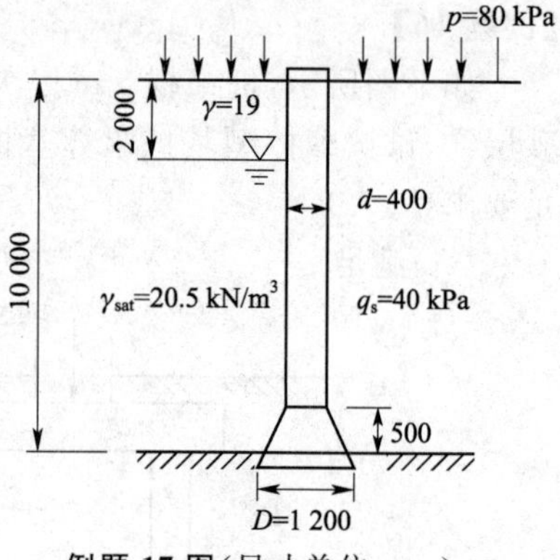

例题 17 图(尺寸单位:mm)

解

①中性点位置:

$l_n=0.9l_0=0.9\times10=9(\text{m})$

②地下水位以上土层的平均负摩阻力 q_{s1}^n:

取 $\xi_n=0.25$

$$q_{s1}^n=\xi_n\sigma_1'=\xi_n(p+\sigma_{r1}')=\xi_n\left(p+\frac{1}{2}\gamma_1\Delta z_1\right)=0.25\times\left(80+\frac{1}{2}\times19\times2\right)=24.75(\text{kPa})$$

$q_s>q_{s1}^n$

③地下水位以下土层的平均负摩阻力:

$$\sigma_{r2}'=\sum_{i=1}^{i-1}\gamma_i\Delta z_i+\frac{1}{2}\gamma_i\Delta z_i=(19\times2)+\frac{1}{2}\times(20.5-10)\times7=74.75$$

$$\sigma_2'=p+\sigma_{r2}'=80+74.75=154.75(\text{kPa})$$

$$q_{s2}^n=\xi_n\sigma_2'=0.25\times154.75=38.69(\text{kPa})$$

$q_s>q_{s2}^n$

④下拉荷载计算:

$$Q_g^n=u\sum q_{si}^n l_i=3.14\times0.4\times(24.75\times2+38.96\times7)=404.7(\text{kN})$$

【案例模拟题 15】

若将例题 17 中的 $q_{sk}=40$ kPa 改为 $q_{sk}=20$ kPa,下拉荷载 Q_g^n 为(　　)。(提示:$\xi_n=0.25$,当 $q_s^n>q_s$ 时,取 $q_s^n=q_s$)

(A)203 kN　　(B)213 kN　　(C)226 kN　　(D)233 kN

【例题 18】

群桩中基桩下拉荷载计算。

桩径为 400 mm 的桩穿越 8 m 厚的饱和软土进入密实粉砂层 $l_n=0.8l_0$,桩采用静压工艺压入土中,负摩阻力系数 ξ_n 为 0.25,$q_s=30$ kPa,桩的平面布置如下图所示,基桩下拉荷载 Q_g^n 为(　　)。

(A)125 kN　　(B)135 kN　　(C)145 kN　　(D)180 kN

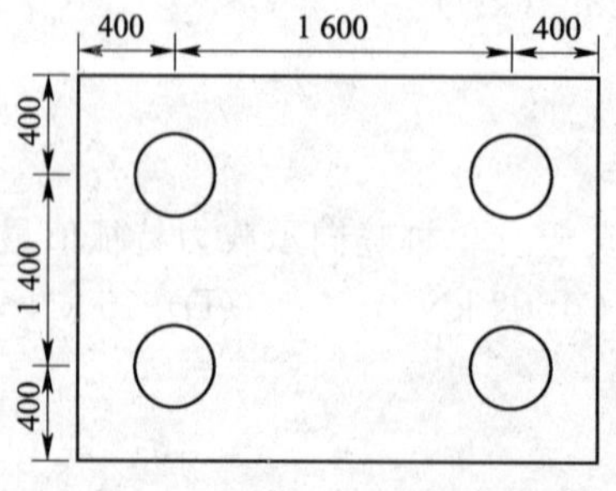

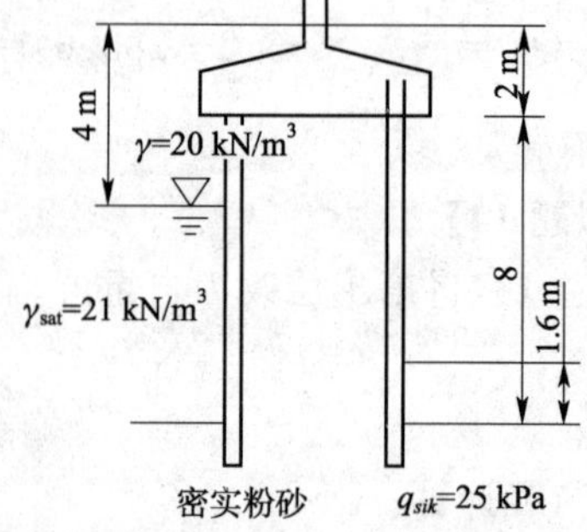

例题 18 图(尺寸单位:mm)

解

①中性点位置

$l_n=0.8l_0=0.8\times8=6.4(\text{m})$，中性点位于承台下 6.4m。

②水上土层的平均负摩阻力(群桩外围桩自地面算起)

$$\sigma'_{r1}=\sum_{e=1}^{i-1}\gamma_e\Delta z_e+\frac{1}{2}\gamma_i\Delta z_i=20\times2+\frac{1}{2}\times20\times2=60(\text{kPa})$$

$$\sigma'_1=0+\sigma'_{r1}=60(\text{kPa})$$

$$q_{s1}^n=\xi_n\sigma'_1=0.25\times60=15(\text{kPa})<q_s=30\ \text{kPa}$$

③水下土层的平均负摩阻力

$$\sigma'_{r2}=20\times2+20\times2+\frac{1}{2}\times(21-10)\times4.4=104.2(\text{kPa})$$

$$\begin{aligned}q_{s2}^n&=\xi_n\sigma'_2\\&=\xi_n(p+\sigma'_{r2})\\&=0.25\times(0+104.2)\\&=26.05(\text{kPa})<q_s=30\ \text{kPa}\end{aligned}$$

④负摩阻力群桩效应系数

$$q_s^n=\frac{15\times2+26.05\times4.4}{2+4.4}=22.6(\text{kPa})$$

$$\gamma_m=\frac{20\times2+(21-10)\times4.4}{2+4.4}=13.8(\text{kN/m}^3)$$

$$\eta_n=\frac{s_{ax}s_{ay}}{\pi d(q_s^n/\gamma_m+d/4)}=\frac{1.4\times1.6}{3.14\times0.4\times(22.6/13.8+0.4/4)}=1.03$$

$\eta_n>1$，取 $\eta_n=1$。

⑤下拉荷载的计算

$$Q_g^n=\eta_n u\sum_{i=1}^{n}q_{si}^n l_i=1\times3.14\times0.4\times(15\times2+26.05\times4.4)=181.6(\text{kN})$$

选项(D)正确。

【案例模拟题 16】

如例题 18 中的桩端持力层由密实粉砂变为基岩，采用钻孔桩，假设 $\eta_n=1$ 其他条件同例题 18，基桩下拉荷载 Q_g^n 最大为(　　)。

(A)220 kN　　(B)230 kN　　(C)270 kN　　(D)320 kN

4.6.3 桩基抗拔承载力计算

Ⅲ　抗拔桩基承载力验算

5.4.5　承受拔力的桩基，应按下列公式同时验算群桩基础呈整体破坏和呈非整体破坏时基桩的抗拔承载力

$$N_k\leqslant T_{gk}/2+G_{gp}\tag{5.4.5.1}$$

$$N_k\leqslant T_{uk}/2+G_p\tag{5.4.5.2}$$

式中，N_k 为按荷载效应标准组合计算的基桩拔力；T_{gk} 为群桩呈整体破坏时基桩的抗拔极限承载力标准值，可按本规范第 5.4.6 条确定；T_{uk} 为群桩呈非整体破坏时基桩的抗拔极限承载力标准值，可按本规范第 5.4.6 条确定；G_{gp} 为群桩基础所包围体积的桩土总自重除以总桩数，地下水位以下取浮重度；G_p 为基桩自重，地下水位以下取浮重度，对于扩底桩应按本规范表 5.4.6.1 确定桩、土柱体周长，计算桩、土自重。

5.4.6　群桩基础及其基桩的抗拔极限承载力的确定应符合下列规定：

①对于设计等级为甲级和乙级建筑桩基，基桩的抗拔极限承载力应通过现场单桩上拔静载荷试验确定。单桩上拔静载荷试验及抗拔极限承载力标准值取值可按现行行业标准《建筑基桩检测技术规范》(JGJ 106)进行。

②如无当地经验时，群桩基础及设计等级为丙级建筑桩基，基桩的抗拔极限载力取值可按下列规定计算。

a. 群桩呈非整体破坏时，基桩的抗拔极限承载力标准值可按下式计算

$$T_{uk}=\sum\lambda_i q_{sik}u_i l_i \qquad (5.4.6.1)$$

式中，T_{uk} 为基桩抗拔极限承载力标准值；u_i 为桩身周长，对于等直径桩取 $u=\pi d$，对于扩底桩按表 5.4.6.1 取值；q_{sik} 为桩侧表面第 i 层土的抗压极限侧阻力标准值，可按本规范表 5.3.5.1 取值；λ_i 为抗拔系数，可按表 5.4.6.2 取值。

扩底桩破坏表面周长 u_i　　表 5.4.6.1

自桩底起算的长度 l_i	$\leqslant(4\sim10)d$	$>(4\sim10)d$
u_i	πD	πd

注：l_i 对于软土取低值，对于卵石、砾石取高值；l_i 取值按内摩擦角增大而增加。

抗拔系数 λ_i　　表 5.4.6.2

土　类	λ_i 值
砂土	0.50～0.70
黏性土、粉土	0.70～0.80

注：桩长 l 与桩径 d 之比小于 20 时，λ_i 取小值。

b. 群桩呈整体破坏时，基桩的抗拔极限承载力标准值可按下式计算

$$T_{gk}=\frac{1}{n}ul\sum\lambda_i q_{sik}l_i \qquad (5.4.6.2)$$

式中，ul 为桩群外围周长。

5.4.7　季节性冻土上轻型建筑的短桩基础，应按下列公式验算其抗冻拔稳定性。

$$\eta_f q_f u z_0\leqslant T_{gk}/2+N_G+G_{gp} \qquad (5.4.7.1)$$

$$\eta_f q_f u z_0\leqslant T_{uk}/2+N_G+G_p \qquad (5.4.7.2)$$

式中，η_f 为冻深影响系数，按表 5.4.7.1 采用；q_f 为切向冻胀力，按表 5.4.7.2 采用；z_0 为季节性冻土的标准冻深；T_{gk} 为标准冻深线以下群桩呈整体破坏时基桩抗拔极限承载力标准值，可按本规范第 5.4.6 条确定；T_{uk} 为标准冻深线以下单桩抗拔极限承载力标准值，可按本规范第 5.4.6 条确定；N_G 为基桩承受的桩承台底面以上建筑物自重、承台及其上土重标准值。

冻深影响系数 η_f　　表 5.4.7.1

标准冻深/m	$z_0 \leqslant 2.0$	$2.0 < z_0 \leqslant 3.0$	$z_0 > 3.0$
η_f	1.0	0.9	0.8

切向冻胀力 q_f 值(单位:kPa)　　表 5.4.7.2

土　类	冻胀性分类			
	弱冻胀	冻胀	强冻胀	特强冻胀
黏性土、粉土	30～60	60～80	80～120	120～150
砂土、砾(碎)石(黏、粉粒含量>15%)	<10	20～30	40～80	90～200

注:1.表面粗糙的灌注桩,表中数值应乘以系数 1.1～1.3。

2.本表不适用于含盐量大于 0.5%的冻土。

5.4.8 膨胀土上轻型建筑的短桩基础,应按下列公式验算群桩基础呈整体破坏和非整体破坏的抗拔稳定性

$$u\sum q_{ei}l_{ei} \leqslant T_{gk}/2 + N_G + G_{gp} \tag{5.4.8.1}$$

$$u\sum q_{ei}l_{ei} \leqslant T_{uk}/2 + N_G + G_p \tag{5.4.8.2}$$

式中,T_{gk} 为群桩呈整体破坏时,大气影响急剧层下稳定土层中基桩的抗拔极限承载力标准值,可按本规范第 5.4.6 条计算;T_{uk} 为群桩呈非整体破坏时,大气影响急剧层下稳定土层中基桩的抗拔极限承载力标准值,可按本规范第 5.4.6 条计算;q_{ei} 为大气影响急剧层中第 i 层土的极限胀切力,由现场浸水试验确定;l_{ei} 为大气影响急剧层中第 i 层土的厚度。

【例题 19】

抗拔承载力验算。

桩径 ϕ600,扩底直径 D=1 200 mm,桩长 10 m,桩侧土质如下图和下表所示,地下水位在地面以下 5 m 处,水位以上土的重度取 19 kN/m³,水位以下土的饱和重度取 20.5 kN/m³,承台及底土的平均重度为 20 kN/m³,桩身混凝土重度为25 kN/m³,采用干作业钻孔灌注工艺成桩。自桩底起 5 倍桩径内周长按扩大端直径计算。

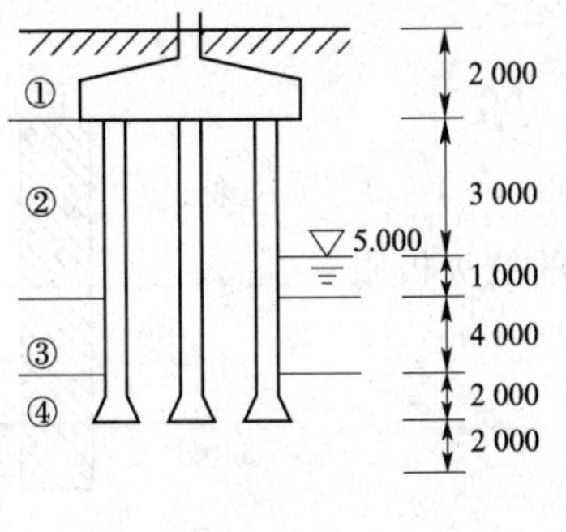

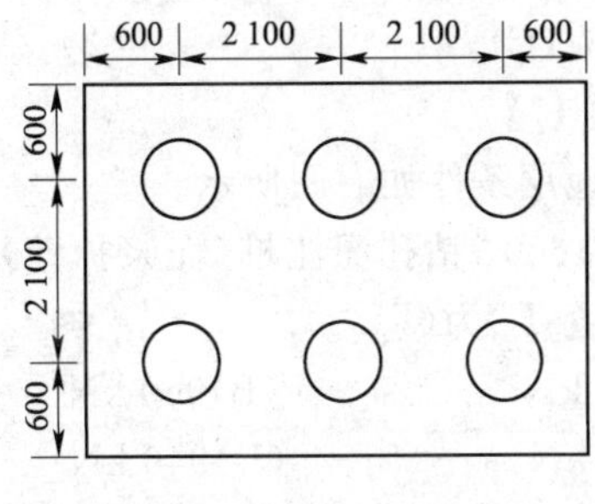

例题 19 图(尺寸单位:mm)

层　　号	土　　名	q_{sik}	厚　　度
①	人工填土	35	2
②	粉质黏土	50	4
③	黏质粉土	60	4
④	中砂	70	4

呈非整体破坏和呈整体破坏时的基桩上拔承载力的标准值为(　　)。

(A)715 kN,900 kN　　(B)715 kN,915 kN

(C)475 kN,755 kN　　(D)700 kN,915 kN

解

①呈非整体破坏时

$5d=3$ m

$T_{uk}=\sum\lambda_i q_{sik}u_i l_i$

λ_i 查表($l/d=\frac{10}{0.6}=16.7<20$)取小值：

②、③层土,$\lambda_i=0.7$;④层土,$\lambda_i=0.5$

$$T_{uk}=3.14\times0.6\times(0.7\times50\times4+0.7\times60\times3)+3.14\times1.2\times(0.7\times60\times1+0.5\times70\times2)$$
$$=923.1\text{(kN)}$$

$$G_p=\frac{1}{4}\times3.14\times0.6^2\times[3\times25+4\times(25-10)]+\frac{1}{4}\times3.14\times1.2^2\times3\times(25-10)$$
$$=14.8\text{(kN)}$$

$$T_{uk}/2+G_p=923.1/2+14.8=476.35\text{(kN)}$$

②群桩呈整体破坏时

$$T_{gk}=\frac{1}{n}u_i\sum\lambda_i q_{sik}l_i$$
$$=\frac{1}{6}\times2\times(2.1+0.6+2\times2.1+0.6)\times(0.7\times50\times4+0.7\times60\times4+0.5\times70\times2)$$
$$=945\text{(kN)}$$

$$G_{gp}=\frac{1}{6}\times(4.8\times2.7\times3\times20+4.8\times2.7\times7\times10)=280.8\text{(kN)}$$

$$T_{gk}/2+G_{gp}=945/2+280.8=753.3\text{(kN)}$$

答案为(C)。

【案例模拟题 17】

桩长及地层条件如右图所示。

桩径为 $\phi600$,钻孔灌注桩(泥浆护壁),单桩的抗拔极限承载力标准值 T_{uk} 为(　　)。

(A)966 kN　　(B)960 kN

(C)950 kN　　(D)940 kN

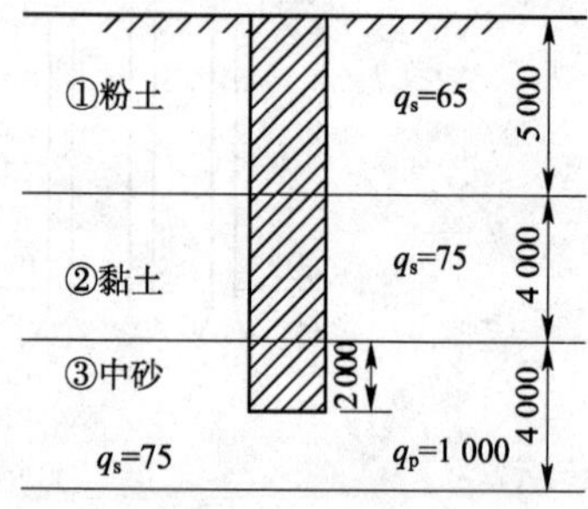

案例模拟题 17 图(尺寸单位:mm)

【例题 20】

某轻型建筑位于季节性冻土之上,采用边长 350 mm 的打入式预制混凝土方桩，桩长5 m，当地标准冻深为1.8 m，土质为粉质黏土，属弱冻胀土，作用于桩上的冻拔力最大值设计值为(　　)。

(A)76 kN　　(B)156 kN　　(C)76～156 kN　　(D)≥156 kN

解

据《建筑桩基技术规范》(JGJ 94—2008)第5.4.7条。

冻拔力设计值为 $Q=\eta_f q_f u z_0$

$\eta_f=1.0$(查表)，$q_f=30\sim60$ kPa(查表)，取 $q_f=60$ kPa，$z_0=1.8$(已知)，$u=0.35\times4$

所以 $Q=1\times0.35\times4\times1.8\times60=151.2$(kN)

例题解析

本题可与地基规范中土的冻胀性划分进行结合，给定条件，由应试者定出冻胀等级。

【案例模拟题18】

某位于季节性冻土场地上的轻型建筑物采用 $\phi400$ 的钻孔桩，桩长6 m，桩周冻胀土为黏土，冻胀等级属强冻胀，标准冻深2.2 m，作用于桩上的冻拔力设计值为(　　)。

(A)<199 kN　　(B)>298 kN　　(C)199～298 kN　　(D)149 kN

【例题21】

某膨胀土上的轻型建筑采用直径400 mm，长6 m的桩基础，该地大气影响急剧层厚3.5 m，承台埋深2 m，桩侧土的极限胀切力标准值为55 kPa，作用于单桩上的上拔力为(　　)。

(A)112 kN　　(B)122 kN　　(C)132 kN　　(D)142 kN

解

上拔力 $T=u\sum q_{ei}l_{ei}=3.14\times0.4\times55\times(3.5-2)=103.6$(kN)

作用在单桩上的上拔力为103.6 kN。

【案例模拟题19】

某轻型建筑位于膨胀土场地，建筑物承台埋深1.5 m，承台下设6 m长 $\phi400$ 桩，土的湿度系数为0.6，桩侧土的极限胀切力设计值为60 kPa，作用于单桩上的上拔力为(　　)。

(A)263 kN　　(B)149 kN　　(C)144 kN　　(D)57 kN

4.7 桩基沉降计算

4.7.1 桩基沉降变形的计算

5.5.1 建筑桩基沉降变形计算值不应大于桩基沉降变形允许值。

5.5.2 桩基沉降变形可用下列指标表示。

①沉降量。

②沉降差。

③整体倾斜：建筑物桩基础倾斜方向两端点的沉降差与其距离之比值。

④局部倾斜：墙下条形承台沿纵向某一长度范围内桩基础两点的沉降差与其距离之比值。

5.5.3 计算桩基沉降变形时，桩基变形指标应按下列规定选用：

①由于土层厚度与性质不均匀、荷载差异、体形复杂、相互影响等因素引起的地基沉降变形，对于砌体承重结构应由局部倾斜控制。

②对于多层或高层建筑和高耸结构应由整体倾斜值控制。

③当其结构为框架、框架—剪力墙、框架—核心筒结构时，尚应控制柱（墙）之间的差异沉降。

5.5.4　建筑桩基沉降变形允许值，应按表5.5.4规定采用。

建筑桩基沉降变形允许值　　表5.5.4

变形特征		允许值
砌体承重结构基础的局部倾斜		0.002
各类建筑相邻柱（墙）基的沉降差 ①框架、框架—剪力墙、框架—核心筒结构 ②砌体墙填充的边排柱 ③当基础不均匀沉降时不产生附加应力的结构		 $0.002l_0$ $0.000\,7l_0$ $0.005l_0$
单层排架结构（柱距为6 m）桩基的沉降量/mm		120
桥式吊车轨面的倾斜（按不调整轨道考虑） 纵向 横向		 0.004 0.003
多层和高层建筑的整体倾斜	$H_g \leqslant 24$	0.004
	$24 < H_g \leqslant 60$	0.003
	$60 < H_g \leqslant 100$	0.002 5
	$H_g > 100$	0.002
高耸结构桩基的整体倾斜	$H_g \leqslant 20$	0.008
	$20 < H_g \leqslant 50$	0.006
	$50 < H_g \leqslant 100$	0.005
	$100 < H_g \leqslant 150$	0.004
	$150 < H_g \leqslant 200$	0.003
	$200 < H_g \leqslant 250$	0.002
高耸结构基础的沉降量/mm	$H_g \leqslant 100$	350
	$100 < H_g \leqslant 200$	250
	$200 < H_g \leqslant 250$	150
体型简单的剪力墙结构高层建筑桩基最大沉降量/mm	—	200

注：l_0为相邻柱（墙）两测点间距离，H_g为自室外地面算起的建筑物高度（m）。

5.5.5　对于本规范表5.5.4中未包括的建筑桩基沉降变形允许值，应根据上部结构对桩基沉降变形的适应能力和使用要求确定。

Ⅰ 桩中心距不大于 6 倍桩径的桩基

5.5.6 对于桩中心距不大于 6 倍桩径的桩基，其最终沉降量计算可采用等效作用分层总和法。等效作用面位于桩端平面，等效作用面积为桩承台投影面积，等效作用附加压力近似取承台底平均附加压力。等效作用面以下的应力分布采用各向同性均质直线变形体理论。计算模式如图 5.5.6 所示，桩基任一点最终沉降量可用采点法按下式计算

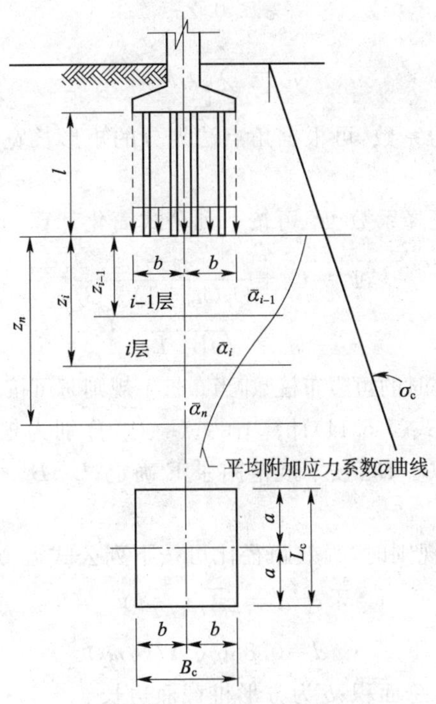

图 5.5.6 桩基沉降计算示意图

$$s = \Psi\Psi_e s' = \Psi\Psi_e \sum_{j=1}^{m} p_{0j} \sum_{i=1}^{n} \frac{z_{ij}\bar{\alpha}_{ij} - z_{(i-1)j}\bar{\alpha}_{(i-1)j}}{E_{si}} \tag{5.5.6}$$

式中，s 为桩基最终沉降量(mm)；s' 为采用布辛奈斯克(Boussinesq)解，按实体深基础分层总和法计算出的桩基沉降量(mm)；Ψ 为桩基沉降计算经验系数，当无当地可靠经验时可按本规范第 5.5.11 条确定；Ψ_e 为桩基等效沉降系数，可按本规范第 5.5.9 条确定；m 为角点法计算点对应的矩形荷载分块数；p_{0j} 为第 j 块矩形底面在荷载效应准永久组合下的附加压力(kPa)；n 为桩基沉降计算深度范围内所划分的土层数；E_{si} 为等效作用面以下第 i 层土的压缩模量(MPa)，采用地基土在自重压力至自重压力加附加压力作用时的压缩模量；z_{ij}、$z_{(i-1)j}$ 分别为桩端平面第 j 块荷载作用面至第 i 层土、第 $i-1$ 层土底面的距离(m)；$\bar{\alpha}_{ij}$、$\bar{\alpha}_{(i-1)j}$ 分别为桩端平面第 j 块荷载计算点至第 i 层土、第 $i-1$ 层土底面深度范围内平均附加应力系数，可按本规范附录 D 选用。

5.5.7 计算矩形桩基中点沉降时，桩基沉降量可按下式简化计算

$$s = \Psi\Psi_e s' = 4\Psi\Psi_e p_0 \sum_{i=1}^{n} \frac{z_i\bar{\alpha}_i - z_{i-1}\bar{\alpha}_{i-1}}{E_{si}} \tag{5.5.7}$$

式中，p_0 为在荷载效应准永久组合下承台底的平均附加压力；$\bar{\alpha}_i$、$\bar{\alpha}_{i-1}$ 分别为平均附加应力系数，根据矩形长宽比 a/b 及深宽比 $\frac{z_i}{b}=\frac{2zi}{B_c}$，$\frac{z_{i-1}}{b}=\frac{2z_{i-1}}{B_c}$，可按本规范附录D选用。

5.5.8　桩基沉降计算深度 z_n 应按应力比法确定，即计算深度处的附加应力 σ_z 与土的自重应力 σ_c 应符合下列公式要求

$$\sigma_z \leqslant 0.2\sigma_c \tag{5.5.8.1}$$

$$\sigma_z = \sum_{j=1}^{m} a_j p_{0j} \tag{5.5.8.2}$$

式中，a_j 为附加应力系数，可根据角点法划分的矩形长宽比及深宽比按本规范附录D选用。

5.5.9　桩基等效沉降系数 Ψ_e 可按下列公式简化计算

$$\Psi_e = C_0 + \frac{n_b - 1}{C_1(n_b - 1) + C_2} \tag{5.5.9.1}$$

$$n_b = \sqrt{nB_c/L_c} \tag{5.5.9.2}$$

式中，n_b 为矩形布桩时的短边布桩数[当布桩不规则时可按式(5.5.9.2)近似计算，$n_b>1$；$n_b=1$时，可按本规范式(5.5.14)计算]；C_0、C_1、C_2 分别为根据群桩距径比 s_a/d、长径比 l/d 及基础长宽比 L_c/B_c，按本规范附录E确定；L_c、B_c、n 分别为矩形承台的长、宽及总桩数。

5.5.10　当布桩不规则时，等效距径比可按下列公式近似计算：

圆形桩
$$s_a/d = \sqrt{A}/(\sqrt{n}d) \tag{5.5.10.1}$$

方形桩
$$s_a/d = 0.886\sqrt{A}/(\sqrt{n}b) \tag{5.5.10.2}$$

式中，A 为桩基承台总面积；b 为方形桩截面边长。

5.5.11　当无当地可靠经验时，桩基沉降计算经验系数 Ψ 可按表5.5.11选用。对于采用后注浆施工工艺的灌注桩，桩基沉降计算经验系数应根据桩端持力土层类别，乘以0.7(砂、砾、卵石)～0.8(黏性土、粉土)折减系数；饱和土中采用预制桩(不含复打、复压、引孔沉桩)时，应根据桩距、土质、沉桩速率和顺序等因素，乘以1.3～1.8挤土效应系数，土的渗透性低，桩距小，桩数多，沉降速率快时取大值。

桩基沉降计算经验系数 Ψ　　表5.5.11

$\bar{E}_s$/MPa	≤10	15	20	35	≥50
Ψ	1.2	0.9	0.65	0.50	0.40

注：1. $\bar{E}_s$ 为沉降计算深度范围内压缩模量的当量值，可按下式计算：$\bar{E}_s=\sum A_i/\sum\frac{A_i}{E_{si}}$，式中 A_i 为第 i 层土附加压力系数沿土层厚度的积分值，可近似按分块面积计算。

2. Ψ 可根据 $\bar{E}_s$ 内插取值。

5.5.12　计算桩基沉降时，应考虑相邻基础的影响，采用叠加原理计算；桩基等效沉降系数可按独立基础计算。

5.5.13　当桩基形状不规则时，可采用等效矩形面积计算桩基等效沉降系数，等效矩形的长宽比可根据承台实际尺寸和形状确定。

Ⅱ　单桩、单排桩、疏桩基础

5.5.14　对于单桩、单排桩、桩中心距大于 6 倍桩径的疏桩基础的沉降计算应符合下列规定：

①承台底地基土不分担荷载的桩基。桩端平面以下地基中由基桩引起的附加应力，按考虑桩径影响的明德林（Mindlin）解附录 F 计算确定。将沉降计算点水平面影响范围内各基桩对应力计算点产生的附加应力叠加，采用单向压缩分层总和法计算土层的沉降，并计入桩身压缩 s_e。桩基的最终沉降量可按下列公式计算

$$s=\Psi\sum_{i=1}^{n}\frac{\sigma_{zi}}{E_{si}}\Delta z_i+s_e \qquad (5.5.14.1)$$

$$\sigma_{zi}=\sum_{j=1}^{m}\frac{Q_j}{l_j^2}\left[\alpha_j I_{p,ij}+(1-\alpha_j)I_{s,ij}\right] \qquad (5.5.14.2)$$

$$s_e=\xi_e\frac{Q_j l_j}{E_c A_{ps}} \qquad (5.5.14.3)$$

②承台底地基土分担荷载的复合桩基。将承台底土压力对地基中某点产生的附加应力按 Boussinesq 解（附录 D）计算，与基桩产生的附加应力叠加，采用与本条第 1 款相同方法计算沉降。其最终沉降量可按下列公式计算

$$s=\Psi\sum_{i=1}^{n}\frac{\sigma_{zi}+\sigma_{zci}}{E_{si}}\Delta z_i+s_e \qquad (5.5.14.4)$$

$$\sigma_{zci}=\sum_{k=1}^{u}\alpha_{ki}p_{c,k} \qquad (5.5.14.5)$$

式中，m 为以沉降计算点为圆心，0.6 倍桩长为半径的水平面影响范围内的基桩数；n 为沉降计算深度范围内土层的计算分层数（分层数应结合土层性质，分层厚度不应超过计算深度的 0.3 倍）；σ_{zi} 为水平面影响范围内各基桩对应力计算点桩端平面以下第 i 层土 1/2 厚度处产生的附加竖向应力之和（应力计算点应取与沉降计算点最近的桩中心点）；σ_{zci} 为承台压力对应力计算点桩端平面以下第 i 土层 1/2 厚度处产生的应力，可将承台板划分为 u 个矩形块，可按本规范附录 D 采用角点法计算；Δz_i 为第 i 计算土层厚度（m）；E_{si} 为第 i 计算土层的压缩模量（MPa），采用土的自重压力至土的自重压力加附加压力作用时的压缩模量；Q_j 为第 j 桩在荷载效应准永久组合作用下（对于复合桩基应扣除承台底土分担荷载），桩顶的附加荷载（kN）（当地下室埋深超过 5 m 时，取荷载效应准永久组合作用下的总荷载为考虑回弹再压缩的等代附加荷载）；l_j 为第 j 桩桩长（m）；A_{ps} 为桩身截面面积；α_j 为第 j 桩总桩端阻力与桩顶荷载之比，近似取极限总端阻力与单桩极限承载力之比；$I_{p,ij}$、$I_{s,ij}$ 分别为第 j 桩的桩端阻力和桩侧阻力对计算轴线第 i 计算土层 1/2 厚度处的应力影响系数，可按本规范附录 F 确定；E_c 为桩身混凝土的弹性模量；$p_{c,k}$ 为第 k 块承台底均布压力，可按 $p_{c,k}=\eta_{c,k}f_{ak}$ 取值，其中 $\eta_{c,k}$ 为第 k 块承台底板的承台效应系数，按本规范表 5.2.5 确定；f_{ak} 为承台底地基承载力特征值；α_{ki} 为第 k 块承台底角点处，桩端平面以下第 i 计算土层 1/2 厚度处的附加应力系数，可按本规范附录 D 确定；s_e 为计算桩身压缩；Ψ 为沉降计算经验系数，无当地经验时，可取 1.0；ξ_e 为桩身压缩系数（端承型桩，取 $\xi_e=1.0$；摩擦型

桩，当 $l/d \leqslant 30$ 时，取 $\xi_e = 2/3$；$l/d \geqslant 50$ 时，取 $\xi_e = 1/2$；介于两者之间可线性插值）。

5.5.15　对于单桩、单排桩、疏桩复合桩基础的最终沉降计算深度 z_n，可按应力比法确定，即 z_n 处由桩引起的附加应力 σ_z、由承台土压力引起的附加应力 σ_{zc} 与土的自重应力 σ_c 应符合下式要求

$$\sigma_z + \sigma_{zc} = 0.2\sigma_c \tag{5.5.15}$$

4.7.2　软土地基减沉复合疏桩基础

5.6.1　当软土地基上多层建筑，地基承载力基本满足要求（以底层平面面积计算）时，可设置穿过软土层进入相对较好土层的疏布摩擦型桩，由桩和桩间土共同分担荷载。该种减沉复合疏桩基础，可按下列公式确定承台面积和桩数

$$A_c = \xi \frac{F_k + G_k}{f_{ak}} \tag{5.6.1.1}$$

$$n \geqslant \frac{F_k + G_k - \eta_c f_{ak} A_c}{R_a} \tag{5.6.1.2}$$

式中，A_c 为桩基承台总净面积；f_{ak} 为承台底地基承载力特征值；ξ 为承台面积控制系数，$\xi \geqslant 0.60$；n 为基桩数；η_c 为桩基承台效应系数，可按本规范表 5.2.5 取值。

5.6.2　减沉复合疏桩基础中点沉降可按下列公式计算

$$s = \Psi(s_s + s_{sp}) \tag{5.6.2.1}$$

$$s_s = 4p_0 \sum_{i=1}^{m} \frac{z_i \bar{\alpha}_i - z_{(i-1)} \bar{\alpha}_{(i-1)}}{E_{si}} \tag{5.6.2.2}$$

$$s_{sp} = 280 \frac{\bar{q}_{su}}{\bar{E}_s} \frac{d}{(s_a/d)^2} \tag{5.6.2.3}$$

$$p_0 = \eta_p \frac{F - nR_a}{A_c} \tag{5.6.2.4}$$

式中，s 为桩基中心点沉降量；s_s 为由承台底地基土附加压力作用下产生的中点沉降（图 5.6.2）；s_{sp} 为由桩土相互作用产生的沉降；p_0 为按荷载效应准永久值组合计算的假想天然地基平均附加压力（kPa）；E_{si} 为承台底以下第 i 层土的压缩模量，应取自重压力至自重压力与附加压力段的模量值；m 为地基沉降计算深度范围的土层数；沉降计算深度按 $\sigma_z = 0.1\sigma_c$ 确定，σ_z 可按本规范第 5.5.8 条规定；$\bar{q}_{su}$、$\bar{E}_s$ 分别为桩身范围内按厚度加权的平均桩侧极限摩阻力、平均压缩模量；d 为桩身直径，当为方形桩时，$d = 1.27b$（b 为方形桩截面边长）；s_a/d 为等效距径比，可按本规范第 5.5.10 条执行；z_i、z_{i-1} 分别为承台底至第 i 层、第 $i-1$ 层土底面的距离；$\bar{\alpha}_i$、$\bar{\alpha}_{i-1}$ 分别为承台底至第 i 层、第 $i-1$ 层土层底范围内的角点平均附加应力系数，根据承台等效面积的计算分块矩形长宽比 a/b 及深宽比 $z_i/b = 2z_i/B_c$，由本规范附录 D 确定，其中承台等效宽度 $B_c = B\sqrt{A_c}/L$，B、L 分别为建筑物基础外缘平面的宽度和长度；F 为荷载效应准永久值组合下，作用于承台底的总附加荷载（kN）；η_p 为基桩刺入变形影响系数，按

桩端持力层土质确定，砂土为1.0，粉土为1.15，黏性土为1.30；Ψ 为沉降计算经验系数，无当地经验时，可取1.0。

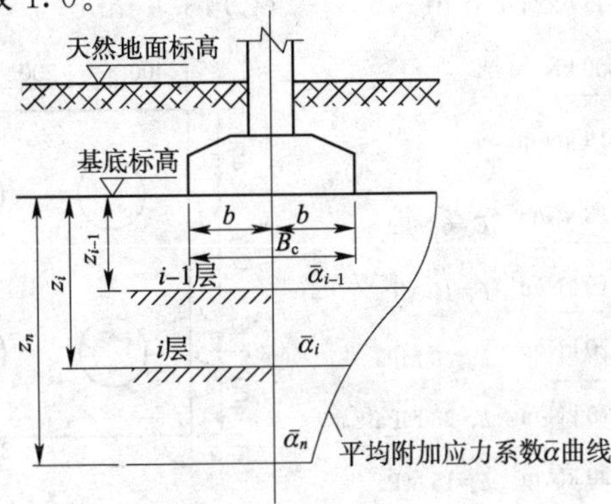

图 5.6.2　复合疏桩基础沉降计算的分层示意图

【例题 22】

某建筑物位于软土地区，采用桩筏基础，桩径 ϕ800，桩长 40 m(桩端无良好持力层)，采用正方形布桩，桩距 s=3.2 m，承台短边方向布桩 25 根，长边方向布桩 50 根，用分层总和法计算出的桩基沉降值 s'=85 mm，按桩基规范计算桩基沉降 s 为(　　)。(承台长 L_c=158.4 m，宽 B_c=78.4 m)

(A)58 mm　　(B)68 mm　　(C)75 mm　　(D)85 mm

解

$s=\Psi\Psi_e s'$

软土 E_s 一般为 4 MPa 以下，$\overline{E_s}<10$，取 $\Psi=1.2$。

$\Psi_e=C_0+\dfrac{n_b-1}{C_1(n_b-1)+C_2}$

其中 $n_b=25$

由 $\dfrac{s_a}{d}=\dfrac{3.2}{0.8}=4$，$\dfrac{l}{d}=\dfrac{40}{0.8}=50$，$\dfrac{L_c}{B_L}=2.02\approx2.0$

查得 $C_0=0.081$，$C_1=1.674$，$C_2=8.258$

代入得 $\Psi_e=0.081+\dfrac{25-1}{1.674\times(25-1)+8.258}=0.576\ 5$

所以 $s=0.576\ 5\times1.2\times85=58.8$ (mm)

【案例模拟题 20】

某 4 m×4 m 承台下设 4 根 ϕ600 灌注桩，桩长 L=24 m，桩端置于中密中砂层之上，桩距 3 m，分层总和法求出沉降 s'=50 mm，沉降计算经验系数为 1.0，按桩基规范《建筑桩基技术规范》(JGJ 94—2008)确定桩基沉降为(　　)。

(A)8.2 mm　　(B)15 mm　　(C)28.2 mm　　(D)35 mm

【例题 23】

桩基沉降计算。

条件如下图所示。桩径 $d=0.4$ m，桩长 8 m。按规范《建筑桩基技术规范》(JGJ 94—2008)计算，桩基沉降量接近于(　　)。

(A)4.8 mm　　(B)32.7 mm　　(C)48.9 mm　　(D)60 mm

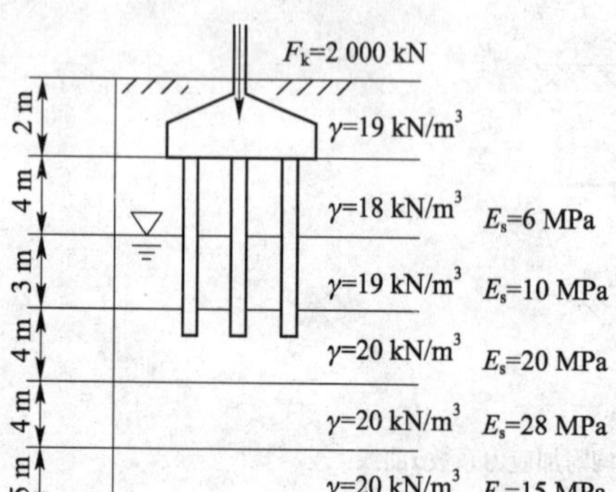

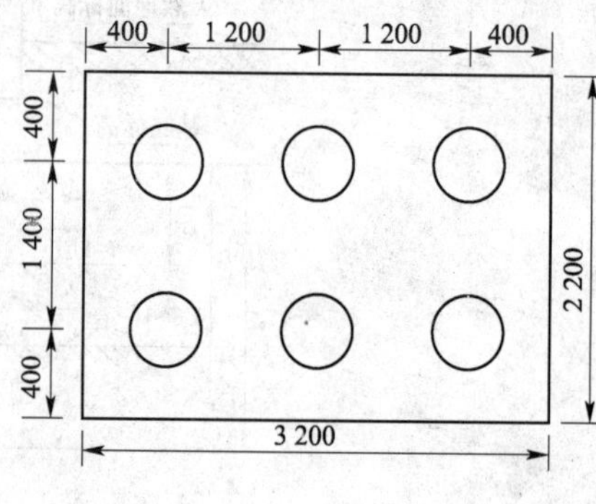

例题 23 图(尺寸单位:mm)

解

①确定 p_0

$$p_0=\frac{2\ 000+3.2\times2.2\times2\times20}{3.2\times2.2}-19\times2=286.1\ (\text{kPa})$$

②确定 z_n

计算见下图。

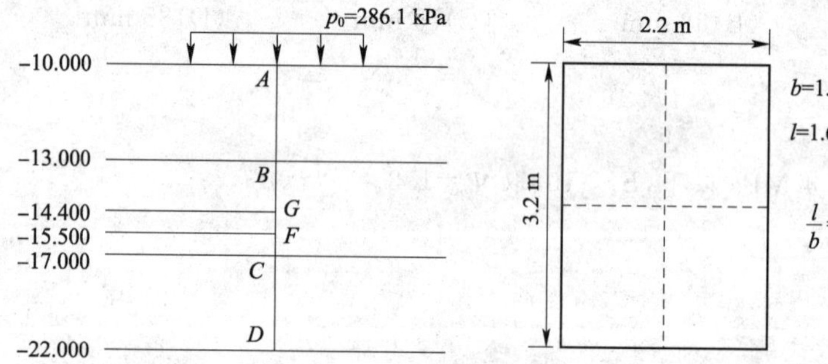

例题 23 解图

桩端平面：C 点处自重应力 $\sigma_{cz}=2\times19+4\times18+3\times9+4\times10+4\times10=217(\text{kPa})$

C 点处附加应力由，$\dfrac{z}{b}=\dfrac{7}{1.1}=6.4$，查得

$$\alpha_c=\frac{0.017+0.020}{2}=0.018\ 5$$

$$\sigma_z=0.018\ 5\times286.1\times4=21.2\ (\text{kPa})$$

$$\frac{\sigma_z}{\sigma_{cz}}=\frac{21.2}{217}=0.097\ll0.2$$

再试算 G 点处：$\sigma_{cz}=2\times19+4\times18+3\times9+4\times10+1.4\times10=191\ (\text{kPa})$

$$\frac{z}{b}=\frac{4.4}{1.1}=4$$

$$\alpha_c=\frac{0.036+0.040\ 3}{2}=0.038$$

$\sigma_z = 0.038 \times 4 \times 286.1 = 43.8(\text{kPa})$

$\frac{\sigma_z}{\sigma_{cz}} = \frac{43.8}{191} = 0.23 > 0.2$

再试算 F 点：$\sigma_{cz} = 2\times10 + 4\times18 + 3\times19 + 4\times10 + 2.5\times10 = 205\ (\text{kPa})$

$\frac{z}{b} = \frac{5.5}{1.1} = 5$

$\alpha_c = \frac{0.024 + 0.027}{2} = 0.026$

$\sigma_z = 0.026 \times 4 \times 286.1 = 29.6(\text{kPa})$

$\frac{\sigma_z}{\sigma_{cz}} = \frac{29.6}{205} = 0.144 < 0.2$

沉降计算深度选在桩端平面以下 5.5 m 的 F 点处

③进行沉降计算。

列下表进行沉降计算($l/b \approx 1.5$)

点号	z_i	z/b	$\bar{\alpha}_i$	$z_i\bar{\alpha}_i$	$z_i\bar{\alpha}_i - z_{i-1}\bar{\alpha}_{i-1}$	$s_i = \frac{P_0}{E_{si}}(z_i\bar{\alpha}_i - z_{i-1}\bar{\alpha}_{i-1}) \times 4$
A	0	0	0.25	0	0.489 1	$s_1 = 27.99$ mm
B	3	2.7	0.163	0.489 1		
F	5.5	5	0.108	0.593 7	0.104 6	$s_2 = 4.28$ mm

$s' = s_1 + s_2 = 27.99 + 4.28 = 32.27(\text{mm})$

④确定修正系数。

计算变形模量当量值 $\bar{E}_s$

$$\bar{E}_s = \frac{\sum A_i}{\sum (A_i/E_{si})} = \frac{0.489\ 1 + 0.104\ 6}{\frac{0.489\ 1}{20} + \frac{0.104\ 6}{28}} = 21(\text{MPa})$$

求 Ψ，查表 5.5.11 有

$$\Psi = \frac{0.5 - 0.65}{35 - 20} \times (21 - 20) + 0.65 = 0.64$$

$$\Psi_e = C_0 + \frac{n_b - 1}{C_1(n_b - 1) + C_2}$$

其中，$n_b = 2$；$\frac{s_a}{d} = \sqrt{A}/(\sqrt{n}d) = \sqrt{2.2\times3.2}/(\sqrt{6}\times0.4) = 2.7 \approx 3$；$l/d = 8/0.4 = 20$；$L_c/B_c = 3.2/2.2 = 1.45 \approx 1.5$

查表得 $C_0 = (0.075 + 0.138)/2 = 0.106\ 5$

$C_1 = (1.461 + 1.542)/2 = 1.501\ 5$

$C_2 = (6.879 + 6.137)/2 = 6.508$

代入得

$$\Psi_e = 0.106\ 5 + \frac{2-1}{1.501\ 5\times1 + 6.508} = 0.231\ 4$$

$s = 0.64 \times 0.231\ 4 \times 32.27 = 4.8\ (\text{mm})$

【案例模拟题 21】

条件如下表和下图所示。

层号	项目			
	γ/(kN/m³)	E_s/MPa	厚度/m	土层名称
①	19.0	—	2	杂填土
②	19.5	8	6	粉质黏土
③	20	16	5	细砂
④	20.5	10	5	黏土
⑤	20	12	1.5	黏土

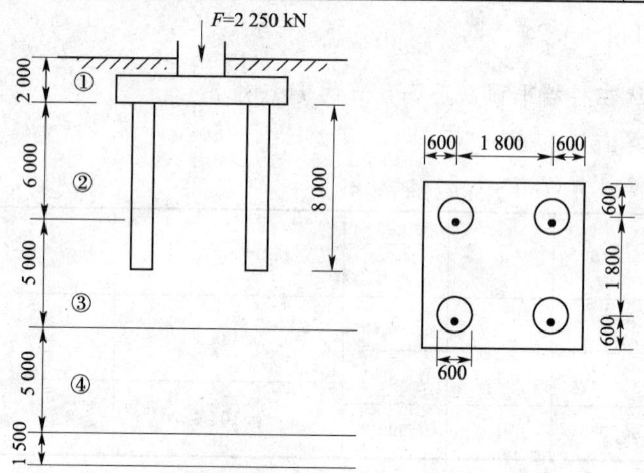

案例模拟题 21 图(尺寸单位:mm)

按规范《建筑桩基技术规范》(JGJ 94—2008)计算,桩基沉降值 s 为(　　)。

(A)10 mm　　(B)20 mm　　(C)30 mm　　(D)40 mm

4.8　桩基水平承载力计算

4.8.1　单桩水平承载力特征值

Ⅰ　单桩基础

5.7.1　受水平荷载的一般建筑物和水平荷载较小的高大建筑物单桩基础和群桩中基桩应满足下式要求。

$$H_{ik} \leqslant R_h \tag{5.7.1}$$

式中,H_{ik}为在荷载效应标准组合下,作用于基桩 i 桩顶处的水平力;R_h 为单桩基础或群桩中基础的水平承载力特征值,对于单桩基础,可取单桩的水平承载力特征值 R_{ha}。

5.7.2　单桩的水平承载力特征值的确定应符合下列规定:

①对于受水平荷载较大的设计等级为甲级、乙级的建筑桩基,单桩水平承载力特征值应通过单桩水平静载试验确定,试验方法可按现行行业标准《建筑基桩检测技

术规范》(JGJ 106)执行。

②对于钢筋混凝土预制桩、钢桩、桩身配筋率不小于0.65%的灌注桩，可根据静载试验结果取地面处水平位移为10 mm(对于水平位移敏感的建筑物取水平位移6 mm)所对应的荷载的75%为单桩水平承载力特征值。

③对于桩身配筋率小于0.65%的灌注桩，可取单桩水平静载试验的临界荷载的75%为单桩水平承载力特征值。

④当缺少单桩水平静试验资料时，可按下列公式估算桩身配筋率小于0.65%的灌注桩的单桩水平承载力特征值

$$R_{ha}=\frac{0.75\alpha\gamma_m f_t W_0}{\nu_M}(1.25+22\rho_g)\left(1\pm\frac{\zeta_N N_k}{\gamma_m f_t A_n}\right) \quad (5.7.2.1)$$

式中，α 为桩的水平变形系数，按本规范第5.7.5条确定；R_{ha} 为单桩水平承载力特征值，±号根据桩顶竖向力性质确定，压力取"+"，拉力取"−"；γ_m 为桩截面模量塑性系数，圆形截面 $\gamma_m=2$，矩形截面 $\gamma_m=1.75$；f_t 为桩身混凝土抗拉强度设计值；W_0 为桩身换算截面受拉边缘的截面模量{圆形截面为 $W_0=\frac{\pi d}{32}[d^2+2(\alpha_E-1)\rho_g d_0^2]$，方形截面为 $W_0=\frac{b}{6}[b^2+2(\alpha_E-1)\rho_g b_0^2]$，其中 d 为桩直径，d_0 为扣除保护层厚度的桩直径，b 为方形截面边长，b_0 为扣除保护层厚度的桩截面宽度，α_E 为钢筋弹性模量与混凝土弹性模量的比值}；ν_M 为桩身最大弯矩系数，按表5.7.2取值，当单桩基础和单排桩基纵向轴线与水平力方向相垂直时，按桩顶铰接考虑；ρ_g 为桩身配筋率；A_n 为桩身换算截面面积{圆形截面为 $A_n=\frac{\pi d^2}{4}[1+(\alpha_E-1)\rho_g]$，方形截面为 $A_n=b^2[1+(\alpha_E-1)\rho_g]$}；$\zeta_N$ 为桩顶竖向力影响系数，竖向压力取0.5，竖向拉力取1.0；N_k 为在荷载效应标准组合下桩顶的竖向力(kN)。

桩顶(身)最大弯矩系数 ν_M 和桩顶水平位移系数 ν_x 表5.7.2

桩顶约束情况	桩的换算埋深 αh	ν_M	ν_x
铰接、自由	4.0	0.768	2.441
	3.5	0.750	2.502
	3.0	0.703	2.727
	2.8	0.675	2.905
	2.6	0.639	3.163
	2.4	0.601	3.526
固接	4.0	0.926	0.940
	3.5	0.934	0.970
	3.0	0.967	1.028
	2.8	0.990	1.055
	2.6	1.018	1.079
	2.4	1.045	1.095

注：1. 铰接(自由)的 ν_M 系桩身的最大弯矩系数，固接的 ν_M 系桩顶的最大弯矩系数。

2. 当 $\alpha h>4$ 时取 $\alpha h=4.0$。

⑤对于混凝土护壁的挖孔桩，计算单桩水平承载力时，其设计桩径取护壁内直径。

⑥当桩的水平承载力由水平位移控制，且缺少单桩水平静载试验资料时，可按下式估算预制桩、钢桩、桩身配筋率不小于0.65%的灌注桩单桩水平承载力特征值

$$R_{ha}=0.75\frac{\alpha^3 EI}{\nu_x}X_{0a} \tag{5.7.2.2}$$

式中，EI 为桩身抗弯刚度（对于钢筋混凝土桩，$EI=0.85E_cI_0$，其中 E_c 为混凝土弹性模量，I_0 为桩身换算截面惯性矩：圆形截面为 $I_0=W_0d_0/2$，矩形截面为 $I_0=W_0b_0/2$）；X_{0a} 为桩顶允许水平位移；ν_x 为桩顶水位移系数，按表5.7.2取值，取值方法同 ν_M。

⑦验算永久荷载控制的桩基的水平承载力时，应将上述2～5款方法确定的单桩水平承载力特征值乘以调整系数0.80；验算地震作用桩基的水平承载力时，应将按上述2～5款方法确定的单桩水平承载力特征值乘以调整系数1.25。

【例题24】

直径为800 mm的混凝土灌注桩，桩长 $L=10$ m，桩身混凝土为C25，其 $E_c=2.8\times10^4$ MPa，桩内配 $12\phi20$ 钢筋，保护层厚75 mm，$E_s=2\times10^5$ MPa，桩侧土的 $m=20$ MN/m^4，桩顶与承台固接，试确定在桩顶容许水平位移为6 mm时的单桩水平承载力特征值为（　　）。

(A)405 kN　　(B)500 kN　　(C)600 kN　　(D)700 kN

解

配筋率

$$\rho_g=\frac{3.14\times12\times10^2}{3.14\times400^2}=0.0075=0.75\%>0.65\%$$

$$W_0=\frac{\pi d}{32}[d^2+2(\alpha_E-1)\rho_g d_0^{\,2}]$$

$$=\frac{3.14\times0.8}{32}\times\left[0.8^2+2\times\left(\frac{2\times10^5}{2.8\times10^4}-1\right)\times0.0075\times(0.8-0.075\times2)^2\right]$$

$$=0.0533\ (\text{m}^3)$$

$$I_0=\frac{d_0W_0}{2}=\frac{(0.8-2\times0.075)\times0.0533}{2}=0.01732$$

$$EI=0.85E_cI_0=0.85\times2.8\times10^4\times10^3\times0.01732=4.122\times10^5(\text{kN}\cdot\text{m}^2)$$

$$b_0=0.9\times(1.5d+0.5)=0.9\times(1.5\times0.8+0.5)=1.53$$

$$\alpha=\sqrt[5]{\frac{mb_0}{EI}}=\sqrt[5]{\frac{20\times10^3\times1.53}{4.122\times10^5}}=0.59(\text{m}^{-1})$$

$$\alpha h=0.59\times10=5.9>4$$

所以 $\nu_x=0.94$

$$R_{ha}=0.75\frac{\alpha^3EI}{\nu_x}x_{0a}=0.75\times\frac{0.59^3\times4.122\times10^5}{0.94}\times6\times10^{-3}=405.3(\text{kN})$$

所以 $R_{ha}=405.3$ kN

【案例模拟题22】

桩长为6 m，$m=15$ MN/m^4，其他条件同例题24，桩顶容许水平位移为4 mm时单桩水平承载力特征值为（　　）。

(A)90 kN (B)220 kN (C)150 kN (D)332 kN

【例题 25】

某灌注桩桩径为 800 mm，桩长 $L=10$ m，混凝土为 C25，$f_t=1.27$ MPa，$E_c=2.8\times10^4$ MPa，桩内配筋 $10\phi18$，保护层厚 75 mm，$E_s=2\times10^5$ MPa，桩侧土的 $m=15\times10^3$ kN/m^4，桩顶与承台固接，桩顶受到的竖向压力设计值 $N_k=800$ kN，单桩水平承载力特征值为(　　)。

(A)106.9 kN (B)137 kN (C)144 kN (D)151 kN

解

$$\rho_g=\frac{A_s}{A_p}=\frac{3.14\times9^2\times10}{\frac{\pi}{4}\times800^2}=0.005\,06=0.506\%<0.65\%$$

$$W_0=\frac{\pi d}{32}\times[d^2+2(\alpha_E-1)\rho_g d_0{}^2]$$
$$=\frac{3.14\times0.8}{32}\times\left[0.8^2+2\times\left(\frac{2\times10^5}{2.8\times10^4}-1\right)\times0.005\,06\times(0.8-0.075\times2)^2\right]$$
$$=0.052\,3\ (\mathrm{m}^3)$$

$$A_n=\frac{\pi d^2}{4}[1+(\alpha_E-1)\rho_g]$$
$$=\frac{3.14\times0.8^2}{4}\times\left[1+\left(\frac{2\times10^5}{2.8\times10^4}-1\right)\times0.005\,06\right]$$
$$=0.518$$

$$I_0=\frac{d_0W_0}{2}=\frac{0.052\,3\times(0.8-2\times0.075)}{2}=0.017$$

$$EI=0.85E_cI_0=0.85\times2.8\times10^4\times10^3\times0.017$$
$$=4.046\times10^5(\mathrm{kN\cdot m^2})$$

$$b_0=0.9\times(1.5d+0.5)=0.9\times(1.5\times0.8+0.5)=1.53(\mathrm{m})$$

$$\alpha=\sqrt[5]{\frac{mb_0}{EI}}=\sqrt[5]{\frac{15\times10^3\times1.53}{4.046\times10^5}}=0.56(\mathrm{m}^{-1})$$

$$\alpha h=0.56\times10=5.6>4$$

$$\nu_m=0.926$$

$$R_{ha}=\frac{0.75\times0.56\times2\times1\,270\times0.0523}{0.926}\times(1.25+22\times0.005\,06)\times\left(1+\frac{0.5\times800}{2\times1\,270\times0.518}\right)$$
$$=106.9(\mathrm{kN})$$

例题解析

①注意桩顶与承台的连接方式。

②注意桩所受竖向荷载的性质。

【案例模拟题 23】

某灌注桩桩径为 800 mm，桩长 $L=8$ m，混凝土为 C25，$f_t=1.27$ MPa，$E_c=2.8\times10^4$ MPa，桩内配筋 $10\phi18$，钢筋保护层厚 75 mm，$E_s=2\times10^5$ MPa，桩侧土的 $m=15$ MN/m^4，桩顶与承台固接，桩顶受到$N=400$ kN的上拔力，单桩水平承载力特征值为(　　)。

(A)73 kN (B)68 kN (C)63 kN (D)58 kN

4.8.2　群桩基础中复合基桩水平承载力设计值

Ⅱ　群 桩 基 础

5.7.3　群桩基础(不含水平力垂直于单排桩基纵向轴线和力矩较大的情况)的基桩水平承载力特征值应考虑由承台、桩群、土相互作用产生的群桩效应,可按下列公式确定

$$R_h = \eta_h R_{ha} \tag{5.7.3.1}$$

考虑地震作用且 $s_a/d \leqslant 6$ 时

$$\eta_h = \eta_i \eta_r + \eta_l \tag{5.7.3.2}$$

$$\eta_i = \frac{\left(\frac{s_a}{d}\right)^{0.015n_2+0.45}}{0.15n_1 + 0.10n_2 + 1.9} \tag{5.7.3.3}$$

$$\eta_l = \frac{mX_{0a}B'_c h_c^2}{2n_1 n_2 R_{ha}} \tag{5.7.3.4}$$

$$X_{0a} = \frac{R_{ha}\nu_x}{\alpha^3 EI} \tag{5.7.3.5}$$

其他情况

$$\eta_h = \eta_i \eta_r + \eta_l + \eta_b \tag{5.7.3.6}$$

$$\eta_b = \frac{\mu P_c}{n_1 n_2 R_{ha}} \tag{5.7.3.7}$$

$$B'_c = B_c + 1 \tag{5.7.3.8}$$

$$P_c = \eta_c f_{ak}(A - nA_{ps}) \tag{5.7.3.9}$$

式中,η_h 为群桩效应综合系数;η_i 为桩的相互影响效应系数;η_r 为桩顶约束效应系数(桩顶嵌入承台长度 50～100 mm 时),按表 5.7.3.1 取值;η_l 为承台侧向土水平抗力效应系数(承台外围回填土为松散状态时取 $\eta_l=0$);η_b 为承台底摩阻效应系数;s_a/d 为沿水平荷载方向的距径比;n_1、n_2 分别为沿水平荷载方向与垂直水平荷载方向每排桩中桩数;m 为承台侧向土水平抗力系数的比例系数,当无试验资料时可按本规范表 5.7.5 取值;X_{0a} 为桩顶(承台)的水平位移允许值[当以位移控制时,可取 $X_{0a}=10$ mm(对水平位移敏感的结构物取 $X_{0a}=6$ mm),当以桩身强度控制(低配筋率灌注桩)时,可近似按本规范式(5.7.3.5)确定];B'_c 为承台受侧向土抗力一边的计算宽度(m);B_c 为承台宽度(m);h_c 为承台高度(m);μ 为承台底与地基土间的摩擦系数,可按表 5.7.3.2 取值;P_c 为承台底地基土分担的竖向总荷载标准值;η_c 为按本规范第 5.2.5 条确定;A 为承台总面积;A_{ps} 为桩身截面面积。

桩顶约束效应系数 η_r　　表 5.7.3.1

换算深度 αh	2.4	2.6	2.8	3.0	3.5	≥4.0
位移控制	2.58	2.34	2.20	2.13	2.07	2.05
强度控制	1.44	1.57	1.71	1.82	2.00	2.07

注:$\alpha=\sqrt[5]{\frac{mb_0}{EI}}$,$h$ 为桩的入土长度。

承台底与地基土间的摩擦系数 μ 表 5.7.3.2

土的类别		摩擦系数 μ
黏性土	可塑	0.25～0.30
	硬塑	0.30～0.35
	坚硬	0.35～0.45
粉土	密实、中密(稍湿)	0.30～0.40
中砂、粗砂、砾砂		0.40～0.50
碎石土		0.40～0.60
软岩、软质岩		0.40～0.60
表面粗糙的较硬岩、坚硬岩		0.65～0.75

5.7.4 计算水平荷载较大和水平地震作用、风载作用的带地下室的高大建筑物桩基的水平位移时,可考虑地下室侧墙、承台、桩群、土共同作用,按本规范附录C方法计算基桩内力和变位,与水平外力作用平面相垂直的单排桩基础可按本规范附录C中表C.0.3.1计算。

5.7.5 桩的水平变形系数和地基土水平抗力系数的比例系数 m 可按下列规定确定:

①桩的水平变形系数 $\alpha(1/m)$。

$$\alpha=\sqrt[5]{\frac{mb_0}{EI}} \tag{5.7.5}$$

式中,m 为桩侧土水平抗力系数的比例系数;b_0 为桩身的计算宽度(m),其中
圆形桩:当直径 $d\leqslant 1$ m 时,$b_0=0.9(1.5d+0.5)$,

当直径 $d>1$ m 时,$b_0=0.9(d+1)$,

方形桩:当边宽 $b\leqslant 1$ m 时,$b_0=1.5b+0.5$,

当边宽 $b>1$ m 时,$b_0=b+1$;

EI 为桩身抗弯刚度,按本规范第5.7.2条的规定计算。

②地基土水平抗力系数的比例系数 m,宜通过单桩水平静载试验确定,当无静载试验资料时,可按表5.7.5取值。

地基土水平抗力系数的比例系数 m 表 5.7.5

序号	地基土类别	预制桩、钢桩		灌注桩	
		m/(MN/m^4)	相应单桩在地面处水平位移/mm	m/(MN/m^4)	相应单桩在地面处水平位移/mm
1	淤泥;淤泥质土;饱和湿陷性黄土	2～4.5	10	2.5～6	6～12
2	流塑($I_L>1$)、软塑($0.75<I_L\leqslant 1$)状黏性土;$e>0.9$ 粉土;松散粉细砂;松散、稍密填土	4.5～6.0	10	6～14	4～8
3	可塑($0.25<I_L\leqslant 0.75$)状黏性土、湿陷性黄土;$e=0.75\sim 0.9$ 粉土;中密填土;稍密细砂	6.0～10	10	14～35	3～6

第4章 深基础

续上表

序号	地基土类别	预制桩、钢桩		灌注桩	
		$m/(\mathrm{MN/m^4})$	相应单桩在地面处水平位移/mm	$m/(\mathrm{MN/m^4})$	相应单桩在地面处水平位移/mm
4	硬塑($0<I_L\leqslant0.25$)、坚硬($I_L\leqslant0$)状黏性土、湿陷性黄土；$e<0.75$粉土；中密的中粗砂；密实老填土	10～22	10	35～100	2～5
5	中密、密实的砾砂、碎石类土	—	—	100～300	1.5～3

注：1. 当桩顶水平位移大于表列数值或灌注桩配筋率较高(≥0.65%)时，m值应适当降低；当预制桩的水平向位移小于10 mm时，m值可适当提高。

2. 当水平荷载为长期或经常出现的荷载时，应将表列数值乘以0.4降低采用。

3. 当地基为可液化土层时，应将表列数值乘以本规范表5.3.12中相应的系数ψ_1。

【例题 26】

桩的水平承载力计算。

静载试验得到单桩水平承载力特征值$R_{ha}=100$ kN，试确定下述布桩方案时基桩的水平承载力特征值：桩径$d=500$ mm，承台为台阶状，受侧向土抗一侧承台宽高如下图所示。

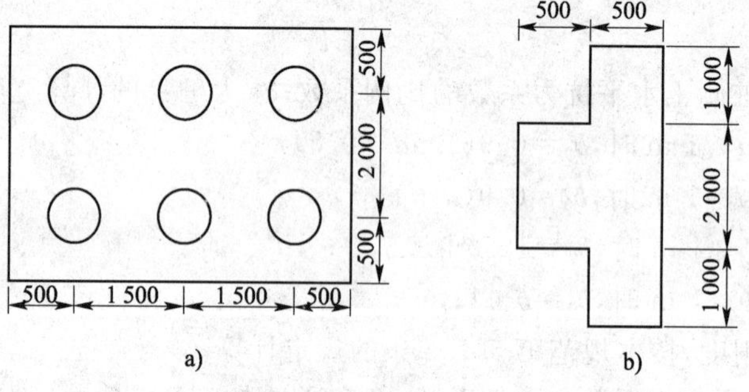

例题 26 图(尺寸单位：mm)

$m=10\ 000$ kN/m^4，$\mu=0.55$，承台底土$f_{ak}=150$ kPa，X_{0a}取10 mm，桩顶按嵌固考虑，$\alpha h=3.0$，桩长$l=6$ m。

按位移控制条件下，基桩水平承载力为(　　)。

(A)187 kN　　(B)135 kN　　(C)142 kN　　(D)153 kN

解

$$\eta_i=\frac{\left(\frac{s_a}{d}\right)^{0.015n_2+0.45}}{0.15n_1+0.10n_2+1.9}=\frac{\left(\frac{1.5}{0.5}\right)^{0.015\times2+0.45}}{0.15\times3+0.1\times2+1.9}=\frac{1.694}{2.55}=0.664$$

$\eta_r=2.13$

$B'_c=B_c+1=(2\times0.5+4\times0.5)+1=3+1=4$ (m)

$$\eta_l=\frac{10\ 000\times10\times10^{-3}\times4\times1^2}{2\times3\times2\times100}=0.333$$

沿水平荷载方向的距径比$\frac{s_a}{d}=\frac{1.5}{0.5}=3$

$B_c/l=3/6=0.5$

$\eta_c=\dfrac{0.1-0.08}{0.8-0.4}\times(0.5-0.4)+0.08=0.085$

$$
\begin{aligned}
P_c&=\eta_c f_{ak}(A-nA_{ps})\\
&=0.085\times150\times\left(3\times4-6\times\frac{3.14}{4}\times0.5^2\right)\\
&=138(\text{kN})
\end{aligned}
$$

$\eta_b=\dfrac{\mu P_c}{n_1 n_2 R_{ha}}=\dfrac{0.55\times138}{3\times2\times100}=0.1265$

查表得 $\eta_r=2.13$

$$
\begin{aligned}
\eta_h&=\eta_i\eta_r+\eta_l+\eta_b\\
&=0.664\times2.13+0.333+0.1265=1.8738
\end{aligned}
$$

$R_h=\eta_h R_{ha}=1.8738\times100=187.4(\text{kN})$

答案为(A)。

【案例模拟题 24】

计算强度控制条件下基桩的水平承载力特征值(桩顶嵌固)为(　　)。

条件:单桩水平承载力特征值 $R_{ha}=100$ kN,桩径 $d=600$ mm,承台侧面为矩形,$m=10000$ kN/m^4,$\alpha=0.52$,桩长 $L=9$ m,$\eta_c=0.15$,$\mu=0.65$,$f_{ak}=100$ kPa,$EI=1.78\times10^5$ kN·m^2。

布桩方式如下图所示。

(A)227 kN

(B)218 kN

(C)211 kN

(D)206 kN

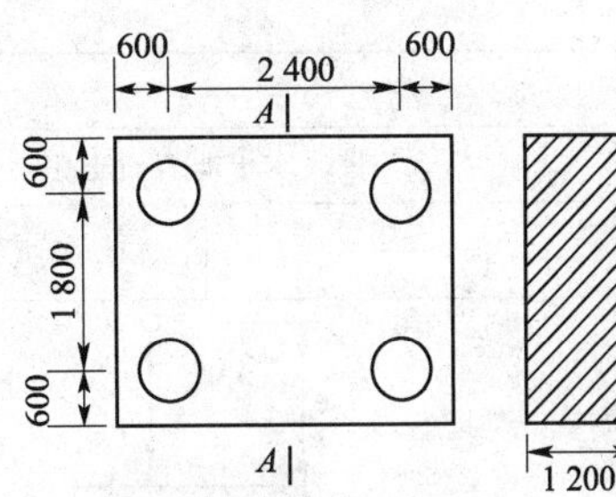

案例模拟题 24 图(尺寸单位:mm)

4.9　桩身承载力与裂缝控制计算

5.8.1　桩身应进行承载力和裂缝控制计算。计算时应考虑桩身材料强度、成桩工艺、吊运与沉桩、约束条件、环境类别等因素,除按本节有关规定执行外,尚应符合现行国家标准《混凝土结构设计规范》(GB 50010)、《钢结构设计规范》(GB 50017)和《建筑抗震设计规范》(GB 50011)的有关规定。

Ⅰ　受　压　桩

5.8.2　钢筋混凝土轴心受压桩正截面受压承载力应符合下列规定。

①当桩顶以下 5 d 范围的桩身螺旋式箍筋间距不大于 100 mm,且符合本规范第 4.1.1 条规定时

$$N\leqslant\psi_c f_c A_{ps}+0.9f'_y A'_s \tag{5.8.2.1}$$

②当桩身配筋不符合上述 1 款规定时

$$N\leqslant\psi_c f_c A_{ps} \tag{5.8.2.2}$$

式中，N 为荷载效应基本组合下的桩顶轴向压力设计值；ψ_c 为基桩成桩工艺系数，按本规范第 5.8.3 条规定取值；f_c 为混凝土轴心抗压强度设计值；f'_y 为纵向主筋抗压强度设计值；A'_s 为纵向主筋截面面积。

5.8.3　基桩成桩工艺系数 ψ_c 应按下列规定取值。

①混凝土预制桩、预应力混凝土空心桩：$\psi_c=0.85$。

②干作业非挤土灌注桩：$\psi_c=0.90$。

③泥浆护壁和套管护壁非挤土灌注桩、部分挤土灌注桩、挤土灌注桩：$\psi_c=0.7\sim0.8$。

④软土地区挤土灌注桩：$\psi_c=0.6$。

5.8.4　计算轴心受压混凝土桩正截面受压承载力时，一般取稳定系数 $\varphi=1.0$。对于高承台基桩、桩身穿越可液化土或不排水抗剪强度小于 10 kPa 的软弱土层的基桩，应考虑压屈影响，可按本规范式(5.8.2.1)、式(5.8.2.2)计算所得桩身正截面受压承载力乘以 φ 折减。其稳定系数 φ 可根据桩身压屈计算长度 l_c 和桩的设计直径 d(或矩形桩短边尺寸 b)确定。桩身压屈计算长度可根据桩顶的约束情况、桩身露出地面的自由长度 l_0、桩的入土长度 h、桩侧和桩底的土质条件按表 5.8.4.1 确定。桩的稳定系数 φ 可按表 5.8.4.2 确定。

桩身压屈计算长度 l_c　　表 5.8.4.1

<table>
<tr><td colspan="4">桩顶铰接</td></tr>
<tr><td colspan="2">桩底支于非岩石土中</td><td colspan="2">桩底嵌于岩石内</td></tr>
<tr><td>$h<\frac{4.0}{\alpha}$</td><td>$h\geqslant\frac{4.0}{\alpha}$</td><td>$h<\frac{4.0}{\alpha}$</td><td>$h\geqslant\frac{4.0}{\alpha}$</td></tr>
<tr><td colspan="2">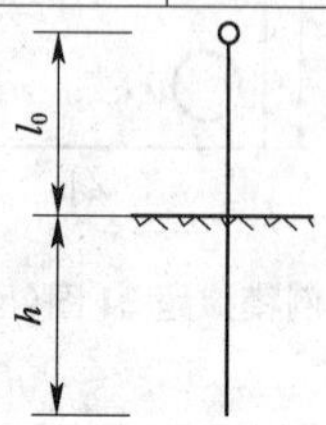</td><td colspan="2">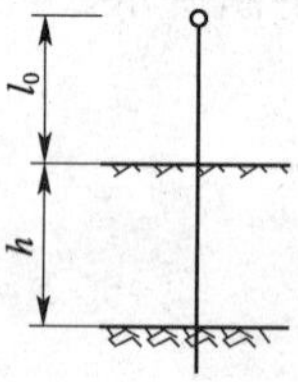</td></tr>
<tr><td>$l_c=1.0\times(l_0+h)$</td><td>$l_c=0.7\times\left(l_0+\frac{4.0}{\alpha}\right)$</td><td>$l_c=0.7\times(l_0+h)$</td><td>$l_c=0.7\times\left(l_0+\frac{4.0}{\alpha}\right)$</td></tr>
<tr><td colspan="4">桩顶固接</td></tr>
<tr><td colspan="2">桩底支于非岩石土中</td><td colspan="2">桩底嵌于岩石内</td></tr>
<tr><td>$h<\frac{4.0}{\alpha}$</td><td>$h\geqslant\frac{4.0}{\alpha}$</td><td>$h<\frac{4.0}{\alpha}$</td><td>$h\geqslant\frac{4.0}{\alpha}$</td></tr>
<tr><td colspan="2">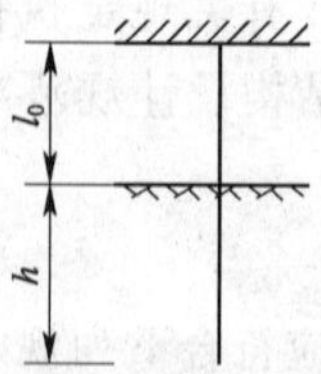</td><td colspan="2">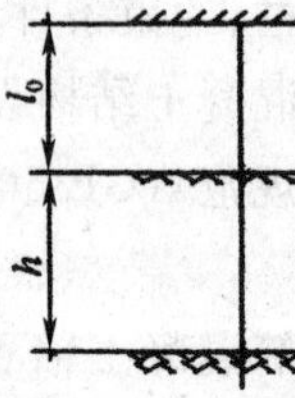</td></tr>
<tr><td>$l_c=0.7(l_0+h)$</td><td>$l_c=0.5\left(l_0+\frac{4.0}{\alpha}\right)$</td><td>$l_c=0.5(l_0+h)$</td><td>$l_c=0.5\left(l_0+\frac{4.0}{\alpha}\right)$</td></tr>
</table>

注：1. 表中 $\alpha=\sqrt[5]{\frac{mb_0}{EI}}$。

2. l_0 为高承台基桩露出地面的长度，对于低承台桩基，$l_0=0$。

3. h 为桩的入土长度，当桩侧有厚度为 d_1 的液化土层时，桩露出地面长度 l_0 和桩的入土长度 h 分别调整为：$l'_0=l_0+\psi_1 d_1$，$h'=h-\psi_1 d_1$，ψ_1 按表 5.3.12 取值。

桩身稳定系数 φ 表 5.8.4.2

l_c/d	≤7	8.5	10.5	12	14	15.5	17	19	21	22.5	24
l_c/b	≤8	10	12	14	16	18	20	22	24	26	28
φ	1.00	0.98	0.95	0.92	0.87	0.81	0.75	0.70	0.65	0.60	0.56
l_c/d	26	28	29.5	31	33	34.5	36.5	38	40	41.5	43
l_c/b	30	32	34	36	38	40	42	44	46	48	50
φ	0.52	0.48	0.44	0.40	0.36	0.32	0.29	0.26	0.23	0.21	0.19

注：b 为矩形桩短边尺寸，d 为桩直径。

5.8.5 计算偏心受压混凝土桩正截面受压承载力时，可不考虑偏心距的增大影响，但对于高承台基桩、桩身穿越可液化土或不排水抗剪强度小于 10 kPa 的软弱土层的基桩，应考虑桩身在弯矩作用平面内的挠曲对轴向力偏心距的影响，应将轴向力对截面重心的初始偏心矩 e_i 乘以偏心矩增大系数 η，偏心距增大系数 η 的具体计算方法可按现行国家标准《混凝土结构设计规范》(GB 50010)执行。

5.8.6 对于打入式钢管桩，可按以下规定验算桩身局部压屈：

①当 $t/d=\frac{1}{80}\sim\frac{1}{50}$，$d\leqslant600$ mm，最大锤击压应力小于钢材强度设计值时，可不进行局部压屈验算。

②当 $d>600$ mm，可按下式验算

$$t/d\geqslant f'_y/0.388E \quad (5.8.6.1)$$

③当 $d\geqslant900$ mm，除按式(5.8.6.1)验算外，尚应按下式验算

$$t/d\geqslant\sqrt{f'_y/14.5E} \quad (5.8.6.2)$$

式中，t、d 分别为钢管桩壁厚、外径；E、f'_y 分别为钢材弹性模量、抗压强度设计值。

Ⅱ 抗拔桩

5.8.7 钢筋混凝土轴心抗拔桩的正截面受拉承载力应符合下式规定

$$N\leqslant f_yA_s+f_{py}A_{py} \quad (5.8.7)$$

式中，N 为荷载效应基本组合下桩顶轴向拉力设计值；f_y、f_{py} 分别为普通钢筋、预应力钢筋的抗拉强度设计值；A_s、A_{py} 分别为普通钢筋、预应力钢筋的截面面积。

5.8.8 对于抗拔桩的裂缝控制计算应符合下列规定。

①对于严格要求不出现裂缝的一级裂缝控制等级预应力混凝土基桩，在荷载效应标准组合下混凝土不应产生拉应力，应符合下式要求

$$\sigma_{ck}-\sigma_{pc}\leqslant0 \quad (5.8.8.1)$$

②对于一般要求不出现裂缝的二级裂缝控制等级预应力混凝土基桩，在荷载效应标准组合下的拉应力不应大于混凝土轴心受拉强度标准值，应符合下列公式要求。

在荷载效应标准组合下：$\sigma_{ck}-\sigma_{pc}\leqslant f_{tk}$ (5.8.8.2)

在荷载效应准永久组合下：$\sigma_{cq}-\sigma_{pc}\leqslant 0$ (5.8.8.3)

③对于允许出现裂缝的三级裂缝控制等级基桩，按荷载效应标准组合计算的最大裂缝宽度应符合下列规定

$$\omega_{max}\leqslant\omega_{lim} \tag{5.8.8.4}$$

式中，σ_{ck}、σ_{cq}分别为荷载效应标准组合、准永久组合下正截面法向应力；σ_{pc}为扣除全部应力损失后，桩身混凝土的预应力；f_{tk}为混凝土轴心抗拉强度标准值；ω_{max}为按荷载效应标准组合计算的最大裂缝宽度，可按现行国家标准《混凝土结构设计规范》(GB 50010)计算；ω_{lim}为最大裂缝宽度限值，按本规范表3.5.3取用。

5.8.9 当考虑地震作用验算桩身抗拔承载力时，应根据现行国家标准《建筑抗震设计规范》(GB 50011)的规定，对作用于桩顶的地震作用效应进行调整。

Ⅲ 受水平作用桩

5.8.10 对于受水平荷载和地震作用的桩，其桩身受弯承载力和受剪承载力的验算应符合下列规定。

①对于桩顶固接的桩，应验算桩顶正截面弯矩；对于桩顶自由或铰接的桩，应验算桩身最大弯矩截面处的正截面弯矩。

②应验算桩顶斜截面的受剪承载力。

③桩身所承受最大弯矩和水平剪力的计算，可按本规范附录C计算。

④桩身正截面受弯承载力和斜截面受剪承载力，应按现行国家标准《混凝土结构设计规范》(GB 50010)执行。

⑤当考虑地震作用验算桩身正截面受弯和斜截面受剪承载力时，应根据现行国家标准《建筑抗震设计规范》(GB 50011)的规定，对作用于桩顶的地震作用效应进行调整。

Ⅳ 预制桩吊运和锤击验算

5.8.11 预制桩吊运时单吊点和双吊点的设置，应按吊点（或支点）跨间正弯矩与吊点处的负弯矩相等的原则进行布置。考虑预制桩吊运时可能受到冲击和振动的影响，计算吊运弯矩和吊运拉力时，可将桩身重力乘以1.5的动力系数。

5.8.12 对于裂缝控制等级为一级、二级的混凝土预制桩、预应力混凝土管桩，可按下列规定验算桩身的锤击压应力和锤击拉应力。

①最大锤击压应力σ_p可按下式计算

$$\sigma_p=\frac{\alpha\sqrt{2eE\gamma_p H}}{\left(1+\frac{A_c}{A_H}\sqrt{\frac{E_c\gamma_c}{E_H\gamma_H}}\right)\left(1+\frac{A}{A_c}\sqrt{\frac{E\gamma_p}{E_c\gamma_c}}\right)} \tag{5.8.12}$$

式中，σ_p为桩的最大锤击压应力；α为锤型系数，自由落锤为1.0，柴油锤取1.4；e为锤击效率系数，自由落锤为0.6，柴油锤取0.8；A_H、A_c、A分别为锤、桩垫、桩的实际断面面积；E_H、E_c、E分别为锤、桩垫、桩的纵向弹性模量；γ_H、γ_c、γ_p分别为锤、桩垫、桩的重度；H为锤落距。

②当桩需穿越软土层或桩存在变截面时，可按表5.8.12确定桩身的最大锤击拉应力。

最大锤击拉应力 σ_t 建议值(单位:kPa) 表 5.8.12

应力类别	桩类	建议值	出现部位
桩轴向拉应力值	预应力混凝土管桩	$(0.33\sim0.5)\sigma_p$	①桩刚穿越软土层时; ②距桩尖(0.5～0.7)倍桩长处
	混凝土及预应力混凝土桩	$(0.25\sim0.33)\sigma_p$	
桩截面环向拉应力或侧向拉应力	预应力混凝土管桩	$0.25\sigma_p$	最大锤击压应力相应的截面
	混凝土及预应力混凝土桩(侧向)	$(0.22\sim0.25)\sigma_p$	

③最大锤击压应力和最大锤击拉应力分别不应超过混凝土的轴心抗压强度设计值和轴心抗拉强度设计值。

【例题 27】

桩身承载力计算。

有一钢筋混凝土预制方桩,边长为 300 mm,螺旋式箍筋间距为 100 mm,桩的入土深度为 13 m,混凝土强度等级为 C30,纵向受压钢筋为 4ϕ20,HRB335 级钢筋。

按桩身材料强度确定单桩极限承载力标准值为(　　)。

(A)1 433 kN　(B)1 497 kN　(C)1 520 kN　(D)1 687 kN

解

①$f_c=14.3\ \mathrm{N/mm^2}$,$f_y=300\ \mathrm{N/mm^2}$

$A=300\ \mathrm{mm}\times300\ \mathrm{mm}$,$A_s=1\ 256\ \mathrm{mm^2}$

②根据《建筑桩基技术规范》(JGJ 94—2008)第 5.8.2 条的规定,对混凝土预制桩,基桩施工工艺系数 $\psi_c=0.85$。

③根据《建筑桩基技术规范》(JGJ 94—2008)第 5.8.4 条的规定,计算桩身轴心抗压强度时,取稳定系数 $\varphi=1.0$。

④根据《建筑桩基技术规范》(JGJ 94—2008)第 5.8.1 条的规定,桩身承载力计算按《混凝土结构设计规范》(GB 50010—2010)的规定执行。

⑤根据式(5.8.2.1)

$$N\leqslant\psi_c f_c A_{ps}+0.9f'_y A'_s$$
$$=0.85\times14.3\times300\times300+0.9\times300\times1\ 256$$
$$=1\ 433.07\times10^3(\mathrm{N/mm^2})=1\ 433(\mathrm{kN/mm^2})$$

答案为(A)。

【案例模拟题 25】

按桩身材料强度计算图 4.9.1 所示混凝土预制桩的桩身承载力。

已知:边长 350 mm,C 30 混凝土,内配 8ϕ18,HRB 335 钢筋,桩底支承在砂层,桩顶固接 $\alpha=0.52$,桩身承载力(按材料强度计算)为(　　)。

(A)1 000 kN　(B)1 206 kN　(C)1 060 kN　(D)1 090 kN

【例题 28】

某 350 mm×350 mm 打入式混凝土预制方桩,混凝土为 C 30,$f_c=14.3$ MPa,拟采用自由落锤方式打入，锤的直径为 500 mm，桩垫直径为 400 mm，其他条件见下表和下图。

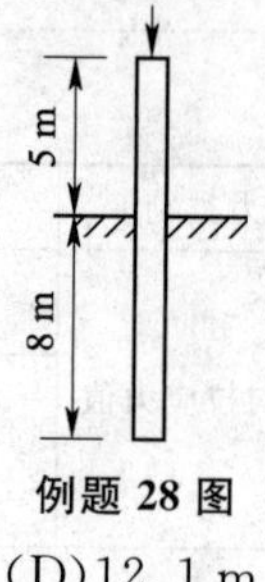

例题 28 图

	弹性模量/MPa	重度/(kN/m³)
锤	2×10^5	78
桩垫	2×10^3	10

锤的落距宜为(　　)。

(A)10.5 m　　(B)11.1 m　　(C)11.6 m　　(D)12.1 m

解

根据规范要求，$\sigma_p \leqslant f_c$

$$\sigma_p=\frac{\alpha\sqrt{2eE\gamma_p H}}{\left(1+\frac{A_c}{A_H}\sqrt{\frac{E_c\gamma_c}{E_H\gamma_H}}\right)\left(1+\frac{A}{A_c}\sqrt{\frac{E\gamma_p}{E_c\gamma_c}}\right)}$$

$$=\frac{1\times\sqrt{2\times0.6\times3\times10^7\times25\times H}}{\left[1+\frac{\frac{1}{4}\times3.14\times0.4^2}{\frac{1}{4}\times3.14\times0.5^2}\times\sqrt{\frac{2\times10^3\times10}{2\times10^5\times78}}\right]\left[1+\frac{0.35\times0.35}{\frac{3.14}{4}\times0.4^2}\times\sqrt{\frac{3\times10^4\times25}{2\times10^3\times10}}\right]}$$

$$=\frac{30\times10^3\times\sqrt{H}}{1.023\times6.972}\leqslant14.3\times10^3\ \text{kPa}$$

$$\sqrt{H}\leqslant\frac{14.3\times1.023\times6.972}{30}=3.4$$

$$H\leqslant11.56\ \text{m}$$

答案为(B)。

【案例模拟题 26】

条件同例题 28，将打入方式改为柴油锤，确定锤落距 H 为(　　)。

(A)4.3 m　　(B)4.8 m　　(C)5.2 m　　(D)5.5 m

4.10 承台计算

4.10.1 承台受弯计算

Ⅰ 受弯计算

5.9.1 桩基承台应进行正截面受弯承载力计算。承台弯矩可按本规范第 5.9.2 条～第 5.9.5 条的规定计算，受弯承载力和配筋可按现行国家标准《混凝土结构设计规范》(GB 50010)的规定进行。

5.9.2 柱下独立桩基承台的正截面弯矩设计值可按下列确定计算。

①两桩条形承台和多桩矩形承台弯矩计算截面取在柱边和承台变阶处[图 5.9.2a)]，可按下列公式计算

$$M_x=\sum N_i y_i \tag{5.9.2.1}$$

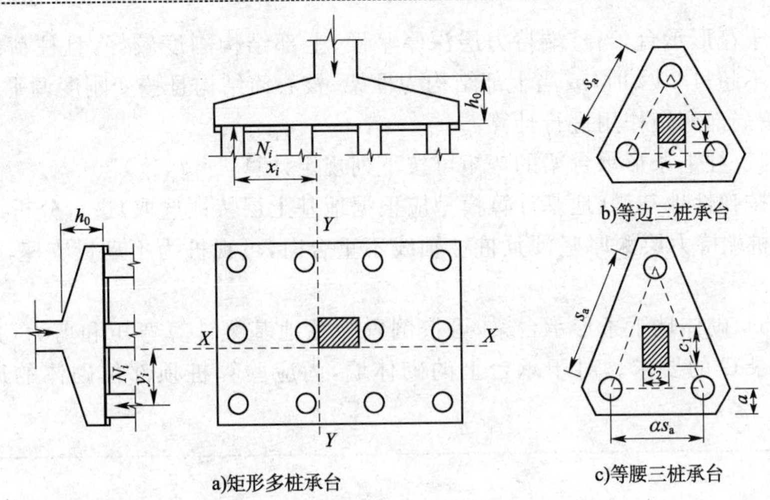

a)矩形多桩承台　b)等边三桩承台　c)等腰三桩承台

图 5.9.2　承台弯矩计算示意

$$M_y=\sum N_i x_i \tag{5.9.2.2}$$

式中，M_x、M_y 分别为绕 x 轴和绕 y 轴方向计算截面处的弯矩设计值；x_i、y_i 分别为垂直 y 轴和 x 轴方向自桩轴线到相应计算截面的距离；N_i 为不计承台及其上土重，在荷载效应基本组合下的第 i 基桩或复合基桩竖向反力设计值。

②三桩承台的正截面弯矩值应符合下列要求。

a. 等边三桩承台[图 5.9.2b)]。

$$M=\frac{N_{max}}{3}\left(s_a-\frac{\sqrt{3}}{4}c\right) \tag{5.9.2.3}$$

式中，M 为通过承台形心至各边边缘正交截面范围内板带的弯矩设计值；N_{max} 为不计承台及其上土重，在荷载效应基本组合下三桩中最大基桩或复合基桩竖向反力设计值；s_a 为桩中心距；c 为方柱边长，圆柱时 $c=0.8d$（d 为圆柱直径）。

b. 等腰三桩承台[图 5.9.2c)]。

$$M_1=\frac{N_{max}}{3}\left(s_a-\frac{0.75}{\sqrt{4-\alpha^2}}c_1\right) \tag{5.9.2.4}$$

$$M_2=\frac{N_{max}}{3}\left(\alpha s_a-\frac{0.75}{\sqrt{4-\alpha^2}}c_2\right) \tag{5.9.2.5}$$

式中，M_1、M_2 分别为通过承台形心至两腰边缘和底边边缘正交截面范围内板带的弯矩设计值；s_a 为长向桩中心距；α 为短向桩中心距与长向桩中心距之比，当 α 小于 0.5 时，应按变截面的二桩承台设计；c_1、c_2 分别为垂直于、平行于承台底边的柱截面边长。

5.9.3　箱形承台和筏形承台的弯矩可按下列规定计算：

①箱形承台筏形承台的弯矩宜考虑地基土层性质、基桩分布、承台和上部结构类型和刚度，按地基—桩—承台—上部结构共同作用原理分析计算。

②对于箱形承台，当桩端持力层为基岩、密实的碎石类土、砂土且深厚均匀时，或当上部结构为剪力墙，或当上部结构为框架—核心筒结构且按变刚度调平原则布桩时，箱形承台底板可仅按局部弯矩作用进行计算。

③对于筏形承台，当桩端持力层深厚坚硬、上部结构刚度较好，且柱荷载及柱间距的变化不超过20%时，或当上部结构为框架-核心筒结构且按变刚度调平原则布桩时，可仅按局部弯矩作用进行计算。

5.9.4 柱下条形承台梁的弯矩可按下列规定计算：

①可按弹性地基梁（地基计算模型应根据地基土层特性选取）进行分析计算。

②当桩端持力层深厚坚硬且桩柱轴线不重合时，可视桩为不动铰支座，按连续梁计算。

5.9.5 砌体墙下条形承台梁，可按倒置弹性地基梁计算弯矩和剪力，并应符合本规范附录G的要求。对于承台上的砌体墙，尚应验算桩顶部位砌体的局部承压强度。

【例题 29】

桩的平面布置如右图所示，柱截面为600 mm×400 mm，计算柱边弯矩值 M_{I}、M_{II} 为(　　)。

(A)2 267 kN·m，1 600 kN·m

(B)2 358 kN·m，1 500 kN·m

(C)2 267 kN·m，1 500 kN·m

(D)2 358 kN·m，1 600 kN·m

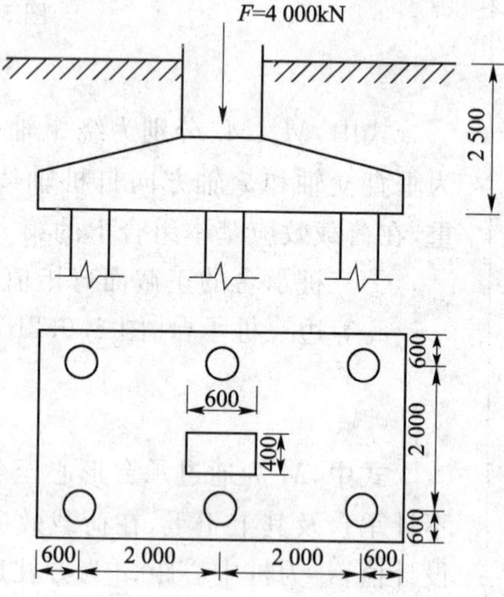

例题 29 图（尺寸单位：mm）

解

$$N_{\mathrm{k}}=\frac{F}{n}=\frac{4\ 000}{6}=666.67(\mathrm{kN})$$

柱短边截面弯矩为

$$M_{\mathrm{I}}=666.67\times(2-0.3)\times2=2\ 266.7\ (\mathrm{kN\cdot m})$$

柱长边截面的弯矩为

$$M_{\mathrm{II}}=666.67\times(1-0.2)\times3=1\ 600\ (\mathrm{kN\cdot m})$$

答案为(A)。

【案例模拟题 27】

条件同例题29，但承台下土受孔隙水压力消散影响与承台底脱空，计算柱边截面弯矩 M_{I}、M_{II}(　　)。

(A)2 832 kN·m，1 987 kN·m　　(B)2 904 kN·m，2 050 kN·m

(C)2 764 kN·m，1 987 kN·m　　(D)2 764 kN·m，1 999 kN·m

【例题 30】

柱截面为500 mm×500 mm，传至承台顶面的荷载 $F=2\ 500$ kN，$f_y=300$ MPa，确定柱边截面弯矩，并进行配筋计算(　　)。

(A)1 200 kN·m，50 cm²　　(B)1 250 kN·m，55 cm²

(C)1 250 kN·m，55 cm²　　(D)1 200 kN·m，55 cm²

解

$$N_{\mathrm{i}}=\frac{F}{n}=\frac{2\ 500}{4}=625(\mathrm{kN})$$

$$M_{\mathrm{I}}=M_{\mathrm{II}}=625\times(1.25-0.25)\times2=1\ 250\ (\mathrm{kN\cdot m})$$

$$A_s = \frac{M}{0.9f_y h_0} = \frac{1\ 250}{0.9 \times 300 \times 10^3 \times 0.85}$$

$$= 0.005\ 45\ (m^2) = 54.5\ (cm^2)$$

$$> 3.5 \times 0.85 \times 10^4 \times 0.15\% = 44.6 (cm^2)$$

答案：$M_k = 1\ 250\ kN \cdot m$，$A_s = 54.5\ cm^2$。

答案为(B)。

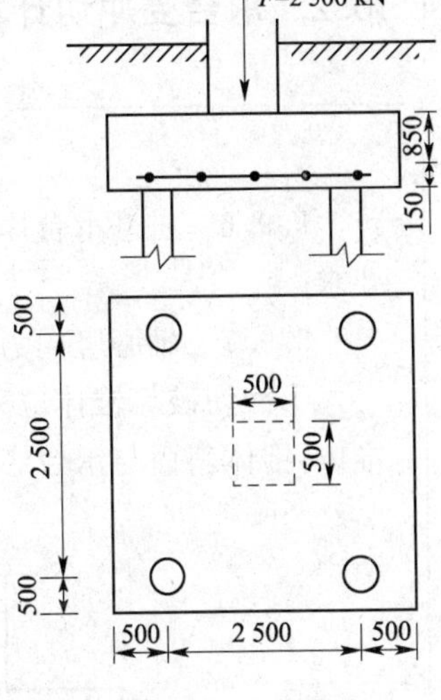

例模拟题 28 图(尺寸单位:mm)

【案例模拟题 28】

柱传至承台顶面如右图所示，荷载基本组合值为$F=2\ 000$ kN，$M=240$ kN·m，其他条件同例题 30，柱边弯矩 M_{I}、M_{II} 分别为(　　)。

(A)1 120 kN·m、880 kN·m

(B)1 252 kN·m、790 kN·m

(C)1 000 kN·m、1 000 kN·m

(D)1 100 kN·m、1 000 kN·m

【例题 31】

三角形承台正截面弯矩计算。

如右图所示，柱截面为 400 mm×600 mm，柱传至承台顶面竖向力 $F=2\ 500$ kN，M_1、M_2 分别为(　　)。

(A)1 080 kN·m、520 kN·m

(B)1 252 kN·m、790 kN·m

(C)1 000 kN·m、520 kN·m

(D)1 000 kN·m、620 kN·m

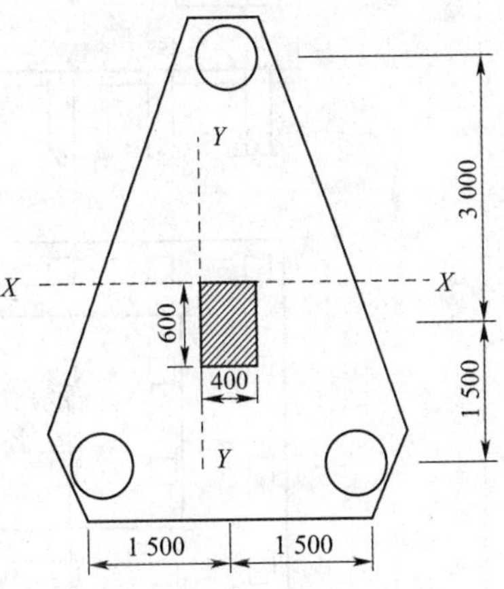

例题 31 图(尺寸单位:mm)

解

$$s_a = \sqrt{(3+1.5)^2 + 1.5^2} = 4.743 (m)$$

$$\alpha = \frac{3}{4.743} = 0.633$$

$$N_{max} = \frac{F}{3} = \frac{2\ 500}{3} = 833.3 (kN)$$

$$M_1 = \frac{N_{max}}{3}\left(S_a - \frac{0.75}{\sqrt{4-\alpha^2}} c_1\right)$$

$$= \frac{833.3}{3} \times \left(4.743 - \frac{0.75}{\sqrt{4-0.633^2}} \times 0.6\right)$$

$$= 1\ 251.6 (kN \cdot m)$$

$$M_2 = \frac{833.3}{3} \times \left(0.633 \times 4.743 - \frac{0.75}{\sqrt{4-0.633^2}} \times 0.4\right) = 790.0 (kN \cdot m)$$

答案为(B)。

【案例模拟题 29】

条件同例题 31，如图所示，$F=2\ 900$ kN，则 M_1、M_2 分别为(　　)。

(A)1 440 kN·m、693 kN·m

(B)1 400 kN·m、680 kN·m

(C)1 440 kN·m、680 kN·m

(D)1 452 kN·m、917 kN·m

4.10.2 承台受冲切计算

Ⅱ 受冲切计算

5.9.6 桩基承台厚度应满足柱(墙)对承台的冲切和基桩对承台的冲切承载力要求。

5.9.7 轴心竖向力作用下桩基承台受柱(墙)的冲切,可按下列规定计算:

①冲切破坏锥体应采用自柱(墙)边或承台变阶处至相应桩顶边缘连线所构成的锥体,锥体斜面与承台底面之夹角不应小于45°(图5.9.7)。

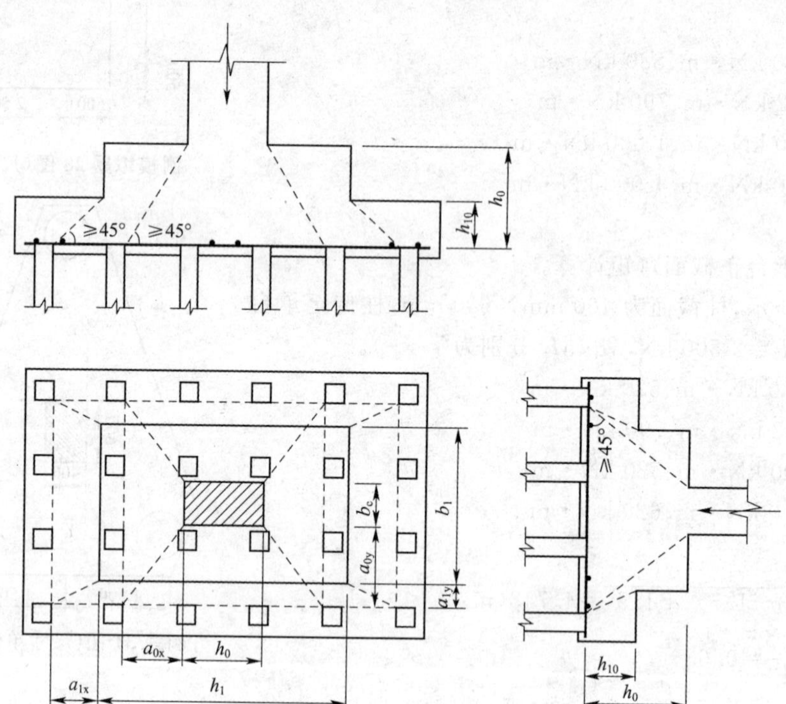

图5.9.7 柱对承台的冲切计算示意

②受柱(墙)冲切承载力可按下列公式计算

$$F_l \leqslant \beta_{hp}\beta_0 u_m f_t h_0 \quad (5.9.7.1)$$

$$F_l = F - \sum Q_i \quad (5.9.7.2)$$

$$\beta_0 = \frac{0.84}{\lambda + 0.2} \quad (5.9.7.3)$$

式中,F_l 为不计承台及其上土重,在荷载效应基本组合下作用于冲切破坏锥体上的冲切力设计值;f_t 为承台混凝土抗拉强度设计值;β_{hp} 为承台受冲切承载力截面高度影响系数(当 $h \leqslant 800$ mm 时,β_{hp} 取1.0;$h \geqslant 2\ 000$ mm时,β_{hp} 取0.9,其间按线性内插法取值);u_m 为承台冲切破坏锥体一半有效高度处的周长;h_0 为承台冲切破坏锥体的有效高度;β_0 为柱(墙)部冲切系数;λ 为冲跨比,$\lambda = a_0/h_0$,a_0 为柱(墙)边或承台变阶处到桩边水平距离(当 $\lambda < 0.25$ 时,取 $\lambda = 025$;当 $\lambda > 1.0$ 时,取 $\lambda = 1.0$);F 为不计承台及其上土重，在荷载效应基本组合作用下柱(墙)底的竖向荷载设计值；$\sum Q_i$ 为不计承台及其上土重，在荷载效应基本组合下冲切破坏锥体内各基桩或复合基桩的反力设计值之和。

③对于柱下矩形独立承台受柱冲切的承载力可按下列公式计算(图 5.9.7)

$$F_l \leqslant 2[\beta_{0x}(b_c + a_{0y}) + \beta_{0y}(h_c + a_{0x})]\beta_{hp} f_t h_0 \tag{5.9.7.4}$$

式中，β_{0x}、β_{0y}分别由式(5.9.7.3)求得，$\lambda_{0x}=a_{0x}/h_0$，$\lambda_{0y}=a_{0y}/h_0$，且 λ_{0x}、λ_{0y}均应满足 0.25～1.0 的要求；h_c、b_c 分别为 x、y 方向的柱截面的边长；a_{0x}、a_{0y}分别为 x、y 方向柱边至最近桩边的水平距离。

④对于柱下矩形独立阶形承台受上阶冲切的承载力可按下列公式计算(图 5.9.7)

$$F_l \leqslant 2[\beta_{1x}(b_1 + a_{1y}) + \beta_{1y}(h_1 + a_{1x})]\beta_{hp} f_t h_{10} \tag{5.9.7.5}$$

式中，β_{1x}、β_{1y}分别由式(5.9.7.3)求得，$\lambda_{1x}=a_{1x}/h_{10}$，$\lambda_{1y}=a_{1y}/h_{10}$，且 λ_{1x}、λ_{1y}均应满足 0.25～1.0 的要求；h_1、b_1 分别为 x、y 方向承台上阶的边长；a_{1x}、a_{1y}分别为 x、y 方向承台上阶边至最近桩边的水平距离。

对于圆柱及圆桩，计算时应将其截面换算成方柱及方桩，即取换算柱截面边长 $b_c=0.8d_c$(d_c 为圆柱直径)，换算桩截面边长 $b_p=0.8d$(d 为圆桩直径)。

对于柱下两桩承台，宜按深受弯构件($l_0/h<5.0$，$l_0=1.15l_n$，l_n 为两桩净距)计算受弯、受剪承载力，不需要进行受冲切承载力计算。

5.9.8　对位于柱(墙)冲切破坏锥体以外的基桩，可按下列规定计算承台受基桩冲切的承载力。

①四桩以上(含四桩)承台受角桩冲切的承载力可按下列公式计算(图 5.9.8.1)

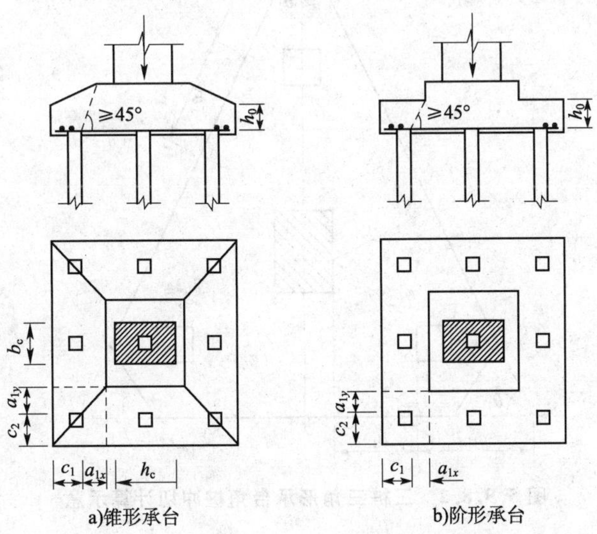

图 5.9.8.1　四桩以上(含四桩)承台角桩冲切计算示意

$$N_l \leqslant [\beta_{1x}(c_2 + a_{1y}/2) + \beta_{1y}(c_1 + a_{1x}/2)]\beta_{hp} f_t h_0 \tag{5.9.8.1}$$

$$\beta_{1x} = \frac{0.56}{\lambda_{1x} + 0.2} \tag{5.9.8.2}$$

第4章　深基础

$$\beta_{1y}=\frac{0.56}{\lambda_{1y}+0.2} \quad (5.9.8.3)$$

式中，N_l 为不计承台及其上土重，在荷载效应基本组合作用下角桩（含复合基桩）反力设计值；β_{1x}、β_{1y}为角桩冲切系数；a_{1x}、a_{1y}为从承台底角桩顶内边缘引 45°冲切线与承台顶面相交点至角桩内边缘的水平距离，当桩（墙）边或承台变阶处位于该 45°线以内时，则取由柱（墙）边或承台变阶处与桩内边缘连线为冲切锥体的锥线（图 5.9.8.1）；h_0 为承台外边缘的有效高度；λ_{1x}、λ_{1y}为角桩冲跨比，$\lambda_{1x}=a_{1x}/h_0$，$\lambda_{1y}=a_{1y}/h_0$，其值均应满足 0.25～1.0 的要求。

②对于三桩三角形承台可按下列公式计算受角桩冲切的承载力(图 5.9.8.2)。

底部角桩

$$N_l\leqslant\beta_{11}(2c_1+a_{11})\beta_{hp}f_t h_0\tan\frac{\theta_1}{2} \quad (5.9.8.4)$$

$$\beta_{11}=\frac{0.56}{\lambda_{11}+0.2} \quad (5.9.8.5)$$

顶部角桩

$$N_l\leqslant\beta_{12}(2c_2+a_{12})\beta_{hp}\tan\frac{\theta_2}{2}f_t h_0 \quad (5.9.8.6)$$

$$\beta_{12}=\frac{0.56}{\lambda_{12}+0.2} \quad (5.9.8.7)$$

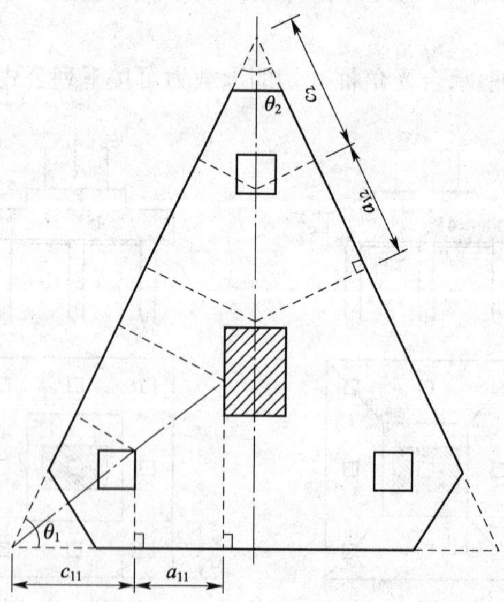

图 5.9.8.2　三桩三角形承台角桩冲切计算示意

式中，λ_{11}、λ_{12}分别为角桩冲跨比，$\lambda_{11}=a_{11}/h_0$，$\lambda_{12}=a_{12}/h_0$，其值均应满足 0.25～1.0 的要求；a_{11}、a_{12}分别为从承台底角桩顶内边缘引 45°冲切线与承台顶面相交点至角桩内边缘的水平距离；当桩（墙）边或承台变阶处位于该 45°线以内时，则取由柱（墙）边或承台变阶处与桩内边缘连线为冲切锥体的锥线。

③对于箱形、筏形承台，可按下列公式计算承台受内部基桩的冲切承载力。

a. 应按下式计算受基桩的冲切承载力，如图 5.9.8.3a)所示

$$N_1 \leqslant 2.8(b_p + h_0)\beta_{hp} f_t h_0 \qquad (5.9.8.8)$$

b. 应按下式计算受桩群的冲切承载力，如图 5.9.8.3b)所示

$$\sum N_{1i} \leqslant 2[\beta_{0x}(b_y + a_{0y}) + \beta_{0y}(b_x + a_{0x})]\beta_{hp} f_t h_0 \qquad (5.9.8.9)$$

式中，β_{0x}、β_{0y}分别为由式(5.9.7.3)求得，其中 $\lambda_{0x}=a_{0x}/h_0$，$\lambda_{0y}=a_{0y}/h_0$，λ_{0x}、λ_{0y}均应满足0.25～1.0 的要求；N_1、$\sum N_{1i}$分别为不计承台和其上土重，在荷载效应基本组合下，基桩或复合基桩的净反力设计值、冲切锥体内各基桩或复合基桩反力设计值之和。

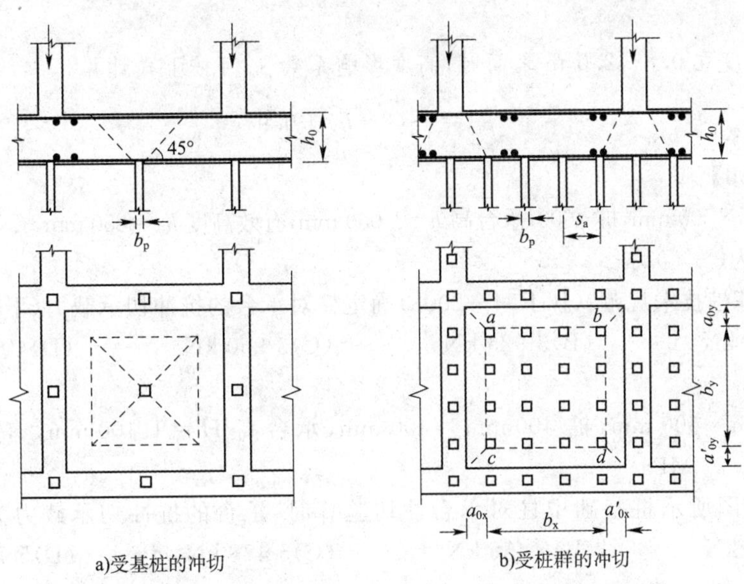

图 5.9.8.3 基桩对筏形承台的冲切和墙对筏形承台的冲切计算示意

【例题 32】

确定如右图所示正方形五桩承台的柱边抗冲切承载力。

承台厚 1.2 m，有效高度 h_0＝1 050 mm，采用 C25 混凝土，f_t＝1.27 MPa；桩截面 0.4 m×0.4 m；柱截面 0.6 m×0.6 m。抗冲切承载力为(　　)。

(A)7 157 kN　　(B)7 167 kN

(C)8 181 kN　　(D)7 187 kN

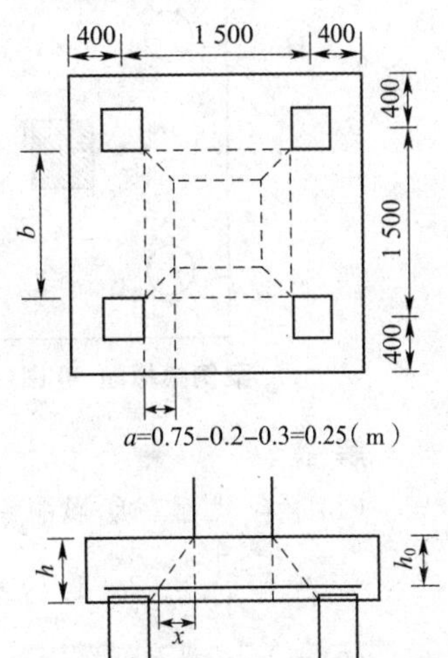

例题 32 图(尺寸单位:mm)

解

(1)承台截面高度影响系数 β_{hp}。

$$\beta_{hp} = \frac{1-0.9}{0.8-2} \times (1.2-2) + 0.9 = 0.966\ 7$$

(2)冲切系数 β_0。

①冲跨：$a_0 = 0.75 - 0.2 - 0.3 = 0.25$(m)

②冲跨比：$\lambda = \frac{a_0}{h_0} = \frac{0.25}{1.05} = 0.238$

$\lambda < 0.25$，取 $\lambda = 0.25$

③冲切系数 β_0

$$\beta_0=\frac{0.84}{\lambda+0.2}=\frac{0.84}{0.25+0.2}=1.8667$$

(3)冲切破坏锥一半有效高度处的周长 u_m。

对于正方形

$$u_m=2(b_c+a_{0y})+2(h_c+a_{0x})=4(h_c+a_{0x})=4\times(0.6+0.25)=3.4(\text{m})$$

(4) 抗冲切承载力。

$$\beta_{hp}\beta_0 u_m f_t h_0=0.9667\times1.8667\times3.4\times1270\times1.05=8181.6(\text{kN})$$

答案为(C)。

例题解析

当承台高度在0.8～2.0 m之间时,高度影响系数 β_{hp} 可按下式计算

$$\beta_{hp}=\frac{1}{12}(2-h)+0.9$$

【案例模拟题 30】

柱 500 mm×500 mm,桩 ϕ600,承台高 h=1 000 mm,有效高度 h_0=850 mm,f_t=1.27 MPa,则抗冲切承载力为(　　)。

按《建筑基桩技术规范》(JGJ 94—2008)确定柱对承台的抗冲切承载力(下图)。

(A)3 900 kN　(B)3 925 kN　(C)3 950 kN　(D)4 613 kN

【例题 33】

柱 600 mm×600 mm,桩 400 mm×400 mm,承台高 H=1 100 mm,有效高度 h_0=950 mm,f_t=1.27 MPa。

确定如下图所示桩基础中柱对承台冲切验算时,承台的抗冲切承载力为(　　)。

(A)5 446 kN　(B)5 456 kN　(C)5 478 kN　(D)5 714 kN

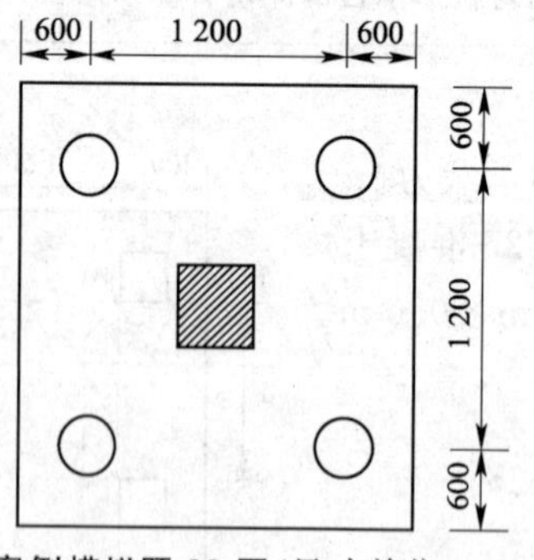

案例模拟题 30 图(尺寸单位:mm)

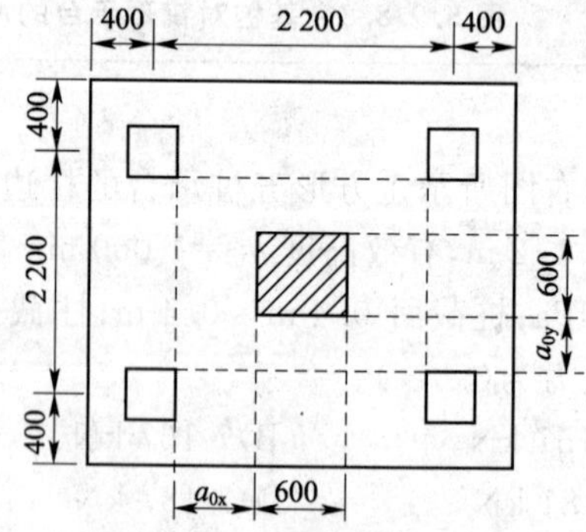

例题 33 图(尺寸单位:mm)

解

(1)承台截面高度影响系数 β_{hp}。

$$\beta_{hp}=\frac{1}{12}\times(2-1.1)+0.9=0.975$$

(2)冲切系数 β_0。

①冲跨:$a_{0x}=a_{0y}=1.1-0.2-0.3=0.6(\text{m})$

②冲跨比:$\lambda=\frac{a_{0x}}{h_0}=\frac{0.6}{0.95}=0.63$

$0.25<\lambda<1$，取 $\lambda=0.63$

③冲切系数：$\beta_0=\dfrac{0.84}{\lambda+0.2}=\dfrac{0.84}{0.63+0.2}=1.012$

(3)冲切破坏锥体一半有效高度处的周长 u_m。

$$u_m=4(h_c+a_{0x})=4\times(0.6+0.6)=4.8(\text{m})$$

(4)抗冲切承载力。

$$\beta_{hp}\beta_0 u_m f_t h_0=0.975\times1.012\times4.8\times1\ 270\times0.95=5\ 714.2(\text{kN})$$

答案为(D)。

【案例模拟题 31】

承台高 $H=800$ mm，有效高度 $h_0=650$ mm，$f_t=1.27$ MPa，桩 $\phi600$，柱 600 mm×400 mm。如下图所示，进行柱冲切验算时承台对柱的抗冲切承载力为(　　)。

(A)2 400 kN　　(B)2 418 kN　　(C)2 712 kN　　(D)2 450 kN

【例题 34】

桩边长 400 mm，承台高 1.5 m，$h_0=1.35$ m，$f_t=1.27$ MPa。如下图所示，群桩对筏形承台板的抗冲切承载力为(　　)。

(A)23 000 kN　　(B)23 095 kN　　(C)23 142 kN　　(D)25 375 kN

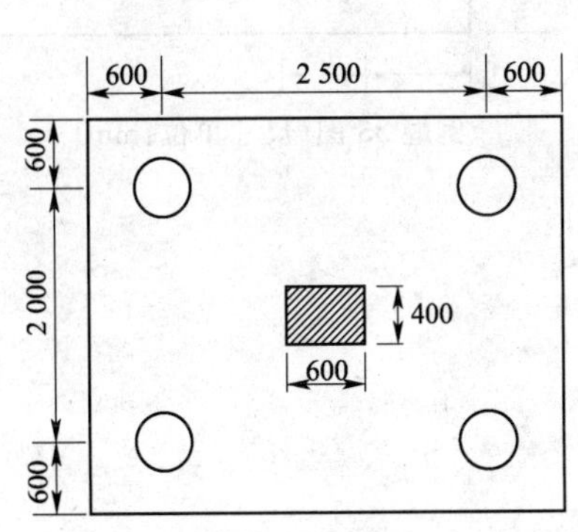

案例模拟题 31 图(尺寸单位:mm)

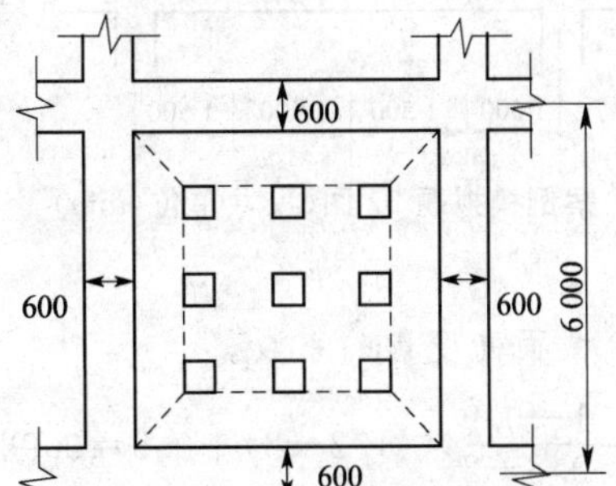

例题 34 图(尺寸单位:mm)

解

(1)承台截面高度影响系数 β_{hp}。

$$\beta_{hp}=\frac{1-0.9}{0.8-2}\times(1.5-2)+0.9=0.941\ 7$$

(2)冲切系数 β_0。

①冲跨：$a_{0x}=a_{0y}=1.5-0.2-0.3=1(\text{m})$

②冲跨比：$\lambda_{0x}=\lambda_{0y}=\dfrac{a_{0x}}{h_0}=\dfrac{1}{1.35}=0.7407$

③冲切系数 β_0：$\beta_{0x}=\beta_{0y}=\dfrac{0.84}{\lambda+0.2}=\dfrac{0.84}{0.740\ 7+0.2}=0.893$

(3)冲切破坏锥体一半有效高度处的周长 u_m。

$$u_m=4\times[(3+0.4)+(1.5-0.2-0.3)]=17.6(\text{m})$$

(4)抗冲切承载力。

$$\beta_{hp}\beta_0 u_m f_t h_0=0.941\ 7\times0.893\times17.6\times1\ 270\times1.35=25\ 375(\text{kN})$$

答案为(D)。

【案例模拟题 32】

桩 400 mm×400 mm 方桩，承台高 1.2 m，$h_0=1050$ mm，$f_t=1.27$ MPa。如下图所示，群桩对筏形承台板的抗冲切承载力为(　　)。

(A)11 800 kN　　(B)13 355 kN　　(C)11 879 kN　　(D)11 900 kN

【例题 35】

柱 600 mm×600 mm，桩 400 mm×400 mm，承台 $h=1\ 200$ mm，$h_0=1\ 050$ mm，$f_t=1\ 270$ MPa。确定如下图所示的承台角桩冲切的承载力为(　　)。

(A)1 946 kN　　(B)1 956 kN　　(C)1 966 kN　　(D)1 976 kN

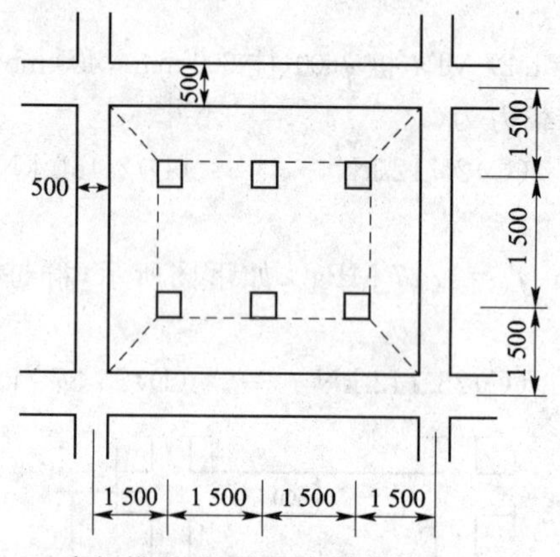

案例模拟题 32 图(尺寸单位:mm)

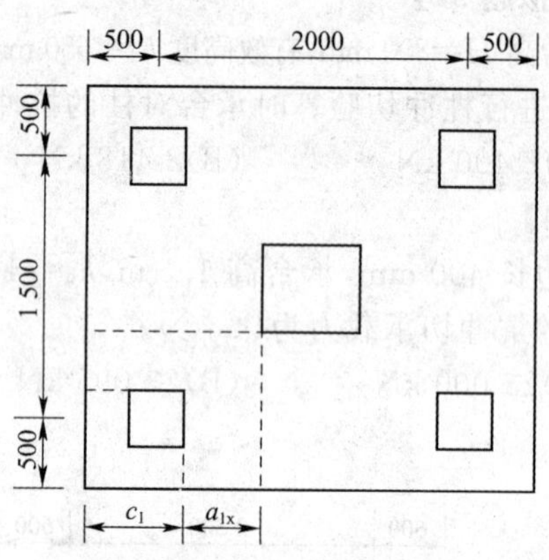

例题 35 图(尺寸单位:mm)

解

①承台截面高度影响系数。

$$\beta_{hp}=\frac{1-0.9}{0.8-2}\times(1.2-2)+0.9=0.966\ 7$$

②角冲切系数。

$c_1=c_2=0.5+0.2=0.7(\text{m})$

$a_{1x}=1-0.2-0.3=0.5(\text{m})$

$a_{1y}=0.75-0.2-0.3=0.25(\text{m})$

③冲跨比。

$$\lambda_{1x}=\frac{a_{1x}}{h_0}=\frac{0.5}{1.05}=0.476\ 2$$

$$\lambda_{1y}=\frac{a_{1y}}{h_0}=\frac{0.25}{1.05}=0.238\ 1$$

$\lambda_{1y}<0.25$，取 $\lambda_{1y}=0.25$

④冲切系数。

$$\beta_{1x}=\frac{0.56}{\lambda_{1x}+0.2}=\frac{0.56}{0.476\ 2+0.2}=0.828\ 2$$

$$\beta_{1y}=\frac{0.56}{\lambda_{1y}+0.2}=\frac{0.56}{0.25+0.2}=1.244\ 4$$

⑤承台受角冲切承载力。

$$[\beta_{1x}(c_2+a_{1y}/2)+\beta_{1y}(c_1+a_{1x}/2)]\beta_{hp}f_t h_0$$

$=[0.8282\times(0.7+0.25/2)+1.2444\times(0.7+0.5/2)]\times0.9667\times1270\times1.05$

$=2404.7(\text{kN})$

答案为(D)。

【案例模拟题 33】

柱 500 mm×500 mm，桩 400 mm×400 mm，承台 $h=600$ mm，$h_0=450$ mm，$f_t=1.27$ MPa。如下图所示，承台角桩冲切的承载为(　　)。

(A)445 kN　　(B)450 kN　　(C)455 kN　　(D)536 kN

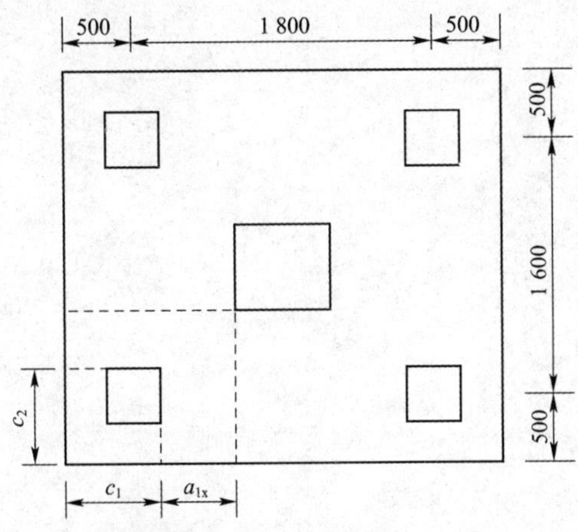

案例模拟题 33 图(尺寸单位：mm)

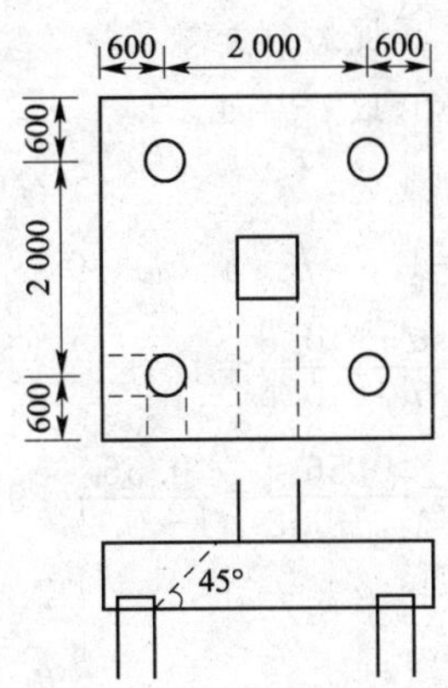

案例模拟题 34 图(尺寸单位：mm)

【案例模拟题 34】

柱 500 mm×500 mm，桩 ϕ600，承台 $h=600$ mm，$h_0=450$ mm，$f_t=1.27$ MPa。如右图所示，承台角桩冲切的承载力为(　　)。

(A)480 kN　　(B)568 kN

(C)492 kN　　(D)500 kN

【例题 36】

承台 $h_0=500$ mm，承台 $h=650$，$f_t=1.27$ MPa，其他条件如下图所示。桩 400 mm×400 mm，柱400 mm×600 mm。承台底部角桩和顶部角桩的抗冲切力分别为(　　)。

(A)529 kN、255 kN　　(B)453 kN、240 kN

(C)435 kN、219 kN　　(D)435 kN、240 kN

解

1. 底部角桩抗冲切承载力

①截面高度影响系数。

$h<800$ mm，取 $\beta_{hp}=1$

②冲切系数。

$c_1=0.8+0.2=1.0(\text{m})$

$a_{11}=1-0.2-0.2=0.6(\text{m})$

$a_{11}>h_0$，取 $a_{11}=h_0=0.5$ m

$\lambda_{11}=\dfrac{a_{11}}{h_0}=\dfrac{0.5}{0.5}=1$

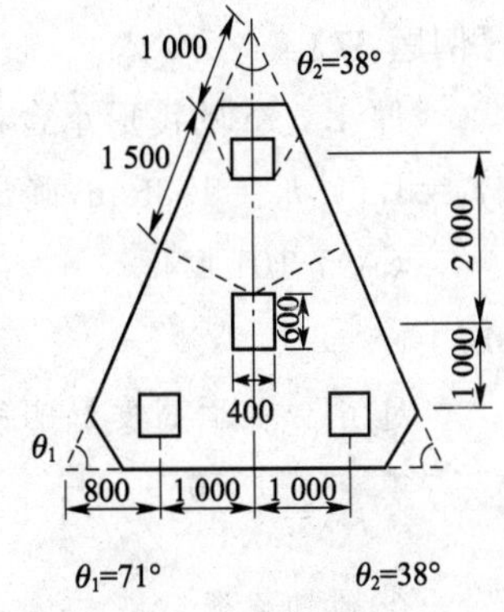

例题 36 图(尺寸单位：mm)

$$\beta_{11}=\frac{0.56}{\lambda_{11}+0.2}=\frac{0.56}{1+0.2}=0.4667$$

③抗冲切承载力

$$\beta_{11}(2c_1+a_{11})\beta_{hp}f_t h_0\tan\frac{\theta_1}{2}$$

$$=0.4667\times(2\times1.0+0.5)\times1\times1270\times0.5\times\tan\frac{71^\circ}{2}$$

$$=528.5(\text{kN})$$

2.顶部角桩抗冲切承载力

①截面高度影响系数。

$h<80$，取 $\beta_{hp}=1$

②冲切系数。

$a_{12}=1.5>h_0$，取 $a_{12}=0.5$

$$\lambda_{12}=\frac{a_{12}}{h_0}=\frac{0.5}{0.5}=1$$

$$\beta_{12}=\frac{0.56}{\lambda_{12}+0.2}=\frac{0.56}{1+0.2}=0.4667$$

③抗冲切承载力。

$$\beta_{12}(2c_2+a_{12})\beta_{hp}f_t h_0\tan\frac{\theta_2}{2}$$

$$=0.4667\times(2\times1+0.5)\times1\times1270\times0.5\times\tan\frac{38^\circ}{2}$$

$$=255.1(\text{kN})$$

答案为(A)。

【案例模拟题 35】

条件同例题 36，取 $h_0=1.8$ m，$h=2.0$ m 确定承台抗角桩冲切的承载力，底部角桩和顶部角桩抗冲切承载力分别为(　　)。

(A)4 006 kN、1 344 kN　　(B)3 800 kN、1 270 kN

(C)3 816 kN、1 270 kN　　(D)3 800 kN、1 280 kN

注：当 $a<h_0$ 时，应按实际值取。

【例题 37】

厚 1.5 m 的筏形承台板下，均匀布置边长 400 mm 的方桩，桩间距 2.5 m，承台混凝土 $f_t=1.27$，$h_0=1.35$ m，确定承台板对单桩的抗冲切承载力为(　　)。

(A)7 101 kN　　(B)7 150 kN　　(C)7 911 kN　　(D)7 250 kN

解

①承台截面高度影响系数。

$$\beta_{hp}=\frac{1-0.9}{0.8-2}\times(1.5-2)+0.9=0.9417$$

②冲切系数。

$a_x=a_y=2.5-0.2-0.2=2.1(\text{m})$

$h_0=1.35, a_x=a_y>h_0$，取 $a_x=a_y=1.35$ m

$$\lambda=\frac{a_x}{h_0}=\frac{1.35}{1.35}=1$$

$$\beta_0=\frac{0.84}{1+0.2}=0.7$$

③冲切破坏锥一半有效高度处周长 u_m。

$$u_m=4\left(b_p+2\times\frac{a_x}{2}\right)=4\times\left(0.4+2\times\frac{1.35}{2}\right)=7(\text{m})$$

④抗冲切承载力。

$$\beta_{hp}\beta_0 u_m f_t h_0=0.941\,7\times0.7\times7\times1\,270\times1.35=7\,911.3(\text{kN})$$

答案为(C)。

【案例模拟题 36】

厚 1.2 m 的筏板下均布边长为 600 mm 的方桩，桩距为 3.0 m，承台混凝土 $f_t=1.27$ MPa，$h_0=1.05$ m，承台单桩冲切的承载力为(　　)。

(A)5 250 kN　　(B)5 260 kN　　(C)5 270 kN　　(D)5 956 kN

4.10.3　承台受剪切计算

Ⅲ　受剪计算

5.9.9　柱(墙)下桩基承台，应分别对柱(墙)边、变阶处和桩边连线形成的贯通承台的斜截面的受剪承载力进行验算。当承台悬挑边有多排基桩形成多个斜截面时，应对每个斜截面的受剪承载力进行验算。

5.9.10　柱下独立桩基承台斜截面受剪承载力应按下列规定计算。

①承台斜截面受剪承载力可按下列公式计算(图 5.9.10.1)

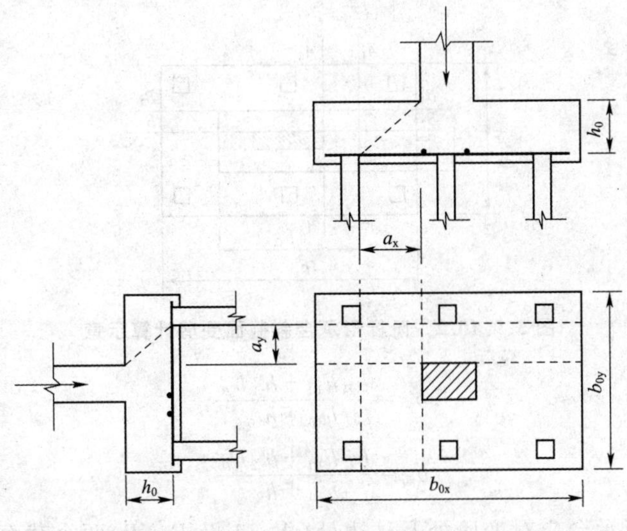

图 5.9.10.1　承台斜截面受剪计算示意

$$V \leqslant \beta_{hs} \alpha f_t b_0 h_0 \tag{5.9.10.1}$$

$$\alpha = \frac{1.75}{\lambda + 1} \tag{5.9.10.2}$$

$$\beta_{hs} = \left(\frac{800}{h_0}\right)^{1/4} \tag{5.9.10.3}$$

式中，V 为不计承台及其上土自重，在荷载效应基本组合下，斜截面的最大剪力设计值；f_t 为混凝土轴心抗拉强度设计值；b_0 为承台计算截面处的计算宽度；h_0 为承台计算截面处的有效高度；α 为承台剪切系数，按式(5.9.10.2)确定；λ 为计算截面的剪跨比，$\lambda_x = a_x/h_0$，$\lambda_y = a_y/h_0$，此处，a_x、a_y 为柱边(墙边)或承台变阶处至 y、x 方向计算一排桩的桩边的水平距离(当 $\lambda < 0.25$ 时，取 $\lambda = 0.25$，当 $\lambda > 3$ 时，取 $\lambda = 3$)；β_{hs} 为受剪切承载力截面高度影响系数(当 $h_0 < 800$ mm 时，取 $h_0 = 800$ mm，当 $h_0 > 2\ 000$ mm 时，取 $h_0 = 2\ 000$ mm，其间按线性内插法取值)。

②对于阶梯形承台应分别在变阶处(A_1-A_1，B_1-B_1)及柱边处(A_2-A_2，B_2-B_2)进行斜截面受剪承载力计算(图 5.9.10.2)。

计算变阶处截面(A_1-A_1，B_1-B_1)的斜截面受剪承载力时，其截面有效高度均为 h_{10}，截面计算宽度分别为 b_{y1} 和 b_{x1}。

计算柱边截面(A_2-A_2，B_2-B_2)的斜截面受剪承载力时，其截面有效高度均为 $h_{10} + h_{20}$，截面计算宽度分别为：

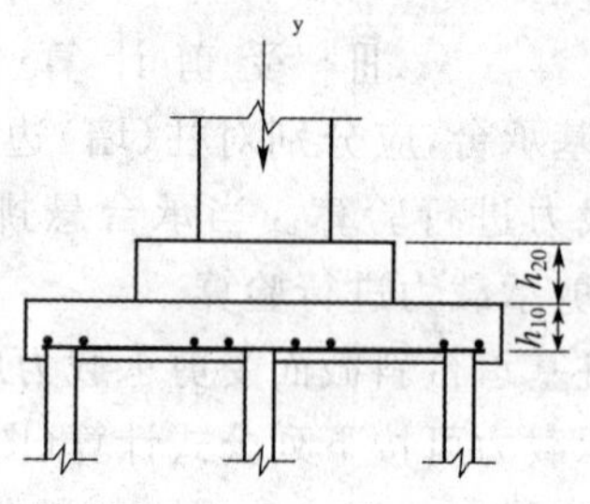

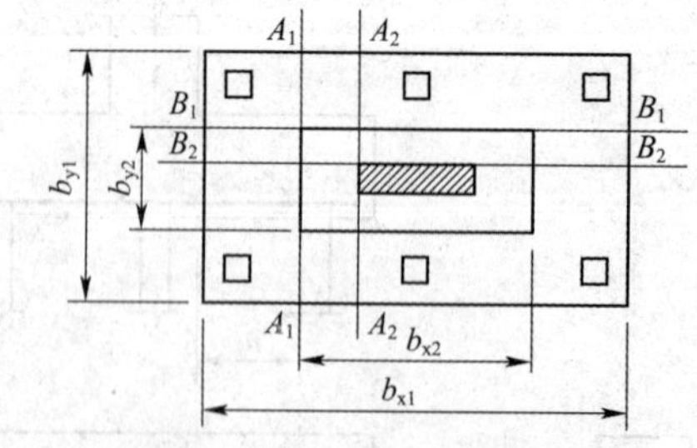

图 5.9.10.2　阶梯形承台斜截面受剪计算示意

对 A_2-A_2
$$b_{y0} = \frac{b_{y1} h_{10} + b_{y2} h_{20}}{h_{10} + h_{20}} \tag{5.9.10.4}$$

对 B_2-B_2
$$b_{x0} = \frac{b_{x1} h_{10} + b_{x2} h_{20}}{h_{10} + h_{20}} \tag{5.9.10.5}$$

③对于锥形承台应对变阶处及柱边处(A—A 及 B—B)两个截面进行受剪承载力计算(图 5.9.10.3)，截面有效高度均为 h_0，截面的计算宽度分别为

全国注册岩土工程师专业考试模拟训练题集及历年真题新解

对 A-A $$b_{y0}=\left[1-0.5\frac{h_{20}}{h_0}\left(1-\frac{b_{y2}}{b_{y1}}\right)\right]b_{y1} \tag{5.9.10.6}$$

对 B-B $$b_{x0}=\left[1-0.5\frac{h_{20}}{h_0}\left(1-\frac{b_{x2}}{b_{x1}}\right)\right]b_{x1} \tag{5.9.10.7}$$

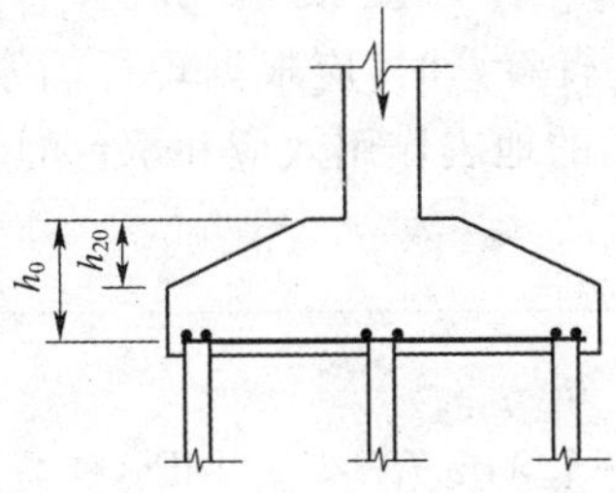

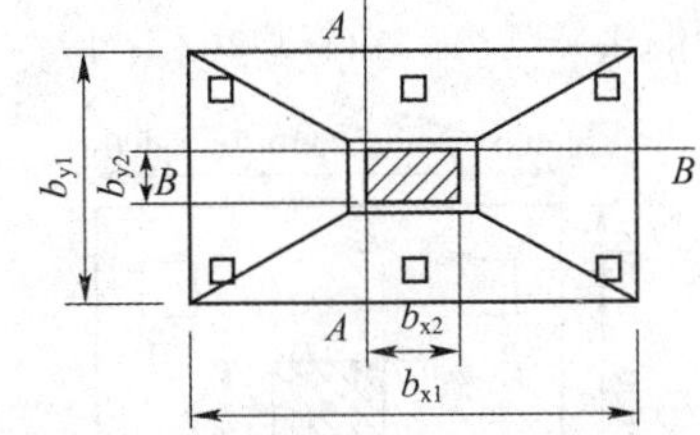

图 5.9.10.3 锥形承台斜截面受剪计算示意

5.9.11 梁板式筏形承台的梁的受剪承载力可按现行国家标准《混凝土结构设计规范》(GB 50010)计算。

5.9.12 砌体墙下条形承台梁配有箍筋，但未配弯起钢筋时，斜截面的受剪承载力可按下式计算

$$V\leqslant 0.7f_tbh_0+1.25f_{yv}\frac{A_{sv}}{s}h_0 \tag{5.9.12}$$

式中，V 为不计承台及其上土自重，在荷载效应基本组合下，计算截面处的剪力设计值；A_{sv} 为配置在同一截面内箍筋各肢的全部截面面积；s 为沿计算斜截面方向箍筋的间距；f_{yv} 为箍筋抗拉强度设计值；b 为承台梁计算截面处的计算宽度；h_0 为承台梁计算截面处的有效高度。

5.9.13 砌体墙下承台梁配有箍筋和弯起钢筋时，斜截面的受剪承载力可按下式计算

$$V\leqslant 0.7f_tbh_0+1.25f_y\frac{A_{sv}}{s}h_0+0.8f_yA_{sb}\sin\alpha_s \tag{5.9.13}$$

式中，A_{sb} 为同一截面弯起钢筋的截面面积；f_y 为弯起钢筋的抗拉强度设计值；α_s 为斜截面上弯起钢筋与承台底面的夹角。

5.9.14 柱下条形承台梁，当配有箍筋但未配弯起钢筋时，其斜截面的受剪承载力可按下式计算

$$V\leqslant\frac{1.75}{\lambda+1}f_tbh_0+f_y\frac{A_{sv}}{s}h_0 \tag{5.9.14}$$

式中，λ 为计算截面的剪跨比，$\lambda=a/h_0$，a 为柱边至桩边的水平距离；当 $\lambda<1.5$ 时，取$\lambda=1.5$（当 $\lambda>3$ 时，取 $\lambda=3$）。

Ⅳ　局部受压计算

5.9.15　对于柱下桩基，当承台混凝土强度等级低于柱或桩的混凝土强度等级时，应验算柱下或柱上承台的局部受压承载力。

Ⅴ　抗震验算

5.9.16　当进行承台的抗震验算时，应根据现行国家标准《建筑抗震设计规范》(GB 50011)的规定对承台顶面的地震作用效应和承台的受弯、受冲切、受剪承载力进行抗震调整。

【例题 38】

如下图所示，有效承台厚度 $h_0=1.0$ m，$f_t=1.27$ MPa，柱截面 400 mm×600 mm，桩截面 400 mm×400 mm。柱边 A—A 的斜截面受剪承载力为(　　)。

(A)4 274 kN　　(B)4 284 kN　　(C)4 294 kN　　(D)4 304 kN

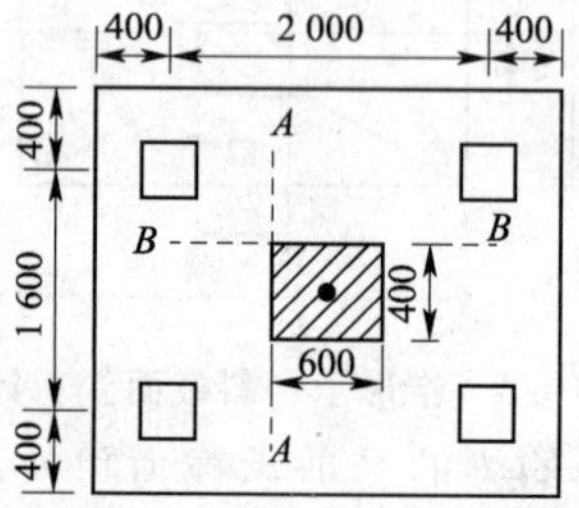

例题 38 图(尺寸单位：mm)

解

①受剪切承台截面高度影响系数。

$$\beta_{hs}=\left(\frac{800}{h_0}\right)^{1/4}=\left(\frac{800}{1\ 000}\right)^{1/4}=0.945\ 7$$

②剪切系数。

剪跨：$a_x=1-0.3-0.2=0.5$(m)

剪跨比：$\lambda_x=\frac{a_x}{h_0}=\frac{0.5}{1.0}=0.5$

剪切系数：$\alpha=\frac{1.75}{\lambda+1}=\frac{1.75}{0.5+1}=1.166\ 7$

③剪切面在竖直面的投影 b_0h_0。

$b_0h_0=(1.6+0.4+0.4)\times1=2.4$

④抗剪切承载力。

$\beta_{hs}\alpha f_t b_0 h_0=0.945\ 7\times1.166\ 7\times1\ 270\times2.4=3\ 363$(kN)

【案例模拟题 37】

例题 38 中，柱边 B—B 的斜截面受剪承载力为(　　)。

(A)5 690 kN　　(B)5 700 kN　　(C)5 711 kN　　(D)4 203 kN

【例题 39】

$f_t=1.270$ MPa，桩为 400 mm×400 mm 方桩，柱截面为 600 mm×400 mm。

如右图所示,承台柱边 A-A 斜截面受剪承载力为(   )。

(A)2 373 kN　　(B)2 383 kN

(C)2 393 kN　　(D)2 169 kN

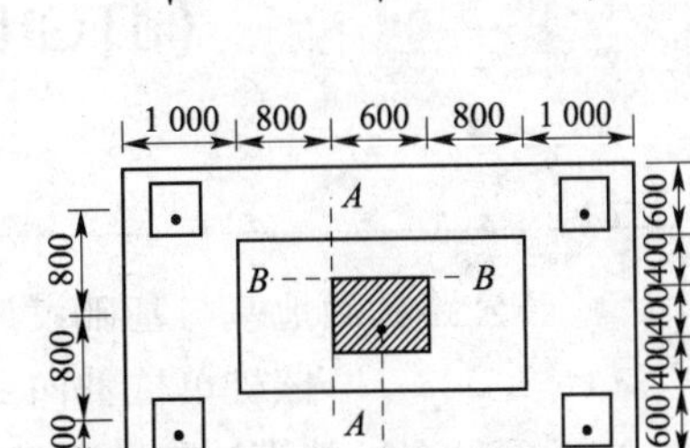

例题 **39** 图(尺寸单位:mm)

解

①受剪切承台截面高度影响系数 β_{hs}。

$$\beta_{hs}=\left(\frac{800}{h_0}\right)^{1/4}=\left(\frac{800}{1\ 200}\right)^{1/4}=0.903\ 6$$

②剪切系数 α。

剪跨:$a_x=1.7-0.3-0.2=1.2(\text{m})$

剪跨比:$\lambda=\frac{a_x}{h_0}=\frac{1.2}{1.2}=1$

剪切系数:$\alpha=\frac{1.75}{\lambda+1}=\frac{1.75}{1+1}=0.875$

③剪切面在竖直面的投影 b_0h_0。

$b_0h_0=1.2\times0.6+2.4\times0.6=2.16$

④抗剪切承载力(A-A)。

$\beta_{hs}\alpha f_tb_0h_0=0.903\ 6\times0.875\times1\ 270\times2.16=2\ 168.9(\text{kN})$

答案为(D)。

【案例模拟题 38】

条件同例题 39,试确定柱边 B-B 的斜截面受剪承载力为(   )。

(A)8 640 kN　　(B)8 650 kN　　(C)5 784 kN　　(D)8 670 kN

【例题 40】

柱 600 mm×400 mm,桩 400 mm×400 mm,承台 $f_t=1.27$ MPa,其他条件如下图所示,锥形承台 A-A 边的斜截面受剪承载力为(   )。

(A)3 956 kN　　(B)3 966 kN　　(C)2 877 kN　　(D)3 986 kN

解

①求受剪切截面高度影响系数 β_{hs}。

$$\beta_{hs}=\left(\frac{800}{h_0}\right)^{1/4}=\left(\frac{800}{1\ 100}\right)^{1/4}=0.923\ 5$$

②求剪切系数 β_0。

剪跨:$a_x=1.0-(0.3+0.05)-0.2=0.45(\text{m})$

剪跨比:$\lambda_x=\frac{a_x}{h_0}=\frac{0.45}{1.1}=0.409\ 1$

剪切系数 α:$\alpha=\frac{1.75}{\lambda+1}=\frac{1.75}{0.409\ 1+1}=1.241\ 9$

受剪截面在竖直面上的投影 b_0h_0:

$b_0h_0=2.4\times0.4+\frac{1}{2}\times0.7\times(0.4+2\times0.05+2.4)=1.975$

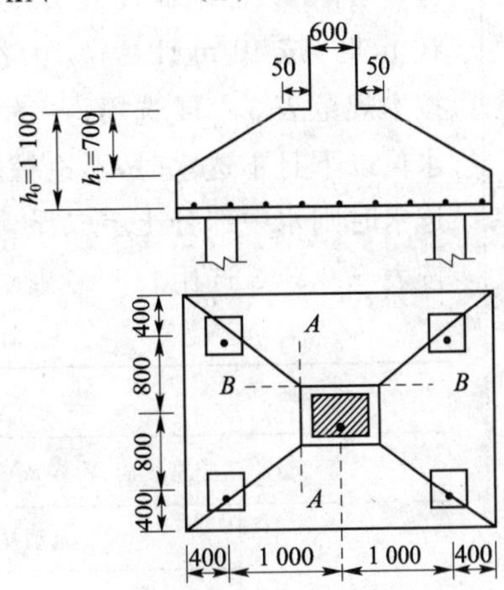

例题 **40** 图(尺寸单位:mm)

③求抗剪切承载力。

$\beta_{hs}\alpha f_tb_0h_0=0.923\ 5\times1.241\ 9\times1\ 270\times1.975=2\ 876.7(\text{kN})$

【案例模拟题 39】

条件同例题 40，*B-B* 截面的斜截面受剪承载力为(　　)。

(A)5 405 kN　　(B)3 651 kN　　(C)5 414 kN　　(D)5 420 kN

4.11　按《公路桥涵地基与基础设计规范》(JTG D63—2007)进行桩基计算

《公路桥涵地基与基础设计规范》(JTG D63—2007)的相关规定如下。

5.3.3　摩擦桩单桩轴向受压承载力容许值$[R_a]$，可按下列公式计算。

①钻(挖)孔灌注桩的承载力容许值

$$[R_a]=\frac{1}{2}u\sum_{i=1}^{n}q_{ik}l_i+A_p q_r \tag{5.3.3.1}$$

$$q_r=m_0\lambda\{[f_{a0}]+k_2\gamma_2(h-3)\} \tag{5.3.3.2}$$

式中，$[R_a]$为单桩轴向受压承载力容许值(kN)，桩身自重与置换土重(当自重计入浮力时，置换土重也计入浮力)的差值作为荷载考虑；u 为桩身周长(m)；A_p 为桩端截面面积(m^2)，对于扩张桩，取扩底截面面积；n 为土的层数；l_i 为承台底面或局部冲刷线以下各土层的厚度(m)，扩孔部分不计；q_{ik}为与 l_i 对应的各土层与桩侧的摩阻力标准值(kPa)，宜采用单桩摩阻力试验确定，当无试验条件时按表 5.3.3.1 选用；q_r 为桩端处土的承载力容许值 (kPa)，当持力层为砂土、碎石土时，若计算值超过下列值，宜按下列值采用：粉砂 1 000 kPa，细砂 1 150 kPa，中砂、粗砂、砾砂1 450 kPa，碎石土 2 750 kPa；$[f_{a0}]$为桩端处土的承载力基本容许值(kPa)，按本规范第 3.3.3 条确定；h 为桩端的埋置深度(m)，对于有冲刷的桩基，埋深由一般冲刷线起算，对无冲刷的桩基，埋深由天然地面线或实际开挖后的地面线起算；h 的计算值不大于 40 m，当大于 40 m 时，按 40 m 计算；k_2 为容许承载力随深度的修正系数，根据桩端处持力层土类按本规范表 3.3.4 选用；γ_2 为桩端以上各土层的加权平均重度(kN/m^3)，若持力层在水位以下且不透水时，不论桩端以上土层的透水性如何，一律取饱和重度；当持力层透水时则水中部分土层取浮重度；λ 为修正系数，按表 5.3.3.2 选用；m_0 为清底系数，按表 5.3.3.3 选用。

钻孔桩桩侧土的摩阻力标准值 q_{ik}　　表 5.3.3.1

土类		q_{ik}/kPa
中密炉渣、粉煤灰		40～60
黏性土	流塑 $I_L>1$	20～30
	软塑 $0.75<I_L\leqslant 1$	30～50
	可塑、硬塑 $0<I_L\leqslant 0.75$	50～80
	坚硬 $I_L\leqslant 0$	80～120

续上表

土类		q_{ik}/kPa
粉土	中密	30～55
	密实	55～80
粉砂、细砂	中密	35～55
	密实	55～70
中砂	中密	45～60
	密实	60～80
粗砂、砾砂	中密	60～90
	密实	90～140
圆砾、角砾	中密	120～150
	密实	150～180
碎石、卵石	中密	160～220
	密实	220～400
漂石、块石		400～600

注：挖孔桩的摩阻力标准值可参照本表采用。

修正系数λ值 表 5.3.3.2

桩端土情况	l/d		
	4～20	20～25	>25
透水性土	0.70	0.70～0.85	0.85
不透水性土	0.65	0.65～0.72	0.72

清底系数 m_0 值 表 5.3.3.3

t/d	0.3～0.1
m_0	0.7～1.0

注：1. t、d 分别为桩端沉渣厚度和桩的直径。

2. $d \leqslant 1.5$ m 时，$t \leqslant 300$ mm；$d > 1.5$ m 时，$t \leqslant 500$ mm，且 $0.1 < t/d < 0.3$。

②沉桩的承载力容许值

$$[R_a]=\frac{1}{2}(u\sum_{i=1}^{n}\alpha_i l_i q_{ik}+\alpha_r A_p q_{rk}) \tag{5.3.3.3}$$

式中，$[R_a]$为单桩轴向受压承载力容许值(kN)，桩身自重与置换土重(当自重计入浮力时，置换土重也计入浮力)的差值作为荷载考虑；u 为桩身周长(m)；n 为土的层数；l_i 为承台底面或局部冲刷线以下各土层的厚度(m)；q_{ik} 为与 l_i 对应的各土层与桩侧摩阻力标准值(kPa)，宜采用单桩摩阻力试验确定或通过静力触探试验测定，当无试验条件时按表 5.3.3.4 选用；q_{rk} 为桩端处土的承载力标准值(kPa)，宜采用单桩试验确定或通过静力触探试验测定，当无试验条件时按表 5.3.3.5 选用；α_i、α_r 分别为振动沉桩对各土层桩侧摩阻力和桩端承载力的影响系数，按表 5.3.3.6采用；对于锤击、静压沉桩其值均取为 1.0。

沉桩桩侧土的摩阻力标准值 q_{ik} 表 5.3.3.4

土类	状态	摩阻力标准值 q_{ik}/kPa
黏性土	$1.5 \geqslant I_L \geqslant 1$	15～30
	$1 > I_L \geqslant 0.75$	30～45
	$0.75 > I_L \geqslant 0.5$	45～60
	$0.5 > I_L \geqslant 0.25$	60～75
	$0.25 > I_L \geqslant 0$	75～85
	$0 > I_L$	85～95
粉土	稍密	20～35
	中密	35～65
	密实	65～80
粉、细砂	稍密	20～35
	中密	35～65
	密实	65～80
中砂	中密	55～75
	密实	75～90
粗砂	中密	70～90
	密实	90～105

注：表中，土的液性指数 I_L，是按 76 g 平衡锥测定的数值。

沉桩桩端处土的承载力标准值 q_{rk} 表 5.3.3.5

土类	状态	桩端承载力标准值 q_{rk}/kPa		
黏性土	$I_L \geqslant 1$	1 000		
	$1 > I_L \geqslant 0.65$	1 600		
	$0.65 > I_L \geqslant 0.35$	2 200		
	$0.35 > I_L$	3 000		
		桩尖进入持力层的相对深度		
		$1 > \frac{h_c}{d}$	$4 > \frac{h_c}{d} \geqslant 1$	$\frac{h_c}{d} \geqslant 4$
粉土	中密	1 700	2 000	2 300
	密实	2 500	3 000	3 500

续上表

土类	状态	桩端承载力标准值 q_{rk}/kPa		
粉砂	中密	2 500	3 000	3 500
	密实	5 000	6 000	7 000
细砂	中密	3 000	3 500	4 000
	密实	5 500	6 500	7 500
中、粗砂	中密	3 500	4 000	4 500
	密实	6 000	7 000	8 000
圆砾石	中密	4 000	4 500	5 000
	密实	7 000	8 000	9 000

注：表中，h_c 为桩端进入持力层的深度(不包括桩靴)；d 为桩的直径或边长。

系数 α_i、α_r 值 表 5.3.3.6

桩径或边长 d/m	土类			
	黏土	粉质黏土	粉土	砂土
	系数 α_i、α_r			
$0.8 \geqslant d$	0.6	0.7	0.9	1.1
$2.0 \geqslant d > 0.8$	0.6	0.7	0.9	1.0
$d > 2.0$	0.5	0.6	0.7	0.9

当采用静力触探试验测定时，沉桩承载力容许值计算中的 q_{ik} 和 q_{rk} 取为

$$q_{ik} = \beta_i \bar{q}_i \tag{5.3.3.4}$$

$$q_{rk} = \beta_r \bar{q}_r \tag{5.3.3.5}$$

式中，$\bar{q}_i$ 为桩侧第 i 层土由静力触探测得的局部侧摩阻力的平均值(kPa)，当 $\bar{q}_i$ 小于 5 kPa 时，采用 5 kPa；$\bar{q}_r$ 为桩端(不包括桩靴)标高以上和以下各 $4d$(d 为桩的直径或边长)范围内静力触探端阻的平均值(kPa)，若桩端标高以上 $4d$ 范围内端阻的平均值大于桩端标高以下 $4d$ 的端阻平均值时，则取桩端以下 $4d$ 范围内端阻的平均值；β_i、β_r 分别为侧摩阻和端阻的综合修正系数，其值按下面判别标准选用相应的计算公式；当土层的 $\bar{q}_r$ 大于 2 000 kPa，且 $\bar{q}_i/\bar{q}_r$ 小于或等于 0.014 时

$$\beta_i = 5.067(\bar{q}_i)^{-0.45}$$

$$\beta_r = 3.975(\bar{q}_r)^{-0.25}$$

当不满足上述 $\bar{q}_r$ 和 $\bar{q}_i/\bar{q}_r$ 条件时

$$\beta_i = 10.045(\bar{q}_i)^{-0.55}$$

$$\beta_r = 12.064(\bar{q}_r)^{-0.35}$$

第4章 深基础

上述综合修正系数计算公式不适合城市杂填土条件下的短桩；综合修正系数用于黄土地区时，应做试桩校核。

5.3.4　支承在基岩上或嵌入基岩内的钻（挖）孔桩、沉桩的单桩轴向受压承载力容许值$[R_a]$，可按下式计算

$$[R_a]=c_1A_pf_{rk}+u\sum_{i=1}^{m}c_{2i}h_if_{rki}+\frac{1}{2}\zeta_s u\sum_{i=1}^{n}l_iq_{ik} \tag{5.3.4}$$

式中，$[R_a]$为单桩轴向受压承载力容许值（kN），桩身自重与置换土重（当自重计入浮力时，置换土重也计入浮力）的差值作为荷载考虑；c_1为根据清孔情况、岩石破碎程度等因素而定的端阻发挥系数，按表 5.3.4 采用；A_p为桩端截面面积（m^2），对于扩底柱，取扩底截面面积；f_{rk}为柱端岩石饱和单轴抗压强度标准值（kPa），黏土质岩取天然湿度单轴抗压强度标准值，当f_{rk}小于 2 MPa 时按摩擦桩计算（f_{rki}为第i层的f_{rk}值）；c_{2i}为根据清孔情况、岩石破碎程度等因素而定的第i层岩层的侧阻发挥系数，按表 5.3.4采用；u为各土层或各岩层部分的桩身周长（m）；h_i为桩嵌入各岩层部分的厚度（m），不包括强风化层和全风化层；m为岩层的层数，不包括强风化层和全风化层；ζ_s为覆盖层土的侧阻力发挥系数（根据桩端f_{rk}确定：当 2 MPa$\leqslant f_{rk}<$15 MPa 时，$\zeta_s=0.8$；当 15 MPa$\leqslant f_{rk}<$30 MPa 时，$\zeta_s=0.5$；当$f_{rk}>$30 MPa 时，$\zeta_s=0.2$）；l_i为各土层的厚度（m）；q_{ik}为桩侧第i层土的侧阻力标准值（kPa），宜采用单桩摩阻力试验值，当无试验条件时，对于钻（挖）孔桩按本规范表 5.3.3.1 选用，对于沉桩按本规范表 5.3.3.4选用；n为土层的层数，强风化和全风化岩层按土层考虑。

系数 c_1、c_2 值　　表 5.3.4

岩石层情况	c_1	c_2
完整、较完整	0.6	0.05
较破碎	0.5	0.04
破碎、极破碎	0.4	0.03

注：1. 当入岩深度小于或等于 0.5 m 时，c_1乘以 0.75 的折减系数，$c_2=0$。

2. 对于钻孔桩，系数c_1、c_2值应降低 20%采用。桩端沉渣厚度t应满足以下要求：$d\leqslant1.5$ mm 时，$t\leqslant50$ mm；$d>1.5$ mm时，$t\leqslant100$ mm。

3. 对于中风化层作为持力层的情况，c_1、c_2应分别乘以 0.75 的折减系数。

5.3.5　当河床岩层有冲刷时，桩基须嵌入基岩，嵌岩桩按桩底嵌固设计。其应嵌入基岩中的深度，可按下列公式计算。

①圆形桩

$$h=\sqrt{\frac{M_H}{0.0655\beta f_{rk}d}} \tag{5.3.5.1}$$

②矩形桩

$$h=\sqrt{\frac{M_H}{0.0833\beta f_{rk}b}} \tag{5.3.5.2}$$

式中，h 为桩嵌入基岩中（不计强风化层和全风化层）的有效深度（m），不应小于 0.5 m；M_H 为在基岩顶面处的弯矩（kN・m）；f_{rk} 为岩石饱和单轴抗压强度标准值（kPa），黏土质岩取天然湿度单轴抗压强度标准值；β 为系数，$\beta=0.5\sim1.0$，根据岩层侧面构造而定，节理发育的取小值，节理不发育的取大值；d 为桩身直径（m）；b 为垂直于弯矩作用平面桩的边长（m）。

5.3.6 桩端后压浆灌注桩单桩轴向受压承载力容许值，应通过静载试验确定。在符合本规范附录 N 后压浆技术规定的条件下，后压浆单桩轴向受压承载力容许值可按下式计算

$$[R_a]=\frac{1}{2}u\sum_{i=1}^{n}\beta_{si}q_{ik}l_i+\beta_p A_p q_r \tag{5.3.6}$$

式中，$[R_a]$为桩端后压浆灌注桩的单桩轴向受压承载力容许值（kN），桩身自重与置换土重（当自重计入浮力时，置换土重也计入浮力）的差值作为荷载考虑；β_{si} 为第 i 层土的侧阻力增强系数，可按表 5.3.6 取值（当在饱和土层中压浆时，仅对桩端以上 8.0～12.0 m 范围的桩侧阻力进行增强修正；当在非饱和土层中压浆时，仅对桩端以上 4.0～5.0 m 的桩侧阻力进行增强修正；对于非增强影响范围，$\beta_{si}=1$）；β_p 为端阻力增强系数，可按表 5.3.6 取值。

其他符号同本规范式（5.3.3.1）。

桩端后压浆侧阻力增强系数 β_s、端阻力增强系数 β_p　　表 5.3.6

土层名称	黏性土、粉土	粉砂	细砂	中砂	粗砂	砾砂	碎石土
β_s	1.3～1.4	1.5～1.6	1.5～1.7	1.6～1.8	1.5～1.8	1.6～2.0	1.5～1.6
β_p	1.5～1.8	1.8～2.0	1.8～2.1	2.0～2.3	2.2～2.4	2.2～2.4	2.2～2.5

5.3.7 按本规范第 5.3.3 条、第 5.3.4 条、第 5.3.6 条规定计算的单桩轴向受压承载力容许值$[R_a]$，应根据桩的受荷阶段及受荷情况乘以表 5.3.7 规定的抗力系数。

单桩轴向受压承载力的抗力系数　　表 5.3.7

受荷阶段	作用效应组合		抗力系数
使用阶段	短期效应组合	永久作用与可变作用组合	1.25
		结构自重、预加力、土重、土侧压力和汽车、人群组合	1.00
	作用效应偶然组合（不含地震作用）		1.25
施工阶段	施工荷载效应组合		1.25

5.3.8 摩擦桩应根据桩承受作用的情况决定是否允许出现拉力。当桩的轴向力由结构自重、预加力、土重、土侧压力、汽车荷载和人群荷载短期效应组合所引起时，桩不允许受拉；当桩的轴向力由上述荷载并与其他作用组成的短期效应组合或荷载效应的偶然组合（地震作用除外）所引起时，则桩允许受拉。摩擦桩单桩轴向受拉承载力容许值按下列公式计算

$$[R_t] = 0.3u\sum_{i=1}^{n}\alpha_i l_i q_{ik} \tag{5.3.8}$$

式中，$[R_t]$为单桩轴向受拉承载力容许值(kN)；u 为桩身周长(m)[对于等直径桩，$u=\pi d$；对于扩底桩，自桩端起算的长度 $\sum l_i \leqslant 5d$ 时，取 $u=\pi D$；其余长度均取 $u=\pi d$(其中 D 为桩的扩底直径，d 为桩身直径)]；α_i 为振动沉桩对各土层桩侧摩阻力的影响系数，按本规范表 5.3.3.6 采用，对于锤击、静压沉桩和钻孔桩，$a_i=1$。

计算作用于承台底面由外荷载引起的轴向力时，应扣除桩身自重值。

【例题 41】

条件：$d=0.84$ m，地下水位在地面以下 2 m 处，采用泥浆护壁反循环成孔工艺(换浆法)，沉渣厚度＝24 cm。

按《公路桥涵地基与基础设计规范》(JTG D63—2007)计算如下图所示桩基的单桩受压承载力容许值为(　　)。

(A)1 451 kN　　(B)1 461 kN　　(C)1 471 kN　　(D)1 500 kN

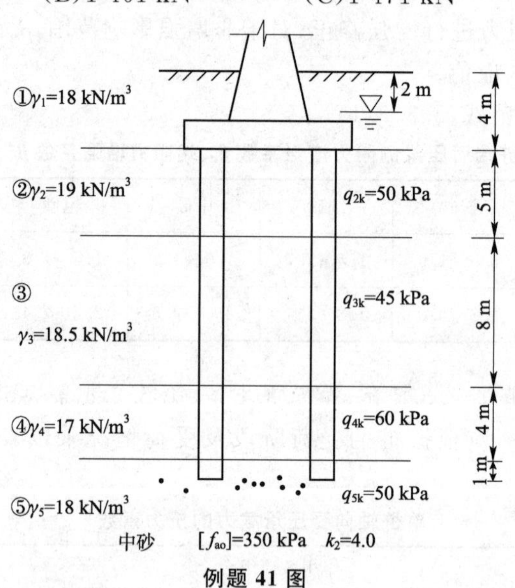

例题 41 图

解

①侧阻计算。

$u\sum \tau_i l_i = 3.14\times 0.84\times(50\times 5+45\times 8+60\times 4+50\times 1)=2\ 375(\text{kN})$

②端阻计算。

$q_r = m_0\{[f_{a0}]+k_2\gamma_2(h-3)\}$

其中由 $t/d=24/84=0.3$，内插得 $m_0=0.7$。

由 $l/d=18/0.84=21.4$，查得 $\lambda\approx 0.775$。

$\gamma_2=\dfrac{18\times 2+8\times 2+9\times 5+8.5\times 8+7\times 4+8\times 1}{2+2+5+8+4+1}=9.136\ (\text{kN/m}^3)$

$h=4+18=22$，代入得

$q_r = m_0\lambda\{[f_{a0}]+k_2\gamma_2(h-3)\}=0.7\times 0.775\times[350+4\times 9.136\times(22-3)]$

所以 $q_r=566.6$ kPa

$A_P=\frac{3.14}{4}\times 0.84^2=0.553\ 9$

③容许承载力。

$$[R_a]=\frac{1}{2}u\sum_{i=1}^{n}q_{ik}l_i+A_Pq_r=\frac{1}{2}\times 2375+0.553\ 9\times 566.6=1\ 501.3(\text{kN})$$

答案：$[R_a]=1\ 501$ kN。

【案例模拟题 40】

条件同例题 41，如钻孔直径为 0.8 m，则单桩受压容许承载力为（　　）。

(A)1 400 kN　　(B)1 445 kN　　(C)1 500 kN　　(D)1 525 kN

【案例模拟题 41】

条件：预制混凝土方桩，边长 400 mm×400 mm，用振动沉桩工艺，其他条件如下图所示。

按《公路桥涵地基与基础设计规范》(JTG D63—2007)确定如下图所示桩基的单桩受压承载力容许值为（　　）。

(A)808 kN　　(B)818 kN　　(C)828 kN　　(D)838 kN

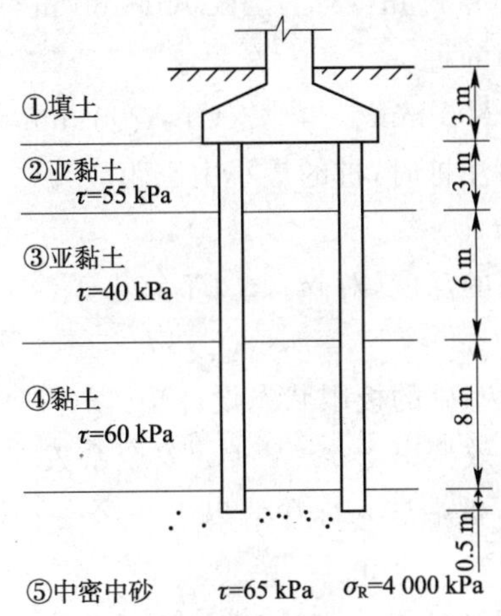

案例模拟题 41 图

【案例模拟题 42】

当采用边长 400 mm×400 mm，桩长 $L=14$ m(不计桩靴)，振动沉桩工艺时，按《公路桥涵地基与基础设计规范》(JTG D63—2007)计算，单桩抗压承载力容许值为（　　）。(其他条件见下表和下图)

静力触探成果表

序号	厚度/m	$\bar{q}_i$/kPa	$\bar{q}_r$/kPa	土名
①	3			填土
②	4	55	500	黏土
③	4	65	750	亚黏土
④	5	40	1 000	亚砂土
⑤	6	70	1 200	中砂

案例模拟题 42 图

(A)600 kN　　(B)610 kN　　(C)620 kN　　(D)630 kN

4.12 单项选择题

1. 桩侧地基土水平抗力系数的比例系数 m 的单位是(　　)。

(A)kN/m　　(B)kN/m^3　　(C)kN/m^4　　(D)无量纲

2. 安全等级为甲级的建筑桩基，至少应布置(　　)个控制孔，安全等级为乙级的建筑桩基，应不少于(　　)个控制孔。

(A)2,1　　(B)3,1　　(C)3,2　　(D)2,2

3. 对大直径桩基工程岩土工程勘察时，一般性勘探孔应深入桩端平面以下(　　)。

(A)1～3 m　　(B)2～4 m　　(C)3～5 m　　(D)5 m

4. 嵌岩桩控制性钻孔应深入预计桩端平面以下不少于(　　)倍桩身设计直径。

(A)1～3　　(B)2～4　　(C)3～5　　(D)4～6

5. 一般情况下，摩擦型桩的布孔间距宜为(　　)。

(A)12～14 m　　(B)20～35 m　　(C)40～60 m　　(D)>60 m

6. 大直径桩是指桩径为(　　)的桩。

(A)≥500 mm　　(B)≥600 mm　　(C)≥700 mm　　(D)≥800 mm

7. 筏板下满堂布置水下钻孔灌注桩时，桩的最小中心距应为(　　)。

(A)$2d$　　(B)$3d$　　(C)$4d$　　(D)$5d$

8. 桩端全断面进入桩端持力层的深度，对碎石土，不宜小于(　　)。

(A)d　　(B)$2d$　　(C)$3d$　　(D)$4d$

9. 建筑桩基采用以概率理论为基础的极限状态设计法，以(　　)度量桩基的可靠度。

(A)概率　　(B)失效概率　　(C)安全系数　　(D)可靠指标

10. 季节性冻土地基中的桩基，桩端进入冻深线以下的深度，不得小于(　　)及(　　)倍扩大端直径，最小深度应大于(　　)m。

(A)$4d$,2,1.5　　(B)$4d$,1,1.5　　(C)$4d$,2,2.0　　(D)$2d$,1,1.5

11. 为减小冻胀对桩基的影响，宜采用(　　)桩。

(A)预制桩　　(B)钻孔桩　　(C)挤土桩　　(D)半挤土桩

12. 灌注桩的主筋的混凝土保护层厚度不应小于(　　)，水下灌注混凝土时，不得小于(　　)。

(A)35 mm,50 mm　　(B)35 mm,70 mm　　(C)50 mm,70 mm　　(D)70 mm,80 mm

13. 采用扩底桩时，扩底端直径 D 与桩身直径 d 之比，最大不应超过(　　)。

(A)2.0　　(B)2.5　　(C)3.0　　(D)3.5

14. 对桩身配箍率小于(　　)的灌注桩，可取单桩水平静载试验的临界值的75%为单桩水平承载力设计值。

(A)0.65%　　(B)0.75%　　(C)0.85%　　(D)0.95%

15. 桩的水平变形系数 α 的单位是(　　)。

(A)m　　(B)m^{-1}　　(C)m^2　　(D)m^{-2}

16. 夯扩桩适用于桩端持力层为中、低压缩性黏性土，粉土等，且其埋深不超过(　　)的情况。

(A)10 m　　(B)15 m　　(C)20 m　　(D)25 m

17. 摩擦型桩，当采用锤击沉管方法成孔时，桩管入土深度控制以(　　)为主，以贯入度控制为辅。

(A)标高　(B)贯入阻力　(C)锤击能量　(D)贯入速度

18. 泥浆护壁成孔灌注桩灌注混凝土前，对端承桩，孔底沉渣厚度应满足(　　)的要求。

(A)≤50 mm　(B)≤100 mm　(C)≤200 mm　(D)≤500 mm

19. 开始水下浇注混凝土时，为使隔水栓能顺利排出，导管底部至孔底的距离宜为(　　)。

(A)300 mm　(B)300～500 mm　(C)500 mm　(D)<300 mm

20. 在地震区，桩基承载力极限状态的计算采用(　　)。

(A)荷载效应的基本组合　(B)荷载效应的标准组合

(C)地震作用效应与荷载效应标准组合　(D)地震作用与其他荷载效应的基本组合

21. 下列术语中(　　)指的是群桩基础中的单桩。

(A)基桩　(B)单桩基础　(C)桩基　(D)复合桩基

22. 采用端承桩桩基设计方案，土层坡度≤10%时，勘探点间距宜采用(　　)。

(A)12～24 m　(B)25～30 m　(C)30～35 m　(D)36～40 m

23. 桩基础中的桩，按其受力情况可分为摩擦桩和端承桩两种，摩擦桩是指(　　)。

(A)桩上的荷载全部由桩侧摩擦力承受

(B)桩上的荷载由桩侧摩擦力和桩端阻力共同承受，但侧阻力大于端阻力

(C)桩端为锥形的预制桩

(D)不要求清除桩端虚土的灌注桩

24. 可以认为，一般端承桩基础的竖向承载力与各单桩的竖向承载力之和的比值为(　　)。

(A)>1　(B)=1　(C)<1　(D)(A)或(C)

25. 端承桩的受力特性为(　　)。

(A)荷载由桩端阻力和桩侧阻力共同承担

(B)荷载主要由桩端阻力承担

(C)荷载主要由桩侧阻力承担

(D)荷载主要由桩侧阻力承担并考虑部分桩端阻力

26. 针对下列几种提高地基承载力的方法：

Ⅰ. 预制钢筋混凝土桩；

Ⅱ. 砂石桩；

Ⅲ. 钻孔灌注桩；

Ⅳ. 水泥搅拌桩。

下列全部属于桩基础范畴的是(　　)。

(A)Ⅰ、Ⅲ　(B)Ⅰ、Ⅱ、Ⅲ　(C)Ⅰ、Ⅲ、Ⅳ　(D)Ⅰ、Ⅱ、Ⅲ、Ⅳ

27. 下列(　　)属于非挤土桩。

(A)锤击或振动沉管灌注桩　(B)冲击成孔灌注桩

(C)顶钻孔打入预制桩　(D)钻孔灌注桩

28. 下列(　　)属于挤土桩。

(A)锤击沉管灌注桩　(B)预应力混凝土管桩

(C)冲孔桩　(D)钻孔桩

29. 钻孔扩底灌注桩，按成桩方法分类应为(　　)。

(A)挤土桩　　(B)非挤土桩　　(C)部分挤土桩　　(D)不一定

30. 在其他条件相同的情况下，挤土桩的单桩承载力与非挤土桩相比(　　)。

(A)来得高　　(B)相差不大　　(C)来得低　　(D)不一定

31. 下列地基哪些不宜采用人工挖孔桩底灌注桩(　　)。

(A)一般黏性土及填土　　(B)淤泥及淤泥质土

(C)碎土和碎石土　　(D)季节性冻土和膨胀土

32. 饱和黏性土中挤土桩的中心距最小不宜小于(　　)。

(A)4d　　(B)3.5d　　(C)3.0d　　(D)2.5d

33. 桩端持力层为黏性土、粉土时，桩端进入该层的深度不宜小于(　　)。

(A)1倍桩径　　(B)1.5倍桩径　　(C)2倍桩径　　(D)4倍桩径

34. 建筑桩基采用概率极限状态设计法，以(　　)指标度量桩基可靠度。

(A)安全系数　　(B)桩基安全等级

(C)可靠指标　　(D)建筑桩基重要性系数

35. 下列(　　)不属于承载能力极限状态计算内容。

(A)对桩基进行竖向承载力和水平向承载力计算

(B)对桩身和承台承载力计算

(C)桩基沉降计算

(D)对位于坡地、岸边的桩基的整体稳定性进行验算

36. 在地震区，桩基承载能力极限状态的计算应采用(　　)作用效应组合。

(A)荷载效应基本组合　　(B)地震作用效应与荷载效应标准组合

(C)长期效应组合且计入地震　　(D)短期效应组合计入地震

37. 下列(　　)的设计等级为甲级建筑桩基。

(A)40层高层建筑　　(B)7层民用建筑物

(C)10层民用建筑物　　(D)场地和地质条件简单的8层民用建筑物

38. 桩顶轴向压力应符合规定：$N \leqslant \psi_c f_c A_{ps}$，就$\psi_c$的取值，下列叙述不正确的是(　　)。

(A)混凝土预制桩$\psi_c = 1.0$　　(B)预应力混凝土空心桩$\psi_c = 0.85$

(C)干作业非挤土灌注桩$\psi_c = 0.90$　　(D)泥浆护壁非挤土灌注桩$\psi_c = 0.7 \sim 0.8$

39. 混凝土灌注桩的桩身混凝土强度等级不得低于(　　)。

(A)C15　　(B)C20　　(C)C25　　(D)C30

40. 预制桩桩尖混凝土强度等级不应低于(　　)。

(A)C15　　(B)C20　　(C)C25　　(D)C30

41. 预制桩的混凝土强度等级不应低于(　　)。

(A)C15　　(B)C20　　(C)C25　　(D)C30

42. 桩基承台的构造尺寸，除满足抗冲切、抗剪切、抗弯和上部结构需要外，尚应符合有关规定，下列规定中(　　)不正确。

(A)承台最小宽度不应小于500 mm

(B)承台边缘至桩中心的距离不宜小于桩的直径或边长，且边缘挑出部分不应小于150 mm

(C)条形承台和柱下独立桩基承台的厚度不应小于250 mm

(D)筏形、箱形承台板的厚度应满足整体刚度施工条件及防水要求。对于桩布置于墙下或基础梁下的情况，承台板厚度不宜小于250 mm，且板厚与计算区段最小跨度之比

不宜小于 1/20

43. 柱下独立桩基承台的构造，除按计算和满足上部结构需要外，其宽度不宜小于（　）mm。

(A)300　(B)500　(C)600　(D)800

44. 高层建筑柱基平板式承台的厚度不宜小于（　）mm。

(A)400　(B)500　(C)600　(D)800

45. 桩基承台的混凝土强度等级不宜低于（　）。

(A)C10　(B)C15　(C)C20　(D)C30

46. 当有混凝土垫层时，承台底面钢筋的混凝土保护层厚度不宜小于（　）mm。

(A)50 mm　(B)70 mm　(C)100 mm　(D)150 mm

47. 在确定桩顶标高时，应考虑桩顶嵌入承台内长度和主筋伸入承台的锚固长度。特别是在桩主要承受水平力时，下述（　）组合是正确的。

(A)桩顶嵌入长度不小于 50 mm，主筋锚固长度不小于 30 倍钢筋直径

(B)对于大直径桩桩顶嵌入长度不小于 100 mm，主筋锚固长度不小于 35 倍钢筋直径

(C)桩顶嵌入长度不小于桩径，主筋锚固长度不小于 45 倍钢筋直径

(D)桩顶嵌入长度不小于 1.0 倍桩径，主筋锚固长度不小于 45 倍钢筋直径

48. 中等直径桩的桩顶嵌入承台内长度不宜小于（　）mm。

(A)20　(B)30　(C)40　(D)50

49. 桩与承台的连接、承台之间的连接宜满足有关要求，下列正确的是（　）。

(A)桩顶嵌入承台的长度对于大直径桩，不宜小于 150 mm，对于中等直径桩不宜小于 100 mm

(B)混凝土桩的桩顶主筋应伸入承台内，其锚固长度不宜小于 30 倍主筋直径，对于抗拔桩基不应小于 35 倍主筋直径

(C)桩下单桩宜在桩顶两个互相垂直方向上设置连系梁。当桩柱截面面积之比较小（一般小于 2）且桩底剪力和弯矩较小时，可不设连系梁

(D)两桩桩基的承台，宜在其短向设置连系梁

50. 下述不正确的是（　）。

(A)灌注桩的混凝土强度等级不得低于 C25

(B)预制桩的混凝土强度等级不得低于 C30

(C)承台的混凝土强度等级应符合耐久性要求

(D)承台的最小埋深为 500 mm

51. 对于主要承受竖向荷载的抗震设防区低承台柱基，当同时满足下列（　）所包含的条件时，桩顶作用效应计算可不考虑地震作用。

(A)按《建筑抗震设计规范》(GB 50011—2010)规定可不进行桩基抗震承载力计算的且位于建筑抗震有利地段的建筑物

(B)不位于斜坡地带或地震可能导致滑移、地裂地段的建筑物

(C)桩端及桩身周围无液化土层

(D)承台周围无液化土、淤泥、淤泥质土

52. 荷载效应标准组合，且在轴心竖向力作用下的基桩，其承载力应符合下列（　）条件。

(A)$N \leqslant 1.25R$　(B)$N_K \leqslant R$　(C)$\gamma_0 N_{max} \leqslant 1.2R$　(D)$N_{max} \leqslant 1.5R$

53. 根据《建筑桩基技术规范》(JGJ 94—2008)规定，当按地震作用效应组合计算时，在轴心

竖向力作用下，基桩的竖向承载力极限状态计算表达式应为下列(　　)。

(A)$N_k \leqslant R$　(B)$N_{Ekmax} \leqslant 1.5R$　(C)$N_{kmax} \leqslant 1.2\gamma$　(D)$N_{Ek} \leqslant 1.25R$

54. 对桩基进行抗震验算时，其单桩竖向承载力计算应符合下述(　　)极限状态计算表达式。

(A)轴心竖向力作用下 $N_K \leqslant R$，偏心竖向力作用下 $N_{Kmax} \leqslant 1.2R$

(B)轴心竖向力作用下 $N \leqslant R$，偏心竖向力作用下 $N_{max} \leqslant 1.2R$

(C)轴心竖向力作用下 $\gamma_0 N \leqslant 1.15R$，偏心竖向力作用下 $\gamma_0 N_{max} \leqslant 1.3R$

(D)轴心竖向力作用下 $N_{EK} \leqslant 1.25R$，轴心竖向力作用下 $N_{EKmax} \leqslant 1.5R$

55. 当验算建筑桩基抗震承载力时，N_{EK} 为(　　)。

(A)桩顶最大竖向力

(B)基桩或复合基桩的最大竖向力

(C)基桩承载力特征值

(D)地震作用效应和荷载效应标准组合下，基桩或复合基桩的平均竖向力

56. 宜考虑承台效应的是(　　)。

(A)端承桩

(B)一柱一桩的摩擦桩

(C)上部结构整体刚度好、体型简单的摩擦桩

(D)三角形三桩承台下的桩

57. 现有以下桩基情况：

Ⅰ. 桩数 $n \leqslant 3$ 的端承桩　Ⅱ. 桩数 $n \leqslant 3$ 的非端承桩

Ⅲ. 桩数 $n > 3$ 的端承桩　Ⅳ. 桩数 $n > 3$ 的非端承桩

Ⅴ. 承台底面以下不存在可液化土、湿陷性黄土、高灵敏度软土、欠固结土、新填土

根据《建筑桩基技术规范》(JGJ 94－2008)规定，群桩基础在(　　)的组合情况下，方可考虑承台底土阻力。

(A)Ⅰ、Ⅴ　(B)Ⅱ、Ⅴ　(C)Ⅲ、Ⅴ　(D)Ⅳ、Ⅴ

58. 在(　　)的情况下桩基础可考虑承台效应。

(A)多层民用建筑，框架结构，端承桩承台底面以下为可塑黏性土和中密砂土，无其他软土层

(B)多层民用建筑，框架结构，桩数为 3 根的非端承桩基，承台下不存在高压缩性土层

(C)工业建筑，桩数超过 3 根的非端承桩桩基，承受经常出现的较大的动力作用，承台下存在高压缩性的土层

(D)上部结构整体刚度好，桩数超过 3 根的非端承桩桩基，承台底面以下依次为非饱和黏性土和稍密以上的中、粗砂

59. 锤击沉管灌注桩的轴向承载力与(　　)无关。

(A)房高　(B)地质条件

(C)桩身材料强度　(D)桩截面的大小和长度

60. 对打入同一地基且长度、横截面面积均相同的圆形桩和方形桩而言，下述正确的是(　　)。

(A)总端阻力两者相同，总侧摩阻力圆桩大

(B)总侧摩阻力方桩大，单桩承载力圆桩大

(C)总侧摩阻力圆桩大，单桩承载力圆柱小

(D)总端阻力两者相同，单桩承载力方桩大

61. 对单桩竖向承载力而方，下述不正确的是(　　)。

(A)取决于土对桩的支承阻力和桩身材料强度

(B)一般由土对桩的支承阻力控制

(C)一般由桩身材料强度控制

(D)对于端承桩、超长桩和桩身质量有缺陷的桩，可能由桩身材料强度控制

62. 安全等级为(　　)的建筑桩基可采用承载力经验参数估算。

(A)各种安全等级的桩基　　(B)甲级建筑桩级

(C)所有的乙级建筑桩级　　(D)丙级建筑桩级

63. 有关确定单桩竖向极限承载力标准值叙述不正确的是(　　)。

(A)甲级建筑桩基应采用现场静载试验确定

(B)当地质条件简单时，乙级建筑桩基应根据静力触探、标准贯入、经验参数等估算，并参照地质条件相同的试桩资料综合确定。当缺乏可参照的试桩资料或地质条件复杂时，应由现场载荷试验确定

(C)对丙级建设桩基，如无原位测试资料时，可利用承载力经验参数估算

(D)丙级建筑桩基也应通过单桩静载试验确定其承载力标准值

64. 在同一条件下，由单桩竖向抗压静荷载试验得到3根试桩极限承载力实测值，它们分别为：$Q_{u1}=480$ kN、$Q_{u2}=500$ kN、$Q_{u3}=510$ kN，则单桩竖向极限承载力标准值应为(　　)。

(A)497 kN　　(B)485 kN　　(C)490 kN　　(D)500 kN

65. 通过静载试验进行单桩竖向极限承载力标准值，极限侧阻力标准值和极限端阻力标准值测定时，下述(　　)不正确。

(A)对大直径端承桩，可通过深层平板载荷试验确定端阻力

(B)对嵌岩桩，可通过基岩平板载荷试验确定极限端阻力标准值

(C)对于嵌岩桩，可通过直径0.3 cm的嵌岩短墩载荷试验确定极限侧阻力标准值和极限端阻力标准值

(D)埋设桩身轴力元件只可测定极限侧阻力

66. 安全等级为一级的建筑物采用桩基时，单桩的承载力标准值应通过现场静载试验确定。试桩的数量是(　　)。

(A)总桩数的0.5%

(B)不应少于2根，并不宜少于总桩数的0.5%

(C)总桩数的1%

(D)不应少于3根，并不宜少于总桩数的1%

67. 根据现场单桩竖向静荷载试验所提供的承载力是(　　)。

(A)承载力基本值　　(B)承载力特征值

(C)承载力设计值　　(D)极限承载力标准值

68. 低桩承台的非挤土桩，当桩身周围有液化土层时，对该土层的桩侧阻力应按(　　)考虑才是正确的。

(A)该土层的桩侧阻力为零

(B)该土层液化后再固结，对桩侧产生负摩阻力

(C)按承台底面非液化土或非软弱土层的厚度、标贯击数与临界标贯击数的比值和液化土层的埋藏深度确定土层液化折减系数进行折减

(D)不考虑承台底面的土层情况，完全按 N 与 N_{cr} 的比值和液化土层的埋藏深度情况而进行折减

69. 桩基设计时，在下述(　　)种情况下应考虑负摩擦力的影响。

Ⅰ. 软土　　Ⅱ. 膨胀土

Ⅲ. 自重湿陷性黄土　　Ⅳ. 新近沉积未固结土

(A)Ⅰ、Ⅱ　　(B)Ⅱ、Ⅲ　　(C)Ⅲ、Ⅳ　　(D)Ⅰ、Ⅳ

70. 对于可能出现负摩阻力的桩基，宜按下列原则设计，其中(　　)不正确。

(A)对于填土建筑场地，先填土并保证填土的密实度，待填土地面沉降基本稳定后成桩

(B)对于地面大面积堆载的建筑物，采取预压等处理措施，减少堆载引起的地面沉降

(C)对位于中性点以下的桩身进行处理，以减少负摩阻力

(D)对于自重湿陷性黄土地基，采用强夯、挤密土桩等先行处理，消除上部或全部土层的自重湿陷性

71. 在不出现负摩阻力的情况下，摩擦桩桩身轴力分布的特点之一是(　　)。

(A)桩顶轴力最大　　(B)桩端轴力最大

(C)桩顶轴力最小　　(D)桩身轴力为一常量

72. 桩顶作用有轴向压力的竖直桩，按照桩身截面与桩周土的相对位移，桩周摩阻力的方向(　　)。

(A)只能向上

(B)可能向上、向下，或沿桩身上部向下、下部向上

(C)只能向下

(D)与桩的侧面成某一角度

73. 由于某些原因使桩周在某一长度内产生负摩阻力，这时，在该长度内，土层的水平面会产生相对于同一标高处的桩身截面的位移(或位移趋势)，其方向是(　　)。

(A)向上　　(B)向下

(C)向上或向下视负摩阻力的大小而定　　(D)与桩的侧面成某一角度

74. 桩身负摩阻力出现时，桩的轴向承载力将(　　)。

(A)增加　　(B)减小　　(C)不变　　(D)无法确定

75. 由(　　)以上基桩组成的桩基础称为群桩基础。

(A)2 根　　(B)3 根　　(C)4 根　　(D)5 根

76. 由桩和承台底土共同承担荷载的桩基称为(　　)。

(A)单桩基础　　(B)群桩基础　　(C)复合桩基　　(D)复合基桩

77. 桩基础进行详细勘察时，下述(　　)不正确。

(A)对于端承桩和嵌岩桩，勘探点间距宜为 12～24 m

(B)当相邻勘探点露出的层面高差大于 10 m 时，应适当加密勘探点

(C)对于摩擦桩，勘探点间距宜为 20～35 m

(D)地质条件复杂时的柱下单桩基础宜每桩设一勘探点

78. 在极限承载力状态下，桩顶荷载主要由桩侧阻力承受的桩称为(　　)。

(A)摩擦桩　　(B)端承摩擦桩　　(C)端承桩　　(D)摩擦端承桩

79. 当桩承受的竖向、水平荷载均较大时称为(　　)。

(A)竖向抗压桩　　(B)竖向抗拔桩　　(C)水平受荷桩　　(D)复合受荷桩

80. 打入式敞口钢桩属于(　　)。

(A)非挤土桩　　(B)部分挤土桩　　(C)挤土桩　　(D)复合型桩

81. 某建筑桩基设计直径为 800 mm，该桩为(　　)。

(A)小桩　　(B)中等直径桩　　(C)大直径桩　　(D)特大直径桩

82. 某独立基础下采用摩擦型桩，基桩数为 3×3＝9(根)，桩径为 300 mm，采用钻孔灌注桩，桩的最小中心距不宜小于(　　)。

(A)750 mm　　(B)900 mm　　(C)1 050 mm　　(D)1 200 mm

83. 桩基础一般应选择较硬土层作为桩端持力层，下述说法中(　　)不正确。

(A)当持力层为黏性土、粉土时，桩端进入持力层深度不宜小于 2 倍桩径

(B)当持力层为砂土时，桩端进入持力层的深度不宜小于 1.5 倍桩径

(C)当桩端持力层为碎石土时，桩端进入持力层深度不宜小于 1 倍桩径

(D)当存在软弱下卧层时，桩基以下硬持力层厚度不宜小于 3 m

84. 桩基位于坡地或岸边时，应验算整体稳定性，这是(　　)验算。

(A)承载能力极限状态　　(B)正常使用极限状态

(C)桩身和承台抗裂及裂缝宽度　　(D)变形及耐久性

85. 桩基设计确定桩数和布桩时，下述(　　)是正确的。

(A)采用传至承台底面的荷载效应标准组合

(B)相应抗力采用基桩或复合基桩承载力特征值

(C)采用荷载效应的准永久组合

(D)(A)＋(B)

86. 按正常使用极限状态验算桩基沉降时，应采用荷载的(　　)。

(A)荷载效应准永久组合　　(B)短期效应组合

(C)短期效应组合考虑长期荷载影响　　(D)作用效应基本组合

87. 对于软土地区的桩基，下述(　　)不正确。

(A)甲级建筑桩基不宜采用桩端置于软弱土层上的摩擦桩

(B)对欠固结土、场地填土、大面积堆载场地应考虑负摩阻力的影响

(C)采用挤土桩时，应考虑挤土效应对临近桩基或地下管线的影响

(D)高灵敏度厚层淤泥场地中宜采用密集沉管灌注桩

88. 设计湿陷性黄土地区桩基时，下述(　　)不正确。

(A)桩基应穿透湿陷性土层支承在压缩性较低的土层上

(B)在自重湿陷性黄土地基中，宜采用混凝土预制桩

(C)对非自重湿陷性场地上乙级桩基的单桩极限承载力宜以浸水载荷试验为主要依据

(D)计算自重湿陷性黄土场地上的单桩极限承载力时，应适当考虑负摩阻力影响

89. 设计季节性冻土及膨胀性土地基上的桩基时，下述(　　)不正确。

(A)桩基进入冻深线或大气影响急剧层以下的深度，最小不应小于 1.5 m

(B)为减小或消除冻胀或膨胀对桩基的作用，宜采用挖孔(钻孔)灌注桩

(C)确定桩基竖向极限承载力时，对冻胀力及膨胀范围内的桩侧阻力应适当折减后计算

(D)在冻胀或膨胀深度范围内，应沿桩周及承台作隔冻隔胀处理

90. 下述抗震设防区桩基的设计原则中，(　　)不正确。

(A)桩进入液化层以下稳定土层的长度应按计算确定

(B)当液化土层下为坚硬黏土时，桩进入黏土层中的长度不宜小于 1.5 m

(C)当地震可能引起土层滑移时，应考虑滑移土体对桩产生的水平力

(D)当承台周围的土承载力小于 40 kPa 的软土时，如果桩水平承载力不满足计算要求，可将承台外的土进行加固

91. 对可能出现负摩阻力的桩基，下述设计原则中(　　)不正确。

(A)对于填土场地应先填土、后成桩

(B)对大面积堆载场地，应采取预压措施

(C)对中性点以上的桩身进行处理，力求减少摩擦力

(D)对自重湿陷性黄土场地，应加大桩长，使桩端置于非湿陷性土层内

92. 对按构造配筋的桩，其构造配筋要求中，(　　)不正确。

(A)甲级建筑桩基桩顶与承台连接的钢筋主筋不应小于 10 根，直径为 $\phi 12 \sim \phi 14$

(B)混凝土桩主筋锚入承台的长度不应低于 35 倍主筋直径

(C)大直径灌注桩采用一柱一桩时，可将柱与桩直接连接

(D)中等直径桩嵌入承台内的长度不宜小于 50 mm

93. 当采用水下灌注混凝土桩时，主筋的保护层厚度不宜小于(　　)。

(A)35 mm　　(B)40 mm

(C)50 mm　　(D)70 mm

94. 确定扩底灌注桩扩底端尺寸时，下述(　　)不正确。

(A)当持力层承载力低于桩身混凝土受压承载力时，可采用扩底

(B)钻孔桩扩底端直径与桩身直径的比 D/d 一般宜为 3

(C)扩底端侧面斜率一般取 1/4～1/2

(D)扩底端弧形底面的矢高一般取(0.1～0.15)D

95. 下述对混凝土预制桩的构造要求中(　　)不正确。

(A)预应力混凝土预制实心桩的截面边长不宜小于 350 mm

(B)打入式预制桩最小配筋率不宜小于 0.65%

(C)预制桩分节时，接头不宜超过 3 个

(D)预制桩的混凝土强度等级不宜低于 C30

96. 钢桩的构造要求中下述(　　)不正确。

(A)钢桩的分段长度不宜超过 12～15 m

(B)钢桩截面可采用管形或 H 形，或其他异型钢材

(C)管形钢桩桩端形式可采用敞口或闭口

(D)H 形钢桩桩端形式一般采用敞口

97. 对钢桩的抗腐蚀性下述(　　)不正确。

(A)地面以上及地面以下钢桩均可发生腐蚀

(B)一般情况下，水位以上的腐蚀大于水位以下的腐蚀

(C)水位以下的腐蚀小于地面以上的腐蚀

(D)水位被动区内腐蚀强度介于水上和水下腐蚀强度之间

98. 桩基承台的尺寸应满足下述(　　)要求。

(A)抗冲切、抗剪切、抗弯　　(B)上部结构

(C)构造　　(D)(A)+(B)+(C)

99. 桩基承台的尺寸要求中，下述(　　)不正确。

(A)承台最小宽度不应小于 500 mm

(B)承台边缘至桩中心的距离不宜小于桩的直径或边长，且边缘挑出部分不宜小于

150 mm

(C)对于条形承台梁边缘挑出部分不宜小于 200 mm

(D)条形承台的厚度不应小于 300 mm

100. 桩基承台的构造要求中，下述(　　)不正确。

(A)承台混凝土的强度等级应满足混凝土耐久性要求和抗渗要求

(B)承台混凝土保护层厚度不宜小于 40 mm

(C)承台梁纵向主筋直径不宜小于 $\phi 12$

(D)柱下独立承台的受力钢筋应通长配置

101. 建筑桩基承台之间的连接要求中，下述(　　)不正确。

(A)柱下单桩宜在桩顶两个互相垂直方向上设置连系梁

(B)两桩桩基承台宜在其长向设置连系梁

(C)有抗震要求的柱下独立桩基承台，纵横方向宜设置连系梁

(D)连系梁宽度不宜小于 250 mm，其高度可取承台中心距的 1/15～1/10

102. 计算地震作用效应偏心竖向力作用下桩基承载力的表达式应为(　　)。

(A)$N_k \leqslant R$　　(B)$N_{k\max} \leqslant 1.2R$

(C)$N_{Ek} \leqslant 1.25R$　　(D)$N_{Ek\max} \leqslant 1.5R$

103. 根据静载荷试验确定单桩竖向极限承载力标准值时，基桩竖向承载力设计值应取总极限阻力标准值除以(　　)。

(A)桩侧阻抗力分项系数 γ_s　　(B)桩端阻抗力分项系数 γ_p

(C)桩侧阻端阻综合抗力分项系数 γ_{sp}　　(D)安全系数，一般取 2

104. 确定群桩(桩数不小于 4 根)中复合基桩承载力设计值时，下述不正确的是(　　)。

(A)对端承桩复合桩基，一般不考虑承台底土的作用效应

(B)当承台底面以下为可液化土时，承台底土阻力群桩效应系数 $\eta_c=0$

(C)当距径比 $s_a/d>6$ 时，不考虑承台效应，取 $\eta_c=0$

(D)对采用后注浆灌注桩的承台，η_c 宜取低值

105. 确定单桩竖向极限承载力标准值时，下述(　　)不正确。

(A)甲级建筑桩基应采用静力触探，标准贯入等原位测试方法综合确定

(B)乙级建筑桩基，当地质条件简单时，可根据静探、标贯、经验参数等，并参照地质条件相同的试桩资料综合确定

(C)乙级建筑桩基地质条件复杂时，应由现场载荷试验确定

(D)丙级建筑桩基可根据原位测试和经验参数确定

106. 根据单桥探头静力触探资料确定单桩竖向承载力时，桩端附近静力触探比贯入阻力标准值宜取(　　)。

(A)桩端全截面以上 8 倍桩径范围内比贯入阻力平均值

(B)桩端全截面以下 4 倍桩径范围内比贯入阻力平均值

(C)取(A)、(B)二者的较小值

(D)应综合分析(A)、(B)后按规范要求取值

107. 当根据土的物理指标与承载力参数之间关系确定单桩竖向承载力时，(　　)需根据土层埋深对极限侧阻力标准值进行修正。

(A)沉管桩　　(B)预制桩

(C)灌注桩　　(D)新桩规一般不需进行此项修正

108. 关于大直径桩单桩竖向极限承载标准值,下述(　　)正确。

(A)大直径桩极限侧阻力标准值应适当提高

(B)大直径桩极限端阻力标准值应适当提高

(C)计算大直径桩单桩竖向极限承载力时,应考虑尺寸效应

(D)桩侧阻力尺寸效应系数均小于 1.0

109. 计算钢管柱单柱竖向承载力时,应考虑(　　)。

(A)尺寸效应　　(B)桩侧的挤土效应

(C)桩端的栓塞效应　　(D)(B)+(C)

110. 计算嵌岩桩竖向承载力时,对于土层侧阻力应考虑(　　)。

(A)尺寸效应　　(B)挤土效应

(C)侧阻力的发挥度　　(D)可忽略以上效应,按一般桩基计算

111. 当考虑土层液化对单桩极限承载力的影响时,液化土层极限侧阻标准值应按(　　)修正。

(A)液化折减系数　　(B)侧阻挤土效应系数

(C)桩端栓塞效应系数　　(D)尺寸效应系数

112. 验算桩端持力层下软弱下卧层承载力时,下述(　　)不正确。

(A)当 $s_a/d \leqslant 6$ 时应按群桩基础验算,否则按单桩验算

(B)按群桩验算时,附加应力作用的面积近似取承台底面积

(C)计算附加应力时,应考虑桩侧阻力的影响

(D)应力扩散角应综合考虑持力层的相对厚度及持力层与软弱下卧的模量等确定

113. 下列(　　)场地的桩基可不考虑负摩阻力的影响。

(A)厚层松散填土　　(B)欠固结土

(C)超固结土　　(D)自重湿陷性黄土

114. 计算桩基负摩阻力时,下述(　　)不正确。

(A)负摩阻力是一种下拉荷载

(B)桩端相对较硬时,中性点的位置距桩端的距离较远

(C)群桩中基桩受到的负摩阻力一般不大于单桩的负摩阻力

(D)负摩阻力一般不大于正摩阻力

115. 验算抗拔承载力时,下述(　　)是正确的。

(A)验算抗拔承载力时,应在荷载中计入桩体自重

(B)扩底桩的扩底段侧摩阻力应按 0 计

(C)抗拔侧阻力应进行修正

(D)应分别计算基桩及桩群的抗拔承载力

116. 桩基沉降计算时,下述(　　)不正确。

(A)当距径比不大于 6 时,桩基沉降计算应采用等效作用分层总和法

(B)等效作用面应取桩端平面,其面积为桩群外包络线围成的面积

(C)附加应力应近似取承台底平均附加压力

(D)应力计算应采用角点法,沉降计算应采用分层总和法

117. 某不规则承台面积为 100 m^2,不均匀布置了 17 根方形桩,桩边长为 400 mm,其距径比接近(　　)。

(A)5.4　　(B)5.0　　(C)4.5　　(D)4.0

118. 下述(　　)在水平静载试验时不能取水平位移为 10 mm(或 6 mm)时所对应的荷载为单桩水平承载力设计值。

(A)钢桩　　(B)素混凝土桩

(C)混凝土预制桩　　(D)配筋率大于 0.65%的灌注桩

119. 水平承载力群桩效应与下列(　　)无关。

(A)桩的距径比及排列方式　　(B)桩与承台的连接形式

(C)承台底及侧面的土的性质　　(D)桩侧摩阻力及桩端阻力

120. 承台计算的内容一般不包括(　　)。

(A)受弯计算　　(B)受冲切计算　　(C)受剪计算　　(D)抗裂计算

121. 按《建筑桩基技术规范》(JGJ 94—2008)计算建筑桩基受冲切承载力时，下述(　　)不正确。

(A)冲跨比的范围值为 0.25～1.0

(B)当冲跨大于承台有效高度时，冲切系数为 0.7

(C)对于方桩及方柱，计算时应将截面换算成圆柱及圆桩

(D)冲切计算包括柱、群桩、单桩、角桩对承台的冲切

122. 计算承台受剪切承剪力时，如剪切截面为变截面，则截面计算宽度应取(　　)。

(A)按截面高度加权平均值　　(B)不同截面宽度平均值

(C)不同截面高度平均值　　(D)不同截面宽度的最大值

123. 地下水位以下的黏性土一般不适合(　　)桩型。

(A)泥浆护壁钻孔灌注桩　　(B)干作业成孔灌注桩

(C)沉管灌注桩　　(D)混凝土预制桩

124. 摩擦型桩一般以(　　)控制成孔深度。

(A)设计桩长　　(B)桩端进入持力层深度

(C)标高　　(D)贯入度

125. 对采用锤击沉管法施工的摩擦型桩，沉管深度应以(　　)进行控制。

(A)设计桩长

(B)桩端进入持力层深度

(C)以标高控制为主，贯入度控制为辅

(D)以贯入度控制为主，标高控制为辅

126. 对采用锤击沉管法施工的端承型桩，沉管深度应以(　　)进行控制。

(A)标高控制为主，贯入度控制为辅　　(B)贯入度控制为主，标高控制为辅

(C)设计桩长　　(D)桩端进入持力层深度

127. 制作桩基中的钢筋笼时，主筋净距应(　　)。

(A)不小于 100 cm　　(B)大于粗骨料粒径 3 倍以上

(C)不小于粗骨料粒径 2 倍　　(D)不小于粗骨料粒径

128. 采用素混凝土桩时，粗骨料最大粒径不宜大于(　　)。

(A)70 mm　　(B)桩径的 1/4

(C)钢筋间最小径距的 1/3　　(D)(A)+(B)

129. 人工挖孔扩底灌注桩孔径及孔深的要求分别为(　　)。

(A)$d \geqslant 800$ mm，$l \leqslant 30$ m　　(B)$d \geqslant 600$ mm，$l \leqslant 30$ m

(C)$d \geqslant 800$ mm，$l \leqslant 20$ m　　(D)$d \geqslant 600$ mm，$l \leqslant 20$ m

130. 泥浆护壁钻孔灌注桩进行泥浆护壁时,下述(　　)不正确。

(A)施工期间护筒内泥浆应高出地下水位 1.0 m 以上

(B)在清孔时应不断置换泥浆

(C)灌注混凝土前,孔底 500 mm 以内的泥浆比重不应小于 1.25

(D)废弃的泥浆应按环境保护的有关规定处理

131. 当钻孔桩深度大于(　　)时,宜采用反循环工艺成孔或清孔。

(A)10 m　　(B)20 m　　(C)30 m　　(D)40 m

132. 当摩擦型桩采用反循环或正循环钻孔灌注桩施工工艺时,桩底沉渣的厚度不宜超过(　　)。

(A)300 mm　　(B)150 mm　　(C)100 mm　　(D)50 mm

133. 冲击成孔灌注桩施工中的"梅花孔"是指(　　)。

(A)使用梅花状钻头成孔

(B)在同一桩位上施工若干个钻孔

(C)钻孔形状近似梅花形

(D)由于钻孔垂直度偏差,同一钻孔孔口下形成若干个方向不同的钻孔

134. 冲击成孔灌注桩施工中遇孤石时应(　　)。

(A)采用低锤密击法施工　　(B)低锤冲击或间断冲击

(C)回填片石后重新冲孔　　(D)采用预爆或高低冲程交替冲击

135. 泥浆护壁钻孔灌注桩进行水下混凝土浇筑时,下述(　　)不正确。

(A)坍落度宜为 180～220 mm　　(B)水泥用量不得少于 250 kg/m^3

(C)含砂率宜为 40%～45%　　(D)骨料最大粒径应小于 40 mm

136. 泥浆护壁成孔灌注柱进行水下混凝土浇筑时,下述(　　)是正确的。

(A)开始浇筑混凝土时,导管应紧贴钻孔孔底,以防浇筑时出现空隙

(B)宜采用分层浇筑,每次浇筑时单层厚度不宜过大

(C)每根桩的浇筑时间应按初盘混凝土的初凝时间控制

(D)控制最后一次灌注量,桩顶应比设计标高略低

137. 采用锤击沉管灌注桩施工时,一般不采用(　　)方法。

(A)反打法　　(B)单打法　　(C)复打法　　(D)反插法

138. 在锤击沉管灌注桩施工记录中,下述(　　)相对不重要。

(A)开孔时的每米锤击数　　(B)施工中的每米锤击数

(C)最后 1 m 的锤击数　　(D)最后 3 阵、每阵 10 锤的贯入度及落锤高度

139. 锤击沉管灌注桩采用全长复打施工工艺时,下述(　　)是正确的。

(A)第一次灌注混凝土应低于自然地面

(B)前后两次沉管的轴线不应重合

(C)复打施工必须在第一次灌注混凝土初凝之后进行

(D)当桩身配有钢筋时,混凝土的坍落度宜采用 80～100 mm

140. 某建筑桩基地工工法为:桩管到达预定标高后,灌满混凝土,先振动,再拔管,每次拔管高度 0.5～1.0 m,然后再沉管 0.3～0.5 m,并不断添加填料,直至成桩,该工法称为(　　)。

(A)单打法　　(B)复打法　　(C)反插法　　(D)锤击法

141. 在沉管灌注桩施工中,流动性淤泥场地不宜采用(　　)。

(A)反插法　　(B)单打法　　(C)振动单打法　　(D)复打法

142. 混凝土预制桩强度达到(　　)时才能运输。

(A)50%　　(B)70%　　(C)90%　　(D)100%

143. 混凝土预制桩接桩时,不宜采用(　　)。

(A)焊接　　(B)法兰连接

(C)机械快速连接　　(D)榫接或铆钉连接

144. 混凝土预制桩打入时,下述(　　)不正确。

(A)桩帽与桩周围的间隙应为 5~10 mm

(B)锤与桩帽、桩帽与桩之间应加设弹性垫

(C)桩锤、桩帽、桩身应保持在同一直线上

(D)桩插入时的垂直度偏差不得超过 5%

145. 钢桩沉桩时,下述(　　)不正确。

(A)对于钢管桩,沉桩困难时可在管内取土,以助沉桩

(B)H 形钢桩沉桩时,锤重不宜大于 4.5 t

(C)持力层较硬时,H 形钢桩应送桩

(D)沉桩前应探明并清除表层障碍物

146. 混凝土灌注桩成桩质量检查不包括(　　)工序。

(A)场地"三通一平"　　(B)成孔及清孔

(C)钢筋笼制作及安放　　(D)混凝土搅制及灌注

147. 进行成桩质量检查时,(　　)方法不常用。

(A)动测法　　(B)静力压桩法

(C)钻芯法　　(D)预埋管超声检测法

148. 下述(　　)可采用可靠的动测法对工程桩单桩承载力进行检测。

(A)施工前未进行单桩静载试验的甲级建筑桩基

(B)施工前已进行单桩静载试验的甲级建筑桩基

(C)施工前未进行静载试验,施工质量可靠性低的桩基

(D)施工前未进行静载试验,地质条件复杂的桩基

149. 进行单桩竖向抗压静载试验时,若标准差 $S_n \leqslant 0.15$,单桩竖向承载力标准值应取(　　)。

(A)平均值　　(B)最小值

(C)平均值乘以折减系数 λ　　(D)小值平均值

150. 进行竖向单桩抗拔静载试验时,下述(　　)不能作为终止加载的条件。

(A)桩顶荷载为桩受拉钢筋总极限承载力的 90%

(B)某级荷载作用下,桩顶变形量为前一级荷载作用下的 5 倍

(C)累计上拔量超过 100 mm

(D)桩身发生断裂或裂缝

4.13　多项选择题

1. 桩基的主要优点包括(　　)。

(A)具有较大的承载能力

(B)穿越液化土层,把荷载传递到下伏稳定不液化土层中

(C)竖向刚度较大,沉降较小

(D)造价较高

2.摩擦型桩包括(　　)。

(A)摩擦桩　　(B)端承摩擦桩　　(C)摩擦端承桩　　(D)端承桩

3.部分挤土桩中包括(　　)。

(A)混凝土预制桩　　(B)钢管桩

(C)沉管灌注桩　　(D)预钻孔打入式预制桩

4.当桩周产生负摩阻力时,下述(　　)不正确。

(A)中性点以上桩周土的下沉量大于桩的沉降量,中性点处二者相等,中性点以下桩的沉降量大于桩周土的沉降量

(B)负摩阻力值不应计入桩的荷载中

(C)在地表附近,桩与土的相对位移值最大,因此负摩阻力最大

(D)桩身轴力的最大值不是在桩顶,而是在中性点处

5.关于桩侧土水平抗力系数的比例系数 m,下述(　　)是正确的。

(A)m 值是桩侧土的平均特征参数,与桩无关

(B)m 值是桩与土共同作用性状的特征参数,与土的工程性质及桩的刚度有关

(C)m 值应通过单桩竖向载荷试验确定,也可按规范给出的经验值取用

(D)土体越密实坚硬,m 值相对较大

6.关于群桩效应,下述(　　)不正确。

(A)群桩效应一般指受群桩影响承载力降低的现象

(B)常规桩距($3d$～$4d$)小群桩($n\leqslant9$)时,黏性土中的群桩效应不明显

(C)黏性土中的大群桩($n\geqslant9$)群桩影响明显,群桩中单桩承载力减小,群桩沉降值增大

(D)对于砂土中的挤土群桩,群桩中基桩的承载力小于相应的单桩承载力

7.关于承台底土的阻力,下述(　　)不正确。

(A)端承桩一般不宜计入承台底土的阻力

(B)一般情况下桩数大于 4 时,摩擦桩应考虑承台底土阻力

(C)如桩间土是软土,可不计入承台底土的阻力,因软土承载力较小,在桩基承载中占的比例也较小,可以忽略

(D)采用挤土法施工时,桩间土得到挤密,应计入承台底土的阻力

8.下述计算桩基础沉降的方法中,(　　)不是《建筑桩基技术规范》(JGJ 94—2008)中推荐的方法。

(A)半经验实体深基础法　　(B)等效作用分层总和法

(C)明德林—盖得斯法　　(D)影响圆法

9.消减下拉荷载可采用(　　)的方法。

(A)电渗法　　(B)套管法

(C)涂层法　　(D)扩大端承桩的桩端

10.桩的水平承载力与(　　)有关。

(A)桩数及桩的排列方式　　(B)桩与承台的连接方式

(C)桩身刚度及配筋率　　(D)桩端土的工程性质

11.特殊条件下的桩基一般包括(　　)。

(A)软土地区桩基　　(B)红黏土地区的桩基

(C)岩溶地区桩基　　(D)地震条件下的桩基

12. 承台底土的阻力与下述(　　)无关。

(A)承台的刚度及强度　　(B)桩的数量及排列方式

(C)桩的沉降量大小　　(D)桩端持力层性质

13. 采用反循环钻孔灌注桩施工时，下述(　　)不正确。

(A)护筒内径应大于钻头直径 100 mm

(B)在黏性土中，护筒埋设深度不得小于 1.0 m

(C)当泥浆浓度较大时，可不设置导向装置

(D)清孔后，泥浆比重应不小于 1.25 方可进行混凝土灌注

14. 人工挖孔灌注桩施工时，下述(　　)不正确。

(A)井圈顶面不应高于地面

(B)上下节护壁的搭接长度不得小于 500 mm

(C)拆除护壁模板的时间应在护壁灌注后 24 h

(D)当遇有流动性淤泥时可采用减小护壁高度或降水等措施

15. 正确的预制桩打桩顺序包括(　　)。

(A)对于密集桩群应自四周向中间逐排施打

(B)当一侧毗邻建筑物时，应由毗邻建筑物处向另一方向施打

(C)根据基础的设计标高，应先浅后深施打

(D)根据桩的规格应先大后小、先长后短施打

16. 混凝土预制桩采用锤击法沉桩时，下述(　　)不正确。

(A)桩端位于一般土层时，应以控制贯入度为主

(B)桩端土层较硬时，可以控制标高为主，贯入度可做参考

(C)贯入度已达到但桩端标高未达到时，应采取截桩措施

(D)对于砂土及碎石桩，应采用射水法沉桩

17. 单桩承载力检测包括(　　)。

(A)单桩竖向抗压静载荷试验　　(B)单桩竖向抗压动荷载试验

(C)单桩竖向抗拔静载荷试验　　(D)单桩水平静载荷试验

18. 进行单桩竖向抗压静载荷试验时，可按(　　)标准终止加荷。

(A)沉降累计达 10 mm 或 6 mm

(B)某级荷载作用下桩的沉降量为前一级荷载作用下沉降量的 5 倍

(C)某级荷载作用下，桩的沉降量为前一级荷载作用下沉降量的 2 倍，且经 24 h 尚未达到相对稳定

(D)已达到锚桩最大抗拔力或压重平台的最大重量

19. 下述(　　)情况下桩基可能承受拔力。

(A)多年冻土地区桩基　　(B)季节性冻土地区桩基

(C)膨胀土地区桩基　　(D)软土地区桩基

20. 确定单桩水平临界荷载时可采用(　　)。

(A)H_0-$\dfrac{\Delta x_0}{\Delta H_0}$曲线第一直线段的终点所对应的荷载作为水平临界荷载

(B)当 H_0-t-x_0 曲线出现突变点时，取突变点所对应的荷载作为水平临界荷载

第4章　深基础

(C)取 $\lg H_0$-$\lg x_0$ 曲线拐点所对应的荷载作为水平临界荷载

(D)取变形值 $x_0=100$ mm 时的荷载作为水平临界荷载

4.14 答 案

4.14.1 案例模拟题答案

1.(D)

据《建筑桩基技术规范》(JGJ 94—2008)第 4.1.3 条。

2.(B)

据《建筑桩基技术规范》(JGJ 94—2008)第 4.2.4 条第一款。

3.(A)

解:$G_k=4.2\times4.2\times2.5\times20=882(\text{kN})$

$M_y=M+H\times1.0=200+150\times1.0=350\ (\text{kN}\cdot\text{m})$

所以 $N_k=\dfrac{F+G_k}{n}=\dfrac{1\ 800+882}{5}=536.4(\text{kN})$

$$\begin{matrix}N_{max}\\N_{min}\end{matrix}=N\pm\frac{M_y}{\sum x_j^2}x_{max}=536.4\pm\frac{350\times1.5}{4\times1.5^2}=\begin{matrix}594.73(\text{kN})\\478.07(\text{kN})\end{matrix}$$

$H_1=\dfrac{H}{n}=\dfrac{150}{5}=30(\text{kN})$

4.(A)

解:$G_k=2.2\times2.2\times2.5\times20-2.2\times2.2\times(2.5-1.5)\times10=193.6\ (\text{kN})$

$N_k=\dfrac{F_k+G_k}{n}=\dfrac{2\ 000+193.6}{4}=548.4(\text{kN})$

5.(A)

解:$Q_{sk}=u\sum q_{sik}l_i=3.14\times0.4\times(40\times5+55\times5+70\times1)=684.52(\text{kN})$

$Q_{pk}=q_{pk}A_p=1\ 000\times\dfrac{3.14\times0.4^2}{4}=125.6(\text{kN})$

因为 $n=3$

所以 $R_a=\dfrac{1}{2}Q_{uk}=\dfrac{1}{2}\times(684.5+125.6)=405.1(\text{kN})$

6.(C)

解:$Q_{sk}=0.4\times4\times(50\times5+55\times5+70\times2)=1\ 064(\text{kN})$

$Q_{pk}=0.4\times0.4\times1\ 200=192(\text{kN})$

$Q_{pk}<Q_{sk}$,所以属端承摩擦桩

n 不小于 4,应考虑承台效应

$A_c=(4\times4-4\times0.4\times0.4)/4=3.84(\text{m}^2)$

$s_a/d=2.4/0.4=6$

$B_c/l=4/12=0.33$

查得 $\eta_c=0.32\sim0.38$,取 $\eta_c=0.32$

全国注册岩土工程师专业考试模拟训练题集及历年真题新解

$R_a=\frac{1}{K}Q_{uk}=\frac{1}{2}\times(1\,064+192)=628(\text{kN})$

$R=R_a+\eta_c f_{ak}A_c=628+0.32\times200\times3.84=873.76(\text{kN})$

7.(D)

解:按规范第5.3.3条计算公式为

$Q_{uk}=Q_{sk}+Q_{pk}=u\sum q_{sik}l_i+\alpha P_{sk}A_p$

①按规范确定各层土 q_{sik}

地表下6 m范围内,顶部3.5 m,$q_{sik}=15$ kPa(按图5.3.3中 A 线)

第③层土(粉砂),按 D 线,$q_{sik}=0.02P_s=0.02\times2\,400=48$ (kPa)

$\frac{P_s}{P_{s1}}=\frac{2\,400}{800}=3<5$,所以 $\eta=1.0$,$q_{sik}=48\times1.0=48$ (kPa)

第④层土(黏土)上部为粉砂,下部为砂土

如按 B 线,$q_{sik}=0.05P_{sk}=0.05\times800=40$(kPa)

如按 C 线,$q_{sik}=0.016P_s+20.45=0.016\times800+20.45=33.25$ (kPa)

按偏安全原则,实取 $q_{sik}=33.25$ kPa

第⑤层土,按 D 线,$q_{sik}=0.02P_s=0.02\times2600=52$ (kPa)

②确定 α 及 P_{sk}

$P_{sk1}=\frac{2\,600\times0.5+800\times2.7}{8\times0.4}=1\,081.25$ (kPa)

$P_{sk2}=\frac{2\,600\times4\times0.4}{4\times0.4}=2\,600$ (kPa)

$\frac{P_{sk1}}{P_{sk2}}=\frac{2\,600}{1\,081.25}=2.4<5$

取 $\beta=1$

$P_{sk}=\frac{1}{2}(P_{sk1}+\beta P_{sk2})=\frac{1}{2}\times(1\,081.25+1\times2\,600)=1\,840.63$ (kPa)

由表5.3.3-1得 $\alpha=0.75[h=2.5+11.5=14\ (\text{m})<15\ \text{m}]$

③代入公式计算 Q_{uk}

$Q_{uk}=0.4\times4\times[15\times3.5+48\times3+33.25\times4.5+52\times0.5]+0.75\times1\,840.63\times0.4^2$
$=816.28(\text{kN})$

8.(D)

解:$Q_{uk}=Q_{sk}+Q_{pk}=u\sum_{i=1}^{n}q_{sik}l_i+q_{pk}A_p$

$=4\times0.35\times(65\times2.5+70\times3.5+50\times2+85\times0.8)+5\,100\times0.35\times0.35$

$=1\,430.45(\text{kN})$

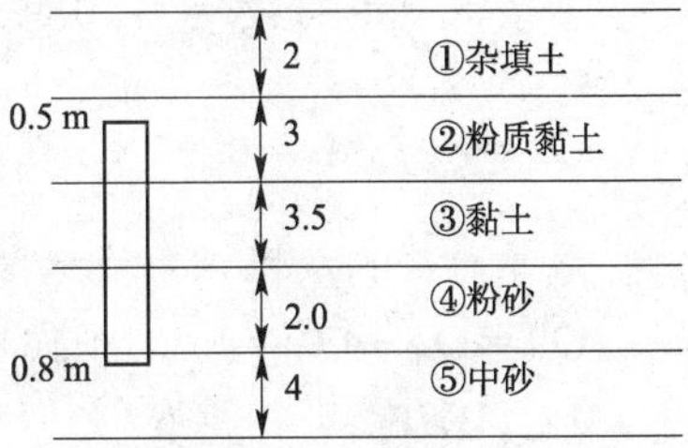

9.(A)

解:①总极限侧阻力标准值 Q_{sk}

扩底段及变载面以上 $2d$ 范围内。侧阻力取0,杂填土层内侧阻力按0计。

对黏土及粉土:$\psi_s=(0.8/d)^{\frac{1}{5}}=(0.8/1)^{\frac{1}{5}}=0.956$

对砂土及碎石土:$\psi_s=(0.8/D)^{\frac{1}{3}}=(0.8/1.6)^{\frac{1}{3}}=0.794$

0.5 m
0.8 m
2 ①杂填土
3 ②粉质黏土
3.5 ③黏土
2.0 ④粉砂
4 ⑤中砂

第8题图(尺寸单位:m)

$$Q_{sk}=u\sum_{i=1}^{n}\psi_{si}q_{sik}l_i$$

$=3.14\times1\times[0.956\times74\times0.4+0.956\times20\times1+0.956\times34\times3+0.956\times34\times(4-2\times1)]$

$=659.2(kN)$

②总极限端阻力标准值 Q_{pk}

对砂、砾土：

$\psi_p=(0.8/D)^{\frac{1}{3}}=(0.8/1.6)^{\frac{1}{3}}=0.794$

$Q_{pk}=\psi_p q_{pk}A_p=0.794\times2\ 600\times\frac{3.14\times1.6^2}{4}=4\ 148.6(kN)$

③竖向极限承载力标准值 Q_{uk}

$Q_{uk}=Q_{sk}+Q_{pk}=659.2+4\ 148.6=4\ 807.8(kN)$

④基桩竖向承载力特征值

$R=R_a=\frac{1}{K}Q_{uk}=\frac{1}{2}\times4\ 807.8=2\ 403.9(kN)$

10.(B)

解：带隔板的半敞口钢管桩

$d_e=d/\sqrt{n}=0.9/\sqrt{9}=0.3(m)$

$h_p/d=h_p/d_e=1/0.3=3.33<5$

$\lambda_p=0.16h_p/d=0.16\times1/0.3=0.533$

$Q_{uk}=Q_{sk}+Q_{pk}=u\sum q_{sik}l_i+\lambda_p q_{pk}A_p$

$=3.14\times0.9\times(45\times3+55\times4+70\times1+60\times1)+0.533\times2\ 000\times\frac{3.14\times0.9^2}{4}$

$=2\ 048.4(kN)$

11.(C)

解：①非嵌岩段的极限侧阻力标准值 Q_{sk}

$Q_{sk}=u\sum q_{sik}l_i$

$=3.14\times0.8\times(35\times5+45\times3+60\times3)$

$=1\ 231(kN)$

②嵌岩段总极限阻力标准值 Q_{rk}

$h_r/d=2/0.8=2.5$

$f_{rk}=35>30$

查表 5.3.9 得：$\zeta_r=\frac{1}{2}(0.9+1)=0.95$

$Q_{rk}=\zeta_{rk}f_{rk}A_p=0.95\times35\times1\ 000\times\frac{3.14\times0.8^2}{4}=16\ 704.8(kN)$

③单桩竖向极限承载力标准值

$Q_{uk}=Q_{sk}+Q_{rk}=1\ 231+16\ 704.8=17\ 935.8(kN)$

12.(B)

解：承台下非液化土厚度为 0.8 m<1 m，液化土层折减系数为 0

所以 $Q_{sk}=3.14\times0.6\times(55\times0.8+0+60\times6+75\times1)=902.4(\text{kN})$

$Q_{pk}=\frac{3.14\times0.6^2}{4}\times1\ 200=339.12(\text{kN})$

$Q_{uk}=902.4+339.12=1\ 241.5(\text{kN})$

13.(B)

解:①软弱下卧层顶面处的附加应力:$s_a=1.2\ \text{m},d=0.4\ \text{m},s_a/d=3<6$

$$\sigma_z=\frac{(F_k+G_k)-(3/2)(A_0+B_0)\sum q_{sik}l_i}{(A_0+2t\tan\theta)(B_0+2t\tan\theta)}$$

$B_0=1.2+0.4=1.6\ (\text{m}),A_0=2.4+0.4=2.8\ (\text{m}),t>0.50B_0$

$E_{s1}/E_{s2}=\frac{20}{4}=5$,查表 5.4.1 得 $\theta=25°$

$G_k=2\times3.2\times2\times20=256\ (\text{kN})$

所以 $\sigma_z=\frac{(4\ 000+256)-(3/2)\times(1.6+2.8)\times(40\times4+50\times3+45\times1+60\times1)}{(2.8+2\times2\times\tan25°)\times(1.6+2\times2\times\tan25°)}$

$=93.8(\text{kPa})$

②计算 $\gamma_m z$

$\gamma_m z=20\times4+20\times3+20\times1+20\times3=220(\text{kPa})$

③计算软弱下卧层地基承载力

$f_{az}=f_{ak}+\eta_d\gamma_0(z-0.5)$

$=60+1.0\times20\times(4.0+3.0+1.0+3.0-0.5)$

$=270\ (\text{kPa})$

$\sigma_z+\gamma_m z=93.8+220=313.8>f_{az}=270$,不满足

14.(A)

解:①中性点的位置

取 $l_n=0.8l_0=0.8\times(8-2)=4.8(\text{m})$

土层为自重湿陷性黄土,l_n 增大 10%:

$l_n=4.8\times1.1=5.28(\text{m})$

②计算单桩承载力极限值

$Q_{sk}=3.14\times0.6\times[25\times(6-5.28)+40\times4+55\times2]=542.6(\text{kN})$

$Q_{pk}=\frac{1}{4}\times3.14\times0.6^2\times1\ 000=282.6(\text{kN})$

$Q_{uk}=Q_{sk}+Q_{pk}=542.6+282.6=825.2(\text{kN})$

③计算基桩竖向承载力特征值

承台下有湿陷性黄土,取 $R=R_a$

$R=R_a=\frac{1}{K}Q_{uk}=\frac{1}{2}\times825.2=412.6(\text{kN})$

15.(C)

解:(1)中性点位置的计算

$l_n=0.9l_0=0.9\times10=9(\text{m})$

(2)各土层单位负摩阻力计算

①地下水位以上:

$$\sigma'_{\gamma 1}=\sum_{i=1}^{i-1}\gamma_e\Delta z_e+\frac{1}{2}\gamma_i z_i=\frac{1}{2}\times 19\times 2=19(\text{kPa})$$

$q^n_{s1}=\xi_{n1}\sigma'_1=\xi_{n1}(p+\sigma'_{\gamma 1})=0.25\times(80+19)=24.75(\text{kPa})$

$q^n_{s1}>20$ kPa，取 $q^n_{s1}=20$ kPa

②地下水位以下：

$$\sigma'_{\gamma 2}=19\times 2+\frac{1}{2}\times 10.5\times 7=74.75(\text{kPa})$$

$q^n_{s2}=0.25\times(80+74.75)=38.7(\text{kPa})$

$q^n_{s2}>20$ kPa，取 $q^n_{s2}=20$ kPa

(3)下拉荷载计算(单桩时 $\eta_n=1$)

$$Q^n_g=\eta_n u\sum q^n_{si}l_i=1\times 3.14\times 0.4\times(20\times 2+20\times 7)=226.08(\text{kN})$$

16.(D)

解：(1)中性点确定

基岩为持力层 $l_n=l_0=10-2=8(\text{m})$

(2)单层土层单位面积上负摩阻力的计算

①水上土层：

$$\sigma'_{\gamma 1}=\sum_{e=1}^{i-1}\gamma_e z_e+\frac{1}{2}\gamma_i\Delta z_i=20\times 2+\frac{1}{2}\times 20\times 2=60(\text{kPa})$$

$q^n_{s1}=\xi_{n1}\sigma'_1=0.25\times 60=15(\text{kPa})$

②水下土层：

$$\sigma'_{\gamma 2}=20\times 2+20\times 2+\frac{1}{2}\times(21-10)\times 6=113.0(\text{kPa})$$

$q^n_{s2}=\xi_n\sigma'_2=0.25\times(0+113.0)=28.25$

(3)负摩阻力群桩效应系数由题的条件知 $\eta_n=1.0$

(4)下拉荷载计算

$$Q^n_g=\eta_n u\sum q^n_{si}l_i$$
$$=1\times 3.14\times 0.4\times(15\times 2+28.25\times 6)$$
$$=250.6(\text{kN})$$

17.(A)

解：单桩抗拔极限承载力标准值 $T_{uk}=\sum\lambda_i q_{sik}u_i l_i$

λ_i 查规范表 5.4.6.2，$l/d=11/0.6=18.3<20$，取小值

①②层 $\lambda_i=0.7$，③层 $\lambda_i=0.5$

$T_{uk}=3.14\times 0.6\times(0.7\times 65\times 5+0.7\times 75\times 4+0.5\times 75\times 2)=965.55(\text{kN})\approx 966\ (\text{kN})$

18.(C)

解：$Q=\eta_f q_f u Z_0$，其中 $\eta_f=0.9$(查规范表 5.4.7.1)，$q_f=80\sim 120$(查规范表 5.4.7.2)

$Z_0=2.2$ m(已知)，$u=3.14\times 0.4=1.256$ (m)

所以 $Q=0.9\times 2.2\times 1.256\times(80\sim 120)=199\sim 298(\text{kN})$

19.(D)

大气影响深度为 5.0 m，大气影响急剧层深度为 $5\times 0.45=2.25(\text{m})$

解：$T=u\sum q_{ei}l_{ei}=3.14\times0.4\times60\times(2.25-1.5)=56.5\ (\text{kN})$

20.（A）

解：$s=\Psi\Psi_e s'$，$L=24$ m

$\Psi_e=C_0+\dfrac{n_b-1}{C_1(n_b-1)+C_2}$，$s_a/d=3/0.6=5$，$l/d=24/0.6=40$，$L_c/B_c=1$

$n_b=2$，查规范附录 H 得 $C_0=0.044$，$C_1=1.498$，$C_2=6.865$

所以 $\Psi_e=0.044+\dfrac{2-1}{1.498\times(2-1)+6.865}=0.163\ 6$

所以 $s=1\times0.163\ 6\times50=8.18\ (\text{mm})$

21.（A）

解：①确定 p_0

$$p_0=\frac{F+G}{A}-\gamma_0 d=\frac{2\ 250+3\times3\times2\times20}{3\times3}-19\times2=252\ (\text{kPa})$$

②确定 z_n

计算简图如下图所示。

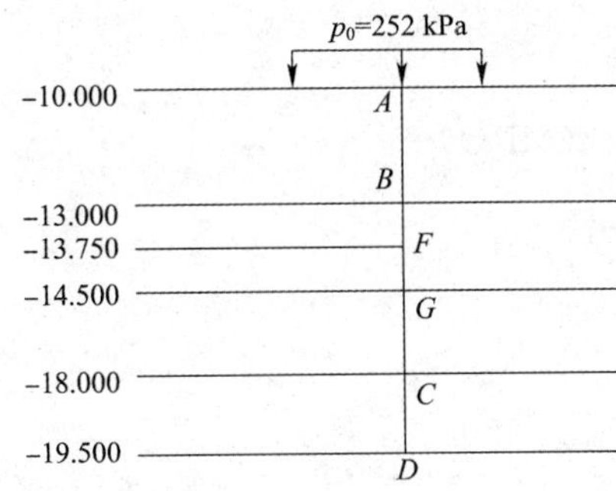

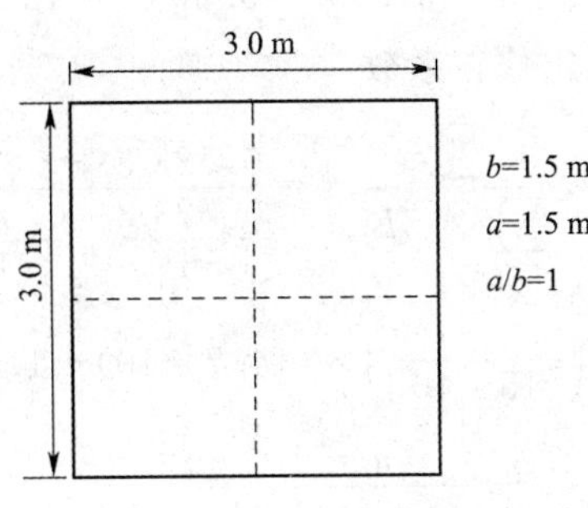

C 点处自重应力 $\sigma_{cz}=19\times2+19.5\times6+20\times5+20.5\times5=357.5\ (\text{kPa})$

C 点处附加应力由 $z/b=8/1.5=5.33\approx5.0$，查得 $\alpha'_c=0.018$

$\sigma_z=0.018\times252\times4=18.144\ (\text{kPa})$

$$\frac{\sigma_z}{\sigma_{cz}}=\frac{18.144}{357.5}=0.051<0.2$$

再试算 G 点处：

$\sigma_{cz}=19\times2+19.5\times6+20\times5+20.5\times1.5=285.75\ (\text{kPa})$

$z/b=4.5/1.5=3.0$，查得 $\alpha'_G=0.045$

$\sigma_z=0.045\times252\times4=45.36\ (\text{kPa})$

$$\frac{\sigma_z}{\sigma_{cz}}=\frac{45.36}{285.75}=0.1587<0.2$$

试算 B 处：

$\sigma_{cz}=19\times2+19.5\times6+20\times5=255\ (\text{kPa})$

$z/b=3/1.5=2$，查得 $\alpha'_B=0.084$

$\sigma_z=0.084\times252\times4=84.67\ (\text{kPa})$

第4章 深基础

$$\frac{\sigma_z}{\sigma_{cz}}=\frac{84.67}{255}=0.332>0.2$$

试算 F 点处：

$\sigma_{cz}=19\times2+19.5\times6+20\times5+20.5\times0.75=270.375$ (kPa)

$z/b=3.75/1.5=2.5$，查得 $\alpha'_F=0.0605$

$\sigma_z=0.0605\times252\times4=60.984$ (kPa)

$$\frac{\sigma_z}{\sigma_{cz}}=\frac{60.984}{270.375}=0.23>0.2$$

沉降计算深度选在桩端平面以下 4.5 m 的 G 点处

③进行沉降计算

列表进行沉降计算($a/b=1$，见下表)，$b=1.5$m。

点号	z_i	z/b	$\bar{\alpha}_i$	$z_i\bar{\alpha}_i$	$z_i\bar{\alpha}_i-z_{i-1}\bar{\alpha}_{i-1}$	$s_i=\frac{P_0}{E_{si}}(z_i\bar{\alpha}_i-z_{i-1}\bar{\alpha}_{i-1})\times4$
A	0	0	0.25	0	0.5238	$s_1=32.999$
B	3	2	0.1746	0.5238		
G	4.5	3	0.1369	0.6161	0.0923	$s_2=9.3038$

$s'=s_1+s_2=32.999+9.3038=42.3028$ (mm)

④确定修正系数

$$\bar{E}_s=\frac{\sum A_i}{\sum(A_i/E_{si})}=\frac{0.5238+0.0923}{\frac{0.5238}{6}+\frac{0.0923}{10}}=14.7(\text{MPa})$$

$$\Psi=\left(\frac{0.9-1.2}{15-10}\right)\times(14.7-10)+1.2=0.918$$

$$\Psi_e=C_0+\frac{n_b-1}{C_1(n_b-1)+C_2}$$

$n_b=2,s_a/d=1.8/0.6=3,l/d=8/0.6=13.3,L_c/B_c=3/3=1$

查规范附录 E 得：

$C_0=0.1037,C_1=1.4263,C_2=5.5530$

代入 $\Psi_e=0.1037+\frac{2-1}{1.4263+5.5530}=0.2470$

$s=0.918\times0.2470\times42.3028=9.6$ (mm)

22.(B)

解：配筋率 $\rho_g=\frac{3.14\times12\times10^2}{3.14\times400^2}=0.0075=0.75\%>0.65\%$

由规范得知，当缺少单桩水平静载试验资料时，可按下式估算预制桩，钢桩桩身配筋率不小于 0.65% 的灌注桩单桩水平承载力设计值

$$R_{ha}=0.75\frac{\alpha^3EI}{\upsilon_x}X_{0a}$$

$$W_0=\frac{\pi d}{32}[d^2+2(\alpha_E-1)\rho_g d_0^2]$$

$$=\frac{3.14\times0.8}{32}\times\left[0.8^2+2\times\left(\frac{2\times10^5}{2.8\times10^4}-1\right)\times0.0075\times(0.8-0.075\times2)^2\right]$$

$=0.0533(m^3)$

$$I_0=\frac{W_0 d_0}{2}=\frac{0.0533\times(0.8-2\times0.075)}{2}=0.01732$$

$$EI=0.85E_c I_0=0.85\times2.8\times10^4\times10^3\times0.01732=4.122\times10^5(kN\cdot m^2)$$

$$b_0=0.9\times(1.5d+0.5)=0.9\times(1.5\times0.8+0.5)=1.53(m)$$

$$\alpha=\sqrt[5]{\frac{mb_0}{EI}}=\sqrt[5]{\frac{15\times10^3\times1.53}{4.122\times10^5}}=0.56$$

$$\alpha h=0.56\times6=3.36$$

查表得 $\upsilon_x=0.986$

$$R_{ha}=\frac{0.75\times0.56^3\times4.122\times10^5}{0.986}\times0.004=220(kN)$$

23.(D)

解：$\rho_g=\frac{A_s}{A_p}=\frac{3.14\times9^2\times10}{\frac{3.14\times800^2}{4}}=0.00506=0.506\%<0.65\%$

$$R_{ha}=0.75\frac{\alpha\gamma_m f_t W_0}{\nu_M}(1.25+22\rho_g)\left(1\pm\frac{\zeta_N N}{\gamma_m f_t A_n}\right)$$

式中：$W_0=\frac{\pi d}{32}[d^2+2(\alpha_E-1)\rho_g d_0^2]$

$$=\frac{3.14\times0.8}{32}\times\left[0.8^2+2\times\left(\frac{2\times10^5}{2.8\times10^4}-1\right)\times0.00506\times(0.8-0.075\times2)^2\right]$$

$=0.0523(m^3)$

$$A_n=\frac{\pi d^2}{4}[1+(\alpha_E-1)\rho_g]=\frac{3.14\times0.8^2}{4}\times\left[1+\left(\frac{2\times10^5}{2.8\times10^4}-1\right)\times0.00506\right]=0.518$$

$$I_0=\frac{W_0 d_0}{2}=\frac{0.0523\times(0.8-2\times0.075)}{2}=0.017$$

$$EI=0.85E_c I_0=0.85\times2.8\times10^4\times10^3\times0.017=4.045\times10^5(kN\cdot m^2)$$

$$b_0=0.9\times(1.5d+0.5)=0.9\times(1.5\times0.8+0.5)=1.53(m)$$

$$\alpha=\sqrt[5]{\frac{mb_0}{EI}}=\sqrt[5]{\frac{15\times10^3\times1.53}{4.045\times10^5}}=0.56$$

$$\alpha h=0.56\times8=4.48>4$$

$$\nu_M=0.926$$

$$R_{ha}=\frac{0.75\alpha\gamma_m f_t W_0}{\nu_M}(1.52+22\rho_g)\left(1-\frac{\zeta_N N_k}{\gamma_m f_t A_n}\right)$$

$$=0.75\times\frac{0.56\times2\times1270\times0.0523}{0.926}\times(1.25+22\times0.00506)\times$$

$$\left(1-\frac{1\times400}{2\times1270\times0.518}\right)$$

$=57.1(kN)$

24.(B)

解：由规范 5.7.3 条得

$$\eta_i=\frac{\left(\frac{s_a}{d}\right)^{0.015n_2+0.45}}{0.15n_1+0.10n_2+1.9}=\frac{\left(\frac{2.4}{0.6}\right)^{0.015\times2+0.45}}{0.15\times2+0.10\times2+1.9}=0.811$$

$\alpha h=0.52\times9=4.68>4$，查规范表 5.7.3.1 得 $\eta_r=2.07$（强度控制）

$B'_c=B_c+1=3+1=4\ (\text{m})$

$$X_{0a}=\frac{R_{ha}\nu_x}{\alpha^3EI}=\frac{100\times0.94}{0.52^3\times1.78\times10^5}=3.75(\text{mm})$$

$$\eta_l=\frac{mX_{0a}B'_ch_c^2}{2n_1n_2R_{ha}}=\frac{10\ 000\times3.75\times10^{-3}\times4\times1.2^2}{2\times2\times2\times100}=0.27$$

$$\begin{aligned}P_c&=\eta_cf_{ak}(A-nA_{ps})\\&=0.15\times100\times\left(3.6\times3-4\times\frac{3.14}{4}\times0.6^2\right)\\&=145(\text{kN})\end{aligned}$$

$$\eta_b=\frac{uP_c}{n_1n_2R_{ha}}=\frac{0.65\times145}{2\times2\times100}=0.2357$$

$\eta_h=0.811\times2.07+0.27+0.235\ 7=2.184\ 4$

$R_h=\eta_hR_{ha}=2.184\ 4\times100=218.44\ (\text{kN})$

25.(B)

解：$f_c=14.3\ \text{N/mm}^2$，$f_y=300\text{N/mm}^2$，$A=350\times350$，$A_s=2\ 034.72\ (\text{mm}^2)$

$$h=8\ \text{m}>\frac{4}{\alpha}=\frac{4}{0.52}=7.69(\text{m})$$

所以 $l_c=0.5\times\left(l_0+\frac{4}{\alpha}\right)=0.5\times(5+7.69)=6.35(\text{m})$

$l_c/b=6.35/0.35=18$

查表得 $\psi=0.81$

混凝土预制桩 $\psi_c=0.85$

$N=\psi\psi_cf_cA_{ps}=0.81\times0.85\times14.3\times350\times350=1\ 206\times10^3(\text{N/mm}^2)=1\ 206(\text{kN})$

答案为(B)。

26.(A)

解：应满足 $\sigma_p\leqslant f_c$

$$\sigma_p=\frac{\alpha\sqrt{2eE\gamma_pH}}{\left(1+\frac{A_C}{A_H}\sqrt{\frac{E_c\gamma_c}{E_H\gamma_H}}\right)\left(1+\frac{A}{A_c}\sqrt{\frac{E\gamma_p}{E_c\gamma_c}}\right)}$$

$$=\frac{\sqrt{2}\times\sqrt{2\times0.8\times3\times10^7\times25\times H}}{\left(1+\frac{\frac{1}{4}\times3.14\times0.4^2}{\frac{1}{4}\times3.14\times0.5^2}\times\sqrt{\frac{2\times10^3\times10}{2\times10^5\times78}}\right)\left(1+\frac{0.35\times0.35}{\frac{1}{4}\times3.14\times0.4^2}\times\sqrt{\frac{3\times10^4\times25}{2\times10^3\times10}}\right)}$$

$$=\frac{48.99\times10^3\ \sqrt{H}}{1.023\times6.972}\leqslant14.3\times10^3$$

所以 $\sqrt{H}\leqslant\frac{14.3\times10^3\times1.023\times6.972}{48.99\times10^3}=2.082$

$H \leqslant 4.33$ m

27.(B)

解：$N=\dfrac{F+G}{n}=\dfrac{4\ 000+2.5\times20\times5.2\times3.2\times1.35}{6}=854(\text{kN})$

$M_{\text{I}}=854\times(2-0.3)\times2=2\ 904(\text{kN}\cdot\text{m})$

$M_{\text{II}}=854\times(1-0.2)\times3=2\ 050(\text{kN}\cdot\text{m})$

28.(A)

解：$N_{\min}^{\max}\approx\dfrac{F}{n}\pm\dfrac{Mx_{\max}}{\sum X_i^2}=\dfrac{2\ 000}{4}\pm\dfrac{240\times1.25}{4\times1.25^2}\approx\begin{matrix}548(\text{kN})\\452(\text{kN})\end{matrix}$

$M_{\text{I}}=548\times(1.25-0.25)\times2=1\ 096(\text{kN}\cdot\text{m})$

$M_{\text{II}}=500\times(1.25-0.25)\times2\doteq1\ 000(\text{kN}\cdot\text{m})$

29.(D)

解：$N_{\max}=\dfrac{2\ 900}{3}=966.7(\text{kN})$

$s_{\text{a}}=\sqrt{4.5^2+1.5^2}=4.743(\text{m})$

$\alpha=\dfrac{3}{4.743}=0.633$

$$M_1=\frac{N_{\max}}{3}\left(s_{\text{a}}-\frac{0.75}{\sqrt{4-\alpha^2}}c_1\right)$$

$$=\frac{966.7}{3}\times\left(4.743-\frac{0.75}{\sqrt{4-0.633^2}}\times0.6\right)$$

$$=1\ 452(\text{kN}\cdot\text{m})$$

$$M_2=\frac{N_{\max}}{3}\left(2s_{\text{a}}-\frac{0.75}{\sqrt{4-\alpha^2}}c_2\right)$$

$$=\frac{966.7}{3}\times\left(0.633\times4.743-\frac{0.75}{\sqrt{4-0.633^2}}\times0.4\right)$$

$$=916.5(\text{kN}\cdot\text{m})$$

30.(D)

解：

(1)$\beta_{\text{hp}}=\dfrac{1}{12}\times(2-1)+0.9=0.983\ 3$

(2)β_0

①$b_{\text{c}}=0.8d_{\text{c}}=0.8\times0.6=0.48(\text{m})$

②$a_{\text{x}}=a_{\text{y}}=0.6-0.25-0.24=0.11(\text{m})$

③$\lambda_{\text{x}}=\lambda_{\text{y}}=\dfrac{a_{\text{x}}}{h_0}=\dfrac{0.11}{0.85}=0.13$

$\lambda_{\text{x}}<0.25$，取 $\lambda_{\text{x}}=0.25$

④$\beta_0=\dfrac{0.84}{\lambda+0.2}=\dfrac{0.84}{0.25+0.2}=1.866\ 7$

(3)$u_{\text{m}}=4(b_{\text{c}}+a_{\text{x}})=4\times(0.5+0.11)=2.44(\text{m})$

(4)抗冲切承载力

$\beta_{hp}\beta_0 u_m f_t h_0 = 0.983\ 3 \times 1.866\ 7 \times 2.44 \times 1\ 270 \times 0.85 = 4\ 834.7(\text{kN})$

31.(C)

解:(1)$H=0.8$,$\beta_{hp}=1.0$

(2)β_0

①$b_c=0.8d=0.8\times0.6=0.48$

②$a_{0x}=1.25-0.3-0.24=0.71$

③$a_{0y}=1-0.2-0.24=0.56$

④$\lambda_{0x}=\dfrac{a_{0x}}{h_0}=\dfrac{0.71}{0.65}=1.09$,取 $\lambda_{0x}=1$

⑤$\lambda_{0y}=\dfrac{0.56}{0.65}=0.862$

⑥$\beta_{0x}=\dfrac{0.84}{\lambda_{0x}+0.2}=\dfrac{0.84}{1+0.2}=0.7$

⑦$\beta_{0y}=\dfrac{0.84}{0.862+0.2}=0.791$

(3)抗冲切承载力

$2[\beta_{0x}(b_c+a_{0y})+\beta_{0y}(h_c+a_{0x})]\beta_{hp}f_t h_0$

$=2\times[0.7\times(0.4+0.56)+0.791\times(0.6+0.65)]\times1\times1\ 270\times0.65$

$=2\ 741.9(\text{kN})$

32.(B)

解:(1)$\beta_{hp}=\dfrac{1-0.9}{2-0.8}\times(2-1.2)+0.9=0.966\ 7$

(2)β_0

①$a_x=1.5-0.2-0.25=1.05$

$a_y=1.5-0.2-0.25=1.05$

②$\lambda_x=\lambda_y=\dfrac{a_x}{h_0}=\dfrac{1.05}{1.05}=1$

③$\beta_{0x}=\beta_{0y}=\dfrac{0.84}{1+0.2}=0.7$

(3)抗冲切承载力

$b_c=1.5+2\times0.2=1.9(\text{m})$

$h_c=3.0+2\times0.2=3.4(\text{m})$

$2[\beta_{0x}(b_c+a_{0y})+\beta_{0y}(h_c+a_{0x})]\beta_{hp}f_t h_0$

$=2\times[0.7\times(1.9+1.05)+0.7\times(3.4+1.05)]\times0.966\ 7\times1\ 270\times1.05$

$=13\ 355(\text{kN})$

33.(D)

解:(1)$\beta_{hp}=1(h<800\ \text{mm})$

(2)β_0

①$a_{1x}=1.8/2-0.25-0.2=0.45(\text{m})$

$a_{1y}=1.6/2-0.25-0.2=0.35(\mathrm{m})$

②$\lambda_{1x}=\dfrac{a_{1x}}{h_0}=\dfrac{0.45}{0.45}=1$

$\lambda_{1y}=\dfrac{a_{1y}}{h_0}=\dfrac{0.35}{0.45}=0.7778$

③$\beta_{1x}=\dfrac{0.56}{\lambda_{1x}+0.2}=\dfrac{0.56}{1+0.2}=0.4667$

$\beta_{1y}=\dfrac{0.56}{\lambda_{1y}+0.2}=\dfrac{0.56}{0.7778+0.2}=0.5727$

(3)抗冲切承载力

$c_1=c_2=0.7$

$[\beta_{1x}(c_2+a_{1y}/2)+\beta_{1y}(c_1+a_{1x}/2)]\beta_{hp}f_t h_o$

$=[0.4667\times(0.7+0.35/2)+0.5727\times(0.7+0.45/2)]\times1\times1270\times0.45$

$=536.1(\mathrm{kN})$

34.(B)

解:(1)$\beta_{hp}=1(h<800\ \mathrm{mm})$

(2)β_0

①$b_c=0.8d_c=0.8\times0.6=0.48(\mathrm{m})$

②$c_1=c_2=0.6+0.48/2=0.84(\mathrm{m})$

③$a_{1x}=a_{1y}=1.0-0.25-0.24=0.51(\mathrm{m})$

$a_{1x}=a_{1y}>h_0$

取 $a_{1x}=a_{1y}=h_0=0.45(\mathrm{m})$

④$\lambda_{1x}=\lambda_{1y}=\dfrac{a_{1x}}{h_0}=\dfrac{0.45}{0.45}=1$

$\beta_{1x}=\beta_{1y}=\dfrac{0.56}{1+0.2}=0.4667$

$[\beta_{1x}(c_2+a_{1y}/2)+\beta_{1y}(c_1+a_{1x}/2)]\beta_{hp}f_t h_0$

$=\beta_{1x}(2c_2+a_{1y})\beta_{hp}f_t h_o$

$=0.4667\times(2\times0.84+0.45)\times1\times1270\times0.45$

$=568.1(\mathrm{kN})$

35.(A)

解:1.底部角桩抗冲切力

(1)$\beta_{hp}=0.9(h=2.0\ \mathrm{m})$

(2)β_{11}

①$c_1=0.8+0.2=1.0(\mathrm{m})$

②$a_{11}=1.0-0.2-0.2=0.6(\mathrm{m})$

③$\lambda_{11}=\dfrac{a_{11}}{h_o}=\dfrac{0.6}{1.8}=0.3333$

④$\beta_{11}=\dfrac{0.56}{\lambda_{11}+0.2}=\dfrac{0.56}{0.3333+0.2}=1.05$

(3)抗冲切承载力

$\beta_{11}(2c_1+a_{11})\beta_{hp}f_t h_0\tan\frac{\theta_1}{2}$

$=1.05\times(2\times1+0.6)\times0.9\times\tan\frac{71^\circ}{2}\times1\ 270\times1.8$

$=4\ 006.4(\text{kN})$

2.顶部角桩冲切力

(1)β_{12}

①$c_2=1.0\ \text{m}$

②$a_{12}=1.5\ \text{m}$

③$\lambda_{12}=1.5/1.8=0.833\ 3$

④$\beta_{12}=\frac{0.56}{\lambda_{12}+0.2}=\frac{0.56}{0.833\ 3+0.2}=0.541\ 9$

(2)$\beta_{12}(2c_2+a_{12})\beta_{hp}f_t h_0\tan\frac{\theta_2}{2}$

$=0.541\ 9\times(2\times1+1.5)\times0.9\times\tan\frac{38^\circ}{2}\times1\ 270\times1.8$

$=1\ 343.6(\text{kN})$

36.(D)

解:(1)$\beta_{hp}=\frac{1-0.9}{2-0.8}\times(2-1.2)+0.9=0.966\ 7$

(2)β_0

①$a_x=a_y=3.0-0.3-0.3=2.4(\text{m})$

$a_x=a_y>h_0$

取 $a_x=a_y=h_0=1.05(\text{m})$

②$\lambda_x=\frac{a_x}{h_0}=1$

③$\beta_0=\frac{0.84}{\lambda_x+0.2}=\frac{0.84}{1+0.2}=0.7$

(3)$u_m=4(b_c+a_x)=4\times(0.6+1.05)=6.6(\text{m})$

(4)$\beta_{hp}\beta_0 u_m f_t h_0$

$=0.966\ 7\times0.7\times6.6\times1\ 270\times1.05$

$=5\ 955.6(\text{kN})$

37.(D)

解:(1)$\beta_{hs}=\left(\frac{800}{1\ 000}\right)^{1/4}=0.945\ 7$

(2)α

①$a_y=0.8-0.2-0.2=0.4(\text{m})$

②$\lambda_y=\frac{a_y}{h_0}=\frac{0.4}{1.0}=0.4$

③$\alpha=\frac{1.75}{\lambda+1}=\frac{1.75}{0.4+1}=1.25$

(3)$b_0h_0=(2+0.4+0.4)\times 1.0=2.8(\text{m}^2)$

(4)$\beta_{hs}\alpha f_t b_0 h_0=0.945\ 7\times 1.25\times 1\ 270\times 2.8=4\ 203.6(\text{kN})$

38.(C)

解:(1)$\beta_{hs}=\left(\frac{800}{1\ 200}\right)^{1/4}=0.903\ 6$

(2)α

①$a_y=0.8-0.2-0.2=0.4(\text{m})$

②$\lambda_y=\frac{a_y}{h_0}=\frac{0.4}{1.2}=0.333\ 3$

③$\alpha=\frac{1.75}{\lambda+1}=\frac{1.75}{0.333\ 3+1}=1.312\ 5$

(3)$b_0h_0=(0.8\times 2+0.6)\times 0.6+0.6\times(2\times 1+0.8\times 2+0.6)=3.84(\text{m}^2)$

(4)$\beta_{hs}\alpha f_t b_0 h_0=0.903\ 6\times 1.312\ 5\times 127\ 0\times 3.84=5\ 783.8(\text{kN})$

39.(B)

解:(1)$\beta_{hs}=\left(\frac{800}{1\ 100}\right)^{1/4}=0.923\ 5$

(2)α

①$a_y=0.8-(0.2+0.05)-0.2=0.35(\text{m})$

②$\lambda_y=a_y/h_0=0.35/1.1=0.318\ 2$

③$\alpha=\frac{1.75}{0.318\ 2+1}=1.327\ 6$

(3)$b_0h_0=2.8\times 0.4+\frac{1}{2}\times 0.7\times(0.6+2\times 0.05+2.8)=2.345(\text{m}^2)$

(4)$\beta_{hs}\alpha f_t b_0 h_0=0.923\ 5\times 1.327\ 6\times 1\ 270\times 2.345=3\ 651.3(\text{kN})$

40.(B)

解:①侧阻

$u\sum\tau_i l_i=3.14\times 0.8\times(50\times 5+45\times 8+60\times 4+50\times 1)=2\ 262(\text{kN})$

②端阻

$\frac{t}{d}=\frac{24}{80}=0.3$ 查得 $m_0=0.7$

$\gamma_2=\frac{18\times 2+8\times 2+9\times 5+8.5\times 8+7\times 4+8\times 1}{2+2+5+8+4+1}=9.136\ (\text{kN/m}^3)$

$\frac{l}{d}=\frac{18}{0.8}=22.5\Rightarrow\lambda=0.775$

$h=4+18=22\ (\text{m})$

$A_p=\frac{3.14}{4}\times 0.8^2=0.502\ 4(\text{m}^2)$

$q_r=566.6$

第4章 深基础

$$R_a = \frac{1}{2}u\sum_{i=1}^{n} q_{ik} l_i + A_p q_r = \frac{1}{2}\times 2\ 262 + 0.502\ 4\times 566.6$$
$$= 1\ 415.66(\text{kN})$$

41.(D)

解:因为是振动沉桩,所以选如下公式

$$[P] = \frac{1}{2}(u\sum d_i l_i \tau_i + \alpha A\delta_R)$$

$d = 0.4\ \text{m} < 0.8\ \text{m}$

①侧阻

$$V\sum d_i l_i \tau_i = 1.6\times(0.7\times 3\times 55 + 0.7\times 6\times 40 + 0.6\times 8\times 60 + 1.1\times 0.5\times 65)$$
$$= 1.6\times(115.5 + 168 + 288 + 35.75)$$
$$= 971.6(\text{kN})$$

②端阻

$$\alpha A\delta_R = 1.1\times 0.4^2\times 400 = 704(\text{kN})$$

$$[P] = \frac{1}{2}\times(971.6 + 704)\approx 838(\text{kN})$$

42.(C)

解:据《公路桥涵地基与基础设计规范》(JTG D63—2007)第 5.3.3 条计算(图 4.11.3)

$\bar{q}_r = 1\ 200\ \text{kPa} < 2\ 000\ \text{kPa}$

$$\beta_2 = 10.045(\bar{q}_i)^{-0.55}$$
$$= 10.045\times 55^{-0.55} = 1.11$$

同理算出

$\beta_3 = 1.01, \beta_4 = 1.32, \beta_5 = 0.97$

$q_{ik} = \beta_i \bar{q}_i, q_{2k} = \beta_2 \bar{q}_2 = 1.11\times 55 = 61.05$

$\bar{q}_{3k} = 65.65, q_{4k} = 52.8, q_{5k} = 67.9$

$$\bar{q}_r = \frac{1}{2}\times\left(\frac{0.6\times 1\ 000 + 1\times 1\ 200}{1.6} + 1\ 200\right) = 1\ 162.5$$

$q_{rk} = \beta_r \bar{q}_r = 1.02\times 1\ 162.5 = 1\ 185.75$

查表 5.3.3-6 得 $\alpha_2 = 0.6, \alpha_3 = 0.7, \alpha_4 = 0.9, \alpha_5 = 1.1, \alpha_r = 1.1$

沉桩的承载力允许值

$$[R_a] = \frac{1}{2}\left(u\sum_{i=1}^{n} d_i l_i q_{ik} + \alpha_r A_p q_{rk}\right)$$
$$= \frac{1}{2}\times[4\times 0.4\times(0.6\times 4\times 61.05 + 0.7\times 4\times 65.65 +$$
$$0.9\times 5\times 52.8 + 1.1\times 1\times 67.9) + 1.1\times 0.4\times 0.4\times 1\ 185.75]$$
$$= 618.45(\text{kN})$$

4.14.2 单项选择题答案

1.(C) 2.(C) 3.(D) 4.(C) 5.(B) 6.(D) 7.(B)
8.(A) 9.(D) 10.(B) 11.(B) 12.(A) 13.(C) 14.(A)

15.(B) 16.(D) 17.(A) 18.(A) 19.(B) 20.(C) 21.(A)
22.(A) 23.(B) 24.(B) 25.(B) 26.(A) 27.(D) 28.(A)
29.(B) 30.(D) 31.(B) 32.(A) 33.(C) 34.(C) 35.(C)
36.(B) 37.(A) 38.(A) 39.(C) 40.(D) 41.(D) 42.(C)
43.(B) 44.(A) 45.(B) 46.(A) 47.(B) 48.(D) 49.(D)
50.(D) 51.(A) 52.(B) 53.(D) 54.(D) 55.(D) 56.(C)
57.(D) 58.(D) 59.(A) 60.(D) 61.(C) 62.(D) 63.(D)
64.(A) 65.(D) 66.(D) 67.(D) 68.(C) 69.(C) 70.(C)
71.(A) 72.(B) 73.(B) 74.(B) 75.(A) 76.(C) 77.(B)
78.(B) 79.(D) 80.(B) 81.(C) 82.(B) 83.(D) 84.(A)
85.(D) 86.(A) 87.(D) 88.(B) 89.(C) 90.(B) 91.(D)
92.(A) 93.(C) 94.(D) 95.(B) 96.(D) 97.(D) 98.(D)
99.(C) 100.(B) 101.(B) 102.(D) 103.(D) 104.(C) 105.(A)
106.(D) 107.(D) 108.(C) 109.(C) 110.(D) 111.(A) 112.(B)
113.(C) 114.(B) 115.(C) 116.(B) 117.(A) 118.(B) 119.(D)
120.(D) 121.(C) 122.(A) 123.(B) 124.(A) 125.(C) 126.(B)
127.(B) 128.(D) 129.(A) 130.(C) 131.(C) 132.(C) 133.(D)
134.(D) 135.(B) 136.(C) 137.(A) 138.(A) 139.(D) 140.(C)
141.(A) 142.(D) 143.(D) 144.(D) 145.(C) 146.(A) 147.(B)
148.(B) 149.(A) 150.(D)

4.14.3 多项选择题答案

1.(A)、(B)、(C) 2.(A)、(B)
3.(B)、(D) 4.(B)、(C)
5.(B)、(D) 6.(A)、(D)
7.(C)、(D) 8.(A)、(D)
9.(A)、(B)、(C) 10.(A)、(B)、(C)
11.(A)、(C)、(D) 12.(B)、(C)、(D)
13.(C)、(D) 14.(A)、(B)
15.(B)、(D) 16.(A)、(B)、(C)
17.(A)、(C)、(D) 18.(B)、(C)、(D)
19.(A)、(B)、(C) 20.(A)、(C)

第5章 地基处理

5.1 按《建筑地基处理技术规范》(JGJ 79—2012)进行地基处理设计

5.1.1 换填垫层法

JGJ 79—2012的相关规定如下。

4.1.1 换填垫层适用于浅层软弱土层或不均匀土层的地基处理。

4.1.2 应根据建筑体型、结构特点、荷载性质、场地土质条件、施工机械设备及填料性质和来源等综合分析后，进行换填垫层的设计，并选择施工方法。

4.1.3 对于工程量较大的换填垫层，应按所选用的施工机械、换填材料及场地的土质条件进行现场试验，确定换填垫层压实效果和施工质量控制标准。

4.1.4 换填垫层的厚度应根据置换软弱土的深度及下卧土层的承载力确定，厚度宜为0.5～3.0 m。

4.2.1 垫层材料的选用应符合下列要求：

①砂石。宜选用碎石、卵石、角砾、圆砾、砾砂、粗砂、中砂或石屑，并应级配良好，不含植物残体、垃圾等杂质。当使用粉细砂或石粉时，应掺入不少于总重量30%的碎石或卵石。砂石的最大粒径不宜大于50 mm。对湿陷性黄土或膨胀土地基，不得选用砂石等透水性材料。

②粉质黏土。土料中有机质含量不得超过5%，且不得含有冻土或膨胀土。当含有碎石时，其最大粒径不宜大于50 mm。用于湿陷性黄土或膨胀土地基的粉质黏土垫层，土料中不得夹有砖、瓦或石块等。

③灰土。体积配合比宜为2∶8或3∶7。石灰宜选用新鲜的消石灰，其最大粒径不得大于5 mm。土料宜选用粉质黏土，不宜使用块状黏土，且不得含有松软杂质，土料应过筛且最大粒径不得大于15 mm。

④粉煤灰。选用的粉煤灰应满足相关标准对腐蚀性和放射性的要求。粉煤灰垫层上宜覆土0.3～0.5 m。粉煤灰垫层中采用掺加剂时，应通过试验确定其性能及适用条件。粉煤灰垫层中的金属构件、管网应采取防腐措施。大量填筑粉煤灰时，应经场地地下水和土壤环境的不良影响评价合格后，方可使用。

⑤矿渣。宜选用分级矿渣、混合矿渣及原状矿渣等高炉重矿渣。矿渣的松散重度不应小于11 kN/m^3，有机质及含泥总量不得超过5%。垫层设计、施工前应对所选用的矿渣进行试验，确认性能稳定并满足腐蚀性和放射性安全的要求。对易受酸、碱影响的基础或地下管网不得采用矿渣垫层。大量填筑矿渣时，应经场地地下水和土壤环境的不良影响评价合格后，方可使用。

⑥其他工业废渣。在有充分依据或成功经验时，可采用质地坚硬、性能稳定、透水性强、无腐蚀性和无放射性危害的其他工业废渣材料，但应经过现场试验证明其经济技术效果良好且施工措施完善后方可使用。

⑦土工合成材料加筋垫层所选用土工合成材料的品种与性能及填料，应根据工程特性和地基土质条件，按照现行国家标准《土工合成材料应用技术规范》(GB 50290)的要求，通过设计计算并进行现场试验后确定。土工合成材料应采用抗拉强度较高、耐久性好、抗腐蚀的土工带、土工格栅、土工格室、土工垫或土工织物等土工合成材料。垫层填料宜用碎石、角砾、砾砂、粗砂、中砂等材料，且不宜含氯化钙、碳酸钠、硫化物等化学物质。当工程要求垫层具有排水功能时，垫层材料应具有良好的透水性。在软土地基上使用加筋垫层时，应保证建筑物稳定并满足允许变形的要求。

4.2.2　垫层厚度的确定应符合下列规定：

①应根据需置换软弱土(层)的深度或下卧土层的承载力确定，并应符合下式要求：

$$p_z + p_{cz} \leqslant f_{az} \tag{4.2.2-1}$$

式中，p_z 为相应于作用的标准组合时，垫层底面处的附加压力值(kPa)；p_{cz} 为垫层底面处土的自重压力值(kPa)；f_{az} 为垫层底面处经深度修正后的地基承载力特征值(kPa)。

②垫层底面处的附加压力值 p_z 可分别按以下两式计算：

a.条形基础

$$p_z = \frac{b(p_k - p_c)}{b + 2z\tan\theta} \tag{4.2.2-2}$$

b.矩形基础

$$p_z = \frac{bl(p_k - p_c)}{(b + 2z\tan\theta)(l + 2z\tan\theta)} \tag{4.2.2-3}$$

式中，b 为矩形基础或条形基础底面的宽度(m)；l 为矩形基础底面的长度(m)；p_k 为相应于作用的标准组合时，基础底面处的平均压力值(kPa)；p_c 为基础底面处土的自重压力值(kPa)；z 为基础底面下垫层的厚度(m)；θ 为垫层(材料)的压力扩散角(°)，宜通过试验确定。无试验资料时，可按表 4.2.2 采用。

土和砂石材料压力扩散角 θ(°)　　表 4.2.2

<table>
<tr><th>换填材料
z/b</th><th>中砂、粗砂、砾砂、圆砾、角砾、石屑、卵石、碎石、矿渣</th><th>粉质黏土、粉煤灰</th><th>灰土</th></tr>
<tr><td>0.25</td><td>20</td><td>6</td><td rowspan="2">28</td></tr>
<tr><td>≥0.50</td><td>30</td><td>23</td></tr>
</table>

注：1. 当 $z/b<0.25$ 时，除灰土取 $\theta=28°$ 外，其他材料均取 $\theta=0°$，必要时宜由试验确定。

2. 当 $0.25<z/b<0.5$ 时，θ 值可以内插。

3. 土工合成材料加筋垫层其压力扩散角宜由现场静载荷试验确定。

4.2.3　垫层底面的宽度应符合下列规定：

①垫层底面宽度应满足基础底面应力扩散的要求，可按下式确定：

$$b' \geqslant b + 2z\tan\theta \tag{4.2.3}$$

式中，b' 为垫层底面宽度(m)；θ 为压力扩散角，按本规范表 4.2.2 取值；当 $z/b<0.25$ 时，按表 4.2.2 中 $z/b=0.25$ 取值。

②垫层顶面每边超出基础底边缘不应小于 300 mm，且从垫层底面两侧向上，按当地基坑开挖的经验及要求放坡。

③整片垫层底面的宽度可根据施工的要求适当加宽。

4.2.4　垫层的压实标准可按表 4.2.4 选用。矿渣垫层的压实系数可根据满足承载力设计要求的试验结果，按最后两遍压实的压陷差确定。

各种垫层的压实标准　　表 4.2.4

施工方法	换填材料类别	压实系数 λ_c
碾压振密或夯实	碎石、卵石	≥0.97
	砂夹石(其中碎石、卵石占全重的 30%～50%)	
	土夹石(其中碎石、卵石占全重的 30%～50%)	
	中砂、粗砂、砾砂、角砾、圆砾、石屑	
	粉质黏土	≥0.97
	灰土	≥0.95
	粉煤灰	≥0.95

注：1. 压实系数 λ_c 为土的控制干密度 ρ_d 与最大干密度 ρ_{dmax} 的比值；土的最大干密度宜采用击实试验确定；碎石或卵石的最大干密度可取 2.1～2.2 t/m³。

2. 表中压实系数 λ_c 系使用轻型击实试验测定土的最大干密度 ρ_{dmax} 时给出的压实控制标准，采用重型击实试验时，对粉质黏土、灰土、粉煤灰及其他材料压实标准应为压实系数 $\lambda_c \geqslant 0.94$。

4.2.5　换填垫层的承载力宜通过现场静载荷试验确定。

4.2.6　对于垫层下存在软弱下卧层的建筑，在进行地基变形计算时应考虑邻近建筑物基础荷载对软弱下卧层顶面应力叠加的影响。当超出原地面标高的垫层或换填材料的重度高于天然土层重度时，宜及时换填，并应考虑其附加荷载的不利影响。

4.2.7　垫层地基的变形由垫层自身变形和下卧层变形组成。换填垫层在满足本规范第 4.2.2 条～第 4.2.4 条的条件下，垫层地基的变形可仅考虑其下卧层的变形。对地基沉降有严格限制的建筑，应计算垫层自身的变形。垫层下卧层的变形量可按现行国家标准《建筑地基基础设计规范》(GB 50007)的规定进行计算。

4.2.8　加筋土垫层所选用的土工合成材料尚应进行材料强度验算

$$T_p \leqslant T_a \tag{4.2.8}$$

式中，T_a 为土工合成材料在允许延伸率下的抗拉强度(kN/m)；T_p 为相应于作用的标准组合时，单位宽度的土工合成材料的最大拉力(kN/m)。

4.2.9　加筋土垫层的加筋体设置应符合下列规定：

①一层加筋时，可设置在垫层的中部。

②多层加筋时，首层筋材距垫层顶面的距离宜取 30%垫层厚度，筋材层间距宜取 30%～50%的垫层厚度，且不应小于 200 mm。

③加筋线密度宜为 0.15～0.35。无经验时，单层加筋宜取高值，多层加筋宜取低值。垫层的边缘应有足够的锚固长度。

【例题 1】

某独立基础尺寸为 1.5 m×1.2 m，基底埋深为 1.0 m，荷载效应标准组合时，上部结构传至基础顶面的荷载为 252 kN，其他资料如下图所示，现拟采用 1.0 m 厚的灰土垫层进行处理，灰土重度为 19.8 kN/m³。

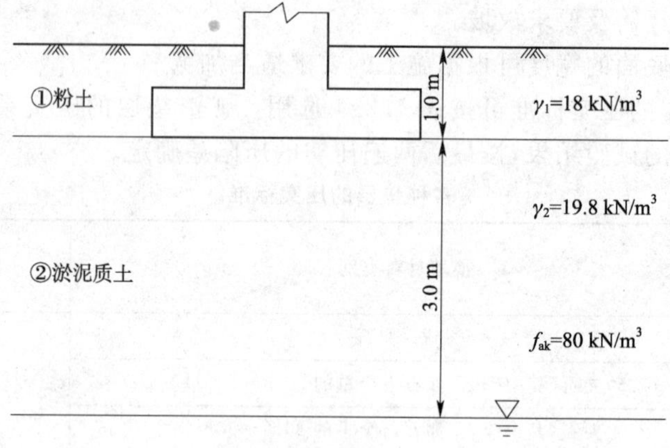

例题 1 图

①垫层底面处自重应力值为(　　)。

(A)36 kPa　(B)37.8 kPa　(C)39.6 kPa　(D)40 kPa

②垫层底面处附加应力值为(　　)。

(A)44.1 kPa　(B)55.1 kPa　(C)64.2 kPa　(D)72.6 kPa

③垫层底面处经深度修正的地基承载力特征值为(　　)。

(A)100 kPa　(B)108 kPa　(C)115 kPa　(D)120 kPa

④下卧层承载力是否满足要求(　　)。

(A)满足　(B)不满足

⑤垫层底面尺寸不宜小于(　　)。

(A)1.7 m×2.0 m　(B)1.8 m×2.1 m　(C)2.5 m×2.2 m　(D)2.6 m×2.3 m

解

①垫层底面处(2.0 m)自重应力 p_{cz}

$$p_{cz}=\sum\gamma_i h_i=18\times1+19.8\times1=37.8\ (\text{kPa})$$

②垫层底面处的附加应力 p_z

基础底面处的自重应力 p_c

$$p_c=\sum\gamma_i h_i=18\times1=18\ (\text{kPa})$$

荷载效应标准组合时，基础底面处的平均压力 p_k

$$p_k=\frac{F}{A}+\gamma'_m d=\frac{252}{1.5\times1.2}+20\times1=160\ (\text{kPa})$$

灰土垫层厚度 z 为 1.0 m，基础宽度 b=1.2 m，$z/b=1/1.2=0.83>0.5$，取压力扩散角 $\theta=28°$。

垫层底面处的附加应力 p_z

$$p_z=\frac{bl(p_k-p_c)}{(b+2z\tan\theta)(l+2z\tan\theta)}=\frac{1.2\times1.5\times(160-18)}{(1.2+2\times1\times\tan28°)\times(1.5+2\times1\times\tan28°)}$$
$$=44.1\ (\text{kPa})$$

③垫层底面处经深度修正后的地基承载力特征值 f_{az}

根据规范第 3.0.4 条，取 $\eta_b=0$，$\eta_d=1.0$

$$f_{az}=f_{ak}+\eta_b\gamma(b-3)+\eta_d\gamma_m(d-0.5)$$

$$=80+0+1\times\frac{18+19.8}{2}\times(2-0.5)=108.35\ (\text{kPa})$$

④下卧层承载力验算

$$p_z+p_{cz}=44.1+37.8=81.9\ (\text{kPa})$$

$$p_z+p_{cz}<f_{az}$$

下卧层承载力满足要求。

⑤垫层底面尺寸

垫层底面宽度 b'

$$b'=b+2z\tan\theta=1.2+2\times1\times\tan28^\circ=2.2634\approx2.3\ (\text{m})$$

垫层底面长度 l'

$$l'\geqslant l+2z\tan\theta=1.5+2\times1\times\tan28^\circ=2.5634\approx2.6\ (\text{m})$$

垫层底面尺寸不宜小于 2.6 m×2.3 m。

答案：①(B)，②(A)，③(B)，④(A)，⑤(D)。

例题解析

①确定垫层厚度 z 时可分两种情况：a. 当软弱层厚度较小时，应全部换填，z 应取基础底面至软弱土层底面的深度；b. 当软弱下卧层较厚时，应根据 $p_z+p_{cz}\leqslant f_{az}$ 的原则确定 z。

②计算垫层底面处的附加应力时，采用应力扩散法计算，对条形基础，只考虑宽度方向的应力扩散，扩散后的应力分布宽度为 $b+2z\tan\theta$；对于矩形基础，在长度及宽度两个方向的应力扩散均应考虑，扩散后的应力分布面积为 $(b+2z\tan\theta)(l+2z\tan\theta)$。

③附加应力在垫层中的扩散角与垫层材料的性质及垫层厚度 z 与基础短边宽度 b 的比值有关：a. 当 $z/b<0.25$ 时，除灰土 $\theta=28^\circ$ 外，其余材料均取 $\theta=0^\circ$（必要时由试验确定）；b. 当 $z/b\geqslant0.5$ 时，θ 按 $z/b=0.5$ 取值；c. 当 $0.25<z/b<0.5$ 时，θ 值可按线性内插取值。

④垫层底面宽度 b' 应满足基础底面应力扩散的要求，$b'\geqslant b+2z\tan\theta$。

⑤当垫层标高超出原地面，或垫层材料的重度高于天然土层重度时，应考虑其附加荷载的影响。

【案例模拟题 1】

某均质黏性土场地中建筑物采用条形基础，基础底面宽度 2.0 m，埋深为 1.5 m，基础线荷载为 500 kN/m，土层天然重度为 19 kN/m^3，承载力特征值 $f_{ak}=130$ kPa，采用 2.0 m 厚的粗砂垫层，垫层重度 18 kN/m^3，场地中地下水埋深为 4.0 m。按规范 JGJ 79—2012 计算。

①垫层底面处自重应力值 p_{cz} 为(　　)。

(A)28.5 kPa　　(B)30 kPa　　(C)66.0 kPa　　(D)66.5 kPa

②垫层底面处附加应力值 p_z 为(　　)。

(A)116 kPa　　(B)116.7 kPa　　(C)250 kPa　　(D)251.5 kPa

③垫层底面处经深度修正后的地基承载力特征值 f_{az} 为(　　)。

(A)187 kPa　　(B)196 kPa　　(C)196.5 kPa　　(D)200 kPa

④下卧软土层承载力验算结果为(　　)。

(A)满足　　(B)不满足

⑤垫层底面宽度不宜小于(　　)。

(A)3.5 m　　(B)3.7 m　　(C)4.1 m　　(D)4.3 m

⑥如基坑边坡放坡坡度为1∶0.5，垫层顶面宽度宜为(　　)。

(A)4.8 m　　(B)5.3 m　　(C)5.8 m　　(D)6.3 m

【例题 2】

某条形基础宽为 2.0 m，基础埋深 1.0 m，荷载作用标准组合时基础顶面线荷载为 400 kN/m，场地为均质黏性土场地，$\gamma=19\ kN/m^3$，$f_{ak}=100\ kPa$，地下水位为 3.5 m，采用灰土垫层，灰土重度为 18.5 kN/m^3，垫层厚度宜为(　　)。

(A)1.5 m　　(B)2.0 m　　(C)2.5 m　　(D)3.0 m

解

①假设垫层厚度为 2.0 m，进行下卧层验算

灰土垫层压力扩散角 $\theta=28°$

$$p_k=\frac{F+G}{A}=\frac{400\times1+2\times1\times1\times20}{2\times1}=220\ (kPa)$$

$$p_c=\sum\gamma_ih_i=19\times1=19\ (kPa)$$

$$p_z=\frac{b(p_k-p_c)}{b+2z\tan\theta}=\frac{2\times(220-19)}{2+2\times2\times\tan28°}=97.4\ (kPa)$$

$$p_{cz}=\sum\gamma_ih_i=19\times3=57\ (kPa)$$

$$f_{az}=f_{ak}+\eta_d\gamma_m(d-0.5)=100+1\times19\times(3-0.5)=147.5\ (kPa)$$

$$p_z+p_{cz}=97.4+57=154.4\ (kPa)>f_{az}$$

垫层厚度为 2.0 m 时，下卧层承载力验算不满足要求，同样，垫层厚度为 1.5 m 时，下卧层承载力验算亦不满足要求。

②假设垫层厚度为 2.5 m，进行下卧层验算

$$p_z=\frac{b(p_k-p_c)}{b+2z\tan\theta}=\frac{2\times(220-19)}{2+2\times2.5\times\tan28°}=86.3\ (kPa)$$

$$p_{cz}=\sum\gamma_ih_i=19\times3.5=66.5\ (kPa)$$

$$f_{az}=f_{ak}+\eta_d\gamma_m(d-0.5)=100+1\times19\times(3.5-0.5)=157\ (kPa)$$

$$p_z+p_{cz}=86.3+66.5=152.8(kPa)<f_{az}$$

垫层厚度为 2.5 m 时，下卧层验算满足要求，因此，可取垫层厚度为 2.5 m，选项(C)正确。

例题解析

(1)该类问题一般可分别试算不同垫层厚度情况下的下卧软弱层的承载力，取合适的垫层厚度，并可采用优选法原则进行试算，假设垫层厚度从小到大的顺序为 A、B、C、D，先试算 B：

①如 B 满足要求，则 C、D 均满足要求，但 C、D 厚度过大，这时可再试 A，如 A 也满足，则取 A，如 A 不满足则取 B。

②如 B 不满足要求，则 A 一定不满足要求，可再试算 C。

③如 C 满足要求，D 一定满足要求，但 D 厚度过大，应取 C。

④如 C 仍不满足要求，一般情况下，D 一定满足要求，继续试算 D 即可。

实际工作中进行垫层设计时，垫层厚度亦多采用试算法确定。

(2)当垫层厚度 z 变化时，应考虑 z/b 值对选取 θ 角时的影响。

【案例模拟题 2】

某均质淤泥质土场地中有一独立基础，基础底面尺寸为 2.0 m×2.0 m，埋深为 1.5 m，

荷载作用效应标准组合时基础顶面受到上部结构的荷载为 800 kN，基础与地基土的平均重度为 20 kN/m³，土层重度为 $\gamma=19$ kN/m³，承载力特征值为 45 kPa，地下水埋深为 4.5 m，如采用砾砂土做垫层，垫层厚度为(　　)。

(A)1.5 m　　(B)2.0 m　　(C)2.5 m　　(D)3.0 m

【例题 3】

某均质粉土场地，土层重度为 $\gamma=18$ kN/m³，$f_{ak}=110$ kPa，地下水位 5.0 m，场地中有一建筑物采用条形基础，底面宽度为 2.0 m，埋深 1.5 m，荷载为 400 kN/m，采用矿渣垫层处理地基，垫层厚度为 2.0 m，垫层材料重度为 20 kN/m³，试按《建筑地基处理技术规范》(JGJ 79—2012)计算以下问题。

①垫层底面处自重应力为(　　)。

(A)63 kPa　　(B)70 kPa　　(C)75 kPa　　(D)80 kPa

②基底平均附加应力为(　　)。

(A)200 kPa　　(B)203 kPa　　(C)210 kPa　　(D)230 kPa

③垫层底面处附加应力值(　　)。

(A)90.2 kPa　　(B)94.2 kPa　　(C)98.2 kPa　　(D)100 kPa

④垫层底面处经深度修正后的承载力特征值为(　　)。

(A)164 kPa　　(B)170 kPa　　(C)173 kPa　　(D)180 kPa

⑤下卧层强度验算结果为(　　)。

(A)满足要求　　(B)不满足要求

⑥垫层底面宽度为(　　)。

(A)4.2 m　　(B)4.4 m　　(C)4.6 m　　(D)4.8 m

解

①垫层底面处自重应力 p_{cz}

$$p_{cz}=\sum\gamma_i h_i=18\times(1.5+2)=63\ (\text{kPa})$$

②基底平均附加应力 p_0

基底平均压力 p_k

$$p_k=\frac{F+G}{A}=\frac{400\times1+2\times1\times1.5\times20}{2\times1}=230\ (\text{kPa})$$

基础底面处土的自重应力 p_c

$$p_c=\sum\gamma_i h_i=18\times1.5=27\ (\text{kPa})$$

基底平均附加应力 p_0

$$p_0=p_k-p_c=230-27=203\ (\text{kPa})$$

③垫层底面处附加应力值 p_z

由基底附加应力引起的垫层底面处附加应力 p'_z

矿渣垫层，$z/b=2/2=1.0>0.5$，取 $\theta=30°$

$$p'_z=\frac{b(p_k-p_c)}{b+2z\tan\theta}=\frac{2\times(230-27)}{2+2\times2\times\tan30°}=94.2\ (\text{kPa})$$

由于换填垫层材料的重度大于地基土的重度而引起的垫层底面处的附加应力 p''_z

$$p''_z=(\gamma_{垫}-\gamma_{土})z=(20-18)\times2=4\ (\text{kPa})$$

$$p_z=p'_z+p''_z=94.2+4=98.2\ (\text{kPa})$$

④垫层底面处经深度修正后的承载力特征值 f_{az}

$$f_{az}=f_{ak}+\eta_d\gamma_m(d-0.5)$$
$$=110+1\times18\times(3.5-0.5)$$
$$=164\ (\text{kPa})$$

⑤下卧层强度验算

$$p_z+p_{cz}=98.2+63=161.2\ (\text{kPa})<f_{az}$$

下卧层承载力满足要求。

⑥垫层底面宽度验算

$$b'=b+2z\tan\theta=2+2\times2\times\tan30°=4.31\ (\text{m})$$

答案：①(A)，②(B)，③(C)，④(A)，⑤(A)，⑥(B)。

例题解析

该例题中垫层重度大于地基土重度，计算垫层底面处附加应力时应考虑其影响，另外，如果垫层顶面高于原地面，亦应考虑其附加荷载的影响。

【案例模拟题 3】

某均质细砂土场地，土层重度为 18 kN/m^3，承载力特征值 $f_{ak}=105$ kPa，地下水埋深为 4.0 m，建筑物采用独立基础，埋深为 1.0 m，底面尺寸为 2.5 m×2.5 m，荷载为 $F=1\ 800$ kN，采用换填垫层法进行地基处理，垫层厚度为 2.0 m，垫层为碎石，重度为 20 kN/m^3，按《建筑地基处理技术规范》(JGJ 79—2012)计算以下问题。

①垫层底面处的自重应力为(　　)。

(A)50 kPa　(B)54 kPa　(C)60 kPa　(D)65 kPa

②垫层底面处的附加应力为(　　)。

(A)70.3 kPa　(B)78.3 kPa　(C)82.4 kPa　(D)96.3 kPa

③垫层底面处土层经深度修正后的承载力特征值为(　　)。

(A)145 kPa　(B)150 kPa　(C)155 kPa　(D)160 kPa

④下卧层验算结果为(　　)。

(A)满足要求　(B)不满足要求

⑤垫层底面尺寸宜为(　　)。

(A)4.41 m　(B)4.61 m　(C)4.81 m　(D)5.0 m

⑥如基坑开挖时放坡角为 1∶0.75，垫层顶面尺寸宜为(　　)。

(A)5.56 m　(B)6.31 m　(C)7.06 m　(D)7.81 m

5.1.2 预压地基

JGJ 79—2012 的相关规定如下。

5.1.1　预压地基适用于处理淤泥质土、淤泥、冲填土等饱和黏性土地基。预压地基按处理工艺可分为堆载预压、真空预压、真空和堆载联合预压。

5.1.2　真空预压适用于处理以黏性土为主的软弱地基。当存在粉土、砂土等透水、透气层时，加固区周边应采取确保膜下真空压力满足设计要求的密封措施。对塑性指数大于 25 且含水率大于 85%的淤泥，应通过现场试验确定其适用性。加固土层上覆盖有厚度大于 5 m 的回填土或承载力较高的黏性土层时，不宜采用真空预压处理。

5.1.3　预压地基应预先通过勘察查明土层在水平和竖直方向的分布、层理变化，查明透水层的位置、地下水类型及水源补给情况等，并应通过土工试验确定土层的先期固结压力、孔隙比与固结压力的关系、渗透系数、固结系数、三轴试验抗剪强度指标，通过原位十字板试验确定土的抗剪强度。

5.1.4　对重要工程，应在现场选择试验区进行预压试验，在预压过程中应进行地基竖向变形、侧向位移、孔隙水压力、地下水位等项目的监测并进行原位十字板剪切试验和室内土工试验。根据试验区获得的监测资料确定加载速率控制指标，推算土的固结系数、固结度及最终竖向变形等，分析地基处理效果，对原设计进行修正，指导整个场区的设计与施工。

5.1.5　对堆载预压工程，预压荷载应分级施加，并确保每级荷载下地基的稳定性；对真空预压工程，可采用一次连续抽真空至最大压力的加载方式。

5.1.6　对主要以变形控制设计的建筑物，当地基土经预压所完成的变形量和平均固结度满足设计要求时，方可卸载。对以地基承载力或抗滑稳定性控制设计的建筑物，当地基土经预压后其强度满足建筑物地基承载力或稳定性要求时，方可卸载。

5.1.7　当建筑物的荷载超过真空预压的压力，或建筑物对地基变形有严格要求时，可采用真空和堆载联合预压，其总压力宜超过建筑物的竖向荷载。

5.1.8　预压地基加固应考虑预压施工对相邻建筑物、地下管线等产生附加沉降的影响。真空预压地基加固区边线与相邻建筑物、地下管线等的距离不宜小于20 m，当距离较近时，应对相邻建筑物、地下管线等采取保护措施。

5.1.9　当受预压时间限制，残余沉降或工程投入使用后的沉降不满足工程要求时，在保证整体稳定条件下可采用超载预压。

Ⅰ　堆 载 预 压

5.2.1　对深厚软黏土地基，应设置塑料排水带或砂井等排水竖井。当软土层厚度较小或软土层中含较多薄粉砂夹层，且固结速率能满足工期要求时，可不设置排水竖井。

5.2.2　堆载预压地基处理的设计应包括下列内容：

①选择塑料排水带或砂井，确定其断面尺寸、间距、排列方式和深度。

②确定预压区范围、预压荷载大小、荷载分级、加载速率和预压时间。

③计算堆载荷载作用下地基土的固结度、强度增长、稳定性和变形。

5.2.3　排水竖井分普通砂井、袋装砂井和塑料排水带。普通砂井直径宜为300～500 mm，袋装砂井直径宜为70～120 mm。塑料排水带的当量换算直径可按下式计算

$$d_p = \frac{2(b+\delta)}{\pi} \tag{5.2.3}$$

式中，d_p 为塑料排水带当量换算直径(mm)；b 为塑料排水带宽度(mm)；δ 为塑料排水带厚度(mm)。

5.2.4　排水竖井可采用等边三角形或正方形排列的平面布置，并应符合下列规定：

①当等边三角形排列时

$$d_e = 1.05l \tag{5.2.4-1}$$

第5章　地基处理

②当正方形排列时

$$d_e = 1.13l \qquad (5.2.4\text{-}2)$$

式中，d_e 为竖井的有效排水直径；l 为竖井的间距。

5.2.5 排水竖井的间距可根据地基土的固结特性和预定时间内所要求达到的固结度确定。设计时，竖井的间距可按井径比 n 选用（$n=d_e/d_w$，d_w 为竖井直径，对塑料排水带可取 $d_w=d_p$）。塑料排水带或袋装砂井的间距可按 $n=15\sim22$ 选用，普通砂井的间距可按$n=6\sim8$ 选用。

5.2.6 排水竖井的深度应符合下列规定：

①根据建筑物对地基的稳定性、变形要求和工期确定。

②对以地基抗滑稳定性控制的工程，竖井深度应大于最危险滑动面以下 2.0 m。

③对以变形控制的建筑工程，竖井深度应根据在限定的预压时间内需完成的变形量确定，竖井宜穿透受压土层。

5.2.7 一级或多级等速加载条件下，当固结时间为 t 时，对应总荷载的地基平均固结度可按下式计算

$$\overline{U}_t=\sum_{i=1}^{n}\frac{\dot{q}_i}{\sum\Delta p}\left[(T_i-T_{i-1})-\frac{\alpha}{\beta}e^{-\beta t}(e^{\beta T_i}-e^{\beta T_{i-1}})\right] \qquad (5.2.7)$$

式中，$\overline{U}_t$ 为 t 时间地基的平均固结度；$\dot{q}_i$ 为第 i 级荷载的加载速率（kPa/d）；$\sum\Delta p$ 为各级荷载的累加值（kPa）；T_{i-1}、T_i 分别为第 i 级荷载加载的起始和终止时间（从零点起算）(d)，当计算第 i 级荷载加载过程中某时间 t 的固结度时，T_i 改为 t；α、β 为参数，根据地基土排水固结条件按表 5.2.7 采用。对竖井地基，表中所列 β 为不考虑涂抹和井阻影响的参数值。

α、β 值 表 5.2.7

排水固结条件 / 参数	竖向排水固结 $\overline{U}_z>30\%$	向内径向排水固结	竖向和向内径向排水固结（竖井穿透受压土层）	说明
α	$\frac{8}{\pi^2}$	1	$\frac{8}{\pi^2}$	$F_n=\frac{n^2}{n^2-1}\ln n-\frac{3n^2-1}{4n^2}$
β	$\frac{\pi^2 C_v}{4H^2}$	$\frac{8C_h}{F_n d_e^2}$	$\frac{8C_h}{F_n d_e^2}+\frac{\pi^2 C_v}{4H^2}$	式中，C_h 为土的径向排水固结系数（cm²/s）；C_v 为土的竖向排水固结系数（cm²/s）；H 为土层竖向排水距离（cm）；$\overline{U}_z$ 为双面排水土层或固结应力均匀分布的单面排水土层平均固结度

5.2.8 当排水竖井采用挤土方式施工时，应考虑涂抹对土体固结的影响。当竖井的纵向通水量 q_w 与天然土层水平向渗透系数 k_h 的比值较小，且长度较长时，尚应考虑井阻影响。瞬时加载条件下，考虑涂抹和井阻影响时，竖井地基径向排水平均固结度可按下列公式计算

$$\overline{U}_r = 1 - e^{-\frac{8c_h}{Fd_e^2}t} \tag{5.2.8-1}$$

$$F = F_n + F_s + F_r \tag{5.2.8-2}$$

$$F_n = \ln n - \frac{3}{4} \qquad n \geqslant 15 \tag{5.2.8-3}$$

$$F_s = (\frac{k_h}{k_s} - 1)\ln s \tag{5.2.8-4}$$

$$F_r = \frac{\pi^2 L^2}{4}\frac{k_h}{q_w} \tag{5.2.8-5}$$

式中，$\overline{U}_r$ 为固结时间 t 时竖井地基径向排水平均固结度；k_h 为天然土层水平向渗透系数(cm/s)；k_s 为涂抹区土的水平渗透系数，可取 $k_s=(1/5\sim1/3)k_h$(cm/s)；s 为涂抹区直径 d_s 与竖井直径 d_w 的比值，可取 $s=2.0\sim3.0$，对中等灵敏黏性土取低值，对高灵敏黏性土取高值；L 为竖井深度(cm)；q_w 为竖井纵向通水量，为单位水力梯度下单位时间的排水量(cm^3/s)。

一级或多级等速加荷条件下，考虑涂抹和井阻影响时竖井穿透受压土层地基的平均固结度可按式(5.2.7)计算，其中，$\alpha=\frac{8}{\pi^2}$，$\beta=\frac{8C_h}{Fd_e^2}+\frac{\pi^2 C_v}{4H^2}$。

5.2.9 对排水竖井未穿透受压土层的情况，竖井范围内土层的平均固结度和竖井底面以下受压土层的平均固结度，以及通过预压完成的变形量均应满足设计要求。

5.2.10 预压荷载大小、范围、加载速率应符合下列规定：

①预压荷载大小应根据设计要求确定；对于沉降有严格限制的建筑，可采用超载预压法处理，超载量大小应根据预压时间内要求完成的变形量通过计算确定，并宜使预压荷载下受压土层各点的有效竖向应力大于建筑物荷载引起的相应点的附加应力。

②预压荷载顶面的范围应不小于建筑物基础外缘的范围。

③加载速率应根据地基土的强度确定；当天然地基土的强度满足预压荷载下地基的稳定性要求时，可一次性加载；如不满足应分级逐渐加载，待前期预压荷载下地基土的强度增长满足下一级荷载下地基的稳定性要求时，方可加载。

5.2.11 计算预压荷载下饱和黏性土地基中某点的抗剪强度时，应考虑土体原来的固结状态。对正常固结饱和黏性土地基，某点某一时间的抗剪强度可按下式计算

$$\tau_{ft} = \tau_{f0} + \Delta\sigma_z U_t \tan\varphi_{cu} \tag{5.2.11}$$

式中，τ_{ft} 为 t 时刻，该点土的抗剪强度(kPa)；τ_{f0} 为地基土的天然抗剪强度(kPa)；$\Delta\sigma_z$ 为预压荷载引起的该点的附加竖向应力(kPa)；U_t 为该点土的固结度；φ_{cu} 为三轴固结不排水压缩试验求得的土的内摩擦角(°)。

5.2.12 预压荷载下地基最终竖向变形量的计算可取附加应力与土自重应力的比值为 0.1 的深度作为压缩层的计算深度，可按下式计算

$$s_f = \xi\sum_{i=1}^{n}\frac{e_{0i}-e_{1i}}{1+e_{0i}}h_i \tag{5.2.12}$$

式中，s_f 为最终竖向变形量(m)；e_{0i} 为第 i 层中点土自重应力所对应的孔隙比，由室内固结试验 e-p 曲线查得；e_{1i} 为第 i 层中点土自重应力与附加应力之和所对应的孔隙比，由室内固结试验 e-p 曲线查得；h_i 为第 i 层土层厚度(m)；ξ 为经验系数，可按地区经验确定，无经验时对正常固结饱和黏性土地基可取 $\xi=1.1\sim1.4$。荷载较大或地基软弱土层厚度大时应取较大值。

5.2.13　预压处理地基应在地表铺设与排水竖井相连的砂垫层，砂垫层应符合下列规定：

①厚度不应小于 500 mm。

②砂垫层砂料宜用中粗砂，黏粒含量不应大于 3%，砂料中可含有少量粒径不大于 50 mm 的砾石；砂垫层的干密度应大于 1.5 t/m³，渗透系数应大于 1×10^{-2} cm/s。

5.2.14　在预压区边缘应设置排水沟，在预压区内宜设置与砂垫层相连的排水盲沟，排水盲沟的间距不宜大于 20 m。

5.2.15　砂井的砂料应选用中粗砂，其黏粒含量不应大于 3%。

5.2.16　堆载预压处理地基设计的平均固结度不宜低于 90%，且应在现场监测的变形速率明显变缓时方可卸载。

Ⅱ　真 空 预 压

5.2.17　真空预压处理地基应设置排水竖井，其设计应包括下列内容：

①竖井断面尺寸、间距、排列方式和深度。

②预压区面积和分块大小。

③真空预压施工工艺。

④要求达到的真空度和土层的固结度。

⑤真空预压和建筑物荷载下地基的变形计算。

⑥真空预压后的地基承载力增长计算。

5.2.18　排水竖井的间距可按本规范第 5.2.5 条确定。

5.2.19　砂井的砂料应选用中粗砂，其渗透系数应大于 1×10^{-2} cm/s。

5.2.20　真空预压竖向排水通道宜穿透软土层，但不应进入下卧透水层。对软土层较厚，且以地基抗滑稳定性控制的工程，竖向排水通道的深度不应小于最危险滑动面下 2.0 m。对以变形控制的工程，竖井深度应根据在限定的预压时间内需完成的变形量确定，且宜穿透主要受压土层。

5.2.21　真空预压区边缘应大于建筑物基础轮廓线，每边增加量不得小于 3.0 m。

5.2.22　真空预压的膜下真空度应稳定地保持在 86.7 kPa(650 mmHg)以上，且应均匀分布，排水竖井深度范围内土层的平均固结度应大于 90%。

5.2.23　对于表层存在良好的透气层或在处理范围内有充足水源补给的透水层，应采取有效措施隔断透气层或透水层。

5.2.24　真空预压固结度和地基强度增长的计算可按本规范第 5.2.7 条、第 5.2.8 条和第 5.2.11 条计算。

5.2.25　真空预压地基最终竖向变形可按本规范第 5.2.12 条计算。ξ 可按当地经验取值，无当地经验时，ξ 可取 1.0～1.3。

5.2.26 真空预压地基加固面积较大时，宜采取分区加固，每块预压面积应尽可能大且呈方形，分区面积宜为 20 000～40 000 m^2。

5.2.27 真空预压地基加固可根据加固面积的大小、形状和土层结构特点，按每套设备可加固地基 1 000～1 500 m^2 确定设备数量。

5.2.28 真空预压的膜下真空度应符合设计要求，且预压时间不宜低于 90 d。

Ⅲ 真空和堆载联合预压

5.2.29 当设计地基预压荷载大于 80 kPa，且进行真空预压处理地基不能满足设计要求时可采用真空和堆载联合预压地基处理。

5.2.30 堆载体的坡肩线宜与真空预压边线一致。

5.2.31 对于一般软黏土，上部堆载施工宜在真空预压膜下真空度稳定地达到 86.7 kPa(650 mmHg)且抽真空时间不少于 10 d 后进行。对于高含水率的淤泥类土，上部堆载施工宜在真空预压膜下真空度稳定地达到 86.7 kPa(650 mmHg)且抽真空20～30 d后可进行。

5.2.32 当堆载较大时，真空和堆载联合预压应采用分级加载，分级数应根据地基土稳定计算确定。分级加载时，应待前期预压荷载下地基的承载力增长满足下一级荷载下地基的稳定性要求时，方可增加堆载。

5.2.33 真空和堆载联合预压时地基固结度和地基承载力增长可按本规范第 5.2.7 条、第 5.2.8 条和第 5.2.11 条计算。

5.2.34 真空和堆载联合预压最终竖向变形可按本规范第 5.2.12 条计算，ξ 可按当地经验取值，无当地经验时，ξ 可取 1.0～1.3。

【例题 4】

某建筑场地为淤泥质黏土场地，固结系数 $C_h=C_v=2\times10^{-3}\ cm^2/s$，受压土层厚度为 15 m，采用的袋装砂井直径为 70 mm，袋装砂井等边三角形布置，间距 1.5 m，深度 15 m，砂井底部为隔水层，砂井打穿受压土层，采用预压荷载总压力为 120 kPa，分两级等速加载如下图所示，如不考虑竖井井阻和涂抹的影响。

①加荷后 100 d 受压土层之平均固结度为(　　)。

(A)0.75　　(B)0.80　　(C)0.86　　(D)0.90

②如使受压土层平均固结度达到 90%，需要(　　)(从开始加荷算起)。

(A)110 d　　(B)115 d　　(C)120 d　　(D)125 d

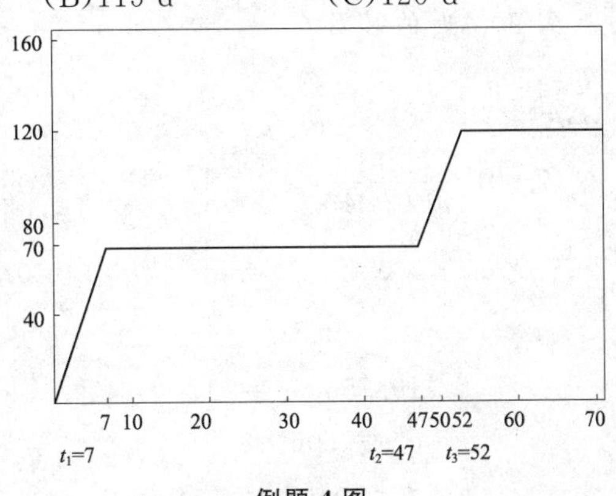

例题 4 图

解

①确定参数 α、β

压缩土层发生竖向和向内径向排水固结，且竖井穿透受压土层，按 JGJ 79—2012 规范第 5.2.7 条表 5.2.7，可取

$$\alpha=\frac{8}{\pi^2},\ \beta=\frac{8c_h}{F_n d_e^2}+\frac{\pi^2 c_v}{4H^2}$$

砂井采取等边三角形布置，有效排水圆直径为

$$d_e=1.05l=1.05\times1.5=1.575\ (\text{m})$$

井径比 n

$$n=d_e/d_w=1.575/0.07=22.5$$

$$F_n=\frac{n^2}{n^2-1}\ln n-\frac{3n^2-1}{4n^2}$$

$$=\frac{22.5^2}{22.5^2-1}\ln 22.5-\frac{3\times22.5^2-1}{4\times22.5^2}=2.3$$

$$\beta=\frac{8C_h}{F_n d_e^2}+\frac{\pi^2 C_v}{4H^2}$$

$$=\frac{8\times2\times10^{-3}}{2.3\times157.5^2}+\frac{3.14^2\times2\times10^{-3}}{4\times1\ 500^2}$$

$$=2.826\times10^{-7}(1/\text{s})=0.024\ 42\ (1/\text{d})$$

$$\alpha=\frac{8}{\pi^2}=0.81$$

②计算加荷 100 d 时的竖向平均固结度 $\overline{U}_t$

第一级加荷速率 $\dot{q}_1=70/7=10(\text{kPa/d})$

第二级加荷速率 $\dot{q}_2=50/5=10(\text{kPa/d})$

$$\overline{U}_t=\sum\frac{\dot{q}_i}{\sum\Delta p}\left[(T_i-T_{i-1})-\frac{\alpha}{\beta}e^{-\beta t}(e^{\beta t_i}-e^{\beta t_{i-1}})\right]$$

$$=\frac{\dot{q}_1}{\sum\Delta p}\left[(t_1-t_0)-\frac{\alpha}{\beta}e^{-\beta t}(e^{\beta t_1}-e^{\beta t_0})\right]+\frac{\dot{q}_2}{\sum\Delta p}\left[(t_3-t_2)-\frac{\alpha}{\beta}e^{-\beta t}(e^{\beta t_3}-e^{\beta t_2})\right]$$

$$=\frac{10}{120}\times\left[(7-0)-\frac{0.81}{0.024\ 42}\times e^{-0.024\ 42\times100}\times(e^{0.024\ 42\times7}-e^0)\right]+\frac{10}{120}\times\left[(52-47)-\frac{0.81}{0.024\ 42}\times e^{-0.024\ 42\times100}\times(e^{0.024\ 42\times52}-e^{0.024\ 42\times47})\right]$$

$$=0.856\ 7\approx0.86$$

③计算使平均固结度达到 90% 时的时间 t

$$\overline{U}_t=\sum\frac{\dot{q}_i}{\sum\Delta p}\left[(T_i-T_{i-1})-\frac{\alpha}{\beta}e^{-\beta t}(e^{\beta t_i}-e^{\beta t_{i-1}})\right]$$

$$=\frac{10}{120}\times\left[(7-0)-\frac{0.81}{0.024\ 42}\times e^{-\beta t}\times(e^{0.024\ 42\times7}-e^0)\right]+\frac{10}{120}\times\left[(52-47)-\frac{0.81}{0.024\ 42}\times e^{-\beta t}\times(e^{0.024\ 42\times52}-e^{0.024\ 42\times47})\right]=0.90$$

把上式化简后得

$$19.756e^{-\beta t}=1.2$$

$$e^{\beta t}=0.06$$

$$\beta t=\ln 0.06=-2.8$$

$$0.02442t=2.80$$

$$t=114.7\ d\approx 115\ d$$

答案：①(C)，②(B)。

例题解析

①改进的高木俊介公式较复杂，分级加载情况下，t_i、t_{i-1}的取法如例题所示。

②α、β的取值应根据排水固结条件按表5.2.7取值。

③如给定时间t，可根据微分方程的解计算t时刻的平均固结度$\overline{U}_t$，如给定某时刻的平均固结度$\overline{U}_t$，可求达到该固结度的时间t。

【案例模拟题4】

某建筑场地为淤泥质黏土层，固结系数为$C_h=C_v=2.5\times10^{-3}\ cm^2/s$，受压土层厚度为10 m，袋装砂井直径70 mm，砂井采取等边三角形布置，间距$l=1.4$ m，深度为10 m，砂井底部为透水层，砂井打穿受压土层，预压荷载为100 kPa，一次等速施加，加载速率为10 kPa/d，按《建筑地基处理技术规范》(JGJ 79—2012)计算。

①井径比n为(　　)。

(A)19　　(B)21　　(C)22　　(D)22.6

②参数α、β分别为(　　)。

(A)0.81、0.0369(1/d)　　(B)0.81、0.0251(1/d)

(C)1、0.0369(1/d)　　(D)1、0.0251(1/d)

③加荷开始后50 d受压土层平均固结度为(　　)。

(A)0.80　　(B)0.84　　(C)0.90　　(D)0.94

④如使受压土层平均固结度达到90%，需要(　　)(从加荷开始算起)。

(A)57 d　　(B)62 d　　(C)67 d　　(D)72 d

【例题5】

条件同例题4，水平向渗透系数$k_h=1.5\times10^{-7}$ cm/s，砂料渗透系数$k_w=3\times10^{-2}$ cm/s，涂抹区土的渗透系数$k_s=\frac{1}{5}k_h=0.3\times10^{-7}$ cm/s，涂抹区直径$d_s=150$ mm，按《建筑地基处理技术规范》(JGJ 79—2012)计算。

①砂井纵向通水量q_w为(　　)。

(A)1.154 cm^3/s　　(B)1.168 cm^3/s

(C)1.179 cm^3/s　　(D)1.188 cm^3/s

②参数α、β分别为(　　)。

(A)1、0.00928(1/d)　　(B)1、0.00947(1/d)

(C)0.81、0.00928(1/d)　　(D)0.81、0.00947(1/d)

③加载开始后100 d受压土层的平均固结度为(　　)。

(A)0.43　　(B)0.60　　(C)0.67　　(D)0.75

④如使受压土层的平均固结度达到70%，需加载(　　)(从开始加载算起)。

(A)102 d　　(B)112 d　　(C)122 d　　(D)132 d

解

①砂井纵向通水量q_w

$$q_w=k_w\frac{\pi d_w^2}{4}=3\times10^{-2}\times3.14\times7^2/4=1.154\ (cm^3/s)$$

②参数 α、β

$$n=22.5$$

$$F_n=\ln n-\frac{3}{4}=\ln 22.5-\frac{3}{4}=2.364$$

$$F_r=\frac{\pi^2 L^2 k_h}{4q_w}=\frac{3.14^2\times 1\,500^2\times 1.5\times 10^{-7}}{4\times 1.154}=0.721$$

$$s=15/7=2.14$$

$$F_s=(\frac{k_h}{k_s}-1)\ln s=(\frac{1.5\times 10^{-7}}{0.3\times 10^{-7}}-1)\times \ln 2.14=3.043$$

$$F=F_n+F_r+F_s=2.364+0.721+3.043=6.128$$

$$\alpha=\frac{8}{\pi^2}=0.81$$

$$\beta=\frac{8C_h}{Fd_e^2}+\frac{\pi^2 C_v}{4H^2}=\frac{8\times 2\times 10^{-3}}{6.128\times 157.5^2}+\frac{3.14^2\times 2\times 10^{-3}}{4\times 1\,500^2}=0.009\,28$$

③加载开始后 100 d 受压土层的平均固结度 $\overline{U}_t$

$$\overline{U}_t=\sum\frac{\dot{q}_i}{\sum\Delta p}[(t_i-t_{i-1})-\frac{\alpha}{\beta}e^{-\beta t}(e^{\beta t_i}-e^{\beta t_{i-1}})]$$

$$=\frac{10}{120}\times[(7-0)-\frac{0.81}{0.009\,28}\times e^{-0.009\,28\times 100}\times(e^{0.009\,28\times 7}-e^0)]+$$

$$\frac{10}{120}\times[(52-47)-\frac{0.81}{0.009\,28}\times e^{-0.009\,28\times 100}\times(e^{0.009\,28\times 52}-e^{0.009\,28\times 47})]$$

$$=0.596$$

④受压土层的平均固结度达到 70% 时所需的时间 t

$$\overline{U}_t=\sum\frac{\dot{q}_i}{\sum\Delta p}[(t_i-t_{i-1})-\frac{\alpha}{\beta}e^{-\beta t}(e^{\beta t_i}-e^{\beta t_{i-1}})]$$

$$=\frac{10}{120}\times[(7-0)-\frac{0.81}{0.009\,28}\times e^{-\beta t}\times(e^{0.009\,28\times 7}-e^0)]+\frac{10}{120}\times[(52-47)-$$

$$\frac{0.81}{0.009\,28}\times e^{-\beta t}\times(e^{0.009\,28\times 52}-e^{0.009\,28\times 47})]$$

$$=0.70$$

把上式整理后得

$$12.269\,8e^{-\beta t}=3.6$$

$$e^{\beta t}=3.408\,28$$

$$t=\frac{1}{\beta}\ln 3.408\,28=\frac{1.226\,21}{0.009\,28}=132(\text{d})$$

答案:①(A),②(C),③(B),④(D)。

例题解析

①该例题为考虑井阻影响及涂抹影响情况下分级加荷平均固结度的计算。

②注意 F_n、F_r、F_s 的计算方法。

【案例模拟题 5】

某建筑场地为淤泥质土场地,淤泥质土厚为 10 m,其下为泥岩,土层水平向渗透系数为 $k_h=2.5\times 10^{-7}$ cm/s,$C_h=C_v=2\times 10^{-3}$ cm/s,采用砂井预压法进行地基处理,袋装砂井直径为 70 mm,砂料渗透系数 $k_w=3\times 10^{-2}$ cm/s,涂抹区渗透系数 $k_s=0.5\times 10^{-7}$ cm/s,取$s=3$,砂

井按三角形布置，间距 1.4 m，深度为 10 m，砂井打穿受压土层，预压荷载为 80 kPa，一次等速施加，加荷速率为 8 kPa/d，按《建筑地基处理技术规范》(JGJ 79—2012)计算。

①砂井竖向通水量 q_w 为(　　)。

(A)1.145 cm^3/s　　(B)1.154 cm^3/s　　(C)1.163 cm^3/s　　(D)1.176 cm^3/s

②系数 F 为(　　)。

(A)7.023　　(B)7.223　　(C)7.423　　(D)7.623

③系数 α、β 分别为(　　)。

(A)1、0.009 00　　(B)1、0.009 28　　(C)0.81、0.009 00　　(D)0.81、0.009 28

④加荷开始后 80 d，受压土层平均固结度 $\overline{U}_t$ 为(　　)。

(A)0.4　　(B)0.5　　(C)0.6　　(D)0.7

⑤如使受压土层平均固结度达到 80%，需要(　　)时间。

(A)136 d　　(B)146 d　　(C)156 d　　(D)166 d

【例题 6】

某场地资料如下：

①0～5 m：淤泥质黏土　$\gamma=19\ kN/m^3$　$e_0=1.12$。

②5～10 m：流塑状黏土　$\gamma=19.5\ kN/m^3$　$e_0=0.98$。

③10 m 以下为基岩。

室内压缩试验资料如下表所示。

土层号	压力 p/kPa									
	0	25	50	75	100	125	150	175	200	250
1	1.12	1.08	1.04	1.00	0.97	0.95	0.93	0.91	0.89	0.87
2	0.98	0.95	0.93	0.91	0.89	0.87	0.85	0.84	0.83	0.82

按 JGJ 79—2012 计算，当大面积预压荷载为 100 kPa，经验系数取 1.3，固结度达 80%时地基的竖向变形量为(　　)。

(A)0.38 m　　(B)0.43 m　　(C)0.48 m　　(D)0.53 m

解

①自重应力下土层中点的孔隙比 e_{0i}

土层中点的自重应力 σ_1、σ_2

$$\sigma_1=\frac{1}{2}\gamma_1 h_1=\frac{1}{2}\times 19\times 5=47.5\ (kPa)$$

$$\sigma_2=\gamma_1 h_1+\frac{1}{2}\gamma_2 h_2=19\times 5+\frac{1}{2}\times 19.5\times 5=143.75\ (kPa)$$

自重应力下土层中点的孔隙比 e_{0i}(按插值法查表)

$$\frac{e_{01}-1.08}{47.5-25}=\frac{1.04-1.08}{50-25}$$

$$e_{01}=1.044$$

$$\frac{e_{02}-0.87}{143.75-125}=\frac{0.85-0.87}{150-125}$$

$$e_{02}=0.855$$

②自重应力与附加应力之和所对应的孔隙比 e_{1i}

土层中点自重应力与附加应力之和

$\sigma_1{}'=\sigma_1+100\ \text{kPa}=147.5\ \text{kPa}$

$\sigma_2{}'=\sigma_2+100\ \text{kPa}=243.75\ \text{kPa}$

自重应力与附加应力下土层中点的孔隙比 e_{1i}(按插值法查表)

$$\frac{e_{11}-0.95}{147.5-125}=\frac{0.93-0.95}{150-125}$$

$$e_{11}=0.932$$

$$\frac{e_{12}-0.83}{243.75-200}=\frac{0.82-0.83}{250-200}$$

$$e_{12}=0.821$$

③最终竖向变形量 s_f

$$s_f=\xi\sum_{i=1}^{n}\frac{e_{0i}-e_{1i}}{1+e_{0i}}h_i$$

$$=1.3\times\frac{1.044-0.932}{1+1.044}\times5+1.3\times\frac{0.855-0.821}{1+0.855}\times5=0.475\ (\text{m})$$

④固结度达 80%时的竖向变形量

$$s=s_f\overline{U}_t=0.475\times0.8=0.38\ (\text{m})$$

答案为(A)。

例题解析

①e_{0i} 为自重应力所对应的孔隙比,应从室内固结试验 e-p 曲线查得,不能取天然孔隙比。

②e_{1i} 为自重应力与附加应力之和所对应的孔隙比,从室内试验 e-p 曲线查得,大面积堆载时附加应力可取地表处加载值。

③不同固结度下的沉降值为固结度与最终沉降值的乘积。

【案例模拟题 6】

某场地资料如下:

①0~2 m　淤泥质土　$e_0=1.32$　$\gamma=19\ \text{kN/m}^3$。

②2~4 m　淤泥　$e_0=1.63$　$\gamma=19\ \text{kN/m}^3$。

③4~6 m　软塑黏土　$e_0=0.95$　$\gamma=19\ \text{kN/m}^3$。

④6 m 以下为密实粗砂。

室内压缩试验资料见下表。

土　层　号	压力 p/kPa									
	0	25	50	75	100	125	150	175	200	225
1	1.32	1.26	1.20	1.15	1.10	1.05	1.01	0.97	0.94	0.91
2	1.63	1.50	1.39	1.28	1.20	1.12	1.05	0.99	0.95	0.91
3	0.95	0.92	0.90	0.89	0.88	0.87	0.86	0.85	0.84	0.83

场地采用大面积堆载预压法处理,堆载值为 80 kPa,如取经验系数 $\xi=1.2$,当固结度达到 90%时的竖向沉降值为(　　)。

(A)543 mm　(B)450 mm　(C)434 mm　(D)380 mm

5.1.3 压实地基和夯实地基

JGJ 79—2012 的相关规定如下。

6.1.1 压实地基适用于处理大面积填土地基。浅层软弱地基以及局部不均匀地基的换填处理应符合本规范第 4 章的有关规定。

6.1.2 夯实地基可分为强夯和强夯置换处理地基。强夯处理地基适用于碎石土、砂土、低饱和度的粉土与黏性土、湿陷性黄土、素填土和杂填土等地基；强夯置换适用于高饱和度的粉土与软塑～流塑的黏性土地基上对变形要求不严格的工程。

6.1.3 压实和夯实处理后的地基承载力应按本规范附录 A 确定。

Ⅰ 压 实 地 基

6.2.1 压实地基处理应符合下列规定：

①地下水位以上填土，可采用碾压法和振动压实法，非黏性土或黏粒含量少、透水性较好的松散填土地基宜采用振动压实法。

②压实地基的设计和施工方法的选择，应根据建筑物体型、结构与荷载特点、场地土层条件、变形要求及填料等因素确定。对大型、重要或场地地层条件复杂的工程，在正式施工前，应通过现场试验确定地基处理效果。

③以压实填土作为建筑地基持力层时，应根据建筑结构类型、填料性能和现场条件等，对拟压实的填土提出质量要求。未经检验，且不符合质量要求的压实填土，不得作为建筑地基持力层。

④对大面积填土的设计和施工，应验算并采取有效措施确保大面积填土自身稳定性、填土下原地基的稳定性、承载力和变形满足设计要求；应评估对邻近建筑物及重要市政设施、地下管线等的变形和稳定的影响；施工过程中，应对大面积填土和邻近建筑物、重要市政设施、地下管线等进行变形监测。

6.2.2 压实填土地基的设计应符合下列规定：

①压实填土的填料可选用粉质黏土、灰土、粉煤灰、级配良好的砂土或碎石土，以及质地坚硬、性能稳定、无腐蚀性和无放射性危害的工业废料等，并应满足下列要求：

a. 以碎石土作填料时，其最大粒径不宜大于 100 mm。

b. 以粉质黏土、粉土作填料时，其含水率宜为最优含水率，可采用击实试验确定。

c. 不得使用淤泥、耕土、冻土、膨胀土以及有机质含量大于 5% 的土料。

d. 采用振动压实法时，宜降低地下水位到振实面下 600 mm。

②碾压法和振动压实法施工时，应根据压实机械的压实性能，地基土性质、密实度、压实系数和施工含水率等，并结合现场试验确定碾压分层厚度、碾压遍数、碾压范围和有效加固深度等施工参数。初步设计可按表 6.2.2-1 选用。

填土每层铺填厚度及压实遍数 表 6.2.2-1

施工设备	每层铺填厚度/mm	每层压实遍数
平碾（8～12 t）	200～300	6～8
羊足碾（5～16 t）	200～350	8～16
振动碾（8～15 t）	500～1 200	6～8
冲击碾压（冲击势能 15～25 kJ）	600～1 500	20～40

第5章 地基处理

③对已经回填完成且回填厚度超过表 6.2.2-1 中的铺填厚度，或粒径超过 100 mm 的填料含量超过 50%的填土地基，应采用较高性能的压实设备或采用夯实法进行加固。

④压实填土的质量以压实系数 λ_c 控制，并应根据结构类型和压实填土所在部位按表 6.2.2-2的要求确定。

压实填土的质量控制 表 6.2.2-2

结构类型	填土部位	压实系数 λ_c	控制含水率/(%)
砌体承重结构和框架结构	在地基主要受力层范围以内	≥0.97	$w_{op}\pm2$
	在地基主要受力层范围以下	≥0.95	
排架结构	在地基主要受力层范围以内	≥0.96	
	在地基主要受力层范围以下	≥0.94	

注：地坪垫层以下及基础底面标高以上的压实填土，压实系数不应小于 0.94。

⑤压实填土的最大干密度和最优含水率，宜采用击实试验确定，当无试验资料时，最大干密度可按下式计算

$$\rho_{dmax}=\eta\frac{\rho_w d_s}{1+0.01w_{op}d_s} \tag{6.2.2}$$

式中，ρ_{dmax}为分层压实填土的最大干密度（t/m³）；η 为经验系数，粉质黏土取 0.96，粉土取0.97；ρ_w为水的密度（t/m³）；d_s 为土粒相对密度（比重）；w_{op}为填料的最优含水率（%）。

当填料为碎石或卵石时，其最大干密度可取 2.1～2.2 t/m³。

⑥设置在斜坡上的压实填土，应验算其稳定性。当天然地面坡度大于 20%时，应采取防止压实填土可能沿坡面滑动的措施，并应避免雨水沿斜坡排泄。当压实填土阻碍原地表水畅通排泄时，应根据地形修筑雨水截水沟，或设置其他排水设施。设置在压实填土区的上、下水管道，应采取严格防渗、防漏措施。

⑦压实填土的边坡坡度允许值，应根据其厚度、填料性质等因素，按照填土自身稳定性、填土下原地基的稳定性的验算结果确定，初步设计时可按表 6.2.2-3 的数值确定。

压实填土的边坡坡度允许值 表 6.2.2-3

填土类型	边坡坡度允许值（高宽比）		压实系数 λ_c
	坡高在 8 m 以内	坡高为 8～15 m	
碎石、卵石	1∶1.50～1∶1.25	1∶1.75～1∶1.50	0.94～0.97
砂夹石（碎石卵石占全重 30%～50%）	1∶1.50～1∶1.25	1∶1.75～1∶1.50	
土夹石（碎石卵石占全重 30%～50%）	1∶1.50～1∶1.25	1∶2.00～1∶1.50	
粉质黏土，黏粒含量 ρ_c≥10%的粉土	1∶1.75～1∶1.50	1∶2.25～1∶1.75	

注：当压实填土厚度 H 大于 15 m 时，可设计成台阶或者采用土工格栅加筋等措施，验算满足稳定性要求后进行压实填土的施工。

⑧冲击碾压法可用于地基冲击碾压、土石混填或填石路基分层碾压、路基冲击增强补压、旧砂石（沥青）路面冲压和旧水泥混凝土路面冲压等处理；其冲击设备、分层填料的虚铺厚度、分层压实的遍数等的设计应根据土质条件、工期要求等因素综合确定，其有效加固深度宜为 3.0～4.0 m，施工前应进行试验段施工，确定施工参数。

⑨压实填土地基承载力特征值，应根据现场静载荷试验确定，或可通过动力触探、静力触探等试验，并结合静载荷试验结果确定；其下卧层顶面的承载力应满足本规范式(4.2.2-1)、式(4.2.2-2)和式(4.2.2-3)的要求。

⑩压实填土地基的变形，可按现行国家标准《建筑地基基础设计规范》(GB 50007)的有关规定计算，压缩模量应通过处理后地基的原位测试或土工试验确定。

Ⅱ 夯实地基

6.3.1 夯实地基处理应符合下列规定：

①强夯和强夯置换施工前，应在施工现场有代表性的场地选取一个或几个试验区，进行试夯或试验性施工。每个试验区面积不宜小于 20 m×20 m，试验区数量应根据建筑场地复杂程度、建筑规模及建筑类型确定。

②场地地下水位高，影响施工或夯实效果时，应采取降水或其他技术措施进行处理。

6.3.2 强夯置换处理地基，必须通过现场试验确定其适用性和处理效果。

6.3.3 强夯处理地基的设计应符合下列规定：

①强夯的有效加固深度，应根据现场试夯或地区经验确定。在缺少试验资料或经验时，可按表 6.3.3-1 进行预估。

强夯的有效加固深度 表 6.3.3-1

单击夯击能 E/(kN·m)	碎石土、砂土等粗颗粒土/m	粉土、粉质黏土、湿陷性黄土等细颗粒土/m
1 000	4.0～5.0	3.0～4.0
2 000	5.0～6.0	4.0～5.0
3 000	6.0～7.0	5.0～6.0
4 000	7.0～8.0	6.0～7.0
5 000	8.0～8.5	7.0～7.5
6 000	8.5～9.0	7.5～8.0
8 000	9.0～9.5	8.0～8.5
10 000	9.5～10.0	8.5～9.0
12 000	10.0～11.0	9.0～10.0

注：强夯法的有效加固深度应从最初起夯面算起；单击夯击能 E 大于 12 000 kN·m 时，强夯的有效加固深度应通过试验确定。

②夯点的夯击次数，应根据现场试夯的夯击次数和夯沉量关系曲线确定，并应同时满足下列条件：

a. 最后两击的平均夯沉量，宜满足表 6.3.3-2 的要求，当单击夯击能 E 大于 12 000 kN·m时，应通过试验确定。

强夯法最后两击平均夯沉量 表 6.3.3-2

单击夯击能 E/(kN·m)	最后两击平均夯沉量不大于/mm
E<4 000	50
4 000≤E<6 000	100
6 000≤E<8 000	150
8 000≤E<12 000	200

b. 夯坑周围地面不应发生过大的隆起。

c. 不因夯坑过深而发生提锤困难。

③夯击遍数应根据地基土的性质确定，可采用点夯 2～4 遍，对于渗透性较差的细颗粒土，应适当增加夯击遍数；最后以低能量满夯 2 遍，满夯可采用轻锤或低落距锤多次夯击，锤印搭接。

④两遍夯击之间，应有一定的时间间隔，间隔时间取决于土中超静孔隙水压力的消散时间。当缺少实测资料时，可根据地基土的渗透性确定，对于渗透性较差的黏性土地基，间隔时间不应少于 2～3 周；对于渗透性好的地基可连续夯击。

⑤夯击点位置可根据基础底面形状，采用等边三角形、等腰三角形或正方形布置。第一遍夯击点间距可取夯锤直径的 2.5～3.5 倍，第二遍夯击点应位于第一遍夯击点之间。以后各遍夯击点间距可适当减小。对处理深度较深或单击夯击能较大的工程，第一遍夯击点间距宜适当增大。

⑥强夯处理范围应大于建筑物基础范围，每边超出基础外缘的宽度宜为基底下设计处理深度的 1/2～2/3，且不应小于 3 m；对可液化地基，基础边缘的处理宽度，不应小于 5 m；对湿陷性黄土地基，应符合现行国家标准《湿陷性黄土地区建筑规范》(GB 50025)的有关规定。

⑦根据初步确定的强夯参数，提出强夯试验方案，进行现场试夯。应根据不同土质条件，待试夯结束一周至数周后，对试夯场地进行检测，并与夯前测试数据进行对比，检验强夯效果，确定工程采用的各项强夯参数。

⑧根据基础埋深和试夯时所测得的夯沉量，确定起夯面标高、夯坑回填方式和夯后标高。

⑨强夯地基承载力特征值应通过现场静载荷试验确定。

⑩强夯地基变形计算，应符合现行国家标准《建筑地基基础设计规范》(GB 50007)有关规定。夯后有效加固深度内土的压缩模量，应通过原位测试或土工试验确定。

6.3.5　强夯置换处理地基的设计，应符合下列规定：

①强夯置换墩的深度应由土质条件决定。除厚层饱和粉土外，应穿透软土层，到达较硬土层上，深度不宜超过 10 m。

②强夯置换的单击夯击能应根据现场试验确定。

③墩体材料可采用级配良好的块石、碎石、矿渣、工业废渣、建筑垃圾等坚硬粗颗粒材料，且粒径大于 300 mm 的颗粒含量不宜超过 30%。

④夯点的夯击次数应通过现场试夯确定，并应满足下列条件：

a. 墩底穿透软弱土层，且达到设计墩长。

b. 累计夯沉量为设计墩长的 1.5～2.0 倍。

c. 最后两击的平均夯沉量可按表 6.3.3-2 确定。

⑤墩位布置宜采用等边三角形或正方形。对独立基础或条形基础可根据基础形状与宽度作相应布置。

⑥墩间距应根据荷载大小和原状土的承载力选定，当满堂布置时，可取夯锤直径的2～3倍。对独立基础或条形基础可取夯锤直径的 1.5～2.0 倍。墩的计算直径可取夯锤直径的 1.1～1.2 倍。

⑦强夯置换处理范围应符合本规范第 6.3.3 条第 6 款的规定。

⑧墩顶应铺设一层厚度不小于 500 mm 的压实垫层，垫层材料宜与墩体材料相同，粒径不宜大于 100 mm。

⑨强夯置换设计时，应预估地面抬高值，并在试夯时校正。

⑩强夯置换地基处理试验方案的确定，应符合本规范第 6.3.3 条第 7 款的规定。除应进行现场静载荷试验和变形模量检测外，尚应采用超重型或重型动力触探等方法，检查置换墩着底情况，以及地基土的承载力与密度随深度的变化。

⑪软黏性土中强夯置换地基承载力特征值应通过现场单墩静载荷试验确定；对于饱和粉土地基，当处理后形成 2.0 m 以上厚度的硬层时，其承载力可通过现场单墩复合地基静载荷试验确定。

⑫强夯置换地基的变形宜按单墩静载荷试验确定的变形模量计算加固区的地基变形，对墩下地基土的变形可按置换墩材料的压力扩散角计算传至墩下土层的附加应力，按现行国家标准《建筑地基基础设计规范》(GB 50007)的有关规定计算确定；对饱和粉土地基，当处理后形成 2.0 m 以上厚度的硬层时，可按本规范第 7.1.7 条的规定确定。

【例题 7】

某建筑场地为砂土场地，采用强夯密实法进行加固，夯锤重量 20 t，落距 20 m，该方法的有效加固深度为(　　)。

(A)6～7 m　　(B)7～8 m　　(C)8～9 m　　(D)9～9.5 m

解

夯锤重力　$M=20\times10=200$ (kN)

夯锤落距　$H=20$ m

单击夯击能　200×20＝4 000 (kN·m)

查规范表 6.3.3-1 有效加固深度(砂土)为 7～8 m。

答案为(B)。

例题解析

①强夯法有效加固深度与夯锤锤重、夯锤落距、夯击次数、锤底单位压力、地基土性质不同、土层厚度和埋藏顺序及地下水位有关，由于实际问题的复杂性，新规范不推荐梅纳公式计算有效加固深度，建议采用现场试夯或当地经验确定。

②传统的梅纳公式为

$$H=K\sqrt{\frac{Mh}{10}}$$

式中，H 为有效加固深度(m)；M 为夯锤重力(kN)；h 为夯锤落距(m)；K 为修正系数，一般可采用 0.34～0.80。

【案例模拟题 7】

某黏性土场地采用强夯密实法进行加固，夯锤锤重为 25 t，落距 20 m，有效加固深度为(　　)。

(A)5～6 m　　(B)7～7.5 m　　(C)8～8.5 m　　(D)8.5～9.0 m

【案例模拟题 8】

某压实填土地基采用粉质黏土试验资料为：土的密度 $\rho=1.8$ t/m^3，土粒相对密度 $d_s=2.68$，含水率为 20%，液限 $w_L=36\%$，塑限 $w_p=18\%$。该粉质黏土可能的最大干密度为(　　)t/m^3。

(A)1.54　　(B)1.64　　(C)1.74　　(D)1.84

5.1.4 散体材料增强体复合地基

JGJ 79—2012 的相关规定如下。

5.1.4.1 一般规定

7.1.1 复合地基设计前，应在有代表性的场地上进行现场试验或试验性施工，以确定设计参数和处理效果。

7.1.2 对散体材料复合地基增强体应进行密实度检验；对有黏结强度复合地基增强体应进行强度及桩身完整性检验。

7.1.3 复合地基承载力的验收检验应采用复合地基静载荷试验，对有黏结强度的复合地基增强体尚应进行单桩静载荷试验。

7.1.4 复合地基增强体单桩的桩位施工允许偏差：对条形基础的边桩沿轴线方向应为桩径的±1/4，沿垂直轴线方向应为桩径的±1/6，其他情况桩位的施工允许偏差应为桩径的±40%；桩身的垂直度允许偏差应为±1%。

7.1.5 复合地基承载力特征值应通过复合地基静载荷试验或采用增强体静载荷试验结果和其周边土的承载力特征值结合经验确定，初步设计时，对散体材料增强体复合地基应按下式计算

$$f_{spk} = [1 + m(n-1)]f_{sk} \tag{7.1.5-1}$$

式中，f_{spk}为复合地基承载力特征值(kPa)；f_{sk}为处理后桩间土承载力特征值(kPa)，可按地区经验确定；n为复合地基桩土应力比，可按地区经验确定；m为面积置换率，$m=d^2/d_e^2$；d为桩身平均直径(m)，d_e为一根桩分担的处理地基面积的等效圆直径(m)；等边三角形布桩 $d_e=1.05s$，正方形布桩 $d_e=1.13s$，矩形布桩 $d_e=1.13\sqrt{s_1 s_2}$，s、s_1、s_2分别为桩间距、纵向桩间距和横向桩间距。

7.1.7 复合地基变形计算应符合现行国家标准《建筑地基基础设计规范》(GB 50007)的有关规定，地基变形计算深度应大于复合土层的深度。复合土层的分层与天然地基相同，各复合土层的压缩模量等于该层天然地基压缩模量的ζ倍，ζ值可按下式确定

$$\zeta = \frac{f_{spk}}{f_{ak}} \tag{7.1.7}$$

式中，f_{ak}为基础底面下天然地基承载力特征值(kPa)。

7.1.8 复合地基的沉降计算经验系数ψ_s可根据地区沉降观测资料统计值确定，无经验取值时，可采用表7.1.8的数值。

沉降计算经验系数 ψ_s　　表7.1.8

$\overline{E}_s$/MPa	4.0	7.0	15.0	20.0	35.0
ψ_s	1.0	0.7	0.4	0.25	0.2

注：$\overline{E}_s$为变形计算深度范围内压缩模量的当量值，应按下式计算

$$\overline{E}_s = \frac{\sum_{i=1}^{n} A_i + \sum_{j=1}^{m} A_j}{\sum_{i=1}^{n}\frac{A_i}{E_{spi}} + \sum_{j=1}^{m}\frac{A_j}{E_{sj}}} \tag{7.1.8}$$

式中，A_i为加固土层第i层土附加应力系数沿土层厚度的积分值；A_j为加固土层下第j层土附加应力系数沿土层厚度的积分值。

全国注册岩土工程师专业考试模拟训练题集及历年真题新解

7.1.9　处理后的复合地基承载力，应按本规范附录B的方法确定；复合地基增强体的单桩承载力，应按本规范附录C的方法确定。

【例题8】

某场地采用振冲碎石桩加密，桩径为800 mm，桩间距为1.5 m，正方形布桩，复合地基桩土应力比为3，处理后测得桩间土的承载力为110 kPa，则复合地基承载力特征值为(　　)kPa。

(A)129　　(B)139　　(C)149　　(D)159

解

据规范JGJ 120—2012计算如下：

$$d_e = 1.13s = 1.13 \times 1.5 = 1.695\ (\text{m})$$

$$m = d^2/d_e^2 = 0.8^2/1.695^2 = 0.2227$$

$$f_{spk} = [1 + m(n-1)]f_{sk} = [1 + 0.2227 \times (3-1)] \times 110 = 159\ (\text{kPa})$$

答案为(D)。

【案例模拟题9】

某工程为海边码头的堆料场，表层软土厚度为10 m，压缩模量为4 MPa，承载力特征值为100 kPa，其他条件与例题8相同，则处理后的软土层压缩模量为(　　)MPa。

(A)5.8　　(B)6.2　　(C)6.4　　(D)6.8

5.1.4.2　振冲碎石桩和沉管砂石桩复合地基

7.2.1　振冲碎石桩、沉管砂石桩复合地基处理应符合下列规定：

①适用于挤密处理松散砂土、粉土、粉质黏土、素填土、杂填土等地基，以及用于处理可液化地基。饱和黏土地基，如对变形控制不严格，可采用砂石桩置换处理。

②对大型的、重要的或场地地层复杂的工程，以及对于处理不排水抗剪强度不小于20 kPa的饱和黏性土和饱和黄土地基，应在施工前通过现场试验确定其适用性。

③不加填料振冲挤密法适用于处理黏粒含量不大于10%的中砂、粗砂地基，在初步设计阶段宜进行现场工艺试验，确定不加填料振密的可行性，确定孔距、振密电流值、振冲水压力、振后砂层的物理力学指标等施工参数；30 kW振冲器振密深度不宜超过7 m，75 kW振冲器振密深度不宜超过15 m。

7.2.2　振冲碎石桩、沉管砂石桩复合地基设计应符合下列规定：

①地基处理范围应根据建筑物的重要性和场地条件确定，宜在基础外缘扩大1～3排桩。对可液化地基，在基础外缘扩大宽度不应小于基底下可液化土层厚度的1/2，且不应小于5 m。

②桩位布置，对大面积满堂基础和独立基础，可采用三角形、正方形、矩形布桩；对条形基础，可沿基础轴线采用单排布桩或对称轴线多排布桩。

③桩径可根据地基土质情况、成桩方式和成桩设备等因素确定，桩的平均直径可按每根桩所用填料量计算。振冲碎石桩桩径宜为800～1 200 mm；沉管砂石桩桩径宜为300～800 mm。

④桩间距应通过现场试验确定，并应符合下列规定：

a. 振冲碎石桩的桩间距应根据上部结构荷载大小和场地土层情况，并结合所采用的振冲器功率大小综合考虑；30 kW 振冲器布桩间距可采用 1.3～2.0 m；55 kW 振冲器布桩间距可采用 1.4～2.5 m；75 kW 振冲器布桩间距可采用 1.5～3.0 m；不加填料振冲挤密孔距可为 2～3 m。

b. 沉管砂石桩的桩间距，不宜大于砂石桩直径的 4.5 倍；初步设计时，对松散粉土和砂土地基，应根据挤密后要求达到的孔隙比确定，可按下列公式估算：

等边三角形布置

$$s = 0.95\xi d\sqrt{\frac{1+e_0}{e_0-e_1}} \tag{7.2.2-1}$$

正方形布置

$$s = 0.89\xi d\sqrt{\frac{1+e_0}{e_0-e_1}} \tag{7.2.2-2}$$

$$e_1 = e_{max} - D_{r1}(e_{max} - e_{min}) \tag{7.2.2-3}$$

式中，s 为砂石桩间距(m)；d 为砂石桩直径(m)；ξ 为修正系数，当考虑振动下沉密实作用时，可取 1.1～1.2；不考虑振动下沉密实作用时，可取 1.0；e_0 为地基处理前砂土的孔隙比，可按原状土样试验确定，也可根据动力或静力触探等对比试验确定；e_1 为地基挤密后要求达到的孔隙比；e_{max}、e_{min} 为砂土的最大、最小孔隙比，可按现行国家标准《土工试验方法标准》(GB/T 50123)的有关规定确定；D_{r1} 为地基挤密后要求砂土达到的相对密实度，可取0.70～0.85。

⑤桩长可根据工程要求和工程地质条件，通过计算确定并应符合下列规定：

a. 当相对硬土层埋深较浅时，可按相对硬层埋深确定。

b. 当相对硬土层埋深较大时，应按建筑物地基变形允许值确定。

c. 对按稳定性控制的工程，桩长应不小于最危险滑动面以下 2.0 m 的深度。

d. 对可液化的地基，桩长应按要求处理液化的深度确定。

e. 桩长不宜小于 4 m。

⑥振冲桩桩体材料可采用含泥量不大于 5%的碎石、卵石、矿渣或其他性能稳定的硬质材料，不宜使用风化易碎的石料。对 30 kW 振冲器，填料粒径宜为 20～80 mm；对55 kW振冲器，填料粒径宜为 30～100 mm；对 75 kW 振冲器，填料粒径宜为 40～150 mm。沉管桩桩体材料可用含泥量不大于 5%的碎石、卵石、角砾、圆砾、砾砂、粗砂、中砂或石屑等硬质材料，最大粒径不宜大于 50 mm。

⑦桩顶和基础之间宜铺设厚度为 300～500 mm 的垫层，垫层材料宜用中砂、粗砂、级配砂石和碎石等，最大粒径不宜大于 30 mm，其夯填度(夯实后的厚度与虚铺厚度的比值)不应大于 0.9。

⑧复合地基的承载力初步设计可按本规范式(7.1.5-1)估算，处理后桩间土承载力特征值，可按地区经验确定，如无经验时，对于一般黏性土地基，可取天然地基承载力特征值，松散的砂土、粉土可取原天然地基承载力特征值的 1.2～1.5 倍；复合地基桩土应力比 n，宜采用实测值确定，如无实测资料时，对于黏性土可取 2.0～4.0，对于砂土、粉土可取1.5～3.0。

⑨复合地基变形计算应符合本规范第 7.1.7 条和第 7.1.8 条的规定。

⑩对处理堆载场地地基,应进行稳定性验算。

【例题 9】

某软土地基采用直径为 1.0 m 的振冲碎石桩加固,载荷试验测得桩体承载力特征值 $f_{pk}=250$ kPa,桩间土承载力特征值 $f_{sk}=90$ kPa,要求处理后的复合地基承载力达到150 kPa,采用等边三角形满堂布桩,按《建筑地基处理技术规范》(JGJ 79—2012)计算。

①振冲碎石桩的置换率 m 为(　　)。

(A)27.5%　　(B)32.5%　　(C)37.5%　　(D)42.5%

②桩间距 s 宜为(　　)。

(A)1.36 m　　(B)1.46 m　　(C)1.56 m　　(D)1.63 m

解

①振冲碎石桩的面积置换率 m

$$f_{spk}=[1+m(n-1)]f_{sk}$$

整理后得

$$n=f_{pk}/f_{sk}=250/90=2.78$$

$$m=\frac{f_{spk}/f_{sk}-1}{n-1}=\frac{150/90-1}{2.78-1}=0.375=37.5\%$$

②碎石桩间距 s

$$m=d^2/d_e^2$$

$$d_e=\frac{d}{\sqrt{m}}=\frac{1}{\sqrt{0.375}}=1.633\ (\text{m})$$

等边三角形布桩

$$d_e=1.05s$$

$$s=d_e/1.05=1.633/1.05=1.56\ (\text{m})$$

答案:① (C),② (C)。

例题解析

①复合地基承载力特征值不宜小于基础底面附加压力值。

②桩间土承载力特征值宜按当地经验取值,亦可取天然地基承载力特征值。

③面积置换率 $m=(\frac{\pi}{4}d^2)/(\frac{\pi}{4}d_e^2)=d^2/d_e^2$。

④不同布桩形式时等效圆直径与桩间距关系不同。

【案例模拟题 10】

某建筑物位于松散砂土场地,拟采用筏板基础,基础底面压力为 180 kPa,处理后桩间土的承载力特征值为 110 kPa,采用振冲碎石桩复合地基处理,已知桩径为 1.0 m,采用正方形布桩,桩体承载力特征值为 280 kPa,按《建筑地基处理技术规范》(JGJ 79—2012)计算。

①置换率不得小于(　　)。

(A)35.2%　　(B)41.2%　　(C)45.2%　　(D)50%

②桩间距宜为(　　)。

(A)1.38 m　　(B)1.43 m　　(C)1.50 m　　(D)1.56 m

【例题 10】

某黏性土地基采用振冲碎石桩法处理，桩径为 0.8 m，采用正方形满堂布桩，地基土承载力特征值为 100 kPa，压缩模量为 5 MPa，桩土应力比为 4，处理后桩间土承载力特征值为 120 kPa，基础底面压力为 220 kPa，按《建筑地基处理技术规范》(JGJ 79—2012)计算。

①振冲碎石桩的面积置换率应为(　　)。

(A)25%　　(B)28%　　(C)32%　　(D)35%

②桩间距宜为(　　)。

(A)1.30 m　　(B)1.34 m　　(C)1.40 m　　(D)1.44 m

③复合地基的模量为(　　)。

(A)8.5 MPa　　(B)9.0 MPa　　(C)11 MPa　　(D)12 MPa

解

①面积置换率 m

$$f_{spk}=[1+m(n-1)]f_{sk}$$

$$m=\frac{f_{spk}/f_{sk}-1}{n-1}=\frac{220/120-1}{4-1}=0.278=27.8\%$$

②桩间距 s

$$d^2/d_e^2=m$$

$$d_e=\frac{d}{\sqrt{m}}=\frac{0.8}{\sqrt{0.278}}=1.517\ (\mathrm{m})$$

正方形布桩，$d_e=1.13s$

$$s=\frac{d_e}{1.13}=\frac{1.517}{1.13}=1.34\ (\mathrm{m})$$

③复合地基的复合模量 E_{sp}

$$E_{sp}=\frac{f_{spk}}{f_{ak}}E_s=\frac{220}{100}\times 5=11\ (\mathrm{MPa})$$

答案：①(B)，②(B)，③(C)。

【案例模拟题 11】

某黏性土场地采用振冲碎石桩处理，按三角形布桩，桩径为 1.2 m，桩土应力比 $n=3$，处理前后桩间土承载力均为 100 kPa，处理前压缩模量为 4 MPa，要求复合地基承载力达到 160 kPa，按《建筑地基处理技术规范》(JGJ 79—2012)进行计算。

①振冲碎石桩面积置换率为(　　)。

(A)20%　　(B)25%　　(C)30%　　(D)35%

②桩间距宜为(　　)。

(A)1.7 m　　(B)1.9 m　　(C)2.1 m　　(D)2.3 m

③复合地基的复合模量为(　　)。

(A)5.4 MPa　　(B)6.4 MPa　　(C)7.4 MPa　　(D)8.4 MPa

【例题 11】

某黏性土场地采用振冲碎石桩处理，正方形布桩，桩间距为 1.35 m，桩径 0.90 m，天然土层承载力特征值为 80 kPa，压缩模量为 4.5 MPa，处理后桩间土承载力特征值为 90 kPa，复合地基承载力为 145 kPa，按《建筑地基处理技术规范》(JGJ 79—2012)计算。

①置换率 m 为(　　)。

(A)25%　　(B)30%　　(C)35%　　(D)40%

②桩土应力比 n 为(　　)。

(A)2.25　　(B)2.5　　(C)2.75　　(D)3.0

③复合地基压缩模量 E_{sp} 为(　　)。

(A)6.75 MPa　　(B)7.2 MPa　　(C)7.65 MPa　　(D)8.1 MPa

解

①置换率 m

正方形布桩，$d_e=1.13s=1.13\times1.35=1.526$ (m)

$$m=\frac{d^2}{d_e^2}=\frac{0.9^2}{1.526^2}\times100\%\approx35\%$$

②桩土应力比

$$f_{spk}=[1+m(n-1)]f_{sk}$$

$$n=\frac{f_{spk}/f_{sk}-1}{m}+1=\frac{145/90-1}{0.35}+1=2.75$$

③复合地基压缩模量 E_{sp}

$$E_{sp}=\frac{f_{spk}}{f_{ak}}E_s=\frac{145}{80}\times4.5=8.16\ (\text{MPa})$$

答案:①(C),②(C),③(D)。

例题解析

①已知桩间距、桩径及布桩形式时,可求置换率。

②已知桩体承载力及桩间土承载力时,可求桩土应力比。

【案例模拟题 12】

某砂土场地采用振冲碎石桩处理,采用矩形布桩,横向桩距为 1.4 m,纵向桩距为 1.6 m,桩径为 1.0 m,桩体承载力特征值为 250 kPa,桩间土承载力特征值为 110 kPa,天然地基土承载力为 100 kPa,压缩模量 $E_s=5.0$ MPa,按《建筑地基处理技术规范》(JGJ 79—2012)计算。

①面积置换率为(　　)。

(A)25%　　(B)30%　　(C)35%　　(D)40%

②桩土应力比为(　　)。

(A)2.0　　(B)2.3　　(C)2.8　　(D)3.0

③复合地基承载力为(　　)。

(A)139 kPa　　(B)149 kPa　　(C)159 kPa　　(D)169 kPa

④复合地基压缩模量为(　　)。

(A)8.0 MPa　　(B)8.5 MPa　　(C)9.0 MPa　　(D)9.5 MPa

【例题 12】

某均质砂土场地中采用砂桩处理,等边三角形布桩,砂桩直径为 0.5 m,桩体承载力为 300 kPa,场地土层天然孔隙比为 0.92,最大孔隙比为 0.96,最小孔隙比为 0.75,天然地基承载力为 120 kPa,要求加固后砂土的相对密度不小于 0.7,按《建筑地基处理技术规范》(JGJ 79—2012)计算。

①采用振动沉管施工法,修正系数 $\xi=1.1$,桩间距宜为(　　)。

(A)2.01 m　　(B)2.11 m　　(C)2.21 m　　(D)2.31 m

②如场地土层相对密度为 0.7 时的承载力为 150 kPa,复合地基承载力为(　　)。

(A)150 kPa　　(B)157 kPa　　(C)172 kPa　　(D)180 kPa

解

①桩间距 s

相对密度达到 0.7 时的孔隙比 e_1

$$e_1 = e_{max} - D_{r1}(e_{max} - e_{min}) = 0.96 - 0.7 \times (0.96 - 0.75) = 0.813$$

等边三角形布桩，桩间距为

$$s = 0.95\xi d\sqrt{\frac{1+e_0}{e_0 - e_1}}$$

$$= 0.95 \times 1.1 \times 0.5 \times \sqrt{\frac{1+0.92}{0.92-0.813}} = 2.21\ (\text{m})$$

②复合地基承载力 f_{spk}

$$d_e = 1.05s = 1.05 \times 2.21 = 2.32$$

$$m = d^2/d_e^2 = \frac{0.5^2}{2.32^2} = 0.046$$

$$n = 300/150 = 2$$

$$f_{spk} = [1 + m(n-1)]f_{sk} = [1 + 0.046 \times (2-1)] \times 150 = 157\ (\text{kPa})$$

答案：①(C)，②(B)。

例题解析

①砂土场地中桩间距可根据挤密后要求达到的孔隙比确定，孔隙比可按要求达到的相对密度确定。

②复合地基承载力计算同振冲桩法。

【案例模拟题 13】

某砂土场地采用振冲桩处理、正方形布桩，桩径 0.6 m，桩距 1.8 m，不考虑成桩时的振动下沉密实作用，土体天然承载力为 120 kPa，天然孔隙比为 0.85，最大孔隙比为 0.89，最小孔隙比为 0.63，按《建筑地基处理技术规范》(JGJ 79—2012)计算。

①土体天然状态下相对密度为(　　)。

(A)0.15　　(B)0.20　　(C)0.35　　(D)0.40

②处理后土体的相对密度为(　　)。

(A)0.70　　(B)0.78　　(C)0.85　　(D)0.90

③如处理后砂土承载力为 180 kPa，桩体承载力为 360 kPa，复合地基承载力为(　　)。

(A)185 kPa　　(B)190 kPa　　(C)195 kPa　　(D)200 kPa

④如使处理后的相对密度达到 90%，桩间距应为(　　)。

(A)1.60 m　　(B)1.65 m　　(C)1.70 m　　(D)1.75 m

【例题 13】

某黏土场地中采用砂石桩处理，处理后桩间土承载力为 90 kPa，复合地基承载力为 150 kPa，砂石桩桩体承载力为 300 kPa，如采用等边三角形布桩，桩径为 0.8 m，按《建筑地基处理技术规范》(JGJ 79—2012)计算，砂石桩间距宜为(　　)。

(A)1.23 m　　(B)1.43 m　　(C)1.63 m　　(D)1.83 m

解

置换率 m

$$n = \frac{300}{90} = 3.33$$

$$m=\frac{\frac{f_{spk}}{f_{sk}}-1}{n-1}=\frac{\frac{150}{90}-1}{3.33-1}=0.286$$

等效圆直径 d_e

$$d_e=\frac{d}{\sqrt{m}}=\frac{0.8}{\sqrt{0.286}}=1.496\ (m^2)$$

桩间距(正三角形布桩)

$$s=\frac{d_e}{1.05}=\frac{1.496}{1.05}=1.43\ (m)$$

答案为(B)。

例题解析

①桩间距可通过置换率求得。

②复合地基计算与振冲法相同。

【案例模拟题 14】

某建筑场地为黏性土场地，采用砂石桩法进行处理，等边三角形布桩，桩径为 0.8 m，桩土应力比为 3，处理后桩间土承载力为 100 kPa，处理后复合地基承载力为 180 kPa，桩间距宜为(　　)。

(A)1.1 m　　(B)1.2 m　　(C)1.3 m　　(D)1.4 m

5.1.4.3 灰土挤密桩和土挤密桩复合地基

7.5.1 灰土挤密桩、土挤密桩复合地基处理应符合下列规定：

①适用于处理地下水位以上的粉土、黏性土、素填土、杂填土和湿陷性黄土等地基，可处理地基的厚度宜为 3～15 m。

②当以消除地基土的湿陷性为主要目的时，可选用土挤密桩；当以提高地基土的承载力或增强其水稳性为主要目的时，宜选用灰土挤密桩。

③当地基土的含水率大于 24%、饱和度大于 65%时，应通过试验确定其适用性。

④对重要工程或在缺乏经验的地区，施工前应按设计要求，在有代表性的地段进行现场试验。

7.5.2 灰土挤密桩、土挤密桩复合地基设计应符合下列规定：

①地基处理的面积：当采用整片处理时，应大于基础或建筑物底层平面的面积，超出建筑物外墙基础底面外缘的宽度，每边不宜小于处理土层厚度的 1/2，且不应小于2 m；当采用局部处理时，对非自重湿陷性黄土、素填土和杂填土等地基，每边不应小于基础底面宽度的 25%，且不应小于 0.5 m；对自重湿陷性黄土地基，每边不应小于基础底面宽度的 75%，且不应小于 1.0 m。

②处理地基的深度，应根据建筑场地的土质情况、工程要求和成孔及夯实设备等综合因素确定。对湿陷性黄土地基，应符合现行国家标准《湿陷性黄土地区建筑规范》(GB 50025)的有关规定。

③桩孔直径宜为 300～600 mm。桩孔宜按等边三角形布置，桩孔之间的中心距离，可为桩孔直径的 2.0～3.0 倍，也可按下式估算

$$s = 0.95d\sqrt{\frac{\bar{\eta}_c \rho_{dmax}}{\bar{\eta}_c \rho_{dmax} - \bar{\rho}_d}} \tag{7.5.2-1}$$

式中，s 为桩孔之间的中心距离(m)；d 为桩孔直径(m)；ρ_{dmax} 为桩间土的最大干密度(t/m^3)；$\bar{\rho}_d$ 为地基处理前土的平均干密度(t/m^3)；$\bar{\eta}_c$ 为桩间土经成孔挤密后的平均挤密系数，不宜小于 0.93。

④桩间土的平均挤密系数 $\bar{\eta}_c$，应按下式计算

$$\bar{\eta}_c = \frac{\bar{\rho}_{d1}}{\rho_{dmax}} \tag{7.5.2-2}$$

式中，$\bar{\rho}_{d1}$ 为在成孔挤密深度内，桩间土的平均干密度(t/m^3)，平均试样数不应少于 6 组。

⑤桩孔的数量可按下式估算

$$n = \frac{A}{A_e} \tag{7.5.2-3}$$

式中，n 为桩孔的数量；A 为拟处理地基的面积(m^2)；A_e 为单根土或灰土挤密桩所承担的处理地基面积(m^2)，即

$$A_e = \frac{\pi d_e^2}{4} \tag{7.5.2-4}$$

式中，d_e 为单根桩分担的处理地基面积的等效圆直径(m)。

⑥桩孔内的灰土填料，其消石灰与土的体积配合比，宜为 2∶8 或 3∶7。土料宜选用粉质黏土，土料中的有机质含量不应超过 5%，且不得含有冻土，渣土垃圾粒径不应超过 15 mm。石灰可选用新鲜的消石灰或生石灰粉，粒径不应大于 5 mm。消石灰的质量应合格，有效 CaO+MgO 含量不得低于 60%。

⑦孔内填料应分层回填夯实，填料的平均压实系 $\bar{\lambda}_c$ 不应低于 0.97，其中压实系数最小值不应低于 0.93。

⑧桩顶标高以上应设置 300～600 mm 厚的褥垫层。垫层材料可根据工程要求采用2∶8或 3∶7 灰土、水泥土等。其压实系数均不应低于 0.95。

⑨复合地基承载力特征值，应按本规范第 7.1.5 条确定。初步设计时，可按本规范式(7.1.5-1)进行估算。桩土应力比应按试验或地区经验确定。灰土挤密桩复合地基承载力特征值，不宜大于处理前天然地基承载力特征值的 2.0 倍，且不宜大于 250 kPa；对土挤密桩复合地基承载力特征值，不宜大于处理前天然地基承载力特征值的 1.4 倍，且不宜大于 180 kPa。

⑩复合地基的变形计算应符合本规范第 7.1.7 条和第 7.1.8 条的规定。

7.5.3　灰土挤密桩、土挤密桩施工应符合下列规定：

①成孔应按设计要求、成孔设备、现场土质和周围环境等情况，选用振动沉管、锤击沉管、冲击或钻孔等方法。

②桩顶设计标高以上的预留覆盖土层厚度，宜符合下列规定：

a. 沉管成孔不宜小于 0.5 m。

b. 冲击成孔或钻孔夯扩法成孔不宜小于 1.2 m。

③成孔时，地基土宜接近最优(或塑限)含水率，当土的含水率低于12%时，宜对拟处理范围内的土层进行增湿，应在地基处理前4～6 d，将需增湿的水通过一定数量和一定深度的渗水孔，均匀地浸入拟处理范围内的土层中，增湿土的加水量可按下式估算

$$Q=v\bar{\rho}_d(w_{op}-\bar{w})k \tag{7.5.3}$$

式中，Q为计算加水量(t)；v为拟加固土的总体积(m^3)；$\bar{\rho}_d$为地基处理前土的平均干密度(t/m^3)；w_{op}为土的最优含水率(%)，通过室内击实试验求得；$\bar{w}$为地基处理前土的平均含水率(%)；k为损耗系数，可取1.05～1.10。

④土料有机质含量不应大于5%，且不得含有冻土和膨胀土，使用时应过10～20 mm的筛，混合料含水率应满足最优含水率要求，允许偏差应为±2%，土料和水泥应拌和均匀。

⑤成孔和孔内回填夯实应符合下列规定：

a. 成孔和孔内回填夯实的施工顺序，当整片处理地基时，宜从里(或中间)向外间隔1～2孔依次进行，对大型工程，可采取分段施工；当局部处理地基时，宜从外向里间隔1～2孔依次进行。

b. 向孔内填料前，孔底应夯实，并应检查桩孔的直径、深度和垂直度。

c. 桩孔的垂直度允许偏差应为±1%。

d. 孔中心距允许偏差应为桩距的±5%。

e. 经检验合格后，应按设计要求，向孔内分层填入筛好的素土、灰土或其他填料，并应分层夯实至设计标高。

⑥铺设灰土垫层前，应按设计要求将桩顶标高以上的预留松动土层挖除或夯(压)密实。

⑦施工过程中，应有专人监督成孔及回填夯实的质量，并应做好施工记录；如发现地基土质与勘察资料不符，应立即停止施工，待查明情况或采取有效措施处理后，方可继续施工。

⑧雨期或冬期施工，应采取防雨或防冻措施，防止填料受雨水淋湿或冻结。

【例题14】

某湿陷性黄土场地中的单幢建筑物，用地红线长50 m，宽30 m，湿陷性土层厚度为12 m，采用土挤密桩法处理，等边三角形布桩，桩径为0.4 m，要求平均挤密系数不低于0.93，场地土天然含水率为10%，最优含水率为18%，天然密度为1.63 t/m^3，最大干密度为1.86 t/m^3，按《建筑地基处理技术规范》(JGJ 79—2012)计算。

①土桩桩间距不宜大于(　　)。

(A)1.0 m　　(B)1.2 m　　(C)1.4 m　　(D)1.5 m

②挤密后桩间土的平均干密度不宜小于(　　)。

(A)1.68 t/m^3　　(B)1.70 t/m^3　　(C)1.73 t/m^3　　(D)1.75 t/m^3

③桩孔数量不宜少于(　　)根。

(A)1 710　　(B)1 734　　(C)1 789　　(D)1 811

④对场地增湿时，如损耗系数为1.10，需加水的总量宜为(　　)。

(A)2 131 t　　(B)2 235 t　　(C)2 344 t　　(D)2 445 t

解

①土桩间距 s

处理前地基的平均干密度 $\bar{\rho}_d$

$$\bar{\rho}_d=\frac{\bar{\rho}}{1+0.01w}=\frac{1.63}{1+0.01\times10}=1.48\ (\mathrm{t/m^3})$$

$$s=0.95d\sqrt{\frac{\bar{\eta}_c\rho_{dmax}}{\bar{\eta}_c\rho_{dmax}-\bar{\rho}_d}}$$

$$=0.95\times0.4\times\sqrt{\frac{0.93\times1.86}{0.93\times1.86-1.48}}=1.0\ (\mathrm{m})$$

②挤密后桩间土的干密度 $\bar{\rho}_{d1}$

$$\bar{\rho}_{d1}=\bar{\rho}_{dmax}\bar{\eta}_c=1.86\times0.93=1.73\ (\mathrm{t/m^3})$$

③桩孔数量 n

等效圆直径 d_e

$$d_e=1.05s=1.05\times1=1.05\ (\mathrm{m})$$

等效圆面积 A_e

$$A_e=\frac{\pi d_e^2}{4}=\frac{3.14\times1.05^2}{4}=0.865\ (\mathrm{m^2})$$

桩孔数量 n

$$n=A/A_e=50\times30/0.865=1\,734\ (根)$$

④场地增湿时需加水量 Q

$$Q=v\bar{\rho}_d(w_{op}-\bar{w})k$$

$$=50\times30\times12\times1.48\times(0.18-0.1)\times1.1$$

$$=2\,344.3\ (\mathrm{t})$$

答案：①(A)，②(C)，③(B)，④(C)。

例题解析

①桩间距宜按挤密后桩间土的干密度或挤密系数确定。

②桩间土的挤密系数一般不应小于0.90，重要工程不应小于0.93。

③桩体的压实系数不应小于0.96。

【案例模拟题15】

某黄土场地采用土挤密桩法处理，桩径为300 mm，正三角形布桩，要求桩间土挤密系数达到0.94，湿陷性土层厚度10 m，场地面积40 m×40 m，土层天然含水率为11%，最优含水率为17%，天然密度为1.63 t/m³，最大干密度为1.81 t/m³，按《建筑地基处理技术规范》(JGJ 79—2012)计算。

①桩间距不应小于(　　)。

(A)0.70 m　　(B)0.77 m　　(C)0.80 m　　(D)0.85 m

②置换率宜为(　　)。

(A)10%　　(B)14%　　(C)18%　　(D)22%

③挤密后桩间土的干密度不宜小于(　　)。

(A)1.65 t/m³　　(B)1.7 t/m³　　(C)1.75 t/m³　　(D)1.8 t/m³

④场地中桩孔数量宜为(　　)根。

(A)3 000　　(B)3 097　　(C)3 119　　(D)3 178

全国注册岩土工程师专业考试模拟训练题集及历年真题新解

⑤如损耗系数取 1.05，场地加湿所需的总水量宜为(　　)t。

(A)1 380　　(B)1 430　　(C)1 482　　(D)1 530

5.1.4.4 柱锤冲扩桩复合地基

7.8.1 柱锤冲扩桩复合地基适用于处理地下水位以上的杂填土、粉土、黏性土、素填土和黄土等地基；对地下水位以下饱和土层处理，应通过现场试验确定其适用性。

7.8.2 柱锤冲扩桩处理地基的深度不宜超过 10 m。

7.8.3 对大型的、重要的或场地复杂的工程，在正式施工前，应在有代表性的场地进行试验。

7.8.4 柱锤冲扩桩复合地基设计应符合下列规定：

①处理范围应大于基底面积。对一般地基，在基础外缘应扩大 1～3 排桩，且不应小于基底下处理土层厚度的 1/2；对可液化地基，在基础外缘扩大的宽度，不应小于基底下可液化土层厚度的 1/2，且不应小于 5 m。

②桩位布置宜为正方形和等边三角形，桩距宜为 1.2～2.5 m 或取桩径的 2～3 倍。

③桩径宜为 500～800 mm，桩孔内填料量应通过现场试验确定。

④地基处理深度：对相对硬土层埋藏较浅地基，应达到相对硬土层深度；对相对硬土层埋藏较深地基，应按下卧层地基承载力及建筑物地基的变形允许值确定；对可液化地基，应按现行国家标准《建筑抗震设计规范》(GB 50011)的有关规定确定。

⑤桩顶部应铺设 200～300 mm 厚砂石垫层，垫层的夯填度不应大于 0.9；对湿陷性黄土，垫层材料应采用灰土，满足本规范第 7.5.2 条第 8 款的规定。

⑥桩体材料可采用碎砖三合土、级配砂石、矿渣、灰土、水泥混合土等，当采用碎砖三合土时，其体积比可采用生石灰∶碎砖∶黏性土为 1∶2∶4，当采用其他材料时，应通过试验确定其适用性和配合比。

⑦承载力特征值应通过现场复合地基静载荷试验确定；初步设计时，可按式(7.1.5-1)估算，置换率 m 宜取 0.2～0.5；桩土应力比 n 应通过试验确定或按地区经验确定；无经验值时，可取 2～4。

⑧处理后地基变形计算应符合本规范第 7.1.7 条和第 7.1.8 条的规定。

⑨当柱锤冲扩桩处理深度以下存在软弱下卧层时，应按现行国家标准《建筑地基基础设计规范》(GB 50007)的有关规定进行软弱下卧层地基承载力验算。

【例题 15】

某黏性素填土场地采用柱锤冲扩法处理，正三角形布桩，桩体直径为 0.8 m，桩土应力比为 4，天然地基承载力为 70 kPa，处理后桩间土承载力为 85 kPa；加固前地基土的压缩模量为 6 MPa，基底压力为 160 kPa，按《建筑地基处理技术规范》(JGJ 79—2012)计算。

①地基置换率为(　　)。

(A)0.25　　(B)0.30　　(C)0.34　　(D)0.40

②桩距宜为(　　)。

(A)1.40 m　　(B)1.50 m　　(C)1.60 m　　(D)1.80 m

③处理后复合地基的模量为(　　)。

(A)10.5 MPa　　(B)13.7 MPa　　(C)12 MPa　　(D)14.1 MPa

解

①置换率 m

$$f_{spk}=[1+m(n-1)]f_{sk}$$

整理后得

$$m=(f_{spk}/f_{sk}-1)/(n-1)$$
$$=(160/85-1)/(4-1)=0.294$$

②桩距 s

$$m=\frac{d^2}{d_e^2}$$

$$d_e=\frac{d}{\sqrt{m}}=\frac{0.8}{\sqrt{0.294}}=1.48$$

$$s=\frac{d_e}{1.05}=\frac{1.48}{1.05}=1.41(\mathrm{m})$$

③复合地基模量 E_{sp}

$$E_{sp}=\xi E_s=\frac{160}{70}\times 6=13.7\ (\mathrm{MPa})$$

答案:①(B),②(A),③(B)。

【案例模拟题 16】

某黏性素填土场地采用柱锤冲扩桩法进行处理,天然土层承载力为 90 kPa,压缩模量为 5 MPa,处理后桩间土层承载力为 100 kPa,压缩模量为 5.5 MPa,基底压力为 150 kPa,采用正方形布桩,桩径为 0.8 m,桩土应力比为 3,按《建筑地基处理技术规范》(JGJ 79—2012)计算。

①置换率不宜低于(　　)。

(A)0.25　　(B)0.30　　(C)0.35　　(D)0.40

②桩间距宜为(　　)。

(A)1.4 m　　(B)1.5 m　　(C)1.6 m　　(D)1.7 m

③复合地基压缩模量为(　　)。

(A)7.5 MPa　　(B)8.3 MPa　　(C)9 MPa　　(D)9.5 MPa

【案例模拟题 17】

某砂土场地采用柱锤冲扩桩法处理,正三角形布桩,桩径为 0.8 m,面积置换率为 0.3,桩土应力比为 3,天然地基土承载力为 80 kPa,压缩模量为 4 MPa,处理后桩间土承载力为 90 kPa,压缩模量为 5 MPa,按《建筑地基处理技术规范》(JGJ 79—2012)计算。

①桩间距宜为(　　)。

(A)1.5 m　　(B)1.4 m　　(C)1.3 m　　(D)1.2 m

②复合地基承载力为(　　)。

(A)128 kPa　　(B)136 kPa　　(C)144 kPa　　(D)150 kPa

③复合地基压缩模量为(　　)。

(A)6.4 MPa　　(B)7.2 MPa　　(C)11.2 MPa　　(D)12.8 MPa

5.1.5 有黏结强度增强体复合地基

JGJ 79—2012 的相关规定如下。

5.1.5.1 有黏结强度增强体复合地基承载力及变形计算

JGJ 79—2012 第 7.1.5 条第 2 款、第 3 款分别如下。

第 2 款：对有黏结强度增强体复合地基应按下式计算

$$f_{spk}=\lambda m\frac{R_a}{A_p}+\beta(1-m)f_{sk} \qquad (7.1.5\text{-}2)$$

式中，λ 为单桩承载力发挥系数，可按地区经验取值；R_a 为单桩竖向承载力特征值(kN)；A_p 为桩的截面积(m^2)；β 为桩间土承载力发挥系数，可按地区经验取值。

第 3 款：增强体单桩竖向承载力特征值可按下式估算

$$R_a=u_p\sum_{i=1}^{n}q_{si}l_{pi}+\alpha_p q_p A_p \qquad (7.1.5\text{-}3)$$

式中，u_p 为桩的周长(m)；q_{si}为桩周第 i 层土的侧阻力特征值(kPa)，可按地区经验确定；l_{pi}为桩长范围内第 i 层土的厚度(m)；α_p 为桩端端阻力发挥系数，应按地区经验确定；q_p 为桩端端阻力特征值(kPa)，可按地区经验确定；对于水泥搅拌桩、旋喷桩应取未经修正的桩端地基土承载力特征值。

7.1.6 有黏结强度复合地基增强体桩身强度应满足下式的要求

$$f_{cu}\geqslant 4\frac{\lambda R_a}{A_p} \qquad (7.1.6\text{-}1)$$

当复合地基承载力进行基础埋深的深度修正时，增强体桩身强度应满足下式的要求

$$f_{cu}\geqslant 4\frac{\lambda R_a}{A_p}\left[1+\frac{\gamma_m(d-0.5)}{f_{spa}}\right] \qquad (7.1.6\text{-}2)$$

式中，f_{cu}为桩体试块(边长 150 mm 立方体)标准养护 28 d 的立方体抗压强度平均值(kPa)，对水泥土搅拌桩应符合本规范第 7.3.3 条的规定；γ_m 为基础底面以上土的加权平均重度(kN/m^3)，地下水位以下取有效重度；d 为基础埋置深度(m)；f_{spa}为深度修正后的复合地基承载力特征值(kPa)。

复合地基变形计算参看《建筑地基处理技术规范》(JGJ 79—2012)第 7.1.7 条、第7.1.8条，与散体材料桩相同。

【例题 16】

某有黏结强度增强体复合地基，增强体单桩竖向承载力特征值为 1 000 kN，正方形布桩，桩径为 500 mm，单桩承载力发挥系数为 1.0，桩距为 2.0 m，桩间土承载力发挥系数为 0.8，土的承载力特征值为 140 kPa，处理后桩间土的承载力比原来提高了 1.1 倍，则复合地基承载力应为(　　)kPa。

(A)321　　(B)367　　(C)402　　(D)483

解

桩间土的承载力 $f_{sk}=140\times1.1=154$ (kPa)

桩端截面积：$A_p=\pi r^2=3.14\times0.25^2=0.196$ (m^2)

$$m=\frac{d^2}{d_e^2}=\frac{d^2}{(1.13s)^2}=\frac{0.5^2}{1.13^2\times 2^2}=0.049$$

$$f_{spk}=1\times 0.049\times\frac{1\,000}{0.196}+0.8\times(1-0.049)\times 154=367\ (kPa)$$

答案为(B)。

5.1.5.2 水泥粉煤灰碎石桩复合地基

7.7.1 水泥粉煤灰碎石桩复合地基适用于处理黏性土、粉土、砂土和自重固结已完成的素填土地基。对淤泥质土应按地区经验或通过现场试验确定其适用性。

7.7.2 水泥粉煤灰碎石桩复合地基设计应符合下列规定：

①水泥粉煤灰碎石桩，应选择承载力和压缩模量相对较高的土层作为桩端持力层。

②桩径：长螺旋钻中心压灌、干成孔和振动沉管成桩宜为 350～600 mm；泥浆护壁钻孔成桩宜为 600～800 mm；钢筋混凝土预制桩宜为 300～600 mm。

③桩间距应根据基础形式、设计要求的复合地基承载力和变形、土性及施工工艺确定：

a. 采用非挤土成桩工艺和部分挤土成桩工艺，桩间距宜为 3～5 倍桩径。

b. 采用挤土成桩工艺和墙下条形基础单排布桩的桩间距宜为 3～6 倍桩径。

c. 桩长范围内有饱和粉土、粉细砂、淤泥、淤泥质土层，采用长螺旋钻中心压灌成桩施工中可能发生窜孔时宜采用较大桩距。

④桩顶和基础之间应设置褥垫层，褥垫层厚度宜为桩径的 40%～60%。褥垫材料宜采用中砂、粗砂、级配砂石和碎石等，最大粒径不宜大于 30 mm。

⑤水泥粉煤灰碎石桩可只在基础范围内布桩，并可根据建筑物荷载分布、基础形式和地基土性状，合理确定布桩参数：

a. 内筒外框结构内筒部位可采用减小桩距、增大桩长或桩径布桩。

b. 对相邻柱荷载水平相差较大的独立基础，应按变形控制确定桩长和桩距。

c. 筏板厚度与跨距之比小于 1/6 的平板式筏基、梁的高跨比大于 1/6 且板的厚跨比（筏板厚度与梁的中心距之比）小于 1/6 的梁板式筏基，应在柱（平板式筏基）和梁（梁板式筏基）边缘每边外扩 2.5 倍板厚的面积范围内布桩。

d. 对荷载水平不高的墙下条形基础可采用墙下单排布桩。

⑥复合地基承载力特征值应按本规范第 7.1.5 条规定确定。初步设计时，可按式(7.1.5-2)估算，其中单桩承载力发挥系数 λ 和桩间土承载力发挥系数 β 应按地区经验取值，无经验时 λ 可取 0.8～0.9；β 可取 0.9～1.0；处理后桩间土的承载力特征值 f_{sk}，对非挤土成桩工艺，可取天然地基承载力特征值；对挤土成桩工艺，一般黏性土可取天然地基承载力特征值；松散砂土、粉土可取天然地基承载力特征值的 1.2～1.5 倍，原土强度低的取大值。按式(7.1.5-3)估算单桩承载力时，桩端端阻力发挥系数 α_p 可取 1.0；桩身强度应满足本规范第 7.1.6 条的规定。

⑦处理后的地基变形计算应符合本规范第 7.1.7 条和第 7.1.8 条的规定。

【例题 17】

某场地勘察资料如下：

①0～5 m，淤泥质黏土，q_{sk}=10 kPa，f_{ak}=100 kPa；γ=18 kN/m^3。

②5～12 m，粉土，q_{sk}=15 kPa。

③12～26 m，砾砂土，$q_{sk}=40$ kPa；$q_{pk}=800$ kPa。

④26 m 以下为基岩。

采用水泥粉煤灰碎石桩处理，正方形布桩，桩顶位于地表下 2.5 m 处，桩端全断面位于地表下 15 m 处，桩径为 400 mm，桩距为 1.6 m，单桩承载力发挥系数为 1.0，桩端阻力发挥系数为 0.7，场地尺寸为16 m×32 m，桩间土承载力发挥系数取 0.80，按《建筑地基处理技术规范》(JGJ 79—2012)计算。

①单桩竖向承载力特征值为(　　)。

(A)385 kN　　(B)687 kN　　(C)809 kN　　(D)861 kN

②深宽修正后复合地基承载力为(　　)。

(A)200 kPa　　(B)226 kPa　　(C)262 kPa　　(D)380 kPa

③桩体材料强度不宜小于(　　)。

(A)5 MPa　　(B)14 MPa　　(C)20 MPa　　(D)28 MPa

解

①CFG 桩单桩竖向承载力 R_a

$$R_a=u_p\sum q_{si}l_i+\alpha_p q_p A_p$$
$$=3.14\times0.4\times(10\times2.5+15\times7+40\times3)+0.7\times800\times3.14\times0.2^2$$
$$=384.3\ (\text{kN})$$

②修正后的复合地基承载力 f_{spa}

$$d_e=1.13s=1.13\times1.6=1.808\ (\text{m})$$
$$m=\frac{d^2}{d_e^2}=\frac{0.4^2}{1.808^2}=0.049$$

复合地基承载力 f_{spk}

$$f_{spk}=\lambda m\frac{R_a}{A_p}+\beta(1-m)f_{sk}$$
$$=1\times0.049\times\frac{384.3}{3.14\times0.2^2}+0.8\times(1-0.049)\times100$$
$$=226\ (\text{kPa})$$
$$\eta_b=0,\eta_d=1.0$$
$$f_{spa}=f_{spk}+\eta_d\gamma_m(d-0.5)$$
$$=226+1\times18\times(2.5-0.5)$$
$$=262\ (\text{kPa})$$

③桩体材料的强度 f_{cu}

$$f_{cu}=4\frac{\lambda R_a}{A_p}\left[1+\frac{\gamma_m(d-0.5)}{f_{spa}}\right]$$
$$=4\times\frac{1\times384.3}{3.14\times0.2^2}\times\left[1+\frac{18\times(2.5-0.5)}{262}\right]$$
$$=13\,920\ (\text{kPa})$$

答案：①(A)，②(C)，③(B)。

【案例模拟题 18】

某建筑物地上 28 层，地下 2 层，结构形式为框架剪力墙结构，基础形式为箱形基础，尺寸为 35 m×30 m，基底压力为 515 kN/m^2，基础埋深 7 m，地下水埋深 2.6 m，采用 CFG 桩进行处理，桩径 400 mm，单桩承载力发挥系数为 1.0，桩端阻力发挥系数为 1.0。地基勘察资料如下：

0～10 m，粉土，$\gamma=18.9\ kN/m^3$，$f_{ak}=140\ kPa$，$q_{sk}=48\ kPa$，$q_{pk}=640\ kPa$。

10～18 m，黏土，$\gamma=19\ kN/m^3$，$f_{ak}=170\ kPa$，$q_{sk}=65\ kPa$，$q_{pk}=900\ kPa$。

18 m以下，粉砂，$\gamma=20.6\ kN/m^3$，$f_{ak}=240\ kPa$，$q_{sk}=70\ kPa$，$q_{pk}=1\ 200\ kPa$。

①箱形基础底面下设0.3 m褥垫层，桩长11 m（进入粉砂层0.3 m），CFG桩单桩承载力为（　　）。

(A)852 kN　　(B)902 kN　　(C)993 kN　　(D)1 005 kN

②复合地基承载力特征值不宜小于（　　）。

(A)392 kPa　　(B)433 kPa　　(C)457 kPa　　(D)515 kPa

③如桩间土承载力发挥系数取0.8，置换率不宜小于（　　）。

(A)4.1%　　(B)5.1%　　(C)6.0%　　(D)7.0%

④桩数宜为（　　）根。

(A)320　　(B)343　　(C)362　　(D)378

【案例模拟题19】

已知CFG桩复合地基桩间土承载力特征值为120 kPa，发挥系数取0.85，采取正方形布桩，桩径为0.40 m，桩间距为1.67 m，单桩承载力为1 100 kN，单桩承载力发挥系数为1.0，按《建筑地基处理技术规范》(JGJ 79—2012)计算，复合地基承载力为（　　）。

(A)490 kPa　　(B)500 kPa　　(C)510 kPa　　(D)520 kPa

【案例模拟题20】

某建筑场地采用CFG桩处理，复合地基承载力特征值需达到450 kPa，CFG桩单桩承载力为700 kN，桩间土承载力特征值为100 kPa，采用等边三角形布桩，桩径为300 mm，桩间土承载力发挥系数取0.90，单桩承载力发挥系数为1.0，按《建筑地基处理技术规范》(JGJ 79—2012)计算，桩间距宜为（　　）。

(A)1.20 m　　(B)1.49 m　　(C)1.60 m　　(D)1.87 m

【案例模拟题21】

某粉土场地地基土承载力特征值为140 kPa，采取CFG桩处理，桩径为400 mm，桩间距1.86 m，正三角形布桩，桩体承载力特征值为6 600 kPa，桩间土承载力发挥系数取0.95，单桩承载力发挥系数为1.0，粉土层压缩模量为8 MPa，加固后复合地基的压缩模量为（　　）。

(A)15 MPa　　(B)18 MPa　　(C)20 MPa　　(D)23 MPa

5.1.5.3　夯实水泥土桩复合地基

7.6.1　夯实水泥土桩复合地基处理应符合下列规定：

①适用于处理地下水位以上的粉土、黏性土、素填土和杂填土等地基，处理地基的深度不宜大于15 m。

②岩土工程勘察应查明土层厚度、含水率、有机质含量等。

③对重要工程或在缺乏经验的地区，施工前应按设计要求，选择地质条件有代表性的地段进行试验性施工。

7.6.2　夯实水泥土桩复合地基设计应符合下列规定：

①夯实水泥土桩宜在建筑物基础范围内布置；基础边缘距离最外一排桩中心的距离不宜小于1.0倍桩径。

②桩长的确定：当相对硬土层埋藏较浅时，应按相对硬土层的埋藏深度确定；当相对硬土层的埋藏较深时，可按建筑物地基的变形允许值确定。

③桩孔直径宜为 300～600 mm；桩孔宜按等边三角形或方形布置，桩间距可为桩孔直径的 2～4 倍。

④桩孔内的填料，应根据工程要求进行配比试验，并应符合本规范第 7.1.6 条的规定；水泥与土的体积配合比宜为 1∶5～1∶8。

⑤孔内填料应分层回填夯实，填料的平均压实系数 $\bar{\lambda}_c$ 不应低于 0.97，压实系数最小值不应低于 0.93。

⑥桩顶标高以上应设置厚度为 100～300 mm 的褥垫层；垫层材料可采用粗砂、中砂或碎石等，垫层材料最大粒径不宜大于 20 mm；褥垫层的夯填度不应大于 0.9。

⑦复合地基承载力特征值应按本规范第 7.1.5 条规定确定；初步设计时可按式(7.1.5-2)进行估算；桩间土承载力发挥系数 β 可取 0.9～1.0；单桩承载力发挥系数 λ 可取 1.0。

⑧复合地基的变形计算应符合本规范第 7.1.7 条和第 7.1.8 条的有关规定。

【例题 18】

某粉土地基地下水位埋深 12 m，采用夯实水泥土桩处理，要求复合地基承载力达到 380 kPa，水泥土桩单桩承载力特征值为 600 kN，桩间土承载力特征值为 120 kPa，采用正三角形布桩，桩径为 500 mm，桩间土承载力发挥系数取 0.95，单桩承载力发挥系数取 1.0，按《建筑地基处理技术规范》(JGJ 79—2012)要求，桩间距宜为(　　)。

(A)1.39 m　　(B)1.49 m　　(C)1.59 m　　(D)1.69 m

解

①置换率 m

$$f_{spk}=\lambda m\frac{R_a}{A_p}+\beta(1-m)f_{sk}$$

$$m=\frac{f_{spk}-\beta f_{sk}}{\lambda R_a/A_p-\beta f_{sk}}=\frac{380-0.95\times120}{\dfrac{600\times4}{3.14\times0.5^2}-0.95\times120}=9\%$$

②桩间距 s(第一种求法)

$$m=d^2/d_e^2$$

$$d_e=d/\sqrt{m}=\frac{0.5}{\sqrt{0.09}}=1.667\ (\text{m})$$

三角形布桩，$d_e=1.05s$

$$s=d_e/1.05=\frac{1.667}{1.05}=1.59\ (\text{m})$$

③桩间距 s(第二种求法)

$$m=\frac{A_p}{A_e}$$

$$A_e=\frac{A_p}{m}\qquad d_e=1.05s$$

$$A_e=\frac{\pi}{4}d_e^2=\frac{\pi}{4}\times1.05^2\times s^2$$

$$s=\frac{1}{1.05}\times\sqrt{\frac{4}{\pi}}\times\sqrt{A_e}=1.075\sqrt{A_e}=1.075\sqrt{\frac{A_p}{m}}$$

$$=1.075\sqrt{\frac{3.14\times0.5^2}{4\times0.09}}=1.59\ (\mathrm{m})$$

答案为(C)。

例题解析

夯实水泥土桩计算方法与 CFG 桩相同，只是桩间土承载力特征值发挥系数 β 宜取 0.9～1.0。

【案例模拟题 22】

某粉砂土场地采用夯实水泥土桩处理，要求复合地基承载力达到 400 kPa，按正方形布桩，桩径为 600 mm，桩体混合料抗压强度平均值为 12 MPa，按桩周土体强度确定的单桩承载力为 800 kN，单桩承载力发挥系数为 1.0，桩间土承载力为 110 kPa，承载力发挥系数为 0.95，按《建筑地基处理技术规范》(JGJ 79—2012)计算，桩间距宜为(　　)。

(A)1.62 m　　(B)1.74 m　　(C)1.83 m　　(D)1.90 m

【案例模拟题 23】

黏性土场地土层承载力特征值为 130 kPa，压缩模量为 6 MPa，折减系数取 0.90，采用夯实水泥土桩法处理，桩径 0.50 m，桩距 1.60 m，正方形布桩，单桩承载力为 660 kN，单桩承载力发挥系数为 1.0，按《建筑地基处理技术规范》(JGJ 79—2012)计算，处理后复合地基压缩模量为(　　)。

(A)13 MPa　　(B)15 MPa　　(C)17 MPa　　(D)21 MPa

5.1.5.4　水泥土搅拌桩复合地基

7.3.1　水泥土搅拌桩复合地基处理应符合下列规定：

①适用于处理正常固结的淤泥、淤泥质土、素填土、黏性土(软塑、可塑)、粉土(稍密、中密)、粉细砂(松散、中密)、中粗砂(松散、稍密)、饱和黄土等土层。不适用于含大孤石或障碍物较多且不易清除的杂填土、欠固结的淤泥和淤泥质土、硬塑及坚硬的黏性土、密实的砂类土，以及地下水渗流影响成桩质量的土层。当地基土的天然含水率小于 30%(黄土含水率小于 25%)时，不宜采用粉体搅拌法。冬期施工时，应考虑负温对处理地基效果的影响。

②水泥土搅拌桩的施工工艺分为浆液搅拌法(以下简称湿法)和粉体搅拌法(以下简称干法)。可采用单轴、双轴、多轴搅拌或连续成槽搅拌形成柱状、壁状、格栅状或块状水泥土加固体。

③对采用水泥土搅拌桩处理地基，除应按现行国家标准《岩土工程勘察规范》(GB 50021)要求进行岩土工程详细勘察外，尚应查明拟处理地基土层的 pH 值、塑性指数、有机质含量、地下障碍物及软土分布情况、地下水位及其运动规律等。

④设计前，应进行处理地基土的室内配比试验。针对现场拟处理地基土层的性质，选择合适的固化剂、外掺剂及其掺量，为设计提供不同龄期、不同配比的强度参数。对竖向承载的水泥土强度宜取 90 d 龄期试块的立方体抗压强度平均值。

⑤增强体的水泥掺量不应小于12%,块状加固时水泥掺量不应小于加固天然土质量的7%;湿法的水泥浆水灰比可取0.5～0.6。

⑥水泥土搅拌桩复合地基宜在基础和桩之间设置褥垫层,厚度可取200～300 mm。褥垫层材料可选用中砂、粗砂、级配砂石等,最大粒径不宜大于20 mm。褥垫层的夯填度不应大于0.9。

7.3.2　水泥土搅拌桩用于处理泥炭土、有机质土、pH值小于4的酸性土、塑性指数大于25的黏土,或在腐蚀性环境中及无工程经验的地区使用时,必须通过现场和室内试验确定其适用性。

7.3.3　水泥土搅拌桩复合地基设计应符合下列规定:

①搅拌桩的长度,应根据上部结构对地基承载力和变形的要求确定,并应穿透软弱土层到达地基承载力相对较高的土层;当设置的搅拌桩同时为提高地基稳定性时,其桩长应超过危险滑弧以下不少于2.0 m;干法的加固深度不宜大于15 m,湿法加固深度不宜大于20 m。

②复合地基的承载力特征值,应通过现场单桩或多桩复合地基静载荷试验确定。初步设计时可按本规范式(7.1.5-2)估算,处理后桩间土承载力特征值f_{sk}(kPa)可取天然地基承载力特征值;桩间土承载力发挥系数β,对淤泥、淤泥质土和流塑状软土等处理土层,可取0.1～0.4,对其他土层可取0.4～0.8;单桩承载力发挥系数λ可取1.0。

③单桩承载力特征值,应通过现场静载荷试验确定。初步设计时可按本规范式(7.1.5-3)估算,桩端端阻力发挥系数可取0.4～0.6;桩端端阻力特征值,可取桩端土未修正的地基承载力特征值,并应满足式(7.3.3)的要求,应使由桩身材料强度确定的单桩承载力不小于由桩周土和桩端土的抗力所提供的单桩承载力。

$$R_a=\eta f_{cu}A_p \tag{7.3.3}$$

式中,f_{cu}为与搅拌桩桩身水泥土配比相同的室内加固土试块,边长为70.7 mm的立方体在标准养护条件下90 d龄期的立方体抗压强度平均值(kPa);η为桩身强度折减系数,干法可取0.20～0.25,湿法可取0.25。

④桩长超过10 m时,可采用固化剂变掺量设计。在全长桩身水泥总掺量不变的前提下,桩身上部1/3桩长范围内,可适当增加水泥掺量及搅拌次数。

⑤桩的平面布置可根据上部结构特点及对地基承载力和变形的要求,采用柱状、壁状、格栅状或块状等加固形式。独立基础下的桩数不宜少于4根。

⑥当搅拌桩处理范围以下存在软弱下卧层时,应按现行国家标准《建筑地基基础设计规范》(GB 50007)的有关规定进行软弱下卧层地基承载力验算。

⑦复合地基的变形计算应符合本规范第7.1.7条和第7.1.8条的规定。

7.3.4　用于建筑物地基处理的水泥土搅拌桩施工设备,其湿法施工配备注浆泵的额定压力不宜小于5.0 MPa;干法施工的最大额定压力不应小于0.5 MPa。

【例题19】

某独立基础埋深3.0 m,底面尺寸为4 m×4 m,上部结构荷载为2 500 kN,基础底面下设褥垫层300 mm,场地资料如下:

①0～12 m,黏土,$\gamma=19\ \mathrm{kN/m^3}$,$q_{sk}=10$ kPa,$f_{ak}=85$ kPa,$E_s=5$ MPa。

②12～20 m,砂土,$\gamma=18\ \mathrm{kN/m^3}$,$q_{sk}=20$ kPa,$f_{ak}=280$ kPa。

③地下水位 1.5 m。

采用水泥土搅拌法处理,正方形布桩,桩径为 500 mm,桩长为 10 m,水泥掺入比为 15%,桩间土承载力发挥系数取 0.4,桩端天然地基土桩端阻力发挥系数取 0.5,单桩承载力发挥系数为 1.0,按《建筑地基处理技术规范》(JGJ 79—2012)计算。

①复合地基承载力特征值不宜小于(　　)。

(A)166.25 kPa　(B)181.3 kPa　(C)200 kPa　(D)216.3 kPa

②单桩承载力特征值 R_a 宜为(　　)。

(A)176 kN　(B)194.3 kN　(C)205 kN　(D)210 kN

③桩间距宜为(　　)。

(A)1.19 m　(B)1.22 m　(C)1.31 m　(D)1.46 m

④桩数宜为(　　)根。

(A)8　(B)11　(C)15　(D)18

⑤处理后复合地基压缩模量为(　　)。

(A)8.7 MPa　(B)9.8 MPa　(C)11.7 MPa　(D)12.7 MPa

解

①复合地基承载力特征值 f_{spk}

复合地基承载力特征值应满足基底压力要求。即修正后的承载力大于基底压力。

基底压力 P_0

$$P_0=\frac{F+G}{A}=\frac{2\,500+4\times4\times3\times20-4\times4\times1.5\times10}{4\times4}=201.25\ (\mathrm{kPa})$$

取宽度修正系数 $\eta_b=0$,深度修正系数 $\eta_d=1.0$

基础底面以上土的平均重度 γ_m

$$\gamma_m=(19\times1.5+9\times1.5)/3=14\ (\mathrm{kN/m^3})$$

修正后复合地基承载力特征值 f_{spa}

$$f_{spa}=f_{spk}+\eta_d\gamma_m(d-0.5)=f_{spk}+1\times14\times(3-0.5)=f_{spk}+35$$

所以　$f_{spa}\geqslant P_0=201.25$ kPa

所以　$f_{spk}\geqslant P_0-35=201.25-35=166.25$ (kPa)

②单桩承载力特征值 R_a

基础埋深 3.0 m,褥垫层 300 mm,桩顶位于地表下 3.3 m,桩底位于地表下 13.3 m。

按桩周土强度计算单桩承载力 R_a

$$\begin{aligned}R_a&=u_p\sum_{i=1}^{n}q_{si}l_i+\alpha_p q_p A_p\\&=3.14\times0.5\times(10\times8.7+20\times1.3)+0.5\times280\times\frac{3.14\times0.5^2}{4}\\&=204.88\ (\mathrm{kN})\end{aligned}$$

③桩间距

$$A_p=\frac{\pi}{4}\times0.5^2=0.196\ (\mathrm{m^2})$$

$$f_{spk}=\lambda\frac{R_a}{A_p}+\beta(1-m)f_{sk}$$

$$m=\frac{f_{spk}-\beta f_{sk}}{(\lambda R_a/A_p)-\beta f_{sk}}=\frac{166.25-0.4\times 85}{(1\times 204.88/0.196)-0.4\times 85}=0.1308$$

$$d_e=d/\sqrt{m}=\frac{0.5}{\sqrt{0.1308}}=1.38$$

$$s=\frac{d_e}{1.13}=1.22\text{ m}$$

④桩数

$n=A/A_e=4\times4\times4/(3.14\times1.38^2)=10.7$ (根)

⑤复合地基的压缩模量

$$\xi=\frac{f_{spk}}{f_{ak}}=\frac{166.25}{85}=1.96$$

$E_{spk}=\xi E_s=1.96\times5=9.8$ (MPa)

答案:①(A),②(C),③(B),④(B),⑤(B)。

【案例模拟题 24】

某筏形基础底面尺寸为 10 m×20 m,底面压力为 220 kPa,基础底面下设 300 mm 褥垫层,基础埋深 2.0 m,勘察资料如下:

①0～10 m,淤泥质土,$\gamma=19.5\text{ kN/m}^3$,$q_{sk}=7$ kPa,$f_{ak}=80$ kPa,$E_s=8.8$ MPa。

②10～20 m,砂土,$\gamma=18.5\text{ kN/m}^3$,$q_{sk}=25$ kPa,$f_{ak}=200$ kPa。

③地下水埋深 2.0 m。

采用水泥土搅拌法处理,桩按三角形布置,桩径为 500 mm,桩长 9 m,水泥掺入比为 15%,桩体平均强度 $f_{cu}=3.8$ MPa,桩间土承载力发挥系数为 0.4,桩端天然地基土桩端阻力发挥系数为 0.5,桩身强度折减系数为 0.33,单桩承载力发挥系数为 1.0,按《建筑地基处理技术规范》(JGJ 79—2012)计算。

①复合地基承载力不宜小于(　　)。

(A)190.8 kPa　　(B)200 kPa　　(C)210 kPa　　(D)220 kPa

②单桩承载力特征值宜为(　　)。

(A)145 kN　　(B)155 kN　　(C)168 kN　　(D)181 kN

③桩间距宜为(　　)。

(A)1.042 m　　(B)1.094 m　　(C)1.187 m　　(D)1.263 m

④桩数宜为(　　)根。

(A)180　　(B)191　　(C)202　　(D)213

⑤复合地基压缩模量为(　　)。

(A)12 MPa　　(B)18 MPa　　(C)21 MPa　　(D)25 MPa

【案例模拟题 25】

某场地为均质软塑黏土场地,土层 $\gamma=19\text{ kN/m}^3$,$q_s=10$ kPa,$f_{ak}=150$ kPa,采用粉体喷搅法处理,桩径为 600 mm,桩距为 1.2 m,正方形布桩,桩长为 10 m,桩间土承载力发挥系数为 0.5,桩端天然地基土桩端阻力发挥系数为 0.6,单桩承载力发挥系数为 1.0,桩体材料 $f_{cu}=3.5$ MPa,桩身强度折减系数为 0.30,按《建筑地基处理技术规范》(JGJ 79—2012)计算。

①单桩承载力为(　　)。

(A)200 kN　　(B)214 kN　　(C)220 kN　　(D)229 kN

②复合地基承载力为(　　)。

(A)189 kPa　　(B)199 kPa　　(C)209 kPa　　(D)219 kPa

5.1.5.5 旋喷桩复合地基

7.4.1 旋喷桩复合地基处理应符合下列规定:

①适用于处理淤泥、淤泥质土、黏性土(流塑、软塑和可塑)、粉土、砂土、黄土、素填土和碎石土等地基。对土中含有较多的大直径块石、大量植物根茎和高含量的有机质,以及地下水流速较大的工程,应根据现场试验结果确定其适应性。

②旋喷桩施工,应根据工程需要和土质条件选用单管法、双管法和三管法;旋喷桩加固体形状可分为柱状、壁状、条状或块状。

③在制订旋喷桩方案时,应搜集邻近建筑物和周边地下埋设物等资料。

④旋喷桩方案确定后,应结合工程情况进行现场试验,确定施工参数及工艺。

7.4.2 旋喷桩加固体强度和直径,应通过现场试验确定。

7.4.3 旋喷桩复合地基承载力特征值和单桩竖向承载力特征值应通过现场静载荷试验确定。初步设计时,可按本规范式(7.1.5-2)和式(7.1.5-3)估算,其桩身材料强度尚应满足式(7.1.6-1)和式(7.1.6-2)要求。

7.4.4 旋喷桩复合地基的地基变形计算应符合本规范第7.1.7条和第7.1.8条的规定。

7.4.5 当旋喷桩处理地基范围以下存在软弱下卧层时,应按现行国家标准《建筑地基基础设计规范》(GB 50007)的有关规定进行软弱下卧层地基承载力验算。

7.4.6 旋喷桩复合地基宜在基础和桩顶之间设置褥垫层。褥垫层厚度宜为150～300 mm,褥垫层材料可选用中砂、粗砂和级配砂石等,褥垫层最大粒径不宜大于20 mm。褥垫层的夯填度不应大于0.9。

7.4.7 旋喷桩的平面布置可根据上部结构和基础特点确定,独立基础下的桩数不应少于4根。

【例题20】

某均质黏性土场地中采用旋喷法处理,桩径为500 mm,桩距为1.0 m,桩长为12 m,桩体抗压强度 $f_{cu}=6.5$ MPa,正方形布桩,场地土层 $q_{sk}=15$ kPa,$f_{ak}=140$ kPa,桩间土承载力发挥系数为0.4,单桩承载力发挥系数和桩端阻力发挥系数均为1.0,按《建筑地基处理技术规范》(JGJ 79—2012)计算。

①单桩承载力为(　　)。

(A)310 kN　　(B)325 kN　　(C)340 kN　　(D)356 kN

②复合地基承载力为(　　)。

(A)355 kPa　　(B)375 kPa　　(C)395 kPa　　(D)410 kPa

解

①单桩承载力 R_a

按桩周土强度计算单桩承载力:

$$R_a=3.14\times0.5\times15\times12+140\times\frac{3.14\times0.5^2}{4}=310\ (\text{kN})$$

按桩体强度计算单桩承载力:

$$f_{cu} \geqslant 4\frac{\lambda R_a}{A_p}$$

$$R_a \leqslant \frac{f_{cu} A_p}{4\lambda}$$

$$R_a \leqslant \frac{6\,500 \times 3.14 \times 0.5^2}{4 \times 1 \times 4} = 318.9\ (\text{kN})$$

取 $R_a = 310$ kN。

②复合地基承载力为

$$d_e = 1.13s = 1.13 \times 1 = 1.13\ (\text{m})$$

$$m = \frac{d^2}{d_e^2} = \frac{0.5^2}{1.13^2} = 0.196$$

$$f_{spk} = \lambda m \frac{R_a}{A_p} + \beta(1-m) f_{sk}$$

$$= 0.196 \times \frac{310}{3.14 \times 0.5^2/4} + 0.4 \times (1-0.196) \times 140$$

$$= 354.6\ (\text{kPa})$$

答案:①(A),②(A)。

【案例模拟题 26】

某均质粉砂土场地土层 $f_{ak} = 150$ kPa,$q_{sk} = 16$ kPa,$q_{pk} = 300$ kPa,采用旋喷法处理,要求处理后复合地基承载力为 400 kPa,桩径为 600 mm,桩体抗压强度平均值为 5.0 MPa,桩长为 8 m,正方形布桩,桩间土承载力发挥系数取 0.3,单桩承载力发挥系数及桩端阻力发挥系数均取 1.0,按《建筑地基处理技术规范》(JGJ 79—2012)计算。

①单桩承载力 R_a 为(　　)。

(A)284 kN　　(B)296 kN　　(C)307 kN　　(D)325 kN

②桩间距宜为(　　)。

(A)0.95 m　　(B)1.0 m　　(C)1.1 m　　(D)1.2 m

5.1.5.6　多桩型复合地基

7.9.1　多桩型复合地基适用于处理不同深度存在相对硬层的正常固结土,或浅层存在欠固结土、湿陷性黄土、可液化土等特殊土,以及地基承载力和变形要求较高的地基。

7.9.2　多桩型复合地基的设计应符合下列原则:

①桩型及施工工艺的确定,应考虑土层情况、承载力与变形控制要求、经济性和环境要求等综合因素。

②对复合地基承载力贡献较大或用于控制复合土层变形的长桩,应选择相对较好的持力层;对处理欠固结土的增强体,其桩长应穿越欠固结土层;对消除湿陷性土的增强体,其桩长宜穿过湿陷性土层;对处理液化土的增强体,其桩长宜穿过可液化土层。

③如浅部存在有较好持力层的正常固结土,可采用长桩与短桩的组合方案。

④对浅部存在软土或欠固结土,宜先采用预压、压实、夯实、挤密方法或低强度桩复合地基等处理浅层地基,再采用桩身强度相对较高的长桩进行地基处理。

⑤对湿陷性黄土应按现行国家标准《湿陷性黄土地区建筑规范》(GB 50025)的规定，采用压实、夯实或土桩、灰土桩等处理湿陷性，再采用桩身强度相对较高的长桩进行地基处理。

⑥对可液化地基，可采用碎石桩等方法处理液化土层，再采用有黏结强度桩进行地基处理。

7.9.3　多桩型复合地基单桩承载力应由静载荷试验确定，初步设计可按本规范第7.1.6条规定估算；对施工扰动敏感的土层，应考虑后施工桩对已施工桩的影响，单桩承载力予以折减。

7.9.4　多桩型复合地基的布桩宜采用正方形或三角形间隔布置，刚性桩宜在基础范围内布桩，其他增强体布桩应满足液化土地基和湿陷性黄土地基对不同性质土质处理范围的要求。

7.9.5　多桩型复合地基垫层设置，对刚性长、短桩复合地基宜选择砂石垫层，垫层厚度宜取对复合地基承载力贡献大的增强体直径的1/2；对刚性桩与其他材料增强体桩组合的复合地基，垫层厚度宜取刚性桩直径的1/2；对湿陷性的黄土地基，垫层材料应采用灰土，垫层厚度宜为300 mm。

7.9.6　多桩型复合地基承载力特征值，应采用多桩复合地基静载荷试验确定，初步设计时，可采用下列公式估算：

①对具有黏结强度的两种桩组合形成的多桩型复合地基承载力特征值。

$$f_{spk} = m_1 \frac{\lambda_1 R_{a1}}{A_{p1}} + m_2 \frac{\lambda_2 R_{a2}}{A_{p2}} + \beta(1 - m_1 - m_2) f_{sk} \tag{7.9.6-1}$$

式中，m_1、m_2 分别为桩1、桩2的面积置换率；λ_1、λ_2 分别为桩1、桩2的单桩承载力发挥系数，应由单桩复合地基试验按等变形准则或多桩复合地基静载荷试验确定，有地区经验时也可按地区经验确定；R_{a1}、R_{a2} 分别为桩1、桩2的单桩承载力特征值(kN)；A_{p1}、A_{p2} 分别为桩1、桩2的截面面积(m^2)；β 为桩间土承载力发挥系数，无经验时可取0.9～1.0；f_{sk} 为处理后复合地基桩间土承载力特征值(kPa)。

②对具有黏结强度的桩与散体材料桩组合形成的复合地基承载力特征值。

$$f_{spk} = m_1 \frac{\lambda_1 R_{a1}}{A_{p1}} + \beta[1 - m_1 + m_2(n-1)] f_{sk} \tag{7.9.6-2}$$

式中，β 为仅由散体材料桩加固处理形成的复合地基承载力发挥系数；n 为仅由散体材料桩加固处理形成复合地基的桩土应力比；f_{sk} 为仅由散体材料桩加固处理后桩间土承载力特征值(kPa)。

7.9.7　多桩型复合地基面积置换率，应根据基础面积与该面积范围内实际的布桩数量进行计算，当基础面积较大或条形基础较长时，可用单元面积置换率替代。

①当按图7.9.7a)矩形布桩时，$m_1 = \frac{A_{p1}}{2s_1 s_2}$，$m_2 = \frac{A_{p2}}{2s_1 s_2}$。

②当按图7.9.7b)三角形布桩且 $s_1 = s_2$ 时，$m_1 = \frac{A_{p1}}{s_1^2}$，$m_2 = \frac{A_{p2}}{s_1^2}$。

7.9.8　多桩型复合地基变形计算可按本规范第7.1.7条和第7.1.8条的规定，复合土层的压缩模量可按下列公式计算：

①有黏结强度增强体的长短桩复合加固区、仅长桩加固区土层压缩模量提高系数分别按下列公式计算

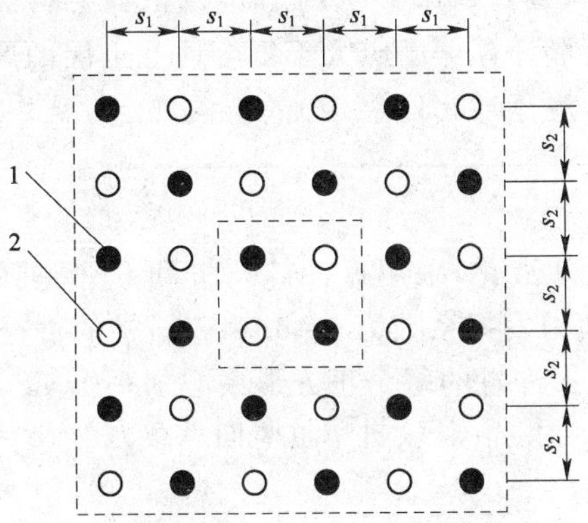

a)多桩型复合地基矩形布桩单元面积计算模型

1-桩 1;2-桩 2

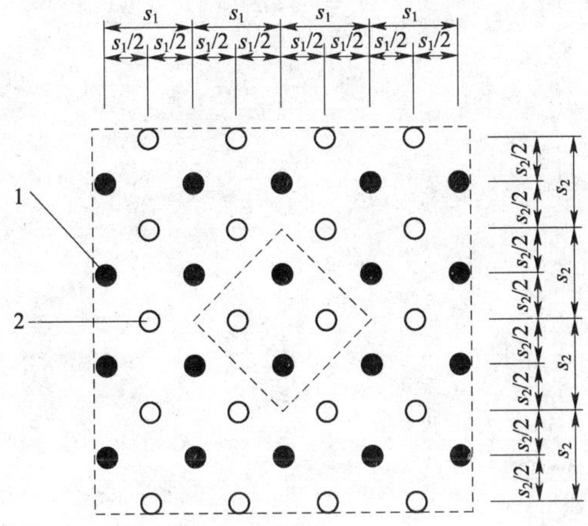

b)多桩型复合地基三角形布桩单元面积计算模型

图 7.9.7

1-桩 1;2-桩 2

$$\zeta_1 = \frac{f_{\mathrm{spk}}}{f_{\mathrm{ak}}} \tag{7.9.8-1}$$

$$\zeta_2 = \frac{f_{\mathrm{spk1}}}{f_{\mathrm{ak}}} \tag{7.9.8-2}$$

式中,f_{spk1}、f_{spk}分别为仅由长桩处理形成复合地基承载力特征值和长短桩复合地基承载力特征值(kPa);ζ_1、ζ_2 分别为长短桩复合地基加固土层压缩模量提高系数和仅由长桩处理形成复合地基加固土层压缩模量提高系数。

②对由有黏结强度的桩与散体材料桩组合形成的复合地基加固区土层压缩模量提高系数可按式(7.9.8-3)或式(7.9.8-4)计算

$$\zeta_1 = \frac{f_{\mathrm{spk}}}{f_{\mathrm{spk2}}}[1+m(n-1)]\alpha \tag{7.9.8-3}$$

$$\zeta_1 = \frac{f_{\mathrm{spk}}}{f_{\mathrm{ak}}} \tag{7.9.8-4}$$

式中，f_{spk2}为仅由散体材料桩加固处理后复合地基承载力特征值(kPa)；α 为处理后桩间土地基承载力的调整系数，$\alpha = f_{sk}/f_{ak}$；m 为散体材料桩的面积置换率。

7.9.9 复合地基变形计算深度应大于复合地基土层的厚度，且应满足现行国家标准《建筑地基基础设计规范》(GB 50007)的有关规定。

【例题 21】

某液化砂土场地为了消除液化，采用振冲碎石桩和 CFG 桩两种桩型进行地基处理，桩土的应力比为 3，桩间土承载力发挥系数为 $\beta=0.8$，碎石桩的桩径为 0.8 m，桩间距为2.0 m，正方形布桩 $f_{sk}=120$ kPa，在振冲桩的每个正方形中心加一个 CFG 桩，CFG 桩桩径为 0.4 m，单桩承载力发挥系数为 0.9，若测得 CFG 桩单桩竖向承载力为 $R_a=1\ 000$ kN，则复合地基的承载力 f_{spk}为(　　)kPa。

(A)450　　(B)342.1　　(C)620　　(D)637

解

$$A_{p1}=\frac{\pi}{4}d_1^2=\frac{3.14}{4}\times 0.4^2=0.125\ 6\ (\mathrm{m^2})$$

$$m_1=\frac{0.125\ 6}{2\times 2}=0.031\ 4$$

$$A_{p2}=\frac{\pi}{4}d_2^2=\frac{3.14}{4}\times 0.8^2=0.502\ 4\ (\mathrm{m^2})$$

$$m_2=\frac{0.502\ 4}{2\times 2}=0.125\ 6$$

$$\begin{aligned}f_{spk}&=m_1\frac{\lambda_1 R_{a1}}{A_{p1}}+\beta[1-m_1+m_2(n-1)]f_{sk}\\&=0.031\ 4\times\frac{0.9\times 1\ 000}{0.125\ 6}+0.8\times[1-0.031\ 4+0.125\ 6\times(3-1)]\times 120\\&=342.1\ (\mathrm{kPa})\end{aligned}$$

答案为(B)。

5.1.6 注浆加固

JGJ 79—2012 的相关规定如下。

8.1.1 注浆加固适用于建筑地基的局部加固处理，适用于砂土、粉土、黏性土和人工填土等地基加固。加固材料可选用水泥浆液、硅化浆液和碱液等固化剂。

8.1.2 注浆加固设计前，应进行室内浆液配比试验和现场注浆试验，确定设计参数，检验施工方法和设备。

8.1.3 注浆加固应保证加固地基在平面和深度连成一体，满足土体渗透性、地基土的强度和变形的设计要求。

8.1.4 注浆加固后的地基变形计算应按现行国家标准《建筑地基基础设计规范》(GB 50007)的有关规定进行。

8.1.5 对地基承载力和变形有特殊要求的建筑地基，注浆加固宜与其他地基处理方法联合使用。

8.2.1　水泥为主剂的注浆加固设计应符合下列规定：

①对软弱地基土处理，可选用以水泥为主剂的浆液及水泥和水玻璃的双液型混合浆液；对有地下水流动的软弱地基，不应采用单液水泥浆液。

②注浆孔间距宜取1.0～2.0 m。

③在砂土地基中，浆液的初凝时间宜为5～20 min；在黏性土地基中，浆液的初凝时间宜为1～2 h。

④注浆量和注浆有效范围，应通过现场注浆试验确定；在黏性土地基中，浆液注入率宜为15%～20%；注浆点上覆土层厚度应大于2 m。

⑤对劈裂注浆的注浆压力，在砂土中，宜为0.2～0.5 MPa；在黏性土中，宜为0.2～0.3 MPa。对压密注浆，当采用水泥砂浆浆液时，坍落度宜为25～75 mm，注浆压力宜为1.0～7.0 MPa。当采用水泥水玻璃双液快凝浆液时，注浆压力不应大于1.0 MPa。

⑥对人工填土地基，应采用多次注浆，间隔时间应按浆液的初凝试验结果确定，且不应大于4 h。

8.2.2　硅化浆液注浆加固设计应符合下列规定：

①砂土、黏性土宜采用压力双液硅化注浆；渗透系数为0.1～2.0 m/d的地下水位以上的湿陷性黄土，可采用无压或压力单液硅化注浆；自重湿陷性黄土宜采用无压单液硅化注浆。

②防渗注浆加固用的水玻璃模数不宜小于2.2，用于地基加固的水玻璃模数宜为2.5～3.3，且不溶于水的杂质含量不应超过2%。

③双液硅化注浆用的氯化钙溶液中的杂质含量不得超过0.06%，悬浮颗粒含量不得超过1%，溶液的pH值不得小于5.5。

④硅化注浆的加固半径应根据孔隙比、浆液黏度、凝固时间、灌浆速度、灌浆压力和灌浆量等试验确定；无试验资料时，对粗砂、中砂、细砂、粉砂和黄土可按表8.2.2确定。

硅化法注浆加固半径　　表8.2.2

土的类型及加固方法	渗透系数/(m/d)	加固半径/m
粗砂、中砂、细砂（双液硅化法）	2～10	0.3～0.4
	10～20	0.4～0.6
	20～50	0.6～0.8
	50～80	0.8～1.0
粉砂（单液硅化法）	0.3～0.5	0.3～0.4
	0.5～1.0	0.4～0.6
	1.0～2.0	0.6～0.8
	2.0～5.0	0.8～1.0
黄土（单液硅化法）	0.1～0.3	0.3～0.4
	0.3～0.5	0.4～0.6
	0.5～1.0	0.6～0.8
	1.0～2.0	0.8～1.0

⑤注浆孔的排间距可取加固半径的1.5倍；注浆孔的间距可取加固半径的1.5～1.7倍；最外侧注浆孔位超出基础底面宽度不得小于0.5 m；分层注浆时，加固层厚度可按注浆管带孔部分的长度上下各25%加固半径计算。

⑥单液硅化法应采用浓度为10%～15%的硅酸钠，并掺入2.5%氯化钠溶液；加固湿陷性黄土的溶液用量，可按下式估算

$$Q=V\bar{n}d_{N1}\alpha \tag{8.2.2-1}$$

式中，Q为硅酸钠溶液的用量(t)；V为拟加固湿陷性黄土的体积(m^3)；$\bar{n}$为地基加固前，土的平均孔隙率；d_{N1}为灌注时，硅酸钠溶液的相对密度；α为溶液填充孔隙的系数，可取0.60～0.80。

⑦当硅酸钠溶液浓度大于加固湿陷性黄土所要求的浓度时，应进行稀释，稀释加水量可按下式估算

$$Q'=\frac{d_N-d_{N1}}{d_{N1}-1}q \tag{8.2.2-2}$$

式中，Q'为稀释硅酸钠溶液的加水量(t)；d_N为稀释前，硅酸钠溶液的相对密度；q为拟稀释硅酸钠溶液的质量(t)。

⑧采用单液硅化法加固湿陷性黄土地基，灌注孔的布置应符合下列规定：

a.灌注孔间距：压力灌注宜为0.8～1.2 m；溶液无压力自渗宜为0.4～0.6 m。

b.对新建建(构)筑物和设备基础的地基，应在基础底面下按等边三角形满堂布孔，超出基础底面外缘的宽度，每边不得小于1.0 m。

c.对既有建(构)筑物和设备基础的地基，应沿基础侧向布孔，每侧不宜少于2排。

d.当基础底面宽度大于3 m时，除应在基础下每侧布置2排灌注孔外，可在基础两侧布置斜向基础底面中心以下的灌注孔或在其台阶上布置穿透基础的灌注孔。

8.2.3　碱液注浆加固设计应符合下列规定：

①碱液注浆加固适用于处理地下水位以上渗透系数为0.1～2.0 m/d的湿陷性黄土地基，对自重湿陷性黄土地基的适应性应通过试验确定。

②当100 g干土中可溶性和交换性钙镁离子含量大于10 mg·eq时，可采用氢氧化钠一种溶液的单液法；其他情况可采用氢氧化钠和氯化钙双液灌注加固。

③碱液加固地基的深度应根据地基的湿陷类型、地基湿陷等级和湿陷性黄土层厚度，并结合建筑物类别与湿陷事故的严重程度等综合因素确定；加固深度宜为2～5 m。

a.对非自重湿陷性黄土地基，加固深度可为基础宽度的1.5～2.0倍。

b.对Ⅱ级自重湿陷性黄土地基，加固深度可为基础宽度的2.0～3.0倍。

④碱液加固土层的厚度h，可按下式估算

$$h=l+r \tag{8.2.3-1}$$

式中，l为灌注孔长度，从注液管底部到灌注孔底部的距离(m)；r为有效加固半径(m)。

⑤碱液加固地基的半径r，宜通过现场试验确定。当碱液浓度和温度符合本规范第8.3.3条规定时，有效加固半径与碱液灌注量之间，可按下式估算

$$r=0.6\sqrt{\frac{V}{nl\times10^3}} \tag{8.2.3-2}$$

式中，V 为每孔碱液灌注量(L)，试验前可根据加固要求达到的有效加固半径按式(8.2.3-3)进行估算；n 为拟加固土的天然孔隙率；r 为有效加固半径(m)，当无试验条件或工程量较小时，可取 0.4～0.5 m。

⑥当采用碱液加固既有建(构)筑物的地基时，灌注孔的平面布置，可沿条形基础两侧或单独基础周边各布置一排。当地基湿陷性较严重时，孔距宜为 0.7～0.9 m；当地基湿陷性较轻时，孔距宜为 1.2～2.5 m。

⑦每孔碱液灌注量可按下式估算

$$V=\alpha\beta\pi r^2(l+r)n \tag{8.2.3-3}$$

式中，α 为碱液充填系数，可取 0.6～0.8；β 为工作条件系数，考虑碱液流失影响，可取 1.1。

8.3.1　水泥为主剂的注浆施工应符合下列规定：

①施工场地应预先平整，并沿钻孔位置开挖沟槽和集水坑。

②注浆施工时，宜采用自动流量和压力记录仪，并应及时进行数据整理分析。

③注浆孔的孔径宜为 70～110 mm，垂直度允许偏差应为±1%。

④花管注浆法施工可按下列步骤进行：

a. 钻机与注浆设备就位。

b. 钻孔或采用振动法将花管置入土层。

c. 当采用钻孔法时，应从钻杆内注入封闭泥浆，然后插入孔径为 50 mm 的金属花管。

d. 待封闭泥浆凝固后，移动花管自下而上或自上而下进行注浆。

⑤压密注浆施工可按下列步骤进行：

a. 钻机与注浆设备就位。

b. 钻孔或采用振动法将金属注浆管压入土层。

c. 当采用钻孔法时，应从钻杆内注入封闭泥浆，然后插入孔径为 50 mm 的金属注浆管。

d. 待封闭泥浆凝固后，捅去注浆管的活络堵头，提升注浆管自下而上或自上而下进行注浆。

⑥浆液黏度应为 80～90 s，封闭泥浆 7 d 后 70.7 mm×70.7 mm×70.7 mm 立方体试块的抗压强度应为 0.3～0.5 MPa。

⑦浆液宜用普通硅酸盐水泥。注浆时可部分掺用粉煤灰，掺入量可为水泥重量的 20%～50%。根据工程需要，可在浆液拌制时加入速凝剂、减水剂和防析水剂。

⑧注浆用水 pH 值不得小于 4。

⑨水泥浆的水灰比可取 0.6～2.0，常用的水灰比为 1.0。

⑩注浆的流量可取 7～10 L/min，对充填型注浆，流量不宜大于 20 L/min。

⑪当用花管注浆和带有活堵头的金属管注浆时，每次上拔或下钻高度宜为 0.5 m。

⑫浆体应经过搅拌机充分搅拌均匀后，方可压注，注浆过程中应不停缓慢搅拌，搅拌时间应小于浆液初凝时间。浆液在泵送前应经过筛网过滤。

⑬水温不得超过 30～35 ℃，盛浆桶和注浆管路在注浆体静止状态不得暴露于阳光下，防止浆液凝固；当日平均温度低于 5 ℃或最低温度低于－3 ℃的条件下注浆时，应采取措施防止浆液冻结。

⑭应采用跳孔间隔注浆，且先外围后中间的注浆顺序。当地下水流速较大时，应从水头高的一端开始注浆。

⑮对渗透系数相同的土层，应先注浆封顶，后由下而上进行注浆，防止浆液上冒。如土层的渗透系数随深度而增大，则应自下而上注浆。对互层地层，应先对渗透性或孔隙率大的地层进行注浆。

⑯当既有建筑地基进行注浆加固时，应对既有建筑及其邻近建筑、地下管线和地面的沉降、倾斜、位移和裂缝进行监测，并应采用多孔间隔注浆和缩短浆液凝固时间等措施，减少既有建筑基础因注浆而产生的附加沉降。

8.3.2　硅化浆液注浆施工应符合下列规定：

①压力灌浆溶液的施工步骤应符合下列规定：

a. 向土中打入灌注管和灌注溶液，应自基础底面标高起向下分层进行，达到设计深度后，应将管拔出，清洗干净方可继续使用。

b. 加固既有建筑物地基时，应采用沿基础侧向先外排，后内排的施工顺序。

c. 灌注溶液的压力值由小逐渐增大，最大压力不宜超过 200 kPa。

②溶液自渗的施工步骤，应符合下列规定：

a. 在基础侧向，将设计布置的灌注孔分批或全部打入或钻至设计深度。

b. 将配好的硅酸钠溶液满注灌注孔，溶液面宜高出基础底面标高 0.50 m，使溶液自行渗入土中。

c. 在溶液自渗过程中，每隔 2～3 h，向孔内添加一次溶液，防止孔内溶液渗干。

③待溶液量全部注入土中后，注浆孔宜用体积比为 2∶8 灰土分层回填夯实。

8.3.3　碱液注浆施工应符合下列规定：

①灌注孔可用洛阳铲、螺旋钻成孔或用带有尖端的钢管打入土中成孔，孔径宜为 60～100 mm，孔中应填入粒径为 20～40 mm 的石子到注液管下端标高处，再将内径 20 mm 的注液管插入孔中，管底以上 300 mm 高度内应填入粒径为 2～5 mm 的石子，上部宜用体积比为 2∶8 灰土填入夯实。

②碱液可用固体烧碱或液体烧碱配制，每加固 1 m^3 黄土宜用氢氧化钠溶液 35～45 kg。碱液浓度不应低于 90 g/L；双液加固时，氯化钙溶液的浓度为 50～80 g/L。

③配溶液时，应先放水，而后徐徐放入碱块或浓碱液。溶液加碱量可按下列公式计算：

a. 采用固体烧碱配制每 1 m^3 液度为 M 的碱液时，每 1 m^3 水中的加碱量应符合下式规定

$$G_s = \frac{1\,000M}{P} \tag{8.3.3-1}$$

式中，G_s 为每 1 m^3 碱液中投入的固体烧碱量(g)；M 为配制碱液的浓度(g/L)；P 为固体烧碱中，NaOH 含量的百分数(%)。

b. 采用液体烧碱配制每 1 m^3 浓度为 M 的碱液时，投入的液体烧碱体积 V_1 和加水量 V_2 应符合下列公式规定

$$V_1 = 1\,000\frac{M}{d_N N} \tag{8.3.3-2}$$

全国注册岩土工程师专业考试模拟训练题集及历年真题新解

$$V_2 = 1\,000\left(1-\frac{M}{d_N N}\right) \tag{8.3.3-3}$$

式中，V_1 为液体烧碱体积(L)；V_2 为加水的体积(L)；d_N 为液体烧碱的相对密度；N 为液体烧碱的质量分数。

④应将桶内碱液加热到 90 ℃以上方能进行灌注，灌注过程中，桶内溶液温度不应低于 80 ℃。

⑤灌注碱液的速度，宜为 2～5 L/min。

⑥碱液加固施工，应合理安排灌注顺序和控制灌注速率。宜采用隔 1～2 孔灌注，分段施工，相邻两孔灌注的间隔时间不宜少于 3 d。同时灌注的两孔间距不应小于 3 m。

⑦当采用双液加固时，应先灌注氢氧化钠溶液，待间隔 8～12 h 后，再灌注氯化钙溶液，氯化钙溶液用量宜为氢氧化钠溶液用量的 1/2～1/4。

【例题 22】

某湿陷性黄土场地采用单液硅化法处理，场地尺寸为 30 m×30 m，处理土层深度为 7.0 m，采用浓度为 12%的水玻璃溶液掺 2.5%的氯化钠，要求灌注时水玻璃溶液的相对密度为 1.14，地基土天然孔隙比为 1.0，填充系数为 0.6，水玻璃出厂时相对密度为 1.45，按《建筑地基处理技术规范》(JGJ 79—2012)计算。

①加固整个场地需用配制后的水玻璃溶液(　　)t。

(A)2 100　　(B)2 155　　(C)2 200　　(D)2 255

②加固该场地时需从工厂购进水玻璃(　　)t。

(A)650　　(B)660　　(C)670　　(D)680

解

①加固整个场地需要的硅酸钠溶液量 Q(t)

孔隙度 n

$$n=\frac{e}{1+e}=\frac{1}{1+1}=0.5=50\%$$

$$Q=Vnd_{N1}\alpha=30\times30\times7\times0.5\times1.14\times0.6=2\,154.6\ (\mathrm{t})$$

②需购进的水玻璃量 q

稀释水玻璃需加水量 Q'

$$Q'=\frac{d_N-d_{N1}}{d_{N1}-1}q=\frac{1.45-1.14}{1.14-1}q=2.214q$$

$$Q'+q=Q$$

$$2.214\,q+q=2\,154.6\ \mathrm{t}$$

$$q=670.4\ \mathrm{t}$$

答案：①(B)，②(C)。

【案例模拟题 27】

某黄土场地采用单液硅化法处理，场地尺寸为 20 m×50 m，处理深度为 5.0 m，灌注时水玻璃的相对密度为 1.15，地基土天然孔隙比为 0.90，填充系数为 0.7，水玻璃出厂时相对密度为 1.48，按《建筑地基处理技术规范》(JGJ 79—2012)计算。

①处理该场地时需配制水玻璃溶液(　　)t。

(A)1 708　　(B)1 808　　(C)1 908　　(D)2 008

②需采购水玻璃(　　)t。

(A)450　　(B)500　　(C)550　　(D)600

【例题 23】

某黄土场地中采用碱液法处理,灌注孔深为 4.0 m,有效加固半径为 0.5 m,碱液充填系数为 0.6,工作条件系数为 1.1,土体天然孔隙率为 0.45,处理该场地时,单孔碱液灌注量为(　　)。

(A)1 000 L　　(B)1 050 L　　(C)1 100 L　　(D)1 150 L

解

单孔碱液灌注量 V

$$V=\alpha\beta\pi r^2(l+r)n$$

$$=0.6\times1.1\times3.14\times0.5^2\times(4+0.5)\times0.45=1.05\ (\text{m}^3)=1\ 050\ (\text{L})$$

答案为(B)。

【案例模拟题 28】

某黄土场地采用碱液法处理,灌注孔成孔深度为 4.8 m,注液管底部距地表距离为 1.2 m,碱液充填系数为 0.7,工作条件系数为 1.1,土体天然孔隙比为 1.0,按《建筑地基处理技术规范》(JGJ 79—2012)计算。

①如有效加固半径取 0.4 m,单孔碱液灌注量为(　　)。

(A)700 L　　(B)780 L　　(C)825 L　　(D)900 L

②如单孔碱液灌注量为 900L,加固厚度为(　　)。

(A)4.0 m　　(B)4.02 m　　(C)5.2 m　　(D)5.22 m

5.2 按《公路桥涵地基与基础设计规范》(JTG D63—2007)进行地基处理设计

5.2.1 砂砾垫层设计

JTG D63—2007 的相关规定如下。

4.5.1　在软弱地基或软土上修建桥涵基础时,可采用砂砾垫层、砂桩、砂井预压方法加固地基;根据实际条件,也可采用水泥搅拌桩、石灰桩、振冲碎石桩、锤击夯实、强夯和各种浆液灌注法等加固地基。

4.5.2　砂砾垫层适用于淤泥、淤泥质土、冲填土、素填土、杂填土的浅层处理。砂砾垫层材料可采用中砂、粗砂、砾砂和碎(卵)石,不含植物残体等杂质,其中黏粒含量不应大于 5%,粉粒含量不应大于 25%,砾料粒径以不大于 50 mm 为宜。

4.5.3　砂砾垫层比软弱地基或软土有较大的变形模量和强度,基础底面的压应力通过砂砾垫层的扩散作用分布到较大的面积。砂砾垫层顶面尺寸应为基底尺寸每边加宽小于 0.3 m。垫层厚度不宜小于 0.5 m,且不宜大于 3 m。

垫层的厚度 z 应根据下卧土层的承载力确定,并符合下式要求

$$p_{0k}+p_{gk}\leqslant\gamma_R[f_a] \quad (4.5.3.1)$$

条形基础
$$p_{0k}=\frac{b(p'_{0k}-p'_{gk})}{b+2z\tan\theta} \quad (4.5.3.2)$$

矩形基础
$$p_{0k}=\frac{bl(p'_{0k}-p'_{gk})}{(b+2z\tan\theta)(l+2z\tan\theta)} \quad (4.5.3.3)$$

注：条形基础为长宽比等于或大于10的矩形基础。

式中，p_{0k}为垫层底面处的附加压应力(kPa)；p_{gk}为垫层底面处土的自重压应力(kPa)；$[f_a]$为垫层底面处地基的承载力容许值(kPa)，按本规范第3.3.4条或第3.3.5条的规定采用；b为矩形基础或条形基础底面的宽度(m)；l为矩形基础底面的长度(m)；p'_{0k}为基础底面压应力(kPa)；p'_{gk}为基础底面处的自重压力(kPa)；z为基础底面下垫层的厚度(m)；θ为垫层的压力扩散角，可按表4.5.3采用。

垫层的宽度应满足基底压力扩散的要求，可按下式或根据当地经验确定

$$b_1=b+2z\tan\theta \quad (4.5.3.4)$$

式中，b_1为垫层底面宽度(m)。

垫层压力扩散角 θ 表4.5.3

垫层材料 / z/b	中砂、粗砂、砾砂、圆砾、角砾、卵石、碎石
≤0.25	20°
≥0.5	30°

4.5.4 垫层承载力容许值$[f_{cu}]$宜通过现场确定，当无试验资料时，可按表4.5.4参考采用。

各种垫层承载力容许值$[f_{cu}]$ 表4.5.4

施工方法	垫层材料	压实系数λ_c	承载力容许值/kPa
碾压、振密或夯实	碎石、卵石	0.94～0.97	200～300
	砂夹石(其中碎石、卵石占总质量30%～50%)		200～250
	土夹石(其中碎石、卵石占总质量30%～50%)		150～200
	中砂、粗砂、砾砂		150～200

注：1. 压实系数λ_c为土的控制干密度ρ_d与最大干密度$\rho_{d,max}$的比值。土的最大干密度宜采用击实试验确定；碎石最大干密度可取2.0～2.2 t/m^3。

2. 当采用轻型击实试验时，压实系数λ_c宜取高值；采用重型击试验时，压实系数λ_c可取低值。

4.5.5 砂砾垫层地基的沉降量，可按下式计算：

$$s=s_{cu}+s_s \quad (4.5.5.1)$$

$$s_{cu}=p_m\frac{h_z}{E_{cu}} \quad (4.5.5.2)$$

式中，s为砂砾垫层地基沉降量(mm)；s_{cu}为垫层本身的压缩量(mm)；s_s为下卧层沉降量(mm)，可按本规范第4.3.4条～第4.3.7条规定计算；p_m为垫层内的平均压应力(MPa)，即基底平均压应力与砂砾垫层底平均压应力的平均值；h_z为砂砾垫层厚度(mm)；E_{cu}为砂砾垫层的压缩模量(MPa)，如无实测资料时，可采用12～24 MPa。

【例题 24】

某桥墩基础位于多年压实未受破坏的旧桥基础上，基础底面尺寸为 3 m×9 m，承受作用效应短期效应组合，荷载引起的基础底面压应力为 250 kPa，基础埋深 3.0 m，地基为均质软塑黏土。承载力的基本容许值为 110 kPa，采用砂垫层处理，砂垫层重度 $\gamma=18\ \text{kN/m}^3$，压缩模量 $E_s=15$ MPa，应力扩散角取 30°，回填土重度为 18 kN/m³，如砂砾垫层的厚度为 2.5 m，则在使用阶段进行软弱下卧层承载力验算时结果是(　　)。

(A)满足　　　　　　　　　　　　(B)不满足

解

据《公路桥涵地基与基础设计规范》(JTG D63—2007)第 4.5.3 条计算如下：

基底处的自重应力 P'_{gk}：

$$P'_{gk}=18\times3=54\ (\text{kPa})$$

垫层底面处的自重应力 P_{gk}

$P_{gk}=(3+2.5)\times18=99\ (\text{kPa})$

$$P_{0k}=\frac{bl(P'_{0k}-P'_{gk})}{(b+2z\tan\theta)(l+2z\tan\theta)}$$

$$=\frac{3\times9\times(250-54)}{(3+2\times2.5\times\tan30^\circ)\times(9+2\times2.5\times\tan30^\circ)}$$

$$=75.6\ (\text{kPa})$$

$P_{0k}+P_{gk}=75.6+99=174.6\ (\text{kPa})$

$[f_a]=[f_{ao}]+k_2\gamma_2(h-3)=110+1\times18\times(3+2.5-3)=155\ (\text{kPa})$

$\gamma_R=1.5$

$\gamma_R[f_a]=1.5\times155=232.5\ (\text{kPa})$

$P_{0k}+P_{gk}<\gamma_R[f_a]$　成立

答案为(A)。

【案例模拟题 29】

条件同例题 24，如果按规范计算的下卧层的沉降量为 86 mm，则砂砾垫层地基的沉降量为(　　)mm。

(A)100　　(B)120　　(C)150　　(D)200

5.2.2 砂桩设计

JTG D63—2007 的相关规定如下。

4.5.6　砂桩适用于挤密松散砂土、素填土和杂填土地基。对饱和黏土地基，如不以沉降控制，也可采用砂桩处理。砂桩内填料宜用砾砂、粗砂、中砂、圆砾、角砾、卵石、碎石等，填料中含泥量不应大于 5%，并不宜含有粒径大于 50 mm 的粒料。

砂桩直径可采用 0.3～0.8 m，需根据地基土质和成桩设备确定。对饱和黏性土地基宜选用较大直径。

砂桩挤密地基宽度应超出基础宽度，每边放宽宜为 1～3 排。砂桩用于防止砂层液化时，每边放宽不宜小于处理深度的 1/2，并不应小于 5 m；当可液化层上覆盖有厚度大于3 m的非液化层时，每边放宽不宜小于液化层厚度的 1/2，并不应小于 3 m。

4.5.7　砂桩的中距应通过现场试验确定，但不宜大于砂桩直径的4倍。砂桩的布置如图4.5.7所示，砂桩中距可按下式计算：

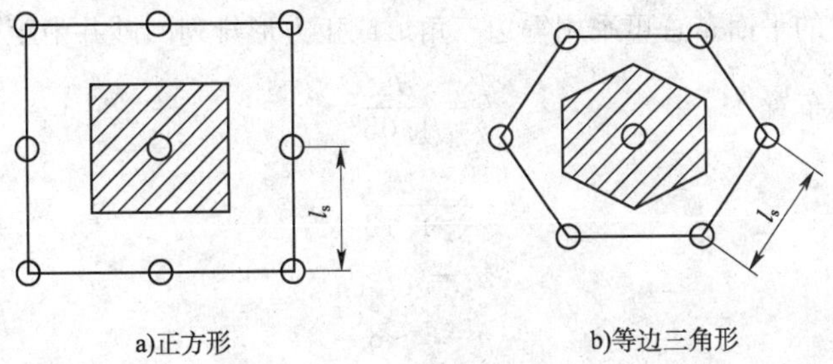

图4.5.7　砂桩的布置及中距

①松散砂土地基

等边三角形布置

$$l_s = 0.95d\sqrt{\frac{1+e_0}{e_0-e_1}} \tag{4.5.7.1}$$

正方形布置

$$l_s = 0.90d\sqrt{\frac{1+e_0}{e_0-e_1}} \tag{4.5.7.2}$$

$$e_1 = e_{max} - D_{r1}(e_{max} - e_{min}) \tag{4.5.7.3}$$

式中，l_s为砂桩中距；d为砂桩直径；e_0为地基处理前砂土的孔隙比，可按原状土样试验确定，也可根据动力或静力触探等对比试验确定；e_1为地基挤密后要求达到的孔隙比；e_{max}、e_{min}分别为砂土的最大、最小孔隙比；D_{r1}为地基挤密后要求达到的相对密度，可取0.70～0.85。

②黏性土地基

等边三角形布置

$$l_s = 1.08\sqrt{A_e} \tag{4.5.7.4}$$

正方形布置

$$l_s = \sqrt{A_e} \tag{4.5.7.5}$$

一根砂桩承担的处理面积A_e

$$A_e = \frac{A_p}{m} \tag{4.5.7.6}$$

$$m = \frac{d^2}{d_e^2} \tag{4.5.7.7}$$

式中，A_p为砂桩截面面积；m为面积置换率；d_e为等效影响直径，d_e可取：砂桩等边三角形布置，$d_e = 1.05l_s$；砂桩正方形布置，$d_e = 1.13l_s$。

4.5.8　砂井预压法适用于处理淤泥质土、淤泥和冲填土等饱和黏性土地基。

砂井预压法主要有普通砂井、袋装砂井和塑料排水板等。普通砂井直径可取d_w＝300～500 mm，袋装砂井直径可取d_w＝70～100 mm。塑料排水板的当量换算直径可按下式计算

$$D_p = a\frac{2(b+\delta)}{\pi} \tag{4.5.8}$$

式中，D_p 为塑料排水板的当量换算直径；a 为换算系数，无试验资料时，可取 $a=0.75\sim1.00$；b 为塑料排水板宽度；δ 为塑料排水板厚度。

4.5.9 砂井的平面布置可采用等边三角形或正方形排列。砂井中距 l_s 按下式计算

等边三角形布置 $$l_s=\frac{d_e}{1.05} \tag{4.5.9.1}$$

正方形布置 $$l_s=\frac{d_e}{1.13} \tag{4.5.9.2}$$

$$d_e=nd_w \tag{4.5.9.3}$$

普通砂井 $$n=6\sim8 \tag{4.5.9.4}$$

袋装砂井或塑料排水板 $$n=15\sim20 \tag{4.5.9.5}$$

式中，d_e 为一根砂井的有效排水圆柱体直径；d_w 为砂井直径，见本规范第 4.5.8 条；n 为井径比。

4.5.10 砂井的深度应根据桥涵对地基的稳定性和变形的要求确定。

对于以地基抗滑稳定性为主要因素的结构，如拱式结构的墩台，砂井深度至少应超过最危险滑动面 2 m。

对于以沉降控制的桥涵，如压缩土层厚度不大，砂井深度宜贯穿压缩层；压缩土层深厚时，砂井深度应根据在限定的预定时间内需消除的变形量确定；若施工设备条件达不到设计深度，则可采用超载预压等方法来满足工程要求。

4.5.11 砂井预压法处理地基应在地表铺设排水砂砾垫层，其厚度宜大于 400 mm。

砂砾垫层砂料宜用中粗砂，含泥量应小于 5%，砂料中可混有少量粒径小于 50 mm 的石粒。砂砾垫层的干密度应大于 1.5 t/m³。

在预压区内宜设置与砂砾垫层相连的排水盲沟，并把地基中排出的水引出预压区。

砂井的砂料宜用中粗砂，含泥量应小于 3%。

【例题 25】

某公路工程场地为松散粉细砂场地，场地土层最大孔隙比为 0.98，最小孔隙比为 0.67，天然孔隙比为 0.92，采用砂桩处理，按正三角形布桩，要求处理后土的相对密度达到 0.85，砂桩直径为 40 cm，按规范 JTG D63—2007 计算。

①砂桩间距 l_s 宜为(　　)。

(A)1.10 m　　(B)1.17 m　　(C)1.23 m　　(D)1.30 m

②如单独基础尺寸为 3 m×7 m，处理范围大于基础尺寸每边 0.5 m 需要的砂桩根数不应少于(　　)根。

(A)18　　(B)24　　(C)27　　(D)30

解

①砂桩间距 l_s(第一种方法)

处理后土层的孔隙比 e_1

$$D_{r1}=\frac{e_{max}-e_1}{e_{max}-e_{min}}$$

$$e_1=e_{max}-D_{r1}(e_{max}-e_{min})=0.98-0.85\times(0.98-0.67)=0.717$$

面积置换率 m

$$m=A_1/A=\frac{e_0-e_1}{1+e_0}=\frac{0.92-0.717}{1+0.92}=0.106$$

单根砂桩所承担的有效处理面积 A_e

$$A_e=A_p/m=\frac{3.14\times0.4^2}{4\times0.106}=1.1849\ (\mathrm{m}^2)$$

有效圆直径 d_e

$$d_e=\sqrt{\frac{4A_e}{\pi}}=\sqrt{\frac{4\times1.1849}{3.14}}=1.229\ (\mathrm{m})$$

$$l_s=d_e/1.05=1.229/1.05=1.17\ (\mathrm{m})$$

②砂桩根数 n(第二种方法)

$$l_s=0.95d\sqrt{\frac{1+e_0}{e_0-e_1}}=0.95\times0.4\times\sqrt{\frac{1+0.92}{0.92-0.717}}=1.1686\ (\mathrm{m})\approx1.17\ (\mathrm{m})$$

处理范围以超出基础每边各 50 cm 计算,砂桩加固的范围

$$A=(3+2\times0.5)\times(7+2\times0.5)=32\ (\mathrm{m}^2)$$

$$n=A/A_e=32/1.1849=27\ (根)$$

另外,砂桩根数可按下列方法求得

$$A_1=\frac{e-e_1}{1+e}A=\frac{0.92-0.717}{1+0.92}\times32=3.383\ (\mathrm{m}^2)$$

$$n=\frac{A_1}{A_p}=\frac{3.383\times4}{3.14\times0.4^2}=27\ (根)$$

答案:①(B),②(C)。

例题解析

①砂桩的面积置换率相当于$(e-e_1)/(e+1)$。

②砂桩加固范围宜按规范 JTG D63—2007 第 4.5.6 条规定。

【案例模拟题 30】

某公路工程为砂土场地,土层最大孔隙比为 0.96,最小孔隙比为 0.65,天然孔隙比为 0.90,采用砂桩处理,砂桩间距为 1.0 m,直径为 30 cm,按正方形布桩,按规范 JTG D63—2007 计算。

①加固后桩间土的相对密度为(　　)。

(A)0.60　　(B)0.63　　(C)0.70　　(D)0.75

②如使相对密度达到 0.77,桩间距宜为(　　)。

(A)1.0 m　　(B)0.96 m　　(C)0.87 m　　(D)0.79 m

③如桩间距取 0.9 m;基础底面积为 3 m×8 m,处理范围每边超出基础范围 0.5 m,砂桩不宜少于(　　)根。

(A)45　　(B)40　　(C)35　　(D)30

5.3　单项选择题

5.3.1　《建筑地基处理技术规范》(JGJ 79—2012)

1.换填垫层的厚度通常控制在 3 m 以内,以下所陈述理由不恰当的是(　　)。

(A)施工土方量大、弃土多

(B)坑壁放坡占地面积大或需要支护及降水等措施

(C)施工质量难以控制，沉降量大

(D)处理费用增高、工期长

2. 承受振动荷载的地基不应选用砂垫层的原因是(　　)。

(A)强度易受振动力影响　　(B)稳定性差

(C)防渗透能力差　　(D)压力扩散角小

3. 在确定换填法垫层厚度(z)的公式 $P_z+P_{cz}\leqslant f_z$ 中，P_{cz}是指(　　)。

(A)垫层底面处的附加压力　　(B)垫层顶面处的附加压力

(C)下卧层底面处的自重压力　　(D)下卧层顶面处的自重力值

4. 粗砂垫层的厚度与宽度之比(z/b)小于 0.25 时，垫层的压力扩散角 θ 等于(　　)。

(A)20°　　(B)6°　　(C)30°　　(D)0°

5. 矩形基础的宽度 B 为 4 m，长度为 6 m，基底压力为 180 kN/m^2，基础埋深为 1.5 m，基底以上基础与回填土的重度为 19.2 kN/m^3；该场地 0～8 m 为软黏土(重度为 16 kN/m^3)；采用灰土垫层(重度为 18 kN/m^3)进行地基处理，如假定垫层底面处的附加压力为 70 kPa，则垫层厚度 z 为(　　)。

(A)1.8 m　　(B)2 m　　(C)2.2 m　　(D)2.4 m

6. 下列陈述错误的是(　　)。

(A)垫层施工中分层铺设的厚度可取 200～300 mm

(B)换填法施工包括振动碾碾压垫层和蛙式夯

(C)采用干密度 ρ_d 作为垫层质量控制标准比压实系数 λ 更具优越性

(D)选用砂石作为填料时，土料中最大粒径不宜大于 50 mm 的碎石

7. 换填法不适用于(　　)。

(A)淤泥　　(B)淤泥质土　　(C)碎石土　　(D)杂填土

8. 预压法的排水体系包括(　　)。

(A)堆载预压排水体系和真空预压排水体系

(B)水平排水体系和竖向排水体系

(C)径向排水体系和竖向排水体系

(D)超载预压排水体系和真空预压排水体系

9. 选择超载预压的理由不正确的是(　　)。

(A)对沉降有严格限制的建筑　　(B)对工期有严格限制需提高加荷速率的工程

(C)施工设备能力不足　　(D)需要消除主固结变形减少次固结变形的工程

10. 堆载预压荷载分级的原因是(　　)。

(A)受工期的影响　　(B)受总荷载大小的影响

(C)受地基土性质的影响　　(D)受建筑物要求的影响

11. 袋装砂井直径的取值范围以(　　)mm 为宜。

(A)300～500　　(B)120～170　　(C)100～120　　(D)70～120

12. 砂井间距选用的依据是(　　)。

(A)井径大小

(B)井径比

(C)地基土的固结特性和预定时间内所要求达到的固结度确定

(D)砂料渗透系数

13.预压法中采用的塑料排水带宽度 $B=100$ mm、厚度 $\delta=4$ mm，则当量换算直径 D_p 为(　　)mm。

(A)52　　(B)66　　(C)70　　(D)78

14.井径比是指(　　)。

(A)有效排水圆直径与砂井直径的比值　　(B)砂井直径与有效排水圆直径的比值

(C)砂井直径与井间距的比值　　(D)井间距与砂井直径的比值

15.确定砂井深度可不考虑的因素是(　　)。

(A)砂井的间距　　(B)地基土最危险滑移面

(C)建筑物对地基变形的要求　　(D)压缩土层的厚度

16.《建筑地基处理技术规范》(JGJ 79—2012)中固结度计算公式 $U_t=\sum_{i=1}^{n}\frac{q_i}{\sum\Delta p}\left[(T_i-T_{i-1})-\frac{\alpha}{\beta}e^{-\beta t}(e^{\beta T_i}-e^{\beta T_{i-1}})\right]$ 是(　　)。

(A)巴伦法　　(B)太沙基法　　(C)改进太沙基法　　(D)改进高木俊介法

17.堆载预压时地基土的双面排水的双面是指(　　)。

(A)水平面和垂直面　　(B)左面和右面

(C)径向面和竖向面　　(D)上面和下面

18.下列陈述错误的是(　　)。

(A)真空预压必须设置竖向排水体，堆载预压可不设置竖向排水体

(B)真空预压处理范围内不允许有透水(气)层，堆载预压处理范围内可有透水(气)层

(C)真空预压加固土体过程中可使土体的总应力增加，堆载预压也可使总应力增加

(D)真空预压的膜下真空度应在 650 mmHg 之上，堆载预压的总荷载可大于建筑物的重量

19.袋装砂井或塑料排水带高出孔口的尺寸不小于(　　)。

(A)300 mm　　(B)200 mm　　(C)500 mm　　(D)400 mm

20.真空预压密封膜一般铺(　　)层即可。

(A)1　　(B)2　　(C)3　　(D)4

21.预压法加固地基受压层深度的界限可取附加压力与自重压力的比值为(　　)。

(A)0.1　　(B)0.15　　(C)0.2　　(D)0.25

22.下列不适用于强夯法处理的地基土为(　　)。

(A)碎石土　　(B)湿陷性黄土　　(C)淤泥　　(D)杂填土

23.用强夯置换处理地基时，下列适用的是(　　)。

(A)砂土　　(B)碎石土

(C)高饱和度粉土　　(D)硬黏土

24.强夯的加固深度与(　　)无关。

(A)地下水位　　(B)梅那公式的修正系数

(C)夯锤的底面积　　(D)夯击次数

25.用单击夯击能为 4 000 kN·m 来加固砂土，其有效加固深度可为(　　)m。

(A)7.0～8.0　　(B)8.0～9.0　　(C)8.0～8.5　　(D)9.0～9.5

26.强夯夯点夯击次数的确定应以(　　)为原则。

(A)强夯的有效加固深度最大而耗能最少

(B)加固效果最好而造价最低

(C)夯坑的压缩量最大而周围隆起量最小

(D)单击夯击能最大而单位夯击能最小

27. 一般情况下,夯击遍数应为(　　)。

(A)1～2　　(B)2～4　　(C)3～4　　(D)4～5

28. 用强夯处理渗透性系数差的黏性土地基,两遍夯的间隔时间为(　　)周。

(A)1～2　　(B)2～3　　(C)3～4　　(D)4～5

29. 强夯的处理范围应超出建筑物基础边缘宽度为设计处理深度的(　　),且不小于 3 m。

(A)1/4～1/3　　(B)1/3～2/3　　(C)1/2～2/3　　(D)1/3～1

30. 以下陈述与夯点的夯击次数无关的是(　　)。

(A)夯坑的夯沉量　　(B)夯坑侧壁的隆起量

(C)孔隙水压力　　(D)两遍夯的间隔时间

31. 强夯施工对邻近建筑物有振动影响时应采取的措施是(　　)。

(A)采取低能满夯　　(B)使用小的单击夯击能

(C)夜间施工　　(D)采取隔振措施

32. 振冲置换法适用于处理不排水抗剪强度不大于(　　)kPa 的黏性土、粉土、饱和黄土和人工填土地基,不必在施工前确定其适用性。

(A)10　　(B)20　　(C)30　　(D)40

33. 不加填料的振冲挤密法仅适用于处理黏粒含量小于(　　)的粗砂、中砂地基。

(A)5%　　(B)8%　　(C)10%　　(D)15%

34. 振冲密实法处理地基的范围宜在基础外缘扩大(　　)。

(A)1～3 排桩　　(B)2～3 排桩　　(C)2～4 排桩　　(D)5 m

35. 复合地基的桩土应力比等于(　　)。

(A)桩体与桩间土所受的剪力之比　　(B)桩体与桩间土所承担的荷载之比

(C)桩体与桩间土应分担的荷载之比　　(D)桩体与桩间土上的应力之比

36. 振冲置换桩处理地基土的桩(55 kW 振冲器)间距应为(　　)。

(A)1～1.5 m　　(B)1～2 m　　(C)1.4～2.5 m　　(D)2～2.5 m

37. 振冲置换桩桩顶铺设的垫层厚度为(　　)。

(A)200～300 mm　　(B)200～400 mm

(C)300～500 mm　　(D)300～600 mm

38. 某建筑物地基采用振冲置换法进行加固,碎石桩直径为 1 000 mm、桩长为 8 m,采取等边三角形布桩;处理后复合地基的承载力标准值为 240 kPa,桩体单位截面积承载力标准值为 360 kPa,桩间土的承载力标准值为 160 kPa,则该复合地基的面积置换率及碎石桩的桩间距分别为(　　)。

(A)30%、1.40 m　　(B)40%、1.40 m

(C)30%、1.50 m　　(D)40%、1.50 m

39. 振冲桩施工时,要保证振冲桩的质量必须控制好(　　)。

(A)振冲器功率、留振时间、水压　　(B)填料量、振冲器功率、留振时间

(C)密实电流、填料量、留振时间　　(D)留振时间振冲器功率、密实电流

40. 针对土桩和灰土桩下述不正确的是(　　)。

(A)适用于处理地下水位以上的湿陷性黄土、素填土和杂填土

(B)土挤密桩法主要以消除地基的湿陷性为目的

(C)以提高地基的承载力或减小地基水稳定性为目的

(D)适用于处理含水率小于24%及其饱和度低于0.65的地基土

41. 按规范要求设计的土桩或灰土桩能够消除地基湿陷性的直接原因是(　　)。

(A)减小了地基土的含水率　　(B)减小了地基的沉降量

(C)减小了地基土的湿陷性系数　　(D)减小了地基土的孔隙比

42. 用土桩处理自重湿陷性黄土，整片处理时每边的宽度应超出基础宽度的尺寸为(　　)。

(A)0.25倍基础宽度且不小于0.5 m

(B)0.75倍基础宽度且不小于1 m

(C)0.5倍处理土层厚度且不小于2 m

(D)0.75倍处理土层厚度且不小于2 m

43. 下面一系列地基处理方法处理湿陷性黄土较理想的是(　　)。

(A)换填法、强夯法、砂桩法　　(B)土桩法、振冲法、换填法

(C)灰土桩法、预浸水法、强夯法　　(D)换填法、灰土桩法、粉喷桩法

44. 某非自重湿陷性黄土地基含水率为18%，土的平均干密度为1.40 t/m³；采用灰土桩进行处理，灰土桩桩径为400 mm，处理深度为12 m，采用等边三角形布桩；处理后桩间土的最大干密度为1.58 t/m³，桩间土的平均挤密系数为0.93，则较理想的桩间距为(　　)。

(A)1.65 m　　(B)1.70 m　　(C)1.75 m　　(D)1.80 m

45. 压实系数是指(　　)。

(A)土的平均干密度与最大干密度的比值

(B)土的控制干密度与最大干密度的比值

(C)土的最大干密度与平均干密度的比值

(D)土的最大干密度与控制干密度的比值

46. 某地基土的最大干密度为1.43 t/m³，含水率为17%，承载力标准值为118 kPa，用土桩进行处理；则设计复合地基的承载力标准值与原地基土相比最大可提高(　　)。

(A)52 kPa　　(B)62 kPa　　(C)72 kPa　　(D)47 kPa

47. 冲击成孔土桩或灰土桩处理地基结束后，应在设计标高以上预留的土层厚度不宜小于(　　)。

(A)1.00～1.70 mm　　(B)0.50～1.00 mm

(C)1.20 mm　　(D)1.00～2.00 mm

48. 砂石桩与振冲碎石桩的相同点是(　　)。

(A)所采用的施工工艺　　(B)桩径的尺寸

(C)都具有挤密作用　　(D)对桩体材料的要求相同

49. 砂石桩与振冲碎石桩的不同点是(　　)。

(A)防止砂层液化的途径不同

(B)桩体材料不同

(C)对于黏粒含量小的中粗砂层可不填料进行加固

(D)对松散砂层挤密处理的加固范围不同

50. 某建筑物地基为松散砂土，采用砂石桩法进行加固，桩径为400 mm，正方形布桩；加固前地基的孔隙比为0.87，加固后为0.73；修正系数取1时，则砂石桩的桩距为(　　)。

(A)1.38 m　　(B)1.35 m　　(C)1.31 m　　(D)1.28 m

51. 砂石桩用于防止砂层液化时，每边放宽不宜小于液化层厚度的 1/2，并不应小于(　　)。

(A)2 m　　(B)3 m　　(C)4 m　　(D)5 m

52. 砂石桩施工可采用的施工方法是(　　)。

(A)振动或水冲法　　(B)振动或锤击沉管

(C)挤密或置换法　　(D)以挤密为主

53. 深层搅拌法处理软弱的黏性土层时，加固深度不应大于(　　)。

(A)10 m　　(B)15 m　　(C)20 m　　(D)30 m

54. 地基土的强度对深层搅拌法的使用有一定限制的主要原因是(　　)。

(A)提高承载力标准值的地层用深搅法处理，处理后的地基土强度提高幅度不大

(B)经济效益不佳

(C)施工设备能力的限制

(D)承载力较大的地基土用深搅处理后，桩体搅拌的均匀性差

55. 以下可用做 CFG 桩的材料是(　　)。

(A)生石灰　　(B)粉煤灰　　(C)氯化钙　　(D)三乙醇胺

56. 以下因素与深搅拌桩桩体强度无关的是(　　)。

(A)掺入比　　(B)地基土含水率

(C)灰浆泵的喷量　　(D)搅拌头的提升速度

57. 无现场复合地基载荷试验时，深搅桩复合地基的承载力标准值可按下式计算：$f_{spk}=\lambda m\dfrac{R_a}{A_p}+\beta(1-m)f_{sk}$，式中桩间土承载力发挥系数 β，与单桩承载力发挥系数 λ 的关系一般应(　　)。

(A)成正比　　(B)成反比　　(C)不一定　　(D)正相关

58. 某建筑物的地基土为淤泥质黏土，其厚度为 18 m，承载力标准值为 100 kPa；该地基采用直径为 600 mm 的单头粉体搅拌桩进行处理，三角形布桩，桩长为 12 m，桩体水泥土90 d 的无侧限抗压强度为 1.2 MPa；已知桩周土对水泥土搅拌桩的摩阻力为 10 kPa，桩的置换率为 22%，单桩承载力发挥系数 $\lambda=1.0$，桩间土承载力发挥系数为 0.9，则水泥土桩的单桩承载力(kN)及复合地基的承载力标准值(kPa)至少可以是(　　)。

(A)84.78～204，138　　(B)204～326，158

(C)68，123　　(D)1 114～1 200，195

59. 深搅桩用于处理地下临时挡土结构时，常采用的布桩形式为(　　)。

(A)柱状　　(B)条状　　(C)壁状　　(D)块状

60. 深搅桩施工时，水泥的掺入比取决于搅拌头的(　　)。

(A)下沉速度和提升速度　　(B)下沉速度和复搅次数

(C)提升速度和复搅次数　　(D)提升速度和转速

61. 某水泥土搅拌桩复合地基深搅桩桩长为 8 m，桩径为 0.5 m，桩体的压缩模量为 120 MPa，置换率为 25%；已知桩间土的承载力标准值为 110 kPa，压缩模量为 6 MPa，桩群顶部受到的平均压力为 164 kPa，底部受到的平均压力为 78 kPa，单桩承载力发挥系数及桩间土的承载力发挥系数均取 1.0，则加固区的变形量为(　　)。

(A)22 mm　　(B)24 mm　　(C)26 mm　　(D)28 mm

62. 在没有复搅的情况下，搅拌头的提升速度取决于(　　)。

(A)水泥掺入比、输浆量、搅拌头转速　　(B)输浆量、水灰比、搅拌头转速

(C)提升能力、输浆量、搅拌头转速　　(D)输浆量、水灰比、掺入比

63. 旋喷桩法施工中不能使用的方法是(　　)。

(A)单管法　(B)双管法　(C)三管法　(D)四管法

64. 高压喷射注浆可形成墙壁状的注浆形式是(　　)。

(A)旋喷　(B)定喷　(C)摆喷　(D)单管喷射

65. 三重管法注浆形成的复合流是(　　)。

(A)水流和气流　(B)水泥浆液和气流

(C)水流和水泥浆液　(D)水流、气流和水泥浆

66. 旋喷桩复合地基桩身试块的无侧限抗压强度所取的龄期是(　　)。

(A)28 d　(B)30 d　(C)60 d　(D)90 d

67. 旋喷桩的直径应通过(　　)来确定。

(A)现场试验　(B)土质条件　(C)喷射压力　(D)喷射方式

68. 旋喷桩施工中所采用的水泥浆水灰比是(　　)。

(A)0.4～0.5　(B)0.5～0.6　(C)0.6～0.8　(D)0.8～1.2

69. 以下针对托换技术的表述正确的是(　　)。

(A)托换技术既包括对原有建筑物基础的加固,也包括对原建筑物的地基处理

(B)对建筑物的地基或基础进行托换时,上部结构也必须采取加固措施

(C)基础加宽托换是把上部荷载的作用力传递到相对好的地层上

(D)基础加深托换的监测对象是加固过程中和加固后的建(构)筑物

70. 某软土地基上建造的油罐,沿基础环梁均匀布置预留沉降调整孔;当油罐投入使用后如产生差异沉降值并妨碍正常使用时,可通过预留沉降孔调整孔内设置的千斤顶进行调整,则此托换技术的类型是(　　)。

(A)补救性托换　(B)预防性托换　(C)维持性托换　(D)预置式托换

71. 不适用于桩式托换的地层是(　　)。

(A)软黏土　(B)湿陷性黄土　(C)松散砂土　(D)碎石土

72. 坑式托换所使用的托换桩每节的最大可能长度是(　　)。

(A)150～250 cm

(B)托换坑的净空高度

(C)托换坑净空高度与顶进装置零行程时的长度之和

(D)托换坑净空高度与顶进装置零行程时的长度之差

73. 坑式托换的桩尖达到持力层后压桩力应达到规定的单桩竖向承载力标准值的(　　)倍,且持续时间不应小于 5 min。

(A)1.0　(B)1.5　(C)2.0　(D)2.5

74. 预应力锚杆静压桩千斤顶卸载的条件是(　　)。

(A)最后一节桩压完后　(B)压桩力达到单桩竖向承载力的 1.5 倍时

(C)最后一节桩与基础连接完成后　(D)封桩混凝土达到设计强度后

75. 锚杆静压桩桩顶嵌入承台的尺寸是(　　)。

(A)20～50 mm　(B)50～100 mm

(C)100～150 mm　(D)100～200 mm

76. 锚杆静压桩施工时压桩力的反力来自于(　　)。

(A)千斤顶　(B)锚杆支架　(C)锚杆　(D)加固部分的结构自重

77. 用于托换的树根桩直径为(　　)。

(A)100～200 mm　　(B)200～300 mm

(C)150～200 mm　　(D)150～300 mm

78. 复合地基是指(　　)。

(A)由桩体与桩间土体共同组成的地基

(B)部分土体被增强或被置换形式增强体,由增强体和周围地基土共同承担荷载的地基

(C)由双层土体组成的地基

(D)由垫层与其下卧软土层组成的地基

79. 反复将夯锤提到高处使其自由落下,给地基以冲击和振动能量,将地基土密实处理或置换形成密实墩体的地基处理方法称为(　　)。

(A)振冲法　　(B)强夯置换法　　(C)夯实地基法　　(D)柱锤冲扩法

80. 下列对强夯置换法的叙述中(　　)不正确。

(A)强夯置换法一般需对一个夯点进行多次夯击

(B)回填的填料一般为砂石钢碴等硬粒料

(C)密实墩体与桩间粉土可共同承担荷载

(D)对较硬的黏性土采用强夯置换法时,处理效果更佳

81. 下列对振冲法的叙述中(　　)不正确。

(A)振冲器主要产生水平向振动

(B)振冲器即产生水平向振动,又产生垂直振动

(C)对松砂土可不填料,使砂土在振冲器作用下密实

(D)对软黏土,可在振冲器成孔后回填碎石等粗粒形成桩柱,并与原地基土组成复合地基

82. 对处理后的地基进行承载力及变形验算时,下述(　　)不正确。

(A)地基承载力修正时,基础宽度修正系数应取 0

(B)地基承载力深度修正系数应取 1

(C)处理后的地基,受力层范围内仍存在软弱下卧层时,尚应验算下卧层的承载力

(D)处理后地基的变形来自处理范围以下的软土层,和复合地基的变形

83. 对于换填垫层法,下述说法中不正确的是(　　)。

(A)换填垫层法适用于浅层软弱地基及不均匀地基

(B)垫层厚度越大,垫层底面处软土层的地基承载力越大(受深度修正影响),可满足承载力要求

(C)垫层厚度越大,基底附加应力在垫层中扩散的范围越大,使附加应力减小

(D)垫层底面处附加应力与自重应力的和不得大于底面处软土层经深度修正后的地基承载力特征值

84. 换土垫层法中对压力扩散角的取值要求中,下述(　　)不正确。

(A)当垫层厚度 z 与基础底面宽度 b 之比 $z/b>0.5$ 时,压力扩散角 θ 按 $z/b=0.5$ 取值

(B)当 $z/b<0.25$ 时,θ 按 $z/b=0.25$ 取值

(C)当 $0.25<z/b<0.5$ 时,θ 按内插取值

(D)当 $z/b<0.25$ 时,除灰土取 $\theta=28°$ 外,其余材料均取 $\theta=0°$,必要时宜由试验确定

85. 对换土垫层法中垫层的压实标准,下述(　　)不正确。

(A)一般情况下,应采用压实系数作为压实标准,压实系数为土的控制干密度与最大干密度的比值

(B)矿渣垫层的压实指标为最后两遍压实的压陷差小于 5 mm

(C)当施工方法不同时,应采用不同的压实标准

(D)当采用重型击实试验时,对粉煤灰的压实系数不应小于 0.94

86. 粉煤灰垫层施工时,施工含水率宜控制在(　　)范围。

(A)最优含水率 $w_{op}\pm1\%$　　(B)最优含水率 $w_{op}\pm2\%$

(C)最优含水率 $w_{op}\pm3\%$　　(D)最优含水率 $w_{op}\pm4\%$

87. 检验黏土、灰土或砂土垫层的施工质量时,一般不宜采用下列(　　)方法。

(A)载荷试验法　(B)轻型动力触探　(C)环刀法　(D)静力触探法

88. 下述对预压法的说法中(　　)不正确。

(A)预压法适用于处理饱和黏性土地基

(B)对堆载预压工程预压荷载一般应分级逐渐施加

(C)对真空预压工程,应分级抽真空,不可一次连续抽真空至最大压力

(D)为使厚层软土排水通畅,可采用砂井、塑料排水带等竖向排水措施

89. 某厚层软土场地中采用真空预压固结,袋装砂井直径为 100 mm,井径比为 15,砂井采用等边三角形排列,砂井间距应采用(　　)。

(A)150 cm　(B)143 cm　(C)133 cm　(D)123 cm

90. 预压法处理地基时,预压荷载应根据设计要求确定,下述说法中(　　)不正确。

(A)对沉降有严格限制的建筑应采用超载预压法处理

(B)超载量的大小应根据预压时间内要求完成的变形量通过计算确定

(C)预压荷载顶面的范围应大于建筑物基础外缘所包围的范围

(D)超载预压时荷载应一次性施加

91. 当预压法采用砂井排水时,砂井的灌砂量应按井孔体积和砂在中密状态时的干密度计算,实际灌砂量不得小于计算值的(　　)。

(A)95%　(B)100%　(C)105%　(D)110%

92. 预压法处理软土地基竣工验收时,不宜采用下述(　　)标准。

(A)室内土工试验指标满足设计要求

(B)标准贯入试验击数满足设计要求

(C)原位十字板剪切试验指标满足设计要求

(D)现场载荷试验指标满足设计要求

93. 强夯法一般不适合处理(　　)地基。

(A)砂土　(B)湿陷性黄土　(C)素填土　(D)饱和软黏土

94. 某建筑场地采用强夯法处理,场地为不饱和粉质黏土,缺少试验资料,如采用夯锤重量为 150 kN,落距为 20 m,其有效加固深度为(　　)。

(A)5.5 m　(B)6.5 m　(C)7.5 m　(D)8.5 m

95. 考虑强夯法处理地基夯点夯击次数时,与下列(　　)无关。

(A)夯击前后地表下沉量　　(B)最后两击平均夯沉量之差

(C)夯坑周围是否隆起　　(D)是否因夯坑过深而发生提锤困难

96. 强夯法施工要求中(　　)不正确。

(A)夯锤质量一般可取 10～60 t

(B)锤底面积不宜大于 5 m^2

(C)强夯静接地压力值可取 25～80 kPa

(D)强夯置换锤底静接地压力值可取大于 80 kPa

97. 采用强夯置换时，承载力检验不宜采用下述(　　)方法。

(A)室内土工试验　　(B)动力触探试验

(C)十字板剪切试验　　(D)载荷试验

98. 当多层建筑地基采用振冲法处理时，处理范围宜在基础外缘扩大(　　)排桩。

(A)1～3　　(B)2～3　　(C)不少于 3　　(D)不少于 4

99. 采用振冲法处理地基，确定桩长时，下述(　　)不合理。

(A)当相对硬层埋深不大时，应按相对硬层埋深确定

(B)当相对硬层埋深较大时，按建筑物地基变形允许值确定

(C)在可液化地基中桩长应按要求的抗震处理深确定

(D)振冲桩桩长不宜小于 6 m

100. 某场地采用振冲桩处理，按等边三角形布桩，桩径为 1 000 mm，桩距为 2 000 mm，桩间土承载力特征值为 120 kPa，桩体承载力特征值为 250 kPa，处理后场地复合地基承载力特征值为(　　)。

(A)150 kPa　　(B)155 kPa　　(C)160 kPa　　(D)165 kPa

101. 某场地地基土强度较低，采用振冲法处理，面积置换率为 35%，桩土应力比 $n=3$，桩间土压缩模量为 6 MPa，处理后复合地基模量应为(　　)。

(A)8.1 MPa　　(B)10.2 MPa　　(C)12.3 MPa　　(D)14.4 MPa

102. 采用振冲密实法处理松砂土地基时，如振冲器动率为 75 kN，填料粒径宜为(　　)。

(A)20～80 mm　　(B)30～100 mm　　(C)40～150 mm　　(D)150～200 mm

103. 对不加填料振冲法处理的砂土地基，竣工验收承载力检验不应采用(　　)。

(A)室内土工试验　　(B)标准贯入试验

(C)动力触探试验　　(D)载荷试验

104. 砂石桩施工的主要方法有(　　)。

(A)水平振动加水冲　　(B)螺旋钻钻孔，锤击夯实桩体

(C)水冲成孔，锤击夯实桩体　　(D)振动沉管和锤击沉管

105. 粉质黏土地基采用砂石桩处理后，至少需间隔(　　)时间方可进行质量检验。

(A)7 d　　(B)15 d　　(C)21 d　　(D)90 d

106. 某松散砂土地基采用砂石桩处理，砂土的最大孔隙比为 0.96，最小孔隙比为 0.72，天然孔隙比为 0.90，如采用等边三角形布桩，桩径 600 mm，桩距为 2.0 m，不考虑振动下沉密实作用，挤密后砂土相对密度为(　　)。

(A)0.75　　(B)0.78　　(C)0.85　　(D)0.88

107. 某黏性土地基采用砂石桩处理，桩径为 500 mm，桩土应力比为 3，桩间土承载力特征值为 100 kPa，要求处理后复合地基承载力不低于 150 kPa，如采用正方形布桩，桩间距应为(　　)。

(A)0.75 m　　(B)0.88 m　　(C)0.96 m　　(D)1.05 m

108. 对 CFG 桩，下述说法中(　　)不正确。

(A)CFG 桩布置范围可只在基础范围内布桩

(B)CFG 桩泥浆护壁钻孔成桩桩径宜取 600～800 mm

(C)CFG 桩桩距宜取 2～4 倍桩径

(D)桩顶与基础之间的褥垫层厚度宜取桩径的 40%～60%

109. 某场地采用 CFG 桩处理，桩径为 350 mm，桩长为 10 m，桩体试块抗压强度平均值为 f_{cu} =3.0 MPa，按桩侧土摩阻力特征值与桩端土的承载力特征值计算桩承载力特征值为 100 kN，单桩承载力发挥系数为 0.9，单桩竖向承载力特征值宜取(　　)。

(A)80 kN　　(B)90 kN　　(C)100 kN　　(D)148 kN

110. 计算 CFG 复合地基承载力时，桩间土承载力应进行折减，这是因为(　　)。

(A)CFG 桩施工时对桩间土有扰动

(B)CFG 桩桩体变形较小，桩间土承载力不能充分发挥

(C)在桩与基础之间采用了褥垫层，桩体分担了较多的荷载

(D)桩的置换率较大，桩间土承担的荷载较小

111. 某均质黏性土场地采用 CFG 桩处理，天然地基的承载力特征值为 100 kPa，压缩模量为 2.5 MPa，处理后复合地基承载力提高为 160 kPa，在计算地基变形时，复合地基压缩模量应提高(　　)倍。

(A)1.4　　(B)1.5　　(C)1.6　　(D)1.7

112. 下述(　　)不是 CFG 桩的施工方法。

(A)采用长螺旋钻孔，灌注成桩

(B)采用反循环钻机钻孔，灌注成桩

(C)采用长螺旋钻孔，管内泵压混合料灌注成桩

(D)振动沉管灌注成桩

113. CFG 桩桩顶与基础底面间应设褥垫层，下述(　　)不正确。

(A)褥垫层厚度宜取桩径的 40%～60%

(B)褥垫层夯填度不得小于 0.9

(C)褥垫层夯填度不得大于 0.9

(D)褥垫层铺设宜采用静力或动力压实法

114. CFG 桩地基竣工验收时，下述(　　)不正确。

(A)地基检验宜在施工结束 28 d 后进行

(B)试桩数量不应少于总桩数的 1.0%，且每个单体工程的复合地基静载荷试验的试验数量不应小于 3 点

(C)承载力检验应采用复合地基载荷试验和单桩静载荷试验

(D)条件不具备时，承载力检验可采用动力触探、静力触探等方法

115. 对夯实水泥土桩法，下述(　　)不正确。

(A)适用于处理地下水位以上的粉土、黏性土、杂填土等地基

(B)对重要工程或缺乏经验的地区，设计前应进行试验性施工

(C)处理深度不宜超过 6 m

(D)桩体强度宜取 28 d 龄期试块的立方体抗压强度平均值

116. 进行夯实水泥土桩设计时，下述(　　)不正确。

(A)当采用洛阳铲成孔时，处理深度不宜超过 6 m

(B)夯实水泥土桩布桩范围可与基础范围相同

(C)桩孔直径宜为 600～1 000 mm

(D)桩距宜为 2～4 倍桩径

117. 确定夯实水泥土桩复合地基承载力特征值时，下述(　　)不合理。

(A)施工设计时，地基承载力特征值应按现场复合地基载荷试验确定

(B)采用单桩载荷试验时单桩承载力特征值应取单桩竖向极限承载力的一半

(C)处理后桩间土的承载力特征值可取天然地基承载力特征值

(D)桩间土承载力折减系数β宜取0.75～0.95

118. 夯实水泥土桩施工时，下述(　　)不正确。

(A)成孔方法可采用非挤土方法，也可采用挤土方法成孔

(B)孔内混合料的压实系数最小不应小于0.93

(C)混合料含水率应在最优含水率±2%之间

(D)桩顶应设置100～300 mm的褥垫层

119. 对于采用夯实水泥土桩法处理的一般工程进行质量检验时，以下有明确规定的是(　　)。

(A)24 h内取土样测定干密度

(B)24 h内采用轻型动力触探测锤击数

(C)24 h内采用重型动力触探测锤击数

(D)采用单桩复合地基载荷试验进行承载力检验

120. 采用水泥土搅拌法处理地基时，下述不正确的是(　　)。

(A)正常固结的淤泥质土适用于采用该法处理

(B)泥炭土一般不宜采用该法处理

(C)当地基土天然含水率小于30%时不宜采用干法

(D)当含水率大于30%时不宜采用湿法

121. 进行水泥土搅拌法设计时，下述(　　)不正确。

(A)单桩承载力发挥系数可取1

(B)当搅拌桩为提高抗滑稳定性时，桩长应超过危险滑弧以下不小于5 m

(C)采用湿法时加固深度不宜大于20 m，采用干法时加固深度不宜大于15 m

(D)桩长超过10 m时，可采用固化剂变掺量设计

122. 初步设计中按规范推荐公式估算水泥土搅拌桩复合地基承载力时，下述(　　)不正确。

(A)单桩竖向承载力特征值应通过单桩载荷试验确定

(B)桩间土承载力特征值可取天然地基承载力特征值

(C)当桩端土未经修正的承载力特征值大于桩周土承载力特征值的平均值时，桩间土承载力发挥系数可取0.1～0.4

(D)当桩端土未经修正的承载力特征值小于桩周土承载力特征值平均值时，桩间土承载力折减系数可取0.4～0.8

123. 某搅拌桩复合地基中桩长为10 m，复合土层顶面处附加应力值为200 kPa，底面处附加应力为50 kPa，复合土层压缩模量为8 MPa，承载力发挥系数为1.0，复合土层的压缩变形接近(　　)。

(A)80 mm　　(B)156 mm　　(C)186 mm　　(D)216 mm

124. 采用干法水泥土搅拌法施工时，下述(　　)不正确。

(A)送粉管路长度不宜过长

(B)搅拌头每转一周，提升高度不得超过10～15 mm

(C)当搅拌头达到设计桩底以上时，应即开启喷粉机提前进行喷粉作业

(D)当搅拌头达到地表后，方可停止喷粉

125. 水泥土搅拌桩施工完成后应进行质量检验，下述(　　)是不正确的。

(A)成桩后 3 d 内可用轻型动力触探检查每米桩身的均匀性，检查数量不应低于施工总桩数的 5%

(B)成桩 7 d 后，应采用浅部开挖桩头，目侧检查搅拌的均匀性，量测成桩直径

(C)成桩 28 d 后，应进行复合地基或单桩载荷试验

(D)经触探和载荷试验对桩身质量有怀疑时，应在成桩 28 d 后进行钻探取芯，进行强度检验

126. 旋喷法中不包括( )喷射方法。

(A)定喷 (B)斜喷 (C)摆喷 (D)旋喷

127. 旋喷法喷射时，可根据工程需要和岩土质条件采用不同方式，但一般不包括( )。

(A)单管法 (B)双管法 (C)三管法 (D)多管法

128. 进行旋喷桩设计时，下述( )不正确。

(A)竖向承载旋喷桩复合地基宜在基础与桩顶之间设置褥垫层

(B)独立基础下的桩数一般不应少于 4 根

(C)计算变形值时，复合土层的压缩模量应采用载荷试验确定

(D)喷射管分段提升的搭接长度不宜小于 100 mm

129. 进行旋喷法施工时，下述( )不正确。

(A)采用三管法喷射时，高压水的压力不应低于 20 MPa

(B)水泥料宜采用强度等级为 42.5 级以上的普通硅酸盐水泥

(C)水泥浆液的水灰比一般应取 1.0～2.0

(D)喷射孔与高压注浆泵的距离不宜大于 50 m

130. 旋喷法采用双管法喷射时，喷射的是( )。

(A)高压水泥浆与压缩空气 (B)高压水泥浆与高压水

(C)高压水与压缩空气 (D)高压水与粉状水泥

131. 采用旋喷法施工后常采用( )方法进行检验。

(A)标准贯入，动探，载荷，室内试验

(B)开挖，取芯，标准贯入，载荷试验

(C)轻型动探，十字板，载荷试验

(D)开挖，取芯，室内试验

132. 旋喷法施工后，质量检查宜在( )后进行。

(A)3 d (B)7 d (C)28 d (D)15 d

5.3.2 《土工合成材料应用技术规范》(GB 50290—2014)

1. 由短纤维或长丝按随机或定向排列制成的薄絮垫，经机械结合、热黏或化黏而成的织物称为( )。

(A)土工合成材料 (B)土工织物

(C)织造土工织物 (D)非织造土工织物

2. 由土工聚合物或沥青制成的一种相对不透水的薄膜称为( )。

(A)土工膜 (B)防渗膜 (C)复合土工膜 (D)土工聚合物

3. 由有规则的网状抗拉条带形成的用于加筋土的土工合成材料，其开孔可容周围土、石或其他土工合成材料穿入的一种土工合成材料称为( )。

(A)土工格室 (B)土工格栅 (C)土工网 (D)土工网垫

4. 由两种或两种以上材料复合成的土工合成材料称为(　　)。

(A)土工复合材料　　(B)土工合成材料

(C)土工聚合物　　(D)土工织物

5. 在使液体通过的同时,保持受渗透压力作用的土粒不流失的作用称为(　　)。

(A)反滤　　(B)防渗　　(C)排水　　(D)隔离

6. 利用土工合成材料的抗拉性能,改善土的力学性能的作用称为(　　)。

(A)防护　　(B)加筋　　(C)隔离　　(D)锚固

7. 材料试样受单轴拉力时的伸长量与原长度的比值称为(　　)。

(A)延展率　　(B)延伸率　　(C)伸长率　　(D)应变

8. 土工织物的最大表观孔径称为(　　)。

(A)最大孔径　　(B)特征孔径　　(C)有效孔径　　(D)等效孔径

9. 在淤堵试验中,水通过土工织物及其上 25 mm 厚土粒时的水力梯度与水流通过再向上 50 mm 厚土料的水力梯度的比值称为(　　)。

(A)梯度比　　(B)水力梯度　　(C)渗透比　　(D)梯度系数

10. 下述(　　)不属于土工合成材料。

(A)排水管　　(B)聚苯乙烯板块　　(C)土工网　　(D)钢筋网

11. 下述(　　)不是土工特种材料。

(A)复合土工织物　　(B)土工格栅　　(C)土工模袋　　(D)土工网垫

12. 下述(　　)属于土工合成料的力学性能。

(A)单位面积的质量　　(B)孔径

(C)延伸率　　(D)平面渗透系数

13. 某挡墙使用的拉筋材料拉伸试验测得的极限抗拉强度为 2 MPa,铺设时机械破坏影响系数为 1.1;材料蠕变影响系数为 2.0;化学剂破坏影响系数为 1.0;生物破坏影响系数为 1.2;该材料的设计容许抗拉强度为(　　)。

(A)0.76 MPa　　(B)0.86 MPa　　(C)3.0 MPa　　(D)5.3 MPa

14. 土工合成材料的性状一般不受下述(　　)的影响。

(A)使用时间　　(B)土体的含水率

(C)温度　　(D)试样尺寸

15. 下述(　　)情况一般不宜采用土工合成材料作为排水设施。

(A)公路挡墙后排水　　(B)隧道衬砌后排水

(C)层顶排水　　(D)地基处理排水

16. 土工合成材料作为反滤层时一般不具有以下(　　)功能。

(A)防护性　　(B)保土性　　(C)透水性　　(D)防堵性

17. 某土工织物的等效孔径为 2 mm,土的特征粒径 d_{85} 为 1 mm,系数 B 为 2,则该土工合成材料的保土性为(　　)。

(A)刚好要满足要求　　(B)完全满足要求

(C)不满足要求　　(D)不确定

18. 某防渗体的渗透系数为 5×10^{-6} cm/s,采用土工合成材料为反滤料,其渗透系数为 1×10^{-4} cm/s,系数 A 取 10,则该反滤材料的透水性为(　　)。

(A)刚好满足要求　　(B)完全满足要求　　(C)不满足要求　　(D)不确定

19. 采用土工合成材料作为反滤时,其梯度比应满足(　　)条件。

(A)GR≥3　　(B)GR≤3　　(C)GR≥2　　(D)GR≤2

20.下述对防渗结构的描述中(　　)是较全面的。

(A)防渗结构包括防渗土工膜;上、下垫层

(B)防渗结构包括防渗土工膜;上、下垫层;下垫层下部的支持层

(C)防渗结构包括防渗土工膜;上、下垫层,下垫层下部的支持层、上垫层上部的防护层

(D)防渗结构包括防渗土工膜;上、下垫层;上、下垫层,下垫层下部的支持层、上垫层上部的防护层和排水排气设施

21.采用土工合成材料作为防渗结构时,对以下(　　)情况必须设置防护层。

(A)防渗材料位于主体工程内部

(B)防渗材料有足够的强度和抗老化能力,且有专门管理措施

(C)防渗材料用作面层,更换面层在经济上比较合理

(D)其他情况

22.采用土工合成材料作土石坝的防渗结构时,对重要工程,选用的土工膜厚度不应小于(　　)。

(A)0.5 mm　　(B)0.75 mm　　(C)1.0 mm　　(D)1.5 mm

23.当生活垃圾、工业垃圾和有毒废料填埋场防渗层采用土工合成材料时,如填埋物有毒,应采用(　　)结构。

(A)单层防渗结构　　(B)双层防渗结构

(C)多层防渗结构　　(D)复合防渗结构

24.当采用土工膜作为防渗层,截断地下水流或地表水时,下述(　　)不合理。

(A)一般情况下,地下垂直防渗的土工膜厚度不宜小于 0.25 mm

(B)应根据地基土质的具体条件,选用成槽机具和固壁方法

(C)铺膜后应及时在膜两侧回填,并应防止下端绕渗

(D)地上临时挡水坝宜采用高度不小于 4 m 的浅河床及滩地围堵

25.刚性筋式的加筋土挡墙的潜在破裂面形式为(　　)。

(A)通过墙底与水平面成 $45°+\varphi/2$ 夹角的斜面

(B)与墙面距离为 0.3 倍墙高的竖直面

(C)以通过墙底与水平面夹角为 $45°+\varphi/2$ 的斜面为切线的圆弧破坏

(D)下部为(A),上部为(B)的折线形式

26.加筋土挡墙设计时,下述(　　)说法不正确。

(A)采用极限平衡法进行设计,设计内容包括内部稳定性验算、外部稳定性验算,以及确定墙后排水设施和墙顶防水设施

(B)外部稳定性验算应采用重力式挡墙的稳定验算方法验算墙体的抗水平滑动、抗深层滑动、稳定性和地基承载力

(C)墙背土压力的大小按朗肯土压力理论计算,其作用点位于墙底以上 1/3 墙高处

(D)墙背土压力的作用方向与墙背垂直

27.进行筋材强度验算时,对于柔性筋材,第 i 层的土压力系数宜取为(　　)。

(A)$K_i=K_a$

(B)$K_i=K_0$

(C)当 $z>6$ m 时,$K_i=K_a$

(D)当 $0\leqslant z\leqslant 6$ m 时,$K_i=K_0-[(K_0-K_a)Z_i/6]$

第5章　地基处理

28. 对加筋土挡墙进行抗拔稳定性验算，确定筋材有效长度时破裂面宜按(　　)考虑。

(A)0.3H 法　　(B)圆弧滑动法

(C)平面滑动面倾角为 45°　　(D)平面滑动面倾角为 $45°+\varphi/2$

29. 下述(　　)情况一般不采用土工合成材料进行防护。

(A)河岸护坡　　(B)道路边坡防冲

(C)锚索框架梁加固边坡　　(D)沙漠地区滞砂固砂

30. 采用软体排防冲时，一般可不进行下列(　　)验算。

(A)抗浮稳定　　(B)软体排需要的压载量

(C)抗滑稳定　　(D)基底承载力

5.4　多项选择题

1. 下述(　　)方法在成孔时可采用非挤土成孔法。

(A)夯实水泥土桩　(B)石灰桩　(C)土挤密桩　(D)灰土挤密桩

2. 下述(　　)方法中采用水泥浆作为固化剂。

(A)深层搅拌法　(B)粉体喷搅法　(C)旋喷桩法　(D)振冲法

3. 下述(　　)方法在施工时需对桩体进行夯实。

(A)振冲法　(B)CFG 桩法　(C)夯实水泥土桩法　(D)水泥土搅拌法

4. 地基经过下述(　　)方法处理后，不能按复合地基理论确定承载力特征值。

(A)换填法　(B)预压固结法　(C)强夯密实法　(D)振冲法

5. 换填垫层一般不宜采用(　　)。

(A)砂石　(B)软塑黏土　(C)有机质土　(D)灰土

6. 采用预压法处理饱和软土地基时，下述(　　)不正确。

(A)预压的过程即土体排水固结强度提高的过程

(B)当考虑加载能力时，如预压荷载不能一次施加，可采用分级施加

(C)预压后土体强度有所提高是由于土体的实际固结压力超过了土体的自重压力而变为超固结土

(D)对非饱水软土，一般可不采用堆载预压方法

7. 采用预压法时，下述(　　)是正确的。

(A)渗透系数越大，预压的时间相对越小

(B)当土体中有砂及粉砂的夹层及透镜体时对固结不利

(C)厚层软土预压时间相对较大

(D)设置竖向排水体时，井壁附近土体渗透系数将发生改变

8. 关于强夯法，下述(　　)不正确。

(A)强夯具有动力固结作用

(B)动力固结时，土颗粒间的距离在短时间内发生明显改变

(C)有效加固深度可采用梅纳公式计算

(D)一般情况下，粗粒土的夯击遍数不宜少于 3 遍

9. 确定强夯置换地基承载力时，下述(　　)是正确的。

(A)对淤泥及流塑软土中采用的强夯置换墩，只计算墩体承载力，不计墩体间的承载力

(B)(A)条中不计墩间土的承载力是因为一般情况下单墩承载力已够,不需再考虑墩间土的承载力

(C)采用强夯置换法的粉土地基承载力亦不应按复合地基考虑,不需计入墩间土的承载力

(D)单墩承载力可按地区经验确定

10. 采用振冲法加固地基时,一般具有以下(　　)作用。

(A)振冲置换　(B)振密挤密　(C)固结排水　(D)膨胀

11. 下述(　　)对振冲法施工质量有较大影响。

(A)振冲器的功率　(B)密实电流　(C)振留时间　(D)填料量

12. 砂石桩法包括下列(　　)。

(A)砂石桩　(B)砂桩　(C)碎石桩　(D)水泥土桩

13. 砂石桩施工时常采用(　　)施工方法。

(A)振冲法　(B)振动法　(C)锤击法　(D)搅拌法

14. CFG 桩桩体中一般含有(　　)。

(A)水泥　(B)粉煤灰　(C)碎石　(D)石屑或砂

15. 采用 CFG 桩时,下述(　　)不正确。

(A) CFG 桩是刚性桩,强度较高,因此可忽略桩间土的承载力

(B) CFG 桩具有较强的置换作用,一般情况下,桩越长桩的荷载分担比越高

(C) CFG 桩应把桩端置于良好土层中

(D) CFG 桩一般适用于承载力较低的土,对承载力较高但变形不满足要求时,一般不宜采用

16. 关于 CFG 桩中褥垫层在复合地基中的作用,下述正确的是(　　)。

(A)保证桩土共同承担荷载

(B)褥垫层较厚时,桩承担的荷载比例相对较小

(C)褥垫层的设置增加了基础底面的应力集中现象,使承载力得以提高

(D)褥垫层较厚时,桩分担的水平荷载比例较大

17. 对 CFG 桩桩间土的承载力,下述(　　)说法不正确。

(A)采用非挤土法施工时,桩间土承载力等于地基土天然承载力

(B)采用挤土法施工时,桩间土承载力应大于地基土天然承载力

(C)对可挤密的桩间土采用挤土法施工时,桩间土承载力高于地基土天然承载力

(D)对不可挤密的结构性土采用挤土法施工时,桩间土承载力应小于天然地基承载力

18. CFG 桩施工时桩顶标高应高于设计桩顶标高,这是因为(　　)。

(A)设计桩顶标高保留适当厚度的土层,便于施工机械行走

(B)成桩时桩顶标高很难和设计桩顶标高一致,因此预留适当高度

(C)由于桩顶混合料自重压力较小或受浮浆影响,靠近桩顶一段桩体强度较差

(D)增加混合料表面的高度和自重,提高抵抗周围土挤压的能力

19. 采用夯实水泥土桩法施工时,下列(　　)不正确。

(A)水泥土桩体的压实系数不应小于 0.93

(B)褥垫层铺设时,夯填度应小于 0.90

(C)采用机械夯实法时,含水率宜采用土料最佳含水率 $w_{op}+(1\%\sim2\%)$

(D)采用人工夯实时,含水率宜采用土料最佳含水率 $w_{op}-(1\%\sim2\%)$

20. 采用水泥土搅拌法时,下述(　　)不正确。

(A)固化剂均采用水泥,不采用石灰

(B)当地基土天然含水率小于30%时,应采用干法搅拌

(C)当有机质含量高、pH值较低时采用水泥作加固料效果较差

(D)对含有高岭石、多水高岭石、蒙脱石等黏土矿物的软土采用水泥作加固料时效果较好

21. 采用水泥土搅拌法时,下述设计理念中(　　)是错误的。

(A)水泥掺入量大时,水泥土强度越大,因此,设计时应尽量提高水泥掺入量

(B)适当提高水泥强度等级,可降低水泥掺入比

(C)掺入外加剂时,水泥土强度会有明显提高

(D)当掺入与水泥等量的粉煤灰时,水泥土强度可提高约10%

22. 采用水泥土搅拌法时,桩体强度按公式 $R_a = \eta f_{cu} A_p$ 确定时,折减系数一般取0.20~0.33,它与下列(　　)因素有关。

(A)施工队伍的素质及施工质量　(B)室内强度试验与实际加固强度比值

(C)对实际工程加固效果等情况的掌握　(D)水泥的掺入比

23. 水泥土搅拌桩一般常采用以下(　　)布桩形式。

(A)柱状　(B)壁状　(C)格状　(D)长短桩相结合

24. 高压喷射注浆采用定喷法时可形成壁状固结体,通常情况下应采用(　　)喷射。

(A)单管法　(B)双管法　(C)三管法　(D)多管法

25. 采用石灰桩时,下述(　　)不正确。

(A)当生石灰用量超过30%时,石灰桩的强度较大

(B)一般采用生石灰与掺合料的体积比为1∶1或1∶2

(C)石灰桩空口高度不宜小于500 mm,这是因为要保持一定的覆盖压力,防止石灰桩膨胀时上鼓

(D)计算石灰桩面积时,桩径可取单孔平均成孔直径

26. 采用土桩或灰土桩时,下述说法中(　　)不正确。

(A)土桩、灰土桩常用来处理湿陷性黄土

(B)土桩、灰土桩处理的范围为5~15 m

(C)对于5 m以上的土层,在土桩或灰土桩施工后应予以清除

(D)当土的含水率大于24%或饱和度大于65%时,挤密效果较好

27. 下述(　　)符合桩锤冲扩桩的加固原理。

(A)成孔或成桩过程中对原土产生动力挤密作用

(B)对原土产生动力固结作用

(C)使原土产生一定的排水固结作用

(D)冲扩桩冲填置换作用

28. 柱锤冲扩桩中使用的碎砖三合土中的成分包括(　　)。

(A)水泥　(B)生石灰　(C)碎砖　(D)黏性土

29. 柱锤冲扩桩常见的成孔方法有(　　)。

(A)冲击成孔　(B)振动成孔

(C)填料冲击成孔　(D)二次复打成孔

30. 采用碱液法加固黄土地基时,双液是指(　　)。

(A)硅酸钠溶液　(B)烧碱溶液

(C)氯化钙溶液　(D)氯化钠溶液

5.5 答　　案

5.5.1 案例模拟题答案

1.①(D)　②(B)　③(A)　④(A)　⑤(D)　⑥(D)

解:

①垫层底面处自重应力

$P_{cz}=\sum\gamma_i h_i=19\times(1.5+2)=66.5\ (\text{kPa})$

②垫层底面处附加应力值

$P_k=\dfrac{500}{2\times1}+20\times1.5=280\ (\text{kPa})$

$P_c=19\times1.5=28.5\ (\text{kPa})$

$\dfrac{z}{b}=\dfrac{2}{2}=1>0.5$　取 $\theta=30^\circ$

$P_z=\dfrac{b(P_k-P_c)}{b+2z\tan\theta}=\dfrac{2\times(280-28.5)}{2+2\times2\times\tan30^\circ}=116.7\ (\text{kPa})$

③修正后的地基承载力特征值

$f_{az}=f_{ak}+\eta_d\gamma_m(d-0.5)=130+1\times19\times(3.5-0.5)=187\ (\text{kPa})$

④软土层验算结果

$P_z+P_{cz}=116.7+66.5=183.2(\text{kPa})<f_{az}=187\ \text{kPa}$,满足要求。

⑤垫层底面宽度

$b'\geqslant b+2z\tan\theta=2+2\times2\times\tan30^\circ=4.3\ (\text{m})$

⑥垫层顶面宽度 b''

$b''=b'+2\times0.5h=4.3+2\times0.5\times2=6.3\ (\text{m})$

2.(C)

解:

①设垫层厚度为 2.0 m,则

$P_{cz}=19\times(1.5+2.0)=66.5\ (\text{kPa})$

$P_k=\dfrac{800}{2\times2}+20\times1.5=230\ (\text{kPa})$

$P_c=1.5\times19=28.5\ (\text{kPa})$

$\dfrac{z}{b}=\dfrac{2}{2}=1>0.5$,取 $\theta=30^\circ$

$$P_z=\frac{2\times2\times(230-28.5)}{(2+2\times2\times\tan30^\circ)\times(2+2\times2\times\tan30^\circ)}$$
$$=43.4\ (\text{kPa})$$

$P_z+P_{cz}=66.5+43.4=109.9\ (\text{kPa})$

$$f_{az}=45+1\times19\times(3.5-0.5)$$
$$=102\ (\text{kPa})<P_z+P_{cz}$$

$z=2.0$ m,不满足要求。

②设垫层厚度为 2.5 m

$P_{cz}=19\times(1.5+2.5)=76\ (\text{kPa})$

第5章　地基处理

$\frac{z}{b}=\frac{2.5}{2}=1.25>0.5$，取 $\theta=30°$

$$P_z=\frac{2\times2\times(230-28.5)}{(2+2\times2.5\times\tan30°)\times(2+2\times2.5\times\tan30°)}=33.75\ (\text{kPa})$$

$f_{az}=45+1\times19\times(4-0.5)=111.5\ (\text{kPa})$

$P_z+P_{cz}=33.75+76=109.75(\text{kPa})<f_{az}$

承载力满足要求，取 $z=2.5$ m。

3. ①(B) ②(C) ③(B) ④(A) ⑤(C) ⑥(D)

解：

①垫层底面处的自重应力

$P_{cz}=18\times(1+2)=54\ (\text{kPa})$

②垫层底面处的附加应力

$P_k=\frac{1\ 800}{2.5\times2.5}+1\times20=308\ (\text{kPa})$

$P_c=18\times1=18\ (\text{kPa})$

$\frac{z}{b}=\frac{2}{2.5}=0.8>0.5$ 取 $\theta=30°$

$$P'_z=\frac{2.5\times2.5\times(308-18)}{(2.5+2\times2.0\times\tan30°)\times(2.5+2\times2\times\tan30°)}=78.4\ (\text{kPa})$$

$P''_z=(20-18)\times2=4\ (\text{kPa})$

$P_z=P'_z+P''_z=78.4+4=82.4\ (\text{kPa})$

③土层修正后承载力特征值

$f_{az}=f_{ak}+\eta_d\gamma_m(d-0.5)$
$=105+1\times18\times(3-0.5)=150\ (\text{kPa})$

④验算下卧层承载力

$P_z+P_{cz}=82.4+54=136.8<f_{az}$，满足要求

⑤垫层底面尺寸

$b'\geq b+2z\tan\theta=2.5+2\times2\times\tan30°=4.81\ (\text{m})$

⑥垫层顶面尺寸

$b''=b'+2\times z\times0.75=4.81+2\times2\times0.75=7.81\ (\text{m})$

4. ①(B) ②(A) ③(B) ④(B)

解：

①井径比

$d_e=1.05l=1.05\times1.4=1.47$

$n=\frac{d_e}{d_w}=\frac{1.47}{0.07}=21$

②参数 α、β

$\alpha=\frac{8}{\pi^2}=\frac{8}{3.14^2}=0.81$

$$F_n=\frac{n^2}{n^2-1}\ln n-\frac{3n^2-1}{4n^2}=\frac{21^2}{21^2-1}\times\ln21-\frac{3\times21^2-1}{4\times21^2}$$

$=2.3$

$$\beta=\frac{8C_h}{F_n d_e^2}+\frac{\pi^2 C_v}{4H^2}$$

$$=\frac{8\times 2.5\times 10^{-3}}{2.3\times 147^2}+\frac{3.14^2\times 2.5\times 10^{-3}}{4\times 500^2}$$

$=4.270\ 6\times 10^{-7}(s^{-1})$

$=0.036\ 9\ (d^{-1})$

③加荷 50 d 后的平均固结度

$$\overline{U}_t=\sum\frac{q_i}{\sum\Delta P}[(T_i-T_{i-1})-\frac{\alpha}{\beta}e^{-\beta t}(e^{\beta t_i}-e^{\beta t_{i-1}})]$$

$$=\frac{10}{100}\times[(10-0)-\frac{0.81}{0.036\ 9}\times 2.718^{-0.036\ 9\times 50}\times(2.718^{0.036\ 9\times 10}-2.718^{0.036\ 9\times 0})]$$

$=0.845$

④使固结度达到 90% 的天数

$$0.9=\frac{10}{100}\times[(10-0)-\frac{0.81}{0.036\ 9}\times e^{-\beta t}\times(2.718^{0.036\ 9\times 10}-2.718^{0.036\ 9\times 0})]$$

整理得：$e^{-\beta t}=0.102\ 09$

$e^{-0.036\ 9t}=0.102\ 09$

$t=61.8$ d

5. ①(B) ②(B) ③(D) ④(C) ⑤(C)

解：

①砂井竖向通水量

$$q_w=k_w\frac{\pi}{4}d_w^2=3\times 10^{-2}\times\frac{3.14}{4}\times 7^2=1.154\ (cm^3/s)$$

②系数 F

$d_e=1.05l=1.05\times 1.4=1.47$ (m)

$$n=\frac{d_e}{d_w}=\frac{1.47}{0.07}=21$$

$$F_n=\ln(n)-\frac{3}{4}=2.295$$

$$F_s=\left(\frac{k_h}{k_s}-1\right)\ln s=\left(\frac{2.5\times 10^{-7}}{0.5\times 10^{-7}}-1\right)\times\ln 3$$

$=4.394$

$$F_r=\frac{\pi^2 l^2 k_h}{4q_w}=\frac{3.14^2\times 1\ 000^2\times 2.5\times 10^{-7}}{4\times 1.154}$$

$=0.534$

$F=F_n+F_s+F_r=2.295+4.394+0.534$

$=7.223$

③系数 α、β

$$\alpha=\frac{8}{\pi^2}=0.81$$

$$\beta=\frac{8\times 2\times 10^{-3}}{7.223\times 147^2}+\frac{3.14^2\times 2\times 10^{-2}}{4\times 1\ 000^2}$$

$=1.0744\times10^{-7}\ (\mathrm{s}^{-1})$

$=0.00928\ (\mathrm{d}^{-1})$

④加荷开始后 80 d 受压土层的平均固结度

$$\overline{U}_{80}=\frac{8}{80}\times\left[(10-0)-\frac{0.81}{0.00928}\times2.718^{-0.00928\times80}\times(2.718^{0.00928\times10}-2.718^{0.00928\times0})\right]\times100\%$$

$=60\%$

⑤使平均固结度达到 80%所需的时间

$$\overline{U}=80\%=\frac{8}{80}\times\left[(10-0)-\frac{0.81}{0.00928}\times2.718^{-\beta t}\times(2.718^{0.00928\times10}-2.718^{0.00928\times0})\right]\times100\%$$

整理得：$e^{-\beta t}=0.23566$

$t=155.75$ d

6.(B)

解：

①各土层中点的自重应力

$$\sigma_1=\frac{1}{2}\gamma_1h_1=\frac{1}{2}\times19\times2=19\ (\mathrm{kPa})$$

$$\sigma_2=\gamma_1h_1+\frac{1}{2}\gamma_2h_2=19\times2+\frac{1}{2}\times19\times2=57\ (\mathrm{kPa})$$

$$\sigma_3=\gamma_1h_1+\gamma_2h_2+\frac{1}{2}\gamma_3h_3=19\times2+19\times2+\frac{1}{2}\times19\times2=95\ (\mathrm{kPa})$$

②各土层自重应力所对应的孔隙比 e_{0i}

$$e_{01}=1.32+\frac{1.26-1.32}{25-0}\times(19-0)=1.274$$

$$e_{02}=1.39+\frac{1.28-1.39}{75-50}\times(57-50)=1.3592$$

$$e_{03}=0.89+\frac{0.88-0.89}{100-75}\times(95-75)=0.882$$

③自重应力与附加应力之和

$\sigma'_1=19+80=99\ (\mathrm{kPa})$

$\sigma'_2=57+80=137\ (\mathrm{kPa})$

$\sigma'_3=95+80=175\ (\mathrm{kPa})$

④预压后孔隙比 e_{1i}

$$e_{11}=1.15+\frac{1.10-1.15}{100-75}\times(99-75)=1.102$$

$$e_{12}=1.12+\frac{1.05-1.12}{150-125}\times(137-125)=1.0864$$

$e_{13}=0.85$

⑤最终竖向变形量

$$s_f=\sum_{i=1}^{n}\frac{e_{0i}-e_{1i}}{1+e_{0i}}h_i$$

$$=1.2\times\frac{1.274-1.102}{1+1.274}\times2+1.2\times\frac{1.3592-1.0864}{1+1.3592}\times2+1.2\times\frac{0.882-0.85}{1+0.882}\times2$$

$=0.4999$

⑥$U=90\%$时的沉降

$s_{90}=s_f U_{90}=0.4999\times 0.9=0.4499$ (m) $=450$ (mm)

7.(B)

解:$M=25\times 10=250$ (kN·m)

夯击能$=250\times 20=5\ 000$ (kN·m)

查表 6.3.3-1 得

有效加固深度为 7～7.5 m

8.(C)

解:$d_s=2.68/1=2.68$

$\eta=0.96$

$w_{op}=18\%$

$\rho_w=1$

$$\rho_{dmax}=\eta\frac{\rho_w d_s}{1+0.01w_{op}d_s}$$

$$=0.96\times\frac{1\times 2.68}{1+0.01\times 18\times 2.68}$$

$$=1.74\ (\mathrm{t/m^3})$$

9.(C)

解:据 JGJ 79—2012 第 7.1.7 条计算

复合地基压缩模量提高倍数:$\xi=\frac{f_{spk}}{f_{ak}}=\frac{159}{100}=1.59$

复合地基压缩模量:$E_{sp}=\xi E_s=1.59\times 4=6.4$ (MPa)

10.①(B) ②(A)

解:

①面积置换率

桩土应力比 n 为

$n=280/110=2.545$

$$m=\frac{f_{spk}/f_{sk}-1}{n-1}=\frac{180/110-1}{2.545-1}=0.412=41.2\%$$

②桩间距

$$m=\frac{d^2}{d_e^2}$$

$$d_e=\frac{d}{\sqrt{m}}=\frac{1.0}{\sqrt{0.412}}=1.558$$

$$s=\frac{d_e}{1.13}=\frac{1.558}{1.13}=1.378\ (\mathrm{m})\approx 1.38\ (\mathrm{m})$$

11.①(C) ②(C) ③(B)

解:

①面积置换率 m

$f_{spk}=[1+m(n-1)]f_{sk}$

$$m=\frac{\frac{f_{spk}}{f_{sk}}-1}{n-1}=\frac{\frac{160}{100}-1}{3-1}\times 100\%=30\%$$

②桩间距

$$m=\frac{d^2}{d_e^2}$$

$$d_e=\frac{d}{\sqrt{m}}=\frac{1.2}{\sqrt{0.3}}=2.19$$

$$d_e=1.05s$$

$$s=\frac{d_e}{1.05}=\frac{2.19}{1.05}\approx 2.1\ (\mathrm{m})$$

③复合地基的模量

$$E_{sp}=\frac{f_{spk}}{f_{ak}}E_s=\frac{160}{100}\times 4=6.4\ (\mathrm{MPa})$$

12. ①(C) ②(B) ③(C) ④(A)

解:

①面积置换率

$$d_e=1.13\sqrt{s_1 s_2}=1.13\times\sqrt{1.4\times 1.6}=1.69\ (\mathrm{m})$$

$$m=\frac{d^2}{d_e^2}=\frac{1^2}{1.69^2}\times 100\%=35\%$$

②桩土应力比

$$n=\frac{f_{pk}}{f_{sk}}=\frac{250}{110}=2.27\approx 2.3$$

③复合地基承载力

$$f_{spk}=[1+m(n-1)]f_{sk}=[1+0.35\times(2.3-1)]\times 110=160\ (\mathrm{kPa})$$

④复合地基压缩模量

$$E_{sp}=\frac{f_{spk}}{f_{ak}}E_s=\frac{160}{100}\times 5=8\ (\mathrm{MPa})$$

13. ①(A) ②(B) ③(C) ④(B)

解:

①天然状态下的相对密度

$$D_r=\frac{e_{max}-e}{e_{max}-e_{min}}=\frac{0.89-0.85}{0.89-0.63}=0.15$$

②处理后土体的相对密度

$$s=0.89\xi d\sqrt{\frac{1+e_0}{e_0-e_1}}$$

$$1.8=0.89\times 1\times 0.6\sqrt{\frac{1+0.85}{0.85-e_1}}$$

解得

$$e_1=0.687$$

$$D_r=\frac{e_{max}-e_1}{e_{max}-e_{min}}=\frac{0.89-0.687}{0.89-0.63}=0.78$$

③复合地基承载力

$$d_e=1.13s=1.13\times 1.8=2.03$$

$$m=\frac{d^2}{d_e^2}=\frac{0.6^2}{2.03^2}=0.087$$

$$n=360/180=2$$

$f_{spk}=[1+m(n-1)]f_{sk}=[1+0.087\times(2-1)]\times180$

$=195.6\ (\text{kPa})$

④$D_r=0.9$ 时的桩间距

$e_1=e_{max}-D_r(e_{max}-e_{min})=0.89-0.9\times(0.89-0.63)$

$=0.656$

$$s=0.89\xi d\sqrt{\frac{1+e_0}{e_0-e_1}}=0.89\times1\times0.6\times\sqrt{\frac{1+0.85}{0.85-0.656}}$$

$=1.65\ (\text{m})$

14.(B)

解: $f_{spk}=[1+m(n-1)]f_{sk}$

$$m=\frac{\frac{f_{spk}}{f_{sk}}-1}{n-1}=\frac{\frac{180}{100}-1}{3-1}=0.4$$

$$d_e=\frac{d}{\sqrt{m}}=\frac{0.8}{\sqrt{0.4}}=1.265\ (\text{m})$$

$$s=\frac{d_e}{1.05}=\frac{1.265}{1.05}=1.2\ (\text{m})$$

15.①(B) ②(B) ③(B) ④(C) ⑤(C)

解:

①桩间距

$$\overline{\rho}_d=\frac{\overline{\rho}}{1+0.01w}=\frac{1.63}{1+0.01\times11}=1.47\ (\text{kN/m}^3)$$

$$s=0.95d\sqrt{\frac{\overline{\eta}_c\rho_{dmax}}{\overline{\eta}_c\rho_{dmax}-\overline{\rho}_d}}=0.95\times0.3\times\sqrt{\frac{0.94\times1.81}{0.94\times1.81-1.47}}=0.77\ (\text{m})$$

②置换率

$d_e=1.05s=1.05\times0.77=0.81$

$$m=\frac{d^2}{d_e^2}=\frac{0.3^2}{0.81^2}\times100\%\approx14\%$$

③挤密后桩间土的干密度

$\overline{\rho}_{d1}=\overline{\rho}_{dmax}\overline{\eta}_c=1.81\times0.94=1.7\ (\text{t/m}^3)$

④桩孔数量

$$A_e=\frac{\pi}{4}d_e^2=\frac{3.14}{4}\times0.81^2=0.515\ (\text{m}^2)$$

$$n=\frac{A}{A_e}=\frac{40\times40}{0.515}=3\,107\ (\text{根})$$

⑤场地加湿所需的水量为

$Q=V\overline{\rho}_d(w_{op}-w)k$

$=40\times40\times10\times1.47\times(0.17-0.11)\times1.05$

$=1\,481.8\ (\text{t})$

16.①(A) ②(A) ③(B)

解:

①面积置换率

$$m=\frac{\frac{f_{spk}}{f_{sk}}-1}{n-1}=\frac{\frac{150}{100}-1}{3-1}=0.25$$

②桩间距

$$d_e=\frac{d}{\sqrt{m}}=\frac{0.8}{\sqrt{0.25}}=1.6\ (m)$$

$$s=\frac{d_e}{1.13}=\frac{1.6}{1.13}=1.4\ (m)$$

③复合地基压缩模量

$$E_{sp}=\frac{f_{spk}}{f_{ak}}E_s=\frac{150}{90}\times5=8.3\ (MPa)$$

17. ①(B)　②(C)　③(B)

解：

①桩间距

$$d_e=\frac{d}{\sqrt{m}}=\frac{0.8}{\sqrt{0.3}}=1.46\ (m)$$

$$s=\frac{d_e}{1.05}=\frac{1.46}{1.05}=1.39\ (m)$$

②复合地基承载力

$$f_{spk}=[1+m(n-1)]f_{sk}=[1+0.3\times(3-1)]\times90=144\ (kPa)$$

③复合地基压缩模量为

$$E_{sp}=\frac{f_{spk}}{f_{ak}}E_s=\frac{144}{80}\times4=7.2\ (MPa)$$

18. ①(C)　②(B)　③(A)　④(B)

解：

①单桩承载力

$$R_a=u\sum q_{si}l_i+\alpha_p q_p A_p$$

$$=3.14\times0.4\times(48\times2.7+65\times8+70\times0.3)+1\ 200\times\frac{3.14}{4}\times0.4^2$$

$$=993.0\ (kN)$$

取 $R_a=993.0\ (kN)$

②复合地基承载力特征值不宜小于

$$f_{spa}\geqslant P_k=515$$

$$f_{spa}=f_{spk}+\eta_d\gamma_m(d-0.5)\geqslant515\ kPa$$

$$f_{spk}\geqslant515-1\times\frac{18.9\times2.6+8.9\times4.4}{2.6+4.4}\times(7-0.5)=433\ (kPa)$$

③置换率

$$f_{spk}=\lambda m\frac{R_a}{A_p}+\beta(1-m)f_{sk}$$

$$m=\frac{f_{spk}-\beta f_{sk}}{\frac{\lambda R_a}{A_p}-\beta f_{sk}}$$

$$=\frac{433-0.8\times140}{\frac{993\times4}{3.14\times0.4^2}-0.8\times140}\times100\%$$

$=4.1\%$

④桩数

$$d_e=\frac{d}{\sqrt{m}}=\frac{0.4}{\sqrt{0.041}}=1.975\ (\text{m})$$

$$n=\frac{A}{A_e}=\frac{35\times 30}{3.14\times 1.975^2/4}=342.9\approx 343\ (\text{根})$$

19.(A)

解:$d_e=1.13s=1.13\times 1.67=1.887\ (\text{m})$

$$m=\frac{d^2}{d_e^2}=\frac{0.4^2}{1.887^2}=0.045$$

$$f_{spk}=\lambda m\frac{R_a}{A_p}+\beta(1-m)f_{sk}$$

$$=0.045\times\frac{1\ 100\times 4}{3.14\times 0.4^2}+0.85\times(1-0.045)\times 120$$

$$=491.5\ (\text{kPa})$$

20.(B)

解:$f_{spk}=\lambda m\frac{R_a}{A_p}+\beta(1-m)f_{sk}$

$$m=\frac{f_{spk}-\beta f_{sk}}{\frac{\lambda R_a}{A_p}-\beta f_{sk}}=\frac{450-0.9\times 100}{\frac{700\times 4}{3.14\times 0.3^2}-0.9\times 100}=0.037$$

$$d_e=\frac{d}{\sqrt{m}}=\frac{0.3}{\sqrt{0.037}}=1.56\ (\text{m})$$

$$s=\frac{d_e}{1.05}=\frac{1.56}{1.05}=1.49\ (\text{m})$$

21.(D)

解:$d_e=1.86\times 1.05=1.953\ (\text{m})$

$$m=\frac{d^2}{d_e^2}=\frac{0.4^2}{1.953^2}=0.042$$

$$f_{spk}=\lambda m\frac{R_a}{A_p}+\beta(1-m)f_{sk}$$

$$=0.042\times 6\ 600+0.95\times(1-0.042)\times 140$$

$$=404.6\ (\text{kPa})$$

$$\xi=\frac{f_{spk}}{f_{ak}}=\frac{404.6}{140}=2.89$$

$E_{sp}=\xi E_s=2.89\times 8=23.1\ (\text{MPa})$

22.(A)

解:$R_a=\frac{1}{4\lambda}A_p f_{cu}$

$$=\frac{1}{4}\times 12\ 000\times\frac{3.14}{4}\times 0.6^2$$

$$=847.8\ (\text{kN})$$

取 $R_a=800\ \text{kN}$　$A_p=\frac{3.14}{4}\times 0.6^2=0.282\ 6\ (\text{m}^2)$

$$m=\frac{f_{spk}-\beta f_{sk}}{\frac{\lambda R_a}{A_p}-\beta f_{sk}}=\frac{400-0.95\times 110}{\frac{800}{0.2826}-0.95\times 110}=0.108$$

$$d_e=\frac{d}{\sqrt{m}}=\frac{0.6}{\sqrt{0.108}}=1.826\ (\text{m})$$

$$s=\frac{d_e}{1.13}=\frac{1.826}{1.13}=1.62\ (\text{m})$$

23.（C）

解： $d_e=1.13s=1.13\times 1.6=1.808$

$$m=\frac{d^2}{d_e^2}=\frac{0.5^2}{1.808^2}=0.076$$

$$A_p=\frac{\pi}{4}\times 0.5^2=0.1963$$

$$f_{spk}=\lambda m\frac{R_a}{A_p}+\beta(1-m)f_{sk}$$

$$=0.076\times\frac{660}{0.1963}+0.9\times(1-0.076)\times 130$$

$$=363.6\ (\text{kPa})$$

$$\xi=\frac{f_{spk}}{f_{sk}}=\frac{363.6}{130}=2.797$$

$E_{sp}=\xi E_s=2.797\times 6=16.8(\text{MPa})\approx 17\ \text{MPa}$

24. ①（A） ②（B） ③（A） ④（D） ⑤（C）

解：

①复合地基承载力特征值

$f_{spa}=f_{spk}+\eta_d\gamma_m(d-0.5)\geqslant 220\ \text{kPa}$

$f_{spk}\geqslant 220-1\times 19.5\times(2-0.5)=190.75\ (\text{kPa})$

②单桩承载力特征值

$$R_a=\eta f_{cu}A_p=0.33\times 3800\times\frac{\pi}{4}\times 0.5^2=246.1(\text{kN})$$

$$R_a=u\sum q_{si}l_i+\alpha q_p A_p$$

$$=3.14\times 0.5\times(7\times 7.7+25\times 1.3)+0.5\times 200\times\frac{3.14}{4}\times 0.5^2$$

$$=155.3\ (\text{kN})$$

取 $R_a=155.3\ \text{kN}$

③桩间距

$$m=\frac{f_{spk}-\beta f_{sk}}{\frac{\lambda R_a}{A_p}-\beta f_{sk}}=\frac{190.75-0.4\times 80}{\frac{155.3\times 4}{3.14\times 0.5^2}-0.4\times 80}=0.209$$

$$d_e=\frac{d}{\sqrt{m}}=\frac{0.5}{\sqrt{0.209}}=1.094\ (\text{m})$$

$$s=\frac{1.094}{1.05}=1.042\ (\text{m})$$

④桩数

$n=\frac{A}{A_e}=\frac{10\times 20\times 4}{3.14\times 1.094^2}=212.8\approx 213$（根）

⑤复合地基压缩模量

$\xi=\frac{f_{spk}}{f_{sk}}=\frac{190.75}{80}=2.384$

$E_{sp}=\xi E_s=2.384\times 8.8=20.98\approx 21$（MPa）

25. ①(B)　②(C)

解：

①单桩承载力

$R_a=\eta f_{cu}A_p=0.3\times 3\,500\times\frac{\pi}{4}\times 0.6^2=297.7$（kN）

$R_a=u\sum q_{si}l_i+\alpha q_pA_p=3.14\times 0.6\times(10\times 10)+0.6\times 150\times\frac{3.14}{4}\times 0.6^2=213.8$（kN）

取 $R_a=213.8\text{kN}\approx 214$ kN

②复合地基承载力

$d_e=1.13s=1.13\times 1.2=1.356$（m）

$m=\frac{d^2}{d_e^2}=\frac{0.6^2}{1.356^2}=0.196$

$A_p=\frac{\pi}{4}\times 0.6^2=0.282\,6$（m^2）

$f_{spk}=\lambda m\frac{R_a}{A_p}+\beta(1-m)f_{sk}=0.196\times\frac{214}{0.282\,6}+0.5\times(1-0.196)\times 150=208.7$（kPa）

26. ①(D)　②(A)

解：

①单桩承载力

$f_{cu}\geqslant 4\frac{\lambda R_a}{A_p}$

$R_a\leqslant\frac{f_{cu}A_p}{4\lambda}=\frac{5\,000\times 3.14\times 0.6^2}{4\times 1\times 4}=353.25$（kN）

$R_a=u\sum q_{si}l_i+\alpha_pq_pA_p=3.14\times 0.6\times 16\times 8+300\times\frac{3.14}{4}\times 0.6^2=325.9$（kN）

取 $R_a=325.9$ kN

②桩间距

$m=\frac{f_{spk}-\beta f_{sk}}{\frac{\lambda R_a}{A_p}-\beta f_{sk}}=\frac{400-0.3\times 150}{\frac{325.9\times 4}{3.14\times 0.6^2}-0.3\times 150}=0.32$

$d_e=\frac{d}{\sqrt{m}}=\frac{0.6}{\sqrt{0.32}}=1.06$（m）

$s=\frac{d_e}{1.13}=\frac{1.06}{1.13}=0.94$（m）

27. ①(C)　②(D)

解：

①处理该场地时需配制水玻璃量

第5章　地基处理

$n=\frac{e}{1+e}=\frac{0.9}{1+0.9}=0.474=47.4\%$

$Q=V\bar{n}d_{N_1}\alpha=20\times50\times5\times0.474\times1.15\times0.7=1\ 907.9$ (t)

②需采购水玻璃量

$Q'=\frac{d_N-d_{N_1}}{d_{N_1}-1}q=\frac{1.48-1.15}{1.15-1}q=2.2q$

$2.2q+q=1907.9$

$q=596.2$ (t)

28. ①(B) ②(B)

解：

① 单孔碱液灌注量

$n=\frac{e}{1+e}=\frac{1}{1+1}=0.5$

$V=\alpha\beta\pi r^2(l+r)n$

$=0.7\times1.1\times3.14\times0.4^2\times(4.8-1.2+0.4)\times0.5=0.774\ (\text{m}^3)=774$ L

②单孔注液量为 900 L 时的加固厚度

$l=4.8-1.2=3.6$ (m)

$r=0.6\sqrt{\frac{V}{nl\times10^3}}=0.6\times\sqrt{\frac{900}{0.5\times3.6\times10^3}}=0.42$ (m)

$h=l+r=3.6+0.42=4.02$ (m)

29. (B)

解：$P_m=\frac{1}{2}(P_{0k}'+P_{0k}+P_{gk})$

$=\frac{1}{2}\times(250+174.63)$

$=212$

$S_{cu}=P_m\frac{h_z}{E_{cu}}=212\times\frac{2\ 500}{15\times1\ 000}=35.3$ (mm)

答案为(B)。

30. ①(B) ②(C) ③(A)

解：

①加固后桩间土的相对密度

由 $l_s=0.9d\sqrt{\frac{1+e_0}{e_0-e_1}}$

$1=0.9\times0.3\times\sqrt{\frac{1+0.9}{0.9-e_1}}$

得 $e_1=0.762$

$D_r=\frac{e_{max}-e}{e_{max}-e_{min}}=\frac{0.96-0.762}{0.96-0.65}=0.64$

②使 $D_r=0.77$ 的桩间距

$e_1=e_{max}-D_r(e_{max}-e_{min})=0.96-0.77\times(0.96-0.65)=0.72$

$l_s=0.9d\sqrt{\frac{1+e_0}{e_0-e_1}}$

$=0.9\times0.3\times\sqrt{\dfrac{1+0.9}{0.9-0.72}}$

$=0.88$

③砂桩根数

$d_e=1.13l_s=0.9\times1.13=1.017\text{ (m)}$

$$n=\frac{A}{A_e}=\frac{(3+2\times0.5)\times(8+2\times0.5)}{\dfrac{3.14\times1.017^2}{4}}=44.3$$

取45根

5.5.2 单项选择题答案

5.5.2.1 《建筑地基处理技术规范》(JGJ 79—2012)

1.(C) 据第4.1.4条条文说明

2.(B) 振动会影响砂垫层稳定性

3.(D) 据第4.2.2条

4.(D) 据表4.2.2

5.(C)

$$p_z=\frac{bl(p_k-p_c)}{(b+2z\tan\theta)(l+2z\tan\theta)}$$

$$70=\frac{4\times6\times(180-1.5\times16)}{(4+2z\tan28^\circ)\times(6+2z\tan28^\circ)}$$ 得 $z=2.2\text{ m}$

6.(C) 据第4.2.1条、第4.2.4条、第4.3.1条、第4.3.2条

7.(C) 据第4.1.1条及条文说明

8.(B) 水平与竖向两种排水系统

9.(C) 据第5.1.9条、第5.2.10条

10.(C) 据第5.2.10条

11.(D) 据第5.2.3条

12.(C) 据第5.2.5条

13.(B) 据第5.2.3条

14.(A) 据第5.2.5条

15.(A) 据第5.2.6条

16.(D) 据第5.2.7条及条文说明

17.(D) 上、下面排水

18.(C) 据第5.2.22条、第5.2.23条、第5.2.29条

19.(C) 据第5.3.8条

20.(C) 据第5.3.12条

21.(A) 据第5.2.12条

22.(C) 据第6.1.2条

23.(C) 据第6.1.1条、第6.1.2条

24.(B) 据第6.3.3条第1款及条文说明

25.(A) 据表6.3.3-1

26.(C) 据第6.3.3条条文说明

27.(B) 据第 6.3.3 条第 3 款

28.(B) 据第 6.3.3 条第 4 款

29.(C) 据第 6.3.3 条第 6 款

30.(D) 据第 6.3.3 条第 1 款

31.(D) 据第 6.3.10 条

32.(B) 据第 7.2.1 条第 2 款

33.(C) 据第 7.2.1 条第 3 款

34.(A) 据第 7.2.2 条

35.(D) 据第 7.1.5 条

36.(C) 据第 7.2.2 条

37.(C) 据第 7.2.2 条

38.(D) 据第 7.1.5 条

$f_{spk} = mf_{pk} + (1-m)f_{sk}$

$240 = 360m + (1-m) \times 160$

$m = 0.4$

$m = \frac{d^2}{d_e^2} = \frac{1.0^2}{(1.05s)^2} = 0.4$

$s = 1.51$ m

39.(C) 据第 7.2.3 条

40.(C) 据第 7.5.1 条

41.(D)

42.(C) 据第 7.5.2 条

43.(C)

44.(C) 据第 7.5.2 条

$s = 0.95d\sqrt{\frac{\overline{\eta}_c\rho_{dmax}}{\overline{\eta}_c\rho_{dmax} - \overline{\rho}_d}} = 0.95 \times 0.4 \times \sqrt{\frac{0.93 \times 1.58}{0.93 \times 1.58 - 1.40}} = 1.74\ (\text{m})$

45.(B) 据第 4.2.4 条

46.(D) 据第 7.5.2 条第 9 款

47.(C) 据第 7.5.3 条第 2 款

48.(C)

49.(B) 据第 7.2.2 条第 6 款

50.(C) 据第 7.2.2 条

51.(D) 据第 7.2.2 条第 1 款

52.(B) 据第 7.2.4 条第 1 款

53.(C) 据第 7.3.3 条

54.(C) 据第 7.3.1 条条文说明

55.(B) 据第 7.7.1 条条文说明

56.(B) 据第 7.3.4 条、第 7.7.3 条文说明

57.(B) 据第 7.1.5 条条文说明

58.(C) 据第 7.1.5 条

59.(C)

60.(C)

61.(D) 据第 7.1.7 条、第 7.1.8 条

62.(D) 据第 7.3.5 条条文说明

63.(D) 据第 7.4.1 条

64.(B) 据第 7.4.1 条条文说明

65.(D) 据第 7.4.1 条条文说明

66.(A) 据第 7.1.6 条

67.(A) 据第 7.4.2 条

68.(D) 据第 7.4.8 条

69.(D)

70.(B)

71.(D)

72.(D)

73.(B)

74.(D)

75.(C)

76.(D)

77.(D) 据第 9.2.2 条

78.(B) 据第 2.1.2 条

79.(C) 据第 2.1.10 条

80.(D) 据第 6.1.2 条、第 6.3.5 条

81.(B)

82.(B)

83.(B) 据第 4.2.2 条

84.(B) 据第 4.2.2 条

85.(B) 据第 4.2.4 条

86.(D) 据第 4.3.3 条

87.(A) 据第 4.4.1 条

88.(C)

89.(B) 据第 5.2.4 条、第 5.2.5 条

90.(D)

91.(A) 据第 5.3.2 条

92.(B) 据第 5.4.3 条

93.(D) 据第 6.1.2 条

94.(A) 据表 6.3.3-1

95.(A) 据第 6.3.3 条第 2 款

96.(B) 据第 6.3.4 条、第 6.3.6 条

97.(C) 据第 6.3.13 条、第 6.3.14 条及条文说明。由于十字板剪切试验只适用于饱和软黏土,而强夯置换后地基含有大量碎石土、卵石等,故采用十字板测试强夯后的地基不合适

98.(A) 据第 7.2.2 条

99.(D) 据第 7.2.2 条第 5 款

100.(A) 据第 7.1.5 条

101.(B) 据第 7.1.7 条

$\xi = \frac{f_{spk}}{f_{ak}} = 1 + m(n-1) = 1 + 0.35 \times (3-1) = 1.7$

$E_{sp} = \xi E_s = 1.7 \times 6 = 10.2$ (MPa)

102.(C) 据第 7.2.2 条第 6 款

103.(A) 据第 7.2.5 条第 3 款

104.(D) 据第 7.2.4 条第 1 款

105.(C) 据第 7.2.5 条第 2 款

106.(D) 据第 7.2.2 条

107.(B) 据第 7.1.5 条

108.(C) 据第 7.7.2 条

109.(A) 据第 7.1.6 条

110.(B) 据第 7.1.5 条条文说明。由于 CFG 桩刚度大,变形小,而桩间土刚度小,在桩土相同变形的条件下,桩间土承载力不能完全发挥,故需折减。

111.(C) 据第 7.1.7 条

112.(B) 据第 7.7.3 条

113.(B) 据第 7.2.2 条第 4 款,第 7.7.3 条第 5 款

114.(D) 据第 7.7.4 条

115.(C) 据第 7.6.1 条、第 7.6.3 条、第 7.1.6 条

116.(C) 据第 7.6.2 条、第 7.6.3 条

117.(D) 据第 7.6.2 条及条文说明

118.(A) 据第 7.6.3 条、第 7.6.2 条

119.(D) 据第 7.6.4 条

120.(D) 据第 7.3.1 条、第 7.3.2 条

121.(B) 据第 7.3.3 条

122.(A) 据第 7.3.3 条、第 7.1.5 条第 3 款

123.(B) 据第 7.1.7 条、第 7.1.8 条

$s = \frac{\Delta P}{E_s} H = \frac{(200 + 50)/2}{8000} \times 10 \times 10^3 = 156.25$ (mm)

124.(D) 据第 7.3.5 条

125.(A) 据第 7.3.7 条

126.(B) 据第 7.4.1 条文说明

127.(D) 据第 7.4.1 条

128.(C) 据第 7.4.4 条、第 7.4.6 条、第 7.4.7 条、第 7.4.8 条

129.(C) 据第 7.4.8 条

130.(A) 据第 7.4.1 条条文说明

131.(B) 据第 7.4.9 条

132.(C) 据第 7.4.9 条

5.5.2.2 《土工合成材料应用技术规范》(GB 50290—2014)

1.(D) 据第 2.1.4 条

2.(A) 据第 2.1.5 条

3.(B) 据第 2.1.6 条

4.(A) 据第 2.1.13 条

5.(A) 据第 2.1.18 条

6.(B) 据第 2.1.20 条

7.(B) 据第 2.1.23 条

8.(D) 据第 2.1.28 条

9.(A) 据第 2.1.29 条

10.(D) 据第 3.1.1 条

11.(A) 据第 3.1.1 条

12.(C) 据第 3.1.2 条

13.(A) 据第 3.1.4 条

14.(B) 据第 3.2.2 条

15.(C) 据第 4.1.2 条

16.(A) 据第 4.2.1 条

17.(A) 据第 4.2.2 条

18.(B) 据第 4.2.3 条

19.(B) 据第 4.2.4 条

20.(D) 据第 5.2.1 条

21.(D) 据第 5.2.3 条

22.(A) 据第 5.3.2 条

23.(B) 据第 5.3.4 条

24.(D) 据第 5.3.6 条

25.(D) 据第 6.2.2 条

26.(D) 据第 6.2.3 条、第 6.2.4 条

27.(A) 据第 6.2.5 条

28.(D) 据第 6.2.5 条

29.(C) 据第 7.1.5 条

30.(D) 据第 7.2.5 条

5.5.3 多项选择题答案

1.(A)、(B) 据《建筑地基处理技术规范》(JGJ 97—2012)第 7.5.3 条、第 7.6.3 条

2.(A)、(C) 据《建筑地基处理技术规范》(JGJ 97—2012)第 7.3.1 条及条文说明

3.(C) 据《建筑地基处理技术规范》(JGJ 97—2012)第 7.6.2 条第 5 款

4.(A)、(B)、(C) 据《建筑地基处理技术规范》(JGJ 97—2012)第 2.1.2 条

5.(B)、(C) 据《建筑地基处理技术规范》(JGJ 97—2012)第 4.2.1 条及条文说明

6.(B)、(C) 据《建筑地基处理技术规范》(JGJ 97—2012)第 5.1.1 条、第 5.1.5 条

7.(A)、(C)、(D) 由 $t=\frac{T_v H^2}{C_v}$，$C_v=\frac{k(1+e)}{\gamma_w a}$可知，渗透系数越大，固结时间越少，土层越厚，固结时间越长，故(A)、(C)正确，据《建筑地基处理技术规范》(JGJ 97—2012)第 5.2.8 条，(D)正确

8.(C)、(D) 据《建筑地基处理技术规范》(JGJ 97—2012)第 6.3.3 条第 1 款及条文说明、第 6.3.3 条第 4 款及条文说明

9.(A)、(B) 据《建筑地基处理技术规范》(JGJ 97—2012)第 6.3.5 条第 11 款及条文说明

10.(A)、(B) 据《建筑地基处理技术规范》(JGJ 97—2012)第 7.2.1 条及条文说明

11.(B)、(C)、(D) 据《建筑地基处理技术规范》(JGJ 97—2012)第 7.2.3 条第 3 款条文说明

12.(A)、(B)、(C)

13.(B)、(C) 据《建筑地基处理技术规范》(JGJ 97—2012)第 7.2.4 条第 1 款

14.(A)、(B)、(C)、(D) 据《建筑地基处理技术规范》(JGJ 97—2012)第 7.7.1 条

15.(A)、(D) 据《建筑地基处理技术规范》(JGJ 97—2012)第 7.7.1 条及条文说明,第 7.7.2 条第 1 款及条文说明

16.(A)、(B) 据《建筑地基处理技术规范》(JGJ 97—2012)第 7.7.2 条第 4 款及条文说明

17.(B)、(D) 据《建筑地基处理技术规范》(JGJ 97—2012)第 7.7.2 条第 6 款

18.(B)、(C)、(D) 据《建筑地基处理技术规范》(JGJ 97—2012)第 7.7.3 条条文说明,为方便施工机械正常行走,应对基坑表层松软土体采取适当的加固措施,故(A)错误

19.(C)、(D) 据《建筑地基处理技术规范》(JGJ 97—2012)第 7.6.2 条可知,(A)、(B)正确,由第 7.6.3 条可知,(C)、(D)错误

20.(A)、(B) 据《建筑地基处理技术规范》(JGJ 97—2012)第 7.3.1 条及条文说明、第 7.3.2 条及条文说明

21.(A)、(C) 据《建筑地基处理技术规范》(JGJ 97—2012)第 7.3.1 条条文说明

22.(A)、(B)(C) 据《建筑地基处理技术规范》(JGJ 97—2012)第 7.3.3 条第 3 款条文说明

23.(A)、(B)、(C)(D) 据《建筑地基处理技术规范》(JGJ 97—2012)第 7.3.1 条第 2 款可知,(A)、(B)、(C)正确,属平面布置形式,从竖向布置形式看,正确

24.(B)、(C) 据《建筑地基处理技术规范》(JGJ 97—2012)第 7.4.1 条条文说明,定喷和摆喷常用双管法和三管法

25.(A)、(D) 据《建筑地基处理技术规范》(JGJ 97—2002)相关内容,新规范 JGJ 97—2012已取消石灰桩相关内容

26.(B)、(C)、(D) 据《建筑地基处理技术规范》(JGJ 97—2012)第 7.5.1 条

27.(A)、(B)、(D) 据《建筑地基处理技术规范》(JGJ 97—2012)第 7.8.1 条条文说明

28.(B)、(C)、(D) 据《建筑地基处理技术规范》(JGJ 97—2012)第 7.8.4 条第 6 款条文说明

29.(A)、(C)、(D) 据《建筑地基处理技术规范》(JGJ 97—2012)第 7.8.5 条第 3 款

30.(B)、(C) 据《建筑地基处理技术规范》(JGJ 97—2012)第 8.2.3 条第 2 款可知,双液法包括氢氧化钠和氯化钙

第 6 章　土工结构与边坡防护

6.1 土工结构

6.1.1 按《公路路基设计规范》(JTG D30—2015)计算公路软土地区路基地基沉降

JTG D30—2015/7.7.2 规定：地基沉降计算。

①对用于计算沉降的压缩层，其底面应在附加应力与有效自重应力之比不大于 0.15 处。

②行车荷载对沉降的影响，对于高路堤可忽略不计。

③主固结沉降 S_c 应采用分层总和法计算。

④总沉降 S 宜采用沉降系数 m_s 与主固结沉降按下式计算

$$S=m_sS_c \tag{7.7.2.1}$$

沉降系数 m_s 为经验系数，与地基条件、荷载强度、加荷速率等因素有关，其范围值为1.1～1.7，应根据现场沉降观测资料确定，也可采用下面的经验公式估算

$$m_s=0.123\gamma^{0.7}(\theta H^{0.2}+vH)+Y \tag{7.7.2.2}$$

式中，θ 为地基处理类型系数，地基用塑料排水板处理时取 0.95～1.1，用粉体搅拌桩处理时取 0.85，一般预压时取 0.90；H 为路基中心高度(m)；γ 为填料重度(kN/m³)；v 为填土速率修正系数，填土速率在 0.02～0.07 m/d 之间时，取 0.025；Y 为地质因素修正系数，满足软土层不排水抗剪强度小于 25 kPa、软土层的厚度大于 5 m、硬壳层厚度小于 2.5 m 三个条件时，$Y=0$，其他情况下可取 $Y=-0.1$。

⑤总沉降还可以由瞬时沉降 S_d、主固结沉降 S_c 及次固结沉降 S_s 之和计算，即

$$S=S_d+S_c+S_s \tag{7.7.2.3}$$

⑥任意时刻地基的沉降量，考虑主固结随时间的变化过程，按下式计算

$$S_t=(m_s-1+U_t)S_c \tag{7.7.2.4}$$

或

$$S_t=S_d+S_cU_t+S_s \tag{7.7.2.5}$$

上式中地基平均固结度 U_t 采用太沙基一维固结理论解计算，对于砂井、塑料排水板等竖向排水体处理的地基，固结度按巴隆给出的太沙基—伦杜立克固结理论轴对称条件固结方程在等应变条件下的解计算。

【例题 1】

某公路路堤位于软土地区，路基中心高度 3.0 m，路基填料重度 20 kN/m³，填土速率约 0.05 m/d，路线地表下 0～2.3 m 为硬塑黏土，2.3～10.3 m 为流塑状态软土，软土层不排水抗剪强度为 20 kPa，路基地基采用粉体搅拌桩处理，用分层总和法计算的地基主固结沉降量约为 30 cm，地基总沉降值为(　　)cm。

(A)30　　(B)34　　(C)39　　(D)48

解

①沉降系数 m_s

$m_s = 0.123\gamma^{0.7}(\theta H^{0.2} + vH) + Y$

$= 0.123 \times 20^{0.7} \times (0.85 \times 3^{0.2} + 0.025 \times 3) + 0$

$= 1.14$

②总沉降值 S

$S = m_s S_c = 1.14 \times 30 = 34.2$ (cm)

答案(B)为正确答案。

例题解析

①软土路基地基总沉降可采用两种方法计算，第一种方法为按式(7.7.2.1)计算，第二种方法为按式(7.7.2.3)计算。

②注意沉降系数 m_s 的确定方法。

③某时刻 t 的沉降值可按式(7.7.2.4)和式(7.7.2.5)计算。

【案例模拟题 1】

某公路路堤位于软土地区，路堤填方高度为 4.0 m，填料平均重度为 19 kN/m³，填土速率约为 0.04 m/d，路线地表下 0～2.0 m 为硬塑黏土，2.0～8.0 m 为流塑淤泥质黏土，软土抗剪强度为 28 kPa，路堤采用常规预压方法处理，采用分层总和法计算的地基沉降量为 20 cm，如公路通车时软土固结度达到 80%，地基的工后沉降量为(　　)cm。

(A)4　　(B)20　　(C)23　　(D)25

【案例模拟题 2】

某公路路基位于软土场地，用分层总和法计算的主固结沉降为 25 cm，地基沉降系数按地区经验取 1.5，公路通车时软土地基固结度达到 85%，这时地基沉降量为(　　)cm。

(A)21　　(B)24　　(C)34　　(D)38

6.1.2　按《公路路基设计规范》(JTG D30—2015)计算岩溶地区路基稳定性

JTG D30—2015/7.6.3 规定：溶洞距路基的安全距离。

7.6.3　溶洞距路基的安全距离应符合下列规定：

①对位于路基两侧的溶洞，应判定其对路基的影响。对开口的溶洞，可参照自然边坡来判别其稳定性及其对路基的影响；对地下溶洞，可按坍塌的扩散角(图 7.6.3)、式(7.6.3.1)计算确定溶洞距路基的安全距离。

$$L = H\cot\beta \qquad (7.6.3.1)$$

$$\beta = \frac{45° + \frac{\varphi}{2}}{K} \qquad (7.6.3.2)$$

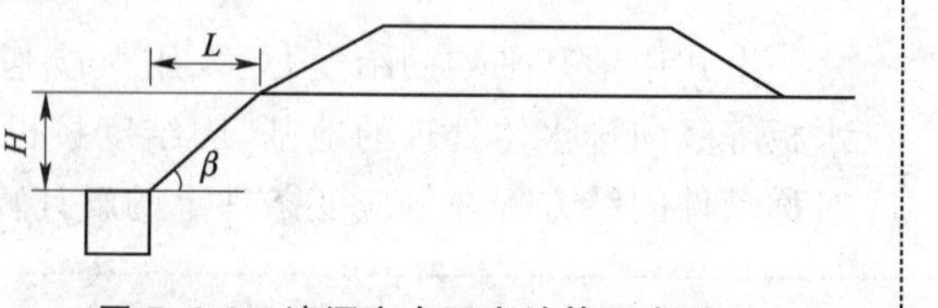

图 7.6.3　溶洞安全距离计算示意图

式中，H 为溶洞顶板厚度(m)；β 为坍塌扩散角(°)；K 为安全系数，取 1.10～1.25(高速公路、一级公路应取大值)；φ 为岩石内摩擦角。

②溶洞顶板岩层上有覆盖土层时，岩土界面处用土体稳定坡率(综合内摩擦角)向上延长坍塌扩散线与地面相交，路基边坡坡脚应处于距交点不小于 5 m 以外范围。

③路基坡脚处于溶洞坍塌扩散的影响范围之外，该溶洞可不作处理。

【例题 2】

某公路路基通过一岩溶分布区，溶洞顶板厚度为 15 m，顶板岩体内摩擦角为 36°，如取安全系数$K=1.25$，按《公路路基设计规范》(JTG D30—2015)确定路基距溶洞的安全距离为(　　)m。

(A)10.0　　(B)12.4　　(C)14　　(D)16

解

①坍塌扩散角

$$\beta=\frac{1}{K}\left(45°+\frac{\varphi}{2}\right)=\frac{1}{1.25}\times\left(45°+\frac{36°}{2}\right)=50.4°$$

②路基距溶洞的安全距离 L

$$L=H\cot\beta=15\times\cot 50.4°=12.4\ (\mathrm{m})$$

路基距溶洞的最小距离为 12.4 m。

【案例模拟题 3】

某公路选线时发现某段路基附近有一溶洞，溶洞顶板厚度为 10 m，岩层上覆土层厚度为 6 m，顶板岩体内摩擦角为 28°，对一级公路安全系数取 1.25，该路基与溶洞间的最小安全距离为(　　)m。

(A)9.3　　(B)12.3　　(C)15.3　　(D)20

6.1.3　按《铁路路基设计规范》(TB 10001—2005)计算路肩高程

TB 10001—2005 的相关规定如下。

3.0.1　当路肩高程受洪水位或潮水位控制时，应计算设计水位，设计洪水频率或重现期应符合下列规定。

①设计洪水频率标准应采用 1/100。当观测洪水(含调查洪水)频率小于设计洪水频率时，应按观测洪水频率设计；当观测洪水频率小于 1/300 时，应按 1/300 频率设计。

②在淤积严重或有特殊要求的水库地段，应在可行性研究阶段确定洪水频率标准。

③改建既有线与增建第二线的洪水频率，应根据多年运营和水害情况在可行性研究阶段确定。

④滨海路堤的设计潮水位，应采用重现期为 100 年一遇的高潮位。当滨海路堤兼做水运码头时，还应按水运码头设计要求确定设计最低潮位。

3.0.2　滨河、河滩路堤的路肩高程应高出设计水位加壅水高(包括河道卡口或建筑物造成的壅水，河湾水面超高)加波浪侵袭高或斜水流局部冲高，加河床淤积影响高度，再加 0.5 m。其中波浪侵袭高与斜水流局部冲高应取二者中之大值。

3.0.3　水库路基的路肩高程，应高出设计水位加波浪侵袭高加壅水高(包括水库回水及边岸壅水)，再加 0.5 m。当按规定洪水频率计算的设计水位低于水库正常高水位时，应采用水库正常高水位作为设计水位。

3.0.4　滨海路堤，当顶部未设防浪胸墙时，其路肩高程应高出设计高潮水位加波浪侵袭高(波浪爬高)加不小于 0.5 m 的安全高度；当设有防浪胸墙时，路坦高程应高出设计高潮水位以上不小于 0.5 m。

3.0.5　地下水水位或地面积水水位较高地段的路基，其路肩高程应高出最高地下水水位或最高地面积水水位加毛细水强烈上升高度，再加上 0.5 m。

3.0.6　季节冻土地区路基的路肩高程应高出冻前地下水水位或冻前地面积水水位，加毛细水强烈上升高度加有害冻胀深度，再加 0.5 m。

3.0.7　盐渍土路基的路肩高程应高出最高地下水水位或最高地面积水水位，加毛细水强烈上升高度加蒸发强烈影响深度，再加 0.5 m。当盐渍土路基存在季节性冻害时，应按本规范第 3.0.6 条和本条的规定分别计算路肩高程，取二者中之大值。

3.0.8　当路基采取降低水位、设置毛细水隔断层等措施时，路肩高程可不受本规范第 3.0.5 条、第 3.0.6 条和第 3.0.7 条规定的限制。

【例题 3】

某滨河铁路为Ⅰ级双线铁路，轨道类型为特重型，1/100 洪水设计水位为 198.50 m，1/50 洪水设计水位为 196.0 m，壅水高为 0.5 m，波浪侵袭高为 0.4 m，斜水流冲高为 0.5 m，河床淤积影响高度为 0.6 m。

如采用非渗水土路基，按《铁路路基设计规范》(TB 10001—2005)计算，其路肩高程应为(　　)m。

(A)198.1　　(B)200.1　　(C)201.0　　(D)200.6

解

路肩高程＝1/100 设计水位＋壅水高＋波浪侵袭高与斜水流冲高之较大者＋河床淤积影响高度＋安全高度
＝198.5＋0.5＋0.5＋0.6＋0.5
＝200.6 (m)

答案：(D)。

例题解析

路肩高程应根据洪水频率、路堤性质等综合确定，按第 3.0.1～第 3.0.8 条执行，如某段路基同时属于其中的两种情况，应分别计算路肩高程并取较大者。

【案例模拟题 4】

某Ⅱ级单线铁路轨道类型为中型，非渗水土路基的路肩高程为 180.0 m，轨下路拱高为 0.1 m，现以渗水土路基与非渗水土路基相接，按《铁路路基设计规范》(TB 10001—2005)，顺坡段以外渗水土路基的高程应为(　　)。

(A)180.1 m　　(B)180.2 m　　(C)180.35 m　　(D)180.40 m

6.1.4　按《铁路路基设计规范》(TB 10001—2005)确定路基面宽度

TB 10001—2005 的相关规定如下。

4.1.1　路基面形状应设计为三角形路拱，由路基中心线向两侧设 4% 的人字排水坡。曲线加宽时，路基面仍应保持三角形。

4.1.2　在单线铁路(或双线铁路并行等高地段)中，硬质岩石路堑及基床表层为级配碎石或级配砂砾石的路基，其路肩高程应高于土质路堤的路肩高程，高出尺寸 Δh 按式(4.1.2)计算。

$$\Delta h=(h-h')+\frac{B-B'}{2}\times 0.04 \qquad (4.1.2)$$

式中，h 为土质路堤直线地段的标准道床厚度(m)；B 为土质路堤直线地段的标准路基面宽度(表 4.2.3 中的值，m)；h'为硬质岩石路堑、级配碎石或级配砂砾石路基直线地段的标准道床厚度(m)；B'为硬质岩石路堑、级配碎石或级配砂砾石路基直线地段的标准路基面宽度(m)。

4.1.3　在双线铁路中，并行不等高或局部单线地段的路肩高程应高于双线铁路并行等高地段土质路堤的路肩高程，高出尺寸 Δh 按式(4.1.3)计算。

$$\Delta h=h_{sh}-h_{d}+\left(\frac{B_{sh}-D-B_{d}}{2}+1.435+\frac{g}{1\,000}\right)\times 0.04 \qquad (4.1.3)$$

式中，h_{sh}为并行等高直线地段土质路堤的标准道床厚度(m)；B_{sh}为并行等高直线地段土质路堤的标准路基面宽度(表 4.2.3 中的值，m)；D 为并行等高直线地段土质路堤的线间距(m)；h_{d} 为并行不等高或局部单线直线地段的标准道床厚度(m)；B_{d} 为并行不等高或局部单线直线地段的标准路基面宽度(m)；1.435 为标准轨距(m)；g 为钢轨的头部宽度(mm)(75 kg/m 轨为 75 mm，60 kg/m 轨为 73 mm，50 kg/m 轨为 70 mm)。

4.1.4　不同填料的基床表层衔接时，应设长度不小于 10 m 的渐变段。渐变段应在路肩设计高程较高的段落内逐渐顺坡至路肩设计高程较低处，渐变段的基床表层应采用相邻填料中较好的填料填筑。

双线铁路中并行等高段与局部单线地段连接时，应在局部单线地段内逐渐顺坡至并行等高段地段，其顺坡长度不应小于 10 m。

4.2　路基面宽度

4.2.1　区间路基面宽度应根据旅客列车设计行车速度、远期采用的轨道类型、正线数目、线间距、曲线加宽、路基面两侧沉降加宽、路肩宽度、养路形式、接触网立柱的设置位置等，通过计算确定，必要时还应考虑光、电缆槽及声屏障基础的设置。

4.2.2　路堤的路肩宽度不应小于 0.8 m，路堑的路肩宽度不应小于 0.6 m。

4.2.3　直线地段标准路基面宽度，应按表 4.2.3 采用。

4.2.4　区间单、双线曲线地段的路基面宽度，应在曲线外侧按表 4.2.4 的数值加宽，加宽值应在缓和曲线范围内线性递减。

直线地段标准路基面宽度　　表 4.2.3

项目			单位	Ⅰ级铁路						Ⅱ级铁路		
				特重型		重型			次重型	次重型	中型	轻型
旅客列车设计行车速度 v			km/h	160	120≤v<160	160	120<v<160	120	120	80≤v≤120	80≤v≤100	80
双线线间距			m	4.2	4.0	4.2	4.0	4.0	4.0	4.0	4.0	4.0
道床顶面宽度			m	3.5	3.5	3.4	3.4	3.4	3.3	3.3	3.0	2.9
基床表层类型	土质	道床厚度	m	0.5	0.5	0.5	0.5	0.5	0.45	0.45	0.40	0.35
		单线 路堤	m	7.9	7.9	7.8	7.8	7.8	7.5	7.5	7.0	6.3
		单线 路堑	m	7.5	7.5	7.4	7.4	7.4	7.1	7.1	6.6	5.9
		双线 路堤	m	12.3	12.1	12.2	12	12	11.7	11.7	11.2	10.5
		双线 路堑	m	11.9	11.7	11.8	11.6	11.6	11.3	11.3	10.8	10.1
	硬质岩石	道床厚度	m	0.35	0.35	0.35	0.35	0.35	0.3	0.3	0.3	0.25
		单线路堑	m	6.9	6.9	6.8	6.8	6.8	6.5	6.5	6.2	5.7
		双线路堑	m	11.3	11.1	11.2	11	11	10.7	10.7	10.4	9.9

续上表

项目			单位	Ⅰ级铁路					Ⅱ级铁路		
				特重型		重型		次重型	次重型	中型	轻型
级配碎石或级配砂砾石	道床厚度		m	0.3	0.3	0.3	0.3	—	—	—	—
	单线	路堤	m	7.1	7.1	7	7	—	—	—	—
		路堑	m	6.7	6.7	6.6	6.6	—	—	—	—
	双线	路堤	m	11.5	11.3	11.4	11.2	—	—	—	—
		路堑	m	11.1	10.9	11.0	10.8	—	—	—	—

注:1. 特重型、重型轨道的路基面宽度为无缝线路轨道、Ⅲ型混凝土枕的标准值。对 $v=120$ km/h 的重型轨道;当采用无缝线路轨道和Ⅱ型混凝土枕时,路基面宽度应减小 0.1 m;当采用有缝线路轨道和Ⅱ型或Ⅲ型混凝土枕时,路基面宽度应减小 0.3 m。

2. 次重型轨道的路基面宽度为无缝线路轨道、Ⅱ型混凝土枕的标准值。当采用有缝线路轨道时,路基面宽度减小 0.2 m。

3. 中型、轻型轨道的路基面宽度为有缝线路轨道、Ⅱ型混凝土枕的标准值。

4. 采用大型养路机械的电气化铁路,当接触网的立柱设在路肩上时,直线地段路基面宽度应满足以下标准:单线铁路不小于 7.7 m;双线铁路 160 km/h 地段不小于 11.9 m(其他不小于 11.7 m);表 4.2.3中宽度小于该标准时应采用该标准。

曲线地段路基面加宽值 表 4.2.4

铁路等级	旅客列车设计行车速度	曲线半径 R/m	路基面外侧加宽值/m
Ⅰ级铁路	160 km/h	$1\,600 \leqslant R \leqslant 2\,000$	0.4
		$2\,000 < R < 3\,000$	0.3
		$3\,000 \leqslant R < 10\,000$	0.2
		$R \geqslant 10\,000$	0.1
	140 km/h	$1\,200 \leqslant R \leqslant 1\,400$	0.4
		$1\,400 < R < 2\,000$	0.3
		$2\,000 \leqslant R \leqslant 6\,000$	0.2
		$R > 6\,000$	
Ⅰ、Ⅱ级铁路	120 km/h	$800 \leqslant R < 1\,200$	0.4
		$1\,200 \leqslant R < 1\,600$	0.3
		$1\,600 \leqslant R < 5\,000$	0.2
		$R \geqslant 5\,000$	
Ⅱ级铁路	100 km/h	$600 \leqslant R < 800$	0.4
		$800 \leqslant R \leqslant 1\,200$	0.3
		$1\,200 < R < 4\,000$	0.2
		$R \geqslant 4\,000$	0.1
	80 km/h	$500 \leqslant R \leqslant 600$	0.3
		$600 < R \leqslant 1\,800$	0.2
		$R > 1\,800$	0.1

注:无缝线路 $R<800$ m、有缝线路 $R<600$ m 的曲线外侧路基面应在表 4.2.4 加宽基础上增加 0.1 m。

【例题 4】

某铁路为Ⅰ级单线铁路，轨道类型为重型，采用有缝轨道Ⅱ型混凝土枕，设计行车速度 120 km/h，在硬质岩石的路堑段，路基面宽度宜为(　　)m。

(A)6.5　　(B)6.8　　(C)7.0　　(D)7.2

解

据《铁路路基设计规范》(TB 10001—2005)

6.8－0.3＝6.5 (m)

则路基面宽度宜取 6.5 m。

答案(A)正确。

【案例模拟题 5】

某铁路为Ⅱ级单线铁路，设计行车速度 100 km/h，轨道类型为次重型，采用无缝线路轨道，在曲线段的曲线平均径为 700 m 时，土质路堤的路基面宽度宜为(　　)m。

(A)8.0　　(B)7.9　　(C)7.5　　(D)7.0

6.2 边坡与支挡结构

6.2.1 按《建筑边坡工程技术规范》(GB 50330—2013)进行边坡稳定性分析

GB 50330—2013 的相关规定如下。

5.2.1 边坡稳定性分析之前，应根据岩土工程地质条件对边坡的可能破坏方式及相应破坏方向、破坏范围、影响范围等作出判断。判断边坡的可能破坏方式时应同时考虑到受岩土体强度控制的破坏和受结构面控制的破坏。

5.2.2 边坡抗滑移稳定性计算可采用刚体极限平衡法。对结构复杂的岩质边坡，可结合采用极射赤平投影法和实体比例投影法；当边坡破坏机制复杂时，可采用数值极限分析法。

5.2.3 计算沿结构面滑动的稳定性时，应根据结构面形态采用平面或折线形滑面。计算土质边坡、极软岩边坡、破碎或极破碎岩质边坡的稳定性时，可采用圆弧形滑面。

5.2.4 采用刚体极限平衡法计算边坡抗滑稳定性时，可根据滑面形态按本规范附录 A 选择具体计算方法。

5.2.5 边坡稳定性计算时，对基本烈度为 7 度及 7 度以上地区的永久性边坡应进行地震工况下边坡稳定性校核。

5.2.6 塌滑区内无重要建(构)筑物的边坡采用刚体极限平衡法和静力数值计算法计算稳定性时，滑体、条块或单元的地震作用可简化为一个作用于滑体、条块或单元重心处、指向坡外(滑动方向)的水平静力，其值应按下列公式计算

$$Q_c = \alpha_w G \tag{5.2.6-1}$$

$$Q_{ci} = \alpha_w G_i \tag{5.2.6-2}$$

式中，Q_c、C_{ci} 为滑体、第 i 计算条块或单元单位宽度地震力(kN/m)；G、G_i 为滑体、第 i 计算条块或单元单位宽度自重[含坡顶建(构)筑物作用](kN/m)；α_w 为边坡综合水平地震系数，由所在地区地震基本烈度按表 5.2.6 确定。

水平地震系数 表 5.2.6

地震基本烈度	7度		8度		9度
地震峰值加速度	0.10g	0.15g	0.20g	0.30g	0.40g
综合水平地震系数 α_w	0.025	0.038	0.050	0.075	0.100

5.2.7 当边坡可能存在多个滑动面时，对各个可能的滑动面均应进行稳定性计算。

5.3 边坡稳定性评价标准

5.3.1 除校核工况外，边坡稳定性状态分为稳定、基本稳定、欠稳定和不稳定四种状态，可根据边坡稳定性系数按表 5.3.1 确定。

边坡稳定性状态划分 表 5.3.1

边坡稳定性系数 F_s	$F_s<1.00$	$1.00\leqslant F_s<1.05$	$1.05\leqslant F_s<F_{st}$	$F_s\geqslant F_{st}$
边坡稳定性状态	不稳定	欠稳定	基本稳定	稳定

注：F_{st} 为边坡稳定安全系数。

5.3.2 边坡稳定安全系数 F_{st} 应按表 5.3.2 确定，当边坡稳定性系数小于边坡稳定安全系数时应对边坡进行处理。

边坡稳定安全系数 F_{st} 表 5.3.2

稳定安全系数 / 边坡类型 / 边坡工程安全等级		一级	二级	三级
永久边坡	一般工况	1.35	1.30	1.25
	地震工况	1.15	1.10	1.05
临地边坡		1.25	1.20	1.15

注：1. 地震工况时，安全系数仅适用于塌滑区内无重要建(构)筑物的边坡。

2. 对地质条件很复杂或破坏后果极严重的边坡工程，其稳定安全系数应适当提高。

附录A 不同滑面形态的边坡稳定性计算方法

A.0.1 圆弧形滑面的边坡稳定性系数可按下列公式计算(图 A.0.1)

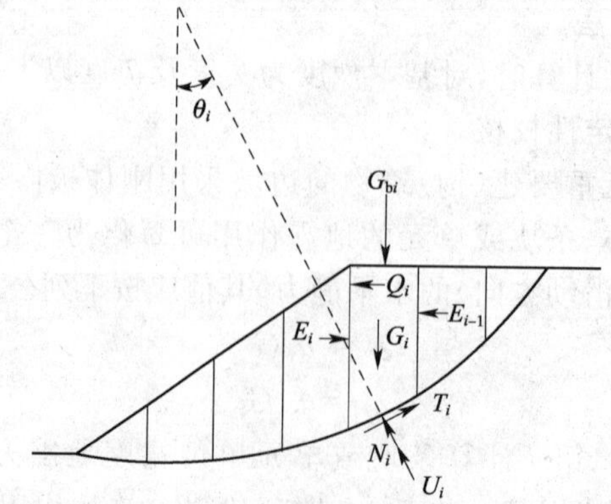

图 A.0.1 圆弧形滑面边坡计算示意图

全国注册岩土工程师专业考试模拟训练题集及历年真题新解

$$F_s=\frac{\sum_{i=1}^{n}\frac{1}{M_{\theta i}}\left[c_i l_i\cos\theta_i+(G_i+G_{bi}-U_i\cos\theta_i)\tan\varphi_i\right]}{\sum_{i=1}^{n}\left[(G_i+G_{bi})\sin\theta_i+Q_i\cos\theta_i\right]} \tag{A.0.1-1}$$

$$m_{\theta i}=\cos\theta_i+\frac{\tan\varphi_i\sin\theta_i}{F_s} \tag{A.0.1-2}$$

$$U_i=\frac{1}{2}\gamma_w(h_{wi}+h_{w,i-1})l_i \tag{A.0.1-3}$$

式中，F_s 为边坡稳定性系数；c_i 为第 i 计算条块滑面黏聚力(kPa)；φ_i 为第 i 计算条块滑面内摩擦角(°)；l_i 为第 i 计算条块滑面长度(m)；θ_i 为第 i 计算条块滑面倾角(°)，滑面倾向与滑动方向相同时取正值，滑面倾向与滑动方向相反时取负值；U_i 为第 i 计算条块滑面单位宽度总水压力(kN/m)；G_i 为第 i 计算条块单位宽度自重(kN/m)；G_{bi} 为第 i 计算条块单位宽度竖向附加荷载(kN/m)，方向指向下方时取正值，指向上方时取负值；Q_i 为第 i 计算条块单位宽度水平荷载(kN/m)，方向指向坡外时取正值，指向坡内时取负值；h_{wi}、$h_{w,i-1}$ 为第 i 及第 $i-1$ 计算条块滑面前端水头高度(m)；γ_w 为水重度，取10 kN/m^3；i 为计算条块号，从后方起编；n 为条块数量。

A.0.2　平面滑动面的边坡稳定性系数可按下列公式计算(图 A.0.2)

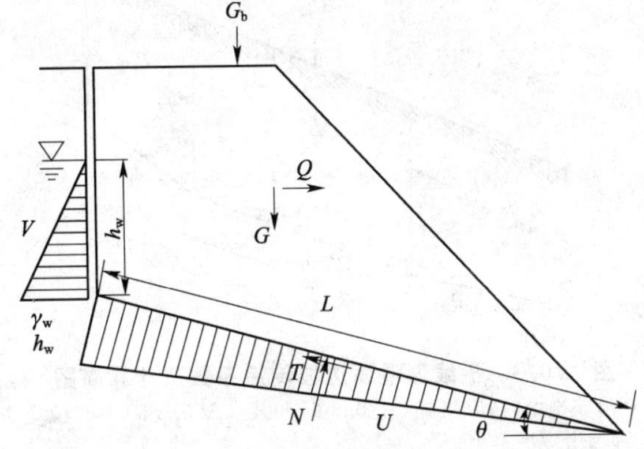

图 A.0.2　平面滑动面边坡计算简图

$$F_s=\frac{R}{T} \tag{A.0.2-1}$$

$$R=\left[(G+G_b)\cos\theta-Q\sin\theta-V\sin\theta-U\right]\tan\varphi+cL \tag{A.0.2-2}$$

$$T=(G+G_b)\sin\theta+Q\cos\theta+V\cos\theta \tag{A.0.2-3}$$

$$V=\frac{1}{2}\gamma_w h_w^2 \tag{A.0.2-4}$$

$$U=\frac{1}{2}\gamma_w h_w L \tag{A.0.2-5}$$

式中，T 为滑体单位宽度重力及其他外力引起的下滑力(kN/m)；R 为滑体单位宽度重力及其他外力引起的抗滑力(kN/m)；c 为滑面的黏聚力(kPa)；φ 为滑面的内摩擦角(°)；L 为滑面长度(m)；G 为滑体单位宽度自重(kN/m)；G_b 为滑体单位宽度竖向附加荷载(kN/m)，方向指向下方时取正值，指向上方时取负值；θ 为滑面倾角(°)；

U 为滑面单位宽度总水压力(kN/m);V 为后缘陡倾裂隙面上的单位宽度总水压力(kN/m);Q 为滑体单位宽度水平荷载(kN/m),方向指向坡外时取正值,指向坡内时取负值;h_w 为后缘陡倾裂隙充水高度(m),根据裂隙情况及汇水条件确定。

A.0.3 折线形滑动面的边坡可采用传递系数法隐式解,边坡稳定性系数可按下列公式计算(图 A.0.3)

$$P_n = 0 \tag{A.0.3-1}$$

$$P_i = P_{i-1}\psi_{i-1} + T_i - R_i/F_s \tag{A.0.3-2}$$

$$\psi_{i-1} = \cos(\theta_{i-1} - \theta_i) - \sin(\theta_{i-1} - \theta_i)\tan\varphi_i/F_s \tag{A.0.3-3}$$

$$T_i = (G_i + G_{bi})\sin\theta_i + Q_i\cos\theta_i \tag{A.0.3-4}$$

$$R_i = c_i l_i + [(G_i + G_{bi})\cos\theta_i - Q_i\sin\theta_i - U_i]\tan\varphi_i \tag{A.0.3-5}$$

式中,P_n 为第 n 条块单位宽度剩余下滑力(kN/m);P_i 为第 i 计算条块与第 $i+1$ 计算条块单位宽度剩余下滑力(kN/m),当 $P_i<0\ (i<n)$ 时,取 $P_i=0$;T_i 为第 i 计算条块单位宽度重力及其他外力引起的下滑力(kN/m);R_i 为第 i 计算条块单位宽度重力及其他外力引起的抗滑力(kN/m);ψ_{i-1} 为第 $i-1$ 计算条块对第 i 计算条块的传递系数;其他符号同前。

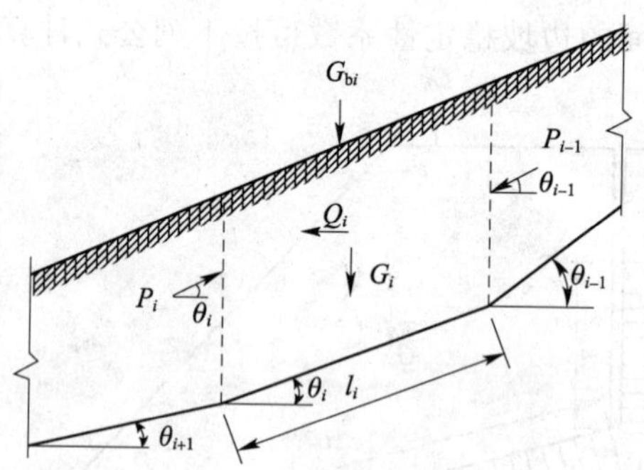

图 A.0.3 折线形滑面边坡传递系数法计算简图

注:在用折线形滑面计算滑坡推力时,应将式(A.0.3-2)和式(A.0.3-3)中的稳定系数 F_i,替换为安全系数 F_{st},以此计算的 P_n 即为滑坡的推力。

【例题 5】

某均质黏性土边坡中有一圆弧形滑面通过坡脚,资料见下表(要求采用瑞典条分法计算)。

条块从坡脚到坡顶的编号	1	2	3	4	5	6	7	8	9	10
条块的单位宽度自重 G_i/(kN/m)	8	11	15	18	22	26	23	19	14	10
条块滑动面长度 l_i/m	1.5	1.4	1.4	1.3	1.3	1.3	1.3	1.4	1.5	1.6
条块滑动面倾角 θ	−5°	−1°	1°	5°	10°	15°	20°	25°	30°	35°

假设该圆弧形滑面即为最危险滑面,土体中未见地下水,土体的黏聚力 $c=5$ kPa,$\varphi=22°$,该滑动面的稳定性系数为( )。

(A)1.5 (B)2.0 (C)2.5 (D)3.0

解

①各条块的滑动力 T_i

坡体中未见地下水，$P_{wi}=0$：

坡体上没有建筑物，$G_{bi}=0$：

$$T_i=(G_i+G_{bi})\sin\theta_i+P_{wi}\cos(\alpha_i-\theta_i)=G_i\sin\theta_i$$

$$T_1=G_1\sin\theta_1=8\times\sin(-5)=-0.70$$

$$T_2=G_2\sin\theta_2=11\times\sin(-1)=-0.19$$

$$T_3=G_3\sin\theta_3=15\times\sin1=0.26$$

$$T_4=G_4\sin\theta_4=18\times\sin5°=1.57$$

$$T_5=G_5\sin\theta_5=22\times\sin10°=3.82$$

$$T_6=G_6\sin\theta_6=26\times\sin15°=6.73$$

$$T_7=G_7\sin\theta_7=23\times\sin20°=7.87$$

$$T_8=G_8\sin\theta_8=19\times\sin25°=8.03$$

$$T_9=G_9\sin\theta_9=14\times\sin30°=7.00$$

$$T_{10}=G_{10}\sin\theta_{10}=10\times\sin35°=5.74$$

②各条块的抗滑力 R_i

$$N_i=(G_i+G_{bi})\cos\theta_i+P_{wi}\sin(\alpha_i-\theta_i)=G_i\cos\theta_i$$

$$R_1=G_1\cos\theta_1\tan\varphi+cl_1$$
$$=8\times\cos(-5)\times\tan22°+5\times1.5=10.72$$

$$R_2=G_2\cos\theta_2\tan\varphi+cl_2$$
$$=11\times\cos(-1)\times\tan22°+5\times1.4=11.44$$

$$R_3=G_3\cos\theta_3\tan\varphi+cl_3$$
$$=15\times\cos1\times\tan22°+5\times1.4=13.06$$

$$R_4=G_4\cos\theta_4\tan\varphi+cl_4$$
$$=18\times\cos\times\tan22+5\times1.3=13.74$$

$$R_5=G_5\cos\theta_5\tan\varphi+cl_5$$
$$=22\times\cos10°\times\tan22°+5\times1.3=15.25$$

$$R_6=G_6\cos\theta_6\tan\varphi+cl_6$$
$$=26\times\cos15°\times\tan22+5\times1.3=16.65$$

$$R_7=G_7\cos\theta_7\tan\varphi+cl_7$$
$$=23\times\cos20°\times\tan22+5\times1.3=15.23$$

$$R_8=G_8\cos\theta_8\tan\varphi+cl_8$$
$$=19\times\cos25\times\tan22+5\times1.4=13.96$$

$$R_9=G_9\cos\theta_9\tan\varphi+cl_9$$
$$=14\times\cos30\times\tan22+5\times1.5=12.40$$

$$R_{10}=G_{10}\cos\theta_{10}\tan\varphi+cl_{10}$$
$$=10\times\cos35\times\tan22+5\times1.6=11.31$$

③稳定性系数 K_s

$$K_s=\frac{\sum R_i}{\sum T_i}$$
$$=(10.72+11.44+13.06+13.74+15.25+16.65+15.23+13.96+12.40+11.31)/$$

第6章　土工结构与边坡防护

$(-0.70-0.19+0.26+1.57+3.82+6.73+7.87+8.03+7.0+5.74)$

$=3.33$

该圆弧滑动面的稳定性系数为3.1,接近答案(D)。

例题解析

1.圆弧法是土质边坡稳定性分析的常用方法,其简单计算步骤如下:

①按比例尺绘制土坡剖面图。

②选一个可能的滑动面,确定该滑动面的圆心及半径。

③对滑动土体进行分条及编号。

④计算每个土条的自重。

⑤测量每个土条的底面倾角。

⑥求各个土条的重力在滑动底面上的垂直分力与切向分力。

⑦计算稳定性系数。

⑧重复①~⑦重新选取滑动面,并计算该滑动面的稳定性系数K_{si}(一般选择多个可能的滑动面,并分别计算各个可能滑动面的稳定性系数K_{s1}、K_{s2}、K_{s3}、…、K_{sn})。

⑨稳定性系数最小的滑动面即为最危险滑动面,该滑动面的稳定性系数即为该边坡的稳定性系数。

2.试算法的工作量很大,如何选圆心,如何分条、编号,以简化计算,节省时间,都有一定的技巧,可参照下述做法进行:

①当地基土的抗剪强度不小于土坡土层的抗剪强度时,则最危险的滑弧通过坡脚。

②分条编号方法:以圆弧滑动面圆心的铅垂线为0条,向上顺序编为1、2、3、……条,向下顺序编为-1、-2、……条,这样,$\sin\alpha_0=0$,0条的滑动力矩即为0,可不计算,0条以上各条的滑动力矩为正值,0条以下各条的滑动力矩为负值,物理概念清楚。

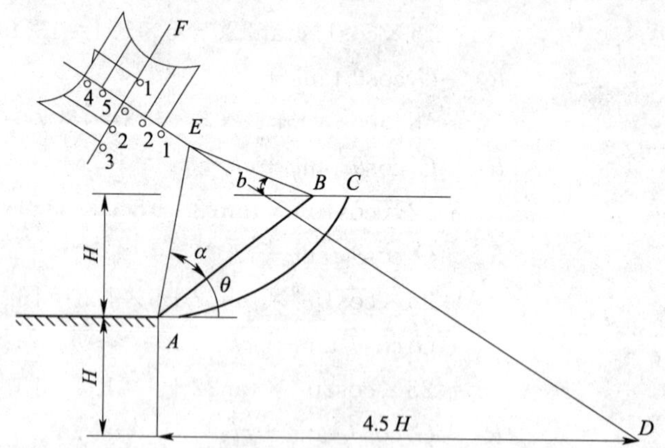

例题5解析图　最危险滑弧圆心的确定

③分条的宽度b:宜取$b=R/10$,则$\sin\alpha_1$、$\sin\alpha_2$、…、$\sin\alpha_n$都是固定的值,使三角函数的计算量减少。

3.为节省计算工作量,可排程序用电子计算机进行计算。在简单土坡计算中,可参照右图所示,按下列步骤,较快地找出最危险的滑动面。

当$\phi=0$时,土坡最危险滑动面的圆心在E点。E点由a、b角决定,查下表确定a、b角。如$\phi>0$,则此点在DE的延长线上(D点在坡脚A点以下H,水平距离4.5H处)。可用试算法,在DE延长线上选3~5点O_1、O_2、……计算各自的K_1、K_2、……按一定的比例画在各点与DE相垂直的线上,联成曲线,确定相应于曲线最低值的点O^1,过O^1作$O^1F\perp ED$,同理

在 O^1F 上选 3～5 点 O_1^1、O_2^1、……作圆心，分别计算各自的 K_1^1、K_2^1、……取其最小值对应的 O 点即为所求最危险滑动面的圆心位置。

a、b 角的数值

土坡坡度	坡角 θ	a 角	b 角
1∶0.58	60°	29°	40°
1∶1.0	45°	28°	37°
1∶1.5	33°41′	26°	36°
1∶2.0	26°34′	25°	35°
1∶3.0	18°26′	25°	35°
1∶4.0	14°03′	25°	35°

4.规范推荐简化毕肖甫法需先假定安全系数，再经过多次迭代方可收敛得到结果，不适合手算。

【案例模拟题 6】

某建筑场地中有一均质土坡，坡高为 6.0 m，坡角为 45°，土体内摩擦角为 26°，黏聚力为 20 kPa，重度为 18 kN/m³，坡体中无地下水，坡顶无荷载，要求采用条分法计算，该坡体的最小稳定性系数为（　　）。

(A)大于 1.0　　(B)小于 1.0　　(C)等于 1.0　　(D)接近于 0

【例题 6】

某二级岩体边坡如下图所示：边坡受一组节理控制，节理走向与边坡走向相同，地表出露线距坡顶 20 m，坡顶水平，节理面与坡面交线和坡顶的高差为 40 m，与坡顶的水平距离为 10 m，节理面内摩擦角为 35°，黏聚力为 40 kPa，岩体重度为 21 kN/m³，按《建筑边坡工程技术规范》(GB 50330—2013)计算边坡的稳定性为（　　）。

(A)0.82　　(B)1.0　　(C)1.20　　(D)1.25

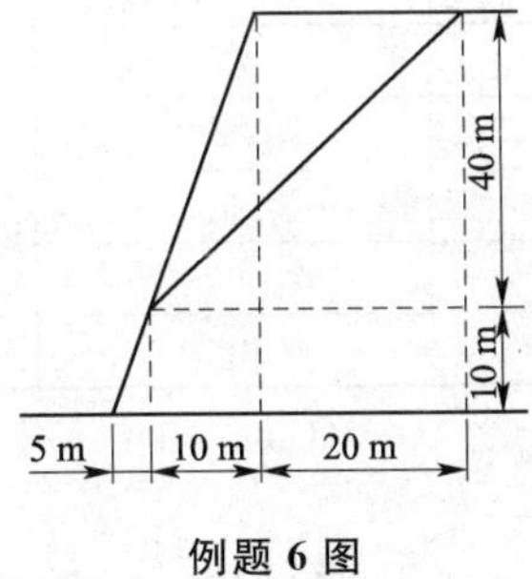

例题 6 图

解

按《建筑边坡工程技术规范》(GB 50330—2013)取 1 m 长度边坡进行计算。

①不稳定岩体体积 V

$$V=\frac{1}{2}BlH=\frac{1}{2}\times1\times20\times40=400\ (\text{m}^3)$$

②滑面长度 L

$$L=\sqrt{(10+20)^2+40^2}=50\ (\text{m})$$

③稳定性系数 F_s

$$R=[(G+G_b)\cos\theta-Q\sin\theta-V\sin\theta-U]\tan\varphi+cL$$

$$=(21\times400\times\frac{3}{5}-0-0-0)\times\tan35°+50\times40$$

$$=5\ 529$$

$$T=(G+G_b)\sin\theta+Q\cos\theta+V\cos\theta$$

$$=21\times400\times\frac{4}{5}+0+0$$

$$=6\ 720$$

$$F_s=\frac{R}{T}=0.82$$

稳定性系数 $F_s=0.82<1.0$，因此，该边坡稳定性不满足要求，需采取一定的措施，保证边坡有充分的安全储备。

例题解析

①单面滑动是单斜层状岩体，受一组结构面控制的岩体及无黏性土体边坡中的常见破坏形式，实践中应用较多，亦较简便。

②当滑坡体有一部分淹没于水中时，水下部分的滑坡体应按浮重度计算。

【案例模拟题 7】

某岩质边坡为一级边坡，边坡受一组节理控制，节理面通过坡脚，坡顶水平，节理面在坡顶出露线与坡顶水平距离为 35 m，与坡脚水平距离为 60 m，节理走向与边坡坡面走向平行，边坡坡高为 48 m，岩体重度为 22 kN/m³，节理面内摩擦角为 38°，黏聚力为 30 kPa，按《建筑边坡工程技术规范》(GB 50330—2013)计算，边坡稳定性系数为(　　)。

(A)0.98　　(B)1.08　　(C)1.18　　(D)1.28

【例题 7】

某折线形滑面边坡由三个块体组成，各滑动块体单位宽度的资料如下表所示，该边坡等级为Ⅱ级，坡体中未见地下水，无地面荷载，按传递系数显式解法计算，该滑坡的稳定系数为(　　)。

各块体编号	1	2	3
单位宽度块体自重 G_i/(kN/m)	70	200	140
块体底面倾角 θ_i	48°	38°	20°
块体底面的内摩擦角 φ_i	26°	26°	26°
底面黏聚力 c_i/kPa	0	0	10.0
块体底面长度 l_i/m	10	15	10

(A)0.85　　(B)1.0　　(C)1.15　　(D)1.30

解

据《岩土工程勘察规范》(GB 50021—2001)(2009 版)第 5.2.8 条条文说明。

①计算各块体滑动力 T_i

$$T_i=(G_i+G_{bi})\sin\theta_i+P_{wi}\cos(\alpha_i-\theta_i)=G_i\sin\theta_i$$

$$T_1=G_1\sin\theta_1=70\times\sin48°=52.02$$

$$T_2=G_2\sin\theta_2=200\times\sin38°=123.13$$

$$T_3=G_3\sin\theta_3=140\times\sin20°=47.88$$

②计算各块体抗滑力 R_i

$$N_i=(G_i+G_{bi})\cos\theta_i=G_i\cos\theta_i$$

$$R_i=N_i\tan\varphi_i+c_il_i=G_i\cos\theta_i\tan\varphi_i+c_il_i$$

$$R_1=G_1\cos\theta_1\tan\varphi_1+c_1l_1=70\times\cos48\times\tan26°+0\times10=22.86$$

$R_2 = G_2\cos\theta_2\tan\varphi_2 + c_2 l_2 = 200\times\cos38\times\tan26° + 0\times15 = 76.9$

$R_3 = G_3\cos\theta_3\tan\varphi_3 + c_3 l_3 = 140\times\cos20°\times\tan26° + 10\times10 = 164.20$

③滑坡推力传递数 Ψ_i

$$\Psi_i = \cos(\theta_i - \theta_{i+1}) - \sin(\theta_i - \theta_{i+1})\tan\varphi_{i+1}$$

$$\Psi_1 = \cos(\theta_1 - \theta_2) - \sin(\theta_1 - \theta_2)\tan\varphi_2$$

$$= \cos(48° - 38°) - \sin(48° - 38°)\times\tan26° = 0.9$$

$$\Psi_2 = \cos(\theta_2 - \theta_3) - \sin(\theta_2 - \theta_3)\tan\varphi_3$$

$$= \cos(38° - 20°) - \sin(38° - 20°)\times\tan26° = 0.8$$

④边坡稳定性系数 K_s

$$K_s = \frac{\sum R_i\psi_i\psi_{i+1}\cdots\psi_{n-1} + R_n}{\sum T_i\psi_i\psi_{i+1}\cdots\psi_{n-1} + T_n} \quad (i=1,2,\cdots,n-1)$$

$$= \frac{R_1\psi_1\psi_2 + R_2\psi_2 + R_3}{T_1\psi_1\psi_2 + T_2\psi_2 + T_3}$$

$$= \frac{22.86\times0.9\times0.8 + 76.9\times0.8 + 164.20}{52.02\times0.9\times0.8 + 123.13\times0.8 + 47.88} = 1.32$$

该边坡稳定性系数接近于答案(D)。

例题解析

①当滑面形状不规则,局部凸起而使滑体较薄时,宜考虑从凸起部位剪出的可能性,可进行分段计算。

②当存在多个可能的滑动面,应分别对各个可能的滑动面组合进行稳定性计算分析。并取最小的稳定性系数作为边坡的稳定性系数。

③当滑体前部出现反倾时,下滑力可能出现负值,稳定性系数亦可能出现负值,这时应视滑坡体稳定。

④规范推荐的传递系数隐式解法不适合手算,一般需采用计算机编程迭代计算。

【案例模拟题8】

某折线形滑面边坡由三个块体组成,各滑动块体单位宽度的资料如下表所示,边坡等级为Ⅱ级,边坡中未见地下水,边坡顶面无荷载,按传递系数显式解法计算,该边坡的稳定性系数 K_s 为( )。

(A)0.99　(B)1.09　(C)1.19　(D)1.29

块体编号	1	2	3
单位宽度块体自重 G_i/(kN/m)	150	320	350
块体底面倾角 θ_i	40°	30°	20°
块体底面内摩擦角 φ_i	20°	20°	20°
底面黏聚力 c_i/kPa	0	0	10
块体底面长度 l_i/m	15	20	20

6.2.2 通过自然斜坡类比进行边坡稳定性分析的方法

《工程地质手册》第4版中介绍的利用类比法进行边坡稳定性分析方法如下。

1. 自然斜坡类比法

方法原理如下。

①自然斜坡的外形受地质结构、岩性、气候条件、地下水赋存状况、坡向等多因素影响。由于重力因素的作用，通常稳定的高坡要比稳定的低坡平缓(图 6.2.2.1)。

②影响斜坡的重力、岩性、岩体结构构造、气候条件、坡向相同时，人工边坡较自然斜坡可维持较陡的坡度。

③研究表明：稳定的自然斜坡的高度和坡面投影长度依循下列关系

$$H=aL^{b} \tag{6.2.2.1}$$

式中，H 为自然斜坡高度；L 为自然斜坡坡面投影长度；a、b 为常数。

④将同一种斜坡调查所得 H、L 数对绘于双对数坐标纸上，可得到一条斜率为 b 的直线。对于不同斜坡调查的结果所绘制的各直线有会聚的趋势。据经验，该会聚点坐标为 $H=3\,050$ m 和 $L=22\,800$ m(图 6.2.2.2)。

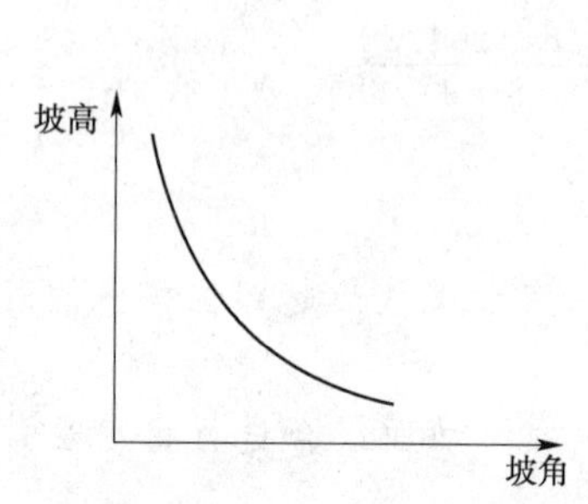

图 6.2.2.1 坡高与坡角的关系

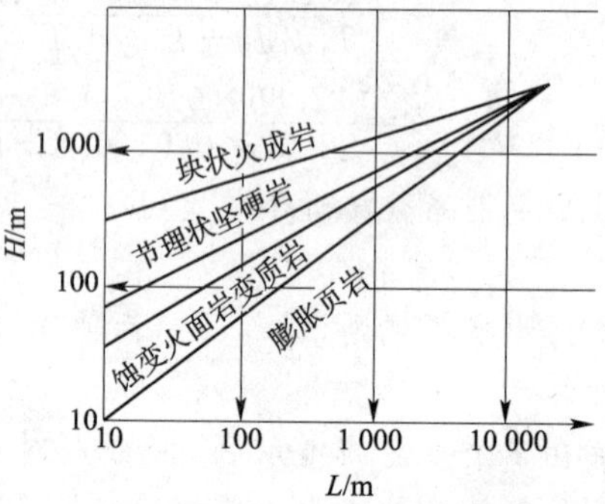

图 6.2.2.2 斜坡坡高坡面长度经验会聚点

2. 调查统计方法

①在详细踏勘的基础上，从地形图上选取与设计的边坡在坡向、岩性、构造以及地下水赋存状态等相同或相近的天然斜坡。

②将选出的天然斜坡划分成若干档次，在各段坡高的较陡区段量取其相应的坡面水平投影长，进行筛选，找出该档次坡高的最小坡面投影长度。此坡高与其相应的最小坡面水平投影长度即为所获取的一对数据。如此进行，可获得对应不同档次坡高的一系列数对。

③将这些数对标在双对数坐标纸上，绘出曲线(常为直线)，参照和利用前述经验会聚点的位置，由最高数据点附近曲线上的一点到经验会聚点连线的外插结果，可用以估计更高的自然坡的稳定坡度。

【例题 8】

某砂岩地区自然斜坡调查结果表明，当自然边坡的高度在 10 m 左右时，其坡面投影长度平均约为 20 m，现在同一地段拟进行挖方施工，如挖方边坡高度为 20 m，按自然边坡类比法，其坡度宜为(　　)。

(A)27° (B)30° (C)35° (D)40°

解

按自然斜坡类比法。

①求系数 a、b

$$H=aL^{b}$$

$$\lg H=\lg a+b\lg L$$

当 $H=3\,050$ 时，$L=22\,800$；

当 $H=10$ 时，$L=20$；

得方程如下

$$\lg 3\,050=\lg a+b\lg 22\,800$$
$$\lg 10=\lg a+b\lg 20$$

解方程组得

$$a=1.141\,0$$
$$b=0.812\,7$$

②求边坡的投影长度 L

$$H=aL^b \quad \Rightarrow \quad H=1.141\,0\times L^{0.812\,7}$$
$$\lg H=\lg 1.141\,0+0.812\,7\times\lg L$$
$$\lg 20=\lg 1.141\,0+0.812\,7\times\lg L$$
$$\lg L=1.530\,4$$
$$L=33.9\ (\mathrm{m})$$

③边坡坡度角 θ

$$\tan\theta=H/L$$
$$\theta=\arctan(H/L)=\arctan(20/33.9)=30.5°$$

边坡坡度角宜为 30.5°，接近答案(B)。

例题解析

①该方法为统计基础上的经验方法，可在实际工作中参考。

②$H=aL^b$ 曲线汇聚于点 $H=3\,050$ m 和 $L=22\,800$ m，因此只要已知一组(H_1,L_1)，即可判断另外的情况，但实际中应找出几组，如(H_1,L_1)、(H_2,L_2)、…、(H_n,L_n)，然后再求边坡的坡度，结果更可靠。

【案例模拟题 9】

某砂岩地区地表调查资料表明，当自然边坡坡高为 20 m 时，坡面投影长度约为21.5 m，坡高为 10 m 时，坡长为 11.1 m，现拟进行挖方施工，坡高为 15 m，其边坡坡长宜为(采用自然斜坡类比法)(　　)。

(A)15 m　　(B)16.4 m　　(C)17 m　　(D)18.0 m

6.2.3 用 Taylor 图解法进行斜坡稳定性分析

《工程地质手册》第 4 版中介绍的 Taylor 图解法如下：

$$N_s=\frac{\gamma H}{c} \tag{5.2.3.1}$$

$$K=\frac{S}{\tau}=\frac{c+\sigma\tan\varphi}{\tau} \tag{5.2.3.2}$$

式中，N_s 为与土的内摩擦角 φ 和坡角 β 有关的系数；γ 为土的重度(kN/m³)；H 为边坡高度(m)；S 为土的抗剪强度(kPa)；c 为土的黏聚力(kPa)；σ 为作用于剪切面上的法向应力(kPa)；τ 为剪应力(kPa)；K 为安全系数。

第6章　土工结构与边坡防护

如已知 γ、c、φ、H 和 β 值，可根据上述两式及图 5.2.3.1 计算安全系数 K 值，从而判定边坡的稳定性。

当边坡在 N_d（N_d 为坡顶到硬层的深度除以边坡高度）深度内埋藏有坚硬层，且边坡土层的 $\varphi=0°$时，则边坡的计算可用式（5.2.3.1）和图 5.2.3.1 的右半部曲线，反之，用左半部曲线。

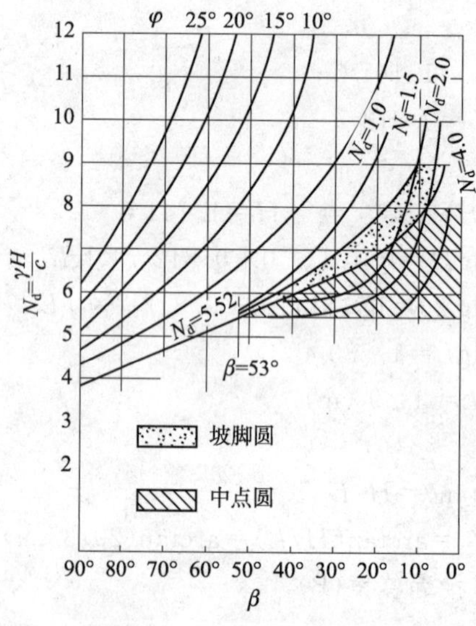

图 5.2.3.1 N_s-φ、β 关系图

【例题 9】

已知某黏土质边坡体的内摩擦角 $\varphi=20°$，黏聚力 $c=30$ kPa，土的重度为 19 kN/m^3。如该段路基挖方深度为 10 m，坡角不宜超过（　　）；如果边坡开挖坡角采用 60°角，边坡的安全系数为（　　）。

(A)86°，1.43　　(B)60°，1.43　　(C)86°，1.63　　(D)60°，1.63

解

按泰勒图解法计算如下。

①挖方深度为 10 m 时的坡角。

土坡的实际稳定数 N_s

$$N_s=\frac{\gamma H}{c}=\frac{19\times10}{30}=6.3$$

查 N_s-φ、β 关系图，对应于 $N_s=6.3$、$\varphi=20$ 时的 β 值为：$\beta=86°$。

②坡角为 60°时，边坡的安全系数。

坡角为 60°，边坡土体内摩擦角为 20°时的稳定数 N_s' 可查泰勒图得，$N_s'=10.3$。

边坡安全系数为

$$K=\frac{N_s'}{N_s}=\frac{10.3}{6.3}=1.63。$$

另外，还可用另外方法计算如下

当 $c=30$，$N_s=10.3$，$\gamma=19$ 时坡高 H' 值

$$H'=(N_s c)/\gamma=10.3\times 30/19=16.3\ (\mathrm{m})$$

安全系数 K：

$$K=H'/H=16.3/10=1.63$$

该边坡挖深为 10 m 时，坡角不宜超过 86°，如边坡开挖角度为 60°，边坡安全系数为 1.63。

例题解析

Taylor 图解法是一种常用方法，可在已知边坡高度时确定坡率，也可求某一坡率的极限坡高，同时也可根据坡高及稳定数求边坡的稳定性系数，或进行反运算。

【案例模拟题 10】

已知某边坡为均质土坡，坡体土质的黏聚力为 $c=20$ kPa，内摩擦角为 $\varphi=25°$，重度为 19 kN/m³。

①如边坡挖方高度为 12 m，其坡角宜为（　　）。

(A)55°　　(B)63°　　(C)70°　　(D)75°

②如边坡坡角为 75°，其坡高不宜大于（　　）。

(A)7.4 m　　(B)9.4 m　　(C)10.5 m　　(D)12 m

6.2.4　按《建筑边坡工程技术规范》(GB 50330—2013)计算土压力

GB 50330—2013 的相关规定如下。

6.2.1　静止土压力标准值，可按下式计算

$$e_{0ik}=\left(\sum_{j=1}^{i}\gamma_j h_j+q\right)K_{0i} \tag{6.2.1}$$

式中，e_{0ik}为计算点处的静止土压力标准值(kN/m²)；γ_j 为计算点以上第 j 层土的重度(kN/m³)；h_j 为计算点以上第 j 层土的厚度(m)；q 为地面均布荷载(kN/m²)；K_{0i}为计算点处的静止土压力系数。

6.2.2　静止土压力系数宜由试验确定。当无试验条件时，对砂土可取 0.34～0.45，对黏性土可取 0.5～0.7。

6.2.3　根据平面滑裂面假定(图 6.2.3)，主动土压力合力标准值可按下式计算

$$E_{ak}=\frac{1}{2}\gamma H^2 K_a \tag{6.2.3.1}$$

$$K_a=\frac{\sin(\alpha+\beta)}{\sin^2\alpha\sin^2(\alpha+\beta-\varphi-\delta)}\{K_q[\sin(\alpha+\beta)\sin(\alpha-\delta)+\sin(\varphi+\delta)\sin(\varphi-\beta)]+2\eta\sin\alpha\cos\varphi\cos(\alpha+\beta-\varphi-\delta)-2\sqrt{K_q\sin(\alpha+\beta)\sin(\varphi-\beta)+\eta\sin\alpha\cos\varphi}\times\sqrt{K_q\sin(\alpha-\delta)\sin(\varphi+\delta)+\eta\sin\alpha\cos\varphi}\} \tag{6.2.3.2}$$

$$K_q=1+\frac{2q\sin\alpha\cos\beta}{\gamma H\sin(\alpha+\beta)} \tag{6.2.3.3}$$

$$\eta=\frac{2c}{\gamma H} \tag{6.2.3.4}$$

第6章　土工结构与边坡防护

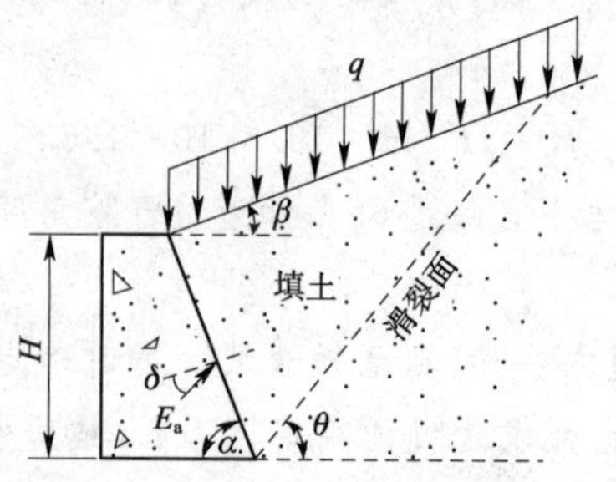

图 6.2.3 土压力计算

式中，E_{ak}为主动土压力合力标准值(kN/m)；K_a 为主动土压力系数；H 为挡土墙高度(m)；γ 为土体重度(kN/m³)；c 为土的黏聚力(kPa)；φ 为土的内摩擦角(°)；q 为地表均布荷载标准值(kN/m²)；δ 为土对挡土墙墙背的摩擦角(°)；β 为填土表面与水平面的夹角(°)；α 为支挡结构墙背与水平面的夹角(°)；θ 为滑裂面与水平面的夹角(°)。

土对挡土墙墙背的摩擦角 δ 表 6.2.3

挡土墙情况	摩擦角 δ
墙背平滑，排水不良	$(0\sim0.33)\varphi$
墙背粗糙，排水良好	$(0.33\sim0.50)\varphi$
墙背很粗糙，排水良好	$(0.50\sim0.67)\varphi$
墙背与填土间不可能滑动	$(0.67\sim1.00)\varphi$

6.2.4 当墙背直立光滑、土体表面水平时，主动土压力标准值可按下式计算

$$e_{aik}=(\sum_{j=1}^{i}\gamma_j h_j+q)K_{ai}-2c_i\sqrt{K_{ai}} \tag{6.2.4}$$

式中，e_{aik}为计算点处的主动土压力标准值(kN/m²)，当 $e_{aik}<0$ 时取 $e_{aik}=0$；K_{ai}为计算点处的主动土压力系数，取 $K_{ai}=\tan^2(45°-\varphi_i/2)$；$c_i$ 为计算点处土的黏聚力(kPa)；φ_i 为计算点处土的内摩擦角(°)。

6.2.5 当墙背直立光滑、土体表面水平时，被动土压力标准值可按下式计算

$$e_{pik}=(\sum_{j=1}^{i}\gamma_j h_j+q)K_{pi}+2c\sqrt{K_{pi}} \tag{6.2.5}$$

式中，e_{pik}为计算点处的被动土压力标准值(kN/m²)；K_{pi}为计算点处的被动土压力系数，取 $K_{pi}=\tan^2(45°+\varphi_i/2)$。

6.2.6 土中有地下水但未形成渗流时，作用于支护结构上的侧压力可按下列规定计算：

①对砂土和粉土按水土分算原则计算。

②对黏性土宜根据工程经验按水土分算或水土合算原则计算。

③按水土分算原则计算时，作用在支护结构上的侧压力等于土压力和静止水压力之和，地下水位以下的土压力采用浮重度(γ')和有效应力抗剪强度指标(c'、φ')计算。

④按水土合算原则计算时，地下水位以下的土压力采用饱和重度（γ_{sat}）和总应力抗剪强度指标（c、φ）计算。

6.2.7　土中有地下水形成渗流时，作用于支护结构上的侧压力，除按 6.2.6 条计算外，尚应计算动水压力。

6.2.8　当挡墙后土体破裂面以内有较陡的稳定岩石坡面时，应视为有限范围填土情况（图 6.2.8），主动土压力合力标准值可按下式计算。

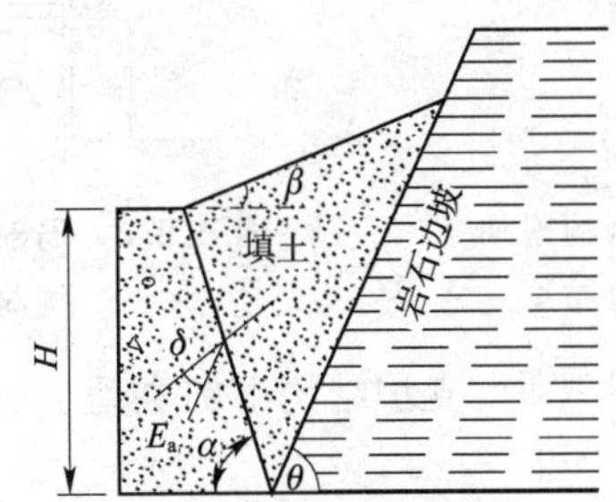

图 6.2.8　有限范围填土土压力计算

$$E_{ak}=\frac{1}{2}\gamma H^2 K_a \tag{6.2.8.1}$$

$$K_a=\frac{\sin(\alpha+\beta)}{\sin(\alpha-\delta+\theta-\delta_R)\sin(\theta-\beta)}\left[\frac{\sin(\alpha+\theta)\sin(\theta-\delta_R)}{\sin^2\alpha}-\eta\frac{\cos\delta_R}{\sin\alpha}\right] \tag{6.2.8.2}$$

式中，θ 稳定岩石坡面的倾角（°）；δ_R 为稳定且无软弱层的岩石坡面与填土间的摩擦角（°），宜根据试验确定。

当无试验资料时，黏性土与粉土可取 $\delta_R=0.33$，砂性土与碎石土可取 $\delta_r=0.5\varphi$。

6.2.9　当坡顶作用有线性分布荷载、均布荷载和坡顶填土表面不规则时，在支护结构上产生的侧压力可按附录 B 简化计算。

附录 B　几种特殊情况下的侧向压力计算

B.0.1　距支护结构顶端 a 处作用有线分布荷载 Q_L 时，附加侧向压力分布可简化为等腰三角形（图 B.0.1）。最大附加侧向土压力标准值可按下式计算

$$e_{h,max}=\frac{2Q_L}{h}\sqrt{K_a} \tag{B.0.1}$$

式中，$e_{h,max}$ 为最大附加侧向压力标准值（kN/m²）；h 为附加侧向力分布范围（m），$h=a(\tan\beta-\tan\varphi)$，$\beta=45°+\varphi/2$；$Q_L$ 为线分布荷载标准值（kN/m）；K_a 为主动土压力系数，$K=\tan^2(45°-\varphi/2)$。

B.0.2　距支护结构顶端 a 处作用有宽度为 b 的均布荷载时，附加侧向土压力标准值可按下式计算

$$e_{hk}=K_a q_L \tag{B.0.2}$$

式中，e_{hk} 为附加侧向土压力标准值（kN/m²）；K_a 为主动土压力系数；q_L 为局部均布荷载标准值（kN/m²）。附加侧向压力分布如图 B.0.2 所示。

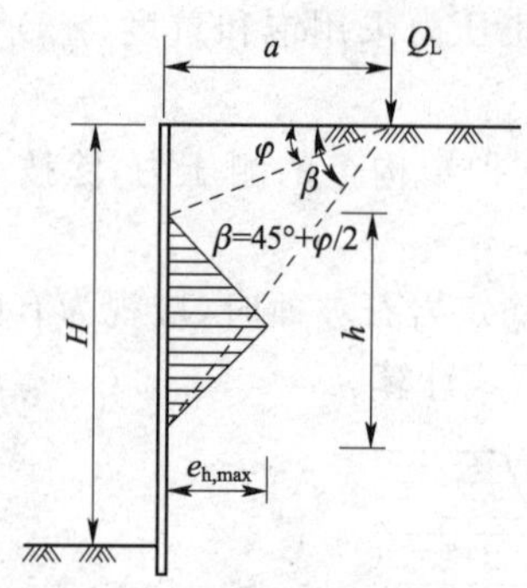

图 B.0.1　线荷载产生的附加侧向压力分布

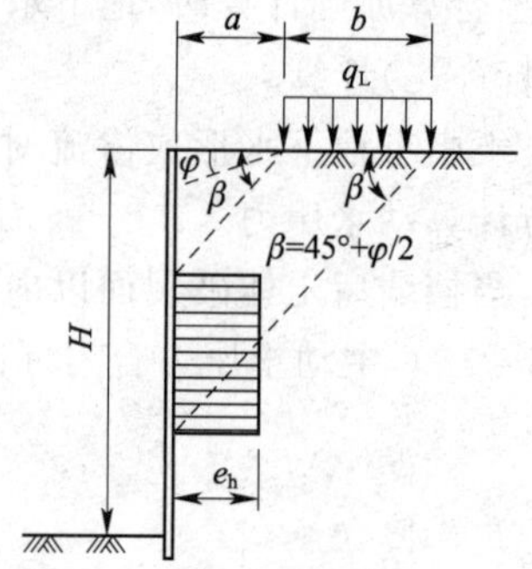

图 B.0.2　局部荷载产生的附加侧向压力分布

B.0.3　当坡顶地面非水平时，支护结构上的主动土压力可按图 B.0.3 和下列规定进行计算。

①图 B.0.3a)的情况，支护结构上的主动土压力可按下式计算

$$e_a=\gamma z\cos\beta\frac{\cos\beta-\sqrt{\cos^2\beta-\cos^2\varphi}}{\cos\beta+\sqrt{\cos^2\beta-\cos^2\varphi}}\tag{B.0.3.1}$$

$$e_a{}'=K_a\gamma(z+h)-2c\sqrt{K_a}\tag{B.0.3.2}$$

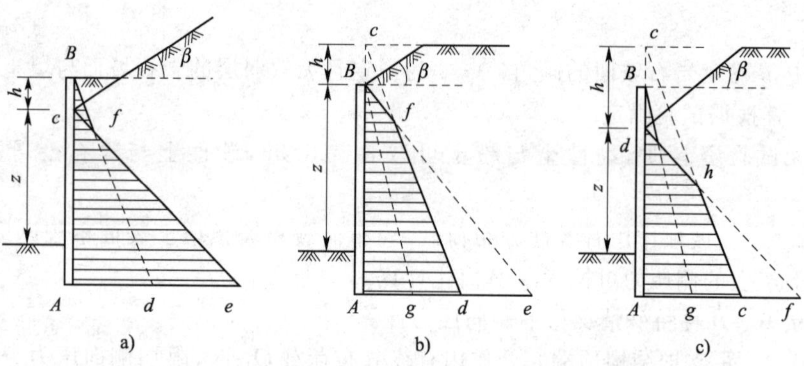

图 B.0.3　地面非水平时支护结构上主动土压力的近似计算

式中，β 为地表斜坡面与水平面的夹角(°)；c 为土体的黏聚力(kPa)；φ 为土体的内摩擦角(°)；γ 为土体的重度(kN/m³)；K_a 为主动土压力系数；e_a、$e_a{}'$ 为侧向土压力(kN/m²)；z 为计算点的深度(m)；h 为地表水平面与地表斜坡和支护结构相交点的距离(m)。

②图 B.0.3b)的情况，计算支护结构上的侧向土压力时，可将斜面延长到 c 点，则 $BAdfB$ 为主动土压力的近似分布图形。

③图 B.0.3c)的情况，可按图 B.0.3a)和图 B.0.3b)的方法叠加计算。

B.0.4　当边坡为二阶且竖直、坡顶水平且无超载时(图 B.0.4)，岩土压力的合力和边坡破坏时的平面破裂角应符合下列规定：

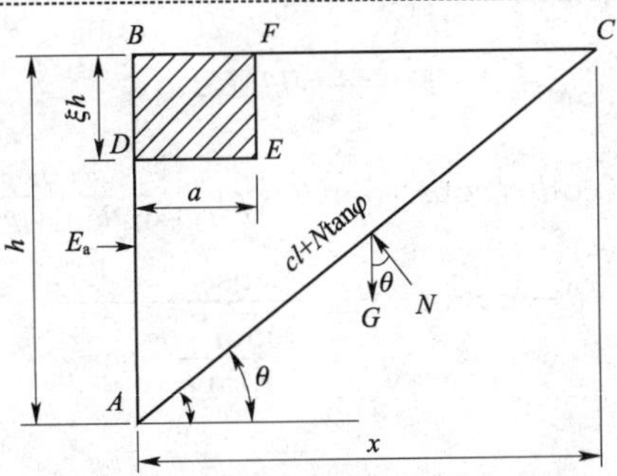

图 B.0.4　二阶竖直边坡的计算简图

①岩土压力的合力应按下列公式计算

$$E_a=\frac{1}{2}\gamma h^2 K_a \tag{B.0.4-1}$$

$$K_a=\left(\cot\theta-\frac{2a\xi}{h}\right)\tan(\theta-\varphi)-\frac{\eta\cos\varphi}{\sin\theta\cos(\theta-\varphi)} \tag{B.0.4-2}$$

式中，E_a 为水平岩土压力合力(kN/m)；K_a 为水平岩土压力系数；γ 为支挡结构后的岩土体重度，地下水位以下用有效重度(kN/m³)；h 为边坡的垂直高度(m)；a 为上阶边坡的宽度(m)；ξ 为上阶边坡的高度与总的边坡高度的比值；φ 为岩土体或外倾结构面的内摩擦角(°)；θ 为岩土体的临界滑动面与水平面的夹角(°)，当岩体存在外倾结构面时，θ 可取外倾结构面的倾角，取外倾结构面的抗剪强度指标；当存在多个外倾结构面时，应分别计算，取其中的最大值为设计值；当岩体中不存在外倾结构面时，θ 可按式(B.0.4-3)计算。

②边坡破坏时的平面破裂角应按下列公式计算

$$\theta=\arctan\left[\frac{\cos\varphi}{\sqrt{1+\frac{2a\xi}{h(\eta+\tan\varphi)}}-\sin\varphi}\right] \tag{B.0.4-3}$$

$$\eta=\frac{2c}{\gamma h} \tag{B.0.4-4}$$

式中，γ 为支挡结构后的岩土体重度，地下水位以下用有效重度(kN/m³)；h 为边坡的垂直高度(m)；a 为上阶边坡的宽度(m)；ξ 为上阶边坡的高度与总的边坡高度的比值；c 为岩土体或外倾结构面的黏聚力(kPa)；φ 为一岩土体或外倾结构面的内摩擦角(°)。

6.2.10　当边坡的坡面为倾斜、坡顶水平、无超载时(图 6.2.10)，土压力的合力可按下列公式计算，边坡破坏时的平面破裂角可按公式(6.2.10-3)计算。

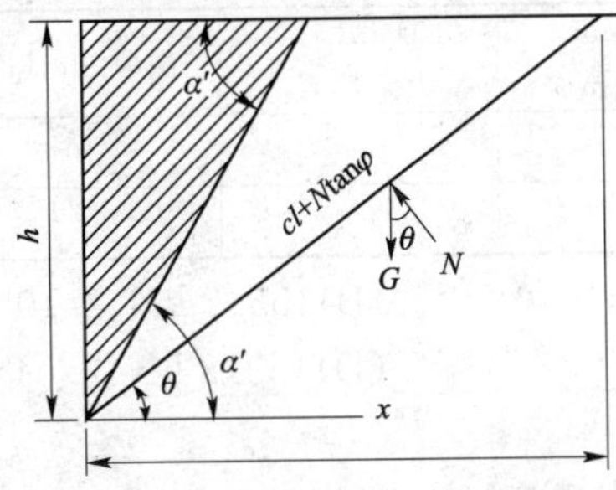

图 **6.2.10**　边坡的坡面为倾斜时计算简图

$$E_a=\frac{1}{2}\gamma H^2 K_a \tag{6.2.10-1}$$

$$K_a=(\cot\theta-\cot\alpha')\tan(\theta-\varphi)-\frac{\eta\cos\varphi}{\sin\theta\cos(\theta-\varphi)} \tag{6.2.10-2}$$

$$\theta=\arctan\frac{\cos\varphi}{\sqrt{1+\frac{\cot\alpha'}{\eta+\tan\varphi}}-\sin\varphi} \tag{6.2.10-3}$$

$$\eta=\frac{2c}{\gamma h} \tag{6.2.10-4}$$

式中，E_a 为水平土压力合力(kN/m)；K_a 为水平土压力系数；h 为边坡的垂直高度(m)；γ 为支护结构后的土体重度，地下水位以下用有效重度(kN/m³)；α' 为边坡坡面与水平面的夹角(°)；c 为土的黏聚力(kPa)；φ 为土的内摩擦角(°)；θ 为土体的临界滑动面与水平面的夹角(°)。

6.2.11 考虑地震作用时，作用于支护结构上的地震主动土压力可按本规范公式(6.2.3-1)计算，主动土压力系数应按下式计算

$$\begin{aligned}K_a=&\frac{\sin(\alpha+\beta)}{\cos\rho\sin^2\alpha\sin^2(\alpha+\beta-\varphi-\delta)}\{K_q[\sin(\alpha+\beta)\sin(\alpha-\delta-\rho)+\\&\sin(\varphi+\delta)\sin(\varphi-\rho-\beta)]+2\eta\sin\alpha\cos\varphi\cos\rho\cos(\alpha+\beta-\varphi-\delta)-\\&2[(K_q\sin(\alpha+\beta)\sin(\varphi-\rho-\beta)+\eta\sin\alpha\cos\varphi\cos\rho)(K_q\sin(\alpha-\delta-\\&\rho)\sin(\varphi+\delta)+\eta\sin\alpha\cos\varphi\cos\rho)]^{0.5}\}\end{aligned} \tag{6.2.11}$$

式中，ρ 为地震角，可按表 6.2.11 取值。

地 震 角 ρ 表 6.2.11

类　别	7 度		8 度		9 度
	0.10g	0.15g	0.20g	0.30g	0.40g
水上	1.5°	2.3°	3.0°	4.5°	6.0°
水下	2.5°	3.8°	5.0°	7.5°	10.0°

【例题 10】

某场地地层资料如下表所示，在场地中有一建筑基坑深 6.0 m，采用垂直支挡结构，无水平向位移，地下水位为 4.0 m，地表无外荷载，该基坑支挡结构上的水平向侧压力及其作用点距坑底的距离分别为(　　)。

土层编号	层底埋深/m	土层重度 γ/(kN/m³)	静止土压力系数 K_0	黏聚力 c/kPa	内角摩擦 φ/(°)	土层名称
①	0～2	19	0.6	10	16	黏土
②	2～10	18	0.4	0	32	粗砂

(A)184 kN、2.04 m　　(B)153.2 kN、2.10 m

(C)184 kN、2.10 m　　(D)153.2 kN、2.04 m

解

①各特征层位的静止土压力强度标准值 e_{0ik}

$$e_{0ik}=(\sum_{j=1}^{i}\gamma_j h_j+q)K_{0i}$$

地表处静止土压力为 0。

地表以下 2.0 m，黏土层中的静止土压力 e_{02k}

$$e_{02k}=\gamma_1 h_1 K_{01}=19\times 2\times 0.6=22.8\ (\text{kPa})$$

地表下 2.0 m 砂土层中的静止土压力为

$$e_{02k}'=\gamma_1 h_1 K_{02}=19\times 2\times 0.4=15.2\ (\text{kPa})$$

地表以下 4.0 m 处的静止土压力强度 e_{04k}

$$\begin{aligned}e_{04k}&=[\gamma_1 h_1+\gamma_2(h_w-h_1)]K_{02}\\&=[19\times 2+18\times(4-2)]\times 0.4\\&=29.6\ (\text{kPa})\end{aligned}$$

地表以下 6.0 m(基坑底)处的静止土压力强度 e_{06k}

$$\begin{aligned}e_{06k}&=[\gamma_1 h_1+\gamma_2(h_w-h_1)+(\gamma_2-\gamma_w)(h-h_w)]K_{02}\\&=[19\times 2+18\times(4-2)+(18-10)\times(6-4)]\times 0.4\\&=36\ (\text{kPa})\end{aligned}$$

地表以下 6.0 m 处水的侧向压力强度 e_{06wk}

$$e_{06wk}=(h-h_w)\gamma_w=(6-4)\times 10=20\ (\text{kPa})$$

各特征层位的侧向压力强度如下图所示。

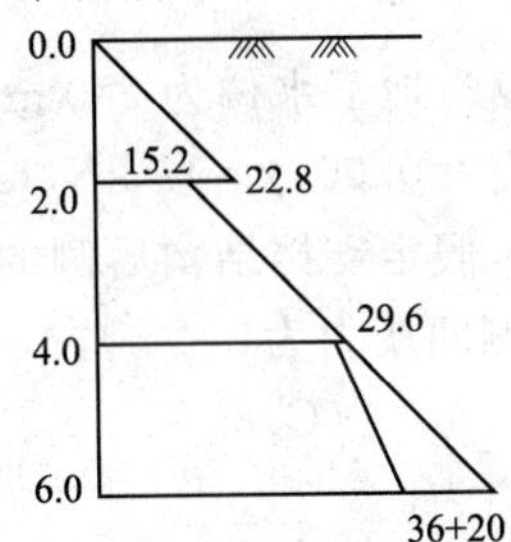

例题 10 图

②支挡结构单位宽度上的总侧向压力 E_0

$$\begin{aligned}E_0&=E_1+E_2^{\,1}+E_2^{\,2}+E_3^{\,1}+E_3^{\,2}+E_3^{\,w}\\&=\frac{1}{2}h_1 e_{02k}+(h_w-h_1)e_{02k}'+\frac{1}{2}(h_w-h_1)(e_{04k}-e_{02k}')+(h-h_w)e_{04k}+\\&\quad\frac{1}{2}(h-h_w)(e_{06k}-e_{04k})+\frac{1}{2}(h-h_w)e_{06wk}\\&=\frac{1}{2}\times 2\times 22.8+(4-2)\times 15.2+\frac{1}{2}(4-2)(29.6-15.2)+(6-4)\times 29.6+\\&\quad\frac{1}{2}\times(6-4)\times(36-29.6)+\frac{1}{2}\times(6-4)\times 20\\&=22.8+30.4+14.4+59.2+6.4+20\\&=153.2\ (\text{kN/m})\end{aligned}$$

③总侧向压力作用点距基坑底的距离 h_0

根据总侧向压力对坑底的力矩与各分层的侧向压力对坑底的力矩相等的原理计算如下

$$E_0 h_0=E_1\left(h-h_1+\frac{1}{3}h_1\right)+E_2^{\,1}\left[h-h_w+\frac{1}{2}(h_w-h_1)\right]+E_2^{\,2}\left[h-h_w+\frac{1}{3}(h_w-h_1)\right]$$
$$+E_3^{\,1}\,\frac{1}{2}(h-h_w)+E_3^{\,2}\,\frac{1}{3}(h-h_w)+E_3^{\,w}\,\frac{1}{3}(h-h_w)$$

$$h_0=\frac{1}{153.2}\{22.8\times(6-2+\frac{2}{3})+30.4[6-4+\frac{1}{2}(4-2)]+14.4[6-4+\frac{1}{3}\times(4-2)]+59.2\times\frac{1}{2}\times(6-4)+6.4\times\frac{1}{3}\times(6-4)+20\times\frac{1}{3}\times(6-4)\}=2.04\ (\text{m})$$

该基坑支挡结构每米宽度上的侧向力为 153.2 kN，其作用点距坑底为 2.04 m，答案(D)正确。

例题解析

①静止土压力系数一般可取经验值，重要工程可采用实测值。

②土压力强度即单位面积上的土压力可按 6.2.1 条计算，各层土的总土压力值为土压力强度在土层顶底面间的积分值。矩形分布的土压力作用点在 1/2 层高处，三角形分布的土压力作用点在层底面以上 1/3 层高处。

③总的土压力对某点的力矩值与各分层的土压力对该点力矩值相等。

④当土质为砂土、粉土时宜采用水土分算原则，这时侧向压力等于土压力与水压力之和，土压力计算时地下水位以下土的重度取浮重度，c、φ 值取有效应力条件下的 c'、φ' 值。

⑤对黏性土宜采用水土合算原则，这时侧向压力即为土压力，计算时水位以下土的重度取饱和重度，c、φ 值取总应力条件的 c、φ 值。

【案例模拟题 11】

某建筑基坑深 4.0 m，地表无荷载，地下水位为 2.0 m，支护结构无侧向位移。地表以下 2.0 m 为黏土，$c=10$ kPa，$\varphi=20°$，$K_0=0.60$，$\gamma=19$ kN/m^3；地表以下 2.0～4.0 m 为砂土，$c=0$，$\varphi=35°$，$K_0=0.4$，$\gamma=18$kN/m^3，假定支挡结构后侧的土压力为静止土压力。

①作用在支挡结构后侧的总的侧向压力为(　　)。

(A)75.2 kN　　(B)79.6 kN　　(C)86 kN　　(D)87.6 kN

②总侧向压力距基坑底面的距离为(　　)。

(A)1.33 m　　(B)1.37 m　　(C)1.67 m　　(D)2.0 m

【例题 11】

某建筑基坑深 5 m，位于均质黏土场地，场地表面水平，无外荷载，采用排桩支挡结构，排桩表面光滑，有一定的侧向位移，方向向基坑内，土的黏聚力 $c=10$ kPa，内摩擦角 $\varphi=16°$，重度 $\gamma=20$ kN/m^3，地表无荷载，如采用水土合算原则，每米宽排桩的侧向压力及其作用点距基坑底面的距离分别为(　　)。

(A)76.6 kN、1.22 m　　(B)76.6 kN、1.67 m

(C)104.3 kN、1.22 m　　(D)104.3 kN、1.67 m

解

①主动土压力系数 K_a

$$K_a=\tan^2(45°-\varphi/2)=\tan^2(45°-16°/2)=0.568$$

②主动土压力强度为 0 的作用点距地表的距离 h_0

$$0=\gamma h_0K_a-2c\sqrt{K_a}$$

$$h_0=\frac{2c\sqrt{K_a}}{\gamma K_a}=\frac{2c}{\gamma\sqrt{K_a}}=\frac{2\times10}{20\times\sqrt{0.568}}=1.33\ (\text{m})$$

③基坑底部主动土压力强度 e_{a5k}

$$e_{a5k}=\gamma hK_a-2c\sqrt{K_a}$$

$$=20\times5\times0.568-2\times10\times\sqrt{0.568}=41.73\ (\text{kPa})$$

④侧向主动土压力 E_a

$$E_a=\frac{1}{2}(h-h_0)e_{a5k}=\frac{1}{2}\times(5-1.33)\times41.73=76.6\ (\text{kN})$$

⑤侧向主动土压力 E_a 作用点距基坑底面的距离 h_a

$$h_a=\frac{1}{3}(h-h_0)=\frac{1}{3}\times(5-1.33)=1.22\ (\text{m})$$

该基坑每米支挡结构后侧的侧向压力为 76.6 kN,其作用点距基坑底面的距离为 1.22 m,答案(A)正确。

例题解析

①黏性土主动土压力在地表以下某一深度内按式(6.2.4)计算时为负值,这是不合理的,应取为 0,主动土压力强度为零的点距地表的距离 h_0 为

$$h_0=\frac{2c-q\sqrt{K_a}}{\sqrt{K_a}\gamma}$$

②当 $q=0$ 时,黏性土主动土压力自 h_0 以上均为 0,自 h_0 以下为三角形分布。

③黏性土被动土压力呈梯形分布,$q=0$,$h=0$ 时被动土压力强度为 $2c\sqrt{K_p}$。

④当 $q=0$ 时,砂土($c=0$)的主动土压力及被动土压力均为三角形分布,且当 $h=0$ 时土压力强度为零。

⑤注意:有地下水时采用水土分算及水土合算方法时的区别。

【案例模拟题 12】

某建筑边坡自然地面坡角为 20°,地表无荷载,现采用梯形截面挡墙(如下图所示),挡墙高度为 6.0 m,边坡为黏性土,黏聚力 $c=10$ kPa,内摩擦角 $\varphi=20°$,重度为 20 kN/m³,墙背与填土间摩擦角为 8°,墙背与水平面夹角为 80°,假定墙背填土破裂时为直线形式,按《建筑边坡工程技术规范》(GB 50330—2013)计算,主动土压力合力的标准值为(　　)。

(A)150 kN　　(B)170 kN　　(C)190 kN　　(D)210 kN

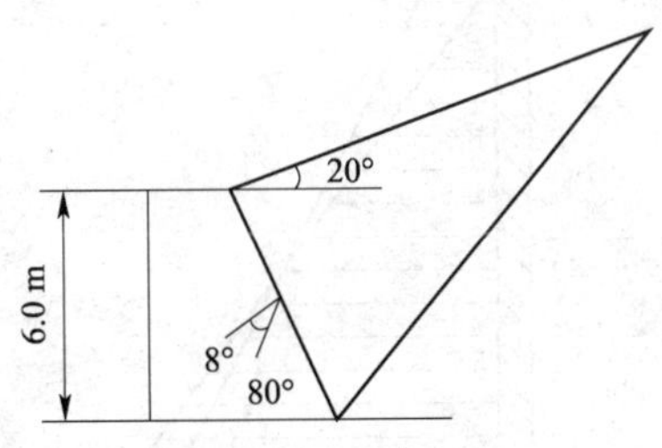

案例模拟题 12 图

【案例模拟题 13】

某边坡勘察资料如下:

0～3.0 m,黏土,$\varphi=20°$,$c=10$ kPa,$\gamma=19$ kN/m³。

3～10 m,黏土,$\varphi=15°$,$c=5$ kPa,$\gamma=19$ kN/m³。

现在该场地进行挖方,挖深为 5.0 m,场地地下水位为 6.0 m,地表均布荷载为 10 kPa,如挖方边坡直立,采用重力式挡墙,不计墙背摩擦力,按《建筑边坡工程技术规范》(GB 50330—2013)计算,墙背的主动土压力及其作用点距基坑底面的高度分别为(　　)。

(A)105 kN、1.23 m　　(B)115 kN、1.23 m

(C)105 kN、1.67 m　　(D)115 kN、1.67 m

【案例模拟题 14】

某砂土场地地表水平，无外荷载，砂土的 $c=0$，$\varphi=35°$，重度为 $18\ kN/m^3$，地下水位为0，砂土挖深为5.0 m，挡墙为直立重力挡墙，墙背光滑，如不采取排水措施，挡墙墙背的总侧向压力及其距墙顶面的距离分别为(　　)。

(A)74.3 kN、1.67 m　　(B)60.8 kN、1.67 m

(C)74.3 kN、3.33 m　　(D)152 kN、3.33 m

【案例模拟题 15】

某场地为水平场地，地表荷载为10 kPa，土质为均质黏土，黏聚力 $c=10$ kPa，内摩擦角为18°，重度为 $20\ kN/m^3$，无地下水，场地中欲挖一基坑，深为5.0 m，采用排桩支护，排桩总长度为9.0 m，按《建筑边坡工程技术规范》(GB 50330—2013)计算单位宽度排桩前受到基坑底土的侧向抗力及其距基坑底面的距离分别为(　　)。

(A)412 kN、2.4 m　　(B)164 kN、1.6 m

(C)412 kN、2.5 m　　(D)164 kN、2.4 m

【例题 12】

某边坡剖面如下图所示，坡体为砂土，无地下水，地表无荷载，黏聚力 $c=0$，内聚擦角 $\varphi=30°$，重度 $\gamma=18\ kN/m^3$，地面坡角为20°，其他尺寸如图所示。按《建筑边坡工程技术规范》(GB 50330—2013)计算，支挡结构在坡脚以上部分的侧向压力及其作用点距坡脚(基坑底)的距离分别为(　　)。

(A)117 kN、1.9 m　　(B)107 kN、2.0 m

(C)117 kN、2.0 m　　(D)107 kN、1.9 m

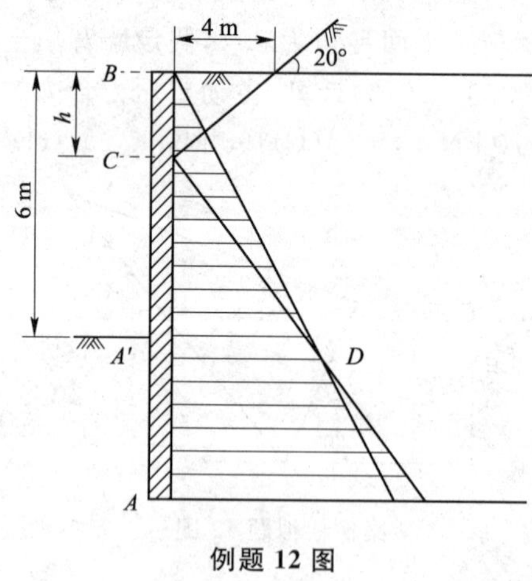

例题 12 图

解

①设支挡结构后的坡面延长线与支挡结构的交点为 C，则 BC 间的距离 h 为

$h=b\tan\beta=4\times\tan20°=1.46$ (m)

②设当 $z=z_0$ 时，采用规范式(B.0.3.1)与式(B.0.3.2)计算的 e_a、e_a' 相等，则

$K_a=\tan^2(45°-30°/2)=0.33$

$e_a'=K_a\gamma(z_0+h)-2c\sqrt{K_a}=0.33\times18\times(z_0+1.46)=5.94z_0+8.67$

$$e_a=\gamma z_0\cos\beta\frac{\cos\beta-\sqrt{\cos^2\beta-\cos^2\varphi}}{\cos\beta+\sqrt{\cos^2\beta-\cos^2\varphi}}$$

全国注册岩土工程师专业考试模拟训练题集及历年真题新解

$$=18\times z_0\times\cos20°\times\frac{\cos20°-\sqrt{\cos^2 20-\cos^2 30°}}{\cos20°+\sqrt{\cos^2 20°-\cos^2 30°}}=7.46z_0$$

$$e_a{}'=e_a$$

$$5.94z_0+8.67=7.46z_0$$

$$z_0=5.7\text{ m}$$

$$z_0+h=5.7+1.46=7.16\ (\text{m})$$

$z_0+h>6.0$ m，在基坑底面以上，土压力可按规范式(B.0.3.2)计算。

基坑底面处的土压力 e_{a6k}

$$e_{a6k}=K_a\gamma h=0.33\times18\times6=35.6\ (\text{kPa})$$

基坑底面以上墙背的总土压力 E_a

$$E_a=\frac{1}{2}\times h\times e_{a6k}=\frac{1}{2}\times6\times35.6=106.8\ (\text{kN})$$

总土压力作用点距边坡坡脚(基坑底面)的距离 h_a

$$h_a=\frac{1}{3}h=\frac{1}{3}\times6=2\ (\text{m})$$

支挡结构在坡脚以上部分的总土压力为 107 kN，其作用点距坡脚 2.0 m，答案(B)正确。

例题解析

①当支挡结构后侧土体表面不水平时，主动土压力可按规范图 B.0.3 中的三种情况计算。

②对于规范图 B.0.3 中 a)图的计算方法如下：

a. 计算出坡面与支挡结构交点 C 距地表的距离 h。

b. 设当 $z=z_0$ 时按规范式(B.0.3.1)和式(B.0.3.2)计算出的主动土压力相等，可求出 z_0。

c. 在地表至 $h+z_0$ 段，主动土压力应按式(B.0.3.2)计算，在距地表 $h+z_0$ 以下，主动土压力应按式(B.0.3.1)计算。

③对于规范图 B.0.3 中(b)图的情况计算方法如下：

a. 设当 $z=z_0$ 时由规范公式(B.0.3.1)及式(B.0.3.2)计算出的主动土压力相等，由此可计算出 z_0。

b. 在地表至 z_0 段，主动土压力应按规范式(B.0.3.1)计算，在距地表 Z_0 以下，主动土压力应按式(B.0.3.2)计算。

④对于规范图 B.0.3 中(c)图的情况，可参照(b)图及(a)图的计算方法进行。

⑤当距支护结构顶端 a 处作用有线分布荷载 Q_L 时，附加侧向土压力标准值可按式(B.0.1)计算。

⑥当距支护结构顶端 a 处作用有宽度为 b 的均布荷载 q_L 时，附加侧向土压力标准值可按式(B.0.2)计算。

【案例模拟题 16】

某边坡如右图所示，边坡高为 6.0 m，坡体为砂土，$c=0$，$\varphi=30°$，无地下水，坡角为 90°，支挡结构与土体间无摩擦力，在距支护结构顶端为 1.0 m 处作用有均布荷载，荷载强度为 20 kPa，荷载宽度为 2.0 m，由于附加荷载作用，在支护结构上产生侧向压力，该侧向压力对边坡坡脚的力矩值为(　　)。

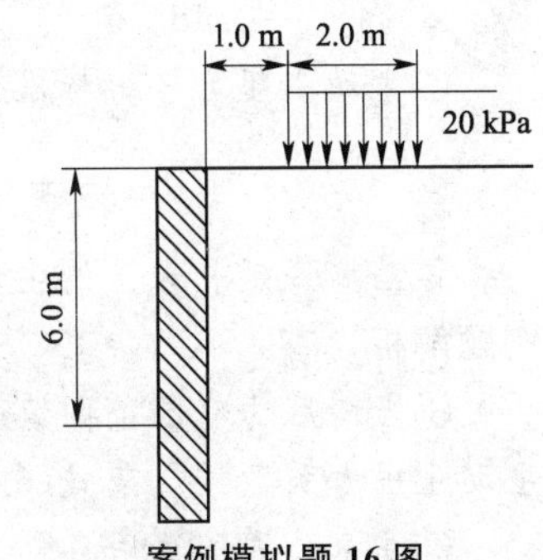

案例模拟题 16 图

(A)58.6 kN·m　　(B)65.3 kN·m

(C)70 kN·m　　(D)75 kN·m

【案例模拟题 17】

某边坡剖面如下图所示。

坡体为均质砂土，黏聚力 $c=0$，内摩擦角 $\varphi=35°$，重度 $\gamma=18\ \text{kN/m}^3$，地表无外荷载，无地下水，按《建筑边坡工程技术规范》(GB 50330—2013)计算，作用在整个支挡结构上的土压力为(　　)。

(A)102 kN　　(B)125 kN　　(C)140 kN　　(D)180 kN

【例题 13】

某边坡剖面如下图所示，挡墙为梯形截面，墙高为 6.0 m，墙背填土表面倾角为 30°，填土内摩擦角为 30°，黏聚力为 25 kPa，填土重度为 20 kN/m³，填土与墙背摩擦角为10°，墙背倾角为 70°，稳定岩石坡面倾角为 50°，岩石坡面与填土间摩擦角为 12°，该挡墙单位长度上的主动土压力合力标准值为(　　)。

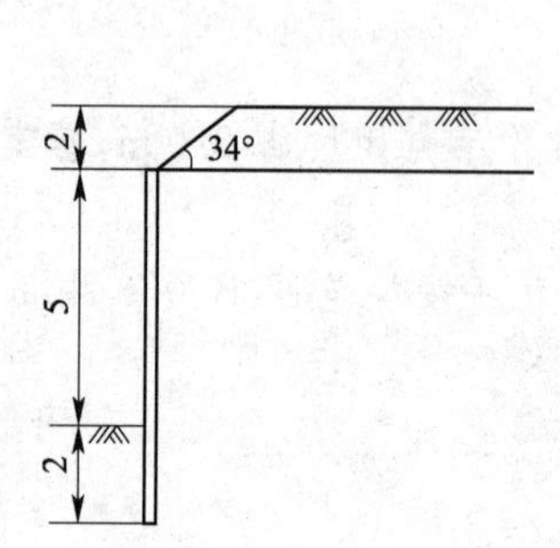

案例模拟题 17 图(尺寸单位：m)

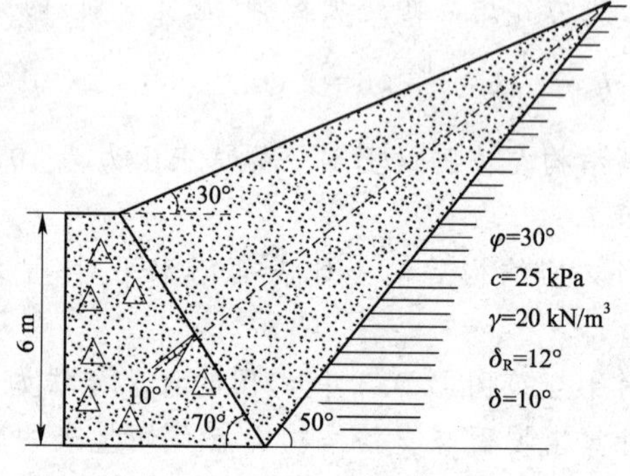

例题 13 图

(A)137 kN/m　　(B)150 kN/m　　(C)160 kN/m　　(D)173 kN/m

解

①有限范围填土的主动土压力系数 K_a

$$\eta=\frac{2c}{\gamma H}=\frac{2\times 25}{20\times 6}=0.42$$

$$K_a=\frac{\sin(\alpha+\beta)}{\sin(\alpha-\delta+\theta-\delta_R)\sin(\theta-\beta)}\times\left[\frac{\sin(\alpha+\theta)\sin(\theta-\delta_R)}{\sin^2\alpha}-\eta\frac{\cos\delta_R}{\sin\alpha}\right]$$

$$=\frac{\sin(70°+30°)}{\sin(70°-10°+50°-12)\times\sin(50°-30°)}\times$$

$$\left[\frac{\sin(70°+50°)\times\sin(50°-12°)}{\sin^2 70°}-0.42\times\frac{\cos 12°}{\sin 70°}\right]$$

$$=0.48$$

②主动土压力合力标准值 E_{ak}

$$E_{ak}=\frac{1}{2}\gamma H^2 K_a=\frac{1}{2}\times 20\times 6^2\times 0.48=172.8\ (\text{kN/m})$$

该挡墙每延长米上的主动土压力合力标准值为 172.8 kN/m。

例题解析

①当墙后为有限范围填土时，墙背的主动土压力合力标准值按规范式(6.2.8.1)计算，主动土压力系数按规范式(6.2.8.2)计算。

②注意公式的适用条件。

【案例模拟题 18】

某矩形挡墙墙后为有限范围填土，墙背光滑，墙高 5 m，填土表面水平，填土黏聚力 c＝10 kPa，内摩擦角为 20 °，重度为 19 kN/m^3，填土与岩石边坡面的摩擦角为 δ_R＝10 °，稳定岩石坡面倾角为 65 °，该挡墙每延长米上的主动土压力为(　　)。

(A)64 kN　　(B)70 kN　　(C)80 kN　　(D)116 kN

6.2.5　按《建筑边坡工程技术规范》(GB 50330—2013)计算侧向岩石压力及其修正

6.2.5.1　侧向岩石压力的计算

GB 50330—2013 的相关规定如下。

6.3.1　对沿外倾结构面滑动的边坡，主动岩石压力合力可按下列公式计算

$$E_a=\frac{1}{2}\gamma H^2 K_a \tag{6.3.1-1}$$

$$K_a=\frac{\sin(\alpha+\beta)}{\sin^2\alpha\sin(\alpha-\delta+\theta-\varphi_s)\sin(\theta-\beta)}[K_q\sin(\alpha+\theta)\sin(\theta-\varphi_s)-\eta\sin\alpha\cos\varphi_s] \tag{6.3.1-2}$$

$$\eta=\frac{2c_s}{\gamma H} \tag{6.3.1-3}$$

式中，θ 为边坡外倾结构面倾角(°)；c_s 为边坡外倾结构面黏聚力(kPa)；φ_s 为边坡外倾结构面内摩擦角(°)；K_q 为系数，可按公式(6.2.3-3)计算；δ 为岩石与挡墙背的摩擦角(°)，取(0.33～0.50)φ。

当有多组外倾结构面时，应计算每组结构面的主动岩石压力并取其大值。

6.3.2　对沿缓倾的外倾软弱结构面滑动的边坡(图 6.3.2)，主动岩石压力合力可按下式计算

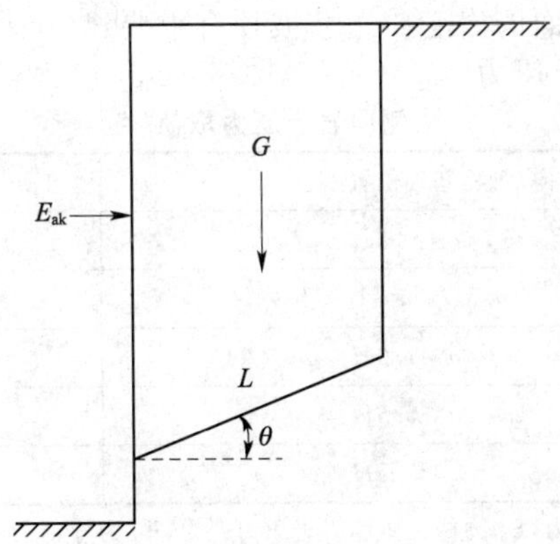

图 6.3.2　岩质边坡四边形滑裂时侧向压力计算

$$E_a=G\tan(\theta-\varphi_s)-\frac{c_s L\cos\varphi_s}{\cos(\theta-\varphi_s)} \tag{6.3.2}$$

式中，G 为四边形滑裂体自重(kN/m)；L 为滑裂面长度(m)；θ 为缓倾的外倾软弱结构面的倾角(°)；c_s 为外倾软弱结构面的黏聚力(kPa)；φ_s 为外倾软弱结构面内摩擦角(°)。

6.3.3　岩质边坡的侧向岩石压力计算和破裂角应符合下列规定：

①对无外倾结构面的岩质边坡，应以岩体等效内摩擦角按侧向土压力方法计算侧向岩石压力；对坡顶无建筑荷载的永久性边坡和坡顶有建筑荷载时的临时性边坡和基坑边坡，破裂角按 $45°+\varphi/2$ 确定，Ⅰ类岩体边坡可取 75°左右；坡顶无建筑荷载的临时性边坡和基坑边坡的破裂角，Ⅰ类岩体边坡取 82°；Ⅱ类岩体边坡取 72°；Ⅲ类岩体边坡取 62°；Ⅳ类岩体边坡取 $45°+\varphi/2$。

②当有外倾硬性结构面时，应分别以外倾硬性结构面的抗剪强度参数按本规范第 6.3.1 条的方法和以岩体等效内摩擦角按侧向土压力方法分别计算，取两种结果的较大值；破裂角取本条第 1 款和外倾结构面倾角两者中的较小值。

③当边坡沿外倾软弱结构面破坏时，侧向岩石压力应按本规范第 6.3.1 条和第 6.3.2 条计算，破裂角取该外倾结构面的倾角，同时应按本条第 1 款进行验算。

6.3.4　当岩质边坡的坡面为倾斜、坡顶水平、无超载时，岩石压力的合力可按本规范公式(6.2.10-1)计算。当岩体存在外倾结构面时，θ 可取外倾结构面的倾角，抗剪强度指标取外倾结构面的抗剪强度指标；当存在多个外倾结构面时，应分别计算，取其中的最大值为设计值。

6.3.5　考虑地震作用时，作用于支护结构上的地震主动岩石压力应按本规范第 6.3.1 条公式(6.3.1-1)计算，其主动岩石压力系数应按下式计算

$$K_a=\frac{\sin(\alpha+\beta)}{\cos\rho\sin^2\alpha\sin(\alpha-\delta+\theta-\varphi_s)\sin(\theta-\beta)}[K_q\sin(\alpha+\theta)\sin(\theta-\varphi_s+\rho)-\eta\sin\alpha\cos\varphi_s\cos\rho] \tag{6.3.5}$$

式中，ρ 为地震角，可按本规范表 6.2.11 取值。

6.2.5.2　坡顶有重要建筑物的侧向岩土压力修正

GB 50330—2013 的相关规定如下。

7.2.3　无外倾结构面的岩土质边坡坡顶有重要建(构)筑物时，可按表 7.2.3 确定支护结构上的侧向岩土压力。

侧向岩土压力取值　　表 7.2.3

坡顶重要建(构)筑物基础位置		侧向岩土压力取值
土质边坡	$a<0.5H$	E_0
	$0.5H\leqslant a\leqslant 1.0H$	$E'_a=\frac{1}{2}(E_0+E_a)$
	$a>1.0H$	E_a
岩质边坡	$a<0.5H$	$E'_a=\beta_1 E_a$
	$a\geqslant 0.5H$	E_a

注：1. E_a 为主动岩土压力合力，E'_a 为修正主动岩土压力合力，E_0 为静止土压力合力。

2. β_1 为主动岩石压力修正系数。

3. a 为坡脚线到坡顶重要建(构)筑物基础外边缘的水平距离。

4. 对多层建筑物，当基础浅埋时 H 取边坡高度；当基础埋深较大时，若基础周边与岩土间设置摩擦小的软性材料隔离层，能使基础垂直荷载传至边坡破裂面以下足够深度的稳定岩土层内且其水平荷载对边坡不造成较大影响，则 H 可从隔离层下端算至坡底；否则，H 仍取边坡高度。

5. 对高层建筑物应设置钢筋混凝土地下室，并在地下室侧墙临边坡一侧设置摩擦小的软性材料隔离层，使建筑物基础的水平荷载不传给支护结构，并应将建筑物垂直荷载传至边坡破裂面以下足够深度的稳定岩土层内时，H 可从地下室底标高算至坡底；否则，H 仍取边坡高度。

7.2.4　岩质边坡主动岩石压力修正系数 β_1，可根据边坡岩体类别按表 7.2.4 确定。

主动岩石压力修正系数 β_1　　表 7.2.4

边坡岩体类型	Ⅰ	Ⅱ	Ⅲ	Ⅳ
主动岩石压力修正系数 β_1	1.30		1.30～1.45	1.45～1.55

注：1. 当裂隙发育时取大值，裂隙不发育时取小值。

2. 坡顶有重要既有建(构)筑物对边坡变形控制要求较高时取大值。

3. 对临时性边坡及基坑边坡取小值。

7.2.5　坡顶有重要建(构)筑物的有外倾结构面的岩土质边坡侧压力修正应符合下列规定：

①对有外倾结构面的土质边坡，其侧压力修正值应按本规范第 7.2.4 条计算后乘以 1.30 的增大系数，应按本规范第 7.2.3 条分别计算并取两个计算结果的最大值。

②对有外倾结构面的岩质边坡，其侧压力修正值应按本规范第 6.3.1 条和本规范第 6.3.2 条计算并乘以 1.15 的增大系数，应按本规范第 7.2.3 条分别计算并取两个计算结果的最大值。

7.2.6　采用锚杆挡墙的岩土质边坡侧压力设计值应按本章规定计算的岩土侧压力修正值和本规范第 9.2.2 条计算的岩土侧压力修正值两者中的大值确定。

7.2.7　对支护结构变形控制有较高要求时，可按本规范第 7.2.3 条～第 7.2.5 条确定边坡侧压力修正值。

【例题 14】

某边坡岩体级别为Ⅳ类，重度为 22 kN/m^3，岩体较完整，单轴抗压强度为 6.5 MPa，有一组结构面通过坡脚，结构面倾角为 60°，内摩擦角为 25°，黏聚力为 20 kPa，挡墙与岩体的摩擦角为 15°，岩体等效内摩擦角为 46°，挡墙直立，墙背岩体水平，坡顶有一重要观测站(荷载较小，可忽略)，其基础外缘距坡脚水平距离 4.8 m，坡高 10 m，按《建筑边坡工程技术规范》(GB 50330—2013)计算，修正后的侧向岩石压力宜取(　　)。

(A)363 kN　　(B)190 kN　　(C)180 kN　　(D)165 kN

解

按《建筑边坡工程技术规范》(GB 50330—2013)取单位长度边坡计算如下：

①考虑沿外倾结构面滑动时的主动岩石压力标准值 E_{ak1}

$$K_q = 1 + \frac{2q\sin\alpha\cos\beta}{\gamma H\sin(\alpha+\beta)}$$

因为 $q=0$，所以 $K_q=1$

$$\eta = 2c_s/\gamma H = (2\times20)/(22\times10) = 0.18$$

$$K_a = \frac{\sin(\alpha+\beta)}{\sin^2\alpha\sin(\alpha-\delta+\theta-\varphi_s)\sin(\theta-\beta)}[K_q\sin(\alpha+\theta)\sin(\theta-\varphi_s)-\eta\sin\alpha\cos\varphi_s]$$

$$= \frac{\sin(90°+0°)}{\sin^2 90°\times\sin(90°-15°+60°-25°)\times\sin(60°-0)}\times [1\times\sin(90°+60°)\times\sin(60°-25°)-0.18\times\sin90°\times\cos25°]$$

$$=0.15$$

$$E_{ak1}=\frac{1}{2}\gamma H^2K_a=\frac{1}{2}\times22\times10^2\times0.15=165\ (\text{kN/m})$$

②侧向压力的修正

$$E_a'=\beta_1E_a=1.15\times165=189.75\ (\text{kN})$$

答案(B)正确。

例题解析

①根据规范要求还需按第7.2.3条计算侧压力，与上述结果比较后取大值。

②侧向岩土压力的修正宜按第7.2.5条要求进行。

【案例模拟题19】

某边坡岩体的类别为Ⅱ类，岩体重度为21 kN/m³，有一组软弱结构面通过坡脚，结构面倾角56°，倾向与边坡倾向相同，内摩擦角为18°，黏聚力为25 kPa，不考虑挡墙与岩体间的内摩擦角，挡墙直立，其变形需进行严格控制，墙背岩体表面水平，地表满布10 kPa的荷载，坡面水平投影长度为10.5 m，坡高12 m，按《建筑边坡工程技术规范》(GB 50330—2013)计算，岩体对挡墙的侧向压力修正值为(　　)。

(A)283 kN　　(B)378 kN　　(C)490 kN　　(D)550 kN

【案例模拟题20】

某岩质边坡，滑裂体在剖面上呈不规则的四边形，四边形底面长为12 m，底面倾角为45°，底面内摩擦角为15°，黏聚力为5 kPa，在边坡走向方向长20 m，整个滑裂体重为300 kN，按《建筑边坡工程技术规范》(GB 50330—2013)计算，该边坡每米宽度主动岩石压力合力的标准值为(　　)。

(A)15 kN　　(B)20 kN　　(C)300 kN　　(D)400 kN

6.2.6　按《建筑边坡工程技术规范》(GB 50330—2013)进行重力式挡墙的设计计算

GB 50330—2013的相关规定如下。

11.2.1　土质边坡采用重力式挡墙高度不小于5 m时，主动土压力宜按本规范第6.2节计算的主动土压力值乘以增大系数确定。挡墙高度为5～8 m时增大系数宜取1.1，挡墙高度大于8 m时增大系数宜取1.2。

11.2.2　重力式挡墙设计应进行抗滑移和抗倾覆稳定性验算。当挡墙地基软弱、有软弱结构面或位于边坡坡顶时，还应按本规范第5章有关规定进行地基稳定性验算。

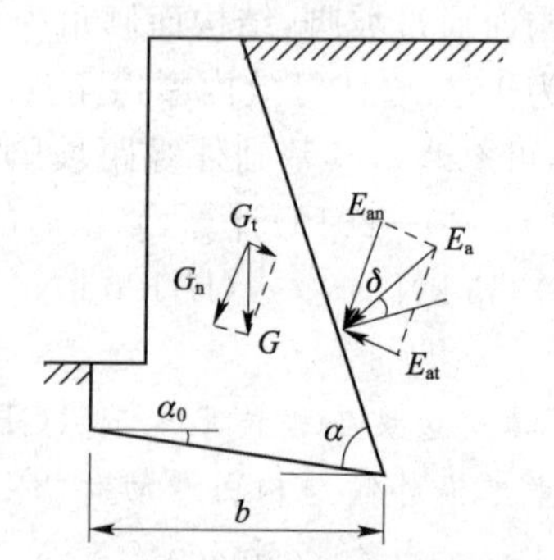

图11.2.3　挡墙抗滑移稳定性验算

11.2.3　重力式挡墙的抗滑移稳定性应按下列公式验算(图11.2.3)

$$F_s=\frac{(G_n+E_{an})\mu}{E_{at}-G_t}\geqslant1.3 \tag{11.2.3-1}$$

$$G_n=G\cos\alpha_0 \tag{11.2.3-2}$$

$$G_t=G\sin\alpha_0 \tag{11.2.3-3}$$

$$E_{at}=E_a\sin(\alpha-\alpha_0-\delta) \tag{11.2.3-4}$$

$$E_{an}=E_a\cos(\alpha-\alpha_0-\delta) \quad (11.2.3\text{-}5)$$

式中，E_a 为每延长米主动岩土压力合力(kN/m)；F_s 为挡墙抗滑移稳定系数；G 为挡墙每延长米自重(kN/m)；α 为墙背与墙底水平投影的夹角(°)；α_0 为挡墙底面倾角(°)；δ 为墙背与岩土的摩擦角(°)，可按本规范的表 6.2.3 选用；μ 为挡墙底与地基岩土体的摩擦系数，宜由试验确定，也可按表 11.2.3 选用。

岩土与挡墙底面摩擦系数 μ 表 11.2.3

岩土类别		摩擦系数 μ
黏性土	可塑	0.20～0.25
	硬塑	0.25～0.30
	坚硬	0.30～0.40
粉土		0.25～0.35
中砂、粗砂、砾砂		0.35～0.40
碎石土		0.40～0.50
极软岩、软岩、较软岩		0.40～0.60
表面粗糙的坚硬岩、较硬岩		0.65～0.75

11.2.4 重力式挡墙的抗倾覆稳定性应按下列公式进行验算(图 11.2.4)

$$F_t=\frac{Gx_0+E_{az}x_f}{E_{ax}z_f}\geqslant1.6 \quad (11.2.4\text{-}1)$$

$$E_{ax}=E_a\sin(\alpha-\delta) \quad (11.2.4\text{-}2)$$

$$E_{az}=E_a\cos(\alpha-\delta) \quad (11.2.4\text{-}3)$$

$$x_f=b-z\cot\alpha \quad (11.2.4\text{-}4)$$

$$z_f=z-b\tan\alpha_0 \quad (11.2.4\text{-}5)$$

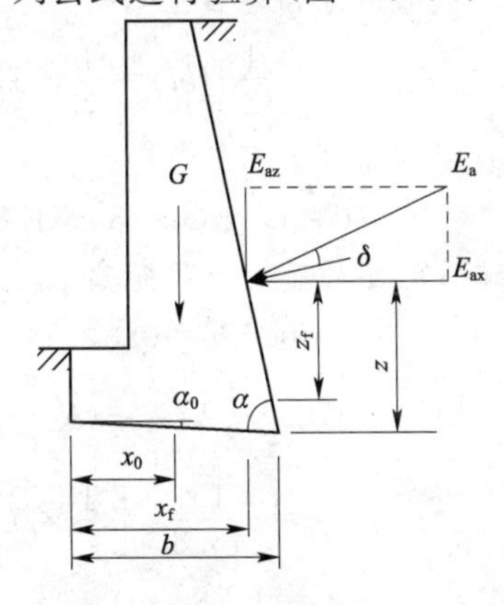

图 11.2.4 挡墙抗倾覆稳定性验算

式中，F_t 为挡墙抗倾覆稳定系数；b 为挡墙底面水平投影宽度(m)；x_0 为挡墙中心到墙趾的水平距离(m)；z 为岩土压力作用点到墙踵的竖直距离(m)。

11.2.5 地震工况时，重力式挡墙的抗滑移稳定系数不应小于 1.10，抗倾覆稳定性不应小于 1.30。

11.2.6 重力式挡墙的地基承载力和结构强度计算，应符合国家现行有关标准的规定。

【例题 15】

某重力式挡墙如下图所示，墙身重度 $\gamma=22\ kN/m^3$，墙背倾角为 60°，墙面直立，顶宽为 0.8 m，其他尺寸见图，墙底与地基土间摩擦系数为 0.35，每延长米墙背上受到的主动土压力合力的标准值为 68.2 kN，其作用点距墙踵的距离为 1.70 m，墙背与填土间摩擦角为 15°，墙底面水平，按《建筑边坡工程技术规范》(GB 50330—2013)计算。

①抗滑移稳定性系数 F_s 为(　　)。

(A)1.3　　(B)1.5　　(C)2.0　　(D)2.5

②抗倾覆稳定性系数 F_t 为(　　)。

(A)1.3　　(B)2.5　　(C)4.0　　(D)5.1

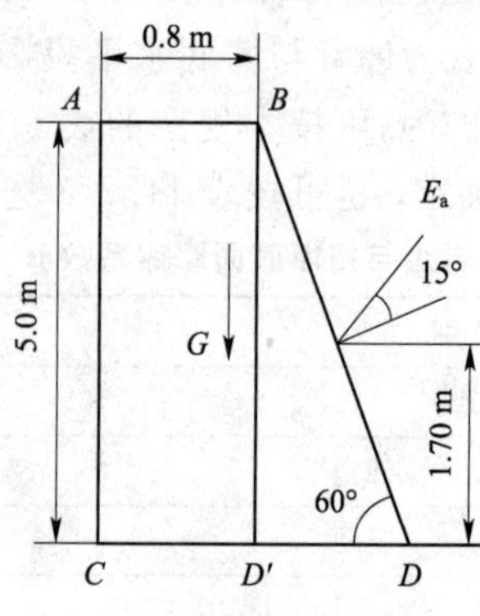

例题 15 图

解

取单位长度的挡土墙进行计算。

①挡墙自重 G

矩形截面部分挡墙的自重 G_1

$$G_1 = Hbl\gamma = 5\times0.8\times1\times22 = 88\ (\text{kN})$$

三角形截面部分挡墙自重 G_2

$$G_2 = \frac{1}{2}Hbl\gamma = \frac{1}{2}\times5\times(5\times\tan30°)\times1\times22 = 158.8\ (\text{kN})$$

单位长度墙体自重 G

$$G = G_1 + G_2 = 88 + 158.8 = 246.8\ (\text{kN})$$

②挡墙重心距墙趾的水平距离 x_0

$$b = b' + b'' = 0.8 + 5\times\tan30° = 3.69\ (\text{m})$$

$$x_0G = \frac{1}{2}b'G_1 + (b' + \frac{1}{3}b'')G_2$$

$$x_0 = \frac{1}{246.8}\times\left[\frac{1}{2}\times0.8\times88 + (0.8 + \frac{1}{3}\times5\times\tan30°)\times158.8\right] = 1.28\ (\text{m})$$

挡墙高 5 m，土压力增大系数取 1.1，故

$$E_a = 68.2\times1.1 = 75\ (\text{kN/m})$$

③抗滑移稳定性系数 K_c

$$G_n = G\cos\alpha_0 = 246.8\times\cos0° = 246.8$$

$$G_t = G\sin\alpha_0 = 246.8\times\sin0° = 0$$

$$E_{at} = E_a\sin(\alpha - \alpha_0 - \delta) = 75\times\sin(60° - 0° - 15°) = 53\ (\text{kN})$$

$$E_{an} = E_a\cos(\alpha - \alpha_0 - \delta) = 75\times\cos(60° - 0° - 15°) = 53\ (\text{kN})$$

$$F_s = \frac{(G_n + E_{an})\mu}{E_{at} - G_t} = \frac{(246.8 + 53)\times0.35}{53 - 0} = 1.98$$

④抗倾覆稳定性系数 K_0

$$x_f = b - z\cot\alpha = 3.69 - 1.70\times\cot60° = 2.71\ (\text{m})$$

$$z_f = z - b\tan\alpha_0 = 1.7 - 3.69\times\tan0° = 1.7\ (\text{m})$$

$$E_{ax}=E_a\sin(\alpha-\delta)=75\times\sin(60°-15°)=53\ (\text{kN})$$

$$E_{az}=E_a\cos(\alpha-\delta)=75\times\cos(60°-15°)=53\ (\text{kN})$$

$$F_t=\frac{Gx_0+E_{az}x_f}{E_{ax}z_f}=\frac{246.8\times1.28+53\times2.71}{53\times1.7}=5.1$$

该挡墙抗滑移稳定性系数为1.98,接近答案(C),抗倾覆稳定性为5.1,接近答案(D)。

例题解析

①重力式挡墙计算时,应按比例绘出挡墙剖面图。然后分别计算 G 和 E_a,这个过程较烦琐。

②确定重力 G 及土压力 E_a 的作用点位置。

③在规范公式中未考虑墙前被动土压力。

④注意根据墙高提高主动土压力。

【案例模拟题21】

某重力式挡墙墙面直立,墙体重度为22 kN/m³,墙背倾角为70°,墙顶宽度为0.8 m,墙高为6.0 m,墙底面水平,底面与土体的摩擦角为20°,墙背与填土间摩擦角为10°,每延长米挡墙上受到的主动土压力合力标准值为72.7 kN,作用点位于1/3墙高处,按《建筑边坡工程技术规范》(GB 50330—2013)计算。

①挡墙的抗滑移稳定性系数 F_s 为(　　)。

(A)1.05　　(B)1.20　　(C)1.35　　(D)1.52

②挡墙的抗倾覆稳定性系数 F_t 为(　　)。

(A)1.54　　(B)2.04　　(C)2.54　　(D)3.00

【案例模拟题22】

某重力式挡墙墙面直立,墙底水平,墙背与填土间摩擦角为20°,墙背倾角为65°,每延长米墙背受到的土压力为95 kN,作用于1/3墙高处,墙高为4.5 m,底面宽为2.5 m,底面与土体间摩擦系数为0.30,单位长度的挡墙重为150 kN,其重心距墙趾的水平距离为1.4 m,该挡墙的抗滑移稳定性系数 F_s 及抗倾覆稳定性系数 F_t 分别为(　　)。

(A)$F_s=1.5,F_t=2.5$　　(B)$F_s=1.5,F_t=3.30$

(C)$F_s=1.1,F_t=3.30$　　(D)$F_s=1.1,F_t=2.5$

6.2.7　按《建筑边坡工程技术规范》(GB 50330—2013)进行锚杆(索)挡墙设计

GB 50330—2013的相关规定如下。

8.2.1　锚杆(索)轴向拉力标准值应按下式计算

$$N_{ak}=\frac{H_{tk}}{\cos\alpha} \tag{8.2.1}$$

式中,N_{ak} 为相应于作用的标准组合时锚杆所受轴向拉力(kN);H_{tk} 为锚杆水平拉力标准值(kN);α 为锚杆倾角(°)。

8.2.2　锚杆(索)钢筋截面面积应满足下列公式的要求

普通钢筋锚杆

$$A_s\geqslant\frac{K_bN_{ak}}{f_y} \tag{8.2.2-1}$$

预应力锚索锚杆

$$A_s \geqslant \frac{K_b N_{ak}}{f_{py}} \quad (8.2.2\text{-}2)$$

式中，A_s 为锚杆钢筋或预应力锚索截面面积（m^2）；f_y、f_{py} 为普通钢筋或预应力钢绞线抗拉强度设计值（kPa）；K_b 为锚杆杆体抗拉安全系数，应按表 8.2.2 取值。

锚杆杆体抗拉安全系数 表 8.2.2

边坡工程安全等级	安全系数	
	临时性锚杆	永久性锚杆
一级	1.8	2.2
二级	1.6	2.0
三级	1.4	1.8

8.2.3 锚杆(索)锚固体与岩土层间的长度应满足下式的要求

$$l_a \geqslant \frac{K N_{ak}}{\pi D f_{rbk}} \quad (8.2.3)$$

式中，K 为锚杆锚固体抗拔安全系数，按表 8.2.3-1 取值；l_a 为锚杆锚固段长度（m），尚应满足本规范第 8.4.1 条的规定；f_{rbk} 为岩土层与锚固体极限黏结强度标准值（kPa），应通过试验确定，当无试验资料时可按表 8.2.3-2 和表 8.2.3-3 取值；D 为锚杆锚固段钻孔直径（mm）。

岩土锚杆锚固体抗拔安全系数 表 8.2.3-1

边坡工程安全等级	安全系数	
	临时性锚杆	永久性锚杆
一级	2.0	2.6
二级	1.8	2.4
三级	1.6	2.2

岩石与锚固体极限黏结强度标准值 表 8.2.3-2

岩石类别	F_{rbk}/kPa	岩石类别	F_{rbk}/kPa
极软岩	270～360	较硬岩	1 200～1 800
软岩	360～760	坚硬岩	1 800～2 600
较软岩	760～1 200		

注：1. 适用于注浆强度等级为 M30。

2. 仅适用于初步设计，施工时应通过试验检验。

3. 岩体结构面发育时，取表中下限值。

4. 岩石类别根据天然单轴抗压强度 f_r 划分：$f_r<5$ MPa 为极软岩，5 MPa$\leqslant f_r<15$ MPa 为软岩，15 MPa$\leqslant f_r<30$ MPa 为较软岩，30 MPa$\leqslant f_r<60$ MPa 为较硬岩，$f_r\geqslant 60$ MPa 为坚硬岩。

岩石与锚固体极限黏结强度标准值 表 8.2.3-3

土层种类	土的状态	f_{rbk}/kPa
黏性土	坚硬	65～100
	硬塑	50～65
	可塑	40～50
	软塑	20～40
砂土	稍密	100～140
	中密	140～200
	密实	200～280
碎石土	稍密	120～160
	中密	160～220
	密实	220～300

注：1. 适用于注浆强度等级为 M30。

2. 仅适用于初步设计，施工时应通过试验检验。

8.2.4 锚杆（索）杆体与锚固砂浆间的锚固长度应满足下式的要求

$$l_a \geqslant \frac{KN_{ak}}{n\pi d f_b} \tag{8.2.4}$$

式中，l_a 为锚筋与砂浆间的锚固长度（m）；d 为锚筋直径（m）；n 为杆体（钢筋、钢绞线）根数（根）；f_b 为钢筋与锚固砂浆间的黏结强度设计值（kPa），应由试验确定，当缺乏试验资料时可按表 8.2.4 取值。

钢筋、钢绞线与砂浆之间的黏结强度设计值 f_b 表 8.2.4

锚杆类型	水泥浆或水泥砂浆强度等级		
	M25	M30	M35
水泥砂浆与螺纹钢筋间的黏结强度设计值 f_b	2.10	2.40	2.70
水泥砂浆与钢绞线、高强钢丝间的黏结强度设计值 f_b	2.75	2.95	3.40

注：1. 当采用两根钢筋点焊成束的做法时，黏结强度应乘以 0.85 折减系数。

2. 当采用三根钢筋点焊成束的做法时，黏结强度应乘以 0.7 折减系数。

3. 成束钢筋的根数不应超过三根，钢筋截面总面积不应超过锚孔面积的 20%。当锚固段钢筋和注浆材料采用特殊设计，并经试验验证锚固效果良好时，可适当增加锚筋用量。

8.2.5 永久性锚杆抗震验算时，其安全系数应按 0.8 折减。

8.2.6 锚杆（索）的弹性变形和水平刚度系数应由锚杆抗拔试验确定。当无试验资料时，自由段无黏结的岩石锚杆水平刚度系数 K_h 及自由段无黏结的土层锚杆水平刚度系数 K_t 可按下列公式进行估算

$$K_h = \frac{AE_s}{l_f}\cos^2\alpha \tag{8.2.6-1}$$

$$K_t = \frac{3AE_sE_cA_c}{3l_fE_cA_c + E_sAl_a}\cos^2\alpha \tag{8.2.6-2}$$

式中，K_h 为自由段无黏结的岩石锚杆水平刚度系数（kN/m）；K_t 为自由段无黏结的土层锚杆水平刚度系数（kN/m）；l_f 为锚杆无黏结自由段长度（m）；l_a 为锚杆锚固段长度，特指锚杆杆体与锚固体黏结的长度（m）；E_s 为杆体弹性模量（kN/m²）；E_m 为注浆体弹性模量（kN/m²）；E_c 为锚固体组合弹性模量，$E_c = \frac{AE_s + (A_c - A)E_m}{A_c}$；$A$ 为杆体截面面积（m²）；A_c 为锚固体截面面积（m²）；α 为锚杆倾角（°）。

8.2.7 预应力岩石锚杆和全黏结岩石锚杆可按刚性拉杆考虑。

9.2.2 坡顶无建(构)筑物且不需对边坡变形进行控制的锚杆挡墙,其侧向岩土压力合力可按下式计算

$$E'_{ah}=E_{ah}\beta_2 \tag{9.2.2}$$

式中,E'_{ah}为相应于作用的标准组合时,每延长米侧向岩土压力合力水平分力修正值(kN);E_{ah}为相应于作用的标准组合时,每延长米侧向主动岩土压力合力水平分力(kN);β_2 为锚杆挡墙侧向岩土压力修正系数,应根据岩土类别和锚杆类型按表 9.2.2 确定。

锚杆挡墙侧向岩土压力修正系数 β_2 表 9.2.2

锚杆类型 岩土类别	非预应力锚杆			预应力锚杆	
	土层锚杆	自由段为土层的岩石锚杆	自由段为岩层的岩石锚杆	自由段为土层时	自由段为岩层时
β_2	1.1~1.2	1.1~1.2	1.0	1.2~1.3	1.1

注:当锚杆变形计算值较小时取大值,较大时取小值。

9.2.3 确定岩土自重产生的锚杆挡墙侧压力分布,应考虑锚杆层数、挡墙位移大小、支护结构刚度和施工方法等因素,可简化为三角形、梯形或当地经验图形。

9.2.4 填方锚杆挡墙和单排锚杆的土层锚杆挡墙的侧压力,可近似按库仑理论取为三角形分布。

9.2.5 对岩质边坡及坚硬、硬塑状黏性土和密实、中密砂土类边坡,当采用逆作法施工的、柔性结构的多层锚杆挡墙时,侧压力分布可近似按图 9.2.5 确定,图中 e'_{ah}按下列公式计算

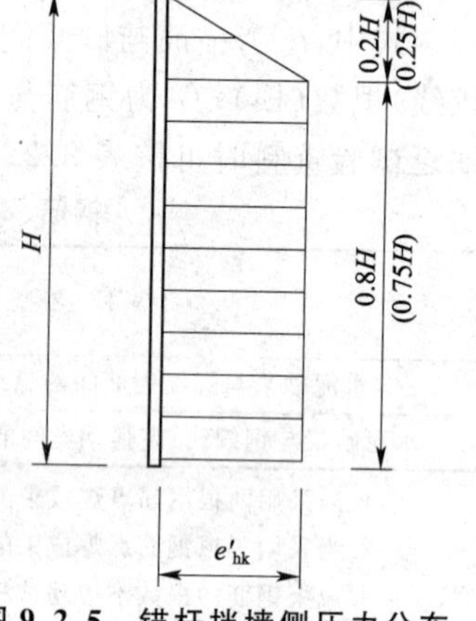

图 9.2.5 锚杆挡墙侧压力分布图(括号内数值适用于土质边坡)

对岩质边坡

$$e'_{ah}=\frac{E'_{ah}}{0.9H} \tag{9.2.5-1}$$

对土质边坡

$$e'_{ah}=\frac{E'_{ah}}{0.875H} \tag{9.2.5-2}$$

式中:e'_{ah}为相应于作用的标准组合时侧向岩土压力水平分力修正值(kN/m²);H 为挡墙高度(m)。

【例题 16】

某一级建筑土质边坡平均水平土压力标准值为 $e_{hk}=20$ kPa,采用永久性锚杆挡墙支护,锚杆钢筋抗拉强度设计值 $f_y=300$ N/mm²,锚杆间距为 2.0 m,排距为 2.5 m,锚杆倾角为 20°,锚杆钢筋与砂浆之间的黏结强度设计值 $f_b=2.1$ MPa,锚固体与土体间黏结强度标准值为 30 kPa,按《建筑边坡工程技术规范》(GB 50330—2013)计算。

①锚杆钢筋截面面积 A_s 不宜小于(   )mm²。

(A)500 (B)780 (C)826 (D)1 075

②如取钢筋截面直径为 30 mm,锚杆钢筋与锚固砂浆间的锚固长度宜为(　　)m。

(A)1.0　　(B)1.4　　(C)4.0　　(D)6.0

③如锚固体直径为 30 cm,锚杆锚固体与地层间的锚固长度宜为(　　)m。

(A)1.3　　(B)4.0　　(C)5.65　　(D)9.79

④如锚杆的自由段长度为 5.0,外锚段长度为 0.5 m,锚杆总长度宜为(　　)m。

(A)6.8　　(B)9.5　　(C)11.15　　(D)15.29

解

①锚杆钢筋截面积 A_s

锚杆水平拉力标准值 H_{tk}

$$H_{tk}=e_{hk}S_xS_y=20\times2.0\times2.5=100\ (\text{kN})$$

锚杆轴向拉力标准值

$$N_{ak}=N_{tk}/\cos\alpha=100/\cos20°=106.4\ (\text{kN})$$

锚杆钢筋截面积 A_s

$$A_s\geqslant\frac{K_bN_{ak}}{f_y}=\frac{2.2\times106.4}{300\times1\,000}=0.000\,78\ (\text{m}^2)=780\ (\text{mm}^2)$$

锚杆钢筋直径 d

$$d=\sqrt{\frac{4A_s}{\pi}}=\sqrt{\frac{4\times780}{3.14}}=31.5\ (\text{mm})$$

②锚杆钢筋与锚固砂浆间的锚固长度 l_a

$$l_a\geqslant\frac{KN_{ak}}{n\pi df_b}=\frac{2.6\times106.4}{1\times3.14\times30\times10^{-3}\times2.1\times10^3}=1.4\ (\text{m})$$

③锚固体与地层间的锚固长度 l_a

$$l_a\geqslant\frac{KN_{ak}}{\pi Df_{rbk}}=\frac{2.6\times106.4}{3.14\times0.3\times30}=9.79\ (\text{m})$$

④锚杆总长度 l

考虑锚杆钢筋与砂浆间的锚固长度应为 1.18 m,按构造要求的锚固长度不宜小于 4.0 m,考虑锚固体与土体间的锚固长度应为 9.79 m,因此,锚固段长度应取大值,$l_a=9.79$ m。

$$l=\text{外锚段长度}+\text{自由段长度}+\text{锚固段长度}=0.5+5.0+9.79=15.29\ (\text{m})$$

该锚杆挡墙锚杆截面积不宜小于 780 mm²。如取钢筋截面直径为 30 mm,钢筋与锚固砂浆间的锚固长度宜为 4.0 m。如锚固体直径为 30 cm,锚固体与土体间的锚固长度为 9.79 m,锚杆总长度宜为 15.29 m。

答案:①(B),②(C),③(D),④(D)。

例题解析

锚杆的截面积及锚固长度应进行验算,同时要符合构造设计的要求。

【例题 17】

某土质边坡主动土压力标准值的水平分量 e_{ahk} 为 18 kPa,锚杆倾角为 15°,边坡工程安全等级为二级,锚固体直径为 260 mm,土体与锚固体极限黏结强度标准值为 35 kPa,锚杆间距为 2 m,排距为 2.5 m,采用永久锚杆支护形式,钢筋与锚固体间的黏结强度设计值为 2.1 MPa。钢筋抗拉强度为 210 MPa,按《建筑边坡工程技术规范》(GB 50330—2013)计算,锚固段长度宜为(　　)。

(A)1.0 m　　(B)4 m　　(C)7.9 m　　(D)10 m

解

按《建筑边坡工程技术规范》(GB 50330—2013)计算如下：

①锚杆水平拉力标准值 H_{tk}

$$H_{tk}=S_1S_2e_{ahk}=2\times2.5\times18=90\ (\text{kN})$$

②锚杆轴向拉力的标准值 N_{ak}

$$N_{ak}=H_{tk}/\cos\alpha=90/\cos15°=93.2\ (\text{kN})$$

③锚杆钢筋的截面面积 A_s

$$\begin{aligned}A_s&=(K_bN_{ak})/f_y\\&=(2.0\times93.2)/(210\times10^3)\\&=8.88\times10^{-4}\ (\text{m}^2)\end{aligned}$$

钢筋直径 d

$$d=2\times\sqrt{A_s/\pi}=2\times\sqrt{8.88\times10^{-4}/3.14}=0.0336\ (\text{m})$$

取 $d=35$ mm。

④考虑锚固体与地层间锚固力的锚固体长度 L_a

$$L_a\geqslant\frac{KN_{ak}}{\pi Df_{rbk}}=\frac{2.4\times93.2}{3.14\times0.26\times35}=7.83\ (\text{m})$$

⑤考虑钢筋与砂浆间握裹力的锚固长度 l_a

$$\begin{aligned}l_a&=\frac{KN_{ak}}{n\pi df_b}\\&=\frac{2.4\times93.2}{1\times3.14\times0.035\times2.1\times10^3}\\&=0.97\ (\text{m})\end{aligned}$$

取锚固体长度为 7.9 m。

该层锚杆宜采用 35 mm 螺纹钢筋，锚固体长度宜为 7.9 m，锚杆长度宜按锚固体长度加自由段长度加挡板厚度，加肋板(或腰梁)厚度加装配所需长度。

【案例模拟题 23】

某二级建筑土质边坡高为 8 m，侧向土压力合力水平分力标准值为 200 kN/m，挡墙侧压力分布情况是：自 0～2 m 为三角形分布，2～8 m 为矩形分布，在 2 m、4.5 m、7.0 m 处分别设置三层锚杆，第二层锚杆的间距为 2.0 m，采用永久性锚杆挡墙支护，锚杆钢筋抗拉强度设计值为 $f_y=300\ \text{N/mm}^2$ 锚杆倾角为 25°，锚杆钢筋与砂浆间连接强度设计值为 $f_b=2.1$ MPa，锚固体与土体间极限黏结强度标准值为 35 kPa，按《建筑边坡工程技术规范》(GB 50330—2013)计算(对第二层锚杆)。

①侧向岩土压力水平分力标准值 e_{hk} 为(　　)。

(A)20 kPa　(B)27.8 kPa　(C)28.6 kPa　(D)30 kPa

②如取 $e_{hk}=30$ kPa，锚杆轴向拉力标准值 N_{ak} 为(　　)。

(A)166 kN　(B)215 kN　(C)230 kN　(D)240 kN

③如取锚杆轴向拉力标准值 $N_{ak}=165.5$ kN，钢筋截面面积 A_s 宜为(　　)。

(A)966 mm²　(B)1 063 mm²　(C)1 086 mm²　(D)1 103 mm²

④如取锚杆轴向拉力 $N_{ak}=165.5$ kN，锚杆直径取 30 mm，锚杆钢筋与锚固砂浆间的锚固段长度 l_a 应为(　　)。

(A)1.0 m　　(B)1.7 m　　(C)4.0 m　　(D)6.0 m

⑤如锚杆轴向拉力标准值 $N_{ak}=70$ kN，锚固体直径 $D=18$ cm，锚杆锚固体与地层间的锚固长度 l_a 为(　　)。

(A)4.0 m　　(B)8.5 m　　(C)10.0 m　　(D)17.2 m

⑥如外锚段长度取 0.5 m，自由段长度取 5.0 m，锚杆总长度为(　　)。

(A)9.0 m　　(B)14.0 m　　(C)14.5 m　　(D)15 m

6.2.8　按《建筑边坡工程技术规范》(GB 50330—2013)进行岩石锚喷支护设计

GB 50330—2013 的相关规定如下。

10.2.1　采用锚喷支护的岩质边坡整体稳定性计算应符合下列规定。

①岩石侧压力分布可按本规范第 9.2.5 条的规定确定。

②锚杆轴向拉力可按下式计算

$$N_{ak}=e'_{ah}s_{xj}s_{yj}/\cos\alpha \tag{10.2.1}$$

式中，N_{ak} 为锚杆所受轴向拉力(kN)；s_{xj}、s_{yj} 为锚杆的水平、垂直间距(m)；e'_{ah} 为相应于作用的标准组合时侧向岩石压力水平分力修正值(kN/m)；α 为锚杆倾角(°)

10.2.2　锚喷支护边坡时，锚杆计算应符合本规范第 8.2.2 条～第 8.2.4 条的规定。

10.2.3　岩石锚杆总长度应符合本规范第 8.4.1 条的相关规定。

10.2.4　采用局部锚杆加固不稳定岩石块体时，锚杆承载力应符合下式的规定

$$K_b(G_t-fG_n-cA)\leqslant\sum N_{akti}+f\sum N_{akni} \tag{10.2.4}$$

式中，A 为滑动面面积(m^2)；c 为滑移面的黏聚力(kPa)；f 为滑动面上的摩擦系数；G_t、G_n 为不稳定块体自重在平行和垂直于滑面方向的分力(kN)；N_{akti}、N_{akni} 为单根锚杆轴向拉力在抗滑方向和垂直于滑动面方向上的分力(kN)；K_b 为锚杆钢筋抗拉安全系数，按本规范第 8.2.2 条规定取值。

【例题 18】

某二级临时性边坡局部有不稳定块体，其在坡面的平均尺寸为 3 m×3 m，块体重量为 280 kN，坡面角度为 30°，摩擦系数为 0.57，滑移面黏聚力可忽略不计。拟采用局部锚杆加固该坡面上不稳定岩石块体，锚杆布置情况及轴向拉力如下图所示，试验算锚杆承载力是否满足要求。

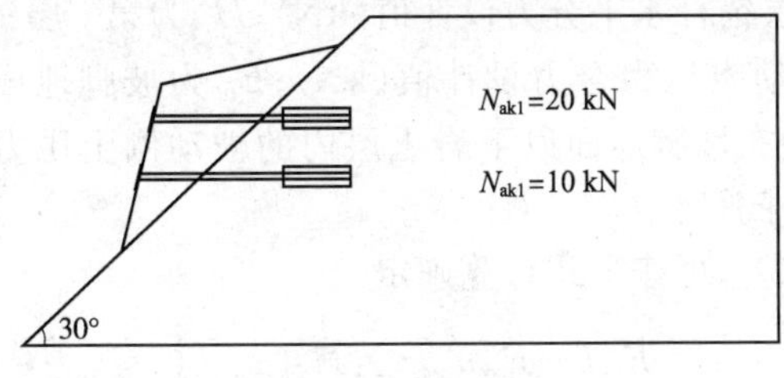

例题 18 图

解

二级临时性边坡 $K_b=1.6$

$G_t=G\sin30°=280\times\frac{1}{2}=140$ (kN)

$G_n = G\cos 30° = 280 \times \frac{\sqrt{3}}{2} = 242.5$ (kN)

$K_b(G_t - fG_n - cA) = 1.6 \times (140 - 0.52 \times 242.5) = 22.2$ (kN)

$\sum N_{akti} + f\sum N_{akni} = (20 \times \cos 30° + 10 \times \cos 30°) + 0.52 \times (20 \times \sin 30° + 10 \times \sin 30°)$
$= 33.8$ (kN)

22.2 kN<33.8 kN,所以该锚杆承载力满足要求。

例题解析

①应分别对岩石锚喷支护中的边坡整体稳定性及局部稳定性进行验算。

②采用锚杆加固不稳定岩石块体是新版规范增加内容,仅考虑岩块滑移稳定性。

【案例模拟 24】

基本条件同例题 18,如果交换上下层锚杆位置,锚杆承载力不变,该岩石块体是否能满足局部稳定性要求? ( )

(A)满足　　(B)不满足

(C)不确定　　(D)计算所需条件不足

6.2.9 按《建筑边坡工程技术规范》(GB 50330—2013)进行土质边坡静力平衡法及等值梁法计算

GB 50330—2013 的相关规定如下。

F.0.1 对板肋式和桩锚式挡墙,当立柱(肋柱和桩)入土深度较小或坡脚土体较软弱时,可视立柱下端为自由端,按静力平衡法计算。当立柱入土深度较大或为岩层或坡脚土体较坚硬时,可视立桩下端为固定端,按等值梁法计算。

F.0.2 采用静力平衡法或等值梁计算立柱内力和锚杆水平分力时,应符合下列假定:

①采用从上到下的逆作法施工。

②假定上部锚杆施工后开挖下部边坡时,上部分的锚杆内力保持不变。

③立柱在锚杆处为不动点。

F.0.3 采用静力平衡法计算(图 F.0.3)时应符合下列规定:

①锚杆水平分力可按下式计算

$$H_{aj} = E_{aj} - E_{pj} - \sum_{i=1}^{j-1} H_{ai} \quad (j=1,2,\cdots,n) \qquad (F.0.3.1)$$

式中,H_{aj} 为第 j 层锚杆水平分力设计值(kN);H_{ai} 为第 i 层锚杆水平分力设计值(kN);E_{aj} 为挡墙后主动土压力合力设计值(kN);E_{pj} 为坡脚地面以下挡墙前被动土压力合力设计值(立柱在坡脚地面以下岩土层内的被动侧土压力)(kN);n 为沿边坡高度范围内设置的锚杆总层数。

②最小入土深度 D_{min} 可按下式计算确定

$$E_{pk}b - E_{ak}a_n - \sum_{i=1}^{n} H_{aik}a_{ai} = 0 \qquad (F.0.3.2)$$

式中,E_{ak} 为挡墙后主动土压力合力标准值(kN);E_{pk} 为挡墙前被动土压力合力标准值(kN);H_{aik} 为第 i 层锚杆水平合力标准值(kN);a_n 为 E_{ak} 作用点到 H_{ank} 作用点的距离(m);b 为 E_{pk} 作用点到 H_{ank} 作用点的距离(m);a_{ai} 为 H_{aik} 作用点到 H_{ank} 作用点的距离(m)。

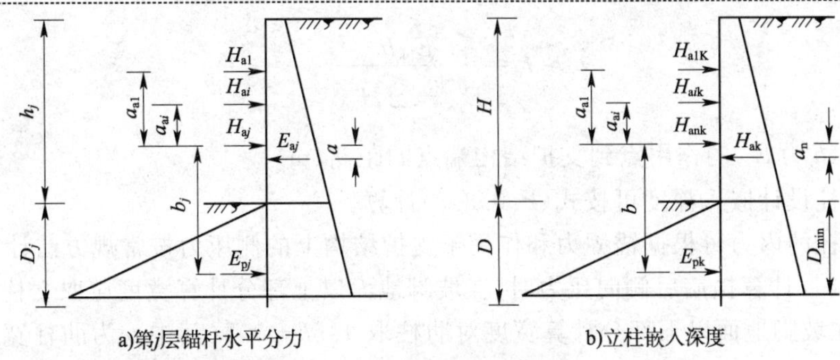

a)第j层锚杆水平分力　　b)立柱嵌入深度

图 F.0.3　静力平衡法计算简图

③立柱入土深度可按下式计算

$$h_r = \xi h_{r1} \tag{F.0.3.3}$$

式中，ξ 为增大系数，对一、二、三级边坡分别为 1.50、1.40、1.30；h_r 为立柱入土深度(m)；h_{r1} 为挡墙最低一排锚杆设置后，开挖高度为边坡高度时立柱的最小入土深度(m)。

④立柱的内力可根据锚固力和作用于支护结构上侧压力按常规方法计算。

F.0.4　采用等值梁法计算(图 F.0.4)时应符合下列规定：

①坡脚地面以下立柱反弯点到坡脚地面的距离 Y_n 可按下式计算

$$e_{ak} - e_{pk} = 0 \tag{F.0.4.1}$$

式中，e_{ak} 为挡墙后主动土压力标准值(kN/m)；e_{pk} 为挡墙前被动土压力标准值(kN/m)。

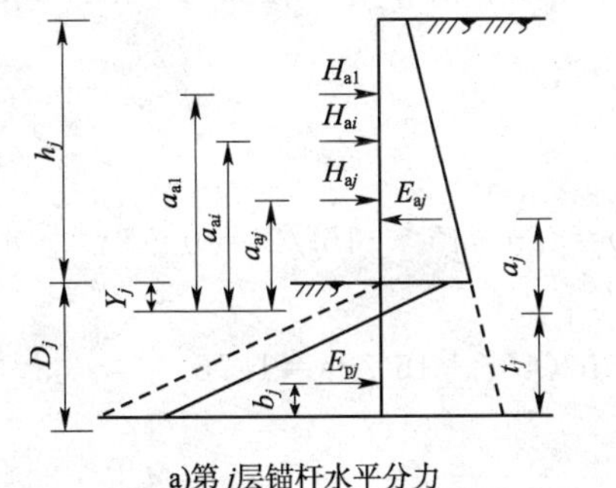

a)第j层锚杆水平分力

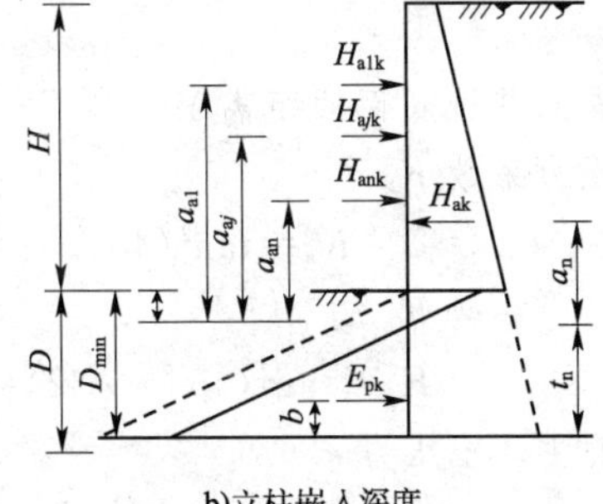

b)立柱嵌入深度

图 F.0.4　等值梁法计算简图

②第 j 层锚杆的水平分力可按下式计算

$$H_{aj} = \frac{E_{aj} a_j - \sum_{i=1}^{j-1} H_{ai} a_{ai}}{a_{aj}} \tag{F.0.4.2}$$

$$(j = 1, 2, \cdots, n)$$

式中，a_j 为 E_{aj} 的作用点到反弯点的距离(m)；a_{aj} 为 H_{aj} 的作用点到反弯点的距离(m)；a_{ai} 为 H_{aj} 的作用点到反弯点的距离(m)。

③立柱的最小入土深度 h_r 可按下式计算确定：

$$h_r = Y_n + t_n \tag{F.0.4.3}$$

$$t_n = \frac{E_{pk} b}{E_{ak} - \sum_{i=1}^{n} H_{aik}}$$

式中，b 为 E_{pk} 的作用点到支护结构端点的距离(m)。

④立柱设计嵌入深度可按式(F.0.3.3)计算。

⑤立柱的内力可根据锚固力和作用于支护结构上的侧压力按常规方法计算。

F.0.5　计算挡墙后侧向压力时，在坡脚地面以上部分计算宽度应取立柱间的水平距离，在坡脚地面以下部分计算宽度对肋柱取 $1.5b+0.5$(其中 b 为肋柱宽度)，对桩取 $0.9\times(1.5D+0.5)$(其中 D 为桩直径)。

F.0.6　挡墙前坡脚地面以下被动压力，应考虑墙前岩土层稳定性、地面是否无限等情况，按当地工程经验折减使用。

【例题 19】

某二级边坡工程拟采用排桩支护，单根排桩宽度 0.4 m，边坡直立，地表水平，基坑深 6.0 m，在地表下 3.0 m 处设一层锚杆，锚杆间距为 2.0 m，地下水位埋深 9.5 m，基坑为均质黏性土，内摩擦角为 16°，黏聚力为 10 kPa，重度为 18 kN/m³，按《建筑边坡工程技术规范》(GB 50330—2013)中推荐的等值梁法计算，锚杆的水平拉力及排桩的入土深度分别为(　　)。

(A)124.2 kN、4.4 m　　(B)130 kN、4.4 m

(C)124.4 kN、3.2 m　　(D)130 kN、3.2 m

解

按《建筑边坡工程技术规范》(GB 50330—2013)中推荐的等值梁法，取 2.0 m 宽排桩计算如下。

①反弯点到基坑底面的距离 Y_n

主动土压力系数 K_a

$$K_a = \tan^2(45° - \varphi/2) = \tan^2(45° - 16°/2) = 0.57$$

被动土压力系数 K_p

$$K_p = \tan^2(45° + \varphi/2) = \tan^2(45° + 16°/2) = 1.76$$

基坑底的主动土压力 e_{a2}

$$\begin{aligned} e_{a2} &= (\sum_{j=1}^{i} \gamma_j h_j + q) K_{ai} - 2c\sqrt{K_{ai}} \\ &= (18\times 6+0)\times 0.57 - 2\times 10\times\sqrt{0.57} = 46.5\ (\text{kPa}) \end{aligned}$$

反弯点距基坑底面的距离 Y_n，反弯点处的被动土压力 e_{p1}

$$e_{p1} = (\sum_{j=1}^{i} \gamma_j h_j + q) K_{pi} + 2c\sqrt{K_{pi}} = e_{a2}$$

$$e_{p1} = (18Y_n + 0)\times 1.76 + 2\times 10\times\sqrt{1.76} = 46.5$$

$$Y_n = 0.63\ \text{m}$$

②锚杆的水平拉力 H_{ak}

土压力为 0 的点距地表的距离 h_0

$$\begin{aligned} e_{a1} &= (\sum_{j=1}^{i} \gamma_j h_j + q) K_{ai} - 2c\sqrt{K_{ai}} \\ &= 18\times h_0\times 0.57 - 2\times 10\times\sqrt{0.57} = 0 \end{aligned}$$

$$h_0 = 1.47\ \text{m}$$

1.47 m 处土压力为 0，1.47 m 以上土压力为负值，可按零考虑，1.47 m 以下至基坑底面的土压力为三角形分布。

计算宽度内的主动土压力

$$E_{a1} = \frac{1}{2}(e_{a1} + e_{a2})(h - h_0)l$$

$$= \frac{1}{2} \times (0 + 46.5) \times (6 - 1.47) \times 2.0 = 210.6\ (\text{kN})$$

锚杆的水平拉力 H_{a1}

$$H_{aj} = \frac{E_{aj}a_j - \sum_{i=1}^{j-1} H_{ai}a_{ai}}{a_{aj}}$$

$$H_{a1} = \frac{E_{a1}a_1}{a_{a1}}$$

$$= \frac{210.6 \times \left[\frac{1}{3}(6 - 1.47) + 0.63\right]}{(6 - 3) + 0.63} = 124.2\ (\text{kN})$$

③排桩的最小入土深度 D_{min}

设反弯点下排桩长度为 t_n，取 $t_n = 2.49$ m

$$E_{pk} = \frac{1}{2}(\gamma t_n K_p + 2c\sqrt{K_p})t_n l$$

$$= \frac{1}{2}(18 \times 2.49 \times 1.76 + 2 \times 10 \times \sqrt{1.76}) \times 2.49 \times 2 = 262.5\ (\text{kN})$$

$$b = \frac{1}{3}t_n = \frac{1}{3} \times 2.49 = 0.83$$

$$t_n(E_{ak} - H_{a1}) = 2.49 \times (210.6 - 124.2) = 215.1$$

$$E_{pk}b = \frac{1}{3}E_{pk}t_n = \frac{1}{3} \times 262.5 \times 2.49 = 217.9$$

$$215.1 \approx 217.9$$

取 $t_n = 2.5$ m

最小入土深度 D_{min}

$$D_{min} = Y_n + t_n = 0.63 + 2.5 = 3.13\ (\text{m})$$

④排桩的嵌入深度 D

$$D = 1.4D_{min} = 1.4 \times 3.13 = 4.38(\text{m}) \approx 4.4\ (\text{m})$$

该基坑锚杆的水平拉力为 124.2 kN，排桩嵌入深度为 4.4 m。

例题解析

采用等值梁法计算主要步骤如下：

①求反弯点：反弯点即基坑地面以下某一点，该点的被动土压力标准值与主动土压力标准值相等，即 $e_{ak} = e_{pk}$。

②假定反弯点以上的主动土压力及支撑力对反弯点的力矩值为 0，计算各层锚杆的水平力，即

$$H_{a1}a_{a1} = E_{a1}a_1$$

$$H_{a1} = \frac{E_{a1}a_1}{a_{a1}}$$

③当第一层锚杆水平拉力确定后，依次计算各级锚杆的水平拉力，在每次计算时都要重新确定在当时基坑挖深情况下的反弯点。

④当最后一层锚杆的水平拉力确定后，应确定立柱在反弯点下的最小深度 t_n，确定 t_n 的原则是：假定作用于反弯点处的剪力值为 $E_{ak}-\sum_{i=1}^{n}H_{aiK}$，该剪力与支挡结构前受到的被动土压力对支挡结构端点的力矩值为 0，即 $E_{pk}b-(E_{ak}-\sum_{i=1}^{n}H_{aik})t_n=0$，即可求出 t_n 值。

但由于该式为一个关于 t_n 的一元三次方程，求解过程较繁琐，实际工作中多采用先假定 t_n 再代入，即采用试算法。这个过程计算量大，试算次数不易控制，在考试中如遇到该问题，不可轻易试作。

⑤立柱设计嵌入深度为最小嵌入深度乘以增大系数，即 $h_r=h_{r1}$。

【案例模拟题 25】

某边坡为砂土边坡，坡体直立，无地下水，坡高为 5.0 m，坡体砂土的内摩擦角为 30 °，重度为 18 kN/m³，在 2.5 m 处设置一排锚杆，间距为 2.0 m，按《建筑边坡工程技术规范》(GB 50330—2013)计算。

①反弯点距基坑底面的距离为(　　)。

(A)0.40 m　　(B)0.5 m　　(C)0.55 m　　(D)0.60 m

②单根锚杆的水平拉力应为(　　)。

(A)40 kN　　(B)54 kN　　(C)81 kN　　(D)108 kN

【例题 20】

某二级边坡坡面直立，坡顶填土水平，坡高为 5.0 m，边坡无地下水，土体为均质黏土，$c=5$ kPa，$\varphi=20$ °，$\gamma=19$ kN/m³，开挖方式为一次开挖，在 2.5 m 处设置一层锚杆，按《建筑边坡工程技术规范》(GB 50330—2013)中静力平衡法计算，每延长米边坡对锚杆的水平拉力为(　　)。

(A)50 kN　　(B)65 kN　　(C)75 kN　　(D)90 kN

解

按静力平衡法计算如下：

①主动土压力系数 K_a

$$K_a=\tan^2(45°-\varphi/2)=\tan^2(45°-20°/2)=0.49$$

②主动土压力为零的点距坡顶的距离 h_0

$$e_a=\gamma h_0 K_a-2c\sqrt{K_a}=0$$

$$h_0=\frac{2c}{\gamma\sqrt{K_a}}=\frac{2\times 5}{19\times\sqrt{0.49}}=0.75$$

③假定支挡结构最小入土深度为 D_{min}，则墙后主动土压力 e_{a1} 为

$$e_{a1}=\gamma(h+D_{min})K_a-2c\sqrt{K_a}$$

$$=19\times(5+D_{min})\times 0.49-2\times 5\times\sqrt{0.49}=9.31D_{min}+39.5$$

墙后主动土压力合力值 E_{ak}

$$E_{ak}=\frac{1}{2}(h+D_{min}-h_0)e_{a1}$$

$$=\frac{1}{2}(h+D_{min}-h_0)\times[\gamma(h+D_{min})K_a-2c\sqrt{K_a}]$$

全国注册岩土工程师专业考试模拟训练题集及历年真题新解

$$=\frac{1}{2}\times(5+D_{min}-0.75)\times[19\times(5+D_{min})\times0.49-2\times5\times\sqrt{0.49}]$$

$$=(0.5D_{min}+2.125)\times(9.31D_{min}+39.5)$$

E_{ak}作用点距锚杆的距离 a_n

$$a_n=\frac{2}{3}(h+D_{min}-h_0)+h_0-\frac{1}{2}h$$

$$=\frac{2}{3}\times(5+D_{min}-0.75)+0.75-\frac{1}{2}\times5=\frac{2}{3}D_{min}+1.08$$

被动土压力系数 K_p

$$K_p=\tan^2(45°+\varphi/2)=\tan^2(45°+20°/2)=2.03$$

墙前基坑底面处的被动土压力 e_{p0}

$$e_{p0}=\gamma h'K_p+2c\sqrt{K_a}$$

$$=19\times0\times2.03+2\times5\times\sqrt{2.03}=14.3$$

支挡结构端点处的被动土压力 e_{p1}

$$e_{p1}=\gamma D_{min}K_p+2c\sqrt{K_p}$$

$$=19D_{min}\times2.03+2\times5\times\sqrt{2.03}$$

$$=38.6D_{min}+14.3$$

支挡结构前的被动土压力合力值 E_{pk}

$$E_{pk}=\frac{1}{2}(e_{p0}+e_{p1})D_{min}$$

$$=\frac{1}{2}D_{min}(14.3+38.6D_{min}+14.3)$$

$$=\frac{1}{2}D_{min}(38.6D_{min}+28.6)$$

E_{pk}作用点距锚杆的距离

$$b=\frac{1}{2}h+\frac{1}{E_p}\left[\frac{1}{2}e_{p0}D_{min}{}^2+\left(\frac{2}{3}\times\frac{1}{2}\right)(e_{p1}-e_{p0})D_{min}{}^2\right]$$

$$=2.5+\frac{14.3D_{min}+25.73D_{min}{}^2}{38.6D_{min}+28.6}$$

当立柱最小入土深度 $D_{min}=2.0$ m 时

$$E_{ak}=181.6;E_{pk}=105.8;a_n=2.41;b=3.74$$

$$E_{pk}b-E_{ak}a_n=-42$$

当立柱最小入土深度 $D_{min}=2.2$ m 时

$$E_{ak}=193.4;E_{pk}=124.9;a_n=2.55;b=3.87$$

$$E_{pk}b-E_{ak}a_n=-9.8$$

当立柱最小入土深度 $D_{min}=2.3$ m 时

$$E_{ak}=199.5;E_{pk}=135;a_n=2.61;b=3.94$$

$$E_{pk}b-E_{ak}a_n=11.20$$

取立柱最小入土深度 $D_{min}=2.3$ m

锚杆的水平分为 H_{a1}

$$H_{a1}=E_{ak}-E_{pk}=199.5-135=64.5$$

立柱入土深度 h_r

$$h_r = \xi h_{r1} = 1.4 \times 2.3 = 3.2\ (\text{m})$$

例题解析

①墙后主动土压力的分布在基坑底面以上可假定为库仑三角形，在基坑底面以下可假定为梯形、矩形，或其他经验图形。

②墙前被动土压力分布图形为三角形或梯形。

③静力平衡法主要步骤如下：

(A)把第一层锚杆的基坑开挖深度 h_1 假定为设置第二层锚杆时的基坑开挖深度。

(B)假定立柱最小入土深度为 h_r，计算 E_{pk1}、E_{ak1}、a_{n1}、b_1，使得下式成立(等于或接近于 0)

$$E_{pk1} b_1 - E_{ak1} a_{n1} = 0$$

(C)第一层锚杆的水平拉力 H_{a1} 为

$$H_{a1} = E_{ak1} - E_{pk1}$$

(D)假定第二层锚杆的基坑开挖深度 h_2 为设置第三层锚杆时的基坑开挖深度，并假定立柱最小入土深度为 D_{min2}，计算 E_{pk2}，E_{ak2}，a_{n2}，b_2，使得下式成立(等于或接近于 0)

$$E_{pk2} b_2 - E_{ak2} a_{n2} - H_{a1} a_{a1} = 0$$

(E)第二层锚杆的水平拉力 H_{a2} 为

$$H_{a2} = E_{a2} - E_{p2} - H_{a1}$$

重复以上步骤即可求出各层锚杆的水平拉力和立柱最小入土深度。

④静力平衡法计算的原理如下：

(A)假定支护点的位置，并假定最小入土深度，使得墙前被动土压力与墙后主动土压力对该支撑点的力矩值为 0。

(B)假定支撑力合力，主动土压力合力，被动土压力合力的代数和为 0，计算出水平拉力，如此重复，可得出各层水平拉力及嵌固结构入土深度值。

6.3 单项选择题

6.3.1 《铁路路基设计规范》(TB 10001—2005)

1.《铁路路基设计规范》(TB 10001—2005)适用的旅客列车最高行车速度为(　　)。

(A)100 km/h　　(B)120 km/h

(C)140 km/h　　(D)160 km/h

2.铁路列车竖向活载必须采用中华人民共和国铁路标准活载，下列荷载中必须计入的荷载是(　　)。

(A)轨道和列车的重力　　(B)制动力和摇摆力

(C)离心力　　(D)冲击力

3.铁路路肩高程受洪水位控制时，设计洪水频率标准应采用(　　)。

(A)1/300　　(B)1/200　　(C)1/100　　(D)1/50

4.某滨河路段设计水位标高为 298.3 m，壅水高 0.5 m，波浪侵袭高 0.4 m，斜水流局部冲高 0.45 m，河床淤积影响高度 0.8 m，该路段路堤的路肩高程应为(　　)。

(A)300.05 m　　(B)300.50 m

(C)300.55 m　　(D)300.95 m

5. 某水库库岸铁路按规定频率计算的设计水位为 452.0 m；壅水高 1.0 m，该水库正常高水位为 454.00 m，波浪倾袭高 1.0 m，水库路基的路肩高程应为(　　)。

(A)454.00 m　(B)454.50 m

(C)455.00 m　(D)456.50 m

6. 对路基面的形状，下述不正确的是(　　)。

(A)路基面形状应设计为三角形路拱

(B)路拱应由路中心线向两侧设 4% 的人字排水坡

(C)曲线加宽时路基面可改成平面，并设单向排水

(D)不同填料的基床表层衔接时，应设长度不小于 10 m 的渐变段

7. 某路基由黏性土路堤与卵石土路堤相接，铁路为Ⅰ级单线铁路，特重型轨道卵石土路肩比黏性土路肩应高出(　　)。

(A)0.15 m　(B)0.36 m　(C)0.40 m　(D)0.50 m

8. 铁路路堑段的路肩宽度不应小于(　　)。

(A)0.2 m　(B)0.4 m　(C)0.6 m　(D)0.8 m

9. 某单线铁路为Ⅰ级铁路，轨道为重型无缝轨道，路基由砂卵石填筑，其直线段路堑的标准路基面宽度应为(　　)。

(A)6.5 m　(B)6.6 m　(C)6.7 m　(D)7.1 m

10. 铁路基床表层厚度宜设为(　　)。

(A)0.4 m　(B)0.5 m　(C)0.6 m　(D)0.7 m

11. 路基基床顶面设排水横坡时，坡度宜为(　　)。

(A)2.0%　(B)3.0%　(C)4.0%　(D)5.0%

12. 圆砾土中的细粒土含量在 15%～30%，该土做填料时应为(　　)组填料。

(A)A 组(优质填料)　(B)B 组(良好填料)

(C)C 组(一般填料)　(D)D 组(差质填料)

13. 下列各组填料中，能直接用于Ⅰ级铁路路堤基床底层的填料是(　　)。

(A)A 组　(B)A 组＋B 组

(C)A 组＋B 组＋C 组　(D)A 组＋B 组＋C 组＋D 组

14. Ⅱ级铁路表层基床土由粉砂填筑时，压实系数应不小于(　　)。

(A)0.86　(B)0.89　(C)0.90　(D)0.93

15. Ⅱ级铁路底层基床土由中砂填筑时，其相对密度应不小于(　　)。

(A)0.67　(B)0.70　(C)0.75　(D)0.80

16. 当Ⅱ级铁路路堑基床底层为软弱土层时，其静力触探比贯入阻力 P_s 值不应小于(　　)。

(A)0.8 MPa　(B)1.2 MPa　(C)1.3 MPa　(D)1.5 MPa

17. 下述措施不适宜用做路基基床加固的是(　　)。

(A)压实　(B)换土

(C)设置土工合成材料　(D)桩基

18. 铁路路堤基床底层填料为砾石类土，对Ⅱ级铁路不浸水部分的地基系数不应低于(　　)。

(A)90 MPa/m　(B)100 MPa/m　(C)120 MPa/m　(D)130 MPa/m

19. Ⅰ级铁路工后沉降的速率不应大于(　　)。

(A)30 cm/年　(B)20 cm/年　(C)10 cm/年　(D)5 cm/年

20. 对于铁路路堤，下述不正确的是(　　)。

(A)对细粒土边坡，当边坡坡高较大时，宜采用折线形边坡

(B)一般情况下，路堤坡脚外应设置不小于 2 m 宽的天然护道

(C)地面横坡为 1∶5～1∶2.5 时，在处理稳定斜坡表层地基时，应将原地面挖成台阶，台阶宽度不应小于 2 m

(D)若地基表层为软弱土且标准贯入锤击数小于 4 时，应采取必要的地基加固措施

21. 对铁路路堑，下述说法不正确的是(　　)。

(A)对土质路堑，当边坡高度不大于 20 m 时可查表确定路堑边坡的坡度

(B)当路堑边坡高度大于 20 m 时，对土质路堑应进行稳定性验算，其稳定性系数最小不应小于 1.30

(C)对坡高大于 20 m 的硬质岩路堑，可采用光面爆破，预裂爆破等技术

(D)当路堑弃土堆置于山坡下侧时，应间断堆填，以利于排水

22. 下列对铁路路基排水的要求中，不正确的是(　　)。

(A)路堑排水可在路肩两侧设置侧沟

(B)地面横坡明显的地段，可在上方一侧设置排水沟或天沟

(C)对有集中水流进入天沟的地段，应采取防冲刷措施

(D)当采用渗水隧洞排除地下水时，应每隔 30 m 设置检查井

23. 进行路基坡面防护时，下述不正确的是(　　)。

(A)种草防护适用于坡度缓于 1∶1.25 的土质边坡

(B)软硬岩层相间的路堑边坡，可采用全部防护或局部防护措施

(C)当浆砌片石护坡高度大于 12 m 时，宜在适当高度处设置平台，平台宽度不宜小于 1.0 m

(D)当浆砌片石护墙地基为冻胀土时，基础应埋置在冻结深度以下不小于 0.25 m

24. 路基边坡进行冲刷防护时，下述(　　)不正确。

(A)当河水流速大于 2 m/s 时，不宜采用植物防护

(B)冲刷防护工程顶面高程应为设计水位加波浪侵袭高加 0.5 m

(C)山区河谷地段，不宜设置挑水导流建筑物

(D)挑水坝坝长不宜大于河床宽的 1/4，坝间距宜为坝长的 1～2.5 倍

25. 改建既有线路基时，下述不正确的是(　　)。

(A)改建既有线路基的路肩高程，应符合新建路基标准

(B)当落道下挖既有线路基时，非渗水土路基自线路中心向两侧做成 4% 的排水横坡

(C)当既有路基面高度不变时，困难地段Ⅱ级铁路路堤的路肩宽度不得小于 0.6 m

(D)对既有堑坡病害经多年整治已趋稳定的路堑，改建时不宜触动原边坡

26. 对列车和轨道荷载换算土柱高及分布宽度，下述(　　)不正确。

(A)换算土柱重度不同时，其计算高度亦不同

(B)非渗水土路基活载分布于路基面上的宽度小于渗水土路基

(C)活载分布于路基面上的宽度，应自轨枕底两端向下按 45°扩散角计算

(D)当换算土柱的计算强度为 60.2 MPa，重度为 18 kN/m³，其计算高度应取 3.4 m

27. 某铁路路基位于地面积水区，地面积水深度为 0.2 m，路基填料毛隙水强烈上升高度为 1.2 m，该段路基高度不宜小于(　　)。

(A)0.7 m　　(B)1.4 m　　(C)1.7 m　　(D)1.9 m

28. 某铁路路基位于季节冻土地区，冻前地下水水位为 1.2 m，土层毛隙水强烈上升高度为 0.8 m，有害冻胀深度为 1.5 m，该段路基高度不宜小于(　　)。

(A)0.1 m　　(B)1.1 m　　(C)1.6 m　　(D)4.0 m

29. 某铁路路基位于盐渍土地区，土质毛隙水强烈上升高度为 1.0 m，地下埋深 0.2 m，蒸发强烈影响深度为 1.2 m，该段路基不宜低于(　　)。

(A)0.8 m　　(B)1.0 m　　(C)2.0 m　　(D)2.5 m

30. 下述(　　)方法不适于排除路基范围内的地下水。

(A)支撑渗沟　　(B)渗水暗沟

(C)仰斜式钻孔　　(D)天沟

31. 由平板载荷试验测得的直径 30 cm 荷载板下沉 1.25 mm 时对应的荷载强度 P(MPa)与其相应下沉量 1.25 mm 的比值为(　　)。

(A)压实系数　　(B)地基系数

(C)承载比　　(D)基床系数

32. 最优含水率是指(　　)。

(A)该含水率下土的力学强度最好　　(B)该含水率下土的物理性状最佳

(C)该含水率下土的压实性最好　　(D)该含水率下土可达到较小的压缩性

6.3.2 《公路路基设计规范》(JTG D30—2015)

1. 路基设计时，下述(　　)不正确。

(A)路基工程应具有足够的强度、稳定性和耐久性

(B)当路基挖填高度较大时应与桥、隧方案进行比选

(C)受水浸淹路段的路基边缘标高，应不低于路基设计洪水频率加安全高度

(D)路基设计提倡采用成熟的新技术、新结构、新材料和新工艺

2. 高速公路高填深挖段边坡设计应采用动态设计法，下述对动态设计法的理解中(　　)正确。

(A)动态设计即在不同设计阶段中不断调整设计方案，使设计不断优化

(B)动态设计必须以完整的施工设计图为基础，适用于路基施工阶段

(C)当反馈回的施工现场地质状况、施工情况及监测资料与原设计资料有变化时，应及时对设计方案作出优化、修改和完善

(D)采用动态设计方案的工程可适当减少前期调查工作，但应及时反馈施工中的信息

3. 下述叙述中(　　)不正确。

(A)路堑是指低于原地面的挖方路基

(B)下路堤是指路面顶面以下 1.5 m 的填方部分

(C)路面底面以下 0.3～0.8 m 的部分称为下路床

(D)路基压实度系指筑路材料压实后的干密度与标准最大干密度之比

4. 下列(　　)不属于特殊路基。

(A)位于特殊土地段的路基

(B)位于不良地质地段的路基

(C)受水、气候等自然因素影响强烈的路基

(D)路基高度超过 20 m 的路基

5. 路基设计时下述(　　)不正确。

(A)悬崖陡坡地段的三、四级公路，当山体岩石整体性好时，可采用半山洞

(B)铺筑沥青混凝土路面的一级公路填方路基下路床的填料 CBR 值不宜小于 5

(C)铺筑沥青混凝土路面的三级公路挖方路基上路床的压实度不宜小于 94%

(D)路床填料最大粒径应小于 100 mm

6. 填方路基设计时下述(　　)不正确。

(A)上路堤填料的最小强度不宜小于 3

(B)当路基填料的 CBR 值不满足要求时可掺石灰或其他稳定材料处理

(C)铺筑沥青混凝土和水泥混凝土路面的三、四级公路路堤的压实度应采用二级公路的规定值

(D)当采用护脚路基时,护脚高度不宜超过 2 m

7. 下述对挖方路基的要求中(　　)不合理。

(A)一般黏性土路堑边坡高度不大于 20 m 时边坡坡率不宜陡于 1∶1

(B)边坡高度大于 20 m 的软弱松散岩石路堑,宜采用分层开挖、分层防护和坡脚预加固技术

(C)当岩石挖方高度超过 20 m 时,应进行路基高边坡个别处理设计

(D)硬质岩石挖方路基宜采用光面爆破或预裂爆破技术

8. 对高路堤及陡坡路堤进行稳定性分析时,下述(　　)不合理。

(A)路堤稳定性分析包括路堤堤身的稳定性、路堤和堤身的整体稳定性、路堤沿斜坡地基或软弱层带滑动的稳定性等内容

(B)稳定性分析时,对施工期应采用总应力法,强度参数应采用三轴不排水剪强度指标

(C)路堤稳定性计算方法宜采用简化毕肖普法或不平衡推力传递法

(D)路堤稳定性分析评价应主要参照稳定性计算结果决定

9. 对挖方高边坡进行稳定性评价时,下述(　　)不正确。

(A)边坡稳定性评价宜综合采用工程地质类比法、图解分析法、极限平衡法和数值分析法进行

(B)对规模较大的碎裂结构岩质边坡宜采用数值分析方法进行

(C)边坡稳定性计算时的非正常工况主要指暴雨、连续降雨或地震等工况

(D)对于一级公路路堑边坡稳定性验算时,非正常工况Ⅰ时的安全系数宜取 1.10～1.20

10. 关于填石路堤,下述(　　)不正确。

(A)填筑硬质石料时,石料最大粒径不宜大于摊铺层厚度的 2/3

(B)对填石路堤的压实质量可以采用压实沉降差或孔隙率进行检测

(C)填石路堤的压实质量宜采用施工参数与压实质量检测联合控制

(D)施工参数指填筑材料的压实度

11. 关于粉煤灰路堤设计,下述(　　)不合理。

(A)粉煤灰路堤是指全部采用粉煤灰或部分采用粉煤灰填筑的路堤

(B)任何等级的公路路堤严禁采用烧失量大于 20%的粉煤灰

(C)粉煤灰路堤设计时,主要设计参数包括最大干密度、最优含水率、内摩擦角、黏聚力、渗透系数、压缩系数、毛隙上升高度等

(D)对高度在 5.0 m 以上的粉煤灰路堤应验算路堤自身的稳定性

12. 关于路基排水设计,下列(　　)不正确。

(A)公路路基排水设计应采取堵、截为主,防排疏结合的原则进行,形成完善的排水系统

(B)公路排水设计应遵循总体规划、合理布局、少占农田、环境保护的原则

(C)排水困难地段可采取降低地下水位、设置隔离层等措施,使路基处于干燥、中湿状态

(D)各类排水设施的设计应满足使用功能要求，结构安全可靠，便于施工、检查和养护维修

13.进行公路路基地表排水设计时，下述(　　)不合理。

(A)地表排水设计中对降雨的重现期均不应低于15年

(B)边沟沟底纵坡宜与路线纵坡一致，并不宜小于0.3%，困难情况下可减小至0.1%

(C)水流通过坡度大于10%，水头高差大于1.0 m的陡坡地段或特殊陡坎地段时宜设置跌水或急流槽

(D)气候干旱且排水困难地段，可利用沿线的取土坑或专门设置蒸发池汇集地表水

14.下述(　　)不是公路路基地下排水形式。

(A)边沟　　(B)暗沟　　(C)渗沟　　(D)仰斜式排水孔

15.公路路基进行坡面防护时下述(　　)不合理。

(A)当采用种草植被防护时，宜采用易成活生长快、根系发达、叶矮或有匍匐茎的多年生草种

(B)浆砌片石骨架植草护坡适用于缓于1∶0.75的土质和全风化岩石边坡

(C)采用护面墙防护时，单级护面墙高度不宜超过5 m

(D)路基采用封面防护时，封面厚度不宜小于30 mm

16.沿河公路路基防护时，下述(　　)不合理。

(A)冲刷防护工程的顶面高程，应为设计水位加上波浪侵袭、壅水高度及安全高度

(B)对局部冲刷过大且深基础施工不便的挡土墙或路基可采用护坦防护

(C)抛石防护一般多用于抢修工程

(D)浸水挡土墙一般适用于冲刷较轻且河水流速较缓的地段

17.计算公路路基挡土墙荷载时，下述(　　)不合理。

(A)挡土墙荷载采用以极限状态设计的分项系数法为主的设计方法

(B)当墙高小于10.0 m时，高速公路、一级公路挡土墙的结构重要性系数宜取1.0

(C)作用于一般地区挡土墙上的力可不计入偶然荷载

(D)挡土墙前的被动土压力一般可不计入，当基础埋置较深且地层稳定、不受水流冲刷和扰动破坏时，可计入被动土压力，但应按规定计入作用分项系数

18.下述作用于公路路基挡土墙上的荷载中，(　　)不是偶然荷载。

(A)地震作用力　　(B)泥石流作用力

(C)洪水时的流水压力　　(D)墙顶护栏上的车辆撞击力

19.计算公路挡土墙荷载时，下述(　　)为其他可变荷载。

(A)车辆荷载引起的土侧压力　　(B)人群荷载

(C)与施工有关的临时荷载　　(D)冻胀压力

20.计算公路挡土墙荷载时，下述(　　)荷载组合为组合Ⅲ。

(A)挡土墙结构重力、墙顶上的有效永久荷载，填土重力、填土侧压力及其他永久荷载组合

(B)(A)＋基本可变荷载组合

(C)(B)＋波浪压力＋冻胀压力

(D)(B)＋地震力＋冻胀压力

21.计算公路浸水挡土墙的静水压力、墙背动水压力及浮力时，下述(　　)不合理。

(A)当挡土墙墙背为岩块时，须计入墙背动水压力

(B)当墙背为粉砂土时,须计入墙身两侧的静水压力

(C)节理很发育的岩石地基,墙身所受浮力按计算水位的100%计算

(D)岩石地基墙身所受浮力按计算水位的50%计算

22. 公路挡土墙所受到的车辆荷载作用在挡土墙墙背填土上所引起的附加土体侧压力可换算成等代均布土层厚度计算,当挡土墙墙高为 6 m,墙背填土重度为 20 kN/m³ 时,换算土层厚度宜取(　　)m(不计人群荷载)。

(A)0.50　　(B)0.75　　(C)1.0　　(D)1.25

6.4　多项选择题

1. 下列关于铁路路基的说法中正确的是(　　)。

(A)非渗水土路基顶面应设路拱

(B)所有岩石填筑的路基顶面均不需设路拱

(C)渗水土路基与非渗水土路基相接时,前者路肩高程应略高于后者

(D)困难条件下路肩宽度可比一般情况略小一些

2. 关于铁路基床,下列(　　)是正确的。

(A)基床表层和底层的填筑要求不同,底层是基础,填筑标准应高于表层

(B)当基床为渗水土而其下部为非渗水土时,非渗水土层顶面应设排水横坡

(C)在使用填料时,应选用(A)组填料,对(B)组填料应进行土质改良后再使用

(D)Ⅰ级铁路基床厚度为 2.5 m

(E)基床底层为软弱土层时,其静力触探比贯入阻力 P_s 值不得小于 1 MPa

3. 下列(　　)措施不适用于铁路基床加固。

(A)采用重型碾压机械进行碾压

(B)对某些软土进行土质改良,如加入石灰等

(C)加强地上或地下排水措施,拦截、引排、降低、疏干基床范围内的水

(D)设置土工合成材料

(E)设置砂石桩进行加固

(F)采用 CFG 桩进行地基加固

4. 关于铁路路基的压实度,下列说法中正确的是(　　)。

(A)压实度应采用压实系数作为压实指标

(B)对细粒土、黏砂土、粉砂土、粗粒土、块石类土均可采用地基系数作为压实指标

(C)地基系数一般取 30 cm 直径平板载荷试验中下沉量为 0.125 cm 时的荷载强度

(D)表层的压实度指标应高于底层的压实度指标

(E)不浸水部分的压实度指标应高于浸水部分的压实度指标

5. 铁路路基取土坑设置时,下述规定(　　)是正确的。

(A)当地形平坦时,取土坑应在路堤两侧设置

(B)当地面横坡陡于 1∶10 时,取土坑宜设在路堤上侧

(C)桥头河滩路堤,取土坑不得设在上游侧

(D)良田地段取土时,应在临近路堤地段深挖取土

6. 下列关于铁路路堑的说法中(　　)是正确的。

(A)边坡坡高大于 20 m 时,边坡坡度可采用查表法确定

(B)验算路堤边坡稳定性时，稳定性系数宜取 1.15～1.25

(C)不同地层组成的较深路堑，宜在边坡中部或不同地层分界处设置平台

(D)如弃土堆堆填在山坡上方时宜连续堆填，以防止地面水流入路堑内

7. 铁路路基在对地面水进行拦截引排时，下列原则不正确的是(　　)。

(A)路堤天然护道外可设置单侧或双侧排水沟

(B)路堑可不设置排水沟

(C)路堑堑顶外应设置单侧或双侧天沟

(D)各类排水沟出口应在路基范围以内，不得使水流冲刷环境中边坡等

8. 下列排水措施中(　　)是排除地下水的措施。

(A)天沟　　(B)明沟

(C)截水沟　　(D)支撑渗沟

(E)渗井

9. 铁路路基坡面防护主要措施包括(　　)。

(A)抛石　　(B)植物防护

(C)喷混凝土　　(D)浆砌片石

(E)石笼

10. 铁路路基冲刷防护时下述正确的是(　　)。

(A)植物防护是一种较好的形式，对流速较大、冲刷强烈的地段较适宜

(B)挑水坝坝长不宜小于河床宽度的 1/4，否则防冲刷效果会受到影响

(C)一般情况下路基应尽量少侵占河床

(D)峡谷急流和水流冲刷严重河段宜设置浸水挡土墙

11. 铁路软土路基是指具有下列(　　)特性的路基。

(A)软土的沉积环境是静水或缓慢流水

(B)软土的压缩性一般为中等压缩性

(C)软土的含水率一般大于塑限

(D)软土的孔隙比一般大于 1.0

(E)软土的强度一般低于 80 kPa

12. 铁路软土路基的选线原则中下述(　　)是不正确的。

(A)宜选在范围窄，厚度薄的地段通过

(B)在低缓丘陵区，宜避开封闭或半封闭的洼地

(C)在山间谷地，宜设在软土底面横坡较陡的地段

(D)在河流中下游，不宜设在高级阶地上

(E)在沉积平原区，宜远离河流、湖塘及人工渠道

13. 铁路软土路基稳定性验算时，下述(　　)说法不正确。

(A)稳定性验算宜采用圆弧法

(B)当不考虑地基的固结时，抗剪强度可不计入内摩擦力

(C)当地基表层铺设加筋土工合成材料时，其强度可不计入

(D)软土层较薄时，可不验算路堤沿软土层底部滑动的稳定性

(E)路堤的稳定安全系数不宜小于 1.30

14. 在铁路路基软土沉降量计算时，下述说法中正确的是(　　)。

(A)地基总沉降量由瞬时沉降量、主固结沉降量与次固结沉降量三部分组成

(B)应分别计算瞬时沉降量、主固结沉降量及次固结沉降量，三者累加后即为总沉降量

(C)计算主固结沉降量可采用分层总和法或应力面积法

(D)压缩试验资料可采用 e-lg$P$ 曲线也可采用 e-P 曲线

15. 铁路通过某软土场地，软土层厚度为 2.5 m，表层无硬壳，软土呈流塑状态，工期较紧，该场地宜选用下述(　　)方法进行地基加固。

(A)换填法　　　　　　　　(B)抛石挤淤法

(C)预压固结法　　　　　　(D)挤密砂桩或碎石桩法

16. 铁路路基设计时应考虑膨胀土的(　　)特性的影响。

(A)具有干缩湿胀特性，吸水膨胀时将对支挡建筑物产生膨胀压力

(B)强度随干湿循环产生剧烈衰减的特性

(C)残余强度远低于峰值强度的特性

(D)裂隙发育，遇水后结构面强度大大降低的特性

17. 铁路路基通过膨胀土地区时边坡应进行防护和加固，下述(　　)是不正确的。

(A)可能发生浅层破坏时，宜采用半封闭的相对保湿防渗措施

(B)可能发生深层破坏时，应先解决整体边坡的长期稳定，并采取浅层破坏的防护措施

(C)膨胀土岩指标应采用峰值强度指标

(D)支挡结构基础埋深应大于 1.0 m

18. 下述(　　)是黄土的典型特征。

(A)是第四系以来干旱、半干旱气候条件下的陆相沉积物

(B)颗粒成分以黏粒为主

(C)颜色多为棕黄、灰黄、黄褐色

(D)富含铁锰质

(E)具有湿陷性

19. 黄土地区铁路路堑设计时，下述(　　)不合理。

(A)边坡宜在中部设大平台，不宜设小平台

(B)边坡大平台宽度一般宜为 4～6 m

(C)年降水量大于 300 mm 的地区边坡平台应设截水沟

(D)Q_4、Q_3 的均质黄土边坡高度小于 15 m 时宜采取直线型边坡

(E)边坡高度大于 15 m 时，宜采用折线形边坡

20. 铁路黄土路堤边坡稳定性验算时，下述(　　)是正确的。

(A)边坡高度不大于 30 m 时，可查表确定边坡断面形式及坡率，可不进行稳定性验算

(B)边坡稳定性验算可采用直线法或圆弧法

(C)边坡稳定性验算的安全系数不得小于 1.25

(D)稳定性验算的指标应采用原状土固结快剪试验指标

21. 黄土地区铁路路堑边坡在下列(　　)情况下应设置边坡防护工程。

(A)路堑边坡为 Q_1 黄土　　　　(B)路堑边坡为 Q 黄土

(C)古土壤层　　　　　　　　　(D)松散的坡积黄土层

(E)马兰黄土层

22. 铁路通过黄土地区时，应对陷穴进行处理，下述说法中(　　)是错误的。

(A)陷穴处理的深度应不小于 15 m

(B)对外露的明陷穴应进行处理

(C)路堤坡脚下方 20 m 以外的陷穴可不处理

(D)路堑坡顶线上方 50 m 以内的陷穴均应处理

(E)横穿路堤的隐蔽陷穴，当陷穴顶部土层厚度大于 15 m 时可不进行处理

23. 盐渍土具有下列(　　)特性。

(A)吸湿性　　(B)湿陷性

(C)溶失性　　(D)腐蚀性

(E)收缩性

24. 盐渍土地区铁路路堤填筑时，下述正确的是(　　)。

(A)采用亚氯盐渍土作填料时，易溶盐含量$\overline{DT}$不应超过 5%

(B)用石膏土做填料时，可不限制石膏的含量

(C)当路堤高度不满足不发盐渍化的最小高度时应设置毛隙水隔断层

(D)在干燥度大于 50，年平均降水量小于 60 mm，相对湿度小于 40%的西北内陆盆地地区，如无地表水浸泡时，路堤填料不受含盐量的限制

(E)毛隙水隔断层应设置在路基底部，其顶面高程应高于地下水位高程

25. 铁路路堤通过盐渍土场地时如设置毛隙水隔断层，应按下述(　　)原则进行。

(A)隔断层应按因地制宜就地取材的原则选用

(B)渗水土隔断层的厚度不宜小于 100 cm

(C)天然级配卵石土隔断层厚度不得小于 80 cm

(D)西北极干燥地区的内陆盆地可采用盐壳作为隔断层

26. 铁路通过冻土地区时，下述说法中(　　)是正确的。

(A)多年冻土地区线路宜以路堤通过

(B)线路通过山坡时，路基位置应选在坡度较缓、地表干燥的向阳地段

(C)线路通过热融滑塌体地段时，宜从其上方以路堤形式通过

(D)对多冰冻土地段的路基，可按一般路基设计

27. 按《铁路特殊路基设计规范》(TB 10035—2006)，对冻胀土的分级下述说法中不正确的是(　　)。

(A)土的冻胀等级应根据平均冻胀率划分

(B)土的冻胀等级应根据土的类别、天然含水率、地下水位及平均冻胀率划分

(C)当塑性指数大于 22 时，冻胀性应升高一级

(D)碎石类土中充填物大于 40%时，其冻胀性应按充填物土的类别判定

28. 铁路路基发生季节性冻胀应具备以下(　　)条件。

(A)温度低于 0℃，且持续时间较长

(B)具有起始负温和更低的持续负温

(C)土体为冻胀土或强冻胀土

(D)黏性土的天然含水率明显大于塑限含水率

(E)砂土的含水率超过 20%

29. 铁路路堤为饱和粉细砂并发生液化时，可不具备以下(　　)。

(A)土的密度小于震稳密度

(B)饱和粉细砂的平均粒径 d_{50}<0.22 mm

(C)毛隙水饱和带顶面距路基面的高度小于 2.5 m

(D)砂土的饱和度大于 80%

(E)地震烈度大于 6 度

30. 风沙地区的铁路路基设计时下述(　　)是错误的。

(A)风沙地区路基宜以高度不小于 1.0 m 的路堤通过

(B)风沙地区的粉细砂路基,应按非渗水土路基标准设计

(C)当横向取弃土时,取土坑应设在迎风侧,且与路基坡脚不小于 5 m

(D)线路两侧 50 m 范围内的天然植被不得破坏

31. 风沙地区的铁路路基设计时,下述(　　)是正确的。

(A)粉细砂路堑边坡形式应采用直线型

(B)戈壁风沙流地区的路堑边坡宜采用展开式,其边坡坡率宜缓于 1∶4

(C)粉细砂路堤边坡形式宜采用折线形

(D)大风地区采用黏性土填料时,路堤每侧宜加宽 0.3～0.5 m

32. 铁路路基通过雪害地区时,下述(　　)是正确的。

(A)线路不宜靠近严重积雪区的边坡坡脚

(B)路堤高度宜小于平均积雪深度的 3 倍

(C)当路堑深度小于 2.0 m 时,宜采用展开式路堑

(D)当路堑深度大于 6.0 m 时,宜在两侧坡脚设置 1.0～2.0 m 的积雪平台

33. 铁路通过雪害地段时,可采用下列(　　)防护措施。

(A)设置防护林　　(B)设置防雪堤

(C)挖防雪沟　　(D)采用明洞或棚洞

34. 对铁路滑坡地段路基进行滑坡稳定性分析时,下述(　　)是正确的。

(A)滑坡稳定性分析时,除考虑永久荷载外还应考虑临时荷载

(B)稳定性分析应采用力学计算法确定

(C)滑坡推力应采用滑坡推力传递法计算确定

(D)滑动面岩土的抗剪强度值应取岩土室内试验的残余强度值

35. 铁路滑坡地段路基宜采取下列(　　)防治工程。

(A)采取滑坡体地表排水工程　　(B)布置必要的地下排水工程

(C)采取减载及反压措施　　(D)设置抗滑支挡建筑物

(E)改良滑动带岩土的性质

36. 铁路路基通过危岩、落石、崩塌与岩堆地段时下述(　　)是正确的。

(A)应采取综合防治措施

(B)病害规模较大时线路应绕避

(C)对中小型病害路段应优先采取遮蔽、拦截、清除、加固等工程措施

(D)岩堆发生地段可不考虑地下水的影响

37. 铁路路基通过岩溶地段时,对危及路基稳定的岩溶洞穴,宜采用下列(　　)加固方法。

(A)对于路堑边坡上的干溶洞可不预处理

(B)当溶洞深而小,洞口岩壁完整时宜采用钢筋混凝土盖板加固

(C)对于洞径小,顶板岩层破碎时,宜加固顶板

(D)对地表塌陷土洞,覆土较浅时,宜回填夯实并作好地表水的引排封闭措施

38. 公路路基中在下列(　　)段应采用墙式护栏。

(A)桥头引道　　(B)高度大于 6 m 的路堤

(C)重力式挡墙路基　　(D)填石路基

39. 路基地下排水时应采取(　　)措施。

(A)边沟、截水沟　(B)跌水、急流槽

(C)暗管　(D)渗沟

40. 路基进行边坡防护时可采取(　　)措施。

(A)框格防护　(B)抹面、捶面

(C)护面墙　(D)抛石

(E)石笼

41. 公路路基通过滑坡地段时,可采取(　　)防治措施。

(A)地面排水　(B)地下排水　(C)减重与反压　(D)支挡工程

42. 公路路基通过泥石流地区时,可采取跨越、排导、拦截措施,下列(　　)属于跨越措施。

(A)桥梁涵洞　(B)过水路面

(C)渡槽　(D)拦挡坝

(E)格栅坝

43. 按《碾压式土石坝设计规范》(DL/T 5395—2007),软黏土一般采用下列(　　)标准评定。

(A)液性指数 $I_L \geqslant 0.75$　(B)无侧限抗压强度 $q_u \leqslant 50$ kPa

(C)标准贯入击数 $N_{63.5} \leqslant 4$　(D)灵敏度 $S_t \geqslant 4$

(E)孔隙比 $e > 1.0$　(F)含水率大于液限($w > w_L$)

(G)压缩系数 $a_{1\sim2} \geqslant 0.5$ MPa^{-1}

44. 当两相邻土层渗透系数相差较大时可能会发生(　　)渗透变形。

(A)管涌　(B)流土　(C)接触冲刷　(D)接触流失

6.5 答　案

6.5.1 案例模拟题答案

1. (A)

解:$S = m_s S_c$

$m_s = 0.123 r^{0.7}(\theta H^{0.2} + VH) + y$

$= 0.123 \times 19^{0.7} \times (0.90 \times 4^{0.2} + 0.025 \times 4) - 0.1$

$= 1.144$

$S = m_s S_c$

$= 1.144 \times 20$

$= 22.88\ (\text{cm}) \approx 23\ (\text{cm})$

$S_t = (m_s - 1 + U_t) S_c = 18.88$ cm

$S' = S - S_t = 4$ cm

2. (C)

解:$S_t = (m_s - 1 + u_t) S_c$

$= (1.5 - 1 + 0.85) \times 25$

$= 33.75\ (\text{cm}) \approx 34\ (\text{cm})$

第6章　土工结构与边坡防护

3.(C)

解：$\beta = \frac{1}{k}\left(45^\circ + \frac{\varphi}{2}\right)$

$= \frac{1}{1.25} \times \left(45^\circ + \frac{28^\circ}{2}\right)$

$= 47.2^\circ$

$L = H\cot\beta$

$= 10 \times \cot 27.2^\circ$

$= 9.3\ (\mathrm{m})$

$9.3 + 6 = 15.3\ (\mathrm{m})$

4.(A)

解：$\Delta h = (h - h') + \frac{1}{2}(B - B') \times 0.04$

$= (0.4 - 0.3) + \frac{1}{2}(7.0 - 6.2) \times 0.04$

$= 0.116\ (\mathrm{m})$

级配砂石路肩高程$=180.0+0.116=180.116\ (\mathrm{m})$

5.(A)

解：据《铁路路基设计规范》(TB 10001—2005)第 4.2.3 条、第 4.2.4 条，路基面宽度宜取 $7.5+0.4+0.1=8.0(\mathrm{m})$

6.(A)

解：如采用圆弧法计算则相当繁琐，而题中并没有要求计算具体的稳定性系数，只要求对边坡的稳定性作定性判别，从工程经验上看该边坡是稳定的，即 $K_s > 1$。

7.(C)

解：$V = \frac{1}{2} \times 35 \times 48 \times 1 = 840$

$L = \sqrt{60^2 + 48^2} = 76.8$

$F_s = \frac{[(G+G_b)\cos\theta - Q\sin\theta - V\sin\theta - U]\tan\varphi + cL}{(G+G_b)\sin\theta + Q\cos\theta + V\cos\theta}$

$= \frac{22 \times 840 \times (60/76.8) \times \tan 38^\circ + 76.8 \times 30}{22 \times 840 \times (48/76.8)}$

$= 1.18$

8.(D)

解：$T_1 = G_1 \sin\theta_1 = 150 \times \sin 40^\circ = 96.42$

$T_2 = G_2 \sin\theta_2 = 320 \times \sin 30^\circ = 160$

$T_3 = G_3 \sin\theta_3 = 350 \times \sin 20^\circ = 119.71$

$R_i = G_i \cos\theta_1 \tan\varphi_i + c_i l_i$

$R_1 = 150 \times \cos 40^\circ \times \tan 20^\circ + 0 = 41.82$

$R_2 = 320 \times \cos 30^\circ \times \tan 20^\circ + 0 = 100.87$

$R_3 = 350 \times \cos 20^\circ \times \tan 20^\circ + 10 \times 20 = 319.71$

$\varphi_i = \cos(\theta_i - \theta_{i+1}) - \sin(\theta_i - \theta_{i+1})\tan\varphi_{i+1}$

$\varphi_1 = \cos(\theta_1 - \theta_2) - \sin(\theta_1 - \theta_2)\tan\varphi_2$

$=\cos(40°-30°)-\sin(40°-30°)\times\tan 20°$

$=0.922$

$\varphi_2=\cos(\theta_3-\theta_3)-\sin(\theta_2-\theta_3)\tan\varphi_3$

$=\cos(30°-20°)-\sin(30°-20°)\times\tan 20°$

$=0.922$

$$K_s=\frac{R_1\psi_1\psi_2+R_2\psi_2+R_3}{T_1\psi_1\psi_2+T_2\psi_2+T_3}$$

$$=\frac{41.82\times0.922^2+100.87\times0.922+319.71}{96.42\times0.922^2+160\times0.922+119.71}$$

$=1.28$

9.(B)

解：$H=aL^b$

$\lg H=\lg a+b\lg b$

$$\begin{cases}\lg 20=\lg a+b\lg 21.5\\ \lg 10=\lg a+b\lg 11.1\end{cases}$$

$$\begin{cases}b=1.027\\ a=0.844\end{cases}$$

$15=0.844L^{1.027}$

$L=16.48$ m

10.①(B) ②(B)

解：① $N_s=\frac{\gamma H}{c}=\frac{19\times12}{20}=11$

$\beta=63°$

② $\beta=75°, N'_s=8.8$

$8.8=\frac{19H'}{20}$

$H'=9.3$ m

11.①(B) ②(B)

解：$e_{0ik}=\left(\sum_{j=1}^{i}\gamma_j h_j+q\right)k_{0i}$

①各特征点层位静止土压力强度[2 m(上),2 m(下),4 m]

$e_{02k}=e_{01}=\gamma_1 h_1 k_{01}=19\times2\times0.6=22.8$

$e'_{02k}=e'_{02}=\gamma_1 h_1 k_{02}=19\times2\times0.4=15.2$

$e_{04}=e_{02}^1+e_{02}^2+e_{02}^w$

$=15.2+\gamma'_2 h_2 k_{02}+\gamma_w h_2$

$=15.2+8\times2\times0.4+10\times2=41.6$

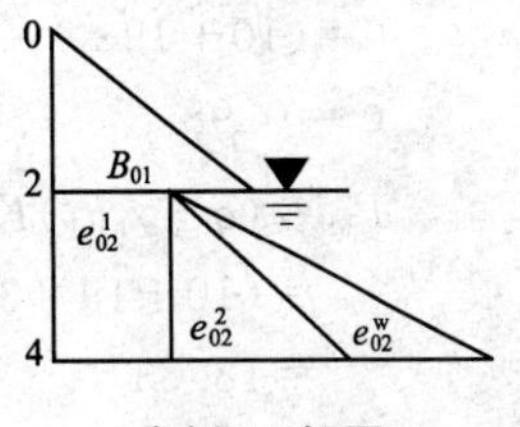

案例 11 解图

②支挡结构单位长度的总侧向压力 E_0

$E_0=E_{01}+E_{02}^1+E_{02}^2+E_{02}^w$

$=\frac{1}{2}\times22.8\times2+15.2\times2+\frac{1}{2}\times6.4\times2+\frac{1}{2}\times20\times2$

$=79.6$ (kN)

③总侧向压力作用点距基坑底距离 h_0

$E_0 h_0 = E_{01} h_{01} + E_{02}^1 h_{02}^1 + E_{02}^2 h_{02}^2 + E_{03}^w h_{03}^w$

$79.6h_0 = 22.8 \times \left(2+\frac{2}{3}\right) + 30.4 \times \frac{2}{2} + 6.4 \times \frac{2}{3} + 20 \times \frac{2}{3}$

$h_0 = 1.37$ (m)

12.(B)

解:$E_{ak} = \frac{1}{2}\gamma H^2 k_a$

$H=6, \gamma=20, c=10, \varphi=20°, q=0, \delta=8°, \beta=20°, \alpha=80°$

$K_q = 1 + \frac{2q\sin\alpha\cos\beta}{\gamma H\sin(\alpha+\beta)}$

$= 1$

$\eta = \frac{2c}{\gamma H} = \frac{2\times10}{20\times6}$

$= 0.167$

$K_a = \frac{\sin(\alpha+\beta)}{\sin^2\alpha\sin^2(\alpha+\beta-\varphi-\delta)}\{K_q[\sin(\alpha+\beta)\sin(\alpha-\delta)+\sin(\varphi+\delta)\sin(\varphi-\beta)]+$
$2\eta\sin\alpha\cos\times\ \varphi\cos(\alpha+\beta-\varphi-\delta) - 2\sqrt{K_q\sin(\alpha+\beta)\sin(\varphi-\beta)+\eta\sin\alpha\cos\varphi}\times$
$\sqrt{K_q\sin(\alpha-\delta)\sin(\varphi+\delta)+\eta\sin\alpha\cos\varphi}\}$

$= \frac{\sin(80°+20°)}{\sin^2 80\sin^2(80°+20°-20°-8°)}\{1\times[\sin(20°+80°)\times\sin(80°-8°)+\sin(20°+8°)$
$\times\sin(20°-20°)] + 2\times0.167\sin 80°\times\cos 20°\times\cos(80°+20°-20°-8°) - 2\times$
$\sqrt{1\times\sin(80°+20°)\times\sin(20°-20°)+0.167\times\sin 80°\times\cos 20°}\times$
$\sqrt{1\times\sin(80°-8°)\times\sin(20°+8°)+0.167\times\sin 80°\times\cos 20°}\}$

$= 0.48$

$E_{ak} = \frac{1}{2}\times20\times6^2\times0.48$

$= 172.8$ (kN)

13.(A)

解:第①层黏土:$K_{a1} = \tan^2\left(45°-\frac{\varphi}{2}\right) = \tan^2\left(45°-\frac{20°}{2}\right) = 0.49 \qquad \sqrt{K_{a1}} = 0.70$

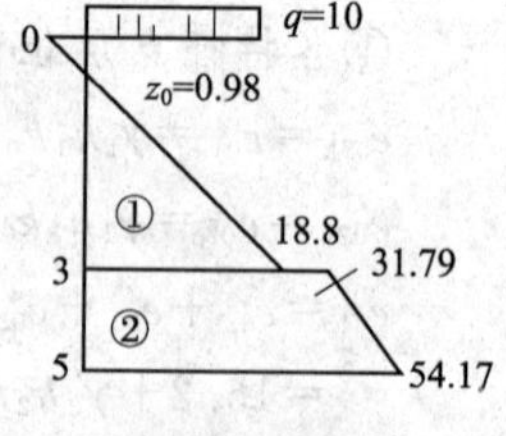

案例 13 解图

$P'_a = (q+\gamma_1 z_0)K_{a1} - 2c_1\sqrt{K_{a1}}$,令 $P'_a = 0$

$0 = (10+19z_0)\times0.49 - 2\times10\times0.70$

$z_0 = 0.98$

$P_{a1} = (q+\gamma_1 h_1)K_{a1} - 2c\sqrt{K_{a1}}$

$= (10+19\times3)\times0.49 - 2\times10\times0.70$

$= 18.83$

$E_{a1} = \frac{1}{2}\times18.83\times(3-0.98) = 19.02$

$z'_1 = \frac{1}{3}(h_1 - z_0)$

$= \frac{1}{3}\times(3-0.98)$

$=0.67$

第②层黏土：$K_{a2}=\tan^2\left(45°-\frac{\varphi}{2}\right)=\tan^2\left(45°-\frac{15°}{2}\right)=0.589$　　$\sqrt{K_{a2}}=0.767$

层顶面：$P_{a2}^1=(q+\gamma_1 h_1)Ka_2-2c_2\sqrt{Ka_2}$

$=(10+19\times3)\times0.589-2\times5\times0.767=31.79$

层底面：$P_{a2}^2=31.79+\gamma_2 h_2 K_{a2}$

$=31.79+19\times2\times0.589$

$=54.17$

$E_{a2}=\frac{1}{2}\times(31.79+54.17)\times2$

$=85.96$

$z_2=\frac{h}{3}\times\frac{2P_{a1}^2+P_{a2}^2}{P_{a2}^1+P_{a2}^2}=\frac{2}{3}\times\frac{2\times31.79+54.17}{31.79+54.17}=0.91$

$E_a=19.02+85.96=105$ (kN)

对基坑底取短：$E_a z=E_{a1}z_1+E_{a2}z_2$

$105z=19.02\times(2+0.67)+85.96\times0.91$

$z=1.23$ m

14.(D)

解：$K_a=\tan^2\left(45°-\frac{\varphi}{2}\right)=\tan^2\left(45°-\frac{35°}{2}\right)=0.271$

$e_a=5\times8\times0.271+5\times10=60.83$ (kPa)

$E_a=\frac{1}{2}\times60.83\times5=152$ (kN)

$h=\frac{2\times5}{3}=3.33$ (m)

15.(C)

解：$K_p=\tan^2\left(45°+\frac{\varphi}{2}\right)=\tan^2\left(45°+\frac{18°}{2}\right)=1.89$

$\sqrt{K_p}=1.38$

$h_0=0$

$ep_1=\gamma HK_p+2c\sqrt{K_p}=0+2\times10\times1.38=27.6$

$ep_2=4\times20\times1.89+27.6=178.7$

$E_1=27.6\times4=110.4$ (kN)，$h_1=\frac{4}{2}=2$ (m)

$E_2=\frac{1}{2}\times(178.7-27.6)\times4=302$ (kN)

$h_2=\frac{2}{3}\times4=2.66$ (m)

$E_p=E_1+E_2=110.4+302=412.4$ (kN)

$h=\frac{1}{E_p}(h_1E_1+h_2E_2)$

$=\frac{1}{412.4}\times(2\times110.4+2.66\times302)$

$=2.5(\mathrm{m})$

答案(C)正确。

16.(A)

解:据《建筑边坡工程技术规范》(GB 50330—2013)附录 B 图 B.0.2。

$K_a=\tan^2\left(45°-\frac{\varphi}{2}\right)=\tan^2\left(45°-\frac{30°}{2}\right)=\frac{1}{3}$

$e_{hk}=K_a q_L=\frac{1}{3}\times 20$

$\beta=45°+\frac{\varphi}{2}=45°+\frac{30°}{2}=60°$

$a=1,b=2$

$\tan\beta=\frac{h_1}{a+b}$

$h_1=\tan 60°\times(1+2)=5.2$

$h_2=\tan 60°\times 1=1.732$

$h=5.2-1.732=3.47$

$E_{hk}=3.47\times\frac{20}{3}=23.13\ (\mathrm{kN})$

$M=23.13\times\left(6-5.2+\frac{3.47}{2}\right)=58.6\ (\mathrm{kN\cdot m})$

17.(D)

解:$K_a=\tan^2\left(45°-\frac{\varphi}{2}\right)=\tan^2\left(45°-\frac{35°}{2}\right)=0.271$

设 $z=z_0$ 时,$e_a=e_a'$

$$e_a=\gamma z\cos\beta\frac{\cos\beta-\sqrt{\cos^2\beta-\cos^2\varphi}}{\cos\beta+\sqrt{\cos^2\beta-\cos^2\varphi}}$$

$$=18z_0\times\cos 34°\times\frac{\cos 34°-\sqrt{\cos^2 34°-\cos^2 35°}}{\cos 34°+\sqrt{\cos^2 34°-\cos^2 35°}}$$

$=10.98z_0$

$e_a'=K_a\gamma(z+h)-2c\sqrt{K_a}$

$=0.271\times 18\times(z_0+2)$

$=4.88z_0+9.76$

$10.98z_0=4.88z_0+9.76$

$z_0=1.6$ (支挡结构以下 1.6 m)

①支挡结构至 z_0 段

$$e_a=\gamma z\cos\beta\frac{\cos\beta-\sqrt{\cos^2\beta-\cos^2\varphi}}{\cos\beta+\sqrt{\cos^2\beta-\cos^2\varphi}}$$

$$e_a=18\times 1.6\times\cos 34°\times\frac{\cos 34°-\sqrt{\cos^2 34°-\cos^2 35°}}{\cos 34°+\sqrt{\cos^2 34°-\cos^2 35°}}$$

$=17.57$

$E_{a1}=\frac{1}{2}\times 17.57\times 1.6=14.06\ (\mathrm{kN})$

②e_a 以下

$e_a' = K_a\gamma(z+h) - 2c\sqrt{K_a}$

$= 0.271\times18\times(5+2+2)$

$= 43.9$

$E_{a2} = \frac{1}{2}\times(17.57+43.9)\times(2+5-1.6) = 166(\text{kN})$

$E_a = 14.06 + 166 = 180\ (\text{kN})$

18. (A)

解:$E_{ak} = \frac{1}{2}\gamma H^2 K_a$

$\eta = \frac{2c}{\gamma H} = \frac{2\times10}{19\times5} = 0.21$

$K_a = \frac{\sin(\alpha+\beta)}{\sin(\alpha-\delta+\theta-\delta_R)\sin(\theta-\beta)}\left[\frac{\sin(\alpha+\theta)\sin(\theta-\delta_R)}{\sin^2\alpha} - \eta\frac{\cos\delta_R}{\sin\alpha}\right]$

$= \frac{\sin(90°+0°)}{\sin(90°-0°+65°-10°)\sin(65°-0°)}\times\left[\frac{\sin(90°+65°)\sin(65°-10°)}{\sin^2 90°} - 0.21\times\frac{\cos 10°}{\sin 90°}\right]$

$= 0.268$

$E_a = \frac{1}{2}\gamma H^2 K_a = \frac{1}{2}\times19\times5^2\times0.268 = 63.65\ (\text{kN}) \approx 64\ (\text{kN})$

19. (C)

解:据《建筑边坡工程技术规范》(GB 50330—2013)第 6.3.1 条计算。

①$K_q = 1 + \frac{2q\sin\alpha\cos\beta}{\gamma H\sin(\alpha+\beta)} = 1 + \frac{2\times10}{12\times21} = \frac{\sin90°\times\cos0°}{\sin(90°+0°)} = 1.08$

$\eta = \frac{2c}{\gamma H} = \frac{2\times25}{21\times12} = 0.198\,4$

②$K_a = \frac{\sin(90°+0°)}{\sin^2 90°\times\sin(90°-0°+56-18°)\times\sin(56°-0°)}\times[1.08\times\sin(90°+56°)\times\sin$

$(56°-18°) - 0.198\,4\times\sin 90°\times\cos 18°]$

$= 1.530\,7\times(0.371\,8 - 0.188\,7)$

$= 0.28$

③$E_{ak1} = \frac{1}{2}\gamma H^2 K_a = \frac{1}{2}\times21\times12^2\times0.28 = 423.36\ (\text{kN})$

$E_{ak1} = 1.15\times423.36 = 486.9\ (\text{kN})$

20. (B)

解:据式(6.3.2),每米宽度 $G = \frac{3\,000}{20} = 150$

$E_{ak} = G\tan(\theta-\psi_s) - \frac{C_s L\cos\varphi_s}{\cos(\theta-\varphi_s)}$

$= 150\tan(45°-15°) - \frac{5\times12\times\cos 15°}{\cos(45°-15°)}$

$= 19.7\ (\text{kN})$

21. ① (D) ② (C)

解：①$b''=6\tan 20°=2.184$

$b=2.18+0.8=2.98$

$G_1=Hbl\gamma=6\times0.8\times1\times22=105.6$

$G_2=\frac{1}{2}\times6\times2.184\times1\times22=144.1$

$G=249.7$

$G_n=G\cos\alpha_0=249.7\times\cos 0°=249.7$

$G_t=G\sin\alpha_0=0$

$E_{at}=72.7\times1.1\times\sin(70°-0°-10°)=69.28$

$E_{an}=72.7\times1.1\times\cos(70°-0°-10°)=40$

$x_0G=\frac{1}{2}G_1b'+G_2\left(b'+\frac{1}{3}b''\right)$

$249.7x_0=0.4\times105.6+\left(0.8+\frac{2.18}{3}\right)\times144.1$

$x_0=1.05$

$F_s=\frac{(249.7+40)\times\tan20°}{69.28-0}=1.5$

②$x_f=b-z\tan\alpha=2.98-2\tan 20°=2.25$

$z_f=z-b\tan\alpha_0=2-0=2$

$E_{ax}=80\times\sin(70°-10°)=69.28$

$E_{az}=80\times\cos(70°-10°)=40$

$F_s=\frac{249.7\times1.05+40\times2.25}{69.28\times2}=2.54$

22.(C)

解：$G_n=G\cos\alpha_0=150\times1=150$

$G_t=G\sin\alpha_0=0$

$E_{at}=E_a\sin(\alpha-\alpha_0-\delta)$

$=95\times\sin(65°-0°-20°)=67.18$

$E_{an}=E_a\cos(65°-20°)=67.18$

$F_s=\frac{(G_n+E_{an})\mu}{E_{at}-G_t}=\frac{(150+67.18)\times0.30}{67.18-0}=0.97\approx1$

$b=2.5$，$z=\frac{1}{3}\times4.5=1.5$

$x_f=b-z\cot\alpha=2.5-1.5\times\cot 65°=1.8$

$z_f=z-b\tan\alpha_0=1.5$

$E_{ax}=E_a\sin(\alpha-\delta)=95\times\sin(65°-20°)=67.18$

$E_{az}=E_a\cos(\alpha-\delta)=95\times\cos(65°-20°)=67.18$

$F_t=\frac{Gx_0+z_{az}x_f}{E_{ax}z_f}=\frac{150\times1.4+67.18\times1.8}{67.18\times1.5}=3.3$

23.① (C)　② (A)　③ (D)　④ (B)　⑤ (B)　⑥ (B)

解：①$e_{hk}=\frac{E_{hk}}{0.875H}=\frac{200}{0.875\times8}=28.57$

②取 $e_{hk}=30$

$N_{ak}=\dfrac{H_{tk}}{\cos\alpha}$

$H_{tk}=e_{hk}s_x s_y=30\times2\times2.5=150$

$N_{ak}=\dfrac{H_{tk}}{\cos\alpha}=\dfrac{150}{\cos25°}=165.5$

③$A_s\geqslant\dfrac{K_b N_{ak}}{f_y}=\dfrac{2\times165.5}{300\times1\,000}=1\,103\ (\text{mm}^2)$

④$D=30\ \text{mm}=0.03\ \text{m}$

$l_a\geqslant\dfrac{KN_{ak}}{n\pi d f_b}=\dfrac{2.4\times165.5}{1\times3.14\times0.03\times2.1\times1\,000}=2\ (\text{m})$

取 $l_a=4\ \text{m}$

⑤$N_{ak}=70\ \text{kN},D=18\ \text{cm}=0.18\ \text{m}$

$l_a\geqslant\dfrac{KN_{ak}}{\pi D f_{rb}}=\dfrac{2.4\times70}{3.14\times0.18\times35}=8.5\ (\text{m})$

⑥$l=0.5+5+8.5=14\ (\text{m})$

24.(A)

解:由于规范中仅仅是对抗滑移稳定性进行考量,虽然交换了锚杆位置,但锚杆总的拉力合力及作用方向并未发生变化,岩石块体抗滑移稳定性并未受到影响,所以仍然能保持稳定。

25.①(C) ②(D)

解:①设反弯点距基坑底面的距离为 Y_n

$K_a=\tan^2\left(45°-\dfrac{\varphi}{2}\right)=\tan^2\left(45°-\dfrac{30°}{2}\right)=0.33$

$K_p=\tan^2\left(45°+\dfrac{\varphi}{2}\right)=\tan^2\left(45°+\dfrac{30°}{2}\right)=3$

$e_{ak}=\gamma HK_a-2c\sqrt{K_a}=18\times5\times0.33=29.7$

$e_{pk}=\gamma HK_p+2e\sqrt{K_p}=18\times Y_n\times3=54Y_n$

$e_{ak}-e_{pk}=0$

$54Y_n=29.7$

$Y_n=0.55\ (\text{m})$

②单根锚杆的水平拉力

$$H_{aj}=\frac{E_{aj}a_j-\sum_{i=1}^{n}H_{ai}a_{ai}}{a_{aj}}=\frac{\left(\dfrac{1}{2}\times29.7\times5\times2\right)\times\left(\dfrac{5}{3}+0.55\right)}{5-2.5+0.55}=108\ (\text{kN})$$

6.5.2 单项选择题答案

6.5.2.1 《铁路路基设计规范》(TB 10001—2005)

1.(D)	2.(A)	3.(C)	4.(C)	5.(D)	6.(C)	7.(B)
8.(C)	9.(A)	10.(C)	11.(C)	12.(B)	13.(B)	14.(D)
15.(C)	16.(B)	17.(D)	18.(C)	19.(D)	20.(B)	21.(B)
22.(D)	23.(C)	24.(B)	25.(C)	26.(B)	27.(D)	28.(C)
29.(D)	30.(D)	31.(B)	32.(C)			

6.5.2.2 《公路路基设计规范》(JTG D30—2015)

1.(C) 据第 1.0.3 条、第 1.0.7 条、第 1.0.8 条、第 1.0.11 条

2.(B) 据第 1.0.10 条

3.(B) 据第 2.0.4 条、第 2.0.3 条、第 2.0.2 条、第 2.0.7 条

4.(D) 据第 2.0.9 条

5.(C) 据第 3.1.3 条、第 3.2.1 条、第 3.2.2 条

6.(D) 据第 3.3.1 条、第 3.3.2 条、第 3.3.9 条

7.(C) 据第 3.4.1 条、第 3.4.2 条、第 3.4.7 条

8.(D) 据第 3.6.7 条、第 3.6.6 条

9.(B) 据第 3.7.4 条

10.(D) 据第 3.8.3 条、第 3.8.4 条

11.(B) 据第 3.9.1 条、第 3.9.2 条、第 3.9.3 条、第 3.9.5 条

12.(A) 据第 4.0.1 条、第 4.0.2 条、第 4.0.3 条、第 4.0.4 条

13.(A) 据第 4.2.1 条、第 4.2.4 条、第 4.2.7 条、第 4.2.8 条

14.(A) 据第 4.3 节

15.(C) 据第 5.2.1 条、第 5.2.2 条、第 5.2.3 条、第 5.2.4 条

16.(D) 据第 5.3.1 条、第 5.3.4 条、第 5.3.5 条、第 5.3.7 条

17.(B) 据第 5.4.2 条

18.(C) 据第 5.4.2 条

19.(D) 据第 5.4.2 条

20.(D) 据第 5.4.2 条

21.(A) 据第 5.4.2 条

22.(B) 据第 5.4.2 条

6.5.3 多项选择题答案

1.(A)、(C)、(D)

2.(B)、(D)、(E)

3.(A)、(B)、(C)、(D)

4.(B)、(C)、(D)

5.(B)、(C)

6.(B)、(C)、(D)

7.(B)、(D)

8.(B)、(D)、(E)

9.(B)、(C)、(D)

10.(C)、(D)

11.(A)、(D)、(E)

12.(C)、(D)

13.(C)、(D)、(E)

14.(A)、(D)

15.(A)、(B)

16.(A)、(B)、(C)、(D)

17.(C)、(D)

18.(A)、(C)、(E)

19.(A)、(E)

20.(A)、(C)

21.(A)、(C)、(D)

22.(A)、(E)

23.(A)、(C)、(D)

24.(A)、(B)、(C)

25.(A)、(D)

26.(A)、(B)、(D)

27.(A)、(C)

28.(B)、(C)、(D)

29.(D)、(E)

30.(C)、(D)

31.(A)、(B)

32.(A)、(C)

33.(A)、(B)、(C)、(D)

34.(A)、(C)

35.(A)、(B)、(C)、(D)、(E)

36.(A)、(B)

37.(B)、(D)

38.(C)、(D)

39.(C)、(D)

40.(A)、(B)、(C)

41.(A)、(B)、(C)、(D)

42.(A)、(B)、(C)

43.(A)、(B)、(C)、(D)

44.(C)、(D)

第7章 基坑工程与地下工程

7.1 基坑与地下工程

7.1.1 按《建筑基坑支护技术规程》(JGJ 120—2012)计算基坑水平荷载与水平抗力的标准值

JGJ 120—2012 的相关规定如下。

(一)水平荷载的计算

3.4.1 计算作用在支护结构上的水平荷载时,应考虑下列因素:

①基坑内外土的自重(包括地下水)。

②基坑周边既有和在建的建(构)筑物荷载。

③基坑周边施工材料和设备荷载。

④基坑周边道路车辆荷载。

⑤冻胀、温度变化及其他因素产生的作用。

3.4.2 作用在支护结构上的土压力应按下列规定确定:

①支护结构外侧的主动土压力强度标准值、支护结构内侧的被动土压力强度标准值宜按下列公式计算(图 3.4.2)

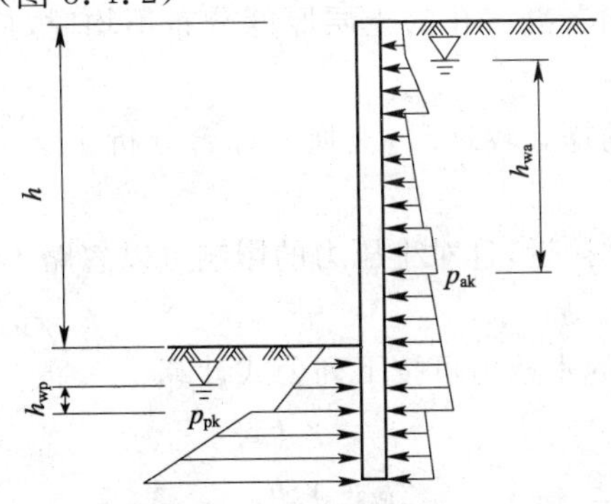

图 3.4.2 土压力计算

(A)对地下水位以上或水土合算的土层

$$p_{ak}=\sigma_{ak}K_{a,i}-2c_i\sqrt{K_{a,i}} \tag{3.4.2-1}$$

$$K_{a,i}=\tan^2\left(45°-\frac{\varphi_i}{2}\right) \tag{3.4.2-2}$$

$$p_{pk}=\sigma_{pk}K_{p,i}+2c_i\sqrt{K_{p,i}} \tag{3.4.2-3}$$

$$K_{p,i}=\tan^2\left(45°+\frac{\varphi_i}{2}\right) \tag{3.4.2-4}$$

第7章 基坑工程与地下工程

式中：p_{ak}为支护结构外侧第 i 层土中计算点的主动土压力强度标准值(kPa)，当 $p_{ak}<0$时，应取 $p_{ak}=0$；σ_{ak}、σ_{pk}分别为支护结构外侧、内侧计算点的土中竖向应力标准值(kPa)，按本规程第 3.4.5条的规定计算；$K_{a,i}$、$K_{p,i}$分别为第 i 层土的主动土压力系数、被动土压力系数；c_i、φ_i 分别为第 i 层土的黏聚力(kPa)、内摩擦角(°)，按本规程第 3.1.14 条的规定取值；p_{pk}为支护结构内侧第 i 层土中计算点的被动土压力强度标准值(kPa)。

(B)对于水土分算的土层

$$p_{ak}=(\sigma_{ab}-u_a)K_{a,i}-2c_i\sqrt{K_{a,i}}+u_a \quad (3.4.2\text{-}5)$$

$$p_{pk}=(\sigma_{pk}-u_p)K_{p,i}+2c_i\sqrt{K_{p,i}}+u_p \quad (3.4.2\text{-}6)$$

式中，u_a、u_p 分别为支护结构外侧、内侧计算点的水压力(kPa)；对静止地下水，按本规程第 3.4.4 条的规定取值；当采用悬挂式截水帷幕时，应考虑地下水从帷幕底向基坑内的渗流对水压力的影响。

②在土压力影响范围内，存在相邻建筑物地下墙体等稳定界面时，可采用库仑土压力理论计算界面内有限滑动楔体产生的主动土压力，此时，同一土层的土压力可采用沿深度线性分布形式。支护结构与土之间的摩擦角宜取零。

③向需要严格限制支护结构的水平位移时，支护结构外侧的土压力宜取静止土压力。

④有可靠经验时，可采用支护结构与土相互作用的方法计算土压力。

3.4.3　对成层土，土压力计算时的各土层计算厚度应符合下列规定：

①当土层厚度较均匀、层面坡度较平缓时，宜取邻近勘察孔的各土层厚度，或同一计算剖面内各土层厚度的平均值。

②当同一计算剖面内各勘察孔的土层厚度分布不均时，应取最不利勘察孔的各土层厚度。

③对复杂地层且距勘探孔较远时，应通过综合分析土层变化趋势后确定土层的计算厚度。

④当相邻土层的土性接近，且对土压力的影响可以忽略不计或有利时，可归并为同一计算土层。

3.4.4　静止地下水的水压力可按下列公式计算

$$u_a=\gamma_w h_{wa} \quad (3.4.4\text{-}1)$$

$$u_0=\gamma_w h_{wp} \quad (3.4.4\text{-}2)$$

式中，γ_w 为地下水重度(kN/m^3)，取 $\gamma_w=10$ kN/m^3；h_{wa}为基坑外侧地下水位至主动土压力强度计算点的垂直距离(m)，对承压水，地下水位取测压管水位，当有多个含水层时，应取计算点所在含水层的地下水位；h_{wp}为基坑内侧地下水位至被动土压力强度计算点的垂直距离(m)，对承压水，地下水位取测压管水位。

3.4.5　土中竖向应力标准值应按下式计算

$$\sigma_{ak}=\sigma_{ac}+\sum\Delta\sigma_{k,j} \quad (3.4.5\text{-}1)$$

$$\sigma_{pk}=\sigma_{pc} \quad (3.4.5\text{-}2)$$

式中，σ_{ac}为支护结构外侧计算点，由土的自重产生的竖向总应力(kPa)；σ_{pc}为支护结构内侧计算点，由土的自重产生的竖向总应力(kPa)；$\Delta\sigma_{k,j}$为支护结构外侧第 j 个附加荷载作用下计算点的土中附加竖向应力标准值(kPa)，应根据附加荷载类型，按本规程第 3.4.6 条～第 3.4.8 条计算。

3.4.6　均布附加荷载作用下的土中附加竖向应力标准值应按下式计算(图 3.4.6)

$$\Delta\sigma_k = q_0 \tag{3.4.6}$$

式中，q_0 为均布附加荷载标准值(kPa)。

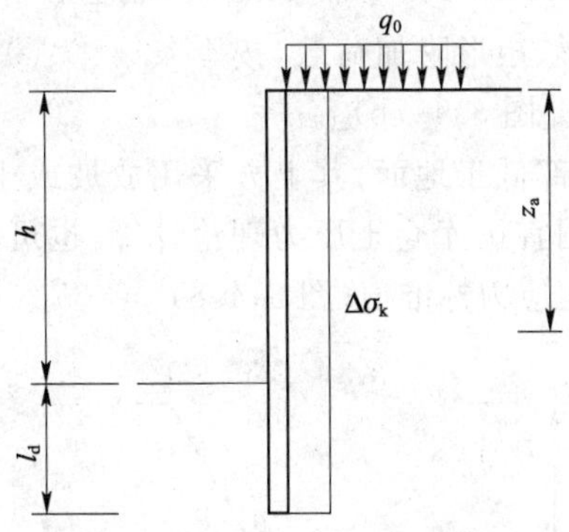

图 3.4.6　均布竖向附加荷载作用下的土中附加竖向应力计算

3.4.7　局部附加荷载作用下的土中附加竖向应力标准值可按下列规定计算：

①对条形基础下的附加荷载[图 3.4.7a)]：

当 $d+a/\tan\theta \leqslant z_a \leqslant d+(3a+b)/\tan\theta$ 时

$$\Delta\sigma_k = \frac{p_0 b}{b+2a} \tag{3.4.7-1}$$

式中，p_0 为基础底面附加压力标准值(kPa)；d 为基础埋置深度(m)；b 为基础宽度(m)；a 为支护结构外边缘至基础的水平距离(m)；θ 为附加荷载的扩散角(°)，宜取 $\theta=45°$；z_a 为支护结构顶面至土中附加竖向应力计算点的竖向距离。

当 $z_a < d+a/\tan\theta$ 或 $z_a > d+(3a+b)/\tan\theta$ 时，取 $\Delta\sigma_k=0$。

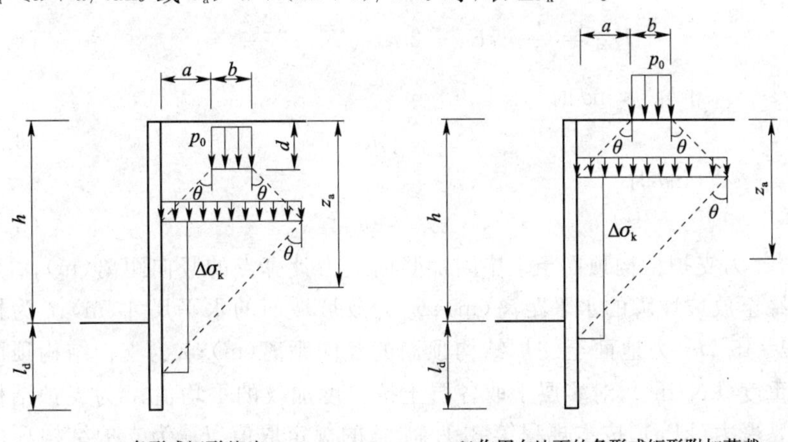

图 3.4.7　局部附加荷载作用下的土中附加竖向应力计算

第7章　基坑工程与地下工程

②对矩形基础下的附加荷载[图 3.4.7a)]：

当 $d+a/\tan\theta \leqslant z_a \leqslant d+(3a+b)/\tan\theta$ 时

$$\Delta\sigma_k = \frac{p_0 bl}{(b+2a)(l+2a)} \tag{3.4.7-2}$$

式中，b 为与基坑边垂直方向上的基础尺寸(m)；l 为与基坑边平行方向上的基础尺寸(m)。

当 $z_a < d+a/\tan\theta$ 或 $z_a > d+(3a+b)/\tan\theta$ 时，取 $\Delta\sigma_k = 0$。

③对作用在地面的条形、矩形附加荷载，按本条第①、②款计算土中附加竖向应力标准值 $\Delta\sigma_k$ 时，应取 $d=0$[图 3.4.7b)]。

3.4.8 当支护结构顶部低于地面，其上方采用放坡或土钉墙时，支护结构顶面以上土体对支护结构的作用宜按库仑土压力理论计算，也可将其视作附加荷载并按下列公式计算土中附加竖向应力标准值(图 3.4.8)

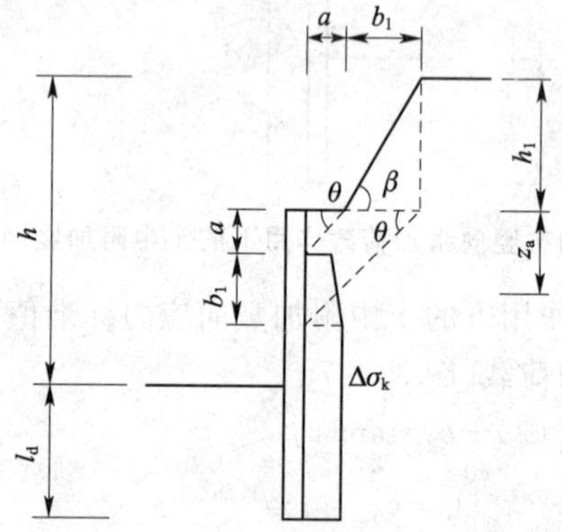

图 3.4.8 支护结构顶部以上采用放坡或土钉墙时土中附加竖向应力计算

①当 $a/\tan\theta \leqslant z_a \leqslant (a+b_1)/\tan\theta$ 时

$$\Delta\sigma_k = \frac{\gamma h_1}{b_1}(z_a - a) + \frac{E_{ak1}(a+b_1-z_a)}{K_a b_1^2} \tag{3.4.8-1}$$

$$E_{ak1} = \frac{1}{2}\gamma h_1^2 K_a - 2ch_1\sqrt{K_a} + \frac{2c^2}{\gamma} \tag{3.4.8-2}$$

②当 $z_a > (a+b_1)/\tan\theta$ 时

$$\Delta\sigma_b = \gamma h_1 \tag{3.4.8-3}$$

③当 $z_a < a/\tan\theta$ 时

$$\Delta\sigma_k = 0 \tag{3.4.8-4}$$

式中，z_a 为支护结构顶面至土中附加竖向应力计算点的竖向距离(m)；a 为支护结构外边缘至放坡坡脚的水平距离(m)；b_1 为放坡坡面的水平尺寸(m)；θ 为扩散角(°)，宜取 $\theta=45°$；h_1 为地面至支护结构顶面的竖向距离(m)；γ 为支护结构顶面以上土的天然重度(kN/m^3)，对多层土取各层土按厚度加权的平均值；c 为支护结构顶面以上土的黏聚力(kPa)，按本规程第 3.1.14 条的规定取值；K_a 为支护结构顶面以上土的主动土压力系数，对多层土取各层土按厚度加权的平均值；E_{ak1} 为支护结构顶面以上土体的自重所产生的单位宽度主动土压力标准值(kN/m)。

（二）水平抗力的计算

4.1.4　作用在挡土构件上的分布土反力应符合下列规定：

①分布土反力可按下式计算

$$p_s = k_s v + p_{s0} \tag{4.1.4-1}$$

②挡土构件嵌固段上的基坑内侧土反力应符合下列条件，当不符合时，应增加挡土构件的嵌固长度或取 $P_{sk}=E_{pk}$时的分布土反力。

$$P_{sk} \leqslant E_{pk} \tag{4.1.4-2}$$

式中，p_s 为分布土反力（kPa）；k_s 为土的水平反力系数（kN/m^3），按本规程第4.1.5条的规定取值；v 为挡土构件在分布土反力计算点使土体压缩的水平位移值（m）；p_{s0}为初始分布土反力（kPa），挡土构件嵌固段上的基坑内侧初始分布土反力可按本规程公式（3.4.2-1）或公式（3.4.2-5）计算，但应将公式中的 p_{ak}用 p_{s0}代替、σ_{ak}用 σ_{pk}代替、u_a 用 u_p 代替，且不计（$2c_i\sqrt{K_{ai}}$）项；P_{sk}为挡土构件嵌固段上的基坑内侧土反力标准值（kN），通过按公式（4.1.4-1）计算的分布土反力得出；E_{pk}为挡土构件嵌固段上的被动土压力标准值（kN），通过按本规程公式（3.4.2-3）或公式（3.4.2-6）计算的被动土压力强度标准值得出。

4.1.5　基坑内侧土的水平反力系数可按下式计算

$$k_s = m(z-h) \tag{4.1.5}$$

式中，m 为土的水平反力系数的比例系数（kN/m^4），按本规程第4.1.6条确定；z 为计算点距地面的深度（m）；h 为计算工况下的基坑开挖深度（m）。

4.1.6　土的水平反力系数的比例系数宜按桩的水平荷载试验及地区经验取值，缺少试验和经验时，可按下列经验公式计算

$$m = \frac{0.2\varphi^2 - \varphi + c}{v_b} \tag{4.1.6}$$

式中，m 为土的水平反力系数的比例系数（MN/m^4）；c、φ 分别为土的黏聚力（kPa）、内摩擦角（°），按本规程第3.1.14条的规定确定，对多层土，按不同土层分别取值；v_b 为挡土构件在坑底处的水平位移量（mm），当此处的水平位移不大于10 mm时，可取v_b＝10 mm。

4.1.7　排桩的土反力计算宽度应按下列公式计算：

对圆形桩

$$b_0 = 0.9\times(1.5d+0.5) \quad (d \leqslant 1\ \text{m}) \tag{4.1.7-1}$$

$$b_0 = 0.9(d+1) \quad (d > 1\ \text{m}) \tag{4.1.7-2}$$

对矩形桩或工字形桩

$$b_0 = 1.5b+0.5 \quad (b \leqslant 1\ \text{m}) \tag{4.1.7-3}$$

$$b_0 = b+1 \quad (b > 1\ \text{m}) \tag{4.1.7-4}$$

式中，b_0 为单根支护桩上的土反力计算宽度（m），当按式（4.1.7-1）～式（4.1.7-4）计算的 b_0 大于排桩间距时，b_0 取排桩间距；d 为桩的直径（m）；b 为矩形桩或工字形桩的宽度（m）。

【例题 1】

某基坑场地地层资料见下表。

编号	土名	深度	黏聚力	内摩擦角/(°)	重度/(kN/m³)
1	砂土	0～5 m	0	30	18
2	粉土	5 m以下	10	20	20

水位在地下5 m处，基坑拟挖深7 m支挡结构嵌固深度6 m，如按水土分算，作用于每延长米支挡结构背面的总水土压力为(　　)kN。

(A)363　　(B)473　　(C)630　　(B)793

解

1. 砂土层的主动土压力

①5 m处砂土层的主动土压力强度

$$P_{ak1}=\sigma_{ak}K_{a1}-2c\sqrt{K_{a1}}=\sigma_{ak}K_{a1}=5\times18\times\tan^2(45°-30°/2)=30\ (\text{kPa})$$

②砂土层的主动土压力合力

$$E_{ak1}=\frac{1}{2}\gamma h^2K_{a1}=\frac{1}{2}hP_{ak1}=\frac{1}{2}\times5\times30=75\ (\text{kN})$$

2. 粉土层的主动土压力

①5 m处粉土层的主动土压力强度：

$$\begin{aligned}P_{ak2}&=\sigma_{ak}K_{a2}-2c_2\sqrt{K_{a2}}\\&=5\times18\times\tan^2(45°-20°/2)-2\times10\times\tan(45°-20°/2)\\&=30.1\ (\text{kPa})\end{aligned}$$

②13 m处粉土的主动土压力强度：

$$\begin{aligned}P_{ak3}&=\sigma_{ak2}K_{a2}-2c\sqrt{K_{a2}}\\&=(5\times18+8\times10)\times0.49-2\times10\times0.7\\&=69.3\ (\text{kPa})\end{aligned}$$

③粉土的主动土压力的合力：

$$\begin{aligned}E_{a2}&=\frac{1}{2}h_2(p_{ak2}+p_{ak3})\\&=\frac{1}{2}\times(7+6-5)\times(30.1+69.3)\\&=397.6\ (\text{kN})\end{aligned}$$

3. 水压力

①13 m处的水压力：

$$U_a=\gamma_w h_{wa}=10\times8=80\ (\text{kPa})$$

②水压力的合力：

$$E_{水}=\frac{1}{2}h_{wa}U_a=\frac{1}{2}\times8\times80=320\ (\text{kN})$$

4. 水土压力的合力

$$E=E_{a1}+E_{a2}+E_{水}=75+397.6+320=792.6\ (\text{kN})$$

答案为(D)。

例题解析

①修改后水平土压力计算，无论在墙后还是在墙前，均应按朗肯理论计算。

②当水土分算时，支挡结构背后受到的实际压力应为土压力与水压力之和。

③水压力的计算与静水压力相同。

④土中竖向应力的标准值应为支护结构外侧计算点，由土的自重产生的竖向应力与各

个附加荷载作用下计算点竖向附加应力的和。

【案例模拟题 1】

其他条件与例题 1 相同，在基坑一侧的地面处，距基坑边缘 2.5 m 有一个与基坑边缘平行的条形基础，宽 2.0 m，埋深为 2.5 m，基底压力为 150 kPa，该基础底面的压力在每延长米基坑支挡结构的端点处引起的力矩为(　　)kN·m。

(A)652　　(B)662　　(C)672　　(D)682

【案例模拟题 2】

其他条件与例题 1 相同，如按水土合算方法计算，每延长米支挡结构后的总水土压力是(　　)kN。

(A)629　　(B)729　　(C)852　　(D)949

【案例模拟题 3】

其他条件与例题 1 相同，如按水土合算方法计算，每延长米支挡结构前的被动土压力对支挡结构的端点的力矩为(　　)kN·m。

(A)1 561　　(B)1 774　　(C)1 983　　(D)2 145

7.1.2 按《建筑基坑支护技术规程》(JGJ 120—2012)进行稳定性验算

JGJ 120—2012 的相关规定如下。

4.2.1 悬臂式支挡结构的嵌固深度(l_d)应符合下式嵌固稳定性的要求(图 4.2.1)

$$\frac{E_{pk}a_{p1}}{E_{ak}a_{a1}} \geqslant K_e \tag{4.2.1}$$

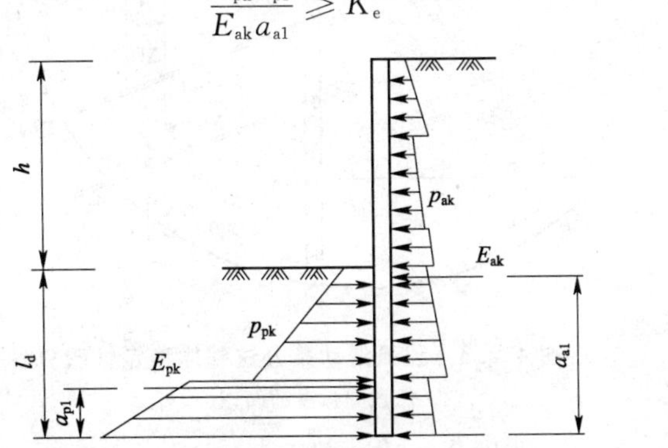

图 4.2.1 悬臂式结构嵌固稳定性验算

式中，K_e 为嵌固稳定安全系数，安全等级为一级、二级、三级的悬臂式支挡结构，K_e 分别不应小于 1.25、1.2、1.15；E_{ak}、E_{pk} 分别为基坑外侧主动土压力、基坑内侧被动土压力标准值(kN)；a_{a1}、a_{p1} 分别为基坑外侧主动土压力、基坑内侧被动土压力合力作用点至挡土构件底端的距离(m)。

4.2.2 单层锚杆和单层支撑的支挡式结构的嵌固深度(l_d)应符合下式嵌固稳定性的要求(图 4.2.2)

$$\frac{E_{pk}a_{p2}}{E_{ak}a_{a2}} \geqslant K_e \tag{4.2.2}$$

式中，K_e 为嵌固稳定安全系数，安全等级为一级、二级、三级的锚拉式支挡结构和支撑式支挡结构，K_e 分别不应小于 1.25、1.2、1.15；a_{a2}、a_{p2} 为基坑外侧主动土压力、基坑内侧被动土压力合力作用点至支点的距离(m)。

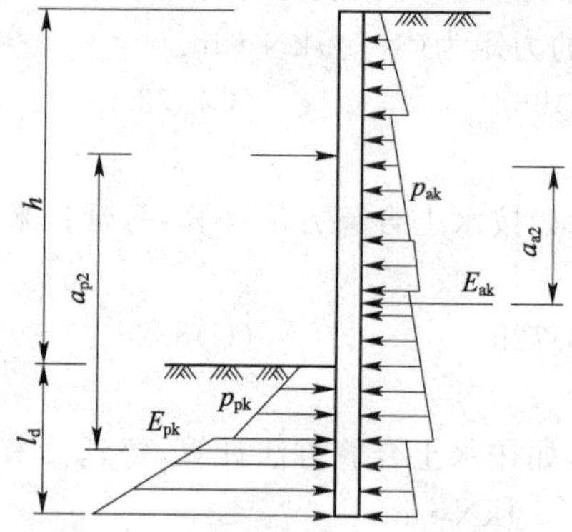

图 4.2.2 单支点锚拉式支挡结构和支撑式支挡结构的嵌固稳定性验算

4.2.3 锚拉式、悬臂式支挡结构和双排桩应按下列规定进行整体滑动稳定性验算：

①整体滑动稳定性可采用圆弧滑动条分法进行验算。

②采用圆弧滑动条分法时，其整体滑动稳定性应符合下列规定(图 4.2.3)

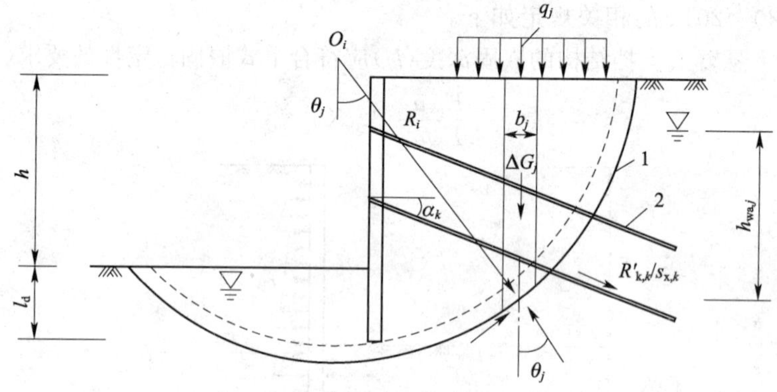

图 4.2.3 圆弧滑动条分法整体稳定性验算

1-任意圆弧滑动面；2-锚杆

$$\min\{K_{s,1},K_{s,2},\cdots,K_{s,i},\cdots\}\geqslant K_s \tag{4.2.3-1}$$

$$K_{s,i}=\frac{\sum\{c_jl_j+[(q_jb_j+\Delta G_j)\cos\theta_j-u_jl_j]\tan\varphi_j\}+\sum R'_{k,k}[\cos(\theta_k+\alpha_k)+\psi_v]/s_{x,k}}{\sum(q_jb_j+\Delta G_j)\sin\theta_j} \tag{4.2.3-2}$$

式中，K_s 为圆弧滑动稳定安全系数，安全等级为一级、二级、三级的支挡式结构，K_s 分别不应小于 1.35、1.3、1.25；$K_{s,i}$ 为第 i 个圆弧滑动体的抗滑力矩与滑动力矩的比值，抗滑力矩与滑动力矩之比的最小值宜通过搜索不同圆心及半径的所有潜在滑动圆弧确定；c_j、φ_j 分别为第 j 土条滑弧面处土的黏聚力(kPa)、内摩擦角(°)，按本规程第 3.1.14 条的规定取值；b_j 为第 j 土条的宽度(m)；θ_j 为第 j 土条滑弧面中点处的法线与垂直面的夹角(°)；l_j 为第 j 土条的滑弧长度(m)，取 $l_i=b_i/\cos\theta_j$；q_j 为第 j 土条上的附加分布荷载标准值(kPa)；ΔG_j 为第 j 土条的自重(kN)，按天然重度计算；

u_j 为第 j 土条滑弧面上的水压力(kPa)；采用落底式截水帷幕时，对地下水位以下的砂土、碎石土、砂质粉土，在基坑外侧，可取 $u_j=\gamma_w/h_{wa,j}$，在基坑内侧，可取 $u_j=\gamma_w/h_{wp,j}$，滑弧面在地下水位以上或对地下水位以下的黏性土，取 $u_j=0$；γ_w 为地下水重度(kN/m^3)；$h_{wa,j}$ 为基坑外侧第 j 土条滑弧面中点的压力水头(m)；$h_{wp,j}$ 为基坑内侧第 j 土条滑弧面中点的压力水头(m)；$R'_{k,k}$ 为第 k 层锚杆在滑动面以外的锚固段的极限抗拔承载力标准值与锚杆杆体受拉承载力标准值($f_{ptk}A_p$)的较小值(kN)，锚固段的极限抗拔承载力应按本规程第 4.7.4 条的规定计算，但锚固段应取滑动面以外的长度；对悬臂式、双排桩支挡结构，不考虑$\sum R'_{k,k}[\cos(\theta_K+\alpha_k)+\psi_v]/s_{x,k}$项；$\alpha_k$ 为第 k 层锚杆的倾角(°)；θ_k 为滑弧面在第 k 层锚杆处的法线与垂直面的夹角(°)；$s_{x,k}$ 为第 k 层锚杆的水平间距(m)；ψ_v 为计算系数，可按$\psi_v=0.5\sin(\theta_k+\alpha_k)\tan\varphi$ 取值；φ 为第 k 层锚杆与滑弧交点处土的内摩擦角(°)。

③当挡土构件底端以下存在软弱下卧层时，整体稳定性验算滑动面中应包括由圆弧与软弱土层层面组成的复合滑动面。

4.2.4　支挡式结构的嵌固深度应符合下列坑底隆起稳定性要求：

①锚拉式支挡结构和支撑式支挡结构的嵌固深度应符合下列规定(图 4.2.4-1)

$$\frac{\gamma_{m2}l_dN_q+cN_c}{\gamma_{m1}(h+l_d)+q_0}\geqslant K_b \tag{4.2.4-1}$$

$$N_q=\tan^2\left(45^\circ+\frac{\varphi}{2}\right)e^{\pi\tan\varphi} \tag{4.2.4-2}$$

$$N_c=(N_q-1)/\tan\varphi \tag{4.2.4-3}$$

式中，K_b 为抗隆起安全系数，安全等级为一级、二级、三级的支护结构，K_b 分别不应小于1.8、1.6、1.4；γ_{m1}、γ_{m2} 分别为基坑外、基坑内挡土构件底面以上土的天然重度(kN/m^3)，对多层土，取各层土按厚度加权的平均重度；l_d 为挡土构件的嵌固深度(m)；h 为基坑深度(m)；q_0 为地面均布荷载(kPa)；N_c、N_q 为承载力系数；c、φ 分别为挡土构件底面以下土的黏聚力(kPa)、内摩擦角(°)，按本规程第 3.1.14 条的规定取值。

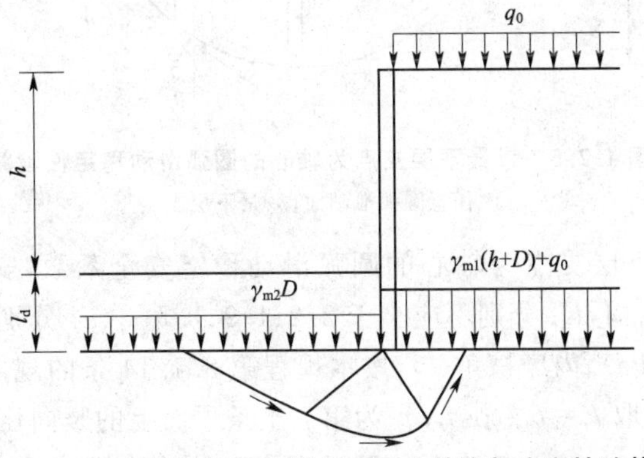

图 4.2.4-1　挡土构件底端平面下土的隆起稳定性验算

②当挡土构件底面以下有软弱下卧层时，坑底隆起稳定性的验算部位尚应包括软弱下卧层。软弱下卧层的隆起稳定性可按公式(4.2.4-1)验算，但式中的 γ_{m1}、γ_{m2} 应取软弱下卧层顶面以上土的重度(图 4.2.4-2)，l_d 应以 D 代替。

注：D 为基坑底面至软弱下卧层顶面的土层厚度(m)。

③悬臂式支挡结构可不进行隆起稳定性验算。

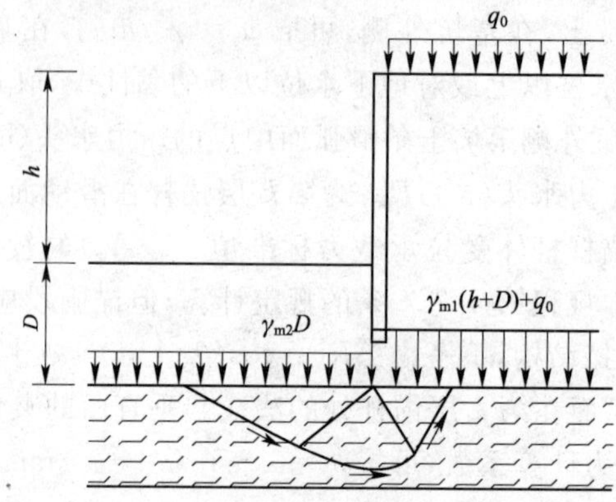

图 4.2.4-2　软弱下卧层的隆起稳定性验算

4.2.5　锚拉式支挡结构和支撑式支挡结构，当坑底以下为软土时，其嵌固深度应符合下列以最下层支点为轴心的圆弧滑动稳定性要求(图 4.2.5)

$$\frac{\sum\left[c_j l_j+(q_j b_j+\Delta G_j)\cos\theta_j\tan\varphi_j\right]}{\sum(q_j b_j+\Delta G_j)\sin\theta_j}\geqslant K_{\mathrm{r}} \tag{4.2.5}$$

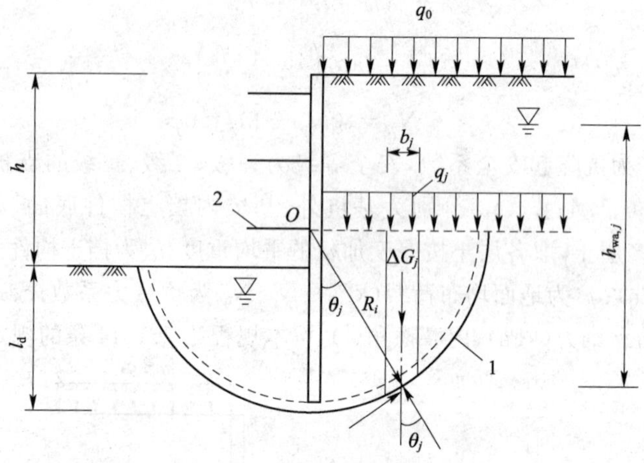

图 4.2.5　以最下层支点为轴心的圆弧滑动稳定性验算

1-任意圆弧滑动面;2-最下层支点

式中，K_{r} 为最下层支点为轴心的圆弧滑动稳定安全系数，安全等级为一级、二级、三级的支挡式结构，K_{r} 分别不应小于 2.2、1.9、1.7；c_j、φ_j 分别为第 j 土条在滑弧面处土的黏聚力(kPa)、内摩擦角(°)，按本规程第 3.1.14 条的规定取值；l_j 为第 j 土条的滑弧长度(m)，取 $l_j=b_j/\cos\theta_j$；q_j 为第 j 土条顶面上的竖向压力标准值(kPa)；b_j 为第 j 土条的宽度(m)；θ_j 为第 j 土条滑弧面中点处的法线与垂直面的夹角(°)；ΔG_j 为第 j 土条的自重(kN)，按天然重度计算。

4.2.6　采用悬挂式截水帷幕或坑底以下存在水头高于坑底的承压水含水层时，应按本规程附录 C 的规定进行地下水渗透稳定性验算。

4.2.7　挡土构件的嵌固深度除应满足本规程第 4.2.1 条～第 4.2.6 条的规定外，对悬臂式结构，尚不宜小于 $0.8h$；对单支点支挡式结构，尚不宜小于 $0.3h$；对多支点支挡式结构，尚不宜小于 $0.2h$。

注：h 为基坑深度。

【例题 2】

某场地为均质黏结土场地，基坑的深度为 6 m，嵌固深度为 4 m，采用单层锚杆支挡结构，锚杆位于地面以下 3.0 m 处，黏土的黏聚力为 15 kPa，内摩擦角为 20°，重度为 20 kN/m³，如按水土合算法计算，则该基坑的嵌固稳定性系数可以满足以下（　）要求。

(A)一级基坑　　(B)二级基坑

(C)三级基坑　　(D)均不能满足

解

取 1 m 宽边坡进行计算：

①土压力为 0 的位置 z_0：

$$z_0 = \frac{2c}{r\sqrt{K_a}} = \frac{2 \times 15}{20 \times \tan(45° - 20°/2)} = 2.14\ (\text{m})$$

②支挡结构端点的主动土压力强度

$$\begin{aligned} P_{ak} &= \sigma_{ak}K_a - 2c\sqrt{K_a} \\ &= (6+4) \times 20 \times \tan^2(45° - 20°/2) - 2 \times 15 \times \tan(45° - 20°/2) \\ &= 77\ (\text{kPa}) \end{aligned}$$

③主动土压力对支反点的力矩

$$a_{a2} = (3+4) - \frac{1}{3} \times (10 - 2.14) = 4.38\ (\text{m})$$

$$E_{ak} = \frac{1}{2} \times (10 - 2.14) \times 77 = 302.61\ (\text{kN})$$

$$E_{ak}a_{a2} = 302.61 \times 4.38 = 1\ 325.43\ (\text{kN} \cdot \text{m})$$

④被动土压力对支反点的力矩

基坑底面处的被动土压力 p_{ak1}

$$\begin{aligned} p_{pk1} &= \sigma_{pk}K_p + 2c\sqrt{K_p} \\ &= 0 + 2 \times 15 \times \tan(45° + 20°/2) \\ &= 42.8\ (\text{kPa}) \end{aligned}$$

支挡结构端点处的被动土压力 P_{ak2}

$$\begin{aligned} p_{ak2} &= \sigma_{pk}K_p + 2c\sqrt{K_p} \\ &= 4 \times 20 \times \tan^2(45° + 20°/2) + 2 \times 15 \times \tan(45° + 20°/2) \\ &= 205.96\ (\text{kPa}) \end{aligned}$$

$$\begin{aligned} E_{pk}a_{p2} &= 4 \times 42.8 \times (2+3) + \frac{1}{2} \times 4 \times (205.96 - 42.8) \times \left(\frac{2}{3} \times 4 + 3\right) \\ &= 2\ 705.15\ (\text{kN} \cdot \text{m}) \end{aligned}$$

⑤嵌固稳定性系数：

$$\frac{E_{pk}a_{p2}}{E_{ak}a_{a2}} = \frac{2\ 705.15}{1\ 325.43} = 2.04 > 1.25$$

第7章　基坑工程与地下工程

符合一级基坑嵌固稳定安全系数的要求。

答案为(A)。

【案例模拟题 4】

其他条件与例题 1 相同，如采用水土合算法计算，其嵌固稳定安全系数为(　　)。

(A)0.76　　(B)0.96　　(C)1.16　　(D)1.36

【案例模拟题 5】

其他条件与例题 2 相同，无锚杆一级基坑支挡结构后有 200 kPa 的满布荷载，则抗隆起安全系数为(　　)。

(A)1.8　　(B)1.6　　(C)1.4　　(D)均不满足

7.1.3　按《建筑基坑支护技术规程》(JGJ 120—2012)进行锚杆设计

JGJ 120—2012 的相关规定如下。

4.7.1　锚杆的应用应符合下列规定：

①锚拉结构宜采用钢绞线锚杆；承载力要求较低时，也可采用钢筋锚杆；当环境保护不允许在支护结构使用功能完成后锚杆杆体滞留在地层内时，应采用可拆芯钢绞线锚杆。

②在易塌孔的松散或稍密的砂土、碎石土、粉土、填土层，高液性指数的饱和黏性土层，高水压力的各类土层中，钢绞线锚杆、钢筋锚杆宜采用套管护壁成孔工艺。

③锚杆注浆宜采用二次压力注浆工艺。

④锚杆锚固段不宜设置在淤泥、淤泥质土、泥炭、泥炭质土及松散填土层内。

⑤在复杂地质条件下，应通过现场试验确定锚杆的适用性。

4.7.2　锚杆的极限抗拔承载力应符合下式要求

$$\frac{R_k}{N_k} \geqslant K_t \tag{4.7.2}$$

式中，K_t 为锚杆抗拔安全系数，安全等级为一级、二级、三级的支护结构，K_t 分别不应小于 1.8、1.6、1.4；N_k 为锚杆轴向拉力标准值(kN)，按本规程第 4.7.3 条的规定计算；R_k 为锚杆极限抗拔承载力标准值(kN)，按本规程第 4.7.4 条的规定确定。

4.7.3　锚杆的轴向拉力标准值应按下式计算

$$N_k = \frac{F_h s}{b_a \cos\alpha} \tag{4.7.3}$$

式中，N_k 为锚杆轴向拉力标准值(kN)；F_h 为挡土构件计算宽度内的弹性支点水平反力(kN)，按本规程第 4.1 节的规定确定；s 为锚杆水平间距(m)；b_a 为挡土结构计算宽度(m)；α 为锚杆倾角(°)。

4.7.4　锚杆极限抗拔承载力应按下列规定确定：

①锚杆极限抗拔承载力应通过抗拔试验确定，试验方法应符合本规程附录 A 的规定。

②锚杆极限抗拔承载力标准值也可按下式估算，但应通过本规程附录 A 规定的抗拔试验进行验证。

$$R_k = \pi d \sum q_{sk,i} l_i \tag{4.7.4}$$

式中，d 为锚杆的锚固体直径(m)；l_i 为锚杆的锚固段在第 i 土层中的长度(m)，锚固段长度为锚杆在理论直线滑动面以外的长度，理论直线滑动面按本规程第 4.7.5 条的规定确定；$q_{sk,i}$ 为锚固体与第 i 土层的极限黏结强度标准值(kPa)，应根据工程经验并结合表 4.7.4 取值。

锚杆的极限黏结强度标准值 表 4.7.4

土的名称	土的状态或密实度	q_{sk}/kPa	
		一次常压注浆	二次压力注浆
填土		16～30	30～45
淤泥质土		16～20	20～30
黏性土	$I_L>1$	18～30	25～45
	$0.75<I_L\leqslant1$	30～40	45～60
	$0.50<I_L\leqslant0.75$	40～53	60～70
	$0.25<I_L\leqslant0.50$	53～65	70～85
	$0<I_L\leqslant0.25$	65～73	85～100
	$I_L\leqslant0$	73～90	100～130
粉土	$e>0.90$	22～44	40～60
	$0.75\leqslant e\leqslant0.90$	44～64	60～90
	$e<0.75$	64～100	80～130
粉细砂	稍密	22～42	40～70
	中密	42～63	75～110
	密实	63～85	90～130
中砂	稍密	54～74	70～100
	中密	74～90	100～130
	密实	90～120	130～170
粗砂	稍密	80～130	100～140
	中密	130～170	170～220
	密实	170～220	220～250
砾砂	中密、密实	190～260	240～290
风化岩	全风化	80～100	120～150
	强风化	150～200	200～260

注：1. 采用泥浆护壁成孔工艺时，应按表取低值后再根据具体情况适当折减。

2. 采用套管护壁成孔工艺时，可取表中的高值。

3. 采用扩孔工艺时，可在表中数值基础上适当提高。

4. 采用二次压力分段劈裂注浆工艺时，可在表中二次压力注浆数值基础上适当提高。

5. 当砂土中的细粒含量超过总质量的 30%时，表中数值应乘以 0.75。

6. 对有机质含量为 5%～10%的有机质土，应按表取值后适当折减。

7. 当锚杆锚固段长度大于 16 m 时，应对表中数值适当折减。

③当锚杆锚固段主要位于黏土层、淤泥质土层、填土层时，应考虑土的蠕变对锚杆预应力损失的影响，并应根据蠕变试验确定锚杆的极限抗拔承载力。锚杆的蠕变试验应符合本规程附录 A 的规定。

4.7.5　锚杆的非锚固段长度应按下式确定，且不应小于 5.0 m(图 4.7.5)

$$l_f \geqslant \frac{(a_1 + a_2 - d\tan\alpha)\sin\left(45° - \frac{\varphi_m}{2}\right)}{\sin\left(45° + \frac{\varphi_m}{2} + \alpha\right)} + \frac{d}{\cos\alpha} + 1.5 \tag{4.7.5}$$

式中，l_f 为锚杆非锚固段长度(m)；α 为锚杆倾角(°)；a_1 为锚杆的锚头中点至基坑底面的距离(m)；a_2 为基坑底面至基坑外侧主动土压力强度与基坑内侧被动土压力强度等值点 O 的距离(m)，对成层土，当存在多个等值点时应按其中最深的等值点计算；d 为挡土构件的水平尺寸(m)；φ_m 为 O 点以上各土层按厚度加权的等效内摩擦角(°)。

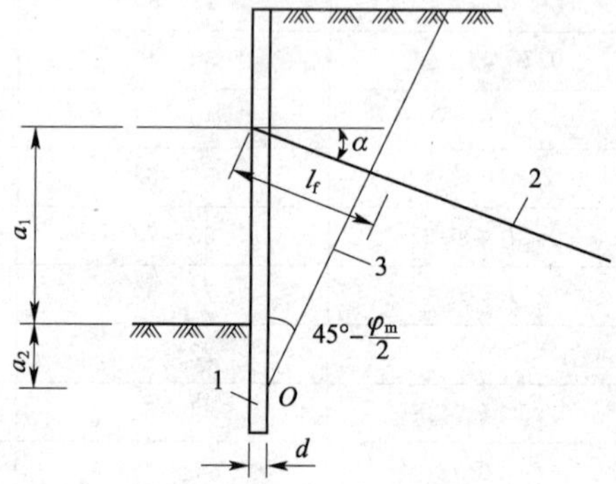

图 4.7.5　理论直线滑动面

1-挡土构件；2-锚杆；3-理论直线滑动面

4.7.6　锚杆杆体的受拉承载力应符合下式规定

$$N \leqslant f_{py}A_p \tag{4.7.6}$$

式中，N 为锚杆轴向拉力设计值(kN)，按本规程第 3.1.7 条的规定计算；f_{py} 为预应力筋抗拉强度设计值(kPa)，当锚杆杆体采用普通钢筋时，取普通钢筋的抗拉强度设计值；A_p 为预应力筋的截面面积(m^2)。

4.7.7　锚杆锁定值宜取锚杆轴向拉力标准值的 0.75～0.9 倍，且应与本规程第 4.1.8条中的锚杆预加轴向拉力值一致。

4.7.8　锚杆的布置应符合下列规定：

①锚杆的水平间距不宜小于 1.5 m；对多层锚杆，其竖向间距不宜小于 2.0 m；当锚杆的间距小于 1.5 m 时，应根据群锚效应对锚杆抗拔承载力进行折减或改变相邻锚杆的倾角。

②锚杆锚固段的上覆土层厚度不宜小于 4.0 m。

③锚杆倾角宜取 15°～25°，不应大于 45°，不应小于 10°；锚杆的锚固段宜设置在强度较高的土层内。

④当锚杆上方存在天然地基的建筑物或地下构筑物时，宜避开易塌孔、变形的土层。

4.7.9　钢绞线锚杆、钢筋锚杆的构造应符合下列规定：

①锚杆成孔直径宜取 100～150 mm。

②锚杆自由段的长度不应小于 5 m，且应穿过潜在滑动面并进入稳定土层不小于1.5 m；钢绞线、钢筋杆体在自由段应设置隔离套管。

③土层中的锚杆锚固段长度不宜小于 6 m。

④锚杆杆体的外露长度应满足腰梁、台座尺寸及张拉锁定的要求。

⑤锚杆杆体用钢绞线应符合现行国家标准《预应力混凝土用钢绞线》(GB/T 5224)的有关规定。

⑥钢筋锚杆的杆体宜选用预应力螺纹钢筋、HRB400、HRB500 螺纹钢筋。

⑦应沿锚杆杆体全长设置定位支架；定位支架应能使相邻定位支架中点处锚杆杆体的注浆固结体保护层厚度不小于 10 mm，定位支架的间距宜根据锚杆杆体的组装刚度确定，对自由段宜取 1.5～2.0 m；对锚固段宜取 1.0～1.5 m；定位支架应能使各根钢绞线相互分离。

⑧锚具应符合现行国家标准《预应力筋用锚具、夹具和连接器》(GB/T 14370)的规定。

⑨锚杆注浆应采用水泥浆或水泥砂浆，注浆固结体强度不宜低于 20 MPa。

4.7.10　锚杆腰梁可采用型钢组合梁或混凝土梁。锚杆腰梁应按受弯构件设计。锚杆腰梁的正截面、斜截面承载力，对混凝土腰梁，应符合现行国家标准《混凝土结构设计规范》(GB 50010)的规定；对型钢组合腰梁，应符合现行国家标准《钢结构设计规范》(GB 50017)的规定。当锚杆锚固在混凝土冠梁上时，冠梁应按受弯构件设计。

4.7.11　锚杆腰梁应根据实际约束条件按连续梁或简支梁计算。计算腰梁内力时，腰梁的荷载应取结构分析时得出的支点力设计值。

4.7.12　型钢组合腰梁可选用双槽钢或双工字钢，槽钢之间或工字钢之间应用缀板焊接为整体构件，焊缝连接应采用贴角焊。双槽钢或双工字钢之间的净间距应满足锚杆杆体平直穿过的要求。

4.7.13　采用型钢组合腰梁时，腰梁应满足在锚杆集中荷载作用下的局部受压稳定与受扭稳定的构造要求。当需要增加局部受压和受扭稳定性时，可在型钢翼缘端口处配置加劲肋板。

4.7.14　混凝土腰梁、冠梁宜采用斜面与锚杆轴线垂直的梯形截面；腰梁、冠梁的混凝土强度等级不宜低于 C25。采用梯形截面时，截面的上边水平尺寸不宜小于 250 mm。

4.7.15　采用楔形钢垫块时，楔形钢垫块与挡土构件、腰梁的连接应满足受压稳定性和锚杆垂直分力作用下的受剪承载力要求。采用楔形现浇混凝土垫块时，混凝土垫块应满足抗压强度和锚杆垂直分力作用下的受剪承载力要求，且其强度等级不宜低于 C25。

【例题 3】

某二级基坑采用圆形截面排桩支护，排桩间距为 3.0 m，采用单排锚杆锚拉结构，锚杆间距为 1.5 m，已经计算出挡土结构计算宽度内的弹性支点水平反力为 340 kN，锚杆的倾角为 15°，锚固体直径为 150 mm，锚固体与土层的平均黏结强度标准值为 60 kPa，则锚杆的锚固段长度不宜小于(　　)m。

(A)6　　(B)8　　(C)10　　(D)12

解

①锚杆轴向拉力的标准值

$$N_k = \frac{F_h s}{b_a \cos\alpha} = \frac{340 \times 1.5}{3.0 \times \cos 15^\circ} = 176.00\ (\text{kN})$$

②锚杆极限抗拔承载力标准值

$$\frac{R_k}{N_k} \geqslant K_t \qquad \text{二级基坑取 } K_t = 1.6$$

$$R_k \geqslant K_t N_k = 1.6 \times 176 = 281.6\ (\text{kN})$$

③锚杆的锚固段长度 l

$$R_k = \pi d \sum q_{sik} l_i$$

$$l_i = \frac{R_k}{\pi d q_{sik}} = \frac{281.6}{3.14 \times 0.15 \times 60} = 9.96\ \text{m}$$

答案为(C)。

【案例模拟题 6】

有一建筑场地为黏性土场地，土层黏聚力为 10 kPa，内摩擦角为 20°，重度为20 kN/m³，无地下水，采用锚杆支护结构，支护结构厚度为 600 mm，基坑深度为 7 m，锚杆位于地面下 3.0 m 处，锚杆倾角为 15°，则锚杆自由段长度不应小于(　　)m。

(A)5.0　　(B)6.0　　(C)7.0　　(D)8.0

7.1.4 按《建筑基坑支护技术规程》(JGJ 120—2012)进行土钉墙设计

JGJ 120—2012 的相关规定如下。

(一)稳定性验算

5.1.1 土钉墙应按下列规定对基坑开挖的各工况进行整体滑动稳定性验算：

①整体滑动稳定性可采用圆弧滑动条分法进行验算。

②采用圆弧滑动条分法时，其整体滑动稳定性应符合下列规定(图 5.1.1)

$$\min\{K_{s,1}, K_{s,2}, \cdots, K_{s,i}, \cdots\} \geqslant K_s \tag{5.1.1-1}$$

$$K_{s,i} = \frac{\sum[c_j l_j + (q_j b_j + \Delta G_j)\cos\theta_j \tan\varphi_j] + \sum R'_{k,k}[\cos(\theta_k + \alpha_k) + \psi_v]/s_{x,k}}{\sum(q_j b_j + \Delta G_j)\sin\theta_j} \tag{5.1.1-2}$$

式中，K_s 为圆弧滑动稳定安全系数，安全等级为二级、三级的土钉墙，K_s 分别不应小于1.3、1.25；$K_{s,i}$ 为第 i 个圆弧滑动体的抗滑力矩与滑动力矩的比值，抗滑力矩与滑动力矩之比的最小值宜通过搜索不同圆心及半径的所有潜在滑动圆弧确定；c_j、φ_j 分别为第 j 土条滑弧面处土的黏聚力(kPa)、内摩擦角(°)，按本规程第 3.1.14 条的规定取值；b_j 为第 j 土条的宽度(m)；θ_j 为第 j 土条滑弧面中点处的法线与垂直面的夹角(°)；l_j 为第 j 土条的滑弧长度(m)，取 $l_j = b_j/\cos\theta_j$；q_j 为第 j 土条上的附加分布荷载标准值(kPa)。ΔG_j 为第 j 土条的自重(kN)，按天然重度计算；$R'_{k,k}$ 为第 k 层土钉或锚杆在滑动面以外的锚固段的极限抗拔承载力标准值与杆体受拉承载力标准值($f_{yk}A_s$ 或 $f_{ptk}A_p$)的较小值(kN),锚固段的极限抗拔承载力应按本规程第 5.2.5 条和第 4.7.4 条的规定计算,但锚固段应取圆弧滑动面以外的长度;α_k 为第 k 层土钉或锚杆的倾角(°);θ_k 为滑弧面在第 k 层土钉或锚杆处的法线与垂直面的夹角(°);$s_{x,k}$ 为第 k 层土钉或锚杆的水平间距(m);ψ_v 为计算系数,可取 $\psi_v = 0.5\sin(\theta_k + \alpha_k)\tan\varphi$;$\varphi$ 为第 k 层土钉或锚杆与滑弧交点处土的内摩擦角(°)。

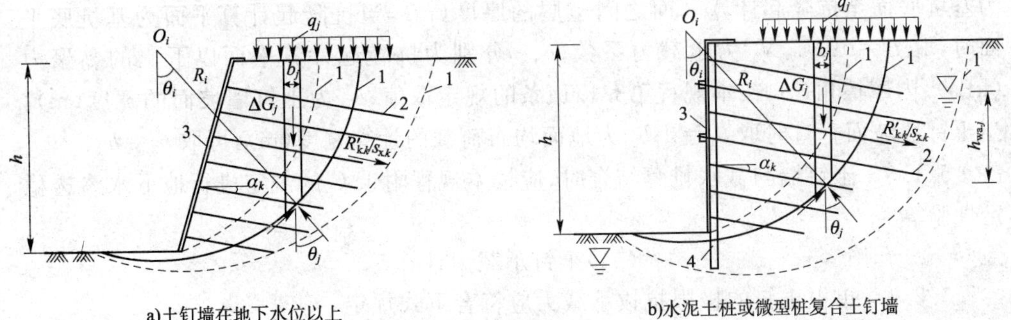

图 5.1.1 土钉墙整体滑动稳定性验算

1-滑动面;2-土钉或锚杆;3-喷射混凝土面层;4-水泥土桩或微型桩

③水泥土桩复合土钉墙,在需要考虑地下水压力的作用时,其整体稳定性应按本规程公式(4.2.3-1)、公式(4.2.3-2)验算,但只 $R'_{k,k}$ 应按本条的规定取值。

④当基坑面以下存在软弱下卧层时,整体稳定性验算滑动面中应包括由圆弧与软弱土层层面组成的复合滑动面。

⑤微型桩、水泥土桩复合土钉墙,滑弧穿过其嵌固段的土条可适当考虑桩的抗滑作用。

5.1.2 基坑底面下有软土层的土钉墙结构应进行坑底隆起稳定性验算,验算可采用下列公式(图 5.1.2)

$$\frac{\gamma_{m2} D N_q + c N_c}{(q_1 b_1 + q_2 b_2)/(b_1 + b_2)} \geqslant K_b \tag{5.1.2-1}$$

$$N_q = \tan^2\left(45° + \frac{\varphi}{2}\right) e^{\pi\tan\varphi} \tag{5.1.2-2}$$

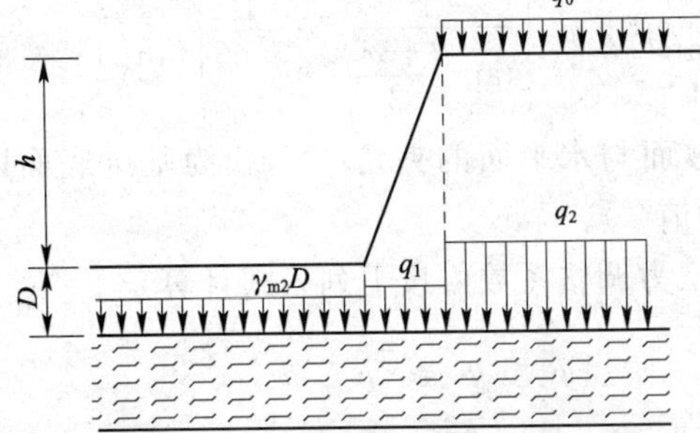

图 5.1.2 基坑底面下有软土层的土钉墙隆起稳定性验算

$$N_c = (N_q - 1)/\tan\varphi \tag{5.1.2-3}$$

$$q_1 = 0.5\gamma_{m1}h + \gamma_{m2}D \quad (5.1.2\text{-}4)$$

$$q_2 = \gamma_{m1}h + \gamma_{m2}D + q_0 \quad (5.1.2\text{-}5)$$

式中,K_b 为抗隆起安全系数,安全等级为二级、三级的土钉墙,K_b 分别不应小于1.6、1.4;q_0 为地面均布荷载(kPa);γ_{m1} 为基坑底面以上土的天然重度(kN/m^3),对多层土取各层土按厚度加权的平均重度;h 为基坑深度(m);γ_{m2} 为基坑底面至抗隆起计算平面之间土层的天然重度(kN/m^3),对多层土取各层土按厚度加权的平均重度;D 为基坑底面至抗隆起计算平面之间土层的厚度(m),当抗隆起计算平面为基坑底平面时,取 $D=0$;N_c、N_q 为承载力系数;c、φ 分别为抗隆起计算平面以下土的黏聚力(kPa)、内摩擦角(°),按本规程第3.1.14条的规定取值;b_1 为土钉墙坡面的宽度(m),当土钉墙坡面垂直时取 $b_1=0$;b_2 为地面均布荷载的计算宽度(m),可取 $b_2=h$。

5.1.3　土钉墙与截水帷幕结合时,应按本规程附录C的规定进行地下水渗透稳定性验算。

（二）土钉承载力计算

5.2.1　单根土钉的极限抗拔承载力应符合下式规定

$$\frac{R_{k,j}}{N_{k,j}} \geqslant K_t \quad (5.2.1)$$

式中,K_t 为土钉抗拔安全系数,安全等级为二级、三级的土钉墙,K_t 分别不应小于1.6、1.4;$N_{k,j}$ 为第 j 层土钉的轴向拉力标准值(kN),应按本规程第5.2.2条的规定计算;$R_{k,j}$ 为第 j 层土钉的极限抗拔承载力标准值(kN),应按本规程第5.2.5条的规定确定。

5.2.2　单根土钉的轴向拉力标准值可按下式计算

$$N_{k,j} = \frac{1}{\cos\alpha_j}\zeta\eta_j p_{ak,j} s_{x,j} s_{z,j} \quad (5.2.2)$$

式中,$N_{k,j}$ 为第 j 层土钉的轴向拉力标准值(kN);α_j 为第 j 层土钉的倾角(°);ζ 为墙面倾斜时的主动土压力折减系数,可按本规程第5.2.3条确定;η_j 为第 j 层土钉轴向拉力调整系数,可按本规程公式(5.2.4-1)计算;$p_{ak,i}$ 为第 j 层土钉处的主动土压力强度标准值(kPa),应按本规程第3.4.2条确定;$s_{x,j}$ 为土钉的水平间距(m);$s_{z,j}$ 为土钉的垂直间距(m)。

5.2.3　坡面倾斜时的主动土压力折减系数可按下式计算

$$\zeta = \tan\frac{\beta - \varphi_m}{2}\left(\frac{1}{\tan\frac{\beta+\varphi_m}{2}} - \frac{1}{\tan\beta}\right)\tan\left(45° - \frac{\varphi_m}{2}\right) \quad (5.2.3)$$

式中,β 为土钉墙坡面与水平面的夹角(°);φ_m 为基坑底面以上各土层按厚度加权的等效内摩擦角平均值(°)。

5.2.4　土钉轴向拉力调整系数可按下列公式计算

$$\eta_j = \eta_a - (\eta_a - \eta_b)\frac{z_j}{h} \quad (5.2.4\text{-}1)$$

$$\eta_a = \frac{\sum(h - \eta_b z_j)\Delta E_{aj}}{\sum(h - z_j)\Delta E_{aj}} \quad (5.2.4\text{-}2)$$

式中，z_j 为第 j 层土钉至基坑顶面的垂直距离(m)；h 为基坑深度(m)；ΔE_{aj} 为作用在以 $s_{x,j}$、$s_{z,j}$ 为边长的面积内的主动土压力标准值(kN)；η_a 为计算系数；η_b 为经验系数，可取0.6～1.0；n 为土钉层数。

5.2.5　单根土钉的极限抗拔承载力应按下列规定确定：

①单根土钉的极限抗拔承载力应通过抗拔试验确定，试验方法应符合本规程附录D的规定。

②单根土钉的极限抗拔承载力标准值也可按下式估算，但应通过本规程附录D规定的土钉抗拔试验进行验证：

$$R_{k,j} = \pi d_i \sum q_{sk,i} l_i \tag{5.2.5}$$

式中，d_j 为第 j 层土钉的锚固体直径(m)，对成孔注浆土钉，按成孔直径计算，对打入钢管土钉，按钢管直径计算；$q_{sk,i}$ 为第 j 层土钉与第 i 土层的极限黏结强度标准值(kPa)，应根据工程经验并结合表5.2.5取值；l_i 为第 j 层土钉滑动面以外的部分在第 i 土层中的长度(m)，计算单根土钉极限抗拔承载力时，取图5.2.5所示的直线滑动面，直线滑动面与水平面的夹角取$\frac{\beta+\varphi_m}{2}$。

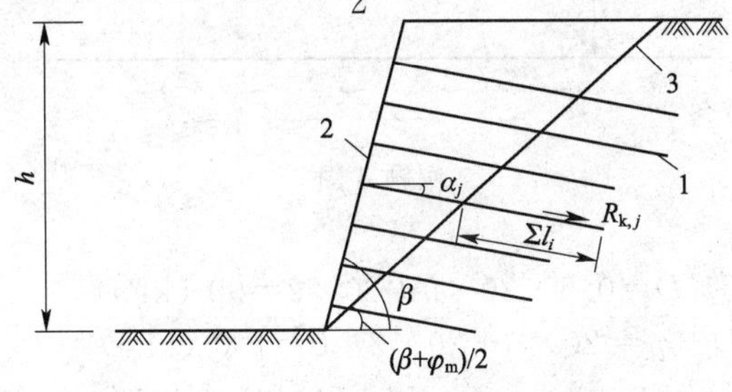

图5.2.5　土钉抗拔承载力计算

1-土钉；2-喷射混凝土面层；3-滑动面

③对安全等级为三级的土钉墙，可按公式(5.2.5)确定单根土钉的极限抗拔承载力。

④当按本条第①～③款确定的土钉极限抗拔承载力标准值大于 $f_{yk}A_s$ 时，应取 $R_{k,j}=f_{yk}A_s$。

土钉的极限黏结强度标准值　　表5.2.5

土的名称	土的状态	q_{sk}/kPa	
		成孔注浆土钉	打入钢管土钉
素填土		15～30	20～35
淤泥质土		10～20	15～25
黏性土	$0.75<I_L\leqslant1$	20～30	20～40
	$0.25<I_L\leqslant0.75$	30～45	40～55
	$0<I_L\leqslant0.25$	45～60	55～70
	$I_L\leqslant0$	60～70	70～80
粉土		40～80	50～90
砂土	松散	35～50	50～65
	稍密	50～65	65～80
	中密	65～80	80～100
	密实	80～100	100～120

> 5.2.6　土钉杆体的受拉承载力应符合下列规定
>
> $$N_j \leqslant f_y A_s \tag{5.2.6}$$
>
> 式中，N_j 为第 j 层土钉的轴向拉力设计值(kN)，按本规程第 3.1.7 的规定计算；f_y 为土钉杆体的抗拉强度设计值(kPa)；A_s 为土钉杆体的截面面积(m^2)。

【例题 4】

某二级基坑场地地层剖面为：第一层为黏性土，厚度为 7 m，重度为 $\gamma=20\ kN/m^3$，内摩擦角为 22°，黏聚力为 10 kPa；第二层为淤泥质土，重度为 20 kN/³，内摩擦角为 16°，黏聚力为 5 kPa，钻孔未揭露层底。未见地下水。如果该基坑挖深 5 m，边坡坡角为 70°，拟采用土钉墙支护形式，则坑底抗隆起安全系数为(　　)。

(A)1.8　　(B)2.8　　(C)3.8　　(D)4.8

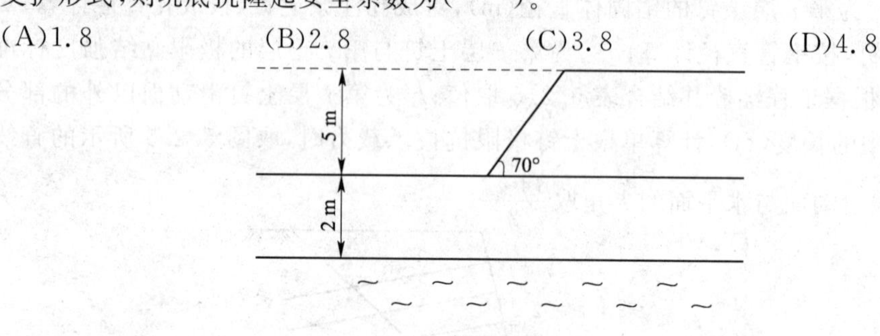

例题 4 图

解

$$q_1=0.5\gamma_{m1}h+\gamma_{m2}D=0.5\times20\times5+20\times2=90\ (kPa)$$

$$q_2=\gamma_{m1}h+\gamma_{m2}D+q_0=20\times5+20\times2+0=140\ (kPa)$$

$$N_q=\tan^2(45°+\varphi/2)e^{\pi\tan\varphi}=\tan^2(45°+22°/2)e^{3.14\times\tan22°}=7.816$$

$$N_c=(N_q-1)/\tan\varphi=\frac{7.816-1}{\tan22°}=16.87$$

$$b_1=5/\tan70°=1.82\ (m)\quad 取\ b_2=5\ m$$

$$\frac{\gamma_{m2}DN_q+CN_c}{(q_1b_1+q_2b_2)/(b_1+b_2)}=\frac{20\times2\times7.816+10\times16.87}{(90\times1.82+140\times5)/(1.82+5)}=3.8$$

答案为(C)。

【案例模拟题 7】

某基坑场地为均质黏土场地，无地下水，基坑挖深为 6 m，边坡坡角 70°。黏土的内摩擦角为 24°，黏聚力为 10 kPa，重度为 18 kN/m³，采用土钉墙支护，土钉倾角为 15°，土钉的水平间距及垂直间距均为 1.5 m，在 4.0 m 处有一排土钉，该处的土钉在滑动面以外的部分长度为 3.0 m，锚固体直径为 150 mm，土钉与土层的黏结强度标准值为 30 kPa，则土钉的抗拔安全系数为(　　)(假定经验系数 $\eta_a=0.9$，$\eta_b=0.8$)。

(A)1.6　　(B)1.8　　(C)2.0　　(D)2.2

7.1.5　按《建筑基坑支护技术规程》(JGJ 120—2012)进行重力式水泥土墙设计

> JGJ 120—2012 的相关规定如下。
>
> 稳定性与承载力验算

6.1.1 重力式水泥土墙的滑移稳定性应符合下式规定(图 6.1.1)

$$\frac{E_{pk}+(G-u_m B)\tan\varphi+cB}{E_{ak}}\geqslant K_{sl} \tag{6.1.1}$$

式中,K_{sl}为抗滑移安全系数,其值不应小于 1.2;E_{ak}、E_{pk}分别为水泥土墙上的主动土压力、被动土压力标准值(kN/m),按本规程第 3.4.2 条的规定确定;G 为水泥土墙的自重(kN/m);u_m 为水泥土墙底面上的水压力(kPa),水泥土墙底位于含水层时,可取 $u_m=\gamma_w(h_{wa}+h_{wp})/2$,在地下水位以上时,取 $u_m=0$;c、φ 分别为水泥土墙底面下土层的黏聚力(kPa)、内摩擦角(°),按本规程第 3.1.14 条的规定取值;B 为水泥土墙的底面宽度(m);h_{wa}为基坑外侧水泥土墙底处的压力水头(m);h_{wp}为基坑内侧水泥土墙底处的压力水头(m)。

6.1.2 重力式水泥土墙的倾覆稳定性应符合下式规定(图 6.1.2)

$$\frac{E_{pk}a_p+(G-u_m B)a_G}{E_{ak}a_a}\geqslant K_{ov} \tag{6.1.2}$$

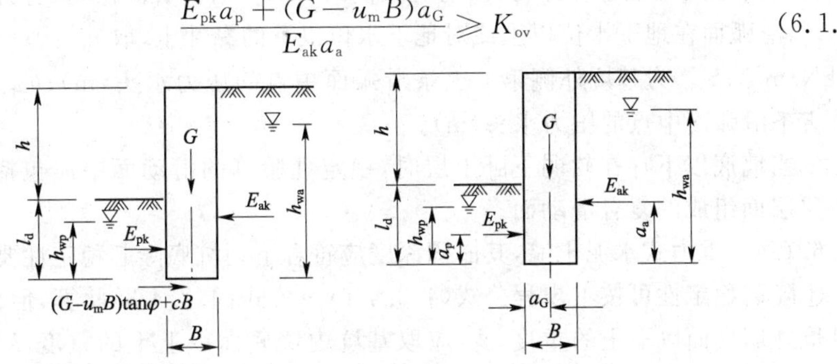

图 6.1.1 滑移稳定性验算　　　图 6.1.2 倾覆稳定性验算

式中,K_{ov}为抗倾覆安全系数,其值不应小于 1.3;a_a 为水泥土墙外侧主动土压力合力作用点至墙趾的竖向距离(m);a_p 为水泥土墙内侧被动土压力合力作用点至墙趾的竖向距离(m);a_G 为水泥土墙自重与墙底水压力合力作用点至墙趾的水平距离(m)。

6.1.3 重力式水泥土墙应按下列规定进行圆弧滑动稳定性验算:

①可采用圆弧滑动条分法进行验算。

②采用圆弧滑动条分法时,其稳定性应符合下列规定(图 6.1.3)

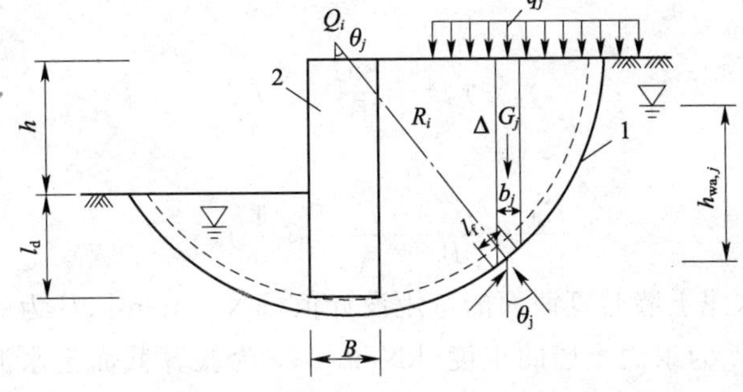

图 6.1.3 整体滑动稳定性验算

$$\min\{K_{s,1},K_{s,2},\cdots,K_{s,i},\cdots\}\geqslant K_s \tag{6.1.3-1}$$

第7章 基坑工程与地下工程

$$K_{s,i}=\frac{\sum\{c_jl_j+[(q_jb_j+\Delta G_j)\cos\theta_j-u_jl_j]\tan\varphi_j\}}{\sum(q_jb_j+\Delta G_j)\sin\theta_j} \tag{6.1.3-2}$$

式中，K_s 为圆弧滑动稳定安全系数，其值不应小于 1.3；$K_{s,i}$ 为第 i 个圆弧滑动体的抗滑力矩与滑动力矩的比值，抗滑力矩与滑动力矩之比的最小值宜通过搜索不同圆心及半径的所有潜在滑动圆弧确定；c_j、φ_j 分别为第 j 土条滑弧面处土的黏聚力(kPa)、内摩擦角(°)，按本规程第 3.1.14 条的规定取值；b_j 为第 j 土条的宽度(m)；θ_j 为第 j 土条滑弧面中点处的法线与垂直面的夹角(°)；l_j 为第 j 土条的滑弧长度(m)，取 $l_j=b_j/\cos\theta_j$；q_j 为第 j 土条上的附加分布荷载标准值(kPa)；ΔG_j 为第 j 土条的自重(kN)，按天然重度计算，分条时，水泥土墙可按土体考虑；u_j 为第 j 土条滑弧面上的孔隙水压力(kPa)，对地下水位以下的砂土、碎石土、砂质粉土，当地下水是静止的或渗流水力梯度可忽略不计时，在基坑外侧，可取 $u_j=\gamma_w h_{wa,j}$，在基坑内侧，可取 $u_j=\gamma_w h_{wp,j}$，滑弧面在地下水位以上或对地下水位以下的黏性土，取 $u_i=0$；γ_w 为地下水重度(kN/m³)；$h_{wa,j}$ 为基坑外侧第 j 土条滑弧面中点的压力水头(m)；$h_{wp,j}$ 为基坑内侧第 j 土条滑弧面中点的压力水头(m)。

③当墙底以下存在软弱下卧土层时，稳定性验算的滑动面中应包括由圆弧与软弱土层层面组成的复合滑动面。

6.1.4 重力式水泥土墙，其嵌固深度应符合下列坑底隆起稳定性要求：

①隆起稳定性可按本规程公式(4.2.4-1)～公式(4.2.4-3)验算，但公式中 γ_{m1} 应取基坑外墙底面以上土的重度，γ_{m2} 应取基坑内墙底面以上土的重度，l_d 应取水泥土墙的嵌固深度，c、φ 应取水泥土墙底面以下土的黏聚力、内摩擦角。

②当重力式水泥土墙底面以下有软弱下卧层时，隆起稳定性验算的部位应包括软弱下卧层，此时，公式(4.2.4-1)～公式(4.2.4-3)中的 γ_{m1}、γ_{m2} 应取软弱下卧层顶面以上土的重度，l_d 应以 D 代替。

注：D 为坑底至软弱下卧层顶面的土层厚度(m)。

6.1.5 重力式水泥土墙墙体的正截面应力应符合下列规定：

①拉应力

$$\frac{6M_i}{B^2}-\gamma_{cs}z\leqslant 0.15f_{cs} \tag{6.1.5-1}$$

②压应力

$$\gamma_0\gamma_F\gamma_{cs}z+\frac{6M_i}{B^2}\leqslant f_{cs} \tag{6.1.5-2}$$

③剪应力

$$\frac{E_{aki}-\mu G_i-E_{pki}}{B}\leqslant\frac{1}{6}f_{cs} \tag{6.1.5-3}$$

式中，M_i 为水泥土墙验算截面的弯矩设计值(kN·m/m)；B 为验算截面处水泥土墙的宽度(m)；γ_{cs} 为水泥土墙的重度(kN/m³)；z 为验算截面至水泥土墙顶的垂直距离(m)；f_{cs} 为水泥土开挖龄期时的轴心抗压强度设计值(kPa)，应根据现场试验或工程经验确定；γ_F 为荷载综合分项系数，按本规程第 3.1.6 条取用；E_{aki}、E_{pki} 分别为验算截面以上的主动土压力标准值、被动土压力标准值(kN/m)，可按本规程第 3.4.2 条的规定计算，验算截面在坑底以上时，取 $E_{pk,i}=0$；G_1 为验算截面以上的墙体自重(kN/m)；μ 为墙体材料的抗剪断系数，取 0.4～0.5。

6.1.6 重力式水泥土墙的正截面应力验算应包括下列部位：

①基坑面以下主动、被动土压力强度相等处。

②基坑底面处。

③水泥土墙的截面突变处。

6.1.7 当地下水位高于坑底时，应按本规程附录C的规定进行地下水渗透稳定性验算。

【例题 5】

某二级基坑场地为砂土，砂土的黏聚力为 $c=0$，内摩擦角为 $\varphi=38°$，砂土水位上下的重度均为 18 kN/m³，地下水位如下图所示，基坑深度 6 m，嵌固深度为 3 m，采用重力式水泥土墙支护，水泥土墙的重度为 $\gamma_{cs}=22$ kN/m³，宽度为 1.2 m，则水泥土墙的抗滑移稳定性系数为(　　)。

(A)1.2　　(B)1.4　　(C)1.6　　(D)1.8

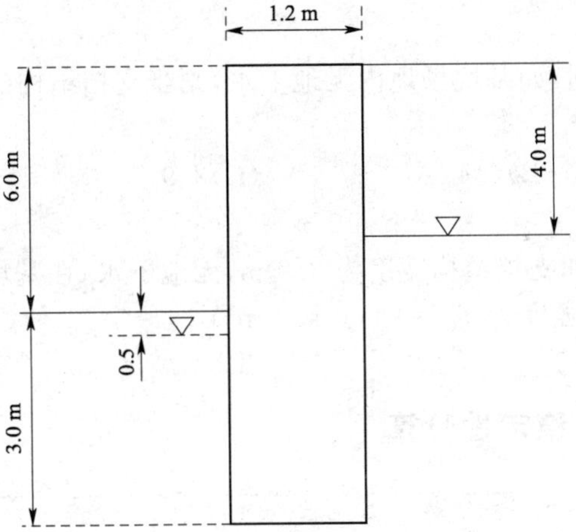

例题 5 图

解

①支挡结构端点处的主动土压力强度 P_{ak}

$$P'_{ak}=\sigma_{ak}K_a-2c\sqrt{K_a}=(6+3)\times18\times\tan^2(45°-38°/2)=38.54\ (\text{kPa})$$

$$U_a=\gamma_m h_{wa}=10\times5=50\ (\text{kPa})$$

$$P_{ak}=P'_{ak}+U_a=38.54+50=88.54\ (\text{kPa})$$

②主动土压力的合力 E_{ak}

$$\begin{aligned}E_{ak}&=\frac{1}{2}(h+l_d)P'_{ak}+\frac{1}{2}h_{wa}U_a\\&=\frac{1}{2}(6+3)\times38.54+\frac{1}{2}\times5\times50\\&=298.43\ (\text{kN})\end{aligned}$$

③支挡结构端点处的被动土压力强度 P_{pk}

$$P'_{pk}=\sigma_{pk}K_p+2c\sqrt{K_p}=3\times18\times\tan^2(45°+38°/2)=226.8\ (\text{kPa})$$

$$U_p=\gamma_m h_{wp}=10\times2.5=25\ (\text{kPa})$$

$$P_{pk}=P'_{pk}+U_p=226.8+25=251.8\ (\text{kPa})$$

④被动土压力的合力 E_{pk}

$$E_{pk}=\frac{1}{2}l_d P'_{pk}+\frac{1}{2}h_{wp}U_p=\frac{1}{2}\times 3\times 226.8+\frac{1}{2}\times 2.5\times 25=371.45\ (\text{kN})$$

⑤支挡结构底面的水压力

$$U_m=\frac{1}{2}\gamma_w(h_{wa}+h_{wp})=\frac{1}{2}\times 10\times(2.5+5)=37.5\ (\text{kN})$$

⑥挡墙的自重 G

$$G=(6+3)\times 1.2\times 22=237.6\ (\text{kN/m})$$

⑦抗滑移稳定安全系数

$$k_{sl}=\frac{E_{pk}+(G-U_m B)\tan\varphi+cB}{E_{ak}}=\frac{371.45+(237.6-37.5\times 1.2)\times\tan 38^\circ+0}{298.43}=1.75$$

答案为(D)。

【案例模拟题 8】

其他条件与例 5 相同,如基坑场地内无地下水,则当支挡结构的宽度为(　　)m 时才能满足抗倾覆稳定性的要求。

(A)1.85　　(B)2.4　　(C)2.9　　(D)3.2

【案例模拟题 9】

其他条件同例题 5,如支挡结构宽度为 2.9 m,无地下水,在基坑底面处压应力是否满足要求。(水泥土墙的抗压强度为 $f_{cs}=1\ 800\ \text{kN/m}^2$)　　(　　)

(A)满足　　(B)不满足

7.1.6 基坑底抗渗流稳定性验算

按《建筑地基基础设计规程》(GB 50007—2011)进行基坑底抗渗流稳定性计算,GB 50007—2011 的相关规定如下。

C.0.1　坑底以下有水头高于坑底的承压水含水层,且未用截水帷幕隔断其基坑内外的水力联系时,承压水作用下的坑底突涌稳定性应符合下式规定(图 C.0.1)

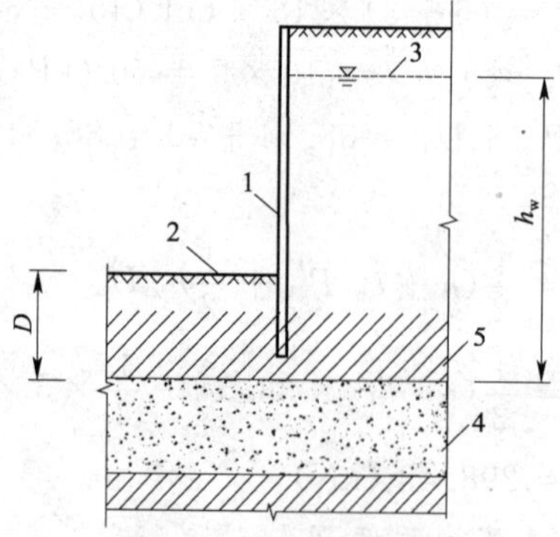

图 C.0.1　坑底土体的突涌稳定性验算

1-截水帷幕;2-基底;3-承压水测管水位;4-承压水含水层;5-隔水层

$$\frac{D\gamma}{h_w\gamma_w}\geqslant K_h \quad (C.0.1)$$

式中，K_h 为突涌稳定安全系数，K_h 不应小于 1.1；D 为承压水含水层顶面至坑底的土层厚度(m)；γ 为承压水含水层顶面至坑底土层的天然重度(kN/m³)，对多层土，取按土层厚度加权的平均天然重度；h_w 为承压水含水层顶面的压力水头高度(m)；γ_w 为水的重度(kN/m³)。

C.0.2 悬挂式截水帷幕底端位于碎石土、砂土或粉土含水层时，对均质含水层，地下水渗流的流土稳定性应符合下式规定(图 C.0.2)，对渗透系数不同的非均质含水层，宜采用数值方法进行渗流稳定性分析。

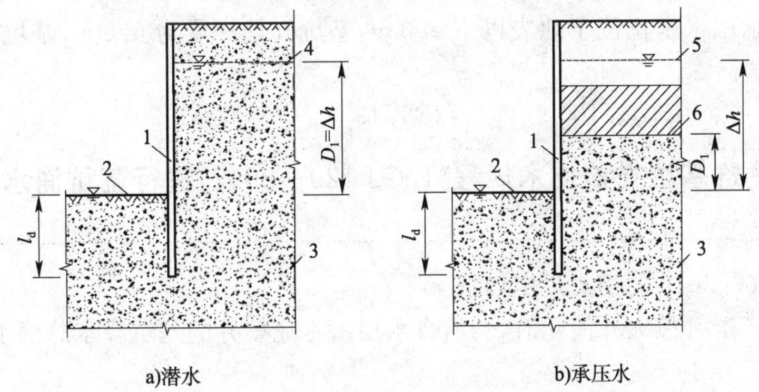

图 C.0.2 采用悬挂式帷幕截水时的流土稳定性验算

1-截水帷幕；2-基坑底面；3-含水层；4-潜水水位；5-承压水测管水位；6-承压水含水层顶面

$$\frac{(2l_d+0.8D_1)\gamma'}{\Delta h\gamma_w}\geqslant K_f \quad (C.0.2)$$

式中，K_f 为流土稳定性安全系数，安全等级为一、二、三级的支护结构，K_f 分别不应小于 1.6、1.5、1.4；l_d 为截水帷幕在坑底以下的插入深度(m)；D_1 为潜水面或承压水含水层顶面至基坑底面的土层厚度(m)；γ'为土的浮重度(kN/m³)；Δh 为基坑内外的水头差(m)；γ_w 为水的重度(kN/m³)。

C.0.3 坑底以下为级配不连续的砂土、碎石土含水层时，应进行土的管涌可能性判别。

【例题 6】

某二级基坑场地中上层土为黏土，厚度为 10 m，重度为 19 kN/m³，其下为粗砂层，粗砂层中承压水水位位于地表下 2.0 m 处，按《建筑地基基础设计规范》(GB 50007—2011)计算，如保证基坑底的抗渗流稳定性，基坑深度不宜大于(　　)。

(A)5.0 m　(B)5.37 m　(C)5.87 m　(D)6.0 m

解

按基坑底抗渗流稳定性计算，设基坑深度为 h

$$\frac{D\gamma}{h_w\gamma_w}\geqslant 1.1$$

从而得

$$\frac{\gamma(h_1-h)}{h_w\gamma_w}\geqslant 1.1$$

$$\frac{19\times(10-h)}{10\times(10-2)}\geqslant 1.1$$

$$h\leqslant 5.37\text{ m}$$

如按抗渗流稳定性考虑，基坑深度不宜大于 5.37 m。

应选选项(B)。

【案例模拟题 10】

某基坑场地土层如下：

①0～12 m，黏土，$\gamma=18.5\text{ kN/m}^3$，$c=10\text{ kPa}$，$\varphi=16°$。

②12 m 以下，砾砂土，$\gamma=18\text{ kN/m}^3$，$c=0\text{ kPa}$，$\varphi=35°$。

砾砂土中承压水水位位于地表以下 3.0 m，基坑开挖深度为 6.5 m，基坑底抗渗流稳定性系数为(　　)。

(A)1.03　　(B)1.10　　(C)1.13　　(D)1.20

7.1.7　按《建筑基坑支护技术规程》(JGJ 120—2012)进行基坑涌水量计算

JGJ 120—2012 的相关规定如下。

E.0.1　群井按大井简化时，均质含水层潜水完整井的基坑降水总涌水量可按下式计算(图 E.0.1)

$$Q=\pi k\frac{(2H-s_d)s_d}{\ln\left(1+\frac{R}{r_0}\right)}\tag{E.0.1}$$

式中，Q 为基坑降水总涌水量(m^3/d)；k 为渗透系数(m/d)；H 为潜水含水层厚度(m)；s_d 为基坑地下水位的设计降深(m)；R 为降水影响半径(m)；r_0 为基坑等效半径(m)；可按 $r_0=\sqrt{A/\pi}$ 计算；A 为基坑面积(m^2)。

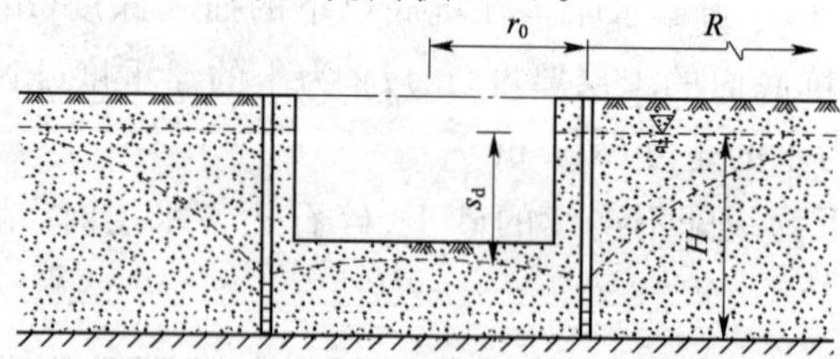

图 E.0.1　均质含水层潜水完整井的基坑涌水量计算

E.0.2　群井按大井简化时，均质含水层潜水非完整井的基坑降水总涌水量可按下列公式计算(图 E.0.2)

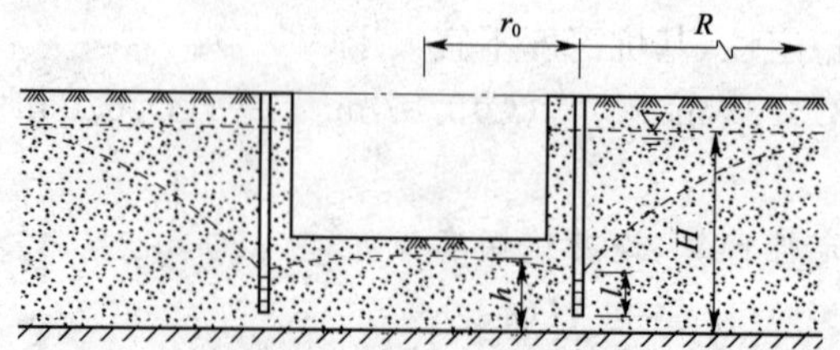

图 E.0.2　均质含水层潜水非完整井的基坑涌水量计算

$$Q = \pi k \frac{H^2 - h^2}{\ln\left(1 + \frac{R}{r_0}\right) + \frac{h_m - l}{l}\ln\left(1 + 0.2\frac{h_m}{r_0}\right)} \tag{E.0.2-1}$$

$$h_m = \frac{H + h}{2} \tag{E.0.2-2}$$

式中，h 为降水后基坑内的水位高度(m)；l 为过滤器进水部分的长度(m)。

E.0.3 群井按大井简化时，均质含水层承压水完整井的基坑降水总涌水量可按下式计算(图 E.0.3)

$$Q = 2\pi k \frac{M s_d}{\ln\left(1 + \frac{R}{r_0}\right)} \tag{E.0.3}$$

式中，M 为承压水含水层厚度(m)。

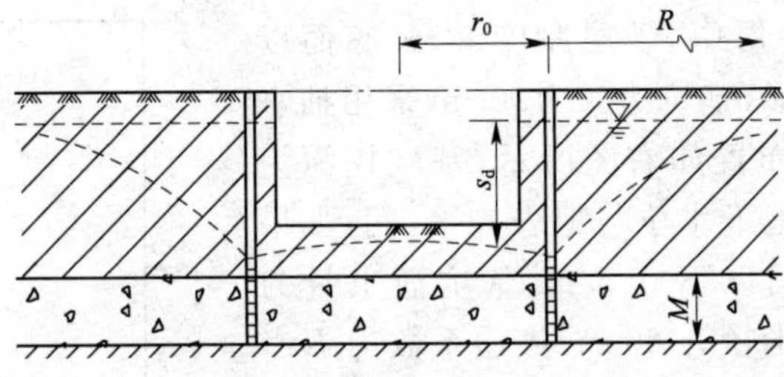

E.0.3 均质含水层承压水完整井的基坑涌水量计算

E.0.4 群井按大井简化时，均质含水层承压水非完整井的基坑降水总涌水量可按下式计算(图 E.0.4)

$$Q = 2\pi k \frac{M s_d}{\ln\left(1 + \frac{R}{r_0}\right) + \frac{M - l}{l}\ln\left(1 + 0.2\frac{M}{r_0}\right)} \tag{E.0.4}$$

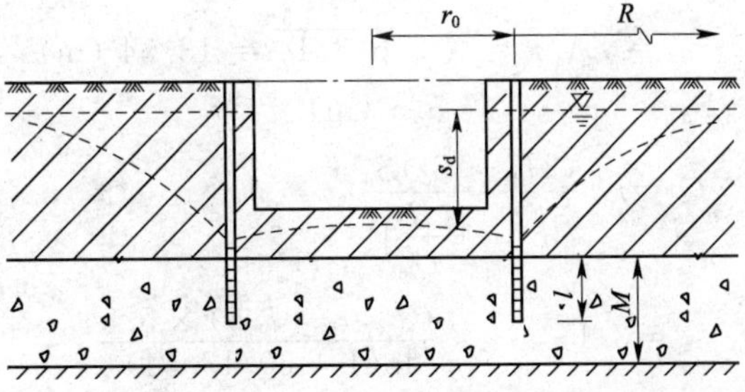

图 E.0.4 均质含水层承压水非完整井的基坑涌水量计算

E.0.5 群井按大井简化时，均质含水层承压水—潜水完整井的基坑降水总涌水量可按下式计算(图 E.0.5)

$$Q = \pi k \frac{(2H_0 - M)M - h^2}{\ln\left(1 + \frac{R}{r_0}\right)} \tag{E.0.5}$$

式中，H_0 为承压水含水层的初始水头。

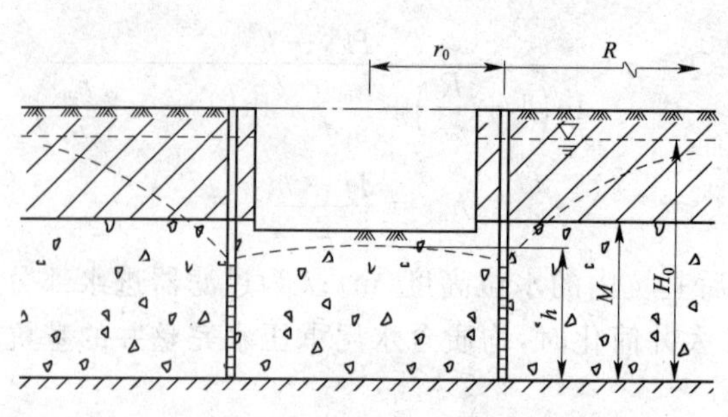

图 E.0.5　均质含水层承压水—潜水完整井的基坑涌水量计算

【例题 7】

某基坑位于均质砂层中，砂层厚度 8 m，底面以下为泥岩，基坑为正方形，基坑边长为20 m，采用抽水降低地下水位，抽水井布置如右图所示，基坑挖深为 5 m，抽水开深为 8 m，地下水位与地表齐平，问：如果保证水位降至基坑底面以下 0.5 m，基坑涌水量为(　　)m^3/d(降水影响半径为 60 m，渗透系数为 K＝5 m/d)。

(A)369　　(B)428

(C)535　　(D)634

2 m　2 m　20 m　20 m

例题 7 图

解

该基坑为潜水完整井型，计算如下：

基坑面积为 A

$$A=(20+2+2)^2=576\ (\mathrm{m}^2)$$

$$r_0=\sqrt{A/\pi}=\sqrt{576/3.14}=13.54\ (\mathrm{m})$$

$$S_d=5+0.5=5.5\ (\mathrm{m})$$

$$Q=\pi k\frac{(2H-S_d)S_d}{\ln\left(1+\dfrac{R}{r_0}\right)}$$

$$=3.14\times5\times\frac{(2\times8-5.5)\times5.5}{\ln(1+60/13.54)}$$

$$=535\ (\mathrm{m}^3/\mathrm{d})$$

答案为(C)。

【案例模拟题 11】

基坑场地地层情况为 1～2 m 为黏土，为隔水层，2～8 m 为砂土，为承压水层，8 m 以下为泥岩。在场地中有一基坑为正方形，边长为 20 m，在基坑边缘 2 m 处布置降水井，井深为 8 m，地下水位与地面齐平。基坑挖深为 5 m，在保证地下水位降至基坑底面以下0.5 m的条件下，基坑稳定出水总量为 385 m^3/d，问，砂土层渗透系数为(　　)m/d。(影响半径为 R＝60 m)

(A)2.7　　(B)3.8　　(C)4.9　　(D)5.0

7.1.8 围岩压力的计算

按《工程地质手册》第4版中的相关要求，围岩压力计算有经验公式计算法与理论公式计算法两种，分别介绍如下。

1.经验公式计算法

①铁道部经验公式。

围岩垂直均布压力

$$q=0.45\times 2^{6-s}\gamma\omega \tag{7.3.1}$$

式中，q 为围岩垂直均布压力(kPa)；s 为围岩类别，如Ⅳ类或Ⅴ类围岩即 $s=4$ 或5；γ 为围岩重度(kN/m^3)，参见表7.3.11；ω 为宽度影响系数(m)，$\omega=1+i(B-5)$，其中B 为坑道宽度(m)，i 是以 $B=5$ m的围岩垂直匀布压力为准，B 每增减1 m时的围岩压力增减率。当 $B<5$ m时，取 $i=0.2$；$B=5\sim15$ m时，$i=0.1$；$B>15$ m时，i 可采用0.1或小于0.1。

注：式(7.3.1)适用于下列条件。

1. $H/B<1.7$(H 为坑道高度)。
2. 深埋隧道。
3. 不产生显著偏压力及膨胀性压力的一般围岩。
4. 采用矿山法施工的隧道。

围岩水平均布压力，见表7.3.10。

围岩水平均布压力 表7.3.10

围岩类别	Ⅵ～Ⅴ	Ⅳ	Ⅲ	Ⅱ	Ⅰ
水平均布压力 e	0	$\left(0\sim\frac{1}{6}\right)q$	$\left(\frac{1}{6}\sim\frac{1}{3}\right)q$	$\left(\frac{1}{3}\sim\frac{1}{2}\right)q$	$\left(\frac{1}{2}\sim1\right)q$

注：本表 e 值适用条件同式(7.3.1)。

围岩的物理力学指标 表7.3.11

围岩类别	重度 γ/(kN/m^3)	弹性抗力系数 K/(kN/m^3)
Ⅵ	26～28	$(1.8\sim2.8)\times10^6$
Ⅴ	25～27	$(1.2\sim1.8)\times10^6$
Ⅳ	23～25	$(0.5\sim1.2)\times10^6$
Ⅲ	19～22 (老黄土用17～18)	$(0.2\sim0.5)\times10^6$ (不包括黄土)
Ⅱ	17～20 (新黄土用15)	$(0.1\sim0.2)\times10^6$ (不包括黄土)
Ⅰ	15～16	$<0.1\times10^6$

②黄土洞围岩压力估算公式。

垂直均布荷载的估算公式

$$p_v=N\frac{b^2}{R'}\gamma K \tag{7.3.2}$$

水平均布荷载的经验公式

$$p_H=p_v\xi \tag{7.3.3}$$

式中，N 为分类系数，甲类黄土取 1.1，乙类黄土取 1.3，丙类黄土取 2.0；b/R' 为洞形系数，b 为毛洞半跨，R' 为毛洞当量半径，$R'=\sqrt{\dfrac{F}{\pi}}$，F 为毛洞断面面积；K 为松动系数，即

$$K=\left[1-\sin\varphi+\frac{p_0(1-\sin\varphi)}{C\cot\varphi}\right]^{\frac{1-\sin\varphi}{2\sin\varphi}-1}$$

亦可由 $K=f\left(\dfrac{p_0}{C}\varphi\right)$ 曲线查得（图 7.3.1）；ξ 为侧荷载系数，甲类黄土取 0.6～0.7，乙类黄土取 0.7～0.8，丙类黄土取 0.8～0.9；γ 为洞顶上覆土层的平均重度。

注：式(7.3.2)及式(7.3.3)适用于下列条件。

1. $0.7<\dfrac{H}{B}$（高跨比）<1.2。
2. 暗挖法施工，埋深 <50 m。
3. B（跨度）<9 m。
4. 不产生显著偏压的黄土围岩。

2. 理论公式计算法

①ПpotoдbяKOHOB 塌落拱理论。

这一理论是根据对一些矿山坑道的多年观测和在松散体介质中的模型试验所得出的。当洞室开挖后，围岩有一部分要失去平衡产生一个拱形塌落圈，拱圈外的土体保持平衡，而拱圈内塌落的岩（土）体重量，就是作用在衬砌上的荷载——围岩压力。拱顶、侧壁压力计算示意图如图 7.3.2 所示。

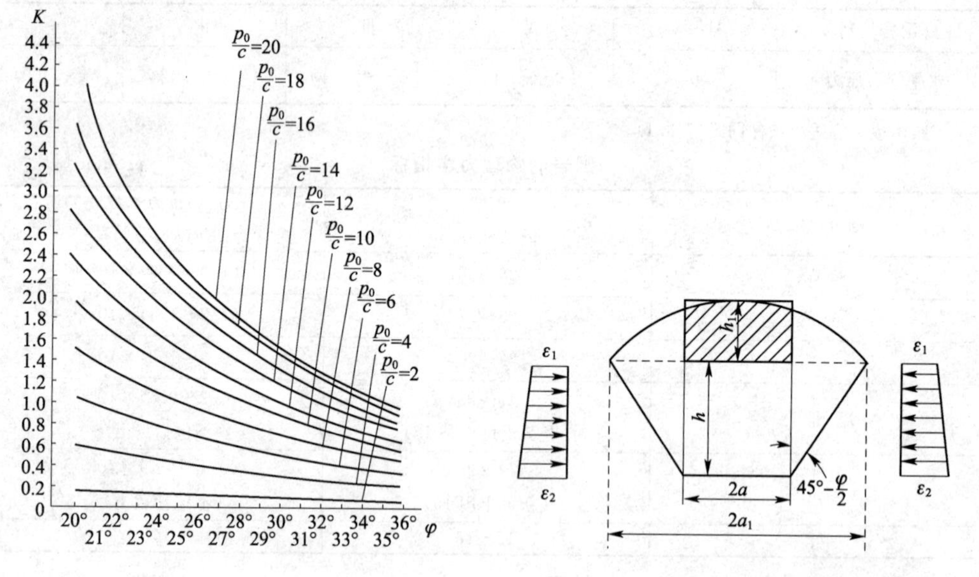

图 7.3.1 $K=f\left(\dfrac{p_0}{c}\varphi\right)$ 曲线

图 7.3.2 拱顶、侧壁压力计算示意图

因此，垂直围岩压力按二次抛物线形的压力拱高度为

$$h_1=\frac{a_1}{\tan\varphi}=\frac{a+h\tan\left(45°-\dfrac{\varphi}{2}\right)}{\tan\varphi} \tag{7.3.4}$$

对于松散岩层，ПpotoдbяKOHOB 坚固性分类系数(f_{kp})可以近似地认为是摩擦系数，即

$$f_{kp}=\tan\varphi=\frac{\sigma_n\tan\varphi+c}{\sigma_n} \quad (7.3.5)$$

围岩垂直压力可近似按均布计算，此时垂直荷载为

$$q=\gamma h_1 \quad (7.3.6)$$

式中，γ 为岩石重度(kN/m^3)；h_1 为压力拱高度(m)；a 为洞室开挖宽度之半(m)；h 为洞室开挖高度(m)；φ 为地层内摩擦角(°)；σ_n 为作用于岩石上的正应力(kPa)。

洞壁侧向围岩压力的梯形公式则为

$$p_s=\frac{1}{2}(\varepsilon_1+\varepsilon_2)h \quad (7.3.7)$$

式中，$\varepsilon_1=\gamma h_1\tan^2\left(45°-\frac{\varphi}{2}\right)$；$\varepsilon_2=\gamma(h_1+h)\tan^2\left(45°-\frac{\varphi}{2}\right)$。(如按均布荷载可取其平均值)

代入式(7.3.7)得

$$p_s=\frac{1}{2}\gamma h(2h_1+h)\tan^2\left(45°-\frac{\varphi}{2}\right) \quad (7.3.8)$$

以后，ПpotoдbяKOHOB 将此式推广至岩体上，认为被许多裂隙切割的岩体，是具有一定的黏聚力的散粒体，并假定 f_{kp} 系数大致等于岩石极限抗压强度的百分之一，即 $f_{kp}=[R]/100$。我国广大从事地下工程建设的专家，通过多年的实践，对 ПpotoдbяKOHOB 理论早就进行过多次讨论，并且不断提出各种修正方法。

②Terzaghi 松散体理论。

根据 Terzaghi 推导，作用于衬砌上的垂直压力为

$$\sigma_B=\frac{a_1\gamma-c}{k\tan\varphi}(1-e^{-kN\tan\varphi})+qe^{-kN\tan\varphi} \quad (7.3.9)$$

式中，c 为岩石的黏聚力(kPa)；a_1 为塌落岩体宽度之半(m)；γ 为岩石单位重度(kN/m^3)；φ 为岩石内摩擦角(°)；k 为岩体中水平应力与垂直应力的比值；N 为相对埋深系数，$N=\frac{H}{a}$；H 为坑道埋深(m)；e=2.718。

Terzaghi 围压公式考虑了洞室的尺寸、埋深及岩石的内摩擦角、黏聚力对岩体稳定性的影响。Terzaghi 于 1944 年考虑了岩体的构造、岩性及地下水影响因素，提出了以下分类(表 7.3.12)。但是，与 ПpotoдbяKOHOB 理论一样，Terzaghi 理论同样混淆了坚硬岩体与松散岩体的本质区别，忽略了直接影响岩体稳定的许多重要因素。

表 7.3.12　Terzaghi　1944 年岩石分类

岩石状态	岩石荷载高度/m	附　注
①坚硬和完整的	0	当有掉块或岩爆时可轻型支撑
②坚硬的层状和片状岩层	$0\sim0.15B$	采用轻型支撑，局部荷载作用变化不规则
③土块状、中等程度节理	$0\sim0.25B$	荷载局部作用、不规则
④中等程度块状和裂缝状	$0.25B\sim0.35B(B+H_t)$	无侧压
⑤裂隙较多块度较小的岩层	$(0.35\sim1.10)\times(B+H_t)$	侧压力很小或没有
⑥完全破碎，但不受化学侵蚀	$1.10(B+H_t)$	有一定侧压，由于漏渗水，使下部岩层软化，衬砌要作基础。必要时应采用圆形支撑
⑦挤压变形缓慢的岩石（中等埋深）	$(1.10\sim2.10)\times(B+H_t)$	有很大偏压，必要时修仰拱，推荐采用圆形支撑
⑧挤压的岩石（深埋）	$(2.10\sim4.50)\times(B+H_t)$	有很大偏压，必要时修仰拱，推荐采用圆形支撑
⑨膨胀性岩石	与$(B+H_t)$无关，一般达 80 m 以上	用圆形支撑，激烈时采用柔性支撑

注：B 为开挖断面的宽度；H_t 为开挖断面的高度。

③Fenner 公式。

$$p_i=(p+c\cot\varphi)(1-\sin\varphi)\left(\frac{r_0}{R_0}\right)^{\frac{2\sin\varphi}{1-\sin\varphi}}-c\cot\varphi \tag{7.3.10}$$

或

$$R_0=r_0\left[\frac{(p+c\cot\varphi)(1-\sin\varphi)}{p_i+c\cot\varphi}\right]^{\frac{1-\sin\varphi}{2\sin\varphi}}-c\cot\varphi \tag{7.3.11}$$

式中，p_i 为支护抗力(kPa)；R_0 为塑性区半径(m)；r_0 为洞室开挖半径(m)；c 为岩石黏聚力(kPa)；φ 为岩石内摩擦角(°)。

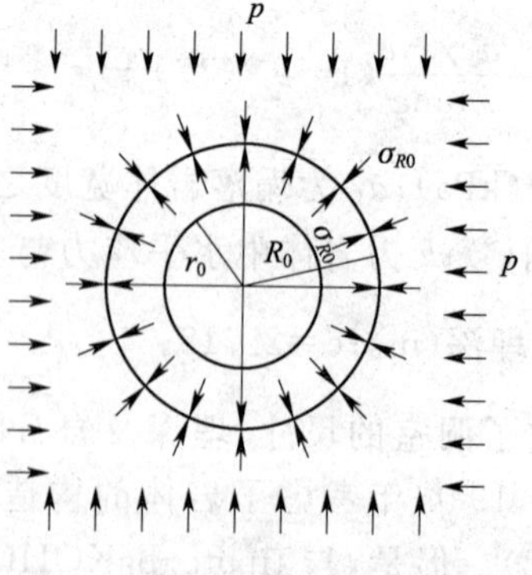

图 7.3.3　塑性区半径计算图

④常士骠公式。

均质围岩

$$p=\sigma K_i \tag{7.3.12}$$

式中，p 为洞壁某点的山体压力(kPa)；σ 为洞壁某点的切向应力(kPa)；K_i 为极限状态下土体的侧压系数。

当内摩擦角为 φ 时

$$K_1=\tan^2\left(45°-\frac{\varphi}{2}\right)$$

当岩体具有黏聚力 c 时

$$p=\sigma K_1-2cK_1K_2 \tag{7.3.13}$$

其中
$$K_2=\tan\left(45°+\frac{\varphi}{2}\right)$$

裂隙围岩

$$p_i=\frac{p_0{}^3+\dfrac{1}{1+2\dfrac{x}{r_i}\cos\alpha+\left(\dfrac{x}{r_i}\right)^2}-\dfrac{\sin(2\alpha'-\varphi_j)+\sin\varphi_j}{\sin(2\alpha'-\varphi_j)-\sin\varphi_j}\left[1-\dfrac{1}{1+2\dfrac{x}{r_i}\cos\alpha+\left(\dfrac{x}{r_i}\right)^2}\right]-\dfrac{2c\cos\varphi_j}{\sin(2\alpha-\varphi_j)-\sin\varphi_j}-\dfrac{2c\cos\varphi_j}{\sin(2\alpha'-\varphi_j)-\sin\varphi_j}}{1+\dfrac{\sin(2\alpha-\varphi_j)+\sin\varphi_j}{\sin(2\alpha-\varphi_j)-\sin\varphi_j}+\dfrac{1}{1+2\dfrac{x}{r_i}\cos\alpha+\left(\dfrac{x}{r_i}\right)^2}\left[1-\dfrac{\sin(2\alpha'-\varphi_j)+\sin\varphi_j}{\sin(2\alpha'-\varphi_j)-\sin\varphi_j}\right]} \tag{7.3.14}$$

式中，p_0 为洞顶覆盖压力 $h\gamma$(kPa)；p_i 为洞壁某点的围岩压力(kPa)；c 为围岩节理面黏着力(kPa)；φ_j 为围岩节理面内摩擦角(°)；α 为节理面与洞室法线夹角或节理面法线与切向应力的夹角(°)；α' 为计算点处的径向与该组节理面夹角(°)；x/r_i 为节理隙跨比(半跨)(m)。

围岩节理分析、围岩受力见图 7.3.4、图 7.3.5。

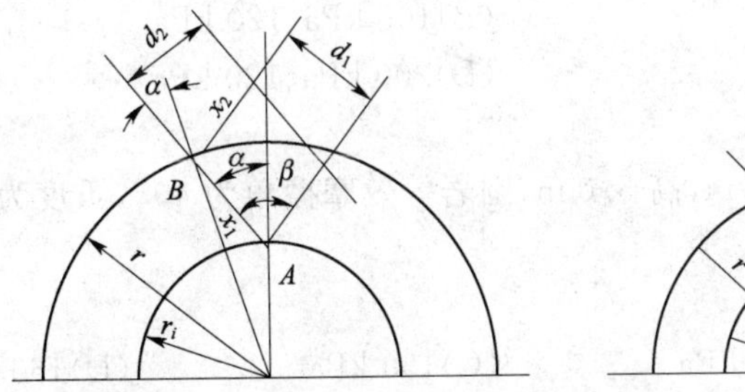

图 7.3.4 围岩节理分析

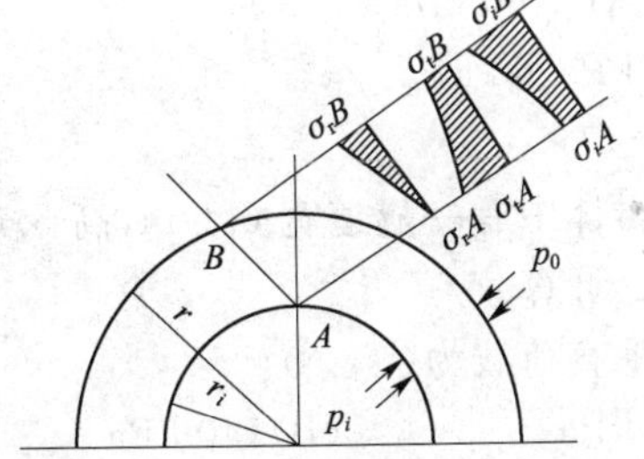

图 7.3.5 围岩受力示意图

设连通好的两节理第一组与法线 OA 成 α 角，第二组与第一组夹角为 β，第一组节理间距为 d_2，第二组节理间距为 d_1。由图可得知 $x_1=d_1/\sin\beta$，$x_2=d_2/\sin\beta$，则

$$r=r_i\sqrt{1+\frac{2d_1\cos\alpha}{r_i\sin\beta}+\left(\frac{d_1}{r_i\sin\beta}\right)^2}=r_i\sqrt{1+\frac{2x_1}{r_i}\cos\alpha+\left(\frac{x_1}{r_i}\right)^2} \tag{7.3.15}$$

【例题 8】

某铁路隧道围岩类别为Ⅳ类，岩体重度为 24 kN/m³，隧道为深埋隧道，宽度为 8.0 m，高

度为 10 m，该隧道围岩垂直均布压力为(　　)。

(A)52.2 kPa　　(B)55.2 kPa　　(C)56.2 kPa　　(D)60.2 kPa

解

①宽度影响系数 ω

取 $i=0.1$

$$\omega=1+i(B-5)=1+0.1\times(8-5)=1.3$$

②围岩垂直均布压力 q

$$q=0.45\times 2^{6-s}\gamma\omega=0.45\times 2^{6-4}\times 24\times 1.3=56.16\ (\text{kPa})$$

该隧道围岩均布压力为 56.16 kPa，答案(C)正确。

【例题解析】

①该方法在铁路及公路系统均适用。

②注意宽度影响系数的取值。

③适用条件为 $H/B<1.7$ 的深埋隧道。

④《公路隧道设计规范》(JTG D70—2004)中的深、浅埋隧道的分界深度 H_p 为

$$H_p=(2\sim 2.5)h_q$$

h_q 为荷载等效高度，按下式计算

$$h_q=q/\gamma$$

式中，q 为用规范式(7.3.1)计算出的深埋隧道垂直均布压力；γ 为围岩重度(kN/m³)。

【案例模拟题 12】

某公路隧道宽度为 14.25 m，高为 12 m，围岩类别为Ⅲ类，重度为22 kN/m³，隧道平均埋深为 50 m，该隧道围岩垂直均布压力为(　　)。

(A)130 kPa　　(B)142.5 kPa　　(C)152.5 kPa　　(D)160 kPa

【案例模拟题 13】

某黄土隧道毛洞断面积为 90 m²，毛洞跨度为 9.0 m，黄土类别为甲类黄土，松动系数为 2.4，重度为 20 kN/m³，侧荷载系数为 0.60，该黄土洞室的垂直均布荷载及水平均布荷载分别为(　　)。

(A)100 kPa、60 kPa　　(B)100 kPa、120 kPa

(C)200 kPa、60 kPa　　(D)200 kPa、120 kPa

【例题 9】

某松散岩体中有一隧道宽 6.0 m，高 5.0 m，围岩等效摩擦角为 40°，重度为 22 kN/m³，按塌落拱理论计算。

①均布垂直荷载为(　　)。

(A)130 kPa　　(B)140 kPa　　(C)150 kPa　　(D)160 kPa

②单位长度侧壁的平均侧向围岩压力为(　　)。

(A)212 kN　　(B)242 kN　　(C)262 kN　　(D)282 kN

解

①均布垂直荷载 q

塌落拱高度 h_1

$$h_1=\frac{a+h\tan(45°-\varphi/2)}{\tan\varphi}=\frac{6/2+5\times\tan(45°-40°/2)}{\tan 40°}=6.35\ (\text{m})$$

均布垂直荷载 q

$$q=\gamma h_1=22\times 6.35=139.7\ (\text{kPa})$$

②平均侧向围岩压力 P_s

$$P_s=\frac{1}{2}\gamma h(2h_1+h)\tan^2(45°-\varphi/2)$$

$$=\frac{1}{2}\times 22\times 5\times(2\times 6.35+5)\times\tan^2(45°-40°/2)$$

$$=212\ (\text{kN})$$

该隧道围岩均布垂直荷载为 139.7 kPa，单位长度侧壁受到的平均侧向压力为 212 kN。

答案：①(B)，②(A)。

【案例模拟题 14】

某松散岩体中有一隧道宽 5.0 m，高 5.0 m，围岩的等效内摩擦角为 50°，重度为 21 kN/m³，按太沙基理论计算。

①每米长度洞壁侧向围岩压力为(　　)。

(A)65 kN　　(B)85 kN　　(C)100 kN　　(D)120 kN

②围岩垂直平均压力为(　　)。

(A)56 kPa　　(B)66 kPa　　(C)76 kPa　　(D)86 kPa

【案例模拟题 15】

某洞室围岩黏聚力 $c=20$ kPa，内摩擦角为 30°，重度为 21 kN/m³，正方形洞室边长为 4.0 m，岩体水平应力与垂直应力之比为 0.80，洞室埋深为 20 m，地表无荷载，按太沙基松散体理论公式计算，作用在衬砌上的垂直压力为(　　)。

(A)130 kPa　　(B)150 kPa　　(C)170 kPa　　(D)190 kPa

【案例模拟题 16】

某深埋隧道为圆形隧道，半径为 4.0 m，围岩水平应力与垂直应力相等，应力为 $P=$ 1 000 kPa，围岩中塑性区半径为 10 m，围岩黏聚力 $c=20$ kPa，内摩擦角为 30°，按芬纳(Fenner)公式计算。

①支护抗力为(　　)。

(A)18 kPa　　(B)28 kPa　　(C)38 kPa　　(D)48 kPa

②若使支护抗力为 0，松动圈半径应为(　　)。

(A)4 m　　(B)10 m　　(C)13 m　　(D)15.5 m

7.2 单项选择题

7.2.1 《建筑边坡工程技术规范》(GB 50330—2013)

1.《建筑边坡工程技术规范》适用的建筑边坡高度为(　　)。

(A)岩质边坡 30 m 以下，土质边坡 15 m 以下

(B)岩质边坡 30 m 以下，土质边坡 20 m 以下

(C)岩质边坡 20 m 以下，土质边坡 15 m 以下

(D)岩质边坡 20 m 以下，土质边坡 10 m 以下

2. 某边坡由较坚硬的砂岩和较软弱的泥岩组成，岩层单层厚度为 5～7 m；划分该边坡的岩体类型时，宜采用(　　)方法。

(A)宜按软弱泥岩划分边坡类型

(B)宜按砂岩划分边坡类型

(C)宜分段确定边坡类型

(D)宜综合泥岩和砂岩特征确定边坡类型

3. 破坏后果严重的土质边坡坡高为 12 m，其边坡工程安全等级应为(　　)。

(A)一级　　(B)二级　　(C)三级　　(D)不确定

4. 下列边坡工程中，(　　)的安全等级可不定为一级。

(A)由外倾结构面控制的边坡工程，破坏后果严重

(B)危岩地段的边坡工程，破坏后果严重

(C)滑坡地段的边坡工程，破坏后果严重

(D)边坡滑塌区内有重要建筑物，破坏后果不严重

5. 边坡工程设计时应采用荷载效应最不利组合，在计算支护结构水平位移时，荷载效应组合应采用(　　)。

(A)正常使用极限状态标准组合，不计入风荷载及地震荷载

(B)正常使用极限状态准永久组合，不计入风荷载及地震荷载

(C)正常使用极限状态标准组合，计入风荷载及地震荷载

(D)正常使用极限状态准永久组合，计入风荷载及地震荷载

6. 边坡支护结构设计时应进行一系列计算和验算，下列验算中不属于强制性要求的是(　　)。

(A)锚杆杆体抗拉承载力验算　　(B)挡墙基础的地基承载力验算

(C)挡墙变形验算　　(D)挡墙局部稳定性验算

7. 边坡工程设计的基本原则是动态设计，下列内容中(　　)不符合动态设计原则。

(A)对边坡边勘察，边施工，边设计，以达到掌握更多的资料，使设计更符合实际

(B)设计时应提出对施工方案的特殊要求和监测要求

(C)应及时掌握施工现场的地质状况、施工情况和变形及应力监测的反馈信息

(D)根据反馈信息，必要时对原设计做校核、修改和补充

8. 下列常用的边坡支护结构中不适用于岩质边坡的是(　　)。

(A)重力式挡墙　　(B)扶壁式挡墙

(C)格构式锚杆挡墙　　(D)坡率法

9. 某土质边坡挖方坡脚标高 208.5 m，地表标高 221.5 m，预计潜在滑面最低标高 207.0 m；设计的重力式挡墙基底标高 206.5 m，该边坡勘察时的控制性钻孔孔深应为(　　)。

(A)14.5 m　　(B)18 m　　(C)20 m　　(D)25 m

10. 边坡勘察报告中可不包括下列(　　)。

(A)边坡工程的地质、水文地质条件

(B)边坡稳定性评价，整治措施及监测方案的建议

(C)地质纵、横断面图

(D)开挖不同阶段边坡坡体的变形值

11. 下列(　　)不是边坡工程勘察应查明的内容。

(A)岩土类型、成因、性状、覆盖层厚度

(B)气象、水文和水文地质条件

(C)边坡坡高、坡底高程及平面尺寸

(D)不良地质现象的范围和性质

12. 岩质边坡勘察时，应采集试样进行物理、力学性能试验，其中进行岩石抗压强度试验时，试样数量不应小于(　　)。

(A)3 个　　(B)6 个　　(C)9 个　　(D)10 个

13. 确定边坡岩土体的力学参数时，下述不正确的是(　　)。

(A)二、三级边坡岩体性能指标标准值可按地区经验确定

(B)二、三级边坡岩体结构面抗剪强度指标应根据现场原位试验确定

(C)岩体内摩擦角可由岩块摩擦角标准值按岩体裂隙发育程度进行折减

(D)土质边坡按水土合算时，水位以下宜采用土的自重固结不排水抗剪强度指标

14. 进行边坡稳定性评价时，下述不正确的是(　　)。

(A)当边坡的使用条件发生变化时，应对边坡进行稳定性评价

(B)稳定性评价应采用工程地质类比法和刚体极限平衡法进行

(C)对规模较大的碎裂结构岩质边坡宜采用数值分析法

(D)对存在地下渗流的边坡，应适当考虑地下水的作用

15. 当采用圆弧滑动法计算一级边坡稳定性时，边坡安全系数应不小于(　　)。

(A)1.35　　(B)1.30　　(C)1.25　　(D)1.20

16. 挡土结构在荷载的作用下向前产生一定的变形，这时墙背土压力为(　　)。

(A)主动土压力　　(B)被动土压力

(C)静止土压力　　(D)不能确定

17. 当边坡采用锚杆(索)防护时，下述不正确的是(　　)。

(A)松散砂层中不应采用永久性锚杆

(B)用于锚索的浆体材料 28 d 无侧限抗压强度不应低于 25 MPa

(C)预应力锚杆自由段长度不应小于 5 m，且应超过潜在滑面

(D)锚杆钻孔深度超过锚杆设计长度应不小于 0.5 m

18. 下列对锚杆挡墙的构造要求中，不正确的是(　　)。

(A)锚杆挡墙支护结构立柱间距不宜大于 8 m

(B)锚杆上下层的垂直间距不宜小于 2.5 m，水平间距不宜小于 2 m

(C)锚杆倾角宜采用 10°～35°

(D)永久性边坡现浇挡板厚度不宜小于 300 mm

19. 岩石锚喷支护设计时，下述不正确的是(　　)。

(A)膨胀性岩石边坡不应采用锚喷支护

(B)进行锚喷支护设计时，岩石侧压力可按均匀分布考虑

(C)锚喷系统的锚杆倾角一般宜采用 10°～35°

(D)对Ⅲ类岩体边坡应采用逆作法施工

20. 对于重力式挡墙，下述说法不正确的是(　　)。

(A)土质边坡高度大于 8 m 时，不宜采用重力式挡墙

(B)重力式挡墙应进行抗滑移、抗倾覆及地基稳定性验算

(C)重力式挡墙墙底可做成逆坡，逆坡坡度越大，挡墙稳定性越高

(D)挡墙地基纵向坡度较大时基底应做成台阶形

21. 通常情况下,确定高度小于 10 m 的碎石土边坡坡率时不宜采用下列(　　)。

(A)经验方法　　(B)工程类比法

(C)规范查表法　　(D)稳定性定量分析法

22. 进行滑坡防治时,下述不正确的是(　　)。

(A)滑坡整治时应执行以防为主,防治结合,先治坡后建房的原则

(B)滑坡整治时应采取有效的地表及地下排水措施

(C)滑坡发生时,可在滑坡前缘被动区减重,以减少滑动力

(D)滑坡计算应取荷载效应的最不利组合值作为滑坡的设计控制值

23. 边坡工程施工时,下述不正确的是(　　)。

(A)开挖后欠稳定的边坡应采取自上而下,分段跳槽,及时支护的逆作法施工

(B)岩质边坡工程施工时,应采用信息施工法

(C)对有支护结构的坡面进行爆破时,宜采用光面爆破法

(D)边坡施工过程中如发现变形过大,变形速率过快时,应暂停施工,采取适当的应急措施

24. 对安全等级为二级的工程边坡施工时,下列(　　)可作为选测项目。

(A)坡顶水平位移　　(B)地表裂缝

(C)支护结构水平位移　　(D)降雨、洪水与时向的关系

25. 某边坡岩体结构面结合一般,结构面近于水平状,波速比为 0.80,该边坡岩体类型应划分为(　　)。

(A)Ⅰ类　　(B)Ⅱ类　　(C)Ⅲ类　　(D)Ⅳ类

26. 某边坡工程进行锚杆基本试验时测得三根锚杆的极限承载力值分别为 18 kN、19 kN、21 kN、则锚杆极限承载力标准值应为(　　)。

(A)18 kN　　(B)19 kN　　(C)19.3 kN　　(D)21 kN

27. 建筑边坡中永久性边坡是指(　　)。

(A)使用年限超过 1 年的边坡　　(B)使用年限超过 2 年的边坡

(C)使用年限超过 3 年的边坡　　(D)使用年限为 5 年或 5 年以上的边坡

28. 锚喷支护是指(　　)。

(A)由锚杆组成的支护体系　　(B)由锚杆、立柱、面板组成的支护

(C)由锚杆、喷射混凝土面板组成的支护　　(D)由锚索和立柱、面板组成的支护

29. 边坡岩土体的等效内摩擦角是指(　　)。

(A)与某一级垂直压力相适应的内摩擦角　(B)不考虑黏聚力时的内摩擦角

(C)考虑岩土黏聚力影响的假象内摩擦角　(D)黏聚力与内摩擦角的等效平均值

30. 下述对动态设计方法的理解中(　　)是正确的。

(A)动态设计即不断地调整设计方案,使设计与边坡实际很好地结合

(B)动态设计即边勘察、边设计、边施工使用三者同一化,一体化,及时选择新的设计方案,以解决施工中的新问题

(C)动态设计即不能控制施工经费,如有必要应及时追加投资

(D)动态设计即一种根据现场地质情况和监测数据,验证地质结论及设计数据,从而对施工的安全性进行判断并及时修正施工方案的施工方法

31. 边坡施工中的逆作法是指(　　)。

(A)一次开挖,自下而上进行支护的方法

(B)一次开挖，自上而下进行支护的方法

(C)自上而下分级开挖分级支护的方法

(D)自下而上分级开挖分级支护的方法

32. 某岩质边坡岩体类型为Ⅱ类，边坡高度为 20 m，破坏后果严重，该边坡的安全等级应为(　　)。

(A)一级　　(B)二级　　(C)三级　　(D)四级

33. 某土质边坡土体内摩擦角为 26°，边坡高度为 12 m，该边坡坡顶滑塌区边缘至坡底边缘的水平投影距离为(　　)。

(A)4.1 m　　(B)7.5 m　　(C)12 m　　(D)24.6 m

34. 下列(　　)情况属于边坡正常使用极限状态。

(A)支护结构达到承载力破坏　　(B)支护结构变形值影响建筑物的耐久性能

(C)锚固系数失效　　(D)坡体失稳

35. 建筑边坡中永久性边坡的设计使用年限应不低于(　　)。

(A)2 年　　(B)10 年

(C)50 年　　(D)受其影响相邻建筑的使用年限

36. 边坡支护结构验算应进行的下列验算中，(　　)不是强制性验算内容。

(A)地下水控制计算和验算　　(B)支护结构整体或局部稳定性验算

(C)支护锚固体的抗拔承载力验算　　(D)支护结构的强度计算

37. 建筑边坡级别大于或等于(　　)级时，应采用动态设计方法。

(A)一级　　(B)二级　　(C)三级　　(D)四级

38. 某建筑边坡安全等级为二级，边坡岩体类型为Ⅲ类岩石，如采用锚喷支护，边坡高度不宜大于(　　)。

(A)10 m　　(B)12 m　　(C)15 m　　(D)30 m

39. 对建筑边坡工程进行勘察时下述不正确的是(　　)。

(A)一级建筑边坡应进行专门的岩土工程勘察

(B)二、三级建筑边坡工程可与主体建筑勘察一并进行，但应满足边坡勘察的深度和要求

(C)大型和地质条件复杂的边坡宜分阶段勘察

(D)边坡工程均应进行施工勘察

40. 下述对建筑边坡勘察范围及勘探孔深度的要求中(　　)不正确。

(A)土质边坡的勘察范围应包括不小于 1.5 倍土质边坡高度及可能对建筑物有潜在安全影响的区域

(B)控制性勘探孔深度应穿过最深潜在滑动面进入稳定层不小于 5.0 m

(C)控制性勘探孔深度进入坡脚地形剖面最低点和支护结构基底下不小于 3 m

(D)一般性勘探孔深度可取控制性孔深的 4/5

41. 边坡工程勘察报告中可不包括(　　)。

(A)提供验算边坡稳定性、变形和设计所需的计算参数

(B)提出对潜在的不稳定边坡的整治措施和监测方案的建议

(C)提出边坡整治设计、施工注意事项的建议

(D)提出当施工反馈资料与原勘察设计有较大差距时，进行修改设计的建议

42. 对一级边坡的结构面的抗剪强度指标应(　　)确定。

(A)宜根据现场原位试验确定　　(B)通过室内试验确定

(C)通过经验方法确定　　(D)采用反算分析方法确定

43.土质边坡按水土合算原则计算时,地下水位以下的土宜采用(　　)。

(A)有效抗剪强度指标　　(B)自重固结不排水抗剪强度指标

(C)自重固结排水抗剪强度指标　　(D)自重压力下不固结不排水抗剪强度指标

44.边坡稳定性评价应在充分查明工程地质条件的基础上,根据边坡岩土类型和结构,采用(　　)进行。

(A)工程地质类比法　　(B)刚体极限平衡计算法

(C)经验法　　(D)综合采用(A)和(B)

45.对较大规模的碎裂结构岩质边坡宜采用(　　)进行边坡稳定性计算。

(A)单平面滑动法　(B)折线滑动法　(C)圆弧滑动法　(D)实体比例投影法

46.采用平面滑动法计算一级边坡稳定性时,其稳定性系数不应小于(　　)。

(A)1.35　(B)1.30　(C)1.25　(D)1.20

47.下列对土压力的说法中(　　)是正确的。

(A)主动土压力是边坡不受外力情况下对支挡结构的压力

(B)静止土压力小于被动土压力但大于主动土压力

(C)支挡结构顶端(边坡坡面处)的土压力为0

(D)主动土压力作用方向与支挡结构的位移方向相反

48.建筑边坡采用预应力锚杆进行支护时,其自由段长度为(　　)。

(A)不小于4 m　　(B)不小于5 m

(C)不小于5 m且应超过潜在滑裂面　　(D)不小于5 m且不应超过潜在滑裂面

49.建筑边坡采用锚喷支护,进行整体稳定性计算时岩石侧压力的分布为(　　)。

(A)$0.25H$以上为三角形分布,$0.25H \sim H$为矩形分布

(B)呈三角形分布

(C)呈矩形分布

(D)呈梯形分布

50.下列(　　)边坡应优先采用坡率法。

(A)一般建筑边坡,无特殊条件

(B)放坡开挖对相邻建筑物有不利影响的边坡

(C)地下水发育的边坡

(D)稳定性差的边坡

51.当边坡变形过大,变形速率过快,周边环境出现开裂等险情时,应暂停施工,采取一定措施,下述方法中(　　)是错误的。

(A)坡脚被动区临时压重　　(B)坡体中部卸土减载

(C)做临时性排水　　(D)对支护结构进行临时性加固

7.2.2 《建筑基坑支护技术规程》(JGJ 120—2012)

1.下列验算中,不属于承载能力极限状态验算的是(　　)。

(A)桩后主动压力计算　　(B)挡墙受剪强度验算

(C)锚杆抗拔力验算　　(D)挡墙水平位移验算

2.建筑地基详勘阶段基坑工程勘察工作布置时,下述不正确的是(　　)。

(A)宜在开挖边界外,按开挖深度1～2倍范围内布置勘探点

(B)基坑周边勘探点的深度不宜小于 2 倍开挖深度

(C)基坑勘探点间距，可在 15～25 m 内选择

(D)基坑勘探点数量不宜小于 3 个

3. 某三级基坑深 7 m，由淤泥质土组成，淤泥质土厚 15 m，承载力$[\sigma]$=100 kPa，基坑应选用(　　)进行支护。

(A)悬臂式排桩　　(B)重力式水泥土墙

(C)土钉墙　　(D)放坡

4. 对于地下水位以上的粉性土，计算支护结构水平荷载时，侧壁土体的 c、φ 值应选用(　　)。

(A)固结快剪 c_{cu}、φ_{cu} 值　　(B)三轴排水剪 c、φ 值

(C)有效应力状态 c、φ 值　　(D)固结、排水剪 c、φ 值

5. 对二级基坑侧壁进行监测时，如基坑条件较好，下列为选测项目的是(　　)。

(A)支护结构的水平位移　　(B)周围建筑物沉降

(C)地下水位　　(D)土压力

6. 对于水泥土墙，下述不正确的是(　　)。

(A)水泥土墙的嵌固深度宜满足坑底隆起稳定性的要求

(B)当水泥土墙底位于透水性土层时，应考虑墙底水压力(浮力)对厚度的影响

(C)当一般黏性土中水泥土墙采用格栅布置时，置换率不宜小于 0.8

(D)水泥土墙应在设计开挖龄期采用钻芯法检测墙身完整性，钻芯数量不宜少于总桩数的 1%，且不应少于 6 根

7. 采用土钉墙进行基坑支护时，可能出现的破裂面与水平面夹角(β 为土钉墙倾角，φ_m 为土体内摩擦角)应为(　　)。

(A)$\frac{1}{2}(\beta-\varphi_m)$　　(B)$\frac{1}{2}(\beta+\varphi_m)$　　(C)$\frac{1}{2}\times(45°-\varphi_m)$　　(D)$\frac{1}{2}\times(45°+\varphi_m)$

8. 进行土钉墙整体稳定性验算时应采用的方法是(　　)。

(A)毕肖普法　　(B)简化毕肖普法

(C)圆弧滑动条分法　　(D)数值计算法或萨尔玛法

9. 采用土钉墙进行基坑支护时，下述不正确的是(　　)。

(A)土钉墙墙面坡度不宜大于 1∶0.2

(B)土钉长度不应小于 8 m，间距宜为 1～2 m，倾角宜为 15°～35°

(C)采用水泥土桩复合土钉墙时，桩身 28 d 无侧限抗压强度不宜小于 1 MPa

(D)采用抗拉试验检测土钉承载力时，同一条件下，试验数量不宜少于土钉总数的 1%，且不应少于 3 根

10. 基坑工程进行地下水控制时不包括下列(　　)方法。

(A)截水　　(B)降水　　(C)集水明排　　(D)盲沟排水

11. 基坑降水时，下述说法不正确的是(　　)。

(A)基坑设计降水深度在基坑范围内不宜小于基坑底面以下 0.5 m

(B)可根据基坑总涌水量及设计单井出水量确定降水井数量

(C)当采用真空井点降水时，如一级井点降水深度不满足要求，可采用多级井点降水方法

(D)当采用管井降水时，沉砂管长度不宜小于 1 m

12. 对基坑锚杆进行基本试验时，应采用(　　)加卸荷方法。

(A)分级加荷、逐级卸荷法　　(B)多循环加载法或单循环加载法

(C)一次加荷逐级卸荷法　　　　(D)分级加荷、一次卸荷法

13. 当建筑基坑侧壁的安全等级为一级时,基坑的重要性系数应取(　　)。

(A)1.20　　(B)1.10　　(C)1.00　　(D)0.90

14. 当采用水土合算方法计算基坑支挡结构后的侧向水平荷载时,如不考虑地表荷载,基坑底面以下的侧向水平荷载的分布是(　　)。

(A)三角形分布　　(B)矩形分布　　(C)梯形分布　　(D)抛物线分布

15. 当采用水土分算方法计算基坑支护结构后侧的水平荷载时,(有地下水)如不考虑地表荷载,基坑底面以下的侧向水平荷载的分布是(　　)。

(A)三角形分布　　(B)矩形分布　　(C)梯形分布　　(D)抛物线分布

16. 对基坑侧壁等级为二级的基坑,基坑开挖时(　　)不是应测项目。

(A)支护结构界面上的侧向压力　　(B)支护结构顶部的水平位移

(C)周围建筑物、地下管线的沉降　　(D)地下水位

17. 建筑基坑采用土钉墙进行支护时,其整体稳定性应采用(　　)验算。

(A)圆弧滑动条分法　　(B)毕肖普法

(C)有限差分法　　(D)有限单元法

18. 当基坑施工时底部不允许有地下水,而周边环境又不允许水位下降时,可采用(　　)排水措施。

(A)基桩内集水明排　　(B)采用井点降水措施

(C)采用(A)、(B)综合排水　　(D)采用截水或回灌措施

19. 当建筑基坑采用集水明排排水时,如排水沟的设计流量为 10 m^3/d,其排水沟的设计排水能力不应小于(　　)m^3/d。

(A)10　　(B)15　　(C)20　　(D)30

20. 某基坑总涌水量为 400 m^3/d,设计单井出水量为 40 m^3/d,应设置(　　)口降水井。

(A)10　　(B)11　　(C)12　　(D)13

7.2.3　地下水专业知识

1. 关于渗透系数 K 说法,下述正确的是(　　)。

(A)含水层的 K 大,含水层的导水能力强

(B)含水层的 K 大,含水层的出水能力强

(C)含水层的 K 大,含水层的透水能力强

(D)K 值是反应含水层中水流速度的唯一依据

2. 如图所示的层状含水层,其等效渗透系数 k_m 为(　　)。

(A)$k_m=k_1+k_2+k_3$　　(B)$k_m=\dfrac{k_1m_1+k_2m_2+k_3m_3}{m_1+m_2+m_3}$

(C)$k_m=\dfrac{1}{k_1}+\dfrac{1}{k_2}+\dfrac{1}{k_3}$　　(D)$k_m=\dfrac{k_1+k_2+k_3}{3}$

3. 如图所示的垂直层状含水层,其等效渗透系数 k_n 为(　　)。

(A)$k_n=k_1+k_2+k_3$　　(B)$k_n=\dfrac{1}{k_1}+\dfrac{1}{k_2}+\dfrac{1}{k_3}$

(C)$k_n=\dfrac{k_1+k_2+k_3}{3}$　　(D)$k_n=\dfrac{L_1+L_2+L_3}{\dfrac{L_1}{k_1}+\dfrac{L_2}{k_2}+\dfrac{L_3}{k_3}}$

全国注册岩土工程师专业考试模拟训练题集及历年真题新解

4. 下列所画示意图是完整井的是(　　)。

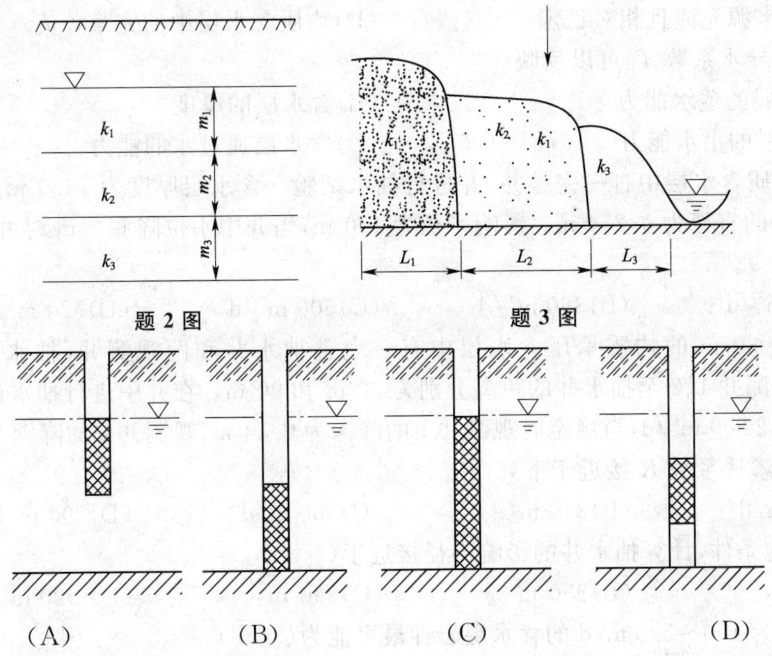

题 2 图　　题 3 图

5. 下列不是泰斯公式适用条件的是(　　)。

(A)承压非完整井　　(B)承压完整井

(C)潜水完整井　　(D)潜水非完整井

6. 利用泰斯公式,不能达到的目的是(　　)。

(A)井涌水量预测

(B)利用抽水试验资料求含水层的水文地质参数

(C)预测定降深、定水量排水所需时间

(D)确定抽水井影响半径

7. 越流补给系数 b 与下列(　　)无关。

(A)弱透水层的渗透系数　　(B)弱透水层的厚度

(C)弱透水层的岩性　　(D)弱透水层的越流量

8. 含水层中,水流单宽流量的单位是(　　)。

(A)m^2/d　　(B)m/d　　(C)m^3/d　　(D)m^3

9. 含水层中地下水运动不符合的规律是(　　)。

(A)达西定律　　(B)水流连续原理

(C)有效应力原理　　(D)压强传导原理

10. 下述(　　)不是水文地质测绘的基本任务。

(A)观察地层的空隙及含水性,确定含水层和隔水层的岩性、结构、厚度、分布、破碎情况及其他变化

(B)分析褶皱构造和断裂构造的水文地质特征

(C)判断含水层的富水性,主要研究由含水层补给的各种地下水露头的出水量及动态变化

(D)压强传导原理

11. 下述(　　)不是稳定流抽水试验的必需条件。

(A)流量相对稳定　　(B)降深相对稳定
(C)补给水源充沛且相对稳定　　(D)均质含水层中的完整井流

12. 含水层的导水系数 T，可以反映(　　)。
(A)含水层的透水能力　　(B)含水层的厚度
(C)含水层的出水能力　　(D)含水层通过水的能力

13. 在承压均质含水层中打一完整井，并进行抽水试验。含水层厚度为 15.9 m，渗透系数为 8 m/d，井的直径为 0.254 m。影响半径为 100 m，当井中水位降深 5 m 时井的出水量接近于(　　)。
(A)450 m^3/d　　(B)360 m^3/d　　(C)600 m^3/d　　(D)720 m^3/d

14. 在厚度为 30 m 的均质承压含水层中有一完整抽水井和两观测井，抽水井的半径为 0.1 m，观测井 1、2 至抽水井的距离分别为 30 m 和 90 m。在井中进行抽水试验，抽水井涌水量为 2 500 m^3/d，当稳定时观测井 1 的降深为 0.14 m，观测井 2 的降深为 0.08 m，计算含水层渗透系数 K 接近于下列(　　)。
(A)260 m/d　　(B)240 m/d　　(C)300 m/d　　(D)290 m/d

15. 利用 14 题条件，计算抽水井的影响半径接近于(　　)。
(A)400 m　　(B)350 m　　(C)390 m　　(D) 420 m

16. 渗透系数为 1.0～5.0 m/d 的含水层岩性最可能为(　　)。
(A)黏土　　(B)粉土　　(C)中砂　　(D)细砂

17. 抽水井的稳定影响半径与下列(　　)无关。
(A)含水层渗透系数 K　　(B)出水量
(C)降深　　(D)水力坡度

18. 下列不是 Dupuit 公式适用条件的是(　　)。
(A)含水层为均质和各向同性　　(B)水井出水量随时间变化
(C)水流为层流　　(D)流动条件为稳定流或非稳定流

7.3　多项选择题

1. 对于建筑基坑，在详细勘察阶段进行勘察时，下述不正确的是(　　)。
(A)勘察范围宜在开挖边界外按基坑短边长度的 1～2 倍范围内布置勘探点
(B)勘察范围宜在开挖边界外按基坑开挖深度的 1～2 倍范围内布置勘探点
(C)基坑周边勘探点深度不宜小于支护结构端点的深度
(D)勘探点间距应视地层条件而定，可在 15～30 m 内选择

2. 一般情况下，建筑基坑岩土工程测试参数宜包括(　　)。
(A)土的常规物理试验指标　　(B)土的抗剪强度指标
(C)室内或原位试验测试土的渗透系数　　(D)现场波速测试

3. 某二级建筑基坑中无地下水，场地土的地基承载力为 180 kPa，场地边缘附近有相邻建筑物，可选择下列(　　)支护方式。
(A)悬臂式排桩　　(B)水泥土墙　　(C)土钉墙　　(D)逆作拱

4. 计算建筑基坑水平荷载标准值时，下述正确的是(　　)。
(A)对于碎石土及砂土，当计算点位于地下水位以下时，水下部分土体应取浮重度
(B)对于黏性土及粉土，当计算点位于地下水位以下时，水下部分土体应取天然重度

(C)地表荷载引起的附加竖向应力一般按在某个范围内均匀分布考虑

(D)基坑底面以下部分土体的水平荷载标准值均按矩形分布考虑，其数值与基坑底面处的水平荷载值相等

5. 建筑基坑开挖时应进行开挖监控，对于三级基坑，可不进行监测的项目是(　　)。

(A)支护结构水平位移　　(B)周围建筑物、地下管线变形

(C)锚杆拉力　　(D)支护结构界面上的侧向压力

6. 建筑基坑采用排桩或地下连续墙时，其构造要求中，下述不正确的是(　　)。

(A)悬臂式排桩结构桩径不宜小于 600 mm

(B)排桩顶部应设钢筋混凝土冠梁连接，其宽度不宜小于桩径，高度不宜小于 400 mm

(C)现绕式钢筋混凝土地下连续墙厚度不宜小于 1 000 mm

(D)当采用锚杆支撑时，锚杆自由段长度不宜小于 3 m

7. 建筑基坑采用土钉墙支护时，其设计及构造要求中下述正确的是(　　)。

(A)土钉墙墙面坡度不宜大于 1∶0.5　　(B)土钉长度宜为开挖深度的 2～3 倍

(C)土钉间距宜为 1～2 m　　(D)土钉与水平面夹角宜为 5°～20°

8. 下述(　　)情况属于边坡承载能力极限状态。

(A)支护结构达到承载力破坏　　(B)锚固系统失效

(C)坡体失稳　　(D)支护结构变形影响建筑物正常使用

9. 某土质挖方边坡坡体土层较差，土方开挖后边坡稳定性较差，坡高为 8 m，宜选择下列(　　)支护结构类型。

(A)重力式挡墙　　(B)扶壁式挡墙

(C)板肋式锚杆挡墙支护　　(D)排桩式锚杆挡墙支护

10. 下列(　　)边坡工程可按建筑边坡工程技术规范设计，不需进行专门论证。

(A)已发生过严重事故的一般边坡

(B)一般条件下，高度在 15 m 以下的土质边坡

(C)一般条件下，高度在 30 m 以下的岩质边坡

(D)采用新结构、新技术的三级边坡

11. 边坡工程勘察报告应包括下列(　　)内容。

(A)边坡工程地质、水文地质条件

(B)确定边坡类别及可能的破坏形式

(C)提供验算边坡稳定性所需的计算参数

(D)提出边坡坡体及支挡结构的变形量

12. 下述对边坡工程勘察的要求中(　　)是正确的。

(A)一、二级建筑边坡工程应进行专门的岩土工程勘察

(B)大型的和地质环境条件复杂的边坡宜分阶段勘察

(C)地质环境复杂的一级边坡工程尚应进行施工勘察

(D)对地质环境条件复杂、稳定性较差的边坡，宜在勘察期间进行变形监测，并设置一定数量的水文长观孔

13. 下述对建筑边坡工程勘察时取样及试验的要求中(　　)是正确的。

(A)主要岩土层及软弱层应采集试样进行物理力学试验

(B)土的抗剪强度指标应采用有效应力条件下的试验值

(C)土层主要指标的试样数量不应少于 6 个

(D)岩石抗压强度试验指标不应小于3个

14. 提供建筑工程的力学参数时,下述(　　)是正确的。

(A)岩体结构面的抗剪强度指标必须根据现场试验确定

(B)边坡岩体性能指标标准值可按地区经验确定

(C)岩体内摩擦角可由岩块内摩擦角标准值按岩体裂隙发育程度乘以折减系数确定

(D)边坡岩体等效内摩擦角应按当地经验确定

15. 下列(　　)边坡应进行边坡稳定性评价。

(A)与场地范围临近的自然斜坡

(B)施工期出现不利工况的边坡

(C)使用条件发生变化的边坡

(D)填筑形成的边坡,高度较小,稳定性较好

16. 建筑边坡稳定性计算方法应根据边坡类型和可能的破坏形式确定,下述(　　)中对稳定性计算方法的选择不正确。

(A)土质边坡宜采用圆弧滑动法计算

(B)较大规模的碎裂结构岩质边坡宜采用折线滑动法计算

(C)对可能产生平面滑动的边坡宜采用平面滑动法进行计算

(D)当边坡破坏机制复杂时,可利用赤平极射投影法进行定性分析

17. 当土中有地下水但未形成渗流、计算建筑边坡支护结构上的侧压力时,下述(　　)不正确。

(A)对粉土应采用水土分算原则计算

(B)对黏性土应采用水土合算原则计算

(C)按水土分算原则计算时,地下水位以下的土压力应采用浮重度(γ')和有效应力抗剪强度指标(c'、φ')计算

(D)按水土合算原则计算时,地下水位以下的土压力应采用浮重度和有效应力抗剪强度指标计算

18. 下述对建筑边坡工程侧向岩土压力修正的说法中,(　　)是错误的。

(A)当坡顶重要建筑物基础外边缘至坡脚的水平距离小于坡高的一半时,土质边坡的侧向压力应取主动土压力

(B)当土质边坡对支护结构变形控制较严格时,侧向压力可取静止土压力与主动土压力合的一半

(C)岩质边坡对支护结构变形控制严格时,侧向压力应取静止岩石压力

(D)岩石边坡对支护结构变形控制不严格时,侧向压力应取主动岩石压力

19. 下述对建筑边坡锚杆挡墙支护结构的构造要求中,(　　)是错误的。

(A)锚杆挡墙支护结构立柱的间距宜采用2 m

(B)锚杆挡墙支护结构中锚杆上下排距不宜小于2.5 m,水平间距不宜小于2.0 m

(C)第一排锚杆位置距坡顶的距离不宜小于4.0 m

(D)锚杆倾角宜采用10°～35°

7.4 答　案

7.4.1 案例模拟题答案

1. (B)

解:①条形基础在基坑支挡结构上引起的压力:

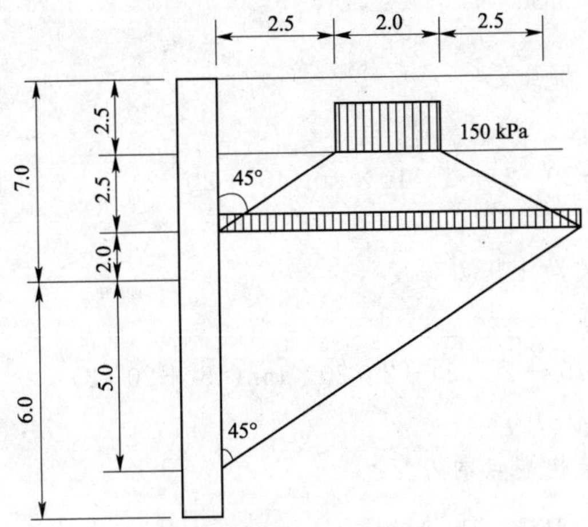

案例 1 解图(尺寸单位:m)

$\Delta\sigma_k = \frac{P_0 b}{b+2a} = \frac{150\times 2}{2+2\times 2.5} = 42.9$ (kPa)

$P'_{ak} = \Delta\sigma_k k_{a2} = 42.9\times 0.49 = 21$ (kPa)

②条形基础的压力在支挡结构上的作用位置

上部起点:2.5+2.5=5 (m)

下部终点:5+(2.5+2+2.5)=12 (m)

在支挡结构上的压力作用点:

$\frac{1}{2}\times(5+12)=8.5$ (m)

③条形基础在支挡结构端点引起的力矩:

$(13-8.5)\times 21\times(12-5)$

$=661.5$ (kN·m)

2.(A)

解:砂土层的主动土压力合力已算得为 $E_{ak1}=75$ kN

粉土层顶面的主动土压力强度 P_{ak2}

$P_{ak2}=\sigma_{ak1}K_{a2}-2c\sqrt{K_{a2}}$

$=5\times 18\times \tan^2(45°-20°/2)-2\times 10\times \tan(45°-20°/2)$

$=30.1$ (kPa)

13 m 处粉土的主动土压力强度:

$P_{ak3}=\sigma_{ak2}K_{a2}-2c\sqrt{K_{a2}}$

$=(5\times 18+8\times 20)\times 0.49-2\times 10\times 0.7$

$=108.5$ (kPa)

粉土的主动土压力合力

$E_{a2}=\frac{1}{2}h_2(P_{ak2}+P_{ak3})$

$=\frac{1}{2}\times(7+6-5)\times(30.1+108.5)$

$=554.4$ (kN)

支挡结构后的主动土压力

$E_a=E_{a1}+E_{a2}=75+554.4=629.4$ (kN)

3.(C)

解:坑底的被动土压力强度

$P_{pk1}=\sigma_{pk1}K_p+2c\sqrt{K_p}$

$=0\times\tan^2(45°+20°/2)+2\times10\times\tan(45°+20°/2)$

$=28.6$ (kPa)

支挡结构端点处的被动土压力强度

$P_{pk2}=\sigma_{pk2}K_p+2c\sqrt{K_p}$

$=6\times20\times\tan^2(45°+20°/2)+2\times20\times\tan(45°+20°/2)$

$=273.3$ (kPa)

被动土压力对支挡结构端点的力矩

$M=\frac{1}{2}h_p^2P_{pk1}+\frac{1}{6}h_p^2(P_{pk2}-P_{pk1})$

$=\frac{1}{2}\times6^2\times28.6+\frac{1}{6}\times6^2\times(273.3-28.6)$

$=1\,983$ (kN·m)

4.(A)

解:据模拟题3,被动土压力对支挡结构端点的力矩为1 983 kN·m,砂土主动土压力对端点的力矩为:

$E_{a1k}a'_{a1}=75\times\left(\frac{1}{3}\times5+2+6\right)=725$ kN·m

粉土主动土压力对端点的力矩:

粉土层顶的主动土压力强度:$P_{ak2}=30.1$

支挡结构端点的主动土压力强度:$P_{ak3}=108.5$

$E_{a2k}a''_{a1}=\frac{1}{2}\times30.1\times(13-5)^2+\frac{1}{6}\times(108.5-30.1)\times(13-5)^2$

$=1\,799.4$

$\frac{1\,983}{725+1\,799.4}=0.76$

5.(A)

解:$N_q=\tan^2(45°+4/2)e^{\pi\tan\varphi}$

$=\tan^2(45°+20°/2)e^{3.14\times\tan20°}$

$=6.394$

$N_c=(N_q-1)/\tan\varphi$

$=(6.394-1)/\tan20°$

$=14.82$

$\frac{\gamma_{m2}l_dN_q+cN_c}{\gamma_{m1}(h+l_d)+q_0}=\frac{20\times4\times6.394+15\times14.82}{20\times(6+4)+200}=1.83$

6.(A)

解:① 求反变点 $P_{ak}=P_{pk}$

$\sigma_{ak}K_a-2c\sqrt{K_a}=\sigma_{pk}K_p+2c\sqrt{K_p}$

$=(7+h_c)\times20\times\tan^2(45°-20°/2)-2\times10\times\tan(45°-20°/2)$

$=h_c\times20\times\tan^2(45°+20°/2)+2\times10\times\tan(45°+20°/2)$

解得 $h_c=0.84$ m

②自由段长度 l_f：

$$l_f=\frac{(a_1+a_2-d\tan\alpha)\sin(45°-\varphi_m/2)}{\sin(45°+\varphi_m/2+\alpha)}+\frac{d}{\cos\alpha}+1.5$$

$$=\frac{(4.0+0.84-0.6\times\tan15°)\sin(45°-20°/2)}{\sin(45°+20°/2+15°)}+\frac{0.6}{\cos15°}+1.5$$

$$=\frac{4.679\times0.5735}{0.9397}+0.6212+1.5$$

$$=4.98\ (\text{m})$$

7.(D)

解：$P_{ak}=\sigma_{ak}K_a-2c\sqrt{K_a}$

$$=18\times4\times\tan^2(45°-24°/2)-2\times10\times\tan(45°-24°/2)$$

$$=17.38\ (\text{kPa})$$

$$\eta_j=\eta_a-(\eta_a-\eta_b)\frac{E_j}{h}$$

$$=0.9-(0.9-0.8)\times\frac{4}{6}$$

$$=0.833$$

$$\xi=\tan\left(\frac{\beta-\varphi_m}{2}\right)\left(\frac{1}{\tan\frac{\beta+\varphi_m}{2}}-\frac{1}{\tan\beta}\right)/\tan^2(45°-\varphi_m/2)$$

$$=\tan\left(\frac{70°-24°}{2}\right)\left(\frac{1}{\tan\left(\frac{70°+24°}{2}\right)}-\frac{1}{\tan70°}\right)/\tan^2(45°-24°/2)$$

$$=0.573$$

$$N_k=\frac{1}{\cos\alpha_j}\xi\eta_jP_{akj}s_{xj}s_{yj}$$

$$=\frac{1}{\cos15°}\times0.573\times0.833\times17.38\times1.5\times1.5$$

$$=19.32\ (\text{kN})$$

$$R_k=\pi d_j\sum q_{sikj}l_j=3.14\times0.15\times30\times3=42.39$$

$$\frac{R_k}{N_k}=\frac{42.39}{19.32}=2.19$$

8.(A)

解：$K_a=\tan^2(45°-\frac{38°}{2})=0.238$

$$K_p=\tan^2\left(45°+\frac{38°}{2}\right)=4.2$$

$$E_a=\frac{1}{2}\times18\times(6+3)^2\times0.238=173.5\ (\text{kN/m})$$

$$E_p=\frac{1}{2}\times18\times3^2\times4.2=340.2\ (\text{kN/m})$$

$G=22\times(6+3)B=198B\quad U_m=0$

$$K_s=\frac{340.2\times1+198B\times\frac{B}{2}}{173.5\times3}=1.3$$

解得：$B=1.84$ m

9.(A)

解：基坑底面处的主动土压力强度 P_{ak}

$$P_{ak}=\sigma_{ak}K_a-2c\sqrt{K_a}$$
$$=6\times18\times\tan^2(45°-38°/2)-0$$
$$=25.7\ (\text{kPa})$$

$$M_i=\frac{1}{6}h^2P_{ak}=\frac{1}{6}\times6^2\times25.7=154.2\ \text{kN}\cdot\text{m}$$

二级基坑 $\gamma_0=1$；$\gamma_F=1.25$；$\gamma_{cs}=22\ \text{kN/m}^3$

$$\gamma_0\gamma_F\gamma_{cs}z+\frac{6M_i}{B^2}=1\times1.25\times22\times6+\frac{6\times154.2}{2.9^2}=275\ (\text{kN/m}^2)<f_{cr}=1\ 800\ \text{kN/m}^2$$

10.(C)

解：$\dfrac{D\gamma}{h_w\gamma_w}=\dfrac{18.5\times(12-6.5)}{10\times(12-3.0)}=1.13$

11.(B)

解：该类型为均质合水层承压水——潜水完整井型，计算如下：

据例题 7，$\gamma_0=13.54$

$H_0=8$；$M=6$；$h=8-5.5=2.5$

$$Q=\pi k\frac{(2H_0-M)M-h^2}{\ln(1+R/\gamma_0)}$$

$$385=3.14\times K\times\frac{(2\times8-6)\times6-2.5^2}{\ln(1+60/13.54)}$$

解得：$K=3.86$ m/d

12.(C)

解：利用铁道部经验公式

$q=0.45\times2^{6-s}\gamma w$　　　　　　$s=3$

$w=1+i(B-5)=1+0.1\times(14.25-5)=1.925$

$q=0.45\times2^{6-3}\times22\times1.925=152.46$ (kPa)

13.(D)

解：根据黄土周围岩压力估算公式：

$$p_v=N\frac{b^2}{k'}\gamma k\qquad p_H=p_v\zeta$$

$$N=1.1\quad R'=\sqrt{\frac{F}{n}}=\sqrt{\frac{90}{3.14}}=5.35\quad b=\frac{1}{2}\times9.0=4.5\ (\text{m})\quad \gamma=20$$

$$p_v=1.1\times\frac{4.5^2}{5.35}\times20\times2.4=199.8\ (\text{kPa})\approx200\ (\text{kPa})$$

$$p_H=199.8\times0.60=119.88\ (\text{kPa})\approx120\ (\text{kPa})$$

14.①(B)　②(C)

解：根据普化塌落拱理论

$$①h_1=\frac{a+h\tan\left(45°-\frac{\varphi}{2}\right)}{\tan\varphi}=\frac{\frac{1}{2}\times5.0+5.0\times\tan\left(45°-\frac{50°}{2}\right)}{\tan50°}=3.62\ (\text{m})$$

$$P_a=\frac{1}{2}\gamma h(2h_1+h)\tan^2\left(45^\circ-\frac{\varphi}{2}\right)$$

$$=\frac{1}{2}\times 21\times 5.0\times(2\times 3.62+5.0)\times\tan^2\left(45^\circ-\frac{50^\circ}{2}\right)$$

$$=85\ (\mathrm{kN})$$

②$q=\gamma h=21\times 3.62=76\ (\mathrm{kPa})$

15.(B)

解:按太沙基松散体的理论公式计算

$$\sigma_B=\frac{a_1\gamma-c}{k\tan\varphi}(1-e^{-kN\tan\varphi})+qe^{-kN\tan\varphi}\qquad N=\frac{H}{a}=\frac{20}{2.0}=10\quad k=0.80$$

$$h_1=\frac{a+h\tan\left(45^\circ-\frac{\varphi}{2}\right)}{\tan\varphi}=\frac{2.0+4.0\times\tan\left(45^\circ-\frac{30^\circ}{2}\right)}{\tan 30^\circ}=7.46$$

$$q=\gamma h_1=21\times 7.46=156.66\ (\mathrm{kPa})$$

$$a_1=a+h\tan\left(45^\circ-\frac{\varphi}{2}\right)=2.0+4.0\times\tan\left(45^\circ-\frac{30^\circ}{2}\right)=4.31\ (\mathrm{m})$$

$$\sigma_B=\frac{4.31\times 21-20}{0.80\times\tan 30^\circ}\times(1-2.718^{-0.80\times 10\times\tan 30^\circ})+156.66\times 2.718^{-0.8\times 10\times\tan 30^\circ}$$

$$=152.70\ (\mathrm{kPa})$$

16.①(D)　②(D)

解:已知 $r_0=4.0$ m　$p_H=p_v=1\ 000$ kPa　$R_0=10$ m

①按芬纳公式:

$$p_i=(p_H+c\cot\varphi)(1-\sin\varphi)\left(\frac{r_0}{R_0}\right)^{\frac{2\sin\varphi}{1-\sin\varphi}}-c\cot\varphi$$

$$=(1\ 000+20\times\cot 30^\circ)\times(1-\sin 30^\circ)\times\left(\frac{4.0}{10}\right)^{\frac{2\sin 30^\circ}{1-\sin 30^\circ}}-20\times\cot 30^\circ$$

$$=48.128\ (\mathrm{kPa})$$

②$$R_0=\gamma_0\left[\frac{(p+c\cot\varphi)(1-\sin\varphi)}{p_i+c\cot\varphi}\right]^{\frac{1-\sin\varphi}{2\sin\varphi}}$$

$$=4.0\times\left[\frac{(1\ 000+20\times\cot 30^\circ)\times(1-\sin 30^\circ)}{0+20\times\cot 30^\circ}\right]^{\frac{1-\sin 30^\circ}{2\sin 30^\circ}}$$

$$=15.5\ (\mathrm{m})$$

7.4.2 单项选择题答案

7.4.2.1 《建筑边坡工程技术规范》(GB 50330—2013)

1.(A)　2.(C)　3.(B)　4.(D)　5.(B)　6.(C)　7.(A)
8.(B)　9.(C)　10.(D)　11.(C)　12.(C)　13.(B)　14.(C)
15.(B)　16.(A)　17.(B)　18.(D)　19.(C)　20.(C)　21.(D)
22.(C)　23.(B)　24.(C)　25.(B)　26.(A)　27.(B)　28.(C)
29.(C)　30.(D)　31.(C)　32.(B)　33.(B)　34.(B)　35.(D)
36.(A)　37.(A)　38.(C)　39.(D)　40.(D)　41.(D)　42.(A)
43.(B)　44.(D)　45.(C)　46.(A)　47.(B)　48.(C)　49.(C)
50.(A)　51.(B)

第7章　基坑工程与地下工程

7.4.2.2 《建筑基坑支护技术规程》(JGJ 120—2012)

1.(D) 2.(D) 3.(B) 4.(A) 5.(D) 6.(C) 7.(B)
8.(C) 9.(B) 10.(D) 11.(D) 12.(B) 13.(B) 14.(C)
15.(C) 16.(A) 17.(A) 18.(D) 19.(B) 20.(B)

7.4.2.3 地下水专业知识

1.(C) 2.(B) 3.(D) 4.(C) 5.(C) 6.(D) 7.(D)
8.(A) 9.(C) 10.(D) 11.(D) 12.(D) 13.(C) 14.(B)
15.(C) 16.(D) 17.(D) 18.(B)

7.4.3 多项选择题答案

1.(A)、(C) 2.(A)、(B)、(C) 3.(C)、(D)
4.(B)、(C) 5.(C)、(D) 6.(C)、(D)
7.(C)、(D) 8.(A)、(B)、(C) 9.(C)、(D)
10.(B)、(C)、(D) 11.(A)、(B)、(C) 12.(B)、(C)、(D)
13.(A)、(C) 14.(B)、(C)、(D) 15.(B)、(C)
16.(B)、(D) 17.(B)、(D) 18.(A)、(C)
19.(A)、(C)

第 8 章　特殊条件下的岩土工程

8.1　岩溶与土洞

对岩溶与土洞顶板稳定性的评价方法有定性评价方法、半定量评价方法及定量评价方法。定性评价目前仍然是使用较广的评价方法。

当前，虽然有一些对洞体稳定评价的定量方法，但是由于洞体受力状况及围岩应力场的演变十分复杂，要确定洞体破坏的形式和取得符合实际的岩体力学参数又很困难，兼之受到勘测手段的局限，很难查清岩体与围岩的边界条件与性能指标。因此，定量方法难以在工程实践中应用；而半定量的评价方法较为实用，但目前尚属摸索提高阶段。下面即介绍几种《工程地质手册》第 4 版（中国建筑工业出版社，1992，下同）中简单实用、大多数工程可以办到的对溶洞顶板稳定性的半定量评价方法。

8.1.1　荷载传递线交汇法

原理和方法：该方法是在剖面上从基础边缘按 30°～45°扩散角向下作应力传递线，当洞体位于该线所确定的应力扩散范围之外时，可认为洞体不会危及基础的稳定。扩散角的大小可按岩土性质和工程经验选定。

【例题 1】

某场地中存在单个岩溶洞穴，洞穴顶面埋深 H 为 12 m，岩体的应力扩散角 θ 为 38°，试利用荷载传递线交汇法确定，对于基础埋深 d 为 4 m 的多层厂房，基础边缘应至少离开洞穴边界（　　），才能保证洞穴不会危及基础的稳定性。

(A)3.1 m　　(B)6.3 m　　(C)9.4 m　　(D)12 m

解

如下图所示，用荷载传递线交汇法解题，设基础边缘离开洞穴边界的最小距离为 L_1

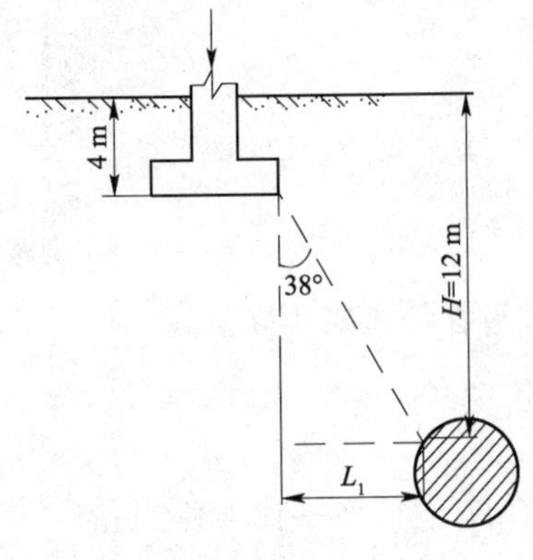

例题 1 图

$L_1/(H-d)=\tan\theta$

$L_1=(H-d)\tan\theta=(12-4)\tan38°=6.25\,(m)\approx6.3\,(m)$

基础底面边缘离开洞穴边界的最小距离为 6.3 m。

例题解析

该方法简便直接，主要是确定岩土体的应力扩散角，一般可按工程经验选用。

【案例模拟题 1】

某场地中有一土洞，洞穴顶面埋深为 15 m，土体应力扩散角为 30°，基础埋深为 2.0 m，该建筑物基础边缘距该土洞应不小于(　　)。

(A)1.2 m　　(B)5.3 m　　(C)7.5 m　　(D)8.7 m

8.1.2 溶洞顶板坍塌自行填塞估算法

原理和方法：溶洞顶板坍塌后，塌落体体积增大，当塌落到一定高度 H 时，溶洞空间自行填满，无须考虑对地基的影响。所需的塌落高度 H 按下式计算。

$$H=\frac{H_0}{K-1} \tag{8.1.2.1}$$

式中，H_0 为洞体最大高度(m)；K 为岩石松散(涨余)系数，石灰岩 $K=1.2$，黏土 $K=1.05$。

如高度 H_0 以上还有外荷载，则还应加上荷载作用所需的厚度即为洞体顶板的安全厚度。

该方法适用于顶板为中厚层、薄层、裂隙发育、易风化的软弱岩层，顶板有坍塌可能性或仅知洞体高度的溶洞。

【例题 2】

某场地表层 2.0 m 为红黏土，2.0 m 以下为薄层状石灰岩，岩石裂隙发育，在 16～17.2 m处有一溶洞，岩石松散系数 $K=1.15$，洞顶可能会产生坍塌，试按溶洞顶板坍塌自行填塞法估算，当基础埋深为 2.3 m，荷载影响深度为 2.5 倍基础宽度时，条形基础宽度不宜大于(　　)。

(A)2.28 m

(B)3.2 m

(C)5.7 m

(D)8 m

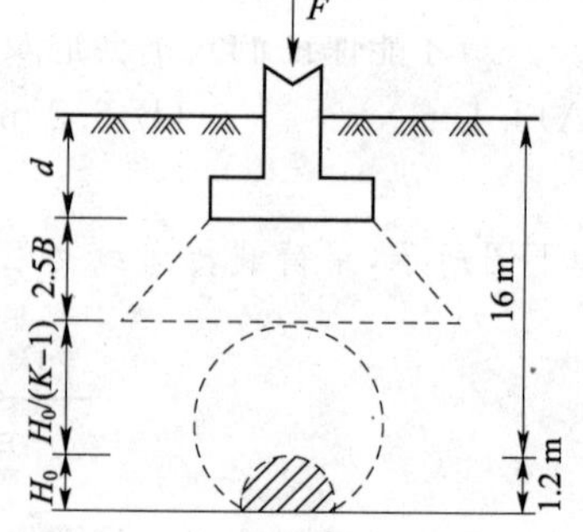

例题 2 图　溶洞顶板坍塌自行填塞估算法

解

如下图所示，用溶洞顶板坍塌自行填塞估算法计算如下。

①洞体高度 H_0

$$H_0=17.2-16=1.2\,(m)$$

②顶板坍塌自行填塞所需塌落高度 H

$$H=H_0/(K-1)=1.2/(1.15-1)=8(\mathrm{m})$$

③上部荷载的影响深度 H_1

$$H_1=16-8-2.3=5.7(\mathrm{m})$$

④条形基础的最大宽度 B(假设条形基础主要压缩层厚度为 $2.5B$)

$$B=H_1/2.5=5.7/2.5=2.28(\mathrm{m})$$

该场地条形基础的最大宽度不宜大于 2.28 m。

例题解析

①溶洞顶岩体坍塌后体积发生膨胀，当膨胀后的岩土体填满溶洞后，坍塌自行停止。其坍塌高度 H 按式(8.1.2.1)计算。

②如溶洞顶有外荷载时，主要受力层不应与可能的坍塌区重合。

③条形基础主要受力层厚度取基础宽度的 2.5 倍。

【案例模拟题 2】

某场地地下 18～19.5 m 存在一溶洞，顶板岩体破碎，岩石松散系数 $K=1.2$，当顶板坍塌自行填塞洞体后，坍塌拱顶部距地表的距离是(　　)。

(A)7.5 m　　(B)9.5 m　　(C)10.5 m　　(D)13.5 m

【案例模拟题 3】

某场地由碳酸盐残积土组成，土层厚度 25 m，在场地中发育有单个土洞，土洞底板标高与基岩一致，洞体最大高度为 0.8 m，土体松散系数 $K=1.05$，土洞有坍塌可能性，试按顶板坍塌自行填塞法计算，当基础埋深为 1.2 m 时，荷载的影响深度不宜超过(　　)。

(A)2.8 m　　(B)7.0 m　　(C)8.2 m　　(D)16 m

8.1.3 顶板按梁板受力情况计算(按受弯计算)时的顶板稳定性评价方法

受力弯矩按下列情况计算。

①当顶板跨中有裂缝，顶板两端支座处岩石坚固完整时，按悬臂梁计算

$$M=Pl^2/2 \tag{8.1.3.1}$$

②若裂隙位于支座处，而顶板较完整时，按简支梁计算

$$M=Pl^2/8 \tag{8.1.3.2}$$

③若支座和顶板岩层均较完整时，按两端固定梁计算

$$M=Pl^2/12 \tag{8.1.3.3}$$

抗弯验算

$$\frac{6M}{bH^2}\leqslant\sigma \tag{8.1.3.4}$$

$$H\geqslant\sqrt{\frac{6M}{b\sigma}} \tag{8.1.3.5}$$

抗剪验算

$$\frac{4f_s}{H^2}\leqslant S \tag{8.1.3.6}$$

上列各式中，M 为弯矩(kN·m)；P 为顶板所受总荷重(kN/m)，$P=P_1+P_2+P_3$，P_1 为顶板厚为 H 的岩体自重(kN/m)，P_2 为顶板上覆土层重量(kN/m)，P_3 为顶板上附加荷载(kN/m)；l 为溶洞跨度(m)；σ 为岩体的计算抗弯强度(kPa)(石灰岩的计算抗弯强度一般为允许抗压强度的 1/8)；f_s 为支座处的剪力(kN)；S 为岩体的计算抗剪强度(kPa)(石灰岩的计算抗剪强度一般为允许抗压强度的 1/12)；b 为梁板的宽度(m)；H 为顶板岩层的厚度。

该方法用于顶板岩层比较完整，强度较高，层理厚，而且已知顶板厚度和裂隙切割的情况。

【例题 3】

某溶洞顶板岩层厚 23 m，重度为 21 kN/m³，顶板岩层上覆土层厚度 5 m，重度为 18 kN/m³，顶板上附加荷载为 250 kPa，溶洞跨度为 6 m，岩体允许抗压强度为 3.5 MPa，岩石坚硬完整，顶板跨中有裂缝，试按梁板受力情况验算顶板抗弯及抗剪稳定性。

解

溶洞顶板按梁板受力情况，取单位长度进行计算。

①单位长度、单位宽度顶板所受总荷重 P

$$P=P_1+P_2+P_3=bH\gamma_1+bd\gamma_2+bq$$
$$=1\times23\times21+1\times5\times18+1\times250=823(\mathrm{kN/m})$$

②顶板受力弯矩 M

按悬臂梁受力情况，计算顶板梁弯矩(最大值)

$$M=\frac{1}{2}Pl^2=\frac{1}{2}\times823\times6^2=14\ 814(\mathrm{kN\cdot m})$$

③支座处的剪力 f_s

按悬臂梁受力情况，计算支座顶板梁剪力(最大值)

$$f_s=\frac{1}{2}lP=\frac{1}{2}\times6\times823=2\ 469(\mathrm{kN})$$

④岩体计算抗弯强度

$$\sigma=R/8=3.5\times1\ 000/8=437.5(\mathrm{kPa})$$

⑤岩体计算抗剪强度 S

$$S=R/12=3.5\times1\ 000/12=291.7(\mathrm{kPa})$$

⑥顶板抗弯验算所需的最小厚度

$$H\geqslant\sqrt{\frac{6M}{b\sigma}}=\sqrt{\frac{6\times14\ 814}{1\times437.5}}=14.25(\mathrm{m})$$

顶板实际厚度为 23 m，大于抗弯验算所需的最小厚度 14.25m。

⑦抗剪验算

$$\frac{4f_s}{H^2}=\frac{4\times2\ 469}{23^2}=18.67(\mathrm{kPa})$$

$$\frac{4f_s}{H^2}=18.67\ \mathrm{kPa}<S=291.7\ \mathrm{kPa}$$

顶板实际厚度满足抗剪验算要求。

经验算知：按梁板受力情况计算，顶板是稳定的。

例题解析

①选择受弯计算公式时，一定要按顶板中裂缝发育的特点确定。

②梁板的安全厚度，应既满足顶板抗弯验算，又满足抗剪验算。

【案例模拟题 4】

某溶洞顶板岩层厚 23 m，重度为 21 kN/m³，顶板岩层上覆土层厚度 5.0 m，重度为 18 kN/m³，溶洞跨度为 6.0 m，岩体允许抗压强度为 3.5 MPa，顶板跨中有裂缝，顶板两端支座处岩石坚硬完整。按顶板梁受弯计算，当地表平均附加荷载增加到(　　)时，溶洞顶板达到极限状态。

(A)800 kPa　　(B)1 200 kPa　　(C)1 570 kPa　　(D)2 000 kPa

【案例模拟题 5】

某场地由灰岩组成，岩石完整，无裂缝，允许抗压强度为 3.5 MPa，自 0～6.0 m 为残积土，重度为 18 kN/m³，6.0 m 以下为灰岩，重度为 21 kN/m³，在 23 m 以下存在小的溶洞，溶洞在水平面上成层状分布。现拟在场地中进行堆载，平均荷载强度为 200 kPa，在保证场地安全的前提下(安全系数取 2.0)，需对跨度超过(　　)的溶洞采取处理措施。

(A)5 m　　(B)10 m　　(C)14 m　　(D)30 m

8.1.4　按抵抗受荷载剪切计算顶板的厚度

按极限平衡条件的公式计算

$$T \geqslant P \tag{8.1.4.1}$$

$$T = HSL \tag{8.1.4.2}$$

$$H = T/(SL) \tag{8.1.4.3}$$

式中，P 为溶洞顶板所受总荷载(kN)；T 为溶洞顶板的总抗剪力(kN)；L 为溶洞平面的周长(m)；H 为顶板岩层厚度(m)；S 为岩体的计算抗剪强度(kPa)(石灰岩的计算抗剪强度一般为允许抗压强度的 1/12)。

【例题 4】

溶洞顶板岩石厚 23 m，重度为 21 kN/m³，顶板岩石上覆土层厚度 5 m，重度为 18 kN/m³，顶板上附加荷载为 250 kPa，溶洞长度为 6 m，宽度为 5 m，岩体允许强度为 3.5 MPa，试验算顶板抵抗剪切的强度。

解

按顶板抵抗受荷载剪切计算

①顶板所受总荷载 P

$$P = (P_1 + P_2 + P_3)bl = (23\times21 + 5\times18 + 250)\times5\times6 = 24\ 690(\text{kN})$$

②溶洞顶板的总抗剪力

$$T = HSL = HRL/12 = 23\times3.5\times1\ 000\times(5\times2 + 6\times2)/12 = 147\ 583.33(\text{kN})$$

$T > P$，顶板在受荷载剪切情况下稳定。

例题解析

①该方法假定溶洞顶板在自重及外荷载作用下沿溶洞周边发生剪切破坏。

②对土体的抗剪强度忽略不计。

【案例模拟题 6】

溶洞顶板厚 20 m,重度为 21 kN/m³,岩体允许抗压强度为 1.6 MPa,顶板岩石上覆土层厚度 7.0 m,重度为 18 kN/m³,溶洞平面形状接近圆形,半径约 6.0 m,假定在外荷载作用下溶洞可能沿洞壁发生剪切破坏,则外荷载最大不应超过(　　)kPa。

(A)200　　(B)250　　(C)340　　(D)420

8.1.5 按塌落拱理论计算洞室顶板稳定性的方法(成拱分析法)

成拱分析法的理论,是根据对一些矿山坑道多年观测结果和松散体介质中的模型试验得出的。当顶板岩体被裂隙切割呈块状岩体或碎块状时,可认为顶板将成拱状塌落,而其上的荷载及岩体重量则由拱自身承担,如图 8.1.5.1 所示,此时破裂拱高 h_1 为

$$h_1=\frac{a_1}{\tan\varphi}=\frac{a+H\tan(45°-\varphi/2)}{\tan\varphi} \tag{8.1.5.1}$$

式中,h_1 为塌落拱高度(m);φ 为松散体顶板内摩擦角(°);a 为溶洞跨度的一半(m);a_1 为塌落拱宽度的一半(m);H 为溶洞高度。

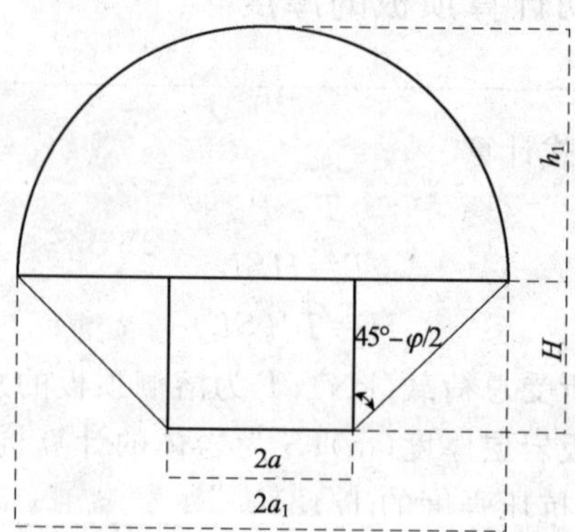

图 8.1.5.1　成拱分析法原理分析图

【例题 5】

某溶洞顶板较破碎,成碎块状,内摩擦角为 34°,洞跨为 8.5 m,洞高为 10 m,洞底板埋深为 28.5 m,按塌落拱理论计算,当塌落拱稳定后,洞顶板的厚度为(　　)。

(A)4.32 m　　(B)14.18 m　　(C)18.5 m　　(D)28.5 m

解

按塌落拱理论计算

①塌落拱高度 h_1

$$h_1=\frac{a+H\tan(45°-\varphi/2)}{\tan\varphi}=\frac{8.5/2+10\times\tan(45°-34°/2)}{\tan34°}=14.18(\text{m})$$

②塌落拱稳定后洞顶板厚度 h

$$h=28.5-10-14.18=4.32(\text{m})$$

该溶洞塌落稳定后,洞顶板厚度为 4.32 m。

例题解析

①该方法中 φ 为岩体的综合摩擦角，f 相当于坚实系数或普氏系数。

②《注册岩土工程师专业考试复习教程》中的公式（普氏松散介质破裂拱理论，以下简称“普氏理论”）为

$$H=\frac{0.5b+H_0\tan(90°-\varphi)}{f}$$

式中，H 为塌落拱高度；b 为洞体跨度；φ 为岩体的内摩擦角；f 为洞体围岩的坚实系数。

该公式与《工程地质手册》第4版中公式有区别，在计算中应按考题要求进行验算。

【案例模拟题7】

某溶洞顶板由破碎岩体组成，呈碎块状，岩体综合内摩擦角为40°，现在地表下20 m处有一溶洞，洞体约为正方形，边长约6.0 m，按塌落拱理论计算，该洞顶可能塌落的厚度为(　　)。

(A)5.0 m　　(B)7.0 m　　(C)9.0 m　　(D)11.0 m

【案例模拟题8】

在松散地层中形成的洞穴，高2 m，宽3 m，地层内摩擦角 $\varphi=38°$，应用普氏理论，该洞穴顶板的坍塌高度最可能是(　　)。

(A)6.9 m　　(B)3 m　　(C)5.2 m　　(D)8 m

8.2 滑坡与崩塌

8.2.1 按《岩土工程勘察规范》(GB 50021—2001)(2009年版)计算折线形滑面滑坡的稳定性系数

GB 50021—2001(2009年版)/5.2.8条文说明：应按本条规定考虑诸多影响因素。当滑动面为折线形时，滑坡稳定性分析，可采用如下方法计算稳定安全系数

$$F_s=\frac{\sum_{i=1}^{n-1}(R_i\prod_{j=i}^{n-1}\Psi_j)+R_n}{\sum_{i=1}^{n-1}(T_i\prod_{j=i}^{n-1}\Psi_j)+T_n} \tag{5.1}$$

$$\psi_j=\cos(\theta_i-\theta_{i+1})-\sin(\theta_i-\theta_{i+1})\tan\varphi_{i+1} \tag{5.2}$$

$$R_i=N_i\tan\varphi_i+c_iL_i \tag{5.3}$$

式中，F_s 为稳定系数；θ_i 为第 i 块段滑动面与水平面的夹角(°)；R_i 为作用于第 i 块段的抗滑力(kN/m)；N_i 为第 i 块段滑动面的法向分力(kN/m)；φ_i 为第 i 块段土的内摩擦角(°)；c_i 为第 i 块段土的黏聚力(kPa)；L_i 为第 i 块段滑动面的长度(m)；T_i 为作用于第 i 块段滑动面上的滑动分力(kN/m)，出现与滑动方向相反的滑动分力时，T_i 应取负值；Ψ_i 为第 i 块段的剩余下滑推力传递至 $i+1$ 块段时的传递系数($j=i$)。

稳定系数 F_s 应符合下式要求

$$F_s\geqslant F_{st} \tag{5.4}$$

式中，F_{st} 为滑坡稳定安全系数，根据研究程度及其对工程的影响确定。

当滑坡体内地下水已形成统一水面时，应计入浮托力和动水压力。

第8章　特殊条件下的岩土工程

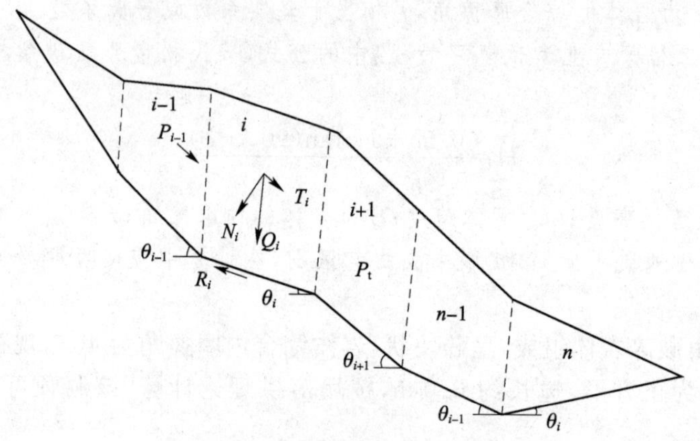

图 5.1　滑坡稳定系数计算

$N_i = Q_i \cos\theta_i$；$T_i = Q\sin\theta_i$

滑坡推力的计算，是滑坡治理成败以及是否经济合理的重要依据，也是对滑坡的定量评价。因此，计算方法和计算参数的选取都应十分慎重。《建筑地基基础设计规范》(GB 50007—2011)采用的滑坡推力计算公式，是切合实际的。本条还建议采用室内外试验反分析方法验证滑面或滑带上土的抗剪强度。

【例题 6】

某折线形边坡资料及单位宽度剖面图如下图所示。

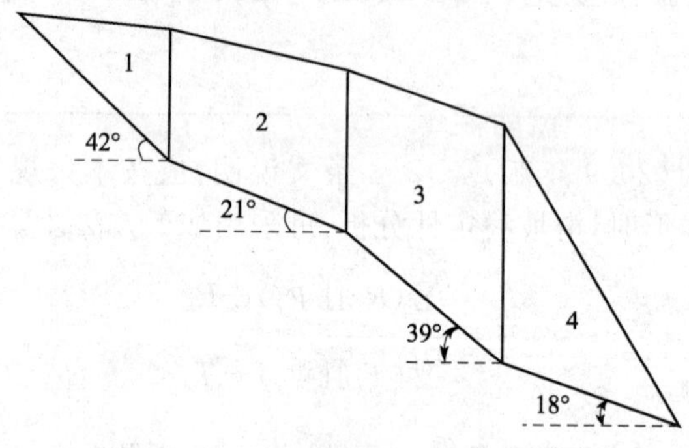

例题 6 图

$Q_1 = 982$ kN　$\alpha_1 = 42°$　$C_1 = 22$ kPa　$\varphi_1 = 12°$　$l_1 = 8$ m

$Q_2 = 3\,697$ kN　$\alpha_2 = 21°$　$C_2 = 27$ kPa　$\varphi_2 = 18°$　$l_2 = 9.2$ m

$Q_3 = 3\,104$ kN　$\alpha_3 = 39°$　$C_3 = 18$ kPa　$\varphi_3 = 16°$　$l_3 = 7.4$ m

$Q_4 = 2\,179$ kN　$\alpha_4 = 18°$　$C_4 = 25$ kPa　$\varphi_4 = 25°$　$l_4 = 7.8$ m

该滑坡的稳定系数 F_s 为(　　)。

(A)0.65　(B)0.85　(C)1.05　(D)1.25

解

①计算各滑段的滑动分力 $T_i(i=1,2,3,4)$

$$T_i = Q_i \sin\alpha_i$$

$$T_1 = Q_1 \sin\alpha_1 = 982 \times \sin42° = 657.09(\text{kN})$$

$$T_2 = Q_2 \sin\alpha_2 = 3\,697 \times \sin21° = 1\,324.89(\text{kN})$$

全国注册岩土工程师专业考试模拟训练题集及历年真题新解

$T_3 = Q_3 \sin\alpha_3 = 3\,104 \times \sin 39° = 1\,953.41(\text{kN})$

$T_4 = Q_4 \sin\alpha_4 = 2\,179 \times \sin 18° = 673.35(\text{kN})$

②计算各滑段的抗滑力 $R_i(i=1,2,3,4)$

$$R_i = N_i \tan\varphi_i + C_i l_i = Q_i \cos\alpha_i \tan\varphi_i + C_i l_i$$

$$R_1 = Q_1 \cos\alpha_1 \tan\varphi_1 + C_1 l_1 = 982 \times \cos 42° \times \tan 12° + 22 \times 8 = 331.12(\text{kN})$$

$$R_2 = Q_2 \cos\alpha_2 \tan\varphi_2 + C_2 l_2 = 3\,697 \times \cos 21° \times \tan 18° + 27 \times 9.2 = 1369.84(\text{kN})$$

$$R_3 = Q_3 \cos\alpha_3 \tan\varphi_3 + C_3 l_3 = 3\,104 \times \cos 39° \times \tan 16° + 18 \times 7.4 = 824.90(\text{kN})$$

$$R_4 = Q_4 \cos\alpha_4 \tan\varphi_4 + C_4 l_4 = 2\,179 \times \cos 18° \times \tan 25° + 25 \times 7.8 = 1161.35(\text{kN})$$

③计算第 i 块段的剩余下滑力传递到第 $i+1$ 块段时的传递系数 $\Psi_i(i=1、2、3)$

$$\Psi_i = \cos(\alpha_i - \alpha_{i+1}) - \sin(\alpha_i - \alpha_{i+1}) \tan\varphi_{i+1}$$

$$\Psi_1 = \cos(\alpha_1 - \alpha_2) - \sin(\alpha_1 - \alpha_2)\tan\varphi_2 = \cos(42° - 21°) - \sin(42° - 21°) \times \tan 18° = 0.817$$

$$\Psi_2 = \cos(\alpha_2 - \alpha_3) - \sin(\alpha_2 - \alpha_3)\tan\varphi_3 = \cos(21° - 39°) - \sin(21° - 39°) \times \tan 16° = 1.040$$

$$\Psi_3 = \cos(\alpha_3 - \alpha_4) - \sin(\alpha_3 - \alpha_4)\tan\varphi_4 = \cos(39° - 18°) - \sin(39° - 18°) \times \tan 25° = 0.766$$

④计算折线形滑面滑坡的稳定性系数 F_s

$$F_s = \left[\sum_{i=1}^{n-1}\left(R_i \prod_{j=i}^{n-1} \Psi_j\right) + R_n\right] \Big/ \left[\sum_{i=1}^{n-1}\left(T_i \prod_{j=i}^{n-1} \Psi_j\right) + T_n\right]$$

$$= [R_1\Psi_1\Psi_2\Psi_3 + R_2\Psi_2\Psi_3 + R_3\Psi_3 + R_4] / [T_1\Psi_1\Psi_2\Psi_3 + T_2\Psi_2\Psi_3 + T_3\Psi_3 + T_4]$$

$$= [331.12 \times 0.817 \times 1.040 \times 0.766 + 1\,369.84 \times 1.040 \times 0.766 + 824.90 \times 0.766 + 1\,161.35] / [657.09 \times 0.817 \times 1.040 \times 0.766 + 1\,324.89 \times 1.040 \times 0.766 + 1\,953.41 \times 0.766 + 673.35]$$

$$= 0.85$$

该折线形滑面滑坡的稳定性系数 $F_s = 0.85$，滑坡不稳定。

例题解析

①折线形滑面的安全系数为综合安全系数，当某一滑段的剩余下滑推力的传递系数 Ψ_i 小于零时，应分成两段分别计算。

②当不稳定滑块数大于 3 时，计算量过大，考试时应慎重选择。

③计算时滑动分力及抗滑分力均不乘任何系数。

【案例模拟题 9】

某折线形边坡资料如下：

$Q_1 = 923$ kN；$\alpha_1 = 42°$；$C_1 = 12$ kPa；$\varphi_1 = 18°$；$l_1 = 11.2$ m

$Q_2 = 1\,094$ kN；$\alpha_2 = 45°$；$C_2 = 15$ kPa；$\varphi_2 = 24°$；$l_2 = 13.8$ m

$Q_3 = 1\,029$ kN；$\alpha_3 = 13°$；$C_3 = 30$ kPa；$\varphi_3 = 20°$；$l_3 = 13.0$ m

该滑坡的稳定系数 F_s 为（　　）。

(A)0.90　　(B)1.00　　(C)1.10　　(D)1.208

8.2.2 按《建筑地基基础设计规范》(GB 50007—2011)计算折线形滑坡的滑坡推力

《铁路特殊路基设计规范》(TB 10035—2006)中方法与该方法相同。

GB 50007—2011/6.4.3 规定:滑坡推力应按下列规定进行计算。

①当滑体有多层滑动面(带)时,应取推力最大的滑动面(带)确定滑坡推力。

②选择平行于滑动方向的几个具有代表性的断面进行计算。计算断面一般不得少于2个,其中应有一个是滑动主轴断面。根据不同断面的推力,设计相应的抗滑结构。

③当滑动面为折线形时,滑坡推力可按下式计算(图 6.4.3)

$$F_n = F_{n-1}\psi + \gamma_t G_{nt} - G_{nn}\tan\varphi_n - c_n l_n \quad (6.4.3.1)$$

$$\psi = \cos(\beta_{n-1} - \beta_n) - \sin(\beta_{n-1} - \beta_n)\tan\varphi_n \quad (6.4.3.2)$$

式中,F_n、F_{n-1}为第 n 块、第 $n-1$ 块滑体的剩余下滑力;ψ 为传递系数;γ_t 为滑坡推力安全系数;G_{nt}、G_{nn} 为第 n 块滑体自重沿滑动面、垂直滑动面的分力;φ_n 为第 n 块滑体沿滑动面土的内摩擦角标准值;c_n 为第 n 块滑体沿滑动面土的黏聚力标准值;l_n 为第 n 块滑体沿滑动面的长度。

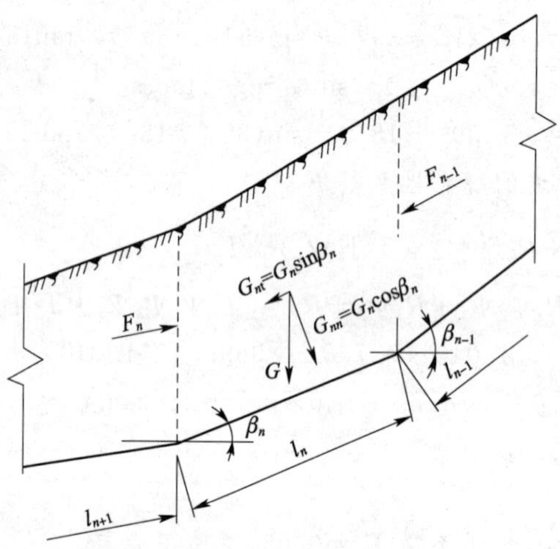

图 6.4.3 滑坡推力计算示意

④滑坡推力作用点,可取在滑体厚度的 1/2 处。

⑤滑坡推力安全系数,应根据滑坡现状及其对工程的影响等因素确定,对地基基础设计等级为甲级的建筑物宜取 1.25,设计等级为乙级的建筑物宜取 1.15,设计等级为丙级的建筑物宜取 1.05。

⑥根据土(岩)的性质和当地经验,可采用试验和滑坡反算相结合的方法,合理地确定滑动面上的抗剪强度。

【例题 7】

已知条件同例题 6,如取滑坡推力安全系数为 1.20,在第四块滑体前设重力式挡墙,该挡墙每米提供的加固力不应小于(　　)kN。

(A)0　　(B)457.4　　(C)1 283.6　　(D)1 678.0

解

①各滑体间滑坡推力传递系数的计算同例题6，计算结果为

$\Psi_1=0.817;\Psi_2=1.040;\Psi_3=0.766$

②单位宽度的滑坡推力 F_n 计算如下

$F_n=F_{n-1}\Psi+\gamma_t G_{nt}-G_{nn}\tan\varphi_n-c_n l_n$

第一块滑体的剩余下滑推力 F_1

$$\begin{aligned}F_1&=\gamma_t G_{1t}-G_{1n}\tan\varphi_1-c_1 l_1\\&=1.2\times982\times\sin42°-982\times\cos42°\times\tan12°-22\times8\\&=457.4(\text{kN/m})\end{aligned}$$

第二块滑体的剩余下滑推力 F_2

$$\begin{aligned}F_2&=\gamma_t G_{2t}+\Psi_1 F_1-G_{2n}\tan\varphi_2-c_2 l_2\\&=1.2\times3\,697\times\sin21°+0.817\times457.4-3\,697\times\cos21°\times\tan18°-27\times9.2\\&=593.7(\text{kN/m})\end{aligned}$$

第三块滑体的剩余下滑推力 F_3

$$\begin{aligned}F_3&=\gamma_t G_{3t}+\Psi_2 F_2-G_{3n}\tan\varphi_3-c_3 l_3\\&=1.2\times3\,104\times\sin39°+1.040\times593.7-3\,104\times\cos39°\times\tan16°-18\times7.4\\&=2\,136.64(\text{kN/m})\end{aligned}$$

第四块滑体的剩余下滑推力(即支挡结构提供的最小加固力)F_4

$$\begin{aligned}F_4&=\gamma_t G_{4t}+\Psi_3 F_3-G_{4n}\tan\varphi_4-c_4 l_4\\&=1.2\times2\,179\times\sin18°+0.766\times2\,136.64-2\,179\times\cos18°\times\tan25°-25\times7.8\\&=1\,283.33(\text{kN/m})\end{aligned}$$

每米挡墙所提供的加固力不应小于1 283.33 kN。

例题解析

①上块段对下块段的滑坡推力，在数值上等于上块段的重力沿滑动方向的分力与滑动面的摩擦力及内聚力之差，其作用点作用于上下滑面接触面1/2处，方向平行于上段滑面的底面。

②《建筑地基基础设计规范》(GB 50007—2011)和《铁路特殊路基设计规范》(TB 10035—2006)中计算滑坡推力时，均把滑动分量乘以一个大于1.0的安全系数。

③如果最后一段滑坡块段的滑坡推力不大于0，说明滑坡体稳定并具有一定的安全储备；如果最后一段滑坡块段的滑坡推力大于0，则说明滑坡体不稳定或安全储备不足，应进行支护设计，其加固力值的大小不应小于剩余下滑推力。

【案例模拟题10】

某折线形滑面滑坡体由2块组成，两块滑动体的重力分别为 $G_1=12\,000$ kN、$G_2=15\,000$ kN，滑动面倾角分别为 $\beta_1=38°$、$\beta_2=25°$；滑动面黏聚力分别为 $C_1=C_2=15$ kPa；滑动面内摩擦角分别为 $\varphi_1=18°$、$\varphi_2=20°$，滑动面的底面积分别为 $A_1=100\text{ m}^2$、$A_2=110\text{ m}^2$。如果滑坡推力安全系数取1.2，在第二块滑块前设重力式挡墙，挡墙受到的水平向作用力为(　　)。

(A)2 045 kN　　(B)4 377 kN　　(C)4 840 kN　　(D)5 180 kN

【案例模拟题11】

某折线形滑坡资料同案例模拟题9，如滑坡的安全系数取1.2，该滑坡每米长度作用在支护结构上的作用力为(　　)kN。

(A)0　　(B)30　　(C)384　　(D)778

8.2.3　按《公路路基设计规范》(JTG D30—2015)计算折线形滑面滑坡推力

JTG D30—2015 的相关规定如下。

7.2.1　一般规定

①滑坡地段路基设计，应查明滑坡性质及滑坡体附近的地形地貌、水文地质和工程地质条件，以及滑坡的成因类型、滑坡规模与特征等，分析评价滑坡稳定状况、发展趋势和对公路工程的危害程度，及时采取有效措施，保证路基施工和运营安全。

②对规模大、性质复杂、变形缓慢以及短期内难以查明其性质的滑坡，可采取全面规划、分期整治的方案。

③滑坡防治应根据滑坡类型、规模、稳定性，并结合滑坡区工程地质条件、公路的重要程度、施工条件及其他要求，采取排水、减载、反压与支挡工程的综合治理措施。

④高边坡、特殊岩土和存在不利结构面的边坡，应采取必要的预防措施，避免产生工程滑坡。

7.2.2　滑坡稳定性分析

1.滑坡稳定性评价

滑坡稳定性应采用工程地质类比法和力学计算进行综合评价。验算时，高速公路、一级公路安全系数应采用 1.20～1.30；二级及二级以下公路安全系数应采用 1.15～1.20；考虑地震力、多年暴雨的附加作用影响时，安全系数可适当折减 0.05～0.1。

2.滑坡稳定性计算方法

①计算滑坡推力时应考虑的荷载：滑体重力、滑坡体上建筑物产生的附加荷载、地下水产生的荷载(包括静水压力和动水压力)、动荷载(如汽车荷载)等永久荷载，以及地震水平作用力、作用在滑体上的施工临时荷载。

②滑坡剩余下滑力可采用传递系数法按下式计算，条块作用力系如图7.2.2所示。

$$T_i = F_s W_i \sin\alpha_i + \Psi_i T_{i-1} - W_i \cos\alpha_i \tan\varphi_i - c_i L_i \quad (7.2.2.1)$$

$$\Psi_i = \cos(\alpha_{i-1} - \alpha_i) - \sin(\alpha_{i-1} - \alpha_i)\tan\varphi_i \quad (7.2.2.2)$$

式中，T_i、T_{i-1} 为第 i 和 $i-1$ 滑块剩余下滑力(kN/m)；F_s 为稳定系数；W_i 为第 i 滑块的自重力(kN/m)；α_i、α_{i-1} 为第 i 和第 $i-1$ 滑块对应滑面的倾角(°)；φ_i 为第 i 滑块滑面内摩擦角(°)；c_i 为第 i 滑块滑面岩土黏聚力(kN/m)；L_i 为第 i 滑块滑面长度(m)；Ψ_i 为传递系数。

当 $T_i<0$ 时，应取 $T_i=0$。

③当滑坡体最后一个条块的剩余下滑力小于或等于 0 时，滑坡稳定；大于 0 时，滑坡不稳定。此 T_i 值可作为设计支挡工程结构所承受的推力。滑坡稳定性分析所得的稳定系数不得小于本条第 1 款的抗滑稳定安全系数的规定。

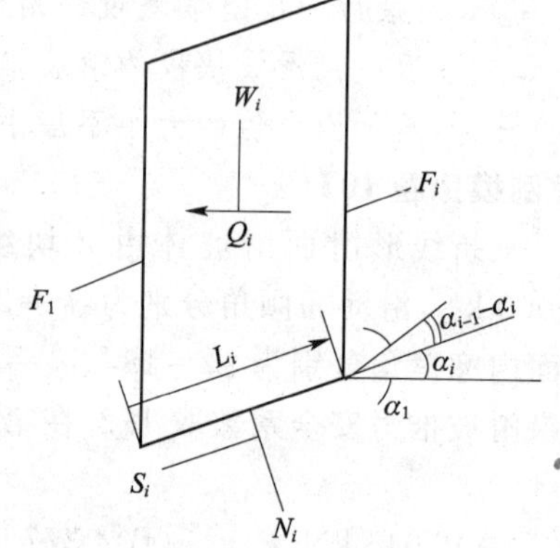

图 7.2.2　剩余下滑力计算图示

S_i—抗滑反力；N_i—法向反力

全国注册岩土工程师专业考试模拟训练题集及历年真题新解

3.参数取值

滑面岩土抗剪强度取值，可根据滑面岩土室内试验资料、极限平衡反算值、工程地质类比经验数据，结合滑坡可能出现的最不利情况进行分析确定。必要时可由现场试验资料进行确定。

【例题 8】

某公路工程滑坡基本资料同例题 6，如取抗滑安全系数 $F_s=1.2$，且不计水平作用力，在第四块滑体前设抗滑桩，每 1 m 宽度的滑坡体作用在抗滑桩上的推力为(　　)kN。

(A)873.2　　(B)1 069.6　　(C)1 127.4　　(D)1 283.3

解

①滑坡推力传递系数 Ψ

根据例题 6 的计算结果，滑坡推力传递系数 Ψ_i 分别为

$\Psi_1=0.817$；$\Psi_2=1.040$；$\Psi_3=0.766$

②条间推力计算

第一块对第二块的推力 T_1

$$\begin{aligned}T_1&=F_sW_1\sin\alpha_1+T_0\Psi_0-W_1\cos\alpha_1\tan\varphi_1-C_1L_1\\&=F_sW_1\sin\alpha_1-W_1\cos\alpha_1\tan\varphi_1-C_{L1}\\&=1.2\times982\times\sin42°-982\times\cos42°\times\tan12°-22\times8\\&=457.38(\text{kN/m})\end{aligned}$$

第二块对第三块的推力 T_2

$$\begin{aligned}T_2&=F_sW_2\sin\alpha_2-W_2\cos\alpha_2\tan\varphi_2-C_2L_2+T_1\Psi_1\\&=1.2\times3\,697\times\sin21°-3\,697\times\cos21°\times\tan18°-27\times9.2+\\&\quad457.38\times0.817\\&=593.70(\text{kN/m})\end{aligned}$$

第三块对第四块的推力 T_3

$$\begin{aligned}T_3&=F_sW_3\sin\alpha_3-W_3\cos\alpha_3\tan\varphi_3-C_3L_3+T_2\Psi_2\\&=1.2\times3\,104\times\sin39°+593.70\times1.04-3\,104\times\cos39°\times\\&\quad\tan16°-18\times7.4\\&=2\,136.64(\text{kN/m})\end{aligned}$$

第四块对支挡结构的推力 T_4

$$\begin{aligned}T_4&=F_sW_4\sin\alpha_4+T_3\Psi_3-W_4\cos\alpha_4\tan\varphi_4-C_4L_4\\&=1.2\times2\,179\times\sin18°+2\,136.64\times0.766-2\,179\times\\&\quad\cos18°\times\tan25°-25\times7.8\\&=1\,283.33(\text{kN/m})\end{aligned}$$

每 1 m 宽度滑坡体作用在抗滑桩上的推力为 1 283.33kN。答案选(D)。

例题解析

①《公路路基设计规范》(JTG D30—2015)中滑坡推力的计算方法与《建筑地基基础设计规范》(GB 50007—2011)和《铁路特殊路基设计规范》(TB 10035—2006)是一样的：滑动分力乘以一个大于1.0的安全系数进行计算，抗滑分力不变。

②由最后一块下滑力确定是否进行支挡。若最后一块下滑力大于 0，则需要支挡，否则

不需要。

【案例模拟题 12】

某折线形滑坡资料同案例模拟题 9，如抗滑安全系数取 1.2，第三块滑体的剩余下滑推力为(　　)。

(A)30 kN　　(B)100 kN　　(C)300 kN　　(D)500 kN

8.3 泥石流

本节中介绍的方法引自《工程地质手册》第 4 版第六篇第三章。

8.3.1 泥石流流量的计算

1. 泥石流重度的测定

重度的测定主要有以下方法

①称重法：取泥石流物质加水调剂，请当时目睹者鉴别，选取与当时泥石流体相近似的混合物测其重度。

②体积比法：通过查访，得知当时泥石流体中固体物质和水的体积比，按下式计算

$$\gamma_m=\frac{(G_m f+1)\gamma_w}{f+1} \tag{8.3.1.1}$$

式中，γ_m 为泥石流重度(kN/m^3)；γ_w 为水的重度(kN/m^3)；G_m 为固体物质相对密度，一般取 2.4～2.7；f 为固体物质体积和水的体积之比，以小数计。

泥石流重度经验值　　表 8.3.1.1

泥石流稠度	泥石流重度/(kN/m^3)
泥沙饱和的液体	11～12
流动果汁状	13～14
黏性粥状	15～16
夹石块黏性大的糨糊状	17～18

2. 流量的计算

①形态调查法。

$$Q_m=F_m v_m \tag{8.3.1.2}$$

式中，Q_m 为泥石流流量(m^3/s)；F_m 为泥石流体的横断面面积(m^2)；v_m 为泥石流流速(m/s)。

②配方法。

按泥石流体中水和固体物质的比例，用在一定设计标准下可能出现的洪水流量加上按比例所需的固体物质体积配合而成的泥石流流量，按下列各式计算

a.
$$Q_m=Q_w(1+C) \tag{8.3.1.3}$$

式中，Q_m 为设计泥石流流量(m^3/s)；Q_w 为设计清水流量(m^3/s)；C 为泥石流修正系数。

全国注册岩土工程师专业考试模拟训练题集及历年真题新解

$$C=\frac{1-\alpha}{\alpha-w_{m}(1-\alpha)} \quad (8.3.1.4)$$

式中，α 为泥石流体中水的体积含量。

$$\alpha=\frac{G_{m}-\gamma_{m}}{G_{m}-1} \quad (8.3.1.5)$$

w_{m} 为泥石流补给区中固体物质的原始含水率，以小数计（可以实测，也可以用气象站的土壤含水量分析得出）。

b.
$$Q_{m}=Q_{w}(1+P) \quad (8.3.1.6)$$

式中，P 为考虑到土壤天然含水率而引进的泥石流修正系数。

$$P=\frac{\gamma_{m}-1}{\frac{G_{m}(1+w)}{G_{m}w+1}-\gamma_{m}} \quad (8.3.1.7)$$

式中，w 为土的天然含水率。

此法适用于我国西北地区泥流的流量估算。

c.
$$Q_{m}=Q_{w}(1+\phi) \quad (8.3.1.8)$$

式中，ϕ 为泥石流修正系数。

$$\phi=\frac{\gamma_{m}-1}{G_{m}-\gamma_{m}} \quad (8.3.1.9)$$

③雨洪修正法。

云南东川经验公式

$$Q_{m}=Q_{w}(1+\phi)D_{m} \quad (8.3.1.10)$$

式中，D_{m} 为泥石流堵塞系数，根据东川七年中 40 个观测资料验证，D_{m} 值在 1.0～3.0，可按表 8.3.1.2 选用。其余符号意义同前。

表 8.3.1.2　实测堵塞系数 D_{m} 值

堵塞程度	最严重堵塞	较严重堵塞	一般堵塞	微弱堵塞
D_{m}	2.6～3.0	2.0～2.5	1.5～1.9	1.0～1.4

【例题 9】

某地泥石流调查资料：固体物质体积与水的体积比 0.28，固体物质相对密度为 2.65，设计清水流量为 600 m³/s，补给区中固体物质的原始含水率为 38%，按第一种配方法计算泥石流设计流量为（　　）。

(A)600 m³/s　　(B)680 m³/s　　(C)792 m³/s　　(D)880 m³/s

解

按第一种配方法计算泥石流设计流量：

①计算泥石流重度

$$\gamma_{m}=[(G_{m}f+1)\gamma_{w}]/(f+1)$$
$$=[(2.65\times0.28+1)\times10]/(0.28+1)$$
$$=13.61(\text{kN/m}^3)$$

②计算泥石流流体中水的体积含量 α

$\alpha=(G_m-\gamma_m)/(G_m-1)=(2.65-1.361)/(2.65-1)=0.78$

③计算泥石流修正系数 C

$$C=(1-\alpha)/[\alpha-w_m(1-\alpha)]$$
$$=(1-0.78)/[0.78-0.38\times(1-0.78)]$$
$$=0.32$$

④泥石流设计流量 Q_m

$Q_m=Q_w(1+C)=600\times(1+0.32)=792(m^3/s)$

例题解析

①计算泥石流流量时，应注意各步骤的单位。

②注意经验公式适用的条件。

【案例模拟题13】

西北地区某沟谷中土的天然含水率为14%，土体相对密度平均值为2.60，泥石流流体中固体物质体积与水的体积比约为0.15，沟谷中设计清水流量为2 000 m^3/s，该沟谷中设计泥石流流量为(　　)m^3/s。

(A)2 300　　(B)2 436　　(C)2 802　　(D)2 919

【案例模拟题14】

云南东川地区某泥石沟谷堵塞程度一般($D_m=1.75$)，泥石流中固体物质相对密度为2.70，泥石流流体重度为12.4 kN/m^3，设计清水流量为800 m^3/s，计算泥石流的设计流量为(　　)。

(A)1 624 m^3/s　　(B)931 m^3/s　　(C)800 m^3/s　　(D)670 m^3/s

8.3.2 泥石流流速的计算

1.稀性泥石流流速的计算

①西南地区现行公式

$$v_m=\frac{1}{\alpha}\cdot\frac{1}{n}R_m^{2/3}I^{1/2} \tag{8.3.2.1}$$

式中，v_m 为泥石流断面平均流速(m/s)；R_m 为泥石流流体水力半径(m)；

$$R_m=F/x$$

F 为洪水时沟谷过水断面面积(m^2)；x 为湿周(m)；α 为阻力系数；

$$\alpha=\sqrt{\phi G_m+1} \tag{8.3.2.2}$$

$$\phi=(\gamma_m-1)/(G_m-\gamma_m)$$

I 为泥石流水面纵坡(%)；$\frac{1}{n}$，$\frac{1}{n}=m_m$，为泥石流粗糙系数，见表8.3.2.1。

泥石流粗糙系数 m_m 值　　表8.3.2.1

沟床特征	m_m 值		坡　度
	极限值	平均值	
糙率最大的泥石流沟槽，沟槽中堆积有难以滚动的棱石或稍能滚动的大石块。沟槽被树木(树干、树枝及树根)严重阻塞，无水生植物。沟底以阶梯式急剧降落	3.9～4.9	4.5	0.375～0.174

续上表

沟床特征	m_m 值		坡度
	极限值	平均值	
糙率较大的不平整的泥石流沟槽，沟底无急剧突起，沟床内均堆积大小不等的石块。沟槽被树木所阻塞，沟槽内两侧有草本植物。沟床不平整，有洼坑。沟底呈阶梯式降落	4.5～7.9	5.5	0.199～0.067
较弱的泥石流沟槽，但有大的阻力。沟槽由滚动的砾石和卵石组成，沟槽常因稠密的灌丛而被严重阻塞，沟槽凹凸不平，表面因大石块而突起	5.4～7.0	6.6	0.187～0.116
流域在山区中下游的泥石流沟槽，沟槽经过光滑的岩面；有时经过具有大小不一的阶梯跌水的沟床，在开阔河段有树枝、砂石停积阻塞，无水生植物	7.7～10.0	8.8	0.220～0.112
流域在山区或近山区的河槽，河槽经过砾石、卵石河床，由中小粒径与能完全滚动的物质所组成，河槽阻塞轻微。河岸有草木及木本植物。河底降落较均匀	9.8～17.5	12.9	0.090～0.022

②西北地区现行公式

$$v_m=\frac{1.53}{\alpha}R_m^{\frac{2}{3}}I^{\frac{3}{8}} \tag{8.3.2.3}$$

③北京地区公式（据北京市市政设计院）

$$v_m=\frac{m_w}{\alpha}R_m^{\frac{2}{3}}I^{\frac{1}{2}} \tag{8.3.2.4}$$

式中，m_w 为河床外阻力系数，可按表 8.3.2.2 取值；其余符号意义同前。

河床外阻力系数 表 8.3.2.2

分类	河床特征	m_w	
		$I>0.015$	$I\leqslant 0.015$
1	河段顺直，河床平整，断面为矩形或抛物线形，由漂石、砂卵石或黄土质组成的河床，平均粒径为 0.01～0.08 m	7.5	40
2	河段较为顺直，由漂石、碎石组成的单式河床，大石块直径为 0.4～0.8 m，平均粒径为 0.4～0.2 m；或河段较弯曲不太平整的 1 类河床	6.0	32
3	河段较为顺直，由巨石、漂石、卵石组成的单式河床；大石块直径为 0.1～1.4 m，平均粒径为 0.1～0.4 m；或较为弯曲不太平整的 2 类河床	4.8	25
4	河段较为顺直，河槽不平整，由巨石、漂石组成的单式河床；河床大石块直径为 1.2～2.0 m，平均粒径 0.2～0.6 m；或较为弯曲不平整的 3 类河床	3.8	20
5	河段严重弯曲，断面很不规则，由树木、植被、巨石严重阻塞河床	2.4	12.5

2.黏性泥石流流速计算

$$v_m = \frac{1}{n_m} H_m^{2/3} I_m^{1/2} \tag{8.3.2.5}$$

式中，n_m 为沟床糙率，用内插法由表 8.3.2.3 查取；H_m 为计算断面的平均泥深；I_m 为泥石流水力坡度(%)，一般可采用沟床纵坡比降。

黏性泥石流糙率 表 8.3.2.3

序号	泥石流体特征	沟床状况	糙率值	
			n_m	$1/n_m$
1	流体呈整体运动；石块粒径大小悬殊，一般为 30～50 cm，2～5 m 粒径的石块约占 20%；龙头由大石块组成，在弯道或河床展宽处易停积，后续流可超越而过，龙头流速小于龙身流速，堆积呈垄岗状	沟床极粗糙，沟内有巨石和夹带的树木堆积，多弯道和大跌水，沟内不能通行，人迹罕见，沟床流通段纵坡为 10%～15%，阻力特征属高阻型	平均值 0.270 H_m<2 m 时 0.445	3.57 2.57
2	流体呈整体运行；石块较大，一般石块粒径 20～30 cm，含少量粒径 2～3 m的大石块；流体搅拌较为均匀，龙头紊动强烈，有黑色烟雾及火花；龙头和龙身流速基本一致；停积后呈垄岗状堆积	沟床比较粗糙，凹凸不平，石块较多，有弯道、跌水；沟床流通段纵坡为 7%～10%，阻力特征属高阻型	H_m≤1.5 m 时 0.033～0.050 平均 0.040； H_m>1.5 m 时 0.050～0.100 平均 0.067	20～30 25 10～20 15
3	流体搅拌十分均匀；石块粒径一般在 10 cm 左右，夹有个别 2～3 m的大石块；龙头和龙身物质组成差别不大；在运动过程中龙头紊动十分强烈，浪花飞溅；停积后浆体与石块不分离，向四周扩散，呈叶片状	沟床较稳定，粒径 10 cm 左右；受洪水冲刷沟底不平而且粗糙，流水沟两较平顺，但干而粗糙；流通段沟底纵坡为 5.5%～7%，阻力特征属中阻型或高阻型	0.1 m<H_m<0.5 m 0.043 0.5 m<H_m<2.0 m 0.077 2.0 m<H_m<4.0 m 0.100	23 13 10
4	同 3	泥石流铺床后原河床黏附一层泥浆体，使干而粗糙河床变得光滑平顺，利于泥石流体运动，阻力特征属低阻型	0.1 m<H_m<0.5 m 0.022 0.5 m<H_m<2.0 m 0.033 2.0 m<H_m<4.0 m 0.050	46 26 20

【例题 10】

西南地区某地一沟谷中有稀性泥石流分布，通过调查，该泥石流中固体物质相对密度为 2.6，泥石流流体重度为 13.8 kN/m³，湿周长 126 m，洪水时沟谷过水断面面积为 560 m²，泥石流水面纵坡为 4.2%，粗糙系数为 4.9，试计算该泥石流流速。

解

按西南地区现行的稀性泥石流计算公式计算：

①泥石流水力半径 R_m

$R_m = F/x = 560/126 = 4.44(\text{m})$

②阻力系数 α

$\alpha = (\phi G_m + 1)^{1/2}$

$= \{[(\gamma_m - 1)/(G_m - \gamma_m)]G_m + 1\}^{1/2}$

$= \{[(1.38-1)/(2.6-1.38)]\times 2.6+1\}^{1/2}$

$= 1.35$

③泥石流流速 v_m

$$v_m = \frac{1}{\alpha}\cdot\frac{1}{n}R_m^{2/3}I^{1/2}$$

$$= \frac{4.9}{1.35}\times 4.44^{2/3}\times 0.042^{1/2}$$

$$= 2.01(\text{m/s})$$

泥石流流速为 2.01 m/s。

例题解析

①注意不同地区性经验公式的适用条件。

②注意计算过程中的单位。

【案例模拟题 15】

西北地区某沟谷中洪水期过水断面面积为 1 100 m^2，湿周长为 320 m，泥石流粗糙系数为 6.5，水面坡度为 7.0%，固体物质平均相对密度为 2.60，泥石流流体平均重度为 12.5 kN/m^3，该泥石流流速为(　　)m/s。

(A)2.0　　(B)3.5　　(C)4.5　　(D)5.6

【案例模拟题 16】

北京地区某沟谷中稀性泥石流阻力系数为 1.67，洪水时沟谷过水断面面积为 600 m^2，湿周长为 109.3 m，河段严重弯曲，断面不规则，泥石流水面纵坡为 9.2%，该泥石流流速为(　　)。

(A)1.0 m/s　　(B)1.4 m/s　　(C)1.9 m/s　　(D)2.5 m/s

8.4 采 空 区

本节中介绍的方法引自《工程地质手册》第 4 版第六篇的第四章。

8.4.1 采空区的地表变形

为便于对地表变形进行分析研究，将地表变形分为两种移动和三种变形。两种移动是：垂直移动(下沉)和水平移动；三种变形是：倾斜、弯曲(曲率)和水平变形(伸张或压缩)。下面取一主断面分析各类变形的情况，如图 8.4.1.1 所示。

设 A、B 点为断面上未移动前的两点，A'、B' 为移动终止后的相应位置，l 为 A、B 两点间的距离，由图 8.4.1.1 可知：

相对垂直移动　　$\Delta\eta = \eta_B - \eta_A$　　(8.4.1.1)

相对水平移动　　$\Delta\xi = \xi_A - \xi_B$　　(8.4.1.2)

倾斜　　$i = \frac{\Delta\eta}{l}$　　(8.4.1.3)

水平变形　　$\varepsilon = \frac{\Delta\xi}{l}$　　(8.4.1.4)

上列式中，$\Delta\eta$、$\Delta\xi$ 为相对的垂直和水平移动(mm)；i 为倾斜(mm/m)；ε 为水平变形(mm/m)；ξ_A、ξ_B 为 A、B 两点水平移动的分量(mm)；η_A、η_B 为 A、B 两点垂直移动的分量(mm)。

又如图 8.4.1.2 所示。

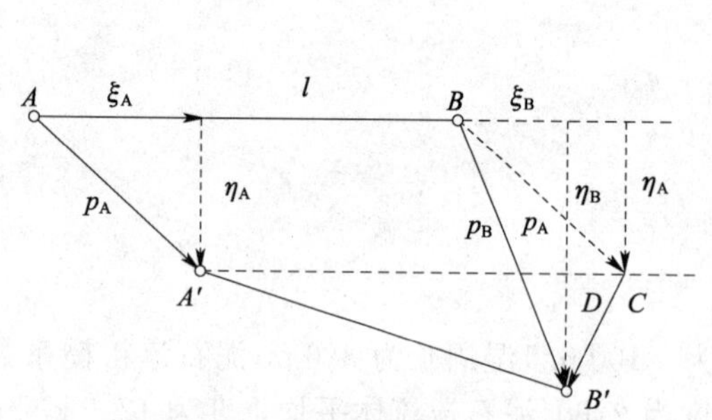

图 8.4.1.1　移动盆地变形分析

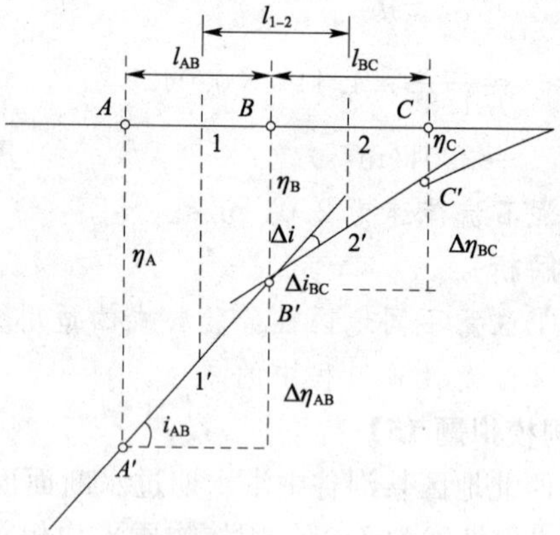

图 8.4.1.2　倾斜变形示意图

设 A、B、C 为主断面上未移动前的三点，A'、B'、C' 为移动终止后的相应位置，由图得知 AB 段的倾斜为：$i_{AB}=\dfrac{\eta_A-\eta_B}{L_{AB}}$ 相当于 A'、B' 中点 $1'$ 处的倾斜。

BC 段的倾斜是：$i_{BC}=\dfrac{\eta_B-\eta_C}{L_{BC}}$ 相当于 B'、C' 中点 $2'$ 处的倾斜。

$1'$、$2'$ 两处的倾斜差 Δi，除以 1、2 两点间的间距 $l_{1\sim2}$，即得平均的倾斜变化，并以此作为平均曲率，则 B 点的曲率 K_B 为

$$K_B=\frac{i_{AB}-i_{BC}}{l_{1\sim2}}=\frac{\Delta i}{l_{1\sim2}} \tag{8.4.1.5}$$

曲率半径 R_B 可从下式求得：

$$R_B=\frac{1\ 000}{K_B}=\frac{1\ 000 l_{1\sim2}}{\Delta i} \tag{8.4.1.6}$$

式中，R_B 为 B 为点的曲率半径(m)。

【例题 11】

地下采空区移动盆地中三点 A、B、C 依次在同一直线上，三点的间距为 $AB=65$ m，$BC=82$ m，A、B、C 三点的水平移动分量分别为 34 mm、21 mm、16 mm，垂直移动分量分别是 269 mm、187 mm、102 mm，B 点的曲率半径 R_B 为(　　)。

(A)3.2×10^5 m　　(B)3.2×10^2 m　　(C)3.2 m　　(D)0.32 m

解

①AB 段的倾斜 i_{AB} 及 BC 段的倾斜 i_{BC}

$i_{AB}=(\eta_A-\eta_B)/l_{AB}=(269-187)/65=1.262$(mm/m)

$i_{BC}=(\eta_B-\eta_C)/l_{BC}=(187-102)/82=1.037$(mm/m)

②B 点的曲率 K_B

$$K_B=(i_{AB}-i_{BC})/l_{1-2}=(i_{AB}-i_{BC})/\left(\frac{1}{2}AB+\frac{1}{2}BC\right)$$

$=(1.262-1.037)/(65/2+82/2)=0.00306(mm/m^2)$

③B 点的曲率半径 R_B

$R_B=1000/K_B=1000/0.00306=326797.38(m)$

曲率半径 $R_B=326797.38(m)\approx3.2\times10^5(m)$。

【案例模拟题 17】

地下采空区移动盆地中在同一直线上的三点分别为 M、N、P，三点依次的间距为 $MN=27$ m、$NP=36$ m。M、N、P 三点的监测资料如下：三点的垂直移动分量分别为 302 mm、146 mm、72 mm；三点的水平移动分量分别为 56 mm、32 mm、18 mm。MP 间的水平变形及 N 点的曲率半径分别为(　　)。

(A)38 mm/m、0.118 m　　(B)38 mm/m、8 467 m

(C)0.6 mm/m、0.118 m　　(D)0.6 mm/m、8 467 m

8.4.2 采空区地表变形值的预测

对正在开采和将来开采的采空区，应预算其最大变形值。对缓倾斜岩层或地表变形平缓连续时，可采用表 8.4.2.1 所列公式计算最大变形值。

预测地表最大变形值经验式　　表 8.4.2.1

最大变形值	计算经验式
最大下沉值 η_{max}/mm	$\eta_{max}=qm$
最大倾斜值 i_{max}/(mm/m)	$i_{max}=\frac{\eta_{max}}{r}$
最大曲率值 K_{max}/(mm/m²)	$K_{max}=\pm1.52\frac{\eta_{max}}{r^2}$
最大水平移动值 ξ_{max}/mm	$\xi_{max}=b\eta_{max}$
最大水平变形值 ε_{max}/(mm/m)	$\varepsilon_{max}=\pm1.52bi_{max}$

注：本表各式中 q 为下沉系数(mm/m)，与矿层倾角大小、开采方法和顶板处置方法有关，一般取 0.01～0.95；m 为矿层开采厚度(m)；b 为水平移动系数，取 0.25～0.35；r 为地表影响区半径(m)，可按下式计算

$$r=\frac{H}{\tan\beta}$$

式中：H 为开采深度(m)；β 为移动角(°)，$\tan\beta$ 一般为 1.5～2.5。

【例题 12】

某地下矿层厚度为 15 m，产状近于水平，矿层埋深(开采深度)为 120 m，移动盆地移动角 $\beta=60°$，下沉系数为 0.9 mm/m，水平移动系数为 0.30。试预测地表最大下沉值、最大倾斜值、最大曲率值、最大水平移动值及最大水平变形值。

解

按表 8.4.2.1(《工程地质手册》第 4 版表 6.4.3)中的相关经验公式，计算预测的地表最大变形值。

①地表最大下沉值 η_{max}

$$\eta_{max}=qm=0.90\times15=13.5(mm)$$

②地表最大倾斜值 i_{max}

地表影响区半径 r

$$r=H/\tan\beta=120/\tan60°=69.28(m)$$

$$i_{max}=\eta_{max}/r=13.5/69.28=0.195(mm/m)$$

③地表最大曲率值 K_{max}

$$K_{max}=\pm 1.52\frac{\eta_{max}}{r^2}=\pm 1.52\times 13.5/69.28^2=\pm 0.00428(mm/m^2)$$

④地表最大水平移动值 ξ_{max}

$$\xi_{max}=b\eta_{max}=0.30\times 13.5=4.05(mm)$$

⑤地表最大水平变形值 ε_{max}

$$\varepsilon_{max}=\pm 1.52bi_{max}=\pm 1.52\times 0.30\times 0.195=\pm 0.089(mm/m)$$

该地下矿层开采后，地表最大下沉值为 13.5 mm；地表最大倾斜值为 0.195 mm/m；地表最大曲率值为±0.004 28 mm/m²；地表最大水平移动值为 4.05 mm；地表最大水平变形值为±0.089 mm/m。

【案例模拟题 18】

某矿床埋深为 62 m，可采层厚度为 8.9 m，矿层产状近于水平，下沉系数为 0.85 mm/m，移动角为 62°，水平移动系数为 0.32。试预测矿床达到充分采动后地表的最大下沉值、最大倾斜值、最大曲率值、最大水平移动值和最大水平变形值。

8.4.3 小窑采空区场地稳定性验算

小窑采空区场地稳定性评价：

①地表产生裂缝和塌陷发育地段，属于不稳定地段，不适于建筑。在附近建筑时，需有一定的安全距离，安全距离的大小视建筑物的性质而定，一般应大于 5～15 m。

②当建筑物已建在影响范围以内时，可按下式验算地基的稳定性：设建筑物基底单位压力为 P_0，则作用在采空段单位长度顶板上的压力 Q 为

$$Q=G+BP_0-2f=\gamma H\left[B-H\tan\varphi\tan^2\left(45°-\frac{\varphi}{2}\right)\right]+BP_0 \quad (8.4.3.1)$$

式中，G 为巷道单位长度顶板上岩层所受的总重力(kN/m)$G=\gamma BH$；B 为巷道宽度(m)；f 为巷道单位长度侧壁的摩阻力(kN/m)；H 为巷道顶板的埋藏深度(m)。

当 H 增大到某一深度，使顶板岩层恰好保持自然平衡(即 $Q=0$)，此时的 H 称为临界深度 H_0，则

$$H_0=\frac{B\gamma+\sqrt{B^2\gamma^2+4B\gamma P_0\tan\varphi\tan^2\left(45°-\frac{\varphi}{2}\right)}}{2\gamma\tan\varphi\tan^2\left(45°-\frac{\varphi}{2}\right)} \quad (8.4.3.2)$$

当 $H<H_0$ 时，地基不稳定；当 $H_0<H<1.5H_0$ 时，地基稳定性差；当 $H>1.5H_0$ 时，地基稳定。

【例题 13】

某小窑采空区资料如下，顶板岩体重度为 $\gamma=20$ kN/m³，顶板埋深为 42 m，巷道宽度为 3.5 m，顶板岩体内摩擦角为 47°，在地表有一建筑物横跨巷道，建筑物基础埋深 1.5 m，基底附加压力 $P_0=265$ kPa，采空段顶板上的压力及地基的稳定性为(　　)。

(A)$Q>0$，地基稳定性差　　(B)$Q>0$，地基不稳定

(C)$Q<0$,地基稳定性差　　　　(D)$Q<0$,地基稳定

解

按《工程地质手册》第 4 版的有关要求计算：

①单位长度顶板上的压力 Q 为

$$
\begin{aligned}
Q &= G+BP_0-2f \\
&= \gamma H[B-H\tan\varphi\tan^2(45°-\varphi/2)]+BP_0 \\
&= 20\times42\times[3.5-42\times\tan47°\times\tan^2(45°-47°/2)]+3.5\times265 \\
&= -2\,002.9
\end{aligned}
$$

巷道顶板压力小于零、顶板不受压力。

②顶板的临界深度 H_0

$$
\begin{aligned}
H_0 &= \{B\gamma+[B^2\gamma^2+4B\gamma P_0\tan\varphi\tan^2(45-\varphi/2)]^{\frac{1}{2}}\}/[2\gamma\tan\varphi\tan^2(45°-\varphi/2)] \\
&= \{3.5\times20+[3.5^2\times20^2+4\times3.5\times20\times265\times\tan47°\tan^2(45°-47°/2)]^{\frac{1}{2}}\}/ \\
&\quad [2\times20\tan47°\tan^2(45°-47°/2)] \\
&= 30.3(\mathrm{m})
\end{aligned}
$$

③顶板稳定性

$H=42-1.5=40.5$ m；　　$H_0=30.3$ m；　　$1.5H_0=45.45$ m

$H_0<H<1.5H_0$

地基稳定性差。

该小窑采空区顶板不受力 $Q<0$,地基稳定性差。

【案例模拟题 19】

某小窑采空区资料如下：顶板岩体重度 $\gamma=21$ kN/m³,顶板埋深为 25 m,巷道宽度 3.2 m,顶板岩体内摩擦角为 50°,地表有建筑物,基础埋深为 2.0 m,建筑物基底压力为 300 kPa,地基的稳定性为(　　)。

(A)地基不稳定　　(B)地基稳定性差　(C)地基稳定　　(D)地基稳定性好

8.5 地面沉降

本节中介绍的方法引自《工程地质手册》第 4 版第五篇、第六篇。

8.5.1 用分层总和法预测地面沉降

1. 预测地面沉降的前提

①查明场地的工程地质、水文地质条件,划分压缩层和含水层。

②进行室内外测试,取得抽水压密试验、渗透试验、前期固结试验、流变试验、反复载荷试验等成果和沉降观测资料。

2. 预测地面沉降量的估算方法

分层总和法：

黏性土及粉土层按下式计算

$$
S_\infty=\frac{a_v}{1+e_0}\Delta PH \tag{8.5.1.1}
$$

砂层按下式计算

$$S_\infty=\frac{\Delta PH}{E} \tag{8.5.1.2}$$

式中，S_∞ 为土层最终沉降量(mm)；a_v 为压缩或回弹系数，压缩时为 a_{vc}，回弹时为 a_{vs}(kPa^{-1})；e_0 为原始孔隙比；ΔP 为水位变化施加于土层上的平均荷载(kPa)；H 为计算土层的厚度(mm)；E 为砂层的弹性模量，压缩时为 E_c，回弹时为 E_s(kPa)。

总沉降量等于各土层沉降量的总和。

【例题 14】

某市地下水位埋深为 1.5 m，由于开采地下水，水位每年下降 0.5 m，20 年后地下水位降至 11.5 m，城市地层资料如下表所示。

序号	土 名	层底埋深/m	层厚/m	孔隙比	压缩系数/MPa^{-1}	压缩模量/MPa	重度/(kN/m^3)	备注
①	黏土	0～2.0	2.0	0.921	0.620	3.1	18.9	
②	粉土	2.0～5.8	3.8	0.882	0.429	4.2	18.1	
③	粉砂	5.8～7.9	2.1	0.894	0.237	7.9	18.0	
④	粉质黏土	7.9～18.0	10.1	0.911	0.596	3.2	18.7	
⑤	细砂土	18.0～42	24	0.782	0.131	13.5	18.0	
⑥	花岗岩	＞42						

20 年后，地表最终沉降值为(　　)。

(A)450 mm　　(B)508 mm　　(C)550 mm　　(D)608 mm

解

①第一层黏土层沉降量 S_1

平均有效应力增量 ΔP_1

$$\Delta P_1=(H_1-d_w)\times P_w=\frac{1}{2}(2-1.5)\times 10=2.5\ (\text{kPa})$$

第一层沉降量 S_1

$$S_1=\frac{a}{1+e_0}\Delta P_1 H_1=\frac{0.620\times 10^{-3}}{1+0.921}\times 2.5\times(2-1.5)\times 10^3=0.40(\text{mm})$$

②第二层黏土层沉降量 S_2

平均有效应力增量 ΔP_2

$$\Delta P_2=\frac{1}{2}[(2.0-1.5)+(5.8-1.5)]\times 10=24(\text{kPa})$$

第二层沉降量 S_2

$$S_2=\frac{a}{1+e_0}\Delta P_2 H_2=\frac{0.429\times 10^{-3}}{1+0.882}\times 24\times(5.8-2)\times 10^3=20.79(\text{mm})$$

③第三层沉降量 S_3

平均有效应力增量 ΔP_3

$$\Delta P_3=\frac{1}{2}[(5.8-1.5)+(7.9-1.5)]\times 10=53.5(\text{kPa})$$

第三层沉降量 S_3

$$S_3=\frac{\Delta P_3 H_3}{E}=\frac{53.5\times(7.9-5.8)\times10^3}{7.9\times10^3}=14.22(\mathrm{mm})$$

④第四层沉降量 S_4

降水后地下水位降至 11.5 m，自 7.9 m 至 11.5 m 的平均有效应力增量 ΔP_4^1

$$\Delta P_4^1=\frac{1}{2}[(7.9-1.5)+(11.5-1.5)]\times10=82(\mathrm{kPa})$$

自 7.9 m 至 11.5 m 的沉降量 S_4^1

$$S_4^1=\frac{a}{1+e_0}\Delta P_4^1 H_4^1$$

$$=\frac{0.596\times10^{-3}}{1+0.911}\times82\times(11.5-7.9)\times10^3=92.07(\mathrm{mm})$$

自 11.5 m 以下至 18.0 m 的有效应力增量 ΔP_4^2

$$\Delta P_4^2=(11.5-1.5)\times10=100(\mathrm{kPa})$$

自 11.5 m 至 18.0 m 的沉降量 S_4^2

$$S_4^2=\frac{a}{1+e_0}\Delta P_4^2 H_4^2$$

$$=\frac{0.596\times10^{-3}}{1+0.911}\times100\times(18-11.5)\times10^3=202.72(\mathrm{mm})$$

第四层总沉降量 S_4

$$S_4=S_4^1+S_4^2=92.07+202.72=294.79(\mathrm{mm})$$

⑤第五层沉降量 S_5

第五层有效应力增量 ΔP_5

$$\Delta P_5=(11.5-1.5)\times10=100(\mathrm{kPa})$$

第五层沉降量 S_5

$$S_5=\frac{\Delta P_5 H_5}{E}=\frac{100\times(42-18)\times10^3}{13.5\times10^3}=177.78(\mathrm{mm})$$

⑥降水后地面最终沉降量为 S

$$S=S_1+S_2+S_3+S_4+S_5$$

$$=0.40+20.79+14.22+294.79+177.78=507.98(\mathrm{mm})$$

地表最终沉降量为 507.98 mm。

例题解析

①计算地面沉降的关键是正确地计算有效应力的变化，一般地讲，在降水前地下水位与降水后地下水位之间，有效应力增量为三角形或梯形，其平均变化量为土层顶面与底面有效应力增量的均值，在降水后地下水位以下，有效应力增量为总水位降引起的应力增量。

②因降水过程是个长期过程，地面沉降的时间也很长，且自然界中也没有绝对隔水层或不透水层，因此，对黏性土层中的有效应力计算与天然应力计算时略有不同。

③注意压缩系数、压缩模量及土层厚度的单位。

【案例模拟题 20】

某场地地层资料同例题 14，如地下水位每年降低 1.0 m，15 年后，该场地地下水位达到稳定，场地的最终沉降量为（　　）mm。

(A)409.87　　(B)570.35　　(C)593.21　　(D)659.24

8.5.2 用单位变形量法预测地面沉降

①基本假设：土层变形量与水位升降幅度及土层厚度之间都呈线性比例关系。

②根据：以已有的地面沉降实际观测资料（在某一水位升降幅度及已知土层厚度条件下）为根据。

③方法：一般可根据预测期前 3～4 年中的实测资料，计算土层在某一特定时段（水位上升或下降）内，含水层水头每变化 1 m 时其相应的变形量，称为单位变形量，可按下式计算

$$I_s=\frac{\Delta S_s}{\Delta h_s} \tag{8.5.2.1}$$

$$I_c=\frac{\Delta S_c}{\Delta h_c} \tag{8.5.2.2}$$

式中，I_s、I_c 分别为水位升、降时期的单位变形量（mm/m）；Δh_s、Δh_c 分别为某一时期内的水位升、降幅度（m）；ΔS_s、ΔS_c 分别为相应于该水位变化幅度下的土层变形量（mm）。

为反映地质条件和土层厚度与 I_s、I_c 参数之间的关系，将上述单位变形量除以土层的厚度 H(mm)，称为该土层的比单位变形量，按下式计算

$$I'_s=\frac{I_s}{H}=\frac{\Delta S_s}{\Delta h_s H} \tag{8.5.2.3}$$

$$I'_c=\frac{I_c}{H}=\frac{\Delta S_c}{\Delta h_c H} \tag{8.5.2.4}$$

式中，I'_s、I'_c 分别为水位升、降期的比单位变形量（m^{-1}）。

在已知预测期的水位升、降幅度和土层厚度的情况下，土层预测沉降量按下式计算

$$S_s=I_s\Delta h=I'_s\Delta hH \tag{8.5.2.5}$$

$$S_c=I_c\Delta h=I'_c\Delta hH \tag{8.5.2.6}$$

式中，S_s、S_c 分别为水位上升或下降 Δh(m)时，厚度为 H(mm)的土层预测沉降量(mm)。

【例题 15】

某市的一个供水井群供水时形成的平均水位下降值为 15 m，在这个范围内，黏性土及粉细砂的厚度约为 10 m，卵石土的厚度为 5 m，在经过 3 年的供水后，降落漏斗中的地面平均下降 138 mm，在同一地貌单元的临近地段上，新完成了一个供水井群，该井群的降落漏斗中的地下水位平均降幅为 20 m，其中的卵石土的厚度为 6 m，其余为黏性土及粉细砂，试预测在该井的影响下，地面的沉降量是（　　）mm。

(A)257　　(B)308　　(C)368　　(D)426

解

用单位变形量法预测地面的沉降量

①原供水井群的单位变形量 I_c

$I_c=\Delta S_c/\Delta h_c=138/15=9.2$(mm/m)

②原供水井群的比单位变形量 I'_c

$I'_c = I_c/H = 9.2/(10 \times 10^3) = 9.2 \times 10^{-4}$ (mm/m)

③现供水井群的地面沉降量 S_c

$S_c = I'_c \Delta h H = 9.2 \times 10^{-4} \times 20 \times (20-6) \times 10^3 = 257.6$ (mm)

现供水井群供水后，地面最终沉降值预计为 257.6 mm。

例题解析

①用单位变形量法预测场地地面沉降时，应注意两个场地的地质条件是否相似，地质条件越接近，预测的结果越可靠。

②一般情况下，卵砾石层变形量较小，应不考虑其变形时地面沉降的影响。

③单位：Δh(m)、H(mm)、S_s(mm)或 S_c(mm)。

【案例模拟题 21】

基本资料同例题 15，在原供水井群停止抽水后，地面有了一定幅度的回升，回升值为 12.1 mm，试预测在现供水井群抽水引起的地表沉降值中，不可恢复的变形量是（　　）mm。

(A)22.6　　(B)138　　(C)235　　(D)257.6

8.5.3 地面沉降发展趋势的预测

在水位升降已经稳定不变的情况下，土层变形量与时间变化关系可用下式计算

$$S_t = S_\infty U \tag{8.5.3.1}$$

$$U = 1 - \frac{8}{\pi^2}\left[e^{-N} + \frac{1}{9}e^{-9N} + \frac{1}{25}e^{-25N} + \cdots\right] \tag{8.5.3.2}$$

$$N = \frac{\pi^2 C_v}{4H^2} t \tag{8.5.3.3}$$

式中，S_t 为预测某时刻 t 月以后的土层变形量(mm)；U 为固结度，以小数表示；t 为时间(月)；N 时间因素；C_v 为固结系数，压缩时为 C_{vc}，回弹时为 C_{vs}(mm^2/月)；H 为土层的计算厚度，两面排水时取实际土层厚度的 1/2，单面排水时取土层全部厚度(mm)。

注：C_v 单位为mm^2/月，试验所得结果一般用 cm^2/s，换算关系为 $1\ cm^2/s = 2.59 \times 10^8\ mm^2$/月。

【例题 16】

某市地下水位 1.0 m，地表以下 0～15 m 为软黏土，孔隙比为 0.943，压缩系数为 0.650 MPa^{-1}，固结系数为 $4.5 \times 10^{-3} cm^2/s$，由于抽取地下水引起的水位平均降幅为 12 m，15 m 以下为透水层，如不考虑 15 m 以下地层的压缩性，一年后地表的沉降值为（　　）。

(A)321 mm　　(B)281 mm　　(C)235 mm　　(D)193 mm

解

①地表最终变形量 S_∞ 的计算

把黏土层的沉降量划分为 1～13 m 和 13～15 m 两层进行计算，第一层沉降量 S_∞^1，第二层沉降量为 S_∞^2

$$S_\infty^1 = \frac{a}{1+e_0}\Delta PH = \frac{0.650 \times 10^{-3}}{1+0.943} \times 12 \times 10 \times \frac{1}{2} \times 12 \times 10^3 = 240.86\text{(mm)}$$

$$S_\infty^2 = \frac{a}{1+e_0}\Delta PH = \frac{0.650 \times 10^{-3}}{1+0.943} \times 12 \times 10 \times 2 \times 10^3 = 80.29\text{(mm)}$$

$$S_\infty = S_\infty^1 + S_\infty^2 = 240.86 + 80.29 = 321.15\text{(mm)}$$

②抽水开始一年后压缩层的固结度 U 的计算

(A)时间因素 N

$$N=\frac{\pi^2 C_v}{4H^2}t=\frac{3.14^2\times 4.5\times 10^{-3}\times 2.59\times 10^8}{4\times\left(\frac{15-1}{2}\right)^2\times 10^6}\times 12=0.70$$

(B)固结度 U(取第一项进行计算)

$$U=1-\frac{8}{\pi^2}e^{-N}=1-\frac{8}{3.14^2}\times 2.718^{-0.70}=0.60$$

③抽水开始一年后地表变形量 S 的预测

$$S=US_\infty=0.60\times 321.15=192.69(\text{mm})$$

抽水开始一年后地表的沉降值为 192.69 mm。

例题解析

①地面沉降过程是一个较长的过程,随着时间的延长,地面沉降不断发展,这也是黏性土在有效应力作用下不断固结的过程。

②砂层的沉降较快,可不考虑其固结的过程。

【案例模拟题 22】

某市地层资料如下。

①表土层 0~0.50 m。

②粉砂层:0.5~3.0 m,$E=11.4$ MPa。

③软黏土层:3.0~18.2 m,$a=0.48$ MPa^{-1},$e=0.889$,$C_v=6.7\times 10^{-4}$ cm^2/s。

④密实粗砂 18.2~24 m,$E=18$ MPa。

⑤花岗岩:24 m 以下。

地下水位为 1.2 m,水位降幅为 16 m,一年半以后,地表沉降值为(　　)。

(A)93 mm　　(B)120 mm　　(C)158 mm　　(D)415 mm

8.6 膨胀土

《膨胀土地区建筑技术规范》(GB 50112—2013)的相关规定如下。

4.2　膨胀土地基的工程特性指标

4.2.1　自由膨胀率试验应按本规范附录 D 的规定进行。膨胀土的自由膨胀率应按下式计算:

$$\delta_{ef}=\frac{\upsilon_w-\upsilon_0}{\upsilon_0}\times 100 \qquad (4.2.1)$$

式中,δ_{ef} 为膨胀土的自由膨胀率(%);υ_w 为土样在水中膨胀稳定后的体积(mL);υ_0 为土样原始体积(mL)。

4.2.2　膨胀率试验应按本规范附录 E 和附录 F 的规定执行。某级荷载下膨胀土的膨胀率应按下式计算:

$$\delta_{ep}=\frac{h_w-h_0}{h_0}\times 100 \qquad (4.2.2)$$

式中,δ_{ep} 为某级荷载下膨胀土的膨胀率(%);h_w 为某级荷载下土样在水中膨胀稳定后的高度(mm);h_0 为土样原始高度(mm)。

4.2.3　膨胀力试验应按本规范附录F的规定执行。

4.2.4　收缩系数试验应按本规范附录G的规定执行。膨胀土的收缩系数应按下式计算：

$$\lambda_s = \frac{\Delta\delta_s}{\Delta w} \qquad (4.2.4)$$

式中，λ_s 为膨胀土的收缩系数；$\Delta\delta_s$ 为收缩过程中直线变化阶段与两点含水率之差对应的竖向线缩率之差(%)；Δw 为收缩过程中直线变化阶段两点含水率之差(%)。

4.3　膨胀土地基的场地与地基评价

4.3.1　场地评价应查明膨胀土的分布及地形地貌条件，并应根据工程地质特征及土的膨胀潜势和地基胀缩等级等指标，对建筑场地进行综合评价，对工程地质及土的膨胀潜势和地基胀缩等级进行分区。

4.3.2　建筑场地的分类应符合下列要求：

①地形坡度小于5°，或地形坡度为5°～14°且距坡肩水平距离大于10 m的坡顶地带，应为平坦场地；

②地形坡度不小于5°，或地形坡度小于5°且同一建筑物范围内局部地形高差大于1 m的场地，应为坡地场地。

4.3.3　场地具有下列工程地质特征及建筑物破坏形态，且土的自由膨胀率不小于40%的黏性土，应判定为膨胀土：

①土的裂隙发育，常有光滑面和擦痕，有的裂隙中充填有灰白、灰绿等杂色黏土。自然条件下呈坚硬或硬塑状态。

②多出露于二级或二级以上的阶地、山前和盆地边缘的丘陵地带。地形较平缓，无明显自然陡坎。

③常见有浅层滑坡、地裂。新开挖坑(槽)壁易发生坍塌等现象。

④建筑物多呈“倒八字”“X”或水平裂缝，裂缝随气候变化而张开和闭合。

4.3.4　膨胀土的膨胀潜势应按表4.3.4分类。

膨胀土的膨胀潜势分类　表4.3.4

自由膨胀率 δ_{ef}/(%)	膨 胀 潜 势
$40 \leqslant \delta_{ef} < 65$	弱
$65 \leqslant \delta_{ef} < 90$	中
$\delta_{ef} \geqslant 90$	强

4.3.5　膨胀土地基应根据地基胀缩变形对低层砌体房屋的影响程度进行评价，地基的胀缩等级可根据地基分级变形量按表4.3.5分级。

膨胀土地基的胀缩等级　表4.3.5

地基分级变形量 s_c/mm	等　级
$15 \leqslant s_c < 35$	Ⅰ
$35 \leqslant s_c < 70$	Ⅱ
$s_c \geqslant 70$	Ⅲ

4.3.6　地基分级变形量应根据膨胀土地基的变形特征确定，可分别按本规范式(5.2.8)、式(5.2.9)和式(5.2.14)进行计算，其中土的膨胀率应按本规范附录E试验确定。

4.3.7　地基承载力特征值可由载荷试验或其他原位测试、结合工程实践经验等方法综合确定，并应符合下列要求：

①荷载较大的重要建筑物宜采用本规范附录C现场浸水载荷试验确定；

②已有大量试验资料和工程经验的地区，可按当地经验确定。

4.3.8　膨胀土的水平膨胀力可根据试验资料或当地经验确定。

5.2　膨胀土地基计算

Ⅰ基础埋置深度

5.2.1　膨胀土地基上建筑物的基础埋置深度，应综合下列条件确定：

①场地类型；

②膨胀土地基胀缩等级；

③大气影响急剧层深度；

④建筑物的结构类型；

⑤作用在地基上的荷载大小和性质；

⑥建筑物的用途，有无地下室、设备基础和地下设施，基础形式和构造；

⑦相邻建筑物的基础埋深；

⑧地下水位的影响；

⑨地基稳定性。

5.2.2　膨胀土地基上建筑物的基础埋置深度不应小于1 m。

5.2.3　平坦场地上的多层建筑物，以基础埋深为主要防治措施时，基础最小埋深不应小于大气影响急剧层深度；对于坡地，可按本规范第5.2.4条确定；建筑物对变形有特殊要求时，应通过地基胀缩变形计算确定，必要时，尚应采取其他措施。

5.2.4　当坡地坡角为5°～14°，基础外边缘至坡肩的水平距离为5～10 m时，基础埋深(图5.2.4)可按下式确定：

$$d = 0.45d_a + (10 - l_p)\tan\beta + 0.30 \quad (5.2.4)$$

式中，d 为基础埋置深度(m)；d_a 为大气影响深度(m)；β 为设计斜坡坡角(°)；l_p 为基础外边缘至坡肩的水平距离(m)。

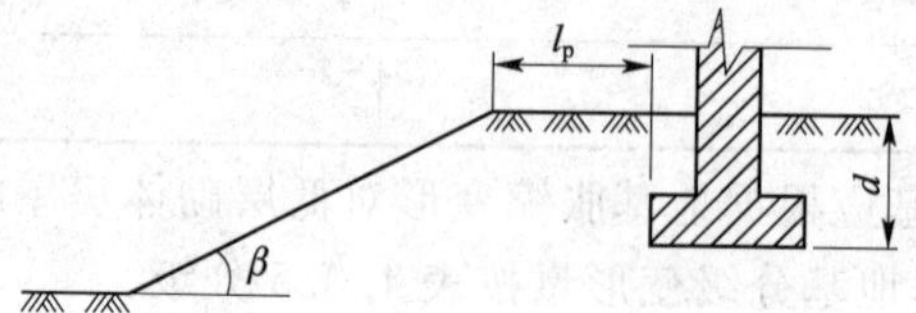

图5.2.4　坡地上基础埋深计算示意

Ⅱ承载力计算

5.2.5　基础底面压力应符合下列规定：

①当轴心荷载作用时，基础底面压力应符合下式要求：

$$p_k \leqslant f_a \quad (5.2.5\text{-}1)$$

全国注册岩土工程师专业考试模拟训练题集及历年真题新解

式中，p_k 为相应于荷载效应标准组合时，基础底面处的平均压力值(kPa)；f_a 为修正后的地基承载力特征值(kPa)。

②当偏心荷载作用时，基础底面压力除应符合式(5.2.5-1)要求外，尚应符合下式要求：

$$p_{kmax} \leqslant 1.2 f_a \tag{5.2.5-2}$$

式中，p_{kmax} 为相应于荷载效应标准组合时，基础底面边缘的最大压力值(kPa)。

5.2.6　修正后的地基承载力特征值应按下式计算：

$$f_a = f_{ak} + \gamma_m (d - 1.0) \tag{5.2.6}$$

式中，f_{ak} 为地基承载力特征值(kPa)，按本规范第 4.3.7 条的规定确定；γ_m 为基础底面以上土的加权平均重度，地下水位以下取浮重度。

Ⅲ 变形计算

5.2.7　膨胀土地基变形量，可按下列变形特征分别计算：

①场地天然地表下 1 m 处土的含水率等于或接近最小值或地面有覆盖且无蒸发可能，以及建筑物在使用期间，经常有水浸湿的地基，可按膨胀变形量计算；

②场地天然地表下 1 m 处土的含水率大于 1.2 倍塑限含水率或直接受高温作用的地基，可按收缩变形量计算；

③其他情况下可按胀缩变形量计算。

5.2.8　地基土的膨胀变形量应按下式计算：

$$s_e = \psi_e \sum_{i=1}^{n} \delta_{epi} h_i \tag{5.2.8}$$

式中，s_e 为地基土的膨胀变形量(mm)；ψ_e 为计算膨胀变形量的经验系数，宜根据当地经验确定，无可依据经验时，三层及三层以下建筑物可采用 0.6；δ_{epi} 为基础底面下第 i 层土在平均自重压力与对应于荷载效应准永久组合时的平均附加压力之和作用下的膨胀率(用小数计)，由室内试验确定；h_i 为第 i 层土的计算厚度(mm)；n 为基础底面至计算深度内所划分的土层数，膨胀变形计算深度 z_{en}(图 5.2.8)，应根据大气影响深度确定，有浸水可能时可按浸水影响深度确定。

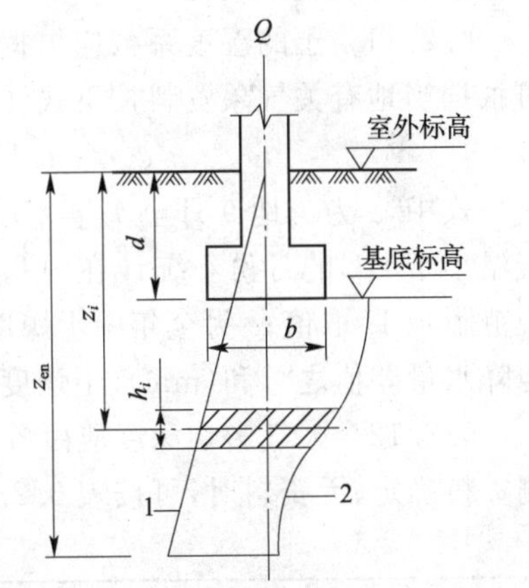

图 5.2.8　地基土的膨胀变形计算示意

1-自重压力曲线；2-附加压力曲线

5.2.9　地基土的收缩变形量应按下式计算：

$$s_s = \psi_s \sum_{i=1}^{n} \lambda_{si} \Delta w_i h_i \tag{5.2.9}$$

式中，s_s 为地基土的收缩变形量(mm)；ψ_s 为计算收缩变形量的经验系数，宜根据当地经验确定，无可依据经验时，三层及三层以下建筑物可采用 0.8；λ_{si} 为基础底面下第 i 层土的收缩系数，由室内试验确定；Δw_i 为地基土收缩过程中，第 i 层土可能发生的含水率变化平均值(以小数表示)，按本规范式(5.2.10-1)计算；n 为基础底面至计算深度内所划分的土层数，收缩变形计算深度 z_{sn}(图 5.2.9)，应根据大气影响深度确定；当有热源影响时，可按热源影响深度确定；在计算深度内有稳定地下水位时，可计算至水位以上 3 m。

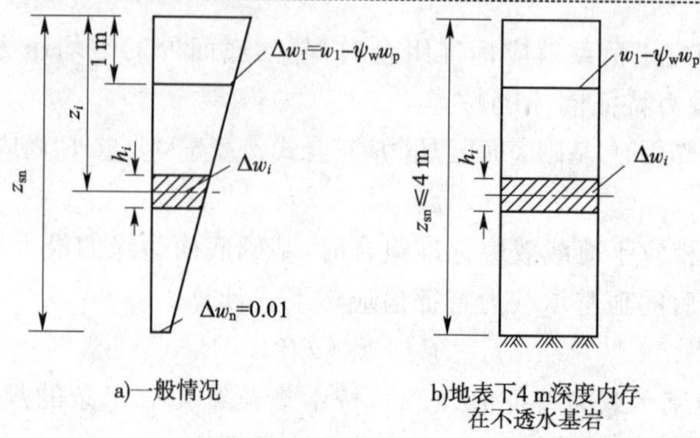

图 5.2.9 地基土收缩变形计算含水量变化示意

5.2.10 收缩变形计算深度内各土层的含水率变化值(图 5.2.9),应按下列公式计算。地表下 4 m 深度内存在不透水基岩时,可假定含水率变化值为常数[图 5.2.9b)]:

$$\Delta w_i = \Delta w_1 - (\Delta w_1 - 0.01)\frac{z_i - 1}{z_{sn} - 1} \tag{5.2.10-1}$$

$$\Delta w_1 = w_1 - \psi_w w_p \tag{5.2.10-2}$$

式中,Δw_i 为第 i 层土的含水率变化值(以小数表示);Δw_1 为地表下 1 m 处土的含水率变化值(以小数表示);w_1、w_p 为地表下 1 m 处土的天然含水率和塑限(以小数表示);ψ_w 为土的湿度系数,在自然气候影响下,地表下 1 m 处土层含水率可能达到的最小值与其塑限之比。

5.2.11 土的湿度系数应根据当地 10 年以上土的含水量变化确定,无资料时,可根据当地有关气象资料按下式计算:

$$\psi_w = 1.152 - 0.726\alpha - 0.00107c \tag{5.2.11}$$

式中,α 为当地 9 月至次年 2 月的月份蒸发力之和与全年蒸发力之比值(月平均气温小于0 ℃的月份不统计在内)。我国部分地区蒸发力及降水率的参考值可按本规范附录 H 取值;c 为全年中干燥度大于 1.0 且月平均气温大于 0 ℃月份的蒸发力与降水量差值之总和(mm),干燥度为蒸发力与降水量之比值。

5.2.12 大气影响深度应由各气候区土的深层变形观测或含水率观测及地温观测资料确定;无资料时,可按表 5.2.12 采用。

大气影响深度 表 5.2.12

土的湿度系数 ψ_w	大气影响深度 d_a/m
0.6	5.0
0.7	4.0
0.8	3.5
0.9	3.0

5.2.13 大气影响急剧层深度,可按本规范表 5.2.12 中的大气影响深度值乘以 0.45 采用。

5.2.14 地基土的胀缩变形量应按下式计算:

$$s_{es} = \psi_{es}\sum_{i=1}^{n}(\delta_{epi} + \lambda_{si}\Delta w_i)h_i \tag{5.2.14}$$

式中，s_{es}为地基土的胀缩变形量(mm)；ψ_{es}为计算胀缩变形量的经验系数，宜根据当地经验确定，无可依据经验时，三层及三层以下可取0.7。

5.2.15　膨胀土地基变形量取值，应符合下列规定：

①膨胀变形量应取基础的最大膨胀上升量；

②收缩变形量应取基础的最大收缩下沉量；

③胀缩变形量应取基础的最大胀缩变形量；

④变形差应取相邻两基础的变形量之差；

⑤局部倾斜应取砌体承重结构沿纵墙6～10 m内基础两点的变形量之差与其距离的比值。

5.2.16　膨胀土地基上建筑物的地基变形计算值，不应大于地基变形允许值。地基变形允许值应符合表5.2.16的规定。表5.2.16中未包括的建筑物，其地基变形允许值应根据上部结构对地基变形的适应能力及功能要求确定。

膨胀土地基上建筑物地基变形允许值　　表5.2.16

结构类型		相对变形		变形量/mm
		种类	数值	
砌体结构		局部倾斜	0.001	15
房屋长度三到四开间及四角有构造柱或配筋砌体承重结构		局部倾斜	0.001 5	30
工业与民用建筑相邻柱基	框架结构无填充墙时	变形差	0.001l	30
	框架结构有填充墙时	变形差	0.000 5l	20
	当基础不均匀升降时不产生附加应力的结构	变形差	0.003l	40

注：l为相邻柱基的中心距离(m)。

Ⅳ稳定性计算

5.2.17　位于坡地场地上的建筑物地基稳定性，应按下列规定进行验算：

①土质较均匀时，可按圆弧滑动法验算；

②土层较薄，土层与岩层间存在软弱层时，应取软弱层面为滑动面进行验算；

③层状构造的膨胀土，层面与坡面斜交，且交角小于45°时，应验算层面的稳定性。

5.2.18　地基稳定性安全系数可取1.2。验算时，应计算建筑物和堆料的荷载、水平膨胀力，并应根据试验数据或当地经验计及削坡卸荷应力释放、土体吸水膨胀后强度衰减的影响。

【例题17】

某场地为膨胀土场地，场地的土重度为18 kN/m^3，基础埋深为1.5 m，基础底面以下的附加应力分布情况如右图所示，垂直压力为50 kPa时膨胀率为1.2%，垂直压力为100 kPa时膨胀率为0.7%，当地9月至次年2月蒸发力之和与全年蒸发力的比值为0.2，全年中干燥度大于1的月份的蒸发力与降水量差值之总和为200 mm，建筑场地为经常受水浸湿的场地，试计算地基土的膨胀变形量为(　　)。

(A)12 mm　　(B)20 mm　　(C)30 mm　　(D)40 mm

解

1. 确定计算深度 d

①膨胀土的湿度系数 ψ_w

$$\psi_w = 1.152 - 0.726a - 0.001\,07c$$
$$= 1.152 - 0.726 \times 0.2 - 0.001\,07 \times 200$$
$$= 0.8$$

②计算深度 d:取大气影响深度为计算深度,湿度系数为 0.8 时,大气影响深度为 3.5 m。

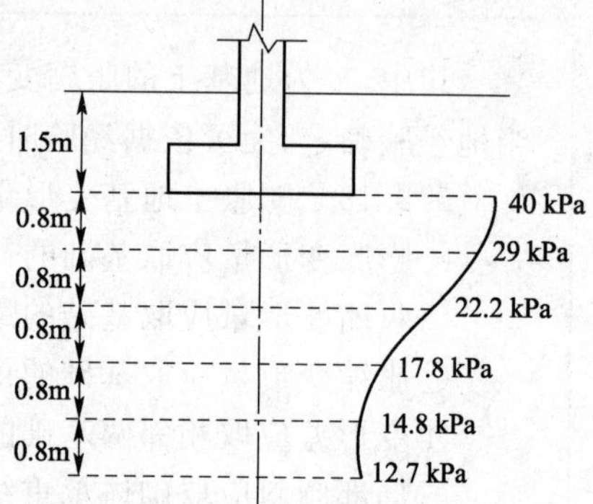

例题 17 图　场地膨胀变形量简图

2. 基础底面下各计算点的压力值

①确定计算点:根据已知条件,当计算深度为 3.5 m 时计算点为

第一层自 1.5 m 至 2.3 m;

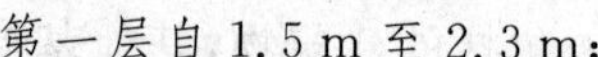

第二层自 2.3 m 至 3.1 m;

第三层自 3.1 m 至 3.5 m。

②各层界面土的自重应力 σ_{ci}:

1.5 m 处的自重应力 $\sigma_{c1} = \gamma H_1 = 18 \times 1.5 = 27$ (kPa);

2.3 m 处的自重应力 $\sigma_{c2} = \gamma H_2 = 18 \times 2.3 = 41.4$ (kPa);

3.1 m 处的自重应力 $\sigma_{c3} = \gamma H_3 = 18 \times 3.1 = 55.8$ (kPa);

3.5 m 处的自重应力 $\sigma_{c4} = \gamma H_4 = 18 \times 3.5 = 63.0$ (kPa)。

③各层界面的附加应力 σ_{zi}:1.5 m、2.3 m、3.1 m 处的附加应力分别为 40 kPa、29 kPa、22.2 kPa,3.5 m 处的附加应力值是(22.2+17.8)/2=20 (kPa)。

④各层中心点的自重应力与附加应力的和为

第一层　$[(27+40)+(41.4+29)]/2 = 68.7$(kPa)

第二层　$[(41.4+29)+(55.8+22.2)]/2 = 74.2$(kPa)

第三层　$[(55.8+22.2)+(63+20)]/2 = 80.5$(kPa)

3. 各计算点的膨胀率

根据 50 kPa 及 100 kPa 压力下的膨胀率采用插值法计算各层中点的膨胀率:

第一层　$\dfrac{\delta_{ep1} - 1.2}{68.7 - 50} = \dfrac{0.7 - 1.2}{100 - 50}$

$\delta_{ep1} = 1.01\%$

第二层　$\dfrac{\delta_{ep2} - 1.2}{74.2 - 50} = \dfrac{0.7 - 1.2}{100 - 50}$

$\delta_{ep2} = 0.96\%$

第三层　$\dfrac{\delta_{ep3} - 1.2}{80.5 - 50} = \dfrac{0.7 - 1.2}{100 - 50}$

$\delta_{ep3} = 0.90\%$

4. 地基土的膨胀变形量 S_e

取膨胀变形量经验系数 $\psi_e = 0.6$。

$$S_e = \psi_e \sum_{i=1}^{n} \delta_{epi} h_i$$
$$= 0.6 \times (1.01 \times 10^{-2} \times 0.8 \times 10^3 + 0.96 \times 10^{-2} \times 0.8 \times 10^3 + 0.90 \times 10^{-2} \times 0.4 \times 10^3)$$
$$= 11.62\text{(mm)}$$

该地基土的膨胀变形量为 11.62 mm。

例题解析

①膨胀率与垂直压力的大小有关，垂直压力越大，膨胀率越小，当上覆压力大于土体的膨胀力时，膨胀率为零。当计算地基的膨胀变形量时，应采用垂直应力为自重应力与附加应力之和时的膨胀率，当确定膨胀土地基的膨胀等级时，应采用垂直应力为 50 kPa 时的膨胀率。

②地基附加应力应采用角点法计算，本例题中为简化计算给出了不同深度的附加应力值。

③计算深度应取基础底面至大气影响深度或渗水影响深度。

【案例模拟题 23】

某膨胀土场地土湿度系数为 0.8，拟修建单层库房，基础埋深为 0.5 m，场地地下 1.0 m 处土层含水率为最小值，试验资料如下表所示。

取样深度/m	1.0	2.0	3.0
膨胀率(P=50 kPa)	1.3%	1.1%	1.0%

该场地的胀缩等级为(　　)。

(A)Ⅰ级　　(B)Ⅱ级　　(C)Ⅲ级　　(D)Ⅳ级

【例题 18】

某建筑场地为膨胀土场地，地表 1.0 m 处地基土的天然含水率为 29.2，塑限含水率为 W_p=22.0，土层的收缩系数为 0.15，基础埋深为 1.5 m，土的湿度系数为 0.7，试计算地基土的收缩变形量。

解

天然含水率为 29.2，大于塑限含水率的 1.2 倍，1.2×22=26.4，故按收缩变形量计算分级变形量。

1. 确定计算深度

由于湿度系数为 0.7，取计算深度 d=4.0 m。

2. 确定计算土层中点的深度 Z_i

$$Z_i=\frac{1}{2}(d_s+d)=\frac{1}{2}(1.5+4.0)=2.75\ (\text{m})$$

3. 确定计算土层内含水率的变化值

①地表下 1 m 处含水率的变化值 ΔW_1

$$\Delta W_1=W_1-\psi_w W_P=29.2-0.7\times 22=0.138$$

②计算土层中点含水率的变化值 ΔW_i

$$\Delta W_i=\Delta W_1-(\Delta W_1-0.01)\frac{Z_i-1}{Z_{sn}-1}$$

$$=0.138-(0.138-0.01)\times\frac{2.75-1}{4-1}=0.06$$

4. 地基土的收缩变形量 S_s

$$S_s=\psi_s\sum_{i=1}^{n}\lambda_{si}\Delta W_i h_i$$

$$=0.8\times[0.15\times 0.06\times(4-1.5)\times 10^3]=18(\text{mm})$$

第8章　特殊条件下的岩土工程

例题解析

该类问题中主要在于确定含水率的变化值，假定在地表下1.0 m处含水率变化值最大，其值为$\Delta w_1 = w_1 - \psi_w w_p$，在计算深度处含水率变化值最小，其值为1%，中间按线性插值计算，当地表下4.0 m内存在不透水基岩时，可确定含水率变化值为常数，其值为$\Delta w = w_1 - \psi_w w_p$。

计算深度取值可分两种情况：①一般情况取大气影响深度；②在计算深度内，当有稳定地下水位时，取至地下水位以上3.0 m处。

【案例模拟题24】

某场地为膨胀土场地，0～1.5 m的收缩系数为0.18，1.5～2.5 m的收缩系数为0.12，2.5～5.0m的收缩系数为0.09，地表下1.0 m处的含水量为26.2%，塑限含水率为21.0%，基础埋深为1.0 m，土的湿度系数为0.6，稳定地下水位为7.0 m，地基土的收缩变形量为(　　)。

(A)15.5 mm　　(B)22.6 mm　　(C)28.1 mm　　(D)35.5 mm

【案例模拟题25】

某场地为膨胀土场地，采用浅基础，基础埋深1.2 m，基础尺寸为2 m×2 m，湿度系数$\varphi_w = 0.6$，勘察资料如下。

0～2.6 m，膨胀土，$\delta_{ep} = 1.5\%$；$\lambda_s = 0.12$；$\gamma = 18\ \mathrm{kN/m^3}$；地表下1 m处，$W = 26.4\%$；$W_p = 20.5\%$；2.6～3.5 m，膨胀土，$\delta_{ep} = 1.3\%$；$\lambda_s = 0.10$；$\gamma = 17.8\ \mathrm{kN/m^3}$；3.5 m以下为花岗岩，该地基的分级变形量为(　　)。

(A)29.1 mm　　(B)35.6 mm　　(C)80.9 mm　　(D)120 mm

8.7　湿陷性土及湿陷性黄土

8.7.1　按《岩土工程勘察规范》(GB 50021—2001)(2009年版)评价湿陷性土

GB 50021—2001(2009年版)的相关规定如下。

6.1.1　本节适用于干旱和半干旱地区除黄土以外的湿陷性碎石、湿陷性砂土和其他湿陷性土的岩土工程勘察。对湿陷性黄土的勘察应按现行国家标准《湿陷性黄土地区建筑规范》(GB 50025)执行。

6.1.2　当不能取试样做室内湿陷性试验时，应采用现场载荷试验确定湿陷性。在200kPa压力下浸水荷载试验的附加湿陷量与承压板宽度之比等于或大于0.023的土，应判定为湿陷性土。

6.1.5　湿陷性土地基受水浸湿至下沉稳定为止的总湿陷量Δ_s(cm)，应按下式计算

$$\Delta_s = \sum_{i=1}^{n} \beta \Delta F_{si} h_i \qquad (6.1.5)$$

式中，ΔF_{si}为第i层土浸水载荷试验的附加湿陷量(cm)；h_i为第i层土的厚度(cm)，从基础底面(初步勘察时自地面下1.5 m)算起，$\Delta F_{si}/b < 0.023$的不计入。β修正系数($\mathrm{cm^{-1}}$)。承压板面积为0.5 m^{2}时，$\beta = 0.014$，承压板面积为0.25 m^{2}时，$\beta = 0.020$。

6.1.6　湿陷性土地基的湿陷等级应按表 6.1.6 判定。

湿陷性土地基的湿陷等级　　　　表 6.1.6

总湿陷量 Δ_s/cm	湿陷性土总厚度/m	湿 陷 等 级
$5<\Delta_s\leqslant 30$	>3	Ⅰ
	$\leqslant 3$	Ⅱ
$30<\Delta_s\leqslant 60$	>3	
	$\leqslant 3$	Ⅲ
$\Delta_s>60$	>3	
	$\leqslant 3$	Ⅳ

6.1.7　湿陷性土地基的处理应根据土质特征、湿陷等级和当地建筑经验等因素综合确定。

【例题 19】

某干旱地区砂土场地中民用建筑初步勘察资料如下：

①0～2.4 m，砂土，$\Delta F_{s1}=1.13$ cm；

②2.4～13.5 m，砂土，$\Delta F_{s2}=2.2$ cm；

③13.5～17.2 m，砂土，$\Delta F_{s3}=4.5$ cm；

④17.2 m 以下为全风化泥岩；

⑤承压板面积 0.25 m^2，垂直压力为 200 kPa。

该地基的湿陷等级为（　　）。

(A) Ⅰ级　　(B) Ⅱ级　　(C) Ⅲ级　　(D) Ⅳ级

解

1. 确认计算范围

附加湿陷量 ΔF_{si} 与承压板边长 d 的比值

$$\Delta F_{s1}/b=1.13/50=0.0226$$

$$\Delta F_{s2}/b=2.2/50=0.044$$

$$\Delta F_{s3}/b=4.5/50=0.090$$

第一层土的附加湿陷量与承压板直径的比值小于 0.023，其湿陷量不应计入总湿陷量。

2. 计算总湿陷量 Δ_s

$$\begin{aligned}\Delta_s &=\sum_{i=1}^{n}\beta\Delta F_{si}h_i\\&=0.02\times[2.2\times(1\,350-240)+4.5\times(1\,720-1\,350)]\\&=82.14(\text{cm})\end{aligned}$$

该场地湿陷性地基土的湿陷等级为Ⅲ级。

例题解析

①《岩土工程勘察规范》(GB 50021—2001)(2009 年版)中提到的湿陷性土是指湿陷性黄土以外的湿陷性土。一般指干旱、半干旱地区的湿陷性碎石土，湿陷性砂土及其他湿陷性土。

②计算范围为自基础底面算起(初步设计时自地表下1.5 m算起)至全部湿陷性土底面止。

③对 $\Delta F_{si}/b<0.023$ 的土层的湿陷量不应累计。

【案例模拟题 26】

某场地为干旱地区砂土场地，初步勘察地层资料如下：

①0～2.4 m，砂土，$\Delta F_{si}=6.9$ cm；

②2.4～4.2 m，砂土，$\Delta F_{si}=3.8$ cm；

③4.2～6.1 m，砂土，$\Delta F_{si}=8.6$ cm；

④6.1 m以下为基岩；

⑤承压板面积为0.25 m^2，垂直压力为200 kPa。

该场地的总湿陷量为(　　)。

(A)41 cm　　(B)56 cm　　(C)59 cm　　(D)80 cm

8.7.2 黄土湿陷性评价

黄土湿陷性应按《湿陷性黄土地区建筑规范》(GB 50025—2004)进行评价，其相关规定如下。

4.1　一般规定

4.1.1　在湿陷性黄土场地进行岩土工程勘察应查明下列内容，并应结合建筑物的特点和设计要求，对场地、地基做出评价，对地基处理措施提出建议：

①黄土地层的时代、成因；

②湿陷性黄土层的厚度；

③湿陷系数、自重湿陷系数和湿陷起始压力随深度的变化；

④场地湿陷类型和地基湿陷等级的平面分布；

⑤变形参数和承载力；

⑥地下水等环境水的变化趋势；

⑦其他工程地质条件。

4.1.7　采取不扰动土样，必须保持其天然的湿度、密度和结构，并应符合Ⅰ级土样质量的要求。

4.3　测定黄土湿陷性的试验

4.3.1　测定黄土湿陷性的试验，可分为室内压缩试验、现场静载荷试验和现场试坑浸水试验三种。

(Ⅰ)室内压缩试验

4.3.2　采用室内压缩试验测定黄土的湿陷系数 δ_s、自重湿陷系数 δ_{zs} 和湿陷起始压力 P_{sh}，均应符合下列要求。

①土样的质量等级应为Ⅰ级不扰动土样。

②环刀面积不应小于5 000 mm^2，使用前应将环刀洗净风干，透水石应烘干冷却。

③加荷前，应将环刀试样保持天然湿度。

④试样浸水宜用蒸馏水。

⑤试样浸水前和浸水后的稳定标准，应为每小时的下沉量不大于0.01 mm。

4.3.3　测定湿陷系数除应符合 4.3.2 条的规定外，还应符合下列要求。

①分级加荷至试样的规定压力，下沉稳定后，试样浸水饱和，附加下沉稳定，试验终止；

②在 0～200 kPa 压力以内，每级增量宜为 50 kPa；大于 200 kPa 压力，每级增量宜为 100 kPa。

③湿陷系数 δ_s 值，应按下式计算

$$\delta_s=\frac{h_p-h'_p}{h_0} \tag{4.3.3}$$

式中，h_p 为保持天然湿度和结构的试样，加至一定压力时，下沉稳定后的高度(mm)；h'_p 为上述加压稳定后的试样，在浸水(饱和)作用下，附加下沉稳定后的高度(mm)；h_0 为试样的原始高度(mm)。

④测定湿陷系数 δ_s 的试验压力，应自基础底面(如基底标高不确定时，自地面下 1.5 m)算起。

(A)基底下 10 m 以内的土层应用 200 kPa，10 m 以下至非湿陷性黄土层顶面，应用其上覆土的饱和自重压力(当大于 300 kPa 压力时，仍应用 300 kPa)；

(B)当基底压力大于 300 kPa 时，宜用实际压力；

(C)对压缩性较高的新近堆积黄土，基底下 5 m 以内的土层宜用 100～150 kPa 压力，5～10 m 和 10 m 以下至非湿陷性黄土层顶面，应分别用 200 kPa 和上覆土的饱和自重压力。

4.3.4　测定自重湿陷系数除应符合 4.3.2 条的规定外还应符合下列要求。

①分级加荷，加至试样上覆土的饱和自重压力，下沉稳定后，试样浸水饱和，附加下沉稳定，试验终止。

②试样上覆土的饱和密度，可按下式计算

$$\rho_s=\rho_d\left(1+\frac{S_r e}{d_s}\right) \tag{4.3.4.1}$$

式中，ρ_s 为土的饱和密度(g/cm^3)；ρ_d 为土的干密度(g/cm^3)；S_r 为土的饱和度，可取 $S_r=85\%$；e 为土的孔隙比；d_s 为土粒相对密度。

③自重湿陷系数 δ_{zs} 值，可按下式计算

$$\delta_{zs}=\frac{h_z-h'_z}{h_0} \tag{4.3.4.2}$$

式中，h_z 为保持天然湿度和结构的试样，加压至该试样上覆土的饱和自重压力时，下沉稳定后的高度(mm)；h'_z 为上述加压稳定后的试样，在浸水(饱和)作用下，附加下沉稳定后的高度(mm)；h_0 为试样的原始高度(mm)。

4.3.5　测定湿陷起始压力除应符合 4.3.2 条的规定外，还应符合下列要求。

①可选用单线法压缩试验或双线法压缩试验。

②从同一土样中所取环刀试样，其密度差值不得大于 0.03 g/cm^3。

③在 0～150 kPa 压力以内时，每级增量宜为 25～50 kPa；大于 150 kPa 压力时，每级增量宜为 50～100 kPa。

④单线法压缩试验不应少于 5 个环刀试样，均在天然湿度下分级加荷，分别加至不同的规定压力，下沉稳定后，各试样浸水饱和，附加下沉稳定，试验终止。

⑤双线法压缩试验，应按下列步骤进行。

(A)应取 2 个环刀试样，分别对其施加相同的第一级压力，下沉稳定后应将 2 个环刀试样的百分表读数调整一致，调整时并应考虑各仪器变形量的差值。

(B)应将上述环刀试样中的一个试样保持在天然湿度下分级加荷，加至最后一级压力，下沉稳定后，试样浸水饱和，附加下沉稳定，试验终止。

(C)应将上述环刀试样中的另一个试样浸水饱和，附加下沉稳定后，在浸水饱和状态下分级加荷，下沉稳定后继续加荷，加至最后一级压力，下沉稳定，试验终止。

(D)当天然湿度的试样，在最后一级压力下浸水饱和，附加下沉稳定后的高度与浸水饱和试样在最后一级压力下的下沉稳定后的高度不一致，且相对差值不大于 20％时，应以前者的结果为准，对浸水饱和试样的试验结果进行修正；如相对差值大于 20％时，应重新试验。

(Ⅱ)现场静载荷试验

4.3.6　在现场测定湿陷性黄土的湿陷起始压力，可采用单线法静载荷试验或双线法静载荷试验，并应分别符合下列要求。

①单线法静载荷试验。在同一场地的相邻地段和相同标高，应在天然湿度的土层上设 3 个或 3 个以上静载荷试验，分级加压，分别加至各自的规定压力，下沉稳定后，向试坑内浸水至饱和，附加下沉稳定后，试验终止。

②双线法静载荷试验。在同一场地的相邻地段和相同标高，应设 2 个静载荷试验。其中一个应设在天然湿度的土层上分级加压，加至规定压力，下沉稳定后，试验终止；另一个应设在浸水饱和的土层上分级加压，加至规定压力，附加下沉稳定后，试验终止。

4.3.7　在现场采用静载荷试验测定湿陷性黄土的湿陷起始压力，尚应符合下列要求。

①承压板的底面积宜为 0.50 m^2，试坑边长或直径应为承压板边长或直径的 3 倍，安装载荷试验设备时，应注意保持试验土层的天然湿度和原状结构，压板底面下宜用 10～15 mm 厚的粗、中砂整平。

②每级加压增量不宜大于 25 kPa，试验终止压力不应小于 200 kPa。

③每级加压后，按每隔 15 min 各测读 1 次下沉量，以后为每隔 30 min 观测 1 次，当连续 2 h 内，每 1 h 的下沉量小于 0.10 mm 时，认为压板下沉已趋稳定，即可加下一级压力。

④试验结束后，应根据试验记录，绘制判定湿陷起始压力的 p-s_s 曲线图。

4.4　黄土湿陷性评价

4.4.1　黄土的湿陷性，应按室内浸水(饱和)压缩试验，在一定压力下测定的湿陷系数 δ_s 进行判定，并应符合下列规定：

①当湿陷系数 δ_s 值小于 0.015 时，应定为非湿陷性黄土；

②当湿陷系数 δ_s 值大于或等于 0.015 时，应定为湿陷性黄土。

4.4.2　湿性黄土的湿陷程度，可根据湿陷系数 δ_s 值的大小分为下列三种：

①当 $0.015 \leqslant \delta_s \leqslant 0.03$ 时，湿陷性轻微；

②当 $0.03 < \delta_s \leqslant 0.07$ 时，湿陷性中等；

③当 δ_s>0.07 时，湿陷性强烈。

4.4.3 湿陷性黄土场地的湿陷类型，应按自重湿陷量的实测值 Δ'_{zs} 或计算值 Δ_{zs} 判定，并应符合下列规定：

①当自重湿陷量的实测值 Δ'_{zs} 或计算值 Δ_{zs} 小于或等于 70 mm 时，应定为非自重湿陷性黄土场地；

②当自重湿陷量的实测值 Δ'_{zs} 或计算值 Δ_{zs} 大于 70 mm 时，应定为自重湿陷性黄土场地；

③当自重湿陷量的实测值和计算值出现矛盾时，应按自重湿陷量的实测值判定。

4.4.4 湿陷性的黄土场地自重湿陷量的计算值 Δ_{zs}，应按下式计算

$$\Delta_{zs}=\beta_0\sum_{i=1}^{n}\delta_{zsi}h_i \tag{4.4.4}$$

式中，δ_{zsi} 为第 i 层土的自重湿陷系数；h_i 为第 i 层土的厚度(mm)；β_0 为因地区土质而异的修正的系数，在缺乏实测资料时，可按下列规定取值：

①陇西地区取 1.50；

②陇东—陕北—晋西地区取 1.20；

③关中地区取 0.90；

④其他地区取 0.50。

自重湿陷量的计算值 Δ_{zs}，应自天然地面(当挖、填方的厚度和面积较大时，应自设计地面)算起，至其下非湿陷性黄土层的顶面止，其中自重湿陷系数 δ_{zs} 值小于0.015 的土层不累计。

4.4.5 湿陷性黄土地基受水浸湿饱和，其湿陷量的计算值 Δ_s 应符合下列规定。

1.湿陷量的计算值 Δ_s，应按下式计算

$$\Delta_s=\sum_{i=1}^{n}\beta\delta_{si}h_i \tag{4.4.5}$$

式中，δ_{si} 为第 i 层土的湿陷系数；h_i 为第 i 层土的厚度(mm)；β 为考虑基底下地基土的受水浸湿可能性和侧向挤出等因素的修正系数，在缺乏实测资料时，可按下列规定取值：

①基底下 0～5 m 深度内，取 $\beta=1.50$；

②基底下 5～10 m 深度内，取 $\beta=1$；

③基底下 10 m 以下至非湿陷性黄土层顶面，在自重湿陷性黄土场地，可取工程所在地区的 β_0 值。

2.湿陷量的计算值 Δ_s 的计算深度，应自基础底面(如基底标高不确定时，自地面下1.50 m)算起；在非自重湿陷性黄土场地，累计至基底下 10 m(或地基压缩层)深度止；在自重湿陷性黄土场地，累计至非湿陷黄土层的顶面止。其中湿陷系数 δ_s(10 m 以下时为 δ_{zs})小于 0.015 的土层不累计。

4.4.6 湿陷性黄土的湿陷起始压力 P_{sh} 值，可按下列方法确定：

①当按现场载荷试验结果确定时，应在 p-δ_s(压力与浸水下沉量)曲线上，取其转折点所对应的压力作为湿陷起始压力值。当曲线上的转折点不明显时，可取浸水下沉量(s_s)与承压板直径(d)或宽度(b)之比值等于 0.017 所对应的压力作为湿陷起始压力值。

②当按室内压缩试验结果确定时，在 p-δ_s 曲线上宜取 $\delta_s=0.015$ 所对应的压力作为湿陷起始压力值。

4.4.7　湿陷性黄土地基的湿陷等级，应根据湿陷量的计算值和自重湿陷量的计算值等因素，按表 4.4.7 判定。

湿陷性黄土地基的湿陷等级　　表 4.4.7

Δ_s/mm	湿陷类型		
	非自重湿陷性场地	自重湿陷性场地	
	$\Delta_{zs}\leqslant 70$	$70<\Delta_{zs}\leqslant 350$	$\Delta_{zs}>350$
$\Delta_s\leqslant 300$	Ⅰ(轻微)	Ⅱ(中等)	—
$300<\Delta_s\leqslant 700$	Ⅱ(中等)	*Ⅱ(中等)或Ⅲ(严重)	Ⅲ(严重)
$\Delta_s>700$	Ⅱ(中等)	Ⅲ(严重)	Ⅳ(很严重)

注：*当湿陷量的计算值 $\Delta_s>600$ mm，自重湿陷量的计算值 $\Delta_{zs}>300$ mm 时，可判为Ⅲ级，其他情况可判为Ⅱ级。

C.0.1　在现场鉴定新近堆积黄土，应符合下列要求。

①堆积环境：黄土塬、梁、峁的坡脚和斜坡后缘，冲沟两侧及沟口处的洪积扇和山前坡积地带，河道拐弯处的内侧，河漫滩及低阶地，山间或黄土梁、峁之间凹地的表部，平原上被淹埋的池沼洼地。

②颜色：灰黄、黄褐、棕褐，常相杂或相间。

③结构：土质不均、松散、大孔排列杂乱。常混有岩性不一的土块，多虫孔和植物根孔。铣挖容易。

④包含物：常含有机质，斑状或条状氧化铁；有的混砂、砾或岩石碎屑；有的混有砖瓦陶瓷碎片或朽木片等人类活动的遗物，在大孔壁上常有白色钙质粉末。在深色土中，白色物呈现菌丝状或条纹状分布；在浅色土中，白色物呈星点状分布，有时混钙质结核，呈零星分布。

C.0.2　当现场鉴别不明确时，可按下列试验指标判定。

①在 50～150 kPa 压力段变形较大，小压力下具高压缩性。

②利用判别式判定

$$R=-68.45e+10.98a-7.16\gamma+1.18\omega$$

$$R_0=-154.80$$

当 $R>R_0$ 时，可将该土判为新近堆积黄土。

式中，e 为土的孔隙比；a 为压缩系数(MPa^{-1})，宜取 50～150 kPa 或 0～100 kPa 压力下的大值；ω 为土的天然含水率(%)；γ 为土的重度(kN/m^3)。

【例题 20】

某黄土场地勘察资料如下表所示，试判别其是否为新近堆黄土。

层号	层厚/m	取样深度/m	d_s	ρ/(g/cm³)	ω	a/(MPa^{-1})	e	ρ_d/(g/cm³)
①	3	2	2.62	1.52	17.9%	0.85	1.03	1.29
②	8	7	2.72	1.73	19.2%	0.42	0.87	1.45
③	未见底	12	2.78	1.81	18.6%	0.21	0.82	1.53

解

利用判别式：$R=-68.45e+10.98a-7.16\gamma+1.18\omega$ 计算，并与 $R_0=-154.80$，比较，计算与判别结果如下表所示。

层号	ω	e	$\gamma/(\mathrm{kN/m^3})$	$a/\mathrm{MPa^{-1}}$	R	判　别
①	17.9%	1.03	15.2	0.85	−148.88	属于新近堆积黄土
②	19.2%	0.87	17.3	0.42	−156.15	不是
③	18.6%	0.82	18.1	0.21	−164.4	不是

例题解析

①新近堆积黄土可在现场进行判别，应符合 GB 50025—2004 附录 C 第 C.0.1 条的要求。

②新近堆积黄土的压缩系数较大，特别在小压力（50～150 kPa）阶段具有较高的压缩性。

③土的物理力性质指标换算应熟练。

【案例模拟题 27】

某河流一级阶地上黄土指标如下表所示，试判别其是否为新近堆积黄土。

孔　隙　比	压缩系数/MPa^{-1}	重度/(kN/m^3)	含　水　率
0.89	0.28	18.4	19.5%

(A)是　　　　(B)不是

【例题 21】

地基条件如例题 20，为评价黄土湿陷系数与自重湿陷系数，试确定室内试验的试验压力。

解

(1)湿陷系数 δ_s 的试验压力（假定基底标高为地面下 1.5 m）：

第一层，属于新近堆积黄土，取样深度 2 m，位于基底下 0.5 m，采用 100～150 kPa 压力；

第二层，取样深度 7 m，位于基底下 5.5 m，采用 200 kPa 的压力；

第三层，取样深度 12 m，位于基底下 10.5 m，其试验压力采用上覆土层的饱和自重压力。

①计算各层土的饱和密度

$$\rho_{s1}=\rho_d\left(1+\frac{S_r e}{d_s}\right)=1.29\times\left(1+\frac{0.85\times1.03}{2.62}\right)=1.72(\mathrm{g/cm^3})$$

$$\rho_{s2}=1.45\times\left(1+\frac{0.85\times0.87}{2.72}\right)=1.84(\mathrm{g/cm^3})$$

$$\rho_{s3}=1.53\times\left(1+\frac{0.85\times0.82}{2.78}\right)=1.91(\mathrm{g/cm^3})$$

②饱和自重压力

$$p=\sum_{i=1}^{3}\rho_s g h_i=1.72\times10\times1.5+1.84\times10\times8+1.91\times10\times1=192(\mathrm{kPa})$$

采用 192 kPa 的压力。

(2)自重湿陷系数 δ_{zs} 的试验压力。

采用上覆土层的饱和自重压力，计算从地面起算。

第一层：$p=\sum_{i=1}^{3}\rho_s g h_i=1.72\times10\times2=34(\mathrm{kPa})$

第二层：$p=\sum_{i=1}^{3}\rho_s g h_i=1.72\times10\times3+1.84\times10\times4=125(\text{kPa})$

第三层：$p=\sum_{i=1}^{3}\rho_s g h_i=1.72\times10\times3+1.84\times10\times8+1.91\times10\times1=218(\text{kPa})$

例题解析

①湿陷系数与自重湿陷系数试验压力按照第 4.3.3 条、第 4.3.4 条确定，注意当基底压力大于 300 kPa 时，宜按实际压力(即饱和自重应力＋附加应力)确定。

②注意计算深度的取值，湿陷系数试验从基底(或 1.5 m)起算，而自重湿陷系数试验从地面起算。

【例题 22】

陕北某黄土场地详勘资料如下表所示。、

层　号	层厚/m	自重湿陷系数 δ_{zs}	湿陷系数 δ_s
1	4.0	0.024	0.032
2	5.0	0.016	0.025
3	5.0	0.008	0.021
4	2.0	0.007	0.020
5	3.0	0.006	0.018
6	8.0	0.001	0.010

建筑物为丙类建筑，基础埋深 2.5 m。

该地基的湿陷性等级为(　　)。

(A)Ⅰ级　　(B)Ⅱ级　　(C)Ⅲ级　　(D)Ⅳ级

解

1. 计算自重湿陷量 Δ_{zs}

陕北地区取 $\beta_0=1.2$

$$\Delta_{zs}=\beta_0\sum_{i=1}^{3}\delta_{zsi}h_i=1.2\times(0.024\times4\,000+0.016\times5\,000)=211(\text{mm})$$

本场地属于自重湿陷性场地。

2. 计算总湿陷量 Δ_s

①修正系数 β，2.5～7.5 m，取 $\beta=1.5$；7.5～12.5 m，$\beta=1.0$；12.5 m 以下，取 $\beta=1.2$。

②计算深度，自基础底面算起，自重湿陷性黄土场地，累计至非湿陷黄土层的顶面止。

③基底下 0～10 m 取湿陷系数，10 m 以下取自重湿陷系数，计算总湿陷量 Δ_s

$$\begin{aligned}\Delta_s&=\sum_{i=1}^{3}\beta\delta_{si}h_i=(1.5\times0.032\times1\,500)+(1.5\times0.025\times3\,500)+\\&\quad(1.0\times0.025\times1\,500)+(1.0\times0.021\times3\,500)+0+0+0\\&=314.25(\text{mm})\end{aligned}$$

3. 确定地基的湿陷等级

计算自重湿陷量 $\Delta_{zs}=211$ mm，总湿陷量 $\Delta_s=314.25$ mm，按《湿陷性黄土地区建筑规范》(GB 50025—2004)，该湿陷性黄土的湿陷等级为Ⅱ级。

例题解析

①湿陷性黄土的计算主要有自重湿陷量计算及总湿陷量计算两种。

②自重湿陷量的计算，应自天然地面(当挖、填方的厚度和面积较大时，应自设计地面)

算起，至其下非湿陷性黄土层的顶面止，其中自重湿陷系数值小于0.015的土层不累计。

③自重湿陷量修正系数根据地区差异取值；总湿陷量修正系数按土层深度取值。

④总湿陷量的计算深度，应自基础底面(不确定时，自地面下1.5 m)算起；在非自重湿陷性黄土场地，累计至基底下10 m(或地基压缩层)深度止；在自重湿陷性黄土场地，累计至非湿陷性黄土层的顶面。其中湿陷系数δ_s(10 m以下为δ_{zs})小于0.015的土层不累计。

【案例模拟题28】

某场地详勘资料如下表所示。

层　号	层厚/m	自重湿陷系数δ_{zs}	湿陷系数δ_s
1	7	0.019	0.028
2	8	0.015	0.018
3	3	0.010	0.016
4	5	0.004	0.014
5	11	0.001	0.009

该场地(陇西地区)自重湿陷量、总湿陷量及黄土地基的湿陷等级分别为(　　)。

(A)Δ_{zs}=200 mm，Δ=416 mm，湿陷等级为Ⅱ级

(B)Δ_{zs}=200 mm，Δ=384 mm，湿陷等级为Ⅱ级

(C)Δ_{zs}=380 mm，Δ=416 mm，湿陷等级为Ⅲ级

(D)Δ_{zs}=380 mm，Δ=384 mm，湿陷等级为Ⅲ级

【案例模拟题29】

某场地详勘资料如下表所示。

层　号	层厚/m	自重湿陷系数δ_{zs}	湿陷系数δ_s
1	2.5	0.025	0.031
2	2	0.013	0.028
3	4	0.010	0.020
4	2	0.006	0.016
5	8	0.005	0.010

该场地(关中地区)自重湿陷量、总湿陷量及黄土地基的湿陷等级分别为(　　)。

(A)Δ_{zs}=44 mm，Δ=191 mm，湿陷等级为Ⅰ级

(B)Δ_{zs}=44 mm，Δ=343 mm，湿陷等级为Ⅱ级

(C)Δ_{zs}=56 mm，Δ=263 mm，湿陷等级为Ⅰ级

(D)Δ_{zs}=56 mm，Δ=273 mm，湿陷等级为Ⅰ级

【例题23】

某黄土场地中载荷试验承压板面积为0.50 m²，压力与浸水下沉量记录如下表所示，试确定该场地中黄土地层的湿陷起始压力。

载荷板底面压力P/kPa	25	50	75	100	125	150	175	200	225
浸水下沉量S/mm	4.8	6.0	7.2	8.2	9.8	11.0	14.0	16.8	19.9

解

采用图解法求解。

从 $P\text{-}S_s$ 关系曲线图（见下图）中可以看出，曲线存在明显的拐点，其坐标为（150 kPa，110 mm），故选取 150 kPa 作为湿陷起始压力。

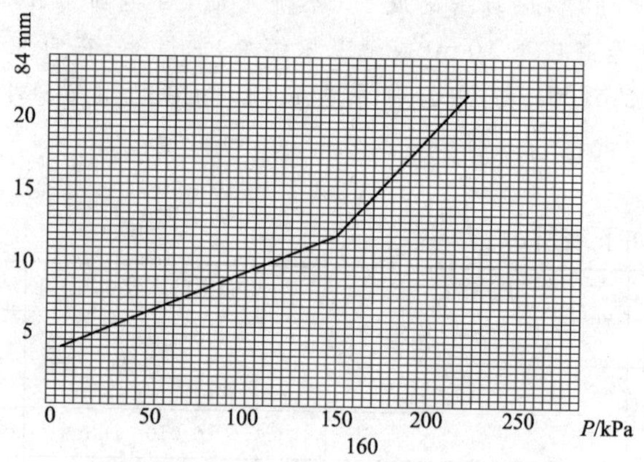

例题解析

①湿陷性黄土的湿陷起始压力可以通过现场静载荷试验或室内压缩试验确定。

②当按现场载荷试验确定时，在 $P\text{-}\delta_s$（压力与浸水下沉）曲线上，取其转折点所对应的压力作为湿陷起始压力。当曲线上的转折点不明显时，可取浸水下沉量与承压板直径（或宽度）之比值等于 0.017 所对应的压力作为湿陷起始压力值。

③采用作图法可方便地得到结果。

【案例模拟题 30】

某黄土试样室内双线压缩试验成果如下表所示，试用插入法求此黄土的湿陷起始压力与下列（　　）值接近。

压力 P/kPa	0	50	100	150	200	300
天然湿度下试样高度 h_p/mm	20	19.81	19.55	19.28	19.01	18.75
浸水状态下试样高度 h_p'/mm	20	19.61	19.28	18.95	18.64	18.38

（A）37.5 kPa　　（B）85.7 kPa　　（C）125 kPa　　（D）200 kPa

【案例模拟题 31】

某黄土场地详勘资料如下表所示：场地中载荷试验圆形承压板面积为 0.50 m^2，压力与浸水下沉量记录如下表，该场地中黄土的湿陷起始压力为（　　）。

载荷板底面压力 P/kPa	25	50	75	100	125	150	175	200
浸水下沉量 S_s/mm	3	8	13	18	23	28	33	38

（A）50 kPa　　（B）75 kPa　　（C）85 kPa　　（D）100 kPa

【案例模拟题 32】

某黄土场地中圆形承压板面积为 0.50 m^2，压力与浸水下沉量记录如下表所示。该场地中黄土的湿陷起始压力为（　　）。

载荷板底面压力 P/kPa	25	50	75	100	125	150	175	200
浸水下沉量 S_s/mm	6.4	8.1	10.3	13.6	18.0	23.5	28.9	35.1

（A）85 kPa　　（B）100 kPa　　（C）120 kPa　　（D）130 kPa

8.8 冻　土

多年冻土地区工程地质条件评价，应根据工程类型、勘测阶段分别进行，包括下列内容：

①多年冻土类型及其分布、成分、组成、性质、厚度等；

②多年冻土的温度状况，包括地表积雪、植被、水体、沼泽化、大气降水渗透作用、土的含水率、地形等对地温的影响；

③多年冻土季节融化层的深度及其变化。

按照《冻土工程地质勘察规范》(GB 50324—2001)，进行冻土的分类和定名、土的冻胀和多年冻土融沉性分级，其相关规定如下。

3.1　冻土分类和定名

3.1.1　作为寒区工程地基和环境的冻土，根据附录A应按冻结状态持续时间，分为多年冻土、隔年冻土和季节冻土；多年冻土和季节冻土可按下列原则分类。

3.1.1.1　根据形成与存在的自然条件不同，将多年冻土分为高纬度多年冻土和高海拔多年冻土。

3.1.1.2　按季节冻土与下卧土层的关系，将季节冻土分为季节冻结层和季节融化层。

3.1.2　冻土的描述和定名，除应按附录B定名外，尚应符合下列规定。

3.1.2.1　根据土的颗粒级配和液、塑限指标，按《土的分类标准》(GBJ 145)确定土类名称。

3.1.2.2　按冻土含冰特征，可定名为少冰冻土、多冰冻土、富冰冻土、饱冰冻土和含土冰层。

3.1.2.3　当冰层厚度大于2.5 cm，且其中不含土时，应单另标出定名为纯冰层(ICE)。

3.1.4　按体积压缩系数(m_v)或总含水率(ω)划分为坚硬冻土、塑性冻土和松散冻土时，应符合下列规定。

3.1.4.1　坚硬冻土：$m_v \leqslant 0.01\ \text{MPa}^{-1}$。

3.1.4.2　塑性冻土：$m_v > 0.01\ \text{MPa}^{-1}$。

3.1.4.3　松散冻土：$w \leqslant 3\%$。

3.2　土的冻胀和多年冻土融沉性分级

3.2.1　季节冻土和季节融化层土的冻胀性，根据土冻胀率η的大小，按表3.2.1划分为：不冻胀、弱冻胀、冻胀、强冻胀和特强冻胀五级。冻土层的平均冻胀率η按下式计算

$$\eta = \frac{\Delta_z}{Z_d} \times 100\% \qquad (3.2.1)$$

式中，Δ_z为地表冻胀量(mm)；Z_d为设计冻深(mm)，$Z_d = h - \Delta_z$；h为冻土层厚度(mm)。

季节冻土与季节融化层土的冻胀性分级 表 3.2.1

土的名称及代号	冻前天然含水率 w	冻结期间地下水位距冻结面的最小距离 h_w/m	平均冻胀率 η	冻胀等级	冻胀类别
碎(卵)石,砾、粗、中砂(粒径<0.074 mm、含量<15%),细砂(粒径<0.074 mm、含量<10%)	不考虑	不考虑	$\eta\leqslant1\%$	Ⅰ	不冻胀
碎(卵)石,砾、粗、中砂(粒径<0.074 mm、含量<15%),细砂(粒径<0.074 mm、含量<10%)	$w\leqslant12\%$	>1.0	$\eta\leqslant1\%$	Ⅰ	不冻胀
		≤1.0	$1\%<\eta\leqslant3.5\%$	Ⅱ	弱冻胀
	$12<w\leqslant18\%$	>1.0			
		≤1.0	$3.5\%<\eta\leqslant6\%$	Ⅲ	冻胀
	$w>18\%$	>0.5			
		≤0.5	$6\%<\eta\leqslant12\%$	Ⅳ	强冻胀
粉 砂	$w\leqslant14\%$	>1.0	$\eta\leqslant1\%$	Ⅰ	不冻胀
		≤1.0	$1\%<\eta\leqslant3.5\%$	Ⅱ	弱冻胀
	$14\%<w\leqslant19\%$	>1.0			
		≤1.0	$3.5\%<\eta\leqslant6\%$	Ⅲ	冻胀
	$19\%<w\leqslant23\%$	>1.0			
		≤1.0	$6\%<\eta\leqslant12\%$	Ⅳ	强冻胀
	$w>23\%$	不考虑	$\eta>12\%$	Ⅴ	特强冻胀
粉 土	$w\leqslant19\%$	>1.5	$\eta\leqslant1\%$	Ⅰ	不冻胀
		≤1.5	$1\%<\eta\leqslant3.5\%$	Ⅱ	弱冻胀
	$19\%<w\leqslant22\%$	>1.5			
		≤1.5	$3.5\%<\eta\leqslant6\%$	Ⅲ	冻胀
	$22\%<w\leqslant26\%$	>1.5			
		≤1.5	$6\%<\eta\leqslant12\%$	Ⅳ	强冻胀
	$26\%<w\leqslant30\%$	>1.5			
		≤1.5	$\eta>12$	Ⅴ	特强冻胀
	$w>30\%$	不考虑			
黏性土	$w\leqslant w_p+2\%$	>2.0	$\eta\leqslant1\%$	Ⅰ	不冻胀
		≤2.0	$1\%<\eta\leqslant3.5\%$	Ⅱ	弱冻胀
	$w_p+2\%<w\leqslant w_p+5\%$	>2.0			
		≤2.0	$3.5\%<\eta\leqslant6\%$	Ⅲ	冻胀
	$w_p+5\%<w\leqslant w_p+9\%$	>2.0			
		≤2.0	$6\%<\eta\leqslant12\%$	Ⅳ	强冻胀
	$w_p+9\%<w\leqslant w_p+15\%$	>2.0			
		≤2.0	$\eta>12\%$	Ⅴ	特强冻胀
	$w>w_p+15\%$	不考虑			

注:1. w_p 为塑限含水率(%),w 为冻前天然含水率在冻层内的平均值。

2. 盐渍化冻土不在表列,

3. 塑性指数大于 22 时,冻胀性降低一级。

4. 小于 0.005 mm 的粒径含量不小于 60%时,为不冻胀土。

5. 碎石类土当填充物大于全部质量的 40%时,其冻胀性按填充物土的类别判定。

3.2.2 多年冻土的融化下沉性,根据土的融化下沉系数 δ_0 的大小,按表 3.2.2 划分为不融沉、弱融沉、融沉、强融沉和融陷五级。冻土层的平均融沉系数 δ_0 按下式计算

$$\delta_0=\frac{h_1-h_2}{h_1}=\frac{e_1-e_2}{1+e_1}\times100\% \tag{3.2.2}$$

式中，h_1、e_1 分别为冻土试样融化前的高度(mm)和孔隙比；h_2、e_2 分别为冻土试样融化后的高度(mm)和孔隙比。

多年冻土的融沉性分级 表 3.2.2

土的名称	总含水率 w	平均融沉系数 δ_0	融沉等级	融沉类别
碎(卵)石，砾、粗、中砂(粒径<0.074 *mm*、含量<15%)	$w<10\%$	$\delta_0\leqslant1$	Ⅰ	不融沉
	$w\geqslant10\%$	$1<\delta_0\leqslant3$	Ⅱ	弱融沉
碎(卵)石，砾、粗、中砂(粒径<0.074mm、含量>15%)	$w<12\%$	$\delta_0\leqslant1$	Ⅰ	不融沉
	$12\%\leqslant w<15\%$	$1<\delta_0\leqslant3$	Ⅱ	弱融沉
	$15\%\leqslant w<25\%$	$3<\delta_0\leqslant10$	Ⅲ	融沉
	$w\geqslant25\%$	$10<\delta_0\leqslant25$	Ⅳ	强融沉
粉、细砂	$w<14\%$	$\delta_0\leqslant1$	Ⅰ	不融沉
	$14\%\leqslant w<18\%$	$1<\delta_0\leqslant3$	Ⅱ	弱融沉
	$18\%\leqslant w<28\%$	$3<\delta_0\leqslant10$	Ⅲ	融沉
	$w\geqslant28\%$	$10<\delta_0\leqslant25$	Ⅳ	强融沉
粉 土	$w<17\%$	$\delta_0\leqslant1$	Ⅰ	不融沉
	$17\%\leqslant w<21\%$	$1<\delta_0\leqslant3$	Ⅱ	弱融沉
	$21\%\leqslant w<32\%$	$3<\delta_0\leqslant10$	Ⅲ	融沉
	$w\geqslant32\%$	$10<\delta_0\leqslant25$	Ⅳ	强融沉
黏性土	$w<w_p$	$\delta_0\leqslant1$	Ⅰ	不融沉
	$w_p\leqslant w<w_p+4\%$	$1<\delta_0\leqslant3$	Ⅱ	弱融沉
	$w_p+4\%\leqslant w<w_p+15\%$	$3<\delta_0\leqslant10$	Ⅲ	融沉
	$w_p+15\%\leqslant w<w_p+35\%$	$10<\delta_0\leqslant25$	Ⅳ	强融沉
含土冰层	$w\geqslant w_p+35$	$\delta_0>25$	Ⅴ	融陷

注：1. 总含水率 w，包括冰和未冻水。

2. 盐渍化冻土、冻结泥炭化土、腐殖土、高塑性黏土不在表列。

3. 塑限含水率 w_p。

附录 A 中国冻土类型及分布

A.0.1 根据冻土冻结状态持续时间的长短，我国冻土可分为多年冻土、隔年冻土和季节冻土三种类型(表 A.0.1)。

按冻结状态持续时间分类 表 A.0.1

类 型	持续时间 T	地面温度特征	冻融特征
多年冻土	$T\geqslant2$ 年	年平均地面温度≤0℃	季节融化
隔年冻土	1 年<T<2 年	最低月平均地面温度≤0℃	季节冻结
季节冻土	T<1 年	最低月平均地面温度≤0℃	季节冻结

附录 B 冻土的描述和定名(见表 B.0.1)

冻土的描述和定名　　表 B.0.1

<table>
<tr><th>土类</th><th colspan="2">含 冰 特 征</th><th>冻 土 定 名</th></tr>
<tr><td>Ⅰ
未冻土</td><td>处于非冻结状态的岩、土</td><td>按《土的分类标准》(GBJ 145)进行定名</td><td></td></tr>
<tr><td rowspan="8">Ⅱ
冻土</td><td rowspan="4">肉眼看不见分凝冰的冻土(N)</td><td>①胶结性差,易碎的冻土(N_i)</td><td rowspan="5">少冰冻土
(S)</td></tr>
<tr><td>②无过剩冰的冻土(N_{bi})</td></tr>
<tr><td>③胶结性良好的冻土(N_b)</td></tr>
<tr><td>④有过剩冰的冻土(N_{bc})</td></tr>
<tr><td rowspan="4">肉眼可见分凝冰,但冰层厚度小于2.5 cm的冻土(V)</td><td>①单个冰晶体或冰包裹体的冻土(V_c)</td></tr>
<tr><td>②在颗粒周围有冰膜的冻土(V_r)</td><td>多冰冻土(D)</td></tr>
<tr><td>③不规则走向的冰条带冻土(V_s)</td><td>富冰冻土(F)</td></tr>
<tr><td>④层状或明显定向的冰条带冻土(V_s)</td><td>饱冰冻土(B)</td></tr>
<tr><td rowspan="2">Ⅲ
厚层冰</td><td rowspan="2">冰厚度大于2.5cm的含土冰层或纯冰层(ICE)</td><td>①含土冰层(ICE+土类符号)</td><td>含土冰层(H)</td></tr>
<tr><td>②纯冰层(ICE)</td><td>ICE+土类符号</td></tr>
</table>

【例题 24】

多年冻土场地,冻土层为粉土,厚度 4.5 mm,最大冻深为 1.8 m,勘察中测得其自重作用下融化下沉量为 24 cm,该场地的融沉性分级为(　　)。

(A)Ⅰ级　　(B)Ⅱ级　　(C)Ⅲ级　　(D)Ⅳ级

解

①融沉系数 δ_0

$\delta_0=240/1\,800=13.3\%$

②融沉性分级

查规范表 3.2.2,融沉性分级为Ⅳ级,强融沉。

【案例模拟题 33】

某冻土层厚度 4.0 m,黏性土,融化下沉量为 60 mm,其融沉性分级为(　　)。

(A)Ⅰ级　　(B)Ⅱ级　　(C)Ⅲ级　　(D)Ⅳ级

【例题 25】

某季节性冻土层为黏性土,厚度为 2.0 m,地下水位埋深 3 m,地表标高为 160.391 m,已测得地表冻胀前标高为 160.231 m,土层冻前天然含水率 $\omega=30\%$,塑限 $\omega_p=22\%$,液限 $\omega_L=45\%$,该土层的冻胀类别为(　　)。

(A)弱冻胀　　(B)冻胀　　(C)强冻胀　　(D)特别冻胀

①设计冻深 Z_d

$Z_d=h-\Delta z=2-(160.391-160.231)=1.84\ (m)$

②平均冻胀率

$$\eta=\frac{\Delta z}{Z_d}\times 100\%=\frac{160.391-160.231}{1.84}\times 100\%=8.7\%$$

③评价

由 $w_p+5=27<w=30<w_p+9=31$，地下水位距冻结面距离 1 m<2 m，平均冻胀率 8.7%，划分为Ⅳ级，强冻胀；另由，当塑性指数大于 22 时，冻胀性降低一级，最后划分为Ⅲ级，冻胀。

【案例模拟题 34】

某季节性冻土层厚度为 1.8 m，地表冻胀量为 140 mm，该土层的平均冻胀率为(　　)。

(A)6.5%　　(B)7.8%　　(C)8.4%　　(D)10.3%

8.9　单项选择题

8.9.1　《铁路工程不良地质勘察规程》(TB 10027—2012)

1.滑坡区工程地质选线时，下述不正确的是(　　)。

(A)对于巨型、大型滑坡群，线路应采取绕壁的原则

(B)当滑坡规模较小，边界清楚，整治方案技术可行，经济合理时，线路宜选择在有利于滑坡稳定的安全部位通过

(C)线路通过稳定滑坡体上部时，宜采用填方路段通过

(D)线路通过稳定滑坡体下部时，不宜采用挖方

2.滑坡地段工程地质选线时，下述不正确的是(　　)。

(A)可选择在稳定滑坡体上部以挖方通过

(B)线路不应与大断裂走向平行

(C)当边坡为风化破碎岩体时，可在坡脚处以小挖方形式通过

(D)路线应确保山体稳定条件不受到削弱或破坏

3.对滑坡进行地质调绘时，下述(　　)不属于地形地貌调绘内容。

(A)沟谷或陡坎的分布　　(B)醉汉林和马刀树的形状、大小、树种等

(C)临空面特征、裂缝特征　　(D)泉水、湿地的位置及分布

4.特殊地区滑坡不包括下述(　　)滑坡。

(A)水库地区的滑坡　(B)采空区滑坡　(C)黄土地区滑坡　(D)地震区滑坡

5.对滑坡进行勘探或测试时，下述不正确的是(　　)。

(A)滑坡勘探采用物探、钻探、坑探相结合的方法，必要时可采用井探或洞探

(B)勘探点应沿滑坡主轴和垂直主轴方向布置

(C)在滑坡体外围不应布置勘探点

(D)当无法采取滑动带原状土样时，可采取保持天然含水率的扰动土样，做重塑土样试验

6.对滑坡进行观测与评价时，下述不正确的是(　　)。

(A)滑坡动态观测的内容包括地面变形、建筑物变形、深部位移、水文地质条件及气象观测

(B)滑坡观测期限应根据工程需要确定，一般不宜少于 3 年

(C)应选择代表性断面验算整体稳定性及局部滑动可能性

(D)滑坡综合评价应包括滑坡稳定性分析、发展趋势预测及危害程度的预测与评价

7.对滑坡进行初测时，下述不正确的是(　　)。

(A)初测地质调绘范围应包括已有滑坡区、重点滑坡段及可能形成新滑坡的地区

(B)勘探点应布置在滑坡主轴断面及必要的横断面上，主轴断面勘探点数量不得少于 3 个，且至少有一个控制性深孔

(C)对路线方案影响较大、地质复杂、稳定性难以判断的滑坡必要时应进行动态观测

(D)在绘制综合资料中的详细工程地质图时,比例尺宜为1∶500～1∶2 000

8.滑坡定测阶段,下述不正确的是( )。

(A)滑坡定测时,地质调绘应查明地形地貌、地质构造、地层岩性、物质成分、水文地质、软弱夹层等内容

(B)定测阶段每个地质断面不得小于3个勘探孔

(C)对危险性大型滑坡应进行动态观测

(D)综合资料中详细工程地质图比例尺应为1∶2 000～1∶5 000

9.某滑坡体体积为2×10^5 m^3,滑动面埋深为7.2 m,该滑坡应定名为( )。

(A)浅层中型滑坡　　(B)浅层大型滑坡

(C)中深层中型滑坡　　(D)中深层大型滑坡

10.根据崩塌地层的物质成分划分崩塌类型时,不应包括( )。

(A)黄土崩塌　　(B)倾倒式崩塌　　(C)黏性土崩塌　　(D)岩体崩塌

11.崩塌地区工作时,下述不正确的是( )。

(A)当斜坡高陡,坡面不平,上陡下缓,坡脚有崩塌物停积时,应按崩塌进行工程地质勘察

(B)对大规模崩塌,线路应采取绕避措施

(C)对崩塌勘探应以钻探为主,查明覆盖层厚度,裂隙程度及充填特征

(D)当崩塌危及施工及营运安全时,宜布置必要的长期观测点

12.在崩塌区进行工程地质勘察时,下述不正确的是( )。

(A)踏勘阶段崩塌勘察应搜集相关资料,了解大型危岩的类型、规模和成因

(B)踏勘时宜绘制1∶50 000～1∶200 000的地质图,并应标明崩塌体界线、裂隙位置、地下水露头等

(C)宜结合工程需要对崩塌进行勘探与测试,必要时进行变形观测

(D)在定测勘察报告中,应阐明崩塌的工程地质条件、评价及处理原则

13.当泥石流的固体物质成分为块石、碎石及少量砂粒粉粒时,应定名为( )。

(A)碎屑流　　(B)水石流　　(C)泥石流　　(D)泥流

14.对泥石流进行分类与分期时,下述不正确的是( )。

(A)按规模分类时应考虑固体物质储量和固体物质一次最大冲出量

(B)可按泥石流的发生频率划分为高频率、中频率、低频率三种类型

(C)按流域形态、特征可把泥石流划分为沟谷型与山坡型两种

(D)泥石流的发育阶段可划分为发育初期、旺盛期、间歇期

15.线路通过泥石流时,下述工程地质选线原则中( )不正确。

(A)线路应绕避处于旺盛期的泥石流群

(B)线路应远离泥石流堵河严重地段的河岸

(C)线路跨越泥石流沟时,应选择沟床纵坡由陡变缓的变坡处和平面上急弯部位

(D)路线在泥石流扇上通过时,不得挖沟设桥或作路堑

16.泥石流地区地质调绘时,下述不正确的是( )。

(A)地质调绘前应进行资料收集工作,如地形、地质、气象、水利、采矿、道路、农垦、地方志等资料

(B)对泥石流遥感图像可进行室内解译,不必进行野外验证

(C)泥石流地质调绘内容应全面、详细、满足规范要求

(D)泥石流地质调绘时，应注意走访当地居民

17. 泥石流勘探与测试、观测与评价时，下述不正确的是(　　)。

(A)泥石流地区勘探应采用综合物探、钻探、挖探相结合的综合勘探方法

(B)泥石流黏度和静切力试验宜在现场进行

(C)对严重危害铁路安全的泥石流应进行动态观测

(D)泥石流评价应确定其类型、发育阶段、爆发频率、松散堆积物的稳定性和储量、设计保证年限内累计淤积厚度及对线路的影响

18. 在泥石流地区进行工程地质勘察时，下述不正确的是(　　)。

(A)踏勘阶段泥石流勘察应以收集资料为主

(B)泥石流地区初测阶段编制综合资料时，对泥石流流域工程地质略图比例尺宜采用 1∶10 000～1∶50 000

(C)定测阶段泥石流的测试，应根据工程设计需要确定测试项目

(D)定测阶段工程地质勘察报告中，除应阐明泥石流的工程地质条件、评价、处理原则外，尚应提出下阶段工程地质勘察的建议

19. 某场地地表有少量可溶岩出露，覆盖土层厚 15 m，地表水与地下水连通较密切，该岩溶按埋藏条件分类为(　　)。

(A)裸露型　　(B)浅覆盖型　　(C)深覆盖型　　(D)埋藏型

20. 某场地岩溶形态为岩溶化裂隙，裂隙连通性差，裂隙中有水流，该岩溶按发育强度分级为(　　)。

(A)岩溶强烈发育　　(B)岩溶中等发育　　(C)岩溶弱发育　　(D)岩溶微弱发育

21. 岩溶地区路线选线时应选择在(　　)地段。

(A)土洞密集分布地带　　(B)可溶岩与非可溶岩接触地带

(C)岩溶水排泄带　　(D)水位较深，土层较厚的孤峰平原区

22. 岩溶地区进行地质调绘时，对岩溶地貌调绘的重点不应包括(　　)。

(A)近代岩溶基准面　　(B)古代岩溶基准面

(C)岩溶正地形　　(D)岩溶负地形

23. 岩溶地区进行地质测绘时，不属于岩溶水文地质测绘的内容是(　　)。

(A)可溶岩地区的地层富水程度及储水构造

(B)即有钻孔和水井、突水人工坑道或洞室

(C)与路线有关，人能进入的洞穴、竖井、暗河

(D)岩溶水的补给、径流、排泄条件

24. 岩溶地区进行勘探与测试时，下述不正确的是(　　)。

(A)岩溶地区主要应采用综合物探，并在代表性物探异常点布置验证性钻孔

(B)可用轻便型、密集型勘探查明或验证土洞

(C)岩溶地区钻探时岩芯采取率不得小于 80%

(D)岩溶地区地下水样试验时，除进行一般项目外，应增加游离 CO_2 和侵蚀性 CO_2 含量分析

25. 岩溶地区观测与评价时，下述不正确的是(　　)。

(A)可选择与铁路工程有关的暗河、天窗、竖井、落水洞进行连通试验

(B)无水洞穴在保证安全的条件下，可用烟熏、水灌、放烟雾等方法进行连通试验

(C)进行岩溶水文地质动态观测时，观测时间不应少于 3 个水文年

(D)进行岩溶水文地质动态观测时，井孔深度宜每月测量一次

26. 岩溶地区进行工程地质勘察时，下述不正确的是（　　）。

(A)踏勘阶段岩溶勘察应以收集资料为主

(B)初测阶段岩溶地区条件复杂的大中桥，每个工点的控制性钻孔不应少于3孔

(C)初测阶段宜对与线路有关的暗河、大型溶洞、岩溶泉进行连通试验

(D)定测阶段工程地质勘察报告中，应阐明岩溶的工程地质条件、评价及处理原则，提出工程设计所需参数，以及要求采取的防治措施、建议

27. 下述地段中，不适于按人为坑洞要求进行勘察工作的是（　　）。

(A)土洞分布区　　(B)正在开采的煤矿

(C)已废弃多年的采矿区　　(D)有矿点分布的河岸

28. 人为坑洞地区进行工程地质选线时可在下列（　　）地带通过。

(A)人为坑洞密集、时间久远、难以查明的古老采空区分布地带

(B)移动盆地边缘地带

(C)倾角大于55°的厚煤层露头地带

(D)已确认的矿区中的安全地带

29. 人为坑洞地区地表建筑物变形及地面变形与下列（　　）无密切关系。

(A)采空区的开采历史　　(B)顶板管理方法

(C)开采工作推进方向和速度　　(D)开采矿床的种类

30. 人为坑洞地区进行勘探与测试时，下述不正确的是（　　）。

(A)人为坑洞地区勘探时，应在调查及收集资料的基础上，采用综合物探，辅以钻探、简易勘探等方法

(B)人为坑洞地段勘探时应注意有害气体对人体造成危害

(C)人为坑洞地段勘探深度应超过坑洞深度，最小应超过5～8 m

(D)应分别采取地下水及地表水样进行水质分析

31. 对人为坑洞地区进行评价时，可把下列（　　）评价为适宜作为建筑场地的地区。

(A)尚未达到充分采动的盆地中间区

(B)坑洞分布复杂，位置很难查明的小窑采空区

(C)充分采动且无重复开采可能的盆地中间区

(D)已达充分采动且无重复开采可能的盆地边缘区

32. 人为坑洞地区进行地质勘察时，下述不正确的是（　　）。

(A)踏勘阶段人为坑洞地区勘察应以收集资料及调查为主

(B)对控制和影响线路方案的人为坑洞勘探时应以钻探为主，查明人为坑洞的特性与稳定性

(C)初测阶段编制人为坑洞的工点资料时，工程地质图的比例尺应选用1∶2 000～1∶5 000

(D)定测阶段人为坑洞地质调绘的重点之一是确切查明小型坑洞的空间位置与稳定性

33. 当地震峰值加速度大于（　　）时，其勘察要求需做专门研究。

(A)0.1g　　(B)0.2g　　(C)0.40g　　(D)0.65g

34. 对于地形高耸孤立的山丘地带，在考虑地震影响时可划分为（　　）。

(A)全新活动断裂带　　(B)非全新活动断裂带

(C)抗震有利地段　　(D)抗震不利地段

35. 地震地区工程地质选线时，线路宜选择在（　　）部位通过。

(A)全新活动断裂带交汇处　　(B)厚层可液化土层分布地段

(C)逆断层上盘　　(D)宽大活动断裂带内相对稳定的安全岛

36. 地震区进行工程地质勘察时，下述不正确的是(　　)。

(A)地震区地质调绘前应搜集活动断裂、区域地质、水文地质资料和地震破坏变形的历史资料

(B)地震区进行可液化土勘察时，测试孔间距不宜大于 100 m

(C)地震区场地评价时，对地震动峰值加速度大于或等于 0.1g 的地区，应划分场地土类型及建筑场地类型

(D)踏勘阶段地震区资料编制时，应在工程地质说明中阐述沿线地震动参数的划分情况及划分依据、方案比选意见及对下阶段工程勘察工作的建议

37. 对地震区可液化土的液化可能性进行判定时，不宜采用的方法是(　　)。

(A)静力触探　(B)标准贯入　(C)十字板剪切　(D)剪切波速测试

38. 地震区场地评价时，可不包括下列(　　)。

(A)地震导致建筑物变形破坏　(B)地震造成场地中边坡破坏

(C)地表断裂错动造成的破坏　(D)黏性土地基的次固结沉降

8.9.2　综合单项选择题

1. 下列(　　)是对融土的正确表述。

(A)将要融化的冻土

(B)完全融化的冻土

(C)部分融化的土

(D)冻土自开始融化到已有应力下达到固结稳定为止，这一过渡状态的土体

2. 下述(　　)是对冻结指数的正确表达。

(A)一年中低于 0℃的气温累积值

(B)一年中低于 0℃的气温与其相应持续时间乘积的代数和

(C)一年中高于 0℃的气温累积值

(D)一年中高于 0℃的气温与其相应持续时间乘积的代数和

3. 盐渍化冻土的盐渍度为(　　)。

(A)土中含易溶盐的质量占土骨架质量的百分数

(B)土中含可溶盐的总质量占土骨架质量的百分数

(C)土中含可溶盐的总质量占土总质量的百分数

(D)土中含易溶盐的质量占土总质量的百分数

4. 对季节性冻土与多年冻土季节融化层采取原状土样或扰动土样的间隔应为(　　)。

(A)0.5 m　(B)1.0 m　(C)1.5 m　(D)2.0 m

5. 下列地貌类型中属堆积地貌的是(　　)。

(A)黄土峁　(B)黄土冲沟　(C)黄土柱　(D)黄土崩塌堆积体

6. 计算黄土的总湿陷量时，对于自重湿陷性场地中基础底面 5 m 以内的土的湿陷修正系数 β 应取(　　)。

(A)0　(B)1.5

(C)1.0　(D)按自重湿陷系数 β_0 取值

7. 下列(　　)指标不是膨胀土应测试的指标。

(A)常规物理力学指标　(B)自由膨胀率、蒙脱石含量、阳离子交换量

(C)水平和垂直收缩率　(D)先期固结压力及残余强度

8. 某铁路工程勘察工作中测得膨胀土地区某土层的自由膨胀率为100%，蒙脱石含量为20%，阳离子交换量为200 mmol/kg，该土应定为(　　)。

(A)非膨胀土　　(B)弱膨胀土　　(C)中等膨胀土　　(D)强膨胀土

9. 某多年冻土的融化下沉系数为20%，其融沉分级应为(　　)。

(A)弱融沉　　(B)融沉　　(C)强融沉　　(D)融陷

10. 某建筑工程场地为粉砂土，冻前天然含水率为16%，冻结期间地下水位距冻结面的最小距离为0.8 m，该土层的冻胀等级为(　　)。

(A)弱冻胀　　(B)冻胀　　(C)强冻胀　　(D)特强冻胀

11. 我国齐齐哈尔市的标准冻深应为(　　)。

(A)1.8 m　　(B)2.0 m　　(C)2.2 m　　(D)2.4 m

12. 某岩土工程场地位于干旱地区，场地由湿陷性砂土组成，湿陷性土层厚度为6.0 m，总湿陷量为46 cm，其湿陷等级应为(　　)。

(A)Ⅰ级　　(B)Ⅱ级　　(C)Ⅲ级　　(D)Ⅳ级

13. 采用现场载荷试验测定岩土工程场地中湿陷性砂土的湿陷性，在200 kPa压力下浸水载荷试验的附加湿陷量与承压板宽度之比大于或等于(　　)时应判定为湿陷性土。

(A)0.010　　(B)0.015　　(C)0.020　　(D)0.023

14. 多年冻土是指含有固态水且冻结状态持续(　　)的土。

(A)3年或3年以上　　(B)2年或2年以上

(C)超过1年　　(D)超过半年

15. 下列(　　)地段不宜作为建筑场地。

(A)采空区采深采厚比大于30的地段　　(B)地表倾斜小于3 mm/m的地段

(C)采深大，采厚小顶板处理较好的地段　　(D)地表移动活跃的地段

16. 地面沉降是指(　　)。

(A)新近堆积的第四系软土固结造成的地面沉降

(B)抽吸地下液体引起水位或水压下降，造成大面积地面沉降

(C)人工填土地基在自重压力作用下固结引起的地面沉降

(D)砂土场地液化后地面沉降

17. 下面不是按滑动面特征划分的滑坡是(　　)。

(A)均匀滑坡　　(B)切层滑坡　　(C)基岩滑坡　　(D)顺层滑坡

18. 下列(　　)不是膨胀土的特性指标。

(A)塑性指数大于17

(B)液性指数小，在天然状态下呈坚硬或硬塑状态

(C)黏粒含量高，小于0.002 mm的超过20%

(D)土的压缩性高，多数层于中高压缩

19. 下列(　　)组合为可溶岩。

(A)硫酸盐类岩石、碳酸盐类岩石、卤素类岩石

(B)石灰岩、砂岩、页岩

(C)基性喷出岩

(D)海成沉积岩

20. 下列(　　)不是形成岩溶的必备条件。

(A)具有可溶性岩石　　(B)具有有溶解能力(含CO_2)和足够量的水

(C)具有温暖潮湿的气候条件
(D)地表水有下渗、地下水有流动的途径

21. 岩溶按埋藏条件分为(　　)。
(A)岩溶、土洞
(B)河谷型、山地型
(C)地上型、地下型
(D)裸露型、埋藏型、覆盖型

22. 下列(　　)为土洞。
(A)动植物活动造成土体中的洞穴
(B)人类活动形成的洞穴如窑洞
(C)天然形成的各种土体中的洞穴
(D)与岩溶活动有关的可溶性岩石上覆土层中的洞穴

23. 岩溶地区应采用下列(　　)勘察方法。
(A)综合勘察方法
(B)以物探为主的勘察方法
(C)以钻探为主的勘察方法
(D)以工程地质调查为主的勘察方法

24. 下列(　　)是岩溶发育的必要条件之一。
(A)岩体中褶皱和断裂发育,岩体破碎
(B)气候温暖潮湿
(C)岩层的厚度大,质地纯
(D)具有可溶性岩石

25. 下列关于滑坡的说法中(　　)是正确的。
(A)滑坡主要受重力影响,是内动力地质作用的结果
(B)滑坡的滑动面越陡,稳定性越差
(C)滑坡破坏时滑动速度可能很快,也可能很慢
(D)滑动面一定是岩体中的破裂面

26. 影响滑坡的因素中一般不包括下述(　　)。
(A)地下水及地表水
(B)滑动面的破碎程度
(C)滑动面中黏土矿物含量
(D)滑坡体下游地表水

27. 下列(　　)与滑坡活动无关。
(A)人类工程活动
(B)地震活动
(C)气候、植被发育程度
(D)沙尘暴活动

28. 下列(　　)不能作为判断滑坡的标志。
(A)坡脚处有串珠状分布的泉或渗水点
(B)杂乱分布的树林(醉汉林)或马刀树
(C)沿河谷两侧呈多级台阶状分布的长条状台地
(D)山坡中上部孤立分布的呈三角形的单向坡面(三角面)

29. 对正在滑动的滑坡其稳定系数 F_s 宜取(　　)。
(A)$F_s \leqslant 1.0$　(B)$F_s \geqslant 1.0$　(C)$F_s = 1.0$　(D)$F_s = 0$

30. 对滑坡面或滑动带土体进行剪切试验时不宜采用(　　)。
(A)不固结不排水剪
(B)固结不排水剪
(C)固结排水剪
(D)饱水状态下不固结的排水剪

31. 对均质黏性土边坡,下述说法正确的是(　　)。
(A)滑动破坏时滑动面接近于直线
(B)验算滑动稳定性时,可采用滑坡推力传递法
(C)滑坡体破坏时可形成较陡的滑坡后壁
(D)抗滑动力由黏聚力及内摩擦力两部分组成

32. 下述说法中(　　)不正确。

(A)气候不是影响泥石流发育的因素　(B)寒冷地区泥石流不发育

(C)干旱地区泥石流不发育　(D)植被发育地区泥石流不发育

33. 泥石流分区名称不包括(　　)。

(A)流通区　(B)堆积区　(C)形成区　(D)破坏区

34. 下列(　　)措施对治理泥石流形成区较为有效。

(A)修建排导停淤工程　(B)修建支挡工程

(C)采取坡面防护措施(如砌筑护坡)　(D)采取水土保持措施(如植树种草)

35. 地表移动盆地呈尖底状是(　　)采空区的标志。

(A)老采空区　(B)现采空区　(C)未来采空区　(D)停采空区

36. 下列(　　)不是采空区。

(A)已经停止开采的煤矿区　(B)计划开采的铁矿区

(C)构造活动造成的陷落区　(D)正在开采的小窑矿区

37. 下述说法正确的是(　　)。

(A)采空区在移动盆地内　(B)移动盆地在采空区内

(C)开采层厚度越大移动盆地越小　(D)停止开采后移动盆地即可停止移动

38. 下列(　　)不是按崩塌发生地层的物质成分划分的。

(A)黄土崩塌　(B)倾倒式崩塌　(C)黏性土崩塌　(D)岩体崩塌

39. 在碳酸盐岩石地区,土洞和塌陷一般由下列(　　)原因产生。

(A)地下水渗流　(B)岩溶和地下水作用

(C)动植物活动　(D)含盐土溶蚀

40. 在膨胀岩土地区进行铁路选线时,以下(　　)不符合选线原则。

(A)线路宜在地面平整、植被良好的地段采用浅挖低填方式通过

(B)线路宜沿山前斜坡及不同地貌单元的结合带通过

(C)线路宜避开地层呈多元结构或有软弱夹层的地段

(D)线路宜绕避地下水发育的膨胀岩土地段

41. 下述(　　)一般不是软土的特征。

(A)孔隙比较大(一般大于或等于1.0)　(B)含水率较大(一般大于液限)

(C)不均匀系数较大(一般大于10)　(D)静水或缓慢流水条件下沉积

42. 下述(　　)为河流相成固形成的软土。

(A)溺谷相　(B)泻湖相　(C)牛轭湖相　(D)沼泽相

43. 下述(　　)一般不是软土典型的工程性质。

(A)灵敏度较高　(B)次固结变形较大

(C)渗透系数较小　(D)不均匀系数较大

44. 对软土试样进行室内试验时,下述要求中相对不合理的是(　　)。

(A)固结试验时第一级荷载不宜过大

(B)固结试验时最后一级荷载不宜过小

(C)对厚层高压缩性软土应测定次固结系数

(D)有特殊要求时应进行蠕变试验,测定长期强度

45. 下述(　　)原位测试方法一般不适合软土。

(A)载荷试验、旁压试验、扁铲侧胀试验螺旋板载荷试验

(B)十字板剪切试验

(C)静力触探试验

(D)重型动力触探试验

46.盐渍土一般不具有以下(　　)特性。

(A)溶陷性　(B)盐胀性　(C)腐蚀性　(D)触变性

47.下述(　　)成分不是盐渍土中常见的盐的成分。

(A)碳酸钙　(B)岩盐　(C)石膏　(D)芒硝

48.盐渍岩一般不具备下述(　　)性质。

(A)蠕变性　(B)整体性　(C)膨胀性　(D)腐蚀性

49.易溶盐中一般没有下述(　　)盐类。

(A)氯盐类　(B)硫酸盐类　(C)硅酸盐类　(D)碳酸盐类

50.盐渍土一般不具有以下(　　)工程性质。

(A)可溶性　(B)盐胀性　(C)腐蚀性　(D)吸湿性

51.对于盐渍土,下述说法中(　　)正确。

(A)氯盐渍土的含氯量越高可塑性越低

(B)盐渍土中芒硝含量较高时土的密实度增加

(C)含盐量数高时土的强度较高

(D)当氯盐渍土的含盐量超过10%时,含盐量的变化对土的力学性质影响不大

52.下述(　　)岩石可不进行风化程度的划分。

(A)花岗岩　(B)砂岩　(C)泥岩　(D)安山岩

53.下述对岩溶发育规律的叙述中(　　)是错误的。

(A)结晶颗粒细小且含有杂质的岩石岩溶较发育

(B)节理裂隙交叉处或密集带岩溶易发育

(C)地壳强烈上升地区岩溶以垂直方向发育为主

(D)降水丰富、气候潮湿的地区岩溶易发育

8.9.3 《湿陷性黄土地区建筑规范》(GB 50025—2004)

1.黄土地区勘探及取样时,下列(　　)说法是不正确的。

(A)地层的均匀性及力学指标,应采用原位测试的方法确定

(B)勘探点使用完毕后,应立即用原土分层回填夯实

(C)当地下水位变幅较大时,应进行地下水位动态长期观测

(D)用于湿陷系数测试的土样,必须保持其天然的湿度、密度和结构

2.为在钻孔内采取不扰动土样,下述(　　)说法不正确。

(A)应采用回转钻进,严格掌握"一米三钻"的操作顺序

(B)不得向钻孔中注水

(C)不得用小钻头钻进,大钻头清孔

(D)应采用压入法或重锤少击法取样

3.现场勘察时关于工作内容,下述(　　)说法不正确。

(A)选址与可研勘察阶段可不进行现场试验工作

(B)初勘阶段应初步查明地基土层的物理力学性质

(C)初勘阶段应取土并进行原位测试,其数量不少于全部勘探点的1/2

(D)详勘阶段应确定场地的湿陷类型与地基湿陷等级

4. 初步勘察阶段下列( )说法不正确。

(A)在黄土塬上,地形较平坦,勘探线可按网络的布置

(B)在黄土陷穴发育地段可不必布置勘探点

(C)当场地复杂时,勘探点的间距可取 50～80 m

(D)对新建地区的甲类建筑,应按自重湿陷量的实测值判定场地湿陷类型

5. 关于勘探点的深度,下列( )说法不正确。

(A)初勘阶段勘探点深度,应主要根据湿陷性黄土层的厚度确定

(B)初勘阶段控制性勘探点,应有一定数量穿透湿陷性黄土层并取样

(C)详勘阶段勘探点的深度,应大于地基压缩层的深度

(D)详勘阶段勘探点的深度,自基底算起均应大于 10 m

6. 对取自地面下 11 m 的黄土测定湿陷系数时,其垂直压力应为( )。

(A)200 kPa (B)上覆土的饱和自重压力

(C)300 kPa (D)上覆土层的实际压力

7. 判定场地的湿陷类型时应采用( )。

(A)实测自重湿陷量或计算自重湿陷量 (B)计算自重湿陷量或计算总湿陷量

(C)湿陷系数与自重湿陷量 (D)湿陷系数与总湿陷量

8. 下列( )不能作为黄土湿陷的起始压力。

(A)现场载荷试验时,压力与浸水下沉量曲线转折点所对应的压力

(B)现场载荷浸水下沉量与承压板宽度之比等于 0.017 时的压力

(C)室内压缩时,压力与湿陷系数曲线上湿陷系数等于 0.015 时的压力

(D)现场载荷浸水试验湿陷量等于 70 mm 时的压力

9. 对各类建筑物设计的规定中,不符合规范要求的是( )。

(A)各级湿陷性黄土地基的处理,其防水措施可按一般地区的规定设计

(B)乙丙类建筑,也可以采取措施完全消除湿陷量或穿透全部湿陷性黄土层

(C)当黄土地基的湿陷量计算值不大于 70 mm 时,可按一般地区的地基进行设计

(D)当地基中的实际压力小于基湿陷起始压力时,不必作特殊设计

10. 确定湿陷性黄土地基承载力,符合规范要求的是( )。

(A)地基承载力的特征值,应在保证地基稳定的条件下,使其湿陷量不超过允许值

(B)各类建筑的地基承载力特征值,应按原位测试、公式计算与当地经验取其最小值确定

(C)按查表法经统计回归分析,并经深宽修正后得地基承载力的特征值

(D)对天然含水率小于塑限含水率的土,可按塑限含水率确定地基土的承载力

11. 对拟采用桩基的湿陷性黄土地基,不符合规范要求的是( )。

(A)采用地基处理措施不能满足设计要求,拟采用桩基

(B)高耸建筑物为限制其整体倾斜,拟采用桩基

(C)对沉降量有严格限制的建筑和设备基础,拟采用桩基

(D)主要承受水平荷载和上拔力的建筑或基础,拟采用桩基

12. 在湿陷性黄土场地采用桩基础,不正确的说法是( )。

(A)各类湿陷黄土场地,桩端均应支撑在可靠的岩(土)层中

(B)单桩竖向承载力特征值可通过现场静载荷试验或经验公式估算确定

(C)单桩水平承载力特征值,宜通过现场水平静载荷浸水试验确定

(D)预先消除自重湿陷性黄土的湿陷量,可提高桩基竖向承载力

13.黄土地基进行地基处理时,下列(　　)说法不正确。

(A)甲类建筑应消除地基的全部湿陷量或穿透全部湿陷性土层

(B)乙类建筑应消除地基的部分湿陷量

(C)丙类建筑应消除自重湿陷性场地的湿陷性

(D)在各类湿陷性黄土地基上的丁类建筑均不处理

14.建筑物消除全部或部分湿陷量时,下述(　　)不正确。

(A)整片处理时,处理范围应超出基础外缘每侧不小于 2 m

(B)甲类建筑物消除全部湿陷量时,应处理基础下的全部湿陷性土层

(C)乙类建筑物消除部分湿陷量时,不必处理全部压缩层或湿陷性土层

(D)丙类建筑物消除部分湿陷量时,最小处理深度应根据地基湿陷等级确定

15.采用垫层处理黄土地基时,下述(　　)不正确。

(A)当基底土层的湿陷量小于 3 cm 时,采用局部垫层即可以满足基础设计要求

(B)垫层法仅适用于处理地下水位以上且不大于 3 m 厚的土层

(C)垫层土的最优含水率应采用轻型标准击实试验确定

(D)土垫层承载力设计值不宜大于 180 kPa,灰土垫层不宜大于 250 kPa

16.采用强夯法处理黄土地基时,下列(　　)不正确。

(A)强夯施工前应在现场进行试夯

(B)强夯法处理湿陷性黄土地基,可不必考虑土层的天然含水率

(C)在强夯土层表面可以再设置一定厚度的灰土垫层

(D)强夯过的土层不宜立即测试其地基承载力

17.采用挤密法处理黄土地基时,下列(　　)不正确。

(A)当地基土的含水率 $w \geqslant 24\%$、饱和度 $S_r > 65\%$时,不宜直接采用挤密法

(B)有经验地区一般性建筑可以直接按规范设计即可满足要求

(C)当挤密处理深度超过 12 m 时,可以预先钻孔再填土挤密

(D)成孔挤密,为消除黄土湿陷性,孔内填料宜选用水泥土

18.黄土地基预浸水处理时,下述(　　)正确。

(A)该法可消除地面下 6 m 以下土层的全部湿陷性

(B)该法适用于自重湿陷量计算值不小于 500 mm 的所有自重湿陷性场地

(C)浸水坑边缘距既有建筑物的距离不宜小于 50 m

(D)浸水结束后,应重新评定地基土的湿陷性

19.进行单液硅化或碱液加固时,下述(　　)不正确。

(A)两种方法均适用于加固地下水位以上的湿陷性黄土地基

(B)施工前宜在现场进行单孔或群孔灌注溶液试验

(C)采用压力灌注单液硅化法适用于湿陷性黄土场地上的既有建筑物的加固

(D)碱液法加固地基的深度,一般自基底起算 2～5 m

20.地基基础的坑式静压桩托换与纠倾方法中,下列(　　)不正确。

(A)坑式静压桩宜采用预制钢筋混凝土方桩或钢管桩

(B)采用静压桩托换,压桩完毕后,安装托换管,应保证其与原基础铰接

(C)当地基压缩层内土的平均含水率大于塑限含水率时不宜采用湿法纠倾

(D)当周围建筑物比较密集时不应采用湿法纠倾

8.9.4 《膨胀土地区建筑技术规范》(GB 50112—2013)

1. 膨胀土地区各勘察阶段的工作,下列(　　)不正确。

(A)可行性研究勘察应以钻探及坑探为主,并同时进行工程地质调查

(B)初步勘察时原状土样室内试验项目主要有基本物理性质试验、收缩试验、膨胀力试验、50 kPa 压力下的膨胀率试验

(C)详勘阶段应确定地基土的胀缩等级

(D)详细勘查阶段每栋建筑物下的控制性钻孔不得小于 8 m

2. 关于膨胀土工程特性指标,下列不正确的说法是(　　)。

(A)自由膨胀率用于判定黏性土在无结构力影响下的膨胀潜势

(B)膨胀率用于评价膨胀土地基的分级变形量

(C)收缩系数主要用于膨胀土地基的沉降量计算

(D)膨胀力可用于计算地基膨胀变形量,以及确定地基承载力

3. 关于收缩系数下列说法正确的是(　　)。

(A)收缩系数试验是测定膨胀土在烘干失水前后体积的变化率

(B)收缩系数是指原状土样在直线收缩阶段,单位含水率变化时的竖向线缩率

(C)收缩系数的大小随着试验荷载的大小而变化

(D)收缩系数是指原状土干燥至缩限状态时,其减少的水量与其缩限的比值

4. 膨胀土的膨胀潜势应依据(　　)指标划分。

(A)自由膨胀率　　(B)膨胀率　　(C)蒙脱石含量　　(D)阳离子变换量

5. 下列(　　)场地应划为坡地场地。

Ⅰ. 坡度小于 5°,高差小于 1 m;

Ⅱ. 坡度小于 5°,高差大于 1 m;

Ⅲ. 坡度大于 5°小于 14°,距坡肩水平距离大于 10 m 的坡顶地带;

Ⅳ. 坡度大于 5°。

(A)Ⅰ、Ⅱ　　(B)Ⅲ、Ⅳ　　(C)Ⅰ、Ⅲ　　(D)Ⅱ、Ⅳ

6. 膨胀土地基的变形量计算时,下列(　　)说法不正确。

(A)膨胀变形量计算指标,宜通过原位测试获得

(B)当地下 1 m 处含水量接近最小值或地面有覆盖且无蒸发时,可按膨胀变形量计算

(C)直接受高温作用的地基,可按收缩变形量计算

(D)当不符合按膨胀或按收缩计算的条件时,宜按胀缩变形量计算

7. 进行膨胀土地基的计算时,下述说法正确的是(　　)。

(A)膨胀计算的膨胀率宜采用的垂直压力应为自重压力与附加压力之和

(B)膨胀计算深度应为大气影响深度和浸水影响深度中的大值

(C)收缩变形计算深度为大气影响深度

(D)收缩变形计算时,各土层的含水量按线性变化考虑

8. 膨胀土坡地上的建筑物地基稳定性验算时,下述(　　)不正确。

(A)土质均匀时,按圆弧滑动法验算

(B)土层较薄、土层与岩层间存在软弱面时,取软弱层为滑动面进行验算

(C)层状构造膨胀土,层面与坡面交角小于 45°时,应验算层面稳定性

(D)稳定性安全系数宜取 1.25～1.5

9. 膨胀土地段的滑坡防治时，下述说法不正确的是(　　)。

(A)滑坡防治一般可设置一级或多级支挡或采取其他措施

(B)挡土墙高度一般不宜大于 3 m

(C)计算挡土墙土压力时需考虑墙后膨胀土的水平膨胀力

(D)墙背填土不可采用原土夯填

10. 膨胀土地区建筑物 确定基础埋深时，下述(　　)不正确。

(A)膨胀土地基上的基础埋深不应小于 1 m

(B)平坦场地的基础埋深，应考虑大气影响急剧层深度和地基的压缩层厚度的影响

(C)以散水为主要排水措施时，基础埋深可为 1 m

(D)当坡度小于 5°～14°，基础外边缘至坡肩的水平距离不小于 5～10 m 时，可通过计算确定基础的埋深

8.9.5 《生活垃圾卫生填埋处理技术规范》(GB 50869—2013)

1. 下述对生活垃圾处理的技术原则要求中(　　)是不正确的。

(A)技术可靠　　(B)安全卫生，保护环境

(C)经济合理　　(D)填埋气体尽可能收集利用

2. 建在垃圾填埋库区汇水上、下游或周边，由黏土、块石等建筑材料筑成，起到阻挡垃圾形成填埋场初始库容的堤坝称为(　　)。

(A)遮挡坝　　(B)土石坝　　(C)垃圾坝　　(D)维护坝

3. 采用两种或两种以上防渗材料复合铺设的防渗系统称为(　　)。

(A)单层衬里　　(B)双层衬里　　(C)复合衬里　　(D)人工合成衬里

4. 在填埋场修筑的用于汇集渗滤液，并可自流或用提升泵将渗沥液排出的构筑物称为(　　)。

(A)集液井　　(B)调节池　　(C)盲沟　　(D)导流层

5. 垃圾场覆盖可根据覆盖的要求和作用分为几种，但一般不包括下述(　　)。

(A)日覆盖　　(B)季节覆盖　　(C)中间覆盖　　(D)最终覆盖

6. 在垃圾场的填埋物中不应有(　　)。

(A)建筑垃圾　　(B)生活垃圾　　(C)商业垃圾　　(D)放射性废物

7. 垃圾填埋场可设置在下述(　　)地区。

(A)地下水集中供水补给区　　(B)洪泛区

(C)库区距河流 50 m 以内的地区　　(D)地下水贫乏地区

8. 下述(　　)地区不宜设置垃圾填埋场。

(A)溶岩洞区

(B)交通便利、运距合理

(C)人口密度及征地费用较低的地区

(D)夏季主导风向下风向地区

9. 填埋场选址的顺序一般不应包括下述(　　)。

(A)场址的候选　　(B)场址预选　　(C)场址初选　　(D)场址确定

10. 填埋库区的占地面积不得小于填埋场占地总面积的(　　)。

(A)60%　　(B)70%　　(C)80%　　(D)90%

11. 根据填埋场场址地形可把填埋场分成不同的形态，但一般不包括下述(　　)。

(A)河谷型　　(B)山谷型　　(C)平原型　　(D)坡地型

12. 垃圾填埋场必须进行地基处理，下述(　　)不是地基处理考虑的重点。

(A)地基承载力　　(B)地基冻胀　　(C)地基沉降　　(D)地基稳定性

13. 下述对黏土类衬里的要求中不正确的是(　　)。

(A)天然黏土类衬里的渗透系数不应大于 1×10^{-7}cm/s

(B)改性黏土类衬里的渗透系数不应大于 1×10^{-7}cm/s

(C)四壁衬里厚度不应小于 1.0 m

(D)场底衬里厚度不应小于 2.0 m

14. 在填埋库区底部铺设高密度聚乙烯(HDPE)土工膜作为防渗衬里时，膜的厚度不应小于(　　)。

(A)0.5 mm　　(B)1.0 mm　　(C)1.5 mm　　(D)2.0 mm

15. 下述对人工防渗系统的要求中(　　)不正确。

(A)人工合成衬里的防渗系统应采用复合衬里防渗系统

(B)位于地下水贫乏地区的防渗系统也可采用单层衬里防渗系统

(C)在特殊地质环境地区，库区底部应采用双层衬里防渗系统

(D)在环境要求非常高的地区，库区底部应采用三层衬里防渗系统

16. 下述对库区边坡的复合衬里的结构要求中(　　)不正确。

(A)膜下防渗保护层的渗透系数不应大于 1×10^{-7} cm/s

(B)膜下防渗保护层的厚度不应小于 100 cm

(C)HDPE 土工膜，宜为双糙面，厚度不应小于 1.5 mm

(D)库区底部的渗沥液导流层厚度不宜小于 30 cm

17. 单层衬里与复合衬里的区别是(　　)。

(A)单层衬里只有一层衬里，而复合衬里有两层衬里

(B)单层衬里的渗沥液导流层较薄

(C)单层衬里的膜下防渗保护层厚度较小

(D)单层衬里的膜下防渗保护层的渗透系数较大

18. 下述对单层衬里与双层衬里的区别的说法中(　　)不正确。

(A)单层衬里只有一层土工膜，而双层衬里有两层土工膜

(B)双层衬里的两层土工膜之间有渗沥液检测层，而单层衬里没有

(C)二者要求的渗沥液导流层的总厚度不同

(D)二者要求的膜下保护层的渗透系数与厚度不同

19. 下述(　　)不属于渗沥液收集处理系统。

(A)地下水导流层　　(B)渗沥液导流层

(C)集液池　　(D)调节池

20. 下述对填埋场的封场要求中(　　)不正确。

(A)堆体整形设计，应满足封场覆盖层的铺设和封场后生态恢复和土地利用

(B)填埋场覆盖结构，从上到下可分为植被层、排水层、防渗黏土层、排气层等

(C)填埋场封场顶面坡度不宜大于 5%

(D)当边坡大于 10%时宜采用多级台阶进行封场

8.10　多项选择题

1. 冻土地温特征值中包括下列(　　)。

(A)年平均地温　　　　　　　　　　　　(B)地温年变化幅度

(C)活动层底面以下的年平均地温　　　　(D)活动层底面以下的年最高地温

2.下列(　　)不是地温年振幅的正确表述。

(A)地表或地中某点一年中地温的最高值

(B)地表或地中某点一年中地温的最低值

(C)地表或地中某点一年中地温最高值与最低值之差的一半

(D)地表或地中某点一年中地温最高值与最低值之差

3.下列说法中正确的是(　　)。

(A)冻土层的平均冻胀率为地表冻胀量与冻层厚度的比值

(B)冻土层的平均冻胀率为地表冻胀量与设计冻深的比值

(C)设计冻深为冻层厚度与地表冻胀量之差值

(D)设计冻深为冻层厚度与基础底面允许残留冻土层厚度之差值

4.下列对土的冻胀类别的说法中正确的是(　　)。

(A)冻胀类别应按土冻胀率的大小划分

(B)冻胀类别应按冻结期间地下水位距冻结面的最小距离划分

(C)冻胀类别应按冻前天然含水率大小划分

(D)黏土中黏粒含量超过60%时为不冻胀土

5.下列对多年冻土的融沉性分类的说法中正确的是(　　)。

(A)土的融沉性应根据冻土的总含水率划分

(B)土的融沉性应根据融化下沉系数的大小划分

(C)融沉系数等于冻土试样融化前后的高度差与融化前高度的比值的百分数

(D)融沉系数等于冻土试样融化前后的高度差与融化后高度的比值的百分数

6.黄土一般具有下列(　　)特征。

(A)黄土是干旱、半干旱气候条件下的陆相沉积物

(B)具有多孔性,有肉眼能看到的大孔隙

(C)颗粒成分以黏粒为主,一般占50%以上

(D)碳酸钙含量多在10%～30%之间,部分含钙质结核,并含有少量中溶盐和易溶盐

7.按《铁路工程特殊岩土勘察规程》(TB 10038—2012),下列(　　)属于堆积黄土地貌。

(A)黄土梁　　　　　　　　　　　　(B)黄土平原

(C)河谷阶地(黄土)　　　　　　　　(D)大型河谷(黄土)

8.铁路工程在黄土地区应遵循下列(　　)原则。

(A)应采用以钻探为主的勘探方法

(B)勘探深度及取样应满足地基稳定性评价的需要

(C)非自重湿陷性黄土场地,勘探深度应至全部湿陷性土层底面

(D)黄土隧道勘探孔宜布置在中心线两侧5～7 m处,孔深应至路基面以下3 m

9.黄土湿陷系数试验时垂直压力应符合一定要求,下述正确的是(　　)。

(A)基底压力应在200～300 kPa之间选定

(B)测定黄土湿陷系数时,地面下11.5 m以内的土层使用200 kPa为垂直压力

(C)一般建筑物自基底起10 m以下至非湿陷性黄土顶面,应用其上覆土的饱和自重压力;当饱和自重压力大于300 kPa时,仍用300 kPa

(D)基底压力大于300 kPa的桥梁湿陷系数测定时,宜用实际压力

10. 按《铁路工程特殊岩土勘察规程》(TB 10038—2012)对膨胀土场地进行评价时，下列说法正确的是(　　)。

(A)膨胀土应根据工作阶段进行初判和详判

(B)初判时应根据地貌、颜色、结构、土质情况、自然地质现象、自由膨胀率综合判定

(C)详判时应根据自由膨胀率、蒙脱石含量、阳离子交换量进行判定

(D)三个评判指标须全部符合才能判定为膨胀土

11. 按《岩土工程勘察规范》(GB 50021—2001)(2009 版)评价湿陷性土时，下列说法中正确的是(　　)。

(A)湿陷性土评价主要是指评价湿陷性黄土

(B)湿陷等级应根据总湿陷量评定

(C)湿陷等级应根据自重湿陷量和非自重湿陷量综合判定

(D)计算总湿陷量时的修正系数与承压板面积有关

12. 下列(　　)是对多年冻土的正确表述。

(A)含有固态水，也可能含有部分液态水　(B)冻结状态持续 2 年或更长时间

(C)冻结状态持续 1 年以上　(D)冻结状态持续至少 3 年

13. 下列膨胀土场地中(　　)为平坦场地。

(A)地形坡度为 4°，建筑物范围内地面高差不超过 0.95 m

(B)地形坡度为 4°，建筑物范围内地面高差约 1.8 m

(C)地面坡度为 10°，场地离坡顶的水平距离为 15 m

(D)地面坡度为 10°，场地离坡顶的水平距离为 5 m

14. 膨胀土场地进行岩土工程勘察时，下述说法中正确的是(　　)。

(A)勘探点中采取试样的勘探点数不应小于全部勘探点的 1/2

(B)勘探孔深度应满足附加应力影响深度及大气影响深度，且最小不应小于 8.0 m

(C)采取土试样的级别为Ⅱ～Ⅲ级

(D)大气影响深度以内取样间距不得大于 1.0 m

15. 下列采空区场地中(　　)为不宜作为建筑场地的地段。

(A)在开采过程中可能出现非连续变形的地段

(B)地表移动活跃的地段

(C)特厚矿层和倾角大于 55°的厚矿层露头地段

(D)地表倾斜大于 5 mm/m 的地段

16. 对已发生地面沉降的地区，可建议采用下列(　　)方法进行控制和治理。

(A)减少地下水开采量和水位降深，调整开采层次

(B)对地下水进行人工补给

(C)限制工程建设中的人工降低地下水位

(D)采用桩基础减少浅部土层的附加应力

17. 岩溶发育具有一定规律，下述正确的是(　　)。

(A)碳酸盐类岩层岩溶发育速度较硫酸盐类岩石及卤素类岩石的快

(B)质纯层厚的岩层岩溶发育强烈，且形态齐全规模较大

(C)节理裂隙密集带和交叉处，岩溶最易发育

(D)水平岩层较倾斜岩层岩溶发育强烈

18. 岩溶发育必须具备(　　)条件。

(A)具有可溶性岩石

(B)具有有溶蚀能力(含 CO_2)和足够流量的水

(C)地表水有下渗,地下水有流动途径

(D)有较破碎的断层、褶皱等构造

19.下列(　　)是岩溶地区工程地质测绘的主要内容。

(A)场地中滑坡的分布情况及稳定性

(B)地层岩性特征,可溶岩与非可溶岩的分布及接触关系

(C)场地构造类型、断裂带的位置、规模、性质等

(D)场地中地下水的经流、埋藏、补给、排泄情况等

20.在岩溶地区勘察时下列(　　)地段应适当加密勘探点。

(A)地表水突然消失的地段　　(B)地下水活动强烈的地段

(C)可溶性岩层与非可溶性岩层接触地段　　(D)基岩埋藏较深土层厚度较大的地段

21.下列各种条件中(　　)对岩溶稳定性不利。

(A)岩层走向与洞轴线正交或斜交,倾角平缓

(B)质地纯、厚度大、强度高、块状灰岩

(C)有两组以上张开裂隙切割岩体,呈干砌状

(D)有间歇性地下水流

22.下列(　　)情况下可不考虑岩溶场地中溶洞对地基稳定性的影响。

(A)溶洞被密实的沉积物填满,且无被水冲蚀的可能性

(B)溶洞顶板为均质红黏土层,厚度大于基础宽度

(C)基础尺寸大于 2.0 m,且具有一定刚度

(D)溶洞顶板岩石坚固完整,其厚度接近或大于洞跨

23.半定量或定量评价岩溶地基稳定性的方法包括下列(　　)。

(A)溶洞顶板坍塌自行填塞法　　(B)数值法(如有限单元法,有限差分法等)

(C)顶板按梁板受力分析法　　(D)顶板能抵抗受荷载剪切方法

24.岩溶地基处理措施主要包括(　　)。

(A)桩基　　(B)挖填　　(C)跨盖　　(D)灌注

25.下述对土洞的说法中正确的是(　　)。

(A)砂土、碎石土及黏性土中均可见到土洞

(B)土层较薄时,洞顶易出现坍塌

(C)土洞是岩溶作用的产物,一般地说,有土洞发育就一定有岩溶发育

(D)人工降低地下水位对土洞的发育无明显影响

26.斜坡按岩层结构分类可分为以下(　　)。

(A)顺向斜坡　　(B)反向斜坡

(C)单层结构斜坡　　(D)双层结构斜坡

27.影响斜坡稳定性的因素包括(　　)。

(A)岩土的性质,如坚硬程度、抗风化及抗软化能力、抗剪强度、颗粒大小、透水性能等

(B)岩层结构及构造,包括节理裂隙的发育程度、分布规律、产状、胶结充填情况、水文地质条件,如地下水的埋藏条件、流动潜蚀情况及动态变化等

(C)气候条件(如降水量大小、气温高低等),地震作用,地形地貌条件(如滑坡的坡高、坡度、形态等)

(D)沙尘暴

28. 对滑坡地段进行勘察测试时主要包括下列(　　)内容。

(A)岩土体一般物理力学试验　　(B)岩土体的抗剪强度

(C)高边坡岩土体的应力测试　　(D)边坡体变形监测

29. 用泰勒稳定数法评价滑坡的稳定性,这种方法不属于(　　)方法。

(A)工程地质类比法　　(B)图解法

(C)查表法　　(D)计算法

30. 某一滑坡体上部先失去稳定,挤压下部发生变形。根据这一现象,该滑坡类型不应定为(　　)。

(A)牵引式滑坡　　(B)推移式滑坡　　(C)活滑坡　　(D)顺层滑坡

31. 滑坡要素主要包括下列(　　)。

(A)滑坡体、滑坡周界、滑坡壁、滑坡台阶和滑坡埂

(B)滑动带、滑坡床、滑坡舌、滑动鼓丘、滑坡轴

(C)破裂缘、封闭洼地、滑坡裂缝

(D)马刀树、醉汉林

32. 形成滑坡可能需要下列(　　)条件。

(A)地质条件,如岩性、构造等和地形地貌条件

(B)水文地质条件

(C)人类工程活动、地震等

(D)沙尘暴

33. 判别滑坡的标志包括下列(　　)。

(A)地物地貌标志,如圈椅状或马蹄状地形、鼻状凸丘、多级平台、双沟同源、醉汉林、马刀树等

(B)岩土结构方面的标志,如岩土体扰动松脱现象、产状不连续现象、新老地层倒置现象等

(C)水文地质标志,如坡脚处呈串珠状分布的渗水点、泉点、陡坎下部呈排状分布的下降泉等

(D)植物生长标志,如果一种植物在一定范围内生长

34. 泥石流形成的必要条件为(　　)。

(A)有陡峻便于集水、集物的地形　　(B)有地下水的活动或地表水大量入渗

(C)有丰富的松散物质　　(D)有茂密的植被覆盖

35. 某泥石流流域呈狭长形,形成区不明显,松散物质主要来自中游地段,泥石流沿沟谷有堆积也有冲刷搬运,形成逐次搬运的再生式泥石流,该泥石流的类型应为(　　)。

(A)标准型泥石流流域　　(B)河谷型泥石流流域

(C)山坡型泥石流流域　　(D)冰川型泥石流流域

36. 某泥石流中固体物质以大小不等的石块砂砾为主,黏性土含量较小,该泥石流类型不应为(　　)。

(A)泥流　　(B)泥石流　　(C)水石流　　(D)洪水

37. 下列(　　)为高频率泥石流沟谷的活动特征。

(A)泥石流爆发周期一般在10年以上　　(B)泥石流基本上每年都发生

(C)流域面积为1～5 km^2　　(D)堆积区面积小于1 km^2

38. 泥石流流量具有下列(　　)特点。

(A)形成区汇水面积越大,流量越大　　(B)含泥、砂、石的比例越大,流量越大

(C)泥石流流通区越宽阔,流量越大　　(D)泥石流沟谷坡度越大,流量越大

39.已经发生过泥石流的流域,应从下列(　　)来识别泥石流。

(A)中游沟身常参差不齐、不对称、凹岸冲刷坍塌,凸岸堆积成延伸不长的石堤

(B)沟槽经常大段地被大量松散固体物质堵塞,构成跌水

(C)下游堆积物轴部一般较高耸,稠度大的堆积物扇角小,呈丘状

(D)在河谷山坡上常形成三角形断壁

40.治理泥石流方法很多,下列(　　)措施适合于在上游形成区进行。

(A)修筑挡水坝

(B)修筑谷坊坝

(C)植树造林、种草种树

(D)修筑排水沟系以疏干土壤,不使土壤受浸湿

41.下述对移动盆地的说法中(　　)是正确的。

(A)均匀下沉区在移动盆地外边缘　　(B)轻微变形区在移动区中间

(C)均匀下沉区在移动盆地中央　　(D)均匀下沉区倾斜变形相对较小

42.移动盆地的三种变形分别为(　　)。

(A)垂直移动　　(B)水平移动　　(C)水平变形　　(D)弯曲

43.下列(　　)是影响采空区地表变形的因素。

(A)矿层的厚度,埋深及产状,上覆岩石的强度、厚度、第四系堆积物的厚度

(B)岩层的地质构造条件,地下水活动情况

(C)开采方法及顶板处理方法

(D)矿层的物理、力学性质

44.在采空区进行变形观测时,下列(　　)原则是正确的。

(A)观测线宜平行和垂直矿层走向成直线布置,其长度应超过移动盆地范围

(B)垂直矿层走向的观测线一般不应少于3条

(C)观测线上观测点的间距应大致相等,并符合一定要求

(D)应根据地表变形速度确定适当的观测周期

45.下列(　　)措施对防止采空区地表及建筑物变形有利。

(A)采用充填法处置顶板　　(B)减少开采厚度或采用条带法开采

(C)增大采空区宽度,使地表充分移动　　(D)使建筑物长轴平行于工作面推进方向

46.小窑采空区的常见处理措施有(　　)。

(A)回填或压力灌浆　　(B)增大采空区宽度

(C)加强建筑物基础及上部结构刚度　　(D)控制开采速度

47.地面沉降的公害特点表现在以下(　　)方面。

(A)一般在地表以下发生,且发展速度较快

(B)一般发生的较慢而难以明显感觉

(C)一般情况下,已发生地面沉降的地面变形不可能完全恢复

(D)一般情况下,治理费用较高

48.下列(　　)地层中在地下水位下降时易发生地面沉降。

(A)第四系全新世滨海相地层　　(B)欠固结的第四系冲积地层

(C)超固结的第四系冲积地层　　(D)卵石层

49.一般情况下,地面沉降具有以下(　　)特点。

(A)突然下陷，造成建筑物毁坏　　(B)与地震活动有关
(C)与地下水位下降或水压下降有关　　(D)变形速度很慢且变形不能恢复

50. 对已发生地面沉降的地区，采用(　　)方法是较为有效的。
(A)停止开采地下水
(B)向含水层人工回灌地下水
(C)压缩地下水开采量，减少水位降深幅度
(D)调整地下水开采层次，适当开采更深层地下水

8.11　答　　案

8.11.1　案例模拟题答案

1. (C)

解

用荷载传递交汇法解题，设基础边缘距该土洞最小距离为 L_1。

由题可知 $H=15$ m、$d=2.0$ m、$\theta=30°$

则 $L_1=(H-d)\tan\theta=(15-2)\times\tan30°=7.5$ (m)

答案为(C)。

2. (C)

解

用洞顶板坍塌自行填塞估算法解题。

①洞体最大高度 H_0。

$H_0=19.5-18=1.5$(m)

②溶洞顶板坍塌自行填塞所需塌落高度 H

$$H=\frac{H_0}{K-1}=\frac{1.5}{1.2-1}=7.5(\text{m})$$

③坍塌拱部距地表距离为 H_1

$H_1=18-7.5=10.5$(m)

答案为(C)。

3. (B)

解

用沿洞顶板坍塌自行填塞估算法解题。

由题意可知 $H_0=0.8$ m, $K=1.05$。

①计算塌落高度 H

$$H=\frac{H_0}{K-1}=\frac{0.8}{1.05-1}=16(\text{m})$$

②荷载的影响深度不宜超过 H_1。

$H_1=25-0.8-16-1.2=7.0$(m)

答案为(B)。

4. (C)

解

溶洞顶板按梁板受力情况,取单位长度计算。

①岩体抗弯强度计算

$\sigma=\frac{1}{8}R=\frac{1}{8}\times 3.5\times 1\,000=437.5(\text{kPa})$

②极限状态下顶板抗弯验算所需最大弯矩

$M\leqslant\frac{\sigma bH^2}{6}=\frac{437.5\times 1\times 23^2}{6}=38\,572.9(\text{kN}\cdot\text{m/m})$

③由题中所给条件可知,按悬臂梁计算出总荷重 P

$M=\frac{1}{2}Pl^2\Rightarrow P=\frac{2M}{l^2}=\frac{2\times 38\,572.9}{6^2}=2\,142.9(\text{kPa})$

④溶洞顶板达到极限状态时地表平均附加荷载 P_3

$P_3=P-P_1-P_2=2\,142.9-23\times 21-5\times 18=1\,570(\text{kPa})$

答案为(C)。

5.(C)

解

溶洞顶板按梁板受力情况取单位长度进行计算

(1)计算单位长度,宽度顶板所受总荷重 P

$P=P_1+P_2+P_3=bH\gamma_1+bd\gamma_2+bq=1\times(23-6)\times 21+1\times 6\times 18+200=665(\text{kPa})$

(2)按两端固定梁计算

抗弯验算:

①岩体抗弯强度

$\sigma=\frac{1}{K\times 8}R=\frac{3.5\times 1\,000}{2\times 8}=218.75(\text{kPa})$

②顶板承受的最大弯矩 M

$M\leqslant\frac{\sigma bH^2}{6}=\frac{218.75\times 1\times(23-6)^2}{6}=10\,536.5(\text{kN}\cdot\text{m/m})$

取 $M=10\,536.5\ \text{kN}\cdot\text{m/m}$

③计算溶洞最大跨度 l

$M=\frac{Pl^2}{12}\Rightarrow l=\sqrt{\frac{12M}{P}}=\sqrt{\frac{12\times 10\,536.5}{665}}=14(\text{m})$

(3)抗剪强度验算

①岩体抗剪强度 S

$S=\frac{1}{K\times 12}R=\frac{1}{2\times 12}\times 3.5\times 1\,000=145.83(\text{kPa})$

②支座处剪力 f_s

$f_s=\frac{Pl}{2}=\frac{665l}{2}$

③$\frac{4f_s}{H^2}\leqslant S\Rightarrow\frac{4\times\frac{665l}{2}}{(23-6)^2}\leqslant 145.83\Rightarrow l\leqslant 31.7(\text{m})$,取 $l=31.7\text{m}$

(4)对抗弯验算和抗剪验算取小值,即 $l=14\text{m}$

答案为(C)。

6.(C)

解

按顶板抵抗受荷载剪切计算。

①岩体抗剪强度 S

$S=\frac{1}{12}R=\frac{1}{12}\times 1\ 600=133.3(\text{kPa})$

②溶洞顶板总抗剪力 T

$T=HSL=20\times 133.3\times(2\times 3.14\times 6)=100\ 480(\text{kN})$

③极限条件下最大外荷载 P_3

极限平衡条件 $T\geqslant P$ 取 $T=P=\frac{100\ 480}{3.14\times 6^2}=888.89(\text{kPa})$

$P_3=P-P_1-P_2=888.89-20\times 21-7\times 18=342.8(\text{kPa})$

答案为(C)。

7.(B)

解

按成拱理论计算,洞顶可能塌落的厚度为 h_1

$$h_1=\frac{a+H\tan\left(45°-\frac{\varphi}{2}\right)}{\tan\varphi}=\frac{3+6\times\tan\left(45°-\frac{40°}{2}\right)}{\tan 40°}=6.9(\text{m})\approx 7.0(\text{m})$$

答案为(B)。

8.(C)

解

按普氏理论计算

$$H=\frac{0.5b+H_0\tan(90°-\varphi)}{\tan\varphi}=\frac{0.5\times 3+2\times\tan(90°-38°)}{\tan 38°}=5.2(\text{m})$$

答案为(C)。

9.(D)

解

①计算各滑动段的下滑力 $T_i(i=1.2.3)$

$T_i=Q_i\sin\alpha_i$

$T_1=Q_1\sin\alpha_1=923\times\sin 42°=617.6(\text{kN})$

$T_2=Q_2\sin\alpha_2=1\ 094\times\sin 45°=773.6(\text{kN})$

$T_3=Q_3\sin\alpha_3=1\ 029\times\sin 13°=231.5(\text{kN})$

②计算各滑动段的抗滑力 $R_i(i=1.2.3)$

$R_i=Q_i\cos\alpha_i\tan\varphi_i+C_il_i$

$R_1=923\times\cos 42°\times\tan 18°+12\times 11.2=357.3(\text{kN})$

$R_2=1\ 094\times\cos 45°\times\tan 24°+15\times 13.8=551.4(\text{kN})$

$R_3=1\ 029\times\cos 13°\times\tan 20°+30\times 13=754.9(\text{kN})$

③计算传递系数 $\Psi_i(i=1.2)$

$\Psi_i=\cos(\alpha_i-\alpha_{i+1})-\sin(\alpha_i-\alpha_{i+1})\tan\varphi_{i+1}$

$\Psi_1=\cos(42°-45°)-\sin(42°-45°)\times\tan 24°=1.02$

$\Psi_2=\cos(45°-13°)-\sin(45°-13°)\times\tan 20°=0.66$

④计算折线形滑面滑坡的稳定系数 F_s

$$F_s = \left[\sum_{i=1}^{n-1}(R_i\prod_{j=i}^{n-1}\Psi_i)+R_n\right]/\left[\sum_{i=1}^{n-1}(T_i\prod_{j=i}^{n-1}\Psi_i)+T_n\right]$$

$=(357.3\times1.02\times0.66+551.4\times0.66+754.9)/(617.6\times1.02\times0.66+773.6\times 0.66+231.5)$

$=1.17\approx1.20$

答案为(D)。

10.(B)

解

①计算各滑块间滑坡推力传递系数

由于滑坡体只有2块滑块组成,推力传递系数只有一个 Ψ。

$\Psi=\cos(\beta_{n-1}-\beta_n)-\sin(\beta_{n-1}-\beta_n)\tan\beta_n$

$=\cos(38°-25°)-\sin(38°-25°)\times\tan20°=0.89$

②计算单位宽度上的滑坡推力 F_n

第一块剩余推力 F_1:

$F_1=\gamma_t G_1\sin\beta_1-G_1\cos\beta_1\tan\varphi_1-C_1L_1$

$=1.2\times12\ 000\times\sin38°-12\ 000\times\cos38°\times\tan18°-15\times100=4\ 293(\text{kN})$

第二块剩余推力 F_2:

$F_2=\gamma_t G_2\sin\beta_2+\Psi F_1-G_2\cos\beta_2\tan\varphi_2-C_2L_2$

$=1.2\times15\ 000\times\sin25°+0.89\times4\ 293-15\ 000\times\cos25°\times\tan20°-15\times110$

$=4\ 830(\text{kN})$

$F_{2水平}=F_2\cos\beta_2=4\ 830\times\cos25°=4\ 377(\text{kN})$

其中挡墙受到水平方向作用力,答案为(B)。

11.(B)

解

①计算滑块推力系数 Ψ_i

$\Psi_1=\cos(\beta_1-\beta_2)-\sin(\beta_1-\beta_2)\tan\varphi_2=\cos(42°-45°)-\sin(42°-45°)\times\tan24°=1.02$

$\Psi_2=\cos(\beta_2-\beta_3)-\sin(\beta_2-\beta_3)\tan\varphi_3=\cos(45°-13°)-\sin(45°-13°)\times\tan20°=0.66$

②计算单位宽度上的各滑块推力 F_n

第一块剩余推力 F_1

$F_1=\gamma_t Q_1\sin\beta_1-Q_1\cos\beta_1\tan\varphi_1-C_1l_1$

$=1.2\times923\times\sin42°-923\times\cos42°\times\tan18°-12\times11.2=383.9(\text{kN})$

第二块剩余推力 F_2

$F_2=\gamma_t Q_2\sin\beta_2-Q_2\cos\beta_2\tan\varphi_2-C_2l_2+\Psi_1F_1$

$=1.2\times1\ 094\times\sin45°-1\ 094\times\cos45°\times\tan24°-15\times13.8+1.02\times383.9$

$=768.4(\text{kN})$

第三块剩余推力 F_3

$F_3=\gamma_t Q_3\sin\beta_3+\Psi_2F_2-Q_3\cos\beta_3\tan\varphi_3-C_3l_3$

$=1.2\times1\ 029\times\sin13°+0.66\times768.4-1\ 029\times\cos13°\times\tan20°-30\times13$

$=30(\text{kN})$

答案为(B)。

12.(A)

解

《公路路基设计规范》(JTG D30—2015)计算折线形滑坡的滑坡推力与《建筑地基基础设计规范》(GB 50007—2011)、《铁路特殊路基设计规范》(TB 10035—2006)方法相同，只是符号不同。

①由模拟题9可知滑坡推力系数 $\Psi_1=1.02, \Psi_2=0.66$

②第一条对第二条推力 T_1

$$\begin{aligned}T_1 &= F_s W_1 \sin\alpha_1 - W_1 \cos\alpha_1 \tan\varphi_1 - C_1 l_1\\ &= 1.2\times 923\times \sin 42° - 923\times \cos 42°\times \tan 18° - 12\times 11.2\\ &= 383.9(\text{kN})\end{aligned}$$

第二条对第三条推力 T_2

$$\begin{aligned}T_2 &= F_s W_2 \sin\alpha_2 - W_2 \cos\alpha_2 \tan\varphi_2 - C_2 l_2 + \Psi_1 T_1\\ &= 1.2\times 1\,094\times \sin 45° - 1\,094\times \cos 45°\times \tan 24° - 15\times 13.8 + 1.02\times 383.9\\ &= 768.4(\text{kN})\end{aligned}$$

第三条对支挡结构剩余推力 T_3

$$\begin{aligned}T_3 &= F_s W_3 \sin\alpha_3 - W_3 \cos\alpha_3 \tan\varphi_3 - C_3 l_3 + \Psi_2 T_2\\ &= 1.2\times 1\,029\times \sin 13° - 1\,029\times \cos 13°\times \tan 20° - 30\times 13 + 0.66\times 768.4\\ &= 30(\text{kN})\end{aligned}$$

答案为(A)。

13.(B)

解

此题按我国西北地区泥石流的流量估算。

①计算泥石流重度 γ_m

由题可知 $W=0.14$、$G_m=2.60$、$f=0.15$、$Q_w=2\,000\text{m}^3/\text{s}$

$$\gamma_m = \frac{(G_m f+1)\gamma_w}{f+1} = \frac{(2.60\times 0.15+1)\times 10}{1+0.15} = 12.1(\text{kN/m}^3)$$

②计算泥石流修正系数 P

$$P = \frac{\gamma_m - 1}{\dfrac{G_m(1+W)}{G_m W+1} - \gamma_m} = \frac{1.21-1}{\dfrac{2.6\times(1+0.14)}{2.6\times 0.14+1} - 1.21} = 0.22$$

③计算沟谷中设计泥石流流量 Q_m

$$\begin{aligned}Q_m &= Q_w(1+P)\\ &= 2\,000\times(1+0.22) = 2\,440(\text{m}^3/\text{s})\end{aligned}$$

由于 2 440 m^3/s 与答案(B)接近，所以选答案(B)。

答案为(B)。

14.(A)

解

此题按雨洪修正法计算泥石流设计流量。

由题可知 $D_m=1.75$、$G_m=2.70$、$\gamma_m=12.4\ \text{kN/m}^3=1.24\ \text{g/cm}^3$

$Q_w=800\ \text{m}^3/\text{s}$

①计算泥石流修正系数 φ

$$\varphi = \frac{\gamma_m - 1}{G_m - \gamma_m} = \frac{1.24-1}{2.70-1.24} = 0.16$$

②计算泥石流的设计流量 Q_m

$Q_m=Q_w(1+\varphi)D_m=800\times(1+0.16)\times1.75=1\,624(m^3/s)$

答案为(A)。

15.(C)

解

按西北地区现行公式计算泥石流。

①计算泥石流流体水力半径 R_m

$$R_m=\frac{F}{x}=\frac{1\,100}{320}=3.44(m)$$

②计算阻力系数 α

$$\phi=\frac{\gamma_m-1}{G_m-\gamma_m}=\frac{1.25-1}{2.60-1.25}=0.185$$

$$\alpha=(\phi G_m+1)^{\frac{1}{2}}=(0.185\times2.6+1)^{\frac{1}{2}}=1.22$$

③计算泥石流流速 V_m

$$V_m=\frac{1.53}{\alpha}R_m^{\frac{2}{3}}I^{\frac{3}{8}}=\frac{1.53}{1.22}\times3.44^{\frac{2}{3}}\times0.07^{\frac{3}{8}}=\frac{1.53}{1.22}\times2.279\times0.369=1.06(m/s)$$

答案为(C)。

16.(C)

解

按北京地区公式计算泥石流。

①计算稀性泥石流流体水力半径 R_m

$$R_m=\frac{F}{x}=\frac{600}{109.3}=5.49(m)$$

②计算河床外阻力系数 m_w

查表得:$m_w=2.4$

③计算稀性泥石流流速 v_m

$$v_m=\frac{m_w}{\alpha}R_m^{\frac{2}{3}}I^{\frac{1}{2}}=\frac{2.4}{1.67}\times5.49^{\frac{2}{3}}\times0.092^{\frac{1}{2}}=1.36(m/s)$$

答案为(C)。

17.(D)

解

①计算 MP 间的水平变形 ε_{MP}

$$\varepsilon_{MP}=\frac{(\zeta_M-\zeta_P)}{l_{MP}}=\frac{56-18}{27+36}=0.6(mm/m)$$

②计算 MN 段倾斜 i_{MN} 及 NP 段倾斜 i_{NP}

$$i_{MN}=(\eta_M-\eta_N)/l_{MN}=(302-146)/27=5.778(mm/m)$$

$$i_{NP}=(\eta_N-\eta_P)/l_{NP}=(146-72)/36=2.056(mm/m)$$

③N 点的曲率 K_N

$$K_N=\frac{i_{MN}-i_{NP}}{l_{1\sim2}}=\frac{5.778-2.056}{\frac{1}{2}\times(27+36)}=0.118(mm/m^2)$$

④N 点曲率半径 R_N

第8章 特殊条件下的岩土工程

$R_N=\frac{1\,000}{K_N}=\frac{1\,000}{0.118}=8\,474(\text{m})$

MP 间水平变形 0.6 mm/m 及 N 点曲率半径 8 474 m 与答案(D)的数据接近。

答案为(D)。

18. **解**

按表规范 6.4.2.1 表中相关经验公式计算预测各种变形值

由题意可知 $H=62$ m、$m=8.9$ m、$q=0.85$ mm/m、$\beta=62°$、$b=0.32$

①地表最大下沉值 η_{max}

$\eta_{max}=qm=0.85\times8.9=7.57(\text{mm})$

②地表最大倾斜值 i_{max}

地表影响区半径 r:

$r=H/\tan\beta=62/\tan62°=32.97(\text{m})$

$i_{max}=\eta_{max}/r=7.57/32.97=0.23(\text{mm/m})$

③地表最大曲率值 K_{max}

$K_{max}=\pm1.52\eta_{max}/r^2=\pm1.52\times7.57/(32.97)^2=\pm0.010\,6(\text{mm/m}^2)$

④地表最大水平移动值 ζ_{max}

$\zeta_{max}=b\eta_{max}=0.32\times7.57=2.42(\text{mm})$

⑤地表最大水平变形值 ε_{max}

$\varepsilon_{max}=\pm1.52bi_{max}=\pm1.52\times0.32\times0.23=\pm0.112(\text{mm/m})$

19. (A)

解

按《工程地质手册》第 4 版的有关要求计算。

由题可知 $\gamma=21$ kN/m³、$H=25$ m、$B=3.2$ m、$\varphi=50°$、$d=2.0$ m

$P_0=300$ kPa

①顶板的临界深度 H_0

$$H_0=\frac{B\gamma+\sqrt{B^2\gamma^2+4B\gamma P_0\tan\varphi\tan^2\left(45°-\frac{\varphi}{2}\right)}}{2\gamma\tan\varphi\tan^2\left(45°-\frac{\varphi}{2}\right)}$$

$$=\frac{3.2\times21+\sqrt{3.2^2\times21^2+4\times3.2\times21\times300\times\tan50°\times\tan^2\left(45°-\frac{50°}{2}\right)}}{2\times21\times\tan50°\times\tan^2\left(45°-\frac{50°}{2}\right)}$$

$=29.94(\text{m})$

②判定顶板稳定性

巷道顶板实际埋藏深度 $H=25-d=25-2=23(\text{m})$

$H_0=29.94(\text{m})$、$1.5H_0=44.9(\text{m})$

因为 $H=23(\text{m})<H_0=29.94(\text{m})$,所以地基不稳定,选答案(A)。

20. (D)

解

①第一层黏土层沉降量 S_1

平均有效应力增量 ΔP_1

$\Delta P_1=\frac{1}{2}(H_1-d_w)P_w=\frac{1}{2}\times(2-1.5)\times10=2.5(\text{kPa})$

$S_1=\frac{a}{1+e_0}\Delta P_1 H_1=\frac{0.620}{1+0.921}\times2.5\times(2-1.5)=0.40(\text{mm})$

②第二层粉土层沉降量 S_2

平均有效应力增量 $\Delta P_2=\frac{1}{2}\times[(2-1.5)+(5.8-1.5)]\times10=24(\text{kPa})$

$S_2=\frac{a}{1+e_0}\Delta P_2 H_2=\frac{0.429}{1+0.882}\times24\times3.8=20.79(\text{mm})$

③第三层粉砂沉降量 S_3

平均有效应力增量 $\Delta P_3=\frac{1}{2}\times[(5.8-1.5)+(7.9-1.5)]\times10=53.5(\text{kPa})$

$S_3=\frac{\Delta P_3 H_3}{E}=\frac{53.5\times(7.9-5.8)\times10^3}{7.9\times10^3}=14.22(\text{mm})$

④第四层粉质黏土沉降量 S_4

降水后，地下水位降到 16.5 m。

7.9～16.5 m 的平均有效应力增量 ΔP_4^1

$\Delta P_4^1=\frac{1}{2}\times[(7.9-1.5)+(16.5-1.5)]\times10=107(\text{kPa})$

7.9～16.5 m 的沉降量 S_4^1

$S_4^1=\frac{a}{1+e_0}\Delta P_4^1 H_4^1=\frac{0.596\times10^{-3}\times107\times(16.5-7.9)\times10^3}{1+0.911}=268.99(\text{mm})$

16.5～18.0 m 的平均有效应力增量 ΔP_4^1

$\Delta P_4^2=(16.5-1.5)\times10=150(\text{kPa})$

16.5～18 m 的沉降量 S_4^2

$S_4^2=\frac{a}{1+e_0}\Delta P_4^2 H_4^2=\frac{0.596\times10^{-3}\times150\times(18-16.5)\times10^3}{1+0.911}=70.17(\text{mm})$

第四层总沉降量 S_4

$S_4=S_4^1+S_4^2=286.99+70.17=357.16(\text{mm})$

⑤第五层细砂土沉降量 S_5

第五层有效应力增量 ΔP_5

$\Delta P_5=(16.5-1.5)\times10=150(\text{kPa})$

$S_5=\frac{\Delta P_5 H_5}{E}=\frac{150\times(42-18)\times10^3}{13.5\times10^3}=266.67(\text{mm})$

⑥降水后地表最终沉降量 S

$S=S_1+S_2+S_3+S_4+S_5=0.4+20.79+14.22+357.16+266.67=659.24(\text{mm})$

答案为(D)。

21.(C)

解

用单位变形量法预测地面的沉降量。

①原供水井群的单位变形量 I_c

$I_c=\frac{\Delta S_c}{\Delta h_c}=\frac{138-12.1}{15}=8.39(\text{mm/m})$

②原供水井群的比单位变形量 I'_c

$I'_c = I_c / H = 8.39/(10\times10^3) = 8.39\times10^{-4}(m^{-1})$

③现供水井不可恢复的变形量 S_c

$S_c = I'_c \Delta h H = 8.39\times10^{-4}\times20\times(20-6)\times10^3 = 234.9(mm)\approx235(mm)$

答案为(C)。

22.(C)

解

1.地表最终变形量 S_∞ 的计算

①粉砂层沉降量 S'_∞

此层平均有效应力增量 ΔP_1

$$\Delta P_1 = \frac{1}{2}\times(3-1.2)\times10 = 9(kPa)$$

$$S'_\infty = \frac{\Delta P_1 H_1}{E} = \frac{9\times(3-1.2)\times10^3}{11.4\times10^3} = 1.42(mm)$$

②把黏土层 3~18.2 m 划分为两层计算

第一层黏土层 3~17.2 m 的沉降量 S_∞^{21},此层平均有效应力增量 ΔP_2^1

$$\Delta P_2^1 = \frac{1}{2}\times[(3-1.2)+(17.2-1.2)]\times10 = 89(kPa)$$

$$S_\infty^{21} = \frac{a}{1+e_0}\Delta P_2^1 H_2^1 = \frac{0.48}{1+0.889}\times89\times(17.2-3) = 321.13(mm)$$

第二层黏土层 17.2~18.2 m 的沉降量 S_∞^{22},此层平均有效应力增量 ΔP_2^2

$$\Delta P_2^2 = (17.2-1.2)\times10 = 160(kPa)$$

$$S_\infty^{22} = \frac{a}{1+e_0}\Delta P_2^2 H_2^2 = \frac{0.48}{1+0.889}\times160\times(18.2-17.2) = 40.66(mm)$$

黏土层总沉降量 $S_\infty^2 = S_\infty^{21} + S_\infty^{22} = 321.13 + 40.66 = 361.79(mm)$

③密实砂土层沉降变形量 S_∞^3

此层平均有效应力增量 ΔP_3

$$\Delta P_3 = (17.2-1.2)\times10 = 160(kPa)$$

$$S_\infty^3 = \frac{\Delta P_3}{E}H_3 = \frac{160\times(24-18.2)\times10^3}{18\times10^3} = 51.56(mm)$$

2.固结度 U(取第一项进行计算)

时间因子 N:因为砂层沉降较快,可不考虑其固结过程,所以计算厚度 H 只是软黏土层。软黏土层上、下均为砂层,即 $H = \frac{18.2-3}{2} = 7.6(m)$(上、下透水)

$$N = \frac{\pi^2 C_v t}{4H^2} = \frac{3.14^2\times6.7\times10^{-4}\times2.59\times10^8}{4\times(7.6\times10^3)^2}\times18 = 0.133$$

$$U = 1 - \frac{8}{\pi^2}e^{-N} = 1 - \frac{8}{3.14^2}\times e^{-0.133} = 0.29$$

3.抽水一年半以后,地表沉降值 S_t

$S_t = S_\infty^1 + uS_\infty^2 + S_\infty^3 = 1.42 + 0.29\times361.79 + 51.56 = 157(mm)$

答案为(C)。

23.(A)

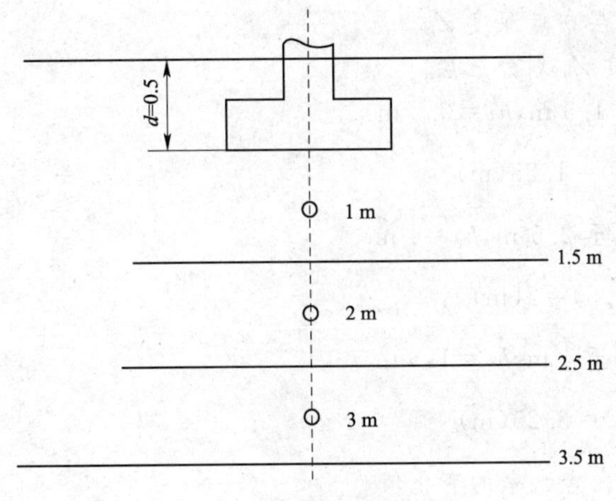

案例模拟题 23 解图

解

①确定计算深度

由膨胀场地湿度系数 0.8,可取计算深度为 3.5 m。

②由于场地地下 1.0 m 处土层含水率为最小值,该场地应计算膨胀变形量 S_e

取膨胀变形量经验系数 $\Psi_e=0.6$

$$S_e=\Psi_e\sum_{i=1}^{n}\sigma_{epi}h_i$$

$$=0.6\times(1.3\times10^{-2}\times1\times10^3+1.1\times10^{-2}\times1\times10^3+1.0\times10^{-2}\times1\times10^3)$$

$$=20.4(\text{mm})$$

可判定该场胀缩等级为Ⅰ级。

答案为(A)。

24.(B)

解

天然含水率 26.2%大于塑限含水率的 1.2 倍,即 1.2×21%=25.2%<26.2%,故按收缩变形量计算分级变形量如下图所示。

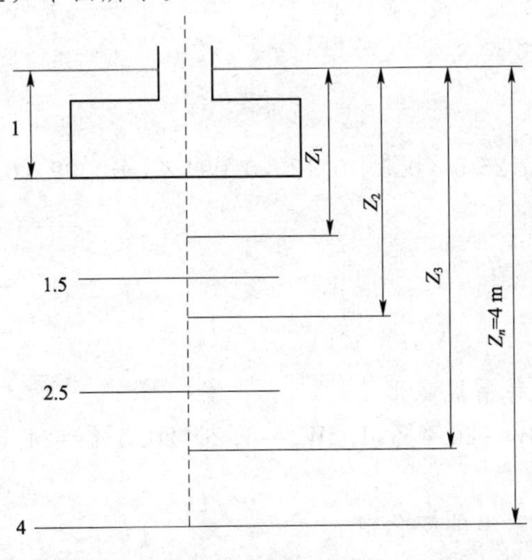

案例模拟题 24 解图

(1)确定计算深度 Z_n

当有稳定地下水位 7.0 m 时,计算深度取地下水位以上 3.0 处 $Z_n=7.0-3.0=4$(m)。

(2)确定计算各土层中点深度 Z_i

从基底到计算深度 Z_n 划分三层。

第一层:从基底至 1.5 m,$h_1=0.5$ m

$Z_1=\frac{1}{2}\times(1+1.5)=1.25(\text{m})$

第二层:从 1.5 m 至 2.5 m,$h_2=1$ m

$Z_2=\frac{1}{2}\times(1.5+2.5)=2(\text{m})$

第三层:从 2.5 m 至 4 m,$h_3=1.5$ m

$Z_3=\frac{1}{2}\times(2.5+4)=3.25(\text{m})$

(3)确定计算土层内含水率的变化值

①地表下 1 m 处含水率的变化值 ΔW_1

$\Delta W_1=W_1-\Psi_W W_p=26.2\%-0.6\times21\%=0.136$

②计算各土层中点含水率的变化值 ΔW_i

$$\Delta W_i=\Delta W_1-(\Delta W_1-0.01)\frac{Z_i-1}{Z_n-1}\qquad(i=1,2,3)$$

$$\Delta W_1=\Delta W_1-(\Delta W_1-0.01)\frac{Z_1-1}{Z_n-1}$$

$$=0.136-(0.136-0.01)\times\frac{1.25-1}{4-1}=0.125\ 5$$

$$\Delta W_2=\Delta W_2-(\Delta W_1-0.01)\frac{Z_i-1}{Z_n-1}$$

$$=0.136-(0.136-0.01)\times\frac{2-1}{4-1}=0.094$$

$$\Delta W_3=\Delta W_1-(\Delta W_1-0.01)\frac{Z_i-1}{Z_n-1}$$

$$=0.136-(0.136-0.01)\times\frac{3.25-1}{4-1}=0.041\ 5$$

(4)地基土的收缩变形量 S_s

$$S_s=\Psi_s\sum_{i=1}^{n}\lambda_{si}\Delta W_i h_i$$

$$=0.8\times(0.18\times0.125\ 5\times0.5+0.12\times0.094\times1+0.09\times0.041\ 5\times1.5)$$

$$=22.5(\text{mm})$$

答案为(B)。

25.(A)

解

①先判断该地基为哪种情况变形量

由题知,地下 1 m 处 $W=26.4\%$,$1.2W_p=1.2\times20.5\%=24.6\%$;而 $W>1.2W_p$,该场地可按收缩变形量计算。

②确定计算土层内含水率的变化值

由题可知,3.5 m 以下为花岗石不透水,可确定含水率变为常数,其值为

$\Delta W=W_1-\Psi_w W_p=26.4\%-0.6\times20.5\%=0.141$

③地基收缩变形量 S_s

$$S_s = \Psi_s \sum_{i=1}^{n} \lambda_{si} \Delta W_i h_i$$

$$= 0.8 \times [0.12 \times 0.141 \times (2.6 - 1.2) \times 10^3 + 0.1 \times 0.141 \times (3.5 - 2.6) \times 10^3]$$

$$= 29.1 (\text{mm})$$

26. (C)

解

(1)确定计算深度

附加湿陷量 ΔF_{si} 与承压板宽度 b 的比值

$\Delta F_{s1}/b = 6.9/50 = 0.138 > 0.023$

$\Delta F_{s2}/b = 3.8/50 = 0.076 > 0.023$

$\Delta F_{s}/b = 8.6/50 = 0.172 > 0.023$

(2)计算总湿陷量 Δ_s

$$\Delta_s = \sum_{i=1}^{n} \beta \Delta F_{si} h_i \ (\beta = 0.02)$$

$$= 0.02 \times [6.9 \times (240 - 150) + 3.8 \times (420 - 240) + 8.6 \times (610 - 420)] = 59 (\text{cm})$$

答案为(C)。

27. (B)

解

该土层位于河流一级阶地,初步判别为新近堆积黄土,经计算

$R = -68.45e + 10.98a - 7.16\gamma + 1.18\omega = -166.58 < -154.80$,不是新近堆积黄土。

28. (D)

解

$$\Delta_{zs} = \beta_0 \sum_{i=1}^{n} \delta_{zsi} h_i = 1.5 \times (0.019 \times 7\,000 + 0.015 \times 8\,000) = 380 (\text{mm})$$

属于自重湿陷性黄土,湿陷量累计至非湿陷性黄土层的顶面止。

$$\Delta_s = \sum_{i=1}^{n} \beta \delta_{si} h_i = (1.5 \times 0.028 \times 5\,000) + (1.0 \times 0.028 \times 500) + (1.0 \times 0.018 \times 4\,500) + (1.5 \times 0.015 \times 3\,500)$$

$$= 383.75 (\text{mm})$$

湿陷等级为Ⅲ级(严重)。

答案为(D)。

29. (D)

解

$$\Delta_{zs} = \beta_0 \sum_{i=1}^{n} \delta_{zsi} h_i = 0.9 \times 0.025 \times 2\,500 = 56 (\text{mm})$$

属于非自重湿陷性黄土,湿陷量计算累计至基底下 10 m 深度止。

$$\Delta_s = \sum_{i=1}^{n} \beta \delta_{si} h_i = (1.5 \times 0.031 \times 1\,000) + (1.5 \times 0.028 \times 2\,000) + (1.5 \times 0.020 \times 2\,000) + (1.0 \times 0.020 \times 2\,000) + (1.0 \times 0.016 \times 2\,000)$$

$$= 263 (\text{mm})$$

湿陷等级为Ⅰ级(轻微)。

答案为(C)。

30.(C)

解

由公式 $\delta_s=\frac{h_p-h_p'}{h_0}$ 计算湿陷系数，如下表所示。

压力 P/kPa	0	50	100	150	200	300
湿陷系数 δ_s	0	0.01	0.013 5	0.016 5	0.018 5	0.018 5

取 δ_s=0.015 所对应的压力作为湿陷起始压力，介于 100～150 kPa 之间，采用插入法

$$\frac{P-100}{150-100}=\frac{0.015-0.013\ 5}{0.016\ 5-0.013\ 5}\Rightarrow P=125(\text{kPa})$$

答案为(C)。

31.(B)

解

经数据分析，浸水下沉量等步长增长，曲线无明显拐点，按浸水下沉量与承压板直径(798 mm)之比值等于 0.017 所对应的压力作为湿陷起始压力。

$S_s=798\times0.017=13.6$ mm，介于 13～18 mm 之间。

$$\frac{p-75}{100-75}=\frac{13.6-13}{18-13}\Rightarrow p=78(\text{kPa})$$

该浸水下沉量对应的压力与 75 kPa 接近。答案为(B)。

32.(B)

解

经作图分析(见下图)，曲线拐点不明显，按浸水下沉量与承压板直径(798 mm)之比值等于 0.017 所对应的压力作为湿陷起始压力。

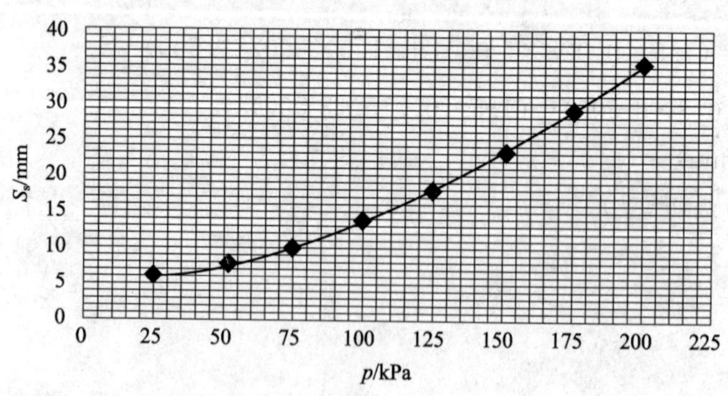

案例模拟题 32 解图

$S_s=798\times0.017=13.6$(mm)

该浸水下沉量对应的压力为 100 kPa。答案为(B)。

33.(B)

解

①融沉系数 δ_0

$\delta_0=60/4\ 000=1.5\%$

②融沉性分级

查表 3.2.2,融沉性分级为Ⅱ级,弱融沉。

答案为(B)。

34.(C)

解

①设计冻深 Z_d

$Z_d = h - \Delta_z = 1\,800 - 140 = 1\,660(\text{mm})$

②平均冻胀率

$$\eta = \frac{\Delta_z}{Z_d} \times 100\% = \frac{140}{1\,660} \times 100\% = 8.4\%$$

答案为(C)。

8.11.2 单项选择题答案

8.11.2.1 《铁路工程不良地质勘察规程》(TB 10027—2012)

1.(C) 据第 4.2.1 条

2.(C) 据第 4.2.2 条

3.(D) 据第 4.3.3 条

4.(C) 据第 4.3.8 条

5.(C) 据第 4.4.2 条

6.(B) 据第 4.4.5 条

7.(D) 据第 4.7.2 条~第 4.7.4 条

8.(C) 据第 4.8.1 条、第 4.8.2 条

9.(C) 据附表 A.0.1

10.(B) 据附表 B.0.2

11.(C) 据《铁路工程不良地质勘察规程》(TB 10027—2012)

12.(B) 据第 5.6 条~第 5.8 条

13.(B) 据附录 C.0.1

14.(B) 据附录 C.0.1

15.(C) 据第 7.2 条

16.(B) 据第 7.3 条

17.(B) 据第 7.3 条~第 7.5 条

18.(D) 据第 7.6 条、第 7.7 条

19.(B) 据附录 E.0.1

20.(C) 据附录 E.0.2

21.(D) 据第 9.2 条

22.(B) 据第 9.3.5 条

23.(C) 据第 9.3.7 条

24.(C) 据第 9.4 条

25.(C) 据第 9.5 条

26.(B) 据《铁路工程不良地质勘察规程》(TB 10027—2012)

27.(A) 据第 10.1.1 条

28.(D)　据第 10.2 条
29.(D)　据第 10.3.4 条
30.(C)　据第 10.4 条
31.(C)　据《铁路工程不良地质勘察规程》(TB 10027—2012),旧规范有相应的条款
32.(B)　据第 10.6 条～第 10.8 条
33.(C)　据第 12.1 条
34.(D)　据第 12.2.6 条
35.(D)　据第 12.2 条
36.(B)　据第 12.3 条、第 12.5 条、第 12.6 条
37.(C)
38.(D)

8.11.2.2 综合单项选择题

1.(D)　据《冻土地区建筑地基基础设计规范》(JGJ 118—2011)第 2.1.26 条
2.(B)　据《冻土地区建筑地基基础设计规范》(JGJ 118—2011)第 2.1.35 条
3.(A)　据《冻土工程地质勘察规范》(GB 50324—2014)中第 3.1.3.1 条
4.(A)　据《冻土地区建筑地基基础设计规范》(JGJ 118—2011)第 3.2.1 条
5.(A)　据《铁路工程特殊岩土勘察规程》(TB 10038—2012)
6.(B)　据《湿陷性黄土地区建筑规范》(GB 50025—2004)第 4.4.5 条
7.(C)　据《铁路工程地质勘察规范》(TB 10012—2007)第 6.2.5 条
8.(C)　据《铁路工程地质勘察规范》(TB 10012—2007)第 6.2.6 条表 6.2.6
9.(C)　据《冻土工程地质勘察规范》(GB 50324—2014)中第 3.2.2 条表 3.2.2
10.(B)　据《冻土地区建筑地基基础设计规范》(JGJ 118—2011)第 3.1.5 条
11.(C)　据《注册岩土工程师必备规范汇编》附录 F 中
12.(B)　据《岩土工程勘察规范》(GB 50021—2001)(2009 版)第 6.1.6 条表 6.1.6
13.(D)　据《岩土工程勘察规范》(GB 50021—2001)(2009 版)第 6.1.2 条
14.(B)　据《冻土工程地质勘察规范》(GB 50324—2014)第 2.1.4 条
15.(D)　据《岩土工程勘察规范》(GB 50021—2001)(2009 版)第 5.5.5 条
16.(B)　据《岩土工程勘察规范》(GB 50021—2001)(2009 版)第 5.6.1 条
17.(C)　据《工程地质手册》第 4 版《中国建筑工业出版社,1992,下同》P537
18.(D)　据《工程地质手册》第 4 版 P468
19.(A)　据《工程地质手册》第 4 版 P525
20.(C)　据《工程地质手册》第 4 版 P525
21.(D)　据《铁路工程不良地质勘察规程》(TB 10027—2012)
22.(D)　据《工程地质手册》第 4 版 P532
23.(A)　据《岩土工程勘察规范》(GB 50021—2001)(2009 版)第 5.1.2 条
24.(D)　据《工程地质手册》第 4 版 P525
25.(C)　据《铁路工程不良地质勘规程》(TB 10027—2012)
26.(D)　据《工程地质手册》第 4 版 P539
27.(D)　据《工程地质手册》第 4 版 P539
28.(C)　据《工程地质手册》第 4 版 P539～540
29.(A)　当 $F_s=1.0$ 时,极限平衡状态,对于正在滑动的滑坡 $F_s \leqslant 1.0$

30.(C) 据《工程地质手册》第 4 版 P542
31.(D) 据《建筑边坡工程技术规范》(GB 50330—2013)第 5.2.2 条
32.(D) 据《工程地质手册》第 4 版 P559
33.(D) 据《工程地质手册》第 4 版 P558
34.(D) 据《工程地质手册》第 4 版 P566～P567
35.(B) 据《工程地质手册》第 4 版
36.(C) 据采空区,属于人为坑洞
37.(A) 据《工程地质手册》第 4 版 P567
38.(B) 据《铁路工程不良地质勘察规程》(TB 10027—2012)
39.(B) 据《工程地质手册》第 4 版 P532
40.(B) 据《铁路工程地质勘察规范》(TB 10012—2007)第 6.2.2 条
41.(C)
42.(C)
43.(D)
44.(B)
45.(D)
46.(D) 据《工程地质手册》第 4 版 P501
47.(A) 据《工程地质手册》第 4 版表 5.7.4
48.(A) 据《工程地质手册》第 4 版 P500
49.(C) 据《工程地质手册》第 4 版 P501
50.(A) 据《工程地质手册》第 4 版 P501
51.(A) 据《工程地质手册》第 4 版 P502
52.(C) 据《工程地质手册》第 4 版 P51
53.(A) 据《工程地质手册》第 4 版 P524

8.11.2.3 《湿陷性黄土地区建筑规范》(GB 50025—2004)

1.(A) 据第 4.1.9、第 4.1.8 条、第 4.1.10 条、第 4.1.7 条
2.(D) 据附录 D,第 D.0.1 条、第 D.0.4 条
3.(A) 据第 4.2.1 条、第 4.2.2 条、第 4.2.3 条、第 4.2.4 条
4.(B) 据第 4.2.3 条
5.(A) 据第 4.2.3 条、第 4.2.4 条
6.(A) 据第 4.3.3 条第 4 款
7.(A) 据第 4.4.3 条
8.(D) 据第 4.4.6 条
9.(C) 据第 5.1.1 条、第 5.1.2 条、第 5.1.3 条
10.(D) 据第 5.6.3 条
11.(C) 据第 5.7.1 条
12.(A) 据第 5.7.2 条
13.(C) 据第 6.1.1 条
14.(B) 据第 6.1.2 条、第 6.1.3 条、第 6.1.4 条、第 6.1.5 条
15.(A) 据第 6.2.1 条及其条文说明、第 6.2.2 条、第 6.2.4 条
16.(B) 据第 6.3.1 条、第 6.3.4 条、第 6.3.5 条、第 6.3.7 条

17.(D)　据第 6.4.1 条文说明、第 6.4.1 条、第 6.4.3 条、第 6.4.5 条
18.(C)　据第 6.5.1 及其条文说明、第 6.5.2 条、第 6.5.3 条
19.(C)　据第 7.1.1 条、第 7.1.3 条、第 7.1.6 条、第 7.1.15 条
20.(B)　据第 7.2.3 条、第 7.2.5 条、第 7.3.4 条、第 7.3.7 条

8.11.2.4 《膨胀土地区建筑技术规范》(GB 50112—2013)

1.(A)　据第 4.1.2 条、第 4.1.3 条、第 4.1.4 条、第 4.1.5 条
2.(C)　据第 D.0.1 条,第 5.2.7 条～第 5.2.10 条
3.(B)　据第 2.2.8 条
4.(A)　据第 4.3.4 条
5.(D)　据第 4.3.2 条
6.(A)　据 5.2.7 条
7.(C)　据第 5.2.7 条～第 5.2.10 条
8.(D)　据第 3.2.11 条
9.(B)　据第 5.4.2 条～第 5.4.5 条
10.(C)

8.11.2.5 《生活垃圾卫生填埋处理技术规范》(CB 50869—2013)

1.(B)　据 CJJ 17—2004 第 1.0.1 条(新规范 GB 50869—2013 中无此条款)
2.(C)　据第 2.0.5 条
3.(C)　据第 2.0.9 条
4.(A)　据第 2.0.18 条
5.(B)　据第 2.0.29 条
6.(D)　据第 3.0.3、第 3.0.3 条
7.(D)　据第 4.0.2 条
8.(A)　据第 4.0.3 条
9.(C)　据第 4.0.4 条(旧规范 CJJ 17—2004 中填埋场选址包括场址预选项)
10.(A)　据第 5.3.3 条
11.(A)　据第 5.3.1 条
12.(B)　据第 6.1.1 条
13.(C)　据第 8.2.1 条
14.(C)　据第 8.2.7 条
15.(D)　据第 8.2.3 条
16.(B)　据第 8.2.4 条
17.(D)　据第 8.2.4 条
18.(D)　据第 8.2.5、8.2.6 条
19.(A)　据第 10.3.1 条
20.(C)　据第 13.2.2、13.2.3 条

8.11.3　多项选择题答案

1.(A)、(C)、(D)　据《冻土地区建筑地基基础设计规范》(JGJ 118—2011)第 2.1.20 条
2.(A)、(B)、(D)　据《冻土地区建筑地基基础设计规范》(JGJ 118—2011)第 2.1.21 条
3.(B)、(C)　据《冻土工程地质勘察规范》(GB 50324—2014)第 3.2.1 条

4.(A)、(D) 据《冻土工程地质勘察规范》(GB 50324—2014)第3.2.1条
5.(B)、(C) 据《冻土工程地质勘察规范》(GB 50324—2014)第3.2.2条
6.(A)、(B)、(D) 据《铁路工程特殊岩土勘察规程》(TB 10038—2012)
7.(A)、(B)、(C) 据《铁路工程特殊岩土勘察规程》(TB 10038—2012)
8.(B)、(D) 据《铁路工程特殊岩土勘察规程》(TB 10038—2012)
9.(C)、(D) 据《湿陷性黄土地区建筑规范》(GB 50025—2004)第4.3.3条4款
10.(A)、(B)、(C) 据《铁路工程特殊岩土勘察规程》(TB 10038—2012)
11.(B)、(D) 据《岩土工程勘察规范》(GB 50021—2001)(2009版)第6.1.5条、第6.1.6条
12.(A)、(B) 据《冻土工程地质勘察规范》(GB 50324—2014)第2.1.4条、第3.2.2条
13.(A)、(C) 据《膨胀土地区建筑技术规范》(GB 50112—2013)第2.3.4条
14.(A)、(D) 据《岩土工程勘察规范》(GB 50021—2001)(2009版)第6.7.4条
15.(A)、(B)、(C) 《岩土工程勘察规范》(GB 50021—2001)(2009版)第5.5.5条
16.(A)、(B)、(C) 《岩土工程勘察规范》(GB 50021—2001)(2009版)第5.6.5条
17.(B)、(C) 据《工程地质手册》第4版P525
18.(A)、(B)、(C) 据《工程地质手册》第4版P525
19.(B)、(C)、(D) 据《工程地质手册》第4版P527
20.(A)、(B)、(C) 据《工程地质手册》第4版P528
21.(C)、(D) 据《工程地质手册》第4版表6-1-1
22.(A)、(D) 据《工程地质手册》第4版P529
23.(A)、(C)、(D) 据《工程地质手册》第4版P530
24.(B)、(C)、(D) 据《工程地质手册》第4版P531
25.(B)、(C) 据《工程地质手册》第4版P32
26.(C)、(D) 据《工程地质手册》第4版
27.(A)、(B)、(C) 据《工程地质手册》第4版P539
28.(A)、(B)、(C) 据《工程地质手册》第4版P542
29.(A)、(C)、(D) 据《工程地质手册》第4版
30.(A)、(C)、(D) 据《工程地质手册》第4版P537
31.(A)、(B)、(C) 据《工程地质手册》第4版P538
32.(A)、(B)、(C) 据《工程地质手册》第4版P539
33.(A)、(B)、(C) 据《工程地质手册》第4版P539
34.(A)、(C) 据《工程地质手册》第4版P559
35.(A)、(C)、(D) 据《工程地质手册》第4版P559
36.(A)、(B)、(D) 据《工程地质手册》第4版P560
37.(B)、(C)、(D) 据《工程地质手册》第4版P560
38.(A)、(B) 据《工程地质手册》第4版P559
39.(A)、(B)、(C) 据《工程地质手册》第4版P565
40.(C)、(D) 据《工程地质手册》第4版P567
41.(C)、(D) 据《工程地质手册》第4版P567
42.(C)、(D) 据《工程地质手册》第4版P568
43.(A)、(B)、(C) 据《工程地质手册》第4版P569
44.(A)、(C)、(D) 据《工程地质手册》

45.(A)、(B)、(C)　据《工程地质手册》第4版P573

46.(A)、(C)　据《工程地质手册》第4版P574

47.(B)、(C)　据《工程地质手册》第4版P576

48.(A)、(B)　据《工程地质手册》第4版P575

49.(C)、(D)　据《工程地质手册》第4版P576

50.(B)、(C)、(D)　据《工程地质手册》第4版P580

第9章 地震工程

9.1 场地类别划分

9.1.1 按《建筑抗震设计规范》(GB 50011—2010)划分场地类别

GB 50011—2010 的相关规定如下。

4.1.1 选择建筑场地时，应按表 4.1.1 划分对建筑抗震有利、一般、不利和危险的地段

有利、一般、不利和危险地段的划分 表 4.1.1

地段类别	地质、地形、地貌
有利地段	稳定基岩，坚硬土，开阔、平坦、密实、均匀的中硬土等
一般地段	不属于有利、不利、危险的地段
不利地段	软弱土，液化土，条状突出的山嘴，高耸孤立的山丘，陡坡，陡坎，河岸和边坡的边缘，平面分布上成因、岩性、状态明显不均匀的土层(含故河道、疏松的断层破碎带、暗埋的塘浜沟谷和半填半挖土基)，高含水率的可塑黄土，地表存在结构性裂缝等
危险地段	地震时可能发生滑坡、崩塌、地陷、地裂、泥石流等及发震断裂带上可能发生地表位错的部位

4.1.2 建筑场地的类别划分，应以土层等效剪切波速和场地覆盖层厚度为准。

4.1.3 土层剪切波速的测量，应符合下列要求：

①在场地初步勘察阶段，对大面积的同一地质单元，测试土层剪切波速的钻孔数量不宜少于 3 个。

②在场地详细勘察阶段，对单幢建筑，测试土层剪切波速的钻孔数量不宜少于 2 个，测试数据变化较大时，可适量增加；对小区中处于同一地质单元内的密集建筑群，测试土层剪切波速的钻孔数量可适量减少，但每幢高层建筑和大跨空间结构的钻孔数量均不得少于 1 个。

③对丁类建筑及丙类建筑中层数不超过 10 层、高度不超过 24 m 的多层建筑，当无实测剪切波速时，可根据岩石名称和性状，按表 4.1.3 划分土的类型，再利用当地经验在表 4.1.3的剪切波速范围内估计各土层的剪切波速。

土的类型划分和剪切波速范围 表 4.1.3

土的类型	岩土名称和性状	土层剪切波速范围/(m/s)
岩石	坚硬、较硬且完整的岩石	$v_s>800$
坚硬土或软质岩石	破碎和较破碎的岩石或软和软软的岩石，密实的碎石土	$500<v_s\leqslant800$
中硬土	中密、稍密的碎石土，密实、中密的砾、粗、中砂，$f_{ak}>150$ 的黏性土和粉土，坚硬黄土	$250<v_s\leqslant500$
中软土	稍密的砾、粗、中砂，除松散外的细、粉砂，$f_{ak}\leqslant150$ 的黏性土和粉土，$f_{ak}>130$ 的填土，可塑新黄土	$150<v_s\leqslant250$
软弱土	淤泥和淤泥质土，松散的砂，新近沉积的黏性土和粉土，$f_{ak}\leqslant130$ 的填土，流塑黄土	$v_s\leqslant150$

注：f_{ak}为由载荷试验等方法得到的地基承载力特征值(kPa)；v_s 为岩土剪切波速。

4.1.4 建筑场地覆盖层厚度的确定，应符合下列要求。

①一般情况下，应按地面至剪切波速大于 500 m/s，且其下卧各层岩土的剪切波速均不小于 500 m/s 的土层顶面的距离确定。

②当地面 5 m 以下存在剪切波速大于其上部各土层剪切波速 2.5 倍的土层，且该层及其下卧各层岩土的剪切波速均不小于 400 m/s 时，可按地面至该土层顶面的距离确定。

③剪切波速大于 500 m/s 的孤石、透镜体，应视同周围土层。

④土层中的火山岩硬夹层，应视为刚体，其厚度应从覆盖土层中扣除。

4.1.5 土层的等效剪切波速，应按下列公式计算：

$$v_{se}=d_0/t \tag{4.1.5.1}$$

$$t=\sum_{i=1}^{n}(d_i/v_{si}) \tag{4.1.5.2}$$

式中，v_{se}为土层等效剪切波速(m/s)；d_0 为计算深度(m)，取覆盖层厚度和 20 m 二者的较小值；t 为剪切波在地面至计算深度之间的传播时间；d_i 为计算深度范围内第 i 土层的厚度(m)；v_{si}为计算深度范围内第 i 土层的剪切波速(m/s)；n 为计算深度范围内土层的分层数。

4.1.6 建筑的场地类别，应根据土层等效剪切波速和场地覆盖层厚度按表 4.1.6 划分为四类。其中Ⅰ类分为Ⅰ$_0$、Ⅰ$_1$ 两个亚类。当有可靠的剪切波速和覆盖层厚度且其值处于表 4.1.6 所列场地类别的分界线附近时，应允许按插值方法确定地震作用计算所用的特征周期。

各类建筑场地的覆盖层厚度(单位：m) 表 4.1.6

岩石的剪切波速或土的等效剪切波速/(m/s)	场地类别				
	Ⅰ$_0$	Ⅰ$_1$	Ⅱ	Ⅲ	Ⅳ
$v_s>800$	0				
$500<v_s\leqslant800$		0			
$250<v_{se}\leqslant500$		<5	$\geqslant5$		
$150<v_{se}\leqslant250$		<3	3～50	>50	
$v_{se}\leqslant150$		<3	3～15	15～80	>80

注：表中 v_s 系岩石的剪切波速。

【例题 1】

某场地地质勘察资料如下：

①0～2.0 m，淤泥质土，f_{ak}＝110 kPa，v_s＝120 m/s；

②2.0～25.0 m，密实粗砂，f_{ak}＝380 kPa，v_s＝400 m/s；

③25.0～26.0 m，玄武岩，f_{ak}＝2 000 kPa，v_s＝800 m/s；

④26.0～40.0 m，密实含砾中砂，f_{ak}＝300 kPa，v_s＝350 m/s；

⑤40.0 m 以下，强风化粉砂质泥岩，f_{ak}＝800 kPa，v_s＝700 m/s。

该场地拟进行民用建筑住宅小区开发，按《建筑抗震设计规范》(GB 50011—2010)，其场地类别为(　　)。

(A) Ⅰ类　　(B) Ⅱ类　　(C) Ⅲ类　　(D) Ⅳ类

解

①场地覆盖层厚度：

层①与层②波速比为 400/120＝3.33＞2.5，但界面埋深为 2 m 且④层 v_s＝350 m/s＜400 m/s，2 m 不能定为覆盖层厚度。

强风化泥岩顶面为覆盖层界面，但应扣除玄武岩层厚度，因此，覆盖层厚度应取为40－1＝39(m)。

②场地等效剪切波速：

因覆盖层厚度为 39 m，大于 20 m，取计算深度 d_0＝20 m。

计算深度范围内各土层厚度：d_1＝2 m，d_2＝18 m。

计算等效剪切波速

$v_{se}=d_0/t=d_0/\sum(d_i/v_{si})=20/(2/120+18/400)=324.3(\text{m/s})$

等效剪切速应取 324.3 m/s。

场地类别按《建筑抗震设计规范》(GB 50011—2010)表 4.1.6 应划分为Ⅱ类。

例题解析

①确定覆盖层厚度时应注意以下 4 点。

a. v_s＞500 m/s，土层顶面埋深可定为覆盖层厚度。

b. 同时满足：(Ⅰ) $v_{si}/v_{si-1}>2.5,\cdots,v_{si}/v_{s1}>2.5$；

(Ⅱ)第 i 层顶面埋深大于 5 m；

(Ⅲ) $v_{si+1}\sim v_{sn}$ 均大于 400 m/s。

的土层顶面埋深可定为覆盖层厚度。

c. 以上两条以先满足者为覆盖层厚度。

d. 覆盖层厚度应扣除土层中火山岩硬夹层的厚度。

②计算等效剪切波速时的计算深度，应取覆盖层厚度与 20 m 的较小值。

③计算等效剪切波速时，应忽略 v_s＞500 m/s 的孤石及透镜体的影响。

④注意等效剪切波速与旧规范中按厚度进行加权平均剪切波速的区别。

【案例模拟题 1】

场地地层情况如下：

①0～6 m，淤泥质土，v_s＝130 m/s，f_{ak}＝120 kPa；

②6～8 m，粉土，v_s＝150 m/s，f_{ak}＝140 kPa；

③8～15 m，密实粗砂，v_s＝420 m/s，f_{ak}＝300 kPa；

④15 m 以下，泥岩，v_s＝1 000 m/s，f_{ak}＝800 kPa。

按《建筑抗震设计规范》(GB 50011—2010),其场地类别应为(　　)。

(A)Ⅰ类　(B)Ⅱ类　(C)Ⅲ类　(D)Ⅳ类

【案例模拟题 2】

某场地地层资料如下:

①0～12 m,黏土,$I_L=0.70$,$f_{ak}=120$ kPa;$v_s=130$ m/s;

②12～22 m,粉质黏土,$I_L=0.30$,$f_{ak}=210$ kPa;$v_s=260$ m/s;

③22 m 以下,泥岩,强风化,半坚硬状态,$f_{ak}=800$ kPa;$v_s=900$ m/s。

按《建筑抗震设计规范》(GB 50011—2010),该建筑场地类别应确定为(　　)。

(A)Ⅰ类　(B)Ⅱ类　(C)Ⅲ类　(D)Ⅳ类

【案例模拟题 3】

某场地地层资料如下:

①0～3 m,黏土,$v_s=150$ m/s;

②3～18 m,砾砂,$v_s=350$ m/s;

③18～20 m,玄武岩,$v_s=600$ m/s;

④20～27 m,黏土,$v_s=160$ m/s;

⑤27～32 m,黏土,$v_s=420$ m/s;

⑥32 m 以下,泥岩,$v_s=600$ m/s。

按《建筑抗震设计规范》(GB 50011—2010)。

①场地覆盖层厚度为(　　)。

(A)20 m　(B)25 m　(C)27 m　(D)30 m

②等效剪切波速为(　　)。

(A)234.5 m/s　(B)265.4 m/s　(C)286.4 m/s　(D)302.2 m/s

③场地类别为(　　)。

(A)Ⅰ类　(B)Ⅱ类　(C)Ⅲ类　(D)Ⅳ类

【案例模拟题 4】

某丁类建筑场地勘察资料如下:

①0～3 m 淤泥质土,$f_{ak}=130$ kPa;

②3～15 m 黏土,$f_{ak}=150$ kPa;

③15～18 m 密实粗砂,$f_{ak}=300$ kPa;

④18 m 以下,岩石。

按《建筑抗震设计规范》(GB 50011—2010),该场地类别为(　　)。

A. Ⅰ类　(B)Ⅱ类　(C)Ⅲ类　(D)Ⅳ类

9.1.2 按《水电工程水工建筑物抗震设计规范》(NB 35047—2015)划分场地类别

NB 35047—2015 的相关规定如下:

4.1.1 水工建筑物场地的选择,应在工程地质和水文地质勘察及地震活动性调研的基础上,按构造活动性、场地地基和边坡稳定性及发生次生灾害危险性等进行综合评价。应按表 4.1.1 划分为有利、一般、不利和危险地段。宜选择对建筑物抗震相对有利和一般地段、避开不利和危险地段;在不利与危险地段进行大坝建设,必须进行地震安全性充分论证。

各类地段的划分 表 4.1.1

地段类型	构造活动性	场地地基和边坡稳定性	发生次生灾害危险性
有利地段	近场区 25km 范围内无活动断层，场址地震基本烈度为Ⅵ度	好	小
一般地段	场址 5km 范围内无活动断层，场址地震基本烈度为Ⅶ度	较好	较小
不利地段	场址 5km 范围内有长度小于 10km 的活断层；有 M<5 级发震构造。场址地震基本烈度为Ⅷ度	较差	较大
危险地段	场址 5km 范围内有长度大于或等于 10km 的活动断层；有 M≥5 级的发震构造。场址地震基本烈度为Ⅸ度	差	大

4.1.2　水工建筑物开挖处理后的场地类型，宜根据土层剪切波速，按表 4.1.2 划分。

场地土类型的划分 表 4.1.2

场地土的类型	剪切波速范围 v_s/(m/s)	代表性岩土名称和性状
硬岩	$v_s>800$	坚硬、较硬且完整的岩石
软岩、坚硬场地土	$500<v_s\leqslant 800$	破碎和较破碎或软、较软的岩石，密实的砂卵石
中硬场地土	$250<v_s\leqslant 500$	中密、稍密的砂卵石，密实的粗砂、中砂、坚硬的黏土和粉土
中软场地土	$150<v_s\leqslant 250$	稍密的砾、粗、中砂，细砂和粉砂，一般黏土和粉土
软弱场地土	$v_s\leqslant 150$	淤泥，淤泥质土，松散的砂土，人工杂填土

注：1. 表中 v_s 为土层剪切波速，如场地有多层土，则取建基面下覆盖层各土层的等效剪切波速，依据公式 $v_s=\dfrac{d_0}{\sum\limits_{i=1}^{n} d_i/\nu_{si}}$ 计算。式中，d_0 为覆盖层厚度(m)；d_i 为覆盖层第 i 层土的厚度(m)；v_{si} 为覆盖层第 i 层土的剪切波速(m/s)；n 为覆盖层的分层数。

2. 覆盖层厚度 d_0 的确定：一般情况下，应按地面至剪切波速大于 500m/s 且其下卧各层岩土的剪切波速均不小于 500m/s 的土层顶面的距离确定；当地面 5m 以下存在剪切波速大于其上部各土层剪切波速 2.5 倍的土层，且该层及其下卧各层岩土的剪切波速均不小于 400m/s 时，可按地面至该土层顶面的距离确定。剪切波速大于 500m/s 的孤石、透镜体，应视同周围土层；当土层中含有硬夹层，应视为刚体，其厚度应从覆盖层厚度中扣除。

4.1.3　场地类别应根据场地土类型和场地覆盖层厚度，按表 4.1.3 划分为 I_0、I_1、Ⅱ、Ⅲ、Ⅳ共五类。

场地类别的划分 表 4.1.3

<table>
<tr><th rowspan="2">场地土类型</th><th colspan="7">覆盖层厚度 d_0/m</th></tr>
<tr><th>0</th><th>$0<d_0\leqslant 3$</th><th>$3<d_0\leqslant 5$</th><th>$5<d_0\leqslant 15$</th><th>$15<d_0\leqslant 50$</th><th>$50<d_0\leqslant 80$</th><th>$d_0>80$</th></tr>
<tr><td>硬岩</td><td>I_0</td><td colspan="6">—</td></tr>
<tr><td>软岩、坚硬场地土</td><td>I_1</td><td colspan="6">—</td></tr>
<tr><td>中硬场地土</td><td colspan="3">I_1</td><td colspan="4">Ⅱ</td></tr>
<tr><td>中软场地土</td><td></td><td>I_1</td><td colspan="3">Ⅱ</td><td colspan="2">Ⅲ</td></tr>
<tr><td>软弱场地土</td><td></td><td>I_1</td><td colspan="2">Ⅱ</td><td colspan="2">Ⅲ</td><td>Ⅳ</td></tr>
</table>

【例题 2】

某水利工程场地勘察资料如下：

①0～5 m，黏性土，$v_s=180$ m/s；

②5～12 m，中砂土，$v_s=230$ m/s；

③12～28 m，砾砂土，$v_s=420$ m/s；

④28 m 以下，基岩，$v_s=1600$ m/s。

建筑物基础埋深为 3 m，该场地土层的平均剪切波速及场地类别分别为（　　）。

(A)$v_s=251.3$ m/s，Ⅰ类　(B)$v_s=299.3$ m/s，Ⅱ类

(C)$v_s=313.9$ m/s，Ⅱ类　(D)$v_s=329.6$ m/s，Ⅳ类

解

①场地覆盖层厚度。

取 $v_s>500$m/s 的土层顶面作为覆盖层厚度，即 d_0 取 28 m。

②计算等效剪切波速。

$$v_s=\frac{d_0}{\sum\limits_{i=1}^{3}\frac{d_i}{v_{si}}}=\frac{28-3}{\frac{2}{180}+\frac{7}{230}+\frac{16}{420}}=313.9\ \text{m/s}$$

③场地类别划分。

由覆盖层厚度 $d_0=28$ m，$v_s=313.9$ m/s

查表得场地类别为Ⅱ类。

【例题解析】

①《水电工程水工建筑物抗震设计规范》中场地类别的划分与《公路工程抗震规范》(JTG B02—2013)、《建筑抗震设计规范》(GB 50011—2010)略有不同，应先计算土层剪切波速，根据剪切波速确定场地土类型，最后依据场地土类型和场地覆盖层厚度确定场地类别。

②计算等效剪切波速 v_s 时，应以建基面起算。

③计算等效剪切波速时，d_0 的取值没有 20 m 的限制，这与《建筑抗震设计规范》不同。

【案例模拟题 5】

某水工建筑物基础埋深为 2.0 m，场地地层资料如下：

①0～4.0 m，黏土，$I_L=0.4$，$v_s=160$ m/s；

②4.0～10.0 m，中砂土，中密，$v_s=220$ m/s；

③10～16 m，含砾粗砂，中密，$v_s=280$ m/s；

④16 m 以下，泥岩，中等风化，$v_s=800$ m/s。

按《水电工程水工建筑物抗震设计规范》(NB 35047—2015)，其场地类别应为（　　）。

(A)Ⅰ类　(B)Ⅱ类　(C)Ⅲ类　(D)Ⅳ类

【案例模拟题 6】

某水工建筑物基础埋深为 5 m，场地地层资料如下：

①0～3 m，黏土，$I_L=0.5$，$v_{s1}=150$ m/s；

②3～12 m，密实中砂，$v_{s2}=340$ m/s；

③12 m 以下，基岩，$v_{s3}=800$ m/s。

按《水电工程水工建筑物抗震设计规范》(NB 35047—2015)计算。

①平均剪切波速为(　　)。

(A)150 m/s　　(B)245 m/s　　(C)292.5 m/s　　(D)340 m/s

②场地类别为(　　)。

(A)Ⅰ类　　(B)Ⅱ类　　(C)Ⅲ类　　(D)Ⅳ类

9.2　地震液化判定

9.2.1　按《建筑抗震设计规范》(GB 50011—2010)判定饱和砂土及饱和粉土的液化

GB 50011—2010 的相关规定如下：

4.3.1　饱和砂土和饱和粉土(不含黄土)的液化判别和地基处理，6 度时，一般情况下可不进行判别和处理，但对液化沉陷敏感的乙类建筑可按 7 度的要求进行判别和处理，7～9 度时，乙类建筑可按本地区抗震设防烈度的要求进行判别和处理。

4.3.2　地面下存在饱和砂土和饱和粉土时，除 6 度外，应进行液化判别；存在液化土层的地基，应根据建筑的抗震设防类别、地基的液化等级，结合具体情况采取相应的措施。

注：本条饱和土液化判别要求不含黄土、粉质黏土。

4.3.3　饱和的砂土或粉土(不含黄土)，当符合下列条件之一时，可初步判别为不液化或不考虑液化影响：

①地质年代为第四纪晚更新世(Q_3)及其以前时，7 度、8 度时可判为不液化。

②粉土的黏粒(粒径小于 0.005 mm 的颗粒)含量百分率，7 度、8 度和 9 度分别不小于 10、13 和 16 时，可判为不液化土。

注：用于液化判别的黏粒含量系采用六偏磷酸钠作为分散剂测定，采用其他方法时应按有关规定换算。

③浅埋天然地基的建筑，当上覆非液化土层厚度和地下水位深度符合下列条件之一时，可不考虑液化影响：

$$d_u > d_0 + d_b - 2 \tag{4.3.3.1}$$

$$d_w > d_0 + d_b - 3 \tag{4.3.3.2}$$

$$d_u + d_w > 1.5d_0 + 2d_b - 4.5 \tag{4.3.3.3}$$

式中，d_w 为地下水位深度(m)，宜按设计基准期内年平均最高水位采用，也可按近期内年最高水位采用；d_u 为上覆盖非液化土层厚度(m)，计算时宜将淤泥和淤泥质土层扣除；d_b 为基础埋置深度(m)，不超过 2 m 时应采用 2 m；d_0 为液化土特征深度(m)，可按表 4.3.3采用。

液化土特征深度(单位：m)　　表 4.3.3

饱和土类别	7 度	8 度	9 度
粉土	6	7	8
砂土	7	8	9

注：当区域的地下水位处于变动状态时，应按不利的情况考虑。

4.3.4　当饱和砂土、粉土的初步判别认为需进一步进行液化判别时，应采用标准贯入试验判别法判别地面下 20 m 深度范围内土的液化；但对本规范第 4.2.1 条规定可不进行天然地基及基础的抗震承载力验算的各类建筑，可只判别地面下 15 m 范围内土的液化。当饱和土标准贯入锤击数(未经杆长修正)小于或等于液化判别标准贯入锤击数临界值时，应判为液化土。当有成熟经验时，尚可采用其他判别方法。

在地面下 20 m 深度范围内，液化判别标准贯入锤击数临界值可按下式计算

$$N_{cr}=N_0\beta[\ln(0.6d_s+1.5)-0.1d_w]\sqrt{3/\rho_c} \qquad (4.3.4)$$

式中，N_{cr}为液化判别标准贯入锤击数临界值；N_0 为液化判别标准贯入锤击数基准值，可按表 4.3.4采用；d_s 为饱和土标准贯入点深度(m)；d_w 为地下水位(m)；ρ_c 为黏粒含量百分率，当小于 3 或为砂土时，应采用 3；β 为调整系数，设计地震第一组取 0.80，第二组取 0.95，第三组取 1.05。

液化判别标准贯入锤击数基准值 N_0　　表 4.3.4

设计基本地震加速度(g)	0.10	0.15	0.20	0.30	0.40
液化判别标准贯入锤击数基准值	7	10	12	16	19

4.3.5　对存在液化土层、粉土层的地基，应探明各液化土层的深度和厚度，按下式计算每个钻孔的液化指数，并按表 4.3.5 综合划分地基的液化等级

$$I_{lE}=\sum_{i=1}^{n}\left(1-\frac{N_i}{N_{cri}}\right)d_iW_i \qquad (4.3.5)$$

式中，I_{lE}为液化指数；n 为在判别深度范围内每个钻孔标准贯入试验点的总数；N_i、N_{cri}分别为 i 点标准贯入锤击数的实测值和临界值，当实测值大于临界值时应取临界值，当只需要判别15 m范围以内的液化时，15 m 以下的实测值可按临界值采用；d_i 为 i 点所代表的土层厚度(m)，可采用与该标准贯入试验点相邻的上、下两标准贯入试验点深度差的一半，但上界不高于地下水位深度，下界不深于液化深度；W_i 为 i 土层单位土层厚度的层位影响权函数值(单位为m^{-1})。当该层中点深度不大于 5 m 时应采用 10，等于 20 m 时应采用零值，5～20 m时应按线性内插法取值。

液化等级与液化指数的对应关系　　表 4.3.5

液化等级	轻微	中等	严重
液化指数 I_{lE}	$0<I_{lE}\leqslant 6$	$6<I_{lE}\leqslant 18$	$I_{lE}>18$

【例题 3】

某建筑场地位于 8 度烈度区，场地土自地表至 7 m 为黏土，可塑状态，7 m 以下为松散砂土，地下水位埋深为 6 m，拟建建筑基础埋深为 2 m，场地处于全新世的一级阶地上，试按《建筑抗震设计规范》(GB 50011—2010)初步判断场地的液化性(　　)。

(A)液化　　(B)不液化　　(C)不确定　　(D)部分液化

解

土层时代为全新世，晚于第四系晚更新世；液化层为砂土，可不考虑粉粒含量对液化的影响；可按上覆非液化层厚度及地下水位埋深，初步判定场地的液化性。

①按上覆非液化层厚度判断

由规范表 4.3.3，查得 8 度烈度区砂土的液化土特征深度 d_0 为 8 m

$d_u=7$ m

$d_0+d_b-2=8+2-2=8$(m)　　$d_u \leqslant d_0+d_b-2$

②按地下水位深度判断

$d_w=6$ m

$d_0+d_b-3=8+2-3=7$(m)　　$d_w \leqslant d_0+d_b-3$

③按覆盖层厚度与地下水位综合判断

$d_u+d_w=7+6=13$

$1.5d_0+2d_b-4.5=1.5\times 8+2\times 2-4.5=11.5$

$d_u+d_w>1.5d_0+2d_b-4.5$

满足式(4.3.3.3)，因此，可不考虑该场地土液化影响。

答案(B)不液化为正确答案。

例题解析

①《建筑抗震设计规范》(GB 50011—2010)中判定液化可分两步，第一步为初步判别，第二步为进一步判别(复判)。

②初步判别时，当浅埋天然地基上的 d_u 与 d_w 符合式(4.3.3.1)、式(4.3.3.2)、式(4.3.3.3)之一时即可判为不液化。

③当地质年代为 Q_3 或 Q_3 以前时，7度、8度可判为不液化，9度需进一步判别土层液化可能性。

④对于粉土可按黏粒含量来初步判定其液化性，对于砂土的液化性可不考虑黏粒含量。

⑤非液化土层厚度一般自第一层可液化土层顶面算至地表，且应扣除淤泥或淤泥质土等软土层。

【案例模拟题7】

某民用建筑场地地层资料如下：

①0～3 m，黏土，$I_L=0.4$，$f_{ak}=180$ kPa；

②3～5 m，粉土，黏粒含量为18%，$f_{ak}=160$ kPa；

③5～7 m，细砂，黏粒含量15%，中密，$f_{ak}=200$ kPa；地质年代为 Q_4；

④7～9 m，密实砂土，$f_{ak}=380$ kPa，地质年代为 Q_3；

⑤9 m以下，基岩。

场地地下水位为2.0 m，基础埋深为2.0 m，位于8度烈度区，按《建筑抗震设计规范》(GB 50011—2010)进行初步判定，不能排除液化的土层有(　　)。

(A)一层　　(B)二层　　(C)三层　　(D)四层

【案例模拟题8】

某8度烈度区场地位于全新世一级阶地上，表层为可塑状态黏性土，厚度为5 m，下部为粉土，粉土黏粒含量为12%，地下水埋深为2 m，拟建建筑基础埋深为2.0 m，按《建筑抗震设计规范》(GB 50011—2010)初步判定场地液化性为(　　)。

(A)不能排除液化　　(B)不液化　　(C)部分液化　　(D)不能确定

【例题4】

某建筑场地位于冲积平原上，地下水位3.0 m，地表至5 m为黏性土，可塑状态，水位以上重度为19 kN/m³，水位以下重度为20 kN/m³，5 m以下为砂层，黏粒含量4%，稍密状态，标准贯入试验资料如下表所示，拟采用桩基础，设计地震分组为第一组，8度烈度，设计基本地震加速度为0.30g，根据《建筑抗震设计规范》(GB 50011—2010)判定砂土的液化性，不液化的点数为(　　)。

标准贯入深度/m	6	8	10	12	14	16	18
实测标准贯入击数	10	18	16	17	20	18	29

(A)1　　(B)2　　(C)3　　(D)4

解

①标准贯入锤击数基准值 $N_0=16$。

②本建筑不包括在第 4.2.1 条中,故液化判别深度取 20 m。

③液化判别标准贯入锤击数临界值 N_{cr} 计算如下。

计算公式：　$N_{cr}=N_0\beta[\ln(0.6d_s+1.5)-0.1d_w]\sqrt{3/\rho_c}$

测试深度为 6 m 时：$N_{cr}=16\times0.8\times[\ln(0.6\times6+1.5)-0.1\times3]\times\sqrt{3/3}=17$

测试深度为 8 m 时：$N_{cr}=16\times0.8\times[\ln(0.6\times8+1.5)-0.1\times3]\times\sqrt{3/3}=19.7$

测试深度为 10 m 时：$N_{cr}=16\times0.8\times[\ln(0.6\times10+1.5)-0.1\times3]\times\sqrt{3/3}=22$

测试深度为 12 m 时：$N_{cr}=16\times0.8\times[\ln(0.6\times12+1.5)-0.1\times3]\times\sqrt{3/3}=23.9$

测试深度为 14 m 时：$N_{cr}=16\times0.8\times[\ln(0.6\times14+1.5)-0.1\times3]\times\sqrt{3/3}=25.5$

测试深度为 16 m 时：$N_{cr}=16\times0.8\times[\ln(0.6\times16+1.5)-0.1\times3]\times\sqrt{3/3}=27$

测试深度为 18 m 时：$N_{cr}=16\times0.8\times[\ln(0.6\times18+1.5)-0.1\times3]\times\sqrt{3/3}=28.3$

④标准贯入锤击数临界值及实测值如下表所示。

测试点深度/m	6	8	10	12	14	16	18
标准贯入锤击数实测值	10	18	16	17	20	18	29
标准贯入锤击数临界值	17	19.7	22	23.9	25.5	27	28.3

比较标准贯入击数实测值与临界值可得出,测试点深度 18 m 时不液化,其余各点均液化,所以,不液化的点数为 1 个点。

例题解析

①符合本规范第 4.2.1 条的各类建筑液化判别深度一般为 15 m,否则,应判别到 20 m。

②进行液化判别时,实测标准贯入击数不进行杆长修正。

③β 为与设计地震分组有关的调整系数。

④当砂土或粉土的黏粒含量小于 3% 时,取 $\rho_c=3$。

【案例模拟题 9】

某砂土场地建筑物按《建筑抗震设计规范》(GB 50011—2010)规定可不进行天然地基和基础的抗震承载力验算,拟采用浅基础,基础埋深为 2.0 m,地层资料如下:0～5 m,黏土,可塑状态;5 m 以下为中砂土,中密状态。地下水位为 4.0 m,地震烈度为 8 度,设计基本地震加速度值为 0.2g,设计地震分组为第二组,标准贯入记录如下表所示。

测试点深度/m	9	11	13	15	17	18
实测标准贯入击数	12	10	15	16	20	30

按《建筑抗震设计规范》(GB 50011—2010)对场地的砂土液化性进行复判,该场地的 6 个测试点中液化的有(　　)个点。

(A)5　　(B)4　　(C)3　　(D)2

【案例模拟题 10】

某民用建筑采用浅基础,基础埋深为 2.5 m,场地位于 7 度烈度区,设计基本地震加速度为 0.10g，设计地震分组为第一组，地下水位埋深为 3.0 m，地层资料如下：

①0～10 m 粉土，$f_{ak}=120$ kPa；

②10～25 m 砂土，稍密状态，$f_{ak}=200$ kPa。

标准贯入资料如下表所示。

测试点深度/m	12	14	16	18
实测标准贯入击数	8	13	12	17

按《建筑抗震设计规范》(GB 50011—2010)判定，在 4 个测试点中液化点为(   )个。

(A)1　　(B)2　　(C)3　　(D)4

【例题 5】

场地地层及其他条件同例题 4，按《建筑抗震设计规范》(GB 50011—2010)，地基的液化等级为(   )。

(A)轻微　　(B)中等　　(C)严重　　(D)很严重

解

①确定各液化的测试点所代表的土层厚度及土层中心点位置，如下表所示。

测点深度 d_s/m	6	8	10	12	14	16
代表土层上界/m	5	7	9	11	13	15
代表土层下界/m	7	9	11	13	15	17
代表土层厚度/m	2	2	2	2	2	2
代表土层中点深度/m	6	8	10	12	14	16

②确定单位土层厚度的层位影响权函数值 W_i

因判别深度为 20 m，按下式计算权函数：

$$W_i=\begin{cases}(2/3)(20-d_s) & 5<d_s\leqslant 20\\ 10 & 0<d_s\leqslant 5\end{cases}$$

计算过程及结果如下：

$$d_s=6\text{ 时},W_i=(2/3)(20-6)=9.33$$

$$d_s=8\text{ 时},W_i=(2/3)(20-8)=8$$

$$d_s=10\text{ 时},W_i=(2/3)(20-10)=6.67$$

$$d_s=12\text{ 时},W_i=(2/3)(20-12)=5.33$$

$$d_s=14\text{ 时},W_i=(2/3)(20-14)=4$$

$$d_s=16\text{ 时},W_i=(2/3)(20-16)=2.67$$

③计算标准贯入锤击数临界值 N_{cr}。

按例题 4 的方法计算标准贯入锤击数临界值，结果如下表所示。

测点深度 d_s/m	6	8	10	12	14	16	18
标准贯入锤击数临界值 N_{cri}	17	19.7	22	23.9	25.5	27	28.3
标准贯入锤击数实测值 N_i	10	18	16	17	20	18	29

④计算钻孔的液化指数 I_{lE}。

$$I_{lE}=\sum_{i=1}^{n}(1-\frac{N_i}{N_{cri}})d_iW_i$$

$$=[(1-\frac{10}{17})\times 2\times 9.33]+[(1-\frac{18}{19.7})\times 2\times 8]+[(1-\frac{16}{22})\times 2\times 6.67]+$$

$$[(1-\frac{17}{23.9})\times2\times5.33]+[(1-\frac{20}{25.5})\times2\times4]+[(1-\frac{18}{27})\times2\times2.67]+$$

$$[(1-\frac{28.3}{28.3})\times3\times1.0]$$

$$=19.29$$

判别深度为20 m时液化等级严重。

例题解析

①权函数 W_i 的取值方法应注意以下几点。

a. 当判别深度为20 m时：

$$W_i=\begin{cases}(2/3)(20-d_s) & 5<d_s\leqslant20\\10 & 0<d_s\leqslant5\end{cases}$$

b. 当 i 点代表的土层上界小于5 m且下界大于5 m时，宜从5 m处分为2层计算。

c. i 点代表的土层小于5 m时，$W_i=10$；i 点代表的土层大于5 m时，W_i 取土层上界权函数和下界权函数的平均值，即土层中点处权函数值。

②当 $N_i>N_{cri}$，即土层不液化时，取 $N_i=N_{cri}$ 代入公式计算，即不液化土层的液化指数为零。

【案例模拟题11】

长春市某可不进行天然地基和基础的抗震承载力验算的民用建筑拟采用浅基础，基础埋深为2.0 m，场地地下水埋深3.0 m，ZK-2钻孔资料如下：0～4.0 m为黏土，硬塑状态，4.0 m以下为中砂土，中密状态，标准贯入试验结果如下表所示。按《建筑抗震设计规范》(GB 50011—2010)要求，该场地中ZK-2钻孔的液化指数应为(　　)。

ZK-2钻孔标准贯入试验记录表

标准贯入点深度(m)	6	8	10	12	16	18
实测标准贯入击数	5	5	6	7	12	16

(A)20.8　　(B)27.1　　(C)35.7　　(D)43.32

【案例模拟题12】

某民用建筑场地位于吉林省松原市，场地中某钻孔资料如下表所示。

土层编号	土层埋深/m	土层名称	测试点深度(m)	实测标准贯入击数 N_i	地质年代	黏粒含量	备注
1	0.0～8.0	黏土	2.0	10	Q_4	25%	
			4.0	11			
			6.0	13			
2	8.0～10.0	粉土	8.5	9	Q_4	14%	
			9.5	8			
3	10.0～17.0	中砂土	12	10	Q_4	6.2%	
			14	11			
			16	12			
4	17.0～25	粗砂土	18	12	Q_3	2%	
			20	16			

地下水位埋深4.5 m，采用浅基础，基础埋深4.0 m。基础宽度2.0 m。

该钻孔的液化指数 I_{lE} 应为(　　)。

(A)4.4　　(B)4.9　　(C)5.4　　(D)11.6

9.2.2 按《公路工程抗震规范》(JTG B02—2013)判定饱和砂土及粉土的液化

JTG B02—2013 的相关规定如下。

4.3.1 存在饱和砂土或粉土(不含黄土)的地基,应进行液化判别,确定其等级和程度。存在液化土层的地基,应根据公路工程构筑物的重要性和地基液化等级,采取相应措施。

4.3.2 一般地基地面以下 15 m,桩基和基础埋置深度大于 5 m 的天然地基地面以下 20 m 范围内有饱和砂土或饱和粉土(不含黄土),符合下列条件之一时,可判定为不液化或不需考虑液化影响:

①设计基本地震动峰值加速度为 0.10g(0.15g)、0.20g(0.30g),且地质年代为第四纪晚更新世(Q_3)及其以前的地区。

②设计基本地震动峰值加速度为 0.10g(0.15g)、0.20g(0.30g)和 0.40g 的地区,粉土中的黏粒(粒径小于 0.005 mm 的颗粒)含量分别不小于 10%、13%、16%。

③上覆非液化土层厚度或地下水埋藏深度符合下列条件之一:

$$d_u > d_0 + d_b - 2 \tag{4.3.2-1}$$

$$d_w > d_0 + d_b - 3 \tag{4.3.2-2}$$

$$d_u + d_w > 1.5d_0 + 2d_b - 4.5 \tag{4.3.2-3}$$

式中,d_w 为地下水位深度(m),按设计基准期内年平均最高水位采用,也可按近期年最高水位采用;d_u 为扣除淤泥和淤泥质土层厚度后的上覆非液化土层厚度(m);d_b 为基础埋置深度(m),不超过 2 m 时应采用 2 m;d_0 为液化土特征深度(m),可按表 4.3.2 采用。

液化土特征深度 d_0(单位:m)　　表 4.3.2

饱和土类别	设计基本地震动峰值加速度		
	0.10g(0.15g)	0.20g(0.30g)	0.40g
粉土	6	7	8
砂土	7	8	9

4.3.3 当不能判别为不液化或不需考虑液化影响,需进一步进行液化判别时,应采用标准贯入试验进行地面下 15 m 深度范围内土的液化判别;采用桩基或基础埋深大于 5 m 的基础时,还应进行地面下 15~20 m 范围内土的液化判别。当饱和土标准贯入锤击数(未经杆长修正)小于液化判别标准贯入锤击数临界值 N_{cr} 时,应判为液化土。有成熟经验时,也可采用其他判别方法。液化判别标准贯入锤击数临界值的计算,应符合下列规定:

①在地面下 15 m 深度范围内,液化判别标准贯入锤击数临界值可按下式计算:

$$N_{cr} = N_0[0.9 + 0.1(d_s - d_w)]\sqrt{\frac{3}{\rho_c}} \tag{4.3.3-1}$$

②在地面下 15~20 m 范围内,液化判别标准贯入锤击数临界值可按下式计算:

第9章 地震工程

$$N_{cr}=N_0(2.4-0.1d_w)\sqrt{\frac{3}{\rho_c}} \tag{4.3.3-2}$$

式中，N_{cr}为修正的液化判别标准贯入锤击数临界值；N_0为液化判别标准贯入锤击数基准值，应按表4.3.3采用；d_s为饱和土标准贯入点深度(m)；ρ_c为黏粒含量百分率(%)，当小于3或为砂土时，应采用3。

液化判别标准贯入锤击数基准值 N_0 表4.3.3

区划图上的特征周期/s	设计基本地震动峰值加速度		
	0.10g(0.15g)	0.20g(0.30g)	0.40g
0.35	6(8)	10(13)	16
0.40、0.45	8(10)	12(15)	18

注：1. 特征周期根据场地位置在现行《中国地震动参数区划图》(GB 18306)上查取。

2. 括号内数值用于设计基本地震动峰值加速度为0.15g和0.30g的地区。

4.3.4 存在液化土层的地基，应探明各液化土层的深度和厚度，计算每个钻孔的液化指数，按表4.3.4综合划分地基的液化等级。液化指数可按下式计算：

$$I_{lE}=\sum_{i=1}^{n}(1-\frac{N_i}{N_{cri}})d_iW_i \tag{4.3.4}$$

式中，I_{lE}为液化指数；n为在判别深度范围内钻孔的标准贯入试验点总数；N_i为第i点标准贯入锤击数的实测值，当实测值大于临界值时应取临界值的数值；N_{cri}为第i点标准贯入锤击数的临界值；d_i为第i点所代表的土层厚度(m)，可采用与该标准贯入试验点相邻的上、下两标准贯入试验点深度差的一半，但上界不高于地下水位深度，下界不深于液化深度；W_i为第i土层单位土层厚度的层位影响权函数值(m^{-1})，若判别深度为15 m，当该层中点深度不大于5 m时应取10，等于15 m时取0，5～15 m按线性内插法取值；若判别深度为20 m，当该层中点深度不大于5 m时取10，等于20 m时取0，5～20 m时按线性内插法取值。

地基液化等级 表4.3.4

液化等级	轻微	中等	严重
判别深度为15 m的液化指数	$0<I_{lE}\leqslant5$	$5<I_{lE}\leqslant15$	$I_{lE}>15$
判别深度为20 m的液化指数	$0<I_{lE}\leqslant6$	$6<I_{lE}\leqslant18$	$I_{lE}>18$

4.4.1 非液化地基的桩基，进行抗震验算时，柱桩的地基抗震容许承载力调整系数可取1.5，摩擦桩的地基抗震容许承载力调整系数可根据地基土类别按表4.2.2取值。采用荷载试验确定单桩竖向承载力时，单桩竖向承载力可提高50%，桩基的单桩水平承载力可提高25%。

4.4.2 地基内有液化土层时，液化土层的承载力(包括桩侧摩阻力)、土抗力(地基系数)、内摩擦角和黏聚力等应按表4.4.2进行折减。表4.4.2中，液化抵抗系数C_e值应按下式计算确定：

$$C_e=\frac{N_1}{N_{cr}} \tag{4.4.2}$$

式中，C_e为液化抵抗系数；N_1为实际标准贯入锤击数；N_{cr}为经修正的液化判别标准贯入锤击数临界值。

土层的液化影响折减系数 表 4.4.2

C_e	深度/m	折减系数
$C_e \leqslant 0.6$	$d_s \leqslant 10$	0
	$10 < d_s \leqslant 20$	1/3
$0.6 < C_e \leqslant 0.8$	$d_s \leqslant 10$	1/3
	$10 < d_s \leqslant 20$	2/3
$0.8 < C_e \leqslant 1.0$	$d_s \leqslant 10$	2/3
	$10 < d_s \leqslant 20$	1

4.4.3 桩基承台全部或局部处于液化土层中时，承台基坑应回填并夯实。回填土为砂土或粉土时，夯实后土层的标准贯入锤击数不应小于本规范第 4.3.3 条规定的液化判别标准贯入锤击数临界值。

【例题 6】

某公路工程位于河流一级阶地上，阶地由第四系全新统冲积砂层及粉土层组成，粉土层黏粒含量为 12%，场地地震烈度为 8 度，基础埋深为 2.0 m，地下水位为 4.0 m，地层资料如下：

0～6 m，粉质黏土，$I_L = 0.4$；

6～8 m，粉土；

8 m 以下，含砾粗砂土。

按《公路工程抗震规范》(JTG B02—2013)有关要求，该场地可初步判定为(　　)场地。

(A)液化　　(B)不液化

(C)需考虑液化影响　　(D)可不考虑液化影响

解

按《公路工程抗震规范》(JTG B02—2013)要求，对场地进行液化初判时分以下三步进行。

①地质年代。

场地中为第四系全新统冲积层，其时代晚于 Q_3，需要考虑液化影响。

②粉土的黏粒含量。

场地位于 8 度烈度区，粉土不产生液化的临界黏粒含量为 13%，大于粉土的实际黏粒含量，需考虑液化影响。

③按 d_u、d_w 判断

对粉土，由题意可知，$d_u = 6.0$ m，$d_w = 4.0$ m，$d_b = 2.0$ m，$d_0 = 7.0$ m

$d_u = 6.0 < d_0 + d_b - 2 = 7$

$d_w = 4.0 < d_0 + d_b - 3 = 6$

$d_u + d_w = 10 = 1.5d_0 + 2d_b - 4.5 = 10$

可知粉土层初判需考虑液化影响。

对砂土，由题意可知，$d_u = 6.0$ m，$d_w = 4.0$ m，$d_b = 2.0$ m，$d_0 = 8.0$ m

$d_u = 6.0 < d_0 + d_b - 2 = 8$

$d_w = 4.0 < d_0 + d_b - 3 = 7$

$d_u + d_w = 10 < 1.5d_0 + 2d_b - 4.5 = 11.5$

可知，粗砂土层初判需考虑液化影响。

该场地初判为需考虑液化影响。答案(C)正确。

例题解析

砂土液化初判时需考虑时代、上覆非液化土层厚度及地下水位埋深两方面，粉土液化初判时除上述两点外，还应考虑黏粒含量对液化的影响。

【案例模拟题 13】

某公路工程位于河流一级阶地上，阶地由第四系全新统冲积层组成，表层 0～5 m 为粉质黏土，下部为粉土，粉土中黏粒含量为 14%，场地位于 8 度烈度区，地下水位为 3.0 m，该场地按《公路工程抗震规范》(JTG B02—2013)有关要求，对该场地进行地震液化，初步判定的结果应为(　　)。

(A)液化　　(B)不液化

(C)需考虑液化影响　　(D)不确定

【案例模拟题 14】

某公路工程位于河流高漫滩上，地质年代为第四系全新统，地质资料如下：0～8.0 m，粉质黏土；8.0～16.0 m，砂土，黏粒含量为 14%，稍密；16 m 以下为基岩。地下水埋深为 2.0 m，基础埋深为 2.0 m，地震烈度为 8 度，该场地液化初步判别结果为(　　)。

(A)液化　　(B)需考虑液化影响

(C)不液化　　(D)不考虑液化影响

【例题 7】

场地条件及土层勘探测试资料同例题 4，场地特征周期为 0.35 s，按《公路工程抗震规范》(JTG B02—2013)判定土层的液化性时应为(　　)。

(A)全部液化　　(B)部分层位液化

(C)不液化　　(D)不确定

解

①标准贯入锤击数基准值 $N_0=13$。

②基础为桩基础，故液化判别深度取 20 m。

③液化判别标准贯入锤击数临界值 N_{cr} 计算如下。计算公式为：

$$15\text{ m 范围内}：N_{cr}=N_0[0.9+0.1(d_s-d_w)]\sqrt{\frac{3}{\rho_c}}$$

$$15\sim20\text{ m 范围内}：N_{cr}=N_0(2.4-0.1d_w)\sqrt{\frac{3}{\rho_c}}$$

测试深度为 6 m 时：$N_{cr}=13\times[0.9+0.1\times(6-3)]\times\sqrt{\frac{3}{3}}=15.6$

测试深度为 8 m 时：$N_{cr}=13\times[0.9+0.1\times(8-3)]\times\sqrt{\frac{3}{3}}=18.2$

测试深度为 10 m 时：$N_{cr}=13\times[0.9+0.1\times(10-3)]\times\sqrt{\frac{3}{3}}=20.8$

测试深度为 12 m 时：$N_{cr}=13\times[0.9+0.1\times(12-3)]\times\sqrt{\frac{3}{3}}=23.4$

测试深度为 14 m 时：$N_{cr}=13\times[0.9+0.1\times(14-3)]\times\sqrt{\frac{3}{3}}=26$

测试深度为 16 m、18 m 时：$N_{cr}=13\times(2.4-0.1\times3)\times\sqrt{\frac{3}{3}}=27.3$

④标准贯入锤击数临界值及实测值如下表所示。

测试点深度/m	6	8	10	12	14	16	18
标准贯入锤击数实测值	10	18	16	17	20	18	29
标准贯入锤击数临界值	15.6	18.2	20.8	23.4	26.0	27.3	27.3

比较标准贯入锤击数与临界值可得出，测试点深度 18 m 时不液化，其余各点均液化。

例题解析

①15 m 范围内、15～20 m 范围内标准贯入锤击数临界值计算公式不同。

②标准贯入锤击数基准值，按设计基本地震动峰值加速度和特征周期确定。

【案例模拟题 15】

某桥址位于一级阶地上，表层 0～2 m 为粉质黏土，$\gamma=19\ kN/m^3$，2～10 m 为中砂土，黏粒含量微量，10 m 以下为卵石土。桥址区地震烈度为 8 度，设计基本地震动峰值加速度为 0.2g，特征周期为 0.35 s，地下水位为 3.0 m，标准贯入记录如下表所示。

测试点埋深/m	3	6	9
实测标准贯入锤击数	12	13	14

按《公路工程抗震规范》(JTG B02—2013)相关要求，3 个测试点中有(　　)个点可能发生液化。

(A)0　　(B)1　　(C)2　　(D)3

【例题 8】

某砂土场地地下水埋深为 2.0 m，砂土为中砂与粗砂互层，黏粒含量微量，场地位于 8 度，设计基本地震动峰值加速度为 0.30g，场地特征周期为 0.35 s，在 8.0 m 处进行标准贯入试验，测得锤击数为 16 击，该测试点处砂层是否液化，如液化，砂层的承载力折减系数应为(　　)。

(A)0　　(B)1/3　　(C)2/3　　(D)1

解

①计算液化临界标准贯入锤击数 N_{cr}。

由表 4.3.3，液化判别标准贯入锤击数基准值为 13，计算公式为：

$$15m\ 范围内：N_{cr}=N_0[0.9+0.1(d_s-d_w)]\sqrt{\frac{3}{\rho_c}}$$

$$测试深度为\ 8.0m\ 时：N_{cr}=13\times[0.9+0.1\times(8-3)]\times\sqrt{\frac{3}{3}}=18.2$$

②计算土层的液化抵抗系数。

$$C_e=\frac{N_1}{N_{cr}}=\frac{16}{18.2}=0.88$$

③由 $C_e=0.88$，$d_s=8.0$ m，查表 4.4.2 可知，折减系数为 2/3。

场地液化砂土层承载力折减系数为 2/3。

例题解析

①确定折减系数时首先应判断测试点是否液化，即需要计算 N_{cr}。

②当 $N_1<N_{cr}$ 时，按表 4.4.2 确定折减系数。

【案例模拟题 16】

某公路小桥场地地下水埋深为 1.0 m，场地由中砂土组成，黏粒含量约为 0，场地设计地震动峰值加速度为 0.40g，场地特征周期为 0.40 s，在 4.0 m 处进行标准贯入试验时测得锤击数为 23 击，该测试点处砂层内摩擦角折减系数应为(　　)。

(A)0　　(B)1/3　　(C)2/3　　(D)1

【案例模拟题 17】

某公路工程场地资料如下：

①0～8 m，黏土，硬塑，$I_L=0.4$；

②8～14 m，中砂土，稍密；

③14 m 以下为基岩。

层②中砂土为液化砂土层，实测的标准贯入锤击数 N_1 及临界标准贯入锤击数 N_{cr} 分别见下表。

测试点深度 d_s/m	9	11	13
实测标准贯入锤击数 N_1	7.1	10.3	11.4
临界标准贯入锤击数 N_{cr}	12.8	13.6	15.4

地下水位埋深为 4.0 m，采用桩基础，按《公路工程抗震规范》(JTG B02—2013)计算桩侧阻力时，砂层的平均折减系数为(　　)。

(A)1/9　　(B)4/9　　(C)1/3　　(D)2/3

【案例模拟题 18】

某公路工程位于 8 度烈度区，设计基本地震动峰值加速度为 0.20g，特征周期为0.35 s，基础埋深为 2.0 m，场地地下水位为 5.0 m，地质资料见下表。

土层编号	土层名称	层底埋深/m	土层厚度/m	标准贯入点深度 d_s/m	实测标准贯入击数 $N_{63.5}$	重度/(kN/m³)	黏粒含量	时代	备注
1	粉质黏土	0～5	5	4	13	19	24%	Q_4	
2	细砂土	5～10	5	8	8	20	8%	Q_4	
3	粉土	10～15	5	13	16	20	16%	Q_4	
4	中砂土	15～25	10	18	27	20	5%	Q_3	

按《公路工程抗震规范》(JTG B02—2013)。

① 可能发生液化的土层有(　　)层。

(A)1　　(B)2　　(C)3　　(D)4

② 第 2 层的液化折减系数为(　　)。

(A)0　　(B)1/3　　(C)2/3　　(D)1

9.2.3 按《水利水电工程地质勘察规范》(GB 50487—2008)判定土的液化

GB 50487—2008 的相关规定如下。

附录 P　土的液化判别

P.0.1　地震时饱和无黏性土和少黏性土的液化破坏，应根据土层的天然结构、颗粒组成、松密程度、地震前和地震时的受力状态、边界条件和排水条件以及地震历时等因素，结合现场勘察和室内试验综合分析判定。

P.0.2　土的地震液化判定工作可分初判和复判两个阶段。初判应排除不会发生地震液化的土层。对初判可能发生液化的土层，应进行复判。

P.0.3　土的地震液化初判应符合下列规定。

①地层年代为第四纪晚更新世(Q_3)或以前的土,可判为不液化。

②土的粒径小于5 mm颗粒含量的质量百分率小于或等于30%时,可判为不液化。

③对粒径小于5 mm颗粒含量质量百分率大于30%的土,其中粒径小于0.005 mm的颗粒含量质量百分率(ρ_c)相应于地震动峰值加速度为0.10g、0.15g、0.20g、0.30g和0.40g,分别不小于16%、17%、18%、19%和20%时,可判为不液化;当黏粒含量不满足上述规定时,可通过试验确定。

④工程正常运用后,地下水位以上的非饱和土,可判为不液化。

⑤当土层的剪切波速大于下式计算的上限剪切波速时,可判为不液化。

$$v_{st}=291\sqrt{K_H Z r_d} \tag{P.0.3.1}$$

式中,v_{st}为上限剪切波速度(m/s);K_H为地震动峰加速度系数;Z为土层深度(m);r_d为深度折减系数。

⑥地震动峰值加速度可按现行国家标准《中国地震动参数区划图》(GB 18306)查取,或可采用场地地震安全性评价结果。

⑦深度折减系数可按下列公式计算:

$$Z=0\sim10\ \text{m},r_d=1.0-0.01Z \tag{P.0.3.2}$$

$$Z=10\sim20\ \text{m},r_d=1.1-0.02Z \tag{P.0.3.3}$$

$$Z=20\sim30\ \text{m},r_d=0.9-0.01Z \tag{P.0.3.4}$$

P.0.4　土的地震液化复判应符合下列规定:

1.标准贯入锤击数法

①符合下式要求的土应判为液化土:

$$N_{63.5}<N_{cr} \tag{P.0.4.1}$$

式中,$N_{63.5}$为工程运用时,标准贯入点在当时地面以下d_s(m)深度处的标准贯入锤击数;N_{cr}为液化判别标准贯入锤击数临界值。

②当标准贯入试验贯入点深度和地下水位在试验地面以下的深度,不同于工程正常运用时,实测标准贯入锤击数应按下式进行校正,并应以校正后的标准贯入锤击数N作为复判依据。

$$N=N'\left(\frac{d_s+0.9d_w+0.7}{d'_s+0.9d'_w+0.7}\right) \tag{P.0.4.2}$$

式中,N'为实测标准贯入锤击数;d_s为工程正常运用时,标准贯入点在当时地面以下的深度(m);d_w为工程正常运用时,地下水位在当时地面以下的深度(m),当地面淹没于水面以下时,d_w取0;d'_s为标准贯入试验时,标准贯入点在当时地面以下的深度(m);d'_w为标准贯入试验时,地下水位在当时地面以下的深度(m),若当时地面淹没于水面以下时,d'_w取0。

校正后标准贯入锤击数和实测标准贯入锤击数均不进行钻杆长度校正。

③液化判别标准贯入锤击数临界值应根据下式计算:

$$N_{cr}=N_0[0.9+0.1(d_s-d_w)]\sqrt{\frac{3\%}{\rho_c}} \tag{P.0.4.3}$$

式中，ρ_c 为土的黏粒含量质量百分率(%)，当 $\rho_c<3\%$，ρ_c 取 3%；N_0 为液化判别标准贯入锤击数基准值；d_s 为当标准贯入点在地面以下 5 m 以内的深度时，应采用 5 m 计算。

④液化判别标准贯入锤击数基准值 N_0，按表 P.0.4.1 取值。

液化判别标准贯入锤击数基准值 表 P.0.4.1

地震动峰值加速度	0.10g	0.15g	0.20g	0.30g	0.40g
近震	6	8	10	13	16
远震	8	10	12	15	18

注：当 $d_s=3$ m、$d_w=2$ m、$\rho_c\leqslant 3\%$ 时的标准贯入锤击数称为液化标准贯入锤击数基准值。

⑤式(P.0.4.3)只适用于标准贯入点在地面以下 15 m 以内的深度，大于 15 m 的深度内有饱和砂或饱和少黏性土，需要进行地震液化判别时，可采用其他方法判定。

⑥当建筑物所在地区的地震设防烈度比相应的震中烈度小 2 度或 2 度以上时定为远震，否则为近震。

⑦测定土的黏粒含量时应采用六偏磷酸钠作分散剂。

2. 相对密度复判法

当饱和无黏性土(包括砂和粒径大于 2 mm 的砂砾)的相对密度不大于表 P.0.4.2 中的液化临界相对密度时，可判为可能液化土。

饱和无黏性土的液化临界相对密度 表 P.0.4.2

地震动峰值加速度	0.05g	0.10g	0.20g	0.40g
液化临界相对密度 $(D_r)_{cr}$/(%)	65	70	75	85

3. 相对含水率或液性指数复判法

①当饱和少黏性土的相对含水率大于或等于 0.9 时，或液性指数大于或等于 0.75 时，可判为可能液化土。

②相对含水率应按下式计算：

$$W_u=\frac{W_s}{W_L} \qquad (P.0.4.4)$$

式中，W_u 为相对含水率(%)；W_s 为少黏性土的饱和含水率(%)；W_L 为少黏性土的液限含水率(%)。

③液性指数应按下式计算：

$$I_L=\frac{W_s-W_p}{W_L-W_p} \qquad (P.0.4.5)$$

式中，I_L 为液性指数；W_p 为少黏性土的塑限含水率(%)。

【例题 9】

某水工建筑物场地位于第四系全新世冲积层上，场地位于 9 度烈度区，地震动峰值加速度为 0.40g，蓄水后场地将被淹没，场地土层为两层，第一层为 0～10.0 m，粉砂土，中密，剪切波速为 160 m/s，第二层为 10～14 m，粗砂土，中密，剪切波速为 190 m/s，下伏白垩系泥岩，场地中砂土分选较好，无砾粒成分，黏粒含量微量。该场地土的地震液化初判结果应为(　　)。

(A)不能排除液化

(B)全部不液化

(C)第一层不能排除液化，第二层不液化

(D)第二层不能排除液化，第一层不液化

解

1. 初判(第一步)

①场地为第四系全新世冲积层，时代晚于晚更新世；

②土层分选均匀，粉砂土与粗砂土中小于5 mm的颗粒含量不小于30%；

③黏粒含量微量；

④位于地下水位以下。

从以上四点均不能排除场地的液化性。

2. 初判(第二步)

①深度折减系数 r_d

第一层：$r_d = 1.0 - 0.01Z = 1.0 - 0.01 \times (10+0) \times \frac{1}{2} = 0.95$

第二层：$r_d = 1.1 - 0.02Z = 1.1 - 0.02(14+10) \times \frac{1}{2} = 0.86$

②上限剪切波速 v_{st}

第一层：$v_{st1} = 291\sqrt{K_H Z r_d} = 291 \times \sqrt{0.4 \times 5 \times 0.95} = 401.1(\text{m/s})$

第二层：$v_{st2} = 291\sqrt{K_H Z r_d} = 291 \times \sqrt{0.4 \times 12 \times 0.86} = 591.2(\text{m/s})$

$v_{s1} = 160$ m/s，小于上限剪切波速 $v_{st1} = 401.1$ m/s。

$v_{s2} = 190$ m/s，小于上限剪切波速 $v_{st2} = 591.2$ m/s。

因此，场地土均不能排除液化可能性，需进行复判。

例题解析

①水工建筑物建筑场地土层液化初步判别应从地层时代、粗颗粒含量、黏粒含量、饱水与否及土层剪切波速等五个方面综合判定。当符合五条中的一条时，即可判为不液化；如五条全不符合时，则可能发生液化，这时需对土层液化性作进一步判定。

②进行液化复判时应采用标准贯入锤击数法，对饱和无黏性土亦可采用相对密度复判法，对饱和少黏性土亦可采用相对含水率或液性指数复判法。

③无黏性土是指黏粒含量小于3%，且塑性指数亦小于3的土；少黏性土是指黏粒含量虽大于3%，但小于25%，塑性指数大于3且小于15的土。

【案例模拟题19】

某水工建筑物场地位于第四系全新统冲积层上，该地区地震烈度为9度，地震动峰值加速度为0.40g，蓄水后场地位于水面以下，场地中0～5.0 m为黏性土，5.0～9.0 m为砂土，砂土中大于5 mm的粒组质量百分含量为31%，小于0.005 mm的黏粒含量为13%，砂土层波速测试结果为 $V_p = 360$ m/s；$V_s = 160$ m/s；9.0 m以下为岩石。该水工建筑物场地土的液化性可初步判定为(　　)。

(A)有液化可能性

(B)不液化

(C)不能判定

(D)不能排除液化可能性

【例题 10】

某水库坝址区位于 8 度烈度区，可只考虑近震影响，场地中第一层：0～5 m 为少黏性土，$W_L=34$；$W_p=21$，$\gamma_{sat}=19\ kN/m^3$；$G_s=2.70$；$W=28$，黏粒含量为 16%，下伏岩石层。试判断该场地在受库水淹没的情况下场地土的液化性为(　　)。

(A)液化　　(B)不液化　　(C)不能判定

解

①少黏性土的饱和含水率 W_s

$$W_s=\frac{S_r(G_s\rho_w-\rho)}{G_s(\rho-0.01S_r\rho_w)}=\frac{100\times(2.7\times1-1.9)}{2.7\times(1.9-0.01\times100\times1)}=32.9$$

②相对含水率 W_u

$$W_u=W_s/W_L=32.9/34=0.97$$

③液性指数 I_L

$$I_L=\frac{W_s-W_p}{W_L-W_p}=\frac{32.9-21}{34-21}=0.92$$

该黏土层黏粒含量 ρ 大于 3% 且小于 25%；塑性指数 I_p 大于 3 且小于 15；为少黏性土，且 $W_u>0.9$；$I_l>0.75$；因此，土层为液化土层。

例题解析

①《水利水电工程地质勘察规范》(GB 50487—2008)中规定，在进行土液化性复判时，可采用标准贯入锤击数法，相对密度复判法及相对含水率或液性指数复判法三种方法。

②标准贯入锤击数法一般适用于深度在 15 m 以内的土的液化性判别。

③相对密度复判法可适用于砂和粒径大于 2 mm 的砂砾的无黏性土液化判别，并可用于控制无黏性土填筑时的压实标准。

④相对含水率或液性指数复判法适用于少黏性土($3<I_p<15$；$3<\rho_c<25$)，在计算时一定注意饱和含水率是指饱和度为 100% 时的含水率。

【案例模拟题 20】

某水库场地由少黏性土组成，土层厚度为 4.0 m，$\gamma_{sat}=19.5\ kN/m^3$；$G_s=2.70$；$W=28.0$；$W_p=19.0$；$W_L=30.0$；$\rho_c=18\%$；地下水位为 0.5 m，蓄水后地面位于水位以下，4.0 m以下为强风化泥岩，该场地土的液化性为(　　)。

(A)液化　　(B)不液化　　(C)不能判定

【案例模拟题 21】

某非均质土坝中局部坝体采用无黏性土填筑，土料比重为 $G_s=2.68$，最大孔隙比 $e_{max}=0.98$；最小孔隙比 $e_{min}=0.72$，场地位于 8 度烈度区，地震动峰值加速度为 $0.20g$，为不使坝体发生液化，土料的压实系数应不低于(　　)。

(A)0.92　　(B)0.94　　(C)0.96　　(D)0.98

【例题 11】

某水库库址区位于 7 度烈度区，地震动峰值加速度为 $0.10g$，主要受近震影响，场地表层为 2.0 m 厚的硬塑黏土层，地下水位埋深为 1.0 m，2.0～6.0 为砂土层，在 4.0 m 处进行动力触探试验，锤击数为 11 击，蓄水后，水位高出地表为 10.0 m，砂土层中黏粒百分含量为 2%，砂土层下为基岩，该库址区砂土的液化性为(　　)。

(A)液化　　(B)不液化　　(C)不能判定

解

①实测标准贯入锤击数的校正值 $N_{63.5}$

$$N_{63.5}=N'_{63.5}\left(\frac{d_s+0.9d_w+0.7}{d'_s+0.9d'_w+0.7}\right)=11\times\left(\frac{4+0.9\times0+0.7}{4+0.9\times1.0+0.7}\right)=9.2$$

②标准贯入锤击数临界值 N_{cr}

$$N_{cr}=N_0[0.9+0.1(d_s-d_w)]\sqrt{\frac{3\%}{\rho_c}}=6\times[0.9+0.1\times(5-0)]\times\sqrt{\frac{3\%}{3\%}}=8.4$$

$N_{63.5}>N_{cr}$，土层为非液化土。

例题解析

①用标准贯入锤击数法进行液化复判时，锤击数不进行杆长修正，但工程正常运营时的标准贯入点埋深或水位有变化时，应进行修正。

②在计算临界锤击数时，当标准贯入点在地面下 5 m 以内深度时，应采用 5 m 计算。

③黏粒含量 ρ_c 小于 3%时，按 3%计算。

④当地面位于水下时，$d_w=0$。

【案例模拟题 22】

某水工建筑场地位于 8 度地震烈度区，地震动峰值加速度为 0.20g，受近震影响，场地为砂土场地，砂土黏粒含量为 3%，地下水埋深为 1.0 m，正常工作时，场地将做 2.0 m 厚的黏土防渗铺盖，地表位于水位以下，勘察工作中标准贯入试验记录如下表所示。

标准贯入测试点埋深/m	3	6	9
实测标准贯入击数 $N'_{63.5}$	15	15	18

该场地 3 个测试点中有(　　)个为液化点。

(A)0　　(B)1　　(C)2　　(D)3

【案例模拟题 23】

某水工建筑物场地位于 8 度烈度区，地震动峰值加速度为 0.20g，主要受近震影响，地下水埋深为 2.0 m，工程正常运行后，在地表铺设 2.0 m 的防渗铺盖，且地面位于水库淹没区，地质资料如下表所示，该场地中共有(　　)土为液化土层。

(A)3 层　　(B)2 层　　(C)1 层　　(D)0 层

土层编号	土层名称	层面埋深/m	层厚/m	标准贯入点埋深/m	实测标贯击数 $N'_{63.5}$	重度/(kN/m³)	密度/(g/cm³)	含水率	>5 mm的颗粒含量	<0.005 mm的颗粒含量	液限	塑限	地质年代	剪切波速/(m/s)
1	黏土	0~5	5	3	12	19	2.71	33.2%	0	38%	36%	17%	Q_4	
2	少黏性土	5~7	2	6	9	19.5	2.70	29.2%	0	21%	28%	19%	Q_4	
3	中砂土	7~10	3	8	15	20	2.70	25.9%	2%	3%			Q_4	258
4	粗砂土	10~13	3	11	16	20	2.70	25.9%	5%	3%			Q_4	426
5	卵石土	13~15	2	14	18	20	2.70	25.9%	73%	0			Q_4	
6	砾砂	15~22	7	17	17	20	2.70	25.9%	42%	0			Q_3	
7	页岩	22 以下											E_1	

第9章 地震工程

9.3 地震反应谱

9.3.1 按《建筑抗震设计规范》(GB 50011—2010)确定地震影响系数 α

GB 50011—2010 的相关规定如下。

5.1.4 建筑结构的地震影响系数应根据烈度、场地类别、设计地震分组和结构自振周期以及阻尼比确定。其水平地震影响系数最大值应按表 5.1.4.1 采用;特征周期应根据场地类别和设计地震分组按表 5.1.4.2 采用,计算罕遇地震作用时,特征周期应增加 0.05 s。

注:周期大于 6.0 s 的建筑结构所采用的地震影响系数应专门研究。

水平地震影响系数最大值 表 5.1.4.1

地震影响	6 度	7 度	8 度	9 度
多遇地震	0.04	0.08(0.12)	0.16(0.24)	0.32
罕遇地震	0.28	0.50(0.72)	0.90(1.20)	1.40

注:括号中数值分别用于设计基本地震加速度为 $0.15g$ 和 $0.30g$ 的地区。

特征周期值(单位:s) 表 5.1.4.2

设计地震分组	场地类别				
	Ⅰ$_0$	Ⅰ$_1$	Ⅱ	Ⅲ	Ⅳ
第一组	0.20	0.25	0.35	0.45	0.65
第二组	0.25	0.30	0.40	0.55	0.75
第三组	0.30	0.35	0.45	0.65	0.90

5.1.5 建筑结构地震影响系数曲线(图 5.1.5)的阻尼调整和形状参数应符合下列要求。

1. 除有专门规定外,建筑结构的阻尼比应取 0.05,地震影响系数曲线的阻尼调整系数应按 1.0 采用,形状参数应符合下列规定:

①直线上升段,周期小于 0.1 s 的区段;

②水平段,自 0.1 s 至特征周期区段,应取最大值(α_{max});

③曲线下降段,自特征周期至 5 倍特征周期区段,衰减指数应取 0.9;

④直线下降段,自 5 倍特征周期至 6 s 区段,下降斜率调整系数应取 0.02。

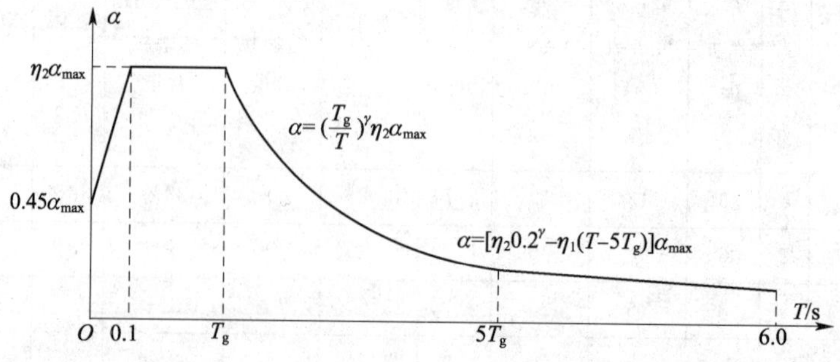

图 5.1.5 地震影响系数曲线

α-地震影响系数;α_{max}-地震影响系数最大值;η_1-直线下降段的下降斜率调整系数;γ-衰减指数;T_g-特征周期;η_2-阻尼调整系数;T-结构自振周期

2. 当建筑结构的阻尼比按有关规定不等于 0.05 时，地震影响系数曲线的阻尼调整系数和形状参数应符合下列规定。

①曲线下降段的衰减指数应按下式确定

$$\gamma=0.9+\frac{0.05-\zeta}{0.3+6\zeta} \tag{5.1.5.1}$$

式中，γ 为曲线下降段的衰减指数；ζ 为阻尼比。

②直线下降段的下降斜率调整系数应按下式确定

$$\eta_1=0.02+(0.05-\zeta)/(4+32\zeta) \tag{5.1.5.2}$$

式中，η_1 为直线下降段的下降斜率调整系数，小于 0 时，取 0。

③阻尼调整系数应按下式确定

$$\eta_2=1+\frac{0.05-\zeta}{0.08+1.6\zeta} \tag{5.1.5.3}$$

式中，η_2 为阻尼调整系数，当小于 0.55 时，应取 0.55。

【例题 12】

某Ⅱ类建筑场地位于 7 度烈度区，设计地震分组为第一组，设计基本地震加速度为 0.1g，建筑结构自振周期 $T=1.4$ s，阻尼比为 0.08，按《建筑抗震设计规范》(GB 50011—2010)该场地中建筑多遇地震条件下地震影响系数为(　　)。

(A)0.01　　(B)0.02　　(C)0.03　　(D)0.04

解

按《建筑抗震设计规范》(GB 50011—2010)规定。

①水平地震影响系数最大值 α_{max}。

地震烈度为 7 度时，设计基本地震加速度为 $0.1g$，多遇地震条件下的水平地震影响系数最大值为：$\alpha_{max}=0.08$。

②场地特征周期 T_g。

设计地震为第一组时，Ⅱ类场地的特征周期 T_g 为 0.35(s)。

③地震影响系数(反应谱)曲线形状。

由于阻尼比为 $0.08\neq0.05$，$T=1.4$，T_g；$T_g\leqslant T<5T_g$，则

地震影响系数曲线形状为 $\zeta\neq0.05$ 时的曲线下降段。

④地震影响系数

$$\eta_2=1+\frac{0.05-\zeta}{0.08+1.6\zeta}=1+\frac{0.05-0.08}{0.08+1.6\times0.08}=0.856$$

$$\gamma=0.9+\frac{0.05-\zeta}{0.3+6\zeta}=0.9+\frac{0.05-0.08}{0.3+6\times0.08}=0.862$$

$$\alpha=\left(\frac{T_g}{T}\right)^{\gamma}\eta_2\alpha_{max}=\left(\frac{0.35}{1.4}\right)^{0.862}\times0.856\times0.08=0.02$$

地震影响系数 $\alpha=0.02$。

例题解析

①确定水平地震影响系数最大值α_{max}时，需根据多遇地震或罕遇地震，地震烈度，设计基本地震加速度按表5.1.4.1查取。

②场地特征周期T_g应根据场地类别及设计地震分组按表5.1.4.2查取。当等效剪切波速或覆盖层厚度处于分界界限值附近时，应采用内插方法确定场地特征周期。计算罕遇地震作用时，特征周期应增加0.05 s。

③地震影响系数曲线形状(反应谱)应按不同阻尼比确定。一般情况下，建筑结构阻尼比应取0.05；当建筑结构的阻尼比按有关规定不等于0.05时，地震影响系数曲线的阻尼调整系数和形态参数应进行修正。

④当建筑结构阻尼比ζ为0.05时，地震影响系数α(反应谱)应确定如下。

a. 直线上升段($0<T<0.1$s)

$$\alpha=(5.5T+0.45)\alpha_{max}$$

b. 水平段($0.1\text{s}\leqslant T\leqslant T_g$)

$$\alpha=\alpha_{max}$$

c. 曲线下降段($T_g<T\leqslant 5T_g$)

$$\alpha=\left(\frac{T_g}{T}\right)^{0.9}\alpha_{max}$$

d. 直线下降($5T_g<T\leqslant 6$s)

$$\begin{aligned}\alpha&=[0.2^{0.9}-0.02(T-5T_g)]\alpha_{max}\\&=[0.235-0.02(T-5T_g)]\alpha_{max}\end{aligned}$$

T为建筑物的自振周期，当$T>6$ s时，应专门研究。

⑤当建筑物阻尼比$\zeta\neq 0.05$时，地震影响系数α_{max}(反应谱)应确定如下：

a. 直线上升段($0<T<0.1$s)

$$\alpha=[0.45+10(\eta_2-0.45)T]\alpha_{max}$$

其中

$$\eta_2=1+\frac{0.05-\zeta}{0.08+1.6\zeta}$$

式中，η_2为阻尼调整系数；ζ为阻尼比。

b. 水平段($0.1\text{s}\leqslant T\leqslant T_g$)

$$\alpha=\eta_2\alpha_{max}$$

c. 曲线下降段($T_g<T\leqslant 5T_g$)

$$\alpha=\left(\frac{T_g}{T}\right)^{\gamma}\eta_2\alpha_{max}$$

其中

$$\gamma=0.9+\frac{0.05-\zeta}{0.3+6\zeta}$$

式中，γ曲线下降段衰减指数；ζ阻尼比。

d. 直线下降段($5T_g<T\leqslant 6$ s)

$$\alpha=[\eta_2 0.2^{\gamma}-\eta_1(T-5T_g)]\alpha_{max}$$

其中

$$\eta_1=0.02+\frac{(0.05-\zeta)}{(4+32\zeta)}$$

式中，η_1为直线下降段斜率调整系数。

【案例模拟题 24】

某场地为Ⅱ类建筑场地，位于 8 度烈度区，设计基本地震加速度为 0.30g，设计地震分组为第二组，建筑物自振周期为 1.6 s，阻尼比为 0.05，多遇地震条件下该建筑结构的地震影响系数为（　　）。

(A)0.04　　(B)0.05　　(C)0.06　　(D)0.07

【案例模拟题 25】

某建筑场地位于 7 度烈度区，设计基本地震加速度为 0.15g，设计地震分组为第一组，按多遇地震考虑，场地类别为Ⅱ类，建筑物阻尼比为 0.07，自振周期为 0.08 s。该建筑结构的地震影响系数为（　　）。

(A)0.06　　(B)0.07　　(C)0.09　　(D)0.10

【案例模拟题 26】

某建筑场地位于 8 度烈度区，设计基本地震加速度为 0.20g，设计地震分组为第三组，场地类型为Ⅱ类，建筑物阻尼比为 0.06，自振周期为 2.5 s。该建筑结构在罕遇地震作用下的地震影响系数为（　　）。

(A)0.04　　(B)0.05　　(C)0.17　　(D)0.20

【案例模拟题 27】

吉林省松原市某民用建筑场地地质资料如下：

①0～5 m，粉土，f_{ak} = 150 kPa，v_{s1} = 180 m/s；

②5～12 m，中砂土，f_{ak} = 200 kPa，v_{s2} = 240 m/s；

③12～24 m，粗砂土，f_{ak} = 230 kPa，v_{s3} = 310 m/s；

④24～45 m，硬塑黏土，f_{ak} = 260 kPa，v_{s4} = 300 m/s；

⑤45～60 m，泥岩，f_{ak} = 500 kPa，v_{s5} = 520 m/s。

建筑物采用浅基础，埋深 2.0 m，地下水位 2.0 m，阻尼比为 0.05，自振周期为 1.8 s，该建筑进行抗震设计时：

①进行第一个阶段设计时地震影响系数应取（　　）。

(A)0.02　　(B)0.04　　(C)0.06　　(D)0.08

②进行第二阶段设计时地震影响系数应取（　　）。

(A)0.15　　(B)0.20　　(C)0.23　　(D)0.25

9.3.2　按《公路工程抗震规范》(JTG B02—2013)确定设计加速度反应谱

JTG B02—2013 的相关规定如下。

5.2.1　阻尼比为 0.05 的水平设计加速度反应谱中，任意时点的水平设计加速度反应谱值 S(图 5.2.1)可由下式确定：

$$S = \begin{cases} S_{max}(5.5T + 0.45) & (T < 0.1\text{s}) \\ S = S_{max} & (0.1\text{ s} \leqslant T \leqslant T_g) \\ S_{max}(T_g/T) & (T > T_g) \end{cases} \qquad (5.2.1)$$

式中，T_g 为特征周期(s)；T 为结构自振周期(s)；S_{max} 为水平设计加速度反应谱最大值。

第9章　地震工程

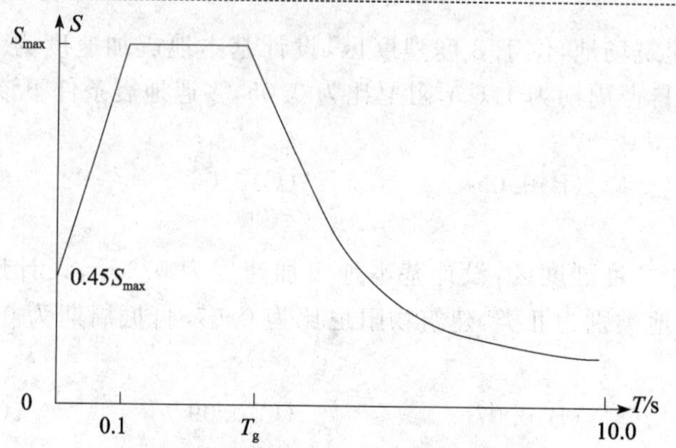

图 5.2.1　水平设计加速度反应谱

5.2.2　水平设计加速度反应谱最大值 S_{max} 可由下式确定：

$$S_{max} = 2.25C_iC_sC_dA_h \qquad (5.2.2)$$

式中，C_i 为桥梁抗震重要性修正系数，根据表 3.1.3 取值；C_s 为场地系数，根据表 5.2.2 取值；C_d 为阻尼调整系数，根据第 5.2.4 条的规定确定；A_h 为水平向设计基本地震动峰值加速度。

场地系数 C_s　　表 5.2.2

场地类别	设计基本地震动峰值加速度					
	0.05g	0.10g	0.15g	0.20g	0.30g	≥0.40g
Ⅰ	1.2	1.0	0.9	0.9	0.9	0.9
Ⅱ	1.0	1.0	1.0	1.0	1.0	1.0
Ⅲ	1.1	1.3	1.2	1.2	1.0	1.0
Ⅳ	1.2	1.4	1.3	1.3	1.0	0.9

5.2.3　特征周期 T_g 应按桥梁所在位置，根据现行《中国地震动参数区划图》(GB 18306)上的特征周期和相应的场地类别，按表 5.2.3 取值。

设计加速度反应谱特征周期调整表　　表 5.2.3

区划图上的特征周期/s	场地类别			
	Ⅰ	Ⅱ	Ⅲ	Ⅳ
0.35	0.25	0.35	0.45	0.65
0.4	0.30	0.40	0.55	0.75
0.45	0.35	0.45	0.65	0.90

5.2.4　结构的阻尼比 ξ 为 0.05 时，阻尼调整系数 C_d 应取 1.0；当结构的阻尼比不等于 0.05 时，阻尼调整系数 C_d 应按下式计算：

$$C_d = 1 + \frac{0.05 - \xi}{0.06 + 1.7\xi} \geqslant 0.55 \qquad (5.2.4)$$

5.2.5　竖向设计加速度反应谱应由水平向设计加速度反应谱乘以竖向/水平向谱比函数 R 确定。R 的取值应符合下列规定：

①对于基岩场地：

$$R=0.6 \tag{5.2.5-1}$$

②对于土层场地：

$$R=\begin{cases}1.0 & (T<0.1\text{ s})\\ 1.0-2.5(T-0.1) & (0.1\text{ s}\leqslant T\leqslant 0.3\text{ s})\\ 0.5 & (T\geqslant 0.3\text{ s})\end{cases} \tag{5.2.5-2}$$

式中，T 为结构自振周期(s)。

【例题 13】

某二级公路中桥，所在场地由硬塑黏土组成，场地类别为Ⅱ类，由地震动参数区划图可知桥梁所在区域特征周期为 0.40 s，水平向设计基本地震动峰值加速度 0.20g，桥梁自振周期 T=2.5 s，阻尼比为 0.05，进行 E2 地震作用下的抗震设计时，按《公路工程抗震规范》(JTG B02—2013)，该桥梁地震作用水平设计加速度反应谱值为(　　)。

(A)0.042　　(B)0.072

(C)0.45　　(D)1

解

按《公路工程抗震规范》(JTG B02—2013)规定。

①计算水平设计加速度反应谱最大值 S_{max}。

桥梁为二级公路中桥，根据表 3.1.1，桥梁抗震设防类别为 C 类，E2 地震作用，根据表 3.1.3，$C_i=1.0$。

场地类别为Ⅱ类，设计基本地震动峰值加速度 0.20g，根据表 5.2.2，$C_s=1.0$

阻尼比为 0.05，$C_d=1.0$。

水平设计加速度反应谱最大值

$$S_{max}=2.25C_iC_sC_dA_h=2.25\times1.0\times1.0\times1.0\times0.2=0.45$$

②确定场地特征周期 T_g。

场地类别为Ⅱ类，桥梁所在区域特征周期为 0.40 s，根据表 5.2.3，调整后场地特征周期 T_g=0.40 s。

③计算水平设计加速度反应谱值 S。

$$T=2.5\text{ s}>T_g=0.40\text{ s},S=S_{max}(T_g/T)=0.45\times(0.40/2.5)=0.072$$

水平设计加速度反应谱值 S=0.072。答案(B)正确。

例题解析

①确定水平设计加速度反应谱最大值 S_{max} 时，需根据结构重要性、场地类别、设计峰值加速度、阻尼比，分别按表 3.1.3、表 5.2.2、第 5.2.4 条确定 C_i、C_s、C_d，然后按 $S_{max}=2.25C_iC_sC_dA_h$ 计算。结构的阻尼比 ξ 为 0.05 时，阻尼调整系数 C_d 应取 1.0；当结构的阻尼比不等于 0.05 时，阻尼调整系数 C_d 为：

$$C_d=1+\frac{0.05-\xi}{0.06+1.7\xi}\geqslant 0.55$$

②特征周期 T_g 应按工程所在位置，根据现行《中国地震动参数区划图》(GB 18306—2015)上的特征周期和相应的场地类别，按表 5.2.3 取值，取调整后的特征周期作为计算值。

③地震作用下水平设计加速度反应谱值计算根据自振周期，选取不同公式进行计算。

$$S=\begin{cases}S_{max}(5.5T+0.45) & (T<0.1\text{ s})\\ S_{max} & (0.1\text{ s}\leqslant T\leqslant T_g)\\ S_{max}(T_g/T) & (T>T_g)\end{cases}$$

【案例模拟题 28】

某二级公路上单跨跨径为 100 m 的大桥，结构阻尼比为 0.05，自振周期为 0.4 s，所处场地为Ⅲ类，由地震动参数区划图可知，桥梁所在区域特征周期为 0.40 s，水平向设计基本地震动峰值加速度为 0.30g，进行 E2 地震作用下的抗震设计时，按《公路工程抗震规范》(JTG B02—2013)，该桥梁地震作用水平设计加速度反应谱值为(　　)。

(A)0.88　　(B)0.68　　(C)0.38　　(D)0.20

【案例模拟题 29】

某一级公路挡土墙为抗震重点工程，结构自振周期 0.07 s，阻尼比为 0.07，由地震动参数区划图可知工程所在区域特征周期为 0.40 s，水平向设计基本地震动峰值加速度 0.40g，场地地质资料如下：

①粉土，硬塑，v_s=190 m/s，厚度为 5.0 m；

②砂土，密实，v_s=230 m/s，厚度为 10.0 m；

③卵石土，密实，v_s=430 m/s，厚度为 7.0 m；

④22 m 以下为基岩。

按《公路工程抗震规范》(JTG B02—2013)，该工程地震作用水平设计加速度反应谱值为(　　)。

(A)0.11　　(B)0.42　　(C)0.88　　(D)1.14

【例题 14】

抗震设防烈度为 8 度地区，某高速公路上单跨跨径为 140 m 的大桥，结构阻尼比为 0.05，结构自振周期 T=1.5 s，场地类别为Ⅱ类，由地震动参数区划图可知桥梁所在区域特征周期为 0.40 s，水平向设计基本地震动峰值加速度为 0.20g，进行 E2 地震作用下的抗震设计时，按《公路工程抗震规范》(JTG B02—2013)，竖向设计加速度反应谱值为(　　)。

(A)0.765　　(B)0.204　　(C)0.10　　(D)0.05

解

按《公路工程抗震规范》(JTG B02—2013)规定。

①计算水平设计加速度反应谱最大值 S_{max}。

高速公路上单跨跨径为 140 m 的大桥，根据表 3.1.1，桥梁抗震设防类别为 B 类，E2 地震作用，根据表 3.1.3，C_i=1.7。

场地类别为Ⅱ类，设计基本地震动峰值加速度 0.20g，根据表 5.2.2，C_s=1.0。

阻尼比为 0.05，C_d=1.0。

水平设计加速度反应谱最大值

$$S_{max}=2.25C_iC_sC_dA_h=2.25\times1.7\times1.0\times1.0\times0.2=0.765$$

②确定场地特征周期 T_g。

场地类别为Ⅱ类，桥梁所在区域特征周期为 0.40 s，根据表 5.2.3，调整后场地特征周期 T_g=0.40 s。

③计算水平设计加速度反应谱值 S。

$$T=1.5\text{ s}>T_g=0.40\text{ s},S=S_{max}(T_g/T)=0.765\times(0.40/1.5)=0.204$$

④计算竖向设计加速度反应谱。

场地为土层场地，$T=1.5\ s>0.30\ s$，故 $R=0.5$。

竖向设计加速度反应谱值 $S=0.204\times0.5=0.102$。答案(C)正确。

例题解析

竖向设计加速度反应谱应由水平向设计加速度反应谱，乘以竖向/水平向谱比函数 R 确定。R 的取值应符合下列规定：

①对于基岩场地：

$$R=0.6 \tag{5.2.5-1}$$

②对于土层场地：

$$R=\begin{cases}1.0 & (T<0.1\ s)\\ 1.0-2.5(T-0.1) & (0.1\ s\leqslant T\leqslant 0.3\ s)\\ 0.5 & (T\geqslant 0.3\ s)\end{cases} \tag{5.2.5-2}$$

【案例模拟题 30】

抗震设防烈度为 8 度地区的某高速公路特大桥，结构阻尼比为 0.05，结构自振周期 $T=0.45\ s$，场地类别为Ⅱ类，场地特征周期为 0.35 s，水平向设计基本地震动峰值加速度为 $0.30g$，进行 E2 地震作用下的抗震设计时，按《公路工程抗震规范》(JTG B02—2013)，竖向设计加速度反应谱值为(　　)。

(A)0.447　　(B)0.894　　(C)1.15　　(D)1.35

9.3.3 按《水电工程水工建筑物抗震设计规范》(NB 35047—2015)确定设计反应谱 $\beta(T)$

NB 35047—2015 的相关规定如下：

5.3.2 标准设计反应谱应按图 5.3.2 采用。

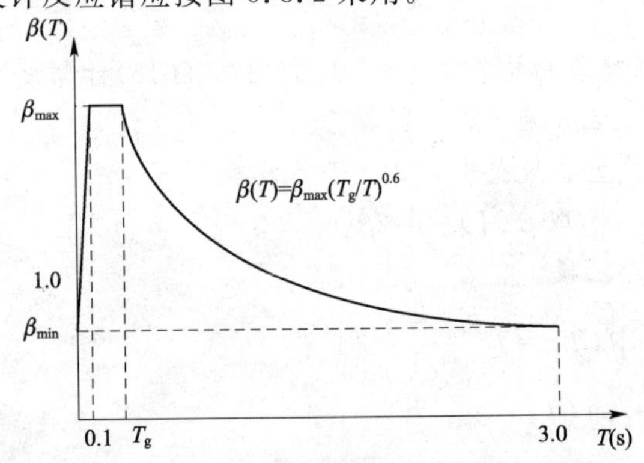

图 5.3.2 标准设计反应谱

5.3.3 各类水工建筑物的标准设计反应谱最大值的代表值 β_{max} 应按表 5.3.3 的规定取值。

表 5.3.3

标准设计反应谱最大值的代表值 β_{max}

建筑物类型	土石坝	重力坝	拱坝	水闸、进水塔等其他建筑及边坡
β_{max}	1.60	2.00	2.50	2.25

5.3.4 标准设计反应谱下限值的代表值 β_{min}，应不小于设计反应谱最大值的代表值的 20%。

5.3.5 不同类别场地的标准设计反应谱的特征周期 T_g，可按照《中国地震动参数区划图》(GB 18306)中场址所在区取值后，按表5.3.5进行调整。

场地标准设计地震动加速度反应谱特征周期调整表　　表5.3.5

Ⅱ类场地基本地震动加速度反应谱特征周期分区图	场地类别				
	I_0	I_1	Ⅱ	Ⅲ	Ⅳ
0.35s	0.20s	0.25s	0.35s	0.45s	0.65s
0.40s	0.25s	0.30s	0.40s	0.55s	0.75s
0.45s	0.30s	0.35s	0.45s	0.65s	0.90s

【例题15】

某水库拟采用拱坝，坝址区场地类别为Ⅱ类，场地所在地区特征周期为0.35 s，设计地震烈度为8度，结构基本自振周期为1.5 s，设计反应谱值应为(　　)。

(A)0.5　　(B)0.6　　(C)0.7　　(D)0.95

解

①特征周期 T_g

设计烈度不大于8度，Ⅱ类场地，经调整后的特征周期仍为0.35 s。

②设计反应谱

$\beta_{max}=2.50$　　(拱坝)　　$T_g=0.35<T=1.5<3.0$

$$\beta(T)=\beta_{max}\left(\frac{T_g}{T}\right)^{0.6}=2.50\times\left(\frac{0.35}{1.5}\right)^{0.6}=0.952$$

例题解析

①按《水电工程水工建筑物抗震规范》(NB 35047—2015)计算设计反应谱时，β_{max}应按水工建筑物类型查规范表5.3.3确定。

②特征周期按场地类型查规范表5.3.6进行调整。

③当 $\beta(T)<0.2\beta_{max}$ 时，取 $\beta(T)=0.2\beta_{max}$。

④设计反应谱曲线分三段。

a. 当 $0<T\leqslant0.1$ 时，$\beta(T)=T\dfrac{\beta_{max}-1}{0.1}+1$

b. 当 $0.1<T\leqslant T_g$ 时，$\beta(T)=\beta_{max}$

c. 当 $T_g<T<3.0$(s)时，$\beta(T)=\beta_{max}\left(\dfrac{T_g}{T}\right)^{0.6}$

【案例模拟题31】

某水闸场地位于7度烈度区，场地类型为Ⅱ类，场地所在地区特征周期为0.3 s，结构基本自振周期为0.6 s，其反应谱值为(　　)。

(A)1.1　　(B)1.2　　(C)1.3　　(D)1.5

【案例模拟题32】

某重力坝位于8度烈度区，场地类别为Ⅱ类，场地所在地区特征周期为0.3 s，结构基本自振周期为0.08 s，其设计反应谱值应为(　　)。

(A)1.6　　(B)1.8　　(C)2.0　　(D)2.2

9.4 其他与抗震计算有关的案例

9.4.1 不利地段对设计地震动参数的放大作用

按《建筑抗震设计规范》(GB 50011—2010)条文说明第 4.1.8 条计算，其相关规定如下。

4.1.8 本条考虑局部突出地形对地震动参数放大作用，主要依据宏观震害调查的结果和对不同地形条件和岩土构成的形体所进行的二维地震反应分析结果。所谓局部突出地形主要是指山包、山梁和悬崖、陡坎等，情况比较复杂，对各种可能出现的情况的地震动参数的放大作用都作出具体的规定是很困难的。从宏观震害经验和地震反应分析结果所反映的总趋势，大致可以归纳为以下几点：①高突地形距离基准面的高度越大，高处的反应越强烈；②离陡坎和边坡顶部边缘的距离越大，反应相对减小；③从岩土构成方面看，在同样的地形条件下，土质结构的反应比岩质结构大；④高突地形顶面越开阔，远离边缘的中心部位的反应是明显减小的；⑤边坡越陡，其顶部的放大效应相应加大。

基于以上变化趋热，以突出地形的高差 H，坡降角度的正切 H/L 以及场址距突出地形边缘的相对距离 L_1/H 为参数，归纳出各种地形的地震力放大作用如下：

$$\lambda=1+\xi\alpha \tag{4.1.8}$$

式中，λ 为局部突出地形顶部的地震影响系数的放大系数；α 为局部突出地形地震动参数的增大幅度，按表 4.1.8 采用；ξ 为附加调整系数，与建筑场地离突出台地边缘的距离 L_1 与相对高差 H 的比值有关。当 $L_1/H<2.5$ 时，ξ 可取为 1.0；当 $2.5\leqslant L_1/H<5$ 时，ξ 可取为0.6；当 $L_1/H\geqslant5$ 时，ξ 可取为 0.3。L、L_1 均应按距离场地的最近点考虑。

局部突出地形地震影响系数的增大幅度 表 4.1.8

突出地形的高度 H/m	非岩质地层	$H<5$	$5\leqslant H<15$	$15\leqslant H<25$	$H\geqslant25$
	岩质地层	$H<20$	$20\leqslant H<40$	$40\leqslant H<60$	$H\geqslant60$
局部突出台地边缘的侧向平均坡降（H/L）	$H/L<0.3$	0	0.1	0.2	0.3
	$0.3\leqslant H/L<0.6$	0.1	0.2	0.3	0.4
	$0.6\leqslant H/L<1.0$	0.2	0.3	0.4	0.5
	$H/L\geqslant1.0$	0.3	0.4	0.5	0.6

条文中规定的最大增大幅度 0.6，是根据分析结果和综合判断给出的。本条的规定对各种地形，包括山包、山梁、悬崖、陡坡都可以应用。

本条在 2008 年局部修订时提升为强制性条文。

【例题 16】

某土质场地为Ⅱ类场地，位于 8 度烈度区，设计地震分组为第一组，设计基本地震加速度为 0.3 g，场地中斜坡高度为 18 m，斜坡水平长度为 20 m，丙类建筑物与斜坡边缘的

第9章 地震工程

最小距离为 15 m,建筑物自振周期为 0.3 s,多遇地震条件下,该建筑结构的地震影响系数为(　　)。

(A)0.24　　(B)0.34　　(C)0.44　　(D)0.54

解

①不考虑不利地段影响时的地震影响系数 α'。

水平地震影响系数最大值 $\alpha_{max}=0.24$

场地特征周期 $T_g=0.35$ s

$$0.1<T=0.3<T_g$$

所以,$\alpha'=\alpha_{max}=0.24$

②局部突出地形顶部地震影响系数的放大系数 λ。

局部突出地形地震动系数的增大幅度 α

$$H=18,H/L=18/20=0.9$$

查表 4.1.8 得 $\alpha=0.4$

附加调整系数 ξ

$$L_1/H=15/18=0.83<2.5$$

因此,取 $\xi=1,\lambda=1+\xi\alpha=1+1\times0.4=1.4$。

③不利场地条件下的地震影响系数 α

$$\alpha=\alpha'\lambda=0.24\times1.4=0.34$$

多遇地震、不利场地条件下建筑结构地震影响系数为 0.34。

例题解析

①该类型题首先应确定不考虑不利地段影响时的地震影响系数(参见本规范第 7.3.1 条)。

②确定不利地段对地震影响系数的放大系数 λ,λ 值应在 1~1.6 之间。

③计算不利场地条件下的地震影响系数 $\alpha=\alpha'\lambda$。

【案例模拟题 33】

某Ⅱ类土质场地位于 7 度烈度区,设计基本地震加速度为 0.15g,丙类建筑设计地震分组为第一组,考虑多遇地震影响,场地中有一突出台地,台地高 15 m,台地顶、底边缘水平投影距离为 25 m,建筑物距台地最小距离为 30 m,建筑物阻尼比为 0.05,自振周期为 1.3 s。该建筑结构的地震影响系数为(　　)。

(A)0.04　　(B)0.05　　(C)0.06　　(D)0.07

【案例模拟题 34】

某民用建筑位于岩质坡地顶部,建筑场地离突出台地边缘的距离为 50 m,丙类建筑台地高 10 m,台地顶底的水平投影距离为 15 m。该局部突出地形顶部的地震影响系数的放大系数 λ 应为(　　)。

(A)1.0　　(B)1.1　　(C)1.2　　(D)1.4

9.4.2 估算液化平均震陷量

按《建筑抗震设计规范》(GB 50011—2010)条文说明第 4.3.6 条的相关要求估算,其相关规定如下。

2. 液化的危害主要来自震陷，特别是不均匀震陷。震陷量主要决定于土层的液化程度和上部结构的荷载。由于液化指数不能反映上部结构的荷载影响，因此有趋势直接采用震陷量来评价液化的危害程度。例如，对4层以下的民用建筑；当精细计算的平均震陷值 $S_E<5$ cm 时，可不采取抗液化措施；当 $S_E=5\sim15$ cm 时，可优先考虑采取结构和基础的构造措施，当 $S_E>15$ cm 时需要进行地基处理，基本消除液化震陷。在同样震陷量下，乙类建筑应该采取较丙类建筑更高的抗液化措施。

依据实测震陷、振动台试验，以及有限元法对一系列典型液化地基计算得出的震陷变化规律，发现震陷量取决于液化土的密度(或承载力)、基底压力、基底宽度、液化层底面、顶面的位置和地震震级等因素，曾提出的估计砂土与粉土液化平均震陷量的经验方法如下：

砂土
$$S_E=\frac{0.44}{B}\xi S_0(d_1{}^2-d_2{}^2)(0.01p)^{0.6}\left(\frac{1-D_r}{0.5}\right)^{1.5} \tag{4.3.6.1}$$

粉土
$$S_E=\frac{0.44}{B}\xi kS_0(d_1{}^2-d_2{}^2)(0.01p)^{0.6} \tag{4.3.6.2}$$

式中，S_E 为液化震陷量平均值；液化层为多层时，先按各层次分别计算后再相加；B 为基础宽度(m)；对住房等密集型基础取建筑平面宽度；当 $B\leqslant0.44d_1$ 时，取 $B=0.44d_1$；S_0 为经验系数，对第一组7度、8度、9度分别取0.05、0.15及0.3；d_1 为由地面算起的液化深度(m)；d_2 为由地面算起的上覆非液化土层深度(m)；液化层为持力层，取 $d_2=0$；p 宽度为 B 的基础底面地震作用效应标准组合的压力(kPa)；D_r 砂土相对密度(%)，可依据标准贯入锤击数 N 取 $D_r=[N/(0.23\sigma'_v+16)]^{0.5}$；$k$ 为与粉土承载力有关的经验系数，当承载力特征值不大于80 kPa 时，取0.30，当不小于300 kPa 时取0.08，其余可内插取值；ξ 为修正系数，直接位于基础下的非液化厚度满足本规范第4.3.3条第3款对上覆非液化土层厚度 d_u 的要求，$\xi=0$；无非液化层，$\xi=1$；中间情况内插确定。

【例题17】

某建筑物为浅基础，基础埋深为2.0 m，基础宽度为2.5 m，场地自0～5.0 m 为硬塑黏性土，5.0～9.0 m 为液化中砂层，相对密度为0.40，9.0 m 以下为泥岩，基础底面地震作用效应标准组合压力为250 kPa，场地位于7度烈度区，设计地震分组为第一组，砂土层的平均震陷量估计值为(　　)m。

(A)0.28　　(B)0.4　　(C)0.6　　(D)0.8

解

①修正系数 ξ

7度烈度时非液化砂土特征深度 $d_0=7$ m，不考虑液化影响时，上覆盖非液化土层厚度 d_u 应满足

$$d_u>d_0+d_b-2=7+2-2=7\ (\text{m})$$

直接位于基础底面以下的非液化厚度为5－2＝3.0 (m)

$$\frac{\xi-0}{3-5}=\frac{1-0}{0-5}$$

$$\xi=0.4$$

第9章　地震工程

②震陷量估算

取 $B=0.44d_1=0.44\times9$

$=3.96\text{(m)}>2.5\text{ m}$

$$S_E=\frac{0.44}{B}\xi S_0(d_1{}^2-d_2{}^2)(0.01P)^{0.6}\left(\frac{1-D_r}{0.5}\right)^{1.5}$$

$$=\frac{0.44}{3.96}\times0.4\times0.05\times(9^2-5^2)\times(0.01\times250)^{0.6}\times\left(\frac{1-0.4}{0.5}\right)^{1.5}$$

$=0.28\text{(m)}$

该砂土层震陷量估算值为 0.28 m。

例题解析

①注意修正系数 ξ 的确定方法。

②$\sigma_v{}'$ 为有效垂直应力。

【案例模拟题 35】

某建筑场地位于 8 度烈度区，设计地震为第一组，设计基本地震加速度为 0.2g，考虑多遇地震影响，建筑物阻尼比为 0.05，结构自振周期为 1.2 s，采用浅基础，基础埋深为 2 m，基础宽度为 2.6 m，非液化黏土层位于 0～6 m，承载力特征值为 250 kPa，液化粉土层位于 6～12 m，承载力特征值为 120 kPa，基础底面地震作用效应标准组合的压力为 220 kPa，该场地粉土层震陷量的估算值为(　　)m。

(A)0.11　　(B)0.24　　(C)0.34　　(D)0.50

【案例模拟题 36】

某民用建筑采用片筏基础，埋深为 4.0 m，宽度为 10 m，0～3 m 为黏性土，3～10 m 为液化砂土，相对密度 $D_r=0.60$，场地地震烈度为 8 度，地震作用效应标准组合时的基底压力为 160 kPa。该建筑物地震时的液化震陷量为(　　)m。

(A)0.26　　(B)0.41　　(C)0.63　　(D)0.82

9.4.3 用波速法计算场地的卓越周期

据《工程地质手册》第 4 版规定计算，当有波速资料时，可用下面的公式计算场地的卓越周期。

$$T=\sum_{i=1}^{n}\frac{4h_i}{V_{si}} \tag{9.4.3.1}$$

式中，T 为场地地基土的卓越周期(s)；h_i 第 i 层土厚度(m)，一般应计算至基岩面，当基岩面较深时，可计算至 30～50 m；v_{si} 第 i 层土的剪切波速；n 土层层数。

【例题 18】

某场地地层资料如下：

0～8 m，黏性土，可塑，$v_s=230$ m/s；

8～18 m，含砾粗砂土，中密状态，$v_s=200$ m/s；

18～25 m，卵石土，中密，$v_s=320$ m/s；

25 m 以下，全风化安山岩。

该场地土的卓越周期为(　　)s。

(A)0.3　　　(B)0.43　　　(C)0.6　　　(D)0.82

解

场地卓越周期 T

$$T=\sum_{i=1}^{n}\frac{4h_i}{v_{si}}=\frac{4\times 8}{230}+\frac{4\times 10}{200}+\frac{4\times 7}{320}=0.43(\mathrm{s})$$

该场地卓越周期为 0.43 s。

例题解析

场地的卓越周期可用地脉动法和波速法求得，本例题采用波速法，该法直接而简便。

【案例模拟题 37】

某场地地层资料如下：

①0～5.0 m，黏性土，可塑，$v_s=180$ m/s；

②5～12 m，粗砂土，中密，$v_s=210$ m/s；

③12～20 m，砾砂，中密，$v_s=240$ m/s；

④20～25 m，卵石土，中密，$v_s=360$ m/s；

⑤25 m 以下，花岗岩。

该场地土的卓越周期为(　　)s。

(A)0.33　　　(B)0.43　　　(C)0.53　　　(D)0.63

【案例模拟题 38】

某场地地质勘探资料如下：

①黏土，0～6 m，可塑，$v_s=160$ m/s；

②砂土，6～8 m，中密，$v_s=270$ m/s；

③砾砂，8～11 m，中密，$v_s=380$ m/s；

④花岗岩，11 m 以下，中风化，$v_s=800$ m/s。

该场地的卓越周期为(　　)s。

(A)0.1　　　(B)0.2　　　(C)0.4　　　(D)0.8

9.4.4 地震作用下桩基承载力及桩间土的液化问题

按《建筑抗震设计规范》(GB 50011—2010)计算，其相关规定如下。

4.4.2 非液化土中低承台桩基的抗震验算，应符合下列规定。

①单桩的竖向和水平向抗震承载力特征值，可均比非抗震设计时提高 25%。

②当承台周围的回填土夯实至干密度不小于《建筑地基基础设计规范》(GB 50007)对填土的要求时，可由承台正面填土与桩共同承担水平地震作用，但不应计入承台底面与地基土间的摩擦力。

4.4.3 存在液化土层的低承台桩基抗震验算，应符合下列规定。

1. 承台埋深较浅时，不宜计入承台周围土的抗力或刚性地坪对水平地震作用的分担作用。

2. 当桩承台底面上、下分别有厚度不小于 1.5 m、1.0 m 的非液化土层或非软弱土层时，可按下列两种情况进行桩的抗震验算，并按不利情况设计。

①桩承受全部地震作用，桩承载力按本规范第 4.4.2 条取用，液化土的桩周摩阻力及桩水平抗力均应乘以表 4.4.3 的折减系数。

土层液化影响折减系数　　表 4.4.3

实际标准贯入锤击数/临界标准贯入锤击数	深度 d_s/m	折减系数
≤0.6	$d_s \leqslant 10$	0
	$10 < d_s \leqslant 20$	1/3
0.6～0.8	$d_s \leqslant 10$	1/3
	$10 < d_s \leqslant 20$	2/3
0.8～1.0	$d_s \leqslant 10$	2/3
	$10 < d_s \leqslant 20$	1

②地震作用按水平地震影响系数最大值的 10%采用，桩承载力仍按本规范第 4.4.2 条第 1 款取用，但应扣除液化土层的全部摩阻力及桩承台下 2 m 深度范围内非液化土的桩周摩阻力。

3. 打入式预制桩及其他挤土桩，当平均桩距为 2.5～4 倍桩径且桩数不少于 5×5 时，可计入打桩对土的加密作用及桩身对液化土变形限制的有利影响。当打桩后桩间土的标准贯入锤击数值达到不液化的要求时，单桩承载力可不折减，但对桩尖持力层作强度校核时，桩群外侧的应力扩散角应取为零。打桩后桩间土的标准贯入锤击数宜由试验确定，也可按下式计算

$$N_1 = N_P + 100\rho(1 - e^{-0.3N_P}) \tag{4.4.3}$$

式中，N_1 为打桩后的标准贯入锤击数；ρ 为打入式预制桩的面积置换率；N_P 为打桩前的标准贯入锤击数。

【例题 19】

某建筑场地为砂土场地，砂土层厚度为 8.0 m，松散，其下为卵石土，勘探工作中在 5 m 处进行标准贯入试验，锤击数为 10 击，地下水位为 1.0 m，拟采用打入式预制桩基础，桩为正方形布置，桩截面为 300 mm×300 mm，桩距为 1 200 mm，桩数为 6×6=36(根)，场地处于 8 度烈度区，设计基本地震加速度为 0.20g，设计地震分组为第一组，该场地在打桩后，桩间土的液化性按《建筑抗震设计规范》(GB 50011—2010)判定为(　)。

(A)液化　　(B)不液化　　(C)无法判定

解

①标准贯入锤击数临界值 N_{cr}。

$$N_0 = 12$$

$$\begin{aligned} N_{cr} &= N_0\beta[\ln(0.6\,d_s + 1.5) - 0.1d_w]\sqrt{3/\rho_c} \\ &= 12 \times 0.8 \times [\ln(0.6 \times 5 + 1.5) - 0.1 \times 1] \times \sqrt{3/3} \\ &= 13.5 \end{aligned}$$

②打入式预制桩面积置换率 ρ。

$$\rho = \frac{A_P}{A_e} = \frac{300 \times 300}{1\,200 \times 1\,200} = 0.062\,5$$

③打桩后桩间土标准贯入锤击数 N_1。

$$N_1=N_P+100\rho(1-e^{-0.3N_P})=10+100\times0.0625\times(1-2.718^{-0.3\times10})=16$$

$N_1>N_{cr}$ 打桩后场地桩间土不液化。

例题解析

①挤土桩施工时对桩间土有挤密作用，当桩数不小于5×5=25(根)时，可按挤密后桩间土的标准贯入锤击数进行液化判定，挤密后桩间土的标准贯入锤击数可采用实测值，亦可采用式(4.3.3)进行修正。

②土层液化影响折减系数，可根据实际标准贯入击数与临界标准贯入击数的比值查表4.4.3确定。

【案例模拟题39】

某建筑场地为砂土场地，砂层厚10.0 m，10.0 m以下为卵石土，在6.0 m处进行标准贯入试验，锤击数实测值为16击，地下水埋深为2.0 m，拟采用打入式桩箱基础，正方形布桩，桩截面尺寸为250 mm×250 mm，桩距为1.0 m，桩数为51×119=6 069(根)。场地处于8度烈度区，设计地震分组为第二组，设计基本地震加速为0.30g，按《建筑抗震设计规范》(GB 50011—2010)相关要求，打桩后桩间土的液化性应判定为(　　)。

(A)液化　　(B)不液化　　(C)无法判定

【案例模拟题40】

某民用建筑场地为砂土场地，场地地震烈度为8度，设计地震分组为第一组，设计基本地震加速度为0.20g，0～7 m为中砂土，松散，7 m以下为泥岩层，采用灌注桩基础，桩数5×7=35(根)，在5.0 m处进行标准贯入试验，锤击数为10击，地下水埋深为1.0 m。该桩基在砂土层中的侧摩阻力应按(　　)进行折减。

(A)0　　(B)1/3　　(C)2/3　　(D)1

【案例模拟题41】

某民用建筑场地地层资料如下：

①0～8 m，黏土，可塑；

②8～12 m，细砂土，稍密；

③12～18 m，泥岩，中风化。

地下水位2.0 m，在9 m及11 m处进行标准贯入试验，锤击数分别为5和8，场地地震烈度为7度，设计基本地震加速度为0.15g，设计地震分组为第一组，建筑物采用打入式桩基础，桩截面尺寸为250 mm×250 mm，桩数为6×6=36(根)，桩距为1.0 m，砂土层侧摩阻力为40 kPa，进行桩基抗震验算时砂土层的侧阻力宜取(　　)kPa。

(A)13　　(B)20　　(C)27　　(D)40

9.4.5　用静探指标或剪切波速判定砂土的液化

按《岩土工程勘察规范》(GB 50021—2001)(2009年版)条文说明5.7.9条第2款判定，其相关规定如下。

2.《94规范》曾规定，采用静力触探试验判别，是根据唐山地震不同烈度区的试验资料，用判别函数法统计分析得出的，已纳入《铁路工程抗震设计规范》(GB 50111—2006)和《铁路工程地质原位测试规程》(TB 10018—2003)，适用于饱和砂土和饱和粉土的液化判别。具体规定是：当实测计算比贯入阻力 p_s 或实测计算锥尖阻力 q_c 小于液化比贯入阻力临界值 p_{scr} 或液化锥尖阻力临界值 q_{ccr} 时，应判别为液化土，并按下列公式计算：

$$p_{scr}=p_{s0}\alpha_w\alpha_u\alpha_p \tag{5.7}$$

$$q_{ccr}=q_{c0}\alpha_w\alpha_u\alpha_p \tag{5.8}$$

$$\alpha_w=1-0.065(d_w-2) \tag{5.9}$$

$$\alpha_u=1-0.05(d_u-2) \tag{5.10}$$

式中，p_{scr}、q_{ccr} 分别为饱和土静力触探液化比贯入阻力临界值及锥尖阻力临界值(MPa)；p_{s0}、q_{c0} 分别为地下水深度 $d_w=2$ m，上覆非液化土层厚度 $d_u=2$ m 时，饱和土液化判别比贯入阻力基准值和液化判别锥尖阻力基准值(MPa)，可按表 5.2 取值；α_w 为地下水位埋深修正系数，地面常年有水且与地下水有水力联系时，取 1.13；α_u 为上覆非液化土层厚度修正系数，对深基础，取 1.0；d_w 为地下水位深度(m)；d_u 为上覆非液化土层厚度(m)，计算时应将淤泥和淤泥质土层厚度扣除；α_p 为与静力触探摩阻比有关的土性修正系数，可按表 5.3 取值。

比贯入阻力和锥尖阻力基准值 p_{s0}、q_{c0} 表 5.2

抗震设防烈度	7 度	8 度	9 度
p_{s0}/MPa	5.0～6.0	11.5～13.0	18.0～20.0
q_{c0}/MPa	4.6～5.5	10.5～11.8	16.4～18.2

土性修正系数 α_p 值 表 5.3

土类	砂土	粉土	
静力触探摩阻比 R_f	$R_f\leqslant0.4$	$0.4<R_f\leqslant0.9$	$R_f>0.9$
α_p	1.00	0.60	0.45

3. 用剪切波速判别地面下 15 m 范围内饱和砂土和粉土的地震液化，可采用以下方法。

实测剪切波速 v_s 大于按下式计算的临界剪切波速时，可判为不液化

$$v_{scr}=v_{s0}(d_s-0.0133d_s{}^2)^{0.5}\left[1.0-0.185\left(\frac{d_w}{d_s}\right)\right]\left(\frac{3}{\rho_c}\right)^{0.5} \tag{5.11}$$

式中，v_{scr} 为饱和砂土或饱和粉土液化剪切波速临界值(m/s)；v_{s0} 为与烈度、土类有关的经验系数，按表 5.4 取值；d_s 为剪切波速测点深度(m)；d_w 为地下水深度(m)。

与烈度、土类有关的经验系数 v_{s0} 表 5.4

土　类	v_{s0}/(m/s)		
	7 度	8 度	9 度
砂土	65	95	130
粉土	45	65	90

该法是石兆吉研究员根据 Dobry 刚度法原理和我国现场资料推演出来的，现场资料经筛选后共 68 组砂土，其中液化 20 组，未液化 48 组；粉土 145 组，其中液化 93 组，不液化52 组。有黏粒含量值的 33 组。《天津市建筑地基基础设计规范》(TBJ 1)结合当地情况，引用了该成果。

全国注册岩土工程师专业考试模拟训练题集及历年真题新解

【例题 20】

某民用建筑拟采用浅基础，基础埋深为 2.5 m，场地地下水位埋深为 3.0 m，土层资料如下：

① 0～5.0 m，硬塑黏土，$v_s=180$ m/s，$I_L=0.20$；

② 5.0～10.0 m，中密中砂土，$v_s=200$ m/s；

③ 10.0 m 以下，泥岩。

场地位于 7 度烈度区，按《岩土工程勘察规范》(GB 50021—2001)(2009 版)，该场地为(　　)场地。

(A)液化　　　　(B)非液化

解

砂土层平均剪切波速为 200m/s，测试深度取 10.0 m，临界剪切波速为

$$v_{scr}=v_{so}(d_s-0.0133d_s{}^2)^{0.5}\times\left[1.0-0.185\left(\frac{d_w}{d_s}\right)\right]\left(\frac{3}{\rho_c}\right)^{0.5}$$

$$=65\times(10-0.0133\times10^2)^{0.5}\times\left[1.0-0.185\times\left(\frac{3.0}{10}\right)\right]\times\left(\frac{3}{3}\right)^{0.5}$$

$$=180.8(\text{m/s})$$

$v_s>v_{scr}$，砂土层为非液化土层。

例题解析

①砂土层平均剪切波速测点深度为实际测试点深度，当测试点在地表时，为安全起见，可取砂土层底面深度作为测点深度。

②黏粒含量 ρ_c 的取值，当为砂土或小于 3% 时取 3%。

【案例模拟题 42】

某建筑场地为砂土场地，0～6.0 m 为粗砂土，6.0 m 以下为卵石土，地下水埋深为 1.0 m，地表测试粗砂土平均剪切波速为 180 m/s，场地位于 8 度烈度区，按《岩土工程勘察规范》(GB 50021—2001)(2009 年版)相关规定，该场地应判定为(　　)场地。

(A)液化　　　　(B)非液化

【案例模拟题 43】

某建筑场地地质资料如下：

①0～7 m，黏土，$I_L=0.30$，$f_{ak}=200$ kPa；

②7～10 m，砂土，中密，$f_{ak}=220$ kPa，在 8.0 m 处测得 $v_s=230$ m/s；

③10 m 以下基岩。

场地位于 7 度烈度区，地下水位为 3.0 m，该场地中砂土的液化性判定结果应为(　　)。

(A)液化　　　　(B)不液化　　　　(C)不能判定

【例题 21】

某民用建筑场地勘察资料如下。

0～0.5 m：黏性土，$q_c=4\ 500$ kPa，$f_s=1\ 000$ kPa。

5～8.0 m：砂土，$q_c=5\ 200$ kPa，$f_s=1\ 600$ kPa。

8.0 m 以下，强风化泥岩。

地下水位埋深为 2.0 m，场地位于 8 度烈度区，锥尖阻力基准值可取 11 kPa。该场地砂土按《岩土工程勘察规范》(GB 50021—2001)(2009 年版)，可判定为(　　)。

(A)液化　　　　(B)不液化　　　　(C)不确定

解

①地下水位埋深修正系数 α_w

$$\alpha_w = 1-0.065(d_w-2)=1-0.065\times(2-2)=1$$

②上覆非液化土层厚度修正系数 α_u

$$\alpha_u = 1-0.05(d_u-2)=1-0.05\times(5-2)=0.85$$

③土性修正系数 α_P

$$R_f = f_s/q_c = 1\,600/5\,200 = 0.3$$

查表 5.3，取 $\alpha_P=1$。

④临界锥尖阻力值 q_{ccr}

$$q_{ccr}=q_{c0}\alpha_w\alpha_u\alpha_P=11\times1\times0.85\times1=9.35(\text{MPa})$$

$q_c=5.2$ MPa$<q_{ccr}$，砂土层为液化砂土层。

例题解析

①静探指标判定砂土液化时，可使用锥尖阻力 q_c，亦可使用比贯入阻力 P_s。

②静探摩阻比应采用实测值，当用单桥探头测试时，R_f 可按当地经验取值。

【案例模拟题 44】

某民用建筑场地勘探资料如下：

0～7 m，黏性土，硬塑，$P_s=5\,800$ kPa；

7～10 m，粉土，中密，$P_s=8\,700$ kPa，$R_f=0.5$；

10 m 以下为基岩，地下水位埋深为 2.0 m，场地地震烈度为 8 度，按《岩土工程勘察规范》(GB 50021—2001)(2009 年版)判定粉土层的液化性为(　　)。

(A)液化　　　　(B)不液化

【案例模拟题 45】

某民用建筑场地勘察资料如下：

①0～5 m，低液限黏土，$q_c=2.8$ MPa，$f_s=0.6$ MPa；

②5～12 m，中砂土，$q_c=3.4$ MPa，$f_s=1.2$ MPa；

③12 m 以下，风化泥岩。

场地位于 7 度烈度区，锥尖阻力基准值为 5 MPa，地下水位埋深为 4.0 m，试判定该场地中砂土的液化性(　　)。

(A)液化　　　　(B)不液化

【案例模拟题 46】

某民用建筑物场地勘察资料如下：

①黏土，0～6 m，可塑，$I_L=0.45$，$f_{ak}=160$ kPa；

②粉土，6～8 m，黏粒含量 18%，$f_{ak}=150$ kPa；

③中砂土，8～10 m，9 m 处标准贯入击数为 10 击；

④细砂土，10～12 m，$q_c=4$ MPa，$f_s=1.3$ MPa；

⑤粗砂土，12～17 m，15 m 处标准贯入击数为 16 击，地质年代为晚更新统；

⑥砂岩，17 m 以下，中风化。

该场地位于 8 度烈度区，设计基本地震加速度为 0.2g，设计地震分组为第一组，地下水位为 3.0 m，采用桩基础。该场地中可能发生地震液化的土层有(　　)。

(A)1 层　　　　(B)2 层　　　　(C)3 层　　　　(D)4 层

9.5 单项选择题

9.5.1 《建筑抗震设计规范》(GB 50011—2010)

1. 下述(　　)不是抗震设防目标的合理表述。

(A)当遭受低于本地区抗震设防烈度的多遇地震影响时，主体结构不受损坏或不需修理可继续使用

(B)当遭受到相当于本地区抗震设防烈度的地震影响时，可能损坏，但经一般修理仍可继续使用

(C)当遭受到高于本地区抗震设防烈度的罕遇地震影响时，不致倒塌或发生危及生命的严重损坏

(D)抗震设防烈度为7度及以上地区的建筑，必须进行抗震设计

2. 场地是指工程群体所在地，具有相似的反应谱特征，下述对场地范围的表述中，(　　)不正确。

(A)面积不小于0.5 km^2　　(B)相当于居民小区

(C)相当于厂区　　(D)相当于自然村

3. 根据地震灾害和工程经验等所形成基本设计原则和设计思想，进行建筑和结构总体布置，并确定细部构造的过程称为(　　)。

(A)建筑抗震构造设计　　(B)建筑抗震计算设计

(C)建筑抗震概念设计　　(D)建筑抗震总体设计

4. 确定设计基本地震加速度的设计基准周期和超越概率分别为(　　)。

(A)50年设计基准周期，超越概率为63.2%

(B)50年设计基准周期，超越概率为10%

(C)100年设计基准周期，超越概率为63.2%

(D)100年设计基准周期，超越概率为10%

5. 建筑应根据其使用功能的重要性分类，其中地震时使用功能不能中断的建筑应为(　　)。

(A)甲类建筑　　(B)乙类建筑　　(C)丙类建筑　　(D)丁类建筑

6. 各抗震设防类别建筑的抗震设防标准的要求中下述不正确的是(　　)。

(A)当抗震设防烈度为6～8度时，甲类建筑的抗震措施应符合本地区抗震设防提高一度要求

(B)乙类建筑的地震作用应符合本地区抗震设防烈度要求

(C)丙类建筑地震作用和抗震措施应符合本地区抗震设防烈度要求

(D)丁类建筑地震作用应允许比本地区抗震设防烈度的要求适当降低

7. 抗震设防烈度和设计基本地震加速度的取值有一定的对应关系，当没有特殊规定时，基本地震加速度为0.30g的地区，应按抗震设防烈度为(　　)度要求进行抗震设计。

(A)6　　(B)7　　(C)8　　(D)9

8. 当建筑场地为Ⅲ类场地，设计地震为第一组时，场地特征周期应为(　　)。

(A)0.35 s　　(B)0.40 s　　(C)0.45 s　　(D)0.55 s

9. 西藏自治区米林地区的抗震设防烈度、设计基本地震加速度值及设计地震分组分别为(　　)。

(A)9度、0.4g、第二组　　(B)8度、0.2g、第二组

(C)8 度、0.3g、第二组　　(D)8 度、0.3g、第三组

10. 在抗震设计选择建筑场地时，下述不正确的是(　　)。
(A)应对抗震有利、一般、不利和危险地段，做出综合评价
(B)对抗震不利地段，应提出避开要求
(C)当无法避开抗震不利地段时，应采取有效措施
(D)在抗震危险地段进行建筑时，设防级别应提高一级

11. 当抗震设防烈度为 8 度，建筑场地为Ⅰ类时，丙类建筑应允许按(　　)要求采取抗震构造措施。
(A)7 度　　(B)8 度
(C)9 度　　(D)应进行专门论证

12. 对于Ⅲ类建筑场地，设计基本地震加速度为 0.15g 的地区，当没有其他规定时，宜按(　　)的要求采取抗震构造措施。
(A)6 度　　(B)7 度　　(C)8 度　　(D)9 度

13. 下列(　　)为对建筑抗震有利的地段。
(A)条状突出的山嘴地段
(B)开阔、平坦、密实、均匀的中硬土地段
(C)疏松的断层破碎带
(D)发震断裂上可能发生地表错位的地段

14. 对建筑场地进行剪切波速的测量时，下述不正确的是(　　)。
(A)初步勘察阶段，对大面积的同一地质单元测量土层剪切波速的钻孔数量不宜少于 3 个
(B)详勘阶段对单幢建筑，测量土层剪切波速的钻孔数量不宜少于 2 个
(C)详勘阶段，对小区中处于同一地质单元的密集高层建筑群，测量土层剪切波速的钻孔数量每幢高层建筑下不得少于 3 个
(D)对层数不超过 10 层且高度小于 24 m 的丙类建筑，可按岩土名称和性状，根据当地经验查表估算各土层的剪切波速

15. 某丁类建筑位于黏性土场地，地基承载力特征值 $f_{ak}=180$ kPa，未进行剪切波速测试，其土层剪切波速的估算值宜采用(　　)。
(A)$v_s=170$ m/s　　(B)$v_s=270$ m/s　　(C)$v_s=470$ m/s　　(D)$v_s=570$ m/s

16. 确定场地覆盖层厚度时，下述不正确的是(　　)。
(A)一般情况下，应按地面至剪切波速大于 500 m/s 的土层顶面的距离确定
(B)当地面 5 m 以下存在剪切波速大于全部上层土剪切波速 2.5 倍的土层，且其下卧岩土的剪切波速不小于 400 m/s 时，可按地面至该土层顶面的距离确定
(C)剪切波速大于 500 m/s 的孤石，透镜体可作为稳定下卧层
(D)土层中的火山岩硬夹层，应视为刚体，其厚度应从覆盖土层中扣除

17. 计算土层的等效剪切波速时，下述不正确的是(　　)。
(A)土层的等效剪切波速为计算深度与剪切波速在地面与计算深度之间的传播时间的比值
(B)土层的等效剪切波速为各土层剪切波速的厚度加权平均值
(C)当覆盖层厚度大于或等于 20 m 时，计算深度取 20 m；当覆盖层厚度小于 20 m 时，计算深度取覆盖层厚度
(D)剪切波速在地面与计算深度之间的传播时间为剪切波速在地面与计算深度之间各土层中传播时间的和

18. 建筑场地的等效剪切波速为 400 m/s，覆盖层厚度为 18 m，该场地类别应为(　　)。

(A)Ⅰ类场地　　(B)Ⅱ类场地　　(C)Ⅲ类场地　　(D)Ⅳ类场地

19. 对于存在发震断裂的场地，下列(　　)情况下不能忽略发震断裂错动对地面建筑的影响。

(A)抗震设防烈度小于 8 度时

(B)发震断裂为非全新世活动断裂

(C)抗震设防烈度为 8 度时，前第四纪基岩隐伏断裂的土层覆盖厚度为 70 m

(D)抗震设防烈度为 9 度，前第四纪基岩隐伏断裂的土层覆盖厚度为 80 m

20. 某场地内存在发震断裂，抗震设防烈度为 8 度，该场地中乙类建筑的最小避让距离应为(　　)。

(A)200 m　　(B)300 m　　(C)400 m　　(D)500 m

21. 下列建筑中(　　)不能确认为可不进行天然地基及基础的抗震承载力验算的建筑物。

(A)主要受力层范围内不存在软弱下卧层的砌体房屋

(B)地基主要受力层范围内不存在软弱土层的一般单层厂房

(C) 8 层以下且高度在 24 m 以下的一般民用框架房屋

(D)规范规定可不进行上部结构抗震验算的建筑

22. 对承载力特征值为 200 kPa 的黏性土，进行抗震验算时，其地基土抗震承载力调整系数应为(　　)。

(A)1.0　　(B)1.1　　(C)1.3　　(D)1.5

23. 验算天然地基地震作用下的竖向承载力时，按地震作用效应标准组合考虑，下述不正确的是(　　)。

(A)基础底面地震作用效应标准组合的平均压力，不应大于调整后的地基抗震承载力

(B)基础底面边缘地震作用效应标准组合的最大压力，不应大于调整后的地基抗震承载力的 1.2 倍

(C)高宽比大于 4 的高层建筑，在地震作用下基础底面不宜出现拉应力

(D)高宽比不大于 4 的高层建筑及其他建筑，基础底面与地基土之间零应力区面积不应超过基础底面积的 25%

24. 对场地液化性判别时，下述不正确的是(　　)。

(A)存在饱和砂土和饱和粉土(不含黄土)的地基，7～9 度烈度时，应进行液化判别

(B)判别饱和的砂土和饱和粉土(不含黄土)液化时，可先进行初判，对初判不能排除液化的土层，可采用标准贯入等方法进一步进行液化判别

(C)当采用标准贯入判别液化时，应对锤击数进行杆长修正

(D)对存在液化土层的地基，应根据液化指数划分地基的液化等级

25. 对饱和砂土或粉土(不含黄土)进行初判时，下述不正确的是(　　)。

(A)地质年代为第四纪晚更新世 Q_3，设防烈度为 9 度，判为不液化

(B) 8 度烈度区中粉土的黏粒含量为 12%时，应判为液化

(C) 7 度烈度区中粉土的黏粒含量为 12%时，可判为不液化

(D)8 度烈度时粉土场地的上覆非液化土层厚度为 6.8 m，地下水位埋深 2.0 m，基础埋深 1.5 m，该场地应考虑液化影响

26. 当对饱和砂土进行液化进一步判别时，设计基础埋深为 5.5 m，液化判别深度通常应为(　　)。

(A)10 m　　(B)15 m

(C)20 m　　(D)应视场地情况判定

27. 对于存在液化土层的地基，应根据液化指数综合划分地基的液化等级，下述不正确的是(　　)。

(A)测试点标准贯入锤击数的实测值大于该点临界值时，液化指数为0

(B)对液化土层标准贯入锤击数实测值越小，液化指数越大

(C)当标准贯入锤击数实测值与临界值一定时，土层埋深大的液化指数相对较大

(D)当液化指数为10时，场地液化等级为中等

28. 对中等液化场地中的乙类建筑进行抗震设计时，应采用的抗液化措施为(　　)。

(A)不必消除液化沉陷

(B)部分消除液化沉陷

(C)部分消除液化沉陷且对基础及上部结构处理

(D)对基础及上部结构处理

29. 下述消除地基液化的措施中哪些为部分消除地基液化沉陷的措施(　　)。

(A)桩端伸入液化深度以下稳定地层中足够长度的桩基础

(B)采用振冲挤密法处理，经处理后的地基液化指数为3

(C)基础底面埋入液化深度以下的稳定土层中0.5 m以下的深基础

(D)用非液化土替换全部液化土层

30. 低桩承台桩基中，承台底面上下存在足够厚度的非液化土层时，可对液化土的桩周摩阻力进行折减，当土层埋深为15 m，实测标准贯入锤击数为7，临界标准贯入锤击数为10时，土层液化影响折减系数应为(　　)。

(A)0　　(B)1/3　　(C)2/3　　(D)1

31. 确定建筑结构的地震影响系数时，可不直接受(　　)的影响。

(A)地震震级　　(B)场地类别

(C)设计地震分组　　(D)结构自振周期

32. 地震基本烈度为8度，设计基本地震加速度为0.30g时，多遇地震的水平地震影响系数最大值为(　　)。

(A)0.08　　(B)0.16　　(C)0.24　　(D)0.32

33. 云南省景洪某建筑场地为Ⅱ类场地，考虑罕遇地震作用时其特征周期应为(　　)。

(A)0.35 s　　(B)0.40 s　　(C)0.45 s　　(D)0.50 s

34. 建筑结构影响系数曲线形状受建筑结构阻尼比影响，下述说法中不正确的是(　　)。

(A)阻尼比通常应取0.05，这时阻尼比调整系数应按1采用

(B)当建筑结构阻尼比大于0.05时，阻尼调整系数小于1

(C)当建筑结构阻尼比小于0.05时，阻尼调整系数大于1

(D)阻尼调整系数小于0.30时，应取0.30

35. 场地特征周期 T_g=0.40 s，建筑结构自振周期 T=3.5 s，该建筑结构地震影响系数应在地震影响系数曲线(　　)取值。

(A)直线上升段　　(B)水平段

(C)曲线下降段　　(D)直线下降段

36. 下列可不进行抗震设计的地区是(　　)。

(A)抗震设防烈度为5度的地区　　(B)抗震设防烈度为6度的地区

(C)抗震设防烈度为7度的地区　　(D)抗震设防烈度为8度的地区

37.《建筑抗震设计规范》(GB 50011—2010)不适用于下列(　　)地区。

(A)抗震设防烈度为 6 度的地区

(B)抗震设防烈度为 7 度的地区

(C)抗震设防烈度为 9 度的地区

(D)抗震设防烈度为 11 度的地区

38.抗震设防烈度一般不宜采用下列(　　)。

(A)采用《中国地震动参数区划图》(GB 18306—2015)中的地震基本烈度

(B)采用与《建筑抗震设计规范》(GB 50011—2010)中设计基本地震加速度值对应的烈度值

(C)(A)+(B)

(D)众值烈度值

39.抗震设防烈度是指(　　)

(A)按国家规定的权限批准作为一个地区抗震设防依据的地震烈度

(B)按国家规定的权限批准作为一个时期抗震设防依据的地震烈度

(C)按国家规定的权限批准作为一个建筑物或住宅小区抗震设防依据的地震烈度

(D)一个地区在今后 50 年可能遭遇到的最大地震烈度

40.由抗震设防烈度或设计地震动参数及建筑抗震设防类别确定的衡量抗震设防要求高低的尺度称为(　　)。

(A)抗震设防烈度

(B)抗震设防标准

(C)地震作用

(D)设计地震动参数

41.由地震引起的结构动态作用称为(　　)。

(A)水平地震作用

(B)竖向地震作用

(C)地震作用

(D)地震破坏作用

42.下列(　　)不是设计地震动参数。

(A)地震活动的周期

(B)地震加速度时程曲线

(C)加速度反应谱

(D)峰值加速度

43.抗震设计用的地震影响曲线中,反映地震震级、震中距和场地类别等因素的下降段起点对应的周期值为(　　)。

(A)地震活动周期

(B)设计特征周期

(C)结构自振周期

(D)地基固有周期

44.下列(　　)为抗震措施的范畴。

(A)对地震作用计算

(B)抗力计算

(C)除(A)、(B)以外的抗震设计

(D)地震危险性分析

45.根据抗震概念设计原则,一般不需计算而对结构和非结构各部分必须采取的各种细部要求称为(　　)。

(A)抗震措施

(B)抗震构造措施

(C)抗震设计

(D)抗震概念设计

46.在抗震设计中,重大建筑工程和地震时可能发生严重次生灾害的建筑称为(　　)建筑。

(A)甲类　　(B)乙类　　(C)丙类　　(D)丁类

47.当某一地区抗震设防烈度为 7 度时,下列(　　)建筑可按 6 度采取抗震措施。

(A)地震时可能产生严重次生灾害或重大建筑工程

(B)地震时使用功能不应中断或需尽快恢复的建筑

(C)抗震次要建筑

(D)除(A)、(B)、(C)以外的一般建筑

48. 一般情况下,下列(　　)情况可不进行地震作用计算。

(A)甲类建筑,抗震设防烈度为 6 度　　(B)乙类建筑,抗震设防烈度为 6 度

(C)丙类建筑,抗震设防烈度为 7 度　　(D)丁类建筑,抗震设防烈度为 7 度

49. 建筑所在地区的地震影响不应采用下列(　　)。

(A)工程使用年限内可能遭受的最大地震加速度和特征周期

(B)相应于抗震设防烈度的设计基本地震加速度和设计特征周期

(C)采用《中国地震动参数区划图》(GB 18306—2015)中的地震动参数

(D)(B)+(C)

50. 抗震设防烈度为 8 度时,设计基本地震加速度可能为(　　)。

(A)0.05g　　(B)0.10g　　(C)0.20g　　(D)1.40g

51. 设计特征周期与下列(　　)有关。

(A)设计地震分组和地震烈度　　(B)设计地震分组和场地类别

(C)设计基本地震加速度和地震烈度　　(D)场地类别与地震烈度

52. 下列(　　)可允许按本地区抗震设防烈度降低 1 度的要求采取抗震构造措施。

(A)Ⅰ类建筑场地、甲类建筑,7 度烈度

(B)Ⅰ类建筑场地、乙类建筑,7 度烈度

(C)Ⅰ类建筑场地、丙类建筑,7 度烈度

(D)Ⅰ类建筑场地、丙类建筑,6 度烈度

53. 下列(　　)情况应按抗震设防烈度为 9 度时各类建筑的要求采取抗震构造措施。

(A)建筑场地为Ⅱ类,设计基本地震加速度为 0.30g

(B)建筑场地为Ⅲ类,设计基本地震加速度为 0.30g

(C)建筑场地为Ⅱ类,设计基本地震加速度为 0.15g

(D)建筑场地为Ⅲ类,设计基本地震加速度为 0.15g

54. 地基基础抗震设计时,下述(　　)不符合《建筑抗震设计规范》(GB 50011—2010)要求。

(A)地基为软弱黏性土,软土、不均匀土或液化土时,应估计地震时不均匀沉降值或其他不利影响并采取相应的措施

(B)同一结构单元的基础不宜设置在性质截然不同的地基上

(C)同一结构单元不宜部分采用天然地基,部分采用桩基础

(D)同一结构单元可视地基条件部分采用天然地基部分采用桩基础

55. 划分建筑场地的类别时,应以下列(　　)为准。

(A)平均剪切波速度与覆盖层厚度

(B)等效剪切波速度与覆盖层厚度

(C)场地土类别及其厚度

(D)场地土层的承载力特征值及土层厚度

56. 有甲、乙两个建筑场地,覆盖层厚度均为 15 m。甲场地由两层土组成,第一层厚度为 5 m,剪切波速度为100 m/s;第二层厚度为 10 m,剪切波速度为 400 m/s。乙场地也由两层土组成,第一层厚度为7.5 m,剪切波速度为 150 m/s;第二层厚度为 7.5 m,剪切波速度为 250 m/s。甲、乙两个场地的等效剪切波速的关系为(　　)。

(A)二者相等　　(B)甲场地大于乙场地

(C)乙场地大于甲场地　　(D)不能确定

57. 下列(　　)情况下地震影响系数最大值可不乘以增大系数。

(A)条状突出山嘴场地中的甲类建筑　　(B)边坡边缘场地中的乙类建筑

(C)非岩石的陡坡场地中的丙类建筑　　(D)高耸孤立山丘场地中的丁类建筑

58. 某天然地基为中密粗砂，承载力特征值为 200 kPa，深、宽修正后承载力特征值为 300 kPa，地基抗震承载力应为(　　)。

(A)260 kPa　　(B)300 kPa　　(C)390 kPa　　(D)450 kPa

59. 下列(　　)措施不符合全部消除地基液化沉陷的措施。

(A)桩端伸入不液化土层中足够深度的桩基础

(B)场地液化土层底面深度为 5.0 m，箱基埋深为 6.0 m

(C)对液化土层采用振冲挤密法处理，处理深度为液化土层底面深度，液化土层经处理后液化指数减少到 2.5

(D)采用换填法置换全部液化土层的地基

60. 下述对基础和上部结构的处理措施中(　　)不能减轻液化影响。

(A)选择较小的基础埋置深度，使基础埋深小于液化土层底面的埋深

(B)减小基础的偏心

(C)加强基础的整体性及刚度

(D)加强上部结构的整体刚度及均匀对称性

61. 某场地位于严重液化的故河道侧面，距设计基准期内年平均最高水位的距离约为 50 m，场地内不宜修建(　　)。

(A)低等级建筑　　(B)次要建筑

(C)永久性建筑　　(D)临时性建筑

62. 下列(　　)情况下建筑物可不进行桩基抗震承载力验算。

(A)地基为均质黏土，承载力特征值为 140 kPa，7 层民用框架结构的房屋，设防烈度为 8 度，主要承受竖向荷载的低承台桩基础

(B)0～5 m 为液化土层，5～20 m 为硬黏土，承载力为 250 kPa，单层厂房，设防烈度为 7 度

(C)0～5 m 为淤泥质土，5～20 m 为硬黏土，单层厂房，设防烈度为 8 度

(D)均质软塑黏土场地，承载力特征值为 90 kPa，单层空旷房屋，设防烈度为 7 度

63. 对非液化土中低承台桩基进行抗震验算时，下述(　　)不正确。

(A)单桩竖向承载力特征值可比非抗震设计时提高 25%

(B)单桩水平向承载力特征值可以比非抗震设计时提高 25%

(C)当承台周围回填土夯实度满足要求时，桩的水平承载力由桩与承台正面土共同承担

(D)当承台周围回填土夯实度满足要求时，桩的水平承载力由桩与承台正面土及承台底面与地基土间的摩擦力三者共同承担

64. 某建筑物采用打入式预制群桩基础，桩数为 50×50＝2 500(根)，桩长为 7 m，桩截面尺寸为 300 mm×300 mm，桩间距为 1.2 m，天然土层标准贯入击数为 10，临界标准贯入击数为 15，考虑液化影响时，群桩中的单桩承载力折减系数宜为(　　)。

(A)0　　(B)$\frac{1}{3}$　　(C)$\frac{2}{3}$　　(D)1

65. 下列(　　)说法不符合桩基抗震设计要求。

(A)液化土层中的桩基承台周围，宜用非液化土填筑夯实

(B)液化土层中桩的纵向配筋应适当加密,箍筋可与非液化土层中相同

(C)有液化侧向扩展的地段,应考虑土流动时的侧向作用力

(D)存在液化土层的低承台桩基抗震验算时,不宜计入承台周围土的抗力

66. 计算建筑结构地震影响系数时与下列(　　)无关。

(A)地震震级　　(B)特征周期

(C)自振周期　　(D)阻尼比

67. 某建筑场地类别为Ⅱ类,设计基本地震加速度为 0.4g,设计地震分组为第二组,考虑罕遇地震作用下的特征周期应为(　　)。

(A)0.35 s　　(B)0.40 s　　(C)0.45 s　　(D)0.50 s

68. 某建筑场地设计基本地震加速度为 0.30g,多遇地震条件下水平地震影响系数最大值为(　　)。

(A)0.16　　(B)0.24　　(C)0.90　　(D)1.20

69. 某建筑结构阻尼比为 0.53,其阻尼调整系数宜取(　　)。

(A)1.0　　(B)0.75　　(C)0.55　　(D)0.48

70. 某建筑结构自振周期为 0.1 s,设计基本地震加速度为 0.10g,阻尼比为 0.05,该建筑结构地震影响系数为(　　)。

(A)0.08　　(B)0.12　　(C)0.50　　(D)不能确定

71. 对应于 50 年设计基准期内超越概率为 2%～3%的地震烈度称为(　　)。

(A)多遇地震烈度　　(B)罕遇地震烈度

(C)小震烈度　　(D)众值烈度

9.5.2 《公路工程抗震规范》(JTG B02—2013)

1. 进行公路工程抗震设计时,下述不正确的是(　　)。

(A)本规范适用于桥梁、挡土墙、路基、隧道、涵洞等各等级公路工程构筑物

(B)生命线工程,可按国家批准权限,报请批准后,适当提高抗震设防标准

(C)地震动峰值加速度大于或等于 0.40g 地区的公路工程构筑物的抗震设计应专门研究

(D)公路用房的抗震设计,应按公路抗震规范要求执行

2. 以下关于《公路工程抗震规范》(JTG B02—2013)描述错误的是(　　)。

(A)设计基本地震动峰值加速度指 50 年超越概率 10%的地震动峰值加速度

(B)E1 地震作用指重现期 475 年的地震

(C)E2 地震作用指重现期 1 500 年的地震

(D)独立特大桥梁工程,应按照有关规定,进行工程场地地震安全性评价

3. 高速公路上的特大桥梁,在 E2 地震作用下,其抗震重要性修正系数 C_i 宜取(　　)。

(A)1.7　　(B)1.3　　(C)1.0　　(D)无法判断

4. 对公路工程构筑物的重要性、抗震救灾作用及震后修复的难易程度,高速公路一般工程的抗震重要性修正系数 C_i 为(　　)。

(A)1.7　　(B)1.3　　(C)1.0　　(D)0.8

5. 公路工程构筑物抗震设计可不考虑(　　)作用。

(A)结构重力　　(B)地震土压力

(C)地震水压力　　(D)风荷载

6. 以下关于公路工程中抗震措施描述错误的是(　　)。

(A)存在发震断裂带时，路线宜平行于发震断裂布设

(B)路线平行于发震断裂布设时，宜布设在断裂带的下盘

(C)在软弱勃性土层、液化土层和严重不均匀地层上，不宜修建大跨径超静定桥梁

(D)高速公路和一级公路宜避开地震动峰值加速度大于或等于 0.20g 地区的发震断裂带

7. 公路工程抗震工作的方针是(　　)。

(A)小震不坏、中震可修、大震不倒

(B)7 度、8 度、9 度地区必须进行抗震设计

(C)减轻公路工程构筑物的地震破坏，保障人民生命财产的安全和减少经济损失

(D)6 度地区可采用简易设防，9 度地区抗震设计应进行专门研究

8. 某三级公路采用天桥的形式跨越高速公路，该天桥工程的抗震设计应符合(　　)要求。

(A)高速公路工程抗震设计要求　　(B)一级公路工程抗震设计要求

(C)二级公路工程抗震设计要求　　(D)三级公路工程抗震设计要求

9. 以下(　　)情况可不考虑发震断裂的错动对公路工程构筑物的影响。

(A)设计基本地震动峰值加速度为 0.30g

(B)全新世活动断裂

(C)设计基本地震动峰值加速度为 0.30g，前第四纪基岩隐伏断裂的土层覆盖厚度为 70 m

(D)设计基本地震动峰值加速度为 0.40g，前第四纪基岩隐伏断裂的土层覆盖厚度为 70 m

10. 以下关于公路工程桥梁抗震设计的描述，错误的是(　　)。

(A)各类桥梁抗震设防的具体要求为“小震不坏、中震可修、大震不倒”

(B)抗震设计中引入两阶段设计理念

(C)第一阶段抗震设计，采用弹塑性抗震设计方法

(D)通过第二阶段抗震设计，保证结构具有足够的延性

11. 验算地基的抗震强度时，下述不正确的是(　　)。

(A)地基土的抗震容许承载力，可取地基土经深宽修正后的容许承载力乘以地基土抗震容许承载力提高系数

(B)中密的粉细砂地基抗震容许承载力调整系数可取 1.3

(C)基础底面边缘的最大压应力应小于调整后的地基抗震承载力容许值

(D)液化土层及以上土层的地基承载力不应提高

12. 当地基内有液化土层时的桩基础，下述说法不正确的是(　　)。

(A)进行抗震验算时，柱桩的地基抗震容许承载力调整系数可取 1.5

(B)液化土层的承载力、土抗力、内摩擦角和黏聚力等应进行折减

(C)桩基承台全部或局部处于液化土层中时，承台基坑应回填并夯实

(D)对 10 m 以下的液化土层，当液化抵抗系数为 0.5 时，折减系数可取 1/3

13. 某场地中 5～15 m 为液化砂土层，液化抵抗系数为 0.7，则该土层的内摩擦角折减系数应取(　　)。

(A)1/3　　(B)1/2　　(C)2/3　　(D)1

14. 当地基土液化等级为中等时，以下(　　)可不采取抗液化措施。

(A)三级公路上高度为 3 m 的挡土墙　　(B)C 类桥梁

(C)四级公路上高度为 6 m 的挡土墙　　(D)D 类桥梁

15. 以下(　　)措施中，不能全部消除地基液化沉降的影响。

(A)采用换土法时，应用非液化土替换全部液化土层的土

(B)采用桩基时，当桩尖持力层为细砂土时，桩尖持力层厚度为1倍桩径或0.5 m

(C)深基础的基础底面应埋入液化深度以下的稳定土层中，埋入深度不应小于1.0 m

(D)采用加密法对液化土层进行加固处理时，处理深度应达到液化深度下界，经处理的复合地基的标准贯入锤击数，不应小于规定的液化判别标准贯入锤击数临界值

16. 单跨跨径为180 m的钢筋混凝土梁桥，结构阻尼比为0.05，场地类别为Ⅱ类，水平向设计基本地震动峰值加速度为0.20g，进行E2地震作用下的抗震设计时，按《公路工程抗震规范》(JTG B02—2013)，水平设计加速度反应谱最大值为(　　)。

(A)0.77　　(B)0.58　　(C)0.42　　(D)无法确定

17. 以下(　　)可不进行隧道抗震强度和稳定性验算。

(A)设计基本地震动峰值加速度为0.15g，高速公路洞口挡土墙

(B)设计基本地震动峰值加速度为0.15g，二级公路双车道明洞

(C)设计基本地震动峰值加速度为0.20g，四级公路洞口挡土墙

(D)设计基本地震动峰值加速度为0.20g，洞口浅埋段

18. 进行公路挡土墙抗震设计时，下述(　　)不正确。

(A)设计基本地震动峰值加速度大于或等于0.20g的地区不宜采用加筋土挡土墙

(B)需考虑发震断裂的错动对挡土墙的影响时，应优先采取避开措施

(C)公路挡土墙可采用静力法验算挡土墙体抗震强度和稳定性

(D)设计基本地震动峰值加速度为0.20g地区的高速公路挡土墙，高度超过20 m，且地基处于抗震危险地段的，应做专门研究

19. 在下列挡土墙中，(　　)不需验算抗震稳定性。

(A)设计基本地震动峰值加速度为0.10g，一级公路上浸水黏土地基挡土墙

(B)设计基本地震动峰值加速度为0.20g，二级公路上非浸水岩石地基挡土墙

(C)设计基本地震动峰值加速度为0.40g，三级公路上液化土地基挡土墙

(D)设计基本地震动峰值加速度为0.10g，四级公路上软土地基挡土墙

20. 公路挡土墙采取抗震措施时，下述(　　)不正确。

(A)高速公路、一级公路不应使用干砌片石挡土墙

(B)设计基本地震动峰值加速度为0.20g，高10 m高速公路挡土墙，需采用混凝土整体浇筑

(C)在挡土墙的分段处、地基土及墙高变化处，应设置沉降缝

(D)位于液化土及软土地基上的挡土墙，当采用桩基时，桩尖应伸入稳定土层

21. 关于公路路基抗震设计，下述正确的是(　　)。

(A)公路路基可采用拟静力法进行抗震稳定性验算

(B)路基抗震稳定性验算可只考虑垂直路线走向的水平地震作用

(C)三级、四级公路的路基边坡抗震稳定系数不应小于1.05

(D)对于水库地区浸水路基可不计入常水位的水压力和浮力

22. 以下路基，(　　)可不验算抗震稳定性。

(A)设计基本地震动峰值加速度为0.10g，一级公路用粗砂土填筑的非浸水软土路堤

(B)设计基本地震动峰值加速度为0.20g，二级公路高20 m路堤

(C)设计基本地震动峰值加速度为0.30g，一级公路高16 m碎石土路堑

(D)设计基本地震动峰值加速度为0.40g，地面横坡度大于1∶3的岩石路基

23. 对路堤采取抗震措施时，下述(　　)不正确。

(A)路堤浸水部分的填料，宜选用抗震稳定性较好的渗水性土。

(B)当在自然坡度大于 1∶3 的稳定斜坡上填筑路堤时,其抗滑稳定性系数不应小于 1.1

(C)软土地基上的一级公路,地表垫层材料不应采用碎、卵石或粗砂夹碎石(卵石)

(D)边坡高度 15 m 的岩石路堑,当边坡岩体石质破碎上覆层受震易坍塌时,一级公路宜采用明洞或隧道方案通过

9.5.3 《水电工程建筑物抗震设计规范》(NB 35047—2015)与《水利水电工程地质勘察规范》(GB 50487—2008)

1. 水工建筑物场地土的液化判别可分为初判和复判,在初步判别时,以下说法不正确的是(　　)。

(A)地质年代早于晚更新世的土层不会发生液化

(B)小于 5 mm 的颗粒质量百分含量不足 30%时,可判为不液化

(C)勘察工作中处于地下水位以上的非饱和土可不必进行液化判定

(D)黏粒含量超过某一临界值时可判为不液化

2. 水工建筑物场地土地震液化性复判时,不应选用下列(　　)指标。

(A)标准贯入锤击数　　(B)场地土层的剪切波速

(C)砂土的相对密度　　(D)黏性土的相对含水率或液性指数

3. 水工建筑物场地中用液性指数判定黏性土层的液化性时与下列(　　)无关。

(A)天然含水率　　(B)饱和含水率　　(C)液限含水率　　(D)塑限含水率

4. 某水工建筑物库区有过 5 级左右的地震活动,枢纽区边坡稳定条件较差,地基抗震稳定性差,该场地按抗震条件应划分为(　　)。

(A)有利地段　　(B)不利地段　　(C)危险地段　　(D)安全地段

5. 某水工建筑物场地土层平均剪切波速为 200 m/s,覆盖层厚度为 12 m,该场地的类别应为(　　)。

(A)Ⅰ类　　(B)Ⅱ类　　(C)Ⅲ类　　(D)Ⅳ类

6. 水工建筑物抗震设计时判定软土层的标准不宜采用下列(　　)。

(A)土层的液性指数　　(B)土层的承载力标准值

(C)标准贯入锤击数　　(D)黏土层的灵敏度

7. 水工建筑物竖向设计地震加速度代表值,应取水平设计地震加速度代表值的(　　)。

(A)1/4　　(B)1/2　　(C)1/3　　(D)2/3

8. 水工建筑物设计反应谱下限值的代表值,不应低于设计反应谱最大值的(　　)。

(A)10%　　(B)20%　　(C)30%　　(D)40%

9. 下述对《水工建筑物抗震设计规范》(DL 5073—2000)的适用范围的表述中(　　)不正确。

(A)只适用于设计烈度 6、7、8 度时的水工建筑物,对设计烈度为 9 度时应专门研究

(B)适用于设计烈度为 6、7、8、9 度时的水工建筑物

(C)适用于 1、2、3 级的碾压式土石坝,混凝土重力坝等挡水构筑物

(D)适用于地下结构、地面厂房等水工建筑物

10.《水工建筑物抗震设计规范》(DL 5073—2000)的设防目标是(　　)。

(A)小震不坏

(B)中震可修

(C)大震不倒

(D)能抗御设计烈度地震,如有局部损坏,经一般处理后仍可正常运行

11. 水工建筑物工程场地地震烈度或基岩峰值加速度，应根据工程规模及区域地震地质条件确定。下列(　　)情况下，确定设防依据时，可不必进行专门的地震危险性分析并提供基岩加速度结果。

(A)基本烈度为6度，坝高250 m　　(B)基本烈度为8度，坝高为200 m

(C)基本烈度为6度，库容为80亿 m^3　　(D)基本烈度为8度的大型工程

12. 某水工建筑物为2级非壅水建筑物，场地基本烈度为7度，其工程抗震设防类别宜为(　　)类。

(A)甲　　(B)乙　　(C)丙　　(D)丁

13. 下述对水工建筑物抗震设计的设计烈度或设计地震加速度的代表值的取值要求中(　　)不正确。

(A)一般情况应采用基本烈度作为设计烈度

(B)甲类水工建筑物可在基本烈度基础上提高1度作为设计烈度

(C)对6度烈度，坝高为150 m，库容为60亿 m^3 的挡水水工建筑物，应取基准期100年内的超越概率为0.02

(D)空库时如需要考虑地震作用，可将设计地震加速度代表值减半进行抗震设计

14. 按《水工建筑物抗震设计规范》(DL 5073—2000)要求，下述(　　)不正确。

(A)对坝高大于100 m，库容大于5亿 m^3 的水库，如可能发生大于6度的水库诱发地震，应在蓄水前进行地震前期监测

(B)水工建筑物进行抗震设计时应在设计中从抗震角度提出对施工质量的要求和措施

(C)水工建筑物进行抗震设计时，应考虑便于震后对遭受震害的建筑物进行检修

(D)对设计烈度为6度的甲类水工建筑物必须进行动力试验验证

15. 下述(　　)是对抗震设计较准确的表述。

(A)是对地震区的工程结构所进行的一种专项设计

(B)一般是指抗震计算

(C)一般是指抗震措施

(D)(A)+(B)+(C)的综合

16. 下述(　　)不是对基本烈度的正确表述。

(A)50年期限内，一般场地条件下可能遭遇的超越概率为0.10的地震烈度

(B)100年期限内，一般场地条件下可能遭遇的超越概率为0.02的地震烈度

(C)《中国地震烈度区划图》(1990)上所标示的地震烈度值

(D)对重大工程应通过专门的地震危险性评价工作确定基本烈度

17. 水工建筑物的设计烈度是指(　　)。

(A)与基本烈度相适应的烈度　　(B)作为工程设防依据的地震烈度

(C)比基本烈度提高1度的地震烈度　　(D)比基本烈度降低1度的地震烈度

18. 地震动峰值加速度是指地震运动过程中，地表质点运动加速度的(　　)。

(A)极大值　　(B)极小值

(C)极大值与极小值绝对值的平均值　　(D)最大绝对值

19. 地震作用效应不包括地震作用引起的(　　)动态效应。

(A)自重应力　　(B)结构内力　　(C)变形　　(D)裂缝开展

20. 下述(　　)不是地震液化必须具备的条件。

(A)土层饱和　　(B)土层为砂土、粉土、少黏性土

(C)孔隙水压力增大　　(D)有效应力为零

21.将重力作用,设计地震加速度与重力加速度的比值、给定的动态分布系数三者乘积作为设计地震力的抗震设计方法称为(　　)。

(A)拟静力法　　(B)时程分析法

(C)振型分解法　　(D)完全二次型方根法

22.选择水工建筑物场地时,下述(　　)不正确。

(A)水工建筑物场地类别可划分为有利、不利和危险地段

(B)宜选择对建筑物抗震相对有利地段

(C)宜避开对建筑物抗震相对不利地段

(D)不得在危险地段进行工程建设

23.某水工建筑物基础埋深为5 m,场地土层波速值为0～5 m:黏土,$v_{s1}=200$ m/s;5～15 m:砂土 $v_{s2}=350$ m/s;15～25 m:砾石土 $v_{s3}=450$ m/s。该场地土的平均剪切波速为(　　)。

(A)300 m/s　　(B)337.5 m/s　　(C)350 m/s　　(D)383 m/s

24.对水工建筑物地基中的可液化土层,采取抗震措施时,一般不采用(　　)方法。

(A)对液化土层进行灌浆

(B)填土压重

(C)采用桩体穿过可液化土层进入非液化土层的桩基

(D)采用混凝土连续墙围封可液化地基

25.一般情况下,水工建筑物地基中的下列(　　)土层是软弱土层。

(A)黏性土的液限为35%,塑限为18%,天然含水率为32%

(B)不固结不排水剪试验结果为 $C_u=30$ kPa,$\varphi=0$

(C)标准贯入试验中贯入30 cm的锤击数为6击

(D)十字板剪切试验结果为:天然状态峰值抗剪强度为30 kPa,重塑状态抗剪强度为10 kPa

26.地基中的软弱黏土层采取抗震措施时一般不宜采用(　　)方法。

(A)挖除或置换　　(B)桩基础　　(C)强夯　　(D)复合地基

27.对混凝土拱坝,在考虑地震动分量及其组合时,下述(　　)是正确的。

(A)只考虑顺河流方向的水平向地震作用

(B)只考虑垂直河流方向的水平向地震作用

(C)应同时考虑(A)+(B)

(D)除考虑(A)+(B)外,还应考虑竖向地震作用效应

28.一般情况下,水工建筑物抗震计算可不考虑(　　)地震作用。

(A)地震波浪压力

(B)水平向地震作用的动水压力

(C)地震动土压力

(D)建筑物自重及其上荷重所产生的地震惯性力

29.在考虑水工建筑物地震作用的类别时,下述(　　)不正确。

(A)面板堆石坝的水压力可以不计

(B)地震对渗透压力和浮托力的影响可以不计

(C)地震对淤砂压力的影响一般可以不计

(D)当高坝的淤砂厚度特别大时，地震对淤砂压力的影响应做专门研究

30. 一般情况下，设计烈度为 8 度时，水平向和垂直向设计地震加速度的代表值应分别取(　　)。

(A)0.2g、0.1g　(B)0.2g、0.13g　(C)0.3g、0.15g　(D)0.3g、0.2g

31. 某水工建筑场地为Ⅱ类场地，设计烈度为 9 度，建筑物结构自振周期为 2 s，设计反应谱代表值与反应谱最大值代表值的比值为(　　)。

(A)0.22　(B)0.20　(C)0.18　(D)0.15

32. 某水工建筑场地为Ⅲ类场地，设计烈度为 7 度，建筑结构基本自振周期为 1.5 s，场地特征周期宜为(　　)。

(A)0.30 s　(B)0.40 s　(C)0.45 s　(D)0.65 s

33. 地震设防烈度为 8 度，基本烈度为 7 度，设计基本地震加速度为 0.1g，场地中土层的粒度成分如下表所示，该土层的液化初判结果为(　　)。

粒径/mm	0.005	5	20
小于该粒径的累积百分含量	8.5%	50%	90%

(A)液化　(B)不液化　(C)处于临界状态　(D)不能判定

34. 采用标准贯入锤击数法对水工建筑物场地土的液化性进行复判时，应采用(　　)。

(A)实测锤击数

(B)工程正常运行时，标准贯入点在当时地面和水位下的锤击数

(C)经深度修正后的锤击数

(D)按上覆土层总压力修正后的锤击数

35. 当水工建筑物场地由下列(　　)土层组成时，可判定为无液化可能性。

(A)砾类土　(B)砂类土及粉土　(C)少黏性土　(D)重黏土

9.6　多项选择题

1. 进行水工建筑物场地液化判定时，下述正确的说法是(　　)。

(A)初判时为不液化的土层可判为非液化层，不必进行复判

(B)初判时不能排除液化性的土层不一定是液化土层，需进行复判

(C)地下水位的变化对土体的液化性无明显影响

(D)黏性土不存在液化问题

2. 水工建筑物地基中的可液化土层，可根据工程类型及具体情况，采用下列(　　)抗震措施。

(A)用非液化土层置换液化土层

(B)采用振冲法或重夯击实等人工加密方法

(C)填土压重

(D)采用降水法，使液化土层达到不饱和状态

3. 水工建筑物抗震设计中所指的软土层包括下列(　　)。

(A)液性指数大于 0.75 的土　(B)无侧限抗压强度 $q_u \leqslant 80$ kPa 的土

(C)标准贯入锤击数 $N_{63.5} \leqslant 5$ 的土　(D)灵敏度 $S_\gamma \geqslant 4$ 的土

4. 以下关于其他公路工程构筑物在 E1 地震作用时，抗震设防目标的描述，正确的是(　　)。

(A)高速公路的工程构筑物，位于抗震有利地段的，经短期抢修即可恢复使用

(B)一级公路位于抗震危险地段的挡土墙、隧道等重要构筑物不发生严重破坏

(C)三级公路工程构筑物，位于抗震有利地段的，经短期抢修即可恢复使用

(D)四级公路位于抗震不利地段的挡土墙、隧道等重要构筑物不发生严重破坏

5. 以下关于桥梁抗震措施规定描述错误的是(　　)。

(A)对 A、B 类桥梁，抗震措施均按提高一档或更高的设计要求设计

(B)C 类桥梁，可按设防烈度采取抗震措施

(C)D 类桥梁，设防烈度为 7 度时，可降低一档采取抗震措施

(D)抗震措施可以起到有效减轻震害的作用，而其耗费的工程代价往往较高

6. 对等效剪切波速，下述说法中正确的是(　　)。

(A)等效剪切波速为场地中所有土层波速按厚度加权平均值

(B)等效剪切波速计算深度为覆盖厚度与 20 m 的较小值

(C)等效传播时间为剪切波在地面至计算深度之间的实际传播时间

(D)等效剪切波速即加权平均剪切波速

7. 按《建筑抗震设计规范》(GB 50011—2010)要求进行抗震承载力验算时，下述不正确的说法是(　　)。

(A)天然地基基础抗震验算时，应采用地震作用效应基本组合值

(B)地基抗震承载力应取深宽修正后的地基承载力特征值乘以抗震承载力调整系数

(C)抗震承载力调整系数应根据建筑物的重要性级别确定

(D)抗震承载力调整系数应根据设计地震烈度确定，且不得小于 1.0

8. 按《建筑抗震设计规范》(GB 50011—2010)要求，验算竖向承载力时，下述正确的是(　　)。

(A)荷载值应取地震作用效应标准组合值

(B)基底平面平均压力不应大于调整后抗震承载力值，即 $P \leqslant f_{aE}$

(C)基础边缘最大压力不应大于调整后抗震承载力的 1.2 倍，即 $P_{max} \leqslant 1.2 f_{aE}$

(D)基础底面零应力区面积不应大于 15%

9. 按《建筑抗震设计规范》(GB 50011—2010)进行土的液化判定时，下述正确的说法是(　　)。

(A)当场地烈度不超过 6 度时，可不必进行液化性判别

(B)砂土的液化性初判时，可不考虑黏粒含量百分率的影响

(C)一般情况下，实测标准贯入击数越大，土的液化可能性就越小

(D)地下水水位越高，液化可能性就越小

10. 桩基础抗震验算时，下述说法中不正确的是(　　)。

(A)所有的建筑桩基础均应进行抗震验算

(B)单桩竖向抗震承载力特征值可比非抗震设计时提高 25%

(C)液化土层的桩周摩阻力应进行适当的折减

(D)桩数较多的挤土桩的施工可使桩间土挤密，液化可能性降低

11. 确定建筑物地震影响系数时，下述正确说法是(　　)。

(A)建筑结构地震影响系数应根据烈度、场地类别、设计地震分组、结构自振周期及阻尼比确定

(B)地震影响系数曲线为分段曲线，各曲线段有各自不同的曲线方程

(C)当阻尼比不等于 0.05 时，曲线下降段衰减指数、直线下降段斜率调整系数均需进行

修正

(D)直线下降段的下降斜率调调整系数应大于或等于 1.0

12. 地震对建筑物的破坏作用具有一定的规律性，下述说法中正确的是(   )。

(A)远震与近震的震害有差异，破坏有选择性

(B)一般情况下，近震、小震对低矮且刚性较大的房屋结构破坏较严重

(C)覆盖层较厚的软弱场地上，高层房屋结构的震害较重

(D)因余震震级较小，对建筑结构无明显破坏作用

13. 建筑抗震设防目标内容包括下列(   )。

(A)小震不坏　(B)中震可修　(C)大震不裂　(D)大震不倒

14.《建筑抗震设计规范》(GB 50011—2010)中对抗震设防的三个标准可正确地表达为(   )。

(A)抗震设防的三个水准是依据今后 50 年内发生的地震烈度的超越概率不同而制定的

(B)抗震设防的三个水准是根据建筑物的重要性不同而制定的

(C)抗震设防的三个水准是根据地基土的类型不同而制定的

(D)在建筑物使用期限内，对不同强度的地震应具有不同的抵抗能力

15.《建筑抗震设计规范》(GB 50011—2010)中对抗震设计要求分阶段进行，其具体内容包括(   )。

(A)满足地震荷载标准组合条件下的强度验算

(B)满足第一水准强度及变形验算要求

(C)满足第二水准强度及变形验算要求

(D)满足罕遇地震条件下弹塑性变形验算要求

16. 场地和地基的地震破坏作用形式包括下列(   )。

(A)场地地面破裂　(B)地震引发的滑坡及崩塌

(C)砂土的液化和软土的震陷　(D)火山喷发

17. 下列哪些地区未处于地震活动区内(   )。

(A)江苏　(B)河北

(C)台湾　(D)新疆

18. 地震按成因可划分为以下(   )类型。

(A)构造地震　(B)陷落地震

(C)火山地震　(D)水库诱发地震

19. 下列(   )可称为破坏性地震。

(A)4 级地震　(B)5 级地震　(C)6 级地震　(D)7 级地震

20. 下列(   )地震波的速度小于纵波波速。

(A)疏密波　(B)剪切波　(C)瑞利波　(D)面波

21. 按《建筑抗震设计规范》(GB 50011—2010)要求，下列(   )为抗震设计危险地段。

(A)可能发生砂土液化的地段　(B)可能诱发边坡失稳的地段

(C)可能产生地表裂缝的地段　(D)可能发生地表塌陷的地段

22. 下列(   )方法可测试土的剪切波速。

(A)单孔法　(B)跨孔法　(C)共振柱法　(D)面波法

23. 地震作用下坚硬地基上的刚性结构易受到较大的破坏，这与下列(   )因素有关。

(A)坚硬场地土地基地震作用强烈　(B)刚性建筑抗震性能差

(C)刚性建筑自振周期短　　(D)场地特征周期较短

24.按《建筑抗震设计规范》(GB 50011—2010)进行液化指数计算时，下述说法正确的是(　　)。

(A)液化指数计算的深度一般情况下应取 20 m

(B) 0～5 m 范围内权函数为 10

(C)深度增加，权函数值相应减少

(D)当实测标准贯入击数大于临界标准贯入击数时，液化指数应取负值

25.按《建筑抗震设计规范》(GB 50011—2010)，下列(　　)为对建筑抗震不利的地段。

(A)高耸孤立的山丘　　(B)条状突出的山嘴

(C)边坡边缘　　(D)平坦开阔密实、均匀的中硬土场地

26.地震灾害调查表明，下列(　　)地段可能加重建筑物的震害。

(A)场地覆盖层较厚　　(B)场地土质松软

(C)土层剪切波速较低　　(D)土层年代较老

27.建筑结构水平地震作用 $F_{EK}=\alpha G$，其中系数 α 与下列(　　)有关。

(A)抗震设防烈度　　(B)结构恒荷载

(C)结构震动荷载　　(D)场地类别

28.地震小区划工作中进行地震反应分析时常用的土工参数有(　　)。

(A)土体密度　　(B)动剪切模量　　(C)动弹性模量　　(D)阻尼比

29.剪切波具有如下(　　)性质。

(A)只能在水中传播　　(B)只能在固体介质中传播

(C)速度小于纵波　　(D)速度大于面波

30.下列(　　)是常用于土石坝抗震计算的方法。

(A)瑞典圆弧法　　(B)简化毕肖普法　　(C)标准反应谱法　　(D)底部剪力法

31.关于抗震设防三个水准目标，下述(　　)不正确。

(A)第一水准烈度是指 50 年内超越概率为 63%的地震烈度，即众值烈度

(B)基本烈度、第二水准烈度，即地震动参数区划图中的峰值加速度所对应的烈度

(C)第三水准烈度为 50 年超越概率为 10%的烈度，即罕遇地震烈度

(D)一般情况下，众值烈度比基本烈度低 1.5 度，而罕遇地震烈度比基本烈度高 1 度

32.按《建筑抗震设计规范》(GB 50011—2010)，下述对各地震水准相应的抗震设防目标的表述中(　　)是正确的。

(A)遭遇众值烈度时，建筑处于正常使用状态

(B)遭遇第一水准烈度时，可将建筑结构视为弹性体系

(C)遭遇基本烈度时，结构即发生损坏

(D)遭遇罕遇地震时，结构不致发生非弹性变形

33.《建筑抗震设计规范》(GB 50011—2010)采用两阶级设计，实现抗震设防三个水准目标，下述表述中(　　)是错误的。

(A)第一阶段设计是承载力验算，第二阶段设计是弹塑性变形验算

(B)承载力验算时应取与基本烈度相对应的地震作用标准值和相应的地震作用效应

(C)第二阶段设计时目标是满足第二水准目标

(D)对于大多数结构，可只进行第一阶段设计，而通过概念设计和抗震构造措施来满足第三水准的设计要求

34. 建筑结构抗震设防标准是衡量建筑结构抗震能力的综合尺度，主要与下列(   )有关。

(A)地震震级
(B)地震烈度
(C)建筑结构的强度
(D)建筑结构的使用功能

35. 关于建筑抗震设防标准下述(   )正确。

(A)取决于地震强弱的不同
(B)取决于使用功能重要性的不同
(C)是衡量对建筑抗震能力要求高低的综合尺度
(D)是对建筑场地不同类型的要求

36. 关于建筑抗震设防分类和设防标准，下述(   )不正确。

(A)当抗震设防烈度为 7 度时，甲类建筑的地震作用应按 8 度考虑
(B)当抗震设防烈度为 9 度时，乙类建筑的地震作用应符合本地区抗震设防烈度的要求
(C)丙类建筑地震作用和抗震措施均应符合本地区抗震设防烈度的要求
(D)一般情况下，丁类建筑抗震措施应比本地区设防烈度降低 1 度

37. 关于建筑抗震规范中的设计特征周期，下述(   )正确。

(A)设计特征周期即指建筑场地的固有周期
(B)设计特征周期与场地类别有关
(C)设计特征周期与设计地震分组有关
(D)设计特征周期即设计所用的地震影响系数特征周期

38. 下列在中国地震动反应谱特征周期区划图中的(   )情况应划分为设计地震第三组。

(A)区划图 B_1 中的 0.45 s 的区域
(B)区划图 A_1 中峰值加速度 $0.2g$ 减至 $0.05g$ 的影响区域
(C)区划图 A_1 中峰值加速度 $0.3g$ 减至 $0.1g$ 的影响区域
(D)区划图 B_1 中 0.35 s 且区划图 A_1 中 $0.4g$ 的峰值加速度减至 $0.2g$ 的影响区域

39. 按《建筑抗震设计规范》(GB 50011—2010)，下述(   )不正确。

(A)建筑场地为Ⅰ类时，对 8 度烈度区甲类建筑宜按 9 度要求采取抗震构造措施
(B)建筑场地为Ⅱ类时，9 度烈度区乙类建筑宜按 8 度要求采取抗震构造措施
(C)建筑场地为Ⅲ类时，对设计基本地震加速度为 $0.3g$ 的地区，宜按 9 度要求采取抗震构造措施
(D)建筑场地为Ⅳ类时，对设计基本地震加速度为 $0.15g$ 的地区，宜按 7 度要求采取抗震措施

40. 下列(   )场地为建筑抗震不利地段。

(A)基岩埋深为 0.5～1.0 m 的场地
(B)土质陡坡
(C)半填半挖地基
(D)地震作用下可能产生滑坡的部位

41. 据《建筑抗震设计规范》(GB 50011—2010)，下列对液化土的判别的表述中，(   )正确。

(A)液化判别的对象是饱和砂土和饱和粉土
(B)一般情况下 6 度烈度区可不进行液化判别
(C)对 6 度烈度区中的对液化敏感的乙类建筑，可按 7 度的要求进行液化判别
(D)对 8 度烈度区中的对液化敏感的乙类建筑，可按 9 度的要求进行液化判别

42. 按《建筑抗震设计规范》(GB 50011—2010)的要求进行液化初判时，下述(   )不正确。

(A)晚更新世的土层在 8 度烈度时可判为不液化土
(B)粉土黏粒含量为 12％时可判为不液化土

(C)地下水位以下土层进行液化初判时,不受地下水埋深的影响

(D)当地下水埋深为0时,饱和砂土均为液化土

43. 按《建筑抗震设计规范》(GB 50011—2010)进行液化复判时,下述(　　)正确。

(A)液化判别的深度不超过20 m

(B)采用标准贯入击数判别液化性时,如测试点深度大于15 m时,计算临界标准贯入击数时只按15 m考虑

(C)对于粉土,计算临界标准贯入击数时黏粒百分含量应取实测值

(D)对于砂土,计算临界标准贯入击数时黏粒百分含量应取3%

44. 局部突出的地形对地震动参数有放大作用,下列表述中(　　)不正确。

(A)高突地形中越接近基准面处反应越强烈

(B)离陡坎和边坡顶部边缘的距离越小,反应越强烈

(C)一般情况下,土质结构的反应比岩质结构小

(D)高突地形顶面越开阔,远离边缘的中心部位反应越强烈

45. 水工建筑物场地进行液化初判时,下述正确的是(　　)。

(A)卵砾类土不能排除液化的可能性

(B)采用不大于0.005 mm的颗粒含量判定液化性时,不计入不小于5 mm的颗粒粒组的影响

(C)液化初步判定时,地下水位以上的非饱和土可判为不液化

(D)当上限剪切波速大于土层的剪切波速时,可判为不液化

46. 地震按成因可分为以下(　　)类型。

(A)构造地震　　(B)火山地震

(C)滑坡地震　　(D)人工诱发地震

47. 下列(　　)为强震区。

(A)6度烈度区　　(B)7度烈度区　　(C)8度烈度区　　(D)9度烈度区

48. 地震时强震区的场地与地基可能导致的宏观震害或地震效应有下列(　　)。

(A)强烈地面运动导致各类建筑物的震动破坏

(B)场地、地基的失稳或失效

(C)地表断裂活动

(D)地面异常波动造成的异常破坏

49. 下述关于抗震设防的基本原则的说法中(　　)不正确。

(A)抗震设防的基本原则可概括为:"小震不坏、中震可修、大震不倒"

(B)基本烈度即第一水准烈度,一般可作为设防烈度

(C)众值烈度一般比基本烈度低1.5度,罕遇烈度一般比基本烈度高1度

(D)一般情况下,罕遇烈度即指第三水准烈度

50. 进行设计地震评价时应包括下列(　　)内容。

(A)根据区域地震地质背景,预测未来一定年限内工程场地可能遭遇的最大震级或烈度

(B)根据历史地震资料及近场的实际地震记录,分析工程场地的地震运动特征

(C)推算可能出现的地面峰值加速度及其年超越概率水平

(D)判定和分析场地的卓越周期,提出工程场地距震中或可能发生强震断裂的最小距离

51. 进行抗震设计时,下述(　　)正确。

(A)抗震设计的原则应使工程具有一定的抗震能力,以减少地震发生时造成损失和人员

伤亡

(B)抗震设计的原则应避免过高的设防标准造成浪费

(C)应根据抗震计算的结果采取相应的抗震措施

(D)应选择对建筑抗震有利的场地

52. 进行抗震评价时，场地土一般是指下列(　　)范围的土。

(A)0～15 m　　(B)0～20 m

(C)15～20 m　　(D)20 m 以下

53. 根据场地的运动特征不同，震害的类型可分为以下(　　)。

(A)驻波破坏　　(B)共振破坏

(C)相位差破坏　　(D)弹性破坏

54. 地基土的地震效应可分为介质效应与地基效应，下列(　　)不属于介质效应。

(A)软土的震陷　　(B)砂土液化　　(C)振动和破坏　　(D)强度丧失

55. 下述关于发震断裂的表述中，(　　)不正确。

(A)发震断裂包括全新活动断裂与非全新活动断裂两种

(B)全新世地质时期以来有过地震活动的断裂称为发震断裂

(C)发震断裂一般是指近期有过地震活动的断裂

(D)在未来 100 年内可能发生不小于 5 级地震的断裂称为发震断裂

56. 下列(　　)部位可能发生强烈地震。

(A)已经发生过破坏性地震的深大全新活动断裂带

(B)平直光滑的深大全新活动断裂带

(C)新断陷盆地内复合断陷盆地中的次级凹陷处

(D)分支断裂繁多的断裂体系发育地段

57. 下述对地震烈度及地震烈度表的表述中(　　)不正确。

(A)地震烈度是指地震时在一定地点震动的强烈程度

(B)相对于震源而言，地震烈度即为地震场的强度

(C)《中国地震烈度表》(GB/T 17742—2008)中即考虑了宏观地震烈度，又考虑了地面运动参数

(D)宏观地震烈度是指水平向地面运动峰值加速度及峰值速度

58. 一般情况下，考虑宏观地震烈度时应参考的因素是(　　)。

(A)地震能量的大小　　(B)地震时地面上人的感觉

(C)房屋震害及其他震害现象　　(D)地表震害现象

59.《中国地震烈度表》(GB/T 17742—2008)中用于划分地震烈度的地面运动参数为(　　)。

(A)水平向地面运动峰值加速度　　(B)垂直向地面运动峰值加速度

(C)水平向地面运动峰值速度　　(D)水平向地面运动的周期

60. 下述关于平均震害指数的说法中(　　)是正确的。

(A)平均震害指数是某地区某一类建筑的不同震害等级的平均值

(B)平均震害指数是某地区有代表性的各类房屋结构的震害指数的平均值

(C)平均震害指数越大，地震烈度越大

(D)单类建筑的震害指数越大，该类建筑抗震能力越强

61. 下列关于地震等烈度线的说法中(　　)是正确的。

(A)地震烈度相同区域的外包线称为地震等烈度线或等震线

(B)等烈度线一般呈不规则的封闭曲线

(C)等烈度线随震中距的增加而递减，震中距大的地段，烈度等级必然较低

(D)一般情况下，等震线取地震烈度级差为1度

62. 一般情况下，根据我国的有关经验，7.6级地震的震中烈度不应为（　　）。

(A)Ⅷ度　　(B)Ⅸ度　　(C)Ⅹ度　　(D)Ⅺ度

63. 下述对《中国地震烈度区划图》(1990)的说法中（　　）是正确的。

(A)《中国地震烈度区划图》(1990)是表征全国各地建筑抗震设防烈度的图件

(B)编制地震烈度区划图时，应首先确定地震危险区并确定震中烈度

(C)编制地震烈度区划图时，应考虑地震的影响范围

(D)某地区的基本烈度，应同时考虑地震作用及场地条件

64. 建筑抗震设防标准是衡量建筑抗震设防要求的尺度，其一般由（　　）确定。

(A)抗震设防烈度　　(B)建筑使用功能的重要性

(C)建筑物的结构类型及抗震能力　　(D)地震的基本烈度

65. 建筑抗震设防烈度一般可取下列（　　）烈度。

(A)《中国地震烈度区划图》(1990)的地震基本烈度

(B)《建筑抗震设计规范》(GB 50011—2010)设计基本地震加速度对应的地震烈度

(C)采用建设单位指定的烈度

(D)对已编制抗震设防区划的城市，可采用批准的抗震设防烈度

66. 下述对抗震设防目标的理解中（　　）是正确的。

(A)在建筑使用寿命期限内对不同频度和强度的地震，要求建筑具有不同的抵抗地震的能力

(B)如要求建筑物遭受罕遇地震时不受损坏是不经济的，可允许其有一定程度的损坏，但不应使结构倒塌，这是考虑尽量减小人员的伤亡

(C)较小的地震发生的可能性大，遭遇这种多遇地震时，要求结构不受损坏

(D)抗震设防的目标是经过抗震设计使得建筑物在地震时不破坏，人员不伤亡

67.《建筑抗震设计规范》(GB 50011—2010)中"三水准""两阶段"是指（　　）。

(A)设防目标的三个水准是"小震不坏、中震可修、大震不倒"

(B)为满足第一水准抗震设防目标的要求，需进行第一阶段设计，即按小震作用效应和其他荷载效应的基本组合，验算结构构件的承载能力、弹性变形及弹塑性变形

(C)第二水准抗震设防目标的要求，应以抗震措施来加以保证

(D)为满足第三水准抗震设防目标的要求，应在大震作用下验算结构的弹塑性变形

68. 下述对《建筑抗震设计规范》(GB 50011—2010)中的"小震"和"大震"的理解中（　　）是正确的。

(A)小震烈度为众值烈度，是发生概率最大的地震，即烈度概率密度分布曲线上的峰值所对应的烈度

(B)一般而言，基本烈度为设计基准期内超越概率为10%的烈度，众值烈度（小震烈度）的超越概率为63.2%，大震烈度的超越概率为2%～3%

(C)一般而言，基本烈度比众值烈度高1.55度，而大震烈度比基本烈度高1度左右

(D)如基本烈度为6度，大震烈度约为8度

69. 下述对建筑抗震概念设计的理解（　　）是正确的。

(A)建筑抗震概念设计只对建筑结构进行原则性整体布置并确定细部构造，而无须进行数值设计

(B)概念设计是指根据地震灾害和工程经验等所形成的基本设计原则和设计思想进行建筑和结构总体布置，并确定细部构造的过程

(C)抗震概念设计虽然重要，但必须在数值设计结果的基础上进行

(D)掌握抗震概念设计是明确抗震设计思想，灵活恰当地运用抗震设计原则，不陷于盲目的计算工作，比较合理地进行抗震设计

70. 在进行建筑抗震设计时，对地基和基础的设计应符合下述(　　)原则。

(A)同一结构单元的基础不宜设置在性质截然不同的地基上

(B)同一结构单元不宜部分采用天然地基部分采用桩基础

(C)同一性质的地基上不宜采用不同的结构类型

(D)地基为软弱黏性土、液化土、新近填土或严重不均匀土时，应估计地震时地基不均匀沉降或其他不利影响，并采取相应措施

71. 场地土的刚性大小和场地覆盖层厚度对建筑震害的影响十分明显，一般表征场地土的刚性时不采用(　　)。

(A)承载力　　(B)压缩模量　　(C)剪切模量　　(D)剪切波速度

72. 下述对场地的卓越周期的说法中(　　)是正确的。

(A)场地的卓越周期一般等于地震波穿过覆盖层所用时间的 2 倍

(B)不同场地的卓越周期不同是因为场地的覆盖层厚度及波速不同的缘故

(C)卓越周期一般在 0.1 s 至数秒之间变化

(D)当建筑物的自振周期与场地的卓越周期相同或相近时，可发生类共振现象，建筑物的震害有加重的趋势

73. 某场地覆盖层厚度 $d_{0v}=40$ m，等效剪切波速为 250 m/s，场地的卓越周期为(　　)。

(A)0.08 s　　(B)0.16 s　　(C)0.32 s　　(D)0.64 s

74. 下述(　　)常作为描写强震地面运动特征的物理量。

(A)最大振幅　　(B)加速度峰值　　(C)持续时间　　(D)主要周期

75. 验算天然地基抗震承载力时，下述是(　　)是正确的。

(A)验算天然地基在地震作用下的竖向承载力时，荷载值应取地震作用效应标准组合的基础底面平均压力和边缘最大压力

(B)地基承载力应采用调整后的抗震承载力

(C)地基抗震承载力的提高系数与基础类型有关

(D)高宽比大于 4 的建筑物在地震作用下基础底面不宜出现零应力区

76. 某建筑物按地震作用效应标准组合计算的传至基础底面的竖向力合力为 80 000 kN，筏形基础底面的尺寸为 20 m×20 m，基础底面与地基土之间的零应力区面积为基础底面积的 15%，则合力的偏心距为(　　)。

(A)3.3 m　　(B)4.3 m　　(C)5.0 m　　(D)6.0 m

77. 地基抗震承载力一般均大于静力条件下的承载力，这是因为(　　)。

(A)地震作用是低频作用

(B)地震动荷为有限次的脉冲作用

(C)地震作用历时较短

(D)地震作用为偶然作用，在结构使用期间不一定发生

78. 当地表下的 20 m 范围内有饱和砂土或粉土时，按《公路工程抗震规范》(JTG B02—2013)，下述初判结果中(　　)不正确。

(A)对 Q_3 砂土，当地震烈度为 9 度时不能判为不液化

(B)当粉土的黏粒含量百分率为 12%，地震烈度为 8 度时可判为不液化

(C)当砂土的黏粒含量百分率为 12%，地震烈度为 8 度时可判为不液化

(D)当基础埋深为 2 m 时，饱和砂层上覆非液化土层厚度大于液化土特征深度时，该饱和砂土层一定不液化

79. 关于地震时场地中饱和砂土的液化现象，下述(　　)是正确的。

(A)很密的砂土在地震作用下土颗粒之间发生变位，砂土有变松的趋势，引起了孔隙水压力使土粒处于悬浮状态

(B)液化是饱和砂土在地震时短时间内抗剪强度为零所致

(C)液化是饱和砂土在短时间内孔隙水压力等于有效应力所致

(D)液化时孔隙水压力在地震作用下不断升高最终达到总应力值，而有效应力则减少为零

80. 影响饱和砂土及粉土液化的因素很多，除规范中列出的地质年代，土中黏粒含量，上覆非液化土层厚度和地下水位深度外，下述说法中正确的是(　　)。

(A)砂土的密实程度是影响土层液化的重要因素，如 $D_r<50\%$ 的砂土普遍发生液化，而 $D_r>70\%$ 的砂土一般不易发生液化

(B)土层的埋深越大，侧压力越大，土层越易发生液化

(C)地震烈度越高，地面运动强度就越大，土层越容易发生液化，一般在 6 度烈度及其以下地区可不考虑液化问题

(D)震动作用的持续时间越长，越容易液化，因此某场地在遭受到相同烈度的远震比近震更容易液化，因为前者对应的大震持续时间比后者对应的中等地震持续时间要长

81. 关于上覆非液化土层的厚度，下述说法中(　　)是正确的。

(A)上覆非液化土层的厚度是指地震时能抑制可液化土层喷水冒砂的厚度

(B)构成覆盖层的非液化土层除天然地层外，还包括堆积 5 年以上或地基承载力大于 100 kPa 的人工填土层

(C)当覆盖层中夹有软土层时，不应从覆盖层中扣除

(D)覆盖层厚度一般从第一层可液化土层顶面算至地表

82. 防止地基液化的措施有全部消除地基液化沉陷措施、部分消除地基液化沉陷措施等，下列(　　)措施为减轻影响的基础及上部结构处理措施。

(A)选择合适的基础埋置深度

(B)调整基础底面积，减少基础偏心

(C)用非液化土替换全部液化土

(D)采用振冲法处理地基，使处理后的液化指数小于 4

83. 一般而言，地震作用与一般静荷载不同，它主要与下述(　　)有关

(A)地震烈度　　(B)震中距远近　　(C)结构自振周期　　(D)结构阻尼比

84. 确定地震作用的方法一般包括下列(　　)方法。

(A)加速度反应谱法　(B)时程分析法　　(C)振型分解法　　(D)数值计算法

85. 下述说法中(　　)是正确的。

(A)地震系数是地震动峰值加速度与重力加速度之比，即：$k=|\ddot{x}_g|_{max}/g$

(B)动力放大系数是单质点弹性体系在地震作用下最大反映加速度与地面最大加速度之

比，即$\beta=\frac{S_a}{|\ddot{x}_g|_{max}}$

(C)地震影响系数α就是单质点弹性体系在地震时最大反映加速度与重力加速度的比，

即$\alpha=k\beta=\frac{|\ddot{x}_g|_{max}}{g}\frac{S_a}{|\ddot{x}_g|_{max}}=\frac{S_a}{g}$

(D)水平地震作用标准值F_{EK}可表达为$F_{EK}=mk\beta g=k\beta G=\alpha G$，则$\alpha=\frac{F_{EK}}{G}$

题中，k为地震系数；g为重力加速度；$|\ddot{x}_g|_{max}$为地震动峰值加速度；S_a为质点加速度最大值；β为动力放大系数；α为地震影响系数。

9.7 答　案

9.7.1 案例模拟题答案

1.(B)

解

①$V_{s3}/V_{s2}=420/150=2.8>2.5$

②覆盖层厚度为8 m，$d_{0v}=8$ m。

③计算厚度取20 m与8 m的较小值，即$d_0=8$ m。

④等效剪切波速v_{se}。

$$v_{se}=\frac{d_0}{t}=\frac{d_0}{\sum\frac{d_i}{v_{si}}}=\frac{8}{\frac{6}{130}+\frac{2}{150}}=134.48(\text{m/s})$$

场地类别为Ⅱ类。

2.(B)

解

①覆盖层厚度d_{0v}为22 m，($v_s>500$ m/s土层顶面)。

②计算厚度取20 m与覆盖层厚度的较小值，$d_0=20$ m。

③等效剪切波速v_{se}。

$$v_{se}=\frac{d_0}{t}=\frac{d_0}{\sum\frac{d_i}{v_{si}}}=\frac{20}{\frac{12}{130}+\frac{8}{260}}=162.5(\text{m/s})$$

场地类别为Ⅱ类。

3.①(D)　②(C)　③(B)

解

1.场地覆盖层厚度d_{0v}

①$v_{si}>500$ m/s的土层顶面埋深为32 m。

②$\frac{v_{s5}}{v_{s2}}=\frac{420}{350}=1.2<2.5$。

③$v_{s3}=600$ m/s>500 m/s，该层火山岩应从覆盖层厚度中扣除。

④取$d_{0v}=32-2=30$(m)。

2.等效剪切波速v_{se}

计算深度$d_0=20$ m，但火山岩硬夹层不应计入，所以

全国注册岩土工程师专业考试模拟训练题集及历年真题新解

$$v_{se}=\frac{d_0}{t}=\frac{d_0}{\sum \frac{d_i}{v_{si}}}=\frac{20-2}{\frac{3}{150}+\frac{15}{350}}=286.4(\text{m/s})$$

3. 场地类别

$v_{se}=286.4$ m/s，　$d_{0v}=30$ m

场地类别为Ⅱ类场地。

4.(B)

解

①各岩土层剪切波速按经验及表 4.1.3 取值如下：

$v_{s1}=150$ m/s，$v_{s2}=250$ m/s，$v_{s3}=280$ m/s，$v_{s4}=500$ m/s。

②取覆盖层厚度 $d_{0v}=18$ m。

③取计算深度 $d_0=18$ m。

④等效剪切波速值 v_{se}：

$$v_{se}=\frac{d_0}{\sum \frac{d_i}{v_{si}}}=\frac{18}{\frac{3}{150}+\frac{12}{250}+\frac{3}{280}}=228.7(\text{m/s})$$

⑤场地类别：

$d_{0v}=18$ m，$v_{se}=228.7$ m/s

场地类别为Ⅱ类场地。

5.(B)

解

①覆盖层厚度为 16 m。

②等效剪切波速。

$$v_s=\frac{d_0}{\sum_{i=1}^{3} \frac{d_i}{v_{si}}}=\frac{16-2}{\frac{2}{160}+\frac{6}{220}+\frac{6}{280}}=228.7(\text{m/s})$$

③场地土类型。

$v_s=228.7$ m/s，属中软场地土。

④场地类别。

中软场地土，$d_0=16$ m，场地类别为Ⅱ类。

6.①(D)　②(B)

解

①覆盖层厚度为 12 m。

②等效剪切波速。

$$v_s=\frac{d_0}{\sum \frac{d_i}{v_{si}}}=\frac{12-5}{\frac{7}{340}}=340(\text{m/s})$$

③场地土类型。

$v_s=340$ m/s，场地土为中硬场地土。

④场地类别。

中硬场地土，$d_0=12$ m，场地类别为Ⅱ类。

7.(A)

解

①Q_3 及其以前的土层 7 度、8 度不液化，因此可排除第④层。

②第①层为普通黏土层，不液化。

③第②层为粉土层，8 度烈度，黏粒含量大于 13%，不液化。

④第③层为砂土，不考虑黏粒含量，且地质年代为 Q_4，晚于 Q_3，应按地下水位及非液化土层厚度进行初步判定。

非液化土层厚度 $d_u=3$ m

$d_0+d_b-2=8+2-2=8>d_u$

$d_0+d_b-3=8+2-3=7>d_w$

$1.5d_0+2d_b-4.5=1.5\times8+2\times2-4.5=11.5$

$d_u+d_w=3+2=5$ (m)

$d_u+d_w<1.5d_0+2d_b-4.5$

不能排除该土层液化，需进一步判别。

8.(A)

解

①场地位于全新世一级阶地上，地质年代为 Q_4，不能排除液化。

②8 度烈度，粉土的黏粒含量为 12%，不能排除液化。

③按非液化土层厚度 d_u 及地下水位判别。

$d_0+d_b-2=7+2-2=7>d_u=5$

$d_0+d_b-3=7+2-3=6>d_w=2$

$1.5d_0+2d_b-4.5=1.5\times7+2\times2-4.5=10>d_u+d_w=7$

该土层初判不能排除液化可能性。

9.(B)

解

①浅基础埋深为 2.0 m，符合第 4.2.1 条规定，判别深度为 15 m，标准贯入锤击数基准值为 $N_0=12$。

②标准贯入锤击数临界值 N_{cr}：

$$N_{cr}=N_0\beta[\ln(0.6d_s+1.5)-0.1d_w]\sqrt{3/\rho_c}$$

$d_s=9.0$ m 时：$N_{cr}=12\times0.95\times[\ln(0.6\times9+1.5)-0.1\times4]\times\sqrt{3/3}=17.5$

$d_s=11.0$ m 时：$N_{cr}=12\times0.95\times[\ln(0.6\times11+1.5)-0.1\times4]\times\sqrt{3/3}=19.3$

$d_s=13.0$ m 时：$N_{cr}=12\times0.95\times[\ln(0.6\times13+1.5)-0.1\times4]\times\sqrt{3/3}=20.9$

$d_s=15$ m 时：$N_{cr}=12\times0.95\times[\ln(0.6\times15+1.5)-0.1\times4]\times\sqrt{3/3}=22.2$

比较 N_{cr} 及 $N_{63.5}$ 可知，9 m、11 m、13 m、15 m 四个测试点均液化，而 17 m 及 18 m 已超过判别深度，可不判别。

10.(A)

解

①判别深度为 20 m。

②临界锤击数 N_{cr}：

$$N_{cr}=N_0\beta[\ln(0.6d_s+1.5)-0.1d_w]\sqrt{3/\rho_c}\quad(N_0=7;\beta=0.80)$$

测试点深度为 12 m 时：$N_{cr}=7\times0.8\times[\ln(0.6\times12+1.5)-0.1\times3]\times\sqrt{3/3}=10.4$

测试点深度为 14 m 时：$N_{cr}=7\times0.8\times[\ln(0.6\times14+1.5)-0.1\times3]\times\sqrt{3/3}=11.2$

测试点深度为 16 m 时：$N_{cr}=7\times0.8\times[\ln(0.6\times16+1.5)-0.1\times3]\times\sqrt{3/3}=11.8$

测试点深度为 18 m 时：$N_{cr}=7\times0.8\times[\ln(0.6\times18+1.5)-0.1\times3]\times\sqrt{3/3}=12.4$

比较 $N_{63.5}$ 与 N_{cr} 可知，12 m 处液化，其余点不液化。

11.(B)

解

①符合《建筑抗震设计规范》(GB 50011—2010)第 4.2.1 条，判别深度至 15 m。

②长春市设计基本地震加速度为 0.1g，设防烈度为 7 度，地震分组为第一组，液化判别标准贯入锤击数 N_0 为 7 击，调整系数 β 为 0.8。

③设计液化判别标准贯入锤击数临界值 N_{cr}：

$$N_{cr}=N_0\beta[\ln(0.6d_s+1.5)-0.1d_w]\sqrt{3/\rho_c}$$

$d_s=6$ m 时：$N_{cr}=7\times0.8\times[\ln(0.6\times6+1.5)-0.1\times3]\times\sqrt{3/3}=7.4$

$d_s=8$ m 时：$N_{cr}=7\times0.8\times[\ln(0.6\times8+1.5)-0.1\times3]\times\sqrt{3/3}=8.6$

$d_s=10$ m 时：$N_{cr}=7\times0.8\times[\ln(0.6\times10+1.5)-0.1\times3]\times\sqrt{3/3}=9.6$

$d_s=12$ m 时：$N_{cr}=7\times0.8\times[\ln(0.6\times12+1.5)-0.1\times3]\times\sqrt{3/3}=10.4$

该 4 个点均为液化点。

④计算土层的上下界面及中心点位置、土层厚度等，列入下表中。

标准贯入点深度 d_s/m	6	8	10	12
实测标准贯入击数 N_i	5	5	6	7
临界标准贯入击数 N_{cri}	7.4	8.6	9.6	10.4
i 点代表土层上界	4	7	9	11
i 点代表土层下界	7	9	11	15
i 点代表土层中心点	5.5	8	10	13
i 点代表土层厚 d_i/m	3	2	2	4

⑤权函数的确定：

$d_s=6$ m 时，对 5 m 以上取权函数为 10，对 5 m 以下，中心点为 6 m，$W_6=\frac{2}{3}\times(20-d_s)=\frac{2}{3}\times(20-6)=9.33$。

$d_s=8$ m 时：$W_8=\frac{2}{3}\times(20-8)=8$

$d_s=10$ m 时：$W_{10}=\frac{2}{3}\times(20-10)=6.67$

$d_s=12$ m 时：$W_{12}=\frac{2}{3}\times(20-13)=4.67$

⑥计算液化指数 I_{lE}：

$$I_{lE}=\sum_{i=1}^{n}\left(1-\frac{N_i}{N_{cri}}\right)d_iW_i$$

$$=\left[\left(1-\frac{5}{7.4}\right)\times1\times10+\left(1-\frac{5}{7.4}\right)\times2\times9.33\right]+\left(1-\frac{5}{8.6}\right)\times2\times8+$$

$$\left(1-\frac{6}{9.6}\right)\times2\times6.67+\left(1-\frac{7}{10.4}\right)\times4\times4.67$$

$=27.1$

12.(D)

解

据《建筑抗震设计规范》(GB 50011—2010)计算如下。

①进行液化初判。

第 4 层粗砂土为 Q_3,可判为不液化。

查附录 A 得松原市设防烈度为 8 度,设计基本地震加速度为 $0.2g$,设计地震分组为第一组,第 2 层粉土层的黏粒含量为 14%,可判为不液化。

对第③层中砂土,查表 4.3.3 得 $d_0=8$,则有

$d_u=8$;$d_0+d_b-2=8+4-2=10$

式(4.3.3.1)不成立。

$d_w=4.5$ m;$d_0+d_b-3=8+4-3=9$

公式(4.3.3.2)不成立。

$d_u+d_w=8+4.5=12.5$;$1.5d_0+2d_b-4.5=1.5\times8+2\times4-4.5=15.5$;式(4.3.3.3)不成立。

初步判别不能排除第③层的液化可能性,需进一步判别。

②进行液化复判:

判别深度取 20 m,N_0 取 12,β 取 0.8。

$N_{cr}=N_0\beta[\ln(0.6d_s+1.5)-0.1d_w]\sqrt{3/\rho_c}$

$d_s=12$ m 时:$N_{cr}=12\times0.8\times[\ln(0.6\times12+1.5)-0.1\times4.5]\times\sqrt{3/3}=16.4$

$d_s=14$ m 时:$N_{cr}=12\times0.8\times[\ln(0.6\times14+1.5)-0.1\times4.5]\times\sqrt{3/3}=17.7$

$d_s=16$ m 时:$N_{cr}=12\times0.8\times[\ln(0.6\times16+1.5)-0.1\times4.5]\times\sqrt{3/3}=18.8$

三个点均液化。

③三个测试点代表的土层上界、下界、中心点位置及厚度见下表。

测试点深度/m	代表的土层上界/m	代表的土层下界/m	土层中心点埋深/m	土层厚度/m
12	10	13	11.5	3
14	13	15	14	2
16	15	17	16	2

④权函数 W_i 的计算:

$d_s=12$ m 时:$W_{12}=\frac{2}{3}\times(20-11.5)=5.67$

$d_s=14$ m 时:$W_{14}=\frac{2}{3}\times(20-14)=4$

$d_s=16$ m 时:$W_{16}=\frac{2}{3}\times(20-16)=2.67$

⑤计算液化指数 I_{lE}。

$$I_{lE}=\left(1-\frac{N_i}{N_{cri}}\right)d_iW_i$$

$$=\left(1-\frac{10}{16.4}\right)\times3\times5.67+\left(1-\frac{11}{17.7}\right)\times2\times4+\left(1-\frac{12}{18.8}\right)\times2\times2.67$$

$$=11.6$$

13.(B)

解

粉土黏粒含量百分率为14%,而8度烈度区粉土不发生液化的黏粒含量为13%,该粉土层可判为不液化。

14.(B)

解

①地质年代晚于Q_3,需考虑液化影响。

②砂土,不用黏粒含量进行初判。

③由题意可知,$d_u=8.0$ m,$d_w=2.0$ m,$d_b=2.0$ m,$d_0=8.0$ m,则

$d_u=8.0\ \text{m}=d_o+d_b-2\ \text{m}=8\ \text{m}$

$d_w=2.0\ \text{m}<d_o+d_b-3\ \text{m}=7\ \text{m}$

$d_u+d_w=10\ \text{m}<1.5d_o+2d_b-4.5\ \text{m}=11.5\ \text{m}$

三个条件均不满足,故正确答案为(B)。

15.(B)

解

①标准贯入锤击数基准值$N_0=10$。

②液化判别标准贯入锤击数临界值N_{cr}计算如下。计算公式为:

$$15\ \text{m范围内}:N_{cr}=N_0[0.9+0.1(d_s-d_w)]\sqrt{\frac{3}{\rho_c}}$$

测试深度为3 m时:$N_{cr}=10\times[0.9+0.1\times(3-3)]\times\sqrt{\frac{3}{3}}=9$

测试深度为6 m时:$N_{cr}=10\times[0.9+0.1\times(6-3)]\times\sqrt{\frac{3}{3}}=12$

测试深度为9 m时:$N_{cr}=10\times[0.9+0.1\times(9-3)]\times\sqrt{\frac{3}{3}}=15$

③标准贯入锤击数临界值及实测值如下表所示。

测试点深度/m	3	6	9
标准贯入锤击数实测值	12	13	14
标准贯入锤击数临界值	9	12	15

比较标准贯入锤击数与临界值可得出,测试点深度3 m、6 m处不液化,测试点深度9 m处液化。答案(B)正确。

16.(D)

解

①计算液化临界标准贯入锤击数N_{cr}。

据表4.3.3,液化判别标准贯入锤击数基准值为18,计算公式为:

$$15\ \text{m范围内}:N_{cr}=N_0[0.9+0.1(d_s-d_w)]\sqrt{\frac{3}{\rho_c}}$$

测试深度为4.0 m时:$N_{cr}=18\times[0.9+0.1\times(4-1)]\times\sqrt{\frac{3}{3}}=21.6$

②由于$N_1>N_{cr}$,该砂土层不会发生液化。

场地测试点砂土层内摩擦角折减系数为1,答案(D)正确。

17.(B)

解

①计算液化抵抗系数 C_e。

$d_s=9.0\text{ m}$ 时，$C_e=\frac{N_1}{N_c}=\frac{7.1}{12.8}=0.55$

$d_s=11.0\text{ m}$ 时，$C_e=\frac{10.3}{13.6}=0.76$

$d_s=13.0\text{ m}$ 时，$C_e=\frac{11.4}{15.4}=0.74$

②各测试点折减系数 α。

$d_s=9.0\text{ m}$ 时，$\alpha=0$

$d_s=11.0\text{ m}$ 时，$\alpha=\frac{2}{3}$

$d_s=13.0\text{ m}$ 时，$\alpha=\frac{2}{3}$

③土层侧阻力平均折减系数取加权平均值。

$\alpha=\frac{2\times0+2\times2/3+2\times2/3}{2+2+2}=\frac{4}{9}$

18.①(A)、②(B)

解

①进行液化初判。

第 4 层中砂土地质年代为 Q_3，可判为不液化。

第 3 层粉土的黏粒含量为 16，8 度可判为不液化。

第 2 层砂土，$d_u=5.0\text{ m}$，$d_w=5.0\text{ m}$，$d_b=2.0\text{ m}$，$d_0=8.0\text{ m}$

$d_u=5.0\text{ m}<d_0+d_b-2=8\text{ m}$

$d_w=5.0\text{ m}<d_0+d_b-3=7\text{ m}$

$d_u+d_w=10\text{ m}<1.5d_0+2d_b-4.5\text{ m}=11.5\text{ m}$

可知，细砂土层初判需考虑液化影响。

②进行液化复判。

据表 4.3.3，液化判别标准贯入锤击数基准值为 10，计算公式为：

$$15\text{ m 范围内}:N_{cr}=N_0[0.9+0.1(d_s-d_w)]\sqrt{\frac{3}{\rho_c}}$$

测试深度为 8.0 m 时：$N_{cr}=10\times[0.9+0.1\times(8-5)]\times\sqrt{\frac{3}{3}}=12$

$N_1<N_{cr}$，第 2 层细砂土液化，液化土层为 1 层。

③计算土层的液化抵抗系数。

$C_e=\frac{N_1}{N_{cr}}=\frac{8}{12}=0.67$

由 $C_e=0.67$，$d_s=8.0$，查表 4.4.2 可知，折减系数为 1/3。

19.(D)

解

地质年代为全新纪 Q_4，晚于 Q_3；小于 5 mm 的颗粒含量大于 30%，因此按小于 5 mm 的颗粒含量进行判别。

小于 0.005 mm 的黏粒含量为 13 %

9 度烈度，黏粒含量小于 20%，不能排除液化。蓄水后土层位于水位以下，不能排除液化。

$K_H=0.4, r_d=1-0.01Z=1-0.01\times(5+9)\times\frac{1}{2}=0.93$

$v_{st}=291\sqrt{K_H Z r_d}=291\times\sqrt{0.4\times7\times0.93}=469.6$

$v_s<v_{st}$

初判不能排除液化可能性。

20.(A)

解

$W_s=\frac{100\times(2.7\times1-1.95)}{2.7\times(1.95-0.01\times100\times1)}=29.2$

$W_u=\frac{W_s}{W_L}=\frac{29.2}{30}=0.97$

$I_L=\frac{29.2-19}{30-19}=0.93$

$I_L>0.75, W_u>0.90$，少黏性土液化。

21.(C)

解

8 度烈度，$(D_r)_{cr}>0.75$，即

$\frac{e_{max}-e}{e_{max}-e_{min}}=D_r\geqslant0.75$

$e\leqslant0.785\approx0.79$

$\rho_d\geqslant\frac{G_s\rho_w}{1+e}=\frac{2.68\times1}{1+0.79}=1.50$

$\rho_{dmax}=\frac{G_s\rho_w}{1+e_{min}}=\frac{2.68\times1}{1+0.72}=1.56$

$\lambda\geqslant\frac{\rho_d}{\rho_{dmax}}=\frac{1.5}{1.56}=0.96$

22.(B)

解

①校正后的标准贯入锤击数 $N_{63.5}$。

$d_s=3.0$ m 时，$N_{63.5}=15\times\frac{5+0.9\times0+0.7}{3+0.9\times1+0.7}=18.6$

$d_s=6.0$ m 时，$N_{63.5}=15\times\frac{8+0.9\times0+0.7}{6+0.9\times1+0.7}=17.2$

$d_s=9.0$ m 时，$N_{63.5}=18\times\frac{11+0.9\times0+0.7}{9+0.9\times1+0.7}=19.9$

②临界标准贯入锤击数 N_{cr}。

$d_s=3.0$ m 时：$N_{cr}=10\times[0.9+0.1\times(5-0)]\times\sqrt{\frac{3}{3}}=14$

$d_s=6.0$ m 时：$N_{cr}=10\times[0.9+0.1\times(8-0)]\times\sqrt{\frac{3}{3}}=17$

$d_s=9.0$ m 时：$N_{cr}=10\times[0.9+0.1\times(11-0)]\times\sqrt{\frac{3}{3}}=20$

比较 $N_{63.5}$ 与 N_{cr} 知，$d_s=3$ m 时不液化，$d_s=6$ m 时不液化，$d_s=9$ m 时液化。

23.(C)

解

①进行液化初判。

第 6 层砾砂层地质年代为 Q_3，可判为不液化。

第一层为黏土层，$I_p=36-17=19>15$，不液化。

第二层少黏性土黏粒含量为 21%，大于 18%，可判为不液化。

第 5 层卵石土中小于 5 mm 的颗粒百分含量为 27%，小于 30%，可判为不液化。

对第 3 层中砂土 $K_H=0.2$

$r_d=1.0-0.01Z=1.0-0.01\times8.5=0.915$

$v_{st3}=291\sqrt{K_H Z r_d}=291\times\sqrt{0.2\times8.5\times0.915}=362.9(\text{m/s})$

$v_{s3}<v_{st3}$，需进一步判定。

对第 4 层粗砂土

$r_d=1.1-0.02z=1.1-0.02\times11.5=0.87$

$v_{st}=291\times\sqrt{0.2\times11.5\times0.87}=411.6(\text{m/s})$

$v_{s4}>v_{st4}$，可判为不液化。

②对第 3 层中砂土进行液化复判。

$d'_s=8.0$，$d_s=8+2=10.0$

$d'_w=2.0$，$d_w=0$

$$N_{63.5}=N'_{63.5}\frac{d_s+0.9d_w+0.7}{d'_s+0.9d'_w+0.7}=15\times\frac{10+0.9\times0+0.7}{8+0.9\times2+0.7}=15.3$$

$$N_{cr}=N_0[0.9+0.1(d_s-d_w)]\sqrt{\frac{3}{\rho}}=10\times[0.9+0.1\times(10-0)]\times\sqrt{\frac{3}{3}}=19$$

$N_{63.5}<N_{cr}$，土层液化。

24.(D)

解

$T_g=0.40$ s

$\frac{T}{T_g}=\frac{1.6}{0.40}=4$

$T_g<T<5T_g$

地震影响系数曲线为曲线下降段($\zeta=0.05$)，$\alpha_{max}=0.24$

$$\alpha=\left(\frac{T_g}{T}\right)^{0.9}\alpha_{max}=\left(\frac{0.4}{1.6}\right)^{0.9}\times0.24=0.07$$

25.(D)

解

$\alpha_{max}=0.12$　$T_g=0.35$s

$T=0.08<0.1$，曲线为直线上升段

$$\eta_2=1+\frac{0.05-\zeta}{0.08+1.6\zeta}=1+\frac{0.05-0.07}{0.08+1.6\times0.07}=0.896$$

$\alpha=[0.45+10(\eta_2-0.45)T]\alpha_{max}=[0.45+10\times(0.896-0.45)\times0.08]\times0.12$

$=0.097\approx0.10$

26.(D)

解

$T_g=0.45+0.05=0.50(s)$

$\alpha_{max}=0.9$

$\frac{T}{T_g}=\frac{2.5}{0.5}=5$,曲线位于曲线下降段终点,亦即直线下降段起点。

$\zeta=0.06\neq0.05$,所以

$\gamma=0.9+\frac{0.05-\zeta}{0.3+6\zeta}=0.9+\frac{0.05-0.06}{0.3+6\times0.06}=0.885$

$\eta_2=1+\frac{0.05-0.06}{0.08+1.6\times0.06}=0.943$

$\eta_1=0.02+\frac{0.05-0.06}{4+32\times0.06}=0.0183$

$\alpha=\left(\frac{T_g}{T}\right)^{\gamma}\eta_2\alpha_{max}=\left(\frac{0.5}{2.5}\right)^{0.885}\times0.943\times0.9=0.204$

27.①(B) ②(C)

解

①判断场地类型。

$d_{0v}=45\ m,d_0=20\ m$

$v_{se}=\frac{d_0}{t}=\frac{d_0}{\sum\frac{d_i}{v_{si}}}=\frac{20}{\frac{5}{180}+\frac{7}{240}+\frac{8}{310}}=241.7\ m/s$

查表4.1.6,场地类别为Ⅱ类。

②α_{max}与T_g。

查附录A第A.0.6条,松原市抗震设防烈度为8度,设计基本地震加速度值为$0.2g$,设计地震分组为第一组。

第一阶段设计(多遇地震条件下)

$\alpha_{max}=0.16,T_g=0.35\ s$

第二阶段设计(罕遇地震条件下)

$\alpha_{max}=0.90,T_g=0.35+0.05=0.40\ s$

③计算地震影响系数。

第一阶段设计(多遇地震条件下)

$\frac{T}{T_g}=\frac{1.8}{0.35}=5.14$

$5T_g<T<6s$

影响系数曲线在直线下降段

$\alpha=[0.2^{0.9}-0.02(T-5T_g)]\alpha_{max}$

$=[0.2^{0.9}-0.02\times(1.8-5\times0.35)]\times0.16$

$=0.037\approx0.04$

第9章 地震工程

第二阶段设计(罕遇地震条件下)

$\frac{T}{T_g}=\frac{1.8}{0.4}=4.5$

$T_g<T<5T_g$

影响系数曲线在曲线下降段

$\alpha=\left(\frac{T_g}{T}\right)^{0.9}\alpha_{max}=\left(\frac{0.4}{1.8}\right)^{0.9}\times0.9=0.23$

28.(A)

解

按《公路工程抗震规范》(JTG B02—2013)规定。

①计算水平设计加速度反应谱最大值 S_{max}。

二级公路上单跨跨径为 100 m 的大桥,根据表 3.1.1,桥梁抗震设防类别为 B 类,E2 地震作用,根据表 3.1.3,$C_i=1.3$。

场地类别为Ⅲ类,设计基本地震动峰值加速度为 0.30g,根据表 5.2.2,$C_s=1.0$。

阻尼比为 0.05,$C_d=1.0$。

水平设计加速度反应谱最大值为

$$S_{max}=2.25C_iC_sC_dA_h=2.25\times1.3\times1.0\times1.0\times0.30=0.8775$$

②确定场地特征周期 T_g。

场地类别为Ⅲ类,桥梁所在区域特征周期为 0.40 s,根据表 5.2.3,调整后场地特征周期 $T_g=0.55$ s。

③计算水平设计加速度反应谱值 S。

$0.1\ \text{s}<T=0.40\ \text{s}<T_g=0.55\ \text{s},S=S_{max}=0.8775$

水平设计加速度反应谱值 $S=0.88$。答案(A)正确。

29.(D)

解

按《公路工程抗震规范》(JTG B02—2013)规定

①确定场地类别。

等效剪切波速计算深度取 20 m。

场地土等效剪切波速 v_{se}:$v_{se}=\frac{d_0}{\sum_{i=1}^{n}\frac{d_i}{v_{si}}}=\frac{20}{\frac{5.0}{190}+\frac{10.0}{230}+\frac{5.0}{430}}=245.6$(m/s)

场地覆盖层厚度为 22 m,根据表 4.1.3,场地类别为Ⅱ类。

②计算水平设计加速度反应谱最大值 S_{max}。

一级公路抗震重点工程,根据表 3.2.2,$C_i=1.7$。

场地类别为Ⅱ类,设计基本地震动峰值加速度 0.40g,根据表 5.2.2,$C_s=1.0$。

阻尼比为 0.07,$C_d=1+\frac{0.05-\xi}{0.06+1.7\xi}=1+\frac{0.05-0.07}{0.06+1.7\times0.07}=0.89$

水平设计加速度反应谱最大值为

$$S_{max}=2.25C_iC_sC_dA_h=2.25\times1.7\times1.0\times0.89\times0.40=1.3617$$

③确定场地特征周期 T_g。

场地类别为Ⅱ类,桥梁所在区域特征周期为 0.40 s,根据表 5.2.3,调整后场地特征周期 $T_g=0.40$ s。

④计算水平设计加速度反应谱值 S。

$T<0.1\ \mathrm{s}$，$S=S_{max}(5.5T+0.45)=1.3617\times(5.5\times0.07+0.45)=1.137$

水平设计加速度反应谱值 $S=1.14$。答案(D)正确。

30.(A)

解

按《公路工程抗震规范》(JTG B02—2013)规定。

①计算水平设计加速度反应谱最大值 S_{max}。

高速公路特大桥，根据表 3.1.1，桥梁抗震设防类别为 A 类或 B 类，E2 地震作用，根据表 3.1.3，$C_i=1.7$。

场地类别为Ⅱ类，设计基本地震动峰值加速度 $0.30g$，根据表 5.2.2，$C_s=1.0$。

阻尼比为 0.05，$C_d=1.0$。

水平设计加速度反应谱最大值 $S_{max}=2.25C_iC_sC_dA_h=2.25\times1.7\times1.0\times1.0\times0.3=1.15$

②确定场地特征周期 T_g。

场地类别为Ⅱ类，桥梁所在区域特征周期为 0.35 s，根据表 5.2.3，调整后场地特征周期 $T_g=0.35\ \mathrm{s}$。

③计算水平设计加速度反应谱值 S。

$T=0.45\ \mathrm{s}>T_g=0.35\ \mathrm{s}$，$S=S_{max}(T_g/T)=1.15\times(0.35/0.45)=0.894$

④计算竖向设计加速度反应谱。

场地为土层场地，$T=0.45\ \mathrm{s}>0.30\ \mathrm{s}$，故 $R=0.5$。

竖向设计加速度反应谱值 $S=0.894\times0.5=0.447$。答案(A)正确。

31.(D)

解

$T_g=0.3\mathrm{s}$，$\beta_{max}=2.25$

$$\beta=\beta_{max}\left(\frac{T_g}{T}\right)^{0.6}=2.25\times\left(\frac{0.3}{0.6}\right)^{0.6}=1.48\approx1.5$$

32.(B)

解

$T_g=0.3\ \mathrm{s}$，$\beta_{max}=2.0$

$$\beta=T\frac{\beta_{max}-1}{0.1}+1=0.08\times\frac{2.0-1}{0.1}+1=1.8$$

33.(B)

解

①不考虑地形影响时的地震影响系数 α'。

$\alpha_{max}=0.12$，$T_g=0.35\mathrm{s}$

$$\frac{T}{T_g}=\frac{1.3}{0.35}=3.7,\ \zeta=0.05,$$

$T_g<T<5T_g$ 影响系数曲线为曲线下降段

$$\alpha'=\left(\frac{T_g}{T}\right)^{0.9}\alpha_{max}=\left(\frac{0.35}{1.3}\right)^{0.9}\times0.12=0.037$$

②不利地段对地震影响系数的放大系数 λ。

$$\frac{L_1}{H}=\frac{30}{15}=2,\ \xi=1.0$$

第9章 地震工程

$\frac{H}{L}=\frac{15}{25}=0.6, \alpha=0.4$

$\lambda=1+1.0\times0.4=1.4$

$\alpha=\lambda\alpha'=1.4\times0.037=0.05$

34.(B)

解

$\frac{L_1}{H}=\frac{50}{10}=5$，取 $\xi=0.3$

岩质地层，$H=10\ \text{m}<20\ \text{m}$，$\frac{H}{L}=\frac{10}{15}=0.67, \alpha=0.2$

$\lambda=1+\xi\alpha=1+0.3\times0.2=1.06\approx1.1$

35.(A)

解

$0.44d_1=0.44\times12=5.28\ \text{m}>2.6\ \text{m}$，取 $B=5.28\ \text{m}$

k 值为

$\frac{k-0.3}{120-80}=\frac{0.08-0.3}{300-80}$

$k=0.26$

修正系数 ξ 为

$d_u=d_0+d_b-2=7+2-2=7(\text{m})$

$\frac{\xi-0}{4-5}=\frac{1-0}{0-5}, \xi=0.20$

$S_E=\frac{0.44}{5.28}\times0.20\times0.26\times0.15\times(12^2-6^2)\times(0.01\times220)^{0.6}=0.113\ (\text{m})$

36.(C)

解

$0.44d_1=0.44\times10=4.4(\text{m})<10(\text{m})$，取 $B=10\ \text{m}$

$\xi=1, S_0=0.15$

$$S_E=\frac{0.44}{B}\xi S_0(d_1^2-d_2^2)(0.01P)^{0.6}\left(\frac{1-D_r}{0.5}\right)^{1.5}$$

$$=\frac{0.44}{10}\times1\times0.15\times(10^2-0)\times(0.01\times160)^{0.6}\times\left(\frac{1-0.6}{0.5}\right)^{1.5}$$

$$=0.626(\text{m})$$

37.(B)

解

$$T=\sum_{i=1}^{n}\frac{4h_i}{v_{si}}=\left(\frac{4\times5}{180}+\frac{4\times7}{210}+\frac{4\times8}{240}+\frac{4\times5}{360}\right)=0.43(\text{s})$$

38.(B)

解

$$T=\sum_{i=1}^{n}\frac{4h_i}{v_{si}}=\left(\frac{4\times6}{160}+\frac{4\times2}{270}+\frac{4\times3}{380}\right)=0.21\approx0.2(\text{s})$$

39.(B)

解

①临界锤击数 N_{cr}。

$$N_{cr}=N_0\beta[\ln(0.6d_s+1.5)-0.1d_w]\sqrt{3/P_c}$$
$$=16\times0.95\times[\ln(0.6\times6+1.5)-0.1\times2]\times\sqrt{3/3}$$
$$=21.7$$

②打桩后标准贯入锤击数。

$$\rho=\frac{250\times250}{1\ 000\times1\ 000}=0.062\ 5$$

$$N_1=16+100\times0.062\ 5\times(1-e^{-0.3\times16})=22.2$$

$N_1>N_{cr}$，打桩后桩间土不液化。

40.(B)

解

①临界锤击数 N_{cr}。

$$N_{cr}=12\times0.8\times[(0.6\times5+1.5)-0.1\times1]\times\sqrt{3/3}$$
$$=13.5$$

②折减系数 α。

$$\frac{N}{N_{cr}}=\frac{10}{13.5}=0.74, d_s=5\ \text{m}<10\ \text{m}$$

$$\alpha=\frac{1}{3}$$

41.(C)

解

①临界贯入击数 N_{cr}

9.0 m 处：$N_{cr}=10\times0.8\times[\ln(0.6\times9+1.5)-0.1\times2]\times\sqrt{3/3}=13.9$

11.0 m 处：$N_{cr}=10\times0.8\times[\ln(0.6\times11+1.5)-0.1\times2]\times\sqrt{3/3}=15.1$

②打桩后的标准贯入锤击数 N_1

$$\rho=\frac{250\times250}{1\ 000\times1\ 000}=0.062\ 5$$

9.0 m 处：$N_1=5+100\times0.062\ 5\times(1-2.718^{-0.3\times5})=9.9$

11.0 m 处：$N_1=8+100\times0.062\ 5\times(1-2.718^{-0.3\times8})=13.7$

③折减系数 α

9.0 m 处的折减系数 α_1

$$\frac{N_1}{N_{cr}}=\frac{9.9}{13.9}=0.71, d_s<10\ \text{m}, \alpha_1=\frac{1}{3}$$

11.0 m 处的折减系数 α_2

$$\frac{N_1}{N_{cr}}=\frac{13.7}{15.1}=0.91, d_s>10\ \text{m}$$

$$\alpha_2=1$$

土层加权平均折减系数 α

$$\alpha=\frac{h_1\alpha_1+h_2\alpha_2}{h_1+h_2}=\frac{2\times\frac{1}{3}+2\times1}{2+2}=\frac{2}{3}$$

④抗震验算时砂层的侧阻力 q_s

第9章　地震工程

$q_s = q_{sk}\alpha = 40 \times \frac{2}{3} = 26.67(\text{kPa}) \approx 27\ (\text{kPa})$

42.(A)

解

$v_{s0} = 95\ \text{m/s}, d_s = 6\ \text{m}, \rho_c = 3$

$$v_{scr} = v_{s0}(d_s - 0.0133d_s^2)^{0.5}\left[1 - 0.185\left(\frac{d_w}{d_s}\right)\right]\left(\frac{3}{\rho_c}\right)^{0.5}$$

$$= 95 \times (6 - 0.0133 \times 6^2)^{0.5} \times \left(1 - 0.185 \times \frac{1}{6}\right) \times \left(\frac{3}{3}\right)^{0.5}$$

$$= 216.3(\text{m/s})$$

$v_s < v_{scr}$，场地液化。

43.(B)

解

$$v_{scr} = 65 \times (8 - 0.0133 \times 8^2)^{0.5} \times \left(1 - 0.185 \times \frac{3}{8}\right) \times \left(\frac{3}{3}\right)^{0.5}$$

$$= 161.7(\text{m/s})$$

$v_s > v_{scr}$，砂土层不液化。

44.(B)

解

$P_{s0} = \frac{1}{2} \times (11.5 + 13) = 12.25$

$\alpha_w = 1 - 0.065(d_w - 2) = 1 - 0.065 \times (2 - 2) = 1$

$\alpha_u = 1 - 0.05 \times (7 - 2) = 0.75$

$\alpha_p = 0.6$

$P_{scr} = P_{s0}\alpha_w\alpha_u\alpha_p = 12.25 \times 1 \times 0.75 \times 0.6 = 5.5(\text{MPa})$

$P_s = 8.7\ \text{MPa} > P_{scr}$，粉土层不液化。

45.(A)

解

$\alpha_w = 1 - 0.065 \times (4 - 2) = 0.87$

$\alpha_u = 1 - 0.05 \times (5 - 2) = 0.85$

$R_f = \frac{1.2}{3.4} = 0.35 < 0.4$；$\alpha_p = 1$

$q_{ccr} = q_{c0}\alpha_w\alpha_u\alpha_p = 5 \times 0.87 \times 0.85 \times 1 = 3.7(\text{MPa})$

$q_c < q_{ccr}$，砂土层液化。

46.(B)

解

8度烈度，第②层粉土的黏粒含量大于13%，可判为不液化。

第⑤层粗砂土的地质年代为Q_3，可判为不液化。

对第③层中砂土

$N_{cr} = 12 \times 0.8 \times [\ln(0.6 \times 9 + 1.5) - 0.1d_w] \times \sqrt{3/3} = 15.7$

$N < N_{cr}$，该砂土层液化。

对第④层细砂土

$\alpha_w = 1 - 0.065 \times (3-2) = 0.935$

$\alpha_u = 1$

$R_f = \dfrac{f_s}{q_c} = \dfrac{1.3}{4} = 0.325 < 0.4$

$\alpha_p = 1.0$

$q_{ccr} = \dfrac{1}{2} \times (10.5 + 11.8) \times 0.935 \times 1 \times 1 = 10.4(\text{MPa})$

$q_c < q_{ccr}$，该砂土层液化。

第③、④层均液化。

9.7.2 单项选择题答案

9.7.2.1 《建筑抗震设计规范》(GB 50011—2010)

1.(D) 第1.0.1条

2.(A) 第2.1.8条

3.(C) 第2.1.9条

4.(B) 第2.1.6条

5.(B) 《建筑工程抗震设防分类标准》(GB 50223—2008)第3.0.2条

6.(D) 《建筑工程抗震设防分类标准》(GB 50223—2008)第3.0.3条

7.(C) 第3.2.2条

8.(C) 表5.1.4.2

9.(D) 第A.0.23条

10.(D) 第3.3.1条

11.(A) 第3.3.2条

12.(C) 第3.3.3条

13.(B) 第4.1.1条

14.(C) 第4.1.3条

15.(B) 表4.1.3

16.(C) 第4.1.4条

17.(B) 第4.1.5条

18.(B) 表4.1.6

19.(D) 第4.1.7条

20.(A) 表4.1.7

21.(C) 第4.2.1条

22.(C) 表4.2.3

23.(D) 第4.2.4条

24.(C) 第4.3.1条、第4.3.3条～第4.3.5条

25.(A) 第4.3.3条

26.(C) 第4.3.4条

27.(C) 第4.3.5条

28.(C) 表4.3.6

29.(B) 第4.3.8条、第4.3.7条

30.(C) 表 4.4.3
31.(A) 表 5.1.4.1、表 5.1.4.2、第 5.1.5 条
32.(C) 表 5.1.4.1
33.(D) 第 5.1.4 条、第 A.0.22 条 3 款
34.(D) 第 5.1.5 条
35.(D) 第 5.1.5 条
36.(A) 第 1.0.2 条
37.(D) 第 1.0.3 条
38.(D) 第 1.0.5 条
39.(A) 第 2.1.1 条
40.(B) 第 2.1.2 条
41.(C) 第 2.1.4 条
42.(A) 第 2.1.5 条
43.(B) 第 2.1.7 条
44.(C) 第 2.1.10 条
45.(B) 第 2.1.11 条
46.(A) 《建筑工程抗震设防分类标准》(GB 50223—2008)第 3.0.2 条
47.(C) 《建筑工程抗震设防分类标准》(GB 50223—2008)第 3.0.3 条
48.(B) 第 3.1.2 条
49.(A) 第 3.2.1 条
50.(C) 第 3.2.2 条、表 3.2.2
51.(B) 第 3.2.3 条
52.(C) 第 3.3.2 条
53.(B) 第 3.3.3 条
54.(D) 第 3.3.4 条
55.(B) 第 4.1.2 条
56.(B) 第 4.1.5 条
57.(D) 第 4.1.8 条
58.(C) 第 4.2.3 条
59.(C) 第 4.3.7 条、第 4.3.8 条
60.(A) 第 4.3.9 条
61.(C) 第 4.3.10 条
62.(A) 第 4.4.1 条
63.(D) 第 4.4.2 条
64.(D) 第 4.4.3 条
65.(B) 第 4.4.3 条、第 4.4.4 条～第 4.4.6 条
66.(A) 第 5.1.4 条
67.(C) 第 5.1.4 条
68.(B) 第 5.1.4 条
69.(C) 第 5.1.5 条
70.(D) 第 5.1.4 条，由于未给出多遇地震还是罕遇地震，故无法确定

71.(B) 条文说明第 1.0.1 条

9.7.2.2 《公路工程抗震规范》(JTG B02—2013)

1.(D) 第 1.0.2 条及条文说明、第 1.0.3 条、第 1.0.5 条
2.(C) 第 1.0.4 条、第 2.1.2 条、第 2.1.4 条、第 2.1.5 条
3.(A) 表 3.1.1、表 3.1.3
4.(A) 表 3.2.2
5.(D) 第 3.4.1 条
6.(A) 第 3.6.1 条～第 3.6.3 条、第 3.6.5 条
7.(C) 第 1.0.1 条
8.(A) 第 3.1.5 条
9.(C) 第 3.6.11 条
10.(C) 第 3.1.3 条条文说明
11.(C) 第 4.2.2 条～第 4.2.4 条
12.(A) 第 4.4.1 条～第 4.4.3 条
13.(B) 表 4.4.2
14.(D) 表 4.3.5
15.(B) 第 4.3.6 条、第 4.3.7 条
16.(D) 第 5.1.1 条
17.(A) 表 6.2.1
18.(D) 第 7.2.1 条、第 7.2.2 条
19.(A) 表 7.2.1
20.(B) 第 7.3.1 条、第 7.3.2 条、第 7.3.4 条、第 7.3.5 条
21.(C) 第 8.2.2 条～第 8.2.5 条
22.(C) 表 8.2.1
23.(C) 第 8.3.1 条、第 8.3.4 条、第 8.3.8 条、第 8.3.9 条

9.7.2.3 《水电工程建筑物抗震设计规范》(NB 35047—2015)与《水利水电工程地质勘察规范》(GB 50487—2008)

1.(C) 勘察规范附录 P 第 P.0.3 条
2.(B) 勘察规范附录 P 第 P.0.4 条
3.(A) 勘察规范附录 P 第 P.0.4 条
4.(B) 抗震规范第 3.1.1 条
5.(B) 抗震规范第 3.1.3 条
6.(B) 抗震规范第 3.2.5 条
7.(D) 抗震规范第 4.3.2 条
8.(B) 抗震规范第 4.3.5 条
9.(A) 抗震规范第 1.0.2 条
10.(D) 抗震规范第 1.0.3 条
11.(C) 抗震规范第 1.0.4 条
12.(C) 抗震规范第 1.0.5 条
13.(C) 抗震规范第 1.0.4 条、第 1.0.6 条
14.(D) 抗震规范第 1.0.7 条～第 1.0.9 条

15.(D) 抗震规范第 2.1.1 条
16.(B) 抗震规范第 2.1.2 条
17.(B) 抗震规范第 2.1.3 条
18.(D) 抗震规范第 2.1.7 条
19.(A) 抗震规范第 2.1.9 条
20.(D) 抗震规范第 2.1.10 条
21.(A) 抗震规范第 2.1.19 条
22.(D) 抗震规范第 3.1.1 条
23.(C) 抗震规范第 3.1.2 条
24.(A) 抗震规范第 3.2.4 条
25.(A) 抗震规范第 3.2.5 条
26.(C) 抗震规范第 3.2.6 条
27.(C) 抗震规范第 4.1.6 条
28.(A) 抗震规范第 4.2.1 条、第 4.2.3 条
29.(A) 抗震规范第 4.2.2 条～第 4.2.4 条
30.(B) 抗震规范第 4.3.1 条、第 4.3.2 条
31.(C) 抗震规范第 4.3.3 条、第 4.3.5 条、第 4.3.6 条
32.(C) 抗震规范第 4.3.6 条、第 4.3.7 条
33.(B) 勘察规范附录 P 第 P.0.3 条
34.(B) 勘察规范附录 P 第 P.0.4 条
35.(D) 勘察规范附录 P 第 P.0.1 条、第 P.0.4 条

9.7.3 多项选择题答案

1.(A)、(B) 《水利水电工程地质勘察规范》(GB 50487—2008)附录 P
2.(A)、(B)、(C) 《水工建筑物抗震设计规范》(DL 5073—2000)第 3.2.4 条
3.(A)、(D) 《水工建筑物抗震设计规范》(DL 5073—2000)第 3.2.5 条
4.(B)、(C)、(D) 《公路工程抗震规范》(JTG B02—2013)第 3.2.1 条
5.(C)、(D) 《公路工程抗震规范》(JTG B02—2013)第 3.1.4 条及条文说明
6.(B)、(C) 《建筑抗震设计规范》(GB 50011—2010)第 4.1.5 条
7.(A)、(C)、(D) 《建筑抗震设计规范》(GB 50011—2010)第 4.2.2 条、第 4.2.3 条
8.(A)、(B)、(C) 《建筑抗震设计规范》(GB 50011—2010)第 4.2.2 条～第 4.2.4 条
9.(A)、(B)、(C) 《建筑抗震设计规范》(GB 50011—2010)第 4.3.1 条、第 4.3.3 条、第 4.3.4 条
10.(A)、(B) 《建筑抗震设计规范》(GB 50011—2010)第 4.4.1 条～第 4.4.3 条
11.(A)、(B)、(C) 《建筑抗震设计规范》(GB 50011—2010)第 5.1.4 条、第 5.1.5 条
12.(A)、(B)、(C) 相关教科书
13.(A)、(B)、(D) 《建筑抗震设计规范》(GB 50011—2010)第 1.0.1 条
14.(A)、(D) 《建筑抗震设计规范》(GB 50011—2010)第 1.0.1 条条文说明
15.(B)、(D) 《建筑抗震设计规范》(GB 50011—2010)第 1.0.1 条条文说明
16.(A)、(B)、(C) 《建筑抗震设计规范》(GB 50011—2010)第 3.3.1 条条文说明
17.(B)、(C)、(D) 《工程地质手册》第 3 版表 1.5.10
18.(A)、(B)、(C)、(D) 《工程地质手册》第 3 版第 51 页、第 52 页

19.(B)、(C)、(D)
20.(B)、(C)、(D)
21.(B)、(C)、(D) 《建筑抗震设计规范》(GB 50011—2010)表 4.1.1
22.(A)、(B)、(D)
23.(C)、(D)
24.(A)、(B)、(C) 《建筑抗震设计规范》(GB 50011—2010)第 4.3.5 条
25.(A)、(B)、(C) 《建筑抗震设计规范》(GB 50011—2010)表 4.1.1
26.(B)、(C)
27.(A)、(D) 《建筑抗震设计规范》(GB 50011—2010)第 5.1.4 条、第 5.1.5 条、第 5.2.1 条
28.(A)、(B)、(D)
29.(B)、(C)、(D)
30.(A)、(B)、(C)
31.(C)、(D) 《建筑抗震设计规范》(GB 50011—2010)第 1.0.1 条条文说明
32.(A)、(B)、(C) 《建筑抗震设计规范》(GB 50011—2010)第 1.0.1 条条文说明
33.(B)、(C) 《建筑抗震设计规范》(GB 50011—2010)第 1.0.1 条条文说明
34.(B)、(D)
35.(A)、(B)、(C)
36.(A)、(D)
37.(B)、(C)、(D) 《建筑抗震设计规范》(GB 50011—2010)条文说明第 3.2 节
38.(B)、(C) 《建筑抗震设计规范》(GB 50011—2010)条文说明第 3.2 节
39.(A)、(B)、(D) 《建筑抗震设计规范》(GB 50011—2010)第 3.3.2 条、第 3.3.3 条
40.(B)、(C) 《建筑抗震设计规范》(GB 50011—2010)表 4.1.1
41.(A)、(B)、(C) 《建筑抗震设计规范》(GB 50011—2010)第 4.3.1 条
42.(B)、(C)、(D) 《建筑抗震设计规范》(GB 50011—2010)第 4.3.3 条
43.(A)、(D) 《建筑抗震设计规范》(GB 50011—2010)第 4.3.4 条
44.(A)、(C)、(D) 《建筑抗震设计规范》(GB 50011—2010)第 4.1.7 条、第 4.1.8 条条文说明
45.(A)、(B) 《水利水电工程地质勘察规范》(GB 50487—2008)附录 P 第 P.0.3 条
46.(A)、(B)、(D) 《工程地质手册》第 3 版第 51 页
47.(B)、(C)、(D) 《工程地质手册》第 3 版第 622 页
48.(A)、(B)、(C)、(D) 《工程地质手册》第 3 版第 623 页
49.(B)、(C) 《工程地质手册》第 3 版第 623 页
50.(A)、(B)、(C)、(D) 《工程地质手册》第 3 版第 623 页、第 624 页
51.(A)、(B)、(D) 《工程地质手册》第 3 版第 624 页
52.(A)、(B) 《工程地质手册》第 3 版第 625 页
53.(A)、(B)、(C) 《工程地质手册》第 3 版第 630 页
54.(A)、(B)、(D) 《工程地质手册》第 3 版第 632 页
55.(A)、(B)、(C) 《工程地质手册》第 3 版第 645 页
56.(A)、(C) 《工程地质手册》第 3 版第 647 页、第 648 页
57.(A)、(B)、(C) 《建筑抗震疑难释义》第 1.1 条
58.(B)、(C)、(D) 《建筑抗震疑难释义》第 1.1 条
59.(A)、(C) 《建筑抗震疑难释义》第 1.1 条
60.(B)、(C) 《建筑抗震疑难释义》第 1.2 条

61.(A)、(B)、(D) 《建筑抗震疑难释义》第 1.3 条
62.(C) 《建筑抗震疑难释义》第 1.3 条
63.(B)、(C) 《建筑抗震疑难释义》第 1.4,第 1.5 条
64.(A)、(B) 《建筑抗震疑难释义》第 1.7 条
65.(A)、(B)、(D) 《建筑抗震疑难释义》第 1.7 条
66.(A)、(B)、(C) 《建筑抗震疑难释义》第 1.8 条
67.(A)、(C)、(D) 《建筑抗震疑难释义》第 1.8 条
68.(A)、(B)、(C) 《建筑抗震疑难释义》第 1.9 条
69.(B)、(D) 《建筑抗震疑难释义》第 1.10 条
70.(A)、(B)、(D) 《建筑抗震疑难释义》第 1.11 条
71.(A)、(B)、(C) 《建筑抗震疑难释义》第 2.1 条
72.(B)、(C)、(D) 《建筑抗震疑难释义》第 2.2 条
73.(D) 《建筑抗震疑难释义》第 2.2 条
74.(B)、(C)、(D) 《建筑抗震疑难释义》第 2.3 条
75.(A)、(B)、(D) 《建筑抗震疑难释义》第 2.5 条
76.(B) 《建筑抗震疑难释义》第 2.5 条
77.(A)、(B)、(C) 《建筑抗震疑难释义》第 2.6 条
78.(B)、(C)、(D) 《公路工程抗震规范》(JTG B02—2013)第 4.3.2 条
79.(B)、(D) 《建筑抗震疑难释义》第 2.7 条
80.(A)、(C)、(D) 《建筑抗震疑难释义》第 2.8 条
81.(A)、(B)、(D) 《建筑抗震疑难释义》第 2.8 条
82.(A)、(B) 《建筑抗震疑难释义》第 2.15 条
83.(A)、(B)、(C)、(D) 《建筑抗震疑难释义》第 3.2 条
84.(A)、(B)、(C) 《建筑抗震疑难释义》第 3.3 条
85.(A)、(B)、(C)、(D) 《建筑抗震疑难释义》第 3.9 条~第 3.12 条

第 10 章　岩土工程检测与监测

10.1　单项选择题

10.1.1　《建筑基坑工程监测技术规范》(GB 50497—2009)

1.《建筑基坑工程监测技术规范》(GB 50497—2009)适用于(　　)。

(A)失陷性黄土建筑基坑　　(B)膨胀土建筑基坑

(C)软土建筑基坑　　(D)岩石建筑基坑

2.下列建筑基坑的支护结构属于维护墙的是(　　)。

(A)基坑周边承受抗侧土、水压力及一定范围内地面荷载的壁状结构

(B)在基坑内用以承受维护墙传来荷载的构件或结构体系

(C)一端与维护墙相连,另一端锚固定在土层或岩石层中的承受围护

(D)设置在围护墙顶部并与围护墙连接的用于传力或增加围护墙整体刚度的梁式构件

3.下列基坑工程可不进行监测的是(　　)。

(A)开挖深度为 7 m 的均质黏性土建筑基坑

(B)开挖深度为 4.5 m 的均质黏性土建筑基坑

(C)开挖深度为 4.5 m 的淤泥质土夹薄层粉砂的建筑基坑

(D)开挖深度为 7 m 的淤泥质土夹薄层粉砂的建筑基坑

4.制定建筑基坑监测方案可不包括下列内容的是(　　)。

(A)工程概况　　(B)监测的内容及项目

(C)监测的方法及精度　　(D)监测总结报告

5.基坑工程现场监测的对象可不包括(　　)。

(A)支护结构的水平变形　　(B)基坑底板的收缩变形

(C)地下水状况　　(D)周边建筑

6.对于一级建筑基坑,下列不是应测项目的是(　　)。

(A)深层水平位移　　(B)立柱的竖向位移

(C)维护墙的内力　　(D)支撑内力

7.关于建筑基坑监测点的布置,下面说法错误的是(　　)。

(A)基坑工程监测点的布置应能反映监测对象的实际状态及其变化趋势

(B)监测点应布置在基坑几何形状的特殊点上

(C)基坑工程监测点的布置不应妨碍监测对象的正常工作,并应减少对施工作业的不利影响

(D)监测标志应稳固、明显、结构合理,监测点的位置应避开障碍物,便于观测

8.下列关于建筑基坑及支护结构上的监测点布置的说法中错误的是(　　)。

(A)土体深层水平位移监测点宜布置在基坑周边的中部、阳角处及有代表性的部位,监测

点水平间距宜为 20～50 m，且每边监测点数不应少于 3 个

(B)围护墙内力监测点，应布置在受力、变形较大且有代表性的部位，监测点数量和水平间距视情况而定，竖直方向监测点应布置在弯矩极值处，竖向间距宜为 2～4 m

(C)支撑内力监测点宜设置在支撑内力较大，或在整个支撑系统中起控制作用的杆件上

(D)锚杆的内力监测点应选在受力较大且有代表性的位置，基坑每边中部、阳角处和地质条件复杂的区段宜布置监测点

9. 下列关于建筑基坑围护墙侧向土压力监测点布置的要求中，说法错误的是(　　)。

(A)监测点应布置在受力土质条件变化较大或其他有代表性的部位

(B)平面布置上基坑每边不宜少于 2 个监测点

(C)竖向布置时监测点间距不宜大于 2 m，下部宜加密

(D)当按土层分布情况布设时，每层应至少布设 1 个监测点，且宜布置在各层土的中部

10. 下列关于建筑基坑孔隙水压力及地下水位的监测点布置要求中，正确的是(　　)。

(A)竖向布置孔隙水压力监测点时监测点，在水压力变化影响深度范围内按土层分布情况布设竖向间距宜为 2～5 m，数量不宜少于 3 个

(B)当采用轻型井点、喷射井点降水时，水位监测点宜竖向布置，监测点视具体情况确定

(C)基坑外地下水位监测点应沿基坑、被保护对象的周边或在基坑与被保护对象之间布置，监测点间距不宜大于 20 m

(D)水位观测点的管底埋置深度应在最低设计水位或最低允许地下水位之下 0.5 m，承压水水位监测管的滤管应埋置在所测的承压含水层中

11. 在建筑基坑周边布置竖向位移监测点时，要求错误的是(　　)。

(A)建筑四角，沿外墙每 10～15 m 处或每隔 2～3 根柱基，且每侧不少于 3 个监测点

(B)不同地基或基础的分界处应布置观测点

(C)变形缝、抗震缝或严重开裂处应布置 1 个监测点

(D)高耸构筑物基础轴线的对称部位，每一构筑物不应少于 4 个点

12. 关于建筑基坑监测的方法及监测的精度要求，说法错误的是(　　)。

(A)在布置变形监测网的基准点、工作基点时，每个基坑工程至少应有 3 个稳定、可靠的点的基准点

(B)监测期间，应定期检查工作基点和基准点的稳定性

(C)对同一监测项目，可采用不同的观测方法和观测路线

(D)同一项目应在基本相同的环境和条件下工作

13. 对于建筑基坑维护墙顶部的水平位移，下列(　　)选项中的监测结构达到了水平位移的报警值。

(A)水平位移的累计值为 15 mm，变化速率为 1 mm/d

(B)水平位移的累计值为 25 mm，变化速率为 2 mm/d

(C)水平位移的累计值为 35 mm，变化速率为 3 mm/d

(D)水平位移的累计值为 65 mm，变化速率为 6 mm/d

14. 对于建筑基坑土压力的监测要求，下列选项错误的是(　　)。

(A)土压力计的量程应满足被测压力的要求，其上限可取设计压力的 2 倍，精度不宜低于 0.5%FS，分辨率不宜低于 0.2%FS

(B)土压力计埋设时受力面与所监测的压力方向垂直并紧贴被监测对象

(C)采用钻孔法埋设土压力计时，回填应均匀密实，且回填材料宜与周围岩土体一致

(D)土压力计埋设以后，应至少经过1周时间的初始稳定，然后再进行测试

15. 下列有关建筑基坑孔隙水压力监测的技术要求中，正确的是(　　)。

(A)孔隙水压力计的量程应取静水压力与超孔隙水压力之和

(B)孔隙水压力计的埋设宜采用压入法

(C)孔隙水压力计埋设前应浸泡饱和排除透水石中的气泡

(D)孔隙水压力计埋设1周后，应测量其初始值

16. 对于建筑基坑地下水位的监测要求，选项错误的是(　　)。

(A)地下水位监测宜通过孔内设置水位管，采用水位计进行量测

(B)地下水位量测精度不宜低于5 cm

(C)承压水位监测时被测含水层与其他含水层之间，应采取有效的隔水措施

(D)水位管宜在基坑开始降水前至少1周埋设，且宜逐日连续观测水位，并取得稳定初始值

17. 关于建筑基坑的监测频率，下列选项中说法错误的是(　　)。

(A)基坑工程监测频率的确定应满足能系统反映监测对象所测项目的重要变化过程，而又不遗漏其变化时刻的要求

(B)监测期应从基坑工程施工前开始，直至地下工程完成为止

(C)监测项目的监测频率应综合考虑基坑类别、基坑及地下工程的不同施工阶段，以及周边环境、自然条件的变化和当地经验而确定

(D)当基坑及周边大量积水、长时间连续降雨、市政管道出现泄漏，监测确有困难时，可减少监测次数

18. 建筑基坑进行监测时，出现下列选项中的情况，可不必立即进行危险报警的是(　　)。

(A)监测数据达到监测报警值的累积值

(B)出现异常天气，发生连续大量的降雨

(C)基坑支护结构的支撑或锚杆体系出现过大变形、压屈、断裂、松弛或拔出的现象

(D)周边建筑的结构部分、周边地面出现较严重的突发裂缝或危害结构的变形裂缝

10.1.2 《建筑变形测量规范》(JGJ 8—2007)

1. 建筑变形测量时，变形测量等级为一级的沉降观测点测站高差中误差为(　　)。

(A)≤0.05 mm　　(B)≤0.15 mm

(C)≤0.5 mm　　(D)≤1.5 mm

2. 下述对高程控制网的布设要求中(　　)不正确。

(A)对建筑物较多且分散的大测区，宜将控制点连同观测点按单一层次布设

(B)控制网应布设为闭合环、结点网等

(C)每一侧区水准基点最低不应少于3个

(D)作为工作基点的水准点位置与邻近建筑物的距离不得小于建筑物基础深度的2倍

3. 对基坑回弹的观测中误差的标准为(　　)。

(A)±0.5 mm　　(B)±2.5 mm

(C)变形允许值的1/10　　(D)与预估的最大变形量有关

4. 对一级平面位移观测的控制点应配备强制对中装置，强制对中装置的对中误差最大不应超过(　　)。

(A)±0.001 mm　　(B)±0.01 mm　　(C)±0.1 mm　　(D)±1.0 mm

5. 水平角测量时，使用仪器观测一级水平角时，应观测(　　)回。

(A)4　　(B)5　　(C)6　　(D)9

6.下述(　　)不是建筑沉降观测的内容。

(A)地基沉降量　　(B)地基沉降速度

(C)基础相对弯曲　　(D)建筑物主体倾斜

7.建筑沉降观测点的布置原则中下述(　　)不正确。

(A)建筑物的四角、大转角及外墙　　(B)相邻已有建筑物基础上

(C)建筑物沉降缝两侧　　(D)高低建筑物交接处两侧

8.进行建筑物水平位移测量时,如需测量地面观测点在特定方向的位移,一般不采用(　　)。

(A)视准线法　　(B)测边角法

(C)激光准直法　　(D)前方交汇法

9.进行建筑场地滑坡观测时一般不必连续观测(　　)。

(A)土体性质及力学参数　　(B)滑坡体周界及面积

(C)滑动量及滑移方向　　(D)主滑线及滑动速度

10.在布设建筑场地中的滑坡观测点时下述(　　)范围可不必布设。

(A)稳定滑动面以上的滑体　　(B)稳定滑动面以下的滑体

(C)滑动量较大和滑动速度较快的部位　　(D)滑坡周界外稳定的部位

10.1.3 《建筑基桩检测技术规范》(JGJ 106—2014)

1.当采用低应变法对工程桩进行检测时,检测开始时间应符合(　　)要求。

(A)受检桩混凝土强度至少达到设计强度的70%

(B)受检桩混凝土强度至少达到15 MPa

(C)受检桩混凝土龄期至少达到28 d

(D) (A)+(B)

2.桩基检测时,当发现检测数据异常时应(　　)。

(A)查找原因重新检测　　(B)应进行验证

(C)扩大检测范围　　(D)应得到有关方面确认

3.下列(　　)情况下,在施工前可不采用静载试验确定单桩竖向抗压承载力特征值。

(A)设计等级为乙级的桩基

(B)地质条件复杂施工质量可靠性低的桩基

(C)本地区采用较多的设计等级为丙级的成熟桩型

(D)设计等级为甲级的桩基

4.通过静载试验确定单桩竖向抗压承载力特征值时,下述对检测数量的要求中(　　)不正确。

(A)工程桩在50根以内时不应少于2根　　(B)一般不应少于3根

(C)不宜少于总桩数的1%　　(D)当桩数特别多时可选测5根

5.下列(　　)可不作为桩身完整性抽样检验的受检桩。

(A)承载力验收检测时判定的Ⅰ类桩　　(B)施工工艺不同的桩

(C)设计方认为重要的桩　　(D)施工质量有疑问的桩

6.单位工程内同一条件下的工程桩下列(　　)情况下,可不必采用单桩竖向抗压承载力静载试验法进行验收检测。

(A)设计等级为甲级的桩基　　(B)采用新桩型或新工艺的桩基

(C)产生挤土效应的挤土群桩　　(D)非挤土群桩

7. 当桩身浅部存在缺陷时，可采用(　　)方法进行验证。

(A)开挖验证　　(B)高应变法验证

(C)钻芯法验证　　(D)低应变法验证

8. 根据桩基检测结果，某桩身有轻微缺陷，不会影响桩身结构承载力的正常发挥，该桩基桩身完整性类别宜为(　　)类。

(A)Ⅰ　　(B)Ⅱ　　(C)Ⅲ　　(D)Ⅳ

9. 为设计提供依据的竖向抗压静载试验应采用(　　)加荷方法。

(A)快速循环加载法　　(B)慢速循环加载法

(C)快速维持加载法　　(D)慢速维持加载法

10. 进行单桩竖向抗压静载试验时，下列(　　)不可作为终止加载的条件。

(A)某级荷载作用下，桩顶沉降量大于前一级荷载作用下沉降量的 2 倍

(B)已达到设计要求的最大加载量

(C)作为锚桩的工程桩上拔量达到允许值

(D)桩顶累计沉降量超过 80 mm

11. 进行单桩竖向拉压静载试验时，下述单桩竖向抗压极限承载力的确定方法中(　　)不正确。

(A)对于陡降型 Q-S 曲线，取其发生明显陡降的起始点对应的荷载值

(B)当 S-$\lg t$ 曲线尾部出现明显向下弯曲时，取该级荷载值作力极限承载力

(C)当桩顶沉降量大于前一级荷载作用下沉降量的 2 倍，且 24 h 未达到相对稳定标准时取前一级荷载值

(D)对于缓变型 Q-S 曲线，宜取 $S=40$ mm 对应的荷载值

12. 确定单桩竖向抗压极限承载力统计值时，下述(　　)不正确。

(A)参加统计的试桩结果满足极差不超过平均值的 30%时，取其平均值为单桩竖向抗压极限承载力

(B)当参加统计的试桩结果极差超过平均值的 30%时，应舍弃离散程度过大的值，增加试桩数量重新统计

(C)当参加统计的试桩结果极差超过平均值的 30%时，应分析极差过大的原因，结合工程具体情况综合确定

(D)对试桩抽检数量少于 3 根时，应取低值

13. 单位工程同一条件下的单桩竖向抗压承载力特征值应(　　)。

(A)按单桩竖向抗压极限承载力统计值取值

(B)按单桩竖向抗压极限承载力统计值的一半取值

(C)按单桩竖向抗压极限承载力统计值除以分项系数

(D)按单桩竖向抗压极限承载力平均值的一半取值

14. 进行单桩水平静载试验时，下述(　　)不能作为终止加载的条件。

(A)桩身折断

(B)桩周土体出现塑性变形

(C)水平位移超过 30～40 mm

(D)水平位移达到设计要求的水平位移

15. 确定单桩的水平临界荷载时，下述(　　)不正确。

(A)当采用单项多循环加载法时，取 $H\text{-}t\text{-}Y_0$ 曲线出现拐点的前一级水平荷载值

(B)当采用慢速维持荷载法时，取 $H\text{-}Y_0$ 曲线出现明显拐点的水平荷载值

(C)取 $H\text{-}\Delta Y_0/\Delta H$ 曲线上第一拐点对应的水平荷载值

(D)取 $H\text{-}\sigma_s$ 曲线第一拐点对应的水平荷载值

16. 确定单桩水平极限承载力时，下述(　　)不正确。

(A)取慢速维持荷载法时的 $H\text{-}Y_0$ 曲线发生明显陡降的起始点对应的水平荷载

(B)取慢速维持荷载法时的 $Y_0\text{-}\lg t$ 曲线尾部出现明显弯曲的前一级水平荷载值

(C)取 $H\text{-}\Delta Y_0/\Delta H$ 曲线上第二拐点对应的水平荷载值

(D)取桩身折断时的水平荷载值

17. 确定单位工程同一条件下单桩水平承载力特征值时，下述(　　)是正确的。

(A)当水平承载力按桩身强度控制时，取水平临界荷载统计值的 0.9 倍作为单桩水平承载力特征值

(B)当水平承载力按桩身强度控制时，取水平极限荷载统计值的 0.5 倍作为单桩水平承载力特征值

(C)当桩受长期荷载作用且桩不允许开裂时，取水平临界荷载统计值的 0.8 倍作为单桩水平承载力特征值

(D)当桩基受长期荷载作用且桩不允许开裂时，取水平极限荷载统计值的 0.5 倍作为单桩水平承载力特征值

18. 用钻芯法进行桩基检测时，下述对每根受检桩的钻芯孔数及钻孔位置的要求中，(　　)不正确。

(A)桩径小于 1.2 m 的桩钻 1 孔　　(D)桩径为 1.2～1.6 m 的桩钻 2 孔

(C)桩径大于 1.6 m 的桩钻 3 孔　　(D)钻芯孔为一个时，宜在桩中心开孔

19. 利用钻芯法进行桩基检测，截取混凝土抗压芯样试件时，下述规定中(　　)不合理。

(A)桩长为 10～30 m 时，每孔截取 3 组芯样

(B)上部芯样位置距桩顶设计标高不宜大于 3 倍桩径或 1 m

(C)缺陷位置能取样时，应截取一组芯样

(D)同一基桩的钻芯孔数大于 1 个，其中一孔在某深度存在缺陷时，应在其他孔的该处深度处截取芯样

20. 在进行钻芯法测桩的抗压强度试验时，测得芯样试件抗压试验的破坏荷载为 295 kN，芯样的平均直径为 106 mm，折减系数为 0.9，芯样的抗压强度为(　　)MPa。

(A)25.0　　(B)30.1　　(C)33.4　　(D)40.0

21. 用钻芯法进行桩基检测时，某根桩的桩身混凝土大部分胶结较好，无松散、夹泥或分层现象，但芯样有不大于 10 cm 的局部破碎，该桩桩身完整性类别宜为(　　)类。

(A)Ⅰ　　(B)Ⅱ　　(C)Ⅲ　　(D)Ⅳ

22. 用钻芯法进行桩基检测时，下述(　　)不能判定为不满足设计要求的桩。

(A)桩身完整类别为Ⅲ类

(B)混凝土试件抗压强度代表值小于设计强度等级

(C)桩底沉桩厚度大于规范要求

(D)桩端持力层厚度小于规范要求

23. 采用低应变法进行桩基检测时，不能对下述(　　)作出评价。

(A)桩的承载力
(B)桩身完整性
(C)桩身缺陷
(D)桩身缺陷的位置

24. 用高应变法进行桩基检测时，不能对下述(　　)进行评价。
(A)竖向抗压承载力
(B)水平承载力
(C)桩身完整性
(D)打桩时的桩身应力

25. 采用高应变法测桩时，当出现下列(　　)情况时，高应变锤击信号不得作为承载力分析计算的依据。
(A)传感器安装处混凝土出现严重塑性变形，曲线未归零
(B)锤击未偏心，测力信号幅值接近
(C)未发现触变效应，预制桩多次锤击时承载力不见提高
(D)四通道测试数据齐全

10.2　多项选择题

1.《建筑基坑工程监测技术规范》(GB 50497—2009)不适用于下列选项的是(　　)。
(A)均质黏性土基坑
(B)淤泥质土基坑
(C)岩石基坑
(D)黄土基坑

2. 下列选项(　　)的建筑基坑需进行监测。
(A)深度为 6 m 的一般基坑
(B)深度为 4 m 的周转环境较复杂的基坑
(C)深度为 4 m 的一般基坑
(D)深度为 6 m 的地质条件复杂的基坑

3. 下列选项(　　)的建筑基坑的监测方案应进行专门论证。
(A)地质和环境条件复杂的基坑工程
(B)已发生严重事故、重新组织施工的基坑工程
(C)采用新技术、新设备、新工艺、新材料的二级基坑工程
(D)深度为 5 m 的硬塑黏性土基坑

4. 采用仪器对建筑基坑进行监测时，下列二级基坑应测项目是(　　)。
(A)深层水平位移
(B)围护墙的内力
(C)锚杆的内力
(D)周边地表的竖向位移

5. 建筑基坑工程进行监测时，下列应作为基坑工程巡视检查工作内容的是(　　)。
(A)支护墙墙后土体有无裂缝、沉陷、深移
(B)气温变化情况
(C)周边建筑有无新增裂缝出现
(D)基坑周边道路车流量及荷载情况

6. 关于建筑基坑监测点的布置要求，下列(　　)选项是正确的。
(A)建筑水平位移监测点应布置在建筑的外墙墙角、外墙中间部位的墙上或柱上、裂缝两侧以及其他有代表性的部位
(B)建筑水平位移监测点间距视具体情况而定，一侧墙体的监测点不宜少于 2 点
(C)建筑倾斜监测点布置时，监测点宜布置在监测角点、变形缝两侧的承重柱或墙上
(D)建筑倾斜监测点应沿主体顶部、底部上下对应布设，上、下监测点不应布置在同一竖直

线上

7.监测建筑基坑土压力时下列说法正确的是(　　)。

(A)土压力宜采用土压力计量测及巡视检查相结合的方法

(B)土压力计的量程应满足被测压力的要求,其上限可取被测压力的2倍

(C)土压力计埋设时,受力面应与所监测的压力方向平等并紧贴被监测对象

(D)土压力计埋设后应立即进行检查测试,基坑开挖前应至少经过1周时间的监测并取得稳定初始值

8.建筑基坑进行孔隙水压力监测时,下列选项中,说法正确的是(　　)。

(A)孔隙水压力计的主要类型为钢弦式孔隙水压力计和应变式孔隙水压力计

(B)孔隙水压力计的量程应满足被测压力范围的要求,可取静水压力与超孔隙水压力之和的2倍

(C)孔隙水压力计应事前埋设,埋设前应浸泡饱和,排除透水石中的气泡

(D)采用钻孔法埋设孔隙水压力计时钻孔直径不应大于110 mm,宜使用泥浆护壁成孔,钻孔应圆直

9.对建筑基坑中的锚杆及土钉内力进行监测时,下列选项中说法正确的是(　　)。

(A)锚杆和土钉的内力监测宜采用专用测力计、钢筋应力计或应变计

(B)当使用钢筋束时宜对整个钢筋束进行受力监测

(C)专用测力计、钢筋应力计和应变计的量程宜为对应设计值的2倍

(D)锚杆或土钉施工完成后应对专用测力计、应力计或应变计进行检查测试,并取下一层土方开挖前连续2 d获得的稳定测试数据的平均值作为其初始值

10.基坑监测项目的报警值与下列(　　)项目有关。

(A)初始监测值　　(B)累计监测值

(C)监测值的变化速率　　(D)平均监测值

10.3　答　案

10.3.1　单项选择题答案

10.3.1.1 《建筑基坑工程监测技术规范》(GB 50497—2009)

1.(C)　据第1.0.2条

2.(A)　据第2.0.5条、第2.0.6条、第2.0.7条、第2.0.8条

3.(B)　据第3.0.1条

4.(D)　据第3.0.6条

5.(B)　据第4.1.2条

6.(C)　据第4.2.1条

7.(B)　据第5.1.1条、第5.1.2条、第5.1.3条

8.(A)　据第5.2.2条、第5.2.3条、第5.2.4条、第5.2.6条

9.(C)　据第5.2.9条

10.(A)　据第5.2.10条、第5.2.11条

11.(C)　据第5.3.3条

12.(C)　据第6.1.2条、第6.1.4条

13.(D) 据第 6.2.3 条

14.(D) 据第 6.8.2 条、第 6.8.3 条、第 6.8.4 条

15.(C) 据第 6.9.2 条、第 6.9.3 条、第 6.9.4 条、第 6.9.6 条

16.(B) 据第 6.10.1 条、第 6.10.2 条、第 6.10.3 条、第 6.10.4 条

17.(D) 据第 7.0.1 条、第 7.0.2 条、第 7.0.3 条、第 7.0.4 条

18.(B) 据第 8.0.7 条

10.3.1.2 《建筑变形测量规范》(JGJ 8—2007)

1.(B) 据表 3.0.4

2.(A) 据第 4.2.2 条

3.(D) 据第 5.3.4 条

4.(C) 据第 4.3.2 条

5.(D) 据第 4.6.1 条

6.(D) 据第 5.5.1 条

7.(B) 据第 5.5.2 条

8.(D) 据第 6.3.4 条

9.(A) 据第 6.5.1 条

10.(B) 据第 6.5.2 条

10.3.1.3 《建筑基桩检测技术规范》(JGJ 106—2014)

1.(D) 据第 3.2.6 条

2.(A) 据第 3.2.9 条

3.(C) 据第 3.3.1 条

4.(D) 据第 3.3.1 条

5.(A) 据第 3.3.3 条

6.(D) 据第 3.3.5 条

7.(A) 据第 3.4.2 条

8.(B) 据第 3.5.1 条

9.(D) 据第 4.3.5 条

10.(A) 据第 4.3.8 条

11.(B) 据第 4.4.2 条

12.(B) 据第 4.4.3 条

13.(B) 据第 4.4.4 条

14.(B) 据第 6.3.3 条

15.(B) 据第 6.4.3 条

16.(D) 据第 6.4.4 条

17.(C) 据第 6.4.6 条

18.(D) 据第 7.3.1 条

19.(B) 据第 7.4.1 条

20.(B) 据第 7.5.4 条

21.(C) 据第 7.6.4 条

22.(A) 据第 7.6.5 条

23.(A) 据第 8.1.1 条

24.(B)　据第 9.1.1 条

25.(A)　据第 9.4.2 条

10.3.2　多项选择题答案

1.(B)、(D)　据《建筑基坑工程监测技术规范》(GB 50497—2009)第 1.0.2 条

2.(A)、(B)、(D)　据《建筑基坑工程监测技术规范》(GB 50497—2009)第 3.0.1 条

3.(A)、(B)、(C)　据《建筑基坑工程监测技术规范》(GB 50497—2009)第 3.0.7 条

4.(A)、(D)　据《建筑基坑工程监测技术规范》(GB 50497—2009)第 4.2.1 条

5.(A)、(C)　据《建筑基坑工程监测技术规范》(GB 50497—2009)第 4.3.2 条

6.(A)、(C)　据《建筑基坑工程监测技术规范》(GB 50497—2009)第 5.3.4 条、第 5.3.5 条

7.(B)、(D)　据《建筑基坑工程监测技术规范》(GB 50497—2009)第 6.8.1 条、第 6.8.2 条、第 6.8.3 条、第 6.8.4 条

8.(A)、(B)、(C)　据《建筑基坑工程监测技术规范》(GB 50497—2009)第 6.9.1 条、第 6.9.2 条、第 6.9.4 条、第 6.9.5 条

9.(A)、(C)、(D)　据《建筑基坑工程监测技术规范》(GB 50497—2009)第 6.11.1 条、第 6.11.2 条、第 6.11.3 条

10.(B)、(C)　据《建筑基坑工程监测技术规范》(GB 50497—2009)第 8.0.3 条